2016中国新能源车充电与驱动技术大会11月在上海召开

近600位代表参加会议，图为会议主会场

2016中国新能源车充电与驱动技术大会

中国电源学会秘书长韩家新研究员主持开幕式

陈清泉院士作大会报告

美国工程院院士Kaushik Rajashekara作大会报告

中国电源学会理事长徐德鸿作大会报告

富士电机株式会社藤平龙彦博士作大会报告

中国科学院电工研究所温旭辉研究员作大会报告

北京交通大学姜久春教授作专题讲座

福州大学陈为教授作技术讲座

南京航空航天大学陈乾宏教授作专题讲座

同济大学康劲松教授作专题讲座

工业报告分会场之一

技术报告分会场之一

中国电源学会新能源车充电与驱动专委会成立大会及技术创新联盟揭牌仪式

中国电源学会新能源车充电与驱动专业委员会成立大会

中国新能源车充电与驱动技术创新联盟揭牌仪式

GaN Systems杯高校电力电子应用设计大赛

GaN Systems杯高校电力电子应用设计大赛开幕式现场
（12月 上海）

参赛队伍汇报及答辩

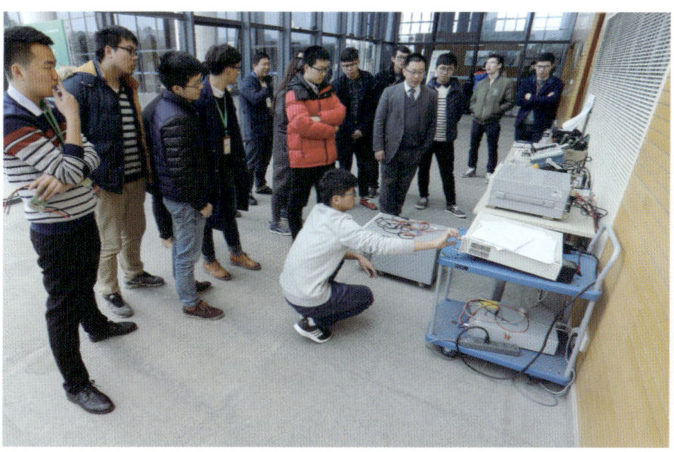

决赛测试现场

决赛评审现场

中国电源学会领导为获奖队伍颁发证书

参加决赛全体人员合影

APEC2016国际会议主会场

中国电源学会成员参加APEC2016国际会议

同期电力电子产品展览会

中国电源学会与IEEE PELS高层会谈(3月 美国、长滩)

中国电源学会与IEEE PELS高层会谈(5月 中国、合肥)

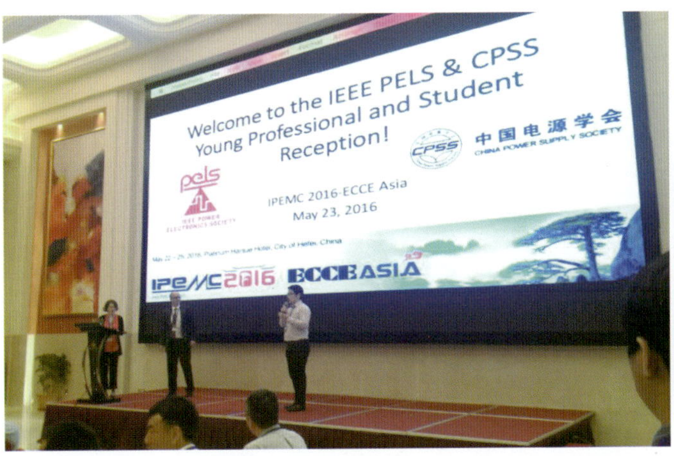

IEEE PELS与中国电源学会青年工作委员会共同举办青年学者学生论坛(5月 合肥)

青年学者学生论坛活动现场

中国电源学会成员参加美国制造商协会(PSMA)2016年会(3月 美国)

中国电源学会与PSMA主要成员会谈合影(3月 美国)

专题交流

2016国际电力电子创新论坛(3月 上海)

第二届电力电子学科青年学者论坛(7月 重庆)

中国电源学会信息系统供电技术专委会
2016年度工作会议及技术交流会(7月 北京)

第七届中国功率变换器磁元件联合学术年会
(8月 登封)

第六届全国特种电源学术交流会(8月 厦门)

中国电源学会元器件专业委员会
(ECDC 2016) 西安学术研讨会(10月 西安)

功率变换器磁技术分析测试与应用高级研修班
(5月 福州)

电动和混合动力汽车专题研修班，图为美国工程院院士
Kaushik Rajashekara为学员授课(6月 杭州)

光伏系统设计与应用专题研修班(7月 合肥)

功率半导体新器件及其紧凑高效型电源的
应用高级研修班(10月 上海)

高效率高功率密度电源技术与设计高级研讨班
(11月 南京)

培训学员合影

其它活动

中国电源学会七届六次常务理事(扩大)会议
(4月 天津)

中国电源学会七届七次常务理事(扩大)会议
(11月 上海)

《电源学报》编委会议(11月 上海)

《数据中心供电技术白皮书》编制工作会议(11月 厦门)

中国电源学会团体标准编写讨论会

电源技术青年创新与发展系列活动之
2016高校企业行系列活动1电动汽车团队合影

中国电源行业年鉴 2017

中国电源学会　编著

机 械 工 业 出 版 社

《中国电源行业年鉴 2017》由中国电源学会编著，对电源行业整体发展状况进行了综合性、连续性、史实性的总结和描述，是电源行业的资料性工具书。本年度《年鉴》共分九篇，前三篇：“十三五”及中长期发展规划、政策法规、宏观经济及相关行业运行情况，主要介绍了与电源行业相关领域的国家“十三五”及中长期发展规划、政策法规、宏观经济环境及行业运行情况，为行业发展和各单位的决策提供指导和参考；后六篇：电源行业发展报告及综述、电源行业新闻、科研与成果、电源标准、主要电源企业简介、电源重要工程案例及相关产品，从各个方面介绍了 2016 年电源行业的发展状况。

本年鉴可供相关政府职能部门、生产企业、高等院校、科研院所、采购单位、检测服务机构和电源工程技术人员参考。

图书在版编目（CIP）数据

中国电源行业年鉴. 2017/中国电源学会编著. —北京：机械工业出版社，2017. 8

ISBN 978 – 7 – 111 – 57608 – 2

Ⅰ. ①中… Ⅱ. ①中… Ⅲ. ①电源 – 电力工业 – 中国 – 2017 – 年鉴 Ⅳ. ①TM91-54

中国版本图书馆 CIP 数据核字（2017）第 185740 号

机械工业出版社（北京市百万庄大街 22 号 邮政编码 100037）

策划编辑：林春泉　　责任编辑：林春泉

责任校对：李锦莉　胡艳萍　　责任印制：常天培

涿州市京南印刷厂印刷

2017 年 8 月第 1 版 · 第 1 次印刷

210mm × 297mm · 53. 25 印张 · 22 插页 · 2206 千字

标准书号：ISBN 978 – 7 – 111 – 57608 – 2

定价：298.00 元

凡购本书，如有缺页、倒页、脱页，由本社发行部调换

电话服务	网络服务
服务咨询热线：010-88361066	机 工 官 网：www. cmpbook. com
读者购书热线：010-68326294	机 工 官 博：weibo. com/cmp1952
010-88379203	金 书 网：www. golden-book. com
封面无防伪标均为盗版	教育服务网：www. cmpedu. com

《中国电源行业年鉴 2017》编辑委员会

（按姓氏笔画为序）

《中国电源行业年鉴 2017》编辑部

前　言

《中国电源行业年鉴》（简称《年鉴》）是由中国电源学会编著的电源行业权威的资料性工具书，每年出版一期，对上一年度电源行业整体发展状况进行综合性、连续性、史实性的总结和描述，为政府有关部门，为行业科研、生产、采购和应用提供服务和参考。

中国电源学会于1983年成立，是国家一级社团法人，以促进我国电源科学技术进步和电源产业发展为己任，既团结了全国电源界的专家学者和广大科技人员，也汇聚了众多的会员企业。中国电源学会经过30多年的努力和奋斗，为我国电源科技进步和产业发展作出了重要贡献，对电源行业发展状况有着深入和全面的了解，是编辑出版《年鉴》的最具权威性的单位。

本期《年鉴》共有九篇，整体内容划分为两个部分。

第一部分是前三篇："十三五"及中长期发展规划、政策法规、宏观经济及相关行业运行情况，主要介绍与电源行业相关的国家"十三五"及中长期发展规划、政策法规和宏观经济及相关行业运行情况，为电源行业的发展和各个单位的决策提供指导和参考。

第二部分是后六篇：电源行业发展报告及综述、电源行业新闻、科研与成果、电源标准、主要电源企业简介、电源重要工程案例及相关产品，从各个方面介绍了2016年电源行业的发展状况。

电源行业发展报告及综述篇，今年进一步丰富了市场分析的细分领域，同时增加了对于相关领域技术发展的综述性文章。

电源行业新闻篇，包括行业要闻及企业动态，记录2016年度电源及相关领域重大事件。

科研与成果篇，包括2016年度国家科学技术奖电源及相关领域获奖成果、国家自然科学基金电源及相关领域立项项目名单、2016年中国电源及相关领域授权情况分析，同时通过学会的渠道，广泛地征集、更新了我国电源及相关领域科研团队信息及研究项目信息。

电源标准篇，收录了现在仍在执行的各类电源相关标准，对2016年终止的标准及2016年新颁布执行的标准做了介绍，电源配套产品的标准暂未收录。

主要电源企业简介篇，对企业按照地区和主要产品进行分类索引，方便读者查阅。

电源重要工程案例及相关产品篇，新增了电源重要工程案例，以目录形式收录了更多电源重要工程案例及相关产品，以便读者把握行业发展态势，同时仍选择优秀产品进行了整版介绍。

在本期《年鉴》编辑过程中，深圳前瞻产业研究院有限公司、中机产城（北京）规划设计研究院、中国电源学会电磁兼容专业委员会、电能质量专业委员会等撰写或推荐了相关行业发展报告及技术综述。学会各专业委员会、会员企业、高等院校、科研院所为《年鉴》提供了内容素材，勤发电子股份有限公司、东莞市石龙富华电子有限公司等单位为《年鉴》的出版提供了经费的支持，在此一并表示衷心的感谢。

《年鉴》是资料性工具书，是电源行业发展的历史记录，希望电源界各个方面，包括企业、高等院校、科研机构、标准制定和咨询服务机构等提供资料，撰写文章，使《年鉴》更全面地反映行业发展情况。

由于《年鉴》出版时间较短，编辑出版水平有待提高，希望社会各界多提意见和建议，对本期《年鉴》的疏漏、错误之处，敬请批评指正。

《中国电源行业年鉴》编辑部
2017年5月

中国电源学会简介

中国电源学会于1983年成立，是在国家民政部注册的国家一级社团法人，业务主管部门是中国科学技术协会。

中国电源学会以促进我国电源科学技术进步和电源产业发展为己任。电源科学技术是采用半导体功率器件、电磁元件、电池等元器件，运用电气工程、自动控制、微电子、电化学、新能源等技术，将粗电加工成高效率、高质量、高可靠性的交流、直流、脉冲等形式电能的一门多学科交叉的科学技术，在经济建设和社会生活的各个方面具有广泛的应用。

电源涉及的产品范围主要包括：通信电源、不间断电源（UPS）、光伏逆变电源、风力发电变流器、LED驱动电源、通用交流电源、通用直流电源、变频电源、特种电源、蓄电池、充电器、变压器、元器件和电源配套产品等。

中国电源学会的最高权力机构是全国会员代表大会，执行机构是理事会和常务理事会，秘书处是学会常设日常办事机构。

中国电源学会下设直流电源、照明电源、特种电源、变频电源与电力传动、元器件、电能质量、电磁兼容、磁技术、新能源电能变换技术、信息系统供电技术、无线电能传输技术及装置、新能源车充电与驱动共十二个专业委员会，以及学术、组织、专家咨询、国际交流、科普、编辑、标准化和青年共八个工作委员会。另外，还有业务联系的十个具有法人资格的地方电源学会。

中国电源学会汇聚了全国电源界的专家学者和广大科技人员，每年举办各种类型的学术交流会。两年一届的大型学术年会到2016年已经成功举办了21届，会议规模超过1200人，是国内电源界水平最高、规模最大的学术会议。自2014年开始，定期举办电力电子技术及应用国际会议暨展示会（IEEE International Power Electronics and Application Conference and Exposition，简称：IEEE PEAC），每四年举办一次，是中国电源领域首个国际性会议。此外我会每年还举办各种类型的专题研讨会。

中国电源学会汇聚了众多的电源企业，目前拥有近400家企业会员，其中副理事长单位8家，常务理事单位23家，理事单位49家，包括了国内外知名的电源企业。同时，我会与几千家企业保持着联系，形成了覆盖全国的服务和信息网络。

中国电源学会发挥学术界和企业界两大优势，促进产学研相结合，为建立以企业为主体的技术创新体系，全面提升企业的自主创新能力不懈努力。

中国电源学会的出版物有：《电源学报》《中国电源行业年鉴》，同时，中国电源学会还组织编辑出版系列丛书、技术专著以及各种学术会议论文集。

由国家科技部批准，在国家科技奖励工作办公室登记注册，中国电源学会于2011年正式设立“中国电源学会科学技术奖”。此奖项在全国范围内评选，是代表本行业、本专业最高水平的奖励。2015年举办了第三届评奖活动，其最高获奖项目已向国家科技奖推荐。

中国电源学会积极开展继续教育活动，利用学会的专家资源，每年举办不同的培训班，特别是结合当前的技术热点和技术难点，开展培训和服务活动，得到社会的广泛关注和支持。

中国电源学会利用网络系统开拓学会的服务功能，建立了网上会员注册、网上信息发布、网上技术论坛、网上培训、网上招聘和网上产品推广等，已形成国内电源行业更新最快、内容最全、最具人气的综合性网站。

中国电源学会开展一系列行业服务活动，如：编写标准、科技成果鉴定、技术服务、技术咨询和参与工程项目评标评价等。

学会地址：天津市南开区黄河道467号大通大厦16层　　邮编：300110
电话：022-27680796　27634742　　传真：022-27687886
网站：www.cpss.org.cn　　邮箱：cpss@cpss.org.cn

中国电源学会组织机构名单

主要领导人名单

（按照姓氏笔画排序）

理 事 长： 徐德鸿

副理事长： 刘进军　李占师　张　波　陈成辉　周雒维
徐殿国　曹仁贤　章进法

秘 书 长： 韩家新

副秘书长： 张　磊　陈　敏

分支机构及主任委员名单

工作委员会：

学术工作委员会	马　皓
组织工作委员会	张卫平
专家咨询工作委员会	张广明
国际交流工作委员会	刘进军
科普工作委员会	章进法
编辑工作委员会	周雒维
标准化工作委员会	康　勇
青年工作委员会	耿　华

专业委员会：

直流电源专业委员会	阮新波
照明电源专业委员会	徐殿国
特种电源专业委员会	史平君
变频电源与电力传动专业委员会	阮　毅
元器件专业委员会	高　勇
电能质量专业委员会	卓　放
电磁兼容专业委员会	张　波
磁技术专业委员会	陈　为
新能源电能变换技术专业委员会	曹仁贤
信息系统供电技术专业委员会	张广明
无线电能传输技术及装置专业委员会	孙　跃
新能源车充电与驱动专业委员会	徐德鸿

地方学会及理事长名单

（按学会名称汉语拼音顺序排列）

重庆市电源学会	徐世六
福建省电源学会	陈道炼
广东省电源学会	张　波
陕西省电源学会	钟彦儒
上海电源学会	汤天浩
四川省能源研究会电源委员会	蒋理平
天津市电源研究会	车延博
武汉市电源学会	林　桦
西安市电源学会	侯振义
浙江省电源学会	吕征宇

中国电源学会理事单位名单

（按单位名称汉语拼音字母顺序先行后列排列）

副理事长单位

佛山市禅城区华南电源创新科技园投资管理有限公司
广东志成冠军集团有限公司
厦门科华恒盛股份有限公司
深圳市航嘉驰源电气股份有限公司
台达电子企业管理（上海）有限公司
阳光电源股份有限公司
易事特集团股份有限公司
中兴通讯股份有限公司

常务理事单位

安泰科技股份有限公司非晶金属事业部
北京动力源科技股份有限公司
北京中大科慧科技发展有限公司
东莞市石龙富华电子有限公司
佛山市柏克新能科技股份有限公司
佛山市新光宏锐电源设备有限公司
广东新昇电业科技股份有限公司
广州金升阳科技有限公司
合肥华耀电子工业有限公司
鸿宝电气集团股份有限公司
华东微电子技术研究所
茂硕电源科技股份有限公司
宁波赛耐比光电科技股份有限公司
前瞻产业研究院
深圳华德电子有限公司
深圳科士达科技股份有限公司
深圳市英威腾电源有限公司
石家庄通合电子科技股份有限公司
苏州市纽克斯照明有限公司
温州大学
温州现代集团有限公司
无锡芯朋微电子股份有限公司
先控捷联电气股份有限公司
浙江东睦科达磁电有限公司

理 事 单 位

北京创四方电子股份有限公司
深圳市汇川技术股份有限公司
北京落木源电子技术有限公司
深圳市商宇电子科技有限公司
成都金创立科技有限责任公司
深圳市中电熊猫展盛科技有限公司
北京泛华恒兴科技有限公司
四川长虹欣锐科技有限公司
北京伟仕天成科技有限公司
天长市中德电子有限公司
广东寰宇电子科技股份有限公司
无锡新洁能股份有限公司
广州致远电子股份有限公司
西安龙腾新能源科技发展有限公司
杭州祥博传热科技股份有限公司
西安伟京电子制造有限公司
河北奥冠电源有限责任公司
英飞凌科技（中国）有限公司
南京中港电力股份有限公司
浙江矛牌电子科技有限公司
宁夏银利电气股份有限公司
中国长城计算机深圳股份有限公司
厦门市爱维达电子有限公司
珠海格力电器股份有限公司
上海超群无损检测设备有限责任公司
杭州飞仕得科技有限公司
深圳晶福源科技股份有限公司
合肥博微田村电气有限公司
深圳欧陆通电子有限公司
江苏宏微科技股份有限公司
深圳市铂科新材料股份有限公司
南通新三能电子有限公司

赛尔康技术（深圳）有限公司
陕西柯蓝电子有限公司
上海长园维安微电子有限公司
深圳可立克科技股份有限公司
深圳市保益新能电气有限公司
深圳市迪比科电子科技有限公司
深圳市京泉华科技股份有限公司
深圳市智胜新电子技术有限公司
深圳索瑞德电子有限公司
苏州东山精密制造股份有限公司
田村（中国）企业管理有限公司
西安爱科赛博电气股份有限公司
西安索普电气技术有限公司
亿铖达（深圳）新材料有限公司
英飞特电子（杭州）股份有限公司
浙江榆阳电子有限公司
重庆荣凯川仪仪表有限公司

目　　录

第一篇　“十三五”及中长期发展规划

第二篇　政 策 法 规

第三篇　宏观经济及相关行业运行情况

第四篇 电源行业发展报告及综述

第五篇　电源行业新闻

第六篇 科研与成果

第七篇 电 源 标 准

第八篇　主要电源企业简介（同类企业按单位名称汉语拼音顺序排列）

第九篇　电源重要工程案例及相关产品

2016 年应用市场电源产品目录 …………………… 792

2016 年代表性电源产品介绍

第一篇 “十三五”及中长期发展规划

国家创新驱动发展战略纲要

发布单位：中共中央办公厅国务院办公厅

党的十八大提出实施创新驱动发展战略，强调科技创新是提高社会生产力和综合国力的战略支撑，必须摆在国家发展全局的核心位置。这是中央在新的发展阶段确立的立足全局、面向全球、聚焦关键、带动整体的国家重大发展战略。为加快实施这一战略，特制定本纲要。

一、战略背景

创新驱动就是创新成为引领发展的第一动力，科技创新与制度创新、管理创新、商业模式创新、业态创新和文化创新相结合，推动发展方式向依靠持续的知识积累、技术进步和劳动力素质提升转变，促进经济向形态更高级、分工更精细、结构更合理的阶段演进。

创新驱动是国家命运所系。国家力量的核心支撑是科技创新能力。创新强则国运昌，创新弱则国运殆。我国近代落后挨打的重要原因是与历次科技革命失之交臂，导致科技弱、国力弱。实现中华民族伟大复兴的中国梦，必须真正用好科学技术这个最高意义上的革命力量和有力杠杆。

创新驱动是世界大势所趋。全球新一轮科技革命、产业变革和军事变革加速演进，科学探索从微观到宏观各个尺度上向纵深拓展，以智能、绿色、泛在为特征的群体性技术革命将引发国际产业分工重大调整，颠覆性技术不断涌现，正在重塑世界竞争格局、改变国家力量对比，创新驱动成为许多国家谋求竞争优势的核心战略。我国既面临赶超跨越的难得历史机遇，也面临差距拉大的严峻挑战。唯有勇立世界科技创新潮头，才能赢得发展主动权，为人类文明进步作出更大贡献。

创新驱动是发展形势所迫。我国经济发展进入新常态，传统发展动力不断减弱，粗放型增长方式难以为继。必须依靠创新驱动打造发展新引擎，培育新的经济增长点，持续提升我国经济发展的质量和效益，开辟我国发展的新空间，实现经济保持中高速增长和产业迈向中高端水平“双目标”。

当前，我国创新驱动发展已具备发力加速的基础。经过多年努力，科技发展正在进入由量的增长向质的提升的跃升期，科研体系日益完备，人才队伍不断壮大，科学、技术、工程、产业的自主创新能力快速提升。经济转型升级、民生持续改善和国防现代化建设对创新提出了巨大需求。庞大的市场规模、完备的产业体系、多样化的消费需求与互联网时代创新效率的提升相结合，为创新提供了广阔空间。中国特色社会主义制度能够有效结合集中力量办大事和市场配置资源的优势，为实现创新驱动发展提供了根本保障。

同时也要看到，我国许多产业仍处于全球价值链的中低端，一些关键核心技术受制于人，发达国家在科学前沿和高技术领域仍然占据明显领先优势，我国支撑产业升级、引领未来发展的科学技术储备亟待加强。适应创新驱动的体制机制亟待建立健全，企业创新动力不足，创新体系整体效能不高，经济发展尚未真正转到依靠创新的轨道。科技人才队伍大而不强，领军人才和高技能人才缺乏，创新型企业家群体亟需发展壮大。激励创新的市场环境和社会氛围仍需进一步培育和优化。

在我国加快推进社会主义现代化、实现“两个一百年”奋斗目标和中华民族伟大复兴中国梦的关键阶段，必须始终坚持抓创新就是抓发展、谋创新就是谋未来，让创新成为国家意志和全社会的共同行动，走出一条从人才强、科技强到产业强、经济强、国家强的发展新路径，为我国未来十几年乃至更长时间创造一个新的增长周期。

二、战略要求

（一）指导思想

以邓小平理论、“三个代表”重要思想、科学发展观为指导，深入贯彻习近平总书记系列重要讲话精神，按照“四个全面”战略布局的要求，坚持走中国特色自主创新道路，解放思想、开放包容，把创新驱动发展作为国家的优先战略，以科技创新为核心带动全面创新，以体制机制改革激发创新活力，以高效率的创新体系支撑高水平的创新型国家建设，推动经济社会发展动力根本转换，为实现中华民族伟大复兴的中国梦提供强大动力。

（二）基本原则

紧扣发展。坚持问题导向，面向世界科技前沿、面向国家重大需求、面向国民经济主战场，明确我国创新发展的主攻方向，在关键领域尽快实现突破，力争形成更多竞争优势。

深化改革。坚持科技体制改革和经济社会领域改革同步发力，强化科技与经济对接，遵循社会主义市场经济规律和科技创新规律，破除一切制约创新的思想障碍和制度藩篱，构建支撑创新驱动发展的良好环境。

强化激励。坚持创新驱动实质是人才驱动，落实以人为本，尊重创新创造的价值，激发各类人才的积极性和创造性，加快汇聚一支规模宏大、结构合理、素质优良的创新型人才队伍。

扩大开放。坚持以全球视野谋划和推动创新，最大限度用好全球创新资源，全面提升我国在全球创新格局中的位势，力争成为若干重要领域的引领者和重要规则制定的参与者。

（三）战略目标

分三步走：

第一步，到2020年进入创新型国家行列，基本建成中国特色国家创新体系，有力支撑全面建成小康社会目标的实现。

——创新型经济格局初步形成。若干重点产业进入全球价值链中高端，成长起一批具有国际竞争力的创新型企业和产业集群。科技进步贡献率提高到60%以上，知识密集型服务业增加值占国内生产总值的20%。

——自主创新能力大幅提升。形成面向未来发展、迎接科技革命、促进产业变革的创新布局，突破制约经济社会发展和国家安全的一系列重大瓶颈问题，初步扭转关键核心技术长期受制于人的被动局面，在若干战略必争领域形成独特优势，为国家繁荣发展提供战略储备、拓展战略空间。研究与试验发展（R&D）经费支出占国内生产总值比重达到2.5%。

——创新体系协同高效。科技与经济融合更加顺畅，创新主体充满活力，创新链条有机衔接，创新治理更加科学，创新效率大幅提高。

——创新环境更加优化。激励创新的政策法规更加健全，知识产权保护更加严格，形成崇尚创新创业、勇于创新创业、激励创新创业的价值导向和文化氛围。

第二步，到2030年跻身创新型国家前列，发展驱动力实现根本转换，经济社会发展水平和国际竞争力大幅提升，为建成经济强国和共同富裕社会奠定坚实基础。

——主要产业进入全球价值链中高端。不断创造新技术和新产品、新模式和新业态、新需求和新市场，实现更可持续的发展、更高质量的就业、更高水平的收入、更高品质的生活。

——总体上扭转科技创新以跟踪为主的局面。在若干战略领域由并行走向领跑，形成引领全球学术发展的中国学派，产出对世界科技发展和人类文明进步有重要影响的原创成果。攻克制约国防科技的主要瓶颈问题。研究与试验发展（R&D）经费支出占国内生产总值比重达到2.8%。

——国家创新体系更加完备。实现科技与经济深度融合、相互促进。

——创新文化氛围浓厚，法治保障有力，全社会形成创新活力竞相迸发、创新源泉不断涌流的生动局面。

第三步，到2050年建成世界科技创新强国，成为世界主要科学中心和创新高地，为我国建成富强民主文明和谐的社会主义现代化国家、实现中华民族伟大复兴的中国梦提供强大支撑。

——科技和人才成为国力强盛最重要的战略资源，创新成为政策制定和制度安排的核心因素。

——劳动生产率、社会生产力提高主要依靠科技进步和全面创新，经济发展质量高、能源资源消耗低、产业核心竞争力强。国防科技达到世界领先水平。

——拥有一批世界一流的科研机构、研究型大学和创新型企业，涌现出一批重大原创性科学成果和国际顶尖水平的科学大师，成为全球高端人才创新创业的重要聚集地。

——创新的制度环境、市场环境和文化环境更加优化，尊重知识、崇尚创新、保护产权、包容多元成为全社会的共同理念和价值导向。

三、战略部署

实现创新驱动是一个系统性的变革，要按照“坚持双轮驱动、构建一个体系、推动六大转变”进行布局，构建新的发展动力系统。

双轮驱动就是科技创新和体制机制创新两个轮子相互协调、持续发力。抓创新首先要抓科技创新，补短板首先要补科技创新的短板。科学发现对技术进步有决定性的引领作用，技术进步有力推动发现科学规律。要明确支撑发展的方向和重点，加强科学探索和技术攻关，形成持续创新的系统能力。体制机制创新要调整一切不适应创新驱动发展的生产关系，统筹推进科技、经济和政府治理等三方面体制机制改革，最大限度释放创新活力。

一个体系就是建设国家创新体系。要建设各类创新主体协同互动和创新要素顺畅流动、高效配置的生态系统，形成创新驱动发展的实践载体、制度安排和环境保障。明确企业、科研院所、高校、社会组织等各类创新主体功能定位，构建开放高效的创新网络，建设军民融合的国防科技协同创新平台；改进创新治理，进一步明确政府和市场分工，构建统筹配置创新资源的机制；完善激励创新的政策体系、保护创新的法律制度，构建鼓励创新的社会环境，激发全社会创新活力。

六大转变就是发展方式从以规模扩张为主导的粗放式增长向以质量效益为主导的可持续发展转变；发展要素从传统要素主导发展向创新要素主导发展转变；产业分工从价值链中低端向价值链中高端转变；创新能力从“跟踪、并行、领跑”并存、“跟踪”为主向“并行”、“领跑”为主转变；资源配置从以研发环节为主向产业链、创新链、资金链统筹配置转变；创新群体从以科技人员的小众为主向小众与大众创新创业互动转变。

四、战略任务

紧紧围绕经济竞争力提升的核心关键、社会发展的紧迫需求、国家安全的重大挑战，采取差异化策略和非对称路径，强化重点领域和关键环节的任务部署。

（一）推动产业技术体系创新，创造发展新优势

加快工业化和信息化深度融合，把数字化、网络化、智能化、绿色化作为提升产业竞争力的技术基点，推进各领域新兴技术跨界创新，构建结构合理、先进管用、开放兼容、自主可控、具有国际竞争力的现代产业技术体系，以技术的群体性突破支撑引领新兴产业集群发展，推进产业质量升级。

1. 发展新一代信息网络技术，增强经济社会发展的信息化基础。加强类人智能、自然交互与虚拟现实、微电子与光电子等技术研究，推动宽带移动互联网、云计算、物联网、大数据、高性能计算、移动智能终端等技术研发和综合应用，加大集成电路、工业控制等自主软硬件产品和网络安全技术攻关和推广力度，为我国经济转型升级和维护国家网络安全提供保障。

2. 发展智能绿色制造技术，推动制造业向价值链高端攀升。重塑制造业的技术体系、生产模式、产业形态和价值链，推动制造业由大到强转变。发展智能制造装备等技术，加快网络化制造技术、云计算、大数据等在制造业中的深度应用，推动制造业向自动化、智能化、服务化转变。对传统制造业全面进行绿色改造，由粗放型制造向集约型制造转变。加强产业技术基础能力和试验平台建设，提升基础材料、基础零部件、基础工艺、基础软件等共性关键技术水平。发展大飞机、航空发动机、核电、高铁、海洋工程装备和高技术船舶、特高压输变电等高端装备和产品。

3. 发展生态绿色高效安全的现代农业技术，确保粮食安全、食品安全。以实现种业自主为核心，转变农业发展方式，突破人多地少水缺的瓶颈约束，走产出高效、产品安全、资源节约、环境友好的现代农业发展道路。系统加强动植物育种和高端农业装备研发，大面积推广粮食丰产、中低产田改造等技术，深入开展节水农业、循环农业、有机农业和生物肥料等技术研发，开发标准化、规模化的现代养殖技术，促进农业提质增效和可持续发展。推广农业面源污染和重金属污染防治的低成本技术和模式，发展全产业链食品安全保障技术、质量安全控制技术和安全溯源技术，建设安全环境、清洁生产、生态储运全覆盖的食品安全技术体系。推动农业向一二三产业融合，实现向全链条增值和品牌化发展转型。

4. 发展安全清洁高效的现代能源技术，推动能源生产和消费革命。以优化能源结构、提升能源利用效率为重点，推动能源应用向清洁、低碳转型。突破煤炭石油天然气等化石能源的清洁高效利用技术瓶颈，开发深海深地等复杂条件下的油气矿产资源勘探开采技术，开展页岩气等非常规油气勘探开发综合技术示范。加快核能、太阳能、风能、生物质能等清洁能源和新能源技术开发、装备研制及大规模应用，攻克大规模供需互动、储能和并网关键技术。推广节能新技术和节能新产品，加快钢铁、石化、建材、有色金属等高耗能行业的节能技术改造，推动新能源汽车、智能电网等技术的研发应用。

5. 发展资源高效利用和生态环保技术，建设资源节约型和环境友好型社会。采用系统化的技术方案和产业化路径，发展污染治理和资源循环利用的技术与产业。建立大气重污染天气预警分析技术体系，发展高精度监控预测技术。建立现代水资源综合利用体系，开展地球深部矿产资源勘探开发与综合利用，发展绿色再制造和资源循环利用产业，建立城镇生活垃圾资源化利用、再生资源回收利用、工业固体废物综合利用等技术体系。完善环境技术管理体系，加强水、大气和土壤污染防治及危险废物处理处置、环境检测与环境应急技术研发应用，提高环境承载能力。

6. 发展海洋和空间先进适用技术，培育海洋经济和空间经济。开发海洋资源高效可持续利用适用技术，加快发展海洋工程装备，构建立体同步的海洋观测体系，推进我国海洋战略实施和蓝色经济发展。大力提升空间进入、利用的技术能力，完善空间基础设施，推进卫星遥感、卫星通信、导航和位置服务等技术开发应用，完善卫星应用创新链和产业链。

7. 发展智慧城市和数字社会技术，推动以人为本的新型城镇化。依靠新技术和管理创新支撑新型城镇化、现代城市发展和公共服务，创新社会治理方法和手段，加快社会治安综合治理信息化进程，推进平安中国建设。发展交通、电力、通信、地下管网等市政基础设施的标准化、数字化、智能化技术，推动绿色建筑、智慧城市、生态城市等领域关键技术大规模应用。加强重大灾害、公共安全等应急避险领域重大技术和产品攻关。

8. 发展先进有效、安全便捷的健康技术，应对重大疾病和人口老龄化挑战。促进生命科学、中西医药、生物工程等多领域技术融合，提升重大疾病防控、公共卫生、生殖健康等技术保障能力。研发创新药物、新型疫苗、先进医疗装备和生物治疗技术。推进中华传统医药现代化。促进组学和健康医疗大数据研究，发展精准医学，研发遗传基因和慢性病易感基因筛查技术，提高心脑血管疾病、恶性肿瘤、慢性呼吸性疾病、糖尿病等重大疾病的诊疗技术水平。开发数字化医疗、远程医疗技术，推进预防、医疗、康复、保健、养老等社会服务网络化、定制化，发展一体化健康服务新模式，显著提高人口健康保障能力，有力支撑健康中国建设。

9. 发展支撑商业模式创新的现代服务技术，驱动经济形态高级化。以新一代信息和网络技术为支撑，积极发展现代服务业技术基础设施，拓展数字消费、电子商务、现代物流、互联网金融、网络教育等新兴服务业，促进技术创新和商业模式创新融合。加快推进工业设计、文化创意和相关产业融合发展，提升我国重点产业的创新设计能力。

10. 发展引领产业变革的颠覆性技术，不断催生新产业、创造新就业。高度关注可能引起现有投资、人才、技术、产业、规则"归零"的颠覆性技术，前瞻布局新兴产业前沿技术研发，力争实现"弯道超车"。开发移动互联技术、量子信息技术、空天技术，推动增材制造装备、智能机器人、无人驾驶汽车等发展，重视基因组、干细胞、合成生物、再生医学等技术对生命科学、生物育种、工业生物领域的深刻影响，开发氢能、燃料电池等新一代能源技术，发挥纳米、石墨烯等技术对新材料产业发展的引领作用。

（二）强化原始创新，增强源头供给

坚持国家战略需求和科学探索目标相结合，加强对关系全局的科学问题研究部署，增强原始创新能力，提升我国科学发现、技术发明和产品产业创新的整体水平，支撑产业变革和保障国家安全。

1. 加强面向国家战略需求的基础前沿和高技术研究。围绕涉及长远发展和国家安全的"卡脖子"问题，加强基础研究前瞻布局，加大对空间、海洋、网络、核、材料、能源、信息、生命等领域重大基础研究和战略高技术攻关力度，实现关键核心技术安全、自主、可控。明确阶段性目标，集成跨学科、跨领域的优势力量，加快重点突破，为产业技术进步积累原创资源。

2. 大力支持自由探索的基础研究。面向科学前沿加强原始创新，力争在更多领域引领世界科学研究方向，提升我国对人类科学探索的贡献。围绕支撑重大技术突破，推进变革性研究，在新思想、新发现、新知识、新原理、新方法上积极进取，强化源头储备。促进学科均衡协调发展，加强学科交叉与融合，重视支持一批非共识项目，培育新兴学科和特色学科。

3. 建设一批支撑高水平创新的基础设施和平台。适应大科学时代创新活动的特点，针对国家重大战略需求，建设一批具有国际水平、突出学科交叉和协同创新的国家实验室。加快建设大型共用实验装置、数据资源、生物资源、知识和专利信息服务等科技基础条件平台。研发高端科研仪器设备，提高科研装备自给水平。建设超算中心和云计算平台等数字化基础设施，形成基于大数据的先进信息网络支撑体系。

（三）优化区域创新布局，打造区域经济增长极

聚焦国家区域发展战略，以创新要素的集聚与流动促进产业合理分工，推动区域创新能力和竞争力整体提升。

1. 构建各具特色的区域创新发展格局。东部地区注重提高原始创新和集成创新能力，全面加快向创新驱动发展转型，培育具有国际竞争力的产业集群和区域经济。中西部地区走差异化和跨越式发展道路，柔性汇聚创新资源，加快先进适用技术推广和应用，在重点领域实现创新牵引，培育壮大区域特色经济和新兴产业。

2. 跨区域整合创新资源。构建跨区域创新网络，推动区域间共同设计创新议题、互联互通创新要素、联合组织技术攻关。提升京津冀、长江经济带等国家战略区域科技创新能力，打造区域协同创新共同体，统筹和引领区域一体化发展。推动北京、上海等优势地区建成具有全球影响力的科技创新中心。

3. 打造区域创新示范引领高地。优化国家自主创新示范区布局，推进国家高新区按照发展高科技、培育新产业的方向转型升级，开展区域全面创新改革试验，建设创新型省份和创新型城市，培育新兴产业发展增长极，增强创新发展的辐射带动功能。

（四）深化军民融合，促进创新互动

按照军民融合发展战略总体要求，发挥国防科技创新重要作用，加快建立健全军民融合的创新体系，形成全要素、多领域、高效益的军民科技深度融合发展新格局。

1. 健全宏观统筹机制。遵循经济建设和国防建设的规律，构建统一领导、需求对接、资源共享的军民融合管理体制，统筹协调军民科技战略规划、方针政策、资源条件、成果应用，推动军民科技协调发展、平衡发展、兼容发展。

2. 开展军民协同创新。建立军民融合重大科研任务形成机制，从基础研究到关键技术研发、集成应用等创新链一体化设计，构建军民共用技术项目联合论证和实施模式，建立产学研相结合的军民科技创新体系。

3. 推进军民科技基础要素融合。推进军民基础共性技术一体化、基础原材料和零部件通用化。推进海洋、太空、网络等新型领域军民融合深度发展。开展军民通用标准制定和整合，推动军民标准双向转化，促进军民标准体系融合。统筹军民共用重大科研基地和基础设施建设，推动双向开放、信息交互、资源共享。

4. 促进军民技术双向转移转化。推动先进民用技术在军事领域的应用，健全国防知识产权制度、完善国防知识产权归属与利益分配机制，积极引导国防科技成果加速向民用领域转化应用。放宽国防科技领域市场准入，扩大军品研发和服务市场的开放竞争，引导优势民营企业进入军品科研生产和维修领域。完善军民两用物项和技术进出口管制机制。

（五）壮大创新主体，引领创新发展

明确各类创新主体在创新链不同环节的功能定位，激发主体活力，系统提升各类主体创新能力，夯实创新发展的基础。

1. 培育世界一流创新型企业。鼓励行业领军企业构建高水平研发机构，形成完善的研发组织体系，集聚高端创新人才。引导领军企业联合中小企业和科研单位系统布局创新链，提供产业技术创新整体解决方案。培育一批核心技术能力突出、集成创新能力强、引领重要产业发展的创新型企业，力争有一批企业进入全球百强创新型企业。

2. 建设世界一流大学和一流学科。加快中国特色现代大学制度建设，深入推进管、办、评分离，扩大学校办学自主权，完善学校内部治理结构。引导大学加强基础研究和追求学术卓越，组建跨学科、综合交叉的科研团队，形成一批优势学科集群和高水平科技创新基地，建立创新能力评估基础上的绩效拨款制度，系统提升人才培养、学科建设、科技研发三位一体创新水平。增强原始创新能力和服务经济社会发展能力，推动一批高水平大学和学科进入世界一流行列或前列。

3. 建设世界一流科研院所。明晰科研院所功能定位，增强在基础前沿和行业共性关键技术研发中的骨干引领作用。健全现代科研院所制度，形成符合创新规律、体现领域特色、实施分类管理的法人治理结构。围绕国家重大任务，有效整合优势科研资源，建设综合性、高水平的国际化科技创新基地，在若干优势领域形成一批具有鲜明特色的世界级科学研究中心。

4. 发展面向市场的新型研发机构。围绕区域性、行业性重大技术需求，实行多元化投资、多样化模式、市场化运作，发展多种形式的先进技术研发、成果转化和产业孵化机构。

5. 构建专业化技术转移服务体系。发展研发设计、中试熟化、创业孵化、检验检测认证、知识产权等各类科技服务。完善全国技术交易市场体系，发展规范化、专业化、市场化、网络化的技术和知识产权交易平台。科研院所和高校建立专业化技术转移机构和职业化技术转移人才队伍，畅通技术转移通道。

（六）实施重大科技项目和工程，实现重点跨越

在关系国家安全和长远发展的重点领域，部署一批重大科技项目和工程。

面向2020年，继续加快实施已部署的国家科技重大专项，聚焦目标、突出重点，攻克高端通用芯片、高档数控机床、集成电路装备、宽带移动通信、油气田、核电站、水污染治理、转基因生物新品种、新药创制、传染病防治等方面的关键核心技术，形成若干战略性技术和战略性产品，培育新兴产业。

面向2030年，坚持有所为有所不为，尽快启动航空发动机及燃气轮机重大项目，在量子通信、信息网络、智能制造和机器人、深空深海探测、重点新材料和新能源、脑科学、健康医疗等领域，充分论证，把准方向，明确重点，再部署一批体现国家战略意图的重大科技项目和工程。

面向2020年的重大专项与面向2030年的重大科技项目和工程，形成梯次接续的系统布局，并根据国际科技发展的新进展和我国经济社会发展的新需求，及时进行滚动调整和优化。要发挥社会主义市场经济条件下的新型举国体制优势，集中力量，协同攻关，持久发力，久久为功，加快突破重大核心技术，开发重大战略性产品，在国家战略优先领域率先实现跨越。

（七）建设高水平人才队伍，筑牢创新根基

加快建设科技创新领军人才和高技能人才队伍。围绕重要学科领域和创新方向造就一批世界水平的科学家、科技领军人才、工程师和高水平创新团队，注重培养一线创新人才和青年科技人才，对青年人才开辟特殊支持渠道，支持高校、科研院所、企业面向全球招聘人才。倡导崇尚技能、精益求精的职业精神，在各行各业大规模培养高级技师、技术工人等高技能人才。优化人才成长环境，实施更加积极的创新创业人才激励和吸引政策，推行科技成果处置收益和股权期权激励制度，让各类主体、不同岗位的创新人才都能在科技成果产业化过程中得到合理回报。

发挥企业家在创新创业中的重要作用，大力倡导企业家精神，树立创新光荣、创新致富的社会导向，依法保护企业家的创新收益和财产权，培养造就一大批勇于创新、敢于冒险的创新型企业家，建设专业化、市场化、国际化的职业经理人队伍。

推动教育创新，改革人才培养模式，把科学精神、创新思维、创造能力和社会责任感的培养贯穿教育全过程。完善高端创新人才和产业技能人才“二元支撑”的人才培养体系，加强普通教育与职业教育衔接。

（八）推动创新创业，激发全社会创造活力

建设和完善创新创业载体，发展创客经济，形成大众创业、万众创新的生动局面。

1. 发展众创空间。依托移动互联网、大数据、云计算等现代信息技术，发展新型创业服务模式，建立一批低成本、便利化、开放式众创空间和虚拟创新社区，建设多种形式的孵化机构，构建“孵化+创投”的创业模式，为创业者提供工作空间、网络空间、社交空间、共享空间，降低大众参与创新创业的成本和门槛。

2. 孵化培育创新型小微企业。适应小型化、智能化、专业化的产业组织新特征，推动分布式、网络化的创新，鼓励企业开展商业模式创新，引导社会资本参与建设面向小微企业的社会化技术创新公共服务平台，推动小微企业向“专精特新”发展，让大批创新活力旺盛的小微企业不断涌现。

3. 鼓励人人创新。推动创客文化进学校，设立创新创业课程，开展品牌性创客活动，鼓励学生动手、实践、创业。支持企业员工参与工艺改进和产品设计，鼓励一切有益的微创新、微创业和小发明、小改进，将奇思妙想、创新创意转化为实实在在的创业活动。

五、战略保障

实施创新驱动发展战略，必须从体制改革、环境营造、资源投入、扩大开放等方面加大保障力度。

（一）改革创新治理体系

顺应创新主体多元、活动多样、路径多变的新趋势，推动政府管理创新，形成多元参与、协同高效的创新治理格局。

建立国家高层次创新决策咨询机制，定期向党中央、国务院报告国内外科技创新动态，提出重大政策建议。转变政府创新管理职能，合理定位政府和市场功能。强化政府战略规划、政策制定、环境营造、公共服务、监督评估和重大任务实施等职能。对于竞争性的新技术、新产品、新业态开发，应交由市场和企业来决定。建立创新治理的社会参与机制，发挥各类行业协会、基金会、科技社团等在推动创新驱动发展中的作用。

合理确定中央各部门功能性分工，发挥行业主管部门在创新需求凝炼、任务组织实施、成果推广应用等方面的作用。科学划分中央和地方科技管理事权，中央政府职能侧重全局性、基础性、长远性工作，地方政府职能侧重推动技术开发和转化应用。

构建国家科技管理基础制度。再造科技计划管理体系，改进和优化国家科技计划管理流程，建设国家科技计划管理信息系统，构建覆盖全过程的监督和评估制度。完善国家科技报告制度，建立国家重大科研基础设施和科技基础条件平台开放共享制度，推动科技资源向各类创新主体开放。建立国家创新调查制度，引导各地树立创新发展导向。

（二）多渠道增加创新投入

切实加大对基础性、战略性和公益性研究稳定支持力度，完善稳定支持和竞争性支持相协调的机制。改革中央财政科技计划和资金管理，提高资金使用效益。完善激励企业研发的普惠性政策，引导企业成为技术创新投入主体。

探索建立符合中国国情、适合科技创业企业发展的金融服务模式。鼓励银行业金融机构创新金融产品，拓展多层次资本市场支持创新的功能，积极发展天使投资，壮大创业投资规模，运用互联网金融支持创新。充分发挥科技成果转化、中小企业创新、新兴产业培育等方面基金的作用，引导带动社会资本投入创新。

（三）全方位推进开放创新

抓住全球创新资源加速流动和我国经济地位上升的历史机遇，提高我国全球配置创新资源能力。支持企业面向全球布局创新网络，鼓励建立海外研发中心，按照国际规则并购、合资、参股国外创新型企业和研发机构，提高海外知识产权运营能力。以卫星、高铁、核能、超级计算机等为重点，推动我国先进技术和装备走出去。鼓励外商投资战略性新兴产业、高新技术产业、现代服务业，支持跨国公司在中国设立研发中心，实现引资、引智、引技相结合。

深入参与全球科技创新治理，主动设置全球性创新议题，积极参与重大国际科技合作规则制定，共同应对粮食安全、能源安全、环境污染、气候变化以及公共卫生等全球性挑战。丰富和深化创新对话，围绕落实“一带一路”战略构想和亚太互联互通蓝图，合作建设面向沿线国家的科技创新基地。积极参与和主导国际大科学计划和工程，提高国家科技计划对外开放水平。

（四）完善突出创新导向的评价制度

根据不同创新活动的规律和特点，建立健全科学分类的创新评价制度体系。推进高校和科研院所分类评价，实施绩效评价，把技术转移和科研成果对经济社会的影响纳入评价指标，将评价结果作为财政科技经费支持的重要依据。完善人才评价制度，进一步改革完善职称评审制度，增加用人单位评价自主权。推行第三方评价，探索建立政府、社会组织、公众等多方参与的评价机制，拓展社会化、专业化、国际化评价渠道。改革国家科技奖励制度，优化结构、减少数量、提高质量，逐步由申报制改为提名制，强化对人的激励。发展具有品牌和公信力的社会奖项。完善国民经济核算体系，逐步探索将反映创新活动的研发支出纳入投资统计，反映无形资产对经济的贡献，突出创新活动的投入和成效。改革完善国有企业评价机制，把研发投入和创新绩效作为重要考核指标。

（五）实施知识产权、标准、质量和品牌战略

加快建设知识产权强国。深化知识产权领域改革，深入实施知识产权战略行动计划，提高知识产权的创造、运用、保护和管理能力。引导支持市场主体创造和运用知识产权，以知识产权利益分享机制为纽带，促进创新成果知识产权化。充分发挥知识产权司法保护的主导作用，增强全民知识产权保护意识，强化知识产权制度对创新的基本保障作用。健全防止滥用知识产权的反垄断审查制度，建立知识产权侵权国际调查和海外维权机制。

提升中国标准水平。强化基础通用标准研制，健全技术创新、专利保护与标准化互动支撑机制，及时将先进技术转化为标准。推动我国产业采用国际先进标准，强化强制性标准制定与实施，形成支撑产业升级的标准群，全面提高行业技术标准和产业准入水平。支持我国企业、联盟和社团参与或主导国际标准研制，推动我国优势技术与标准成为国际标准。

推动质量强国和中国品牌建设。完善质量诚信体系，形成一批品牌形象突出、服务平台完备、质量水平一流的优势企业和产业集群。制定品牌评价国际标准，建立国际互认的品牌评价体系，推动中国优质品牌国际化。

（六）培育创新友好的社会环境

健全保护创新的法治环境。加快创新薄弱环节和领域的立法进程，修改不符合创新导向的法规文件，废除制约创新的制度规定，构建综合配套精细化的法治保障体系。

培育开放公平的市场环境。加快突破行业垄断和市场分割。强化需求侧创新政策的引导作用，建立符合国际规则的政府采购制度，利用首台套订购、普惠性财税和保险等政策手段，降低企业创新成本，扩大创新产品和服务的市场空间。推进要素价格形成机制的市场化改革，强化能源资源、生态环境等方面的刚性约束，提高科技和人才等创新要素在产品价格中的权重，让善于创新者获得更大的竞争优势。

营造崇尚创新的文化环境。大力宣传广大科技工作者爱国奉献、勇攀高峰的感人事迹和崇高精神，在全社会形成鼓励创造、追求卓越的创新文化，推动创新成为民族精神的重要内涵。倡导百家争鸣、尊重科学家个性的学术文化，增强敢为人先、勇于冒尖、大胆质疑的创新自信。重视科研试错探索价值，建立鼓励创新、宽容失败的容错纠错机制。营造宽松的科研氛围，保障科技人员的学术自由。加强科研诚信建设，引导广大科技工作者恪守学术道德，坚守社会责任。加强科学教育，丰富科学教育教学内容和形式，激发青少年的科技兴趣。加强科学技术普及，提高全民科学素养，在全社会塑造科学理性精神。

六、组织实施

实施创新驱动发展战略是我们党在新时期的重大历史使命。全党全国必须统一思想，各级党委和政府必须切实增强责任感和紧迫感，统筹谋划，系统部署，精心组织，扎实推进。

加强领导。按照党中央、国务院统一部署，国家科技体制改革和创新体系建设领导小组负责本纲要的具体组织实施工作，加强对创新驱动发展重大战略问题的研究和审议，指导推动纲要落实。

分工协作。国务院和军队各有关部门、各省（自治区、直辖市）要根据本纲要制定具体实施方案，强化大局意识、责任意识，加强协同、形成合力。

开展试点。加强任务分解，明确责任单位和进度安排，制订年度和阶段性实施计划。对重大改革任务和重点政策措施，要制定具体方案，开展试点。

监测评价。完善以创新发展为导向的考核机制，将创新驱动发展成效作为重要考核指标，引导广大干部树立正确政绩观。加强创新调查，建立定期监测评估和滚动调整机制。

加强宣传。做好舆论宣传，及时宣传报道创新驱动发展的新进展、新成效，让创新驱动发展理念成为全社会共识，调动全社会参与支持创新积极性。

全党全社会要紧密团结在以习近平同志为总书记的党中央周围，把各方面力量凝聚到创新驱动发展上来，为全面建成创新型国家、实现中华民族伟大复兴的中国梦而努力奋斗。

中华人民共和国国民经济和社会发展第十三个五年规划纲要（节选）

中华人民共和国国民经济和社会发展第十三个五年（2016～2020年）规划纲要，根据《中共中央关于制定国民经济和社会发展第十三个五年规划的建议》编制，主要阐明国家战略意图，明确经济社会发展宏伟目标、主要任务和重大举措，是市场主体的行为导向，是政府履行职责的重要依据，是全国各族人民的共同愿景。

第一篇 指导思想、主要目标和发展理念

“十三五”时期是全面建成小康社会决胜阶段。必须认真贯彻党中央战略决策和部署，准确把握国内外发展环境和条件的深刻变化，积极适应把握引领经济发展新常态，全面推进创新发展、协调发展、绿色发展、开放发展、共享发展，确保全面建成小康社会。

第一章 发展环境

“十二五”时期是我国发展很不平凡的五年。面对错综复杂的国际环境和艰巨繁重的国内改革发展稳定任务，党中央、国务院团结带领全国各族人民顽强拼搏、开拓创新，经济社会发展取得显著成就，胜利完成“十二五”规划确定的主要目标和任务。

积极应对国际金融危机持续影响等一系列重大风险挑战，适应经济发展新常态，不断创新和完善宏观调控，推动形成经济结构优化、发展动力转换、发展方式转变加快的良好态势。经济保持持续较快发展，经济总量稳居世界第二位，人均国内生产总值增至49351元（折合7924美元）。经济结构调整取得重大进展，农业稳定增长，第三产业增加值占国内生产总值比重超过第二产业，居民消费率不断提高，城乡区域差距趋于缩小，常住人口城镇化率达到56.1%，基础设施水平全面跃升，高技术产业、战略性新兴产业加快发展，一批重大科技成果达到世界先进水平。公共服务体系基本建立、覆盖面持续扩大，教育水平明显提升，全民健康状况明显改善，新增就业持续增加，贫困人口大幅减少，人民生活水平和质量进一步提高。生态文明建设取得新进展，主体功能区制度逐步健全，主要污染物排放持续减少，节能环保水平明显提升。全面深化改革有力推进，经济体制继续完善，人民民主不断扩大，依法治国开启新征程。全方位外交取得重大进展，国际地位显著提高，对外开放不断深入，成为全球第一货物贸易大国和主要对外投资大国，人民币纳入国际货币基金组织特别提款权货币篮子。中华民族伟大复兴的中国梦和社会主义核心价值观深入人心，国家文化软实力不断增强。中国特色军事变革成就显著，强军兴军迈出新步伐。全面从严治党开创新局面，党风廉政建设成效显著。我国经济实力、科技实力、国防实力、国际影响力又上了一个大台阶。

尤为重要的是，党的十八大以来，以习近平同志为总书记的党中央毫不动摇坚持和发展中国特色社会主义，勇于实践、善于创新，深化对共产党执政规律、社会主义建设规律、人类社会发展规律的认识，形成一系列治国理政新理念新思想新战略，为在新的历史条件下深化改革开放、加快推进社会主义现代化提供了科学理论指导和行动指南。

“十三五”时期，国内外发展环境更加错综复杂。从国际看，和平与发展的时代主题没有变，世界多极化、经济全球化、文化多样化、社会信息化深入发展。国际金融危机冲击和深层次影响在相当长时期依然存在，世界经济在深度调整中曲折复苏、增长乏力。主要经济体走势和宏观政策取向分化，金融市场动荡不稳，大宗商品价格大幅波动，全球贸易持续低迷，贸易保护主义强化，新兴经济体困难和风险明显加大。新一轮科技革命和产业变革蓄势待发，国际能源格局发生重大调整。全球治理体系深刻变革，发展中国家群体力量继续增强，国际力量对比逐步趋向平衡，国际投资贸易规则体系加快重构，多边贸易体制受到区域性高标准自由贸易体制挑战。局部地区地缘博弈更加激烈，传统安全威胁和非传统安全威胁交织，国际关系复杂程度前所未有。外部环境不稳定不确定因素明显增多，我国发展面临的风险挑战加大。

从国内看，经济长期向好的基本面没有改变，发展前景依然广阔，但提质增效、转型升级的要求更加紧迫。经济发展进入新常态，向形态更高级、分工更优化、结构更合理阶段演化的趋势更加明显。消费升级加快，市场空间广阔，物质基础雄厚，产业体系完备，资金供给充裕，人力资本丰富，创新累积效应正在显现，综合优势依然显著。新型工业化、信息化、城镇化、农业现代化深入发展，新的增长动力正在孕育形成，新的增长点、增长极、增长带不断成长壮大。全面深化改革和全面推进依法治国正释放新的动力、激发新的活力。同时，必须清醒认识到，发展方式粗放，不平衡、不协调、不可持续问题仍然突出，经济增速换挡、结构调整阵痛、动能转换困难相互交织，面临稳增长、调结构、防风险、惠民生等多重挑战。有效需求乏力和有效供给不足并存，结构性矛盾更加凸显，传统比较优势减弱，创新能力不强，经济下行压力加大，财政收支矛盾更加突出，金融风险隐患增大。农业基础依然薄弱，部分行业产能过剩严重，商品房库存过高，企业效益下滑，债务水平持续上升。城乡区域发展不平衡，空间开发粗放低效，资源约束趋紧，生态环境恶化趋势尚未得到根本扭转。基本公共服务供给仍然不足，收入差距较大，人口老龄化加快，消除贫困任务艰巨。重大安全事故频发，影响社会稳定因素增多，国民文明素质和社会文明程度有

待提高，法治建设有待加强，维护社会和谐稳定难度加大。

综合判断，我国发展仍处于可以大有作为的重要战略机遇期，也面临诸多矛盾叠加、风险隐患增多的严峻挑战。必须准确把握战略机遇期内涵和条件的深刻变化，增强忧患意识、责任意识，强化底线思维，尊重规律与国情，积极适应把握引领新常态，坚持中国特色社会主义政治经济学的重要原则，坚持解放和发展社会生产力、坚持社会主义市场经济改革方向、坚持调动各方面积极性，坚定信心，迎难而上，继续集中力量办好自己的事情，着力在优化结构、增强动力、化解矛盾、补齐短板上取得突破，切实转变发展方式，提高发展质量和效益，努力跨越“中等收入陷阱”，不断开拓发展新境界。

第二章 指导思想

高举中国特色社会主义伟大旗帜，全面贯彻党的十八大和十八届三中、四中、五中全会精神，以马克思列宁主义、毛泽东思想、邓小平理论、“三个代表”重要思想、科学发展观为指导，深入贯彻习近平总书记系列重要讲话精神，坚持全面建成小康社会、全面深化改革、全面依法治国、全面从严治党的战略布局，坚持发展是第一要务，牢固树立和贯彻落实创新、协调、绿色、开放、共享的发展理念，以提高发展质量和效益为中心，以供给侧结构性改革为主线，扩大有效供给，满足有效需求，加快形成引领经济发展新常态的体制机制和发展方式，保持战略定力，坚持稳中求进，统筹推进经济建设、政治建设、文化建设、社会建设、生态文明建设和党的建设，确保如期全面建成小康社会，为实现第二个百年奋斗目标、实现中华民族伟大复兴的中国梦奠定更加坚实的基础。

必须遵循以下原则：

——坚持人民主体地位。人民是推动发展的根本力量，实现好、维护好、发展好最广大人民根本利益是发展的根本目的。必须坚持以人民为中心的发展思想，把增进人民福祉、促进人的全面发展作为发展的出发点和落脚点，发展人民民主，维护社会公平正义，保障人民平等参与、平等发展权利，充分调动人民积极性、主动性、创造性。

——坚持科学发展。发展是硬道理，发展必须是科学发展。我国仍处于并将长期处于社会主义初级阶段，基本国情和社会主要矛盾没有变，这是谋划发展的基本依据。必须坚持以经济建设为中心，从实际出发，把握发展新特征，加大结构性改革力度，加快转变经济发展方式，实现更高质量、更有效率、更加公平、更可持续的发展。

——坚持深化改革。改革是发展的强大动力。必须按照完善和发展中国特色社会主义制度、推进国家治理体系和治理能力现代化的总目标，健全使市场在资源配置中起决定性作用和更好发挥政府作用的制度体系，以经济体制改革为重点，加快完善各方面体制机制，破除一切不利于科学发展的体制机制障碍，为发展提供持续动力。

——坚持依法治国。法治是发展的可靠保障。必须坚定不移走中国特色社会主义法治道路，加快建设中国特色社会主义法治体系，建设社会主义法治国家，推进科学立法、严格执法、公正司法、全民守法，加快建设法治经济和法治社会，把经济社会发展纳入法治轨道。

——坚持统筹国内国际两个大局。全方位对外开放是发展的必然要求。必须坚持打开国门搞建设，既立足国内，充分运用我国资源、市场、制度等优势，又重视国内国际经济联动效应，积极应对外部环境变化，更好利用两个市场、两种资源，推动互利共赢、共同发展。

——坚持党的领导。党的领导是中国特色社会主义制度的最大优势，是实现经济社会持续健康发展的根本政治保证。必须贯彻全面从严治党要求，不断增强党的创造力、凝聚力、战斗力，不断提高党的执政能力和执政水平，确保我国发展航船沿着正确航道破浪前进。

第三章 主要目标

按照全面建成小康社会新的目标要求，今后五年经济社会发展的主要目标是：

——经济保持中高速增长。在提高发展平衡性、包容性、可持续性基础上，到2020年国内生产总值和城乡居民人均收入比2010年翻一番，主要经济指标平衡协调，发展质量和效益明显提高。产业迈向中高端水平，农业现代化进展明显，工业化和信息化融合发展水平进一步提高，先进制造业和战略性新兴产业加快发展，新产业新业态不断成长，服务业比重进一步提高。

——创新驱动发展成效显著。创新驱动发展战略深入实施，创业创新蓬勃发展，全要素生产率明显提高。科技与经济深度融合，创新要素配置更加高效，重点领域和关键环节核心技术取得重大突破，自主创新能力全面增强，迈进创新型国家和人才强国行列。

——发展协调性明显增强。消费对经济增长贡献继续加大，投资效率和企业效率明显上升。城镇化质量明显改善，户籍人口城镇化率加快提高。区域协调发展新格局基本形成，发展空间布局得到优化。对外开放深度广度不断提高，全球配置资源能力进一步增强，进出口结构不断优化，国际收支基本平衡。

——人民生活水平和质量普遍提高。就业、教育、文化体育、社保、医疗、住房等公共服务体系更加健全，基本公共服务均等化水平稳步提高。教育现代化取得重要进展，劳动年龄人口受教育年限明显增加。就业比较充分，收入差距缩小，中等收入人口比重上升。我国现行标准下农村贫困人口实现脱贫，贫困县全部摘帽，解决区域性整体贫困。

——国民素质和社会文明程度显著提高。中国梦和社会主义核心价值观更加深入人心，爱国主义、集体主义、社会主义思想广泛弘扬，向上向善、诚信互助的社会风尚更加浓厚，国民思想道德素质、科学文化素质、健康素质明显提高，全社会法治意识不断增强。公共文化服务体系基本建成，文化产业成为国民经济支柱性产业。中华文化影响持续扩大。

——生态环境质量总体改善。生产方式和生活方式绿色、低碳水平上升。能源资源开发利用效率大幅提高，能源和水资源消耗、建设用地、碳排放总量得到有效控制，主要污染物排放总量大幅减少。主体功能区布局和生态安全屏障基本形成。

——各方面制度更加成熟更加定型。国家治理体系和治理能力现代化取得重大进展，各领域基础性制度体系基本形成。人民民主更加健全，法治政府基本建成，司法公信力明显提高。人权得到切实保障，产权得到有效保护。开放型经济新体制基本形成。中国特色现代军事体系更加完善。党的建设制度化水平显著提高。

第四章 发展理念

实现发展目标，破解发展难题，厚植发展优势，必须牢固树立和贯彻落实创新、协调、绿色、开放、共享的新发展理念。

创新是引领发展的第一动力。必须把创新摆在国家发展全局的核心位置，不断推进理论创新、制度创新、科技创新、文化创新等各方面创新，让创新贯穿党和国家一切工作，让创新在全社会蔚然成风。

协调是持续健康发展的内在要求。必须牢牢把握中国特色社会主义事业总体布局，正确处理发展中的重大关系，重点促进城乡区域协调发展，促进经济社会协调发展，促进新型工业化、信息化、城镇化、农业现代化同步发展，在增强国家硬实力的同时注重提升国家软实力，不断增强发展整体性。

绿色是永续发展的必要条件和人民对美好生活追求的重要体现。必须坚持节约资源和保护环境的基本国策，坚持可持续发展，坚定走生产发展、生活富裕、生态良好的文明发展道路，加快建设资源节约型、环境友好型社会，形成人与自然和谐发展现代化建设新格局，推进美丽中国建设，为全球生态安全作出新贡献。

开放是国家繁荣发展的必由之路。必须顺应我国经济深度融入世界经济的趋势，奉行互利共赢的开放战略，坚持内外需协调、进出口平衡、引进来和走出去并重、引资和引技引智并举，发展更高层次的开放型经济，积极参与全球经济治理和公共产品供给，提高我国在全球经济治理中的制度性话语权，构建广泛的利益共同体。

共享是中国特色社会主义的本质要求。必须坚持发展为了人民、发展依靠人民、发展成果由人民共享，作出更有效的制度安排，使全体人民在共建共享发展中有更多获得感，增强发展动力，增进人民团结，朝着共同富裕方向稳步前进。

坚持创新发展、协调发展、绿色发展、开放发展、共享发展，是关系我国发展全局的一场深刻变革。创新、协调、绿色、开放、共享的新发展理念是具有内在联系的集合体，是“十三五”乃至更长时期我国发展思路、发展方向、发展着力点的集中体现，必须贯穿于“十三五”经济社会发展的各领域各环节。

第五章 发展主线

贯彻落实新发展理念、适应把握引领经济发展新常态，必须在适度扩大总需求的同时，着力推进供给侧结构性改革，使供给能力满足广大人民日益增长、不断升级和个性化的物质文化和生态环境需要。必须用改革的办法推进结构调整，加大重点领域关键环节市场化改革力度，调整各类扭曲的政策和制度安排，完善公平竞争、优胜劣汰的市场环境和机制，最大限度激发微观活力，优化要素配置，推动产业结构升级，扩大有效和中高端供给，增强供给结构适应性和灵活性，提高全要素生产率。必须以提高供给体系的质量和效率为目标，实施宏观政策要稳、产业政策要准、微观政策要活、改革政策要实、社会政策要托底的政策支柱，去产能、去库存、去杠杆、降成本、补短板，加快培育新的发展动能，改造提升传统比较优势，夯实实体经济根基，推动社会生产力水平整体改善。

第二篇 实施创新驱动发展战略

把发展基点放在创新上，以科技创新为核心，以人才发展为支撑，推动科技创新与大众创业万众创新有机结合，塑造更多依靠创新驱动、更多发挥先发优势的引领型发展。

第六章 强化科技创新引领作用

发挥科技创新在全面创新中的引领作用，加强基础研究，强化原始创新、集成创新和引进消化吸收再创新，着力增强自主创新能力，为经济社会发展提供持久动力。

第一节 推动战略前沿领域创新突破

坚持战略和前沿导向，集中支持事关发展全局的基础研究和共性关键技术研究，更加重视原始创新和颠覆性技术创新。聚焦目标、突出重点，加快实施已有国家重大科技专项，部署启动一批新的重大科技项目。加快突破新一代信息通信、新能源、新材料、航空航天、生物医药、智能制造等领域核心技术。加强深海、深地、深空、深蓝等领域的战略高技术部署。围绕现代农业、城镇化、环境治理、健康养老、公共服务等领域的瓶颈制约，制定系统性技术解决方案。强化宇宙演化、物质结构、生命起源、脑与认知等基础前沿科学研究。积极提出并牵头组织国际大科学计划和大科学工程，建设若干国际创新合作平台。

第二节 优化创新组织体系

明确各类创新主体功能定位，构建政产学研用一体的创新网络。强化企业创新主体地位和主导作用，鼓励企业开展基础性前沿性创新研究，深入实施创新企业百强工程，形成一批有国际竞争力的创新型领军企业，支持科技型中小企业发展。推进科教融合发展，促进高等学校、职业院校和科研院所全面参与国家创新体系建设，支持一批高水平大学和科研院所组建跨学科、综合交叉的科研团队。在重大关键项目上发挥市场经济条件下新型举国体制优势。实施国家技术创新工程，构建产业技术创新联盟，发展市场导向的新型研发机构，推动跨领域跨行业协同创新。

第三节 提升创新基础能力

瞄准国际科技前沿，以国家目标和战略需求为导向，布局一批高水平国家实验室。加快能源、生命、地球系统与环境、材料、粒子物理和核物理、空间和天文、工程技术等科学领域和部分多学科交叉领域国家重大科技基础设施建设，依托现有先进设施组建综合性国家科学中心。依托企业、高校、科研院所建设一批国家技术创新中心，支持企业技术中心建设。推动高校、科研院所开放科研基础设施和创新资源。

第四节 打造区域创新高地

引导创新要素聚集流动，构建跨区域创新网络。充分发挥高校和科研院所密集的中心城市、国家自主创新示范区、国家高新技术产业开发区作用，形成一批带动力强的创新型省份、城市和区域创新中心。系统推进全面创新改革试验。支持北京、上海建设具有全球影响力的科技创新中心。

第七章 深入推进大众创业万众创新

把大众创业万众创新融入发展各领域各环节，鼓励各类主体开发新技术、新产品、新业态、新模式，打造发展新引擎。

第一节 建设创业创新公共服务平台

实施“双创”行动计划，鼓励发展面向大众、服务中小微企业的低成本、便利化、开放式服务平台，打造一批“双创”示范基地和城市。加强信息资源整合，向企业开放专利信息资源和科研基地。鼓励大型企业建立技术转移和服务平台，向创业者提供技术支撑服务。完善创业培育服务，打造创业服务与创业投资结合、线上与线下结合的开放式服务载体。更好发挥政府创业投资引导基金作用。

第二节 全面推进众创众包众扶众筹

依托互联网拓宽市场资源、社会需求与创业创新对接通道。推进专业空间、网络平台和企业内部众创，加强创新资源共享。推广研发创意、制造运维、知识内容和生活服务众包，推动大众参与线上生产流通分工。发展公众众扶、分享众扶和互助众扶。完善监管制度，规范发展实物众筹、股权众筹和网络借贷。

第八章 构建激励创新的体制机制

破除束缚创新和成果转化的制度障碍，优化创新政策供给，形成创新活力竞相迸发、创新成果高效转化、创新价值充分体现的体制机制。

第一节 深化科技管理体制改革

尊重科学研究规律，推动政府职能从研发管理向创新服务转变。改革科研经费管理制度，深化中央财政科技计划管理改革，完善计划项目生成机制和实施机制。建立统一的科技管理平台，健全科技报告、创新调查、资源开放共享机制。完善国家科技决策咨询制度，增强企业家在国家创新决策体系中的话语权。市场导向的科技项目主要由企业牵头。扩大高校和科研院所自主权，实行中长期目标导向的考核评价机制，更加注重研究质量、原创价值和实际贡献。赋予创新领军人才更大人财物支配权、技术路线决策权。支持自主探索，包容非共识创新。深化知识产权领域改革，强化知识产权司法保护。

第二节 完善科技成果转化和收益分配机制

实施科技成果转化行动，全面下放创新成果处置权、使用权和收益权，提高科研人员成果转化收益分享比例，支持科研人员兼职和离岗转化科技成果。建立从实验研究、中试到生产的全过程科技创新融资模式，促进科技成果资本化产业化。实行以增加知识价值为导向的分配政策，加强对创新人才的股权、期权、分红激励。

第三节 构建普惠性创新支持政策体系

营造激励创新的市场竞争环境，清理妨碍创新的制度规定和行业标准，加快创新薄弱环节和领域立法，强化产业技术政策和标准的执行监管。增加财政科技投入，重点支持基础前沿、社会公益和共性关键技术研究。落实企业研发费用加计扣除和扩大固定资产加速折旧实施范围政策，强化对创新产品的首购、订购支持，激励企业增加研发投入。强化金融支持，大力发展风险投资。更好发挥企业家作用，包容创新对传统利益格局的挑战，依法保护企业家财产权和创新收益。

第九章 实施人才优先发展战略

把人才作为支撑发展的第一资源，加快推进人才发展体制和政策创新，构建有国际竞争力的人才制度优势，提高人才质量，优化人才结构，加快建设人才强国。

第一节 建设规模宏大的人才队伍

推动人才结构战略性调整，突出“高精尖缺”导向，实施重大人才工程，着力发现、培养、集聚战略科学家、科技领军人才、社科人才、企业家人才和高技能人才队伍。培养一批讲政治、懂专业、善管理、有国际视野的党政人才。善于发现、重点支持、放手使用青年优秀人才。改革院校创新型人才培养模式，引导推动人才培养链与产业链、创新链有机衔接。

第二节 促进人才优化配置

建立健全人才流动机制，提高社会横向和纵向流动性，促进人才在不同性质单位和不同地域间有序自由流动。完善工资、医疗待遇、职称评定、养老保障等激励政策，激励人才向基层一线、中西部、艰苦边远地区流动。开展东部沿海地区与中西部地区、东北等老工业基地人才交流和对口支援，继续实施东部城市对口支持西部地区人才培训工程。

第三节 营造良好的人才发展环境

完善人才评价激励机制和服务保障体系，营造有利于人人皆可成才和青年人才脱颖而出的社会环境。发挥政府投入引导作用，鼓励人才资源开发和人才引进。完善业绩和贡献导向的人才评价标准。保障人才以知识、技能、管理等创新要素参与利益分配，以市场价值回报人才价值，强化对人才的物质和精神激励，鼓励人才弘扬奉献精神。营造崇尚专业的社会氛围，大力弘扬新时期工匠精神。实施更积极、更开放、更有效的人才引进政策，完善外国人永久居留制度，放宽技术技能型人才取得永久居留权的条件。加快完善高效便捷的海外人才来华工作、出入境、居留管理服务。扩大来华留学规模，优化留学生结构，完善培养支持机制。培养推荐优秀人才到国际组织任职，完善配套政策，畅通回国任职通道。

第十章 拓展发展动力新空间

坚持需求引领、供给创新，提高供给质量和效率，激活和释放有效需求，形成消费与投资良性互动、需求升级与供给升级协调共进的高效循环，增强发展新动能。

第一节 促进消费升级

适应消费加快升级，以消费环境改善释放消费潜力，以供给改善和创新更好满足、创造消费需求，不断增强消费拉动经济的基础作用。增强消费能力，改善大众消费预期，挖掘农村消费潜力，着力扩大居民消费。以扩大服务消费为重点带动消费结构升级，支持信息、绿色、时尚、品质等新型消费，稳步促进住房、汽车和健康养老等大宗消费。推动线上线下融合等消费新模式发展。实施消费品质量提升工程，强化消费者权益保护，充分发挥消费者协会作用，营造放心便利的消费环境。积极引导海外消费回流。以重要旅游目的地城市为依托，优化免税店布局，培育发展国际消费中心。

第二节　扩大有效投资

围绕有效需求扩大有效投资，优化供给结构，提高投资效率，发挥投资对稳增长、调结构的关键作用。更好发挥社会投资主力军作用，营造宽松公平的投资经营环境，鼓励民间资本和企业投资，激发民间资本活力和潜能。充分发挥政府投资的杠杆撬动作用，加大对公共产品和公共服务的投资力度，加大人力资本投资，增加有利于供给结构升级、弥补小康短板、城乡区域协调、增强发展后劲的投资，启动实施一批全局性、战略性、基础性重大投资工程。

第三节　培育出口新优势

适应国际市场需求变化，加快转变外贸发展方式，优化贸易结构，发挥出口对增长的促进作用。加快培育以技术、标准、品牌、质量、服务为核心的对外经济新优势，推动高端装备出口，提高出口产品科技含量和附加值。扩大服务出口，健全售后保养维修等服务体系，促进在岸、离岸服务外包协调发展。加大对中小微企业出口支持力度。

第三篇　构建发展新体制

发挥经济体制改革牵引作用，正确处理政府和市场关系，在重点领域和关键环节改革上取得突破性进展，形成有利于引领经济发展新常态的体制机制。

第十一章　坚持和完善基本经济制度

坚持公有制为主体、多种所有制经济共同发展。毫不动摇巩固和发展公有制经济，毫不动摇鼓励、支持、引导非公有制经济发展。依法监管各种所有制经济。

第一节　大力推进国有企业改革

坚定不移把国有企业做强做优做大，培育一批具有自主创新能力和国际竞争力的国有骨干企业，增强国有经济活力、控制力、影响力、抗风险能力，更好地服务于国家战略目标。商业类国有企业以增强国有经济活力、放大国有资本功能、实现国有资产保值增值为主要目标，依法独立自主开展生产经营活动，实现优胜劣汰、有序进退。公益类国有企业以保障民生、服务社会、提供公共产品和服务为主要目标，引入市场机制，加强成本控制、产品服务质量、运营效率和保障能力考核。加快国有企业公司制股份制改革，完善现代企业制度、公司法人治理结构。建立国有企业职业经理人制度，完善差异化薪酬制度和创新激励。加快剥离企业办社会职能和解决历史遗留问题。着力推进农垦改革发展。

第二节　完善各类国有资产管理体制

以管资本为主加强国有资产监管，提高资本回报，防止国有资产流失。改组组建国有资本投资、运营公司，提高国有资本配置和运行效率，形成国有资本流动重组、布局调整的有效平台。健全国有资本合理流动机制，推进国有资本布局战略性调整，引导国有资本更多投向关系国家安全、国民经济命脉的重要行业和关键领域。建立国有资产出资人监管权力清单和责任清单，稳步推进经营性国有资产集中统一监管，建立覆盖全部国有企业、分级管理的国有资本经营预算管理制度。对国有企业国有资本和企业领导人员履行经济责任情况实行审计全覆盖。

第三节　积极稳妥发展混合所有制经济

支持国有资本、集体资本、非公有资本等交叉持股、相互融合。推进公有制经济之间股权多元化改革。稳妥推动国有企业发展混合所有制经济，开展混合所有制改革试点示范。引入非国有资本参与国有企业改革，鼓励发展非公有资本控股的混合所有制企业。鼓励国有资本以多种方式入股非国有企业。

第四节　支持非公有制经济发展

坚持权利平等、机会平等、规则平等，更好激发非公有制经济活力和创造力。废除对非公有制经济各种形式的不合理规定，消除各种隐性壁垒，保证依法平等使用生产要素、公平参与市场竞争、同等受到法律保护、共同履行社会责任。鼓励民营企业依法进入更多领域。

第十二章　建立现代产权制度

健全归属清晰、权责明确、保护严格、流转顺畅的现代产权制度。推进产权保护法治化，依法保护各种所有制经济权益。依法合规界定企业财产权归属，保障国有资本收益权和企业自主经营权，健全规则、过程、结果公开的国有资产产权交易制度。完善农村集体产权权能，全面完成农村承包经营地、宅基地、农房、集体建设用地确权登记颁证。完善集体经济组织成员认定办法和集体经济资产所有权实现形式，将经营性资产折股量化到本集体经济组织成员。规范农村产权流转交易，完善农村集体资产处置决策程序。全面落实不动产统一登记制度。加快构建自然资源资产产权制度，确定产权主体，创新产权实现形式。保护自然资源资产所有者权益，公平分享自然资源资产收益。深化矿业权制度改革。建立健全生态环境性权益交易制度和平台。实施严格的知识产权保护制度，完善有利于激励创新的知识产权归属制度，建设知识产权运营交易和服务平台，建设知识产权强国。

第十三章　健全现代市场体系

加快形成统一开放、竞争有序的市场体系，建立公平竞争保障机制，打破地域分割和行业垄断，着力清除市场壁垒，促进商品和要素自由有序流动、平等交换。

第一节　健全要素市场体系

加快建立城乡统一的建设用地市场，在符合规划、用途管制和依法取得前提下，推进农村集体经营性建设用地与国有建设用地同等入市、同权同价。健全集体土地征收制度，缩小征地范围，规范征收程序，完善被征地农民权益保障机制。开展宅基地融资抵押、适度流转、自愿有偿退出试点。完善工业用地市场化配置制度。统筹人力资源市场，实行平等就业制度。加强各类技术交易平台建设，健全技术市场交易规则，鼓励技术中介服务机构发展。

第二节 推进价格形成机制改革

减少政府对价格形成的干预，全面放开竞争性领域商品和服务价格，放开电力、石油、天然气、交通运输、电信等领域竞争性环节价格。理顺医疗服务价格。完善水价形成机制。完善居民阶梯电价，全面推行居民阶梯水价、气价。健全物价补贴联动机制。建立健全公用事业和公益性服务政府投入与价格调整相协调机制。规范定价程序，加强成本监审，推进成本公开。

第三节 维护公平竞争

清理废除妨碍统一市场和公平竞争的各种规定和做法。健全竞争政策，完善市场竞争规则，实施公平竞争审查制度。放宽市场准入，健全市场退出机制。健全统一规范、权责明确、公正高效、法治保障的市场监管和反垄断执法体系。严格产品质量、安全生产、能源消耗、环境损害的强制性标准，建立健全市场主体行为规则和监管办法。健全社会化监管机制，畅通投诉举报渠道。强化互联网交易监管。严厉打击制假售假行为。

第十四章 深化行政管理体制改革

加快政府职能转变，持续推进简政放权、放管结合、优化服务，提高行政效能，激发市场活力和社会创造力。

第一节 深入推进简政放权

建立健全权力清单、责任清单、负面清单管理模式，划定政府与市场、社会的权责边界。深化行政审批制度改革，最大限度减少政府对企业经营的干预，最大限度缩减政府审批范围。增强简政放权的针对性、协同性。深化商事制度改革，提供便捷便利服务。深化承担行政职能事业单位改革，大力推进政事分开。

第二节 提高政府监管效能

转变监管理念，加强事中事后监管。制定科学有效的市场监管规则、流程和标准，健全监管责任制，推进监管现代化。创新监管机制和监管方式，推进综合执法和大数据监管，运用市场、信用、法治等手段协同监管。全面实行随机抽取检查对象、随机抽取执法人员、检查结果公开。强化社会监督。

第三节 优化政府服务

创新政府服务方式，提供公开透明、高效便捷、公平可及的政务服务和公共服务。加快推进行政审批标准化建设，优化直接面向企业和群众服务项目的办事流程和服务标准。加强部门间业务协同。推广“互联网＋政务服务”，全面推进政务公开。

第十五章 加快财税体制改革

围绕解决中央地方事权和支出责任划分、完善地方税体系、增强地方发展能力、减轻企业负担等关键性问题，深化财税体制改革，建立健全现代财税制度。

第一节 确立合理有序的财力格局

建立事权和支出责任相适应的制度，适度加强中央事权和支出责任。结合税制改革，考虑税种属性，进一步理顺中央和地方收入划分，完善增值税划分办法。完善中央对地方转移支付制度，规范一般性转移支付制度，完善资金分配办法，提高财政转移支付透明度。健全省以下财力分配机制。

第二节 建立全面规范公开透明的预算制度

建立健全预算编制、执行、监督相互制约、相互协调机制。完善政府预算体系，加大政府性基金预算、国有资本经营预算与一般公共预算的统筹力度，完善社会保险基金预算编制制度。实施跨年度预算平衡机制和中期财政规划管理，加强与经济社会发展规划计划的衔接。全面推进预算绩效管理。建立政府资产报告制度，深化政府债务管理制度改革，建立规范的政府债务管理及风险预警机制。建立权责发生制政府综合财务报告制度和财政库底目标余额管理制度。扩大预算公开范围，细化公开内容。

第三节 改革和完善税费制度

按照优化税制结构、稳定宏观税负、推进依法治税的要求全面落实税收法定原则，建立税种科学、结构优化、法律健全、规范公平、征管高效的现代税收制度，逐步提高直接税比重。全面完成营业税改增值税改革，建立规范的消费型增值税制度。完善消费税制度。实施资源税从价计征改革，逐步扩大征税范围。清理规范相关行政事业性收费和政府性基金。开征环境保护税。完善地方税体系，推进房地产税立法。完善关税制度。加快推进非税收入管理改革，建立科学规范、依法有据、公开透明的非税收入管理制度。深化国税、地税征管体制改革，完善税收征管方式，提高税收征管效能。推行电子发票。

第五篇 优化现代产业体系

围绕结构深度调整、振兴实体经济，推进供给侧结构性改革，培育壮大新兴产业，改造提升传统产业，加快构建创新能力强、品质服务优、协作紧密、环境友好的现代产业新体系。

第二十二章 实施制造强国战略

深入实施《中国制造 2025》，以提高制造业创新能力和基础能力为重点，推进信息技术与制造技术深度融合，促进制造业朝高端、智能、绿色、服务方向发展，培育制造业竞争新优势。

第一节 全面提升工业基础能力

实施工业强基工程，重点突破关键基础材料、核心基础零部件（元器件）、先进基础工艺、产业技术基础等“四基”瓶颈。引导整机企业与“四基”企业、高校、科研院所产需对接。支持全产业链协同创新和联合攻关，系统解决“四基”工程化和产业化关键问题。强化基础领域标准、计量、认证认可、检验检测体系建设。实施制造业创新中心建设工程，支持工业设计中心建设。设立国家工业设计研究院。

第二节 加快发展新型制造业

实施高端装备创新发展工程，明显提升自主设计水平和系统集成能力。实施智能制造工程，加快发展智能制造关键技术装备，强化智能制造标准、工业电子设备、核心支撑软件等基础。加强工业互联网设施建设、技术验证和示范推广，推动“中国制造+互联网”取得实质性突破。培育推广新型智能制造模式，推动生产方式向柔性、智能、精细化转变。鼓励建立智能制造产业联盟。实施绿色制造工程，推进产品全生命周期绿色管理，构建绿色制造体系。推动制造业由生产型向生产服务型转变，引导制造企业延伸服务链条、促进服务增值。推进制造业集聚区改造提升，建设一批新型工业化产业示范基地，培育若干先进制造业中心。

第三节 推动传统产业改造升级

实施制造业重大技术改造升级工程，完善政策体系，支持企业瞄准国际同行业标杆全面提高产品技术、工艺装备、能效环保等水平，实现重点领域向中高端的群体性突破。开展改善消费品供给专项行动。鼓励企业并购，形成以大企业集团为核心，集中度高、分工细化、协作高效的产业组织形态。支持专业化中小企业发展。

第四节 加强质量品牌建设

实施质量强国战略，全面强化企业质量管理，开展质量品牌提升行动，解决一批影响产品质量提升的关键共性技术问题，加强商标品牌法律保护，打造一批有竞争力的知名品牌。建立企业产品和服务标准自我声明公开和监督制度，支持企业提高质量在线检测控制和产品全生命周期质量追溯能力。完善质量监管体系，加强国家级检测与评定中心、检验检测认证公共服务平台建设。建立商品质量惩罚性赔偿制度。

第五节 积极稳妥化解产能过剩

综合运用市场机制、经济手段、法治办法和必要的行政手段，加大政策引导力度，实现市场出清。建立以工艺、技术、能耗、环保、质量、安全等为约束条件的推进机制，强化行业规范和准入管理，坚决淘汰落后产能。设立工业企业结构调整专项奖补资金，通过兼并重组、债务重组、破产清算、盘活资产，加快钢铁、煤炭等行业过剩产能退出，分类有序、积极稳妥处置退出企业，妥善做好人员安置等工作。

第六节 降低实体经济企业成本

开展降低实体经济企业成本行动。进一步简政放权，精简规范行政审批前置中介服务，清理规范中介服务收费，降低制度性交易成本。合理确定最低工资标准，精简归并“五险一金”，适当降低缴费比例，降低企业人工成本。降低增值税税负和流转税比重，清理规范涉企基金，清理不合理涉企收费，降低企业税费负担。保持合理流动性和利率水平，创新符合企业需要的直接融资产品，设立国家融资担保基金，降低企业财务成本。完善国际国内能源价格联动和煤电价格联动机制，降低企业能源成本。提高物流组织管理水平，规范公路收费行为，降低企业物流成本。鼓励和引导企业创新管理、改进工艺、节能节材。

第二十三章 支持战略性新兴产业发展

瞄准技术前沿，把握产业变革方向，围绕重点领域，优化政策组合，拓展新兴产业增长空间，抢占未来竞争制高点，使战略性新兴产业增加值占国内生产总值比重达到15%。

第一节 提升新兴产业支撑作用

支持新一代信息技术、新能源汽车、生物技术、绿色低碳、高端装备与材料、数字创意等领域的产业发展壮大。大力推进先进半导体、机器人、增材制造、智能系统、新一代航空装备、空间技术综合服务系统、智能交通、精准医疗、高效储能与分布式能源系统、智能材料、高效节能环保、虚拟现实与互动影视等新兴前沿领域创新和产业化，形成一批新增长点。

第二节 培育发展战略性产业

加强前瞻布局，在空天海洋、信息网络、生命科学、核技术等领域，培育一批战略性产业。大力发展新型飞行器及航行器、新一代作业平台和空天一体化观测系统，着力构建量子通信和泛在安全物联网，加快发展合成生物和再生医学技术，加速开发新一代核电装备和小型核动力系统、民用核分析与成像，打造未来发展新优势。

第三节 构建新兴产业发展新格局

支持产业创新中心、新技术推广应用中心建设，支持创新资源密集度高的城市发展成为新兴产业创新发展策源地。推动新兴产业链创新链快速发展，加速形成特色新兴产业集群。实施新兴产业全球创新发展网络计划，鼓励企业全球配置创新资源，支持建立一批海外研发中心。

第四节 完善新兴产业发展环境

发挥产业政策导向和促进竞争功能，构建有利于新技术、新产品、新业态、新模式发展的准入条件、监管规则和标准体系。鼓励民生和基础设施重大工程采用创新产品和服务。设立国家战略性产业发展基金，充分发挥新兴产业创业投资引导基金作用，重点支持新兴产业领域初创期创新型企业。

第七篇 构筑现代基础设施网络

拓展基础设施建设空间，加快完善安全高效、智能绿色、互联互通的现代基础设施网络，更好发挥对经济社会发展的支撑引领作用。

第二十九章 完善现代综合交通运输体系

坚持网络化布局、智能化管理、一体化服务、绿色化发展，建设国内国际通道联通、区域城乡覆盖广泛、枢纽节点功能完善、运输服务一体高效的综合交通运输体系。

第一节 构建内通外联的运输通道网络

构建横贯东西、纵贯南北、内畅外通的综合运输大通道，加强进出疆、出入藏通道建设，构建西北、西南、东北对外交通走廊和海上丝绸之路走廊。打造高品质的快速网络，加快推进高速铁路成网，完善国家高速公路网络，适度建设地方高速公路，增强枢纽机场和干支线机场功能。完善广覆盖的基础网络，加快中西部铁路建设，推进普通国省道提质改造和瓶颈路段建设，提升沿海和内河水运设施专业化水平，加强农村公路、通用机场建设，推进油气管道区域互联。提升邮政网络服务水平，加强快递基础设施建设。

第二节 建设现代高效的城际城市交通

在城镇化地区大力发展城际铁路、市域（郊）铁路，鼓励利用既有铁路开行城际列车，形成多层次轨道交通骨干网络，高效衔接大中小城市和城镇。实行公共交通优先，加快发展城市轨道交通、快速公交等大容量公共交通，鼓励绿色出行。促进网络预约等定制交通发展。强化中心城区与对外干线公路快速联系，畅通城市内外交通。加强城市停车设施建设。加强邮政、快递网络终端建设。

第三节 打造一体衔接的综合交通枢纽

优化枢纽空间布局，建设北京、上海、广州等国际性综合交通枢纽，提升全国性、区域性和地区性综合交通枢纽水平，加强中西部重要枢纽建设，推进沿边重要口岸枢纽建设，提升枢纽内外辐射能力。完善枢纽综合服务功能，优化中转设施和集疏运网络，强化客运零距离换乘和货运无缝化衔接，实现不同运输方式协调高效，发挥综合优势，提升交通物流整体效率。

第四节 推动运输服务低碳智能安全发展

推进交通运输低碳发展，集约节约利用资源，加强标准化、现代化运输装备和节能环保运输工具推广应用。加快智能交通发展，推广先进信息技术和智能技术装备应用，加强联程联运系统、智能管理系统、公共信息系统建设，加快发展多式联运，提高交通运输服务质量和效益。强化交通运输、邮政安全管理，提升安全保障、应急处置和救援能力。推进出租汽车行业改革、铁路市场化改革，加快推进空域管理体制改革。

第三十章 建设现代能源体系

深入推进能源革命，着力推动能源生产利用方式变革，优化能源供给结构，提高能源利用效率，建设清洁低碳、安全高效的现代能源体系，维护国家能源安全。

第一节 推动能源结构优化升级

统筹水电开发与生态保护，坚持生态优先，以重要流域龙头水电站建设为重点，科学开发西南水电资源。继续推进风电、光伏发电发展，积极支持光热发电。以沿海核电带为重点，安全建设自主核电示范工程和项目。加快发展生物质能、地热能，积极开发沿海潮汐能资源。完善风能、太阳能、生物质能发电扶持政策。优化建设国家综合能源基地，大力推进煤炭清洁高效利用。限制东部、控制中部和东北、优化西部地区煤炭资源开发，推进大型煤炭基地绿色化开采和改造，鼓励采用新技术发展煤电。加强陆上和海上油气勘探开发，有序开放矿业权，积极开发天然气、煤层气、页岩油（气）。推进炼油产业转型升级，开展成品油质量升级行动计划，拓展生物燃料等新的清洁油品来源。

第二节 构建现代能源储运网络

统筹推进煤电油气多种能源输送方式发展，加强能源储备和调峰设施建设，加快构建多能互补、外通内畅、安全可靠的现代能源储运网络。加强跨区域骨干能源输送网络建设，建成蒙西—华中北煤南运战略通道，优化建设电网主网架和跨区域输电通道。加快建设陆路进口油气战略通道。推进油气储备设施建设，提高油气储备和调峰能力。

第三节 积极构建智慧能源系统

加快推进能源全领域、全环节智慧化发展，提高可持续自适应能力。适应分布式能源发展、用户多元化需求，优化电力需求侧管理，加快智能电网建设，提高电网与发电侧、需求侧交互响应能力。推进能源与信息等领域新技术深度融合，统筹能源与通信、交通等基础设施网络建设，建设“源—网—荷—储”协调发展、集成互补的能源互联网。

第十一篇 构建全方位开放新格局

以“一带一路”建设为统领，丰富对外开放内涵，提高对外开放水平，协同推进战略互信、投资经贸合作、人文交流，努力形成深度融合的互利合作格局，开创对外开放新局面。

第四十九章 完善对外开放战略布局

全面推进双向开放，促进国内国际要素有序流动、资源高效配置、市场深度融合，加快培育国际竞争新优势。

第一节 完善对外开放区域布局

加强内陆沿边地区口岸和基础设施建设，开辟跨境多式联运交通走廊。发展外向型产业集群，形成各有侧重的对外开放基地。加快海关特殊监管区域整合优化升级，提高边境经济合作区、跨境经济合作区发展水平。提升经济技术开发区的对外合作水平。以内陆中心城市和城市群为依托，建设内陆开放战略支撑带。支持沿海地区全面参与全球经济合作和竞争，发挥环渤海、长三角、珠三角地区的对外开放门户作用，率先对接国际高标准投资和贸易规则体系，培育具有全球竞争力的经济区。支持宁夏等内陆开放型经济试验区建设。支持中新（重庆）战略性互联互通示范项目。推进双边国际合作产业园建设。探索建立舟山自由贸易港区。

第二节 深入推进国际产能和装备制造合作

以钢铁、有色、建材、铁路、电力、化工、轻纺、汽车、通信、工程机械、航空航天、船舶和海洋工程等行业为重点，采用境外投资、工程承包、技术合作、装备出口等方式，开展国际产能和装备制造合作，推动装备、技术、标准、服务走出去。建立产能合作项目库，推动重大示范项目建设。引导企业集群式走出去，因地制宜建设境外产业集聚区。加快拓展多双边产能合作机制，积极与发达国家合作共同开拓第三方市场。建立企业、金融机构、地方政府、商协会等共同参与的统筹协调和对接机制。完善财税、金融、保险、投融资平台、风险评估等服务支撑体系。

第三节 加快对外贸易优化升级

实施优进优出战略，推动外贸向优质优价、优进优出转变，加快建设贸易强国。促进货物贸易和服务贸易融合发展，大力发展生产性服务贸易，服务贸易占对外贸易比重达到16%以上。巩固提升传统出口优势，促进加工贸易创新发展。优化对外贸易布局，推动出口市场多元化，提高新兴市场比重，巩固传统市场份额。鼓励发展新型贸易方式。发展出口信用保险。积极扩大进口，优化进口结构，更多进口先进技术装备和优质消费品。积极应对国外技术性贸易措施，强化贸易摩擦预警，化解贸易摩擦和争端。

第四节 提升利用外资和对外投资水平

扩大开放领域，放宽准入限制，积极有效引进境外资金和先进技术，提升利用外资综合质量。放开育幼、建筑设计、会计审计等服务领域外资准入限制，扩大银行、保险、证券、养老等市场准入。鼓励外资更多投向先进制造、高新技术、节能环保、现代服务业等领域和中西部及东北地区，支持设立研发中心。鼓励金融机构和企业在境外融资。支持企业扩大对外投资，深度融入全球产业链、价值链、物流链。建设一批大宗商品境外生产基地及合作园区。积极搭建对外投资金融和信息服务平台。

第五十章 健全对外开放新体制

完善法治化、国际化、便利化的营商环境，健全有利于合作共赢、同国际投资贸易规则相适应的体制机制。

第一节 营造优良营商环境

营造公平竞争的市场环境、高效廉洁的政务环境、公正透明的法律政策环境和开放包容的人文环境。统一内外资法律法规，制定外资基础性法律，保护外资企业合法权益。提高自由贸易试验区建设质量，深化在服务业开放、金融开放和创新、投资贸易便利化、事中事后监管等方面的先行先试，在更大范围推广复制成功经验。对外资全面实行准入前国民待遇加负面清单管理制度。完善外商投资国家安全审查制度。创新外资监管服务方式。建立便利跨境电子商务等新型贸易方式的体制，全面推进国际贸易单一窗口、一站式作业、一体化通关和政府信息共享共用、口岸风险联防联控。健全服务贸易促进体系，发挥贸易投资促进机构、行业协会商会等的作用。加强知识产权保护和反垄断执法，深化执法国际合作。

第二节 完善境外投资管理体制

完善境外投资发展规划和重点领域、区域、国别规划体系。健全备案为主、核准为辅的对外投资管理体制，健全对外投资促进政策和服务体系，提高便利化水平。推动个人境外投资，健全合格境内个人投资者制度。建立国有资本、国有企业境外投资审计制度，健全境外经营业绩考核和责任追究制度。

第三节 扩大金融业双向开放

有序实现人民币资本项目可兑换，提高可兑换、可自由使用程度，稳步推进人民币国际化，推进人民币资本走出去。逐步建立外汇管理负面清单制度。放宽境外投资汇兑限制，改进企业和个人外汇管理。放宽跨国公司资金境外运作限制，逐步提高境外放款比例。支持保险业走出去，拓展保险资金境外投资范围。统一内外资企业及金融机构外债管理，稳步推进企业外债登记制管理改革，健全本外币全口径外债和资本流动审慎管理框架体系。加强国际收支监测。推进资本市场双向开放，提高股票、债券市场对外开放程度，放宽境内机构境外发行债券，以及境外机构境内发行、投资和交易人民币债券。提高金融机构国际化水平，加强海外网点布局，完善全球服务网络，提高国内金融市场对境外机构开放水平。

第四节 强化对外开放服务保障

推动同更多国家签署高标准双边投资协定、司法协助协定、税收协定，争取同更多国家互免或简化签证手续。构建高效有力的海外利益保护体系，维护我国公民和法人海外合法权益。健全反走私综合治理机制，完善反洗钱、反恐怖融资、反逃税监管措施，完善风险防范体制机制。提高海外安全保障能力和水平，完善领事保护制度，提供风险预警、投资促进、权益保障等便利服务。强化涉外法律服务，建立知识产权跨境维权援助机制。

第五十一章 推进“一带一路”建设

秉持亲诚惠容，坚持共商共建共享原则，开展与有关国家和地区多领域互利共赢的务实合作，打造陆海内外联动、东西双向开放的全面开放新格局。

第一节 健全“一带一路”合作机制

围绕政策沟通、设施联通、贸易畅通、资金融通、民心相通，健全“一带一路”双边和多边合作机制。推动与沿线国家发展规划、技术标准体系对接，推进沿线国家间的运输便利化安排，开展沿线大通关合作。建立以企业为主体、以项目为基础、各类基金引导、企业和机构参与的多元化融资模式。加强同国际组织和金融组织机构合作，积极推进亚洲基础设施投资银行、金砖国家新开发银行建设，发挥丝路基金作用，吸引国际资金共建开放多元共赢的金融合作平台。充分发挥广大海外侨胞和归侨侨眷的桥梁纽带作用。

第二节 畅通“一带一路”经济走廊

推动中蒙俄、中国—中亚—西亚、中国—中南半岛、新亚欧大陆桥、中巴、孟中印缅等国际经济合作走廊建设，推进与周边国家基础设施互联互通，共同构建连接亚洲各次区域以及亚欧非之间的基础设施网络。加强能源资源和产业链合作，提高就地加工转化率。支持中欧等国际集装箱运输和邮政班列发展。建设上合组织国际物流园和中哈物流合作基地。积极推进“21世纪海上丝绸之路”战略支点建设，参与沿线重要港口建设与经营，推动共建临港产业集聚区，畅通海上贸易通道。推进公铁水及航空多式联运，构建国际物流大通道，加强重要通道、口岸基础设施建设。建设新疆丝绸之路经济带核心区、福建“21世纪海上丝绸之路”核心区。打造具有国际航运影响力的海上丝绸之路指数。

第三节 共创开放包容的人文交流新局面

办好“一带一路”国际高峰论坛，发挥丝绸之路（敦煌）国际文化博览会等作用。广泛开展教育、科技、文化、体育、旅游、环保、卫生及中医药等领域合作。构建官民并举、多方参与的人文交流机制，互办文化年、艺术节、电影节、博览会等活动，鼓励丰富多样的民间文化交流，发挥妈祖文化等民间文化的积极作用。联合开发特色旅游产品，提高旅游便利化。加强卫生防疫领域交流合作，提高合作处理突发公共卫生事件能力。推动建立智库联盟。

第五十二章 积极参与全球经济治理

推动国际经济治理体系改革完善，积极引导全球经济议程，维护和加强多边贸易体制，促进国际经济秩序朝着平等公正、合作共赢的方向发展，共同应对全球性挑战。

第一节 维护多边贸易体制主渠道地位

坚持互利共赢原则，促进全球贸易投资的自由化和便利化，坚定反对各种形式的贸易保护主义。维护世界贸易组织在全球贸易投资中的主渠道地位，推动多边贸易谈判进程，促进多边贸易体制均衡、共赢、包容发展，形成公正、合理、透明的国际经贸规则体系。

第二节 强化区域和双边自由贸易体制建设

加快实施自由贸易区战略，逐步构筑高标准自由贸易区网络。积极同“一带一路”沿线国家和地区商建自由贸易区，加快区域全面经济伙伴关系协定、中国—海合会、中日韩自贸区等谈判，推动与以色列、加拿大、欧亚经济联盟和欧盟等建立自贸关系以及亚太自贸区相关工作。全面落实中韩、中澳等自由贸易协定和中国—东盟自贸区升级议定书。继续推进中美、中欧投资协定谈判。

第三节 推动完善国际经济治理体系

积极参与全球经济治理机制合作，支持主要全球治理平台和区域合作平台更好发挥作用，推动全球治理体制更加公平合理。支持发展中国家平等参与全球经济治理，促进国际货币体系和国际金融监管改革。加强宏观经济政策国际协调，促进全球经济平衡、金融安全、稳定增长。积极参与网络、深海、极地、空天等领域国际规则制定。积极参与国际标准制定。办好二十国集团杭州峰会。

第五十三章 积极承担国际责任和义务

扩大对外援助规模，完善对外援助方式，为发展中国家提供更多免费的人力资源、发展规划、经济政策等方面咨询培训，扩大科技教育、医疗卫生、防灾减灾、环境治理、野生动植物保护、减贫等领域对外合作和援助，加大人道主义援助力度。积极落实2030年可持续发展议程。推动形成多元化开发性融资格局。维护国际公共安全，反对一切形式的恐怖主义，积极支持并参与联合国维和行动，加强防扩散国际合作，参与管控热点敏感问题，共同维护国际通道安全。加强多边和双边协调，参与国际网络空间治理，维护全球网络安全。推动反腐败国际合作。

"十三五"国家战略性新兴产业发展规划

发布单位：国务院

战略性新兴产业代表新一轮科技革命和产业变革的方向，是培育发展新动能、获取未来竞争新优势的关键领域。"十三五"时期，要把战略性新兴产业摆在经济社会发展更加突出的位置，大力构建现代产业新体系，推动经济社会持续健康发展。根据"十三五"规划纲要有关部署，特编制本规划，规划期为2016～2020年。

一、加快壮大战略性新兴产业，打造经济社会发展新引擎

（一）现状与形势

"十二五"期间，我国节能环保、新一代信息技术、生物、高端装备制造、新能源、新材料和新能源汽车等战略性新兴产业快速发展。2015年，战略性新兴产业增加值占国内生产总值比重达到8%左右，产业创新能力和盈利能力明显提升。新一代信息技术、生物、新能源等领域一批企业的竞争力进入国际市场第一方阵，高铁、通信、航天装备、核电设备等国际化发展实现突破，一批产值规模千亿元以上的新兴产业集群有力支撑了区域经济转型升级。大众创业、万众创新蓬勃兴起，战略性新兴产业广泛融合，加快推动了传统产业转型升级，涌现了大批新技术、新产品、新业态、新模式，创造了大量就业岗位，成为稳增长、促改革、调结构、惠民生的有力支撑。

未来5到10年，是全球新一轮科技革命和产业变革从蓄势待发到群体迸发的关键时期。信息革命进程持续快速演进，物联网、云计算、大数据、人工智能等技术广泛渗透于经济社会各个领域，信息经济繁荣程度成为国家实力的重要标志。增材制造（3D打印）、机器人与智能制造、超材料与纳米材料等领域技术不断取得重大突破，推动传统工业体系分化变革，将重塑制造业国际分工格局。基因组学及其关联技术迅猛发展，精准医学、生物合成、工业化育种等新模式加快演进推广，生物新经济有望引领人类生产生活迈入新天地。应对全球气候变化助推绿色低碳发展大潮，清洁生产技术应用规模持续拓展，新能源革命正在改变现有国际资源能源版图。数字技术与文化创意、设计服务深度融合，数字创意产业逐渐成为促进优质产品和服务有效供给的智力密集型产业，创意经济作为一种新的发展模式正在兴起。创新驱动的新兴产业逐渐成为推动全球经济复苏和增长的主要动力，引发国际分工和国际贸易格局重构，全球创新经济发展进入新时代。

"十三五"时期是我国全面建成小康社会的决胜阶段，也是战略性新兴产业大有可为的战略机遇期。我国创新驱动所需的体制机制环境更加完善，人才、技术、资本等要素配置持续优化，新兴消费升级加快，新兴产业投资需求旺盛，部分领域国际化拓展加速，产业体系渐趋完备，市场空间日益广阔。但也要看到，我国战略性新兴产业整体创新水平还不高，一些领域核心技术受制于人的情况仍然存在，一些改革举措和政策措施落实不到位，新兴产业监管方式创新和法规体系建设相对滞后，还不适应经济发展新旧动能加快转换、产业结构加速升级的要求，迫切需要加强统筹规划和政策扶持，全面营造有利于新兴产业蓬勃发展的生态环境，创新发展思路，提升发展质量，加快发展壮大一批新兴支柱产业，推动战略性新兴产业成为促进经济社会发展的强大动力。

（二）指导思想

全面贯彻党的十八大和十八届三中、四中、五中、六中全会精神，深入学习贯彻习近平总书记系列重要讲话精神，认真落实党中央、国务院决策部署，按照"五位一体"总体布局和"四个全面"战略布局要求，积极适应把握引领经济发展新常态，牢固树立和贯彻落实创新、协调、绿色、开放、共享的发展理念，紧紧把握全球新一轮科技革命和产业变革重大机遇，培育发展新动能，推进供给侧结构性改革，构建现代产业体系，提升创新能力，深化国际合作，进一步发展壮大新一代信息技术、高端装备、新材料、生物、新能源汽车、新能源、节能环保、数字创意等战略性新兴产业，推动更广领域新技术、新产品、新业态、新模式蓬勃发展，建设制造强国，发展现代服务业，为全面建成小康社会提供有力支撑。

（三）主要原则

坚持供给创新。创新是战略性新兴产业发展的核心。要深入实施创新驱动发展战略，大力推进大众创业、万众创新，突出企业主体地位，全面提升技术、人才、资金的供给水平，营造创新要素互动融合的生态环境。聚焦突破核心关键技术，进一步提高自主创新能力，全面提升产品和服务的附加价值和国际竞争力。推进简政放权、放管结合、优化服务改革，破除旧管理方式对新兴产业发展的束缚，降低企业成本，激发企业活力，加快新兴企业成长壮大。

坚持需求引领。市场需求是拉动战略性新兴产业发展壮大的关键因素。要强化需求侧政策引导，加快推进新产品、新服务的应用示范，将潜在需求转化为现实供给，以消费升级带动产业升级。营造公平竞争的市场环境，激发市场活力。

坚持产业集聚。集约集聚是战略性新兴产业发展的基本模式。要以科技创新为源头，加快打造战略性新兴产业发展策源地，提升产业集群持续发展能力和国际竞争力。以产业链和创新链协同发展为途径，培育新业态、新模式，发展特色产业集群，带动区域经济转型，形成创新经济集聚发展新格局。

坚持人才兴业。人才是发展壮大战略性新兴产业的首要资源。要针对束缚人才创新活力的关键问题，加快推进人才发展政策和体制创新，保障人才以知识、技能、管理等创新要素参与利益分配，以市场价值回报人才价值，全面激发人才创业创新动力和活力。加大力度培养和吸引各类人才，弘扬工匠精神和企业家精神。

坚持开放融合。开放融合是加快战略性新兴产业发展的客观要求。要以更开放的理念、更包容的方式，搭建国际化创新合作平台，高效利用全球创新资源，大力推动我国优势技术和标准的国际化应用，加快推进产业链、创新链、价值链全球配置，全面提升战略性新兴产业发展能力。

（四）发展目标

到2020年，战略性新兴产业发展要实现以下目标：

产业规模持续壮大，成为经济社会发展的新动力。战略性新兴产业增加值占国内生产总值比重达到15%，形成新一代信息技术、高端制造、生物、绿色低碳、数字创意等5个产值规模10万亿元级的新支柱，并在更广领域形成大批跨界融合的新增长点，平均每年带动新增就业100万人以上。

创新能力和竞争力明显提高，形成全球产业发展新高地。攻克一批关键核心技术，发明专利拥有量年均增速达到15%以上，建成一批重大产业技术创新平台，产业创新能力跻身世界前列，在若干重要领域形成先发优势，产品质量明显提升。节能环保、新能源、生物等领域新产品和新服务的可及性大幅提升。知识产权保护更加严格，激励创新的政策法规更加健全。

产业结构进一步优化，形成产业新体系。发展一批原创能力强、具有国际影响力和品牌美誉度的行业排头兵企业，活力强劲、勇于开拓的中小企业持续涌现。中高端制造业、知识密集型服务业比重大幅提升，支撑产业迈向中高端水平。形成若干具有全球影响力的战略性新兴产业发展策源地和技术创新中心，打造百余个特色鲜明、创新能力强的新兴产业集群。

到2030年，战略性新兴产业发展成为推动我国经济持续健康发展的主导力量，我国成为世界战略性新兴产业重要的制造中心和创新中心，形成一批具有全球影响力和主导地位的创新型领军企业。

（五）总体部署

以创新、壮大、引领为核心，紧密结合“中国制造2025”战略实施，坚持走创新驱动发展道路，促进一批新兴领域发展壮大并成为支柱产业，持续引领产业中高端发展和经济社会高质量发展。立足发展需要和产业基础，大幅提升产业科技含量，加快发展壮大网络经济、高端制造、生物经济、绿色低碳和数字创意等五大领域，实现向创新经济的跨越。着眼全球新一轮科技革命和产业变革的新趋势、新方向，超前布局空天海洋、信息网络、生物技术和核技术领域一批战略性产业，打造未来发展新优势。遵循战略性新兴产业发展的基本规律，突出优势和特色，打造一批战略性新兴产业发展策源地、集聚区和特色产业集群，形成区域增长新格局。把握推进“一带一路”建设战略契机，以更开放的视野高效利用全球创新资源，提升战略性新兴产业国际化水平。加快推进重点领域和关键环节改革，持续完善有利于汇聚技术、资金、人才的政策措施，创造公平竞争的市场环境，全面营造适应新技术、新业态蓬勃涌现的生态环境，加快形成经济社会发展新动能。

二、推动信息技术产业跨越发展，拓展网络经济新空间

实施网络强国战略，加快建设“数字中国”，推动物联网、云计算和人工智能等技术向各行业全面融合渗透，构建万物互联、融合创新、智能协同、安全可控的新一代信息技术产业体系。到2020年，力争在新一代信息技术产业薄弱环节实现系统性突破，总产值规模超过12万亿元。

（一）构建网络强国基础设施。深入推进“宽带中国”战略，加快构建高速、移动、安全、泛在的新一代信息基础设施。

大力推进高速光纤网络建设。开展智能网络新技术规模应用试点，推动国家骨干网向高速传送、灵活调度、智能适配方向升级。全面实现向全光网络跨越，加快推进城镇地区光网覆盖，提供每秒1000兆比特（1000Mbps）以上接入服务，大中城市家庭用户实现带宽100Mbps以上灵活选择；多方协同推动提升农村光纤宽带覆盖率，98%以上的行政村实现光纤通达，有条件的地区提供100Mbps以上接入服务，半数以上农村家庭用户实现带宽50Mbps以上灵活选择。推动三网融合基础设施发展。推进互联网协议第六版（IPv6）演进升级和应用，推动骨干企业新增网络地址不再使用私有地址。

加快构建新一代无线宽带网。加快第四代移动通信（4G）网络建设，实现城镇及人口密集行政村深度覆盖和广域连续覆盖。在热点公共区域推广免费高速无线局域网。大力推进第五代移动通信（5G）联合研发、试验和预商用试点。优化国家频谱资源配置，提高频谱利用效率，保障频率资源供给。合理规划利用卫星频率和轨道资源，加快空间互联网部署，研制新型通信卫星和应用终端，探索建设天地一体化信息网络，研究平流层通信等高空覆盖新方式。

加快构建下一代广播电视网。推动有线无线卫星广播电视网智能协同覆盖，建设天地一体、互联互通、宽带交互、智能协同、可管可控的广播电视融合传输覆盖网。加速全国有线电视网络基础设施建设和双向化、智能化升级改造，推进全国有线电视网络整合和互联互通。推动下一代地面数字广播电视传输技术研发及产业化，加强地面无线广播电视与互联网的融合创新，创建移动、交互、便捷

的地面无线广播电视新业态。

专栏1　宽带乡村示范工程
开展电信普遍服务试点工作，促进三网融合，加快光缆、卫星通信进行政村建设，按需实现光纤入户网络和第四代移动通信（4G）网络向自然村和住户延伸覆盖，利用卫星、移动通信等技术创新加强对海岛、边远地区、山区等覆盖，加快普及电子商务、远程教育、远程医疗、智慧农业、电子政务等信息化应用，支撑扶贫攻坚。

统筹发展应用基础设施。充分利用现有设施，统筹规划大型、超大型数据中心在全国适宜地区布局，有序推进绿色数据中心建设。推动基于现有各类通信网络实现物联网集约部署。持续强化应急通信能力建设。

加强国际合作。加强信息网络基础设施国际互联互通合作。加强海外海缆、陆缆、业务节点、数据中心、卫星通信等设施建设，优化国际通信网络布局。加快建设中国—阿拉伯国家等网上丝绸之路、中国—东盟信息港。

（二）推进“互联网+”行动。促进新一代信息技术与经济社会各领域融合发展，培育“互联网+”生态体系。

深化互联网在生产领域的融合应用。深化制造业与互联网融合发展，推动“中国制造+互联网”取得实质性突破，发展面向制造业的信息技术服务，构筑核心工业软硬件、工业云、智能服务平台等制造新基础，大力推广智能制造、网络化协同、个性化定制、服务化延伸等新业态、新模式。加快发展工业互联网，构建工业互联网体系架构，开展工业互联网创新应用示范。推进移动互联网、云计算、物联网等技术与农业、能源、金融、商务、物流快递等深度融合，支持面向网络协同的行业应用软件研发与系统集成，推动制造业向生产服务型转变、生产性服务业向价值链高端延伸。

拓展生活及公共服务领域的“互联网+”应用。加快行业管理体制创新，促进医疗、教育、社保、就业、交通、旅游等服务智慧化。拓展新型智慧城市应用，推动基于互联网的公共服务模式创新，推进基于云计算的信息服务公共平台建设，增强公共产品供给能力。加快实施“互联网+政务服务”，逐步实现政务服务“一号申请、一窗受理、一网通办”。

促进“互联网+”新业态创新。鼓励运用信息网络技术推动生产、管理和营销模式变革，重塑产业链、供应链、价值链，加快形成新的生产和流通交换模式。以体制机制创新推动分享经济发展，建立适应分享经济发展的监管方式，促进交通、旅游、养老、人力资源、日用品消费等领域共享平台企业规范发展，营造分享经济文化氛围。

专栏2　“互联网+”工程
深入推进“互联网+”创业创新、协同制造、现代农业、智慧能源、普惠金融、益民服务、高效物流、电子商务、便捷交通、绿色生态、人工智能等11个重点行动，建设互联网跨领域融合创新支撑服务平台。促进基于云计算的业务模式和商业模式创新，推进公有云和行业云平台建设。加强物联网网络架构研究，组织开展物联网重大应用示范。加快下一代互联网商用部署，构建工业互联网技术试验验证和管理服务平台。创建国家信息经济示范区。

（三）实施国家大数据战略。落实大数据发展行动纲要，全面推进重点领域大数据高效采集、有效整合、公开共享和应用拓展，完善监督管理制度，强化安全保障，推动相关产业创新发展。

加快数据资源开放共享。统筹布局建设国家大数据公共平台，制定出台数据资源开放共享管理办法，推动建立数据资源清单和开放目录，鼓励社会公众对开放数据进行增值性、公益性、创新性开发。加强大数据基础性制度建设，强化使用监管，建立健全数据资源交易机制和定价机制，保护数据资源权益。

发展大数据新应用新业态。加快推进政府大数据应用，建立国家宏观调控和社会治理数据体系，提高政府治理能力。发展大数据在工业、农业农村、创业创新、促进就业等领域的应用，促进数据服务业创新，推动数据探矿、数据化学、数据材料、数据制药等新业态、新模式发展。加强海量数据存储、数据清洗、数据分析挖掘、数据可视化等关键技术研发，形成一批具有国际竞争力的大数据处理、分析和可视化软硬件产品，培育大数据相关产业，完善产业链，促进相关产业集聚发展。推进大数据综合试验区建设。

强化大数据与网络信息安全保障。建立大数据安全管理制度，制定大数据安全管理办法和有关标准规范，建立数据跨境流动安全保障机制。加强数据安全、隐私保护等关键技术攻关，形成安全可靠的大数据技术体系。建立完善网络安全审查制度。采用安全可信产品和服务，提升基础设施关键设备安全可靠水平。建立关键信息基础设施保护制度，研究重要信息系统和基础设施网络安全整体解决方案。

专栏3　大数据发展工程
整合现有资源，构建政府数据共享交换平台和数据开放平台，健全大数据共享流通体系、大数据标准体系、大数据安全保障体系，推动实现信用、交通、医疗、教育、环境、安全监管等政府数据集向社会开放。支持大数据关键技术研发和产业化，在重点领域开展大数据示范应用，实施国家信息安全专项，促进大数据相关产业健康快速发展。

（四）做强信息技术核心产业。顺应网络化、智能化、融合化等发展趋势，着力培育建立应用牵引、开放兼容的核心技术自主生态体系，全面梳理和加快推动信息技术关键领域新技术研发与产业化，推动电子信息产业转型升级取得突破性进展。

提升核心基础硬件供给能力。提升关键芯片设计水平，发展面向新应用的芯片。加快16/14纳米工艺产业化和存储器生产线建设，提升封装测试业技术水平和产业集中度，加紧布局后摩尔定律时代芯片相关领域。实现主动矩阵有机发光二极管（AMOLED）、超高清（4K/8K）量子点液晶显示、柔性显示等技术国产化突破及规模应用。推动智能传感器、电力电子、印刷电子、半导体照明、惯性导航等领域关键技术研发和产业化，提升新型片式元件、光通信器件、专用电子材料供给保障能力。

专栏4 集成电路发展工程
启动集成电路重大生产力布局规划工程，实施一批带动作用强的项目，推动产业能力实现快速跃升。加快先进制造工艺、存储器、特色工艺等生产线建设，提升安全可靠CPU、数模/模数转换芯片、数字信号处理芯片等关键产品设计开发能力和应用水平，推动封装测试、关键装备和材料等产业快速发展。支持提高代工企业及第三方IP核企业的服务水平，支持设计企业与制造企业协同创新，推动重点环节提高产业集中度。推动半导体显示产业链协同创新。

大力发展基础软件和高端信息技术服务。面向重点行业需求建立安全可靠的基础软件产品体系，支持开源社区发展，加强云计算、物联网、工业互联网、智能硬件等领域操作系统研发和应用，加快发展面向大数据应用的数据库系统和面向行业应用需求的中间件，支持发展面向网络协同优化的办公软件等通用软件。加强信息技术核心软硬件系统服务能力建设，推动国内企业在系统集成各环节向高端发展，规范服务交付，保证服务质量，鼓励探索前沿技术驱动的服务新业态，推动骨干企业在新兴领域加快行业解决方案研发和推广应用。大力发展基于新一代信息技术的高端软件外包业务。

加快发展高端整机产品。推进绿色计算、可信计算、数据和网络安全等信息技术产品的研发与产业化，加快高性能安全服务器、存储设备和工控产品、新型智能手机、下一代网络设备和数据中心成套装备、先进智能电视和智能家居系统、信息安全产品的创新与应用，发展面向金融、交通、医疗等行业应用的专业终端、设备和融合创新系统。大力提升产品品质，培育一批具有国际影响力的品牌。

（五）发展人工智能。培育人工智能产业生态，促进人工智能在经济社会重点领域推广应用，打造国际领先的技术体系。

加快人工智能支撑体系建设。推动类脑研究等基础理论和技术研究，加快基于人工智能的计算机视听觉、生物特征识别、新型人机交互、智能决策控制等应用技术研发和产业化，支持人工智能领域的基础软硬件开发。加快视频、地图及行业应用数据等人工智能海量训练资源库和基础资源服务公共平台建设，建设支撑大规模深度学习的新型计算集群。鼓励领先企业或机构提供人工智能研发工具以及检验评测、创业咨询、人才培养等创业创新服务。

推动人工智能技术在各领域应用。在制造、教育、环境保护、交通、商业、健康医疗、网络安全、社会治理等重要领域开展试点示范，推动人工智能规模化应用。发展多元化、个性化、定制化智能硬件和智能化系统，重点推进智能家居、智能汽车、智慧农业、智能安防、智慧健康、智能机器人、智能可穿戴设备等研发和产业化发展。鼓励各行业加强与人工智能融合，逐步实现智能化升级。利用人工智能创新城市管理，建设新型智慧城市。推动专业服务机器人和家用服务机器人应用，培育新型高端服务产业。

专栏5 人工智能创新工程
推动基础理论研究和核心技术开发，实现类人神经计算芯片、智能机器人和智能应用系统的产业化，将人工智能新技术嵌入各领域。构建人工智能公共服务平台和向社会开放的骨干企业研发服务平台。建立健全人工智能“双创”支撑服务体系。

（六）完善网络经济管理方式。

深化电信体制改革。全面推进三网融合，进一步放开基础电信领域竞争性业务，放宽融合性产品和服务的市场准入限制，推进国有电信企业混合所有制试点工作。破除行业壁垒，推动各行业、各领域在技术、标准、监管等方面充分对接，允许各类主体依法平等参与市场竞争。

加强相关法律法规建设。针对互联网与各行业融合发展的新特点，调整不适应发展要求的现行法规及政策规定。落实加强网络信息保护和信息公开有关规定，加快推动制定网络安全、电子商务等法律法规。

三、促进高端装备与新材料产业突破发展，引领中国制造新跨越

顺应制造业智能化、绿色化、服务化、国际化发展趋势，围绕“中国制造2025”战略实施，加快突破关键技术与核心部件，推进重大装备与系统的工程应用和产业化，促进产业链协调发展，塑造中国制造新形象，带动制造业水平全面提升。力争到2020年，高端装备与新材料产业产值规模超过12万亿元。

（一）打造智能制造高端品牌。着力提高智能制造核心装备与部件的性能和质量，打造智能制造体系，强化基础支撑，积极开展示范应用，形成若干国际知名品牌，推动智能制造装备迈上新台阶。

大力发展智能制造系统。加快推动新一代信息技术与制造技术的深度融合，开展集计算、通信与控制于一体的信息物理系统（CPS）顶层设计，探索构建贯穿生产制造全过程和产品全生命周期，具有信息深度自感知、智慧优化自决策、精准控制自执行等特征的智能制造系统，推动具有自主知识产权的机器人自动化生产线、数字化车间、智能工厂建设，提供重点行业整体解决方案，推进传统制造业智能化改造。建设测试验证平台，完善智能制造标准体系。

推动智能制造关键技术装备迈上新台阶。构建工业机器人产业体系，全面突破高精度减速器、高性能控制器、精密测量等关键技术与核心零部件，重点发展高精度、高可靠性中高端工业机器人。加快高档数控机床与智能加工中心研发与产业化，突破多轴、多通道、高精度高档数控系统、伺服电机等主要功能部件及关键应用软件，开发和推广应用精密、高速、高效、柔性并具有网络通信等功能的高档数控机床、基础制造装备及集成制造系统。突破智能传感与控制装备、智能检测与装配装备、智能物流与仓储装备、智能农业机械装备，开展首台套装备研究开发和推广应用，提高质量与可靠性。

打造增材制造产业链。突破钛合金、高强合金钢、高

温合金、耐高温高强度工程塑料等增材制造专用材料。搭建增材制造工艺技术研发平台，提升工艺技术水平。研制推广使用激光、电子束、离子束及其他能源驱动的主流增材制造工艺装备。加快研制高功率光纤激光器、扫描振镜、动态聚焦镜及高性能电子枪等配套核心器件和嵌入式软件系统，提升软硬件协同创新能力，建立增材制造标准体系。在航空航天、医疗器械、交通设备、文化创意、个性化制造等领域大力推动增材制造技术应用，加快发展增材制造服务业。

专栏6 重点领域智能工厂应用示范工程
在机械、航空、航天、汽车、船舶、轻工、服装、电子信息等离散制造领域，开展智能车间/工厂的集成创新与应用示范，推进数字化设计、装备智能化升级、工艺流程优化、精益生产、可视化管理、质量控制与溯源、智能物流等试点应用，推动全业务流程智能化整合。在石化化工、钢铁、有色金属、建材、纺织、食品、医药等流程制造领域，开展智能工厂的集成创新与应用示范，提升企业在资源配置、工艺优化、过程控制、产业链管理、质量控制与溯源、节能减排及安全生产等方面的智能化水平。

（二）实现航空产业新突破。加强自主创新，推进民用航空产品产业化、系列化发展，加强产业配套设施和安全运营保障能力建设，提高产品安全性、环保性、经济性和舒适性，全面构建覆盖航空发动机、飞机整机、产业配套和安全运营的航空产业体系。到2020年，民用大型客机、新型支线飞机完成取证交付，航空发动机研制实现重大突破，产业配套和示范运营体系基本建立。

加快航空发动机自主发展。依托航空发动机及燃气轮机重大专项，突破大涵道比大型涡扇发动机关键技术，支撑国产干线飞机发展。发展1000千瓦级涡轴发动机和5000千瓦级涡桨发动机，满足国产系列化直升机和中型运输机动力需求。发展使用重油的活塞式发动机和应用航空生物燃料的涡轮发动机，推进小型发动机市场化应用。

推进民用飞机产业化。加快实施大型飞机重大专项，完成大型客机研制，启动宽体客机研发，突破核心技术。加快新型支线飞机工程研制和系列化改进改型，开展新机型国内外先锋用户示范运营和设计优化，提高飞机航线适应性和竞争力。大力开发市场需求大的民用直升机、多用途飞机、特种飞机和工业级无人机。

完善产业配套体系建设。提高航空材料和基础元器件自主制造水平，掌握铝锂合金、复合材料等加工制造核心技术。大力发展高可靠性、长寿命、环境适应性强、标准化、低成本的航空设备和系统，实现适航取证。加快航空科研试验重大基础设施建设，加大结构强度、飞行控制、电磁兼容、环境试验等计量测试和验证条件投入，加强试飞条件建设。突破一批适航关键技术，加强适航审定条件和能力建设，加快完善运输类飞机等各类航空产品的适航审定政策，建成具有完善组织机构、充足人力资源、健全规章体系、先进硬件设施和较强国际合作能力的适航审定体系。加快建设一批专业化数字化示范工厂，显著提高航空产品制造质量稳定性和生产效率。积极推进构建国际风险合作伙伴关系，建成功能完备的航空产业配套体系。

发展航空运营新服务。落实促进通用航空业发展的各项政策措施，大力培育通用航空市场，促进通用航空制造与运营服务协调发展。大力发展航空租赁。利用互联网技术建立先进航空运营体系，促进服务模式创新。加强飞行培训，培育航空文化。开发综合化、通用化、智能化的通信、导航和控制系统，发展面向全面风险管控和多类空域融合运用的技术体系和装备，形成安全运营支撑体系。

专栏7 新一代民用飞机创新工程
以重大专项和民用飞机科研为支撑，突破一批核心技术、系统、部件和材料，提高系统集成能力，重点发展系列化单通道窄体、双通道宽体大型飞机，系列化新型涡桨/涡扇支线飞机及先进通用航空器，着力开展新型民用飞机示范运营和市场推广，建立具有市场竞争力的产品保障和客户服务体系。C919、MA700完成适航取证并交付用户，ARJ21实现批量生产交付；一批重点通用航空器完成研制和市场应用。

（三）做大做强卫星及应用产业。建设自主开放、安全可靠、长期稳定运行的国家民用空间基础设施，加速卫星应用与基础设施融合发展。到2020年，基本建成主体功能完备的国家民用空间基础设施，满足我国各领域主要业务需求，基本实现空间信息应用自主保障，形成较为完善的卫星及应用产业链。

加快卫星及应用基础设施建设。构建星座和专题卫星组成的遥感卫星系统，形成“高中低”分辨率合理配置、空天地一体多层观测的全球数据获取能力；加强地面系统建设，汇集高精度、全要素、体系化的地球观测信息，构建“大数据地球”。打造国产高分辨率商业遥感卫星运营服务平台。发展固定通信广播、移动通信广播和数据中继三个卫星系列，形成覆盖全球主要地区的卫星通信广播系统。实施第二代卫星导航系统国家科技重大专项，加快建设卫星导航空间系统和地面系统，建成北斗全球卫星导航系统，形成高精度全球服务能力。采用政府和社会资本合作（PPP）模式推进遥感卫星等建设。

提升卫星性能和技术水平。掌握长寿命、高稳定性、高定位精度、大承载量和强敏捷能力的卫星应用平台技术，突破高分辨率、高精度、高可靠性及综合探测等有效载荷技术。优先发展遥感卫星数据处理技术和业务应用技术。提升宽带通信卫星、移动多媒体广播卫星等技术性能。加强卫星平台型谱化建设，有序推进中小微卫星发展。

推进卫星全面应用。统筹军民空间基础设施，完善卫星数据共用共享机制，加强卫星大众化、区域化、国际化应用，加快卫星遥感、通信与导航融合化应用，利用物联网、移动互联网等新技术，创新“卫星+”应用模式。面向防灾减灾、应急、海洋等领域需求，开展典型区域综合应用示范。面向政府部门业务管理和社会服务需求，开展现代农业、新型城镇化、智慧城市、智慧海洋、边远地区等的卫星综合应用示范。围绕国家区域发展总体战略，推动“互联网+天基信息应用”深入发展，打造空间信息消费全新产业链和商业模式。推进商业卫星发展和卫星商业化应用。积极布局海外市场，建立“一带一路”空间信息走廊。

专栏8 空间信息智能感知工程
加快构建以遥感、通信、导航卫星为核心的国家空间基础设施，加强跨领域资源共享与信息综合服务能力建设，积极推进空间信息全面应用，为资源环境动态监测预警、防灾减灾与应急指挥等提供及时准确的空间信息服务，加强面向全球提供综合信息服务能力建设，大力拓展国际市场。

（四）强化轨道交通装备领先地位。推进轨道交通装备产业智能化、绿色化、轻量化、系列化、标准化、平台化发展，加快新技术、新工艺、新材料的应用，研制先进可靠的系列产品，完善相关技术标准体系，构建现代轨道交通装备产业创新体系，打造覆盖干线铁路、城际铁路、市域（郊）铁路、城市轨道交通的全产业链布局。

打造具有国际竞争力的轨道交通装备产业链。形成中国标准新型高速动车组、节能型永磁电机驱动高速列车、30吨轴重重载电力机车和车辆、大型养路机械等产品系列，推进时速500公里轮轨试验列车、时速600公里磁悬浮系统等新型列车研发和产业化，构建完整产业链。加强产品质量检验检测认证综合能力建设。加快“走出去”步伐，提升国际竞争力。

推进新型城市轨道交通装备研发及产业化。面向大城市复杂市域交通需求，推动时速120～160公里、与城市轨道交通无缝衔接的市域（郊）铁路装备，适应不同技术路线的跨座式单轨，自动导轨快捷运输系统等研发与应用，构建时速200公里及以下中低速磁悬浮系统的设计、制造、试验、检测技术平台，建立完善产品认证制度，建立新型城市轨道交通车辆技术标准和规范，领跑国际技术标准。

突破产业关键零部件及绿色智能化集成技术。进一步研发列车牵引制动系统、列车网络控制系统、通信信号系统、电传动系统、智能化系统、车钩缓冲系统、储能与节能系统、高速轮对、高性能转向架、齿轮箱、轴承、轻量化车体等关键系统和零部件，形成轨道交通装备完整产业链。加强永磁电机驱动、全自动运行、基于第四代移动通信的无线综合承载等技术研发和产业化。优化完善高速铁路列控系统和城际铁路列控技术标准体系。

（五）增强海洋工程装备国际竞争力。推动海洋工程装备向深远海、极地海域发展和多元化发展，实现主力装备结构升级，突破重点新型装备，提升设计能力和配套系统水平，形成覆盖科研开发、总装建造、设备供应、技术服务的完整产业体系。

重点发展主力海洋工程装备。加快推进物探船、深水半潜平台、钻井船、浮式生产储卸装置、海洋调查船、半潜运输船、起重铺管船、多功能海洋工程船等主力海工装备系列化研发，构建服务体系，设计建造能力居世界前列。

加快发展新型海洋工程装备。突破浮式钻井生产储卸装置、浮式液化天然气储存和再气化装置、深吃水立柱式平台、张力腿平台、极地钻井平台、海上试验场等研发设计和建造技术，建立规模化生产制造工艺体系，产品性能及可靠性达到国际先进水平。

加强关键配套系统和设备研发及产业化。产学研用相结合，提高升降锁紧系统、深水锚泊系统、动力定位系统、自动控制系统、水下钻井系统、柔性立管深海观测系统等关键配套设备设计制造水平，大力发展海洋工程用高性能发动机，提升专业化配套能力。

专栏9 海洋工程装备创新发展工程
推动大型浮式结构物等新型装备、3600米以上超深水钻井平台等深远海装备、海洋极地调查观测装备等研究开发，实现科研成果工程化和产业化，促进总装及配套产业协调发展。完善海洋工程装备标准体系。

（六）提高新材料基础支撑能力。顺应新材料高性能化、多功能化、绿色化发展趋势，推动特色资源新材料可持续发展，加强前沿材料布局，以战略性新兴产业和重大工程建设需求为导向，优化新材料产业化及应用环境，加强新材料标准体系建设，提高新材料应用水平，推进新材料融入高端制造供应链。到2020年，力争使若干新材料品种进入全球供应链，重大关键材料自给率达到70%以上，初步实现我国从材料大国向材料强国的战略性转变。

推动新材料产业提质增效。面向航空航天、轨道交通、电力电子、新能源汽车等产业发展需求，扩大高强轻合金、高性能纤维、特种合金、先进无机非金属材料、高品质特殊钢、新型显示材料、动力电池材料、绿色印刷材料等规模化应用范围，逐步进入全球高端制造业采购体系。推动优势新材料企业“走出去”，加强与国内外知名高端制造企业的供应链协作，开展研发设计、生产贸易、标准制定等全方位合作。提高新材料附加值，打造新材料品牌，增强国际竞争力。建立新材料技术成熟度评价体系，研究建立新材料首批次应用保险补偿机制。组建新材料性能测试评价中心。细化完善新材料产品统计分类。

以应用为牵引构建新材料标准体系。围绕新一代信息技术、高端装备制造、节能环保等产业需求，加强新材料产品标准与下游行业设计规范的衔接配套，加快制定重点新材料标准，推动修订老旧标准，强化现有标准推广应用，加强前沿新材料标准预先研究，提前布局一批核心标准。加快新材料标准体系国际化进程，推动国内标准向国际标准转化。

促进特色资源新材料可持续发展。推动稀土、钨钼、钒钛、锂、石墨等特色资源高质化利用，加强专用工艺和技术研发，推进共伴生矿资源平衡利用，支持建立专业化的特色资源新材料回收利用基地、矿物功能材料制造基地。在特色资源新材料开采、冶炼分离、深加工各环节，推广应用智能化、绿色化生产设备与工艺。发展海洋生物来源的医学组织工程材料、生物环境材料等新材料。

前瞻布局前沿新材料研发。突破石墨烯产业化应用技术，拓展纳米材料在光电子、新能源、生物医药等领域应用范围，开发智能材料、仿生材料、超材料、低成本增材制造材料和新型超导材料，加大空天、深海、深地等极端环境所需材料研发力度，形成一批具有广泛带动性的创新成果。

专栏 10　新材料提质和协同应用工程
加强新型绿色建材标准与公共建筑节能标准的衔接，加快制定轨道交通装备用齿轮钢、航空航天用碳/碳复合结构材料、高温合金、特种玻璃、宽禁带半导体以及电子信息用化学品、光学功能薄膜、人工晶体材料等标准，完善节能环保用功能性膜材料、海洋防腐材料配套标准，做好增材制造材料、稀土功能材料、石墨烯材料标准布局，促进新材料产品品质提升。加强新材料产业上下游协作配套，在航空铝材、碳纤维复合材料、核电用钢等领域开展协同应用试点示范，搭建协同应用平台。

四、加快生物产业创新发展步伐，培育生物经济新动力

把握生命科学纵深发展、生物新技术广泛应用和融合创新的新趋势，以基因技术快速发展为契机，推动医疗向精准医疗和个性化医疗发展，加快农业育种向高效精准育种升级转化，拓展海洋生物资源新领域、促进生物工艺和产品在更广泛领域替代应用，以新的发展模式助力生物能源大规模应用，培育高品质专业化生物服务新业态，将生物经济加速打造成为继信息经济后的重要新经济形态，为健康中国、美丽中国建设提供新支撑。到 2020 年，生物产业规模达到 8—10 万亿元，形成一批具有较强国际竞争力的新型生物技术企业和生物经济集群。

（一）构建生物医药新体系。加快开发具有重大临床需求的创新药物和生物制品，加快推广绿色化、智能化制药生产技术，强化科学高效监管和政策支持，推动产业国际化发展，加快建设生物医药强国。

推动生物医药行业跨越升级。加快基因测序、细胞规模化培养、靶向和长效释药、绿色智能生产等技术研发应用，支撑产业高端发展。开发新型抗体和疫苗、基因治疗、细胞治疗等生物制品和制剂，推动化学药物创新和高端制剂开发，加速特色创新中药研发，实现重大疾病防治药物原始创新。支持生物类似药规模化发展，开展专利到期药物大品种研发和生产，加快制药装备升级换代，提升制药自动化、数字化和智能化水平，进一步推动中药产品标准化发展，促进产业标准体系与国际接轨，加速国际化步伐。发展海洋创新药物，开发具有民族特色的现代海洋中药产品，推动试剂原料和中间体产业化，形成一批海洋生物医药产业集群。

专栏 11　新药创制与产业化工程
围绕构建可持续发展的生物医药产业体系，以抗体药物、重组蛋白药物、新型疫苗等新兴药物为重点，推动临床紧缺的重大疾病、多发疾病、罕见病、儿童疾病等药物的新药研发、产业化和质量升级，整合各类要素形成一批先进产品标准和具有国际先进水平的产业技术体系，提升关键原辅料和装备配套能力，支撑生物技术药物持续创新发展。

创新生物医药监管方式。建立更加科学高效的医药审评审批方式，加快推开药品上市许可持有人制度试点，加快仿制药质量和疗效一致性评价，探索开展医疗新技术临床实验研究认可制度试点。完善药品采购机制，全面推动医药价格和行业监管等领域体制机制改革。

（二）提升生物医学工程发展水平。深化生物医学工程技术与信息技术融合发展，加快行业规制改革，积极开发新型医疗器械，构建移动医疗、远程医疗等诊疗新模式，促进智慧医疗产业发展，推广应用高性能医疗器械，推进适应生命科学新技术发展的新仪器和试剂研发，提升我国生物医学工程产业整体竞争力。

发展智能化移动化新型医疗设备。开发智能医疗设备及其软件和配套试剂、全方位远程医疗服务平台和终端设备，发展移动医疗服务，制定相关数据标准，促进互联互通，初步建立信息技术与生物技术深度融合的现代智能医疗服务体系。

开发高性能医疗设备与核心部件。发展高品质医学影像设备、先进放射治疗设备、高通量低成本基因测序仪、基因编辑设备、康复类医疗器械等医学装备，大幅提升医疗设备稳定性、可靠性。利用增材制造等新技术，加快组织器官修复和替代材料及植介入医疗器械产品创新和产业化。加速发展体外诊断仪器、设备、试剂等新产品，推动高特异性分子诊断、生物芯片等新技术发展，支撑肿瘤、遗传疾病及罕见病等体外快速准确诊断筛查。

专栏 12　生物技术惠民工程
推进网络化基因技术应用示范中心建设，开展出生缺陷基因筛查、肿瘤早期筛查及用药指导等应用示范。发展和应用新型生物治疗技术，推动新型个体化生物治疗标准化、规范化。开发智能化和高性能医疗设备，支持企业、医疗机构、研究机构等联合建设第三方影像中心，开展协同诊疗和培训，试点建立居民健康影像档案。开展区域性综合应用示范，实现区域生物基塑料制品、包装材料等替代 50% 以上的传统石化塑料制品。在城镇或企业周边建设生物质集中供气供热示范工程，探索多元协同共赢的市场化发展模式。

（三）加速生物农业产业化发展。以产出高效、产品安全、资源节约、环境友好为目标，创制生物农业新品种，开发动植物营养和绿色植保新产品，构建现代农业新体系，形成一批具有国际竞争力的生物育种企业，为加快农业发展方式转变提供新途径、新支撑。

构建生物种业自主创新体系。开展基因编辑、分子设计、细胞诱变等关键核心技术创新与育种应用，研制推广一批优质、高产、营养、安全、资源高效利用、适应标准化生产的农业动植物新品种，积极推进生物技术培育新品种产业化，形成一批以企业为主体的生物育种创新平台，打造具有核心竞争力的育繁推一体化现代生物种业企业，加快农业动植物新品种产业化和市场推广。发展动植物检疫新技术，加强国外优质动植物品种资源引进检疫平台建设。

开发一批新型农业生物制剂与重大产品。大力发展动植物病虫害防控新技术、新产品，建立基于病虫基因组信息的绿色农药、兽药创制技术体系，创制一批新型动物疫苗、生物兽药、植物新农药等重大产品，实现规模生产与应用，推动农业生产绿色转型。创制可替代抗生素的新型绿色生物饲料和高效生物肥料产品。深度挖掘海洋生物资

源，开发绿色、安全、高效的新型海洋生物功能制品，开辟综合利用新途径。推动食品合成生物工程技术、食品生物高效转化技术、肠道微生物宏基因组学等关键技术创新与精准营养食品创制。

（四）推动生物制造规模化应用。加快发展微生物基因组工程、酶分子机器、细胞工厂等新技术，提升工业生物技术产品经济性，推进生物制造技术向化工、材料、能源等领域渗透应用，推动以清洁生物加工方式逐步替代传统化学加工方式，实现可再生资源逐步替代化石资源。

不断提升生物制造产品经济性和规模化发展水平。发展新生物工具创制与应用技术体系，实现一批有机酸、化工醇、烯烃、烷烃、有机胺等基础化工产品的生物法生产与应用，推动生物基聚酯、生物基聚氨酯、生物尼龙、生物橡胶、微生物多糖等生物基材料产业链条化、集聚化、规模化发展，提升氨基酸、维生素等大宗发酵产品自主创新能力和发展水平。

建立生态安全、绿色低碳、循环发展的生物法工艺体系。发展高效工业生物催化转化技术体系，提升绿色生物工艺应用水平。建立甾体药物、手性化合物、稀少糖醇等生物催化合成路线，实现医药化工等中间体绿色化、规模化生产。促进绿色生物工艺在农业、化工、食品、医药、轻纺、冶金、能源等领域全面进入和示范应用，显著降低物耗能耗和污染物排放。

（五）培育生物服务新业态。以专业化分工促进生物技术服务创新发展，构建新技术专业化服务模式，不断创造生物经济新增长点。

增强生物技术对消费者的专业化服务能力。发展专业化诊疗机构，培育符合规范的液体活检、基因诊断等新型技术诊疗服务机构。发展健康体检和咨询、移动医疗等健康管理服务，推动构建生物大数据、医疗健康大数据共享平台，试点建立居民健康影像档案，鼓励构建线上线下相结合的智能诊疗生态系统，推动医学检验检测、影像诊断等服务专业化发展。

专栏 13　生物产业创新发展平台建设工程
依托并整合现有资源，建设一批创新基础平台，支持基因库、干细胞库、中药标准库、高级别生物安全实验室、蛋白元件库等建设。加快推动构建一批转化应用平台，推进抗体筛选平台、医学影像信息库、农作物分子育种平台等载体建设。积极发展一批检测服务平台，推进仿制药一致性评价技术平台、生物药质量及安全测试技术创新平台、农产品安全质量检测平台、生物质能检验检测及监测公共服务平台等建设，完善相关标准。

提高生物技术服务对产业的支持水平。发展符合国际标准的药物研发与生产服务，鼓励医药企业加强与合同研发、委托制造企业的合作。推动基因检测和诊断等新兴技术在各领域应用转化，支持生物信息服务机构提升技术水平。为药品、医疗器械、种业、生物能源等生物产品提供检测、评价、认证等公共服务，加快产品上市进度，提升产品质量。鼓励生物技术在水污染控制、大气污染治理、有毒有害物质降解、废物资源化等领域拓展应用，积极引导生物环保技术企业跨地区、跨行业联合或兼并，实现做大做强。构建生物技术专业化双创平台，降低生物产业创新创业成本，支持各类人员开办虚拟研发企业，释放创新潜能。

（六）创新生物能源发展模式。着力发展新一代生物质液体和气体燃料，开发高性能生物质能源转化系统解决方案，拓展生物能源应用空间，力争在发电、供气、供热、燃油等领域实现全面规模化应用，生物能源利用技术和核心装备技术达到世界先进水平，形成较成熟的商业化市场。

促进生物质能源清洁应用。重点推进高寿命、低电耗生物质燃料成型设备、生物质供热锅炉、分布式生物质热电联产等关键技术和设备研发，促进生物质成型燃料替代燃煤集中供热、生物质热电联产。按照因地制宜、就近生产消纳原则，示范建设集中式规模化生物燃气应用工程，突破大型生物质集中供气原料处理、高效沼气厌氧发酵等关键技术瓶颈。探索建立多元、协同、共赢的市场化发展模式，鼓励多产品综合利用，为生产生活提供清洁优质能源。

推进先进生物液体燃料产业化。重点突破高效低成本的生物质液体燃料原料处理和制备技术瓶颈，建设万吨级生物质制备液体燃料及多产品联产综合利用示范工程。完善原料供应体系，有序发展生物柴油。推进油藻生物柴油、生物航空燃料等前沿技术研发与产业化。

五、推动新能源汽车、新能源和节能环保产业快速壮大，构建可持续发展新模式

把握全球能源变革发展趋势和我国产业绿色转型发展要求，着眼生态文明建设和应对气候变化，以绿色低碳技术创新和应用为重点，引导绿色消费，推广绿色产品，大幅提升新能源汽车和新能源的应用比例，全面推进高效节能、先进环保和资源循环利用产业体系建设，推动新能源汽车、新能源和节能环保等绿色低碳产业成为支柱产业，到2020年，产值规模达到10万亿元以上。

（一）实现新能源汽车规模应用。强化技术创新，完善产业链，优化配套环境，落实和完善扶持政策，提升纯电动汽车和插电式混合动力汽车产业化水平，推进燃料电池汽车产业化。到2020年，实现当年产销200万辆以上，累计产销超过500万辆，整体技术水平保持与国际同步，形成一批具有国际竞争力的新能源汽车整车和关键零部件企业。

全面提升电动汽车整车品质与性能。加快推进电动汽车系统集成技术创新与应用，重点开展整车安全性、可靠性研究和结构轻量化设计。提升关键零部件技术水平、配套能力与整车性能。加快电动汽车安全标准制定和应用。加速电动汽车智能化技术应用创新，发展智能自动驾驶汽车。开展电动汽车电力系统储能应用技术研发，实施分布式新能源与电动汽车联合应用示范，推动电动汽车与智能电网、新能源、储能、智能驾驶等融合发展。建设电动汽车联合创新平台和跨行业、跨领域的技术创新战略联盟，促进电动汽车重大关键技术协同创新。完善电动汽车生产准入政策，研究实施新能源汽车积分管理制度。到2020

年，电动汽车力争具备商业化推广的市场竞争力。

建设具有全球竞争力的动力电池产业链。大力推进动力电池技术研发，着力突破电池成组和系统集成技术，超前布局研发下一代动力电池和新体系动力电池，实现电池材料技术突破性发展。加快推进高性能、高可靠性动力电池生产、控制和检测设备创新，提升动力电池工程化和产业化能力。培育发展一批具有持续创新能力的动力电池企业和关键材料龙头企业。推进动力电池梯次利用，建立上下游企业联动的动力电池回收利用体系。到2020年，动力电池技术水平与国际水平同步，产能规模保持全球领先。

专栏14 新能源汽车动力电池提升工程
完善动力电池研发体系，加快动力电池创新中心建设，突破高安全性、长寿命、高能量密度锂离子电池等技术瓶颈。在关键电池材料、关键生产设备等领域构建若干技术创新中心，突破高容量正负极材料、高安全性隔膜和功能性电解液技术。加大生产、控制和检测设备创新，推进全产业链工程技术能力建设。开展燃料电池、全固态锂离子电池、金属空气电池、锂硫电池等领域新技术研究开发。

系统推进燃料电池汽车研发与产业化。加强燃料电池基础材料与过程机理研究，推动高性能低成本燃料电池材料和系统关键部件研发。加快提升燃料电池堆系统可靠性和工程化水平，完善相关技术标准。推动车载储氢系统以及氢制备、储运和加注技术发展，推进加氢站建设。到2020年，实现燃料电池汽车批量生产和规模化示范应用。

加速构建规范便捷的基础设施体系。按照“因地适宜、适度超前”原则，在城市发展中优先建设公共服务区域充电基础设施，积极推进居民区与单位停车位配建充电桩。完善充电设施标准规范，推进充电基础设施互联互通。加快推动高功率密度、高转换效率、高适用性、无线充电、移动充电等新型充换电技术及装备研发。加强检测认证、安全防护、与电网双向互动等关键技术研究。大力推动“互联网+充电基础设施”，提高充电服务智能化水平。鼓励充电服务企业创新商业模式，提升持续发展能力。到2020年，形成满足电动汽车需求的充电基础设施体系。

（二）推动新能源产业发展。加快发展先进核电、高效光电光热、大型风电、高效储能、分布式能源等，加速提升新能源产品经济性，加快构建适应新能源高比例发展的电力体制机制、新型电网和创新支撑体系，促进多能互补和协同优化，引领能源生产与消费革命。到2020年，核电、风电、太阳能、生物质能等占能源消费总量比重达到8%以上，产业产值规模超过1.5万亿元，打造世界领先的新能源产业。

推动核电安全高效发展。采用国际最高安全标准，坚持合作创新，重点发展大型先进压水堆、高温气冷堆、快堆及后处理技术装备，提升关键零部件配套能力，加快示范工程建设。提升核废料回收利用和安全处置能力。整合行业资源，形成系统服务能力，推动核电加快“走出去”。到2020年，核电装机规模达到5800万千瓦，在建规模达到3000万千瓦，形成国际先进的集技术开发、设计、装备制造、运营服务于一体的核电全产业链发展能力。

促进风电优质高效开发利用。大力发展智能电网技术，发展和挖掘系统调峰能力，大幅提升风电消纳能力。加快发展高塔长叶片、智能叶片、分散式和海上风电专用技术等，重点发展5兆瓦级以上风电机组、风电场智能化开发与运维、海上风电场施工、风热利用等领域关键技术与设备。建设风电技术测试与产业监测公共服务平台。到2020年，风电装机规模达到2.1亿千瓦以上，实现风电与煤电上网电价基本相当，风电装备技术创新能力达到国际先进水平。

推动太阳能多元化规模化发展。突破先进晶硅电池及关键设备技术瓶颈，提升薄膜太阳能电池效率，加强钙钛矿、染料敏化、有机等新型高效低成本太阳能电池技术研发，大力发展太阳能集成应用技术，推动高效低成本太阳能利用新技术和新材料产业化，建设太阳能光电光热产品测试与产业监测公共服务平台，大幅提升创新发展能力。统筹电力市场和外输通道，有序推进西部光伏光热发电开发，加快中东部分布式光伏发展，推动多种形式的太阳能综合开发利用。加快实施光伏领跑者计划，形成光热发电站系统集成和配套能力，促进先进太阳能技术产品应用和发电成本快速下降，引领全球太阳能产业发展。到2020年，太阳能发电装机规模达到1.1亿千瓦以上，力争实现用户侧平价上网。其中，分布式光伏发电、光伏电站、光热发电装机规模分别达到6000万千瓦、4500万千瓦、500万千瓦。

积极推动多种形式的新能源综合利用。突破风光互补、先进燃料电池、高效储能与海洋能发电等新能源电力技术瓶颈，加快发展生物质供气供热、生物质与燃煤耦合发电、地热能供热、空气能供热、生物液体燃料、海洋能供热制冷等，开展生物天然气多领域应用和区域示范，推进新能源多产品联产联供技术产业化。加速发展融合储能与微网应用的分布式能源，大力推动多能互补集成优化示范工程建设。建立健全新能源综合开发利用的技术创新、基础设施、运营模式及政策支撑体系。

大力发展“互联网+”智慧能源。加快研发分布式能源、储能、智能微网等关键技术，构建智能化电力运行监测管理技术平台，建设以可再生能源为主体的“源—网—荷—储—用”协调发展、集成互补的能源互联网，发展能源生产大数据预测、调度与运维技术，建立能源生产运行的监测、管理和调度信息公共服务网络，促进能源产业链上下游信息对接和生产消费智能化。推动融合储能设施、物联网、智能用电设施等硬件及碳交易、互联网金融等衍生服务于一体的绿色能源网络发展，促进用户端智能化用能、能源共享经济和能源自由交易发展，培育基于智慧能源的新业务、新业态，建设新型能源消费生态与产业体系。

加快形成适应新能源高比例发展的制度环境。围绕可再生能源比重大幅提高、弃风弃光率近零的目标，完善调度机制和运行管理方式，建立适应新能源电力大规模发展的电网运行管理体系。完善风电、太阳能、生物质能等新能源国家标准和清洁能源定价机制，建立新能源优先消纳机制。建立可再生能源发电补贴政策动态调整机制和配套管理体系。将分布式新能源纳入电力和供热规划以及国家新一轮配网改造计划，促进“源—网—用”协调发展，实现分布式新能源直供与无障碍入网。

专栏 15　新能源高比例发展工程
为实现新能源灵活友好并网和充分消纳，加快安全高效的输电网、可靠灵活的主动配电网以及多种分布式电源广泛接入互动的微电网建设，示范应用智能化大规模储能系统及柔性直流输电工程，建立适应分布式电源、电动汽车、储能等多元化负荷接入需求的智能化供需互动用电系统，建成适应新能源高比例发展的新型电网体系。 选择适宜区域开展分布式光电、分散式风电、生物质能供气供热、地热能、海洋能等多能互补的新能源综合开发，融合应用大容量储能、微网技术，构建分布式能源综合利用系统，引领能源供应方式变革。

（三）大力发展高效节能产业。适应建设资源节约型、环境友好型社会要求，树立节能为本理念，全面推进能源节约，提升高效节能装备技术及产品应用水平，推进节能技术系统集成和示范应用，支持节能服务产业做大做强，促进高效节能产业快速发展。到 2020 年，高效节能产业产值规模力争达到 3 万亿元。

大力提升高效节能装备技术及应用水平。鼓励研发高效节能设备（产品）及关键零部件，加大示范推广力度，加速推动降低综合成本。制修订强制性能效和能耗限额标准，加快节能科技成果转化应用。发布节能产品和技术推广目录，完善节能产品政府采购政策，推动提高节能产品市场占有率。完善能效标识制度和节能产品认证制度，在工业、建筑、交通和消费品等领域实施能效领跑者制度，推动用能企业和产品制造商跨越式提高能效。

大力推进节能技术系统集成及示范应用。在示范园区等重点区域和重点行业开展节能技术系统集成试点，整合高耗能企业的余热、余压、余气资源，鼓励利用余热采暖、利用余能和低温余热发电。鼓励重点用能单位及耗能设备配备智能能源计量和远程诊断设备，借助信息网络技术加强系统自动监控和智能分析能力，促进提高综合能效。深入推进流程工业系统优化工艺技术，推动工业企业能源管控中心建设，鼓励企业在低温加热段使用太阳能集热器，实现生产工艺和能源供应的综合优化。推进化石能源近零消耗建筑技术产业化，大力推广应用节能门窗、绿色节能建材等产品。鼓励风电、太阳能发电与企业能源供管系统综合集成，推动可再生能源就地消纳。

做大做强节能服务产业。支持合同能源管理、特许经营等业态快速发展，推动节能服务商业模式创新，推广节能服务整体解决方案。支持节能服务公司通过兼并、联合、重组等方式实现规模化、品牌化、网络化经营。搭建绿色融资平台，推动发行绿色债券，支持节能服务公司融资。制定相关标准，提高节能服务规范化水平。制定节能服务机构管理办法，建立健全节能第三方评估机制。搭建节能服务公司、重点用能单位、第三方评估机构履约登记和服务平台，营造诚实守信的市场环境。

专栏 16　节能技术装备发展工程
组织实施节能关键共性技术提升工程、节能装备制造工程。鼓励研发高性能建筑保温材料、光伏一体化建筑用玻璃幕墙、紧凑型户用空气源热泵装置、大功率半导体照明芯片与器件、先进高效燃气轮机发电设备、煤炭清洁高效利用技术装备、浅层地热能利用装置、蓄热式高温空气燃烧装置等一批高效节能设备（产品）及其关键零部件。 实施燃煤锅炉节能环保综合提升工程、供热管网系统能效综合提升工程、电机拖动系统能效提升工程，推进燃煤电厂节能与超低排放改造、电机系统节能、能量系统优化、余热余压利用等重大关键节能技术与产品规模化应用示范。组织实施城市、园区和企业节能示范工程，推广高效节能技术集成示范应用。

（四）加快发展先进环保产业。大力推进实施水、大气、土壤污染防治行动计划，推动区域与流域污染防治整体联动，海陆统筹深入推进主要污染物减排，促进环保装备产业发展，推动主要污染物监测防治技术装备能力提升，加强先进适用环保技术装备推广应用和集成创新，积极推广应用先进环保产品，促进环境服务业发展，全面提升环保产业发展水平。到 2020 年，先进环保产业产值规模力争超过 2 万亿元。

提升污染防治技术装备能力。围绕水、大气、土壤污染防治，集中突破工业废水、雾霾、土壤农药残留、水体及土壤重金属污染等一批关键治理技术，加快形成成套装备、核心零部件及配套材料生产能力。建设一批技术先进、配套齐全、发展规范的重大环保技术装备产业化示范基地，形成以骨干企业为核心、专精特新中小企业快速成长的产业良性发展格局。支持危险废弃物防治技术研发，提高危险废弃物处理处置水平。支持环保产业资源优化整合，积极拓展国际市场。

加强先进适用环保技术装备推广应用和集成创新。定期更新《国家鼓励发展的重大环保技术装备目录》，强化供需对接，加强先进适用环保装备在冶金、化工、建材、食品等重点领域应用。加快环保产业与新一代信息技术、先进制造技术深度融合，强化先进环保装备制造能力，提高综合集成水平。支持建立产学研用相结合的环保技术创新联盟，加快技术集成创新研究与应用。

积极推广应用先进环保产品。大力推广应用离子交换树脂、生物滤料及填料、高效活性炭、循环冷却水处理药剂、杀菌灭藻剂、水处理消毒剂、固体废弃物处理固化剂和稳定剂等环保材料和环保药剂。扩大政府采购环保产品范围，不断提高环保产品采购比例。实施环保产品领跑者制度，提升环保产品标准，积极推广应用先进环保产品，组织实施先进环保装备技术进步与模式创新示范工程。

提升环境综合服务能力。基于各行业污染物大数据，推动建立环保装备与服务需求信息平台、技术创新转化交易平台、环保装备招投标信息平台，提高环保服务信息化水平。推动在环境监测中应用卫星和物联网技术，构建污染排放、环境质量基础数据与监控处置信息平台，提高环境监管智能化水平，深入推进环境服务业试点工作。发展环境修复服务，推广合同环境服务，促进环保服务整体解决方案推广应用。开展环境污染第三方治理试点和环境综合治理托管服务试点，在城镇污水垃圾处理、工业园区污染集中处理等重点领域深入探索第三方治理模式。推进产品绿色设计示范企业创建工作，支持企业开展绿色设计。

专栏 17　绿色低碳技术综合创新示范工程
对接绿色低碳试点示范项目，在具备条件的区域，以绿色低碳技术综合应用为核心，以互联网为纽带，建设新能源、新能源汽车与智慧交通系统、低碳社区、碳捕集和富碳农业、绿色智能工厂等综合应用设施，先行先试相关改革措施，促进绿色低碳技术、新一代信息技术与城镇化建设、生产生活的融合创新，广泛开展国际合作，打造相关技术综合应用示范区域。

（五）深入推进资源循环利用。树立节约集约循环利用的资源观，大力推动共伴生矿和尾矿综合利用、“城市矿产”开发、农林废弃物回收利用和新品种废弃物回收利用，发展再制造产业，完善资源循环利用基础设施，提高政策保障水平，推动资源循环利用产业发展壮大。到 2020 年，力争当年替代原生资源 13 亿吨，资源循环利用产业产值规模达到 3 万亿元。

大力推动大宗固体废弃物和尾矿综合利用。推动冶金渣、化工渣、赤泥、磷石膏等产业废弃物综合利用，推广一批先进适用技术与装备，加强对工业固体废弃物中战略性稀贵金属的回收利用。研发尾矿深度加工和综合利用技术，促进尾矿中伴生有价元素回收和高技术含量尾矿产品开发，提高尾矿综合利用经济性。研发复杂多金属尾矿选冶联合关键技术与装备、清洁无害化综合利用关键技术，研发单套设备处理能力达到每年 100—500 万吨的尾矿高效浓缩及充填料制备、输送、充填成套工艺技术。开发低品位钛渣优化提质技术，提高钒钛磁铁矿资源综合利用率。

促进“城市矿产”开发和低值废弃物利用。提高废弃电器电子产品、报废汽车拆解利用技术装备水平，促进废有色金属、废塑料加工利用集聚化规模化发展。加快建设城市餐厨废弃物、建筑垃圾和废旧纺织品等资源化、无害化处理系统，协同发挥各类固体废弃物处理设施作用，打造城市低值废弃物协同处理基地。落实土地、财税等相关优惠政策。完善再生资源回收利用基础设施，支持现有再生资源回收集散地升级改造。

加强农林废弃物回收利用。基本实现畜禽粪便、残膜、农作物秸秆、林业三剩物等农林废弃物资源化利用。推广秸秆腐熟还田技术，支持秸秆代木、纤维原料、清洁制浆、生物质能、商品有机肥等新技术产业化发展。鼓励利用畜禽粪便、秸秆等多种农林废弃物，因地制宜实施农村户用沼气和集中供沼气工程。推广应用标准地膜，引导回收废旧地膜和使用可降解地膜。鼓励利用林业废弃物建设热、电、油、药等生物质联产项目。积极开发农林废弃物超低排放焚烧技术。

积极开展新品种废弃物循环利用。开展新品种废弃物回收利用体系示范，推动废弃太阳能电池、废旧动力蓄电池、废碳纤维材料、废节能灯等新型废弃物回收利用，推广稀贵金属高效富集与清洁回收利用、电动汽车动力蓄电池梯级利用等。支持碳捕集、利用和封存技术研发与应用，发展碳循环产业。

大力推动海水资源综合利用。加快海水淡化及利用技术研发和产业化，提高核心材料和关键装备的可靠性、先进性和配套能力。推动建设集聚发展的海水淡化装备制造基地。开展海水资源化利用示范工程建设，推进大型海水淡化工程总包与服务。开展海水淡化试点示范，鼓励生产海水淡化桶装水，推进海水淡化水依法进入市政供水管网。推进海水冷却技术在沿海高用水行业规模化应用。加快从海水中提取钾、溴、镁等产品，实现高值化利用。

发展再制造产业。加强机械产品再制造无损检测、绿色高效清洗、自动化表面与体积修复等技术攻关和装备研发，加快产业化应用。组织实施再制造技术工艺应用示范，推进再制造纳米电刷镀技术装备、电弧喷涂等成熟表面工程装备示范应用。开展发动机、盾构机等高值零部件再制造。建立再制造旧件溯源及产品追踪信息系统，促进再制造产业规范发展。

健全资源循环利用产业体系。推动物联网电子监管技术在危险废弃物、电子废弃物利用处置等领域应用，支持再生资源企业建立线上线下融合的回收网络。统筹国内外再生资源利用，加强生活垃圾分类回收与再生资源回收的衔接。建设资源循环利用第三方服务体系，鼓励通过合同管理方式，提供废弃物管理、回收、再生加工、循环利用的整体解决方案。全面落实生产者责任延伸制度，鼓励使用再生产品和原料。建立健全覆盖固体废弃物、危险废弃物、再生产品、污染物控制等方面的标准体系。

专栏 18　资源循环替代体系示范工程
实施循环发展引领行动，推动太阳能光伏电池、废弃电子产品稀贵金属多组分分离提取和电动汽车动力蓄电池、废液晶等新品种废弃物的回收利用，开展基于“互联网 +”的废弃物回收利用体系示范。推进城市低值废弃物协同处置和大宗固体废弃物综合利用加快发展。建立以售后维修体系为核心的旧件回收体系，在商贸物流、金融保险、维修销售等环节和煤炭、石油等采掘企业推广应用再制造产品。鼓励专业化再制造服务公司提供整体解决方案和专项服务。

六、促进数字创意产业蓬勃发展，创造引领新消费

以数字技术和先进理念推动文化创意与创新设计等产业加快发展，促进文化科技深度融合、相关产业相互渗透。到 2020 年，形成文化引领、技术先进、链条完整的数字创意产业发展格局，相关行业产值规模达到 8 万亿元。

（一）创新数字文化创意技术和装备。适应沉浸式体验、智能互动等趋势，加强内容和技术装备协同创新，在内容生产技术领域紧跟世界潮流，在消费服务装备领域建立国际领先优势，鼓励深度应用相关领域最新创新成果。

提升创作生产技术装备水平。加大空间和情感感知等基础性技术研发力度，加快虚拟现实、增强现实、全息成像、裸眼三维图形显示（裸眼 3D）、交互娱乐引擎开发、文化资源数字化处理、互动影视等核心技术创新发展，加强大数据、物联网、人工智能等技术在数字文化创意创作

生产领域的应用，促进创新链和产业链紧密衔接。鼓励企业运用数字创作、网络协同等手段提升生产效率。

增强传播服务技术装备水平。研发具有自主知识产权的超感影院、混合现实娱乐、广播影视融合媒体制播等配套装备和平台，开拓消费新领域。大力研发数字艺术呈现技术，提升艺术展演展陈数字化、智能化、网络化应用水平，支持文物保护装备产业化及应用。研究制定数字文化创意技术装备关键标准，推动自主标准国际化，完善数字文化创意技术装备和相关服务的质量管理体系。

专栏19 数字文化创意技术装备创新提升工程
以企业为主体、产学研用相结合，构建数字文化创意产业创新平台，加强基础技术研发，大力发展虚拟现实、增强现实、互动影视等新型软硬件产品，促进相关内容开发。完善数字文化创意产业技术与服务标准体系，推动手机（移动终端）动漫、影视传媒等领域标准体系广泛应用，建立文物数字化保护和传承利用、智慧博物馆、超高清内容制作传输等标准。完善数字创意“双创”服务体系。

（二）丰富数字文化创意内容和形式。通过全民创意、创作联动等新方式，挖掘优秀文化资源，激发文化创意，适应互联网传播特点，创作优质、多样、个性化的数字创意内容产品。

促进优秀文化资源创造性转化。鼓励对艺术品、文物、非物质文化遗产等文化资源进行数字化转化和开发。依托地方特色文化，创造具有鲜明区域特点和民族特色的数字创意内容产品。加强现代设计与传统工艺对接，促进融合创新。提高图书馆、美术馆、文化馆、体验馆数字化、智能化水平，加强智慧博物馆和智慧文化遗产地建设，创新交互体验应用。

鼓励创作当代数字创意内容精品。强化高新技术支撑文化产品创作的力度，提高数字创意内容产品原创水平，加快出版发行、影视制作、演艺娱乐、艺术品、文化会展等行业数字化进程，提高动漫游戏、数字音乐、网络文学、网络视频、在线演出等文化品位和市场价值。鼓励多业态联动的创意开发模式，提高不同内容形式之间的融合程度和转换效率，努力形成具有世界影响力的数字创意品牌，支持中华文化“走出去”。

专栏20 数字内容创新发展工程
依托先进数字技术，推动实施文化创意产品扶持计划和“互联网+”中华文明行动计划，支持推广一批数字文化遗产精品，打造一批优秀数字文化创意产品，建设数字文化资源平台，实现文化创意资源的智能检索、开发利用和推广普及，拓展传播渠道，引导形成产业链。

（三）提升创新设计水平。挖掘创新设计产业发展内生动力，推动设计创新成为制造业、服务业、城乡建设等领域的核心能力。

强化工业设计引领作用。积极发展第三方设计服务，支持设计成果转化。鼓励企业加大工业设计投入，推动工业设计与企业战略、品牌深度融合，促进创新设计在产品设计、系统设计、工艺流程设计、商业模式和服务设计中的应用。支持企业通过创新设计提升传统工艺装备，推进工艺装备由单机向互联、机械化向自动化持续升级。以创意和设计引领商贸流通业创新，加强广告服务，健全品牌价值体系。制定推广行业标准，推动产业转型升级。支持建设工业设计公共服务平台。通过工业设计推动中国制造向中国创造、中国速度向中国质量转变。

提升人居环境设计水平。创新城市规划设计，促进测绘地理信息技术与城市规划相融合，利用大数据、虚拟现实等技术，建立覆盖区域、城乡、地上地下的规划信息平台，引导创新城市规划。从宏观、中观、微观等多层面加强城市设计，塑造地域特色鲜明的风貌。鼓励建筑设计创作，完善招投标制度和专家评标制度，扩展建筑师执业服务范围，引导建筑师参与项目策划、建筑设计、项目管理，形成激励建筑师创作的政策环境。加大建筑师培养力度，培育既有国际视野又有文化自信的建筑师队伍。倡导新型景观设计，改善人居环境。进一步提高装饰设计水平。

专栏21 创新设计发展工程
制定实施制造业创新设计行动纲要，建设一批国家级工业设计中心，建设一批具有国际影响力的工业设计集聚区。建设增材制造等领域设计大数据平台与知识库，促进数据共享和供需对接。通过发展创业投资、政府购买服务、众筹试点等多种模式促进创新设计成果转化。

（四）推进相关产业融合发展。推动数字文化创意和创新设计在各领域应用，培育更多新产品、新服务以及多向交互融合的新业态，形成创意经济无边界渗透格局。

加快重点领域融合发展。推动数字创意在电子商务、社交网络中的应用，发展虚拟现实购物、社交电商、“粉丝经济”等营销新模式。推动数字创意在教育领域的应用，提升学习内容创意水平，加强数字文化教育产品开发和公共信息资源深度利用，推动教育服务创意化。提升旅游产品开发和旅游服务设计的文化内涵和数字化水平，促进虚拟旅游展示等新模式创新发展。挖掘创意“三农”发展潜力，提高休闲农业创意水平，促进地理标志农产品、乡村文化开发，以创意民宿推动乡村旅游发展和新农村建设。推动数字创意在医疗、展览展示、地理信息、公共管理等领域应用。构建数字创意相关项目资源库和对接服务平台，创新使用多种形式的线上线下推广手段，广泛开展会展活动，鼓励行业协会、研究机构积极开展跨领域交流合作。

推进数字创意生态体系建设。建立涵盖法律法规、行政手段、技术标准的数字创意知识产权保护体系，加大打击数字创意领域盗版侵权行为力度，保障权利人合法权益。积极研究解决虚拟现实、网络游戏等推广应用中存在的风险问题，切实保护用户生理和心理健康。改善数字创意相关行业管理规制，进一步放宽准入条件，简化审批程序，加强事中事后监管，促进融合发展。

七、超前布局战略性产业，培育未来发展新优势

以全球视野前瞻布局前沿技术研发，不断催生新产业，重点在空天海洋、信息网络、生命科学、核技术等核心领域取得突破，高度关注颠覆性技术和商业模式创新，在若

干战略必争领域形成独特优势，掌握未来产业发展主动权，为经济社会持续发展提供战略储备、拓展战略空间。

（一）空天海洋领域。显著提升空间进入能力。突破大推力发动机、大直径箭体设计、制造与先进控制等关键技术，发展重型运载火箭，保障未来重大航天任务实施。发展快速、廉价、可重复使用的小载荷天地往返运输系统。超前部署具有高空间定位精度的空间飞行器自主导航和飞行技术。

加快发展新型航天器。加强超高分辨率、超高精度时空基准、超高速安全通信、高性能星上处理、大功率电源、新型材料等关键技术研发，研制新型应用卫星。建立先进的载人空间科学实验平台和生命支持系统。发展空间飞行器轻量化小型化技术，推进应用型微、纳、皮卫星规范有序发展。部署和发射新型试验卫星。加快发展临近空间飞行器、可重复使用航天器等面向未来任务的新型航天器。

加快航空领域关键技术突破和重大产品研发。超前部署氢燃料、全电、组合动力等新型发动机关键技术研究，提升未来航空产业自主发展能力。加快发展多用途无人机、新构型飞机等战略性航空装备。前瞻布局超音速商务机、新概念新构型总体气动技术、先进高可靠性机电技术、新一代航空电子系统、航空新材料及新型复合材料加工技术。

发展新一代深海远海极地技术装备及系统。建立深海区域研究基地，发展海洋遥感与导航、水声探测、深海传感器、无人和载人深潜、深海空间站、深海观测系统、“空—海—底”一体化通信定位、新型海洋观测卫星等关键技术和装备。大力研发深远海油气矿产资源、可再生能源、生物资源等资源开发利用装备和系统，研究发展海上大型浮式结构物，支持海洋资源利用关键技术研发和产业化应用，培育海洋经济新增长点。大力研发极地资源开发利用装备和系统，发展极地机器人、核动力破冰船等装备。

（二）信息网络领域。构建未来网络新体系。着眼于提升当前网络体系架构可扩展性、安全性、可管控性、移动性和内容分发能力，系统布局新型网络架构、技术体系和安全保障体系研究，开展实验网络建设，研究构建泛在融合、绿色带宽、智能安全的新型网络。

加强关键技术和产品研发。面向万物互联需求，发展物联网搜索引擎、E级高性能计算、面向物端的边缘计算等技术和产品。开展深度学习、认知计算、虚拟现实、自然人机交互等领域前沿技术研发，提升信息服务智能化、个性化水平。布局太赫兹通信、可见光通信等技术研发，持续推动量子密钥技术应用。

推动电子器件变革性升级换代。加强低功耗高性能新原理硅基器件、硅基光电子、混合光电子、微波光电子等领域前沿技术和器件研发，形成一批专用关键制造设备，提升光网络通信元器件支撑能力。统筹布局量子芯片、量子编程、量子软件以及相关材料和装置制备关键技术研发，推动量子计算机的物理实现和量子仿真的应用。加强类脑芯片、超导芯片、石墨烯存储、非易失存储、忆阻器等新原理组件研发，推进后摩尔定律时代微电子技术开发与应用，实现产业跨越式发展。

（三）生物技术领域。构建基于干细胞与再生技术的医学新模式。加快布局体细胞重编程科学技术研发，开发功能细胞获取新技术。完善细胞、组织与器官的体内外生产技术平台与基地。规范干细胞与再生领域法律法规和标准体系，完善知识产权评估与转化机制，持续深化干细胞与再生技术临床应用。发展肿瘤免疫治疗技术。

推进基因编辑技术研发与应用。建立具有自主知识产权的基因编辑技术体系，开发针对重大遗传性疾病、感染性疾病、恶性肿瘤等的基因治疗新技术。建立相关动物资源平台、临床研究及转化应用基地，促进基于基因编辑研究的临床转化和产业化发展。

加强合成生物技术研发与应用。突破基因组化学合成、生物体系设计再造、人工生物调控等关键技术，研究推进人工生物及人工生物器件临床应用和产业化。推动生物育种、生态保护、能源生产等领域颠覆性技术创新，构建基础原料供给、物质转化合成、民生服务新模式，培育合成生物产业链。

（四）核技术领域。加快开发新一代核能装备系统。加快推动铅冷快堆、钍基熔盐堆等新核能系统试验验证和实验堆建设。支持小型和微型核动力堆研发设计和关键设备研制，开展实验堆建设和重点领域示范应用。积极参与国际热核聚变实验堆计划，不断完善全超导托卡马克核聚变实验装置等国家重大科技基础设施，开展实验堆概念设计、关键技术和重要部件研发。

发展非动力核技术。支持发展离子、中子等新型射线源，研究开发高分辨率辐射探测器和多维动态成像装置，发展精准治疗设备、医用放射性同位素、中子探伤、辐射改性等新技术和新产品，持续推动核技术在工业、农业、医疗健康、环境保护、资源勘探、公共安全等领域应用。

八、促进战略性新兴产业集聚发展，构建协调发展新格局

立足区域发展总体战略，围绕推进“一带一路”建设、京津冀协同发展、长江经济带发展，根据各地产业基础和特色优势，坚持因地制宜、因业布局、因时施策，加快形成点面结合、优势互补、错位发展、协调共享的战略性新兴产业发展格局。

（一）打造战略性新兴产业策源地。支持创新资源富集的中心城市形成以扩散知识技术为主要特征的战略性新兴产业策源地。发挥策源地城市科研人才密集、学科齐全、国际交流频繁等优势，支持建设一批国际一流的大学和科研机构，强化重点领域基础研究，大力促进新兴学科、交叉学科发展，支持建设新兴交叉学科研究中心，推进信息、生命、医疗、能源等领域原创性、颠覆性、支撑性技术开发，推动产学研用联动融合，形成引领战略性新兴产业发展的“辐射源”。以推进全面创新改革试验为契机，加快改革攻坚，完善科研项目经费管理和科技成果转移转化机制，最大限度减少不利于创新人才发展的制度障碍，探索建立适应创新要素跨境流动的体制机制。发挥策源地城市改革创新示范带动作用，在全国范围内推广一批有力度、有特色、有影响的重大改革举措。大力推动科技中介新业态发展，支持海外人才、科研人员、高校师生在策源地城市创

业创新，支持海外知名大学、科研机构、企业在策源地城市建设产业创新平台和孵化器，打造战略性新兴产业创业创新高地。鼓励策源地城市开展“知识产权强市”建设，加大知识产权保护力度，强化知识产权运用和管理，加快发展知识产权服务业，更好利用全球创新成果，加速科技成果向全国转移扩散。

（二）壮大一批世界级战略性新兴产业发展集聚区。依托城市群建设，以全面创新改革试验区为重点，发展知识密集型战略性新兴产业集群，打造10个左右具有全球影响力、引领我国战略性新兴产业发展的标志性产业集聚区，推动形成战略性新兴产业发展的体制机制创新区、产业链创新链融合区、国际合作承载区。在东部地区打造国际一流的战略性新兴产业城市群，围绕京津冀协同发展，加强京津冀经济与科技人才联动，形成辐射带动环渤海地区和北方腹地发展的战略性新兴产业发展共同体；发挥长三角城市群对长江经济带的引领作用，以上海、南京、杭州、合肥、苏锡常等都市圈为支点，构筑点面结合、链群交融的产业发展格局；以广州、深圳为核心，全面提升珠三角城市群战略性新兴产业的国际竞争力，延伸布局产业链和服务链，带动区域经济转型发展；推动山东半岛城市群重点发展生物医药、高端装备制造、新一代信息技术、新材料等产业和海洋经济；围绕福州、厦门等重点城市，推动海峡西岸地区生物、海洋、集成电路等产业发展。依托中西部地区产业基础，大力推进成渝地区、武汉都市圈、长株潭城市群、中原城市群、关中平原城市群等重点区域战略性新兴产业发展，积极创造条件承接东部地区产业转移；支持昆明、贵阳等城市发展具有比较优势的产业，促进长江经济带上中下游地区产业协同发展。对接丝绸之路经济带建设，促进天山北坡、兰州—西宁等西北地区城市群发展特色产业。推动东北地区大力发展机器人及智能装备、光电子、生物医药及医疗器械、信息服务等产业，以沈阳、大连、哈尔滨、长春为支点，支持东北地区城市群打造国内领先的战略性新兴产业集群，带动区域经济转型升级。

（三）培育战略性新兴产业特色集群。充分发挥现有产业集聚区作用，通过体制机制创新激发市场活力，采用市场化方式促进产业集聚，完善扶持政策，加大扶持力度，培育百余个特色鲜明、大中小企业协同发展的优势产业集群和特色产业链。完善政府引导产业集聚方式，由招商引资向引资、引智、引技并举转变，打造以人才和科技投入为主的新经济；由“引进来”向“引进来”、“走出去”并重转变，充分整合利用全球创新资源和市场资源；由注重产业链发展向产业链、创新链协同转变，聚焦重点产业领域，依托科研机构和企业研发基础，提升产业创新能力；由产城分离向产城融合转变，推动研究机构、创新人才与企业相对集中，促进不同创新主体良性互动。避免对市场行为的过度干预，防止园区重复建设。鼓励战略性新兴产业向国家级新区等重点功能平台集聚。

九、推进战略性新兴产业开放发展，拓展合作新路径

贯彻国家开放发展战略部署，构建战略性新兴产业国际合作新机制，建设全球创新发展网络，推动产业链全球布局，拓展发展新路径。

（一）积极引入全球资源。抓住“一带一路”建设契机，推进国际产能合作，构建开放型创新体系，鼓励技术引进与合作研发，促进引进消化吸收与再创新。积极引导外商投资方向，鼓励外商投资战略性新兴产业，推动跨国公司、国际知名研究机构在国内设立研发中心。加大海外高端人才引进力度，畅通吸纳海外高端人才的绿色通道，为海外人才来华工作和创业提供更多便利。

（二）打造国际合作新平台。积极建立国际合作机制，推动签署落实政府间新兴产业和创新领域合作协议。推动双边互认人员资质、产品标准、认证认可结果，参与国际多边合作互认机制。以发达国家和“一带一路”沿线国家为重点，建设双边特色产业国际合作园区，引导龙头企业到海外建设境外合作园区。创新合作方式，提升重点领域开放合作水平。加强国际科技成果转化和孵化、人才培训等公共服务体系建设。

（三）构建全球创新发展网络。建立健全国际化创新发展协调推进和服务机制，加强驻外机构服务能力，利用二十国集团（G20）、夏季达沃斯等平台开展新经济交流，充分发挥有关行业协会和商会作用，搭建各类国际经济技术交流与合作平台。引导社会资本设立一批战略性新兴产业跨国并购和投资基金，支持一批城市对接战略性新兴产业国际合作，建设一批国际合作创新中心，发展一批高水平国际化中介服务机构，建立一批海外研发中心，构建全球研发体系，形成政府、企业、投资机构、科研机构、法律机构、中介机构高效协同的国际化合作网络。支持企业和科研机构参与国际科技合作计划、国际大科学计划和大科学工程，承担和组织国际重大科技合作项目。鼓励企业积极参与国际技术标准制定。

（四）深度融入全球产业链。推动产业链全球布局，在高端装备、新一代信息技术、新能源等重点领域，针对重点国家和地区确定不同推进方式和实施路径，推动产业链资源优化整合。支持企业、行业协会和商会、地方政府和部门创新方式开展战略性新兴产业国际产能合作，推动国内企业、中外企业组团共同开拓国际市场，支持产业链“走出去”，将“走出去”获得的优质资产、技术、管理经验反哺国内，形成综合竞争优势。推动高端装备、新一代信息技术等领域龙头企业海外拓展，与国际大企业开展更高层次合作，实现优势互补、共赢发展。

十、完善体制机制和政策体系，营造发展新生态

加快落实创新驱动发展战略，深入推进政府职能转变，持续深化重点领域和关键环节改革，强化制度建设，汇聚知识、技术、资金、人才等创新要素，全面营造有利于战略性新兴产业发展壮大的生态环境。

（一）完善管理方式。推进简政放权、放管结合、优化服务改革。在电信、新药和医疗器械、新能源汽车生产准入等领域，进一步完善审批方式，最大限度减少事前准入限制，修改和废止有碍发展的行政法规和规范性文件，激

发市场主体活力。坚持放管结合，区分不同情况，积极探索和创新适合新技术、新产品、新业态、新模式发展的监管方式，既激发创新创造活力，又防范可能引发的风险。对发展前景和潜在风险看得准的“互联网+”、分享经济等新业态，量身定制监管模式；对看不准的领域，加强监测分析，鼓励包容发展，避免管得过严过死；对潜在风险大、有可能造成严重不良社会后果的，切实加强监管；对以创新之名行非法经营之实的，坚决予以取缔。严格执行降低实体经济企业成本各项政策措施，落实中央财政科研项目资金管理相关政策措施，推进科技成果产权制度改革。全面落实深化国有企业改革各项部署，在战略性新兴产业领域国有企业中率先进行混合所有制改革试点示范，开展混合所有制企业员工持股试点。发布战略性新兴产业重点产品和服务指导目录。

营造公平竞争市场环境。完善反垄断法配套规则，进一步加大反垄断和反不正当竞争执法力度，严肃查处信息服务、医疗服务等领域企业违法行为。建立健全工作机制，保障公平竞争审查制度有序实施，打破可再生能源发电、医疗器械、药品招标等领域的地区封锁和行业垄断，加大对地方保护和行业垄断行为的查处力度。完善信用体系，充分发挥全国信用信息共享平台和国家企业信用信息公示系统等作用，推进各类信用信息平台建设、对接和服务创新，加强信用记录在线披露和共享，为经营者提供信用信息查询、企业身份网上认证等服务。

加强政策协调。充分发挥战略性新兴产业发展部际联席会议制度作用，推动改革措施落地，加强工作沟通，避免相关政策碎片化。持续开展产业发展状况评估和前瞻性课题研究，准确定位改革发展方向。建立高层次政企对话咨询机制，在研究制订相关政策措施时积极听取企业意见。定期发布发展新经济培育新动能、壮大战略性新兴产业有关重点工作安排，统筹推进相关改革发展工作。

（二）构建产业创新体系。深入开展大众创业万众创新。打造众创、众包、众扶、众筹平台，依托“双创”资源集聚的区域、科研院所和创新型企业等载体，支持建设“双创”示范基地，发展专业化众创空间。依托互联网打造开放共享的创新机制和创新平台，推动企业、科研机构、高校、创客等创新主体协同创新。着力完善促进“双创”的法律和政策体系。持续强化“双创”宣传，办好全国“双创”活动周，营造全社会关注“双创”、理解“双创”、支持“双创”的良好氛围。

强化公共创新体系建设。实施一批重大科技项目和重大工程，加强颠覆性技术研发和产业化。创新重大项目组织实施方式，探索实行项目决策、执行、评价、监督相对分开的组织管理机制。构建企业主导、政产学研用相结合的产业技术创新联盟，支持建设关键技术研发平台，在重点产业领域采取新机制建立一批产业创新中心。围绕重点领域创新发展需求，统筹部署国家重大科技基础设施等创新平台建设，加强设施和平台开放共享。按照科研基地优化布局统筹部署，建设一批国家技术创新中心，支撑引领战略性新兴产业发展。加强相关计量测试、检验检测、认证认可、知识和数据中心等公共服务平台建设。成立战略性新兴产业计量科技创新联盟，加强认证认可创新。落实和完善战略性新兴产业标准化发展规划，完善标准体系，支持关键领域新技术标准应用。

支持企业创新能力建设。实施国家技术创新工程，加强企业技术中心能力建设，推进创新企业百强工程，培育一批具有国际影响力的创新型领导企业，引领带动上下游产业创新能力提升。加大对科技型中小企业创新支持力度，落实研发费用加计扣除等税收优惠政策，引导企业加大研发投入。

完善科技成果转移转化制度。落实相关法律法规政策，组织实施促进科技成果转移转化行动。落实科技成果转化有关改革措施，提高科研人员成果转化收益分享比例，加快建立科技成果转移转化绩效评价和年度报告制度。引导有条件的高校和科研院所建立专业化、市场化的技术转移机构，加强战略性新兴产业科技成果发布，探索在战略性新兴产业相关领域率先建立利用财政资金形成的科技成果限时转化制度。

（三）强化知识产权保护和运用。强化知识产权保护维权。积极推进专利法、著作权法修订工作。跟踪新技术、新业态、新模式发展创新，加强互联网、电子商务、大数据等领域知识产权保护规则研究，完善商业模式知识产权保护、商业秘密保护、实用艺术品外观设计专利保护等相关法律法规。完善知识产权快速维权机制，新建一批快速维权中心。将故意侵犯知识产权行为纳入社会信用记录，健全知识产权行政侵权查处机制，依法严厉打击侵犯知识产权犯罪行为，加大海关知识产权执法保护力度，推动提高知识产权侵权法定赔偿上限额度。

加强知识产权布局运用。大力推行知识产权标准化管理，提升创新主体知识产权管理能力。实施知识产权行业布局和区域布局工程，在战略性新兴产业集聚区和龙头企业引导设立知识产权布局设计中心。构建知识产权运营服务体系，推进全国知识产权运营公共服务平台建设，培育一批专业化、品牌化知识产权服务机构，鼓励高端检索分析工具等开发应用，引导知识产权联盟建设。聚焦战略性新兴产业，鼓励创新知识产权金融产品，开发知识产权投贷、投保、投债联动等新产品，探索知识产权股权化、证券化。鼓励企业综合运用专利、版权、商标等知识产权手段打造自有品牌。

完善知识产权发展机制。实施战略性新兴产业知识产权战略推进计划，围绕战略性新兴产业集聚区部署知识产权服务链，建立知识产权集群管理制度，推动形成一批知识产权优势集聚区。加强战略性新兴产业专利分析及动向监测。建立重大经济科技活动知识产权分析评议制度，鼓励企业建立知识产权分析评议机制。完善海外知识产权服务体系，研究发布海外知识产权环境信息，跟踪研究重点产业领域国际知识产权动向，引导建立海外知识产权案件信息提交机制，加强对重大知识产权案件的研究，建立海外知识产权风险预警机制，支持企业开展知识产权海外并购和维权行动。

（四）深入推进军民融合。构建军民融合的战略性新兴产业体系。促进军民科技创新体系相互兼容、协同发展，推进军民融合产业发展。依托国家军民融合创新示范区，促进军民两用技术产业化发展。建设一批军民融合创新平台。在军工单位集中、产业基础较好的地区，推进军民技术双向转移和转化应用。支持军工企业发挥优势向新能源、民用航空航天、物联网等新兴领域拓展业务，引导优势民营企业进入国防科研生产和维修领域，构建各类企业公平竞争的政策环境。

加强军民融合重大项目建设。面向建设航天强国，统筹规划军民卫星研发和使用，加强地面站网整合建设与信息共享，积极发展军民通用化程度高的动力系统、关键部件和基础材料。适应空域改革进程，加强空域管制系统技术和装备研发，推进航空产业军民深度融合发展。面向建设网络强国，加强新一代信息基础设施和系统军民合建共用，组织实施安全可靠信息网络产品和服务相关应用示范工程。面向建设海洋强国，适应军地海洋资源调查、海域使用、海洋观测预报、海洋环境保护和岛礁建设需求，发展军民两用高性能装备和材料技术。开展军民通用标准化工程，促进军民技术双向转移。

（五）加大金融财税支持。提高企业直接融资比重。积极支持符合条件的战略性新兴产业企业上市或挂牌融资，研究推出全国股份转让系统挂牌公司向创业板转板试点，建立全国股份转让系统与区域性股权市场合作对接机制。探索推进场外证券交易市场以及机构间私募产品报价与服务系统建设，支持战略性新兴产业创业企业发展。大力发展创业投资和天使投资，完善鼓励创业投资企业和天使投资人投资种子期、初创期科技型企业的税收支持政策，丰富并购融资和创业投资方式。积极支持符合条件的战略性新兴产业企业发行债券融资，扩大小微企业增信集合债券和中小企业集合票据发行规模，鼓励探索开发高收益债券和可转换债券等金融产品，稳步推进非金融企业债务融资工具发展。鼓励保险公司、社会保险基金和其他机构投资者合法合规参与战略性新兴产业创业投资和股权投资基金。推进投贷联动试点工作。

加强金融产品和服务创新。引导金融机构积极完善适应战略性新兴产业特点的信贷管理和贷款评审制度。探索建立战略性新兴产业投融资信息服务平台，促进银企对接。鼓励建设数字创意、软件等领域无形资产确权、评估、质押、流转体系，积极推进知识产权质押融资、股权质押融资、供应链融资、科技保险等金融产品创新。引导政策性、开发性金融机构加大对战略性新兴产业支持力度。推动发展一批为飞机、海洋工程装备、机器人等产业服务的融资租赁和金融租赁公司。加快设立国家融资担保基金，支持战略性新兴产业项目融资担保工作。

创新财税政策支持方式。发挥财政资金引导作用，创新方式吸引社会投资，大力支持战略性新兴产业发展。充分发挥国家新兴产业创业投资引导基金服务创业创新的作用，完善管理规则，做好风险防控，高效开展投资运作，带动社会资本设立一批创业投资基金，加大对战略性新兴产业的投入。鼓励有条件的地区设立战略性新兴产业发展基金，引导社会资金设立一批战略性新兴产业投资基金和国际化投资基金。积极运用政府和社会资本合作（PPP）等模式，引导社会资本参与重大项目建设。完善政府采购政策，加大对“双创”以及云计算、大数据、循环经济等支持力度，推进智慧城市、信息惠民、“城市矿山”、智能装备等示范应用。进一步完善光伏、风电、生物质等可再生能源发电补贴政策。调整完善新能源汽车推广补贴政策。完善战略性新兴产业企业股权激励个人所得税政策。

（六）加强人才培养与激励。培养产业紧缺人才。实施战略性新兴产业创新领军人才行动，聚焦重点领域，依托重大项目和重大工程建设一批创新人才培养示范基地，重点扶持一批科技创新创业人才。分行业制定战略性新兴产业紧缺人才目录，在国家相关人才计划中予以重点支持。根据产业发展需求，动态调整高校教学内容和课程设置，合理扩大战略性新兴产业相关专业招生比例。加强战略性新兴产业技术技能人才培养，推行企业新型学徒制，建立国家基本职业培训包制度，推动相关企业为职业学校战略性新兴产业相关专业学生实习和教师实践提供岗位。依托专业技术人才知识更新工程，培养一大批高层次急需紧缺人才和骨干专业技术人才，建设一批国家级继续教育基地。支持在线培训发展。

鼓励科技人才向企业流动。探索事业单位科研人员在职创业和离岗创业有关政策，引导和支持事业单位科研人员按照国家有关规定到企业开展创新工作或创办企业。在战略性新兴产业企业设立一批博士后科研工作站，鼓励开展产业关键核心技术研发。落实国家对科研人员的各项激励措施，鼓励企业通过股权、分红等激励方式，调动科研人员创新积极性。建立健全符合行业特点的人才使用、流动、评价、激励体系。

充分利用全球人才。在充分发挥现有人才作用的基础上引进培养一批高端人才。研究优化外国人永久居留制度，简化外籍高层次人才申请永久居留资格程序，为其配偶和未成年子女提供居留与出入境便利。

各地区、各有关部门要高度重视战略性新兴产业发展工作，加强组织领导，加快工作进度，切实抓好本规划实施工作，加强各专项规划、地方规划与本规划的衔接。地方各级人民政府要建立健全工作机制，细化实化政策措施，推动本规划各项任务落实到位。鼓励相关省（区、市）联合编制区域性发展规划，推进战略性新兴产业差别化、特色化协同发展。国家发展改革委要会同科技部、工业和信息化部、财政部，发挥好战略性新兴产业发展部际联席会议的牵头作用，加强宏观指导、统筹协调和督促推动，密切跟踪产业发展情况，及时研究协调产业发展中的重大问题；联席会议各成员单位和相关部门要积极配合，按照职责分工抓紧任务落实，加快制定配套政策，形成工作合力，共同推动战略性新兴产业发展壮大。

附件：重点任务分工方案

附件

重点任务分工方案

序号	重点工作	负责部门
1	构建网络强国基础设施，组织实施宽带乡村示范工程	工业和信息化部、国家发展改革委牵头，国家网信办、商务部、农业部、财政部、新闻出版广电总局等按职责分工负责
2	推动三网融合基础设施发展，推进全国有线电视网络整合和互联互通，加快构建下一代广播电视网	工业和信息化部、新闻出版广电总局按职责分工负责
3	推进“互联网+”行动，组织实施“互联网+”工程	国家发展改革委牵头，工业和信息化部、科技部、人力资源社会保障部、国家网信办、农业部、国家能源局、人民银行、商务部、交通运输部、环境保护部、工商总局等按职责分工负责
4	实施国家大数据战略，组织实施大数据发展工程	国家发展改革委牵头，工业和信息化部、国家网信办、科技部等按职责分工负责
5	做强信息技术核心产业，组织实施集成电路发展工程	国家发展改革委、工业和信息化部、科技部、财政部、国家网信办、质检总局等按职责分工负责
6	发展人工智能，组织实施人工智能创新工程	国家发展改革委、科技部、工业和信息化部、财政部、国家网信办等按职责分工负责
7	完善网络经济管理方式，深化电信体制改革，加强相关法律法规建设	国家发展改革委、工业和信息化部、国务院国资委、国家网信办、国务院法制办、新闻出版广电总局、工商总局等按职责分工负责
8	打造智能制造高端品牌，组织实施重点领域智能工厂应用示范工程	工业和信息化部牵头，国家发展改革委、科技部、财政部、质检总局等按职责分工负责
9	实现航空产业新突破，组织实施新一代民用飞机创新工程	工业和信息化部、国家发展改革委牵头，科技部、财政部、质检总局、中国民航局等按职责分工负责
10	做大做强卫星及应用产业，组织实施空间信息智能感知工程	国家发展改革委、国家国防科工局、财政部、科技部、工业和信息化部、国家网信办、质检总局、中科院等按职责分工负责
11	强化轨道交通装备领先地位	国家发展改革委、交通运输部、国家铁路局、中国铁路总公司、住房城乡建设部、科技部、工业和信息化部、国务院国资委、质检总局等按职责分工负责
12	增强海洋工程装备国际竞争力，组织实施海洋工程装备创新发展工程	国家发展改革委、工业和信息化部、科技部、财政部、质检总局、国家国防科工局、国家海洋局等按职责分工负责
13	提高新材料基础支撑能力，组织实施新材料提质和协同应用工程	工业和信息化部、国家发展改革委牵头，科技部、财政部、质检总局、国家国防科工局、国家海洋局等按职责分工负责
14	构建生物医药新体系，组织实施新药创制与产业化工程	国家发展改革委、工业和信息化部、科技部、国家卫生计生委、财政部、食品药品监管总局、国家中医药局等按职责分工负责
15	提升生物医学工程发展水平，组织实施生物技术惠民工程	国家发展改革委、工业和信息化部、国家卫生计生委、食品药品监管总局、财政部、国家中医药局、国家海洋局等按职责分工负责
16	加速生物农业产业化发展	农业部、国家发展改革委、科技部等按职责分工负责
17	推进生物制造技术向化工、材料、能源等领域渗透应用	国家发展改革委、工业和信息化部、科技部等按职责分工负责
18	培育生物服务新业态	国家发展改革委、工业和信息化部、国家卫生计生委等按职责分工负责
19	组织实施生物产业创新发展平台建设工程	国家发展改革委牵头，科技部、工业和信息化部、财政部、国家卫生计生委、食品药品监管总局、质检总局、国家海洋局等按职责分工负责
20	创新生物能源发展模式	国家能源局、国家发展改革委、科技部、财政部、农业部、国家海洋局等按职责分工负责

（续）

序号	重点工作	负责部门
21	实现新能源汽车规模应用，组织实施新能源汽车动力电池提升工程	工业和信息化部、国家发展改革委、科技部牵头，财政部、质检总局、国家能源局等按职责分工负责
22	推动新能源产业发展，组织实施新能源高比例发展工程	国家能源局牵头，国家发展改革委、科技部、工业和信息化部、财政部等按职责分工负责
23	大力发展高效节能产业，组织实施节能技术装备发展工程	国家发展改革委牵头，工业和信息化部、财政部、商务部、质检总局等按职责分工负责
24	加快发展先进环保产业	国家发展改革委、环境保护部、科技部、工业和信息化部、农业部、国家海洋局等按职责分工负责
25	组织实施绿色低碳技术综合创新示范工程	国家发展改革委牵头，科技部、工业和信息化部、国家能源局、财政部、环境保护部、住房城乡建设部、农业部、质检总局等按职责分工负责
26	深入推进资源循环利用，组织实施资源循环替代体系示范工程	国家发展改革委牵头，环境保护部、工业和信息化部、财政部、住房城乡建设部、农业部、商务部等按职责分工负责
27	创新数字文化创意技术和装备，组织实施数字文化创意技术装备创新提升工程	工业和信息化部、文化部、国家发展改革委、科技部、财政部、新闻出版广电总局、国家网信办等按职责分工负责
28	丰富数字文化创意内容和形式，组织实施数字内容创新发展工程	文化部、工业和信息化部、新闻出版广电总局、国家网信办、科技部、国家发展改革委、财政部等按职责分工负责
29	提升创新设计水平，组织实施创新设计发展工程	工业和信息化部、国家发展改革委、科技部、文化部、住房城乡建设部、财政部等按职责分工负责
30	超前布局战略性产业，重点在空天海洋、信息网络、生命科学、核技术等核心领域取得突破	科技部、国家发展改革委、工业和信息化部、国家国防科工局、财政部、工程院、中科院、国家能源局、国家海洋局等按职责分工负责
31	促进战略性新兴产业集聚发展	国家发展改革委、科技部、工业和信息化部、财政部、商务部等按职责分工负责
32	积极建立国际合作机制，推动签署落实政府间新兴产业和创新领域合作协议。推动双边互认人员资质、产品标准、认证认可结果，参与国际多边合作互认机制	商务部、国家发展改革委、外交部、科技部、工业和信息化部、质检总局、国家国防科工局、国家海洋局等按职责分工负责
33	以发达国家和"一带一路"沿线国家为重点，建设双边特色产业国际合作园区，提升重点领域开放合作水平	商务部牵头，国家发展改革委、工业和信息化部等按职责分工负责
34	构建全球创新发展网络	国家发展改革委、外交部、商务部、科技部、工业和信息化部等按职责分工负责
35	推进简政放权、放管结合、优化服务改革，区分不同情况，积极探索和创新适合新技术、新产品、新业态、新模式发展的监管方式	国家发展改革委、工业和信息化部、民政部、交通运输部、文化部、人民银行、海关总署、工商总局、质检总局、新闻出版广电总局、银监会、证监会、保监会等按职责分工负责
36	在战略性新兴产业领域国有企业中率先进行混合所有制改革试点示范，开展混合所有制企业员工持股试点	国家发展改革委牵头，国务院国资委、财政部、工业和信息化部等按职责分工负责
37	发布战略性新兴产业重点产品和服务指导目录	国家发展改革委牵头，工业和信息化部、商务部、文化部等按职责分工负责
38	完善反垄断法配套规则，进一步加大反垄断和反不正当竞争执法力度，严肃查处信息服务、医疗服务等领域企业违法行为	国家发展改革委、商务部、工商总局、工业和信息化部、国家卫生计生委等按职责分工负责

（续）

序号	重点工作	负责部门
39	建立健全工作机制，保障公平竞争审查制度有序实施，打破可再生能源发电、医疗器械、药品招标等领域地区封锁和行业垄断，加大对地方保护和行业垄断行为的查处力度	国家发展改革委、国务院法制办、商务部、工商总局、财政部、国家卫生计生委、国家能源局等按职责分工负责
40	建立高层次政企对话咨询机制，在研究制订相关政策措施时积极听取企业意见	国家发展改革委、工业和信息化部、科技部、财政部、商务部等按职责分工负责
41	深入开展大众创业万众创新，打造众创、众包、众扶、众筹平台，支持建设“双创”示范基地，发展专业化众创空间。依托互联网打造开放共享的创新机制和创新平台，推动企业、科研机构、高校、创客等创新主体协同创新	国家发展改革委、科技部、人力资源社会保障部、财政部、工业和信息化部、中科院等按职责分工负责
42	实施一批重大科技项目和重大工程，加强颠覆性技术研发和产业化	科技部、国家发展改革委、工业和信息化部、国家网信办、国家国防科工局、财政部、工程院、中科院等按职责分工负责
43	加强相关计量测试、检验检测、认证认可、知识和数据中心等公共服务平台建设	质检总局、国家发展改革委、科技部、工业和信息化部等按职责分工负责
44	落实和完善战略性新兴产业标准化发展规划，完善标准体系，支持关键领域新技术标准应用	质检总局、科技部、国家发展改革委、工业和信息化部、国家网信办等按职责分工负责
45	加强企业技术中心能力建设，推进创新企业百强工程	国家发展改革委、科技部、工业和信息化部等按职责分工负责
46	落实研发费用加计扣除等税收优惠政策，引导企业加大研发投入	财政部、税务总局、科技部等按职责分工负责
47	完善科技成果转移转化制度，组织实施促进科技成果转移转化行动。加快建立科技成果转移转化绩效评价和年度报告制度	科技部、财政部、教育部、国家发展改革委、工业和信息化部、中科院等按职责分工负责
48	探索在战略性新兴产业相关领域率先建立利用财政资金形成的科技成果限时转化制度	科技部、财政部、国家发展改革委牵头，教育部、工业和信息化部等按职责分工负责
49	积极推进专利法、著作权法修订工作。跟踪新技术、新业态、新模式发展创新，完善商业模式知识产权保护、商业秘密保护、实用艺术品外观设计专利保护等相关法律法规。推动提高知识产权侵权法定赔偿上限额度	国家知识产权局、新闻出版广电总局、国务院法制办、科技部、工商总局等按职责分工负责
50	强化知识产权保护维权。新建一批快速维权中心。将故意侵犯知识产权行为纳入社会信用记录，健全知识产权行政侵权查处机制，依法严厉打击侵犯知识产权犯罪行为，加大海关知识产权执法保护力度	国家知识产权局牵头，工业和信息化部、国家发展改革委、公安部、工商总局、海关总署等按职责分工负责
51	实施战略性新兴产业知识产权战略推进计划，围绕战略性新兴产业集聚区部署知识产权服务链，建立知识产权集群管理制度，培育一批专业化、品牌化知识产权服务机构，推动形成一批知识产权优势集聚区	国家知识产权局、国家发展改革委、科技部、工商总局、工业和信息化部等按职责分工负责
52	完善海外知识产权服务体系，建立海外知识产权风险预警机制，支持企业开展知识产权海外并购和维权行动	商务部、国家知识产权局、外交部、国家发展改革委、工业和信息化部、工商总局等按职责分工负责
53	积极支持符合条件的战略性新兴产业企业上市或挂牌融资，研究推出全国股份转让系统挂牌公司向创业板转板试点，建立全国股份转让系统与区域性股权市场合作对接机制	证监会、国家发展改革委、工业和信息化部等按职责分工负责

（续）

序号	重点工作	负责部门
54	积极支持符合条件的战略性新兴产业企业发行债券融资，扩大小微企业增信集合债券和中小企业集合票据发行规模，鼓励探索开发高收益债券和可转换债券等金融产品，稳步推进非金融企业债务融资工具发展	人民银行、国家发展改革委、证监会等按职责分工负责
55	引导金融机构积极完善适应战略性新兴产业特点的信贷管理和贷款评审制度。鼓励建设数字创意、软件等领域无形资产确权、评估、质押、流转体系，推进知识产权质押融资、股权质押融资、供应链融资、科技保险等金融产品创新	人民银行、银监会牵头，证监会、保监会、国家发展改革委、科技部、工业和信息化部、文化部、工商总局、国家知识产权局等按职责分工负责
56	探索建立战略性新兴产业投融资信息服务平台，促进银企对接	国家发展改革委、工业和信息化部、银监会、人民银行等按职责分工负责
57	引导政策性、开发性金融机构加大对战略性新兴产业支持力度	人民银行、银监会、国家发展改革委、财政部、工业和信息化部等按职责分工负责
58	推动发展一批为飞机、海洋工程装备、机器人等产业服务的融资租赁和金融租赁公司	商务部、银监会、国家发展改革委、工业和信息化部、国家海洋局、中国民航局等按职责分工负责
59	加快设立国家融资担保基金，支持战略性新兴产业项目融资担保工作	财政部、国家发展改革委、工业和信息化部等按职责分工负责
60	鼓励有条件的地区设立战略性新兴产业发展基金，引导社会资金设立一批战略性新兴产业投资基金和国际化投资基金	国家发展改革委、财政部、证监会、工业和信息化部等按职责分工负责
61	完善政府采购政策，加大对“双创”以及云计算、大数据、循环经济等支持力度，推进智慧城市、信息惠民、“城市矿山”、智能装备等示范应用	财政部牵头，国家发展改革委、科技部、工业和信息化部等按职责分工负责
62	进一步完善光伏、风电、生物质等可再生能源发电补贴政策。调整完善新能源汽车推广补贴政策	国家发展改革委、财政部、国家能源局、工业和信息化部等按职责分工负责
63	实施战略性新兴产业创新领军人才行动，聚焦重点领域，依托重大项目和重大工程建设一批创新人才培养示范基地，重点扶持一批科技创新创业人才。在充分发挥现有人才作用的基础上引进培养一批高端人才	人力资源社会保障部、中央组织部、教育部、科技部、国家发展改革委等按职责分工负责
64	根据产业发展需求，动态调整高校教学内容和课程设置，合理扩大战略性新兴产业相关专业招生比例	教育部牵头，工业和信息化部等按职责分工负责
65	依托专业技术人才知识更新工程，培养一大批高层次急需紧缺人才和骨干专业技术人才，建设一批国家级继续教育基地	人力资源社会保障部、教育部、工业和信息化部等按职责分工负责
66	引导和支持事业单位科研人员按照国家有关规定到企业开展创新工作或创办企业	人力资源社会保障部、科技部、教育部牵头，国家发展改革委、工业和信息化部等按职责分工负责
67	在战略性新兴产业企业设立一批博士后科研工作站，鼓励开展产业关键核心技术研发	人力资源社会保障部牵头，教育部、科技部等按职责分工负责
68	研究优化外国人永久居留制度，简化外籍高层次人才申请永久居留资格程序，为其配偶和未成年子女提供居留与出入境便利	公安部、人力资源社会保障部等按职责分工负责
69	开展战略性新兴产业统计监测调查	国家统计局牵头，国家发展改革委、工业和信息化部等按职责分工负责

中国制造2025—能源装备实施方案

发布单位：国家发展改革委　工业和信息化部　国家能源局

一、前言

能源装备是能源技术的载体，是装备制造业的重要和核心部分。习近平总书记在中央财经领导小组第六次会议上，指出要按照攻关一批、示范一批、推广一批“三个一批”的思路推进能源技术革命。推动能源装备自主创新是落实党中央、国务院决策的重要举措，是推进能源技术革命的重要内容，也是落实国务院《中国制造2025》的工作要求。

当前，欧美等发达国家高端制造回流，德国、美国相继提出工业4.0和工业互联网概念。在推动能源绿色低碳发展和结构转型大形势下，传统能源技术装备亟需革新和提升水平，一批新兴能源技术装备产业正在萌芽。我国能源技术装备制造业也面临能源发展和结构调整的挑战，自主创新能力较弱、部分关键核心技术缺失、传统产品产能相对过剩和关键零部件配套能力不足共存等矛盾仍然突出，亟需转型升级。

面对能源革命的新要求、装备制造业发展的新形势和“走出去”战略的需要，为推动能源革命，促进装备制造业自主创新和优化升级，以能源装备发展引领装备制造业强国建设，特制定本实施方案。

二、指导思想和基本原则

（一）指导思想

全面贯彻落实党的十八大和十八届三中、四中、五中全会精神，按照中央财经领导小组第六次会议、新一届国家能源委员会首次会议和《中国制造2025》的重大决策和工作部署，围绕能源革命和装备制造业发展新要求，依托能源工程建设，组织推动关键能源装备的技术攻关、试验示范和推广应用。重点突出能源安全保障急需和有效推动能源革命的关键装备，进一步培育和提高能源装备自主创新能力，推动能源革命和能源装备制造业优化升级。

（二）基本原则

创新驱动，升级产业。充分发挥科技创新驱动作用，以关键能源装备为突破口，着力培育能源装备制造业自主创新能力，以点带面，推动能源装备制造业优化升级。

面向需求，突出重点。以推动能源革命和清洁低碳、安全高效的总要求为统领，重点突破一批安全保障急需和对能源产业发展具有重大意义的关键装备和共性技术。

统筹协调，有序推进。与能源革命总要求以及《中国制造2025》发展目标和重点任务统筹协调，按照“三个一批”的思路细化任务和组织推进。

依托工程，形成合力。依托能源工程推进关键装备的技术攻关和试验示范，政策支持、规划引导，各方力量有机结合，形成能源装备自主创新合力。

三、行动目标

2020年前，围绕推动能源革命总体工作部署，突破一批能源清洁低碳和安全高效发展的关键技术装备并开展示范应用。制约性或瓶颈性装备和零部件实现批量化生产和应用，有力保障能源安全供给和助推能源生产消费革命。

基本形成能源装备自主设计、制造和成套能力，关键部件和原材料基本实现自主化。能源装备设计制造技术水平显著提升，设计与制造体系进一步融合，重大能源装备实现自主研发、设计和制造，设备性能和质量控制明显提升。

能源装备制造业成为带动我国产业升级的新增长点。电力装备等优势领域技术水平和竞争力达到国际领先，形成一批具有自主知识产权和较强竞争力的装备制造企业集团。能源装备产品结构进一步优化，产能过剩明显缓解。

2025年前，新兴能源装备制造业形成具有比较优势的较完善产业体系，总体具有较强国际竞争力。有效支撑能源生产和消费革命，部分领域能源技术装备引领全球产业发展，能源技术装备标准实现国际化对接。

能源装备形成产学研用有机结合的自主创新体系，实现引领装备制造业转型升级。基本形成能源重大技术装备、战略性新兴产业装备、通用基础装备、关键零部件和材料配套等专业化合理分工、相互促进、协调发展的产业格局。

四、主要任务

围绕确保能源安全供应、推动清洁能源发展和化石能源清洁高效利用三个方面确定了15个领域的能源装备发展任务：

（一）煤炭绿色智能采掘洗选装备

（1）技术攻关

煤炭智能地质钻探装备：研制回采工作面高精度地质勘探系统（四维动态长距离电磁波透视探测装备、三维槽波动态探测装备等）、掘进头地质构造多波三维实时超前高精度探测系统等成套装备。

煤炭高效绿色开采装备：研发煤矿巷道高效快速掘进与支护装备，薄和极薄煤层、大倾角-急倾斜煤层、特厚煤层高效高回收率开采装备、智能化绿色充填开采装备，深部矿井安全高效开采及岩层控制技术装备，研发大型露天矿连续、半连续开采生产系统、大型矿井辅助运输系统等装备，研制高端采煤机、N00工法及关键设备、智能锚杆机、8.8米超大采高成套装备、智能全断面掘进成套装备、绿色辅助运输车辆、煤矿斜井盾构施工设备、免维护运输胶带机。

煤矿智能开采洗选装备：研发千万吨级矿井大型提升智能化装备、智能采煤机、智能化清洁高效集成供液系统、工作面巡检机器人等。研发超大采高综采工作面集中控制及智能化系统、超大采高综采工作面安全工程成套设备和煤矿灾害智能防护技术装备。研制智能化洗选装备，重点研发千万吨级/年模块化智能洗选装备及智能化控制系统。

煤矿灾害防治和应急救援装备：研制煤与瓦斯突出、冲击地压等动力灾害监测预警系统及解危装备等，研发煤矿重大事故灾区高可靠性无人侦测技术与多网融合综合通信装备、救援通道快速构建技术装备、分布式联合仿真救援培训演练系统与综合管理信息平台、矿井水害全时空实时预警系统、煤矿巷道关键地点巡检无人飞行器、矿井危险源实时监测预警管控一体化平台、掘进头地质构造多波三维实时超前高精度探测系统等。

（2）试验示范

依托《煤炭工业发展十三五规划》、相关能源中长期战略规划中确定的重大煤矿项目，推动关键装备的试验示范：所有完成技术攻关的设备；煤炭钻探设备：井上下一体化地震探测系统、回采工作面高精度地质勘探系统。

煤炭开采设备：10m大直径矿山竖井掘进机、Φ8m×1500m反井钻机、全断面斜井掘进机、挤压破岩硬岩巷道掘进机、1500m煤矿深井智能提升机、采煤机、新的采煤工艺及设备、智能锚杆钻机、8.8米液压支架、全断面掘进机及配套设备、井下防爆系列电动车、煤矿斜井盾构及配套设备、新型主运胶带机、智能化非圆形全断面掘进装备、智能耦合型超大采高液压支架、年产1500万吨综采工作面智能控制输送设备、高效智能化采掘工作面控制装备、薄及中厚煤层智能化刨运机组、无机发泡固化材料制备输送一体机、矿山呼吸性粉尘、火灾、瓦斯、水灾、顶板等灾害实时在线监测预警装备、智能湿喷机、智能集控中心及专家决策系统、安全探测传感器、煤岩识别探测器、探测机器人、综合智能一体化生产控制和执行系统、煤矿物联网传感设备等承担关键零部件技术攻关的设备整机。

（3）应用推广

鼓励《煤炭工业发展十三五规划》及相关能源中长期战略规划中明确的现代化煤矿项目采用自主研制的煤炭装备、完成试验示范的关键设备：

推广深厚冲积层快速建井、薄煤层智能化开采、智能化无人工作面综采、大断面巷道高效掘支、煤及半煤巷道快速掘进、煤矿信息化管理、煤矿区地面生态恢复与重建、新型煤粉锅炉系统、大型煤矿装备节能、矿井水利用、煤矿重大灾害事故反演和模拟仿真、煤矿应急避险技术装备等。

（二）深水和非常规油气勘探开发装备

1. 深水油气

（1）技术攻关

深水油气资源勘探成套技术装备：研发深水大型物探船及其配套技术装备、海洋高精度地震勘探成套技术装备、海洋复杂油气藏三维测井综合评价成套技术与装备、深水大型工程地质勘察船及其配套技术装备。

深水油气钻采装备：研制12000米海洋钻井模块（突破大功率钻井绞车技术、双井架技术和四单根作业井架技术）、水下生产系统（包括3000米深水防喷器及其控制系统、水下采油树、水下井口头、水下混输增压泵、原油系统、油水分离系统、开/闭排系统、注水系统、天然气排放系统、公用系统和其它系统等）、海洋深水管（深水钻井隔水管系统、采油立管、水下管汇及连接器、海底油气输送管及在线监测维修设备等），开发海洋天然气水合物开采装备，突破3000米深水起重铺管船及其配套工程技术装备、30万吨以上FPSO、FDPSO，研发海上油田注CO_2采油配套工艺技术及工具和滩海油田钻采试油-试采一体化平台以及海洋平台用输变电成套设备。

推进深水油气装备智能制造：研究并掌握深水大型物探船、3000米半潜式钻井平台等海洋深水油气装备智能制造综合标准体系、全三维协同设计、三维工艺快速精准设计技术，现场作业三维指导技术，“苦、脏、累、险”作业的智能化工艺及装备技术，海洋深水油气装备制造过程焊接、物流等智能管控技术，各类中间产品柔性、高效、智能化制造技术，全寿命期的大数据与智能决策技术。

（2）试验示范

依托《石油发展“十三五”规划》、《天然气发展“十三五”规划》和《大型油气田及煤层气开发重大科技专项“十三五”实施计划》及后续深水油气勘探开发工程项目，推动关键装备的试验示范：

所有完成技术攻关的设备；

承担关键零部件技术攻关的设备整机；

9000米海洋人工岛钻机、2000米以上海洋多功能连续管钻机、450英尺自升式平台升降锁紧系统、深水固井装备、1100吨张紧力隔水管张紧系统、水下生产系统（1500米水下智能采油树、水下自动控制系统、1500米水下井口）、9000米海洋人工岛钻机、3000米半潜式钻井平台成套装备、15000马力海洋压裂船、30～100米自升自航修井作业平台、18吨以上提升力海洋连续油管作业船、70吨以上提升力海洋带压作业船、500米水深E/H级钻井隔水管系统、500米以上深水采油立管、12000米海洋钻井模块、自升自航石油工程修井平台等。

（3）应用推广

依托《石油发展“十三五”规划》、《天然气发展“十三五”规划》和《大型油气田及煤层气开发重大科技专项“十三五”实施计划》，鼓励深水油气勘探开发工程项目采用自主研制的深水油气装备、完成试验示范的关键设备。

2. 页岩油气

（1）技术攻关

6000米以内的专用钻机：开发管子处理系统和自动化工具等钻井配套自动化设备、高效钻头和螺杆钻具。

钻完井设备：开发包括液压随钻扩眼器、水平井井眼净化和钻具降摩减阻设备、下套管和固井工具、遇油/遇水膨胀工具、连续油管作业工具、新射孔枪等高效射孔器材。

高精度地质导向系统：突破8.5英寸旋转导向钻井系统，开发随钻测量、随钻测井装备及配套软件。大型压裂设备：开发微地震压裂裂缝监测装备、6000马力电驱压裂泵、

5000马力电动压裂成套装备、压裂液返排循环处理设备、脉冲加砂装置、井下分段压裂工具、225吨带压作业装备等。

（2）试验示范

依托《页岩气十三五规划》、《大型油气田及煤层气开发重大科技专项十三五实施计划》及相关能源中长期战略规划中项目及后续其它页岩气工程项目，推动关键装备的试验示范：

所有完成技术攻关的设备；

承担关键零部件技术攻关的设备整机；

自主制造的1000马力单泵固井车、大型泡沫固井装备等固井装备，4500马力涡轮驱动压裂车，单机6000马力电驱压裂撬，单机功率3000马力以上的油/气/电驱压裂泵车/撬，无水压裂成套装备，5000米智能钻机、步进钻机、单根超级钻机、齿轮齿条钻机等。

（3）应用推广

鼓励《页岩气十三五规划》及相关能源中长期战略规划中项目及后续其它页岩气工程项目采用自主研制的页岩气装备、完成试验示范的关键设备。

3. 煤层气

（1）技术攻关

煤层气抽采成套装备：研发防爆地质导向测量、钻进、控制、随钻测量等煤矿井下智能化钻探装备，研发120Tf煤层气车载钻机关键部件、Φ300mm顶推式钻机关键部件等，研发连续油管成套设备、液氮压裂机组、采动区煤层气撬装抽采设备、1000米斜直井钻机、大型泡沫压裂成套设备等。

煤层气高效利用装备：研制低浓度煤层气变压吸附浓缩装置、低浓度煤层气蓄热氧化利用装备、煤层气物理萃取富集装备、煤层气深冷液化装备等。

（2）试验示范

依托《煤炭工业发展"十三五"规划》、《煤层气（煤矿瓦斯）开发利用"十三五"规划》和相关能源中长期战略规划及煤炭/煤层气开发、利用工程项目，推动关键装备的试验示范：

所有完成技术攻关的设备；120Tf煤层气车载钻机、Φ300mm顶推式钻机、大型液氮泵车等承担关键零部件技术攻关的设备整机。

（3）应用推广

鼓励《煤炭工业发展十三五规划》、《煤层气（煤矿瓦斯）开发利用"十三五"规划》和相关能源中长期战略规划中及煤炭/煤层气开发工程项目采用自主研制的煤层气开发装备、完成试验示范的关键设备。

（三）油气储运和输送装备

1. 天然气输送

（1）技术攻关

天然气长输管道设备：研制X100和X120高强度管线钢及系列卷板和宽厚板以及螺旋埋弧焊管和直缝埋弧焊管等。自主研制10MW级支线燃气轮机驱动压缩机组。研制5700~6000转/分左右的高速电机和压缩机。

（2）试验示范

依托《天然气发展十三五规划》及相关能源中长期战略规划中后续天然气长输管线项目，推动关键装备的试验示范：

30MW级燃气轮机驱动压缩机机组；10MW级5000r/min以上的超高速异步防爆电机；大功率、高转速系列压缩机；天然气管道高压大口径阀门及配套执行机构；天然气管道计量设备；输气管道控制系统；所有完成技术攻关的设备；承担关键零部件技术攻关的设备整机。

（3）应用推广

鼓励《天然气发展十三五规划》及相关能源中长期战略规划中后续天然气长输管线项目采用自主研制设备、完成试验示范的关键设备：

20MW级电驱压缩机组、高压大口径（48英寸，900和600磅级）全焊接球阀。

2. 液化天然气（LNG）

（1）技术攻关

大型天然气液化处理装置：开发天然气深度预处理工艺技术及工艺包，形成100万吨级天然气液化技术工艺包。研制大型LNG液化处理装置、液化工艺包、LNG接收站成套装备（液相卸料/气相返回臂，存储设备）、液化成套装备（压缩机、低温泵、阀门、管道、仪表及耐低温材料等）、液化厂控制系统等关键设备。

大型液化天然气储运装备：研制海水气化器等LNG接收站辅助设备、容量不低于20万方的特大型地下储罐、1万方以上新型独立式LNG船用大型储罐；0.04%以下蒸发率的先进绝热技术和绝热材料、200000m^3以上的特大型LNG船（包括壳体设计，储罐冷却方式、结构形式和绝热技术以及再液化装置的设计）、高压天然气（HCNG）海洋储运成套装备以及浮式/平台式LNG液化、储存和再气化设备等。

（2）试验示范

依托《天然气发展十三五规划》及相关能源中长期战略规划中后续LNG项目，推动关键装备的试验示范：

大型LNG接收站气化成套装备（海水泵、各类气化器等），低压潜液泵、高压输送泵等，大型液力透平，8t/h以下的BOG压缩机和BOG增压压缩机，气液两相透平膨胀机，部分低温阀门（高频开关球阀、节流膨胀阀、大口径蝶阀、安全阀等），LNG绕管换热器，120万吨/年LNG液化装置用冷剂压压缩机组等；

所有完成技术攻关的设备；承担关键零部件技术攻关的设备整机。

（3）应用推广

鼓励《天然气发展十三五规划》及相关能源中长期战略规划中后续LNG项目采用自主研制设备、完成试验示范的关键设备。

（四）清洁高效燃煤发电装备

1. 高效超超临界燃煤发电

（1）技术攻关

600℃等级超超临界燃煤发电机组关键高温部件和零部件：研发600℃等级高温材料和制造技术，形成我国自有的高温材料成分与工艺设计能力，研制二次再热机组用高温关键阀门等部件，开发电站工业控制系统核心零部件及元器件、电站远程诊断系统、火电厂余热利用与海水淡化集成优化技术及装备。

630-650℃等级超超临界燃煤发电机组关键设备：研究630-650℃高温材料筛选和开发，以及材料性能与工艺评定；锅炉、汽轮机高温部件试验验证；超超临界发电机组设计和优化；示范机组总体方案设计、设备选型、运行和控制技术研究；掌握630-650℃锅炉水冷壁、过热器、再热器、集箱等关键部件的加工制造技术；汽轮机高中压转子、气缸、阀门、高温叶片、紧固件、阀芯耐磨件等关键部件加工制造技术；大口径管道及管件、弯头的设计、制造及加工技术。

全燃准东煤锅炉：突破准东煤锅炉结渣、沾污机理和防控技术，开发600～1000MW等级超超临界全烧准东煤煤粉锅炉，重点突破锅炉燃烧器开发、锅炉炉膛设计优化、对流受热面布置方式优化、锅炉吹灰器系统及除渣系统优化、以及锅炉燃烧和控制技术，掌握锅炉全燃准东煤的集成技术。

700℃超超临界燃煤发电机组技术装备：突破700℃等级镍基合金耐热材料生产和关键高温部件制造技术，掌握耐热材料大型铸件、锻件的加工制造技术、主机和关键辅机制造技术，研究高温部件焊接材料及焊接工艺。掌握700℃锅炉水冷壁、过热器、再热器、集箱等关键部件的加工制造技术；汽轮机高中压转子、汽缸、阀壳、高温叶片、紧固件、阀芯耐磨件等关键部件加工制造技术；大口径高温管道及管件、阀门的设计、制造及加工技术。

大容量富氧燃烧锅炉：掌握大容量富氧燃烧锅炉设计计算方法及工程放大规律，研究富氧燃烧用大型空分与锅炉系统动态匹配技术。

燃煤电厂智能控制系统：研发基于互联网技术和智能设备的超超临界机组智能控制系统，采用先进控制技术、实时优化技术、大数据挖掘技术自动化控制和高效低污染运行。研发燃煤电厂远程诊断和监测系统，研究建设燃煤电厂大数据中心及云计算平台，为电厂高效运行、维修提供指导和决策依据。

（2）试验示范

依托《电力发展十三五规划》及相关能源中长期战略规划中部分燃煤发电项目作为示范工程：推进600℃等级超超临界主机以及四大管道、关键阀门等高温高压关键部件、重要辅机高性能轴承国产化示范。推进1000MW等级超超临界高效褐煤发电机组关键技术装备、高能效和低水耗褐煤提质发电技术装备示范。待完成技术攻关后，建设全燃准东煤锅炉机组示范项目和700℃超超临界燃煤发电示范项目。

（3）应用推广

鼓励后续超超临界燃煤发电项目采用自主研制设备和控制系统等。1000MW等级超超临界空冷机组成套装备。

2. 超（超）临界循环流化床

（1）技术攻关

600MW等级超超临界循环流化床锅炉：研究超超临界CFB锅炉的总体布置、热力特性、炉膛设计技术及水动力特性，研制燃烧室、布风装置、分离器、外置换热器等关键部件，掌握热力计算和水动力计算方法，掌握燃煤矸石、无烟煤或褐煤600MW等级及以上容量超超临界循环流化床锅炉部件加工制造技术，及掌握600MW等级及以上容量超超临界循环流化床锅炉发电系统集成技术。

（2）试验示范

完成技术攻关后，确定超超临界循环流化床锅炉发电示范工程，推进关键设备试验示范。

（3）应用推广

鼓励采用自主超（超）临界循环流化床燃用劣质煤发电。

3. 超临界二氧化碳循环发电

（1）技术攻关

研究超临界二氧化碳发电系统设计、核心设备设计、制造、安装调试和运行控制等关键技术。研发大型超临界二氧化碳火力发电机组用材料，并掌握材料性能与工艺评定、腐蚀特性及防腐措施等。研究掌握300MW级示范机组总体布置、热力特性、系统设计及二氧化碳动力特性，研制高效压缩机、以二氧化碳为工质的水冷壁、过热器、再热器、汽轮机等核心设备，掌握二氧化碳热力计算和动力计算方法，掌握关键设备加工制造技术，以及300MW级二氧化碳循环发电系统集成技术。

（2）试验示范

推进二氧化碳循环发电机组关键部件及设备的国产化，完成二氧化碳循环发电机组的设计、制造、运行等技术的研发。

完成技术攻关后，建设300MW二氧化碳循环发电机组示范项目，推进关键设备的试验示范。

（3）推广应用

鼓励后续二氧化碳超临界循环发电机组建设项目采用自主研制的设备。

4. 污染物减排

（1）技术攻关

烟气高效超净排放装置及集成系统：研发新型超低氮燃烧器、污染物脱除关键设备，掌握燃煤多污染物多设备的协同治理工艺和系统集成技术以及脱硫除尘集成技术。

自主知识产权的多污染物（SO_2、NOx、Hg等）一体化脱除装置：包括具有同时吸附多污染物的新型高效吸附剂及高效、低成本氧化剂、氧化工艺及设备、以及高效催化剂等，掌握多污染物一体化脱除技术工艺关键装置设计及制造技术。

（2）试验示范

依托《煤电机组节能减排升级改造行动计划》，推进自主研发超低排放装置的试验示范。

（3）应用推广

鼓励采用自主研制的超低排放装置。

（五）先进核电装备

1. 先进大型压水堆

（1）技术攻关

核岛设备：压力容器（C型环等关键部件）、控制棒驱动机构（驱动杆、钩爪、密封壳、行程套管、棒控棒位连接器、线圈组件、棒位探测器）、堆内构件（全焊式堆芯围筒、流量分配组件、堆芯测量仪表格架组件）、蒸汽发生器（汽水分离器、换热单元）、稳压器（喷嘴、加热器）、主泵（核级密封、主泵监测系统、泵壳、飞轮、泵端液压联轴器、轴承、屏蔽套、热屏、湿绕组电机）、主管道、燃料装卸与贮存设备（关键部件），安全级数字化仪控系统，核电站高放环境修护专用工具（核电服务机器人等），熔融物滞留系统，整体螺栓拉伸机。

常规岛设备：汽轮发电机组及辅助设备（低压转子、焊接/整锻转子、2 米等级长叶片、汽水分离再热器、抽汽逆止阀、低（中）压进汽蝶阀、控制保护系统、调节系统、发电机转子护环、励磁电压调节器、凝汽器钛管等）、大型发电机断路器、柴油发电机组、电控系统设备、主给水泵组（液力耦合器、芯包等）及其它设备设计制造技术。

关键泵阀：关键核级泵（轴承、核级密封）、关键阀门（核岛主泵/化学和容积控制系统高磅级大口径闸阀、主蒸汽安全阀、主蒸汽隔离阀、主泵严重事故卸压阀、主泵稳压器喷淋阀、主泵稳压器先导式安全阀、主蒸汽释放系统主蒸汽释放隔离阀、蒸汽排大气调节阀、汽机旁路调节阀、常规岛重要系统（给水除氧器/高压给水加热器/凝结水/主给水流量调节系统等）调节阀和隔离阀等）、爆破阀。

关键核级材料：开发先进核电主设备用新型合金材料和替代材料，进一步提高核电主设备大型铸锻件（蒸发器上下封头、锥形筒等）加工制造技术水平，掌握关键设备焊接工艺技术。突破蒸汽发生器、堆内构件等设备关键板材等材料设计制造技术。推进耐辐照包壳材料、汽水分离再热器换热管、核燃料锆管、核级海绵锆等合金材料、核级碳钢、低合金钢、不锈钢和镍基合金等焊材技术攻关。

关键仪表和系统：核岛三废处理系统、堆芯冷却监视系统、堆芯核测测量系统、堆芯温度监测系统、堆外核测系统、超声波流量计、导波雷达液位计、堆芯液位监测系统、事故后安全壳高量程区域监测仪、安全壳氢分析处理系统、乏燃料池水位监测系统、分体式压力/压差变送器、反应堆堆外核测量系统、反应堆棒控棒位系统、核测量探测器、核级压力/差压变送器、核级温度开关/压力开关。

智能化核电装备：组织开展核电装备智能制造技术攻关，采用互联网 + 等先进信息技术实现设计、制造、工程全过程数据的数字化共享与关联，结合数字样机、增材制造等新型智能化生产技术和设备应用。研制核电运营智能装置/装备及智能机器人，突破感知及监测装置、智能工具及装置、个人作业智能装备应用、各类智能化机器人等。

（2）试验示范

依托后续所有核电项目，推动所有完成技术攻关的设备以及包括核岛设备、常规岛设备以及配套辅助设备在内的核电装备和关键核级材料的试验示范。

（3）应用推广

鼓励后续所有核电项目采用自主研制设备、完成试验示范的关键设备和材料。

2. 高温气冷堆

（1）技术攻关

核岛设备：改进型核芯制备设备、改进型燃料颗粒包覆设备、改进型燃料元件压制设备、核级结构石墨、核级氦气阀门、高温气冷堆主蒸汽隔离阀、高温气冷堆电气贯穿件等。

常规岛及其它配套设备：氦气透平压缩机组（压气机 2 级动叶轮 +3 级静叶轮、配套电磁轴承、电磁轴承、回热器、电气贯穿件、旁路阀）、超高温气冷堆制氢机组等。

（2）试验示范

依托石岛湾高温气冷堆示范工程、福建霞浦 60 万千瓦高温气冷堆商业示范工程及后续项目，推动高温气冷堆关键装备的试验示范和产业化：

20 吨/年燃料元件生产线、优化的蒸汽发生器及在役检查设备、优化的控制棒驱动机构及检修专用设备、优化的吸收球停堆装置、优化的金属堆内构件、优化的堆芯卸料装置、优化的燃料装卸系统输送转换装置、优化的电磁轴承氦风机（含高效叶轮、国产化电磁轴承）、多模块机组主控室、配套超高压汽轮发电机组、10MW 氦气透平压缩机组等。

（3）应用推广

后续高温气冷堆项目承担推广应用任务。

3. 快中子反应堆

（1）技术攻关

600MW 级快堆关键设备：堆芯组件及堆本体：硼屏蔽组件、一回路主循环泵、热交换器、安全棒驱动机构、补偿-调节棒驱动机构、堆容器及堆内构件、非能动停堆机构、堆芯支撑等。二回路系统：二回路主循环泵、蒸汽发生器、大口径钠阀、回路钠流量计、大口径钠管道、钠分配器及配套设备以及先进高效汽轮发电机组等常规岛主设备及其它配套设备等。

燃料操作设备：旋塞、换料机、装卸料提升机、转运机、乏燃料转换桶、新组件装载机、乏燃料水下检测工具、乏燃料贮存水池自动操作机、气闸、堆顶密封塞、全自动换料监控系统、全自动乏/新燃料转运监控系统、乏/新燃料运输容器等。

安全专设与核岛辅助系统：空冷器、高性能冷阱、电磁泵、阻塞计、钠流量计、气体加热风机、氢、氧、碳测量装置。

（2）试验示范

依托福建霞浦 60 万千瓦快中子堆示范工程项目及后续项目及后续项目，推动快堆关键装备的试验示范和产业化。

（3）应用推广

后续快中子堆项目承担推广应用任务。

4. 模块化小型堆

（1）技术攻关

研制压力容器、螺旋管直流蒸汽发生器、双层短套管、核反应堆堆内构件、一体化整体支承、蒸汽发生器、一体化内置式稳压器、一体化内置式控制棒驱动机构、换料设备、反应堆堆外核测量系统、反应堆堆芯测量系统、反应堆棒控棒位系统、单点系泊系统、数字化控制系统、主泵、主蒸汽隔离阀、主给水隔离阀、非能动热交换器、启动分离器、爆破阀、扩散器、地坑过滤器、喷洒器、关键核级阀门、装卸料机、小型堆汽轮机数字电液调节装备、在运核电机组模拟仪控系统全数字化升级技术改造成套验证装备、以及小型堆专用工具等。

（2）试验示范

依托各小型堆示范工程项目及后续项目，推动小型堆关键装备的试验示范和产业化。

（3）应用推广

后续所有小型堆项目承担推广应用任务。

5. 核燃料及循环利用

（1）技术攻关

高安全性先进核燃料元件：研发 CF/STEP 系列燃料元件、模块化小堆燃料元件、高性能事故容错（ATF）燃料元件、环形元件、超临界压水堆燃料元件等新一代压水堆燃料元件，掌握快堆 MOX 燃料组件设计、制造技术，开发高温气冷堆球形燃料元件、快堆金属燃料元件等第四代反应堆燃料元件，突破锆合金材料，自主掌握燃料元件生产、检测、核燃料组件检测及修复设备等设计制造技术。

乏燃料后处理工艺和关键设备：自主掌握大型核燃料后处理厂关键设备设计制造技术，包括卧式剪切机、连续溶解器、沉降式离心机、萃取分离柱、离心萃取器、泵轮式混合澄清槽、流体输送设备、专用泵阀、专用检修机器人、乏燃料/新燃料贮存/运输容器、固体废物和包壳处理设备及专用操作设备与工具等。

三废处理装备：研制高放废液锕系元素高效萃取分离装置、高放射性的锶、铯有效去除装置以及锕系与镧系元素的高效萃取分离装置以及锝锝高效吸附分离装置，开发高效降解设备、混合固化设备、超级压缩机、等离子体熔融设备、蒸汽重整设备、无机吸附和反渗透设备、干法后处理技术和设备、高放废液玻璃固化技术与设备等。

（2）试验示范

依托相关核电工程项目及乏燃料处理示范工程项目，推动燃料元件、乏燃料处理（乏燃料贮运用关键材料等）和废物处理设备的试验示范和产业化。

（3）应用推广

后续所有相关项目承担推广应用任务。

（六）水电装备

1. 水力发电

（1）技术攻关

依托水电项目建设开发 100 万千瓦级混流式水轮发电机组、单机容量 25 万千瓦级轴流转桨式水轮发电机组和单机容量 50 万千瓦级、1000 米水头以上高水头大容量冲击式水轮机组，自主掌握水轮发电机组总体设计、水力模型开发、电磁设计、高效全空冷、推力轴承、定子绝缘、通流部件结构动力特性、高强蜗壳材料、主要部件刚强度和疲劳等关键技术，自主掌握特大型水电铸锻件技术。

研发水电智能生产管理系统：开发水电智能一体化生产管理和运行控制平台、状态检修智能决策支持系统、工程安全智能分析评估系统、智能应急指挥处置系统、智能安全防护管理系统等。

（2）试验示范

依托国家核准和《水电发展十三五规划》及相关能源中长期战略规划中具备条件的水电项目，推动完成技术攻关设备的试验示范。

（3）应用推广

鼓励后续相关水电项目承担推广应用任务。

2. 抽水蓄能

（1）技术攻关

单机 40 万千瓦级、500 米水头以上高水头大容量抽水蓄能机组：掌握水泵水轮机水力设计、发电电动机电磁设计及通风冷却、高速重载双向推力轴承和导轴承、高电压绝缘绕组、数字式智能化调速系统、励磁系统和变频启动装置等设计制造技术。

调速范围 ±10% 可变速抽水蓄能机组：突破大型交流励磁变速抽水蓄能机组可变速水泵水轮机与调速系统的优化设计技术，以及发电电动机、交流励磁系统、控制系统、继电保护和监控保护设计、制造、安装和运行技术；突破全功率阀控变速抽水蓄能机组的换流变压器设计及制造技术、阀控设备成套设计方案及成套设备布置技术，以及控制系统、监控系统、保护系统等设计与制造技术，全功率阀控变速抽水蓄能机组成套制造技术等。

（2）试验示范

依托《水电发展十三五规划》及相关能源中长期战略规划中具备条件的水电项目，推动高水头抽水蓄能装备和完成技术攻关设备的试验示范。

（3）应用推广

鼓励后续相关抽水蓄能项目承担推广应用任务。

（七）风电装备

（1）技术攻关

开发适用于轮毂中心高度 100-200 米大型陆上风力发电机组，重点 10MW 级海上大功率风力发电机组、海上漂浮式风力发电机组及各种基础结构，掌握自主知识产权的 5-7MW 级大型风电机组、10MW 级大型风电机组（双馈和直驱）及关键部件（超长低风速叶片、发电机、齿轮箱、轴承、控制系统、变桨、偏航系统等关键部件）设计制造技术、变流、变桨等子系统智能融合技术、发电机高性能控制技术、基于大数据的风电场群智能运维技术，重点突破超长低风速叶片、超大功率高温超导风力发电机、大功率直驱永磁同步风力发电机等，研制海上风电设备运输船、吊装船等施工维护装备。

开发基于模块化的具备自愈诊断能力和适应复杂电网下的风力发电机组智能变流器、6MW 及以上中压全功率风电变流器，研发适用于风电的中压多电平模块化拓朴结构，掌握模块化生产、安装维护工艺，智能模与化集成技术以及变流器故障诊断与自愈技术。

（2）试验示范

依托《风电发展十三五规划》及相关能源中长期战略规划推动关键风电装备和完成技术攻关设备的试验示范。

（3）应用推广

鼓励风电项目采用自主研制设备。

（八）太阳能发电装备

1. 光伏

（1）技术攻关

新型高效晶硅电池和组件：研发可量产的晶体硅电池生产技术（多晶电池效率 21.5% 以上，单晶效率 22.5% 以上，N 型高效电池效率 25% 以上，多结晶体硅电池效率达到 26% 以上），研发多晶 CTM 大于 103%、单晶大于

101.5%的高效率组件技术及光伏电池关键材料。

薄膜及其他新型光伏电池及组件：研发可量产的效率20%以上的碲化镉薄膜电池、效率21%以上的CIGS薄膜电池，43%以上的三五族化合物电池、钙钛矿电池等新型太阳电池、染料敏化电池、有机太阳电池、量子点电池、叠层电池和高效砷化镓电池。

新一代光伏逆变器及系统集成设备：研制数兆瓦级高效光伏逆变系统、兆瓦级光伏储能逆变系统、新一代高效智能逆变器（无易损件、免维护、组串级监控和分析，昀高效率大于99%）、10MW级高压无并网变压器逆变器、光伏直流并网逆变器和智能逆变器、1500V组件配套汇流箱、逆变器、组件等系统设备等，研制高可靠性、高精度、智能化的光伏跟踪系统、能源互联运营管理平台、智能汇流箱和即插即用式光伏集成产品。

光伏制造设备：组织多晶切割机、连续拉晶炉、大产能低压扩散炉、背面钝化设备、带二次印刷功能的双通道丝网印刷机等主要光伏电池制造设备攻关，提升光伏生产线自动化、智能化水平。

（2）试验示范

依托《太阳能发电发展十三五规划》及相关能源中长期战略规划推动关键光伏装备和完成技术攻关设备的试验示范。

（3）应用推广

鼓励光伏项目采用自主研制设备。

2. 光热

（1）技术攻关

槽式太阳能聚光发电系统关键设备：槽式太阳能聚光发电系统关键设备：高（450℃以上）中（350℃～450℃）低（150℃～350℃）温太阳能集热器，槽式太阳能液压驱动装置，槽式太阳能高性能油盐换热器，光热发电汽轮机系统，油水换热器，光场导热油专用旋转式接头。

塔式太阳能热发电聚光发电系统关键设备：塔式太阳能定日镜全场控制系统，聚光器跟踪传动装置，大面积拼接式定日镜及面形检测装置；大口径高温熔盐阀；塔式光热特殊隔热材料。

太阳能热发电蓄热系统关键设备：高温高效率吸热材料（金属、陶瓷、涂层材料），百兆瓦级高温熔盐吸热器，万立方级蓄热熔盐储罐，百吨级高参数盐水换热器，高温高扬程大流量熔盐泵、液态金属蓄热储罐。

太阳热发电专用高效膨胀动力装置：单螺杆膨胀机，斯特林发动机，有机工质蒸汽轮机和发电装置，超临界二氧化碳透平及系统等。

分布式太阳能冷热电联供发电系统关键设备：分布式太阳能发电吸热器，分布式储热装置，小型高效再热汽轮机组等。

（2）试验示范

依托《太阳能发电发展十三五规划》及相关能源中长期战略规划推动关键光热发电装备和完成技术攻关设备的试验示范。

（3）应用推广

鼓励光热发电项目采用自主研制设备。

（九）燃料电池

（1）技术攻关

百千瓦级质子交换膜燃料电池（PEMFC）：突破低成本长寿命电催化剂、低铂载量膜电极的制备工艺与批量生产、电堆组装与一致性保障、系统集成与控制等关键技术。

百千万至兆瓦级固体氧化物燃料电池（SOFC）发电分布式能源系统：突破SOFC电催化材料、膜电极、高温双极连接体关键技术，掌握长寿命（>40000h）的管型和板型SOFC及其关键部件的批量制备与生产技术、系统集成技术。

（2）试验示范

依托《能源科技发展十三五规划》及相关能源中长期战略规划，确定示范工程推动燃料电池装备的试验示范。

（3）应用推广

鼓励后续项目采用自主研制设备。

（十）地热能装备

（1）技术攻关

干热岩开发利用装备：开发靶区定位及探测设备、大体积压裂设备、成井测试及微地震监测装置，开发高效热电转换性能的地面发电设备，掌握系统高压全封闭运行的工艺设计。

水热型地热开发利用装备：研制示踪、酸化处理材料及储层酸化技术配套装备，形成完善的增产增注工艺，提升储层、井筒、输运系统和发电系统核心部件技术水平，研制阻垢剂加注工艺及设备以及大型地热压缩式热泵余热回收供热装置等。

（2）试验示范

依托《可再生能源发展十三五规划》及相关能源中长期战略规划，确定示范工程推动关键地热装备的试验示范。

（3）应用推广

鼓励后续项目采用自主研制设备。

（十一）海洋能装备

（1）技术攻关

兆瓦级波浪能发电装备：进一步提高百千瓦级波浪能发电装

置转换效率，突破发电机、液压装置以及控制装置等功能部件核心技术，掌握关键基础元器件和功能部件设计制造技术。

兆瓦级潮流能发电装备：开发高效率的潮流叶轮及适合中国潮流资源特点的翼型叶片，突破发电机组水下密封、低流速启动、冷却、防腐、模块设计与制造等关键技术。

（2）试验示范

依托《可再生能源发展十三五规划》及相关能源中长期战略规划，确定示范工程推动关键海洋能装备的试验示范。

（3）应用推广

鼓励后续项目采用自主研制设备。

（十二）燃气轮机

（1）技术攻关

百千瓦级微型燃气轮机：突破整体插拔式单筒燃烧室和回流燃烧室高效低污染设计技术、离心压气机和向心涡轮设计、加工与试验验证、高效回热器设计与验证、燃用多种燃料燃烧器关键技术、燃气轮机与高速电机一体化设计、燃机-传动系统轴承轴系的结构完整性和动力稳定性技术和气浮轴承与磁悬浮轴承技术。

5MW 级燃气轮机：突破高性能压气机设计、低排放及双燃料燃烧室设计、高性能涡轮设计、伴生气和煤制气等低热值燃料燃烧室研制，完成 5MW 级燃气轮机整机设计、关键部件试验、样机制造与整机试验验证。

10MW 级工业燃气轮机：突破高性能压气机设计、高性能低排放及双燃料燃烧室设计、高温气冷涡轮设计技术和数字式控制系统技术，完成 10MW 级燃气轮机整机设计、关键部件试验、样机制造与整机试验验证。

30MW 级中型工业燃气轮机：突破高性能高稳定性轴流压气机技术、高稳定性、干式、低排放燃烧室技术、中低热值合成气、生物质等多种燃料燃烧室技术、高性能、长寿命涡轮技术、多轴系结构涡轮系统设计，变载荷及频繁起停工况下的系统控制技术、多余度数字控制及状态监测与预警系统技术，完成 30MW 级先进燃气轮机整机设计、关键部件试验、样机制造与整机试验验证。

50～70MW 等级燃气轮机：突破高性能轴流压气机、低排放燃烧室、高性能涡轮等关键部件制造、高热声稳定性、高预混度的斜向旋流通路设计优化技术、基于预混值班的低排放多路燃料控制技术；开展常压和全压燃烧试验，掌握 50～70MW 等级燃气轮机低排放、性能优化、全生命周期管理、远程监控与诊断等技术；开展二次空气系统关键技术攻关，掌握先进密封技术在燃气轮机上的应用技术；开展先进 TBC 涂层及粘结层的新材料和新工艺研究，提高 TBC 涂层的抗高温能力进一步降低热导率，提高粘结层的抗氧化性能。建立基于产品生命周期管理的应用技术、基于 PDMS 平台的多学科跨专业一体化 3D 开发、燃气轮机实时动态物理仿真数字平台，完成整机关键部件试验、样机试验及工业考核。

F 级 300MW 级重型燃气轮机：开展 F 级 300MW 级重型燃气轮机整机装备研制，完成整机设计、关键部件试验及工业考核。突破高温合金材料、热障涂层材料、热端部件和控制保护系统制造技术，研发燃气发电智能控制和决策系统。全面掌握多级轴流压气机、燃用多种燃料的低污染燃烧室、气冷多级透平试验和制造技术以及燃气轮机总体集成技术，建立和完善产品设计、制造和试验验证体系。推进整机空负荷试验以及带负荷发电试验验证。

G/H 级重型燃气轮机：研制 G/H 级重型燃气轮机整机装备，完成整机设计、关键部件试验、以及整机试验；突破单晶高温材料、热障涂层技术，全面掌握大流量高压比多级轴流压气机、分级预混干式低氮燃烧室，单晶叶片及高效气冷的透平技术；确定技术路线和参数要求，进行包括总体性能、热力设计，初步气动设计，总体布置图设计等在内的初步设计，确定各部件基本结构和尺寸参数；进行包括各部件的气动设计、传热设计、结构设计、强度振动计算及寿命分析，对结构进行改进优化，并进行三维模型设计以及二维图纸设计；建立和完善产品设计、制造和试验验证体系。

燃气轮机装备智能制造：研究并掌握燃气轮机关联设计与多学科优化设计技术，燃气轮机快速工艺设计与仿真优化设计，部件及整体虚拟装配技术，高效、高精度、高柔性和高集成度的燃气轮机智能生产线技术，燃气轮机在线/在位检测与制造过程智能管控技术，高精度 3D 金属/合金打印技术，燃气轮机全寿命期的大数据与智能决策技术。

高温合金涡轮叶片：全面掌握高温合金涡轮铸造叶片模具技术，叶片铸造成形技术，大型高温合金涡轮叶片精铸件晶体取向及组织控制技术和尺寸形状精度控制技术，高温合金涡轮叶片焊接、特种加工以及涂层技术，叶片服役损伤的检测体系和评估技术，叶片服役损伤修复技术。

（2）试验示范

确定天然气分布式能源项目示范工程、《电力发展十三五规划》及相关能源中长期战略规划中燃气发电项目为燃气轮机自主化示范工程，推动各种类型燃气轮机整机试验示范：

开展国产 5MW、10MW、30MW 级燃气轮机在天然气输送、发电及分布式供能领域的示范应用；F 级 300MW 级重型燃气轮机自主研制的叶片、轮盘以及整机示范应用；推进燃气轮机与 IGCC 系统示范验证。

（3）应用推广：国产化重型燃气轮机的推广应用。鼓励后续所有分布式能源项目和燃气蒸汽联合循环发电项目采用自主研制设备和相关控制系统。

（十三）储能装备

（1）技术攻关

10MW 级压缩空气储能装备：掌握系统总体设计与系统集成技术，突破超临界压缩空气储能系统中宽负荷压缩机和高负荷透平膨胀机、紧凑式蓄热（冷）换热器等核心部件的流动、结构与强度设计技术。

飞轮储能装备：研制 1MW/1000MJ 飞轮储能工业示范单机、阵列机组，研究基于轴向磁通永磁电机的新型飞轮储能系统。

高温超导储能装备：掌握 5MJ/2.5MW 以上的高温超导储能磁体、功率调节系统 PCS、高温超导储能低温高压绝缘结构、低温绝缘材料及制冷系统设计与制造技术。

大容量超级电容储能装备：突破新型电极材料、电解质材料及超级电容器新体系等，研究高性能石墨烯及其复合材料的宏量制备，开发基于钠离子的新型超级电容器体系等，研发能量密度 30Wh/kg，功率密度 5000W/kg 的超级电容器单体。

10MW 级液流电池储能成套装备：掌握电池结构设计、电极材料改性、一体化电极制备等技术。

全钒液流电池储能装备：研究关键膜材料、电池可靠性与耐久性技术、大功率电池堆工程设计、系统集成与智能控制技术等，建立钒电池储能示范系统。

高性能铅炭电池储能装备：研究高导电率、耐腐蚀的新型电极材料设计、合成和改性技术，以及长寿命铅炭复合电极和新型耐腐蚀正极板栅制备技术，掌握铅炭电池本体制备技术，开发长寿命、低成本铅炭电池储能装置。

25kW 铝合金钠硫电池储能装备：突破金属与陶瓷的低压力扩散封接系统、高活性电极的装配及封装系统、连续式素坯成型及陶瓷管烧结系统、电解质陶瓷管、碳毡及复合正极材料、高抗腐蚀外壳、热压封接陶瓷头、大尺寸保温箱、电池管理系统、抗腐蚀高温连接件。

100MW级钛酸锂电池储能装备：突破关键材料筛选制备技术、电池材料体系匹配技术、电池制备技术、电/热管理技术、电池系统集成技术、电池失效诊断分析技术以及钛酸锂电池系统与功率变换匹配技术、储能机组群控技术等，掌握长寿命钛酸锂材料、储能用锂离子电池设计及制备技术、电池系统集成技术和电池系统与功率变换匹配技术以及储能机组群控技术。

（2）试验示范

依托《风电发展十三五规划》、《太阳能发电发展十三五规划》和《电力十三五规划》及相关能源中长期战略规划，确定示范工程推动关键储能装备的试验示范。

推进氢能在天然气冷热电联供系统中的储能功能示范。

（3）应用推广

鼓励后续项目采用自主研制设备。

（十四）先进电网装备

1. 特高压输变电

（1）技术攻关

特高压交流输电装备：1100kV/2500A0.4g抗震型交流系统用变压器套、1100kV/3150A大容量变压器用套管、气体绝缘金属封闭输电线路、无源式光学电流/电压光学传感器、内置式绝缘子关键部件、760kN及以上大吨位绝缘子、高性能组部件及原材料（基于光纤的可测温度、形变电磁线，高性能、高质量规模化生产硅钢片，避雷器用高性能电阻片原材料）、0.5g抗震型大容量并联电容器装置、1000kV交流串联电容器装置。

±800～1100kV特高压直流输变电装备：研制±1100kV高端及中端换流变压器（多物理场仿真设计分析技术、直流油纸绝缘设计验证及校核技术、绝缘成型件及组附件、现场试验技术）及换流变压器关键零部件（绝缘成型件及组附件），±1100kV换流变压器阀侧套管（设计套管内绝缘设计、大尺寸外绝缘加工工艺等，掌握大直径套管绝缘芯体加工工艺及设备研制、试验技术），±800kV、±1000kV出线装置（绝缘结构），现场组装式换流变压器（关键技术开发），±1100kV平波电抗器（电磁场分析和绝缘可靠性、电气结构、防震设计、降低损耗和噪声、运行环境和适应性、绝缘成型件及组附件国产化、智能化制造工艺），直流输电晶闸管换流阀研制（突破换流阀绝缘设计技术），±1100kV各类直流电容器（PLC/RI电容器、滤波电容器、中性母线冲击电容器、直流转换开关用电容器、交流滤波电容器、低噪声电容器组、高比特电容器组、0.5g抗震型电容器装置），±1100kV直流旁路开关、直流转换开关、直流隔离开关和接地开关，±1100kV直流测量装置系列产品（全光纤电流互感器/直流电子式电压互感器），±1100kV直流系统避雷器，±800～1100kV穿墙套管（结构设计、绝缘设计和加工工艺等突破关键技术），1100kV瓷柱式滤波器组断路器。

推进特高压输变电装备智能制造与智能运维：研究并掌握特高压交直流输电装备优化设计、关键零部件高效、高精度制造技术，关键零部件、整机智能生产线技术，在位检测与制造过程智能管控技术，工控网络安全监测与审计，运行过程远程在线监测，全寿命期的大数据与智能决策技术，设备在役在线检测、远程设备维护诊断、企业私有云、能源装备公共云技术。

（2）试验示范

依托《电力发展十三五规划》及相关能源中长期战略规划中明确的后续特高压输电工程项目，推动关键装备的试验示范：

1000kV等级特高压交流关键设备：气体绝缘金属封闭开关设备用关键元件无源式光学电流互感器、出线装置、冷却器、有载开关、智能组件、变压器干式套管、交直流混联协调控制保护成套设备、1333MVA两柱式特高压变压器、大容量现场组装变压器、可控特高压并联电抗器、气体绝缘金属封闭输电线路（GIL）等。

±800～1100kV特高压直流输变电关键设备：换流变压器（阀侧套管、穿墙套管），5000A直流断路器，换流变出线装置，现场组装式换流变压器，平波电抗器，晶闸管，换流阀，直流耦合电容器、交直流滤波电容器，直流旁路开关、直流转换开关、直流隔离开关和接地开关，直流测量装置系列产品（全光纤电流互感器/直流电子式电压互感器），直流避雷器（Ur=1320kV），穿墙套管，瓷柱式滤波器组断路器，绝缘子，控制保护系统等。

所有完成技术攻关的设备；

承担关键零部件技术攻关的设备整机。

（3）应用推广

鼓励《电力发展十三五规划》及相关能源中长期战略规划中明确的后续特高压输电工程项目采用自主研制的特高压输变电装备、完成试验示范的关键设备：

1000kV等级特高压交流输电成套设备：气体绝缘金属封闭开关设备、变压器油浸纸套管、可控并联电抗器保护装置、串联补偿装置等。

±800kV特高压直流输电设备：直流隔离开关、直流电容器、6英寸5000A晶闸管和换流阀、5000A旁路开关以及已完成试验运行业绩设备及低电压设备。

2. 智能电网

（1）技术攻关

柔性输变电设备：突破±500kV/3000MW柔直系统关键技术和控制保护设备，±800kV柔性直流输电装备（含换流器及直流支撑电容器），适用于10kV～110kV配网系统的柔性直流配网换流器、变压器、断路器、控制保护系统研制，±160～500kV高压直流断路器关键技术和超高速机械开关等关键组件以及带故障电流限制的高压直流断路器，500kV统一潮流控制器换流阀、晶闸管旁路开关、控制保护等，300MW级大功率SVG设备，220kV/40kA固态短路限流装置在短路电流超标系统的自耦变压器、晶闸管阀设计、控制策略及控保系统、±500kV柔性直流电缆及海底电缆、附件和绝缘材料、300Mvar级大功率SVG设备、±500kV直流电缆、500kV短路电流限制器。

智能变电站成套装备：研发基于大数据、云计算的126～1100kV气体绝缘金属封闭智能开关设备及远程专家诊断系统、智能变电站智能控制和运行维护系统、110～1000kV/50～1000MVA节能型环保型智能变压器、智能变电站主设备带电检修关键设备、同步开关和变电站智能巡检系统、次同步振荡识别及抑制系统。

智能配电网成套设备：研发智能分布式配电保护与自愈控制系统、10～35kV智能配网串联补偿装置、适用于10～35kV配网的MW级以上电能路由器、微网专用超快速混合型低压限流断路器、中压兆瓦级双电源固态无缝切换开关、微电网多源协调控制系统、分布式配电线路故障定位系统、分布式串联补偿装置以及新材料和光电复合高带宽数据线缆。

用户端智能化成套装备：用于新能源或多电源低压配电系统的控制与保护一体化系统及装置、用于新能源或多电源配电系统的用户端核心电器设备（额定电压为AC1000V或DC1500V及以下的超智能型万能式断路器、超智能型塑壳式断路器、超智能型小型断路器、超智能型自动转换开关、超智能型控制与保护电器、低压开关柜（全铝母线式）等）、用户端能源管理与需求响应系统及接口装置、用户端核心电器及电机设备的智能制造装备。

大容量电力电子器件和材料：研制以SiC和GaN等材料为代表的宽禁带电力电子半导体器件、高压/大电流瞬态开断电力电子器件、高压大容量固态电力电子变换器，研发新一代高压大功率电力电子器件材料生长与掺杂、器件及封装、驱动及电路设计等关键技术工艺。

高温超导材料：研究高温超导材料配方及其制备工艺，开展面向超导电缆、变压器、限流器、超导电机等的应用研究。研究生产执行管理、先进过程控制与优化、物流与质量追溯等智能制造技术。

推进智能电网设备智能制造与智能运维：研究并掌握各类智能电网装备数字化快速设计技术，如智能化加工流水线、机器人、智能检测装置、精益电子看板、制造执行系统（MES）、产品全生命周期管理系统（PLM）等；建立生产过程数据采集分析系统和车间级工业通信网络，建立自动化智能化的加工、装配、检验、物流等系统，通过工业通信网络实现互联和集成；研究工控网络安全监测与审计，运行过程远程在线监测，全寿命期的大数据与智能决策技术，设备在役在线检测、远程设备维护诊断、企业私有云、能源装备公共云技术。

（2）试验示范

开展智能电网、能源互联网等工程项目示范，推动关键装备的试验示范：

柔性直流输电：±500kV/3000MW柔直系统、±500kV/3000MW多端柔性直流输电控制保护、10kV～110kV柔性直流配电设备、±160kV～±500kV高压直流断路器、500kV统一潮流控制器（UPFC）、220kV/40kA固态短路限流装置等。

智能变电站主设备、二次设备综合在线监测及远程专家诊断系统，750kV～1000kV节能型环保型智能变压器、10～35kV投切电容器组和无功补偿专用真空开关、智能变电站一次设备带电检修关键设备等。

所有完成技术攻关的设备；承担关键零部件技术攻关的设备整机。

（3）应用推广

鼓励后续配电网智能化改造工程项目采用自主研制设备、完成试验示范的关键设备：±320kV/1000MW和±420kV/1250MW柔性直流输电系统、200MW/35kV大功率SVG设备、220kV/40kA固态短路限流装置等。

126kV～363kV集成式智能隔离断路器、110kV～500kV节能型环保型智能变压器、智能分布式配电保护与自愈控制系统、10kV智能配网串联补偿装置、10kV智能配网无功补偿SVG装置、微网专用超快速混合型低压限流断路器、中压兆瓦级双电源固态无缝切换开关、微电网多源协调控制系统等。

3. 能源互联网关键装备

（1）技术攻关

能源互联网核心装备：包括面向多能流的能源交换与路由、储能、能气转换等装置。

可再生能源并网系统：研发基于移动互联网、云计算和大数据分析技术的可再生能源综合监控、运维、预测及分析评估系统以及可再生能源自动化智能生产管理设备及系统，包括可再生能源智能集中运维管理系统、可再生能源发电效能云分析评估系统、基于大数据的可再生能源故障云诊断系统、光伏电站运行指标分层分级评估系统、基于设备环境模型的光伏发电高效能控制系统、光伏智能运维平台、光伏发电分析评估系统、光伏发电智能控制系统、光伏发电功率预测系统、风电功率预测系统、风力发电机组智能控制系统，掌握智能诊断、功率预测、分析评估与控制调度技术，推进移动互联网、云平台和大数据等新一代信息技术在可再生能源智能诊断、功率预测、分析评估与协调控制等方面的应用，突破能源互联网框架下的风电机组、光伏逆变器与能源互联网信息交互与控制，开发主要可再生能源发电效能云分析系统、故障云诊断系统，实现可再生能源发电智能运维。

（2）试验示范

依托《关于积极推动“互联网+”智慧能源（能源互联网）发展的行动计划》、《风电发展十三五规划》、《太阳能发电发展十三五规划》和《电力十三五规划》及相关能源中长期战略规划，确定示范工程推动关键装备的试验示范。

推动可再生能源发电大数据建模和分析技术研究、云计算和互联网在可再生能源发电综合监控、运维、预测及分析评估和生产管理等领域的应用。推动靠岸电源成套设备示范应用。

（3）应用推广

鼓励后续项目采用自主研制设备。

（十五）煤炭深加工装备

（1）技术攻关

大型煤气化装置：研发适应煤制清洁燃料及化学品等用途的大型煤气化炉（包含干粉煤气化工艺烧嘴、水煤浆气化工艺烧嘴等关键部件）、破渣机、自动化控制及辅助系统和大型粉煤热解装置，掌握气化炉的放大规律和结构特点、烧嘴等内构件材料及制造和自动化控制及辅助系统技术。

通用关键设备：研制 12 万 Nm^3/h 等级以上大型空分装置、煤化工配套特殊阀门、膨胀机、各类煤化工泵（两相流泵、进料泵、甲醇泵等）和千万吨级工艺泵以及耐磨蚀高温高压差调节阀等，实现 10 万 Nm^3/h 的大型空分装置、大型气体压缩机、耐温耐磨泵、阀及管道等通用设备的国产化。

大型合成装置：研制百万吨级甲醇合成反应器、大型甲烷化反应器、大型浆态床费托合成反应器、百万吨级甲醇制烯烃反应器等，形成大型煤化工合成装置的自主开发、设计、制造能力，提高国产化率。

（2）试验示范

依托相关能源规划和战略规划中后续所有煤炭深加工项目，推进自主研发的煤气化装置、关键泵阀、合成装置等的试验示范。

粉煤洁净化分质利用装置；3000 吨/天及以上干煤粉气化炉；4000 吨/天及以上水煤浆气化炉；大型空分配套增压机和压缩机；各类化工压缩机、千万吨级炼油工艺压缩机；大型空分装置配套大流量低温泵；千万吨级炼油换热器；千万吨级炼油用各类阀门；粉煤洁净化分质利用装置等。

开展 400～600MW 等级整体煤气化联合循环（IGCC）电站关键技术装备示范。

推进整体煤气化燃料电池联合循环（IGFC-CC）发电技术装备示范。

（3）应用推广

鼓励后续所有煤炭深加工项目采用自主研制设备。推广应用低于 3000 吨/天气化炉、煤化工控制系统、大型空分装置配套换热器、大型空分装置配套小流量低温泵、高压和高温油煤浆泵等。

五、保障措施

（一）建立机制加强组织落实

建立协调工作机制，加强统筹协调和督察落实。不定期召开会议，研究制定和细化政策措施，提出具体工作计划和年度重点任务，具体衔接协调能源装备产业发展有关规划、政策、工程、专项和走出去工作等，研究落实依托工程，促进首台套能源装备的推广应用。

（二）政府引导形成创新合力

政府引导、企业为主，组织推动能源企业与装备制造业联合形成自主创新合力。针对重大装备自主创新示范项目，组织能源企业和装备制造企业对接，制定装备自主创新工作方案，协调和推进装备自主研制、试验鉴定和试验示范。组织主设备制造企业与关键零部件和材料制造企业对接，制定关键零部件和材料自主研发工作方案，加快形成重大能源装备成套能力。

（三）资金支持提升产业能力

高效利用中央资金支持重大能源装备、关键零部件和材料的技术攻关。研究利用专项建设基金、先进制造产业投资基金、国家新兴产业创业投资引导基金等，支持符合条件的关键装备技术攻关、产业化和制造条件升级。针对实施方案主要任务，继续组织开展一批关键装备、核心部件的技术攻关和技术改造，加强试验检测能力建设。对符合产业发展方向的能源装备建设项目给予金融、贷款等政策优惠。

（四）完善政策保障示范应用

研究统筹利用财税、价格、项目考核和运行监管等手段，支持能源装备试验示范和推广应用。国家制定的各类能源规划要明确能源装备自主创新工作任务和发展目标。鼓励和支持各类能源项目制定能源装备自主创新工作方案，积极承担能源装备试验示范和推广应用任务。对国家明确的承担首台套重大装备试验示范的依托工程，试验示范期间适当给予安全运行考核政策支持，并进一步研究给予税收、电价等方面的优惠。鼓励对符合产业发展方向的能源装备首台套项目开展保险和再保险。

（五）加强引导助力优胜劣汰

对于完成试验示范的重大能源装备，行业主管部门定期出台能源装备自主创新推荐目录，鼓励其推广应用。适时调整或取消相应整机、成套设备、部件和材料的进口免税政策。完善技术和质量监管体系，加强第三方检测检验，强化企业质量主体责任。研究制定重大能源装备和关键零部件质量通报制度，组织能源企业、行业协会定期调研和发布能源装备质量情况，通报质量问题突出、引发重大生产事故的设备及制造企业。引导和督促制造业不断提升技术水平和质量保障能力，逐步淘汰落后产能。

（六）组织技改推动转型升级

结合《中国制造 2025》制造业创新中心、智能制造、工业强基、绿色制造和高端装备等工程，推进能源装备制造业开展技术改造，推动能源装备制造企业采用智能制造、3D 打印等新技术和新工艺提升制造技术水平和能力。积极贯彻落实《中国制造 2025》有关政策措施，根据能源装备制造业实际情况，采用政府引导、社会合作的模式，引导社会资本参与制造业重大项目建设、企业技术改造和关键基础设施建设，有效推动能源装备制造企业转型升级。

（七）健全机制促进国际合作

围绕共建“一带一路”和实施“走出去”战略，建立健全能源装备国际合作服务工作机制。引导能源企业、装备制造企业抱团出海，防止国内企业同质化恶性竞争。推动能源装备制造业从单纯技术引进向人才引进、对外并购、合作研发转变，支持引进能源发展亟需的先进技术和高端人才。研究利用产业基金、国有资本收益等方式，推动各类能源装备优势产能走出去，支持海外投资并购。

（八）完善标准助推产业提升

加快现有国家标准和行业标准的修订、整合和完善，适时制定新的国家和行业标准，提高标准的先进性。加强能源装备标准制修订所需的试验验证平台建设。加强与国际标准对接，提高国家标准、行业标准和企业标准等级，形成统一、完善、符合我国国情的能源技术装备标准体系。进一步推进能源行业标准在行业管理和监督中发挥作用，加强能源装备检测认证工作。加强能源装备制造有关行业标准的宣传贯彻和落实。

能源技术革命创新行动计划（2016～2030年）（节选）

本文节选自国家发展改革委、国家能源局发布的
《能源技术革命创新行动计划（2016～2030年）》

能源是人类生存和文明发展的重要物质基础，我国已成为世界上最大的能源生产国和消费国，能源供应能力显著增强，技术装备水平明显提高。同时，我们也面临着世界能源格局深度调整、全球应对气候变化行动加速、国家间技术竞争日益激烈、国内经济进入新常态、资源环境制约不断强化等挑战。为积极应对挑战，党中央、国务院审时度势，在中央财经领导小组第六次会议上作出了推动能源消费、供给、技术和体制革命，全方位加强国际合作的战略部署。党的十八届五中全会进一步明确建设清洁低碳、安全高效的现代能源体系。

科技决定能源的未来，科技创造未来的能源。能源技术创新在能源革命中起决定性作用，必须摆在能源发展全局的核心位置。为贯彻落实党的十八届五中全会和中央财经领导小组第六次会议精神，围绕可能产生重大影响的革命性能源技术创新和对建设现代能源体系具有重要支撑作用的技术领域，明确今后一段时期我国能源技术创新的工作重点、主攻方向以及重点创新行动的时间表和路线图，特制订本行动计划。

一、能源科技的发展形势

（一）世界能源科技发展趋势

当前，新一轮能源技术革命正在孕育兴起，新的能源科技成果不断涌现，正在并将持续改变世界能源格局。非常规油气勘探开发技术在北美率先取得突破，页岩气和致密油成为油气储量及产量新增长点，海洋油气勘探开发作业水深记录不断取得突破；主要国家均开展了700℃超超临界燃煤发电技术研发工作，整体煤气化联合循环技术、碳捕捉与封存技术、增压富氧燃烧等技术快速发展。燃气轮机初温和效率进一步提高，H级机组已实现商业化，以氢为燃料的燃气轮机正在快速发展；三代核电技术逐渐成为新建机组主流技术，四代核电技术、小型模块式反应堆、先进核燃料及循环技术研发不断取得突破；风电技术发展将深海、高空风能开发提上日程，太阳能电池组件效率不断提高，光热发电技术开始规模化示范，生物质能利用技术多元化发展；电网技术与信息技术融合不断深化，电气设备新材料技术得到广泛应用，部分储能技术已实现商业化应用。可再生能源正逐步成为新增电力重要来源，电网结构和运行模式都将发生重大变化。

近年来，主要能源大国均出台了一系列法律法规和政策措施，采取行动加快能源科技创新。美国发布了《全面能源战略》等战略计划，将“科学与能源”确立为第一战略主题，提出形成从基础研究到最终市场解决方案的完整能源科技创新链条，强调加快发展低碳技术，已陆续出台了提高能效、发展太阳能、四代和小型模块化核能等清洁电力等新计划。日本陆续出台了《面向2030年能源环境创新战略》等战略计划，提出了能源保障、环境、经济效益和安全并举的方针，继续支持发展核能，推进节能和可再生能源，发展新储能技术，发展整体煤气化联合循环（IGCC）、整体煤气化燃料电池循环等先进煤炭利用技术。欧盟制订了《2050能源技术路线图》等战略计划，突出可再生能源在能源供应中的主体地位，提出了智能电网、碳捕集与封存、核聚变以及能源效率等方向的发展思路，启动了欧洲核聚变联合研究计划。

纵观全球能源技术发展动态和主要能源大国推动能源科技创新的举措，可以得到以下结论和启示：一是能源技术创新进入高度活跃期，新兴能源技术正以前所未有的速度加快迭代，对世界能源格局和经济发展将产生重大而深远的影响。二是绿色低碳是能源技术创新的主要方向，集中在传统化石能源清洁高效利用、新能源大规模开发利用、核能安全利用、能源互联网和大规模储能以及先进能源装备及关键材料等重点领域。三是世界主要国家均把能源技术视为新一轮科技革命和产业革命的突破口，制定各种政策措施抢占发展制高点，增强国家竞争力和保持领先地位。

（二）我国能源科技发展形势

近年来，我国能源科技创新能力和技术装备自主化水平显著提升，建设了一批具有国际先进水平的重大能源技术示范工程。初步掌握了页岩气、致密油等勘探开发关键装备技术，煤层气实现规模化勘探开发，3000米深水半潜式钻井船等装备实现自主化，复杂地形和难采地区油气勘探开发部分技术达到国际先进水平，千万吨炼油技术达到国际先进水平，大型天然气液化、长输管道电驱压缩机组等成套设备实现自主化；煤矿绿色安全开采技术水平进一步提升，大型煤炭气化、液化、热解等煤炭深加工技术已实现产业化，低阶煤分级分质利用正在进行工业化示范；超超临界火电技术广泛应用，投运机组数量位居世界首位，大型IGCC、CO_2封存工程示范和700℃超超临界燃煤发电技术攻关顺利推进，大型水电、1000kV特高压交流和±800kV特高压直流技术及成套设备达到世界领先水平，智能电网和多种储能技术快速发展；基本掌握了AP1000核岛设计技术和关键设备材料制造技术，采用“华龙一号”自主三代技术的首堆示范项目开工建设，首座高温气冷堆技术商业化核电站示范工程建设进展顺利，核级数字化仪控

系统实现自主化；陆上风电技术达到世界先进水平，海上风电技术攻关及示范有序推进，光伏发电实现规模化发展，光热发电技术示范进展顺利，纤维素乙醇关键技术取得重要突破。

虽然我国能源科技水平有了长足进步和显著提高，但与世界能源科技强国和引领能源革命的要求相比，还有较大的差距。一是核心技术缺乏，关键装备及材料依赖进口问题比较突出，三代核电、新能源、页岩气等领域关键技术长期以引进消化吸收为主，燃气轮机及高温材料、海洋油气勘探开发技术装备等长期落后。二是产学研结合不够紧密，企业的创新主体地位不够突出，重大能源工程提供的宝贵创新实践机会与能源技术研发结合不够，创新活动与产业需求脱节的现象依然存在。三是创新体制机制有待完善，市场在科技创新资源配置中的作用有待加强，知识产权保护和管理水平有待提高，科技人才培养、管理和激励制度有待改进。四是缺少长远谋划和战略布局，目前的能源政策体系尚未把科技创新放在核心位置，国家层面尚未制定全面部署面向未来的能源领域科技创新战略和技术发展路线图。

（三）我国能源技术战略需求

我国能源技术革命应坚持以国家战略需求为导向，一方面为解决资源保障、结构调整、污染排放、利用效率、应急调峰能力等重大问题提供技术手段和解决方案，另一方面为实现经济社会发展、应对气候变化、环境质量等多重国家目标提供技术支撑和持续动力。

1. 围绕“两个一百年”奋斗目标提供能源安全技术支撑。我国正处于实现“两个一百年”奋斗目标和中华民族伟大复兴的中国梦的关键阶段，能源需求在很长时期内还将持续增长。这要求通过能源技术创新加快化石能源勘探开发和高效利用，大力发展新能源和可再生能源，构建常规和非常规、化石和非化石、能源和化工以及多种能源形式相互转化的多元化能源技术体系。

2. 围绕环境质量改善目标提供清洁能源技术支撑。我国正在建设“蓝天常在、青山常在、绿水常在”的美丽中国，这要求通过能源技术创新，大幅减少能源生产过程污染排放，提供更清洁的能源产品，加强能源伴生资源综合利用，构建清洁、循环的能源技术体系。

3. 围绕二氧化碳峰值目标提供低碳能源技术支撑。我国对世界承诺，到2030年单位国内生产总值二氧化碳排放比2005年下降60%～65%、非化石能源占一次能源消费比重达到20%左右、二氧化碳排放2030年左右达到峰值并争取早日实现。这要求通过能源技术创新，加快构建绿色、低碳的能源技术体系。在可再生领域，要重点发展更高效率、更低成本、更灵活的风能、太阳能利用技术，生物质能、地热能、海洋能利用技术，可再生能源制氢、供热等技术。在核能领域，要重点发展三代、四代核电，先进核燃料及循环利用，小型堆等技术，探索研发可控核聚变技术。在二氧化碳封存利用领域，要重点发展驱油驱气、微藻制油等技术。

4. 围绕能源效率提升目标提供智慧能源技术支撑。我国能源利用效率总体处于较低水平，这要求通过能源技术创新，提高用能设备设施的效率，增强储能调峰的灵活性和经济性，推进能源技术与信息技术的深度融合，加强整个能源系统的优化集成，实现各种能源资源的最优配置，构建一体化、智能化的能源技术体系。要重点发展分布式能源、电力储能、工业节能、建筑节能、交通节能、智能电网、能源互联网等技术。

5. 围绕能源技术发展目标提供关键材料装备支撑。能源技术发展离不开先进材料和装备的支撑。根据重点能源技术需要，重点发展特种金属功能材料、高性能结构材料、特种无机非金属材料、先进复合材料、高温超导材料、石墨烯等关键材料；重点发展非常规油气开采装备、海上能源开发利用平台、大型原油和液化天然气船舶、核岛关键设备、燃气轮机、智能电网用输变电及用户端设备、大功率电力电子器件、大型空分、大型压缩机、特种用途的泵、阀等关键装备。

二、总体要求

（一）指导思想

全面贯彻落实党的十八大和十八届二中、三中、四中、五中全会精神，深入学习贯彻习近平总书记系列重要讲话精神，坚持“四个全面”战略布局，牢固树立创新、协调、绿色、开放、共享的发展理念，主动引领经济社会发展新常态，以建设清洁低碳、安全高效现代能源体系的需求为导向，以提升能源自主创新能力为核心，以突破能源重大关键技术为重点，以能源新技术、新装备、新产业、新业态示范工程和试验项目为依托，实施制造强国战略，推动能源技术革命，实现我国从能源生产消费大国向能源技术强国战略转变。

（二）基本原则

坚持自主创新。必须把自主创新摆在能源科技创新的核心位置，加强能源领域基础研究，强化原始创新、集成创新和引进消化吸收再创新，重视颠覆性技术创新。

坚持市场导向。发挥市场在科技创新资源配置中的决定性作用，强化企业创新主体地位和主导作用，促进创新资源高效合理配置。加快政府职能从研发管理向创新服务转变。

坚持重点突破。坚持问题导向，瞄准制约能源发展和可能取得革命性突破的关键和前沿技术，依托重大能源工程开展试验示范，推动能源技术创新能力显著提升。

坚持统筹协调。健全政产学研用协同创新机制，鼓励重大技术研发、重大装备研制、重大示范工程和技术创新平台四位一体创新，坚持统筹国际国内能源科技开放式创新。

（三）总体目标

到2020年，能源自主创新能力大幅提升，一批关键技术取得重大突破，能源技术装备、关键部件及材料对外依存度显著降低，我国能源产业国际竞争力明显提升，能源技术创新体系初步形成。

到2030年，建成与国情相适应的完善的能源技术创新体系，能源自主创新能力全面提升，能源技术水平整体达到国际先进水平，支撑我国能源产业与生态环境协调可持续发展，进入世界能源技术强国行列。

三、重点任务

（一）煤炭无害化开采技术创新。（略）

（二）非常规油气和深层、深海油气开发技术创新。（略）

（三）煤炭清洁高效利用技术创新。（略）

（四）二氧化碳捕集、利用与封存技术创新。（略）

（五）先进核能技术创新。（略）

（六）乏燃料后处理与高放废物安全处理处置技术创新。（略）

（七）高效太阳能利用技术创新

深入研究更高效、更低成本晶体硅电池产业化关键技术，开发关键配套材料。研究碲化镉、铜铟镓硒及硅薄膜等薄膜电池产业化技术、工艺及设备，大幅提高电池效率，实现关键原材料国产化。探索研究新型高效太阳能电池，开展电池组件生产及应用示范。掌握高参数太阳能热发电技术，全面推动产业化应用，开展大型太阳能热电联供系统示范，实现太阳能综合梯级利用。突破太阳能热化学制备清洁燃料技术，研制出连续性工作样机。研究智能化大型光伏电站、分布式光伏及微电网应用、大型光热电站关键技术，开展大型风光热互补电站示范。

（八）大型风电技术创新

研究适用于200～300米高度的大型风电系统成套技术，开展大型高空风电机组关键技术研究，研发100米级及以上风电叶片，实现200～300米高空风力发电推广应用。深入开展海上典型风资源特性与风能吸收方法研究，自主开发海上风资源评估系统。突破远海风电场设计和建设关键技术，研制具有自主知识产权的10MW级及以上海上风电机组及轴承、控制系统、变流器、叶片等关键部件，研发基于大数据和云计算的海上风电场集群运控并网系统，实现废弃风电机组材料的无害化处理与循环利用，保障海上风电资源的高效、大规模、可持续开发利用。

（九）氢能与燃料电池技术创新

研究基于可再生能源及先进核能的制氢技术、新一代煤催化气化制氢和甲烷重整/部分氧化制氢技术、分布式制氢技术、氢气纯化技术，开发氢气储运的关键材料及技术设备，实现大规模、低成本氢气的制取、存储、运输、应用一体化，以及加氢站现场储氢、制氢模式的标准化和推广应用。研究氢气/空气聚合物电解质膜燃料电池（PEMFC）技术、甲醇/空气聚合物电解质膜燃料电池（MFC）技术，解决新能源动力电源的重大需求，并实现PEMFC电动汽车及MFC增程式电动汽车的示范运行和推广应用。研究燃料电池分布式发电技术，实现示范应用并推广。

（十）生物质、海洋、地热能利用技术创新

突破先进生物质能源与化工技术，开展生物航油（含军用）、纤维素乙醇、绿色生物炼制大规模产业化示范，研究新品种、高效率能源植物，建设生态能源农场，形成先进生物能源化工产业链和生物质原料可持续供应体系。加强海洋能开发利用，研制高效率的波浪能、潮流能和温（盐）差能发电装置，建设兆瓦级示范电站，形成完整的海洋能利用产业链。加强地热能开发利用，研发水热型地热系统改造及增产技术，突破干热岩开发关键技术装备，建设兆瓦级干热岩发电和地热综合梯级利用示范工程。

（十一）高效燃气轮机技术创新。（略）

（十二）先进储能技术创新

研究太阳能光热高效利用高温储热技术、分布式能源系统大容量储热（冷）技术，研究面向电网调峰提效、区域供能应用的物理储能技术，研究面向可再生能源并网、分布式及微电网、电动汽车应用的储能技术，掌握储能技术各环节的关键核心技术，完成示范验证，整体技术达到国际领先水平，引领国际储能技术与产业发展。积极探索研究高储能密度低保温成本储能技术、新概念储能技术（液体电池、镁基电池等）、基于超导磁和电化学的多功能全新混合储能技术，争取实现重大突破。

（十三）现代电网关键技术创新

掌握柔性直流输配电技术、新型大容量高压电力电子元器件技术；开展直流电网技术、未来电网电力传输技术的研究和试验示范；突破电动汽车无线充电技术、高压海底电力电缆关键技术，并推广应用；研究高温超导材料等能源装备部件关键技术和工艺。掌握适合电网运行要求的低成本、量子级的通信安全工程应用技术，实现规模化应用。研究现代电网智能调控技术，开展大规模可再生能源和分布式发电并网关键技术研究示范；突破电力系统全局协调调控技术，并示范应用；研究能源大数据条件下的现代复杂大电网的仿真技术；实现微电网/局域网与大电网相互协调技术、源-网-荷协调智能调控技术的充分应用。

（十四）能源互联网技术创新

能源互联网是一种互联网与能源生产、传输、存储、消费以及能源市场深度融合的能源产业发展新业态。推动能源智能生产技术创新，重点研究可再生能源、化石能源智能化生产，以及多能源智能协同生产等技术。加强能源智能传输技术创新，重点研究多能协同综合能源网络、智能网络的协同控制等技术，以及能源路由器、能源交换机等核心装备。促进能源智能消费技术创新，重点研究智能用能终端、智能监测与调控等技术及核心装备。推动智慧能源管理与监管手段创新，重点研究基于能源大数据的智慧能源精准需求管理技术、基于能源互联网的智慧能源监管技术。加强能源互联网综合集成技术创新，重点研究信息系统与物理系统的高效集成与智能化调控、能源大数据集成和安全共享、储能和电动汽车应用与管理以及需求侧响应等技术，形成较为完备的技术及标准体系，引领世界能源互联网技术创新。

（十五）节能与能效提升技术创新

加强现代化工业节能技术创新，重点研究高效工业锅（窑）炉、新型节能电机、工业余能深度回收利用以及基于先进信息技术的工业系统节能等技术并开展工程示范。开展建筑工业化、装配式住宅，以及高效智能家电、制冷、照明、办公终端用能等新型建筑节能技术创新。推动高效节能运输工具、制动能量回馈系统、船舶推进系统、数字化岸电系统，以及基于先进信息技术的交通运输系统等先进节能技术创新。加强能源梯级利用等全局优化系统节能技术创新，开展散煤替代等能源综合利用技术研究及示范，对我国实现节能减排目标形成有力支撑。

以上各项重点任务分解为若干具体技术创新行动，详见附件。

四、政策保障

（一）完善能源技术创新环境

建立健全能源领域相关法律法规及科技成果转化、知识产权保护、标准化等配套政策法规。加强能源技术创新文化建设，培育多元包容、尊重创新、宽容失败、良性竞争的科研文化。完善能源新技术、新模式等知识产权创造、运用、管理、保护机制。完善能源技术标准体系，推动能源自主创新成果及时转化为标准。建立健全能源技术装备标准、检测、认证和质量监督组织体系，保障能源技术装备质量。加强能源技术创新成果使用、处置和收益管理，强化对能源技术创新成果转化的激励。完善以能力和贡献为导向的能源技术人才评价和激励机制。完善能源技术项目全生命周期闭环评价体系，加强事中事后监管和服务，突出创新绩效评价。

（二）激发企业技术创新活力

建立健全企业主导的能源技术创新机制。激发企业创新内生动力，培育一批具有国际竞争力的能源技术创新领军企业，推动企业成为能源技术与能源产业紧密结合的重要创新平台。健全国有能源企业技术创新经营业绩考核制度，加大技术创新在国有能源企业经营业绩考核中的比重，切实推动国有能源企业成为重大能源技术装备研制和工程应用的主体。鼓励民营企业开展能源技术创新，积极承担国家能源技术创新任务。完善能源领域中小微企业创业孵化等创新服务体系，鼓励能源领域中小微企业加大研发力度，激发“大众创业、万众创新”良好局面。鼓励围绕重点和新兴能源技术领域构建以企业为主导、产学研合作的产业技术创新联盟。

（三）夯实能源技术创新基础

深化能源领域科研院所分类改革和高等学校科研体制机制改革，强化科研院所和高等院校的源头创新主力军地位，依托国家重点实验室加强能源技术创新基础研究和重大战略研究，提升原始创新能力。依托骨干能源企业、高校和科研院所建设一批国家能源技术创新平台，探索建立新型的组织结构和运行机制。完善能源领域军民技术融合政策制度，加速核能、航空航天等领域符合条件的军用技术向能源领域转化应用。组织实施能源技术人才培养计划，完善从研发、转化、生产到管理的人才培养体系。抓好高层次骨干人才培养，引进和培养一批站在世界能源技术前沿、勇于创新的技术带头人。培育一批具有宏观战略思维和市场思维的复合型管理人才。

（四）完善技术创新投融资机制

加强中央预算内资金和政府性基金对能源技术创新的支持力度。深化科技计划（专项、基金）管理改革，强化对能源重点领域技术研发和示范应用的支持。推动企业成为能源技术研发投入主体，鼓励企业自主投入开展能源重大关键共性技术、装备和标准的研发攻关。研究设立能源产业科技创新投资基金，支持能源科技示范工程建设和企业技术改造。引导风险投资、私募股权投资等支持能源技术创新。深化金融领域改革，拓宽能源技术创新融资渠道，降低融资成本。积极发挥政策性金融、开发性金融和商业金融的优势，加大对能源技术重点领域的支持力度。

（五）创新税收价格保险支持机制

实施有利于能源技术创新的税收政策，完善能源企业研发费用计核方法，切实减轻能源企业税收负担。研究按照“一案一策”的原则，针对能源技术创新示范工程落实资源、能源、土地等要素和产品价格优惠政策，促进先进能源技术创新成果的工程应用。完善首台（套）重大能源技术装备支持政策，推进保险补偿机制，研究使用首台（套）装备的优惠政策，加快重大能源技术装备自主化。

（六）深化能源科技国际合作交流

制定能源技术创新国际化战略，积极开展全方位、多层次、高水平的能源技术国际合作。充分利用国际国内能源技术资源，积极融入全球创新网络，提升我国对全球能源技术战略资源配置的掌控能力。相关部门在国际合作交流中，注重在技术合作、知识产权、跨国并购等方面为企业搭建沟通和对话平台。鼓励能源企业、高校和科研机构与国外相关机构开展联合技术创新。结合“一带一路”战略实施，依托重大能源项目，推动我国先进能源技术、装备和标准“走出去”。

五、组织实施

（一）加强组织领导

进一步发挥国家能源委员会在能源技术创新中的统筹协调作用，建立和完善工作会商制度和协调机制，分解任务，明确责任，加强协同配合，确保行动计划各项任务落到实处。发展改革委、能源局重点负责组织实施能源技术创新示范工程。各有关部门根据职能做好相关支持配合工作。各地区要结合本地区特点和发展需求，制定相关配套政策文件，为能源技术创新及相关示范工程建设提供有利条件，切实推动本地区能源技术进步。

（二）组织开展工程试验示范

针对重点技术创新行动，研究设立国家能源技术创新试验示范依托工程，按照公平、公正、公开原则，通过竞争性机制确定示范工程牵头承担单位。建立国家能源技术创新示范项目跟踪监测和协调服务平台，对示范项目开展全过程、全周期跟踪和服务。按技术领域建立专家组和咨询服务指导机制，对示范效果进行及时评价和总结，并提出推广应用建议。

（三）完善评价机制

建立健全动态评估机制，强化《国家能源技术革命创新行动计划（2016～2030年）》实施的跟踪监测、科学评估和督促检查，定期对相关战略目标、计划执行等情况进行科学评估评价，及时协调解决行动计划实施过程中遇到的问题。根据能源技术发展形势动态修订行动计划。

（四）做好配套衔接工作

在实施《能源技术革命创新行动计划（2016～2030年）》中，要加强与《国家中长期科学和技术发展规划纲要（2006～2020年）》、国家科技专项规划、《中国制造2025》等战略规划的衔接配合，积极推荐重大能源技术创新项目列入国家相关创新专项规划，相互支撑，互为补充，形成共同推进行动落实的良好局面，切实推动我国能源技术革命。

附：能源技术革命重点创新行动路线图

一、煤炭无害化开采技术创新

（略）

二、非常规油气和深层、深海油气开发技术创新

（略）

三、煤炭清洁高效利用技术创新

（略）

四、二氧化碳捕集、利用与封存技术创新

（略）

五、先进核能技术创新

（略）

六、乏燃料后处理与高放废物安全处理处置技术创新

（略）

七、高效太阳能利用技术创新

（一）战略方向

太阳能高效晶体硅电池及新概念光电转换器件。重点在开发平均效率≥25%的晶体硅电池产线（如异质结（HIT）电池和叉指背接触（IBC）电池或二者的结合），探索更高效率、更低成本的新概念光电转换器件及面向产业化技术等方面开展创新与攻关。

高参数太阳能热发电与太阳能综合梯级利用系统。重点在超临界太阳能热发电、空气吸热器、固体粒子吸热器、50～100MW级大型全天连续运行太阳能热电站及太阳能综合梯级利用、100MWe槽式太阳能热电站仿真与系统集成等方面开展研发与攻关。

太阳能热化学制备清洁燃料。重点在太阳能热化学反应体系筛选、热化学在非平衡条件下的反应热力学和动力学机理及其与传热学和多项流的耦合作用机理探索、太阳能制取富含甲烷的清洁燃料等方面开展研发与攻关。

智能光伏电站与风光热互补电站。重点在高能效、低成本智能光伏电站，智能化分布式光伏和微电网应用，50MW级储热的风光热互补混合发电系统等方面开展研发与攻关。

（二）创新目标

1. 2020年目标。突破三五（Ⅲ-Ⅴ）族化合物电池和铁电-半导体耦合电池的产业化关键技术，建成100MW级HIT太阳能电池示范生产线；掌握分布式太阳能热电联供系统的集成和控制，以及太阳能热化学制备燃料机理；掌握智能光伏电站设计和建造成套技术，实现发电效率≥80%；掌握50MW级塔式光热电站整体设计及关键部件制造技术；突破光热-光伏-风电集成设计和控制技术，促进风光互补利用技术产业化。

2. 2030年目标。大幅提高铜铟镓硒（CIGS）、碲化镉（CdTe）电池的效率，建立完整自主知识产权生产线，实现在建筑中规模应用并达到国际前沿水平；HIT电池国产化率≥85%并达到批产化水平。掌握高参数太阳能热发电技术，全面推动产业化应用；建成50MW太阳能热电联供系统，形成自主知识产权和标准体系。突破太阳能热化学反应器技术，研制出连续性工作样机。

3. 2050年展望。开发出新型高性能光伏电池，大幅提升光电转换效率并降低成本，至少一种电池达到世界最高效率；实现光电转化和储能一体化；太阳能热化学制备清洁燃料获重大突破并示范。

（三）创新行动

1. 新型高效太阳能电池产业化关键技术。研发铁电-半导体耦合电池、钙钛矿电池及钙钛矿/晶体硅叠层电池产业化的关键技术、工艺及设备，建立电池组件生产及应用示范线，建成产能≥2MWp的中试生产线，组件平均效率各为≥14%、≥15%、≥21%。探索新型高效太阳能电池技术，探索研发更高效、更低成本的铁电-半导体耦合电池、铁电-半导体耦合/晶体硅叠层电池、钙钛矿电池、染料敏化电池、有机电池、量子点电池、新型叠层电池、硒化锑电池、铜锌锡硫电池和三五（Ⅲ-Ⅴ）族纳米线电池等电池技术，实现至少一种电池达到世界最高效率。

2. 高效、低成本晶体硅电池产业化关键技术。研究低成本晶体硅电池、HIT太阳电池、IBC电池产业示范线关键技术和工艺，推进HIT太阳电池设备及原材料国产化，开发IBC与HIT结合型高效电池；建成设备国产化率≥80%的百兆瓦级电池示范生产线，产线电池平均效率各为≥21%、≥23%、≥23%。研制太阳能电池关键配套材料，开发高效电池用配套电极浆料关键技术，包括正银浆料制备技术，以及无铅正面银电极、低成本浆料银/铜粉体功能相复合电极材料等。

3. 薄膜太阳能电池产业化关键技术。研究碲化镉、铜铟镓硒及硅薄膜等薄膜电池的产业化关键技术、工艺及设备，掌握铜铟镓硒薄膜电池原材料国产化技术；建成产能100MWp示范生产线，组件平均效率各为≥17%、≥17%、≥15%。

4. 高参数太阳能热发电技术。研究高温高效率吸热材料、超临界蒸汽发生器、二氧化碳透平；研发高温承压型空气吸热器、50kW级高温空气-燃气联合发电系统、高性能太阳能粒子吸热器；研究高温粒子储热、粒子蒸汽发生器的设计方法及换热过程、粒子空气换热装置的高温粒子与空气间换热规律。

5. 分布式太阳能热电联供系统技术。研究不同聚光吸热的分布式太阳能热电联供系统长周期蓄热材料、部件和系统，研制单螺杆膨胀机、斯特林发动机、有机工质蒸汽轮机等低成本高效中小功率膨胀动力装置，提出不同聚光吸热的高效中小功率热功转换热力循环系统；建设1～1000kW级分布式太阳能热电联供系统集成示范，掌握电站的动态运行特性和调控策略。

6. 太阳能热化学制取清洁燃料关键技术。研究热化学反应体系筛选及反应热力学和动力学，以及金属氧化物还原反应制取清洁燃料、甲烷（催化）干湿重整过程、含碳物料的干湿重整过程等的反应热力学和动力学机理；研究太阳能高温热化学器内传热学与反应动力学的耦合作用机

理、太阳能热化学制取清洁燃料的多联产系统热力学机理和动态过程。

7. 智能化分布式光伏及微电网应用技术。研究分布式光伏智能化技术、分布式光伏直流并网发电技术，以及区域性分布式光伏功率预测技术，开展区域内基于不同类型智能单元的分布式光伏系统设计集成技术、光伏微电网互联技术的研究及示范。

8. 高能效、低成本智能光伏电站关键技术研究及示范。研究智能光伏电站设计集成和运行维护技术、高可靠智能化平衡部件技术、兆瓦级光伏直流并网发电系统关键技术，开展百万千瓦级大规模智能光伏电站群的运行特性及对电网的影响研究。

9. 大型槽式太阳能热发电站仿真与系统集成技术。建立100MWe槽式太阳能热发电站仿真系统，搭建槽式集热器、导热油系统、储热系统、蒸汽发生系统、汽轮机仿真模型。研究大型槽式太阳能热发电站系统集成技术，实现气象条件与集热、储热、蒸汽发生与汽轮发电协同控制与调节技术，研究可复制、模块化的系统集成与集成控制技术，电站参数优化方法等。

10. 50~100MW级大型太阳能光热电站关键技术研究与集成应用。研究定日镜及大型定日镜场技术、塔式电站大型镜场在线检测技术、大型吸热器技术及大型高效储换热技术、适合光热发电系统的热力装备技术，研究塔式电站系统集成与控制技术、光热发电系统参与电网调节的主动式控制技术，建立可全天连续发电的50MW级槽式太阳能高效梯级利用示范电站；研究20MW级直接产生过热蒸汽型的多塔集成调控塔式太阳能热发电站集成应用。

11. 50MW级储热光伏、光热、风电互补的混合发电示范应用。

研究储能光热电站（>10MW）与光伏（>20MW）/风电（>20MW）混合发电站的整体设计技术，研究储能光热电站与光伏/风电互补发电的协调技术；研究混合发电站的控制技术及自动化运维技术，实现各种工况下光热-光伏/风电混合发电站的平稳发电以及突变条件下的快速响应；研究50MW级储能光热电站与光伏/风电混合发电站整体系统集成、工程化及运营技术，实现示范应用。

八、大型风电技术创新

（一）战略方向

1. 大型风电关键设备。重点在10MW级及以上风电机组，以及100米级及以上风电叶片、10MW级及以上风电机组变流器和高可靠、低成本大容量超导风力发电机等方面开展研发与攻关。

2. 远海大型风电系统建设。重点在远海大型风电场设计建设、适用于深水区的大容量风电机组漂浮式基础、远海风电场输电，以及海上风力发电运输、施工、运维成套设备等方面开展研发与攻关。

3. 基于大数据和云计算的风电场集群运控并网系统。重点在典型风资源特性研究与评估、基于大数据大型海上风电基地群控、风电场群优化协调控制和智能化运维、海上风电场实时监测及智能诊断技术装备等方面开展研发与攻关。

4. 废弃风电设备无害化处理与循环利用。重点在风电设备无害化回收处理、风电磁体和叶片的无害化回收处理等方面开展研发与攻关。

（二）创新目标

1. 2020年目标。形成200~300米高空风力发电成套技术。掌握自主知识产权的10MW级以下大型风电机组及关键部件的设计制造技术，形成国际竞争力；突破近海风电场设计和建设成套关键技术，形成海上风电工程技术标准。掌握复杂条件下的风资源特性及各区域风电资源时空互补性，评估风资源可获得性，进行风电场优化布局；建立风电场群控制与运维体系，支撑区域风电规模并网。

2. 2030年目标。200~300米高空风力发电获得实际应用并推广。突破10MW级及以上大型风电机组关键部件设计制造技术，建立符合海况的远海风电场设计建设标准和运维规范；掌握风电场集群的多效利用、风电场群发电功率优化调度运行控制技术；掌握废弃风电机组材料的无害化处理与循环利用技术，支撑风电可持续发展；成为风电技术创新和产业发展强国。

3. 2050年展望。突破30MW级超大型风电机组关键技术，掌握不同海域规模化风电开发成套技术与装备，形成完整的风能利用自主创新体系和产业体系，风能成为我国主要能源之一。

（三）创新行动

1. 100米级及以上叶片设计制造技术。研究100米级及以上叶片三维设计方法与设计体系、叶片载荷与破坏机理和优化校核方法，以及基于高效叶片气弹、轻量化结构、和新材料技术相结合的一体化设计技术；研究100米级及以上叶片结构轻量化设计技术、叶片碳-玻材料混杂及铺层优化设计技术；研制100米级及以上大型海上风电机组叶片，研究大型叶片测试技术，推动具有自主知识产权的系列化风电叶片产业化。

2. 大功率陆上风电机组及部件设计与优化关键技术。研究大功率风电机组整机一体化优化设计及轻量化设计技术；开展大功率机组叶片、载荷与先进传感控制集成一体化降载优化技术，大功率风电机组电气控制系统智能诊断、故障自恢复免维护技术，以及大功率陆上风电机组及关键部件绿色制造技术研发。

3. 陆上不同类型风电场运行优化及运维技术。研究风电机组和风电场综合智能化传感技术、风电大数据收集及分析技术；研究复杂地形、特殊环境条件下风电场与大型并网风电场的设计优化方法及基于大数据的风电场运行优化技术；研究基于物联网、云计算和大数据综合应用的陆上不同类型风电场智能化运维关键技术，以及适合接入配电网的风电场优化协调控制、实时监测和电网适应性等关键技术。

4. 典型风资源特性与风能吸收方法研究及资源评估。研究陆上和海上复杂条件影响下的风特性并揭示脉动特性，研究边界层风垂直变化并分析不同海域的热力稳定度。根据海上典型风资源特征，探明多尺度叶片流场复杂特性和描述方法，获得不同尺度流场特征参数相互耦合的物理机制，开展适合我国风资源特性的高性能大型风电机组的专用翼型族研究。普查陆上和海上典型风资源并分析数据，建立风资源评估数值模型，开发自主知识产权的风资源评估系统。

5. 10MW级及以上海上风电机组及关键部件设计制造关键技术。研究适合我国海况和海上风资源特点的风电机组精确化建模和仿真计算技术；研究10MW级及以上海上风电机组整机设计技术，包括风电机组、塔架、基础一体化设计技术，以及考虑极限载荷、疲劳载荷、整机可靠性的设计优化技术；研究高可靠性传动链及关键部件的设计、制造、测试技术，以及大功率风电机组冷却技术。研制自主知识产权的10MW级及以上海上风电机组及其轴承和发电机等关键部件。

6. 10MW级及以上海上风电机组控制系统与变流器关键技术。研究海上风电机组在风、波浪、洋流耦合下的运行特性；研究风电机组智能化控制技术、极端工况（覆冰、台风）下的载荷安全控制技术。研究风电机组变流器和变桨距控制系统等的模块化设计技术，以及中高压变流技术、新型变流器冷却技术；研制大型海上风电机组智能型整机控制系统、变流器及变桨距控制装备，并推广应用。

7. 远海风电场设计建设技术。研究海上风电场建设选址技术，提出适合我国远海深水区风资源条件的风电机组优化布置方法。开展极端海洋环境荷载作用下海上风电机组结构的非线性荷载特性、远海深水区极端海况条件下大容量海上风电机组基础的荷载联合作用计算方法等研究；开发远海风电机组施工与建造技术、远海风电场并网技术、深水电缆铺设及动态跟随风电机组的柔性连接技术、风能与海洋能综合一体化互补利用技术与装备。

8. 大型海上风电机组基础设计建设技术。研究提出适用于我国远海深水区大容量风电机组的海上基础结构型式。探索远海深水区大容量海上风电机组基础的疲劳发生机理与控制方法，开展极端海洋环境荷载作用下的失效模式与分析方法研究，提出其反应控制策略与防灾减灾对策。研究大容量风电机组基础设计制造技术，研制远海海洋环境荷载特点下满足施工与制造要求的新型漂浮式基础。

9. 大型海上风电基地群控技术。建立包含海上风电场群运行数据、实测气象数据以及数值天气预报数据的大数据平台，研发基于大数据的海上大型风电基地运行优化技术、风电场群发电功率一体化预测技术、风电场群协同控制优化技术、风电场及场群真实能效评估和优化策略。研究海上风电场群电能的多效利用技术，研究储能系统的功率和容量选取以及混合储能系统的协调控制问题。

10. 海上风电场实时监测与运维技术。分析影响海上风电场群运维安全及成本的因素，研究海上风电场运维技术，开发基于寿命评估的动态智能运维管理系统；研发海上风电场的运行维护专用检测和作业装备及健康模型与状况评估、运行风险评估、剩余寿命预测和运维决策支持等技术。研究海上机组的新型状态监测系统装备技术及智能故障预估的维护技术、关键部件远程网络化监控与智能诊断技术。

11. 风电设备无害化回收处理技术。研究叶片无害化回收处理技术，研究适合叶片性能要求和大尺度几何结构的易回收或降解的树脂体系及其成型技术；研发不同类型风电叶片组成材料的高效分离回收技术及装备，以及不可回收材料无害化处理技术与装备。研发不同类型风电磁体回收与无害化处理关键技术与装备；研究不同组成材料的永磁体高效清洁分类回收技术与永磁材料再利用技术，并研制回收处理设备。

九、氢能与燃料电池技术创新

（一）战略方向

1. 氢的制取、储运及加氢站。重点在大规模制氢、分布式制氢、氢的储运材料与技术，以及加氢站等方面开展研发与攻关。

2. 先进燃料电池。重点在氢气/空气聚合物电解质膜燃料电池（PEMFC）、甲醇/空气聚合物电解质膜燃料电池（MFC）等方面开展研发与攻关。

3. 燃料电池分布式发电。重点在质子交换膜燃料电池（PEMFC）、固体氧化物燃料电池（SOFC）、金属空气燃料电池（MeAFC），以及分布式制氢与燃料电池（PEMFC和SOFC）的一体化设计和系统集成等方面开展研发与攻关。

（二）创新目标

1. 2020年目标。建立健全氢能及燃料电池规模化应用的设计、工艺、检测平台。基本掌握高效氢气制备、纯化、储运和加氢站等关键技术，以及低成本长寿命电催化剂技术、聚合物电解质膜技术、低铂载量多孔电极与膜电极技术、高一致性电堆及系统集成技术，突破关键材料、核心部件、系统集成、过程控制等关键技术，实现氢能及燃料电池技术在动力电源、增程电源、移动电源、分布式电站、加氢站等领域的示范运行或规模化推广应用。其中，PEMFC电源系统实现额定输出功率50～100kW、系统比功率≥300Wh/kg、电堆比功率3000W/L以上、使用寿命5000hr以上；MFC电源系统实现额定输出功率5～10kW、系统比能量≥345Wh/kg、使用寿命3000hr以上；开发出接近质子膜燃料电池操作温度、储氢容量高于5wt%的储氢材料或技术，及长距离、大规模氢的储存及运输技术。

2. 2030年目标。实现大规模氢的制取、存储、运输、应用一体化，实现加氢站现场储氢、制氢模式的标准化和推广应用；完全掌握燃料电池核心关键技术，建立完备的燃料电池材料、部件、系统的制备与生产产业链，实现燃料电池和氢能的大规模推广应用。其中，PEMFC分布式发电系统使用寿命达到10000hr以上、SOFC分布式发电系统使用寿命达到40000hr以上、MeAFC分布式发电系统使用寿命达到10000hr以上。

3. 2050年展望。实现氢能和燃料电池的普及应用，实现氢能制取利用新探索的突破性进展。

（三）创新行动

1. 大规模制氢技术。研究基于可再生能源和先进核能的低成本制氢技术，重点突破太阳能光解制氢和热分解制氢等关键技术，建设示范系统；突破高温碘-硫循环分解水制氢及高温电化学制氢，完成商业化高温核能分解水制氢方案设计。研发新一代煤催化气化制氢和甲烷重整/部分氧化制氢技术。

2. 分布式制氢技术。研究可再生能源发电与质子交换膜/固体氧化物电池电解水制氢一体化技术，突破高效催化剂、聚合物膜、膜电极和双极板等材料与部件核心技术，掌握适应可再生能源快速变载的高效中压电解制氢电解池技术，建设可再生能源电解水制氢示范并推广应用；研究分布式天然气、氨气、甲醇、液态烃类等传统能源与化工品高效催化制氢技术与工艺，以及高效率低成本膜反应器制氢和氢气纯化技术，形成标准化的加氢站现场制氢模式并示范应用。

3. 氢气储运技术。开发70Mpa等级碳纤维复合材料与储氢罐设备技术、加氢站氢气高压和液态氢的存储技术；研发成本低、循环稳定性好、使用温度接近燃料电池操作温度的氮基、硼基、铝基、镁基和碳基等轻质元素储氢材料；发展以液态化合物和氨等为储氢介质的长距离、大规模氢的储运技术，设计研发高活性、高稳定性和低成本的加氢/脱氢催化剂。

4. 氢气/空气聚合物电解质膜燃料电池（PEMFC）技术。针对清洁高效新能源动力电源的重大需求，重点突破PEMFC的低成本长寿命电催化剂、聚合物电解质膜、有序化膜电极、高一致性电堆及双极板、模块化系统集成、智能化过程检测控制、氢源技术等核心关键技术，解决PEMFC性能、寿命、成本等关键问题，并实现PEMFC电动汽车的示范运行和推广应用。

5. 甲醇/空气聚合物电解质膜燃料电池（MFC）技术。针对清洁高效新能源动力电源的重大需求，重点突破MFC耐高温长寿命电催化剂、新型耐高温聚合物电解质膜、有序化膜电极、一体化有机燃料重整、高温条件下电堆系统集成优化、智能控制等核心关键技术，并实现MFC在电动汽车上应用的示范运行和推广应用（无需制氢、储氢、加氢站）。

6. 燃料电池分布式发电技术。重点研发质子交换膜燃料电池（PEMFC）及氢源技术、固体氧化物燃料电池技术（SOFC），以及金属空气燃料电池（MeAFC）技术。在分散电站工况条件下，突破PEMFC、SOFC、MeAFC燃料电池关键材料、核心部件、系统集成和质能平衡管理等关键技术，建立分布式发电产业化平台，实现千瓦至百千瓦级PEMFC系统在通讯基站和分散电站等领域的推广应用；实现百千瓦至兆瓦级SOFC发电分布式能源系统示范应用，发电效率60%以上，并开发适于边远城市和工矿企业等分布式电站；实现MeAFC系统在智能微电网、通讯基站和应急救灾等领域的示范运行或规模应用。

十、生物质、海洋、地热能利用技术创新

（一）战略方向

1. 先进生物质能与化工。重点在生物航油（含军用）制取、绿色生物炼制升级、生态能源农场构建等方面开展研发与攻关。

2. 海洋能开发利用。重点在海洋能源高效开发利用、远海海域海洋能开发利用、海洋能利用技术应用领域扩展等方面开展研发与攻关。

3. 地热能开发利用。重点在干热岩开发利用、水热型地热系统开发利用升级等方面开展研发与攻关。

（二）创新目标

1. 2020年目标。在先进生物质能与化工方面，建成千吨级生物航油示范工程，完成台架试验并实现木质纤维素生物航油试飞验证；建成万吨级纤维素乙醇示范，实现生物天然气商业化示范；开发生物柴油多联产和炼制技术，形成万吨级示范工程；建设千吨级生物橡胶和生物基材料单体及聚合物、万吨级生物基聚氨酯、十万吨级生物基增塑剂及PVC制品等的示范生产线；升级生物天然气工程技术，实现商业化；培育一批新兴能源植（作）物新品系（种），初步建立生物质原料可持续供应体系。在海洋能开发利用方面，制订南海海洋能利用路线图。完善潮流能、波浪能装置设计体系，开发高效率的潮流能装置翼型与叶轮；提高温（盐）差能发电效率，研发温（盐）差能发电实型装置。地热能开发利用，掌握干热岩开发关键技术，建成100kW级干热岩发电示范；突破干热岩开发设备设计及制造关键技术，解决结垢、回灌难题，实现浅层地热规模化开发利用；建成兆瓦级地热综合梯级利用示范。

2. 2030年目标。在先进生物质能与化工方面，具有商业化运营能力；完成万吨级多元化原料的生物航油集成与生产示范，形成十大类、百余种重大化工产品的先进生物制造工艺及产业链，建立10余个重大化工产品生物制造产业示范工程；创建5～10个生态能源农场示范，设立能源植物生态影响长期定位试验观测点，形成标准化的生物质原料可持续供应体系。在海洋能开发利用方面，实现海洋能装置设计与制造技术的协同发展并提升自主研发率，突破关键基础元器件和功能部件设计制造技术；突破波浪能高效捕获与能量转换技术，实现潮流能电场运行标准化，完善温（盐）差能海况样机开发；在南海建立波浪能、温差能示范电站，实现波浪能、温差能利用技术在南海的初步应用；全面推广应用成熟的海洋能利用技术。在地热能开发利用方面，实现干热岩开发利用设计与制造技术的协同发展，完善干热岩开发利用工艺，提升装备自主研发率，建成兆瓦级干热岩发电示范工程；建设规模化利用水热型地热示范工程，形成完善的设计规范和技术标准。

3. 2050年展望。生物航空燃料技术支撑商业化应用，形成多元化生物质原料可持续供应保障体系，低值生物质生物炼制和绿色多联产技术形成国际竞争力，生态能源农场具有持续绿色能源贡献能力。建立兆瓦级波浪能、潮流能发电装置群；实现潮流能、波浪能发电技术在近海海域的产业化；建立完整的海洋能产业链，实现海洋能发电和制淡水技术的全面应用。形成完善的地热能利用技术标准体系，实现干热岩发电工程推广、水热型地热应用。

（三）创新行动

1. 生物航油（含军用）制取关键技术。突破纤维素及非粮生物质的水热降解、中间体加氢脱氧等技术，研究油脂提取及加氢异构技术、油脂与木质纤维素生物航油的加氢精制技术、油脂与木质纤维素原料互补的燃油组成及能质性能调控技术、生物航油适应性燃烧技术；提升基于纤维素和油脂类原料互补、生物航油高洁净精制和副产物高

质化利用等的技术体系。打造生物航油产业化研发平台并研制全产业链制备装备，建立千（万）吨级示范工程，加强自主技术集成与工业应用示范。

2. 绿色生物炼制技术。突破烃类大宗化学品绿色炼制转化的共性关键技术，研发分散生物质原料高效清洁收集模式，升级生物能源、生物基材料和化学品联产技术，建立生物质生化转化技术平台；研制大型连续高效发酵转化关键设备，研发国产化、成套化、标准化的生物质绿色制造和多联产装备体系，优化废弃物原料智能化收集、高效转化和资源综合利用等关键技术体系，推进生物质能源与化工产品的配额应用，形成产业化应用模式。

3. 生态能源农场。研究能源植物高效光合固碳、细胞壁生物合成、油脂合成、糖合成代谢网络及其调控机制，选育能源植物新品种；突破能源植物资源在非农耕边际土地或废水中高产、低成本、规模化培育技术，研究能源植物生态影响调控技术，建立生态能源农场资源数据库；研发智能化生物质原料收运储技术装备，建立多元化、多渠道、智能化的新兴生物质原料持续供给体系，建设生态能源农场示范。

4. 生物质能源开发利用探索技术。重点探索研究基于仿生学的生物质生物转化技术、基元结构保持的催化转化技术等。

5. 波浪能利用技术。突破海上生存能力技术、波浪能利用关键元器件和功能部件设计制造技术，研究高转换率波浪能发电技术与工艺，研发兆瓦级波浪能发电装置群；研发海上多能互补发电制淡水综合平台，开展波浪能在海洋仪器供电/驱动、海水淡化和海洋综合养殖业等方面的应用；实现波浪能装置设计制造及电场运行的标准化，推进波浪能技术产业化。

6. 潮流能利用技术。研发潮流能发电机组水下密封技术，开发高效率的潮流叶轮及适合潮流资源特点的翼型叶片，突破发电机组水下密封、低流速启动、模块设计与制造等关键技术；研发兆瓦级潮流能发电装置群，研究潮流能发电场建设技术与标准体系；建设示范工程，推进规模化利用。

7. 温（盐）差能利用技术。研究温（盐）差能发电热力循环技术，研制温（盐）差能实际海况试验样机，突破安装施工方面的技术瓶颈，建设温（盐）差能利用技术示范工程，并推广应用成熟技术。

8. 干热岩开发利用技术。研发靶区定位和探测的技术设备、大体积压裂技术设备及配套施工技术；突破人工裂隙发育延伸控制技术及施工工艺、裂隙网络优化技术、宽负荷耦合发电技术、干热岩中高温发电工艺，开发高效热电转换地面发电设备，掌握系统高压全封闭运行设计工艺；研究干热岩开发利用系统稳定运行优化控制方法、成井测试及微地震监测装置，形成开发利用环境影响评价方法与指标体系，建立开发利用工程化技术体系和标准，建设示范工程。

9. 水热型地热系统改造与增产技术。突破储层物性综合测试技术及相应测试方法和手段、储层增效技术，掌握孔隙和裂隙型热储动态开发回灌示踪与评价方法，研制示踪、酸化处理材料及储层酸化技术配套装备，形成完善的增效工艺；研究群井开发动态测试、预测与评价技术；研发储层、井筒、输运系统和发电系统核心部件防除垢技术，形成整套工艺；研发规范化取样和测试设备与工艺、结垢预测热动力学软件、阻垢剂加注工艺与设备。形成水热型地热热储可持续开发利用的创新理论、技术体系、行业标准与大数据信息化技术平台。

十一、高效燃气轮机技术创新

（略）

十二、先进储能技术创新

（一）战略方向

储热/储冷。重点在太阳能光热的高效利用、分布式能源系统大容量储热（冷）等方面开展研发与攻关。

物理储能。重点在电网调峰提效、区域供能的物理储能应用等方面开展研发与攻关。

化学储能。重点在可再生能源并网、分布式及微电网、电动汽车的化学储能应用等方面开展研发与攻关。

（二）创新目标

1. 2020 年目标。突破高温储热的材料筛选与装置设计技术、压缩空气储能的核心部件设计制造技术，突破化学储电的各种新材料制备、储能系统集成和能量管理等核心关键技术。示范推广 10MW/100MWh 超临界压缩空气储能系统、1MW/1000MJ 飞轮储能阵列机组、100MW 级全钒液流电池储能系统、10MW 级钠硫电池储能系统和 100MW 级锂离子电池储能系统等一批趋于成熟的储能技术。

2. 2030 年目标。全面掌握战略方向重点布局的先进储能技术，实现不同规模的示范验证，同时形成相对完整的储能技术标准体系，建立比较完善的储能技术产业链，实现绝大部分储能技术在其适用领域的全面推广，整体技术赶超国际先进水平。

3. 2050 年展望。积极探索新材料、新方法，实现具有优势的先进储能技术储备，并在高储能密度低保温成本热化学储热技术、新概念电化学储能技术（液体电池、镁基电池等）、基于超导磁和电化学的多功能全新混合储能技术等实现重大突破，力争完全掌握材料、装置与系统等各环节的核心技术。全面建成储能技术体系，整体达到国际领先水平，引领国际储能技术与产业发展。

（三）创新行动

1. 储热/储冷技术。研究高温（≥500°C）储热技术，开发高热导、高热容的耐高温混凝土、陶瓷、熔盐、复合储热材料的制备工艺与方法；研究高温储热材料的抗热冲击性能及机械性能间关系，探究高温热循环动态条件下材料性能演变规律；研究 10MWh 级以上高温储热单元优化设计技术。开展 10 ~ 100MWh 级示范工程，示范验证 10 ~ 100MWh 级面向分布式供能的储热（冷）系统和 10MW 级以上太阳能光热电站用高温储热系统；开发储热（冷）装置的模块化设计技术，研究大容量系统优化集成技术、基于储热（冷）的动态热管理技术。研究热化学储热等前瞻性储热技术，探索高储热密度、低成本、循环特性良好的新型材料配对机制；突破热化学储热装置循环特性、传热特性的强化技术；创新热化学储热系统的能量管理技术。

2. 新型压缩空气储能技术。突破 10MW/100MWh 和 100MW/800MWh 的超临界压缩空气储能系统中宽负荷压缩机和多级高负荷透平膨胀机、紧凑式蓄热（冷）换热器等核心部件的流动、结构与强度设计技术；研究这些核心部件的模块化制造技术、标准化与系列化技术。突破大规模先进恒压压缩空气储能系统、太阳能热源压缩空气储能系统、利用 LNG 冷能压缩空气储能系统等新型系统的优化集成技术与动态能量管理技术；突破压缩空气储能系统集成及其与电力系统的耦合控制技术；建设工程示范，研究示范系统调试与性能综合测试评价技术；研发储能系统产业化技术并推广应用。

3. 飞轮储能技术。发展 10MW/1000MJ 飞轮储能单机及阵列装备制造技术。突破大型飞轮电机轴系、重型磁悬浮轴承、大容量微损耗运行控制器以及大功率高效电机制造技术；突破飞轮储能单机集成设计、阵列系统设计集成技术；研究飞轮单机总装、飞轮储能阵列安装调试技术；研究飞轮储能系统应用运行技术、检测技术、安全防护技术；研究飞轮储能核心部件专用生产设备、总装设备、调试设备技术和批量生产技术。研究大容量飞轮储能系统在不同电力系统中的耦合规律、控制策略；探索飞轮储能在电能质量调控、独立能源系统调节以及新能源发电功率调控等领域中的经济应用模式；建设大型飞轮储能系统在新能源的应用示范。

4. 高温超导储能技术。探索高温超导储能系统的设计新型原理，突破 2.5MW/5MJ 以上高温超导储能磁体设计技术；研究高温超导储能系统的功率调节系统 PCS 的设计、控制策略、调制及制造技术；研究高温超导储能低温高压绝缘结构、低温绝缘材料和制冷系统设计技术；研究高性能在线监控技术、实时快速测量和在线检测控制技术。布局基于超导磁和电化学及其它大规模物理储能的多功能全新混合储能技术，重点突破混合储能系统的控制技术及多时间尺度下的能量匹配技术。开发大型高温超导储能装置及挂网示范运行。

5. 大容量超级电容储能技术。开发新型电极材料、电解质材料及超级电容器新体系。开展高性能石墨烯及其复合材料的宏量制备，探索材料结构与性能的作用关系；开发基于钠离子的新型超级电容器体系。研究高能量混合型超级电容器正负电极制备工艺、正负极容量匹配技术；研发能量密度 30Wh/kg、功率密度 5000W/kg 的长循环寿命超级电容器单体技术。研究超级电容器模块化技术，突破大容量超级电容器串并联成组技术。研究 10MW 级超级电容器储能装置系统集成关键技术，突破大容量超级电容器应用于制动能量回收、电力系统稳定控制和电能质量改善等的设计与集成技术。

6. 电池储能技术。突破高安全性、低成本、长寿命的固态锂电池技术，以及能量密度达到 300Wh/kg 的锂硫电池技术、低温化钠硫储能电池技术；研究比能量 > 55Wh/kg，循环寿命 > 5000 次（80% DOD）的铅炭储能电池技术；研究总体能量效率 ≥ 70% 的锌镍单液流电池技术；研究储能电池的先进能量管理技术、电池封装技术、电池中稀有材料及非环保材料的替代技术。研究适用于 100kW 级高性能动力电池的储能技术，建设 100MW 级全钒液流电池、钠硫电池、锂离子电池的储能系统，完善电池储能系统动态监控技术。突破液态金属电池关键技术，开展 MW 级液态金属电池储能系统的示范应用。布局以钠离子电池、氟离子电池、氯离子电池、镁基电池等为代表的新概念电池技术，创新电池材料、突破电池集成与管理技术。

十三、现代电网关键技术创新

（一）战略方向

1. 基础设施和装备。重点在柔性直流输配电、无线电能传输、大容量高压电力电子元器件和高压海底电力电缆等先进输变电装备技术，以及用于电力设备的新型绝缘介质与传感材料、高温超导材料等方面开展研发与攻关。

2. 信息通信。重点在电力系统量子通信技术应用、电力设备在线监测先进传感技术、高效电力线载波通信、推动电力系统与信息系统深度融合等方面开展研发与攻关。

3. 智能调控。重点在可再生能源并网、主动配电网技术、大电网自适应/自恢复安全稳定技术、适应可再生能源接入的智能调度运行、电力市场运营、复杂大电网系统安全稳定等方面开展研发与攻关。

（二）创新目标

1. 2020 年目标。突破柔性直流输配电、电动汽车无线充电技术，掌握大容量高压电力电子元器件和高压海底电力电缆等先进输变电装备关键技术，实现工业化、低成本制造及示范推广，相关技术及装备走向国际市场。突破信息通信安全技术和电力线载波技术，形成宽带电力线通信标准；形成适合电网运行要求的低成本、量子级的通信安全技术。研究大规模可再生能源和分布式发电并网关键技术并开展示范；突破电力系统全局协调调控技术，实现示范应用。完成现代复杂大电网安全稳定技术研究，实现现代复杂大电网安全稳定运行。

2. 2030 年目标。柔性直流输配电技术、新型大容量高压电力电子元器件和高压海底电力电缆等先进输变电装备达到国际先进水平。突破高温超导材料关键技术和工艺。形成适合电网运行要求的低成本、量子级的通信安全工程应用技术解决方案，实现规模化应用。微电网/局域网与大电网相互协调技术、源-网-荷协调智能调控技术获得充分应用。

3. 2050 年展望。无线输电技术得到应用，电网的系统、设备、通信、控制等技术引领国际先进水平，完全掌握材料、核心器件、装备和系统成套技术。完全解决可再生能源和分布式电源并网消纳问题。建成世界领先的、安全高效的、绿色环保的现代电网。

（三）创新行动

1. 先进输变电装备技术。研发高可靠性、环保安全（难燃、低噪声）、低损耗、智能化及紧凑化的变压器；研制高电压、大电流、高可靠性和选相控制的替代 SF6 的新型气体介质断路器及真空和固态断路器，并开展示范应用；研制安全高效的新型限流器；突破高压海底电力电缆的制造和敷设技术，研发新型电缆材料、先进附件；研发高质量在线监测/检测装备和系统。

2. 直流电网技术。研究直流电网架构及运行控制技术，建立直流电网技术装备标准体系；开展新型电压源型换流器、直流断路器、直流变压器、直流电缆、直流电网控制保护等核心设备研发和工程化；建设包含大规模负载群、集中/分布式新能源、大规模储能在内的直流电网示范工程。

3. 电动汽车无线充电技术。以电动汽车无线充电为突破点和应用对象，研发高效率、低成本的无线电能传输系统，实现即停即充，甚至在行驶中充电。形成电动汽车无线充电技术标准体系，研究电动汽车无线充电场站的负荷管理，建设电动汽车无线充电场站示范工程。

4. 新型大容量高压电力电子元器件及系统集成。研究先进电力电子元器件及应用；开展新一代大容量、高电压电力电子器件的材料研发和关键工艺技术研究；研发用于高电压、大容量直流断路器和断路保护器的高性能电力电子器件；建设高水平生产线，提高质量、降低成本，推进国产化。研究高压大容量固态电力电子变压器、大容量双向/多向换流器、多功能并网逆变器、智能开关固态断路器、固态电源切换开关、软常开开关设备。

5. 高温超导材料。研究高温超导基础理论、各系材料配方及制备工艺；开展面向超导电力装备的应用型超导材料研究；推动高温超导材料的实用化，并研究其成套工程技术；开展高温超导在超导电缆、变压器、限流器、超导电机等领域的示范和应用。

6. 信息通信安全技术。研究电力线频谱资源动态、高效地感知与使用；研究降低对已有通信业务干扰的关键技术，形成宽带电力线通信技术标准体系。建设能源互联网量子安全通信技术与常规网络融合应用示范，提出电网量子安全通信加密理论、量子通信协议及量子安全通信与经典网络通信融合的模型。形成适合我国电网量子安全通信要求的低成本、量子级安全可靠的通信技术解决方案。采用低功耗通用无线通信技术，实现电网末端海量信息的采集和传输。

7. 高效电力线载波通信技术。研究进一步提高电力线载波通信频谱效率的通信方式，提高工作带宽并充分考虑利用电力线三相之间形成的多输入多输出构架，使电力线载波通信系统物理层的传输速率达到 Gbps；使电力线通信应用范围扩展到包括互联网接入、家庭联网、家庭智能控制、新能源监控及电力安全生产等众多领域。

8. 可再生能源并网与消纳技术。制定大规模清洁能源发电系统并网接入技术标准和规范。研究并实现基于天气数据的可再生能源发电精确预测。研发并推广增强可再生能源并网能力的储能、多能源互补运行与控制、微电网、可再生能源热电联产等技术。发挥电力大数据和电力交易平台在促进可再生能源并网和消纳中的作用。实现电网和可再生能源电源之间的高度融合，促进可再生能源高效、大容量的分布式接入及消纳。

9. 现代复杂大电网安全稳定技术。研究交直流混合电网、智能电网、微电网构成的复杂大电网稳定机理分析技术，在线/实时分析技术和协调控制技术；建立能源大数据条件下的现代复杂大电网仿真中心，研究满足大规模间歇性能源/分布式能源/智能交互/大规模电力电子设备应用的、高效精确的电力系统仿真技术；加强电网大面积停电的在线/实时预警和评估技术研究。

10. 全局协调调控技术。研究大规模风电/光伏接入的输电网与含高比例分布式可再生能源的配电网之间协调互动的建模分析、安全评估、优化调度与运行控制技术，建立多种特性发电资源并存模式下的输配协同运行控制模式；针对未来电网中多决策主体、多电网形态特点，构建具有高度适应性的调度运行控制体系，开展“分布自律-互动协调”的源-网-荷协同的能量管理技术研发与示范应用。

十四、能源互联网技术创新

（一）战略方向

1. 能源互联网架构设计。重点在能源互联网全局顶层规划、功能结构设计、多能协同规划、面向多能流的能源交换与路由等方面开展研发与攻关。

2. 能源与信息深度融合。重点在能量信息化与信息物理融合、能源互联网信息通信等方面开展研发与攻关。

3. 能源互联网衍生应用。重点在能源大数据、能量虚拟化、储能及电动汽车应用与管理、需求侧响应以及能源交易服务平台、智慧能源管理与监管支撑平台等方面开展研发与攻关。

（二）创新目标

1. 2020 年目标。初步建立能源互联网技术创新体系，能源互联网基础架构、能源与信息深度融合及能源互联网相关应用技术取得重大突破并实现示范应用。部分能源互联网核心装备取得突破并实现商业化应用。建立智慧能源管理与监管技术支撑平台。初步建立开放的能源互联网技术标准、检测、认证和评估体系。

2. 2030 年目标。建成完善的能源互联网技术创新体系。形成具有国际竞争力的系列化、标准化能源互联网核心技术装备，核心设备和发展模式实现规模化应用。形成完善的能源互联网技术标准、检测、认证和评估体系，以及具有国际竞争力的能源互联网支撑系统和行业服务体系。

3. 2050 年展望。全面建成国际领先的能源互联网技术创新体系，引领世界能源互联网技术创新。建成基础开放、共享协同的能源互联网生态体系。

（三）创新行动

1. 能源互联网生产消费智能化技术。研究可再生能源、化石能源智能化生产，以及多能源智能协同生产技术。研究智能用能终端、智能监测与调控等能源智能消费技术。研究综合能源和智能建筑集成技术，将分布式能源发电和天然气网、建筑节能等相结合实现冷、热、电三大能源系统的整合优化运行。

2. 多能流能源交换与路由技术。研究灵活高效、标准化的能源互联网网络拓扑结构。研究能源路由器、能源交换机、能量网卡等关键设备。研究适用于能源互联网的新型电力电子器件、超导材料等基础技术。研究多能流能源交换与路由机制与方法，建立标准化的能源交换机与路由器系统架构与功能指标。研究多能耦合的能源互联网运行及控制可靠性技术，确保能源互联网的高可靠性运行。

3. 能量信息化与信息物理融合技术。研究能量信息数字化处理的理论架构和方法。研究信息-能量耦合的统一建模与安全分析技术。研究系统结构优化、多元信息物理能源系统的网络协同控制等信息物理能源系统融合技术。研究开放的信息物理能源融合技术接口标准。研究利用能量信息化与网络化管控盘活碎片化存量灵活性能源资源技术。

4. 能源互联网信息通信技术。研究面向能源互联网的新型海量信息采集技术体系架构与高效传输处理核心技术。研究支撑大规模分布式电源和负荷计量、监测等功能的各类新型传感器件。研究信息物理系统数据、终端客户信息、物理网络数据等能源互联网海量信息技术处理与融合技术。研究能源互联网信息安全技术。

5. 能源大数据及其应用技术。研究能源互联网用户大数据、设备大数据、运行大数据、交易大数据、金融大数据等各类大数据集成技术。研究多源数据集成融合与价值挖掘关键技术。研究能源大数据在引导政府决策、提升企业业务水平与服务质量以及创新能源产业商业模式等方面的支撑技术。

6. 能源虚拟化技术。研究虚拟电厂、分布式能源预测、区域多能源系统综合优化控制及复杂系统分布式优化技术，研究能源虚拟化技术参与多能源系统的能量市场、辅助服务市场、碳交易市场等支撑技术。在能源系统自动化程度较高、分布式能源较为丰富的地区开展能源虚拟化技术参与市场交易试点工作。

7. 能源互联网储能应用与管理技术。研发能源互联网各类应用场景下的支持即插即用、灵活交易的分布式储能设备和电动汽车应用技术。研发支撑电、冷、热、气、氢、储等多种能源形态灵活转化、高效存储、智能协同的核心装备。研发支撑储能设备模块化设计、标准化接入、梯次化利用与网络化管理关键技术。

8. 需求侧响应互动技术。研究基于智能用能的需求侧响应互动技术。研究基于用户行为心理学等交叉学科手段进行需求响应建模技术。研究需求响应资源辨识与量化，需求响应计量，需求响应参与辅助服务结算等关键技术。研究需求响应参与系统调峰、调频等辅助服务市场支撑技术。

9. 能源交易服务平台技术。研究满足能源互联网各类功能的市场交易平台技术。研究能源结构生态化、产能用能一体化、资源配置高效化的全新市场架构设计技术。研发基于身份识别的自动交易和实时结算技术体系。研究基于能源互联网的金融服务技术。开发服务于能源生产、传输、储存和消费等全寿命周期的能源互联网金融产品与融资工具。研究能源自由交易情景下能源系统安全保障技术。

10. 智慧能源管理监管平台技术。研究基于能源大数据，支撑能源规划、改革和决策的智慧能源精准管理技术；研究基于能源互联网，覆盖能源生产、流通、消费和国际合作等全领域，且和智慧能源发展水平相适应的现代能源监管技术。

十五、节能与能效提升技术创新

（一）战略方向

现代化工业节能。重点在高效工业锅（窑）炉、新型节能电机、工业余能深度回收利用等相关领域，以及基于先进信息技术的工业系统节能等方面开展研发与攻关。

新型建筑节能。重点在建筑工业化、装配式住宅、被动式节能技术与产品等相关领域，以及高效智能家电、制冷、照明、办公等终端用能产品开展研发与攻关。

先进交通节能。重点在高效节能运输工具、制动能量回馈系统、船舶推进系统、数字化岸电系统等相关领域，以及基于先进信息技术的交通运输系统开展研发与攻关。

全局优化系统节能。重点在能源全局优化系统集成，能源梯级利用等相关领域，包括系统优化、多能互补、多能转化、智能调度等方面开展研发与攻关。

（二）创新目标

1. 2020年目标。工业、建筑、交通等重点行业基本形成具有自主知识产权的先进节能技术和装备体系，建立开放的节能标准、检测、认证和评估技术体系。重点高耗能产品单位能耗明显降低，终端用能产品能效大幅提升，主要交通运输工具能耗显著下降，以超低能耗、高比例非化石能源为基本特征的绿色建筑体系初步形成，能源全局系统优化技术初见成效，对实现节能减排目标形成有力支撑。

2. 2030年目标。在能源消费领域全面建立具有自主知识产权的先进节能技术体系，节能技术、产品和装备具有全球竞争力。形成国际先进的能效标准、检测、认证和评估技术体系。主要领域能源效率达到国际先进水平，系统节能成为能效提升的关键驱动力，支撑温室气体排放在2030年前尽早达到峰值。

3. 2050年展望。全面建成国际领先的节能技术体系，引领全球节能技术创新。先进节能技术与新一代信息技术深度融合，各领域能源获得充分、高效和有序利用。

（三）创新行动

1. 高效工业锅（窑）炉技术。开发新型高效煤粉锅炉、大型流化床锅炉、燃气锅炉烟气全热回收、高炉煤气锅炉蓄热稳燃、高效低氮解耦燃烧（层燃）、新型低温省煤器、智能吹灰优化与在线结焦预警系统等工业锅炉节能技术。研究新型蓄热式燃烧、低热导率纳米绝热保温材料、黑体强化辐射和预混式二次燃烧等工业窑炉节能技术。建设绿色锅炉示范工程，运行效率提高到90%以上，促进高效节能锅炉应用。

2. 新型节能电机及拖动设备。研究新型自励异步三相电机、磁阻电机、稀土永磁同步电机、变极起动无滑环绕线转子感应电动机等新型高效电机节能技术与设备。研究大型往复压缩机流量无级调控、磁悬浮离心式鼓风机、曲叶型离心风机、新型高效节能水泵等拖动设备节能技术。开展电机能效提升工程，改造电机系统调节方式，建设基于互联网的电机系统节能提效研发平台，鼓励高效耗能设备替代，加快系统无功补偿改造。

3. 工业余能深度回收利用技术。重点研发冶金渣余热回收、冶金余热余压能量回收同轴机组应用、全密闭矿热炉高温烟气干法净化回收利用、焦炉荒煤气余热回收、转炉煤气干法回收、化工生产反应余热余压利用、高效长寿命工业换热器、螺杆膨胀动力驱动、有机朗肯循环（ORC）低品位余热发电等工业余能深度回收利用技术和设备，提高工业余能回收利用效率。

4. 工业系统优化节能技术。研究开发钢铁、建材、石化等高耗能工业领域的可视化能源管理优化系统。开发基于智能化控制的燃料及蒸汽高效利用技术。研究应用机电设备再制造、建筑材料薄型化生产、玻璃瓶罐轻量化制造等资源减量化与循环化利用技术。研发高档数控机床、机器人、操作系统及相关工业软件、信息通信设备等工艺系统优化节能技术。建设绿色制造工程，实现制造业绿色发展，主要产品单耗达到世界先进水平。

5. 先进节能建筑技术。重点研究建筑工业化、装配式住宅、超低能耗建筑等先进建筑节能技术。研发高效能热泵、磁悬浮变频离心式中央空调机组、温湿度独立控制空调系统、排风余热与制冷机组冷凝热回收等主动型建筑节能技术。研发高防火性墙体保温材料、节能型材、热反射镀膜玻璃、低辐射（Low-E）玻璃、建筑遮阳等被动式节能技术与产品。推进光伏建筑一体化（BIPV）、太阳能空调等节能技术在建筑上的应用，开发高效智能空调、电冰箱、洗衣机等节能电器。推进现代木结构、新型钢结构建筑及装配式住宅的示范应用。

6. 绿色交通技术。开发先进高速重载轨道交通装备和新能源汽车等高效节能运输装备。研究开发城市轨道交通牵引供电系统制动能量回馈、轨道车辆直流供电变频空调、缸内汽油直喷发动机、车用燃油清洁增效、基于减小螺旋桨运动阻力的船舶推进系统、数字化岸电系统等交通运输节能技术。开发应用沥青路面冷再生、LED 智能照明、大功率氙气灯照明等交通道路系统节能技术。

7. 节能监测和能源计量。研发快速准确的便携或车载式节能检测设备，在线能源计量、检测技术和设备，热工检测便携式设备、在线设备和检测技术。研究石油、化工、冶金等流程工业领域压缩机、水泵、电机等通用设备运行效能评估及节能改造技术。研究建筑能耗数据监测与评估诊断技术。

8. 全局优化技术。研究提高能源生产侧与消费侧响应效率、实现跨部门能源规划布局的全局优化建模技术。研究非石油资源能源转化利用的最优路径比选技术，以及能源转化过程超结构全局优化集成技术。研发油气跨区域最优管网布局设计。研究能源系统智慧化建设最优路径比选与全局优化的系统设计。研究具有耦合金融、匹配供需、精准计量、身份识别、自动交易、实时结算、适时监管等功能的能源全局动态优化调度技术，攻克一批智能互联互通、支撑智慧化架构节点的全局优化构建技术。

能源技术创新“十三五”规划（节选）

本文节选自国家能源局发布的《能源技术创新“十三五”规划》

前 言

《能源技术创新“十三五”规划》（以下简称《规划》）按照《国民经济和社会发展第十三个五年规划纲要》、《能源发展“十三五”规划》要求，旨在发挥科技创新的引领作用，增强能源自主保障能力，提升能源利用效率，优化能源结构，推进能源技术革命。《规划》分析了能源科技发展趋势，以深入推进能源技术革命为宗旨，明确了2016年至2020年能源新技术研究及应用的发展目标。按照当前世界能源前沿技术的发展方向以及我国能源发展需求，聚焦于清洁高效化石能源、新能源电力系统、安全先进核能、战略性能源技术以及能源基础材料五个重点研究任务，推动能源生产利用方式变革，为建设清洁低碳、安全高效的现代能源体系提供技术支撑。

本《规划》是《能源技术革命创新行动计划（2016～2030年）》在“十三五”期间的阶段性目标，是未来五年推进能源技术革命的重要指南，按照应用推广一批、示范试验一批、集中攻关一批的要求，针对能源技术创新中亟需突破的前沿技术规划了重点任务。

一、能源科技发展形势

随着新一轮工业革命兴起，应对气候变化日益成为全球共识，能源技术正在成为引领能源产业变革、实现创新驱动发展的源动力。尊重能源科技创新规律，把握世界能源技术发展趋势，重视能源科技创新体系的建立和完善，提高能源技术创新能力和装备制造水平，通过能源技术革命促进能源生产和消费模式的转变已成为我国能源产业历史性选择。

（一）世界能源科技发展现状与趋势

当前，以新兴能源技术为代表的新一轮科技革命和产业变革正在兴起，正在并将持续改变世界能源格局。非常规油气和深水油气、化石能源清洁高效利用、可再生能源、智能电网、安全先进核能等一大批新兴能源技术正在改变传统能源格局。

传统能源的清洁高效开发、转化、利用成为主要发展趋势。在勘探开发领域，页岩油气和致密油气等非常规油气资源成为油气产量的新增长点，复合开采成为整个石油开采的主要方向，深水油气勘探开发向海底化、智能化方向发展。在加工利用领域，劣质原油提质技术、清洁燃油生产技术、煤基多联产技术、煤气化技术、煤制化学品正成为能源科技主攻方向。火力发电技术正朝着清洁、高效、节能、节水的方向发展，主要国家均在开展700℃超超临界燃煤发电技术研发，整体煤气化联合循环技术、碳捕集与封存技术、富氧燃烧技术正在快速发展。

可再生能源发电与现代电网的融合是世界能源可持续转型的核心。太阳能光伏发电技术继续沿着高效率、低成本方向持续进步，太阳能热发电技术开始规模化示范；风力发电继续向大型化、智能化和高可靠性方向发展，远海和高空风能开发开始提上日程；可再生能源综合利用技术朝着多能互补、冷热电联产综合利用方向发展。现代电网向着智能化、混合化的方向发展，呈现大电网和微型电网并行发展的格局，融合分布式可再生能源的微电网技术、直流电网模式及交直流混合电网模式成为未来电网形态的重要趋势，大容量柔性直流输电技术、直流电网技术和超导直流输电技术等均得到快速发展，先进电力电子装置在可再生能源发电和智能电网建设方面发挥关键性作用，多种储能技术已进入应用阶段但还需提升经济性。

核能利用的关键是安全。不断完善的第三代核电技术逐渐成为新建核电机组的主流，第四代核电技术、模块化小型堆技术、先进核燃料及其循环技术正在快速兴起，对在役核电机组进行延寿也是核电发展的重要环节。

能源基础材料是能源技术发展的基石。燃煤发电机组和燃气轮机对高温材料、大型构件用金属材料提出了更高要求，安全先进核电的发展需要更可靠的核级材料，对可再生能源高效利用的需求促使新型高分子材料、新型电池材料不断涌现，能源转换和传输形式的发展带动了新型储能材料、高效催化剂材料、先进电力电子器件的创新。

在战略层面，主要能源大国均制定政策措施加强技术创新，积极部署发展清洁能源技术，着力通过提升能源产业结构开辟新的经济增长点。欧盟通过制定《2050能源科技路线图》提出太阳能、风能、智能电网、生物能源、碳捕集与封存、核聚变以及能源效率等为主攻方向的发展思路，突出可再生能源在能源供应中的主体地位。日本先后出台《面向2030年能源环境创新战略》和《能源基本计划》，提出能源保障、环境、经济效益和安全并举的方针，继续支持发展核能，推进节能和可再生能源，发展储能技术，规划绿色能源革命的发展路径。美国发布了《全面能源战略》，并陆续出台提高能效、发展太阳能、四代和小型模块化核能等清洁电力新计划。

纵观全球能源技术发展动态和主要能源大国推动能源科技创新的举措，可以得到以下结论和启示：一是能源科技创新进入高度活跃期，新兴能源技术正以前所未有的速度加快对传统能源技术的替代，对世界能源格局和经济发展将产生重大而深远的影响。二是绿色低碳是能源科技创新的主要方向，重点集中在传统化石能源清洁高效利用、新能源大规模开发利用、核能安全利用、能源互联网和大规模储能技术、先进能源装备及关键材料等领域。三是世界主要国家均把能源技术视为新一轮科技革命和产业革命的突破口，制定各种政策措施抢占发展制高点，增强国家竞争力并保持领先地位。

（二）我国能源科技发展现状与趋势

“十二五”期间，我国能源技术自主创新能力和装备国产化水平显著提升，部分领域达到国际先进水平，但还需紧跟能源产业转型升级步伐，集中力量突破重大关键技术瓶颈，为全面构建我国安全、绿色、低碳、经济和可持续的现代能源产业体系提供技术支撑。

非常规和难开采油气勘探开发应用总体上达到国际先进水平，基本形成适合我国陆相储层的有效致密气勘探开发技术，初步掌握浅层海相页岩气成套开发技术和致密油开发关键技术，高煤阶煤层气勘探开发技术基本成熟，3000米深水半潜式钻井船等装备实现自主化，建立了浅层超稠油油藏经济高效开发技术体系。煤炭绿色开采和高效利用快速发展，年产千万吨级综采成套设备、年产2000万吨级大型露天矿成套设备实现国产化，智能工作面技术达到国际先进水平。煤制清洁燃料和化学品技术、低阶煤分级分质利用得到快速发展，煤炭气化、液化、热解等已实现产业化。具有完全自主知识产权的千万吨级炼油技术，劣质油加工技术取得突破。生物质能源替代化石能源初见成效。超超临界机组实现自主开发，大型循环流化床发电、大型IGCC、大型褐煤锅炉已具备自主开发能力，CO_2利用技术研发和CO_2封存示范工程顺利推进。燃气轮机设计体系基本建立，初温和效率进一步提升，天然气分布式发电开始投入应用。

可再生能源发电技术已显著缩小了与国际先进水平的差距，光伏、风电等产业化技术和关键设备与世界发展同步。晶体硅太阳电池产业化技术取得重大突破，形成晶体硅太阳电池产业化技术体系；太阳能热发电技术取得了长足进步。建立了大功率风电机组整机设计制造技术体系，3~6MW的海上风电机组实现示范应用，大型风电场运行管理等关键技术开始实际应用。

电网的总体装备和运维水平处于国际前列。电网技术与信息技术的融合不断深化，特高压输电技术处于引领地位，掌握了1000kV特高压交流和±800kV特高压直流输电关键技术。已建成多个柔性直流输电工程，智能变电站全面推广，电动汽车、分布式电源的灵活接入取得重要进展，电力电子器件、储能技术、超导输电获得长足进步。

核电技术与世界先进水平保持同步。三代核电技术研发和应用走在世界前列，四代核电技术、模块化小型堆、海洋核动力平台、先进核燃料与循环技术取得突破，可控核聚变技术得到持续发展。

“十二五”期间我国能源技术创新为打造新型能源产业奠定了坚实基础，但与新时期推动能源生产和消费方式革命的战略目标还有较大差距，突出表现为：创新模式有待升级，引进消化吸收的技术成果较多，与国情相适应的原创性成果不足；创新体系有待完善，创新投入的低收益问题仍较为突出；部分关键核心技术装备仍受制于人，重大能源工程依赖进口设备的现象仍较为普遍，技术“空心化”和技术“对外依存度”偏高的现象尚未完全解决。

“十三五”时期是我国大力推动能源产业转型升级，实现“四个革命、一个合作”的关键时期，通过不断创新发展思路，不断健全能源科技创新体系，不断夯实能源科技创新基础，集中力量突破重大关键技术瓶颈，以科技为先导，引领能源生产和消费方式的重大变革，按照应用推广一批、试验示范一批、集中攻关一批的发展路径推动能源技术革命，重点发展清洁高效化石能源技术、新能源电力系统技术、安全先进核能技术、战略性能源技术、能源基础材料技术等，是未来五年我国能源科技创新的重大使命。

二、指导思想、基本原则和发展目标

（一）指导思想

全面贯彻党的十八大和十八届三中、四中、五中、六中全会精神，深入贯彻习近平总书记系列重要讲话精神，践行我国能源安全发展的“四个革命、一个合作”战略思想，推动能源技术革命，带动产业升级。围绕《国民经济和社会发展第十三个五年规划纲要》、《能源生产和消费革命战略（2016-2030）》和《能源发展“十三五”规划》关于构建建设清洁低碳、安全高效的现代能源体系的要求，应用推广一批相对成熟、有需求、有市场、成本低的技术，确保“十三五”提高能源效率、调整能源结构目标的实现；示范试验一批有一定技术积累，但工艺路线、经济性和市场可接受性有待验证的技术，探索技术定型、大批量生产的路径，为“十三五”及今后的能源转型提供技术支撑；集中攻关一批前景广阔、但核心技术仍需突破、亟待集中力量攻关的技术，为2030年前实现能源技术革命奠定坚实基础。

（二）基本原则

坚持自主创新。必须把自主创新摆在能源科技创新的核心位置，强化原始创新、集成创新和引进消化吸收再创新，以自主产权的关键技术重大突破，引领能源产业加快发展。

坚持市场导向。建立市场导向的技术创新机制，以企业为创新主体，以需求为创新指引，发挥市场在科研资源配置中的基础性作用，提高科技成果转化整体效能。

坚持重点突破。以国家能源安全和重大能源战略为导向，充分发挥国家示范工程、科技重大专项的引领和带动作用，以重点领域科技创新支撑新兴产业发展。

坚持统筹协调。健全政产学研用协同创新机制，建立研发、应用、产业化紧密结合的创新链条，推动重大技术研发、重大装备研制、重大示范工程和技术创新平台“四位一体”协调发展机制，利用国际国内科技资源实现开放式发展。

（三）发展目标

围绕由能源大国向能源强国转变的总体目标，瞄准国际能源技术发展的趋势，立足我国能源技术发展现状及科技创新能力的实际情况，从2016年到2020年集中力量突破重大关键技术、关键材料和关键装备，实现能源自主创新能力大幅提升、能源产业国际竞争力明显提升，能源技术创新体系初步形成。

在清洁高效化石能源技术领域，促进煤炭绿色高效开发，实现致密气、煤层气和稠重油资源的高效开发，推动页岩油气、致密油和海洋深水油气资源的有效开发。掌握低阶煤转化提质、煤制油、煤制气、油品升级等关键技术。进一步提高燃煤发电效率，提高燃煤机组弹性运行和灵活调节能力，攻克多污染物一体化脱除技术，整体能效水平达到国际先进水平。

在新能源电力系统技术领域，重点攻克高比例可再生能源分布式并网和大规模外送技术、大规模供需互动、多能源互补综合利用、分布式供能、智能配电网与微电网等技术，在机械储能、电化学储能、储热等储能技术上实现突破，提升电网关键装备和系统的技术水平；掌握太阳能、风能、水能等可再生能源为主的能源系统关键技术，开展海洋能、地热能利用试验示范工程建设，实现可再生能源大规模、低成本、高效率开发利用，支撑2020年非化石能源占比15%的战略目标。

在安全先进核能技术领域，建成自主产权的先进三代压水堆示范工程，掌握大型先进压水堆、高温气冷堆、快堆、模块化小型堆关键技术，钍基熔盐堆研究取得突破，深入研发先进核燃料技术、乏燃料及放射性废物先进后处理技术，建立适合我国大型压水堆核电厂延寿论证的技术体系。

在战略性能源技术领域，掌握微型、小型燃气轮机设计、试验和制造技术，实现中型和重型燃气轮机的设计、试验和制造自主化；突破高能量密度特种清洁油品关键技术，建设煤制油、生物航空燃油等示范工程；超导输电、储能装置达到国际先进水平；实现氢能、燃料电池成套技术产业化；可控核聚变、天然气水合物（可燃冰）利用技术得到进一步发展，总体达到国际先进水平。

在能源基础材料技术领域，研制出高温金属材料及核级材料，进一步提高光伏组件用高分子材料、储能用电极材料等技术参数，大幅降低成本，实现新型节能材料走向市场应用；掌握多种高效低成本催化材料生产技术。

在能源生产、输送、消费等各环节开展先进节能技术的研究，通过技术升级和系统集成优化实现能源利用效率明显提升、单位能耗明显下降。

三、重点任务

围绕“十三五”期间我国能源产业发展重大需求，着眼推动能源技术革命，聚焦形成五个重大能源科技专题，每个技术领域按照应用推广一批、示范试验一批、集中攻关一批进行任务分类。本章节中，集中攻关类以G代表（共70项），示范试验类以S代表（共48项），应用推广类以T代表（共31项），重点任务共计149项。

（一）清洁高效化石能源技术

在化石能源深度勘探开发领域，进一步提高煤炭开发效率和油气资源采收率，加强致密气、致密油、稠油、页岩气、页岩油和煤层气等勘探及低成本高效开发，研发深水油气有效开发关键技术及装备，提升我国煤油气资源的自我供给和保障能力。在燃料加工领域，掌握低阶煤提质工艺，研究适应性广的低阶煤热解分质转化技术，开发煤油共处理技术和分级液化技术；加强重劣质原油加工技术研发和应用，攻关清洁油品生产技术，适应油品升级的需要。在清洁高效燃煤发电领域，掌握具有自主知识产权先进超超临界机组、大型IGCC机组、循环流化床机组设计制造技术，研发低能耗大规模CO_2捕集工艺与设备，开展多污染物一体化脱除技术和工艺的自主化研发，开展火电机组深度调峰技术研究。

本规划围绕化石能源深度勘探开发、清洁燃料加工转化和清洁燃煤发电等技术领域部署26个集中攻关项目、18个示范试验项目、12个应用推广项目。

（略）

（二）新能源电力系统技术

在可再生能源利用领域，研究8～10MW陆/海上风电机组关键技术，建立大型风电场群智能控制系统和运行管理体系；突破高效太阳能电池的产业化关键技术，发展新型太阳能电池技术，持续提高光伏发电系统的能量转换效率、经济性和智能化水平；完善大型太阳能热发电站高效集热和系统集成技术，实现可全天运行的100MW级电站商业化运行；开展复杂条件下水电开发相关技术研究；开展海洋能、地热能利用关键技术及装置研发和示范工程建设。

在高比例可再生能源并网及传输领域，重点突破大型可再生能源基地和大量分布式可再生能源并网、特高压直流与柔性输电核心技术与装备等关键技术；进一步提升电网和互联网信息的相互融合，源网荷协同水平；在现代信息通信技术的运用、新型电力设备制造及传统电力设备的智能升级等方面持续取得进展。

立足于电力系统调峰和电能质量管理需要，推动压缩空气储能、液流电池、钠硫电池、锂电池和飞轮储能等多种储能技术发展，在大容量储能等技术上实现突破。推进能源互联网建设，加强智能配电与用电网络建设，促进分布式能源和多能互补式发电项目在微网中的利用，开展能源互联系统运营交易技术研究。

本规划在可再生能源利用、高比例可再生能源并网与传输、储能与能源互联网等领域部署13个集中攻关项目、15个示范试验项目、10个应用推广项目。

1. 可再生能源高效利用

（1）集中攻关类

G27）新型高效低成本光伏发电关键技术研究目标：研制出新型高效低成本光伏电池，突破大型光伏电站设计集成和运行维护关键技术，掌握GW级光伏电站集群控制技术。研究内容：主要开展包括碲化镉、铜铟镓硒薄膜、硅薄膜等太阳能电池产业化技术研发、大面积柔性硅基薄膜电池组件的规模化生产工艺研发，以及Ⅲ-Ⅴ族化合物电池、铁电-半导体耦合电池及铁电-半导体耦合/晶体硅叠层电池、钙钛矿电池、染料敏化电池、量子点电池、新型叠层电池、硒化锑电池、铜锌锡硫电池等新型电池的研究和探索，着力提高效率和降低成本；研究多类型分布式光伏系统设计集成技术及示范，开展大型光伏电站及光伏发电站集群的设计、控制、运维及并网技术研究。起止时间：

2016～2020年。

G28）复杂条件大型水电工程关键技术研究研究目标：掌握高地震烈度区、超深覆盖层等复杂建设条件下超大型地下空间工程技术、地质灾害防治技术。研究内容：针对高地震烈度区、超深覆盖层等复杂建设条件下水电工程，重点研究超大型地下洞室群工程技术，深埋长大输水隧洞工程技术，高压水道衬砌结构和高压灌浆工程技术，高强度、大体积混凝土温控和防裂技术，高地震烈度区、超深覆盖层坝基处理工程技术，超高坝筑坝技术研究，高边坡爆破开挖与支护技术，地质预报与防护技术、高外水压力地下突涌水治理技术、超高地应力条件下施工技术等。起止时间：2016～2020年。

G29）流域梯级水电站综合管控关键技术研究研究目标：掌握流域梯级水电站安全运行、生态环境监测关键技术。研究内容：研究流域梯级水电站安全与应急、防恐防暴关键技术，基于水文预报情况的流域梯级电站群多目标联合优化调度关键技术，梯级水电站深度开发、改造、退役技术。研究基于陆气耦合模式的流域梯级水库群分布式水文预报系统关键技术，梯级水库群防洪减灾预警预报系统关键技术。构建流域环境监测体系和数据库平台，动态监控并掌握流域水电开发生态环境演变规律。起止时间：2016～2020年。

G30）水电工程环境保护与水土保持关键技术研究研究目标：掌握水电环保关键技术、生态重建与修复技术。研究内容：研究流域生态环境监测和生态调度技术，水温、水生生境修复、过鱼、库区消落带治理、珍稀特有鱼类人工驯养繁殖、河流和水库生态重建与修复等水电工程环境保护关键技术，以及高寒地区施工过程水土保持、施工结束场地清理与还原等水土保持关键技术。起止时间：2016～2020年。

（2）示范试验类

S19）8～10MW等级及以上的超大型海上风电机组示范工程研究目标：研制出具有自主知识产权的8～10MW等级及以上的海上风电机组及关键部件，并进行工程示范。研究内容：研发8～10MW等级及以上海上风电机组的整机优化设计与制造技术、超大型海上风电机组关键部件设计制造技术，以及超大型海上风电机组基础、塔筒设计及运输、吊装和电网接入等关键技术；开发超大型海上风电机组先进测试技术与测试平台。起止时间：2016～2025年。

S20）大型太阳能热发电关键技术研究与示范研究目标：突破100MW级太阳能热电联供电站关键技术，掌握中高温固体储热技术，实现太阳热发电站的全天候运行。研究内容：研究大型太阳能热发电及热电联供电站设计技术与关键部件设计制造技术，研究太阳能热电联供高效梯级利用技术，研究大容量熔融盐储热及储热混凝土和储热陶瓷、多模块固体储热系统集成与优化运行技术。起止时间：2016～2025年。

S21）生物质集中高效热电联产及多能互补技术示范研究目标：开展10MW规模的分布式生物质热解-气化燃气轮机发电技术的示范试验，并突破生物质与太阳能、风能等可再生能源多联供综合利用关键技术，建成10000方/天级的大型生物质制气工程和多能互补综合利用示范工程。研究内容：研究分布式燃料高效热电联产技术，主要包括热解炉与气化炉间的最佳配套技术、热电联产系统的清洁和环保技术。研究生物质能与多种能源互补利用技术，重点开展生物燃气高效制备研制及其与太阳能综合利用的关键技术。起止时间：2016～2025年。

S22）大型抽水蓄能电站关键技术示范与推广研究目标：掌握大型抽水蓄能机组设备制造与系统集成技术，并开展示范工程建设。研究内容：重点研究高水头、大容量抽水蓄能机组设备自主化，高水头大PD值埋藏式钢管和钢岔管设计，大型可变速抽水蓄能机组关键技术，大型抽水蓄能机组配套设备与系统集成技术，海水抽水蓄能电站关键技术，抽水蓄能电站与新能源、核电等多能互补联合运行技术。起止时间：2016～2020年。

S23）海洋能利用关键技术及示范工程研究目标：研制波浪能、潮汐能、潮流能、温差能利用装置，建设波浪能、潮汐能、潮流能发电示范工程。研究内容：研究波浪能利用关键部件设计制造技术、海上生存能力技术，研究高转换率波浪能发电技术，研发波浪能发电装置，开展百千瓦级波浪能发电示范工程建设。推进潮汐电站方案设计及优化、万千瓦级低水头大流量水轮发电机组设计与制造、潮汐能环境影响评价及预测、电站运行控制等关键技术研究，开展万千瓦级潮汐能发电试验示范工程建设。研发适合潮流资源特点的高效率叶轮，突破发电机组水下密封、低流速启动、模块设计与制造等关键技术，研发兆瓦级潮流能发电装置，开展兆瓦级潮流能发电示范工程建设。研究温（盐）差能发电热力循环技术，研制温（盐）差能实际海况试验样机。起止时间：2016～2020年。

S24）干热岩开发利用技术示范工程研究目标：掌握干热岩开发关键技术，建成100kW级干热岩发电示范。研究内容：研究靶区定位和探测的技术设备、大体积压裂技术设备及配套施工工艺；突破人工裂隙发育延伸控制技术及施工工艺、裂隙网络优化技术、宽负荷耦合发电技术、干热岩中高温发电工艺，开发高效热电转换发电设备，建设小型干热岩发电试验装置。起止时间：2016～2020年。

（3）应用推广类

T13）碳纤维复合材料风电叶片及其抗冰技术应用研究研究目标：开发碳纤维复合材料风电叶片新产品，建立百套量级的碳纤维复合材料风电叶片和抗冰风电叶片生产线。研究内容：开展大尺寸、大厚度碳纤维复合材料主承力件成型技术工程应用研究、碳纤维复合材料风电叶片热载荷与力学载荷综合作用研究、碳纤维复合材料风电叶片结构优化设计、碳纤维复合材料抗冰风电叶片系统优化设计，建立碳纤维复合材料风电叶片制造标准化平台。起止时间：2016～2020年。

T14）5～6MW等级大型海上智能风电机组应用推广研究目标：降低海上风电场的度电成本，实现大型海上风电机组安装规范化和机组运维智能化。研究内容：实现关键部件的国产化设计、制造与测试应用技术，完善高可靠性低度电成本海上风电机组整体优化设计技术，应用推广大型海上风电机组的基础工程设计和建造技术，以及大型海上风电场的智能化监控运行维护技术。起止时间：2016 ~ 2020 年。T15）高效、低成本晶体硅电池产业化关键技术研发及应用研究目标：实现 HIT、IBC 等电池国产化，晶体硅电池效率≥23%，建成 HIT 电池和 IBC 电池的 25MW 示范生产线。

研究内容：开展低成本晶体硅电池国产化技术攻关，包括关键材料、工艺、装备以及配套辅材的国产化；进行 HIT 太阳能电池产业示范线关键技术研究和示范，进行 IBC 电池产业示范线研究，并实现规范化、产业化；掌握产业化高透太阳能电池用玻璃制备技术。起止时间：2016 ~ 2020 年。

2. 高比例可再生能源并网与传输

（1）集中攻关类

G31）直流电网关键技术装备研究目标：突破高压直流 DC/DC 变换器、换流器、断路器的设计及制造成套关键技术，并建立直流电网标准；±320kV 及以上直流断路器、±200kV 高压直流 DC-DC 变换器等到达实用化水平。研究内容：研究 ±200kV 级别 DC-DC 变换器的主电路拓扑结构，研制其试验样机；研究直流断路器的关键技术参数、直流断路器与多端直流系统的协调控制策略、±320kV 及以上别直流断路器的技术可行性与实现方法、高性能低成本的高压大电流直流断路器的主电路拓扑结构，研制其试验样机；开展直流电网标准体系研究。起止时间：2016 ~ 2020 年。

G32）±500kV 直流输电电缆研制研究目标：开发出超净级高生产率 XLPE 绝缘材料，研制 ±500kV 直流输电电缆样缆。研究内容：研究 ±500kV 直流电缆用绝缘料及屏蔽料的配方及生产工艺国产化；开展直流电缆线路运行中的各种过电压形式分析和新型高压直流电缆结构优化；研发新型直流电缆制造工艺，搭建直流电缆电、热联合老化试验平台；研究直流电缆用绝缘材料在不同应力条件下的老化性能。起止时间：2017 ~ 2020 年。

G33）新型特高压交流输电技术研究目标：突破适用于特高压远距离输电的直挂式大容量 SVC 装置关键技术，以及环保型特高压交流 GIL 的设计和制造关键技术，产品技术指标和性能达到国际先进水平。研究内容：开展高压大容量 SVC 的主电路结构及参数设计研究，开展特高压系统同时加装高补偿度串补、可控高抗、SVC 条件下的系统运行特性与过电压及电磁暂态研究；研究特高压系统多 FACTS 设备的系统多目标协调控制策略；开展环保型绝缘介质在特高压电压下基础特性和应用技术研究，以及环保型特高压交流 GIL 样机设计和研制、安装工程设计与关键技术、测试评估与运维关键技术研究等。起止时间：2016 ~ 2020 年。

G34）基于云技术的电网调度控制系统研究

研究目标：构建基于云技术的电网调度控制系统支撑平台，提升调度核心业务的智能化水平；攻克大电网多时空尺度一体化协调优化关键技术，实现风光水火联合优化调度，提升大规模清洁能源跨区消纳能力。研究内容：研发基于云技术的调控系统体系架构和平台支撑关键技术、统一的调度数据共享与信息交流平台关键技术、多级调度多专业之间一体化协同维护的关键技术、基于大数据的广义电力可靠性分析和控制决策技术、电力系统智能充裕度分析技术；适应特高压电网发展与清洁能源大规模接入的无功电压控制模式与策略，研究特高压交直流混联大电网联合控制模型；开展电网调度运行综合评估方法研究。起止时间：2016 ~ 2020 年。

G35）智能电网信息采集及通信技术研究目标：掌握先进智能状态监测传感器技术，建立电网信息物理融合系统（CPS）体系架构，形成广域分布环境下电网协同计算及属地化多级计算体系。研究内容：掌握先进智能状态监测传感器技术，突破传感/通信一体化技术及智能传感器群数据融合技术；发展光纤、无线、空间等通信网络的互联和融合方案；研究电网信息物理交互模型，建立电网 CPS 体系架构；研究基于嵌入式系统的分布式计算与信息智能处理技术。起止时间：2016 ~ 2025 年。

G36）智能电网信息安全自主化关键技术研究研究目标：开展下一代电网信息通信安全技术体系研究，实现工控系统与移动应用安全、信息安全监控预警、信息安全与业务融合等技术突破，研制自主化的电网信息安全自主可信可控设备。研究内容：研究面向电网生产运行的信息安全防御体系；研究适用于智能电网环境下的信息安全风险评估、可信计算、数据安全、攻防对抗及其技术；研究面向工控系统、移动互联等业务的信息安全综合防御和监测预警技术；研究信息安全自主可控防御体系、安全软硬件基础平台支撑技术及安全芯片，研究安全隔离、接入及数据交互实用关键技术；研发电网信息安全自主可信可控设备。起止时间：2016 ~ 2020 年。

（2）示范试验类

S25）风电场群智能控制、调度及能效评估研究目标：突破风电场群智能化运行维护技术、发电功率优化调度运行技术；实现风电场群电能多效利用，建设百万千瓦及以上规模风电场群高效运行示范工程。研究内容：研究百万千瓦级风电场群智能化运行维护系统、风电场群优化调度技术；风电场群智能控制及电能质量控制关键技术；利用储能等方式实现风电场群功率波动平抑的关键技术；包含风电场群运行数据、气象数据的大数据平台关键技术；基于资源相关性和电网调度模式的风电场群划分技术。起止时间：2016 ~ 2020 年。

S26）柔性直流输电关键技术研发与示范研究目标：掌握 ±500kV 大容量柔性直流输电系统的设计与成套关键技术，解决基于柔性直流输电的大规模海上风电并网及运行控制关键技术。研究内容：研究适用于架空线的 ±500kV/1000 ~ 3000MW 超大容量柔性直流输电换流器主电路拓扑设计及换流阀优化设计与制造技术、试验方法、运行控制及现场调试技术；研究基于柔性直流输电的大规模海上风电接入及运行控制技术；开展柔性直流输电在电网互联和海上风电接入方面的应用示范。起止时间：2016 ~ 2020 年。

S27）高压大容量交流电网故障电流限制关键技术研究目标：突破串联谐振型限流器、分裂电抗器和低漏磁电抗器的关键技术，掌握限流设备的等效试验技术，实现应用示范。研究内容：研究交流电网的短路故障检测和预测方法；研究故障电流限制器的电路拓扑设计、关键部件设计与制造技术；研究高压大容量、低损耗及低漏磁的空心电抗器和分裂电抗器的电磁与结构设计方法；研究限流器的控制和保护方法以及限流器与断路器的匹配运行等。起止时间：2016~2020年。

S28）电网安全稳定自适应保护系统研发与示范研究目标：掌握大规模可再生能源接入电网条件下，交直流、多直流协调控制保护技术和电网振荡抑制技术，研制自适应协调控制保护系统并示范应用。研究内容：研究特高压交直流输电、可再生能源并网对电网控制保护的新需求，以及传统控制保护架构、控制保护方式及策略的适应性；研究多种智能控制手段与传统控制方法相结合的协调控制方案、多区域稳控系统的自适应协调控制技术；研究大型柔性可控元件的交流电网的暂态特性及控制保护策略；研究广域保护原理，构建广域控制保护系统的网络架构。起止时间：2016~2022年。

（3）应用推广类

T16）大规模新能源特高压直流外送及调度运行示范及推广研究目标：解决大规模新能源远距离输送的安全稳定关键问题，提高新能源输送比例，实现大规模新能源的跨区消纳。研究内容：依托哈密-郑州、宁东-浙江、酒泉-湖南等特高压直流工程，重点解决大规模新能源基地连锁故障问题、次同步振荡问题，提升故障风险评估与预警技术、紧急控制技术、无功优化和协调控制技术、新能源发电消纳能力评估技术等。起止时间：2016~2020年。

T17）大容量特高压直流输电示范及推广研究目标：掌握±1100kV/12000MW特高压直流输电的设计与工程建设关键技术，建设示范工程并推广应用。研究内容：开展±1100kV及以上直流输电方案、安全稳定性及交直流协调控制、控制保护技术，过电压与绝缘配合的研究，积累运行经验；实现直流套管等±1100kV直流输电关键设备的国产化和设计、运行技术标准化。起止时间：2016~2020年。

T18）智能电网多级调度控制系统推广应用研究目标：研发适应电气特性紧密耦合特征的智能电网多级调度控制系统并实现推广应用，提升现代电网运行风险的在线防控能力和自动化系统的集约化水平。研究内容：研究保障电网安全稳定运行的多级调度协同防御系统的总体架构；深化研究省地一体化、地县一体化及调配一体化关键技术；研究全网稳态潮流统一生成、在线安全稳定量化分析、广域控制协调决策等实用化技术；研制满足工程化需求的智能电网多级调度控制系统，开展应用功能的工程验证；制定多级调度协同分析与控制的技术标准，实现系统的推广应用。起止时间：2016~2020年。

T19）交直流大电网实时仿真技术推广应用研究目标：建立电网大数据实时仿真分析平台，实现基于实时仿真的大电网安全稳定控制系统，并得到推广应用。研究内容：研发大容量柔性直流输电/直流电网建模及实时仿真技术；建立风电、光伏、核电机组的仿真模型，发展适用于大规模交直流电网的机电-电磁暂态混合仿真计算分析平台，建立适用于大电网的多时间尺度并行实时仿真平台；构建电力系统仿真大数据平台；发展基于实时仿真技术进行安全稳定控制系统试验验证技术。起止时间：2016~2025年。

3. 储能与能源互联网

（1）集中攻关类

G37）新型高效电池储能技术研究研究目标：开发出低成本、长寿命、高安全、高能量密度锂电池，建立低温化、高安全性和高性能的钠硫储能新体系，掌握高性能铅炭电池制备关键技术；突破大型机械储能关键技术，建立示范系统；研制出高能量密度、长寿命、低成本固态化学电池。研究内容：研究水系锂电池、凝胶锂电池、固态锂电池以及锂硫电池技术的电极材料及规模制备技术，新型钠、硫体系储能系统的关键技术，低电阻、高可靠性铅炭电池电极板的制备工艺技术，大容量机械储能（如飞轮储能、压缩空气储能）的系统结构、控制、大功率高效电机及变流等关键技术，以及固态电化学储能电池的关键材料匹配、电芯设计、电芯规模制造关键技术。起止时间：2016~2022年。

G38）大规模高渗透率分布式电源并网集成和控制技术研究目标：突破渗透率30%以上的大规模分布式电源规划布局、并网集成和运行控制关键技术，实现用户侧多能源融合和高效利用。研究内容：开展风光等资源监测和电源功率预测研究，开展大规模分布式发电及储能与配电网交互影响研究，研究分布式发电系统新型变流控制技术、分布式电源群控群调关键技术、基于虚拟电厂的高渗透分布式电源消纳技术，以及适应分布式电源、零售电等大规模应用的新型互动营销技术。起止时间：2016~2020年。

G39）能源互联系统运营交易关键技术研究研究目标：建立能源流与信息流融合的协同控制技术，建立多元化能源商品交易平台。研究内容：研究多能融合能源系统的整体建模及分析技术，研究面向电网、气网、热网等的多物理量信息归一化处理技术，研究多能源形态能量的量测、计算、预测及控制技术，研究多能融合能源系统中支持虚拟电厂及需求响应的动态平衡技术；研发支持多元交易主体、多元能源商品复杂交易类型的能源交易平台，研究支持分布式、并发式交互响应的实时交易方式和能源期货交易模式，研究互联网虚拟能源货币认证、定价、流通、交易与结算等关键技术。起止时间：2016~2025年。

（2）示范试验类

S29）大容量长寿命钛酸锂储能电池及装置示范验证研究目标：掌握低成本长寿命储能锂离子电池关键技术，建成20MW/10MWh钛酸锂电池储能示范系统，并投入示范运行，储能系统循环寿命达到10000次，成本低于3000元/kWh。研究内容：研究长寿命钛酸锂材料、储能用锂离子电池设计及工艺、电池系统集成等关键技术；研究开发钛酸锂电池模块结构设计、系统结构、散热设计方案、模块成组及连接技术，以及低成本、高可靠性储能系统管理控制设计技术；开展20MW/10MWh钛酸锂电池储能示范系统的建设；研究储能系统和电力系统联合控制方法和控制策略。起止时间：2016~2020年。

S30）MW级以上大容量钠硫电池储能装置示范验证研究目标：掌握大尺寸陶瓷电解质的低成本制备与产业化放大、金属/陶瓷/玻璃高温多相封装的产业化放大与稳定服役、MW 级以上大容量钠硫电池储能电站集成与运维技术，实现 1MW/8MWh 钠硫电池系统制造和电站实地示范运行。研究内容：研发 Beta″-Al_2O_3 陶瓷电解质制备工艺和设备、金属/陶瓷/玻璃密封结合技术、连接技术以及批量化制备工艺和设备、高自动化精密激光焊接系统和标准工艺、铝质壳体防腐蚀涂层量产制备专用设备和工艺；研究中试规模（2～5MW/年）的铝质单体电池的批量制备的专用设备工具、工艺和检测方法；研发大容量模块设计与批量化装配技术、模块化集成技术、钠硫电池储能系统并网及监控技术、基于智能化管理模式设计技术；研发低温钠硫电池技术；开展不同应用领域的 MW 级储能电站的设计、控制与运维技术研究、钠硫电池运行性能评估等。起止时间：2017～2020 年。

S31）10MW/100MWh 先进压缩空气储能系统示范研究目标：突破 10MW/100MWh 先进压缩空气储能系统核心部件设计技术，建成系统工程示范，系统性能达到国际领先水平。研究内容：研发 10MW/100MWh 先进压缩空气储能系统中宽负荷压缩机和高负荷透平膨胀机、紧凑式蓄热（冷）换热器等核心部件的流动、结构与强度设计技术，以及系统集成及其与电力系统的耦合控制技术和示范系统的调试与性能测试技术。起止时间：2016～2020 年。

S32）适应多种发电形式和用户主动影响的交直流配电网示范研究目标：建设具备集成、互动、自愈、兼容的新形态交直流配电网示范工程。研究内容：研发新型交直流变流装置；研究适应分布式电源高渗透率接入和“即插即用”的交直流混合配电网运行控制技术、多场景优化调度技术、故障隔离与恢复技术；研究适应用户主动影响的配电网需求侧响应技术；研究小型化、低成本、快速可靠的适应多种发电形式和用户主动影响的配电网测控终端。起止时间：2016～2023 年。

S33）能源互联网示范工程研究目标：建设以智能电网为基础，与热力管网、天然气管网、交通网络等互联互通，电、热、冷、氢多种能源形态互相转化的能源互联网试验示范工程。研究内容：建设高灵活性的柔性能源网络，接纳高比例可再生能源、促进灵活互动用能行为和支持分布式能源交易；研究标准化、模块化的不同能源网络接口设备，支持多种能源形态灵活转化、高效存储；研究电网、气网、热网等智能网络的协同控制调度技术；研究电、热、冷、氢等不同能源形态的量化评价方法，构建不同形式能源的能量品位统一量化模型，提出多能互补系统能量优化方法；研发气、热、电多物理量智能终端高级量测系统；研究多能互补综合能源网络内不同类型储电、储热、储冷、储氢装置的优化协调控制方法，研发适用于多能源输入和输出的能源互联网能量管理系统。起止时间：2016～2020 年。

（3）应用推广类

T20）全钒液流电池储能产业化技术研究目标：实施百兆瓦以上级全国产化材料全钒液流电池储能装置示范应用工程；建造 300MW/年液流电池产业化基地，实现规模化生产。研究内容：开展全钒液流电池用高性能、低成本非氟离子传导膜的规模化制备，开展 30kW 及以上级高功率密度电堆、高集成度集装箱式 200kW 以上级的全钒液流电池模块的工程化技术开发；制定全钒液流电池标准。起止时间：2016～2020 年。

T21）多能互补分布式发电和微网应用推广研究目标：实现智能化分布式光伏应用、光伏微电网互联、交直流混合微电网以及多能互补微网统一能量管理等的工程示范和推广应用。研究内容：掌握区域性高比例分布式光伏发电设计集成、直流并网、功率预测及智能化技术，研究微电网内的储能系统及风、光、柴、水、燃气轮机等微电源标准通信交互模型，研发基于微电网标准化信息模型的微电网监控平台，形成典型的微电网网络结构和信息流设计实用范例研究微电网通信网络架构和通信方式，实现微电网标准化、模块化集成。起止时间：2016～2020 年。

T22）交互式智能用电与需求侧响应研究目标：构建电力负荷需求响应的技术标准体系。建设智能用电管理与服务平台，实现智能家居、电动汽车等柔性负荷参与电网互动响应。研究内容：基于大数据分析实现群体用电行为精细化描述；研究需求侧资源动态响应特性及响应潜力评估技术，提出配用电侧信息模型和用户交互接口解决方案；结合智能用电接口标准研发适用于工商业用户及电动汽车的需求响应智能控制终端，提出关键家庭用电设备、电动汽车充电设施的用电负荷特性及智能电器的标准接口。起止时间：2016～2025 年。

（三）安全先进核电技术

加快自主知识产权先进核电堆型的持续改进创新，推广应用自主知识产权的先进三代压水堆，加快高温气冷堆、快堆、模块化小型堆的技术示范工程建设和产业化，积极开展微型堆、钍基熔盐堆等新堆型研究。开展先进核燃料元件研发，推进乏燃料处理技术，发展大型核燃料后处理厂自主技术，突破严重事故预防和缓解技术、废物最小化技术、设备管道去污技术等。积极推进在役核电机组延寿相关技术的研究开发，发展先进监/检测技术、关键设备时限老化评估技术和缓解/修复技术等。

本规划围绕安全先进民用反应堆、先进核电燃料、核电站建设、运行与延寿等技术领域部署了 8 个集中攻关项目、4 个示范试验项目、6 个应用推广项目。

（略）

（四）战略性能源技术

从国民经济和社会发展的战略高度有针对性的发展一批关键战略储备技术，重点加强先进高效微小型燃气轮机、重型燃气轮机、特殊领域专用燃气轮机关键技术的开发；进一步研发高能量密度特种清洁油品的制造技术，发展煤直接液化、煤衍生油等制造清洁燃料和特种油品的成套技术，攻关生物质航空燃油技术；开展海洋核动力平台示范工程建造；开展氢能利用及燃料电池发电技术研究，发展高效催化技术，研究高效低成本氢气储运技术，推动高性能低成本燃料电池发电产业化；积极开展高温超导材料基础性研究，实现超导输电、超导储能和超导电力装备的突破；持续推进可控核聚变、天然气水合物（可燃冰）利用技术的发展。

本规划围绕当前战略性的能源技术聚焦燃气轮机、高清洁高能量密度特种油品、海洋核动力平台、氢能与燃料电池、超导输电、天然气水合物、可控核聚变等技术领域部署11个集中攻关项目、8个示范试验项目、1个应用推广项目。

1. 燃气轮机

（略）

2. 高清洁、高能量密度特种油品

（略）

3. 海洋核动力平台

（略）

4. 氢能与燃料电池

（1）集中攻关类

G53）燃料电池（氢能）催化剂材料研究研究目标：针对高比能燃料电池移动分布式电站、应急储备电源和车用动力电源，研发低成本、高活性、高稳定性的催化剂，开发廉价电解质膜及膜电极批量制备工艺。研究内容：开展低成本、高效、高稳定性燃料电池催化剂的研究；开展长寿命、低成本燃料电池电解质膜的研究；攻关低成本燃料电池膜电极批量制备技术；开展高效、稳定的光催化太阳能分解水制氢材料研究，高选择性、高稳定性水电解制氢非贵金属催化材料研究，以及分散式现场制氢催化剂及系统集成研究。起止时间：2016～2020年。

G54）高效低成本氢气储运技术研究目标：掌握气态氢气管道运输、液态氢气储运、固态氢气储运技术，研发高密度低成本储氢材料。研究内容：开发适用于长距离输送的低损耗氢气输送管道；掌握利用现有天然气管道实现氢气与天然气混合输送的技术，并进行工程示范；开发高压碳纤维复合材料及储氢罐设备的工业化制造技术；开发高性能、低成本的低温绝热液态储氢罐和真空多层绝热液氢输送管道；研究低成本的氮基、硼基、铝基、镁基和碳基等轻质元素储氢材料；开展以有机液态化合物和氨等为储氢介质的大规模储运技术研究；开展轻质高容量储氢材料高效吸氢/脱氢催化剂研究。起止时间：2016～2020年。

（2）示范试验类

S43）可再生能源制氢示范工程研究目标：研制高效稳定的水制氢催化剂，建设可再生能源制氢系统集成示范工程。研究内容：研究高效稳定光催化太阳能分解水制氢催化剂材料，高选择性、高稳定性水电解制氢非贵金属催化剂材料；开展分散式现场制氢催化剂及系统集成研究；开展风电碱性电解水制氢系统集成试验验证，开展太阳能光伏固体聚合物电解水制氢系统集成试验示范，开展太阳能光热高温固体氧化物电解水制氢系统集成试验示范。起止时间：2016～2020年。

S44）燃料电池分布式发电示范项目研究目标：建设氢气/空气聚合物电解质膜燃料电池（PEMFC）、甲醇/空气聚合物电解质膜燃料电池（MFC）、固体氧化燃料电池（SOFC）、金属空气燃料电池（MeAFC）、煤气化燃料电池集成发电技术（IGFC）等类型燃料电池分布式发电示范项目。研究内容：突破氢气/空气聚合物电解质膜燃料电池、甲醇/空气聚合物电解质膜燃料电池、固体氧化燃料电池、金属空气燃料电池、煤气化燃料电池的关键材料、核心部件、系统集成、质能平衡管理等核心技术，开发低成本、长寿命、高稳定性的燃料电池堆；建设千瓦至百千瓦级PEMFC分布式发电示范项目，建设百千瓦至兆瓦级SOFC发电示范项目，建设MeAFC分布式发电示范项目。起止时间：2016～2020年。

5. 超导输电

（1）集中攻关类

G55）超导直流输电技术研究目标：掌握超导输电-输气能源管道和超导直流限流器的拓扑及制造关键技术，并进行试验验证。研究内容：研究改善超导材料的电磁性能的方法，研发混合工质温度（85-90K）的超导直流输电-输送燃料的超导能源管道及液氮温度（77K）超导直流限流器的原理和结构、关键部件的设计和制造技术等，研制试验样机及试验方法，开展示范验证工作。起止时间：2016～2020年。

（2）示范试验类

S45）2.5MW/5MJ高温超导储能装置研制研究目标：开发5MJ/2.5MW高温超导储能装置，实现挂网示范运行。研究内容：开展高温超导储能系统设计新型原理与仿真计算；研发5MJ/2.5MW以上的高温超导储能磁体设计技术，包括储能磁体结构的设计与制造技术、失超保护技术和磁体稳定性仿真计算等；研发高温超导储能系统的功率调节系统；开展高温超导储能低温高压绝缘结构、低温绝缘材料及制冷系统设计。起止时间：2016～2020年。

6. 天然气水合物

（略）

（五）能源基础材料技术

结合700℃燃煤发电和重型燃气轮机技术发展，开展高温金属材料的研究，掌握金属材料测试能力。开展高性能核电用传热材料、绝缘材料的研发及应用，开展针对核能环境服役的复合材料探索研究。开发钙钛矿类光电材料、光伏组件用高分子材料、银电极材料和碲化镉薄膜材料，以适应高性能光伏电池发展的需要。开展新型高效储能材料研制，开展电池储能系统用聚合物薄膜材料、微纳米制电极材料的开发。发展完善各类催化剂材料。以智能电网为导向开展先进电力电子器件研究。

本规划围绕高温材料、核级材料、电池材料、催化剂材料和先进电力电子器件等技术领域部署12个集中攻关项目、3个示范试验项目、2个应用推广项目。

1. 高温材料

（略）

2. 核级材料

（略）

3. 电池材料

（1）集中攻关类

G65）新型钙钛矿材料制备太阳能电池研究研究目标：研究新型的钙钛矿类光电材料体系，研制效率超过20%性能稳定的薄膜型单结太阳能电池器件，制备大面积柔性钙钛矿电池，钙钛矿叠层太阳能电池的效率超过25%。研究内容：开展新型钙钛矿材料（环境友好型钙钛矿材料、高相变温度钙钛矿材料、不同带隙的钙钛矿材料）的设计与合成，研究钙钛矿薄膜形态的控制方法，以及钙钛矿界面材料设计与性质调控，设计新型平面结构钙钛矿太阳能电池；突破高效钙钛矿叠层太阳能电池技术；研究钙钛矿太阳能电池的低温全溶液制备方法，低温制备柔性光伏器件；研究钙钛矿太阳能电池的稳定性和衰减机制；研究钙钛矿电池的封装技术；研究大面积钙钛矿薄膜的制备技术，进而研究大面积钙钛矿电池及组件的制备技术。起止时间：2015～2023年。

G66）高能量密度电池用聚合物薄膜材料研究研究目标：开发具有自主知识产权的系列能源用高分子薄膜材料，实现在高效电池组及高密度储能元器件上应用。研究内容：通过分子设计、树脂合成、配方研究、增强材料及纳米功能性填料界面处理、复合材料结构设计及制造工艺研究等，开发耐高温高强度磺化聚芳醚腈质子交换膜、蜂窝交联结构的高效质子交换膜、锂离子电池用聚合物基功能隔膜材料、耐高温高储能密度薄膜电容器核心材料和电池用聚合物基功能电极材料等，开展材料在电池组或储能元器件上的应用验证研究。起止时间：2016～2020年。

G67）先进微纳米产业制造技术制备电极材料研究目标：利用先进的微纳米制造技术制备高性能的电极材料，应用于高性能电池能源存储系统的电极界面。研究内容：突破动力锂离子电池的电极材料结构形貌控制及其微纳米化技术，提高电极材料质量能量密度和体积能量密度，改善电极材料骨架结构稳定，提高材料的循环稳定性和热稳定性，构筑高性能电极界面；研发高容量的硅负极材料替代传统的以石墨为主的负极材料，开发高离子电导率、高强度、自修复的隔膜；突破超级电容器用高能量密度、三维多孔、功能化碳材料修饰的电极界面；开发低成本、不易挥发和高离子迁移速率的电解液。起止时间：2016～2020年。

G68）新型高效储能材料技术开发研究目标：研制长寿命的硫电极、空气电极等高比能量锂二次电池的正极，实现钠电池的推广应用，开发核心材料β″-氧化铝电解质陶瓷的低成本制造技术并实现产业化示范；制备满足超导输电、超导储能、超导磁体和超导限流器等装置需求的高性能超导长带。研究内容：研究高导电性能、低多硫化物溶解特性的硫与导电材料复合电极，开发与硫电极匹配的电解液体系，开展新形态锂硫电池研究；研究β″-氧化铝陶瓷电解质隔膜中陶瓷的低成本化粉体、成型和烧成技术，研发陶瓷高精度以及晶粒异常生长的控制技术、陶瓷与金属及绝缘陶瓷的组合技术；研究基于YBCO超导材料的第二代高温超导带材批量化制备技术，开展钇钡铜氧高温超导带材产业化相关装备研究。起止时间：2015～2020年。

（2）示范试验类

S46）光伏组件用高分子材料开发及应用研究目标：形成具有自主知识产权的系列光伏用高分子材料制造技术，实现项目产品在光伏发电上大规模应用。研究内容：研究耐老化、耐紫外的功能聚酯切片合成配方及工艺；研究模块化功能（抗老化、抗紫外、导热、阻燃等）薄膜相关配方与工艺，研发新一代光伏背板基膜材料；研究PVB合成及胶膜工艺、聚苯醚改性配方、支架高分子材料改性等；开发包括多种功能聚酯切片、组装式功能背板薄膜及其制造技术、PVB及其胶膜材料（替代进口）、光伏电池的长寿命接线盒材料、光伏电池模组支架专用材料，形成具有自主知识产权的系列光伏用高分子材料制造技术，实现项目产品在光伏发电上大规模应用。起止时间：2016～2020年。

S47）晶硅太阳能电池的银电极浆料技术研究目标：研制出印刷性能优良、低欧姆接触界面、可焊性好和附着力强的银电极浆料，形成产业化示范，替代银电极浆料进口。研究内容：研究银电极浆料流变性能和电极/晶硅界面特性、产业化生产技术与品质控制技术，研制出印刷性能优良、低欧姆接触界面、可焊性好和附着力强的银电极浆料，降低晶硅太阳能电池组件生产成本；研究大绒面制备及抛光添加剂并进行示范应用；研究硅基低温银浆的原理、配方设计与应用性能评估，获得高性能低温银浆的配方，形成产业示范。起止时间：2016～2020年。

S48）化合物半导体能源材料应用示范研究目标：开发大面积碲化镉薄膜太阳能电池组件的规模化制造技术；研发出稳定、环保、低成本铜铟镓硒（CIGS）产业化技术；研制出高效、高稳定性的高倍聚光Ⅲ-Ⅴ族太阳能电池芯片、接收模块和模组；建成MW级染料敏化太阳能电池幕墙应用示范；建成高功率LED封装胶国产化应用示范。研究内容：研究低成本CIGS薄膜太阳电池产业化成套关键技术，实现效率高于13%的CIGS薄膜太阳电池组件的规模化生产；系统研究Ⅱ-Ⅵ族三元系半导体的制备方法；研发高纯硫化锌、硒化锌等Ⅱ-Ⅵ族化合物高纯材料的规模化制造技术，研究Ⅲ-Ⅴ族光伏材料的制备技术；研究大面积染料敏化太阳能电池批量制备，建成MW级染料敏化太阳能电池幕墙应用示范；研究8英寸碳化硅衬底材料稳定制备技术，实现6英寸碳化硅晶体衬底材料批量生产；发展击穿电压大于5kV的GaN单晶生长技术，实现6英寸GaN单晶衬底的量产，研究高功率LED封装胶低成本国产化关键技术。起止时间：2015～2023年。

4. 催化剂材料

（略）

5. 先进电力电子器件

（1）集中攻关类

G70）新型电力电子器件关键技术研究目标：突破10kV以上低损耗SiC器件关键技术及SiC多芯片级联关键技术，实现10kV/100A以上的功率器件稳定运行。开发高功率密度IGBT器件；开展6英寸IGCT器件研制；开展特大功率晶闸管技术研究。研究内容：研究10kV碳化硅多芯片级联器件的模块封装技术、高性能低损耗驱动技术及多层级多模式高可靠保护技术、成套IGBT芯片及其配套FRD芯片技术、先进模块封装技术、器件级动静态测试验证与可靠性试验评估技术、IGCT物理建模及硬关断仿真技术、8000A以上关断能力的低感门驱设计及检测技术和6英寸IGCT芯片精密光刻及梳条均匀成型工艺；研发超大功率晶闸管器件结构设计和全工艺流程仿真技术、高压大电流晶闸管的动静态参数综合优化设计技术和超大功率晶闸管的测试环境及测试方法。起止时间：2016～2020年。

四、保障措施

加强政策引导，支持开展能源技术创新工作，促进能源自主技术的推广应用；开展试验示范，以技术创新推动能源产业升级；打造创新平台，掌握能源科技核心技术；增进合作，创建开放式的国际化创新协作体系。从政策法规、社会环境、人才培养和合作交流等方面不断完善机制，推动能源技术按“三个一批”要求分层滚动发展，保障本《规划》的实施。

（一）加强政策引导，推广应用先进成熟技术

研究能源技术与产业发展重大问题，组织制定国家能源科技创新发展战略、规划和政策，加强对能源互联网、电力储能等新兴产业的引导，围绕能源科技管理模式创新，建立“政-产-学研”协调机制，促使企业真正成为技术创新、研发投入和成果转化的主体，促进有利于创新发展的市场环境形成。

降低能源新技术进入市场的门槛，以成品油质量升级国家专项行动为重点，在油气开采及转化、清洁燃煤发电、新能源发电及并网、第三代核电等领域应用推广一批技术成熟、有市场需求、经济合理的技术。

加强国家重点工程技术装备质量检测和评定，提升国家重点工程建设和运行质量，开展评审论证、表彰奖励等工作，提高市场主体应用新产品、新技术的积极性。建立健全能源行业技术标准体系，加快推进自主核电、成品油升级、煤炭深加工等领域标准体系建设，保证技术合理应用。

（二）依托示范工程，促进先进技术产业化

根据《国家能源科技重大示范工程管理办法》的要求，按照行业主管部门的规划布局，结合企业自身利益，积极落实重大能源依托工程，建立多元化投融资渠道，对批准立项的示范工程项目给予资金和政策支持，把能源技术及其关联产业培育成新的增长点。

结合“十三五”期间我国能源行业产业升级需要，大力推动能源技术革命，以绿色低碳为方向，着力推进重大技术研究和重大技术装备项目，切实把示范项目作为实现技术国产化、知识产权自主化和市场竞争力的标杆，带动产业升级。

在煤炭深加工、清洁燃煤发电、储能、高效太阳能、海上风电、能源互联网、先进反应堆型等重点领域率先推进一批采用自主化先进能源科技和装备的示范工程，鼓励先行先试，支持技术创新，探讨应用条件，提高装备国产化水平，探索新技术带来的商业模式和价格机制问题。

（三）打造创新平台，培育前沿技术开发能力

在能源领域依托重点能源企业、科研院所和高等学校开展协同创新，发挥各自优势，联合组建一批“产-学-研-用”一体的研发基地作为联合创新平台，集中攻关一批前景广阔的技术，加速科技创新成果转化应用。依托科研院所优势创新单元共同组建洁净能源国家实验室、国家西部能源研究院等重大科技创新平台，加强国家能源研发中心（重点实验室）的管理，持续推进创新能力建设。

能源科技创新平台以规范化、高效率为目标，最大限度实现各类资源的有效集成、最优配置和充分利用，重点解决关键技术、核心装备问题，将其建成核心技术研究中心、工程化应用中心、高层次人才培养基地，成为能源技术革命中的重要攻坚力量。

在核电重大技术、新能源技术、非常规油气勘探开发技术、先进燃气轮机技术等领域设立国家科技计划重大专项，依托能源科技创新平台组织能源重大关键技术攻关。实现市场导向技术创新、研究成果快速转化、创新价值充分保护、资源配置效率大幅提高，提高人才、资本、技术和知识流动效率，构建更加高效的能源科技创新体系。

（四）加强国际交流，提升技术装备国际竞争力

在能源技术领域推进国际合作，广泛开展双多边合作与交流，加强与优势国家和地区在先进核能、高效储能、高比例可再生能源消纳、非常规油气开发、先进能源材料、碳捕集封存利用、燃气轮机等领域的合作，提高我国在相关领域的技术水平。

紧密结合国家战略，配合有关部门完善能源装备、部件、材料相关政策，促进国外先进能源技术和装备的引进、消化、吸收，实现知识产权自主化，提升国产化水平和市场竞争力。建立能源装备出口服务机制，充分利用我国在新能源、大型水电、输配电、煤炭深加工、清洁燃煤发电等领域的优势地位，依托重大工程建设和政府合作平台，支持我国能源技术走出去。

结合“一带一路”建设，利用沿线国家和地区的资源优势，进行能源技术领域务实合作，培育有全球影响力的先进能源装备制造基地，锻造有国际竞争力的能源工程人才队伍。

电力发展“十三五”规划（2016~2020年）

发布单位：国家发展改革委　国家能源局

前　言

“十三五”时期是我国全面建成小康社会的决胜期、全面深化改革的攻坚期。电力是关系国计民生的基础产业，电力供应和安全事关国家安全战略，事关经济社会发展全局，面临重要的发展机遇和挑战。面对新形势，党中央、国务院明确提出了“推动消费、供给、技术、体制革命，全方位加强国际合作”能源发展战略思想，以及“节约、清洁、安全”的能源发展方针，为电力工业持续健康发展提供了根本遵循。

为深入贯彻落实党的十八大和十八届三中、四中、五中、六中全会精神，根据《中华人民共和国国民经济和社会发展第十三个五年规划纲要》、《能源发展“十三五”规划》制订本规划。

本规划内容涵盖水电、核电、煤电、气电、风电、太阳能发电等各类电源和输配电网，重点阐述“十三五”时期我国电力发展的指导思想和基本原则，明确主要目标和重点任务，是“十三五”电力发展的行动纲领和编制相关专项规划的指导文件、布局重大电力项目的依据，规划期为2016~2020年。规划实施过程中，适时进行滚动调整。

一、发展基础

（一）取得的成绩

电力工业发展规模迈上新台阶。“十二五”期间，我国电力建设步伐不断加快，多项指标居世界首位。截至2015年底，全社会用电量达到5.69万亿千瓦时，全国发电装机达15.3亿千瓦，其中水电3.2亿千瓦（含抽水蓄能0.23亿千瓦），风电1.31亿千瓦，太阳能发电0.42亿千瓦，核电0.27亿千瓦，火电9.93亿千瓦（含煤电9亿千瓦，气电0.66亿千瓦），生物质能发电0.13亿千瓦；“西电东送”规模达1.4亿千瓦；220千伏及以上线路合计60.9万公里，变电容量33.7亿千伏安。

截至2015年底，我国人均装机约1.11千瓦，人均用电量约4142千瓦时，均超世界平均水平；电力在终端能源消费中占比达25.8%。

华北、华中、华东、东北、西北、南方六个区域各级电网网架不断完善，配电网供电能力、供电质量和装备水平显著提升，智能化建设取得突破，农村用电条件得到明显改善，全面解决了无电人口用电问题。

结构调整取得新成就。“十二五”时期，我国非化石电源发展明显加快。全国水电规模稳步增加，新增投产超过1亿千瓦，占全国发电装机比重达到20.9%；风电规模高速增长，占比由2010年的3.1%提高至8.6%，跃升为我国第三大电源；光伏发电实现了跨越式发展，累计新增约4200万千瓦；核电在运装机规模居世界第四，在建3054万千瓦，居世界第一。

火电机组结构持续优化，超临界、超超临界机组比例明显提高，单机30万千瓦及以上机组比重上升到78.6%；单机60万千瓦及以上机组比重明显提升，达到41%。非化石能源装机占比从2010年的27%提高到2015年的35%；非化石能源在一次能源消费中的比重从2010年的9.4%提高到2015年的12%，超额完成“十二五”规划目标。

节能减排达到新水平。持续推进燃煤机组淘汰落后产能和节能改造升级，累计关停小火电机组超过2800万千瓦，实施节能改造约4亿千瓦，实施超低排放改造约1.6亿千瓦。全国火电机组平均供电煤耗降至315克标煤/千瓦时（其中煤电平均供电煤耗约318克标煤/千瓦时），达到世界先进水平，煤电机组二氧化碳排放强度下降到约890克/千瓦时；供电煤耗五年累计降低18克标煤/千瓦时，年节约标煤7000万吨以上，减排二氧化碳约2亿吨。

实施严格的燃煤机组大气污染物排放标准，完善脱硫脱硝、除尘、超低排放等环保电价政策，推动现役机组全面实现脱硫，脱硝比例达到92%。2015年电力行业二氧化硫、氮氧化物等主要大气污染物排放总量较2010年分别减少425万吨、501万吨，二氧化硫、氮氧化物减排量超额完成了“十二五”规划目标。

装备技术创新取得新突破。燃煤发电技术不断创新，达到世界领先水平。百万千瓦级超超临界机组、超低排放燃煤发电技术广泛应用；60万千瓦级、百万千瓦级超超临界二次再热机组和世界首台60万千瓦级超临界CFB机组投入商业运行；25万千瓦IGCC、10万吨二氧化碳捕集装置示范项目建成，世界首台百万千瓦级间接空冷机组开工建设。

水电工程建设技术和装备制造水平显著提高。攻克了世界领先的300米级特高拱坝、深埋长引水隧洞群等技术，相继建成了世界最高混凝土双曲拱坝（锦屏一级水电站），深埋式长隧洞（锦屏二级水电站）及世界第三、亚洲第一高的土心墙堆石坝（糯扎渡水电站）。

风电、太阳能等新能源发电技术与国际先进水平的差距显著缩小。我国已经形成了大容量风电机组整机设计体系和较完整的风电装备制造技术体系；规模化光伏开发利用技术取得重要进展，晶体硅太阳能电池产业技术具备较强的国际竞争力，批量化单晶硅电池效率达到19.5%，多晶硅电池效率达到18.5%。

核电技术步入世界先进行列。完成三代AP1000技术引进消化吸收，形成自主品牌的 CAP1400 和华龙一号三代压水堆技术，开工建设具有第四代特征的高温气冷堆示范工程，建成实验快堆并成功并网发电。

电网技术装备和安全运行水平处于世界前列。国际领先的特高压输电技术开始应用，±1100 千伏直流输电工程开工建设。大电网调度运行能力不断提升，供电安全可靠水平有效提高。新能源发电并网、电网灾害预防与治理等关键技术及成套装备取得突破，多端柔性直流输电示范工程建成投运。

电力国际合作拓展新局面。对外核电、火电、水电、新能源发电及输变电合作不断加强，投资形式日趋多样。带动了我国标准、技术、装备、金融走出去。与 8 个周边国家和地区开展电力贸易，投资巴西、葡萄牙等国电网。

体制改革开启新篇章。《中共中央国务院关于进一步深化电力体制改革的若干意见》（中发［2015］9 号）及相关配套文件相继出台，试点工作逐步开展，价格机制逐步完善，输配电价改革试点加快推进，市场主体逐步培育，电力市场建设取得新进展。

简政放权深入推进。取消和下放电力审批事项 17 项，全面清理规范性文件，建立合法性审查制度，颁布或修改一大批电力法律、法规、产业政策和行业标准。组建中国电建、中国能建两家特大型能源建设集团，主辅分离取得阶段性进展。基本取消了县级供电企业“代管体制”，基本实现城乡用电同网同价。

专栏 1 “十二五”电力工业发展情况

类别	指标	2010 年	2015 年	年均增速
用电量	全社会用电量(亿千瓦时)	41999	56933	6.27%
	人均用电量(千瓦时)	3132	4142	5.75%
电源规模	总装机规模(亿千瓦)	9.7	15.3	9.54%
	人均装机(千瓦/人)	0.7	1.11	9.66%
	水电(亿千瓦)	2.16	3.2	8.15%
	核电(亿千瓦)	0.11	0.27	19.67%
	风电(亿千瓦)	0.3	1.31	34.29%
	光伏(亿千瓦)	0.003	0.42	168.67%
	火电(亿千瓦)	7.1	9.93	6.94%
	生物质能发电(亿千瓦)	—	0.13	—
电网规模	220 千伏及以上线路(万公里)	44.6	60.9	6.4%
	变电容量(亿千伏安)	19.90	33.7	11.11%
电力流	西电东送规模(亿千瓦)	1	1.4	6.96%
能耗	火电机组平均供电煤耗(克标煤/千瓦时)	333	315	[-18]
	线路损失率	6.53%	6.64%	[0.11%]
主要大气污染物排放量	二氧化硫(万吨)	956	528.1	
	氮氧化物(万吨)	1055	551.9	

注：1. ［ ］为五年累计值。

2. 2015 年二氧化硫、氮氧化物排放量以环境统计年鉴公布数据为准。

（二）机遇与挑战

电力工业发展取得成绩的同时，也暴露出很多问题。“十二五”期间，电力供应由总体平衡、局部偏紧的状态逐步转向相对宽松、局部过剩。非化石电源快速发展的同时，部分地区弃风、弃光、弃水问题突出，“三北”地区风电消纳困难，云南、四川两省弃水严重。局部地区电网调峰能力严重不足，尤其北方冬季采暖期调峰困难，进一步加剧了非化石能源消纳矛盾。电力设备利用效率不高，火电利用小时数持续下降，输电系统利用率偏低，综合线损率有待进一步降低。区域电网结构有待优化，输电网稳定运行压力大，安全风险增加。城镇配电网供电可靠性有待提高，农村电网供电能力不足。电力市场在配置资源中发挥决定性作用的体制机制尚未建立，电力结构优化及转型升级的调控政策亟待进一步加强。

“十三五”是我国全面建成小康社会的决胜期，深化改革的攻坚期，也是电力工业加快转型发展的重要机遇期。在世界能源格局深刻调整、我国电力供需总体宽松、环境资源约束不断加强的新时期，电力工业发展面临一系列新形势、新挑战。

供应宽松常态化。“十三五”期间，随着经济发展进入新常态，增长速度换挡，结构调整加快，发展动力转换，节能意识增强，全社会用电增速明显放缓。“十二五”期间开工建设的发电设备逐步投入运行，局部地区电力供过于求，设备利用小时数偏低，电力系统整体利用效率下降。我国电力供应将进入持续宽松的新阶段。

电源结构清洁化。大气污染防治力度加强，气候变化形势日益严峻，生态与环保刚性约束进一步趋紧。我国已向国际社会承诺2020年非化石能源消费比重达到15%左右，加快清洁能源的开发利用和化石能源的清洁化利用已经成为必然趋势。加快能源结构调整的步伐，向清洁低碳、安全高效转型升级迫在眉睫。

电力系统智能化。推进电力工业供给侧改革，客观上要求改善供应方式，提高供给效率，增强系统运行灵活性和智能化水平。风电、光伏发电大规模并网消纳，核电安全运行对电力系统灵活性和调节能力提出了新的要求。为全面增强电源与用户双向互动，提升电网互济能力，实现集中和分布式供应并举，传统能源和新能源发电协同，增强调峰能力建设，提升负荷侧响应水平，建设高效智能电力系统成为必然选择。

电力发展国际化。随着一带一路建设的逐步推进，全方位、多领域的电力对外开放格局更加明晰，电力产业国际化将成为一种趋势。电力企业国际化面临积累国际竞争经验，提高产品和服务多样化水平，电力行业标准与国际标准衔接，履行企业环境责任，完善金融保险配套服务等诸多挑战。电力国际化进程对我国与周边国家的电力互联互通和电力装备制造水平提出了新要求。

体制机制市场化。新一轮电力体制改革将改变电网企业的功能定位和盈利模式，促进电网投资、建设和运营向着更加理性化的方向发展。市场主体逐渐成熟，发电和售电侧引入市场竞争，形成主体多元、竞争有序的交易格局。新兴业态和商业模式创新不断涌现，市场在资源配置中的决定性作用开始发挥，市场化正在成为引领电力工业发展的新方向。

二、指导思想、原则和目标

（一）指导思想

深入贯彻党的十八大和十八届三中、四中、五中、六中全会精神，落实“四个革命、一个合作”发展战略，牢固树立和贯彻落实创新、协调、绿色、开放、共享发展理念，按照《中华人民共和国国民经济和社会发展第十三个五年规划纲要》、《能源发展“十三五”规划》相关部署，加强统筹协调，加强科技创新，加强国际合作；着力调整电力结构，着力优化电源布局，着力升级配电网，着力增强系统调节能力，着力提高电力系统效率，着力推进体制改革和机制创新；加快调整优化，转型升级，构建清洁低碳、安全高效的现代电力工业体系，惠及广大电力用户，为全面建成小康社会提供坚实支撑和保障。

（二）基本原则

统筹兼顾，协调发展。统筹各类电源建设，逐步提高非化石能源消费比重。降低全社会综合用电成本。统筹电源基地开发、外送通道建设和消纳市场，促进网源荷储一体协同发展。

清洁低碳，绿色发展。坚持生态环境保护优先，坚持发展非煤能源发电与煤电清洁高效有序利用并举，坚持节能减排。提高电能占终端能源消费比重，提高发电用煤占煤炭消费总量比重，提高天然气利用比例。

优化布局，安全发展。坚持经济合理，调整电源布局，优化电网结构。坚守安全底线，科学推进远距离、大容量电力外送，构建规模合理、分层分区、安全可靠的电力系统，提高电力抗灾和应急保障能力。

智能高效，创新发展。加强发输配用交互响应能力建设，构建“互联网+”智能电网。加强系统集成优化，改进调度运行方式，提高电力系统效率。大力推进科技装备创新，探索管理运营新模式，促进转型升级。

深化改革，开放发展。坚持市场化改革方向，健全市场体系，培育市场主体，推进电价改革，提高运营效率，构建有效竞争、公平公正公开的电力市场。坚持开放包容、政府推动、市场主导，充分利用国内国外两个市场、两种资源，实现互利共赢。

保障民生，共享发展。围绕城镇化、农业现代化和美丽乡村建设，以解决电网薄弱问题为重点，提高城乡供电质量，提升人均用电和电力普遍服务水平。在革命老区、民族地区、边疆地区、集中连片贫困地区实施电力精准扶贫。

（三）发展目标

1. 供应能力

为保障全面建成小康社会的电力电量需求，预期2020年全社会用电量6.8万~7.2万亿千瓦时，年均增长3.6%~4.8%，全国发电装机容量20亿千瓦，年均增长5.5%。人均装机突破1.4千瓦，人均用电量5000千瓦时左右，接近中等发达国家水平。城乡电气化水平明显提高，电能占终端能源消费比重达到27%。

考虑到为了避免出现电力短缺影响经济社会发展的情况和电力发展适度超前的原则，在预期2020年全社会用电需求的基础上，按照2000亿千瓦时预留电力储备，以满足经济社会可能出现加速发展的需要。

2. 电源结构

按照非化石能源消费比重达到15%的要求，到2020年，非化石能源发电装机达到7.7亿千瓦左右，比2015年增加2.5亿千瓦左右，占比约39%，提高4个百分点，发电量占比提高到31%；气电装机增加5000万千瓦，达到1.1亿千瓦以上，占比超过5%；煤电装机力争控制在11亿千瓦以内，占比降至约55%。

3. 电网发展

合理布局能源富集地区外送，建设特高压输电和常规输电技术的“西电东送”输电通道，新增规模1.3亿千瓦，达到2.7亿千瓦左右；电网主网架进一步优化，省间联络线进一步加强，形成规模合理的同步电网。严格控制电网建设成本。全国新增500千伏及以上交流线路9.2万公里，变电容量9.2亿千伏安。

基本建成城乡统筹、安全可靠、经济高效、技术先进、环境友好、与小康社会相适应的现代配电网。中心城市（区）智能化建设和应用水平大幅提高，供电可靠率达到99.99%，综合电压合格率达到99.97%；城镇地区供电能力及供电安全水平显著提升，供电可靠率达到99.9%，综合电压合格率达到98.79%；乡村地区全面解决电网薄弱问题，基本消除“低电压”，供电可靠率达到99.72%，综合电压合格率达到97%，户均配变容量不低于2千伏安。为电采暖、港口岸电、充电基础设施等电能替代提供有力支撑。

4. 综合调节能力

抽水蓄能电站装机新增约1700万千瓦，达到4000万千瓦左右，单循环调峰气电新增规模500万千瓦。热电联产机组和常规煤电灵活性改造规模分别达到1.33亿千瓦和8600万千瓦左右。落实全额保障性收购制度，将弃风、弃光率控制在合理水平。

5. 节能减排

力争淘汰火电落后产能2000万千瓦以上。新建燃煤发电机组平均供电煤耗低于300克标煤/千瓦时，现役燃煤发电机组经改造平均供电煤耗低于310克标煤/千瓦时。火电机组二氧化硫和氮氧化物年排放总量均力争下降50%以上。30万千瓦级以上具备条件的燃煤机组全部实现超低排放，煤电机组二氧化碳排放强度下降到865克/千瓦时左右。火电厂废水排放达标率实现100%。电网综合线损率控制在6.5%以内。

6. 民生用电保障

2020年，电能替代新增用电量约4500亿千瓦时。力争实现北方大中型以上城市热电联产集中供热率达到60%以上，逐步淘汰管网覆盖范围内的燃煤供热小锅炉。完成全国小城镇和中心村农网改造升级、贫困村通动力电，实现平原地区机井用电全覆盖，东部地区基本实现城乡供电服务均等化，中西部地区城乡供电服务差距大幅缩小，贫困及偏远少数民族地区农村电网基本满足生产生活需要。

专栏2 “十三五”电力工业发展主要目标

类别	指标	2015年	2020年	年均增速	属性
电力总量	总装机(亿千瓦)	15.3	20	5.5%	预期性
	西电东送(亿千瓦)	1.4	2.7	14.04%	预期性
	全社会用电量(万亿千瓦时)	5.69	6.8~7.2	3.6~4.8%	预期性
	电能占终端能源消费比重	25.8%	27%	[1.2%]	预期性
	人均装机(千瓦/人)	1.11	1.4	4.75%	预期性
	人均用电量(千瓦时/人)	4142	4860~5140	3.2~4.4%	预期性
电力结构	非化石能源消费比重	12%	15%	[3%]	约束性
	非化石能源发电装机比重	35%	39%	[4%]	预期性
	常规水电(亿千瓦)	2.97	3.4	2.8%	预期性
	抽蓄装机(万千瓦)	2303	4000	11.7%	预期性
	核电(亿千瓦)	0.27	0.58	16.5%	预期性
	风电(亿千瓦)	1.31	2.1	9.9%	预期性
	太阳能发电(亿千瓦)	0.42	1.1	21.2%	预期性
	化石能源发电装机比重	65%	61%	[-4%]	预期性
	煤电装机比重	59%	55%	[-4%]	预期性
	煤电(亿千瓦)	9	<11	4.1%	预期性
	气电(亿千瓦)	0.66	1.1	10.8%	预期性
节能减排	新建煤电机组平均供电煤耗(克标煤/千瓦时)	—	300	—	约束性
	现役煤电机组平均供电煤耗(克标煤/千瓦时)	318	<310	[-8]	约束性
	线路损失率	6.64%	<6.50%		预期性
民生保障	充电设施建设	满足500万辆电动车充电			预期性
	电能替代用电量(亿千瓦时)	—	4500		预期性

注：1. [ ] 为五年累计值。

2. 2015年煤电平均供电煤耗根据中电联公布的火电平均供电煤耗估算。

三、重点任务

(一) 积极发展水电，统筹开发与外送

坚持生态优先和移民妥善安置前提下，积极开发水电。以重要流域龙头水电站建设为重点，科学开发西南水电资源。坚持干流开发优先、支流保护优先的原则，积极有序推进大型水电基地建设，严格控制中小流域、中小水电开发。坚持开发与市场消纳相结合，统筹水电的开发与外送，完善市场化消纳机制，基本解决四川、云南水电消纳问题。强化政策措施，新建项目应提前落实市场空间，防止新弃水现象发生。

继续做好金沙江下游、大渡河、雅砻江等水电基地建设；积极推进金沙江上游等水电基地开发，推动藏东南“西电东送”接续能源基地建设；继续推进雅砻江两河口、

大渡河双江口等龙头水电站建设，加快金沙江中游龙头水电站研究论证，积极推动龙盘水电站建设；基本建成长江上游、黄河上游、乌江、南盘江红水河、雅砻江、大渡河六大水电基地。

重点依托西南水电基地开发，建成金沙江中游送电广西、滇西北至广东、四川水电外送、乌东德电站送电两广输电通道，开工建设白鹤滩电站外送工程，积极开展金沙江上游等消纳方案研究。

“十三五”期间，全国常规水电新增投产约4000万千瓦，开工6000万千瓦以上，其中小水电规模500万千瓦左右。到2020年，常规水电装机达到3.4亿千瓦。

（二）大力发展新能源，优化调整开发布局

按照集中开发与分散开发并举、就近消纳为主的原则优化风电布局，统筹开发与市场消纳，有序开发风光电。加快中东部及南方等消纳能力较强地区的风电开发力度，积极稳妥推进海上风电开发。按照分散开发、就近消纳为主的原则布局光伏电站，全面推进分布式光伏和“光伏+”综合利用工程，积极支持光热发电。

调整“三北”风电消纳困难及弃水严重地区的风电建设节奏，提高风电就近消纳能力，解决弃风限电问题。加大消纳能力较强或负荷中心区风电开发力度，力争中东部及南方区域风电占全国新增规模的一半。在江苏、广东、福建等地因地制宜推进海上风电项目建设。

全面推进分布式光伏发电建设，重点发展屋顶分布式光伏发电系统，实施光伏建筑一体化工程。在中东部地区结合采煤沉陷区治理以及农业、林业、渔业综合利用等适度建设光伏电站项目。推进光热发电试点示范工程。

“十三五”期间，风电新增投产0.79亿千瓦以上，太阳能发电新增投产0.68亿千瓦以上。2020年，全国风电装机达到2.1亿千瓦以上，其中海上风电500万千瓦左右；太阳能发电装机达到1.1亿千瓦以上，其中分布式光伏6000万千瓦以上、光热发电500万千瓦。

依托电力外送通道，有序推进“三北”地区可再生能源跨省区消纳4000万千瓦，存量优先。

（三）鼓励多元化能源利用，因地制宜试点示范

在满足环保要求的条件下，合理建设城市生活垃圾焚烧发电和垃圾填埋气发电项目。积极清洁利用生物质能源，推动沼气发电、生物质发电和分布式生物质气化发电。到2020年，生物质发电装机1500万千瓦左右。

开展燃煤与生物质耦合发电、燃煤与光热耦合发电示范与应用。在东北等粮食主产区布局一批燃煤与农林废弃残余物耦合发电示范项目，在京津冀、长三角、珠三角布局一批燃煤与污泥耦合发电示范项目，在华北、西北布局一批燃煤与光热耦合发电示范项目。

推进“万千瓦级”高温地热发电项目建设。因地制宜发展中小型分布式中低温地热发电项目。开展深层高温干热岩发电系统关键技术研究和项目示范。

开展海洋能等综合技术集成应用示范。在有条件的沿海地区建设海洋能与风电、太阳能等可再生能源互补的海岛微电网示范项目。积极开展示范性潮汐电站建设。

开展风光储输多元化技术综合应用示范。结合风电、光伏等新能源开发，融合储能、微网应用，推动可再生能源电力与储能、智能输电、多元化应用新技术示范，推动多能互补、协同优化的新能源电力综合开发。“十三五”期间，继续推动张家口等可再生能源示范区相关建设。

（四）安全发展核电，推进沿海核电建设

坚持安全发展核电的原则，加大自主核电示范工程建设力度，着力打造核心竞争力，加快推进沿海核电项目建设。建成三门、海阳AP1000自主化依托项目，建设福建福清、广西防城港“华龙一号”示范工程。开工建设CAP1400示范工程等一批新的沿海核电工程。深入开展内陆核电研究论证和前期准备工作。认真做好核电厂址资源保护工作。“十三五”期间，全国核电投产约3000万千瓦、开工3000万千瓦以上，2020年装机达到5800万千瓦。

（五）有序发展天然气发电，大力推进分布式气电建设

充分发挥现有天然气电站调峰能力，推进天然气调峰电站建设，在有条件的华北、华东、南方、西北等地区建设一批天然气调峰电站，新增规模达到500万千瓦以上。适度建设高参数燃气蒸汽循环热电联产项目，支持利用煤层气、煤制气、高炉煤气等发电。推广应用分布式气电，重点发展热电冷多联供。“十三五”期间，全国气电新增投产5000万千瓦，2020年达到1.1亿千瓦以上，其中热电冷多联供1500万千瓦。

（六）加快煤电转型升级，促进清洁有序发展

积极主动适应能源结构调整和电力市场发展，加快煤电结构优化和转型升级，鼓励煤电联营，促进煤电高效、清洁、可持续发展。

严格控制煤电规划建设。坚持市场引导与政府调控并举的原则，通过建立风险预警机制和实施“取消一批、缓核一批、缓建一批”，同时充分发挥电力系统联网效益，采取跨省区电力互济、电量短时互补等措施，多措并举减少新增煤电规模。“十三五”期间，取消和推迟煤电建设项目1.5亿千瓦以上。到2020年，全国煤电装机规模力争控制在11亿千瓦以内。

合理控制煤电基地建设。配合远距离输电通道规划建设，根据受端供需状况合理安排煤电基地开发规模和建设时序，减小受端省份接受外来电力的压力。

因地制宜规划建设热电联产和低热值煤发电项目。在充分利用已有热源且最大限度地发挥其供热能力的基础上，按照“以热定电”的原则规划建设热电联产项目。优先发展背压式热电联产机组，电力富裕地区严控抽凝式热电机组。适当发展低热值煤综合利用发电项目。建设一定规模以煤矸石为主的综合利用发电项目。

积极促进煤电转型升级。加快新技术研发和推广应用，提高煤电发电效率及节能环保水平。全面实施燃煤电厂超低排放和节能改造“提速扩围”工程，加大能耗高、污染重煤电机组改造和淘汰力度。“十三五”期间，全国实施煤电超低排放改造约4.2亿千瓦，实施节能改造约3.4亿千瓦，力争淘汰落后煤电机组约2000万千瓦。到2020年，全国现役煤电机组平均供电煤耗降至310克标煤/千瓦时；具备条件的30万千瓦级以上机组全部实现超低排放。

（七）加强调峰能力建设，提升系统灵活性

高度重视电力系统调节能力建设，从负荷侧、电源侧、电网侧多措并举，充分挖掘现有系统调峰能力，加大调峰电源规划建设力度，着力增强系统灵活性、适应性，破解新能源消纳难题。

加快抽水蓄能电站建设。统筹规划、合理布局，在有条件的地区，抓紧建设一批抽水蓄能电站。加强抽水蓄能电站调度运行管理，切实发挥抽水蓄能电站提供备用、增强系统灵活性的作用。“十三五”期间，抽蓄电站开工6000万千瓦左右，新增投产1700万千瓦左右，2020年装机达到4000万千瓦左右。

全面推动煤电机组灵活性改造。实施煤电机组调峰能力提升工程，充分借鉴国际火电灵活性相关经验，加快推动北方地区热电机组储热改造和纯凝机组灵活性改造试点示范及推广应用。“十三五”期间，“三北”地区热电机组灵活性改造约1.33亿千瓦，纯凝机组改造约8200万千瓦；其它地区纯凝机组改造约450万千瓦。改造完成后，增加调峰能力4600万千瓦，其中“三北”地区增加4500万千瓦。

优化电力调度运行。在确保电力系统安全稳定的前提下，以节能环保低碳为目标，制定科学可行的电力系统调度原则和具体措施，确定各类机组的发电优先序位、用户侧的有序用电序位以及机组的调峰、轮停序位，根据中长期、日前交易电量及负荷预测确定合理开机组合。推行节能低碳电力调度，加强对新能源发电的功率预测和考核，充分发挥电网联络线调剂作用，努力消纳可再生能源，减少能源、资源消耗和污染物排放。

大力提高电力需求侧响应能力。建立健全基于价格激励的负荷侧响应措施，进一步优化推广发电侧和用户侧峰谷电价机制，探索实行可中断负荷电价。完善推广电力需求侧管理，整合系统运行、市场交易和用户用电数据，提高负荷侧大数据分析能力，增强负荷侧响应能力。引导用户错峰用电，减小系统峰谷差。积极推进大容量和分布式储能技术的示范应用与推广。

（八）筹划外送通道，增强资源配置能力

“十三五”期间电力外送统筹送受端需求、受端电源结构及调峰能力，合理确定受电比重和受电结构。跨区送电具有可持续性，满足送端地区长远需要，应参与受端电力市场竞争。输煤输电并举，避免潮流交叉迂回，促进可再生能源消纳，确保电网安全。

在实施水电配套外送输电通道的基础上，重点实施大气污染防治行动12条输电通道及酒泉至湖南、准东至安徽、金中至广西输电通道。建成东北（扎鲁特）送电华北（山东）特高压直流输电通道，解决东北电力冗余问题。适时推进陕北（神府、延安）电力外送通道建设。结合受端市场情况，积极推进新疆、呼盟、蒙西（包头、阿拉善、乌兰察布）、陇（东）彬（长）、青海等地区电力外送通道论证。

“十三五”期间，新增“西电东送”输电能力1.3亿千瓦，2020年达到2.7亿千瓦。

（九）优化电网结构，提高系统安全水平

坚持分层分区、结构清晰、安全可控、经济高效原则，按照《电力系统安全稳定导则》的要求，充分论证全国同步电网格局，进一步调整完善区域电网主网架，提升各电压等级电网的协调性，探索大电网之间的柔性互联，加强区域内省间电网互济能力，提高电网运行效率，确保电力系统安全稳定运行和电力可靠供应。

东北地区：“十三五”期间，西电东送、北电南送的格局随着外送通道建设改变。重点加快扎鲁特至山东青州特高压直流输电工程建设，2018年形成1000万千瓦电力外送能力；适时启动赤峰（元宝山）至冀北输电通道建设；加强东北主网至高岭背靠背500千伏电网，确保300万千瓦的输电能力；加强蒙东与辽宁、吉林省间断面建设。2020年东北地区初步形成1700万千瓦外送能力，力争实现电力供需基本平衡。

依托扎鲁特外送通道及其配套工程，进一步优化三省一区内部电网结构，主要是蒙东电网围绕扎鲁特换流站建设，逐步形成覆盖呼伦贝尔、兴安、通辽和赤峰500千伏网架；黑龙江电网重点加强省内东西部网络联系，建设向扎鲁特电力汇集输电工程；吉林电网重点完善中部网架，配套建设水电站、抽水蓄能电站送出工程；辽宁电网结合负荷增长需要加强内部网架。

华北地区：“十三五”期间，西电东送格局基本不变，京津冀鲁接受外来电力超过8000万千瓦。依托在建大气污染防治行动计划交流特高压输电工程，规划建设蒙西至晋中，胜利至锡盟，潍坊经临沂、枣庄至石家庄交流特高压输电工程，初步形成两横两纵的1000千伏交流特高压网架。建设张北至北京柔性直流工程，增加张北地区风光电外送能力。研究实施蒙西电网与华北主网异步联网及北京西至石家庄交流特高压联络线工程。

结合交流特高压输变电及其配套工程，进一步优化华北地区各省（区、市）电网结构。主要是按照京津冀协同发展战略部署，京津冀地区加强500千伏电网建设和配电网升级改造，实现首都接受外来电能力2200万千瓦以上，满足“电能替代”工程用电需求，确保首都供电安全；山东电网结合特高压交流和直流落点，优化500千伏网架，提高受电能力；山西电网重点满足规划内电源接入和送出，优化与京津冀电网互联结构；蒙西电网结合外送和本地负荷发展，加强锡盟与蒙西之间的联络，形成完整、坚强的蒙西电网。

西北地区：“十三五”期间，重点加大电力外送和可再生能源消纳能力。加快准东、宁东、酒泉和陕北特高压直流外送通道建设；根据市场需求，积极推进新疆第三回、陇彬、青海外送通道研究论证。

继续完善750千伏主网架，增加电力互济能力。主要是陕西电网建设陕北至关中第二通道，形成陕北“目”字形网架，提高陕北向关中送电能力，为陕北特高压直流外送创造条件；甘肃电网启动河西地区主网加强方案，提高向兰白地区输电能力；青海电网结合新能源建设，适当补强原有网架；宁夏电网形成750千伏双环网，优化调整330/220千伏电网，满足上海庙直流接入；新疆电网进一步向南疆延伸，形成750千伏多环网结构，适时启动南疆与格尔木联网工程。

华东地区："十三五"期间，长三角地区新增外来电力3800万千瓦。建成淮南经南京至上海1000千伏特高压交流输电工程，初步形成受端交流特高压网架；建设苏州特高压站至新余、江苏东洲至崇明500千伏输变电工程，实现上海与苏州电网互联；研究实施适用技术，保证多回大容量直流安全稳定受入；开工建设闽粤联网工程。

结合交直流特高压输变电及其配套工程，进一步优化华东地区各省（市）电网结构。主要是上海电网结合外来电及城市发展，利用已有走廊及站址，做好电网改扩建，同时有效控制短路电流；江苏电网、浙江电网、安徽电网着重完善500千伏网架，提高负荷密集地区电网安全稳定运行水平并合理控制短路电流；福建电网加强山区500千伏网架，同时论证推进福建北部向南部新增输电通道。

华中地区："十三五"期间，实现电力外送到电力受入转变，湖南、湖北、江西新增接受外电达到1600万千瓦。实施渝鄂直流背靠背工程，实现与川渝藏电网异步联网，提高四川水电外送能力及系统安全稳定水平；推进省间电网加强工程，满足外来电增加需要；针对华北、华中联网安全运行薄弱环节，研究采取必要的安全措施；积极研究论证三峡电力留存及外送方案优化调整。

湖北电网围绕陕北（神府、延安）直流、渝鄂背靠背工程，做好相关配套工程论证及建设，进一步优化500千伏网架，控制关键节点短路电流水平；河南电网做好500千伏网架优化，适时加强豫南电网；湖南电网研究论证酒湖直流电力消纳，做好配套工程建设，论证黔东电厂改接贵州可行性；江西电网重点优化并加强赣东、赣南电网。

"十三五"期间，川渝藏形成相对独立的同步电网，建成川渝第三条500千伏输电通道，提高川渝间电网互济能力。四川电网结合第四回特高压直流外送工程加强水电汇集通道建设，同时完善西部水电基地至负荷中心500千伏输电通道。结合金沙江上游开发，积极推进金上水电外送工程论证和前期工作。研究论证川西电网目标网架，确保涉藏水电开发和消纳。重庆电网进一步加强受端电网建设，满足外来电力增加需要。西藏电网结合电气化铁路规划建设，重点建设藏中电网与昌都联网、拉萨至灵芝铁路供电工程，同时在立足优先保障自身电力供应的前提下，综合技术、经济、国防等多方面因素，推进建设阿里电网与藏区主网互联工程，实现主网覆盖西藏各地区。

南方地区："十三五"期间，稳步推进"西电东送"，形成"八交十一直"输电通道，送电规模达到4850万千瓦；进一步加强和优化主网结构，实现云南电网与主网异步联网，建成海南联网Ⅱ回工程，适时启动广东电网直流背靠背工程，形成以送、受端电网为主体，规模适中、结构清晰、定位明确的2～3个同步电网，提高电网安全稳定水平；提高向香港、澳门地区供电能力。

广东电网重点解决多直流连锁故障及短路电流超标问题，推动电网实现东西分区运行；广西电网重点结合云电送桂逐步实现由通道型电网向受端电网转变；云南电网重点加强滇西北、滇西南、滇东北送电通道建设，同时结合乌东德电站接入进一步优化滇中电网结构，增强云南电网运行的灵活性；贵州电网重点加强黔西南、黔西送电通道建设，优化贵阳负荷中心电网结构并进一步增强黔东电网与主网的联络；海南电网重点结合昌江核电及联网Ⅱ回的建设，进一步优化现有220千伏电网结构，提高电网抗灾能力。

（十）升级改造配电网，推进智能电网建设

满足用电需求，提高供电质量，着力解决配电网薄弱问题，促进智能互联，提高新能源消纳能力，推动装备提升与科技创新，加快构建现代配电网。有序放开增量配电网业务，鼓励社会资本有序投资、运营增量配电网，促进配电网建设平稳健康发展。

加强城镇配电网建设。强化配电网统一规划，健全标准体系。全面推行模块化设计、规范化选型、标准化建设。中心城市（区）围绕发展定位和高可靠用电需求，高起点、高标准建设配电网，供电质量达到国际先进水平，北京、上海、广州、深圳等超大型城市建成世界一流配电网；城镇地区结合国家新型城镇化进程及发展需要，适度超前建设配电网，满足快速增长的用电需求，全面支撑"京津冀"、"长江中游"、"中原"、"成渝"等城市群以及"丝绸之路经济带"等重点区域发展需要。积极服务新能源、分布式电源、电动汽车充电基础设施等多元化负荷接入需求。做好与城乡发展、土地利用的有效衔接，将管廊专项规划确定入廊的电力管线建设规模、时序纳入配电网规划。

实施新一轮农网改造升级工程。加快新型小乡镇、中心村电网和农业生产供电设施改造升级。结合"农光互补"、"光伏扶贫"等分布式能源发展模式，建设可再生能源就地消纳的农村配网示范工程。开展西藏、新疆和四川、云南、甘肃、青海四省藏区农村电网建设攻坚。加快西部及贫困地区农村电网改造升级，特别是国家扶贫开发工作重点县、集中连片特困地区以及革命老区的农村电网改造升级，实现贫困地区通动力电。推进东中部地区城乡供电服务均等化进程，逐步提高农村电网信息化、自动化、智能化水平，进一步优化电力供给结构。

推进"互联网+"智能电网建设。全面提升电力系统的智能化水平，提高电网接纳和优化配置多种能源的能力，满足多元用户供需互动。实现能源生产和消费的综合调配，充分发挥智能电网在现代能源体系中的作用。

提升电源侧智能化水平，加强传统能源和新能源发电的厂站级智能化建设，促进多种能源优化互补。全面建设智能变电站，推广应用在线监测、状态诊断、智能巡检系统，建立电网对山火、冰灾、台风等各类自然灾害的安全预警体系。推进配电自动化建设，根据供电区域类型差异化配置，整体覆盖率达90%，实现配电网可观可控。提升输配电网络的柔性控制能力，示范应用配电侧储能系统及柔性直流输电工程。

构建"互联网+"电力运营模式，推广双向互动智能计量技术应用。加快电能服务管理平台建设，实现用电信息采集系统全覆盖。全面推广智能调度控制系统，应用大数据、云计算、物联网、移动互联网技术，提升信息平台承载能力和业务应用水平。调动电力企业、装备制造企业、用户等市场主体的积极性，开展智能电网支撑智慧城市创新示范区，合力推动智能电网发展。

（十一）实施电能替代，优化能源消费结构

立足能源清洁化发展和大气污染防治，以电能替代散烧煤、燃油为抓手，不断提高电能占终端能源消费比重、可再生能源占电力消费比重及电煤占煤炭消费比重。综合考虑地区潜力空间、节能环保效益、财政支持能力、电力体制改革和电力市场交易等因素，因地制宜，分步实施，逐步扩大电能替代范围，着力形成节能环保、便捷高效、技术可行、广泛应用的新型电力消费市场。重点在居民采暖、生产制造、交通运输、电力供应与消费四个领域，推广或试点电采暖、地能热泵、工业电锅炉（窑炉）、农业电排灌、船舶岸电、机场桥载设备、电蓄能调峰等。开展差别化试点探索，积极创新，实施一批试点示范项目。

2020年，实现能源终端消费环节电能替代散烧煤、燃油消费总量约1.3亿吨标煤，提高电能占终端能源消费比重。

（十二）加快充电设施建设，促进电动汽车发展

按照“因地制宜、快慢互济、经济合理”的原则，以用户居住地停车位、单位停车场、公交及出租车场站等配建的专用充电设施为主体，以公共建筑物停车场、社会公共停车场、临时停车位等配建的公共充电设施为辅助，以独立占地的城市快充站、换电站和高速公路服务区配建的城际快充站为补充，推动电动汽车充电基础设施体系加快建设。加大停车场与充电基础设施一体化建设支持力度。探索电动汽车充放电与电力系统互动，改善系统调峰能力。

到2020年，新增集中式充换电站超过1.2万座，分散式充电桩超过480万个，基本建成适度超前、车桩相随、智能高效的充电基础设施体系，满足全国超过500万辆电动汽车的充电需求。

（十三）推进集中供热，逐步替代燃煤小锅炉

围绕大气污染防治和提高能源利用效率，健康有序发展以集中供热为前提的热电联产，不断提高我国北方城市集中供热普及率，解决我国北方地区冬季供暖期大气污染严重、区域热电供需矛盾突出、热源结构不合理等问题，保障城市居民和工业园区用热需求。

综合考虑地区电力、热力需求和当地气候、资源、环境条件，统筹协调城市或工业园区的总体规划、供热规划、环境治理规划和电力规划等，按照“统一规划、以热定电、立足存量、结构优化、提高能效、环保优先”的基本原则，在优先利用已有热源且最大限度地发挥其供热能力的基础上，通过配套支持政策重点鼓励发展能效高、污染少的背压式热电联产机组。同时，发展热电联产集中供热与环境保护协调联动，与关停小锅炉和减少用煤量挂钩，提高热电联产供热范围内小锅炉的环保排放标准，加快小锅炉关停。在风能、太阳能、生物质能等可再生能源资源富集区，因地制宜发展风电供暖、太阳能光热电联供、生物质热电联产等新能源供热应用。

到2020年，实现北方大中型以上城市热电联产集中供热率达到60%以上，形成规划科学、布局合理、利用高效、供热安全的热电联产产业健康发展格局。

（十四）积极发展分布式发电，鼓励能源就近高效利用

加快分布式电源建设。放开用户侧分布式电源建设，推广“自发自用、余量上网、电网调节”的运营模式，鼓励企业、机构、社区和家庭根据自身条件，投资建设屋顶式太阳能、风能等各类分布式电源。鼓励在有条件的产业聚集区、工业园区、商业中心、机场、交通枢纽及数据存储中心和医院等推广建设分布式能源项目，因地制宜发展中小型分布式中低温地热发电、沼气发电和生物质气化发电等项目。支持工业企业加快建设余热、余压、余气、瓦斯发电项目。

（十五）开展电力精准扶贫，切实保障民生用电

围绕新型工业化、城镇化、农业现代化和美丽乡村建设，以满足用电需求、提高供电质量、促进智能化为目标，着力解决乡村及偏远地区供电薄弱问题，加大电力精准扶贫力度，加快建设现代配电服务体系，推进村庄公共照明设施建设，支持经济发展，服务社会民生。

加强老少边穷地区电力供应保障。全面解决农村电网户均供电容量低、安全隐患多、“卡脖子”、“低电压”等问题，加大国家级贫困县、集中连片特殊困难地区以及偏远少数民族地区、革命老区配电网建设与改造力度。

加大电力扶贫力度。坚持因地制宜、整体推进、政府主导、社会支持的原则，充分结合当地资源特点，鼓励电力企业履行社会责任，在贫困地区建设电力项目。支持贫困地区水电开发，适当发展绿色小水电，贫困地区的电力项目优先纳入电力规划。鼓励水电项目留存部分电力电量保障当地用电需要。建立长期可靠的项目运营管理机制和扶贫收益分配管理制度。确保电力扶贫项目与贫困人口精准对应，切实实现“精准扶贫、有效扶贫”。

（十六）加大攻关力度，强化自主创新

应用推广一批相对成熟、有市场需求的新技术，尽快实现产业化。试验示范一批有一定积累，但尚未实现规模化生产的适用技术，进一步验证技术路线和经济性。集中攻关一批前景广阔但核心技术受限的关键技术。鼓励企业增加研发投入，积极参与自主创新。

清洁高效发电技术。全面掌握拥有自主知识产权的超超临界机组设计、制造技术；以高温材料为重点，加快攻关700℃超超临界发电技术；研究开展中间参数等级示范，实现发电效率突破50%。推进自主产权的60万千瓦级超超临界CFB发电技术示范。加快整体煤气化联合循环（IGCC）自主化设计制造攻关，在深入评估论证基础上推进大容量IGCC国产化示范应用，推进煤基梯级利用发电技术应用。加快燃煤与生物质耦合发电关键技术研发与应用。实践世界最先进的燃煤发电除尘、脱硫、脱硝和节能、节水、节地等技术；研究碳捕捉与封存（CCS）和资源化利用技术，适时开展应用示范。发展智能发电技术，开展发电过程智能化检测、控制技术研究与智能仪表控制系统装备研发，攻关高效燃煤发电机组、大型风力发电机组、重型燃气机组、核电机组等领域先进运行控制技术与示范应用。

先进电网技术与储能技术。开展大容量机电储能、熔盐蓄热储能、高效化学电池储能等多种储能示范应用，大幅降低单位千瓦建设成本，力争接近抽水蓄能电站水平，加快推广应用。继续推进特高压输电、大容量断路器、直流断路器、大容量柔性输电等先进电网技术的研发与应用。推进微电网关键技术研究及示范建设。推进高温超导等前沿技术领域的研究。开展电网防灾减灾技术研究。

电力行业网络与信息安全。建立健全信息技术产品选型安全审查机制，加强供应链安全管理。推进核心芯片、操作系统、数据库、应用软件等基础软硬件产品的安全可控能力建设。强化密码技术在电力行业网络安全工作中的支撑作用。加强联动协作与信息共享，持续提升电力行业网络安全综合检测预警及感知能力。

“互联网+”智慧能源。将发电、输配电、负荷、储能融入智能电网体系中，加快研发和应用智能电网、各类能源互联网关键技术装备，实现智能化能源生产消费基础设施、多能协同综合能源网络建设、能源与信息通信基础设施深度融合，建立绿色能源灵活交易机制，形成新型城镇多种能源综合协同、绿色低碳、智慧互动的供能模式。

电力领域其他重点自主创新。积极发展新型煤基发电技术，突破常规煤电效率瓶颈，推进燃料电池发电技术研发应用，研发固体氧化物、熔融碳酸盐燃料电池堆和发电系统集成技术。突破热端部件设计制造技术，掌握高性能复合材料大规模制备技术，建成微型、小型和中型燃气轮机整机试验平台、重型燃气轮机整机发电试验电站。探索机电型电热冷三联供示范系统运用。提高大型先进压水堆核电技术自主化程度，推动高温气冷堆技术优化升级，开展小型智能堆、商用快堆、熔盐堆等先进核能技术研发。加强百万千瓦级水轮发电机组、大容量高水头抽水蓄能机组等重大技术攻关。加快高效太阳能发电技术、大容量风电技术等可再生能源发电技术研发和应用。

（十七）落实一带一路倡议，加强电力国际合作

坚持开放包容、分类施策、合作共赢原则，充分利用国际国内两个市场、两种资源，积极推进电力装备、技术、标准和工程服务国际合作，根据需要推动跨境电网互联互通，鼓励电力企业参与境外电力项目建设经营。探讨构建全球能源互联网，推动以清洁和绿色方式满足全球电力需求。

积极开展对外业务。拓展电力装备出口，积极推进高效清洁火电、水电、核电、输变电等大型成套设备出口。积极推动对外电力服务，开展电力升级改造合作，带动电力设计、标准等技术服务国际合作。在控制财务风险的基础上，稳妥推进对外电力投资。

（十八）深化电力体制改革，完善电力市场体系

组建相对独立和规范运行的电力交易机构，建立公平有序的电力市场规则，初步形成功能完善的电力市场。深入推进简政放权。

有序推进电力体制改革。核定输配电价。2017年底前，完成分电压等级核定电网企业准许总收入和输配电价，逐步减少电价交叉补贴。加快建立规则明晰、水平合理、监管有力、科学透明的独立输配电价体系。建立健全电力市场体系。建立标准统一的电力市场交易技术支持系统，积极培育合格市场主体，完善交易机制，丰富交易品种。2016年启动东北地区辅助服务市场试点，成熟后全面推广。2018年底前，启动现货交易试点；2020年全面启动现货市场，研究风险对冲机制。组建相对独立和规范运行的电力交易机构。建立完善的治理结构、完备的市场规则和健全的制度体系；充分发挥各类市场主体和第三方机构在促进交易机构规范运行中的作用。积极推进交易机构股份制改造和相对独立规范运行，2016年底前完成电力交易机构组建工作。有序放开发用电计划。建立优先购电和优先发电制度，落实优先购电和优先发电的保障措施；切实保障电力电量平衡。逐年减少发电计划，2020年前基本取消优先发电权以外的非调节性发电计划。全面推进配售电侧改革。支持售电主体创新商业模式和服务内容，2018年底前完成售电侧市场竞争主体培育工作，基本形成充分竞争的售电侧市场主体；鼓励社会资本开展增量配电业务；明确增量配电网放开的具体办法；建立市场主体准入退出机制；完善市场主体信用体系；在试点基础上全面推开配售电改革。

深入推进简政放权。总结电力项目核准权限下放后的承接情况、存在问题和实施效果，结合电力体制改革精神，进一步探索创新市场化的电力项目开发和投资管理机制。加强简政放权后续监管，组织开展电力项目简政放权专项监管，重点对核准权限下放后的项目优选、项目核准、项目依法依规建设以及并网运行等工作进行监管，督促国家产业政策和技术标准落实，维护电力项目规划建设秩序。

四、规划实施

（一）加强组织领导

在发展改革委的统筹指导下，国家能源局作为全国电力规划的责任部门，建立健全以国家能源局组织协调、相关职能部门积极配合、各省级政府和重点电力企业细化落实的电力规划实施工作机制，加强对电力重大战略问题的研究和审议，推动规划实施。省级能源主管部门是省级电力规划的责任部门，各省级能源主管部门要切实履行职责，组织协调实施。

（二）细化任务落实

各省（区、市）要将本规划确定的约束性指标、主要任务和重大工程列入本地区能源发展规划和电力发展专项规划，分解落实目标任务，明确进度安排协调和目标考核机制，精心组织实施。各重点电力企业要充分发挥市场主体作用，积极有序推进规划项目前期论证，保障规划顺利实施。

（三）做好评估调整

规划实施年度中每年对规划执行情况进行回顾、梳理、评估，结合实施情况对规划项目进行微调。坚持规划中期评估制度，严格评估程序，委托第三方机构开展评估工作，对规划滚动实施提出建议，及时总结经验、分析问题、制订对策。规划确需调整的，由国家能源局按程序修订后公布。

（四）加强督促检查

国家能源局及其派出监管机构要完善电力规划实施情况监管组织体系，创新监管措施和手段，有效开展监管工作。各派出机构要会同省级能源主管部门，密切跟踪工作进展，掌握目标任务完成情况，定期组织开展监督检查和考核评价，编制并发布规划实施情况监管报告，提出滚动调整建议。建立重大情况报告制度，探索建立规划审计制度，及时发现并纠正实施中存在的问题。国家能源局派出机构与地方能源管理部门要进一步加强沟通协调，实现信息共享。

（五）健全法律法规和标准体系

修订颁布《电力法》，完善《电网调度管理条例》、《电力供应与使用条例》、《电力设施保护条例》等及其配套管理办法，出台《核电管理条例》，建立规范政府行为和市场行为的电力法制体系。

加强行业管理，强化电力规划管理办法的贯彻实施，研究制定电网无歧视公平接入、跨区送受电、微电网、热电联产、燃气发电、煤电联营、电网备用容量管理、节能低碳调度、高效智能电力系统建设、技术监督等政策。按照市场化改革要求，继续出台电力体制改革配套文件及指导意见。抓紧修订一批电力行业国家标准、定额和规程。落实国家大面积停电事件应急预案，提高电力系统抗灾和应急响应恢复能力。

探索建立电力领域法律法规和标准及时更新机制，充分发挥法制对电力改革和发展的引导、推动、规范和保障作用。

（六）建立协调机制

建立规划统筹协调机制，衔接国家规划与地方规划，协商重大电力项目布局、规模和时序，协调电网与电源项目。建立规划年度对接制度，开展地方电力规划咨询评估，依法开展规划环境影响评价。探索改进电源项目前期管理。加大财政资金支持，建设电力项目信息管理系统，提高项目储备、规划、核准、建设、运营、退役全过程信息化管理能力。加强信息公开，增强信息透明度。

完善运行调控机制，开展风电、光伏投资监测预警，建立弃风（光）率预警考核机制。2017 年起，全面开展适应大规模清洁能源发电开发利用的电力节能低碳调度。建立跨省（区）送电中长期协议制度。整合各渠道电力信息数据，加强电力预测分析和预警，规范电力信息报告和发布制度。依托国家电力规划中心等中介机构，加快监测体系建设，为政府决策提供信息支持。建立健全电力行业信用支撑体系，实行黑名单制度。

（七）健全产业政策

研究制订覆盖规划建设、投资运营、信贷金融、装备制造的电力全产业链预警机制。研究燃煤与光热、生物质耦合，风光抽蓄耦合等可再生能源利用方式补助方法。结合电力体制改革进程，有序放开上网电价和公益性以外的用电价格。在放开上网电价之前，研究完善燃煤、天然气、水力、核电等上网电价机制，增强弹性，更好反映市场供求关系。完善输配电成本监审和核算制度。探索风（光）电专用电力外送通道运营模式。

支持抽水蓄能电站投资主体多元化。建立龙头电站梯级水库补偿机制，促进水电流域梯级电站联合优化运行。完善新能源发电电价补贴机制，探索市场化交易模式，推动技术进步和成本下降。支持煤电机组灵活性改造。鼓励实施电能替代。建立调峰、调频、调压等辅助服务市场，完善电力调峰成本补偿和价格机制。建立可再生能源全额保障性收购的电力运行监测评估制度。研究促进可再生能源就近消纳和储能发展的价格政策。

采取多种方式，继续安排资金支持城镇配电网、农村电网建设改造和电动汽车充电设施建设。鼓励社会资本参与跨省区输电工程、配电网工程、分布式电源并网工程、储能装置和电动汽车充电基础设施投资和建设。鼓励电力企业参与碳排放权交易。完善电力行业落后产能退出政策。

搭建电力产业新业态融资平台。鼓励风险投资、产业基金以多种形式参与电力产业创新。积极引导社会资本投资。鼓励通过发行专项债券、股权交易、众筹、PPP 等方式，加快示范项目建设。加强电力市场化改革领域人才培养。

可再生能源发展“十三五”规划

发布单位：国家发展改革委

前　言

可再生能源是能源供应体系的重要组成部分。目前，全球可再生能源开发利用规模不断扩大，应用成本快速下降，发展可再生能源已成为许多国家推进能源转型的核心内容和应对气候变化的重要途径，也是我国推进能源生产和消费革命、推动能源转型的重要措施。

“十二五”期间，我国可再生能源发展迅速，为我国能源结构调整做出了重要贡献。“十三五”时期是我国全面建成小康社会的决胜阶段，也是全面深化改革的攻坚期，更是落实习近平总书记提出的“四个革命、一个合作”能源发展战略的关键时期。为实现 2020 年和 2030 年非化石能源分别占一次能源消费比重 15% 和 20% 的目标，加快建立清洁低碳的现代能源体系，促进可再生能源产业持续健康发展，按照《可再生能源法》要求，根据《中华人民共和国国民经济和社会发展第十三个五年规划纲要》和《能源发展“十三五”规划》，制定《可再生能源发展“十三五”规划》（以下简称“《规划》”）。

《规划》包括了水能、风能、太阳能、生物质能、地热能和海洋能，明确了 2016 年至 2020 年我国可再生能源发展的指导思想、基本原则、发展目标、主要任务、优化资源配置、创新发展方式、完善产业体系及保障措施，是“十三五”时期我国可再生能源发展的重要指南。

一、发展基础和形势

（一）国际形势

随着国际社会对保障能源安全、保护生态环境、应对气候变化等问题日益重视，加快开发利用可再生能源已成为世界各国的普遍共识和一致行动，国际可再生能源发展呈现出以下几个趋势：

一是可再生能源已成为全球能源转型及实现应对气候变化目标的重大战略举措。全球能源转型的基本趋势是实现化石能源体系向低碳能源体系的转变，最终进入以可再生能源为主的可持续能源时代。为此，许多国家提出了以发展可再生能源为核心内容的能源转型战略，联合国政府间气候变化专家委员会（IPCC）、国际能源署（IEA）和国际可再生能源署（IRENA）等机构的报告均指出，可再生能源是实现应对气候变化目标的重要措施。90% 以上的联合国气候变化《巴黎协定》签约国都设定了可再生能源发展目标。欧盟以及美国、日本、英国等发达国家都把发展可再生能源作为温室气体减排的重要措施。

二是可再生能源已在一些国家发挥重要替代作用。近年来，欧美等国每年 60% 以上的新增发电装机来自可再生能源。2015 年，全球可再生能源发电新增装机容量首次超过常规能源发电装机容量，表明全球电力系统建设正在发生结构性转变。特别是德国等国家可再生能源已逐步成为主流能源，并成为这些国家能源转型、低碳发展的重要组成部分。美国可再生能源占全部发电量的比重也逐年提高，印度、巴西、南非以及沙特等国家也都在大力建设可再生能源发电项目。

三是可再生能源的经济性已得到显著提升。随着可再生能源技术的进步及应用规模的扩大，可再生能源发电的成本显著降低。风电设备和光伏组件价格近五年分别下降了约 20% 和 60%。南美、非洲和中东一些国家的风电、光伏项目招标电价与传统化石能源发电相比已具备竞争力，美国风电长期购电协议价格已与化石能源发电达到同等水平，德国新增的新能源电力已经基本实现与传统能源平价，可再生能源发电的补贴强度持续下降，经济竞争能力明显增强。

四是可再生能源已成为全球具有战略性的新兴产业。许多国家都将可再生能源作为新一代能源技术的战略制高点和经济发展的重要新领域，投入大量资金支持可再生能源技术研发和产业发展。可再生能源产业的国际竞争加剧，围绕相关技术和产品的国际贸易摩擦不断增多。可再生能源已成为国际竞争的重要新领域，是许多国家新一代制造技术的代表性产业。

（二）国内形势

1. 发展基础

“十二五”期间，我国可再生能源产业开始全面规模化发展，进入了大范围增量替代和区域性存量替代的发展阶段。

一是可再生能源在推动能源结构调整方面的作用不断增强。2015 年，我国商品化可再生能源利用量为 4.36 亿吨标准煤，占一次能源消费总量的 10.1%；如将太阳能热利用等非商品化可再生能源考虑在内，全部可再生能源年利用量达到 5.0 亿吨标准煤；计入核电的贡献，全部非化石能源利用量占到一次能源消费总量 12%，比 2010 年提高 2.6 个百分点。到 2015 年底，全国水电装机为 3.2 亿千瓦，风电、光伏并网装机分别为 1.29 亿千瓦、4318 万千瓦，太阳能热利用面积超过 4.0 亿平方米，应用规模都位居全球首位。全部可再生能源发电量 1.38 万亿千瓦时，约占全社会用电量的 25%，其中非水可再生能源发电量占 5%。生物质能继续向多元化发展，各类生物质能年利用量约 3500 万吨标准煤。

二是可再生能源技术装备水平显著提升。随着开发利用规模逐步扩大，我国已逐步从可再生能源利用大国向可再生能源技术产业强国迈进。我国已具备成熟的大型水电设计、施工和管理运行能力，自主制造投运了单机容量80万千瓦的混流式水轮发电机组，掌握了500米级水头、35万千瓦级抽水蓄能机组成套设备制造技术。风电制造业集中度显著提高，整机制造企业由“十二五”初期的80多家逐步减少至20多家。风电技术水平明显提升，关键零部件基本国产化，5-6兆瓦大型风电设备已经试运行，特别是低风速风电技术取得突破性进展，并广泛应用于中东部和南方地区。光伏电池技术创新能力大幅提升，创造了晶硅等新型电池技术转换效率的世界纪录。建立了具有国际竞争力的光伏发电全产业链，突破了多晶硅生产技术封锁，多晶硅产量已占全球总产量的40%左右，光伏组件产量达到全球总产量的70%左右。技术进步及生产规模扩大使“十二五”时期光伏组件价格下降了60%以上，显著提高了光伏发电的经济性。各类生物质能、地热能、海洋能和可再生能源配套储能技术也有了长足进步。

三是可再生能源发展支持政策体系逐步完善。“十二五”期间，我国陆续出台了光伏发电、垃圾焚烧发电、海上风电电价政策，并根据技术进步和成本下降情况适时调整了陆上风电和光伏发电上网电价，明确了分布式光伏发电补贴政策，公布了太阳能热发电示范电站电价，完善了可再生能源发电并网管理体系。根据《可再生能源法》要求，结合行业发展需要三次调整了可再生能源电价附加征收标准，扩大了支持可再生能源发展的资金规模，完善了资金征收和发放管理流程。建立完善了可再生能源标准体系，产品检测和认证能力不断增强，可再生能源设备质量稳步提高，有效促进了各类可再生能源发展。

专栏1 “十二五”期末可再生能源主要发展指标

内　　容	2010年	“十二五”预期目标	2015年	年均增长（%）
一、发电				
1. 水电（万千瓦）	21,606	29,000	31,954	8.10%
2. 并网风电（万千瓦）	3,100	10,000	12,900	33.00%
3. 光伏发电（万千瓦）	80	2,100	4,318	122.00%
4. 各类生物质发电（万千瓦）	550	1300	1030	13.40%
二、供气				
沼气（亿立方米）	140	220	190	6.30%
三、供热				
1. 太阳能热水器（万平方米）	16,800	40,000	44,000	21.20%
2. 地热等（万吨标准煤/年）	460	1500	460	0.00%
四、燃料				
1. 生物成型燃料（万吨）	0	1000	800	
2. 燃料乙醇（万吨）	180	400	210	3.10%
3. 生物柴油（万吨）	50	100	80	9.90%
总利用量（万吨标准煤/年）	28,600	47,800	51,248	12.40%

2. 面临的形势与挑战

随着可再生能源技术进步和产业化步伐的加快，我国可再生能源已具备规模化开发应用的产业基础，展现出良好的发展前景，但也面临着体制机制方面的明显制约，主要表现在：

一是现有的电力运行机制不适应可再生能源规模化发展需要。以传统能源为主的电力系统尚不能完全满足风电、光伏发电等波动性可再生能源的并网运行要求。电力市场机制与价格机制不够完善，电力系统的灵活性未能充分发挥，可再生能源与其它电源协调发展的技术管理体系尚未建立，可再生能源发电大规模并网仍存在技术障碍，可再生能源电力的全额保障性收购政策难以有效落实，弃水、弃风、弃光现象严重。

二是可再生能源对政策的依赖度较高。目前，风电、太阳能发电、生物质能发电等的发电成本相对于传统化石能源仍偏高，度电补贴强度较高，补贴资金缺口较大，仍需要通过促进技术进步和建立良好的市场竞争机制进一步降低发电成本。可再生能源整体对政策扶持的依赖度较高，受政策调整的影响较大，可再生能源产业的可持续发展受到限制。此外，全国碳排放市场尚未建立，目前的能源价格和税收制度尚不能反映各类能源的生态环境成本，没有为可再生能源发展建立公平的市场竞争环境。

三是可再生能源未能得到有效利用。虽然可再生能源装机特别是新能源发电装机逐年快速增长，但是各市场主体在可再生能源利用方面的责任和义务不明确，利用效率不高，“重建设、轻利用”的情况较为突出，供给与需求不平衡、不协调，致使可再生能源可持续发展的潜力未能充分挖掘，可再生能源占一次能源消费的比重与先进国家相比仍较低。

二、指导思想和基本原则

（一）指导思想

全面贯彻党的十八大和十八届三中、四中、五中、六中全会精神，坚持创新、协调、绿色、开放、共享的发展理念，遵循能源发展“四个革命、一个合作”的战略方向，坚持清洁低碳、安全高效的发展方针，顺应全球能源转型大趋势，完善促进可再生能源产业发展的政策体系，统筹各类可再生能源协调发展，切实缓解弃水弃风弃光问题，加快推动可再生能源分布式应用，大幅增加可再生能源在能源生产和消费中的比重，加速对化石能源的替代，在规模化发展中加速技术进步和产业升级，促进可再生能源布局优化和提质增效，加快推动我国能源体系向清洁低碳模式转变。

（二）基本原则

1. 坚持目标管控，促进结构优化。把扩大可再生能源的利用规模、提高可再生能源在能源消费中的比重作为各地区能源发展的重要约束性指标，形成优先开发利用可再生能源的能源发展共识，积极推动各类可再生能源多元发展。

2. 坚持市场主导，完善政策机制。充分发挥市场配置资源的决定性作用，鼓励以竞争性方式配置资源，加快成本降低，实施强制性的市场份额及可再生能源电力绿色证书制度，逐步减少新能源发电的补贴强度，落实可再生能源发电全额保障性收购制度，提升可再生能源电力消纳水平。

3. 坚持创新引领，推动转型升级。把加快技术进步和提高产业创新能力作为引导可再生能源发展的主要方向，通过严格可再生能源产品市场准入标准，促进先进技术进入市场，完善和升级产业链，逐步建立良性竞争市场，淘汰落后产能，不断提高可再生能源的经济性和市场竞争力。

4. 坚持扩大交流，促进国际合作。积极参与国际政策对话和技术交流，充分利用国际、国内市场和资源，吸引全球技术、资金、开发经验等优势资源，鼓励企业由单纯设备出口或投资项目转向国际化综合服务，积极参与全球能源治理和产业资源整合。

三、发展目标

为实现2020、2030年非化石能源占一次能源消费比重分别达到15%、20%的能源发展战略目标，进一步促进可再生能源开发利用，加快对化石能源的替代进程，改善可再生能源经济性，提出主要指标如下：

1. 可再生能源总量指标。到2020年，全部可再生能源年利用量7.3亿吨标准煤。其中，商品化可再生能源利用量5.8亿吨标准煤。

2. 可再生能源发电指标。到2020年，全部可再生能源发电装机6.8亿千瓦，发电量1.9万亿千瓦时，占全部发电量的27%。

3. 可再生能源供热和燃料利用指标。到2020年，各类可再生能源供热和民用燃料总计约替代化石能源1.5亿吨标准煤。

4. 可再生能源经济性指标。到2020年，风电项目电价可与当地燃煤发电同平台竞争，光伏项目电价可与电网销售电价相当。

5. 可再生能源并网运行和消纳指标。结合电力市场化改革，到2020年，基本解决水电弃水问题，限电地区的风电、太阳能发电年度利用小时数全面达到全额保障性收购的要求。

6. 可再生能源指标考核约束机制指标。建立各省（自治区、直辖市）一次能源消费总量中可再生能源比重及全社会用电量中消纳可再生能源电力比重的指标管理体系。到2020年，各发电企业的非水电可再生能源发电量与燃煤发电量的比重应显著提高。

专栏2 2020年可再生能源开发利用主要指标

内容	利用规模		年产能量		拆标煤万吨/年
	数量	单位	数量	单位	
一、发电	67,500	万千瓦	19,045	亿千瓦时	56,188
1. 水电（不含抽水蓄能）	34,000		12,500		36,875
2. 并网风电	21000		4,200		12,390
3. 光伏发电	10500		1,245		3,673
4. 太阳能热发电	500		200		590
5. 生物质发电	1,500		900		2,660
二、生物天然气			80	亿立方米	960
三、供热					15,100
1. 太阳能热水器	80,000	万米^2			9,600
2. 地热能热利用	160,000				4,000
3. 生物质能供热（万吨）					1,500
四、生物液体燃料	200	万吨			680
1. 生物燃料乙醇	400				380
2. 生物柴油	200				300
可再生能源合计					72,928
商品化可再生能源合计					57,828

注：商品化可再生能源包含发电、生物天然气和燃料三类。

四、主要任务

“十三五”时期，要通过不断完善可再生能源扶持政策，创新可再生能源发展方式和优化发展布局，加快促进可再生能源技术进步和成本降低，进一步扩大可再生能源应用规模，提高可再生能源在能源消费中的比重，推动我国能源结构优化升级。

（一）积极稳妥发展水电

积极推进水电发展理念创新，坚持开发与保护、建设与管理并重，不断完善水能资源评价，加快推进水电规划研究论证，统筹水电开发进度与电力市场发展，以西南地区主要河流为重点，积极有序推进大型水电基地建设，合理优化控制中小流域开发，确保水电有序建设、有效消纳。统筹规划，合理布局，加快抽水蓄能电站建设。

1. 积极推进大型水电基地建设。在做好环境保护、移民安置工作和统筹电力市场的基础上，继续做好金沙江中下游、雅砻江、大渡河等水电基地建设工作；适应能源转型发展需要，优化开发黄河上游水电基地。到2020年，基本建成长江上游、黄河上游、乌江、南盘江红水河、雅砻江、大渡河六大水电基地，总规模超过1亿千瓦。积极推进金沙江上游等水电基地开发，着力打造藏东南“西电东送”接续基地。“十三五”期间，新增投产常规水电4000万千瓦，新开工常规水电6000万千瓦。

加快推进雅砻江两河口、大渡河双江口等调节性能好的控制性水库建设，加快金沙江中游龙头水库研究论证，积极推进龙盘水电站建设，提高流域水电质量和开发效益。统筹协调水电开发和电网建设，加快推动配套送出工程建设，完善水电市场消纳协调机制，促进水能资源跨区优化配置，着力解决水电弃水问题。

专栏3 “十三五”常规水电重点项目

序号	河流	重点开工项目	加快推进项目
1	金沙江	白鹤滩、叶巴滩、拉哇、巴塘、金沙	昌波、波罗、岗托、旭龙、奔子栏、龙盘、银江等
2	雅砻江	牙根一级、孟底沟、卡拉	牙根二级、楞古等
3	大渡河	金川、巴底、硬梁包、枕头坝二级、沙坪一级	安宁、丹巴等
4	黄河	玛尔挡、羊曲	茨哈峡、宁木特等
5	其他	林芝、白马	阿青、忠玉、康工、扎拉等

2. 转变观念优化控制中小流域开发。落实生态文明建设要求，统筹全流域、干支流开发与保护工作，按照流域内干流开发优先、支流保护优先的原则，严格控制中小流域、中小水电开发，保留流域必要生境，维护流域生态健康。水能资源丰富、开发潜力大的西部地区重点开发资源集中、环境影响较小的大型河流、重点河段和重大水电基地，严格控制中小水电开发；开发程度较高的东、中部地区原则上不再开发中小水电。弃水严重的四川、云南两省，除水电扶贫工程外，“十三五”暂停小水电和无调节性能的中型水电开发。加强总结中小流域梯级水电站建设管理经验，开展水电开发后评价工作，推行中小流域生态修复。

支持边远缺电离网地区因地制宜、合理适度开发小水电，重点扶持西藏自治区，四川、云南、青海、甘肃四省藏区和少数民族贫困地区小水电扶贫开发工作。“十三五”期间，全国规划新开工小水电500万千瓦左右。

3. 加快抽水蓄能发展。坚持“统筹规划、合理布局”的原则，根据各地区核电和新能源开发、区域间电力输送情况及电网安全稳定运行要求，加快抽水蓄能电站建设。抓紧落实规划站点建设条件，加快开工建设一批距离负荷中心近、促进新能源消纳、受端电源支撑的抽水蓄能电站。“十三五”期间新开工抽水蓄能电站约6000万千瓦，抽水蓄能电站装机达到4000万千瓦。做好抽水蓄能规划滚动调整工作，统筹考虑区域电力系统调峰填谷需要、安全稳定运行要求和站址建设条件，开展部分地区抽水蓄能选点规划启动、调整工作，充分论证系统需求，优选确定规划站点。根据发展需要，适时启动新一轮的全国抽水蓄能规划工作。加强关键技术研究，推动建设海水抽水蓄能电站示范项目。积极推进抽水蓄能电站建设主体多元化，鼓励社会资本投资，加快建立以招标方式确定业主的市场机制。进一步完善抽水蓄能电站运营管理体制和电价形成机制，加快建立抽水蓄能电站辅助服务市场。研究探索抽水蓄能与核能、风能、太阳能等新能源一体化建设运营管理的新模式、新机制。

专栏4 “十三五”抽水蓄能电站重点开工项目

所在区域	省份	项目名称	总装机容量（万千瓦）
东北电网	辽宁	清原、庄河、兴城	380
	黑龙江	尚志、五常	220
	吉林	蛟河、桦甸	240
	内蒙古（东部）	芝瑞	120

（续）

所在区域	省份	项目名称	总装机容量（万千瓦）
华东电网	江苏	句容、连云港	255
	浙江	宁海、缙云、磐安、衢江	540
	福建	厦门、周宁、永泰、云霄	560
	安徽	桐城、宁国	240
华北电网	河北	抚宁、易县、尚义	360
	山东	莱芜、潍坊、泰安二期	380
	山西	垣曲、浑源	240
	内蒙古（西部）	美岱、乌海	240
华中电网	河南	大鱼沟、花园沟、宝泉二期、五岳	480
	江西	洪屏二期、奉新	240
	湖北	大幕山、上进山	240
	湖南	安化、平江	260
	重庆	栗子湾	120
西北电网	新疆	阜康、哈密天山	240
	陕西	镇安	140
	宁夏	牛首山	80
	甘肃	昌马	120
南方电网	广东	新会	120
	海南	三亚	60
总计			5875

4. 积极完善水电运行管理机制。研究流域梯级电站水库综合管理体制，建立电站运行协调机制。开展流域综合监测工作，建立流域综合监测平台，构建全流域全过程的实时监测、巡视检查、信息共享、监督管理体系。研究流域梯级联合调度体制机制，统筹考虑综合利用需求，优化水电站运行调度。制定梯级水电站联合优化调度运行规程和技术标准，推动主要流域全面实现梯级联合调度。探索各大流域按照现代企业制度组建统一规范的流域公司，逐步推动建立流域统一电价模式和运营管理机制，充分发挥流域梯级水电开发的整体效益。深化抽水蓄能电站作用、效益形成机制及与新能源电站联合优化运行方案和补偿机制研究，实行区域电网内统一优化调度，建立运行考核机制，确保抽水蓄能电站充分发挥功能效用。

5. 推动水电开发扶贫工作。贯彻落实中央关于发展生产脱贫一批的精神，积极发挥当地资源优势，充分尊重地方和移民意愿，科学谋划，加快推进贫困地区水电重大项目建设，更好地将资源优势转变为经济优势和扶贫优势。进一步完善水电开发移民政策，理顺移民工作体制机制，加强移民社会管理，提升移民安置质量。探索贫困地区水电开发资产收益扶贫制度，建立完善水电开发群众共享利益机制和资源开发收益分配政策，将从发电中提取的资金优先用于本水库移民和库区后续发展，增加贫困地区年度发电指标，提高贫困地区水电工程留成电量比例。研究完善水电开发财政税收政策，探索资产收益扶贫，让当地和群众从能源资源开发中更多地受益。

（二）全面协调推进风电开发

按照“统筹规划、集散并举、陆海齐进、有效利用”的原则，严格开发建设与市场消纳相统筹，着力推进风电的就地开发和高效利用，积极支持中东部分散风能资源的开发，在消纳市场、送出条件有保障的前提下，有序推进大型风电基地建设，积极稳妥开展海上风电开发建设，完善产业服务体系。到2020年底，全国风电并网装机确保达到2.1亿千瓦以上。

1. 加快开发中东部和南方地区风电。加强中东部和南方地区风能资源勘查，提高低风速风电机组技术和微观选址水平，做好环境保护、水土保持和植被恢复等工作，全面推进中东部和南方地区风能资源的开发利用。结合电网布局和农村电网改造升级，完善分散式风电的技术标准和并网服务体系，考虑资源、土地、交通运输以及施工安装等建设条件，按照“因地制宜、就近接入”的原则，推动分散式风电建设。到2020年，中东部和南方地区陆上风电装机规模达到7000万千瓦，江苏省、河南省、湖北省、湖南省、四川省、贵州省等地区风电装机规模均达到500万千瓦以上。

2. 有序建设“三北”大型风电基地。在充分挖掘本地风电消纳能力的基础上，借助“三北”地区已开工建设和明确规划的特高压跨省区输电通道，按照“多能互补、协调运行”的原则，统筹风、光、水、火等各类电源，在落实消纳市场的前提下，最大限度地输送可再生能源，扩大风能资源的配置范围，促进风电消纳。在解决现有弃风问题的基础上，结合电力供需变化趋势，逐步扩大“三北”地区风电开发规模，推动“三北”地区风电规模化开发和高效利用。到2020年，“三北”地区风电装机规模确保1.35亿千瓦以上，其中本地消纳新增规模约3500万千瓦。另外，利用跨省跨区通道消纳风电容量4000万千瓦（含存量项目）。

3. 积极稳妥推进海上风电开发。开展海上风能资源勘测和评价，完善沿海各省（区、市）海上风电发展规划。加快推进已开工海上风电项目建设进度，积极推动后续海上风电项目开工建设，鼓励沿海各省（区、市）和主要开发企业建设海上风电示范项目，带动海上风电产业化进程。完善海上风电开发建设管理政策，加强部门间的协调，规范和精简项目核准手续，完善海上风电价格政策。健全海上风电配套产业服务体系，加强海上风电技术标准、规程规范、设备检测认证、信息监测工作，形成覆盖全产业链的设备制造和开发建设能力。到2020年，海上风电开工建设1000万千瓦，确保建成500万千瓦。

4. 切实提高风电消纳能力。加强电网规划和建设，有针对性地对重要送出断面、风电汇集站、枢纽变电站进行补强和增容扩建，完善主网架结构，减少因局部电网送出能力或变电容量不足导致的弃风限电问题。充分挖掘电力系统调峰潜力，提升常规煤电机组和供热机组运行灵活性，鼓励通过技术改造提升煤电机组调峰能力，化解冬季供暖期风电与热电的运行矛盾。结合电力体制改革，取消或缩减煤电发电计划，推进燃气机组、燃煤自备电厂参与调峰。优化风电调度运行管理，建立辅助服务市场，加强需求侧管理和用户响应体系建设，提高风电功率预测精度并加大考核力度，在发电计划中留足风电电量空间，合理安排常规电源开机规模和发电计划，将风电纳入电力平衡和开机组合，鼓励风电等可再生能源机组通过参与市场辅助服务和实时电价竞争等方式，逐步提高系统消纳风电的能力。

（三）推动太阳能多元化利用

按照“技术进步、成本降低、扩大市场、完善体系”的原则，促进光伏发电规模化应用及成本降低，推动太阳能热发电产业化发展，继续推进太阳能热利用在城乡应用。到2020年底，全国太阳能发电并网装机确保实现1.1亿千瓦以上。

1. 全面推进分布式光伏和“光伏+”综合利用工程。继续支持在已建成且具备条件的工业园区、经济开发区等用电集中区域规模化推广屋顶光伏发电系统；积极鼓励在电力负荷大、工商业基础好的中东部城市和工业区周边，按照就近利用的原则建设光伏电站项目；结合土地综合利用，依托农业种植、渔业养殖、林业栽培等，因地制宜创新各类“光伏+”综合利用商业模式，促进光伏与其他产业有机融合；创新光伏的分布利用模式，在中东部等有条件的地区，开展“人人1千瓦光伏”示范工程，建设光伏小镇和光伏新村。

2. 有序推进大型光伏电站建设。在资源条件好、具备接入电网条件、消纳能力强的中西部地区，在有效解决已有弃光问题的前提下，有序推进光伏电站建设。积极支持在中东部地区，结合环境治理和土地再利用要求，实施光伏“领跑者”计划，促进先进光伏技术和产品应用，加快市场优胜劣汰和光伏上网电价快速下降。在水电资源丰富的地区，利用水电调节能力开展水光互补或联合外送示范。

3. 因地制宜推进太阳能热发电示范工程建设。按照总体规划、分步实施的思路，积极推进太阳能热发电产业进程。太阳能热发电先期发展以示范为主，通过首批太阳能热发电示范工程建设，促进技术进步和规模化发展，带动设备国产化，逐步培育形成产业集成能力。按照先示范后推广的发展原则，及时总结示范项目建设经验，扩大热发电项目市场规模，推动西部资源条件好、具备消纳条件、生态条件允许地区的太阳能热发电基地建设，充分发挥太阳能热发电的调峰作用，实现与风电、光伏的互补运行。尝试煤电耦合太阳能热发电示范的运行机制。提高太阳能热发电设备技术水平和系统设计能力，提升系统集成能力和产业配套能力，形成我国自主化的太阳能热发电技术和产业体系。到2020年，力争建成太阳能热发电项目500万千瓦。

4. 大力推广太阳能热利用的多元化发展。持续扩大太阳能热利用在城乡的普及应用，积极推进太阳能供暖、制冷技术发展，实现太阳能热水、采暖、制冷系统的规模化利用，促进太阳能与其他能源的互补应用。继续在城镇民用建筑以及广大农村地区普及太阳能热水系统，到2020年，太阳能热水系统累计安装面积达到4.5亿平方米。加快太阳能供暖、制冷系统在建筑领域的应用，扩大太阳能热利用技术在工农业生产领域的应用规模。到2020年，太阳能热利用集热面积达到8亿平方米。

5. 积极推进光伏扶贫工程。充分利用太阳能资源分布广的特点，重点在前期开展试点的、光照条件好的建档立卡贫困村，以资产收益扶贫和整村推进的方式，建设户用光伏发电系统或村级大型光伏电站，保障280万建档立卡无劳动能力贫困户（包括残疾人）每年每户增加收入3000元以上；其它光照条件好的贫困地区可按照精准扶贫的要求，因地制宜推进光伏扶贫工程。

（四）加快发展生物质能

按照因地制宜、统筹兼顾、综合利用、提高效率的思路，建立健全资源收集、加工转化、就近利用的分布式生产消费体系，加快生物天然气、生物质能供热等非电利用的产业化发展步伐，提高生物质能利用效率和效益。

1. 加快生物天然气示范和产业化发展。选择有机废弃物资源丰富的种植养殖大县，以县为单位建立产业体系，开展生物天然气示范县建设，推进生物天然气技术进步和工程建设现代化。建立原料收集保障和沼液沼渣有机肥利用体系，建立生物天然气输配体系，形成并入常规天然气管网、车辆加气、发电、锅炉燃料等多元化消费模式。到2020年，生物天然气年产量达到80亿立方米，建设160个生物天然气示范县。

2. 积极发展生物质能供热。结合用热需求对已投运生物质纯发电项目进行供热改造，提高生物质能利用效率，积极推进生物质热电联产为县城及工业园区供热，形成20

个以上以生物质热电联产为主的县城供热区域。加快发展技术成熟的生物质成型燃料供热，推动 20 蒸吨 /小时（14MW）以上大型先进低排放生物质成型燃料锅炉供热的应用，污染物排放达到天然气锅炉排放水平，在长三角、珠三角、京津冀鲁等地区工业供热和民用采暖领域推广应用，为工业生产和学校、医院、宾馆、写字楼等公共设施和商业设施提供清洁可再生能源，形成一批生物质清洁供热占优势比重的供热区域。到 2020 年，生物质成型燃料利用量达到 3000 万吨。

3. 稳步发展生物质发电。在做好选址和落实环保措施的前提下，结合新型城镇化建设进程，重点在具备资源条件的地级市及部分县城，稳步发展城镇生活垃圾焚烧发电，到 2020 年，城镇生活垃圾焚烧发电装机达到 750 万千瓦。根据生物质资源条件，有序发展农林生物质直燃发电和沼气发电，到 2020 年，农林生物质直燃发电装机达到 700 万千瓦，沼气发电达到 50 万千瓦。到 2020 年，生物质发电总装机达到 1500 万千瓦，年发电量超过 900 亿千瓦时。

4. 推进生物液体燃料产业化发展。稳步扩大燃料乙醇生产和消费。立足国内自有技术力量，积极引进、消化、吸收国外先进经验，大力发展纤维乙醇。结合陈次和重金属污染粮消纳，控制总量发展粮食燃料乙醇。根据资源条件，适度发展木薯、甜高粱等燃料乙醇项目。对生物柴油项目进行升级改造，提升产品质量，满足交通燃料品质需要。加快木质生物质、微藻等非粮原料多联产生物液体燃料技术创新。推进生物质转化合成高品位燃油和生物航空燃料产业化示范应用。到 2020 年，生物液体燃料年利用量达到 600 万吨以上。

5. 完善促进生物质能发展的政策体系。加强废弃物综合利用，保护生态环境。制定生物天然气、液体燃料优先利用的政策，建立无歧视无障碍并入管网机制，研究建立强制配额机制。完善支持生物质能发展的价格、财税等优惠政策，研究出台生物天然气产品补贴政策，加快生物天然气产业化发展步伐。

（五）加快地热能开发利用

坚持“清洁、高效、可持续”的原则，按照“技术先进、环境友好、经济可行”的总体要求，加快地热能开发利用，加强全过程管理，创新开发利用模式，全面促进地热能资源的合理有效利用。

1. 积极推广地热能热利用。加强地热能开发利用规划与城市总体规划的衔接，将地热供暖纳入城镇基础设施建设，在用地、用电、财税、价格等方面给予地热能开发利用政策扶持。在实施区域集中供暖且地热资源丰富的京津冀鲁豫及毗邻区，在严格控制地下水资源过度开采的前提下，大力推动中深层地热供暖重大项目建设。加大浅层地热能开发利用的推广力度，积极推动技术进步，进一步规范管理，重点在经济发达、夏季制冷需求高的长江经济带地区，特别是苏南地区城市群、重庆、上海、武汉等地区，整体推进浅层地热能重大项目。

2. 有序推进地热发电。综合考虑地质条件、资源潜力及应用方式，在青藏铁路沿线、西藏、四川西部等高温地热资源分布地区，新建若干万千瓦级高温地热发电项目，对西藏羊八井地热电站进行技术升级改造。在东部沿海及油田等中低温地热资源富集地区，因地制宜发展中小型分布式中低温地热发电项目。支持在青藏高原及邻区、京津唐等东部经济发达地区开展深层高温干热岩发电系统关键技术研究和项目示范。

3. 加大地热资源潜力勘察和评价。到 2020 年，基本查清全国地热能资源情况和分布特点，重点在华北地区、长江中下游地区主要城市群及中心城镇开展浅层地热能资源勘探评价，在松辽盆地、河淮盆地、江汉盆地、环鄂尔多斯盆地等未来具有开发前景且勘察程度不高的典型传导型地热区开展中深层地热资源勘察工作，在青藏高原及邻区、东南沿海、河北等典型高温地热系统开展深层地热资源勘察。建立国家地热能资源数据和信息服务体系，完善地热能基础信息数据库，对地热能勘察和开发利用进行系统监测。

（六）推进海洋能发电技术示范应用

结合我国海洋能资源分布及地方区位优势，妥善协调海岸和海岛资源开发利用方案，因地制宜开展海洋能开发利用，使我国海洋能技术和产业迈向国际领先水平。

完善海洋能开发利用公共支撑服务平台建设，初步建成山东、浙江、广东、海南等四大重点区域的海洋能示范基地。加强海洋能综合利用技术研发，重点支持百千瓦级波浪能、兆瓦级潮流能示范工程建设，开展小型化、模块化海洋能的能源供给系统研发，争取突破高效转换、高效储能、高可靠设计等瓶颈，形成若干个具备推广应用价值的海洋能综合利用装备产品。开展海岛（礁）海洋能独立电力系统示范工程建设；在浙江、福建等地区启动万千瓦级潮汐能电站建设，为规模化开发海洋能资源奠定基础。

（七）推动储能技术示范应用

配合国家能源战略行动计划，推动储能技术在可再生能源领域的示范应用，实现储能产业在市场规模、应用领域和核心技术等方面的突破。

1. 开展可再生能源领域储能示范应用。结合可再生能源发电、分布式能源、新能源微电网等项目开发和建设，开展综合性储能技术应用示范，通过各种类型储能技术与风电、太阳能等间歇性可再生能源的系统集成和互补利用，提高可再生能源系统的稳定性和电网友好性。重点探索适合可再生能源发展的储能技术类型和开发模式，探索开展储能设施建设的管理体制、激励政策和商业模式。

2. 提升可再生能源领域储能技术的技术经济性。通过示范工程建设培育稳定的可再生能源领域储能市场，重点提升储能系统的安全性、稳定性、可靠性和适用性，逐步完善储能技术标准、检测认证和入网规范，通过下游应用带动上游产品技术创新和成本下降，推动实现储能技术在可再生能源领域的商业化应用。

（八）加强可再生能源产业国际合作

结合经济全球化及国际能源转型趋势，充分发挥我国可再生能源产业比较优势，紧密结合“一带一路”倡议，推进可再生能源产业链全面国际化发展，提升我国可再生能源产业国际竞争水平，积极参与并推动全球能源转型。

1. 加强对话，搭建国际合作交流服务平台。继续加强与重要国际组织及国家间的政策对话和技术合作，充分掌握国际可再生能源发展趋势。整合已有的多边和双边合作机制，建立可再生能源产业国际合作服务和能力建设平台，提供政策对接、规划引领、技术交流、融资互动、风险预警、品牌建设、经验分享等全方位信息和对接服务，有效支撑我国可再生能源产业的国际化发展。

2. 合理布局，参与全球可再生能源市场。紧密结合“一带一路”沿线国家发展规划和建设需求，巩固和深耕传统市场，培养和开拓新兴市场，适时启动一批标志性合作项目，带动可再生能源领域的咨询、设计、承包、装备、运营等企业共同走出去，形成我国企业优势互补、协同国际化发展的良好局面。

3. 提升水平，参与国际标准体系建设。支持企业和相关机构积极参与国际标准的制修订工作，在领先领域主导制修订一批国际标准，提升我国可再生能源产业的技术水平。加大与主要可再生能源市场开展技术标准的交流合作与互认力度，积极运用国际多边互认机制，深度参与国际电工委员会可再生能源认证互认体系（IECRE）合格评定标准、规则的制定、实施和评估，提升我国在国际认证、认可、检测等领域的话语权。

4. 发挥优势，推动全球能源转型发展。充分发挥我国各类援外合作机制的支持条件，共享我国在可再生能源应用领域的政策规划和技术开发经验，为参与全球能源转型的国家，特别是经济技术相对落后的发展中国家，提供能力建设、政策规划等帮助和支持。

五、优化资源配置

充分利用规划、在建和已建输电通道，在科学论证送端电网调峰能力、受端电网可再生能源消纳能力的基础上，尽量提高输送电量中可再生能源电量比例。结合大气污染防治，促进京津冀周边地区可再生能源协同发展，有序推动可再生能源跨省消纳。发挥水电、光热等可再生能源调节能力，促进水电、风电、光伏、光热等可再生能源多能互补和联合外送。

（一）有序推进大型可再生能源基地建设

借助已建的特高压外送输电通道，加快新疆哈密、宁夏宁东等地区配套的可再生能源项目建设，确保2020年前可再生能源项目全部并网发电。结合在建输电通道的建设进度，有序推进甘肃酒泉、内蒙古、山西、新疆准东等可再生能源项目建设，有效扩大消纳范围，最大限度地提高外送可再生能源电量比重。

专栏5 利用规划、在建和已建输电通道外送可再生能源

——已建输电通道：哈密-郑州±800千伏直流、宁夏-山东±660千伏直流、高岭背靠背等。

——规划和在建输电通道：锡盟-山东1000千伏交流、锡盟-江苏±800千伏直流、蒙西-天津南1000千伏交流、上海庙-山东±800千伏直流、晋北-江苏±800千伏直流、宁东-浙江±800千伏直流、酒泉-湖南±800千伏直流、扎鲁特-山东±800千伏直流等。

（二）加强京津冀及周边地区可再生能源协同发展

贯彻落实《大气污染防治行动计划》有关要求，结合“绿色奥运”、“京津冀一体化”发展战略等，积极推进河北张家口、承德等地区可再生能源基地建设，研究论证并适时推动内蒙古乌兰察布、赤峰等地区可再生能源基地规划建设，加强配套输电通道的规划建设，提高京津冀地区电网协同消纳新能源能力，推广普及可再生能源清洁供暖，实现清洁能源电能替代，显著提高可再生能源在京津冀地区能源消费中的比重。

专栏6 京津冀及周边地区可再生能源协同发展

——张家口可再生能源示范区：深入贯彻“低碳奥运”理念，落实张家口可再生能源示范区规划，推进张家口风电、太阳能、地热能等可再生能源建设和应用，着力推进体制机制创新、商业模式创新、技术创新，构建多元化和智能化的能源系统。

——承德风电基地三期项目：适时推进承德风电基地三期项目建设，在京津冀地区统筹消纳。

——乌兰察布风电基地：根据市场需求规划建设，积极推进华北电网区域内消纳方案论证。

——赤峰风电基地：根据市场需求规划建设，积极推进华北电网区域内消纳方案论证。

（三）开展水风光互补基地示范

利用水风光发电出力的互补特性，在不增加弃水的前提下，在西南和西北等水能资源丰富的地区，借助水电站外送通道和灵活调节能力，建设配套的风电和光伏发电项目，协同推进水风光互补示范项目建设。重点推进四川省凉山州风水互补基地、雅砻江水风光互补基地、金沙江水风光互补基地、贵州省乌江和北盘江流域风水联合运行、青海海南州水风光互补基地等可再生能源基地建设。

专栏7 水风光互补示范基地

——四川省凉山州风电基地：在四川省内消纳利用。

——雅砻江水风光互补基地：通过锦屏-江苏等特高压直流实现水风光联合外送和跨区消纳。

——金沙江水风光互补基地：通过溪洛渡-浙江特高压直流、向家坝-上海特高压直流、溪洛渡-广东直流等实现水风光联合外送和跨区消纳。

——贵州省乌江和北盘江风水互补基地：在贵州省内消纳利用。

——青海海南州水风光互补基地：结合受端电力市场情况，推进水电、风电、光伏、光热联合外送方案论证。

（四）论证风光热综合新能源基地规划

在风能、太阳能资源富集地区，统筹考虑送端地区风电、光伏、光热、抽水蓄能等各类资源互补调节能力，研究规划新增外送输电通道，统筹送端资源和受端市场，充分发挥受端调节作用，实现高品质新能源资源在更大范围内的优化配置。研究探索内蒙古阿拉善盟、青海海西州、甘肃金昌武威等地区以可再生能源电量为主的外送方案。

专栏8 风光热综合新能源基地

——内蒙古阿拉善盟：推进风电、光伏、光热、抽蓄联合运行机制、方式等研究，结合受端电力市场情况，适时探索启动联合外送方案论证。

——青海海西州：推进风电、光伏、光热、抽蓄联合运行机制、方式等研究，结合受端电力市场情况，适时探索启动联合外送方案论证。

六、创新发展方式

结合电力市场建设和电力体制改革，选择适宜地区开展各类可再生能源示范，探索可再生能源集成技术应用、规模化发展路径及商业运营模式，为加快推动可再生能源利用、替代化石能源消费打下坚实基础。

（一）可再生能源供热示范工程

按照“优先利用、经济高效、多能互补、综合集成”的原则，开展规模化应用的可再生能源供热示范工程。在城镇规划建设过程中，做好区域能源规划与城市发展规划的衔接，树立优先发展可再生能源的理念，将可再生能源供热作为区域能源规划的重要内容。推进建筑领域、工业领域可再生能源供热，启动生物质替代城镇燃料工程，加快供热领域各类可再生能源对化石能源的替代。统筹规划建设和改造热力供应的基础设施，加强配套电网建设与改造，优化设计供热管网，建立可再生能源与传统能源协同互补、梯级利用的综合热能供应体系。到2020年，各类可再生能源供热和民用燃料总计可替代化石能源约1.5亿吨标准煤。

专栏9　可再生能源供热示范工程

——太阳能供热。在继续推广太阳能建筑一体化基础上，加快各类中高温

太阳能热利用技术在工业领域应用，满足热水、取暖、蒸汽、制冷等各种品质用热/用冷需要。在适宜地区推广跨季太阳能蓄热工程供热。

——生物质能供热。因地制宜推进农林废弃物、城市垃圾等生物质能综合开发，鼓励城镇小型燃煤供热锅炉改造为以生物质成型颗粒为燃料，扩大生物质热电联产比重，提高生物质利用效率，替代城镇化石燃料消费。

——地热能供热。鼓励地热能资源丰富地区，建立以地热能为主的供热利用体系，满足各种供热需求。

——清洁电力供热。在风能资源富集、供热需求量大、电力供应相对过剩的北方地区，以替代燃煤小锅炉为目标，推广规模化的清洁电力供热工程，在满足这些地区刚性供热需要的同时，扩大清洁电力就地消纳比重，减少煤炭消费。

（二）区域能源转型示范工程

在继续做好绿色能源示范县、新能源示范城市等工作基础上，支持资源条件好、管理有基础、发展潜力大、示范作用显著的地区，以推进新能源应用、显著提高新能源消费比重为目标，以省级、市级、县级或园区级为单位，开展区域能源转型综合应用示范工程建设，促进新能源技术集成、应用方式和体制机制等多层面的创新，探索建立以可再生能源为主的能源技术应用和综合管理新体系。在“三北”地区开展就近消纳试点，发展与可再生能源配套的高载能工业，探索风电制氢、工业直供电等新型可再生能源开发利用模式。争取到2020年，在一些地区工业、建筑、交通等领域增量或存量的能源消费中，率先实现高比例可再生能源应用。

专栏10　区域能源转型示范工程

——能源转型示范省（区）。支持可再生能源资源富集的西北、西南等省（区），规划能源转型战略目标，探索可再生能源就地消纳与省间互济、风光水电等互补协调运行机制，建设能源转型示范省（区）。到2020年，示范省（区）内可再生能源在能源消费中的占比超过30%。支持中东部可再生能源资源一般或相对贫乏但能源消费集中的省份，充分发挥网际输电能力、区域调峰能力，探索实施需求侧管理等综合优化调度运行模式，增加可再生能源消纳比重，争取在“十三五”期间，通过市场化机制消纳区外可再生能源，示范省可再生能源在能源消费中的比重超过30%，新增可再生能源在全部新增能源消费中的占比超过50%。

——能源转型示范城市。在继续深入开展新能源示范城市创建工作的基础上，引导积极的城市创建能源转型示范城市。示范城市以分布式能源和可再生能源供热为重点领域，完善相关政策措施，建立健全信息统计和监测体系等管理制度，力争城市增量能源消费大部分由新能源提供，加快新能源对存量化石能源消费的替代，提高新能源在城市用能中的消费比重，推动城市能源结构转型。示范城市能源消费中的可再生能源比重占城市用能消费的50%以上。

——农村能源转型示范县（区）。支持在农业及人口大省开展农村能源转型示范县（区）建设。加快城乡电力服务均等化进程，实现稳定可靠的供电服务全覆盖。推进各类生物质集中供气、沼气集中供气、成型燃料供热项目在农村和城镇应用。利用荒山荒坡、农业大棚或设施农业等建设“光伏+”项目，因地制宜推动光伏和风力发电在提水灌溉等农业生产中的应用。支持示范县（区）建设新型农村可再生能源开发利用合作模式，加快实现农村能源清洁化、优质化、产业化、现代化。

——高比例可再生能源应用示范区。在可再生能源资源富集、体制机制创新等先行先试区域，支持因地制宜创建更高可再生能源比例的清洁能源应用示范区，满足用电、供热、制冷、用气等各类用能需要，实现不同新能源技术之间以及新能源与常规能源生产消费体系的融合。示范区可再生能源在能源消费中的占比超过80%。

（三）新能源微电网应用示范工程

为探索建立容纳高比例波动性可再生能源电力的发输（配）储用一体化的局域电力系统，探索电力能源服务的新型商业运营模式和新业态，推动更加具有活力的电力市场化创新发展，最终形成较为完善的新能源微电网技术体系和管理体制，按照“因地制宜、多能互补、技术先进、创新机制”的原则，推进以可再生能源为主、分布式电源多元互补的新能源微电网应用示范工程建设。

专栏11　新能源微电网应用示范工程

——联网型微电网。鼓励在需求较大和资源条件好的地区，建设可再生能源为主、天然气等互补的联网型微电网，实现区域内冷热电负荷的动态平衡及与大电网的灵活互动。

——独立型微电网。在偏远、海岛或电网薄弱地区建立风、光、水为主，储能、天然气、柴油备用的独立型微电网。

七、完善产业体系

逐步完善可再生能源产业体系建设，坚持将科技创新驱动作为促进可再生能源产业持续健康发展的基本动力，不断提高可再生能源利用效率，提升可再生能源使用品质，降低可再生能源项目建设和运行成本，增强可再生能源的技术经济综合竞争力。

（一）加强可再生能源资源勘查工作

根据能源结构调整需要，对重要地区的可再生能源资源量进行调查评价，适时启动河流水能资源开发后评价工作。

全面完成西藏水能资源调查，组织发布四川水力资源复查成果。加大中东部和南方复杂地形区域的低风速风能资源、海域风能资源评价。加大中东部地区分布式光伏、西部和北部地区光热等资源勘查。加强地热能、生物质能、海洋能等新型可再生能源资源勘查工作。及时公布各类可再生能源资源勘查结果，引导和优化项目投资布局。

（二）加快推动可再生能源技术创新

推动可再生能源产业自主创新能力建设，促进技术进步，提高设备效率、性能与可靠性，提升国际竞争力。建设可再生能源综合技术研发平台，建立先进技术公共研发实验室，推动全产业链的原材料、产品制备技术、生产工艺及生产装备国产化水平提升，加快掌握关键技术的研发和设备制造能力。充分发挥企业的研发创新主体作用，加大资金投入，推动产业技术升级，加快推动风电、太阳能发电等可再生能源发电成本的快速下降。

（三）建立可再生能源质量监督管理体系

开展可再生能源电站主体工程及相关设备质量综合评价，定期公开可再生能源电站开发建设和运行安全质量情况。加强可再生能源电站运行数据采集和监控，建立透明公开的覆盖设计、生产、运行全过程的质量监督管理和安全故障预警机制。建立可再生能源行业事故通报机制，及时发布重大事故通报和共性事故的反事故措施。建立政府监管和行业自律相结合的优胜劣汰市场机制，构建公平、公正、开放的招投标市场环境和可再生能源开发建设不良行为负面清单制度。

（四）提高可再生能源运行管理的技术水平

积极推动可再生能源项目的自动化管理水平和技术改造，提高发电能力和对电网的适应性。逐步完善施工、检修、运维等环节的专业化服务，加强后服务市场建设，建立较为完善的产业服务和技术支持体系。大力推动风电、光伏等新能源并网消纳技术研究，重点推动电储能、柔性直流输电等高新技术的示范应用，推动能源结构调整，加强调峰能力建设，挖掘调峰潜力，提高电力系统灵活性。完善电网结构，优化调度运行，加强新能源外送通道的规划建设，提高外送通道利用率，逐步建立可再生能源大规模融入电力系统的新型电力运行机制，实现可再生能源与现有能源系统的深度融合。

（五）完善可再生能源标准检测认证体系

加强可再生能源标准体系的协调发展，形成覆盖资源勘测、工程规划、项目设计、装备制造、检测认证、施工建设、接入电网、运行维护等各环节的可再生能源标准体系。鼓励有关科研院校和企业积极参与可再生能源相关标准的编制修订工作，推进标准体系与国际接轨。支持检测机构能力建设，加强设备检测和认证平台建设，合理布局可再生能源发电装备产品检测试验中心。提升认证机构业务水平，加快推动可再生能源产业信用体系建设，规范可再生能源发电装备市场秩序。推进认证结果国际互认，为我国可再生能源装备企业参与全球市场提供支持。

（六）提升可再生能源信息化管理水平

建设产业公共服务平台，全面实行可再生能源行业信息化管理，建立和完善全国可再生能源发电项目信息管理平台，全面、系统、及时、准确监测和发布可再生能源发电项目建设和运行信息，为可再生能源行业管理和政策决策提供支撑。充分运用大数据、“互联网 +” 等先进理念、技术和资源，建设项目全生命周期信息化管理体系，建设可再生能源发电实证系统、测试系统和数据中心，为产业提供全方位的数据和信息监测服务。

八、保障措施

为落实可再生能源发展的主要任务，实现可再生能源发展目标，采取以下保障措施：

（一）建立可再生能源开发利用目标导向的管理体系

落实《可再生能源法》的要求，按照可再生能源发展规划目标，确定规划期内各地区一次能源消费总量中可再生能源消费比重指标，以及全社会电力消费量中可再生能源电力消费比重指标。抓紧研究有利于可再生能源大规模并网的电力运行机制及技术支撑方案，建立以可再生能源利用指标为导向的能源发展指标考核体系，完善国家及省级间协调机制，按年度分解落实，并对各省（区、市）、电网公司和发电企业可再生能源开发利用情况进行监测，及时向全社会发布并进行考核，以此作为衡量能源转型的基本标准以及推动能源生产和消费革命的重要措施。各级地方政府要按照国家规划要求，制定本地区可再生能源发展规划，并将主要目标和任务纳入地方国民经济和社会发展规划。

（二）贯彻落实可再生能源发电全额保障性收购制度

根据电力体制改革的总体部署，落实可再生能源全额保障性收购制度，按照《可再生能源发电全额保障性收购管理办法》要求，严格执行国家明确的风电、光伏发电的年度保障小时数。加大改革创新力度，推进适应可再生能源特点的电力市场体制机制改革示范，逐步建立新型电力运行机制和电价形成机制，积极探索多部制电价机制。建立煤电调频调峰补偿机制，建立辅助服务市场，激励市场各方提供辅助服务，建立灵活的电力市场机制，实现与常规能源系统的深度融合。

（三）建立可再生能源绿色证书交易机制

根据非化石能源消费比重目标和可再生能源开发利用目标的要求，建立全国统一的可再生能源绿色证书交易机制，进一步完善新能源电力的补贴机制。通过设定燃煤发电机组及售电企业的非水电可再生能源配额指标，要求市场主体通过购买绿色证书完成可再生能源配额义务，通过绿色证书市场化交易补偿新能源发电的环境效益和社会效益，逐步将现行差价补贴模式转变为定额补贴与绿色证书收入相结合的新型机制，同时与碳交易市场相对接，降低可再生能源电力的财政资金补贴强度，为最终取消财政资金补贴创造条件。

（四）加强可再生能源监管工作

贯彻落实国务院关于转变职能、简政放权的有关要求，确保权力与责任同步下放、调控与监管同步加强。强化规划、年度计划、部门规章规范性文件和国家标准的指导作用，充分发挥行业监管部门的监管和行业协会的自律作用，打造法规健全、监管闭合、运转高效的管理体制。完善行业信息监测体系，健全产业风险预警防控体系和应急预案机制，完善考核惩罚机制。开展水电流域梯级联合调度运行和综合监测工作，进一步完善新能源项目信息管理，建立覆盖全产业链的信息管理体系，实行重大质量问题和事故报告制度。定期开展可再生能源消纳、补贴资金征收和发放、项目建设进度和工程质量、项目并网接入等专项监管工作。

九、投资估算和环境社会影响分析

（一）投资情况

到2020年，水电新增装机约6000万千瓦，新增投资约5000亿元，新增风电装机约8000千瓦，新增投资约7000亿元，新增各类太阳能发电装机投资约1万亿元。加上生物质发电投资、太阳能热水器、沼气、地热能利用等，“十三五”期间可再生能源新增投资约2.5万亿元。

（二）环境社会影响分析

可再生能源开发利用可替代大量化石能源消耗、减少温室气体和污染物排放、显著增加新的就业岗位，对环境和社会发展起到重要且积极作用。

水电、风电、太阳能发电、太阳能热利用在能源生产过程中不排放污染物和温室气体，而且可显著减少各类化石能源消耗，同时降低煤炭开采的生态破坏和燃煤发电的水资源消耗。农林生物质从生长到最终利用的全生命周期内不增加二氧化碳排放，生物质发电排放的二氧化硫、氮氧化物和烟尘等污染物也远少于燃煤发电。

2020年，全国可再生能源年利用量折合7.3亿吨标准煤，其中商品化可再生能源利用量5.8亿吨标准煤。届时可再生能源年利用量相当于减少二氧化碳排放量约14亿吨，减少二氧化硫排放量约1000万吨，减少氮氧化物排放约430万吨，减少烟尘排放约580万吨，年节约用水约38亿立方米，环境效益显著。

可再生能源产业涉及领域广，可有力带动相关产业发展，可大幅增加新增就业岗位，也是实现脱贫攻坚的重要措施，对宏观经济发展产生积极影响，更是实现经济发展方式转变的重要推动力。2020年，全国可再生能源部门就业人数超过1300万，其中“十三五”时期新增就业人数超过300万。

太阳能发展“十三五”规划

发布单位：国家能源局

前 言

近年来，太阳能开发利用规模快速扩大，技术进步和产业升级加快，成本显著降低，已成为全球能源转型的重要领域。“十二五”时期，我国光伏产业体系不断完善，技术进步显著，光伏制造和应用规模均居世界前列。太阳能热发电技术研发及装备制造取得较大进展，已建成商业化试验电站，初步具备了规模化发展条件。太阳能热利用持续稳定发展，并向建筑供暖、工业供热和农业生产等领域扩展应用。

“十三五”将是太阳能产业发展的关键时期，基本任务是产业升级、降低成本、扩大应用，实现不依赖国家补贴的市场化自我持续发展，成为实现2020年和2030年非化石能源分别占一次能源消费比重15%和20%目标的重要力量。

根据《国民经济和社会发展第十三个五年规划纲要》、《能源发展“十三五”规划》、《电力发展“十三五”规划》、《可再生能源发展“十三五”规划》，制定了《太阳能发展“十三五”规划》，阐述了2016年至2020年太阳能发展的指导方针、发展目标、重点任务和保障措施。该规划是“十三五”时期我国太阳能产业发展的基本依据

一、发展基础和面临形势

（一）发展基础

1. 国际发展现状

随着可持续发展观念在世界各国不断深入人心，全球太阳能开发利用规模迅速扩大，技术不断进步，成本显著降低，呈现出良好的发展前景，许多国家将太阳能作为重要的新兴产业。

——太阳能得到更加广泛应用。光伏发电全面进入规模化发展阶段，中国、欧洲、美国、日本等传统光伏发电市场继续保持快速增长，东南亚、拉丁美洲、中东和非洲等地区光伏发电新兴市场也快速启动。太阳能热发电产业发展开始加速，一大批商业化太阳能热发电工程已建成或正在建设，太阳能热发电已具备作为可调节电源的潜在优势。太阳能热利用继续扩大应用领域，在生活热水、供暖制冷和工农业生产中逐步普及。

——太阳能发电规模快速增长。截至2015年底，全球太阳能发电装机累计达到2.3亿千瓦，当年新增装机超过5300万千瓦，占全球新增发电装机的20%。2006至2015年光伏发电平均年增长率超过40%，成为全球增长速度最快的能源品种；太阳能热发电5年内新增装机400万千瓦，进入初步产业化发展阶段。

——太阳能市场竞争力迅速提高。随着光伏产业技术进步和规模扩大，光伏发电成本快速降低，在欧洲、日本、澳大利亚等多个国家和地区的商业和居民用电领域已实现平价上网。太阳能热发电进入初步产业化发展阶段后，发电成本显著降低。太阳能热利用市场竞争力进一步提高，太阳能热水器已是成本较低的热水供应方式，太阳能供暖在欧洲、美洲等地区具备了经济可行性。

——太阳能产业对经济带动作用显著。2015年全球光伏市场规模达到5000多亿元，创造就业岗位约300万个，在促进全球新经济发展方面表现突出。很多国家都把光伏产业作为重点培育的战略性新兴产业和新的经济增长点，纷纷提出相关产业发展计划，在光伏技术研发和产业化方面不断加大支持力度，全球光伏产业保持强劲的增长势头。

2. 国内发展现状

“十二五”时期，国务院发布了《关于促进光伏产业健康发展的若干意见》（国发〔2013〕24号），光伏产业政策体系逐步完善，光伏技术取得显著进步，市场规模快速扩大。太阳能热发电技术和装备实现突破，首座商业化运营的电站投入运行，产业链初步建立。太阳能热利用持续稳定发展，并向供暖、制冷及工农业供热等领域扩展。

——光伏发电规模快速扩大，市场应用逐步多元化。全国光伏发电累计装机从2010年的86万千瓦增长到2015年的4318万千瓦，2015年新增装机1513万千瓦，累计装机和年度新增装机均居全球首位。光伏发电应用逐渐形成东中西部共同发展、集中式和分布式并举格局。光伏发电与农业、养殖业、生态治理等各种产业融合发展模式不断创新，已进入多元化、规模化发展的新阶段。

——光伏制造产业化水平不断提高，国际竞争力继续巩固和增强。“十二五”时期，我国光伏制造规模复合增长率超过33%，年产值达到3000亿元，创造就业岗位近170万个，光伏产业表现出强大的发展新动能。2015年多晶硅产量16.5万吨，占全球市场份额的48%；光伏组件产量4600万千瓦，占全球市场份额的70%。我国光伏产品的国际市场不断拓展，在传统欧美市场与新兴市场均占主导地位。我国光伏制造的大部分关键设备已实现本土化并逐步推行智能制造，在世界上处于领先水平。

——光伏发电技术进步迅速，成本和价格不断下降。我国企业已掌握万吨级改良西门子法多晶硅生产工艺，流化床法多晶硅开始产业化生产。先进企业多晶硅生产平均综合电耗已降至80kWh/kg，生产成本降至10美元/kg以下，全面实现四氯化硅闭环工艺和无污染排放。单晶硅和

多晶硅电池转换效率平均分别达到19.5%和18.3%，均处于全球领先水平，并以年均0.4个百分点的速度持续提高，多晶硅材料、光伏电池及组件成本均有显著下降，光伏电站系统成本降至7元/瓦左右，光伏发电成本“十二五”期间总体降幅超过60%。

——光伏产业政策体系基本建立，发展环境逐步优化。在《可再生能源法》基础上，国务院于2013年发布《关于促进光伏产业健康发展的若干意见》，进一步从价格、补贴、税收、并网等多个层面明确了光伏发电的政策框架，地方政府相继制定了支持光伏发电应用的政策措施。光伏产业领域中相关材料、光伏电池组件、光伏发电系统等标准不断完善，产业检测认证体系逐步建立，具备全产业链检测能力。我国已初步形成光伏产业人才培养体系，光伏领域的技术和经营管理能力显著提高。

——太阳能热发电实现较大突破，初步具备产业化发展基础。“十二五”时期，我国太阳能热发电技术和装备实现较大突破。八达岭1兆瓦太阳能热发电技术及系统示范工程于2012年建成，首座商业化运营的1万千瓦塔式太阳能热发电机组于2013年投运。我国在太阳能热发电的理论研究、技术开发、设备研制和工程建设运行方面积累了一定的经验，产业链初步形成，具备一定的产业化能力。

——太阳能热利用规模持续扩大，应用范围不断拓展。太阳能热利用行业形成了材料、产品、工艺、装备和制造全产业链，截至2015年底，全国太阳能集热面积保有量达到4.4亿平方米，年生产能力和应用规模均占全球70%以上，多年保持全球太阳能热利用产品制造和应用规模最大国家的地位。太阳能供热、制冷及工农业等领域应用技术取得突破，应用范围由生活热水向多元化生产领域扩展。

（二）面临形势

“十三五”是我国推进经济转型、能源革命、体制机制创新的重要时期，也是太阳能产业升级的关键阶段，我国太阳能产业迎来难得的发展机遇，也面临严峻挑战。

1. 发展机遇

——宏观政策环境为太阳能产业提供了发展机遇。党的十八大以来，国家将生态文明建设放在突出战略位置，积极推进能源生产和消费革命成为能源发展的核心任务，确立了我国在2030年左右二氧化碳排放达到峰值以及非化石能源占一次能源消费比例提高到20%的能源发展基本目标。伴随新型城镇化发展，建设绿色循环低碳的能源体系成为社会发展的必然要求，为太阳能等可再生能源的发展提供了良好的社会环境和广阔的市场空间。

——电力体制改革为太阳能发展增添了新动力。新一轮电力体制改革正在逐步放开发用电计划、建立优先发电制度、推进售电侧开放和电价形成机制改革、构建现代竞争性电力市场，有利于可再生能源优先发展和公平参与市场交易。在新的电力体制条件下，市场机制将鼓励提高电力系统灵活性、逐步解决常规能源与可再生能源的利益冲突问题，扩大新能源消纳市场，从而促进太阳能发电等可再生能源的大规模发展。随着售电侧改革的推进，分布式发电将会以更灵活、更多元的方式发展，通过市场机制创新解决困扰分布式光伏发展所面临的问题，推动太阳能发电全面市场化发展。

——全球能源转型为太阳能提供了广阔市场空间。当前，全球能源体系正加快向低碳化转型，可再生能源规模化利用与常规能源的清洁低碳化将是能源发展的基本趋势，加快发展可再生能源已成为全球能源转型的主流方向。全球光伏发电已进入规模化发展新阶段，太阳能热利用也正在形成多元化应用格局。太阳能在解决能源可及性和能源结构调整方面均有独特优势，将在全球范围得到更广泛的应用。

2. 面临挑战

——高成本仍是光伏发电发展的主要障碍。虽然光伏发电价格已大幅下降，但与燃煤发电价格相比仍然偏高，在“十三五”时期对国家补贴依赖程度依然较高，光伏发电的非技术成本有增加趋势，地面光伏电站的土地租金、税费等成本不断上升，屋顶分布式光伏的场地租金也有上涨压力，融资成本降幅有限甚至民营企业融资成本不降反升问题突出。光伏发电技术进步、降低成本和非技术成本降低必须同时发力，才能加速光伏发电成本和电价降低。

——并网运行和消纳仍存较多制约。电力系统及电力市场机制不适应光伏发电发展，传统能源发电与光伏发电在争夺电力市场方面矛盾突出。太阳能资源和土地资源均具备优势的西部地区弃光限电严重，就地消纳和外送存在市场机制和电网运行管理方面的制约。中东部地区分布式光伏发电尚不能充分利用，现行市场机制下无法体现分布式发电就近利用的经济价值，限制了分布式光伏在城市中低压配电网大规模发展。

——光伏产业面临国际贸易保护压力。随着全球光伏发电市场规模的迅速扩大，很多国家都将光伏产业作为新的经济增长点。一方面各国在上游原材料生产、装备制造、新型电池研发等方面加大技术研发力度，产业国际竞争更加激烈；另一方面，很多国家和地区在市场竞争不利的情况下采取贸易保护措施，对我国具有竞争优势的光伏发电产品在全球范围应用构成阻碍，也使全球合作减缓气候变化的努力弱化。

——太阳能热发电产业化能力较弱。我国太阳能热发电尚未大规模应用，在设计、施工、运维等环节缺乏经验，在核心部件和装置方面自主技术能力不强，产业链有待进一步完善。同时，太阳能热发电成本相比其他可再生能源偏高，面临加快提升技术水平和降低成本的较大压力。

——太阳能热利用产业升级缓慢。在“十二五”后期，太阳能热利用市场增长放缓，传统的太阳能热水应用发展进入瓶颈期，缺乏新的潜力大的市场领域。太阳能热利用产业在太阳能供暖、工业供热等多元化应用总量较小，相应产品研发、系统设计和集成方面的技术能力较弱，而且在新应用领域的相关标准、检测、认证等产业服务体系尚需完善。

二、指导方针和目标

（一）指导方针

贯彻党的十八大以及三中、四中、五中、六中全会精神，以推进能源生产和消费革命为总方针，顺应全球能源转型大趋势，以体制机制改革创新为契机，全面实施创新驱动战略，加速技术进步和产业升级，持续降低开发利用成本，推进市场化条件下的产业化、规模化发展，使太阳能成为推动能源革命的重要力量。

——推动光伏发电多元化利用并加速技术进步。围绕优化建设布局、推进产业进步和提高经济性等发展目标，因地制宜促进光伏多元化应用。结合电力体制改革，全面推进中东部地区分布式光伏发电；综合土地和电力市场条件，统筹开发布局与市场消纳，有序规范推进集中式光伏电站建设。通过竞争分配项目实现资源优化配置，实施“领跑者”计划，加速推进光伏发电技术进步和产业升级，加快淘汰落后产能。依托应用市场促进制造产业不断提高技术水平，推进全产业链协调创新发展，不断完善光伏产业管理和服务体系。

——通过示范项目建设推进太阳能热发电产业化。积极推进示范项目建设，及时总结建设和运行经验，建立健全政策和行业管理体系，完善各项技术标准，推动太阳能热发电产业规模化发展。推进多种太阳能热发电技术路线的产业化，建立各项标准和检测认证服务体系，推动我国太阳能热发电产业进入国际市场并不断提高竞争力。

——不断拓展太阳能热利用的应用领域和市场。巩固扩大太阳能热水市场，推动供暖和工农业热水等领域的规模化应用，拓展制冷、季节性储热等新兴市场，形成多元化的市场格局。大幅度提升企业研发、制造和系统集成等方面的创新能力，加强检测和实验公共平台等产业服务体系的建设，形成制造、系统集成、运营服务均衡发展的太阳能热利用产业格局，形成技术水平领先、国际竞争力强的优势产业。

（二）基本原则

——坚持规模化利用与产业升级相协调

以太阳能的规模化利用促进技术进步和产业升级，鼓励优势企业提升自主研发能力，以技术进步为核心，推动关键技术创新，全面提高产业技术研发和设备制造能力，完善和升级太阳能发电和太阳能热利用产业链，加速推动太阳能利用成本下降，通过自身竞争力的提高进一步扩大应用领域和规模。

——坚持市场化发展与改革创新相协调

通过市场化改革释放并增强太阳能产业创新发展新动能，创新促进太阳能利用的电力交易机制，鼓励太阳能发电分布式、多元化、创新型发展。深化体制机制改革，加快实施创新驱动发展战略，将绿色发展与创新发展有机结合，推进市场化融资模式改革创新，实现产融协调发展。

——坚持开发布局与市场需求相协调

以市场为导向，按经济最优原则进行太阳能发电布局，建立太阳能发电布局与电力负荷分布和电网规划相协调的发展机制。优先支持分布式光伏发电发展，重点支持分布式光伏发电分散接入低压配电网并就近消纳。推进太阳能发电大规模集中并网地区源网荷协同发展，优先就地利用，并合理扩大消纳范围。

——坚持上游制造与下游应用相协调

太阳能产业上游制造以加强技术创新、提升产品性能质量、降低成本为核心任务，为下游市场大规模发展创造条件。下游市场应用的核心任务是创新发展模式，实现规模扩大模式向提升质量效益模式转变，以需求端的高标准为上游施加提升技术水平的新动能，实现上游制造与下游市场协同立体化创新发展。

（三）发展目标

继续扩大太阳能利用规模，不断提高太阳能在能源结构中的比重，提升太阳能技术水平，降低太阳能利用成本。完善太阳能利用的技术创新和多元化应用体系，为产业健康发展提供良好的市场环境。

1. 开发利用目标

到2020年底，太阳能发电装机达到1.1亿千瓦以上，其中，光伏发电装机达到1.05亿千瓦以上，在“十二五”基础上每年保持稳定的发展规模；太阳能热发电装机达到500万千瓦。太阳能热利用集热面积达到8亿平方米。到2020年，太阳能年利用量达到1.4亿吨标准煤以上。

专栏1 “十三五”太阳能利用主要指标

指标类别	主要指标	2015年	2020年
装机容量指标（万千瓦）	光伏发电	4318	10500
	光热发电	1.39	500
	合计	4319	11000
发电量指标（亿千瓦时）	总发电量	396	1500
热利用指标（亿平方米）	集热面积	4.42	8

专栏2 重点地区2020年光伏发电建设规模

（单位：万千瓦）

地区	规模
河北省	1200
山西省	1200
内蒙古自治区	1200
江苏省	800
浙江省	800
安徽省	600
山东省	1000
广东省	600
陕西省	700
青海省	1000
宁夏回族自治区	800

2. 成本目标

光伏发电成本持续降低。到2020年，光伏发电电价水平在2015年基础上下降50%以上，在用电侧实现平价上网目标；太阳能热发电成本低于0.8元/千瓦时；太阳能供暖、工业供热具有市场竞争力。

3. 技术进步目标

先进晶体硅光伏电池产业化转换效率达到23%以上，

薄膜光伏电池产业化转换效率显著提高，若干新型光伏电池初步产业化。光伏发电系统效率显著提升，实现智能运维。太阳能热发电效率实现较大提高，形成全产业链集成能力。

三、重点任务

按照“创新驱动、产业升级、降低成本、扩大市场、完善体系”的总体思路，大力推动光伏发电多元化应用，积极推进太阳能热发电产业化发展，加速普及多元化太阳能热利用。

（一）推进分布式光伏和“光伏+”应用

1. 大力推进屋顶分布式光伏发电

继续开展分布式光伏发电应用示范区建设，到2020年建成100个分布式光伏应用示范区，园区内80%的新建建筑屋顶、50%的已有建筑屋顶安装光伏发电。在具备开发条件的工业园区、经济开发区、大型工矿企业以及商场学校医院等公共建筑，采取“政府引导、企业自愿、金融支持、社会参与”的方式，统一规划并组织实施屋顶光伏工程。在太阳能资源优良、电网接入消纳条件好的农村地区和小城镇，推进居民屋顶光伏工程，结合新型城镇化建设、旧城镇改造、新农村建设、易地搬迁等统一规划建设屋顶光伏工程，形成若干光伏小镇、光伏新村。

2. 拓展“光伏+”综合利用工程

鼓励结合荒山荒地和沿海滩涂综合利用、采煤沉陷区等废弃土地治理、设施农业、渔业养殖等方式，因地制宜开展各类“光伏+”应用工程，促进光伏发电与其他产业有机融合，通过光伏发电为土地增值利用开拓新途径。探索各类提升农业效益的光伏农业融合发展模式，鼓励结合现代高效农业设施建设光伏电站；在水产养殖条件好的地区，鼓励利用坑塘水面建设渔光一体光伏电站；在符合林业管理规范的前提下，在宜林地、灌木林、稀疏林地合理布局林光互补光伏电站；结合中药材种植、植被保护、生态治理工程，合理配建光伏电站。

3. 创新分布式光伏应用模式

结合电力体制改革开展分布式光伏发电市场化交易，鼓励光伏发电项目靠近电力负荷建设，接入中低压配电网实现电力就近消纳。各类配电网企业应为分布式光伏发电接入电网运行提供服务，优先消纳分布式光伏发电量，建设分布式发电并网运行技术支撑系统并组织分布式电力交易。推行分布式光伏发电项目向电力用户市场化售电模式，向电网企业缴纳的输配电价按照促进分布式光伏就近消纳的原则合理确定。

（二）优化光伏电站布局并创新建设方式

1. 合理布局光伏电站

综合考虑太阳能资源、电网接入、消纳市场和土地利用条件及成本等，以全国光伏产业发展目标为导向，安排各省（区、市）光伏发电年度建设规模，合理布局集中式光伏电站。规范光伏项目分配和市场开发秩序，全面通过竞争机制实现项目优化配置，加速推动光伏技术进步。在弃光限电严重地区，严格控制集中式光伏电站建设规模，加快解决已出现的弃光限电问题，采取本地消纳和扩大外送相结合的方式，提高已建成集中式光伏电站的利用率，降低弃光限电比例。

2. 结合电力外送通道建设太阳能发电基地

按照“多能互补、协调发展、扩大消纳、提高效益”的布局思路，在“三北”地区利用现有和规划建设的特高压电力外送通道，按照优先存量、优化增量的原则，有序建设太阳能发电基地，提高电力外送通道中可再生能源比重，有效扩大“三北”地区太阳能发电消纳范围。在青海、内蒙古等太阳能资源好、土地资源丰富地区，研究论证并分阶段建设太阳能发电与其他可再生能源互补的发电基地。在金沙江、雅砻江、澜沧江等西南水能资源富集的地区，依托水电基地和电力外送通道研究并分阶段建设大型风光水互补发电基地。

专栏3　电力外送通道配置太阳能发电基地布局

主要省（区）	主要地区	外送通道
新疆	哈密地区	哈密-郑州特高压直流输电工程（已建）
	准东地区	准东-皖南特高压直流输电工程（在建）
内蒙古	锡盟地区	锡盟-泰州特高压直流输电工程（在建）
	锡盟地区	锡盟-山东特高压交流输电工程（在建）
	蒙西地区	上海庙-山东特高压直流输电工程（在建）
	蒙西地区	蒙西-天津南特高压交流输电工程（在建）
	东北地区	扎鲁特-山东特高压直流输电工程（在建）
	阿拉善地区	研究论证以输送可再生能源为主的电力通道
甘肃	酒泉地区	酒泉-湖南特高压直流输电工程（在建）
宁夏	宁夏地区	宁东-浙江特高压直流输电工程（在建）
山西	晋北地区	山西-江苏特高压直流输电工程（在建）
青海	海西州	研究论证以输送可再生能源为主的电力通道
	海南州	研究论证以输送可再生能源为主的电力通道

3. 实施光伏“领跑者”计划

设立达到先进技术水平的“领跑者”光伏产品和系统效率标准，建设采用“领跑者”光伏产品的领跑技术基地，为先进技术及产品提供市场支持，引领光伏技术进步和产业升级。结合采煤沉陷区、荒漠化土地治理，在具备送出条件和消纳市场的地区，统一规划有序建设光伏发电领跑技术基地，采取竞争方式优选投资开发企业，按照“领跑者”技术标准统一组织建设。组织建设达到最先进技术水平的前沿技术依托基地，加速新技术产业化发展。建立和完善“领跑者”产品的检测、认证、验收和保障体系，确保“领跑者”基地使用的光伏产品达到先进指标。

（三）开展多种方式光伏扶贫

1. 创新光伏扶贫模式

以主要解决无劳动能力的建档立卡贫困户为目标，因地制宜、分期分批推动多种形式的光伏扶贫工程建设，覆盖已建档立卡280万无劳动能力贫困户，平均每户每年增加3000元的现金收入。确保光伏扶贫关键设备达到先进技术指标且质量可靠，鼓励成立专业化平台公司对光伏扶贫工程实行统一运营和监测，保障光伏扶贫工程长期质量可靠、性能稳定和效益持久。

2. 大力推进分布式光伏扶贫

在中东部土地资源匮乏地区，优先采用村级电站（含户用系统）的光伏扶贫模式，单个户用系统5千瓦左右，单个村级电站一般不超过300千瓦。村级扶贫电站优先纳入光伏发电建设规模，优先享受国家可再生能源电价附加补贴。做好农村电网改造升级与分布式光伏扶贫工程的衔接，确保光伏扶贫项目所发电量就近接入、全部消纳。建立村级扶贫电站的建设和后期运营监督管理体系，相关信息纳入国家光伏扶贫信息管理系统监测，鼓励各地区建设统一的运行监控和管理平台，确保电站长期可靠运行和贫困户获得稳定收益。

3. 鼓励建设光伏农业工程

鼓励各地区结合现代农业、特色农业产业发展光伏扶贫。鼓励地方政府按PPP模式，由政府投融资主体与商业化投资企业合资建设光伏农业项目，项目资产归政府投融资主体和商业化投资企业共有，收益按股比分成，政府投融资主体要将所占股份折股量化给符合条件的贫困村、贫困户，代表扶贫对象参与项目投资经营，按月（或季度）向贫困村、贫困户分配资产收益。光伏农业工程要优先使用建档立卡贫困户劳动力，并在发展地方特色农业中起到引领作用。

（四）推进太阳能热发电产业化

1. 组织太阳能热发电示范项目建设

按照“统筹规划、分步实施、技术引领、产业协同”的发展思路，逐步推进太阳能热发电产业进程。在“十三五”前半期，积极推动150万千瓦左右的太阳能热发电示范项目建设，总结积累建设运行经验，完善管理办法和政策环境，验证国产化设备及材料的可靠性；培育和增强系统集成能力，掌握关键核心技术，形成设备制造产业链，促进产业规模化发展和产品质量提高，带动生产成本降低，初步具备国际市场竞争力。

2. 发挥太阳能热发电调峰作用

逐步推进太阳能热发电产业化商业化进程，发挥其蓄热储能、出力可控可调等优势，实现网源友好发展，提高电网接纳可再生能源的能力。在青海、新疆、甘肃等可再生能源富集地区，提前做好太阳能热发电布局，探索以太阳能热发电承担系统调峰方式，研究建立太阳能热发电与光伏发电、风电、抽水蓄能等互补利用、发电可控可调的大型混合式可再生能源发电基地，向电网提供清洁、安全、稳定的电能，促进可再生能源高比例应用。

3. 建立完善太阳能热发电产业服务体系

借鉴国外太阳能热发电工程建设经验，结合我国太阳能热发电示范项目的实施，制定太阳能热发电相关设计、设备、施工、运行标准，建立和完善相关工程设计、检测认证及质量管理等产业服务支撑体系。加快建设太阳能热发电产业政策管理体系，研究制定太阳能热发电项目管理办法，保障太阳能热发电产业健康有序发展。

（五）因地制宜推广太阳能供热

1. 进一步推动太阳能热水应用

以市场需求为动力，以小城镇建设、棚户区改造等项目为依托，进一步推动太阳能热水的规模化应用。在太阳能资源适宜地区加大太阳能热水系统推广力度。支持农村和小城镇居民安装使用太阳能热水器，在农村推行太阳能公共浴室工程，扩大太阳能热水器在农村的应用规模。在大中城市的公共建筑、经济适用房、廉租房项目加大力度强制推广太阳能热水系统。在城市新建、改建、扩建的住宅建筑上推动太阳能热水系统与建筑的统筹规划、设计和应用。

2. 因地制宜推广太阳能供暖制冷技术

在东北、华北等集中供暖地区，积极推进太阳能与常规能源融合，采取集中式与分布式结合的方式进行建筑供暖；在集中供暖未覆盖地区，结合当地可再生能源资源，大力推动太阳能、地热能、生物质锅炉等小型可再生能源供热；在需要冷热双供的华东、华中地区以及传统集中供暖未覆盖的长三角、珠三角等地区，重点采用太阳能、地热能供暖制冷技术。鼓励在条件适宜的中小城镇、民用及公共建筑上推广太阳能区域性供暖系统，建设太阳能热水、采暖和制冷的三联供系统。到2020年，在适宜区域建设大型区域供热站数量达到200座以上，集热面积总量达到400万平方米以上。结合新农村建设，在全国推广农村建筑太阳能热水、采暖示范项目300万户以上。

3. 推进工农业领域太阳能供热

结合工业领域节能减排，在新建工业区（经济开发区）建设和传统工业区改造中，积极推进太阳能供热与常规能源融合，推动工业用能结构的清洁化。在印染、陶瓷、食品加工、农业大棚、养殖场等用热需求大且与太阳能热利用系统供热匹配的行业，充分利用太阳能供热作为常规能源系统的基础热源，提供工业生产用热，推动工业供热的梯级循环利用。结合新能源示范城市和新能源利用产业园区、绿色能源示范县（区）等，建设一批工农业生产太阳能供热，总集热面积达到2000万平方米。

（六）开展新能源微电网应用示范

1. 建设联网型微电网示范工程

在分布式可再生能源渗透率较高或具备多能互补条件的地区建设联网型新能源微电网示范工程。通过储能技术、天然气分布式发电、智能控制和信息化技术的综合应用，探索电力生产和消费的新型商业运营模式和新业态，推动更加具有活力的电力市场化创新发展，形成完善的新能源微电网技术体系和管理体制，逐步提高可再生能源渗透率，探索建设100%可再生能源多能互补微能源网。

2. 开展离网型微电网示范

提升能源电子技术配合微电网能源管理及储能技术，高度融合发输供用电环节，在电网未覆盖或供电能力不足的偏远地区、海岛、边防哨所等，充分利用丰富的可再生资源，实现多种能源综合互补利用，建设智能离网型新能源微电网示范工程，替代柴油发电机组和降低供电成本，保护生态环境，改善地区能源结构。

3. 探索微电网电力交易模式

结合电力体制改革的要求，拓展新能源微电网应用空间。以新能源微电网为载体作为独立售电主体，探索微电网内部分布式光伏直供以及微电网与本地新能源发电项目电力直接交易的模式。支持微电网就近向可再生能源电力企业直接购电，探索实现100%新能源电力消费微电网。

（七）加快技术创新和产业升级

1. 建立国家级光伏技术创新平台

依托国家重点实验室、国家工程中心等机构，推动建立光伏发电的公共技术创新、产品测试、实证研究三大国家级光伏技术创新平台，形成国际领先、面向全行业的综合性创新支撑平台。公共技术创新平台重点开展新型太阳电池、新型光伏系统及部件、光伏高渗透率并网等领域的前瞻研究和技术攻关。产品测试平台重点建设光伏产业链各环节产品和系统测试平台。实证研究平台重点开展不同地域、气候、电网条件下的光伏系统及部件实证研究，建立国家光伏发电公共监测和评价中心。

2. 实施太阳能产业升级计划

以推动我国太阳能产业化技术及装备升级为目标，推进全产业链的原辅材、产品制造技术、生产工艺及生产装备国产化水平提升。光伏发电重点支持PERC技术、N型单晶等高效率晶体硅电池、新型薄膜电池的产业化以及关键设备研制；太阳能热发电重点突破高效率大容量高温储热、高能效太阳能聚光集热等关键技术，研发高可靠性、全天发电的太阳能热发电系统集成技术及关键设备。

3. 开展前沿技术创新应用示范工程

结合下游应用需求，国家组织太阳能领域新技术示范应用工程。重点针对各类高效率低成本光伏电池、新型光伏电池、新型光伏系统及控制/逆变器等关键部件在不同地域、气候、电网条件下进行示范应用，以及中高温太阳能集中供热在建筑、供暖等领域的示范应用，满足新能源微电网、现代农业、光伏渔业等新兴市场太阳能技术的需求，建立产学研有机结合、技术与应用相互促进、上下游协同推进的技术创新机制。

（八）提升行业管理和产业服务水平

1. 加强行业管理和质量监督

建立政府制定规则、市场主体竞争的光伏电站项目资源配置方式，禁止资源换产业和地方保护等不正当竞争行为，杜绝倒卖项目等投机行为，建立优胜劣汰、充分有效的市场竞争机制。加强太阳能项目质量监督管理，完善工程建设、运行技术岗位资质管理，建立适应市场、权责明确、措施到位、监督有力的太阳能项目建设质量监督体系，发挥政府在质量监督中的作用。科学、公正、规范地开展太阳能项目主体工程及相关设备质量、安全运行等综合评价，建立透明公开的质量监督管理秩序，提高设备产品可靠性和运行安全性，确保工程建设质量。

2. 提升行业信息监测和服务水平

拓展太阳能行业信息监测管理范围，应用大数据、“互联网+”等现代化信息技术，完善太阳能资源、规划实施、年度规模、前期进展、建设运行等全生命周期信息监测体系建设，及时向社会公开行业发展动态。通过信息化手段，为行业数据查询和补助资金申请提供便利，规范电价附加补助资金管理，提高可再生能源电价附件补贴资金发放效率，提升行业公共服务水平。

3. 加强行业能力建设

鼓励国内科研院所、中介机构、行业组织发挥在行业人才培训、技术咨询、国际交流等方面的作用，建立企业、消费者、政府部门之间的沟通与联系，加强与国际知名研究机构在国际前沿、共性技术联合研发、新产品制造、技术转移、知识产权等领域的合作。加大人才和机构等能力建设的支持力度，培养一批太阳能行业发展所急需的技术和管理人才，鼓励大学与企业联合培养高级人才，支持企业建立太阳能教学实习基地和博士后流动站，鼓励大学、研究机构和企业从海外吸引高端人才。

（九）深化太阳能国际产业合作

1. 拓展太阳能国际市场和产能合作

在“一带一路”、中巴经济走廊、孟中印缅经济走廊等重点区域加强太阳能产业国际市场规划研究，引导重大国际项目开发建设，巩固欧洲、北美洲和亚洲部分地区等传统太阳能产业投资市场，重点开发东南亚、西亚、拉丁美洲、非洲等新兴市场。加强先进产能和项目开发国际化合作，构建全产业链战略联盟，持续提升太阳能产业国际市场竞争力，实现太阳能产能“优进优出”。

2. 太阳能先进技术研发和装备制造合作

鼓励企业加强国际研发合作，开展太阳能产业前沿、共性技术联合研发，提高我国产业技术研发能力及核心竞争力，共同促进产业技术进步。建立推动国际化的太阳能技术合作交流平台，与相关国家政府及企业合作建设具有创新性的示范工程。推动我国太阳能设备制造“走出去”发展，鼓励企业在境外设立技术研发机构，实现技术和智力资源跨国流动和优化整合。

3. 加强太阳能产品标准和检测国际互认

逐步完善国内太阳能标准体系，积极参与太阳能行业国际标准制定，加大自主知识产权标准体系海外推广，推动检测认证国际互认。依托重点项目的开发建设，持续跟进IEC等太阳能标准化工作，加强国际标准差异化研究和国际标准转化工作。参与IECRE体系等多边机制下的产品标准检测认证的国际互认组织工作，掌握标准检测认证规则，提升我国在国际认证、检测等领域的话语权。

四、保障措施

（一）完善规划引领和项目配置管理

加强规划和年度建设规模对全国太阳能发展的引导作用，各级地方政府应将太阳能利用纳入能源发展和节能减排等规划。各省级及地方能源主管部门根据国家确定的目标任务，科学编制区域太阳能发展规划并制定年度实施计划，做好农业、林业、土地、建筑等相关领域的衔接和政府间协调工作。全面推行竞争方式配置光伏电站项目，形成以市场竞价为主的定价机制，逐步减少太阳能发电价格补贴需求，不断提高太阳能发电市场竞争力。

（二）建立太阳能产业监测评价体系

针对太阳能发展外部环境和内部因素，合理确定各地区年度建设规模和布局方案，并形成滚动调整机制，实现放管结合、优化服务。按照资源情况、建设条件、实际运行、消纳市场、政策环境以及本规划各项主要任务完成情况等因素建立太阳能监测评价体系，提出科学合理的评价方法，评判地区太阳能发展环境，作为太阳能产业布局的重要依据。

（三）完善太阳能发电市场机制和配套电网建设

根据电力体制改革系列文件要求，建立适应太阳能发电的电力市场机制，确保太阳能发电优先上网和全额保障性收购。促进分布式光伏发电与电力用户开展直接交易，电网企业作为公共平台收取过网费。将分布式光伏发展纳入城网农网改造规划，结合分布式光伏特点进行智能电网建设升级。做好集中式大型电站和配套电网的同步规划，落实消纳市场和送出方案。电网企业及电力调度机构应按可再生能源全额保障性收购管理规定，保障光伏电站最低保障小时数以内的上网电量按国家核定或竞争确定的上网电价收购；超过最低保障小时数的电量，通过参与电力市场竞争实现全额利用。

（四）加强太阳能产业标准体系建设

紧跟技术创新和产业升级方向，建立健全太阳能产业标准体系和检测认证体系。加强太阳能全产业链检测技术及检测装备研发，整合检测资源，建设太阳能产业主要产品的公共检测平台。完善适合不同环境特点的光伏系统设计安装、电网接入、运行维护等标准，研究制定光伏农业、光伏渔业、建筑光伏等各类光伏创新应用标准，促进光伏与其他产业的融合多赢发展。逐步开展对太阳能热发电主要产品的认证工作，规范太阳能热发电电站设计、采购、施工、安装和验收。

（五）创新投融资模式和金融服务

鼓励金融监管机构和金融机构实施促进可再生能源等清洁能源发展的绿色信贷政策，探索售电收益权和项目资产作为抵押的贷款机制。完善分布式光伏发电创新金融支持机制，积极推动银行等金融机构与地方政府合作建立光伏发电项目的投融资服务平台。通过国家出资、企业投资和社会资本参与的形式，探讨建立国家光伏产业投资基金，为光伏产业公共技术平台建设、关键基础理论研究、核心设备国产化、“一带一路”走出去等创新业务提供资金支持和降低融资成本。建立太阳能产业与金融机构之间的常态化交流机制，促进产融协调发展。

五、经济社会与环境效益

（一）环境效益

2020年，太阳能年利用量达到1.4亿吨标准煤以上，占非化石能源消费比重的18%以上，“十三五”期间新增太阳能年利用总规模折合7500万吨标准煤以上，约占新增非化石能源消费比重的30%以上。

2020年，全国太阳能年利用量相当于减少二氧化碳排放量约3.7亿吨以上，减少二氧化硫排放量120万吨，减少氮氧化物排放90万吨，减少烟尘排放约110万吨，环境效益显著。

（二）经济效益

通过大规模发展太阳能利用产业，有力推动地方经济发展转型。预计“十三五”时期，太阳能产业对我国经济产值的贡献将突破万亿元。其中，太阳能发电产业对我国经济产值的贡献将达到6000亿元，平均每年拉动经济需求1200亿元以上，同步带动电子工业、新材料、高端制造、互联网等产业，太阳能热利用产业对经济产值贡献将达到5000亿元。

（三）社会效益

太阳能利用上下游产业规模日益壮大，带动相关产业发展的能力显著增强，就业容量不断增加，扶贫效果显著。预计到2020年，太阳能产业可提供约700万个就业岗位。

风电发展“十三五”规划

发布单位：国家能源局

前言

风电技术比较成熟，成本不断下降，是目前应用规模最大的新能源发电方式。发展风电已成为许多国家推进能源转型的核心内容和应对气候变化的重要途径，也是我国深入推进能源生产和消费革命、促进大气污染防治的重要手段。

“十三五”时期是我国推进“四个革命，一个合作”能源发展战略的重要时期。为实现2020年和2030年非化石能源分别占一次能源消费比重15%和20%的目标，推动能源结构转型升级，促进风电产业持续健康发展，按照《可再生能源法》要求，根据《能源发展“十三五”规划》和《可再生能源发展“十三五”规划》，制定本规划。

本规划明确了2016年至2020年我国风电发展的指导思想、基本原则、发展目标、建设布局、重点任务、创新发展方式及保障措施，是“十三五”时期我国风电发展的重要指南。

一、发展基础和形势

（一）国际形势

随着世界各国对能源安全、生态环境、气候变化等问题日益重视，加快发展风电已成为国际社会推动能源转型发展、应对全球气候变化的普遍共识和一致行动。主要表现在：

风电已在全球范围内实现规模化应用。风电作为应用最广泛和发展最快的新能源发电技术，已在全球范围内实现大规模开发应用。到2015年底，全球风电累计装机容量达4.32亿千瓦，遍布100多个国家和地区。“十二五”时期，全球风电装机新增2.38亿千瓦，年均增长17%，是装机容量增幅最大的新能源发电技术。

风电已成为部分国家新增电力供应的重要组成部分。2000年以来风电占欧洲新增装机的30%，2007年以来风电占美国新增装机的33%。2015年，风电在丹麦、西班牙和德国用电量中的占比分别达到42%、19%和13%。随着全球发展可再生能源的共识不断增强，风电在未来能源电力系统中将发挥更加重要作用。美国提出到2030年20%的用电量由风电供应，丹麦、德国等国把开发风电作为实现2050年高比例可再生能源发展目标的核心措施。

风电开发利用的经济性显著提升。随着全球范围内风电开发利用技术不断进步及应用规模持续扩大，风电开发利用成本在过去五年下降了约30%。巴西、南非、埃及等国家的风电招标电价已低于当地传统化石能源上网电价，美国风电长期协议价格已下降到化石能源电价同等水平，风电开始逐步显现出较强的经济性。

（二）国内形势

1. 发展基础

“十二五”期间，全国风电装机规模快速增长，开发布局不断优化，技术水平显著提升，政策体系逐步完善，风电已经从补充能源进入到替代能源的发展阶段，突出表现为：

风电成为我国新增电力装机的重要组成部分。“十二五”期间，我国风电新增装机容量连续五年领跑全球，累计新增9800万千瓦，占同期全国新增装机总量的18%，在电源结构中的比重逐年提高。中东部和南方地区的风电开发建设取得积极成效。到2015年底，全国风电并网装机达到1.29亿千瓦，年发电量1863亿千瓦时，占全国总发电量的3.3%，比2010年提高2.1个百分点。风电已成为我国继煤电、水电之后的第三大电源。

产业技术水平显著提升。风电全产业链基本实现国产化，产业集中度不断提高，多家企业跻身全球前10名。风电设备的技术水平和可靠性不断提高，基本达到世界先进水平，在满足国内市场的同时出口到28个国家和地区。风电机组高海拔、低温、冰冻等特殊环境的适应性和并网友好性显著提升，低风速风电开发的技术经济性明显增强，全国风电技术可开发资源量大幅增加。

行业管理和政策体系逐步完善。“十二五”期间，我国基本建立了较为完善的促进风电产业发展的行业管理和政策体系，出台了风电项目开发、建设、并网、运行管理及信息监管等各关键环节的管理规定和技术要求，简化了风电开发建设管理流程，完善了风电技术标准体系，开展了风电设备整机及关键零部件型式认证，建立了风电产业信息监测和评价体系，基本形成了规范、公平、完善的风电行业政策环境，保障了风电产业的持续健康发展。

2. 面临的形势与挑战

为实现2020年和2030年非化石能源占一次能源消费比重15%和20%的目标，促进能源转型，我国必须加快推动风电等可再生能源产业发展。但随着应用规模的不断扩大，风电发展也面临不少新的挑战，突出表现为：

现有电力运行管理机制不适应大规模风电并网的需要。我国大量煤电机组发电计划和开机方式的核定不科学，辅助服务激励政策不到位，省间联络线计划制定和考核机制不合理，跨省区补偿调节能力不能充分发挥，需求侧响应能力受到刚性电价政策的制约，多种因素导致系统消纳风电等新能源的能力未有效挖掘，局部地区风电消纳受限问题突出。

经济性仍是制约风电发展的重要因素。与传统的化石能源电力相比，风电的发电成本仍比较高，补贴需求和政策依赖性较强，行业发展受政策变动影响较大。同时，反映化石能源环境成本的价格和税收机制尚未建立，风电等清洁能源的环境效益无法得到体现。

支持风电发展的政策和市场环境尚需进一步完善。风电开发地方保护问题较为突出，部分地区对风电“重建设、轻利用”，对优先发展可再生能源的政策落实不到位。设备质量管理体系尚不完善，产业优胜劣汰机制尚未建立，产业集中度有待进一步提高，低水平设备仍占较大市场份额。

二、指导思想和基本原则

（一）指导思想

全面贯彻党的十八大和十八届三中、四中、五中、六中全会精神，落实创新、协调、绿色、开放、共享的发展理念，遵循习近平总书记能源发展战略思想，坚持清洁低碳、安全高效的发展方针，顺应全球能源转型大趋势，不断完善促进风电产业发展的政策措施，尽快建立适应风电规模化发展和高效利用的体制机制，加强对风电全额保障性收购的监管，积极推动技术进步，不断提高风电的经济性，持续增加风电在能源消费中的比重，实现风电从补充能源向替代能源的转变。

（二）基本原则

坚持消纳优先，加强就地利用。把风电在能源消费中的比重作为指导各地区能源发展的重要约束性指标，把风电消纳利用水平作为风电开发建设管理的基本依据。坚持集中开发与分散利用并举的原则，优化风电建设布局，大力推动风电就地和就近利用。

坚持推进改革，完善体制机制。把促进风电等新能源发展作为电力市场化改革的重要内容，建立公平竞争的电力市场和节能低碳的调度机制。完善和创新市场交易机制，支持通过直接交易和科学调度实现风电多发满发。完善政府公益性、调节性服务功能，确保风电依照规划实现全额保障性收购。

坚持创新发展，推动技术进步。把加强产业创新能力作为引导风电规模化发展的主要方向，鼓励企业提升自主研发能力，完善和升级产业链，推动关键技术创新，促进度电成本快速下降，提高风电产品的市场竞争力。完善风电产业管理和运维体系，提高全过程专业化服务能力。

坚持市场导向，促进优胜劣汰。充分发挥市场配置资源的决定性作用，鼓励以竞争性方式配置资源。严格风电产品市场准入标准，完善工程质量监督管理体系，加强产品检测认证与技术检测监督，推广先进技术，淘汰落后产能，建立公开、公平、公正的市场环境。

坚持开放合作，开拓国际市场。加强风电产业多种形式的国际合作，推动形成具有全球竞争力的风电产业集群。大力支持和鼓励我国风电设备制造和开发企业开拓国际风电市场，促进我国风电产业在全球能源治理体系中发挥重要作用。

三、发展目标和建设布局

（一）发展目标

总量目标：到2020年底，风电累计并网装机容量确保达到2.1亿千瓦以上，其中海上风电并网装机容量达到500万千瓦以上；风电年发电量确保达到4200亿千瓦时，约占全国总发电量的6%。

消纳利用目标：到2020年，有效解决弃风问题，“三北”地区全面达到最低保障性收购利用小时数的要求。产业发展目标：风电设备制造水平和研发能力不断提高，3-5家设备制造企业全面达到国际先进水平，市场份额明显提升。

（二）建设布局

根据我国风电开发建设的资源特点和并网运行现状，“十三五”时期风电主要布局原则如下：

1. 加快开发中东部和南方地区陆上风能资源

按照“就近接入、本地消纳”的原则，发挥风能资源分布广泛和应用灵活的特点，在做好环境保护、水土保持和植被恢复工作的基础上，加快中东部和南方地区陆上风能资源规模化开发。结合电网布局和农村电网改造升级，考虑资源、土地、交通运输以及施工安装等建设条件，因地制宜推动接入低压配电网的分散式风电开发建设，推动风电与其它分布式能源融合发展。

到2020年，中东部和南方地区陆上风电新增并网装机容量4200万千瓦以上，累计并网装机容量达到7000万千瓦以上。为确保完成非化石能源比重目标，相关省（区、市）制定本地区风电发展规划不应低于规划确定的发展目标（见专栏1）。在确保消纳的基础上，鼓励各省（区、市）进一步扩大风电发展规模，鼓励风电占比较低、运行情况良好的地区积极接受外来风电。

专栏1　2020年中东部和南方地区陆上风电发展目标

序号	地区	风电累计并网容量（单位：万千瓦）
华东	上海市	50
	江苏省	650
	浙江省	300
	安徽省	350
	福建省	300
	华东合计	1650
华中	江西省	300
	河南省	600
	湖北省	500
	湖南省	600
	重庆市	50
	四川省	500
	西藏自治区	20
	华中合计	2570

（续）

序号	地区	风电累计并网容量（单位：万千瓦）
南方	贵州省	600
	云南省	1200
	广东省	600
	广西壮族自治区	350
	海南省	30
	南方合计	2780
中东部和南方地区合计陆上风电容量		7000

2. 有序推进“三北”地区风电就地消纳利用

弃风问题严重的省（区），“十三五”期间重点解决存量风电项目的消纳问题。风电占比较低、运行情况良好的省（区、市），有序新增风电开发和就地消纳规模。

到2020年，“三北”地区在基本解决弃风问题的基础上，通过促进就地消纳和利用现有通道外送，新增风电并网装机容量3500万千瓦左右，累计并网容量达到1.35亿千瓦左右。

相关省（区、市）在风电利用小时数未达到最低保障性收购小时数之前，并网规模不宜突破规划确定的发展目标（见专栏2）。

专栏2 2020年“三北”地区陆上风电发展目标

序号	地区	风电累计并网容量（单位：万千瓦）
华北	北京市	50
	天津市	100
	河北省	1800
	山西省	900
	山东省	1200
	蒙西地区	1700
	华北地区	5750
东北	辽宁省	800
	吉林省	500
	黑龙江省	600
	蒙东地区	1000
	东北合计	2900
西北	陕西省	550
	甘肃省	1400
	青海省	200
	宁夏回族自治区	900
	新疆维吾尔自治区（含兵团）	1800
	西北合计	4850
“三北”地区合计		13500

3. 利用跨省跨区输电通道优化资源配置

借助“三北”地区已开工建设和已规划的跨省跨区输电通道，统筹优化风、光、火等各类电源配置方案，有效扩大“三北”地区风电开发规模和消纳市场。

“十三五”期间，有序推进“三北”地区风电跨省区消纳4000万千瓦（含存量项目）。利用通道送出的风电项目在开工建设之前，需落实消纳市场并明确线路的调度运行方案。

专栏3 “十三五”期间“三北”地区跨省跨区外送风电基地规划（含存量项目）

地区	风电基地	依托的外送输电通道	开发范围
内蒙古	锡盟北部风电基地	锡盟-泰州特高压直流输电工程	锡盟地区
	锡盟南部风电基地	锡盟-山东特高压交流输电工程	锡盟地区
	鄂尔多斯东部周边风电基地	蒙西-天津南特高压交流输电工程	蒙西地区
	鄂尔多斯西部周边风电基地	上海庙-山东特高压直流输电工程	蒙西地区
	通辽风电基地	扎鲁特-山东特高压直流输电工程	东北地区
山西	晋北风电基地	山西-江苏特高压直流输电工程	大同、忻州、朔州
甘肃	酒泉风电基地二期	酒泉-湖南特高压直流输电工程	酒泉
宁夏	宁夏风电基地	宁东-浙江特高压直流输电工程	宁夏
新疆	准东风电基地	准东-皖南特高压直流输电工程	准东

4. 积极稳妥推进海上风电建设

重点推动江苏、浙江、福建、广东等省的海上风电建设，到2020年四省海上风电开工建设规模均达到百万千瓦以上。积极推动天津、河北、上海、海南等省（市）的海上风电建设。探索性推进辽宁、山东、广西等省（区）的海上风电项目。到2020年，全国海上风电开工建设规模达到1000万千瓦，力争累计并网容量达到500万千瓦以上。

专栏4 2020年全国海上风电开发布局

序号	地区	累计并网容量（单位:万千瓦）	开工规模（单位:万千瓦）
1	天津市	10	20
2	辽宁省	—	10
3	河北省	—	50
4	江苏省	300	450
5	浙江省	30	100
6	上海市	30	40
7	福建省	90	200
8	广东省	30	100
9	海南省	10	35
合计		500	1005

四、重点任务

（一）有效解决风电消纳问题

通过加强电网建设、提高调峰能力、优化调度运行等措施，充分挖掘系统消纳风电能力，促进区域内部统筹消纳以及跨省跨区消纳，切实有效解决风电消纳问题。

合理规划电网结构，补强电网薄弱环节。电网企业要根据《电力发展“十三五”规划》，重点加强风电项目集中地区的配套电网规划和建设，有针对性地对重要送出断面、风电汇集站、枢纽变电站进行补强和增容扩建，逐步完善和加强配电网和主网架结构，有效减少因局部电网送出能力、变电容量不足导致的大面积弃风限电现象。加快推动配套外送风电的重点跨省跨区特高压输电通道建设，确保按期投产。

充分挖掘系统调峰潜力，提高系统运行灵活性。加快提升常规煤电机组和供热机组运行灵活性，通过技术改造、加强管理和辅助服务政策激励，增大煤电机组调峰深度，尽快明确自备电厂的调峰义务和实施办法，推进燃煤自备电厂参与调峰，重视并推进燃气机组调峰，着力化解冬季供暖期风电与热电联产机组的运行矛盾。加强需求侧管理和响应体系建设，开展和推广可中断负荷试点，不断提升系统就近就地消纳风电的能力。

优化调度运行管理，充分发挥系统接纳风电潜力。修订完善电力调度技术规范，提高风电功率预测精度，推动风电参与电力电量平衡。合理安排常规电源开机规模和发电计划，逐步缩减煤电发电计划，为风电预留充足的电量空间。在保证系统安全的情况下，将风电充分纳入网调、省调的年度运行计划。加强区域内统筹协调，优化省间联络线计划和考核方式，充分利用省间调峰资源，推进区域内风电资源优化配置。充分利用跨省跨区输电通道，通过市场化方式最大限度提高风电外送电量，促进风电跨省跨区消纳。

专栏5 “十三五”期间促进风电消纳的重点措施

华北	（1）京津冀蒙统筹规划、协调运行，加强内蒙古与京津冀联网，实现河北风电、内蒙古风电在区域内统筹消纳 （2）结合大气污染防治，积极推动电能替代 （3）大力推进需求侧响应和管理，提高智能化调度水平 （4）实现特高压外送通道配套风电和煤电协调运行，保障外送风电高效消纳
东北	（1）进行供热机组深度调峰技术改造，提高供热机组调峰能力 （2）积极推进电能替代，增加用电负荷 （3）补强吉林、辽宁电网局部薄弱环节，解决风电送出受限问题
西北	（1）推进自备电厂参与系统调峰等辅助服务 （2）充分发挥西北五省（区）之间水火风光互补互济效益，优化联络线运行和考核方式 （3）加强甘肃酒泉等地区电网建设，提高风电输送能力 （4）实现特高压外送通道配套风电和煤电协调运行，保障外送风电高效消纳

（二）提升中东部和南方地区风电开发利用水平

重视中东部和南方地区风电发展，将中东部和南方地区作为为我国“十三五”期间风电持续规模化开发的重要增量市场。

做好风电发展规划。将风电作为推动中东部和南方地区能源转型和节能减排的重要力量，以及带动当地经济社会发展的重要措施。根据各省（区、市）资源条件、能耗水平和可再生能源发展引导目标，按照“本地开发、就近消纳”的原则编制风电发展规划。落实规划内项目的电网接入、市场消纳、土地使用等建设条件，做好年度开发建设规模的分解工作，确保风电快速有序开发建设。

完善风电开发政策环境。创新风电发展体制机制，因地制宜出台支持政策措施。简化风电项目核准支持性文件，制定风电与林地、土地协调发展的支持性政策，提高风电开发利用效率。建立健全风电项目投资准入政策，保障风电开发建设秩序。鼓励企业自主创新，加快推动技术进步和成本降低，在设备选型、安装台数方面给予企业充分的自主权。

提高风电开发技术水平。加强风能资源勘测和评价，提高微观选址技术水平，针对不同的资源条件，研究采用不同机型、塔筒高度以及控制策略的设计方案，加强设备选型研究，探索同一风电场因地制宜安装不同类型机组的混排方案。

在可研设计阶段推广应用主机厂商带方案招投标。推动低风速风电技术进步，因地制宜推进常规风电、低风速风电开发建设。

（三）推动技术自主创新和产业体系建设

不断提高自主创新能力，加强产业服务体系建设，推动产业技术进步，提升风电发展质量，全面建成具有世界先进水平的风电技术研发和设备制造体系。

促进产业技术自主创新。加强大数据、3D 打印等智能制造技术的应用，全面提升风电机组性能和智能化水平。突破 10 兆瓦级大容量风电机组及关键部件的设计制造技术。掌握风电机组的降载优化、智能诊断、故障自恢复技术，掌握基于物联网、云计算和大数据分析的风电场智能化运维技术，掌握风电场多机组、风电场群的协同控制技术。突破近海风电场设计和建设成套关键技术，掌握海上风电机组基础一体化设计技术并开展应用示范。鼓励企业利用新技术，降低运行管理成本，提高存量资产运行效率，增强市场竞争力。

加强公共技术平台建设。建设全国风资源公共服务平台，提供高分辨率的风资源数据。建设近海海上试验风电场，为新型机组开发及优化提供型式试验场地和野外试验条件。建设 10 兆瓦级风电机组传动链地面测试平台，为新型机组开发及性能优化提供检测认证和技术研发的保障，切实提高公共技术平台服务水平。

推进产业服务体系建设。优化咨询服务业，鼓励通过市场竞争提高咨询服务质量。积极发展运行维护、技术改造、电力电量交易等专业化服务，做好市场管理与规则建设。创新运营模式与管理手段，充分共享行业服务资源。建立全国风电技术培训及人才培养基地，为风电从业人员提供技能培训和资质能力鉴定，与企业、高校、研究机构联合开展人才培养，健全产业服务体系。

（四）完善风电行业管理体系

深入落实简政放权的总体要求，继续完善风电行业管理体系，建立保障风电产业持续健康发展的政策体系和管理机制。

加强政府管理和协调。加快建立能源、国土、林业、环保、海洋等政府部门间的协调运行机制，明确政府部门管理职责和审批环节手续流程，为风电项目健康有序开发提供良好的市场环境。完善分散式风电项目管理办法，出台退役风机置换管理办法。

完善海上风电产业政策。开展海上风能资源勘测和评价，完善沿海各省（区、市）海上风电发展规划。加快海上风电项目建设进度，鼓励沿海各省（区、市）和主要开发企业建设海上风电示范项目。规范精简项目核准手续，完善海上风电价格政策。加强标准和规程制定、设备检测认证、信息监测工作，形成覆盖全产业链的成熟的设备制造和建设施工技术标准体系。

全面实现行业信息化管理。结合国家简政放权要求，完善对风电建设期和运行期的事中事后监管，加强对风电工程、设备质量和运行情况的监管。应用大数据、“互联网+”等信息技术，建立健全风电全生命周期信息监测体系，全面实现风电行业信息化管理。

（五）建立优胜劣汰的市场竞争机制

发挥市场在资源配置中的决定性作用，加快推动政府职能转变，建立公平有序、优胜劣汰的市场竞争环境，促进行业健康发展。

加强政府监管。规范地方政府行为，纠正“资源换产业”等不正当行政干预。规范风电项目投资开发秩序，杜绝企业违规买卖核准文件、擅自变更投资主体等行为，建立企业不良行为记录制度、负面清单等管理制度，形成市场淘汰机制。

构建公平、公正、公开的招标采购市场环境，杜绝有失公允的关联交易，及时纠正违反公平原则、扰乱市场秩序的行为。

强化质量监督。建立覆盖设计、生产、运行全过程的质量监督管理机制。充分发挥行业协会的作用，完善风电机组运行质量监测评价体系，定期开展风电机组运行情况综合评价。落实风电场重大事故上报、分析评价及共性故障预警制度，定期发布风电机组运行质量负面清单。充分发挥市场调节作用，有效进行资源整合，鼓励风电设备制造企业兼并重组，提高市场集中度。

完善标准检测认证体系。进一步完善风电标准体系，制定和修订风电机组、风电场、辅助运维设备的测试与评价标准，完善风电机组关键零部件、施工装备、工程技术和风电场运行、维护、安全等标准。加强检测认证能力建设，开展风电机组项目认证，推动检测认证结果与信用建设体系的衔接。

（六）加强国际合作

紧密结合“一带一路”倡议及国际多边、双边合作机制，把握全球风电产业发展大势和国际市场深度合作的窗口期，有序推进我国风电产业国际化发展。

稳步开拓国际风电市场。充分发挥我国风电设备和开发企业的竞争优势，深入对接国际需求，稳步开拓北非、中亚、东欧、南美等新兴市场，巩固和深耕北美、澳洲、欧洲等传统市场，鼓励采取贸易、投资、园区建设、技术合作等多种方式，推动风电产业领域的咨询、设计、总承包、装备、运营等企业整体走出去。提升融资、信保等服务保障，形成多家具有国际竞争力和市场开拓能力的风电设备骨干企业。

加强国际品牌建设。坚持市场导向和商业运作原则，加强质量信用，建立健全风电产品出口规范体系，包括质量监测和安全生产体系、海外投资项目的投资规范管理体系等。

严格控制出口风电设备的质量，促进开发企业和设备制造企业加强国际品牌建设，塑造我国风电设备质量优异、服务到位的良好市场形象。

积极参与国际标准体系建设。鼓励国内风电设计、建设、运维和检测认证机构积极参与国际标准制定和修订工作。鼓励与境外企业和相关机构开展技术交流合作，增强技术标准的交流合作与互认，推动我国风电认证的国际采信。积极运用国际多边互认机制，深度参与可再生能源认证互认体系合格评定标准、规则的制定、实施和评估，提升我国在国际认证、认可、检测等领域的话语权。

积极促进国际技术合作。在已建立的政府双边合作关系基础上，进一步深化技术合作，建立新型政府间、民间的双边、多边合作伙伴关系。鼓励开展国家级风电公共实验室国际合作，在大型公共风电数据库建设等方面建立互信与共享。

鼓励国内企业设立海外研发分支机构，联合国外机构开展基础科学研究，支持成立企业间风电技术专项国际合作项目。做好国际风电技术合作间的知识产权工作。

（七）发挥金融对风电产业的支持作用

积极促进风电产业与金融体系的融合，提升行业风险防控水平，鼓励企业降低发展成本。

完善保险服务体系，提升风电行业风险防控水平。建立健全风电保险基础数据库与行业信息共享平台，制定风电设备、风电场风险评级标准规范，定期发布行业风险评估报告，推动风电设备和风电场投保费率差异化。建立覆盖风电设备及项目全过程的保险产品体系。创新保险服务模式，鼓励风电设备制造企业联合投保。鼓励保险公司以共保体、设立优先赔付基金的方式开展保险服务，探索成立面向风电设备质量的专业性相互保险组织。推进保险公司积极采信第三方专业机构的评价结果，在全行业推广用保函替代质量保证金。

创新融资模式，降低融资成本。鼓励企业通过多元化的金融手段，积极利用低成本资金降低融资成本。将风电项目纳入国家基础设施建设鼓励目录。鼓励金融机构发行绿色债券，鼓励政策性银行以较低利率等方式加大对风电产业的支持，鼓励商业银行推进项目融资模式。鼓励风电企业利用公开发行上市、绿色债券、资产证券化、融资租赁、供应链金融等金融工具，探索基于互联网和大数据的新兴融资模式。

积极参与碳交易市场，增加风电项目经济收益。充分认识碳交易市场对风电等清洁能源行业的积极作用，重视碳资产管理工作，按照规定积极进行项目注册和碳减排量交易。

完善绿色证书交易平台建设，推动实施绿色电力证书交易，并做好与全国碳交易市场的衔接协调。

五、创新发展方式

（一）开展省内风电高比例消纳示范

在蒙西等一批地区，开展规划建设、调度运行、政策机制等方面创新实践，推动以风电为主的新能源消纳示范省（区）建设。制定明确的风电等新能源的利用目标，开展风电高比例消纳示范，着力提高新能源在示范省（区）内能源消费中的比重。推动实施电能替代，加强城市配电网与农村电网建设与改造，提高风电等清洁能源的消纳能力，在示范省（区）内推动建立以清洁能源为主的现代能源体系。

（二）促进区域风电协同消纳

在京津冀周边区域，结合大气污染防治工作以及可再生能源电力消费比重目标，开展区域风电协同消纳机制创新。

研究适应大规模风电受入的区域电网加强方案。研究建立灵活的风电跨省跨区交易结算机制和辅助服务共享机制。统筹送受端调峰资源为外送风电调峰，推动张家口、承德、乌兰察布、赤峰、锡盟、包头等地区的风电有序开发和统筹消纳，提高区域内风电消纳水平与比重。

（三）推动风电与水电等可再生能源互补利用

在四川、云南、贵州等地区，发挥风电与水电的季节性、时段性互补特性，开展风电与水电等可再生能源综合互补利用示范，探索风水互补消纳方式，实现风水互补协调运行。

借助水电外送通道，重点推进凉山州、雅砻江、金沙江、澜沧江、乌江、北盘江等地区与流域的风（光）水联合运行基地规划建设，优化风电与水电打捆外送方式。结合电力市场化改革，完善丰枯电价、峰谷电价及分时电价机制，鼓励风电与水电共同参与外送电市场化竞价。

（四）拓展风电就地利用方式

在北方地区大力推广风电清洁供暖，统筹电蓄热供暖设施及热力管网的规划建设，优先解决存量风电消纳需求。因地制宜推广风电与地热及低温热源结合的绿色综合供暖系统。开展风电制氢、风电淡化海水等新型就地消纳示范。结合输配电价改革和售电侧改革，积极探索适合分布式风电的市场资源组织形式、盈利模式与经营管理模式。推动风电的分布式发展和应用，探索微电网形式的风电资源利用方式，推进风光储互补的新能源微电网建设。

六、保障措施

（一）完善年度开发方案管理机制

结合简政放权有关要求，鼓励以市场化方式配置风能资源。对风电发展较好、不存在限电问题的地区放开陆上风电年度建设规模指标，对完成海上风电规划的地区放开海上风电年度建设规模指标。结合规划落实、运行消纳等情况，滚动调整风电发展规划。

（二）落实全额保障性收购制度

结合电力体制改革，督促各地按照《可再生能源法》和《可再生能源发电全额保障性收购管理办法》的要求，严格落实可再生能源全额保障性收购制度，确保规划内的风电项目优先发电。在保障电力系统安全稳定运行以外的情况下，若因化石能源发电挤占消纳空间和线路输电容量而导致风电限电，由相应的化石能源发电企业进行补偿。

（三）加强运行消纳情况监管

加强对风电调度运行和消纳情况的监管，完善信息监测体系，定期发布风电运行消纳数据。由国家能源局及派出机构定期开展弃风限电问题专项监管，及时发布监管报告，督促有关部门和企业限期整改。建立风电产业发展预警机制，对弃风限电问题突出、无法完成最低保障性收购小时数的地区，实施一票否决制度，不再新增风电并网规模。

（四）创新价格及补贴机制

结合电力市场化改革，逐步改变目前基于分区域标杆电价的风电定价模式，鼓励风电参与市场竞争，建立市场竞价基础上固定补贴的价格机制，促进风电技术进步和成本下降。

适时启动实施可再生能源发电配额考核和绿色电力证书交易制度，逐步建立市场化的补贴机制。

七、规划实施效果

（一）投资估算

“十三五”期间，风电新增装机容量8000万千瓦以上，其中海上风电新增容量400万千瓦以上。按照陆上风电投资7800元/千瓦、海上风电投资16000元/千瓦测算，“十三五”期间风电建设总投资将达到7000亿元以上。

（二）环境社会效益

1. 2020年，全国风电年发电量将达到4200亿千瓦时，约占全国总发电量的6%，为实现非化石能源占一次能源消费比重达到15%的目标提供重要支撑。

2. 按2020年风电发电量测算，相当于每年节约1.5亿吨标准煤，减少排放二氧化碳3.8亿吨，二氧化硫130万吨，氮氧化物110万吨，对减轻大气污染和控制温室气体排放起到重要作用。

3. “十三五”期间，风电带动相关产业发展的能力显著增强，就业规模不断增加，新增就业人数30万人左右。到2020年，风电产业从业人数达到80万人左右。

信息化和工业化融合发展规划（2016～2020年）

发布单位：工业和信息化部

“十三五”时期是我国全面建成小康社会的决胜阶段，是适应把握引领经济发展新常态的关键时期，是抢占全球新一轮产业竞争制高点的战略机遇期。大力推进信息化和工业化深度融合，加快新旧发展动能和生产体系转换，提高供给体系的质量效率层次，对于推动我国制造业转型升级、重塑国际竞争新优势具有重大战略意义。根据《中华人民共和国国民经济和社会发展第十三个五年规划纲要》，为深入贯彻落实《国务院关于深化制造业与互联网融合发展的指导意见》，协同推进《中国制造2025》和“互联网+”行动计划，编制本规划。

一、发展形势

“十二五”期间，我国两化融合顶层设计逐步加强，整体意识日益提高，发展成效不断显现，为制造强国建设奠定了坚实基础。一是两化融合政策体系日臻完善。党中央、国务院先后出台《中国制造2025》、《关于积极推进“互联网+”行动的指导意见》、《关于深化制造业与互联网融合发展的指导意见》、《国家信息化发展战略纲要》等系列文件，两化融合内涵思路不断丰富和创新，覆盖国家、行业、地区的两化融合协同工作机制正在形成。二是两化融合对传统产业提升作用显著。信息技术在企业研发、生产、经营、管理等环节的渗透不断加深，数字化研发设计工具普及率达61.1%，关键工序数控化率达45.4%，制造企业在精益管理、风险管控、供应链协同、市场快速响应等方面的竞争优势不断扩大。三是制造业智能化发展取得新进展。制造企业生产设备智能化改造步伐加快，综合集成水平持续提高，一批企业初步具备了探索智能制造的条件，智能机器人、增材制造、智能家电、智能汽车、可穿戴智能产品、移动智能终端等产业快速发展。四是基于互联网的新模式新业态不断涌现。互联网与制造业的融合发展，催生了网络协同制造、个性化定制、服务型制造等新模式，工业云、工业大数据、工业电子商务等新业态蓬勃发展。五是信息技术产业支撑服务能力进一步夯实。全球规模最大的宽带通信网络基本建成，自主研发的EPA实时以太网、WIA-PA工业无线网络等被纳入工业控制网络国际标准；集成电路、高性能计算、网络通信、基础软件等领域取得突破，云计算、大数据、物联网、移动互联网在重点行业应用不断加深。同时，我国两化融合发展仍存在整体水平不高、第三方公共服务平台支撑不足、核心技术薄弱、融合发展生态环境尚不健全等问题。

“十三五”时期，我国两化融合发展环境日益复杂，发展条件和动力发生深刻变革，面临的机遇与挑战并存。一是国际产业格局面临重大调整，围绕抢占制造业发展制高点的竞争愈演愈烈，两化融合发展迎来新空间。为应对新一轮科技革命和产业变革带来的挑战和机遇，以美国工业互联网、德国工业4.0为代表，发达国家纷纷实施以重振制造业为核心的“再工业化”战略，对高端制造业进行再调整再布局，以打造国家制造业竞争新优势。二是产业结构升级和供给结构优化需求迫切，对两化融合发展提出新需求。我国经济发展进入新常态，制造业发展面临资源环境约束强化、要素成本上升、投资出口放缓等挑战，“十三五”时期亟须推动两化深度融合，优化企业资源配置，提升生产经营效率，改善产品品种结构，提高供给结构适应性和灵活性，形成经济增长新动力。三是信息技术高速发展，成为构建新型制造体系的重要力量，给两化融合发展带来新支撑。以云计算、大数据、物联网、移动互联网为代表的新一代信息技术正在向制造业加速渗透融合，工业云、工业互联网、智能设备逐步成为制造业发展新基础，个性化定制、服务型制造成为生产方式变革新趋势，融合创新、系统创新、迭代创新、大众创新等正在成为制造业转型升级新动力。四是工业领域信息安全形势日益严峻，对两化融合发展提出新要求。随着两化融合发展进程不断深入，工业信息系统逐步从单机走向互联、从封闭走向开放，为网络安全威胁向其加速渗透提供了条件，工业领域面临的信息安全形势日益紧迫，急需加速完善工业信息系统安全保障体系。

综合判断，我国两化融合发展仍处于大有可为的重要战略机遇期，正进入向纵深发展的新阶段。“十三五”期间，准确把握战略机遇，有效应对各种风险和挑战，通过大力推进两化深度融合，重塑制造业竞争新优势，加快制造强国建设，促进经济社会转型发展，显得尤为重要和紧迫。

二、指导思想和发展目标

（一）指导思想

全面贯彻党的十八大和十八届三中、四中、五中全会精神，牢固树立创新、协调、绿色、开放、共享的发展理念，围绕供给侧结构性改革需求，以激发制造业创新活力、发展潜力和转型动力为主线，大力促进信息化和工业化深度融合发展，着力打造支撑制造业转型的创业创新平台，积极培育新产品、新技术、新模式、新业态，加快构建支撑融合发展的基础设施体系，增强制造业转型升级新动能，构筑精细、柔性、智能、绿色的新型制造体系，不断提升中国制造全球竞争优势，推动制造强国建设。

（二）基本原则

创新驱动，转型发展。充分发挥新一代信息通信技术聚集、整合、优化要素资源的优势，应用互联网创新理念、创新要素和创新体系，带动制造业技术、产品、模式、机制创新，提高供给质量和效率，激发制造业发展新动能。

跨界融合，互动发展。推动制造业与信息产业在发展理念、技术产业、生产体系、业务模式等方面全面融合，以两化融合带动信息产业加速发展，以信息产业支撑两化深度融合。协同推进军工和民用领域的两化融合，加强成果的相互转化和共享利用。

分类施策，协调发展。把握新技术在不同环节、行业、领域的扩散规律和应用模式，针对不同企业、行业、区域两化融合发展基础、阶段和水平差异，加快形成方法科学、机制灵活、政策精准的分类推进体系。

市场主导，循序发展。把市场对资源配置的决定性作用和更好发挥政府作用有机结合起来，积极完善两化融合政策举措，突出企业主体地位，形成促进公平竞争、激发创新活力、保障循序发展的两化融合市场环境。

（三）发展目标

到2020年，信息化和工业化融合发展水平进一步提高，提升制造业创新发展能力的“双创”体系更加健全，支撑融合发展的基础设施和产业生态日趋完善，制造业数字化、网络化、智能化取得明显进展，新产品、新技术、新模式、新业态不断催生新的增长点，全国两化融合发展指数达到85，比2015年提高约12，进入两化融合集成提升与创新突破阶段的企业比例达30%，比2015年提高约15个百分点。

——基于互联网的制造业“双创”体系不断完善。“双创”成为制造业转型发展的新引擎，“双创”服务平台体系支撑能力显著提升，创新资源和服务在线化、平台化和共享水平显著提升。

——新型生产模式在重点行业广泛普及。生产方式精细化、柔性化、智能化水平显著提升，关键工序数控化率达50%，网络协同制造、个性化定制、服务型制造成为引领制造业高端化的重要模式，制造企业组织管理模式进一步趋向扁平开放。

——基于互联网的服务业态成为新增长点。产品全生命周期管理、工业电子商务等服务新模式新业态蓬勃发展，工业电子商务交易额突破10万亿元。

——智能装备和产品自主创新能力快速提升。智能制造关键技术装备、智能制造成套装备、智能产品研发和产业化取得重大突破，新型智能硬件产品和服务市场规模突破万亿元，智能制造系统解决方案能力显著提升。

——支撑融合发展的基础设施体系基本建立。自动控制与感知技术研发和产业化取得突破，工业软硬件供给能力稳步提高，工业云与智能服务平台逐步成为智能制造关键应用基础设施，低时延、高可靠、广覆盖、更安全的网络服务支撑能力进一步增强。

三、主要任务

（一）构建基于互联网的制造业“双创”新体系，激发创业创新活力

推动大企业“双创”发展。支持大型制造企业建立基于互联网的创业孵化、协同创新、网络众包和投融资等“双创”平台，推动构建基于平台的新型研发、生产、管理和服务模式，激发企业创业创新活力。鼓励大企业面向社会开放平台资源，不断丰富创业孵化、专业咨询、人才培训、检验检测、投融资等服务，促进创新要素集聚发展。围绕打造产业链竞争新优势，推动大企业加强与中小企业的专业分工、服务外包、订单生产等多种形式协作，形成资源富集、创新活跃、高效协同的产业创新集群。

构建面向中小企业的“双创”服务体系。完善中小企业“双创”服务体系，支持小型微型企业创业创新基地建设，引导基地向平台化、智慧化、生态化方向发展。完善中小企业公共服务平台网络，发挥国家中小企业公共服务示范平台作用，开展基于互联网的技术创新、智能制造、质量品牌等服务，发展面向中小微企业创业创新的信息化应用服务。支持建设“创客中国”创业创新平台。积极发展众创、众包、众扶、众筹等新模式，以及创客空间、创新工场、开源社区等新型众创空间，培育形成低门槛、广覆盖、有活力的“双创”生态系统，促进生产与需求对接、传统产业与新兴产业融合、大企业与中小企业合作。

发展新型研发创新服务。加快制造业创新中心建设，推动共性和前沿技术研发、转移扩散和首次商业化应用，打造贯穿创新链、产业链的创新生态系统。推动检验检测、测试认证、知识产权、技术交易等专业研发服务的在线化和平台化，促进研发成果转化和市场拓展。加强产学研合作，利用移动互联网、云计算、大数据等新一代信息技术及平台，发展虚拟在线、敏捷高效、按需供给的新型研发服务。

（二）推广网络化生产新模式，引领生产方式持续变革

大力发展智能工厂。加快机械、船舶、汽车、家电等离散行业生产装备智能化改造，推动全面感知、设备互联、数据集成、智能管控，促进生产过程的精准化、柔性化、敏捷化。加强石化化工、钢铁、有色、建材等流程行业先进过程控制和制造执行系统的全面部署和优化升级，推进能源管理中心建设，实现生产过程的集约高效、动态优化、安全可靠和绿色低碳。

推进网络协同制造。加快网络、控制系统、管理软件和数据平台的纵向集成，促进研发设计、智能装备、生产制造、检验验证、经营管理、市场营销等环节的无缝衔接和综合集成，实现全流程信息共享和业务协同。推动企业间研发设计、客户关系管理、供应链管理和营销服务等系统的横向集成，推进协同制造平台建设，提升产业链上下游企业间设计、制造、商务和资源协同能力。

推广个性化定制。推动家电、家具、服装、家纺、建材家居等行业发展动态感知、实时响应消费需求的大规模个性化定制模式。鼓励飞机、船舶等行业提升高端产品和装备模块化设计、柔性化制造、定制化服务能力。支持发展面向中小企业的工业设计、快速原型、模具开发和产品定制等在线服务，培育“互联网+”新型手工作坊等小批量个性化定制模式。

发展服务型制造。积极发展工业设计，推动国家级工业设计中心建设，不断提高面向产品、工艺和服务的自主创新设计能力。鼓励有条件的企业从主要提供产品向提供产品和服务转变。引导轨道交通装备、海洋工程装备、能源电力装备等行业拓展总集成总承包、交钥匙工程和租赁外包等新业务，提高为用户提供专业化系统解决方案能力。推动制造企业开展信息技术、物流、金融等服务业务剥离重组，鼓励合同能源管理、产品回收和再制造、排污权交易、碳交易等专业服务网络化发展。

（三）培育平台化服务新业态，推动产业价值链向高端跃升

培育基于互联网的产品服务。围绕提升智能产品在线服务能力，推动数字内容、电子商务、应用服务等业务资源整合，培育智慧家庭、智能家电、智能穿戴等领域的服务新业态。深化物联网标识解析、工业云服务、工业大数据分析等在重点行业应用，支持食品、药品、危险品、特种设备、绿色建材等行业发展基于产品全生命周期管理的追溯监管、质量控制等服务新模式，构建智能监测监管体系，支持机械、汽车等行业发展产品在线维护、远程运维、智能供应链、协同研发等服务新业态。

大力发展工业电子商务。引导大型制造企业采购销售平台向行业电子商务平台转型，提高企业供应链协同水平。引导第三方工业电子商务平台向网上交易、加工配送、技术服务、支付结算、供应链金融、大数据分析等综合服务延伸，提升平台运营服务能力。鼓励发展跨境工业电子商务，完善通关、检验检疫、结汇、退税等关键环节“单一窗口”综合服务体系。推动建设集信息发布、在线交易、数据分析、跟踪追溯等功能为一体的智能物流平台，提高面向工业领域供应链协同需求的物流响应能力。

（四）营造跨界融合新生态，提高行业融合创新能力

提升系统解决方案能力。开展信息物理系统（CPS）架构、模型、数据和数据链等基础关键标准研究，突破物理仿真、实时传感、智能控制、人机交互、系统自治等关键核心技术。构建信息物理系统（CPS）应用测试验证平台及具有综合验证能力的试验床，组织开展信息物理系统（CPS）行业应用试点示范。面向重点行业智能制造单元、智能生产线、智能车间、智能工厂建设，加快培育本土系统解决方案提供商，加强适应重点行业特点和需求的优秀解决方案研发和推广普及。

创新跨界融合发展模式。支持互联网企业与制造企业合作，构建智能汽车、智能家电、数控机床、智能机器人等领域新的技术体系、标准规范、商业模式和产业生态。推动中小企业制造资源与互联网平台全面对接，实现研发设计、生产制造和物流配送等能力的在线发布、协同和交易，提升中小企业精准、柔性、高效的供给能力。支持制造企业与电子商务企业、物流企业、金融企业开展战略投资、品牌培育、网上销售、物流配送、供应链金融等领域的合作，整合线上线下交易资源，打造制造、商贸、物流、金融等高效协同的生产流通一体化新生态。

加快智慧集群建设。围绕制造业集聚区的集约化、网络化、品牌化提升改造，加快电网、管网、交通、安防和通信网络等配套设施改造，实施“互联网+”产业集群行动，鼓励和支持有条件的地区开展智慧集群建设和试点，推动产品研发设计工具、生产设备及零配件等资源共享，实现制造业产业集群制造资源在线化、产能柔性化、产业链协同化，打造智慧集群。支持有条件的地方开展制造业与互联网融合政策创新试点，探索行业监管、数据开放、公共服务、人才培养等推进机制，形成制造业区域发展新模式。

（五）普及两化融合管理体系标准，创新企业组织管理模式

加快两化融合管理体系标准普及推广。完善两化融合管理体系基础标准，制定分类标准、组织管理变革工具和方法等新标准，研究制定引导企业互联网转型的新型能力框架体系和参考模型。组织实施两化融合管理体系实施与推广，分行业、分领域培育一批示范企业，加快构建开放式、扁平化、平台化的组织管理新模式，打造基于标准引领、创新驱动的企业核心竞争力。完善两化融合管理体系市场化服务体系，建立线上线下协同推进机制，加强政策引导和资金支持，加快形成两化融合管理体系评定结果的市场化采信机制。

持续开展两化融合评估诊断和对标引导。结合智能制造和“互联网+”新趋势，优化企业两化融合评估指标体系和评估模型，完善国家、地方政府、企业等多层次的两化融合评估协同工作体系。建设企业两化融合评估大数据平台，周期性组织开展企业两化融合自评估、自诊断、自对标，围绕两化融合现状识别、效益分析、问题诊断、趋势预测等，形成区域、行业、企业等两化融合数据地图，提高政府精准施策、机构精准服务、企业精准决策水平。

（六）发展智能装备和产品，增强产业核心竞争力

加快发展智能新产品。围绕构建支撑智能硬件产业化发展的技术体系，推动低功耗CPU、高精度传感器、新型显示器件、轻量级操作系统等智能产业共性关键技术攻关，促进创新成果快速转化。支持重点领域智能产品、集成开发平台和解决方案的研发和产业化，支持虚拟现实、人工智能核心技术突破以及产品与应用创新。发展智能汽车、智慧医疗、智慧交通、智能建材家居等新型智能产品的测试验证环境、示范运行场景和基础数据平台，提升检测认证公共服务能力。

做强智能制造关键技术装备。加快推动高档数控机床、工业机器人、增材制造装备、智能检测与装配装备、智能物流与仓储系统装备等关键技术装备的工程应用和产业化。优先支持航空航天、海洋工程、新材料等重点领域智能制造成套装备的研发和产业化，加快传统制造业生产设备的数字化、网络化和智能化改造。

（七）完善基础设施体系，提升支撑服务能力

夯实自动控制与感知技术基础。加强传感器关键技术研发和产业化发展，提升传感器智能化、微型化和集成化水平。突破工业控制系统中核心芯片、伺服电机、驱动器、现场总线、工业以太网等关键器件和技术的发展瓶颈，加快推动可编程逻辑控制器、分布式控制系统、工控机系统以及数据采集与监视控制系统等研发和产业化。加快工艺过程控制、特殊控制模块等核心芯片产业化，推进相关领域嵌入式处理器的研发和规模应用。

发展核心工业软硬件。突破虚拟仿真、人机交互、系统自治等关键共性技术发展瓶颈，夯实核心驱动控制软件、实时数据库、嵌入式系统等产业基础。提升计算机辅助设计与仿真、制造执行系统、企业资源计划、供应链管理、客户关系管理、产品全生命周期管理等系统软件的研发和产业化能力，加强软件定义和支撑制造业的基础性作用。支持信息物理系统（CPS）关键技术、网络、平台、应用环境的兼容适配、互联互通和互操作测试验证，推动工业软硬件与工业大数据平台、工业互联网、工业信息安全系统和智能装备的集成应用。

提升工业云与大数据服务能力。围绕智能装备接入工业云的数据采集、网络连接和调度管理等重点环节，突破通信协议、数据接口、数据分析等关键技术，提升工业云平台系统解决方案供给能力。创新工业云服务内容与模式，推动工业设计模型、数字化模具、产品和装备维护知识库等制造资源集聚、开放和共享，鼓励培育基于工业云的新型生产组织模式。加快基于接口协议开放、数据全面集成、行业应用模型和开发工具共享的工业数据服务平台研发和推广应用，推动大数据在工业设计、生产制造、售后服务等产品全生命周期的应用，形成一批工业大数据解决方案，构建以新型工业操作系统和工业 APP 架构为核心的智能服务生态。

推动工业互联网建设。提升宽带网络能力，积极部署全光网，推进5G 规模试验网建设和试商用进程。以下一代互联网示范城市、LTEv6 工程为抓手，推动 IPv6 在物联网、移动互联网中的应用。持续优化互联网骨干网，实现国内骨干直联点与交换中心协同发展，扩大内容分发网络覆盖范围，提升内容分发能力。推动工业互联网创新发展，开展工业互联网技术试验验证、工业互联网标识解析系统建设、工业互联网 IPv6 应用部署、工业互联网管理支撑平台等工作。加快推进工业以太网、短距离无线通信、4G/5G 等新一代工业互联网设备、技术研发与产业化。研究制定工业互联网网络安全防护标准，加强工业互联网网络侧安全技术手段建设，建立健全工业互联网网络安全保障体系。

逐步完善工业信息安全保障体系。围绕工控安全监管和企业工控安全防护水平提升，健全政策标准体系，研制工控安全审查、分级评估、智能产品关键信息安全标准及其验证平台。支持国家工业信息安全信息采集报送、在线监测以及测试、评估、验证等平台建设，加快形成工业信息安全信息采集、分析、评估和通报工作体系，建立工业信息安全监管体系。支持研发工业信息系统、产品检测技术和工具，开展社会化工业信息安全测评服务，提高智能工业产品的漏洞可发现、风险可防范能力，建立工业信息安全技术保障体系。推动企业建立工业信息安全保障工作机制。

四、重点工程

（一）制造业“双创”培育工程

依托重点行业优势企业，在研发创新、协同制造、产品全生命周期管理等领域开展“双创”平台建设及应用推广。支持基础电信企业、大型互联网企业联合共建资源开放、数据共享、创业孵化、在线测试、创业咨询等服务平台，为中小企业及个人开发者开展制造领域创新提供普惠服务。推动有条件的国家新型工业化产业示范基地和产业集聚区结合国家战略布局和产业发展实际，与众创、众包、众扶、众筹等服务资源对接，建设各具特色、虚实结合的众创空间。建设若干国家制造业创新中心，提供虚拟在线、敏捷高效、按需供给的专业化服务。

（二）制造业与互联网融合发展工程

选择有条件的地区、行业、企业，建设多功能、集成化的工业云平台，开展工业云服务创新应用，培育社会化、共享化、网络化服务新模式。聚焦能源精细化管理、供应链金融服务、产品全生命周期质量管理等，开展大数据智能分析平台、开放服务平台等建设及应用，发展大数据智能服务新模式。推动具有行业知名度的大企业开放集采集销平台，实现与供应链上下游企业间的互联互通，发展供需精准对接服务。建设行业性和综合性电子商务平台，支持平台服务向多元化方向延伸，建立和完善工业电子商务运行形势监测分析体系。组织典型案例和经验的总结与推广，大力宣传各地区、各行业和典型企业在推进制造业与互联网融合方面的成功经验和做法。

（三）系统解决方案能力提升工程

研制信息物理系统（CPS）综合标准体系，并进行行业推广应用。以提升系统架构设计、系统集成、综合服务能力为重点，建设信息物理系统（CPS）开发工具、知识库、组件库等通用平台。建设信息物理系统（CPS）测试验证平台和综合验证实验床，开展多元异构数据、网络、平台的兼容适配、互联互通和互操作测试验证。以船舶、机械、汽车等行业为重点，研制精益研发解决方案，建立研发与制造一体化平台，推广虚拟环境中的系统研发设计和验证服务。聚焦石化化工、钢铁、有色、建材、航空、汽车、船舶、家电等行业，研制智能工厂解决方案，完善企业智能化生产体系。针对装备、消费品等行业，研制供应链协同管控解决方案，为企业构建系统化、柔性化、智能化供应链体系提供支撑。

（四）企业管理能力提升工程

分行业、分领域开展两化融合管理体系贯标示范，总结提炼贯标成果和经验，鼓励和推动各地开展省市级贯标试点示范工作，组织开展各类宣贯和培训活动，推动两化融合管理体系贯标由试点推广向全面普及转变。推动企业以管理体系贯标为牵引实现管理模式创新和管理现代化水平提升，培育和提升精益管理、大规模个性化定制、供应链协同、市场快速响应、精准营销等核心竞争能力。培育壮大贯标评定的市场服务队伍，推动完成贯标企业开展评定。健全面向互联网化和智能化发展需求的两化融合评估体系，依托中国两化融合服务平台建设两化融合大数据平台，每年推动各省级单位组织辖区内企业开展周期性两化融合自评估、自诊断与自对标。

（五）核心技术研发和产业化工程

围绕重大装备和产品智能化需求，搭建技术联合攻关平台，支持自动控制和智能感知设备及系统、核心芯片技术、以及新型显示系统的研发和产业化。重点扶持安全可控的工业基础软硬件、高端行业应用软件、嵌入式系统、新型工业APP应用平台、工业互联网网络设备、工控安全防护产品发展。支持企业探索工业互联网应用创新，开展工厂内外网络技术及互联互通、无线工厂、标识解析、IPv6等方面的应用示范。支持信息技术服务在个性化定制、产品全生命周期管理、网络精准营销和在线支持等领域的应用。

（六）工业信息安全保障工程

围绕提升智能装备和产品应用安全水平和智能工厂信息安全保障能力，支持搭建智能产品及装备信息安全测评平台。进一步推动工业防火墙、访问控制等工业信息安全产品在机械、石化化工、钢铁、有色、建材等行业的应用推广，提升工业行业信息安全防护能力。鼓励行业组织、科研机构、骨干企业在重点行业联合开展工业信息安全应急和攻防演练试点，提升工业领域信息系统安全漏洞可发现和风险可防范能力。针对工业领域信息系统的高级可持续威胁，建设工业云、工业大数据信息安全检测和预警平台。

五、保障措施

（一）健全组织实施机制

建立健全政府、行业、企业、科研院所和第三方咨询服务机构的两化融合协同推进机制，加强相关部门在两化融合发展重大问题、重大政策和重大工程等方面的协调配合。加强组织领导，统一认识，明确职责分工，制定出台配套政策措施，落实规划总体要求、目标和任务。建立两化融合发展的跟踪监测、统计分析、绩效评估、动态调整和监督考核机制，定期开展规划实施的评估考核工作，确保规划得到有效贯彻落实。

（二）加大财税金融支持

充分利用科技重大专项、技术改造资金、工业转型升级资金、专项建设基金等渠道，加大对两化融合共性技术开发、公共平台建设、试点示范项目及两化融合管理体系贯标的支持。完善和落实研发费用加计扣除、高新技术企业、科技企业孵化器等税收优惠政策。积极发挥政策性金融、开发性金融和商业金融的优势，加大对高端装备、智能制造、工业互联网等重点领域的支持力度。引导中央企业创新投资基金、地方产业投资基金和社会资本，支持成套装备、高端智能产品、工业软硬件、工业互联网等重大技术研发、成果转化和并购重组。

（三）建立健全标准体系

整合工业、信息技术、通信领域的标准化资源，加快建立适应制造业与互联网融合发展的标准体系，推动建立跨界融合标准化技术组织。按照急用先行、成熟先上、重点突破的原则，面向重点行业和细分领域制定行业应用规范和实施指南。发挥企业在标准制定中的重要作用，支持组建重点领域标准推进联盟，鼓励制定团体标准，协同推进标准研制。支持骨干企业主导或实质参与国际标准制定，提升国际标准话语权。

（四）完善人才培养体系

完善激励创新的股权、期权等风险共担和收益分享机制，创造有利于两化融合优秀人才脱颖而出的环境。围绕两化融合急需短缺人才，在重点院校、大型企业和产业园区，建设一批产学研相结合的专业人才培训基地。支持高校围绕两化融合人才培育设立相关学科，把两化融合人才培养作为专业技术人员知识更新工程、企业经营管理人才素质提升工程等国家人才培养计划的优先领域。加强中西部地区两化融合人才培养和引进。推广企业首席信息官制度，鼓励企业引入和培养复合型人才，提升信息化与业务部门之间的协同对接能力。

（五）加强国际合作交流

围绕两化融合相关技术研发、标准研制、人才培养、行业应用等领域，积极开展双边、多边国际交流合作。结合“一带一路”等国家重大战略，支持和鼓励制造企业联合互联网、信息通信、金融等领域企业率先“走出去”。支持行业协会、产业联盟与企业在全球范围内共同推广两化融合相关产品、技术、标准、服务，推动两化融合全链条“走出去”。

"十三五"节能环保产业发展规划

发布单位：国家发展改革委　科技部　工业和信息化部　环境保护部

发展节能环保产业，是培育发展新动能、提升绿色竞争力的重大举措，是补齐资源环境短板、改善生态环境质量的重要支撑，是推进生态文明建设、建设美丽中国的客观要求。为加快将节能环保产业培育成我国国民经济的支柱产业，根据《国民经济和社会发展第十三个五年规划纲要》，制定本规划。

一、发展基础

"十二五"期间，在国家一系列政策支持和全社会共同努力下，我国节能环保产业发展取得显著成效。产业规模快速扩大，2015年产值约4.5万亿元，从业人数达3000多万。技术装备水平大幅提升，高效燃煤锅炉、高效电机、膜生物反应器、高压压滤机等装备技术水平国际领先，燃煤机组超低排放、煤炭清洁高效加工及利用、再制造等技术取得重大突破，拥有世界一流的除尘脱硫、生活污水处理、余热余压利用、绿色照明等装备供给能力。产业集中度明显提高，涌现出70余家年营业收入超过10亿元的节能环保龙头企业，形成了一批节能环保产业基地。节能环保服务业保持良好发展势头，合同能源管理、环境污染第三方治理等服务模式得到广泛应用，一批生产制造型企业快速向生产服务型企业转变。

同时，我国节能环保产业发展还存在不少困难和问题，突出表现在：自主创新能力不强，缺乏基础性、开拓性、颠覆性技术创新，部分关键设备和核心零部件受制于人，垃圾渗滤液处理、高盐工业废水处理、能量系统优化等难点技术有待突破，高端技术装备供给能力不强。市场秩序不规范，环境基础设施建设等领域恶性竞争问题突出，部分地区地方保护现象严重、市场竞争不充分，产品能效、水效虚标屡禁不止，部分落后低效技术装备对中高端产品形成市场挤压。节能环保服务业违约现象增多，纠纷处理尚未建立机制性安排。制度体系不完善，节能环保标准建设滞后，税收优惠政策有待进一步落实，企业融资难、融资贵问题突出，绿色消费缺乏有力引导。

提高资源利用效率、保护和改善生态环境，是人类社会发展的永恒主题，是我国发展面临的紧迫任务。我国资源环境形势严峻，有世界上最强烈的环境改善诉求，有最大的节能环保市场，有良好的产业发展基础，发展节能环保产业大有可为。要紧紧抓住历史机遇，推动节能环保产业和传统产业融合发展，做好存量的绿色化改造和增量的绿色化构建，提升经济整体的绿色竞争力，促进经济社会发展绿色转型，以最少的成本取得更大的环境和社会效益。

二、总体要求

（一）指导思想

全面贯彻党的十八大和十八届三中、四中、五中全会精神，深入落实习近平总书记系列重要讲话精神，牢固树立创新、协调、绿色、开放、共享的新发展理念，立足发展阶段和现实国情，以解决突出资源环境问题为导向，以提高节能环保供给水平为主线，以创新为驱动，以重大工程为着力点，不断完善政策措施，优化市场环境，运用市场机制引导社会资源要素充分、有序投入节能环保产业，实现节能环保产业的快速、提质、创新发展，为改善环境质量、建设美丽中国提供可靠保障。

（二）基本原则

坚持创新引领。以节能环保领域科技创新为核心，强化产学研用结合，打造协同创新平台，提高原始创新能力，加快技术更新换代。推动商业、服务、管理模式创新，满足多元化、个性化市场需求。促进新技术、新产品、新服务脱颖而出，提升节能环保产业供给质量和水平。

坚持市场主导。充分发挥市场在节能环保产业资源配置中的决定性作用，规范市场秩序，形成统一开放、平等准入、竞争有序的市场体系。更好发挥政府作用，加强政策扶持，打破隐形壁垒，强化监督管理。

坚持重点突破。以系统节能、水气土环境污染治理、尾矿资源化及工业废渣利用等影响可持续发展的突出问题为重点，有针对性的加强关键节能环保技术装备产品的研发攻关，提升节能环保产业对解决重大资源环境问题的支撑能力。

坚持开放共赢。坚持"引进来"和"走出去"并重，鼓励外商投资，积极引进先进技术和管理经验；结合"一带一路"、国际产能合作、绿色对外援助等，支持我国节能环保企业参与全球生态环境保护事业。

（三）主要目标

到2020年，节能环保产业快速发展、质量效益显著提升，高效节能环保产品市场占有率明显提高，一批关键核心技术取得突破，有利于节能环保产业发展的制度政策体系基本形成，节能环保产业成为国民经济的一大支柱产业。

——产业规模持续扩大，吸纳就业能力增强。节能环保产业增加值占国内生产总值比重为3%左右，吸纳就业能力显著增强。

——技术水平进步明显，节能环保装备产品市场占有率显著提高。拥有一批自主知识产权的关键共性技术，一些难点技术得到突破，装备成套化与核心零部件国产化程度进一步提高，主要节能环保产品和设备销售量比2015年翻一番。

——产业集中度提高，竞争能力增强。到2020年，培育一批具有国际竞争力的大型节能环保企业集团，在节能环保产业重点领域培育骨干企业100家以上。形成20个产业配套能力强、辐射带动作用大、服务保障水平高的节能环保产业集聚区。

——市场环境更加优化，政策机制更加成熟。全国统一、竞争充分、规范有序的市场体系基本建立，价格、财税、金融等引导支持政策日趋健全，群众购买绿色产品和服务意愿明显增强。

三、提升技术装备供给水平

加大研发投入力度，加强核心技术攻关，推动跨学科技术创新，促进科技成果加快转化，开展绿色装备认证评价，淘汰落后供给能力，着力提高节能环保产业供给水平，全面提升装备产品的绿色竞争力。

（一）节能技术装备

工业锅炉。加快研发高效低氮燃烧器、智能配风系统等高效清洁燃烧设备和波纹板式换热器、螺纹管式换热器等高效换热设备。支持开发锅炉系统能效在线诊断与专家咨询系统、主辅机匹配优化技术等，不断提高锅炉自动调节和智能燃烧控制水平。推进高效环保的循环流化床、工业煤粉锅炉及生物质成型燃料锅炉等产业化。鼓励锅炉制造企业提供锅炉及配套环保设施设计、生产、安装、运行等一体化服务。

电机系统。加强绝缘栅极型功率管、特种非晶电机和非晶电抗器等核心元器件的研发，加快特大功率高压变频、无功补偿控制系统等核心技术以及冷轧硅钢片、新型绝缘材料等关键材料的应用，推动高效风机水泵等机电装备整体化设计，促进电机及拖动系统与电力电子技术、现代信息控制技术、计量测试技术相融合。加快稀土永磁无铁芯电机等新型高效电机的研发示范。

能量系统优化。加大系统优化技术研发和推广力度，鼓励先进节能技术、信息控制技术与传统生产工艺的集成优化运用，加强流程工业系统节能。针对新增产能和具备条件的既有产能，以整合设计为突破口，形成贯通整个工业企业生产流程的综合性节能工艺技术路线。

专栏1 重点行业能量系统优化的重点节能技术

1. 钢铁行业

开发热态炉渣余热高效回收和资源化利用技术、复合铁焦新技术、换热式两段焦炉技术等。推广“一罐到底”铁水供应、烧结烟气循环、高温高压干熄焦等技术。

2. 有色行业

开发铝电解槽大型化及智能化技术、连续或半连续镁冶炼技术等。推广铝液直供、新型结构铝电解槽、高效强化拜耳法氧化铝生产、富氧熔炼、粗铜连续吹炼等技术。

3. 石化和化工行业

开发油品及大宗化工原料绿色制备技术、石化装置换热系统智能控制技术等。推广炼化能量系统优化、烯烃原料轻质化、高效清洁先进煤气化等技术。

4. 建材行业

开发水泥制造全流程信息化模糊控制策略、平板玻璃节能窑炉新技术、浮法玻璃生产过程数字化智能型控制与管理技术等。推广高效熟料煅烧、玻璃熔窑纯低温余热发电、陶瓷薄形化和湿改干等技术。

5. 煤化工行业

大力发展焦炉煤气、煤焦油、电石尾气等副产品的高质高效利用技术。

余能回收利用。加强有机朗肯循环发电、吸收式换热集中供热、低浓度瓦斯发电等技术攻关，推动中低品位余热余压资源回收利用。加快炉渣、钢坯和钢材等余热回收利用技术开发，推进固态余热资源回收利用。探索余热余压利用新方式，鼓励余热温差发电、新型相变储热材料、液态金属余热利用换热器技术等研发。推动余热余压跨行业协同利用和余热供暖应用。

照明和家电。推动半导体照明节能产业发展水平提升，加快大尺寸外延芯片制备、集成封装等关键技术研发，加快硅衬底LED技术产业化，推进高纯金属有机化合物（MO源）、生产型金属有机源化学气相沉积设备（MOCVD）等关键材料和设备产业化，支持LED智能系统技术发展。大幅提高空调、冰箱、电视机、热水器等主要用能家电能效水平，加快智能控制、低待机能耗技术等通用技术的推广应用。

绿色建材。鼓励开发保温、隔热及防火性能良好、施工便利、使用寿命长的外墙保温材料、低辐射镀膜玻璃、断桥隔热门窗、遮阳系统等，开发推广结构与保温装饰一体化外墙板，引导高性能混凝土、高强钢等建材的应用。支持发展环境友好型建筑涂料和胶黏剂，推广应用高分子防水材料、密封材料和热反射膜。

（二）环保技术装备

大气污染防治。加快烟气多污染物协同处理技术及其集成工艺、成套装备与催化剂开发，攻克低氮燃烧和脱硝工艺氨逃逸控制、PM2.5和臭氧主要前体物联合脱除、窑炉多污染物协同控制技术，研发脱硫、脱硝、除尘、除汞副产物的回收利用技术。探索挥发性有机物（VOCs）源头控制方法，研发推广吸附浓缩、低温等离子体净化、生物法脱臭、光氧化和光催化等末端治理及组合治理技术，在石油石化、汽车喷涂、印刷等行业开展VOCs治理，推进吸附材料再生平台示范建设。促进发动机、汽轮机等机内净化、尾气治理、蒸发排放控制等移动源环保升级，以及柴油机（车）排放净化。加强大气污染来源识别及区域联防联控技术集成研究。推进钢铁、水泥等行业以特别排放限值或更高标准为目标的技术研发示范和应用。

水污染防治。加强高浓度难降解工业废水处理、水体富营养化控制、总磷达标排放等关键技术研发力度，着力突破藻毒素处理、饮用水消毒副产物去除等水安全保障技术。开展地下水污染溯源技术、修复材料及技术研究，开展工业废水生物毒性、急性毒性等前瞻性技术研究，开发新型高效水处理材料及高效水处理生物菌剂。加快反渗透膜、纳滤膜的推广，提高膜生物反应器性能、降低成本。

开展高效低耗生活污水处理与回用工艺研发和示范，示范推广污泥无害化资源化处理技术。大力推行低成本、微动力的小型水处理技术和畜禽养殖面源污染控制技术，推动小城镇和农村生活污水以及施工营地生产生活污水分散处理。

土壤污染防治。增强土壤污染诊断水平，增强风险识别、污染物快速检测、土壤及地下水污染阻隔等风险管控能力。突破功能材料（药剂）、土壤调理剂和修复药剂的技术和成本瓶颈。加快实现原位修复专用工程设备国产化。加强生命科学技术在土壤修复领域的技术储备。提升农田土壤重金属和持久性有机污染物快速检测修复技术水平，以及污染场地风险评价数值模拟技术水平。开展污染场地和矿山修复，推动土壤污染治理试点示范。

城镇生活垃圾和危险废物处理处置。提高生活垃圾焚烧飞灰、浓缩渗滤液、填埋气利用技术水平，加快村镇低成本小型垃圾处理成套设备开发示范。着力突破重金属废物、抗生素菌渣、高毒持久性废物综合整治工作，推动与我国危险废物基本特征相适应的利用处置技术研发，提升危险废物利用处置过程的风险控制水平，促进危险废物高效焚烧装备产业化，提升危险废物环境管理的精细化、信息化水平。

噪声和振动控制。开发新型吸声、隔声、隔振、减振材料，重点推进阻尼弹簧浮置板轨道隔振技术国产化，提升配套产品的自动化和集成化水平。推动燃煤电厂低频噪声源头治理成套设备研发和应用。推进施工场地、机场等环境噪声在线连续监测技术设备的研发和应用，加强低成本、可移动降噪设备研究与推广。

环境大数据。推动在线监测技术与信息化技术的深度融合，加强环境物联网与大数据建设，实现环境监测数据模型化、精细化、准确化。以突出环境问题为重点，加强挥发性有机污染物（VOCs）、重金属、火电厂 ppb 级 PM2.5 在线监测和现场快速检测技术，以及相关标准物质的研发和应用。开展大气新型污染物、空气环境颗粒物、工业排放气体在线监测计量、水质生物毒性监测、土壤和地下水监测等技术研究。研究适用范围广、监测数据准确地多参数水质自动检测仪器和连续监测装备，推进水质自动化监测。提高在线监测仪器的测量精度和性能稳定性，提升仪器仪表智能化水平。

（三）资源循环利用技术装备

尾矿资源化。开发选矿药剂及装备，加快多种共伴生有价组分综合回收利用等高效尾矿回收技术研发。加大膏体尾矿干式堆存、尾矿高浓度充填自动化控制、高浓度尾矿胶结充填采矿等关键技术装备的研发力度。开发低成本生产超高强度混凝土、微晶玻璃等尾矿利用产品。加大煤矸石资源化利用技术研发。

工业废渣。积极研发源头减量、杂质脱除、结构重构、强化成型等关键技术，突破冶炼渣多种有价组分综合回收技术，示范推广赤泥、脱硫石膏、磷石膏、粉煤灰等工业废渣的高效无害化处理技术和资源化利用技术。开发以工业废渣为原料的高附加值产品和低成本利用技术。

专栏 2 工业废渣研发和推广的技术及产品

1. 赤泥

重点研发低成本赤泥脱碱、高铁赤泥及赤泥铁精矿深度还原再选技术、赤泥制备路基固结材料，开发以赤泥为主要原料的泡沫玻璃、循环流化床脱硫剂、环境修复材料、化学结合陶瓷（CBC）复合材料等产品。

2. 冶炼渣

重点研发微膨胀型充填采矿专用胶凝材料、多种有价组分综合回收等技术。

3. 副产石膏

重点突破低能耗磷石膏制硫酸钾副产氯化铵等技术和利用副产石膏改良土壤、脱硫石膏质量在线监测等技术；推广磷石膏、不溶性含钾页岩制酸联产硅钙镁肥技术。

4. 粉煤灰

推广粉煤灰分质分级利用系统化技术、粉煤灰提取氧化铝和高附加值元素技术、粉煤灰制作纤维纸浆、粉煤灰制备超细纤维等技术；研发粉煤灰提取 Fe2O3、漂珠、碳粒等多重有价组分技术，突破高铝粉煤灰低能耗冶炼硅铝合金、粉煤灰制备环保材料、大掺量粉煤灰混凝土路面材料技术等技术。

再生资源。加快开发报废汽车和废旧电器电子产品的智能拆解和拆解物自动化分选等关键技术装备，研发废旧塑料的改性改质技术。开展农业废弃物资源化利用，推动以农林废弃物原料生产高强度纤维板、轻质装饰用防火板等中高端产品。研发餐厨垃圾的低成本资源化技术和产品。探索废旧太阳能光伏板、报废动力蓄电池、废碳纤维材料、废纺织品、废节能灯、农膜和农药化肥等新型废弃物的资源化利用及无害化处理技术。鼓励企业研发和应用智能型回收设备。鼓励研发和推广基于物联网的再生资源收运系统。

再制造。研发推广生物表面处理、自动化纳米颗粒复合电刷镀、自动化高速电弧喷涂等再制造产品表面处理技术和废旧汽车发动机、机床、电机、盾构机等无损再制造技术，突破自动化激光熔覆成形、自动化微束等离子熔覆、在役再制造等关键共性技术。开发基于监测诊断的个性化设计、自动化高效解体、零部件绿色清洗、再制造产品疲劳检测与服役寿命评估等技术。组织实施再制造技术工艺应用示范。

水资源节约利用。开发雨水高效回收利用、管网检漏和防渗、民用净水设备浓水利用等节水技术，研发和推广高效生活用水节水器具。农业领域推广输水明渠防渗、喷灌、微灌、水肥一体化等节水灌溉技术，工业领域推广高硬高碱循环水处理技术、水质分级梯级利用技术、高钙高 COD 废水处理回用技术、变频节水系统等节水技术。进一步解决反渗透膜、超滤纤维等水处理关键部件运行不稳定、寿命短等技术障碍，大力推进反渗透淡化装置和真空纤维超滤水处理等海水、苦咸水淡化技术。

四、创新节能环保服务模式

深入推进节能环保服务模式创新，培育新业态，拓展新领域，凝聚新动能，提高服务专业化水平，充分激发节能环保市场活力。

（一）节能节水服务

做大做强节能服务产业，创新合同能源管理服务模式，健全效益分享型机制，推广能源费用托管、节能量保证、融资租赁等商业模式，满足用能单位个性化需要。支持开展节能咨询、评估、监测、检验检测、审计、认证等服务。鼓励节能服务公司整合上下游资源，为用户提供诊断、设计、融资、建设、运营等合同能源管理“一站式”服务，推动服务内容由单一设备、单一项目改造向能量系统优化、区域能效提升拓展。到2020年，节能服务业总产值达到6000亿。鼓励采用合同节水模式，在电力、化工、钢铁、造纸、纺织、炼焦等高耗水行业开展节水改造，实施100个合同节水管理示范试点。

（二）环境污染第三方治理

推进环境基础设施建设运营市场化，采取政府和社会资本合作（PPP）、特许经营、委托运营等方式引导社会资本提供环境基础设施投资运营服务，完善工程总承包+系统托管运营（EPC+C）、项目管理承包（PMC）等运营机制。进一步明确第三方治理项目的绩效考核指标体系，减少项目在运营期的争议。对政府负有支付义务的项目，应纳入预算管理。开展小城镇、园区环境综合治理托管试点与环境服务试点，鼓励地方政府采取环境绩效合同服务模式引入服务商，推行环境治理整体式设计、模块化建设、一体化运营。创新排污企业第三方治理机制，鼓励电力、化工、钢铁、采矿、纺织、造纸、畜禽养殖等行业企业将环境治理业务剥离并交由第三方治理。做好环境污染第三方治理试点评估，总结推广有效模式，研究解决制约问题。

（三）环境监测和咨询服务

引导社会环境监测机构参与污染源监测、环境损害评估监测、环境影响评价监测等环境监测活动，推进环境监测服务主体多元化和服务方式多样化。对公共环境监测数据，逐步推行以政府购买服务的方式取得，有序放开环境质量自动监测站、污染源自动监测设施的建设运行维护等公益性、监督性监（检）测业务，有序发展固体废物和危险废物鉴别、化学品环境危害特别测试等中介服务。提高社会环境监测从业人员的业务素质，评估社会环境监测机构的业务水平，促进环境监测服务水平的不断提升。强化对社会环境监测机构事中和事后监管，逐步纳入执法监管体系，推动环境监测服务社会化工作的制度化、体系化、规范化，形成以环保系统环境监测机构为骨干、社会环境监测力量共同参与的环境监测管理新体制。推动环境调查、环境风险评价、环境规划、环境影响评价、环境监理等环境咨询服务水平提高。

（四）资源循环利用服务

利用“互联网+”技术，探索建立再生资源交易平台，支持回收行业建设线上线下融合的回收网络，推广“互联网+回收”新模式。建设兼具垃圾分类与再生资源回收功能的交投点，推进垃圾收运系统与再生资源回收系统衔接，推动“两网融合”。推进机械装备包装标准化，探索建立逆向物流体系，提高包装物的回用率和资源化率。鼓励选矿单位与尾矿资源化利用企业加强合作，开展尾矿库专业化委托管理服务，建立尾矿管理与综合利用相衔接的治理模式。推广秸秆的第三方收贮运模式，提高农林剩余物回收率，促进高值化利用。

五、培育壮大市场主体

以节能环保企业为重点，以产业园区为依托，以第三方机构为有益补充，推动市场主体形成良性互动、协同发展的共生关系，培育节能环保产业的生力军。

（一）促进各类型企业协调发展

加强龙头企业的骨干作用，打造综合实力强、管理水平先进、具有市场带动能力的龙头企业和产业集团。引导中小企业差异化、专业化、精细化发展，形成一批拥有自主知识产权和专业化服务能力的专精特新企业。大力推进节能环保领域的“大众创业、万众创新”，鼓励掌握核心技术的研发人员自主创业，加快科技成果转化。研究科技型新企业条件和标准，落实普惠性政策，支持节能环保高新技术企业发展。发挥国有企业技术和管理优势，提高国有资本的整体功能和效率。充分激发民营企业在节能环保领域的创新活力，引导民营资本参与环境治理和生态保护项目建设，在PPP项目中不得以任何形式设置对民营企业的歧视性条款。鼓励在项目层面开展混合所有制合作，促进国有资本和民营资本协同发展。

（二）加快产业集聚区提质增效

优化升级现有节能环保产业园区和集聚区，创新政府引导产业集聚方式，由招商引资向引资、引智、引技转变，以管理体制机制改革激发市场活力。在充分考虑地方资源特点和产业发展的基础上，布局培育一批创新优势突出、区域特色明显、规模效益显著的产业集聚区，创建以节能环保产业为主导的国家基础创新中心。整合集聚区内创新资源，推动创新资源和成果开放共享，提升集聚区整体创新能力，使集聚区成为产业创新的新载体。促进集聚区内产业链关联企业的协同发展，通过深化分工降低生产和交易成本，发挥集聚效应和带动作用，提高整体竞争优势。避免对市场行为的过度干预，防止园区重复建设。

（三）发挥第三方机构催化作用

发挥产业协会和产业联盟等产业组织对节能环保产业的催化作用，在政府与行业、企业之间建立起桥梁和纽带。支持产业协会建立节能环保网络小组，加强业内企业间的互动互助，建立节能环保企业统计信息报送平台，开展产业发展动态监测，强化数据采集处理，提高产业数据统计能力和分析能力。及时向政府及其相关部门反映行业诉求，维护行业整体利益，协助政府完成节能环保产业调查、技术遴选认证、行业标准和技术目录制修订等工作。通过组织技术装备展览、技术交流和供需对接等活动，促进国内外节能环保产业技术和项目信息的交流合作。推动建设专业化节能环保众创空间、面向市场和产业的科技创新中心，完善技术转移转化机制。加强行业自律和同业监管，建立完善行业内自律性管理制度。

六、激发节能环保市场需求

以实施节能环保和资源循环利用重大工程、推广绿色产品、培育绿色消费习惯等方式，有力刺激市场对节能环保产品和服务的需求，全面扩展产业发展空间。

（一）强化重大工程需求牵引

通过实施节能环保重点工程，有力激发市场对节能环保技术、装备、产品及服务的需求。以燃煤锅炉、电机系统、照明产品等通用设备为重点，大力推动节能装备升级改造；开展工业能效赶超行动，推动钢铁、有色、石化、建材等高耗能行业工艺革新，实施系统节能改造，鼓励先进节能技术的集成优化运用，进一步加强能源管控中心建设。推动环境基础设施建设，推进工业污染源全面达标排放、水气土领域环境治理、危险废物防治等环保重大工程，扩大环保产业有效需求。推进国家级和省级园区循环化改造，推动大宗废弃物和新型废弃物的综合利用，发展再制造技术和产业，提高城市低值废弃物资源化水平。坚决淘汰落后产能，严防落后产能向中西部地区转移；积极稳妥化解过剩产能，强化资源、能源、环保等硬约束，强化行业规范和准入管理。

（二）完善绿色产品推广机制

健全绿色产品和服务的标准体系，扩大标准覆盖范围，加快制修订产品生产过程的能耗、水耗、物耗以及终端产品全生命周期的能效、水效和环境标志等标准。建立统一的绿色产品认证、标识等体系，逐步将目前分头设立的环保、节能、节水、循环、低碳、再生、有机等产品统一整合为绿色产品，加强绿色产品全生命周期计量测试、质量检测和监管。鼓励认证机构对所认证的绿色产品提供担保并承担连带责任。组织实施能效、水效、环保领跑者行动，推动实施企业产品标准自我声明和监督制度。实施高效节能产品推广量倍增行动、绿色建材生产和应用行动计划，大幅提高节能家电、绿色建材、再生产品、环境标志产品等绿色产品的市场占有率。全面推行绿色办公，严格落实政府对绿色产品的优先采购和强制采购制度，适时调整政府绿色采购的范围和标准，及时发布政府采购绿色产品清单。

（三）着力培育绿色消费文化

开展全民绿色消费教育，把绿色消费纳入全国节能宣传周、全国城市节水宣传周、科普活动周、全国低碳日、环境日等主题宣传活动，利用报纸、广播、电视、互联网等多种形式引导消费者主动选择和消费绿色产品。深入实施节能减排全民行动、节俭养德全民节约行动。同时，鼓励企业实行绿色产品的规模化生产和经营，进一步降低成本，促进公众消费。完善居民社区再生资源回收体系。倡导绿色生活方式，探索建立绿色积分制度，鼓励居民通过购买绿色产品、垃圾分类、绿色出行等方式积分，用于购买商品或服务。

七、规范优化市场环境

发挥市场的决定性作用，加强规范引导，拓展市场空间，建立统一开放、竞争充分、规范有序的市场体系，营造有利于产业提质增效的市场生境。

（一）加强法规标准建设

严格落实《节约能源法》、《环境保护法》、《循环经济促进法》等节能环保法律，研究制定碳排放权交易管理条例，完善相关配套法规，坚决查处严重浪费能源资源、污染环境的违法行为，加大处罚力度。推进环境保护督察，对地方政府及其有关部门履行环境保护工作职责的情况开展全面的监督检查，落实生态环境损害责任终身追究制。实施随机抽查和专项督查相结合的监督制度，加强对工业、建筑、公共机构等重点耗能单位监察和对污染源的监管执法。加强信息公开，依法公开重点用能单位节能目标责任考核和国家重点监控企业污染源监测结果，鼓励公众监督企业环境行为。建立健全节能环保标准体系，加快制修订一批强制性能效标准、能耗限额标准和污染物排放标准，提高产品标准中的节能环保技术要求；加强与节能环保相关的国家、地方、行业和企业标准的相互协调。打击假冒节能环保产品的生产、流通和销售，加大家电产品能效审查和能效标识产品的专项检查力度，整顿家电市场能效虚标行为。

（二）简政放权优化服务

深入推进简政放权，优化简化节能环保项目行政事项审批流程，推进节能环保项目行政审批标准、项目核准条件等信息公开，鼓励各级政府建立节能环保项目绿色审批通道。优化创新创业服务，深入推进商事制度改革，为节能环保投资创业提供更便捷的条件；落实对节能环保小微企业的优惠扶持政策，在就业培训、创业辅导等方面给予支持，帮扶小微企业规避初创期风险。强化对节能环保项目的环境绩效管理，减少政府对项目技术方案、技术路线等的干预。对农村生活污水、生活垃圾处理项目，加强规划可行性论证，简化项目环评审批，规范工程验收，对位于环境敏感区的定期开展环境监督性监测。

（三）统一规范市场秩序

清理废除地方自行制定的影响统一市场形成的限制性规定，严肃查处设立不合理招投标条件等行为，加快放开垄断行业竞争性环节，建立申诉渠道和复议机制。探索改革环境基础设施建设招投标机制，建立质量优先的评标原则，大幅增加技术标权重；定期公布重大环境基础设施项目中标价格，加强对明显低于市场平均价格项目的运营监管，严防恶性低价竞争。加强信用体系建设，建立严重违法失信的市场主体的信用记录，纳入全国信用信息共享平台，依法公示企业环境行政许可、行政处罚等信息，实施跨部门联合惩戒；强化纠纷处理，建立节能环保纠纷快速解决机制。在城镇化过程中对环境基础设施建设要优先布局、优先建设，严格落实环评要求，做好环保知识的宣传普及，稳妥解决“邻避”问题。

八、完善落实保障措施

加强财税价格金融等政策的引导支持，依托国家重大对外战略拓展国际合作，培育高素质人才队伍，为产业发展提供有力保障。

（一）加大财税和价格政策支持

继续利用中央预算内投资对节能环保产业给予支持，鼓励地方政府安排财政专项资金支持和引导节能环保产业发展。落实节能环保产业税收优惠政策，修订完善节能节水、环境保护专用设备企业所得税优惠目录，落实资源综合利用产品的增值税优惠政策。做好环境保护税立法和实施工作。推进资源性产品价格改革，落实差别电价、惩罚性电价和阶梯电价政策；适时完善环保电价政策，探索建立污水处理服务费用与污水处理效果挂钩调整机制。

（二）发展绿色金融

建立健全绿色金融体系，推动节能环保产业与绿色金融的深度融合。大力发展绿色信贷，完善绿色信贷统计制度，鼓励银行设立绿色信贷专项额度，支持有条件的银行探索绿色金融专业化经营。鼓励银行业金融机构将碳排放权、排污权、合同能源管理未来收益、特许经营收费权等纳入贷款质押担保物范围，推广融资租赁等新型融资方式。强化直接融资，支持绿色债券规范有序发展，鼓励符合条件企业发行绿色债券，通过债券市场筹措节能环保项目建设资金。引导和支持社会资本建立绿色发展基金，投资节能环保产业。支持社会资本以 PPP 和第三方服务等模式投入资源循环利用产业。探索发展绿色保险，研究开发针对合同能源管理、环境污染第三方治理等的保险产品，在环境高风险领域建立环境污染强制责任保险制度。支持信用担保机构、绿色发展基金对资质好、管理规范的中小型节能环保企业融资提供担保服务。

（三）加强国际合作

推进节能环保产品和服务“走出去”，拓展一体化水处理装备、高效电机、高效锅炉、除尘脱硫设施等先进节能环保装备的国际市场，促进绿色产品出口；依托“一带一路”建设、国际产能合作，鼓励节能环保企业境外工程承包和劳务输出，提供优质高效的纯低温余热发电、污染治理、垃圾焚烧发电、生态修复、环境影响评价等服务。实施绿色援助，在受援国开展节能环保工程示范和能力建设，支持环境基础设施建设，帮助受援国改善生态环境，同时形成对我国节能环保产业“走出去”的有力带动。实施高水平“引进来”，积极引进境外节能环保产业投资、先进技术、管理理念和商业模式，鼓励外资投向节能环保高端装备制造、节能环保技术创新，支持设立研发中心。积极参与国际节能环保标准制修订，加强重点领域节能环保标准与国际标准接轨，推动与主要贸易国建立节能环保标准互认机制。加强与发达国家节能环保产业合作，共同开拓第三方市场。

（四）夯实人才基础

围绕节能环保产业发展需要，在创新人才推进计划、青年英才开发计划、“千人计划”“万人计划”提升工程等重大人才工程中，加大对节能环保人才的培养和引进，培育一批突破关键技术、引领学科发展、带动产业转型的领军人才。发挥大学和科研机构在培养优秀创新人才方面的作用，鼓励高校根据市场需求设置节能环保产业相关学科专业，做好课程设计，形成一批具有国际影响的科学研究基地和人才培养基地。加强多元化培训，提升经营管理人才在金融、法律、企业管理等方面的综合能力，提高节能环保企业管理水平。强化产业技术工人专业技能培训。加强节能监察、环保执法队伍能力建设，提高人员业务素质。

九、组织实施

发改、环保、工信、科技、财政、住建、水利等部门要加强规划落实的统筹协调，依据职能完善细化各项政策措施，适时开展规划执行情况评估。开展节能环保产业调查统计工作，做好节能环保产业发展形势分析，加强苗头性、倾向性、潜在性问题研究，及时解决产业发展中出现的突出问题。各地区要充分认识发展节能环保产业对于培育发展新动能、提升绿色竞争力的重要意义，创新方式方法，因地制宜地制订本地区的实施方案，加大对节能环保产业发展的扶持力度，规范市场秩序，推动节能环保产业做大做强，为建设生态文明和美丽中国提供坚实的产业保障。

“十三五”节能减排综合工作方案

发布单位：国务院

一、总体要求和目标

（一）总体要求。全面贯彻党的十八大和十八届三中、四中、五中、六中全会精神，深入贯彻习近平总书记系列重要讲话精神，认真落实党中央、国务院决策部署，紧紧围绕“五位一体”总体布局和“四个全面”战略布局，牢固树立创新、协调、绿色、开放、共享的发展理念，落实节约资源和保护环境基本国策，以提高能源利用效率和改善生态环境质量为目标，以推进供给侧结构性改革和实施创新驱动发展战略为动力，坚持政府主导、企业主体、市场驱动、社会参与，加快建设资源节约型、环境友好型社会，确保完成“十三五”节能减排约束性目标，保障人民群众健康和经济社会可持续发展，促进经济转型升级，实现经济发展与环境改善双赢，为建设生态文明提供有力支撑。

（二）主要目标。到2020年，全国万元国内生产总值能耗比2015年下降15%，能源消费总量控制在50亿吨标准煤以内。全国化学需氧量、氨氮、二氧化硫、氮氧化物排放总量分别控制在2001万吨、207万吨、1580万吨、1574万吨以内，比2015年分别下降10%、10%、15%和15%。全国挥发性有机物排放总量比2015年下降10%以上。

二、优化产业和能源结构

（三）促进传统产业转型升级。深入实施“中国制造2025”，深化制造业与互联网融合发展，促进制造业高端化、智能化、绿色化、服务化。构建绿色制造体系，推进产品全生命周期绿色管理，不断优化工业产品结构。支持重点行业改造升级，鼓励企业瞄准国际同行业标杆全面提高产品技术、工艺装备、能效环保等水平。严禁以任何名义、任何方式核准或备案产能严重过剩行业的增加产能项目。强化节能环保标准约束，严格行业规范、准入管理和节能审查，对电力、钢铁、建材、有色、化工、石油石化、船舶、煤炭、印染、造纸、制革、染料、焦化、电镀等行业中，环保、能耗、安全等不达标或生产、使用淘汰类产品的企业和产能，要依法依规有序退出。（牵头单位：国家发展改革委、工业和信息化部、环境保护部、国家能源局，参加单位：科技部、财政部、国务院国资委、质检总局、国家海洋局等）

（四）加快新兴产业发展。加快发展壮大新一代信息技术、高端装备、新材料、生物、新能源、新能源汽车、节能环保、数字创意等战略性新兴产业，推动新领域、新技术、新产品、新业态、新模式蓬勃发展。进一步推广云计算技术应用，新建大型云计算数据中心能源利用效率（PUE）值优于1.5。支持技术装备和服务模式创新。鼓励发展节能环保技术咨询、系统设计、设备制造、工程施工、运营管理、计量检测认证等专业化服务。开展节能环保产业常规调查统计。打造一批节能环保产业基地，培育一批具有国际竞争力的大型节能环保企业。到2020年，战略性新兴产业增加值和服务业增加值占国内生产总值比重分别提高到15%和56%，节能环保、新能源装备、新能源汽车等绿色低碳产业总产值突破10万亿元，成为支柱产业。（牵头单位：国家发展改革委、工业和信息化部、环境保护部，参加单位：科技部、质检总局、国家统计局、国家能源局等）

（五）推动能源结构优化。加强煤炭安全绿色开发和清洁高效利用，推广使用优质煤、洁净型煤，推进煤改气、煤改电，鼓励利用可再生能源、天然气、电力等优质能源替代燃煤使用。因地制宜发展海岛太阳能、海上风能、潮汐能、波浪能等可再生能源。安全发展核电，有序发展水电和天然气发电，协调推进风电开发，推动太阳能大规模发展和多元化利用，增加清洁低碳电力供应。对超出规划部分可再生能源消费量，不纳入能耗总量和强度目标考核。在居民采暖、工业与农业生产、港口码头等领域推进天然气、电能替代，减少散烧煤和燃油消费。到2020年，煤炭占能源消费总量比重下降到58%以下，电煤占煤炭消费量比重提高到55%以上，非化石能源占能源消费总量比重达到15%，天然气消费比重提高到10%左右。（牵头单位：国家发展改革委、环境保护部、国家能源局，参加单位：工业和信息化部、住房城乡建设部、交通运输部、水利部、质检总局、国家统计局、国管局、国家海洋局等）

三、加强重点领域节能

（六）加强工业节能。实施工业能效赶超行动，加强高能耗行业能耗管控，在重点耗能行业全面推行能效对标，推进工业企业能源管控中心建设，推广工业智能化用能监测和诊断技术。到2020年，工业能源利用效率和清洁化水平显著提高，规模以上工业企业单位增加值能耗比2015年降低18%以上，电力、钢铁、有色、建材、石油石化、化工等重点耗能行业能源利用效率达到或接近世界先进水平。推进新一代信息技术与制造技术融合发展，提升工业生产效率和能耗效率。开展工业领域电力需求侧管理专项行动，推动可再生能源在工业园区的应用，将可再生能源占比指标纳入工业园区考核体系。（牵头单位：工业和信息化部、国家发展改革委、国家能源局，参加单位：科技部、环境

保护部、质检总局等）

（七）强化建筑节能。实施建筑节能先进标准领跑行动，开展超低能耗及近零能耗建筑建设试点，推广建筑屋顶分布式光伏发电。编制绿色建筑建设标准，开展绿色生态城区建设示范，到2020年，城镇绿色建筑面积占新建建筑面积比重提高到50%。实施绿色建筑全产业链发展计划，推行绿色施工方式，推广节能绿色建材、装配式和钢结构建筑。强化既有居住建筑节能改造，实施改造面积5亿平方米以上，2020年前基本完成北方采暖地区有改造价值城镇居住建筑的节能改造。推动建筑节能宜居综合改造试点城市建设，鼓励老旧住宅节能改造与抗震加固改造、加装电梯等适老化改造同步实施，完成公共建筑节能改造面积1亿平方米以上。推进利用太阳能、浅层地热能、空气热能、工业余热等解决建筑用能需求。（牵头单位：住房城乡建设部，参加单位：国家发展改革委、工业和信息化部、国家林业局、国管局、中直管理局等）

（八）促进交通运输节能。加快推进综合交通运输体系建设，发挥不同运输方式的比较优势和组合效率，推广甩挂运输等先进组织模式，提高多式联运比重。大力发展公共交通，推进“公交都市”创建活动，到2020年大城市公共交通分担率达到30%。促进交通用能清洁化，大力推广节能环保汽车、新能源汽车、天然气（CNG/LNG）清洁能源汽车、液化天然气动力船舶等，并支持相关配套设施建设。提高交通运输工具能效水平，到2020年新增乘用车平均燃料消耗量降至5.0升/百公里。推进飞机辅助动力装置（APU）替代、机场地面车辆“油改电”、新能源应用等绿色民航项目实施。推动铁路编组站制冷/供暖系统的节能和燃煤替代改造。推动交通运输智能化，建立公众出行和物流平台信息服务系统，引导培育“共享型”交通运输模式。（牵头单位：交通运输部、国家发展改革委、国家能源局，参加单位：科技部、工业和信息化部、环境保护部、国管局、中国民航局、中直管理局、中国铁路总公司等）

（九）推动商贸流通领域节能。推动零售、批发、餐饮、住宿、物流等企业建设能源管理体系，建立绿色节能低碳运营管理流程和机制，加快淘汰落后用能设备，推动照明、制冷和供热系统节能改造。贯彻绿色商场标准，开展绿色商场示范，鼓励商贸流通企业设置绿色产品专柜，推动大型商贸企业实施绿色供应链管理。完善绿色饭店标准体系，推进绿色饭店建设。加快绿色仓储建设，支持仓储设施利用太阳能等清洁能源，鼓励建设绿色物流园区。（牵头单位：商务部，参加单位：国家发展改革委、工业和信息化部、住房城乡建设部、质检总局、国家旅游局等）

（十）推进农业农村节能。加快淘汰老旧农业机械，推广农用节能机械、设备和渔船，发展节能农业大棚。推进节能及绿色农房建设，结合农村危房改造稳步推进农房节能及绿色化改造，推动城镇燃气管网向农村延伸和省柴节煤灶更新换代，因地制宜采用生物质能、太阳能、空气热能、浅层地热能等解决农房采暖、炊事、生活热水等用能需求，提升农村能源利用的清洁化水平。鼓励使用生物质可再生能源，推广液化石油气等商品能源。到2020年，全国农村地区基本实现稳定可靠的供电服务全覆盖，鼓励农村居民使用高效节能电器。（牵头单位：农业部、国家发展改革委、工业和信息化部、国家能源局，参加单位：科技部、住房城乡建设部等）

（十一）加强公共机构节能。公共机构率先执行绿色建筑标准，新建建筑全部达到绿色建筑标准。推进公共机构以合同能源管理方式实施节能改造，积极推进政府购买合同能源管理服务，探索用能托管模式。2020年公共机构单位建筑面积能耗和人均能耗分别比2015年降低10%和11%。推动公共机构建立能耗基准和公开能源资源消费信息。实施公共机构节能试点示范，创建3000家节约型公共机构示范单位，遴选200家能效领跑者。公共机构率先淘汰老旧车，率先采购使用节能和新能源汽车，中央国家机关、新能源汽车推广应用城市的政府部门及公共机构购买新能源汽车占当年配备更新车辆总量的比例提高到50%以上，新建和既有停车场要配备电动汽车充电设施或预留充电设施安装条件。公共机构率先淘汰采暖锅炉、茶浴炉、食堂大灶等燃煤设施，实施以电代煤、以气代煤，率先使用太阳能、地热能、空气能等清洁能源提供供电、供热/制冷服务。（牵头单位：国管局、国家发展改革委，参加单位：工业和信息化部、环境保护部、住房城乡建设部、交通运输部、国家能源局、中直管理局等）

（十二）强化重点用能单位节能管理。开展重点用能单位“百千万”行动，按照属地管理和分级管理相结合原则，国家、省、地市分别对“百家”、“千家”、“万家”重点用能单位进行目标责任评价考核。重点用能单位要围绕能耗总量控制和能效目标，对用能实行年度预算管理。推动重点用能单位建设能源管理体系并开展效果评价，健全能源消费台账。按标准要求配备能源计量器具，进一步完善能源计量体系。依法开展能源审计，组织实施能源绩效评价，开展达标对标和节能自愿活动，采取企业节能自愿承诺和政府适当引导相结合的方式，大力提升重点用能单位能效水平。严格执行能源统计、能源利用状况报告、能源管理岗位和能源管理负责人等制度。（牵头单位：国家发展改革委，参加单位：教育部、工业和信息化部、住房城乡建设部、交通运输部、国务院国资委、质检总局、国家统计局、国管局、国家能源局、中直管理局等）

（十三）强化重点用能设备节能管理。加强高耗能特种设备节能审查和监管，构建安全、节能、环保三位一体的监管体系。组织开展燃煤锅炉节能减排攻坚战，推进锅炉生产、经营、使用等全过程节能环保监督标准化管理。“十三五”期间燃煤工业锅炉实际运行效率提高5个百分点，到2020年新生产燃煤锅炉效率不低于80%，燃气锅炉效率不低于92%。普及锅炉能效和环保测试，强化锅炉运行及管理人员节能环保专项培训。开展锅炉节能环保普查整治，建设覆盖安全、节能、环保信息的数据平台，开展节能环保在线监测试点并实现信息共享。开展电梯能效测试与评价，在确保安全的前提下，鼓励永磁同步电机、变频调速、能量反馈等节能技术的集成应用，开展老旧电梯安全节能改造工程试点。推广高效换热器，提升热交换系统能效水平。加快高效电机、配电变压器等用能设备开发和推广应用，淘汰低效电机、变压器、风机、水泵、压缩机等用能设备，全面提升重点用能设备能效水平。（牵头单位：质检总局、国家发展改革委、工业和信息化部、环境保护部，参加单位：住房城乡建设部、国管局、国家能源局、中直管理局等）

四、强化主要污染物减排

（十四）控制重点区域流域排放。推进京津冀及周边地区、长三角、珠三角、东北等重点地区，以及大气污染防治重点城市煤炭消费总量控制，新增耗煤项目实行煤炭消耗等量或减量替代；实施重点区域大气污染传输通道气化工程，加快推进以气代煤。加快发展热电联产和集中供热，利用城市和工业园区周边现有热电联产机组、纯凝发电机组及低品位余热实施供热改造，淘汰供热供气范围内的燃煤锅炉（窑炉）。结合环境质量改善要求，实施行业、区域、流域重点污染物总量减排，在重点行业、重点区域推进挥发性有机物排放总量控制，在长江经济带范围内的部分省市实施总磷排放总量控制，在沿海地级及以上城市实施总氮排放总量控制，对重点行业的重点重金属排放实施总量控制。加强我国境内重点跨国河流水污染防治。严格控制长江、黄河、珠江、松花江、淮河、海河、辽河等七大重点流域干流沿岸的石油加工、化学原料和化学制品制造、医药制造、化学纤维制造、有色金属冶炼、纺织印染等项目。分区域、分流域制定实施钢铁、水泥、平板玻璃、锅炉、造纸、印染、化工、焦化、农副食品加工、原料药制造、制革、电镀等重点行业、领域限期整治方案，升级改造环保设施，确保稳定达标。实施重点区域、重点流域清洁生产水平提升行动。城市建成区内的现有钢铁、建材、有色金属、造纸、印染、原料药制造、化工等污染较重的企业应有序搬迁改造或依法关闭。（牵头单位：环境保护部、国家发展改革委、工业和信息化部、质检总局、国家能源局，参加单位：财政部、住房城乡建设部、国管局、国家海洋局等）

（十五）推进工业污染物减排。实施工业污染源全面达标排放计划。加强工业企业无组织排放管理。严格执行环境影响评价制度。实行建设项目主要污染物排放总量指标等量或减量替代。建立以排污许可制为核心的工业企业环境管理体系。继续推行重点行业主要污染物总量减排制度，逐步扩大总量减排行业范围。以削减挥发性有机物、持久性有机物、重金属等污染物为重点，实施重点行业、重点领域工业特征污染物削减计划。全面实施燃煤电厂超低排放和节能改造，加快燃煤锅炉综合整治，大力推进石化、化工、印刷、工业涂装、电子信息等行业挥发性有机物综合治理。全面推进现有企业达标排放，研究制修订农药、制药、汽车、家具、印刷、集装箱制造等行业排放标准，出台涂料、油墨、胶黏剂、清洗剂等有机溶剂产品挥发性有机物含量限值强制性环保标准，控制集装箱、汽车、船舶制造等重点行业挥发性有机物排放，推动有关企业实施原料替代和清洁生产技术改造。强化经济技术开发区、高新技术产业开发区、出口加工区等工业聚集区规划环境影响评价及污染治理。加强工业企业环境信息公开，推动企业环境信用评价。建立企业排放红黄牌制度。（牵头单位：环境保护部，参加单位：国家发展改革委、工业和信息化部、财政部、质检总局、国家能源局等）

（十六）促进移动源污染物减排。实施清洁柴油机行动，全面推进移动源排放控制。提高新机动车船和非道路移动机械环保标准，发布实施机动车国Ⅵ排放标准。加速淘汰黄标车、老旧机动车、船舶以及高排放工程机械、农业机械。逐步淘汰高油耗、高排放民航特种车辆与设备。2016年淘汰黄标车及老旧车380万辆，2017年基本淘汰全国范围内黄标车。加快船舶和港口污染物减排，在珠三角、长三角、环渤海京津冀水域设立船舶排放控制区，主要港口90%的港作船舶、公务船舶靠港使用岸电，50%的集装箱、客滚和邮轮专业化码头具备向船舶供应岸电的能力；主要港口大型煤炭、矿石码头堆场全面建设防风抑尘设施或实现煤炭、矿石封闭储存。加快油品质量升级，2017年1月1日起全国全面供应国Ⅴ标准的车用汽油、柴油；2018年1月1日起全国全面供应与国Ⅴ标准柴油相同硫含量的普通柴油；抓紧发布实施第六阶段汽、柴油国家（国Ⅵ）标准，2020年实现车用柴油、普通柴油和部分船舶用油并轨，柴油车、非道路移动机械、内河和江海直达船舶均统一使用相同标准的柴油。车用汽柴油应加入符合要求的清净剂。修订《储油库大气污染物排放标准》、《加油站大气污染物排放标准》，推进储油储气库、加油加气站、原油成品油码头、原油成品油运输船舶和油罐车、气罐车等油气回收治理工作。加强机动车、非道路移动机械环保达标和油品质量监督执法，严厉打击违法行为。（牵头单位：环境保护部、公安部、交通运输部、农业部、质检总局、国家能源局，参加单位：国家发展改革委、财政部、工商总局等）

（十七）强化生活源污染综合整治。对城镇污水处理设施建设发展进行填平补齐、升级改造，完善配套管网，提升污水收集处理能力。合理确定污水排放标准，加强运行监管，实现污水处理厂全面达标排放。加大对雨污合流、清污混流管网的改造力度，优先推进城中村、老旧城区和城乡结合部污水截流、收集、纳管。强化农村生活污染源排放控制，采取城镇管网延伸、集中处理和分散处理等多种形式，加快农村生活污水治理和改厕。促进再生水利用，完善再生水利用设施。注重污水处理厂污泥安全处理处置，杜绝二次污染。到2020年，全国所有县城和重点镇具备污水处理能力，地级及以上城市建成区污水基本实现全收集、全处理，城市、县城污水处理率分别达到95%、85%左右。加强生活垃圾回收处理设施建设，强化对生活垃圾分类、收运、处理的管理和督导，提升城市生活垃圾回收处理水平，全面推进农村垃圾治理，普遍建立村庄保洁制度，推广垃圾分类和就近资源化利用，到2020年，90%以上行政村的生活垃圾得到处理。加大民用散煤清洁化治理力度，推进以电代煤、以气代煤，推广使用洁净煤、先进民用炉具，制定散煤质量标准，加强民用散煤管理，力争2017年底前基本解决京津冀区域民用散煤清洁化利用问题，到2020年底前北方地区散煤治理取得明显进展。加快治理公共机构食堂、餐饮服务企业油烟污染，推进餐厨废弃物资源化利用。家具、印刷、汽车维修等政府定点招标采购企业要使用低挥发性原辅材料。严格执行有机溶剂产品有害物质限量标准，推进建筑装饰、汽修、干洗、餐饮等行业挥发性有机物治理。（牵头单位：环境保护部、国家发展改革委、住房城乡建设部、国家能源局，参加单位：工业和信息化部、财政部、农业部、质检总局、国管局、中直管理局等）

（十八）重视农业污染排放治理。大力推广节约型农业技术，推进农业清洁生产。促进畜禽养殖场粪便收集处理和资源化利用，建设秸秆、粪便等有机废弃物处理设施，加强分区分类管理，依法关闭或搬迁禁养区内的畜禽养殖场（小区）和养殖专业户并给予合理补偿。开展农膜回收利用，到2020年农膜回收率达到80%以上，率先实现东北黑土地大田生产地膜零增长。深入推广测土配方施肥技术，提倡增施有机肥，开展农作物病虫害绿色防控和统防统治，推广高效低毒低残留农药使用，到2020年实现主要农作物化肥农药使用量零增长，化肥利用率提高到40%以上，京津冀、长三角、珠三角等区域提前一年完成。研究建立农药使用环境影响后评估制度，推进农药包装废弃物回收处理。建立逐级监督落实机制，疏堵结合、以疏为主，加强重点区域和重点时段秸秆禁烧。（牵头单位：农业部、环境保护部、国家能源局，参加单位：国家发展改革委、财政部、住房城乡建设部、质检总局等）

五、大力发展循环经济

（十九）全面推动园区循环化改造。按照空间布局合理化、产业结构最优化、产业链接循环化、资源利用高效化、污染治理集中化、基础设施绿色化、运行管理规范化的要求，加快对现有园区的循环化改造升级，延伸产业链，提高产业关联度，建设公共服务平台，实现土地集约利用、资源能源高效利用、废弃物资源化利用。对综合性开发区、重化工产业开发区、高新技术开发区等不同性质的园区，加强分类指导，强化效果评估和工作考核。到2020年，75%的国家级园区和50%的省级园区实施循环化改造，长江经济带超过90%的省级以上（含省级）重化工园区实施循环化改造。（牵头单位：国家发展改革委、财政部，参加单位：科技部、工业和信息化部、环境保护部、商务部等）

（二十）加强城市废弃物规范有序处理。推动餐厨废弃物、建筑垃圾、园林废弃物、城市污泥和废旧纺织品等城市典型废弃物集中处理和资源化利用，推进燃煤耦合污泥等城市废弃物发电。选择50个左右地级及以上城市规划布局低值废弃物协同处理基地，完善城市废弃物回收利用体系，到2020年，餐厨废弃物资源化率达到30%。（牵头单位：国家发展改革委、住房城乡建设部，参加单位：环境保护部、农业部、民政部、国管局、中直管理局等）

（二十一）促进资源循环利用产业提质升级。依托国家“城市矿产”示范基地，促进资源再生利用企业集聚化、园区化、区域协同化布局，提升再生资源利用行业清洁化、高值化水平。实行生产者责任延伸制度。推动太阳能光伏组件、碳纤维材料、生物基纤维、复合材料和节能灯等新品种废弃物的回收利用，推进动力蓄电池梯级利用和规范回收处理。加强再生资源规范管理，发布重点品种规范利用条件。大力发展再制造产业，推动汽车零部件及大型工业装备、办公设备等产品再制造。规范再制造服务体系，建立健全再生产品、再制造产品的推广应用机制。鼓励专业化再制造服务公司与钢铁、冶金、化工、机械等生产制造企业合作，开展设备寿命评估与检测、清洗与强化延寿等再制造专业技术服务。继续开展再制造产业示范基地建设和机电产品再制造试点示范工作。到2020年，再生资源回收利用产业产值达到1.5万亿元，再制造产业产值超过1000亿元。（牵头单位：国家发展改革委，参加单位：科技部、工业和信息化部、环境保护部、住房城乡建设部、商务部等）

（二十二）统筹推进大宗固体废弃物综合利用。加强共伴生矿产资源及尾矿综合利用。推动煤矸石、粉煤灰、工业副产石膏、冶炼和化工废渣等工业固体废弃物综合利用。开展大宗产业废弃物综合利用示范基地建设。推进水泥窑协同处置城市生活垃圾。大力推动农作物秸秆、林业“三剩物”（采伐、造材和加工剩余物）、规模化养殖场粪便的资源化利用，因地制宜发展各类沼气工程和燃煤耦合秸秆发电工程。到2020年，工业固体废物综合利用率达到73%以上，农作物秸秆综合利用率达到85%。（牵头单位：国家发展改革委，参加单位：工业和信息化部、国土资源部、环境保护部、住房城乡建设部、农业部、国家林业局、国家能源局等）

（二十三）加快互联网与资源循环利用融合发展。支持再生资源企业利用大数据、云计算等技术优化逆向物流网点布局，建立线上线下融合的回收网络，在地级及以上城市逐步建设废弃物在线回收、交易等平台，推广“互联网+”回收新模式。建立重点品种的全生命周期追溯机制。在开展循环化改造的园区建设产业共生平台。鼓励相关行业协会、企业逐步构建行业性、区域性、全国性的产业废弃物和再生资源在线交易系统，发布交易价格指数。支持汽车维修、汽车保险、旧件回收、再制造、报废拆解等汽车产品售后全生命周期信息的互通共享。到2020年，初步形成废弃电器电子产品等高值废弃物在线回收利用体系。（牵头单位：国家发展改革委，参加单位：科技部、工业和信息化部、环境保护部、交通运输部、商务部、保监会等）

六、实施节能减排工程

（二十四）节能重点工程。组织实施燃煤锅炉节能环保综合提升、电机系统能效提升、余热暖民、绿色照明、节能技术装备产业化示范、能量系统优化、煤炭消费减量替代、重点用能单位综合能效提升、合同能源管理推进、城镇化节能升级改造、天然气分布式能源示范工程等节能重点工程，推进能源综合梯级利用，形成3亿吨标准煤左右的节能能力，到2020年节能服务产业产值比2015年翻一番。（牵头单位：国家发展改革委，参加单位：科技部、工业和信息化部、财政部、住房城乡建设部、国务院国资委、质检总局、国管局、国家能源局、中直管理局等）

（二十五）主要大气污染物重点减排工程。实施燃煤电厂超低排放和节能改造工程，到2020年累计完成5.8亿千瓦机组超低排放改造任务，限期淘汰2000万千瓦落后产能和不符合相关强制性标准要求的机组。实施电力、钢铁、水泥、石化、平板玻璃、有色等重点行业全面达标排放治理工程。实施京津冀、长三角、珠三角等区域“煤改气”和“煤改电”工程，扩大城市禁煤区范围，建设完善区域天然气输送管道、城市燃气管网、农村配套电网，加快建设天然气储气库、城市调峰站储气罐等基础工程，新增“煤改气”工程用气450亿立方米以上，替代燃煤锅炉18.9万蒸吨。实施石化、化工、工业涂装、包装印刷等重点行业挥发性有机物治理工程，到2020年石化企业基本完成挥发性有机物治理。（牵头单位：环境保护部、国家能源局，参加单位：国家发展改革委、工业和信息化部、财政部、国务院国资委、质检总局等）

（二十六）主要水污染物重点减排工程。加强城市、县城和其他建制镇生活污染减排设施建设。加快污水收集管网建设，实施城镇污水、工业园区废水、污泥处理设施建设与提标改造工程，推进再生水回用设施建设。加快畜禽规模养殖场（小区）污染治理，75%以上的养殖场（小区）配套建设固体废弃物和污水贮存处理设施。（牵头单位：环境保护部、国家发展改革委、住房城乡建设部，参加单位：工业和信息化部、财政部、农业部、国家海洋局等）

（二十七）循环经济重点工程。组织实施园区循环化改造、资源循环利用产业示范基地建设、工农复合型循环经济示范区建设、京津冀固体废弃物协同处理、“互联网+”资源循环、再生产品与再制造产品推广等专项行动，建设100个资源循环利用产业示范基地、50个工业废弃物综合利用产业基地、20个工农复合型循环经济示范区，推进生产和生活系统循环链接，构建绿色低碳循环的产业体系。到2020年，再生资源替代原生资源量达到13亿吨，资源循环利用产业产值达到3万亿元。（牵头单位：国家发展改革委、财政部，参加单位：科技部、工业和信息化部、环境保护部、住房城乡建设部、农业部、商务部等）

七、强化节能减排技术支撑和服务体系建设

（二十八）加快节能减排共性关键技术研发示范推广。启动“十三五”节能减排科技战略研究和专项规划编制工作，加快节能减排科技资源集成和统筹部署，继续组织实施节能减排重大科技产业化工程。加快高超超临界发电、低品位余热发电、小型燃气轮机、煤炭清洁高效利用、细颗粒物治理、挥发性有机物治理、汽车尾气净化、原油和成品油码头油气回收、垃圾渗滤液处理、多污染协同处理等新型技术装备研发和产业化。推广高效烟气除尘和余热回收一体化、高效热泵、半导体照明、废弃物循环利用等成熟适用技术。遴选一批节能减排协同效益突出、产业化前景好的先进技术，推广系统性技术解决方案。（牵头单位：科技部、国家发展改革委，参加单位：工业和信息化部、环境保护部、住房城乡建设部、交通运输部、国家能源局等）

（二十九）推进节能减排技术系统集成应用。推进区域、城镇、园区、用能单位等系统用能和节能。选择具有示范作用、辐射效应的园区和城市，统筹整合钢铁、水泥、电力等高耗能企业的余热余能资源和区域用能需求，实现能源梯级利用。大力发展“互联网+”智慧能源，支持基于互联网的能源创新，推动建立城市智慧能源系统，鼓励发展智能家居、智能楼宇、智能小区和智能工厂，推动智能电网、储能设施、分布式能源、智能用电终端协同发展。综合采取节能减排系统集成技术，推动锅炉系统、供热/制冷系统、电机系统、照明系统等优化升级。（牵头单位：国家发展改革委、工业和信息化部、国家能源局，参加单位：科技部、财政部、住房城乡建设部、质检总局等）

（三十）完善节能减排创新平台和服务体系。建立完善节能减排技术评估体系和科技创新创业综合服务平台，建设绿色技术服务平台，推动建立节能减排技术和产品的检测认证服务机制。培育一批具有核心竞争力的节能减排科技企业和服务基地，建立一批节能科技成果转移促进中心和交流转化平台，组建一批节能减排产业技术创新战略联盟、研究基地（平台）等。继续发布国家重点节能低碳技术推广目录，建立节能减排技术遴选、评定及推广机制。加快引进国外节能环保新技术、新装备，推动国内节能减排先进技术装备“走出去”。（牵头单位：科技部、国家发展改革委、工业和信息化部、环境保护部，参加单位：住房城乡建设部、交通运输部、质检总局等）

八、完善节能减排支持政策

（三十一）完善价格收费政策。加快资源环境价格改革，健全价格形成机制。督促各地落实差别电价和惩罚性电价政策，严格清理地方违规出台的高耗能企业优惠电价政策。实行超定额用水累进加价制度。督促各地严格落实水泥、电解铝等行业阶梯电价政策，促进节能降耗。研究完善天然气价格政策。完善居民阶梯电价（煤改电除外）制度，全面推行居民阶梯气价（煤改气除外）、水价制度。深化供热计量收费改革，完善脱硫、脱硝、除尘和超低排放环保电价政策，加强运行监管，严肃查处不执行环保电价政策的行为。鼓励各地制定差别化排污收费政策。研究扩大挥发性有机物排放行业排污费征收范围。实施环境保护费改税，推进开征环境保护税。落实污水处理费政策，完善排污权交易价格体系。加大垃圾处理费收缴力度，提高收缴率。（牵头单位：国家发展改革委、财政部，参加单位：工业和信息化部、环境保护部、住房城乡建设部、水利部、国家能源局等）

（三十二）完善财政税收激励政策。加大对节能减排工作的资金支持力度，统筹安排相关专项资金，支持节能减排重点工程、能力建设和公益宣传。创新财政资金支持节能减排重点工程、项目的方式，发挥财政资金的杠杆作用。推广节能环保服务政府采购，推行政府绿色采购，完善节能环保产品政府强制采购和优先采购制度。清理取消不合理化石能源补贴。对节能减排工作任务完成较好的地区和企业予以奖励。落实支持节能减排的企业所得税、增值税等优惠政策，修订完善《环境保护专用设备企业所得税优惠目录》和《节能节水专用设备企业所得税优惠目录》。全面推进资源税改革，逐步扩大征收范围。继续落实资源综合利用税收优惠政策。从事国家鼓励类项目的企业进口

自用节能减排技术装备且符合政策规定的，免征进口关税。（牵头单位：财政部、税务总局，参加单位：国家发展改革委、工业和信息化部、环境保护部、住房城乡建设部、国务院国资委、国管局等）

（三十三）健全绿色金融体系。加强绿色金融体系的顶层设计，推进绿色金融业务创新。鼓励银行业金融机构对节能减排重点工程给予多元化融资支持。健全市场化绿色信贷担保机制，对于使用绿色信贷的项目单位，可按规定申请财政贴息支持。对银行机构实施绿色评级，鼓励金融机构进一步完善绿色信贷机制，支持以用能权、碳排放权、排污权和节能项目收益权等为抵（质）押的绿色信贷。推进绿色债券市场发展，积极推动金融机构发行绿色金融债券，鼓励企业发行绿色债券。研究设立绿色发展基金，鼓励社会资本按市场化原则设立节能环保产业投资基金。支持符合条件的节能减排项目通过资本市场融资，鼓励绿色信贷资产、节能减排项目应收账款证券化。在环境高风险领域建立环境污染强制责任保险制度。积极推动绿色金融领域国际合作。（牵头单位：人民银行、财政部、国家发展改革委、环境保护部、银监会、证监会、保监会）

九、建立和完善节能减排市场化机制

（三十四）建立市场化交易机制。健全用能权、排污权、碳排放权交易机制，创新有偿使用、预算管理、投融资等机制，培育和发展交易市场。推进碳排放权交易，2017年启动全国碳排放权交易市场。建立用能权有偿使用和交易制度，选择若干地区开展用能权交易试点。加快实施排污许可制，建立企事业单位污染物排放总量控制制度，继续推进排污权交易试点，试点地区到2017年底基本建立排污权交易制度，研究扩大试点范围，发展跨区域排污权交易市场。（牵头单位：国家发展改革委、财政部、环境保护部）

（三十五）推行合同能源管理模式。实施合同能源管理推广工程，鼓励节能服务公司创新服务模式，为用户提供节能咨询、诊断、设计、融资、改造、托管等“一站式”合同能源管理综合服务。取消节能服务公司审核备案制度，任何地方和单位不得以是否具备节能服务公司审核备案资格限制企业开展业务。建立节能服务公司、用能单位、第三方机构失信黑名单制度，将失信行为纳入全国信用信息共享平台。落实节能服务公司税收优惠政策，鼓励各级政府加大对合同能源管理的支持力度。政府机构按照合同能源管理合同支付给节能服务公司的支出，视同能源费用支出。培育以合同能源管理资产交易为特色的资产交易平台。鼓励社会资本建立节能服务产业投资基金。支持节能服务公司发行绿色债券。创新投债贷结合促进合同能源管理业务发展。（牵头单位：国家发展改革委、财政部、税务总局，参加单位：工业和信息化部、住房城乡建设部、人民银行、国管局、银监会、证监会、中直管理局等）

（三十六）健全绿色标识认证体系。强化能效标识管理制度，扩大实施范围。推行节能低碳环保产品认证。完善绿色建筑、绿色建材标识和认证制度，建立可追溯的绿色建材评价和信息管理系统。推进能源管理体系认证。制修订绿色商场、绿色宾馆、绿色饭店、绿色景区等绿色服务评价办法，积极开展第三方认证评价。逐步将目前分头设立的环保、节能、节水、循环、低碳、再生、有机等产品统一整合为绿色产品，建立统一的绿色产品标准、认证、标识体系。加强节能低碳环保标识监督检查，依法查处虚标企业。开展能效、水效、环保领跑者引领行动。（牵头单位：国家发展改革委、工业和信息化部、环境保护部、质检总局，参加单位：财政部、住房城乡建设部、水利部、商务部等）

（三十七）推进环境污染第三方治理。鼓励在环境监测与风险评估、环境公用设施建设与运行、重点区域和重点行业污染防治、生态环境综合整治等领域推行第三方治理。研究制定第三方治理项目增值税即征即退政策，加大财政对第三方治理项目的补助和奖励力度。鼓励各地积极设立第三方治理项目引导基金，解决第三方治理企业融资难、融资贵问题。引导地方政府开展第三方治理试点，建立以效付费机制。提升环境服务供给水平与质量。到2020年，环境公用设施建设与运营、工业园区第三方治理取得显著进展，污染治理效率和专业化水平明显提高，环境公用设施投资运营体制改革基本完成，涌现出一批技术能力强、运营管理水平高、综合信用好、具有国际竞争力的环境服务公司。（牵头单位：国家发展改革委、环境保护部，参加单位：工业和信息化部、财政部、住房城乡建设部等）

（三十八）加强电力需求侧管理。推行节能低碳、环保电力调度，建设国家电力需求侧管理平台，推广电能服务，总结电力需求侧管理城市综合试点经验，实施工业领域电力需求侧管理专项行动，引导电网企业支持和配合平台建设及试点工作，鼓励电力用户积极采用节电技术产品，优化用电方式。深化电力体制改革，扩大峰谷电价、分时电价、可中断电价实施范围。加强储能和智能电网建设，增强电网调峰和需求侧响应能力。（牵头单位：国家发展改革委，参加单位：工业和信息化部、财政部、国家能源局等）

十、落实节能减排目标责任

（三十九）健全节能减排计量、统计、监测和预警体系。健全能源计量体系和消费统计指标体系，完善企业联网直报系统，加大统计数据审核与执法力度，强化统计数据质量管理，确保统计数据基本衔接。完善环境统计体系，补充调整工业、城镇生活、农业等重要污染源调查范围。建立健全能耗在线监测系统和污染源自动在线监测系统，对重点用能单位能源消耗实现实时监测，强化企业污染物排放自行监测和环境信息公开，2020年污染源自动监控数据有效传输率、企业自行监测结果公布率保持在90%以上，污染源监督性监测结果公布率保持在95%以上。定期公布各地区、重点行业、重点单位节能减排目标完成情况，发布预警信息，及时提醒高预警等级地区和单位的相关负责人，强化督促指导和帮扶。完善生态环境质量监测评价，建立地市报告、省级核查、国家审查的减排管理机制，鼓励引入第三方评估；加强重点减排工程调度管理，对环境质量改善达不到进度要求、重点减排工程建设滞后或运行不稳定、政策措施落实不到位的地区及时预警。（牵头单位：国家发展改革委、环境保护部、国家统计局，参加单位：工业和信息化部、住房城乡建设部、交通运输部、国务院国资委、质检总局、国管局等）

（四十）合理分解节能减排指标。实施能源消耗总量和强度双控行动，改革完善主要污染物总量减排制度。强化约束性指标管理，健全目标责任分解机制，将全国能耗总量控制和节能目标分解到各地区、主要行业和重点用能单位。各地区要根据国家下达的任务明确年度工作目标并层层分解落实，明确下一级政府、有关部门、重点用能单位责任，逐步建立省、市、县三级用能预算管理体系，编制用能预算管理方案；以改善环境质量为核心，突出重点工程减排，实行分区分类差别化管理，科学确定减排指标，环境质量改善任务重的地区承担更多的减排任务。（牵头单位：国家发展改革委、环境保护部，参加单位：工业和信息化部、住房城乡建设部、交通运输部、国管局、国家能源局等）

（四十一）加强目标责任评价考核。强化节能减排约束性指标考核，坚持总量减排和环境质量考核相结合，建立以环境质量考核为导向的减排考核制度。国务院每年组织开展省级人民政府节能减排目标责任评价考核，将考核结果作为领导班子和领导干部考核的重要内容，继续深入开展领导干部自然资源资产离任审计试点。对未完成能耗强度降低目标的省级人民政府实行问责，对未完成国家下达能耗总量控制目标任务的予以通报批评和约谈，实行高耗能项目缓批限批。对环境质量改善、总量减排目标均未完成的地区，暂停新增排放重点污染物建设项目的环评审批，暂停或减少中央财政资金支持，必要时列入环境保护督查范围。对重点单位节能减排考核结果进行公告并纳入社会信用记录系统，对未完成目标任务的暂停审批或核准新建扩建高耗能项目。落实国有企业节能减排目标责任制，将节能减排指标完成情况作为企业绩效和负责人业绩考核的重要内容。对节能减排贡献突出的地区、单位和个人以适当方式给予表彰奖励。（牵头单位：国家发展改革委、环境保护部、中央组织部，参加单位：工业和信息化部、财政部、住房城乡建设部、交通运输部、国务院国资委、质检总局、国家统计局、国管局、国家海洋局等）

十一、强化节能减排监督检查

（四十二）健全节能环保法律法规标准。加快修订完善节能环保方面的法律制度，推动制修订环境保护税法、水污染防治法、土壤污染防治法、能源法、固体废弃物污染环境防治法等。制修订建设项目环境保护管理条例、环境监测管理条例、重点用能单位节能管理办法、锅炉节能环保监督管理办法、节能服务机构管理暂行办法、污染地块土壤环境管理暂行办法、环境影响登记表备案管理办法等。健全节能标准体系，提高建筑节能标准，实现重点行业、设备节能标准全覆盖，继续实施百项能效标准推进工程。开展节能标准化和循环经济标准化试点示范建设。制定完善环境保护综合名录。制修订环保产品、环保设施运行效果评估、环境质量、污染物排放、环境监测方法等相关标准。鼓励地方依法制定更加严格的节能环保标准，鼓励制定节能减排团体标准。（牵头单位：国家发展改革委、工业和信息化部、环境保护部、质检总局、国务院法制办，参加单位：住房城乡建设部、交通运输部、商务部、国家统计局、国管局、国家海洋局、国家能源局、中直管理局等）

（四十三）严格节能减排监督检查。组织开展节能减排专项检查，督促各项措施落实。强化节能环保执法监察，加强节能审查，强化事中事后监管，加大对重点用能单位和重点污染源的执法检查力度，严厉查处各类违法违规用能和环境违法违规行为，依法公布违法单位名单，发布重点企业污染物排放信息，对严重违法违规行为进行公开通报或挂牌督办，确保节能环保法律、法规、规章和强制性标准有效落实。强化执法问责，对行政不作为、执法不严等行为，严肃追究有关主管部门和执法机构负责人的责任。（牵头单位：国家发展改革委、工业和信息化部、环境保护部，参加单位：住房城乡建设部、质检总局、国家海洋局等）

（四十四）提高节能减排管理服务水平。建立健全节能管理、监察、服务“三位一体”的节能管理体系。建立节能服务和监管平台，加强政府管理和服务能力建设。继续推进能源统计能力建设，加强工作力量。加强节能监察能力建设，进一步完善省、市、县三级节能监察体系。健全环保监管体制，开展省以下环保机构监测监察执法垂直管理制度试点，推进环境监察机构标准化建设，全面加强挥发性有机物环境空气质量和污染排放自动在线监测工作。开展污染源排放清单编制工作，出台主要污染物减排核查核算办法（细则）。进一步健全能源计量体系，深入推进城市能源计量建设示范，开展计量检测、能效计量比对等节能服务活动，加强能源计量技术服务和能源计量审查。建立能源消耗数据核查机制，建立健全统一的用能量和节能量审核方法、标准、操作规范和流程，加强核查机构管理，依法严厉打击核查工作中的弄虚作假行为。推动大数据在节能减排领域的应用。创新节能管理和服务模式，开展能效服务网络体系建设试点，促进用能单位经验分享。制定节能减排培训纲要，实施培训计划，依托专业技术人才知识更新工程等国家重大人才工程项目，加强对各级领导干部和政府节能管理部门、节能监察机构、用能单位相关人员的培训。（牵头单位：国家发展改革委、工业和信息化部、财政部、环境保护部，参加单位：人力资源社会保障部、住房城乡建设部、质检总局、国家统计局、国管局、国家海洋局、中直管理局等）

十二、动员全社会参与节能减排

（四十五）推行绿色消费。倡导绿色生活，推动全民在衣、食、住、行等方面更加勤俭节约、绿色低碳、文明健康，坚决抵制和反对各种形式的奢侈浪费。开展旧衣“零抛弃”活动，方便闲置旧物交换。积极引导绿色金融支持绿色消费，积极引导消费者购买节能与新能源汽车、高效家电、节水型器具等节能环保低碳产品，减少一次性用品的使用，限制过度包装，尽可能选用低挥发性水性涂料和环境友好型材料。加快畅通绿色产品流通渠道，鼓励建立绿色批发市场、节能超市等绿色流通主体。大力推广绿色低碳出行，倡导绿色生活和休闲模式。到2020年，能效标识2级以上的空调、冰箱、热水器等节能家电市场占有率达到50%以上。（牵头单位：国家发展改革委、环境保护部，参加单位：工业和信息化部、财政部、住房城乡建设部、交通运输部、商务部、中央军委后勤保障部、全国总工会、共青团中央、全国妇联等）

（四十六）倡导全民参与。推动全社会树立节能是第一能源、节约就是增加资源的理念，深入开展全民节约行动和节能“进机关、进单位、进企业、进军营、进商超、进宾馆、进学校、进家庭、进社区、进农村”等“十进”活动。制播节能减排公益广告，鼓励建设节能减排博物馆、展示馆，创建一批节能减排宣传教育示范基地，形成人人、事事、时时参与节能减排的社会氛围。发展节能减排公益事业，鼓励公众参与节能减排公益活动。加强节能减排、应对气候变化等领域国际合作，推动落实《二十国集团能效引领计划》。（牵头单位：中央宣传部、国家发展改革委、环境保护部，参加单位：外交部、教育部、工业和信息化部、财政部、住房城乡建设部、国务院国资委、质检总局、新闻出版广电总局、国管局、中直管理局、中央军委后勤保障部、全国总工会、共青团中央、全国妇联等）

（四十七）强化社会监督。充分发挥各种媒体作用，报道先进典型、经验和做法，曝光违规用能和各种浪费行为。完善公众参与制度，及时准确披露各类环境信息，扩大公开范围，保障公众知情权，维护公众环境权益。依法实施环境公益诉讼制度，对污染环境、破坏生态的行为可依法提起公益诉讼。（牵头单位：中央宣传部、国家发展改革委、环境保护部，参加单位：全国总工会、共青团中央、全国妇联等）

附件：1.“十三五”各地区能耗总量和强度“双控”目标

2.“十三五”主要行业和部门节能指标

3.“十三五”各地区化学需氧量排放总量控制计划

4.“十三五”各地区氨氮排放总量控制计划

5.“十三五”各地区二氧化硫排放总量控制计划

6.“十三五”各地区氮氧化物排放总量控制计划

7.“十三五”重点地区挥发性有机物排放总量控制计划

附件1

“十三五”各地区能耗总量和强度“双控”目标

地区	“十三五”能耗强度降低目标（%）	2015年能源消费总量（万吨标准煤）	“十三五”能耗增量控制目标（万吨标准煤）
北京	17	6853	800
天津	17	8260	1040
河北	17	29395	3390
山西	15	19384	3010
内蒙古	14	18927	3570
辽宁	15	21667	3550
吉林	15	8142	1360
黑龙江	15	12126	1880
上海	17	11387	970
江苏	17	30235	3480
浙江	17	19610	2380
安徽	16	12332	1870
福建	16	12180	2320
江西	16	8440	1510
山东	17	37945	4070
河南	16	23161	3540
湖北	16	16404	2500
湖南	16	15469	2380
广东	17	30145	3650
广西	14	9761	1840
海南	10	1938	660
重庆	16	8934	1660
四川	16	19888	3020

（续）

地区	“十三五”能耗强度降低目标（%）	2015 年能源消费总量（万吨标准煤）	“十三五”能耗增量控制目标（万吨标准煤）
贵州	14	9948	1850
云南	14	10357	1940
西藏	10	—	—
陕西	15	11716	2170
甘肃	14	7523	1430
青海	10	4134	1120
宁夏	14	5405	1500
新疆	10	15651	3540

注：西藏自治区相关数据暂缺。

附件 2

“十三五” 主要行业和部门节能指标

指标	单位	2015 年实际值	2020 年	
			目标值	变化幅度/变化率
工业：				
单位工业增加值（规模以上）能耗				[-18%]
火电供电煤耗	克标准煤/千瓦时	315	306	-9
吨钢综合能耗	千克标准煤	572	560	-12
水泥熟料综合能耗	千克标准煤/吨	112	105	-7
电解铝液交流电耗	千瓦时/吨	13350	13200	-150
炼油综合能耗	千克标准油/吨	65	63	-2
乙烯综合能耗	千克标准煤/吨	816	790	-26
合成氨综合能耗	千克标准煤/吨	1331	1300	-31
纸及纸板综合能耗	千克标准煤/吨	530	480	-50
建筑：				
城镇既有居住建筑节能改造累计面积	亿平方米	12.5	17.5	+5
城镇公共建筑节能改造累计面积	亿平方米	1	2	+1
城镇新建绿色建筑标准执行率	%	20	50	+30
交通运输：				
铁路单位运输工作量综合能耗	吨标准煤/百万换算吨公里	4.71	4.47	[-5%]
营运车辆单位运输周转量能耗下降率				[-6.5%]
营运船舶单位运输周转量能耗下降率				[-6%]
民航业单位运输周转量能耗	千克标准煤/吨公里	0.433	<0.415	> [-4%]
新生产乘用车平均油耗	升/百公里	6.9	5	-1.9
公共机构：				
公共机构单位建筑面积能耗	千克标准煤/平方米	20.6	18.5	[-10%]
公共机构人均能耗	千克标准煤/人	370.7	330.0	[-11%]
终端用能设备：				
燃煤工业锅炉（运行）效率	%	70	75	+5
电动机系统效率	%	70	75	+5

（续）

<table>
<tr><th colspan="2" rowspan="2">指标</th><th rowspan="2">单位</th><th rowspan="2">2015 年实际值</th><th colspan="2">2020 年</th></tr>
<tr><th>目标值</th><th>变化幅度/变化率</th></tr>
<tr><td colspan="6">终端用能设备：</td></tr>
<tr><td rowspan="3">一级能效容积式空气压缩机市场占有率</td><td>小于 55kW</td><td>%</td><td>15</td><td>30</td><td>+15</td></tr>
<tr><td>55kW 至 220kW</td><td>%</td><td>8</td><td>13</td><td>+5</td></tr>
<tr><td>大于 220kW</td><td>%</td><td>5</td><td>8</td><td>+3</td></tr>
<tr><td colspan="2">一级能效电力变压器市场占有率</td><td>%</td><td>0.1</td><td>10</td><td>+9.9</td></tr>
<tr><td colspan="2">二级以上能效房间空调器市场占有率</td><td>%</td><td>22.6</td><td>50</td><td>+27.4</td></tr>
<tr><td colspan="2">二级以上能效电冰箱市场占有率</td><td>%</td><td>98.3</td><td>99</td><td>+0.7</td></tr>
<tr><td colspan="2">二级以上能效家用燃气热水器市场占有率</td><td>%</td><td>93.7</td><td>98</td><td>+4.3</td></tr>
</table>

注：[ ] 内为变化率。

附件 3

“十三五” 各地区化学需氧量排放总量控制计划

地区	2015 年排放量（万吨）	2020 年减排比例（%）	2020 年重点工程减排量（万吨）
北京	16.2	14.4	2.33
天津	20.9	14.4	2.47
河北	120.8	19.0	16.14
山西	40.5	17.6	4.75
内蒙古	83.6	7.1	5.19
辽宁	116.7	13.4	8.41
吉林	72.4	4.8	2.32
黑龙江	139.3	6.0	7.33
上海	19.9	14.5	2.72
江苏	105.5	13.5	10.39
浙江	68.3	19.2	7.64
安徽	87.1	9.9	7.70
福建	60.9	4.1	2.14
江西	71.6	4.3	2.73
山东	175.8	11.7	13.30
河南	128.7	18.4	16.98
湖北	98.6	9.9	8.25
湖南	120.8	10.1	10.49
广东	160.7	10.4	11.06
广西	71.1	1.0	0.35
海南	18.8	1.2	0.16
重庆	38.0	7.4	2.36
四川	118.6	12.8	14.09
贵州	31.8	8.5	2.77
云南	51.0	14.1	5.85
西藏	2.9	—	—
陕西	48.9	10.0	2.63
甘肃	36.6	8.2	2.40
青海	10.4	1.1	0.07
宁夏	21.1	1.2	0.10

（续）

地区	2015年排放量（万吨）	2020年减排比例（%）	2020年重点工程减排量（万吨）
新疆	56.0	1.6	0.71
新疆生产建设兵团	10.0	1.6	0.04

注：2020年减排比例根据各地区地表水质量改善任务确定，重点工程减排量根据“十三五”规划纲要、《水污染防治行动计划》及相关规划提出的环境治理保护重点工程确定。

附件4

“十三五” 各地区氨氮排放总量控制计划

地区	2015年排放量（万吨）	2020年减排比例（%）	2020年重点工程减排量（万吨）
北京	1.6	16.1	0.24
天津	2.4	16.1	0.38
河北	9.7	20.0	1.59
山西	5.0	18.0	0.61
内蒙古	4.7	7.0	0.28
辽宁	9.6	8.8	0.85
吉林	5.1	6.4	0.20
黑龙江	8.1	7.0	0.48
上海	4.3	13.4	0.53
江苏	13.8	13.4	1.25
浙江	9.8	17.6	0.85
安徽	9.7	14.3	1.07
福建	8.5	3.5	0.30
江西	8.5	3.8	0.32
山东	15.3	13.4	1.49
河南	13.4	16.6	1.93
湖北	11.4	10.2	1.02
湖南	15.1	10.1	1.41
广东	20.0	11.3	1.54
广西	7.7	1.0	0.08
海南	2.1	1.9	0.04
重庆	5.0	6.3	0.32
四川	13.1	13.9	1.74
贵州	3.6	11.2	0.41
云南	5.5	12.9	0.67
西藏	0.3	—	—
陕西	5.6	10.0	0.38
甘肃	3.7	8.0	0.28
青海	1.0	1.4	0.01
宁夏	1.6	0.7	0.01
新疆	4.0	2.8	0.09
新疆生产建设兵团	0.5	2.8	—

注：2020年减排比例根据各地区地表水质量改善任务确定，重点工程减排量根据“十三五”规划纲要、《水污染防治行动计划》及相关规划提出的环境治理保护重点工程确定。

附件5

“十三五” 各地区二氧化硫排放总量控制计划

地区	2015年排放量（万吨）	2020年减排比例（%）	2020年重点工程减排量（万吨）
北京	7.1	35	1.8
天津	18.6	25	2.8
河北	110.8	28	18.4
山西	112.1	20	22.4
内蒙古	123.1	11	13.5
辽宁	96.9	20	14.4
吉林	36.3	18	5.2
黑龙江	45.6	11	4.3
上海	17.1	20	3.4
江苏	83.5	20	13.3
浙江	53.8	17	9.1
安徽	48.0	16	5.2
福建	33.8	—	3.5
江西	52.8	12	6.3
山东	152.6	27	35.0
河南	114.4	28	20.5
湖北	55.1	20	10.9
湖南	59.6	21	8.5
广东	67.8	3	2.0
广西	42.1	13	4.5
海南	3.2	—	0.4
重庆	49.6	18	8.1
四川	71.8	16	11.2
贵州	85.3	7	6.0
云南	58.4	1	0.6
西藏	0.5	—	—
陕西	73.5	15	11.0
甘肃	57.1	8	4.6
青海	15.1	6	0.9
宁夏	35.8	12	4.3
新疆	66.8	3	2.0
新疆生产建设兵团	11.0	13	0.9

注：2020年减排比例根据各地区空气质量改善任务确定，重点工程减排量根据“十三五”规划纲要、《大气污染防治行动计划》及相关规划提出的环境治理保护重点工程确定。

附件6

“十三五” 各地区氮氧化物排放总量控制计划

地区	2015年排放量（万吨）	2020年减排比例（%）	2020年重点工程减排量（万吨）
北京	13.8	25	0.7
天津	24.7	25	3.5
河北	135.1	28	19.9
山西	93.1	20	16.3
内蒙古	113.9	11	12.5
辽宁	82.8	20	14.9
吉林	50.2	18	9.0
黑龙江	64.5	11	7.1

（续）

地区	2015 年排放量（万吨）	2020 年减排比例（%）	2020 年重点工程减排量（万吨）
上海	30. 1	20	5. 2
江苏	106. 8	20	18. 7
浙江	60. 7	17	10. 3
安徽	72. 1	16	9. 0
福建	37. 9	—	4. 6
江西	49. 3	12	5. 9
山东	142. 4	27	31. 0
河南	126. 2	28	15. 8
湖北	51. 5	20	5. 9
湖南	49. 7	15	6. 3
广东	99. 7	3	3. 0
广西	37. 3	13	3. 3
海南	9. 0	—	1. 2
重庆	32. 1	18	2. 8
四川	53. 4	16	3. 7
贵州	41. 9	7	2. 9
云南	44. 9	1	0. 4
西藏	5. 3	—	—
陕西	62. 7	15	9. 4
甘肃	38. 7	8	3. 1
青海	11. 8	6	0. 7
宁夏	36. 8	12	4. 4
新疆	63. 7	3	1. 9
新疆生产建设兵团	9. 9	13	1. 3

注：2020 年减排比例根据各地区空气质量改善任务确定，重点工程减排量根据“十三五”规划纲要、《大气污染防治行动计划》及相关规划提出的环境治理保护重点工程确定。

附件 7

“十三五” 重点地区挥发性有机物排放总量控制计划

地区	2015 年排放量（万吨）	2020 年减排比例（%）	2020 年重点工程减排量（万吨）
北京	23. 4	25	3. 5
天津	33. 9	20	4. 6
河北	154. 6	20	19. 5
辽宁	105. 4	10	10. 5
上海	42. 1	20	8. 4
江苏	187. 0	20	31. 2
浙江	139. 2	20	25. 5
安徽	95. 9	10	9. 2
山东	192. 1	20	38. 4
河南	167. 5	10	16. 6
湖北	98. 7	10	9. 9
湖南	98. 3	10	7. 9
广东	137. 8	18	20. 7
重庆	40. 2	10	4. 0
四川	111. 3	5	5. 6
陕西	67. 5	5	3. 4

注：“十三五”期间主要推进石化、化工、包装印刷和工业涂装等重点行业挥发性有机物减排，相关指标根据重点行业减排潜力、环境质量改善需求等因素分解落实到各有关省份。

第二篇　政策法规

促进科技成果转移转化行动方案

发布单位：国务院办公厅

促进科技成果转移转化是实施创新驱动发展战略的重要任务，是加强科技与经济紧密结合的关键环节，对于推进结构性改革尤其是供给侧结构性改革、支撑经济转型升级和产业结构调整，促进大众创业、万众创新，打造经济发展新引擎具有重要意义。为深入贯彻党中央、国务院一系列重大决策部署，落实《中华人民共和国促进科技成果转化法》，加快推动科技成果转化为现实生产力，依靠科技创新支撑稳增长、促改革、调结构、惠民生，特制定本方案。

一、总体思路

深入贯彻落实党的十八大、十八届三中、四中、五中全会精神和国务院部署，紧扣创新发展要求，推动大众创新创业，充分发挥市场配置资源的决定性作用，更好发挥政府作用，完善科技成果转移转化政策环境，强化重点领域和关键环节的系统部署，强化技术、资本、人才、服务等创新资源的深度融合与优化配置，强化中央和地方协同推动科技成果转移转化，建立符合科技创新规律和市场经济规律的科技成果转移转化体系，促进科技成果资本化、产业化，形成经济持续稳定增长新动力，为到2020年进入创新型国家行列、实现全面建成小康社会奋斗目标作出贡献。

（一）基本原则。

——市场导向。发挥市场在配置科技创新资源中的决定性作用，强化企业转移转化科技成果的主体地位，发挥企业家整合技术、资金、人才的关键作用，推进产学研协同创新，大力发展技术市场。完善科技成果转移转化的需求导向机制，拓展新技术、新产品的市场应用空间。

——政府引导。加快政府职能转变，推进简政放权、放管结合、优化服务，强化政府在科技成果转移转化政策制定、平台建设、人才培养、公共服务等方面职能，发挥财政资金引导作用，营造有利于科技成果转移转化的良好环境。

——纵横联动。加强中央与地方的上下联动，发挥地方在推动科技成果转移转化中的重要作用，探索符合地方实际的成果转化有效路径。加强部门之间统筹协同、军民之间融合联动，在资源配置、任务部署等方面形成共同促进科技成果转化的合力。

——机制创新。充分运用众创、众包、众扶、众筹等基于互联网的创新创业新理念，建立创新要素充分融合的新机制，充分发挥资本、人才、服务在科技成果转移转化中的催化作用，探索科技成果转移转化新模式。

（二）主要目标。

“十三五”期间，推动一批短中期见效、有力带动产业结构优化升级的重大科技成果转化应用，企业、高校和科研院所科技成果转移转化能力显著提高，市场化的技术交易服务体系进一步健全，科技型创新创业蓬勃发展，专业化技术转移人才队伍发展壮大，多元化的科技成果转移转化投入渠道日益完善，科技成果转移转化的制度环境更加优化，功能完善、运行高效、市场化的科技成果转移转化体系全面建成。

主要指标：建设100个示范性国家技术转移机构，支持有条件的地方建设10个科技成果转移转化示范区，在重点行业领域布局建设一批支撑实体经济发展的众创空间，建成若干技术转移人才培养基地，培养1万名专业化技术转移人才，全国技术合同交易额力争达到2万亿元。

二、重点任务

围绕科技成果转移转化的关键问题和薄弱环节，加强系统部署，抓好措施落实，形成以企业技术创新需求为导向、以市场化交易平台为载体、以专业化服务机构为支撑的科技成果转移转化新格局。

（一）开展科技成果信息汇交与发布。

1. 发布转化先进适用的科技成果包。围绕新一代信息网络、智能绿色制造、现代农业、现代能源、资源高效利用和生态环保、海洋和空间、智慧城市和数字社会、人口健康等重点领域，以需求为导向发布一批符合产业转型升级方向、投资规模与产业带动作用大的科技成果包。发挥财政资金引导作用和科技中介机构的成果筛选、市场化评估、融资服务、成果推介等作用，鼓励企业探索新的商业模式和科技成果产业化路径，加速重大科技成果转化应用。引导支持农业、医疗卫生、生态建设等社会公益领域科技成果转化应用。

2. 建立国家科技成果信息系统。制定科技成果信息采集、加工与服务规范，推动中央和地方各类科技计划、科技奖励成果存量与增量数据资源互联互通，构建由财政资金支持产生的科技成果转化项目库与数据服务平台。完善科技成果信息共享机制，在不泄露国家秘密和商业秘密的前提下，向社会公布科技成果和相关知识产权信息，提供科技成果信息查询、筛选等公益服务。

3. 加强科技成果信息汇交。建立健全各地方、各部门科技成果信息汇交工作机制，推广科技成果在线登记汇交系统，畅通科技成果信息收集渠道。加强科技成果管理与科技计划项目管理的有机衔接，明确由财政资金设立的应用类科技项目承担单位的科技成果转化义务，开展应用类科技项目成果以及基础研究中具有应用前景的科研项目成果信息汇交。鼓励非财政资金资助的科技成果进行信息汇交。

4. 加强科技成果数据资源开发利用。围绕传统产业转型升级、新兴产业培育发展需求，鼓励各类机构运用云计算、大数据等新一代信息技术，积极开展科技成果信息增值服务，提供符合用户需求的精准科技成果信息。开展科技成果转化为技术标准试点，推动更多应用类科技成果转化为技术标准。加强科技成果、科技报告、科技文献、知识产权、标准等的信息化关联，各地方、各部门在规划制定、计划管理、战略研究等方面要充分利用科技成果资源。

5. 推动军民科技成果融合转化应用。建设国防科技工业成果信息与推广转化平台，研究设立国防科技工业军民融合产业投资基金，支持军民融合科技成果推广应用。梳理具有市场应用前景的项目，发布军用技术转民用推广目录、"民参军"技术与产品推荐目录、国防科技工业知识产权转化目录。实施军工技术推广专项，推动国防科技成果向民用领域转化应用。

（二）产学研协同开展科技成果转移转化。

6. 支持高校和科研院所开展科技成果转移转化。组织高校和科研院所梳理科技成果资源，发布科技成果目录，建立面向企业的技术服务站点网络，推动科技成果与产业、企业需求有效对接，通过研发合作、技术转让、技术许可、作价投资等多种形式，实现科技成果市场价值。依托中国科学院的科研院所体系实施科技服务网络计划，围绕产业和地方需求开展技术攻关、技术转移与示范、知识产权运营等。鼓励医疗机构、医学研究单位等构建协同研究网络，加强临床指南和规范制定工作，加快新技术、新产品应用推广。引导有条件的高校和科研院所建立健全专业化科技成果转移转化机构，明确统筹科技成果转移转化与知识产权管理的职责，加强市场化运营能力。在部分高校和科研院所试点探索科技成果转移转化的有效机制与模式，建立职务科技成果披露与管理制度，实行技术经理人市场化聘用制，建设一批运营机制灵活、专业人才集聚、服务能力突出、具有国际影响力的国家技术转移机构。

7. 推动企业加强科技成果转化应用。以创新型企业、高新技术企业、科技型中小企业为重点，支持企业与高校、科研院所联合设立研发机构或技术转移机构，共同开展研究开发、成果应用与推广、标准研究与制定等。围绕"互联网+"战略开展企业技术难题竞标等"研发众包"模式探索，引导科技人员、高校、科研院所承接企业的项目委托和难题招标，聚众智推进开放式创新。市场导向明确的科技计划项目由企业牵头组织实施。完善技术成果向企业转移扩散的机制，支持企业引进国内外先进适用技术，开展技术革新与改造升级。

8. 构建多种形式的产业技术创新联盟。围绕"中国制造2025"、"互联网+"等国家重点产业发展战略以及区域发展战略部署，发挥行业骨干企业、转制科研院所主导作用，联合上下游企业和高校、科研院所等构建一批产业技术创新联盟，围绕产业链构建创新链，推动跨领域跨行业协同创新，加强行业共性关键技术研发和推广应用，为联盟成员企业提供订单式研发服务。支持联盟承担重大科技成果转化项目，探索联合攻关、利益共享、知识产权运营的有效机制与模式。

9. 发挥科技社团促进科技成果转移转化的纽带作用。以创新驱动助力工程为抓手，提升学会服务科技成果转移转化能力和水平，利用学会服务站、技术研发基地等柔性创新载体，组织动员学会智力资源服务企业转型升级，建立学会联系企业的长效机制，开展科技信息服务，实现科技成果转移转化供给端与需求端的精准对接。

（三）建设科技成果中试与产业化载体。

10. 建设科技成果产业化基地。瞄准节能环保、新一代信息技术、生物技术、高端装备制造、新能源、新材料、新能源汽车等战略性新兴产业领域，依托国家自主创新示范区、国家高新区、国家农业科技园区、国家可持续发展实验区、国家大学科技园、战略性新兴产业集聚区等创新资源集聚区域以及高校、科研院所、行业骨干企业等，建设一批科技成果产业化基地，引导科技成果对接特色产业需求转移转化，培育新的经济增长点。

11. 强化科技成果中试熟化。鼓励企业牵头、政府引导、产学研协同，面向产业发展需求开展中试熟化与产业化开发，提供全程技术研发解决方案，加快科技成果转移转化。支持地方围绕区域特色产业发展、中小企业技术创新需求，建设通用性或行业性技术创新服务平台，提供从实验研究、中试熟化到生产过程所需的仪器设备、中试生产线等资源，开展研发设计、检验检测认证、科技咨询、技术标准、知识产权、投融资等服务。推动各类技术开发类科研基地合理布局和功能整合，促进科研基地科技成果转移转化，推动更多企业和产业发展亟需的共性技术成果扩散与转化应用。

（四）强化科技成果转移转化市场化服务。

12. 构建国家技术交易网络平台。以"互联网+"科技成果转移转化为核心，以需求为导向，连接技术转移服务机构、投融资机构、高校、科研院所和企业等，集聚成果、资金、人才、服务、政策等各类创新要素，打造线上与线下相结合的国家技术交易网络平台。平台依托专业机构开展市场化运作，坚持开放共享的运营理念，支持各类服务机构提供信息发布、融资并购、公开挂牌、竞价拍卖、咨询辅导等专业化服务，形成主体活跃、要素齐备、机制灵活的创新服务网络。引导高校、科研院所、国有企业的科技成果挂牌交易与公示。

13. 健全区域性技术转移服务机构。支持地方和有关机构建立完善区域性、行业性技术市场，形成不同层级、不同领域技术交易有机衔接的新格局。在现有的技术转移区域中心、国际技术转移中心基础上，落实"一带一路"、京津冀协同发展、长江经济带等重大战略，进一步加强重点区域间资源共享与优势互补，提升跨区域技术转移与辐射功能，打造连接国内外技术、资本、人才等创新资源的技术转移网络。

14. 完善技术转移机构服务功能。完善技术产权交易、知识产权交易等各类平台功能，促进科技成果与资本的有效对接。支持有条件的技术转移机构与天使投资、创业投资等合作建立投资基金，加大对科技成果转化项目的投资力度。鼓励国内机构与国际知名技术转移机构开展深层次合作，围绕重点产业技术需求引进国外先进适用的科技成果。鼓励技术转移机构探索适应不同用户需求的科技成果评价方法，提升科技成果转移转化成功率。推动行业组织制定技术转移服务标准和规范，建立技术转移服务评价与信用机制，加强行业自律管理。

15. 加强重点领域知识产权服务。实施“互联网+”融合重点领域专利导航项目，引导“互联网+”协同制造、现代农业、智慧能源、绿色生态、人工智能等融合领域的知识产权战略布局，提升产业创新发展能力。开展重大科技经济活动知识产权分析评议，为战略规划、政策制定、项目确立等提供依据。针对重点产业完善国际化知识产权信息平台，发布“走向海外”知识产权实务操作指引，为企业“走出去”提供专业化知识产权服务。

（五）大力推动科技型创新创业。

16. 促进众创空间服务和支撑实体经济发展。重点在创新资源集聚区域，依托行业龙头企业、高校、科研院所，在电子信息、生物技术、高端装备制造等重点领域建设一批以成果转移转化为主要内容、专业服务水平高、创新资源配置优、产业辐射带动作用强的众创空间，有效支撑实体经济发展。构建一批支持农村科技创新创业的“星创天地”。支持企业、高校和科研院所发挥科研设施、专业团队、技术积累等专业领域创新优势，为创业者提供技术研发服务。吸引更多科技人员、海外归国人员等高端创业人才入驻众创空间，重点支持以核心技术为源头的创新创业。

17. 推动创新资源向创新创业者开放。引导高校、科研院所、大型企业、技术转移机构、创业投资机构以及国家级科研平台（基地）等，将科研基础设施、大型科研仪器、科技数据文献、科技成果、创投资金等向创新创业者开放。依托3D打印、大数据、网络制造、开源软硬件等先进技术和手段，支持各类机构为创新创业者提供便捷的创新创业工具。支持高校、企业、孵化机构、投资机构等开设创新创业培训课程，鼓励经验丰富的企业家、天使投资人和专家学者等担任创业导师。

18. 举办各类创新创业大赛。组织开展中国创新创业大赛、中国创新挑战赛、中国“互联网+”大学生创新创业大赛、中国农业科技创新创业大赛、中国科技创新创业人才投融资集训营等活动，支持地方和社会各界举办各类创新创业大赛，集聚整合创业投资等各类资源支持创新创业。

（六）建设科技成果转移转化人才队伍。

19. 开展技术转移人才培养。充分发挥各类创新人才培养示范基地作用，依托有条件的地方和机构建设一批技术转移人才培养基地。推动有条件的高校设立科技成果转化相关课程，打造一支高水平的师资队伍。加快培养科技成果转移转化领军人才，纳入各类创新创业人才引进培养计划。推动建设专业化技术经纪人队伍，畅通职业发展通道。鼓励和规范高校、科研院所、企业中符合条件的科技人员从事技术转移工作。与国际技术转移组织联合培养国际化技术转移人才。

20. 组织科技人员开展科技成果转移转化。紧密对接地方产业技术创新、农业农村发展、社会公益等领域需求，继续实施万名专家服务基层行动计划、科技特派员、科技创业者行动、企业院士行、先进适用技术项目推广等，动员高校、科研院所、企业的科技人员及高层次专家，深入企业、园区、农村等基层一线开展技术咨询、技术服务、科技攻关、成果推广等科技成果转移转化活动，打造一支面向基层的科技成果转移转化人才队伍。

21. 强化科技成果转移转化人才服务。构建“互联网+”创新创业人才服务平台，提供科技咨询、人才计划、科技人才活动、教育培训等公共服务，实现人才与人才、人才与企业、人才与资本之间的互动和跨界协作。围绕支撑地方特色产业培育发展，建立一批科技领军人才创新驱动中心，支持有条件的企业建设院士（专家）工作站，为高层次人才与企业、地方对接搭建平台。建设海外科技人才离岸创新创业基地，为引进海外创新创业资源搭建平台和桥梁。

（七）大力推动地方科技成果转移转化。

22. 加强地方科技成果转化工作。健全省、市、县三级科技成果转化工作网络，强化科技管理部门开展科技成果转移转化的工作职能，加强相关部门之间的协同配合，探索适应地方成果转化要求的考核评价机制。加强基层科技管理机构与队伍建设，完善承接科技成果转移转化的平台与机制，宣传科技成果转化政策，帮助中小企业寻找应用科技成果，搭建产学研合作信息服务平台。指导地方探索“创新券”等政府购买服务模式，降低中小企业技术创新成本。

23. 开展区域性科技成果转移转化试点示范。以创新资源集聚、工作基础好的省（区、市）为主导，跨区域整合成果、人才、资本、平台、服务等创新资源，建设国家科技成果转移转化试验示范区，在科技成果转移转化服务、金融、人才、政策等方面，探索形成一批可复制、可推广的工作经验与模式。围绕区域特色产业发展技术瓶颈，推动一批符合产业转型发展需求的重大科技成果在示范区转化与推广应用。

（八）强化科技成果转移转化的多元化资金投入。

24. 发挥中央财政对科技成果转移转化的引导作用。发挥国家科技成果转化引导基金等的杠杆作用，采取设立子基金、贷款风险补偿等方式，吸引社会资本投入，支持关系国计民生和产业发展的科技成果转化。通过优化整合后的技术创新引导专项（基金）、基地和人才专项，加大对符合条件的技术转移机构、基地和人才的支持力度。国家科技重大专项、重点研发计划支持战略性重大科技成果产业化前期攻关和示范应用。

25. 加大地方财政支持科技成果转化力度。引导和鼓励地方设立创业投资引导、科技成果转化、知识产权运营等专项资金（基金），引导信贷资金、创业投资资金以及各类社会资金加大投入，支持区域重点产业科技成果转移转化。

26. 拓宽科技成果转化资金市场化供给渠道。大力发展创业投资，培育发展天使投资人和创投机构，支持初创期科技企业和科技成果转化项目。利用众筹等互联网金融平台，为小微企业转移转化科技成果拓展融资渠道。支持符合条件的创新创业企业通过发行债券、资产证券化等方式进行融资。支持银行探索股权投资与信贷投放相结合的模式，为科技成果转移转化提供组合金融服务。

三、组织与实施

（一）加强组织领导。各有关部门要根据职能定位和任务分工，加强政策、资源统筹，建立协同推进机制，形成科技部门、行业部门、社会团体等密切配合、协同推进的工作格局。强化中央和地方协同，加强重点任务的统筹部署及创新资源的统筹配置，形成共同推进科技成果转移转化的合力。各地方要将科技成果转移转化工作纳入重要议事日程，强化科技成果转移转化工作职能，结合实际制定具体实施方案，明确工作推进路线图和时间表，逐级细化分解任务，切实加大资金投入、政策支持和条件保障力度。

（二）加强政策保障。落实《中华人民共和国促进科技成果转化法》及相关政策措施，完善有利于科技成果转移转化的政策环境。建立科研机构、高校科技成果转移转化绩效评估体系，将科技成果转移转化情况作为对单位予以支持的参考依据。推动科研机构、高校建立符合自身人事管理需要和科技成果转化工作特点的职称评定、岗位管理和考核评价制度。完善有利于科技成果转移转化的事业单位国有资产管理相关政策。研究探索科研机构、高校领导干部正职任前在科技成果转化中获得股权的代持制度。各地方要围绕落实《中华人民共和国促进科技成果转化法》，完善促进科技成果转移转化的政策法规。建立实施情况监测与评估机制，为调整完善相关政策举措提供支撑。

（三）加强示范引导。加强对试点示范工作的指导推动，交流各地方各部门的好经验、好做法，对可复制、可推广的经验和模式及时总结推广，发挥促进科技成果转移转化行动的带动作用，引导全社会关心和支持科技成果转移转化，营造有利于科技成果转移转化的良好社会氛围。

附件：重点任务分工及进度安排表

附件

重点任务分工及进度安排表

序号	重点任务	责任部门	时间进度
1	发布一批产业转型升级发展急需的科技成果包	科技部会同有关部门	2016年6月底前完成
2	建立国家科技成果信息系统	科技部、财政部、中科院、工程院、自然科学基金会等	2017年6月底前建成
3	加强科技成果信息汇交，推广科技成果在线登记汇交系统	科技部会同有关部门	持续推进
4	开展科技成果转化为技术标准试点	质检总局、科技部	2016年12月底前启动
5	推动军民科技成果融合转化应用	国家国防科工局、工业和信息化部、财政部、国家知识产权局等	持续推进
6	依托中科院科研院所体系实施科技服务网络计划	中科院	持续推进
7	在有条件的高校和科研院所建设一批国家技术转移机构	科技部、教育部、农业部、中科院等	2016年6月底前启动建设，持续推进
8	围绕国家重点产业和重大战略，构建一批产业技术创新联盟	科技部、工业和信息化部、中科院等	2016年6月底前启动建设，持续推进
9	推动各类技术开发类科研基地合理布局和功能整合，促进科研基地科技成果转移转化	科技部会同有关部门	持续推进
10	打造线上与线下相结合的国家技术交易网络平台	科技部、教育部、工业和信息化部、农业部、国务院国资委、中科院、国家知识产权局等	2017年6月底前建成运行
11	制定技术转移服务标准和规范	科技部、质检总局	2017年3月底前出台
12	依托行业龙头企业、高校、科研院所建设一批支撑实体经济发展的众创空间	科技部会同有关部门	持续推进
13	依托有条件的地方和机构建设一批技术转移人才培养基地	科技部会同有关部门	持续推进
14	构建“互联网+”创新创业人才服务平台	科技部会同有关部门	2016年12月底前建成运行

（续）

序号	重点任务	责任部门	时间进度
15	建设海外科技人才离岸创新创业基地	中国科协	持续推进
16	建设国家科技成果转移转化试验示范区，探索可复制、可推广的经验与模式	科技部会同有关地方政府	2016 年 6 月底前启动建设
17	发挥国家科技成果转化引导基金等的杠杆作用，支持科技成果转化	科技部、财政部等	持续推进
18	引导信贷资金、创业投资资金以及各类社会资金加大投入，支持区域重点产业科技成果转移转化	科技部、财政部、人民银行、银监会、证监会	持续推进
19	推动科研机构、高校建立符合自身人事管理需要和科技成果转化工作特点的职称评定、岗位管理和考核评价制度	教育部、科技部、人力资源社会保障部等	2017 年 12 月底前完成
20	研究探索科研机构、高校领导干部正职任前在科技成果转化中获得股权的代持制度	科技部、中央组织部、人力资源社会保障部、教育部	持续推进

电力规划管理办法

发布单位：国家能源局

第一章 总 则

第一条 为加强电力规划管理，促进电力工业健康发展，依据《中华人民共和国电力法》等相关法律法规和《中共中央国务院关于进一步深化电力体制改革的若干意见》要求，制定本办法。

第二条 电力规划是指导电力工业发展的纲领性文件，是能源规划的重要组成部分，应纳入国民经济和社会发展规划。本办法所称电力规划指5年期规划，与国民经济和社会发展规划同步，定期编制并公开发布。研究和编制电力规划应展望10年至15年电力发展趋势。

第三条 电力规划主要包括全国电力规划（含区域电力规划，下同）和省级电力规划。全国电力规划由国家能源局负责编制，经国家发展和改革委员会审定后，由国家能源局公开发布（保密内容除外）。省级电力规划由省级能源主管部门负责编制，报国家能源局衔接并达成一致后，由省级人民政府批准并公开发布（保密内容除外）。全国电力规划指导省级电力规划，省级电力规划服从全国电力和能源规划及省级能源发展规划，全国电力规划和省级电力规划应做到上下衔接，协调统一。

第四条 电力规划工作可分为研究与准备、编制与衔接、审定与发布、实施与调整、评估与监督等环节。

第五条 电力规划应遵循国家法律、法规，贯彻落实国家能源发展战略和相关产业政策，满足电力行业相关规程、规范和标准的要求，同步开展环境影响评价，注重提升覆盖面、权威性和科学性，增强透明度和公众参与度。

第六条 电力规划应在能源发展总体规划框架下，统筹衔接水电、煤电、气电、核电、新能源发电以及输配电网等规划；支持非化石能源优先利用和分布式能源发展，努力实现电力系统安全可靠、经济合理、清洁环保、灵活高效；鼓励创新，促进电力产业升级，积极推动能源生产、消费、供给与科技革命，促进能源与经济社会创新、协调、绿色、开放、共享发展。

第二章 组织与职责

第七条 国家能源局是全国电力规划的责任部门，省级能源主管部门是省级电力规划的责任部门，按照“政府主导、机构研究、咨询论证、多方参与、科学决策”的原则，分别组织编制全国和省级电力规划。规划编制主要参与者包括：政府部门、研究机构、电力企业、电力行业相关单位和电力规划、环境保护专家等。

第八条 电力规划研究机构是电力规划研究工作的主要承担单位，受国家能源局、省级能源主管部门委托，开展电力规划专题研究和综合研究。

第九条 电力企业是电力规划的主要实施主体和安全责任主体，应负责提供规划基础数据，积极承担电力规划的研究课题，提出规划建议，支持和配合规划工作，并按审定的全国、省级电力规划编制企业规划。

第十条 电力企业联合会等行业协会、学会、科研机构和高校等相关单位，应积极参与配合电力规划工作，向能源主管部门提出研究建议。

第十一条 建立完善电力规划专家库，聘请专家参与规划研究和论证，提供技术咨询。

第三章 研究与准备

第十二条 电力规划编制应从全面、深入、专业的研究入手，并以电力规划研究成果为基础。电力规划研究包括电力规划建议、电力规划专题研究和电力规划综合研究三类。

（一）电力规划建议是电力企业立足自身主营业务研究提出的规划建议，以及电力行业协会、学会、科研机构和高校等自主或受托提出的规划建议，是电力规划的关键支撑和基础。

（二）电力规划专题研究是针对影响电力规划的重大问题开展的研究，主要涉及电力需求、结构与布局、系统安全、经济评价、环境评价、科技进步、体制改革等。

（三）电力规划综合研究是在规划建议、规划专题研究的基础上，通过综合比选与平衡衔接，提出全面系统的电力规划研究成果。综合研究是编制电力规划的核心技术支撑。

第十三条 国家能源局和省级能源主管部门应按照能源规划工作总体安排，提前2年开展电力规划编制，及时启动专题和综合研究工作。

第十四条 电力规划专题研究和电力规划综合研究，由能源主管部门通过招标或协商等方式，委托电力规划研究机构或有资质的研究机构承担，也可由有关单位及专家根据工作需要，自行选题组织专题研究。研究过程中，能源主管部门应通过专题调研和座谈会议等方式，重点对电力需求、规模与布局、系统安全、电力流向等内容听取地方政府、电力企业和电力用户的意见和建议。

第十五条 重要的规划专题研究完成后，应由能源主管部门组织咨询机构和专家评审，并提出评审意见。规划环境影响评价研究和水资源供应研究应征询环境和水资源主管部门意见。

第十六条　电力规划综合研究报告完成后，由国家能源局或省级能源主管部门组织咨询机构和专家评审，并提出评审意见，作为编制全国和省级电力规划的依据。

第十七条　及时修订完善电力规划研究相关技术标准和报告内容深度规定，不断提高研究水平和报告质量。

第四章　编制与衔接

第十八条　电力规划编制要以电力规划综合研究成果为依据，充分吸收电力规划建议，全面落实国家和地方经济社会发展目标要求，深入分析电力工业现状、面临的形势以及政策、资源和生态环境等约束性因素，提出电力发展的指导思想、基本原则、发展目标、重点任务及保障措施。

第十九条　全国电力规划应重点提出五年规划期内大型水电（含抽水蓄能）、核电规模及项目建设安排（含投产与开工），风电、光伏（光热）等新能源发电建设规模，煤电基地开发规模，跨省跨区电网项目建设安排（含投产与开工），省内500千伏及以上电网项目建设安排（含投产与开工），以及省内自用煤电、气电规模。

第二十条　省级电力规划应重点明确所属地区的大中型水电（含抽水蓄能）、煤电、气电、核电等项目建设安排（含投产与开工），进一步明确新能源发电的建设规模和布局，提出110千伏（66千伏）及以上电网项目建设安排（含投产和开工）和35千伏及以下电网建设规模。

第二十一条　电力规划应在建设规模、投产时序、系统接入和消纳市场等方面统筹衔接水电、煤电、气电、核电、新能源发电等各类电源专项规划，形成协调统一的电力规划。

第二十二条　电力规划编制中，应通过联席会议、调研走访、专题讨论等机制和方式，加强电力规划与土地利用、城乡建设、环境保护、水资源利用等相关规划的协调，加强电力规划与交通运输、设备制造、供气供热、城市管网等上下游行业规划的协调，加强规划环境影响评价成果与规划草案完善的互动反馈。

第二十三条　电力规划应与能源发展总体规划衔接一致，按照省级电力规划服从全国电力规划和省级能源发展规划的原则，通过“两上两下”，对全国电力规划和省级电力规划进行衔接，对送电省电力规划和受电省电力规划进行衔接，保证上下级规划和相关省级规划之间有效衔接、协调统一。

“一上”，规划编制工作启动后，各省级能源主管部门研究提出省级电力规划初稿，提交国家能源局。

“一下”，国家能源局组织对省级规划初稿进行汇总平衡后，初步明确全国规划主要目标、总体框架和各省级规划的边界条件，并书面反馈各省级能源主管部门。

“二上”，各省级能源主管部门根据反馈意见编制省级电力规划（含规划环境影响评价），报送国家能源局。

“二下”，国家能源局对各省级电力规划综合衔接平衡，并书面反馈意见，省级能源主管部门按照反馈意见修改完善省级电力规划。

第二十四条　建立健全电力规划指标体系，加强电力规划指标的量化管理，提高规划的指导性和可操作性。

第二十五条　电力规划草案形成后，应广泛征求政府部门、电力企业、其他相关单位和专家意见。电力规划上报审定前，宜委托有资质的中介机构进行咨询并提出咨询意见。研究探索电力规划听证制度。

第五章　审定与发布

第二十六条　全国电力规划一般于五年规划第一年的五月底前由国家能源局报经国家发展改革委审定，由国家能源局公开发布。

第二十七条　省级电力规划一般于五年规划第一年的六月底前由省级能源主管部门编制完成报国家能源局衔接并达成一致后，按程序公开发布。

第六章　实施与调整

第二十八条　电力规划审定发布后，各级能源主管部门及电力企业应全面落实规划明确的各项任务。

第二十九条　已经纳入电力规划或符合规划布局的项目，业主单位可依据审定的规划向国土、城建、环保、水利等部门申请支持性文件；需要核准的，由相应主管部门按程序核准。核电项目相关规定另行制定。

第三十条　未纳入电力规划的重大项目、不符合规划布局的电力项目不予核准。特殊情况下，应先调整规划后再行核准。省级能源主管部门年度核准的新能源发电规模不应超过年度开发方案确定的当年开工规模。需要超过时，应及时调整规划并报告主管部门审定。未经核准的电力项目，不得进入电力市场交易，不得纳入电网准许成本并核定输配电价，不得享受电价补贴、税收减免等扶持政策。

第三十一条　电力企业应按照审定发布的电力规划，制定企业发展规划，积极开展规划项目前期工作，有序推进项目建设，保障规划顺利落实。

第三十二条　各级政府及能源主管部门应重视和支持电力规划的实施，注重电力规划与土地利用规划和城乡建设规划实施的协调，保障电力建设项目厂址、站址和输电走廊用地。

第三十三条　已经纳入电力规划但未按期实施的电源、电网建设项目，项目业主应及时向能源主管部门说明情况。无正当理由不按期实施、并造成严重后果的，能源主管部门应对业主通报批评；属于发电等竞争性领域的，能源主管部门可对无正当理由不按期实施的项目通过招标或协商等方式交由其他投资主体实施。

第三十四条　规划实施过程中，可根据实际情况对电力规划进行适当滚动和调整。电力规划发布2至3年后，国家能源局和省级能源主管部门可根据经济发展情况和规划实施情况对五年规划进行滚动。如遇重大变化，或应电力企业申请，也可由规划编制部门按程序组织对规划具体项目进行调整。

第三十五条　开展电力规划滚动的，应在电力规划执行第2年组织开展专题研究工作，第3年编制滚动规划，并对滚动规划进行评审、审定和发布。

第三十六条　开展电力规划调整的，应委托规划研究机构开展专题研究，经专门机构评估论证后，按程序将新增电力项目纳入规划，或将相关项目调出规划。

第三十七条 全国电力规划滚动调整由国家能源局组织，按程序公开发布（保密内容除外）；省级电力规划滚动调整由省级能源主管部门负责，经与全国规划衔接调整后，按程序公开发布（保密内容除外）。

第三十八条 继续深化行政审批制度改革，逐步推行政府规划指导、企业自主决策的电力项目建设新机制。积极探索电源项目前期工作市场化和业主招标制。

第七章 评估与监督

第三十九条 国家能源局及派出机构和省级能源主管部门应加强对电力规划实施情况的评估和监督。

第四十条 建立电力规划定期评估机制。规划实施2年后，国家能源局应委托中介机构开展全国电力规划中期评估咨询，省级能源主管部门应委托中介机构开展省级电力规划中期评估咨询，分别形成《电力规划实施中期评估报告》；5年规划结束后，形成《电力规划实施评估报告》。国家能源局派出机构应相应编制并发布《中期电力规划实施情况监管报告》和《五年期电力规划实施情况监管报告》，作为规划编制和滚动调整的重要参考。

第四十一条 电力规划实施情况评估工作应对电力规划成功的经验进行总结，对暴露的问题进行分析，并提出相关建议。

第四十二条 在规划实施过程中，能源主管部门可定期进行监督检查，发现问题及时纠正。探索建立规划审计制度。

第八章 保障措施

第四十三条 各级能源主管部门应加强对电力规划编制、实施、评估的组织领导，将规划管理工作作为推动电力发展的重要手段。做到五年规划指导年度计划。

第四十四条 健全和完善国家和省级电力规划研究机构和技术支撑体系。国家电力规划研究中心等电力规划研究机构应充分发挥研究力量的支撑作用，与相关协会、学会、科研机构、高校和企业密切协作，构建强有力的规划研究支撑体系。重视电力规划人才储备和培养，加强电力规划模型、软件、平台等技术手段的研发，增强规划编制的技术支撑能力。各省应建立电力规划支撑体系。

第四十五条 建立健全电力规划标准体系，修订完善电力规划技术标准，推动电力规划工作标准化。

第四十六条 加快电力规划信息平台建设，推进电力规划信息共享，为规划研究和编制提供全面、准确、开放的数据支撑。地方政府相关部门、行业协会、电力企业应为信息平台建设提供必要的基础数据和信息。

第四十七条 规划研究、规划编制和信息平台建设及维护经费纳入国家和各级地方政府财政预算。合理确定规划编制经费水平，保障规划编制工作经费需要。

第九章 附 则

第四十八条 本办法由国家能源局负责解释。

第四十九条 全国和省级电力规划工作应当遵循本办法，地级市及以下能源主管部门参照执行。

第五十条 本办法自公布之日起实施。

国家电力示范项目管理办法

发布单位：国家能源局

为深入贯彻落实党的十八届五中全会、中央财经领导小组第六次会议和国家“十三五”规划纲要精神，践行“创新、协调、绿色、开放、共享”发展理念，推动实施能源“四个革命、一个合作”的战略思想，充分发挥能源技术创新的引领作用，推进电力行业高效清洁、绿色低碳发展，加强电力（含火电、电网、系统储能项目，下同）示范项目管理，制定本办法。

第一条 示范项目定义与范围。本办法所称示范项目是指应用原始创新、集成创新并拥有自主知识产权，以及引进消化吸收再创新后，能够填补国内技术空白的先进电力技术和装备，对促进电力行业高效清洁、绿色低碳与可持续发展有显著效果，对电源结构调整、系统能力优化、电力产业升级和节能减排有积极带动作用，按规定履行核准或审批程序的电力工程建设项目。示范项目的方向和内容符合国家电力发展战略及规划、电力产业政策、能源科技规划等有关要求。

第二条 示范内容确定。国家能源局根据电力行业发展战略及规划、电力产业政策、能源科技规划有关要求，确定拟开展的电力示范项目内容，并向相关地方和企业征集示范意向。示范内容应确保对电力行业转型升级具有重大意义，能通过创新引领显著提升现有电力技术和装备的水平。

第三条 示范项目申请。计划单列企业集团和中央管理企业根据国家能源局确定的示范项目内容，经商项目所在地省级政府能源主管部门后，向国家能源局提出拟参与的示范项目申请。其它企业通过项目所在地省级政府能源主管部门提交示范项目申请。企业（含主机厂和设计院）联合申请的同一示范内容的项目，不得重复申报或多头申报。项目单位须提交示范项目实施方案，具体内容包括：示范项目概况、工程技术方案、示范内容研究报告、项目单位相关工作基础及业绩、项目实施方案以及知识产权管理等内容。

第四条 示范项目评估和优选。国家能源局组织专家或委托有资质的咨询机构，按照《国家能源局关于印发国家能源科技重大示范工程管理办法的通知》（国能科技［2012］130号）等有关规定，对示范项目分别进行工程技术方案论证和项目方案专题评估，除必要的条件论证外，还需从技术方案、规划布局、产业政策、行业发展等方面严格论证项目的整体可行性及示范作用，禁止借示范之名变相投资新建电力项目。多家项目单位申请同一示范内容的，专家或咨询机构经优选后提出意见，国家能源局依据专家或咨询机构的评估和优选意见，将通过评估或优选胜出的项目作为示范项目，纳入国家电力建设规划。

第五条 示范项目的审批。纳入国家电力建设规划的示范项目，由各级发改部门按照核准权限核准或审批。

示范项目核准或批复文件应明确示范内容及目标，并作为示范项目建成后评估考核的主要依据。同时应明确，示范项目在建设过程中，原则上不得调整示范方案。如需对示范方案作重大调整的，应按本办法要求，重新申报国家能源局审定，并按规定重新进行核准或审批。

第六条 示范项目的实施。项目所在地能源主管部门应协助项目单位落实好项目用地、用水、环保、电网接入等外部建设条件，监督项目单位依法依规开工建设。项目未按示范方案实施或施工过程中有违法违规行为的，应取消其示范项目资格并予以公告。

第七条 示范项目的政策。示范项目单独纳入国家电力建设规划。火电项目优先考虑建设条件，在有利于示范项目实施的情况下，结合电力市场空间优化区域布局，建设规模纳入所在地区电力电量平衡统筹考虑，按照节能低碳调度原则优先保障，保障示范项目利用率和合理收益，更大程度发挥示范项目效用。

示范项目享有《国家能源局关于印发国家能源科技重大示范工程管理办法的通知》（国能科技［2012］130号）所明确的支持政策。

第八条 示范项目后评估考核。示范项目建成后，国家能源局将组织专家或委托有资质的咨询机构，根据示范项目核准或批复内容、实施方案及运行效果，对示范项目进行后评估考核。

第九条 示范技术推广应用。国家能源局将组织专家或委托有资质的咨询机构，结合示范项目的评估考核，对示范项目所采用的示范技术进行评价鉴定。经充分评估论证，对先进可靠、成熟适用、应用前景广阔的示范技术，国家能源局将组织推广应用，并支持项目单位按照相关法律法规申请专利保护知识产权归属。

关于推进电能替代的指导意见

发布单位：国家发展改革委

为贯彻落实中央财经领导小组第六次会议、《国务院关于印发大气污染防治行动计划的通知》（国发［2013］37号）、《能源发展战略行动计划（2014—2020年）》（国办发［2014］31号）相关部署，现就推进电能替代提出以下意见：

一、充分认识推进电能替代的重要意义

电能替代是在终端能源消费环节，使用电能替代散烧煤、燃油的能源消费方式，如电采暖、地能热泵、工业电锅炉（窑炉）、农业电排灌、电动汽车、靠港船舶使用岸电、机场桥载设备、电蓄能调峰等。当前，我国电煤比重与电气化水平偏低，大量的散烧煤与燃油消费是造成严重雾霾的主要因素之一。电能具有清洁、安全、便捷等优势，实施电能替代对于推动能源消费革命、落实国家能源战略、促进能源清洁化发展意义重大，是提高电煤比重、控制煤炭消费总量、减少大气污染的重要举措。稳步推进电能替代，有利于构建层次更高、范围更广的新型电力消费市场，扩大电力消费，提升我国电气化水平，提高人民群众生活质量。同时，带动相关设备制造行业发展，拓展新的经济增长点。

二、总体要求

（一）指导思想

贯彻中央财经领导小组第六次会议精神，促进能源消费革命，落实能源发展战略行动计划及大气污染防治行动计划，以提高电能占终端能源消费比重、提高电煤占煤炭消费比重、提高可再生能源占电力消费比重、降低大气污染物排放为目标，根据不同电能替代方式的技术经济特点，因地制宜，分步实施，逐步扩大电能替代范围，形成清洁、安全、智能的新型能源消费方式。

（二）基本原则

坚持改革创新。结合电力体制改革，完善电力市场化交易机制，还原电力商品属性。创新电能替代技术路线，加快电能替代关键设备研发，促进技术装备能效水平显著提升，应用范围进一步扩大。

坚持规划引领。统筹能源资源开发利用、大气污染防治和经济社会可持续发展，合理规划电能替代，引导电能替代健康发展。科学制定电力发展规划，主要通过可再生能源和现有火电满足电能替代新增电量需求。

坚持市场运作。鼓励社会资本投入，探索多方共赢的市场化项目运作模式。引导社会力量积极参与电能替代技术、业态和运营等创新，发挥市场在资源配置中的决定性作用。

坚持有序推进。结合各地区生态环境达标要求、能源消费结构和用能需求特性等，因地制宜、稳步有序地推进经济性好、节能减排效益佳的电能替代示范试点项目，带动推广实施电能替代。

（三）总体目标

完善电能替代配套政策体系，建立规范有序的运营监管机制，形成节能环保、便捷高效、技术可行、广泛应用的新型电力消费市场。2016—2020年，实现能源终端消费环节电能替代散烧煤、燃油消费总量约1.3亿吨标煤，带动电煤占煤炭消费比重提高约1.9%，带动电能占终端能源消费比重提高约1.5%，促进电能占终端能源消费比重达到约27%。

三、重点任务

电能替代方式多样，涉及居民采暖、工业与农业生产、交通运输、电力供应与消费等众多领域，以分布式应用为主。应综合考虑地区潜力空间、节能环保效益、财政支持能力、电力体制改革和电力市场交易等因素，根据替代方式的技术经济特点，因地制宜，分类推进。

（一）居民采暖领域

在存在采暖刚性需求的北方地区和有采暖需求的长江沿线地区，重点对燃气（热力）管网覆盖范围以外的学校、商场、办公楼等热负荷不连续的公共建筑，大力推广碳晶、石墨烯发热器件、发热电缆、电热膜等分散电采暖替代燃煤采暖。

在燃气（热力）管网无法达到的老旧城区、城乡结合部或生态要求较高区域的居民住宅，推广蓄热式电锅炉、热泵、分散电采暖。

在农村地区，以京津冀及周边地区为重点，逐步推进散煤清洁化替代工作，大力推广以电代煤。

在新能源富集地区，利用低谷富余电力，实施蓄能供暖。

（二）生产制造领域

在生产工艺需要热水（蒸汽）的各类行业，逐步推进蓄热式与直热式工业电锅炉应用。重点在上海、江苏、浙江、福建等地区的服装纺织、木材加工、水产养殖与加工等行业，试点蓄热式工业电锅炉替代集中供热管网覆盖范围以外的燃煤锅炉。

在金属加工、铸造、陶瓷、岩棉、微晶玻璃等行业，在有条件地区推广电窑炉。

在采矿、食品加工等企业生产过程中的物料运输环节，

推广电驱动皮带传输。

在浙江、福建、安徽、湖南、海南等地区，推广电制茶、电烤烟、电烤槟榔等。

在黑龙江、吉林、山东、河南等农业大省，结合高标准农田建设和推广农业节水灌溉等工作，加快推进机井通电。

（三）交通运输领域

支持电动汽车充换电基础设施建设，推动电动汽车普及应用。

在沿海、沿江、沿河港口码头，推广靠港船舶使用岸电和电驱动货物装卸。

支持空港陆电等新兴项目推广，应用桥载设备，推动机场运行车辆和装备“油改电”工程。

（四）电力供应与消费领域

在可再生能源装机比重较大的电网，推广应用储能装置，提高系统调峰调频能力，更多消纳可再生能源。在城市大型商场、办公楼、酒店、机场航站楼等建筑推广应用热泵、电蓄冷空调、蓄热电锅炉等，促进电力负荷移峰填谷，提高社会用能效率。

四、保障措施

（一）加强规划指导

统筹制定规划。各地方政府应将电能替代纳入当地能源和大气污染防治工作，根据地区用电用热需求，结合热电联产、区域高效环保锅炉房、工业余热利用等多种能源供应方式，在城市总体规划、能源发展规划中充分考虑电能替代发展，保障电能替代配套电网线路走廊和站址用地规划。

加强组织领导。省级能源主管部门、经济运行主管部门、节能主管部门应加强本地区电能替代潜力分析，明确电能替代实施方向和路径，制定电能替代工作方案。明确职责分工，强化部门协作，形成有目标、有计划、有组织的工作机制。做好分区域、分年度任务分解，确保各项政策、措施和重点项目落到实处。

（二）发挥示范项目引领作用

鼓励试点示范。充分考虑地区差异，鼓励进行差别化的试点探索，实施一批“经济效益好、推广效果佳”的试点示范项目。鼓励创新引领，借力大众创新、万众创业，整合技术资金资源优势，探索一批业态融合、理念先进、具有市场潜力的项目。在电能替代项目集中地区，创建一批示范区（乡、镇、村）或示范园区。加强项目建设管理，及时跟踪、评估，确保达到示范效果。

加大宣传力度。借助多种传媒方式，大力普及电能替代常识，宣传电能替代清洁便利优点和节能减排成效，为电能替代项目实施创造良好的社会舆论环境。及时开展示范成果展示，推广复制成功经验。

（三）制定完善配套支持措施

严格节能环保措施。严格环保和能效达标准入，加大对企业燃煤锅炉、窑炉、港口船舶燃油等排放物的监督检查力度。鼓励各地方政府在国家标准的基础上，出台更加严格的分散燃煤、燃油设施的限制性、禁止性环保标准。采取有效措施，确保电能替代的散烧煤、燃油切实压减。

推进电力市场建设。加快推进电力体制改革和电力市场建设，有序放开输配以外的竞争性环节电价，逐步形成反映时间和位置的市场价格信号。支持电能替代用户参与电力市场竞争，与风电等各类发电企业开展电力直接交易，增加用户选择权，降低用电成本。创新辅助服务机制，电、热生产企业和用户投资建设蓄热式电锅炉，提供调峰服务的，应获得合理补偿收益。

优化电能替代价格机制。结合输配电价改革，将因电能替代引起的合理配电网建设改造投资纳入相应配电网企业有效资产，将合理运营成本计入输配电准许成本，并科学核定分用户类别分电压等级电能替代输配电价。完善峰谷分时电价政策，通过适当扩大峰谷电价价差、合理设定低谷时段等方式，充分发挥价格信号引导电力消费、促进移峰填谷的作用。鼓励地方研究取消城市公用事业附加费，减轻电力用户负担。

有效利用财政补贴。各地方政府根据自身实际情况，有效利用大气污染防治专项资金等资金渠道，通过奖励、补贴等方式，对符合条件的电能替代项目、电能替代技术研发予以支持。

积极探索融资渠道。鼓励电能替代项目单位结合自身情况，积极申请企业债、低息贷款，采用 PPP 模式，解决项目融资问题。

（四）加强配套电网建设改造

按照《国家发展改革委关于加快配电网建设改造的指导意见》（发改能源［2015］1899 号）要求，配电网企业应加强电能替代配套电网建设，推进电网升级改造，加强电网安全运行管理，提高供电保障能力。对于新增电能替代项目，相应配电网企业要安排专项资金用于红线外供配电设施的投资建设。同时，建立提前介入、主动服务、高效运转的“绿色通道”，按照客户需求做好布点布线、电网接入等服务工作。各地方政府应对电能替代配套电网建设改造给予支持，简化审批程序，支持相应配电网企业做好项目征地、拆迁和电力设施保护等工作。

（五）加强科技研发与产业培育

加快关键技术和设备研发。鼓励自主创新和引进吸收相结合，加大电加热元件、储热材料、绝热节能材料等关键技术和设备的科研投入，促进设备升级换代，进一步提高产品能效，形成产业化能力。鼓励构建“产、学、研、用”相结合的体制机制，结合《中国制造 2025》推进实施，鼓励行业内优势企业跨领域组建创新中心，加快与智能电网技术、新一代大数据信息技术的深度融合，发展高端电力设备与增值服务，提升电能替代设备的智能化生产和应用水平。

完善技术标准和准入制度。制定和修订电能替代建设和运行标准。加强知识产权运用和保护，促进成果转化。制定和完善电能替代产品准入制度，提高产品质量和可靠性，加强质量监管，增强企业质量意识和履约能力，健全售后保障。

创新商业模式，优化产业结构。探索建立商业化赢利模式，鼓励以合同能源管理、设备租赁、以租代建等方式开展电能替代。引导社会资本投向安全、高效、智能化的电能替代产品和服务。结合市场需求，鼓励企业提供多样化的综合能源解决方案，促进服务型制造发展。

国家发展改革委
国家能源局
财政部
环境保护部
住房城乡建设部
工业和信息化部
交通运输部
中国民用航空局
2016 年 5 月 16 日

可再生能源调峰机组优先发电试行办法

发布单位：国家发展改革委 国家能源局

第一章 总 则

第一条 为贯彻《中共中央国务院关于进一步深化电力体制改革的若干意见》（中发［2015］9号）文件精神，落实《国家发展改革委、国家能源局关于印发电力体制改革配套文件的通知》（发改经体［2015］2752号）的要求，提高电力系统调峰能力，有效缓解弃水、弃风、弃光，促进可再生能源消纳，制定试行办法。

第二条 为促进可再生能源消纳，在全国范围内通过企业自愿、电网和发电企业双方约定的方式确定部分机组为可再生能源调峰。在履行正常调峰义务基础上，可再生能源调峰机组优先调度，按照“谁调峰、谁受益”原则，建立调峰机组激励机制。

第三条 可再生能源调峰应坚持本地为主，鼓励跨省区实施，坚持因地制宜，坚持市场化方向。

第二章 完善调峰激励

第四条 结合可再生能源建设规模、消纳情况、电源结构和负荷特性，各省（区、市）安排一定规模煤电机组为可再生能源调峰，具体数量由各省（区、市）政府有关部门会同电力企业根据实际情况确定并调整。

第五条 为平抑可再生能源发电波动，调峰机组应优先增加或压减出力，调峰能力应至少满足《发电厂并网运行管理规定》有关要求。单机容量30万千瓦及以下的常规煤电机组，出力至少能降到额定容量50%以下；30万千瓦以上的机组，出力至少能降到额定容量60%以下。出力低于60%的部分视为为可再生能源调峰的压减出力部分。一般地区可实行轮流7—10天的停机调峰；调峰困难地区或困难时段，视情况延长停机调峰的时间。

第六条 逐步改变热电机组年度发电计划安排原则，坚持“以热定电”，鼓励热电机组在采暖期参与调峰。安排为可再生能源调峰机组的热电机组，在国家出台相关统一技术标准之前，热电比高于50%的，调峰能力应达到50%，热电比低于50%的，调峰能力应达到60%。

第七条 根据建立优先发电制度的要求，对于可再生能源调峰机组，按照高于上年本地火电平均利用小时一定水平安排发电计划，具体数额由各省（区、市）政府有关部门会同有关单位确定，增加的利用小时数与承诺的调峰次数和调峰深度挂钩。

第八条 可再生能源调峰机组因调峰无法完成的优先发电计划，应遵照节能低碳电力调度的原则，通过替代发电交易给其他机组。替代发电优先在同一发电集团内部进行，鼓励可再生能源发电参与替代。替代双方依据平等协商原则，确定替代电量、交易时段、补偿价格、网损、结算方式等。替代发电按月组织，次月交易执行。已建立电力市场交易平台的，应通过市场机制开展源调峰机组的，不得参与电力直接交易。

第九条 鼓励自备电厂纯凝汽发电机组参与调峰。参与电网调峰时，如果增加受电量，增加部分可视同替代电量获得一定补偿；调峰能力达到50%及以上的，在承担相应社会责任并成为合格发电市场主体后，可参加电力直接交易出售富余电量。

第三章 鼓励跨省区补偿

第十条 积极推进跨省区辅助服务市场化。加强国家调度、区域调度、省级调度间沟通协调，充分利用地区间高峰时间差，开展旋转备用、事故备用共享，减少可再生能源富集地区开机容量，提升可再生能源消纳水平。

第十一条 根据可再生能源波动性特点，建立跨省区灵活日前和日内交易机制，实现调峰资源与可再生能源发电的动态匹配。

第十二条 跨省区送受可再生能源电量的，应以国家指令性计划和政府间框架协议为基础，送受省份协商确定送受电计划。协商不一致的，按照政府确定的计划（协议）执行。鼓励市场化探索，协商确定的计划以外的电量，通过市场竞争机制确定价格，送电地区的降价空间应按一定比例用于受电省份可再生能源调峰机组补偿。跨省区送受可再生能源的电价按照《国家发展改革委关于完善跨省跨区电能交易价格形成机制有关问题的通知》（发改价格［2015］962号）执行。

第四章 增加调峰能力

第十三条 鼓励发电企业对煤电机组稳燃、汽轮机、汽路以及制粉等进行技术改造，在保证运行稳定和满足环保要求的前提下，争取提升机组调峰能力10%-20%；对热电机组安装在线监测系统，加快储热、热电解耦等技术改造，争取提升热电机组调峰能力10%～20%。

第十四条 鼓励建设背压机组供热，系统调峰困难地区，严格限制现役纯凝机组供热改造，确需供热改造满足采暖需求的，需同步安装蓄热装置，确保系统调峰安全。

第十五条 对发电企业技术改造，制定鼓励政策，支持企业发行债券融资或实施贷款贴息。

第十六条 可再生能源发电在规划时应明确电力消纳市场，同步制定配套电网送出规划，完善政府协调保障机制，确保电源与电网工程同步投产。

第十七条 考虑电网系统调峰需求，合理布局规划、有序开发建设一批抽水蓄能、燃气等调峰机组，发展储能装置。

第十八条 提高发电机组的调峰能力技术标准，在设计、制造和设备选型环节，考虑电网调峰要求。

第五章 强化信用监管

第十九条 充分发挥信用监管的作用，将调峰情况纳入发电企业信用评价指标体系，作为一项信用记录，录入电力行业信息平台，使调峰信息状况透明，可追溯、可核查。门和第三方征信机构，第三方征信机构根据政府有关要求，建立完善调峰信息公示制度，推动信息披露规范化、制度化、程序化，在指定网站发布信息，接受市场主体的监督和政府部门的监管。

第二十条 电力调度机构定期将调峰情况提供政府有关部门和第三方征信机构，第三方征信机构根据政府有关要求，建立完善调峰信息公示制度，推动信息披露规范化、制度化、程序化，在指定网站发布信息，接受市场主体的监督和政府部门的监管。

第二十一条 建立针对发电企业调峰情况的守信激励和失信惩戒机制，对于按照约定实施调峰的发电企业按照有关规定给予优惠政策，对于失信违反约定的发电企业要予以警告，严重失信的要纳入不良信息记录，并按有关规定进行惩戒。

第六章 加强组织管理

第二十二条 各省（区、市）政府有关部门会同电网企业根据实际情况，公布具体调峰机组名单，定期更新调峰机组的调峰能力，制定可再生能源调峰机组的运行管理办法，落实可再生能源调峰机组激励政策，加强调峰机组优先发电政策执行情况考核。已经开展调峰辅助服务补偿的地区，要在满足《并网发电厂辅助服务管理暂行规定》有关要求基础上，加强政策间的有效衔接，确保相互促进、形成合力。

第二十三条 发电企业按照自愿原则参与可再生能源调峰，具备调峰能力的发电企业与电网企业签订优先发电协议或合同，服从调度统一安排，满足电网调峰要求。

第二十四条 电网企业应创造条件安排可再生能源调峰机组试验，加强对可再生能源调峰机组的运行考核，落实优先发电协议或合同，保障优先发电量予以落实。可再生能源调峰机组发电量进度可不受“三公”调度考核的限制。

第二十五条 可再生能源调峰优先发电应结合可再生能源就近消纳试点共同开展，试点地区及时总结经验，为下一步推广打好基础。

第七章 附　　则

第二十六条 本办法自印发之日起施行。

可再生能源发电全额保障性收购管理办法

发布单位：国家发展改革委

第一章　总　　则

第一条　为贯彻落实《中共中央国务院关于进一步深化电力体制改革的若干意见》（中发〔2015〕9号）及相关配套文件的有关要求，加强可再生能源发电全额保障性收购管理，保障非化石能源消费比重目标的实现，推动能源生产和消费革命，根据《中华人民共和国可再生能源法》等法律法规，制定本办法。

第二条　本办法适用于风力发电、太阳能发电、生物质能发电、地热能发电、海洋能发电等非水可再生能源。水力发电参照执行。

第二章　全额保障性收购

第三条　可再生能源发电全额保障性收购是指电网企业（含电力调度机构）根据国家确定的上网标杆电价和保障性收购利用小时数，结合市场竞争机制，通过落实优先发电制度，在确保供电安全的前提下，全额收购规划范围内的可再生能源发电项目的上网电量。

水力发电根据国家确定的上网标杆电价（或核定的电站上网电价）和设计平均利用小时数，通过落实长期购售电协议、优先电制度和全额保障性收购。根据水电特点，为促进新能源消纳和优化系统运行，水力发电中的调峰机组和大型机组享有靠前优先顺序。

第四条　各电网企业和其他供电主体（以下简称电网企业）承担其电网覆盖范围内，按照可再生能源开发利用规划建设、依法取得行政许可或者报送备案、符合并网技术标准的可再生能源发电项目全额保障性收购的实施责任。

第五条　可再生能源并网发电项目年发电量分为保障性收购电量部分和市场交易电量部分。其中，保障性收购电量部分通过优先安排年度发电计划、与电网公司签订优先发电合同（实物合同或差价合同）保障全额按标杆上网电价收购；市场交易电量部分由可再生能源发电企业通过参与市场竞争方式获得发电合同，电网企业按照优先调度原则执行发电合同。

第六条　国务院能源主管部门会同经济运行主管部门对可再生能源发电受限地区，根据电网输送和系统消纳能力，按照各类标杆电价覆盖区域，参考准许成本加合理收益，核定各类可再生能源并网发电项目保障性收购年利用小时数并予以公布，并根据产业发展情况和可再生能源装机投产情况对各地区各类可再生能源发电保障性收购年利用小时数适时进行调整。地方有关主管根据该小时数和装机容量确定保障性收购年上网电量。

第七条　不存在限制可再生能源发电情况的地区，电网企业应根据其资源条件保障可再生能源并网发电项目发电量全额收购。

第八条　生物质能、地热能、海洋能发电以及分布式光伏发电项目暂时不参与市场竞争，上网电量由电网企业全额收购；各类特许权项目、示范项目按特许权协议或技术方案明确的利用小时数确定保障性收购年利用小时数。

第九条　保障性收购电量范围内，受非系统安全因素影响，非可再生能源发电挤占消纳空间和输电通道导致的可再生能源并网发电项目限发电量视为优先发电合同转让至系统内优先级较低的其他机组，由相应机组按影响大小承担对可再生能源并网发电项目的补偿费用，并做好与可再生能源调峰机组优先发电的衔接。计入补偿的限发电量最大不超过保障性收购电量与可再生能源实际发电量的差值。保障性收购电量范围内的可再生能源优先发电合同不得主动通过市场交易转让。

因并网线路故障（超出设计标准的自然灾害等不可抗力造成的故障除外）、非计划检修导致的可再生能源并网发电项目限发电量由电网企业承担补偿。

量以及因自身设备故障、检修等原因造成的可再生能源并网发电项目发电量损失由可再生能源发电项目自行承担，不予补偿。可再生能源发电由于自身原因，造成不能履行的发电量应采用市场竞争的方式由各类机组竞价执行。

可再生能源并网发电项目保障性收购电量范围内的限电补偿费用标准按项目所在地对应的最新可再生能源上网标杆电价或核定电价执行。

第十条　电网企业协助电力交易机构（未设立交易机构地区由电网企业负责）负责根据限发时段电网实际运行情况，参照调度优先级由低到高顺序确定承担可再生能源并网发电项目限发电量补偿费用的机组范围（含自备电厂），并根据相应机组实际发电量大小分摊补偿费用。保障性收购电量范围内限发电量及补偿费用分摊情况按月统计报送国务院能源主管部门派出机构和省级经济运行主管部门备案，限发电量补偿分摊可根据实际发电情况在月度间滚动调整，并按年度结算相关费用。

第十一条　鼓励超出保障性收购电量范围的可再生能源发电量参与各种形式的电力市场交易，充分发挥可再生能源电力边际成本低的优势，通过市场竞争的方式实现优先发电，促进可再生能源电力多发满发。

电参与现货市场和中长期电力合约交易，优先发电合同逐步按现货交易及相关市场规则以市场化方式实现；参与市场交易的可再生能源发电量按照项目所在地的补贴标准享受可再生能源电价补贴。

第三章 保障措施

第十二条 国务院能源主管部门按照全国可再生能源开发利用规划，确定在规划期内应当达到的可再生能源发电量占全部发电量的比重。省级能源主管部门会同经济运行主管部门指导电网企业制定落实可再生能源发电量比重目标的措施，并在年度发电计划和调度运行方式安排中予以落实。

第十三条 省级经济运行主管部门在制定发电量计划时，严格落实可再生能源优先发电制度，使可再生能源并网发电项目保障性收购电量部分通过充分安排优先发电并严格执行予以保障。发电计划须预留年内计划投产可再生能源并网发电项目的发电计划空间，在年度建设规模内的当年新投产项目按投产时间占全年比重确定保障性收购年利用小时数。

第十四条 电网企业应按照本办法与可再生能源并网发电项目企业在每年第四季度签订可再生能源优先发电合同。

第十五条 电网企业应按照节能低碳电力调度原则，依据有关部门制定的市场规则，优先执行可再生能源发电计划和可再生能源电力交易合同，保障风能、太阳能、生物质能等可再生能源发电享有最高优先调度等级，不得要求可再生能源项目向优先级较低的发电项目支付费用的方式实现优先发电。电网企业应与可再生能源发电企业在共同做好可再生能源功率预测预报的基础上，将发电计划和合同分解到月、周、日、小时等时段，优先安排可再生能源发电。

第十六条 电网企业应建立完善适应高比例可再生能源并网的调度运行机制，充分挖掘系统调峰潜力，科学安排机组组合，合理调整旋转备用容量，逐步改变按省平衡的调度方式，扩大调度平衡范围。各省（区、市）有关部门和省级电网企业应积极配合，促进可再生能源跨省跨区交易，合理扩大可再生能源电力消纳范围。

第十七条 风电、太阳能发电等可再生能源发电企业应配合电网企业加强功率预测预报工作，提高短期和中长期预测水平，按相关规定向电网企业或电力交易机构提交预报结果，由电网企业统筹确定网内可再生能源发电预测曲线，确保保障性收购电量的分解落实，并促进市场交易电量部分多发满发。可再生能源发电企业应按有关规定参与辅助服务费用分摊。

第十八条 建立供需互动的需求侧响应机制，形成用户参与辅助服务分担共享机制。鼓励通过价格手段引导电力用户优化用电负荷特性，实现负荷移峰填谷。鼓励用户参与调峰调频等辅助服务，提高系统的灵活性和可再生能源消纳能力。

第四章 监督管理

第十九条 国务院能源主管部门及派出机构履行可再生能源发电全额保障性收购的监管责任。

第二十条 国务院能源主管部门派出机构应会同省级经济运行主管部门，根据本办法，结合本地实际情况，制定实施细则，报国家发展改革委、国家能源局同意后实施。

第二十一条 国务院能源主管部门派出机构会同省级能源主管部门和经济运行主管部门负责对电网企业与可再生能源并网发电项目企业签订优先发电合同情况和执行情况进行监管。

第二十二条 可再生能源并网发电项目限发电量由电网企业和可再生能源发电企业协助电力交易机构按国家有关规定的进行计算统计。对于可再生能源并网发电项目限发电量及补偿费用分摊存在异议的，可由国务院能源主管部门派出机构会同省级经济运行主管部门协调。

第二十三条 对于发生限制可再生能源发电的情况，电网企业应及时分析原因，并保留相关运行数据，以备监管机构检查。相关情况由国务院能源主管部门及派出机构定期向社会公布。

第五章 附则

第二十四条 本办法由国家发展改革委、国家能源局负责解释，并根据电力体制改革和电力市场建设情况适时修订。第二十五条本办法自发布之日起施行。

关于推进多能互补集成优化示范工程建设的实施意见

发布单位：国家发展改革委 国家能源局

根据国务院关于贯彻落实稳增长政策措施有关要求，为加快推进多能互补集成优化示范工程建设，提高能源系统效率，增加有效供给，满足合理需求，带动有效投资，促进经济稳定增长，现提出如下实施意见：

一、建设意义

多能互补集成优化示范工程主要有两种模式：一是面向终端用户电、热、冷、气等多种用能需求，因地制宜、统筹开发、互补利用传统能源和新能源，优化布局建设一体化集成供能基础设施，通过天然气热电冷三联供、分布式可再生能源和能源智能微网等方式，实现多能协同供应和能源综合梯级利用；二是利用大型综合能源基地风能、太阳能、水能、煤炭、天然气等资源组合优势，推进风光水火储多能互补系统建设运行。

建设多能互补集成优化示范工程是构建“互联网＋”智慧能源系统的重要任务之一，有利于提高能源供需协调能力，推动能源清洁生产和就近消纳，减少弃风、弃光、弃水限电，促进可再生能源消纳，是提高能源系统综合效率的重要抓手，对于建设清洁低碳、安全高效现代能源体系具有重要的现实意义和深远的战略意义。

二、主要任务

（一）终端一体化集成供能系统

在新城镇、新产业园区、新建大型公用设施（机场、车站、医院、学校等）、商务区和海岛地区等新增用能区域，加强终端供能系统统筹规划和一体化建设，因地制宜实施传统能源与风能、太阳能、地热能、生物质能等能源的协同开发利用，优化布局电力、燃气、热力、供冷、供水管廊等基础设施，通过天然气热电冷三联供、分布式可再生能源和能源智能微网等方式实现多能互补和协同供应，为用户提供高效智能的能源供应和相关增值服务，同时实施能源需求侧管理，推动能源就地清洁生产和就近消纳，提高能源综合利用效率。

在既有产业园区、大型公共建筑、居民小区等集中用能区域，实施供能系统能源综合梯级利用改造，推广应用上述供能模式，同时加强余热、余压以及工业副产品、生活垃圾等能源资源回收和综合利用。

（二）风光水火储多能互补系统

在青海、甘肃、宁夏、内蒙、四川、云南、贵州等省区，利用大型综合能源基地风能、太阳能、水能、煤炭、天然气等资源组合优势，充分发挥流域梯级水电站、具有灵活调节性能火电机组的调峰能力，建立配套电力调度、市场交易和价格机制，开展风光水火储多能互补系统一体化运行，提高电力输出功率的稳定性，提升电力系统消纳风电、光伏发电等间歇性可再生能源的能力和综合效益。

三、建设目标

2016年，在已有相关项目基础上，推动项目升级改造和系统整合，启动第一批示范工程建设。“十三五”期间，建成国家级终端一体化集成供能示范工程20项以上，国家级风光水火储多能互补示范工程3项以上。

到2020年，各省（区、市）新建产业园区采用终端一体化集成供能系统的比例达到50%左右，既有产业园区实施能源综合梯级利用改造的比例达到30%左右。国家级风光水火储多能互补示范工程弃风率控制在5%以内，弃光率控制在3%以内。

四、建设原则及方式

（一）统筹优化，提高效率

终端一体化集成供能系统以综合能源效率最大化，热、电、冷等负荷就地平衡调节，供能经济合理具有市场竞争力为主要目标，统筹优化系统配置，年平均化石能源转换效率应高于70%。风光水火储多能互补系统以优化存量为主，着重解决区域弃风、弃光、弃水问题；对具备风光水火储多能互补系统建设条件的地区，新建项目优先采用该模式。

（二）机制创新，科技支撑

创新多能互补集成优化示范工程政策环境、体制机制和商业模式，符合条件的示范项目优先执行国家有关灵活价格政策、激励政策和改革举措。推动产学研结合，加强系统集成、优化运行等相关技术研发，推动技术进步和装备制造能力升级。示范项目应优先采用自主技术装备，对于自主化水平高的项目优先审批和安排。

（三）试点先行，逐步推广

积极推进终端一体化集成供能示范工程、能源基地风光水火储多能互补示范工程建设，将产业示范与管理体制、市场建设、价格机制等改革试点工作相结合，探索有利于推动多能互补集成优化示范工程大规模发展的有效模式，在试点基础上积极推广应用。

五、政策措施

（一）实施新的价格机制

落实《中共中央国务院关于推进价格机制改革的若干意见》，按照“管住中间、放开两头”的总体思路，推进电力、天然气等能源价格改革，促进市场主体多元化竞争，建立主要由市场决定能源价格的机制。

针对终端一体化集成供能示范工程，在能源价格市场化机制形成前，按照市场化改革方向，推行有利于提高系统效率的电价、热价、气价等新的价格形成机制。实施峰谷价格、季节价格、可中断价格、高可靠性价格、两部制价格等科学价格制度，推广落实气、电价格联动等价格机制，引导电力、天然气用户主动参与需求侧管理。具体价格政策及水平由国家及地方价格主管部门按权限确定。

针对风光水火储多能互补示范工程，统筹市场形成价格与政府模拟市场定价两种手段，加快推进电力和天然气现货市场、电力辅助服务市场建设，完善调峰、调频、备用等辅助服务价格市场化机制。在市场化价格形成前，实施有利于发挥各类型电源调节性能的电价、气价及辅助服务价格机制。

（二）加大政策扶持力度

经国家认定的多能互补集成优化示范项目优先使用国家能源规划确定的各省（区、市）火电装机容量、可再生能源发展规模及补贴等总量指标额度。风光水火储多能互补示范项目就地消纳后的富余电量，可优先参与跨省区电力输送消纳。符合条件的多能互补集成优化工程项目将作为能源领域投资的重点对象。符合条件的项目可按程序申请可再生电价附加补贴，各省（区、市）可结合当地实际情况，通过初投资补贴或贴息、开设专项债券等方式给予相关项目具体支持政策。

（三）创新管理体制和商业模式

积极支持采取政府和社会资本合作模式（PPP）建设多能互补集成优化示范工程。结合电力、油气体制改革工作，创新终端一体化集成供能系统管理和运行模式，开展售电业务放开改革。国家能源局会同有关部门完善电（气、热）网接入、并网运行等技术标准和规范，统筹协调用能、供能、电（气、热）网等各方利益，解决终端一体化集成供能系统并网和余电、余热上网问题。相关电网、气网、热力等管网企业负责提供便捷、及时、无障碍接入上网和应急备用服务，实施公平调度。创新终端一体化集成供能系统商业模式，鼓励采取电网、燃气、热力公司控股或参股等方式组建综合能源服务公司从事市场化供能、售电等业务，积极推行合同能源管理、综合节能服务等市场化机制。加快构建基于互联网的智慧用能信息化服务平台，为用户提供开放共享、灵活智能的综合能源供应及增值服务。

六、实施机制

（一）统筹规划布局

国家发展改革委、国家能源局在国家能源规划中明确多能互补集成优化示范工程建设任务，并将相关国家级示范项目纳入规划。各省（区、市）能源主管部门应在省级能源规划中明确本地区建设目标和任务，针对本省（区、市）新城镇、新建产业园区等新增用能区域，组织相关地方能源、城建等有关部门研究制定区域供用能系统综合规划，加强与城市、土地等相关规划衔接，通过市场化招标等方式优选投资主体，统筹安排供用能基础设施建设。具有全国示范意义的重点项目，可由省级能源主管部门报国家发展改革委、国家能源局备案，国家发展改革委、国家能源局组织有资质的第三方机构进行审核认定，向社会统一公告。

（二）加强组织协调

国家发展改革委、国家能源局会同有关部门推进和指导多能互补集成优化示范工程的实施，组织制定相关政策和示范工程评价标准，协调政策落实中的重大问题。各省（区、市）能源主管部门应研究制定多能互补集成优化示范工程实施方案，负责省（区、市）示范项目的组织协调和监督管理，优化和简化项目核准程序，协调解决项目实施过程中的问题，及时向有关部门报告执行中出现的问题及政策建议，确保示范项目建设进度、质量和示范效果。

（三）强化事中事后监管

国家能源局派出机构应加强对多能互补集成优化示范工程事中事后监管，针对规划编制和实施、项目核准、价格财税扶持政策、并网和调度运行等情况出具监管意见，推动多能互补集成优化示范工程有效实施。

国家发展改革委
国家能源局
2016年7月4日

关于实施光伏发电扶贫工作的意见

发布单位：国家发展改革委

为切实贯彻中央扶贫开发工作会议精神，扎实落实《中共中央国务院关于打赢脱贫攻坚战的决定》的要求，决定在全国具备光伏建设条件的贫困地区实施光伏扶贫工程。

一、充分认识实施光伏扶贫的重要意义

光伏发电清洁环保，技术可靠，收益稳定，既适合建设户用和村级小电站，也适合建设较大规模的集中式电站，还可以结合农业、林业开展多种"光伏＋"应用。在光照资源条件较好的地区因地制宜开展光伏扶贫，既符合精准扶贫、精准脱贫战略，又符合国家清洁低碳能源发展战略；既有利于扩大光伏发电市场，又有利于促进贫困人口稳收增收。各地区应将光伏扶贫作为资产收益扶贫的重要方式，进一步加大工作力度，为打赢脱贫攻坚战增添新的力量。

二、工作目标和原则

（一）工作目标

在2020年之前，重点在前期开展试点的、光照条件较好的16个省的471个县的约3.5万个建档立卡贫困村，以整村推进的方式，保障200万建档立卡无劳动能力贫困户（包括残疾人）每年每户增加收入3000元以上。其他光照条件好的贫困地区可按照精准扶贫的要求，因地制宜推进实施。

（二）基本原则

精准扶贫、有效脱贫。光伏扶贫项目要与贫困人口精准对应，根据贫困人口数量和布局确定项目建设规模和布局，保障贫困户获得长期稳定收益。

因地制宜、整体推进。光伏扶贫作为脱贫攻坚手段之一，各地根据贫困人口分布及光伏建设条件，选择适宜的光伏扶贫模式，以县为单元统筹规划，分阶段以整村推进方式实施。

政府主导、社会支持。国家和地方通过整合扶贫资金、预算内投资、政府贴息等政策性资金给予支持。鼓励有社会责任的企业通过捐赠或投资投劳等方式支持光伏扶贫工程建设。

公平公正、群众参与。以县为单元确定统一规范的纳入光伏扶贫范围的资格条件和遴选程序，建立光伏扶贫收益分配和监督管理机制，确保收益分配公开透明和公平公正。

技术可靠、长期有效。光伏扶贫工程关键设备应达到先进技术指标且质量可靠，建设和运行维护单位应具备规定的资质条件和丰富的工程实践经验，应确保长期可靠稳定运行。

三、重点任务

（一）准确识别确定扶贫对象

各级地方扶贫管理部门根据国务院扶贫办确定的光伏扶贫范围，以县为单元调查摸清扶贫对象及贫困人口具体情况，包括贫困人口数量、分布、贫困程度等，确定纳入光伏扶贫范围的贫困村、贫困户的数量并建立名册。省级扶贫管理部门以县为单元建立光伏扶贫人口信息管理系统，以此作为实施光伏扶贫工程、明确光伏扶贫对象、分配扶贫收益的重要依据。

（二）因地制宜确定光伏扶贫模式

根据扶贫对象数量、分布及光伏发电建设条件，在保障扶贫对象每年获得稳定收益的前提下，因地制宜选择光伏扶贫建设模式和建设场址，采用资产收益扶贫的制度安排，保障贫困户获得稳定收益。中东部土地资源缺乏地区，可以村级光伏电站为主（含户用）；西部和中部土地资源丰富的地区，可建设适度规模集中式光伏电站。采取村级光伏电站（含户用）方式，每位扶贫对象的对应项目规模标准为5千瓦左右；采取集中式光伏电站方式，每位扶贫对象的对应项目规模标准为25千瓦左右。

（三）统筹落实项目建设资金

地方政府可整合产业扶贫和其他相关涉农资金，统筹解决光伏扶贫工程建设资金问题，政府筹措资金可折股量化给贫困村和贫困户。对村级光伏电站，贷款部分可由到省扶贫资金给予贴息，贴息年限和额度按扶贫贷款有关规定由各地统筹安排。集中式电站由地方政府指定的投融资主体与商业化投资企业共同筹措资本金，其余资金由国家开发银行、中国农业发展银行为主提供优惠贷款。鼓励国有企业、民营企业积极参与光伏扶贫工程投资、建设和管理。

（四）建立长期可靠的项目运营管理体系

地方政府应依法确定光伏扶贫电站的运维及技术服务企业（简称"运维企业"）。鼓励通过特许经营等政府和社会资本合作方式，依法依规、竞争择优选择具有较强资金实力以及技术和管理能力的企业，承担光伏电站的运营管理或技术服务。对村级光伏电站（含户用），可由县级政府统一选择承担运营管理或技术服务的企业，鼓励通过招标或其他竞争性比选方式公开选择。县级政府可委托运维企业对全县范围内村级光伏电站（含户用）的工程设计、施工进行统一管理。运维企业对村级光伏电站（含户用）的管理和技术服务费用，应依据法律、行政法规规定和特许经营协议约定，从所管理或提供技术服务的村级光伏电站

项目收益中提取。集中式光伏扶贫电站的运行管理由与地方政府指定的投融资主体合作的商业化投资企业承担，鼓励商业化投资企业承担所在县级区域内村级光伏电站（含户用）的技术服务工作。

（五）加强配套电网建设和运行服务

电网企业要加大贫困地区农村电网改造工作力度，为光伏扶贫项目接网和并网运行提供技术保障，将村级光伏扶贫项目的接网工程优先纳入农村电网改造升级计划。对集中式光伏电站扶贫项目，电网企业应将其接网工程纳入绿色通道办理，确保配套电网工程与项目同时投入运行。电网企业要积极配合光伏扶贫工程的规划和设计工作，按照工程需要提供基础资料，负责设计光伏扶贫的接网方案。不论是村级光伏电站（含户用），还是集中式光伏扶贫电站，均由电网企业承担接网及配套电网的投资和建设工作。电网企业要制定合理的光伏扶贫项目并网运行和电量消纳方案，确保项目优先上网和全额收购。

（六）建立扶贫收益分配管理制度

各贫困县所在的市（县）政府应建立光伏扶贫收入分配管理办法，对扶贫对象精准识别，并进行动态管理，原则上应保障每位扶贫对象获得年收入3000元以上。各级政府资金支持建设的村级光伏电站的资产归村集体所有，由村集体确定项目收益分配方式，大部分收益应直接分配给符合条件的扶贫对象，少部分可作为村集体公益性扶贫资金使用；在贫困户屋顶及院落安装的户用光伏系统的产权归贫困户所有，收益全部归贫困户。地方政府指定的投融资主体与商业化投资企业合资建设的光伏扶贫电站，项目资产归投融资主体和投资企业共有，收益按股比分成，投融资主体要将所占股份折股量化给扶贫对象，代表扶贫对象参与项目投资经营，按月（或季度）向扶贫对象分配资产收益。参与扶贫的商业化投资企业应积极配合，为扶贫对象能获得稳定收益创造条件。

（七）加强技术和质量监督管理

建立光伏扶贫工程技术规范和关键设备技术规范。光伏扶贫项目应采购技术先进、经过国家检测认证机构认证的产品，鼓励采购达到领跑者技术指标的产品。系统集成商应具有足够的技术能力和工程经验，设计和施工单位及人员应具备相应资质和经验。光伏扶贫工程发电技术指标及安全防护措施应满足接入电网有关技术要求，并接受电网运行远程监测和调度。县级政府负责建立包括资质管理、质量监督、竣工验收、运行维护、信息管理等内容的投资管理体系，建立光伏扶贫工程建设和运行信息管理。国家可再生能源信息管理中心建立全国光伏扶贫信息管理平台，对全部光伏扶贫项目的建设和运行进行监测管理。

（八）编制光伏扶贫实施方案

省级及以下地方能源主管部门会同扶贫部门，以县为单元编制光伏扶贫实施方案。实施方案应包括光伏扶贫项目的目标任务、扶持的贫困人口数、项目类型、建设规模、建设条件、接网方案、资金筹措方案、运营管理主体、投资效益分析、管理体制、收益分配办法、地方配套政策、组织保障措施。实施方案要做到项目与扶贫对象精准对接，运营管理主体明确，土地等项目建设条件落实，接网和并网运行条件经当地电网公司认可。各有关省（区、市）能源主管部门汇总有关地区的光伏扶贫实施方案，初审后报送国家能源局。国家能源局会同国务院扶贫办对各省（区）上报的光伏扶贫实施方案进行审核并予以批复。各地区按批复的实施方案组织项目建设，国家能源局会同国务院扶贫办按批复的方案进行监督检查。

四、配套政策措施

（一）优先安排光伏扶贫电站建设规模

国家能源局会同国务院扶贫办对各地区上报的以县为单元的光伏扶贫实施方案进行审核。对以扶贫为目的的村级光伏电站和集中式光伏电站，以及地方政府统筹其他建设资金建设的光伏扶贫项目，以县为单元分年度专项下达光伏发电建设规模。

（二）加强金融政策支持力度

国家开发银行、中国农业发展银行为光伏扶贫工程提供优惠贷款，根据资金来源成本情况在央行同期贷款基准利率基础上适度下浮。鼓励其他银行以及社保、保险、基金等资金在获得合理回报的前提下为光伏扶贫项目提供低成本融资。鼓励众筹等创新金融融资方式支持光伏扶贫项目建设，鼓励企业提供包括直接投资和技术服务在内的多种支持。

（三）切实保障光伏扶贫项目的补贴资金发放

电网企业应按国家有关部门关于可再生能源发电补贴资金发放管理制度，优先将光伏扶贫项目的补贴需求列入年度计划，电网企业优先确保光伏扶贫项目按月足额结算电费和领取国家补贴资金。

（四）鼓励企业履行社会责任

鼓励电力能源央企和有实力的民企参与光伏扶贫工程投资和建设。鼓励各类所有制企业履行社会责任，通过各种方式支持光伏扶贫工程实施，鼓励企业组建光伏扶贫联盟。通过表彰积极参与企业，树立企业社会形象，出台适当优惠政策，优先支持参与光伏扶贫的企业开展规模化光伏电站建设，保障参与企业的经济利益。

五、加强组织协调

（一）建立光伏扶贫协调工作机制

建立省（区、市）负总责，市（地）县抓落实的工作机制，做到分工明确、责任清晰、任务到人、责任到位，合力推动光伏扶贫工作。各级政府要成立光伏扶贫协调领导小组，地方政府主要领导任组长，成员包括发改、能源、扶贫、国土、林业等部门，以及电网企业和金融机构等，主要职责是协调光伏扶贫工程实施过程中的重大政策和问题。

（二）明确各部门职责分工

国家能源局负责组织协调光伏扶贫工程实施中重大问题，负责组织编制光伏扶贫规划和年度实施计划，完善光伏扶贫工程技术标准规范，建立光伏扶贫工程信息系统，加强光伏扶贫工程质量监督及并网运行监督等。国务院扶贫办牵头负责确定光伏扶贫对象范围，建立光伏扶贫人口信息管理系统，建立光伏扶贫工程收入分配管理制度。请地方国土部门和林业部门负责光伏扶贫工程土地使用的政策协调和土地补偿收费方面的优惠政策落实。

请各有关部门和地方政府高度重视光伏扶贫工作，加强光伏扶贫工程组织协调力度，为实施光伏扶贫试点工程提供组织保障。加大光伏扶贫宣传和培训力度，提高全社会支持参与光伏扶贫程度。加强对光伏扶贫工程的管理和监督，确实把这件惠民生、办实事的阳光工程抓紧抓实抓好。请省级能源主管部门认真做好光伏扶贫工程项目储备，及时按要求上报光伏扶贫工程项目清单。

附件：光伏扶贫工程重点实施范围

国家发展改革委
国务院扶贫办
国家能源局
国家开发银行
中国农业发展银行
2016 年 3 月 23 日

2016 年光伏发电建设实施方案

发布单位：国家能源局

根据光伏发电项目建设管理有关规定，综合考虑全国光伏发电发展规划、各地区2015年度光伏发电建设运行情况、电力市场条件以及补贴资金使用情况，组织编制了2016年光伏发电建设实施方案。现将有关内容及要求通知如下：

一、2016年下达全国新增光伏电站建设规模1810万千瓦，其中，普通光伏电站项目1260万千瓦，光伏领跑技术基地规模550万千瓦。各省（区、市）2016年普通光伏电站新增建设规模和光伏领跑技术基地规模见附件。

二、利用固定建筑物屋顶、墙面及附属场所建设的光伏发电项目以及全部自发自用的地面光伏电站项目不限制建设规模，各地区能源主管部门随时受理项目备案，电网企业及时办理并网手续，项目建成后即纳入补贴范围。

三、对不具备新建光伏电站市场条件的甘肃、新疆、云南停止或暂缓下达2016年新增光伏电站建设规模（光伏扶贫除外）。山东普通光伏电站新增建设规模全部用于光伏扶贫。全国光伏扶贫建设规模另行下达。

四、鼓励各省（区、市）发展改革委（能源局）建立招标、优选等竞争性方式配置光伏电站项目的机制，促进光伏发电技术进步和上网电价下降。对于采取竞争方式配置项目且显著推动上网电价下降的地区，其当年建设规模可直接按本省（区、市）上网电价平均降幅（比例）的2倍予以调增，调增的规模仍按竞争方式分配给具体项目。

五、各省（区、市）发展改革委（能源局）按此规模配置普通光伏电站项目清单，于2016年7月底前报送我局，抄送本地区国家能源局派出机构和省级电网公司，并按照《国家能源局关于实行可再生能源发电项目信息化管理的通知》（国能新能［2015］358号）有关要求，及时组织相关项目单位通过国家可再生能源发电项目信息管理平台（以下简称信息平台）填报信息。2016年12月31日以后，各地区纳入2016年新增建设规模的项目清单不可变更。

六、光伏领跑技术基地应采取招标、优选等竞争性比选方式配置项目，而且应将电价作为主要竞争条件。基地内单个光伏电站项目的建设规模原则上应在10万千瓦以上，项目采用的光伏组件等主要光伏产品须符合光伏“领跑者”先进技术产品指标。基地优选项目投资主体和建设等工作由省（区、市）发展改革委（能源局）统一组织实施，或者由其委托基地所在市（县）政府组织实施。国家能源局对基地项目建设给予指导和监督。

七、各级电网企业应配合地方能源主管部门落实年度建设实施方案。对列入实施方案中的光伏发电项目，应本着简化流程和提高效率原则，按照有关规定和时限要求，及时出具项目接网意见和开展配套送出工程建设，确保项目建成后及时并网运行。

八、各省（区、市）发展改革委（能源局）应按季公开发布本省光伏发电项目建设信息，包括在建、并网及运行等情况，以引导各地区光伏发电建设。国家能源局各派出机构应通过信息平台，及时跟踪了解各地年度计划执行情况，对光伏发电项目建设运行情况以及电网企业办理电网接入各环节的服务、全额保障性收购、电费结算和可再生能源补贴发放等情况进行监管。国家太阳能发电技术归口管理单位负责信息平台的运行维护，充分利用信息管理平台等信息化手段，加强光伏发电项目建设、运行情况的监测和信息统计。

附件：1.2016年各省（区、市）普通光伏电站新增建设规模

2.2016年光伏领跑技术基地建设规模

国家能源局

2016年6月3日

附件1：

2016年各省（区、市）普通光伏电站新增建设规模

省（区、市）	2016年普通光伏电站新增建设规模（万千瓦）
河北	100
山西	70
内蒙古	60
辽宁	50
吉林	30
黑龙江	30
江苏	120
浙江	100
安徽	100
福建	20
江西	40
河南	50
湖北	60
湖南	30

（续）

省（区、市）	2016 年普通光伏电站新增建设规模（万千瓦）
广东	50
广西	20
四川	40
贵州	30
陕西	80
宁夏	80
青海	100
全国	1260

注：北京、天津、上海、重庆、西藏和海南在不发生弃光的前提下，不设建设规模上限。

附件 2：

2016 年光伏领跑技术基地建设规模

省（自治区、直辖市）	基地名称	建设规模（万千瓦）
河北	冬奥会光伏廊道光伏领跑技术基地	50
山西	阳泉采煤沉陷区光伏领跑技术基地	100
	芮城县光伏领跑技术基地	50
内蒙古	包头采煤沉陷区光伏领跑技术基地	100
	乌海采煤沉陷区光伏领跑技术基地	50
安徽	两淮采煤沉陷区光伏领跑技术基地	100
山东	济宁采煤沉陷区光伏领跑技术基地	50
	新泰采煤沉陷区光伏领跑技术基地	50
总计		550

2016 年全国风电开发建设方案

发布单位：国家能源局

为认真做好风电发展工作，促进能源结构调整，推动能源生产和消费革命，根据《国务院关于发布政府核准的投资项目目录（2014 年本）的通知》（国发〔2014〕53 号）和《国家能源局关于进一步完善风电年度开发方案管理工作的通知》（国能新能〔2015〕163 号）的要求，统筹考虑各地区风电开发建设现状和市场消纳情况，编制了 2016 年全国风电开发建设方案。现将有关内容及要求通知如下：

一、为保持风电开发建设节奏，促进风电产业持续健康发展，2016 年全国风电开发建设总规模 3083 万千瓦。考虑到 2015 年吉林、黑龙江、内蒙古、甘肃、宁夏、新疆（含兵团）等省（区）弃风限电情况，暂不安排新增项目建设规模，待上述省（区）弃风限电问题有效缓解后另行研究制定。

二、请各省（区、市）发展改革委（能源局）根据本通知要求，组织制定本省（区、市）年度开发建设方案，开发方案应包括项目清单、项目拟核准时间、风电运行指标和对本地电网企业相关管理要求等。3 月底前，要将本地区开发建设方案向社会公布，并抄送我局。

三、请各省（区、市）发展改革委（能源局）加强组织协调和管理，认真落实风电项目建设条件。纳入开发建设方案的项目，要在 2016 年内完成核准工作，严禁发生不具备开发实力的企业获取资源后倒卖批文等行为。开发建设方案的完成情况，将作为安排 2017 年建设规模的基本依据。

四、“十二五”时期已经安排的风电项目核准计划，本通知下发之日仍未完成项目核准工作的，一律予以废止。经协调仍具备建设条件的项目，可纳入年度开发建设方案后核准。

五、分散式接入风电项目由各省（区、市）按照分散式接入风电的技术标准自行组织建设，并纳入本省（区、市）开发建设方案规模。

我局会同各省（区、市）统筹规划的省（区）内消纳和跨省跨区输电通道配套的风电基地项目，由各省（区、市）根据建设方案有序核准建设，不受年度开发方案的规模限制。承德风电基地二期项目、准东新能源基地、新疆百里风区、四川省凉山州和宁夏风电基地项目按照已批复规划或建设方案，由相关省（区、市）确定项目业主后，提出 2016 年度建设规模和项目清单，有序推进项目建设。晋北、锡盟、张家口三期风电基地项目由相关省（区）尽快完成规划工作，待明确基地项目建设规模、项目建设布局和年度建设时序后，由相关省（区）发展改革委（能源局）按照 2016 年度的建设规模，明确项目业主，有序推进项目建设。

六、各省（区、市）发展改革委（能源局）要高度重视项目建设过程中的质量监督、环境保护和项目建成后的运行管理工作，采取有效措施确保项目建成之后所发电量的全额上网。出现弃风限电问题的省（区、市）要切实采取有效措施改善风电并网运行情况，提出促进风电并网运行和市场消纳的技术方案，并认真做好落实工作。

七、各派出机构要加强后续监管工作，重点对项目核准过程中违法违规倒卖批文、设备招投标、质量监督、项目接入电网以及建成后的并网运行等工作开展监管，以确保项目建设合法合规进行，以及项目建成后能够及时接入电网和所发电量的全额优先上网。

八、各电网公司要积极配合做好列入开发建设方案项目的配套电网建设工作，根据开发建设方案中项目核准时间和投产时间，落实电网接入和消纳市场，及时办理并网支持性文件，加快配套电网送出工程建设，确保风电项目建设与配套电网同步投产和运行。

九、各风电投资开发企业要认真做好开发建设方案内风电项目的建设工作，高度重视环境保护和工程建设质量，按计划完成风电建设任务。对已列入开发建设方案且在规定的时间范围内未能完成核准的项目须说明原因。

十、相关单位要按照《国家能源局关于实行可再生能源发电项目信息化管理的通知》（国能新能〔2015〕358 号）要求，认真做好相关项目信息填报工作。国家可再生能源信息管理中心要做好风电年度开发建设方案的落实以及风电项目核准、建设、运行等情况的监测和信息统计工作，定期汇总相关情况，并及时向我局报告。

附表：2016 年全国风电开发建设方案

国家能源局

2016 年 3 月 17 日

附件：

2016 年全国风电开发建设方案

单位：万千瓦

序号	地区	下达规模	备　注
1	天津市	15	
2	河北省	100	不包括张家口、承德地区项目
3	山西省	160	不包括晋北风电基地项目
4	辽宁省	100	
5	上海市	20	

（续）

序号	地区	下达规模	备　注
6	江苏省	80	
7	浙江省	120	
8	安徽省	150	
9	福建省	70	
10	江西省	160	
11	山东省	330	
12	河南省	350	
13	湖北省	155	
14	湖南省	260	

（续）

序号	地区	下达规模	备　注
15	广东省	150	
16	广西省	100	
17	重庆市	10	
18	四川省	43	不包括凉山州风电基地项目
19	贵州省	210	
20	云南省	200	
21	陕西省	200	
22	青海省	100	
合计		3083	

2016 年度风电消纳工作有关要求

发布单位：国家能源局

2015 年，受多种因素的影响，华北、东北和西北地区（以下简称“三北”地区）风电弃风限电问题进一步加剧，弃风电量达到 339 亿千瓦时，全国风电平均年利用小时数下降到 1728 小时，比 2014 年下降 165 小时。弃风限电问题已成为影响我国风电持续健康发展的主要矛盾，必须引起高度重视，并采取有效措施加以解决。为促进风电产业持续健康发展，做好风电开发利用工作，现就做好 2016 年风电并网和消纳工作的有关要求通知如下：

一、充分认识做好风电并网消纳工作的重要性和紧迫性。做好风电并网消纳工作是我国风电产业持续健康发展的重要保障，也是我国建设清洁低碳、安全高效的现代能源体系和实现 2020 年非化石能源发展目标的重要措施。2016 年是“十三五”能源相关规划发布和实施的关键一年，从电力供需形势和电力运行现状看，2016 年“三北”地区风电消纳的形势依然非常严峻，若不采取有效措施，弃风率可能在 2015 年的基础上进一步攀升。弃风问题突出的省（区、市）能源主管部门和派出机构要高度重视风电消纳工作，把工作重心从风电的开发建设转移到风电的高效利用上来，结合电力体制改革工作，大胆推动体制改革和机制创新，多措并举拓展风电消纳途径，为“十三五”期间风电后续发展奠定良好基础。各派出机构要认真贯彻落实《国家能源局关于做好“三北”地区可再生能源消纳工作的通知》（国能监管〔2016〕39 号），做好风电并网消纳的专项监管工作，推动建立可再生能源消纳的跨省跨区电力交易机制和辅助服务共享机制。电网企业要切实承担可再生能源发电全额保障性收购的实施责任，进一步优化电网调度运行方式，深入挖掘系统调峰潜力，充分发挥大电网联网效益和跨省调峰相互支援能力，确保 2016 年度风电弃风限电趋势得到根本扭转。

二、严格控制弃风严重地区各类电源建设节奏。在电力供应严重过剩且弃风严重的地区，各省级能源主管部门应研究暂停或暂缓包括新能源在内的各类电源核准建设的措施，避免弃风情况进一步恶化。2015 年弃风较严重或弃风率增长较快的地区，包括内蒙古、吉林、黑龙江、甘肃、宁夏、新疆等省（区）2016 年度暂不安排新增常规风电项目建设规模。鼓励弃风率较低和消纳市场落实的地区加快发展风电。宁夏、浙江等国家级清洁能源示范省（区）要着力提高风电管理水平，确保清洁能源电量占比逐步提高，减少弃风现象发生。以外送为主的风电基地项目应与外送通道的建设时序相衔接，实现电源与外送通道同步规划、同步建设、同步投产，并同步落实新能源消纳市场。各派出机构要加强对违规建设的电源项目的监管和核查，未纳入规划的电源项目不得并网投产。2016 年，我局将以甘肃作为解决弃风限电问题的试点省，会同有关部门和甘肃省发展改革委、经信委制定系统的工作方案并督促落实，力争基本解决甘肃省弃风限电问题。

三、认真落实可再生能源发电全额保障性收购制度。深入贯彻落实中发［2015］9 号文件精神和电力体制改革配套文件要求，把解决可再生能源保障性收购、新能源和可再生能源发电无歧视无障碍上网问题作为当前电力体制改革工作的重要目标，落实可再生能源发电全额保障性收购，实施可再生能源优先发电制度，优先在发电计划中预留风电等新能源发电空间。限电比较严重的省（区）发展改革委要在国家能源局的指导下，会同相关部门制定并发布本省区域内的风电保障性利用小时数，督促电网调度机构优先纳入发电计划并强制执行，各限电省（区）制定的保障性利用小时数不得低于上一年度我局公布的本省（区）平均利用小时数。各派出机构制定市场交易规则，应优先保障可再生能源全额上网。鼓励风电通过市场交易扩大消纳范围和消纳空间，发挥风电边际成本低的优势，通过市场竞争方式实现优先发电。市场交易须遵循公平自愿的原则，不得强制要求风电向其他发电项目支付费用的方式上网。2016 年，我局将以蒙西电网区域作为落实可再生能源发电全额保障性收购制度的试点地区，内蒙古能源局、华北能源监管局及相关部门和内蒙古电力公司要加强试点工作的组织实施，制定实施细则和对保障范围内弃风限电的补偿办法。

四、深入挖掘系统消纳风电的潜力。各省（区、市）能源主管部门和各派出机构要会同相关技术机构和电网企业结合实际运行情况，研究核减煤电机组的最小技术出力，逐步放开限电严重地区的发电计划，加快推动煤电机组进行灵活性改造提升调峰能力，加快抽水蓄能等调峰电源建设，通过电力市场推行峰谷电价，落实辅助服务补偿机制，提高各类电源调峰积极性。黑龙江、吉林、辽宁要加快推动热电机组增加蓄热设施技术改造，着力化解冬季供暖期风电与热电联产机组的运行矛盾。甘肃、新疆要加强自备电厂调峰服务管理，督促自备电厂按相关规定参与调峰，鼓励风电替代燃煤自备电厂发电。电网企业应与风电企业要共同做好风电功率预测预报，提高风电功率预测精度，推动风电参与电力电量平衡，将风电统筹纳入电网运行方式，严格执行风电优先的调度次序。电网企业要进一步优化省间联络线运行方式，特别是西北和东北区域电网运行方式，充分利用现有电网空闲的输电能力，促进省（区）内富余时段风电跨省跨区交易。2016 年度，我局将在东北地区开展供热机组优化改造、区域辅助服务市场试点、电储能参与调峰工作，进一步增强系统在冬季负荷低谷时段的灵活性，争取在试点区域的风电运行情况有较大改善。

五、积极开拓风电供暖等风电消纳方式。风电供暖对提高北方风能资源丰富地区消纳风电能力，促进城镇能源利用清洁化，减少化石能源消费，改善北方地区冬季大气环境质量意义重大。内蒙古、辽宁、吉林、黑龙江、河北、新疆、山西等省（区）要继续按照《国家能源局综合司关于开展风电清洁供暖工作的通知》（国能综新能［2015］306号）要求做好风电清洁供暖方案的制定和实施，进一步创新体制机制，因地制宜研究风电供暖的扶持政策，结合新城镇建设和新城区开发规划，积极推广应用风电清洁供暖技术，优先解决存量风电项目的消纳需求；鼓励在具备条件的地区，在总结现有示范项目经验基础上，开展一批新的风电制氢、风电高载能供电示范项目建设。河北、吉林省要加快推进风电制氢的示范工作。2016年度，在原有的试点地区的基础上，我局将进一步扩大风电清洁供暖的范围，将内蒙古自治区作为风电清洁供暖的示范省（区），内蒙古自治区能源局要会同有关部门编制本区范围内的风电清洁供暖规划并组织实施。

国家能源局

2016年3月11日

关于发展煤电联营的指导意见

发布单位：国家发展改革委

为贯彻落实习近平总书记关于我国能源安全发展的“四个革命、一个合作”重要战略思想，加快能源结构调整步伐，积极理顺煤电关系，促进煤炭、电力行业协同发展，提高能源安全保障水平，现提出以下意见：

一、充分认识发展煤电联营的重要意义

煤炭是我国主要的一次能源，燃煤电站是我国电力供应的基础，煤炭和电力是两个高度相关的国民经济重要支柱性行业。煤电联营是指煤炭和电力生产企业以资本为纽带，通过资本融合、兼并重组、相互参股、战略合作、长期稳定协议、资产联营和一体化项目等方式，将煤炭、电力上下游产业有机融合的能源企业发展模式，其中煤电一体化是煤矿和电厂共属同一主体的煤电联营形式。近年来，在国家政策引导下，我国煤电联营取得一定进展。截至2014年底，煤炭企业参股控股燃煤电站达1.4亿千瓦，发电集团参股控股煤矿年产能突破3亿吨，形成了以伊敏为代表的煤电一体化和以淮南为代表的大比例交叉持股等多种发展模式。发展煤电联营，有利于形成煤矿与电站定点、定量、定煤种的稳定供险共担的煤电合作机制，缓解煤电矛盾；有利于实现煤矿疏干水、煤泥、煤矸石和坑口电站乏汽的充分利用，促进绿色循环发展。

二、发展原则和重点方向

（一）发展原则

一是市场为主、企业自愿。充分发挥市场在能源资源配置中的决定性作用，尊重市场客观规律和企业选择权，煤炭和电力企业根据自身发展需求，自主开展煤电联营工作。二是统筹规划、流向合理。按照国家能源合理流向，结合煤炭重点运输通道统筹规划，科学开展煤电联营工作，提高煤炭传输效率，避免能源迂回倒流和低热值煤远距离运输，促进资源优化配置。三是调整存量、严控增量。结合煤炭、电力行业发展布局，调整配置大型煤炭基地内现有煤矿、电力项目，优先消化存量项目，严格控制新增项目。四是互惠互利、风险共担。煤电联营要促进煤炭、电力企业的互惠互利，通过结成利益共同体实现风险共担，增强企业综合竞争力。五是联营合作、专业经营。在推进煤电联营发展时，要尊重行业客观发展规律，实现优势互补，提高煤电联营项目中的煤炭、电力板块的专业化管理水平。

（二）重点方向

一是重点推广坑口煤电一体化。科学推进西部地区锡盟、鄂尔多斯、晋化、晋中、晋东、陕北、宁东、哈密、准东等大型煤电基地开发，在落实电力消纳市场的前提下，有序扩大西部煤电东送规模。大型煤电基地坑口电站建设时，要着力推广煤电一体化发展。不具备条件的，原则上应发展煤电双方大比例交叉持股模式。优先利用在运及在建煤矿的富余产能发展煤电联营。

二是在中东部优化推进煤电联营。根据煤炭、电力行业发展形势，以我国中东部区域的煤电矛盾突出地区为重点，根据国家“西煤东调”、“北煤南运”电煤运输格局，推进电煤供销关系长期稳定且科学合理的相关煤炭、电力企业开展跨区域联营，增强负荷中心电力供应保障能力。

三是科学推进存量煤电联营。按照“政府引导、企业自愿、分类施策”的方针，针对在役煤矿和电站，鼓励有条件的煤炭和电力企业突破传统的行业、所有制限制，通过资本注入、股权置换、兼并重组、股权划拨等方式，着力推进存量煤矿和电站实现联营，鼓励发展混合所有制，促进国有资产保值增值。

四是继续发展低热值煤发电一体化。在主要煤炭产区的大型煤矿坑口建设低热值煤电厂时，原则上应按照煤矿、选煤厂、电厂一体化模式推进，提高低热值煤综合利用水平，发挥低热值煤发电在推进煤炭清洁高效利用和构建矿区循环经济体系中的积极作用。

五是建立煤电长期战略合作机制。发挥煤炭交易平台功能和市场配置资源作用，以煤炭交易价格指数为依据，促进供需协作，积极推动电力企业与煤炭企业建立长期战略合作，形成煤电价格联动、风险共担的合作机制。

三、实施要求

（一）提高煤电联营资源利用效率。新建煤电联营项目要尽量采用规划、设计、建设一体化模式，充分考虑燃料皮带运输、矿井疏干水复用、低热值煤就地消纳、锅炉灰渣回填复垦及综合利用、电站乏汽矿区供热等优化措施，确保电厂燃用设计煤种，有条件地区，在煤电一体化项目中鼓励开展煤炭分质梯级利用，促进循环经济发展。

（二）增强煤电联营专业化管理水平。在推进煤电联营时，要充分发挥专业化管理优势，实现优势互补，鼓励采用委托管理运营等方式，提高煤电联营项目生产效率和经济效益，进一步促进煤炭安全绿色开发、提升电厂清洁高效发展水平。

（三）提升煤电联营项目竞争力。煤电联营项目要尊重市场规律，全力打造具有竞争力的市场主体。对于存量项目联营，要发挥市场作用，避免“拉郎配”，推进强强联合，提高联营整体实力。对于增量项目，要坚持高起

点，建设大型现代化煤矿和先进高效环保机组，提高经营效益。

四、政策支持

（一）“十三五”期间，在制定煤炭和电力发展规划时，除必要的生产接续煤矿项目和城市热电联产、电网安全需要建设的电源项目外，优先规划符合重点方向的煤电联营项目，优先将相关煤矿和电源纳入煤炭和电力发展规划，并在省级能源主管部门优选项目时优先安排。新建煤矿必须同时符合减量置换要求。

（二）对于符合重点方向的煤电一体化项目，各相关单位要加大协调力度，优化核准等相关程序，力争实现配套煤矿和电站同步规划、同步核准、同步建设。

（三）将煤电一体化项目的项目用电纳入配套电厂厂用电范围。

（四）在同等排放和能耗条件下，电网调度优先安排煤电一体化及其他煤电联营项目电量上网。支持煤电一体化项目优先参与跨区、跨省等电力市场化交易。

五、组织实施

（一）搭建服务平台。省级能源主管部门负责搭建交流平台，促进煤炭和电力企业磋商合作，协调解决煤电联营过程中的问题，并督促支持政策落实到位。

（二）加强咨询服务。煤炭、电力等行业协会要加强煤电联营模式和产业融合机制等相关研究，及时开展技术交流和经验推广，为企业做好咨询服务。

（三）加快企业转型。相关企业应加快转变发展思路，根据自身情况特点，积极参与煤电联营，理顺协调机制，合理配置企业资源，科学组织实施，增强企业平稳健康发展能力。

（四）加强监督管理。国家能源局各派出机构、各省级能源主管部门加强对辖区内煤电联营企业监督管理，促进煤电联营有序推进和规范化运作，同时避免推进过程中形成垄断。

关于“十三五”新能源汽车充电基础设施奖励政策及加强新能源汽车推广应用的通知

发布单位：国家科技部

各省、自治区、直辖市、计划单列市财政厅（局）、科技厅（委、局）、工业和信息化主管部门、发展改革委、能源局，新疆生产建设兵团财务局、科技局、工业和信息化委员会、发展改革委、能源局：

按照《国务院办公厅关于加快新能源汽车推广应用的指导意见》（国办发〔2014〕35 号）、《国务院办公厅关于加快电动汽车充电基础设施建设的指导意见》（国办发〔2015〕73 号）等文件要求，为加快推动新能源汽车充电基础设施建设，培育良好的新能源汽车应用环境，2016—2020 年中央财政将继续安排资金对充电基础设施建设、运营给予奖补。现将有关事项通知如下：

一、奖补对象

中央财政充电基础设施建设运营奖补资金是对充电基础设施配套较为完善、新能源汽车推广应用规模较大的省（区、市）政府的综合奖补。

二、奖补条件

获得中央财政充电基础设施建设运营奖补资金的各省（区、市）应满足以下条件：

（一）新能源汽车推广规模较大。各省（区、市）新能源汽车推广要具备一定数量规模并切实得到应用：

大气污染治理重点区域和重点省市（包括北京、上海、天津、河北、山西、江苏、浙江、山东、广东、海南），2016—2020 年新能源汽车（标准车）推广数量分别不低于 3.0 万辆、3.5 万辆、4.3 万辆、5.5 万辆、7 万辆，且推广的新能源汽车数量占本地区新增及更新的汽车总量比例不低于 2%、3%、4%、5%、6%。

中部省（包括安徽、江西、河南、湖北、湖南）和福建省，2016—2020 年新能源汽车（标准车）推广数量分别不低于 1.8 万辆、2.2 万辆、2.8 万辆、3.8 万辆、5.0 万辆，且推广的新能源汽车数量占本地区新增及更新的汽车总量比例不低于 1.5%、2%、3%、4%、5%。

其它省（区、市）2016—2020 年新能源汽车（标准车）推广数量分别不低于 1.0 万辆、1.2 万辆、1.5 万辆、2.0 万辆、3.0 万辆，且推广的新能源汽车数量占本地区新增及更新的汽车总量比例不低于 1%、1.5%、2%、2.5%、3%。

新能源标准车推广数量以纯电动乘用车为标准进行计算，其他类型新能源汽车按照相应比例进行折算（折算关系见附件 1）。

中央和国家机关及所属公共机构实行属地化考核，即相关单位推广应用的新能源汽车纳入所在省（区、市）统一计算。

（二）配套政策科学合理。各省（区、市）要切实加强组织领导，建立由主要负责同志牵头、各职能部门参加的新能源汽车推广应用工作推进机制；要按照国务院及有关部门要求，结合本地实际，编制 2016—2020 年新能源汽车推广应用实施方案，切实履行政府应承担的职责，制定出台充电基础设施建设运营管理办法和地方鼓励政策，并向社会公布，加快形成适度超前、布局合理、科学高效的充电基础设施体系。

2016 年 4 月底前，各省（区、市）应将新能源汽车推广应用实施方案及充电基础设施建设运营管理办法报财政部、科技部、工业和信息化部、发展改革委、能源局等部门（以下统称五部门）备案。未按要求制定出台的地区不得享受中央财政充电基础设施建设运营奖补资金。

（三）市场公平开放。要严格执行国家统一的新能源汽车推广目录，不得设置或变相设置障碍限制采购外地品牌车辆；不得设置或变相设置障碍限制外地充电设施建设、运营企业进入本地市场；要严格执行全国统一的新能源汽车和充电设施国家标准和行业标准，不得自行制定地方标准；不得对新能源汽车进行重复检测、强制要求汽车生产企业在本地设厂、强制要求整车企业采购本地生产的电池、电机等零部件。经有关部门认定存在上述地方保护行为的省（区、市），中央财政将视情节严重程度对奖补资金进行相应扣减。

三、奖补方式和标准

（一）奖补方式。中央财政对符合上述条件的省（区、市）安排充电设施建设运营奖补资金，奖补资金由中央财政切块下达地方，由各省（区、市）统筹安排用于充电设施建设运营等相关领域。

（二）奖补标准。奖补标准主要根据各省（区、市）新能源汽车推广数量确定，推广量越大，奖补资金获得的越多，具体标准见附件 2。

四、奖补资金使用范围

奖补资金应当专门用于支持充电设施建设运营、改造升级、充换电服务网络运营监控系统建设等相关领域。地方应充分利用财政资金杠杆作用，调动包括政府机关、街道办事处和居委会、充电设施建设和运营企业、物业服务等在内的相关各方积极性，对率先开展充电设施建设运营、改造升级、解决充电难题的单位给予适当奖补，并优先用于支持《国务院办公厅关于加快电动汽车充电基础设施建设的指导意见》（国办发〔2015〕73 号）确定的相关重点任务。

奖补资金不得用于平衡地方财力，不得用于新能源汽车购置补贴和新能源汽车运营补贴。纳入奖补范围的充电设施应符合相应国家和行业相关标准。

中央和国家机关及所属公共机构应同等享受地方政府对本地区公共机构的奖补标准。

五、资金申请和下达

（一）每年 2 月底前，各省（区、市）财政、科技、工业和信息化、发展改革、能源等部门，编制奖补资金申请报告，联合上报至五部门。申请报告应包括：各省（区、市）上年度各车型实际推广情况，并按要求折算成标准车；车辆推广相关证明材料，包括车辆销售发票、车辆注册登记信息、相关技术参数等。

（二）科技部、工业和信息化部、发展改革委、国家能源局组织专家对各省（区、市）资金申请报告进行复核并将结果提交至财政部，财政部按程序拨付奖补资金。

六、监督管理

（一）各省（区、市）财政、科技、工业和信息化、发展改革、能源等部门要对本地区申报材料的真实性、准确性负责，并加强充电基础设施建设运营奖补资金使用的监督管理。对弄虚作假、违规使用资金的地区，将追缴扣回奖补资金。

（二）各省（区、市）要加大充电基础设施支持力度，结合本地区新能源汽车产业发展情况研究制定具体支持措施；鼓励创新投入方式，采取政府和社会资本合作（PPP）模式等建设运营新能源汽车充电设施。

（三）建立信息上报和公示制度。各省（区、市）要建立车辆推广和充电基础设施建设情况上报制度，按月报送新能源汽车推广、充电设施数量情况等信息，并于月度结束后 10 个工作日内逐级上报至五部门。年度结束后一个月内，各省（区、市）应将上一年度车辆推广情况、基础设施建设情况及充电基础设施奖补资金使用情况自查报告上报至五部门，五部门将对各省（区、市）进行综合考核，并向社会公示。

本政策执行期限为 2016～2020 年。财政部等相关部门将根据产业发展情况适时调整政策。

附件 1：新能源标准车折算关系表

附件 1：2016～2020 年各省（区、市）新能源汽车充电基础设施奖补标准

财政部科技部工业和信息化部发展改革委国家能源局

2016 年 1 月 11 日

电动汽车动力蓄电池回收利用技术政策（2015年版）

发布单位：国家发展改革委　工信部　环保部　商务部　质检总局

第一章　总　　则

第一条　【制定依据】为引导电动汽车动力蓄电池有序回收利用，保障人身安全，防治环境污染，促进资源再生，根据《中华人民共和国循环经济促进法》、《中华人民共和国固体废物污染环境防治法》、《关于印发节能与新能源汽车产业发展规划（2012～2020年）的通知》（国发〔2012〕22号）、《关于加快新能源汽车推广应用的指导意见》（国办发〔2014〕35号）等有关要求，制定本技术政策。

第二条　【制定目的】本技术政策为指导性文件，目的是指导企业合理开展电动汽车动力蓄电池的设计、生产及回收利用工作，建立上下游企业联动的动力蓄电池回收利用体系。

第三条　【适用范围】本技术政策适用于在中华人民共和国境内进行的动力蓄电池设计、生产及废旧动力蓄电池的回收、利用和最终处置等活动。

本技术政策所称废旧动力蓄电池包括：

（一）经使用后剩余容量及充放电性能无法保障电动汽车正常行驶或因其他原因拆卸后不再使用的动力蓄电池；

（二）报废电动汽车上的动力蓄电池；

（三）经梯级利用后报废的动力蓄电池；

（四）生产过程中企业报废的动力蓄电池；

（五）其他需回收利用的动力蓄电池。

以上废旧动力蓄电池包含废旧的蓄电池包、蓄电池模块和单体蓄电池。

第四条　【总体要求】动力蓄电池回收利用应当在技术可行、经济合理、保障安全和有利于节约资源、保护环境的前提下，按照减少资源消耗和废物产生的原则实施。

第五条　【责任主体】落实生产者责任延伸制度，电动汽车生产企业（含进口商，下同）、动力蓄电池生产企业（含进口商，下同）和梯级利用电池生产企业（以下简称“梯级利用企业”）应分别承担各自生产使用的动力蓄电池回收利用的主要责任，报废汽车回收拆解企业应负责回收报废汽车上的动力蓄电池。

第六条　【部门职责】国家发展改革委、工业和信息化部、环境保护部、商务部、质检总局等有关部门在各自职责范围内制定与本技术政策相关的管理政策及技术标准，加强指导和监督管理。

第二章　动力蓄电池设计和生产

第七条　【绿色设计】电动汽车设计应遵循动力蓄电池易拆卸原则，确保动力蓄电池能从整车上安全、环保的拆卸的规定，采取无毒无害化设计，并尽量使用再生材料。国家鼓励动力蓄电池结构设计标准化，提高通用性，以便于梯级利用。

第八条　【拆卸、拆解信息】电动汽车生产企业应提供其销售的电动汽车动力蓄电池拆卸技术信息，动力蓄电池生产企业应提供其销售的动力蓄电池的拆解技术信息，并及时更新，必要时应提供技术培训。

第九条　【电池产品编码和追溯】国家推动建立动力蓄电池产品编码制度。动力蓄电池生产企业应对所生产（或进口）的所有动力蓄电池产品进行编码，并确保编码与电池产品具有唯一对应性，电动汽车生产企业应将装配在整车上的蓄电池产品编码与整车建立对应关系，确保动力蓄电池的流向可追溯。

从事动力蓄电池更换业务的售后服务企业、电池租赁企业等应建立信息登记制度，确保新更换到车上的电池流向可追溯。

第三章　废旧动力蓄电池回收

第十条　【回收网络建设】电动汽车及动力蓄电池生产企业（含进口商，下同）应在具有电动汽车售后服务网点的地级行政区域至少指定一家服务网点（或委托其他具备回收条件的机构）负责废旧动力蓄电池的收集。鼓励多家企业通过委托代理或与回收企业、再生利用企业合作等形式，共建、共用废旧动力蓄电池回收网络，电动汽车及动力蓄电池生产企业应当向社会公告其废旧动力蓄电池回收网点的地址、联系方式等信息并及时更新。

第十一条　【回收信息统计和上报】电动汽车及动力蓄电池生产企业、梯级利用企业负责统计本企业回收（或委托回收）的废旧动力蓄电池类型、型式（蓄电池包、蓄电池模块或单体蓄电池）、数量、重量、去向等信息，并在每年第一季度向工业和信息化主管部门报告上一年度的相关信息。

报废汽车回收拆解企业应当及时在“全国老旧汽车报废更新信息管理系统”中准确填报其拆卸回收的废旧动力蓄电池类型、数量、重量、去向等信息。

第十二条　【回收企业条件】从事废旧动力蓄电池回收业务的企业（以下简称“回收企业”），应当具备下列条件之一：

（一）电动汽车生产企业指定（或授权）的电动汽车售后服务商或其他机构；

（二）动力蓄电池生产企业指定（或授权）的电池销售商、动力蓄电池换电（或租赁）企业或其他机构；

（三）梯级利用企业或其指定（或授权）机构；

（四）具备动力蓄电池拆卸所需技术、设备、人员等相应条件的报废汽车回收拆解企业；

（五）其他符合条件的企业。

第十三条 【电池交售】电动汽车用户更换动力电池时，应当旧动力蓄电池交售给回收企业。

电动汽车租赁公司、公交车公司、出租车公司等集团用户可按有关要求回收本企业内产生的废旧动力蓄电池，并及时将废旧动力蓄电池交售给回收企业。

回收企业应向符合国家法规要求的梯级利用企业或再生利用企业交售废旧动力蓄电池。

第十四条 【拆卸要求】回收企业从电动汽车上拆卸动力蓄电池时，应遵循安全性和完整性原则，并严格按照电动汽车生产企业所提供的拆卸技术信息进行合理拆卸。

第十五条 【贮存要求】废旧动力蓄电池贮存应有专门的场所，贮存场所应符合法律法规要求及当地消防、环保、安全部门的有关规定，并设有警示标志，且应设在易燃、易爆等危险品仓库及高压输电线路防护区域以外。

废旧动力蓄电池贮存应避免高温、潮湿，保证通风良好，正负极触头应采取绝缘防护。废旧动力蓄电池多层贮存宜采取框架结构并确保承重安全，且能够合理装卸。

第十六条 【运输要求】废旧动力蓄电池运输应遵守国家有关电池包装运输法规和标准要求，采用恰当的包装方式，尽量保证其结构完整，采取防火、防水、防爆、绝缘、隔热、防腐蚀等安全防护措施，并制定应急预案。出现电解液泄露、经诊断有过充电经历、电压或电阻不在正常范围及经滥用试验的电池宜先进行放电处理

第十七条 【放电要求】废旧动力蓄电池放电可采取物理和化学两种放电方式。对外壳完好的动力蓄电池宜采取物理放电，物理放电应采用专业放电器或自动放电系统，应对热能散发环境做好隔热、导热或热转换措施。对受损严重、无法连接放电器的废旧动力电池采取化学放电，化学放电应采用吊装设备将废旧动力蓄电池搬运入放电液中，同时应收集放电液进行环保无害化处理或交由相关环保处理企业处理。

第四章 废旧动力蓄电池利用

第十八条 【利用的原则】废旧动力蓄电池的利用应遵循先梯级利用后再生利用的原则，提高资源利用率。

第十九条 【梯级利用规范】国家支持动力蓄电池生产企业或具备相应技术条件的再生利用企业开展废旧动力蓄电池梯级利用。梯级利用企业应根据废旧动力蓄电池的容量、充放电特性、使用安全性等实际情况判断可否进行梯级利用，要对符合梯级利用条件的废旧动力蓄电池进行必要的检测、分类、拆解和重组，贴自有商标以明示该电池产品为梯级利用电池，按照第九条要求进行产品编码并建立追溯系统。

第二十条 【再生利用规范】经判断不能进行梯级利用的废旧动力蓄电池应按有关要求进行再生利用，回收其中有价值的资源。进行。

第二十一条 【拆解要求】废旧动力蓄电池拆解应使用专用拆解场地，配备安全防护装备和防护罩，由专业人员严格按照动力蓄电池生产企业所提供的拆解信息，使用自动化的拆解设备、专用起吊工具、绝缘工具等进行。拆解过程应配备电工资质人员进行作业。废旧动力蓄电池应进行放电处理后再拆解，具体要求参照本政策第十七条规定执行。

第二十二条 【热解要求】废旧动力蓄电池热解工艺过程应在封闭式反应系统中进行，并配置废气处理系统。不得在露天环境下焚烧废旧动力蓄电池。

第二十三条 【破碎分选要求】废旧动力蓄电池破碎分选工艺过程应在封闭式构筑物中进行，破碎分选系统要设立分级，将外壳、集流体、正负极材料在分选系统中独立回收。不得对废旧动力蓄电池进行人工破碎和在露天环境下进行破碎作业。

第二十四条 【冶炼要求】废旧动力蓄电池的冶炼要遵循国家再生金属标准及有色金属冶炼企业安全生产标准等有关要求，选择先进、环保的冶炼方法。湿法冶炼过程应安装废水在线监测系统保证废水处理达标排放，镍、钴、锰的综合回收率应不低于98%；火法冶炼系统应安装废气在线监测系统保证废气处理达标排放，镍、稀土的综合回收率应不低于97%。冶炼过程产生的固体废物应按照环境保护要求进行处理处置。

第二十五条 【信息记录】梯级利用企业和再生利用企业要准确记录废旧动力蓄电池的来源（含回收量）、处置量、处置方式、处置时间及处理产物的去向，信息保留不少于五年，以备相关部门核查。鼓励有条件的企业建立信息管理与在线监控系统。

第二十六条 【企业规章制度】梯级利用和再生利用企业应制定安全生产和环境保护的企业规章制度。

第五章 促进措施

第二十七条 【制度设计】为保障废旧动力蓄电池有序回收，电动汽车及动力蓄电池生产企业在销售电动汽车或动力蓄电池时，可以对动力电池采用收取押金、回购、以旧换新等措施，提高消费者交回废旧动力蓄电池的积极性。国家积极推进动力蓄电池回收利用的标准化，完善法规、加强监管，探索将废旧动力蓄电池纳入“废弃电器电子产品回收处理基金”征收范围的可行性。

第二十八条 【激励措施】国家在现有资金渠道内对梯级利用企业和再生利用企业的技术研发、设备进口等方面给予支持，鼓励企业不断提升技术水平，节约资源、保护环境。

第二十九条 【技术研发】国家支持动力蓄电池相关回收利用技术和装备的研发，鼓励废旧动力蓄电池回收企业、梯级利用企业、再生利用企业不断开发和推广新技术。

第三十条 【国际合作】国家鼓励开展电动汽车动力蓄电池回一，支持开展具有国际先进水平的示范项目建设。

第三十一条 【产品认证】国家支持开展动力蓄电池回收利用过程的检测、认证工作。鼓励企业开展管理体系认证等，适时建立动力蓄电池梯级利用产品认证制度。

第三十二条 【行业协会】行业协会应组织企业加强行

业自律、完善行业标准、创新商业模式，推动企业按照技术政策有关规定积极开展动力蓄电池回收利用活动。

第三十三条　【公众参与】加大宣传教育力度，使公众知悉废旧动力蓄电池的安全风险和环境危害，了解电池回收政策法规及相关主体的责任，培养良好的环保意识，推进废旧动力蓄电池有效回收。

第六章　附　　则

第三十四条　本政策根据社会经济、技术水平的发展适时修订。

第三十五条　本技术政策由国家发展和改革委员会会同工业和信息化部、环境保护部、商务部、质检总局负责解释。

第三十六条　本技术政策自印发之日起实施。

附录：术语和定义

动力蓄电池：为电动汽车动力系提供能量的蓄电池，由蓄电池包（组）及蓄电池管理系统组成。包括锂离子动力蓄电池、金属氢化物镍动力蓄电池等，不包括铅酸蓄电池。

蓄电池包（组）：一个或多个蓄电池模块组成的单一机械总成。蓄电池模块：将一个以上单体蓄电池按照串联、并联或串并联方式组合，且只有一对正负极输出端子，并作为电源使用的组合体。单体蓄电池：直接将化学能转化为电能的基本单元装置，包括电极、隔膜、电解质、外壳和端子，并被设计成可充电。回收：废旧动力蓄电池收集、分类、贮存和运输的过程总称。拆卸：将动力蓄电池从电动汽车上拆下的过程。贮存：废旧动力蓄电池收集、运输、梯级利用、再生利用过程中的存放行为，包括在回收网点的临时堆放。拆解：对废旧动力蓄电池进行逐级拆分，直至拆出单体蓄电池的过程。利用：指废旧动力蓄电池回收后的再利用，包括梯级利用和再生利用。

梯级利用：将废旧动力蓄电池（或其中的蓄电池包/蓄电池模块/单体蓄电池）应用到其他领域的过程，可以一级利用也可以多级利用。

再生利用：对废旧动力蓄电池进行拆解、破碎、冶炼等处理，以回收其中有价元素为目的的资源化利用过程。

第三篇　宏观经济及相关行业运行情况

中华人民共和国
2016年国民经济和社会发展统计公报（节选）

中华人民共和国国家统计局

2017年2月28日

2016年，面对复杂多变的国际环境和国内繁重艰巨的改革发展稳定任务，在以习近平同志为核心的党中央坚强领导下，各地区各部门全面贯彻党的十八大和十八届三中、四中、五中、六中全会精神，认真落实党中央、国务院决策部署，统筹推进“五位一体”总体布局和协调推进“四个全面”战略布局，坚持稳中求进工作总基调，坚持新发展理念，以推进供给侧结构性改革为主线，适度扩大总需求，坚定推进改革，妥善应对风险挑战，引导形成良好社会预期，经济社会保持平稳健康发展，实现了“十三五”良好开局。

一、综合

初步核算，全年国内生产总值744127亿元，比上年增长6.7%。其中，第一产业增加值63671亿元，增长3.3%；第二产业增加值296236亿元，增长6.1%；第三产业增加值384221亿元，增长7.8%。第一产业增加值占国内生产总值的比重为8.6%，第二产业增加值比重为39.8%，第三产业增加值比重为51.6%，比上年提高1.4个百分点。全年人均国内生产总值53980元，比上年增长6.1%。全年国民总收入742352亿元，比上年增长6.9%。

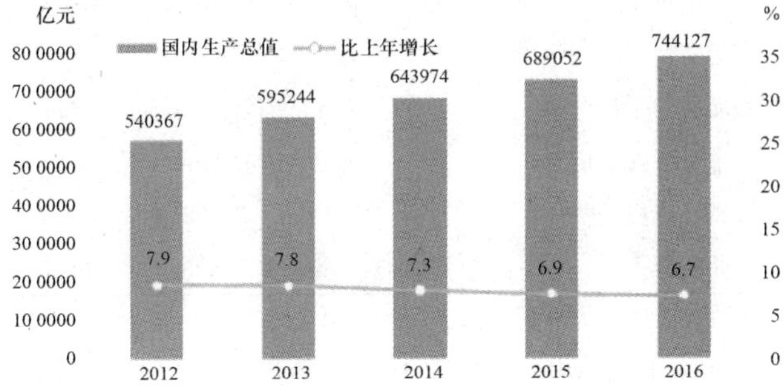

图1　2012～2016年国内生产总值及其增长速度

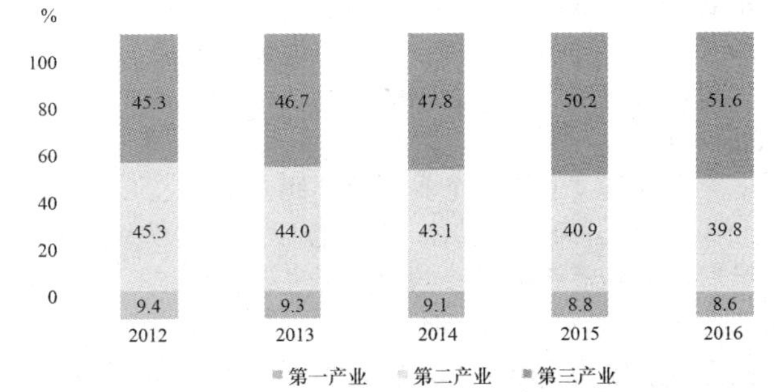

图2　2012～2016年三次产业增加值占国内生产总值比重

全年居民消费价格比上年上涨2.0%。工业生产者出厂价格下降1.4%。工业生产者购进价格下降2.0%。固定资产投资价格下降0.6%。农产品生产者价格上涨3.4%。

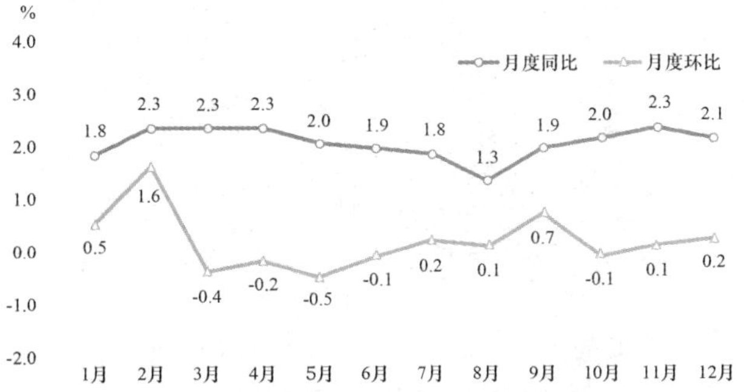

图3　2016年居民消费价格月度涨跌幅度

表1　2016年居民消费价格比上年涨跌幅度

（单位:%）

指标	全国		
		城市	农村
居民消费价格	2.0	2.1	1.9
其中：食品烟酒	3.8	3.7	4.0
衣着	1.4	1.5	1.3
居住	1.6	1.9	0.6
生活用品及服务	0.5	0.5	0.2
交通和通信	-1.3	-1.4	-1.1
教育文化和娱乐	1.6	1.5	1.9
医疗保健	3.8	4.4	2.5
其它用品和服务	2.8	2.9	2.2

年末国家外汇储备30105亿美元，比上年末减少3198亿美元。全年人民币平均汇率为1美元兑6.6423元人民币，比上年贬值6.2%。

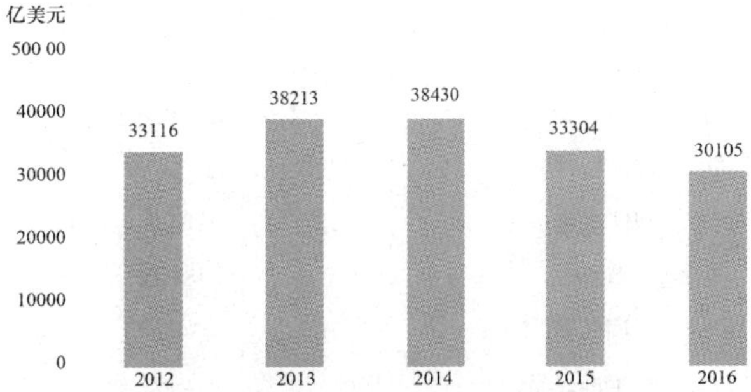

图4　2012～2016年年末国家外汇储备

二、工业和建筑业

全年全部工业增加值247860亿元，比上年增长6.0%。规模以上工业增加值增长6.0%。在规模以上工业中，分经济类型看，国有控股企业增长2.0%；集体企业下降1.3%，股份制企业增长6.9%，外商及港澳台商投资企业增长4.5%；私营企业增长7.5%。分门类看，采矿业下降1.0%，制造业增长6.8%，电力、热力、燃气及水生产和供应业增长5.5%。

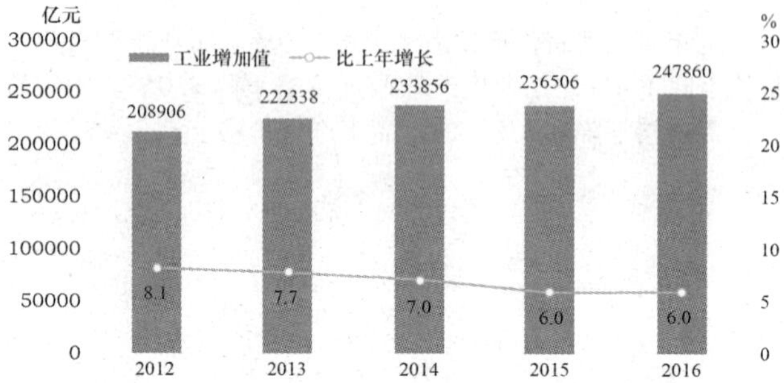

图5 2012～2016年全部工业增加值及其增长速度

全年规模以上工业中，农副食品加工业增加值比上年增长6.1%，纺织业增长5.5%，化学原料和化学制品制造业增长7.7%，非金属矿物制品业增长6.5%，黑色金属冶炼和压延加工业下降1.7%，通用设备制造业增长5.9%，专用设备制造业增长6.7%，汽车制造业增长15.5%，电气机械和器材制造业增长8.5%，计算机、通信和其它电子设备制造业增长10.0%，电力、热力生产和供应业增长4.8%。工业战略性新兴产业增加值增长10.5%。高技术制造业增加值增长10.8%，占规模以上工业增加值的比重为12.4%。装备制造业增加值增长9.5%，占规模以上工业增加值的比重为32.9%。六大高耗能行业增加值增长5.2%，占规模以上工业增加值的比重为28.1%。

表2 2016年主要工业产品产量及其增长速度

产品名称	单位	产量	比上年增长（%）
纱	万吨	3732.6	5.5
布	亿米	906.8	1.6
化学纤维	万吨	4943.7	2.3
成品糖	万吨	1443.3	-2.1
卷烟	亿支	23825.8	-8.0
彩色电视机	万台	15769.6	8.9
其中：液晶电视机	万台	15713.6	9.2
其中：智能电视	万台	9310.1	11.1
家用电冰箱	万台	8481.6	6.1
房间空气调节器	万台	14342.4	1.0
一次能源生产总量	亿吨标准煤	34.6	-4.2
原煤	亿吨	34.1	-9.0
原油	万吨	19968.5	-6.9
天然气	亿立方米	1368.7	1.7
发电量	亿千瓦小时	61424.9	5.6
其中：火电	亿千瓦小时	44370.7	3.6
水电	亿千瓦小时	11933.7	5.6
核电	亿千瓦小时	2132.9	24.9
粗钢	万吨	80836.6	0.6
钢材	万吨	113801.2	1.3
十种有色金属	万吨	5310.3	3.0
其中：精炼铜（电解铜）	万吨	843.6	6.0
原铝（电解铝）	万吨	3187.3	1.5
水泥	亿吨	24.1	2.3
硫酸（折100%）	万吨	8889.1	-1.0
烧碱（折100%）	万吨	3283.9	8.7
乙烯	万吨	1781.1	3.9
化肥（折100%）	万吨	7128.6	-4.1
发电机组（发电设备）	万千瓦	13218.4	6.3
汽车	万辆	2811.9	14.8
其中：基本型乘用车（轿车）	万辆	1211.1	4.1
运动型多用途乘用车（SUV）	万辆	914.4	51.8
其中：新能源汽车	万辆	45.9	40.0
大中型拖拉机	万台	63.0	-8.5
集成电路	亿块	1318.0	21.2
程控交换机	万线	1457.7	-22.5
移动通信手持机	万台	205819.3	13.6
其中：智能手机	万台	153764.1	9.9
微型计算机设备	万台	29008.5	-7.7
工业机器人	台（套）	72426.0	30.4

年末全国发电装机容量164575万千瓦，比上年末增长8.2%。其中，火电装机容量105388万千瓦，增长5.3%；水电装机容量33211万千瓦，增长3.9%；核电装机容量3364万千瓦，增长23.8%；并网风电装机容量14864万千瓦，增长13.2%；并网太阳能发电装机容量7742万千瓦，增长81.6%。

全年规模以上工业企业实现利润68803亿元，比上年增长8.5%。分经济类型看，国有控股企业实现利润11751亿元，比上年增长6.7%；集体企业477亿元，下降4.2%，股份制企业47197亿元，增长8.3%，外商及港澳台商投资企业17352亿元，增长12.1%；私营企业24325亿元，增长4.8%。分门类看，采矿业实现利润1825亿元，比上年下降27.5%；制造业62398亿元，增长12.3%；电力、热力、燃气及水生产和供应业4580亿元，下降14.3%。全年规模以上工业企业每百元主营业务收入中的成本为85.52元，比上年下降0.1元。年末规模以上工业企业资产负债率为55.8%，比上年末下降0.4个百分点。

全年全社会建筑业增加值49522亿元，比上年增长6.6%。全国具有资质等级的总承包和专业承包建筑业企业实现利润6745亿元，增长4.6%。其中，国有控股企业1879亿元，增长6.8%。

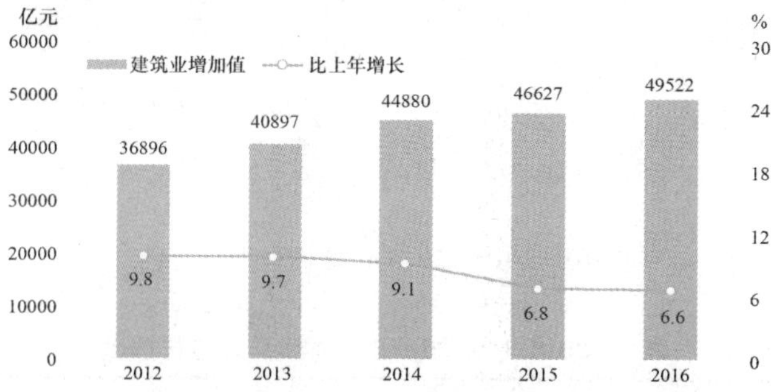

图6　2012～2016年建筑业增加值及其增长速度

三、固定资产投资

全年全社会固定资产投资606466亿元，比上年增长7.9%，扣除价格因素，实际增长8.6%。其中，固定资产投资（不含农户）596501亿元，增长8.1%。分区域看，东部地区投资249665亿元，比上年增长9.1%；中部地区投资156762亿元，增长12.0%；西部地区投资154054亿元，增长12.2%；东北地区投资30642亿元，下降23.5%。

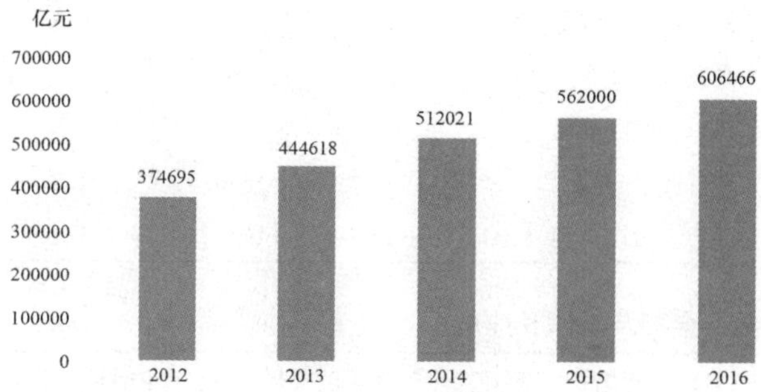

图7　2012～2016年全社会固定资产投资

在固定资产投资（不含农户）中，第一产业投资18838亿元，比上年增长21.1%；第二产业投资231826亿元，增长3.5%；第三产业投资345837亿元，增长10.9%。基础设施投资118878亿元，增长17.4%，占固定资产投资（不含农户）的比重为19.9%。民间固定资产投资365219亿元，增长3.2%，占固定资产投资（不含农户）的比重为61.2%。高技术产业投资37747亿元，增长15.8%，占固定资产投资（不含农户）的比重为6.3%。六大高耗能行业投资66376亿元，增长3.1%，占固定资产投资（不含农户）的比重为11.1%。农林牧渔业、水利、环境保护等短板领域投资快速增长。

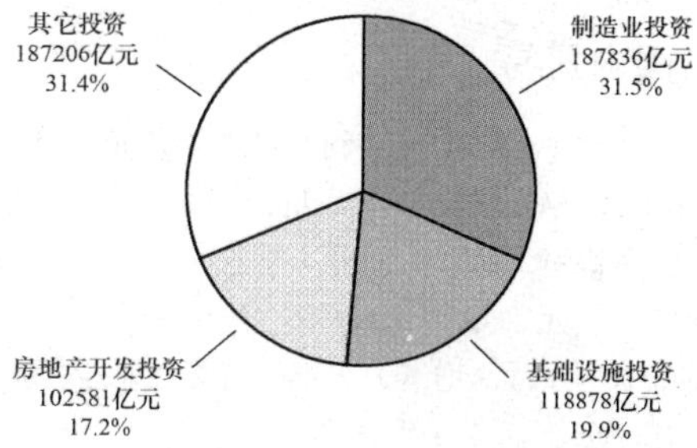

图8　2016年按领域分固定资产投资（不含农户）及其占比

表3　2016年分行业固定资产投资（不含农户）及其增长速度

行　业	投资额（亿元）	比上年增长（%）
总计	596501	8.1
农、林、牧、渔业	22774	19.5
采矿业	10320	-20.4
制造业	187836	4.2
电力、热力、燃气及水生产和供应业	29736	11.3
建筑业	4577	-6.5
批发和零售业	17939	-4.0
交通运输、仓储和邮政业	53628	9.5
住宿和餐饮业	5947	-8.6
信息传输、软件和信息技术服务业	6319	14.5
金融业	1310	-4.2
房地产业	135284	6.8
租赁和商务服务业	12316	30.5
科学研究和技术服务业	5568	17.2
水利、环境和公共设施管理业	68647	23.3
居民服务、修理和其它服务业	2677	1.8
教育	9324	20.7
卫生和社会工作	6282	21.4
文化、体育和娱乐业	7830	16.4
公共管理、社会保障和社会组织	8188	4.3

表4　2016年固定资产投资新增主要生产与运营能力

指　标	单位	绝对数
新增220千伏及以上变电设备	万千伏安	24336
新建铁路投产里程	公里	3281
其中：高速铁路	公里	1903
增、新建铁路复线投产里程	公里	3612
电气化铁路投产里程	公里	5899
新改建公路里程	公里	324898
其中：高速公路	公里	6745
港口万吨级码头泊位新增吞吐能力	万吨	32436
新增民用运输机场	个	8
新增光缆线路长度	万公里	554

四、国内贸易

全年社会消费品零售总额 332316 亿元，比上年增长 10.4%，扣除价格因素，实际增长 9.6%。按经营地统计，城镇消费品零售额 285814 亿元，增长 10.4%；乡村消费品零售额 46503 亿元，增长 10.9%。按消费类型统计，商品零售额 296518 亿元，增长 10.4%；餐饮收入额 35799 亿元，增长 10.8%。

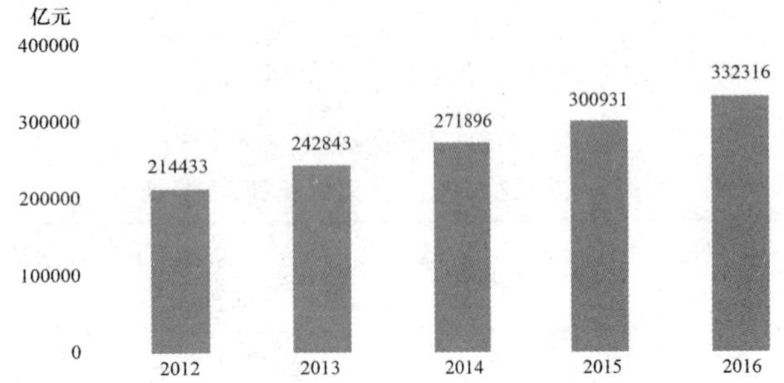

图 9 2012～2016 年社会消费品零售总额

在限额以上企业商品零售额中，粮油、食品、饮料、烟酒类零售额比上年增长 10.5%，服装、鞋帽、针纺织品类增长 7.0%，化妆品类增长 8.3%，金银珠宝类与上年持平，日用品类增长 11.4%，家用电器和音响器材类增长 8.7%，中西药品类增长 12.0%，文化办公用品类增长 11.2%，家具类增长 12.7%，通信器材类增长 11.9%，建筑及装潢材料类增长 14.0%，汽车类增长 10.1%，石油及制品类增长 1.2%。

全年网上零售额 51556 亿元，比上年增长 26.2%。其中网上商品零售额 41944 亿元，增长 25.6%，占社会消费品零售总额的比重为 12.6%。在网上商品零售额中，吃类商品增长 28.5%，穿类商品增长 18.1%，用类商品增长 28.8%。

五、对外经济

全年货物进出口总额 243386 亿元，比上年下降 0.9%。其中，出口 138455 亿元，下降 1.9%；进口 104932 亿元，增长 0.6%。货物进出口差额（出口减进口）33523 亿元，比上年减少 3308 亿元。对"一带一路"沿线国家进出口总额 62517 亿元，比上年增长 0.5%。其中，出口 38319 亿元，增长 0.5%；进口 24198 亿元，增长 0.4%。

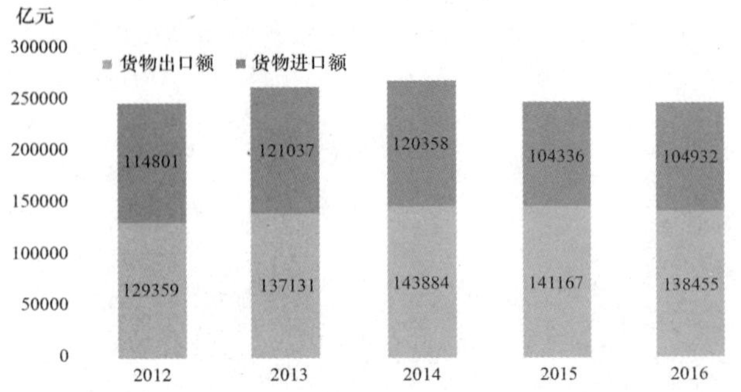

图 10 2012～2016 年货物进出口总额

表 5 2016 年货物进出口总额及其增长速度

指标	金额（亿元）	比上年增长（%）
货物进出口总额	243386	-0.9
货物出口额	138455	-1.9
其中：一般贸易	74601	-1.1
加工贸易	47237	-4.6
其中：机电产品	79820	-1.9
高新技术产品	39876	-2.1
货物进口额	104932	0.6
其中：一般贸易	59398	3.7
加工贸易	26223	-5.5
其中：机电产品	50985	1.9
高新技术产品	34618	1.8
货物进出口差额（出口减进口）	33523	—

表 6 2016 年主要商品出口数量、金额及其增长速度

商品名称	单位	数量	比上年增长（%）	金额（亿元）	比上年增长（%）
煤（包括褐煤）	万吨	879	64.6	46	48.0
钢材	万吨	10849	-3.5	3587	-7.8
纺织纱线、织物及制品	—	—	—	6925	1.9
服装及衣着附件	—	—	—	10413	-3.7
鞋类	万吨	422	-5.6	3113	-6.2
家具及其零件	—	—	—	3151	-3.8
自动数据处理设备及其部件	万台	159257	-7.1	9068	-4.1
手持或车载无线电话	万台	127192	-5.3	7643	-0.9
集装箱	万个	199	-26.7	279	-41.2
液晶显示板	万个	190569	-16.9	1700	-11.6
汽车	万辆	79	9.4	709	1.8

表7　2016年主要商品进口数量、金额及其增长速度

商品名称	单位	数量	比上年增长（%）	金额（亿元）	比上年增长（%）
谷物及谷物粉	万吨	2199	-32.8	375	-35.5
大豆	万吨	8391	2.7	2247	4.1
食用植物油	万吨	553	-18.3	276	-11.5
铁矿砂及其精矿	万吨	102412	7.5	3809	7.0
氧化铝	万吨	303	-35.0	58	-43.1
煤（包括褐煤）	万吨	25551	25.2	938	25.1
原油	万吨	38101	13.6	7698	-7.5
成品油	万吨	2784	-6.5	735	-16.6
初级形状的塑料	万吨	2570	-1.5	2731	-2.2
纸浆	万吨	2106	6.2	808	2.1
钢材	万吨	1321	3.4	869	-2.3
未锻轧铜及铜材	万吨	495	2.9	1741	-3.3
汽车	万辆	107	-2.4	2942	6.1

表8　2016年对主要国家和地区货物进出口额及其增长速度

国家和地区	出口额（亿元）	比上年增长（%）	占我全部出口比重（%）	进口额（亿元）	比上年增长（%）	占我全部进口比重（%）
欧盟	22369	1.3	16.2	13747	5.9	13.1
美国	25415	0.0	18.4	8887	-3.2	8.5
东盟	16894	-1.9	12.2	12978	7.4	12.4
中国香港	19009	-7.6	13.7	1107	39.2	1.1
日本	8529	1.3	6.2	9626	8.4	9.2
韩国	6185	-1.7	4.5	10496	-3.2	10.0
中国台湾	2665	-4.3	1.9	9203	3.4	8.8
印度	3850	6.6	2.8	777	-6.4	0.7
俄罗斯	2466	14.2	1.8	2128	3.1	2.0

全年服务进出口总额53484亿元，比上年增长14.2%。其中，服务出口18193亿元，增长2.3%；服务进口35291亿元，增长21.5%。服务进出口逆差17097亿元。

全年吸收外商直接投资（不含银行、证券、保险）新设立企业27900家，比上年增长5.0%。实际使用外商直接投资金额8132亿元（折1260亿美元），增长4.1%。其中“一带一路”沿线国家对华直接投资新设立企业2905家，增长34.1%；对华直接投资金额458亿元（折71亿美元）。

表9　2016年外商直接投资（不含银行、证券、保险）及其增长速度

行　　业	企业数（家）	比上年增长（%）	实际使用金额（亿元）	比上年增长（%）
总计	27900	5.0	8132.2	4.1
其中：农、林、牧、渔业	558	-8.4	123.2	30.0
制造业	4013	-11.0	2303.0	-6.1
电力、燃气及水生产和供应业	311	18.0	139.8	0.3
交通运输、仓储和邮政业	425	-5.4	329.2	26.7
信息传输、计算机服务和软件业	1463	11.6	540.4	128.0
批发和零售业	9399	2.7	1011.1	36.0
房地产业	378	-2.3	1264.4	-29.4
租赁和商务服务业	4631	3.7	1045.9	67.8
居民服务和其它服务业	245	13.0	33.0	-25.8

全年对外直接投资额（不含银行、证券、保险）11299亿元，按美元计价为1701亿美元，比上年增长44.1%。其中，对“一带一路”沿线国家直接投资额145亿美元。

表10 2016年对外直接投资额（不含银行、证券、保险）及其增长速度

行业	对外直接投资金额（亿美元）	比上年增长（%）
总计	1701.1	44.1
其中：农、林、牧、渔业	29.7	45.0
采矿业	86.7	-20.1
制造业	310.6	116.7
电力、热力、燃气及水生产和供应业	25.3	-9.2
建筑业	53.1	18.0
批发和零售业	275.6	72.0
交通运输、仓储和邮政业	36.2	17.1
信息传输、软件和信息技术服务业	203.6	252.2
房地产业	106.4	17.4
租赁和商务服务业	422.7	1.4

全年对外承包工程业务完成营业额10589亿元，按美元计价为1594亿美元，比上年增长3.5%。其中，对“一带一路”沿线国家完成营业额760亿美元，增长9.7%，占对外承包工程业务完成营业额比重为47.7%。对外劳务合作派出各类劳务人员49万人，下降6.8%。

六、交通、邮电和旅游

全年货物运输总量440.4亿吨，比上年增长5.7%。货物运输周转量185294.9亿吨公里，增长4.0%。全年规模以上港口完成货物吞吐量118.3亿吨，比上年增长3.2%，其中外贸货物吞吐量37.6亿吨，增长4.1%。规模以上港口集装箱吞吐量21798万标准箱，增长3.6%。

表11 2016年各种运输方式完成货物运输量及其增长速度

指标	单位	绝对数	比上年增长（%）
货物运输总量	亿吨	440.4	5.7
铁路	亿吨	33.3	-0.8
公路	亿吨	336.3	6.8
水运	亿吨	63.6	3.7
民航	万吨	666.9	6.0
管道	亿吨	7.0	5.3
货物运输周转量	亿吨公里	185294.9	4.0
铁路	亿吨公里	23792.3	0.2
公路	亿吨公里	61211.0	5.6
水运	亿吨公里	95399.9	4.0
民航	亿吨公里	221.1	6.3
管道	亿吨公里	4670.6	5.7

全年旅客运输总量192亿人次，比上年下降1.2%。旅客运输周转量31306亿人公里，增长4.1%。

表12 2016年各种运输方式完成旅客运输量及其增长速度

指标	单位	绝对数	比上年增长（%）
旅客运输总量	亿人次	192.0	-1.2
铁路	亿人次	28.1	11.0
公路	亿人次	156.3	-3.5
水运	亿人次	2.7	0.1
民航	亿人次	4.9	11.8
旅客运输周转量	亿人公里	31305.7	4.1
铁路	亿人公里	12579.3	5.2
公路	亿人公里	10294.8	-4.2
水运	亿人公里	72.0	-1.4
民航	亿人公里	8359.5	14.8

年末全国民用汽车保有量19440万辆（包括三轮汽车和低速货车881万辆），比上年末增长12.8%，其中私人汽车保有量16559万辆，增长15.0%。民用轿车保有量10876万辆，增长14.4%，其中私人轿车10152万辆，增长15.5%。

全年完成邮电业务总量43344亿元，比上年增长52.7%。其中，邮政行业业务总量7397亿元，增长45.7%；电信业务总量35948亿元，增长54.2%。邮政业全年完成邮政函件业务36.2亿件，包裹业务0.3亿件，快递业务量312.8亿件；快递业务收入3974亿元。电信业全年新增移动电话交换机容量7318万户，达到218384万户。年末全国电话用户总数152856万户，其中移动电话用户132193万户。移动电话普及率上升至96.2部/百人。固定互联网宽带接入用户29721万户，比上年增加3774万户，其中固定互联网光纤宽带接入用户22766万户，比上年增加7941万户；移动宽带用户94075万户，增加23464万户。移动互联网接入流量93.6亿G，比上年增长123.7%。互联网上网人数7.31亿人，增加4299万人，其中手机上网人数6.95亿人，增加7550万人。互联网普及率达到53.2%，其中农村地区互联网普及率达到33.1%。软件和信息技术服务业完成软件业务收入48511亿元，比上年增长14.9%。

图11 2012~2016年年末固定互联网宽带接入用户和移动宽带用户数

七、人民生活和社会保障

全年全国居民人均可支配收入 23821 元，比上年增长 8.4%，扣除价格因素，实际增长 6.3%；全国居民人均可支配收入中位数 20883 元，增长 8.3%。按常住地分，城镇居民人均可支配收入 33616 元，比上年增长 7.8%，扣除价格因素，实际增长 5.6%；城镇居民人均可支配收入中位数 31554 元，增长 8.3%。农村居民人均可支配收入 12363 元，比上年增长 8.2%，扣除价格因素，实际增长 6.2%；农村居民人均可支配收入中位数 11149 元，增长 8.3%。按全国居民五等份收入分组，低收入组人均可支配收入 5529 元，中等偏下收入组人均可支配收入 12899 元，中等收入组人均可支配收入 20924 元，中等偏上收入组人均可支配收入 31990 元，高收入组人均可支配收入 59259 元。贫困地区农村居民人均可支配收入 8452 元，比上年增长 10.4%，扣除价格因素，实际增长 8.4%。全国农民工人均月收入 3275 元，比上年增长 6.6%。

全国居民人均消费支出 17111 元，比上年增长 8.9%，扣除价格因素，实际增长 6.8%。按常住地分，城镇居民人均消费支出 23079 元，增长 7.9%，扣除价格因素，实际增长 5.7%；农村居民人均消费支出 10130 元，增长 9.8%，扣除价格因素，实际增长 7.8%。恩格尔系数为 30.1%，比上年下降 0.5 个百分点，其中城镇为 29.3%，农村为 32.2%。

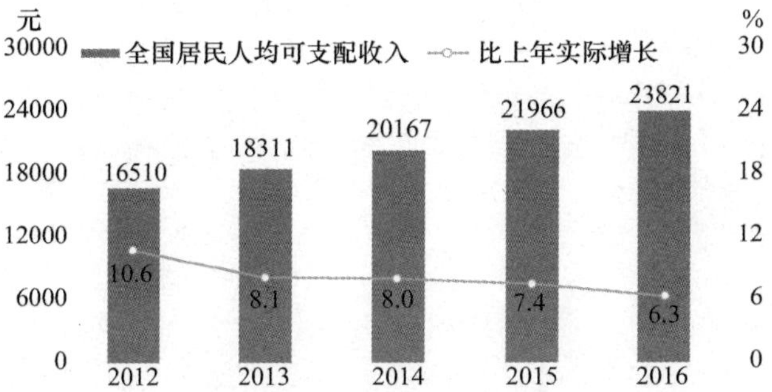

图 12　2012～2016 年全国居民人均可支配收入及其增长速度

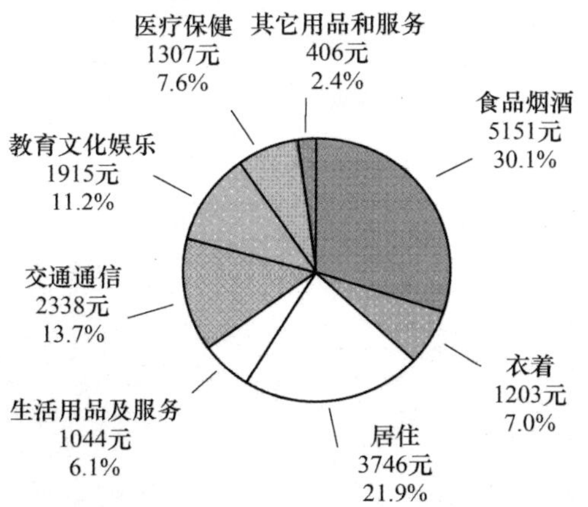

图 13　2016 年全国居民人均消费支出及其构造

全年研究与试验发展（R&D）经费支出 15500 亿元，比上年增长 9.4%，与国内生产总值之比为 2.08%，其中基础研究经费 798 亿元。全年国家重点研发计划共安排 42 个重点专项 1163 个科技项目，国家科技重大专项共安排 224 个课题，国家自然科学基金共资助 41184 个项目。截至 2016 年年底，累计建设国家重点实验室 488 个，国家工程研究中心 131 个，国家工程实验室 194 个，国家企业技术中心 1276 家。国家科技成果转化引导基金累计设立 9 支子基金，资金总规模 173.5 亿元。全年受理境内外专利申请 346.5 万件，授予专利权 175.4 万件。截至 2016 年年底，有效专利 628.5 万件，其中境内有效发明专利 110.3 万件，每万人口发明专利拥有量 8.0 件。全年共签订技术合同 32.0 万项，技术合同成交金额 11407 亿元，比上年增长 16.0%。

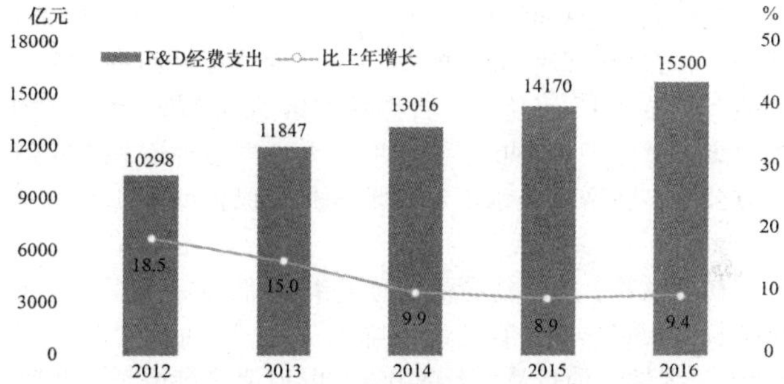

图 14　2012～2016 年研究与试验发展（R&D）经费支出及其增长速度

表 13　2016 年专利申请受理、授权和有效专利情况

指　　标	专利数（万件）	比上年增长（%）
专利申请受理数	346.5	23.8
其中：境内专利申请受理	328.1	25.4
其中：发明专利申请受理	133.9	21.5
其中：境内发明专利	119.3	24.7
专利申请授权数	175.4	2.1
其中：境内专利授权	161.2	2.1
其中：发明专利授权	40.4	12.5
其中：境内发明专利	29.5	15.0
年末有效专利数	628.5	14.7
其中：境内有效专利	540.6	15.7
其中：有效发明专利	177.2	20.4
其中：境内有效发明专利	110.3	26.6

年末全国共有产品检测实验室 34487 个，其中国家检测中心 681 个。全国现有产品质量、体系认证机构 312 个，已累计完成对 152525 个企业的产品认证。全国共有法定计量技术机构 3933 个，全年强制检定计量器具 7878 万台（件）。全年制定、修订国家标准 1763 项，其中新制定 1255 项。

八、资源、环境和安全生产

全年全国国有建设用地供应总量 52 万公顷，比上年下降 2.9%。其中，工矿仓储用地 12 万公顷，下降 3.2%；房地产用地 11 万公顷，下降 10.3%；基础设施等用地 29 万公顷，增长 0.2%。

全年水资源总量 30150 亿立方米，全年平均降水量 730 毫米。年末全国监测的 614 座大型水库蓄水总量 3409 亿立方米，比上年末蓄水量略有减少。全年总用水量 6150 亿立方米，比上年增长 0.8%。其中，生活用水增长 2.7%，工业用水减少 0.4%，农业用水增长 0.7%，生态补水增长 1.9%。万元国内生产总值用水量 84 立方米，比上年下降 5.6%。万元工业增加值用水量 53 立方米，下降 6.0%。人均用水量 446 立方米，比上年增长 0.2%。

全年完成造林面积 679 万公顷，其中人工造林面积 381 万公顷，占全部造林面积的 56.1%。森林抚育面积 837 万公顷。截至 2016 年年底，自然保护区达到 2750 个，其中国家级自然保护区 446 个。新增水土流失治理面积 5.4 万平方公里，新增实施水土流失地区封育保护面积 1.6 万平方公里。

初步核算，全年能源消费总量 43.6 亿吨标准煤，比上年增长 1.4%。煤炭消费量下降 4.7%，原油消费量增长 5.5%，天然气消费量增长 8.0%，电力消费量增长 5.0%。煤炭消费量占能源消费总量的 62.0%，比上年下降 2.0 个百分点；水电、风电、核电、天然气等清洁能源消费量占能源消费总量的 19.7%，上升 1.7 个百分点。全国万元国内生产总值能耗下降 5.0%。工业企业吨粗铜综合能耗下降 9.45%，吨钢综合能耗下降 0.08%，单位烧碱综合能耗下降 2.08%，吨水泥综合能耗下降 1.81%，每千瓦时火力发电标准煤耗下降 0.97%。

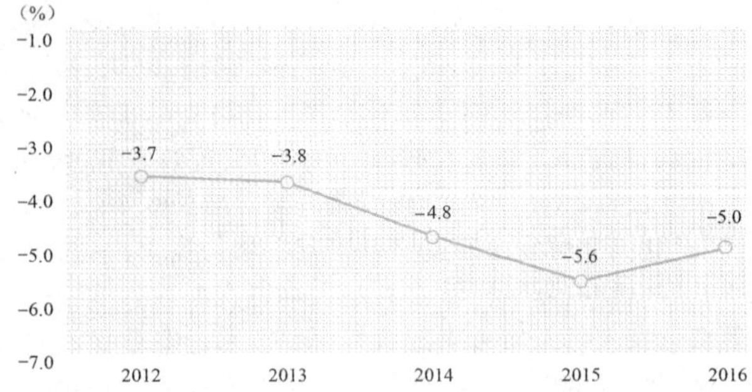

图 15　2012 ~ 2016 年万元国内生产总值能耗降低率

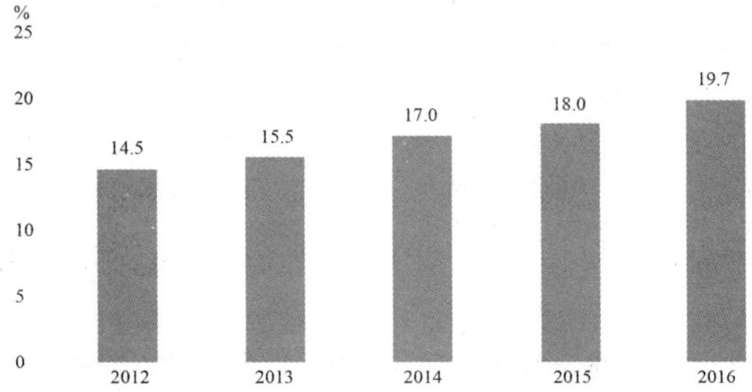

图 16　2012 ~ 2016 年清洁能源消费量占能源消费总量的比重

2016 年按经济类型分工业增加值增长速度

指　　标	12 月	11 月	10 月	9 月	8 月	7 月	6 月	5 月	4 月	3 月	2 月	1 月
国有及国有控股企业增加值_同比增长/%	6.4	4.2	3.2	3.3	3.6	2.9	-0.1	-0.5	-0.1	3.2		
国有及国有控股企业增加值_累计增长/%	2	1.5	1.2	1	0.7	0.3	-0.2	-0.2	-0.1	-0.1	-2	
私营企业增加值_同比增长/%	5.2	6.4	6.8	6.4	6.5	7.4	8.2	9.5	8.9	8.6		
私营企业增加值_累计增长/%	7.5	7.8	8	8.1	8.4	8.7	8.9	9.1	9	9	9.3	
集体企业增加值_同比增长/%	-11.7	-4.4	-3.8	-3.8	-4.1	-1.5	3.6	3.3	1.6	0.2		
集体企业增加值_累计增长/%	-1.3	-0.3	0.2	0.7	1.3	2	2.6	2.4	2.2	2.4	3.7	
股份合作企业增加值_同比增长/%	3.6	7.6	4.4	1.6	6.9	-1.5	9.1	-0.4	6.9	11.4		
股份合作企业增加值_累计增长/%	6.2	6.5	6.4	6.6	7.3	7.4	8.9	8.9	11.3	12.9	13.8	
股份制企业增加值_同比增长/%	6.5	6.6	6.8	6.4	6.4	6.3	7.4	7.2	7.1	7.6		
股份制企业增加值_累计增长/%	6.9	6.9	6.9	6.9	7	7.1	7.2	7.2	7.2	7.2	6.9	
外商及港澳台投资企业增加值_同比增长/%	5.2	5.6	4.8	6.2	6.7	5.1	3.6	3.1	2.6	4.8		
外商及港澳台投资企业增加值_累计增长/%	4.5	4.4	4.3	4.2	3.9	3.5	3.2	3.1	3.1	3.3	2.4	

注：1. 从 2011 年起，规模以上工业企业起点标准由原来的年主营业务收入 500 万元提高到年主营业务收入 2000 万元。

2. 2012 年起，国家统计局执行新的国民经济行业分类标准（GB/T 4754—2011），原来的工业行业大类由 39 个调整为 41 个，具体请参见 http://www.stats.gov.cn/tjbz。为便于用户使用，对于工业分大类行业增加值增速以及出口交货值数据，数据库分别提供了 2003～2011 年以及 2012 年至今两个数据库。

3. 为了消除春节日期不固定因素带来的影响，增强数据的可比性，按照国家统计制度，自 2013 年起，1～2 月份工业数据一起调查，一起发布，不再单独发布 2 月份当月数据。

（数据来源：国家统计局）

2016 年工业企业主要经济指标

指　　标	12 月	11 月	10 月	9 月	8 月	7 月	6 月	5 月	4 月	3 月	2 月
企业单位数_累计值/个	379142	378177	377022	375383	374089	373428	372626	371819	382851	382652	382776
亏损企业_累计值/个	45008	50415	53444	55632	56162	57993	59931	61605	68769	74763	78538
亏损企业_上年同期累计值/个	44925	50317	53066	54821	55576	57159	59256	60975	68338	73963	75894
亏损企业_累计增长/%	0. 2	0. 2	0. 7	1. 5	1. 1	1. 5	1. 1	1	0. 6	1. 1	3. 5
流动资产合计_累计值/亿元	496173. 7	495881. 5	486140. 7	477924. 5	471023. 1	463263. 5	460535. 6	456936. 9	454637. 9	449522	441465. 4
流动资产合计_上年同期累计值/亿元	458617. 2	464293. 1	457427. 8	453241. 8	448758	443955. 9	441542. 3	436737. 1	433893. 4	427883. 5	421308. 2
流动资产合计_累计增长/%	8. 2	6. 8	6. 3	5. 4	5	4. 3	4. 3	4. 6	4. 8	5. 1	4. 8
应收账款_累计值/亿元	125800. 2	129290. 8	125825. 1	122180	119443. 6	118066. 3	116184. 7	114673. 8	112936	110319	107731. 1
应收账款_上年同期累计值/亿元	114774. 5	118586. 1	115002. 9	112389. 1	110105. 8	107938. 1	107588	105593. 4	103764. 7	101894. 8	99605. 5
应收账款_累计增长/%	9. 6	9	9. 4	8. 7	8. 5	9. 4	8	8. 6	8. 8	8. 3	8. 2
存货_累计值/亿元	105241. 8	105382. 9	103463	102203. 9	101840. 6	100774. 1	99308. 3	99563. 1	98764. 4	97776. 1	97169. 3
存货_上年同期累计值/亿元	99771. 6	102210. 7	102020	101482. 5	101741. 3	101448. 2	100334. 7	100063	99746. 8	98419. 1	97728. 8
存货_累计增长/%	5. 5	3. 1	1. 4	0. 7	0. 1	−0. 7	−1	−0. 5	−1	−0. 7	−0. 6
产成品存货_累计值/亿元	39752. 1	39682. 6	38800. 2	38226. 2	38114. 9	37805. 1	36981. 7	36954. 7	36591	36329. 7	35711. 1
产成品存货_上年同期累计值/亿元	38517. 1	39491. 8	38903. 6	38553. 3	38728. 9	38483. 3	37706. 5	37365. 1	37052. 3	36346. 7	35469. 9
产成品存货_累计增长/%	3. 2	0. 5	−0. 3	−0. 8	−1. 6	−1. 8	−1. 9	−1. 1	−1. 2	0	0. 7
资产总计_累计值/亿元	1068296. 7	1057707. 5	1040316. 5	1025475	1013659. 9	1001935. 2	994460. 9	985658. 7	981308. 2	969840. 4	957375. 9
资产总计_上年同期累计值/亿元	997081	991673. 5	978409. 2	968480. 8	958316	947924. 7	941070	931526. 5	928390. 5	917448. 7	905191. 6
资产总计_累计增长/%	7. 1	6. 7	6. 3	5. 9	5. 8	5. 7	5. 7	5. 8	5. 7	5. 7	5. 8
负债合计_累计值/亿元	596034	593634. 5	584043. 2	576855. 3	571316. 2	565489. 5	563204. 9	559587. 4	557681. 4	552203. 2	543836. 1
负债合计_上年同期累计值/亿元	560517. 3	562020. 1	555518. 2	550815. 4	546285. 3	541009. 9	538190. 1	533558. 8	531928. 8	524988. 5	515337. 5
负债合计_累计增长/%	6. 3	5. 6	5. 1	4. 7	4. 6	4. 5	4. 6	4. 9	4. 8	5. 2	5. 5

（续）

指　　标	12月	11月	10月	9月	8月	7月	6月	5月	4月	3月	2月
主营业务收入_累计值/亿元	1151617.5	1031208.4	920705.7	818560.8	717240.1	621791	528412.3	426285.6	335613.8	246659.6	152601
主营业务收入_上年同期累计值/亿元	1097700.1	987584.4	885821	789454.4	692412.9	601639.5	512392.5	414311.2	328128	240946.9	151091.3
主营业务收入_累计增长/%	4.9	4.4	3.9	3.7	3.6	3.3	3.1	2.9	2.3	2.4	1
主营业务成本_累计值/亿元	984902.9	884404.3	790465.1	702905.6	615908.3	533680.7	453300.9	365458	287473.1	210552.8	130101.1
主营业务成本_上年同期累计值/亿元	939855.9	848352.9	761965.7	679220.8	595783.6	517405.9	440210.2	355734.3	281646.8	206487.4	129164.4
主营业务成本_累计增长/%	4.8	4.2	3.7	3.5	3.4	3.1	3	2.7	2.1	2	0.7
销售费用_累计值/亿元	30648.6	27134.8	24299.7	21701.9	18975.9	16519	14107.2	11450.8	9078.5	6712.7	4220.1
销售费用_上年同期累计值/亿元	28750.7	25549	22936.7	20516.5	17937.5	15584.5	13270.8	10746.6	8584.2	6370	4068.2
销售费用_累计增长/%	6.6	6.2	5.9	5.8	5.8	6	6.3	6.6	5.8	5.4	3.7
管理费用_累计值/亿元	43897.4	38264.8	34201.4	30477.4	26674	23199.4	19766.2	16097.5	12846.7	9566	6121
管理费用_上年同期累计值/亿元	41255.8	36121.5	32300	28803.1	25231.3	21954.5	18697	15197	12161	9054.3	5818.9
管理费用_累计增长/%	6.4	5.9	5.9	5.8	5.7	5.7	5.7	5.9	5.6	5.7	5.2
财务费用_累计值/亿元	12532.6	11385.3	10375.3	9367.2	8256.4	7212.3	6193.2	5088.2	4085.5	3088.6	2019.8
财务费用_上年同期累计值/亿元	13310.5	12082.1	11017.6	9970.5	8804.1	7445.9	6392.2	5236.7	4245.6	3191.1	2079.1
财务费用_累计增长/%	-5.8	-5.8	-5.8	-6.1	-6.2	-3.1	-3.1	-2.8	-3.8	-3.2	-2.9
利息支出_累计值/亿元	11280.5	10051.1	9140.6	8220.5	7208.6	6311.2	5446.1	4442	3565.7	2704.1	1703.1
利息支出_上年同期累计值/亿元	12021.4	10838.5	9915.8	8950.4	7859.5	6893.2	5931.9	4820.3	3887.5	2924.6	1848.1
利息支出_累计增长/%	-6.2	-7.3	-7.8	-8.2	-8.3	-8.4	-8.2	-7.8	-8.3	-7.5	-7.8
利润总额_累计值/亿元	68803.2	60334.1	52567.7	46380.6	40583.6	35235.9	29998.2	23816.4	18442.2	13421.5	7807.1
利润总额_上年同期累计值/亿元	63427.2	55170.6	48404.9	42794.7	37434.5	32959.1	28246.7	22380.8	17312.9	12496.5	7451.7
利润总额_累计增长/%	8.5	9.4	8.6	8.4	8.4	6.9	6.2	6.4	6.5	7.4	4.8
亏损企业亏损总额_累计值/亿元	8173.6	7114.9	6812.9	6268.9	5775.6	5229.9	4652.2	4111.6	3632.9	3026.7	2392.6
亏损企业亏损总额_上年同期累计值/亿元	9003.2	8073	7422.6	6737.8	5961.8	5082	4367.8	3850.6	3378.5	2809.2	2265.7
亏损企业亏损总额_累计增长/%	-9.2	-11.9	-8.2	-7	-3.1	2.9	6.5	6.8	7.5	7.7	5.6

注：从2011年起，规模以上工业企业起点标准由原来的年主营业务收入500万元提高到年主营业务收入2000万元。

（数据来源：国家统计局）

2016年股份制工业企业主要经济指标

指　标	12月	11月	10月	9月	8月	7月	6月	5月	4月	3月	2月
股份制工业企业单位数_累计值/个	302498	301639	300625	299139	297989	297432	296719	294515	303124	302953	302672
股份制工业企业亏损企业数_累计值/个	32774	36821	39047	40728	40988	42297	43655	44624	49980	54551	57229
股份制工业企业亏损企业数_上年同期累计值/个	32320	36296	38420	39772	40205	41423	42897	44023	49538	53536	54895
股份制工业企业亏损企业数_累计增长/%	1. 4	1. 4	1. 6	2. 4	1. 9	2. 1	1. 8	1. 4	0. 9	1. 9	4. 3
股份制工业企业流动资产合计_累计值/亿元	344020. 8	344859	338224. 6	332166. 6	327853. 6	322875. 6	320912. 5	315159. 8	313674. 9	309759. 2	304166. 5
股份制工业企业流动资产合计_上年同期累计值/亿元	318977. 7	322447. 9	317804. 2	314498	311275. 7	308211. 2	306040. 6	299495. 6	297231. 1	292131. 3	286401. 5
股份制工业企业流动资产合计_累计增长/%	7. 9	7	6. 4	5. 6	5. 3	4. 8	4. 9	5. 2	5. 5	6	6. 2
股份制工业企业应收账款_累计值/亿元	81062. 1	84063. 5	82030. 4	79908. 2	78800. 8	78011. 8	76823. 6	75011. 6	73757. 5	71911. 8	69940. 6
股份制工业企业应收账款_上年同期累计值/亿元	74909. 1	77291. 1	74979. 9	72995. 7	72055. 4	70398. 6	69908. 3	67747. 3	66516. 3	65136. 2	63135. 8
股份制工业企业应收账款_累计增长/%	8. 2	8. 8	9. 4	9. 5	9. 4	10. 8	9. 9	10. 7	10. 9	10. 4	10. 8
股份制工业企业存货_累计值/亿元	75552. 1	75735. 2	74155. 6	73040. 4	72542. 6	71931. 1	71058. 4	70466	69788. 4	69027. 1	68400. 9
股份制工业企业存货_上年同期累计值/亿元	71373. 7	72848. 3	72603. 5	72039. 2	71926. 9	71803. 2	71094. 2	70095. 7	69920. 3	68861. 5	68283. 2
股份制工业企业存货_累计增长/%	5. 9	4	2. 1	1. 4	0. 9	0. 2	−0. 1	0. 5	−0. 2	0. 2	0. 2
股份制工业企业产成品存货_累计值/亿元	29092. 8	29213. 1	28549. 4	28038. 5	27813. 9	27585. 1	27117. 6	26928. 3	26628. 2	26322. 8	25822. 7
股份制工业企业产成品存货_上年同期累计值/亿元	28154. 9	28794. 2	28370. 2	28126. 3	28038. 4	27875. 9	27356. 7	26912. 6	26726. 9	26257. 2	25515. 3
股份制工业企业产成品存货_累计增长/%	3. 3	1. 5	0. 6	−0. 3	−0. 8	−1	−0. 9	0. 1	−0. 4	0. 2	1. 2
股份制工业企业资产总计_累计值/亿元	761264. 1	753793	741524. 3	731892. 4	723700. 3	715691. 6	710500. 5	697131. 5	694555. 4	685303. 1	675928. 5
股份制工业企业资产总计_上年同期累计值/亿元	712107. 1	706772. 2	697397. 2	689780. 3	682072. 3	674540. 8	668843. 2	655633. 5	653260. 3	643992. 7	633074. 1
股份制工业企业资产总计_累计增长/%	6. 9	6. 7	6. 3	6. 1	6. 1	6. 1	6. 2	6. 3	6. 3	6. 4	6. 8
股份制工业企业负债合计_累计值/亿元	430684. 8	429719. 3	423138. 2	418066. 3	414548. 3	410903	409621. 5	402924. 3	401978. 3	398027. 9	391831. 5
股份制工业企业负债合计_上年同期累计值/亿元	406670. 9	407028. 9	402623. 7	399213. 8	395547. 7	392005. 9	389305. 1	382334. 8	381147. 3	375392. 9	367007. 3
股份制工业企业负债合计_累计增长/%	5. 9	5. 6	5. 1	4. 7	4. 8	4. 8	5. 2	5. 4	5. 5	6	6. 8

（续）

指　　标	12月	11月	10月	9月	8月	7月	6月	5月	4月	3月	2月
股份制工业企业主营业务收入_累计值/亿元	819726.2	732748.2	653785.4	580381.5	508835.1	440989.5	374281.5	298871.4	234751.6	172116.4	106070.3
股份制工业企业主营业务收入_上年同期累计值/亿元	775938.4	697038.7	624532	556027.2	487363	422822.3	359170.9	287127.1	226852.1	166246.1	103575.4
股份制工业企业主营业务收入_累计增长/%	5.6	5.1	4.7	4.4	4.4	4.3	4.2	4.1	3.5	3.5	2.4
股份制工业企业主营业务成本_累计值/亿元	701890	629260.4	562019.4	499035.3	437557.1	378973.5	321430.8	256724.6	201445.4	147321	90464.7
股份制工业企业主营业务成本_上年同期累计值/亿元	664434.4	599122.5	537415.9	478579.4	419515.4	363671.9	308583.2	246723.6	194771.3	142427.5	88472.1
股份制工业企业主营业务成本_累计增长/%	5.6	5	4.6	4.3	4.3	4.2	4.2	4.1	3.4	3.4	2.3
股份制工业企业销售费用_累计值/亿元	20813	18338.9	16386.2	14591.7	12741.3	11077.6	9465.8	7615.4	6028	4462.1	2801.1
股份制工业企业销售费用_上年同期累计值/亿元	19235.6	17017.6	15230.8	13598	11853.6	10268.9	8746.2	7002.2	5604.1	4161	2651.4
股份制工业企业销售费用_累计增长/%	8.2	7.8	7.6	7.3	7.5	7.9	8.2	8.8	7.6	7.2	5.6
股份制工业企业管理费用_累计值/亿元	30612	26573.2	23735	21123.4	18473.1	16059	13669.5	11016.4	8780	6519.8	4170.3
股份制工业企业管理费用_上年同期累计值/亿元	28554.9	24901.3	22212.2	19764.5	17288.6	15013.6	12757.4	10286.4	8242.1	6133.9	3942.5
股份制工业企业管理费用_累计增长/%	7.2	6.7	6.9	6.9	6.9	7	7.1	7.1	6.5	6.3	5.8
股份制工业企业财务费用_累计值/亿元	10144.8	9191.5	8338.9	7507	6596.4	5763.1	4943.6	4050.1	3257.7	2452.9	1592.3
股份制工业企业财务费用_上年同期累计值/亿元	10714.3	9788.9	8928	8053.4	7101.1	6187.8	5308	4326.1	3504.3	2634.3	1687.4
股份制工业企业财务费用_累计增长/%	-5.3	-6.1	-6.6	-6.8	-7.1	-6.9	-6.9	-6.4	-7	-6.9	-5.6
股份制工业企业利息支出_累计值/亿元	9046	8066.7	7317.3	6559.5	5764.2	5038.6	4348	3535.5	2831.9	2138.5	1347.8
股份制工业企业利息支出_上年同期累计值/亿元	9630.6	8686.4	7942.9	7166.7	6307.3	5534.3	4750.7	3848.2	3099.4	2321.9	1464.6
股份制工业企业利息支出_累计增长/%	-6.1	-7.1	-7.9	-8.5	-8.6	-9	-8.5	-8.1	-8.6	-7.9	-8
股份制工业企业利润总额_累计值/亿元	47196.8	41342.4	36010.7	31655.5	27774.4	24123.9	20527.2	15992.9	12316.4	8965.6	5216.1
股份制工业企业利润总额_上年同期累计值/亿元	43599.7	37612.2	33059.8	29156.3	25535.2	22361.8	19083	14864.6	11466.9	8274.3	4904.5
股份制工业企业利润总额_累计增长/%	8.3	9.9	8.9	8.6	8.8	7.9	7.6	7.6	7.4	8.4	6.4
股份制工业企业亏损企业亏损总额_累计值/亿元	5919.7	5121.8	4900.6	4493.8	4114.4	3739.1	3314.8	2964.7	2636.9	2189	1722.8
股份制工业企业亏损企业亏损总额_上年同期累计值/亿元	6379.8	5795.5	5343.2	4825.7	4252.1	3679.8	3157.6	2788.4	2442.5	2017.4	1612.3
股份制工业企业亏损企业亏损总额_累计增长/%	-7.2	-11.6	-8.3	-6.9	-3.2	1.6	5	6.3	8	8.5	6.9

注：从2011年起，规模以上工业企业起点标准由原来的年主营业务收入500万元提高到年主营业务收入2000万元。

（数据来源：国家统计局）

2016 年私营工业企业主要经济指标

指　标	12 月	11 月	10 月	9 月	8 月	7 月	6 月	5 月	4 月	3 月	2 月
私营工业企业单位数_累计值/个	214514	213906	213157	212073	211220	210731	210246	209979	216955	216829	216760
私营工业企业亏损企业数_累计值/个	18935	21245	22452	23395	23464	24283	25357	25872	29535	32496	34055
私营工业企业亏损企业数_上年同期累计值/个	17980	20168	21413	22329	22700	23573	24638	25404	29014	31648	32366
私营工业企业亏损企业数_累计增长/%	5. 3	5. 3	4. 9	4. 8	3. 4	3	2. 9	1. 8	1. 8	2. 7	5. 2
私营工业企业流动资产合计_累计值/亿元	121002. 5	119840. 9	117529. 7	115284. 5	113528. 7	111668. 9	110458. 8	108287. 5	107545. 7	105953. 2	103738. 7
私营工业企业流动资产合计_上年同期累计值/亿元	113244. 5	112606. 4	110848. 1	109377. 5	107812. 5	106369. 5	105052. 4	102259. 7	101923. 8	100194	98047
私营工业企业流动资产合计_累计增长/%	6. 9	6. 4	6	5. 4	5. 3	5	5. 1	5. 9	5. 5	5. 7	5. 8
私营工业企业应收账款_累计值/亿元	32118. 8	32107	31345. 6	30328. 1	29845. 9	29411. 3	29072. 5	28147. 3	27743	27055. 3	26469. 1
私营工业企业应收账款_上年同期累计值/亿元	29840. 3	29795. 3	29037. 4	28230. 1	27771. 5	27235. 3	26873. 2	25796. 4	25310. 6	24690. 3	24087. 1
私营工业企业应收账款_累计增长/%	7. 6	7. 8	7. 9	7. 4	7. 5	8	8. 2	9. 1	9. 6	9. 6	9. 9
私营工业企业存货_累计值/亿元	27573. 8	27352. 5	26767. 8	26307. 7	25886. 9	25622. 5	25239. 4	24960	24750. 7	24416. 6	23878. 4
私营工业企业存货_上年同期累计值/亿元	25628. 4	25679. 1	25443	25164. 2	24898. 3	24712. 7	24341. 8	23918. 9	23902. 6	23370. 2	22945. 2
私营工业企业存货_累计增长/%	7. 6	6. 5	5. 2	4. 5	4	3. 7	3. 7	4. 4	3. 5	4. 5	4. 1
私营工业企业产成品存货_累计值/亿元	12196. 6	12179	11897. 2	11660. 9	11447. 5	11308. 8	11116. 1	10973. 4	10826. 9	10629. 2	10326. 5
私营工业企业产成品存货_上年同期累计值/亿元	11630. 9	11641. 4	11495. 6	11351. 5	11164. 5	11047. 7	10810. 7	10570. 5	10474. 6	10105. 1	9772. 7
私营工业企业产成品存货_累计增长/%	4. 9	4. 6	3. 5	2. 7	2. 5	2. 4	2. 8	3. 8	3. 4	5. 2	5. 7
私营工业企业资产总计_累计值/亿元	239044. 4	234919	230277. 8	225997. 5	222379	218757. 3	215815	211409. 5	210056	206429. 4	202606. 4
私营工业企业资产总计_上年同期累计值/亿元	222792	218738. 6	214747	211148. 8	207570. 2	203987. 5	201200. 3	196489. 6	196280. 9	192474	188418. 7
私营工业企业资产总计_累计增长/%	7. 3	7. 4	7. 2	7	7. 1	7. 2	7. 3	7. 6	7	7. 3	7. 5
私营工业企业负债合计_累计值/亿元	121099. 6	120051. 3	118153	116132. 5	114741. 1	113440. 8	112591. 3	110608. 6	110401. 9	108981. 1	106808. 7
私营工业企业负债合计_上年同期累计值/亿元	114204. 7	113416	111813. 6	110451. 5	109006	107631. 8	106527. 2	104222. 4	104338. 1	102385	99326. 4
私营工业企业负债合计_累计增长/%	6	5. 9	5. 7	5. 1	5. 3	5. 4	5. 7	6. 1	5. 8	6. 4	7. 5

（续）

指　标	12月	11月	10月	9月	8月	7月	6月	5月	4月	3月	2月
私营工业企业主营业务收入_累计值/亿元	409222.2	367679	328204.4	290900.3	255337.4	221065.3	186732	149662.5	117489.3	85755.7	52949.2
私营工业企业主营业务收入_上年同期累计值/亿元	384419.1	345856.4	309175.1	274119.2	239620.7	207231	174920.1	139904.4	110923.4	80838.8	50220
私营工业企业主营业务收入_累计增长/%	6.5	6.3	6.2	6.1	6.6	6.7	6.8	7	5.9	6.1	5.4
私营工业企业主营业务成本_累计值/亿元	357409.1	322221	287986	255382.5	224101.4	193930.5	163725.2	131066.7	102804.6	74885.7	45999.1
私营工业企业主营业务成本_上年同期累计值/亿元	334876.5	302599.5	271056	240591.7	210360.2	181869.1	153424.7	122569.9	97102.7	70624.2	43669.1
私营工业企业主营业务成本_累计增长/%	6.7	6.5	6.2	6.1	6.5	6.6	6.7	6.9	5.9	6	5.3
私营工业企业销售费用_累计值/亿元	9063.1	8058.2	7207	6407.1	5615.9	4871.9	4129.4	3324.8	2632.3	1950.7	1237
私营工业企业销售费用_上年同期累计值/亿元	8501.1	7578.7	6769.2	6009.2	5250.4	4543.3	3841	3090.7	2474.2	1826.2	1165.2
私营工业企业销售费用_累计增长/%	6.6	6.3	6.5	6.6	7	7.2	7.5	7.6	6.4	6.8	6.2
私营工业企业管理费用_累计值/亿元	12660.3	11104.5	9923.5	8809	7727.1	6710.3	5699.1	4619.8	3681.4	2729.4	1755.7
私营工业企业管理费用_上年同期累计值/亿元	11833.2	10413.7	9284.7	8232.8	7197.5	6234.4	5283.1	4272.5	3443.9	2548.8	1635.8
私营工业企业管理费用_累计增长/%	7	6.6	6.9	7	7.4	7.6	7.9	8.1	6.9	7.1	7.3
私营工业企业财务费用_累计值/亿元	3472.3	3130.5	2835.8	2551.7	2239.2	1959.3	1676.5	1361.1	1105.6	830.2	520.2
私营工业企业财务费用_上年同期累计值/亿元	3545.9	3209.8	2909.5	2607.7	2290.7	2015.2	1719.5	1392.3	1135.2	849.4	531.1
私营工业企业财务费用_累计增长/%	-2.1	-2.5	-2.5	-2.1	-2.2	-2.8	-2.5	-2.2	-2.6	-2.3	-2.1
私营工业企业利息支出_累计值/亿元	2585.8	2286.7	2067.5	1860.4	1632.9	1426.5	1233.4	1001.2	809.4	609.2	386.2
私营工业企业利息支出_上年同期累计值/亿元	2719.6	2427.3	2198.9	1977.2	1732	1517.9	1301.4	1050.9	856.1	643	402.4
私营工业企业利息支出_累计增长/%	-4.9	-5.8	-6	-5.9	-5.7	-6	-5.2	-4.7	-5.5	-5.3	-4
私营工业企业利润总额_累计值/亿元	24325.3	21169	18545.5	16232	14316.3	12424.5	10512.5	8488.9	6626.1	4850.5	3103.7
私营工业企业利润总额_上年同期累计值/亿元	23206.4	19997.4	17405	15173.9	13209.9	11433.1	9659.8	7761.6	6114.3	4504.9	2888.2
私营工业企业利润总额_累计增长/%	4.8	5.9	6.6	7	8.4	8.7	8.8	9.4	8.4	7.7	7.5
私营工业企业亏损企业亏损总额_累计值/亿元	859.8	828.7	798.2	752.6	696.1	638.8	575.8	506	456.1	392.4	304.1
私营工业企业亏损企业亏损总额_上年同期累计值/亿元	1012.1	973.4	922	861.8	775.2	698.1	617	547.3	498.1	408	295.9
私营工业企业亏损企业亏损总额_累计增长/%	-15	-14.9	-13.4	-12.7	-10.2	-8.5	-6.7	-7.5	-8.4	-3.8	2.8

注：从2011年起，规模以上工业企业起点标准由原来的年主营业务收入500万元提高到年主营业务收入2000万元。

（数据来源：国家统计局）

2016 年外商及港澳台投资工业企业主要经济指标

指　标	12 月	11 月	10 月	9 月	8 月	7 月	6 月	5 月	4 月	3 月	2 月
外商及港澳台投资工业企业单位数_累计值/个	51848	51810	51771	51723	51653	51608	51572	51837	53076	53071	53258
外商及港澳台投资工业企业亏损企业数_累计值/个	9964	11159	11875	12241	12500	12982	13533	14004	15411	16532	17501
外商及港澳台投资工业企业亏损企业数_上年同期累计值/个	10496	11731	12262	12557	12898	13198	13724	14113	15591	16958	17438
外商及港澳台投资工业企业亏损企业数_累计增长/%	-5.1	-4.9	-3.2	-2.5	-3.1	-1.6	-1.4	-0.8	-1.2	-2.5	0.4
外商及港澳台投资工业企业流动资产合计_累计值/亿元	124337.9	123475.6	120514.9	118504.2	115946	113733.8	113414.7	113323.7	112676.5	111968.1	110319.9
外商及港澳台投资工业企业流动资产合计_上年同期累计值/亿元	114147.2	115864.6	114277.1	113467.5	112569.8	111105.9	111243.4	111048.3	110581.8	110041.8	109063.4
外商及港澳台投资工业企业流动资产合计_累计增长/%	8.9	6.6	5.5	4.4	3	2.4	2	2	1.9	1.8	1.2
外商及港澳台投资工业企业应收账款_累计值/亿元	40289.6	40492.2	39195.3	37785.9	36136.6	35612.7	35038.8	34982.2	34518	33895	33462.6
外商及港澳台投资工业企业应收账款_上年同期累计值/亿元	35794.1	36740.1	35560.7	34972.3	33723.6	33315.1	33531	33412.1	32838.2	32432.4	32313.4
外商及港澳台投资工业企业应收账款_累计增长/%	12.6	10.2	10.2	8	7.2	6.9	4.5	4.7	5.1	4.5	3.6
外商及港澳台投资工业企业存货_累计值/亿元	24348.8	24440.2	24169.3	24035.3	24181.7	23701	23184.9	23481.9	23348.4	23173.8	23322.8
外商及港澳台投资工业企业存货_上年同期累计值/亿元	23406.7	24205.3	24316.4	24298	24620.6	24482.9	24112	24350.1	24172.7	23959.9	23966.1
外商及港澳台投资工业企业存货_累计增长/%	4	1	-0.6	-1.1	-1.8	-3.2	-3.8	-3.6	-3.4	-3.3	-2.7
外商及港澳台投资工业企业产成品存货_累计值/亿元	8808.3	8806.5	8608.7	8535.8	8682.3	8564.1	8323.1	8419.5	8336.6	8380.5	8305.5
外商及港澳台投资工业企业产成品存货_上年同期累计值/亿元	8738.3	9042	8909.8	8827.6	9084.7	9056.6	8782.3	8798	8624.9	8416.3	8307.2
外商及港澳台投资工业企业产成品存货_累计增长/%	0.8	-2.6	-3.4	-3.3	-4.4	-5.4	-5.2	-4.3	-3.3	-0.4	0
外商及港澳台投资工业企业资产总计_累计值/亿元	213772.6	211291.7	207538.3	204627.4	201550.8	198802.9	197867.6	197787.8	196790	195377.7	193495.9
外商及港澳台投资工业企业资产总计_上年同期累计值/亿元	199978.1	200077.8	197782	196369	194847	192721.9	192266.1	191781.3	191341.3	190486.3	189238.4
外商及港澳台投资工业企业资产总计_累计增长/%	6.9	5.6	4.9	4.2	3.4	3.2	2.9	3.1	2.8	2.6	2.2
外商及港澳台投资工业企业负债合计_累计值/亿元	115751.6	114817.8	112819.6	111092.3	109064.8	107334.4	107280.5	106915.9	106219.7	105301.8	104062
外商及港澳台投资工业企业负债合计_上年同期累计值/亿元	108368.1	109455.3	108285.6	107521.1	107181.4	105691.7	105935.6	105590	105403.3	104616.2	103678.9
外商及港澳台投资工业企业负债合计_累计增长/%	6.8	4.9	4.2	3.3	1.8	1.6	1.3	1.3	0.8	0.7	0.4

（续）

指　　标	12月	11月	10月	9月	8月	7月	6月	5月	4月	3月	2月
外商及港澳台投资工业企业主营业务收入_累计值/亿元	253355	227568.6	203497.9	181477.5	158529.7	137703.6	117605.9	96168	76138.1	56283.2	34866.2
外商及港澳台投资工业企业主营业务收入_上年同期累计值/亿元	244921.9	221196.2	199066.9	177791.8	156055.4	136391.2	117123	96236.8	76524.4	56441.2	35544.6
外商及港澳台投资工业企业主营业务收入_累计增长/%	3.4	2.9	2.2	2.1	1.6	1	0.4	-0.1	-0.5	-0.3	-1.9
外商及港澳台投资工业企业主营业务成本_累计值/亿元	214728.3	193471.5	173268.4	154491.9	134942.2	117205.2	100134.2	81802.7	64757.5	47868.4	29722.7
外商及港澳台投资工业企业主营业务成本_上年同期累计值/亿元	208511.3	188869	170376.8	152218.2	133630.7	116827.7	100283	82384.5	65610.4	48445.2	30575.4
外商及港澳台投资工业企业主营业务成本_累计增长/%	3	2.4	1.7	1.5	1	0.3	-0.1	-0.7	-1.3	-1.2	-2.8
外商及港澳台投资工业企业销售费用_累计值/亿元	8315.6	7430.4	6699.5	6031	5286.6	4601.3	3928.6	3227.8	2569.6	1896.8	1196.4
外商及港澳台投资工业企业销售费用_上年同期累计值/亿元	8055.5	7229.7	6534.7	5874.4	5169.8	4531.1	3857.8	3180.5	2530.8	1874.2	1203.9
外商及港澳台投资工业企业销售费用_累计增长/%	3.2	2.8	2.5	2.7	2.3	1.5	1.8	1.5	1.5	1.2	-0.6
外商及港澳台投资工业企业管理费用_累计值/亿元	10873.7	9591	8607.9	7689.9	6740.6	5870.3	5019.9	4128.9	3298	2466.5	1572.9
外商及港澳台投资工业企业管理费用_上年同期累计值/亿元	10371.1	9172.5	8252	7403.4	6511.2	5700.9	4880.7	3986	3172.9	2363.7	1512.1
外商及港澳台投资工业企业管理费用_累计增长/%	4.8	4.6	4.3	3.9	3.5	3	2.9	3.6	3.9	4.3	4
外商及港澳台投资工业企业财务费用_累计值/亿元	1536.8	1426.9	1330.5	1216.8	1089.6	948.8	822.7	672.1	529.1	402.8	281.8
外商及港澳台投资工业企业财务费用_上年同期累计值/亿元	1693.4	1483.2	1349.5	1243	1116.2	763.4	655.9	541.6	444	330.3	244.7
外商及港澳台投资工业企业财务费用_累计增长/%	-9.2	-3.8	-1.4	-2.1	-2.4	24.3	25.4	24.1	19.2	21.9	15.2
外商及港澳台投资工业企业利息支出_累计值/亿元	1448.3	1279.6	1172.5	1066.7	923.8	814.1	707.6	581.9	465.2	353.7	224.9
外商及港澳台投资工业企业利息支出_上年同期累计值/亿元	1571.4	1414.6	1298.4	1171.2	1022.5	895.8	778.8	634	508.8	388	249.6
外商及港澳台投资工业企业利息支出_累计增长/%	-7.8	-9.5	-9.7	-8.9	-9.7	-9.1	-9.1	-8.2	-8.6	-8.8	-9.9
外商及港澳台投资工业企业利润总额_累计值/亿元	17351.9	15073.6	13033.3	11594.9	10084.8	8748.6	7424.5	6082.9	4761.6	3442	1925.1
外商及港澳台投资工业企业利润总额_上年同期累计值/亿元	15481	13602	11890.7	10524.3	9164.8	8188.5	7069.6	5738.9	4435.9	3161.4	1823.5
外商及港澳台投资工业企业利润总额_累计增长/%	12.1	10.8	9.6	10.2	10	6.8	5	6	7.3	8.9	5.6
外商及港澳台投资工业企业亏损企业亏损总额_累计值/亿元	1582.5	1457.8	1419	1308.5	1242.3	1122.6	1017.6	860.9	743.5	621.4	514.1
外商及港澳台投资工业企业亏损企业亏损总额_上年同期累计值/亿元	1988.5	1685.6	1535.9	1431.8	1297.6	1060.4	923.2	812.5	717.7	608	507.3
外商及港澳台投资工业企业亏损企业亏损总额_累计增长/%	-20.4	-13.5	-7.6	-8.6	-4.3	5.9	10.2	6	3.6	2.2	1.3

注：从2011年起，规模以上工业企业起点标准由原来的年主营业务收入500万元提高到年主营业务收入2000万元。

（数据来源：国家统计局）

2016 年工业主要产品产量

发电机组(发电设备)指标	12 月	11 月	10 月	9 月	8 月	7 月	6 月	5 月	4 月	3 月	2 月
发电机组(发电设备)产量_当期值/万千瓦	1413.4	1427	1107.9	1529.5	899.2	1142.2	1593.3	1491.9	792.4	1206.3	
发电机组(发电设备)产量_累计值/万千瓦	14066.3	12708.5	11275.1	10164.5	8622.3	7726.7	6584.4	4999	3518.1	2722.9	1513.6
发电机组(发电设备)产量_同比增长/%	27.6	18.5	2	18.2	5.1	18.9	29.1	47.8	-25.8	-30.9	
发电机组(发电设备)产量_累计增长/%	4.7	2.8	1.5	1.5	-1.1	-1.5	-4.7	-11.9	-24.8	-24.4	-17.9
电工仪器仪表指标	12 月	11 月	10 月	9 月	8 月	7 月	6 月	5 月	4 月	3 月	2 月
电工仪器仪表产量_当期值/万台	1811.2	2025.9	1631.6	1733.7	1741.2	1786.7	1867.7	1720.6	1602	1602.1	
电工仪器仪表产量_累计值/万台	20411.7	18400.3	16264.1	14503.3	12770.9	11065.1	9243	7025.4	5271.1	3674.6	2008.1
电工仪器仪表产量_同比增长/%	7.9	28	19.4	12.7	20.1	24.3	10.4	30.7	35.4	32.1	
电工仪器仪表产量_累计增长/%	18.5	18.4	15.5	21.3	22.8	24.9	24.5	23.9	21.7	16.2	6.3
房间空气调节器指标	12 月	11 月	10 月	9 月	8 月	7 月	6 月	5 月	4 月	3 月	2 月
房间空气调节器产量_当期值/万台	1462.2	1195	1161.3	1235.1	1206.1	1326.5	1656.9	1432.3	1582.9	1639.1	
房间空气调节器产量_累计值/万台	16049.3	14514.2	13315.5	12170.7	10933.3	9728.3	8402.8	6743.1	5310.5	3733.6	2104.3
房间空气调节器产量_同比增长/%	13	14.6	19.2	18.7	15.7	10.1	0.1	-15.1	-7	-2	
房间空气调节器产量_累计增长/%	4.5	3.1	2.1	0.6	-1.1	-3.1	-4.9	-6.5	-3.5	-2	0.3
程控交换机指标	12 月	11 月	10 月	9 月	8 月	7 月	6 月	5 月	4 月	3 月	2 月
程控交换机产量_当期值/万线	137.8	96.9	82.2	127.9	124.3	146.4	145.5	167.1	124.7	110.7	
程控交换机产量_累计值/万线	1467.1	1329.3	1232.3	1151.1	1023.2	899	752.5	607	439.9	315.4	204.1
程控交换机产量_同比增长/%	-29.7	-41.9	-27.4	-20.9	-10	79	69	48.8	-7.8	-11.2	
程控交换机产量_累计增长/%	-22.5	-21.6	-19.5	-19.6	-19.7	16.3	8.9	0.8	-10.2	-11	-14
移动通信基站设备指标	12 月	11 月	10 月	9 月	8 月	7 月	6 月	5 月	4 月	3 月	2 月
移动通信基站设备产量_当期值/万信道	2308.5	3001.9	2200.7	2667.2	2263.5	2552.8	2785.5	3378.2	3364.1	3551.6	

（续）

移动通信基站设备指标	12月	11月	10月	9月	8月	7月	6月	5月	4月	3月	2月
移动通信基站设备产量_累计值/万信道	34083.6	31897.7	28883.7	26676.5	24009.3	21745.8	19193	16407.6	13029.3	9665.2	6041.3
移动通信基站设备产量_同比增长/%	-25.8	-21.1	-26.7	-8.5	-8.4	29.6	37.3	50.4	25.4	52.4	
移动通信基站设备产量_累计增长/%	11.1	15.6	21.5	28.6	34.6	41.5	43.2	44.3	42.7	49.9	49.1
移动通信手持机(手机)指标	12月	11月	10月	9月	8月	7月	6月	5月	4月	3月	2月
移动通信手持机(手机)产量_当期值/万台	24641.7	23583.1	22385.2	19878.1	18129.8	17924.9	18733.9	15832.4	15460.3	15051.6	
移动通信手持机(手机)产量_累计值/万台	226108.7	199048	174770.7	152446.8	132973.9	115339.3	96603.1	75239.3	59358.9	44119.9	28974.7
移动通信手持机(手机)产量_同比增长/%	14.8	16.8	19.9	14	15.9	23.5	30.8	20.8	14.9	18.7	
移动通信手持机(手机)产量_累计增长/%	20.3	19.9	19.9	17.6	19.5	23.8	23.3	18.5	16.5	19.6	15.5
电子计算机整机指标	12月	11月	10月	9月	8月	7月	6月	5月	4月	3月	2月
电子计算机整机产量_当期值/万台	3202.9	3346.7	3142.2	3317.4	2680.6	2318	2712	2620.8	2445.1	2933.8	
电子计算机整机产量_累计值/万台	33144.3	29936	26530.7	23413.3	20062.3	17382.1	15059.6	12399.7	9796.2	7355.3	4377
电子计算机整机产量_同比增长/%	-14.8	-3.6	-8	-7	-5	-7.6	-14.1	-8.2	-14.1	0.6	
电子计算机整机产量_累计增长/%	-8.8	-9.1	-9.8	-9.6	-10.5	-11.2	-11.5	-10.5	-10.9	-9.8	-16.2
微型计算机设备指标	12月	11月	10月	9月	8月	7月	6月	5月	4月	3月	2月
微型计算机设备产量_当期值/万台	2798.7	2963.7	2811.8	2941.8	2317.8	1975.9	2384.6	2281.6	2091.9	2513.7	
微型计算机设备产量_累计值/万台	29008.5	26204.1	23161.5	20376.3	17399.3	15081.7	13101.4	10685.9	8354.1	6221.2	3686.8
微型计算机设备产量_同比增长/%	-7.2	-2.6	-6.6	-7.3	-6	-7.5	-15.9	-11	-17.6	-0.3	
微型计算机设备产量_累计增长/%	-9.6	-10	-11	-11.4	-12.2	-13.1	-13.8	-13.6	-14.4	-13.9	-21.9
集成电路指标	12月	11月	10月	9月	8月	7月	6月	5月	4月	3月	2月
集成电路产量_当期值/亿块	140.4	125.2	119.5	116.3	114.9	113.8	117.2	110.1	103.4	104.8	
集成电路产量_累计值/亿块	1329.2	1191	1063.1	943.9	829.3	713.2	599.3	482.1	371.5	267.8	160.6
集成电路产量_同比增长/%	23.2	31.5	34	21.9	25.6	16.1	20.5	18.3	14.5	23.4	
集成电路产量_累计增长/%	21	20.9	19.7	18.2	17.9	16.6	16.5	16.7	14.7	15.9	12.6
彩色电视机指标	12月	11月	10月	9月	8月	7月	6月	5月	4月	3月	2月
彩色电视机产量_当期值/万台	1751.3	1642.7	1561.7	1703	1585.7	1294	1349.8	1272.3	1423.4	1579	

（续）

彩色电视机指标	12 月	11 月	10 月	9 月	8 月	7 月	6 月	5 月	4 月	3 月	2 月
彩色电视机产量_累计值/万台	17483.4	15677	13985.4	12418.2	10744.6	9178.3	7875.8	6527.7	5240.8	3827.9	2250
彩色电视机产量_同比增长/%	5.7	4.4	9	-3.9	4.2	8.5	15.1	10.3	1.8	25.2	
彩色电视机产量_累计增长/%	8.7	8.2	8.6	8.5	11.3	12.9	13	12.8	12	16.9	11.5
电工仪器仪表指标	12 月	11 月	10 月	9 月	8 月	7 月	6 月	5 月	4 月	3 月	2 月
电工仪器仪表产量_当期值/万台	1811.2	2025.9	1631.6	1733.7	1741.2	1786.7	1867.7	1720.6	1602	1602.1	
电工仪器仪表产量_累计值/万台	20411.7	18400.3	16264.1	14503.3	12770.9	11065.1	9243	7025.4	5271.1	3674.6	2008.1
电工仪器仪表产量_同比增长/%	7.9	28	19.4	12.7	20.1	24.3	10.4	30.7	35.4	32.1	
电工仪器仪表产量_累计增长/%	18.5	18.4	15.5	21.3	22.8	24.9	24.5	23.9	21.7	16.2	6.3
汽车指标	12 月	11 月	10 月	9 月	8 月	7 月	6 月	5 月	4 月	3 月	2 月
汽车产量_当期值/万辆	298.2	300	240.9	257.6	204	197.8	211.3	208.7	220.2	255.4	
汽车产量_累计值/万辆	2819.3	2526.1	2088.7	1971.8	1713.7	1507.8	1311.4	1099.3	889.3	668.6	412.6
汽车产量_同比增长/%	12.7	17.8	18	31.5	24.7	25.4	8.1	4.1	4.3	8.9	
汽车产量_累计增长/%	13.1	13.3	12.7	12.3	10	8.1	6	5.6	5.5	6.5	5.3
基本型乘用车（轿车）指标	12 月	11 月	10 月	9 月	8 月	7 月	6 月	5 月	4 月	3 月	2 月
基本型乘用车（轿车）产量_当期值/万辆	124.2	128.1	102.7	113	90.1	89.4	92.1	90.3	93.7	109.2	
基本型乘用车（轿车）产量_累计值/万辆	1223.8	1099.7	897.7	854.4	741.6	650.2	563.2	471.6	381.4	284.9	176.1
基本型乘用车（轿车）产量_同比增长/%	0.6	6.4	9.6	29.9	23.9	26.6	0	-2.6	-3.2	-4	
基本型乘用车（轿车）产量_累计增长/%	3.7	4	3.9	3.5	0.4	-2.4	-5.7	-6.7	-8.2	-9.4	-12.3
动车组指标	12 月	11 月	10 月	9 月	8 月	7 月	6 月	5 月	4 月	3 月	2 月
动车组产量_当期值/辆	326	304	302	291	241	207	374	253	263	422	
动车组产量_累计值/辆	3474	3144	2840	2538	2247	2006	1799	1425	1172	909	487
动车组产量_同比增长/%	-16.4	-13.1	21.8	-13.4	-38.5	-38.6	6.3	10	15.4	58.1	
动车组产量_累计增长/%	-5.2	-4	-2.9	-5.2	-3.1	4.2	13.2	15.2	16.4	16.7	-7.9

（数据来源：国家统计局）

2016 年固定资产投资情况

指标	12 月	11 月	10 月	9 月	8 月	7 月	6 月	5 月	4 月	3 月	2 月
固定资产投资完成额_累计值/亿元	596501	538547. 98	484429. 02	426906. 44	366339. 19	311694. 33	258359. 96	187670. 98	132591. 95	85842. 83	38007. 8
固定资产投资完成额_累计增长/%	8. 1	8. 3	8. 3	8. 2	8. 1	8. 1	9	9. 6	10. 5	10. 7	10. 2
国有及国有控股固定资产投资额_累计值/亿元	213096	191079. 71	171869. 34	151617. 1	129550. 62	110147. 05	91088. 91	64733. 43	45215. 11	29120. 1	12813. 93
国有及国有控股固定资产投资额_累计增长/%	18. 7	20. 2	20. 5	21. 1	21. 4	21. 8	23. 5	23. 3	23. 7	23. 3	20. 2
房地产开发投资额_累计值/亿元	102581	93387. 08	83974. 61	74597. 59	64386. 74	55360. 5	46630. 52	34564. 11	25375. 64	17676. 62	9051. 79
房地产开发投资额_累计增长/%	6. 9	6. 5	6. 6	5. 8	5. 4	5. 3	6. 1	7	7. 2	6. 2	3
第一产业固定资产投资完成额_累计值/亿元	18838	17098. 77	15366. 31	13402. 09	11412. 67	9335. 86	7459. 77	5080. 73	3299. 69	1948. 61	743. 67
第一产业固定资产投资完成额_累计增长/%	21. 1	21. 9	22	21. 8	21. 5	20. 6	21. 1	20. 6	21. 7	25. 5	34. 3
第二产业固定资产投资完成额_累计值/亿元	231826	210061. 9	189136. 48	167496. 75	143858. 93	122996. 35	101702. 22	74882. 47	52753. 77	33664. 32	14087. 2
第二产业固定资产投资完成额_累计增长/%	3. 5	3. 3	2. 9	3. 3	3	3. 5	4. 4	5. 8	7. 3	7. 3	7. 9
第三产业固定资产投资完成额_累计值/亿元	345837	311387. 31	279926. 23	246007. 6	211067. 59	179362. 12	149197. 97	107707. 78	76538. 5	50229. 9	23176. 93
第三产业固定资产投资完成额_累计增长/%	10. 9	11. 3	11. 5	11. 1	11. 2	10. 8	11. 7	11. 9	12. 4	12. 6	11. 1
中央项目固定资产投资完成额_累计值/亿元	25164	21515. 41	19354. 18	17165. 86	15813. 69	13004. 62	10820. 9	7833	5497. 44	3463. 75	1508. 56
中央项目固定资产投资完成额_累计增长/%	4. 9	0. 7	2. 6	6. 6	9. 6	7. 1	12. 1	10. 4	10	2. 8	-4. 4
地方项目固定资产投资完成额_累计值/亿元	571337	517032. 57	465074. 84	409740. 59	350525. 5	298689. 71	247539. 06	179837. 98	127094. 51	82379. 08	36499. 23
地方项目固定资产投资完成额_累计增长/%	8. 3	8. 8	8. 7	8. 5	8	8. 1	8. 8	9. 6	10. 5	11. 1	10. 9

（续）

指标	12月	11月	10月	9月	8月	7月	6月	5月	4月	3月	2月
新建固定资产投资完成额_累计值/亿元	318579.73	287835.1	259412.45	229502.73	196111.6	166514.73	138324.27	99886.41	69917.35	44455.76	19225.58
新建固定资产投资完成额_累计增长/%	11.8	11.9	11.7	11.9	11.5	11.7	12.7	13.2	14.7	15.7	16.5
扩建固定资产投资完成额_累计值/亿元	68981.93	62076.89	55839.13	48963.5	42517.44	36085.4	29653.68	21616.41	15024.75	9561	3946.98
扩建固定资产投资完成额_累计增长/%	2.5	2.9	2.9	3.1	3.6	3	3.7	2.6	1	1.8	-1.8
改建固定资产投资完成额_累计值/亿元	85391.54	76760.52	68488.61	59414.48	50779.5	42959.12	35033.45	25486.54	17957.47	11330.97	4583.9
改建固定资产投资完成额_累计增长/%	4.3	6.9	6.8	6.6	6.6	6.4	7	8.9	11.1	10.1	11.1
建筑安装工程固定资产投资完成额_累计值/亿元	415196	376714.34	339938.02	300975.37	257912.19	219047.3	181976.56	132313.86	93406.67	60613.04	27211.56
建筑安装工程固定资产投资完成额_累计增长/%	9.3	9.6	9.4	9.7	9.5	9.3	10.2	11	11.8	11.7	9.8
设备工器具购置固定资产投资完成额_累计值/亿元	111860	98854.16	87907.43	76259.49	65577.9	55650.23	45252.04	32893.16	22996.21	14471.51	5984.4
设备工器具购置固定资产投资完成额_累计增长/%	2.1	1.4	1.8	1.2	1.5	1.8	2	2.4	2.8	3.5	3.3
其他费用固定资产投资完成额_累计值/亿元	69445	62979.48	56583.57	49671.58	42849.1	36996.81	31131.36	22463.96	16189.07	10758.28	4811.84
其他费用固定资产投资完成额_累计增长/%	11.4	12.3	12.3	10.7	10.4	11.1	12.7	12.9	15.4	16.3	23.7
房屋施工面积_累计值/万平方米	1172355.54	1127307.71	1085636.22	1047001.45	1010241.21	915122.55	880864.38	834355.86	793980.2	749881.96	704599.76
房屋施工面积_累计增长/%	-1.8	-4.3	-3.3	-2.8	-1.7	-7.3	-8.9	-5.4	-4.2	-3.7	-1
房屋竣工面积_累计值/万平方米	232469.89	166214.68	132425.53	112417.87	99895	82650.82	68957.67	52832.67	40135.62	29741.6	19454.92
房屋竣工面积_累计增长/%	-12.5	-10.4	-12.3	-9.5	-1.1	-2	-0.6	1.3	3.7	7.1	21.6
新增固定资产_累计值/亿元	353530.54	272101.18	221669.69	183288.7	150424.87	122174.38	96212.23	67300.38	46246.16	30316.99	15948.21
新增固定资产_累计增长/%	-8.5	-4	-6.5	-5.2	-4.1	-3.6	-3.9	-4.5	-6.8	-5.5	4.9

（数据来源：国家统计局）

2016年民间固定资产投资

指标	12月	11月	10月	9月	8月	7月	6月	5月	4月	3月	2月
民间固定资产投资_累计值/亿元	365219	331067	297725	261934	225005	191495	158797	116384	82393	53197	23420
民间固定资产投资_累计增长/%	3.2	3.1	2.9	2.5	2.1	2.1	2.8	3.9	5.2	5.7	6.9
第一产业民间固定资产投资_累计值/亿元	15039	13579	12185	10573	9011	7363	5973	4086	2673	1607	622
第一产业民间固定资产投资_累计增长/%	18.1	18.6	19	18.5	18.5	17.7	19.7	17.9	18.1	21.5	29.2
第二产业民间固定资产投资_累计值/亿元	182507	165605	149041	131577	113001	96344	79486	58700	41271	26160	10861
第二产业民间固定资产投资_累计增长/%	3.2	2.9	2.4	2.5	2.1	2.2	2.8	4.6	6.1	6.7	8.3
第三产业民间固定资产投资_累计值/亿元	167673	151883	136500	119785	102994	87787	73338	53599	38450	25430	11937
第三产业民间固定资产投资_累计增长/%	2	2	2.1	1.2	1	0.9	1.6	2.2	3.4	3.7	4.6

（数据来源：国家统计局）

2016 年电子信息制造业运行情况

来源：运行监测协调局

2016 年，我国电子信息制造业生产运行平稳，生产保持较快增长，效益状况总体良好，固定资产投资增速加快，但外贸进出口降幅有所扩大。

一、总体情况

生产运行平稳。2016 年，全国规模以上电子信息制造业增加值同比增长 10%，增速比上年回落 0.5 个百分点，快于全部规模以上工业增速 4 个百分点，占规模以上工业增加值比重提高到 7.5%。出口交货值同比下降 0.1%，降幅比上年收窄 0.1 个百分点。

通信设备行业生产保持较快增长。全年生产手机 21 亿部，同比增长 13.6%，其中智能手机 15 亿部，增长 9.9%，占全部手机产量比重为 74.7%。生产移动通信基站设备 34084 万信道，同比增长 11.1%。出口交货值同比增长 3.4%。

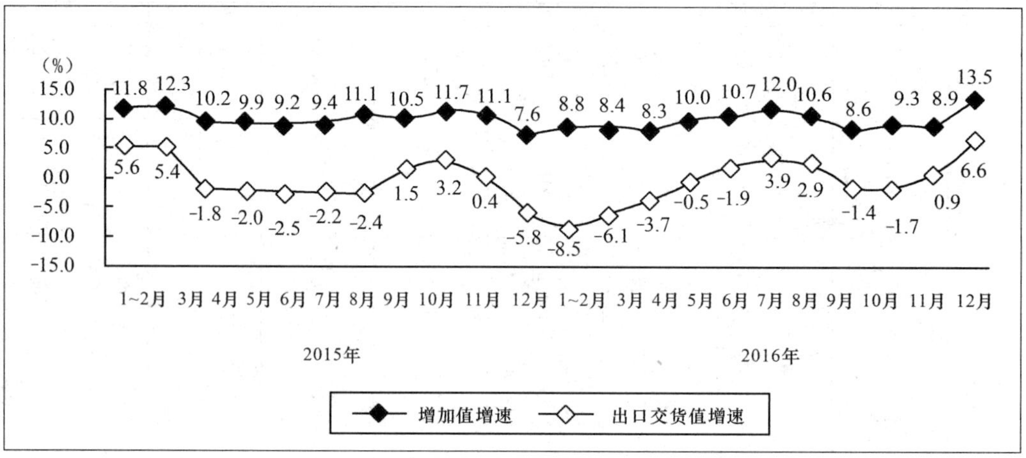

图 1　2015 年以来电子信息制造业增加值和出口交货值分月增速

计算机行业生产延续萎缩态势。全年生产微型计算机设备 29009 万台，下降 7.7%。出口交货值同比下降 5.4%。

家用视听行业生产增速同比加快。全年生产彩色电视机 15770 万台，同比增长 8.9%，其中液晶电视机 15714 万台，增长 9.2%；智能电视 9310 万台，增长 11.1%，占彩电产量比重为 59.0%。出口交货值同比增长 1.8%。

电子元件行业生产稳中有升。全年生产电子元件 37455 亿只，同比增长 9.3%。出口交货值同比增长 2.6%。

电子器件行业生产平稳增长。全年生产集成电路 1318 亿块，同比增长 21.2%；半导体分立器件 6433 亿只，增长 11%。光伏电池 7681 万千瓦，同比增长 17.8%。出口交货值同比下降 0.7%。

二、效益情况

行业效益状况良好，亏损面收窄。2016 年，全行业主营业务收入同比增长 8.4%，实现利润增长 12.8%。主营业务收入利润率为 4.85%，比 2015 年提高 0.19 个百分点；企业亏损面为 16.5%，比 2015 年收窄 2 个百分点。2016 年末，全行业应收账款同比增长 18.8%，高于主营业务收入增幅 10.4 个百分点；产成品存货增长 2.8%。

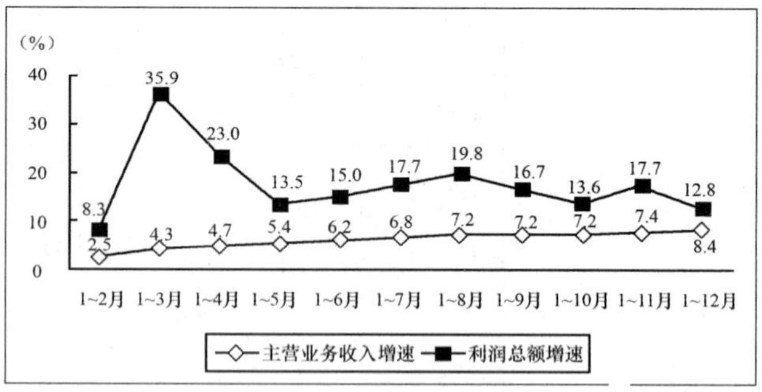

图 2　2016 年电子信息制造业主营业务收入、利润增速变动情况

三、进出口情况

外贸进出口降幅扩大。据海关数据统计，2016 年电子信息产品进出口总额 12245 亿美元，同比下降 6.4%，其中，出口 7210 亿美元，下降 7.7%，降幅比 2015 年扩大 6.6 个百分点；进口 5035 亿美元，下降 4.6%，降幅比 2015 年扩大 3.4 个百分点。

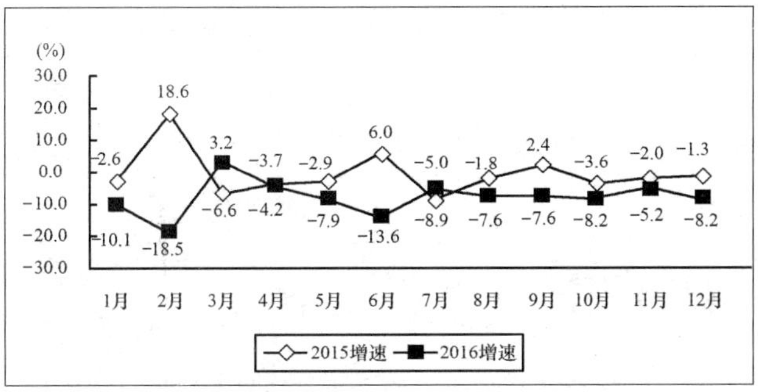

图 3　2015 年以来电子信息产品出口月度增长情况

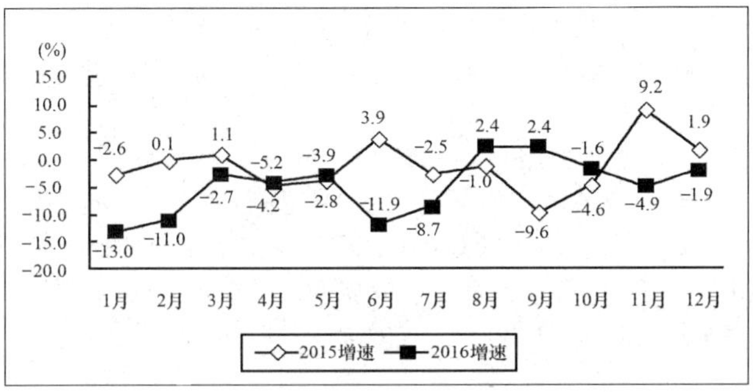

图 4　2015 年以来电子信息产品进口月度增长情况

计算机行业进口降幅同比收窄，电子器件行业进口下降。出口方面，各分行业出现不同程度的下降。全年通信设备行业出口 2039 亿美元，同比下降 5.1%；计算机行业出口 1753 亿美元，下降 9.7%，降幅比上年收窄 4.7 个百分点。主要产品中，手机出口 1156 亿美元，下降 6.6%；笔记本电脑出口 583 亿美元，下降 9.7%。进口方面，除电子仪器设备、电子材料和广播电视设备行业呈正增长以外，其他行业出现不同程度下降。其中，电子器件行业进口 2862 亿美元，下降 4.4%。集成电路进口 2271 亿美元，下降 1.2%。

一般贸易进出口保持增长，贸易方式结构有所优化。2016 年，出口方面，一般贸易出口 2052 亿美元，增长 3.2%，所占比重为 28.5%，同比提高 3.0 个百分点。加工贸易出口 4271 亿美元，下降 10.4%，所占比重为 59.2%，同比下降 1.8 个百分点。进口方面，一般贸易进口 1499 亿美元，增长 10.5%，所占比重为 29.8%，同比提高 4.1 个百分点。加工贸易进口 2351 亿美元，下降 9.5%，所占比重为 46.7%，同比下降 2.5 个百分点。

民营企业所占比重有所提升，三资企业进出口延续下降态势。2016 年，内资企业出口 2307 亿美元，同比下降 4.7%，其中，民营企业出口 1731 亿美元，下降 3.0%，占出口总额比重为 24.0%，同比提高 1.1 个百分点。三资企业出口 4903 亿美元，下降 9.1%，其中，外商独资企业出口 3682 亿美元，下降 9.2%。进口方面，内资企业进口 1664 亿美元，增长 2.0%。其中，民营企业进口 1337 亿美元，增长 1.7%，占进口总额比重为 26.6%，同比提高 1.7 个百分点。三资企业进口 3370 亿美元，下降 7.6%，其中，外商独资企业进口 2526 亿美元，下降 7.4%。

四、固定资产投资情况

固定资产投资增速加快。全年电子信息制造业 500 万元以上项目完成固定资产投资额比上年增长 15.8%，增速高于 2015 年 2.2 个百分点。电子信息制造业新增固定资产比上年下降 10.9%。

分行业投资增势良好。全年电子器件行业完成投资同比增长 22.7%，其中半导体分立器件制造和集成电路制造领域增速突出，分别为 96.4% 和 31.1%。电子元件行业完成投资增长 13.3%。整机行业中，通信设备行业投资快速增长，增速为 29.3%；家用视听行业投资较快增长，增速为 19.1%；电子计算机行业投资增长 4.2%。

港澳台企业投资增速领跑。全年内资企业完成投资增长 13.2%，外商投资企业投资增长 16.8%，港澳台企业完成投资增长 44.3%。

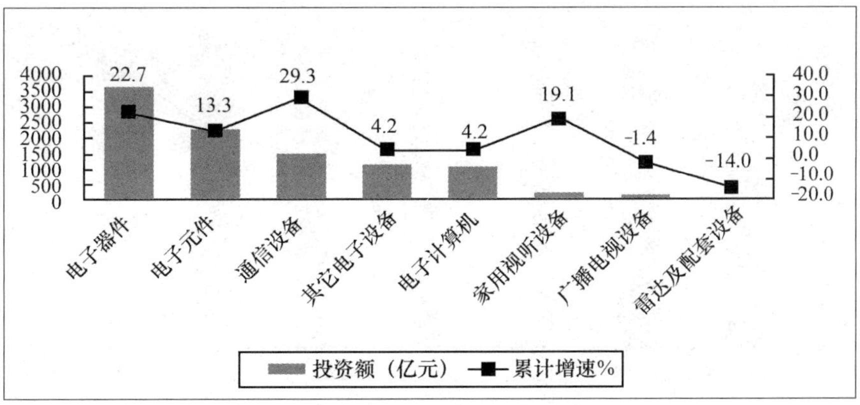

图 5　2016 年分行业固定资产投资情况

2016 年通信运营业统计公报

来源：运行监测协调局

2016 年，我国通信运营业认真贯彻落实中央各项政策措施，继续推进“提速降费”行动，提升 4G 网络和宽带基础设施水平，积极发展移动互联网、IPTV 等新型消费，全面服务国民经济和社会发展，全行业保持健康发展。

一、综合

（一）行业平稳运行，业务总量与收入增速差距扩大

经初步核算［1］，2016 年电信业务收入完成 11893 亿元，同比增长 5.6%，比上年回升 7.6 个百分点。电信业务总量完成 35948 亿元［2］，同比增长 54.2%，比上年提高 25.5 个百分点。

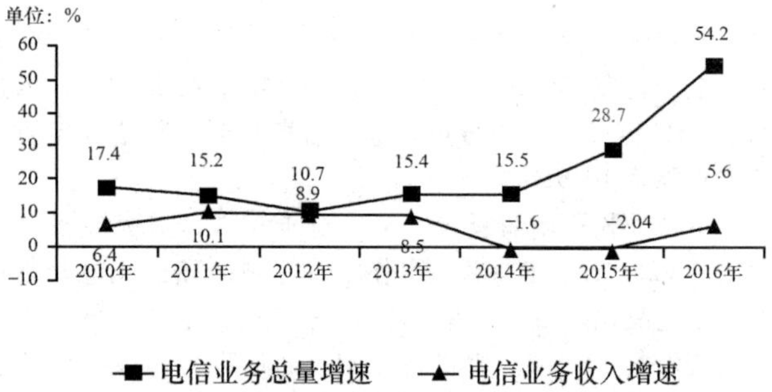

图 1 2010 ~ 2016 年电信业务总量与业务收入增长情况

（二）行业转型步伐加快，用户和收入结构日趋优化

2016 年，电信业务收入结构继续向互联网接入和移动流量业务倾斜。非话音业务收入占比由上年的 69.5% 提高至 75.0%；移动数据及互联网业务收入占电信业务收入的比重从上年的 26.9% 提高至 36.4%。移动宽带（3G/4G）用户占比大幅提高，光纤接入成为固定互联网宽带接入的主流。移动宽带用户在移动用户中的渗透率达到 71.2%，比上年提高 15.6 个百分点；8M 以上宽带用户占比达 91.0%，光纤接入（FTTH/0）用户占宽带用户的比重超过四分之三。融合业务发展渐成规模，截至 2016 年 12 月末，IPTV 用户达 8673 万户。

二、用户规模

（一）电话用户规模继续扩大

2016 年，全国电话用户净增 2617 万户，总数达到 15.3 亿户，同比增长 1.7%。其中，移动电话用户净增 5054 万户，总数达 13.2 亿户，移动电话用户普及率达 96.2 部/百人，比上年提高 3.7 部/百人。全国共有 10 省市的移动电话普及率超过 100 部/百人，分别为北京、广东、上海、浙江、福建、宁夏、海南、江苏、辽宁和陕西。固定电话用户总数 2.07 亿户，比上年减少 2437 万户。

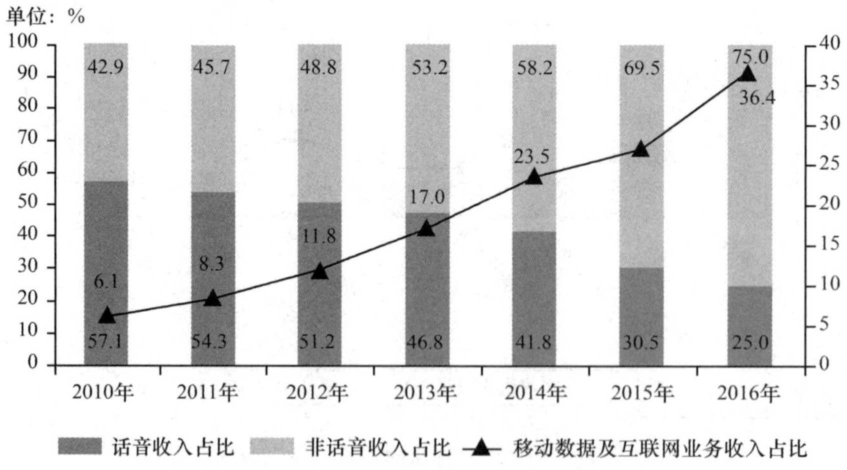

图 2 2010 ~ 2016 年话音业务和非话音业务收入占比变化情况

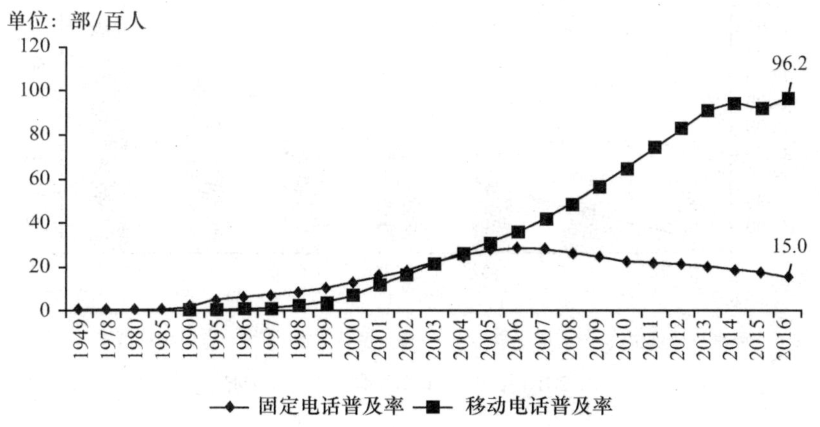

图3　1949～2016年固定电话、移动电话用户发展情况

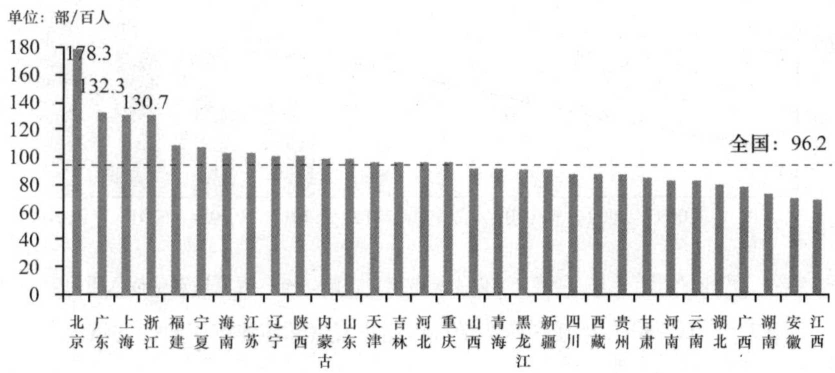

图4　2016年移动电话普及率各省发展情况

（二）4G移动电话用户占比接近六成

2016年，4G用户数呈爆发式增长，全年新增3.4亿户，总数达到7.7亿户，在移动电话用户中的渗透率达到58.2%。2G移动电话用户减少1.84亿户，占移动电话用户的比重由上年的44.5%下降至28.8%。

（三）光纤接入用户占比明显提升

2016年，三家基础电信企业固定互联网宽带接入用户净增3774万户，总数达到2.97亿户。宽带城市建设继续推动光纤接入的普及，光纤接入（FTTH/0）用户净增7941万户，总数达2.28亿户，占宽带用户总数的比重比上年提高19.5个百分点，达到76.6%。8M以上、20M以上宽带用户总数占宽带用户总数的比重分别达91.0%和77.8%，比上年提高21.3和46.6个百分点。

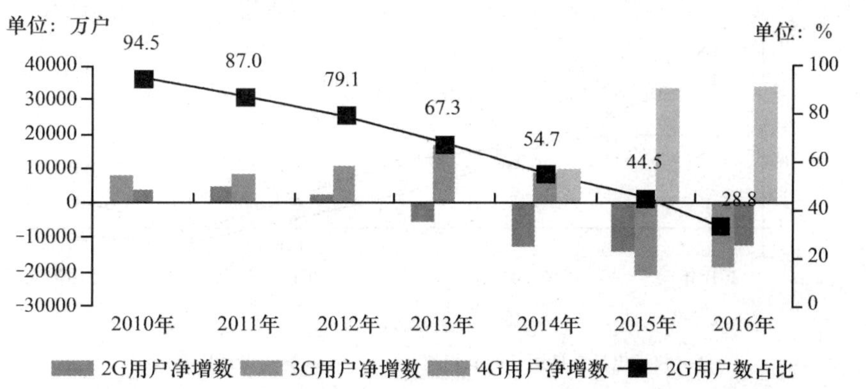

图5　2010～2016年各制式移动电话用户发展情况

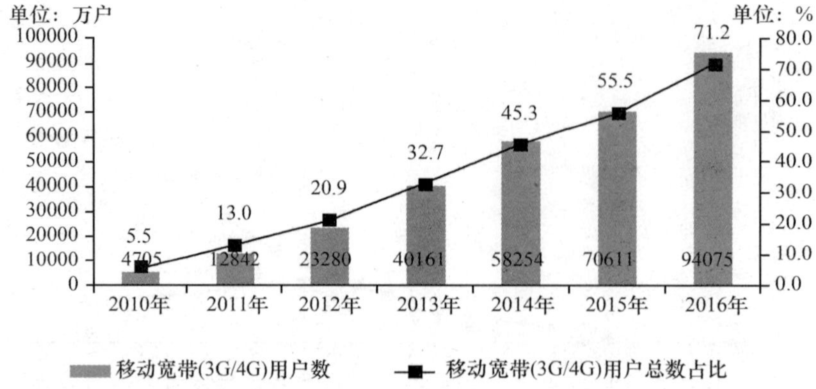

图 6　2010～2016 年 3G/4G 用户发展情况

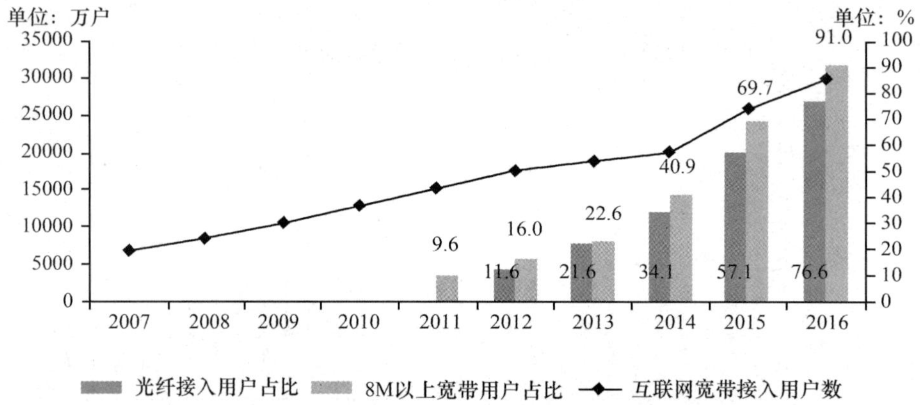

图 7　2006～2016 年互联网宽带接入用户发展和高速率用户占比情况

三、业务使用

（一）移动话音业务量小幅下滑

2016 年，全国移动电话去话通话时长 2.81 万亿分钟，同比下滑 1.4%。其中，移动非漫游去话通话时长同比下降 1.6%，移动国际漫游和港澳台漫游通话时长分别下滑 15.6% 和 14.5%。移动国内漫游通话去话通话时长同比增长 0.4%。

（二）移动短信业务收入降幅超 10%

2016 年，全国移动短信业务量 6671 亿条，同比下降 4.6%，降幅较去年同期缩小 4.3 个百分点。彩信业务量 557 亿条，同比下降 9.8%。移动短信业务收入完成 365 亿元，同比下降 10.7%。

（三）移动互联网流量增速翻倍

2016 年，在 4G 移动电话用户大幅增长、移动互联网应用加快普及的带动下，移动互联网接入流量消费达 93.6 亿 G，同比增长 123.7%，比上年提高 20.7 个百分点。全年月户均移动互联网接入流量达到 772M，同比增长 98.3%。其中，通过手机上网的流量达到 84.2 亿 G，同比增长 124.1%，在总流量中的比重达到 90.0%。固定互联网使用量同期保持较快增长，固定宽带接入时长达 57.5 万亿分钟，同比增长 15.0%。

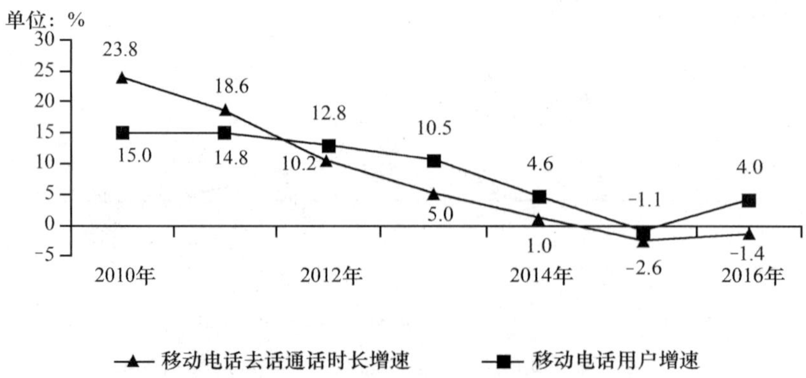

图 8　2010～2016 年移动通话量和移动电话用户同比增长各年比较

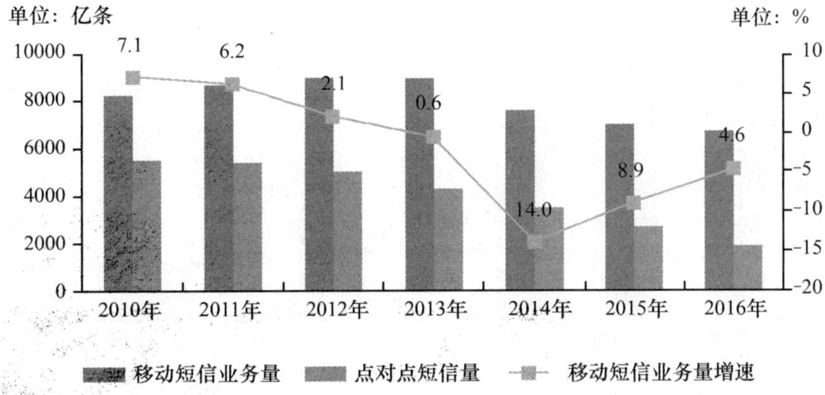

图9　2010～2016 年移动短信量和点对点短信量各年比较

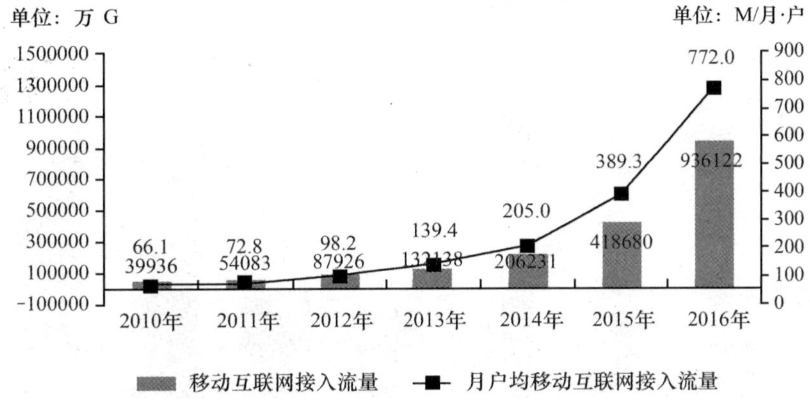

图10　2010～2016 年移动互联网流量发展情况比较

四、网络基础设施

（一）宽带基础设施日益完善，“光进铜退”趋势明显

2016 年，互联网宽带接入端口数量达到 6.9 亿个，比上年净增 1.14 亿个，同比增长 19.8%。互联网宽带接入端口“光进铜退”趋势更加明显，xDSL 端口比上年减少 6259 万个，总数降至 3733 万个，占互联网接入端口的比重由上年的 17.3% 下降至 5.4%。光纤接入（FTTH/0）端口比上年净增 1.81 亿个，达到 5.22 亿个，占互联网接入端口的比重由上年的 59.3% 提升至 75.6%。

（二）移动通信设施建设步伐加快，移动基站规模创新高

2016 年，基础电信企业加快了移动网络建设，新增移动通信基站 92.6 万个，总数达 559.4 万个。其中 4G 基站新增 86.1 万个，总数达到 263 万个，移动网络覆盖范围和服务能力继续提升。

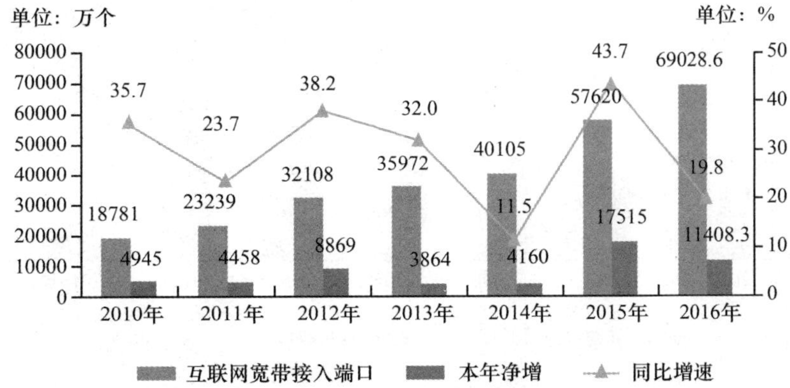

图11　2010～2016 年互联网宽带接入端口发展情况

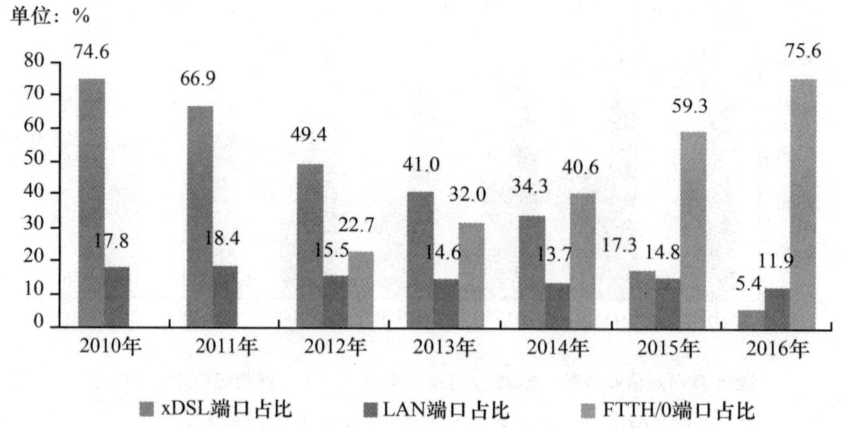

图 12 2010～2016 年互联网宽带接入端口按技术类型占比情况

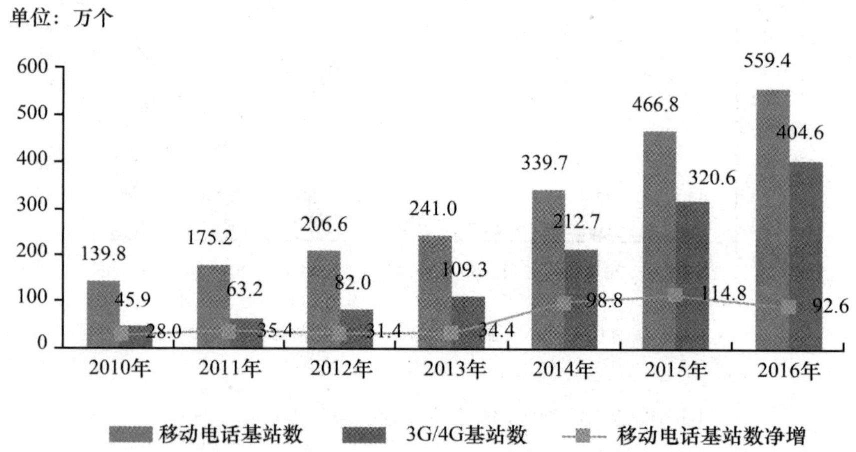

图 13 2010～2016 年移动电话基站发展情况

（三）传输网设施不断完善，本地网光缆规模与增速居首

2016 年，全国新建光缆线路 554 万公里，光缆线路总长度 3041 万公里，同比增长 22.3%，整体保持较快增长态势。

全国新建光缆中，接入网光缆、本地网中继光缆和长途光缆线路所占比重分别为 62.4%、34.3% 和 3.3%。其中长途光缆保持小幅扩容，同比增长 3.5%，新建长途光缆长度达 3.32 万公里。

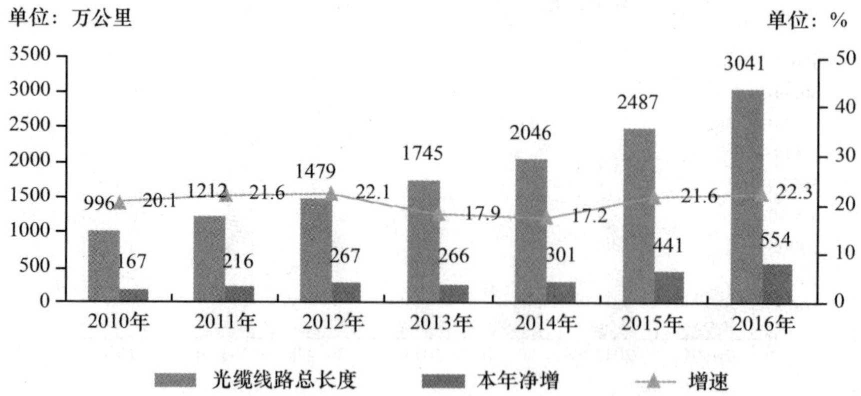

图 14 2010～2016 年光缆线路总长度发展情况

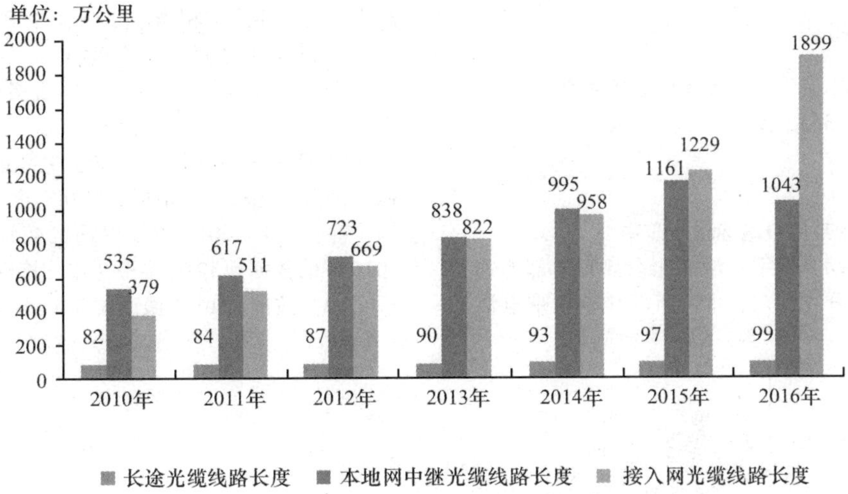

图 15　2010～2016 年各种光缆线路长度对比情况

五、收入结构

（一）移动通信业务收入占比超七成

2016 年，移动通信业务实现收入 8586 亿元，同比增长 5.2%，占电信业务收入的比重为 72.2%，比上年提高 1.8 个百分点。其中，话音业务收入在移动通信业务收入占比 30.4%，比上年下降 7.9 个百分点。固定通信业务实现收入 3306 亿元，同比增长 6.7%，其中固定话音业务收入在固定通信业务收入占比 11.0%，比上年下降 0.9 个百分点。

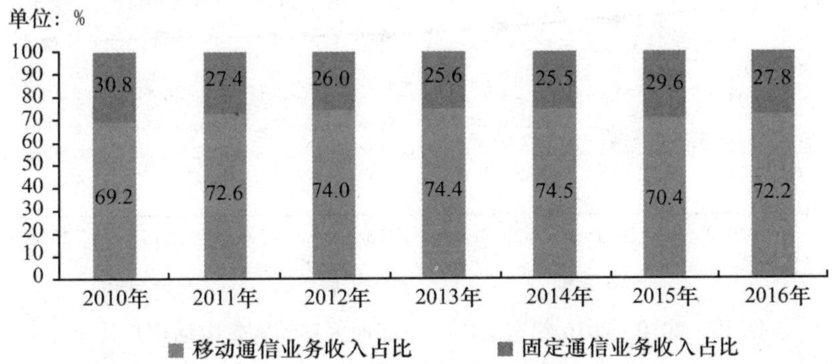

图 16　2010～2016 年电信收入结构（固定和移动）情况

（二）移动数据业务增长贡献突出

2016 年，固定数据及互联网业务收入完成 1800 亿元，同比增长 7.0%，比上年提高 4.4 个百分点。移动数据及互联网业务收入完成 4333 亿元，同比增长 37.9%，比上年提高 10.7 个百分点。移动数据及互联网业务收入在电信业务收入中占比达到 36.4%，比上年提高 8.5 个百分点，拉动电信业务收入增长 10.6 个百分点。

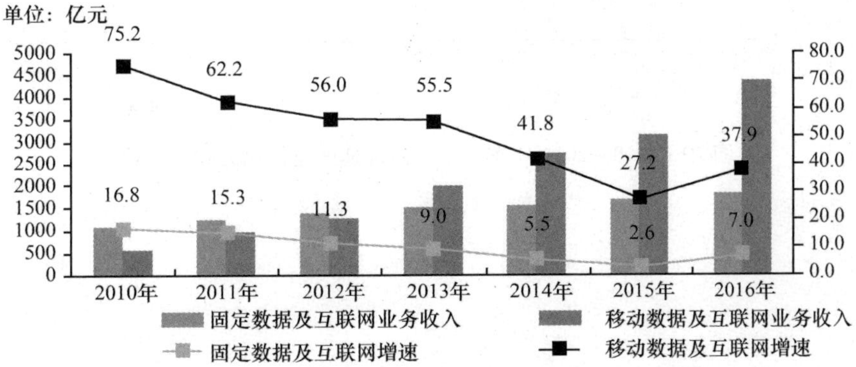

图 17　2010～2016 年固定与移动数据业务收入发展情况

六、固定资产投资

2016 年，全行业固定资产投资规模完成 4350 亿元，其中移动通信投资完成 2355 亿元。

七、区域发展

（一）西部移动宽带用户增速快于东中部

2016 年，西部移动宽带用户增速比东部和中部增速分别高 9.8 和 1.2 个百分点。东、中、西部移动宽带电话用户占比与上年大体相当，分别为 48.9%、25.5%、25.6%。

（二）区域差距进一步缩小

2016 年，东部地区实现电信业务收入 6671.7 亿元，占全国电信业务收入比重为 54.0%，同比下降 0.2 个百分点，自 2010 年以来占比持续下降。中部地区占比与上年持平，西部地区占比较上年小幅提升 0.2 个百分点，达到 23.1%。

注：［1］2015 年及以前的数据为年报最终核算数，2016 年的数据为 12 月快报初步核算数。下同。

［2］按照 2014 年微调的 2010 年不变单价计算。

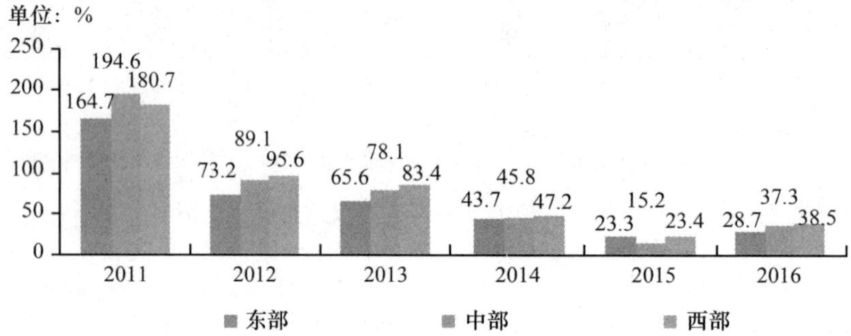

图 18　2011～2016 年东、中、西部地区移动宽带电话用户增长率

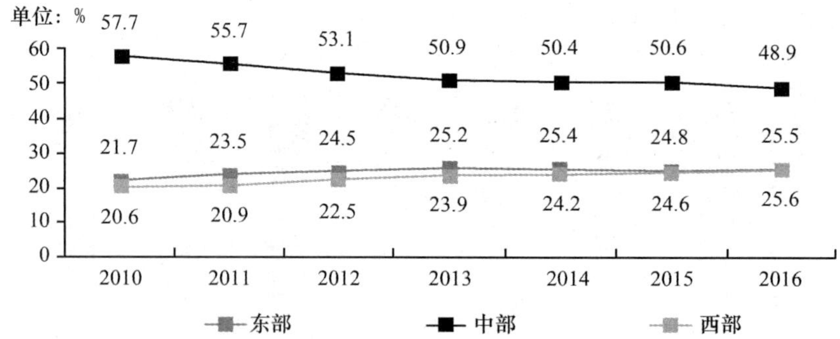

图 19　2010～2016 年东、中、西部地区移动宽带电话用户比重

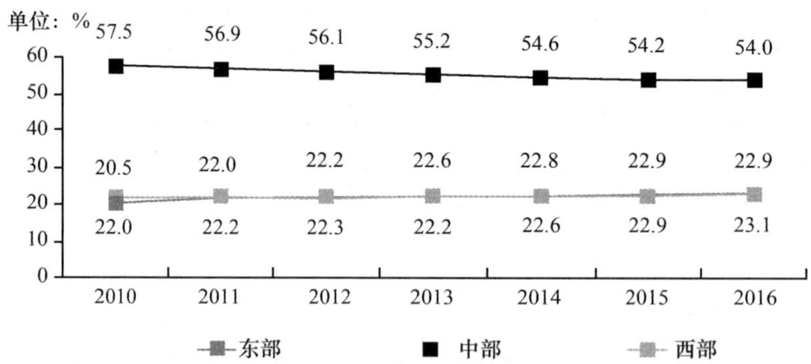

图 20　2010～2016 年东、中、西部地区电信业务收入比重

2016年汽车工业经济运行情况

来源：装备工业司

据中国汽车工业协会统计，2016年我国汽车产销较快增长，产销总量再创历史新高，全年汽车产销分别完成2811.9万辆和2802.8万辆，比上年同期分别增长14.5%和13.7%，高于上年同期11.2和9.0个百分点。

12月，汽车产销分别完成306.3万辆和305.7万辆，单月销量首次突破300万辆，产销比上月分别增长1.7%和4.0%，比上年同期分别增长15.0%和9.5%。

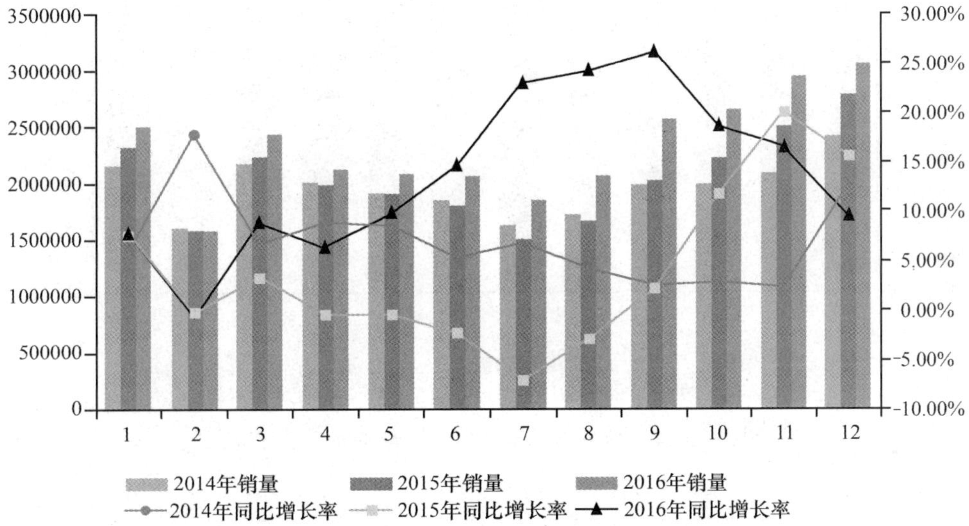

图1 2014~2016年月度汽车销量及同比变化情况

一、乘用车销售同比增长14.9%

2016年，乘用车产销分别完成2442.1辆和2437.7万辆，比上年同期分别增长15.5%和14.9%，增速高于汽车总体1.0和1.2个百分点，其快速增长对于汽车产销增长贡献度分别达到92.3%和94.1%。其中，轿车销售1215.0万辆，同比增长3.4%；SUV销售904.7万辆，同比增长44.6%；MPV销售249.7万辆，同比增长18.4%；交叉型乘用车销售68.4万辆，同比下降37.8%。

12月乘用车产销分别完成264.4万辆和267.2万辆，产销量比上月分别增长0.2%和3.2%；与上年同期相比，产销量分别增长13.6%和9.1%，产销同比均呈较快增长。其中，轿车销售125.5万辆，同比下降2.3%；SUV销售108.2万辆，同比增长35.6%；MPV销售27.2万辆，同比下降0.5%；交叉型乘用车销售6.4万辆，同比下降32.6%。

（一）1.6升及以下乘用车持续快速增长

受购置税优惠政策影响，2016年1.6升及以下乘用车销售1760.7万辆，比上年增长21.4%，占乘用车销量比重为72.2%，比上年同期提高3.6个百分点。

12月1.6升及以下乘用车销售197.9万辆，同比增长14.3%，高于乘用车总体增速5.2个百分点，1.6升及以下乘用车占乘用车销量比重为74.0%。

（二）中国品牌乘用车销量首次超过千万辆

2016年，中国品牌乘用车共销售1052.9万辆，同比增长20.5%，占乘用车销售总量的43.2%，占有率比上年同期提升2个百分点。其中轿车销量234.0万辆，同比下降3.7%，市场份额19.3%，比上年同期下降1.4个百分点；SUV销量526.8万辆，同比增长57.6%，市场份额58.2%，比上年同期提升4.8个百分点；MPV销量223.8万辆，同比增长19.9%，市场份额89.6%，比上年同期提升1.2个百分点。

12月，中国品牌乘用车共销售125.1万辆，环比增长10.8%，同比增长20.7%，占乘用车销售总量的46.8%，占有率比上月提升3.2个百分点。

二、商用车销售同比增长5.8%

2016年，商用车产销分别完成369.8万辆和365.1万辆，同比分别增长了8.0%和5.8%，增幅进一步提高。分车型看，客车产销54.7万辆和54.3万辆，同比下降7.4%

和8.7%；货车产销315.1万辆和310.8万辆，同比增长11.2%和8.8%。

12月商用车生产41.9万辆，环比增长12.4%，同比增长25.1%；销售38.5万辆，环比增长10.5%，同比增长12.1%。

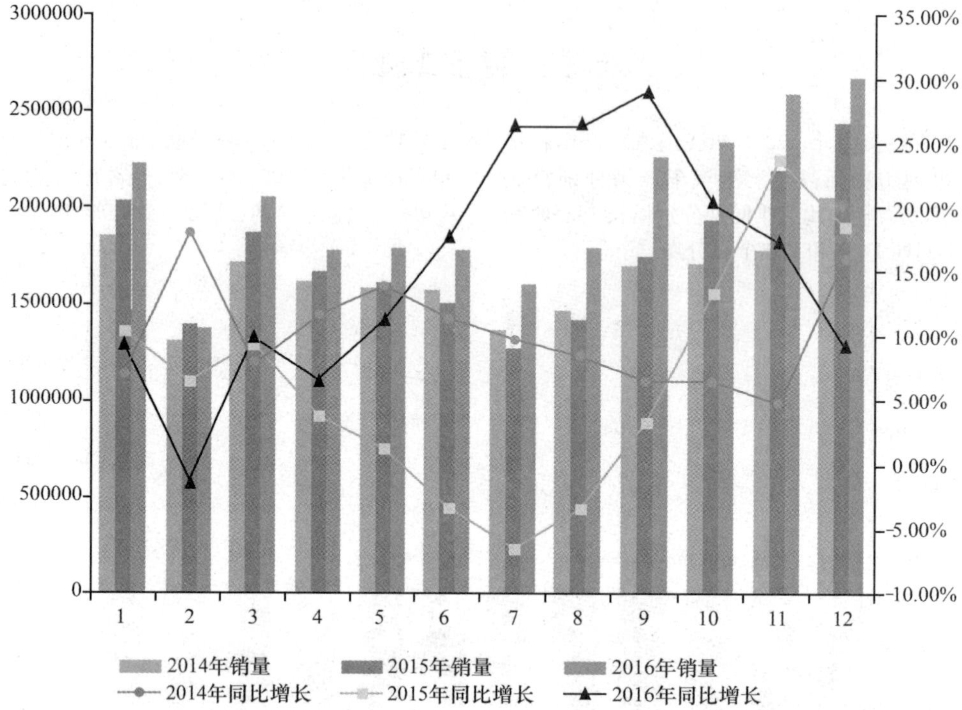

图2 2014～2016年月度乘用车销量及同比变化情况

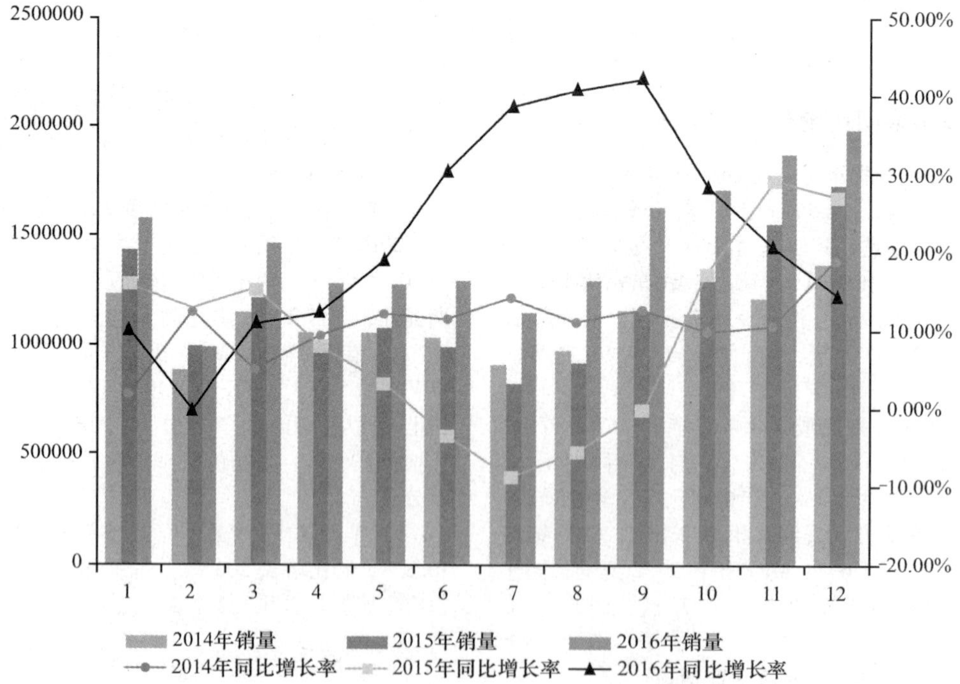

图3 2014～2016年1.6L及以下乘用车销量变化情况

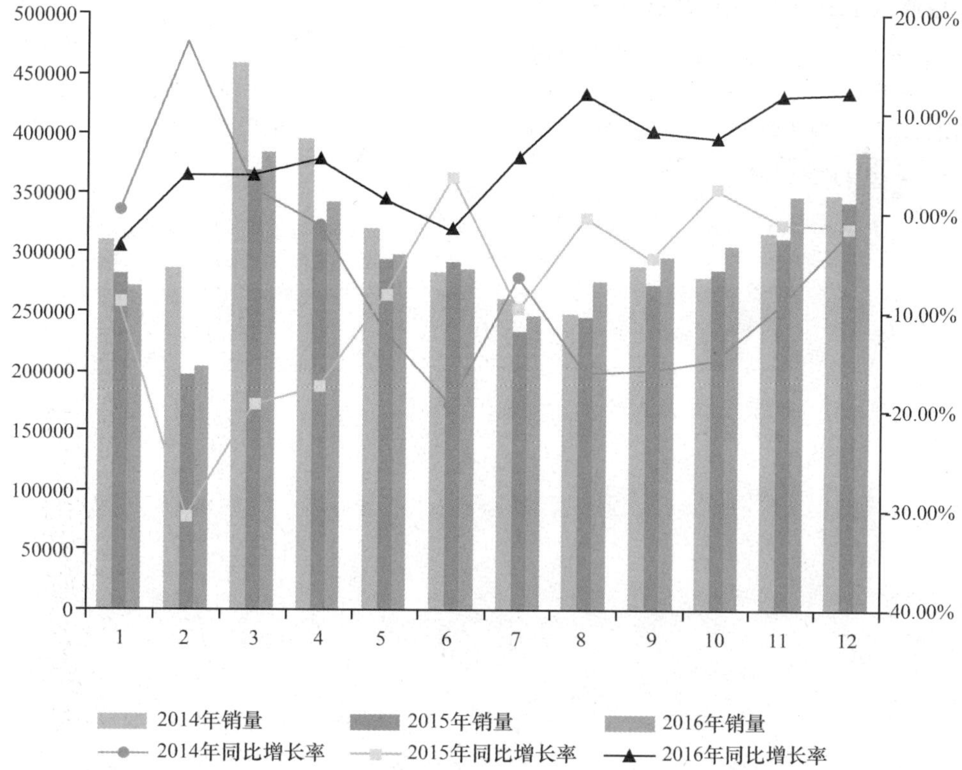

图4　2014～2016 商用车月度销量变化情况

三、新能源汽车销售同比增长 53.0%

2016 年新能源汽车生产 51.7 万辆，销售 50.7 万辆，比上年同期分别增长 51.7% 和 53.0%。其中纯电动汽车产销分别完成 41.7 万辆和 40.9 万辆，比上年同期分别增长 63.9% 和 65.1%；插电式混合动力汽车产销分别完成 9.9 万辆和 9.8 万辆，比上年同期分别增长 15.7% 和 17.1%。

12 月新能源汽车生产 8.9 万辆，销售 10.4 万辆，同比分别增长 16.8% 和 23.5%。其中纯电动汽车产销分别完成 7.7 万辆和 9.2 万辆；插电式混合动力汽车产销均完成 1.2 万辆。

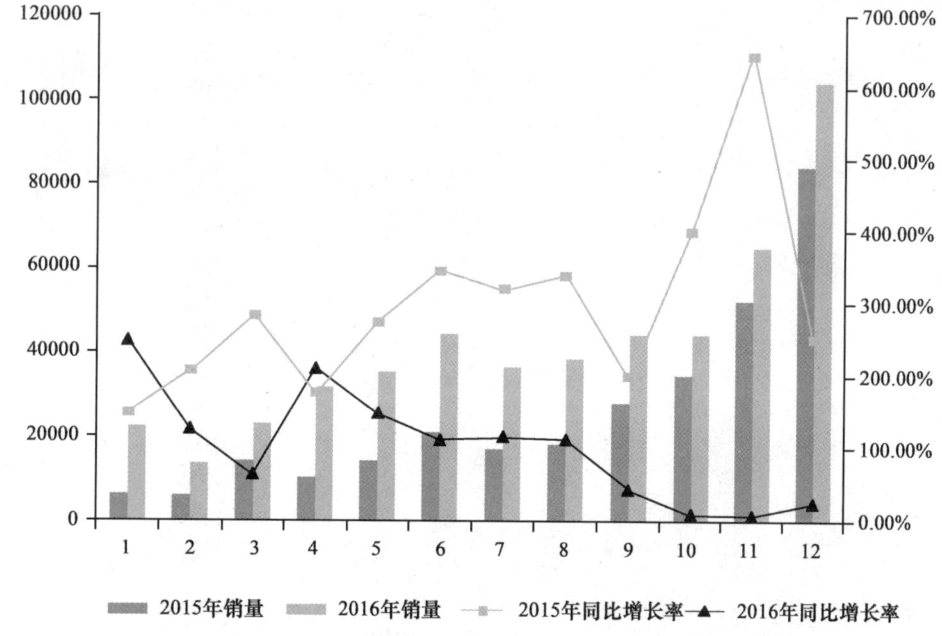

图5　2015～2016 年月度新能源汽车销量及同比变化情况

四、1～11 月重点企业（集团）经济效益良好

据中国汽车工业协会统计，行业内重点企业（集团）营业收入保持增长，增幅提升。2016 年 1～11 月，汽车工业重点企业（集团）累计实现营业收入 32596.9 亿元，比上年同期增长 16.2%。累计实现利税总额 5309.5 亿元，比上年同期增长 7.4%。

五、1～11 月汽车出口同比增长 4.7%

根据海关统计口径，2016 年 1～11 月，汽车整车进口 95.8 万辆，比上年同期下降 3.4%；出口 73.2 万辆，比上年同期增长 4.7%。

2016 年能源生产情况

来源：国家统计局

2016 年，能源领域供给侧结构性改革初见成效，能源供给质量进一步提高。化解煤炭过剩产能年度任务超额完成，原煤产量下降明显；国际原油价格持续低迷，原油产量明显减少，进口量较快增长，原油加工量平稳增长；天然气产量稳定增长，进口量快速增长；发电量增长较快，电力生产结构进一步优化。

一、原煤产量持续下降，价格明显上涨

2016 年，各地区、各有关部门认真贯彻《国务院关于煤炭行业化解过剩产能实现脱困发展的意见》（国发〔2016〕7 号）的要求，积极落实相关政策，迅速开展有关工作，淘汰落后产能，清理违规在建产能，严控新增产能。

原煤产量持续下降。全年原煤产量 34.1 亿吨，比上年下降 9.0%，这是自 2013 年原煤产量达到 39.7 亿吨后，连续第三年下降。

2014 和 2015 年分别下降 2.5% 和 3.3%。分地区看，内蒙古、山西、陕西仍是我国最重要的原煤生产基地，产量分别占全国的 24.8%、24.3% 和 15.1%；此外，安徽、山东、河南、贵州和新疆 5 个地区产量超过亿吨。

从月度规模以上工业原煤产量看，由于煤炭减量化生产政策的严格实施，4 月份起连续七个月原煤产量降幅超过 10%，其中 6 月份原煤产量同比下降 16.6%，为近 10 年月度增速的最低水平；9 月份之后，为了稳定煤炭供应、抑制煤炭价格过快上涨，有关部门采取针对性措施，有序释放煤炭先进产能，原煤产量降幅逐步收窄。

煤炭进口快速增长。全年进口煤炭 2.6 亿吨，同比增长 25.2%。自 6 月份起，月度煤炭进口量均在两千万吨以上，其中 11 月份达到 2697 万吨。

发运量逐步回升。全年铁路发运煤炭 19.0 亿吨，比上年下降 4.7%。1～9 月份，铁路煤炭发运量一直呈现负增长，同比下降 9.1%；9 月份以后随着需求增加，发运量增速由负转正，其中 11 月份同比增长 12.2%，为近 5 年月度增速最高水平。全国主要港口煤炭发运量 6.4 亿吨，与上年持平，其中，4～7 月份发运量持续下降，8 月份增速由负转正，9 月份之后明显增长。

价格明显上涨。2016 年末，中国煤炭价格指数 160 点，比 2015 年末增长 44.1 点。以秦皇岛港 5500 大卡煤炭为例，2016 年末价格为 639 元/吨，比 2015 年末上涨 269 元/吨，涨幅明显。上半年煤炭价格一直处于低位，平稳窄幅波动，7 月份开始出现较快上涨，11 月 7 日涨至全年最高价 700 元/吨，之后出现回落。在释放先进产能，运力逐步回升，煤炭生产和消费企业签署战略合作意向，制定“长协价”等多重因素的作用下，煤炭价格逐步稳定。

二、原油产量下降，加工量平稳增长

产量下降，进口量增长较快。2016 年，布伦特原油现货离岸价格一直在 26～55 美元/桶范围内徘徊，国内原油生产企业主动实施“以进顶产”，计划性减产比较普遍。全年产量与进口量之比约为 1∶2，原油产量 19969 万吨，比上年下降 6.9%，是 2010 年以来年产量首次低于 2 亿吨；进口原油 38101 万吨，增长 13.6%。分地区看，天津、辽宁、黑龙江、山东、广东、陕西和新疆七个地区产量均在 1 千万吨以上，合计占全国产量的 89.5%，是我国最重要的原油产区。

原油加工量平稳增长。原油加工量在 2014 年首次突破 5 亿吨，2016 年达 54101 万吨，比上年增长 3.6%。在国内需求增长有限的情况下，成品油出口增长较快，汽油、柴油和煤油出口量分别增长 64.5%、115.1% 和 6.0%。分地区看，辽宁、山东、广东三省合计占全国原油加工量的 41.0%，其中，山东成为首个原油加工量突破亿吨的地区，全年加工量 10120 万吨，辽宁和广东分列二、三位，全年加工量分别为 7022 和 5018 万吨。

三、天然气产量稳定增长

产量保持增长，进口量快速增长，产量与进口量之比约为 2∶1。全年天然气产量 1369 亿立方米，比上年增长 1.7%，全年天然气进口量 5403 万吨，增长 22.0%。分地区看，陕西、四川和新疆是我国天然气的主产地，产量分别为 412、297 和 291 亿立方米，合计占全国产量的 73.1%。

天然气生产峰谷差大。从月度规模以上工业天然气产量看，1～3 月份、11～12 月份日均产量都在 4 亿立方米左右，其中 12 月份最高，为 4.3 亿立方米/日；而 4～10 月份日均产量不足 3.6 亿立方米/日，其中 7 月份最低，为 3.3 亿立方米/日。这主要是由于北方地区冬季取暖消费导致峰谷差大，针对此特点，生产企业按照行业主管部门做好天然气迎峰度冬工作的要求，积极落实增产计划，确保了天然气的供应。

四、发电量增长较快，发电结构优化明显

发电量突破 6 万亿千瓦时。全年发电量 61425 亿千瓦时，比上年增长 5.6%，增速加快 5.3 个百分点。

月度发电量稳步回升。从月度规模以上工业发电量看，前六个月增速较低，除 3 月份同比增长 4.0% 以外，其它月

份同比增速均维持在零附近；7 月份增速回升至 7.2%，扭转了自 2015 年以来的低迷态势，之后各月发电增速相对稳定，维持在 7% 左右。

火电增速由负转正，水电保持增长，核能、风力和太阳能发电保持高速增长。火力发电增速由 2015 年的下降 2.6% 转为增长 3.6%；水力发电增长 5.6%，比上年提升 0.3 个百分点；核能发电增长 24.9%，回落 4.0 个百分点；风力发电增长 27.6%，提升 11.5 个百分点；太阳能发电增长 58.8%，提升 4.5 个百分点。

电力生产结构优化明显，非化石能源发电比重进一步提升，水电、风电、太阳能发电装机容量世界第一。2016 年，核能发电、风力发电、太阳能发电比重进一步提高，占全部发电量比重分别为 3.5%、3.9% 和 1.0%，比上年分别提高 0.5、0.7 和 0.3 个百分点；水力发电占 19.4%，与上年持平；火力发电占 72.2%，比上年下降 1.4 个百分点。

注：

1. 2016 年能源产量均为初步统计数据。

2. 铁路及港口发运量数据来源于中国煤炭市场网。

3. 全国主要港口包括：北方七港（秦皇岛港、黄骅港、唐山港、天津港、青岛港、日照港、连云港）、沿海其他港口（营口港、锦州港、烟台港、防城港）、长江四港（宜昌港、武汉港、芜湖港、南京港）和运河港口（徐州港）。

4. 煤炭价格数据来源于中国煤炭市场网。

5. 天然气单位换算关系：1 吨 =1380 立方米。

2016 年我国光伏产业运行情况

来源：电子信息司

光伏产业是半导体技术与新能源需求相结合产生的战略性新兴产业，也是当前国际能源竞争的重要领域。2016 年，我国光伏产业延续了去年以来的回暖态势，产业总产值达到 3360 亿元，同比增长 27%，整体运行状况良好。一是产业规模持续扩大。2016 年多晶硅产量 19.4 万吨，同比增长 17.5%；硅片产量约 63GW（吉瓦，下同），同比增长 31.2%，光伏电池产量约为 49GW，同比增长 19.5%，光伏组件产量约为 53GW，同比增长 20.7%，光伏新增并网装机量达到 34.5GW，同比增长 127%。产业链各环节生产规模全球占比均超过 50%，继续位居全球首位。二是企业经营状况持续向好。前五家多晶硅企业平均毛利率超 20%，前 10 家组件企业平均毛利率超 15%，部分生产辅材企业毛利甚至超过 25%，进入规范条件的组件企业平均利润率同比增加 3 个百分点，31 家上市光伏企业中，有 9 家增幅超过 100%。三是行业发展秩序渐趋合理。工业和信息化部继续实施并公告了《光伏制造行业规范条件》第五批企业名单，相关实施工作受到多方重视，行业规范与信贷授信协同联动加强，发展秩序渐趋规范。在工业和信息化部的推动下，光伏企业智能制造持续推进，生产自动化、数字化水平不断提高，单位产出用工量明显下降。企业兼并重组意愿增强，以市场为主导的资源整合加速推进，如易成新能成功重组赛维 LDK、隆基股份收购美国太阳爱迪生公司（SunEdison）的马来西亚工厂等。四是先进工艺技术产业化进程加快。先进晶体硅电池技术研发多次打破世界纪录，黑硅制绒、背面钝化（PERC）、N 型双面等一批高效晶硅电池工艺技术产业化加速，已建成产能超过 10GW，单晶和多晶电池平均转换效率达到 20.5% 和 19.1%；多晶硅生产工艺得到进一步优化，骨干企业生产能耗已下降至 80 度电/千克的国际先进水平。五是产品成本持续下降。在技术进步和规模效应双轮驱动下，我国先进多晶硅企业生产成本已下降至 70 元/千克以下，晶体硅组件生产成本下降至 2.5 元/瓦以下，资源较好地区的光伏发电成本下降至 0.65 元/度水平，不断逼近平价上网，质优物廉的光伏产品为全球光伏市场发展做出巨大贡献。六是“走出去”步伐加快。在“一带一路”战略指引下，多家企业在境外设厂，已遍布全世界 20 多个国家，境外已建成的产能超过 5GW，生产布局全球化趋势明显。2016 年，我国硅片、电池片和组件产品出口额约为 138.4 亿美元，同比下降 11.3%，这主要受我国多家企业在海外设厂的影响。对印度、土耳其、智利、巴基斯坦等新兴市场出口显著提升，对欧美传统市场出口占比降至 30% 以下，进一步降低了美欧“双反”的影响。

在产业回暖的同时，我国光伏产业发展仍存在诸多问题。一是制造业竞争力提升乏力。国内扶持政策对上游支持不足，企业创新发展积极性不高，产业结构性矛盾突出，高端产能尚无法满足国内市场需求，关键工艺技术与国外领先水平相比仍存差距，尤其在核心光伏装备领域，新型薄膜、异质结等技术路线发展缓慢，基础创新能力也亟待提升。二是相关政策联动不足。《光伏制造行业规范条件》实施工作与下游应用等相关政策联动不足。部分实力不强、未进入规范公告的企业仍能获得应用补贴、出口退税等优惠，影响了产业优胜劣汰和兼并重组，不利于落后产能退出。三是行业融资难、融资贵问题依然突出。受前期产业贷款坏账影响，金融机构对光伏制造业授信整体压缩状况未得到根本改善，企业通常很难获得金融机构的融资支持，或者要担负 6% 以上甚至超过 10% 的贷款利率。融资难融资贵制约了企业研发投入、技术改造和产业转型升级。四是国内需求大起大落。上网电价的过快过频调整导致国内市场出现阶段性大幅波动，供需节奏不匹配，对制造业影响较大，制造业受制于发展惯性，难以较快适应市场的大起大落。如 2016 年上半年在经历火热的“6.30”后，光伏市场在三季度出现真空，导致产品价格暴跌，绝大部分企业出现亏损。五是市场应用体制机制亟待完善。可再生能源附加基金出现较大缺口，光伏电站补贴拖欠较为严重，非技术因素包括光伏用地、光伏并网等成本显著提升，加速蚕食技术进步成果。光伏发电国家与地方建设规划、年度计划不协调，西北部地区光伏限电严重，分布式光伏发电存在落实建设场地难、电费回收难、项目融资难等制约因素，极大影响了分布式发电项目开发的积极性。六是国际贸易环境日趋复杂。欧美日等国家不承认我国市场经济地位，加大我国光伏“双反”应对工作难度。欧委会已决定继续延长对我国光伏产品采取“反倾销”措施。美国新一届政府贸易保护气氛也较为浓郁，增加中美光伏“双反”和解难度。

从全球可再生能源发展态势看，光伏产业仍是各主要国家发展的重点领域，美、欧、日等国均在加快布局本国光伏产业及应用，促进制造业回流，泰、印、越等也利用其成本优势欲在该领域有所作为。为进一步规范我国光伏产业发展、推动产业结构调整和转型升级，下一步工业和信息化部将重点做好如下工作：一是进一步加强光伏政策联动。深入落实《光伏制造行业规范条件》和《关于进一步优化光伏企业兼并重组市场环境的意见》，加强部门配合，推动行业规范与电站建设、补贴发放等政策联动，同时通过市场机制促进企业重组。二是推动光伏制造业加快转型升级。统筹政策和资金资源，在工业转型升级资金中支持光伏企业关键工艺技术研发和产业化，鼓励光伏企业加快智能制造改造升级，提升光伏制造业核心竞争力，继续发布《中国光伏产业发展路线图》（2017 年版），引导行业健康可持续发展。三是加速拓展我国光伏产业全球竞争优势。落实国家“一带一路”战略，利用光伏产业外向型发展优势，推动光伏企业加快国际产能和应用合作进程，积极开拓南美、中西亚、非洲等新兴市场，推动产业全球布局，提升我国产业全球竞争优势。四是推动光伏应用多样化发展。研究出台新型工业化示范基地可再生能源应用评价办法，推动分布式光伏在工业园区的应用，发挥绿色能源在绿色园区、绿色工厂中的作用。探索在污水处理厂、居民小区、体育场馆、高速公路等独立区域应用，推动应用光伏系统的新能源充电设施试点。五是优化产业发展环境。配合相关部门推动光伏发电补贴体制机制创新，建立电价补贴随装机量和发电成本变化的调整机制。引导社会资本合理投入，缓解光伏产业融资难题。加快光伏产业标准体系、检测认证公共服务平台及光伏应用实证基地建设。

综合分析预测，2017 年我国光伏产业发展总体将保持平稳，但面临的内外部不确定因素将进一步增大。一方面 2017 年光伏上网电价调整带来的抢装、光伏电站建设指标提前透支引发的国内市场波动，以及国外“双反”持续发酵带来的市场不确定性，将对制造业持续发展带来较大挑战。另一方面企业兼并重组和资源整合将不断加快，优势企业凭借技术、资金、管理及产业布局等方面的优势将进一步抢占市场先机，促进产业加快优胜劣汰。

2016 年光伏发电统计信息

来源：国家能源局

截至 2016 年底，我国光伏发电新增装机容量 3454 万千瓦，累计装机容量 7742 万千瓦，新增和累计装机容量均为全球第一。其中，光伏电站累计装机容量 6710 万千瓦，分布式累计装机容量 1032 万千瓦。全年发电量 662 亿千瓦时，占我国全年总发电量的 1%。

光伏发电向中东部转移。全国新增光伏发电装机中，西北地区为 974 万千瓦，占全国的 28%；西北以外地区为 2480 万千瓦，占全国的 72%；中东部地区新增装机容量超过 100 万千瓦的省份达 9 个，分别是山东 322 万千瓦、河南 244 万千瓦、安徽 225 万千瓦、河北 203 万千瓦、江西 185 万千瓦、山西 183 万千瓦、浙江 175 万千瓦、湖北 138 万千瓦、江苏 123 万千瓦。

分布式光伏发电装机容量发展提速，2016 年新增装机容量 424 万千瓦，比 2015 年新增装机容量增长 200%。中东部地区分布式光伏有较大增长，新增装机排名前 5 位的省份是浙江（86 万千瓦）、山东（75 万千瓦）、江苏（53 万千瓦）和安徽（46 万千瓦）和江西（31 万千瓦）。

表　2016 年光伏发电统计信息表

省（区、市）	累计装机容量/万千瓦		新增装机容量/万千瓦	
		其中：光伏电站		其中：光伏电站
总计	7742	6710	3454	3031
北京	24	5	8	3
天津	60	48	47	44
河北	443	404	203	192
山西	297	284	183	172
内蒙古	637	637	148①	166
辽宁	52	36	36	29
吉林	56	51	49	45
黑龙江	17	12	15	11
上海	35	2	14	0
江苏	546	373	123	70
浙江	338	131	175	88
安徽	345	267	225	178
福建	27	11	12	8
江西	228	171	185	154
山东	455	336	322	247
河南	284	248	244	234
湖北	187	167	138	124
湖南	30	0	1	0
广东	156	68	92	61
广西	18	9	6	4
海南	34	24	10	5
重庆	0.5	0	0	0
四川	96	90	60	57
贵州	46	46	43	43
云南	208	208	144①	145
西藏	33	33	16	16
陕西	334	322	217	210
甘肃	686	680	76	74
青海	682	682	119	118
宁夏	526	505	217	199
新疆	862	862	329①	333

① 2015 年内蒙古、新疆、云南的分布式发电统计数据存在误差，分别为 18 万、4 万、1 万千瓦，在本表数据中进行了相应核减，故三省新增装机容量小于其光伏电站装机容量。

2016 年风电并网运行情况

来源：国家能源局

2016 年，全国风电保持健康发展势头，全年新增风电装机 1930 万千瓦，累计并网装机容量达到约 1.49 亿千瓦，占全部发电装机容量的 9%，风电发电量 2410 亿千瓦时，占全部发电量的 4%。2016 年，全国风电平均利用小时数 1742 小时，同比增加 14 小时，全年弃风电量 497 亿千瓦时。

2016 年，全国新增并网容量较多的地区是云南（325 万千瓦）、河北（166 万千瓦）、江苏（149 万千瓦）、内蒙古（132 万千瓦）和宁夏（120 万千瓦），风电平均利用小时数较高的地区是福建（2503 小时）、广西（2365 小时）、四川（2247 小时）和云南（2223 小时）。

2016 年，全国弃风较为严重的地区是甘肃（弃风率 43%、弃风电量 104 亿千瓦时）、新疆（弃风率 38%、弃风电量 137 亿千瓦时）、吉林（弃风率 30%、弃风电量 29 亿千瓦时）内蒙古（弃风率 21%、弃风电量 124 亿千瓦时）。

表　2016 年风电并网运行统计数据

省（区、市）	新增并网容量/万千瓦	累计并网容量/万千瓦	发电量/亿千瓦时	弃风电量/亿千瓦时	弃风率	利用小时数
合计	1930	14864	2410	497		1742
北京	4	19	3			1750
天津	0	29	6			2075
河北	166	1188	219	22	9%	2077
山西	102	771	135	14	9%	1936
山东	118	839	147			1869
内蒙古	132	2557	464	124	21%	1830
辽宁	56	695	129	19	13%	1929
吉林	61	505	67	29	30%	1333
黑龙江	58	561	88	20	19%	1666
上海	10	71	14			2162
江苏	149	561	98			1980
浙江	15	119	23			2161
安徽	41	177	34			2109
福建	42	214	50			2503
江西	41	108	19			2114
河南	13	104	18			1902
湖北	66	201	35			2063
湖南	61	217	39			2125
重庆	5	28	5			1600
四川	52	125	21			2247
陕西	80	249	28	2	7%	1951
甘肃	25	1277	136	104	43%	1088
青海	22	69	10			1726
宁夏	120	942	129	19	13%	1553
新疆	85	1776	220	137	38%	1290
西藏	0	1	0.1			1908
广东	22	268	50			1848
广西	24	67	13			2365
海南	0	31	6			1781
贵州	39	362	55			1806
云南	325	737	148	6	4%	2223

注：1. 并网容量、发电量、利用小时数来源于中电联；

2. 弃风电量、弃风率来源于国家可再生能源中心、相关电网企业。

2016年西北区域新能源并网运行情况通报

来源：西北能源监管局

2016年，西北五省（区）新增风电并网容量681.3万千瓦，截至2016年年底，累计并网容量4328.7万千瓦，占全网总装机的19.6%。2016年，风电发电量524.64亿千瓦时，占全网总发电量的8.4%；利用小时数1424小时，弃风电量262.25亿千瓦时，弃风率33.34%。西北五省（区）中，甘肃、新疆、宁夏风电运行形势最为严峻，弃风率依次为43.11%、38.37%和13.05%。此外，陕西弃风率为6.61%，青海未发生弃风限电现象。

2016年，西北五省（区）新增光伏发电并网容量1011万千瓦，截至2016年年底，累计并网容量3037.4万千瓦，占全网总装机的13.8%。2016年，光伏发电量287.17亿千瓦时，占全网总发电量的4.57%；利用小时数1151小时，弃光电量70.42亿千瓦时，弃光率19.81%。西北五省（区）中，新疆、甘肃光伏发电运行较为困难，弃光率为32.23%和30.45%。此外，宁夏弃光率7.15%，青海弃光率8.33%，陕西首次发生弃光限电情况，弃光率为6.89%。

从市场供需角度来看，西北区域新能源装机增长过快，社会用电需求增长放缓，2016年宁夏回族自治区全社会用电最大负荷为1152万千瓦，新能源装机1337.5万千瓦；甘肃省全社会用电最大负荷为1339.1万千瓦，新能源装机1957.4万千瓦；新疆维吾尔族自治区全社会用电最大负荷为2603万千瓦，新能源装机2477.4万千瓦，其中新疆维吾尔族自治区新能源全部接入国网新疆公司所属电网，但其用电负荷在全自治区所占比例不到50%。

从并网运行角度来看，新能源发电受限原因主要包括：新能源分布较为集中，电网调峰能力不足；外送通道建设与电源建设不匹配，电网送出能力有限；电网存在薄弱环节，部分区域受网架约束影响消纳等三个方面。

表 2016年西北区域新能源并网运行情况

省（区）	截至2016年底并网容量/万千瓦		2016年累计发电量/亿千瓦时		2016年利用小时数		2016年累计弃风/光电量/亿千瓦时		弃风/弃光率	
	风电	光伏	风电	光伏	风电	光伏	风电	光伏	风电	光伏
陕西	267.9	278.4	28.26	19.65	1900	1459	1.99	1.40	6.61%	6.89%
甘肃	1277.3	680.1	137.62	59.30	1124	1043	103.79	25.78	43.11%	30.45%
青海	66.6	680.9	10.23	59.48	1727	1428	—	8.13	0%	8.33%
宁夏	837.1	500.4	128.69	52.38	1594	1338	19.32	4.03	13.05%	7.15%
新疆	1879.8	597.6	219.84	66.35	1558	974	137.15	31.08	38.37%	32.23%
合计	4328.7	3037.4	524.64	287.17	1424	1151	262.25	70.42	33.34%	19.81%

第四篇　电源行业发展报告与综述

中国智能电网行业分析

一、中国智能电网行业现状分析

1. 行业发展概况
2. 行业发展规模
3. 行业竞争格局

二、中国智能电网行业未来发展趋势

1. 行业发展前景分析
2. 行业发展规模预测

中国储能行业分析

一、中国储能行业现状分析

1. 行业发展概况
2. 行业竞争格局

二、中国储能行业未来发展趋势

1. 行业发展前景分析
2. 行业发展规模预测

电源行业主要上市公司 2016 年年报统计

一、电源行业上市公司总体情况综述

1. 电源企业上市板块及所属主要行业情况
2. 电源企业主要产品及业务情况
3. 2016 年电源上市企业规模分析

二、电源企业的财务数据分析

（一）营运能力分析

（二）获利能力分析

（三）偿债能力分析

（四）发展潜力分析

三、电源上市企业研发情况

四、小结

2016 年电源及相关配套上市企业情况介绍（同类企业按单位名称汉语拼音顺序排列）

电源上市企业

1. 北京动力源科技股份有限公司
2. 北京合康新能科技股份有限公司
3. 北京汇能精电科技股份有限公司
4. 北京津宇嘉信科技股份有限公司
5. 北京星原丰泰电子技术股份有限公司
6. 常州市创联电源科技股份有限公司
7. 东文高压电源（天津）股份有限公司
8. 广东科谷电源股份有限公司
9. 广州凯盛电子科技股份有限公司
10. 杭州中恒电气股份有限公司
11. 茂硕电源科技股份有限公司
12. 梦网荣信科技集团股份有限公司
13. 宁波赛耐比光电科技股份有限公司
14. 山东镭之源激光科技股份有限公司
15. 上海雷诺尔科技股份有限公司
16. 深圳奥特迅电力设备股份有限公司
17. 深圳科士达科技股份有限公司
18. 深圳可立克科技股份有限公司
19. 深圳市国耀电子科技股份有限公司
20. 深圳市汇川技术股份有限公司
21. 深圳市科陆电子科技股份有限公司
22. 深圳市蓝海华腾技术股份有限公司
23. 深圳市英威腾电气股份有限公司
24. 石家庄通合电子科技股份有限公司
25. 无锡安特源科技股份有限公司
26. 武汉永力科技股份有限公司
27. 厦门科华恒盛股份有限公司
28. 先控捷联电气股份有限公司
29. 阳光电源股份有限公司
30. 易事特集团股份有限公司
31. 英飞特电子（杭州）股份有限公司
32. 浙江三辰电器股份有限公司

电源配套上市企业

33. 广东创锐电子技术股份有限公司
34. 杭州士兰微电子股份有限公司
35. 湖北台基半导体股份有限公司
36. 湖南丰日电源电气股份有限公司
37. 江苏宏微科技股份有限公司
38. 江苏坚力电子科技股份有限公司
39. 南通江海电容器股份有限公司
40. 宁夏银利电气股份有限公司
41. 上海贝岭股份有限公司
42. 上海赛特康新能源科技股份有限公司
43. 深圳深爱半导体股份有限公司
44. 深圳市力生美半导体股份有限公司
45. 天通控股股份有限公司
46. 无锡芯朋微电子股份有限公司
47. 厦门法拉电子股份有限公司
48. 新华都特种电气股份有限公司

2016 年中国电源学会会员企业 30 强名单

序号	公司名称	主要产品领域
1	华为技术有限公司	站点电源、高效模块化数据中心、光/油/电/储一体化低 TCO 站点混合供电解决方案、不间断电源
2	台达电子企业管理（上海）有限公司	通信电源及系统、UPS、计算机及网络设备用交换式电源供应器、电脑及消费电子适配器，直流模块电源，照明及背光电源，变频器及工业自动化系统，太阳能，风能变换器及新能源发电系统，新能源汽车车载
3	中兴通讯股份有限公司能源产品部	通信电源，UPS，太阳能控制器，通信设备
4	阳光电源股份有限公司	光伏逆变器、风能变流器、储能变流器等
5	易事特集团股份有限公司	UPS 电源、EPS 电源、分布式发电、电动汽车充电桩
6	深圳市汇川技术股份有限公司	变频器、伺服驱动器、PLC、HMI、伺服/直驱电机、传感器、一体化控制器及专机、工业视觉、机器人控制器、电动汽车电机控制器等
7	深圳市航嘉驰源电气股份有限公司	PC 电源、机箱、电源适配器、移动电源、电源转换器、充电器
8	中达电通股份有限公司	UPS 电源，通信电源，新能源电源（光伏逆变器、风力变流器等），变频电源（器）
9	深圳市科陆电子科技股份有限公司	直流屏、电力操作电源，UPS 电源，照明电源、LED 驱动电源，模块电源
10	厦门科华恒盛股份有限公司	信息化设备用 UPS 电源、工业动力 UPS 电源系统设备、建筑工程电源、数据中心产品、新能源产品、配套产品
11	深圳科士达科技股份有限公司	UPS、精密空调、蓄电池、机柜、光伏逆变器、储能
12	深圳市英威腾电气股份有限公司	高、中、低压变频器、电梯智能控制系统、伺服系统、PLC、HMI、电机和电主轴、SVG、UPS、光伏逆变器、轨道交通牵引系统、新能源汽车电控系统、节能减排在线管理系统
13	茂硕电源科技股份有限公司	开关电源、LED 室内/户外照明产品驱动、FPC、光伏逆变器、智能充电桩
14	北京动力源科技股份有限公司	通信电源，EPS，高压变频器，新能源电源
15	华东微电子技术研究所	通用开关电源，照明电源、LED 驱动电源，模块电源，电源配套设备（自动化设备、SMT 设备、绕线机等）
16	中国长城计算机深圳股份有限公司	PC 电源，服务器电源，适配器，LED 驱动等各类电源
17	许继电源有限公司	交直流电力电源，电动汽车充换电系统、电能质量控制装备、军工特种电源
18	杭州中恒电气股份有限公司	通信电源系统、电力电源系统、电动汽车充电系统、电力信息化软件
19	深圳市京泉华科技股份有限公司	适配器、三相变压器、高（低）频电源变压器、背光源逆变器、平板变压器、SMD 变压器、SMD 电感、网络变压器和其他相关电子产品
20	深圳市核达中远通电源技术有限公司	电动车供电电源、光伏电源、通信电源系统、逆变器、BMP 电源、非标电源、高压直流供电系统、回馈式老化系统
21	深圳可立克科技股份有限公司	动力电池充电器、适配器、LED 电源、通信电源
22	上海科泰电源股份有限公司	智能环保集成电站，包括标准机组、静音型电站、车载电站、挂车电站、方舱电站以及电源一体化解决方案
23	深圳欧陆通电子有限公司	电源适配器，工业电源，快充电源，LED 电源，移动电源，数码配件及智能家居
24	田村（中国）企业管理有限公司	高频开关电源、电感变压器、电抗器
25	英飞特电子（杭州）股份有限公司	LED 驱动电源
26	无锡东电化兰达电子有限公司	高可靠性开关电源、滤波器
27	东莞市石龙富华电子有限公司	医疗电源、I. T. E. 电源、POE 电源、模块化电源、LED 驱动电源、消费类定制电源

（续）

序号	公 司 名 称	主要产品领域
28	合肥华耀电子工业有限公司	工业开关电源、LED 驱动电源、军品电源、新能源充电机
29	广州金升阳科技有限公司	AC-DC 电源模块、DC-DC 电源模块、隔离变送器、IGBT 驱动器、LED 驱动器
30	浙江正泰电源电器有限公司	稳压电源、开关电源、低压变压器、太阳能光伏逆变电网变压器、电抗器、调压器、互感器、起动器、频敏变阻器、电力保护继电器、漏电保护器

注：1. 此名单以会员企业提供的 2016 年企业销售数据、上市公司年报等数据为依据得出，未提供数据的会员企业未进行排行。

2. 此名单中仅对主要产品为电源整机的会员企业进行了排行，主要产品为蓄电池、锂电池、功率器件等配套产品的会员企业未列入其中，如深圳市比亚迪锂电池有限公司、理士国际技术有限公司、山东圣阳电源股份有限公司、上海吉电电子技术有限公司、无锡新洁能股份有限公司等。

3. 同时涉及电源产品以外其它产品的会员企业，根据电源部分的经营数据进行排行。

2016 年度中国电源行业发展报告

一、调研背景

（一）调查对象

在承继历届电源研究及调查优势与成功经验的基础上，2016 年中国电源产业调查的范围延伸到了电源市场的各个板块，包括业内专家学者、厂商、传统渠道商、IT 渠道商、系统集成等企业和机构。具体包括：最终用户、产品供应商、维护与支持提供商、渠道商、系统集成商。

（二）数据来源与调查方法

本届调查主要采取了电话呼叫、问卷调查、线上调查、公开渠道搜集等方式收集信息，并辅助以焦点小组讨论以及专家集中评审等多种方式，以期更加全面、科学地调查和评估中国电源产业发展状况与电源产品和企业的基本状况。在抽样过程上，综合运用了双重抽样、逐次抽样、分阶段抽样、分层抽样、整群抽样、等距抽样等多种方法，以确保调查数据的精确度，综合衡量其优劣。

（三）样本分布

表 1 2016 年中国电源调查样本区域分布

区　域	比　例
华北	8.7%
华东	44.3%
华南	36.3%
华中	2.5%
东北	0.6%
西南	1.9%
西北	5.7%
合计	100%

二、2016 年中国电源市场概况分析

（一）2016 年中国电源产业规模与特征

1. 2014～2016 年中国电源产业产值规模分析

近年来，随着中国宏观经济的持续高速发展，社会生产和人民生活水平的不断提高，以及社会电气化程度的逐步提升，电源产业总体来说一直保持着平稳的增长，且应用领域不断扩展，新能源发电、新能源汽车、智能制造、智能电网、数据中心等新兴应用领域为电源产业的发展提供了新的动力。2016 年中国电源产业的产值规模呈现出良好的发展态势，同比增长 6.9%，增速有小幅提高，总产值超过 2000 亿元大关。中国电源行业的规模分析主要指产值，包含国内销售、出口、OEM/ODM 等几个部分，本报告涉及的数值如未特意表明均指产品产值（不包含港、澳、台等地区，以下同）。

表 2 2014～2016 年中国电源产业产值规模

年　份	2014 年	2015 年	2016 年
销售额（亿元/人民币）	1813	1924	2056
增长率	5.6%	6.1%	6.9%

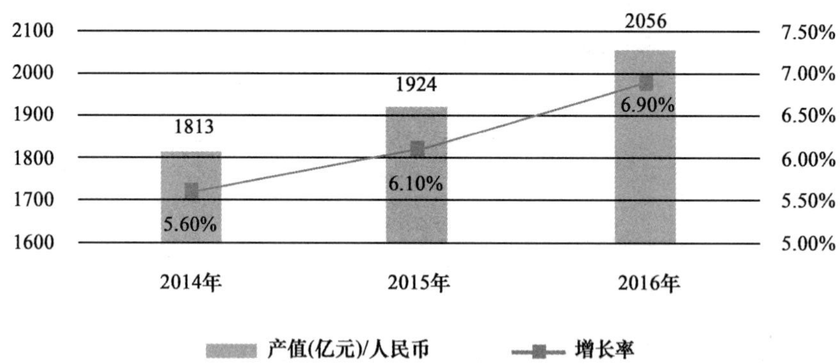

图 1 2014～2016 年中国电源产业产值规模

2. 2016 年中国电源市场特征

（1）产品特征

电源产品在各个行业中的应用十分广泛，因此电源产品的种类繁多，产品表现出多样性的特点。由于产品的多样性使得电源产业布局体现出一定的分散性特征，在众多电力电子相关产业中都涉及电源的研发和制造。同时，由于部分电源产品制造的技术门槛不高，投资也相对较小，使得进入电源产业中的企业数量较大，产业分布比较分散。目前，国家在监管方面尚没有专门的部分来协调管理整个电源行业的发展，因此电源产品的标准和质量管理也较为分散。

（2）价格特征

从电源市场的价格特征来看，电源产品的价格主要与能源价格、基础材料、核心元器件以及人工成本相关联。目前来看，电源产品的高端核心元器件，如 IGBT 器件国内已有众多企业涉足并取得了长足的发展，一定程度上打破

了国外企业的垄断，缓解了电源产品成本压力，但在高端领域对进口器件的依赖程度仍然较高，成本依然难以有效控制。同时，在2016年人工成本的持续上升对电源产品成本形成一定压力，能源、金属等大宗产品价格有较大波动，对部分电源产品成本产生一定的影响。

（3）促销特征

电源产品根据其应用的行业不同，其体现出的促销特征也有所不同。电源产品大部分应用于工业企业，其促销往往不是简单地进行广告与打折。电源产品的促销也体现多样性的特点，如通过给予渠道的返点来进行促销，也可以配合一些相关的展览和会议来进行产品的促销。同时，厂商在促销的过程中更加注重概念、理念、方案的宣传而不仅仅集中于产品性能与技术指标，更注重于长期的营销策略而不是短期的促销行为。在对产品进行促销的同时，企业也更加注重附有产品更多的附加价值，如给用户提供更多的服务来增长自身产品的吸引力。

（4）渠道特征

在电源产品市场上，不同的电源产品由于其产品的应用特性不同，往往采用的渠道策略会有较大的差别。一些标准化的产品，如UPS、通信电源等，可以通过经销商和代理商来进行分销，而一些定制化的电源产品，则往往是电源企业直接与客户建立长期的战略合作关系，来为客户提供长期的定制化的服务。不论是直销还是分销，把握住客户的需求，更好地通过渠道体系来满足客户的需求无疑就是最适合某种电源产品的渠道销售策略。

（二）2016年中国电源市场结构分析

1. 2016年中国电源产品结构分析

由于电源产品覆盖的产品种类众多，同时还存在大量各种非标准化的定制化电源产品。根据中国电源学会长期跟踪研究，对UPS电源、通信电源、电力电源等重点电源进行了重点的分析研究。当前，对于电源的分类，还没有形成统一的口径，我们的研究主要从以下几个维度进行细分：

按功率变换形式分类：目前的输入功率主要有交流电源（AC）和直流电源（DC）两类；负载要求也主要有AC和DC两类，所以电力电子电源产品有四大类：AC-DC电源转换产品；DC-DC电源转换产品；DC-AC电源转换产品；AC-AC电源转换产品。

按电源产品名称和原理分类，主要有：开关电源（包含通信电源，电力操作电源、照明电源、PC电源、服务器电源、适配器、电视电源、家电电源等）；不间断电源（简称为UPS电源，包含交流UPS和直流UPS等）；逆变器（包含光伏逆变器，车载逆变器等）；线性电源（包含电镀电源、高端音响电源等）；其它（包含变频器、特种电源等）。

按照电源生产的商业模式不同，可分为定制电源和标准电源；定制电源是利用电力电子器件、相关自动化控制技术及嵌入式软件技术对电能进行变换及控制，并为满足客户特殊需要而定制的一类电源。按照行业的细分又可以划分为消费类定制电源和工业类定制电源两大类。标准电源是根据国内外的电源标准和要求制造的电源，标准电源针对的是所有需求的用户，是统一、标准化的产品，不是仅针对满足某些特定需求的用户而定制的产品。

根据电源学会的研究表明，规模较大的电源类型有计算机电源、通信电源、照明电源、变频器、UPS电源、逆变器等。

开关电源应用十分广泛，主要使用于工业自动化控制、军工设备、科研设备、LED照明、工控设备、通信设备、电力设备、医疗设备、半导体制冷制热、家用电器、液晶显示器、视听产品、安防、电脑机箱、数码产品和仪器类等领域。目前，除了对直流输出电压的纹波要求极高的场合外，开关电源已经全面取代了线性稳压电源，主要用于小功率场合。在许多中等容量范围内，开关电源逐步取代了相控电源，例如：通信电源领域、电焊机、电镀装置等的电源。

其中照明电源又可以分为镇流器、LED驱动电源、其它等三类，2016年LED驱动电源得益于LED通用照明及小间距LED显示产品拉动，发展速度较快，成为拉动细分市场增长的主要动力。计算机电源主要指传统PC电源、服务器电源、笔记本电脑适配器等，传统PC电源基本趋于饱和，增长乏力，但服务器电源仍有较好的发展潜力。通信类电源主要包含通信电源、直放站电源等，随着国家4G的落实，预计“十三五”期间通信电源会保持较好的增长势头。

逆变器主要包含光伏逆变器、便携式逆变器、车载逆变器等类型。其中，光伏逆变器随着绿色能源的兴起，在“十三五”期间将会持续稳步增长。

UPS主要分为后备式、在线式和在线互动式三个种类，其中在线式UPS占据整体规模的80%左右。UPS主要应用在数据中心、办公场所、工业生产、交通等领域和行业。随着数据中心在中国的快速发展，UPS的市场规模也会持续发展。

变频器主要分为低压变频器和中高压变频器，当前以低压变频器为主，但是高压变频器的市场潜力更大一些。传统的起重行业、电梯行业以及注塑机等行业增长速度虽然有所减缓，但数字城市和智能交通的高速建设和发展将带动变频器细分产品的平稳增长。

线性电源主要应用在研究机构、工矿企业以及其它工业领域，需求比较平稳，每年的市场规模变化不大。

2016年受益于国家相关政策的推动，新能源汽车充电站、充电桩以及相关驱动控制器市场规模得到进一步提升，众多企业纷纷涉足相关领域，成为行业新的热点。

此外智能电网、储能系统等领域逐步进入应用阶段，未来有望成为电源产品新的增长动力。

2. 2016年中国电源区域结构分析

从中国电源产业的区域分布结构来看，目前大部分的电源仍在华南、华东两大区域生产，这些区域也正是中国制造业最为发达和集中的区域。

表3　2016年中国电源区域结构分析

区　域	产值(亿元)/人民币	市场份额
东北	60	2.9%
华北	150	7.3%

（续）

区 域	产值(亿元)/人民币	市场份额
华东	553	26.9%
华南	1040	50.6%
华中	80	3.9%
西北	68	3.3%
西南	105	5.1%
总计	2056	100%

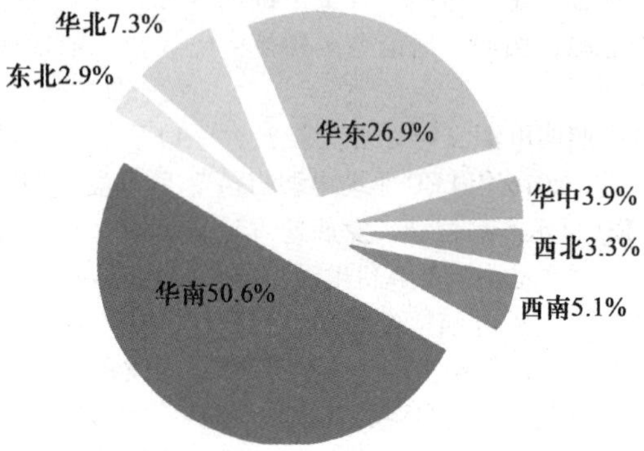

图2 2016年中国电源区域结构分析

3. 2016年中国电源行业结构分析

根据电源产业相关产品的行业应用，本年度报告将电源行业市场划分调整为：信息、制造、家电、交通、能源以及金融、教育、政府等行业应用市场。2016年，中国电源行业结构如表4所示。从电源产业的行业分布结构来看，除了出口的相关产品外，主要集中在制造、政府、金融以及电信行业中。

表4 2016年中国电源行业结构分析

	2016年产值（亿元）/人民币	占比
出口	861	42.1%
信息	225	11.0%
制造	278	13.6%
家电	207	10.1%
交通	88	4.3%
能源	127	6.2%
其它	260	12.7%
总计	2046	100%

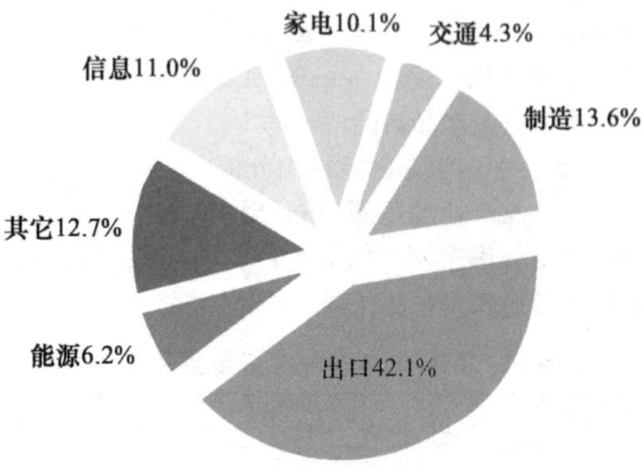

图3 2016年中国电源行业结构分析

三、2016年中国电源企业整体概况

（一）中国电源企业数量分布

由于电源产业相关产品的多样性以及产品应用的广泛性，使得电源产业中相关的电源企业数量相对较多。同时，由于电源产品制造的技术门槛以及资金要求相对不是太高，这也客观上导致了电源产品相关研发和生产的企业数量众多，但随着近年来电源产品标准化程度不断提高，以及市场对产品技术水平的要求日益提升，一些缺乏核心技术和开发能力的中小企业生存环境日趋严苛，电源产业显现出由分散向相对集中转变的态势。2016年中国电源企业数量约为1.71万家，较上一年数量略有下降。

表5 2014～2016年中国电源企业数量分析

年 份	2014年	2015年	2016年
企业数量/万家	1.76	1.78	1.71
增长率	1.14%	0.89%	-3.9%

（二）中国电源企业区域分布

目前，从中国电源企业的区域分布来看，主要还是分布在以珠三角、长三角为代表的华南及华东沿海地区，同时在北京、天津周边也有数量众多的电源相关产品的研发和生产企业。

表6 2016年中国电源企业区域分布分析

	企业数量/万家	占 比
华东	0.58	33.9%
华北	0.28	16.1%
华南	0.68	39.7%
其它	0.18	10.3%
总计	1.78	100%

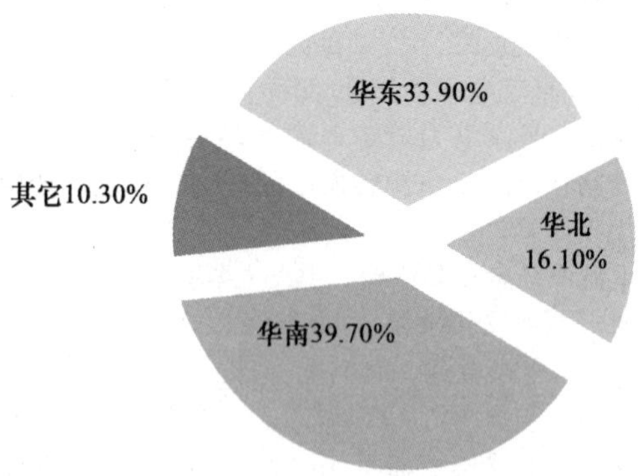

图4 2016年中国电源企业区域分布分析

四、2016年中国电源市场应用行业结构分析

（一）电信行业分析

2016年全年电信行业完成固定资产投资4350亿元，比上年下降189.1亿元，同比下降4.1%。

2016年电信业务收入完成11893亿元，同比增长5.6%，比上年回升7.6个百分点。电信业务总量完成35948亿元，同比增长54.2%，比上年提高25.5个百分点。

2013年12月工信部正式发放4G运营牌照，随着基础设施建设的不断完善和使用成本逐步降低，2016年4G用户数出现爆发性增长，全年新增3.4亿户，总数达到7.7亿户，在移动电话用户中的渗透率达到58.2%，4G用户已成为移动电话用户的主流。2G移动电话用户减少1.84亿户，占移动电话用户的比重由上年的44.5%下降至28.8%。

2016年，新增移动通信基站92.6万个，增速下降27.1%，总数达466.8万个，其中4G基站新增86.1万个，总数达到263万个。

2016年全国电话用户净增2617万户，较上年净增121.1万户有大幅增加，总数达到15.3亿户。其中，移动电话用户净增5054万户，总数达13.2亿户，移动电话用户普及率达96.2部/百人，全国共有10省市的移动电话普及率超过100部/百人，分别为北京、广东、上海、浙江、福建、宁夏、海南、江苏、辽宁和陕西。固定电话用户总数2.07亿户，比上年减少2437万户。

2016年，在4G移动电话用户大幅增长、移动互联网应用加快普及的带动下，移动互联网接入流量消费达93.6亿G，同比增长123.7%，比上年提高20.7个百分点。全年月户均移动互联网接入流量达到772M，同比增长98.3%。其中，通过手机上网的流量达到84.2亿G，同比增长124.1%，在总流量中的比重达到90.0%。固定互联网使用量同期保持较快增长，固定宽带接入时长达57.5万亿分钟，同比增长15.0%。

（二）数据中心行业分析

随着互联网、云计算、大数据以及物联网产业的加速发展，国家"中国制造2025"和"互联网+"等重大战略规划的现实需求，我国数据中心产业进入了大规模的建设发展阶段。

根据工信部发布的数据，2010~2013年我国共建设数据中心255个，机房总面积约400万m^2。超大型数据中心（规模在1万个标准机架以上，功率2.5kW为一个标准机架）有23个，大型数据中心（规模在3千~1万个标准机架之间）有42个，中小型数据中心（规模在3千个标准机架以下）有190个。

根据市场调查机构Technavio公司的调研报告，中国数据中心市场有望迎来指数级增长，并预计在未来四年，年均复合增长率将接近13%。此外，公共云存储的市场需求预计将持续走高，这也将推动中国数据中心市场规模进一步扩张。

我国政府高度重视数据中心作为信息产业基础设施的重要支撑作用，2016年发布的《国家信息化发展战略纲要》《"十三五"国家战略性新兴产业发展规划》《"十三五"国家信息化规划》等重要规划文件中均对数据中心建设做了专门部署。2013年工业和信息化部等五部门联合印发《关于数据中心建设布局的指导意见》，以及《国家绿色数据中心试点工作方案》，对数据中心建设进行了具体规划。其中应注意绿色节能是数据中心的重要建设目标，根据规划到2018年，云计算和物联网原始创新能力显著增强，新建大型云计算数据中心电能使用效率（PUE）值不高于1.5；到2020年，形成具有国际竞争力的云计算和物联网产业体系，新建大型云计算数据中心PUE值不高于1.4。

（三）制造行业分析

房地产、制造业与基建投资三者是固定资产投资的主要构成，合计占比在80%左右，其中制造业占比最大，达到30%。制造业领域的工程施工往往由专业工程公司承包，包括石化、化工、冶炼、轻工制造等，都有相对应的工程公司，如以中国化学为代表的化工工程公司、中国中冶（冶炼）和中国海诚（轻工制造）等。

据国家统计局统计，2016年装备制造业增加值同比增长9.5%，占规模以上工业增加值的比重为32.9%；高技术制造业增加值增长10.8%，占规模以上工业增加值的比重为12.4%。新一代信息技术、高端装备制造、新材料、节能与新能源汽车等规划发布实施。重点行业兼并重组取得积极进展，列入淘汰落后产能名单的2761家企业落后生产线大部分已关停，产业转移有序推进。

制造业投资基本代表了实体经济的兴衰，从十年左右的大周期来看，目前制造业由于产业转型和宏观经济的影响下处于下行阶段。但是，从整个发展周期看，产业布局优化后的新的一轮经济周期将开始萌芽，部分高端制造业兴起代表了未来中国经济转型的方向。

（四）新能源汽车行业分析

新能源汽车充电设施以及驱动控制装置，已逐步成为电源行业新的热点，有望成为带动电源行业新一轮发展的重要动力。

基于节能环保、改善环境以及国家能源安全等多方面因素，我国政府大力度推动新能源汽车产业发展。近两年来，在国家政策引导和各方努力下，我国新能源汽车在研发推广、技术水平等方面取得明显成效，产销快速增长。

根据中汽协数据，2016年新能源汽车生产51.7万辆，销售50.7万辆，比上年同期分别增长51.7%和53%。其中纯电动汽车产销分别完成41.7万辆和40.9万辆，比上年同期分别增长63.9%和65.1%；插电式混合动力汽车产销分别完成9.9万辆和9.8万辆，比上年同期分别增长15.7%和17.1%。

从全年发布的数据来看，纯电动汽车一直是新能源汽车产销的主力军，销量占全年销量比超过80%，插电式混合动力汽车的占比仅为19%。

根据工信部数据，2016年新建充电桩10万个，截至2016年底，我国充电桩累计已达到23万个，其中，公共充电桩数量为15万个左右，私人充电桩总数约8万个。根据国家能源局的规划，2017年我国计划完成90万个充电桩建设，其中公共充电桩10万个，私人充电桩80万个。

（五）政府行业分析

由于智慧城市、平安城市等建设关乎民生与政绩，且能够带动物联网、云计算、大数据等新一代信息技术产业的发展，在十三五期间必然是政府投资优先保障的热点，同时也是中央和地方政府政策的支持重点。未来会有大量新的上市公司出现，对板块的整体估值水平带来持续的支持与提振。

我国物联网"十三五"规划纲要明确指出，要"推动物联网关键技术研发和在重点领域的应用示范"；并锁定十大物联网应用重点领域，分别是智能电网、智能交通、智能物流、智能家居、环境与安全检测、工业与自动化控制、医疗健康、精细农牧业、金融与服务业、国防军事；计划建成50个面向物联网应用的示范工程，5～10个示范城市。未来五年全球物联网产业市场将呈现快速增长态势，年均增长率接近25%。

五、2016年中国电源市场区域结构分析

（一）华东区域分析

华东地区正在向“国际制造业基地”发展。其工业生产总值不仅占据全国重要地位，而且增长率也高于全国水平。作为国内最具综合经济实力、人口密集度最高、最富裕、市场购买力最强的区域之一，华东区域历来被企业视为重点布局区域。华东地区包含上海市、江苏省、浙江省、安徽省、山东省、江西省等省市。第一类：常州、嘉兴、无锡、上海、舟山、南京、苏州、宁波、绍兴、湖州等地区，其中常州、嘉兴、无锡、上海、舟山为一亚类，南京、苏州、宁波、绍兴、湖州为一亚类。华东地区总体上已经进入工业化中期，工业化总体水平高于全国平均水平，工业化发展速度也快于全国平均速度。第二类：泰州、杭州、扬州。导致华东地区工业化进程差异的原因是地区之间经济发展水平（指标为人均收入水平）、产业结构（指标为三次产业占GDP比重）依靠发展第二产业是迅速推进工业化的重要手段。华东地区各省市的各地级市工业化进程也不均衡。从华东地区各地级市的工业化进程来看，各地级市之间的工业化进程差异也很大。上海市工业化水平最高，处于后工业化阶段，内部差异小。

（二）华南区域分析

华南地区一般包含广西壮族自治区、广东省、海南省、福建省、台湾省以及香港、澳门两特区。珠江三角洲经济区，简称珠三角经济区，是组成珠江的西江、北江和东江入海时冲击沉淀而成的一个三角洲，面积大约一万多平方公里。一般来说它的最西点定义在三水。2009年1月8日，《珠江三角洲地区改革发展规划纲要（2008～2020年）》。规划范围以广东省的广州、深圳、珠海、佛山、江门、东莞、中山、惠州和肇庆市为主体，辐射泛珠江三角洲区域。

（三）华北区域分析

华北地区包括北京、天津、河北、山西、内蒙古等省市自治区。华北地区有发展经济得天独厚的条件，两大直辖市北京、天津作为华北经济圈的核心城市，130km的超近距离，使两者联系起来极为便利，且河北的一些城市穿插其间，构成了区域特色。北京作为中园的首都，是全国政治、文化中心和圈际交流中心，又是全国公路、铁路枢纽，有全国最大的航空港，具有特殊的区位优势；北京高新技术产业发达，资金雄厚。人力资源丰富，有中国其它城市无法比拟的优越性。天津是老工业基地，轻工业比较发达，并且是国际性现代化港口城市；天津的滨海新区有120多平方公里的土地资源。河北省面积18.8万平方公里，在空间地理位置上构成北京、天津的腹地，为其提供充足的土地和劳动力等生产要素，也是北京、天津产业转移的大后方。

（四）其它区域分析

西部大开发的范围包括重庆、四川、贵州、云南、西藏、陕西、甘肃、青海、宁夏、新疆、内蒙古、广西等12个省、自治区、直辖市，面积685万平方公里，占全国的71.4%。2002年末人口3.67亿人，占全国的28.8%。2016年国内生产总值156529.19亿元，占全国的21%。西部地区资源丰富，市场潜力大，战略位置重要。但由于自然、历史、社会等原因，西部地区经济发展相对落后，人均国内生产总值仅相当于全国平均水平的三分之二，不到东部地区平均水平的40%，迫切需要加快改革开放和现代化建设步伐。当前和今后一段时期，是西部地区深化改革、扩大开放、加快发展的重要战略机遇期。要重点抓好基础设施和生态环境建设；积极发展有特色的优势产业，推进重点地带开发；发展科技教育，培育和用好各类人才；国家要在投资项目、税收政策和财政转移支付等方面加大对西部地区的支持，逐步建立长期稳定的西部开发资金渠道；着力改善投资环境，引导外资和国内资本参与西部开发；西部地区要进一步解放思想，增强自我发展能力，在改革开放中走出一条加快发展的新路。

六、2016年电源市场产品结构分析

由于电源产品覆盖的产品种类众多，同时还存在大量各种非标准化的定制化电源产品。根据中国电源学会长期跟踪研究，对UPS电源、通信电源、电力电源等重点电源进行了重点的分析研究。当前，对于电源的分类，还没有形成统一的口径，我们的研究主要从以下几个维度进行细分：按功率变换形式分类：目前的输入功率主要有交流电源（AC）和直流电（DC）两类；负载要求也主要有AC和DC两类，所以电力电子电源产品有四大类：AC-DC电源转换产品；DC-DC电源转换产品；DC-AC电源转换产品；AC-AC电源转换产品。按电源产品名称和原理分类，主要有：开关电源（包含通信电源，电力操作电源、照明电源、PC电源、服务器电源、适配器、电视电源、家电电源等）；不间断电源（简称为UPS电源，包含AC UPS和DC UPS等）；逆变器（包含车载逆变器，光伏逆变器等）；线性电源（包含电镀电源、高端音响电源等）；其它（包含变频器、特种电源等）。按照电源生产的商业模式不同，可分为定制电源和标准电源；定制电源是利用电力电子器件、相关自动化控制技术及嵌入式软件技术对电能进行变换及控制，并为满足客户特殊需要而定制的一类电源。按照行业的细分又可以划分为消费类定制电源和工业类定制电源两大类。标准电源是根据国内外的电源标准和要求制造的电源，标准电源针对的是所有需求的用户，是统一、标准化的产品，不是仅针对满足某些特定需求的用户而定制的产品。根据电源学会的研究表明，规模较大的电源类型有照明电源、计算机电源、通信电源、UPS电源、变频器、逆变器等。

（一）开关电源市场分析

开关电源应用十分广泛，主要使用于工业自动化控制、军工设备、科研设备、LED照明、工控设备、通信设备、电力设备、仪器仪表、医疗设备、半导体制冷制热、空气

净化器、电子冰箱、液晶显示器、视听产品、安防、电脑机箱、数码产品和仪器类等领域。其中照明电源又可以分为镇流器、LED 驱动电源、其它等三类，2016 年 LED 驱动电源发展速度较快，成为拉动细分市场增长的主要动力。计算机电源主要指传统 PC 电源、服务器电源、笔记本电脑适配器等，传统 PC 电源基本趋于饱和，增长乏力，但服务器电源仍有较好的发展潜力。通信类电源主要包含通信电源、直放站电源等，随着国家 4G 的落实，预计“十三五”期间通信电源会保持较好的增长势头。

表 7　2014～2016 年中国开关电源产品结构分析

年　份	2014 年	2015 年	2016 年
开关电源/亿元	1094	1149. 8	1215. 3
增长率	4. 60%	5. 10%	5. 70%

（二）不间断电源市场分析

UPS 主要分为后备式、在线式和在线互动式三个种类，其中在线式 UPS 占据整体规模的 80% 左右。UPS 主要应用在数据中心、办公场所、工业生产、交通等领域和行业。随着数据中心在中国的快速发展，UPS 的市场规模也会持续发展。

表 8　2014～2016 年中国 UPS 电源产品结构分析

年　份	2014 年	2015 年	2016 年
UPS 电源/亿元	87	93. 2	102
增长率	6. 10%	7. 10%	9. 50%

（三）逆变器市场分析

逆变器主要包含光伏逆变器、便携式逆变器、车载逆变器等类型。其中，光伏逆变器随着绿色能源的兴起，在“十三五”期间将会爆炸性的增长。

表 9　2014～2016 年中国逆变器电源产品结构分析

年　份	2014 年	2015 年	2016 年
逆变器/亿元	126	147. 5	177. 1
增长率	18. 50%	17. 10%	20. 10%

（四）变频器及其它产品市场分析

变频器主要分为低压变频器和中高压变频器，当前以低压变频器为主，但是高压变频器的市场潜力更大一些。传统的起重行业、电梯行业以及注塑机等行业增长速度虽然有所减缓，但数字城市和智能交通的高速建设和发展将带动变频器细分产品的平稳增长。线性电源主要应用在研究机构、工矿企业以及其它工业领域，需求比较平稳，每年的市场规模变化不大。

表 10　2014～2016 年中国其它电源产品结构分析

年　份	2014 年	2015 年	2016 年
变频器及其它产品/亿元	506	532. 3	561. 5
增长率	5. 80%	5. 20%	5. 50%

七、鸣谢单位（按照汉语拼音排序）

安泰科技股份有限公司非晶金属事业部
北京动力源科技股份有限公司
北京泛华恒兴科技有限公司
北京锋速精密科技有限公司
北京合康新能科技股份有限公司
北京汇能精电科技股份有限公司
北京汇众电源设备厂
北京津宇嘉信科技股份有限公司
北京群菱能源科技有限公司
北京世纪金光半导体有限公司
北京汐源科技有限公司
北京星原丰泰电子技术股份有限公司
常州诚联电源股份有限公司
常州市创联电源科技股份有限公司
常州市创联电源有限公司
东莞立德电子有限公司
东莞市石龙富华电子有限公司
东文高压电源（天津）股份有限公司
佛山市柏克新能科技股份有限公司
佛山市南海赛威科技技术有限公司
佛山市新光宏锐电源设备有限公司
广东创电科技有限公司
广东科谷电源股份有限公司
广东志成冠军集团有限公司
广州华工科技开发有限公司（华南理工大学科技开发公司）
广州金升阳科技有限公司
广州凯盛电子科技股份有限公司
广州市宝力达电气材料有限公司
杭州飞仕得科技有限公司
杭州快电新能源科技有限公司
杭州士兰微电子股份有限公司
杭州易泰达科技有限公司
杭州中恒电气股份有限公司
杭州中恒电气股份有限公司
航天长峰朝阳电源有限公司
合肥华耀电子工业有限公司
河北远大电子有限公司
湖北台基半导体股份有限公司
湖南晟和电子技术有限公司
华东微电子技术研究所
华为技术有限公司
江门市安利电源工程有限公司
江苏爱克赛电气制造有限公司
江苏宏微科技股份有限公司
江苏坚力电子科技股份有限公司
雷诺士（常州）电子有限公司
理士国际技术有限公司
茂硕电源科技股份有限公司
美尔森电气保护系统（上海）有限公司
梦网荣信科技集团股份有限公司
南京中港电力股份有限公司
南通江海电容器股份有限公司

宁波赛耐比光电科技股份有限公司
宁国市裕华电器有限公司
宁夏银利电气股份有限公司
宁夏银利电气股份有限公司
青岛威控电气有限公司
青岛云路新能源科技有限公司
厦门法拉电子股份有限公司
厦门科华恒盛股份有限公司
厦门市爱维达电子有限公司
厦门兴厦控恒昌自动化有限公司
山东镭之源激光科技股份有限公司
山东山大华天科技集团股份有限公司（山东山大华天科技股份有限公司）
山东新风光电子科技发展有限公司
陕西长岭光伏电气有限公司
上海百纳德电子信息有限公司
上海贝岭股份有限公司
上海大周信息科技有限公司
上海吉电电子技术有限公司
上海科梁信息工程股份有限公司
上海雷诺尔科技股份有限公司
上海全力电器有限公司
上海申世电气有限公司
上海稳利达科技股份有限公司
上海长园维安微电子有限公司
上海正远电子技术有限公司
上海众韩电子科技有限公司
深圳奥特迅电力设备股份有限公司
深圳科士达科技股份有限公司
深圳科士达科技股份有限公司
深圳可立克科技股份有限公司
深圳可立克科技股份有限公司
深圳麦格米特电气股份有限公司
深圳欧陆通电子有限公司
深圳市柏瑞凯电子科技有限公司
深圳市比亚迪锂电池有限公司
深圳市创容新能源有限公司
深圳市飞尼奥科技有限公司
深圳市国耀电子科技股份有限公司
深圳市航嘉驰源电气股份有限公司
深圳市核达中远通电源技术有限公司
深圳市汇川技术股份有限公司
深圳市嘉莹达电子有限公司
深圳市金威源科技股份有限公司
深圳市京泉华科技股份有限公司
深圳市科陆电子科技股份有限公司
深圳市蓝海华腾技术股份有限公司
深圳市新能力科技有限公司
深圳市亿铖达工业有限公司
深圳市英威腾电气股份有限公司
深圳市英威腾电源有限公司
深圳市知用电子有限公司
深圳市中电熊猫展盛科技有限公司
石家庄通合电子科技股份有限公司
石家庄通合电子科技股份有限公司
四川长虹欣锐科技有限公司
台达电子企业管理（上海）有限公司
天津市鲲鹏电子有限公司
天长市中德电子有限公司
田村（中国）企业管理有限公司
温州楚汉光电科技有限公司
温州市创力电子有限公司
无锡安特源科技股份有限公司
无锡东电化兰达电子有限公司
无锡芯朋微电子股份有限公司
无锡芯朋微电子股份有限公司
无锡新洁能股份有限公司
武汉泰可电气股份有限公司
武汉新瑞科电气技术有限公司
武汉永力科技股份有限公司
西安爱科赛博电气股份有限公司
西安龙腾新能源科技发展有限公司
西安索普电气技术有限公司
西安伟京电子制造有限公司
西屋港能企业（上海）股份有限公司
先控捷联电气股份有限公司
先控捷联电气股份有限公司
许继电源有限公司
扬州凯普电子有限公司
阳光电源股份有限公司
伊戈尔电气股份有限公司
亿曼丰科技（深圳）有限公司
易事特集团股份有限公司
易事特集团股份有限公司
英飞特电子（杭州）股份有限公司
浙江东睦科达磁电有限公司
浙江高泰昊能科技有限公司
浙江矛牌电子科技有限公司
浙江南都电源动力股份有限公司
浙江三辰电器股份有限公司
浙江正泰电源电器有限公司
中川电气科技有限公司
中达电通股份有限公司
中国长城计算机深圳股份有限公司
中兴通信股份有限公司能源产品部
重庆荣凯川仪仪表有限公司
专顺电机（惠州）有限公司

电能质量产业发展报告

中国电源学会电能质量专业委员会　卓放
亚洲电能质量产业联盟　黄炜

一、产业环境

1. 国际情况

电能是重要的二次能源形式，也是公共产品。在欧美发达经济体，电力已经基本市场化，因此，电能在欧美市场上的商品属性较为突出。最初，电能质量经济性问题关注的重点在于谐波问题给用户带来的影响，包括设备过热和老化等。随着人们对供电连续性的要求越来越高，电能质量的关注重点转移至由供电可靠性即停电给用户造成的经济影响。近20年来，随着数字经济的高速发展，由电压暂降和短时供电中断给用户带来的经济损失则成为目前最受关注的热点问题。近年来，各国开展了一些以电能质量为重点的经济性影响调查。

1.1　美国

美国支持数字化社会电力基础设施协会（CEIDS）/美国电科院（EPRI）于2001年完成调查研究，根据对不同行业不同地域985家企业的调查。调查选取了3类工业部门：数字经济业、持续制造业和加工及基础服务业，其经济总量占到美国国民生产总值的40%。全美国每年因停电造成损失在1040~1640亿美元之间，电能质量问题造成的损失约为150~240亿美元；且有4%的公司电能质量年成本超过年度总收入的10%。电压暂降与暂升是主要的电能质量问题，占所有问题的48%。

同年，EPRI Solutions（原美国国家电力电子应用中心）对美国的连续制造业（CPM）开展了相关调查，调查包括多个行业。调查结果用每kW的电能质量成本表示，其中电子行业的成本最高，为58.3美元/kW。2004年，美国EnerNex公司对美国各电力公司的电能质量成本进行了汇总，涵盖了每小时停电成本，每kW或kWh成本和每次事件成本等统计方式。

1.2　欧洲

1999~2002年间，意大利研究人员在该国东北部的不同地区开展了调查。调查集中在200个小型的工业用户中。电压暂降成本表示为每次电压暂降每kW的成本，以便比较不同行业和规模之间的结果。调查发现，敏感用户的成本约为0.25~1.5欧元/kW。2008年，莱昂纳多电能质量联盟（LPQI）发布的调查报告中对欧洲8个国家中的62个样本开展了电能质量经济性调查，被访用户涵盖工业和服务业中的16个行业，占整个欧盟的38%的经济收入和70%的用电量。调查包括主要电能质量问题（暂降\暂升,短时\长时中断，谐波，闪变，浪涌、暂态过电压、三相不平衡、接地和其他电磁兼容问题）直接和间接成本。电压暂降和短时中断的成本占工业用户样本的60%，占所有用户样本的57%。调查结果显示欧洲因电能质量问题造成的年经济损失约为150亿欧元，其中工业部分的损失约为整个销售收入的4%，服务业的损失约为整个销售收入的0.142%，电压暂降和短时中断的成本占全部成本的57%。

1.3　亚洲

2001年，中国台湾在284家高新技术企业中开展了供电中断的经济性调查，并采用了中断成本的概念描述电能质量问题造成的经济损失。调查结果显示，高新技术企业中一次2s的供电中断成本约为37.03美元/kW，远远大于传统工业。韩国电力企业对不同行业、不同规模的660家工业企业开展了调查，根据停电时间的长短进行划分，对11个行业进行调查。通过评估停电造成的产品损失、销售损失和人工成本，统计每kW的电能质量成本。调查结果显示，不同时段发生停电造成的经济损失不同，而且停电时间越长，电能质量成本越高。所有被调查行业中，短时中断对化工业的影响最大，而长时间中断对钢铁业影响最大。

2011~2012年，亚洲电能质量联盟（APQI）在东南亚等多个国家开展了电能质量经济性调查。针对印度尼西亚、泰国和越南的124个样本开展调研，分析结果表明东南亚三国2010年因电能质量造成的经济损失高达14亿美金，其中工业占超过70%。由长时间停电造成的经济损失所占比重最大。

2. 国际标准

2.1　IEC标准

表1中列出了与电能质量有关的若干IEC标准及对应的国家标准。

表1　与电能质量有关的IEC标准及对应的国家标准

序号	IEC标准编号	标 准 名 称	对应的国家标准
1	IEC 61000-1-1：1992(TR)	电磁兼容基本术语和定义的应用与解释	GB/T 17624.1—1998
2	IEC 61000-2-1：1990(TR3)	电磁兼容　环境　公用供电系统低频传导骚扰及信号传输的电磁环境	GB/Z 18039.5—2003

（续）

序号	IEC 标准编号	标 准 名 称	对应的国家标准
3	IEC 61000-2-2：2002 （国际标准）	电磁兼容 环境 公用低压供电系统低频传导骚扰及信号传输的兼容水平	GB/T 18039.3—2003 （idt：IEC 61000-2-2：1990）
4	IEC 61000-2-4：2002 （国际标准）	电磁兼容 环境 工厂低频传导骚扰的兼容水平	GB/T 18039.4—2003 （idt：IEC 61000-2-4：1994）
5	IEC 61000-2-5：1995（TR2）	电磁兼容 环境 电磁环境的分类	GB/Z 18039.1—2000
6	IEC 61000-2-6：1995（TR3）	电磁兼容 环境 工业设备电源低频传导骚扰发射水平的评估	GB/Z 18039.2—2000
7	IEC 61000-2-8：2002（TR）	公用供电系统电压暂降和短时中断的统计测量结果	
8	IEC 61000-2-12：2003 （国际标准）	公用中压供电系统低频传导骚扰及信号传输的兼容水平	
9	IEC 61000-3-2：2009 （国际标准）	电磁兼容 试验和测量技术 谐波电流发射限值（设备每相输入电流≤16A）	GB 17625.1—2012
10	IEC 61000-3-3：2005 （国际标准）	电磁兼容 试验和测量技术 对每相额定电流≤16A 且无条件接入的设备在公用低压供电系统中产生的电压变化、电压波动和闪烁的限制	GB/T 17625.2—2007
11	IEC 61000-3-4：1998（TR）	电磁兼容 试验和测量技术 对额定电流大于 16A 的设备在低压供电系统中产生的谐波电流的限制	GB/Z 17625.6—2003
12	IEC 61000-3-5：1994（TR2）	电磁兼容 试验和测量技术 对额定电流大于是 16A 的设备在低压供电系统中产生的电压波动和闪烁的限制	GB/Z 17625.3—2000
13	IEC 61000-3-6：2008（TR）	电磁兼容 试验和测量技术 畸变装置连接到中、高压及超高压电力系统发射限值的评估	GB/Z 17625.4—2000 （IEC 61000-3-6：1996）
14	IEC 61000-3-7：2008（TR）	电磁兼容 试验和测量技术 波动负荷装置连接到中、高压及超高压电力系统发射限值的评估	GB/Z 17625.5—2000 （IEC 61000-3-7：1996）
15	IEC 61000-3-8：1997 （国际标准）	电磁兼容 试验和测量技术 低压电气设施上的信号传输——发射电平、频带和电磁骚扰水平	
16	IEC 61000-3-11：2000 （国际标准）	电磁兼容 试验和测量技术 公用低压供电系统中电压变化、电压波动和闪烁的限值——额定电流 75A 以上并需有条件连接的设备	
17	IEC 61000-4-7：2002 （国际标准）	电磁兼容 试验和测量技术 供电系统及所连设备谐波、谐间波的测量和测量仪器导则	GB/T 17626.7—2008
18	IEC 61000-4-15：2003 （国际标准）	电磁兼容 试验和测量技术 闪变仪—功能和设计规范	GB/T 17626.15—2011
19	IEC 61000-4-30：2008 （国际标准）	电磁兼容 试验和测量技术 电能质量测量方法	GB/T 17626.30—2012
20	IEC 61000-5-1：1996（TR3）	安装和缓减导则——第 1 节：一般考虑	
21	IEC 61000-5-2：1997（TR3）	安装和缓减导则——第 2 节：接地和电缆敷设	
22	IEC 61400-21-2001 （国际标准）	风力发电机组电能质量测量和评估方法	GB/T 20320—2006
23	IEC/TR 62510：2008	电特性的标准化	GB/Z 26854—2011
24	IEC 60038：2002	IEC 标准电压	GB/T 156—2007

注：1. IEC 的国际标准，一般等同采用为国家强制性标准（GB）或推荐性标准（GB/T）；
2. IEC 的技术报告（TR），一般等同采用为国家标准指导性技术文件（GB/Z）；
3. 如 IEC 标准有修改版本，而国标尚未修改，则在国标下面标明等同采用的 IEC 版本。

从表 1 可以看出：

1）IEC 大多数和电能质量有关的标准文件已等同采用为国家标准文件；

2）已采用为国标文件的 IEC 标准文件，有的已修改，有了新版本，但相应的国标尚未修改，例如表中 3、4。一般新版本和老版本比，均有较大的修改，所以等同采用的国家标准应及时跟上修改的步伐；

3）IEC 涉及供电电压偏差指标的标准还有 IEC 60038《IEC 标准电压》，此标准中“关于供电电压范围，在正常运行条件下供电端电压对标称电压的偏差建议不要大于±10%”，这只对于 35kV 及以下系统适用。35kV 以上系统规定了电气设备的最高电压，大体上高于系统标称电压的 10%左右。

2.2　美国电磁兼容和电能质量标准

美国的国家标准主要由美国国家标准化委员会 ANSI 和 IEEE 制定。IEEE 在国际上是一个非常有影响的组织。每年组织举办 300 次左右的技术交流会。至今，全世界约 30%的电工电子、计算机专业技术文献出自 IEEE。目前，IEEE 已制定了 900 多项标准，另外还有 700 项左右的标准正在制定中。我国有些标准就是等同或修改采用 IEEE 标准。

IEEE 电能质量分委会成立于 2002 年，下设多个工作组，分别负责谐波、电压质量、电能质量监测、电能质量分析和治理措施，以及电能质量教育等标准化工作。在此之前，美国也已制定了不少 EMC 和电能质量方面的标准。1990 年以后出版的和电能质量关系较大的主要标准概况见表 2。

表 2　美国 IEEE 电能质量标准（1990 年以后）

序号	IEEE 标准编号	标 准 名 称	说　明
1	IEEE Std 399—1990	工业和商用电力系统分析推荐导则	
2	IEEE Std C62.41—1991	低压交流电力回路中浪涌电压推荐导则	
3	IEEE Std 519—2005	电力系统中谐波控制推荐规程和要求	是 1992 年标准的修订草案，IEEE $P519_{TM}$/D1
4	IEEE Std 1100—2005	电子设备供电和接地的推荐规程	
5	IEEE Std 1303—1994	静止无功补偿器现场试验导则	GB/T 20297—2006 的主要参考标准
6	IEEE Std 446—1995	对于工业和商用紧急和备用电源系统的推荐规程	
7	IEEE Std 1159—2009	电能质量监测推荐规程	
8	IEEE Std 1250—2002	对电压暂时扰动敏感设备的服务导则	是 1995 年标准的修订版
9	$P519_{TM}$/D5，2012	电力系统中谐波控制推荐规程和要求	3 号标准的修订草案
10	IEEE Std 1346—2004	电力系统与电子加工设备兼容性评估的推荐规程	
11	IEEE Std C57.110—1998	供非线性负荷电流时，确定变压器容量的推荐规程	
12	IEEE Std 1031—2000	输电用静止无功补偿器的功能规范	GB/T 20298—2006 的主要参考标准
13	IEEE Std 1459—2000	在正弦、非正弦，平衡或不平衡条件下电能质量测量的定义（试用标准）	
14	P519.1/D8b，2003	电力系统中应用谐波限值的导则（草案）	9 号标准的修改版
15	IEEE Std 1159.3—2003	电能质量数据交换格式推荐导则	
16	P1159.1	交流供电系统中电能质量测量的推荐规程	未见正式文本
17	P1409	应用电力电子技术改善 1kV～38kV 配电系统电能质量导则	未见正式文本
18	P1453	交流电力系统中电压闪变测量和限值的推荐规程	未见正式文本
19	P1564	确定电压暂降指标的推荐规程	未见正式文本
20	P1433/D5A，1999	电能质量术语汇总标准草案	
21	IEEE Std. 1547—2003	分布式电源和电力系统互联标准	正在制定相应配套的系列标准
22	IEEE 1585—2002	用于中压（1～35kV）电压波动补偿的电子串联装置功能规范导则	

从表 2 可以看出，美国对电能质量领域标准化工作起步较早，涉及面较广，和 IEC 61000 标准相比，虽然系统性方面欠缺一些，但内容上有一定的互补性，表现在：①针对敏感负荷供电，已发布多项标准（见表 2 中 4、8、10）；②对于电能质量测量给予相当的关注（见 7、15、16、18）；③对谐波标准补充了实施导则（见 9、14）；④对于电能质量改善措施，制定了不少规程和导则（见 2、5、12、17、22）；⑤涉及电能质量术语、分析和关键的理论问题也制定了一些导则或标准（见 1、13、20）；⑥针对分布式电源的发展，制定了相关互联标准（见 21）。

下面专门介绍一下 IEEE 电压幅值容限曲线。

（1）电压容限曲线

原美国计算机和商用设备制造协会（Computer Business Equipment Manufactures Association，CBEMA）于 1978 年为

大型计算机对电能质量的要求，提出了电压容限曲线（如图 1 所示）及相关的 4 种典型的电压扰动，以防止电压扰动造成计算机及其控制装置的误动和损坏。这 4 种电压扰动分别为电压暂降、电压暂升、尖峰脉冲和断电。电压容限曲线已为 IEEE 采纳并已成为美国的电能质量标准中的重要内容。

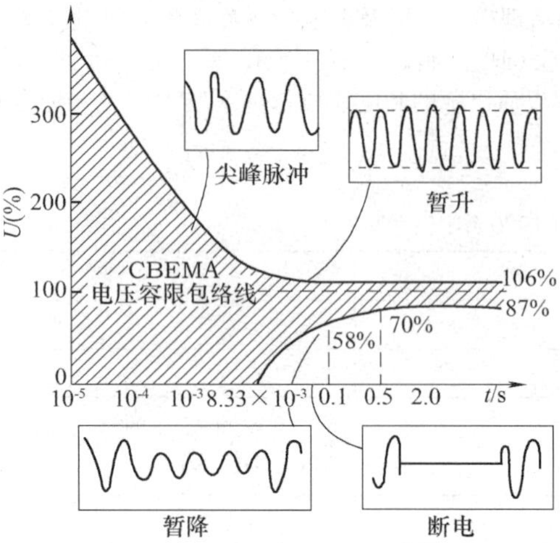

图 1　CBEMA 电压容限曲线

CBEMA 电压容限曲线的基本概念是：包络线内阴影部分的电压为合格电压，包络线外的电压为不合格电压，在包络线下面的电压会使负荷失电，而在包络线上面的电压会造成用电设备发生绝缘问题、过电压脱扣或过励磁等。

（2）ITIC 曲线

20 世纪 80 年代 CBEMA 改称为美国信息技术工业协会（Information Technology Industry Council，ITIC）后，其所属的第三技术委员会提出了新的电压容限曲线及相关的 4 种典型的电压扰动，并对图 1 的曲线进行修订，改称为 ITIC 电压容限曲线（见图 2，图中，c 表示 60Hz 系统的周期）。

ITIC 电压容限曲线适用于确定所有类型设备的电压容限的幅值和持续时间。与 CBEMA 电压容限曲线相比，ITIC 电压容限曲线具有以下优点：

①将光滑的曲线改为折线，增设了几个转折点，使电压幅值与时间变化的量化指标更加明确；

②稳态电压容限从原有的 106% 和 87% 改为 110% 和 90%，使电压的上下偏差值相等，并且和 IEC 的规定一致；

③ITIC 电压容限曲线下包络线的起始时间从 8.33ms 改为 20ms（超过 60Hz 系统的一个周期），表明了计算机元器件的断电耐受能力有了提高，这就为降低改善措施造价提供了可能性；

④ITIC 电压容限曲线的时间坐标（横坐标）既标明时间（s、ms、μs）的单位，又标明 60Hz 系统的周期单位（c），因此在实际应用中更为方便。

（3）图 3 对电能质量中主要概念（即电压幅值）的划分进行了简明的描述。

如上分析，从应用角度，美国 IEEE 标准提供了不少电能质量方面实用技术和相关准则，是很有参考价值的。但美国标准不如 IEC 标准规范，内容较庞杂。

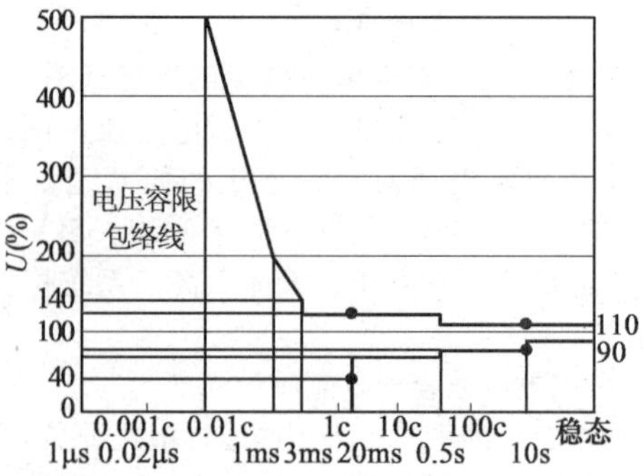

图 2　ITIC 电压容限曲线

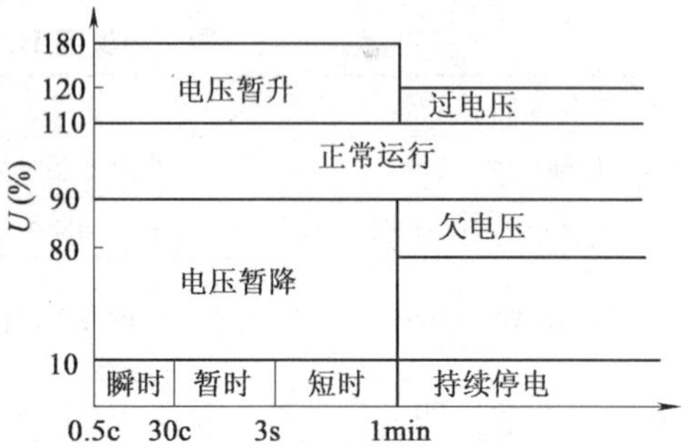

图 3　电能质量中主要概念的描述

3. 国内情况

3.1　当代电力系统对电能质量的要求

随着时代进步与科技的飞速发展，现代电网与负荷构成出现了新的变化趋势，由此带来的电能质量问题越来越引起电力部门和电力用户的高度重视。电网与负荷构成出现的变化趋势主要表现在：

1）电力系统扩张与联网逐渐形成，系统运行的安全稳定性和可靠性要求不断提高。

2）在保证电力系统一定的自然垄断特性条件下，引进竞争机制，实施电力市场化营运，强化环境保护意识与提高信息管理水平已经势在必行。

3）当代电力系统与计算机技术和通信技术的结合更加紧密，采用高新技术（如 TCSC、FACTS、HVDC、Cus-Pow）以提高电力传输能力和实现配电自动化的趋势方兴未艾。

4）电力用户为满足其对产品的个性化、多样性生产的需求，从最大经济利益出发，在大功率冲击性、非线性负荷容量和不平衡的用电特性迅速增长的同时，更大规模地采用科技含量高的器件、设备与技术。越来越多的电力用户采用了微电子技术、计算机技术、电力电子技术、数字控制的自动化生产线等，大批新兴产业迅速崛起。

除此之外，我们通过以下的具体分析可以看到，强化电能质量概念，提高对电能质量重要性的认识已经成为当代电力系统的需要。长期以来，人们习惯地把电能质量与供电可靠性几乎等同看待。这是因为以往的电力负荷多为线性的和对电磁干扰低敏感的负荷，如照明、加热和电动机等，而数量和功率有限的电子设备可以忽略不计。传统负荷设备对短时间的电压变化基本没有反映，只在供电电压中断时才不能正常工作，而且各设备之间、各工业生产过程之间又很少相互关联。因此，以往在涉及供电质量水平问题时，往往多用供电可靠率（用指标 RS-1 评价）和每户年均停电次数等主要指标来评价计算即可满足要求。

近年来，电力科技工作者通过对电网中各种电力干扰现象的实时监测与识别，对引起用电设备异常运行、故障或停电以至于造成生产过程紊乱的起因分析认为，社会与科技的进步已经赋予了电能质量更多更新的内容。在当代电力系统中，电能质量与供电可靠性之间既有联系又有区别，传统定义上的供电可靠性仅限于计及长时间（一般只考虑持续时间 5min 以上，有的国家规定为 1min 以上）电源中断和平均故障时间的概率问题，虽然供电的连续性是供电质量的重要标志之一，但以往在电能质量问题的认识上和管理上不够全面，在供电中断的程度与起因等方面没有同现代电能质量概念和用户需求联系起来，传统的 N-1 可靠性原则已不能满足新兴企业供电质量的要求。有专家指出，电力供应可靠与否应当以电力系统和电力用户的生产过程保持连续正常工作而不会受到干扰为准则，因此它包括许多相关内容，需要提供包含电能质量这一重要组成部分在内的广泛意义上的供电可靠性评价报告。人们对电能质量和供电可靠性的认识正在不断深入。

当代电力系统的负荷结构发生了很大的变化，用电设备和生产工艺对电能质量的要求比传统设备高。许多新设备和装置都带有基于微处理机的数字控制器或功率电子器件，它们对各种电磁干扰都极为敏感，原本微不足道和不甚关心的电压扰动或特性变化可能影响到其电子控制系统的正常工作，甚至导致掉闸或生产停顿。

所谓负荷敏感度是指负荷对电能质量问题的敏感程度，即提供给负荷的电能质量不良时负荷能承受干扰仍正常工作的能力。这种能力越低，敏感度也就越高。根据负荷敏感度以及在经济上的损失、社会和政治上的影响等因素，一般可将负荷分为三类，即普通负荷（Common Load）、敏感负荷（Sensitive Load）和重要（要求严格的）负荷（Critical Load）。因此，面对当代负荷的特点，要保证其正常工作仅靠保证传统定义上的供电可靠性是不够的。例如，某半导体制造厂，从来没有发生过停电事故，供电可靠性计算指标很高。但一次持续时间极短（几十毫秒）不易觉察的电压暂降就造成了其生产线工作紊乱、产品报废，使该厂蒙受了数百万美元的损失。这些敏感设备相互连接在一个大电力系统中，或一系列自动化过程中，意味着整个系统与最敏感设备对电能质量异常有相同的敏感度。另一方面，为了提高电力运营总效率，供电系统中出现了许多新型的用电设备。例如，交流电机变速驱动装置、大容量并联电容补偿装置，以及大量的非线性、功率冲击性和波动性负荷等。但这些设备又会导致电力系统谐波污染和电能质量下降（更广义的称为电气环境污染），使供电电压干扰水平加重，给电力系统安全运行带来直接的或潜在的危害。

电能作为商品进入市场后，电能质量问题更加突出，电力企业之间的市场竞争理念得到加强，与此同时也极大地促进了电力用户开始关注和认识各种电能质量现象。越来越多的电力用户根据自身需要向电力部门提出了高质量供电的要求，甚至有选择地签定供用电合同和质量协议加以保证。供用电双方在达成电力买卖后，用电方受到的任何电力干扰而影响其正常生产都可以通过经济或者法律的手段来解决。电力用户的需求正在由原来的电量需求向高可靠性、优质供电和合理电价的需求转变。

亚洲电能质量产业联盟（APQI）针对上海市重点发展的 18 个行业，分两个阶段分别对 147 家企业开展了问卷调查和 29 家企业开展了面对面深入访谈。通过确定性方法，得到电能质量对该 29 家企业造成的经济损失总和约为 1.04 亿元，其中钢铁制造业承受的年经济损失最大。在所调查的电能质量问题中，短时供电中断造成经济损失最多。根据国民生产总值估计出 2010 年上海市因电能质量问题带来的经济损失 95% 置信区间为［37.42，109.29］亿元，根据全社会用电量估计的置信区间为［37.54，73.27］亿元。

电力系统的各个部分都是相互联系的，供用电双方的相互影响越来越紧密。因此，综合协调处理电能质量问题至关重要。任何一个局部的故障或事件都有可能造成大面积的影响，甚至是重大损失。这就迫使供电部门在保证向用户提供充足和优质电能的同时，还需极力避免遭受来自用电设备的电力干扰，维护全电力系统的安全运行。

另外需要注意到，由于看问题的角度不同，在导致电能质量下降的原因与责任上，供用电双方往往存在很大的分歧。例如，在配电系统经常遇到的电容器投切操作，有可能引起瞬态过电压而损坏用户设备，也可能由此造成用户设备掉电，此时用电方会简单地抱怨供电质量太差，以至于投诉。又如，当电力系统某处发生短路故障，很可能在一些负荷公共连接点出现不同程度的短时间电压暂降，其结果造成某工厂的变频驱动装置掉电。由于目前电力部门还缺少对类似现象的监测记录与统计，可能会认为对该工厂的电力供应是正常的。再如，由于用户电气设备的硬件老化、软件不成熟或者控制系统不可预知的错误动作等等，可能最终引起故障而使电能质量受到影响。有文献报道，美国乔治动力公司曾组织和实施了一项对电力部门和电力用户关于电能质量问题起因的调查，其结果如图 4 所示。据资料分析，虽然对电力市场的质量调查还存在分类方法上的不同，但是调查报告清楚地表明，电力公司和电力用户对引发电能质量问题的原因的看法往往有很大的分歧，尽管双方都把 2/3 的事件起因归咎于自然因素（如雷电等），但用户仍然认为电力部门在这方面的责任要比自我测评结果大得多。通过上面例子也可以看到，引起电能质量问题的原因有时是来自电力系统内部的，有时来自于外部连接设备的，甚至是共同作用的结果。

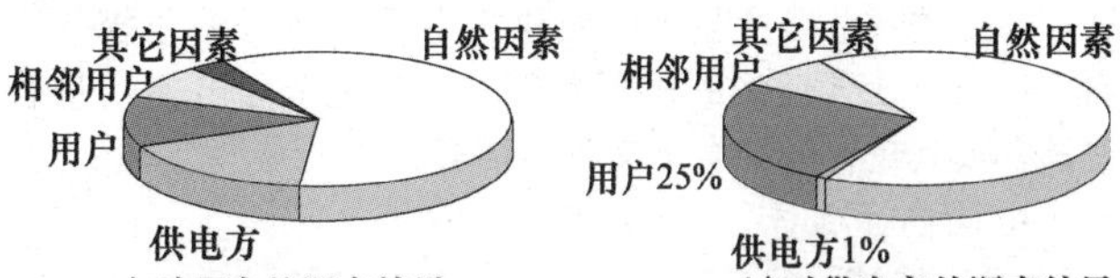

a) 对用户的调查结果　　b) 对供电方的调查结果

图 4　关于电能质量的电力市场调查结果

综上所述，现代电力系统结构与负荷构成的变化是工业生产不断发展的必然结果，有利于电力用户提高生产率和获得更大的经济效益；同时通过采用高效的电力负荷设备，大量节约电能和延缓用电的需求，从而节省电力建设所需的大量投资。因此，提高质量意识、满足生产发展的需求已经成为供用电双方共同的愿望。另外，也可以看到，引起电能质量问题的原因有时是多方面的，因此不能简单地把某一事件只同一种特殊的起因联系起来。深入分析和研究电能质量问题，探寻在一定条件下发生电磁干扰的因果关系，明确责任和义务，是电力工业适应市场竞争和可持续发展所必需的。

3.2 改善电能质量的意义

电能作为人们广泛使用的能源，其应用程度是一个国家发展水平和综合国力的主要标志之一。在满足工业生产、社会和人民生活对电能需求量的同时，提高对电能质量的要求是一个国家工业生产发达、科技水平提高、社会文明程度进步的表现，是信息时代和信息社会发展的必然结果，是增强用电效率、节能降损、改善电气环境、提高国民经济的总体效益以及工业生产可持续发展的技术保证。时至今日，电力工业面向市场经济，引进竞争机制，以求最小成本与最大效益，电能质量的优劣已经成为电力系统运行与管理水平高低的重要标志，控制和改善电能质量也是保证电力系统自身可持续发展的必要条件。

虽然电能质量问题在电能输送分配和使用的一开始就已经提出，但随着时代的进步和科技的发展，当代电力系统已经赋予了它新的概念和内容。现代工业的工艺制造和设备要求、高科技作用的实现，以及生产力和产品竞争力的提高越来越依赖高质量的电力供应。电能质量问题已不仅仅是电力系统中电压和频率等的基本技术问题，已经被提升为关系到整个电力系统及设备的安全、稳定、经济、可靠运行，关系到电气环境工程保护，关系到整个国民经济的总体效益和发展战略的高度来认识了。

随着电能质量标准的制定和实施，电能质量的监督管理法规体系将逐步建立。这必将大大促进设备制造厂商提高其生产设备和对电力系统的兼容性，促使电力用户在提高产品生产率、使用高性能设备的同时，严格限制自身对电力系统和其它设备的电磁干扰，保障各行各业的正常用电秩序，进一步促进供电部门加强对电能质量的技术监督和对电力系统的运行管理，推动电能质量先进控制技术的研发和应用，提高控制和驾驭的能力，保证配电系统安全经济运行和向用户提供合格的电能和优质的服务，为千家万户提供信得过的电能产品。

不难看出，在当代电力系统，深入了解和认识电能质量，高度重视电能质量下降对供用电系统运行的危害与影响，甚至对社会经济的作用和影响，实现全面电能质量管理具有极其重要的社会意义和经济意义。

4. 国内标准

4.1 概述

随着国民经济的发展，用电负荷日趋势复杂化和多样化，大量具有非线性、冲击性和不平衡特征的负荷造成供电网电能质量的恶化；同时，现代科技和工商业中大量使用的计算机系统，以电力电子技术为核心的快速发展的高新产业对电能质量的要求越来越高，尤其是一些电能质量敏感企业一旦发生问题，会产生很大的经济损失。

风力发电和太阳能发电的规模日益扩大，智能电网和微电网的发展，在局部地区的电网会出现大量的电能质量问题。

随着电力市场的建立和完善，电力用户自我保护意识的提高，对电力系统的电能质量提出更高的要求。电力公司为提高系统运行的安全经济性，增强自身竞争力，把供电的质量放在重要的地位。电能质量问题越来越引起各行各业的重视。

完善的电能质量标准可以为供用电双方提供一个完整的用于达成共识的基本准则，为解决电能供求过程中的矛盾分歧提供技术依据；可以吸引国内外投资；可以促进我国经济技术的发展，实现节能降耗，减少供用电行业的经济损失；可为监测控制电网电能质量，保证电能供应的安全可靠性提供技术指导；可以为电力监管部门和相关机构提供执法和评估依据。

4.2 我国电能质量标准化现状

历年来国家标准主管部门一直将制定电能质量系列标准列为重点项目，至今由国家标准化管理委员会及相关行业标委会组织制修订的电能质量方面主要标准有：

1）电能质量指标国家标准八项：①供电电压偏差（GB/T 12325—2008）；②电压波动和闪变（GB/T 12326—2008）；③公用电网谐波（GB/T 14549—1993）；④三相电压不平衡（GB/T 15543—2008）；⑤电力系统频率偏差（GB/T 15945—2008）；⑥暂时过电压和瞬态过电压（GB/T 18481—2001）；⑦公用电网间谐波（GB/T 24337—2009）；⑧电压暂降与短时中断（GB/T 30137—2013）。

2）电能质量测量国家标准一项：电能质量监测设备通用要求（GB/T 19862—2005）。

3）相关设备的国家标准一项：半导体变流器与供电系统的兼容及干扰防护导则（GB/T 10236—2006）。

4）分布式电源接入电网的国家标准三项：①地热电站接入电力系统技术规定（GB/T 19962—2005）；②风电场接入电力系统技术规定（GB/T 19963—2011）；光伏发电站接入电力系统技术规定（GB/Z 19964—2005）。

5）电能质量治理设备（装置）国家标准四项：①静止型无功功率补偿装置（SVC）现场试验（GB/T 20297—2006）；②静止型无功功率补偿装置（SVC）功能特性（GB/T 20298—2006）；③输配电系统静止无功补偿器用晶闸管阀的试验（GB/T 20995—2007）；④高压滤波装置设计与应用导则（GB/T 26868—2011）。

6）电能质量经济性评估国家标准：（GB/Z 32880—2016）电能质量经济数据收集方法；电能质量经济性评估第1部分：电力用户的经济性评估方法；电能质量经济性评估第2部分公用配电网的经济性评估方法。

7）能源行业标准八项：电能质量现象分类（NB/T 41004—2014）；电能质量控制通用技术要求（NB/T 41005—2014）；低压有源无功综合补偿装置（NB/T 41006—2014）；交流电弧炉供电技术导则第1部分：通则

（制定中）；交流电弧炉供电技术导则第 2 部分：供电设计与技术（制定中）；交流电弧炉供电技术导则第 3 部分：电能质量测试评估技术（制定中）；交流电弧炉供电技术导则第 4 部分：电能质量控制技术（制定中）；交流电弧炉供电技术导则第 5 部分：供电运行技术（制定中）。

8）电力行业标准计有四十项（见表 3）。

表 3　电力行业标准

序号	标准名称	备　注
1	低压并联电容器装置使用技术条件	DL/T 842—2003
2	高压并联电容器使用技术条件	DL/T 840—2003
3	高压并联电容器装置使用技术条件	DL/T 604—2009
4	电压监测仪使用技术条件	DL/T 500—2009
5	35kV ~ 220kV 变电站无功补偿设计技术规定	DL/T 5242—2010
6	330kV ~ 750kV 变电站无功补偿设计技术规定	DL/T 5014—2010
7	电能质量测试分析仪检定规程	DL/T 1028—2006
8	电能质量技术监督规程	DL/T 1053—2007
9	高压静止无功补偿装置第 1 部分:系统设计	DL/T 1010. 1—2006
10	高压静止无功补偿装置第 2 部分:晶闸管阀试验	DL/T 1010. 2—2006
11	高压静止无功补偿装置第 3 部分:控制系统	DL/T 1010. 3—2006
12	高压静止无功补偿装置第 4 部分:现场试验	DL/T 1010. 4—2006
13	高压静止无功补偿装置第 5 部分:密封式水冷却装置	DL/T 1010. 5—2006
14	串联电容器补偿装置控制保护系统现场检验规程	DL/T 365—2010
15	串联电容器补偿装置一次设备预防性试验规程	DL/T 366—2010
16	低压晶闸管投切滤波装置技术规范	DL/T 379—2010
17	柔性输电术语	DL/T 1193—2012
18	电能质量术语	DL/T 1194—2012
19	电能质量监测装置运行规程	DL/T 1228—2013
20	电能质量监测装置技术规范	DL/T 1227—2013
21	电能质量评估技术导则供电电压偏差	DL/T 1208—2013
22	链式静止同步补偿器第 1 部分功能规范导则	DL/T 1215. 1—2013
23	链式静止同步补偿器第 2 部分换流链试验	DL/T 1215. 2—2013
24	链式静止同步补偿器第 3 部分控制保护监测系统	DL/T 1215. 3—2013
25	链式静止同步补偿器第 4 部分现场试验	DL/T 1215. 4—2013
26	链式静止同步补偿器第 5 部分运行检修导则	DL/T 1215. 5—2013
27	电力系统电能质量技术管理规定	DL/T 1198—2013
28	固态切换开关技术规范	DL/T 1226—2013
29	串联电容器补偿装置设计导则	DL/T 1219—2013
30	配电网静止同步补偿装置技术规范	DL/T 1216—2013
31	动态电压恢复器技术规范	DL/T 1229—2013
32	磁控型可控并联电抗器技术规范	DL/T 1217—2013
33	固定式直流融冰装置通用技术条件	已报批
34	串联电容器补偿装置交接试验及验收规范	DL/T 1220—2013
35	串联谐振型故障电流限制器技术规范	已报批
36	电能质量监测系统技术规范	已报批
37	静止无功补偿装置运行规程	已报批
38	直流融冰装置试验导则	已报批
39	500kV 串联电容器补偿工程系统调试规程	已报批
40	低压有源电力滤波装置	已报批

4.3　我国政策及标准的完善

目前，对于中国电能质量相关政策的焦点主要集中在：标准内容和体系的完善、标准的执行力度、正确的认知引导和建立健康的发展环境。以下是电能质量产品生产厂商和电能质量领域相关专家对于这四个焦点问题的看法。

1）对于标准内容和体系的完善，厂商认为目前的标准已经可以了，虽然和发达国家有些差距，但是也够用了；用户认为标准还不细致，同一个标准最好也要分行业来要求；专家的观点是目前国内的标准都是依据 IEC 和 IEEE 标准并结合国情来制定的。IEC 主要是由欧洲倡导的国际性标准，而 IEEE 是美国的标准（如静止无功补偿的相关标准）。IEC 标准系统性更强一些，而 IEEE 标准使用性更强一些，其中 IEC 的标准参考得多。目前，国内标准的可操作性不好。标准除了要说明相关指标外还要说明清楚测量方法、测量仪器等，目前的一些技术还达不到很好的操作性，比如雷电，时间很短，很难测量到。因为电压、频率和中国差不多，且 IEC 标准着眼于仪器设备。目前，国家的标准与应该有的标准之间还是有一定距离的，还有很多标准需要完善。目前国内有些标准都是直接翻译 IEC 的标准，但是 IEC 的标准是从电气产品的角度来考虑的，而电能质量则是从电网上的电能的质量来考虑的。

2）对于标准的执行力度，厂商认为标准的执行不统一，各个地方的执行力度和要求都不一样，导致厂商为迎合需求而浪费资源，另外大多数厂商希望把标准做成强制标准；专家的观点是目前国内没有一个权威机构来统一对电能质量进行监管，使标准执行不统一，电能质量对整个社会还不是非常严重的问题，所以不大可能变成强制标准。

3）对于正确的认知引导，厂商认为目前对于电能质量认识的推广还是主要靠政府/电网公司来推动，厂家很难做到结合经济性来认识电能质量问题，而不是把其作为噱头；专家的观点是中国要先解决供电的问题，再解决电能质量的问题，所以对于电能质量问题的认识需要和整体经济和电力发展的步伐一致。

4）对于建立健康的发展环境，厂商认为目前做电能质量产品的厂家太多，但真正对其专业知识了解的厂商并不多。目前电网公司对电能质量相关产品的需求相对较大，但他们的购买并不透明，地方保护主义造成了这种状况；专家的观点是中国电能质量的相关市场发展需要培养更多的相关人才。

二、产业规模

1. 中国电能质量相关市场的发展动因

中国电能质量相关市场之所以能够在近 10 年内持续相对高速发展，是与下列几个发展动因紧密联系的，主要包括：首先，中国电力事业的发展和“智能电网”的建设需要，促进了电能质量市场的发展；其次，下游主要用户行业的需求增长也带动了电能质量相关产品的需要，进一步促进了电能质量市场的发展；再次，人们对电能问题引发的事故以及相关经济损失的认识；最后，受发达国家和行业协会的影响和推动，中国电能质量市场得到了进一步的发展。

2. 市场总量

2.1　11 种电能质量产品

本文中所提的中国电能质量产品包括以下 11 种：

有源滤波器，无源电力滤波装置，静止同步补偿装置，静止无功补偿器，动态不间断电源，动态电压恢复器，不间断电源，静态切换开关，便携监测产品，在线监测产品，软件与服务（不包含电容器、电抗器）。

2.2　市场规模及增长速度

根据亚洲电能质量产业联盟（APQI）2013 年的市场调查，2012 年中国电能质量治理产品（包含 UPS）市场规模达到 92.8 亿元，估算 2012～2015 年均复合增长率达到 10.9%，2015 年中国电能质量治理产品（包含 UPS）市场规模约为 126.7 亿元（不含监测，软件与服务）。2012 年中国电能质量治理产品（不包含 UPS）市场规模达到 55 亿元，估算 2012～2015 年均复合增长率 14.1%，2015 年中国电能质量治理产品（不包含 UPS）市场规模约为 81.6 亿元（不含监测，软件与服务）。SVG 是中国电能质量治理产品中市场规模最大的单品，同时 SVG 又具有较大市场潜力，因此未来 3 年 SVG 仍然是市场吸引力最大的单品。2014～2016 年的电能质量治理产品的市场规模目前 APQI 正在市场调研中，预计将在 2017 年第三季度公布。

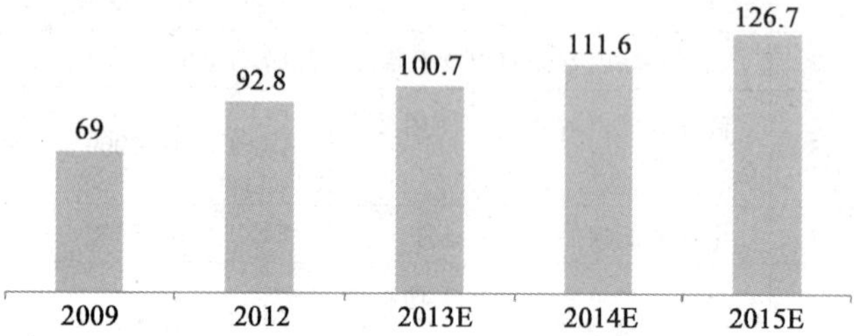

图 5　2009～2015 年中国电能质量市场总量（单位：亿元）

APQI 在 2017 年第一季度对市场主流电能质量监测仪器制造商进行了电话访谈。通过监测仪器制造商的数据反馈估计，2016 年电能质量监测市场总规模为 5.21 亿，其中在线监测仪器的市场规模约为 2.98 亿，便携式监测仪器约为 2.23 亿。

电能质量的服务与软件市场正在不断快速增长，但目前尚未有公开的数据可以查证市场的总体规模。电能质量相关的软件主要包括但不限于系统软件、仿真软件及监测系统软件。电能质量的服务主要包括三个方面，电网预接入评估服务、科研服务、针对用户的测试评估服务以及产品的型式试验服务。随着从事电能质量相关产品生产的企业数量不断增加，产品型式试验服务的需求增加明显，因此，市场上快速出现了数量可观的市场化第三方检测机构。近年来，越来越多的大量非线性用电负荷的使用，导致各省对新接入用户的电能质量管理加强，由此产生的预接入评估服务和科研服务需求也颇为可观。

2.3　市场竞争

中国电能质量治理产品生产厂商众多，1 个生产厂家生产 1 种或几种电能质量治理产品；其中 PPF 市场是最为分散的市场，SSTS 市场是最为集中的市场。APF 市场集中度相对较高，前 9 大生产厂家市场份额达到 65%。相比 2009 年，中国 PPF 市场集中度有所提高，6 大生产厂家市场占有率由 2009 年的 20% 提高到 35%，但 PPF 产品技术含量低，生产厂家数量仍较多，市场集中度仍然较低。ABB、上海捷实、中电普瑞是主要的 DVR 厂商，3 家厂商占据 80% 市场份额。UPS 市场以国外厂商为主，施耐德、伊顿、艾默生 3 家国外厂商占据 61% 的市场份额。

电能质量产品市场在 2008～2010 年间的市场导入期，由于属于相对小众的市场，技术门槛高，初期的毛利较高。但 2013 年起，随着装置技术的成熟，生产企业数量的直线上升，竞争加剧，产品毛利下跌。尤其是2015年之后，部分中等规模以下的企业为了生存，直接以低价竞争的方式抢夺市场，导致几个主流产品价格的直线下挫。以APF为例，售价从1000元/A以上跌到500元/A以下。低价竞争对于领头企业的技术创新带来了新的成本约束。

三、技术趋势

近年来，电能作为最方便传输的能量供给，其转换效率对社会造成重要影响，提高电能质量，无论是对于发电、输电及用电者来说，都能从中获得巨大收益。近年来，随着电力电子技术的发展，电力用户采用了大量时变控制的非线性设备，电能的使用范围扩大，电力用户中涌入了大量的冲击、非线性负载及不平衡负荷；新的发电方式与储能方式的推广使用、高压直流输电、新型控制方式，以及使用许多非线性元件对电能质量的要求不断提高。以上种种原因产生了电能质量问题，并严重影响着生活和工作生产。解决日益严重的电能质量问题已成为电力电子技术、电气自动化技术和电力系统领域所面临的重大课题之一，并受到越来越多的关注，也促使电能质量行业在不断地进行自我技术的更新与进步。

1. 理论前沿方面

电能质量基础理论的研究是电能质量行业发展的基础，经过广大科技工作者多年的研究，包括统一的畸变波形电能质量的含义，各种功率理论及其成分的定义，产生的机理及其物理含义，评价及经济评估系统的研究，以及性能指标和评价指标的科学计算方法，为满足各种分析需要而建立的各种建模方法等。这些方法和定义在电能质量的各种指标表述上各有所长。近年来关于电能质量的综合评估指标体系已开始被众多研究者予以关注并做了大量的工作，相信今后几年这方面的突破会给电能质量行业带来新的认知。

目前，关于电能质量的主要技术指标和定义还未能达成完全的共识，但是对其主要技术指标都有较为一致的认识。衡量电能质量的主要指标有：

1）电压偏差（Voltage Deviation）：是电压下跌（电压跌落）和电压上升（电压隆起）的总称。

2）频率偏差（Friquency Deviation）：对频率质量的要求全网相同，不因用户而异，各国对于该项偏差标准都有相关规定。

3）电压三相不平衡（Unbalance）：表现为电压的最大偏移与三相电压的平均值超过规定的标准。

4）谐波和间谐波（Harmonics&Inter-Hamonics）：含有基波整数倍频率的正弦电压或电流称为谐波。含有基波非整数倍频率的正弦电压或电流称为间谐波，小于基波频率的分数次谐波也属于间谐波。

5）电压波动和闪变（Fluctuation&Flicker）：电压波动是指在包络线内的电压的有规则变动，或是幅值通常不超出0.9~1.1倍电压范围的一系列电压随机变化。闪变则是指电压波动对照明灯的视觉影响。

在进行电能质量方面的分析时，常用的分析方法有以下几种：

（1）时域仿真分析法

时域仿真方法在电能质量分析中的应用最为广泛，其最主要的用途是利用各种时域仿真程序对电能质量问题中的各种暂态现象进行研究。目前较通用的时域仿真程序有EMTP、EMTDC、NETOMAC等系统暂态仿真程序和SPICE、PSPICE、SABER等电力电子仿真程序等。采用时域仿真计算的缺点是仿真步长的选取决定了可模仿的最大频率范围，因此必须事先知道暂态过程的频率覆盖范围。此外，在模仿开关的开合过程时，还会引起数值振荡。

（2）频域分析法

频域分析方法主要包括频率扫描、谐波潮流计算和混合谐波潮流计算等，该方法多用于电能质量中谐波问题的分析。

频率扫描和谐波潮流计算在反映非线性负载动态特性方面有一定局限性，因此混合谐波潮流计算法在近些年中发展起来。其优点是可详细考虑非线性负载控制系统的作用，因此可精确描述其动态特性。缺点是计算量大，求解过程复杂。

（3）基于变换的方法

在电能质量分析领域中广泛应用的基于变换的方法主要有Fourier变换、神经网络、二次变换、小波变换和PRONY分析等方法。

1）Fourier变换。

Fourier变换是电能质量分析领域中的基本方法，在实时系统中，通常采用短时Fourier变换方法（STFT）和快速Fourier变换方法（FFT）。Fourier变换的优点是算法快速简单。但其缺点也很多，主要有：

①虽然能够将信号的时域特征和频域特征联系起来观察，但不能将两者有机地结合起来；只能适用于确定性的平稳信号（如谐波），对时变非平稳信号难以充分描述；

②STFT的离散形式没有正交展开，难以实现高效算法；只适合于分析特征尺度大致相同的过程，不适合分析多尺度过程和突变过程；

③FFT的时间信息利用不充分，任何信号冲突都会导致整个频带的频谱散布；

④在不满足前提条件时，会产生“旁瓣”和“频谱泄露”现象。

2）神经网络法。

神经网络理论是巨量信息并行处理和大规模平行计算的基础，它既是高度非线性动力学系统，又是自适应组织系统，可用来描述认知、决策及控制的智能行为。神经网络法的优点是：

①可处理多输入—多输出系统，具有自学习、自适应等特点；

②不必建立精确数学模型，只考虑输入输出关系即可。

缺点是：

①存在局部极小问题，会出现局部收敛，影响系统的控制精度；

②理想的训练样本提取困难，影响网络的训练速度和训练质量；

③网络结构不易优化。

3）二次变换法。

二次变换是一种基于能量角度来考虑的新的时域变换方法。该方法的基本原理是用时间和频率的双线性函数来表示信号的能量函数。二次变换的优点是：可以准确地检测到信号发生尖锐变化的时刻；精确测量基波和谐波分量的幅值。缺点是：无法准确地估计原始信号的谐波分量幅值；不具有时域分析功能。

4）小波分析法。

小波变换是新的多尺度分析数字技术，它通过对时间序列过程从低分辨率到高分辨率的分析，显示过程变化的整体特征和局部变化行为。常用的小波基函数有：DAUBECHIES 小波、B 小波、MORLET 小波 MEYER 小波等。

小波变换的优点是：

①具有时—频局部化的特点，特别适合突变信号和不平稳信号分析。

②可以对信号进行去噪、识别和数据压缩、还原等。

缺点是：

①在实时系统中运算量较大，需要如 DSP 等高价格的高速芯片。

②小波分析有“边缘效应”，边界数据处理会占用较多时间，并带来一定误差。

5）PRONY 分析法。

PRONY 分析衰减的思想类似于小波。在该方法中，信号总是被认为可以由一系列衰减的正弦波构成，这些衰减的正弦波类似于小波函数。所以 PRONY 分析方法和小波一样，可以做多尺度的信号分析。PRONY 分析的主要缺点是计算时间过长。

2. 电能质量监测方面

电能质量监测系统是利用安装在电网侧或用户侧的电能质量监测终端，通过网络将监测数据传回监测中心，实现对多个位置的同时监测，并发布电能质量相关信息，是电能质量监测和评估的有效手段，也是发现电能质量问题和提高电能质量水平的前提条件。

目前，电能质量监测系统整体架构方案主要有以下几种：

2.1　基于某种特定终端的架构方案

在此类方案中，特定监测终端的实现往往是该系统的重点，而监测系统的架构往往要求以适应该类的终端为前提。电能质量监测终端由于其在采样率、数据统计、传输格式等方面的特殊要求，一般无法利用现有终端实现。在近期则采用针对嵌入式装置构建监测系统，或者是安装多台基于 mini-ITX 的新装置以构建以电能质量监测功能为基础的多功能监测和分析平台。这种方案由于需要研发新装置并更换大量现有装置，硬件成本较大。

2.2　通用架构方案

这种方法也有几种实现方法，常见的有：

1）基于 CORBA 的架构方案。该方案是利用公共对象请求代理体系结构，以实现异构环境下中心控制站与各监测仪之间的远程访问和控制。CORBA 技术一般用于在不同应用程序之间提供灵活的通信机制，将其用于监测数据传输时，终端实现难度、系统可维护性以及能否跨越防火墙传输等问题均需要进一步研究。

2）基于 MAS 的架构方案。该方案是多个 Agent 组成的集合，其中每个 Agent 是一个物理的或抽象的实体。基于 MAS 的架构较符合电力系统分布式结构的特点，但仍有许多实际工程问题需要解决，例如：如何在不同类型监测终端中实现复杂的 Agent 程序、各 Agent 基于何标准通信协调等。

3）基于调度系统模式的架构方案。此类架构方案一般由现场采集终端、通信网络、分层分级的远程监控中心以及客户端组成。考虑到我国电网的实际情况，此架构方案在构建区域监测系统时被普遍采用。目前，国内各省普遍采用三层式的监测系统架构。

4）开放式监测系统架构方案。此类方案将开放式体系思想应用于监测系统中，通过系统的功能接口抽象和通信的标准化构建开放的统一平台，满足不同类型监测终端和系统的集成以及交互的需要。开放式架构兼容开放的优势可使监测系统平稳地向前发展，具有较长的生命周期。但目前研究大多仅是理论探讨，对具体实现的研究不多。

在电能质量监测通信体系方面，首先的问题是传输媒质，网络化是监测系统发展的必然趋势，通信网络负责将各监测终端采集的数据传输到监测中心，并将监测中心的命令下发到各终端，是监测系统正常运行的关键。随着国内电力数据通信专用网络的建成，目前监测系统普遍采用基于 TCP/IP 的以太网络传输数据。配电线载波通信方式并未得到广泛应用。

在通信标准方面，目前监测系统大多直接在高速以太网上传输监测数据，不采用复杂的压缩方案。因此，通信协议和数据格式标准是研究重点。现有研究主要包括基于 PQDIF 的通信标准研究和基于 IEC61850 的通信标准研究。基于 PQDIF 的通信标准是来源于 IEEE P1159.3 标准中提出的电能质量数据交换格式（Power Quality Data Interchange Format，PQDIF）完全独立于监测终端软硬件，被普遍作为监测数据交换的标准格式。嵌入式监测终端直接生成 PQDIF 文件并传输到监测中心，可避免在中心维护多个将各终端厂家私有通信规约转换为 PQDIF 的接口转换程序，有利于减轻监测中心的负担并提高系统可靠性。而基于 IEC61850 的通信标准是来源于 IEC61850 第二版，《公用电力事业自动化通信网络和系统》已将电能质量附录的补充草案内容正式写入标准，具体内容包括扩充了关于电能质量的测量类逻辑节点（M-），新增电能质量检测分析逻辑节点类（Q-）等。早期研究采用在每个子站设立数据集中器的方式实现将各厂家非标准协议转换为 IEC61850 服务。目前的方案是：电能质量监测 IED 直接基于 IEC61850 建模，实现 IEC61850 服务器；监测中心实现 IEC61850 客户端，对符合 IEC61850 标准的监测终端进行数据读取和配置下装等操作。

随着网络通信技术和信息技术的发展，网络化、信息化和标准化已经成为电能质量监测系统的普遍要求。目前，参考调度自动化模式的二层或三层式架构已经成为区域监测系统的实际建设方案；光纤以太网为主，无线通信网为辅的方式能满足当前网络传输海量监测数据的要求；

IEC61850作为电力系统自动化领域唯一的无缝通信国际标准，将其应用于电能质量监测领域是必然趋势，但PQDIF作为目前唯一针对电能质量的数据格式，仍将发挥重要作用。

3. 电能质量监测设备

监测设备是电网管理者实现对电网系统有效监管的必需设备，只有对反映电能质量指标的参量进行准确、实时的测量，才能对电能质量问题进行有效解决的设备提供可靠的有效数据。目前所用到的电能质量监测设备主要有3种。

3.1　电能质量远程监测仪

主要具有以下功能：连续监测公共供电点的电压偏差、三相电压不平衡度、电压谐波、频率偏差及用户注入电网的谐波电流和负序电流；电能质量指标超限报警和数据录波；完善的网络通信功能；电线对供用电双方的双向监管和电能质量的故障分析与录波。这类装置适用于公共供电点的电能质量连续监测、多点监测组或区域电能质量监测网。

3.2　便携式多功能电能质量分析仪

这是一种便于携带和现场使用的一种多电量电能质量分析设备，具有现场简单接入即可获得电能质量结果的功能，便于使用。可以记录分析电能质量的全部指标，应用窗口可变的FFT、小波变换等先进的数字处理方法，并具有良好的数据传输、软件分析平台和二次开发能力。

3.3　手持式谐波分析仪

这是一种便于携带和现场使用的电能质量分析设备，具备的功能主要有：单相/三相电压、电流测试，分析电压、电流的基波有效值，2~50次谐波，有功功率，功率因数，波形存储和回放，通信接口等。

4. 电能质量治理技术

近年来工业的飞速发展一方面加重加大了对电网的污染，另一方面又对电网的供电质量提出了更高的要求。大功率冲击性负荷和各种非线性电力电子设备的大量使用、分布式间歇能源的大量接入，使得电压和频率波动、谐波、无功和暂降等电能质量问题越来越严重，由此对电能质量治理的需求也进一步加大。从目前来看，根据电能质量问题的特点，无功补偿、谐波治理、三相不平衡治理以及电压暂降等几个方面业已成为电能质量治理的4个细分领域，在技术上也呈现出不同的特点。

4.1　无功补偿方面

无功补偿装置包括传统型无功补偿装置（FC）、静止无功补偿器（SVC）和静止无功发生器（SVG）。20世纪80年代以前，无功补偿装置是由电容器厂以“散件”形式提供，客户自行组装来实现的。20世纪80年代后，电容器制造厂开始设计、制造和提供无功补偿成套装置，较少以电容器“散件”形式供应。传统型无功补偿装置采用机械开关，投切速度慢，不具备快速性、反复性、连续性特点。

第二代无功补偿装置SVC主要包括TSC、TCR、组合类等三种类型，采用晶闸管投切开关，与传统无功补偿装置相比具有可连续调节、响应速度较快的优势，但由于电容器分组投切这一结构性缺陷，导致补偿精度低，容易产生过补或欠补，无法适应大容量快速变化冲击性负荷的场所，晶闸管发热量大，装置功耗高。

随着电力电子技术的发展，第三代无功补偿装置SVG是将三相逆变桥式电路通过电抗器或者直接并联在电网上，适当地调节桥式电路交流侧输出电压的相位和幅值，或者直接控制其交流侧电流，就可以使该电路吸收或者发出满足要求的无功电流，实现了动态无功补偿。SVG具有速度快、精度高、快速连续无级调节无功功率特点，对大容量冲击性负载的无功补偿效果好。

SVG动态无功补偿与谐波治理装置是目前最先进的动态无功补偿技术。具备补偿性能强、谐波特性好、运行安全性可靠性高、占地面积小、损耗小噪声低、可靠性高、维护量小等特点。

1）补偿性能强：动态快速连续调节无功输出，最大限度满足功率因数补偿要求，任意时刻的功率因数接近1.0，设备投资效益高。

2）谐波特性好：SVG不产生谐波电流，而且能有源滤除负载产生的各次谐波电流，很好地满足了各个行业无功补偿与谐波治理的综合需求。

3）运行安全性可靠性高：SVG是可控电流源，不会产生过电流，不会产生谐波电压放大，尤其适合变电站等对安全性要求高的用户使用。

4）占地面积小：由于自身没有谐波，不需要滤波器组，占地面积大大减小。

5）运行损耗低，效率高，噪声低。

6）可靠性高，维护量小：满足IGBT功率模块N-1运行方式，一个模块故障可旁路继续运行，可靠性大大提高。模块化设计，安装、调试工作量小，基本免维护。

7）能够解决负荷的不平衡问题、能够短时补偿有功功率。

8）对系统参数不敏感，安全性与稳定性好，电流源特性，输出无功电流不受母线电压影响，SVC是阻抗型特性，输出电流随母线电压线性降低。

SVG成套装置基于链式串联结构构成，通过连接电抗器接入系统，提供连续快速可调的感性和容性无功，装置的调节范围无级动态补偿，完全能满足电网无功补偿及谐波治理的要求；同时还可根据具体实际工况与FC部分配合使用，配置灵活，效果明显，是目前最先进的补偿技术之一。

业内也有一些专业厂家将SVG与传统分组投切电容器相结合，构成高性价比的混合无功补偿装置，形成的SVG产品可分为用户侧无功补偿装置和输配电网网内低压无功补偿装置。

用户侧无功补偿装置的需求量与新增发电装机容量及保有装机容量改造需求直接相关。根据中国电源工业协会统计数据，用户侧无功补偿装置对新增发电装机容量的比例约为0.3∶1，这意味着每增加1kVA发电容量，需要配套0.3kvar低压无功补偿装置需求；用户侧无功补偿装置在替代更换市场对存量发电装机容量的比例约为0.03∶1，这意味着每年1kVA发电容量可以带来0.03kvar低压无功补偿装置需求。由于中国经济的飞速增长，2010~2014年我国发电装机总量平均增速达到8.92%，发电装机总量从2010年的9.66亿千瓦到2014年的13.60亿千瓦。在我国电力装机容量不断增长的发展背景下，2010～2014年我国用户侧无功补偿的市场规模也从2010年的68.8亿元逐步增加到2014年的88.7亿元。2015年我国经济增长逐步步入新常态，伴随着经济结构的调整，假设未来GDP增长维持在7%左右，预计未来几年总的发电装机容量会保持7%左右的增速。考虑到未来对电网质量管理的不断加强，以及对原有无功补偿装置的替代更新，低压无功补偿的市场容量会进一步扩大。预计到2020年我国用户侧无功补偿装置需求容量会达到9729.5万kvar，市场规模会达到144.31亿元。目前低压用户侧无功补偿的主要产品包括SVC、SVG以及SVC+SVG组合三类，其中SVG产品还处于起步发展阶段，其产品性能优于SVC，产品价格在规模效应下逐步下降，性价比竞争力凸显，成为低压无功补偿市场的重要发展方向。

网内低压无功补偿装置目前尚处于示范推广阶段，根据中国电源工业协会统计数据，低压SVG作为国家电网治理低压配电网低电压和三相平衡的示范技术方案，未来几年会随着国家电网的低电压治理工作的开展，每年均会占据低电压治理市场5%的份额，预计到2020年网内低压SVG市场规模会达到4.10亿元。

4.2 谐波治理方面

20世纪70年代前，谐波治理处于无源滤波器时代。无源滤波器又称LC滤波器，由电容器、电抗器、电阻器等无源元件组成。无源滤波器技术成熟，性价比高，但有其固有缺陷：

1）谐振频率依赖于元件参数，因此只能对主要谐波进行滤波，且LC（电容和电抗）参数的漂移会导致滤波特性改变，使滤波性能不稳；

2）只能抑制按设计要求规定的谐波成分，有时由于高次谐波的成分复杂，必须同时加入多个滤波电路，使整个无源滤波装置的体积增大、损耗增加；

3）电网中的某次谐波电压可能在LC网络中产生很大的谐波电流。

20世纪70年代后，谐波治理进入有源滤波器（APF）时代。有源滤波器应用于用户端谐波抑制，被认为是最有效的抑制谐波的方法。与无源滤波器相比，APF是一种主动性的补偿装置，具有较好的动态性能，它通过对电网和（或）负载的谐波进行实时计算，利用高频逆变电路输出反向的谐波电流，将不同补偿目的点的谐波电压、谐波电流抑制到足够小的水平。

我国在20世纪80年代末开始研究谐波治理技术，进展较快，目前在理论、技术与工程应用方面取得了丰富的研究成果与现场应用经验。谐波治理技术分为主动谐波治理技术和被动谐波治理技术，前者从谐波源本身出发抑制谐波的产生；后者通过配置额外谐波治理装置来实现谐波治理。

主动谐波治理是从谐波源本身出发，使谐波源不产生谐波或降低谐波源产生的谐波，措施主要有：

1）采用脉冲宽度调制技术，使得整流器产生的谐波大大降低，输入波形接近正弦波；

2）增加变流装置的相数或脉冲数，改造变流装置或利用相互间有一定移相角的换流变压器，可有效减小谐波含量，其中包括多脉整流和准多脉整流技术；

3）高功率因数变流器。比如采用矩阵式变频器、四象限变流器等，使变流器产生的谐波减少。

被动谐波治理技术是通过安装电能质量治理装置来抑制谐波对电网的危害。目前，常用的电能质量装置有：

1）无源电力滤波器：可以吸收谐波电流，同时还可以进行无功功率补偿。它是传统的谐波补偿装置，由谐波电容器和电抗器组合而成的滤波装置，与谐波源并联。通常在谐波源附近或公用电网节点装设单调谐及高通滤波器，这样不仅可以吸收谐波电流，同时还可以进行无功功率补偿，运行维护也简单，因而无源滤波器得到广泛的应用。

2）有源电力滤波器：它可以有效地起到补偿或隔离谐波的作用，并联型APF还可以进行无功功率补偿。与无源滤波器相比，APF具有以下一些优点：滤波性能不受系统阻抗的影响；不会与系统阻抗发生串联或并联谐振，系统结构的变化不会影响治理效果；原理上更优越，用一台装置就能完成各次谐波的治理；实现了动态治理，能够迅速响应谐波的频率和大小发生的变化，并具备多种补偿功能，可以对无功功率和负序进行补偿。

3）混合型有源电力滤波器：它兼具了无源电力滤波器成本低廉和有源电力滤波器性能优越的优点，很适合工程应用。注入式混合滤波器由于注入支路的存在大大降低了有源部分的容量，使其能适用于高压配电网，并能同时实现无功补偿和谐波治理。

4）统一电能质量调节器：它是由串联型有源电力滤波器和并联型有源电力滤波器组合而成，两个APF共用直流侧电容。串联型APF经串联变压器输出补偿电压，向电网注入交流功率，同时并联型APF也可以输出谐波补偿谐波电压。当并联型APF的变流器工作在整流状态对蓄电池进行充电时，也可以同时向电网输出滞后的或超前的无功功率，还可以输出谐波补偿电流。

在谐波治理装置中，涉及两个关键技术。一是谐波电流的实时测量，二是补偿电流的实时跟踪控制。这两项关键技术目前也得到了长足发展。

在谐波电流检测方面，由于谐波检测方法的实时性和精度影响有源电力滤波器的谐波治理效果，对这方面的研究一直被人们所重视。目前常见的谐波检测方法主要有：

1）传统的傅里叶FFT算法。采用快速傅里叶变换，从变换后的电流信号中除去基波分量，再对余下分量进行反变换，即可得到谐波电流的时域信号。

2）改进的傅里叶级数法。其理论依据是通过傅里叶变换计算电流基波分量，从负载电流中减去基波分量。具体做法是：通过修改主傅里叶级数方程，得到一个具有滑动窗口的回归方程，采用两个不同的循环序列来存储每个采样子周期计算的正余弦系数，新值覆盖老值，正余弦部分的总和也连续地被更新。

3）FBD检测法。在这种方法中，把实际电路中的各相负载等效为串联在各相的等值电导，电路中的功率都消耗在这个等值电导上，没有其它的能量损失。根据等值电导对电流分解，可计算出需要补偿的电流分量。

4）瞬时无功功率法。利用三相至两相变换的思想，将三相电压和电流变换至两相正交系统，从而计算出瞬时有功和无功功率；通过低通滤波后，得到直流分量，经变换可得到两相基波电流，再通过两相至三相反变换后，即得到基波电流，将总电流减去基波量，就可以得到谐波电流信号。

5）同步测定法。该方法计算系统平均功率，并按一定的规则在三相内平均分配。它又可分为等功率法、等电流法和等电阻法，即把补偿分量分配到三相去，分别使补偿后的每相功率、电流或电阻相等。补偿后的电流均为与相电压同相位的正弦波，基本消除了无功和谐波成分，并且采用同步测定法的 3 种途径，还可以校正功率因数，减少线路损耗，平衡线路电流。

在电流跟踪控制方面，目前常用的电流跟踪控制方法主要有：

1）线性电流控制。线性电流控制也叫正弦—三角形电流调节器或斜坡比较电流调节器，它适用于大量应用场合，尤其适用于中、低性能的传动，而且它的性能随着现代功率器件开关频率的增加而得到很大的改善。它的优点比较突出，即器件开关频率固定、控制简单、对负载参数不敏感及具有较强鲁棒性，但是含有开关频率整数次谐波。

2）电流滞环控制。电流滞环控制是一种瞬态反馈系统，实现逆变器的输出电流跟随给定电流。它具有响应速度快，但是控制精度受环宽影响。

3）无差拍控制。无差拍控制是根据 APF 的电路模型和微分方程，求出功率开关的导通时间，使得控制周期的下一拍的电流输出等于电流参考指令，即实现无差拍控制。它数字实现简单，但受电路参数影响较大。

工业供电质量要求越来越高、大量分布式发电接入电网、智能电网的建设和发展等因素赋予了谐波治理技术新的发展方向和内容，主要体现在以下 6 个方面：

1）谐波将在谐波源处进行消除。谐波主动治理技术将会得到越来越多的重视，很多工业负载在进行规划时将采取合适的低谐波技术方案，以降低谐波带来的负面影响，以及治理谐波带来的额外成本。

2）中高压谐波抑制技术的进步及应用。目前在我国低压配网（380 V）侧的谐波抑制技术已进入工业实用化进程，相关技术逐渐成熟。但在 6 kV、10 kV 等中高压配网的谐波治理技术的应用研究还须进一步完善，特别是输电系统的谐波抑制技术。

3）谐波抑制技术的工业化进程。谐波抑制技术的核心是电力电子器件的控制技术，而电力电子器件的安全和可靠运行是先进谐波抑制装置工作的前提。由于工业现场环境恶劣，功率开关器件工作频率较高，电力电子器件可靠性的分析变得较为复杂。因此，电力电子装置在工业应用中的可靠性及其抗干扰设计方法值得进一步深入研究。

4）高次谐波抑制技术。由于有源电力滤波器输出频率带宽的限制，目前高次谐波抑制技术主要采用无源电力滤波器进行滤除。在 PWM 整流方式的工业场合（如高速铁路牵引供电系统），开关频率整数次及其它高次谐波含量较突出，容易引起谐振现象。由此带来高次谐波的有源抑制技术的研究。

5）新能源分布式发电带来的谐波污染。随着新能源分布式发电系统的建设与发展，在一定程度上缓解了负荷快速增长给集中发电机组建设的压力，同时也给电网的运行和调度及电能质量带来了一些影响，太阳能、风能分布式发电系统的谐波分布特性及其谐波治理技术有待深入探讨。

6）谐波抑制技术与智能电网。智能电网已被提升到国家能源战略高度，电能质量及电能可靠性作为智能电网的重要内容，谐波治理技术在智能电网中将大有作为，智能电网中的谐波抑制新技术值得深入研究与创新。

未来谐波治理设备市场仍将持续高速增长，预计到 2020 年市场规模将达到 17.8 亿元。其中，有源滤波设备市场规模从 2010 年的 2.78 亿元增长到 2014 年的 9.74 亿元，年均复合增长率达到 36.8%，预计到 2020 年将达到 17.24 亿元。

4.3　三相不平衡治理

电力系统三相不平衡可以分为事故性不平衡和正常性不平衡两大类。事故性不平衡由系统中各种非对称性故障引起，比如单相接地短路或两相相间短路等。事故性不平衡一般需要保护装置切除故障元件，经故障处理后才能重新恢复系统运行。电力系统在正常运行方式下，供电环节的不平衡或用电环节的不平衡都将导致电力系统三相不平衡。电力系统是由发电、输电、配电和用电各个环节组成的统一整体。其中发电、输电和配电又称为供电环节。供电环节所涉及的三相器件有发电机、变压器和线路等。由于三相发电机、变压器等设备通常具有良好的对称性，因此供电系统的不平衡主要来自于供电线路的不平衡，也是系统三相不平衡的最主要因素。产生三相负荷不对称的主要原因是单相负荷尤其是大容量负荷（如电气化铁路、电弧炉和电焊机等）在三相系统中的容量和电气位置分布不合理造成的。三相不平衡所带来的危害反映在多方面，总的来说有以下几种表现：

1）增加线路及配电变压器电能损耗。

2）降低配电变压器出力以及增加铁损：配电系统就会产生零序电流，零序电流作用于金属构件时，就会产生磁滞和磁涡流损耗，使设备发热，加速设备的老化。

3）电动机效率降低：三相电压不平衡状况下，就会产生正序、负序、零序电压。在负序电压比正序电压小的时候，正负序电压产生的磁场方向相反，负序电压产生的磁场起到抑制作用，所以降低了电动机效率。

4）影响用户用电质量：三相负荷不平衡情况下，中性点会发生漂移，引起各相电压发生变化。接在负载重的相的用户，电压会偏低，接在轻载相的用户电压会偏高等后果。

5）影响电能计量：根据对称分量法，三相不平衡电流可以分解为三相平衡的正序、负序和零序三个分量。负序和零序电流分量的存在必然会对计量仪表的精度产生影响。即使在高压侧，虽然零序电流在变压器内环流，不会向系统传递，但负序电流分量可以毫无阻碍地向系统传递，因此仍然会对计量仪表的精度产生影响。

6）用电安全：三相负荷不平衡，不止会影响设备工作效率、变压器的出力、用电的质量等，严重情况下，还会引起发热过度，烧坏供电、用电设备，带来不可估量的后果。鉴于以上原因，三相不平衡的治理越来越被人们所重视。

在三相系统中，跨接在相线与相线之间的电容或电感元件具有转移相间有功功率的作用，由于相间电感或电容元件的电流相量与每相电压相量成60°或120°夹角，通过在A、B相间跨接一电容器，A相的有功转移到B相一部分，而接电容器前后A相与B相的有功之和并未改变，这说明可以在三相之间调整有功，三相不平衡也是可以调整、补偿的。采用星形、三角形混合接法的电容、电感元件可补偿掉或大大减少零序电流与负序电流，使系统转变成基本平衡系统，因此，治理三相不平衡在原理上是可行的。

目前治理三相不平衡的方法主要有：

1）将不对称负荷分散接在不同的供电点，以减少集中连接造成不平衡度严重超标的问题。

2）使用交叉换相等办法使不对称负荷合理分配到各相，尽量使其平衡化。

3）加大负荷接入点的短路容量，如改变网络或提高供电电压级别提高系统承受不平衡负荷的能力。

4）装设平衡装置。

研发制造各种平衡装置是这几年企业治理三相不平衡问题的一个主要技术手段，目前已能看到多种基于有源和无源补偿技术的三相不平衡治理装置投入现场运行并取得了很好的补偿效果。

电容补偿器：该不平衡电流无功补偿装置是一种采用无源组件实现的三相不平衡补偿装置，该装置具有在补偿系统无功的同时调整不平衡有功电流的作用。其理论结果可使三相功率因数均补偿至1，三相电流调整至平衡。实际应用表明，由于采用的是有级补偿电容器组，通过换相开关的智能化逻辑判断自动选择供电相，自动调整三相负荷的不平衡。一般补偿结果能使三相功率因数补偿到0.95以上，使不平衡电流调整到变压器额定电流的10%以内。

同步调相机：作为一种传统无功补偿装置，其可在不带机械负荷的情况下，通过励磁或欠励磁方式来运行。作为专门用以产生无功功率的同步电机，在过励磁或欠励磁的不同情况下，可分别发出大小不同的容性或感性无功。当系统出现电压偏低，调相机会通过励磁运行来供给系统无功功率，从而调高系统电压；而当系统电压偏高，调相机又会通过欠励磁运行来吸收系统过多的无功功率，从而降低系统电压。它能够实现双向、独立、连续的调节无功的大小，并具有较大的过载能力。但同步调相机是旋转设备，运行维护复杂，响应速度慢，且随着负荷中心地区对环境要求的提高，旋转设备带来的噪声问题也成为其一大缺点。

随着电力电子技术的发展，这些年有源型三相不平衡补偿装置得到了广泛应用，以下几种三相不平衡装置在实际中得到了很好的应用。

1）FC+TCR型连续无功调节装置：用晶闸管作为被控元件串接到电抗器回路，与固定电容器组FC一起，构成连续平滑调节的无功源，可以吸收无功功率，也可以发出无功功率，由于各相可以单独调解，因此可根据三相电压的不平衡度情况，装置采用分相调节模式，可以同时在三相中获得不同的补偿电纳值，满足三相不平衡调节的要求。实际运行时，先由控制器采样，测得三相电流和电压值，利用对称分量法，计算出需要补偿的三相电纳值；然后，通过改变晶闸管控制电抗器的触发角，并与固定电容器组（FC）的投切相配合，平滑地改变补偿器的等效电纳，获得所需的电纳值。达到调整三相电压平衡的目的。

2）静止同步补偿器：可以提供或吸收无功功率，维持母线电压稳定，必要时还看滤除负荷产生的谐波。当补偿装置运行在三相四线系统时，通过对系统中线的控制来消除中线电流达到三相平衡。此类装置静止运行，控制灵活，调节范围广，安全稳定，无磨损、无机械噪声，大大提高了装置寿命，改善环境影响。

目前，三相不平衡补偿器的发展在技术上已基本能够满足电网运行需求，目前主流的不平衡补偿器在响应速度、补偿精度、谐波抑制方面已取得长足进步。如今，电容补偿器、调相机因其调节精度及响应速度方面的劣势正逐步退出历史舞台。SVC正成为电网三相不平衡补偿的首选装置，以其快速的响应，适中的价格，在工业领域和输配电领域达到了前所未有的发展速度。STATCOM和SVG，作为新型的无功补偿调节装置，已经成为现代无功补偿装置的发展方向，虽然具有其它补偿装置难以比拟的各项优势，但其技术尚处于起步阶段，实用化仍需要一段时间。

4.4 电压暂降治理

随着用电设备的技术更新，数字式自动控制技术在工业生产中得到大规模应用，如变频调速设备、可编程逻辑控制器、各种自动生产线以及计算机系统等敏感性用电设备的日益增多，对供电系统的电压质量提出了更高的要求。据统计，近十多年以来，在电能质量问题的各种现象中，电压暂降是造成电压敏感设备不能正常工作的主要原因，通常可以认为70%～90%的电能质量问题是由电压暂降引起的，电压暂降问题越来越被人们所重视。

目前，关于电压暂降问题的研究主要有：电压暂降监测，暂降评估，暂降源辨识以及暂降的抑制这几个方面。

电压暂降监测：对监测设备要求应能够准确捕获电压瞬态波动、电压暂降、短时中断、电压暂升、闪变等电压质量事件，事件波形记录保存在SD卡中，可通过网络上传波形数据，事件顺序记录可以以邮件形式发给相关人员，形成数据分析的有力素材。

暂降评估：国际电气电子工程师学会（IEEE）定义，电压暂降是指供电系统中工频电压有效值突然下降至额定值的10%～90%，并在持续10ms～1min后恢复正常的电能质量现象。电压暂降大多由系统故障引起，对负荷的影响程度取决于电压暂降幅值、持续时间、相位跳变、频次等。因此，对电压暂降进行评估成为现代电能质量分析中的一项重要内容。

目前，关于电压暂降评估的方法主要有：

1）实测统计法：是指选择电力系统中的部分站点进行电能质量实地监测，通过统计分析所采集的数据来确定供电系统的电压暂降情况。

2）随机估计法：是从概率角度出发，对系统电压暂降扰动频次做出估计。根据实现方式的差异，随机预估法可分为临界距离法和故障点法。临界距离法是利用系统阻抗、线路阻抗及临界电压得到的临界距离大小，结合临界距离内设备故障率来判定 pcc 点发生电压暂降的频次；随机估计法是指结合已有的短路计算方法、继电保护设备特性及历史可靠性数据，可对电压暂降的一些重要特征量，如：电压暂降幅值、持续时间及发生频次等进行预测和评估。

暂降源辨识方面：公用电网中的输电系统或配电系统故障，是引起电压暂降的主要原因。准确定位暂降故障源的位置，一方面有助于供用电双方区分暂降责任，协调纠纷；另一方面可大幅缩短电力公司的故障清除时间，提高供电可靠性。由于电网故障是引起暂降的主要原因，因此暂降源的定位绝大多数情况下都是对电网故障点的定位，此时，各种可实现电网故障定位的方法也可用于暂降故障源的定位。电网故障定位的方法大体上可分为 2 类：一类是广泛利用多个线路终端或故障指示器的广域故障区段定位，适用于自动化水平较高的地区电网；一类是利用少量馈线出口电气量信息计算故障距离的故障测距法，适用于自动化水平不高的电网。由于电能质量监测点是电网中的有限节点，因此电压暂降故障源的定位需采取测距方法。这类方法主要包括行波法、阻抗法、基于知识学习的方法、基于潮流计算的方法、基于故障距离分布函数的方法等。行波法需要安装较昂贵的精确测量装置，造价高，并且当网络结构较复杂时其精确度将受到干扰。阻抗法原理简单、投资少，但易受线路阻抗、负荷和电源参数的影响。基于知识学习的方法需要大量实际故障信息来训练算法规则，但实际中可用于学习和训练的数据有限。基于潮流计算的方法需要估算故障前的潮流、故障电阻、负荷功率等，其估算的准确度将会影响定位结果的准确性。基于故障距离分布函数的方法一般通过最小二乘法、模式识别等拟合方法查找故障区段，但是拟合方法一般与实际故障距离的误差较大。

暂降治理措施：作为电力公司和具有自主配网的用户，常采用的措施主要办法有：园区配电线路规划、高耗能大负荷企业搬迁、预防性试验检查、架空线入地、架空线加外绝缘、对剪树作业严加管理、架设附加的屏蔽导线、增加绝缘水平、增加维护和巡视的频度等。

对敏感负荷安装电压暂降抑制设备如 DVR（动态电压恢复器），这也是电压暂降和短时中断治理的最后一道防线。电压暂降抑制设备有交流串联式与直流并联式之分，电压源型与电流源型之分，带与不带储能单元之分，以及单一设备与组网治理之分。总体来说，串联设备比并联设备抑制结果要好，带储能的比不带储能的治理范围大。同时，带储能的电压暂降抑制设备工作时对电网的冲击电流小，可以治理伴随保护动作、线路瞬时开路的电压暂降和短时中断。

采用交流不间断电源（UPS）和直流不间断电源（DC-UPS）也是解决控制系统供电中断的有效方法，同时也能有效治理电压暂降；采用基于直流供电技术的电压暂降保护（VSP）系统可以彻底解决变频器和接触器等敏感负荷电压暂降和短时中断。

四、需求趋势

1. 重点行业

从市场规模角度，电能质量产品年销售额最大的行业为新能源、冶金、矿山、地铁，如图 6 所示。

单位（亿元人民币）

产品	2012年总销售额	主要应用行业													
		新能源	冶金	矿山	电网	地铁	建筑楼宇	通信	石化	汽车	铁路	半导体	码头	食品饮料	其它
APF	8.2					2.5（30%）	1.4（17%）	1.6（19%）	0.4（5%）	0.7（8%）	0.2（2%）				1.5（19%）
PPF	12.8		7.0（55%）	1.3（10%）			0.4（3%）		1.2（9%）				0.6（5%）		2.2（18%）
SVG	20.6	12.4（60%）	2.1（10%）	2.1（10%）	1.0（5%）			0.2（1%）			0.8（4%）				1.4（10%）
SVC	11.3	1.5（13%）	4.5（40%）	0.9（8%）	1.8（16%）										3.1（23%）
DUPS	0.3											0.27（90%）			0.03（10%）
DVR	1.5									0.41（27%）		0.54（36%）		0.12（8%）	0.44（29%）
SSTS	0.3		0.15（50%）												0.15（50%）
总计	55（100%）	13.9（25%）	13.8（25%）	4.2（8%）	2.8（5%）	2.5（5%）	1.8（3%）	1.8（3%）	1.5（3%）	1.0（2%）	1.0（2%）	0.8（1%）	0.6（1%）	0.1（0.2%）	8.85（16%）

图 6　电能质量治理产品各应用行业销售额

而从市场潜力分析，地铁、建筑楼宇、通信、汽车、半导体是潜力最大的应用行业，如图7所示。

综合考虑电能质量治理产品在各行业的市场规模和市场潜力，电能质量治理产品的5个重点应用行业选取为新能源、地铁、冶金、通信和建筑楼宇，如图8所示。

行业	行业增长	电能质量治理产品应用增长	电能质量治理产品市场潜力
冶金	★	→	◔
新能源	★★	↗	◕
矿山	★	→	◔
电网	★★	→	◑
地铁	★★★	↗	◕
建筑楼宇	★★★	↗	◕
通信	★★★	↗	◕
石化	★★	→	◑
汽车	★★★	↗	◕
铁路	★★	→	◑
半导体	★★★	↗	◕
码头	★★	↗	◕
食品饮料	★★	↗	◕

图7 治理产品各应用行业市场潜力

注：★—>★★★为由低到高。

数据来源：案头研究、专家、生产厂商及用户深度访谈，新华信分析。

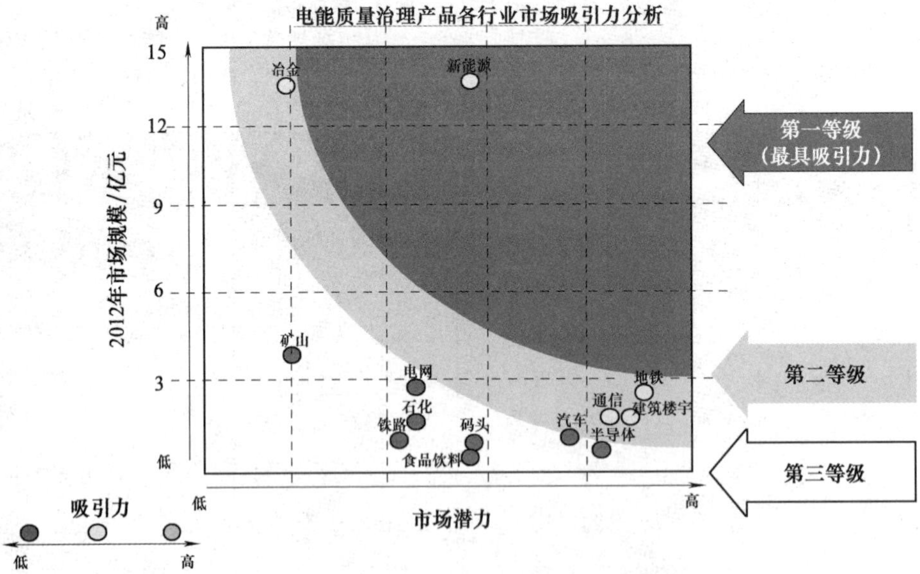

图8 电能质量治理行业各行业市场吸引力分析

2. 主要需求

目前，从用户的认知看，谐波和功率因数低是最严重的电能质量问题；主要应用APF、PPF和SVG、SVC进行治理，如图9所示。

以无功补偿为主的SVG和SVC产品，用户主要购买动机来自国家规定，其中新能源行业国家规定的作用是最强的；治理谐波等其他电能质量问题的APF、PPF和SSTS产品，用户主要购买动机来自自身意识，其中地铁、冶金、通信的用户意识强于建筑楼宇，如图10所示。

电能质量问题及应用产品		主要行业情况				
		冶金	新能源	地铁	通信	建筑楼宇
电能质量问题及严重程度	谐波	最严重	较严重	最严重	最严重	最严重
	功率因数低	最严重	最严重	次严重	最严重	次严重
	三相不平衡	次严重	较严重	较严重	较严重	较严重
	闪变和波动	次严重	次严重	不严重	较严重	较严重
	电压暂降	较严重	次严重	不严重	较严重	较严重
主要应用产品	APF			✓	✓	✓
	PPF	✓				✓
	SVG	✓	✓		✓	
	SVC	✓	✓			
	SSTS	✓				

图 9　从用户认知看电能质量治理需求

注：为电能质量问题严重程度高—>低。

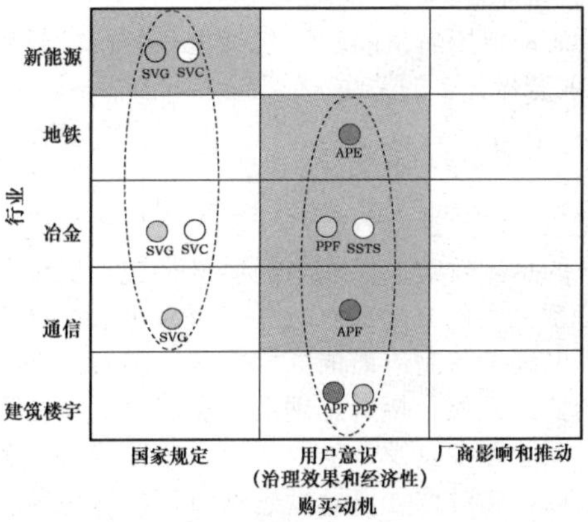

图 10　用户购买电能质量治理产品驱动力

注：购买动机作用为强—>弱。

2012 年以来，中国电能质量治理产品用户数量在不断提高，预计未来电能质量治理产品用户数量仍将提高，同时单位用户应用量也存在提升空间，如图 11 所示。

3. 未来趋势

随着 21 世纪数字经济的发展，各种数字设备在社会经济发展中地位越来越重要，电能质量问题造成的经济损失将给国民经济发展带来巨大的影响。2011 年，由国际铜业协会牵头领导的亚洲电能质量产业联盟，接受国家发展改革委经济运行局的委托，在上海市展开了电能质量经济性调查课题。依据调研的实际损失值，并结合欧盟调研得出的单位产值电能质量损失量，估算 2010 年在中国因为电能质量问题规模工业及以上造成的直接和间接经济损失总量在 7200 亿元。图 12 所示的是部分制造业对电能质量干扰影响的敏感度排序，以遭受的经济损失值为参考。

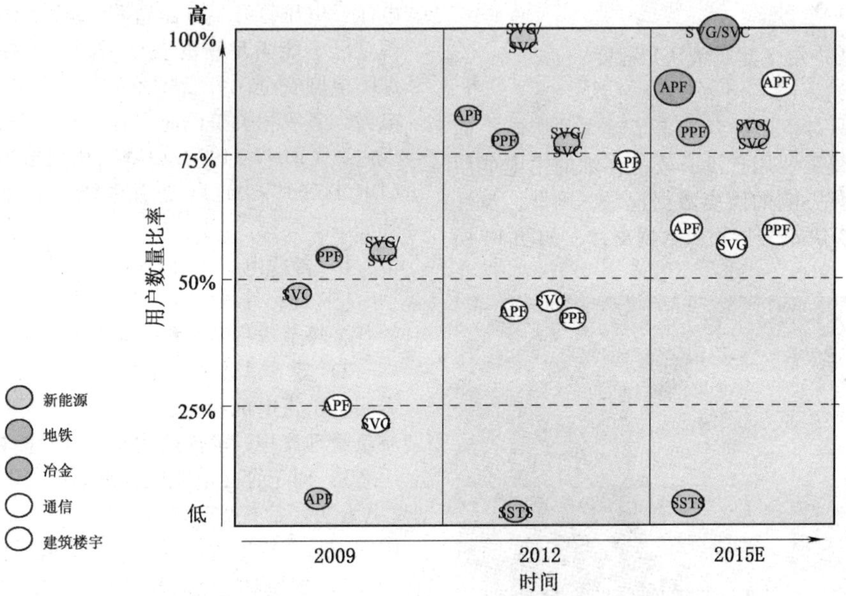

图 11　电能质量应用产品发展

注：圆圈大小表示单位用户应用量。

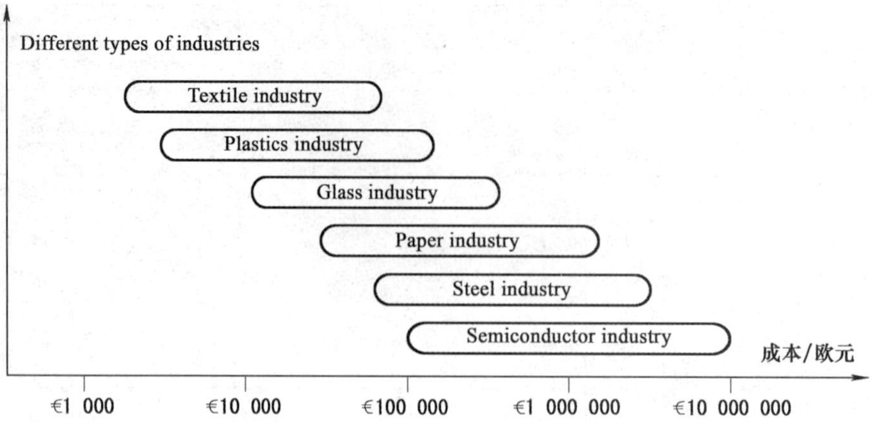

图 12 不同类型制造企业因电能质量问题遭受的经济损失值

但是，在中国，规模工业用户对电能质量这个问题的认知却不高。统计结果反映只有 27.3% 的用户认知到电能质量问题对生产经营的影响。2011 年，亚洲电能质量产业联盟在上海经济与信息化委员会的支持下，对上海 18 个行业发出去了 500 份问卷，回来了 132 份。用户的认知度如图 13 所示。

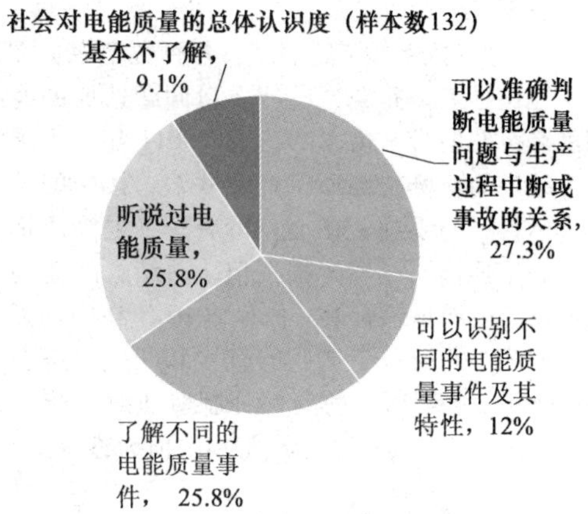

图 13 用户对电能质量认知程度

尽管电能质量问题对生产经营带来了较大的影响，但根据调查发现 75% 规模工业用户没有较为详细的由电能质量问题造成对生产经营影响的历史数据记录，因此，没法为提高生产效率和投资决策分析提供数据支撑，如图 14 所示。

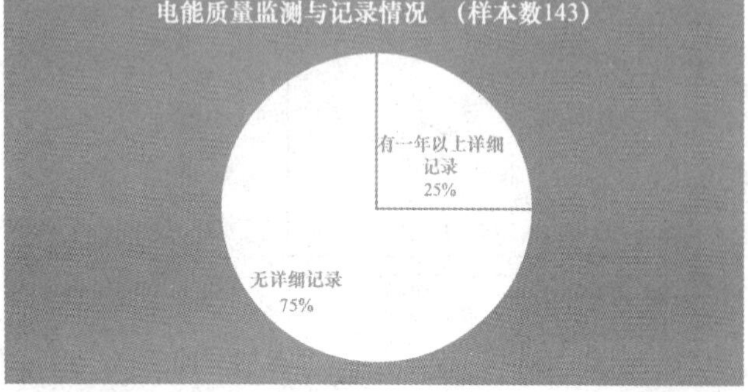

图 14 上海经济性调查课题（2011 年）

随着各利益相关方对电能质量认知度的进一步提高，以及解决方案和产品成本的进一步降低，未来电能质量治理、监测、软件及服务的市场需求还有进一步发展的空间。尤其是暂态的电压质量问题（包括电压暂降、暂升及短时中断），或获得更多的关注。

五、展望及政策建议

电能质量涉及社会各行各业和人民生活用电，关系到国民经济的总体效益，保障电能质量是实现资源节约型和环境友好型社会的必要条件之一，是发电、电网企业、电力用户和电气设备制造商的共同责任。随着社会经济和科学技术的快速发展，接入电网的发电、用电设备形态呈现多样化，新能源发电及各类电子设备不断增加，各种非线性、冲击性、非对称性以及敏感性负荷接入电网，使得电力系统电能质量问题日益严重和复杂，目前衡量电能质量的技术指标已包括电压偏差、频率偏差、谐波、间谐波、三相电压不平衡、电压波动和闪变、暂时过电压和瞬态过电压、电压暂升、电压暂降和短时中断等等，传统的管理规定已不能满足新的发展需求。为提高和改善电能质量，保障电网安全、可靠和经济运行，并为电力用户提供优质电力，各级相关单位应根据《电力系统电能质量技术管理规定》（DL/T 1198—2013）和《电能质量技术监督规程》（DL/T1053—2007），加强电能质量管理，现将有关要求通知如下：

1）各级电网企业应本着“预防为主”的方针，按照“依法监督、分级管理”的原则，对影响电力系统电能质量的各个环节进行全过程监督与管理。

2）建立、健全电能质量监督管理体系。各级电网企业需明确负责电能质量监管的部门、职责和体系，规范电能质量管理流程，确保电能质量技术监督工作落实到位。

3）对于存在电能质量污染源的电力用户，应严格执行《电力法》的规定，依据“谁污染、谁治理”的原则，以国家和行业标准为依据，进行电能质量污染源治理。

4）加强对电能质量评估机构的资质认证和监督管理，提高电能质量技术咨询质量。

5）建立网省级电能质量检测中心。合理配置各级电能质量检测中心资源，开展电能质量测量仪器和电能质量治理设备检测、电能质量治理效果评价，推动用电设备发射和耐受水平评定等工作。

6）成立网省级电能质量信息中心。建设电能质量监测系统，合理建立监测网络，统一数据交互格式，实现不同厂家设备和系统的互联互通。

7）加强风电场、光伏电站等新能源和分布式发电接入电网的电能质量监督与管理，关注直接接入 110kV 及以上电压等级用户设备的电能质量问题，协调发电、输电、配电、用电等各环节，共同应对全网电能质量风险，全面提高电能质量。

8）完善我国目前的电能质量标准体系并加强标准的宣贯，有利于全社会对电能质量，尤其是对电压暂降等暂态电能质量问题的认知度，并为电能质量工作提供依据。大力开展电能质量基础知识宣传和普及，提高社会公众对电能质量的认知度。

9）逐渐在全国范围内推进电能质量经济性调查。建议将电能质量经济性调查工作纳入电力需求侧城市试点电能服务平台项目中，以本项目工作为起步，有计划地逐渐在全国范围内推进电能质量经济性调查工作，获得全国范围内可信的电能质量经济性估计数据。

10）在用户中推广电能质量在线监测技术。受电能质量影响严重的用户应普遍采用电能质量在线监测技术，以保证为电能质量问题分析和治理工作收集到可信的第一手数据。

11）对已安装的电能质量治理措施开展经济性评价工作。结合我国目前节能减排政策，掌握目前电能质量治理措施的实施效果和经济效益。

12）在深度上推进电能质量经济性调查工作。在典型样本中开展长期深入的监测、分析和治理工作，研究出台完善的电能质量监测、分析和治理系列技术导则或条例。

中国光伏逆变器行业发展报告

中国东方电气集团中央研究院
唐健　肖文静

一、光伏逆变器产业发展现状

1. 国内光伏产业政策

为鼓励和扶持光伏产业的发展，中国政府相继出台了一系列文件。这些文件包括：2007 年 9 月，国家发改委发布《可再生能源中长期发展“十一五”规划》；2008 年 3 月，财政部、住房和城乡建设部联合发布《关于加快推进太阳能光电建筑应用的实施意见》；2009 年 7 月，财政部、科技部和国家能源局联合发布《关于实施金太阳示范工程的通知》；2012 年 2 月，国家工业和信息化部正式下发《太阳能光伏产业“十二五”发展规划》；2012 年 9 月，国家能源局发布《关于申报分布式光伏发电规模化应用的通知》；2013 年 8 月，国家发改委发布《关于发挥价格杠杆作用促进光伏产业健康发展的通知》，等等。同时，各省、市地方政府，依据中央部门的政策精神，出台了关于光伏产业的地方性政策文件。这些政策文件规定了从项目初始投资补贴、税费贷款优惠、项目用地安排等各方面政策，对光伏产业发展起了重要的推动和保障作用。

国内光伏产业补贴政策可分为三类：定价/电价补贴、可再生能源配额制、集中招标。

最受关注的是定价/电价补贴政策。2017 年 1 月 1 日之后，对光伏电站的补贴为：根据年等效利用小时数的不同将全国划分为三类太阳能资源区，一类资源区 0.65 元/kWh，二类资源区 0.75 元/kWh，三类资源区 0.85 元/kWh，比 2016 年电价每千瓦时下调 0.15 元、0.13 元、0.13 元。同时明确，今后光伏标杆电价根据成本变化情况每年调整一次。光伏电站标杆上网电价高出当地脱硫煤炭机组标杆上网电价的部分，由国家可再生能源发展基金予以支付。对分布式光伏发电的补贴为：全电量补贴，每千瓦时 0.42 元（含税）。分布式光伏发电系统自用有余上网的电量，由电网企业按照当地燃煤机组标杆上网电价收购。此外，浙江、江西、上海、湖南、陕西等各省市也各自出台了补充的补贴政策。

关于可再生能源配额制，主要是针对国内普遍存在的电网“弃风弃光”现象而制定。2016 年 3 月 3 日，国家能源局正式出台《关于建立可再生能源开发利用目标引导制度的指导意见》，根据全国 2020 年非化石能源占一次能源消费总量比重达到 15% 的要求，2020 年，除专门的非化石能源生产企业外，各发电企业非水电可再生能源发电量，应达到全部发电量的 9% 以上。根据中电联统计数据显示，截至 2015 年 9 月底，中国非水电可再生能源累计占比仅为 4.1%。可见，光伏和风电等新能源仍有很大发展空间。

关于集中招标，主要指财政部、科技部、国家能源局 2009 年 7 月发布的《关于实施金太阳示范工程的通知》。三部委计划在 2～3 年内，采取财政补助方式支持不低于 500MW 的光伏发电示范项目。实际 2009 年支持约 300MW，2010 年约支持 200MW，2011 年支持约 700MW。由于该计划实际操作中存在骗补泛滥、项目拖期严重、电网配合度不高等多种问题，已于 2013 年结束。

综上所述，目前我国光伏产业政策具有两个特点：一是形成了包括国家基础规定和地方补充规定相结合的政策体系，既反映了国家的原则要求，也照顾了各地的实际，源于贯彻实行和调动地方积极性。二是政策内容涵盖了从初始投资补贴到光伏电站补贴、分布式光伏补贴、税收优惠、配套服务等各项内容，是一种“组合式”的政策激励，对光伏产业的发展提供了系统的政策支持。

2. 国内光伏装机容量和市场规模

根据国家能源局 2017 年 2 月 4 日发布的统计信息，中国光伏市场装机容量从 2012 年起迎来爆发性增长，累计装机总量从 2012 年底的 6.5GW 上升到 2016 年底的 77.42GW。近 4 年每年装机总量都超过 10GW，并在 2016 年达到惊人的 34.54GW。具体数据见表 1。

表 1　国内光伏装机量（数据来源：国家能源局）

	新增装机量/GW			累计装机量/GW		
	总量	光伏电站	分布式	总量	光伏电站	分布式
2012	3.5	—	—	6.5	—	—
2013	10.95	10.15	80	17.45	16.32	3.1
2014	10.6	8.55	2.05	28.05	23.38	4.67
2015	15.13	13.74	1.39	43.18	37.12	6.06
2016	34.54	30.31	4.23	77.42	67.1	10.32

根据“十三五”规划，到 2020 年，国内光伏装机量累计要达到 105GW。2016 年国家能源局下发的 23.82GW 指标（含直辖市及西藏以外地区普通电站、领跑者项目、光伏扶贫和试点项目）当中，大约有 6GW 已经在 2016 年建成，意味着大约 18GW 会留到 2017 年上半年建成。根据当前的项目建设速度，预计 2017 年底至 2018 年初就可提前突破“十三五”规划。根据彭博新能源财经的分析报告，2017 年之后的国内需求有着更多变数。光伏扶贫、领跑者计划以及屋顶项目必然还是拉动装机需求的“三驾马车”，预计 2018～2020 期间的新增量在 20GW～30GW 之间。目前，以屋顶项目为主的分布式光伏发展的不利因素包括：居民自发意识缺失；房屋开发商、设备制造商和小型集成商的供应和售后服务不足；投资成本高，户用分布式金融

支持不够；售电改革带来的工商业用电价格下降。分布式光伏发展的有利因素包括：政策支持和补贴；分布式光伏成本大幅降低。

3. 国内光伏逆变器产业链结构

光伏电站通常包括光伏电池组件、直流电缆、光伏逆变器、配电保护柜和电力变压器等。目前，光伏电池组件的主要厂家有天合光能、阿斯特阳光电力、韩华新能源、晶科能源等；电缆、配电保护和电力变压器等电气通用电气的厂家有特变电工、国电南自、南瑞继保、天威保变、银利电气等。

而从光伏逆变器来说，其上游供应商为电力电子元器件、微电子芯片、集成电路、电力电容器、变压器、机柜机箱壳体制造等行业，与传统电力电子行业的采购链相同，无特殊之处。光伏逆变器的下游需求领域为地面电站、荒漠电站、山地电站、工商业屋顶电站、家庭电站等。

4. 光伏逆变器国内外主要厂家及其特点

根据 GTM Research 2016 年 4 月报告显示，2015 年光伏逆变器销售金额排名前十的厂家为 SMA Solar（德国）、华为、阳光电源、ABB（瑞士）、SolarEdge（以色列）、东芝三菱（日本）、Enphase（美国）、欧姆龙（日本）、Fronius（奥地利）。若以光伏逆变器出货 MW 数计算，无锡上能新能源有限公司（2014 年 8 月收购了爱默生光伏事业部）、特变电工、施耐德电气（法国）、Power Electronics（西班牙）也进入了该榜单。根据 2016 上半年的光伏逆变器出货量来看，前十大厂家占比 80%，而前五大厂家出货量占比超过 50%。

阳光电源成立于 1997 年，是国内最早专攻光伏逆变器行业的厂家之一，从 2010 年起该公司的光伏逆变器销量和口碑就位居国内厂家前列，目前已销往德国、美国、意大利等多个国家和地区。阳光电源的光伏逆变器产品线非常齐全，涵盖 3kW ~ 3MW 功率范围，光伏产品范围包括微型逆变器、组串式逆变器、集中式逆变器、光伏配件、监控软件、集成方案等。阳光电源的优势在于产品口碑较好、技术积累成熟、产品线齐全、配套产品丰富。随着光伏逆变器市场竞争日趋激烈，阳光电源已开始布局进军风电变流器、储能系统、电动汽车等其它新能源领域。

华为技术有限公司成立于 1987 年，以销售通信设备起家，目前业务领域广泛。华为 2000 年左右涉足电源领域，2013 年进入光伏逆变器市场，并迅速在 3 年内成长为全球光伏逆变器出货量前三甲之一。华为产品线比较单一，主要做组串式逆变器，提供智能光伏电站解决方案。华为将电源产品的技术积累移植到光伏逆变器上，技术比较成熟；结合自身 4G 无线技术实现光伏电站信息的远程集中监控，具有一定技术创新和亮点；顺应当前光伏市场从集中式向分布式转化的趋势，具有战略眼光。此外，华为利用已有的通信渠道、公司品牌、较低价格进行海外营销，目前已在日本、东南亚等地区开拓出市场。

国内的光伏逆变器厂家还包括东方日立、锦浪、固德威、易事特等。东方日立（成都）电控设备有限公司是由中国东方电气集团有限公司与日本株式会社日立制作所组建的合资公司，产品主要包括光伏逆变器、高压大功率变频器、动态无功补偿装置、风电变流器等，其光伏逆变器性价比较高，在业界具有一定口碑。

德国艾思玛（SMA Solar）是老牌光伏逆变器厂商，技术成熟、口碑良好、产品线分布广泛，占据了德国和美国大部分市场，在 2010 年以前全球市场份额在 40% 以上。尽管今年光伏市场不断增长，但随着阳光电源、华为、东芝三菱等竞争者的异军突起，SMA 的全球市场份额逐渐下降到 2012 年的 25%，直至 2015 年被华为超越。由于 SMA 的产品价格和利润率较高，目前其销售额和利润仍位居榜首，但随着竞争日益加剧和利润率降低，SMA 也开始寻求转型，推出新产品并向新兴海外市场进军。

瑞士 ABB 集团是电力和自动化技术的大型企业，涉及电力、工业、交通和基础设施等多个行业领域。ABB 从 2003 年开始在中国进行电源产品的研发和销售，具有一定技术和市场积累。2013 年，ABB 收购 Power-One，并在中国建立集中式光伏逆变器的生产线。ABB 的优势在于广阔的产品范围、深厚的技术积累和灵活的资本运作。其最初的光伏逆变器产品脱胎于变频器产品，后来通过收购 Power-One 提升了技术水平，又建立中国生产线降低了成本。目前，ABB 的市场份额位居前列。2017 年 1 月 1 日，ABB 将太阳能、电动汽车充电和电力质量业务重新整合进电气部门。

日本东芝三菱电机产业系统株式会社（TMEIC）成立于 2003 年，起初深耕冶金行业、造纸行业、起重机系统以及中压传动系统，2010 年进入光伏逆变器行业，并随着中国和日本市场的发展而迎来上升期。2016 年 TMEIC 的光伏逆变器出货量已达到 3.6GW，有赶超 ABB 的趋势。

二、光伏逆变器技术发展现状

1. 光伏逆变器应用场合及特点

光伏逆变器的应用场合主要包括荒漠电站、山地电站、工商业屋顶电站、家庭电站。

荒漠电站的特点是：功率很大（几十至几百兆瓦）；土地便宜且易于使用；光资源分布较均匀；在发电侧并网，一般无储能系统；并入 10kV/35kV 高压电网；一般无人值守；要求较强的电网支撑和外送等。荒漠电站对光伏逆变器的要求是：成本低；可靠性高、故障率低；维护简便；施工周期短；集成监控管理。近几年新安装的光伏电站大多是荒漠电站。

山地电站的特点是：功率中上（几至几十 MW）；可使用地面不规则；光资源分布不均匀；建设成本高；发电效率较低；根据需求可适当配置储能系统；一般无人值守等。山地电站对光伏逆变器的要求是：选型和施工需考虑山地承载能力；需考虑大风、泥石流等自然因素的影响，防护等级要求高；要求分散或多路 MPPT 跟踪；可靠性高。

工商业屋顶电站的特点是：功率中小（几千瓦至几兆瓦）；可使用地面受限；并入 380V 电网；自发自用，多余电量可上网也可自行存储。工商业屋顶电站对光伏逆变器的要求是：初次投资成本低；安全性高；质量可靠；噪声小等。

家庭电站的特点与工商业屋顶电站接近，但功率更小，通常小于3kW。

2. 光伏逆变器主要技术路线

当前光伏逆变器的具体技术路线主要有以下三类：集中式逆变器、组串式逆变器、集散式解决方案，见表2。

集中式逆变器将光伏组件大规模串并联以后集中逆变馈入电网。单台逆变器功率较大，功率器件一般采用大电流IGBT，拓扑结构采用一级DC-AC全桥逆变加工频隔离变压器。体积较大，防护等级低，一般室内立式安装。

组串式逆变器将一串光伏组件逆变后，多台逆变器交流端并联馈入电网。单台逆变器功率较小，功率器件一般采用MOSFET或小电流IGBT，拓扑结构通常采用非隔离DC-DC升压加DC-AC全桥逆变。体积较小，防护等级高，可室外壁挂式安装。

集散式解决方案是在传统光伏汇流箱的基础上，增加DC/DC升压变换硬件单元和MPPT控制软件单元，构成智能光伏控制器实现多路MPPT的分散跟踪；改进的光伏汇流箱输出电压升高至820~1000V后，至逆变器集中逆变。其特点是可以提高电站整体MPPT效率，并将光伏逆变器损耗分散到汇流箱中，降低散热设计难度。

在实际使用中，集中式逆变器一般用于日照均匀的大型厂房、荒漠电站、地面电站等大型发电系统中，系统总功率兆瓦级以上，安装成本低，维护较方便。组串式逆变器一般用于屋顶电站、日照不均匀的山地电站，系统总功率较小，使用灵活，MPPT精度高，发电效率高。集散式解决方案更接近一种折中的技术路线，效率高于集中式逆变器，成本低于组串式逆变器。

表2 三种技术路线对比

	集中式逆变器	组串式逆变器	集散式解决方案
主要器件	光伏组件、直流电缆、汇流箱、直流配电、逆变器、隔离变压器、交流配电	光伏组件、直流电缆、逆变器、交流配电	光伏组件、直流电缆、直流配电柜、逆变器、隔离变压器、交流配电
单台容量	500~1250kW	<80kW	1000kW
故障	故障率低，故障范围大	故障率高，故障范围小	故障率较低，故障范围较小
可靠性	逆变器数量少，控制简单，系统稳定性较好	逆变器数量多，交流侧管理复杂，系统稳定性较差	逆变器数量少，直流配电柜较多
通信	传统布线通信，故障不易排查	无线通信，故障易排查	传统布线通信，故障不易排查
设备维护	损失大、不方便	损失小、方便	损失大、不方便
成本	安装成本低，维护成本高	安装成本高，维护成本低	安装成本居中，维护成本居中
单台价格	0.18~0.5元/W	0.25~0.6元/W	0.2~0.5元/W

3. 光伏逆变器研究现状

集中式逆变器目前是大功率地面电站的主流选择，代表企业包括SMA、阳光电源、TMEIC、特变电工、东方电气等。当前大型集中式逆变器的技术和性能比较成熟，各厂家更多致力于差异化竞争。阳光电源与阿里云合作成立了"智慧光浮云"电站运维管理平台，为集团用户建立标准化的运行维护管理平台。TMEIC近年在上海和盐城设立工厂，试图降低成本。特变电工提供云计算平台和集中控制，并推出了2MW的超大型逆变器。东方电气推出了高性能三电平500kW光伏逆变器，并提供风光储集成化解决方案。

随着组串式逆变器价格逐渐降低、技术逐渐成熟，其应用案例也越来越多。代表企业包括华为、阳光电源、SMA等。华为一方面优化单体逆变器设计，采用无熔丝、无风扇设计，提供高精度智能组串检测，在线分析和定位故障，另一方面强化全面、智能地提供服务，例如无线通信技术、无人机巡检、清扫机器人和智能营维云中心等。阳光电源推出了轻型易搬运逆变器、超高效率逆变器等差异化产品，也提供远程诊断、智能电站服务。

集散式解决方案技术源于美国的Satcon（2013年被长城能源收购），目前主要有禾望电气、无锡上能等公司在使用。禾望电气的特点是提供一体化交钥匙设计，施工周期短。此外。禾望电气也在开展智能电站服务。

4. 光伏逆变器国内外厂家新品动向（见表3）

表3 国内外厂家新品动向

	型　　号	功率/kW	主要技术特点
阳光电源	SG80HV	80	五电平技术 直流1500V 交流800V，兼容690V 支持高电压、低电压、零电压穿越 无功支撑，-0.9~+0.9，有功不降额
	SG80KTL-M	80	4路独立MPPT，支持14路组串接入 交流AC540V并网 高精度智能组串检测，在线分析和定位故障 内置数字拓展模块，支持支架跟踪系统和现场I/O
	SG36KTL-M	36	高精度组串检测及I-V扫描，精确定位故障 智能风扇散热，更长寿命

（续）

	型　　号	功率/kW	主要技术特点
华为	FusionSolar 智能光伏解决方案	8～33	高精度智能组串检测，在线分析和定位故障 无熔丝设计 自然散热，无需风扇 无 N 线设计，降低交流电缆成本 无线通信技术，无需电缆 智能营维云中心，战级管理
SMA	SMA 兆伏爱索 50000/60000	50/60	欧洲效率 98.5% 功率因数 -0.8～+0.9 专利绝缘阻抗检测 多路 MPPT 检测 智能组串检测，抗 PID
东方电气	iPV-500	100～700	三电平技术 环流抑制，漏电流抑制 智能休眠 模块化结构设计，自动并联

三、光伏逆变器行业发展趋势

1. 光伏逆变器面临的问题和挑战

2016 年是中国光伏市场和技术飞速发展的一年。从市场规模来看，国内光伏装机规模连续四年第一，2016 年更达到了史无前例的 34.54GW；国外市场除了传统美国、欧洲，新兴市场日本、印度、东南亚的出口额不断上升，今后全球光伏市场仍呈发展势头。从技术发展来看，国内电池、逆变器、集成的技术水平不断上升，成本不断下降。从产业政策来看，2016 年国家能源局提出了领跑者计划、光伏扶贫，“十三五”规划提出推广分布式光伏，都对今后三四年光伏逆变器的发展具有促进作用。

但是，2017 年光伏逆变器行业仍然面临极大挑战，是行业洗牌整合的一年。

首先，光伏发电并网价格不断下降，许多省份采取竞价模式来分配指标，导致留给光伏逆变器的价格空间越来越小。集中式光伏逆变器价格已经从 1.2 元/W 降到 0.16 元/W，组串式逆变器价格从 2.5 元/W 降到 0.4 元/W，利润经过不断压缩。目前逆变器的成本中，原材料成本占了 60%，包装运输制造成本占了 20%，生产厂家净利润为 5%～10%。

其次，2017 年原材料成本显著上升。光伏逆变器原材料包括电子元器件、铁铝铜结构件、磁性器件以及电缆、PCB、接头、包装纸箱等，2016 年下半年至今价格上涨 20% 到 50% 不等，加上人工成本上涨和运输成本上涨，逆变器的总成本上涨了 20% 左右。

第三，竞争加剧。光伏逆变器本身并不算技术含量很高的行业，其它电源厂家也能通过一段时间的技术研发完成产品开发。2010 年之前业内知名的只有 SMA、ABB、阳光电源等几个老牌厂家，而这几年国内外涌现了华为、TMEIC、特变电工、东方日立、易事特等一大批厂家，拉低了光伏逆变器的售价，也使得光伏逆变器市场由蓝海变成红海。

第四，补贴难到位和产业政策的变化。虽然目前光伏并网发电的补贴较高，但补贴发放不及时、不到位，且目前光伏发电量成倍增长，使得需要补贴的项目越来越多，补贴资金的缺口随之越来越大。产业政策方面，光伏用地的性质问题还没有解决；电价改革虽然有利于解决光伏发电消纳的问题，但是价格放开以后，很可能会对光伏发电企业的效益产生重要影响；能源局政策经常变动，如 2017 年 3 月国家能源局正计划对光伏“领跑者”中有关单多晶的转换效率标准等细节进行修改。

第五，光伏逆变器技术发展遇到瓶颈。当前光伏逆变器技术已比较成熟，欧洲效率在 97%～99% 之间，成本也难以再降。而光伏逆变器高度依赖于电力电子和微电子技术的发展，若没有新型的功率器件、半导体器件、微处理器，逆变器技术水平无法实现质的飞跃。

2. 光伏逆变器市场格局和前瞻

2017 年光伏逆变器市场格局，首先是分布式光伏逆变器的增长。发改委规定 2017 年 1 月 1 日后一类至三类资源区标杆电价分别每千瓦时下调了 0.15 元、0.13 元、0.13 元，而分布式补贴维持 0.42 元/kWh 不变。同时，2015 年电力市场改革，允许拥有分布式电源的用户或微网系统参与电力交易，部分解决了光伏发电消纳的问题。华为已宣布 2017 年 2 季度推出住宅光伏逆变器，试图抢占分布式光伏市场。

其次是市场竞争和行业整合加剧。2015～2016 年全球前十大厂家出货量占比 75%～80%，中小厂家生存空间有限。2013 年 ABB 收购 Power-One，市场份额有所上升。2013 年 SMA 收购兆伏爱索，但对中国市场业绩提升有限。2013 年西门子宣布退出光伏逆变器市场。2014 年无锡上能新能源收购了爱默生光伏事业部，但仅对其当年业绩有所提升。2014 年日本安川电气收购美国 Solectria Renewables。2015 年美国 Advanced Energy 决定关闭光伏逆变器业务。华为 2015 年才进入光伏逆变器市场，但 2 年内已杀入前三甲。随着市场竞争加剧，必然迎来新一轮行业整合。

第三是海外新兴市场继续扩张。2016 年中国装机容量占全球 30%，巨大的安装量“630 抢装潮”、领跑者计划、光伏竞价等有关。HIS 预计 2017 年中国装机容量占全球 27%，相比 2016 有所下滑。美国有特朗普的保守政策，欧盟近期又宣布延长“双反”期限，光伏逆变器厂家压力重重。而印度、马来西亚、土耳其、智利、巴基斯坦等新兴市场 2016 年出口显著提升，有望成为新的市场增长点。

3. 光伏逆变器技术发展趋势

作为电力电子设备，光伏逆变器最重要的关注点是效率、性价比、可靠性。而从技术角度，突破点主要在功率器件、电路拓扑、散热、控制方法。

从功率器件来看，目前使用的主流功率器件是 IGBT 和 MOSFET。近几年 SiC 器件的耐压等级、可靠性和成本得到了显著改善，已应用在电动汽车、照明、焊机等多领域，也有望逐渐在光伏逆变器中推广。目前，禾望电气就采用了 SiC 替代部分 MOSFET。此外，氮化镓器件也在逐渐实用化。新型宽禁带器件的主要好处是开关损耗低、开关频率高，可以提高效率、减少输出电流谐波、减少电感电容的使用从而降低成本。

从电路拓扑来看，当前三电平拓扑已经广泛使用。三电平的优点是减少输出电流谐波、提高转换效率（优化 PWM 顺序），降低成本（降低开关器件耐压值）。目前，已有不少厂家在研发五电平和其他新型电路拓扑。

从散热设计来看，目前集中式光伏逆变器仍以风冷为主、水冷为辅。随着效率提高、功耗降低，目前组串式光伏逆变器开始广泛采用无风扇自冷却。随着技术发展，也有厂家尝试将其它工业领域的一些换热方式，如空水换热、蒸发冷却等技术应用在光伏逆变器中。优化散热设计的目标是减小体积、降低成本、提高防护等级。

从控制方法来看，目前单台光伏逆变器的控制已比较成熟，发展趋势是从电网侧和直流侧的系统角度进行改善控制，来提高整个电站的稳定性和可靠性。以电网侧为例，当一个光伏电站的逆变器台数达到几百上千台时，电网的稳定性会下降，体现在零序环流、无功功率增加、孤岛保护和低电压穿越难度增大、电网电压升高、频率改变等。在最恶劣的情况下，电网发生谐振，会损坏光伏逆变器中的电容。今后控制方法的着眼点会转向电站系统控制。

也有其它方面的技术研究，如电站虚拟同步、光伏储能结合、光伏电池板自动清扫、智能诊断、无线通信和数据安全、与轨道交通衔接的 1500V 直流电压等。

4. 光伏逆变器产品发展趋势

总体来说，光伏逆变器产品的发展趋势是技术创新、降本增效、差异化服务。集中逆变器往更大方向发展，组串逆变器往更加轻便、更加安全、更加智能化方向发展。而户用系统 + 分布式光伏、光储结合是 2017 年的新趋势。未来光伏逆变器更加聚集于自身效益和可靠性的提高，包括提高运行效率、减少损耗、提高可靠性、遮挡灰尘、提高 PID 等。同时，需要为电网提供诸如平滑、无功、穿越、支撑、应急等友好服务。

5. 一带一路分布式光伏发展新思路

伴随着各国政府对“可再生能源替代化石能源”的呼吁，如今已有多个国家制定了可再生能源发展目标。泰国计划到 2021 年可再生能源比重达到 25%。印度计划到 2020 年实现 20GW 的太阳能发电规模。在东非和南部非洲的一些国家，计划到 2030 年将可再生能源的比重提高到 40%。在欧美市场日趋饱和后，新兴市场的潜力开始显现。

我国近年提出了“一带一路”的战略框架，在战略推进中，把能源基础设施建设作为重点内容，在太阳能领域展开全面合作。中国作为装备和技术输出方与沿线国家实现融合发展，满足沿线国家对新能源的迫切需求，实现合作共赢。近 3 年来，以国家电网、中国水电等为代表的能源企业加速海外布局，签署和建设的电站、输电和输油输气等重大能源项目达 40 多个，涉及 19 个“一带一路”沿线国家。2016 年，中国可再生能源海外布局 11 个项目，投资总金额达 320 亿美元，同比增长 60%。

结合国际形势，借政策东风，目前国内光伏厂家已广泛布局“一带一路”沿线国家光伏市场。特变电工、中兴能源正在巴基斯坦等国建设百万千瓦级光伏发电项目；天合光能已确定在印度安特拉邦投资 2 亿美元，建设 1.4GW 电池片和 1GW 组件工厂；保利协鑫在印度和泰国投资光伏项目；晶澳在马来西亚槟城建成一家 40 万 kW 太阳能电池厂；正泰在越南和马来西亚投资建厂；中盛光电能源在巴基斯坦、约旦、马来西亚、印度及土耳其建成多个光伏电站。

目前，国内光伏企业“走出去”要持续盈利，仍需不断调整和改变。第一，要避免和国内兄弟厂家之间的无序竞争，避免陷入价格战，降低整体行业利润。第二，要适应当地的政策法规和习俗。第三，要转变单纯卖产品的思路，“以技术换市场”，帮助提高当地的技术能力，实现合作共赢。第四，顺应全球化浪潮，布局产业转移，为争取税收优惠、规避类似“双反”的贸易壁垒等做准备。

不难想象，“十三五”期间，随着国家扶持光伏行业发展的各项政策措施落实到位，以及国内光伏市场的不断完善成熟，将有更多光伏企业在国际舞台上崭露头角。

撰稿单位介绍：

中国东方电气集团有限公司（简称：东方电气集团）是中央确定的涉及国家安全和国民经济命脉的国有重要骨干企业之一，属国务院国资委监管企业，是全球最大的发电设备制造和电站工程总承包企业集团之一，已连续 12 年发电设备产量位居世界前列。创新驱动发展，东方电气集团是国家首批创新型企业、国家技术创新示范企业、国家级企业技术中心、国家能源大型清洁高效发电设备研发中心、海外高层次人才创新创业基地，拥有国家重点实验室、院士工作站、博士后科研工作站，建立了以中央研究院为核心的面向未来产业新技术、共性技术以及面向市场的企业产品研发多级创新体系，助推企业可持续稳定发展。

2016 年度中国充电站行业发展报告

前瞻产业研究院

一、中国充电站行业现状分析

1. 行业发展概况

1.1　充电站建设情况

截至2016年底，我国充电桩累计已达到23万个（见图1）。其中，公共充电桩数量为15万个左右，私人充电桩总数约为8万个。可见，随着各地参与充电桩建设积极性的提高，我国充电基础设施发展正迈入新阶段，电动汽车充电站潜力不断释放。

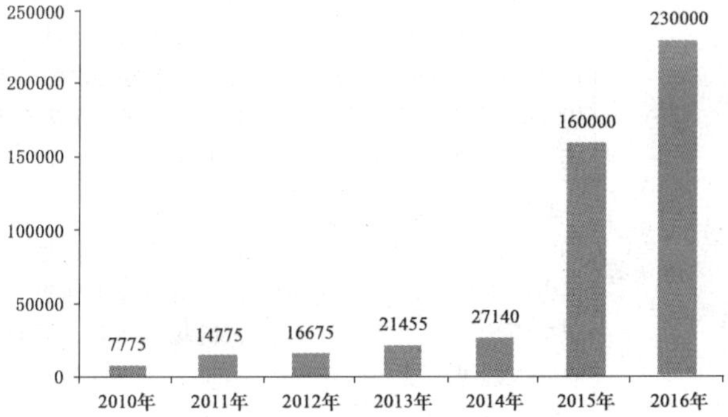

图1　2010～2016年我国充电桩历年累计数量（单位：个）

资料来源：前瞻产业研究院整理。

随着电动汽车突飞猛进，充电基础设施建设滞后日益凸显，甚至已影响到电动汽车的进一步发展。为此，国家多部委联合督促推进充电基础设施建设。在中央政府高层督促下，充电桩及充换电站建设出现明显提速，但距离目标还相差甚远。国家发展改革委提出的目标是到2020年，新增集中式充换电站超过1.2万座，分散式充电桩超过480万个。

充电基础设施要实现上述目标，还需要扫清多个障碍。首先，需要完善、健全充电设施建设政策。电动汽车充电站作为新兴产业，面临着各地电价政策不统一的难题，有部分地区无法享受扶持性电价政策，不利于加快推进。其次，跨运营商之间的支付、信息互联互通尚处于起步阶段，未来还需进一步加大投入。同时，非专业运营企业由于缺乏充电服务专业化能力，存在有一定安全隐患。最后，影响充电基础设施推进的最重要因素是高昂的成本，其中包括基础设施成本、配电设施成本、运营成本等，在没有补贴帮助下，企业很难做到盈亏平衡，积极性不高。

所幸电动汽车充电站技术发展飞速，在一定程度上能促进大规模建设。据统计（见图2），2010年，我国充电站专利技术申请数量仅为512项，随着研发投入增大，到2016年底，专利技术申请数量累计已达3062项，2016年全年申请专利数为580项。专利技术申请的井喷，佐证了我国电动汽车充电站技术飞速发展。

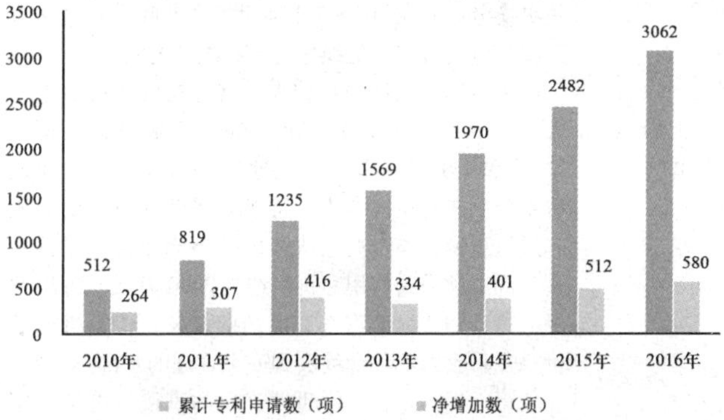

图2　2010～2016年我国充电站专利技术申请数变化情况（单位：项）

资料来源：前瞻产业研究院整理。

总的来说，电动汽车是汽车行业未来发展的重要方向之一，作为基础设施的充电站有望迎来前所未有的发展契机。不过，在发展初期阶段，政府需要做好扶持及引导。

1.2　充电站典型运营模式

目前，我国正处于充电站基础设施建设的高峰期，政府和企业关注于充电站专业服务是直充还是换电的选择中，国内充电站的综合服务尚未开发。我国充电站典型运营模式见表1。

表1　我国充电站典型运营模式分析

类　型	模式分析
北京奥运充电站	北京奥运充电站位于朝阳区北土城东路，占地5000m^2，拥有240台充电机，有一条车辆更换电池通道，配有一套电池快速更换设备（2台快速更换机器人，并配有一台备用机器人），采用动力电池快速更换的方式，在10min内完成对一辆电动公交车全部电池的更换，由于采用快速更换机器人，对公交车在通道内的停车位置有较高的要求，前后上下误差不能相差太多，因此，充电站需要专门聘请技术精湛的专职摆渡司机，由他们将公交车开到通道内进行准确定位，整个充电站可同时为50辆电动公交车提供电池更换充电服务 北京奥运充电站只有一条车辆更换电池通道，每次允许一辆电动公交客车快速更换电池，由于采用电池更换，充电站内还需要额外采购一定量的电池，根据公交运营的要求，一般电池组的数量不低于运营车辆总数目的1.8倍（即50辆电动车需要90辆车的电池组，其中40组电池用于快换）

（续）

类型	模式分析
上海世博充电站	上海世博充电站是目前世界上最大的充电站，位于浦东新区世博园内，浦东南路旁，占地6亩（1亩≈666.7m^2），也采用电池快速更换的方式，有4条车辆更换电池通道，配有8套电池快速更换设备，可以同时为8辆电动公交车提供更换电池服务，车辆运营时使用一套电池，另一套电池则放在充电站充电，当随车电池的电量低于一定量时就回到充电站更换电池。在2010年上海世博会期间，充电站每天要为电动公交车更换电池350次以上 由于世博充电站规模较大，其电池快速更换机器人一台价格约为150万元（略低于北京奥运充电站），整个充电站有4个电池快换通道，每个通道有4台快速更换机器人，每条通道可以同时供2辆车进行更换，整个充电站总共有16台电池快换机器人，此单项采购费用总价格约为2400万元。可以预测的是，随着电动汽车充电站的普及，快换机构的价格也将会减低，最终会到一个合理的水准 值得一提的是，上海世博充电站直接从电池厂家购买电池（购买数量不低于运行车辆数的1.8倍），初期的电池维护保养均由电池厂家完成，并在此期间培训公交巴士集团技术人员，后期此项工作将由上海公交巴士集团完成
广州亚运充电站	亚运城公共电动汽车充电站位于南沙港快速和京珠高速公路之间，往来车辆川流不息。充电站集充电服务设施和营业厅于一身，充电桩24h提供服务，建起现场购电现场充的快捷通道，成为南方电网节能和新能源汽车应用的示范试点，也是亚运城的“专属”营业网点 该充电站可以为电动轿车、中巴车和大型交通运输车辆提供充电服务，配备了2台直流充电桩和1台交流充电桩。这种直流充电桩输出功率大，将220V交流电源逆变为大电流的直流电源，实现快速充电。电动轿车最短充电时间为18min，中型车辆最短的充电时间为30min，大型车辆最短充电时间为45min，电动车跑远途可以随充随走，克服了电池续航能力差的缺陷 全新出场的直流充电桩实现智能充电、手动充电统一平台，车主嘀卡后可以在触摸屏上选择两种模式中的一种。智能充电模式可根据电动汽车耗电情况，自动调节直流充电设备的输出功率，从10kW到400kW不等，从而调节了通过电池的电流大小，延长电池的使用寿命。在手动充电模式下，车主也可以手动调节直流充电设备的电量输出，实现充电时间和电量自己做主 亚运城充电站执行南方电网开发的充电技术标准，为电动汽车提供三相充电电源，相比另外一种技术标准采用的单相电源，三相电源单位时间内输出电量是其三倍，充电效率高，花费的时间更短。以额定功率为21kW的单台交流充电桩为例，充满一辆电动轿车只需要3h，减少了使用电动车的时间成本。该充电站不仅充电便捷，还将在二期建设中引入便利店等便民设施

（续）

类型	模式分析
深圳大运充电站	深圳的2座电动汽车充电站分别位于深圳龙岗大运会场馆西面（大运中心站）和龙岗中心城和谐路西面（和谐站）。其中大运中心站设置6台快速充电机，可向出租车、小轿车、公交车提供充电服务，站内可同时容纳12台电动汽车驶入。该站占地面积1092m^2，投资金额1051.5万元，是目前国内占地面积和投资规模最大的充电站。和谐站设置3台快速充电机，可同时容纳6台电动小汽车驶入。按照远期规划目标，2座充电站可进一步扩容到2720kVA。另外134个充电桩主要分布在全市各区的公共停车场和小区停车场，充电桩以慢充模式为主，方便市民利用夜间停车的谷期电为电动汽车充电 在充电时间上，以入选国家《节能与新能源汽车示范推广应用工程推荐车型目录》的比亚迪轿车为例，其E6型纯电动汽车在快充模式下只需2h即可充满，可供汽车跑300km；F3DM型混合动力汽车，在慢充模式下需9h充满，电力驱动部分可供汽车跑100km。以比亚迪E6型纯电动汽车为例，在快充模式下只需2h即可充满，可供汽车跑300km
常州众筹模式	2015年，常州一家民营企业整合政府部门、公共场所资源，半年间建了1500个充电桩。该模式吸引了常州100余个公共区域的业主参与充电桩建设，包括酒店、购物中心、景区、机场、车站、社区、政府大院等
“路灯+充电桩”模式	2015年1月，北京开展“路灯充电桩”改造试点，通过路灯节能改造后节电容量支持电动汽车充电。目前，首批路灯充电桩改造试点已经展开，在位于昌平区京密北路上的88盏路灯从传统高压钠灯改造为LED灯，节省出的容量足够支撑十几辆纯电动汽车同时充电。此外，8个纯电动汽车慢充桩也开展试运行，常规充电时间为4～5h。这些充电桩白天、晚上都可以充电，将有效缓解区域内电动出租车和私家车充电需求

资料来源：前瞻产业研究院整理。

国内现有的两个最大最成熟的电动汽车充电站就是北京奥运充电站和上海世博充电站，这两个充电站目前都是为城市电动公交客车提供电池快速更换服务，两个充电站都不属于正式商业运营，只是政府组织下的试点运行。

两个充电站的共同点就是都是由当地公交集团主导运行，充电站由国家重大专项资金和地方出资建立，电动客车归属公交集团运行，北京奥运充电站使用的动力蓄电池从电池厂家租赁，按照使用的电量每月付给电池厂家租赁费用（约1kWh4元人民币），而上海世博充电站则直接从电池厂家购买电池，同时电池厂家负责初期电池的维护保养，并完成相关技术人员的培训工作，之后电池的所有权归充电站。

2. 行业发展规模

据统计，2010年，我国充换电站仅76座。截至2016年底，我国已建成充换电站共5600余座，年化增长率在204.75%，如图3所示。

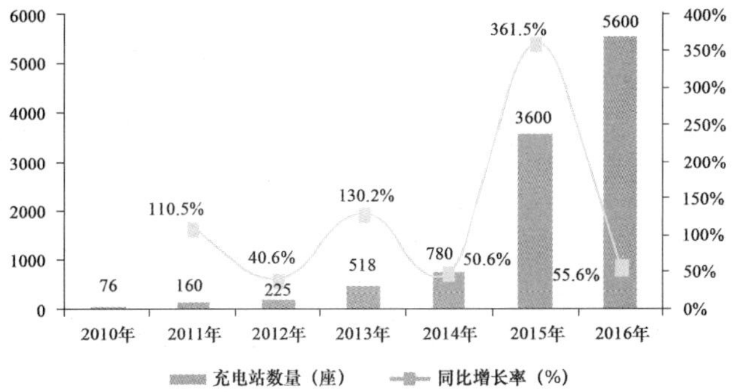

图3　2010～2016年我国充换电站建设规模情况（单位：座）

资料来源：前瞻产业研究院整理。

3. 行业竞争格局

3.1　行业竞争结构分析

通过对充电站行业进行五力模型分析可知，目前我国的充电站行业仍处于成长期，行业整体的竞争程度较低、行业替代品以及潜在竞争者的威胁度都较低。但随着行业不断的发展成熟，行业竞争结构也将不断变化。我国充电站行业竞争结构分析见表2。

表2　我国充电站行业竞争结构分析

竞争要素	具体分析	对行业的影响
电动汽车充电站行业购买者分析	充电站消费者的购买行为取决于三个方面：首先是电动汽车的普及度，其次是充电站的布局及地理位置，最后是油价和充电价的对比。从目前来看，这三方面的因素尚未满足，尤其是电动汽车的普及度还远远不够，充电站行业的需求仍需要一段时间的开发；未来随着三方面因素的强化，充电站行业的消费行为也将更为普遍	行业对购买者的议价能力较弱
电动汽车充电站行业供应商分析	电动汽车的主要能源供应渠道是电力集团，目前国家电网的供电量每年都有较快的增长，完全能够承担充电站的电力供应。中国已经从过去的电力绝对短缺阶段，发展到目前的电力相对过剩阶段 当前以及未来较长的历史时期，中国电力工业将面临这样的局面：一方面，从国家经济发展对能源的需求角度、降低对化石能源和进口石油的依存角度来讲，需要大力发展电力工业尤其是来自清洁、可再生能源的电能；另一方面，由于电能的储存性差，电力工业需要培育未来的电力市场，来平衡装机容量与年度周期内的用电峰谷周期和昼夜用电峰谷周期之间日益尖锐的矛盾。由于交通领域能源使用具有常年的稳定性和利用夜间谷电的可能性，国际上电力行业普遍看好交通领域这一巨大的、潜在的能源消费市场，电动汽车正是最直接、最具潜力、最具可能性的、规模巨大的电能用户	行业对供应商的议价能力较强

（续）

竞争要素	具体分析	对行业的影响
电动汽车充电站行业替代品分析	电动汽车的替代品主要为其他运输工具。随着高速公路网的建设，人民生活水平的提高，速度快、机动灵活的汽车成为现代最具优势的交通工具。与其它陆上交通工具——火车相比，它的特点突出，点对点的运行方式极为适应现代人快捷的生活方式。而随着城市框架的拉大，经济的发展，曾经的代步工具主宰——自行车也逐渐退出了交通工具领域，成为健身工具。飞机、轮船等运输工具有其自身特点，不可能替代汽车运输，多种交通工具会始终并存	行业替代品的威胁较小
电动汽车充电站潜在竞争者分析	电动汽车的潜在竞争者包括燃料电池电动汽车和未来可能走向产业化的多种清洁能源汽车。燃料电池电动汽车是以燃料电池作为动力源的电动汽车。燃料电池是利用氢气和氧气（或空气）在催化剂的作用下直接经电化学反应产生电能的装置，具有完全无污染（排放物为水）的优点，但现阶段，燃料电池的许多关键技术还处于研发试验阶段。多种清洁能源汽车，如利用太阳能、风能、空气动力能等的汽车也由于技术尚未成熟，产业化之路也很漫长	行业潜在竞争者的威胁度较低
电动汽车充电站行业现有竞争分析	政策的推动，相关产业标准的出台，正在让电动汽车产业有条不紊地一步步走向成熟。遥不可及的天花板，诱人的商机，都吸引着各方资本对这个产业的关注。国家电网和国家电网系的电气设备企业依然占据着高速公路沿线的充电市场。但在发展更为急迫、市场更为广阔的城市充电市场，比亚迪、特锐德、万马股份、泰坦能源、奥特迅、普天新能源等企业在积极布局。在这场群雄纷起的市场中，整车企业布局充电桩建设是其产业链的自然延伸，而社会资本尤其是互联网资本追逐这个领域是因为充电网不仅是物联网也是互联网入口。但是相对而言，目前最具先发优势、有制造业支持的是那些电气设备企业	行业现有市场主体竞争程度适中

资料来源：前瞻产业研究院整理。

3.2　五大央企充电站布局分析

（1）国家电网充电站布局分析

①国家电网市场覆盖范围

国家电网公司是经营区域覆盖88%的国土面积、供电服务人口超过10亿人、管理着近2万亿元国有资产的公用事业企业。公司下设华北、东北、华东、华中和西北5个区域电网公司（见表3）。

表 3 国家电网公司组织结构——网省分公司

●华北电网有限公司	●华东电网有限公司	
○北京市电力公司	○上海市电力公司	
○天津市电力公司	○浙江省电力公司	
○河北省电力公司	○江苏省电力公司	
○山西省电力公司	○安徽省电力公司	
○山东电力集团公司	○福建省电力有限公司	
●华中电网有限公司	●东北电网有限公司	●西北电网有限公司
○湖北省电力公司	○辽宁省电力有限公司	○陕西省电力公司
○湖南省电力公司	○吉林省电力有限公司	○甘肃省电力公司
○河南省电力公司	○黑龙江省电力有限公司	○宁夏电力公司
○江西省电力公司	○内蒙古东部电力有限公司	○青海省电力公司
○四川省电力公司		○新疆电力公司
○重庆市电力公司		○西藏电力有限公司

资料来源：前瞻产业研究院整理。

②国家电网充电设施建设规划

国家电网曾披露已制定并实施电动汽车推广计划，计划分三个阶段大力建设充电站和充电桩。为跟进电动汽车高速发展，我国未来几年将持续加大电动汽车换电设施的投资力度。按照国家电网规划，第一阶段充电站主设备总投资规模将达到 3 亿元，第二阶段 140 亿元，第三阶段 180 亿元，到 2020 年充电站主设备总投资将达到 320 亿元（见表 4）。

表 4 国家电网电动汽车推广计划

阶　段	投资额	建设情况
第一阶段（2009～2010 年）	3 亿元	在 27 个网省公司建设 75 座充电站和 6209 个充电桩，初步建成电动汽车充电设施网络架构
第二阶段（2011～2015 年）	140 亿元	建设电动汽车充电设施，使电动汽车充电站规模达到 4000 座，同步大力推广建设充电桩，初步形成电动汽车充电网络，开展电动汽车充放电站技术研究和工程试点建设
第三阶段（2016～2020 年）	180 亿元	计划建设电动汽车充电站达到 10000 座，同步全面开展充电桩配套建设，建成完整的电动汽车充电网络，建设电动汽车充放电设施，初步建成电动汽车充放电网络

资料来源：前瞻产业研究院整理。

③国家电网充电设施建设规模

2016 年，国家电网公司已建成充电桩 2.2 万个，累计建成充电桩超过 4 万个，2016 年全年完成充换电服务 1232 万车次，充换电量 2.2 亿 kWh。2017 年将建设 2.9 万个充电桩。基本建成京港澳、京沪、京台、沈海、青银、沪蓉和宁沪杭环线高速公路快充网络和京津冀鲁、长三角区域重点城市内一批快充站点，覆盖城市 81 座、高速公路 1.1 万 km。

④国家电网充电设施市场布局

目前，国家电网公司重点在长三角、珠三角规划网络建设，其它各省市则根据需要建设电动汽车充换电站和充电桩。因此，国家电网公司范围内充电站、充电桩等的建设是与地方政府推动电动汽车的发展战略相衔接的。

截至 2020 年，国家电网将规划建设以“四纵四横”为主的国家电网高速公路快充网络，四纵指的是沈海、京沪、京台、京港澳，而四横指的是青银、连霍、沪蓉和沪昆。它们将覆盖公司经营区内所有的示范城市和高速公路快充网络，续行里程达 1.9 万 km。

（2）南方电网充电站布局分析

①南方电网电力覆盖范围

南方电网与香港和澳门地区相连，由 5 个省网组成：广东、广西、贵州、云南、海南。海南仍然是独立的省网，但是其它 4 个省网都连接到华南电网上。主要的负荷中心位于珠江三角洲地区，电量通过两条高压交流输电线路和一条高压直流输电线路自西向东流向广东。

②南方电网充电设施建设规划

2016 年 5 月 24 日，南方电网公司公布《“十三五”电动汽车充电基础设施发展规划》，计划至 2020 年，电动汽车充电基础设施总体投资规模超 30 亿元，将建成集中式充电站 674 座，公共分散式充电桩 2.5 万个，广州和深圳城市核心区公共充电基础设施服务半径不超过 1km。

《规划》分析称，到 2020 年，南方五省区全社会电动汽车保有量预计为 80 万辆，需建设集中式充电站 2654 座，分散式充电桩 72 万个。目前，南方电网公司在五省区投资建设充电站 14 座，占全社会总充电站数量的 5%，分散交、直流充电桩 3053 个，占全社会总充电桩数量的 22%，发展潜力大。

值得一提的是，南方电网公司还开发了基于未来“大数据”的电动汽车充换电运营管理系统，全面整合南方五省区区域的电动汽车充电设施信息，建立网、省、市、站四级电动汽车运营管理系统，为进入电动汽车充电服务市场做技术储备。此外，南方电网还组建了南网能源公司等专业的电动汽车充换电运维服务队伍，在深圳、中山开展充电设施运营维护，探索运营模式和积累运营经验。

③南方电网充电设施建设规模

截至2015年底，南方电网在南方五省区已建设充换电站13座、体验中心1座、直流充电机90台、交流充电桩2963台，累计充换电353万车次，充换电电量9804万kWh。

南方电网推动电动汽车发展的工作原则是“统一性”“开放性”“政府主导、企业引导”。南方电网将统一电动汽车充换电设施标准、规划，在技术上支持多种充换电方式，在模式上立足于客户和市场，争取汽车、电池企业合作，实现多方共赢。“政府主导、企业引导”指电动汽车发展应在政府主导下开展工作，电网企业发挥示范和服务的作用，引导社会、企业、消费者等各方共同推动电动汽车产业的发展。

未来围绕电动汽车能源供应这一核心，南方电网将按照“换电为主、充换结合、统一服务、统一配送”的方针，推动制定国家统一的技术标准和运营规范，建设电动汽车智能充换电服务网络。据南方电网介绍，按照“换电为主，充换结合”的技术路线，将首先鼓励发展电池更换，对电池集中慢充和管理；适当发展整车充电设施，建设适应多种充电方式、开放的电动汽车智能充换电服务网络。其次，按照“电池租赁、里程计费”的商业模式，由专业公司购买或租赁电动汽车动力电池，交由客户使用；电池租赁按照使用里程（或使用时间）计费。

（3）中石化充电站布局分析

①中石化加油站规模及覆盖范围

中石化现有全资子公司、控股和参股子公司、分公司等共80余家，包括油气勘探开发、炼油、化工、产品销售以及科研、外贸等企业和单位，经营资产和主要市场集中在中国经济最发达、最活跃的东部、南部和中部地区；中石化在全国拥有3万座加油零售终端网络。

截至2016年底，中石化品牌加油站总数有30603座，相对于2015年同期的30560座，增加了0.14%，如图4所示。

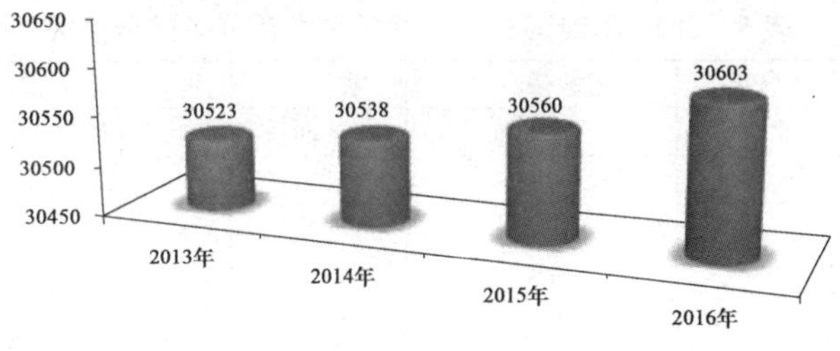

图4　2013~2016年中石化品牌加油站总数（单位：座）
资料来源：前瞻产业研究院整理。

②中石化布局充电站进展和规划

早在2010年初，中石化即与北京首科集团宣布，将共同出资成立北京中石化首科新能源科技有限公司，进入电动汽车充电站市场。2011年，国家电网河南省电力公司，在新乡市振中路投资兴建电动汽车充换电站，虽然该站点目前已收归国家电网所有，但却经历了一个中石化河南省公司“接盘”的过程。

截至2013年10月，中石化已立足上海、武汉、河南（郑州、新乡）等地建设了基于加油站网络充电桩约500个，对上述地区原有加油站网络的覆盖率亦超过了三地加油站总保有量的3%。

2011年10月14日，中石化北京石油分公司副总经理王文联在北京表示，“十二五”期间中石化将在北上广深投资8.7亿建设以充电模式为主的电动汽车充电站，建设大约175座建有充电站，同时中石化在北京的580座加油站中将会有100座加入充电设施。

公开资料显示，除了2011年11月在北京大兴区建设的第一座充电加油综合服务站外，中石化于2015年4月在北京朝阳区广泽桥附近落地了首座充电站。

③中石化充电站建设动态

2016年9月27日，山西石油系统内首座新能源汽车充电站在太原市南海街建成并投入试运营。该充电站占地1050m^2，是太原石油公司利用闲置土地投资建设，可同时满足30辆电动汽车充电。

（4）中海油充电站布局分析

①中海油加油站规模及覆盖范围

自2006年开始发展下游业务以来，中海油已经在加油站领域发展了10多年，2014年则是负责中海油下游业务的中海油销售分公司相对“丰收”的一年。2014年新增控制加油站121座，新增投运加油站101座，这两项指标在销售公司都创下了年度之最。

截至2013年底，中海油在华东、华南、华北等地区共控制445座加油站，随着近年来公司业绩的逐年下滑，公司在岸上的布局速度明显放缓，加油站布局区域和数量相较往年有缩小趋势。

目前，国内石化行业效益下滑，炼油产能总体过剩。在这样的背景之下，炼化公司“十三五”时期将严格控制炼油产能，至2020年中海油总体规模不超过每年5000万吨，并提出到2020年加油站数量达到2000座的目标。

②中海油布局充电站进展和规划

2009年7月，中海油斥资50亿元投向电动汽车锂电池生产商天津力神电池股份有限公司，支持其在天津新建20条电池生产线。2009年8月，中海油与中国普天信息产业股份有限公司共同出资成立普天海油新能源动力有限公司，加快在新能源汽车充电站建设及运营等业务领域的步伐。目前，中海油也正考虑为电动车建设电池更换站，拟在全国建设网络的可能性。

（5）中石油充电站布局分析

①中石油加油站规模及覆盖范围

2016年，中石油新投运加油站181座，运营加油站数量达到20895座。

②中石油布局充电站进展和规划

在中石化、中海油频频进军电动汽车领域之际，中石油却依然不为所动。在中石油集团最新的新能源业务发展规划中，电动汽车充电站并未被列为重点发展方向。中石油表示，将在国家政策指导下发展绿色低碳能源，重点发展煤层气，规范有序发展生物能源业务。中石油可供煤层气勘探开发的面积已达16.1万km^2，拥有煤层气资源约

16.48 万亿 m^3，占登记区块资源总量的 69.6%。

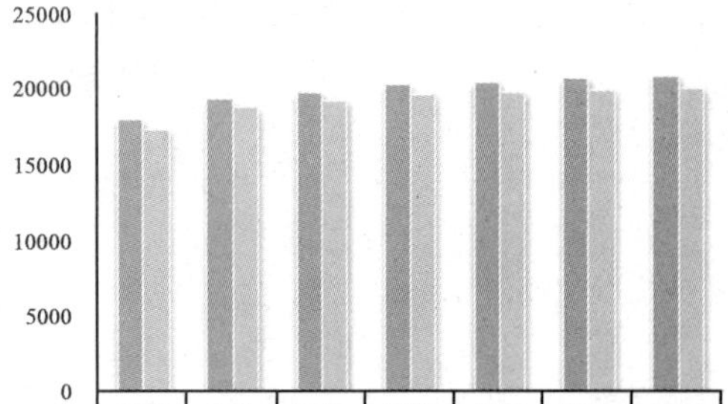

	2010年	2011年	2012年	2013年	2014年	2015年	2016年
加油站数量（座）	17996	19362	19840	20272	20422	20714	20895
资产型加油站（座）	17394	18792	19296	19710	19806	19982	20101

图 5　2010～2016 年中石油加油站运营情况（单位：座）
资料来源：前瞻产业研究院整理。

目前，中石油在沁水盆地和鄂尔多斯盆地东缘两个高、中煤阶含煤盆地开展了煤层气规模勘探开发。另外，中石油在新疆、贵州、湖南和河北等省区还有大量的可供煤层气勘探开采的外围区块，其中，新疆准噶尔盆地南缘地区和吐哈盆地沙尔湖地区的低煤阶煤层气勘探已投入一定的工作量，取得了一定成效，为未来中石油煤层气勘探区的接替奠定了基础。

二、中国充电站行业未来发展趋势

1. 行业发展前景分析

从充电站的服务模式来看，目前充电站主要以电池租赁服务为主，为汽车提供电池更换服务以解决充电时间过长的问题；从市场运营主体来看，目前汽车制造商处于主导地位，电池运营商处于辅助地位，未来电池运营上将发挥越来越重要的作用。

1.1　行业市场规模迅速增长

经过近十年的发展，中国电动汽车的研发取得明显进展。到 2009 年，中国已形成约 1800 项专利，并开发出了多款电动汽车样车。目前，共有 48 个型号的各类电动汽车获得机动车新产品公告，其中，比亚迪、奇瑞、长安等企业的插电式和油电混合动力汽车已具备上市销售的条件。

随着国家对新能源汽车补贴力度的不断加大，以及电池技术的日益完善，电动汽车在中国正在进入快速发展阶段。电动汽车的发展离不开充电站等配套设施的建设，与此带来的充电站市场也将随之飞速膨胀。

1.2　行业标准将出台，明确行业发展方向

因为充电站的建设没有可以依据的国家标准，目前各家企业都按照自家标准兴建充电站，国内生产的电动车充电接口标准也各不相同。虽然整个国内的充电站建设现在还是在投石问路的阶段，但是新能源汽车产业的发展正处在一个蓬勃向上的势头上，如果各自为战，采用不同的标准，对行业发展有较大滞碍，因此制定国家级的统一充电站技术标准就已经显得非常重要。

1.3　竞争愈发激烈

拥有电源和输配电优势的电网企业和拥有网络优势的石油巨头已经成为电动汽车充电站投资的两路大军，充电站市场争抢已经硝烟弥漫。

在充电站市场上，国家电网的先发优势更强。2009 年 8 月，国家电网上海电力公司历时 3 年，投资 508 万元，建成国内第一座具有商业运营功能的电动汽车充电站——漕溪电动汽车充电站。2009 年 12 月底，南方电网公司在深圳筹建的首批两座电动汽车充电站和 134 个充电桩投入使用，充电容量总计达 2480kVA。

与此同时，石油石化行业的三巨头也不甘落后，凭借加油站在布点上的天然优势，纷纷试水这一领域。之前，中石油、中石化计划与重庆市合作，在部分加油站增设电动车充电站，而中海油与中国普天的合资公司——普天海油新能源动力有限公司则与众泰汽车签订了战略合作协议。

除了央企逐鹿充电站市场外，各路民间资本也正虎视眈眈。江苏省最大的石油民营企业——南京蓝燕石化储运实业有限公司也在密切关注充电站市场，并计划伺机进入。只要有了电动汽车开始上路，他们会立刻将触角伸进电动车充电市场。

2. 行业发展规模预测

2015 年 11 月 17 日，国家发展改革委等四部门发布了《电动汽车充电基础设施发展指南（2015-2020 年）》。指南提出，到 2020 年，新增集中式充换电站超过 1.2 万座，分散式充电桩超过 480 万个，以满足全国 500 万辆电动汽车充电需求。2016～2020 年我国充换电站规划规模如图 6 所示，2020 年我国充换电站规划数量分省区市情况见表 5。

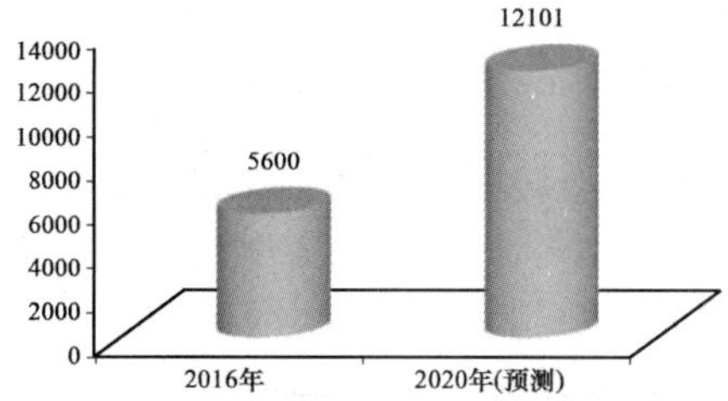

图 6　2016～2020 年我国充换电站规划规模（单位：座）
资料来源：前瞻产业研究院整理。

表 5　2020 年我国充换电站规划数量分省区市情况

省区市	规划数量（座）	省区市	规划数量（座）
北京	2206	陕西	145
天津	409	甘肃	12
河北	572	宁夏	2
内蒙古	15	新疆	3
山西	146	青海	5
江苏	1328	四川	291
浙江	540	重庆	160
安徽	322	贵州	61
江西	22	云南	108
福建	224	河南	128
山东	656	湖北	265
上海	2084	湖南	170
广东	1890	吉林	2
广西	56	辽宁	113
海南	166	/	/

资料来源：前瞻产业研究院整理。

撰稿单位介绍：

前瞻产业研究院1998年成立于北京清华园，结合前瞻大数据平台，依托各权威统计机构和行业协会提供的专业数据资源，提供细分市场调研、可行性研究、商业计划书、专项市场调研、竞争对手调研、企业发展战略等专项市场解决方案。目前已为国内外20万余家企业持续服务。

前瞻产业研究院持续近20年来积累的海量数据和专业研究，现已是中国规模最大、研究员最多的专业研究机构之一，中国细分产业市场研究的领导者。前瞻资讯（股票代码：839599）是国内唯一一家咨询领域的上市企业。

新能源汽车电机控制器行业发展报告

中机产城（北京）规划设计研究院

一、国内外新能源汽车电机控制器行业概况

1. 国外市场情况

海外市场方面，海外整车控制器技术趋于成熟。大部分汽车企业在电动汽车领域积累充足，控制策略成熟度高，整车节油效果良好，控制器产品通过市场检验证实了可靠性。其中，核心软件一般由整车厂研发，硬件和底层驱动软件可选择由汽车零部件厂商提供。目前，汽车电子零部件企业积极开展整车控制器研发和生产制造。各汽车电子零部件巨头，如德尔福、大陆、博世集团都纷纷进行整车控制器研发和生产。部分汽车设计公司也为整车厂提供整车控制器技术方案，如 AVL、FEV、RICARDO 等，在电动汽车整车控制器领域也有很多成功案例。

控制器的标准化已引起相关企业的关注。由全球汽车制造商、部件供应商及电子、半导体和软件系统公司，联合建立了汽车开放系统架构联盟，形成了 AUTOSAR（汽车开放系统架构）标准，简化了开发流程并使 ECU 软件具有复用性，是控制器开发的一个趋势。为了满足汽车行业对处理与集成性能不断提高的要求，飞思卡尔半导体公司宣布推出专门面向汽车应用设计的下一代 32 位微控制器应用。这款新 Qorivva 微控制器（MCU）系列基于 Power Architecture 技术，采用独特的 55nm 非易失性内存（NVM）构建而成，旨在提高下一代汽车的节能性和性价比。截至目前，32 位 Power Architecture 微控制器的出货量已超过 2 亿个，飞思卡尔 Qorivva 微控制器基于 Power Architecture 内核，其配置可满足汽车环境的严格要求。新的 55nmQorivva MCU 系列解决了汽车市场面临的主要挑战，包括提高性能、满足新的安全要求和增强安全功能等。

2. 国内市场情况

在电机控制器方面，我国高度重视车用电机控制器的发展，并在核心技术上取得了一定成果。但是目前我国自主研发、生产的电机控制器在功率密度、体积密度、芯片集成设计、热设计等方面与国外先进水平仍然存在一定差距。我国已启动多项国家级科研项目，针对车用电机控制器电力电子集成技术进行不断完善。

“863”计划中我国整车控制器主要是以高校为依托进行研究，如清华大学、同济大学、北京理工大学等，目前已初步掌握了整车控制器的软、硬件开发能力。产品功能较为完备，基本可以满足电动汽车需求，已经应用到样车及小批量产品上。部分整车企业与国外公司进行合作，如 FEV、RICARDO。通过联合开发，吸收国外相关技术和经验，增强自主开发能力。目前各厂家基本掌握整车控制器开发技术，但技术积累有限，水平参差不齐。

我国控制器硬件水平与国外存在一定差距，一方面体现在产业化能力相对不足，大部分企业推出量产电动汽车产品时更倾向于选择国外整车控制器硬件供应商；另一方面体现在进口需求上，控制器基础硬件及开发工具等基本依赖进口，没有自主生产。

国内电控市场供货分为多种模式：①集团内部配套，代表企业如比亚迪、南车时代电动等。②同时具备驱动电机、控制器生产能力的企业，代表企业如上海电驱动、精进电动、上海大郡等，将产品供货整车厂或系统商。③独立电机控制器厂商，代表企业如汇川技术、蓝海华腾等，向整车厂或系统商供货。④整车厂分别向电机厂、电控厂采购，由电机厂或电控厂提供系统集成，代表企业如福工动力、西门子等。

国内市场格局层面，主要采用国内电驱动产品，包括上海电驱动、大洋电机等，少数企业选取伊诺华、伊顿等国外品牌，大洋电机收购上海电驱动前，上海电驱动占据国内新能源汽车电机、电控主要市场。

3. 国内外市场情况对比

3.1 差距

从国外市场来看，整车控制器技术趋于成熟。大部分汽车企业在电动汽车领域积累充足，控制策略成熟度高，整车节油效果良好，控制器产品通过市场检验证实了可靠性。但是，国外品牌电机及控制器开发费用高，售价高，应用较少，本土化难度较大。

国外新能源乘用车电机控制器的市场集中度较低，国外生产厂家有丰田、本田、日立、福特、通用、西门子、明电舍、安川等，国内生产厂家有汇川、蓝海华腾、上海电驱动、上海大郡、天津松正、深圳五洲龙、南车时代等，但是这些企业的业务大部分以新能源客车为主，由于新能源乘用车企业的电机控制器大多为整车企业自主研发、自主配套，所以目前国内外能够为新能源乘用车配套电机控制器的企业较少。而国内新能源乘用车电机控制器的市场集中度相对较高。国内电机控制器主要需求区域集中在华东、华北、华南、华中、东北区域，未来以华东区域需求最大。

3.2 对策

电机控制器关键部件电机控制器用位置/转速传感器多为旋转变压器，目前基本采用进口产品，我国部分企业已具备旋转变压器的研发生产能力，但产品精度、可靠性与国外仍有差距。所以要以更新技术为主导市场对策，进入者应该在转轴加工与处理、控制器软件设计、电机电磁设计等驱动电机系统的核心技术领域都形成自己技术优势，同时具备电机和控制器的先进生产技术，可以进行电机和控制器的一体化设计开发和协调匹配，从而更好地实现驱动电机系统的整体优化。

控制系统主要由逆变器、逆变驱动器、电源模块、中央控制模块、软起动模块、保护模块、散热系统信号检测模块等组成，其中 IGBT 占整个控制器成本的 40% ~50%，目前 IGBT 国产化未达标，为国外市场所垄断。

国内对新能源汽车的推广应用应该继续出台有利政策来响应新能源汽车市场需求的快速增长，电机控制器产业作为新能源汽车三大核心零部件之一也会快速增长，国内主要企业相继推出一系列的电机控制器新产品。与国外企业相比，我国本土企业的研发能力、技术水平、资金实力虽然都有所不足，但国外企业受制于我国国内政策；同时，我国本土企业还具有产品性价比高、快速周到的本土化服务等优势，因此我国本土企业产品在市场上仍占主要市场地位。

二、2016 年度国内行业发展概况

1. 国内重大政策

中低压变频器、电动汽车电机控制器和伺服驱动器属于国家重点支持的高新技术领域产品，其行业发展受到国家和地区法律法规以及产业政策支持：

1）2016 年 4 月，全国各地新能源汽车推广政策较多，西安宣布自 4 月 10 日起执行新能源汽车充电服务费标准，鼓励充电设施经营企业对用户实行优惠政策，山西、上海、杭州等地也陆续出台相应扶持政策。同时，第三批新能源汽车目录也对外公布，共有 309 款车型上榜，自 2016 年 1 月新的新能源汽车目录出台后，已有 1000 多款车型进入新目录。

各大汽车生产厂家大力推进新能源汽车产品研发和推广的同时，新能源汽车也受到资本市场的大规模投资，互联网造车、第三方服务等多种模式出现。中国汽车工业协会最新数据显示，2016 年新能源汽车生产 51.7 万辆，销售 50.7 万辆，比上年同期分别增长 51.7% 和 53%。由此推断未来新能源车市场销量还会大幅度增长。新能源市场如此受重视，将会影响上下游产业链的发展，例如上下游优质的零部件厂家，关联的零部件厂家成为相关行业市场的新商机、新目标。

2）2016 年 10 月 21 日，由电动车辆分标委组织制定的汽车行业标准《电动汽车用充放电式电机控制器技术条件》完成征求意见稿。因为电动汽车用集成双向逆变充电功能的电机控制器是电动汽车未来电机控制器的发展趋势，因此需要制定相关的标准来规范电动汽车用集成双向逆变充电功能的电机控制器的设计开发、检测、生产和应用。标准可以将国内、国外车载充电器和电机控制器的最新研究成果相结合，来实现对新发展趋势的电机控制器的检测技术、判断准则等技术提升优化。此次标准的修订更适应我国电动汽车行业的需求，规范引导生产线，对于电机控制器行业的发展有利，优化了行业市场环境的同时促进了新技术发展。

3）国家“十三五”规划纲要提出要切实落实节能优先战略，推动能源生产和消费革命，把节能贯穿于经济社会发展全过程和各领域，形成政府率先垂范、企业积极行动、公众广泛参与的全民节能氛围，大幅提高能源资源开发利用效率，有效控制能源消耗总量，发展节能产业，确保完成“十三五”单位国内生产总值能耗降低 15%、2020 年能源消费总量控制在 50 亿吨标准煤以内的目标任务。2016 年是“十三五”起始之年，汽车产业处于低碳化、信息化、智能化关键时期，大数据影响下，“互联网 +”深入汽车零部件产业，我国汽车零部件产业在政策环境的影响下，既要应对变化、勇于面临挑战，又需要懂得把握机遇，而电机控制器作为新能源汽车的关键零部件应随大环境利好政策探索新技术领域，开拓新市场份额。

2. 国内行业事件

2.1 《关于推进“互联网 +”智慧能源发展的指导意见》，发展储能和电动汽车应用新模式

2016 年 2 月，由国家发展改革委、国家能源局、工业和信息化部联合制定《关于推进“互联网 +”智慧能源发展的指导意见》。意见提出，能源互联网建设近中期将分为两个阶段推进，先期开展试点示范，后续进行推广应用，并明确了 10 大重点任务；“互联网 +”智慧能源是一种互联网与能源生产、传输、存储、消费以及能源市场深度融合的能源产业发展新形态，对提高可再生能源比重，促进化石能源清洁高效利用，推动能源市场开放和产业升级具有重要意义。

此次指导意见明确了能源互联网建设目标：2016 ~ 2018 年，着力推进能源互联网试点示范工作，建成一批不同类型、不同规模的试点示范项目。2019 ~ 2025 年，着力推进能源互联网多元化、规模化发展，初步建成能源互联网产业体系，形成较为完备的技术及标准体系并推动实现国际化。

2.2 国内首例基于 Autosar 的电机控制器原型面世

2016 年 7 月 11 日，同济大学中德学院、上海大郡动力控制技术有限公司、英飞凌科技及维克多联合宣布，同济大学中德学院成功研发出了基于英飞凌 Aurix 系列 TC275 单片机和维克多 AUTOSAR 4.0.3 规范（多核 OS）的电机控制器原型机，这是国内首例 Aurix 系列单片机基于 Autosar 架构的电机系统开发。

Autosar 是国际成熟车厂普遍使用的汽车开放系统架构，汽车零部件厂商需要开发符合 Autosar 要求的系统，以便进入主流车厂的供应链体系，而该系统则需要从芯片层面、软件层面乃至工具链层面等一系列的配套支持。英飞凌作为全球领先的汽车半导体供应商，在 Autosar 方面积累了丰富的经验。该项目的四方合作主要是为国内知名电动汽车零部件厂家上海大郡动力控制技术有限公司探索开发符合 AUTOSAR 4.0.3 规范的电机控制器基础软件和部分应用层软件。同济大学中德学院设计了基于英飞凌 Aurix 系列 TC275 单片机和 TLF35584 芯片的电机控制板的硬件电路，基于维克多多核 OS 的概念规划了多个任务、CAT1 和 CAT2 中断，并合理地分配到 TC275 的多个内核中，在保证多核之间数据可靠交互的情况下，充分发挥 TC275 多核 CPU 的优点，使电机控制更安全更稳定。

2.3 利用 SiC（碳化硅）高效特性提升新能源汽车电机控制器技术水平

中国汽车工业协会最新数据显示，2016 年新能源汽车生产 51.7 万辆，销售 50.7 万辆，比上年同期分别增长

51.7%和53%。2016年全年产销量超过100万辆。要实现2020年500万辆的目标，让更多新能源汽车走进基层市场，就需要发展低价格、远里程和全地域的新能源汽车。具体到车用电机驱动系统，就需要发展体积更小、效率更高、能够适应高温环境的电机驱动系统，其中车用电机控制器是关键。

当前车用电机控制器基本采用以传统硅基材料为主的IGBT（绝缘栅双极型晶体管）。受到材料限制，硅基功率器件特性已逼近材料本征极限，环境温度105°C时硅基电机驱动控制器的功率密度极限值约23kW/L。目前，日本丰田公司采用定制化IGBT模块等技术，使控制器功率密度在65°C时达到了19kW/L，逐步逼近极限值，功率密度和效率指标已难以大幅提升。国际共识认为碳化硅是实现功率密度提升、效率提升和成本减半的关键要素。近年来，美国能源部所部署的电动汽车电机驱动项目中60%与碳化硅器件应用相关；欧洲制定了碳化硅电力电子技术应用计划（ESCAPEE），试图突破碳化硅单晶材料生长技术、器件设计、器件制作以及应用技术；在近年与电动汽车用电机控制器相关的近6700项专利中，碳化硅器件高温、高频应用方面占37.1%。可见碳化硅技术及其应用已在世界范围内成为研究热点。

电机控制器技术水平提升就是通过高温/高场强下碳化硅芯片载流子输运机理、高温/高场强下碳化硅模块封装系统多应力耦合机制和高温车用碳化硅电机驱动控制器电磁干扰产生及传播机理科学问题的解决，发展高温电力电子学；突破碳化硅芯片电流输运增强技术、碳化硅平面型双面冷却封装技术和碳化硅电机驱动控制器高功率密度集成等关键技术，将设计理论、核心工艺、集成技术及模型仿真等方面研究工作有机结合，将车用碳化硅电机驱动控制器功率密度提升4倍以上、损耗降低50%、最高环境温度提升到105℃，实现我国高温车用碳化硅电机驱动控制器零的突破，以抢占下一代新能源汽车用电机驱动系统技术制高点，为碳化硅技术在新能源汽车领域的广泛应用打下基础。

3. 行业竞争分析

目前，我国电动汽车市场处于初步发展阶段，市场规模暂未大规模启动，国内整车企业针对电动汽车的研发、采购、生产和销售规划也处于制定和完善过程中，与之配套的电动汽车电机控制器行业因此尚未形成清晰、稳定的市场竞争格局。

从电机控制器市场应用现状来看，目前我国新能源乘用车电机控制器市场主要由国产品牌占据，外资产品因其价格较高等原因，在市场的培育和初期发展阶段所占份额较小。

未来随着我国新能源乘用车电机控制器生产企业科技研发的加快，成熟产品的不断推出，及外资电机或电机控制器企业竞相进入国内市场，国内市场的竞争力度将不断加大，未来电动汽车电机控制器市场竞争将会加剧。

综上分析，可以看出我国新能源乘用车驱动电机系统及其控制器虽然取得了很大的发展，但与国外企业和技术相比，我国新能源乘用车驱动电机系统及其控制器行业仍存在一定问题，主要表现在以下几方面：

1）电机原材料、控制器核心部件研发能力较弱，依赖进口，如硅钢片、电机高速轴承、位置/转速传感器、IGBT模块等。进口产品成本高，影响电机系统产业化。

2）我国车用电机的机电集成水平与国外差距较大。控制器集成度较低，体积、重量相对偏大。

3）我国车用电机系统尚处于起步阶段，制造工艺水平落后，缺乏自动化生产线，造成产品可靠性、一致性差，产业化规模较小，成本较高。

4）现阶段国家出台的电动汽车驱动电机系统标准较少，且不完善。如不同类型电机系统采用同一检测标准，缺乏可靠性、耐久性评价方法等。

三、对未来发展分析和建议

1. 电机控制器行业发展趋势

环境污染及能源紧缺问题，使全球新能源汽车的研发和推广受到各国政府关注与重视，新能源汽车的发展态势良好，受益于欧洲排放法规日趋严格及逐渐恶化的霾害等空气污染问题，加上燃油车辆汰换趋势越来越明显，补贴政策相继推出，这些因素都推动新能源乘用车快速发展，未来产量以67%的速度增长。从市场需求规模来看，预计2020年全球新能源乘用车销量达513.7万辆，2020年全球新能源乘用车电机控制器的需求规模为962.4亿元，从需求规模就能预估未来电机控制器零件市场的巨大空间，前景大好。

2. 2017~2022年行业市场规模趋势

2016年新能源乘用车电机控制器的需求规模为93.5亿元，电机控制器主要生产厂商有蓝海华腾、上海电驱动、上海大郡、天津松正、深圳五洲龙、北京时光科技、南车时代等。国家继续推进新能源汽车战略，未来几年新能源乘用车市场将出现爆发式增长，主要以纯电动为主，同时电机控制器市场将进入高速增长期。未来随着新能源乘用车逐渐量产，电机控制器的需求量逐渐释放，预计2022年新能源乘用车电机控制器的需求规模可达1350亿元，如图1所示。

总体来看，我国的新能源汽车市场发展迅速，尤其纯电动汽车处于市场爆发期，巨大的市场需求刺激和国家及地方政府政策的大力鼓励扶持，促使拥有电机和控制系统核心研发技术的几个代表性企业把产能扩大和市场拓展作为企业发展战略的重要一步。

3. 2022年行业产品发展趋势

3.1 大功率高转速方向

新能源乘用车用驱动电机正在朝大功率高转速方向发展。国产驱动电机最高转速可以达到10000~12000r/min，峰值功率逐步加大，A0级纯电动轿车峰值功率需求普遍达到80~90kW。在转矩需求上，随着消费者对电动汽车驾驶乐趣需求的不断凸显，低速区域峰值转矩需求不断增加，A0级纯电动汽车的峰值转矩需求达到240~280N·m。

乘用车驱动电机控制器的集成化发展需求迫切：由于乘用车整车布置空间和重量的限制，驱动电机控制器与DC/DC（也称为直流斩波器，将一个固定的直流电压变换为可变的直流电压）集成为电力电子控制单元，总成系统功率密度进一步提高，部分产品还集成了车载充电机和车辆向电网供电的逆变功能。商用车驱动电机控制器通用化发展需求趋势明显：为进一步减少产品种类，降低成本，商用车用电机控制器往往采用通用化、规格化产品，即一个规格电机控制器可以覆盖多种规格的驱动电机。

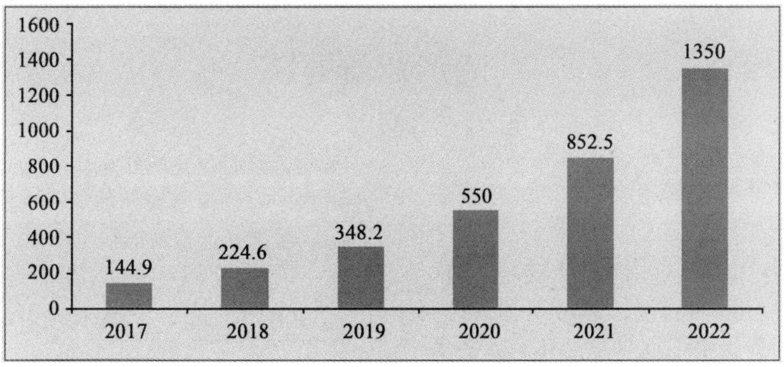

图1　2017～2022年新能源乘用车电机控制器需求规模预测（单位：亿元）

数据来源：CMMA。

3.2　以SiC为代表的第三代宽禁带材料技术及产品方向

近年来随着以SiC为代表的第三代宽禁带材料技术及产品快速发展，国外企业特别是日本不断推出全SiC电力电子集成控制器产品样机，全SiC控制器功率密度比Si控制器提升两倍以上，国外某些全SiC控制器产品样机已处于装车试运行状态。SiC击穿场强为Si的10倍，SiC电子饱和速度为Si的两倍以上，热传导率约为Si的3倍，相比Si更适用于生产大功率、高温、高压、抗辐照电子器件，适合电动/混合动力汽车的频变工况场合，有望成为车用电力电子装置变化趋势主要方向。

3.3　产品价格方向

从价格发展趋势来看，电机控制器价格根据其规格和性能要求有较大差异，目前大客车电机控制器价格一般为3～5万元，轿车电机控制器价格一般为0.6～1.5万元。目前，国内新能源汽车电机控制器行业尚未形成清晰的市场竞争格局，国外虽有丰田、本田、日立、福特、通用、西门子、明电舍、安川等多家企业竞相角逐我国市场，国内也有汇川、蓝海华腾、上海电驱动、上海大郡、天津松正、深圳五洲龙、南车时代等多个品牌投入对电机控制器的研发，已经从技术研究走向了产品开发，部分进入了商用验证阶段。

未来随着新能源乘用车批量上市，而且更多的整车或零部件企业进入该领域，新能源乘用车电机控制器行业的竞争将更加激烈，部分企业为了抢占市场就会促成价格战，而不注重技术研发和产品质量，电机控制器的价格很有可能将呈下降趋势。

3.4　电机控制器客户需求方向

目前，大多数新能源乘用车整车企业具备资金和研发技术，电机控制器产品多是企业自主配套，少部分整车企业外购电机控制器。

比亚迪研发的电机控制器实时响应用户的驾驶需求，分配发动机和电动力总成的输出力矩、功率，使整车动力性和经济性达到完美平衡。比亚迪秦在驱动电机控制器上同时集成了双向DC/DC变换器，可将整车高压转为低压供整车低压电器及蓄电池充电使用，也可将发电机输出的低压电升压为高压电供空调使用或对动力电池进行保养。同时，比亚迪秦搭载的电控系统具有重量轻、尺寸小的特点，实现了效率、防护等级的提升。

北汽E150纯电动汽车驱动电机控制器由大洋电机提供永磁同步控制器。该电机控制器也是1种自动弱磁调速逆变控制器，可以将输入的直流电变为可调的交流电给驱动电机等负载使用，机组采用水冷方式，需外配膨胀水箱等散热设备。

众泰云100电机控制器为自主研发，电机控制器更加先进、控制策略更加优越、响应时间更短、电池包放电强度更大。

电机控制器决定新能源汽车能否安全可靠地运行，综合来看，整车厂对电机控制器的需求如下：

1）兼容交流异步电机和永磁同步电机驱动。

2）控制器产品功率密度达到8.0kVA/kg，峰值效率达到94%，超过80%的高效率区达到75%以上。

3）水冷和风冷两种冷却方式可选。

4）支持旋转变压器和光电编码器检测。

5）支持CAN总线控制、端子控制。

6）高功率密度，高效率，高防护等级。

7）完善的保护功能：输出短路、过电流、过电压、欠电压、过热、过载、编码器断线等保护。

8）输出力矩能力强，即使在弱磁区也有优异的力矩特性。

未来上汽、广汽、北汽、比亚迪、一汽大众、吉利、长城等整车厂对控制系统的性能将提出更高的要求。控制系统不但要能根据车辆的运行要求作出迅速反映，有智能控制作用，又要有进行故障诊断的功能，而且对外界、车内要具有抗电磁干扰的功能。

撰写单位介绍：

中机产城（北京）规划设计研究院原名中机系（北京）信息技术研究院，简称“中机院”。目前，在北京、上海、长沙、贵阳等地设有办公室，是中国城市规划协会理事单位、美国市场营销协会（American Marketing Association）会员、欧洲市场研究业协会会员单位，是华北地区最早从事咨询服务的股份制企业之一。

中国智能电网行业分析

前瞻产业研究院

一、中国智能电网行业现状分析

1. 行业发展概况

目前，我国与欧美国家在智能电网建设方面处于同一起跑线上，国内众多领先企业和科研机构都很关注智能电网的发展。国家电网公司提出了建设以信息化、数字化、自动化、互动化为特征的，自主创新、国际领先的坚强智能电网的发展目标。南方电网公司也在积极研究智能电网发展问题。2009 年 2 月，华北电网公司智能化电网建设成果——华北电网稳态、动态、暂态三位一体安全防御及全过程发电控制系统在京通过专家组的验收。2016 年，国家电网公司积极促进智能电网发展，累计建设和改造智能变电站 2554 座，累计建成投运智能电网试点项目 342 项。新装智能电能表 7476 万只，累计实现用户采集 4.1 亿户，采集覆盖率达到 95%，电水气热“多表合一”信息采集累计接入 163 万户。

中国智能电网的应用环节主要包括发电、输电、变电、配电、用户、调度等环节。其中发电侧侧重发展清洁能源接入和谐波控制技术；输配电侧涵盖智能调度与分析系统、柔性输电系统、大容量储能装置、智能化变电站和配电智能化多个领域，其中变电站状态检测和全寿命管理是智能化变电站的重要特征；用户侧的重点则在营销系统、用户信息采集与互动、智能化用电装置研发与应用方面。

1.1　我国发展侧重：输变电、配电至用户侧

与美国相比，我国的电力环境有很大的不同，我国能源与用电负荷分布的情况以及网售合并的垄断性电力市场决定了我国应侧重长距离输变电的发展，即在时点和力度上都优先发展输电网络，用户侧智能化短期内只需采集用户用电信息。

1.2　能源分布集中使得我国分布式发电较少

我国的电力资源分布相对集中，从煤炭资源的分布区域看，华北地区最多，占全国保有储量的 49.25%，其次为西北地区，占全国的 30.39%；水电主要集中在南部，中、西南两地占有我国水电资源的近 80%；我国可开发的风电资源主要集中在东北、西北两地；能源的集中使得我国必然进行集中式的大规模发电，全力发展大火电、大水电和大风电。

1.3　用电负荷相对集中于东南沿海地区

2016 年，全社会用电量累计 59198 亿 kWh，同比增长 5.0%。由表 1 中的我国部分地区用电量情况能够看出，山东省、江苏省和广东省的用电量分别为 5390.70 亿 kWh、5458.95 亿 kWh 和 5610.13 亿 kWh，占全国用电量比重均在 9% 以上，我国的用电负荷相对集中于东南沿海地区。

与此同时，我国用电负荷大的地区与西北、西南清洁能源集中地区距离较长的特点，使得我国应重点发展长距离、高容量、低损耗的输电骨干网络。

表 1　2016 年我国部分地区用电量情况

地　区	用电量/亿 kWh	占比（%）
全国	59198.00	100
山西	1797.18	3.04
上海	1486.00	2.51
江苏	5458.95	9.22
浙江	3873.00	6.54
山东	5390.70	9.11
广东	5610.13	9.48
四川	2101.00	3.55

资料来源：前瞻产业研究院整理。

1.4　网售合并的垄断性电力市场降低了对用户侧智能的要求

我国的电力市场还未完全开放，发电企业的上网电价由发展改革委制定，国家电网与南方电网两公司垄断电力输配售 3 个环节，电力市场各环节均处于高度垄断，如图 1 所示。因此，短时间内无法实现电价自由定价，用户不必选择供电商。用户侧智能的要求低于欧美国家，短期内应以电网公司对用电信息的采集监控为主，用户则较少自主参与电力市场。

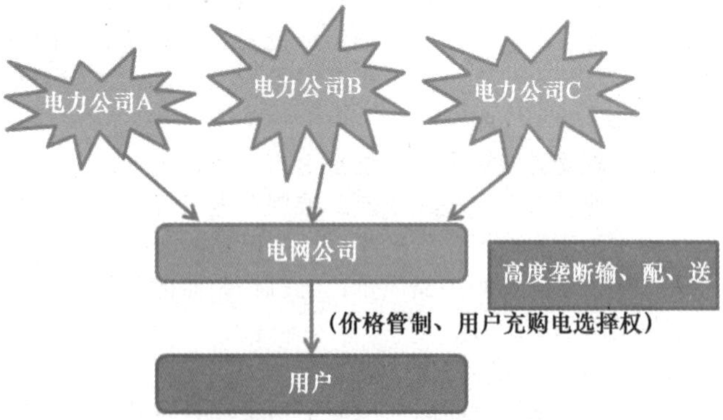

图 1　中国电力市场模式——各环节高度垄断

资料来源：前瞻产业研究院整理。

2. 行业发展规模

我国电网智能化投资的比例较低，但是随着智能电网的推进，智能化投资在电网投资中的比例将显著提升（见图 2）：

1）第一阶段（2009～2010年）的电网总投资为5510亿元，智能化投资为341亿元，年均智能化投资为170亿元，占电网总投资的6.2%。

2）第二阶段（2011～2015年）电网总投资为15000亿元，智能化投资为1750亿元，年均电网投资350亿元，占总投资的11.7%。

3）第三阶段（2016～2020年）电网总投资为14000亿元，智能化投资为1750亿元，年均智能化投资350亿元，占总投资的12.5%。

智能化投资在“十二五”期间的年均投资额是第一阶段的一倍，占电网投资比例也由6.2%提升到11.7%。随着智能电网建设的展开，智能化投资将明显增加，二次设备投资占比将由目前的不足5%提升至12%～15%。

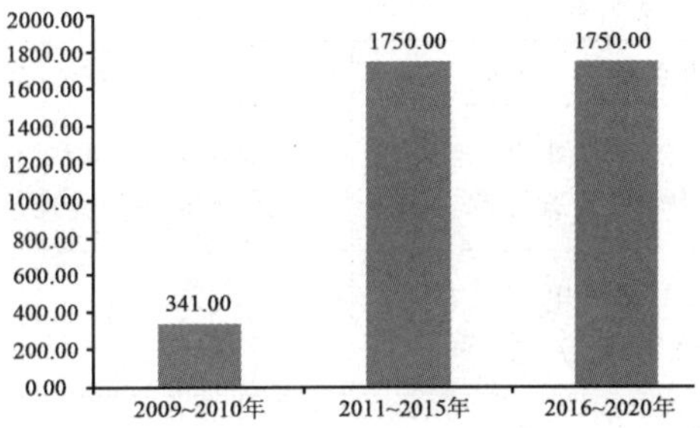

图2 2009～2020年中国电网智能化各阶段投资规模（单位：亿元）

资料来源：前瞻产业研究院整理。

由图3可以看出，我国智能化投资比例显著提升。

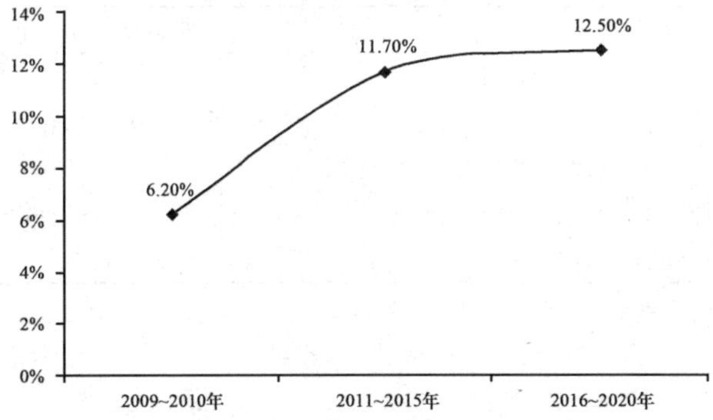

图3 2009～2020年智能化投资额及投资比例趋势图

资料来源：前瞻产业研究院整理。

由于各环节技术成熟度、建设紧迫性不同，预计各细分环节建设速度有所不同，无论是从技术容易度，还是从积极性上看，地方政府负责配电环节、用电环节的建设速度将高于电网总部负责的变电环节、输电环节的调度环节。因此，配电网自动化系统、用电信息采集系统及终端设备、电动汽车充电设备建设的增长速度较快。在电网总部负责的环节，变电环节、在线监测将出现爆发性增长，其次是柔性输电，智能调度系统投资则相对平稳。

由表2可以看出，用电环节占智能化投资的比重最高，达到30.8%，主要是用电信息采集等项目的建设规模大，因而投资较大。其次是配电环节占23.2%，变电环节占19.5%，主要由于配电智能化、智能变电站新建和改造等项目的建设规模大。

表2 智能电网发电环节投资规模

阶　段	2009～2010年		2011～2015年		2016～2020年		合　计	
环节	投资/亿元	比例(%)	投资/亿元	比例(%)	投资/亿元	比例(%)	投资/亿元	比例(%)
发电	6	1.90	28	1.60	25	1.50	60	1.60
输电	22	6.60	91	5.20	125	7.20	239	6.20
变电	17	5.00	365	20.90	366	20.90	748	19.50
配电	56	16.40	380	21.70	456	26.00	892	23.20
用电	101	29.50	579	33.10	505	28.90	1185	30.80
调度	33	9.60	62	3.50	52	2.90	146	3.80
通信信息平台	106	30.90	244	14.00	221	12.60	571	14.90
合计	341	100.00	1749	100.00	1750	100.00	3841	100.00

资料来源：前瞻产业研究院整理。

发电环节的重点项目有加强风电、光伏发电的接入、运行和控制，建立抽水蓄能电站设备综合评估体系和管理体系，所需的设备有储能电池、光伏逆变器、风电变流器。2015年三项设备的投资额达28亿元左右。

我国智能电网投资预测见表3。

表3 我国智能电网投资预测

	2009～2010年	2011～2015年	2016～2020年	平　均
期末变电站数量/座	28.000	40.375	50.000	—
年均智能电网投资/亿元	3.375	3.750	3.500	3.583
年均智能化投资/亿元	219	431	437	398
智能化投资占比(%)	6.5	11.5	12.5	11.1

（续）

	2009～2010 年	2011～2015 年	2016～2020 年	平　均
年均智能调度投资/亿元	21	15	13	15
年均输电智能化投资/亿元	13	22	30	24
年均变电智能化投资/亿元	11	91	92	78
年均配网智能化投资/亿元	36	95	114	93
年均用电智能化投资/亿元	65.7	142	127	123

资料来源：前瞻产业研究院整理。

3. 行业竞争格局

智能电网新兴技术大部分虽仍处于示范阶段，但随着我国示范规模的不断扩大，产业化提升推动市场空间的进程正在不断加快。自 2009 年提出“智能电网”以来，新兴技术领域的市场空间在示范项目中愈加扩展，国家电网和南方电网以及行业内龙头企业在新兴技术领域整体产业化的大力推进也使得示范项目的规模越来越大。我国智能电网市场竞争格局见表 4。

表 4　我国智能电网市场竞争格局分析

领域技术	形态分布	进　度	重点参与单位	企业参与情况
特高压/常规/柔性直流输电技术	新兴技术	示范并规划推广	许继电气、南瑞继保、普瑞工程、中国西电、荣信股份等	许继电气和南瑞继保能够同时提供阀和保护/监控
特高压交流技术	新兴技术	示范并规划推广	特变电工、平高电气、中国西电、天威保变等	/
柔性交流输电技术	新兴技术	示范中	普瑞科技、荣信股份、南瑞继保、许继电气等	/
智能变电站（预制轮式、配送式）	传统技术新兴化	试点推广中	南瑞继保、许继电气、四方股份、长园集团、国电南自、国电南瑞、思源电气等	/
智能调度	传统技术新兴化	推广中	国电南瑞、积成电子、东方电子等	国电南瑞垄断了省级及以上智能调度市场
配网自动化	新兴技术	重点示范中	许继电气、国电南瑞、积成电子、长园集团、四方股份等	许继电气重点实施了我国最大的山东全省市级配网自动化工程
电动车充换流及网络	新兴技术	重点示范中	许继电气、国电南瑞等	许继电气重点实施了世界最大的薛家岛充换流网络
分布式发电/微网	新兴技术	示范项目多，已进入实质性推广阶段	许继电气、国电南瑞等	许继电气重点实施了国内重大的分布式发电示范项目

资料来源：前瞻产业研究院整理。

二、中国智能电网行业未来发展趋势

1. 行业发展前景分析

1.1　《关于促进智能电网发展的指导意见》

2015 年 7 月 6 日，国家发展改革委、国家能源局发布了《关于促进智能电网发展的指导意见》，提出到 2020 年，初步建成安全可靠、开放兼容、双向互动、高效经济、清洁环保的智能电网体系，满足电源开发和用户需求，全面支撑现代能源体系建设，推动我国能源生产和消费革命；带动战略性新兴产业发展，形成有国际竞争力的智能电网装备体系。智能电网发展目标见表 5。

表 5　智能电网发展目标

发展目标	具体措施
实现清洁能源的充分消纳	构建安全高效的远距离输电网和可靠灵活的主动配电网，实现水能、风能、太阳能等各种清洁能源的充分利用；加快微电网建设，推动分布式光伏、微燃机及余热余压等多种分布式电源的广泛接入和有效互动，实现能源资源优化配置和能源结构调整

（续）

发展目标	具体措施
提升输配电网络的柔性控制能力	提高交直流混联电网智能调控、经济运行、安全防御能力，示范应用大规模储能系统及柔性直流输电工程，显著增强电网在高比例清洁能源及多元负荷接入条件下的运行安全性、控制灵活性、调控精确性、供电稳定性，有效抵御各类严重故障，供电可靠率处于全球先进水平
满足并引导用户多元化负荷需求	建立并推广供需互动用电系统，实施需求侧管理，引导用户能源消费新观念，实现电力节约和移峰填谷；适应分布式电源、电动汽车、储能等多元化负荷接入需求，打造清洁、安全、便捷、有序的互动用电服务平台

资料来源：前瞻产业研究院整理。

1.2　《电力发展“十三五”规划（2016～2020年）》

2016年11月7日，国家能源局发布《电力发展“十三五”规划（2016～2020年）》，规划指出，促进智能互联，提高新能源消纳能力，推动装备提升与科技创新，加快构建现代配电网。有序放开增量配电网业务，鼓励社会资本有序投资、运营增量配电网，促进配电网建设平稳健康发展。规划强调，推进“互联网+”智能电网建设。全面提升电力系统的智能化水平，提高电网接纳和优化配置多种能源的能力，满足多元用户供需互动。全面建设智能变电站。全面推广智能调度控制系统，应用大数据、云计算、物联网、移动互联网技术，提升信息平台承载能力和业务应用水平。

根据国家电网规划，“十三五”期间，贯彻并落实“网络强国战略”“国家大数据战略”“互联网+”行动计划等国家重大战略，广泛应用“大云物移”和人工智能技术，将电网与互联网深度融合，形成具有信息化、自动化、互动化特征，功能强大、应用广泛的智能电网。同时启动国家电网公司企业资源计划系统（SGERP3.0）建设，覆盖全网4.3万余座变电站、106万余条配电线路、428万余台专用变压器、427万余台公用变压器、4.4亿余个表计等设备信息数据，提升电力通信网发展水平，确保信息通信系统安全稳定运行，提升网络与信息安全保障能力。

1.3　发展趋势分析

国家以及地方政府政策的不断出台，将为智能电网的发展提供极大的政策红利，将使我国智能电网的发展前景更为广阔。

（1）可再生能源发电领域发展空间大

中国目前在特高压与高压输配电领域的许多技术都是引领全球的。另外，由于中国在可再生能源发电领域的迅速发展，可再生能源电力接入电网方面也具有一定的优势。不过，智能电网是一个庞大而完整的体系，在电力消费端、需求响应等方面，欧美国家暂时处于领先地位，特别是在消费端的投入和重视程度上，欧美市场也相对比较成熟。

由于未来将有更多的可再生能源电力并入电网，在可再生能源发电领域中国还有较大发展空间与潜力。

（2）引进国外基本技术

任何一个特定的市场都有其特定的需求，比如在输配电领域，中国与美国的传输方式、数据获得方式等可能有很大不同，但是技术基础是相同的。中国在引进的技术上相应地做本土化改造，能够较好地适应市场。

2. 行业发展规模预测

2020年之前，国网公司年均电网投资额将保持3000亿元左右，2011～2020年电网智能化投资每年约有350～400亿元。考虑南网公司的建设投资，预计未来5年，全国年均电网投资额约3800亿元，智能化投资年均500亿元，投资比重将上升至15%左右，如图4所示。其中，二次设备投资占比显著提升，将由目前的不足5%提升至12%以上，一次设备智能化成为趋势，投资绝对额有所回落，变电、配电、用电环节将成为智能化投资的重点。

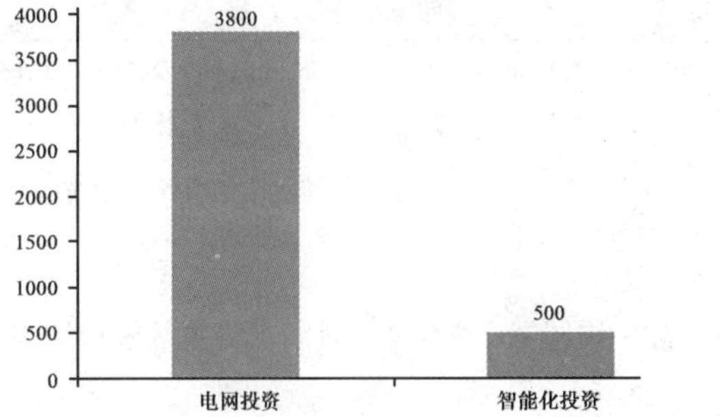

图4　“十三五”期间中国智能电网年均投资额预测（单位：亿元）

资料来源：前瞻产业研究院整理。

撰稿单位介绍：

前瞻产业研究院1998年成立于北京清华园，结合前瞻大数据平台，依托各权威统计机构和行业协会提供的专业数据资源，提供细分市场调研、可行性研究、商业计划书、专项市场调研、竞争对手调研、企业发展战略等专项市场解决方案。目前已为国内外20万余家企业持续服务。

前瞻产业研究院持续近20年来积累的海量数据和专业研究，现已是中国规模最大、研究员最多的专业研究机构之一，中国细分产业市场研究的领导者。前瞻资讯（股票代码：839599）是国内唯一一家咨询领域的上市企业。

中国储能行业分析

前瞻产业研究院

一、中国储能行业现状分析

1. 行业发展概况

1.1　中国储能行业累计装机容量规模

据不完全统计（见图1），2010年，中国储能市场累计装机容量为17GW；2015年增长至23.6GW。截至2016年底，中国储能市场的累计装机量约为24.2GW，同比增长2.5%，累计装机容量世界排名第二。

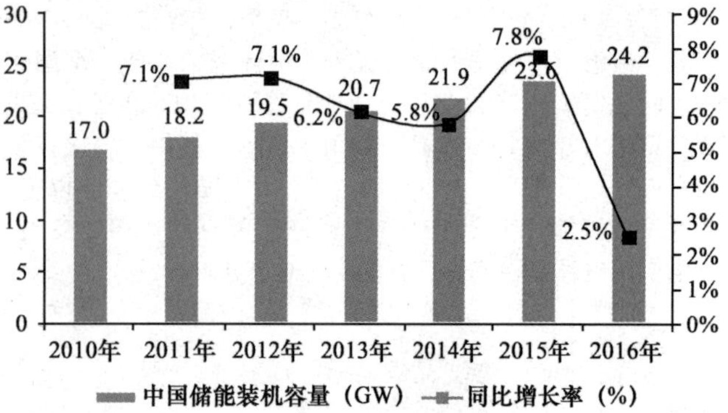

图1　2010～2016年中国储能市场累计装机容量

资料来源：前瞻产业研究院整理。

1.2　中国电化学储能累计装机容量规模和结构

（1）累计装机容量规模

2011～2016年，中国电化学储能项目累计装机容量规模与全球变化趋势相一致，但其增速明显高于全球市场。近五年，中国电化学储能市场的年复合增长率（2011～2016年）为37.53%，如图2所示。

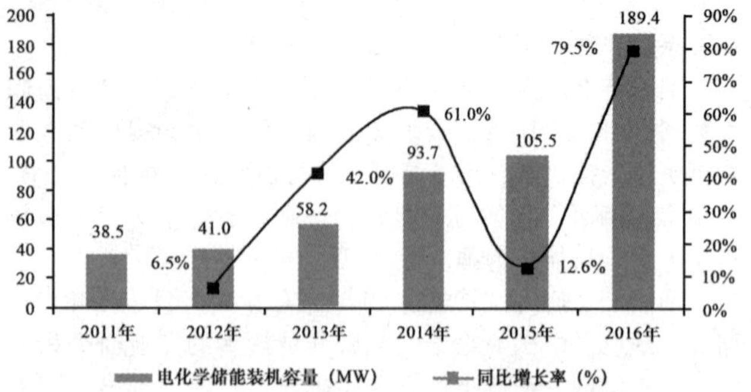

图2　2011～2016年中国电化学储能项目累计装机容量规模

资料来源：前瞻产业研究院整理。

（2）累计装机容量结构

在中国市场，锂离子电池装机份额最大，为40%，其次是钠硫电池和铅蓄电池，比例分别为38%和13%，如图3所示。目前，国内的磷酸铁锂电池、全钒液流电池、阀控铅酸及铅炭电池具有较强的国际竞争力。进一步提升电池转化效率、能量密度和循环寿命并保持国际领先性是各类主流技术的努力目标。

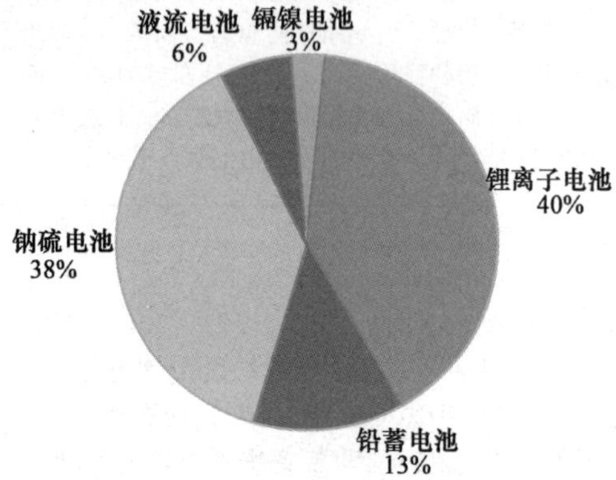

图3　2016年中国电化学储能项目累计装机容量结构

资料来源：前瞻产业研究院整理。

1.3　中国储热市场状况

中国光热发电市场中熔融盐储热的应用热度也很高，但落实的项目有限。据光热发电网（CSPPLAZA）研究中心统计，2016年中国储热市场总的新增装机容量为10.2MW，包括2016年12月26日并网发电的首航节能敦煌10MW熔盐塔式电站，以及2016年10月12日并网投运的甘肃阿克塞800m熔盐槽式示范回路，装机容量200kW。这使得中国光热发电的总建成装机容量达到28.3MW（见图4）。虽然中控德令哈10MW熔盐塔电站于2016年8月20日并网发电，但因该项目是基于此前的10MW水工质项目的改造工程，故这一新增装机容量不列入2016年的新增装机容量统计。

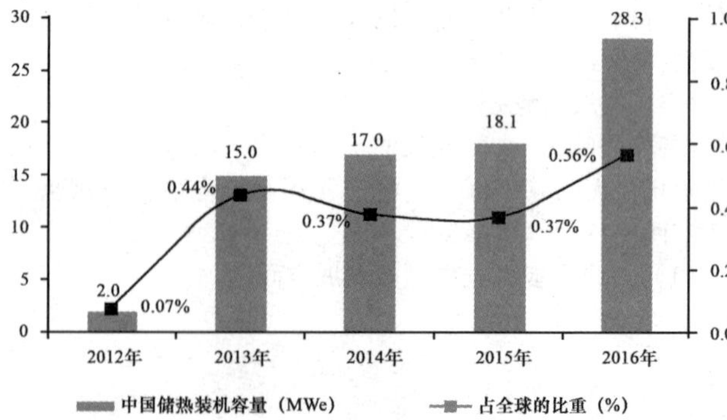

图4　2012～2016年中国储热市场装机容量变化情况

资料来源：前瞻产业研究院整理。

中国在建的项目包括中科院863项目槽式光热发电技术研究与示范项目等小型试验项目，华强兆阳张家口15MWe改良菲涅尔光热示范项目、兰州大成敦煌10MW菲涅尔熔盐电站等试验性示范项目，以及中广核德令哈50MW槽式电站、首航节能敦煌100MW塔式电站、中控太阳能德令哈50MW电站等商业化示范项目。

2. 行业竞争格局

国内厂商中，除了比亚迪依然占据装机容量第一的位置，其它主流技术厂商，包括南都电源、大连融科、中航锂电等也在快速发展。随着国际户用储能市场和调频市场的逐步启动，国内厂商也逐步向国际市场渗透，比亚迪的表现尤为突出，截至2016年底，比亚迪共部署了112.1MW的储能项目和400多套户用储能系统，分布在北美、欧洲、日本、澳大利亚等市场，包括RES的四个参与PJM市场的调频项目、意大利Terna调频项目、日本和澳大利亚的户用项目等。

二、中国储能行业未来发展趋势

1. 行业发展前景分析

1.1　储能市场前景

随着政策对储能行业的支持力度不断攀升，越来越多的示范项目在中国运行，储能在中国的关注度也逐渐上升，预计到2020年，中国储能市场规模将达到66.8GW（包括抽水储能、储热等技术），我国储能行业市场前景广阔。其中，电动汽车储能应用、可再生能源并网、分布式发电及微网、电力输配、辅助服务等5个领域仍将是储能未来最主要的应用领域。

1.2　储能市场应用预测

从应用角度看，在我国政府部门的推动下，以电力网络为核心的能源互联网体系的建设将是未来的发展重点。能源互联网的发展将助力储能技术的广泛应用，并实现装机容量规模的高速发展。此外，在能源互联网中，不仅仅是储电技术，还有储热、储气、储氢技术等都将起到重要作用。

在国家近年来不断加大力度推广和应用电动汽车的大背景下，作为一种移动的储能单元，电动汽车也将在能源互联网的架构下发挥更大的作用。近年来大规模接入的可再生能源和新能源汽车正分别从输电侧和配电侧冲击和威胁着传统电网的结构和运行安全。作为调节发电侧电力供给与用电侧电力负荷的一种有效思路，需求响应可以将可再生能源和新能源汽车有效整合起来，对于解决电动汽车充电负荷、帮助电网实现削峰填谷，同时接入更多的可再生能源都具有重要意义。由此，车载电池储能系统可以在平抑可再生能源发电波动、调节电网负荷峰谷差等方面发挥更大作用。

1.3　需求响应市场空间大

储能技术的应用从来都不是孤立存在的，它的发展往往与可再生能源渗透率的提高、电力供应与消费效率的优化、低碳绿色生存环境的建立息息相关。化石能源匮乏、环境污染日益严重是全球面临的主要问题，作为经济高速发展的国家，这些问题在中国尤为突出。2014年6月，习近平总书记提出要推动生产和消费革命，其中首要的便是推动能源消费革命，抑制不合理能源消费。坚决控制能源消费总量，有效落实节能优先方针，把节能贯穿于经济社会发展的全过程和各领域。电力需求侧管理作为降低能源消费量、提高能源使用效率的最有效手段之一，在需求侧的消费革命中会有很大的发展机会，前景不容忽视。

目前，需求响应在中国电力市场开展得十分有限，但其重要性已经在中国的能源战略以及新一轮电改文件中得到了体现，北京、上海、唐山和苏州4个城市也成为需求侧管理试点城市。2015年8月12日，北京市电力需求响应综合试点工作首次启动并顺利实施，试点当天北京市最大电力负荷高达1843万kW，创历史新高。此次试点响应累计削减电力负荷约7万kW，减少了电网的高峰负荷压力。包括中关村储能产业技术联盟在内的共17家负荷集成商、74家用户参与了此次响应工作，其中一些带有储能的微网项目作为优质资源快速响应了调度命令，在保证用户正常用电的情况下，有效地降低了电力用户从电网的取电负荷。

尽管我国需求响应市场还存有不少发展障碍，但需求响应必将在中国赢得很大的发展空间，一个主要原因是更合理、完善的峰谷电价机制，将激励需求响应的开展。2015年4月初发布的《关于完善电力应急机制做好电力需求侧管理城市综合试点工作的通知》中明确表示，“为吸引用户主动减少高峰用电负荷并自愿参与需求响应，可以制定、完善尖峰电价或季节电价”。峰谷电价的覆盖范围和地区有望扩大，价格型需求响应将受激励。需求响应在中国将迎来快速发展的另一个原因则是电能服务企业的参与将增强市场活力，允许多种形式的售电主体进入电力终端销售市场，这也是新一轮电改重点之一。

此外，《关于完善电力应急机制做好电力需求侧管理城市综合试点工作的通知》中也指出“鼓励、支持发展电能服务业，吸引全国乃至全球的优秀电能服务企业参与试点工作”。市场准入放开、参与主体增多、竞争性增强，都将可能促使在现有的体制下，出现更多的创新项目或产品，带动需求响应的发展。目前，由于储能价格昂贵，大部分需求响应项目中并未使用电池储能技术，但随着未来储能技术的进步、成本的下降、可再生能源的渗透率提高以及电网对系统调节能力、灵活性提出更高的要求，储能在需求响应中的作用将更加明显，甚至会成为最主要的需求响应技术。

虽然现阶段中国的储能产业仍面临政策缺失、技术指标尚待提高、系统容量较小、成本过高、应用价值不明晰、参与电力市场的机制不健全等问题，但作为实现大规模可再生能源并网，提高用电侧能效的有利手段，未来储能产业的快速应用发展已成定局。如果2015年是储能产业微风渐起、储能技术蓄势待发的一年，那么“十三五”期间，则是储能实现价值突破、建立可持续发展模式、实现商业化运营的新纪元。

2. 行业发展规模预测

电力系统储能不断发展。据美国PikeResearch的统计数据，预计2016年全球电网应用储能装机容量将达到62.7GW。从全球储能应用分布看，调频调峰是最大的应用领域，其次是风电储能、延缓电网升级等的需求。从储能技术分类对比看，据不完全统计，2016 年抽水蓄能和压缩空气储能占据了 90% 的份额，化学电池储能份额占据 5.4%，其中主要电池种类有锂电池、钠硫电池和液流电池。“十三五”期间是储能实现价值突破、建立可持续发展模式、实现商业化运营的新纪元。作为实现大规模可再生能源并网，提高用电侧能效的有利手段，未来储能产业的快速应用发展已成定局。

综合分析，未来我国储能行业发展速度将得到不断提升。到 2020 年底，国内电力辅助市场、基站备用电源、风光发电领域、分布式发电及微电网、新能源汽车充换电站和家庭储能等 6 大领域配套储能系统累计装机容量达到 53GW，未来 5 年年复合增长率 9.5%，如图 5 所示。

撰稿单位介绍：

前瞻产业研究院 1998 年成立于北京清华园，结合前瞻大数据平台，依托各权威统计机构和行业协会提供的专业数据资源，提供细分市场调研、可行性研究、商业计划书、专项市场调研、竞争对手调研、企业发展战略等专项市场解决方案。目前已为国内外 20 万余家企业持续服务。

前瞻产业研究院持续近 20 年来积累的海量数据和专业研究，现已是中国规模最大、研究员最多的专业研究机构之一，中国细分产业市场研究的领导者。前瞻资讯（股票代码：839599）是国内唯一一家咨询领域的上市企业。

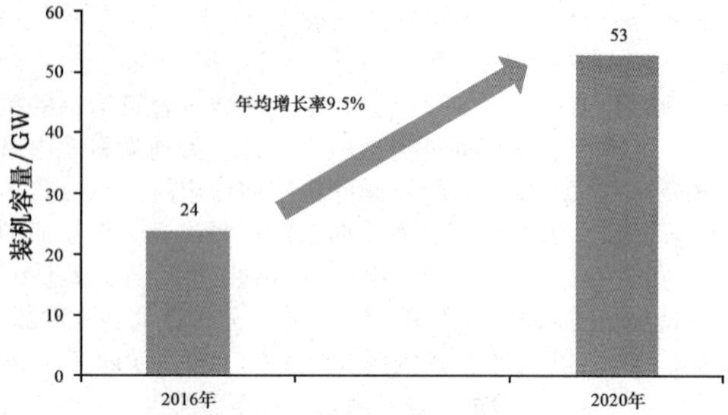

图 5　“十三五”期间我国储能行业装机容量预测

资料来源：前瞻产业研究院整理。

电源行业主要上市公司 2016 年年报统计

中国电源学会

近几年我国逐步加快资本市场制度的完善，越来越多的企业谋求上市实现资本投融资，支持企业发展。另外，随着新三板的快速扩容，也有更多的中小企业通过挂牌新三板登陆资本市场。电源行业也不例外。近两年电源以及电源配套企业上市步伐加快，到 2016 年底上市企业总数达到 46 家（包括新三板挂牌企业）。总体来看，这些电源上市企业虽然数量不多，却是行业发展、产品技术创新的风向标。本部分通过解读电源上市企业 2016 年度报告，希望能够从一个侧面反映电源行业的发展情况。

电源上市企业可以分为三类。第一类是传统意义上的电源企业，其产品包括不间断电源（UPS）、数据中心产品、开关电源、LED 驱动电源、充电桩、储能产品、光伏逆变器等；此外还有一些生产或研发配套产品的电源上市企业，主要产品为功率器件及半导体芯片、集成电路、滤波器、电阻器、电容器、变压器、磁性材料等；最后一类是电源业务只占小部分的综合型上市企业。

本部分将着重讨论第一类电源上市企业的情况，主要选取了 30 家重点电源上市企业，未涉及配套类企业，同时部分多主业公司无法准确剥离电源相关业务数据也未选取。

一、电源行业上市公司总体情况综述

1. 电源企业上市板块及所属主要行业情况

本部分中列出的电源企业共 30 家，其中创业板 7 家、中小板 8 家、新三板 14 家，仅动力源一家为上证主板上市。按照证监会规定的大的行业分类，分属于计算机、通信和其它电子设备制造业，电气机械和器材制造业以及专用设备制造业这三大类。具体情况见表 1。

表 1 电源企业上市板块及所属主要行业（同一板块按上市时间排序）

上市板块	企业名称	证券代码	上市时间	所属主要行业
上证主板	动力源	600405	2004/4/1	计算机、通信和其它电子设备制造业
中小板	科陆电子	002121	2007/3/6	电气机械和器材制造业
	奥特迅	002227	2008/5/6	电气机械和器材制造业
	科华恒盛	002335	2010/1/13	电气机械和器材制造业
	英威腾	002334	2010/1/13	电气机械和器材制造业
	中恒电气	002364	2010/3/5	电气机械和器材制造业
	科士达	002518	2010/12/7	电气机械和器材制造业
	茂硕电源	002660	2012/3/16	计算机、通信和其它电子设备制造业
	可立克	002782	2015/12/22	计算机、通信和其它电子设备制造业
创业板	合康新能	300048	2010/1/20	电气机械和器材制造业
	汇川技术	300124	2010/9/28	电气机械和器材制造业
	阳光电源	300274	2011/11/2	电气机械和器材制造业
	易事特	300376	2014/1/27	电气机械和器材制造业
	通合科技	300491	2015/12/31	电气机械和器材制造业
	蓝海华腾	300484	2016/3/15	电气机械和器材制造业
	英飞特	300582	2016/12/28	计算机、通信和其它电子设备
新三板	星原丰泰	430233	2013/7/4	电气机械和器材制造业
	津宇嘉信	430726	2014/5/5	电气机械和器材制造业
	永力科技	830840	2014/7/15	计算机、通信和其它电子设备制造业
	汇能精电	830996	2014/8/13	电气机械和器材制造业
	东文高压	833343	2015/8/17	电气机械和器材制造业
	先控电气	833426	2015/9/9	计算机、通信和其它电子设备制造业
	雷诺尔	833586	2015/9/22	电气机械及器材制造业

（续）

上市板块	企业名称	证券代码	上市时间	所属主要行业
新三板	镭之源	833611	2015/9/30	专用设备制造业
	赛耐比	834662	2015/12/7	计算机、通信和其它电子设备制造业
	安特源	834667	2015/12/16	计算机、通信和其它电子设备制造业
	国耀电子	835327	2016/1/4	计算机、通信和其它电子设备制造业
	凯盛股份	837235	2016/5/30	计算机、通信和其它电子设备制造业
	科谷电源	836751	2016/4/15	计算机、通信和其它电子设备制造业
	创联电源	838918	2016/8/19	计算机、通信和其它电子设备制造业

从表 1 中也可以看出，2016 年上市的电源企业有 6 家，2015 年上市的电源企业有 8 家，共计 14 家，占 30 家上市企业近半数，14 家新上市企业中新三板共计 10 家，为主要上市板块。中国电源上市企业所属板块如图 1 所示，各年份上市企业数量如图 2 所示。

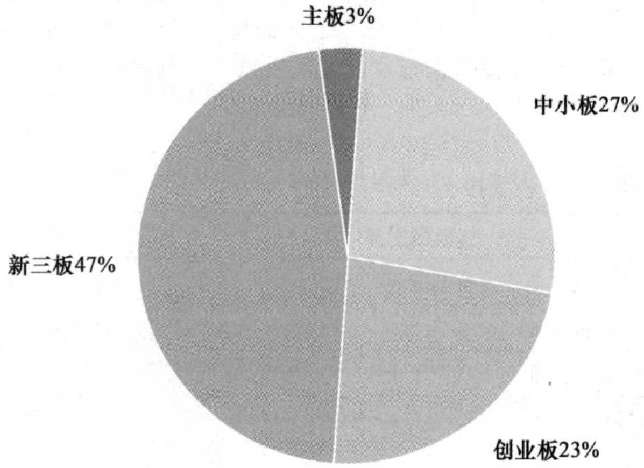

图 1 中国电源上市企业所属板块

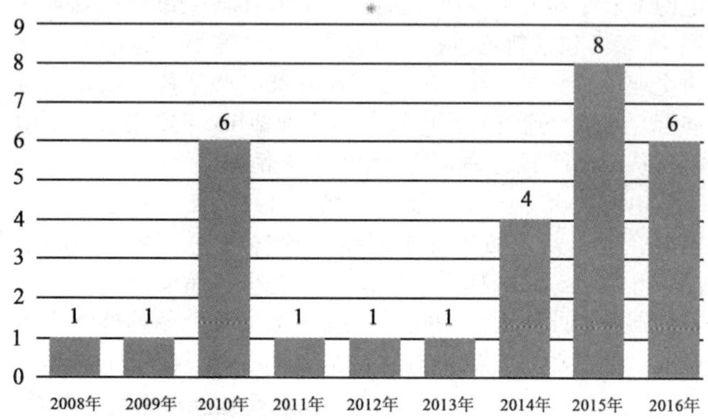

图 2 各年份上市企业数量

2. 电源企业主要产品及业务情况

本部分所摘录的电源企业主体业务主要分布在通信、轨道交通、新能源、电动汽车、电力、工业自动化控制、节能环保等行业，与国家近几年的基础建设投资及政策重点关注行业领域高度一致。根据年报中的内容，各企业主要产品及业务情况见表 2。

表 2 电源上市企业主要产品及业务（按企业名称拼音首字母排序）

企业名称	主营产品和服务
奥特迅	工业电源、核电电源、电动汽车充电电源、电能质量治理装置、储能及微网系统、电动汽车充电整体方案提供等
安特源	LED 照明驱动器的设计、生产和服务
创联电源	开关电源的研发、制造、销售
动力源	直流电源、交流电源、以高压变频器为核心的综合节能业务、光伏业务
东文高压	高精度高压直流开关电源
国耀电子	各类高频开关电源、电力电子设备研发、生产与销售
合康新能	高、中低压及防爆变频器在内的全系列变频器产品、伺服产品、新能源汽车及相关产品
汇川技术	工业自动化产品的研发、生产和销售
汇能精电	太阳能充放电控制器、离网逆变器、光伏电源控制逆变一体机、智能网络化混合电源产品解决方案及配套网络化智能设备仪表产品等
津宇嘉信	铁路系统信号电源、轨道交通信号电源、电力操作电源、应急电源和太阳能光伏发电系统等电源产品的研发、生产、销售和服务
科谷电源	从事 LED 驱动电源的研发、生产和销售，为客户提供专业、可靠的 LED 驱动电源解决方案

（续）

企业名称	主营产品和服务
科华恒盛	高端电源产品解决方案、新能源产品解决方案和数据中心解决方案
科陆电子	新能源发电运营、车联网、储能、主动配网改造、产业园区综合能源服务等
可立克	电子变压器和电感等磁性元件以及电源适配器、动力电池充电器和定制电源等开关电源产品的开发、生产和销售
科士达	数据中心关键基础设施产品、太阳能光伏发电系统产品、电动汽车充电系统、储能产品、直流电源产品的研发、制造及一体化解决方案应用
凯盛股份	研发、生产、销售PC电源和LED驱动电源两大类型产品
蓝海华腾	中低压变频器、伺服驱动器、电动汽车电机控制器、逆变器等电力电子产品的研发、制造、销售和服务
雷诺尔	软起动器、变频器等电气控制与节能设备
镭之源	激光电源、通信专用电源等电源设备，激光配件及雕刻设备，电力电子类设备的研发、生产和销售
茂硕电源	SPS开关电源、LED智能驱动电源、FPC、光伏电站应用投资的新能源解决方案
赛耐比	LED驱动电源的研发、生产、销售和服务
通合科技	主要产品包括充换电站充电电源系统（充电桩）及电动汽车车载电源、电力操作电源模块和电力操作电源系统
先控电气	不间断电源（UPS）及微型数据中心产品、充电桩及储能产品的研发、生产和销售及相关技术服务
星原丰泰	生产、销售、研发高频模块电源
阳光电源	光伏逆变器、风能变流器、储能系统、电动车电机控制器，并致力于提供全球一流的光伏电站解决方案
永力科技	电力电子通信设备、新型激光电源以及充电机和配件等相关技术研制开发、生产、销售

这30家企业，按照其重点产品，可以进一步归类，见表3。

3. 2016年电源上市企业规模分析

营业收入、资产总额和企业人数是一个企业的基础数据，也是反映行业整体情况的数据之一，30家上市电源企业2016年的营业收入（包括主营业务收入和非主营业务收入）、资产总额、企业人数，见表4。

表3 电源上市企业按重点产品分类（同类别按企业名称拼音首字母排序）

主要产品	上 市 企 业	企业数量/家	占比（%）
UPS	科华恒盛、科士达、先控电气、易事特	4	13.3
开关电源（包括LED驱动电源）	可立克、茂硕电源、创联电源、国耀电子、东文高压、星原丰泰、津宇嘉信、科谷电源、赛耐比、英飞特、凯盛股份、安特源、动力源	13	43.3
逆变器	慧能精电、阳光电源	2	6.7
变频器	汇川技术、合康新能、蓝海华腾、雷诺尔、英威腾	5	16.7
充电桩/充电电源	奥特迅、科陆电子、通合科技、中恒电气	4	13.3
特种电源	镭之源、永力科技	2	6.7
总计		30	100

表4 2016年电源上市企业营业收入、资产总额及企业人数（按营业收入排序）

企业名称	证券代码	营业收入/元	资产总额/元	企业人数
阳光电源	300274	6003662456.20	11656799146.66	1804
易事特	300376	5245363789.36	9168373617.88	1609
汇川技术	300124	3660045212.97	7973872037.37	4522
科陆电子	002121	3161904621.70	12223676773.13	3925
科华恒盛	002335	1769996350.07	5062606022.72	3281
科士达	002518	1750444766.11	2821754966.88	2363
合康新能	300048	1417391175.35	4927803809.80	2246
英威腾	002334	1323982177.63	2583141491.48	2497

（续）

企业名称	证券代码	营业收入/元	资产总额/元	企业人数
茂硕电源	002660	1292958187.22	2273730374.07	3675
动力源	600405	1277857631.81	2684309467.85	2921
中恒电气	002364	891150096.92	2653846611.44	1911
可立克	002782	825337198.81	1035101631.91	2897
蓝海华腾	300484	677861621.99	1001165367.38	505
英飞特	300582	653573320.77	1704823126.25	1234
奥特迅	002227	360965806.28	1000568830.00	750
创联电源	838918	331507763.91	152600697.14	374
通合科技	300491	222645429.47	565463153.44	520
雷诺尔	833586	203261375.18	485854277.85	346
先控电气	833426	133747845.25	170891024.88	444
赛耐比	834662	133459541.64	92035209.52	359
汇能精电	830996	125644781.15	160230536.43	306
科谷电源	836751	103469455.34	71922918.71	165
永力科技	830840	100600753.76	252153874.21	268
津宇嘉信	430726	60481563.61	231541859.82	151
凯盛股份	837235	56878989.38	88748762.78	178
安特源	834667	53658097.83	52096510.78	145
国耀电子	835327	48846376.28	84329737.26	164
星原丰泰	430233	31236747.46	51408648.55	156
镭之源	833611	27031541.45	44364791.86	67
东文高压	833343	20773311.38	19842972.55	113
总计		31965737986.28	71295058250.60	39896

从表4中可以看到，上市的30家电源企业2016年的营业收入总额近320亿元，其中2016年度营业收入在50亿元以上的有2家，10～50亿元之间的有8家，1～10亿元之间的有13家。2000万～1亿元的有7家，其中阳光电源以60.04亿元的营业收入排名上市企业第一位。

2016年30家电源上市企业资产总额总计712.95亿元，其中资产总额在100亿元以上的有2家，10亿～100亿元以上的有13家，1～10亿元之间的有7家，1000万～1亿元之间的有8家，其中科陆电子以122.24亿元的资产总额排在第一位。

2016年30家电源上市企业在职总人数是39896人，其中人员规模在1000人以上的有13家，300～1000人的有8家，60～300人的有9家，汇川技术以4522人排名第一位。

按照国家《中小企业划型标准规定》中工业类大中小企业划分标准，满足企业人员超过1000人同时营业收入超过40000万元的划为大型企业，企业人数300～1000人同时营业收入2000～40000万元的为中型企业的办法来划分，大型企业共13家，中型企业共8家，小型企业共9家。但是单从营业收入的角度来讲，全部电源上市企业营业收入均超过了中型企业的最低标准2000万元，主要是因为企业人数比较少导致划分为小型企业。

二、电源企业的财务数据分析

通过年报数据对电源上市企业分析，主要通过以下四个方面进行，分别是营运能力（包括总资产周转率、应收账款周转率、存货周转率三个指标）；获利能力（包括毛利率、加权平均净资产收益率、每股收益三个指标）；偿债能力（包括流动比率、速动比率、资产负债率三个指标）；发展潜力（营业收入增长率、营业利润增长率、净资产增长率三个指标）。

（一）营运能力分析

企业的营运能力是指企业充分利用现有资源创造价值的能力，主要是从企业资金使用的角度来进行的。营运能力的强弱关键取决于周转速度。

下面从总资产周转率、应收账款周转率、存货周转率三个指标进行一一列举分析。

1. 总资产周转率

总资产周转率是综合评价企业全部资产的经营质量和

利用效率的重要指标，通常被定义为主营业务收入与平均资产总额之比。周转率越大，说明总资产周转越快，销售能力越强。

表5 2016年电源上市企业总资产周转率

企业名称	证券代码	主营业务收入/元	期末资产余额/元	期初资产余额/元	周转率
创联电源	838918	331496088.28	152600697.14	99724905.01	2.63
赛耐比	834662	133287692.07	92035209.52	51311871.99	1.86
科谷电源	836751	103469455.34	71922918.71	61944179.81	1.55
东文高压	833343	20773311.38	19842972.55	13812532.51	1.23
安特源	834667	53658097.83	52096510.78	40861802.17	1.15
蓝海华腾	300484	664899449.35	1001165367.38	373970692.65	0.97
先控电气	833426	133747845.25	170891024.88	115578882.01	0.93
镭之源	833611	26945263.68	44364791.86	17796194.50	0.87
可立克	002782	825337198.81	1035101631.91	962395657.65	0.83
易事特	300376	5238269259.29	9168373617.88	4437153789.53	0.77
汇能精电	830996	125644781.15	160230536.43	170458112.63	0.76
阳光电源	300274	5996092843.61	11656799146.66	6783116579.55	0.65
科士达	002518	1733906397.39	2821754966.88	2524749952.58	0.65
茂硕电源	002660	1276120339.99	2273730374.07	1860141332.37	0.62
国耀电子	835327	48144725.81	84329737.26	75612230.23	0.60
星原丰泰	430233	31236747.46	51408648.55	58181329.42	0.57
英威腾	002334	1307939813.57	2583141491.48	2035352544.25	0.57
凯盛股份	837235	55270695.51	88748762.78	108123877.02	0.56
汇川技术	300124	3660045212.97	7973872037.37	5946514568.02	0.53
动力源	600405	1277857631.81	2684309467.85	2281025401.44	0.51
英飞特	300582	641694762.33	1704823126.25	839813908.63	0.50
中恒电气	002364	885822824.57	2653846611.44	1636435441.42	0.41
雷诺尔	833586	201032256.56	485854277.85	494111844.03	0.41
永力科技	830840	98589790.01	252153874.21	231756090.96	0.41
通合科技	300491	220531016.30	565463153.44	526293001.81	0.40
奥特迅	002227	350787086.93	1000568830.00	1009476458.21	0.35
科华恒盛	002335	1384320545.29	5062606022.72	3186455933.14	0.34
合康新能	300048	1340990101.47	4927803809.80	3365581412.09	0.32
科陆电子	002121	3102034675.01	12223676773.13	10312977195.80	0.28
津宇嘉信	430726	59478140.46	231541859.82	302067262.83	0.22
平均值					0.75

从表5中可以看出，创联电源的总资产周转率排名第一，为2.63，赛耐比、科谷电源、东文高压、安特源、蓝海华腾、先控电气、雷之源、可立克分列2～8名，前八名处于一般定义的资产周转率标准值0.80之上，销售情况比较理想，资产利用率较高。而30家电源上市企业的总资产周转率平均值为0.75，略低于标准值。

2. 应收账款周转率

应收账款周转率是指企业的应收账款在一定时期内周转的次数，是主营业务收入与应收账款平均值的比率，用来估计营业收入变现的速度和管理的效率。一般认为周转率越高越好。应收帐款周转率高，表明公司收帐速度快，平均收账期短，坏帐损失少，资产流动快，偿债能力强。

表6 2016年电源上市企业应收账款周转率

企业名称	期末应收账款余额/元	期初应收账款余额/元	周转率
赛耐比	6902576.58	4374357.46	23.7
创联电源	20668914.08	17330194.76	17.45
科谷电源	19438784.30	15824025.08	5.87
东文高压	4851461.71	3386214.02	5.04
英飞特	165218378.79	94308534.98	4.95
国耀电子	10880618.47	9341434.35	4.83
汇能精电	22824316.31	31529327.92	4.65
汇川技术	1130722741.98	781530444.51	3.83
安特源	16236820.46	12871985.75	3.69
英威腾	385789259.91	331606215.89	3.65
先控电气	41741981.49	38295722.47	3.34
蓝海华腾	268458735.15	174565562.96	3
凯盛股份	15816205.97	23345252.21	2.69
通合科技	102704893.20	68065178.21	2.58
镭之源	9070056.40	11331531.41	2.5
科士达	778337151.79	678422082.70	2.38
茂硕电源	588888514.16	489612748.63	2.37
可立克	214531513.53	489612748.63	2.34
易事特	2992087668.38	1743601393.29	2.21
星原丰泰	13799396.29	14245166.88	2.15
阳光电源	3763033162.31	3051140100.81	1.76
科华恒盛	832185060.84	775796423.56	1.72
永力科技	70618218.24	56792975.59	1.58
雷诺尔	120296459.32	96827267.16	1.55
中恒电气	612373929.53	606961415.55	1.45
合康新能	976566291.73	870272076.21	1.45
动力源	1012371007.44	872425657.03	1.36
科陆电子	2629116097.91	2124683498.29	1.31
奥特迅	269934172.02	278324831.64	1.28
津宇嘉信	140655371.08	179026700.02	0.37
平均值			3.901666667

一般来讲，应收账款周转率在4以上比较安全，最低不低于3。通过表6可以计算出，这30家电源上市企业的平均应收账款周转率是3.90，处在相对安全的区间。但是，前两名赛耐比和创联电源应收账款周转率远高于其它企业，分别是23.7和17.45。如果除去这两家企业，其余28家电源企业的平均应收账款周转率只有2.71，低于最低标准3。当然这与行业本身生产周期长、设备安装复杂、产品投入运营时间长等特点有关，但另一方面，也反映了企业对应收账款的管理尚有较大的改善空间。

3. 存货周转率

存货周转率是营业成本与存货平均总额的比率，是反映企业销售能力强弱、存货是否过量和资产流动能力的一个指标，也是衡量企业生产经营各环节中存货运营效率的一个综合性指标。

如表7所示，30家电源上市企业的存货周转率平均值为4.33，高于标准值3。

（二）获利能力分析

对电源上市企业获利能力的分析，本部分从毛利率、加权平均净资产收益率和每股收益三个指标进行分析，见表8。

表7　2016年电源上市企业存货周转率

企业名称	主营业务成本/销售成本/元	存货期末余额/元	存货期初余额/元	存货周转率
雷诺尔	107310075. 25	4355807. 19	3261359. 04	28. 18
创联电源	268782442. 41	23997819. 57	26669451. 64	10. 61
易事特	4335902998. 12	455704766. 65	497975753. 02	9. 09
科谷电源	81387088. 11	11524967. 20	11601465. 97	7. 04
可立克	631684687. 03	95528246. 42	90933751. 82	6. 78
英飞特	414782355. 80	85271223. 84	53846750. 76	5. 96
茂硕电源	1000292282. 50	213641418. 59	166342326. 20	5. 26
赛耐比	81126527. 39	18363174. 10	13275966. 26	5. 13
科华恒盛	1045957250. 64	246533165. 61	271961670. 46	4. 03
通合科技	130420689. 87	31844197. 50	39039619. 10	3. 68
镭之源	14014043. 86	4355807. 19	3261359. 04	3. 68
科士达	1102795097. 20	331526352. 26	291262137. 06	3. 54
阳光电源	4526938964. 23	1339703932. 16	1321652797. 48	3. 40
蓝海华腾	366411208. 61	147504258. 84	70102510. 32	3. 37
安特源	45607246. 69	16209325. 94	12737463. 13	3. 15
汇川技术	1899005726. 80	751045132. 56	576254345. 54	2. 86
中恒电气	742857649. 94	282086752. 06	256934605. 21	2. 76
动力源	857806533. 30	310464709. 14	322942874. 20	2. 71
英威腾	798433895. 82	437473897. 19	227419493. 72	2. 40
科陆电子	2127310027. 37	1085297576. 44	730113678. 19	2. 34
先控电气	74947911. 95	47275052. 69	27827949. 80	2. 00
汇能精电	91756704. 36	43267081. 98	53317265. 50	1. 90
东文高压	8117322. 39	5228414. 54	4300308. 76	1. 70
永力科技	57607485. 57	34228437. 79	34059740. 35	1. 69
合康新能	903378653. 31	602754903. 92	522903092. 61	1. 61
津宇嘉信	47715427. 68	41258891. 70	36387220. 31	1. 23
国耀电子	34415352. 99	32162612. 86	26692454. 55	1. 17
奥特迅	240369326. 39	239048219. 93	219846581. 36	1. 05
凯盛股份	44903906. 53	48815942. 11	48105708. 99	0. 93
星原丰泰	18596495. 14	29556236. 69	31428162. 54	0. 61
平均值				4. 33

表8　2016年电源上市企业获利能力指标
（按毛利率高低排序）

企业名称	毛利率（%）	净资产收益率（%）	每股收益/元
东文高压	60. 92	19. 27	0. 63
镭之源	48. 16	19. 30	0. 37
汇川技术	48. 12	21. 49	0. 59
雷诺尔	46. 95	7. 35	0. 18
蓝海华腾	44. 75	32. 02	1. 59

（续）

企业名称	毛利率（%）	净资产收益率（%）	每股收益/元
中恒电气	44. 45	9. 96	0. 29
先控电气	43. 96	20. 05	0. 3553
永力科技	42. 24	10. 04	1. 26
星原丰泰	40. 47	1. 35	0. 04
英威腾	39. 52	3. 94	0. 0933
赛耐比	39. 21	81. 64	5. 6

（续）

企业名称	毛利率（%）	净资产收益率（%）	每股收益/元
通合科技	38. 58	10. 26	0. 51
科士达	36. 39	16. 07	0. 67
科华恒盛	35. 82	7. 02	0. 67
合康新能	35. 79	7. 47	0. 23
英飞特	35. 01	16. 06	0. 68
动力源	33. 05	1. 56	0. 062
奥特迅	31. 48	1. 16	0. 0413
科陆电子	31. 42	11. 01	0. 2293
国耀电子	28. 11	-4. 65	-0. 04
汇能精电	26. 62	5. 56	0. 2
阳光电源	24. 32	12. 60	0. 41
可立克	23. 46	7. 41	0. 1383
科谷电源	21. 34	22. 37	0. 66
茂硕电源	21. 32	-0. 21	-0. 01
津宇嘉信	20. 38	-36. 07	-0. 95
创联电源	18. 92	44. 01	1. 01
凯盛股份	18. 38	-11. 89	-0. 09
易事特	17. 43	20. 31	0. 9
安特源	15. 00	-62. 17	-0. 29
平均值	33. 72	9. 81	0. 53

1. 毛利率

毛利率是毛利与销售收入（或营业收入）的百分比，反映的是一个商品经过生产转换内部系统以后增值的那一部分。

由表 8 可以看出，2016 年电源行业上市企业平均毛利率达到 33. 72%，19 家电源企业的毛利率高于 30%。而近几年计算机、通信和其它电子设备制造业的平均毛利率一般在 10%；电气机械和器材制造行业毛利率在 15% ~20%之间浮动。横向对比，说明电源上市企业具有较强的技术研发能力，产品附加值较高。

2. 加权平均净资产收益率

加权平均净资产收益率是指报告期净利润与平均净资产的比率，强调经营期间净资产赚取利润的结果，是一个动态的指标，反映的是企业的净资产创造利润的能力。一般来说，企业净资产收益率越高，企业自有资本获取收益的能力越强，运营效果越好，对企业投资人、债务人的保证程度越高。如果一家企业的净资产收益率连续三年高于 15%，基本上就是一家绩优公司。

加权平均净资产收益率高于同期银行利率是上市公司经营的合格线。经过 2016 年的 5 次降息，银行一年期存款基准利率低至 1. 5%。电源上市企业加权平均净资产收益率为 9. 81%，远高于这一数值。

Wind 数据显示，2016 年 A 股整体净资产收益率为 10. 32%。上证 A 股、深市主板、中小板和创业板净资产收益率分别为 10. 56%、9. 20%、9. 96%、10. 51%。整体来看，电源上市企业的加权净资产收益率基本与均值持平。但是该指标在 30 家公司中分布差距较大，高于 15% 的企业有 11 家，还有 5 家企业则是负值。

3. 每股收益

每股收益，是衡量上市公司盈利能力最重要的财务指标。它反映普通股的获利水平。该指数越高，表明企业所创造的利润越多。一般绩优股的每股收益要稳定在 0. 3 元以上。

2016 年 30 家上市电源企业平均每股收益为 0. 53 元，处于比较“值钱”的行列。

（三）偿债能力分析

对于负债偿债能力分析，本部分从流动比率、速动比率以及资产负债率三个指标进行分析，见表 9。

表 9 2016 年电源上市企业偿债能力指标

（按流动比率高低排序）

企业名称	流动比率	速动比率	资产负债率（%）
永力科技	8. 18	6. 38	7. 86
中恒电气	7. 48	6. 34	9. 74
镭之源	4. 64	4. 14	19. 31
奥特迅	3. 97	2. 60	20. 50
东文高压	3. 90	2. 50	35. 27
汇能精电	3. 59	2. 26	20. 93
可立克	3. 37	2. 92	21. 02
科士达	3. 22	2. 73	29. 24
雷诺尔	3. 18	2. 67	17. 96
通合科技	2. 88	2. 64	26. 71
英威腾	2. 81	2. 19	27. 92
津宇嘉信	2. 73	2. 19	33. 12
凯盛股份	2. 56	0. 89	34. 13
蓝海华腾	2. 42	2. 04	39. 11
科华恒盛	2. 42	2. 20	35. 66
汇川技术	2. 24	1. 97	37. 52
先控电气	2. 17	1. 49	40. 84
合康新能	2. 01	1. 49	45. 97
赛耐比	1. 84	1. 45	51. 34
阳光电源	1. 77	1. 52	48. 84
国耀电子	1. 65	0. 63	37. 53
创联电源	1. 60	1. 29	51. 60
英飞特	1. 49	1. 34	46. 52
易事特	1. 41	1. 31	59. 51
星原丰泰	1. 31	0. 47	67. 88
安特源	1. 06	0. 69	84. 45

（续）

企业名称	流动比率	速动比率	资产负债率（%）
科陆电子	1.05	0.85	77.15
茂硕电源	1.04	0.86	54.40
动力源	1.02	0.83	67.92
科谷电源	0.89	0.65	65.54
平均值	2.66	2.05	40.52

1. 流动比率

流动比率是企业流动资产对流动负债的比率，用来衡量企业流动资产在短期债务到期以前，可以变为现金用于偿还负债的能力。流动比率是评价企业短期偿债能力较为常用的比率。一般说来，比率越高，说明企业资产的变现能力越强，短期偿债能力也越强；反之则弱。一般认为流动比率应在2以上比较安全。

由表9可以看出，电源上市企业的流动比率均值是2.66，且大部分企业的该指标都在均值2以上，处在相对安全的区间。

2. 速动比率

速动比率指速动资产对流动负债的比率。它是衡量企业流动资产中可以立即变现用于偿还流动负债的能力。一般认为不应该低于1。电源上市企业的速动比率均值是2.05，结合流动比率，可以看出电源上市企业的短期偿债能力较强，财务安排相对谨慎。

3. 资产负债率

资产负债率是期末负债总额与资产总额的比率。资产负债率反映在总资产中有多大比例是通过借债来筹资的，也可以衡量企业在清算时保护债权人利益的程度。

如果资产负债率过高，表明企业财务风险较大，过低则意味着没有充分利用资金杠杆。一般认为，资产负债率在40%～60%之间比较适宜。电源上市企业的平均资产负债率是40.52%，处在相对合理的区间，且有一半电源上市企业资产负债率低于均值40%。

（四）发展潜力分析

对电源上市企业发展能力的分析，从净资产增长率、营业收入增长率、营业利润增长率三个指标进行分析，见表10。

表10　2016年电源上市企业发展潜力指标分析

（按净资产增长率高低排序）

企业名称	净资产增长率(%)	营业收入增长率(%)	营业利润增长率(%)
易事特	175.00	42.44	0.81
赛耐比	172.56	25.83	52.26
英飞特	138.12	24.08	-36.67
蓝海华腾	138.03	118.79	121.37
科华恒盛	137.42	6.01	7.75
阳光电源	111.42	31.39	38.26

（续）

企业名称	净资产增长率(%)	营业收入增长率(%)	营业利润增长率(%)
中恒电气	96.99	5.86	23.51
创联电源	77.19	29.49	54.41
科谷电源	35.97	7.84	24.22
东文高压	32.64	12.39	40.51
先控电气	29.62	38.44	320.69
镭之源	17.46	-10.51	0.21
汇川技术	16.16	32.11	0.15
科陆电子	14.16	39.82	111.01
科士达	13.22	14.67	0.19
永力科技	10.78	16.50	-45.73
动力源	7.41	14.36	-1.18
合康新能	6.62	75.52	208.17
雷诺尔	5.84	-0.64	-0.36
可立克	5.40	11.41	9.20
英威腾	4.82	22.21	-0.80
通合科技	4.77	20.04	-0.24
星原丰泰	4.65	-4.59	-113.76
奥特迅	2.25	5.00	-69.46
茂硕电源	-1.25	40.21	-101.24
汇能精电	-1.52	6.93	447.81
国耀电子	-4.03	-8.29	117.05
凯盛股份	-6.45	-27.05	-232.60
津宇嘉信	-28.81	-32.26	2238.36
安特源	-28.90	-24.83	69.05
平均值	39.58	17.77	109.43（调整后36.72）

1. 净资产增长率

净资产增长率反映了企业资本规模的扩张速度，是衡量企业总量规模变动和成长状况的重要指标，如果在较高净资产收益率的情况下，又保持不错的净资产增长率，则表示企业未来发展更加强劲。

对于电源上市企业来说，2016年30家企业平均净资产增长率为39.58%，属于高速增长阶段。结合之前数据，电源上市企业加权平均净资产收益率均值为9.81%，整体发展态势良好。

2. 营业收入增长率

营业收入增长率可以用来衡量公司的产品生命周期，判断公司发展所处的阶段。一般的说，如果营业收入增长率超过10%，说明公司产品处于成长期，将继续保持较好的增长势头，尚未面临产品更新的风险，属于成长型公司。如果主营业务收入增长率在5%～10%之间，说明公司产品已进入稳定期，不久将进入衰退期，需要着手开发新产品。如果该比率低于5%，说明公司产品已进入衰退期，保持市场份额已经很困难，一般认为，当主营业务收入增长率低于-30%时，说明公司主营业务大幅滑坡，预警信号产生。

据 wind 数据统计，2016 年主板、中小板和创业板实现营业收入增长率分别是 6.73%、22.38%、33.20%。由表 10 可以看出，2016 年 30 家电源上市企业营业收入增长率为 17.77%。整体表现优于主板，但低于中小板和创业板。

3. 营业利润增长率

营业利润增长率越高，说明企业获利能力越强，企业发展所需的自有资金积累越充分，发展基础越牢固，反之，说明企业获利能力越弱，发展基础越弱。

2016 年 29 家电源上市企业平均主营业利润增长率为 36.72%（由于出现了津宇嘉信的一个极特殊值，所以暂时排除在平均增长率计算之外）。但是两级分化非常严重。前七名增长率都在 100% 以上，而后 10 名都出现了负增长的情况。还有 6 家企业增长率小于 10%。这可能与 2016 年市场竞争加剧、原材料以及人工成本增加导致。

三、电源上市企业研发情况

电源行业已逐步发展为技术驱动型行业，对于各电源企业来说，想要在激烈的行业竞争中生存，掌握相应的核心技术才是最根本的手段，所以从研发的资金和人员投入等也能在一定程度上看出企业的竞争力以及发展潜力。各企业年报中的情况分析见表 11。

表 11 电源上市企业研发投入情况（按营业收入排序）

研发投入				人数		
企业名称	营业收入/元	资金/元	营业收入占比（%）	研发人数	总人数	研发人数占比（%）
阳光电源	6003662456.20	262150200.00	4.37	634	1804	35.14
易事特	5245363789.36	183369800.00	3.50	629	1609	39.00
汇川技术	3660045212.97	385320000.00	10.53	1290	4522	28.50
科陆电子	3161904621.70	252788600.00	8	1424	3925	36.28
科华恒盛	1769996350.07	140013101.20	7.91	744	3281	22.68
科士达	1750444766.11	84420500.00	4.82	346	2363	14.64
合康新能	1417391175.35	107080300.00	7.55	546	2246	24.31
英威腾	1323982177.63	177344700.00	13.39	1073	2497	43.00
茂硕电源	1292958187.22	49357100.00	3.82	250	3675	10.21
动力源	1277857631.81	8679.80	4.82	404	2921	13.67
中恒电气	891150096.92	8167.00	9.16	517	1911	27.05
可立克	825337198.81	24734400.00	2.98	113	2897	3.50
蓝海华腾	677861621.99	48987500	7.23	206	505	40.79
英飞特	653573320.77	49426800	7.56	240	1234	19.45
奥特迅	360965806.28	43078800.00	11.93	316	750	42.13
创联电源	331507763.91	11825100	3.57	59	374	15.78
通合科技	222645429.47	22826100.00	10.25	147	520	28.27
雷诺尔	203261375.18	9368600.00	4.61	63	346	18.21
先控电气	133747845.25	11150000.00	8.34	78	444	17.57
赛耐比	133459541.64	8231100.00	6.17	35	359	9.75
汇能精电	125644781.15	7420000.00	5.87	31	306	10.13
科谷电源	103469455.34	7502500.00	7.25	32	165	19.39
永力科技	100600753.76	8577200	8.53		268	
津宇嘉信	60481563.61	8540300.00	14.12	59	151	39.07
凯盛股份	56878989.38	4077900	7.17	39	178	21.91
安特源	53658097.83	6292400	11.73	34	145	23.45
国耀电子	48846376.28	6746800	14.01	33	164	20.12
星原丰泰	31236747.46	11825100.00	3.57	59	156	15.78
镭之源	27031541.45	2107100	7.79	12	67	17.91
东文高压	20773311.38	2045500	9.85	15	113	13.27

首先，从研发资金投入占营业收入的比例看。按照国家高新技术企业认定标准中对于研发费用的规定，将企业分为三档，第一档为最近一年销售收入小于5000万元的企业，共有4家企业；第二档为最近一年销售收入在5000万~20000万元的企业，共有8家；第三档为最近一年销售收入在20000万元以上的企业，共有18家。

按照高新技术企业规定，以上三档的研发投入比例分别是6%、4%、3%，30家电源上市企业中只有2家低于这个比例，可见大多数企业对于研发方面是非常看重的。

其次，从研发人员数量和占比看，年报反映出电源上市企业电源普遍研发人员占比较高。29家电源企业（除去永力科技，没有提供研发人员数量）占比在10%以上的有26家，15%以上的有22家，30%以上的有7家。

四、小结

在市场经济条件下，上市公司公开披露的年报传递了其财务状况、经营成果和现金流量等信息，是评估企业价值的重要来源，也是检验上市公司盈利性与成长性的最好工具。本部分通过整理2016年度30家重点电源上市企业年报，分析了其关键指标和财务数据，为相关企业提供参考。

总体来看，电源上市企业中中小规模企业占比较高，总体财务安排相对稳健，营运能力、获利能力表现良好，尤其是重视研发，产品毛利率较高，行业发展后劲十足。但是在复杂的经济环境以及日益激烈的市场竞争中，还充分挖掘内部潜力资源，以达到各种资源配置最优化，实现企业和行业的最大发展。

但值得注意的是，一年的年报数据信息有限，还需要持续地对相关企业进行长期的观察和研究。另外，很多财务指标在实际操作时，还应当对比其他指标横向分析，并且联系行业特点、经济环境或者相关政策，才能做出更加准确的判断。

2016年电源及相关配套上市企业情况介绍

（同类企业按单位名称汉语拼音顺序排列）

本部分内容汇总了32家电源上市企业及16家电源配套上市企业公布的2016年年报，部分新上市未公布年报的企业，如深圳麦格米特电气股份有限公司等，未收录在内。另外如比亚迪股份有限公司、中国长城计算机深圳股份有限公司、中兴通信股份有限公司等除电源业务外，含有过多其它主营业务而无法单独剥离的上市公司也未收录在内。（上市企业年报来源：巨潮资讯网、全国中小企业股份转让系统）

上市企业分别从企业情况概要、基本营销数据、主营业务发展情况、研发情况、投资情况、面临主要风险六个方面进行归纳整理，部分企业年报中没有明确提及投资情况等相关内容，则在该企业部分略去相关项目。

电源上市企业

北京动力源科技股份有限公司

股票简称： 动力源

股票代码： 600405

上市时间： 2004-04-01

所属板块： 上证主板

企业情况概要

公司目前主营业务为电力电子技术及其相关产品的研发、制造、销售和相关服务，业务核心为使用电子元器件对电能进行变换和控制，相关产品种类较多，主要产品和服务分为直流电源、交流电源、高压变频器及综合节能业务、新能源汽车业务四大类。

公司直流电源产品主要包括通信电源、高压直流电源、工业电源等类型，交流电源产品主要包括应急电源、不间断电源、光伏逆变器、功率优化器等类型，综合节能业务包括合同能源管理等类型，新能源汽车业务包括非车载充电产品和车载动力系统总成核心零部件的研发、生产及销售等类型。

基本营销数据

报告期内，公司实现营业收入127785.76万元，同比增长14.36%；营业利润-625.56万元，同比减少118.46%；利润总额2663.63万元，同比减少46.72%；归属于上市公司股东的净利润2716.31万元，同比减少45.57%；基本每股收益0.062元，同比减少47.01%；公司资产总额268430.95万元，较上年末增加17.68%；净资产85933.92万元，较上年末增加7.41%。

主营业务发展情况

1）直流电源业务：2016年，公司通信业务聚焦4G建设，加快发展步伐。业务收入达到61760万元，同比增长24.3%，实现连续五年持续增长。市场占有率稳居行业前三甲。通信电源产品不但保持了较高的成本竞争优势，而且主要技术指标达到国内领先水平。

2）新能源汽车业务：公司于2015年新成立电动汽车业务线，截至目前已组建了一支由海外归国专家和新能源汽车业内资深人士为骨干的技术团队。业务线产品目前主要针对物流车市场，预计近几年物流车可能成为新能源汽车增长较快的领域。

3）综合节能业务：2016年，节能业务全年实现销售收入1.62亿元，同比增长25.70%。公司积极与用能单位合作，谋求与用户实现共赢。报告期内，公司投资建设的位于青海和宁夏的三座余热发电站相继建成，为未来节能业务增长奠定基础，综合节能业务进入收获期。

4）交流电源业务：公司积极做好交流电源业务的战略布局，加大研发及产品端投入，构建配用电端的产品和解决方案能力。在消防行业，公司将着力为客户提供具有行业技术领先的消防应急照明和疏散指示系统，在非消防应用领域，公司能够为客户提供完整交直流电源、备用电源解决方案。同时积极拓展轨道交通、石油石化、工业能源等细分市场客户业务。公司还将持续拓展光伏电站业务，进行高性能光伏电站的开发和建设。

5）模块电源业务：通过外部市场推动与内部管理创新，提升了企业经营管理水平并取得显著的经济效益，净利润实现大幅度增长。

研发情况

报告期内，研发投入8679.80万元，比上年同期增长6.79%，占营业收入的4.82%；研发人员404人，占公司人员的13.67%。报告期内共完成研发项目近40个，截至2016年12月31日，公司参与制定的各类电源类国家或行业标准43项，公司累计获得各类专利近200项。直流电源方面，2016年完成自主设计、自主组装的室外一体化机柜，并在中国铁塔公司实现室外一体化机柜（含电源）成功上线，实现动力环境整体解决方案与系统集成。成功完成智慧基站产品设计，并建成试点站，持续进行应用测试。电动汽车业务线成功开发完成18kW超高效交流异步电机及其驱动系统和60kW永磁同步电机及其驱动系统。电机的最高效率分别已达到94%和97%，明显超越行业同类产品水平，达到国内顶尖水平。变频节能方面，新技术和系统节能经营思路和试点工作得到积极推进，变频器产品重新定位，高性价比的变频器开发取得实质性进步。

面临主要风险

1）行业竞争风险：我国电力电子设备制造行业生产企业数量众多、市场集中度相对较低，行业竞争相对激烈。若公司未来不能持续强化技术优势以及保持优秀的市场服务能力，公司的核心竞争力将会被弱化，影响公司的行业地位以及市场开拓能力，进而影响公司的经营业绩与偿债能力。

2）技术风险：随着市场竞争加剧，技术更新换代周期越来越短，客户对产品性能的要求越来越高。如果公司未来不能合理、持续地加大技术投入，不能及时准确地把握技术、产品和市场发展趋势，未能适时开发出高质量、高技术标准、符合节能环保要求的新产品，将难以维持公司的核心竞争力，对公司的盈利能力造成不利影响。

3）管理风险：随着公司业务规模的进一步扩张，公司若不能及时调整和优化管理结构，将可能面临管理失效、运营安全难以保障的风险。

4）应收账款回收风险：随着公司经营规模的扩大，公司应收账款预计仍将保持在较高水平，如果公司不能有效管理应收账款回款进度，一方面，公司营运资金压力将进一步增加，可能对公司经营造成不利影响；另一方面，一旦出现大额坏账损失将对公司财务状况产生不利影响。

5）主要产品毛利率下降的风险：近年来，通信运营商、中国铁塔公司等主要客户不断压缩设备成本，公司的产品价格整体呈下降趋势，公司与同行业竞争对手之间的竞争也日趋激烈。如果未来公司主要产品价格进一步下降，而原材料价格、人力成本等不能得到有效控制，则主要产品毛利率存在下降的风险。

6）政策变化的风险：动力源及下属子公司安徽动力源、迪赛奇正、动力聚能、科耐特已通过高新技术企业认定或复审。报告期内上述企业将按 15% 的税率缴纳企业所得税。如果动力源及下属子公司不能持续符合高新技术企业的相关标准，或国家调整高新技术企业所得税以及合同能源管理项目增值税、营业税和企业所得税政策或是降低税收优惠的幅度，公司未来税后经营业绩将受到一定影响。

公司合同能源管理业务属于国家产业政策鼓励发展的方向，受国家政策推动，该市场预计将保持较长时期的高速增长。但是，目前公司此类业务主要服务的行业为周期性行业，属于国家重点宏观调控的行业，环保要求日趋严格，产能萎缩，可能间接对公司相关业务产生影响。

北京合康新能科技股份有限公司

股票简称： 合康新能

股票代码： 300048

上市时间： 2010-01-20

所属板块： 深证创业板

企业情况概要

北京合康新能科技股份有限公司，曾用名北京合康亿盛变频科技股份有限公司，创建于 2003 年，是一家专业从事工业自动化控制和新能源装备研发生产企业，是隶属于北京中关村高科技园区的高新技术企业。目前，合康新能拥有遍布全国的办事处和完善的售后服务网络，产品销往全球六大洲 20 多个国家和海外地区。业务领域涵盖了工业自动化、新能源汽车、节能环保等，产品广泛应用于冶金、电力、矿业、水泥、石油、市政、电梯、机床、塑胶、核工业、航天风洞、新能源汽车、轨道交通、环保、光伏等领域。

基本营销数据

报告期内，公司实现营业总收入 141739.12 万元，较上年同期增长 75.52%；实现营业利润 15758.62 万元，较上年同期增长 208.17%；实现利润总额 26547.92 万元，较上年同期增长 242.28%；实现归属于上市公司股东的净利润 17895.08 万元，较上年同期增长 244.64%；公司基本每股收益为 0.23 元，较上年同期增长 187.50%；公司资产总额 492780.38 万元，较上年末增加 46.42%；净资产 247439.84 万元，较上年末增加 6.62%。

主营业务发展情况

报告期内，公司的主营业务已经从工业自动化节能设备制造领域进行延伸，形成了主要的三大板块：节能设备高端制造业、节能环保项目建设及运营产业、新能源汽车总成配套及运营产业。

1）高压变频器行业领先：2016 年高压变频器产业市场占有率继续维持行业领先地位。坚持以市场需求为导向，继续专注于公司高压变频器产品业务的稳健发展，在行业经济持续低迷的情况下，通过以旧换新、提供增值服务、开拓新的应用领域等方式，使得 2016 年高压变频器订单逆势增长，比 2015 年同期增长 22.41%。

2）中低压变频器加速发展：公司整合武汉合康和长沙日业的资源，加速发展中低压变频器产业，提高市场份额；同时继续发挥现有的品牌优势和技术优势，增强客户的品牌忠诚度，整合各方资源，加快中低压变频器的发展。

3）伺服系统重点发展：公司整合资源，加大研发投入和市场开发力度，提升技术实力和市场占有率，在中低压领域逐步替代进口产品，并择机进入工业机器人伺服系统领域。

4）新能源汽车总成配套业务及充电桩产业链协同发展：公司以产品为核心，智能充电网络和租车网络为平台，打造合康新能源汽车生态圈。截至 2016 年年底，运营模式成熟稳固，以北京、武汉两地为中心，向外复制，已在全国多个城市布局运营服务机构。整车控制器及电源辅助控制系统销量已居国内领先地位。合康动力的 AMT 动力系统总成、双向逆变电机控制器等核心产品已处于国内领先技术水平。

5）节能环保项目建设及运营产业：本报告期内华泰润达继续开拓市场，新签订订单 31430.67 万元。滦平慧通实现并网发电。华泰润达和滦平慧通为公司带来稳定的现金流，贡献稳定、持续的利润。节能环保项目建设及运营产业使得公司收入结构得到进一步丰富，公司将在保持现有变频器业务稳定发展的基础上，大力拓展节能环保领域业务。

研发情况

报告期内，公司研发投入共 10708.03 万元，占销售收入的 7.55%；公司研发系统 546 人，占比 24.31%。公司新增 1 项发明专利，18 项实用新型专利；截至本报告披露日，公司拥有软件著作权 38 项。

2016 年，公司重要研发项目进展如下：

1）高可靠性、高动态响应变频器研究。本系统采用新的控制结构设计，显著提高系统安全性能与响应速度。目前此项目设备已可根据用户订单批量生产。

2）合康新能第二代高压变频器控制系统进行全面的软件、硬件升级，以提高系统可靠性，大大增强可扩展性及可维护性。目前此项目系统组件已可根据用户订单批量生产。

3）用于皮带机负载的中压三电平变频器现场运行稳定，优化改进也已完成，可根据用户订单批量生产。

4）第四代变频器的设计开发及产品系列化研究。目前此项目设备已在用户现场稳定无故障运行6个月，可根据用户订单批量生产。

5）功率单元升级及小型化设计。对功率单元全面升级，采用新型的功率器件，提升扩充能力，解决原有缺陷，提高可靠性，保证兼容性，并对小功率产品进行功率单元小型化设计，以减小高压变频器产品的整体体积，提高市场竞争力。目前此项目应急版的电路板已经制作完成，厂内完成各项试验及功能测试后，已经开始小批量试用。兼容版的电路板第一轮已经开始小批量使用，第二轮设计制作已经完成，正在厂内进行各项试验。小型化的功率单元，第一轮样机已经测试完成，第二轮样机已经完成整体设计，正在进行样机组装。

6）空水冷一体化变压器柜开发。目前此项目完成厂内各项试验及功能测试后，已发往用户现场，等待现场验证结果。

7）HID500系列低压变频器（11~450kW）目前已经进入批量投产阶段。

8）HID618B系列液压伺服驱动器立足于HID500系列的硬件和结构件，使用专用的控制平台和软件，实现液压伺服注塑机系统的驱动。已经批量生产销售。

9）HID619B系列异步伺服驱动器基于HID500系列变频器设计的带工变频切换的专用机型，兼顾380V/480V电压等级。目前已经提供样机给客户试用。

10）HID621C系列提升机专用驱动器基于HID500系列变频器设计的自带建筑提升机扩展卡以及电气设计的行业专用一体柜。目前处于样机测试阶段。

11）HID625系列油田专用驱动器基于HID500系列变频器设计的带有电网回馈功能的油田磕头机专用驱动器。目前已经实现批量生产销售。

12）电机控制器系列6~10m大巴车驱动器改进设计。目前已经批量生产销售。

13）电机控制器系列10~12m大巴车驱动器。根据市场需求，设计了10~12m纯电动大巴车的电机控制器，目前已经处于产品试用阶段。

14）电机控制器系列1.5~3t物流车电机驱动器。目前已经处于产品试用阶段。

15）双向逆变电机驱动器。第一版为钣金手板样机，产品功能及性能优势已验证完成。第二版为铣加工正样，防水性及功能得到进一步优化。第三版开模版为公司定型产品。各项试验已验证完成，样机在客户现场稳定运行，目前处于小批量准备阶段。

16）7.5~15kW DCAC。该项目为大功率DC/AC模块开发，第一轮样机完成厂内功能测试，样机试装后发货至客户现场，运行稳定。第二轮已完成型式试验验证整改，处于调试装机验证阶段。

17）缩小版四合一（2个DCAC+DCDC+高压配电）。目前已形成公司技术标准，已在市场上得到应用。

18）燃料电池DC/DC，厂内正进行型式试验事项。

19）一汽丰田VCU控制器，样机已小批量提供给整车厂进行试装，厂内正进行型式试验事项。

20）一汽丰田四合一，目前已完成整机测试并提供给丰田装车，厂内正进行型式试验事项。

21）低成本1.5kW DC/DC模块，手板样机已完成功能测试。现处于第二版样机优化制作阶段。

22）TCU变速箱控制器优化，该项目处于硬件测试阶段。

23）电动汽车用高压控制模块，该模块已装机发客户运用。

24）180kW隔离直流充电桩项目，样机已通过测试，可根据订单需求批量生产。

25）30~120kW隔离直流充电桩（新国标），样机已通过测试，可根据订单需求批量生产。

26）480kW分体式隔离直流充电桩项目样机已通过测试，可根据订单需求批量生产。

27）150kW一机四枪直流充电桩项目（欧标），正按照客户要求进行第二轮设计。

28）80kW/40kW水冷车载充电机项目，样机已通过测试，可根据订单需求批量生产。

29）H01系列（大功率产品）、H02系列（小功率产品）金属高压连接器产品研发。该项目已经完成研发任务，并经过厂内试运行、功能性、安全性、可靠性、耐候性等验证。经过小批量生产，产品受到多家车企认可，完成送样、装车、路试等工作。

30）超级电容用叠层母排的开发。现已完成样品生产、厂内测试、客户现场测试并形成批量性订单。

31）铝材质母排的开发与研究。该项目已经完成研发任务、厂内测试、客户现场测试并经过小批量生产。

32）六里屯发电机组缸套水、中冷水冷却方式技术改造。本项目改造内容已全部完成，处于系统运行考核期，冷却效果基本达到预期，改造成功。

33）六里屯电厂气体收集系统技术改造。本项目已完成整体改造规划，设备材料已到现场，管网系统的改造与维护已完成，基本达到了项目预期的收集效果。

34）填埋气提纯制天然气新工艺（膜分离提纯）的研究开发。本项目的开发设计工作已全部完成，按照设计内容采购相关研究设备、材料，目前材料已到场并安装完毕，调试工作已完成，达到了预期提纯效果。

35）京海煤矸石发电公司脱硫脱硝除尘超低排放改造。本项目设计工作已完成，相关改造设备已经安装，部分调试完成，达到了部分预期效果。

36）京海煤矸石发电公司一、二次风机变频改造。本项目设计工作已完成，相关改造设备已经安装，部分调试完成，达到了部分预期效果。

37）丰台区循环经济产业园残渣填埋场填埋气资源利用。设计方案已确定，部分材料已到场，基本实施完成，考核新技术效果。

投资情况

本期新增子公司共13家，公司投资设立的一级子公司包括：武汉合康亿盛电气连接系统有限公司，持股比例80%；北京合康亿盛技术有限公司，持股比例75%；平顶山畅的科技有限公司，持股比例51%；郑州畅的科技有限公司，持股比例51%；武汉畅的新能源汽车运营服务有限公司，持股比例100%；杭州畅的科技开发有限公司，持股比例85%；广州畅的科技有限公司，持股比例75%；哈尔滨畅的新能源汽车租赁服务有限公司，持股比例80%。

本期新增二级公司包括：公司控股子公司武汉合康动力技术有限公司本期新设立控股子公司合康动力技术（深圳）有限公司，持股比例65%；滦平慧通光伏发电有限公司本期新设立全资子公司滦平久丰农业发展有限公司，持股比例100%；北京畅的科技开发有限公司本期购入控股子公司南京老地方汽车运输服务有限公司、新设立山东畅的科技开发有限公司，持股比例分别为63%和85%；武汉畅的科技有限公司本期新设立控股子公司苏州畅的汽车租赁有限公司，持股比例51%，2016年1月新设的苏州畅的汽车租赁有限公司，2016年9月控股股东由武汉畅的科技有限公司变更为本公司，持股比例为55%。

面临主要风险

1）政策风险：公司的三大主营业务都属于国家产业政策鼓励发展的方向。若国家支持能源消耗行业改造升级、新能源汽车大力发展、节能减排、保护环境的产业政策及政府补助优惠政策发生变化，或者推动相关产业政策的执行力度放缓，将会影响公司业务的发展，进而影响公司的经济效益。

2）高低压变频器市场竞争风险：受宏观环境产能过剩矛盾影响，高毛利的高性能高压变频器需求减少；同时，国内外厂商持续竞争将会摊薄公司的毛利，公司将面临高压变频器不能维持较高毛利的风险。未来低压变频器的中高端市场竞争将日趋激烈。公司面临因低压变频器市场竞争加剧，导致公司收入增速下降或盈利能力下降的风险。

3）新能源汽车业务风险：从产业政策影响角度看，由于下游电动汽车行业受产业政策影响较大，公司新能源汽车业务发展的同时也面临下游行业变化带来的风险。从供给方变化的情况看，随着国内新能源汽车电机控制器生产企业研发进程的加快和成熟产品的推出，以及外资企业参与国内竞争的力度不断加强，未来电动汽车电机控制器市场竞争存在可能加剧的风险。从客户对公司产品的依赖程度看，目前较多新能源乘用车企业凭借资金和研发实力自主研发生产电机控制器，外购比例较低，如果节能与新能源客车厂商在电机控制器的技术研发上取得重大进展，则可能实现自主生产，降低外购比例，从而导致市场需求下降，对公司收入或利润的增长产生不利影响。

4）技术开发及升级换代风险：随着市场竞争的加剧，技术更新换代周期越来越短，如果公司不能保持持续创新的能力，不能及时准确把握技术、产品和市场发展趋势，将削弱已有的竞争优势，从而对公司产品的市场份额、经济效益及发展前景造成不利影响。

5）商誉减值风险：根据企业会计准则要求，由于公司非同一控制下的企业合并公司数量越来越多，尤其是收购华泰润达的交易，公司形成的商誉金额较大。根据企业会计准则规定，该商誉不作摊销处理，但需在未来年度每年年终进行减值测试。如果国家政策变化、行业发展不乐观、标的企业自身业务下降或者其他因素导致标的企业未来经营状况和盈利能力未达预期，则公司存在商誉减值的风险。

6）应收账款回收风险：随着业务规模的扩大，公司应收账款余额逐步增加，如果未来公司客户的经营状况发生重大不利变化，可能导致一定的应收账款回收风险。

7）管理风险：随着公司经营规模的逐步扩大，公司在经营决策、内部管理和风险控制等方面面临的挑战也将增加。

北京汇能精电科技股份有限公司

股票简称：汇能精电

股票代码：830996

上市时间：2014-08-13

所属板块：新三版

企业情况概要

公司成立于2007年3月，是一家专业从事高效电源产品的研发、生产、销售及各种电源应用系统设计和工程服务的高新技术企业，产品主要包括太阳能充放电控制器、离网逆变器、光伏电源控制逆变一体机、智能网络化混合电源产品解决方案及配套网络化智能设备仪表产品等。客户群体主要包括：太阳能电池组件制造商、太阳能项目集成商、政府招标项目、民用太阳能发电客户以及销售代理商。

基本营销数据

报告期内公司实现营业收入12643万元，同比增加6.93%；利润总额972.97万元，同比增加98.13%；归属于上市公司股东的净利润819.72万元，同比增加18.33%；基本每股收益0.20元，同比增加11.11%；公司资产总额16023.05万元，较上年末减少6.00%；净资产12699.93万元，较上年末减少1.52%。

主营业务发展情况

报告期内，公司取得了《一种CAN总线主从应答模式协议的网络调度算法》的发明专利，取得了在韩国注册申请的太阳能最大功率点跟踪充放电控制器，型号为Tracer-BN的外观专利，实现了公司在国外外观专利上零的突破。有助于进一步拓展国内外市场，提升公司竞争力和知名度。出于市场开拓需要，公司新设立应用产品开发部，着眼于系统集成产品级客户的推进开发；在国内设立了扬州办事处，意图在中国南方小功率控制器集散地区域及时跟踪市场动态；公司对产品颜色、外观风格、公司网站、产品彩页等进行了统一调整，有助于进一步提高企业形象。公司研发中心因发展需要，在内部组织做了较大调整，及时调整逆变器、电源等产品的技术路线，控制逆变市电互补一体机已见雏形，即将进入投产阶段，公司整体产品结构更趋合理。

研发情况

报告期内，研发费用全部支出742万元，占比5.87%；公司研发部门员工31人，基本组织为产品硬件、软件、测试、信息管理等组别的扁平化设置，便于更好行使技术工作职能。完成了25个系列151个型号产品的软件、硬件或结构部分更新类（含中试）研发工作，为公司拓展新产品需求和达成年度销售目标，做出重要贡献。

公司注重产品的知识产权保护，安排专门部门和人员与外部机构对接申请工作。报告期内，获得1项发明专利授权（逆变器产品：一种CAN总线主从应答模式协议的网络调度算法），取得外观专利3项（模块化太阳能充放电控制器），取得被国际客户认可的国际权威认证22项，为进一步增进国际销售打下坚实基础。

面临主要风险

1）扶持政策变化的风险：各国政府都推出了对可再生能源的扶持政策，推动了光伏发电市场的快速发展，同时也降低了光伏发电的成本。如果各国政府相关扶持政策发生重大变化，上网电价下降幅度超过光伏发电的成本下降幅度，将影响光伏发电行业的发展，并对本公司的经营业绩产生影响。

2）国际贸易摩擦风险：目前太阳能光伏产品应用市场主要集中在欧美等发达国家，国内市场仍处于起步阶段，国内制造的太阳能光伏产品主要用于出口。近两年，美国和欧盟先后对从我国进口的光伏产品发起了反倾销和反补贴调查，对我国的光伏行业影响巨大。尽管通过政府间的磋商与谈判，“双反”对中国光伏行业带来的影响暂时告一段落，但光伏行业未来的发展仍然存在变数，进而对公司的产品销售带来不确定的影响。

3）市场竞争加剧的风险：公司目前是国内较大的太阳能控制器制造企业，公司太阳能控制器产品在国内光伏发电市场占有较大的市场份额。在国内市场巨大潜力的吸引下，越来越多的同行业跨国公司进入中国市场，众多国内新兴企业也试图进入太阳能控制器制造行业，公司面临的市场竞争日趋激烈。

4）核心技术人员流失的风险：公司在太阳能控制器的研发与设计方面处于国内领先地位。公司各项核心技术是由以核心技术人员为主的研发团队经过多年的技术开发和行业实践取得，目前公司员工和管理团队的稳定性较高，但在公司未来的发展过程中，人才流失依然是潜在的风险。

5）汇率波动风险：随着海外业务的拓展，公司的产品目前主要出口销售到国外，以欧元、美元作为结算货币，而原材料绝大部分从国内采购，采购以人民币结算。2016年美元兑人民币汇率持续走强，预计未来震荡幅度有一定加大趋势，可能对未来公司经营业绩产生影响。

6）应收账款风险：报告期内公司加快应收账款回收力度，但是至报告期末应收账款余额为2091万元，绝对金额仍然较大，应收账款余额过高影响公司的运营效率，同时也可能产生大额坏账的风险。

北京津宇嘉信科技股份有限公司

股票简称： 津宇嘉信

股票代码： 430726

上市时间： 2014-05-05

所属板块： 新三板

企业情况概要

公司是一家专业从事电子信息产品研发、生产、销售和服务的高新技术企业。主要从事轨道交通信号电源、电力操作电源、应急电源（EPS）的研发、生产、销售和服务。公司信号电源产品主要应用于轨道交通领域，可为铁路、城市轨道交通、地方铁路及冶金工矿铁路专用线等广大用户提供成套电源供电系统一体化解决方案；公司的电力操作电源系统产品主要面向电力发电、电网输变电、轨道交通、冶金、石油、石化、军事工业等多个领域。

基本营销数据

报告期内，公司实现营业收入6048.16万元，同比下降32.26%；利润总额－6534.40万元，比上年下降18269.03%；实现归属于上市公司股东的净利润－6638.05万元，同比下降3884.67%；公司基本每股收益为－0.95元，同比减少30.66%；公司总资产为23154.19万元，同比减少23.35%；净资产为15471.86万元，同比减少28.81%。

主营业务发展情况

报告期内，公司铁路信号电源产品在沈阳铁路局高铁和客运专线市场相继中标沈阳南站枢纽工程、丹大快速铁路前庄段、大连站枢纽、丹大快速铁路大庄段、锦阜高铁路、长白铁路客运专线等多个工程项目；在城市轨道交通建设方面，2016年成功中标苏州地铁3号线和厦门地铁2号线、西安地铁机场线等信号电源系统项目，此外还收获了上海地铁5号线、17号线、武汉地铁8号线、11号线等多个地铁项目的信号电源系统订单。2016年，公司信号电源产品收入4964.46万元，同比下降26.90%，占营业收入的82.08%，占比提高6.01个百分点，收入下降的主要原因是由于多数订单项目执行延期，尚未达到收入确认的条件。

报告期内，公司电力操作电源产品占营业收入的14.39%，收入870.44万元，比2015年同期收入下滑51.99%。报告期内，公司对销售人员及市场客户网络进行重新整合定位，导致销售订单下降。但公司产品在电力发电领域取得了市场突破，在未来几年中，随着市场整合的完成及健全销售网络，销售业绩将回升并稳步增长。

另外，报告期内，公司年中出售了原负责太阳能产品业务的北京日佳电源有限公司，所以太阳能产品收入大幅下降，后半年公司已无相关业务。

研发情况

研发支出包括3个资本化项目和5个研发项目，2016年度研发支出共计854.03万元，占总收入的14.12%，其中资本化支出共计71.35万元，公司技术人员59人，占员工总数的39.07%。报告期内，公司加强新技术及产品软件的开发工作。报告期内新增软件著作权专利6项，为产品质量提供保障。

资本化项目包括：①铁路信号综合电源系统设备产业化项目，资本化开始时点为2014年6月1日，2016年2月小批量生产评审合格，项目批量转产获得通过，该项目达到预定可使用状态转入无形资产；②客专信号设备电源系统技术方案研究项目，是基于以前年度研发进行的改良项目。改良项目资本化开始时点为2014年9月1日，2016年6月，此项目采用的技术标准与铁道部拟推行的标准相违背，因此不再进行研发，以往资本化部分一次性转入管理费用；③CRCC智能电源屏项目，资本化开始时点为2014年10月1日，2016年3月该技术产品完成小批量试产并转入无形资产。

研发项目包括：ACDC-12V6A电源；CHYD-11020充电模块；JYJC4型监测单元；交流绝缘检型监测单元-II型；直流绝缘检测单元-II型。这五个项目于2016年12月31日均已研发完成并进入小批量生产。

面临主要风险

1）季节性波动的风险：公司主要客户来自于轨道交通领域及电力系统领域，投资、建设、安装调试、验收、销售回款的季节性较强。公司销售呈明显的季节性分布，并由此影响公司营业收入和利润也呈季节性分布。

2）市场竞争风险：随着国内轨道交通投资和国家高铁建设的快速发展，各企业在市场销售方面加大投入以及电力操作电源企业较多，未来竞争的风险将有所增加。

3）应收账款的风险：铁路、轨道交通、电网和石化等领域企业是公司主要客户。随着公司业务规模的扩大，应收账款客户结构和账龄结构都将有所改变，同时，如果未来国内外宏观经济环境、客户经营状况等发生变化，将导致公司应收账款账龄增大、资金周转速度降低，甚至面临个别客户坏账的风险。

4）收入、净利润下降的风险：报告期内，公司实现营业收入6048.16万元，较上年同期减少32.25%；归属于母公司股东的净利润－6638.05万元，较上年同期下降3884.67%；公司营业收入及净利润均下降。

北京星原丰泰电子技术股份有限公司

股票简称：星原丰泰

股票代码：430233

上市时间：2013-07-04

所属板块：新三板

企业情况概要

公司成立于2004年，是专业从事高频模块电源研发、生产与销售的高新技术企业。公司通过多年的模块电源技术开发及制造经验的积累，逐渐形成了一系列的核心技术和先进的电源生产检测工艺，并拥有完整的半自动化电源生产线及严格的质量管理、控制工艺流程，主要生产满足工业级以上应用标准的DC/DC系列、AC/DC系列及DC/AC系列高频模块电源产品与开关组合电源，功率等级为0.1～1000W，为通信、铁路、电力、新能源等领域的客户提供具有行业针对性的整体电源解决方案，以及电源产品的行业应用服务。

基本营销数据

报告期，公司实现营业收入3123.67万元，同比减少4.59%；利润总额66.49万元，与上年同期的－2.64万元相比，实现扭亏为盈，增长998.89%；实现归属于上市公司股东的净利润73.37万元，同样实现扭亏为盈，增长896.09%；公司基本每股收益为0.04元，同比增长400.00%；公司总资产为5140.86万元，同比减少11.64%；净资产为1651.47万元，同比增长4.65%。

主营业务发展情况

主营产品仍以DC/DC模块及开关组合电源为主。从收入占比来看，DC/DC电源模块产品占总收入的36.79%，占比增加3.93%，实现销售收入1149.14万元，同比增长6.08%；开关组合电源占总收入的46.39%，占比减少7.42%，实现销售收入1449.02万元，同比减少17.75%；其他产品（军品电源、微功率电源）占总收入的11.21%，占比增加4.56%，实现销售收入350.17万元，同比下降12.82%。

从产品面向市场来看，报告期内，公司延续之前的经营策略，一直致力发展铁路、电力和航空行业的电源产品。2016年，铁路行业、电力行业销售额在总销售额的占比从2015年77%上升到86%，处于稳步上升的趋势。截至报告期内，公司在铁路行业取得了良好的公司品牌形象和产品认可，定义了铁路行业的产品系列标准，报告期内公司铁路产品申请的专利中有大量属于提高客户体验的技术进步。目前公司在铁路行业的多条车上产品线上达到了平均60%以上的占有率，同时也在多条路上产品线上达到了平均40%以上的占有率，并进入了机车和信号等关键控车和行车设备中，也与几乎所有的铁路大型研究机构和大型工厂产生了合作，同时，公司在标准动车组多个系统上成为电源的标准供应商。

研发情况

2016年研究开发费用总额为301.27万元，占企业销售（营业）收入的比例为9.64%；公司研发人员35名，占员工总数的22.44%；报告期内获得2项实用新型专利；开展的研发项目共58个，其中，专利技术研发项目31个、产品研发项目27个。不断的研发与推出切合市场的新产品是公司保持稳步发展的前提，也是公司在行业内竞争力的体现。

报告期内公司依旧保持了对于高频模块电源的研发投入和新产品开发，对主打行业产品在技术上进行了颠覆性的革新，在行业产品的主要指标上遥遥领先竞争对手，并再次取得了多项设计专利。

面临主要风险

1）短期营运资金不足风险：公司2016年度虽然实现了盈利，但盈利额微薄，公司在短期内还是会存在运营资金紧张、不足的风险。

2）市场风险：公司依旧在现有电力、铁路通信等行业发展，铁路行业和电力行业受到国家政策的调控，国家大力投入发展情况下，公司业绩会有大幅提升，相反一旦国家政策收紧有可能造成公司的销售业绩下降的风险。

常州市创联电源科技股份有限公司

股票简称：创联电源

股票代码：838918

上市时间：新三板

所属板块：2016-08-19

企业情况概要

公司是从事开关电源的研发、生产、销售的专业供应商，全力打造国内一流的 LED 及工业智能控制领域的开关电源，为 LED 显示屏制造、LED 户外照明灯具制造、工业自动化设备制造等领域的客户提供高可靠性的电源产品。

基本营销数据

报告期，公司实现营业收入 33150.78 万元，同比增加 29.49%；利润总额 3104.81 万元，比上年增加 62.19%；实现归属于上市公司股东的净利润 2716.14 万元，同比增加 65.02%；公司基本每股收益为 1.01 元，同比减少 38.88%；公司总资产为 15260.07 万元，同比增加 53.02%；净资产为 7385.12 万元，同比增加 77.19%。

主营业务发展情况

报告期内，公司根据市场情况，积极推动销售渠道的建设与推广，并从产品研发端积极进行技术储备和新品开发，不断提高产品品质。同时，公司加大对公司品牌进行全国性的推广和建设等方面的投入，效果显著。

公司的主营业务分为 LED 显示屏开关电源、LED 照明驱动电源、工控电源三个方面。报告期内，在销售渠道布局上，公司更侧重于 LED 照明驱动电源和 LED 显示屏开关电源，其中 LED 显示屏开关电源实现营业收入 22217.49 万元，同比增加 36.34%，在总收入占比增加 3.35 个百分点，为 67.03%；LED 照明驱动电源实现营业收入 8136.80 万元，同比增长 83.81%，占比增加 7.25 个百分点，占总收入的 24.55%；报告期内，公司对工控电源产品进行了梳理和战略定位，减少了部分无法形成批量销售的工控电源的订单生产。工控电源的营业收入为 2795.32 万元，同比减少 42.63%，占营业收入的比例为 8.43%，较上年同期减少了 10.61 个百分点。

研发情况

报告期内，公司研发费用投入金额为 1182.51 万元，占营业收入的 3.57%，研发技术人员 59 人，占员工总数的 15.78%；截至报告期末，公司共拥有专利 33 项。

报告期内，公司已完成的研发项目主要包括：亮化照明节能紧凑型开关电源的研究与开发；小间距 LED 显示屏电源的研究与开发；符合“能源之星”要求的 LED 照明灯具电源的研究与开发；（N+1）智能均流开关电源的研究与开发；铁路信号控制系统专用开关电源的研究与开发等项目。以上研发项目的完成，有助于后续产品的技术更新升级。

投资情况

报告期内，公司使用自有闲置资金购买了交通银行及中国银行的理财产品，2016 年度银行理财产品累计支出 23885.16 万元。

面临主要风险

1）实际控制人不当控制的风险：唐景新、丁满凤和唐诚三人为公司共同控制人，直接和间接持有 2800 万股公司股份，占总股本的 100%。如果实际控制人利用其控制的地位，通过行使表决权对公司的经营决策、人事、财务、监督等进行不当控制，可能给公司经营和其他股东带来风险。

2）公司治理风险：公司于 2016 年 3 月 23 日由有限公司整体变更设立股份公司，相关治理机制建立时间较短，执行及完善需要一定过程。同时，公司的快速发展和经营规模不断扩大也对公司治理提出更高的要求。因此，公司短期内仍可能存在治理不规范、相关内部控制制度不能有效执行的风险。

3）技术更新及新产品开发的风险：随着市场竞争的加剧，技术更新换代周期越来越短。如果公司不能保持持续创新能力，或者不能及时准确把握产品、技术和行业的发展趋势，将影响公司的竞争能力和持续发展。

4）核心技术人员流失风险：随着行业的快速发展和竞争的加剧，行业对技术人才，尤其是核心技术人才的需求将增加，如果公司在人才引进和培养方面落后于行业内其它公司，公司将面临核心技术人员不足甚至流失的风险。

5）高新技术企业资质不能获批的风险：公司《高新技术企业证书》将于 2018 年 7 月 5 日到期。届时公司需要重新申请国家高新企业资质，但存在不能获批的风险。

6）销售客户集中的风险：报告期内，公司对前五大客户的销售占营业收入的比例相对较高，如果部分客户经营情况不利，公司的营业收入增长将受到较大影响。另外，客户集中度过高对公司的议价能力也存在一定的不利影响，并进而影响公司的盈利，公司存在销售客户集中的风险。

7）原材料价格波动风险：公司生产成本以直接材料成本为主，占比 80% 左右。原材料供应的持续稳定性及价格波动幅度对公司盈利影响较大，原材料价格的波动将不可避免地对公司的业绩带来一定影响。

8）单一经销商过度依赖的风险：报告期内公司对泉州市强力巨彩电子贸易有限公司的销售收入占销售金额的比例为 30.74%；公司存在对单一经销商过度依赖的风险。

东文高压电源（天津）股份有限公司

股票简称：东文高压

股票代码：833343

上市时间：2015-08-17

所属板块：新三板

企业情况概要

公司是中国高压电子行业中的领先者，创立于 1998 年。公司以高精度高压直流开关电源的研发生产制造为主，研制生产军民两用中小功率 AC/DC 系列、DC/DC 系列高压直流开关电源产品。产品可划分为军用电源与民用电源两大类。公司的军用电源产品均执行国家军用标准，多为定制研发产品。在民用电源市场上，公司仍以定制化研发生产为主，通过自身经营发展积累资源，打造公司自身的研发、生产以及销售团队，凭借市场化运作方式，以技术研发为立足点，将公司具备相对技术优势的产品推向民用电源市场。

基本营销数据

报告期，公司实现营业收入 2077.33 万元，同比增长 118.79%；利润总额 372.23 万元，比上年同期减少 15.29%；实现归属于上市公司股东的净利润 316.08 万元，同比减少 15.00%；公司基本每股收益为 0.63 元，同比减少 14.86%；公司总资产为 1984.30 万元，同比增长 43.66%；净资产为 1284.52 万元，同比增长 32.64%。

主营业务发展情况

报告期内，公司运用高压直流开关电源设计开发技术系统平台，为客户提供 AC/DC 系列、DC/DC 系列高压直流开关电源产品的研发、设计、生产服务。公司主要通过为各行业客户提供制造定制化高压直流开关电源产品和研发服务来获取收入和利润。由于以定制化为主要业务模式，所以采取直销模式直接面向各大军工院所、重点大学及高端分析仪器生产厂商，以销售部为中心开展业务，为客户提供定制化电源。

报告期内，公司加大网络推广力度，采取开设淘宝店铺，开通微信公众号，增加搜索引擎等方式，通过网络搜索主动与公司联络进行产品订购的客户增多；由于公司研发技术、产品质量及价格方面有诸多优势，在老客户中口碑好，经老客户推荐，新客户增多；在报告期内，经过研发试用后，客户开始批量定制产品，批量生产产品增多，故订单量增大；2016 年科研院所及学校的科研项目增加，研发产品增多。因此主营业务收入比去年增长 12.39%。

研发情况

报告期内，公司的研发支出为 204.55 万元，占营业收入的 9.85%；公司研发部目前有员工 15 人，占公司员工的 13.27%。公司生产销售的电源产品，对产品各项参数要求各异，属于定制化设计和生产。因此公司研发新品较多，也因此公司非常重视知识产权的保护工作，至今为止公司已申请专利达 132 项，其中获得授权的发明专利达 25 项，在报告期内，被评选为天津市专利试点单位，国家知识产权优势企业。

投资情况

2016 年搬至新厂房，新购入大量大型设备、装修用电缆及办公家具。

面临主要风险

1）涉密信息泄露风险：公司为军工相关保密资质认证单位，公司的营业收入部分来自军方客户，如果相关涉密信息泄露，或者不满足保密资质条件，可能导致公司被取消军品生产资质，进而失去军工客户，给公司的持续经营带来风险。

2）军工企业信息披露限制：公司为军工三级保密资质认证单位，根据相关规定，本年度报告中对供应商及军方客户的名称、对应交易金额等涉密信息，通过代称、汇总表述、定性说明等方式进行披露，此种信息披露方式符合国家保守秘密规定和涉密信息公开披露的相关规定，但可能会影响投资者对公司经营状况和盈利能力的判断。

3）综合管理水平亟待提高的风险：现阶段公司管理结构相对简单，随着市场规模不断扩大以及公司实施精细化管理策略的要求，未来公司在机制建立、战略规划、组织设计、运营管理、资金管理和内部控制等方面的管理水平将面临更大的挑战。

4）存货余额较大的风险：公司 2016 年末，存货余额 522.84 万元，占同期资产总额的 28.80%，存货占总资产比例较 2015 年下降 2.33%，但仍然较高，公司 2016 年度存货周转率 1.70，存货周转率较低，可能会影响公司的资金周转速度，增加公司的费用支出，增加存货发生跌价损失的风险。

广东科谷电源股份有限公司

股票简称：科谷电源

股票代码：836751

上市时间：2016-04-15

所属板块：新三板

企业情况概要

公司是一家综合研发、生产、销售及服务为一体的 LED 驱动电源高新科技企业，研发生产的 LED 驱动电源，拥有自主知识产权，并获得 ENEC、CCC、UL、TUV、CE、CB、SAA、SEMKO、RoHs 等国内外权威认证机构证书。

基本营销数据

报告期内，公司实现营业收入 10346.95 万元，较 2015 年度增长了 7.84%；利润总额 730.93 万元，比上年同期增加 53.69%；实现归属于上市公司股东的净利润 655.63 万元，较 2015 年度增长了 64.85%；公司基本每股收益为 0.66 元，同比增长 32.00%；公司实现总资产 7192.29 万元，同比增长 16.11%；净资产 2478.58 万元，同比增长 35.97%。

主营业务发展情况

公司的主营业务收入是 LED 灯具驱动电源，报告期内，公司收入各组成部分比重基本保持稳定增长。其中中小功率 LED 驱动电源产品销售收入 8388.24 万元，较上年减少 445.35 万元，主要原因是商业应用市场对小功率产品需求减少，家居市场小功率产品利润降低，公司相应减少了对小功率产品的生产销售。大功率 LED 驱动电源销售收入 1958.71 万元，较上年增加 1197.90 万元，增长幅度为 157.45%，主要原因是商业应用市场对大功率 LED 驱动电源的需求加大，公司加大了对大功率 LED 驱动电源的投入并取得了效果。

2016 年新产品投入市场取得了良好的效益，新产品销售占全年销售的 37.6%，增长 189%，其中无频闪系列产品销量 152 万件，实现销售 2492 万元，智能调光系列产品销量 63 万件，实现销售 1377 万元。

研发情况

本期研发费用较上期增加 192.86 万元，增加幅度为 34.60%，2016 年度公司实际发生的研发投入金额为 750.25 万元，占营业收入的比例为 7.25%；研发人员 32 人，占员工总数的 19.39%。2016 年研发新开发项目 19 个，取得 UL、TUV、SAA 等产品认证书 11 项，申报发明专利 3 项，实用新型专利 1 项。

投资情况

报告期，公司为了提高现金使用效率，使用闲置资金购买银行理财产品。公司报告期期末购买的银行理财产品的余额为 650 万元，2016 年公司购买银行理财产品的累计金额为 4030 万元，均为活期、低风险理财产品。2016 年江苏科谷厂房的基建投资支出为 624.92 万元。

面临主要风险

1）市场竞争加剧及毛利率下降风险：LED 照明行业作为节能环保的新兴行业，市场高速扩张，产品质量也良莠不齐，同时，LED 驱动电源新进制造商的不断增加也使其竞争日趋激烈。随着市场的不断细分，来自国内外的竞争压力仍将持续甚至加大，可能导致公司的产品售价降低及毛利率降低。

2）技术与产品开发的风险：LED 行业属于技术创新型行业，且竞争者众多，随着行业竞争的加剧，新的技术创新不断涌现，公司如果不能持续对技术的研发创新，巩固并扩大竞争优势，公司已有的专利技术可能被竞争对手更先进的技术所替代，导致公司产品的竞争力下降，相应的市场也可能被挤占。

3）子公司厂房暂未取得房产证风险：截至 2016 年 12 月 31 日，子公司江苏科谷在建工程（直溪厂房一期项目）已投入资金 2042.92 万元，江苏科谷项目已取得土地证、用地规划许可证、工程规划许可证、施工许可证等相关许可文件，房产证尚未取得，预计将于 2017 年 6 月取得房产证。

广州凯盛电子科技股份有限公司

股票简称：凯盛股份

股票代码：837235

上市时间：2016-05-30

所属板块：新三板

企业情况概要

公司成立于 2006 年，主要是生产和销售 PC 电源、LED 驱动电源、LED 显示屏电源、工业电源以及特殊规格电源，凯盛科技创立自主品牌“新风格”电源。产品广泛应用于家具、建筑、商业照明、户外发光广告字、显示屏等领域。公司坚持严格的质量管控，为世界各地客户提供多种规格的电源配套设备。

基本营销数据

报告期，公司实现营业收入 5687.90 万元，同比下降 27.05%；利润总额 -502.48 万元，比上年减少 160.07%；实现归属于上市公司股东的净利润 -403.30 万元，同比减少 154.54%；公司基本每股收益为 -0.09 元，同比减少 156.25%；公司总资产为 8874.88 万元，同比减少 17.92%；净资产为 5845.93 万元，同比减少 6.45%。

主营业务发展情况

公司目前主要研发、生产、销售 PC 电源和 LED 驱动电源两大类型产品。公司 PC 电源主要以自主品牌“新风格”为主，最大功率为 220～500W。2016 年受整个 PC 行业台式电脑销售萎缩的影响，公司 PC 电源的销售放缓，而且公司在 2015 年下半年对销售产品结构进行了调整，对低端的小功率 PC 电源订单压缩，停止了部分微利的低档电源生产与销售。同时，很多台资电源企业有退出 PC 电源制造行业的趋势，改为外发加工。公司将考虑承接其中部分中高档 PC 电源的生产，加大中高端 PC 电源的市场份额。报告期内公司 PC 电源销售占比 36.76%，占比减少 14.56 个百分点，销售收入 2091.05 万元，同比减少 47.74%。

报告期内，公司致力于开发 LED 室内智能控制电源以及工矿灯电源。LED 电源实现销售收入 3383.68 万元，同比增长 0.51%，销售占比 59.49%，占比增加 16.31%，LED 电源销售比率增大。

另外，由于工业电源属于在 PC 电源的基础上面向工业自动化领域所开发出来的配套电源，公司于 2015 年下半年开始着力于伺服器、显示屏、舞台灯光、3D 打印机等相关特殊工业电源的开发，目前已处于小批量试产阶段，预计 2017 年会陆续投入生产销售。

研发情况

报告期内，公司研发费用为 407.79 万元，占营业收入的 7.17%，研发科技人员 39 人，占员工总数的 21.91%。截至本报告期，公司拥有专利 19 个，其中发明专利 5 个，实用新型专利 11 个，外观设计型专利 3 个。相比上年增加实用新型专利 1 个，实用新型专利转发明专利 3 个。

公司研发人员分 PC 研发组与 LED 研发组两个组，分别对应 PC 及 LED 两个方面产品的研发。报告期内，PC 研发组共立项了四个研发项目，已有三个项目验收取得研发成果，分别是高效能银牌显示屏电源 MLT199FL-J 研发与应用、大功率喷绘机电源 SE-600-24 研究与应用、高效能金牌 PC 电源 PCC001-600 研发与应用；LED 研发组共立项了四个研发项目，有三个项目验收取得研发成果，分别是智能应急灯泡电源的研发与应用、恒能率系列 LED 电源的研发与应用、600W 系列 LED 电源的研发与应用。报告期内，公司产品取得高新技术产品认证两个，分别是 LED 大功率驱动电源、输出短路和欠压保护电路开关电源。

面临主要风险

1）实际控制人不当控制的风险：涂道平持有 50.04% 的股份，且担任公司董事长兼总经理，为公司实际控制人，在公司决策、监督、日常经营管理上均可对公司施予重大影响。公司存在实际控制人不当控制的风险。

2）公司治理风险：股份公司成立时间较短，公司的治理机制、内部管理制度和风险控制体系的执行需要长时间的实践检验，可能存在公司治理风险。

3）市场风险与技术风险：PC 电源市场可能会受到 PC 行业整体下滑所带来的影响。LED 照明行业因进入门槛不高，可能会导致市场出现饱和状态而影响对 LED 电源的供给与需求，在竞争激烈的状态下，对行业利润会造成较大影响。

4）人才风险：本报告期内，公司没有发生董事、监事、高级管理人员的流失，但核心技术人员的流失较大，已有四位核心技术人员离职。未来公司将引进新的技术与管理人才，尽力规避高端人才和核心骨干人员流失、研发成果失密的风险。

5）税收优惠政策变化的风险：公司的高新技术企业认定有效期至2017年10月。有效期内公司享受税率为15%的企业所得税优惠，公司将在有效期满前提出复审申请。但若不能通过，公司适用的企业所得税将恢复25%的税率，不能享受优惠政策。

6）销售客户集中的风险：本报告期内前五名客户合计销售额占当期销售总额的49.58%，第一名客户收入占公司营业收入比为14.74%，虽然相比上年同期的比例有所下降，但存在客户集中风险。如果公司业务发展在未来未达到预期效果，该风险会依然存在。

杭州中恒电气股份有限公司

股票简称：中恒电气

股票代码：002364

上市时间：2010-03-05

所属板块：深证中小板

企业情况概要

公司自1996年创立以来，一直专注于主营业务，围绕两大业务板块深耕细作。一是电力信息化板块，为电网企业、发电（含新能源）企业、工业企业的“自动化、信息化、智能化”建设与运营提供整体解决方案。二是电力电子产品制造板块，为客户提供通信电源系统、高压直流电源系统（HVDC）、电力操作电源系统、新能源电动汽车充换电系统等产品及电源一体化解决方案。

基本营销数据

报告期，公司实现营业收入89115.01万元，同比增长5.86%；利润总额16430.30万元，比上年增加24.53%；实现归属于上市公司股东的净利润15828.18万元，同比增加10.32%；公司基本每股收益为0.29元，同比增长7.41%；公司总资产为265384.66万元，同比增加62.17%；净资产为233105.52万元，同比增加96.99%。

主营业务发展情况

1. 智能微网硬件设备体系与一体化的解决方案

1）新能源汽车充电设备：报告期内，公司不断开发充电桩产品和新的解决方案，公司在国网充换电设备招投标中持续中标，进一步稳固中恒在充电桩市场的占有率。

2）高压直流电源系统（HVDC）：报告期内，“通信用240V/336V直流供电技术”再次被工信部入选2016年《绿色数据中心先进适用技术目录（第一批）》。公司HVDC中标天津惠普数据中心、观澜锦绣IDC机房高压直流电源设备等采购项目、南方电网变电站照明数据采集与直流集中供电项目。报告期内，公司城市级智慧照明集中供电、变电站智慧照明直流供电项目也都有成功应用。

3）电源系统：开发新一代整流模块，为客户提供易操作、安全性高、绿色节能及高转换效率等优势特色的供电解决方案，保持电源系统业务稳健增长。

4）储能业务：报告期内，公司与高景科技、锦祥纺织、建屋发展等签署电力储能电站项目；中标“中国移动政企分公司信息港四号地A2-1、A2-2数据中心项目储能及备电服务采购”项目，将公司云平台、高压直流电源系统（HVDC）、储能系统多能结合。报告期内，公司新能源充电设备结合储能，“充＋储”和削峰填谷方案，在北京高安屯重换电站、浙江电力公司电动汽车服务有限公司、杭州奥体中心指挥部储能站项目等应用；“光＋充＋储”一体化，利用国网电动大巴车退役电池在上南公交公司应用。

2. 发展完善智联平台基础架构与功能模块

2016年，公司物联网技术取得突破性进展，公司已经通过自主研发的传感设备实现对配电设备的安全与环境监测。公司建立的智能微网及智联平台架构稳固提升，功能与专业化软件不断增多：报告期内，公司旗下的北京殷图仿真技术有限公司为能源互联网云平台提供了电力实时仿真软件系统（DDRTS）技术支持；自主完成了SDE（软件定义能源）体系的建设，通过将互联网、物联网、能源网的“三网融合”，打造了先进的智慧能源平台体系；“知能”云平台2.1版正式上线。

公司立足电力信息化与能源咨询服务产业，在新能源业务、智能电网业务及电力交易软件等专业信息化软件业务上均有突破。中标国华哈密风电场群远程集中监控系统等建设项目；与新疆能源、深圳能源、重庆能源等多地能源集团达成了智慧能源业务规划咨询服务合同；与中国平煤神马能源化工集团有限责任公司合作开展的《特大型能源化工基地“互联网＋”智慧能源示范项目》通过国家首批“互联网＋智慧能源”示范项目审核。

3. 探索深化智享服务业务价值与生态体系

公司通过增值服务，如用电服务、用电建议、运维服务等，形成了相关的服务生态体系。目前已经形成了包含平台使用费、增值服务费、技术咨询与实施费、设备销售收入在内的价格体系，并实现了销售突破。

研发情况

报告期内，研发支出总额8167万元，较上年同期增加46.56%，占营业收入的比率9.16%，较上年同期增加2.54%；研发人员517人，占员工总数的27.05%。报告期内，2016年，是公司实施能源互联网生态战略的元年，公司划分为智能微网、智联平台与智享服务三大业务板块，着重对三大板块基础研究进行投入，推动各板块之间的融合创新、协同发展。公司围绕三大板块，不断推出充电桩产品和新的解决方案，并通过公司智能监控系统，达到充电桩有序的能量管控，实现其柔性充电；公司着力投入物联网领域的研发，目前，公司已经通过自主研发的传感设备实现对配电设备的安全与环境监测；能够采集包括电气参量、温湿度、水浸探测、门禁、视频等信号；自主完成了SDE（软件定义能源）体系的建设；“知能”云平台2.1版正式上线。

投资情况

2016年5月公司投资设立全资控股子公司：中恒晖瑞公司；本年中恒云能源公司出资1550.00万购买上海煦达公司31%股权，实质控股51%。

面临主要风险

1）行业政策风险：公司主营业务涉及行业的市场发展较容易受到国家总体经济政策和宏观经济环境的影响，如果公司所处市场行业环境发生大幅波动、政策未及时落地、扶持效果不及预期，将对公司经营产生影响。

2）市场竞争风险：在国内国际市场巨大潜力的吸引下，很多企业进入充电桩、储能、能源互联网等新兴产业，公司面临的市场竞争日趋激烈，竞争对手的经营策略或市场环境发生变化，都可能给相关公司经营业绩带来影响。

3）技术革新风险：随着云计算、大数据、移动互联网等技术的不断演进，行业的业务模式和应用需求可能会随之演变。如果不能密切追踪前沿技术的更新和变化，不能快速实现业务的创新发展，公司未来发展的不确定性风险将会加大。

4）产品安全风险：公司已投入资源用于防范产品在互联网应用环境下的安全风险，但仍可能存在第三方（包括计算机病毒、恶意软件、黑客攻击等类似情况）刻意尝试损害公司的系统/产品，造成安全问题。

5）经营管理风险：公司经营规模持续扩大，产品和业务不断创新增加，员工规模持续增长，以及募投项目的实施等对公司管理层的能力提出了更高要求。如果公司的组织结构、管理模式和人才发展等不能跟上公司内外部环境的变化并及时进行调整、完善，将对公司未来的经营和发展带来一定的影响。

茂硕电源科技股份有限公司

股票简称：茂硕电源

股票代码：002660

上市时间：2012-03-16

所属板块：深证中小板

企业情况概要

公司是国家级高新技术企业；是国家十二五规划鼓励发展的节能减碳新能源企业；也是国内有相当影响力的专业电源制造企业。公司产品涵盖开关电源、LED 室内/户外照明产品驱动、FPC、光伏逆变器、智能充电桩、新能源光伏电站投资、新能源汽车充电运营、投资并购等多领域，形成了“主业 + 创新 + 创投”的发展基调。消费电子类电源和 LED 驱动电源是公司的传统主业，公司在该领域经过 10 多年的大力发展，已成为全球领先的电源解决方案供应商和国内电源行业的标志性企业。

基本营销数据

本报告期实现营业总收入 129295.82 万元，同比增长 40.21%；营业利润 14.19 万元，同比增长 101.24%；利润总额 2772.75 万元，同比减少 12.39%；归属于上市公司股东的净利润为 -178.81 万元，同比减少 111.14%；公司基本每股收益为 -0.01 元，较上年同期减少 116.67%；公司资产总额 227373.04 万元，较上年末增加 22.23%；净资产 86173.78 万元，较上年末减少 1.25%。

主营业务发展情况

2016 年，公司进行业务梳理后，将现有的业务模式和对接窗口进行调整，明确母公司及各子公司业务范围，清晰各职权责任人，公司未来加强对各子公司负责人的管控，以达到对各业务情况的把控，增加各单项业务的竞争力，进一步提高公司的抗风险能力和可持续发展能力。

目前，公司的消费电子类电源产品由公司控股子公司惠州茂硕能源科技有限公司负责生产和制造，工厂新增自动化生产线，使开关电源业务生产量与销售量同比均有较大增长。

LED 驱动电源业务现由全资子公司深圳茂硕电子科技有限公司负责生产、研发及销售，并有新的研发团队加入，使产品的性能及品质大幅提升，产量与销量均有较大增长。

公司控股子公司方正达的主营业务为印制电路板相关产品的研发、生产和销售，产品主要应用于节能照明领域，并逐渐向智能移动终端领域延伸，业务已经开始规模化生产，使产品产量与销量均有大幅增长。

公司控股子公司茂硕电气主要负责光伏产业的逆变器研发、生产和销售，由于逆变器国内市场销售分布加大，销售订单增长，导致生产量与销售量同比均有较大增长。

公司的二级子公司深圳茂硕新能源科技有限公司主要负责光伏电站的建设和运营，目前投资建设了江西萍乡茂硕新能源安源区高坑镇 15MW 光伏发电项目及江西新余茂硕新能源何家边 20MW 林光互补项目，两个大型地面电站在 2016 年年底成功并网发电。公司还投资建设了浙江台州污水处理厂 4.39MW 分布式光伏发电项目。

研发情况

报告期内，公司研发投入共 4935.71 万元，占销售收入的 3.82%；公司研发系统 250 人，占比 10.21%。公司一直以完善核心技术体系建设为发展动力，高度重视新产品和新技术的开发研究工作。不断加大研发投入力度，以确保技术研究和成果推广应用工作顺利进行。公司依托现有的研发资源和平台，深入整合公司内外部资源，充分利用科研人才和硬件设备进行新产品新工艺研发及前瞻性研究，开展了一系列科研项目，以进一步完善技术和专利布局，优化产品体系，提升创新实力，延续在行业中长期保持的技术优势。

2016 年，公司 LED 技术骨干开发完成 LED 驱动电源 LDP/LTP/LHP/LCP/LSV 等系列，并完成新产品开发、完成安规认证取证，逐步完善了公司单个功能电源到智能系统的多元化产品。SPS 开关电源方面完成多款定制产品的开发设计、多系列标准产品，逐步完善了公司单个功能电源到智能系统的整个产品线。

投资情况

报告期内，公司自有资金增资瑞盈茂硕融资租赁（深圳）有限公司 4200 万元，持股 70%，涉及融资租赁领域；公司自有资金出资 765 万元，新设加码技术有限公司，持股 45.9%，主要为开关电源业务；公司自有资金出资 765 万元，新设茂硕科技有限公司，持股 51.0%，主要业务为平衡车业务；公司自有资金增资瑞盈茂硕融资租赁（深圳）有限公司 2000 万元，扩股 5%，主要为平衡车业务。

面临主要风险

1）市场竞争加剧及毛利率下降的风险：普通开关电源各品牌的市场集中度相对较低，各品牌之间的竞争较为激烈。LED 驱动电源虽然为开关电源行业中的新兴细分产业，但新进制造商的不断增加也使其竞争日趋激烈，来自国内外的竞争压力仍将持续甚至加大，如公司无法保持竞争优势，则公司的行业地位、市场份额、经营业绩等均会受到不利影响。

2）技术及产品研发风险：虽然公司对电源的技术研发一直处于行业领先水平，但是如果公司技术不能持续进步、保持行业领先，或是研发方向决策错误，开发的新产品不能很好地适应市场需求，公司的竞争能力将被削弱。

3）商誉减值的风险：公司完成对湖南方正达的收购，形成131038709.71元的商誉，随着FPC行业竞争日趋激烈，若湖南方正达不能较好地完成承诺业绩，则存在商誉减值的风险。

4）部分光伏发电项目执行标杆上网电价下调的风险：2016年12月，国家发展改革委发布《国家发展改革委关于调整光伏发电陆上风电标杆上网电价的通知》，根据当前新能源产业技术进步和成本降低情况，降低2017年1月1日之后新建光伏发电和2018年1月1日之后新核准建设的陆上风电标杆上网电价。同时规定，2017年1月1日以后纳入财政补贴年度规模管理的光伏发电项目，执行2017年光伏发电标杆上网电价；2017年以前备案并纳入以前年份财政补贴规模管理的光伏发电项目，但于2017年6月30日以前仍未投运的，执行2017年标杆上网电价。公司本次募集资金投资项目中的江西新余湖陂村15MW光伏发电项目、江西新余罗家边20MW光伏发电项目预计难以于2017年6月30日投运，预计将执行调整后的上网电价，将影响预期收入。

梦网荣信科技集团股份有限公司

股票简称：梦网荣信

股票代码：002123

上市时间：2007-03-28

所属板块：深证中小板

企业情况概要

公司传统业务是从事节能大功率电力电子设备制造，2015年公司收购深圳市梦网科技发展有限公司100%股权，其主营业务为移动互联网运营支撑服务业务，公司实现双主业发展。荣信电力电子股份有限公司是国家重点高新技术企业，主要从事大功率电力电子设备研发、设计与制造业务，系列产品包括柔性直流输电、电能质量与安全、变频调速与节能、矿井安全自动化、新能源控制、电力电子开关、大功率整流装置等。

基本营销数据

报告期，公司实现营业收入280017.24万元，同比增长55.18%；利润总额29846.56万元，比上年增加148.94%；实现归属于上市公司股东的净利润25613.32万元，同比增加159.88%；公司基本每股收益为0.16元，同比增加87.50%；公司总资产为696666.15万元，同比减少5.09%；净资产为514379.85万元，同比增加6.67%。

主营业务发展情况

报告期内，公司为双主业发展，一方面为双主业发展节能大功率电力电子设备制造业，一方面为移动互联网运营支撑服务业务（由于本年鉴为电源行业年鉴，所以主要关注节能大功率电力电子设备制造业业务）。

节能大功率电力电子设备制造业实现销售收入136536.26万元，较上年同期减少2.74%，主要分为电能质量与电力安全、变频传动与新能源控制系统及其它电力电子设备三个方面的产品，其中电能质量与电力安全产品实现销售收入95326.74万元，同比增长8.98%；变频传动与新能源控制系统实现销售收入22150.70万元，同比减少34.66%；其它电力电子设备产品实现销售收入19058.82万元，同比增加0.23%。近几年来，国内宏观经济增速趋缓，电力电子行业竞争日趋激烈，公司节能大功率电力电子设备制造业务多年持续亏损，在此情况下，不得不对传统业务进行优化和整合，通过缩减规模、出售资产等举措努力降低损失，公司未来计划通过资产处置逐步退出电力电子行业。报告期内，公司出售辽宁荣信电气传动技术有限责任公司84.91%股权、辽宁荣信电机控制技术有限公司90%股权、辽宁荣信高科电气有限公司80.01%股权、北京荣科恒阳整流技术有限公司51%股权、北京荣信中科电气设备有限公司51%股权，以进一步优化和整合公司传统业务。

移动互联网运营支撑服务业务营业收入143480.99万元，同比增长44.85%。

研发情况

报告期，公司共计投入研发资金11203.91万元，占销售收入4.00%，研发人员327人，占公司总人数的21.34%。报告期内，公司及控股子公司有14项专利获得授权，其中发明专利6项，实用新型专利8项；申请并已受理的专利10项，其中发明专利6项，实用新型4项；取得软件著作权4项。

报告期，公司根据节能大功率电力电子设备制造业和移动互联网运营支撑服务业务发展趋势和国内市场需要，有针对性地进行各技术领域的基础研究和专项技术开发，保证公司产品的技术水平保持国内领先，并开发行业前沿技术，力争与国际先进技术水平同步。

投资情况

报告期内，公司收购深圳市智语科技有限公司31%股权、深圳百科信息技术有限公司26.48%股权，设立了鞍山市云数科技发展有限公司、湖南省梦网科技发展有限公司、深圳市梦网数流科技发展有限公司三家全资子公司。

面临主要风险

1）应收账款发生坏账的风险：截至报告期末，公司应收账款占流动资产的51.31%，占总资产的23.58%。公司应收账款债务人主要是冶金、煤炭、电力等行业内的大中型企业，部分客户受宏观经济环境等因素影响导致付款周期有所延长。若宏观经济环境、客户经营状况等发生不利变化，将导致公司面临坏账的风险。

2）毛利下降风险：随着公司产品市场需求的增长，参与竞争的企业将逐步增加，公司产品的毛利有下降的趋势。

3）订单取消风险：公司节能大功率电力电子产品为定制化的产品，实行订单生产，由于公司订单执行期较长，报告期末，公司及控股子公司未执行合同80829.32万元

（含税）结转至2017年执行。未执行订单在履行过程中如果遇到宏观经济环境、客户经营状况发生不利变化等不可预计或不可抗力等因素的影响，有可能会导致订单无法全部履行或终止的风险。

4）商誉减值风险：公司非同一控制下合并深圳市梦网科技发展有限公司形成24.70亿元的商誉，根据《企业会计准则》规定，交易形成的商誉不作摊销处理，但至少应当在每个会计年度终了时进行减值测试。尽管标的公司现有业务及资产盈利能力良好，盈利水平逐年提升，但当梦网科技业务及资产在未来出现盈利能力下降的情况，或者未来对本次交易前的现有资产中的部分或全部进行处置，则存在确认较大金额商誉减值损失或资产处置损失的风险，从而对上市公司当期损益造成重大不利影响。

宁波赛耐比光电科技股份有限公司

股票简称：赛耐比

股票代码：834662

上市时间：2015-12-07

所属板块：新三板

企业情况概要

公司2003年开始高频变压器（LED驱动电源关键配件之一）的研发生产，2011年开始转型从事LED驱动电源研发、生产、销售与服务，产品定位国外中高端客户的细分领域，从“薄”这一点上开发出一系列适应市场的产品，针对细分化领域，进行市场开拓，后续利用技术上的优势，在保持产品品质的基础上，优化方案设计，推陈出新，最终降低成本和提高产品参数性能，与知名品牌的产品进行竞争。通过6年左右的潜心专注运作，坚持技术创新，树立了赛耐比品牌，产品的独特创新深受客户喜爱，并在客户应用思维引领下开拓出更多新颖的产品，获得更高的认可度。

基本营销数据

2016年，公司实现营业收入13345.95万元，比上年增长25.83%；实现利润总额3234.17万元，比上年增长59.51%；实现归属于上市公司股东的净利润2775.35万元，比上年增长59.80%。报告期末，公司拥有总资产9203.52万元，净资产4478.15万元。公司营运能力明显提升，经营活动产生的现金流量净额为2833.40万元，同比上年增长61.63%，总资产同比上年增长79.36%；净资产同比上年增长172.56%。

主营业务发展情况

各类驱动电源销售量累计达到319万只，同比增长了27.09%，产品种类达500余款，产品销售到36个国家和地区，尤其以高端市场，即德国、意大利、英国、丹麦等西欧和北欧国家为主。公司塑料外壳电源在橱柜家具照明领域的全球市场上赢得了客户的广泛赞誉，获得了极大的市场认可度和美誉度。公司着重推出大功率塑料外壳电源，功率高达320W，打破了原有的世界纪录150W，此系列产品打破了原有的100W以上大功率产品采用铁外壳灌胶为主的观念。在客户的应用细节、技术参数等方面下足了功夫。

研发情况

在研发方面，研发投入金额823.11万元，占营业收入的6.17%；研发人员35人，占公司总人数的9.75%。公司立项的研发项目共9个，其中验收合格并投入生产的有5个，其余4个为跨期项目。

1）共完成LED驱动项目33项。其中，中大功率条型、中功率塑料壳及大功率商业照明等多项产品位居行业领先地位，95%的产品已投入生产，其中长条型产品功率范围进一步扩大，并远领先于同行；同时公司对超薄型、大功率商业照明进行多系列优化，以更高的性价比赢得市场，取得了相当可观的效益；产品设计独特新颖、抗干扰性强、多重保护功能等特点受到广大客户的青睐并得到一致好评。

2）自主创新。在新产品研发过程中有多项实用新型专利申请并获得授权，两项发明专利实审中，并有多项专利技术实现成果转化。

3）与大专院校建立长期合作关系，建立了产学研合作基地，在技术交流与人才培养方面取得丰硕成果。2016年《大功率高效智能LED驱动电源关键技术研发及产业化》项目进展顺利，通过此项目合作，研发的设计能力、理论知识等均得到不同程度的提高；通过该项目的深入合作将更新颖的技术应用于实际产品，以获得更高的可靠性和实用性，并为以后更大功率及智能驱动技术奠定坚实基础。

投资情况

报告期内，2016年5月20日召开第一届董事会第四次会议，审议通过了《公司拟投资设立江西甬宁电子科技有限公司的议案》，公司拟出资人民币120万元，占注册资本的60%，并于2016年5月27日取得子公司的营业执照。因订单增加扩大生产，购置了机器设备，同时报告期内新设子公司也购置了生产设备。

面临主要风险

1）公司实际控制人不当控制或变动的风险：公司实际控制人张莉、李琪、祝长军、范中兆合并直接持有公司90.90%的股份。公司实际控制人有可能存在实施不当控制风险。此外，公司仍可能存在实际控制人变动的风险。

2）高新技术企业资质不能获批的风险：公司《高新技术企业证书》将于2019年11月30日到期。到期后，公司需要重新申请国家高新企业资质，但存在不能获批的风险。

3）出口退税政策变动的风险：公司产品销售以出口为主，并按国家相关规定享受出口退税优惠且公司主要产品出口退税率较高。在其他条件不变的情况下，若出口退税税率下降将在一定程度上对公司经营业绩产生不利影响。

4）高级管理人员、核心技术人员流失及技术泄密的风险：公司丰富的经验和技术由相关部门的高级管理人员及核心技术人员掌握，受内外部因素影响，一旦上述人员发生违反保密/竞业禁止协议约定的情形，仍有可能导致技术泄密，对公司经营造成不利影响。

5）市场竞争加剧风险：目前LED照明行业企业的数量和规模都不断扩大，行业市场竞争日趋激烈。如公司在竞争中处于不利地位，则公司的行业地位、市场份额、经营业绩等均可能受到不利影响。

6）国际贸易摩擦风险：公司的 LED 驱动电源产品都是直接或者间接出口。如果未来上述国家对公司产品出台进口配额、反倾销、反补贴、增加进口关税等贸易保护政策，公司的经营业务可能遭受不良影响。

7）汇率波动风险：公司以境外销售为主，公司外币收入较多，且这种现象会长期存在。汇率的大幅波动可能会对公司生产经营产生一定的不利影响。

8）新业务发展风险：公司计划在发展传统 LED 驱动电源基础上，开发 LED 智能调光领域与智能充电领域产品，研发和市场开拓需要一定投入和时间，且公司进入该等领域后将可能面对与现有业务不同的市场环境。因此公司未来存在新业务发展不如预期的风险。

山东镭之源激光科技股份有限公司

股票简称：镭之源

股票代码：833611

上市时间：2015-09-30

所属板块：新三板

企业情况概要

公司是专业从事激光电源以及其他专用电源设备的生产商。公司拥有一支以行业专家为技术核心、以高学历工程师为骨干的、具备综合创新能力的技术研发团队。通过16 年持续的研发技术投入，不断提升科技创新能力的同时，凭借在行业内的领先地位和技术优势，先后获得 ISO9001 质量体系认证、欧盟国家 CE 认证等，公司目前拥有 1 项发明专利、8 项实用新型专利、1 项外观设计专利和 2 项软件著作权。公司依托这些技术资源优势自主设计和研发出二氧化碳激光电源、半导体激光电源、室分设备模块化 UPS 电源等产品。

基本营销数据

2016 年公司实现营业收入 2703.15 万元，同比减少 10.51%；利润总额 820.00 万元，同比增加 8.19%；归属于上市公司股东的净利润为 732.22 万元，同比减少 3.08%；基本每股收益 0.37 元，同比减少 15.91%；公司资产总额为 4436.48 万元，同比增长 12.21%；净资产总额为 3579.59 万元，同比增长 17.46%。

主营业务发展情况

报告期内，公司主营业务为激光电源及智能终端产品。公司持续加强成本控制、安全管理和内控管理制度的落实，保持了稳定的盈利能力，安全生产持续稳固。随着激光技术的进步和应用的拓展，与激光相关的元器件市场需求不断增加。公司抓住机遇，加大激光电源的研发、生产和销售力度，在报告期内取得优异成果，公司核心产品激光电源保持了快速的增长速度，本期比上期增长 49.66%，而公司智能终端产品属于新涉足领域，业绩不及激光电源稳定，智能终端收入比上年度减少近 950 万元，从而使营业收入减少，但本年度公司加强成本管理，使营业成本大幅减少，从而使净利润依旧保持稳定。

研发情况

2016 年研发投入金额为 210.71 万元，研发投入占营业收入的比例为 7.79%。公司 2016 年加大了研发投入，研发投入增加了 36.39 万元，主要用于研发所需的材料、设备和研发人员的薪酬。公司研发人员数量与上年持平，目前为 12 人。

公司 2016 年取得 4 项专利，其中实用新型项专利 3 项，外观设计专利 1 项，分别是一种适应多轴步进电机细分驱动系统的细分驱动装置、一种多轴步进电机细分系统及装置、一种带能量反馈的智能二氧化碳激光电源以及一种电源机壳的外观设计专利。

报告期内，公司完成了 SCLD100 军用小功率精密半导体激光驱动电源项目、医用半导体激光驱动电源及控制系统项目、新型二氧化碳激光电源外壳项目、室分用模块化不间断供电系统项目、激光电源测试系统项目等，同时公司还在进行能源互联网中的电动汽车 V2G 技术项目的研发。

投资情况

截至 2016 年 12 月 31 日，理财产品余额为 400 万元，本年度实现投资收益 315602.75 元。报告期内，公司拥有一家全资子公司雷声软件，公司于 2015 年 3 月 19 日将其收购，截至 2016 年 12 月 31 日，雷声软件总资产 12492563.01 元，净资产 11493268.95 元，2016 年度实现营业收入 7398290.71 元，净利润 5897829.17 元。

面临主要风险

1）应收账款回收风险：2016 年末，公司应收账款账面净值期末余额为 9070056.40 元，占流动资产的比例为 22.79%。应收账款期末账面净值余额较大，存在不能及时回收并可能发生坏账损失的风险。

2）技术人员流失风险：能否保持技术人员队伍的稳定，并不断吸引优秀人才的加盟，是企业能否保持技术创新能力的关键。而核心技术人员的流失将对行业内企业的经营产生不利影响。

3）实际控制人、控股股东不当控制风险：公司实际控制人和控股股东为王传祥，其通过行使表决权对公司的经营决策、人事、财务、监督等进行不当控制，可能给公司经营和其他股东带来风险。

4）公司治理风险：由于股份公司“三会一层”架构建立时间较短，各项规章制度仍需在公司运行中得到检验，故短期内公司存在因治理不善带来的风险。

上海雷诺尔科技股份有限公司

股票简称：雷诺尔

股票代码：833586

上市时间：2015-09-22

所属板块：新三板

企业情况概要

公司是“工业控制解决方案”的系统集成商、“工业控制与应用电气”的专业制造商。下辖五个专业子公司，产品覆盖高低压电机软起动器、高低压变频调速器、高低压无功补偿及谐波治理装置、EPS 应急电源、智能化电气、新能源电气和高低压输变电成套设备等，产品广泛应用于电力、冶金、石油石化、军工业、矿山、化工、建筑、建材、制药、市政、纺织印染、造纸、橡塑、轨道交通、水力、航天科技等行业，产品畅销世界多个国家和地区。公司产品已得到客户的普遍认可，“RENLE” 商标先后被评为上海市著名商标和中国驰名商标。

基本营销数据

报告期，公司实现营业收入 20326.14 万元，同比下降 0.64%；利润总额 3469.71 万元，比上年同期下降 26.82%；实现归属于上市公司股东的净利润 3048.99 万元，同比减少 26.03%；公司基本每股收益为 0.18 元，同比减少 25.00%；公司总资产为 48585.43 万元，同比减少 1.67%；净资产为 39859.69 万元，同比增长 5.84%。

主营业务发展情况

2016 年 11 月，公司“高新技术企业”资质复审获得通过，有效期至 2018 年 12 月 31 日。2016 年 12 月 2 日，公司以定向发行股份的方式，收购春华教育 60% 的股权。通过收购春华教育，公司将形成传统行业 + 新兴行业的业务格局，有助于降低现有行业竞争风险及周期性风险，壮大公司的业务规模和提高盈利能力。

报告期内，公司主营业务情况如下：

1）软起动器销售收入降幅趋缓：近几年受宏观经济形势及部分下游行业产能过剩影响，新增工程项目减少，市场竞争加剧，公司核心产品软起动器业务面临较大压力。报告期内软起动器销售收入占总收入 51.18%，较 2015 年下降 3.21%，实现销售收入 10403.67 万元，同比下降 6.50%，降幅低于 2015 年的 28.35%。

2）变频器销售收入持续增长：报告期内变频器销售收入占总收入的 27.84%，较 2015 年上升 2.95%，实现销售收入 5658.07 万元，同比增长 11.11%。尤其是报告期内研发的“RNB8000 系列高性能多机变频传动系统”在一条 53 个传动点的造纸生产线上试机成功，完全替代进口产品，实现中国造纸产业核心设备国产化。

3）主机配套业务不断增长：公司在 2014 年成立配套销售团队，开发压缩机等相关机械配套市场，公司配套业务不断增长，成绩斐然。报告期内，公司配套业务实现销售收入 1976.43 万元，同比增长 91.19%。

4）自动化系统成套业务初试水：公司 2016 年度有选择地承接了一些成套业务订单。报告期内，公司成套项目实现销售收入 2139.00 万元，作为公司业务的有力补充。为提升公司提供系统解决方案的技术实力，为公司产品未来应用于自动化传动控制生产线打下了较好的技术基础。

投资情况

报告期内，公司以定向发行股份的方式收购浙江春华教育科技有限公司 60% 的股权。

研发情况

报告期内，公司发生研发支出 936.86 万元，占营业收入比例为 4.61%，公司技术人员 63 人，占员工总数的 18.21%。报告期内，公司获得一项发明专利授权及三项实用新型专利授权，此外尚有一项发明专利申请获得受理。

报告期内已完成研发项目包括：SSD、JJR 系列电机软起动器的优化；新型三合一 RNMV 系列高压固态软起动器的研发；RNB AC 系列空压机专用变频器；SSF 系列水泵专用变频器的研发。报告期内在研项目包括：①RNB8000 系列共直流母线变频器，目前已试机成功；②新一代 RNHV 系列高压变频器 2MW 以下机型基本研发完成，已投放市场经过验证，运行稳定；2.24～5MW 机型的优化设计正在紧锣密鼓筹备中，2017 年初将进行单元打样；③新一代 RNB6000 系列低压变频器及 RNHV 系列高压变频器较前一代产品，性能提升且成本下降，将大幅增加公司产品的市场竞争力。

面临主要风险

1）经营业绩波动的风险：公司主要产品应用行业与我国宏观经济形势具有较强的相关性。近几年部分行业出现产能过剩，固定资产投资下降，市场竞争加剧，对公司经营产生不利影响。如果未来宏观经济形势持续放缓，且公司不能合理应对，公司业绩可能出现下降。

2）市场竞争风险：软起动器为公司的核心产品，近几年受宏观经济形势及部分下游行业产能过剩影响，新增工程项目减少，市场竞争加剧。如 2017 年市场需求没有实质性改善，公司软起动器业务仍然面临一定压力。

3）技术人员流失的风险：高素质的研发团队是公司研发和技术优势的基石，如果公司不能持续完善人才管理和激励机制，有效地培养技术人员的忠诚度，可能面临技术人员流失的风险。

4）核心技术泄密的风险：因技术人员的流失或其它原因可能导致核心技术泄密的风险。

5）实际控制人控制风险：报告期末，陈国成及陈三豹合计持有公司 40.42% 的股份。同时，陈国成现任公司董事长、总经理，陈三豹任副董事长，两人对公司经营管理有较大影响力，若两人利用其控制地位进行不当控制，可能给公司正常运营、中小股东利益带来风险。

6）税收优惠政策变化的风险：报告期内，公司通过高新技术企业资质复审，企业所得税减按 15% 征收。如果雷诺尔股份未来不能被继续认定为高新技术企业或与软件企业相关的税收优惠政策发生变化，将对公司的经营业绩产生一定影响。

7）应收账款余额较大的风险：报告期末，公司应收账款增长幅度较大且占资产总额的比例较高，如应收账款不能及时回收，将对公司的财务状况产生较大影响。

深圳奥特迅电力设备股份有限公司

股票简称：奥特迅

股票代码：002227

上市时间：2008-05-06

所属板块：深证中小板

企业情况概要

公司成立于 1998 年，是国家级高新技术企业，大功率电力电子设备整体方案解决商。作为电力自动化电源细分行业的龙头企业，公司负责起草或参与制定了 40 多项国家及行业标准，是我国目前唯一一家核安全级电源供应商。公司拥有20年工业大功率充电设备研发、制造、运行经验。公司业务主要涵盖工业电源、核电电源、电动汽车充电电源、电能质量治理装置、储能及微网系统、电动汽车充电整体方案提供等领域。

基本营销数据

报告期，公司实现营业收入36096.58万元，同比增加5.00%；利润总额1042.17万元，比上年同期下降18.86%；实现归属于上市公司股东的净利润911.55万元，同比减少4.67%；公司基本每股收益为0.04元，同比减少5.71%；公司总资产为100056.88万元，同比减少0.88%；净资产为79402.16万元，同比增长2.25%。

主营业务发展情况

公司现有主营业务主要分为传统电力自动化电源产品、新能源汽车充电产品及电能质量产品。

电力用直流和交流一体化不间断电源设备及运行设备维护是公司的传统业务，占总收入的79.91%，较2015年下降了9.77个百分点，其中电力用直流和交流一体化不间断电源设备实现业务收入28413.86万元，较2015年下降了6.79%，运行设备维护收入430.84万元，较2015年上升了24.66%。在传统业务上，一方面销售工作开展得更加深入，确保电网设备的中标份额，扎实做好每个电厂项目的销售及执行工作；另一方面，积极推进既有产品的升级，并开展了蓄电池并联充电电源模块、组合式一体化电源柜、新一代蓄电池在线监测系统等的开发，继续保持公司在行业中的领先地位。

电动汽车充电设备业务方面，公司持续以电动汽车柔性充电堆技术建设电动汽车充电站，继续走战略转型之路，实现业务收入5273.95万元，较2015年大幅增加了74.91%。充电设备业务已经占总收入的14.61%，较2015年上升了5.84个百分点。公司第二代产品矩阵式柔性充电堆技术以“兼容现在、达济未来”的设计理念，“功率共享、按需分配”的智能分配模式，以及高度集成化、智能化设计，填补了国内空白，技术达到国内领先水平，探索出了按充电能力规划充电设施建设的新思路。

电能质量治理方面，报告期内占总收入的2.66%，较2015年上升了1.26个百分点，实现业务收入960.06万元，较2015年大幅增加了99.31%。具有国际先进水平的27.5kV/5MVA铁路功率调节装置（RPC）已在现场完成投运前的系统联调工作，低压产品进入全面“模块化”阶段。报告期内，公司成功中标国网陕西省电力公司2016年第四批物资集中招标的三相负荷不平衡自动调节装置采购项目，是公司电能质量产品首次应用于国家电网。

研发情况

报告期内，公司研发支出4307.88万元，占营业收入比例为11.93%。公司专业从事研发与技术的人员达316人，占公司员工总数的42.13%左右，该比例在同行业公司中位居前列。2016年度公司新增取得授权专利23项，新发表软件著作权8项，正在受理或者审查的专利26项。

在电力自动化电源方面，公司积极推进既有产品的升级，提升产品的功能指标及工艺性，降低产品成本，并开展了蓄电池并联充电电源模块、组合式一体化电源柜、新一代蓄电池在线监测系统等的开发。

在新能源汽车方面，积极推进基于电动汽车矩阵式柔性充电堆技术的集约式公共充电模式的落地，建设了新能源汽车与电网双向互通工程实验室，研究新能源发电、电池储能和电动汽车V2G基于充电堆的协同工作模式。积极开展了基于堆技术的公交充电站及公共充电站的整体解决方案和商业模式研究。

在电能质量产品领域，公司成功研制了35kV/10MW的高压直挂式静止无功补偿装置，并在35kV变电站成功挂网试运行。

面临主要风险

1）政策风险：公司产品目前主要应用于电力和新能源电动汽车等行业。公司目前所处行业的发展不仅取决于国民经济的实际需求，也受到国家政策的较大影响。未来存在政府调整扶持政策或减小扶持力度的可能性，这将对新能源汽车及相关产业的发展带来不利的影响。

2）技术革新风险：电力电源技术更新快、研发周期长、市场需求多变，相关产品、技术的生命周期逐步缩短。如果公司不能持续保持技术创新，不能及时准确把握技术、产品和市场的发展趋势并实现技术和产品升级，现有的技术和产品将面临被淘汰的风险，对公司的经济效益及发展前景造成不利影响。

3）毛利率下降的风险：新能源汽车产业发展前景广阔，形成了众多企业争相进入的局面，在一定时期内将导致行业竞争加剧，公司利用先发优势所带来的高毛利将难以维持；同时在公司产品应用的各行业，由于竞争所导致的产品价格下降趋势将长期存在。

4）经营管理的风险：随着公司发展规模的不断扩大，公司目前下设多家子公司，业务覆盖面不断延展。如果公司在管理上不能及时适应规模迅速扩张的需要，将削弱公司的市场竞争力。

深圳科士达科技股份有限公司

股票简称：科士达

股票代码：002518

上市时间：2010-12-07

所属板块：深证中小板

企业情况概要

科士达成立于1993年，是一家专注于电力电子及新能源领域的智能网络能源供应商。公司作为中国UPS产业领航者、行业领先的安全用电环境一体化解决方案提供商、新能源发电系统解决方案提供商，主要致力于数据中心关键基础设施产品、新能源光伏发电系统产品、电动汽车充电桩产品、储能系统产品和直流电源产品的研发、制造及一体化解决方案应用。公司凭借“市场导向+技术驱动”的发展思路，经过20余年的行业深耕，建立了行业领先的营销网络和供应链生产平台，并构筑了完善的自主知识产权体系及业界领先的研发平台体系，形成了企业可持续发展的核心竞争力，最终实现业绩持续稳定增长。

基本营销数据

报告期内，公司实现营业总收入 175044.48 万元，比上年同期增长 14.67%；实现营业利润 30987.13 万元，比上年同期增长 19.00%；实现利润总额 33476.83 万元，比上年同期增长 24.37%；实现归属于上市公司股东的净利润 29585.85 万元，比上年同期增长 26.75%，基本每股收益 0.67 元，同比增长 26.42%。公司资产总额 282175.50 万元，较上年末增加 11.76%；净资产 197027.23 万元，较上年末增加 13.22%。

主营业务发展情况

1）数据中心关键基础设施产品：作为最早进入数据中心产品领域的国内企业，公司数据中心关键基础设施产品已包含：不间断电源（UPS）、精密空调、精密配电、蓄电池、网络服务器机柜、动力环境监控等设备和系统，广泛应用于金融、通信、政府机构、轨道交通、电力、制造等行业和领域，是保障数据中心信息安全、可靠运行必不可少的关键设备。报告期内，公司数据中心关键基础设施产品实现营业收入 127714.94 万元，同比增长 2.82%；其中，毛利率较高的中大功率 UPS、精密空调等产品受公司产品结构调整及微模块产品市场份额增大等有利刺激，在销售收入的占比逐步增加。

2）新能源光伏发电系统产品：集中并网光伏逆变器、分布式光伏逆变器、智能汇流箱、防逆流箱、直流配电柜、太阳能深循环蓄电池、监控等，在报告期内实现营业收入 38591.10 万元，同比增长 66.74%。

3）电动汽车充电桩产品：报告期内，公司电动汽车充电桩产品实现营业收入 7084.60 万元，同比增长 74.27%；其中，公司充分利用了在研发、生产、测试方面整体优势，使充电桩整机业务保持预期发展的同时，充电桩模块业务继续保持了高速增长。

研发情况

报告期内，研发投入 8442.05 万元，比上年同期增长 6.10%，占营业收入的 4.82；研发人员 346 人，占公司人员的 14.64%。公司取得发明专利 11 项，实用新型专利 8 项，外观设计专利 6 项，另有多项专利授权正在申请过程中。

各产品的研发情况如下：

1）数据中心产品：

①公司围绕新一代机房一体化解决方案，在原来常规机房的基础上，整合了 UPS 系统、消防系统、监控系统、机柜系统、配电系统、精密空调系统于一体的新一代一体化智能微型机房（IDU 产品）。

②2016 年，公司在 IDM 解决方案原有基础上，围绕方案整体外观和节能性的提升，展开了持续努力的研发工作，通过整体方案的优化，科士达 IDM 解决方案内所有子系统柜体外观保持一致；通过加装机柜和冷通道密封组件，保证 IDM 冷通道内无漏风点存在，大大提升空调的制冷利用率；氟泵自然冷系统在方案中的应用，极大地提升了方案节能效率和方案竞争力。

③YMK 系列高频大功率 UPS 方面，继 20kVA/30kVA/40kVA 模块后，50kVA 模块也顺利开发完成，效率达到 96.5%，相关技术达到国内国际先进水平。

④高频单相机方面，适用于数据中心的 6kVA/10kVA RT 高效率机型开发完成，各项指标符合国家一类标准；专门针对北美的 120V 电压制式，从 1kVA 到 50kVA 的单相及三相 UPS 机型已研发成功，为拓展海外 UPS 市场奠定基础。

⑤成功研发模块化系列节能空调产品、机架式空调产品、基于物联网的智能精密空调解决方案。

⑥节能认证方面，三大系列产品（MatrixAir、FocusAir、StationAir）全部升级为新标准节能认证产品，空调焓差实验室获得国家级检测机构评定合格证书。

⑦Starscope 动力与环境监控系统：在大数据高速发展的背景下，科士达动力与环境监控系统 Starscope 迎风而上，迅速获得客户的认可。

2）光伏逆变器产品：2016 年公司研发并投产 4 路 MPPT 500kW 三电平集中式光伏逆变器和 6 路 MPPT 80kW 组串式光伏逆变器。2016 年下半年公司重点开发了 1500V 光伏逆变器，其中 1.25MW 集中式光伏逆变器，整机最高效率 99%，单瓦成本下降 20%，电站系统发电量可提升 1.5%；100kW 6 路 MPPT 组串式逆变器，业界单机功率最大，MPPT 路数最多，性价比极高。1500V 光伏系统将大大降低光伏电站建设成本，为实现光伏平价上网奠定基础。

3）电动汽车充电产品：2016 年度公司在充电桩方面，完成了一体式直流快速充电机 15～150kW 系列产品、小型化 60kW 一体式直流快速充电机产品、移动式 30kW/60kW 一体式直流快速充电机产品、分体式直流快速充电机 90～360kW 系列产品、壁挂式交流充电机与立柱式交流充电机产品开发、15kW 充电机模块（200～500V；300～750V）等。公司开发了全新的电动汽车充电桩高效拓扑结构、控制方式和防护方案。

4）储能产品：针对动力电池梯次利用，开发了模块化储能变流器；针对光储一体化解决方案，开发了双向直流变换器。

5）直流电源产品：通信电源产品完成了中等效率 50A 模块及其系统开发。

投资情况

截至 2016 年 12 月 31 日，公司购买理财产品 13700 万元。报告期内，公司使用自有资金 1 亿元参与设立峰林一号基金，峰林一号基金将依托其股东创新中心的专业团队优势、项目资源优势和平台优势，积极寻找具有良好发展前景的项目。公司对其的投资将有利于间接培育数据中心、新能源等新兴产业领域优质项目，拓宽投资渠道，提高新项目的开发和投资能力，加快公司数据中心、新能源产业布局和外延发展的步伐；此外，公司与安徽省金寨县人民政府于报告期内签订了《投资合作协议》，在光伏电站建设及逆变器、新能源汽车充电设施生产等领域开展合作。

面临主要风险

1）宏观环境：2016 年全球经济增长不及预期，中国经济运行大体平稳，但经济内在动力不足，“三去”尚未完结，经济下行压力犹存，2017 年中国还面临“反全球化”倾向和贸易保护主义，以及内需不足等不利因素影响。因此，公司所面临的内外部风险将可能增加。

2）法律风险：随着公司在海外分支机构的设立和海外业务的不断扩张，由于当地法律环境的复杂性，虽然公司力求遵守所有当地适用的法规且无意违反，但仍可能存在各种难以预见的风险。

3）政策风险：公司光伏新能源产品和电动汽车充电桩产品市场发展受政策的影响，国家大力发展新能源行业和推广电动汽车充电设施建设成为未来方向，但如果政策未及时落地、扶持效果不及预期，将对公司经营产生影响。

4）战略风险：公司所处的数据中心产业和新能源产业发展迅速且复杂多变，现有市场竞争日益激烈，新技术、新产品、新商业模式不断涌现，产业发展方向的不确定性大大增加，给公司的战略选择带来极大挑战。

5）财务风险：公司的财务风险主要体现在应收账款回款方面，随着公司业务规模不断增长，应收账款总额也在不断地扩大，特别是光伏新能源产品回款周期长、回款风险大的问题一直存在。

深圳可立克科技股份有限公司

股票简称：可立克

股票代码：002782

上市时间：2015-12-22

所属板块：深证中小板

企业情况概要

公司成立于2004年，是一家在电源和磁性元件领域内快速成长且具有高增长性的高新技术企业，专业从事特种磁性元件、适配器、专业充电器、定制电源、LED照明电源等产品的研发设计、生产、销售和服务。公司已拥有百条以上磁性元件产品生产线和数十条电源产品制造生产线，年产磁性元件1.5亿只以上、电源800万只以上的生产能力。公司自成立以来，保持了快速发展的态势。在过去的几年里，可立克在行业中取得了良好的成绩，产品畅销国内外市场，70%产品远销欧美、澳大利亚、南美及亚洲等国家和地区，是亚太地区乃至国际市场有影响力的磁性元件和电源厂商之一。

基本营销数据

报告期内，公司营业总收入83064.03万元，比上年同期增加11.65%；利润总额8592.25万元，比上年同期增加6.12%；归属于上市公司股东的净利润5889.57万元，与上年同期持平；公司基本每股收益为0.14元，较上年同期减少22.74%；公司资产总额103510.16万元，较上年末增加7.55%；净资产81754.26万元，较上年末减少5.40%。

主营业务发展情况

依靠自身努力和多年稳健经营，公司积累了一批在各领域拥有领先市场地位的优质客户。公司主要客户大多数为国内外上市公司（或其子公司）或细分行业龙头。公司连续八年入选中国电子元件行业协会发布的中国电子元件百强企业，公司的电子变压器制造综合实力位于国内领先地位。

1）磁性元件类产品：2016年，磁性元件类产品销售收入43176.55万元，较2015年增长16.14%。公司的磁性元件产品按照特性分为电源变压器、开关电源变压器和电感三大类。其中，包括电源变压器、开关电源变压器在内的电子变压器是公司的主导产品；公司的电感类产品包括太阳能逆变电感、大功率逆变电感、PFC电感、滤波器、整流电感、谐振电感、输出电感和贴片电感等多个系列。目前公司电子变压器产品在资讯类、UPS电源等领域拥有较高的市场占有率，客户覆盖众多世界级电源厂商以及汽车电子企业。

2）开关电源类产品：2016年，开关电源类产品销售收入39357.17万元，较2015年增长6.64%。公司目前生产的开关电源产品主要为电源适配器、动力电池充电器以及各类定制电源，与UPS电源及PC电源制造商的市场定位存在差异。从公司电源产品的销售规模看，目前与国际知名电源生产商还存在一定的差距。

研发情况

报告期内，公司研发投入共2473.44万元，占销售收入的2.98%；公司研发系统113人，公司员工占比为3.50%。

变压器研发方面，自2016年初以来，汽车充电桩市场急速膨胀，公司抓住新能源行业的发展机遇，近年来的技术和市场累积初见成效。

电源研发方面，积极开发高功率智能化电源平台、动力电池组等，在电动工具、网络通信、LED等领域继续保持优势地位。同时，公司配置了较为完备的研发和测试设备，建立了EMC实验室、EMS实验室、环境实验室、性能和安规测试实验室，配合新引入的ATE、HALT等全自动的测试设备，能快速、有效地解决新产品开发所需的测试和验证，提高了产品研发效率。

投资情况

公司在报告期对子公司惠州可立克科技增资14000万元人民币；出资2500万元设立了新全资子公司惠州市可立克电子有限公司；投资5000美元设立二级子公司CLICK TECH INC.，拓展欧美市场。

面临主要风险

1）市场风险：公司所处行业为充分竞争的行业，公司产品的终端应用领域主要覆盖计算机、网络通信、UPS、消费类电子及汽车电子等，科技的进步以及经济周期的波动等因素，都会对这些产业产生一定影响，进一步影响到公司产品的市场需求。

2）客户相对集中的风险：经过充分的市场竞争后，公司产品的下游行业如计算机电源、UPS电源等行业，呈现出集中度较高的特点。由于这些企业规模普遍较大，对公司产品的需求也较大，从而导致公司的客户相对集中。若公司主要客户大幅降低对公司产品的采购数量，将给公司经营业绩造成一定影响。

3）原材料价格波动风险：公司主要原材料为漆包线、磁芯、半导体、矽钢片等，生产成本以直接材料成本为主。原材料供应的持续稳定性及价格波动幅度对公司盈利影响较大。

4）政策风险：公司产品出口比重较大，主要出口地为欧美地区。目前，欧美地区国家对电子产品的环保、节能要求越来越高。相关出口政策的变化，短期内，将会对公司产品的出口带来一定影响。

深圳市国耀电子科技股份有限公司

股票简称：国耀电子

股票代码：835327

上市时间：2016-01-04

所属板块：新三板

企业情况概要

公司成立于 2002 年 6 月，为国家级高新技术企业。2015 年，公司整体转制为股份有限公司。公司主要从事各类高频开关电源、电力电子设备研发、生产与销售。公司多年来一直致力于为通信领域提供开关电源产品，在高效率功率转换、智能功率控制等技术领域积累了丰富的经验，取得了多项专利和软件著作权。公司产品主要用于通信、交通、电力、铁路等领域。主要产品包括通信定制基站电源、通信系统电源、太阳能、风能控制器、LED 照明驱动电源、电动汽车充电桩等。公司产品完全拥有自主知识产权。

基本营销数据

报告期内，公司实现营业收入 4884.64 万元，同比减少 0.27%；利润总额 -227.40 万元，比上年同期亏损增长 88.22%；归属于上市公司股东的净利润 -221.35 万元，同比亏损增长 54.33%；公司基本每股收益为 -0.04 元，同比减少 33.33%；公司实现总资产 8432.97 万元，同比增长 11.35%；净资产 5268.04 万元，同比减少 4.03%。

主营业务发展情况

定制电源业务方面，定制电源在报告期内销售量大幅度下降。公司适时调整经营策略，积极开拓新能源汽车行业市场，在基于自身技术和研发的优势上，开始增加新能源设备、电动汽车电源和太阳能发电配套设备的研发和生产。主营业务情况如下：

1）定制电源报告期内收入下降，市场因素是因为信息技术的不断发展和全球 4G 网络覆盖率的不断完善，通信基站建设投资已逐渐减少，通信电源市场总体需求下滑，引起定制电源等产品销量随之下降；原一贯稳定的订单，老型号机框电源销量下滑 80%，4G 基站电源下滑 50%。

2）系统电源报告期内收入下降，主要是客户华为技术有限公司 2013 年初开始业务调整，将系统电源采购渠道转移至代理商，导致销量有所降低。

3）转型新能源充电桩 2016 年销售额达 590 万，占全年销售额 12.08%，转型新能源充电桩现只是小批量生产阶段，客户分散，订单量小，尚未实现大批量生产和销售。

研发情况

报告期内，研发费用 674.68 万元，占公司营业额的 14.01%，比上年同期增长 32.27%。公司研发人员 33 人，占员工总数的 20.12%。公司共完成 12 项新产品，其中母公司完成六项新产品：

1）《有线电视传输网逆变器 GYN1125A-48S90C》项目，是印度客户定制，该产品样机已提交客户测试，预计年销售量 8000 台。

2）《太阳能 MPPT 控制器 SSU25-48G》项目，是印度客户定制，样品正在测试中，预计年销售 10000 台以上。

3）《车载 DC/DC 电源 GYD800-144S14C1》项目，是为电动汽车某知名品牌客户定制，该产品样机已提交客户测试，预计年销售 20000 台以上。

4）《通信基站配套电源 AD500-1S005E》项目，是为某知名通信企业客户定制，该产品样机已提交客户测试，预计年订单 10000 台以上。

5）《控矿机电源 GYA1600-220S12C》项目，是公司自主研发的新产品，报告期内已销售 18000 台，预计每年销售量 20000 台以上。

6）《电力控制系统电源 GYPS2416-08-2U》项目，是印度客户指定定制，该产品样机已提交客户测试，预计年销售 20000 台以上。

报告期内子公司河北新能源科技有限公司共完成六项软件产品：

1）《GYQ60O0001 控制器控制软件》项目，是公司自主研发的新产品。

2）《GYZ1250-400S 系列充电器控制软件》项目，是公司自主研发的新产品。

3）《GYYA500 系列充电器控制软件》项目，是公司自主研发的新产品。

4）《GYCBS（20L-200L）开水器/饮水机控制软件》项目，是公司自主研发的新产品。

5）《GYD08K0000 电源控制软件》项目，是公司自主研发的新产品。

6）《GYC 系列充电机/桩控制软件》项目，是公司自主研发的新产品。

投资情况

报告期内，由深圳市国耀电子科技有限公司出资 1000 万元，于 2016 年 5 月 5 日设立全资子公司河北国耀新能源科技有限公司。

面临主要风险

1）客户集中的风险：随着公司业务规模的发展，公司对华为技术有限公司的销售占公司销售收入的比重呈上升趋势。如果未来公司不能与华为技术有限公司保持良好的合作关系，又不能快速发展其他市场客户，将对公司生产经营产生不利影响。

2）土地房产存在瑕疵的风险：公司的子公司从实际控制人张耀南转让取得东莞市黄江镇北岸村集体建设用地 5500m^2，并在该土地上兴建厂房。土地房产投入较大，但土地流转存在瑕疵。同时公司兴建厂房是通过临建手续报批，房产权属证书难以取得。因此，公司通过转让取得该土地及兴建厂房后，无法进行权属登记，存在土地厂房权属纠纷或被第三人追索的风险。

3）营业收入下滑的风险：2016 年与 2015 年相比，销售收入下降 8.29%。营业收入的下滑主要因素是开关电源行业转型升级，市场需求量下滑；公司的转型产品市场占有率尚未形成，对公司未来的发展产生不利的影响。

4）技术更新和新产品开发的风险：公司行业技术更新换代快，市场竞争剧烈。如果公司不能保持技术更新及开发新产品的能力，或者新技术、新产品不能得到市场认可，可能对公司经营发展产生不利的影响。

5）融资渠道单一的风险：报告期内，公司发展所需资金主要通过债权融资方式解决，融资渠道比较单一。随着公司业务规模的不断扩张和新产品的开发，如果不能合理规划资金的筹措和使用，会导致公司出现资金难以满足经营需求，将对公司生产经营造成一定的不利影响。

6）实际控制人控制不当的风险：实际控制人持有公司48.889%股份，且担任公司董事、总经理，能够对公司经营决策产生实质影响。若实际控制人利用其控制权对公司的经营决策、人事、财务等进行不当控制，可能给公司经营和其他少数权益股东带来风险。

7）关联方存在同业及曾经存在人员混同的情形：公司是石家庄国耀电子科技有限公司与兰建克出资设立的有限公司。2015年石家庄国耀通过股权转让方式，将公司股权转让给张耀南、张超及张江波。报告期内，两家公司存在同业但不竞争的关系；另外，两家公司在产品、技术方面存在相似性，报告期内双方存在专利权共有、合作研发、高级管理人员两边从事工作的情况。

深圳市汇川技术股份有限公司

股票简称：汇川技术

股票代码：300124

上市时间：2010-09-28

所属板块：深证创业板

企业情况概要

公司是专门从事工业自动化和新能源相关产品研发、生产和销售的高新技术企业。经过十多年的发展，公司已经从单一的变频器供应商发展成电气综合产品及解决方案供应商。目前公司主要产品包括：①服务于智能装备和工业机器人领域的工业自动化产品，包括各种变频器、伺服系统、控制系统、工业视觉系统、传感器等核心部件及电气解决方案；②服务于新能源汽车领域动力总成核心部件，包括各种电机控制器、辅助动力系统等；③服务于轨道交通领域牵引与控制系统，包括牵引变流器、辅助变流器、高压箱、牵引电机和TCMS等；④服务于设备售后服务市场的工业互联网解决方案，包括智能硬件、信息化管理平台等。公司产品广泛应用于新能源汽车、电梯、空压机、机器人/机械手、3C制造、锂电设备、起重、机床、金属制品、电线电缆、塑胶、印刷包装、纺织化纤、建材、冶金、煤矿、市政、轨道交通、光伏等行业。

基本营销数据

报告期内，公司实现营业总收入366004.52万元，较上年同期增长32.11%；实现营业利润83208.90万元，较上年同期增长14.80%；实现利润总额104364.61万元，较上年同期增长15.27%；实现归属于上市公司股东的净利润93183.75万元，较上年同期增长15.14%；公司基本每股收益为0.59元，较上年同期增长15.69%；公司资产总额797387.20万元，较上年末增加34.09%；净资产471579.17万元，较上年末增加16.16%。

主营业务发展情况

报告期内，公司在2016年凭借出色的行业深度解决方案与品牌影响力，公司工业自动化产品取得了较好市场表现，其中通用变频器产品同比增长38%，电梯一体化产品同比增长8%，通用伺服产品同比增长57%，电液专用伺服产品同比增长26%，PLC产品同比增长38%。公司产品市场占有率进一步得到提升，工业自动化领军企业地位得巩固。

报告期内，公司在新能源汽车领域共实现销售收入8.45亿元，同比增长31%。在新能源客车领域，继续坚持维护好战略大客户的策略，并取得较好效果。在新能源物流车领域利用集成式电机控制器等产品，成功布局微面和蓝牌4.5T轻卡等车型，已经与多家企完成了试制或配置公告。在新能源乘用车领域，除了加大平台产品的开发外，已经与多家乘用车企业进行深入对接，取得多个项目合作机会。

报告期内，公司轨道交通业务实现收入2.29亿元。报告期内，在引进消化吸收的基础上公司通过加大轨道交通牵引系统产品国产化研发，掌握了牵引系统的关键技术，在牵引辅助逆变器的控制硬件、相关软件及算法等方面采用了自主设计，具备了系统自主、生产制造及试验证能力。在2016年11月，公司顺利通过了自主化城轨牵引系统载客前评审。

研发情况

报告期内，研发投入38532万元，比上年同期增长32.89%，占营业收入的10.53%；研发人员1290人，占公司人员的28.50%。新增发明专利80项，实用新型专利51项，外观设计专利21项，软件著作权17项。

报告期内研发完成项目5项，包括机器人控制器、第三代四象限控制器、电梯一体化电气解决方案、纯电动客车集成控制器、物流车集成控制器；在研项目包括MD500系列小功率变频器、MD810系列多传变频器、MD880系列多传变频器、新一代伺服驱动器、新一代乘用车电机控制器、六轴机器人、地铁牵引系统国产化、第三代两象限控制器、电梯视频机等9项。

投资情况

公司在上半年成立了沃尔曼公司，并投资收购上海莱恩60%股权，以此来搭建公司精密机械设计与制造平台；公司作为有限合伙人参与设立的深圳前海晶瑞中欧并购基金投资企业已于2016年2月成立。2016年7月，公司的认缴规模从14000万元人民币增加至50000万元人民币。截至报告期末，公司实际缴纳出资2.1亿元人民币。目前前海晶瑞中欧并购基金在海外的投资工作已经开始；公司作为有限合伙人参与设立佛山市招科创新智能产业投资基金（以前名称为招科创新智能装备与硬件产业投资基金），公司的认缴出资从1亿元人民币增资至1.2亿元人民币。该基金目前正处于合伙协议签署过程中，预计2017年上半年会正式运作。

面临主要风险

1）宏观经济波动导致市场需求下滑的风险：公司产品所服务的下游行业与国家宏观经济、固定资产投资、出口等政策密切相关。当宏观经济出现波动时，这些行业势必会受到较大影响，从而影响公司产品的市场需求。

2）房地产市场下滑导致电梯行业需求下滑的风险：房地产调控政策以及房价下滑的预期，对房地产市场需求造成了一定影响。由于公司电梯行业产品的销售收入占比较高，当房地产市场出现下滑时，公司在电梯行业的销售收入和利润将受到较大影响。

3）新能源汽车产业政策调整的风险：新能源汽车领域发展前景广阔，但因行业处于发展初期，产业格局尚未定型，产业政策仍需完善与调整。若新能源汽车产业政策出现较大调整，将影响公司新能源汽车业务。

4）竞争加剧及业务结构变化，导致毛利率下降的风险：目前公司在许多行业主要与外资品牌相竞争。在与外资品牌的竞争过程中，公司依靠差异化的产品、行业解决方案、本土化的服务、较低的成本等优势取得了一定的市场地位，并使公司产品的综合毛利率保持在48%～50%水平。但如果外资品牌调整经营策略、加大本土化经营力度，则公司面临的竞争势必加剧，从而导致公司产品的毛利率下降。如果其它内资品牌在技术、产品和经营模式等方面全面跟进，则公司会面临内资品牌的全面竞争，从而也会导致产品价格下降，毛利率下滑。另外，随着公司轨道交通牵引系统、高压变频器、伺服电机等低毛利率产品的销售比重的增加，也会对公司的综合毛利率产生影响。

5）应收账款不断增加，有形成坏账的风险：随着公司高压变频器等工程型产品销售规模逐渐增大，由其行业特点导致的应收账款也会逐渐加大。

6）公司规模扩大带来的管理风险：近年来随着公司资产规模、人员规模、业务范围的不断扩大，仍然存在较大的管理风险。

7）核心技术和人才不足导致公司竞争优势下降的风险：公司在电机控制算法、总线技术等核心技术上，仍然落后于外资主流品牌。随着公司技术创新的深入，技术创新在深度和广度上都将会更加困难。这一方面需要公司在技术研发方面不断加大投入，另一方面也加大了公司对高端、综合型技术人才的需求。如果公司现有的盈利不能保证公司未来在技术研发方面的持续投入，不能吸引和培养更加优秀的技术人才，将会削弱公司的竞争力，从而影响进口替代经营策略的实施。

深圳市科陆电子科技股份有限公司

股票简称：科陆电子

股票代码：002121

上市时间：2007-03-06

所属板块：深圳中小板

企业情况概要

公司是国家级高新技术企业，致力于为智能电网、新能源应用、自动化物流技术提供整体解决方案。企业成立于1996年，于2007年3月在深圳证交所挂牌上市。科陆电子先后获得国家能源科技进步二等奖、广东省科学技术一等奖、深圳市市长创新奖，并被授予广东省科学技术奖2项、深圳市科技进步奖3项、科技创新奖1项；独立承担了3项国家863计划专项科研项目和多项广东省、深圳市科技计划项目；申请国家专利457项（其中发明专利224项）、国际专利1项，参编标准65项。

基本营销数据

报告期，公司实现营业收入316190.46万元，同比增长39.82%；利润总额29624.03万元，比上年同期增长67.32%；实现归属于上市公司股东的净利润27179.54万元，同比增加38.53%；公司基本每股收益为0.23元，同比下降47.68%；公司总资产为1222367.68万元，同比增长18.53%；净资产为265162.80万元，同比增长14.16%。

主营业务发展情况

报告期内公司已初步形成了围绕以智慧能源为核心的产品链、商业运营生态圈和金融服务体系：

1）公司的产品链主要包含智能配电相关产品及储能领域，包括配电网一、二次设备、智能用电仪器仪表设备、新能源接入设备、储能系统设备、新能源汽车充电设备、智能安防和智能交通监控设备、围绕新能源产品制造的工业自动化、芯片设计以及围绕能源服务的数据采集和软件系统。

智能配电网相关产品方面，公司通过配电网产品产业链整合，加大一、二次产品融合速度，可以为2万亿元配电网改造提供符合新标准的主体设备，包括一、二次融合的柱上开关、环网柜和变压器台区，静态录波型故障指示器取得重大突破。公司配电网产品在国家电网公司和南方电网公司全面中标，EPC工程总承包服务开始发力。

储能领域方面，报告期内公司储能业务取得实质性突破。新一代的磷酸铁锂系列储能系统研发使公司储能产品技术优势达到行业领先水平；玉门市三十里井子风光储电网融合示范项目是国内第一个商业化运行的风光储电网融合示范项目，该项目已于2016年6月29日完成了系统调试，成功并入电网投入运行，下一步将结合储能进行深入试验示范与研究应用；上能佛山项目是大规模锂电储能系统在需求侧的第一次使用；西藏双湖项目的正式运营，解决了高海拔无电人口用电的社会性问题。公司中标承建的山西同达项目预计于2017年4月建成，该项目投运后，将成为目前国内规模最大的储能电力调频项目。

2）公司的商业运营生态圈主要包括新能源并网发电运营、新能源电动汽车生态圈和以售电为核心的综合能源服务。报告期内，公司积极拓展新能源汽车充电领域产业链，重点布局新能源汽车的运营。公司在新能源车、桩、网方面已形成较为完整的产业链条：动力电池（参股北京国能电池科技有限公司）—新能源汽车运营（中电绿源主营通勤车运营，地上铁租车（深圳）有限公司主营物流车运营，深圳市车电网络有限公司主营乘用车运营）—充电桩生产及运营新能源汽车产业链。报告期内，公司还携手阿里云公司共同打造科陆能源云平台，为公司发展充电云平台和售电云平提供了技术保证。报告期内，公司的售电业务已经在全国全面开展，独立售电 8 亿度，携手深电能售电 78 亿度。公司的负荷预测技术在售电偏差考核中表现出了优势。目前，公司正利用互联网 + 智慧能源技术向配售一体和园区综合能源服务拓展，公司参股的中山翠亨已经开始全面规划和运作。

3）公司的金融服务体系处于起步阶段，主要包含围绕智慧能源的保险和融资服务，现正快速发展中。拓展了融资租赁、信托贷款等多种形式的融资手段，为公司业务发展提供资金支持。

研发情况

2016 年，公司累计研发投入 25278.86 万元，占全年营业收入约 8%；公司研发人员 1424 人，占员工总数的 36.28%。报告期内，公司共申请专利 148 项，获得专利 81 项；截至 2016 年 12 月 31 日，公司（含控股子公司）共申请专利 1014 项，获得专利 461 项。

投资情况

报告期内，公司积极拓展各产业链，进行了多项增资，并购及设立新子公司，投入自筹资金共计 163593.72 万元，投资回报 26438.70 万元，包括参股北京国能电池科技有限公司，持股 16.24%；新设中山翠亨能源有限公司，持股 15.00%；收购北京中电绿源汽车租赁有限公司，持有 80% 股份；完成收购全资子公司深圳市中电绿源新能源汽车发展有限公司；收购地上铁租车（深圳）有限公司，持股 44.00%；设立控股子公司深圳市车电网络有限公司，持股 57.14%；收购海豚保险经纪（深圳）有限公司，掌握 67.50% 股份；设立海豚大数据网络科技（深圳）有限公司，持股 67.50%；设立深圳神州速融科技服务有限公司，持股 80.00%；设立全资子公司深圳、重庆、贵州、河北、北京、江西、江苏等地的科陆售电有限公司；增资深圳市科陆物联信息技术有限公司，持股 85.00% 等。

报告期内，公司还投资 812.84 万元用于科陆电子（南昌）智能电网研发与产业基地项目，目前项目进度 25.44%，已累计投入 38154.84 万元，其中募集资金投入为 2657.11 万元。

面临主要风险

1）公司规模扩大及新业务拓展带来的管理风险：随着公司业务的快速发展以及外延式并购的扩张，公司资产规模、业务范围、经营地域进一步扩大，组织结构和管理体系日趋复杂，如果公司在规模扩大的过程中不能有效地进行管控，将对公司发展形成一定风险。

2）技术失密和核心技术人员流失的风险：公司通过核心技术人员股权激励等方式，有效提高了核心技术人员和研发团队的忠诚度和凝聚力，但随着公司所处行业竞争的加剧，公司仍存在技术失密和核心技术人员流失的风险。如果出现技术泄露或核心技术人员流失情况，将会对公司产生不利影响。

3）应收账款坏账风险：随着公司业务范围和规模的扩大，公司应收账款余额持续增长。虽然公司成立至今未发生大额应收账款坏账的情况，但仍然存在应收账款不能及时回收从而给公司带来坏账损失的风险。

4）企业并购整合风险：近年来，公司通过投资、并购、参股等多种方式积极推进公司的战略部署。在完成并购后，如公司与标的公司管理团队整合不及预期，不能做到资源与业务的有效整合，标的公司业绩未能兑现承诺等情形，从而可能导致公司投资并购效果不达预期，甚至拖累公司业绩的风险。

5）流动性风险：近年来，公司在新能源方面的业务扩张较快，由于经营规模扩大、融资规模增加，导致公司资产负债率有所上升。若公司新能源业务的开拓达不到预期，或国家宏观经济形势、信贷政策和资本市场发生重大变化或调整，可能导致公司的融资受到限制或公司的融资成本上升，使公司面临一定的资金周转压力。

深圳市蓝海华腾技术股份有限公司

股票简称：蓝海华腾

股票代码：300484

上市时间：2016-03-22

所属板块：深证创业板

企业情况概要

公司是一家拥有完全自主知识产权，专业致力于中低压变频器、伺服驱动器、电动汽车电机控制器、逆变器等电力电子产品的研发、制造、销售和服务的“国家级高新技术企业”和“软件企业”。曾荣获变频器行业协会“技术创新”奖、中国电工技术学会“最具竞争力自主品牌”奖、荣获中国电工技术学会电动车辆专业委员会和中国汽车工程学会电动汽车分会联合颁发的“2012 电动汽车技术卓越奖”等奖项，被评为中国变频器十佳企业之一。2016 年蓝海华腾在创业板成功上市。

公司掌握电机驱动的核心控制技术，同时具有完善的产业化设计和生产能力，拥有丰富的产品系列，产品电压等级涵盖 200V、400V、690V、1140V，产品功率范围覆盖 0.4～3000kW，可满足各类高、中、低端市场的应用需求。

基本营销数据

报告期，公司实现营业收入 67786.16 万元，同比增长 118.79%；利润总额 17967.80 万元，比上年同期增长 121.16%；实现归属于上市公司股东的净利润 15527.47 万元，同比增长 118.88%；公司基本每股收益为 1.59 元，同比增长 74.73%；公司总资产为 100116.54 万元，同比增长 167.71%；净资产为 60957.79 万元，同比增长 138.03%。

主营业务发展情况

蓝海华腾是目前国内主要的电动汽车电机控制器供应商，也是内资企业中技术领先的中低压变频器供应商。

1）在电动汽车电机控制器业务方面：公司持续深入实践和研究整车节能控制技术、高功率密度设计、高防护设计、模块化设计、集成化设计等技术，不断优化产品性能；深化与现有新能源汽车客户的良好合作关系，把握市场发展机遇，进一步巩固并扩大在电动汽车电机控制器领域的领先优势。2016 年度公司电动汽车电机控制器业务实现收入 55487.75 万元，同比增长 165.44%，呈现了高速增长的态势。

同时，公司在市场开拓方面，加入了“沃特玛创新联盟”的优势显现出来。创新联盟企业建立了高效的协作机制，展开深入的合作研究。联盟成员之间运营协作，联盟租赁创新模式的推广，同时积极与各级地方政府开展合作，并逐渐形成联盟优势和市场竞争力。公司作为沃特玛创新联盟的主要成员企业，依托产品和技术的竞争优势，已经与国内知名整车厂商及零部件企业建立了长期稳定的战略合作配套关系，积累了大量优质的新能源汽车客户及配件供应商资源，公司的技术提升和业务发展受益于创新联盟的市场影响力。

2）中低压变频器和伺服驱动器业务方面：公司密切关注市场需求及相关产业政策，开发适应行业特殊要求的专用变频器产品，扩展现有伺服驱动器产品功率范围及应用领域，向客户推出一体化的工业自动化控制产品和节能解决方案。2016 年度，中低压变频器和伺服驱动器业务合计实现收入 11002.20 万元，保持了相对稳定的增长。

研发情况

2016 年，公司研发费用投入 4898.75 万元，占当期营业收入的 7.23%。公司研发技术人员 206 人，占员工总数的比例达到 40.79%。截至 2016 年 12 月 31 日，公司已获得专利 39 项，计算机软件著作权 18 项，获得软件产品登记证书 8 项并拥有多项核心技术。

1）在电动汽车电机控制器方面：报告期内，公司开展了包括新能源汽车集成式动力驱动系统、辅助系统集成驱动、高集成纯电动物流车控制器、电动汽车 ACU 系统等研发项目并推出多款产品和系列。

2）中低压变频器和伺服驱动器方面：在软件开发方面，公司研发团队重点对矢量控制算法进行优化和提升，实现同步电机、异步电机在转矩特性、动态响应、控制精度以及低速和高速特性等方面的进一步提升；在硬件开发方面，实施新的平台设计，使得产品体积更加紧凑和集成化，结构模块化更加合理，功率密度提升，产品成本有效降低。公司一方面进一步提升通用中低压变频器、伺服驱动器产品的核心性能和可靠性；另一方面基于变频器技术重点开发了专用领域的产品系统，如高动态性管桩机正弦波控制系统、高精度自动纠偏起重控制系统、高速伺服横切控制系统、物联网塔式起重机变频控制系统以及无线通信多功能控制器产品等。

投资情况

公司分别在安徽和江苏设立全资子公司，投资 500 万设立全资子公司安徽蓝海华腾新能源技术有限公司，投资 800 万设立全资子公司无锡蓝海华腾技术有限公司。

面临主要风险

1）电动汽车电机控制器业务风险：从产业政策影响角度看，由于下游新能源汽车行业受产业政策影响较大，公司电动汽车电机控制器业务发展的同时也面临下游行业变化带来的风险。另一方面，随着国内电动汽车电机控制器生产企业研发进程的加快和成熟产品的推出，以及外资企业参与国内竞争的力度不断加强，未来电动汽车电机控制器市场竞争可能加剧，导致公司收入增速下降或市场占有率下降的风险。

2）税收优惠政策变化风险：公司享受的税收优惠政策主要包括增值税退税和所得税优惠。如果公司因国家政策变化无法继续享受增值税退税或所得税优惠政策，则公司经营业绩将受到不利影响。此外，2017 年度，公司的国家高新技术企业认证有效期即将到期，未来公司是否仍能通过高新技术企业重审存在不确定性，如果不能享受高新技术企业 15% 的所得税优惠税率，将对公司未来净利润产生不利影响。

3）应收账款回收风险：随着公司业务规模的扩大特别是电动汽车电机控制器业务的增长，公司应收账款余额逐步增加，如果未来市场环境发生剧烈变动，下游客户的经营状况可能发生重大不利变化，抑或受新能源汽车补贴资金拨付时间较长且逐渐减少等因素影响，可能出现现金流紧张而支付困难的情形，则会导致一定的应收账款回收风险。

4）产品价格波动风险：从整个产业看，未来电动汽车电机控制器产品价格下降是一种趋势，电动汽车电机控制器产品毛利率也可能因价格的降低而下降。随着中低压变频器和伺服驱动器在国内的逐步普及、市场的逐渐成熟以及行业内企业竞争的加剧，中低压变频器和伺服驱动器产品的整体价格可能面临下行压力，从而导致行业内企业盈利水平下降。

5）原材料价格波动及供应紧张的风险：报告期原材料成本是公司主营业务成本的主要组成部分，原材料价格波动对公司毛利率水平有着重要影响。虽然报告期内公司主要原材料市场价格变动较小，但由于基础原材料价格本身存在波动，且 IGBT 的高端产品目前仍被少数企业掌握，公司未来存在因原材料价格上升导致毛利率下滑而引起盈利下降的风险。同时，公司还存在极端情况下 IGBT 等原材料供应紧张，进而对公司生产经营产生不利影响的风险。

6）管理风险：随着公司经营规模的逐步扩大，公司在经营决策、内部管理和风险控制等方面面临的挑战也将增加。

7）生产经营场所依赖租赁的风险：公司目前的办公用房和生产厂房均为租赁取得。公司存在因租赁情况发生变化导致生产经营受到临时性影响的风险。

8）成长性风险：公司现处于成长期，经营规模相对较小，抵抗市场风险和行业风险的能力相对较弱；若出现市场竞争加剧、市场开拓受阻、宏观经济下滑，公司发展可能受到不利影响。同时，公司所主营的工业自动化控制产品属于更新换代相对较快的技术密集型产品，若公司在未来发展过程中未能持续保持技术进步以满足客户和市场对产品需求的更新和变化，则公司的业务和发展也可能受到制约。另外，公司未来经营还面临着新产品开发风险、核心研发人员流失和技术失密风险、投资项目达不到预期风险等不确定因素的影响。因此，公司的未来发展面临着一定的成长性风险。

深圳市英威腾电气股份有限公司

股票简称：英威腾

股票代码：002334

上市时间：2010-01-13

所属板块：深证中小板

企业情况概要

公司致力于成为全球领先、受人尊敬的工业自动化和能源电力领域的产品与服务提供者，是国家火炬计划重点高新技术企业。公司依托于电力电子、电气传动、自动控制、信息技术等关键技术，主要业务涉及电气传动、工业控制、交通牵引、新能源汽车驱动控制、电源等，主要产品涵盖高、中、低压变频器、电梯智能控制系统、伺服系统、PLC、HMI、电机和电主轴、SVG、UPS、光伏逆变器、轨道交通牵引系统、新能源汽车电控系统、节能减排在线管理系统等。产品广泛应用于起重、机床、电梯、石油、金属制品、电线电缆、塑胶、印刷包装、纺织化纤、建材、冶金、煤矿、市政、新能源汽车、轨道交通、电源、光伏等行业。

基本营销数据

公司2016年实现营业收入132398.22万元，同比增加22.21%；营业利润2224.26万元，同比下降80.29%；归属于上市公司股东的净利润6806.73万元，同比下降54.28%；公司基本每股收益为0.0933元，较上年同期下降54.26%；公司资产总额258314.15万元，较上年末增加26.91%；净资产164795.02万元，较上年末增加4.82%。

主营业务发展情况

1）电气传动业务稳定增长：通用变频器继续保持较好的发展，专业OEM市场销售额整体快速增长，压缩机行业增长，石油、塑机行业以及围绕张力控制行业应用实现突破，形成一批新的行业增长点；完善空压机产品组合，完成GD100和GD20产品整合，完成电梯产品两象限的优化及四象限产品的开发，顺利上市。

2）工业控制业务取得有效进展：在维持纺机和电液市场的同时，加大力度进军通用伺服市场，聚焦在中高端伺服产品的研发，推出高性能DA200伺服驱动系统；在细分市场如经编机、LED设备、钻攻中心、覆膜机等，通用伺服产品得到了渠道和客户的认可，销售额增长迅速。

3）电源业务继续保持快速增长：公司全资子公司英威腾电源新产品研发进展良好，模块化产品线齐全；一体化机房项目实施，完成单柜系统开发并即将投产；持续保持模块机产品线的研发投入，超大功率模块投产并批量销售，处于业界领先水平。电源公司通过了军工保密资质认证，获得军工行业准入资质。

4）新能源汽车业务发展良好：报告期内，公司投资设立深圳市英威腾电动汽车充电技术有限公司。借助本次投资，公司在深耕新能源汽车业务的道路上又迈出坚实的一步。公司产品包括主驱动电机控制器、辅助控制器、DC-DC转换器、电机、车载充电机、地面充电桩/充电机等各个系列，涵盖客车、物流车、环卫车等各种车型。新能源汽车业务营业收入增速较快。

5）轨道交通业务积极参与市场推广：公司自主研发的轨道交通车辆电气牵引系统于2015年12月成功通过评审，正式进入推广运用期，2016年积极参与国内项目投标，在国内参与多次投标，2次入围中标候选人。公司研发的轨道交通车辆电气牵引系统技术领先、乘坐舒适、运行可靠，样车在广州地铁八号线无故障载客运营累计10万多公里，得到了业主和业内专家的高度评价，现场服务保障也得到了用户好评。

研发情况

报告期，公司持续研发投入和研发创新，研发投入总额17734.47万元，占营业收入比例13.39%，较上年投入总额增长29.55%；研发人员1073人，占公司人员的43.00%。报告期内新品研发和扩展如下：

1）电气传动业务中，GD20系列变频器，GD300-01A和GD300-21组成的空压机专用变频器系列，EC300小功率四象限电梯专用变频器等项目顺利开发完成，并实现了批量化生产和出货；3300V系列变频器、GD800系列功率扩展项目以及全面满足电梯新标准的新系列电梯专用控制器等项目的研发进展顺利，预计在2017年度将投入市场，进行批量供货。

2）工控业务方面，伺服DA200系列在大批量生产的基础上进行了系列扩充，功率等级上限由5.5kW拓展至22kW，总线型产品完成市场验证并进入批量生产供货；电子凸轮、内置PLC等差异化竞争型号成功推向市场；下一代通用伺服产品DA300研发进展顺利，已经完成主要关键技术的验证；永磁同步主轴驱动MH600系列完成了功能性能升级；智能控制业务方面，运动控制器产品研发进展顺利，机器人控制系统、IMC、IMP、MTC系列、数控系统已批量上市。

3）公司研发的轨道交通车辆电气牵引系统技术领先、乘坐舒适、运行可靠，样车在广州地铁八号线无故障载客运营累计10万多公里。

4）电源业务完成单柜系统开发并即将投产；持续保持模块机产品线的研发投入；超大功率模块投产并批量销售。

投资情况

报告期内，公司投资设立深圳市英威腾电动汽车充电技术有限公司。

面临主要风险

1）宏观经济及政策风险：行业的发展与国家宏观经济和宏观政策密不可分，当宏观经济不振，或者宏观政策落地效果不佳时，均会影响到公司产品的销售和收入的增长。

2）市场竞争风险：市场已进入充分竞争时代，如果竞争对手调整经营策略或者提升产品技术能力，则可能对公司构成威胁，影响公司经营业绩。

3）人才流失风险：作为以研发、销售为主导的高新技术企业，人才对企业的发展至关重要。随着业务的快速发展，对高素质人才的需求逐步加大，招聘引进的人才需要通过培训、融合才能适应公司的经营模式和理念。人才引进与企业目标存在一定差距。如何培养和引进人才，保持人才队伍的稳定是公司的重点工作，同时，由于行业竞争激烈，公司也面临着人才流失的风险。

石家庄通合电子科技股份有限公司

股票简称：通合科技

股票代码：300491
上市时间：2015-12-31
所属板块：深证创业板

企业情况概要

公司是一家致力于电力电子行业技术创新、产品创新、管理创新，以高频开关电源及相关电子产品研发、生产、销售、运营和服务于一体，为客户提供系统能源解决方案的高新技术企业。公司成立于1998年，并于2012年整体变更为股份有限公司，2015年12月31日成功在深交所创业板挂牌上市。作为一家极具潜力的知识密集型高新技术企业，公司持续稳定发展，现有员工500多人，研发人员占比超过20%。历经十余年的快速发展，公司产品已涉及充换电站充电电源系统（充电桩）及电动汽车车载电源、电力操作电源模块和电力操作电源系统等多个领域，销售网络遍及全国20多个省市自治区，产品远销海外。

基本营销数据

报告期内，公司实现营业总收入22264.54万元，较上年同期增长20.04%；实现营业利润2603.82万元，较上年同期下降24.44%；实现利润总额4516.17万元，较上年同期下降3.65%；实现归属于上市公司股东的净利润4103.8万元，较上年同期下降3.98%；公司基本每股收益为0.51元，较上年同期下降28.17%；公司资产总额56546.32万元，较上年末增加7.44%；净资产41443.84万元，较上年末增加4.77%。

主营业务发展情况

公司在充换电站充电电源系统（充电桩）领域长期保持了持续、较高的研发投入，自主研发了充换电站充电电源系统所必需的新一代功率变换电源模块；升级了充换电站系统监控；根据前期市场经验优化了充换电站系统整机以及充换电站运营管理系统，形成了一系列能满足不同类型客户需求的充换电站整体解决方案。公司依托车载DC-DC转换器、车载AC-DC充电机等产品，在商用客车领域精耕细作，保持了该领域的市场优势地位。伴随着电力行业的持续发展，依托公司核心专利技术所形成的产品优势以及良好的市场基础，进一步巩固了公司在该领域的市场优势地位。

新能源方向充换电站充电电源系统（充电桩）收入较上年同期增长63.60%，其占主营业务收入的比重为40.36%；电动汽车车载电源销售收入较上年同期降低32.45%；电力操作电源市场属于成熟市场，随着竞争的加剧，产品价格有所下滑，但公司加大市场开拓力度，使得电力操作电源实现收入8004.32万元，相比上年同期增长21.98%。

研发情况

公司长期坚持研发的高投入，2016年研发费用为2282.61万元，占公司营业收入的比重为10.25%。2016年公司研发费用较2015年增加272.81万元，增长幅度为13.57%；公司技术研发人员147人，占员工总人数的28.27%。截至报告期末，公司获得专利50项，其中，发明专利4项、实用新型专利38项、外观设计专利8项。报告期内，对各项产品的研发和创新得到进一步丰富和拓展：

1）电动汽车充换电站充电电源系统技术升级：报告期内，电动汽车充换电站电源系统各研发方向稳步进行：①新型数字化充换电站充电产品模块取得新国标认证并大批量销售。②电动汽车充换电站监控系统，基于Linux的柜体级监控系统、基于数据库的站级监控系统已在2016年度进行了实际应用；基于互联网和大数据分析的软件运营平台开发已进入测试阶段。③电动汽车快充直流桩产品取得了新国标认证并大量应用。④在充电站建设方面，完成了多个公交充电站的设计和施工；实现了完整充换电站系统解决方案的提供和实施，满足了为客户提供一站式服务的技术储备。

2）电动汽车车载电源及电机控制器：报告期内，车载水冷电源采用适合汽车应用的扁平化设计，功率密度显著提升；第一代电机控制器作为技术平台完成上车自测；第二代电机控制器进入设计转换阶段。

3）模块化并网设备：报告期内，组串式光伏并网系列产品通过了中国质量认证中心的测试，取得太阳能产品认证证书，获得入网资格。目前已完成工程应用，实际运行状态平稳可靠；模块化智能电网回馈设备正在小批量试运行；双向隔离功率变换器首版样机开发完成。

投资情况

2016年，公司投资新设全资子公司河北通合新能源科技有限公司。

面临主要风险

1）毛利率下降的风险：在国家政策的大力扶持下，新能源汽车产业迅猛发展，前景广阔，形成了众多企业争相进入的局面，公司凭借先发优势所带来的高毛利将难以维持；同时在公司产品应用的各行业，由于竞争所导致的产品价格下降趋势将长期存在。如果不能持续有效降低产品成本，必然会导致公司毛利率下降。

2）研发风险：随着国内外经济、科技和新能源产业的快速发展，电力电子行业必将随下游行业的发展而进行技术更新。由于技术产业化与市场化存在着不确定性，公司新产品的研发仍存在不能如期开发成功以及产业化后不能符合市场需求从而影响公司持续竞争优势及盈利能力的风险。若公司在技术创新机制、人才梯队建设和研发方向把控方面未能很好地适应新的产品研发及技术创新的需要，未来公司将逐渐丧失技术优势。

3）行业政策风险：公司产品目前主要应用于新能源电动汽车和电力等行业。公司目前所处行业的发展不仅取决于国民经济的实际需求，也受到国家政策的较大影响。如果主要市场的宏观经济运行情况或相关的政府扶持、补贴政策发生重大变化，将在一定程度上影响行业的发展和公司的盈利水平。

4）应收账款快速增长的风险：在保障公司正常运营资金的情况下优化客户结构，将资源向重点客户倾斜，给予其较长信用账期。同时，充换电站充电电源系统（充电桩）的行业结算周期更长，未来的应收账款余额将会继续增加。如果未来公司主要客户经营情况发生较大变化，导致应收账款不能按合同规定及时收回或发生坏账，将可能出现资金周转困难而影响公司发展，同时影响公司盈利能力的情况。

5）存货增长风险：随着公司销售规模的扩大，安全库存的增加，期末存货余额将会继续增加，同时对公司的存货管理水平提出了更高的要求。未来如果公司存货管理水平未能随业务发展而逐步提高，存货的增长将会占用较大规模的流动资金，将导致公司资产流动性风险。

无锡安特源科技股份有限公司

股票简称：安特源

股票代码：834667

上市时间：2015-12-16

所属板块：新三板

企业情况概要

公司是一家专业从事LED照明驱动器的设计、生产和服务的高科技公司。公司依靠经验丰富的研发设计团队及技术积累，根据行业市场发展和客户的需求研究开发产品。公司在拥有核心技术和知识产权的基础上，进行LED驱动电源的生产制造。公司在美国硅谷设有联合设计中心，在中国香港设立有境外贸易公司。目前公司的LED照明驱动器已经实现了从户内小功率到户外中大功率的全系列覆盖，并且相继取得了CQC、CE、TUV、UL等多项国际安规证书。

基本营销数据

报告期，公司实现营业收入5365.81万元，同比下降24.83%；利润总额-334.65万元，比上年减少106.98%；实现归属于上市公司股东的净利润-329.23万元，同比亏损增加103.93%；公司基本每股收益为-0.29元，同比减少81.25%；公司总资产为5209.65万元，同比增加27.49%；净资产为809.89万元，同比减少28.90%。

主营业务发展情况

报告期内实现营业收入5365.81万元，较上期同期减少了1772.07万元，同比减少24.83%。2016年对客户结构进行调整，同时为迎合市场需求对产品种类进行升级换代，一段时间内产品销量未及时跟进。同时，公司为开拓销售渠道，对产品升级研发、参与国内外产品展会等方面保持着较高的资金投入导致营业成本较高。公司继续专注于当前的LED驱动电源主业，进一步完善在户外大功率的产品线布局，加大研发投入，并积极开拓北美和欧洲市场。同时公司还将积极布局智能照明领域，开发智能电源和智能系统应用，为智能照明的市场需求做好产品和技术储备。

研发情况

报告期内，公司研发投入629.24万元，研发投入占营业收入比11.73%，公司目前拥有研发人员34人，占员工总数的23.45%。截至报告期末，公司拥有专利13项，发明专利1项。

报告期内，公司正在研发的项目主要有：①具备物联网管理功能的LED电源控制装置；②可兼容安装在荧光灯灯座的LED光源及控制器；③LED灯带、灯条三合一控制电压（60W、96W）；④晶闸管调光LED灯驱动器（7W、10W、12W、18W）；⑤以开关方式调节色温和亮度的LED灯控制器RD06：WiFi控制的LED灯驱动器（36W，70W，135W）。

投资情况

报告期内，2015年度筹建的全资子公司泰州安特源电子有限公司于2016年2月26日正式获得营业执照并正式投产运营；报告期内投资450万元购买江苏银行理财产品。

面临主要风险

1）客户集中度风险：2016年度，公司在调整客户结构优化客户资源后，前五大客户收入总额占年度主营业务收入总额68.02%，较前一年度降低7.86%；第一大客户占总收入比为33.48%，较前一年度降低15.13%，收入均衡度有所改善，客户集中度风险有所降低，但仍存在客户集中风险。

2）市场竞争加剧及行业发展不利因素：①缺乏行业标准，电源企业必须针对灯具厂商不同的产品规格设计针对性的产品方案，造成研发与生产资源的极大浪费；②随着行业竞争加剧，部分规模较小的小功率驱动电源企业为了提升市场份额采取低价策略而忽视产品质量标准，可能引发恶性价格竞争。

3）资金短缺风险：随着公司业务规模的不断扩大及未来对子公司持续注资的预期，公司流动资金紧张，内部资金有限，而外部债券融资财务成本较高，公司未来发展存在现金短缺风险。

4）公司利润对政府补助依赖的风险：报告期内，公司的非经常性损益主要仍为政府补助，对政府补贴的依赖较大。报告期内，公司的利润存在对政府补助依赖的风险。

武汉永力科技股份有限公司

股票简称：永力科技

股票代码：830840

上市时间：2014-07-15

所属板块：新三板

企业情况概要

公司于2000年9月成立，是一家以电力电子通信设备、新型激光电源以及充电机和配件等相关技术研制开发、生产、销售为一体，拥有自主知识产权的高新技术民营企业。公司拥有三相有源功率因数校正、移相式全桥软开关变换、大功率恒流并联均流、射频环境的抗干扰等核心技术，拥有高新企业证书、安全生产标准化证书等经营资质，为特定行业电源客户提供高标准、高可靠、高素质的产品和服务。

基本营销数据

报告期，公司实现营业收入10060.08万元，同比增长16.50%；利润总额2547.10万元，比上年同期减少25.01%；实现归属于上市公司股东的净利润2262.47万元，同比减少23.22%；公司基本每股收益为1.26元，同比下降23.22%；公司总资产为25215.39万元，同比增长8.80%；净资产为23241.97万元，同比增长10.78%。

主营业务发展情况

公司产品主要分为电源类、光通信类和模块电源类。报告期内，光通信类产品销售收入稳定增长及模块电源类销售收入实现重要突破，为公司创造了新的利润增长点。

公司经过近四年的技术研发和市场培育，终于在模块电源类业务上实现重大突破，模块电源类收入同比大幅增长 226.34%，是取得了较快增长，占全部收入比重也由上年的 7.79% 上升至 21.83%；光通信类收入同比增长 13.35%，仍然处于稳定增长期，此类产品受益于国家的产业升级政策以及公司加大促销力度保证了增长；电源类收入同比下降 8.14%，总体上保持了公司传统产品的稳定，金额在正常波动范围之内。

研发情况

报告期内，研发投入金额 857.72 万元，占总营业收入的 8.53，比上年同期增加 51.90%；公司技术人员，占员工总数的 44.78%。截至报告期末，共拥有专利 29 项，其中发明专利 4 项、实用新型专利 21 项、外观设计专利 4 项。报告期公司突破了高压输出技术新领域，扩充了基础模块电源的品种，提高了监控程序模块化程度。

投资情况

报告期公司投资 700 万元新设成立了北京永力睿远科技有限公司，开展技术服务及市场开拓，形成了公司业务在地域上的扩展。

面临主要风险

1）客户依赖风险：公司前五名客户本期的营业收入为 4627.69 万元，占总体营业收入的比例为 46.00%。存在一定的客户依赖风险。

2）税收优惠政策变化风险：公司享受军品收入增值税先征后返的优惠政策。如果未来该优惠政策发生变化或者公司不再满足条件，公司业绩将受到一定程度影响。

3）同业竞争风险：公司第一大股东中国宝安集团股份有限公司是以对外投资控股为主的上市集团公司，虽然宝安集团为此出具了《避免同业竞争承诺函》，但随着中国宝安投资业务的发展，未来仍存在其所投资企业的业务与永力科技存在交叉或竞争的可能。

4）控制风险：①控股股东不当的控制风险：公司第一大股东中国宝安占总股本的 52%，在公司董事会占有多数席位，且董事长系中国宝安委派。中国宝安作为以对外投资控股为主的上市集团，其投资的产业链长、行业广泛，若其利用其对公司的控股地位，对公司进行不当控制，可能会给公司经营和其他权益股东带来风险。②内部人控制风险：副董事长等六人在公司合计持股比例为 46.08%，将可能通过其所持有的股份行使表决权或利用其担任公司高级管理人员的职务来对公司的发展战略、生产经营和利润分配等决策产生重大影响。③无实际控制人的影响：截至 2016 年 12 月 31 日，公司的控股股东中国宝安不存在实际控制人，公司股东之间也没有签署一致行动协议，因此，公司无实际控制人的情况可能影响公司的运营管理。

5）核心技术人员流失的风险：公司作为高新技术企业，高素质的科研人才是公司发展的动力源泉。若对科研人员激励、科研经费的落实、研发环境的营造等方面的措施不能满足公司发展需要，将会影响到研发团队和管理人才积极性、创造性的发挥，造成人才流失。

6）行业技术风险：公司所处电源行业技术发展迅速，因此，从事电源研发生产的企业将面临研发实力保有、技术持续提升的行业技术变化风险。

7）市场风险：随着国家对军民融合战略的推进，民用电源行业竞争的加剧，潜在市场竞争者可能逐步接触和进入军用电源行业，公司或会面临日益激烈的行业竞争，甚至会导致整个军用电源产品制造商的毛利率下降。

8）政策风险：军用品市场相比民用电源市场，更易受到政策因素影响，军备采购、军费计划及行业管制等政策的变化，或将对公司经营造成不利影响。

厦门科华恒盛股份有限公司

股票简称：科华恒盛

股票代码：002335

上市时间：2010-01-13

所属板块：深证中小板

企业情况概要

公司于 1988 年创立，2010 年在深圳 A 股上市，具有 29 年电力电子设备研发制造经验，是国家火炬计划项目承担单位、国家重点高新技术企业、国家认定企业技术中心和国家技术创新示范企业，及全国首批两化融合管理体系企业，拥有能基（UPS、定制电源、军工电源、电力自动化系统）、云基（数据中心、数据安全、云资源服务）、新能源（光伏、储能、微网、电动汽车充电系统）三大业务体系，广泛应用于金融、工业、交通、通信、政府、国防、教育、医疗、电力、新能源、电动汽车充电、数据中心等行业，服务于全球 80 多个国家和地区、20 多万用户，致力于打造生态型能源互联网。

基本营销数据

报告期，公司实现营业收入 176999.64 万元，同比增加 6.01%；利润总额 19679.14 万元，比上年同期增长 8.88%；实现归属于上市公司股东的净利润 17156.71 万元，同比增加 17.57%；公司基本每股收益为 0.67 元，同比减少 1.52%；公司总资产为 506260.60 万元，同比增加 58.88%；净资产为 305225.13 万元，同比增长 137.42%。

主营业务发展情况

报告期内，公司的主要业务为能基、云基和新能源三大业务领域，并在能基、云基、新能源三大业务的基础上，深耕细分市场，不断拓展轨道交通、国防军工及核电业务领域。

1）云基业务：不断推出新一代数据中心产品与方案，并取得应用；从代建到自主投资建设运营数据中心，2016 年已建成 1 万余个机柜并陆续投入使用，公司承担的“数据中心机房配套设备研发及推广”项目被列入了中央财政战略性新兴产业发展专项资金补助计划；积极推进云计算基础服务领域的布局，通过并购、战略合作等方式，实现云计算业务的快速扩张。收购北京天地祥云公司，迅速提高公司在云计算行业的市场占有率和行业地位。报告期内，公司获得“2015-2016 中国绿色数据中心市场成功企业”“2015-2016 年度中国优秀数据中心”“2016 年数据中心优秀民族品牌”等荣誉。

2）能基业务：2016 年，公司能基业务在保持金融、通信、公共等领域的优势基础上，重点聚焦并推动轨道交通、国防军工、核电三大业务战略单元，成功打开了高端电源领域更大的市场空间。轨道交通领域，公司已为全国 30 多个城市、近 70 条城市轨道交通线路提供了设备电力保护解决方案和服务，自主研发的“双馈型地铁制动能量回馈装置”项目通过科技成果与新产品鉴定；顺利拓展了国防军工的广阔市场，完整获得“军工四证”，具备了从事资质证书所列武器装备科研生产活动的能力和资格，成功获取了军工订单；公司成功挺进核电领域，中标广西防城港核电项目，成为核电领域核岛直流及交流不间断电源系统首次采用的国产品牌，为我国核电整机装备“出海”打下坚实基础。

3）新能源业务：报告期内，公司完成光伏电站非公开股票发行，并从光伏电站向充电桩、储能、微网布局，不断完善能源互联网平台，入选国家能源局首批“互联网+”智慧能源（能源互联网）示范项目，公司为电动汽车充电用户提供充电系统解决方案及“一站式”建站等按需定制的整体解决方案；公司积极开拓储能、微网市场，产品方案已在美国、日本等地并在交通、工业等行业获得应用，获得“2015—2016 中国新能源汽车充电设施成长最快企业”“2016 年度中国储能产业最佳智能充换电设备供应商”“2016 年度中国储能产业最具影响力企业”“2016 年度中国储能产业最佳逆变器供应商”和“2016 年度中国储能产业最佳智能充换电设备供应商”等荣誉。

研发情况

报告期内，公司研发支出 14001.31 万元，占营业收入比例为 7.91%，公司研发人员达 744 人，占公司员工总数的 22.68%。报告期内，完成专利申报 163 项：申请发明 36 项、实用新型 53 项、外观专利 53 项、软件备案 21 项。

云基方面，陆续推出云动力生态节能型数据中心、模块化数据中心、微型数据中心等各种行业级整体解决方案。同时，公司将我国领先的量子通信技术设计到高安全等级要求的数据中心解决方案中，打造新型节能、高安全保密等级的数据中心。

能基方面，基于多电平技术、全数字化并机冗余控制技术推出了高效率的新一代 MR 系列智能大容量模块化电源产品；开展了基于高安全低干扰设计的 KR 系列 200～600kVA 大功率产品的研发；基于多电平技术、全新拓扑、SIC 器件技术推出了高频高效率中小功率系列 UPS 产品；自主研发的 160kVA 大功率核级 UPS 通过核电厂 1E 级 K3 类产品认证。

新能源方面，推出了家用小功率储能并网逆变器系列产品、工业和电站应用的大容量 MW 级储能系列产品、中功率组串式光伏并网逆变器系列产品、基于多电平技术高效率的大功率光伏逆变器系列产品，并对能源路由器技术、微网技术开展了全面研究；新能源电动汽车充电桩方面，推出了交流充电桩、直流充电桩、一体式充电桩、壁挂式充电桩、智能组网与监控系统等一系列产品和解决方案。

投资情况

报告期内，公司共计以人民币 9000 万元的价格收购北京天地祥云科技有限公司 25% 的股权，并将于 2017 年收购剩余 75% 的股份，完成全资收购。公司自筹资金投资 900 万元参股新设漳州城盛新能源汽车运营服务有限公司，持股 30%；自筹资金投资 1180 万元新设上海科众恒盛云计算科技有限公司，持股 67%。投资 3500 万元收购广东科云辰航计算科技有限责任公司，目前持股 70.00%；投资 3993 万元收购深圳市康必达控制技术有限公司，目前持股 72.18%；投入 9543 万元，增资北京科华众生云计算科技有限公司，目前持有股份 67%。闲置自有资金及闲置募集资金 201105 万元进行委托投资理财购买理财产品。

面临主要风险

1）宏观政策风险：光伏新能源和新能源电动汽车充电桩正处于高速增长阶段，主要是有赖于政府各项利好政策扶持和引导。如果政策未及时落地、扶持效果不及预期，将对公司经营产生影响。

2）市场竞争风险：随着电力电子高新技术的快速发展，国内市场竞争将进一步加剧，导致市场份额的减小和行业整体利润空间的压缩。如果竞争对手调整经营策略或者革新产品技术，则可能对公司构成威胁，影响公司经营业绩。

3）研发创新风险：新技术进步加速、技术产品周期日益缩短以及客户对产品性能指标及个性化要求越来越高，对公司持续创新能力提出了更高的要求。持续加大研发投入开发新产品，可能导致经营成本上升，或因新技术产品的高定价导致企业市场竞争力下降的风险。

4）人才流失风险：作为一家高新技术企业，核心人才对企业的生存和发展具有重要的战略意义，由于行业竞争激烈，公司对核心人才的需求不断加大，公司可能面临着人才流失的风险。

5）快速扩张风险：随着公司能基业务、云基业务和新能源业务的进一步拓展，因此容易出现管理模式、流程建设、基础设施及队伍建设方面难以满足企业快速增长的发展模式需要，产生一定的快速扩张的风险。

先控捷联电气股份有限公司

股票简称：先控电气

股票代码：833426

上市时间：2015-09-09

所属板块：新三板

企业情况概要

公司主要为数据中心基础设施、新能源汽车充电和绿色储能这三大业务领域提供完整的解决方案。公司拥有各项商标、专利和产品著作权共计 100 多项，先控电气还参与并起草了相关行业标准的制定。拥有中国电源学会常务理事单位、中国通信标准化协会会员、守合同重信用企业、石家庄市认定企业技术中心等众多头衔，连续多年被评为 10 强企业、十大领军人物、绿色与创新企业、优秀服务商等，并且获得科学技术创新奖、优秀解决方案奖、用户信赖产品奖等荣誉。

基本营销数据

报告期内，公司实现营业收入 13374.78 万元，同比增长 38.44%；利润总额 2215.93 万元，比上年同期增加 245.88%；归属于上市公司股东的净利润 1901.80 万元，同比增长 254.06%；公司基本每股收益为 0.36 元，同比增长 230.82%；公司实现总资产 17089.10 万元，同比增长 47.86%；净资产 10109.87 万元，同比增长 29.62%。

主营业务发展情况

报告期内，在继续保持模块化 UPS 行业和技术领先地位的同时，公司积极调整产品结构和销售模式，加大市场开拓力度，挖掘优质客户资源，市场竞争力持续提高。UPS 产品实现销售收入 7430.10 万元，占总收入 55.55%，同比增长 4.76%；同时公司紧抓国家对新能源电动汽车行业政策支持力度不断加大，电动汽车充电桩市场需求不断增加的战略机遇，充分发挥在充电设备制造领域的成本、技术优势，积极开拓充电电源产品市场，充电电源产品实现销售收入 43984645.38 元，占总收入 32.89%，同比增长 224.37%。公司依托国际贸易部和境外子公司积极拓展海外业务，出口额及境外子公司实现销售收入 23808244.39 元，同比增长 107.82%；同时不断优化现有销售渠道，组织召开行业代理商大会，加大核心代理商及合作伙伴培育力度，核心代理商销售所占份额不断增长。

研发情况

报告期内，公司加大对掌握行业新技术动态的优秀人才的引进力度，持续加大研发投入和团队建设。报告期内，公司研发费用支出 1115.00 万元，比 2015 年同期增加 62.94%，占营业收入的 8.34%，研发人员 78 人，占公司员工 17.57% 的。报告期内新增专利授权 8 项，其中发明 1 项，实用新型 4 项，外观专利 3 项。

报告期内，公司集中技术力量致力于 DPM 高功率密度新型充电模块和智能柔性分配电堆系统、DSM/ERMS 新型 UPS 电源系统、CMS 大功率 UPS 电源模块及系统、Delta 储能式 UPS 产品相关技术的研究与开发，取得了积极进展，部分项目已进入样机产品测试阶段。

报告期内，公司分别承担了石家庄市科学技术研究与发展计划项目——立体车库充电桩的研发，及石家庄高新区区级科技计划项目——一体化新能源 V2G 充电站关键技术及装置的研发，并共获得专项资金 140 万元人民币。同时公司技术中心被认定为“石家庄市企业技术中心”，彰显公司在相关领域的综合实力，此称号的获得有利于公司研发能力和技术平台的进一步提升，为以后承担更多科研项目奠定基础。

投资情况

报告期内，公司出资 850 万元，成功收购第一大供应商河北鼎尚电子设备有限公司 100% 股权，依托鼎尚电子，新建设两条独立生产线和研发小批量试产线，装配业务实现优化整合，生产布局规划调整初见成效。

面临主要风险

1）市场竞争及毛利率降低风险：随着模块化 UPS 应用的广泛推广和国家政策支持力度的加强，市场潜力进一步被挖掘，吸引包括世界 500 强在内的更多的企业进入该领域拓展，公司进一步扩大市场份额面临着日趋激烈的市场竞争，如果公司在市场开拓、技术创新、新产品开发和成本控制方面不能保持领先优势，公司将面临竞争压力不断加大和产品毛利率下降的风险。

2）政策变动风险：公司目前产品主要应用于 IDC 机房和新能源电动汽车等行业，相关行业的发展不仅取决于国民经济的实际需求，也受到国家政策的较大影响。如果主要市场的宏观经济运行情况或相关的政府扶持、补贴政策发生重大变化，行业自身内生发展动力未达到预期，将在一定程度上影响公司的发展和盈利水平。

3）应收账款增加风险：报告期内新能源充电电源产品销售收入快速增加，由于该行业正处于资金密集投入期，结算周期较长，使公司应收账款增加。如果未来公司主要客户充电设施经营收益不能达到预期计划，导致客户资金紧张使账款不能按合同规定及时收回或发生坏账，将可能出现资金周转困难而影响公司发展，同时影响公司盈利能力。

4）技术和产品更新风险：由于公司产品具有技术更新快、生命周期短等特点，用户对产品的功能要求不断提高，因此公司需要不断进行新技术、新产品的研发和升级。如果公司不能准确把握技术、产品及市场的发展趋势；或公司对产品和市场需求的把握出现偏差；或者因各种原因造成研发进度的拖延，将会使公司丧失技术的市场优势，从而产生风险。

阳光电源股份有限公司

股票简称：阳光电源

股票代码：300274

上市时间：2011-11-02

所属板块：深证创业板

企业情况概要

阳光电源是一家专注于太阳能、风能、储能等新能源电源设备的研发、生产、销售和服务的国家重点高新技术企业。主要产品有光伏逆变器、风能变流器、储能系统、电动车电机控制器，并致力于提供全球一流的光伏电站解决方案。

基本营销数据

报告期内，公司实现营业收入 600366.25 万元，同比增长 31.39%；利润总额 66813.57 万元，比上年同期增加 35.66%；归属于上市公司股东的净利润 55361.31 万元，同比增长 30.14%；公司基本每股收益为 0.41 元，同比增长 24.24%；公司实现总资产 1165679.91 万元，同比增长 71.85%；净资产 594943.90 万元，同比增长 111.42%。

主营业务发展情况

2016 年度，公司加快营销网络的建设和企业信息化的建设，积极推出新产品，完善现有产品，在主要产品的核心技术方面得到提升，同时公司光伏电站系统集成业务也快速发展。2016 年度，公司实现新增产值 63.68 亿元，主营业务较2015年同期呈现稳步增长态势。2016年公司主要产品光伏逆变器出货量约11.1GW。

1）光伏逆变器领域：报告期内，公司继续保持光伏逆变器全球出货量第一的地位。新产品方面，继2015年4月公司推出中国首款1500V集中式逆变器SG1000HV，时隔一年，2016年公司发布了全球首款1500V组串式逆变器SG80HV，采用自主专利技术，最大效率超过99%，各项指标均达到了业内最高水平，公司组串式和集中式逆变器从而全线突破1500V，再次刷新了“更高效率、更大功率、更高电压、更高密度”四大标杆，实现逆变器全面领跑。此外，公司还发布了SG80KTL-M、SG1500HV、SG3000HV-MV、户用光伏储能系统PowCube4.5、箱式中压系统PowCube550、箱式中压逆变器SG1250-MV和箱式逆变器SG1250等一系列新品，公司也荣获了由全球权威检测机构德国莱茵TÜV颁发的“1500V至强高效奖”证书。

2）光伏系统集成领域：报告期内，公司在国家重点关注的领跑者计划行动、光伏扶贫中，起到积极的带头示范作用。其中，公司建设的山西大同光伏“领跑者”基地50MW智慧光伏电站成功并网发电，成为目前全国装机规模最大的1500V高压光伏电站，随后公司又中标阳泉、济宁、两淮等光伏“领跑者”基地项目。光伏扶贫方面，足迹已遍布安徽、湖北、山东、四川、广西、浙江等地，帮扶对象超过50000户贫困户、800个贫困村。同时，公司为提升全系列方案解决能力，在淮南着手投资建设先进浮体研发制造基地，此外，公司与三峡基金和安徽省投资集团分别成立了两支新能源产业基金，为公司下一步的投资模式的转变、资源的准备奠定了较好基础，为加速公司新能源行业的规模化布局、加速产业链深层次延伸和后续可持续发展提供了强大动力。

3）新能源车领域：报告期内，公司正式获得汽车行业ISO/TS16949质量管理体系认证。成功开发了苏州金龙、厦门金龙等几个大型客户，相关产品已累计完成了近6000台的出货，应用车辆累计行驶里程突破4亿公里。公司电动车控制器DMC6625和车载辅助变频器DC-AC，荣膺“红点奖”，车载辅助变频器DC-AC更是荣获该奖项的最高级别奖——“红点最佳设计奖”。

4）储能电源领域：公司子公司阳光三星储能电源有限公司投产，年产能2000MWh电力储能设备，并在当年取得开门红，为西藏双湖微网系统、甘肃金昌100MW光伏电站等多个项目提供锂电池、储能逆变器、能量管理系统等核心设备，其中西藏双湖微网系统是全球海拔最高、规模最大、施工难度最大的光储柴微网系统。

研发情况

报告期内，公司研发投入共26215.02万元，占销售收入的4.37%；公司研发系统634人，公司员工占比为35.14%。2016年是公司中央研究院正式成立的第一年，公司积极开展自主知识产权的申报工作，作为国家认定企业技术中心、国家知识产权优势企业及工信部工业企业知识产权运用标杆。全年新增140项专利权，均系原始取得。其中国外发明2项，国外实用新型2项，国内发明专利46项，实用新型专利75项，外观专利15项。另有238项新增专利申请正在审查过程中，其中PCT申请1项，国外专利53项，国内发明专利96项，实用新型专利75项，外观专利13项。其中，公司的“光伏发电系统及应用于该系统的电压补偿装置、变流器”更是荣获了由国家知识产权局和世界知识产权组织（WIPO）联合颁发的“中国专利优秀奖”，这是我国专利领域的最高奖项，对于公司提高自主创新能力，形成企业自主知识产权和核心竞争力具有十分重要意义。另一方面，公司获得由美国UL公司授予的应用于美国境内的WTDP实验室认可资质，这是继CSA、TÜV莱茵、TÜV南德之后，公司获得的第四张实验室认可证书，再次证明了阳光电源测试能力方面的领先优势。

2016年，公司完成99%系列逆变器高温过载项目、1500V组串项目、“逆”“变”一体化解决方案项目、户用光伏储能系统项目、水上光伏专用高防护智能汇流箱项目、防组件PID衰减技术研发及应用项目、高电压穿越技术项目、电站级储能系统解决方案项目等8项研发项目。

面临主要风险

1）政策性风险：可再生能源发电现阶段的发电成本和上网电价均高于常规化石能源，仍需政府政策扶持。扶持政策均由各国政府自行制定，如果主要市场的宏观经济或相关的政府补贴、扶持政策发生重大变化，将在一定程度上影响行业的发展和公司的盈利水平。

2）竞争加剧带来的毛利率降低风险：在国内市场巨大潜力的吸引下，越来越多的企业进入光伏逆变器、风能变流器制造行业，公司面临的市场竞争日趋激烈。虽然当前光伏逆变器和风能变流器市场需求呈持续增长趋势，但如果公司在技术创新、新产品开发和成本控制方面不能保持领先优势，公司面临产品毛利率下降的风险。

3）光伏电站系统集成项目施工管理的风险：光伏电站项目投资金额大、周期短，既涉及地面资源，又涉及各类商业屋顶资源，不仅投资决策非常慎重，而且在项目建设实施中存在诸多不确定因素，可能导致工程延期，难以及时并网发电，给公司的工程管理带来了新的难度，工程的流动资金需要加大。

4）应收账款周转风险：国内光伏行业项目金额大、付款周期长等特点，将会导致应收账款较快增加并存在一定的回款风险。为防范信用风险，加速资金周转，公司制定了严格的信用管理制度和赊销政策。

易事特集团股份有限公司

股票简称：易事特

股票代码：300376

上市时间：2014-01-27

所属板块：深证创业板

企业情况概要

公司创立于1989年，是智慧城市和智慧能源系统解决方案供应商、全球新能源企业500强、国家火炬计划重点高新技术企业，专注于智慧城市&大数据、智慧能源（含光伏发电、充电桩、智能车库）及轨道交通（含监控、通信、供电）等战略性新兴产业投资、建设与发展，高新技术产品研发、制造、销售与服务。拥有全资或控股子公司近 80 家，在全球设立 268 个客户中心，覆盖全球 100 多个国家和地区。公司主要核心产品包括：高端电源装备、数据中心、光伏逆变器及系统集成、新能源汽车充电设施及系统。

基本营销数据

报告期内，公司实现营业收入 524536.38 万元，同比增加 42.44%；利润总额 54248.60 万元，同比增加 71.44%；归属于上市公司股东的净利润 37332.45 万元，同比增加 53.84%；基本每股收益 0.90 元，较上年末增加 60.71%；公司资产总额 916837.36 万元，较上年末增加 106.63%%；净资产 366393.45 万元，较上年末增加 175.00%。

主营业务发展情况

报告期内，以高端电源装备系列产品为基础，提供 IDC 数据中心等系统集成整体解决方案，主要应用于基础电源设施建设、智慧城市建设及数据中心等，公司结合多年积累的核心技术优势，积极探索和采用 BT、BOT 及建设自运营的多种合作模式，市场稳步增长，销售收入为 135464.57 万元，较上年同期增长 33.25%。

公司光伏并网逆变器及光伏系统产品以大功率光伏并网逆变器、中功率组串式逆变器、小功率并网逆变器及模块化并网逆变器为基础，系统集成光伏相关设备，加大了对光伏电站的投入及光伏系统集成业务的拓展力度，销售收入为 379052.31 万元，较上年同期增长 47.46%，同时，2016 年内，实现了多个项目的并网发电，公司新能源收入为 8685.07 万元，较上年同期增长 376.66%。

报告期内，新能源车充电桩等相关销售收入为 1334.43 万元，较上年同期下降 85.98%，这是由于报告期内，新能源汽车及充电设施市场出现波动，同时，公司在新能源车充电桩（站）领域里采取了自建加运维的模式所致。

研发情况

2016 年度公司研发投入金额 18336.98 万元，占营业收入比例 3.50%；研发人员数量 629 人，占公司总人数的 39.00%。2016 年度公司及子公司新增取得授权专利 64 项，均系原始取得。其中发明专利 26 项，实用新型专利 36 项，外观设计专利 2 项；另有 126 项专利申请正在审查中，其中发明专利 118 项，实用新型专利 8 项。对于公司提高自主创新能力，形成企业自主知识产权和核心竞争力发挥出重要作用。

1）微电网能量管理系统（EMS）：开发出具有普适性的智能型能量管理系统（EMS）。智能微电网相关 3 项核心技术成果于 2016 年 12 月通过科技成果鉴定。

2）微电网电能质量控制系统：研制出适应于微电网的有源电力谐波滤波装置、混合型滤波装置。

3）新型绕线转子无刷双馈电机及其控制系统关键核心技术装备：公司系统开展了①绕线转子无刷双馈电机系统工程研究及规划；②绕线转子无刷双馈电机设计与制造研究；③绕线转子无刷双馈电机控制策略研究和控制系统搭建；④绕线转子无刷双馈风力发电系统产业化、示范工程设计与建设；⑤绕线转子无刷双馈电机变频节能调速系统产业化、示范工程设计与建设 5 个课题的创新科研工作。研制出 100kW/6kV、500kW/10kV 绕线转子无刷双馈电机，125kW、250kW 绕线转子无刷双馈电机变频控制器。

4）可编程绿色节能型变频电源：研制出 10kVA ~ 1MVA 绿色节能型变频电源，可 0 ~ 150V，0 ~ 450V 输出电压高低切换；50Hz、60Hz 或 400Hz 输入频率；可在线设定 40.0 ~ 499.9Hz 输出频率。

5）智能配电网核心装备研发及产业化：公司组织实施的智能配电网核心装备研发及产业化项目主要开展如下 6 个方面的技术研发工作：①配电网智能装置设计与研制；②智能配电网通信网络设计与设备研制；③智能配电网自愈合控制策略研究与装置研制；④分布式电源并网控制技术研究与装置研制；⑤电力需求侧响应与节能平台设计与开发；⑥基于大数据节能降损系统设计与开发。

6）电动汽车储能型智能快速充放电装置系统：研制具有电网负荷削峰填谷、电动汽车有序充电、充电站设施的高效利用等多功能的新一代数字化智能电动汽车充放电装置及管理系统。

7）光伏电站全寿期智能管理一体化系统：研制集中央控制器（MGCC）、SCADA 与能量管理系统（EMS）于一体，适用于分布式及集中式光伏发电站经济运行与维护管理的全寿期智能管理系统。

8）超大功率光伏逆变器：公司基于“CVT + MPPT”功率控制技术、防孤岛控制技术、并网电流控制（PI + 重复控制）和前馈技术结合目前光伏电站工程需求研制超大功率光伏逆变器。

9）微电网型不间断电源系统：研制出微电网型不间断电源系统，在确保区域负荷供电可靠性的同时，有效降低电力传输损耗、提升分布式光伏电源就地消纳能力。

投资情况

公司结合自身的资本性支出及流动资金需求，进一步促进公司业务发展，于 2015 年 10 月启动了 2015 年非公开发行 A 股股票募集资金用于投资建设光伏发电项目，并于报告期内获得中国证券监督管理委员会证监许可［2016］991 号文核准批文，核准公司非公开发行不超过 12000 万股新股。报告期内已成功发行 75038639 股人民币普通股股票，募集资金净额为 19.26 亿元。

同时，围绕数据中心、新能源汽车充电桩业务展开了投资、合作工作，并在高端电源、光伏新能源、数据中心、轨道交通行业、充电桩及上下游产业中，积极寻找符合公司战略和提升综合实力的有投资价值的项目及合作伙伴，拟通过并购和战略合作实现快速发展。

面临主要风险

1）市场竞争及毛利率降低风险：目前，高端电源装备、数据中心基础设施竞争进一步加剧，一些设备仍主要被国外巨头所垄断。未来，公司可能面临日益激烈的市场竞争，对公司的拓展计划、市场地位带来一定的压力。随着国家政策的支持力度加强，市场潜力进一步被挖掘，公司面临的市场竞争日趋激烈。如果公司在技术创新、新产品开发和成本控制方面不能保持领先优势，公司面临产品毛利率下降的风险。

2）政策变动风险：光伏行业处于较快发展之中，各种利好政策出台较多，但由于现阶段的发电成本和上网电价均高于常规能源，仍需政府政策扶持，同时存在光伏电站的限电及补贴不及时到位的风险。新能源汽车行业目前阶段由政府政策引导与扶持，如果主要市场的宏观经济或相关的政府补贴、扶持政策发生重大变化，将在一定程度上影响行业的发展和公司的盈利水平。

3）光伏电站系统集成项目建设及运维管理的风险：光伏电站项目从开发、建设期，投资金额大、周期短，涉及土地资源，在项目开发、建设实施中存在诸多不确定因素，可能导致工程延期，难以及时并网发电，给公司的项目建设带来风险，对建设期流动资金需求加大。

4）应收账款回收风险：由于国内光伏行业具有单个项目金额大、付款周期长等特点，将会导致公司应收账款余额较快增加。

5）管理风险：公司为进一步拓展光伏业务，公司在全国范围内设立了较多子公司、孙公司等，使得下属公司管理难度加大。

英飞特电子（杭州）股份有限公司

股票简称：英飞特

股票代码：300582

上市时间：2016-12-28

所属板块：深证创业板

企业情况概要

公司是一家从事 LED 驱动电源的研发、生产、销售和技术服务的国家火炬计划重点高新技术企业，LED 驱动电源销售规模位居全球前列。公司的主要产品 LED 驱动电源主要应用于路灯、隧道灯、高杆灯等户外 LED 功能性照明灯具；投光灯、洗墙灯、护栏灯等 LED 景观照明灯具；工矿灯、面板灯、条形灯、射灯、筒灯、吸顶灯、天花灯等室内 LED 照明灯具。公司具有较强的自主创新能力，设有省级企业研究院、高新技术企业研究开发中心、企业技术中心和企业博士后科研工作分站、杭州院士专家工作站，并承担和参与了“2011 年国家科技支撑计划”“国家高技术研究发展计划（国家 863 计划）”等重点研究开发项目。

基本营销数据

报告期，公司实现营业收入 65357.33 万元，同比增长 24.08%；利润总额 7278.71 万元，比上年同期下降 31.37%；实现归属于上市公司股东的净利润 6688.02 万元，同比下降 28.17%；公司基本每股收益为 0.68 元，同比下降 27.66%；公司总资产为 170482.31 万元，同比增长 103.00%；净资产为 91169.11 万元，同比增长 138.12%。

主营业务发展情况

报告期内，公司的主营业务为 LED 驱动电源，2016 年 LED 驱动电源销售收入为 63169.72 万元，较上年同期增长 29.24%，占营业收入的 96.65%。其中，大功率 LED 驱动电源实现营业收入 38162.31 万元，同比增长 41.88%；中功率 LED 驱动电源实现营业收入 23641.95 万元，同比增长 4.27%；小功率 LED 驱动电源实现营业收入 1365.47 万元，同比下降 12.15%。目前 LED 驱动电源产品线规格完整，涵盖了市场的主流需求，功率覆盖 3～500W 的各类 LED 驱动电源；可应用于室外、室内不同环境，满足高低温、雷击、潮湿、腐蚀和电网电压波动等恶劣工作条件；产品性能满足恒流、可调光、智能控制等特定要求。

报告期内，公司先后荣获了“国家专利运营试点企业”“工业企业知识产权运用标杆”“2016 年中国 LED 首创奖”“2016 年浙江省电子信息 50 家成长性特色企业”“浙江省专利优秀奖”等政府及行业荣誉。

报告期内，公司在保障已有业务顺利开展的同时，大力推进新产品的海内外市场开拓，在稳固中国、北美和欧洲的基础上，大力拓展俄罗斯、东南亚等新兴市场，海外业务收入 27648.75 万元，占总收入的 42.77%，同比增长 3.98%，促使公司 2016 年营业收入得到进一步增长。

研发情况

2016 年全年研发投入 4942.68 万元，占营业收入的比例为 7.56%；研发人员 240 人，占员工总数的 19.45%。截至 2016 年 12 月 31 日，公司及子公司共拥有授权专利 247 项，其中包括 21 项美国发明专利和 113 项中国发明专利。报告期内，公司产品研发项目 5 项，包括：

1）智能 LED 照明驱动电源：该项目包括两个研发方向：①可使驱动电源输出电流设定为不同水平。②通过软件设计配合硬件使一个驱动电源可以用于很多的灯具产品中，为 LED 照明提供智能调光、监控解决方案，实现 LED 照明的二次节能及提高照明舒适度。该项目预计 2018 年完成。

2）Slim 室内恒功率可调 LED 驱动器，该项目已完成并已量产。

3）欧洲塑料壳 ClassI/II LED 驱动器，该项目已完成并已量产。

4）圆形外壳工矿灯 LED 驱动器，该项目已完成并已量产。

5）小功率隔离 0～10V 调光 LED 驱动器，该项目已完成并已量产。

投资情况

报告期内，增资全资子公司英飞特咨询，新设立欧洲全资子公司英飞特欧洲及全资子公司恒英电子，共投入自筹资金 445.78 万元。重大自建项目 2 个，分别是 LED 半导体照明产业基地项目（滨江）及 LED 照明驱动电源产业化基地项目（桐庐），共投入 19957.57 万元。

面临主要风险

1）市场竞争加剧的风险：LED 驱动电源产品进入市场化竞争阶段，市场竞争日趋激烈。公司部分现有或潜在竞争对手具有较高的品牌知名度、较完善的分销网络、较稳定的客户基础或对目标市场有更深的了解，其可能会投入更多的产品研发、推广和销售资源，加剧市场竞争。如公司无法成功与现有或未来竞争对手抗衡，则公司的行业地位、市场份额、经营业绩等均会受到不利影响。

2）产品价格下降的风险：电子产品普遍呈现同款产品价格逐年下降的趋势，随着市场竞争的加剧、供求关系的影响、生产效率的提高及生产成本的下降，公司 LED 驱动电源产品价格存在下降趋势，若公司不能通过有效降低产品生产成本来抵消价格下降的风险，或者无法持续推出新产品进行产品结构的升级，公司产品价格的下降将导致产品毛利率的下降，并最终影响公司的盈利能力。

3）人才流失风险：公司所处的LED驱动电源行业对人才需求量大，竞争激烈，而合适人选有限。如发生人才流失，则会对公司正常的生产经营造成不利影响，并可能延误公司开发及推出新产品，进而对公司的发展前景产生不利影响。

浙江三辰电器股份有限公司

股票简称：三辰电器

股票代码：870952

上市时间：2017-02-28

所属板块：新三板

企业情况概要

公司创建于1978年12月，其前身为国营青田电气控制设备厂。1994年10月顺利完成了产权制度改革，组建成有限责任公司。公司目前是国家高新技术企业、国内直流电源装置规模最大的专业生产企业之一，国家及行业直流电源设备标准首席起草单位。公司拥有省级企业技术研发中心，拥有直流电源高频模块、蓄电池充放电、微机通信及产品工艺等核心技术，获得45项国家专利，三项软件著作权。

基本营销数据

报告期，公司实现营业收入4841.68万元，同比增长1.63%；利润总额547.29万元，实现扭亏为盈，增长4525.87%；实现归属于上市公司股东的净利润485.52万元，实现扭亏为盈，增长3448.33%；公司基本每股收益为0.24元，实现扭亏为盈，增长2500.00%；公司总资产为12426.89万元，同比减少13.17%；净资产为2807.17万元，同比增加20.91%。

主营业务发展情况

公司为了规避目前行业企业普遍停留在同质竞争的现象，坚持定位于电力直流电源设备行业这一细分市场，专注于直流电源领域的相关产品技术开发，走专业化发展道路，把有限的技术、资金、人力等资源集中到能够形成自身优势的领域和目标上来。公司始终处在低压直流成套开关设备行业高新技术的前端，领航行业产品技术的发展趋势，多次承担了国家行业标准JB/T 8456的制订、修订及行业产品联合设计工作。

报告期内，公司主营业务突出。公司主营业务收入占营业收入的比重达89.91%。主营业务包括直流电源系统、低压配电屏及恒流源产品三个方面。公司的营业收入主要来自于直流电源系统的销售收入，全年实现销售收入3595.37万元，同比增长1.63%，占营业收入的74.26%，低压配电屏本期承接了本地新车站建设项目的低压配电业务，该业务合同额相对较大，实现收入307.00万元，同比增长40.05%，恒流源实现收入450.85万元，同比增长4.75%。

研发情况

公司具有较高的技术创新能力并维持较高的研发投入，2016年研发投入金额331.76万元，占营业收入的6.85%，公司拥有专职研究与试验发展人员19人，占公司员工总数的13.67%。目前，公司拥有各项专利42项，其中发明专利1项，实用新型专利29项，外观专利12项，软件著作权3项。

报告期内，公司自主研发的“基于无线广域网技术的直流电源及其远程监控系统”，通过无线广域网及后台监控平台远程实现对直流电源屏实时监控，改进使用了无线通信技术、物联网技术和云计算技术等。公司自主研发的“直流电源设备的智能无线通信装置”，实现直流屏与物联网实时通信，改进使用了无线透传技术和多串口通信技术等。公司自主研发的“直流电源屏降压硅链一体化设计”，采用降压硅链硅二极管一体化工艺设计，改进使用了一体化工艺设计和多级自动控制技术等。以上项目已全部研发完成。

面临主要风险

1）公司治理不能有效发挥作用的风险：在股份公司成立后初步建立了较为系统的内部控制机制，但公司法人治理结构还须进一步完善。公司管理层对于新制度的贯彻、执行水平仍需进一步的提高。随着公司的快速发展，对公司治理将会提出更高的要求。因此，公司未来经营中存在因内部管理不适应发展需要，而影响公司持续、稳定、健康发展的风险。

2）高新技术企业的税收政策风险：公司是高新技术企业，若国家税收政策发生变化或企业不再符合国家高新技术企业条件，将会对公司的经营业绩产生不利影响。

3）存货损失风险：公司产品为定制化产品，若未来客户出现违约情形或者公司产品不符合其质量标准，导致合同变更、终止或产品积压、重新生产，将会形成公司资产损失，对公司经营业绩产生不利影响。

4）应收账款坏账风险：报告期内，虽然公司客户资信优良，应收账款周转情况良好，但未来随着客户数量的增加及业务规模的扩大，若未来国内外宏观经济环境、客户经营状况等因素发生不利变化，公司可能面临客户延迟付款并导致公司发生坏账损失的风险。

5）非经常性损益依赖风险：公司盈利对非经常性损益尤其是政府补助的依赖较强。如果公司收取的政府补助发生变动，可能会对公司的财务状况产生一定不利影响。

6）核心技术失密或更新不及时导致的竞争力下降风险：直流电源系统需要有多学科、多行业的新型技术人才作为保障，并需要多年丰富的应用实践积累。关键技术人才的流失不仅影响到研发进度，还可能导致关键技术的泄露，影响企业的市场竞争力。同时，如果公司对市场需求的把握出现偏差、不能及时调整新技术和新产品的开发方向，或开发的新技术、新产品不能被迅速推广应用，将会导致公司失去技术优势，在未来市场竞争中处于劣势。

7）宏观经济波动风险：直流电源系统下游行业的发展与国民经济发展水平、政府投资力度紧密相关，随着经济增速的放缓，下游行业需求的减少将对公司的发展环境造成不利影响。

电源配套上市企业

广东创锐电子技术股份有限公司

股票简称： 创锐电子

股票代码： 836029

上市时间： 2016-02-26

所属板块： 新三板

企业情况概要

公司是集研发、生产、销售服务于一体的电源自动测试系统（ATE）、机械自动化设备、电力测量设备、智能测量仪器的供应商，提供广泛、先进的测量设备和专业知识，来满足客户对电源、信号等领域电源自动测试系统（ATE）的需求。专注于为客户提供能源测试的全面解决方案。目前主要服务于电源行业、电池行业、充电桩行业、光伏行业，并且同时提供相应地生产自动化解决方案。主要为客户提供测量数据精准、自动化水平高、质量优势明显的自动化测试系统。

基本营销数据

2016 年，公司营业总收入为 1284.65 万元，较 2015 年同期增长 4.67%；公司营业利润为 -16.88 万元，同比下降 68.31%；公司利润总额为 148.20 万元，比 2015 年同期扭亏为盈，增加 1033.50%；归属于上市公司股东的净利润为 125.47 万元，比 2015 年同期扭亏为盈，增加 905.69%；基本每股收益 0.31 元，同比增加 720.00%；公司资产总额 1403.60 万元，较上年末增加 14.16%；净资产 905.13 万元，较上年末增加 16.09%。

主营业务发展情况

报告期内，公司的主营业务是系统测试及相关配件的销售和维修，主要的收入来源是电源类系统测试。为了适应测试行业的发展，报告期内，公司加大了对充电桩、光伏逆变器测试系统的研发及投入，公司新研发的光伏逆变器测试系统已成功推向市场，拓展了公司的销售业务，增加了公司的销售收入。公司测试系统实现营业收入 1101.51 万元，较 2015 年增长 29.00%，占总收入的 85.74%，成为业绩增长的主要增长点。报告期内，大多数老客户对旧产品的升级改造直接替换的方式居多，从而导致仪器和配件的收入与上年度同期相比减少 11.21%。

研发情况

报告期内，研发投入 109.44 万元，投入占总收入的 8.52%，研发人员 10 人，占总员工的 20%。2016 年年底新申请 3 项新项目产品（充电桩测试系统）的发明专利。截至报告期末，公司拥有发明专利 4 项，实用新型专利 3 项，计算机软件著作权 6 项，进入实审发明专利 1 项，已上报发明专利 3 项。

2016 年公司完成两个系列新能源测试系统：光伏逆变器测试系统已于 2016 年 6 月成功推向市场并取得了初步的销售订单；充电桩测试系统在 2016 年 10 月研发完成并推向市场。2016 年年底启动新研发项目动力电池测试系统，目前按计划进行研发。

面临主要风险

1）人才紧缺风险：能源测试行业属技术密集型行业，对技术人员的专业技术水平要求较高。公司致力于满足客户不同的要求，以硬件设备为基础、以开放型软件为核心，为企业提供个性化定制的能源测试系统，必将对人才能力和行业经验的要求更高。

2）技术替代风险：用户随着技术的变化而不断提出新的功能需求，因此公司现有产品存在一定的更新换代风险。另一方面，公司在新产品和项目实施的过程中，可能出现技术难点。行业技术的先进程度影响整个行业的发展和公司技术的更新。因此公司存在新产品的技术替代风险。

3）市场竞争风险：目前能源测试仪器市场上，中高端市场与低端市场分别由国外品牌与国内品牌占据。外资企业的经营实力及技术水平较强，竞争优势明显。国内小企业因为没有研发成本，从而推出低价策略竞争，而国外大型企业为了抢占市场，也开始调节价格，从而对公司的盈利能力造成一定不利影响。

4）公司治理的风险：由于股份公司成立时间较短，治理制度的执行需要一个完整经营周期的实践检验，内部控制体系也需要进一步完善。因此公司未来经营中存在因治理制度不能有效执行、内部控制制度不够完善，而影响公司持续、稳定、健康发展的风险。

5）应收账款回收风险：2016 年 12 月 31 日，应收账款净额占当期营业收入比例为 53.91%。随着经营规模的扩大，公司应收账款可能进一步增加，如果公司未来不能及时发现原有优质客户经营情况恶化等极端情形，出现应收账款不能按期收回或无法回收、发生坏账的情况，将对公司业绩和生产经营产生不利影响。

6）净利润依赖政府补助的风险：报告期内，公司净利润对政府补助存在较大依赖，如果公司今后不能增强盈利能力，政府减少甚至取消对公司的补助，公司的净利润将会存在负增长的风险。

7）公司所租赁的经营场所未取得房产证的风险：公司租赁的经营场所的出租方尚未取得房屋产权证，租赁合同存在被认定为无效的风险。

8）新能源测试系统依赖于政府对新能源电动汽车的鼓励政策的风险：2016 年，公司研发完成的充电桩测试系统和年底刚上马研发的新项目动力电池测试系统，是随着电动汽车的发展而形成增长的两大项目产品。而电动汽车的发展，特别是充电桩行业的快速发展，有一部分因素是取决于政府的鼓励政策。若政府鼓励政策不能快速地落实，电动汽车未能快速发展，相应地公司的新能源测试系统的快速发展也有较大的风险。

杭州士兰微电子股份有限公司

股票简称： 士兰微

股票代码： 600460

上市时间： 2003-03-11

所属板块： 上证主板

企业情况概要

公司是一家专业从事集成电路以及半导体微电子相关产品的设计、生产与销售的高新技术企业。公司的主要产品包括集成电路、半导体分立器件、LED（发光二极管）产品等三大类。经过将近20年的发展，公司已经从一家纯芯片设计公司发展成为目前国内为数不多的以IDM（设计与制造一体化）模式为主要发展模式的综合型半导体产品公司。公司属于半导体行业，被国家发展和改革委员会、工业和信息化部等国家部委认定为“国家规划布局内重点软件和集成电路设计企业”，陆续承担了国家“863”“核高基”“01专项”“02专项”等多个科研专项课题。

基本营销数据

2016年，公司营业总收入为237505万元，较2015年同期增长23.29%；公司营业利润为1227万元，比2015年同期增加5332万元；公司利润总额为8861万元，比2015年同期增加216.08%；归属于上市公司股东的净利润为9589万元，比2015年同期增加140.47%；基本每股收益0.08元，同比增加166.67%；公司资产总额508780.36万元，较上年末增加17.20%；净资产248679.13万元，较上年末增加3.54%。

主营业务发展情况

2016年公司主营业务收入较2015年上升了23.70%，公司三大类产品的营业收入均增长较快。集成电路产品中，公司集成电路的营业收入较2015年同期增长20.92%，集成电路营业收入增长的主要因素是LED照明驱动电路出货量的大幅增加。同时，公司AC-DC驱动电路、IPM（智能功率模块）、数字音视频电路、MEMS传感器产品等也呈现较快的增长态势。分立器件产品中，TVS管、FRD管、MOS管、IGBT等产品增长较快。LED产品中，随着国内LED芯片市场的回暖，特别是高密度LED彩屏市场的快速发展，LED芯片的出货量较上年同期大幅增长，营业收入较上年同期增加40.10%。

研发情况

作为国内半导体领域中以IDM（设计与制造一体化）为主要模式的公司，研发支出主要分为设计研发和制造工艺研发。报告期内，研发投入23537.46万元，投入占比9.91%，较2015年增长13.90%，研发人员1344人，人数占比28.30%。报告期内，研发项目仍主要围绕电源管理产品平台、功率半导体器件与模块技术、数字音视频技术、射频/模拟技术，MCU/DSP产品平台、MEMS传感器产品与工艺技术平台、LED制造及封装技术平台等几大方面进行。通过这些研发活动，公司不断丰富现有的产品群，如推出IGBT等功率器件和功率模块产品，推出LED电源电路、数字音视频电路、MCU电路、MEMS传感器等产品，推出高品质的LED芯片和成品。

投资情况

8英寸芯片生产线项目：该项目总投资为100000万元，截至2016年年底，已完成项目投资62791.27万元，项目进度60%。110kV变电站工程项目：该项目总投资为3800万元，截至2016年年底，已完成项目投资3227.31万元，项目进度85%。士兰集成产能提升项目：该项目总投资为15000万元，截至2016年年底，士兰集成已完成该项目投资10479.10万元，项目进度70%。士兰明芯LED生产厂房扩建项目：该项目总投资为7500万元，截至2016年年底，士兰明芯已完成该项目投资7541.45万元，项目进度99%。士兰明芯LED芯片中后道扩产项目：该项目总投资为27000万元（该项目原预算为8000万元，2016年调整至27000万元），截至2016年年底，士兰明芯已完成该项目投资17246.61万元，项目进度65%。

面临主要风险

1）宏观经济风险：半导体行业受宏观经济形势波动影响较大。受全球性金融危机的长期影响，全球总需求增长缓慢，全球经济复苏还将是一个较为长期的过程。目前，全球经济经济增长有所恢复，尤其是美国经济复苏态势较好。但近期的国际政治变化和部分经济体实施的内顾型政策导致全球保护主义抬头，逐渐成为全球经济复苏的重大风险之一。

2）行业周期风险：半导体行业存在明显的行业周期。近年来，随着技术发展和应用领域更新加速，行业周期呈现缩短趋势。

3）新产品开发风险：随着半导体消费终端产品市场更新频率的加快，公司产品创新的风险也在加大。如果公司的创新不能踏准市场需求的节奏，公司将浪费较大的资源，并丧失市场机会，不能为公司的发展提供新的动力。

湖北台基半导体股份有限公司

股票简称：台基股份

股票代码：300046

上市时间：2010-01-20

所属板块：深证创业板

企业情况概要

公司主营业务为大功率半导体器件及其功率组件的研发、制造、销售及服务，2016年6月通过全资收购北京彼岸春天影视有限公司新增影视业务，形成“半导体+泛文化”双主业经营模式。半导体业务主要产品为功率晶闸管、整流管、电力半导体模块等，广泛应用于工业电气控制和电源设备。公司全资子公司彼岸春天是互联网影视内容提供商，主要业务为影视制作（互联网影视开发与制作及院线电影开发与制作）、商业定制业务、娱乐营销业务。

基本营销数据

2016年度营业收入24209.19万元，同比增长45.70%；利润总额4547.20万元，同比增长38.26%；归属于上市公司股东的净利润3854.35万元，同比增长34.13%；基本每股收益0.27元，同比增长34.11%；公司资产总额105135.91万元，较上年末增加26.30%；净资产79206.50万元，较上年末增加0.38%。

主营业务发展情况

公司通过完善销售招标制和研发项目制，加大激励和考核力度，取得了较好的经营绩效。在传统应用领域器件，高功率感应加热领域订单增加明显，保持了公司在感应加热领域的领先地位；经过近几年市场培养，高压产品在软启动领域得到客户广泛认可，器件销量增速加快；公司非对称结构器件及组件产品、焊接模块和IGBT产品的推广，扩展了公司的产品线。在公司以上政策的调整下，全年销售各类功率半导体器件113.49万只（包括晶闸管、模块、芯片、组件、散热器等），同比增长15.46%，其中晶闸管销售43.41万只，同比增长14.93%；模块销售58.73万只，同比增长19.54%。

研发情况

2016年，公司研发支出916.32万元，同比下降26.11%，研发人员56人，同比下降3.45%，研发投入占比3.78%，同比下降49.33%。导致研发投入减少的主要原因是部分研发项目已验收结案，新项目前期发生研发支出较少。公司持续进行的研发项目主要有7.5kV高压器件、高压快速晶闸管、焊接模块和IGBT模块、ETO（新型高压场控可关断晶闸管器件）、大功率脉冲功率器件、高压模块等，除个别在研外均已实现量产，成为新的增长点。

投资情况

报告期内，公司按照“转型发展，双业并举”的策略，积极布局泛文化业务，于2016年6月完成了对彼岸春天100%股权的收购，新增互联网影视等文化板块业务，对报告期利润的增长产生积极作用。泛文化业务占总营业收入的22.08%。

面临主要风险

1）宏观经济环境的影响：经济增速下行会抑制功率半导体行业需求，进而加剧市场竞争，对公司经营造成负面影响。尽管公司产品主要应用于电机控制和电源等节能领域，但现阶段市场仍处于低迷状态。

2）技术与工艺开发的风险：公司现在的产品技术和工艺水平虽然在国内领先，但与国际先进水平尚有差距，如果新产品研发进度缓慢，将在国内高端市场和应用领域拓展中处于劣势。

3）重大资产重组相关风险：公司正在筹划的重大资产重组存在不确定性，包括市场环境和监管政策的变化、润金文化业绩实现程度、股东大会和监管部门的审批等。

湖南丰日电源电气股份有限公司

股票简称：丰日电气

股票代码：837442

上市时间：2016-06-28

所属板块：新三板

企业情况概要

公司是丰日电气集团股份有限公司作为主发起人投资设立的股份制有限公司，是国内最早生产阀控式密封铅酸蓄电池和直流电源、电气成套设备的专业企业之一。公司主导产品有阀控式密封铅酸蓄电池、电力用直流电源、通信用直流电源、箱式变电站、UPS/EBS交流不间断电源以及智能高压、低压成套电气设备、电动车系列等。为通信、铁路、电力及轨道交通等行业客户提供各类高性能的阀控式铅酸蓄电池产品、电气成套设备及电气技术服务。

基本营销数据

2016年，公司营业总收入为28750.23万元，较2015年同期增长3.04%；公司营业利润为1304.03万元，同比下降15.29%；公司利润总额为1364.03万元，比2015年同期下降17.18%；归属于上市公司股东的净利润为1108.78万元，比2015年同期下降20.83%；基本每股收益0.09元，同比减少25.00%；公司资产总额52207.80万元，较上年末增加13.76%；净资产18169.92万元，较上年末增加6.50%。

主营业务发展情况

2016年度，公司加大了电源产品的市场开拓，中标了中国移动列头柜、中国铁塔配电箱等项目，主营业务收入较上期增加847.72万元，增加比例为3.04%。

1）电池产品：2016年度，电池产品实现20240.12万元销售收入，较上期减少4010.34万元，减少16.54%，主要是2016年度，国家针对铅蓄电池行业征收4%的产品消费税，为消化消费税带来的影响，公司调整产品结构，调整营运资金的安排，加大了电源产品的开拓和供货，导致电池产品的销售减少。

2）电源产品：2016年度，电源产品实现8334.97万元销售收入，较上期增加4927.17万元，提高144.59%，主要是2016年度，公司加大了电源产品的市场开拓，中标了中国移动列头柜、中国铁塔配电箱等项目，导致电源产品营业收入增加。

研发情况

报告期内，公司研发投入1184.75万元，投入占比4.12%，公司拥有研发人员58人，占总人数的13.27%。截至报告期末，公司共有专利75项，其中13项发明专利，62项实用新型专利，并在2016年新申报专利12项，

报告期内，公司主要在新型电池产品、电气成套设备方面开展技术研发工作，主要在研的技术有：

1）240V整流模块/监控模块：完善240V高压直流电源整性能，并实现时监控。

2）超级电池：通过电池结构和工艺的改进，提升蓄电池容量。

3）高性能锂离子动力电池：主要对现有成熟技术进行改进，提升充放电性能与容量密度。

4）管式电池：完善管式电池充放性能，提高使用寿命，形成系列化产品。

5）基于微信平台的全自动智能充电机：研发一种全自动智能充电机，并通过接入微信平台实时监控充电进度 。

6）量子高能蓄电池：通过在蓄电池中添加量子炭，提高蓄电池充放电性能，延长产品使用寿命。

面临主要风险

1）铅酸蓄电池产品征收消费税的风险：自2016年1月1日起，对铅酸蓄电池按4%税率征收消费税，征收消费税将在一定程度上增加企业成本。

2）锂电池产品的竞争风险：近年来，锂电池需求增长较快，已大量应用在手机、笔记本电脑、电动工具、电动自行车、电动汽车、通信基站、医疗器械及移动照明等领域。如其成本与销售价格持续下降，将可能进入铅酸蓄电池传统领域，对铅酸蓄电池造成较大的竞争压力。

3）环境保护标准提高的风险：2015年工信部修订形

成的《铅蓄电池行业规范条件（2015年本）》和《铅蓄电池行业规范公告管理办法（2015年本）》对环保问题做出了比以往更加严格的要求。随着国家环保力度的进一步提高，未来对于铅酸蓄电池企业的环保要求可能会进一步的提高。

4）原材料价格波动风险：铅是公司生产阀控式密封铅酸蓄电池的主要原材料，因此铅价波动对公司生产成本影响较大。

5）公司销售较为集中的风险：公司对中国铁塔股份有限公司、中国移动通信集团和中国中车股份有限公司的销售占公司营业收入的比例较高，如果未来上述客户减少对公司产品的采购，将会对公司产品的销售产生部分不利影响。

6）对大股东资金占用的风险：由于公司资金需求较大，公司占用控股股东丰日集团及公司实际控制人以及部分关联方较多资金，如果相关资金不能继续使用将对公司正常运营产生一定影响。

江苏宏微科技股份有限公司

股票简称：宏微科技

股票代码：831872

上市时间：2015-01-27

所属板块：新三板

企业情况概要

公司是由一批长期在国内外从事电力电子产品研发和生产，具有多项专利的科技专家组建的高科技企业。江苏宏微科技有限公司被认定为国家重点高效新技术企业、国家高新技术企业化示范基地、企业院士工作站、国家IGBT和FRD标准起草单位之一；公司承担多项国家项目。公司的业务范围包括：新一代电力电子分立器件及模块，包括IGBT、FRD、VDMOS、标准模块及用户定制模块；新型电力电子器件的动态、静态参数测试系统与装置；高效节能解决方案，包括动态节能照明电源、开关电源、逆变及变频装置等。

基本营销数据

报告期内，公司实现营业收入19233.05万元，同比增长46.40%；利润总额1264.17万元，比上年同期增加230.98%；实现归属于上市公司股东的净利润1159.30万元，同比增长178.57%；公司基本每股收益为0.19元，同比增长171.43%；公司总资产为23461.61万元，同比增长22.87%；净资产为12252.13万元，同比增长10.45%。

主营业务发展情况

公司采取集芯片设计、生产制造、封装测试、售后服务于一体的垂直整合经营模式。芯片作为分立器件产品和模块的主要原材料，是分立器件及模块中的核心组成，其成本控制能力及产品性能的优劣将直接影响厂商的总体利润水平。公司依靠自身工艺、人才、技术等基础核心优势的长期积累，成熟运用芯片的核心设计技术，成功实现了产业链延伸，形成芯片设计、分立器件封装测试、模块生产、模块化整机互动发展的全产业链格局。

2016年公司主导产品由2015年的模块产品增加至模块及电源模组。2016年度主营收入比2015年度增长46.40%，电源模组的销售比2015年度增加了4535.33万元，占主营业务的30.36%；模块产品也同步增加874.77万元，占收入的49.70%；芯片产品销售2016年度比2015年度增加463.10万元，占11.92%；分立器件2016年度比2015年度销售增加305.27万元，占6.92%。

研发情况

报告期内，公司的研发支出为1786.67万元，占营业收入的9.29%，比2015年增加337.32万元；公司技术人员现有71人，占公司员工的24.48%。截至报告期末，公司拥有专利55项，其中发明专利19项。

2016年11月24日，宏微科技被认定为江苏省“省级企业技术中心”；2016年12月20日，宏微科技“新能源车载电源模块”被认定江苏省高新技术产品。该产品是为新能源汽车专门设计的系列化电源转换模块。

2016年度公司新增了以下研发项目：高密度封装工艺技术与关键材料的研发项目，该项目是国家863计划中新材料技术领域中的一个重大项目，项目研发期间是3年，公司作为该项目的主要协作单位，2016年度已投入研发经费共计320.82万元。第二个项目是江苏省成果转化项目（新能源领域用沟槽栅型场阻断IGBT功率模块的研发及产业化）。

投资情况

2016年，公司总投资1349万元，对新增子公司广州市启帆星电子产品有限公司进行了增资和收购，持股51%。

面临主要风险

1）应收账款和存货占用较多资金的风险：由于应收账款和存货余额较大，且占用资金多，如果公司未来不能继续加强应收账款回收管理，加强存货的变现力度，公司现金流和净利润可能会大幅下降，从而对公司经营业绩带来不利影响。

2）非经常性损益对经营成果影响较大的风险：报告期内，公司经营业绩对非经常性损益存在一定程度的依赖。若未来公司的非经常性损益，尤其是政府补助发生较大变动，而公司主营业务营利能力没有大幅提高，公司的净利润以及现金净流量可能会大幅下降，将对公司的经营业绩带来不利影响。

3）房屋租金上涨风险：为支持公司发展，公司主要办公地出租方常州三晶科技产业发展有限公司与公司签订合同，约定2017年，公司办公地租金为81.23万/年。如果公司未来不能继续获得常州三晶科技产业发展有限公司的支持或者公司更换主要办公地址，房屋租金可能有较大幅度上涨，从而对公司经营业绩带来不利影响。

4）税收优惠变动风险：公司作为国家高新技术企业，报告期内适用的企业所得税税率为15%。如果未来国家税收优惠政策出现不可预测的不利变化，或者公司未能通过高新技术企业复审，则公司无法享受企业所得税优惠政策，将对公司盈利能力产生一定的不利影响。

5）技术与工艺开发风险：功率半导体器件行业为技术密集型行业。随着竞争的加剧，对企业技术创新能力要求将越来越高。如果公司技术开发不能尽快全面接近和达到国际先进水平，不能持续加大投入，则将在竞争中处于劣势。

6）技术失密和核心人员流失的风险：公司市场竞争的优势在较大程度上依赖于掌握核心关键技术和公司培养、积累的一大批经验丰富的核心技术人员。在目前市场对技术和人才的激烈争夺中，如果出现技术外泄或者核心技术人员外流情况，将可能会在一定程度上影响公司的创新力。

7）宏观环境变化对行业的风险：宏观经济的波动会影响下游客户的自身经营状况和预期，从而会影响功率半导体相关产品的采购金额，如果未来宏观经济景气度出现大幅波动，有可能对功率半导体行业需求带来不利影响。

8）行业竞争的风险：目前，对于门槛较高的 IGBT 和 FRED 芯片制造技术，国内企业或尚未掌握相关技术，或因产量还比较小无法与国外厂家直接竞争，而近年来国外厂家为了抢占国内的功率半导体市场，也在不断降低产品价格，如果国内企业不能尽快掌握 IGBT 芯片的相关技术或不能尽快量产，将在未来市场竞争中处于较被动的地位。

江苏坚力电子科技股份有限公司

股票简称：坚力科技

股票代码：833701

上市时间：2015-09-30

所属板块：新三板

企业情况概要

公司主要从事滤波器、滤波组件和电磁兼容预测试系统等电磁兼容相关产品的研发、生产和销售。公司一直专注于为用户提供“全方位的电磁兼容解决方案”，既可以对客户产品的电磁兼容特性进行测试，并在此基础上为客户设计电磁兼容解决方案，也可定制研发符合客户需求的电磁兼容产品。公司拥有独立的研发、生产、销售模式，通过不间断地研发，提高产品品质，提升公司在行业内的竞争力。

基本营销数据

报告期内，公司完成营业收入 4394 万元，较 2015 年度上升了 1.02%；利润总额 529.72 万元，同比增加 12.64%；归属于上市公司股东的净利润 469 万元，较 2015 年上升了 20.04%；基本每股收益 0.28 元，同比增加 16.67%；公司资产总额 5537.13 万元，较上年末减少 4.07%；净资产 3224.64 万元，较上年末增加 17.01%。

主营业务发展情况

公司主营业务明确，自成立以来业务发展稳定，市场范围逐渐扩展，盈利能力逐步增强。公司现有主营业务或投资方向能够保证可持续发展，经营模式和投资计划稳健，市场前景良好，行业经营环境和市场需求不存在现实或可预见的重大不利变化。报告期内，公司通过了 OHSAS18001 职业健康管理体系的认证。公司新申报了四项实用新型专利，截至 2016 年度公司共计拥有 16 项实用新型专利。公司商标获得了常州市知名商标的荣誉。

研发情况

报告期内，公司研发投入 3226094.02 元，共研发 5 个项目，其中滤波器的盖板点焊工装的研发 642028.41 元；滤波器的断线机输送装置的研发 654504.37 元；滤波器在线通路测试系统的研发 630847.59 元；漆包线自动断线机的研发 708619.06 元；PCB 板式滤波器的研发 590094.59 元，截至 2016 年 12 月 31 日，以上项目已研发完成。

面临主要风险

1）行业竞争加剧风险：国内滤波器市场发展迅猛，但与发达国家和地区相比尚处于初级阶段，高端产品技术水平差距较大，而中低端产品竞争日趋激烈，存在价格恶性竞争、虚假宣传、不正当商业竞争、假冒伪劣等现象，市场竞争风险加剧。

2）通信设备市场需求变动的风险：目前公司主要客户为通信设备企业，通信设备市场需求直接受移动通信运营商资本支出影响，其资本支出决定移动通信系统集成商的业务规模，进而影响系统集成商对公司产品的采购规模。

3）原材料价格波动的风险：公司主要原材料为磁环、漆包线、电容、电感等，占营业成本的比例逾七成。近年来，由于铜价的波动导致漆包线等原材料价格出现较大波动，给公司的利润增长带来较大的不确定性。

4）实际控制人控制不当风险：公司控股股东、实际控制人潘奇荣直接控制公司 63.00% 的股份，因此，实际控制人有可能利用其对公司的控股地位，通过行使表决权对公司经营决策、投资方向、人事安排等进行不当控制，从而损害公司及其他股东利益。

5）人才储备风险：随着公司规模的不断扩大，如果企业文化、考核和激励机制、约束机制不能满足公司发展的需要，将使公司难以吸引和稳定核心技术人员，面临专业人才缺乏和流失的风险。

南通江海电容器股份有限公司

股票简称：江海股份

股票代码：002484

上市时间：2010-09-29

所属板块：深证中小板

企业情况概要

公司主要从事电容器及其材料、配件的生产、销售和服务，前身为 1958 年 10 月成立的南通江海电容器厂，是高新技术企业、江苏省电容器及材料产业创新联盟盟主单位，连续多年入选中国电子元件行业协会评选的中国电子元件行业百强企业。公司全面整合各类资源，突出专业化、精细化、个性化，拉长电容器产业链，打造电解电容器、薄膜电容器、超级电容器三大产品群，使公司成为全球电容器和能量储存方案的提供者。

基本营销数据

报告期，公司实现营业收入 122361.89 万元，同比增长 12.13%；利润总额 18066.01 万元，比上年同期增长 15.45%；实现归属于上市公司股东的净利润 14904.66 万元，同比增加 15.47%；公司基本每股收益为 0.26 元，同比增长 9.03%；公司总资产为 347793.88 万元，同比增长 69.56%；净资产为 297531.69 万元，同比增长 77.34%。

主营业务发展情况

报告期内，公司主营业务主要分为电容器及电容器主要材料两个方面，电容器为铝电解电容器、薄膜电容器及公司战略发展的产品超级电容器，电容器主要材料是公司产业链延伸发展的产品，主要为化成箔和腐蚀箔。业务发展情况如下：

2016 年度电容器业务收入增长 11.16%，铝电解电容器保持了良好的增长，在探索大小型电容器分开发展的模式上，成立了湖北海成电子有限公司，集中精力、联合外力、创新模式发展小型和固态铝电解电容器；维持了包括国军标体系和 ISO14001、UL 等国际标准的监督认证，工业用高压大型铝电解电容器获得西门子、ABB、ROCKWELL、新时达等许多国际国内用户的奖励和优秀供应商称号；完成了对优普电子的并购工作，完善了薄膜产品线，开始了镀膜工序，延伸了产业链；薄膜、超级电容器两大新项目进展延迟，影响了年度销售和盈利目标，但为 2017 年的发展打下了较扎实的基础；启动了和 ELNA 的投资、车载专用电容器在华合资项目，这是业内首个对外投资，也是国内首个车载电子专用电容器项目。

2016 年度电子材料业务销售量与 2015 年同期对比增长 32.08%，收入增长 12.55%，针对下游客户的技术需求和材料的新技术持续推进新产品研发和工艺改进，在公司主导产品高压大型铝电解电容器的核心材料——高压腐蚀化成箔研发创新方面取得重要进展，比容达到国内领先水平，性能具有独特优势，增强了公司核心竞争力。

研发情况

报告期内，公司研发支出总额 6863.23 万元，研发投入占营业收入比例为 5.61%，研发人员 354 人，占总员工数的 17.54%。公司设有国家博士后科研工作站和江苏省电容器工程技术研究中心，建成了电容器及材料、专用设备、检测试验、应用等研发平台，长期致力于新技术、新产品研究开发和升级。截至报告期末，公司拥有国家新产品 7 项，国内授权和受理专利 33 项，国际专利 53 项，非专利技术 7 项，曾获江苏省科技进步二等奖，承担了国家、部、省等多个重大项目。

投资情况

报告期内，公司投资设立全资子公司湖北海成电子有限公司，注册资本 5000 万元。闲置资金委托银行理财产品共计 100900 万元。

面临主要风险

1）募集资金项目不能达到预期：薄膜电容器和超级电容器技改扩产项目可能因为产品技术性能、市场开发、产业化等因素不能达到预期目标和进度的风险。

2）原材料供应及价格变动的风险：公司生产所需的主要原材料成本占公司生产成本较高，原材料价格的大幅波动将可能对公司正常的生产经营管理和经济效益产生不利影响。

3）汇率波动风险：公司的国际化和全球产品营销及部分关键核心材料部件的进口，对国际间贸易交流和汇率比价的波动较为敏感，将会给公司的生产经营和收益产生一定的影响。

宁夏银利电气股份有限公司

股票简称：银利电气

股票代码：834654

上市时间：2015-12-09

所属板块：新三板

企业情况概要

公司成立于 1992 年，位于宁夏银川（国家级）经济技术开发区，是一家从事电力电子磁性元件的研发、生产、销售的高新技术企业，是国内同行业中唯一产品覆盖电力电子磁性元件全部应用领域的企业。主要产品包括：三相滤波电抗器、高频变压器、水冷电抗器、空心电抗器及隔离变压器等，广泛应用于大功率不间断电源、变频器、光伏逆变器、风电变流器、有源滤波器、动态无功补偿器等工业技术领域，主要应用于新能源、轨道交通、电能质量等行业领域。报告期内，公司研发新能源车多合一集成电源产品，并布局新的市场领域。

基本营销数据

报告期，公司实现营业收入 6506.38 万元，同比下降 16.40%；利润总额 563.14 万元，比上年增加 3.47%；实现归属于上市公司股东的净利润 490.02 万元，同比增加 3.72%；公司基本每股收益为 0.16 元，与上年度持平；公司总资产为 13590.37 万元，同比增加 0.61%；净资产为 8565.30 万元，同比增加 6.07%。

主营业务发展情况

公司目前的主营产品是变压器和电抗器，报告期内，变压器产品占总营业收入的 26.13%，比 2015 年增加了 7.35 个百分点，实现销售收入 1700.39 万元，同比增加 16.35%；电抗器产品占总收入的 70.24%，比 2015 年减少了 10.86 个百分点，实现销售收入 4570.01 万元，同比减少 27.59%。受市场波动影响，电抗器产品的市场需求量有所下降，公司为优化销售收入结构放弃了部分毛利率偏低的业务，拓展了新能源车、汽车电子两个新业务，纯电动物流车“四合一”集成电源产品、8m 纯电动公交车“三合一”集成电源产品已经进行了装车试运行。目前拓展的新业务仍处于初期进入阶段，报告期内只产生 7.69 万元销售收入，还不足以推动营业收入的增长。

研发情况

2016 年度公司研发费用支出 355.46 元，占营业收入的 5.46%，公司目前拥有研发技术人员 36 人，占员工总数的 20.57%。报告期内，申请 2 项发明专利，截至报告期末公司及全资子公司拥有授权专利和在审专利数量 20 项，其中授权发明专利 6 项、授权实用新型专利 10 项、在审发明专利 4 项，所有专利技术均为公司自主研发。

报告期内，公司参与中车研发项目“电力电子牵引变压器”，研发完成动车组电力电子牵引变压器、纯电动物流车“四合一”集成电源及 8m 纯电动公交车“三合一”集成电源的小试样机；与中科院重庆绿色智能技术研究院合作开发电力电子磁性元件智能设计/仿真平台。

面临主要风险

1）行业政策风险：公司所处行业为当前国家政策鼓励产业之一，国家产业政策扶持和投资将直接影响本行业的产品销售需求，未来政策变化将对公司经营带来一定影响。

2）市场竞争加剧的风险：公司所处的细分行业变压器、整流器和电感器制造业的从业企业较多，市场集中度低，竞争相对激烈，导致行业的利润水平不高，未来该细分行业存在市场竞争加剧的风险。

3）原材料价格波动风险：行业的产品成本受原材料市场波动的影响较大。原材料价格的波动，将直接影响到变压器和电感器产品的成本，进而影响行业从业企业的经营业绩。

4）子公司持续亏损的风险：报告期内，公司的子公司处于亏损状态，对公司的整体业绩和资产状况造成了一定的负面影响。

5）公司治理的风险：公司制定了较为完备的公司治理制度，管理人员学习、贯彻执行力度还有待进一步提高，短期内仍存在公司治理不规范、相关内部控制制度不能完全得到有效执行的风险。

上海贝岭股份有限公司

股票简称：上海贝岭

股票代码：600171

上市时间：1998-09-24

所属板块：上证主板

企业情况概要

公司主业为集成电路设计业务，公司于 2008 年被认定为集成电路设计企业，专注于集成电路芯片的设计和产品应用开发，以上千种集成电路产品服务于多个行业约 2000 家最终用户，是国内集成电路产品主要供应商之一。报告期内，公司集成电路产品主业依旧为智能计量、通用模拟、电源管理这三大类产品业务，主要目标市场是电表、手机、液晶电视、机顶盒及其它各类消费电子产品领域。

基本营销数据

2016 年公司共实现营业收入 50909.39 万元，较上年增长 4.06%；营业利润 3442.22 万元，同比增加 0.73%；利润总额 4020.26 万元，同比减少 19.97%；归属于上市公司股东的净利润 3785.39 万元，同比减少 25.98%；基本每股收益 0.06 元，同比减少 25.00%；公司资产总额 210518.56 万元，较上年末增加 1.81%；净资产 184845.90 万元，较上年末增加 1.15%。

主营业务发展情况

公司主营业务分为集成电路产品、集成电路贸易和测试业务三部分，其收入分别占主营业务总收入的 63.77%、35.89% 和 0.35%，较 2015 年增长幅度分别为 -2.40%、17.69% 和 11.31%；其毛利分别占主营业务毛利的 90.41%、9.73% 和 -0.14%，较 2015 年增长幅度分别为 2.64%、28.91% 和减亏 15.44 万元。

公司在 LCD Panel、LCD TV、机顶盒、电话机、玩具及其它消费电子产品领域保持市场地位，电源管理电路（LDO，DC/DC，电压检测，充电管理芯片等）、EEPROM、MOSFET 产品的销售稳中有升。公司后续将重点突破 DC/DC，EEPROM 产品市场份额提升，以及 AC/DC 在机顶盒市场销售量产突破问题。随着智能插座产品市场增长，公司 USB 识别芯片成功导入国内知名智能插座客户并实现量产，报告期内出货量稳步增加。公司同时推出适用于插座应用的专用计量芯片，由于产品较强的适用性及较高性价比，受到客户青睐。LED 照明市场，由于驱动产品同质竞争严重，公司确定了差异化产品竞争策略，在海外市场形成突破。RS-485 等标准接口电路在智能电表领域销售平稳，产品进入工控、安防领域应用。受出口市场需求减少的影响，烟雾报警产品出货减少，为适应市场需求的变化，公司推出的低电压工作的烟雾报警专用电路逐步导入客户端。MCU 产品品种进一步增加，移动电源领域出货减少，在空调遥控器、电机控制等领域逐步切入，形成相关领域新增客户。报告期内公司 ADC 产品升级，产品性能指标国内领先，经客户实际验证，后续将陆续开展相关应用领域的推广工作。近年来，手机摄像头模组需求爆发性增长，公司 EEPROM 相关产品在这一领域也开始逐步渗透，报告期内已有客户批量验证与应用。2016 年，公司国网多功能计量产品市场份额同时下降，相关产品销售下降。单三相简单计量产品，在综合市场表细分市场占份额提升，同时销售实现增长。继电器驱动电路在智能电表领域被国内外表厂、方案商广泛接受，并应用于国网、南网、海外表厂项目，报告期内公司在国内前三大表厂均实现量产销售，公司继电器驱动产品销售收入同比增长 40%。报告期内，公司推出的 DC/DC 产品已被两家知名表厂批量应用，成为 DC/DC 在电表领域最早批量应用的国内品牌厂家。随着 SOC 产品逐渐普及应用，4COM/8COM 液晶驱动产品应用逐步萎缩，公司通过策略竞争进一步扩大了市场份额，较上年实现了总体的销售持平。随着公司 EEPROM 产品技术升级以及 1M、2M 产品的推出，相关产品快速切入智能电表领域，将成为新的销售增长发力点。

研发情况

报告期内，公司研发投入 5500.11 万元，占营业收入的 10.80%，较上年同期增加 0.6%，2016 年度公司研发人员 144 人，占公司员工总人数的 50.7%，较上一年度增加了 1.8%。

报告期内，公司完成了多款电能计量芯片的研发，包括国网单相计量芯片升级版、单相/三相普通计量芯片升级版、智能插座计量芯片。开发了符合国网新标准的有极性/无极性 RS-485 芯片。2016 年开发了 15kV ESD RS-232 接口芯片。EEPROM 存储器芯片产品升级换代，整体产品线从 0.35μm 技术升级到 0.13μm 技术，开发专门针对手机应用的使用 CSP 封装技术的新产品。完成了 4 通道高速高精度 ADC 芯片的研发。电源管理芯片方面开发出车载、工业控制使用的中高压、超低功耗的 CMOS LDO 产品；针对消费类电子的需求，也开发出来大电流、超低功耗、高纹波抑制比的 CMOS LDO 产品。在 DC/DC 产品线方面，中压 2A、3A、4A 输出电流的高效同步降压产品系列化取得进展；中高压40V大电流DC/DC同步降压产品线的规划及开发已经全面落实。另外，三相电表继电器驱动IC于2016年年底出样。

面临主要风险

1）集成电路设计产业风险：从全球范围看，集成电路已经日益成为成熟产业，摩尔定律所代表的硅时代即将进入10nm以下量级。高额的研发成本、高度复杂的系统和激烈的市场竞争对行业企业提出了极高的要求。系统整机企业自研芯片的趋势加剧，给芯片设计企业造成了新的困扰。

2）战略风险：公司主营业务为集成电路设计，主要营业收入来自智能计量、电源管理、通用模拟三大类产品业务，主要利润除了来自三大产品业务外，从2015年起大楼租赁业务成为公司营业利润改善和可持续发展的一个重要因素。当前公司依然面临主营业务不强、增长乏力的战略风险。

3）智能计量业务：目前国网智能表计应用的主要风险在于两点，一是国网本轮改造接近尾声，国网招标需求减少，下一年招标不确定性较大；二是从技术角度看，国网下一代智能表计的相关标准正在制定中，同样存在较大不确定性。

4）通用模拟业务：LED照明、户户通机顶盒、移动电源等领域由于市场容量巨大，成为众多集成电路厂商的目标，导致市场竞争异常激烈。竞争首先表现为产品价格混乱，市场呈现一定程度的无序竞争局面。其次，终端厂商对产品成本的极致追求既可能牺牲产品质量，也同时大大压缩IC设计公司的利润空间。

5）电源管理业务：中国电源管理IC市场需求巨大，但中低端产品技术门槛不高，导致电源管理产品设计公司蜂拥而上，产品质量良莠不齐，同质化的低价竞争方式使得产品利润日趋下降，风险加剧。

6）市场及技术开发风险：公司产品业务市场大多已激烈竞争多年，主要产品售价越来越趋于成本区，价格竞争趋向白热化，存在着产品同质化、价格竞争激烈等诸多问题。

7）生产运营风险：2017年度，由于圆片加工产能的行业性紧张，以及原材料涨价，已经造成生产成本上升。

上海赛特康新能源科技股份有限公司

股票简称：赛特康

股票代码：834855

上市时间：2015-12-28

所属板块：新三板

企业情况概要

公司成立于2004年11月，主要从事工业储能元件及储能系统的生产和销售，储能元件主要为工业电解电容器、薄膜电容器、超级电容器及功率储能元件，是新能源和工业节能领域的核心器件之一；储能系统主要应用于电动大巴和新源汽车的充电站，以及光伏发电等领域，并不断拓展其他细分行业的市场应用领域。

基本营销数据

2016年，公司营业总收入为14825.70万元，较2015年同期增长13.81%；公司营业利润为2476.22万元，同比增加40.23%；公司利润总额为2872.43万元，比2015年同期减少3.85%；归属于上市公司股东的净利润为2580.74万元，比2015年同期增加2.01%；基本每股收益0.34元，同比减少2.86%；公司资产总额25431.76万元，较上年末增加15.51%；净资产18700.00万元，较上年末增加16.01%。

主营业务发展情况

2016年公司不仅实现原有业务的高速增长，而且在超级电容器和储能领域开拓新业务，并实现了销售。公司铝电解电容器主要应用于太阳能逆变器，太阳能逆变器受到太阳能电站抢装潮在2016年上半年完成，下半年需求回落的影响，公司铝电解电容器随之受到影响，本年度实现销售收入8184.11万元，较上年减少1329.44万元，下降13.97%，占公司收入总额的55.2%；薄膜电容器产品主要受下游新能源汽车快速发展的影响，实现销售收入4304.04万元，较上年度销售增加1829.36万元，增长比例为73.92%，占收入的29.03%；2016年公司在超级电容器和储能领域加大投入，储能系统本年度销售收入714.62万元，较2015年增加285.85万元，增长67.36%，占营业收入的4.82%；超级电容器2016年度销售收入579.39万元，较2015年增长555.39万元，同比大幅增长2314.47%。

研发情况

报告期内，公司研发费用投入1383.54元，占营业收入的比例为9.33%，技术研发人员30人，占公司总人数的17.96%。2016年全年新增6项专利权，均系原始取得。另有2项新增专利申请正在审查过程中，其中发明专利2项。

公司报告期内的研发项目有5项，分别为新型纳米铝电解电容器、软包叠片式混合超级电容器、超级电容器模块、低耗能高强度易散热薄膜电容器、圆柱形超级电容器。

面临主要风险

1）核心人员流失风险：公司的业务拥有较高的技术水平，业务的开展对人力资本的依赖性较高，目前企业之间专业人才的争夺十分激烈，如果公司业务流程中的核心人员出现流失将对公司的经营稳定性带来一定的风险。

2）市场竞争加剧风险：电容器行业企业众多，竞争激烈，市场化程度较高，国内规模企业也纷纷扩产，行业竞争加大；同时，大量小厂商生产的低端产品甚至劣质产品充斥市场，形成了恶性竞争。越来越多的国外电容器制造企业在中国投资办厂，抢占国内市场份额；国内竞争对手通过上市融资等方式扩大产能，行业竞争进一步加剧。与国内外先进龙头企业相比，公司在资本规模等方面还存在一定的差距。

3）原材料价格波动风险：公司原材料占生产成本的比重达80%以上。主要原材料价格的波动将对公司营业成本产生一定影响，从而对公司经营业绩带来影响。如果原材料价格出现大幅波动，将对公司营运资金的安排和生产成本的控制带来较大的不确定性，公司将面临原材料价格波动风险。

4）市场需求变化风险：公司所处行业的发展与下游产业的发展具有较强的联动性。下游行业是典型的充分竞争性行业，具有周期性波动的特征，若下游产业发展出现较大幅度的波动，将对公司经营产生影响。

5）管理风险：随着业务持续发展，公司的组织结构和管理体系将更趋复杂。如果公司的管理水平不能进一步提高，管理体系不能适应公司的进一步发展，将对公司未来的经济效益造成不利影响。

6）税收优惠政策变化风险：公司及子公司赛特康技术系高新技术企业，享有所得税按15%税率的税收优惠政策。未来如果不能持续符合高新技术企业的相关标准，或国家调整高新技术企业的税收优惠政策，税后利润将受到一定影响。

深圳深爱半导体股份有限公司

股票简称：深深爱

股票代码：833378

上市时间：2015-08-28

所属板块：新三板

企业情况概要

公司是专业功率半导体芯片及器件的生产企业，主要生产、销售功率半导体器件及芯片，是一家集自主设计、自主研制、生产、销售的高科技企业。主要产品为双极型功率晶体管、MOSFET器件、功率驱动IC、肖特基二极管、IGBT器件、快恢复二极管、LED驱动芯片及模块、CMOS-IC等100余品种。公司产品广泛应用于LED照明、节能照明、智能电源、智能家居、消费类电子、通信等领域。

基本营销数据

2016年，公司营业总收入为36142.51万元，较2015年同期增长32.54%；公司营业利润为－6869.12万元，同比亏损减少14.49%；公司利润总额为－6202.72万元，同比亏损减少14.66%；归属于上市公司股东的净利润为－7213.58万元，同比亏损减少0.76%；基本每股收益－0.36元，同比增加2.70%；公司资产总额64864.21万元，较上年末增加2.98%；净资产224373255.64万元，较上年末减少24.33%。

主营业务发展情况

报告期内，公司加快产品转型升级，调整产品结构，大力推广LED等新产品市场，驱动IC、MOS新产品销量大幅增长，产品转型升级取得初步成效，提高了产品的市场占有率。报告期内，通过了飞利浦审核团队的复审，首次成为飞利浦全球供应链系统的合格供应商。

报告期内，主营业务收入35480.99万元，同比增长8915.18万元，增幅33.56%，但因消化年初高成本的库存产品及上半年双极生产线产能不足等原因影响，当期营业成本偏高，毛利率较低，整体盈利水平未取得明显提升。报告期内，积极推进节能减排降成本工作，单位能耗量同比减少20.9%，产量同比上升20%。

研发情况

报告期内，公司研发投入2301.1万元，占公司营业收入的6.37%，同比增加385.6万元，技术研发人员216人，占公司总员工的23.76%。截至报告期末，公司累计拥有专利89项，其中发明专利22项，实用新型67项。

报告期内，公司的研发项目主要为LED IC、MOS及肖特基产品类的项目。

投资情况

报告期末，公司投资理财产品750.00万元，为购买银行“日积月累”型产品。

面临主要风险

1）成本上升风险：公司面临着原材料价格上升的风险，加之近几年来薪酬福利水平的提升，导致公司成本进一步增加，并影响公司的利润水平。

2）技术人才流失风险：公司作为以高新技术为核心竞争力的高新技术企业，核心技术人员以及核心技术是公司命脉所在。如果公司核心技术人员流失，会很大程度上影响到企业持续发展创新的步伐，而一旦发生技术失密，则可能会对企业造成损失，影响到企业的竞争力。

3）市场竞争风险：公司所处半导体分立器件行业属于技术较为成熟的行业，竞争较为激烈。近年来，随着越来越多的国内生产企业开始进入半导体分立器件行业，部分同行生产企业通过增加生产线或进行技术改造，产能及质量得到较大提升，在一定程度上对公司现有市场占有率构成影响。

4）财务风险：公司因传统照明领域市场业绩下滑，公司产品所处的领域相对低端，生产经营遭遇了困难，在严峻的经营环境和经营业绩下，来自企业外部及内部的各种风险因素骤然显现，经营亏损进一步扩大，造成公司出现财务风险。

深圳市力生美半导体股份有限公司

股票简称：力生美

股票代码：837169

上市时间：2016-05-16

所属板块：新三板

企业情况概要

公司是一家专业的电源管理集成电路半导体器件研发、设计、销售与技术服务公司。公司依托在功率管理半导体领域的独特技术理解和核心研发人员的技术沉淀，不断持续研发用于开关电源功率管理的相关集成电路芯片产品，先后开发成功了多个产品系列，目前已可提供从HVBUCK架构到FlyBack及HalfBridge架构等丰富的开关电源拓扑控制器方案，以及对应的配套高性能集成电路芯片，并陆续在产品研发过程中，先后建立了诸如smartEnergy™、HV-BUCK™、ZeroFlux™、DSSS™等专有技术平台。

基本营销数据

2016年，公司营业总收入为5552.08万元，较2015年同期增长23.05%；公司营业利润为576.72万元，同比增长174.16%；公司利润总额为685.12万元，比2015年同期增加46.10%；归属于上市公司股东的净利润为653.66万元，比2015年同期增加141.09%；基本每股收益0.31

元，同比增加24.00%；公司资产总额4310.69万元，较上年末增加35.46%；净资产3059.72万元，较上年末增加47.38%。

主营业务发展情况

报告期内，公司产品的市场份额在保持原有水平基础上所增长的整体出货数量高于2015年同告期，营业收入和成本有所提高，净利润也大幅增长，保持了公司经营的整体稳健。公司按照2016年的经营计划与发展战略，坚持以市场为导向，关注客户的产品升级换代需求，为客户提供新的技术解决方案，进一步提升了公司的客户基础，增强了公司的综合竞争力。

从2015年6月开始，公司陆续推出系列用于消防行业的电源产品，并在报告期内获得市场一致认同，产量及销量迅速增长，营业收入相应增加。报告期内，公司实现主营业务收入5315.39万元，较上年同期增加18.63%。

研发情况

报告期内，研发投入862.86万元，投入占比15.54%，技术研发人员32人，占总员工人数的51.61%。截至报告期末，公司拥有专利数量41项，其中发明专利3项。

报告期内，公司持续对多个用途领域的芯片产品进行新产品设计、旧产品升级和布图与测试工作，形成不同的产品，并申请相关的技术及实施方法专利。

面临主要风险

1）实际控制人不当控制风险：公司实际控制人罗小荣持股51.17%，担任董事长职务。若公司实际控制人利用其控股地位进行不当控制，可能给公司未来经营和其他股东带来风险。

2）市场风险与行业波动风险：集成电路产业受到国内外经济环境的深刻影响。特别是现阶段，公司主要设计、销售面向中低端消费类产品的集成电路产品，公司的经营效益与国内外集成电路产品市场需求和集成电路行业波动保持较高的关联度。

3）技术进步的风险：集成电路产品的市场生命周期不断缩短，产品淘汰速度加快，对集成电路设计公司的设计以及研发能力提出了更高的要求，如果公司不能紧跟新技术变革的步伐，设计出满足市场需求的集成电路产品，将对公司业务的持续开展和市场的进一步开拓产生不利影响。

4）对高素质人才依赖的风险：由于集成电路行业发展迅猛，国内对相关高素质人才的需求日益增加，对人才的争夺也日趋激烈，公司能否继续吸引并留住高素质的人才，对公司未来的发展至关重要。

5）委托生产风险：公司采用无生产线的委托加工经营模式，即仅从事集成电路产品的设计、销售业务，将晶圆制造及封装测试工序外包。随之而来的风险是晶圆代工、封装、测试等环节需要依赖供应商的工艺平台，在产能、交货期限以及不可抗力因素方面，公司存在一定程度的委托加工风险。

天通控股股份有限公司

股票简称：天通股份

股票代码：600330

上市时间：2001-01-18

所属板块：上证主板

企业情况概要

公司创办于1984年，拥有多家控股公司和参股公司，是国内首家由自然人控股的上市公司，是集科研、制造、销售于一体的国家重点高新技术企业。公司主要从事电子材料（包含磁性材料、蓝宝石材料、电子部件）生产和销售、高端专用装备的制造和销售。

基本营销数据

2016年，公司营业总收入为169177.28万元，较2015年同期增长26.23%；公司营业利润为8495.74万元，同比增长355.26%；公司利润总额为12739.83万元，比2015年同期增加76.04%；归属于上市公司股东的净利润为11033.17万元，比2015年同期增加74.21%；基本每股收益0.133元，同比增加64.20%；公司资产总额476759.17万元，较上年末增加8.31%；净资产360714.87万元，较上年末增加2.66%。

主营业务发展情况

公司现在主营业务以磁性材料产业、蓝宝石产业、电子部件产业、高端专用装备产业四部分为主。

1）磁性材料产业主要从事软磁粉料和磁心研发、生产、销售，产品包括MnZn铁氧体粉料及其磁心、NiZn铁氧体粉料及其磁心、微波铁氧体制品及其器件、金属磁粉心材料及其磁心、NFC和无线充电用磁片等。报告期内，磁性材料产业面对激烈的市场竞争，不断调整产品结构和新产品的比例，促进高端市场和产品的开发，提升产品盈利能力。另一方面，通过生产效率以及产品合格率的提升，进一步降本增效，扩大产品利润空间。磁性材料制造本期实现销售收入57690万元，较上年同期增加14.12%。

2）蓝宝石产业主要从事蓝宝石晶体材料、蓝宝石制品的研发、生产和销售。产品包括蓝宝石晶棒、蓝宝石晶片（主要分衬底片和窗口片）、蓝宝石晶块。报告期内，蓝宝石产业克服产品价格下降、窗口材料市场不及预期等不利因素，抓住LED灯市场渗透率继续提高、外延企业扩产的机会，LED衬底工厂实现满负荷运行，每月达到了80万TIE的产能规模。银厦长晶工厂顺利实现第二期产能扩升计划，顺利实现扩厂和实现产能扩升。截至2016年底，银厦长晶工厂已经形成了400台左右的长晶规模，并且已经实现了130kg以上的大尺寸和大重量级别的批量量产。此外，通过实施市场多元化的策略，蓝宝石的手表表镜、盖板等产品成功进入高端的手表、智能手表表镜、智能移动终端盖板和工业医疗设备盖板等市场。摄像头保护片和指纹识别片等产品也顺利和国内的一线智能手机合作。蓝宝石产业产品本期实现销售收入20672.70万元，较上年同期增加27.14%。

3）电子部件产业主要从事EMS（电子制造服务）全工序制造服务，并努力实现模组零部件的自主开发。产品聚焦在“通信系统、工业控制、视频安防、汽车电子、超算及服务器”五大领域。报告期内，电子部件产业以提升市场占有率、开展技术创新和管理创新活动为重点，不断拓展新能源、工业控制领域新客户，并实现海外客户的开发和销售。电子部件制造本期实现销售收入 39798.93 万元，较上年同期增加 29.04%。

4）高端专用装备产业主要从事泛半导体及 OLED 显示专用智能装备的研发、生产、销售和服务。主要产品有蓝宝石晶体生长炉、LT/LN 压电晶体生长炉、硅单晶生长炉，蓝宝石晶片研磨机、抛光机，半导体 CMP 化学研磨机，磁性材料/粉末冶金/硬质合金/陶瓷材料粉末干压成型机，钨合金/立方氮化硼刀具周边磨床，TFT-LCD/AMOLED 检查等自动化设备。报告期内，高端专用装备产业把握行业发展机遇，新产品 360 周边磨当年完成设计、试制并批量生产和销售，实现出口零的突破；环境设备销售首次突破亿元大关，行业地位进一步提升；在单晶炉方面除已有大客户之外，在新客户方面也取得了突破。专业装备行业本期实现销售收入 61455.18 万元，较上年同期增加 3.96%。本期环保设备市场需求旺盛，订单量及产量增加，公司开发的新产品市场反应良好。环保工程设备本期实现销售收入 10226.75 万元，较上年同期增加 276.46%。

研发情况

报告期内，公司研发投入 9241.06 万元，占营业收入的 5.46%，较上年同期增加 23.45%，研发人员 507 人，占公司员工总数的 14.11%。天通研究院和企业技术中心分别于 2016 年 4 月和 12 月获批为浙江省重点企业研究院和国家企业技术中心，成为海宁市首家国家级企业技术中心。

磁性材料产业加大新产品开发力度，在云端服务器、车载产品和无线充电等新品领域的市场开发上成果显著；蓝宝石产业不断进行技术和工艺的优化创新，对蓝宝石 4 寸衬底的双面磨和工艺的技术突破，使得 4 寸衬底的综合良率较 2015 年获得大幅度提升；窗口材料方面实现了手机盖板和智能手表表镜的全制程自制开发；电子部件产业重点开发 4 英寸、6 英寸 LT、LN 各种轴向晶体、晶棒；完成了晶圆加工设备选型、工艺调研、工艺路线确认等筹备工作，并自主研发成功晶片黑化关键技术，已形成 LT 0.25mm 及以上成品晶片小批量接单能力。高端专用装备产业在产品技术开发上硕果累累，研制开发、试生产了 CPG360 周边磨床、SIF110 单晶生长炉、CT15 钽酸锂/铌酸锂长晶炉、3D 曲面玻璃热弯机。公司产品获得浙江省精品，全自动高精度粉末成型机产品获得浙江省名牌产品称号。污泥干化设备的安全稳定运行技术通过国家 863 计划子课题技术验收。

投资情况

报告期内，公司对外股权投资为人民币 56279.49 万元、美元 1150 万元，折合人民币合计约 63743.91 万元，比上年同期减少 20281.09 万元，下降 24.14%。主要为

1）2016 年 2 月 4 日，对全资子公司天通精电以厂房土地账面净值增资 3032 万元。截至本报告期末，该项增资已办理完毕。

2）2016 年 4 月，公司以现金增资方式出资 150 万美元投资美国加利福尼亚州知名智慧医疗创新公司 Dictum，持有该公司 4.91% 的股权。

3）2016 年 5 月 31 日，公司全资子公司天通吉成以 3247.49 万元收购关联公司天通新环境 100% 的股权。截至本报告期末，该事项已完成。

4）公司出资人民币 5 亿元投资宁波梅山保税区太阳鸟股权投资合伙企业（有限合伙），公司的出资比例为 17.06%。截至本报告期末，公司已支付本次出资金额。同时，经公司 2017 年 1 月 26 日召开的六届三十次董事会及 2017 年 2 月 20 日召开的 2017 年第二次临时股东大会审议通过，同意将本次投资标的变更为成都亚光电子股份有限公司，公司持股比例为 14.57%。同时同意参与太阳鸟游艇股份有限公司发行股份购买成都亚光电子股份有限公司 97.38% 的股份，不考虑配套募集资金的影响，公司持有太阳鸟游艇股份有限公司 38605114 股股份，占其股份总数的 6.90%。

5）2016 年 4 月 18 日，公司六届十六次董事会审议通过了以自有资金投资“年产 60 万片新型压电晶片项目”，该项目投资总额为 20567.36 万元。截至本报告期末，该项目已投入金额 1783.39 万元，完成总投资进度的 8.67%。

面临主要风险

1. 电子材料产业

（1）磁性材料

1）增量市场存在技术突破和市场拓展无法达到预期的风险：公司计划 2017 年新产品市场销售实现超过 1 亿元，但是存在技术突破和市场开发的难度，可能会影响盈利的按计划贡献。

2）低端市场恶性价格竞争、消费类电子产品大幅度降价，导致市场需求严重下滑，出现非理性的产品价格竞争，造成市场订单严重不足，产品获利能力急骤下降。

3）原材料采购价格波动：2016 年前三季度有色金属在历史低位运行，2016 年第四季度起主要原材料价格上涨过快，对 2017 年磁材盈利能力造成较大影响。

4）重大质量事故隐患：重大品质事故（特别是针对业内知名厂商）会导致订单的大幅流失，还会对品牌产生较为深远的负面影响。

（2）蓝宝石材料

1）销售市场价格下跌风险：若供过于求或者市场需求不振，蓝宝石产品可能会出现供过于求，销售价格下降将直接影响产品盈利能力。

2）行业整合兼并带来的市场通路风险：LED 蓝宝石行业企业和中游外延芯片企业之间的整合兼并以及蓝宝石企业和 PSS 企业之间的整合兼并，都会不同程度带来公司市场通路的机会风险。

3）产品质量风险：蓝宝石产品质量的稳定性，对质量成本带来不确定因素，对经营计划的达成带来风险隐患。

4）内部管理风险：内部管理制度和管控流程还有待于梳理，在库存货和应收账管控能力有待于提升。

2. 高端专用装备产业

1）行业波动风险：公司晶体生长设备产品主要服务于 LED 蓝宝石、压电晶体和太阳能光伏产业，属于 LED、太阳能光伏行业上游，受下游终端产业需求不确定的影响。

2）技术人才流失的风险：技术的不断创新离不开高素质管理人才和技术人才。如果公司的人才培养和引进方面

跟不上公司的发展速度，甚至发生人才流失的情况，公司的研发能力将受到限制，使产品在市场上的竞争优势削弱，从而将对经营业绩的成长带来不利影响。

3）产品质量控制风险：由于公司主营产品应用领域对产品的可靠性、连续性及稳定性要求较严格，如果公司质量管理出现问题，尤其在具有重大影响项目的应用中如出现产品质量问题，不仅会给公司造成经济损失，还将对公司品牌造成不利影响。

4）技术及研发风险：专用设备行业作为一个快速发展的行业，技术要求较高，需要不断进行研发投入，如果不能保持技术、生产工艺水平的先进性，公司将面临不利的市场竞争局面。

无锡芯朋微电子股份有限公司

股票简称：芯朋微

股票代码：430512

上市时间：2014-01-24

所属板块：新三板

企业情况概要

公司是集成电路产业链中的集成电路设计公司，采用国际流行的无生产线设计（Fabless）模式，专注于产品的市场开拓和设计研发，生产主要采用委托外包形式。公司拥有国内功率集成半导体技术领域的一流研发团队，设立有国家级博士后企业工作站和江苏省功率集成电路工程技术中心，是国家工信部认定的集成电路设计企业、科技部认定的高新技术企业、江苏省民营科技企业、江苏省创新型企业。公司承担并完成了多项国家及省、市的科研开发任务项目，共已取得39项专利技术和74项集成电路布图设计保护，为智能家电、标准电源、移动数码、网络通信及LED照明等电子产品生产企业提供高可靠和高效率的各种电源管理集成电路产品。

基本营销数据

报告期，公司实现营业收入22953.42万元，同比增长22.74%；利润总额3518.14万元，比上年同期增长45.29%；实现归属于上市公司股东的净利润3005.13万元，同比增加45.68%；公司基本每股收益为0.39元，同比增长39.29%；公司总资产为24895.63万元，同比增长21.93%；净资产为18487.26万元，同比增长8.65%。

主营业务发展情况

公司产品不断推陈出新，业务领域不断扩大，产品覆盖智能家电、标准电源、移动数码、以及工业驱动市场等领域。公司在国内创先开发成功并量产了单芯片700V、200V、100V高低压集成开关电源等产品，获得国家/省部级科技奖励和国家重点新产品认定，公司将结合市场热点，开发系列高压智能数字电源，以领先产品获取市场优势。

报告期内，实现主营业务收入22953.42万元，同比增长22.74%。公司除在智能家电市场继续保持稳定增长外，依靠技术优势转型产品结构，积极开拓各类新型产品应用市场，并提供AC+DC全套电源解决方案，整体市场上升迅速。公司标准电源市场扩张迅速，取得显著业绩，是公司净利润快速增长的重要因素。新市场产品主要应用于手机充电器、各类机顶盒、网关适配器等，市场容量巨大。

研发情况

2016年公司研发投入为4116.52万元，占公司销售收入的17.93%，研发人员101人。截至本报告期末，有效专利授权39项，其中国内发明专利授权27项，国内实用新型专利授权9项，美国专利授权3项；另有14项国内发明专利、4项美国发明专利、1项国内实用新型专利申请已在受理之中；取得了74项集成电路版图保护授权。

报告期内，公司共设计定型了多款新产品，分别应用于智能家电、标准电源、移动数码、工业驱动等公司主要应用领域。其中，采用高压启动专利的智能家电系列产品进一步巩固了公司在家电领域的市场地位；采用高压启动及准谐振技术的标准电源系列产品实现了大规模的销售增长；采用Neo-Switch技术的移动数码产品得到了完全验证，已经开始量产。

投资情况

报告期内，公司使用部分闲置资金购买中低风险、短期（不超过一年）的银行短期理财产品。报告期内，投资总额为56580万元，实现投资收益总额为313.10万元。

报告期内，公司向上海翔芯共提供两次委托贷款。第一次委托贷款额度为900万元，期限为一年，贷款利率按年利率6%执行；第二次委托贷款额度为600万元，期限为一年，贷款利率按年利率6%执行。

面临主要风险

1）市场风险：集成电路行业是一个快速发展的高科技行业，各种新技术、新产品不断更新，一方面产生了巨大的市场机遇，另一方面也导致市场变化较快，需要公司不断开发出适销对路的新产品以求跟上市场的需求。

2）技术更新风险：集成电路设计在国内尚属于成长中的新兴产业，新技术可能随着行业的发展环境和国际国内消费市场的变迁而发生变革，公司若不能及时跟上新技术变革的步伐，将对公司业务的持续开展和市场的进一步开拓产生不利影响。

3）核心人才流失风险：集成电路设计行业对设计人员的专业技术能力和各技术团队的密切合作依赖程度较高。相对稳定的技术研发团队是公司一切比较优势的基础和来源，而核心人才的流失无疑将对公司的持续经营带来重大的风险。

4）实际控制人不当控制风险：公司实际控制人张立新持股占总股本的51.15%，在公司担任董事长职务，同时为公司法定代表人。若公司实际控制人利用其控股地位，通过行使表决权对公司进行不当控制，可能给公司未来经营和其他股东带来风险。

5）对非经常性损益依赖的风险：公司非经常性损益主要来自政府对公司承担的政府科研项目的补贴，该类补贴存在一定的不确定性，若不能持续获得，将会对公司的利润造成一定的影响。

厦门法拉电子股份有限公司

股票简称： 法拉电子

股票代码： 600563

上市时间： 2002-12-10

所属板块： 上证主板

企业情况概要

公司从事的主营业务为薄膜电容器的研发、生产和销售，产品涵盖全系列薄膜电容器，公司连续24届进入中国电子元件百强，薄膜电容器产量排名世界前三位。公司通过ISO/TS16949、ISO9001、ISO14001、OHSAS18001等标准认证，拥有实力雄厚的研发中心和经验丰富的技术服务团队，年产45亿只薄膜电容器及2500吨金属化膜。为各类整机客户，如照明、通信、家电、电源、工业控制、汽车电子、绿色能源等提供薄膜电容器“一站式”解决方案，产品行销全球，成为各个领域龙头企业的主力供应商。

基本营销数据

报告期，公司实现营业收入152116.36万元，同比增长9.17%；利润总额47061.72万元，比上年同期增长17.24%；实现归属于上市公司股东的净利润38955.45万元，同比增加18.78%；公司基本每股收益为1.73元，同比增长18.49%；公司总资产为247965.65万元，同比增长10.66%；净资产为209803.97万元，同比增长8.51%。

主营业务发展情况

公司从事的主营业务为薄膜电容器的研发、生产和销售。公司一方面把握市场节奏，主动出击，不断提升公司产品品质、市场形象及知名度；另一方面，继续新产品的开发和新客户的开拓。在巩固现有传统配套领域市场地位的基础上，继续向新能源等领域拓展。持续增加新产品研发投入，不断强化生产流程管理和精细化管理，提升公司的运营效率和盈利能力。

报告期内，共生产薄膜电容器29.80亿只，销售29.91亿只，生产量比上年减少5.37%，销售量比上年减少4.84%；实现薄膜电容器销售收入149639.27万元，实现增长8.99%，分领域来说，公司产品在家电领域业绩较为平稳，新能源领域呈较快增长，照明领域出现下降。

研发情况

报告期内，公司研发支出总额7687.81万元，研发投入占营业收入比例为5.05%，研发人员212人，占总员工数的12.66%。针对市场发展趋势及要求，加大了对新型能源用薄膜电容器的研发力度，提高了产品的整体技术水平，缩短了量产的速度。

投资情况

报告期内，公司东孚新区建设累计完成投资1.65亿元，完成土建工程量88%，配套水电气安装预计2017年上半年完工，生产布局谋划、设备采购、员工培训正有序推进，为企业后续发展提供保障。另外，报告期内委托投资银行理财产品共计94840万元。

面临主要风险

1）主要原材料价格波动风险：公司主要原材料聚丙烯膜、聚酯膜和有色金属占公司生产成本的比重较大，原材料价格的波动将对毛利率水平带来影响。如果原材料价格短期内出现大幅波动，可能对公司的经营造成影响。

2）出口经营面临的风险：公司产品出口占比不小。如果欧美经济持续低迷，或者产品销往的国家和地区的政治、经济环境及贸易保护政策等发生不利变化，公司可能面临出口业务波动的风险。

新华都特种电气股份有限公司

股票简称： 新特电气

股票代码： 837503

上市时间： 2016-01-26

所属板块： 新三板

企业情况概要

公司成立于1985年，是专业化设计、制造变频调速高压变频器配套电源用整流变压器、电抗器等产品的研发生产型企业。公司是国家火炬计划重点高新技术企业及国家重点新产品认证单位，并连续多年通过北京市高新技术企业认证，多次承担北京市火炬计划及成果转化项目，公司还先后通过了中国船级社型式认证、北美UL认证、欧盟CE认证。公司主要产品为变频调速高压变频器配套电源用整流变压器，产品拥有完全的自主知识产权，技术国内领先，达到国际先进水平。

基本营销数据

2016年，公司营业总收入为13233.21万元，较2015年同期减少37.98%；公司营业利润为74.16万元，同比下降97.91%；公司利润总额为479.41万元，比2015年同期下降87.41%；归属于上市公司股东的净利润为844.70万元，比2015年同期下降73.72%；基本每股收益0.11元，同比下降74.42%；公司资产总额70331.80万元，较上年末增加3.85%；净资产63916.68万元，较上年末增加1.34%。

主营业务发展情况

报告期内，公司的主营业务为变频调速高压变频器配套电源用整流变压器、电抗器，占全部收入的92.31%，报告期内，变压器、电抗器实现收入12215.39万元，比上年度下降8408.97万元，变动比例为-40.77%。主要原因是受宏观经济政策的影响，公司的下游行业为高压变频器行业，其下游客户主要集中在电力、冶金、煤炭、石油化工、水泥等领域，2016年宏观经济复苏弱于预期，其中石油加工、炼焦行业、煤炭开采、洗选业、石油和天然气开采业利润总额均有下降。煤炭、钢铁、水泥等行业不景气，对新设备采购和技术改造的资本性投入有所下降，对变频器的需求也会有所延缓，进而影响对变频调速用变流变压器的需求，从而造成公司的主营业务收入的下降。

研发情况

报告期内，公司研发投入1557.40万元，占营业收入的11.77%，研发人员64人，占员工总数的18.71%。截至报告期末，公司共取得专利114项，其中国际专利1项，发明专利27项，外观设计专利4项，实用新型专利82项，正在申请的专利2项，同时还拥有多项非专利核心技术。

2016年的主要投入研发项目包括：基于三维参数化设计的产品智能设计平台开发、电抗器流水线制造技术研发与应用、两化融合应用下的设备自动化创新与开发、智能化输配电关键设备研制与应用、环保水性漆项目。

投资情况

公司在报告期内投资4966.31万元，用于亦庄特种变压器生产基地和研发中心项目；公司及子公司购买的理财产品投资合计44000.00万元

面临主要风险

1）受宏观经济波动影响的风险：公司主要产品高压变频器的配套产品，主要终端用户为电力、冶金、煤炭、石油化工等行业。宏观经济的波动直接影响上述行业对产品的需求。如果宏观经济形势出现不利变化，公司销售额、利润将面临下滑的风险。

2）原材料价格波动风险：公司成本中原材料成本是主要成本，如果原材料价格出现大幅波动，将对公司营运资金的安排和生产成本的控制带来不确定性，从而面临利润波动的风险。

3）客户相对集中的风险：公司的下游高压变频器行业的集中度较高，该因素决定了公司的客户基础相对较为集中。虽然公司不存在严重依赖于少数客户的情况，但如果主要客户因经营情况发生重大变化而减少对公司的采购，将在一定时期内影响公司的产品销售和盈利能力。

4）应收账款不能按时收回的风险：公司应收账款周转速度偏低，且报告期内周转率呈下降趋势，数额较大的应收账款可能会影响到公司的资金周转速度和经营活动现金流量，存在发生坏账损失的可能。

5）租赁仓库无房产证的风险：子公司河北变频所租赁三河市燕郊忠诚门窗厂的3800m^{2}厂房主要为仓储使用，该地块已经取得土地使用权证，但尚未取得房屋所有权证。若该厂所建房屋因违反建筑法律法规而受到行政处罚，则河北变频该部分仓库面临搬迁的风险。

6）技术更新风险：国家节能环保政策导向将加速行业优化升级及产品更新换代，行业标准及客户需求的提高将对公司的研发能力提出更高的要求。如果公司不能在技术创新上占得先机，将使公司在未来的市场竞争力下降，从而对公司的发展造成不利影响。

7）实际控制人控制不当的风险：公司实际控制人谭勇、宗丽丽夫妇合计持有公司67.04%的股份，能对公司的决策实施控制。若公司的内部控制有效性不足、公司治理结构不够健全、运作不够规范，可能会导致实际控制人控制不当，存在损害公司和中小股东利益的风险。

第五篇　电源行业新闻

行业要闻

1. 中国新能源车充电与驱动技术大会11月在上海成功举办

2. 2016年GaN Systems杯高校电力电子应用设计大赛12月在上海举办

3. 2016国际电力电子创新论坛3月在上海召开

4. 中国电源学会代表团3月出访美国参加APEC2016国际会议

5. 中国电源学会七届六次常务理事（扩大）会议4月在天津召开

6. 中国电源学会七届七次常务理事（扩大）会议11月在上海召开

7. PELS&CPSS青年学者/学生论坛5月在合肥顺利召开

8. 第二届电力电子学科青年学者论坛7月在重庆举行

9. 电源技术青年创新与发展系列活动之——2016高校企业行系列活动1电动汽车6月在深圳举办

10. 2016电力电子与变频电源新技术学术论坛6月在常州举办

11. 中国电源学会信息系统供电技术专委会2016年度工作会议及技术交流会7月在京召开

12. 第七届中国功率变换器磁元件联合学术年会8月在登封召开

13. 第六届全国特种电源学术交流会8月在厦门召开

14. 2016年中国电源学会元器件专业委员会（ECDC 2016）西安学术研讨会于10月成功召开

15. 信息系统供电技术专委会《数据中心供电技术白皮书》编制工作会议11月在厦门召开

16. 中国电源学会电磁兼容专业委员会2016年度学术会议11月在上海召开

17. 中芬学生课题研究交流科普辅导活动在上海成功举办

18. “身边的静电”科普讲座6月在上海成功举办

19. 功率变换器磁技术分析测试与应用高级研修班5月在福州成功举办

20. 电动和混合动力汽车专题研修班6月在杭州成功举办

21. 光伏系统设计与应用专题研修班7月在合肥成功举办

22. 功率半导体新器件及其紧凑高效型电源的应用高级研修班10月在上海成功举办

23. 高效率高功率密度电源技术与设计高级研讨班11月在南京成功举办

24. 电源趋势：数字化、模块化、智能化

25. 国务院：支持沿边重点地区风电、光伏等新能源产业　建设指标分配给予倾斜

26. 风电、光伏发电工程质量监督检查大纲颁布实施

27. 2016年中国光伏行业政策汇总

28. 2016年中国光伏行业回顾

29. 2016年全球光伏装机容量超300GW

30. 五部委联合发布《关于实施光伏发电扶贫工作的意见》16省471县列入扶贫目录

31. 国家能源局下发2016年光伏行业标准制（修）订计划

32. 财政部、国家税务总局：2016～2018年继续实行光伏发电增值税即征即退50%政策

33. 我国分布式光伏发展步入快车道

34. 2016年公用事业光伏组件价格下滑至1.5美元/W

35. 全国首个政府出资建设新能源微电网在八达岭投入运行

36. 新疆首座中功率光伏智能微网供电系统运行

37. 首批20个太阳能热发电示范项目确定　总计装机容量134.9万千瓦

38. 2016年光伏并网逆变器国抽合格率较上年提高14%

39. 2016年全球海上风电投资299亿美元　创历史新高

40. 2016中国风电迈上新高度

41. 我国严控风电弃风严重地区电源建设节奏

42. 煤炭大省山西：风电成为仅次于火电的第二大电源

43. 《国家创新驱动发展战略纲要》提出发展特高压、智能电网等技术

44. 国家两部委发布能源互联网技术创新战略方向规划目标

45. 火电项目清理力度再加码

46. 两部委发布售电公司准入与退出、有序放开配电网业务的相关管理办法

47. 2016中国储能产业十大事件

48. 超级电容器被工信部列入扶持重点

49. 国家863计划先进能源项目“新型超级电容器”等取得重大进展

50. IEEE标准《储能设备和系统接入电网测试标准》获批发布

51. “投资+运营”破局储能商用化

52. 中国新能源汽车技术路线回顾与展望

53. 科技部：“十三五”力推新能源汽车技术创新

54. 四部委发布新能源汽车推广补贴调整方案

55. 发改委：南方电网与国家电网签署合作备忘录

56. 工信部严惩新能源汽车骗补行为　补贴资金改为事后清算

57. 氢燃料电池车首次入围新能源车目录

58. 工信部发布电动汽车用驱动电机系统新国标

59. “十三五”充电设施奖励政策出台　最高奖补达1.26亿元

60. 2016年我国新增公共充电桩10万个

61. 首个无线充电车库落户首钢

62. 2016年中国无线充电行业分析

63. 上市公司推动新能源车无线充电产业化加快

64. 新型无线充电技术公布

65. 工信部确定我国动力电池产业发展路线图

66. 工信部组建动力电池研发平台

67. 动力电池结构性供大于求

68. 2016年中国UPS行业发展回顾

69. 2016年IDC市场关键词：创新与变化

70. 迎接新蓝海　IDC产业主动革新

71. 我国IDC产业发展呈现“四化”趋势　云服务占比日渐提升

72. 中国电能质量治理产品市场广阔

73. 2016年度中国半导体产业十大事件

74. 陈南翔：2016年全球集成电路市场规模高出产业界预期

75. 2016年半导体并购方兴未艾，总金额创新高

76. 政策与资本推动中国开启集成电路产业大时代

77. 磁件企业扎堆挂牌新三板

企业动态

78. 习近平视察阳光电源智慧能源发电系统

79. 阳光电源牵头承担国家“智能电网技术与装备”专项项目获批

80. 阳光电源签订重大储能调频示范合作项目

81. 全国最大的1500V智慧光伏电站在阳光“领跑者”基地成功并网

82. 阳光三星助力全球最大规模光储微电网电站

83. 科华恒盛中标中广核华龙一号首堆项目　助力我国核电装备“走出去”

84. 科华恒盛广州、上海成立数据中心

85. 科华恒盛开发量子通信业务

86. 科华恒盛与合普友电开展新能源车战略合作

87. 台达电子自营太阳能电厂于日本赤穗市完工揭幕

88. 台达电子向丹麦太阳能园区供应50.4MW光伏逆变器

89. 中兴通讯新能源汽车中标深圳西部公交纯电动客车项目

90. 易事特增资欣润光伏

91. 易事特拟在天津成立子公司作为北方总部基地

92. 易事特中标4788万元青藏线格拉段扩能改造工程通信电源项目

93. 华南电源创新科技园被授予“省低碳创新试点园区”

94. 深圳汇川：设立联合动力子公司，新能源汽车布局领先市场

95. 世界最大单口径射电望远镜FAST正式投入使用，先控电气提供供电保障

96. 先控电气成功携手银隆新能源集团，助力新能源产业发展

97. 科士达铁路中间站通信电源通过CRCC产品认证

98. 深圳科士达“高效智能电源系统的集成开发及产业化项目”获得市政府资助

99. 深圳科士达南非设立全资子公司

100. 深圳科士达设立售电全资子公司

101. 英飞特敲响深交所开市钟

102. 茂硕电源助力国内首个污水处理厂柔性支架光伏电站并网发电

103. 茂硕电源与河南省永城市开展新能源战略合作

104. 伊顿为阿里巴巴打造世界级顶尖数据中心

105. 伊顿与国富光启达成战略合作

106. 云轨试验线通车　比亚迪正式进入轨道交通领域

107. 比亚迪青海开发锂资源

108. 比亚迪完成定增　加码锂电池业务

109. 比亚迪中标新能源公交车采购

110. 芯朋微入围新三板创新层

111. 东山精密美国设立投资子公司

112. 东山精密近40亿并购MFLX公司

113. 中国移动2016～2018年开关电源集采：华为全标段夺头标

114. 深圳可立克设立惠州变压器子公司

115. 爱科赛博与西安交大合作项目再获“国家科技进步二等奖”

116. 飞仕得与英飞凌汽车电子事业部（ATV）签署产业化合作伙伴协议（PDH）

117. 奥能电源斩获国网2016充电桩招标项目大包

118. 奥能电源助力世界首个五端柔性直流输电示范工程成功投运

119. 杭州中恒电气布局苏州售电市场

120. 杭州中恒电气子公司被列入北京中关村现代服务业2016年试点项目

121. 上海百纳德电子中标天津地铁、重庆地铁等UPS项目

122. 新能力承接加纳DAWA 330kV变电站交直流一体化电源项目

123. 许继电气与福建国网合作设立智能电力子公司

124. 许继电气中标国家电网约9.48亿元

125. 创力股份设立合资公司

126. 创力股份设立两家合资公司拓展医疗行业

127. 创联电源新三板挂牌

128. 高泰昊能推出大型集装箱储能方案以及定制化BMS

129. 施耐德数字化开关站助力能源互联网落地

130. 高端电源供应商瑞谷科技倒闭

131. 上海电气与神华集团合资组建光伏公司

132. 上海电气逾 66 亿置入大股东旗下资产，欲向高端智能化转型

133. 东方电气股份有限公司签署海外项目合同

134. 东方电气股份公司中标埃及煤电站项目

135. 哈尔滨九洲电气与哈尔滨工业大学成立联合实验室

136. 深圳市科陆电子与深圳巴士集团开展战略合作

137. 深圳科陆电子中标西藏“金太阳”二期太阳能户用系统工程项目

138. 南都电源签订国内规模最大商用储能电站项目

139. 上海科泰电源 8 省市设立分公司

140. 上海科泰电源投资变频节能混合电源及智能化成套开关设备研发和产业化项目

141. 上海雷诺尔科技主营业务变更

142. 湖北台基半导体设立半导体事业部和泛文化事业部

143. 江苏银河电子中标中移动子公司

144. 全球光伏逆变器巨头艾思玛进军中国

145. 科谷电源正式挂牌新三板

146. 凯盛股份登陆新三板

147. 高频开关电源研发商国耀电子新三板挂牌

行业要闻

中国新能源车充电与驱动技术大会 11月在上海成功举办

11月26-27日，由中国电源学会主办的2016中国新能源车充电与驱动技术大会成功举办。近600位行业专家学者齐聚上海，共论新能源车行业发展趋势，并就相关领域的新理论、新技术、新成果及新工艺进行深入交流与研讨。

乘着政策暖风，新能源车行业有望迎来发展春天。同时，汽车工业与电子信息产业加速融合，汽车开始向电子化、多媒体化和智能化方向发展。电力电子技术，特别是电源技术，在汽车工业中正起着越来越重要的作用。

为适应行业发展需要，有效推动我国新能源车关键技术的创新升级，中国电源学会正式成立新能源车充电与驱动专业委员会以及中国新能源车充电与驱动技术创新联盟。专委会吸纳了来自国内新能源车领域的企业、高校、研究机构的科技工作者、电动汽车国际知名专家以及能源行业的政府机构专家代表共计92位委员参与，同时特邀陈清泉院士、Raja院士担任顾问。中国电源学会理事长徐德鸿教授兼任主任委员。

1. 共飨顶级学术盛宴

本次会议邀请了国内外5位顶级专家做大会报告，为与会者带来了一场精彩的学术盛宴，是一次不可多得的近距离聆听大师智慧之声的学习机会。

大会报告人之一陈清泉教授，是中国工程院院士、英国皇家工程院士、匈牙利工程院荣誉院士、乌克兰工程院院士、香港工程科学院院士暨特别顾问。他被《亚洲新闻》评为亚洲最佳创新者、被期刊Global View誉为“亚洲电动车之父”、在印度获“电动汽车技术之祖”称号。

陈清泉教授年近80高龄，依然精神矍铄，激情澎湃。整场报告高屋建瓴、深入浅出。既有专业含金量，又尽显人文情怀。大师风范，可见一斑。正是基于这种立足全球而非局限于某些事物的理念，陈教授指出新能源汽车产业将是一场颠覆性产业，总体上看，提高技术水平、降低生产成本，仍然是新能源车发展的主题，但是产业的长期发展更取决于技术、市场和政策的协调。

美国工程院院士、休斯顿大学教授Kaushik Rajashekara也曾在Delphi和通用汽车公司以及劳斯莱斯集团担任技术和管理领导职位。Kaushik Rajashekara教授的报告既有理论知识高度，又融合了丰富的实践经验。

Kaushik Rajashekara教授指出，当前运输行业面临节能减排的压力，交通电气化是必然趋势。但是利用化石燃料发电在减少温室气体排放方面效果不大。目前的趋势是研究基于可再生能源的电动汽车以及不同的可再生能源如何给汽车充电。Kaushik Rajashekara教授介绍了目前在48V汽车领域取得的一个重要突破。

大会另一位报告人，富士电机株式会社电子器件开发首席技术执行官藤平龙彦博士指出，功率半导体是开发高效驱动器和电源的关键器件。使用硅的逆导型IGBT已经开始了电动车生涯，紧接着是碳化硅。新器件时代正在开始，它们将会增加功率密度，减少体积、重量、材料，改善电气系统的效率，特别是碳化硅的影响将是令人激动的。

来自中科研电工研究所的温旭辉教授在报告中对国内外车用电机驱动技术及其进展进行综述，介绍了国内电机驱动产业发展状况以及十三五国家新能源汽车重点专项电机与电力电子技术方向的立项情况。

中国电源学会理事长、浙江大学教授徐德鸿是大会最后一位报告人。报告分析了电机控制器、双向DC/DC、辅助电源、车载充电器的发展趋势。同时，随着新能源和智能电网的普及，V2G将为电动汽车创造新的附加值，报告也分析了V2G对汽车电力电子提出的一系列挑战。

2. 专题讲座为与会者“充电”

除了国内外5位顶级专家带来的精彩的大会报告，本次大会同时安排了3场专题讲座。

北京交通大学姜久春教授、福州大学陈为教授、南京航空航天大学陈乾宏教授以及同济大学康劲松教授共做了三场专题讲座，内容涉及动力电池管理、无线充电系统、电机驱动控制等。

每场讲座时长3个小时，参会者与相关领域专家有相对充分的时间，就某一问题进行详尽细致地交流。多名与会者表示，通过这种形式“充电”，对自己今后的工作或学习大有裨益。

3. 分会场密集丰富、亮点纷呈

本次大会的分会场设有10个主题39场技术报告、4个主题21场工业报告。内容涵盖国内外交通电气化的研究与发展；电动汽车电机及其驱动技术；电动汽车的充电技术，无线充电技术；电动汽车的集成技术，磁技术，双向DC/DC变换器；新能源车辆储能及其管理系统设计；电动汽车入网相关技术，整车能量管理和优化算；新能源车辆能源互联网技术，地面充电设施联网信息系统；高铁与动车电源系统、电机驱动器及其控制策略；轨道交通的电源技术与驱动控制系统；新能源车辆用功率器件及其封装、散热技术；电磁兼容设计（EMC）；故障诊断和冗余控制及其它相关技术等。

除此之外，17家企业的新品现场展示也是本次活动的亮点之一。展出产品包括：电动汽车电机控制器、驱动控制、变压器、电容、电感、磁材、测试、仿真软件设计等其它新型电子元器件产品。

展商之一富士电机也是本次大会的主赞助商。富士电机自创业90多年来，一直追求电力、热能技术的革新，通过能够高效利用能源的高附加值环保型产品，为中国经济发展贡献自身力量。在节能环保领域，堪称业界翘楚。例如其生产的SiC器件，具有出色的特性，能够实现高耐压、低功耗、高频动作和高温动作，使用SiC的功率半导体能够实现大幅节能和安装产品的小型化、轻量化。

总之，大会通过各种形式展示近年来我国新能源车充电与驱动技术的最新成就，并对于一系列热点开展研讨。大会技术含金量高，并做到新理论、新技术、新成果及新工艺汇集，一站囊括所有热点。

本次大会也是作为新能源车专业委员会成立之后的首个重要活动，为新能源车行业与电源行业的交流、产学研用的合作提供了有效的平台。今后技术大会将作为新能源车专委会重点活动定期举办，为行业发展提供有力的技术保障，为新能源车“提速换挡”保驾护航。

2016 年 GaN Systems 杯高校电力电子应用设计大赛 12 月在上海举办

经过近半年的激烈角逐，在经历了预赛和决赛的两轮比拼以后，“2016 年 GaN Systems 杯高校电力电子应用设计大赛”于 12 月 18 日在上海海事大学圆满落下帷幕，大赛特等奖最终花落西安交通大学电气工程学院。

为激励高校电力电子及相关专业学生的专业学习热情，促进电力电子技术产业化人才培养，中国电源学会 2015 年发起举办首届全国高校电力电子应用设计大赛。今年的第二届大赛由中国电源学会、中国电源学会科普工作委员会主办，上海海事大学、上海电源学会承办，同时得到了 GaN Systems 公司、深圳铂科新材料股份有限公司的大力赞助支持。本次决赛于 12 月 17 ~ 18 日在上海海事大学举办。

在当前能源危机以及气候变暖等问题日益严峻的背景下，大赛以节能减排、能源高效利用为主题，面向全国高校学生，征集创意创新设计方案，鼓励学生关注全球性挑战问题，培养理论联系实际的能力。

中国电源学会理事长、浙江大学教授徐德鸿在开幕式致辞中指出：“中国电源学会希望将这一赛事打造成高校电力电子专业师生、专家以及企业的互动平台，为我国电力电子事业培养更多的优秀青年人才。”

本次大赛主要承办方上海海事大学副校长施欣教授在开幕式上对各大高校代表队、以及专家评审团、赞助企业代表的到来表示了热烈欢迎。

大赛冠名赞助企业 GaN Systems 公司代表、亚太区总监 CharlesBailley 在致辞中提到：“高校电力电子应用设计大赛的举办具有多维度的社会影响力，GaN Systems 公司将继续加强与中国电源学会的互动及合作，推动创新型人才的培养，也为公司和行业的长期发展注入新的动力。”同时联合赞助企业深圳铂科新材料股份有限公司代表张云帆致辞中对大赛的成功举办表示了祝贺。

本届大赛，共有 40 支队伍报名参赛，参赛高校和队伍数量均较上届有大幅的提升，竞赛以“高效高功率密度 DC/DC 电源设计“为题，采用最新 GaN 器件进行设计，是本次赛事的一大亮点，也是对各参赛队工程设计能力的一次全新挑战。经过严格评审，评选出 10 支优秀队伍参加本次决赛。

进入决赛的作品首先进入 15 分钟的现场展示、专家问辩、辩论交流环节。导师团队同时涉足专业领域及商业领域，对专业技术的洞见，对商业模式的把握，让选手们获益匪浅。

参赛队提交的最终设计作品接受了组委会专家评审团对各个项目性能指标的严格测试，评审团根据测试结果现场确定最终名次。虽然有的作品由于设计上的不足或者设备与环境的不同，没有通过本次测评，参赛同学依然保持着乐观积极的态度。“本次大赛题目设计对我们大多数本科生而言，确实有很大的挑战性，但是对于提高我们的动手能力以及实践能力也大有帮助。”一位参赛同学如是表示。

在紧张等待评审结果的同时，大赛冠名赞助商 GaN Systems 公司以及协办赞助商深圳市铂科新材料股份有限公司分别带来了一场专业的技术汇报，帮助参赛队伍以及到场参观同学更详细地了解行业前沿技术和市场动态。

经过专家评审团的认真讨论，西安交通大学电气工程学院摘得特等奖桂冠并获得两万元奖金。另外，大赛评选出一等奖 2 名，分别是重庆大学电气工程学院、安徽工业大学电气与信息工程学院；二等奖 3 名，分别是广西大学电气工程学院、浙江大学电气工程学院、北方工业大学电子信息工程学院；优胜奖 4 名，分别是上海电机学院电气工程学院、北京理工大学自动化学院、上海海事大学物流工程学院以及石家庄铁道大学电气与电子工程学院。中国电源学会副理事长、本次大赛组委会主席章进法博士主持颁奖仪式。

赛事落幕，创新不止。“2016 年 GaN Systems 杯高校电力电子应用设计大赛”的成功举办，将激励更多学生进行电力电子技术领域的创新。2017 年设计大赛将移师南京，由南京航空航天大学承办。中国电源学会将不断提升大赛的广泛性、权威性和社会影响力，促进创新型人才培养，进而推动我国电源科技事业的发展。

2016 国际电力电子创新论坛 3 月在上海召开

由中国电源学会和慕尼黑博览集团共同举办的 2016 国际电力电子创新论坛于 2016 年 3 月 15 ~ 16 日在上海新国际博览中心成功举办。本次论坛聚焦行业三大热点，包括电源变换与微电网技术、无线充电与汽车电源技术、工业 4.0 与互联网 + 时代的电源技术三个主题分会场。

中国电源学会副秘书长张磊主持开幕式，上海电源学会理事长、上海海事大学汤天浩教授，中国电源学会副理事长、台达电子上海研发中心主任章进法博士，复旦大学孙耀杰教授主持各主题会议，会议共计演讲 19 场，到会总人数 806 人。会议取得圆满成功。

中国电源学会代表团 3 月出访美国参加 APEC2016 国际会议

为促进我国电源行业国际交流，为会员企业搭建国际合作平台，2016 年 3 月 19 日 ~ 28 日，由徐德鸿理事长率领中国电源学会 16 人代表团出访美国参加 APEC2016 国际会议，并与美国电源制造商协会（PSMA）、IEEE-电力电子学会（PELS）进行了会谈。本次代表团主要成员还包括学会副理事长刘进军、章进法、李占师，副秘书长张磊以及 11 位会员企业代表。

APEC2016 国际会议全称为 Applied Power Electronics Conference and Exposition，是目前全球电力电子领域规模最大、涉及内容最全、参会人员最多的综合性会议。本次会议在美国加利福尼亚州长滩会展中心举行，本次会议参会人数 4672 人，创下历史记录。会议共计安排大会报告 6 场、技术讲座 21 场、工业报告会场 20 个、技术报告会场 45 个，同期举办电力电子产品展览会，参展企业达到 268 家。

会议期间中国电源学会分别与美国电源制造商协会（PSMA）、IEEE-电力电子学会（PELS）进行了会谈，就今后合作进行了充分的沟通，并达成初步合作意向。代表团参加了美国电源制造商协会2016年会，对PSMA有关工作进行了深入了解。

本次出访扩大了学会在国际电力电子领域的影响力和知名度，促进了学会与国际相关组织的联系与合作，同时访问团代表通过此次出访了解了国际最新电力电子技术和最新产品的发展动态、加强了与海外技术人员的联系与交流，各位代表均表示有很大收获。

中国电源学会七届六次常务理事（扩大）会议4月在天津召开

2016年4月16至17日，中国电源学会七届六次常务理事（扩大）会议在天津成功召开，共有37位代表出席会议。会议由徐德鸿理事长主持。

韩家新秘书长传达了《科协系统深化改革实施方案》、《中国科协学会学术工作创新发展“十三五”规划》、《2016年学会改革工作要点》、《中国科协企业工作2016年工作要点》等有关重要文件。徐德鸿理事长指出：有关文件为学会的改革发展带来了历史机遇与挑战，要全面学习领会文件的指示精神，引导学会更好地发展。

韩家新秘书长对学会2015年的工作情况及财务运行情况向全体代表进行了报告。

会议审议通过《中国电源学会团体标准管理办法》、《学会分支（代表）机构管理办法（修订稿）》、《中国电源学会分支（代表）机构财务管理细则》以及《新能源车辆技术专业委员会筹备申请》。

会议选举韩家新为中国科协第九次全国代表大会代表，并推选其作为第九届全国委员会委员候选人。增补湖南大学罗安为学会常务理事、西安交通大学杨旭、清华大学耿华为理事。

会议还听取了学会英文期刊、高校电力电子设计竞赛等相关工作的筹备情况汇报。

会议中，与会代表认真审议相关文件，并积极发言，就学会工作提出了许多宝贵意见。

中国电源学会七届七次常务理事（扩大）会议11月在上海召开

11月26日，中国电源学会七届七次常务理事（扩大）会议在上海光大国际大酒店举行。会议由中国电源学会理事长徐德鸿主持。

会议介绍了中国科协第九次全国代表大会基本情况，传达了习近平总书记重要讲话精神、中国科协八大以来的主要工作、第九届的主要工作思路和工作任务以及新一届全国委员会情况。会议要求学会上下务必认真学习贯彻会议精神和有关要求，进一步推动学会事业更好更快发展。

会议审议通过了中国电源学会建立党组织工作方案，在学会层面成立功能型党委、秘书处层面成立党支部。

会议听取了学会团体标准试点工作情况汇报。今年在各专委会以及标准工委的共同努力下，学会共计征集团体标准提案14项，经过评审正式立项11项，截至目前全部项目均已完成起草组组建，进入标准制定阶段。

会议听取了学会英文期刊筹备工作进展情况汇报。目前英文期刊投审稿系统建设、刊号申请、IEEE Xplore收录、论文邀请和征集、期刊编委会以及咨询委员会组建等方面工作均按照计划顺利推进。

会议听取了第二十二届学术年会组织工作规划的介绍并进行了讨论。

会议听取了2016年学会为企业服务开展技术培训工作情况汇报。今年在科普工委及部分专委会的共同努力下，规划培训主题7项，最终完成实施5项，共计参与人数近300人，各培训课程组织情况较往年均有较大程度提高，取得了行业企业和科技人员的认可。

会议听取了设立绿色电源青年科技基金方案及协议的介绍并进行了讨论。易事特电源董事长何思模拟每年出资60万元在学会设立绿色电源青年科技基金，委托学会青年工作委员会具体组织，资金由中国教育基金会管理，面向青年电源科技工作者进行资助。

会议中，与会代表认真审议相关文件，并积极发言，就学会工作提出了许多宝贵意见。

PELS&CPSS青年学者/学生论坛5月在合肥顺利召开

2016年5月23日，由IEEE电力电子学会青年学者分委会和中国电源学会青年工作委员会共同发起并主办的“青年学者/学生论坛”在合肥顺利召开，在100多人与会学者的共同参与和努力下，会议取得了圆满的成功，参与论坛人员包括PELS&CPSS知名专家、国内外电源技术领域的青年学者、博士和硕士研究生。

本次论坛旨在为青年学者和学生提供一个国际性的前沿学术交流与研讨、科研方法和事业发展平台，进一步促进电力电子学科青年学者和学生的学术交流、思想碰撞与创新争鸣。论坛以酒会的形式展开，包括以下议题：

1）IPEMC大会主席、加拿大工程院院士张榴晨教授致辞。

2）IEEE PELS主席、荷兰代尔夫特理工大学Braham Ferreira教授致辞。

3）CPSS理事长、浙江大学徐德鸿教授致辞。

4）青年学者代表发言。

5）酒会讨论，与知名专家面对面交流。

张榴晨教授指出，青年学者\学生论坛旨在为年轻研究人员提供一个相互认识，彼此了解的平台；Braham Ferreira教授对论坛的形式表示赞赏，借此机会介绍了PELS，希望青年学者和学生积极加入PLES开展自己的事业，也对PELS和CPSS的合作提出期待；徐德鸿教授介绍了CPSS，以自身经历为例，动情地讲述了CPSS和PELS对其事业成长的帮助，鼓励青年学者和学生加入CPSS和PELS，通过交流提高自己的学术视野和国际影响；韩国的Kim博士代表青年学者介绍了ECCE等国际会议上青年论坛的情况以及国际交流和相互学习对其事业发展的帮助。最后，在轻松愉快的气氛中，参会知名专家、青年学者和学生积极参与酒会讨论，将本次论坛气氛推向了高潮。

第二届电力电子学科青年学者论坛7月在重庆举行

2016年7月2日，由中国电源学会青年工作委员会主办，重庆大学承办的“第二届电力电子学科青年学者论坛”在重庆顺利召开，会议吸引了60余位高校青年学者、企业同仁参加，大家围绕电力电子技术最新发展动态、电力电子化电力系统的思考与探索等主题开展了热烈交流与讨论。

本次论坛旨在为青年学者提供一个理论研究与创新、前沿学术交流与研讨、科研能力建设与培养的高端性、开放性和公益性平台，进一步促进电力电子学科青年学者的学术交流、学科发展和人才培养。论坛共分大会学术报告及专题学术沙龙两个部分，与会嘉宾及青年学者结合自己的研究经验和研究方向，各抒己见，思想碰撞。其中，由国家“千人计划”特聘专家、国家重点基础研究计划（973计划）首席科学家、华中科技大学袁小明教授；教育部“长江学者奖励计划”特聘教授、国家杰出青年基金获得者、南京航空航天大学自动化学院副院长阮新波教授；国家“千人计划”特聘专家、长江学者特聘教授、重庆大学输配电装备及系统安全与新技术国家重点实验室副主任冉立教授作为特邀嘉宾的“电力电子化电力系统的思考与探索”主题沙龙讨论将本次论坛气氛推向了高潮。

电源技术青年创新与发展系列活动之——2016高校企业行系列活动1电动汽车6月在深圳举办

由中国电源学会青年工作委员会主办、电源村自媒体协办的“2016高校企业行系列活动1电动汽车”于2016年6月11日~12日在深圳举行。该活动由西安理工大学张辉教授和支娜博士任团长和秘书，与来自国内7所高校的专家、学者共10人组成了访问团，分别走访了麦格米特、易事特、英威腾和科列四家与电动汽车相关的企业。

易事特董事长何思模、麦格米特副总经理代新社、英威腾研发总监殷江洪和科列副总经理仝瑞军分别介绍了各公司的发展历程和产品结构，中国电源学会青年工作委员会主任委员、清华大学耿华副教授介绍了中国电源学会及分支机构的主要工作，访问团的各位专家、学者也分别介绍了各自领域的最新研究进展。活动期间，与会代表畅所欲言，各自就电动汽车充电与驱动、电池与BMS的发展态势、产品研发、工程实现等感兴趣的技术领域进行了热烈互动，发表了自己的真知灼见，四家公司的主要技术负责人也参加了本次活动。这次活动的开展对促进国内电动汽车领域的青年学者和企业的深度交流与合作，促进产学研深度融合和电源技术的发展以及电动汽车的发展起到积极的推动作用。

2016电力电子与变频电源新技术学术论坛6月在常州举办

由中国电源学会变频电源与电力传动专业委员会、常州瑞华电力电子器件有限公司和上海大学机电工程与自动化学院联合主办，常州瑞华电力电子器件有限公司承办的“2016’电力电子与变频电源新技术学术论坛”于2016年6月10日~12日在常州瑞华电力电子器件有限公司召开。来自全国各地的专家、学者、工程技术人员和企业界人士约120余人参会。我国电气工程学科奠基人和开拓者之一、浙江大学汪槱生院士到会祝贺；中国电源学会副理事长、李占师高工到会并致贺词；常州市金坛政法委书记刘东升致辞；常州瑞华电力电子器件有限公司总经理颜辉致欢迎词；中国电源学会变频电源与电力传动专业委员会主任委员、上海大学阮毅教授作专业委员会的工作报告；开幕式由中国电源学会变频电源与电力传动专业委员会副主任委员兼秘书长陈息坤主持。

浙江大学汪槱生院士就电力电子学科目前存在的困惑和问题、未来发展趋势作了主题演讲，对与会的电力电子领域的广大科技工作者提出了殷切希望。会议邀请了多位国内著名专家做学术报告，上海大学徐国卿教授、清华大学肖曦教授、上海海事大学汤天浩教授、GE（中国）研发中心碳化硅项目高级经理朱鹏程博士、深圳禾望电气郑大鹏博士分别就“电动汽车控制技术发展”、“海洋波浪能发电技术及应用展望”、“宽禁带电力电子关键技术及应用”、“海洋风电技术及应用展望”、“船舶与海洋平台变频技术应用”等专题作了精彩的学术报告。

会议期间，与会代表畅所欲言，各自就电力电子学科的发展态势、产品研发、工程问题等电力电子与变频电源新技术领域感兴趣的问题进行了热烈互动，发表自己的真知灼见。这次大会必将对促进我国电力电子技术在电动汽车控制技术、节能、新能源发电和电力传动应用领域的发展起到积极的推动作用。

中国电源学会信息系统供电技术专委会2016年度工作会议及技术交流会7月在京召开

中国电源学会信息系统供电技术专委会于2016年7月31日在北京隆重召开2016年度工作会议及技术交流会。来自与信息系统供电技术有关的知名企业、科研院所、高等院校、检测机构、行业资情机构等单位代表参加了此次会议。

中国电源学会副理事长李占师先生出席了本次会议并作指导。李占师副理事长在大会上致辞，他代表中国电源学会对信息系统供电技术专委会此次会议的召开表示热烈祝贺，也对信息系统供电技术专委会的工作表示肯定和赞许。他指出，数据中心是信息化建设和所属数据传输的物理基础，供电技术是数据中心安全、可靠、节能的基础保障。国家号召科技创新，协会是促进科技创新的重要力量，并对信息系统供电技术专委会的工作提出了指导意见和寄予厚望。

会议期间，代表们围绕“数据中心供电技术、安全、节能和发展趋势”进行了深入交流研讨。同时，大会还邀请了多位国内著名专家做学术报告，中国科学院计算技术研究所研究员张广明先生、中国移动通信集团设计院有限公司彭广香先生、科大国盾量子技术股份有限公司钟军先生、厦门科华恒盛股份有限公司易龙强先生等专家分别就

《数据中心传统UPS供电系统的改革》、《微数据中心市电直供的技术发展探讨》、《基于量子通信的数据中心安全解决方案》、《数据中心的节能与智能管理技术》等专题作了精彩的学术报告。与会代表畅所欲言，各自就数据中心的发展态势、产品研发、技术应用等问题进行了热烈互动，发表自己的真知灼见。

此外，与会代表还参观了厦门科华恒盛股份有限公司北京（亦庄）云计算数据中心（二期），并对该云计算数据中心在电力系统、制冷系统、监控系统、消防系统等方面的优异表现，以及提供优质的特色服务给予了高度认可和好评。

第七届中国功率变换器磁元件联合学术年会8月在登封召开

8月12日，“2016年第七届中国功率变换器磁元件联合学术年会”在河南登封少林禅武大酒店盛大开幕，活动历时两天于13日落下帷幕。

中科院等离子体物理研究所研究员季幼章、中国电源学会磁技术专委会主任委员陈为、南京航空航天大学教授陈乾宏、辽宁工程技术大学教授杨玉岗、南昌航空大学教授伍家驹、西安电子科技大学教授杜保明等数位高校学者受邀出席。全球非晶纳米晶产品第四大供应商——河南中岳非晶新型材料股份有限公司对本届会议给予了赞助支持。

此外，会议现场还汇聚了华为、科华恒盛、台达、顺络、田村、大忠、云路、天通、东磁、铂科、东兴、安磁、雅玛西、南磁、创四方等知名企业代表。本届会议参会人数达200余人。

会议就近两年来行业功率变换器磁元件最新技术成果、应用方向、未来发展趋势等话题展开深入探讨。福州大学陈为教授、辽宁工程技术大学杨玉岗教授、南京航空航天大学陈乾宏教授、北京郡北科磁性科技有限公司张家骥、南安市南磁电子有限公司林金城等17位业内知名专家学者发表了技术报告，并与现场嘉宾展开互动交流。

除精彩的技术报告外，会议现场还揭晓了本届学术年会优秀论文奖名单。《四相交错并联双向DC-DC变换器耦合电感技术》、《旋阀结构可变磁阻器》、《采用耦合电感的新型LCL滤波器的研究》等共十篇论文获奖。

13日下午，参会代表前往河南中岳非晶新型材料股份有限公司参观，学习国内优秀企业的管理模式及经营方式。

为期两天的会议，众多行业知名专家为参会者带来了丰厚详实的学术报告，促进了行业新思路、新观点的迸发与融合，为行业技术升级、产品创新提供了助力，并获得与会嘉宾的大力赞赏。

第六届全国特种电源学术交流会8月在厦门召开

2016年8月29日至9月1日，由中国电源学会特种电源专业委员会主办，中国工程物理研究院流体物理研究所（以下简称中物院流物所）承办的第六届全国特种电源学术交流会在福建厦门举行。

国防科大、复旦大学、西南交大、中科院近物所、电工所、中车集团时代电子半导体事业部等30余所高校、研究所和企业的专家、科研人员近100人参加了此次会议。中国电源学会副理事长李占师、副秘书长张磊莅临指导，特种电源专委会主任委员史平君及专委会成员参加会议，专委会副主委中物院流物所所长邓建军、专委会常务委员中物院流物所副总师章林文、中物院流物所电子技术应用领域责任专家李洪涛出席会议。

本次会议旨在交流特种电源研究领域近年来取得的新理论、新技术、新应用和发展，共安排邀请报告4个、大会报告6个，分会场口头报告42个。特种电源专委会副主任委员邓建军代表承办单位致大会开幕词，随后，大会特邀专家作的报告，引起了参会人员的极大兴趣和关注。

本次会议报告围绕特种电源技术及应用的主题，具有很强的专业性和实用性，会场上气氛热烈，参会人员针对报告中感兴趣的问题与报告人进行了较为深入地探讨和交流。本次会议促进了国内特种电源领域科研人员间的学习、交流，对特种电源学科的发展起到了积极的推动作用。会议取得圆满成功。

交流会期间还同时召开了第七届特种电源专委会第二次常务委员会，会议由主任委员史平君主持，秘书长李洪涛汇报了特种电源专委会秘书处的工作情况，传达了中国电源学会本年度重要活动组织精神。会议规划了专委会2017年工作计划，初步拟定了专委会年度任务及时间节点，明确了实现发展目标需完成的专委会建设等工作；会上还讨论了今后中国电源学会科学技术奖的申报、推荐评审等组织工作，对申报工作进行了提前部署。

2016年中国电源学会元器件专业委员会（ECDC 2016）西安学术研讨会于10月成功召开

中国电源学会元器件专业委员会2016西安学术研讨会于10月15日圆满结束。本次大会由西安理工大学承办，无锡芯朋微电子股份有限公司、西安龙腾新能源科技发展有限公司支持。会议邀请了国内外著名的专家学者进行主题报告和学术交流，聚焦了电子元器件及其应用的国际最新发展动态。

中国电源学会元器件专委会专注于电源用电子元器件的新材料、新技术、新元件及新器件的交流与发展，致力于搭建元器件、电源领域内学术研究与研发生产单位之间的交流平台，促进电源行业各领域的共同发展。

中国电源学会元器件专委会秘书长、江苏宏微科技股份有限公司董事长兼总裁赵善麒博士主持开幕式，电子科技大学张波教授、浙江大学盛况教授主持各主题会议，共有9场精彩的报告。会后，与会代表受邀参观了中车西安永电电气有限公司的高压IGBT模块生产线。

信息系统供电技术专委会《数据中心供电技术白皮书》编制工作会议11月在厦门召开

2016年11月20～21日，由中国电源学会信息系统供电技术专委会主办的《数据中心供电技术白皮书》编制工作会议在厦门国际航空港花园酒店隆重举行。经过与会的各位主任和副主任热烈讨论，明确了《数据中心供电技术白皮书》编制内容大纲，会议同时成立了以专委会主任副主任委员为主、秘书处厦门科华恒盛股份有限公司编制小组为辅的编制小组，进行相关的编制任务分工，以及提出初步编制的进度安排。本次会议的组织召开为《数据中心供电技术白皮书》的编制工作提供了组织保障和明确了方向。

中国电源学会电磁兼容专业委员会2016年度学术会议11月在上海召开

中国电源学会电磁兼容专委会于2016年11月27日下午14：30～17：00在上海光大会展中心国际大酒店召开了"中国电源学会电磁兼容专业委员会2016年度学术会议"，来自深圳知用电子总经理樊小明、蔚来汽车EMC工程师邵瑞、徐谷斌，深圳麦格米特首席技术官沈楚春、电子科技大学何十全等近20位行业专家、工程师参加了会议。会议分2个阶段：

第一阶段：电磁兼容专委会的三位副主任向与会专家分享了各自在EMC技术方面的研究成果

陈恒林副主任：《浙江大学电力电子电磁兼容研究进展》；

李虹副主任：《Spectrum Calculation of Chaotic PWM》；

裴雪军副主任：《三相逆变系统EMI高频振铃效应研究》

第二阶段：与会专家展开热烈的讨论

中芬学生课题研究交流科普辅导活动在上海成功举办

中国电源学会理事、科普工作委员会副主任委员黄敏超博士代表科普工委参与中芬高一学生课题研究交流科普辅导活动，活动从2016年1月5日开始到2016年5月3日结束。科普工作委员会副主任委员黄敏超博士与上海市北蔡中学高中物理陆冰晔老师共同指导6位高一学生完成"诺亚方舟太阳能动力陆栖两用船舶"的研究和制作。在活动期间，他们持续指导学生利用有限的每星期五下午2节实践课和短暂的寒假时间，完成了4个阶段的研究和实践工作，包括立项调研，设计研究和样船制作，英文讲稿和演讲准备，现场演讲汇报交流。通过这次活动，使同学们了解到如何将阿基米德浮力定律、能量守恒定律、物体重心计算等物理理论知识结合到实际的船舶设计、制作和测试。活动期间学生们还学习了全新的太阳光伏电池特性、万用表使用方法、烙铁使用和焊接技术，同时也体会到团队合作的力量，逐渐学会将个人的特长融入到团队合作中，以及学会欣赏别人付出的努力。最后，于5月3日在上海海事大学由上海北蔡高级中学与芬兰的学生完成现场演讲汇报交流活动。

"身边的静电"科普讲座6月在上海成功举办

2016年6月6日，中国电源学会理事、科普工作委员会副主任委员黄敏超博士走进上海市实验学校东校三年级教室，做了题为"身边的静电"的40分钟科普微课程。黄敏超博士代表中国电源学会科普工作委员会，以"身边的静电"为主题，从生活中经常遇到的静电现象进行讲解，介绍静电如何产生，静电的危害，以及如何预防和利用静电来解决环境污染问题。黄博士在课程中还安排了很多有趣的互动环节，引导孩子们开动脑筋思考、用眼睛观察、用手亲身参与一些静电实验，进一步引起同学们的兴趣去探究静电产生的原理。

功率变换器磁技术分析测试与应用高级研修班5月在福州成功举办

由中国电源学会主办，福州大学电气工程与自动化学院、中国电源学会磁技术专业委员会、科普工作委员会承办的功率变换器磁技术分析测试与应用高级研修班于2016年5月13至15日在福州大学成功举办，来自全国各企事业单位代表70余人参加了本次研修班。

本课程是中国电源学会连续第三次在福州举办此类高级研修班，旨在梳理电磁基本理论的基础上，结合功率变换器产品中磁元件的具体分析、设计、测试与应用，使工程师能从电磁场机理上深入认识磁元件的各项性能及其影响因素以及设计考虑点，改变传统设计方法的局限性。

中国电源学会磁技术专业委员会主任委员，福州大学电气工程与自动化学院院长陈为教授作为本次研修班的总策划及主讲专家，从电磁基本概念、磁元件绕组高频损耗分析与绕组设计、磁原件电磁干扰特性分析与设计、磁性材料及其应用等方面进行了系统深入的讲解。福州大学陈庆彬老师、林苏斌老师更是对磁元件绕组高频损耗分析、电磁干扰特性以及电磁场仿真分析方法和软件使用进行了讲解授课。

本次培训在结合了去年同期培训课程的基础上，更是加入了很多的实例讲解的环节，对于反激变压器、PSFB和LLC电路、变压器共模噪声特性测量与影响因素分析等问题做了具体的分析和讲解。同时演示了4个专题实验，包括：高频磁性材料损耗测量与损耗特性分析；变压器绕组交流电阻测量及绕组损耗和影响因素分析；滤波器差、共模插入损耗测量与近场磁耦合影响分析；变压器共模噪声特性测量与影响因素分析。通过实验，使学员对于相关理论知识有了直观的认识，加深了对于相关内容的理解，提高了学员实际解决问题的能力。通过对磁波的测试直观了解磁元件的各种特性，充分体会了实验环节对于本次研修班的作用。

在正式授课时间之外，为使大家能够更加充分的交流和提问，每天课程结束后，专门安排1小时自由交流时间。陈为老师与各位学员充分交流，并针对每个学员的问题给予细致的答疑解惑。

经过三天的紧张授课，研修班圆满结束，大家对本次研修班给予了充分的认可，认为在授课内容设置上理论与实践相结合，实验教学加深了学员对授课内容的直观理解，对于工程师的实际研发工作具有很强的针对性和指导性。

电动和混合动力汽车专题研修班6月在杭州成功举办

由中国电源学会主办，浙江大学承办的电动和混合动力汽车专题研修班于2016年6月17至19日在杭州成功举办，来自全国各院校及企事业单位的30余名代表参加了本次研修班。

中国电源学会理事长，浙江大学工学部副主任，电力电子技术研究所所长徐德鸿教授主持了开班典礼，并介绍了本次研修班的主讲老师美国国家工程院院士，IEEE Fellow，Kaushik Rajashekara博士。本课程围绕电动、混合动力和燃料电池汽车的汽车结构、汽车力学、行驶工况、功率变换器、机械与控制、能量转换效率等相关话题进行了全面深入的讲解及探讨，系统分析了商用混合动力汽车的特性。

随着电动及混合动力汽车的普及，越来越多的企业及个人对于电动汽车领域的技术越来越感兴趣。本次专题研修班是第二次在国内举办，与会学员对于这样的研修班报以浓厚的兴趣，而且Kaushik Rajashekara博士也在课堂上对于大家提出的各类问题一一作答，解决了很多工程师的实际问题，并且安排学员们参观了浙江大学的四个实验室，对于实验室内正在进行的项目产生了浓厚的兴趣，纷纷提出问题，实验室的老师们也用准确的数据及精彩的叙述回答了大家的问题。经过三天的紧张授课，研修班圆满结束，大家对本次研修班给予了充分的认可，认为在授课内容设置上理论与实践相结合，对于工程师的实际研发工作具有很强的针对性和指导性。

光伏系统设计与应用专题研修班7月在合肥成功举办

由中国电源学会主办，中国电源学会新能源电能变换技术专委会、中国电源学会学术委员会、中国电源学会科普工作委员会、合肥工业大学承办的电动和混合动力汽车专题研修班于2016年7月30至8月1日在合肥成功举办，来自全国各院校及企事业单位的40余名代表参加了本次研修班。

中国电源学会副理事长，台达电子企业管理（上海）有限公司中心主任章进法博士主持了开班典礼，而且合肥工业大学电气学院张兴教授以及阳光电源股份有限公司产品管理中心总监张有权先生分别代表合肥工业大学以及阳光电源宣读了贺词。本课程从光伏系统电源设计、太阳电池、电站设计与系统特色应用等全面解读国内光伏产业。课程理论联系实际，从提高我国光伏产业技术人员的技术水平和创新能力角度出发，着眼设计基础，同时也聚焦热点问题，通过授课与研讨相结合，有效提高学员的技术及应用能力，从而推动我国光伏产业的进一步发展。

本次课程特邀了合肥工业大学张兴教授、北方工业大学张卫平教授、华北电力大学戴松元教授、复旦大学孙耀杰教授、南京航空航天大学胡海兵教授、兆启新能源技术总监黄敏超博士、阳光电源电站事业部副总经理胡兵博士、三菱电机半导体大中国区马先奎先生、上能电气股份有限公司副总经理李建飞先生、华为技术有限公司网络能源产品线首席科学家刘云峰先生等10位国内知名学者专家给大家系统讲解光伏电站设计中的智能、高效、可靠性设计，光伏农业规划及调控优化方法；掌握光伏逆变电源产品中新型器件的应用、功率优化，高频逆变器设计与应用、逆变器谐振分析抑制技术；新型太阳电池的设计思路和设计方法。提高工程师们实际工作中分析、解决问题的能力，提升光伏系统及其电源产品的设计水平和技术含量。

8月1日上午，安排全体学员到阳光电源股份有限公司进行实地参观。在阳光电源学员们参观了企业的展示厅，企业接待人员对于各个产品做了介绍，并且对于智能电网管理的光伏系统做了详细的介绍，使大家对于光伏系统设计有了更深入的了解。

经过两天半的紧张授课，研修班圆满结束，大家对本次研修班给予了充分的认可，认为在授课内容设置上理论与实践相结合，实验教学加深了学员对授课内容的直观理解，对于工程师在光伏电源设计的实际研发具有很强的针对性和指导性。

功率半导体新器件及其紧凑高效型电源的应用高级研修班10月在上海成功举办

由中国电源学会举办，上海海事大学承办的国际高端专家先进技术课程——“功率半导体新器件及其紧凑高效型电源的应用高级研修班”于2016年10月29至31日在上海海事大学物流学院成功举办。

本次研修班是连续第四年举办相应的活动，特邀德国科学院国际著名电力电子专家Leo Lorenz博士担任主讲，他曾在全球各地的著名高等学校、研究机构和国际会议上讲授过该类课程，深受欢迎。同时还邀请了中国电源学会理事长、浙江大学徐德鸿教授、北方工业大学张卫平教授、上海海事大学汤天浩教授、德国英飞凌公司、加拿大Gan System公司等国内外知名学者一同授课。来自全国企事业单位、高校、在校研究生等百余人参加了此次培训。

Leo Lorenz博士系统地给大家梳理了功率器件的原理，深入分析了高频开关器件的结构、参数特性以及电力电子产品设计中器件选择和保护的关键技术。课程中，徐德鸿教授、张卫平教授也为大家在功率器件的发展趋势、开关变换器等众多前沿技术做出了精彩的报告，另外英飞凌、加拿大Gan System公司两家知名企业高级研发人员也对IGBT开关特性及其驱动技术、GaN E-HEMT器件原理及其应用等课题做了精彩的讲解。课堂间隙中学员们更是对于工作中、学习中不甚了解的问题提出了疑问，老师们则认真地回答着大家的问题。经过3天的课程，与会代表纷纷表示此次活动物超所值，真正地学习到了相应的技术，对于以前一些模糊不清的理念和技术难点也有了茅塞顿开的感觉。

高效率高功率密度电源技术与设计高级研讨班11月在南京成功举办

由中国电源学会主办，南京航空航天大学、中国电源学会科普工作委员会承办的“高效率高功率密度电源技术与设计高级研讨班”于2016年11月12日至13日在南京成功举办，来自全国各企事业单位、高校科研院所的代表70余人参加了本次研讨班。

本课程是中国电源学会第二次和南京航空航天大学联

合举办此类高级研讨班，课程主要讲解高效率电源变换器技术、PFC 变换技术、全桥变换器软开关技术、三电平变换器及其软开关技术、数字控制技术、以及磁性元件与磁集成技术，目的是为企业技术人员提供如何实现电源高效率高功率密度的途径，拓展技术人员的知识层面，提高企业人员的研发设计能力。

本次培训特邀了台达（上海）电力电子设计中心主任，中国电源学会副理事长章进法博士和南京航空航天大学自动化学院副院长、博士生导师、“长江学者”特聘教授、中国电源学会直流电源专业委员会主任、学术工作委员会副主任阮新波教授担任本次培训的主讲老师，同时邀请了南京航空航天大学陈乾宏教授、胡海兵教授、南京理工大学杨飞博士共同授课。课程通过系统的技术讲解及案例分析从直流变换器、PFC 变换器、磁性元件理论、数字控制理论、全桥变换器的软开关技术和 LLC 谐振变换技术等方面进行了深入浅出的讲解。

参加本次研讨班的代表们绝大部分为企业总工程师、高级工程师以及研究员、教授、副教授等高级技术人才。几位老师精彩讲解以及对于一些问题有针对性的解答得到了大家的认同。课间大家更是围住了老师们，对于工作中、技术上遇到的问题和技术难点提出了询问，老师们图文并茂的解答不时引起大家的感叹。

13 日下午，与会代表们参观了南京航空航天大学自动化学院的三个实验室，从电源整机到各类变换器样机，每一件样品前代表们都在驻足观看。调试设备前更是人头攒动，大家对实验室老师的讲解以及实验演示充满了兴趣。

经过两天的紧张授课，本次研讨班圆满结束，大家对本次研讨班的举办给予了充分的认可，认为在授课内容设置上理论与实践相结合，加深了学员对各类变换器设计的直观理解，对于工程师的实际研发工作具有很强的针对性和指导性。

电源趋势：数字化、模块化、智能化

电源作为电子产品的心脏，其性能直接关系到产品的寿命和品质。在过去的 2016 年中，无论是在通信、计算机行业还是工业、医疗、军事方面，无处不在的电源设备见证了其发展的潜力。加之物联网的大势所趋，生活中将会出现越来越多的电子设备，而这都给电源管理提出了更高的要求。面对这些挑战，电源向数字化、模块化、智能化方向发展已是必然之势。

电源抱紧数字化就是抓住了魔法界的嗅嗅

万物都处在数字化的时代，电源不仅不可免俗，而且电源在数字化的道路上越走越远。据调研机构 IHS 公司旗下 IMS Research 的报告，预计 2017 年全球数字电源市场营业收入将增至 124 亿美元，数字电源 IC 市场将达到 26 亿美元。数字电源市场以服务器和通信设备应用为主导，同时拓展至更多应用领域。

为实现电源性能指标，所必需的元件数量和成本也随之增加，越来越多的控制需要通过具有成本效益的数字电路实现。一般认为，在设计 DC-DC 变换器时，通常 100W 以上的系统中会应用数字控制技术；而在设计 AC-DC 变换器时，250W 以上的系统会应用数字技术，这样电源的经济性会更高一些。因此，在未来的电源系统中，模拟与数字技术将共存相当一段时间。30 年前，电源行业转向开关电源是一个很大的变化，而电源数字化趋势将会是一个更大的变化。但就目前来看，电源的数字化改进主要有两种方式。

一种是单芯片控制器方案。通过外接 A-D 转换芯片进行取样，取样后对得到的数据进行运算处理，再把结果通过 D-A 转换后传送到 PWM 芯片，从而实现单芯片控制器对开关电源的控制。这种方案的技术目前已经比较成熟，设计方法容易掌握，而且对单芯片控制器的要求不高，成本比较低。但是整套电路用到多个芯片，电路比较复杂；且经过 A-D 和 D-A 转换等步骤，会造成比较大的信号延迟，进而影响电源的动态性能和稳压精度。有些单芯片控制器整合了 PWM 输出，但一般单芯片控制器的运行频率有限，无法产生足够高的频率和精度的 PWM 输出信号。

另外一种是通过高性能数字芯片（如 DSP 或 MCU）对电源实现直接控制的方案。芯片完成信号采样、处理和 PWM 输出等工作。由于数字 PWM 输出的信号功率不足以驱动开关管，一般还需通过一个驱动芯片驱动开关管，即数字控制器与功率级之间的接口由 MOSFET 驱动器提供。由于这些数字芯片有较高的取样速度（DSP 片内的 AD 转换器完成一 次 A-D 转换只需数百纳秒，相较之下，一般 8 位 MCU 控制器要数微秒之久）和指令周期，输出的 PWM 信号的分辨率仅数百皮秒，过电流检测和关闭电源仅须数十纳秒，可以快速有效地实现各种复杂的控制算法，使设计具备较高的动态性能和稳压精度。此外，在微处理器的支持下添加 RS232/485、USB、以太网等扩展通信手段也非常方便。数字控制的电源产品能够实现大部分数字电源的功能需求，但如果不添加一些额外部件，还实现不了全部功能需求。

目前，以 DSP 为主要处理单元的数字电源芯片厂商，如 TI 等公司都在优化其作为数字电源核心的 DSP 的结构，同时努力降低成本，并改善开发手段以帮助开发人员轻松地如期完成开发。除了 DSP 的方案，有的厂商提供基于 MCU 如 Silicon Labs 公司或状态机如 Zilker 公司的方案。MCU 长于控制，而状态机的优点是低功耗。鉴于 DSP 和 MCU 两种方案各有长处，现在有的厂商如 SiliconLabs 公司、Microchip 公司开始将硬件 DSP 和辅助 MCU 同时集成入芯片中，使系统性能最优，效率已经可以与模拟电源相媲美。加之无线充电的热潮，也让一众类似安森美、ST 等 IC 厂商置身其中，争抢数字化无线充电技术的大蛋糕。

电源模块化究竟是不是噱头？

模块化是开关电源发展的总体趋势，可以采用模块化电源组成分布式电源系统，可以设计成 N1 冗余电源系统，并实现并联方式的容量扩展。针对开关电源运行噪声大这一缺点，若单独追求高频化其噪声也必将随着增大，而采用部分谐振转换电路技术，在理论上即可实现高频化又可降低噪声，但部分谐振转换技术的实际应用仍存在着技术问题。实现模块化之后，电源无论从安装角度，还是从利用率角度都得到了非常大的提升。尤其是在走线方面，模块化电源表现出了非常强的适应性，其走线的方便曾经被视为“背板走线”技术发展的重要推动力量。

在我国模块电源研发生产公司大概有上百家甚至几百家，主要是以小型企业和私营企业为主，整体来说竞争力不是很大，行业集中较低，在电源市场能够排名进入前10的开关电源厂家市场的占有率也是不到60%的，而且大多数的都是我们熟知的国际品牌，国内的品牌较少。特别是在中低端的模块电源市场来看，这个行业基本表现的是完全的竞争现状。在高端的电源市场，受对应的技术、工艺等方面的制约，市场集中度很高，市场的份额也就被领先的国际品牌公司所占据。作为中国企业，如何在中低端市场保持有力竞争，或进军高端市场与国际品牌瓜分市场份额，是每一个业界人士都关注的课题。

智能化电源离我们还有多远?

智能电源管理芯片可以将其它若干电源分立器件整合在一起节省空间，还可以通过电源路径管理、动态电压调整等智能化控制，实现更高的系统整体转换效率和更低的系统动态功耗，延长了智能终端的电池续航时间，因此在智能终端等消费电子产品领域得到广泛运用。在智能电源管理芯片领域，市场主要由美欧企业主导，能够涉足该领域的国内企业较少。

从数据通信等小规模市场到消费电子等大规模市场，电源呈现数字化趋势。简单来讲，智能电源所要实现的就是，用更简便设计集成更多的功能。高性能全数字控制IC是目前智能化电源管理领域的发展趋势，有灵活、快速响应、高集成度以及高度可控的巨大优势。

类似于智能汽车上所用到的电源管理芯片，将是智能化电源得以应用的具体表现。如同今年9月份，瑞萨以32.2亿美金的价格收购芯片制造商intersil，着力发展车用芯片。至此瑞萨完成收购Intersil后，其市占率超越英飞凌、挑战恩智浦。相信随着物联网的发展，在不远的将来智能化电源管理将不仅仅在汽车市场中爆发，工业、智能家居、消费电子等领域也存在着智能化电源的潜力。

国务院：支持沿边重点地区风电、光伏等新能源产业　建设指标分配给予倾斜

11月7日，中国政府网发布了《国务院关于支持沿边重点地区开发开放若干政策措施的意见》（国发〔2015〕72号）。《意见》认为：重点开发开放试验区、沿边国家级口岸、边境城市、边境经济合作区和跨境经济合作区等沿边重点地区是我国深化与周边国家和地区合作的重要平台，是沿边地区经济社会发展的重要支撑，是确保边境和国土安全的重要屏障，正在成为实施“一带一路”战略的先手棋和排头兵，在全国改革发展大局中具有十分重要的地位。

笔者注意到，在实施差异化扶持政策，促进特色优势产业发展方面，国务院要求实行有差别的产业政策。支持沿边重点地区大力发展特色优势产业，对符合产业政策、对当地经济发展带动作用强的项目，在项目审批、核准、备案等方面加大支持力度。支持在沿边重点地区优先布局进口能源资源加工转化利用项目和进口资源落地加工项目，发展外向型产业集群，形成各有侧重的对外开放基地，鼓励优势产能、装备、技术走出去。支持沿边重点地区发展风电、光电等新能源产业，在风光电建设规模指标分配上给予倾斜。

国务院表示：沿边重点地区开发开放事关全国改革发展大局，对于推进“一带一路”建设和构筑繁荣稳定的祖国边疆意义重大。国务院有关部门要高度重视、各司其职、各负其责，按照本意见要求，制定具体实施方案；密切配合、通力协作，抓紧修订完善有关规章制度；建立动态反馈机制，深入实地开展督查调研，及时发现问题，研究提出整改建议，不断加大对沿边重点地区开发开放的支持力度。对重点建设项目，发展改革、国土资源、环境保护、财政、金融等有关部门要给予重点支持。沿边省（区）和沿边重点地区要充分发挥主体作用，强化组织领导，周密安排部署，确保促进开发开放的各项工作落到实处。

风电、光伏发电工程质量监督检查大纲颁布实施

4月5日，国家能源局发布《关于印发风力发电、光伏发电工程质量监督检查大纲的通知》（国能安全［2016］102号），正式颁布实施风电、光伏发电工程质量监督检查大纲。

风电、光伏发电工程质量监督检查大纲是《电力工程质量监督检查大纲》系列规范中的两册。本次颁布实施的两册大纲，是在原《电力建设工程质量监督检查典型大纲》风电册和光伏发电工程册的基础上，适应电力工程质量监督工作的新形势和新要求，结合风电、光伏发电技术发展情况，由中电联质监总站组织修编而成的。本次修编工作遵循的主要原则是：坚持依法依规的总体要求，严格落实“简化程序、重视实体”的指导思想，以工程建设标准强制性条文为依据，质量管理行为监督和实体质量监督并重，突出检测验证，强化节点检查、转序检查和程序规范化。修编工作自2015年1月国家能源局批准立项至2016年1月国家能源局组织专家审查通过，共历时一年时间。

本次颁布实施的风电大纲在内容上共包括4部分，分别是首次监督检查、风力发电机组工程（地基处理检查、塔筒吊装前检查、分批机组启动前检查）、升压站工程（地基处理检查、建筑物主体结构施工前检查、建筑工程交付使用前检查、升压站受电前检查）、商业运行前监督检查。光伏发电大纲共包括5部分，分别是首次监督检查、光伏发电单元组（光伏电池板安装前检查、光伏发电单元启动前检查）、独立蓄能工程（地基处理检查、蓄能电池组安装前检查、蓄能设施投运前检查）、升压站工程（地基处理检查、建筑物主体结构施工前监督检查、建筑工程交付使用前检查、升压站受电前检查）、商业运行前监督检查。

与原典型大纲及传统监督检查模式相比，两册大纲均取消了企业自检和预监检，删除了企业自检评价环节，进一步简化了监督检查程序。在工作内容上，两册大纲均强化了对工程质量验收环节的复核检查，使监督检查的职责定位更加准确，同时增加了“质量检测”内容，强化了对工程内在质量的检查验证，使工作重点更加突出。

两册大纲的颁布实施，将对电力行业进一步强化和规范风电、光伏发电工程质量管控工作，确保工程质量安全发挥积极作用。

2016年中国光伏行业政策汇总

回顾2016年，我国光伏产业蓬勃发展，产业规模稳步增长，企业产能利用率得到有效提高，盈利能力显著提升。近日，A股光伏发电概念板块所覆盖的36家上市公司陆续公布了2016年年度业绩预告，业绩预喜的公司占比高达九成。

任何一个新兴产业都不可能永远生活在“襁褓”中。价格下调、补贴取消，已成为光伏产业必须面对的现实。在政策红利逐渐消失、市场竞争进一步加剧的背景下，如何推进技术创新以降低成本，推动质量提升以占领更多市场，将是光伏产业面临的最大考验。

在国家政策的支持下，最近两年光伏发电量都在翻倍增长，2016年我国光伏行业政策信息如下。

1. 加快农业现代化实现小康，光伏扶贫、农光互补爆发

2016年1月27日，党中央国务院公布了《中共中央国务院关于落实发展新理念加快农业现代化实现全面小康目标的若干意见》，《意见》提出大力推进农业现代化，着力构建现代农业产业体系、生产体系、经营体系，实施藏粮于地、藏粮于技战略，推动粮经饲统筹、农林牧渔结合、种养加一体、一二三产业融合发展，让农业成为充满希望的朝阳产业。《意见》着重强调要广泛动员社会各方面力量积极参与扶贫开发，实行最严格的脱贫攻坚考核督查问责。

2. 鼓励废弃煤矿发展风电、光伏发电和现代农业

2016年2月1日，国务院印发《关于煤炭行业化解过剩产能 实现脱困发展的意见》（国发〔2016〕7号）。文件指出：煤炭是我国主体能源，煤炭产业是国民经济基础产业，涉及面广、从业人员多，关系经济发展和社会稳定大局。近年来，受经济增速放缓、能源结构调整等因素影响，煤炭需求大幅下降，供给能力持续过剩，供求关系严重失衡，导致企业效益普遍下滑，市场竞争秩序混乱，安全生产隐患加大，对经济发展、职工就业和社会稳定造成了不利影响。《意见》提出：促进行业调整转型，鼓励利用废弃的煤矿工业广场及其周边地区，发展风电、光伏发电和现代农业。盘活土地资源，支持退出煤矿用好存量土地，促进矿区更新改造和土地再开发利用等多项措施。

3. 适当增加贫困老区光伏、风电等优势能源资源开发规模

2016年2月1日中共中央办公厅、国务院办公厅印发了《关于加大脱贫攻坚力度支持革命老区开发建设的指导意见》，《意见》指出：继续实施以工代赈、整村推进、产业扶贫等专项扶贫工程，加大对建档立卡贫困村、贫困户的扶持力度。统筹使用涉农资金，开展扶贫小额信贷，支持贫困户发展特色产业，促进有劳动能力的贫困户增收致富。积极实施光伏扶贫工程，支持老区探索资产收益扶贫。加快实施乡村旅游富民工程，积极推进老区贫困村旅游扶贫试点等措施，对无法依靠产业扶持和就业帮助脱贫的家庭实行政策性保障兜底。

4. 推进光伏扶贫工程建设，保障光伏扶贫项目有效措施

2016年5月5日，国家能源局、国务院扶贫办联合印发《光伏扶贫实施方案编制大纲的通知》。此次联合发文的目的是为了进一步指导地方编制光伏扶贫实施方案，推进光伏扶贫工程建设，保障光伏扶贫项目有效落实。

5. 完善光伏、风电等新能源发电并网机制

2016年8月8日，国务院印发《降低实体经济企业成本工作方案》（国发〔2016〕48号），指出要加快推进能源领域改革，放开竞争性环节价格，加快推进电力、石油、天然气等领域市场化改革，完善光伏、风电等新能源发电并网机制。2017年基本放开竞争性领域和环节价格管制，形成充分竞争的机制，使能源价格充分反映市场供求变化，提高价格灵活性。

6. 光伏扶贫被国务院列入《全国农业现代化规划（2016～2020年）》

2016年10月17日，国务院印发了《全国农业现代化规划（2016～2020年）》（国发〔2016〕58号），责令农业部、国务院扶贫办牵头，国家发展改革委、工业和信息化部、财政部、水利部、国家林业局、国家旅游局、国家能源局等部门参与，精准帮扶贫困农户。支持有意愿、有实力、带动能力强的新型经营主体，扩大优势特色产业发展规模，与贫困户建立稳定的带动关系。支持有劳动能力的贫困人口就地转为护林员等生态保护人员。探索资产收益扶贫，通过财政涉农资金投入设施农业、养殖、光伏、水电、乡村旅游等项目形成的资产折股量化以及土地托管、吸引土地经营权入股等方式，让贫困户分享更多资产收益。

7. 到2020年光伏装机力争达到100GW

2016年10月27日国务院印发《“十三五”控制温室气体排放工作方案》（国发（2016〕61号）。《方案》提出到2020年，单位国内生产总值二氧化碳排放比2015年下降18%。在清洁能源方面，《方案》提出到2020年，力争常规水电装机达到3.4亿千瓦，风电装机达到200GW，光伏装机达到100GW，核电装机达到58GW，在建容量达到30GW以上。

8. 光伏扶贫是扶贫工作的新途径

2016年10月22日，国务院印发《激发重点群体活力带动城乡居民增收的实施意见》（国发〔2016〕56号），《意见》指出：实施贫困村“一村一品”产业推进行动，强化贫困地区农民合作社、龙头企业与建档立卡贫困户的利益联结机制，深入实施电商、旅游、光伏扶贫工程，加大对贫困地区农产品品牌推介营销支持力度，引导和支持贫困地区青年通过发展电子商务增收致富。

9. 光伏指标向东北倾斜，鼓励开展光伏供暖试点

2016年11月1日，国务院印发《关于深入推进实施新一轮东北振兴战略　加快推动东北地区经济企稳向好若干重要举措的意见》（国发〔2016〕62号）。《意见》指出，未来将在东北地区研究建设新的特高压电力外送通道；制定东北地区电力体制改革专项工作方案，切实降低企业用电成本；扩大电能替代试点范围，全面实施风电清洁供暖

工程，在有条件的地区开展光伏暖民示范工程；在光伏电站年度建设规模中对东北地区予以倾斜；支持吉林省开展可再生能源就近消纳试点；支持多元化投资主体参与抽水蓄能电站建设；提高东北地区农网改造升级工程中央预算内资金补助比例。

10. 完善鼓励分布式能源发展的机制和政策

2016 年 11 月 17 日，中共中央政治局常委、国务院总理、国家能源委员会主任李克强主持召开国家能源委员会会议，审议通过根据国民经济和社会发展第十三个五年规划纲要制定的《能源发展“十三五”规划》，部署推进相关工作。李克强指出，能源生产既要优存量，把推动煤炭清洁高效开发利用作为能源转型发展的立足点和首要任务；也要拓增量，加快提升水能、风能、太阳能、生物质能等可再生能源比重，安全高效发展核能，优化能源生产布局。

11. 鼓励分布式光伏与实施农业发展相结合

2016 年 11 月 23 日国务院印发《“十三五”脱贫攻坚规划的通知》（国发〔2016〕64 号）。通知针对光伏扶贫做出明确指示，并将其列入至组织开展资产收益扶贫工作。具体方式是：鼓励和引导贫困户将已确权登记的土地承包经营权入股企业、合作社、家庭农（林）场与新型经营主体形成利益共同体，分享经营收益。积极推进农村集体资产、集体所有的土地等资产资源使用权作价入股，形成集体股权并按比例量化到农村集体经济组织。财政扶贫资金、相关涉农资金和社会帮扶资金投入设施农业、养殖、光伏、水电、乡村旅游等项目形成的资产，可折股量化到农村集体经济组织，优先保障丧失劳动能力的贫困户。

12. 保护生态环境 推动光伏等新能源广泛应用

2016 年 11 月 24 日，国务院印发《“十三五”生态环境保护规划》（国发【2016】65 号），该文件强调：强化区域环保协作，联合开展大气、河流、湖泊等污染治理，加强区域生态屏障建设，共建坝上高原生态防护区、燕山—太行山生态涵养区，推动光伏等新能源广泛应用。

13. 支持光伏精准扶贫、精准脱贫助力农民奔小康

2016 年 12 月 6 日，国务院印发《国务院办公厅关于完善支持政策 促进农民持续增收的若干意见》（国办发〔2016〕87 号），《意见》针对精准扶贫、精准脱贫做出明确指示，并将光伏列入其中。具体意见如下：持续加大扶贫综合投入力度，通过产业扶持、转移就业、易地搬迁、教育支持、健康扶贫、社保兜底等措施，因地制宜，分类指导，精准施策，确保如期实现脱贫攻坚目标。将民生项目、惠民政策最大限度地向贫困地区倾斜，广泛动员社会各方面力量积极参与扶贫开发。实施贫困村一村一品产业推进行动。加大以工代赈投入力度，支持农村中小型公益性基础设施建设，增加贫困人口劳务报酬收入。强化贫困地区农民合作社、龙头企业与建档立卡贫困户的利益联结机制。深入实施乡村旅游、林业特色产业、光伏、小水电、电商扶贫工程。加大对贫困地区农产品品牌推介营销支持力度。

2016 年中国光伏行业回顾

2016 年，我国光伏产业延续了去年以来的回暖态势，新增装机达到 34.54GW，累计装机容量 77.42GW，新增和累计装机容量均为全球第一。在国内、国际市场强劲增长的拉动下，光伏企业海外布局加速，光伏企业的“走出去”步伐也在不断加快，技术水平不断进步，企业利润率得到提升。

1. 产业规模持续扩大，企业盈利水平持续好转

2016 年，我国多晶硅产量达到 19.4 万吨，同比增长 17.6%，全球产量占比从 2015 年的 48.5% 提高到 52.4%；硅片产量约 63GW，同比增长 31.2%，全球产能占比从 2015 年的 78% 提高到 91%；光伏电池产量约为 49GW，同比增长 19.5%，全球产量占比从 2015 年的 68.3% 提高到 71%；光伏组件产量约为 53GW，同比增长 20.7%，全球产量占比从 2015 年的 72% 提高到 73.6%。企业盈利情况明显好转，前五家多晶硅企业平均毛利率超 20%，前 10 家组件企业平均毛利率超 15%，部分生产辅材企业毛利甚至超过 25%，进入规范条件的组件企业平均利润率同比增加 3 个百分点。从已经披露的 2016 年年报预告的 31 家 A 股上市光伏公司业绩显示，仅有两家公司出现亏损，而在 29 家实现增长的公司中，有 9 家预计 2016 年实现归属于上市公司股东的净利润增幅将超过 100%。

2. 产品成本持续下降，产业技术水平不断提高

在技术进步和规模效应双轮驱动下，我国先进多晶硅企业生产成本已下降至 70 元/kg 以下，晶体硅组件生产成本下降至 2.5 元/瓦以下，资源较好地区的光伏发电成本下降至 0.65 元/度水平，不断逼近平价上网，质优物廉的光伏产品为全球光伏市场发展做出巨大贡献。产业技术方面，多晶硅生产工艺得到进一步优化，高品质产品已经在半导体领域小批量使用，骨干企业能耗下降至 80kWh/kg，成本降至 70 元/kg，多晶金刚线应用开始加快，单晶投料量、拉速也在提升。先进晶体硅电池技术研发多次打破世界纪录，黑硅制绒、背面钝化（PERC）、N 型双面、非晶硅/晶体硅异质结（HIT）等一批高效晶硅电池工艺技术产业化加速，已建成产能超过 10GW，单晶和多晶电池平均转换效率达到 20.5% 和 19.1%。组件方面，半片组件、叠瓦组件、MBB 等技术不断涌现，先进科研成果的产业化进程也在明显加快。

3. 新增装机量创新高，“光伏 +”模式层出不穷

截至 2016 年底，中国光伏发电新增装机容量 34.54GW，同比增长 127%，累计装机容量 77.42GW，新增和累计装机容量均为全球第一。其中，分布式光伏增加迅速，据统计，全年新增装机容量 4.24GW，同比增长 200%，分布式累计装机容量 10.32GW。在应用模式方面，“光伏 +”模式层出不穷，一是与其它产业的共生融合，提高单位土地产出率，衍生出了与渔业、农业的综合应用；二是恶劣地势，不良环境重新利用，比如在煤矿区采空区、沙漠及盐碱地等，实现环境治理和利用并举；三是多能互补，提高能源的综合利用率，比如风光结合、水光结合，光伏发电与天然气、生物质发电等能源互补利用开发。此外、光伏建筑、光伏扶贫、光伏养老等模式正在被人们接受，正成为全新投资热点。

4. 海外布局加速推进，企业“走出去”步伐加快

在“一带一路”战略引导及国际贸易保护倒逼下，我国光伏企业“走出去”步伐不断加快，多家企业在境外设厂，已遍布全世界 20 多个国家，境外已建成的产能超过 5GW，生产布局全球化趋势明显，产业扩张仍在持续，通过海外建厂、投资建设光伏电站等方式，实现全球化布局。也有企业通过签订代工协议，以规避“双反”税率，绕道布局全球市场。据统计，截至 2016 年上半年，中国企业在海外的电池产能达到 5GW，组件产能达到 5.3GW，在建电池项目 200MW，组件项目 300MW，未来计划建设的电池项目 3.7GW，组件项目 4.45GW，通过代工的组件产能为 1.1GW，并购的组件产能 386GW。

5. 出口总量明显减小，出口市场转向新兴国家

2016 年，我国硅片、电池片和组件产品出口额约为 140 亿美元，月平均出口额为 11.7 亿美元，同比下降 10.3%。一方面受我国多家企业在海外设厂影响，这部分产能的出口不受贸易壁垒影响，没有被计入出口数据，另一个原因是受到美国大选的影响。此外，光伏组件国际市场价格连续下跌，从我国出口的组件在征收反倾销、反补贴税后失去竞争力也是对外出口持续下跌的重要原因。从出口国家来看，美国、日本、印度、中国台湾依然是主要的出口国家和地区，不过对欧美传统市场出口占比降至 30% 以下，对印度、土耳其、智利、巴基斯坦等新兴市场出口显著提升。

6. “三座大山”压力仍在，非技术因素摊薄利润

在过去的 2016 年中，光伏发电产业仍然存在以下困境：1）光伏限电率仍然维持较高水平，在限电省份上有扩大的趋势。据统计，西北五省（区）中，新疆、甘肃光伏发电运行较为困难，弃光率为 32.23% 和 30.45%，陕西首次发生弃光限电情况，弃光率为 6.89%，整个 2016 年，西部地区平均弃光率达到 20%。2）可再生能源补贴资金存在巨大缺口，光伏补贴拖欠问题仍未妥善解决，短时间内难以做到及时发放，土地性质问题以及土地税费问题开始显现。3）我国光伏企业境内融资成本普遍在 6% 以上，甚至超过 10% 的贷款利率，融资难、融资贵制约了企业研发投入、技术改造和产业转型升级。上述非技术性因素仍将蚕食电站利润，严重影响了企业的技术创新、技术改造、技术升级、正常经营和经济效益。

2016 年全球光伏装机容量超 300GW

据德国太阳能协会统计，2016 年全球光伏新增装机 70 吉瓦，比 2015 年增长大约 30%。2016 年的全球新增装机可发电 900 亿千瓦时，可满足 2500 万户居民（年均耗电 3500 千瓦时）的需求。其中，最大的增长动力来自中国，新增 34 吉瓦；美国排名第二，新增 14 吉瓦；日本为 10.5 吉瓦，排在第三位；印度为 4.2 吉瓦，排名第四。

中美两国主导着太阳能领域的发展规模，根据欧洲太阳能交易机构的数据，中美两国 2016 年的新增装机容量均比 2015 年增长了近 1 倍。到 2016 年底，全球太阳能光伏发电总装机容量已达 305 吉瓦，而 2010 年的这一数字仅为 50 吉瓦。

五部委联合发布《关于实施光伏发电扶贫工作的意见》16 省 471 县列入扶贫目录

2016 年 3 月，国家发改委、国务院扶贫开发领导小组办公室、国家能源局、国开行以及中国农业发展银行联合下发关于光伏发电扶贫工作的意见，并划定 16 省 471 县的重点实施范围。重点内容如下：

1. 光伏获大力肯定

光伏发电清洁环保，技术可靠，收益稳定，符合精准扶贫战略，又符合国家清洁低碳能源发展战略，各地区应将光伏扶贫作为资产收益扶贫的重要方式，进一步加大工作力度。

2. 扶贫目标：16 省 471 县

在 2020 年之前，重点在 16 个省的 471 个县的约 3.5 万个建档立卡贫困村，保障 200 万建档立卡无劳动力贫困户每年每户增收 3000 元以上。

3. 建设规模 10GW

采用村级光伏电站（含户用）方式，每位扶贫对象的对应项目规模标准为 5 千瓦；采取集中式光伏电站方式，每位扶贫对象的对应项目规模标准为 25 千瓦。

这意味着到 2020 年之前，单光伏扶贫电站的规模就至少可以达到 200 万 * 5 千瓦 = 10GW!

4. 资金来源

村级电站贷款部分可由省扶贫资金给予贴息；集中式电站由地方政府制定的投融资主体与商业化投资企业共同筹措资本金，其余资金由国家开发银行、中国农业发展银行为主提供优惠贷款。

5. 配套电网

电网企业承担接网及配套电网的投资和建设工作，把扶贫电站的接网工程纳入绿色通道。

6. 收益分配

地方政府指定的投融资主体和投资企业共有，收益按股比分成，投融资主体要将所占股份折股量化给扶贫对象，代表扶贫对象参与项目投资经营，按月或年度向扶贫对象分配资产收益。

其它要点：

1）优先安排扶贫电站建设规模。

2）鼓励其他银行以及社保、保险、基金等资金在获得合理回报的前提下为光伏扶贫项目提供低成本融资，鼓励众筹等创新金融融资方式支持光伏扶贫项目建设。

国家能源局下发 2016 年光伏行业标准制（修）订计划

2016 年 9 月 2 日，国家能源局官方网站下发《国家能源局关于下达 2016 年能源领域行业标准制（修）订计划的通知》，制定范围包括传统能源与新能源。涉及光伏行业的标准如下：

计划编号	标准项目名称	标准类别	制定修订	完成年限	适用范围和主要技术内容
20160537	光伏组件户外检测技术规范	方法	制定	2017	适用范围：晶硅光伏组件和薄膜光伏组件，考核在典型环境下并网系统中的组件功率衰减情况。主要技术内容：规定了光伏组件样品的送样、预处理条件和实验条件、以及户外实证试验部分规定样品连接方式、数量及试验场地的典型气候环境类型、评定组件的性能比(PR)和发电量(yield)等方面技术要求
20160538	晶体硅双玻光伏组件技术规范	产品	制定	2018	适用范围：地面用晶体硅双玻组件。主要技术内容：规定了地面用晶硅双玻组件的外观要求、性能要求、合格判据、寿命衰减要求、安装要求
20160539	组件级功率优化器技术条件	产品	制定	2017	适用范围：光伏系统用组件级功率优化器。主要技术内容：涵盖适用范围，产品标识、结构检查、防护等级、机械性能、电气参数、安全性、环境可靠性、基本功能、效率、电气兼容等
20160503	高原光伏水泵提水系统	基础	制定	2018	适用范围：在高原地区应用的光伏水泵系统。主要技术内容：规定了海拔1000m至5000m范围内，高原光伏水泵提水系统的术语和定义、高原环境条件参数、技术要求、试验规范和检验要求、资料、包装、运输和贮存要求
20160509	太阳电池组件用聚乙烯醇缩丁醛(PVB)封装绝缘胶膜	产品	制定	2018	适用范围：太阳电池组件用聚乙烯醇缩丁醛(PVB)封装绝缘胶膜。主要技术内容：范围、分类、要求、试验方法、检验规则、标志、包装、运输、贮存等
20160510	太阳电池组件用封框胶带	产品	制定	2018	适用范围：太阳电池组件用封框胶带。主要技术内容：范围、分类、要求、试验方法、检验规则、标志、包装、运输、贮存等

财政部、国家税务总局：2016～2018年继续实行光伏发电增值税即征即退50%政策

日前，财政部、国家税务总局发布关于继续执行光伏发电增值税政策的通知，通知指出，2016年1月1日至2018年12月31日，对纳税人销售自产的利用太阳能生产的电力产品，实行增值税即征即退50%的政策。

财政部、国家税务总局曾于2013年发布通知，明确从2013年10月1日起到2015年12月31日，销售自产光伏发电产品可享受增值税即征即退50%的优惠政策。为支持光伏发电发展，财政部、国家税务总局经申请国务院批准，继续执行这一优惠政策。该政策的公布，将给全国光伏产业持续健康发展提供动力保障。

我国分布式光伏发展步入快车道

对于制造业企业而言，电费通常是企业的一笔重大开支。不过随着分布式光伏项目不断推广，日后企业的“电费开支”很可能摇身一变成“售电收入”。

在大气污染治理及气候变化谈判的双重压力下，清洁能源替代不断提速。近日在上海举行的“分布式项目合作及创新金融峰会”上，专家认为，在政策扶持和金融资本青睐的双重推动下，我国分布式光伏发展正在步入快车道。

在过去几年间，我国集中式光伏电站和分布式光伏项目发展呈现冰火两重天。集中式光伏电站一直是投资风口，大批电站项目集中上马，而分布式光伏项目几乎无人问津。2015年我国光伏实际完成新增装机15.13百万千瓦，其中集中式光伏装机占比91%。

不过，我国集中式光伏电站主要集中在西部地区。由于项目过于集中、电网不易消纳、输送困难等原因，当地出现严重的弃光现象。在局部地区弃光率甚至达20%至30%。

集中式光伏电站发展遇到的这些瓶颈，正是分布式光伏发电的优势所在。目前，我国中、东部地区是分布式光伏发电布局的主战场，也是用电消费重地。另外，分布式光伏发电遵循“自发自用、余电上网”的模式，大部分发电量由用户自我消纳，对电网带来的冲击相对较小。

光伏亿家副总裁马弋崴表示，分布式光伏的发电量优先与本地负载匹配。对于负载平均的企业而言，若配置用电量30%左右的分布式光伏，可实现85%以上自发自用比例。另外，在政策方面，国家依然引导鼓励发展分布式光伏，在下调2016年地面电站电价时，并没有调低分布式光伏的电价补贴。而且，在国家电网地区的分布式光伏享受“预结算”的优待。

随着集中式光伏电站景气度降低，分布式光伏项目的优势愈加凸显，开始逐渐受到资本青睐。今年6月底，旺旺集团在上海金山区立旺工厂的“旺旺百兆瓦屋顶光伏计划”首期1.3兆瓦项目正式并入电网。该项目年发电量将达到138万千瓦时，每年减少1200吨二氧化碳排放，折合超过400吨标准煤。

这一项目引入了银行和第三方平台，形成了“分布式

光伏三方模式”，一方面提供电站投资需要的融资服务，另一方面也使电站投资过程中的风险管理和专业化服务有更可靠的保障。

在业内专家看来，分布式光伏项目既能帮助企业节能减排，又可以产生稳定的收益，对于金融机构而言是一个稳健的投资领域。

一位从事新能源投资业务的银行人士给记者算了一笔账，1万平方米屋顶可以安装1兆瓦光伏系统，投资人民币670万元，每年大约可以发出117万千瓦时清洁电力。每年可以节省80万元至90万元电费，并获得40万元至50万元国家补贴。测算下来，每年稳定的IRR（内部收益率）为12%至15%。

在政策和资本的助推下，“十三五”期间，我国分布式光伏项目将全面开花，进入加速发展的快车道。国家能源局发布的太阳能利用意见稿中明确提出，全面推动分布式光伏发电，到2020年，累计分布式光伏发电装机规模7000万千瓦。

除了政策等因素外，我国光伏产业逐渐成熟，发电成本不断降低也推动分布式光伏项目加快市场化。

上海新能源行业协会会长朱元昊表示，经过十多年的高速发展，我国已经成为全球最大的光伏产品生产国，也是最大的光伏应用国，还是光伏资本和技术的输出大国。伴随产业逐渐成熟，我国光伏发电成本逐年下降。

“十二五”期间，我国光伏发电成本降幅接近70%，已经达到每千瓦时1元以下。按照国家能源局提出的目标，到“十三五”末，力争太阳能发电规模较2015年翻两番，成本下降30%。

2016年公用事业光伏组件价格下滑至1.5美元/W

近来根据英国IHS Markit分析数据显示，太阳能光伏组件价格下跌，在2017年将使公用事业规模组件成本同比下降38%。

IHS Markit太阳能需求高级分析师Josefin Berg表示，在2016年，主要市场的公用事业规模光伏组件平均成本将下降至1.50美元/W以下。

全国首个政府出资建设新能源微电网在八达岭投入运行

全国唯一一个政府出资建设、示范项目最全、技术达到国际先进水平的新能源微电网示范项目——北京市新能源产业基地智能微电网建设工程，近日在延庆八达岭经济开发区高新技术孵化器内投入运营。今后，这一示范项目有望在延庆全区推广，届时，延庆将告别火力发电，全部用上绿色电力。

走进八达岭经济开发区高新技术孵化器内，可以看到三台风力发电机，还能看到很多屋顶上安装了太阳能电池板。这些，都是智能微电网的重要组成部分：新能源发电设备。

智能微电网是指接有分布式电源的配电子系统，可在脱离主电网后独立运行，维持所有或部分重要用电设备的供电。微电网能够将现代信息技术、新能源技术、分布式发电技术等众多技术集成一体，解决了传统电网的分布式能源接入安全稳定问题、长距离输电的损耗和化石能源带来的环境问题，是智能电网的重要组成部分。

延庆拥有风力发电、太阳能发电、沼气发电等多个新能源发电项目，过去，这些电力资源无法实现相互补充，发电高峰时存储、低谷时使用，也无法和国家主电网双向输送。而智能微电网，让这一切成为可能。

新疆首座中功率光伏智能微网供电系统运行

12月22日，记者从喀什军分区后勤部了解到，近日，木吉边防站50千瓦智能微网光伏电站项目顺利通过验收并投入运行。该系统组件寿命25年，光伏储能可以满足木吉边防站官兵3个连续阴雨天正常供电需求，具有离网、市电并网、柴油发电机共网自动控制功能，成为新疆首个运行的中功率光伏智能微网供电系统。

木吉边防站地处偏远的高寒地区，离最近的市电乡镇80余公里，若采取公网供电，施工困难，成本昂贵。近年来，光伏发电作为一种新兴的绿色能源，广泛用于离网地区的边防哨所。在项目论证过程中，喀什军分区业务部门发现单独建设离网光伏发电系统，不能完全解决光伏与原有柴油机发电系统以及未来的集中电网的有机融合，最后确定高原智能微网光伏电站方案。

首批20个太阳能热发电示范项目确定总计装机容量134.9万千瓦

为推动我国太阳能热发电技术产业化发展，国家能源局日前下发通知，确定了首批20个太阳能热发电示范项目，总计装机容量134.9万千瓦，分别分布在青海、甘肃、河北、内蒙古和新疆。

通知明确，各示范项目应在2016年9月30日前完成备案，尽早开工建设，并于2018年底前建成投产。在示范项目建设过程中，项目单位、施工企业、设备制造企业等相关各方应加强协作，联合攻关，形成集成技术能力并保障示范项目按时建成投产，尽早发挥产业化示范效果。

国家能源局有关负责人表示，有关电网企业要配合做好示范项目配套电网建设规划，按照示范项目的计划建设进度，及时开展配套电网送出工程建设，并提前研究各示范项目投产后的并网运行方案，确保示范项目发电量全额消纳。

记者了解到，为保障太阳能热发电项目的技术先进性和产业化发展，避免盲目投资和低水平重复建设，在“十三五”时期，太阳能热发电项目均应纳入国家能源局组织的国家太阳能热发电示范项目统一管理，且只有纳入示范项目名单的项目才可享受国家电价补贴。

2016年光伏并网逆变器国抽合格率较上年提高14%

近日，国家质检总局公布了2016年第3批光伏并网逆变器产品质量国家监督抽查结果，共抽查了13个省（市）52家企业生产的52批次产品。

经检验，有6批次产品不合格，不合格项目涉及交流输出侧过/欠电压保护、谐波和波形畸变。

与去年光伏并网逆变器首次国抽相比，产品抽样合格率提高了14个百分点；产品不合格项次有所减少，不合格项目由去年的5个减少为2个，额定输入输出、功率因数和直流分量项目本次抽查全部合格。

2016年全球海上风电投资299亿美元创历史新高

根据彭博社新能源财经最新发布的清洁能源投资报告透露，2016年，全球海上风电投资总额达到299亿美元，同比增长40%，创下历史新高。

其中单笔投资金额最大的是丹麦东能源公司在英国海域研发的1.2吉瓦海上风电场项目，达到57亿美元。此外，东能源公司还在德国、比利时、丹麦等其它水域也同样开发了14个海上风电场，装机规模均超过100兆瓦，投资规模在3.91亿美元至39亿美元之间。

彭博社新能源财经首席执行官Jon Moore评论说：“2016年海上风电投资创下新纪录表明，这种技术在成本效益以及证明其可靠性和性能方面取得了巨大进步。”

从区域来看，2016年，欧洲依然是最大的海上风电投资区域市场，达到258亿美元，占全球总量的86%以上。中国海上风电投资也达到41亿美元。另外，北美和台湾地区等新兴海上风电市场也正在开放。

报告中称，2016年，全球清洁能源投资总额达到2875亿美元，同比下降18%。但清洁能源装机规模却大幅增长。预计，2016年，全球新增太阳能装机容量达70GW，较之2015年的56GW有明显增长，新增风电装机容量565GW，去年同期为63GW。

此外，2016年，全球太阳能投资总额下降32%至1160亿美元，这主要是由于太阳能发电成本大幅下降；风电投资累计达到1103亿美元，同比下降11%；智慧能源技术投资总额达到416亿美元，同比增长29%；生物质能投资基本与上一年度持平达到67亿美元，生物燃料下降37%至22亿美元；小型水电下降1%至34亿美元；低碳服务增长5%至43亿美元；地热能投资增长17%至27亿美元；海洋能源投资下降7%至1.94亿美元。

2016中国风电迈上新高度

虽然今年新增装机量预计比去年有所回落，但2016年对风电行业来说无疑是红红火火、热闹非凡的一年。中国整机制造商登顶世界第一、高塔筒等技术创新使低风速规模化开发更具经济性、海上风电从“暂停模式”进入“稳步发展模式”、全球行业并购风起云涌……站在“十三五”开局的全新起点上，整个产业吐故纳新，正经历着深刻的变革。今年所显现出的新气象、新动态、新趋势，想必在未来几年继续影响行业的走向。

盘点2016年风电行业中的那些“大事”和“大势”，从中我们或许可以窥探到产业未来的发展方向。

1. 中国整机制造商整体排名大幅上升

今年2月彭博新能源财经发布的全球风电整机制造商市场份额报告显示，金风科技凭借7.8吉瓦的全球新增装机，超过GE、维斯塔斯等国外风电大佬，首次问鼎全球第一。除金风科技外，国电联合动力、远景能源、明阳风电三家中国企业也跻身全球十大整机制造商。

此后，知名风能研究机构MAKE发布的市场报告则认为，维斯塔斯仍为全球第一，金风科技排名全球第二。在全球前十整机商中有四家中国企业，排名十一至十五位中另有四家中国制造商。

由于各家机构数据来源的不同，最终的统计结果和排名略有区别实属正常现象。无论中国企业是否问鼎全球第一，不可否认的是，中国风电整机商作为一个整体所取得的进步的确令世界风电行业瞩目。

当然也应理性看到，良好业绩的取得与国内市场的爆发性增长紧密相关。“抢装”电价也是一个重要因素。

新增装机量的多少并不能完全代表企业的竞争力。与那些具有较长历史的跨国巨头相比，除了运行业绩的短板外，国内整机商在核心技术和质量稳定性可靠性方面也确实存在一定差距。目前，中国风电整机商在海外的运行业绩仍以发展中国家为主。风电制造“走出去”一是通过自建风场的形式实现，二是通过为当地提供项目建设资金的形式进行设备输出，依靠自身品牌影响力获得的中标仍然较少。

中国风电整机商要与维斯塔斯、歌美飒等巨头在全球范围内竞争，就要在国际各个市场获得平均分配的市场开拓能力。这需要中国整机商依靠平稳的国际化发展，从管理、质量、运营等各个环节持续提升。

2. 大型能源集团到海外做风电业主

无论是国家电投收购西班牙桑坦德银行位于澳大利亚的风电公司，还是三峡集团收购黑石集团旗下的德国海上风电场资产，都表明在2016年，中国风电“走出去”的步伐在加快。

实际上，早在多年前，中国风电产业就开始走向海外，比如直接的设备出口、EPC模式的工程总包、以及风电制造环节的跨国并购。而与之前这些“走出去”的方式不同，此轮“走出去”的一个显著特征是，大型能源集团直接到海外做风电场业主。

这种变化与国内风电市场的现状紧密相关。当前，大型能源企业的火电投资受到一定抑制，随着国内优质风资源区越来越少，在风电项目上的竞争也越来越激烈。在这种情况下，大型能源企业走向海外，进行风电项目收购成为一个不错的选择，这也与国家倡导的“一带一路”战略以及国际产能合作相契合。

同时，相对于国内“三北”地区持续地弃风限电，欧洲等海外市场弃风的情况很少，即使真的出现了弃风情况，按照合同的相关约定，一般也会给予业主弃风损失的补偿。因此，从整个风电项目的回报率来说，海外项目比国内项目的回报率普遍更高，这也成为大型能源集团积极到海外做风电业主的一个重要推动力。

从并购海外风电制造工厂到直接接盘风电场项目做风电运营业主，表明中国风电产业“走出去”提升了层次。显然，并购海外风电场项目对产业的拉动力更强，可以带动中国制造、设计、工程、施工甚至是技术、标准全产业链“走出去”。

这一趋势在未来几年或进一步得到强化。不过需要注意的是，海外成熟市场虽有较为完善的法律体系，但也不意味着零风险。风电项目投资金额大、投资周期长，属于政策敏感型的能源基础设施项目，对东道国市场的依赖程度高，决定了对风电项目海外并购进行风险识别、评估、控制的重要性。

3. 海上风电发展迎来“转折年”

今年以来，广东桂山等停滞多年的海上风电项目开始启动，三峡集团等企业纷纷高调布局海上风电。种种迹象预示着海上风电正在从前些年的“暂停模式”进入“稳步发展模式”。

其实，表面上的暂停并不意味着产业没有发展。正如一位业内人士所言：“今年之所以海上风电领域显得有很多动静，主要是因为，虽然前几年前期工作一直在做，但市场上可能看不到。”

表面上的“静悄悄”，背后却是相关企业积极进行技术储备。正是这些背后的努力使得海上风电在2016年迎来了外界能够看得见的转折。

而正是有了前些年的曲折，使整个行业更深刻认识到：海上风电风险大，一旦出现问题常会导致不可逆转的后果。因此，发展海上风电必须要做好技术、市场、运维等方面的准备，要稳中求快，不能单纯追求速度。也正是基于对发展海上风电难度的理性认知，刚刚发布的《风电发展“十三五”规划》下调了海上风电装机目标：到2020年底，海上风电并网装机容量达到500万千瓦以上。

显然，对于中国海上风电而言，我们的目标不是简单建设几百万千瓦的风电装机，更重要的是，要培育出完善的和有竞争力的海上风电产业体系，包括设备制造、施工安装、标准规范等。因此，海上风电的建设，如何统筹管理、如何共享信息、如何通过实践形成海上风电标准体系和规程规范显得格外重要，也需要各方形成合力。

4. 全球风电行业并购风起云涌

2016年可以称之为全球风电行业的“并购年”。西门子公司并购歌美飒、GE收购阿尔斯通海上风电业务、维斯塔斯收购德国运维公司Availon……当前，国际风电行业并购频发，这也从侧面表明风电制造市场的竞争日趋激烈。

从目前这些并购案来看，主角并非中国企业，但风电制造产业作为一个高度全球化的产业，中国风电制造企业作为全球风电制造的中坚力量，这些并购案对中国整机商实则将产生借鉴和深远的影响。

一方面中国风电整机企业无需盲目跟风，首先要专注于自身的研发；另一方面也要学会并善于运用并购等资本运作手段，通过并购提升技术创新水平，提高在全球不同区域市场的驾驭能力。

目前，国内一些企业的并购倾向于快速做大的考虑，而跨国公司的并购更多的是战略并购，其着眼点是前沿技术和潜在市场。

作为中国同行来说，从今年一系列并购案例中所要学到的，不是通过并购获得规模上的扩大，而是如何通过并购真正实现企业核心竞争力的提升。不应单纯以占有资源为目的，而是要转向以技术创新为出发点，甚至是利用被并购企业研发机构逆向融合企业在国内的研发机构，从而搭建国际化创新平台，获得技术创新优势，增强自身竞争力。

5. 分散式风电崛起带动风场开发模式转变

在今年底发布的风电“十三五”规划中，中东部和南方地区的分散式风电开发成为一大重点。然而，中东部和南方地区地形复杂，风资源状况差异大，因此，过去适用于“三北”地区的风电开发模式必定要做出较大调整。如何使这些地区分散的风能资源更充分高效地得到利用，风电开发商和风电制造商都将面临新的挑战。

按照规划，“十三五”期间，预计全国风电新增装机容量8000万千瓦以上，其中中东部和南方地区陆上风电新增并网装机容量将占到4200万千瓦以上。与此形成鲜明对比的是，“十三五”期间“三北”地区陆上风电新增并网装机容量则为3500万千瓦左右。这意味着，若算上海上风电的新增并网装机容量，中东部和南方地区新增并网装机容量将占到全国新增并网容量的57%，远高于“十二五”时期的26%。同时，这一地区累计并网装机容量在全国的占比也将提升至1/3。

传统的风电开发模式中，从风电场的总装机容量到单机容量、从机位的个数到塔筒高度等都有明确的约束。目前投运的风场，基本上同一风场必须是单一机型，鲜有不同机型混排的现象。这种标准化的设计方案，在一定程度上可以缩短工期，节约初始成本投入，但也存在无法充分利用有效风资源的问题，限制了风电场整场发电量和效益的提升。

中东部和南方地区的风资源情况、道路情况、地形情况等千差万别。显然，只有针对每一个项目，甚至是每一个机位点进行针对性设计，才能保证风电场效益的最大化。因此，在分散式风电开发渐成重点的背景下，“三北”地区的标准化风电开发模式必然要转变为个性化、定制化的风电开发模式。

对于风电开发商来说，这意味着要从过去单纯的设备招标转变为风电场开发解决方案招标，从而保证风电场被看作一个整体，进而最大限度地提升风电场的内部收益率。

此外，在分散式风电项目开发过程中，为了更好地利用风场风能资源，最大限度地发挥机组性能，未来在安装风机台数方面也会给予企业充分的自主权，因此，可以推测风电机组容量的定制化设计也将逐渐成为趋势。

6. 海上风电酝酿下调电价引争议

《关于调整新能源标杆上网电价的通知（征求意见稿）》的推出，犹如给刚刚被点燃的发展海上风电的热情浇了一盆冷水。根据该征求意见稿，拟对海上风电项目比现行电价下调每千瓦时0.05元。一石激起千层浪，引发企业巨大争议。

业内普遍认为，此时不是调价的合理时机，目前我国正式投运的海上风电项目还为数甚少，需要通过规模化发展，探索技术经济最优的方案，为未来海上风电的大规模发展奠定基础，在积累足量的相关实际运行数据之后，根据运行项目反馈的比较全面的信息再研究电价调整方案比较合适。

而对于海上风电投资过热的担心，有观点认为，本来海上风电投资就高，进入的门槛也高，有能力进入的开发商屈指可数。在海上风电仍处于初级发展阶段的现状下，即使不下调电价，海上风电投资短时间内也不会过热。

实际上，电价调整是主管部门引导行业健康发展非常重要的一张牌。当前，不论是主管部门，还是行业企业，基本上可以达成一个共识，那就是成本下降和补贴退坡是包括海上风电在内的新能源行业发展的必然趋势。而主管部门和企业的分歧在于，下调电价的时机选择和下调幅度。

在主管部门看来，包括海上风电在内的整个风电产业若不尽快降低成本将失去竞争力，难以担当由补充能源向替代能源转变的重担，甚至有可能被光伏等其它新能源挤压空间。而在企业看来，过早下调海上风电电价将导致开发商不得已将成本压力传导给设备制造商等其它环节，甚至给整个风场的全生命周期埋下不可预知的隐患。

位置不同，视角不同，对产业的判断有所差异实属正常。要解决这样的分歧，一方面要求主管部门不能想当然出政策，更不能为了调价而调价；另一方面作为风电企业，也要开诚布公地亮出底牌，让政策制定者清晰地知道技术的进步到底能使成本控制在什么水平，而不能打自己的小算盘。因为，过早地“断奶”和过度地依赖补贴，两个极端最终带给产业的将会是相同的伤害。

7. 风电产业尝试融资创新

今年3月，协合风电成功注册国内首单非金融企业绿色债券，这为以风电为代表的绿色项目拓宽了融资渠道，打破了信贷渠道的局限性，同时将引领更多的绿色渠道创新。

风电属于资本和技术密集型行业，具有资金需求大、建设期短、融资周期长等特点。由于融资额大，导致年度财务费用居高不下，对企业来说是长期沉重的财务负担。目前，在风电行业，一般是以项目公司作为融资主体，项目的融资额、融资结构的设计均与项目本身的资产价值以及未来净现金流量紧密联系。

随着风电产业的迅速发展和国家风电项目审批权的下放，近年来民营风电占比大幅增加。与之相伴的是，资金成为民营风电开发商最缺少也最迫切需要的支持。中小型民营风电投资商得不到足够的金融支持，面临着重主体、轻债项，重历史、轻预期，强制资本金比例，项目融资品种单一等融资难题。

当中小风电开发商遇到融资困境，无法解决资金难题时，不得不做出一些现实的妥协：将项目批文卖给国企或其它上市公司，获得批文转让收益；将项目公司的控股股权转让给国企或其他上市公司，由控股股东融资、建设、运营、分红，自己作为没有投票权的小股东被动接受；由第三方 EPC 总包方全垫资建设项目，并且在约定时间偿还全部垫资款，若到期无法得到中长期贷款偿还总包款，也将面临项目被总包方收走的局面。

可以说，伴随着风电开发融资需求增多，融资方式也应当越来越多样化。绿色债券为风电融资提供了一种新的可能。

与此同时，针对民营中小风电开发商的资金需求，包括 GE、金风科技、三一重能等在内的一批风电整机制造商也都在探索推出相应的方案和服务。

可以预见，未来，整机制造商要想获得更多的项目订单，不仅要提供全套的技术解决方案，还要能拿出完美的资金解决方案。

8. 高塔筒等技术创新提升低风速风电经济性

单机容量越来越大、叶片越来越长、塔筒高度越来越高，成为近来风电行业一大趋势。在风电量提升越来越向精细化发展的背景下，增加风机塔筒高度被认为是低风速区提升发电量的一种直接有效的手段。2016 年，维斯塔斯、金风科技、远景能源等领先企业都在积极推动高塔筒技术在风电行业的应用。

过去，由于传统的全钢塔筒在增高的同时也面临着塔筒厚度、运输高度及重量、制作成本等方面的限制，导致传统的塔筒技术通常难以突破百米高度。随着国内高塔筒技术的成熟，使得塔筒增高成为可能。

目前，我国高塔筒技术路线主要有全钢柔性塔筒和砼钢混合塔筒两种。全钢柔性塔筒以造价低廉、结构传统、供应链成熟、运输便利、吊装高效而著称，但在实施过程必须要解决好共振和摆幅等问题，因此对控制策略提出了较高要求。砼钢混合塔筒虽然对控制策略没有过多的要求，但也涉及整机设计、结构设计、生产模具设计、现场施工设计等多个环节，对施工工艺和施工队伍的可靠性方面提出较高要求。

可以说，两种技术路线各有千秋，其适用的风资源环境方面也略有差异。无论是柔塔技术方案，还是钢混塔筒方案，最终哪一种技术方案能占据主流，还要交给市场来定夺。我们乐于见到，百花齐放，百家争鸣，不同的技术路线和方案取长补短，共同推进风电行业的进步。

同时，对于高塔筒技术我们也应秉持科学精神，理性看到在一些起伏山地等比较特殊的地形，增高塔筒不一定能获得更高的风速。因此，需要对当地的风资源和地形条件进行针对性分析，从而判断高塔筒技术是否确实能有效提升其发电量。

我国严控风电弃风严重地区电源建设节奏

国家能源局2016 年 3 月 17 日对外发布通知提出，将严格控制风电弃风严重地区各类电源建设节奏。在电力供应严重过剩且弃风严重的地区，各省级能源主管部门应研究暂停或暂缓包括新能源在内的各类电源核准建设的措施，避免弃风情况进一步恶化。

其中，去年弃风较严重或弃风率增长较快的地区，包括内蒙古、吉林、黑龙江、甘肃、宁夏、新疆等省（区）2016 年度暂不安排新增常规风电项目建设规模。

国家能源局当日发布《关于做好 2016 年度风电消纳工作有关要求的通知》。通知分析指出，去年“三北”地区风电弃风限电问题进一步加剧，弃风电量达到 339 亿千瓦时；全国风电平均年利用小时数下降到 1728 小时，比 2014 年下降 165 小时。从电力供需形势和电力运行现状看，今年“三北”地区风电消纳形势依然严峻，若不采取有效措施，弃风率可能在去年的基础上进一步攀升。

通知提出，弃风问题突出的省份能源主管部门和派出机构要把工作重心从风电的开发建设转移到风电的高效利用上来，多措并举拓展风电消纳途径。电网企业要切实承担可再生能源发电全额保障性收购的实施责任，确保2016年度风电弃风限电趋势得到根本扭转。

通知要求，落实可再生能源发电全额保障性收购，实施可再生能源优先发电制度。同时，各地要结合实际运行情况，逐步放开限电严重地区的发电计划，加快推动煤电机组进行灵活性改造提升调峰能力，加快抽水蓄能等调峰电源建设。此外，要积极开拓风电供暖等风电消纳方式。

通知还明确，2016年，国家能源局将以甘肃作为解决弃风限电问题的试点省，力争基本解决甘肃省弃风限电问题。

煤炭大省山西：风电成为仅次于火电的第二大电源

煤炭大省山西在新能源发电领域也毫不逊色，山西风力发电、光伏发电日前创历史新高，占当时全省用电的25.8%。全省用电负荷的四分之一来自风力发电和光伏发电，标志着在山西能源转型发展中新能源发展异军突起。

近年来，山西新能源发展迅猛。目前，山西风电、光伏装机容量达972万千瓦，同比增长53.2%，新能源装机占全省装机容量的13%。

从2015年6月，我国首个光伏“领跑者”计划示范基地正式落户大同。规划从2015年到2017年，用3年时间建设300万千瓦光伏发电项目。为此，山西省开始实施大规模采煤沉陷区搬迁治理，大同市依托全国首个光伏“领跑者”基地建设，利用当地丰富的太阳能资源，整合采煤沉陷区土地、电网等发展要素，成功实现采煤沉陷区转型利用。相关专家表示，在采煤沉陷区建设光伏基地不但可支撑“光伏领跑者计划”实施、带动光伏产业技术进步，促进地区能源结构改善、增加清洁能源输送与消纳比例，还可实现采煤沉陷区产业化综合治理、解决离地农民生活问题与生态环境治理难题，并缓解经济下行压力，意义重大。

按照山西省发改委初步规划，到2020年，山西风电装机容量将达到1800万千瓦，发展前景明朗。随着风电并网装机容量不断增大，风电在山西电网用电比重越来越大，已发展成为仅次于火电的第二大电源。

《国家创新驱动发展战略纲要》提出发展特高压、智能电网等技术

2016年5月，中共中央、国务院印发了《国家创新驱动发展战略纲要》，特高压、智能电网等被纲要作为重要内容提出。纲要提出，推动产业技术体系创新，创造发展新优势，发展特高压输变电等高端装备和产品，攻克大规模供需互动、储能和并网关键技术，推动智能电网等技术的研发应用。

纲要指出，党的十八大提出实施创新驱动发展战略，强调科技创新是提高社会生产力和综合国力的战略支撑，必须摆在国家发展全局的核心位置。

纲要明确提出，发展智能绿色制造技术，推动制造业向价值链高端攀升。发展大飞机、航空发动机、核电、高铁、海洋工程装备和高技术船舶、特高压输变电等高端装备和产品。

纲要提出，发展安全清洁高效的现代能源技术，推动能源生产和消费革命。以优化能源结构、提升能源利用效率为重点，推动能源应用向清洁、低碳转型。突破煤炭石油天然气等化石能源的清洁高效利用技术瓶颈，开发深海深地等复杂条件下的油气矿产资源勘探开采技术，开展页岩气等非常规油气勘探开发综合技术示范。加快核能、太阳能、风能、生物质能等清洁能源和新能源技术开发、装备研制及大规模应用，攻克大规模供需互动、储能和并网关键技术。推广节能新技术和节能新产品，加快钢铁、石化、建材、有色金属等高耗能行业的节能技术改造，推动新能源汽车、智能电网等技术的研发应用。

纲要还提出，发展智慧城市和数字社会技术，推动以人为本的新型城镇化。发展交通、电力、通信、地下管网等市政基础设施的标准化、数字化、智能化技术，推动绿色建筑、智慧城市、生态城市等领域关键技术大规模应用。

国家两部委发布能源互联网技术创新战略方向规划目标

2016年4月，国家发改委、国家能源局下发了《能源技术革命创新行动计划（2016~2030年）》（下称《计划》），并同时发布了《能源技术革命重点创新行动路线图》（下称《路线图》）。

据了解，《计划》明确了我国能源技术革命的总体目标：到2020年，能源自主创新能力大幅提升，一批关键技术取得重大突破，能源技术装备、关键部件及材料对外依存度显著降低，我国能源产业国际竞争力明显提升，能源技术创新体系初步形成；到2030年，建成与国情相适应的完善的能源技术创新体系，能源自主创新能力全面提升，能源技术水平整体达到国际先进水平，支撑我国能源产业与生态环境协调可持续发展，进入世界能源技术强国行列。

值得注意的是，《计划》列举了包括“非常规油气和深层、深海油气开发技术创新”、“煤炭清洁高效利用技术创新”、“二氧化碳捕集、利用与封存技术创新”、“先进核能技术创新、乏燃料后处理与高放废物安全处理处置技术创新”、“氢能与燃料电池技术创新”、“先进储能技术创新”、“能源互联网技术创新”等15项重点任务。而《路线图》则明确了上述15项重点任务的具体创新目标、行动措施以及战略方向。

火电项目清理力度再加码

国家发展改革委、国家能源局8月12日联合下发通知，要求进一步清理、规范已核准电力项目（火电、电网项目）的报建审批，凡是不符合《清理规范投资项目报建审批事项实施方案》相关要求的，一律不再作为开工前置条件。对于违规建设的火电项目，国家能源局及其派出机构将不予办理业务许可证，电网企业不予并网。

对于电力项目开工标志，通知明确火电项目开工标志明确为：主厂房基础垫层浇筑第一方混凝土；电网项目中变电工程和线路工程的开工标志分别明确为：主体工程基础开挖和线路基础开挖。

“此举旨在切实维护电力建设秩序。”国家能源局有关负责人表示，对确需开展的报建审批事项和强制性评估工作，电力项目单位要逐一落实，严格按程序办理。未取齐开工必要的支持性文件前，严禁开工建设；已开工建设的，要立即停止建设。

同时，地方政府和发电企业要高度重视国家定期发布的煤电规划建设风险预警提示，对预警结果为红色的省（区、市），慎重决策开工建设煤电项目；对于明确要求缓建的已核准未开工煤电项目，2017 年底前暂缓开工建设。

业内人士认为，今年以来我国“弃风弃光”问题加剧的重要原因，就是全社会电力需求增速放缓以及火电争相上马，常规能源对可再生能源电力的挤出效应加剧。此番清理火电项目，对新能源消纳是一大利好。

对于存在违规开工建设且拒不停工、不接受相关部门处理等违规行为的电力项目，相应省（区、市）发展改革委（能源局）可视情况对项目单位及其所属集团公司实行限批新建电力项目、开展自用及外送煤电项目优选工作时不予考虑等措施；银行及金融机构要依据法律、法规和国家有关规定停止对其发放贷款。

两部委发布售电公司准入与退出、有序放开配电网业务的相关管理办法

发改委网站 2016 年 10 月 11 日消息，发改委和能源局日前印发关于《售电公司准入与退出管理办法》和《有序放开配电网业务管理办法》。《办法》明确了售电公司准入条件，即设立售电公司资产总额不得低于 2 千万元人民币，并鼓励社会资本积极参与增量配电网业务。

《售电公司准入与退出管理办法》明确了应强制退出市场并注销注册的六种情形：隐瞒有关情况或者以提供虚假申请材料等方式违法违规进入市场，且拒不整改的；严重违反市场交易规则，且拒不整改的；依法被撤销、解散，依法宣告破产、歇业的；企业违反信用承诺且拒不整改或信用评价降低为不适合继续参与市场交易的；被有关部门和社会组织依法依规对其他领域失信行为做出处理，并被纳入严重失信主体“黑名单”的。

同时公布的《有序放开配电网业务管理办法》指出，有序放开配电网业务要遵循以下基本原则：一是规划引领。增量配电网络应符合省级配电网规划，保证增量配电网业务符合国家电力发展战略、产业政策和市场主体对电能配送的要求。二是竞争开放。鼓励社会资本积极参与增量配电网业务，通过市场竞争确定投资主体。三是权责对等。社会资本投资增量配电网业务并负责运营管理，应遵守国家有关技术规范标准，在获取合理投资收益同时，履行安全可靠供电、保底供电和社会普遍服务等义务。四是创新机制。拥有配电网运营权的售电公司应创新运营机制和服务方式，以市场化、保底供电等多种方式向受托用户售电，并可为用户提供综合能源服务。

2016 中国储能产业十大事件

回顾 2016 年，国内储能市场稳步向前发展，随着新电力体制改革的进一步深化、三北电力辅助服务补偿政策的出台、以及各种相关行业标准的发布，都大大推动了储能的发展，并为储能未来的发展提供良好的市场空间。中关村储能产业技术联盟（CNESA）将立足于国内储能产业市场动态，为读者盘点 2016 年度国内储能产业十大事件。

1. 国家发改委、国家能源局联合下发《能源技术革命创新行动计划（2016～2030 年）》，储能被列为重点任务

4 月 7 日，国家发改委、国家能源局联合下发了《能源技术革命创新行动计划（2016～2030 年）》，明确了我国能源技术革命的总体目标。该计划共列出了 15 项重点任务，中关村储能产业技术联盟（CNESA）组织业内专家和会员企业力量参与编制其中第 12 项“先进储能技术创新”的内容。

《计划》对储能的技术创新战略方向、创新目标（2020 年、2030 年、2050 年）进行了阐述，并针对储热/储冷技术、新型压缩空气储能技术、飞轮储能技术、高温超导储能技术、大容量超级电容储能技术以及电池储能技术提出具体的创新行动目标。

2. 辽宁将建世界最大化学储能示范项目

针对大连市及辽宁省电网日益严峻的调峰能力不足、弃风限电问题，大连市发改委向国家能源局提出在大连建设储能调峰电站的项目申请。国家能源局在经过专家组和电力规划设计总院对全钒液流电池储能技术路线、项目技术方案和项目工程方案的详细论证后，于 4 月 14 日印发《关于同意大连液流电池储能调峰电站国家示范项目建设的复函》（国能电力（2016）110 号），批复同意大连市组织开展国家化学储能调峰电站示范项目建设，确定项目建设规模为 20 万千瓦/80 万千瓦时。这是国家能源局在全国范围内首次批准建设国家级大型化学储能示范项目。

该项目总投资 35 亿元人民币，计划将于今年年底开工建设，2017 年下半年进行电站的安装，到 2017 年年末第一期工程 100 兆瓦总容量的电站将投入运行。2018 年，预计将完成另外 100 兆瓦电站的建设任务。

3. 储能国际峰会暨展览会 2016 在京成功召开

5 月 11 日，由国家能源局科技装备司指导，中关村管委会、中国能源研究会支持，中关村储能产业技术联盟和杜塞尔多夫展览（上海）有限公司共同主办、为期两天的“储能国际峰会暨展览会 2016”在北京国际会议中心隆重召开。

峰会的主题是“储能支撑能源转型，推动中国能源变革”，分为主论坛、三场平行论坛和四场专题研讨，力邀全球储能及电力行业相关单位的 1000 多名产业精英、80 多位行业专家和 50 多家参展企业，共同就储能与能源互联网等影响储能企业重要格局的热点议题展开了激烈讨论。

在“储能国际峰会暨展览会 2016”开幕式暨全体大会上，中关村储能产业技术联盟（CNESA）秘书长张静女士发布了《储能产业研究白皮书 2016》（以下简称《白皮书》），储能联盟研究部对 2015 年全球储能市场进行了年度

盘点，并对中国市场容量进行了预测，根据《白皮书》预测，到2020年，理想情景下，总装机规模将达24.2GW，常规情景下，总装机规模将达14.5GW（两种场景下，均不含抽水蓄能，相关规划表明，抽水蓄能2020年装机规模将达40GW）。

4.《关于促进电储能参与“三北”地区电力辅助服务补偿（市场）机制试点工作的通知》发布，明确给予储能独立的电力市场主体地位

6月7日，国家能源局发布《关于促进电储能参与“三北”地区电力辅助服务补偿（市场）机制试点工作的通知》，(以下简称《通知》)，决定选取不超过5个电储能设施参与电力调峰调频辅助服务补偿（市场）机制试点，已有工作经验的地区可以适当提高试点数量，在保障电力系统安全运行的前提下，充分利用现有政策，发挥电储能技术优势，探索电储能在电力系统运行中的调峰调频作用及商业化应用，推动建立促进可再生能源消纳的长效机制。

类似于美国在2011年发布的FERC755号法令提出的“基于里程”的付费方式，《通知》提出要根据“按效果补偿原则”，尽快调整调峰调频辅助服务计量公式，提高辅助服务补偿力度。

该政策对储能在电力系统中的应用具有里程碑式的意义，是第一个给予了电储能参与调峰调频辅助服务的身份的电力政策，规定储能可以建设在发电侧，与机组联合参与调峰调频，或作为独立主体参与辅助服务市场交易。

5. 中国能源研究会储能专委会成立

为增进储能领域的学术交流，促进储能产业的创新与快速发展，搭建储能领域产学研的合作平台，中国能源研究会储能专业委员会于2016年5月经由中国能源研究会常务理事会研究决定正式成立。

专委会秘书处设立在中关村储能产业技术联盟，由联盟与中科院工程热物理研究所负责专委会的日常工作。储能专委会旨在新的能源发展形势下，以推动储产业政策落地，促进产业技术交流、商业模式发展等为专委会的发展方向和工作重点。

2016年9月28日下午，“中国能源研究会储能专业委员会成立大会暨储能产业发展与政策研讨会”在中科院工程热物理研究所报告厅举办。中国能源研究会常务副理事长史玉波、国家能源局科技装备司节能处副处长齐志新、国家工信部产业促进中心处长刘英军、国务院参事吴宗鑫为大会致辞并发表了重要讲话。专委会主任陈海生宣读了储能专委会成立宗旨，并做了工作报告，标志着储能专委会的正式成立。专委会成立后，将在更高层面持续推动储能产业政策。

6. 李克强总理提出要集中力量在储能与微网技术上取得突破

11月17日，中共中央政治局常委、国务院总理、国家能源委员会主任李克强主持召开国家能源委员会会议，审议通过根据国民经济和社会发展第十三个五年规划纲要制定的《能源发展“十三五”规划》，部署推进相关工作。

李克强提出，要集中力量在可再生能源开发利用，特别是新能源并网技术和储能、微网技术上取得突破，全面建设“互联网+”智慧能源，提升电网系统调节能力，增加新能源消纳能力，发展先进高效节能技术，抢占能源科技竞争制高点；要深入推进能源市场化改革，通过简政放权、放管结合、优化服务和改革油气矿权制度、理顺电力输配环节等，在深化能源国企改革的同时，积极支持民营经济进入能源领域。

7. 储能列入国家电力示范项目申报范围

11月22日，国家能源局发布《国家电力示范项目管理办法》(以下简称《办法》)。《办法》提出，电力示范项目将单独纳入国家电力建设规划，并对示范项目的申请、评估与优选、审批等都做了明确规定。其中，系统储能项目也包含在申报范围之内。

包括储能在内的示范项目享有《国家能源局关于印发国家能源科技重大示范工程管理办法的通知》（国能科技［2012］130号）所明确的支持政策。

储能项目列入示范项目申报范围，表明政府已经开始对储能给予高度的重视。通过示范项目的建设，可以为未来扶持政策的制定和推广提供基于实践的指导。

8. 电池企业投资扩产进入白热化阶段，扩展储能业务成为未来发展重点

新能源汽车的快速推广应用极大地带动了国内动力电池的需求量。在动力电池供不应求的局面下，2016年，比亚迪、力神、中航锂电、国轩高科、沃特玛等国内主要动力电池企业纷纷发布了投资扩产计划；另一方面，以猛狮科技、双登、南都电源为代表的铅蓄电池企业也在大力投资建设动力锂离子电池生产基地。电池企业的投资扩产已经进入白热化阶段。

11月22日，国家工业和信息化部发布《汽车动力电池行业规范条件（2017年）》（征求意见稿简称“征求意见稿”），将锂离子动力电池单体企业年产能从此前《汽车动力蓄电池行业规范条件》中规定的“不低于2亿瓦时”调整为“不低于80亿瓦时”。预计未来锂电池企业还将迎来新一轮的投资扩产热潮。

电池企业投资扩产热潮将带动储能技术成本的进一步降低，成本日益具备竞争力将为储能在电力系统中的应用打开新的局面。

9. 专业化储能企业相继成立，部署大规模储能生产能力

2016年，国内多家专业化储能企业成立，规划的储能生产能力都超过了百兆瓦时，从事户用储能产品的生产开发、提供储能系统解决方案等业务。

目前，国内已成立的专业化储能企业主要包括两种类型：一类是电池生产企业与PCS企业、系统集成商开展合作，成立专业化储能企业。代表性的合作企业包括：阳光电源与三星SDI，科陆电子与LG化学，亿纬锂能与沃太能源等。另一类是传统光伏企业借助在光伏系统开发建设方面的优势开辟储能业务，成立专业化储能企业。代表企业包括：协鑫集成储能（协鑫集成布局储能产业成立苏州协鑫集成储能科技有限公司，项目建成后将形成年产500MWh储能电池产能，天合储能（天合光能成立天合储能有限公司，公司定位系统集成商）。

10. 电力体制改革持续深化，进一步释放储能应用空间

自去年新电改9号文出台以来，多个省市和地区连续跟进，电改综合试点和售电侧改革试点全面开花。截至目前，国家发改委共批复18个省市或自治区开展电力体制改革综合试点（云南、贵州、山西、广西、海南、甘肃、北京、湖北、四川、辽宁、陕西、安徽、河南、新疆维吾尔自治区、山东、宁夏、上海、内蒙古），8个省份或地区开展售电侧改革试点（广东、重庆、新疆生产建设兵团、黑龙江、福建、河北、浙江、吉林）。

此外，电改同时引发了园区售电和能源互联的浪潮，截至目前，虽然只有甘肃、贵州、广东、宁夏、江西、重庆6个省份公示了267家售电公司的信息，但据不完全统计，全国已经完成注册的售电公司已经达到了上千家。

随着电改政策不断深化，一方面市场价格机制有望形成，为储能的并网合规性及合理补偿提供了依据，另一方面辅助服务以及售电侧等市场松绑，为储能在其中的应用释放空间。

超级电容器被工信部列入扶持重点

2016年4月12日，工信部印发《工业强基2016专项行动实施方案》，将超级电容器列入扶持重点。此消息一出，众多超级电容概念股受到各大券商的大力推荐。国内某铝电解电容器上市企业紧随其后，宣告拟开启超级电容计划。我国超级电容器材料方面的首个行业标准《超级电容器用有机电解液规范》尘埃落定。极具国际品质的超级电容器件生产商及系统解决方案提供商集星科技参与了上述评审，称该行业指导性标准将强有力地推动中国超级电容器产业的技术进步。此时的超级电容恰如人间五月天，花好景美。多种迹象表明，超级电容或正迎来行业新拐点。

1. 国家政策的“小红人”

作为国家战略性新兴产业的重要组成部分，超级电容器事关新材料、新能源汽车、新能源和节能环保、新型城市公共交通等关键领域，且有大量的潜在应用市场等待开发，政府宏观政策方面制定了一系列的战略统筹规划。

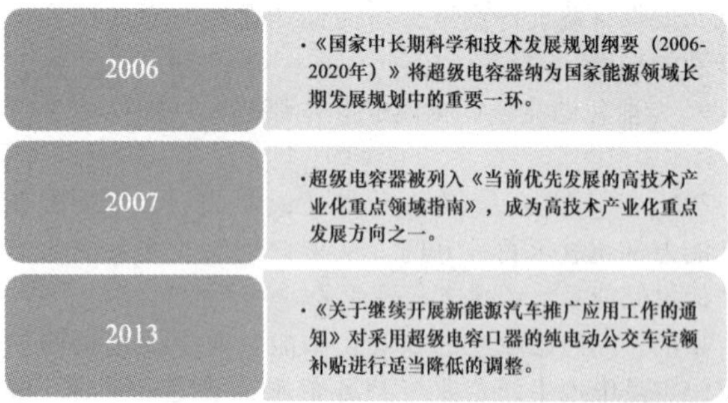

2013年的补贴下调让超级电容在纯电动公交车领域的推广降温不少。即便如此，超级电容依然在其他储能产品（如锂电池）的厮杀中，收获了为数不少的市场份额。直至2015年底，相关部门开启对新能源汽车骗补的调查，及后续事件发酵，导致超级电容在该产业领域的发展稍显缓慢。期间，补贴退坡的消息又见报端，让试图通过新能源汽车实现跨越式增长的超级电容企业家再度美梦惊醒，政策补贴下的钱并不好拿。

市场峰回路转。《工业强基2016专项行动实施方案》于4月12日印发，将超级电容列入扶持重点，这给超级电容器企业的发展注入了一针强心剂。相关领导在当月22日的新能源汽车座谈会的发言又给产业链企业吃了一颗定心丸。科技部领导表示，在“十三五”国家新能源汽车重点研发专项中将着力突破新能源汽车发展中产业链和技术链的核心问题。发改委代表则介绍了新能源汽车关键技术产业化的资金支持，以及其他新能源汽车的管理制度等工作。主管单位的公开表态让业内企业紧绷的神经功能稍稍放松了些。毕竟政府并没有因噎废食。近日《关于2016～2020年新能源汽车推广应用财政支持政策的通知》尘埃落定，稍稍下调的补助金额还是极具吸引力的。

2. 广阔的储能应用

适用于新能源汽车的超级电容器多为大容量模组，在风电领域的风机变桨系统有着广泛的应用。据能量局统计，2015年全国风电产业新增装机容量3297万千瓦，累计并网装机容量达到1.29亿千瓦，占全部发电装机容量的8.6%。强劲的增长势头同时意味着风机变桨系统的大量需求，也意味着超级电容器的广阔市场。

与此同时，在超级电容最早实现产业化运作的大本营——智能仪器及高端电子消费品市场，MEMS微型电容器的创新概念迅速蹿红。它依托自供电技术，借助超精密机械加工技术，在分布式无线传感领域和物联网领域等新兴领域大有可为。同样可穿戴设备也成为超级电容的潜在应用领域。清华大学教授、集星科技首席科学家王晓峰博士曾公开表示全球诸多科学家正在进行可穿戴柔性超级电容产品的技术攻关。虽然部分科研小组已取得阶段性成果，但仍存在规模试验和规模生产的不确定性。

而在新能源汽车、风力发电等领域，超级电容更多以系统解决方案的核心模组的身份出现。这有点像乐高积木，一套套标准模组如同形状颜色各异的组件经过堆砌和拼装，构筑无限的可能。同时，超级电容系统解决方案被应用于轨道交通、微电网、军工等领域，谱写出产业链运作的多种可能。

3. 产业链的“多样可能”

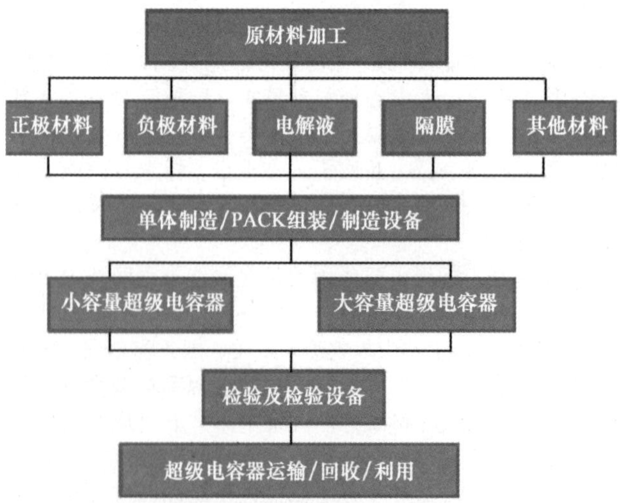

4. 超级电容器各产业链关系

在超级电容器产业链中，生产环节的原材料主要是正负电极/电解液和隔膜。其中双电层电容器的电极活性材料多为活性炭，其产业化技术主要掌握在西方发达国家手中。隔膜技术掌握在日本企业手中。电解液方面，国内暂无技术瓶颈。而其制作工艺：配料混浆制电极裁片组装注液活化检测包装，整套流程的技术含量颇高，准入门槛较高。

经此梳理，不难发现超级电容器还算是一个拥有多样可能性的产业链。同众多行业类似，产业企业早年无法实现飞跃式增长的掣肘之一是成本高，其原因是电池关键材料，主要是活性炭极和隔膜无法自主研发生产，导致无法通过量产降低成本。结合市场反馈来说一点，初步接触并使用超级电容器的公司多不满其较高的成本，但若从综合运营成本来看，超级电容器与其他储能产品相比还是很有市场竞争力的。以铅酸蓄电池为例，目前一般可充放电5000次，但超级电容器理论上的充放电次数可达数万次乃至数十万次，就实际水平而言，国内部分厂商的超级电容器可轻松实现充放电20000次。这样一来，如果超级电容器在使用寿命上是蓄电池的4~5倍，而价格却仅为其3倍左右。这也正说明部分新能源企业一旦选定了超级电容做储能系统核心部件，甚少选择其它储能产品。

即便如此，国内也早已展开相关的技术攻关。2012年，集星科技参股宁波中车新能源科技有限公司，后者专门从事超级电容器电极、超级电容器单体及超级电容器储能系统的生产研发。2014年，东阳光科与深圳清华大学研究院（下称“清华研究院”）签署有关大容量动力型超级电容器的开发与产业化的《技术开发（合作）合同》，加快大容量动力型超级电容器在国内新能源汽车领域的广泛应用。按照时间推广，上述学术科研成果应正在进入和实际产品开发融合的层面，这在时间上又佐证了拐点之说。

5. 投资市场的“香饽饽”

在超电行业，国标的制定与执行在一定程度上也反映着产业化进程。下表简要罗列了2006~2007年超级电容行业标准的制定情况。仅仅2016年，就有11项产品规范（未分国标行标）将落地。2017年，5项基础标准（全部为国标）将落地。另据不完全统计，5项国家标准（推荐性标准）将于2016年落地；而到2017年，国家标准（推荐性标准）的拟指定数量为9。给力的国标政策再加上旺盛的市场需求助力超级电容行业持续发展。（资料来自中电标协超级电容器标准工作组）

在此期间，投融资机构的下注加速了超级电容拐点的出现。毕竟投资眼光看到的是未来几年，乃至几十年。曾经和时下都在火热的互联网就是最好的诠释。眼下的超级电容几乎满足了投资机构对完美行业的全部想象——高技术成熟度、高产业完善度、广泛应用领域及较低的配置成本。美中不足的是，这个行业的准入门槛太高了，呈现出独角兽潜质的企业并不多。投资机构更多关注的是耕耘已久的企业，前文提及的集星科技颇具代表性。

该公司经牡丹江南创投、上海电气、宇通集团等公司注资，已成为国内领先的超级电容生产厂家和解决方案提供商。细观不难发现，宇通和上海电气同属产业链下游企业，他们的注资提升了集星科技的向下议价能力。若你因此感觉这家公司向上议价的话语权有限，那就错了。就在工信部文件的前一个月（2016年3月），它将超级电容及储能技术研究院落户在黑牡丹常州科技园。少为人知的是，黑牡丹是牡丹江南创投的母公司，前者是国家520家重点企业之一。凭借黑牡丹的大力支持，已经掌握核心活性炭材料技术和电极技术的集星科技有可能涉足产业链更多的领域。

细观之下，此时的超级电容产业行进在天时地利人和的集聚之路，寄寓人们对新能源利用与储能行业的预期与估值，在多方反馈中有序扩张。文中多次提及的拐点也不是一个点，而是一个时间区域。在这个区域内，超级电容产业链的不同主体先后发生变化，谁能够在较长一段时间占据资本和技术优势，谁将是引领产业发展的风向标。

国家863计划先进能源项目“新型超级电容器”等取得重大进展

在“十二五”863计划先进能源技术领域“高性能化学储能电池及示范电站关键技术研究”主题项目支持下，“高比能、低成本的新型超级电容器关键技术研究”、“长寿命锰酸锂系储能电池关键技术及示范”等课题均取得了重大进展，近期通过了技术验收。

在“新型超级电容器”方面，突破了高能量密度高功率密度长寿命超级电容器的制备技术瓶颈，研制了多孔石墨烯、高耐压电解质盐和电解液、纤维素隔膜等材料，开发了干法制备电极片中试技术，突破了（3.0V/12000F）超级电容器产业化的核心技术，产品已在机械能回收、超级电容器轨道车辆方面在国内外获得应用。目前，国内在超级电容器方面从材料、器件到系统集成已形成核心技术体系，改变了超级电容器在十一五期间由国外产品垄断的局面。

在“长寿命锰酸锂系储能电池”方面，开展了层状锰酸锂、表面包覆单晶锰酸锂、铝钴共掺杂锰酸锂正极材料、沥青和树脂衍生的硬碳负极材料、功能电解液的研究，以及单体电池、模块和储能系统的研究，掌握了长寿命低成本锂离子储能系统的产业化关键技术，单体寿命已经超过3000次，最高达到6000次。在国际上首次完成了2套50kW/100kWh级层状锰酸锂/硬碳锂离子电池储能系统的开发并示范运行；同时开发了20kWh家用太阳能发电储能系统，3kWh备用应急电源等应用示范。

在“全固态锂离子储能电池”方面，成功开发出高电导率的Li2S-P2S5二元系和Li2S-GeS2-P2S5三元系固体电解质，掌握了Li2S-P2S5体系玻璃陶瓷固体电解质材料的制备方法，非晶前驱体的制备方法取得较大突破，实现了高效率的稳定制备。目前，已经实现硫化物固态电解质的公斤级制备能力。研制了具有核壳结构和组分梯度的高镍组分层状正极材料。采用上述二元系硫化物固体电解质和正极，研制了容量为4.0Ah和8.0Ah的固态锂电池，室温循环次数达到了500次，优化了大型全固态软包电池的组装工艺，推进了全固态锂离子电池的产业化进程。

在“新型锂硫化学储能电池”方面，开发了高能量密度锂硫电池制备技术，研制的35Ah锂硫电池比能量达到

566Wh/kg（25℃测试），达到了世界领先水平。初步开发了1kWh锂硫电池组和12kWh大容量锂硫电池组，实现了其与太阳能电池耦合发电示范。采用单质硫的大容量锂硫电池及电池组的技术产品具备用作长航时无人机机载能源系统等领域的潜力，推广应用前景广阔。

此外，在“低成本钛酸锂系储能锂离子电池”方面，打通了低成本材料量产、长寿命高一致性电池及模块、电站示范及推广全产业链，搭建了基于钛酸锂系负极材料的移动式储能示范装置，进行了0.5MWh/1MW钛酸锂电池储能电站的光储应用示范，为钛酸锂系储能的应用奠定了基础。

本项目的实施，在一定程度上满足了可再生能源和智能电网的大规模储能需求，促进了风能、太阳能的有序开发与资源合理配置，提高了间歇性新能源的并网技术水平，为我国储能电池材料-电池-集成-示范产业链提供了较为完整的技术支撑体系，为今后该产业的可持续发展构建了具有国际竞争力的产业化平台，促进了中国储能行业的发展，增强了中国能源可持续发展的战略地位，市场前景广阔。

IEEE 标准《储能设备和系统接入电网测试标准》获批发布

近日，从IEEE SASB/SCC21获悉，由中国电科院主导编写的IEEE标准《储能设备和系统接入电网测试标准》获批发布。该标准是我国主导的首个储能领域IEEE国际标准。

该标准规定了应用于电力系统的储能设备和系统的试验项目和试验方法，包括型式试验、出厂试验、现场安装评价、现场交接试验和周期性试验，为验证储能设备和系统的并网特性参数提供了规范性支撑，为储能设备和系统的生厂商、使用者以及运营商评价并网储能设备和系统的性能和质量提供了依据。

随着分布式可再生能源发电的快速发展，能够平抑可再生能源发电间歇性和波动性的储能设备和系统因具有削峰填谷的作用，在电力系统中得到了广泛应用。该标准的发布实施，对促进可再生能源规范发展，引领储能设备和系统在电力系统中广泛应用具有重要意义。在国际标准化主导权竞争激烈的背景下，中国电科院主导该标准并获批发布，极大提高了我国在储能领域的国际标准话语权，有力支持了我国储能产业的国际布局。

“投资＋运营”破局储能商用化

随着可再生能源和电动汽车等新能源产业的快速发展，作为其重要技术支撑的储能产业在全球掀起发展热潮，我国也不例外。

根据中关村储能产业技术联盟发布的《储能产业研究白皮书2016》，截至2015年底，我国已经累计运行储能项目（不含抽水蓄能、压缩空气和储热）118个，累计装机规模达到105.5兆瓦，占全球储能项目总装机的11%。随之而来，如何破解储能商用化瓶颈成为业界关注的焦点。

在近期落幕的第六届国际储能大会上，业界领军企业浙江南都电源动力股份有限公司总裁陈博提出：“今年有望成为储能商业化的元年。”

事实上，储能作为新一轮能源变革的支撑技术和关键环节，已经受到了国家政策层面的重视。今年4月，国家发改委、国家能源局下发的《能源技术革命创新行动计划（2016～2030年）》已经将“先进储能技术创新”作为重点任务。

《储能产业研究白皮书2016》预测，到2020年，理想情景下，我国储能市场总装机规模将达24.2吉瓦；常规情景下，我国储能市场总装机规模也将达到14.5吉瓦。如此一来，推动储能项目的商用化就显得尤为重要。

过去几年，虽然我国建成的储能项目数量持续增长，但都以示范工程为主，商用化进程十分缓慢。陈博表示：“造成这一现象的主要原因还是经济性问题。项目盈利微薄、甚至不赚钱，就无法吸引企业参与其中。”

目前，由于我国储能产业尚处于发展初期，储能商用化仍面临着成本偏高、电力交易市场不健全、储能技术路线不成熟、缺乏储能价格激励政策等挑战。陈博建议，国家应尽快建立、健全储能技术及产业相关标准和规范；明确电价和成本核算、回收等方案；同时对储能产业出台具体的价格激励政策，适当给予补贴优惠，明确储能产业利益分配机制，鼓励发电商、电网公司、用户端和第三方储能企业等投资主体共同投资储能产业。

而针对储能项目，南都电源则是推出了“投资＋运营”的商用模式，为工业用户提供削峰填谷及需求侧响应、电能质量改善等节能解决方案，实现在没有补贴情况下的商业化应用。

据陈博介绍，虽然南都电源于2008年就开始研发储能电池及系统集成技术，但是直到去年才开始推广商用化项目。“在现行电力市场体系下，我们的储能系统在用户侧已经具备了商用化规模推广的经济性。”

据记者了解，今年以来，南都电源加速拓展“投资＋运营”的储能系统商用化模式。“近期公司签署了一系列商用储能电站项目，这些项目的签约标志着公司储能系统商用化模式正在逐步落地。”陈博说，“这将为公司未来在该领域多种商业模式下的规模发展奠定基础。”

陈博介绍，南都电源在行业内创新的系统解决方案及“投资＋运营”储能商用化模式，可实现谷时充电蓄能、峰时放电供能及智慧用能管理，不但能够为客户节约峰谷电费差价，更能够进行负荷与发电预测、能量调度，使用户的用电负荷趋于均衡，实现电能的精细化管理与优化。

“未来我们还会考虑金融模式合作。”陈博在接受记者采访时透露，“公司去年启动的再融资中有5亿元将会用于储能电站建设运营，公司前期先以自有投资进行建设，未来会考虑与其它金融方案的结合。目前投资方兴趣强烈，整体投资需求较强。”

据了解，2016年初至今，南都电源已经签署了多个用户侧商用储能电站项目，不但作为投资方投资储能电站所需储能电池及相关系统设备，还负责电站整体运营。就在国际储能大会期间，南都电源还签约了数个商用储能电站项目合作协议。申万宏源分析师武夏指出，南都电源在储能商业化方面推进速度略超出预期，意味着该公司“投资

+运营”的商用模式符合市场需求，正在逐步得到业界的认可。

中国新能源汽车技术路线回顾与展望

中国电动汽车百人会执行副理事长指出，2016年是“十二五”电动汽车重点专项的结束年，也是“十三五”国家《新能源汽车》重点专项的启动年，目前第一批项目已经正式启动，第二批项目指南已经发出。2016年还发布了节能新能源汽车技术路线图，对“十四五”、“十五五”都进行了展望。

1. 过去五年来新能源汽车“纯电驱动”技术路线与技术进展

2016年从国内来看，是电动汽车的技术质量提升年，电动汽车行业的发展特征是技术质量提升、政策结构调整、产业理性增长。

从全球范围看，2016年是纯电驱动技术转型的标志年。理由有三点：第一，2015年，中国新能源汽车在全球占比第一，销量超过全球50%以上，在国际上引起了强烈反响，无论是政府还是厂家，都感受到了来自中国率先发力的挑战。第二，更值得注意的是，2016年国际上各大汽车厂商的技术转型。如德国大众，今年对纯电驱动转型非常激进，日本丰田年底也在调整技术路线，加强了对纯电驱动的转型。第三，从学术和技术的层面来看，电动汽车锂离子动力电池的技术进步超出预期。众所周知，锂离子电池发明至今只有20年，锂离子动力电池在电动车上的真正使用还不到10年，2007年第一次在日产凌风上开始使用。可见动力电池的进步非常迅猛。今年以来，大家可能常会有各种各样关于锂离子电池进步的消息，尽管其中有炒作存在，但实际发展中也不乏技术发展的因素。有的论文里面提到了部分技术，但容易被说成是产品，实际上从理论到产品的距离还是比较远的。在部分报道中的确有夸大的成分，但是同时也要看到，其中的技术潜力确实很大。

以前主流的观点认为，纯电动车跟其它类型电动汽车相比，从性价比来看，其优势主要体现在100到150公里的里程范围，现在随着锂离子电池技术进步，大概提高了一倍，即在300公里的范围内，仍然在性价比方面有着优势的。如果不讲性价比，光靠增加电池，当然可以有更大的里程范围，对于乘用车而言，其主要的限制在于车辆的容积。从技术上来看，在单位重量、单位体积下储存的能量越来越多，成本越来越低，这才能体现出电动汽车的水平和技术。如果只考虑电动汽车的行驶里程，不考虑电池的比能量、车辆的价格等限定条件，是没有技术进步意义的。

纯电驱动技术路线的确立背景在2009年开始提出，正式发布于2012年，中间经历了比较长的时间，也经过高层很多探讨，最后确定重点发展纯电驱动的电动汽车，包括纯电动汽车、插电式混合动力汽车、燃料电池电动汽车。2012年3月，科技部“十二五”《电动汽车科技发展规划》正式提出确立“纯电驱动”技术转型战略，《节能与新能源汽车产业发展规划2012～2020》中再次确认了这一战略。纯电驱动真正实现产业化是2014年，当年真正形成了新能源汽车产业化元年，到2015年，新能源汽车的发展实现了爆发式增长，也是电动汽车的比较粗放式的发展年，今年电动汽车的发展逐步趋于理性，总体来看，走到今天，我国电动汽车的发展在国际上占据了一定位置。

纯电驱动的战略目标是通过纯电动的率先产业化带动各种类型电动汽车的全面发展。对于混合动力来说，传统的汽车强国、汽车大公司比我们更具优势，丰田的路线就是先做混合动力，再做插电混合和燃料电池。而我国是从纯电动开始发展，从车厂的角度来看，混合动力的技术难度更大。我国率先发展纯电驱动，带动电池产业的发展达到了世界前列，电池产业规模达到世界第一，总体水平位列国际前三，在产业链的完整度上也是处于世界第一的水平，我国的动力电池产业链，尤其是电池材料，如正负极材料，在国际市场上的占有率也是第一。前几天《焦点访谈》中提到企业贝特瑞，其负极材料技术水平和市场占有率，都已经走在世界前列。在此基础上，我们以纯电动力系统（电池、电机、电控）为基础平台，再发展混合动力和燃料电池就比较顺利。目前，我国从纯电往插电方向的发展，取得了比较好的进展，比亚迪秦，唐，上汽荣威550以及马上出来的广汽G-MC串并联的混合动力，无论是发动机方面，还是混合动力装置上，都取得了突破。与此同时，燃料电池与动力电池深度混合的燃料电池汽车也取得了较好的进展，下一步也会出现具有国际竞争力的常规深度混合动力。这是一个渐进的发展过程，这种发展方式就避免了电动汽车产业发展初期跟国外厂家在传统车尤其在发动机以及发动机机电耦合装置等方面的直接竞争。发动机和变速器是我国汽车产业的弱项，有效地回避弱项竞争，有利于我国电动汽车产业的发展，有利于实现到2020年之后，我国企业与国外企业能够全方位齐头并进、同步竞争。

目前，我国自主品牌的燃油轿车发展速度也非常快，已经快要占据半壁江山，大家对自主品牌的看法也发生了改变，我国自主品牌的轿车与其他品牌的汽车如德系、日系等，在市场占有率上已经拉开一定差距。综合考虑以上情况，再经过五年左右，我国自主品牌节能与新能源汽车将会上一个大的台阶。

现阶段，我国电动汽车的发展也存在一系列挑战与问题，例如在充电基础设施目前仍然和整车的进度不相匹配。主要体现在几个方面：

1）新旧国标的转换进展缓慢。去年百人会年会专门提到过。新国标在2015年底发布，但是这一年进展不大，根据企业的测试，新国标的车型充电遇到很大困难。近期国家能源局发布文件，要求从明年1月1日起，新车必须按照新国标执行，截止到明年年底，旧的标准必须要更新。

2）互联互通方面。目前，现有的充电服务平台较多，不同平台之间交换信息还比较困难。

3）充电安全问题，包括功能安全、信息安全、设备安全等。安全是电动汽车百人会2016年的核心议题。目前，在电池安全方面，已经取得了较大进展，但是充电安全方面，由于涉及的问题太多，包括设备、消防、信息等多个方面。包括最近发生的关于国网的APP信息安全方面的问题，也暴露出充电方面存在的一些问题。

4）公共充电基础设施布局不合理。主要体现在两个方面，一是需要充电的车找不到地方充，二是已有的充电设施利用率还不高。据统计，某厂家在北京的充电设施，有接近一半不能用，不是设备存在问题、就是不对外服务。

5）现有电动车对充电技术要求越来越高。快充的相关设施已无法跟上其发展，如比亚迪的交流快充，直接用电机的逆变器做交流电充，但是交流充电桩的电缆线不行，到了极限很容易发热。除此之外，还有充储一体化，不仅可以充电，还可以往电网回馈电，这种形式现有的充电设施也难以适应。

2. 今后五年新能源汽车电动化、轻量化与智能化发展目标

“十三五的技术战略是纯电驱动技术升级战略，具体是“三化”：电动化、轻量化、智能化。今年智能化是热议话题。目前国家没有设置智能汽车专项，智能化放在“十三五”《新能源汽车》重点专项中，将以前的电控变成了智能化。轻量化也是今后的发展重点。在电动汽车发展初期，考虑到市场因素，其研发重点主要在于动力系统的改变，对于整车方面着力不多。下一步将从整车的角度强调轻量化和智能化。这两方面工作虽然开始时间还不长，但也取得了一些进展，例如，12 米的大客车，以前一般是在 12—13 吨，现在最轻的可以做到 8.7 吨。

电动化方面，今后五年的目标是进一步让全新正向开发的电动汽车，尤其是纯电动汽车具备商业竞争力。政策角度上，随着补贴的逐渐退坡，未来将实行新能源积分制度；在技术角度，未来将要以有商业竞争力为开发目标。所谓的商业竞争力，就是家用主流 A 级轿车，在性能价格比上与燃油车竞争。目前，全世界都在朝这个方向努力，如特斯拉 Model3、通用 Bolt，其发展目标都是续驶里程达到 350 公里左右的具有性价比的电动轿车。要满足这个要求，电池必须降低重量、降低体积，降低成本，因此电池的比能量必须大幅提高，达到 300 ~ 350 瓦时每公斤，这是下一步攻关的目标。从而实现消费者能够按照性价比来买车，而不是补贴。

目前，我国电池成本每年大约能够下降百分之十几到二十，五年前约是 5.5 ~ 6 元每瓦时，去年平均价格在 2.5 元每瓦时左右，今年估计在 2.2 元每瓦时左右，考虑到大量的电动汽车是大客车，其电池价格相对会比较高一些。现在国内开发中的电动轿车，最低的系统成本是在 1.3 元每瓦时，单体成本在 1 元左右。美国通用 Bolt 电动汽车，单体成本为 150 美元千瓦时。对于我国来说，1.3 元每瓦时的电池系统成本目前在行业内无法普遍做到，但是按照现在 2.2 元每瓦时，逐年减少 10% 到 20%，到 2020 年 1.3 元每瓦时是系统价格非常普遍的，加上循环再利用做到 1 元每瓦时以内希望很大，也就是说，一千瓦时电池一千块钱人民币之内，是可以做到的。

对于 A 级轿车来说，现在一百公里约耗电 15 度，2020 年的目标希望在 12 度以内，接近 10 度电一百公里。要实现这个目标，就需要通过整车的轻量化和整个驱动系统和充电的效率优化来降低电耗。目前电耗的降低空间还很大。如果能够实现上述目标，一百公里的成本约在一万块钱，如果电池能达到 300 公里就是三万块钱，考虑到使用周期内省电和维修省钱，将具有商业竞争力。这是电动化下一步最大的目标。

电池要突破，首先电池材料要突破。目前，我国企业贝特瑞生产的面向 300 瓦时每公斤电池的硅碳负极材料，已经应用到日本松下的电池上，并配套特斯拉电动汽车。我们精进电动的 12000 转的高比功率高速电机已经批量出口到美国克莱斯勒，装在它的插电式混合动力车上，最近还获得了美国的一个产品大奖。

3. 电动汽车长期发展技术路线图展望

从 2015 ~ 2030 的中长期尺度来看，从“十三五”的“三化”，即电动化、轻量化、智能化，要扩大到“六化”，主要体现在以下几个方面：

第一电动化跟能源低碳化结合。电动化如果不跟能源低碳化结合的话，电动车可能无法做到很低碳。低碳的关键在于电的来源要朝可再生能源发展，现在有智能电网规划、能源互联网规划和氢能发展规划。所以我们电动化这一块跟能源结合得很紧密，往能源纵向整合，电动化跟能源低碳化相结合。

在结合的过程中，将会有更先进的电池出现。石墨烯是今年电池方面的热点，到目前为止，还没有真正意义的石墨烯电池，但是相关的研究很多，最令国人振奋的是最近华为的电池技术突破。华为的电池有三个技术。第一个技术是防止电解液热分解的添加剂技术，第二个技术是提高正极材料的热稳定技术，第三个技术是用石墨烯来提高电池的散热能力。华为将石墨烯的高导热性用于电池的迅速散热。高温衰减是电池衰减的重要原因，华为的这三个技术都是围绕热来做的，能让电池使用温度提高 10℃，电池寿命大幅提高。对于目前的动力电池来说，石墨烯起到的作用像味精一样，是做添加的，而不是主体材料。技术是无止境的，现在学术领域都在探讨石墨烯的应用，将来会出现什么突破，现在无法断言，目前只对现有的技术做一个评估。

电动化和能源低碳化结合在充电方面也需要进行变革。电动化和低碳化的结合将实现能源的双向流动，充电不仅仅是充电，电能既可以从电网到电动车，也可以从电动车到电网中。这就要求在充电技术上进行突破，这也是百人会今年要探讨的问题。

第二轻量化和制造的生态化结合。轻量化不仅仅是把东西做轻，其注重的是电动汽车乃至整个汽车工业制造角度的大变革。这和工信部推进的工业 4.0 智能制造专项紧密相关。将来的销售模式是网上个性化定制、网上下订单。在制造方面，增材制造 3D 打印会发挥重要作用，如果用了碳纤维之后，以前几大工艺都要变革，材料需要再循环，这些都是下一步需要发展的，现在在这方面还仅仅是起步，而且重视度还不够。

第三智能化要跟网联化结合。智能化跟网联化目前基本上还是分开得比较多，目前的网联，主要体现是可以把手机的功能放在车上。目前有部分互联网汽车，把手机所有的功能放在车上，但是跟车的控制本身的联系并不多。未来智能网联的发展将实现通过网络控制，利用网上的大

数据进行整车决策的推理。现在用的 GPS 也还没有融入汽车的整个控制里面去。因此未来汽车的发展将实现汽车的自动控制和网络紧密地结合在一起，即所谓的智能网联技术。

智能网联的发展前途很大。在智能网联的时代，中国应该怎么做？现在汽车厂可以自己做一套系统，互联网公司也可以造车，但在这两种模式以外，让互联网企业和汽车企业发挥各自的优势相互融合的第三种模式，显得更加重要。以智能手机为例，安卓的操作系统是一个开放平台，很多 APP、软件都可以放在商店里供大家下载。将来汽车是否也能有这样一个开放平台和标准接口协议，实现共用，为中小公司做智能化提供一个开放的平台。智能汽车对软件的要求是非常高的，需要很多人跨领域共同参与，能够通过开放的平台把整个资源整合起来，各自都专业化做好自己擅长的事。这也是下一步电动汽车百人会在 2017 年对电动汽车技术讨论的一个重点。

科技部："十三五"力推新能源汽车技术创新

2016 年 8 月 21 日，以"安全保障 创新引领"为主题的中国电动汽车百人会夏季论坛召开。科技部副部长阴和俊透露，科技部在"十三五"期间将大力推进新能源汽车技术创新发展，目标是到 2020 年建立完善的电动汽车动力系统科技体系和产业链，为我国新能源汽车产业发展提供更有力的科技支撑。

作为低碳化、信息化和智能化的最佳平台，新能源汽车正成为新一轮科技革命的重要载体。阴和俊表示，目前我国新能源汽车技术研发和产业化取得重大进展，技术创新获得显著进步，产业化进程处于引领地位。具体表现在增程技术取得重要进展，关键零部件技术获较大突破。同时，公共技术平台初步建成，建立起较完善的新能源汽车标准体系，基本能满足技术研发及产业化需求。

2016 年 1 ~ 6 月，全国新能源汽车累计产销量均超过 17 万辆，较 2015 年同期大幅提高。然而，在新能源汽车示范推广应用过程中，暴露出充电基础设施建设不足、车辆安全隐患增加等问题。

"其中安全问题亟须解决。特别是近一年来，电动汽车安全事故呈现上升趋势，除少部分低水平的新能源汽车产品进入市场的原因外，也有因自身安全防护性不足、充电和运营监控防护不够等导致的安全事故。"阴和俊说，新能源汽车安全是一项系统工程，需整车与动力电池以及基础设施各方面共同努力，加强整个系统工程技术的完善与提升，建立有效的运营安全及充电监控保障体系。

阴和俊介绍，从 2015 年下半年起，科技部联合财政部、工信部等组织实施"十三五"国家重点研发计划新能源汽车试点专项，从基础科学问题、共性核心关键、动力系统技术、集成开发与示范四个层次，重点对动力电池与电池的管理系统、电机驱动与电力电池总成、电动汽车智能化、燃料电池动力系统、插电增程式混合动力系统、纯电动系统六个方向进行研发部署，以完善我国新能源汽车研发体系，升级新能源汽车技术平台。

四部委发布新能源汽车推广补贴调整方案

12 月 30 日，财政部、科技部、工信部、发改委出台《关于调整新能源汽车推广应用财政补贴政策的通知》，旨在进一步促进新能源汽车产业健康发展，不断提高产业技术水平，增强核心竞争力，做好新能源汽车推广应用。

通知指出，除燃料电池汽车外，各类车型 2019 ~ 2020 年中央及地方补贴标准和上限，在现行标准基础上退坡 20%。

在新能源客车方面，以动力电池为补贴核心，以电池的生产成本和技术进步水平为核算依据，设定能耗水平、车辆续驶里程、电池/整车重量比重、电池性能水平等补贴准入门槛，并综合考虑电池容量大小、能量密度水平、充电倍率、节油率等因素确定车辆补贴标准。进一步完善新能源货车和专用车补贴标准，按提供驱动动力的电池电量分档累退方式核定。同时，分别设置中央和地方补贴上限，其中地方财政补贴（地方各级财政补贴总和）不得超过中央财政单车补贴额的 50%。

在电池方面，通知指出，引入动力电池新国标，提高动力电池的安全性、循环寿命、充放电性能等指标要求，设置动力电池能量密度门槛，提高燃料电池汽车技术要求。

对于燃料电池车，按照燃料电池车的类型进行补贴。对于燃料电池乘用车，给予 20 万元/辆补贴。对于燃料电池小型货车、客车，给予 30 万/辆补贴。对于燃料电池大中型客车、中重型货车，给予 50 万/辆补贴。燃料电池额定功率与发动机额定功率相比不小于 30%，且不低于 30kW。业内人士表示，随着电动汽车的补贴退坡加速，燃料电池车较高的补贴额度会逐渐弥补之前价格高的劣势，鼓励企业加大对燃料电池车的研发投入，2017 年将有更多燃料电池车型出现。

业内人士分析，该政策对于乘用车补贴变化不大，仅按照补贴既定退坡机制下降 20%。对于客车补贴退坡幅度较大，达到 40% 以上。电池补贴的大幅度退坡远远高于市场之前的预计，且提出了更高的技术要求，这是由多种原因造成的，一方面受骗补影响，大量企业不思进取，只为补贴而研发；另一方面加速退坡有利于将补贴资源集中在那些重视技术研发，真正有市场竞争力的企业，也可以倒逼企业加大对电池技术特别是电池能量密度的研发，使这些企业在补贴减少甚至取消以后依旧能够生存发展壮大；最后，补贴退坡也是国家新能源汽车发展规划和汽车动力电池发展规划的必然要求。预计随着补贴退坡的加速，新能源汽车行业及汽车动力电池行业必将进行重新洗牌。

业内人士还分析，随着国补对电池能量密度要求的提高，企业为了能拿到更多补贴，必将更多地采用能量密度更高的三元电池体系，由于国家在年底放开了对三元电池的限制，明年三元动力电池将迎来爆发，但是三元电池的安全性低于磷酸铁锂电池，未来三元电池能否经受住客车安全的考验，还有待观察。

发改委：南方电网与国家电网签署合作备忘录

12 月 8 日，南网能源公司与国网电动汽车公司签署全面合作备忘录。双方将在推动电动汽车车联网及能源互联网战略新兴产业领域展开全方位的合作。

根据备忘录，双方同意尽快实现南网能源公司“度度充”及国网电动汽车公司“易充电”的充电数据互联互通、支付结算互通，积极探索和共同实践“物联网 + 充电”、车联网、充电设施市场化投资、建设和运营，共享在新能源汽车产业链整合、技术研发和应用创新、商业模式创新、电子商务创新探索的经验；在平台接入标准制定、团队人才交流等优势互补领域展开全面深度合作，共同解决电动汽车生态链主体在国网和南网区域遇到的共性问题，促进国家新能源汽车产业的发展。

工信部严惩新能源汽车骗补行为 补贴资金改为事后清算

自2009年起，中央财政对新能源汽车推广应用予以补助，但个别企业违反相关法律法规，骗取和谋取财政补贴，严重扰乱了市场秩序。2016年初，“骗补”问题被媒体曝光后，工信部、财政部等四部委联合开展专项核查。9月初，财政部将部分严重“骗补”的典型案例向社会公开。

12月20日，工信部公布了对新能源汽车“骗补”企业的处罚措施，苏州吉姆西客车制造有限公司被“取消整车生产资质”。对涉及“有牌无车”的金龙联合汽车工业（苏州）有限公司等4家企业给予“责令停止生产销售问题车型、暂停新能源汽车推荐目录申报资质、责令进行为期6个月整改”等处罚措施。

工信部此次不仅公布了针对“骗补”企业的处罚，同时还完善了新能源汽车补贴政策。

氢燃料电池车首次入围新能源车目录

2016年11月，工信部公布了新一批《免征车辆购置税的新能源汽车车型目录》（第九批）。从第八批目录开始，受到骗补风潮的影响，新能源车免税目录等的发布陷入停顿。但出人意料的是，最终出炉的第九批目录有1052款车型，远超过历次的车型数量，其中有73款乘用车在名单之列，相比第八批目录，第九批的新能源汽车数量新增了一半。

1. 燃料电池车暂只有一款

分析认为，此次新能源车数量骤增，与车企在新能源车研发和新产品推出的速度较快有关。其中在第九次目录中，最大的亮点是燃料电池车（含乘用车和客车、专用车）目录有7款，形成氢燃料电池新能源车的破冰启程，但乘用车中，只有上汽集团的荣威950一款车型入选。考虑到临近年末，此批目录的公布有利于新能源车的今年年末和明年年初有较好增长。

本次申报免税目录中有很多新款车型，尤其是自主品牌发力很快。如插电混动中有比亚迪的宋和M3、吉利帝豪等，而入围的豪华品牌中，如奥迪A6L、宝马X1的插电混动车型，都是市场关注度较高的热点车型。纯电动车中，基本是本土品牌的天下，如长安奔奔电动车续航达到150公里、长城C30电动车的续航达到223公里，还有北汽新能源的EX、EC、EU等多个纯电动汽车系列，体现了北汽的新能源产品序列化的步伐较快。

不过，此次新增的燃料电池汽车名单中，乘用车暂时只有上汽集团的荣威950一款车型入选。但当前通用汽车、丰田汽车、本田汽车都在进入氢燃料电池车这一块领域，并在国外已有产品发布，相信随着这次新能源目录的破冰，能吸引这些国外品牌将氢燃料电池车加速引入中国。

2. 续航里程有增加 电池变化不大

从此次目录中可以看出，新能源车的续航里程总体持续增长，第九批总体平均是222公里。其中纯电动车达到249公里，其中纯电动乘用车达到193公里。但是插电混动由于主要考虑补贴的续航里程下限要求，因此纯电续航在70公里左右，提升不高。

至于新能源车的电池用量方面则相对稳定，第九批新能源车的电池容量平均为83度，其中电动车是92度，而插混车型是24度。排除客车和专用车，电动车中的乘用车的电池用量也是在30度左右，相对稳定在25～30之间。同样的，电池能量密度也处于稳定数值。数据显示，第九批的总体电池能量密度是每千克93瓦时，其中乘用车是每千克101瓦时。

业内专家表示，这表明制约新能源车的主要因素依然是电池的提升，同时当前乘用车使用三元电池的优势较为明显。

工信部发布电动汽车用驱动电机系统新国标

工业和信息化部科技司2016年10月13日对129项机械、汽车、轻工行业标准报批公示。

其中涉及电动汽车行业标准的有两项，一是标准名称为《电动汽车用异步驱动电机系统》，二是标准名称为《电动汽车用永磁同步驱动电机系统》。

《电动汽车用异步驱动电机系统》（标准编号为QC/T 1068-2016），主要内容规定了电动汽车用异步驱动电机系统的要求、试验方法、检验规则、标志与标识，适用于电动汽车用异步驱动电机系统。

《电动汽车用永磁同步驱动电机系统》（标准编号为QC/T 1069-2016），主要内容规定了电动汽车用永磁同步驱动电机系统的技术要求、试验方法、检验规则、标志与标识。适用于电动汽车用永磁同步驱动电机系统。

“十三五”充电设施奖励政策出台 最高奖补达1.26亿元

财政部、科技部、工业和信息化部、国家发展改革委、国家能源局等五部委19日联合发布《关于“十三五”新能源汽车充电基础设施奖励政策及加强新能源汽车推广应用的通知》（以下简称《通知》）。《通知》明确，2016～2020年中央财政将继续安排资金对充电基础设施建设、运营给予奖补。

《通知》设定新能源充电设施奖励标准，对于大气污染治理重点省市奖励最高，2016年大气污染治理重点省市推广量3万辆，奖补标准9000万元，超出门槛部分奖补最高封顶1.2亿元。2020年大气污染治理重点省市奖励门槛7万辆，奖补标准1.26亿元。

《通知》规定，中央财政充电基础设施建设运营奖补资金是对充电基础设施配套较为完善、新能源汽车推广应用规模较大的省（区、市）政府的综合奖补。

《通知》确定，奖补资金应当专门用于支持充电设施建设运营、改造升级、充换电服务网络运营监控系统建设等相关领域。地方应充分利用财政资金杠杆作用，调动包括政府机关、街道办事处和居委会、充电设施建设和运营企业、物业服务等在内的相关各方积极性，对率先开展充电设施建设运营、改造升级、解决充电难题的单位给予适当奖补，并优先用于支持《国务院办公厅关于加快电动汽车充电基础设施建设的指导意见》确定的相关重点任务。

2016 年我国新增公共充电桩 10 万个

新能源汽车迅猛发展，充电桩建设也在加速。据国家能源局介绍，2017 年我国将力争新增充电桩 80 万个，其中专用桩 70 万个，公共桩 10 万个。北京、上海、广州、深圳等城市公共充电网络已具雏形。

据统计，2016 年，全国新增公共充电桩 10 万个，已累计建成约 15 万个。居民专用充电桩同步增长，“随车配桩”的安装比例达 80%。城际间快充站已服务 1.4 万公里高速公路，站间平均距离 48.6 公里。

从重点城市来看，北京、上海电动汽车充电平均服务半径已缩短至 5 公里；深圳、广州等城市的公共充电网络也在迅速布局，向着“五公里”时代的目标加快推进。

此外，民航、公交、环卫、出租等专用车的充电服务站正在发展。商业模式的创新在这个领域不断拓展，例如太原市利用众筹建桩，快速建成 8000 多辆电动出租车服务网络。

据介绍，2017 年，将重点解决目前充电运营企业之间尚未打通信息和支付等环节的问题，加快实施充电接口新国标，实现充电接口的统一。

随着电动汽车的推广，其对能源消费结构调整和城市环境提升的作用已有所体现，2016 年，新能源汽车充电量超过 12 亿千瓦时，替代燃油约 40 万吨。

首个无线充电车库落户首钢

新能源汽车停车充电，不再需要拉着长长的电线，只需要把车停在特殊的车位里，便可实现无线充电……北京市第一个实现无线充电的新能源车车库，将在首钢园区内开工建设。

近日，首钢总公司与中兴通讯集团签署新能源车及相关产业战略合作协议，双方将在新能源车充电、风光发电、储能、立体停车、车联网大数据等方面开展合作。诸多合作中马上能够落地的正是解决新能源车充电问题的无线充电技术。

中兴通讯集团副总裁孙枕戈介绍，无线充电技术是预先在停车位和汽车底盘安装金属线圈，依托变频装置，把电能转换成高频电压，输入到停车位线圈上使之转换成磁能，通过停车位与汽车底盘之间空隙将磁能传送到车载线圈上，再转换成直流电压给车载电池充电，其充电时间与有线充电几乎一样，但省去了充电桩等固定设备的安装，一次性投入建设低于有线充电设施。

对于无线充电设备的功效，孙枕戈表示，目前有线充电效率可达 93%，即 100 度电可以充入 93 度电。无线充电因电磁能转换，能保证 90% 的充电效率。如新能源汽车出厂自带充电线圈，可直接实现匹配，即使出厂新能源汽车没有充电线圈，可采取在车底部加装线圈或通过地埋线圈转换到充电设备回归有线充电。

据了解，今年本市将启动约 11 条公交示范线无线充电设施建设工作。春节后，首钢园区将在本市率先建设含有无线充电功能的立体停车库，至少同时为 38 辆公交车进行无线充电，并配建满足私家车充电需求的车位。

孙枕戈说：“公交车体积大，城市中心区难以安排足够空间供大量公交车充电，立体停车库是解决大量公交车充电的最佳途径。”

首钢总公司党委书记、董事长靳伟表示，“十三五”时期，首钢总公司将形成京外钢铁产业和京内城市综合服务商两大发展区域。新能源汽车产业作为国家“十三五”规划实施的核心战略，已成为中国汽车产业转型升级的重要支撑。传统工业转型需要信息化所带来的技术支撑，信息化技术发展也必然最终要以市场化的工业产品作为载体和平台。今年首钢将与中兴开展深入合作，系统研究新能源汽车停车及充电产业发展，快速占领这一市场。

2016 年中国无线充电行业分析

无线充电技术（Wireless charging technology；Wireless charge technology），源于无线电能传输技术，小功率无线充电常采用电磁感应式（如对手机充电的 Qi 方式，但中兴的电动汽车无线充电方式采用的是感应式），大功率无线充电常采用谐振式（大部分电动汽车充电采用此方式）由供电设备（充电器）将能量传送至用电的装置，该装置使用接收到的能量对电池充电，并同时供其本身运作之用。

由于充电器与用电装置之间以磁场传送能量，两者之间不用电线连接，因此充电器及用电的装置都可以做到无导电接点外露。

无线充电产业链分为方案设计、原材料、器件制造、模组封装几个部分，其中：方案设计需要较强研发能力，技术含量及产品附加值高，利润占比最大。原材料及器件制造环节考验厂商技术加工水平，技术壁垒较高。模组封装难度较低，国内厂商能够迅速布局切入。

无线充电产业链环节

1. 驱动力：从产业的推动变为消费者的拉动

市场上目前最大的变化在于，无线充电正在逐渐从产业者推动升级为消费者拉动的模式。IHS 针对无线充电的市场接受情况在 2014 与 2015 年连续两年做了市场调查，向美国、英国、中国的消费者每年投放 1000 份问卷，得到的调查结果显示，2014 年仅有 37% 智能机用户知道无线充电，2015 年这个比例上升到 76%。

而调查的另一个维度更好地说明了客户对此技术的接受程度，有 19.3% 的用户并非无线充电使用者，但是愿意在下一部手机中尝试这项技术，两者之和近 90% 的被调查者表示愿意在下一部手机中尝试无线充电。仅有 0.3% 的受访者选择了“用过，不用了”，对比目前没有使用过但有意愿尝试的 70.1% 受访者，这表明希望首次尝试使用无线充电的人比用过后放弃的人多得多，体现了无线充电的巨大潜力市场，为无线充电的快速发展作了背书。

在以往对于无线充电的解读中，大部分推动力都来自产业界的技术创新或者商业路线的变革等等，而随着多种无线充电产品多年的市场教育，消费者已经对无线充电有了一定的认知，在支持无线充电的三星 GalaxyS6 以及 AppleWatch 等明星产品陆续发布之后，用户对于无线充电的向往成为另一重要驱动力。

消费者对于无线充电的认知度

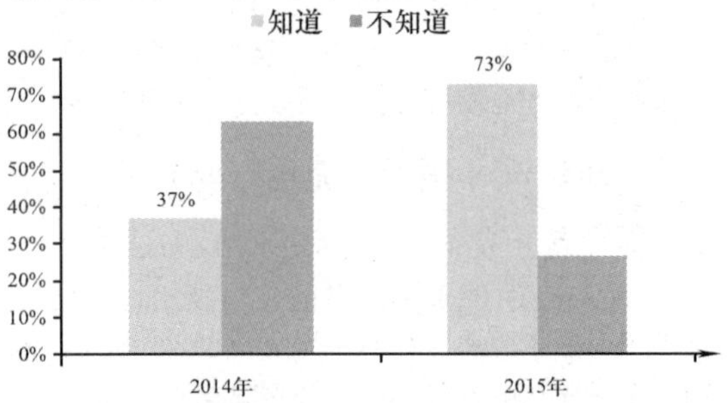

消费者对于无线充电的兴趣度

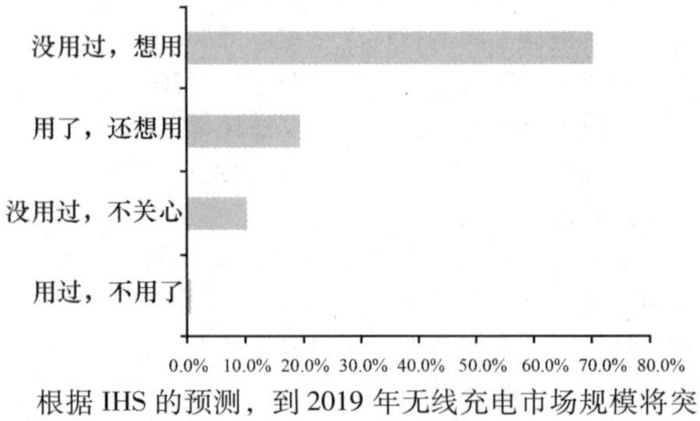

根据 IHS 的预测，到 2019 年无线充电市场规模将突破 100 亿美元，到 2024 年市场规模将接近千亿人民币。而 2015 年市场规模仍不足 20 亿美金，到 2018 年之前总市场将保持 50% ~200% 的增长，势头十分强劲。

2015 ~ 2020 年无线充电市场规模预测

2. 消费电子、电动车开启无线充电百亿市场

从 2015 年开始，各消费电子巨头纷纷推出具有无线充电功能的产品：包括苹果推出 applewatch、三星推出 gearwatch、S6/S6edge、S7/S7edge 等，后续将会持续推出更多的配备无线充电功能的消费电子产品。预计 2016 年智能手机出货量为 15.25 亿部，到 2020 年出货量可达 19 亿部。以单个无线充电模组 20 ~ 40 元计算，若渗透率达到 50%，仅智能手机无线充电市场规模即可能达到 285 亿元。

2015 ~ 2020 年全球智能手机出货量及双摄像头手机渗透率预测

除运用于手机之外，无线充电技术还将用于智能手表、平板电脑等诸多消费电子终端产品，市场空间均可达数十亿元规模，潜力巨大。

2016 ~ 2020 年全球智能可穿戴设备出货量情况预测

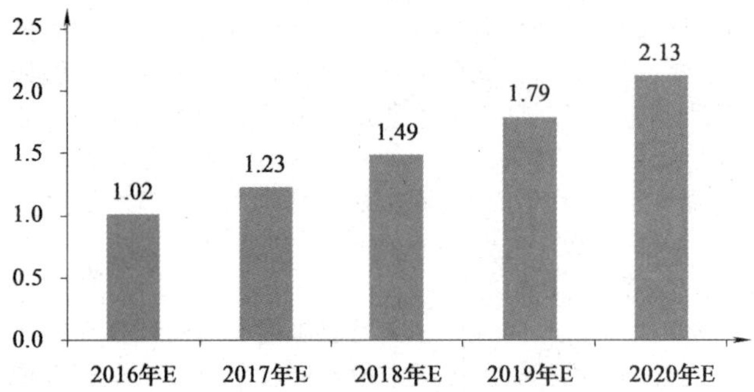

2016 ~ 2020 年全球平板电脑出货量情况预测

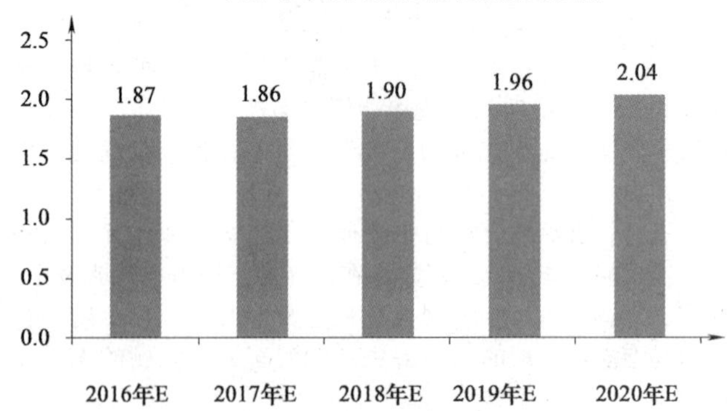

除消费电子之外，新能源汽车是无线充电应用的另一广阔市场。无线充电安全性高、受天气影响小、节省道路空间，因此和充电桩相比更适宜运用于电动汽车；同时充电站、充电桩等设备的建设速度也难以跟上电动汽车增长速度，成为制约电动汽车发展瓶颈，因此无线充电将对电

动汽车推广起到重要促进作用。2016 年 5 月，SAE 发布电动汽车无线充电方面的第一个行业标准——混插式以及全电动汽车无线充电技术标准。

国内新能源汽车产量及增长统计与预测

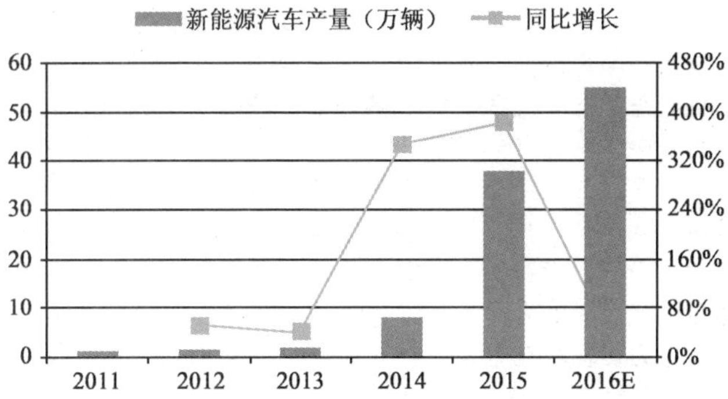

目前，在国际上，汽车厂商如奥迪、宝马、奔驰、沃尔沃、丰田等，通信公司如高通等都已经开始研究电动汽车无线充电技术。其中奥迪的无线充电技术方案主要是针对传输过程中效率流失的问题，该方案通过一种可升降的无线充电系统，使得电缆端的发射线圈更靠近电动汽车底部的接收线圈，从而提高电力传输效率。宝马与奔驰合作研发的无线充电技术已经经过了测试，并应用到了宝马 i8 车系上。至于沃尔沃则已经完成了电动汽车车载无线充电系统测试，据说整个充电过程用时 3 个小时都不到。由于无线充电技术相对较成熟，目前在国外有些地方已经开始投入使用，2014 年韩国铺设了一条长达 12 公里的无线充电路段，车辆行驶在路上可边开车边充电。

相比较于国外众多厂商参与的盛况，国内研究无线充电技术的机构并不多，其中以中兴、比亚迪、重庆大学等为代表。其中中兴于 2013 年就开始研发无线充电技术，2014 年推出了成熟具体的产品和方案。目前中兴的无线充电方案已经开始在部分城市正式投入使用。不同于中兴的广为人知，比亚迪据说在 2005 年就申请了非接触感应式充电器的专利，并在 2014 年卖给犹他大学的一辆纯电动巴士上配备了 WAVE 无线充电垫。至于科研机构的代表重庆大学，据说在 2002 年开始研究给汽车充电的“大功率无线电能充电传输装置”。

目前，在国内，虽然无线充电技术没有国外成熟，但也已经开始在部分城市、地方投入运营使用，据了解北京已经在研究推广无线充电微循环公交车，并将于今年下半年在亦庄或是京郊区县已经有电动出租车的示范区域，开始进行无线充电的示范运行。

无线供电入选厦门市第八批“双百计划”，这也是无线充电高新技术项目首次进入福建和厦门，标志着无线供电产业已成为厦门高新产业群的重要组成部分。

2014 年我国新能源汽车销量达 7.5 万辆，2015 年一季度达 2.72 万辆。我国新能源汽车产业的高速增长使得市场对充电桩的需求越来越大，解决充电难题已经刻不容缓。虽然已有车企和充电公司投入兴建充电桩，但市场远远未达到饱和程度。而且相比较于充电桩，无线充电的建设成本更低，据了解中兴的一套无线充电设施的建设成本大概 2 万元左右，并且还不受场地限制等因素的影响。在巨大的市场蛋糕诱惑面前，无线充电此时不分一杯羹还待何时？也许步入商业化还需要时间，但机会永远是给有准备的人，此时切入并不晚。

根据政府对新能源汽车发展的目标，到 2020 年，我国纯电动汽车和插电式混合动力汽车生产能力将达 200 万辆、累计产销量将超过 500 万辆。若充电设施与电动汽车按 1∶2 的比例建设，无线充电技术渗透率为 50%，按安装一套无线充电装置一万元计算，预计 2020 年仅我国无线充电的市场规模就将达到百亿规模。

3. iphone8 料将推动近场无线充电普及

近场无线充电技术趋成熟，已得到初步应用。近场无线充电技术目前虽仍有标准之争（以 WPC、AirFuel 两大阵营为代表），但整体上技术已趋成熟，充电效率已达到有线充电的 80% 以上，且支持高通快充 2.0 等新技术，一般 30 分钟内就可将手机电量充至 60%。从实际的推广情况看，目前除高端智能手表因设计美学需要已开始普遍采用无线充电以外，手机上的无线充电也从早期的诺基亚 Lumia 旗舰机开始推广到现在的三星 GalaxyS7，甚至是国产手机（如 Vivo），也得到了初步应用。

2017 年 iphone8 大概率升级为无线充电，2017 年下半年发布的 iphone8 将是苹果手机的一次历史性重大改革，除 OLED 曲面屏、正反面玻璃设计等可能的重大外观变化外，大概率还包括无线充电功能。从逻辑上分析，iphone8 背面从金属壳改为玻璃壳，能大幅简化电磁、信号屏蔽方面的设计，有助于实现无线充电功能以及与 NFC 功能的整合，技术上合乎逻辑。预计安卓阵营将全面跟进无线充电，目前苹果的产品设计思路对消费电子产业依然有决定性的影响力，苹果对技术路线的选择仍可基本决定行业未来的发展方向和趋势。因此，iphone8 升级为无线充电意味着未来 3 年，大部分安卓手机厂商也将跟进，预计 2018 年之前三星、华为、小米旗舰机均将标配无线充电，整体智能手机行业的无线充电渗透率有望从 0% 快速提升至 50% 以上。

无线充电与 NFC 共用线圈、整合为一体化模组是手机必然趋势，从 iphone6 开始，NFC 基本已成为高端智能机的标配，主要用于移动支付。由于无线充电线圈与 NFC 线圈都在手机背面，因此整合是必然趋势，否则会影响手机厚度。比如三星 GalaxyS7，其无线充电与 NFC 功能就是采用二合一设计，机身厚度 7.9mm，而 AppleWatch 的无线充电和 NFC 因采用分离式设计，导致机身厚度高达 10.5mm，目前 AppleWatch 二代已确定将升级为二合一设计。

无线充电/NFC 二合一模组价格高，市场空间大。目前，无线充电/NFC 二合一模组单价约为人民币 30 元，超过触摸屏、摄像头等多个手机零部件，以全球每年 15 亿部手机的销量测算，100% 渗透率意味着每年市场容量达人民币 450 亿元，假设短期 3 年内渗透率达到 50%，市场容量也高达 225 亿元/年。

无线充电/NFC 二合一模组市场容量预测

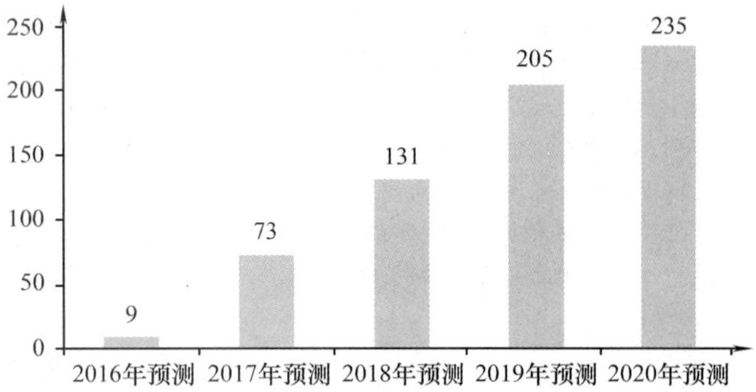

4. 无线充电—突破瓶颈，快速发展

无线充电技术具有方便、安全、空间利用率高等特点，能够解决智能手机续航时间短以及电动汽车充电桩短缺的问题，因此是未来充电技术升级的必然方向。无线充电技术主要分为四种技术实现方式：磁感应、磁共振、电场耦合和微波无线传输技术，其中磁感应和磁共振技术是目前的主流技术。

无线充电技术在过去之所以推广低于预期，主要在于存在充电效率低、成本高、充电距离短、标准混乱等问题，而现在这些瓶颈已经持续被突破，无线充电技术将迎来黄金爆发期。

目前无线充电技术在5W、9W功率水平已较为成熟，而15W产品也已发布Qi标准，相信也会逐步推出成熟产品；充电效率则已可达90%，具备大规模商用基础。

成本方面，无线充电模组价格已经从刚推出时的几百元下降至几十元，5W无线充电单模装置成本已降至2.2美元左右。

过去无线充电技术有三大标准组织，分别为A4WP、WPC的Qi标准以及PMA，三大标准都有自己的优势和短板，对于大品牌商来说，考虑到产品的兼容性，难以在自己的产品线中大规模普及某一标准产品，而在2015年A4WP和PMA的合并在一定程度上缓解了标准混乱的问题。

随着远距离无线充电技术的成熟，未来无线充电技术将得到更为广泛的应用。索尼公司研发的Xperia无线充电技术充电转换效率能够达到62%，输入功率达到45W，能够提供2.8米的无线充电距离。Ossia公司研发推出的Cota无线充电器可以实现10m距离全方向传输的无线充电。华盛顿大学研发出全新的PassiveWiFi技术，可以通过反向WiFi技术实现高效无线充电，该技术已开始进行商业化应用尝试。无线充电技术刚推出时充电距离较短，限制了使用体验，而现在远距离无线充电技术的突破有望引爆大规模商业化推广，目前已可实现8.5~10m远距离无线充电。

上市公司推动新能源车无线充电产业化加快

作为电动汽车大规模推广应用的前提，电动汽车充换电设施的建设备受关注。除有线充电桩外，分析人士指出，万物互通互联是大势所趋，充电产业会向无线充电方向迁移。随着无线充电技术的成熟，未来支持无线充电的设备会越来越多，电动汽车将成为无线充电设备应用领域最具潜力的市场。

实现“停车即充电”

目前，充电问题对于新能源汽车产业发展仍是瓶颈。相比于有线充电桩的诸多局限，大功率无线充电技术可能对新能源汽车产业起到推动作用。

据了解，无线充电技术主要是通过非接触的电磁感应方式进行电力传输，通过埋设于地表的一次线圈与固定于车辆底盘的二次线圈的电磁耦合来传输电能，对动力电池进行充电，具有安全环保、全自动、免维护等一系列优点。电磁感应式的优点是能够实现较大的传输功率，传输效率可以达到90%。中兴、奔驰、宝马等公司采用电磁感应式技术原理研发无线充电。据介绍，中兴无线充电技术源于非接触式无线电力输送技术，通过非接触的电磁感应方式进行电力传输，充电车辆在充电停车位停泊后，司机仅需在车载PAD或手机客户端上点击“充电”按钮，即可通过Wi-Fi自动接入通信网络，建立起地面系统和车载系统的通路连接进行充电，真正实现“停车即充电”。

相比于有线充电桩占用土地资源、建桩需与相关部门沟通、建设成本相对较高等问题，无线充电设备占地小、充电过程便利性高、大幅改善充电站管理和电动车用户体验，可完全实现自动化运营。同时无线充电日常运营与维护经济性以及对运行环境的要求比传统有线充电更低。

国家能源局副局长郑栅洁表示，充电桩国家标准发布以后，要对存量也就是现有充电桩进行全面改造。另外也要加强一些新技术，比如像无线充电标准的研究等。分析人士指出，这意味着无线充电技术有望被引入到有线的充电桩中。对无线充电类企业而言，这也意味着巨大的市场前景。

上市公司积极布局

A股市场方面，涉及无线充电概念的公司包括万安科技、中兴通讯、深桑达、硕贝德等。

目前，中兴通讯已将无线充电应用到新能源汽车领域，并打通了芯片、设备、运营等相关层面。今年1月末，中兴通讯就与首钢携手合作开发无线充电应用，共同打造“无线充电+储能+立体停车+车联网+风光发电”的创新方案。

据了解，今年中兴在深圳机场建设的首批300个公共充电桩投入运营，这是中兴布局充电运营战略的第一步。未来公司会在无线有线的一体化充电建设方面发力，在机场、火车站等公共场所进行充电设施布局。

万安科技也正在积极布局无线充电业务。万安科技公告称，公司入股美国Evatran公司获得无线充电的核心技术，布局电动车无线充电域。

Evatran是一家专业从事大功率无线充电系统技术研究及充电产品设计、制造的公司，是电动车大功率无线充电系统的制造商和供应商。

硕贝德的无线充电器产品也已研发成功，并实现对苹果、三星等手机公司的销售，部分产品在汽车4S店的渠道中有所拓展。此外，顺络电子的电感材料可用于无线充电领域，可量产无线充电线圈，并在汽车上得到应用；信维通信涉足无线充电天线技术研发；立讯精密、深桑达A等多家公司相关技术储备丰富。

新型无线充电技术公布

近日，美国能源署网站上公布了一项新型无线充电技术，可实现20kW的充电功率，是目前充电桩的3倍左右，有望替代传统充电桩成为电动汽车的基础充电设施，而车主需要做的只是将汽车停在上面。

美国能源部橡树岭国家实验室（ORNL）近日在田纳西州与丰田、思科系统、Evatran及克莱姆森大学国际汽车研究中心合作展示了新型无线汽车充电技术，测试车型为丰田RAV4（10kW小时电池），充满80%电量仅为18分钟，100%电量则为30分钟，令人惊叹。ORNL表示，目前已经开始50kW系统的研发，如果成功，一般电动汽车的快速充电操作仅需7分钟。

当然，ORNL的无线充电技术也更加安全、方便，可以应用在更多场景中，比如升降机、停车场、车库等等，毕竟没有充电桩线缆的束缚。另外，ORNL还表示，更高功率的充电水平也可以使其应用于卡车、公交车等车型。“无线充电将是电动汽车领域的下一个关键转变，它提供一种更加自主、安全、高效和方便的充电体验，同时也是电气化公路的一个敲门砖”，ORNL项目经理David Smith这样说。

工信部确定我国动力电池产业发展路线图

工信部6月30日举行动力电池战略发展研讨会暨国家动力电池创新中心成立大会。

据中国之声《央广新闻》6月30日报道，中国工程院原副院长、国家制造业创新中心专家组组长干勇介绍，动力电池国家创新中心成立实际上是出于这样几个考虑，首先：因为中国动力电池研究单位很多，研究的资源比较分散，所以借《中国制造2025》契机，把创新资源进行整合。国家成立的第一个创新中心就是以动力电池为主的创新中心，主要任务是集中创新能力、集中高端研发团队，在动力电池核心技术上取得突破。因为我们和国际先进水平有差距，特别是和日本、韩国相比，续航里程低30%～40%。

第二，动力电池新能源汽车虽然发展很迅速，但是乘用车进入老百姓家庭不多，核心问题也是电池问题，还有配套，续航里程不够，担心充一次电没有开多远就停了。

第三，可靠性，我们和国外的差距包括电池制造成本偏高、电池系统寿命不够，大概5～8年电池不行需要全换，增加成本等等。还有一个问题就是中国电池产业分散度高，100万千瓦电池生产能力企业不到十家，所以产业分散。

组成和作用方面，工信部副部长怀进鹏指出，以企业为主体，以市场为导向，就是以国联公司作为关键领域，将国内主要的汽车厂商，像一汽、东风、北汽等聚合一起，同时，聚合大学和研究单位，包括在材料、包括人才培养方面都做出准备。另外，虽然是创新中心，但它是非盈利单位，是以知识产权和技术聚合的竞争，以追求行业发展最大的共性技术为目标。从政府而言，就是鼓励金融资本有效进入，产业发展和人才培养结合、产业发展和开放合作相结合。

另外，从发展目标来看，据干勇透露，由于现在在韩国，特别是LG和三星动力电池比能量大概已经达到200Wh/kg，我们低于他们40%左右，所以我们的时间表是：2018年系统达到200Wh/kg，单体达到280～300Wh/kg，到2020年单体达到350Wh/kg，系统达到250Wh/kg以上，基本跟他们并驾齐驱。

工信部组建动力电池研发平台

2月25日，工信部部长苗圩指出，动力电池技术的进步决定了整车的性能、质量、安全等各方面成败，工信部联合了行业内外九家企业，目前已经投入5亿元资本金，正在组建动力电池研究院或者动力电池研究研发平台。

国务院常务会议日前提出，从动力电池、充电基础设施、财政补贴等五方面进一步支持新能源汽车产业发展。

1. 推动产业迈向中高端

无论从广度上还是从深度上看，此次国务院常务会议对新能源汽车产业发展的指导意义重大。2015年，中国已经成为全球第一大新能源汽车市场，推动新能源汽车产业从重“量”到重“质”，推动产业迈向中高端成为此次会议的重点。

特别是在动力电池方面。2015年以来，锂电池产业链实现爆发式增长，并成为上市公司募投最为密集的领域，但与松下、三星、LG化学等国际锂电池巨头相比，国内企业在电池性能、能量密度等方面仍存在不小差距。此次会议指出，要加快实现动力电池革命性突破。推动大中小企业、高校、科研院所等组建协同攻关、开放共享的动力电池创新平台，在关键材料、电池系统等共性、基础技术研发上集中发力。中央财政采取以奖代补方式，根据动力电池性能、销量等指标对企业给予奖励。

在新能源汽车推广方面，充电设施作为新能源汽车推广的“最后一公里”仍然被高度重视。会议指出，加快充电基础设施建设，明确地方政府、业主、开发商、物业和电网企业等责权利，推动落实住宅小区和党政机关、企事业单位、机场景区及其他社会停车场等建设充电设施。利用中央预算内投资和配电网专项金融债等支持各地充电设施建设，鼓励地方建立以充电量为基准的奖励补贴政策，减免充电服务费用。

为加快新能源汽车的推广，会议还强调要扩大城市公交、出租车、环卫、物流等领域新能源汽车应用比例，中央国家机关、新能源汽车推广应用城市的政府部门及公共机构购买新能源汽车占当年配备更新车辆总量的比例，从此前的30%提高到50%以上。政府部门采购对新能源汽车的重视，将进一步强化新能源汽车的示范效应。

2. 政策支持力度持续加大

2016年以来，国务院常务会议已多次提及新能源汽车，明确支持产业发展。去年9月23日举行的国务院常务会议提出，加快电动汽车充电基础设施和城市停车场建设，放宽准入，鼓励民间资本以独资、PPP等方式参与，并加大财税、金融、用地、价格等政策扶持；9月29日的国务院常务会议确定支持新能源和小排量汽车发展措施，促进调结构扩内需，完善新能源汽车扶持政策，支持动力电池、燃料电池汽车等研发，开展智能网联汽车示范试点。

此后，多部委和地方政府纷纷出台支持新能源汽车产业发展的政策措施。《关于加快电动汽车充电基础设施建设的指导意见》去年10月9日发布，加快推进电动汽车充电基础设施建设工作。根据新能源汽车产业未来十年发展路线图，到2025年，中国新能源汽车年销量将达到汽车市场需求总量的20%，自主新能源汽车市场份额达到80%以上。《电动汽车充电基础设施发展指南（2015～2020年）》则明确提出，到2020年，全国将新增集中式充换电站1.2万座，分散式充电桩480万个，以满足全国500万辆电动汽车充电需求。

渤海证券指出，本次国务院常务会议进一步定调新能源汽车发展，并将其作为培育新动能的重要抓手和发展新经济的重要内容。目前，新能源汽车已由孕育期步入市场导入期。1月份产销明显下滑的现象已引起政府的高度关注，政策支持力度有望持续加大。同时，智能网联汽车有望成为产业重要发展方向，政策持续加码将为新能源汽车产业长期健康有序快速发展打好基础。

3. 提振市场信心

2016年，新能源汽车市场可谓开局不利。据工信部数据，根据机动车整车出厂合格证统计，1月份，新能源汽车生产1.61万辆，同比增长144%，但环比去年12月9.98万辆的产量大幅下滑。另据全国乘用车市场信息联席会发布的统计数据，1月新能源乘用车销量达13748辆，同比增长1.8倍，环比去年12月3.7万辆的销量下降了63%。

银河证券指出，2016年补贴水平下滑将对第一季度的产销量产生一定影响。2015年第四季度的高增长，一定程度是地方政府达标压力与赶乘补贴“末班车”的结果，供过于求的压力隐现。

今年年初，工信部装备产业司司长张相木表示，中国在三元锂电池领域起步晚，产品用于客车的安全性开发和验证还不够。工信部正在考虑进一步提高新能源汽车产品安全技术门槛，组织开展对三元锂电池客车等车型的风险评估。在评估完成前，暂停三元锂电池客车列入新能源汽车推广应用推荐车型目录。在1月14日的工信部新一期新车目录上，已经没有装配三元材料电池的客车产品。

业内人士指出，在市场面临诸方面压力的背景下，国务院常务会议再次提出对新能源汽车产业给予了支持，有利于提振产业信心。

动力电池结构性供大于求

锂电池产业链板块是今年上半年毫无争议的A股“大牛”，但7月以来，不少龙头企业股价出现回落；与此同时，从政府部门到研究机构，关于新能源汽车、动力电池产能过剩的警报也不绝于耳，甚至有观点认为，2017年锂电池行业就将面临“大洗牌”。

那么，这个曾经狂飙突进的产业究竟将何去何从？记者调查后发现，至少在目前，动力电池市场仍存在“结构性供不应求”，那些龙头优势企业还是市场的“香饽饽”。其中，已进入《汽车动力蓄电池行业规范条件》企业目录且有技术及规模优势、在三元动力电池领域提前布局的企业，最有可能从“大洗牌”中脱颖而出。

1. 产业热推动投资热

8月1日，国轩高科公告半年度业绩快报，公司上半年营业总收入约23.99亿元，同比增幅169.11%；净利润5.33亿元，同比增长141.09%。而这只是动力电池板块上半年业绩、股价双增长的一个缩影。据统计，电池及电池材料产业链52家上市公司中，逾六成预告上半年净利润增长。其中，8家动力电池板块上市公司均预期上半年净利润同比增长，7月，部分上市公司甚至还上调了利润预期。如亿纬锂能公告，预计上半年实现净利润0.86亿元至0.93亿元，同比增幅为40%至50%；公司将业绩增长部分归因于“动力电池产能按照预期形成，逐步实现销售，实现业务的增长”。

再将视线拉长，动力电池产业的高速发展也推动了行业龙头企业的“证券化”步伐。其中，比亚迪、宁德时代、国轩高科、力神、沃特玛是国内出货量最大的五家动力电池企业，其出货量甚至进入2015年全球前十。五强之中，三家已登陆A股，除比亚迪外，国轩高科借壳东源电器上市、沃特玛则由上市公司坚瑞消防收购（已完成资产过户）。此外，宁德时代则正在筹划上市。

在龙头企业“证券化”的同时，更多的上市公司选择收购中小型锂电池企业或投建项目扩大其产能。据相关研究机构统计，2016年以来，上市公司宣布并购或者新建锂电池或电池材料项目的案例超过60个，涉及金额逾千亿。如7月上旬，成飞集成公告定增计划，拟募资不超过17.5亿元，其中13.5亿元将投向“中航锂电（洛阳）产业园建设项目三期工程”。又如7月底，东方精工公告称，拟作价47.5亿元收购普莱德新能源电池科技有限公司100%股权。据介绍，普莱德已设计并定型129种动力电池系统（包含储能、充电宝等），既有磷酸铁锂电池系统，也有三元电池系统，适用于120余种新能源电动汽车；其主要合作厂商有北汽新能源、福田汽车、南京金龙、中通客车、北京现代等。

2. 产能过剩警报拉响

资本的追捧使得动力电池企业估值飙升，A股市场上，赣锋锂业、亿纬锂能、多氟多等个股也连创新高。不过，7月以来，动力电池板块上市公司股价突然掉头向下，引发了投资者的担忧。同时，部分上市公司甚至喊停收购，如多氟多7月22日公告称，决定终止收购山西宇航汽车和中道能源有限公司，尽管中道能源已经进入了《汽车动力蓄电池行业规范条件》企业目录。

而从更为宏观的视角来看，关于新能源车及动力电池产业的前景，分歧也已经产生。乐观者如中国汽车技术研究中心主任吴松泉，看好新能源汽车业的长期发展，“2020年新能源汽车将占中国汽车总销量的8%（约240万辆），2030年占比将升至40%。”同时，尽管今年上半年国内新能源汽车销量约为17万辆，不及中国汽车工业协会年初提出的70万辆（全年）目标的25%，但中国汽车工业协会副秘书长姚杰仍表示，不下调全年销量预期。而如果要实现70万辆的全年目标，意味着下半年国内的新能源汽车销量将接近53万辆，较上半年增长211%，届时，占新能源汽车总成本的30%至50%的动力电池业将迎来高速增长。

与乐观观点相对，7月20日，北京理工大学材料学院院长吴伯荣在“中国新能源动力汽车产业技术创新战略联盟”成立大会上吹起冷风。他指出，2016年底，全国动力电池规划产能将达到60GWh；但相关数据显示，2016年的动力电池产能需求为30GWh。以此计算，2016年整体产能利用率约50%，大量产能将闲置或放空。同时，在近年来新能源汽车高增长空间的诱惑下，动力电池生产商们纷纷扩大产能，2017年行业规划产能已达到90GWh。

3. 优势企业仍是“香饽饽”

尽管动力电池的总体产能可能存在过剩之忧，但下游的车企目前却因电池供不应求而烦恼。据调查，布局三元动力电池及进入《汽车动力蓄电池行业规范条件》目录的优势动力电池企业，还是市场的“香饽饽”。

有机构数据统计显示，今年上半年国内动力电池产量12.72GWh，同比增长201%；动力电池出货量10.1GWh，占产量的79.4%，库存占比20.6%。在整体产能过剩的情况下，宁德时代、国轩高科等龙头企业的动力电池产品则出现“结构性供不应求”。

所谓“结构性供不应求”，源于三点。其一，受制于动力电池的生产资质。4月29日工信部发布“关于符合《汽车动力蓄电池行业规范条件》企业申报工作的补充通知”，原来的非强制目录变为强制目录。即，已进入新能源车型推荐目录的车型，必须同时配套符合《汽车动力蓄电池行业规范条件》的动力电池，才能获得国家和地方政府的补贴。因此，整车企业只能选择暂时放弃采购未入围的汽车动力电池。目前，工信部已公布了四批《汽车动力蓄电池行业规范条件》目录，不超过60家单体电池供应商入围，三星、LG等全球电池巨头未进入目录，因此造成短期内的动力电池有效供应骤降。据悉，三星、LG等外资电池巨头是全球最大的车用动力电池供应商，在中国动力电池的市场占有率约60%至70%。此前有报道称，三星、LG在中国的三元电池产能达3GWh，而去年，国内三元动力电池总出货量才4.2GWh。

其二，尽管国内市场生产动力电池的企业约有170家，但真正满足下游企业技术要求，能进入主流车企供应链的动力电池供应商却不足十家，其中包括国轩高科、沃特玛、宁德时代等龙头企业。面对众多新能源车企投来的橄榄枝，上述龙头企业的产能还是相对不足。

其三，据记者调查，随着新能源汽车乘用车、物流车市场的高增长，动力电池市场结构也在发生变化，三元动力电池正接棒磷酸铁锂电池，成为新能源汽车未来的“风口”。因为此前未预料到三元动力电池需求的快速增长，多数企业未及时布局，加剧了三元动力电池的供不应求。

上述几点，已得到下游车企的证实。“江淮汽车旗下的高端电动SUV产品iEV6s，将改用国轩高科的动力电池。目前，正在做匹配测试。”1日，江淮汽车高层告诉记者。来自上汽集团的信息则显示，因为动力电池供应紧张，目前只能保证荣威e550的电池供应。另据了解，原计划年底上市的荣威eRX5插电式强混版本可能会延迟上市，该车研发时计划搭载的是LG动力电池。据悉，上汽乘用车公司正在考虑更换电池的新方案。此外，一汽、长安、长城、吉利等车企旗下高端新能源产品也因选择三星或松下作为动力电池供应商，而受到影响。原打算在中国市场引入新能源汽车的海外汽车巨头们（奔驰、通用、宝马、大众汽车），也因三星、LG尚未入选电池目录的问题而放慢了步伐。

在此格局下，早已布局三元动力电池的亿纬锂能、国轩高科等企业，或将成为受益者。7月13日，亿纬锂能在投资者关系互动平台上透露，其三元材料动力电池一期（1GWh）项目已有两条生产线开始在生产。目前，亿纬锂能拥有磷酸铁锂和三元电池两种主流动力电池核心技术，已入围第四批电池目录。而国轩高科则已提前扩建三元动力电池产能，在旗下合肥三期与青岛工厂建成投产后，至今年三季度，国轩高科的三元动力电池产能将进一步提升。同时，宁德时代也正在扩建产能，公司今年产能将达到7.5GWh，其中，磷酸铁锂电池、三元电池各占一半。

2016年中国UPS行业发展回顾

近期前瞻产业院发布《2017～2022年中国不间断电源（UPS）行业市场前瞻与投资战略规划分析报告》，报告指出2016年中国UPS行业继续保持稳健增长态势，行业呈现出新的特征。

销售规模稳步增长

截至2015年，我国UPS市场销售量约200万台，销售额为57.0亿元，销售额同比上涨了19.75%；到2016年，UPS市场销售规模达到约68.4亿元，同比上涨20%。从2013年开始我国UPS行业都保持10%以上增长速度。这一增速只有要在行业增长期才会出现，很显然我国USP行业焕发出一波新的活力。

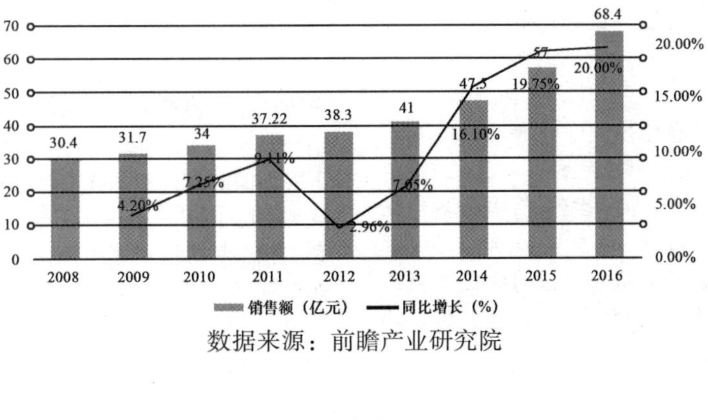

数据来源：前瞻产业研究院

市场结构发展变化

UPS 产品主要应用在政府、电信、金融、互联网、制造等 5 大行业，5 大行业销售额占比 56.3%，其中交通、医疗、保险行业增速最快。但未来随着国家“互联网 +”战略，工业 4.0 和城市轨道交通的发展，我们认为电信、轨道交通、互联网三大领域投资将加速，为 UPS 行业发展带来新的机遇。

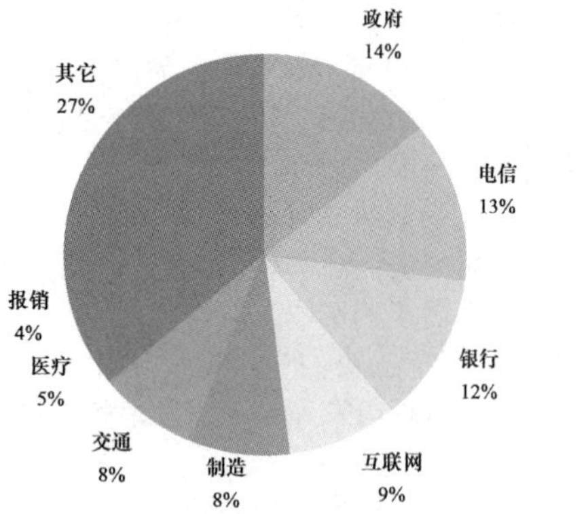

数据来源：前瞻产业研究院

产品结构特征

根据截至 2016 年上半年的国内 UPS 产品生产销售详情来看，国内的 UPS 产品主要以 20～60kVA 以及 200kVA 功率以上的产品占据市场份额相对较大，分别是 22.30% 和 21.30%。

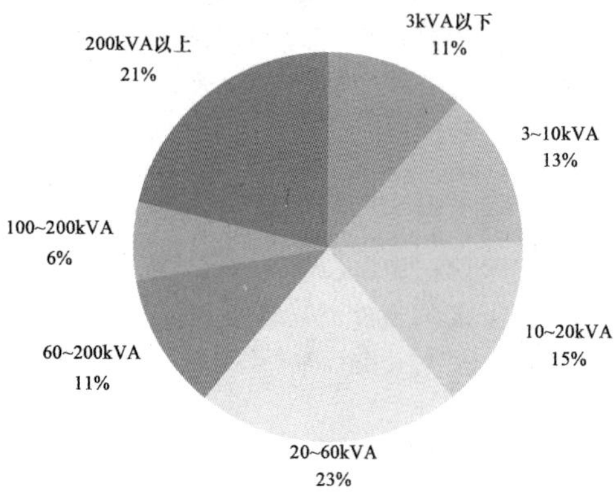

数据来源：前瞻产业研究院

2016 年 UPS 行业呈现哪些特点

1. 信息化与国产化助力 UPS 行业步步高升

（1）国内信息化建设提速，UPS 下游应用范围扩大

过去，UPS 主要应用于工业制造领域，而随着信息化建设的推进，UPS 作为信息化建设基础设施的重要组成部分，近几年其新增市场空间主要来自于国内各行业的信息化建设。

信息化纲领发布，掀开信息化投资建设大幕：2016 年 7 月 27 日，中共中央办公厅、国务院办公室印发《国家信息化发展战略纲要》，纲要明确了信息化应贯穿我国现代化始终，在生态、法治、军队、教育、工业等各领域建设都要起到关键作用。可以预见，未来很长一段时间国家将进一步加大在各行业特别是金融、教育等领域信息化建设的投资。

我国传统行业移动化、数据化趋势日益明显，国内信息化建设将长期处于高增长态势，在此背景下，UPS 作为供电基础设施在不断涌现的新兴行业中的应用将越来越多，特别是新能源、交通、电力、医疗卫生等行业将成为新的需求增长点。

（2）IDC 市场爆发提升 UPS 空间

互联网数据中心业务是伴随着信息化建设背景下互联网发展、数据量爆发式增长、数据存储问题愈发严重而兴起的服务器托管、租用、运维以及网络接入服务的业务，是拥有完善设备、专业化管理的服务平台。数据显示，2015 年全球云计算市场规模约为 1813 亿美元，未来三年仍将维持 16.4% 的复合增长。国内云计算 2015 年市场规模为 2175.7 亿元，同比增长 63.1%，远高于全球增速。数据中心是云计算的基础设施，IDC 牌照放开后，阿里云、腾讯云、华为等巨头进入市场，云计算的加速发展助推了数据中心的不断升级和扩容。同时，云计算技术的应用将 IDC 运营商的单位机柜收入提升了五倍以上，极大调动了 IDC 市场新进入者的热情。

从 2009 年至 2015 年，国内 IDC 市场规模复合增速达到 38.7%。尽管过去几年国内 IDC 投资规模和增速均位于世界前列，但从绝对规模的横向比较来看，国内 IDC 面积相比发达国家仍处于低位，据研究，截至 2015 年，中国 IDC 数据中心的面积约为日本的 55%、美国的 15%，因此国内的 IDC 市场仍有较大增长空间。中国的数据中心市场 2016～2020 年将以每年 30% 的复合增长率持续增长。

（3）政策市场双驱动，UPS 国产化带来增量空间

UPS 与国家信息安全息息相关：UPS 的使用需要用芯片控制，设备商有不再提供后期维护或利用病毒使其宕机的可能性，而 UPS 是信息化建设的关键部件，对信息安全要求极高，国家对信息安全的重视必然会促进国内 UPS 特别是高端中大功率 UPS 的进口替代。

2. 大功率趋势明显，市场集中度提升

随着电信、轨交等领域信息化建设的加大及数据中心的发展，技术含量高、单价贵的中大功率 UPS（≥10kVA）市场份额逐步提升，已逐渐取代小功率 UPS 成为市场的主角。

2016 上半年大功率 UPS（≥10kVA）市场份额为 75.5%，相较于 2014 年提升了 5.8 个百分点，市场份额增长迅速，200kVA 以上的超大功率 UPS 的市场份额提升了 3 个百分点，这主要由于国内数据中心建设由中小型向规模化和集中化转型，采用大功率 UPS 有助于提升数据中心的 PUE 值，从而降低数据中心的电费和节省运营费用。

通过销售额和销量的对比也可以看出大功率 UPS 的需求占比正在提升，2015 年 UPS 的销售额为 51.3 亿元，同比增长 7.8%，销售量为 204.5 万台，同比下降 6.3%。销量下降的同时销售额却在上升，说明 UPS 平均单价上涨明显，反映了随着下游应用场景对 UPS 的安全可靠、节能降耗、智能化维护等提出了更高的要求，大功率 UPS 的需求占比在上升。

2016 年 IDC 市场关键词：创新与变化

互联网数据中心简称 IDC，IDC 服务商通过租用电信运营商的标准机房、带宽资源，为客户提供服务器托管、租用、带宽以及增值服务。近几年，随着云计算、大数据、移动互联网、物联网等发展，IDC 市场呈现出了很多新的特点。

近日，中国 IDC 圈研究中心高级分析师王若冰接受了 ZD 至顶网记者的采访，畅谈了她眼中的 IDC 市场。在王若冰看来，2016 年中国 IDC 市场规模继续保持增长，增速正逐步放缓。

持续增长中的 2016 年 IDC 市场

从市场呈现的整体发展态势来看，IDC 市场依然保持增长，主机托管业务仍为 IDC 服务商的核心业务结构，游戏、视频、电子商务行业是近年来 IDC 主要的客户群。

众所周知，在过去的一两年，以直播为代表的视频行业和电商行业呈现爆发状态，直接带动了 IDC 市场的发展。游戏行业同样如此，特别是以手游为代表，其对于 IDC 的拉动也是显而易见的。

伴随着 4G 移动终端的普及和 4K 高清及视频直播等应用的推广，推动了用户对海量数据及响应时间的直接需求，带动了 IDC 业务的蓬勃发展。而且，迅速提升的带宽需求，也吸引互联网企业涉足 CDN 领域，在过去一两年，CDN 市场你方唱罢我登场，激烈的价格战也使 CDN 市场即将面临新一轮洗牌。

王若冰还表示，网络环境的改善将拉动 IDC 市场需求，比如 4G 驱动下的移动互联网的快速发展，未来以 5G 为代表的无线网络技术将从更大层面上驱动和改变带宽需求，IDC 市场行业客户数量仍将集中于移动互联网客户。

行业客户将有怎样的 IDC 业务需求，新的技术将会带来什么转变，市场规模与整体发展趋势将有何亮点，王若冰表示这些问题都将在中国 IDC 圈即将推出的年度报告中得到体现。

2016 年 IDC 市场还有一个特点就是服务商区域集中程度同期有所降低，也就是北上广等一线城市服务商密集度微幅降低，IDC 服务商正在加强对二三线市场的布局。

“这些透露了目前产业发展的新趋势，因为数据中心的布局需要满足企业的业务需求。比如一线城市的功能疏解，这就要求对应的 IDC 服务商在辐射区域上不应太过于聚集于一线城市。而且非一线区域的数据中心建设成本低，更有助于企业降低成本。”王若冰解释说。

前面说过，以 5G 为代表的技术创新给 IDC 市场带来新一轮需求。同样在基础设施层面，模块化产品技术成熟化，已在互联网行业率先应用。

随着国内数据中心市场的快速发展，模块化数据中心以其高可靠、高效节能和整体快速部署的优势受到了市场的青睐，模块化已成为中小型数据中心发展的主流趋势，在大型数据中心的高密度场景也已大量应用。

谈到基础设施，我们就不得不提服务器。因为在过去一年，服务器市场也面临诸多变革，比如在产品形态方面，以超融合为代表的服务器产品备受关注。

对于超融合架构，目前超融合相关产品很多，不同企业对超融合产品的定义均有不同程度上的差异，市场还处于概念期。王若冰认为，一个新市场的出现并不单单是产品形态的改变，更重要的是服务的融合以及上下游产业链协同的结果。

总而言之，这些技术创新对于 IDC 市场变革的影响有目共睹。

从 IDC 市场到云计算

其实谈到 IDC 市场，我们就会谈到云计算。因为 IDC 产业本身就是一种云计算的分布式架构。云计算服务的实施很大程度上是需要数据中心和互联网之间的协作来完成的，云计算的数据中心从基础设施到计算与应用是连续和整体的。

同时，越来越多的参与者跨界进入 IDC 市场。这些跨界者包括传统制造业巨头、互联网服务商等。以云服务、物联网和大数据为代表的跨界应用在改变 IDC 市场的边界。不管是出于什么目的，这些跨界者都在谋求布局 IDC 市场，这显然增加了现有 IDC 市场的变数。

对于 IDC 服务商切入到云计算市场，王若冰认为，现在整个业界都在谈云计算，这里面的商业机会同样适用于 IDC 服务商，基于云的数据中心管理和服务模式将会变得更加普遍。

写在最后

创新和变化是 2016 年数据中心领域的关键词。从数据中心的爆发增长带来的疯狂，到厂商以“用户需求”为核心的落地沉淀，数据中心及整个产业链条上的发展变化是毋庸置疑的。2017 年，随着“云大物移”的深入发展，IDC 市场的发展值得期待。

迎接新蓝海　IDC 产业主动革新

近年来，政府对云计算、大数据等产业大力扶持与引导，也让作为互联网基础设施的数据中心进入了高速发展时期。根据《2015～2016 年中国 IDC 产业发展研究报告》，未来几年 IDC 市场增速将稳定在 35% 以上，其中 2018 年我国 IDC 市场规模有望超过 1400 亿元。

面对市场机遇，IT、地产、金融等行业企业凭借自有资源逐渐向 IDC 市场延伸，包括世纪互联在内的多家 IDC 企业纷纷踏上了上市的征程，希望通过资本市场巩固各自在 IDC 市场的地位。

IDC 建设没有捷径可走

然而，在中国 IDC 产业表面看似繁华的背后，却隐藏着巨大的潜在危机，在狂热的利益追逐中，许多风险的信号被人为忽视。这情形好比股市从牛市到疯牛的形成过程，绝大多数人看到的不是处于 5000 点的风险压力，而是账面上不断增加的数字。因而，不顾一切地投入和冲刺，但最终等来的却是 6000 点的崩盘。

疯狂的上涨总会有尽头，回头再看，很多股票的非理性上涨其实是价格背离了价值曲线，所以最终结果可想而知。而那些真正有成长空间的，稳步发展的企业才能最终经受住时间的考验。

回顾当下的 IDC 市场，又何尝不是身处一个巨大的泡沫当中，尽管市场蛋糕诱人，但内部竞争已经趋于白热化，伴随的潜在风险也随之膨胀。尤其面临向服务型的云化转型，如果不尽快调整战略布局，很可能在行业格局重构的竞争中失去原有筹码。

当然，在IDC整个产业布局中，因IDC业务本身所要求具有的规划性、系统性特征，决定着在该领域的布局必须逐步推进，步步为营，没有捷径可走。

以精工科技宣布终止重大资产重组为例，这个案例其实已经给IDC市场背后存在的隐忧提出预警。业界在分析此次重组失败缘由时，列举有三：政策因素终止重组、有利标的资金运作、高业绩承诺成隐患。

在该重组案中，精工科技看中了盈利能力较强、市场前景较好的IDC行业，并给出了超出常理的价值判断和财务预估，并在未来三年给出了较高的业绩承诺。事实上，精功科技拟收购的盘古数据近两年的业绩并不佳，2014年~2015年以及2016年2月，公司并无实际营业收入。

由此可见，从外看IDC产业依旧蓬勃，充满了无限的吸引力，但对内而言，行业内所需解决的问题却极为紧迫。外热内冷的行业发展状态已经呈现出些许病态，尽管备受资本热捧，但资本也绝非是解决行业问题的良药，还是要依靠更加长久的积累才可以真正立足，IDC产业建设无法一蹴而就。

民营IDC面临增长的烦恼

有数据显示，目前在中国南方城市，宽带运营商流量分布的90%去往电信，而中国北方城市，宽带运营商流量有90.7%去往联通。在主流基础运营商占据绝对优势的中国互联网市场，中小宽带运营商想要谋求发展，必然要在强者夹缝中谋取生存。

降价、送流量，从传统互联网到移动互联网，为了巩固市场，基础运营商之间的竞争手段层出不穷。在外看来，运营商是垄断行业，但行业内却因为资源的抢夺战碰得头破血流。

2016年，在发布利润下滑80%业绩预警的同时，中国联通宣布开始着手整顿全国IDC业务。与2010年中国电信的“流量穿透”整顿相似，也让本已经在宽带接入项目经营困难的企业举步维艰，强势运营商通过掌握市场定价权的优势，通过抬高竞争对手的宽带接入成本，从而遏制竞争对手的宽带业务发展，弱势运营商以及民营IDC企业深受其累。

面对价格不断下行的压力以及激烈的市场竞争，独立小型IP运营商及CDN公司生存环境出现严重的问题。如此背景之下，起源于ICP对网络高速互联需求的零售IDC公司，业绩势必受到巨大影响。

在此次整顿中，首批中招的是CDN公司，在美国上市的蓝汛。2016年7月28日，拥有1800万用户的行业交流平台——脉脉出现无法登录的情况，持续了近15个小时。脉脉发表声明介绍原因：其服务提供商蓝汛北京机房在中国联通的净网行动中被断网。而这一整顿背后也必将导致成本的大幅度上升，或固网宽带用户的体验明显恶化。对于类似蓝汛的厂商业务也将产生一定的影响。

同时，这一流量穿透事件对世纪互联这样的IDC公司也产生了一定的影响。公开资料显示，世纪互联2016财年第四季度净亏损为人民币4.852亿元，与去年同期的净亏损人民币1.129亿元相比有所扩大。财报中指出，主要的亏损来自艾普、MNS及CDN业务，世纪互联对艾普进行一次性计提长期资产减值损失人民币3.929亿元。

从财报角度来看，世纪互联的痛点在于，在恶性竞争的市场环境下，与流量相关的业务不景气带来了营收的下降。据消息称，实际上世纪互联在做了业务拆分后扣除带宽、历史坏账、折旧以及收购支出等项目后，世纪互联核心数据中心业务并不示弱，核心机柜业务营收增长为34%，云业务及增值VPN业务也有不俗的表现。

而此番世纪互联将包括相关不符合预期的业务进行拆分，就好比是在5000点的股市中，通过剖析自身和行业隐患，将自己打回到4000点，这看似更像是一种主动优化、提前改变业务形态，回归核心的行为。

因此，基于目前的IDC市场，能够发现问题并及时修正业务对于企业来说并非坏事。从世纪互联之后的一系列动作来看，明显已意识到行业和自身发展中的问题，并试图开始通过变革进行改变。

但变革就会意味着牺牲和舍弃，由此所带来痛楚和结果，并没有让世纪互联之后的步伐显得慌乱，这也说明业务的短暂下滑虽是环境所迫，但也在世纪互联的预料之中。

面对新蓝海　主动变革或迎来新生机

当然，回看到整个IDC市场的发展现状，我们不难发现，当前的IDC产业在呈现出巨大潜力的同时，也处于重要战略机遇期。

从需求端来看，未来国内IDC行业发展的驱动因素主要是互联网行业和云计算行业的高速发展。一方面，国家大力号召并倡导的“宽带中国”战略及“互联网+”行动计划，在促进互联网行业快速发展的同时也大幅度提高了对专业IDC服务的刚性需求。另一方面，国内云计算的高速发展也逐步在提升对数据存储和流量经营的需求。这不仅表明，IDC行业正身处一个行业和时代的黄金时期，也意味着，具有创新意识，能够为客户提供整合式按需服务的IDC企业将成为带领IDC产业发展的主力军。

中国IDC研究中心相关分析也显示，伴随着技术驱动智能终端、人工智能等领域的高速发展，背后引发的数据存储、计算力以及网络流量都将大幅增长。

该研究中心数据预测还显示，未来IDC市场规模仍将保持高速增长，到2018年整体IDC市场规模增速将保持在39.4%以上，国内IDC市场规模将接近1400亿元。

因此，无论从产业宏观发展角度、需求角度，亦或市场规模层面，未来的IDC市场前景是光明的。但是面对这种极具潜力的市场前景，作为IDC厂商而言，如何强化自身业务体系，通过自我变革，才能在未来竞争中占据领先位置。

而类似世纪互联这种通过推动资源向双核聚焦，加快网络空间基础服务的创新等，采取一种主动优化，自我变革的发展思维，或许会在一定意义上为自身在该领域的发展奠定一个坚实的基础，成为IDC产业破局的“新救赎”！

我国IDC产业发展呈现“四化”趋势 云服务占比日渐提升

“我国数据中心产业呈现出规模化、集中化、绿色化和布局合理化四大发展趋势。”在日前召开的“第十一届中国IDC产业年度大典”上，工信部信息通信发展司政策标准处处长黄业晶作出了这一判断。他表示，近年来，数据中心作为云计算、大数据、互联网等产业的重要基础设施正在蓬勃发展，市场呈现出规模化、集中化、绿色化和布局合理化的良好发展态势。

黄业晶指出，我国IDC总体能效水平进一步提升，在我国近70个超大型、大型数据中心中，一半以上位于或者靠近能源充足、气候寒冷的地区，总体PUE水平有所下降，一些优秀案例如阿里云千岛湖数据中心、百度M1云数据中心等，全年平均PUE达到1.3左右。不过需要看到的是，我国数据中心仍然存在布局不够合理、核心技术研发有待加强、服务能力有待进一步提升等问题。

对于我国IDC产业发展，黄业晶提出了三点建议：一是以国家产业政策为导向，进一步推动数据中心合理布局。二是以国际先进水平为目标，注重数据中心技术的研发和推广。三是以产业界需求为引领，加强应用创新满足行业需求。

黄业晶透露，为了推动我国数据中心的发展，工信部指导行业组织陆续发布了数据中心设计、建设、设备技术要求、能耗、运维等方面的多项标准，同时还指导第三方机构开展了数据中心联合技术研发。开放数据中心委员会组织相关企业开展了整机柜、服务器、模块化数据中心的技术研发，目前在降低数据中心能耗以及运维成本方面取得了良好的效果。未来，希望产业界能够加强技术研发，力争在服务器、智能、供电等核心技术领域实现新突破。

在本届大典上，中国IDC圈研究中心高级分析师郭俊港发表了《2016年IDC行业市场发展现状及未来趋势分析》的主题演讲，他认为技术创新驱动了智能终端、VR、人工智能以及物联网等领域的快速发展，从而带动数据存储、计算以及网络流量需求的增加。在这一趋势下，全球IDC市场快速发展，2015年整体市场规模达384.6亿美元。与此同时，我国IDC市场发展迅猛，2015年市场规模达518.6亿元，同比增长39.3%。预计2018年我国IDC市场规模有望接近1400亿元。

中国IDC圈认为，目前，IDC服务商可分为电信运营商和第三方IDC服务商两大类，电信运营商拥有大量的基础资源，在骨干网络、带宽资源和互联网国际出口带宽方面具有比较大的竞争优势。第三方IDC服务商数量不断增多，涌现了包括世纪互联、恒云太等非常有实力的企业。在云计算服务方面，阿里云、华为云、腾讯云、UCloud等表现抢眼，能够为客户提供云主机、云存储和特定行业解决方案等服务。

中国IDC圈指出，2015年我国64.5%的IDC服务商能够提供公有云服务，不过仍然有35.5%的IDC服务商尚未进入公有云领域，主要原因在于技术亟待提升，同时销售体系也需完善。未来随着云服务在可用性、可靠性和安全性等方面的提升，客户对其接受程度将会不断提高，主机托管客户、虚拟主机和主机租用客户将逐渐转向选择云主机。由此可以判断，云主机、云存储等服务在未来几年将进入爆发增长期，预计2018年云服务在IDC市场业务结构中的占比将达到29.6%。

中国电能质量治理产品市场广阔

随着经济的发展，人类生产生活对电能质量要求越来越高，而电网的谐波污染却日益严重，这为电能质量治理行业发展提供了广阔的市场空间。电能质量治理产品需求有望维持快速增长，前景广阔。

电能质量的好坏关系着一国经济的总体效益，在美国每年就因电能质量问题造成直接或间接损失260亿美元。鉴于此，我国必须高度重视起电能质量治理。

我国电能质量面临的压力主要来自两方面，一是谐波污染日趋严重，二是工业设备、居民用户对电能质量有了更高更严格的要求。

先来看谐波污染。谐波是指电压、电流波形发生畸变，主要因负荷的非线性造成。近年来，工业和居民用电负荷加大，以及电力电子装置广泛使用，导致电网谐波含量不断上升。谐波污染会使得电能质量下降，甚至影响电力系统的安全性能。

另一方面，随着科学技术和生产工艺的进步，大量使用了精密设备、智能设备、自动化生产线等。这些设备或生产线需要要求更高的供电质量，否则会影响生产或使用。因此，电能质量必须及时跟进，以确保生产、生活的正常运行。

在此背景下，电能质量治理已经刻不容缓，电能质量治理行业得到前所未有的关注。

据前瞻产业研究院发布的《中国电能质量治理产业市场前瞻与投资战略规划分析报告》分析，近年来，电能质量治理产品市场需求容量不断扩大，增长强劲。其中，无功补偿装置与谐波治理两大主要产品市场发展最为迅猛，产品质量和数量都有大幅提升。

布局电能质量治理的上市企业也逐渐增多，包括森源电气、荣信股份、思源电气、和顺电气、恒顺电气、四方股份等。

目前来看，电能质量治理产品的需求主要来自污染型电力用户，如采矿、冶金、化工等，以及对电能质量要求较高的电力用户，如电信、精密电子、银行数据中心等。可以预见，未来电能质量治理需求增长，仍将以这两类用户为主。

综上所述，随着谐波污染越来越严重，以及对电能质量要求越来越高，电能质量治理产品将保持旺盛需求，电能质量治理行业也因此迎来更广阔前景，发展势头大好。

2016年度中国半导体产业十大事件

2016年全球半导体行业继续上演深度调整与整合，超大规模的并购持续，市场经历小幅的衰退，企业苦苦寻找新的增长点。相对而言，中国半导体产业受国家利好政策的支持有着更好的表现，Foundry厂新产线投资不断，存储器建设初露端倪，新生设计公司大幅增长。即使是传统短板的设备与材料领域也获得一些进步，中国半导体产业正在加速追赶。2016 年中国半导体产业十大新闻事件：

1. 大基金、紫光共同投资长江存储，中国进军存储器产业

2016 年 7 月 26 日，长江存储科技有限责任公司宣布成立。公司注册资本分两期出资，一期由国家集成电路产业投资基金股份有限公司、湖北国芯产业投资基金合伙企业（有限合伙）和湖北省科技投资集团有限公司共同出资，并在武汉新芯的基础上建立长江存储。二期将由紫光集团和国家集成电路产业投资基金股份有限公司共同出资。

2. 中芯、华力密集建厂，中国 IC 制造业再度发力

在“国家集成电路产业发展投资基金”与地方政府的支持下，国内最大的两家晶圆代工企业中芯国际和华力微开始大举扩张产能。2016 年 10 月 13 日，中芯国际投资近千亿元在上海开工新建一条 12 英寸生产线，制程为 14 纳米及以下，月产能 7 万片；另外，中芯国际还在深圳投资建设一条月产能 4 万片的 12 英寸生产线，在天津投资扩充原天津 8 英寸厂的产能，由 4.5 万片/月，扩大至 15 万片/月。华力微则宣布启动二期 12 英寸高工艺等级生产线建设项目，总投资达 387 亿元，规划月产能 4 万片。

3．并购爱思强遭 CFIUS 阻挠，半导体“海淘”遇阻

2016 年 12 月 2 日，中国福建宏芯投资基金收购德国半导体制造商爱思强（Aixtron）在美业务被禁。该禁令是基于美国 CFIUS 的评估，美方担心爱思强可用于军事用途的氮化镓（GaN）材料被中国所掌握。这并非孤例，CFIUS 担忧中国企业通过并购获得敏感技术，多次阻挠中国 IC 企业的海外并购，如紫光入主西部数据流产、并购美光遇阻等。

4．大基金两年投 700 亿元，扶持集成电路产业发展

自 2014 年 8 月成立以来，国家集成电路产业投资基金（简称大基金）已经投出约 700 亿元，扶持集成电路龙头企业的发展。大基金 2016 年把更大力度放在支持集成电路制造业和特色集成电路产业发展上，重点推进了存储器项目。大基金 2016 年在制造领域的投资比例由 2015 年的 45% 提升到 60%。此外，大基金还投资了珠海艾派克、湖南国科、北斗星通、中兴微电子、硅谷数模等企业。大基金也重点支持特色半导体发展，主要方向是砷化镓、氮化镓，未来还有可能支持碳化硅领域。目前，大基金在这个领域已经投资了士兰微、三安光电。

5. 北京君正收购豪威科技、思比科，IC 并购转向国内

北京君正 2016 年 12 月 15 日称拟购买北京豪威 100% 股权、视信源 100% 股权、思比科 40.43% 股权，合计 126 亿元。通过收购北京豪威及思比科，北京君正将快速进入 CMOS 图像传感器芯片领域。在完成上述收购后，北京君正这家以 MIPS 内核起家的设计公司将有机会扩展产品线，补上 CMOS 部分，有望扩大在可穿戴设备等方面的消费电子市场份额。

6. 贵州华芯通成立，目标 ARM 架构服务器芯片

2016 年 1 月 17 日，高通公司与贵州省相关部门以 18.5 亿元（约 2.8 亿美元）合资成立贵州华芯通半导体技术有限公司，进行服务器芯片的设计、开发与销售。2016 年 11 月 18 日，华芯通宣布正式启用位于北京望京地区的北京研发中心。目前，公司已获得来自 ARM v8 - A 架构授权和技术转移，将开发 10 纳米的服务器芯片。

7. 手机芯片开启 10nm 时代，中国通信芯片走向高端

2016 年，全球智能手机芯片市场的竞争越来越激烈，“寡头竞争”趋势已经十分明显。“寡头”间的碰撞则不断朝中高端市场延伸。高通采用 10nm 工艺的骁龙 835 发布，联发科、华为海思也将采用该工艺生产芯片，华为海思将推出采用 10nm 工艺的麒麟 970，联发科的 Helio X30 也将采用 10nm 工艺。

8. 中芯长电半导体规模量产，进入到 14 纳米产业链

2016 年 7 月 28 日，中芯国际与长电科技合资成立的中芯长电半导体有限公司举行了 14 纳米凸块加工量产仪式。中芯长电半导体的 12 英寸 28 纳米凸块加工技术在 2015 年底已通过客户的产品验证，成为国内第一家、也是唯一一家可提供 14 纳米凸块加工中段硅片制造服务的公司。凸块加工是中段硅片制造的基本工艺之一，在强调高性能、低功耗、小尺寸的移动智能芯片中被广泛应用。

9. 硅衬底 LED 项目获国家技术发明一等奖，核心专利实现突破

2016 年 1 月 8 日，南昌大学硅衬底 LED 项目获得 2015 年度国家技术发明奖中唯一的一等奖。根据生长衬底不同，蓝光 LED 技术有三条主流技术路线：日本的蓝宝石衬底 LED 技术、美国的碳化硅衬底 LED 技术和中国的硅衬底 LED 技术，而前两条技术路线已经被欧、美、日等国占尽先机。经过多年的运作，五家国际大企业已经通过交叉授权等手段，在 LED 产业构筑了森严的专利壁垒。硅衬底 LED 技术实现了产业化，获授权发明专利 68 项，实现了核心部件的每一层都有专利保护。

10. 2016 年中国光伏装机 31GW，继续领跑全球

太阳能行业咨询公司 Mercom Capital 发布了一份研究报告：预测 2016 年光伏装机量将高达 76GW，而中国将以高达 31GW 的总装机量继续领跑全球光伏市场。这也是中国自 2013 年以来，连续四年获得光伏装机总量的第一名。该研究报告分析称，中国光伏抢装潮之后的需求放缓，导致市场出现供大于求的情况，致使组件价格大幅下跌，但低组件价格有助于 2017 年的需求恢复。预计 2017 年全球太阳能需求前景并不会像预期那样放缓，反而有所改观。

陈南翔：2016 年全球集成电路市场规模高出产业界预期

日前举行的 2017 中国半导体市场年会暨第六届集成电路产业创新大会上，中国半导体行业协会副理事长、华润微电子有限公司常务副董事长陈南翔指出，2016 年全球集成电路市场规模为 3389 亿美元，取得小幅增长，高出产业界预期。其中美国和欧洲市场分别下降 4.7% 和 4.5%，增长的动力来源于亚太和日本市场，亚太市场中，中国又占了主要位置。

所以可以说，中国是全球集成电路产业增长的主要驱动力之一。陈南翔介绍，中国集成电路产业 2016 年依然保

持了超过20%的增长，达到4300亿元。其中设计1644亿元、制造1126亿元、封测1564亿元。这也是集成电路设计业第一次在规模上领先另外两个行业，更加有利于整个行业的健康发展。

中国市场的机遇显而易见：作为电子产品最大制造国家，集成电路销售占据全球的半壁江山；其次是政府强力的政策和资本支持，盘活了资本市场；其三是全球前22个半导体企业都在国内设有研发中心，生产基地等机构，中国集成电路产业也积极融入全球集成电路产业。诸多因素加持下，中国集成电路产业未来几年仍将保持超过20%的增长速度，并将在全球扮演举足轻重的作用。

陈南翔同时介绍，中国集成电路产业也面临三大挑战。

挑战之一是整体实力偏弱。制造技术落后全球领先水平两代，业务规模在全球比重不到8%，缺乏具有国际级规模的大型企业，虽然投入大，但基础和起点低，还有很多改进空间。要知道，核心技术是买不来的。

其二是资本没有得到有效利用。去年政府、民间资本都对集成电路抱有热情，但同时也带来一些问题：高度的分散，12代线在主要省份遍地开花，分散了产业聚集效应和规模优势，相反可能带来人才争夺、甚至资源重组方面的负作用，这也是产业界在今后要积极引导的。

其三是走出去困境。越来越多的国家和地区开始对中国企业和中国资本说NO，中国集成电路产业遭受了过多非议和责难，被人为设置了很多障碍。从本质上说，中国大基金采取市场化运作，透明度非常高，中国企业参与并购的规模在全球范围内看也比重不高，只是由于国家政策和美国大选等国际形势影响，导致了中国集成电路企业走出去的步伐被无限放大。因此，陈南翔呼吁，中国企业在国际交流中，不要过分夸大政府政策在产业发展当中的作用，同时在国际融合过程中，一定要了解相关国家的政策，减少由于不透明和误解带来的摩擦。

2016年半导体并购方兴未艾，总金额创新高

2016年全球半导体产业的并购动作依旧积极不断。根据调查研究机构IC insights数据显示，在2016年当中，有超过20家全球性的半导体厂商进行整并的动作，总金额达985亿美元，仅次于2015年由30多个并购案所创下1033亿美元新高纪录。而加总过去2015年到2016年间的总并购金额，为2010年到2014年5年间总金额126亿美元的8倍。

该报告指出，在2015年到2016年间的并购案中，又以美国相关厂商最积极，占了总数的51.8%。其余为亚太的23%，排名第3为日本13%。而在亚太地区的占比中，中国又占了其中的4.1%，金额为83亿美元。至于在产业别上，IC设计的并购案达45%排名首位，其次为IDM的38.9%，知识产权IP相关15.9%，排名第3，之后则是晶圆代工的0.2%占比。

IC insights指出，目前史上的前15大半导体并购案，有一半是在2015年到2016年之间所宣布，总金额超过20亿美元。而虽然应用半导体大宗的智能手机与个人电脑、平板电脑等产品的成长动能趋缓。但是，IC insights认为，半导体产业的并购的数量与金额在2015年加速，并且在2016年继续攀高，则是抵消了整体产业成长放缓的动能。

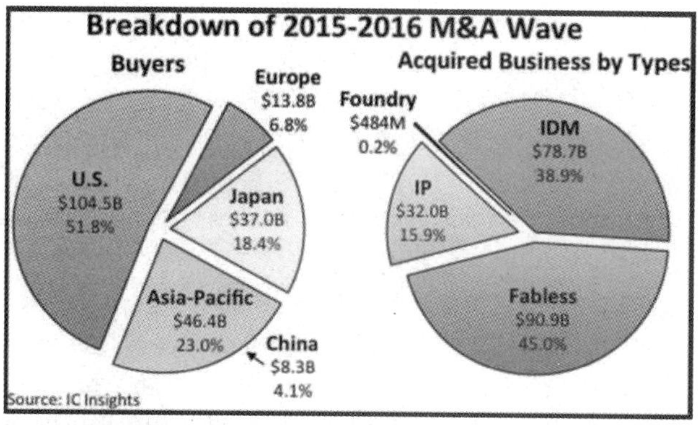

Biggest Semiconductor Acquisition Agreements

Ranking	Acquisition-Buyer (Year Announced)	Price Tag ($B)
1	**NXP** by Qualcomm (2016)	$39.0
2	**Broadcom** by Avago (2015)	$37.0
3	**ARM** by SoftBank (2016)	$32.0
4	**SanDisk** by Western Digital (2015)	$19.0
5	**Freescale** by U.S Investment Companies (2006)	$17.6
6	**Altera** by Intel (2015)	$16.7
7	**Linear Technology** by Analog Devices (2016)	$14.8
8	**Freescale** by NXP (2015)	$11.8
9	**Burr Brown** by TI (2000)	$7.6
10	**LSI** by Avago (2013)	$6.6
11	**National Semiconductor** by TI (2011)	$6.5
12	**ATI** by AMD (2006)	$5.4
13	**Spansion** by Cypress (2014)	$5.0
14	**Agere** by LSI (2006)	$4.0
15	**Chartered** by GlobalFoundries (2009)	$3.9

Source: Companies, IC Insights (*2017 McClean Report*)

另外，也因为新兴市场的崛起，也使得半导体整并方向开始以新应用领域为主。例如在物联网、穿戴式设备，智能嵌入式系统，包括自驾车和自动驾驶辅助系统等产品上。

在报告中，IC insights也特别点出中国的半导体企业，在政府支持半导体产业的政策下，借由购并来达自制目标，是中国半导体企业进行并购的最大因素。

政策与资本推动中国开启集成电路产业大时代

2016年4月，工信部电子信息司副司长彭红兵在深圳公开表示，“十三五”期间，工信部将从五大方面着力，系统推进集成电路产业大发展。其中重点提到要“更加注重资源整合，加强顶层设计，聚焦骨干企业、关键节点、重大项目，推动产业链协同发展，打造制造业创新中心。”

作为高端制造业的“皇冠明珠”，集成电路是衡量一个国家综合实力的重要标志之一，是信息产业的核心。“解决中国芯，支撑中国未来30年的发展。”中科院微电子所所长、02专项专家组组长叶甜春曾如此精炼概括集成电路发展对中国经济的战略意义。

在政策和资本的推动下，中国已开启了集成电路产业大时代。“我们觉得全产业链都是投资机会。”深耕硬科技领域的IDG资本合伙人俞信华日前接受上证报专访时表示，IDG将加大在集成电路领域投资，包括设备、材料、设计

等方面，推动相关领域的海内外并购、投资合作。

庞大需求凸显中国机会

经历了近几年大投资大并购之后，中国集成电路表面看已经有不少起色，但竞争力仍较弱。

“目前，我国集成电路产业产品结构单一，大多数处于中低端，高端产品主要依赖进口的格局还没有根本改变，领军人才严重匮乏。”10 日，在第五届中国电子信息博览会（CITE2017）同期举办的“第一届中国高端芯片联盟高峰论坛”上，彭红兵如此表示。

与产业基础较为薄弱严重不匹配的是巨大的市场需求。赛迪产业研究院最新数据显示，2016 年中国集成电路市场规模达到 11985.9 亿元，占了全球集成电路市场半壁江山，同比增长 8.7%，增速远高于欧美市场。但 2016 年中国集成电路产业销售额仅 4335.5 亿元，剔除外资和重复计算，产值不足全球需求的 7%，远不能满足市场需求。

“市场在哪里，产业就在哪里。”多位业内人士接受记者采访时表示，作为全球性产业，中国的庞大市场需求，正牵引全球集成电路产业向中国转移，没有人可以忽略中国的市场和机遇。

“我们觉得全产业链都是投资机会。”IDG 资本合伙人俞信华在接受上证报专访时表示，IDG 将加大在集成电路领域投资，包括设备、材料、设计等方面，推动相关领域的海内外并购、投资合作。在业内人士看来，中国已经做好了一定的准备：历经多年苦心累积和打造，我国已拥有了相对资金充沛、链条完整、人才充裕的集成电路产业，开始有能力参与国际竞争和协同发展。

据记者观察，凭借着在制造领域的出色表现和巨大消费市场，国内芯片产业龙头成为越来越多跨国企业的合作伙伴，通过技术转移和技术扩散，提升了自身竞争力。

产业转移方面，国内企业已在封测领域站稳脚跟。记者调研发现，目前各大主要封测厂二季度订单依然饱满，鉴于行业下半年进入传统的旺季，有封装业内人士表示好光景或延续全年。上市公司层面，拥有 sip 等先进封装技术的长电科技，收购星科金朋后已量产 Fanout（扇出型封装），有望进军苹果供应商行列；拥有 sip、TSV、Flip-Chip 等先进封装技术的华天科技，其 TSV + sip 封装方案已用于华为 P10 的 under glass 指纹识别。“在后摩尔时代，随着封测承担更多的系统方案商职能，这些公司在产业链中的产值占比和重要性也在提升。”

从更细的产业链看，伴随产业成长，半导体设备、材料厂商均有望迎来快速成长期。在资本和地方政府“联袂”推动下，中国市场将爆发“晶圆厂大扩容”。SEMI 预计，在 2017 年至 2020 期间，全球将有 62 座新的晶圆厂投入运营（其中 7 座为研发用晶圆厂），这其中，中国市场有 26 座新的晶圆厂投入运营。与此相应的是，国产半导体设备、材料商将获得更多的试用、共同研发机会，在获得更多的订单增靓业绩同时，也将得到“不断进化”，从而步入良性循环。

作为目前国内唯一以集成电路高端工艺装备为主营的上市公司，北方华创近日披露其全资子公司北方华创真空与宁夏隆基签订了 1.68 亿元的单晶炉设备订单合同；公司在互动易表示，公司订单较去年同比有较大幅度的增长。中微半导体的等离子刻蚀机和 MOCVD（金属有机化合物化学气相沉淀）、江丰电子的金属靶材都成功打破了国外的垄断，后者已于去年底向证监会递交了 IPO 申请书。

获取核心技术需靠创新

随着“可用”目标的达成，中国集成电路进入“创新”时代渐成业内共识。并购可以帮助产业迅速打基础、完成转型；但基础核心领域的技术只能靠自主研发。

“集成电路产业尽管取得了一定的发展，但核心技术受制于人的现状没有根本改变，产业还处于中低端，严重影响了产业升级和国家安全。”彭红兵表示，核心技术受制于人是我们最大的隐患，要加快推进网络信息技术自主创新，推动高性能计算、移动通信、量子通信、核心芯片、操作系统等研发和应用取得重大突破。

“复盘看，我们取得的重要进展无不是自主研发的成果。”在上海兆芯副总裁傅城看来，并购可以帮助产业迅速打基础、完成转型；但基础核心领域的技术只能靠自主研发。“不管是北方微电子，还是中微半导体、江丰电子，都是自主研发的成果，并购是买不来这些技术和竞争力的，自主研发才是安全可控的出路。”

随着“可用”目标的达成，中国集成电路进入“创新”时代渐成业内共识，创新力成为整个产业的投资风口。在本届高峰论坛上，中国高端芯片联盟理事长、国家集成电路产业投资基金总裁丁文武表示，高端芯片联盟聚焦在处理器、存储器、传感器、AD-DA（模数转换器-数模转换器）、FPGA（现场可编程门阵列）等 5 个领域，设立 5 个分联盟，推动产业转型升级。

就在 10 日，中国传感器与物联网产业联盟（SIA）正式成为中国高端芯片联盟（CHICA）的首个分联盟，这意味着国家可能对传感器与物联网加大扶持力度；5 个分联盟领域都将成为扶持的重点。

对此，彭红兵表示，针对产业不足，工信部将在“十三五”期间，重点做好五大重点工作：一是更加注重创新驱动战略，一手抓当前，一手抓长远；二是更加注重资源整合，加强顶层设计，聚焦骨干企业、关键节点、重大项目，推动产业链协同发展，打造制造业创新中心；三是更加注重生态体系建设，以应用需求为牵引，强化软硬协同，打造生态系统大平台，这也是成立高端芯片联盟的宗旨；四是更加注重开放发展，充分利用全球市场、技术、人才等要素资源，融入全球集成电路产业体系中；五是更加注重环境营造，持续完善产业政策及投融资环境等。

除了宏观政策扶持，传统领域的“微创新”之威力不可小觑，傅城认为，4G 和 5G 导入期，智能手机依然是集成电路产业的主要推动力，其功能的增加将成为产业新的增长点。

比如，指纹识别在智能手机的广泛应用，不仅给上游芯片及模组带来新机会，催生了汇顶科技等芯片设计公司；也增加了封装需求。华为新推出 P10 机型的 under glass（隐藏式）指纹识别，就采用了华天科技的 TSV + sip 封装方案。

苹果作为行业标杆，其新技术/设计的采用往往被其他终端商所追随，带动整个手机产业链的发展。从目前信息看，iphone8 可能采用无 home 键、双电芯、OLED 屏、无线充电、双摄像头等设计。

在业内人士看来，在创新应用领域，中国企业拥有与国际先进同行一样的起跑线，比如，5G 和 NB-IoT 标准的确立使得物联网加速实现，一系列传感器、物联网芯片及解决方案商有望脱颖而出。

做大做强还需资本市场支持

作为一个全球竞争的产业，集成电路需要全方位的扶持，包括更多的民间资本、市场机制和资本退出通道。

不可否认，集成电路作为技术密集型及资金密集型产业，其投资回报周期很长，中国此前之所以难以培育发展该产业，与这方面的投入较小、资本市场的支持力度较小颇有关系。

“最近很开心，我们很多年前投资了苏州旭创，早已计提坏账完毕，但最近这家公司被中际装备收购了，我们感觉‘捡到’一笔钱啊。”达泰资本创始人叶卫刚与记者谈及集成电路资产证券化时如此感叹。

对此，IDG 合伙人俞信华亦深有感触，“对于这样持续高投入的产业，投资回报周期太长了，即便是到创业板上市，集成电路公司也需要奋斗很多年才能达到；这个领域的创业者和 PE 机构都不易，相伴走过数十年才能‘解套’的情况比比皆是。”

近日，韦尔半导体、长川科技先后上会获通过，在多因素发酵下，集成电路企业 IPO 开始提速。但在俞信华看来，略有小成更当加大投入、加快步伐。“产业是有了一定的基础，但一切才刚刚开始。”他如此笑道。

中科院微电子所所长叶甜春也呼吁对集成电路进行持续大力投资。

“资本对这个产业的推动作用非常重要，我们期待 A 股市场给予集成电路行业更灵活的 IPO 政策，让那些具备可持续盈利潜力的企业，借助资本市场迅速壮大。”俞信华认为，在这样一个全球竞争的产业，集成电路需要全方位的扶持，包括更多的民间资本、市场机制和资本退出通道。

尽管在 A 股市场资产证券化不易，但俞信华表示，IDG 还是会通过持续推动集成电路产业的海外并购助力产业升级。在俞信华看来，除了基础核心技术自主研发，在一些核心元器件等“不敏感”的领域，采取“拿来主义”可快速构建起技术竞争力，实现产业升级。“我们是有了一定的产业基础，但还没有一个完整的产业生态，并购可快速实现产业升级。”此前，IDG 私有化了美资 MEMS 公司美新半导体，并帮助将其消费电子等业务注入华灿光电。

华灿光电日前发布一季度业绩预告称，随着 LED 芯片行业的回暖和公司新增生产设备的投产，公司预计一季度盈利 7600 万元至 8100 万元，而去年同期是亏损逾 1000 万元。一季度业绩超靓的还有京东方，该公司预计今年一季度实现净利润 23 亿元至 25 亿元，同比增长 2023% 至 2208%。半导体行业景气度由此可见一斑。

从政策大力扶持，到现在龙头公司业绩逐步释放，中国集成电路产业真的已步入黄金时代了。

磁件企业扎堆挂牌新三板

近年来，新三板从最初遭受市场冷遇到如今受到广大投资者的青睐，据公开信息显示，截止到 11 月 4 日，新三板挂牌企业已经达到 9447 家，即将突破 1 万大关，电子变压器和电感器等磁性元器件企业也纷纷加入此行列当中。

行业上市企业

中研非晶、力王高科、德珑磁电、AEM 科技、威贸电子、信诺达、中瑞电子、商络电子、康定电子、世创电子、科旺科技、双环电感、银利电气等磁性元件企业早已在新三板上市，而今年新三板又多了一些新成员。

今年 6 月，深圳市贝塔电子股份有限公司宣布正式申请新三板挂牌。该公司主要从事电子变压器、电感器和互感器的开发、生产和销售，产品包括电子变压器、电感器和互感器，主要应用于通讯、工控、新能源（太阳能）、车载电源、智能电控电源等领域。

8 月 11 日，广东美信科技股份有限公司在新三板挂牌上市。美信科技主营业务是研发、生产和销售网络变压器、电感器等通信磁性元器件，应用于接入网、主干网、城域网、光纤交换机、光纤收发器、数字电视光纤拉远系统以及电脑主板、网络交换机、路由器、电视机顶盒、终端通信设备、网络数据通信等。

9 月 30 日，深圳市金核科技股份有限公司也正式申请新三板挂牌，该公司生产具有高磁导率、宽频、宽温、高阻抗、低功耗等特性的软磁铁氧体磁性材料，集产品的研发、生产和销售为一体的公司。其生产的软磁铁氧体磁性产品应用于网络通信、无线通信等领域。

10 月 11 日，合泰盟方电子（深圳）股份有限公司在新三板上市，成为一体成型电感第一股。合泰盟方早期就一直致力于电感元件的研制与生产，公司十多年来坚持以研发创新为中心，致力于一体成型电感细分领域的深耕，积累了雄厚的技术、形成了完整的生产能力。

根据研究机构 Darnell 公布的数据显示，中国去年电子变压器的产值高达 156 亿元人民币，利润在 10% ~20%，超过 1 半的变压器企业利润增长率超过 10%。这不仅表现出我国变压器行业发展的巨大潜力，也侧面反映了新三板公司的良好发展趋势。

新三板融资遭遇瓶颈

从国家政策出台的意义上看，新三板能够规范中小企业的经营，为建立全国统一监管下的场外交易市场实现积极探索，并取得一定的经验积累，故大力推行；从企业的角度来看，挂牌新三板除了获得融资功能，也更易取得政策惠顾，故部分中小企业争先恐后地申请挂牌。两者之间，各取所需，共同进步。

然而，正处于摸索期的新三板，并不一帆风顺，其弊端在发展过程中渐渐凸显出来。

可以说，融资难算得上是其发展瓶颈之一。新三板挂牌公司融资需求旺盛，但市场不给力却加剧了融资难的局面，其表现在于完成定增的融资规模小，而在市况惨淡、定增融资行情不好的背景下，挂牌公司对定增融资也越来越谨慎，最终导致许多公司因此搁置挂牌计划，新三板市场也因此受到影响，跌落至低谷。

其中，制约企业融资的首当其冲要数新三板交易的流动性。在今年11月的采访中，股转系统副总经理陈永民揭露了新三板“目前开户数30万，但每天仅有5000户参与交易”的惨淡交易情况。

要解决这一问题，陈永民认为体制机构要定好框架、定好边界、设置合理机制，坚持市场选择企业的新三板发展方向，坚守服务中小企业、服务实体经济的原则进行制度创新，最终建设一个功能齐全的新三板独立市场，整个过程要遵循市场的发展规律，循序渐进。

对于磁性产业的企业来说，要想在新三板这股大流当中不迷失方向，除了要积极解决融资难的问题，还应该注重企业自身的提升，完善制度建设，全力提高中高档产品、主动淘汰落后产品，毕竟这些也是决定企业“钱”景的关键因素。

企业动态

习近平视察阳光电源智慧能源发电系统

4月26日上午，中共中央总书记、国家主席习近平一行来到合肥市高新区，观看了包括阳光电源股份有限公司在内的多家高新技术企业科技成果集中展示。

在智慧新能源及新能源汽车展区，公司董事长曹仁贤向习总书记详细介绍了光伏发电产业和公司最新的产品情况，并重点介绍了公司在光伏扶贫方面所做的努力。当听说光伏扶贫是阳光电源率先在合肥探索实施的，总书记非常高兴，并关切地问：“我们前天去看的光伏扶贫项目是使用你们的设备吗?”曹仁贤回答道：“是的！全国光伏扶贫项目大部分都是使用阳光电源生产的逆变器。”总书记又问：“你们在全国的市场情况怎么样?”当听到曹仁贤汇报说“阳光电源国内市场占有率超过30%，2015年出货量名列全球第一”的时候，总书记微笑着频频点头。

阳光电源核心产品光伏逆变器拥有完全自主知识产权，转换效率超99%，达到国际领先水平，完全支持储能和能源互联网的建设应用，是实现智慧能源、智能运维的关键设备，已批量销往德国、意大利、澳大利亚、美国、日本等50多个国家。截至去年底，公司在全球市场已累计实现逆变器装机超过2400万千瓦，每年可以为地球生产绿色电力310亿度、减排二氧化碳2500万吨。

智慧新能源、智能语音、机器人、新能源汽车……从展示成果来看，新兴产业已成为合肥产业经济发展的一大主题。以阳光电源为代表的合肥战略性新兴产业迸发出的技术创新力量，是对创新发展理念的深度践行，展示了安徽科技企业的技术硬实力。正如习总书记在视察结束后所强调的，科技创新完全依赖国外是不可持续的，我国经济发展进入新常态，必须用新动能推动新发展，要依靠创新，不断增加创新含量，把我国产业提升到中高端水平。

阳光电源牵头承担国家“智能电网技术与装备”专项项目获批

2016年8月，由阳光电源股份有限公司（以下简称“公司”）牵头承担的国家重点研发计划“智能电网技术与装备”专项“分布式光储发电集群灵活并网关键技术及示范”项目（项目编号：2016YFB0900300）正式获批立项，项目总经费4800万元，其中中央财政经费1800万元。

该项目面向光伏为主的分布式可再生能源发电系统，在发电装置、规划设计、系统调控与保护、仿真与测试四个方面深入开展研究，拟解决应对高渗透率和高发电变化率的系统设计、稳定运行和优化方法、发电/储能装备高功率密度集成及其灵活可靠的并网控制等关键技术难题，从而满足系统大规模灵活并网集成和消纳的需求。

该项目采用产学研相结合的模式，由公司牵头，联合清华大学、合肥工业大学、上海电力设计院有限公司、北京鉴衡认证中心有限公司、燕山大学等单位共同开发。项目团队之间互补性强，在各自领域实力雄厚。

该项目的获批，体现了公司在分布式光储发电并网领域包括技术、人才在内的综合资源优势，项目实施将有效解决大规模可再生能源的并网消纳的技术问题，进一步提升公司核心技术积累及综合竞争力。

阳光电源签订重大储能调频示范合作项目

阳光三星（合肥）储能电源有限公司与山西国科节能有限公司本着平等互利、优势互补的原则，经友好协商，于2016年4月7日签署了《合作框架协议》，约定双方在山西省内实施储能调频示范项目，以及根据国家及山西省相关产业政策共同开发、研究、申报科技项目。

阳光三星（合肥）储能电源有限公司系阳光电源股份有限公司控股子公司，股权结构为阳光电源股份有限公司持股65%，三星SDI株式会社持股35%，主要业务为电力设施用变流系统和一体化系统的开发、生产、销售。

山西国科节能有限公司系晋能电力集团的全资子公司，业务范围涉及节能、环保技术的咨询；节能、环保工程设计及施工；节能项目投资等多个领域。先后以合同能源管理模式实施了十余个节能、环保示范项目，并于2012年成功入选国家发改委、财政部第四批节能服务公司备案名单。在山西省节能服务方面具有一定影响力。

协议的主要内容如下：

1）双方拟合作开展“储能技术在发电厂调频应用”的示范项目，在示范成功的前提下，向山西省内的电厂进行联合推广。示范项目规划容量不低于20MW/80MWh。

2）双方拟配合完成关于“储能调频”技术的科技申报。

3）在本协议合作范围内，双方将对适宜的项目进行联合投资。针对这些项目，双方发挥各自技术优势进行技术攻关，并与电网调度部门及电厂，做好沟通和协调工作；按照各自优势，双方分工完成项目科研、设计、项目管理和运行维护工作。

4）双方共同研究开发“基于储能技术的微网和离网”示范项目，且优先在晋能电力集团所属企业或经营范围内进行推广。

①双方整合资源，共同争取国家相关政策、资金支持。

②双方根据各自的优势，确定在项目中的分工和投入。

③具体合作方式将根据项目实际情况由双方友好协商确定。

④示范项目规划微网光伏装机容量不低于100MW，储能系统装机容量不低于20MW/40MWh；形成三级微网架构，新能源渗透率达50%以上、系统利用率增效率提高20%。

5）在国家和山西省政策框架下，双方联合争取政府对合作项目的扶持。

此次与山西国科节能有限公司的战略合作，充分发挥各方优势，优势互补，将进一步完善公司储能业务的布局，进一步加强在国内电力系统储能系统解决方案的优势地位，从而促进公司实现更好更快的发展。

全国最大的1500V智慧光伏电站在阳光“领跑者”基地成功并网

近日，由阳光电源股份有限公司投资建设的山西大同光伏“领跑者”基地50兆瓦智慧光伏电站成功并网发电，成为目前全国装机规模最大的1500V高压光伏电站，树立了我国光伏“领跑者”基地的标杆与典范。

山西大同采煤沉陷区“国家先进技术光伏示范基地”是国家能源局光伏领跑者计划首个落地项目。凭借近20年新能源发电领域的技术积累和创新能力，阳光电源于2015年7月成功中标大同光伏示范基地“领跑者计划+新技术、新模式示范项目”，装机规模为50兆瓦。秉承“因地制宜、科学设计”的电站设计理念，凭借全球超过2400万千瓦的光伏应用经验，特别是在直流1500V系统等前沿技术上的创新探索，阳光电源充分展示了企业强大的研发技术、创新实力和产业化能力，全力以赴推进项目建设，顺利实现示范项目的并网发电，将大同打造成为“领跑者”基地真正新技术、新模式的示范地，极大地提升了“领跑者”基地品牌形象。

作为全球第一的光伏逆变器专业制造商和领先的光伏系统解决方案开发商，阳光电源利用近20年专注于新能源发电领域技术积淀和持续创新投入，不仅研制出业内首款单机功率最高的1500V逆变器及集成中压系统、功率为3MW的箱式中压逆变器，获得德国莱茵TüV颁发的“1500V至强高效奖”证书，而且充分发挥自身系统集成技术优势，推出更高集成度、更高可靠性和更低成本的一体化解决方案。此次阳光电源在大同项目打造全国规模最大的1500V光伏系统应用，相较于1000V系统，1500V系统可降低约20%线缆投资成本，通过线损减少可将系统发电效率提升1%－2%，全面实现更低系统成本、更高发电效率。

与此同时，大同领跑者基地项目全面应用阳光电源iSolar智慧阳光解决方案，构建高效、安全、智慧、友好型光伏电站，在从系统角度多维度优化，促进系统性能不断提升的同时，基于智慧光伏云平台积极推动“光伏+互联网”，建立标准化、精细化的运行维护管理平台，通过实时监测、故障预警、远程专家咨询和大数据分析等提高电站自动化及专业化程度，为更为广泛的能源互联网提供了无限的想象空间。

“大同采煤沉陷区光伏示范基地可实现采煤沉陷区土地综合整治、解决离地农民生活问题与生态环境治理难题，促进大同经济结构转型。”大同市发改委副主任王明生介绍，阳光电源在基地项目上积极应用全球领先的1500V发电系统技术，并利用光伏+煤矸石场自燃治理综合应用技术，实现废弃煤矸石区生态修复变废为宝，成为全国采煤沉陷区最具价值的创新技术和创新模式之一，随着阳光电源等企业引领，大同成为光伏新技术示范地、领跑技术实践地、先进技术聚集地，将带动光伏产业技术进步。

此次大同基地项目的成功并网，阳光电源不仅产品设备达到“领跑者”标准，更展示了其领先的集成能力和项目管理水平。“我们通过新技术及新模式在有效提升电站发电效率、降低成本的同时，统筹兼顾生态修复，进一步丰富夯实了光伏领跑者示范基地的内涵，也给其他领跑者基地建设起到了极好的示范和推动作用。”作为阳光电源专业的电站投资平台，阳光新能源科技公司总裁张许成表示，下一步将加快综合应用模式与技术方案的复制推广，积极参与全国领跑者基地的投资建设，“相信这对提升我国光伏发电技术、推动区域经济转型，对光伏产业发展和升级优化具有重要意义。”

阳光三星助力全球最大规模光储微电网电站

“我们双湖地区很偏僻，一直以来用电很紧张，夏天冰箱没有电，吃的东西都烂了，生活很不方便，现在你们帮我们建这么一个电厂，解决了影响我们祖祖辈辈生活的用电问题，我感谢你们”，在调试现场围观的藏族同胞达瓦，难掩心中的喜悦。近日，“西藏双湖县可再生能源局域网工程”20MW（13MW光伏+7MW储能）光储项目已完成调试工作。该项目的顺利完工，标志着全球海拔最高、规模最大、施工环境恶劣的光储微网系统正式建成。

双湖县位于西藏那曲地区西北部，地处羌塘国家级自然保护区腹地，平均海拔5000米以上，是世界上海拔最高的县级行政区。作为历史上有名的“生命禁区”，双湖县供电短缺问题严重，当地百姓不要说使用家用电器，就连最基本的生活照明都要依靠柴油发电机和酥油灯。特别在冬季，传统的采煤取暖方式给当地居民生活带来诸多不利。通过双湖项目建设可再生能源局域网，不仅可以为1.4万双湖县居民提供电力，改变原先依靠柴油机分时供电的情况，还可以改善环境，提高当地居民的生活质量。

凭借在可再生能源电源领域近20年的专业研发及制造经验，阳光电源为该项目提供全部13MW光伏逆变器和汇流箱，阳光三星提供全部7MW储能逆变器及13.6MWh锂电池的整体储能系统方案。所提供的光伏逆变器、储能逆变器和电池系统全部采用标准集装箱设计，极大地缩短了现场安装和调试过程，从第一台设备的运输、安装到双湖顺利通电，仅用了短短的一个月时间，为整个项目顺利实施争取了宝贵的时间。

高海拔、空气稀薄、雨雪天气等严酷的环境对设备和系统设计都提出更高的要求。阳光三星凭借着多年的高海拔产品应用的经验，对绝缘、散热、产品保温等方面进行了高标准的设计，并在微电网调度、负荷需求管理等方面作了科学的管理与规划，使整个微电网系统可实现无人值守，智能化运行。

双湖年平均气温－5℃，最低气温可达－40℃。年平均无霜期只有80天，血氧含量只有内陆40%，为点亮双湖，“阳光人”一直与高海拔、寒冷、缺氧的恶劣环境做斗争。施工期间，双湖就飘起了大雪，下起了冰雹，一切呼吸、行走等日常行为，在双湖都显得极为艰难。阳光三星的项目团队却始终如一地与业主中国电建集团西北勘测设计研究院一起并肩战斗，相伴始终，克服了头晕、胸闷、全身乏力、无法入睡等种种困难，用自己的实际行动与能力践行了“成就客户”的理念，阳光三星高品质的产品、优质的服务以及对项目高度负责任的精神多次受到业主及当地人民的好评。

从1998年南疆铁路项目到2013年西藏塔尔钦、措勤等兆瓦级微网等项目的实施，再到如今的西藏双湖特大型微网项目的顺利运行，阳光三星的团队与产品经受了高海拔、复杂电网和复杂负荷需求的种种考验，摆脱了偏远地区铺设电网成本高，施工困难的困境，为西藏人民送去了温暖和光明，让更多的藏民享受到实惠便捷的“绿色电力”。

科华恒盛中标中广核华龙一号首堆项目助力我国核电装备“走出去”

2016年9月，厦门科华恒盛股份有限公司成功中标华龙一号首堆项目——广西防城港核电二期工程，为防城港3-4号机组项目两台百万千瓦级的压水堆核电机组的全部核岛提供直流和交流不间断电源系统，即：防城港核电3、4号机组LOT68A核岛直流和交流不间断电源设备采购项目，该项目中标总价为2999.11万元。

本次中标范围包括防城港核电站3-4号机组核岛充电器、逆变器、充放电装置等设备及备件，以及文件、培训和服务。

科华恒盛的此次中标打破了国外品牌在核岛领域的长期垄断，也是核电领域核岛直流及交流不间断电源系统首次采用国产品牌，为核电整机装备“出海”打下坚实基础。

核级UPS设备是核电厂的重要控制系统保护电源，它的性能与可靠性等级，标志着一个国家在大型核电装备领域的先进化程度。由于技术复杂，受国外设备厂家在核电市场的垄断地位影响，核级UPS设备一直依赖进口，是少有未实现国产化的电气设备之一，严重制约了我国核电项目的自主化建设。科华恒盛自主研发推出的核级UPS设备，打破了国际品牌技术垄断，填补了国内在该技术领域的空白。

科华恒盛核级UPS的主要技术指标达到了国际同类产品先进水平，应用于核岛内部控制中心保护，包括为反应堆控制保护及安全相关系统负荷供电；其设计、工艺、制造、安装、服务严格遵守国际核安全标准和中国国家核安全标准，且经过核安全严苛要求的环境试验、电磁兼容试验及可靠性试验。产品基本包络CPR1000、EPR、ACPR1000、AP1000、华龙一号的技术路线的设备指标要求。

本次中标的广西防城港核电站是我国西部地区和少数民族地区首个核电项目，是西部大开发重点项目之一，由中广核集团与广西投资集团共同投资，中广核集团为主负责工程建设和运营管理，规划建设6台百万千瓦级核电机组，一期工程建设两台单机容量为108万千瓦的压水堆核电机组，二期工程采用装机容量为118万千瓦的“华龙一号”技术。“华龙一号”是具有中国自主知识产权的三代百万千瓦级核电技术，由中广核和中核原先各自研发的三代技术融合而成。

广西防城港核电二期工程的建设，将进一步助力广西加快北部湾经济区和珠江—西江经济带开放发展，其还将成为我国核电技术开拓国际核电市场的桥头堡，为接下来以自主技术带动装备制造等产业大规模走出去奠定关键基础。

目前，我国的核电装机容量占电力总装机容量的比例不足2%，远低于18%的世界平均水平。根据我国的核电发展目标，到2020年我国的核电装机容量占4%，到2030年核电装机容量占10%，到2050年核电装机容量占16%。另据国际原子能机构预计，未来10年除中国外，全球有60至70台100万千瓦级核电机组建设，这意味着海外核电市场空间将达1万亿元。因此，核电项目的发展前景非常广阔，核电设备产业链市场巨大。

作为领先的设备电力保护与节能一体化方案提供商，科华恒盛定位高端，以打造生态型能源互联网为目标，为各领域事业发展提供可靠的电源保障和优质服务。近年来，科华恒盛通过自主研发的高端电源产品方案在核电、工业、交通、通信、金融、政府、国防等各行各业广泛应用。

本次中标中广核华龙一号首堆项目，是科华恒盛挺进核电市场的又一次重大突破，也是科华恒盛高端电源品牌的又一标志性工程，为后续的核电市场开拓和品牌建设，以及实现我国核电“走出去”战略实施打下更坚实的基础。

科华恒盛广州、上海成立数据中心

厦门科华恒盛股份有限公司于2016年3月21日召开了公司2016年第一次临时股东大会，审议通过了《关于控股子公司投资建设数据中心项目的议案》，同意公司控股子公司广东科云辰航计算科技有限责任公司（以下简称“科云辰航”）在广州市经济技术开发区投资建设44090.7平方米的广州科云数据中心项目，项目建成后，预计机柜数量为6000个。

广州科云数据中心项目定位为高端客户提供高等级的数据中心产品及服务，此次与广东电信开展业务合作，同时为深圳市腾讯计算机系统有限公司提供云计算服务，对公司数据中心规模的扩展和盈利能力的提高奠定了坚实基础，是公司数据中心业务发展战略的关键步骤，符合公司的长远利益。

另外，厦门科华恒盛股份有限公司于2015年7月与上海市北高新股份有限公司签署了《合作协议》，双方在云计算基础设施、智慧能源互联网、电动汽车充电运营系统等方面展开合作；公司成立一家独立运营主体，租赁上海市市北高新服务业园区坐落于万荣路 1262、1266、1268 号“云立方”C 栋建筑面积约为 20000 平方米的房屋建设高标准云计算数据中心。

该项目为数据中心建设项目，公司将通过该项目的快速建设，积极推进“云计算 + 安全节能”等多种资源整合落地，为客户提供更优质的服务。该数据中心项目的建成将对公司数据中心规模的扩展和盈利能力的提高奠定坚实基础，是公司业务发展战略的关键步骤，符合公司的长远利益。

科华恒盛开发量子通信业务

厦门科华恒盛股份有限公司在北京、上海、广州等地投资建设数据中心，公司结合数据中心需求正在开展信息安全、大数据、云计算等领域业务，调研市场需求，规划相关产品和技术，与潜在的合作方商讨合作事宜。

公司在信息安全领域拟以下一代安全通信技术——量子通信应用为突破口，与全球领先的量子通信技术公司科大国盾量子技术股份有限公司开展合作，双方于近日签署了《合作备忘录》。

经营范围：信息系统、量子通信、量子计算及通用量子技术开发、应用、咨询、系统集成服务及相关设备、软件生产、销售、服务（应经行政许可的凭许可证经营）。（依法须经批准的项目，将相关部门批准后方可开展经营活动）。

双方共同开发量子通信应用市场，规划相关产品和技术，并针对已有和潜在数据中心用户就“结合量子通信技术与数据存储的服务”的需求和技术方案进行初步调研、客户交流，推动相关业务尽快落地。

公司致力于打造电力安全、通信安全、数据安全为一体的高安全绿色数据中心。此次合作备忘录签署后，公司与科大国盾量子技术股份有限公司共同拓展量子通信技术的应用，有利于提升公司在高安全数据中心业务的发展，为进一步推进公司打造高安全绿色数据中心起了重要作用，符合公司的发展战略和长远规划。

科华恒盛与合普友电开展新能源车战略合作

近日，厦门科华恒盛股份有限公司与合普友电科技有限公司签署了《战略合作框架协议》。

双方发挥各自在新能源汽车电池充电技术上的基础和优势，共同推进国内新能源汽车充电行业发展和应用。双方针对新能源汽车领域，就技术研发、产品规划、商业合作等开展沟通合作；设立新能源汽车充电领域的联合产品实验室，共同开发市场所需要的软硬件产品或零部件产品；结合双方业务发展需要，联合参加新能源汽车市场中的充换电项目投标，共同面对新能源汽车充电服务领域的机遇与挑战。

科华称，公司致力于拓展新能源汽车充电业务，其产品方案已成功应用于北京、上海、深圳、厦门、宁德、莆田、漳州等地，同时也中标民航“油改电”厦门机场充电桩项目。此次战略合作框架协议签署后，公司与合普友电科技有限公司结为战略合作伙伴关系，发挥各自在新能源汽车电池充电技术上的基础和优势，共同推进国内新能源汽车充电行业的应用和发展，符合公司的发展战略和长远规划。

台达电子自营太阳能电厂于日本赤穗市完工揭幕

台达首座自营大型太阳能发电厂——“台达赤穗节能园区”于 2016 年 1 月 15 日完工揭幕。这座位于日本兵库县赤穗市山区、装置容量 4.6MW 的新电厂占地面积 96000 平方米，最有特色是以中型太阳能光伏逆变器打造分布式架构发电系统，以因应不规则地形并提升整体发电效率，为日本最大等级采用分布式系统的特高压太阳能电厂，并联到 33000 伏的电网，预计年发电约 490 万度，相当于供应当地 930 个住户一年用电所需。根据日本可再生能源特别处置法，“台达赤穗节能园区”发电所得电力将全数有偿提供给电力公司，也为台达开创了新的运营模式。

台达电子副董事长柯子兴表示，台达致力于开发高效率产品与解决方案，服务器电源与通信电源转换效率分别高达 96% 与 97.5%，太阳能光伏逆变器也以 98.7% 的高效率领先业界。近年台达更为全球各区域提供的电源与能源管理方案，涵盖可再生能源、数据中心、通信电源、工业自动化等领域，“台达赤穗节能园区”的落成不仅是台达积极布局可再生能源的重要里程碑，同时也以提供清洁能源为环境与城市的可持续性开创新契机。

台达日本分公司总经理柯进兴表示，“台达赤穗节能园区”运用台达长年积累的太阳能光伏发电系统整合技术经验导入分布式系统，创新以 400 伏输出电压的中型太阳能光伏逆变器经过升压后，并联至高达 33000 伏电网，不仅可适应当地高低起伏的地形提供最佳发电效率，也符合日本特高压等级（6600 伏以上发电电压）太阳能发电厂更严格的技术管理要求，充分展现台达以自有产品及系统整合技术打造高效率太阳能发电厂的实力，是台达环保节能理念的在地实践，为可再生能源的普及与地球环境保护贡献一己之力。

“台达赤穗节能园区”采用 17256 片太阳能电池模块，链接共 185 组台达 RPI-M 系列高效率、高抗候性户外型太阳能光伏逆变器进行电力转换，包括 175 组 20kW 的 RPI-M20A 及 10 组 50kW 的 RPI-M50A 逆变器，依园区不规则地形打造分布式太阳能光伏发电系统，简单的系统设计克服了模块设置角度不一的复杂性。此外，与一般采用大型太阳能光伏逆变器的集中式系统相较，分布式系统不需进行大型光伏逆变器安装工事及设置收纳设备，且发电电力来源可分散变换，有效提高发电效率、降低光伏逆变器故障时变电损失、并减少系统维护成本，为电厂业者提供最佳成本效益的解决方案。

台达赤穗节能园区概要

装置容量 4.6MW、年发电 490 万度，为日本最大等级分布式、特高压太阳能电厂

发电业者：台达电子株式会社（台达电子日本分公司）

地点：日本兵库县赤穗市

总占地面积：约96000平方米

太阳能光伏发电设施面积：约63232平方米

发电输出功率：4000kW

并网电压：33000伏（6600伏以上为日本特高压等级）

设备规模：太阳能电池模块4572.84kW（265Wp/片×17256片）、太阳能光伏逆变器4000kW（20kW×175台、50kW×10台）

预计年发电量：约490万度，相当于930户一般家庭的年用电量

台达电子向丹麦太阳能园区供应50.4MW光伏逆变器

台湾电力电子生产商台达电子成功实现将1008台串联逆变器并入丹麦的50.4兆瓦太阳能光伏项目。

此Vandel电力项目包括126个单个400kW太阳能发电厂，建在此前的北约军事基地，占地108公顷。台达德国子公司给欧洲最大的串控地面太阳能公园之一提供并安装了M50A串式逆变器。

太阳能发电厂的发电量足以满足21500个当地家庭的每年电力需求，每年将产生7170万千瓦时的电力。

台达总裁兼EMEA总经理表示："这是我们的光伏逆变器在整个欧洲、中东和非洲地区取得的最大成功案例，该项目的完成是我们取得的一项重要里程碑。台达服务团队的集成专业技术对这个项目的投产至关重要。"

中兴通讯新能源汽车中标深圳西部公交纯电动客车项目

近日，中兴通讯旗下子公司中兴智能汽车有限公司、中兴新能源汽车有限公司联合中标深圳西部公交项目，将为深圳西部公共汽车有限公司提供204台8米纯电动客车及智能充电基础配套服务。中兴通讯与深圳比亚迪、五洲龙、南京金龙等多家新能源汽车龙头企业共同竞标，最终凭借先进的无线充电技术获得认可。

2016年7月，中兴通讯成功收购珠海广通客车组建中兴智能汽车有限公司进入新能源汽车领域，围绕新能源汽车研发、设计、生产制造，车联网应用、大数据、自动驾驶、云计算中心的系统研发与建设运营，打造全新产业板块。目前中兴智能汽车拥有豪华大巴、双层巴士、12米旅游大巴及城际巴士、全铝车身公交等多款自主研发制造的车型，客车产品远销至德国、荷兰、澳大利亚、意大利、以色列、泰国、越南、香港和澳门等多个国家和地区。

深圳西部公交有限公司负责人表示，"西部公交作为深圳三大公交运营公司之一，一直致力于为深圳市民提供安全舒适的公交出行服务。此次204台纯电动客车订单的达成，标志着西部公交同中兴通讯建立起创新型合作运营模式，将为推进深圳智慧城市交通建设发挥先行示范作用。"

易事特增资欣润光伏

易事特集团股份有限公司（以下简称"公司"）于2016年12月22日召开第四届董事会第三十六次会议，审议通过了《关于对全资孙公司滕州欣润光伏发电有限公司进行增资的议案》，公司的全资孙公司滕州欣润光伏发电有限公司（以下简称"欣润光伏"）目前的注册资本为300万元人民币，全资子公司中能易电新能源（深圳）有限公司（以下简称"中能易电深圳"）占总股本的100%。为支持欣润光伏加快推进光伏新能源业务发展，扩大业务规模，董事会同意中能易电深圳以自有资金人民币4700万元对欣润光伏进行增资，增资完成后，欣润光伏的注册资本将由人民币300万元增至人民币5000万元。

经营范围：太阳能发电站的开发、建设与管理；太阳能技术研究、工程项目技术咨询及设计服务；太阳能发电项目的生产、销售及技术服务；农业种植技术开发。（依法须经批准的项目，经相关部门批准后方可开展经营活动）

易事特拟在天津成立子公司作为北方总部基地

据公司的发展战略与规划，加大业务领域的覆盖范围，董事会同意公司与公司的全资子公司易事特新能源（昆山）有限公司以自有资金出资，在天津共同投资设立全资子公司—易事特天津智慧能源有限公司（暂定名，最终以工商行政管理部门核定的为准），作为公司的北方总部基地，主要从事智慧城市、智慧能源、新能源汽车充电设施、智慧停车场系统等业务。该子公司的注册资本拟为2亿元人民币，其中公司认缴4000万元，占总股本的20%，易事特新能源（昆山）有限公司认缴16000万元，占总股本的80%。

经营范围：新能源汽车充电桩及配套设备、光伏设备及元器件、通信系统设备的研发、制造与销售；太阳能分布式发电项目的建设、管理与维护。（依法须经批准的项目，经相关部门批准后方可开展经营活动）

公司拟在天津设立的全资子公司，作为公司的北方总部，大力推进智慧城市、智慧能源、新能源汽车充电设施、智慧停车场系统等业务，进一步提升公司在北部地区的影响力。

易事特中标4788万元青藏线格拉段扩能改造工程通信电源项目

2016年，易事特成功中标青藏线格拉段扩能改造工程通信电源项目，项目价值4788万多元。易事特高品质电源将为青藏线这条"天路"保驾护航，保障列车安全、顺畅地穿行青藏高原，奔驰在世界屋脊之上，必将载入中国乃至世界铁路发展史和光伏发电史。

青藏铁路格尔木至拉萨段（简称格拉段）地处青藏高原腹地，线路基本沿青藏公路南行，沿途要翻越昆仑山、唐古拉山，穿越堆龙曲峡谷，线路全长1136.338公里，其中海拔4000米以上地段长约960公里，多年冻土地段550公里，该线路是世界上海拔最高、冻土路程最长、克服了世界级困难的高原铁路。该段通信电源和关键负荷的应急供电产品将由易事特集团提供，并且由易事特新建的光伏发电系统提供强大电力保障，该系统也将创造目前世界海拔最高的光伏发电系统的记录。

华南电源创新科技园被授予“省低碳创新试点园区”

2016 年 12 月，佛山禅城的华南电源创新科技园正式被授予“广东省低碳创新试点园区”称号。发布会上，佛山首份低碳示范园区建设评价指标体系也同时发布。记者了解到，华南电源创新科技园计划到 2020 年万元产值能耗下降为 0.024 吨标准煤，万元产值碳排放下降为 0.043 吨二氧化碳。

“我们计划再通过两三年，推动该园区低碳建设再上一个台阶，争取申报国家低碳示范园区。”相关工作负责人表示，华南电源创新科技园通过“低碳科技、低碳能源、低碳建筑、低碳交通、低碳生活、低碳管理、低碳服务”7 大任务，重点推动“分布式光伏发电”、“微电网工程”、“低碳产品示范”3 大工程，致力打造“近零排放示范区”。

一直以来，低碳示范园区的定义比较模糊，建设成果缺乏评价依据。2014 年，禅城联合中科院广州能源所依托华南电源创新科技园，开展低碳示范园区评价指标体系的探索研究。经过近 2 年的调研考察，结合园区建设的低碳元素、产业结构、资源环境，佛山首份低碳示范园区建设评价指标体系得以确立，为禅城低碳示范园区建设提供标准体系支撑。

据悉，《华南电源创新科技园低碳示范园区建设评价指标体系》通过对产业园区的“低碳经济与碳排放”、“规划建设”、“能源系统”、“交通减排”、“环境资源”、“运营管理”等方面进行定性与定量相结合的评价，带动园区绿色发展。

深圳汇川：设立联合动力子公司，新能源汽车布局领先市场

深圳市汇川技术股份有限公司（以下简称“公司”）于 2016 年 9 月 13 日在中国证监会指定的创业板信息披露网站上披露了《关于对外投资设立苏州汇川联合动力系统有限公司的公告》，公司拟使用自有资金出资人民币 20000 万元，在江苏省苏州市设立全资子公司苏州汇川联合动力系统有限公司（以下简称“联合动力”）。该子公司主要从事新能源汽车动力总成系统（包括电机控制器、电机、减速机、电源、充电设备、智能控制软件、车联网等产品）的研发、销售与服务。

2016 年 9 月 30 日，联合动力完成了工商注册登记手续，并领取了苏州市吴中区市场监督管理局颁发的企业《营业执照》。

经营范围：新能源汽车动力总成系统、电机控制器、电机、减速机、电源设备、充电设备、智能控制软件的研发、销售与技术服务。（依法须经批准的项目，经相关部门批准后方可开展经营活动）

世界最大单口径射电望远镜 FAST 正式投入使用，先控电气提供供电保障

国家九大科技基础设施之一，有着“超级天眼”之称的 500 米口径球面射电望远镜将在贵州平塘的喀斯特洼坑中落成启用，吸引着世界目光。

专家介绍，天文研究是典型的数据密集型科学，数据的采集、存储、管理、分析和可视化已成为天文学研究的新手段和新流程。作为继实验科学、理论科学、计算科学之后的第四种科学发现的模式，“科学大数据”逐渐成为新的科学发现的基础。FAST 项目正是超级计算与观天大数据完美结合的典型范例。

可以预见，FAST 及其配套投入使用后，我国贵州 FAST 所在地将成为国际天文学界又一重要的科研中心。

作为科学大数据中心供配电系统方案的优秀提供商，先控电气率先面向地球模拟、气象环保、空天大数据、天文探测、深度学习等领域提供最为适宜的供配电解决方案及优秀配套产品。此次为 FAST 配套 CMS 系列高端模块化 UPS 供电系统，先控电气可谓是共建单位之一。

凭借在高可靠性、高可用性数据中心供配电领域领先的技术实力和丰富的行业经验，先控电气承担了支撑 FAST 运行的后端供电工作以及数据采集、存储、管理、分析和可视化的安全用电保障工作。先控电气为其提供的 CMS 系列模块化 UPS 供电系统具有高稳定性、高可靠性、扩容性强、效率高等诸多优势，拥有行业最低谐波，具有更强的带载能力。目前，UPS 系统已经建成并投入使用，满足了 FAST 稳定运行的高标准用电需求，确保天文观测的精度和稳定性。

先控电气成功携手银隆新能源集团，助力新能源产业发展

先控电气以领先的专业态度和雄厚的技术实力，携手银隆集团，参与石家庄公交公司充电项目建设，首期为其提供旗下的直流充电设备及直流电堆充电系统共计 30 余套，全面保障其充电场站内新能源公交车辆的日常充电需求。

银隆新能源凭借当今全球最先进的钛酸锂材料生产技术，成为全球绿色能源解决方案领域的领导者和中国新能源品牌跻身世界的优秀典范，其纯电动客车产品已在北京、石家庄、呼和浩特、邯郸、珠海、湛江、永州、包头、鞍山、齐齐哈尔等多个城市成功运营，成功证明了银隆新能源产品稳定性和可靠性，伴随着 2016 年其新能源客车产销量跃居行业前五名和珠海、邯郸、石家庄、成都、兰州、天津等九大产业基地的战略布局启动，为其成为全球最大的新能源产业旗舰奠定坚实基础。

EVDS 系列直流充电桩，是先控电气应市场需要而推出的一款智能一体化直流充电桩系统，它采用先进的模块化结构设计理念和前沿的电力电子技术。本体主要由监控单元、配电单元和功率模块构成。其中，功率模块采用三相有源功率因数校正技术、交错三电平串联谐振软开关技术和数字化控制技术，具有可靠性高、可用性高、可维护性高、效率高等优点。

直流充电电堆系统，是先控电气在充电领域的又一突破性创新。不同于传统一体式充电桩功率固定不可调的状况，直流充电电堆系统可匹配新能源车辆更多样化的充电需求。通过输出功率的柔性分配，以静制动，根据需求启

动充电模块，动态调节系统输出，使模块工作在最佳状态，充电时间节省30%，模块寿命延长50%，系统效率提升3%。通过智能的功率柔性分配技术，满足充电站内多种电动车同时充电的需求，最大化地发挥充电设备效能，降低投资成本，提高运营回报率。

科士达铁路中间站通信电源通过CRCC产品认证

科士达4月26日晚间公告表示，公司于近日收到中铁检验认证中心颁发的铁路产品认证证书，公司铁路中间站通信电源（系统容量不大于200A，整流模块容量不大于50A）通过CRCC产品认证，证书编号：CRCC10216P12207ROM。

CRCC认证是铁路行业产品的权威性认证，通过该认证是成为铁路系统采购产品的一项必备条件。通信电源产品是公司重要产品系列之一，此次通过CRCC认证，标志着公司已具备铁路系统通信电源相关型号产品供应商资质。随着国内轨道交通建设的快速发展，相关装备制造行业规模快速增长。公司将以此次通过CRCC认证为契机，抓住国内轨道交通行业的发展机遇，加大市场投入，以取得通信电源有利的市场地位，为公司业绩增长提供新的动力。

深圳科士达“高效智能电源系统的集成开发及产业化项目”获得市政府资助

深圳科士达科技股份有限公司与浙江大学深圳研究院、深圳可立克科技有限公司、丰宾电子（深圳）有限公司共同建设的“高效智能电源系统产业创新与建设项目”获得政府资助。

“高效智能电源系统产业创新与建设项目”主要围绕新型电源系统高效率、高可靠性和高度智能化等核心技术问题，开展技术研发与攻关。项目通过战略合作，整合优势资源，在充分发挥高校的前瞻科研优势基础上，实现关键共性技术的突破和创新，将促进深圳电源系统产业链与创新链的高度融合，并有效提升深圳电源产业链整体发展水平和自主创新能力，实现深圳电源系统创新链和产业链的协同发展。公司作为项目牵头单位，同时也是项目中游产业的实施单位，在产业链中发挥了重要的承上启下作用，公司通过产学研用的方式与项目建设单位进行项目技术研究，并积极与产业链上下游企业进行合作，以最终实现高效智能电源产品的产业化及市场化。

公司建设的“高效智能电源系统的集成开发及产业化项目”分三年进行资助：2016年资助人民币1215万元（截至公告日尚未到账）；2017年拟资助人民币1215万元；2018年拟资助人民币1350万元；三年合计拟资助人民币3780万元。实际资助资金以到账时间和金额为准。

深圳科士达南非设立全资子公司

2016年9月14日，深圳科士达科技股份有限公司发布公告：

为完善海外营销网络建设，加大海外市场推广力度，深圳科士达科技股份有限公司使用自有资金约4000万元人民币在南非设立全资子公司南非科士达科技股份有限公司（英文名称：Kstar Science and technology South Africa（PTY）LTD）（以下简称“南非科士达”）。截至目前，南非科士达已经完成注册，并取得了商务主管部门颁发的《企业境外投资证书》（境外投资证第N4403201600876号）。

深圳科士达设立售电全资子公司

2016年8月2日，深圳科士达科技股份有限公司发布公告：

为适应电力体制改革，开拓售电及相关业务市场，深圳科士达科技股份有限公司拟使用自有资金6000万元设立全资子公司深圳科士达售电有限公司（暂定名，最终以工商行政管理部门核准的名称为准，以下简称“科士达售电”）。

经营范围：新能源发电、电力销售；合同能源管理；节能技术推广服务；节能技术开发服务；节能技术咨询、交流服务；能源技术咨询服务；可再生能源领域技术咨询、技术服务；能源管理服务；数据处理和存储服务。

根据国家电力体制改革的思路，将有序向社会资本放开售电业务，鼓励社会资本投资成立售电主体。为适应电力体制改革，开拓售电及相关业务，公司拟成立全资子公司科士达售电，并以该子公司为主体申请相关资质，为售电及相关业务的开展奠定基础。

英飞特敲响深交所开市钟

2016年12月28日9：25，英飞特电子（杭州）股份有限公司（证券代码：300582）在深圳证券交易所敲响开市钟。英飞特董事长华桂潮博士带领公司管理层出席敲钟仪式。

英飞特本次公开发行股票3300万股，其中公开发行新股3300万股，发行价格14.85元/股，新股募集资金4.90亿元，老股转让资金0.00亿元，发行后总股本13200.00万股。英飞特开盘一路高涨，股价一路飘红。

茂硕电源助力国内首个污水处理厂柔性支架光伏电站并网发电

2016年3月，由茂硕新能源承接建造的国内首个污水处理厂柔性支架光伏电站——浙江台州污水处理厂柔性光伏支架光伏电站项目正式并网发电。台州污水处理光伏电站是国内率先采用茂硕电源参股公司浙江国利英核能源有限公司自主创新研发的柔性支架专利技术实现光伏发电应用，该技术成功解决了污水池大跨度以及土地二次利用等难题；其作为全国首个污水处理厂光伏电站示范工程，已迎来来自全国各地千余家企事业单位的参观学习。

国内率先应用的柔性光伏支架技术使污水处理厂实现利用可再生清洁能源治理环境污染的愿景，一方面污水池上土地二次开发利用可充分利用闲置空间；另一方面柔性光伏支架应用也使污水池跨度大难施工的问题迎刃而解。光伏柔性支架正是光伏行业的新力量，开创了新能源光伏电站投建新局面。

茂硕电源与河南省永城市开展新能源战略合作

深圳茂硕新能源科技有限公司是茂硕电源科技股份有限公司的下属控股公司，公司拥有其93.2388%股权比例。近日，茂硕新能源与河南省永城市人民政府签订《新能源项目战略合作框架协议》，协议的主要内容为茂硕新能源拟在永城市辖区内开展如下新能源项目建设：

1）光伏电站项目：茂硕新能源拟在永城市辖区内建设装机容量为30MW的污水处理厂光伏发电站、装机容量50MW的分布式光伏发电项目（家庭、厂矿、大型建筑等建筑设施屋顶）、装机容量100MW的集中式地面光伏农业发电项目。光伏电站项目总投资约人民币15亿元。

2）充电桩运营及新能源汽车租赁项目（以下统称“充电桩项目”）：充电桩项目实际经营范围包括但不限于：新能源汽车充电成套设备、电力设备、电源系统、电池系统及相关软件的设计、研发与生产及技术服务。计算机软硬件及互联网技术开发；芯片设计与研发；通信产品与设备的技术研发；通信产品及设备的技术研发、生产与销售，高低压输电设备生产。电力安装工程及施工；汽车租赁，充电设施运营。充电桩项目总投资约人民币5亿元。

伊顿为阿里巴巴打造世界级顶尖数据中心

近日，伊顿为正式启用的阿里巴巴张北数据中心提供了多元化的数据中心解决方案，为阿里巴巴这座位于中国北方最重要的基础设施的顺利启动贡献了重要力量。

作为世界领先的大数据公司，高效的数据中心是阿里巴巴计算平台的强劲心脏。伊顿作为该中心能源系统的主要供应商之一，提供了关键的不间断电源（UPS）产品、全生命周期服务等全套定制化的能源管理解决方案，帮助客户应对环保与能耗方面的挑战，并实现数据中心向绿色、节能、高效的方向稳步发展。

此次伊顿与阿里巴巴的合作是推动数据中心从标准化向模块化部署的又一次突破，也是伊顿帮助客户建设绿色数据中心的重要实践。随着当前中国UPS市场的迅速发展，客户对数据中心的能源保障有了更高的要求。在这一背景下，伊顿将自身在全球数据中心领域积累的丰富经验与中国客户的实际需求相结合，通过创新技术与产品，在保证运营的安全性和可靠性的同时，有效降低运营成本，减少碳排放。

伊顿电气业务在配电和电路保护、备用电源保护、控制与自动化、照明与安全、架构与布线设备、恶劣和危险环境解决方案与工程服务等诸多领域处于全球专业领先地位。通过业务收购与不断创新，目前伊顿电气业务已成为伊顿最大的业务单元，销售额占公司收入的60%以上，并在全球电气市场处于领先地位。

伊顿与国富光启达成战略合作

2016年7月26日，全球领先的动力管理公司伊顿携手上海国富光启云计算科技股份有限公司（以下简称“国富光启”）在沪举行“国际融合点亮中国”战略合作协议签约仪式，两大行业巨头正式缔结为战略合作伙伴关系。

在“互联网+时代”，全面迈向云计算、绿色、节能、环保、高效的新一代数据中心之路成为互联网行业数据中心发展的必然趋势。伊顿作为全球数据中心关键基础设施领军品牌，在数据中心领域已拥有悠久的历史以及丰富的成功经验，是全球规模大、技术领先的数据中心不间断电源供应商。而国富光启是一家致力于大数据相关技术研发与应用的创新型企业，始终致力于云计算、大数据、教育云等相关技术的研究与开发，有着丰富的项目运营经验。

伊顿电气集团亚太区总裁Brian Brickhouse，伊顿电气集团亚太区高级副总裁兼电能质量业务部总经理柯瑞达（Christopher Butler）、伊顿电能质量业务部伊顿品牌业务大中华区总经理曲颖（Lisa Kuk）、上海国富光启云计算科技股份有限公司董事长范新进，携双方管理层出席了本次签约仪式，共同推动数据中心产业的良性发展。

伊顿电气集团亚太区总裁Brian Brickhouse在开场致词中表示，双方的合作是强者的联合，将携手开拓云计算、大数据领域新局面。伊顿电气集团亚太区高级副总裁兼电能质量业务部总经理柯瑞达（Christopher Butler）向到场嘉宾介绍了伊顿丰富的产品线，并分享了伊顿PQ业务在中国及全球范围内取得的骄人成绩。他提出：“数据中心能耗不断扩大，节能成为政府持续推动的方向，基于此趋势伊顿将借助全球领先的技术和经验并结合当今中国数据中心行业发展趋势，不断推出高能效的产品，携手合作伙伴为中国数据中心市场带来更多创新技术和项目。”

伊顿电能质量业务部伊顿品牌业务大中华区总经理曲颖（Lisa Kuk）女士表示：“此次合作，伊顿希望凭借全球领先的数据中心关键基础设施技术、高效的运营和交付能力、顶尖的技术专家群，结合国富天启强大的研发实力和持续的创新能力以及丰富的项目运营经验和商业信誉，为客户带来更高效的数据中心设计，达到更快速的云部署，打造具有持久生命力的数据中心解决方案。”

双方签订战略合作协议

上海国富光启云计算科技股份有限公司董事长范新进先生认为：“通过此次密切合作，国富光启可借助伊顿领先的品牌、产品、技术和服务优势，有效地提升数据中心建设的综合能力。同时，伊顿也能在国富光启快速发展和大规模建设数据中心的过程中，更加深刻地理解数据中心行业的战略布局和技术发展。双方相辅相成，在渠道、信息、技术、市场方面实现共享，共同致力于数据中心的创新发展，持续提升用户体验。”

作为伊顿“伊带E路”战略的实践行动之一，根据双方签署的战略协议内容，双方将本着优势互补、互惠互利、真诚合作、共同发展的原则，在IDC机房建设、运维及服务管理等方面展开深入的合作，共同打造基于能量存储及控制技术和微电网技术的新一代数据中心设计落地。同时，基于伊顿大学渠道管理学院课程与国富光启教育云平台的结合，双方将共同打造更高效率更低成本的在线教育模式，充分发掘和利用各自领域的优势资源，共同启程“伊带E路，环球动力之旅”，推进相关领域云服务业务大发展和品牌延伸。

此次战略签约作为伊顿客户日系列活动的重要组成部分，全面体现了伊顿正凭借自身的优势驰骋在云计算、大数据及万物互联的新经济时代。未来，伊顿与国富光启将有效整合各方的优势和资源，形成巨大合力，积极响应并贯彻国家有关互联网和数据中心产业的政策，共同推动中国数据中心产业绿色节能高效化发展。

云轨试验线通车 比亚迪正式进入轨道交通领域

地铁是城市主动脉，而单轨则是支流，作为中小运量的单轨，打造立体化的交通网络，把地下、地面、空中全部利用起来，是解决二三四线城市交通拥堵的最佳选择。2016年10月随着云轨试验线的通车，比亚迪正式宣布进入轨道交通领域。

作为全资子公司_ 深圳市比亚迪锂电池有限公司（以下简称比亚迪锂电），负责云轨通信信号电源设备的选型与供应。其中包含UPS电池、智能配电柜、交流配电柜以及列车启动电池等。比亚迪锂电早在2010年就和国内运营商紧密合作，配套通信基站 -48V开关电源、48V整流模块、通信UPS以及48V通信用电池产品，2014年为中国移动研发供应HVDC336V高压直流设备。2014~2016年相继中标电信、移动、联通等集团招标项目。比亚迪锂电池公司在通信电源领域的经验为公司云轨电源任务奠定可靠的基础。

比亚迪青海开发锂资源

2016年6月，比亚迪股份有限公司与青海盐湖工业股份有限公司签署了《盐湖锂资源开发合作框架协议》，在青海设立合资公司从事盐湖锂资源的开发、加工与销售。通过合作，集团实现了在新能源汽车上游核心资源领域的战略布局，完善了集团新能源汽车产业链，为集团新能源汽车未来充足的锂资源供应和原材料成本控制提供了坚实保障。

比亚迪股份有限公司在盐湖提锂吸附剂制备技术上取得重大突破，掌握了从盐湖卤水中提锂的锂吸附剂的制备技术，该科研突破是盐湖商业化提锂的关键。为保障公司实现新能源产业战略目标中锂电池对上游原材料碳酸锂的需求，将公司优势与盐湖锂资源实现紧密结合，公司于2016年10月21日召开第五届董事会临时会议，会议审议通过了关于本公司与青海盐湖工业股份有限公司、深圳市卓域成投资有限公司合作成立“青海盐湖比亚迪资源开发有限公司”（以下简称“新公司”）的事项。

新公司的注册资本金人民币50000万元由各股东以现金方式出资。其中比亚迪公司持有49%股份，现金出资人民币24500万元，青海盐湖工业股份有限公司持有49.5%股份，现金出资人民币24750万元，深圳市卓域成投资有限公司持有1.5%股份，现金出资人民币750万元。

公司与锂资源上游企业加强深度合作和交流，有利于公司实现新能源产业战略目标。公司与青海盐湖工业股份有限公司的战略合作，将有助于推动公司的技术、管理、销售网络尤其是在动力锂电池等方面的优势与盐湖锂资源实现紧密结合，充分发挥各自的技术创新能力、市场开拓能力，以实现合作共赢。

比亚迪完成定增 加码锂电池业务

2016年7月，比亚迪股份有限公司以每股人民币57.40元完成非公开发行252142855股A股，募集资金总额约人民币144.73亿元，发行股份已于深圳证券交易所上市。募集资金将用于铁动力锂离子电池项目扩产、新能源汽车研发项目，以及补充流动资金及偿还银行借款。

比亚迪称，本次非公开发行的完成显著提升了集团的资本实力，为集团新能源汽车业务的持续成长提供了充足的资金支持，为集团战略目标的实现奠下了坚实基础。同时，本次非公开发行也优化了集团的资本结构，有效降低了集团的负债水平和财务费用，对减轻集团财务负担也有显著贡献。

比亚迪中标新能源公交车采购

一、比亚迪股份有限公司控股子公司比亚迪汽车工业有限公司近日参与投标“深圳市西部公共汽车有限公司2016年2919台新能源车辆采购”（以下简称“项目1”）。项目1由深圳市西部公共汽车有限公司委托深圳市综合交通设计研究院有限公司进行公开采购，根据深圳市综合交通设计研究院有限公司2016年7月7日于网站http：//www.ctdri.com发布的项目1公开采购成交公示显示，比亚迪汽车工业有限公司被确定为第一中标候选人合计约壹拾柒亿玖仟陆佰伍拾陆万元人民币（￥179656万元），不含国家和地方政府补贴。

二、比亚迪股份有限公司控股子公司比亚迪汽车工业有限公司近日参与投标“深圳市西部公共汽车有限公司2016年832台新能源公交车采购”（以下简称“项目2”）。项目2由深圳市西部公共汽车有限公司对新增、更新832台新能源中巴车辆采用邀请招标方式进行采购。

2016年7月6日，比亚迪汽车工业有限公司收到深圳市西部公共汽车有限公司的中标通知书，确定比亚迪汽车工业有限公司成为“项目2”采购投标活动“标的1：400辆6米纯电动中巴”及“标的2：432辆7米纯电动中巴”的中标单位。

上述标的金额合计约壹亿玖仟贰佰叁拾贰万元人民币（￥19232万元），不含国家和地方政府补贴。

芯朋微入围新三板创新层

2016年6月18日，全国股转系统（俗称新三板）公布了新三板创新层初选名单，无锡芯朋微电子股份有限公司是无锡市成功入围的集成电路设计企业，有助于提升公司在资本市场中的含金量。

东山精密美国设立投资子公司

苏州东山精密制造股份有限公司通过全资子公司香港东山精密联合光电有限公司，在美国特拉华州投资设立一家全资子公司DRAGON ELECTRONIX HOLDINGS INC.，并通过美国控股公司在美国特拉华州投资设立一家全资子公司DRAGON ELECTRONIX MERGER SUB INC.。本次投资为公司正在筹划非公开发行股票募集资金用于海外资产的收购而设立的。

东山精密近40亿并购MFLX公司

苏州东山精密（002384.SZ）7月28日早间公告显示：美国当地时间7月27日，合并协议生效，美国Multi-Fineline Electronix，Inc.（以下简称“MFLX公司”）成为公司的间接全资子公司，公司收购MFLX公司100%股权完成交割。交割当日，MFLX公司股票在纳斯达克停止交易，将完成退市程序。

早在2016年2月，东山精密发出拟收购MFLX公司100%股权的公告。东山精密及其子公司Dragon Electronix Merger Sub Inc与MFLX公司共同签署了《合并协议》。在合并生效日，Dragon Electronix Merger Sub Inc并入MFLX公司，其独立法人存在即刻终止，MFLX公司将作为合并后的存续公司，并成为东山精密的间接全资子公司。交易总价预计约为6.1亿美元（折合人民币约39.84亿元）。

MFLX公司成立于1984年，2004年在特拉华州重新成立并在纳斯达克上市，是全球专业柔性电路板和柔性电路组件规模大的供应商之一，2014年以6.3亿美元的产值在全球PCB制造商中排名第27位，在专业FPC制造商中排名第5位。其管理总部位于美国，但主要生产基地位于苏州。MFLX公司的产品应用于手机、平板、个人电脑、可穿戴设备及其它电子消费品等领域，销售收入大头来自于智能手机行业，主要客户包括苹果、小米等。

而东山精密业务涵盖精密金属制造和精密电子制造两个领域。精密电子制造业务的主要产品包括LED器件、触控面板和LCM模组，其中，触控面板和LCM模组主要应用于智能手机、平板电脑等消费电子领域。公司方面认为，收购MFLX有助于加强LCM、触控产品和MFLX的FPC产品的共同研发和设计，还可以开拓海外市场和提升国际影响力。

东山精密的并购资金来源包括约2.5亿美元并购贷款融资、约1.6亿美元夹层融资和约2亿美元的自有资金及自筹资金等。

2015年年报显示：东山精密当年营收39.93亿，同比增长13.31%，营业利润为2237.63万元，归属于上市公司股东的净利润为3171.38万元，同比下降27.32%，应收账款为16.9亿元，同比增长41.77%，经营活动产生的现金流量净额为负1.42亿元，净资产收益率为1.39%；金属制品和电子制造产品的毛利率分别为18.87和8.61%，其中电子制造产品的毛利率较同期下降1.22%。

2016年4月，东山精密曾收到深交所关于2015年年报的询问。深交所指出，公司变更了应收账款坏账准备计提比例之后，根据会计师事务所出具的说明，若扣除该项会计估计变更增加的净利润，公司2015年度净利润将由盈利3943万元变为亏损1238万元。深交所还对应收账款的增速与收入增速存在较大差异的原因、净利润和与经营活动产生的现金流量净额存在较大差异的原因等事项进行了询问。

东山精密回复深交所询问表示：目前公司主要客户均为大型通信公司客户或电子专业制造服务商，应收账款的信用期一般为3至6个月，对于1年以上的应收账款公司认为账龄风险较高，则加大了坏账准备的计提比例。同时，公司销售增长，加上不断开拓新的市场和新增客户，使得应收账款增长速度超过收入增速。应收账款和存货等余额的增长高于应付账款及应付票据等的增长，导致经营活动产生的现金流量净额低于归属于上市公司股东净利润。

公告显示，6个月以内的应收账款计提比例由原来的5%下降到0.5%，1到2年内的应收账款计提比例由原来的10%上升到20%，2到3年内的应收账款计提比例由原来的50%上升到60%。

不过，本次收购MFLX公司也并不等同于一定就能为东山精密带来高利润。MFLX公司的经营业绩存在一定波动性，2014财年、2014年第四季度以及2015财年MFLX的营业收入总额分别为6.33亿美元（折合人民币约42.14亿元）、2.1亿美元（折合人民币约13.98亿元）和6.36亿美元（折合人民币约42.34亿元），实现净利润分别为负8453.2万美元（折合人民币约负5.63亿元）、1597.5万美元（折合人民币约1.06亿元）和4508.2万美元（折合人民币约3亿元）。

东山精密指出，如果MFLX公司能保持较强的盈利能力，收购将使合并口径净利润大幅上升；但完成收购当年，受到为完成本次交易将支付的交易费用和融资财务费用的影响，合并报表净利润存在下降可能。

中国移动2016～2018年开关电源集采：华为全标段夺头标

据来自中国移动的官方消息显示，中国移动2016～2018年开关电源集中采购结果已经出炉，在全部三个标段中华为均取得份额第一的成绩，成为本次集采的最大赢家。具体中标信息如下：

第一标段48V分立式开关电源：华为技术有限公司（32.26%）、杭州中恒电气股份有限公司（25.81%）、中达电通股份有限公司（22.58%）、中兴通讯股份有限公司（19.35%）；

第二标段48V壁挂式开关电源：华为技术有限公司（32.26%）、杭州中恒电气股份有限公司（25.81%）、中兴通讯股份有限公司（22.58%）、北京动力源科技股份有限公司（19.35%）；

第三标段嵌入式开关电源：华为技术有限公司（40.00%）、东莞铭普光磁股份有限公司（32.00%）、杭州中恒电气股份有限公司（28.00%）。

按照之前公开的信息，本次集采第一标段48V分立式开关电源5500套；第二标段壁挂式开关电源59500套；第三标段48V嵌入式开关电源25400套。实际采购量以订单为准。

深圳可立克设立惠州变压器子公司

深圳可立克科技股份有限公司于2016年4月21日召开公司第二届董事会第十五次会议，审议通过了《关于设立惠州变压器子公司的议案》，同意公司以货币的方式，出资2500万元人民币投资设立全资子公司—惠州市可立克电子科技有限公司（未核准名），主要负责变压器事业部的经营。公司持有子公司 100% 股权。

经营范围：开发、生产经营大功率变压器、高低频变压器、电感、滤波器等电子产品；从事货物及技术进出口（不含分销、国家专营专控商品）；普通货运。

爱科赛博与西安交大合作项目再获“国家科技进步二等奖”

2016 年 1 月 8 日，中共中央、国务院在北京人民大会堂隆重举行国家科学技术奖励大会。2015 年度国家科学技术奖励共授奖项 302 成果。其中，西安爱科赛博电气股份有限公司与西安交通大学合作的“大功率特种电源的多时间尺度精确控制技术及其系列产品开发”项目荣获“国家科学技术进步二等奖”，公司总经理白小青作为项目团队核心成员代表公司出席了此次国家科技奖励大会。

这是爱科赛博继“供用电系统谐波的有源抑制技术及应用”项目获得 2011 年度“国家科学技术进步二等奖”后，荣获的又一重大国家科学技术奖励。“大功率特种电源的多时间尺度精确控制关键技术”为该公司特种电源关键技术，在加速器电源、航空地面静变电源和特种交流变频电源中成功应用并取得诸多突破性业绩。

爱科赛博已从事特种电源业务近 20 年，为航空军工、加速器、特种工业领域提供先进可靠的大功率电源设备和定制化解决方案，参与多项国家大科学工程和军工重点型号项目，在相关领域享有较高的知名度和美誉度，是国内多领域、规模化的专业特种电源生产企业。

飞仕得与英飞凌汽车电子事业部（ATV）签署产业化合作伙伴协议（PDH）

2016 年 10 月，杭州飞仕得科技有限公司与英飞凌汽车电子事业部（ATV）已完成产业化合作伙伴协议（PDH）的签署。这是杭州飞仕得继与英飞凌工业功率控制事业部（IPC）合作之后，再次与英飞凌在汽车领域达成的合作。根据合作，杭州飞仕得科技有限公司和英飞凌汽车电子事业部将会开展新能源车功率半导体应用技术的研究与应用，重点包括车载高性能 IGBT 驱动技术，车用高功率密度模组可靠性以及寿命，ISO 26262 功能安全标准等领域。飞仕得凭借着在工业领域驱动技术以及 IGBT 模组可靠性方面积累的丰富经验，并结合英飞凌新能源车行业 IGBT 车用模块应用经验以及特点，将为客户开发出极具竞争力的驱动产品，为客户创造价值。

奥能电源斩获国网 2016 充电桩招标项目大包

国网公司 2016 年电源项目第二次物资招标采购（即首轮充电桩招标）中标候选人正式对外公示，杭州奥能电源设备有限公司金榜题名，分别摘取包 8 和包 10 号（占所投标段总金额的 6.88% 综排名跃居第五名）。招标总金额约 8 亿元，共有近 20 家公司分享了 33 个标包。

杭州奥能电源设备有限公司成功中标“国家电网公司 2016 年电源项目第五次物资招标采购”项目。此次奥能电源中标上海充电（桩）站，其充电桩中标占比高达 33.8%，远超其它中标企业，奠定了奥能电源作为中国充电设备前十强的品牌地位。

奥能电源助力世界首个五端柔性直流输电示范工程成功投运

在经历 168 小时的试运行后，世界首个五端柔性直流输电工程——浙江舟山 ±200 千伏五端柔性直流工程正式投运。这是国家电网公司具有完全自主知识产权的重大科技示范工程，也是世界上已投运的端数最多、电压等级最高、单端容量最大的多端柔性直流工程。

杭州奥能电源设备有限公司为这个”世界首个五端柔性直流输电工程”提供了自主研制的智能一体化交流进线柜、交流馈线柜、充电柜、直流联络柜（包含交流主监控、交流采样单元、状态量监控单元、开关量检测单元）。为国家电网公司这个世界先进的多端柔性直流工程贡献了一份力量。为中国高端制造业出了一份力。同时这一工程标志着杭州奥能电源设备有限公司成为国内领先的拥有电源装置等全套自主知识产权设备并实现工程应用的企业，公司在柔性交直流输电技术领域已经处于国内先进水平。

舟山多端柔性直流工程是目前世界上端数最多、同级电压中容量大、运行复杂的海岛供电网络，工程直流电压等级 ±200 千伏，最大输送功率 400 兆瓦，共新建 5 座换流站，同步建设直流线路 141 公里，110 及 220 千伏交流线路 37.7 公里。经过长达三年的前期研究、两年的工程实施、一年的工程建设及三个月的现场调试，舟定站、舟岱站、舟衢站、舟洋站和舟泗站五站顺利解锁。解锁后，相继开展了舟定站定直流电压运行、舟岱站定 160MW 功率运行、舟衢站定 30MW 功率运行、舟洋站孤岛运行、舟泗站定 30MW 功率运行的带功率试验，验证了柔性直流输电定电压、定功率及孤岛运行这三种主要的运行模式。

杭州中恒电气布局苏州售电市场

为响应电力体制改革的需要，加强售电业务的专业化管理，延伸公司能源互联网板块的业务，全面布局售电市场，经协商杭州中恒电气股份有限公司控股子公司苏州中恒普瑞能源互联网科技有限公司与苏州工业园区股份有限公司，拟共同投资设立苏州工业园区中鑫能源综合服务有限公司，并于 2016 年 3 月 21 日签订了《苏州工业园区中鑫能源综合服务有限公司股东协议》（以下简称“投资股东协议”）。

中恒电气称，本次投资是公司积极响应中共中央［2015］9 号文《关于进一步深化电力体制改革的若干意见》提出的逐步放开售电市场相关政策，符合国家电力体制改革方向，符合公司能源互联网发展战略，有利于加深公司各业务板块的融合，充分发挥公司在电力电子领域中的技术优势。本次投资公司将全面布局售电及相关业务市场，进一步提高公司核心竞争力，在能源互联网领域抢占市场先机。

杭州中恒电气子公司被列入北京中关村现代服务业2016年试点项目

根据《财政部发展改革委商务部科技部关于批复中关村现代服务业试点方案的通知》（财建函［2011］32号）及《中关村国家自主创新示范区现代服务业试点扶持资金管理办法》，杭州中恒电气股份有限公司全资子公司北京中恒博瑞数字电力科技有限公司关于“面向电力需求侧的综合能源服务平台”项目被列入中关村现代服务业2016年试点项目。

中恒博瑞“面向电力需求侧的综合能源服务平台”项目建设内容包括软件平台、智能网关和智能终端，以及针对电力需求侧用户的专业能源服务。平台面向终端用户提供综合能源服务的智能互动运营模式。该项目总投资4661万元，获得以奖代补资金541万元。

中恒博瑞作为公司“能源互联网云平台建设项目”的实施主体之一，此次试点项目通过需求侧管理与服务，充分发挥电力专业分析优势，面向广大工商业客户，致力于提升用电安全性、可靠性和经济性，降低综合用能成本。实施过程中获得负荷集成商一级资质，全程参与了北京市电力需求响应试点，减轻电网压力。通过为终端用户提供高附加值专业服务，探索综合能源服务多元化的运营模式，促进公司能源互联网产业加速落地。

上海百纳德电子中标天津地铁、重庆地铁等UPS项目

上海百纳德电子于2016年3月顺利中标天津地铁1号线东延至国家会展中心项目信号系统总承包UPS电源系统项目。地铁信号系统作为城市轨道交通最重要的一部分，预示着该公司产品已在国内高铁、地铁行业得到了广泛认可和较高的知名度。2016年7月起，天津地铁1号线既有线改造项目陆续进入安装、调试、试运行阶段。

2016年5月，该公司再次顺利中标重庆市轨道交通五号线及环线信号系统工程采购项目。

2016年12月19日，上海百纳德电子顺利中标云南文山电视调频骨干转播台不间断电源（UPS）采购安装工程。中标总价645.5万元。该项目工程技术难度大，时间要求紧。公司最后中标，体现了公司的技术优势和服务保障能力得到了业主的认可。

新能力承接加纳DAWA 330kV变电站交直流一体化电源项目

2015年12月，国家主席习近平出席中非合作论坛约翰内斯堡峰会时提议，将中非新型战略伙伴关系提升为全面战略合作伙伴关系，并宣布实施中非“十大合作计划”。此外，中国提出的“一带一路”倡议同非洲国家谋求加快工业化和农业现代化建设的意愿高度契合。随着“十大合作计划”的稳步落实和“一带一路”战略的加快推进，中非合作迎来了重要的历史机遇期，并将展现出更多生机与活力。

加纳作为非洲对华贸易重点国家，与中国经贸关系不断深化。中国已成为加纳吸引外资最大来源国、加纳第一大进口来源地和重要贸易伙伴。

2016年10月，深圳市新能力科技有限公司承接了加纳DAWA 330kV变电站项目的交直流一体化电源屏项目。这是新能力公司承接海外的一个大型的项目，330kV是加纳最高的电压等级，该项目的竣工对于深圳新能力打开加纳电力市场占得先机，为今后开拓更广阔的海外市场奠定了重要基础，具有重大战略意义。

许继电气与福建国网合作设立智能电力子公司

为充分发挥许继电气股份有限公司在电动汽车充换电设施、智能配电网等领域的产品技术和行业领先地位优势，加快培育新的业绩增长点，公司与福建省送变电工程有限公司拟共同出资950万元设立“福州智能电力科技有限公司”。

福建送变电公司是国网福建省电力有限公司的全资子公司，国网福建省电力有限公司与公司控股股东许继集团有限公司同为国家电网公司的全资子公司，本次投资事项构成关联交易。

许继电气称，公司与福建送变电公司共同出资成立合资公司，有助于充分发挥公司在电动汽车充换电设施、智能配电网等领域的产品技术和行业领先地位优势，加快培育新的业绩增长点，提升品牌影响力。

许继电气中标国家电网约9.48亿元

近日，国家电网公司在国家电网公司电子商务平台公示了“国家电网公司2016年扎鲁特-青州±800kV特高压直流工程第一次设备招标采购（招标编号：0711-16OTL07712001-12016）推荐的中标候选人公示”和“国家电网公司2016年扎鲁特-青州±800kV特高压直流工程第一次设备国际公开招标（招标编号：0711-1640SGM12002）推荐的中标候选人公示”，本公司控股股东许继集团有限公司为本次中标候选人之一，预计中标金额合计约为9.48亿元。

许继集团有限公司本次中标情况如下：

编号0711-16OTL07712002标段“换流阀”包1；编号0711-16OTL07712004标段“直流控制保护系统”包1；编号0711-1640SGM12002标段“直流穿墙套管、直流断路器、直流电压测量装置”包5。

创力股份设立合资公司

2016年12月20日，创力股份公告称，公司拟与自然人余琴、叶志龙合资设立上海寻阁信息科技有限公司（暂定名称），注册资本为10000000.00元人民币，其中本公司出资人民币5100000.00元，占注册资本的51%；自然人余琴出资人民币3000000.00元，占注册资本的30%；自然人叶志龙出资人民币1900000.00元，占注册资本的19%。本次对外投资不构成关联交易。

经营范围：从事（计算机软件、信息互联网物通）科技领域内的技术开发、服务咨询转让，计算机系统集成，电子产品、通信设备、监控仪器仪表的制造加工，电子产品、计算机软硬件的销售（以工商部门最终核准的为准）。

创力股份设立两家合资公司拓展医疗行业

2016年12月，创力股份公告称，公司拟与境外自然人漆斌合资设立浙江煜泽科技有限公司。注册资本为10000000.00元人民币，其中本公司出资人民币6900000.00元，占注册资本的69%；境外自然人漆斌出资人民币3100000.00元，占注册资本的31%。本次对外投资不构成关联交易。

经营范围：从事移动互联网平台、医疗技术网络平台的开发、技术的咨询及转让；电子产品计算机信息系统集成的咨询与技术服务；医疗器械产品的研发、咨询、转让及销售（以工商部门最终核准的为准）。

本次对外投资是公司战略发展的需要，由于现代医院资产规模大，种类繁多传统意义上的资产管理方式已经很难适应需要。公司运用自身多年的研发技术累积，开发出一种基于物联网技术的医院资产管理系统，并以此拓展在医疗行业业务。为公司将来在类似领域的拓展打下坚实基础，同时增加企业竞争力。

此外，公司拟与上海柯骏医疗器械有限公司合资设立上海柯焱医疗信息技术有限公司（暂定名称），注册资本为10000000.00元人民币，其中本公司出资人民币4900000.00元，占注册资本的49%；上海柯骏医疗器械有限公司出资人民币5100000.00元，占占注册资本的51%。本次对外投资不构成关联交易。

经营范围：从事（计算机信息、医疗器械）科技领域内的技术开发、技术服务、技术咨询、咨询转让，移动互联网平台、移动互联网平台、物联网技术开发、转让、服务及系统建设，从事（医疗产品、医疗技术网络平台）的设计、技术开发转让咨询服务；仪器仪表、电子产品、机械设备及一类医疗器械；商务咨询、企业管理业务的培训与咨询、投资咨询（以工商部门最终核准为准）。

本次对外投资是公司战略发展的需要，将公司在通信领域多年累计下来的嵌入式硬件开发研制、软件平台搭建、大数据分析等核心技术优势应用在医疗行业上。研发建立远程监测平台，对相关设备进行平台式多维度信息化管理，同时深度分析、挖掘平台的数据价值。为公司将来在类似领域的拓展打下坚实基础，同时增强企业竞争力。

创联电源新三板挂牌

2016年8月19日，常州市创联电源科技股份有限公司在全国中小企业股票转让系统（新三板）挂牌上市，正式进入资本市场，股票简称：创联电源、股票代码838918。

“新三板”是继沪深交易所之后，国务院批准设立的第三家全国性证券交易场所，主要为创新型、创业型、成长型中小企业发展服务，被誉为中国的“纳斯达克”。“新三板”的挂牌是公司成长道路上的一个里程碑，标志着公司正式踏入中国资本市场，公司将充分利用资本市场助推LED产业的发展，同时进一步规范企业的经营运作，增强企业核心竞争力。

高泰昊能推出大型集装箱储能方案以及定制化BMS

2016年高泰昊能推出大型集装箱储能方案，全面进入储能市场，同中天科技、科陆电子、欣旺达、正泰电子、海四达合作，配合集装箱储能项目出口德国等地。

另外，高泰昊能开始定制化BMS，承接项目开发。截至2016年12月份，高泰昊能已经有近9万新能源汽车的项目匹配经验，公司产品已经广泛应用于纯电动乘用车、物流车、中巴车、大巴车等各种车型，2016年与烟台舒驰客车批量合作，配合生产纯电动大巴车、中巴车共计998台套。目前这批新能源汽车在烟台、昌乐、新泰、肥城、临沂等地运营，且运营情况良好。

施耐德数字化开关站助力能源互联网落地

能源互联网在设备领域正加速推进，不少能源企业瞄准了这块巨大的市场，全球电气巨头施耐德更是有备而来。

“物联网在能源行业的具体体现就是能源互联网。通过大数据整合，预计截至2020年物联网将实现500亿台设备互联。而随着电网智能化需求的增加，电网设备也需具备互联互通的能力。”施耐德电气中国区高级副总裁、能源事业部负责人乔轶才在日前举行的施耐德电气数字化开关站发布会上表示，“数字化开关站可加速推动电网的智能化进程，实现更加便捷的运维管理。”

乔轶才认为，在电气化的大趋势下，2020年中国用电量预计将达到6.8～7.2万亿千瓦时，年均增长3.6%到4.8%。面对能耗增长和各类新能源不断接入电网，配电网升级正在如火如荼进行中。配电网的升级改造对现有配电网的安全性与可靠性、执行效率提出了更高的要求。“例如，A+目标区域年平均断电时间执行指标需要从1.5小时减少至5分钟；因执行能力受限和网络复杂程度上升，平均每人需要维护的开关站数量增加30%；受制于设备，新技术无法迅速部署与创造价值等。面临这些挑战，现有配电网的数字化升级势在必行。”

施耐德电气此次发布的数字化开关站成功化解了上述难题：实现了从互联互通的配电设备、区域控制到应用、分析与服务的多层级创新，可帮助A+目标区域降低至少30%的停电时间，并进一步完善运维资源分配，让每一位运维人员能够独立管理的开关站数量达到40个。

记者获悉，施耐德电气的数字化开关站在北京市供电局丰台分局的实践中取得了极佳的效果。通过预知预检和管理系统帮助其随时掌握设备情况，采用移动端运维系统进行故障定位，将顺序控制系统运用在现场操作中，大幅降低传统运维人员的劳动强度，提高了操作安全指标及可靠性。

在该方案的助力下，北京市供电局丰台分局管辖区域内某居民区获得了更加可靠、安全、可持续的供电，停电时长也大幅缩短。同时，该方案也为北京市供电局丰台分局全面实现A+目标（国家电网2020考核指标——A+地区停电时长不超过5分钟/年）提供了有力支撑。

据施耐德电气智能电网解决方案战略经理李忠友介绍，

数字化开关站拥有四大能力：一是，一、二次融合化。设备真正做到一、二次融合化，解决了一、二次设备寿命不同期问题，实现设备全生命周期管理的需要；二是，中低压一体化。打通了从用户表前到低压设备，从低压网络到中压网络的整个配电网络，避免重复投资和硬件软件的不兼容问题，整体提高配网的可靠性和运行效率；三是，移动运维数字化。基于一、二次融合的设备和中低压一体化的网络，应用数字化技术实现移动运维和主动运维，进行及时的故障预警与有效的预防性维护。通过对故障点的提前预知，以及提前排除规避可能发生的大面积停电，实现电网的可靠性和可持续性，提升运维工作的效率，降低运维人员的工作强度，提高运维管理的整体水平；四是，能源互联智能化。让用户终端的能源互联网与配电网实现更好交互，以实现未来需求侧响应的需求。

在中国电科院专家杨红磊看来，“施耐德电气设备资产全生命周期管理的思路将信息进行有效融合与集成，有助于掌握设备检修和运维情况，进行全过程管理，也为下一步电网改造提供依据，有力地降低了成本，延长了设备的生命期。”

高端电源供应商瑞谷科技倒闭

2016 年 7 月 22 日，深圳一家主营电源产品的公司瑞谷科技（深圳）有限公司发布公告称，公司目前经营困难，面临破产。瑞谷科技成立于 2000 年，最早是做通信电源的高端电源，交换机的电源，曾赢得了包括华为、上海贝岭等主流通信设备制造商的认可，在国内通信电源领域是数一数二的佼佼者。

2013 年，瑞谷科技还透露过，其为华为通信电源的最大供应商。不过，由于通信电源行业市场容量有限，2009 年后，瑞谷科技谋求在通信行业应用的基础上，向 LED 和数据中心电源领域发展。通信、太阳能、LED 是瑞谷科技的三大业务板块，LED 业务是转型的重点。

官网资料显示，瑞谷科技（深圳）有限公司是从事高端电源研发、制造的中外合资企业，自主研发、生产集安全、可靠、耐用的电源产品，产品线有基站系统电源、嵌入式电源、标准模块电源、LED 大功率驱动电源、高密度的 AC-DC 及 DC-DC 等电源，主要应用于通信、云计算、新能源、军事、医疗、服务器、LED 照明等可靠性要求很高的领域。

然而，近两年 LED 电源行业竞争愈加激烈，产品利润呈快速下滑趋势，市场需求量增速也不断放缓。有报道称 2015 年 90% 以上的电源企业都非常煎熬。从此前的报道看，瑞谷科技在 2013 年开始，缩减人员规模，其高管也表示，公司在 LED 电源领域花了很大精力，但效果并不明显。LED 产业的领域很广，2013 年瑞谷科技进行了战略调整，定位于高端市场。

2014 年，该公司透露，公司采取大客户直供，中小客户代理的方式来开拓市场；德豪润达、洲明、万润、中山鸿宝、广晟照明、山西光宇、重庆四联等多家国内知名企业都在采用瑞谷的产品。当时该公司还预言其 2014 年大功率销售额有望突破亿元大关。这家企业技术很过硬，在开拓 LED 业务之前，就拥有十多年的通信与军用电源的经验。但在激烈的市场大环境下，其推广战略显然遭遇了诸多问题，转型未能成功，最终竟然以倒闭收场。

上海电气与神华集团合资组建光伏公司

在火电行业去产能的浪潮下，传统电力设备商与行业巨头选择合作涉足光伏领域。

近日，上海电气（2727. HK）发布公告，公司拟与神华集团及 Manz AG 就太阳能电池技术进行合作，组建神华（北京）光伏科技研发和重庆神华薄膜太阳能科技有限公司。上海电气总计出资 4. 95 亿元，占两家公司股权皆为 20% 。

上海电气是一家电力设备制造企业，产品范围包括火电、核电和风电发电及配套设施。

目前，火电相关业务仍然是公司主要的收入来源。2016 年第三季度报告显示，上海电气在手订单 2244. 4 亿元，燃煤发电设备订单 996 亿元，占比 44. 38% 。但伴随着新能源发电比例在社会总发电量中的提升，上海电气近年来正在寻找新的利润增长点。

根据国家统计局数据显示，2011 年至 2016 年前 11 月期间，国内火电发电量占社会总发电量的比重由 82. 84% 下降至 73. 89% 。相对而言，清洁能源比重则有所增加。下图是面包财经根据国家统计局数据绘制的火电占社会总发电量的比重变化图：

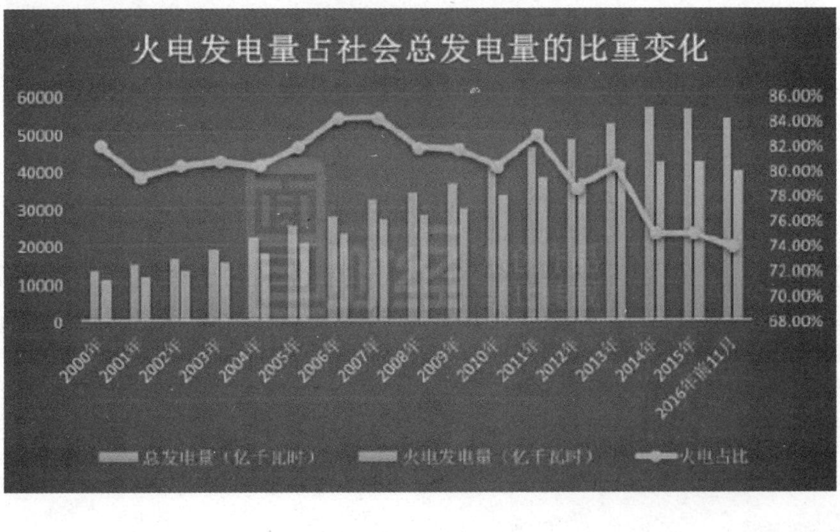

2016 年 12 月发布的《电力发展“十三五”规划》则要求 2015 ~ 2020 年，清洁能源消费比重由 12% 上升至 15%，其中核电与太阳能发电年均发电量增速分别达到 16.5% 和 21.2%。而煤电装机比重由 59% 下降至 55%。

上海电气在 2010 年上海世博会召开之前已经开始布局提升清洁能源业务占比。其 2010 年年度报告称：“全球范围内的碳减排压力日益显现，低碳经济势在必行，新能源产业成为世界经济下一轮发展亮点”。

上海电气逾 66 亿置入大股东旗下资产，欲向高端智能化转型

11 月 14 日晚间，上海电气（601727. SH）披露其重组方案，公司拟以 66.28 亿元的价格向公司大股东-电气总公司发行股份购买相关资产。

公告显示，上海电气欲置入的资产包括：上海集优机械股份有限公司 47.18% 内资股股份（02345. HK）、上海自仪泰雷兹交通自动化系统有限公司 50.1% 股权、上海电气集团置业有限公司 100% 股权，以及电气总公司持有的 26 幅土地使用权及相关附属建筑物等资产。

分析人士认为，此次重组将助力上海电气向高端制造、智能制造、“制造 + 服务”的业务方向转型升级，同时对接国家“一带一路”战略的相关规划，加大公司“走出去”的力度，有望实现上海电气建设成为全球布局、具有国际竞争力的跨国集团的目标。

此外，为提高本次交易整合绩效，上海电气还拟以 7.55 元/股的发行价格，向电气总公司、国盛投资、上海人寿和览海洛桓等非公开发行股份募集配套资金不超过 30 亿元。

上海电气作为中国最大的综合型装备制造业集团之一，旗下有电站、输配电、重工、轨道交通、机电一体化、机床、环保等多项产业与业务。

上海集优主要业务为紧固件、叶片、轴承及刀具的设计、生产及销售。公司 2016 年 1 ~9 月及 2015 年分别实现营业收入 58 亿元和 73 亿元，净利润分别为 1.68 亿元和 1.85 亿元。

自仪泰雷兹专注于为城市轨道交通用户提供完善的列车自动控制系统解决方案，主要提供 SelTrac CBTC 信号系统，TSTCBTC2.0 信号系统，TSTram 现代有轨电车的控制管理系统等产品。公司 2016 年 1 ~9 月及 2015 年分别实现营业收入 5.3 亿元和 6.8 亿元，净利润分别为 4917.61 万元和 5806.49 万元。

电气置业是电气总公司旗下专业的不动产经营管理平台，主要对集团内存量房地产资源进行盘活，主营业务包括集团内不动产管理，存量工业地产的处置及产业发展所需的存量工业地产的开发。公司 2016 年 1 ~9 月及 2015 年分别实现营业收入 10.71 亿元和 4 亿元，分别实现净利润 1.71 亿元和 1.04 亿元。

东方电气股份有限公司签署海外项目合同

2016 年 1 月 22 日，在土耳其伊斯坦布尔，东方电气股份有限公司与土耳其 HEMA Elektrik Uretim A. S.（以下简称“Hema 电力公司”）签署了《Hema 2 ×660MW 超超临界火电项目 EPC 合同》。

东方电气的主要经营范围：能源、矿产、汽车、工业自动化和地产建设等。

东方电气称，此次合同涉及本公司的金额约占本公司 2014 年度营业收入的 11%，公司将按照交货进度生产部件并确认销售收入。

东方电气在海外电站设备供货、EPC 工程总包和服务业务领域已有多年的经验积累，并已成功实施了数十个国内外电站 EPC 工程总包项目。

东方电气股份公司中标埃及煤电站项目

借助“一带一路”契机，2016 年 1 月 21 日，东方电气股份有限公司与埃及电力控股公司签署了埃及汉拉维恩超超临界燃煤电站项目 EPC 总承包合同协议书，项目总装机容量 3960MW，分两期开发，每期为 3 * 660MW，本次所签合同为第一期。东方电气汉拉维恩项目是中国与埃及产能合作机制重点项目，中标总金额：20 亿美元。此次中标总金额约占公司 2014 年度营业收入的 33.71%。

哈尔滨九洲电气与哈尔滨工业大学成立联合实验室

2016 年 12 月 2 日，哈尔滨九洲电气股份有限公司与哈尔滨工业大学签署《成立联合实验室的战略合作协议》，该实验室主要研发领域为铅炭超级电池在储能和动力领域的应用。

九洲电气称，本次协议的签署，符合公司未来的战略发展规划，有利于提升公司研发能力和技术水平。通过与哈工大的合作，可以降低公司的研发成本，提高公司的盈利能力。

深圳市科陆电子与深圳巴士集团开展战略合作

深圳市科陆电子科技股份有限公司（以下简称“公司”）近日与深圳巴士集团股份有限公司（以下简称“深圳巴士集团”）签署了《战略合作框架协议》，双方本着平等尊重、优势互补、示范效应和共同发展的原则，就电动汽车充电基础设施建设、储能应用技术及市场的开发、物流公交化合作等领域建立战略合作伙伴关系。

科陆电子近年来积极拓展新能源汽车充电领域产业链，打造以车、桩联合运营为核心的充电网络智慧云平台，实现互联网、车联网和能源互联网的融合。截至目前，公司在深圳、南昌、无锡等多地都有建设或运营充电站、充电桩的经验。本次与深圳巴士集团签署战略合作框架协议，有利于公司进一步拓展电动汽车充电基础设施的建设与运营领域业务，研究新能源汽车电池梯次利用，共建物流公交化共享体系。

深圳科陆电子中标西藏“金太阳”二期太阳能户用系统工程项目

由于西藏特殊的地理自然条件，偏远、高寒、地处边境等，广大农牧区生产生活用电一直未能有效解决。为解决西藏偏远地区的用电问题，2016 年 9 月西藏自治区政府采购中心对“金太阳”二期太阳能户用系统进行招标。工程项目进行公开采购招标，项目共包含 15 个标段，涉及太阳能户用系统 116466 套，预计能解决 50 多万人的用电问题。

近日，中国政府采购网发布了“西藏自治区政府采购中心‘金太阳’二期太阳能户用系统工程项目政府采购中标公告（2016 第 49 号）”。根据公告，深圳市科陆电子科技股份有限公司被确定为该项目的预中标人，中标总金额为 7566.76 万元。

该项目为离网户用光伏系统，主要实施对象为：原有无电户、新增无电户及已实施“金太阳”示范工程（一期）和其他渠道实施安装了户用系统，但功率不能满足生活用电的用户等。科陆 CL5671B 系列正弦波太阳能离网系统将用于该项目“第一、七、十四、十五标段”，工程涵盖阿里、昌都、那曲、拉萨、山南等 5 个地区共计 26852 套户用系统，总容量为 3625kW。

南都电源签订国内规模最大商用储能电站项目

南都电源 8 月 19 日午间公告，公司同无锡星洲科苑就利用工商业用户用电峰谷电价差，采用削峰填谷模式为园区用户提供储能电站节能方案的投资、运营服务等事宜签订了《储能电站合同》。

合同的主要内容显示，该储能电站建设总功率 \ 容量为 15MW \ 120MWh，其中一期项目建设总功率 \ 容量为 10MW \ 80MWh、二期项目建设总功率 \ 容量为 5MW \ 40MWh 的电力储能电站项目，并根据后续需求进一步增容。双方约定本储能电站于 2017 年 5 月 1 日前通过竣工验收并可用于正式供电。

该储能电站为乙方（南都电源）在甲方（星洲科苑）指定的场地上安装的储能系统，并入甲方的内部电网，在谷值及平值时充电，在峰值放电以获取电价差。乙方投资建设本储能电站并获得电价差、分享政府相关的补贴以及相应的增值收益，甲方获得低于国家电网峰值电价或交易电价的用电、分享政府相关的补贴以及相应的增值收益，以此达到合作共享。

资料显示，无锡星洲科苑公用设施开发有限公司是由无锡市新区发展集团有限公司及新加坡 - 无锡投资控股私人有限公司共同投资设立的外商投资企业，是为无锡星洲工业园区提供综合用能服务的公司，是园区内所有企业的唯一供电方。

南都电源表示，该项目是国内规模最大的商用储能电站项目。公司在配电端提供储能服务，与产业园共同为园区企业提供综合能源服务，结合分布式可再生能源与智能微电网，实现传统能源与新能源多能互补和协同供应。该项目对于公司构建能源互联网、发展多能互补增值服务、探索园区级电力交易模式、优化供能结构将产生重大意义。

上海科泰电源 8 省市设立分公司

2016 年 3 月，科泰电源公告称，在沈阳、重庆、西安、武汉、广州、深圳、南京、河北设立分公司，将进一步完善公司的营销服务网络，加强市场营销及售后服务力度，有利于公司更好地获取和满足客户对产品服务的需求，将对公司的业务拓展和业绩提升产生积极影响。

上海科泰电源投资变频节能混合电源及智能化成套开关设备研发和产业化项目

为更好地发展上海科泰电源股份有限公司节能环保领域业务和输配电成套设备业务，丰富公司产品构成，实现收入来源的多样化，公司拟使用自有资金投资建设变频节能混合电源及智能化成套开关设备研发和产业化项目（以下简称“本项目”）。本项目建设投资为 11516 万元。

科泰电源称，变频节能混合电源设备符合行业发展方向，有助于公司节能环保业务的发展。智能开关设备业务具有良好的发展前景，能够与现有业务形成良好协同。

上海雷诺尔科技主营业务变更

上海雷诺科技公司以发行股份的方式购买浙江春华教育科技有限公司 60% 的股权，相关股权变更登记手续已于 2016 年 12 月 28 日完成。春华教育的主营业务与本公司原主营业务不同，因此本公司主营业务发生变更。

上海雷诺尔科技主营业务为从事软起动器、变频器等电气控制与节能设备的研发、生产与销售。浙江春华教育科技有限公司的经营范围为：教育软件开发、企业管理信息咨询、文化艺术交流策划、成年人的非证书职业技能培训、互联网信息服务、教育信息咨询、经济信息咨询、网络工程服务、电脑及配件、电脑耗材、教学器具销售。

湖北台基半导体设立半导体事业部和泛文化事业部

湖北台基半导体股份有限公司公告称，因公司业务发展及产业战略布局需要，公司于 2016 年 6 月 24 日召开第三届董事会第十四次会议审议通过了《关于设立半导体事业部和泛文化事业部的议案》，董事会同意公司设立“半导体事业部”和“泛文化事业部”。

为积极开展泛文化产业业务，公司正以现金方式收购主要从事泛文化、泛娱乐相关业务的北京彼岸春天影视有限公司。公司拟进入新的市场领域，开展新的业务，主要目的在于提高公司的持续盈利能力，保护广大股东的利益。

江苏银河电子中标中移动子公司

江苏银河电子股份有限公司于 2016 年 11 月 17 日参加了中移物联网有限公司 2016 年定制化新魔百和采购项目的投标工作。公司于近日收到中移物联网有限公司发出的《中标通知书》，公司中标中移物联网有限公司 2016 年定制化新魔百和采购项目总金额为人民币 111324710.00 元。

本次招标货物名称为定制化新魔百和、无线电发射设备型号核准认证、3C 认证等。

中移物联网有限公司，是中国移动通信集团公司出资成立的全资子公司，于2012 年9 月29 日在其前身——中国移动物联网基地的基础上正式挂牌成立，中移物联网有限公司位于“国家新型工业化物联网产业示范基地”重庆市南岸区。

全球光伏逆变器巨头艾思玛进军中国

中国光伏逆变器市场迎来一个重要时刻。在这片市场独霸多年的全球巨擘，德国巨匠艾思玛在关闭丹佛和开普敦两家工厂的同时，也激活了其位于中国长三角的生产线。这或许会让华为和阳光电源“双雄争霸”主导下的中国逆变器市场竞争更加白热化。

8 月23 ~24 日，销售额和利润双项指标排名全球第一的逆变器巨头艾思玛太阳能技术股份公司（SMA Solar Technology AG，下称 SMA）一改往日的低调，一边为其旗下的全新品牌逆变器产品“SMA 兆伏爱索 50000/60000”举行盛大的首秀发布会，同时还邀请中国光伏市场的大批客户前往其位于江苏扬中的制造工厂实地参观，感受这家德国标杆企业“智能化”生产线。

德国逆变器巨头希望能在短期内在中国站稳，并尽快打破双雄争霸的局面。

作为世界上成立最早的逆变器生产厂家，总部位于德国卡塞尔市的SMA，一直以技术创新闻名于业界。其出货量，销售额及利润多年来稳居世界第一的宝座。直到2015年，其销售量冠军名号首次被中国的对手华为摘走。美国知名调查机构 GTM Research 发布的《全球光伏逆变器和MLPE 格局》报告显示，华为在逆变器领域的迅速崛起，功劳正是来源于中国市场的强劲增长。

SMA 中国区的多个高管宣称，此次首秀的 50kW/60kW组串式逆变器产品，是专为中国市场量身定做的新产品。

光伏逆变器是太阳能光伏电站的核心设备之一，被业内视作光伏电站系统的“心脏”，一直以来在光伏产业链上占据重要地位，承担着电能变换、并网控制、电能质量、智能监控、安全保护等光伏电站核心功能的实现任务。

2016 年以来，随着新的光伏补贴政策和地方能源政策的变化，现阶段光伏电站建设逐渐产生了“由西向东、由地面向分布、由粗放向精细”的新趋势。为应对这种趋势，光伏电站的建设供应商也在逐渐推出适应市场变化的新技术和新产品。

在技术上功底深厚、同时在占有量上誓要跟紧中国伙伴的SMA，正努力抓住中国光伏应用市场的节奏。此次新推出的SMA 中国路兆伏爱索50000 逆变器，可灵活应用于工商业屋顶，契合了目前在中国正全面推广的“光伏扶贫”，通过低压并网的中小型分布式电站。同时，SMA 中国兆伏爱索60000 逆变器可广泛应用于大型屋顶，山地丘陵，农光互补等通过中高压并网的 MW 级大中型分布式和地面电站，极大地降低了安装和维护成本，提高用户投资收益。

作为逆变器业的长青树，SMA 并不固步自封，尤其是在领先地位不断受到来自华为、阳光电源以及以色列 SolarEdge 的挑战之后，SMA 的态度及策略也在迅速变化。

2012 年12 月，SMA 与江苏兆伏爱索新能源有限公司签署合同，收购后者 72.5% 的股权。三年多过去，SMA 已经全资拥有这家管理总部位于苏州工业园的中国企业。兆伏爱索是一家专注于逆变器研发与制造的高新技术企业和软件企业。

据 SMA 集团相关人士介绍，SMA 中国兆伏爱索在海外相对比较活跃；同时，并购三年来德国总部一直在对其展开“大手术”，按集团统一标准进行全面的改造。

SMA 中国兆伏爱索已经成为 SMA 全球两大研发基地之一，是 SMA 研发小功率组串式逆变器的主要研发基地。同时，SMA 中国兆伏爱索也是 SMA 全球两大制造基地之一，其众多型号的组串式逆变器产品不但销往亚洲地区，也辐射向全世界的光伏市场。

SMA 中国区总裁、兆伏爱索总经理张勇对记者透露，SMA 中国兆伏爱索今年开始将改变前两年苦练“内功”谨慎开拓市场的战略，在基于高质量产品与优质服务的基础上，积极开拓国内外逆变器市场，提高市场战略的地位，加强销售渠道，国内与国外市场齐头并进。

记者获悉，为备战价格下行带来的压力挑战，SMA 总部刚刚宣布将关闭美国丹佛厂、南非开普敦厂，除了德国本部之外，全球生产重心将逐步转移至中国。

科谷电源正式挂牌新三板

2016 年4 月15 日消息，全国中小企业股转系统公告显示，广东科谷电源股份有限公司的挂牌申请获得批准，并于今日公开转让。

公告显示，科谷电源 2013 年度、2014 年度、2015 年1 ~8 月营业收入分别为 4486.24 万元、7107.57 万元、5903.53 万元；净利润分别为 120.33 万元、275.18 万元、247.43 万元。

科谷电源成立于2008 年6 月6 日，主要从事 LED 驱动电源的研发、生产、销售，为客户提供可靠、高效和智能的 LED 驱动电源产品和解决方案。科谷电源主要产品 LED驱动电源是 LED 照明灯具的重要部件，它能够把电源供应转换为特定的电压电流以驱动 LED 发光。

凯盛股份登陆新三板

5 月30 日，主营业务为“LED 电源、PC 电源等的研发、生产和销售”的广州凯盛电子科技股份有限公司正式登陆新三板。

据悉，凯盛股份 LED 驱动电源产品主要分室内 LED 驱动电源与室外 LED 驱动电源两大系列，拥有近几百种不同型号产品，产品类型横跨室内到室外，产品功率从 3W 至600W 不等，产品范围从用于极端环境下的特殊产品到通用标准产品，几乎覆盖了整个 LED 驱动电源领域。

凯盛股份销售分为直销、经销两种模式，有完整的客服和售后服务系统，未来计划开拓网销模式，其生产模式则分为自主品牌模式、ODM 模式和 OEM 模式。

2016 年1 ~6 月，凯盛股份主营业务收入达约 3188 万元，上年同期主营业务收入约 3653 万元，减幅 12.74%；

毛利率为 25.64%，上年同期毛利率 21.10%，增幅 4.54%。

高频开关电源研发商国耀电子新三板挂牌

2016 年 1 月 4 日消息，全国中小企业股份转让系统公告显示，国耀电子的挂牌申请获得批准，并于今日公开转让，证券代码为：835327。

公告显示，国耀电子 2013 年度、2014 年度、2015 年 1 ~5 月营业收入分别为 9000.49 万元、7696.96 万元、2786.33 万元；净利润分别为 160.08 万元、468.01 万元、148.37 万元。

国耀电子（深圳市国耀电子科技股份有限公司）成立于2002 年6 月13 日，主营业务为高频开关电源和电力电子产品的研发、生产和销售。

国耀电子现有 AC-DC、DC-DC、DC-AC 等各种开关电源产品千余款，单机功率从 5 ~ 15000W 不等，主要产品可分为通信定制电源、通信系统电源、LED 电源、新能源配套等。在通信定制电源领域，是华为、中兴等国内知名通信设备厂商的供应商，产品应用在国内外的通信设备上。

第六篇　科研与成果

2016年度国家科学技术奖电源及相关领域获奖成果

2016年度国家自然科学基金电源及相关领域立项项目

2016年中国电源及相关领域授权专利情况分析

电源相关科研团队简介（按团队名称汉语拼音顺序排列）

1. 安徽大学-工业节电与电能质量控制省级协同创新中心
2. 安徽工业大学-优秀创新团队
3. 北京交通大学-电力电子与电力牵引研究所团队
4. 重庆大学-电磁场效应、测量和电磁成像研究团队
5. 重庆大学-高功率脉冲电源研究组
6. 重庆大学-节能与智能技术研究团队
7. 重庆大学-无线电能传输技术研究所
8. 重庆大学-系能源电力系统安全分析与控制团队
9. 重庆大学-新型电力电子器件封装集成及应用团队
10. 重庆大学-周雒维教授团队
11. 大连理工大学-电气学院运动控制研究室
12. 大连理工大学-特种电源团队
13. 大连理工大学-压电俘能、换能的研究团队
14. 电子科技大学-功率集成技术实验室
15. 电子科技大学-国家863计划强辐射实验室电子科技大学分室
16. 东南大学-江苏电机与电力电子联盟
17. 福州大学-功率变换与电磁技术研发团队
18. 福州大学-智能控制技术与嵌入式系统团队
19. 广西大学-电力电子系统的分析与控制团队
20. 国网江苏省电力公司电力科学研究院-电能质量监测与治理技术研究团队
21. 国网江苏省电力公司电力科学研究院-主动配电网攻关团队
22. 哈尔滨工业大学-电化学电源健康管理创新团队
23. 哈尔滨工业大学-电力电子与电力传动研究团队
24. 哈尔滨工业大学-电能变换与控制研究所
25. 哈尔滨工业大学-模块化多电平变换器及多端直流输电团队
26. 哈尔滨工业大学-先进电驱动技术创新团队
27. 哈尔滨工业大学（威海）-可再生能源及微电网创新团队
28. 合肥工业大学-张兴教授实验室
29. 河北工业大学-电池装备研究所
30. 河北工业大学-电器元件可靠性团队
31. 湖南大学-电动汽车先进驱动系统及控制团队
32. 湖南大学-工业高效电能变换与电能质量控制理论与新技术研究团队
33. 华北电力大学-电气与电子工程学院新能源电网研究所
34. 华北电力大学-先进输电技术团队
35. 华北电力大学-直流输电研究团队
36. 华东师范大学-微纳机电系统课题组
37. 华南理工大学-电力电子系统分析与控制团队
38. 华中科技大学-半导体化电力系统研究中心
39. 华中科技大学-创新电机技术研究中心
40. 华中科技大学-电气学院高电压工程系高电压与脉冲功率技术研究团队
41. 华中科技大学-高性能电力电子变换与应用研究团队
42. 吉林大学-地学仪器特种电源研究团队
43. 江南大学-新能源技术与智能装备研究所
44. 兰州理工大学-电力变换与控制团队
45. 辽宁工程技术大学-电力电子技术及其磁集成技术研究团队
46. 南昌大学-吴建华教授团队
47. 南昌大学-信息工程学院能源互联网研究团队
48. 南京航空航天大学-高频新能源团队
49. 南京航空航天大学-国家国防科工局“航空电源技术”国防科技创新团队、“新能源发电与电能变换”江苏省高校优秀科技创新团队
50. 南京航空航天大学-航空电力系统及电能变换团队
51. 南京航空航天大学-航空电能变换与能量管理研究团队
52. 南京航空航天大学-模块电源实验组
53. 南京理工大学-自动化学院先进电源与储能技术研究所
54. 清华大学-电力电子与电气化交通
55. 清华大学-新能源与节能控制研究中心
56. 山东大学-分布式新能源技术开发团队
57. 陕西科技大学-新能源发电与微电网应用技术团队
58. 上海大学-新能源电驱动团队
59. 上海海事大学-电力传动与控制团队
60. 上海交通大学-风力发电研究中心
61. 四川大学-高频高精度电力电子变换技术及其应用团队
62. 天津大学-自动化学院电力电子与电力传动课题组
63. 同济大学-磁浮与直线驱动控制团队

64. 同济大学-电力电子可靠性研究组

65. 同济大学-电力电子与电气传动研究室

66. 同济大学-电力电子与新能源发电课题组

67. 武汉大学-大功率电力电子研究中心

68. 武汉理工大学-电力电子系统可靠性与控制技术研究团队

69. 武汉理工大学-夏泽中团队

70. 武汉理工大学-自动控制实验室

71. 西安电子科技大学-电源网络设计与电源噪声分析

72. 西安交通大学-电力电子与新能源技术研究中心

73. 西安理工大学-电力电子技术与特种电源装备研究团队

74. 西南交通大学-电能变换与控制实验室

75. 西南交通大学-高功率微波技术实验室

76. 西南交通大学-列车控制与牵引传动研究室

77. 西南交通大学-汽车研究院

78. 厦门大学-微电网课题组

79. 湘潭大学-智能电力变换及其应用技术

80. 燕山大学-可再生能源系统控制团队

81. 浙江大学-GTO 实验室

82. 浙江大学-陈国柱教授团队

83. 浙江大学-电力电子技术研究所徐德鸿教授团队

84. 浙江大学-电力电子学科吕征宇团队

85. 浙江大学-何湘宁教授研究团队

86. 浙江大学-马皓教授团队

87. 浙江大学-石健将老师团队

88. 浙江大学-微纳电子所韩雁教授团队

89. 浙江大学-智能电网柔性控制技术与装备研发团队

90. 中国东方电气集团中央研究院-智慧能源与先进电力变换技术创新团队

91. 中国工程物理研究院流体物理研究所-特种电源技术团队

92. 中国科学院电工研究所-大功率电力电子与直线驱动技术研究部

93. 中国科学院-近代物理研究所电源室

94. 中国矿业大学（北京）-大功率电力电子应用技术研究团队

95. 中国矿业大学-电力电子与矿山监控研究所

96. 中国矿业大学-信电学院 505 实验室

97. 中国人民解放军海军工程大学-电力集成创新团队

98. 中科院等离子体物理研究所-ITER 电源系统研究团队

99. 中山大学-第三代半导体 GaN 电力电子材料与器件研究团队

100. 中山大学-绿色电力变换及智能控制研究团队

电源相关科研项目介绍（按照项目名称汉语拼音顺序排列，只列出第一完成单位）

1. “十二五”国家科技支撑计划重大项目子课题“高速磁浮半实物仿真多分区牵引控制设备研制”

2. “新型超大功率场控电力电子器件的研制及其应用”项目中子课题“新型高压场控型可关断晶闸管器件的研制与应用”

3. ±160kV 多端柔直柔性直流输电示范工程 —青澳换流站换流器及阀控系统

4. 4500m 水下 HMI 灯灯具的开发

5. 7MW 级风电发电机产业化关键技术研发

6. PLC 选主、组网、路由项目

7. 变模态柔性变流器

8. 变频空调室外无高压电解电容控制系统开发

9. 超大型超导式海上风电机组设计技术研究

10. 城际列车动力驱动系统升级与国产化

11. 纯电动汽车动力电池系统热管理分析与设计优化

12. 磁悬浮垂直轴外转子风机的风光互补路灯

13. 磁悬浮垂直轴自调桨距风力发电机

14. 电动汽车充电对电网的影响及有序充电研究

15. 电动汽车驱动电机系统开发

16. 电动汽车与电网互动技术研究

17. 电力电子混杂系统多模态谐振机理及其多功能复合有源阻尼抑制技术

18. 电力电子系统非线性分析与控制方法研究

19. 电能质量高级分析关键技术研究及应用

20. 电潜泵采油井下多参数综合测量关键技术研究

21. 电压跌落随机预估基础理论以及动态电压校正的实验研究

22. 电压暂降特性分析与评估指标研究

23. 调控一体化模式下高智能综合防误管理系统研发及产业化

24. 多电飞机高速涡轮发电机独立供电系统能量匹配过程机理研究

25. 多源分布式新能源发电直流供电运行控制技术研究与应用

26. 分布式新能源并网检测与运维管理技术研究与应用

27. 风光互补交流母线系统关键技术研究

28. 风力发电中电力电子变流装置可靠性概率评估模型及寿命在线预测的研究

29. 功率变换器 EMI 高频段特性及其控制技术研究

30. 功率变换器磁元件磁芯损耗关键技术研究

31. 功率变换器磁元件电磁兼容磁电综合模型研究

32. 功率差额补偿型嵌入式光伏系统的拓扑与控制技术研究

33. 故障条件下电能质量调节器的强欠驱动特性与容错控制研究

34. 光伏发电系统中开关电容微型逆变器及其控制研究

35. 轨道交通用大功率永磁同步牵引电机专用方案分析与设计

36. 混合动力车用新型无刷化复合结构永磁电机系统的理论和实用技术研究

37. 基于电流预测控制的永磁交流伺服系统在线参数自整定控制策略

38. 基于分布式最大功率跟踪光伏优化器研究

39. 基于交互式多模型的交流电动机无速度传感器控制

抗差机理与控制方法研究

40. 基于九开关变换器的双馈风电系统研究

41. 基于模块化电压源换流器的多端直流输电系统关键技术研究

42. 基于全阶状态观测器无速度传感器矢量控制

43. 基于神经网络的微电网阻抗测量关键技术研究

44. 基于实时仿真的风电场SVG控制保护装置检测平台

45. 基于双级矩阵变换器的交流起动/发电机系统的控制策略

46. 截止型EC电路短路火花放电机理及关键技术研究

47. 开放式高档数控系统、伺服装置和电机成套产品开发与综合验证

48. 开关电源传导EMI的仿真预测频率扩展技术

49. 考虑电源噪声的DDR信号快速时域分析

50. 考虑基波频率动态行为的交流分布式电源系统稳定性研究

51. 可再生能源发电中功率变流器的可靠性研究

52. 空间电压矢量的异步电动机软起动器

53. 利用STATCOM提高HVDC运行可靠性的机理研究

54. 脉冲序列调制开关功率变换器控制技术研究

55. 面向新能源发电负荷应用的混合多电平并网逆变器研究

56. 面向智能电网的蛛网动态多径链路路由机理研究

57. 内置式永磁同步电机效率在线优化控制方法研究

58. 柔性直流供电关键技术研究

59. 三电平光伏发电逆变系统及光伏电池组件关键技术研究

60. 三相并网变流器在电网暂态故障情况下的安全运行与控制研究

61. 双级矩阵变换器高抗扰性解耦控制

62. 双馈风电场的电网不对称故障穿越问题研究

63. 双馈风电功率变换器检测系统故障自诊断及重构方法研究

64. 伺服驱动系统机械谐振抑制技术研究

65. 微电网预估技术及其智能光伏逆变器开发

66. 无称重传感器电梯高效无齿轮永磁曳引系统控制方法研究

67. 锌空燃料电池极片干嵌法成形过程控制的理论与技术

68. 新能源电池电芯干燥系统研究与开发

69. 新能源电池极片轧制装备开发

70. 新能源发电系统接口三态开关变换器的控制技术与动力学特性

71. 新能源汽车能量变换与运动控制的安全运行关键技术

72. 新能源汽车整车控制与电池管理系统关键技术研究（重大前沿）

73. 忆阻器的动力学特性及其在电力电子软开关电路中的应用

74. 抑制电网无源补偿支路谐振的有源频变电阻控制策略研究

75. 云南电网与南方电网主网鲁西背靠背直流异步联网工程—±350kV/1044MW换流站及阀控系统的研制任务

76. 直流微电网的暂态特性分析及其控制策略研究

77. 中车唐山机车车辆公司的无弓受流系统

78. 中压大功率静止无功发生器（SVG）的研制

79. 主动配电网谐振生成机理与模态分析方法研究

80. 自配置非对称无线蜂窝网供电机制及关键技术研究

2016年度国家科学技术奖电源及相关领域获奖成果

序号	项目名称	奖种	获奖等级	主要完成人	主要完成单位
1	碳基纳米电子器件及集成	自然科学奖	二等奖	彭练矛、张志勇、丁力、王胜、梁学磊	北京大学
2	高增益电力变换调控机理与拓扑构造理论	自然科学奖	二等奖	何湘宁、李武华、杨波、张军明、钱照明	浙江大学
3	直流配电系统大容量断路器快速分断技术及应用	技术发明奖	二等奖	荣命哲、吴翊、杨飞、纽春萍、王小华、朱忠建	西安交通大学、大全集团有限公司
4	±800kV特高压直流输电换流阀关键技术及应用	技术发明奖	二等奖	汤广福、查鲲鹏、邱宇峰、崔翔、贺之渊、魏晓光	国网智能电网研究院、中电普瑞电力工程有限公司、华北电力大学
5	互联电网动态过程安全防御关键技术及应用	科学技术进步奖	一等奖	汤涌、孙华东、易俊、宋新立、仲悟之、林伟芳、张剑云、刘文焯、罗剑波、李文锋、何俊、宋新立、仲悟之、林伟芳、张剑云、刘文焯、罗剑波、李文锋、何剑、卜广全、文劲宇、张恒旭、郭为民	中国电力科学研究院、国网河南省电力公司、南京南瑞集团公司、国网新疆电力公司、华中科技大学、山东大学
6	风电机组关键控制技术自主创新与产业化	科学技术进步奖	二等奖	王维庆、武钢、王海云、唐浩、范文慧、李强、李健、张龙钦、乔元、王明江	新疆金风科技股份有限公司、新疆大学、国网新疆电力公司
7	电网大面积污闪事故防治关键技术及工程应用	科学技术进步奖	二等奖	宿志一、梁曦东、陈原、范建斌、吕军、李庆峰、吴光亚、钱之银、周军、阎东	中国电力科学研究院、清华大学、华北电力科学研究院有限责任公司、华东电力试验研究院有限公司、国网河南省电力公司、国网山东省电力公司、国网辽宁省电力有限公司
8	新能源发电调度运行关键技术及应用	科学技术进步奖	二等奖	王伟胜、刘纯、薛峰、黄越辉、丁明、冯双磊、董存、盛小军、潘磊、陶磊	中国电力科学研究院、南京南瑞集团公司、合肥工业大学、国电联合动力技术有限公司、深圳市禾望电气股份有限公司、阳光电源股份有限公司
9	配电网高可靠性供电关键技术及工程应用	科学技术进步奖	二等奖	王成山、沈浩东、于建成、盛万兴、刘海涛、胡列翔、蒋菱、赵仰东、刘洪、王旭东	国网天津市电力公司、中国电力科学研究院、国网浙江省电力公司、国电南瑞科技股份有限公司、天津大学、天津天大求实电力新技术股份有限公司
10	大型汽轮发电机组次同步谐振/振荡的控制与保护技术、装备及应用	科学技术进步奖	二等奖	吴景龙、郭锡玖、谢小荣、张涛、李向良、薛惠民、蒋晓荣、毕天姝、梁志福、刘平	北方联合电力有限责任公司、华北电网有限公司、华北电力大学、北京四方继保自动化股份有限公司、清华大学、华北电力科学研究院有限责任公司、内蒙古上都发电有限责任公司
11	用于集成系统和功率管理的多层次系统芯片低功耗设计技术	科学技术进步奖	二等奖	杨银堂、朱樟明、刘帘曦、吴建兴、唐波、王良清、顾华玺、刘毅、丁瑞雪、周端	西安电子科技大学、杭州士兰微电子股份有限公司、成都启臣微电子有限公司、深圳国微技术有限公司
12	高性能光伏发电系统关键控制技术与产业化应用	科学技术进步奖	二等奖	张承慧、陈阿莲、张洪亮、宋爱珍、杜春水、曹华斌、段彬、张光先、勾宪芳、邢相洋	山东大学、山东奥太电气有限公司、中节能太阳能科技股份有限公司

2016年度国家自然科学基金电源及相关领域立项项目

批准号	名　称	项目类别	依托单位	项目负责人	批准年度
51690180	高功率密度电机系统非线性时变表征与可靠运行机制	重大项目	天津工业大学	夏长亮	2016年
51690181	高功率密度电机系统多物理因素映射规律与耦合机理	重大项目	中国人民解放军海军工程大学	王东	2016年
51690182	高功率密度电机系统服役规律与可靠运行机制	重大项目	哈尔滨工业大学	李立毅	2016年
51690183	高功率密度电机系统协同调控机制与综合设计方法	重大项目	天津工业大学	夏长亮	2016年
71690245	能源体系变革的规律与驱动机制研究	重大项目	北京航空航天大学	范英	2016年
11634002	Si衬底上氮化物半导体异质结构材料和功率电子器件相关物理问题研究	重点项目	北京大学	沈波	2016年
51637007	电力系统安全性框架下并网电力电子变流器运行韧性分析及评估研究	重点项目	武汉大学	查晓明	2016年
61631021	宽频段全数字发信机设计理论与关键技术	重点项目	中央军委装备发展部第六十三研究所	姚富强	2016年
11672209	基于概率密度演化理论的大型海上风力发电高塔系统随机响应与整体可靠性研究	面上项目	同济大学	陈建兵	2016年
11672217	GaN基半导体/Terfenol-D复合结构磁-力-电-光多场耦合行为研究	面上项目	西安电子科技大学	金科	2016年
11672240	电磁气动弹性能量收集中的电-磁-流-固多场耦合问题	面上项目	西北工业大学	谷迎松	2016年
11674258	钙钛矿太阳能电池中Cu12Sb4S13量子点空穴传输层的电荷传输机理研究	面上项目	武汉理工大学	刘曰利	2016年
11675017	随机热机的非线性响应关系及其功率涨落定理和效率涨落定理研究	面上项目	北京师范大学	涂展春	2016年
11675049	HL-2A和HL-2M托卡马克中子产额标定研究	面上项目	核工业西南物理研究院	袁国梁	2016年
11675212	非均匀波导阵抑制低杂波天线烧蚀和提高电流驱动效率研究	面上项目	中国科学院合肥物质科学研究院	贾华	2016年
11675238	空气中以雪崩模式工作的阻性气体电子倍增器	面上项目	中国科学院近代物理研究所	鲁辰桂	2016年
21673035	赝电容负极材料储能电位区间调控及其在多级三维导电碳基底上的原位生长	面上项目	东北大学	刘晓霞	2016年
21673251	二维和频振动光谱研究直接甲醇燃料电池阳极电催化机理及能量转移	面上项目	中国科学院化学研究所	郭源	2016年
51673138	高比功率柔性钙钛矿太阳能电池制备及性能研究	面上项目	苏州大学	李耀文	2016年
51673139	非富勒烯类聚合物太阳能电池中能量损失的研究	面上项目	苏州大学	周祎	2016年
51674033	基于立磨机关键参数的介质运动特性及输入功率预测模型研究	面上项目	北京矿冶研究总院	卢世杰	2016年
51675009	介、宏观双尺度下风电主传动系表面损伤的多场耦合演化机理研究	面上项目	北京工业大学	张建宇	2016年

（续）

批准号	名　称	项目类别	依托单位	项目负责人	批准年度
51675042	未来工况在线重构方法及在插电式混合动力汽车中的应用	面上项目	北京理工大学	何洪文	2016 年
51675054	抑气促溶微细电解加工脉冲电源及基础工艺研究	面上项目	北京信息科技大学	孔全存	2016 年
51675220	针对超低风速风力发电关键问题的蝎子蛊毛风电转换机理仿生研究	面上项目	吉林大学	张俊秋	2016 年
51675364	压力容积调控工程装备动势能液电协同储用理论与方法	面上项目	太原理工大学	程珩	2016 年
51675381	复合功率分流混合动力系统全过程多目标变时尺非线性模型预测控制	面上项目	同济大学	赵治国	2016 年
51675400	面向穿戴机械的机液耦合人体行走能量再生原理及液压能调控方法	面上项目	西安交通大学	施虎	2016 年
51675524	新型高集成度高功率密度热动力电源系统基础理论研究	面上项目	中国人民解放军国防科学技术大学	徐小军	2016 年
51677016	电压源型变流器群与电网动态互联系统的稳定性分析及控制	面上项目	重庆大学	孙鹏菊	2016 年
51677021	空穴气增强型高压 GaNHEMT 机理与新结构研究	面上项目	电子科技大学	罗小蓉	2016 年
51677030	配电网单相接地故障柔性自适应消弧方法研究	面上项目	福州大学	郭谋发	2016 年
51677049	中压三电平永磁全功率风电变流器多目标优化及双模式并网控制研究	面上项目	合肥工业大学	张兴	2016 年
51677050	分布式发电单相并网逆变器的新型功率解耦及控制方法	面上项目	合肥工业大学	张榴晨	2016 年
51677057	风电场/群次同步振荡的电力电子模型化研究	面上项目	黑龙江科技大学	苏勋文	2016 年
51677063	模块化级联多电平并网逆变系统功率平衡与电能质量协同控制理论研究	面上项目	湖南大学	欧阳红林	2016 年
51677067	风电功率概率区间预测方法研究	面上项目	华北电力大学	杨锡运	2016 年
51677071	基于风险价值的含规模风电电力系统网架重构方案优化	面上项目	华北电力大学(保定)	刘艳	2016 年
51677072	基于云平台的电网设备监测井喷大数据的接收与并行分析	面上项目	华北电力大学(保定)	朱永利	2016 年
51677076	考虑大气污染扩散的多异质性能源电力系统协同发电优化及容量配置研究	面上项目	华中科技大学	娄素华	2016 年
51677085	基于电压自适应层叠式能效优化的宽增益范围 AC/DC 变换方法与关键技术研究	面上项目	南京航空航天大学	吴红飞	2016 年
51677090	新型高转矩密度无源转子容错横向磁通电机的基础研究	面上项目	南京航空航天大学	陈志辉	2016 年
51677091	电力电子变换器输出电解电容 ESR 和 C 的非侵入式在线辨识关键技术研究	面上项目	南京理工大学	姚凯	2016 年
51677103	永磁电机-电力电子装置系统电磁振动与减振技术研究	面上项目	清华大学	王善铭	2016 年
51677110	海上风机雷击电弧冲击损伤机制与高频次生电磁效应	面上项目	山东大学	张黎	2016 年

（续）

批准号	名　称	项目类别	依托单位	项目负责人	批准年度
51677124	综合能源微网多态虚拟储能系统精细化建模与协调控制技术研究	面上项目	天津大学	穆云飞	2016年
51677129	面向大功率微电网和微网群的多重化电流源变流器关键技术研究	面上项目	天津大学	何晋伟	2016年
51677132	动态耦合无线电能传输过程中高频电磁力作用与平抑方法研究	面上项目	天津工业大学	张献	2016年
51677142	适用于低频输配电系统的新型模块化多电平交交变流器关键技术研究	面上项目	西安交通大学	孟永庆	2016年
51677151	复杂弱电网中并网变流器系统稳定性的分析测评与增强控制	面上项目	西安理工大学	同向前	2016年
51677154	牵引供电系统谐波不稳定机理及抑制方法研究	面上项目	西南交通大学	胡海涛	2016年
51677156	基于阻抗特性的高速列车牵引变流系统谐波谐振稳定性研究	面上项目	西南交通大学	葛兴来	2016年
51677157	基于燃料电池系统集群的多源混合动力系统效率优化方法研究	面上项目	西南交通大学	刘志祥	2016年
51677160	极端气候条件下构建智能电网弹性运行策略的基础性研究	面上项目	香港大学深圳研究院	侯云鹤	2016年
51677166	大容量IGBT模块结温的非侵入性在线提取原理研究	面上项目	浙江大学	李武华	2016年
51677181	电极聚焦式电阻抗断层成像方法研究	面上项目	中国科学院电工研究所	李士强	2016年
51677192	破甲弹爆炸准液态金属磁流体发电的高功率脉冲电源研究	面上项目	中国人民解放军装甲兵工程学院	张万君	2016年
51677193	强励双馈风电系统及其在严重电网故障下的优化控制研究	面上项目	中国石油大学(华东)	赵仁德	2016年
51677194	灵活互动光伏智能微电网的协调控制与优化配置	面上项目	中南大学	董密	2016年
51677195	有源解耦电路拓扑构造与控制策略的研究	面上项目	中南大学	粟梅	2016年
51678305	近海风电单桩基础水平承载特性和结构动力特性演化规律及减振控制研究	面上项目	南京航空航天大学	程晔	2016年
51679095	抽蓄储能风光互补智能微网多尺度控制研究	面上项目	华中科技大学	李超顺	2016年
51679106	负载突变下光柴储船舶微网能量动态控制策略研究	面上项目	集美大学	俞万能	2016年
51679171	共振波力发电PTO系统最佳功率控制	面上项目	武汉大学	陈启卷	2016年
61671149	Q波段高速宽带无线通信发信机的关键技术研究	面上项目	东南大学	朱晓维	2016年
61671154	结合智能电网技术的协同通信资源优化配置研究	面上项目	复旦大学	王昕	2016年
61671216	基于骨架的传感器网络充电和路由联合设计研究	面上项目	华中科技大学	彭凯	2016年
61671244	基于跨网合作认知异构网络资源分配与调度理论研究	面上项目	南京理工大学	徐雷	2016年
61671315	低功耗远距离无线无源传感网理论与关键技术研究	面上项目	苏州大学	刘学观	2016年
61671343	面向高性能RFHPA的高能效新型半导体功率器件设计与实验研究	面上项目	西安电子科技大学	贾护军	2016年

（续）

批准号	名　称	项目类别	依托单位	项目负责人	批准年度
61671400	开关电容型电子电力变压器的模块化集成优化与柔性控制方法	面上项目	厦门大学	何良宗	2016 年
61671475	能量采集认知无线网络中频谱效率和能量效率优化研究	面上项目	中国人民解放军理工大学	张杭	2016 年
61672238	网络流量的多分形广义柯西模型理论	面上项目	华东师范大学	李明	2016 年
61672266	基于大数据的微网系统多目标协同优化运行策略研究	面上项目	江南大学	潘庭龙	2016 年
61672282	针对低功率无线网络并发传输的干扰模型和协议研究	面上项目	南京航空航天大学	常相茂	2016 年
61672337	面向多网融合的智能用电感知互动服务关键技术	面上项目	上海电力学院	雷景生	2016 年
61673183	信道随机时延等网络不确定性下的均方线性最优控制	面上项目	华南理工大学	苏为洲	2016 年
61673275	面向电网协同攻击的信息物理安全控制和响应机制	面上项目	上海交通大学	龙承念	2016 年
61673303	基于多智能体的含可再生能源孤岛微电网协调控制研究	面上项目	武汉大学	刘智伟	2016 年
61673306	车载多模块燃料电池系统面向耐久性的功率切换轨迹最优控制研究	面上项目	武汉理工大学	张立炎	2016 年
61673315	智能电网中新型能源管理系统的信息完整性攻击及安全策略研究	面上项目	西安交通大学	杨清宇	2016 年
61673347	分布式发电微网系统中的协调与优化控制问题研究	面上项目	浙江大学	杨秦敏	2016 年
61674024	Si 基 GaN 增强型功率开关器件阈值电压调控机理与新结构	面上项目	电子科技大学	周琦	2016 年
61674025	超低功耗基准源架构及关键技术研究	面上项目	电子科技大学	周泽坤	2016 年
61674033	多模式隔离型单管 AC-DC 集成芯片控制策略及算法研究	面上项目	东南大学	徐申	2016 年
61674035	5G 无线回传系统中 CMOS 毫米波大功率多模功率放大器关键技术研究	面上项目	东南大学	赵涤燹	2016 年
61674054	无记忆半物理行为框架下异相功率放大器理论与方法研究	面上项目	湖南大学	杜四春	2016 年
61674117	面向太赫兹应用的氮化镓基谐波增强型高电子迁移率晶体管研究	面上项目	西安电子科技大学	杨林安	2016 年
61674141	有机-无机杂化有源层中局域电、磁场优化及柔性太阳电池研究	面上项目	中国科学院半导体研究所	曲胜春	2016 年
11604106	二维半金属 WTe2 的器件制备及电输运，磁电和光电性质的研究	青年科学基金项目	华中科技大学	袁慧	2016 年
51602105	基于石墨烯电极的 AlN 声表面波器件的功率耐受性研究	青年科学基金项目	华南理工大学	高俊宁	2016 年
51604011	矿用功率变换器微小故障演化预测方法研究	青年科学基金项目	安徽理工大学	姜媛媛	2016 年
51605090	高性能双电层电容器储能机理的实验与理论研究	青年科学基金项目	东南大学	阚亚鲸	2016 年

（续）

批准号	名　称	项目类别	依托单位	项目负责人	批准年度
51605112	复杂行驶工况下四轮毂电机电动汽车机-电-磁-固耦合垂向振动机理研究	青年科学基金项目	哈尔滨工业大学	马琮淦	2016 年
51605199	基于复合电源的重型商用车 EPS 能量融合机理与多模式切换控制研究	青年科学基金项目	江苏大学	唐斌	2016 年
51605233	非线性隔振系统振动功率流特性研究	青年科学基金项目	宁波诺丁汉大学	杨建	2016 年
51605331	基于负载补偿的非接触旋转超声供电系统的功率自适应控制机理研究	青年科学基金项目	天津职业技术师范大学	朱学明	2016 年
51607014	潮汐流能发电机组和集电系统的统一协调概率规划方法研究	青年科学基金项目	重庆大学	任洲洋	2016 年
51607022	基于纵向短栅极沟道结构的低导通电阻常关型 GaN 基 HEMT 器件制备研究	青年科学基金项目	大连理工大学	黄火林	2016 年
51607052	功率匹配型高效无线电能传输系统结构与控制技术研究	青年科学基金项目	合肥工业大学	郑昕昕	2016 年
51607053	宽禁带器件构成的变流器 3D 结构寄生参数建模及系统优化	青年科学基金项目	合肥工业大学	王佳宁	2016 年
51607060	面向交直流混合型微电网互联变流器的故障穿越方法研究	青年科学基金项目	湖北工业大学	王鹿军	2016 年
51607062	高速铁路牵引供电系统电能质量分析及混杂补偿控制研究	青年科学基金项目	湖南大学	马伏军	2016 年
51607064	直流微网统一三端口变换器拓扑结构与控制方法研究	青年科学基金项目	湖南工业大学	曾进辉	2016 年
51607068	面向售电侧开放的主动配电网供电能力多时间尺度建模及优化决策研究	青年科学基金项目	华北电力大学(保定)	高亚静	2016 年
51607069	适用于大规模风电远距离输送的混合多端直流输电系统协调控制策略研究	青年科学基金项目	华北电力大学(保定)	刘英培	2016 年
51607072	复杂电力扰动信号的盲源分离方法研究	青年科学基金项目	华南理工大学	张禄亮	2016 年
51607077	基于碳化硅器件的高功率密度电机驱动器关键技术研究	青年科学基金项目	华中科技大学	蒋栋	2016 年
51607083	提升低风速高湍流风场风机跟踪性能的功率控制策略研究	青年科学基金项目	南京工程学院	张小莲	2016 年
51607085	复合结构包络线跟踪电源的优化组合方式及其控制方法研究	青年科学基金项目	南京工业大学	郗焕	2016 年
51607086	基于移相串联优化光伏系统高电压等级直流功率汇集的关键技术研究	青年科学基金项目	南京工业大学	嵇保健	2016 年
51607111	基于启发式知识的微网经济调度场景分析研究	青年科学基金项目	上海电力学院	崔承刚	2016 年
51607113	车用复合电源管理系统的拓扑集成与控制	青年科学基金项目	上海科技大学	王浩宇	2016 年
51607118	前端 AC-DC 开关电源系统的传导电磁干扰特性和滤波器设计方法研究	青年科学基金项目	苏州大学	季清	2016 年
51607120	电动汽车移动式无线供电系统的定向能量传输研究	青年科学基金项目	天津大学	张镇	2016 年
51607141	基于功能集成的磁封装基础理论和关键技术研究	青年科学基金项目	西安交通大学	王来利	2016 年

（续）

批准号	名　　称	项目类别	依托单位	项目负责人	批准年度
51607153	微电网分布式电能质量治理系统多指标全局优化运行策略研究	青年科学基金项目	燕山大学	王宁	2016年
51607160	电力电子接口元件的自适应动态仿真模型研究	青年科学基金项目	中国电力科学研究院	赵大伟	2016年
51607161	特高压冲击电压分压器线性度测量技术研究	青年科学基金项目	中国电力科学研究院	龙兆芝	2016年
61601069	面向无线传感网的软件定义电源技术研究	青年科学基金项目	重庆理工大学	刘伟	2016年
61601082	移动医疗D2D通信网络中用户功率控制和入网控制算法研究	青年科学基金项目	电子科技大学	林迪	2016年
61601085	毫米波高频段数字极化功率合成方法研究	青年科学基金项目	电子科技大学	詹铭周	2016年
61601117	基于星座变换的5G超大调制带宽功率放大器的带内数字线性化研究	青年科学基金项目	东南大学	余超	2016年
61601160	面向未来通信的宽带高回退Doherty功率放大器关键技术研究	青年科学基金项目	杭州电子科技大学	陈世昌	2016年
61601232	基于链式行波机理的高功率太赫兹合成倍频技术研究	青年科学基金项目	南京信息工程大学	陈振华	2016年
61601307	多小区无线充电通信网络中的流式资源分配	青年科学基金项目	深圳大学	郭重涛	2016年
61601336	无线充电网络的点过程建模与资源优化利用	青年科学基金项目	武汉理工大学	章阳	2016年
61601378	基于功率流向图的多端口DC/DC变换器拓扑衍生方法研究	青年科学基金项目	西南交通大学	杨平	2016年
61601455	基于弱非线性近共振效应的光读出THz成像新方法研究	青年科学基金项目	中国科学院微电子研究所	傅剑宇	2016年
61602330	无线传感网监测质量感知的最小成本充电调度研究	青年科学基金项目	四川大学	徐文政	2016年
61603134	反馈线性化非线性预测控制及其在风力发电控制中的应用	青年科学基金项目	华北电力大学	孔小兵	2016年
61603335	基于绕组电-机混合特性的变压器带电监测模型研究	青年科学基金项目	浙江大学	郑婧	2016年
61604008	针对自供电物联网设计的压电能量采集电源管理芯片研发	青年科学基金项目	北京工业大学	王文思	2016年
61604023	压电-摩擦电复合式宽频带微型振动能量收集器机理与关键技术研究	青年科学基金项目	重庆大学	温泉	2016年
61604024	基于沟槽型深漏端扩散区和场板技术的新型超结LDMOS的模型研究及研制	青年科学基金项目	重庆大学	林智	2016年
61604039	高功率在线式MEMS集成微波驻波计基础研究	青年科学基金项目	东南大学	张志强	2016年
61604054	面向双阈值电压及电源门控技术的低漏功耗调度算法研究	青年科学基金项目	华东理工大学	汪楠	2016年
61604067	面向下一代移动智能设备的CMOS片上全集成低压差稳压器的研究与设计	青年科学基金项目	南方科技大学	詹陈长	2016年
61604075	高性能数字功率因数校正系统精确建模与控制方法研究	青年科学基金项目	南京理工大学	孙大鹰	2016年
61604095	互连线电迁移现象解析化建模与快速计算方法研究以及在集成电路可靠性设计中的应用	青年科学基金项目	上海交通大学	陈海宝	2016年

（续）

批准号	名　称	项目类别	依托单位	项目负责人	批准年度
61604137	针对 GaN 基高频功率 HEMT 从材料缺陷到器件性能的深能级陷阱机理研究	青年科学基金项目	中国电子科技集团公司第十三研究所	周幸叶	2016 年
61604172	纳米结构扫描电子显微俯视图像的三维重建基本模型及算法研究	青年科学基金项目	中国科学院微电子研究所	张利斌	2016 年
61604173	双阈值场板栅实现快速 IGBT 的机理研究	青年科学基金项目	中国科学院微电子研究所	张严波	2016 年
61605191	用于宽带扫频黄光倍频泵浦的高功率 FDML 光纤拉曼激光技术研究	青年科学基金项目	中国工程物理研究院应用电子学研究所	彭万敬	2016 年
71601063	面向智能电网的需求侧用户行为建模与个性化用电策略推荐方法研究	青年科学基金项目	合肥工业大学	邵臻	2016 年
71601078	能源互联微网系统供需互动的多主体建模及演化仿真研究	青年科学基金项目	华北电力大学	张硕	2016 年
11647014	基于表面微纳结构的 InGaN/GaN 功率 LED 光电热耦合的理论研究	应急管理项目	山东师范大学	岳庆炀	2016 年
11653004	探测器、基座等核心技术问题的研究	应急管理项目	中国科学院高能物理研究所	卢方军	2016 年
51641702	城市能源互联网的多源协同优化调度研究	应急管理项目	山东科技大学	王威	2016 年
51641707	基于反谐振网络和传输线变压器的百兆瓦级微秒重频脉冲电源关键技术及其输出特性研究	应急管理项目	中国人民解放军国防科学技术大学	程新兵	2016 年
51641709	选区外延槽栅结构 GaN 基 MOSFET 栅区缺陷控制机理研究	应急管理项目	中山大学	刘扬	2016 年
51622704	多电/全电飞机无刷起动发电技术	优秀青年科学基金项目	南京航空航天大学	张卓然	2016 年
51622706	弱交流电网下风力发电系统的控制与运行	优秀青年科学基金项目	浙江大学	年珩	2016 年
61622311	电力电子系统建模与控制	优秀青年科学基金项目	中南大学	孙尧	2016 年
51665020	计及温度效应的插电式四驱混合动力汽车多行驶模式实时优化能量管理策略	地区科学基金项目	南昌工程学院	曾育平	2016 年
51666002	基于膨胀石墨/石蜡相变复合材料的锂离子电池热管理系统研究	地区科学基金项目	鄂尔多斯大规模储能技术研究所	汪向磊	2016 年
51667002	基于自适应控制与电能质量评估模型的微网电能质量全局优化控制策略研究	地区科学基金项目	北方民族大学	师洪涛	2016 年
51667007	基于网源荷柔性多端互联直流配电中心的城市配电网运行控制技术研究	地区科学基金项目	贵州大学	袁旭峰	2016 年
51667008	基于博弈论的车-网双向互动策略研究	地区科学基金项目	华东交通大学	程宏波	2016 年
51667012	功率变换器导致燃料电池失效机理和失效减缓控制策略研究	地区科学基金项目	昆明理工大学	詹跃东	2016 年
51667014	中低风速下风力发电系统的动态谐振 MPPT 控制研究	地区科学基金项目	兰州理工大学	李英堂	2016 年

（续）

批准号	名　称	项目类别	依托单位	项目负责人	批准年度
51667015	基于切换路径解析的级联多电平空间矢量建模及调制策略研究	地区科学基金项目	南昌工程学院	王翠	2016年
51667018	含大规模集中式风电场群的新疆电网中谐波耦合规律研究	地区科学基金项目	新疆大学	张新燕	2016年
61662042	无线可充电传感器与执行器网络移动能量补充机制研究	地区科学基金项目	昆明理工大学	冯勇	2016年
61662071	基于属性加密的数据访问控制方法研究	地区科学基金项目	西北师范大学	刘雪艳	2016年
51681230284	塑造低碳能源的未来	国际(地区)合作与交流项目	哈尔滨工业大学	朱春波	2016年
61611530673	基于混合负载牵引的高效宽带氮化镓功放研究	国际(地区)合作与交流项目	清华大学	陈文华	2016年
51627810	大功率氢燃料电池电堆综合测试仪的研制	国家重大科研仪器研制项目	南京大学	邹志刚	2016年
51627811	电力电子化电力系统的源网荷全景同步量测系统研制及应用	国家重大科研仪器研制项目	华北电力大学	毕天姝	2016年
U1604136	电能与信息同时无线传输系统的建模与优化方法	联合基金项目	郑州轻工业学院	金楠	2016年
U1610121	交直流混合微电网中串联补偿环节与母线接口功率变换器的协调控制研究	联合基金项目	太原理工大学	王鹏	2016年
U1630117	多相功率驱动单芯片集成方法及能量输运研究	联合基金项目	电子科技大学	罗萍	2016年

2016 年中国电源及相关领域授权专利情况分析

一、概述

专利作为一种无形资产，具有巨大的商业价值，专利的质量与数量是企业创新能力和核心竞争能力的体现。近年来，我国电源行业得到了长足的发展，企业创新能力不断提高，专利申请数量快速增长，本文希望通过对专利情况的分析，从一个侧面反映我国电源行业科技动态、市场走向和发展情况，为行业技术发展提供参考。

本报告分析涉及的专利是指 2016 年内获得中国专利授权的电源相关发明专利，未包括实用新型专利以及外观设计专利。相关专利的搜集主要通过重要关键字检索、主要单位申请人等进行搜集，搜集来源为 http：//www. soopat. com/。

本篇分析报告对专利数量，申请地区，申请人，专利大类等进行统计分析，并与 2015 年数据进行比较。

二、专利数量对比分析

据不完全统计，2016 年获得授权的电源相关发明专利共计 5211 项。对比 2015 年 4922 件专利，2016 年的专利数量有 6% 的小幅增长，我国电源技术创新稳步提升。

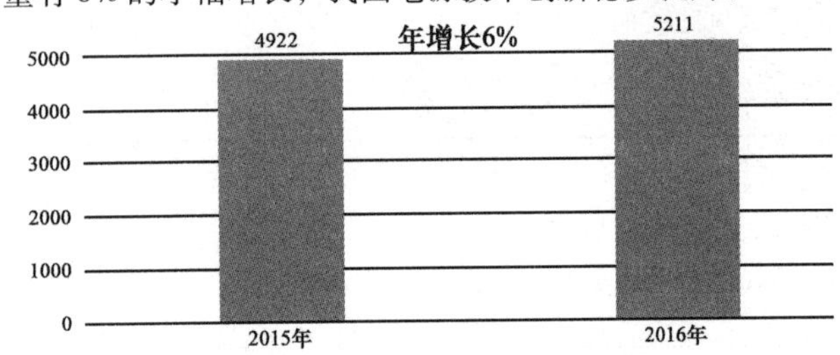

图 1　2015 年和 2016 年专利数量对比

三、专利申请人所在地区分析

1. 国内、国外对比

2016 年授权专利中，专利的申请人所在地区为国内的专利 3921 个，占比 75. 25%，专利的申请人所在地区在国外的专利 1290 个，占比 24. 75%。

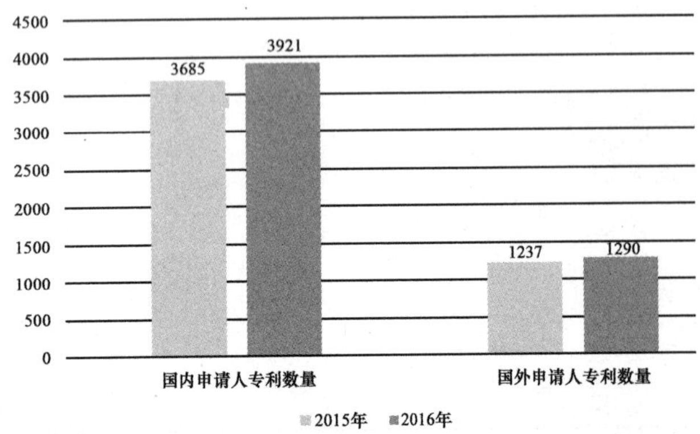

图 2　2015 年和 2016 年国内外申请人专利数量对比

和 2015 对比发现，国内、国外专利数量 2016 比 2015 都有一定提高，占比基本保持不变，国内专利略有提高。

2. 国内各个省份地区比较

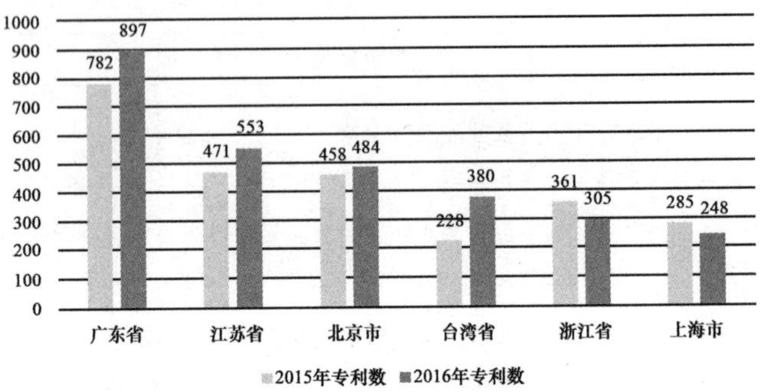

图 3　2015 和 2016 年专利数前 6 名省份对比

广东省作为专利大省，专利总数远超其它省份。排名前几位的省份为江苏省、北京市、浙江省、上海市、台湾省较 2015 年没有变化，其中台湾省专利数量超过上海市和浙江省，排名由第 6 位上升至第 4 位。从整体来看，江浙沪地区是专利贡献集中度最高的地区。

从专利分布来看，地区之间不平衡是显著特点。

1）从地区对比来看，华东地区专利数最多，达到 1268 件，而最少的东北地区，专利数只有 77 件，相差 16 倍，反映出我国电源行业南北发展不均衡的现状。

2）从时间对比来看，这种不均衡的趋势有加剧的态势，相较 2015 年，华东、华南、华北、港澳台四大专利地区 2016 年专利数均出现不同程度的增长，其中港澳台地区增长最为显著，达到 36. 84%，而西南、华中、西北、东北四大地区专利数却同时出现不同程度的下降，其中东北地区降幅最大，达到 29. 36%。

从各个地区内各省市之间的比较看，各省市之间相差悬殊。排名前 6 位的省市地区占据了全国专利总数的半壁江山，达到 50%。而相较 2015 年只有内蒙古自治区和西藏自治区无授权电源专利，到 2016 年出现内蒙古自治区、西藏自治区、甘肃省、宁夏回族自治区、青海省、新疆维吾尔自治区、香港、澳门均没有授权专利，一定程度上反映了产业聚集效应的进一步提高。

3. 国外各个国家地区比较

美国、欧盟、日本一直是在中国申请电源相关专利数量最多的三个国家和区域，但是从图 5 可以看出三者之间的差距有所缩小，日本 2016 年专利数显著下降，而欧盟则超过美国，成为第二大专利贡献区域。

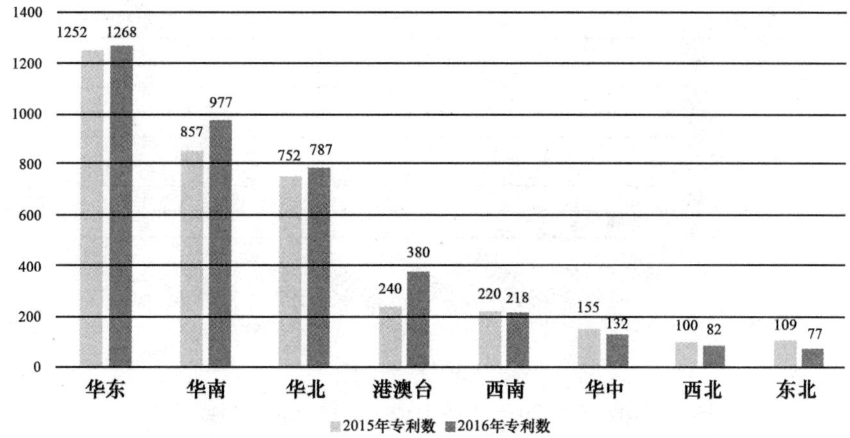

图 4　2015 年和 2016 年各个地区专利数对比

表 1　2016 年授权专利所在地区（国内）分布表

地区	省　份	专利数	地区专利数
华东	上海市	248	1268
	江苏省	553	
	浙江省	305	
	安徽省	149	
	江西省	13	
华南	广东省	897	977
	福建省	51	
	广西壮族自治区	28	
	海南省	1	
华北	北京市	484	787
	天津市	36	
	河北省	40	
	山东省	163	
	河南省	45	
	山西省	19	
	内蒙古自治区	0	
西南	四川省	140	218
	重庆市	67	
	云南省	7	
	贵州省	4	
	西藏自治区	0	
华中	湖北省	65	132
	湖南省	67	
东北	辽宁省	51	77
	吉林省	5	
	黑龙江省	21	
西北	陕西省	82	82
	甘肃省	0	
	宁夏回族自治区	0	
	青海省	0	
	新疆维吾尔自治区	0	
港澳台	香港	0	380
	澳门	0	
	台湾	380	

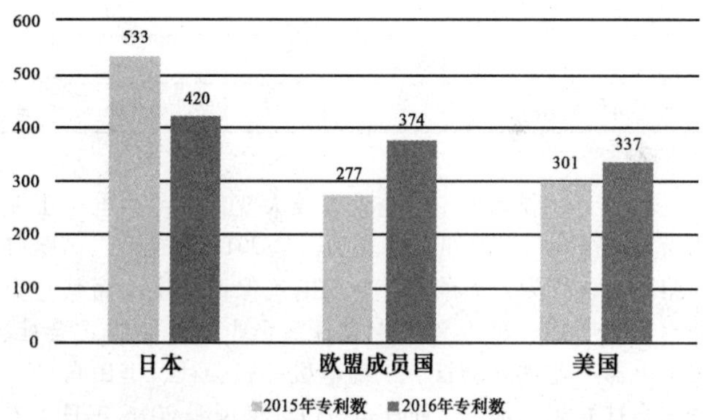

图 5　2015 年和 2016 年美日欧专利数对比

注：本次欧盟成员国统计包含了统计到专利的成员国，没有专利统计的成员国没有计算在内。具体包括：德国、瑞士、法国、荷兰、奥地利、瑞典、丹麦、芬兰、意大利、爱尔兰、挪威、比利时、卢森堡、西班牙、亚美尼亚。英国在 2015 年记入欧盟成员国，2016 年未计入。

四、专利申请人类型分析

1. 从申请人类型看

企业单独申请专利数量为 4237 项，占比 81.31%，远远领先于其它类型单位，企业作为产品创新的主体力量作用显著。产学研联合申请专利共计 126 项，仅占总数 2.4%。与 2015 年数据对比，企业作为创新主体的作用更加显著，而高校以及产学研结合的总数却有所下降，我国产学研合作机制仍有待加强。

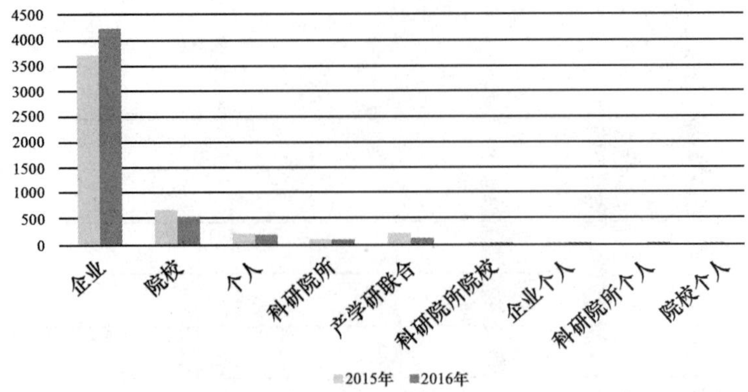

图 6 2015 年和 2016 年各申请人类型所属专利数对比

2. 独立申请专利数量前十企业

表 2 2016 年企业独立申请专利数量前十名

申 请 人	专利数
台达电子工业股份有限公司	168
华为技术有限公司	54
阳光电源股份有限公司	44
西门子公司	38
深圳市英威腾电气股份有限公司	36
高通股份有限公司	34
矽力杰半导体技术（杭州）有限公司	28
罗伯特·博世有限公司	26
广东易事特电源股份有限公司	26
通用电气公司	25

2016 年中排名前十的企业有较大变化，台达电子工业股份有限公司专利数量大幅增加，从 2015 年的第二名跃升至第一名，华为、英威腾、通用电气保持稳定，而其它企业有大幅变化。2015 年中 4 家日系企业（佳能株式会社、松下电器产业株式会社、三菱电机株式会社、丰田自动车株式会社）退出前十，而这也可以辅助说明 2016 年日本专利数大幅下降的原因。阳光电源公司专利数快速增加位列第三，本土 UPS 企业广东易事特电源股份有限公司、德系公司西门子，罗伯特·博世有限公司以及美资公司高通股份有限公司进入榜单。前十位企业中共有三家位于广东省。

3. 独立申请专利数量前十高校/科研院所

2016 年和 2015 年相比名单发生较大变化，华南理工大学从 2015 年的第七名一跃成为 2016 年第一名，2016 榜单中的第六名到第十名全部发生了变化。

表 3 2016 年高校/科研院所独立申请专利数量前十名

申 请 人	专利数
华南理工大学	48
南京航空航天大学	33
电子科技大学	27

（续）

申 请 人	专利数
东南大学	23
浙江大学	19
西安交通大学	15
华北电力大学	13
西南交通大学	13
武汉大学	13
山东大学	12

五、专利大类分析

国际专利分类（International Patent Classification，缩写为 IPC）是世界各国专利机构都采用的专利分类方法，按五级对专利进行分类包括部、大类、小类、主组、分组。电源发明专利在专利分类全部 8 个部中均有涉及，其中 H 电学占比最高。在 120 个大类中，电源发明专利分布于其中 84 个大类，其中超过 50 个专利的大类有 11 个，其中 H02 类占比最大。随着社会电气化程度的不断提高，电源产品应用领域和场合将得到进一步的扩展。

表 4 2016 授权专利涵盖的部

部	专利数
H. 电学	3505
G. 物理	759
F. 机械工程、照明、加热、武器、爆破	492
B. 作业、运输	329
C. 化学、冶金	58
A. 人类生活需要	43
E. 固定构造	17
D. 纺织和造纸	7

表5　2016授权专利所属大类
（包含50个以上专利）

大类编号	大　　类	专利数
H02	电力的发电、变电或配电	2050
H01	基本电气元件	838
F04	液体变容式机械；液体泵或弹性液体泵	363
H05	其它类目不包括的电技术	325
G01	测量；测试	291
H04	电通信技术	183
G05	控制；调节	159
B60	一般车辆	143
G06	计算、推算、计数	136
H03	基本电子电路	109
B23	机床；未列入其它类的金属加工	59

六、专利关键字对比分析

通过大数据挖掘，对全部专利进行关键字分析，剔除一般意义词汇（如方法、装置、系统等）后，统计出关键字出现频率，表6列出了出现50次以上的重点关键字。

电源、变压器、控制作为基础的关键词，频次总体保持平稳，但是值得注意的是，电源的频次出现较大幅度下降，由2015年的1615次下降为1087次，下降幅度达到32.7%，但是同时，充电出现频次大幅度上升，由2016年的872次上升到1731次，基本翻了一番。

电动汽车相关关键词仍然保持火热的态势，关键词出现频次比去年有一定增长，由2015年的254次上升到303次，上升幅度19.3%。该关键词下获得专利较多的企业包括比亚迪股份有限公司、深圳市汇川技术股份有限公司、北汽福田汽车股份有限公司、华立科技股份有限公司、LS产电株式会社。在充电站，充电桩关键词下，获得专利的主要企业是西门子公司。

此外，变流/变流器的频次有较为明显的增加，从2015年的100增加到2016年的159，申请专利较多的企业包括苏州汇川技术有限公司、深圳市汇川技术股份有限公司、台达电子工业股份有限公司和台达电子企业管理（上海）有限公司。

无线充电技术领域专利数量继续稳步上升由121上升到156，重庆大学、三星电子株式会社等在该领域获得较多专利。

2015年出现频次最多的新能源相关内容（如：逆变器、光伏、并网、变流器、分布式、储能等）随着技术的不断成熟出现频次有大幅下降，从1145次下降至2016年的395次。

表6　2016年电源发明专利关键字出现频率统计表

序号	关　键　字	出现次数	出现频率
1	充电	1731	33.22%
	充电方法	142	
	充电装置	133	
	充电系统	114	
	充电器	107	
	充电控制	80	
	无线充电	73	
	充电电路	39	
	充电设备	31	
	其他充电关键词	1012	
2	电源	1087	20.86%
3	控制	1069	20.51%
4	变压/变压器	818	15.70%
5	电路	761	14.60%
6	电动汽车相关	303	5.81%
	电动汽车	104	
	电动车辆	41	
	电动车	89	
	电动交通工具	1	
	充电桩	36	
	充电站	32	
7	其它电动关键词（排除电动汽车相关）	229	4.39%
8	变流	170	3.26%
9	LED	289	5.55%
10	电池	287	5.51%
11	模块	163	3.13%
12	变流器	159	3.05%
13	无线	156	2.99%
	无线充电	73	
	无线电能传输	36	
14	变频	133	2.55%
15	汽车	129	2.48%
16	控制电路	126	2.42%
17	变频器	120	2.30%
18	车辆	115	2.21%
19	智能	110	2.11%
20	充电器	107	2.05%
21	谐振	107	2.05%
22	电动汽车	104	2.00%
23	滤波器	104	2.00%

(续)

序号	关 键 字	出现次数	出现频率
24	发电	90	1.73%
25	电动车	89	1.71%
26	开关电源	85	1.63%
27	控制器	84	1.61%
28	整流	82	1.57%
29	电容	74	1.42%
30	逆变/逆变器	74	1.42%
31	同步	62	1.19%
32	隔离	61	1.17%
33	补偿	59	1.13%
34	储能	57	1.09%
35	光伏	57	1.09%
36	交流	57	1.09%
37	三相	55	1.06%
38	恒流	53	1.02%

(续)

序号	关 键 字	出现次数	出现频率
39	冷却	52	1.00%
40	集成	51	0.98%
41	驱动器	51	0.98%
42	电站	50	0.96%
43	绝缘	50	0.96%

注：表中关键词统计数量，为单独关键词出现次数，存在一项专利中包含多个关键词的情况。

七、总结

电源被广泛应用于通信、金融、照明、信息、能源、家用电器、国防、科学研究等各行各业。随着节能环保、新一代信息技术、新能源、新能源汽车等战略性新兴产业的发展，更为电源产品的应用带来了巨大的发展空间。在充满竞争的环境下，电源企业普遍开始重视核心技术的创新，企业研发实力和快速反应能力有了显著提高，同时我们也应注意到在产学研合作领域目前仍存在较大问题，如何提高产学研合作效果，充分激发科研领域成果转化和技术合作能力需要在未来重点加以解决。

电源相关科研团队简介

（按团队名称汉语拼音顺序排列）

安徽大学-工业节电与电能质量控制省级协同创新中心

地址：安徽省合肥市九龙路111号，安徽大学磬苑校区理工B座

邮编：230601

电话：0551-63861862

传真：0551-63861862

网址：http：//www3. ahu. edu. cn/jdcx/

团队人数：127

团队带头人：王群京

主要成员：李国丽，郑常宝，赵吉文，胡存刚，陈权

研究方向：高节能电机及其控制，电力电子装置，电能质量检测与治理

团队简介：

工业节电与电能质量控制协同创新中心（以下简称“中心”）是安徽大学牵头，联合东南大学、安徽省电力公司、马钢（集团）控股有限公司、安徽皖南电机股份有限公司和合肥通用机械研究院等作为核心共建单位，由共同致力于提升科技创新能力和拔尖创新人才培养能力、服务和引领工业节电与电能质量控制领域技术创新、应用和推广的高等院校、科研院所、企业和国际创新机构等单位联合组建的非法人实体组织。

中心的宗旨是：面向制约区域可持续发展的节能和能源安全等重大问题，本着“优势互补，深度融合，协同创新，利益共享，对外开放，支撑发展”的原则，在安徽省能源局指导下，基于长期项目和人才合作，依托安徽大学和东南大学国家重点学科和平台，以安徽电力、马钢和皖南电机等重点企业及其技术中心为工程化示范和产业化基地，改革协同创新模式和机制，联合共建工业节电与电能质量控制协同创新中心，在工业节电和用电质量及安全等重点领域，搭建高技术研发平台、技术转移平台、公共技术服务平台、科技型企业孵化平台和高层次人才培养平台，建成服务全省，辐射周边，在国内具有较大影响的公共协同创新中心，通过政产学研合作机制，整合各类资源，开展联合技术创新，推动高耗能传统产业技术升级，提高能源、钢铁等支柱产业经济和社会效益，孵化和催生节电产品战略性新兴产业，促进区域经济社会可持续发展。

通过中心实现政产学研实质性联合，发挥政府职能部门主导作用，建立高等院校与企业间的产学研合作对口支援关系，实现能力互补和研发风险的分担；融合高校和企业各自的人才优势、技术优势，集聚和培养一批高层次技术人才；面向产业，建立产学研结合的公共科技创新平台，形成一批在国内具有一流水平的产学研开发基地和产业化基地，加快学校科学技术向企业转移；承担和实施一批国家和省级重大科技项目，不断缩短企业产品技术研发周期，提升产业创新水平，加快相关产业的科技进步；攻克一批制约产业发展的工业节能和用电安全共性关键技术，形成具有国际竞争力的自主品牌、自主知识产权，形成系列化的国家、行业以及地方标准；通过中心的技术辐射、产品辐射和服务辐射功能，为行业单位和用户提供多层面，专业化的服务。

在研项目：

国家级及省部级科研项目清单

项　目　名　称	编号	项目类别
1. 基于多支持向量机和重心邻域估计的永磁直线电机空间谐波抑制研究	（51277002）	国家自然科学基金
2. 矿山用大型主排水泵电机系统节能技术的研究与应用	（2013BAF01B01）	国家科技支撑课题
3. 大型机电装备绿色节能技术研究与应用——大型流体机械节能技术研究与应用	（2013BAF01B02）	国家科技支撑课题
4. 公共机构节能关键技术研发及示范——暖通综合节能技术	（2012BAA13B01）	国家科技支撑课题
5. 燃烧过程多光谱分析仪器的开发与应用——燃烧过程多光谱分析仪信息综合平台研发	（2012YQ220119）	国家重大科学仪器设备开发专项
6. 脉冲随机系统的稳定性、随机镇定及其在神经网络中的应用研究	（11301004）	国家自然科学基金
7. 基于GPU的directionlets域SAR图像相干斑噪声抑制并行算法研究	（61370110）	国家自然科学基金
8. 有源中点箝位型变换器SHEPWM控制策略的优化研究	（51307002）	国家自然科学基金
9. 基于虚拟样机建模的永磁球形电机自适应反演协同控制研究	（51307001）	国家自然科学基金
10. 基于多信息局部相关模型的视频标注研究	（61300056）	国家自然科学基金
11. 移动云计算环境下软件跨平台运行与安全机制关键技术研究	（61300169）	国家自然科学基金
12. 基于面部结构特征先验信息的人脸特征点深度值估计方法研究	（61370109）	国家自然科学基金

（续）

项 目 名 称	编号	项目类别
13. 多窗实值离散 Gabor 展开与变换理论及快速算法	（61372137）	国家自然科学基金
14. 极短沟道 MOST 的二维器件模型与电路模拟器器件模型统一建模的研究	（61376098）	国家自然科学基金
15. 基于第一性原理的阻变存储器存储机理和优化方案的研究	（61376106）	国家自然科学基金
16. 全息视频显示的 LCOS 原理研究	（61377006）	国家自然科学基金
17. 不确定环境下基于风险态度和偏好关系相容性的群决策模型及其在供应商选择中的应用	（71301001）	国家自然科学基金
18. 基于多辛算法的金属材料电磁场超强透射机理研究	（51477001）	国家自然科学基金
19. 序关系描述下的多源遥感图像配准算法研究	（61401001）	国家自然科学基金
20. 基于 EOG 的人体行为识别算法及其应用研究	（61401002）	国家自然科学基金
21. 基于跨媒体随机点积图模型的网络图像事件分析研究	（61402002）	国家自然科学基金
22. 基于线性贝叶斯 MAP 估计和稀疏表达模型的图像插值算法研究	（61402003）	国家自然科学基金
23. SAR 图像配准中仿射不变特征提取和变换参数估计算法研究及快速实现	（61402004）	国家自然科学基金
24. 多维多粒度粗糙集模型和算法研究	（61402005）	国家自然科学基金
25. 面向网状结构数据的粒化方法、模型及其应用研究	（61402006）	国家自然科学基金
26. 基于经验软件工程方法的云计算工作流系统设计的研究	（61402007）	国家自然科学基金
27. 辛时域离散伽略金算法及其在典型微纳结构电磁仿真中的应用	（61471001）	国家自然科学基金
28. 基于车辆身份的 VANET 安全机制及其系统评估方法研究	（61472001）	国家自然科学基金
29. 基于多模态视觉模型的行为事件分析研究与应用	（61472002）	国家自然科学基金
30. 基于分布多极磁场模型的三自由度永磁球形电动机位置检测研究	（51407002）	国家自然科学基金
31. 新型通用配电网静止同步补偿器拓扑及其控制策略研究	（51407001）	国家自然科学基金
32. 基于多普勒调制复合字典匹配分解与重构的列车轴承声信号调理研究	（51505001）	国家自然科学基金
33. 基于切换系统理论的机电伺服转台多工况优化控制	（51507001）	国家自然科学基金
34. 电动汽车驱动与制动一体化混合能量源系统研究	（51507002）	国家自然科学基金
35. 基于栅栏图像 SVD 相位相关算法的直线电机动子位置超精密测量研究	（51577001）	国家自然科学基金
36. 基于随机相位调制的自然场景压缩成像方法与实现研究	（61501001）	国家自然科学基金
37. 极化码串行抵消解码算法误码特性研究	（61501002）	国家自然科学基金
38. 有向图谱理论在图像匹配中应用研究	（61501003）	国家自然科学基金
39. 基于矩量法与渐近波形估计技术的动态海面宽带电磁散射特性研究	（61501004）	国家自然科学基金
40. 基于多目标优化的约束模式挖掘方法研究	（61502001）	国家自然科学基金
41. 基于形状信息和结果反馈的多图谱图像分割方法	（61502002）	国家自然科学基金
42. 基于概率超图直推式学习的交互式图像检索方法研究	（61502003）	国家自然科学基金
43. 分子层次上肺癌子型标记物识别的计算模型研究	（61502004）	国家自然科学基金
44. 基于图像前景关联的协同抠图技术研究	（61502005）	国家自然科学基金
45. 通用时序逻辑表达下的视频时空行为理解研究与应用	（61502006）	国家自然科学基金
46. 适用于可逆信息隐藏算法的图像质量评价标准研究	（61502007）	国家自然科学基金
47. SPN 型分组密码的新型代数分析方法研究	（61502008）	国家自然科学基金
48. 基于图像灰度熵分解的密文图像高载荷可逆信息隐藏	（61502009）	国家自然科学基金
49. 开放式云平台中基于跨域用户的数据隐私保护技术	（61572001）	国家自然科学基金
50. 基于局部中层特征的密集场景视频分析研究	（61572029）	国家自然科学基金
51. 大规模有向网络的拉普拉斯嵌入、聚类和半监督学习	（61572030）	国家自然科学基金
52. 密码学安全且实际有效的动态频谱拍卖机制研究	（61572031）	国家自然科学基金

（续）

项目名称	编号	项目类别
53. 复杂事件设计下分布式事件触发协调控制方法研究	（61573021）	国家自然科学基金
54. 电网间谐波、谐波分析新方法研究	（2.01234E+13）	教育部博士点基金
55. 安徽省高节能电机高技术研究实验室建设	（2013020405）	安徽省自主创新项目
56. 新型矿用绞车机电一体化设计	（6061343）	安徽省教育厅重点项目
57. 基于新型拓扑及其控制的 NPC 多电平变流器功率器件损耗不均的解决方案研究	（KJ2013A011）	安徽省教育厅
58. 三自由度永磁球形电机伺服控制系统的研发	（KJ2013A012）	安徽省教育厅
59. 设备状态流形特征表示与诊断研究	（KJ2013A010）	安徽省教育厅
60. 智能消防侦察机器人的研制	（1401b042010）	安徽省科技强警项目
61. 中点箝位型多电平变流器功率器件损耗均衡控制研究	（1308085ME81）	安徽省自然科学基金
62. 公安机关大数据管理平台及智能搜索引擎的研发	（1301b042003）	安徽省科技攻关项目
63. 多自由度永磁球形电动机结构优化及位置检测研究	（1308085QE82）	安徽省自然科学基金
64. 陶瓷义齿复杂型面高效磨削加工关键技术研究	（1308085QE93）	安徽省自然科学基金
65. 汽车车桥零件的高效加工技术	（1301022079）	安徽省科技攻关项目
66. 切削刀具的仿生设计及减阻机理的研究	（1308085ME63）	安徽省自然科学基金
67. 谐波对电网设备影响研究及技术经济评价		河北省电力研究院
68. 青年骨干教师项目-电动汽车电驱及储能系统研究		安徽大学
69. 非线性随机振动压电能量回收方法研究	（1408085ME81）	安徽省自然科学基金
70. 基于超级电容的电动汽车用高效混合能量源系统研究	（1508085QE98）	安徽省自然科学基金
71. 基于电压模型的感应电机无速度传感器矢量控制的全状态稳定性研究	（1408085QKL99）	安徽省自然科学基金

中心近三年横向课题项目清单

项目名称	产学研合作单位	负责人
1. 光伏逆变器系列产品的研发	安泰科技	王群京
2. 离网光伏发电控制逆变器的研发	安泰科技	胡存刚
3. 有源中点钳位型光伏变流器的研发	江苏东润光伏科技有限公司	胡存刚
4. 土壤理化性质数据采集与分析系统的研发	农业部南京农业机械化研究所	胡存刚
5. 履带式机器人在安徽电网中应用的可行性研究	安徽省电科院	李国丽
6. iHev 混合动力汽车驱动电机设计	安徽江淮汽车有限公司	王群京
7. 微电网系统关键技术研究与示范	安徽安泰科技股份	王群京
8. 变压器电抗器火灾案例及消防机器人	安徽省电科院	李国丽
9. 矿用 SVG 控制驱动系统及装置的研发	淮南万泰集团	王群京
10. 100kW 电动大巴控制器无速度传感器矢量控制软件开发	合肥阳光电源有限公司	漆星
11. 感应电机通风冷却模型设计	中国船舶重工集团公司第七一二研究所	张茂松
12. 异型螺栓加工工艺技术研究 2	宁波浩渤工贸有限公司	李桂华
13. 电视视频检测系统	安徽科大讯飞信息科技股份有限公司	李腾
14. 光伏微电网建模与仿真技术研究项目	安徽省电科院	王群京
15. APF 装置、SVG 控制及驱动系统、电能质量监测专家系统（第一阶段）的研发	安徽合凯电力保护设备有限公司	王群京
16. 钢铁企业薄板生产线电压凹陷治理装置研发	安徽合凯电力保护设备有限公司	郑常宝
17. 宝钢直属厂部主干网电能质量状态分析与研究	上海宝钢安大电能质量有限公司	朱明星
18. 谐波对电网设备影响研究及技术经济评价	国网河北省电力公司电力科学研究院	朱明星

（续）

项 目 名 称	产学研合作单位	负责人
19. 城市地铁注入配网谐波测量分析及接入系统方案评估	河北电力研究院	朱明星
20. 连云港旗台作业区散货泊位电网无功补偿及电动机节电运行方法研究	交通运输部水运科学研究所	朱明星
21. 马钢511BDS、31BDS 35kV供配电系统和电炉设备节电运行技术研究与应用	马鞍山钢铁股份有限公司	朱明星
22. 具有储能装置的分布式光伏发电系统关键技术研究	安徽合凯电力保护设备有限公司	王群京
23. 100A有源电力滤波器的研发（合肥市节能院奖励）	合肥市科技局	王群京
24. 光伏微电网关键技术研究与示范应用	安徽安泰科技股份	王群京
25. 储能型双向变流器的研发	安徽贵博新能有限公司	胡存刚
26. 电动汽车用高效电机电驱及制动回收系统关键技术研究	南京研旭电气科技有限公司	丁石川
27. 便携式电能质量测试仪器研发	安徽节源节能科技有限公司	朱明星
28. 山江重工电弧炉干扰发生量及解决方案研究	湖北山江重工有限公司	朱明星
29. 合肥金太阳通威子站光伏并网电能质量问题及解决方案研究	赛维LDK光伏科技（合肥）工程有限公司	朱明星
30. IPQ-1电能质量便携式测试仪器研发	上海勤礼信息技术有限公司	朱明星
31. 配电网电能质量测试与评估技术服务项目	上海柴油机股份有限公司	朱明星
32. 城市地铁注入配网谐波测量分析及接入系统方案评估	河北电力研究院	朱明星

SCI、EI收录成果清单

科研成果名称	发表时间	收录
1. Depth Estimation of Face Images Using the Nonlinear Least-Squares Model	2013	SCI
2. Directionlet-based denoising of SAR images using a Cauchy model	2013	SCI
3. A multiscale products technique for denoising of DNA capillary electrophoresis signals	2013	SCI
4. SAR Image Despeckling with Adaptive Multiscale Products Based on Directionlet Transform	2013	SCI
5. Virtual neighbor based connectivity preserving of multi-agent systems with bounded control inputs in the presence of unreliable communication links	2013	SCI
6. Distributed event-triggered control of multi-agent systems with combinational measurements	2013	SCI
7. Face recognition with multi-resolution spectral feature images	2013	SCI
8. Resilient L2-L∞ Filtering of Uncertain Markovian Jumping Systems within the Finite-Time Interval	2013	SCI
9. Robust finite-time estimation of Markovian jumping systems with bounded transition probabilities	2013	SCI
10. Nonnegative Signal Decomposition with Supervision	2013	SCI
11. A Novel Symplectic Multi-Resolution Time-Domain Scheme for Electromagnetic Simulations	2013	SCI
12. Finite-time boundedness of uncertain time-delayed neural network with Markovian jumping parameters	2013	SCI
13. Output regulation of a class of continuous-time Markovian jumping systems	2013	SCI
14. L2-L∞ fuzzy control for Markov jump systems with neutral time-delays	2013	SCI
15. Laddered Multilevel DC/AC Inverters used in Solar Panel Energy Systems	2013	SCI
16. Hybrid Split-Capacitors and Split-Inductors Applied in Positive Output Super-Lift Luo-Converters	2013	SCI
17. Low-Rank Affinity Based Local-Driven Multilabel Propagation	2013	SCI
18. A detection method for bearing faults using null space pursuit and S transform	2014	SCI
19. Directionlet-based method using the Gaussian mixture prior for SAR image despeckling	2014	SCI
20. A Novel Image Denoising Algorithm Using Linear Bayyesian MAP Estimation Based on Sparse Representation	2014	SCI
21. A denoising method based on null space pursuit for infrared spectrum	2014	SCI
22. A high quality single-image super-resolution algorithm based on linear Bayesian MAP estimation with sparsity prior	2014	SCI

（续）

科研成果名称	发表时间	收录
23. Classification of gait rhythm signals between patients with neuro-degenerative diseases and normal subjects: Experiments with statistical features and different classification models	2014	SCI
24. A portable embedded drug precursor gas detection and identification device based on cataluminescence-based sensor array	2014	SCI
25. Optimal finite-time passive controller design for uncertain nonlinear Markovian jumping systems	2014	SCI
26. Robust Control, Optimization, and Applications to Markovian Jumping Systems	2014	SCI
27. Suboptimal Event-Triggered Consensus of Multiagent Systems	2014	SCI
28. Gene differential coexpression analysis based on biweight correlation and maximum clique	2014	SCI
29. Unbiased estimation of Markov jump systems with distributed delays	2014	SCI
30. Stochastic Systems: Modeling, Optimization and Applications	2014	SCI
31. A cataluminescence sensor system for diethyl ether based on CdO nanostructure	2014	SCI
32. Feature extraction for identification of drug and explosive concealed by body packing based on positive matrix factorization	2014	SCI
33. Microarray data classification using the spectral-feature-based TLS ensemble algorithm	2014	SCI
34. Application of BW-ELM model on traffic sign recognition	2014	SCI
35. Super-Lift Boost Converters	2014	SCI
36. Optimum Design of the Precise Surface Plate Based on Thermal Deformation Experiment and FEA	2014	SCI
37. Almost asymptotic regulation of Markovian jumping linear systems in discrete-time	2014	SCI
38. Fault estimation for T-S fuzzy Markovian jumping systems based on the adaptive observer	2014	SCI
39. On-line Fault Diagnosis of Main Reducer based on the Noise Characteristic Parameters	2013	EI
40. 光伏发电并网系统的仿真建模及对配电网电压稳定性影响	2013	EI
41. Selective Harmonic Elimination PWM Method Applied to Three-level Photovoltaic NPC Inverter	2013	EI
42. Design and Analysis of Permanent Magnetic Spherical Motor with Cylindrical Poles	2013	EI
43. Structural Optimization of Double-secondary PMSLM Based on Spatial Harmnic Suppression	2013	EI
44. Design and Performance Analysis of Small Denture Machining Equipment	2013	EI
45. Design of a 5-Axis CNC Machine Tool Applied to Dental Restoration	2013	EI
46. Simulation model of photovoltaic generation grid-connected system and its impacts on voltage stability in distribution grid	2013	EI
47. The Design of Motor Multi- Objective Inverse Optimization System based on Genetic Algorithm	2013	EI
48. Adaptive Output Feedback Control for Permanent Magnet Spherical Motor by Fuzzy	2013	EI
49. Design and Analysis of Permanent Magnet Spherical Motor with Cylindrical Poles	2013	EI
50. 基于图像求逆相位相关算法检测电机转子位置	2013	EI
51. 直线电机动子位置检测的图像亚像素测量算法	2013	EI
52. 一种新型基于直流电容局部充电的升压型多电平逆变器	2013	EI
53. 飞秒激光全息并行加工中的多焦点均一性	2013	EI
54. Gravity Neighborhood Estimation Algorithm Based for Cylinder Linear	2013	EI
55. 基于太阳跟踪的自动光谱采集系统研制	2013	EI
56. Recognition Algorithm For Plant Leaves Based On Adaptive Supervised Locally Linear Embedding	2013	EI
57. Online Measurement on Flatness and its Uncertainty of Small Work-piece	2013	EI
58. A Novel Ensemble Algorithm for Tumor Classification	2013	EI
59. A Mass Spectra-Based Compound-Identification Approach with a Reduced Reference Library	2013	EI

（续）

科研成果名称	发表时间	收录
60. 基于监督局部线性嵌入算法的玉米田间杂草识别	2013	EI
61. Event-triggered control of multi-agent systems with suboptimal triggering	2013	EI
62. Inferring transcriptional modules from microarray and chip-chip data using penalized matrix decomposition	2013	EI
63. Improved Predictive Functional Control for Induction Motor Drive System	2013	EI
64. Research of Plant-Leaves Classification Algorithm based on Supervised LLE	2013	EI
65. Speech Stream Detection for Noisy Environments Based on Empirical Mode Decomposition	2013	EI
66. Efficient Search with Multi-Modality for Video Commercial	2013	EI
67. Camera based cross devices manipulating with augmented reality	2013	EI
68. Investigation on Best Switching Angles to Obtain Lowest THD for Multilevel DC/AC Inverters	2013	EI
69. Immune Genetic Programming and it's application in bioprocess modeling	2013	EI
70. Research of dynamic compensation method based on Hammerstein model for Wiener model sensor	2013	EI
71. Prediction of cytochrome P450 inhibition using ensemble of extreme learning machine	2013	EI
72. Laplacian transformation for average consensus of directed multi-agent networks	2013	EI
73. Dynamic Multiple Spectral Similarity Measures for Compound Identification	2013	EI
74. CMM Measurement Error Model Based on High-order Lagrange Interpolation	2013	EI
75. 基于有限时间的一类不确定 Lipschitz 非线性系统无源滤波	2013	EI
76. Design and Set up of Optical System for Holographic Femtosecond Laser Processing	2013	EI
77. 一种改进的大尺度高光谱流形降维算法	2013	EI
78. Theory of Lamb Wave Transducers and Their Applications for Gas and Liquid Sensing	2014	EI
79. Electro-Thermal Loss Analysis of The 3L-ANPC Converters	2014	EI
80. Surface roughness prediction and experimental analysis in a grinding the material of zirconia used by dental restoration	2014	EI
81. 纯相位菲涅尔全息图的反馈迭代算法及其硅基液晶显示	2014	EI
82. 飞秒激光加工中折射率失配引起的像差问题及其矫正	2014	EI
83. Bionic Joint Surface Shape's Influence on Coating Tool's Bonding Strength between Coating and Substrate.	2014	EI
84. Analyze and Improve Lifetime in 3L-NPC Inverter from Power Cycle and Thermal Balance	2014	EI
85. A SVPWM Based on Fluctuate Capacitor Voltage in 3L-NPC Back-to-Back Converter Applied to Wind Energy	2014	EI
86. Adaptive Tracking Control using Partitioned RBFNN in Permanent Magnet Spherical Motor System	2014	EI
87. Dynamic Modeling, Characteristic Analysis and Co-simulation of the Permanent-Magnet Spherical Actuator	2014	EI
88. Adaptive Fuzzy Decoupling Control for Permanent Magnet Spherical Motor Dynamic System	2014	EI
89. Analysis of frequency inverter loss under 3 different PWM modulation methods	2014	EI
90. Three-phase PV Inverter Based on Segmentation Fuzzy PID Control	2014	EI
91. Research on a Photovoltaic System of MPPT Hysteresis Control based on Adaptive FIR Filter	2014	EI
92. Research of Orientation Detection Method for Spherical Motor and Effect on PD Control System Based on Machine Vision	2014	EI
93. Research of hybrid PV inverter with energy storage function	2014	EI
94. An enhanced method based on wavelet for power quality compression	2014	EI
95. Solar controller driving 50W LED	2014	EI
96. Implementation of a cascade D-STATCOM under unbalanced conditions	2014	EI
97. Evolutionary identification algorithm for Hammerstein system and its convergence analysis	2014	EI

（续）

科研成果名称	发表时间	收录
98. Design of the nonlinear Predictive Functional Controller for turntable servo system	2014	EI
99. Image interpolation based on fractal method in contourlet domain	2014	EI
100. Leakage Field Computational Analysis of Closed Slot Motor Based on Ansoft	2014	EI
101. Voltage Differential Feedback Control for Three-phase PV Inverter Based on Repetitive Control	2014	EI
102. Rotor Orientation Detection Method of Spherical Motor Based on Single 2-DOF Optical Sensor	2014	EI
103. Adaptive Fuzzy Tracking Control Based on Backstepping for Permanent Magnet Spherical Motor	2014	EI
104. Identification of switched Hammerstein model of radar antenna servo system using the RLS-PSO algorithm	2014	EI
105. 组合核函数多支持向量机的直线电机建模	2014	EI
106. 影响电容式电压互感器谐波传递特性的关键参数	2014	EI
107. 基于参考阻抗法的多不平衡源责任分摊定量评估	2014	EI

行业标准

标准号	名　　称	编制单位	发表年
1. JB/T 11315—2013	工业缝纫机用交流永磁同步电动机技术条件	全国小功率电机标准化委员会	2013 年
2. JB/T XXXXX—201X	推杆用电动机通用技术条件	全国小功率电机标准化委员会（进行中）	
3. JB/T XXXXX—201X	小功率齿轮减速异步电动机	全国小功率电机标准化委员会（进行中）	
4. JB/T 11707—2013	《YE2 系列（IP55）高效率三相异步电动机技术条件（机座号 80-355）》	安徽省电机产品标准化技术委员会	2013 年
5. JB/T 11708—2013	《YFE2 系列（IP55）风机专用高效率三相异步电动机技术条件（机座号 80-400）》	安徽省电机产品标准化技术委员会	2013 年
6. JB/T 11709—2013	《YSE2 系列（IP55）水泵专用高效率三相异步电动机技术条件（机座号 80-355）》	安徽省电机产品标准化技术委员会	2013 年
7. JB/T 11280—2013	《YX 系列高效率高压三相异步电动机技术条件（机座号 355-630）》	安徽省电机产品标准化技术委员会	2013 年
8. JB/T 5879—2013	《YSB 系列三相机床冷却电泵》	全国旋转电机标准化技术委员会	2013 年
9. JB/T 6741—2013	《YSD 系列变极双速三相异步电动机》	全国旋转电机标准化技术委员会	2013 年
10. JB/T 10445—2014	《YR 系列 10kV 绕线转子三相异步电动机技术条件（机座号 400-630）》	安徽省电机产品标准化技术委员会	2014 年
11. JB/T 10446—2014	《Y、YX 系列 10kV 三相异步电动机技术条件及能效分级（机座号 400-630）》	安徽省电机产品标准化技术委员会	2014 年
12. JB/T XXXXX—201X	《小功率单相串励电动机通用技术条件》	全国旋转电机标准化技术委员会（进行中）	
13. JB/T 9542—201X	《双值电容异步电动机通用技术条件》	全国旋转电机标准化技术委员会（进行中）	

企业标准与规范

标准号	名　　称	编　制　单　位
1. DB34/T 1879—2013	《YP2 系列宽频三相异步电动机技术条件（机座号 63-355）》	安徽省电机产品标准化技术委员会(2013 年)

（续）

标准号	名 称	编 制 单 位
2. DB34/T 1878—2013	《YLV 系列低压大功率三相异步电动机技术条件（机座号 400-450）》	安徽省电机产品标准化技术委员会（2013 年）
3. DB34/T 1880—2013	《YXVF 系列高效率变频调速三相异步电动机技术条件（机座号 80-355）》	安徽省电机产品标准化技术委员会（2013 年）
4.	智能过电压综合抑制装置企业标准	企业产品标准信息公共服务平台（2014 年）
5.	自适应小电流选线装置企业标准	企业产品标准信息公共服务平台（2014 年）
6.	无线接点测温装置企业标准	企业产品标准信息公共服务平台（2014 年）
7.	智能低压快切换装置企业标准（智能低压快速切换装置）	企业产品标准信息公共服务平台（2014 年）
8.	电能质量治理装置验收技术规范	安徽省电能质量专业标准化技术委员会（进行中）
9. Q/HK 02—2015	《消弧及过电压保护装置》	企业产品标准信息公共服务平台（2015 年）
10. Q/HK 03—2015	《开关消弧装置》	企业产品标准信息公共服务平台（2015 年）
11. Q/HK 04—2015	《电网智能专家测控装置》	企业产品标准信息公共服务平台（2015 年）
12. Q/HK 05—2015	《高压限流熔断器组合保护装置企业标准》	企业产品标准信息公共服务平台（2015 年）

新 产 品

名 称	编 制 单 位
1. YXEJ 系列高效率电磁制动三相异步电动机（机座号 80-315）	安徽皖南电机股份有限公司（2014 年）
2. YFB 系列粉尘防爆型三相异步电动机（机座号 80-355）	安徽皖南电机股份有限公司（2014 年）
3. YYB 系列油泵专用三相异步电动机（机座号 90-280）	安徽皖南电机股份有限公司（2014 年）
4. YBBP 系列隔爆型变频调速三相异步电动机（机座号 80-355）	安徽皖南电机股份有限公司（2013 年）
5. YE3 系列（IP55）超高效率三相异步电动机（机座号 80-355）	安徽皖南电机股份有限公司（2013 年）
6. YXVF 系列高效率变频调速三相异步电动机（机座号 80-355）	安徽皖南电机股份有限公司（2013 年）
7. SHK-BOD 自脱离大容量组合式过电压保护器	安徽国科电力设备有限公司（2013 年）
8. SHK-JDZ 电网故障智能专家测控装置	安徽国科电力设备有限公司（2013 年）

专 利

名 称	类型	专利号	获批时间	发明人
1. 一种商用车后桥装配线有轨小车定位机构	发明专利	ZL201110299409. 4[P]	2013	谢峰，赵吉文，魏瑞，杨智能，邵世超
2. 易于集成制造的高性能微型电磁式振动能量采集器	发明专利	ZL201010248136. 6	2013	王佩红，刘慧，杨卓青
3. 便携式采集读数摄像机	发明专利	ZL201110245908. 5[P]	2013	程鸿，吴海燕，韦穗，张成，沈川
4. 高精度编码器和角度传感器的制备方法	发明专利	ZL201110141385. X	2013	王磊，蔡柯，岳廷
5. 一种稀土永磁铁氧体材料及其制备方法	发明专利	ZL201110153849. 9	2013	刘先松，尹萍，冯双久
6. 一种小功率电动机的定子拆卸工装	发明专利	ZL201110274374. 9	2013	姚春龙，王群京，李国丽，赵志伟，徐卫，王超，尹丽
7. 一种离合器电动机的摩擦片组件	发明专利	ZL201110079462. 3	2013	姚春龙，王群京，赵志伟，徐卫，王超

（续）

名　　称	类型	专利号	获批时间	发明人
8. 一种基于光纤的磁镊探针	发明专利	ZL201110220889.0	2014	徐峰，俞本立，曹志刚，朱军，吕卫卫，冯飞，武为江
9. 一种单端操作的亚阈值存储单元电路	发明专利	ZL201210036104.9	2014	吴秀龙，柏娜，谭守标，李正平，孟坚，陈军宁，徐超，代月花，龚展立
10. 一种高速低功耗自关断位线灵敏放大器	发明专利	ZL201210035924.6	2014	陈军宁，柏娜，吴秀龙，谭守标，李正平，孟坚，徐太龙，蔺智挺，余群龄
11. 一种 SRAM 位线漏电流补偿电路	发明专利	ZL201210052508.7	2014	谭守标，吴秀龙，柏娜，李正平，孟坚，陈军宁，徐超，高珊，李瑞兴
12. 一种红外触摸屏	发明专利	ZL201210177155.3	2015	郭星，吴建国，刘正义，周济人，吴璠，吴海辉，李炜
13. 多磁极各向异性永磁磁环的制备方法	发明专利	ZL201210287288.6	2014	刘先松，高尚，冯双久，金大利，王超，姜坤良，徐娟娟
14. 一种基于光转换的井下无线对讲通信系统	发明专利	CN201210124916.9	2014	胡艳军，许耀华，陈全
15. 一种便于通信的可编程逻辑控制器	发明专利	CN201410084138.4	2014	王守谦，李晓辉
16. 基于遥感影像优化 PROSAIL 模型参数的叶面积指数和叶绿素含量的反演方法	发明专利	ZL201210367345.1	2015	梁栋，黄文江，黄林生，关青松，张东彦，胡根生
17. 一种基于非线性切换系统的伺服转台建模方法	发明专利	201310633750.8	2013	张倩，王群京，叶超，李国丽
18. 一种基于非线性切换系统的伺服转台控制器	发明专利	201310633749.5	2013	张倩，王群京，叶超，李国丽
19. 一种电流滞环逆变器控制方法	发明专利	201310686857.9	2013	胡存刚
20. 一种可旋转的机器手爪	发明专利	201310140626.8	2013	李国丽，王群京，刘国华，许家紫
21. 多个电动推杆驱动的机械臂	发明专利	201310110923.8	2013	李国丽，王群京，刘国华，许家紫
22. 一种基于 PLC 的工厂智能照明系统	发明专利	201410395825.8	2014	张倩，李国丽，张悦，张木银
23. 基于动态摩擦补偿的永磁球形电机转子自适应控制系统	发明专利	201410035175.6	2014	过希文，王群京，文彦，钱喆，周睿，赵双双，赵元，尹雅芹
24. 三电平变换器 SHEPWM 与 SVPWM 平滑切换的混合调制方法	发明专利	201410069842.2	2014	胡存刚，魏中原
25. 三电平逆变器 SHEPWM 调制方法	发明专利	201410275780	2014	陈权，王群京，李国丽，胡存刚，秦昌伟，程龙
26. 一种多电平空间矢量调制方法	发明专利	201410797117.7	2014	胡存刚，魏中原，陈权
27. 五电平 ANPC 变换器悬浮电容电压控制方法	发明专利	201410810131.6	2014	胡存刚，胡军，魏中原，张云雷
28. 一种具有短脉冲补偿功能的 MOSFET 驱动器	发明专利	201410811361.4	2014	胡存刚
29. 一种具有短脉冲抑制功能的 MOSFET 驱动器	发明专利	201410810120.8	2014	胡存刚
30. 多边界条件下钢包精炼变压器容量及参数的确定方法	发明专利	201410355114.5	2014	朱明星等

（续）

名　　称	类型	专利号	获批时间	发明人
31. 一种三相三线制不平衡系统等效负荷线阻抗的计算方法	发明专利	201410424514. X	2014	朱明星等
32. 一种基于磁控电抗器(MCR)的电压暂降发生装置	发明专利	201510192026. 5	2015	朱明星等
33. 基于并网点特征谐波电压测量的分布式电源孤岛检测方法	发明专利	201510219972. 4	2015	朱明星等
34. 一种小功率电动机滑套加工装置	实用新型	ZL201320070617. 1	2013	王群京，李国丽，徐卫，姚春龙，赵志伟，芮云萍，程小伟，叶秀玲，韩余华
35. 一种防误触架空线的报警系统	实用新型	ZL201320063912. 4	2013	刘政怡，魏赛，吴建国，郭星，李炜
36. 一种可旋转的机器手爪	实用新型	ZL201320206801. 4	2013	李国丽，王群京，刘国华，许家紫
37. 一种机器手爪	实用新型	ZL201320205656. 8	2013	李国丽，王群京，刘国华，许家紫
38. 机器手爪的行走底座	实用新型	ZL201320205650. 0	2013	李国丽，王群京，刘国华，许家紫
39. 新型电机用离心风扇	实用新型	ZL201220399967. 8	2013	郭家荣，文明，赵时生，章新启，李玮，严杰
40. 新型电机机座	实用新型	ZL201220400031. 2	2013	查冬英，赵时生，郭家荣，沈雅丽，王慧，裴孝龙
41. 新型电机铝机座	实用新型	ZL201220399708. 5	2013	徐燕，康希武，沈雅丽，赵时生，李志平，郭家荣
42. 异步电动机	实用新型	ZL201220698619. 0	2013	陈学锋，张利兵，许锋，唐国英，王慧
43. 三相异步电动机定、转子结构	实用新型	ZL201220698620. 3	2013	许锋，陈学锋，张利兵，章新启，李玮
44. 三相异步电动机	实用新型	ZL201220698806. 9	2013	张利兵，陈学锋，许峰，吴丹，郭耀东
45. 一种自驱动卡盘夹紧机构	实用新型	ZL201320467594. 8	2013	陈学锋，徐红华，张忠根，郭耀东，鲁鹏飞
46. 一种自驱动卡盘双刀架的端盖加工机构	实用新型	ZL201310331833. 1	2013	孙跃，许权，蒋小兵，陈虎生，方新耀
47. 一种基于 PLC 的工厂智能照明系统	实用新型	ZL201410395825. 8	2014	张倩，李国丽，张悦，张木银
48. 一种无线现场手持数字电缆检测系统	实用新型	CN201420356394. X	2014	张红伟，蒋光明，李如意，张公泉，邹明荃
49. 矿用运载小车位置读取装置及其应用	实用新型	CN201420352386. 8	2014	谢峰，雷小宝，张坤坤，江宏亮，李辉
50. 一种新型液晶显示器支架	实用新型	CN201420223419. 9	2014	李双东，莫道宏，袁光辉
51. 一种投影仪吊箱	实用新型	CN201420223416. 5	2014	李双东，莫道宏，袁光辉
52. 二维码标签保护装置	实用新型	CN201420055696. 3	2014	张东彦，赵晋陵，黄林生，梁栋，廖同庆，黄文江
53. 基于单总线转换器的粮仓储粮料位检测装置	实用新型	CN201420074471. 2	2014	张红伟，黄志华，谢宝林，陈天宇，李晓辉

（续）

名 称	类型	专利号	获批时间	发明人
54. 窄线宽激光器线宽高精度测量系统	实用新型	CN201320869272. 6	2014	吕亮，张文华，杜正婷，向荣，杨波，吴爽，邓涵元，赵力杰，曹志刚，刘宇，俞本立
55. 一种基于无线通信的室内空气质量监控系统	实用新型	CN201420053512. X	2014	王守谦，李晓辉
56. 输电线路大风灾害在线预警装置的无线数据采集电路	实用新型	CN201420096797. 5	2014	李伟，范明豪，程登峰，费婷婷，杨可军，周保亮，孙登第，阮瑞
57. 一种太阳能汽车的智能控制系统	实用新型	CN201420104725. 0	2014	陈晓宁，欧长江，吴飞，何红燕，张坛，刘洋，董宏廷
58. 一种电动车电源管理系统	实用新型	CN201420105207. 0	2014	陈晓宁，欧长江，吴飞，何红燕，张坛，刘洋，董宏廷
59. 一种基于磁控电抗器的电渣炉不平衡配电系统的治理装置	实用新型	CN201420488310. 8	2014	陈列，朱明星，摆国睿，王群京，孙贺，龚光华，武胜奎，高红艳，赵海东
60. 一种小功率电动机的定子冲片结构	实用新型	ZL201520245053. X	2015	徐卫，王群京，姚春龙，赵志伟，李国丽

所获荣誉

名 称	获奖等级
1. 特高压与新能源背景下的安徽电网安全经济运行关键技术研究(2014 年度)	安徽省科技进步一等奖
2. 电动机智能逆向多目标优化技术及其应用(2013 年度)	安徽省科技进步二等奖
3. 绝缘电气设备中 SF_6 气体的分解产物与其故障关系的研究及应用(2013 年度)	安徽省科技进步二等奖
4. 基于多参数监测的电力节能减排优化管控系统(2013 年度)	国家环境保护科学技术三等奖
5. 基于净化处理技术的 SF_6 温室气体减排措施研究及推广应用(2013 年度)	国家环境保护科学技术三等奖
6. 变电站接地网腐蚀预测方法与防腐技术应用研究(2013 年度)	安徽省科技进步三等奖
7. 皖电东送淮南至上海特高压交流输电示范工程(2014 年度)	国家电网公司科学技术进步特等奖
8. 安徽省“合芜蚌创新人才奖”(王群京)(2013 年度)	安徽省人民政府
9. 全国优秀科技工作者(王群京)(2013 年度)	中国科协
10. 安徽青年科技奖(胡存刚)(2013 年度)	省级
11. 安徽省教学名师(李国丽)(2013 年度)	省级
12. 宝钢优秀教师奖(李国丽)(2014 年度)	省部级
13. 城市轨道交通接入配电网关键问题研究与应用(2014 年度)	国网河北省电力公司

安徽工业大学-优秀创新团队

地址：安徽省马鞍山市湖东路 29 号
邮编：243000
电话：0555-2316595
团队人数：8
团队带头人：刘晓东
主要成员：葛芦生，陈乐柱，郑诗程，方炜，胡雪峰，刘宿城，杨云虎
研究方向：电力电子功率变换技术
团队简介：

本团队包括教授 6 人、副教授 1 人、讲师 1 人，其中 7 人具有博士学位，涉及电力电子、高电压技术、电力系统和控制理论工程等多个相关学科。围绕着“电力电子功率变换技术”核心研究方向，主要从事以下方面的研究：1）数字开关电源开发和应用；2）新能源发电及智能微电网技术的研究；3）特种电源及其应用。本团队已获得国家自然科学基金 7 项，国家外专局项目 1 项目，安徽省科技攻关项目 1 项，安徽省自然科学基金 1 项，安徽省教育厅基金项目 1 项，马鞍山市科技局项目 1 项，申请国家专利 6 项，发表论文 30 余篇。与此同时，基于在开关电源和新能源变

换等技术方面积累的较为丰富的理论和实践经验，团队成员积极地将部分先进的研究成果向应用领域转化，扩大了电力电子功率变换技术在国民经济领域的应用范围，促进了地方经济的发展。

在研项目

名　称	类别	项目号	经费	负责人
1. 基于 OFDM 的 DC-DC 并联系统无线网络控制技术研究	国家自然科学基金	50877001	80 万元	葛芦生教授
2. 集光伏准并网的混合电池储能拓扑优化及其稳定运行理论研究	国家自然科学基金	51577002	60 万	胡雪峰教授
3. 随机跳变-切换系统有限时间补偿控制	国家自然科学基金	61304066	20 万元	刘晓东教授排名第二
4. 电力电子系统大信号频域近似解析方法研究	国家自然科学基金	51407003	26 万	刘宿城博士
5. 微电网电力电子接口的工程化大信号综合方法研究	安徽省自然科学基金	1508085QE97	8 万	刘宿城博士
6. 计及分布参数直流微网的稳定性评估及电能质量分析与控制	安徽省自然科学基金	1708085ME106	8 万	刘晓东教授
7. 电动汽车大功率高效快速充电技术研究	安徽省教育厅重点项目	KJ2016A804	6 万	刘晓东教授
8. 直流微电网的能量动态均衡控制研究	安徽省教育厅重点项目	KJ2017A067	6 万	方炜教授
9. 西门子 PLC 传动控制系统基础软件开发与应用	企业课题	RD13206002	15.6 万	刘晓东教授
10. 屏蔽门冗余电源模块研制	企业课题		20 万	方炜教授

科研成果：

科 研 项 目

名　称	类别	项目号	经费	负责人
1. 超低压大电流开关功率变换器动态性能关键技术的研究	国家自然科学基金	50877001	2009.1-2011.12 32 万	刘晓东教授
2. 脉冲阻塞式斩波控制交交变频原理探索	国家自然科学基金	50707003	2008.1-2010.12 22 万	郑诗程教授
3. 直流微电网的暂态特性分析及其控制策略研究	国家自然科学基金	51277001	2013.1-2016.12 26 万元	方炜教授
4. 电动汽车大功率快速充电技术研究	国家外专局项目	W20123400001	2013.1-2013.12 4 万元	刘晓东教授
5. 家庭太阳能光伏电源的应用开发	省科技厅十五攻关项目	6022010		郑诗程教授
6. 光伏发电系统的柔性控制策略研究	安徽省教育厅优秀青年基金项目	2006jql086zd		郑诗程副教授
7. DC/DC 功率变换器混杂切换特性分析与研究	安徽省自然科学基金	1308085ME66	2013.7-2015.7 5 万元	方炜教授
8. 单相太阳能光伏并网发电用系列逆变器研究及其产业化	马鞍山市科技局		2013.01-2014.12 10 万元	郑诗程教授
9. 低压 SVG 装置研发	企业课题		2012.01-2013.12 10 万元	郑诗程教授
10. 风光互补型逆变器的研发	企业课题		2012.01-2013.12 10 万元	郑诗程教授

科研论文：

1. 杨云虎．唐世庆．朱文杰等．单相 PWM 整流器的输入电流 H_ ∞ 重复控制方案[J]．电机与控制学报，2016，20(2)：21-28.

2. 胡雪峰，王琳，代国瑞等．单开关高增益 Boost-Sepic 集成变换器[J]．中国电机工程学报，2015，35(8)：

2018-2025.

3. 刘晓东，胡勇，方炜，刘雁飞．直流微电网节点阻抗特性与系统稳定性分析[J]. 电网技术，2015，39(12)：3463-3469.

4. 方炜，刘晓东，刘宿城，刘雁飞．基于分段仿射模型的DC/DC变换器预测控制研究[J]. 电子科技大学学报，2015，44(3)：381-386.

5. 王智，方炜，刘晓东．基于单周期控制的三相三开关PFC整流器的分析和设计[J]. 电工电能新技术，2015，34(1)：52-56.

6. W. Fang，X. D. Liu，S. C. Liu，Y. F. Liu，A Digital Parallel Current-Mode Control Algorithm for DC-DC Converters [J]. IEEE Transactions on Industrial Informatics，2014，10(4)：2146-2153.

7. 刘宿城，周雒维，卢伟国．通过小信号环路估计DC/DC开关变换器的大信号稳定区域[J]. 电工技术学报，2014，29(4)：63-69.

8. 刘晓东，葛玲，方炜，刘雁飞．Buck-Boost变换器线性与非线性复合控制[J]. 电机与控制学报，2014，18(11)：106-111.

9. W. Fang，X. D. Liu，Y. F. Liu，Optimal Control Strategy for Buck Converter Under Successive Load Current Change [J]. Transactions of Nanjing University of Aeronautics & Astronautics，2014，31(5)：530-537.

10. 刘晓东，李飞，方炜，吴静，刘雁飞．直流微网中双向直流变换器的控制[J]. 电源学报，2014，(5)：40-44.

11. 方炜，张辉，刘晓东．无刷直流电动机双闭环控制系统的设计[J]. 电源学报，2014，(2)：35-42.

12. 王智，方炜，刘晓东．数字控制的单周期PFC整流器的设计与分析[J]. 中国电机工程学报，2014，34(21)：3423-3431.

13. 胡雪峰，戴国瑞，龚春英等. 一种高增益低开关应力改进交错型Boost变换器[J]. 电工技术学报，2014，29(12)：80-87.

14. 胡雪峰，龚春英，陈杰等. 一种高增益交错耦合电感直流变换器[J]. 中国电机工程学报，2014，34(3)：380-386.

15. W. Fang，X. D. Liu，Y. F. Liu. A New Digital Control Algorithm for Dual -Transistor Forward Converter [J]. IEEE Transactions on Industrial Informatics，2013，9(4)：2074-2081.

16. Liu Sucheng，Zhou Luowei，Lu Weiguo. Simple analytical approach to predict large-signal stability region of a closed-loop boost DC-DC converter[J]. IET Power Electronics，2013，6(3)：488-494.

17. 韩莉，刘晓东，方炜．并行电流模式控制的SR-Buck变换器的数字控制与实现[J]. 电源学报，2013，(2)：12-17.

18. 刘晓东，姜婷婷，方炜．DC/DC变换器并联均流技术[J]. 安徽工业大学学报(自然科学版)，2013，30(01)：54-59.

19. 方炜，王青，刘晓东．DC/DC变换器的PWA模型及预测控制[J]. 电子技术应用，2013，39(2)：52-55.

20. 方炜，邱亚杰，刘晓东，刘雁飞．基于电容电荷平衡的Boost型变换器控制研究[J]. 电子科技大学学报，2013，42(2)：244-247.

21. 方炜，刘晓东，刘雁飞．双管正激变换器的电荷平衡控制算法研究[J]. 重庆大学学报，2013，36(5)：70-74.

22. Liu Sucheng，Zhou Luowei，Lu Weiguo. Li Anxin. Analysis of near-field magnetic resonant energy coupling for high power Light-emitting diode illumination [J]. International Journal for Computation and Mathematics in Electrical and Electronic Engineering，2012，31(4)：1246-1258.

23. 胡雪峰，韦徵，陈铁涵等．LCL滤波并网逆变器的控制策略[J]. 中国电机工程学报，2012，32(27)：142-148.

24. 胡雪峰，龚春英. 具有高增益的双相直流变换器设计[J]. 高电压技术，2012，38(3)：737-742.

25. 胡雪峰，龚春英，陈新等. 三相T型滤波并网逆变电源的网侧电流直接控制技术[J]. 电工技术学报，2012，27(1)：9-16.

26. 刘晓东，姜婷婷，方炜．DC/DC变换器平均电流自动均流并联控制的研究[J]. 电子技术应用，2012. 38(12)：60-63.

27. 郑诗程，邓荣军，陈玲．基于脉冲阻塞原理的波头连续型三相交-交变频系统研究[J]. 电工技术学报，2012，27(5)：149-155.

28. Liu Sucheng，Zhou Luowei，Liu Xiaodong，Lu Weiguo. Design and analysis of a high efficiency linear power amplifier[J]. International Journal of Electronics，2011，98(10)：1421-1432.

29. 胡雪峰，龚春英．光伏并网逆变器的直接预测控制策略及其DSP实现[J]. 电工技术学报，2011，26(1)：102-106.

30. 郑诗程，陈玲；曹小虎．基于脉冲阻塞原理的三相AC/AC系统等脉宽斩波控制[J]. 电力自动化设备，2011，31(3)：62-70.

31. 刘晓东，罗标，方炜，刘雁飞．Buck变换器负载连续跳变动态特性分析与控制[J]. 电源学报，2011，(3)：11-19.

32. 刘晓东，邱亚杰，方炜等．Boost变换器电容电荷平衡动态最优控制[J]. 电力自动化设备，2011，31(5)：63-66.

33. X. D. Liu，J. Wu，S. C. Liu，W. Fang，Y. F. Liu. A Current Control Strategy of Three-phase Grid-connected Inverter with LCL Filter Based on One-cycle Control[C]. 2014 17th International Conference on Electrical Machines and Systems (ICEMS)，2014，939-943.

34. R. Xu，W. Fang，X. D. Liu，Y. Liu，Y. Hu，Y. F. Liu. Design and Experimental Verification of On-board

Charger for Electric Vehicle[C]. 2014 IEEE International Power Electronics and Application Conference and Exposition(IEEE PEAC'2014), 2014, 1-6.

35. X. D. Liu, L. Han, W. Fang, Y. F. Liu. Modeling and Design of SR-Buck Converter with Parallel Current Mode Control Method[C]. IEEE Conference on Industrial Electronics and Applications, (ICIEA'2013), 1221-1226.

36. W. Fang, Z. Wang, X. D. Liu, Y. F. Liu. A Novel One-cycle Control Strategy for Three-Phase Power Converter [C]. IEEE Conference on Industrial Electronics and Applications(ICIEA'2013), 544-548.

37. Xiao-Dong. Liu, Ling Ge, Wei Fang, Yan-Fei. Liu. An Algorithm for Buck-Boost Converter Based On the Principle of Capacitor Charge Balance[C]. Industrial Electronics and Applications(ICIEA), 2011 6th IEEE Conference, 21-23 June 2011: 1365-1369.

38. Xiao-Dong. Liu, Ping Nie, Wei Fang. The Digital Control for Two-Transistor Forward Converter Based on Capacitor Charge Balance [C]. Industrial Electronics and Applications (ICIEA), 2011 6th IEEE Conference, 21-23 June 2011: 1588-1592.

39. 承良超，葛芦生，陈宗祥，刘雁飞．数据丢包对DC/DC无线并联均流系统的影响[J/OL]. 电源学报, http://kns. cnki. net/kcms/detail/12. 1420. TM. 20161021. 1005. 002. html

40. 张瑞，汪健，陈宗祥，葛芦生. 并联DC-DC变换器无线数字通信技术[J/OL]. 电源学报, http://kns. cnki. net/kcms/detail/12. 1420. TM. 20160804. 1407. 004. html

41. 汪涛，刘升，葛芦生．并联DC/DC系统中高速无线通信接收装置的设计[J/OL]. 电源学报, http://kns. cnki. net/kcms/detail/12. 1420. TM. 20160721. 1630. 047. html

42. 汪健，葛芦生，陈宗祥．基于二重积分滑模控制DC/DC变换器的研究[J]. 电力电子技术, 2015, 49(11): 17-18.

43. 宁平华，陈乐柱，丁鑫龙，夏兴国．双RCD箝位的双管正激变换器研究[J]. 电源学报, 2016, 14(3): 124-130.

44. 陈乐柱，杜荣权，穆瑜. 有源滤波器的最优安装点和检测点的研究[J]. 电源学报, 2015, 13(5): 10-14.

45. 郑诗程，徐礼萍，黄加虎. 一种新型三相锁相环研究与设计[J]. 控制工程, 2016, 23(5): 734-739.

46. 郑诗程，徐礼萍，郎佳红，方四安．基于重复PI控制和前馈控制的静止无功发生器[J]. 电工技术学报, 2016, 31(6): 219-225.

47. 郑诗程，彭勃，徐礼萍．T型三电平拓扑的PWM控制策略[J]. 电力系统及其自动化学报, 2016, 28(2): 93-97.

48. 方炜，丁辰晨，甘洋洋，刘晓东，刘宿城．一种基于混杂系统的Boost变换器切换控制算法[J]. 电源学报, 2016, 14(5): 60-67.

49. 刘晓东，徐朋，方炜，徐瑞，刘宿城．3kW车载充电机的研究与实现 [J/OL]. 电源学报, http://www. cnki. net/kcms/detail/12. 1420. TM. 20160714. 1545. 015. html

50. 刘扬，刘晓东，方炜，刘文杰．BP神经网络流量计量的户用电子水表设计[J]. 仪表技术与传感器, 2016, (6): 33-36.

51. 吴静，刘晓东，方炜，刘宿城．一种并网逆变器的电容电流单周期控制技术[J]. 电源学报, 2016, 14(3): 62-68.

52. 吴贵洋，王建章，胡雪峰．适于可再生能源发电储能系统中的双向变换器 [J/OL]. 电源学报, http://kns. cnki. net/kcms/detail/12. 1420. TM. 20170309. 1433. 002. html

53. 胡雪峰，李永超，李琳鹏等．具有高增益、低输入电流纹波的Boost变换器研究[J]. 高电压技术, 2017, 43(1): 16-22.

54. 李琳鹏，胡雪峰，李永超，程宇．一种混合耦合电感和开关电容的DC-DC升压变换器[J]. 电源学报, 2016, 14(5): 112-119.

55. 王倩倩，胡雪峰，李永超，黄媛媛．用于可再生能源发电的改进的平方型Boost变换器[J]. 电气应用, 2016, 35(16): 48-53.

56. 李永超，胡雪峰，李琳鹏，章家岩．一种零电流纹波交错Boost变换器[J/OL]. 电源学报, http://www. cnki. net/kcms/detail/12. 1420. TM. 20160721. 1630. 019. html

57. 杨云虎，唐世庆，朱文杰等．单相PWM整流器的输入电流H_∞重复控制方案[J]. 电机与控制学报, 2016, 20(2): 21-28.

58. Xiaodong Liu; Qingqing Li; Sucheng Liu; Wei Fang. Weighted controller structure of DC-DC converters for adaptive regulation to large-signal operations [C]. International Power Electronics and Motion Control Conference(IPEMC-ECCE Asia), 2016 8th IEEE Conference, 22-26 May 2016: 64-69.

发明专利：

1. 方炜、王智、刘晓东. 一种三相高功率因数整流器的控制电路及其控制方法：中国，ZL 201320180648. 2[P]. 2013-9.

2. 陈宗祥、葛芦生、何胜方等. 新型低端MOSFET/IGBT负压箝位驱动电路及其控制方法：中国，CN201210176271[P].

3. 葛芦生、陈宗祥、何胜方. 单相光伏并网发电系统功率解耦电路及其控制方法：中国，CN201210142055[P].

4. 刘晓东、方炜、刘雁飞. 一种双管正激功率变换器的控制电路及其控制方法：中国，ZL 201110458878. 6[P]. 2013-9.

5. 刘雁飞、葛芦生. 电流源MOSFET驱动芯片：中国，CN201010502449[P].

北京交通大学-电力电子与电力牵引研究所团队

地址： 北京市海淀区上园村3号北京交通大学电气工程楼602
邮编： 100044
电话： 010-51687064
传真： 010-54684029
网址： http：//ee. bjtu. edu. cn/xisuo/dianlidianzisuo. php
团队人数： 18
团队带头人： 郑琼林，游小杰
主要成员： 郑琼林，游小杰，杨中平，林飞，李虹，孙湖，郝瑞祥，贺明智，王琛琛，李艳，刘建强，郭希铮，黄先进，王剑，杨晓峰，周明磊
研究方向： 轨道交通牵引供电与传动控制（高速列车、重载列车和城轨列车），特种电源（工业、军工），电力电子技术在电力系统中应用，光伏发电并网与控制，高性能低损耗电力电子系统，宽禁带器件应用，能源互联网
团队简介：

北京交通大学电力电子与电力牵引研究所（简称电力电子研究所）成立于2004年，主要从事电力电子和电力牵引领域的研究工作，是电力牵引教育部工程研究中心的依托单位。所在的电力电子学科为北京市重点学科。北京交通大学是台达电力电子科教基金资助的十所高校之一，中国高校电力电子学术年会四个发起单位之一。北京交通大学电力电子研究所团队有教授5人，副教授7人，讲师4人，博士生和硕士生130余人，近年来发表学术论文200余篇，其中SCI论文近40篇，EI论文100余篇，出版科技专著9部，已授权发明专利30余项，获软件著作权20余项。获省部级科技进步奖二等奖和三等奖各1项，培养优秀硕士/博士毕业生和荣获国家级奖学金学生20余人次。

近年来研究所围绕高速列车牵引传动与控制、重载列车牵引传动与控制、特种工业电源、特种军用电源、宽禁带器件应用、光伏发电并网与控制、柔性直流输电技术、电能质量控制技术和能源互联网等领域开展研究工作，研制出多个系列电能变换与节能装备，并成功实现了产业化。研究所自成立以来，承担并完成了许多国家科技支撑项目、国家重大研究计划、国家自然科学基金项目、“863”项目、铁道部项目、国防科技项目、台达科教基金项目和企业横向课题等许多科研项目，在这些项目中，研究所在国内率先研制成功了交流传动互馈试验台，可用于大功率牵引电机及其他电机的控制、试验和测试等；建设了国内先进的电力牵引综合实验平台，并在该平台上开发了大功率电力机车牵引传动控制系统；完成了国内最大功率的航天试验用电源，特种军用电源，大功率电解、电镀等工业电源的研制。

北京交通大学电力电子研究所与许多科研机构和公司建立了长期的密切合作关系。与世界最大的SVC制造商荣信电力电子股份有限公司签署协议共建电力牵引教育部工程研究中心；与中国中车股份有限公司、北京卫星制造厂等单位签署了产学研战略联盟协议；与北京京仪椿树整流器有限责任公司签署了共建电力电子联合实验室的协议；此外，还与北京京仪绿能电力系统工程公司、北京敬业电工集团等十余家知名企业建立了产学研合作关系，为企业的核心技术研发提供技术支持，同时也获得了研究所发展所需要的资金支持，并为研究生的培养提供了实践基地。

在研项目

类　　别	项目号	名　　称
1. 国家重点研发计划	2016YFE0131700	电力电子能量路由器及其控制技术研究
2. 北京市科委项目	Z161100002216008	轨道交通车载储能与传动关键技术研究——牵引传动能效提升技术
3. 北京市教工委项目		北京市轨道交通再生制动能量处理方式调研及节能应用展望
4. 大型电气传动系统与装备技术国家重点实验室开放基金	SKLLDJ042016005	基于混合储能的矿山用模块化大功率四象限变流器拓扑及其关键技术
5. 国家自然科学基金面上项目	51577010	基于扩展描述函数与Floquet理论的功率变换器级联系统建模和稳定性分析
6. 国家自然科学基金青年科学基金项目	51507009	轨道交通无变压器牵引传动系统控制策略研究
7. 科技部“973”项目	2011CB7111006	高速列车运行性能综合影响因素研究
8. 科技部科技支撑项目	2009BAG12A01-F01-2	高速列车电气系统仿真平台
9. 北京市科委项目	Z141100003114011	大功率电力机车辅助变流器IGBT驱动电路研制
10. 北京教委项目		北京市支持中央高校共建项目——城市轨道交通北京实验室
11. 北京市自然科学基金面上项目	3142015	轨道交通能馈式牵引变流器的混沌控制宽频带电磁干扰抑制方法研究
12. 中央高校基本科研业务费	2015JBC026	基于车地一体化的轨道交通新能源牵引控制技术研究

（续）

类　别	项目号	名　称
13. 国际合作项目		日本东芝公司，逆导型（RC）IGBT 模块在牵引变流器中应用的研究
14. 国际合作项目		日本东芝公司，新型电力机车辅助变流器系统
15. 国际合作项目		超级电容器的分析与试验研究
16. 国际合作项目		超级电容在工程机械上应用
17. 国际合作项目		日本富士电机公司，基于逆阻型 IGBT 模块组成的 T 型三电平逆变电路
18. 军工项目		兵器装备集团，＊＊＊武器系统驱动电源
19. 军工项目		北京航天奥详通风科技有限公司，轨道交通用交流永磁同步电机驱动器研发
20. 企业项目		中车青岛四方车辆研究所有限公司，SiC 器件在逆变器中的应用技术研究
21. 企业项目		北京中兴天传电气技术有限公司，钻井机超级电容储能控制板
22. 企业项目		苏州能讯高能半导体有限公司，氮化镓功率器件测试与应用平台研发
23. 企业项目		中车永济电机有限公司，异步电机控制技术与应用研究
24. 企业项目		中车永济电机有限公司，永磁电机控制软件开发
25. 企业项目		中车永济电机有限公司，辅助控制单元软硬件开发
26. 企业项目		中车永济电机有限公司，基于 SiC 功率器件的导轨电车辅助变流器研究
27. 企业项目		中车青岛四方车辆研究所有限公司，电气化铁路车网谐振研究
28. 企业项目		中车青岛四方车辆研究所有限公司，永磁牵引电机无传感器控制技术研发
29. 企业项目		中车大连机车研究所有限公司，电力机车过分相辅助绕组连续供电辅助系统技术开发
30. 企业项目		中国船舶工业系统工程研究院，电磁环境测量
31. 企业项目		北车大连电力牵引研发中心有限公司，产学研战略联盟持续推进协议
32. 企业项目		中车唐山机车车辆有限公司，电力电子牵引变压器性能计算分析
33. 企业项目		中车长春轨道客车股份有限公司，CRH380CL 动车组牵引系统研究与跟踪
34. 企业项目		中车唐山机车车辆有限公司，轨道车辆牵引传动和列车网络控制技术研究（二期）
35. 企业项目		中车青岛四方车辆研究所有限公司，现代有轨电车混合储能系统样机研究
36. 企业项目		中车青岛四方车辆研究所有限公司，高能效电力牵引动力包技术方案研究

（续）

类　　别	项目号	名　　称
37. 企业项目		中车青岛四方车辆研究所有限公司，轨道交通永磁同步电机高性能控制策略研究
38. 企业项目		中车青岛四方机车车辆股份有限公司，城轨交通永磁同步牵引传动控制系统研发
39. 永济新时速电机电器有限责任公司		牵引传动系统直流电压脉动抑制技术
40. 企业项目		国网智研院，碳化硅器件模型仿真数据库测试及碳化硅功率器件变流器控制电路测试
41. 企业项目		国网智研院，高压大容量 DC/DC 变换器的运行特性及电气应力分析

科研成果：

一、主要论著

1. 郑琼林，赵佳，樊嘉峰. 直线电机轮轨交通牵引传动系统［M］. 北京：中国科学技术出版社，2010.

2. 郑琼林，耿文等. 电力电子电路精选常用元器件·实用电路·设计实例［M］. 北京：电子工业出版社，1996.

3. 杨中平. 新干线纵横-日本高速铁路技术［M］. 2版. 北京：中国铁道出版社，2012.

4. 杨中平. 漫话高速列车［M］. 北京：中国铁道出版社，2012.

5. 林飞，杜欣等. 电力电子应用技术的 MATLAB 仿真［M］. 北京：中国电力出版社，2009.

6. 魏庆朝，龙许友，蔡昌俊，郑琼林，柳拥军. 直线电机轮轨交通概论［M］. 北京：中国科学技术出版社，2010.

二、主要期刊论文

1. Chenchen Wang，Kun Wang，Xiaojie You. Research on Synchronized SVPWM Strategies Under Low Switching Frequency for Six-Phase VSI-Fed Asymmetrical Dual Stator Induction Machine［J］. IEEE Transactions on Industrial Electronics，2016，63（11）：6767-6776.（SCI 检索）

2. Hong Li，Shiheng Wang，Lv Jinhu，Xiaojie You，Xinghuo Yu. Stability Analysis of the Shunt Regulator with Nonlinear Controller in PCU based on Describing Function Method［J］. IEEE Transactions on Industrial Electronics，2017，pp：1.（SCI 检索）

3. Zhao Hongyan，Zheng Trillion Q.，Li Yan，Du Jifei，Shi Pu. Control and Analysis of Vienna Rectifier Used as the Generator-Side Converter of PMSG-based Wind Power Generation Systems［J］. Journal of Power Electronics，2017，17（1）：212-221.（SCI 检索）

4. Liang Mei，Li Yan，Zheng Trillion Q. An Improved Analytical Model for Predicting the Switching Performance of SiC MOSFETs［J］. Journal of Power Electronics，2016，16（1）：374-387.（SCI 检索）

5. Van-Tien Pham，Zheng Trillion Q.，Yang Zhong-ping，Lin，Fei，Do，Viet-dung. A DTC Stator Flux Algorithm for the Performance Improvement of Induction Traction Motors［J］. Journal of Power Electronics，2016，16（2）：572-583.（SCI 检索）

6. Li，Hong，Liu，Yongdi，Lu，Jinhu，Zheng，Trillion Q.，Yu，Xinghuo，Suppressing EMI in Power Converters via Chaotic SPWM Control Based on Spectrum Analysis Approach［J］. IEEE Transactions on Industrial Electronics，2014，61（11）：6128-6137.（SCI 检索）

7. Wang，Chenchen，Li，Yongdong，Analysis and Calculation of Zero-Sequence Voltage Considering Neutral-Point Potential Balancing in Three-Level NPC Converters［J］. IEEE Transactions on Industrial Electronics，2010，57（7）：2262-2271.（SCI 检索）

8. Jia，Pengyu，Zheng，Trillion Q.，Li，Yan，Parameter Design of Damping Networks for the Superbuck Converter［J］. IEEE Transactions on Power Electronics，2013，28（8）：3845-3859.（SCI 检索）

9. Hong Li，Zhong Li，Wolfgang A. Halang，Fenlan Wang，Nanlin Tan. Design of Analogue Chaotic PWM for EMI Suppression［J］. IEEE Transactions on Electromagnetic Compatibility，2010，52（4）：1001-1007.（SCI 检索）

10. Huan Xia，Huaixin Chen，Zhongping Yang，Fei Lin，Bin Wang. Optimal Energy Management，Location and Size for Stationary Energy Storage System in a Metro Line Based on Genetic Algorithm［J］. Energies，2015，8（10）：11618-11640.（SCI 检索）

11. Yan Li，Pengyu Jia. Zheng T. Q. Active damping method to reduce the output impedance of the DC-DC converters［J］. IET Power Electronics. 2015，8（1）：88-95.（SCI 检索）

12. Fang Li，Xiaojie You，Yan Li. Control loop design of sequential switching shunt regulator considering the influence of double section functioning［J］. IET Power Electronics. 2014，7（4）：998-1007.（SCI 检索）

13. Li, Yan, Chen, Qian, Zheng, Trillion Q. Method for improving the audio susceptibility and input impedance of stacked boost converters [J]. IET Power Electronics [J]. 2014, 7 (10): 2486-2495. (SCI 检索)

14. Li, Yan, Jia, Pengyu, Zheng, Trillion Q. Research on input-voltage feedforward control for high-order converter topologies [J]. IET Power Electronics, 2014, 7 (11): 2778-2790. (SCI 检索)

15. Wang J, Yang Z, Lin F, et al. Harmonic Loss Analysis of the Traction Transformer of High-Speed Trains Considering Pantograph-OCS Electrical Contact Properties [J] . Energies, 2013, 6 (11): 5826-5846. (SCI 检索)

16. Wang B, Yang Z P, Lin F, et al. An improved genetic algorithm for optimal stationary energy storage system locating and sizing [J] . Energies, 2014, 7 (10): 6434-6458. (SCI 检索)

17. Yan Li, Trillion Q. Zheng, Yajing Zhang, Meiting Cui, Loss Analysis and Soft-Switching Behavior of Flyback-Forward High Gain DC/DC Converter with GaN FET [J]. Journal of Power Electronics, 2016, 16 (1): 84-92. (SCI 检索)

18. Liang, Mei, Zheng, Trillion Q. , Li, Yan. An Improved Analytical Model for Predicting the Switching Performance of SiC MOSFETs [J]. Journal of Power Electronics, 2016, 16 (1): 374-387. (SCI 检索)

19. Li, Yan, Zheng, Trillion Q. , Chen, Qian. Research on High Efficiency Non-Isolated Push-Pull Converters with Continuous Current in Solar-Battery Systems [J]. Journal of Power Electronics, 2014, 14 (3): 432-443. (SCI 检索)

20. Chen, Qian, Zheng, Trillion Q. , Li, Yan, Shao, Tiancong. The Effect of Transformer Leakage Inductance on the Steady State Performance of Push-pull based Converter with Continuous Current [J]. Journal of Power Electronics, 2013, 13 (3): 349-361. (SCI 检索)

21. Li, Yan, Zheng, Trillion Q. , Zhao, Chuang, Chen, Jiayao. Modeling and Regulator Design for Three-Input Power Systems with Decoupling Control [J]. Journal of Power Electronics, 2012, 12 (6): 912-924. (SCI 检索)

22. Xi Zheng Guo, Xiaojie You, Design Method for the LCL Filters of Three-phase Voltage Source PWM Rectifiers [J]. Journal of Power Electronics, 2012, 12 (4): 559-566. (SCI 检索)

23. Gao, Jilei, Zheng, Trillion Q. , Lin, Fei. Improved Deadbeat Current Controller with a Repetitive-Control-Based Observer for PWM Rectifiers [J]. Journal of Power Electronics, 2011, 11 (1): 64-73. (SCI 检索)

24. MingLei Zhou, Xiaojie You, Chenchen Wang. The influence of mistuned motor parameters on vector control performance and on line slip frequency correction strategy for induction machine operated under one-pulse PWM mode [J]. IEEJ Transactions on Electrical and Electronic Engineering, 2014, 9 (6): 675-684. (SCI 检索)

25. Zhao, J. , Zheng, T. Q. , Zhang, W. , Fang, J. , Liu, Y. M. Influence analysis of structural parameters on electromagnetic properties of HTS linear induction motor [J]. Physica C- Superconductivity and Its Applications, 2011, 471 (21-22): 1474-1478. (SCI 检索)

26. Hong Li, Zhong Li, Fei Lin, Bo Zhang. Suppressing Harmonics in Four-Quadrant AC-DC Converters with Chaotic SPWM Control [J]. International Journal of Circuit Theory and Applications (IJCTA), 2014, 2 (4): 331-342. (SCI 检索)

27. Hong Li, Fei Lin, Zhong Li, Xiaojie You, Trillion Zheng, Bo Zhang. The Application of CPWM Control for EMI Suppression [J]. The international journal for computation and mathematics in electrical and electronic engineering (COMPEL), 2013, 32 (3): 750-762. (SCI 检索)

28. Hong Li, Zhong Li, Bo Zhang, Qionglin Zheng, Wolfgang Halang, The stability of a chaotic PWM boost converter [J]. International Journal of Circuit Theory and Applications (IJCTA), 2011, 39 (5): 451-460. (SCI 检索)

29. Hu T, Lin F, Yang Z, et al. A novel flux-weakening control strategy for permanent magnet synchronous motor [J]. International Journal of Materials & Product Technology, 2012, 45 (1-4): 239-248. (SCI 检索)

30. Chang F, Yang Z, Wang Y, et al. Fault Characteristics and Control Strategies of Multi-terminal High Voltage Direct Current Transmission Based on Modular Multilevel Converter [J]. Mathematical Problems in Engineering, 2015, 2015 (10): 1-11. (SCI 检索)

31. 杨晓峰，薛尧，郑琼林，林智钦，牟雅洁，陈博伟，五十岚征辉. 采用逆阻型子模块的新型模块化多电平换流器 [J] . 中国电机工程学报，2016，36 (7): 1885-1891. (EI 检索)

32. 杨晓峰，薛尧，陈博伟，牟雅洁，林智钦，郑琼林，五十岚征辉，王志冰. 具有直流故障阻断能力的逆阻型模块化多电平换流器 [J] . 中国电机工程学报，2017，(出版中) (EI 检索)

33. 杨晓峰，林智钦，郑琼林，游小杰. 模块组合多电平变换器的方波脉冲循环调制策略 [J] . 中国电机工程学报，2013，33 (9): 42-47. (EI 检索)

34. 杨晓峰，郑琼林，林智钦，薛尧，王志冰，姚良忠，陈博伟. 用于直流电网的大容量 DC/DC 变换器研究综述 [J] . 电网技术，2016，40 (3): 670-677. (EI 检索)

35. 杨晓峰，郑琼林，薛尧，林智钦，陈博伟. 模块化多电平换流器的拓扑和工业应用综述 [J] . 电网技术，2016，40 (1): 1-10. (EI 检索)

36. 郑琼林，杨晓峰，游小杰. 城市轨道交通直流自耦变压器牵引供电系统 [J] . 都市快轨交通，2016，29 (3): 101-107.

37. 林智钦，王志冰，杨晓峰，黄先进，郑琼林，李琰，姚良忠. 模块化多电平高压 DC/DC 变换器的电感参数设计 [J] . 中国电机工程学报，2016，36 (9): 2470-2477. (EI 检索)

38. 周明磊，王琛琛，游小杰．基于交流电机定子磁链的 CHMPWM 切换策略［J］．中国电机工程学报，2016，36（14）：3955-3963.（EI 检索）

39. 郝瑞祥，雷浩东，贺涛，游小杰．一种具有自动均压均流特性的组合式 LLC 谐振变换器［J］．电工技术学报，2016，31（20）：151-160.（EI 检索）

40. 陈骞，郑琼林，李艳，单电感电流连续型推挽类拓扑的推衍和特性研究［J］. 中国电机工程学报，2012，33（6）：85-92.（EI 检索）

41. 杨晓峰，林智钦，郑琼林，游小杰. 一种新型四象限混合型模块组合多电平变换器［J］. 中国电机工程学报，2013，33（12）：107-113.（EI 检索）

42. 黄先进，郝瑞祥，张立伟，孙湖，郑琼林. 液气循环压缩空气储能系统建模与压缩效率优化控制［J］. 中国电机工程学报，2014，34（13）：2047-2054.（EI 检索）

43. 杨晓峰，林智钦，郑琼林，游小杰. 模块组合多电平变换器的研究综述［J］. 中国电机工程学报，2013，33（6）：1-15.（EI 检索）

44. 杨晓峰，郑琼林. 基于 MMC 环流模型的通用环流抑制策略［J］. 中国电机工程学报，2012，32（18）：59-65.（EI 检索）

45. 周明磊，游小杰，王琛琛，王剑，李强. 电流谐波最小 PWM 开关角的计算及谐波特性分析［J］. 中国电机工程学报，2014，34（15）：2362-2370.（EI 检索）

46. 杨晓峰，王晓鹏，范文宝，郑琼林. 模块组合多电平变换器的环流模型［J］. 电工技术学报，2011，26（5）：21-27.（EI 检索）

47. 杨晓峰，范文宝，王晓鹏，郑琼林. 基于模块组合多电平变换器的 STATCOM 及其控制［J］. 电工技术学报，2011，26（8）：7-13.（EI 检索）

48. 王蓓蓓，郑琼林，张捷频，李艳. 无源无损软开关中压控可变电容的研究［J］. 电工技术学报，2015，30（9）：79-86.（EI 检索）

49. 贾鹏宇，李艳，郑琼林. 电压型级联系统中减小源变换器输出阻抗的有源阻尼控制方法［J］. 电工技术学报，2015，30（8）：71-82.（EI 检索）

50. 贾鹏宇，郑琼林，李艳，王蓓蓓. 级联系统中 Buck 充电调节器前馈控制方法［J］. 电工技术学报，2014，29（10）：134-140.（EI 检索）

51. 张雅静，郑琼林，马亮，卢远宏. 采用双环控制的光伏并网逆变器低电压穿越［J］. 电工技术学报，2013，28（12）：136-141.（EI 检索）

52. 陈骞，郑琼林，李艳，贾鹏宇，郑岩，万成安. 一种高效率蓄电池放电调节器的优化设计与损耗分析［J］. 电工技术学报，2013，28（8）：224-232.（EI 检索）

53. 李艳，郑琼林，陈嘉垚，赵闯. 带解耦控制的三输入直流变换器建模及调节器设计［J］. 电工技术学报，2013，28（4）：109-118.（EI 检索）

54. 方晓春，胡太元，林飞，杨中平. 基于交直轴电流耦合的单电流调节器永磁同步电机弱磁控制［J］. 电工技术学报，2015，30（2）：140-147.（EI 检索）

55. 方晓春，原佳亮，赵冬，林飞，杨中平. 基于永磁同步电机定子磁链轨迹跟踪的中间 60°同步调制动态性能优化［J］. 电工技术学报，2015，30（10）：108-114.（EI 检索）

56. 范文进-Pham Van Tien，郑琼林，杨中平，林飞，宋文胜. 基于连续型定子磁链轨迹的异步牵引电机低转矩脉动控制算法［J］. 电工技术学报，2015，30（12）：228-236.（EI 检索）

57. 赵坤，王椹榕，王德伟，杨中平，游小杰. 车载超级电容储能系统间接电流控制策略［J］. 电工技术学报，2011，26（9）：124-129.（EI 检索）

58. 王琛琛，齐龙，苟立峰，周明磊. 基于无速度传感器的异步电机并联加权矢量控制［J］. 电工技术学报，2015，30（10）：131-137.（EI 检索）

59. 王琛琛，管勃. 一种兼顾二极管钳位型三电平变换器中点电位平衡的窄脉冲处理方法［J］. 电工技术学报，2015，30（19）：136-143.（EI 检索）

60. 王琛琛，张灿，游小杰. 基于双调制波的中点电压平衡算法［J］. 电工技术学报，2012，27（3）：164-170.（EI 检索）

61. 王琛琛，周明磊，游小杰. 大功率交流电力机车脉宽调制方法［J］. 电工技术学报，2012，27（2）：173-178.（EI 检索）

62. 王琛琛，李永东. 多电平变换器拓扑关系及新型拓扑［J］. 电工技术学报，2011，26（1）：92-99.

63. 齐丽英，王琛琛，周明磊，王剑. 一种异步电机的电流环解耦控制方法［J］. 电工技术学报，2014，29（5）：174-180.（EI 检索）

64. 周明磊，游小杰，王琛琛，李强. 特定次谐波消除调制方式的谐波特性分析［J］. 电工技术学报，2013，28（9）：11-20.（EI 检索）

65. 周明磊，游小杰，王琛琛. 方波工况下基于 q 轴电流误差的异步电机转子磁场定向误差校正策略［J］. 中国电机工程学报，2012，32（33）：98-104.（EI 检索）

66. 周明磊，游小杰，王琛琛. 电力机车牵引传动系统矢量控制［J］. 电工技术学报，2011，26（9）：110-115.（EI 检索）

67. 杨晓峰，郑琼林，林智钦，薛尧，王志冰，姚良忠，陈博伟. 用于直流电网的大容量 DC/DC 变换器研究综述［J］. 电网技术，2016，40（3）：670-677.（EI 检索）

68. 杨晓峰，郑琼林，薛尧，林智钦，陈博伟. 模块化多电平换流器的拓扑和工业应用综述［J］. 电网技术，2016，40（1）：1-10.（EI 检索）

69. 李艳，郑琼林，周蕾，周兴. 光伏发电系统中嵌入式滤波直流电路的应用研究［J］. 太阳能学报，2013，34（5）：780-786.（EI 检索）

70. 顾赟，杨中平. 牵引直线感应电机推力优化控制的研究［J］. 铁道学报，2011，33（4）：46-52.（EI 检索）

71. 杨中平，刘建强，孙湖，郑琼林. 直线感应牵引电机互馈试验台控制策略研究［J］. 铁道学报，2009，31（3）：36-42.（EI 检索）

三、主要发明专利

1. 郑琼林，游小杰，林飞，等．磁浮列车长定子段换步方法：中国，ZL 200510011878.6 [P]．2007-01.

2. 郑琼林，杨晓峰，贺明智，等．牵引供电高压综合补偿装置的直接挂网方式：中国，ZL 200810238811.X [P]．2010-12.

3. 郑琼林，杨晓峰，贺明智，等．基于高压综合补偿装置实现同相牵引供电的直接挂网装置：中国，ZL 200810238810.5 [P]．2010-11.

4. 郑琼林，杨晓峰，贺明智，等．牵引供电直挂式高压综合补偿装置：中国，ZL 200810226792.9 [P]．2010-10.

5. 郑琼林，杨晓峰，贺明智，等．模块组合型牵引供电网电能质量调节系统：中国，ZL 200910087469.2 [P]．2011-2.

6. 郑琼林，杨晓峰，黄先进，等．牵引供电用单相模块组合型有源电力滤波器：中国，ZL 200910087470.5 [P]．2010-12，

7. 杨晓峰，郑琼林，游小杰，等．一种基于级联结构的模块化动态电压调节系统：中国，ZL201210232759.3 [P]．2014-12.

8. 杨晓峰，郑琼林，游小杰，等．一种模块组合多电平变换器的方波脉冲循环调制方法：中国，ZL 201210105237.7 [P]．

9. 郑琼林，王蓓蓓，邵天骢，张捷频，等. 具有能量有源回馈吸收回路的变换器桥臂电路及变换器：北京，ZL201310513213.X [P]．2014.1.8.

10. 郑琼林，邵天骢，韩娜，李艳，张立伟，游小杰，等. 零电流软开关变换器：北京，ZL201310320356.9 [P]．2013-11-27.

11. 李虹，刘永迪，郑琼林，游小杰，王博宇，王琛琛，林飞，孙湖，王诗姮. 基于傅里叶级数的锯齿载波混沌 SPWM 频谱分析方法：中国，201310156794.6 [P]．2016-2-17.

12. 郝瑞祥，杜东苓，李虹，郑琼林，孙湖，游小杰. 一种 H6 单相非隔离光伏并网逆变器及其调制方法：中国，201410010489.0 [P]．2015-12-2.

13. 郑琼林，马浩宇，冉旺，杜玉亮，黄先进，刘建强. 一种位置检测方法和位置传感器：北京，ZL201410023729.0 [P]．2014-4-30.

14. 李虹，徐艳明，郑琼林，杨志昌，林飞，杨中平，郭希铮，游小杰，孙湖. SiC MOSFET 仿真模型的建模方法：中国，CN201510203136.7 [P]．

所获荣誉：

1. 郑琼林，北京市优秀教师奖，1997 年。

2. 郑琼林，铁道部青年科技拔尖人才，1998 年。

3. 郑琼林，铁道部科技进步奖，1999 年。

4. 郑琼林，詹天佑铁道科技青年奖，铁道部，2005 年。

5. 郑琼林，中达学者，台达环境与教育基金会，2007 年。

6. 杨中平，詹天佑铁道科技青年奖，铁道部，2011 年。

7. 贺明智，郑琼林，游小杰，郝瑞祥等，高频直流制备多晶的兆瓦级电气系统，北京市科学技术二等奖，2012 年。

8. 郭希铮，中国北车年度科技成果奖一等奖，2012 年。

9. 贺明智，郑琼林，游小杰等，智能型工业用大功率开关电源终端系统，北京市科学技术三等奖，2014 年。

10. 贺明智，北京市劳动模范，2015 年。

11. 杨中平，教育部科技进步奖——科普二等奖，教育部，2016 年。

重庆大学-电磁场效应、测量和电磁成像研究团队

地址：重庆市沙坪坝区沙正街 174 号重庆大学
邮编：400044
电话：023-65105242
传真：023-65105242
团队人数：9
团队带头人：何为
主要成员：熊兰，杨帆，张占龙，徐征，王平，肖冬萍，毛玉星，汪金刚，刘坤
研究方向：电磁场测量与成像
在研项目：

1. 血流动力—血管偶联损伤机制在高血压脑出血发病中的作用及豆纹动脉破裂特异性影像学预警征象研究，负责人：何为，科技部国家基础研究规划项目（973 计划），经费 400 万。

2. 开放式电阻抗成像原理和技术研究，负责人：何为，科技部国家高技术研究发展计划（863 计划），经费 261 万。

3. 电阻抗成像关键技术及装置研究，负责人：何为，科技部国际科技合作项目，经费 315 万。

4. 基于低场核磁共振原理的硅橡胶复合绝缘子伞裙老化无损测量方法，负责人：徐征，国家自然科学基金面上项目，经费 82 万。

5. 低场单边核磁共振原理和浅层皮肤成像临床试验应用研究，负责人：何为，国家自然科学基金面上项目，经费 80 万。

6. 生物组织磁感应测量应用技术开发，负责人：徐征，科技部其它科技计划项目，经费 150 万。

7. 智能电网物联网平台课题研究，负责人：毛玉星，其它部门科技计划项目，经费 90 万。

8. 车载 FlexRay 总线技术的研究与应用开发，负责人：王平，重庆市科技计划项目应用开发计划一般项目，经费 60 万。

9. 联合开发电动汽车用一体化电机及其驱动系统，负责人：刘和平，横向科技项目，经费 150 万。

10. 便携式高压杆塔接地电阻在线监测预警系统，负责人：张占龙，横向科技项目，经费 67 万。

科研成果：

1. 何为. Inverse Application of Charge Simulation Method in Detecting faulty Ceramic Insulators and Processing Influence from Tower [J]. IEEE Transactions on Magnetics, 2006, vol. 42 (4), pp. 723-726, (SCI：000236675200056)

2. 杨帆. Calculation of Ionized Field of HVDC Transmission Lines by the Meshless Method [J]. IEEE Transactions on Magnetics, 2014-06.

3. 张占龙. Super-fast multipole method for power frequency electric field in substations [J]. COMPEL-THE INTERNATIONAL JOURNAL FOR COMPUTATION AND MATHEMATICS IN ELECTRICAL AND ELECTRONIC ENGINEERING, 2014-02-17 (SCI：000332135500043)

4. 熊兰. Experimental study on calcium carbonate precipitation using electromagnetic field treatment [J]. WATER SCIENCE AND TECHNOLOGY (SCI：000321336200018)

5. 张占龙. Optimization Design and Research Character of the Passive Electric Field Sensor [J]. IEEE SENSORS JOURNAL, 2014. (SCI：000328692800011)

6. 徐征. A Portable NMR Sensor Used for Assessing the Aging Status of Silicone Rubber Insulator [J]. APPLIED MAGNETIC RESONANCE (SCI：000327402000006)

7. 杨帆. Investigation on characteristics of argon corona discharge under atmospheric pressure [J]. INDIAN JOURNAL OF PHYSICS (SCI：000316357200014)

8. 汪金刚. Research on Dust Concentration Measurement Technique and Experiment Based on Charge Induction [J]. MEASUREMENT TECHNOLOGY AND ENGINEERING RESEARCHES IN INDUSTRY (SCI：000329080300069)

9. 毛玉星. Extraction of affine invariant features for shape recognition based on ant colony optimization [J]. JOURNAL OF SYSTEMS ENGINEERING AND ELECTRONICS (SCI：000298353800018)

10. 刘坤. Development and Application of a Novel Ion Focus Device under Ambient Conditions [J]. CHINESE JOURNAL OF ANALYTICAL CHEMISTRY (SCI：000318745100025)

所获荣誉：

1. 余成波，杨永明，陈学军，陶红艳，杨佳，汪金刚，杨如民，黄丛虎，金纯，2012-J-2-42-D02 基于网络环境的发电设备在线监测技术研究及应用。重庆市科学技术奖科技进步二等奖。

2. 电力系统变电站内电磁环境测量分析系统研究与应用，电力系统变电站内电磁环境测量分析系统研究与应用。贵州省科技进步三等奖。

3. 动脉硬化测量系统，与四川宇峰科技发展有限公司合作，获得国家重点新产品称号。

4. 无创脑水肿动态监护仪，与重庆博恩富克医疗设备有限公司合作，获得重庆市重点新产品称号。

重庆大学-高功率脉冲电源研究组

地址：重庆市沙坪坝区沙正街 174 号重庆大学 A 区电气工程学院高压系
邮编：400044
电话：023-65111795
传真：023-65102442
网址：http：//www. cee. cqu. edu. cn/pulse/
团队人数：30
团队带头人：姚陈果
主要成员：米彦，李成祥
研究方向：全固态微秒/纳秒/皮秒脉冲的产生与测控技术，脉冲电场的生物医学应用，输配电设备绝缘在线监测与故障诊断技术

团队简介：

重庆大学高功率脉冲电源研究组成立于 20 世纪 90 年代末，依托于重庆大学输配电装备及系统安全与新技术国家重点实验室，一直从事高功率脉冲电场/磁场的产生与测控技术及其在输配电设备绝缘在线监测和生物电磁学方面的应用研究。研究组的相关研究成果在《IEEE Trans.》、《中国电机工程学报》等国内外高水平期刊上发表论文 90 余篇，被 SCI 收录 40 余篇；授权发明专利 20 余项，其中一项以 1000 万元实现成果转让；培养研究生 30 余名。研究组在生物电磁学方面的应用研究形成了较鲜明的特色，在国内外具有一定的学术影响力。

在研项目：

1. 基于脉冲在线注入的变压器绕组变形特性无损监测与故障识别及预警方法的基础研究，国家自然科学基金项目，2014-2017。

2. 基于微秒脉冲调制高频纳秒脉冲电场诱导凋亡并激发不可逆电穿孔效应治疗肿瘤的基础研究，国家自然科学基金项目，2015-2018。

3. 微/纳秒复合脉冲电场协同诱导细胞融合的基础研究，国家自然科学基金项目，2017-2020。

4. 高频复合脉冲生物电学基础及应用，重庆市杰出青年科学基金，2015-2018。

5. 基于微分环非接触式测量的光电耦合式雷电反击绕击监测识别系统研究，重庆市电力公司万州供电局科技项目，2016-2017。

6. 特高压直流换流阀全景巡检与状态监测关键技术研究，国家电网公司总部科技项目，2016-2017。

7. 基于高强度电磁脉冲的变电站接地网焊接新技术研究，国家电网公司基建部科技项目，2016-2017。

科研成果：

1. 中压配电网内外过电压在线监测系统及方法研究，2004 年教育部提名国家科技进步二等奖。

2. 配电网内外过电压在线监测技术及装置研究，2004 年重庆市科技进步二等奖。

重庆大学-节能与智能技术研究团队

地址：重庆市沙坪坝区重庆大学汽车工程学院
邮编：400044

电话：023-65106243
传真：023-65106243
网址：https：//www. researchgate. net/profile/Xiaosong_ Hu2
团队人数：6
团队带头人：胡晓松（“国家青年千人计划”）
主要成员：谢翌，张财智，唐小林，卢少波，杨亚联
研究方向：节能与智能技术
团队简介：

本团队面向国家新能源汽车技术发展的重大战略需求，以“中国制造2025”及国家重点研发计划为支撑，结合重庆优越的汽车工业环境，依托重庆大学机械传动国家重点实验室、重庆自主品牌汽车协同创新中心及汽车工程学院，以储能系统动力学、动态系统控制与优化为主要切入点，重点研究先进动力电池/超级电容管理算法和机电复合动力传动系统优化与控制，为新能源汽车产业提供必要的理论基础与应用技术。

团队针对车辆工程学科特色，以基础理论研究为先导、工程应用研究为落脚点，坚持理论与实践并行的理念，针对新能源汽车动力电池、动力总成最优设计与控制等热点领域存在的前沿共性问题展开系统和深入研究。团队将通过与国内外同行紧密协同，围绕动力电池/超级电容管理、混合动力系统优化等方向建立国内领先的高水平科研能力。

本团队现在高级职称者2人，副高级职称者3人，中级职称者1人，在读硕士、博士共计30余人。

在研项目：

1. “国家2011计划”重庆自主品牌汽车协同创新中心动力电池/燃料电池性能、热安全与热管理平台建设项目，0237001104104，国家2011计划，2016. 1-2019. 1

2. 纯电动汽车动力电池系统热管理分析与设计优化，02440026051126，小康工业，2016. 10-2017. 10

3. 插电式混合动力汽车能效实时优化策略研究，20160103，吉林大学汽车仿真与控制国家重点实验室开放重点基金，2016. 10-2019. 9

4. 一体化机电耦合电驱动系统集成设计技术研究及应用，CSTC2015ZDCY-ZTZX6000，重庆市电动汽车产业共性关键技术创新主题专项，2015. 12-2018. 9

5. 混合动力电子无级变速器EVT关键技术研究及样车研发，106112016CDJZR335521，中央高校基本科研业务费专项重点项目，2016. 1-2017. 12

科研成果：

1. 创造性地提出了锂离子电池模型有用性概念及基于此概念的状态估计、健康预测与最优充电算法，提高复杂车载环境下锂离子电池管理的精度和鲁棒性。

动力电池及其管理技术是各国竞相占领的技术制高点，对我国自主突破新能源汽车技术瓶颈至关重要。作为电池管理系统的核心，建模、估计和控制算法研究极具科学与工程应用价值。申请人提出了全新的评估电池模型结构有用性的指标，即对模型的复杂度、在训练和验证数据上的精度，及推广模型到多个电池上的能力的一个综合评价。通过新颖的全局优化方法，实现了最优的锂离子电池模型参数辨识，揭示了电池参数与工作环境的相关性。在此基础上，针对不同种类锂离子电池，系统地对比研究了十二种电池模型，发现了在车载环境下最有用的模型结构，为开发先进的基于模型的电池管理算法提供了新的思路。结合有用性模型概念，提出了全新的锂离子电池状态（SOC/SOP/SOH /SOL）估计算法，通过大量实验和对比分析，验证了其在复杂多变环境下的精度、鲁棒性和自纠错能力。提出了电-热-老化耦合条件下的多目标最优锂离子电池充电策略，充分揭示了充电时间、能量损失、电池老化之间的最佳折中关系，对先进电池充电技术具有突破性意义。

相关研究成果共发表高水平SCI论文20篇，他引1150余次（WoS SCI他引630余次），ESI高被引论文5篇。两篇论文分别为J. Power Sources和Energy杂志主页重点宣传的高影响力文章（WoS SCI他引分别超过250和120次）。研究成果得到了该领域国际权威加拿大工程院Johan McPhee院士积极的正面评价：“... With respect to a novel index of battery model usefulness, a good comparison of circuit-based models for Li-ion batteries is presented by Hu et al. The outcomes are insightful to the field of BMS...”（胡等人提出一个全新的评价电池模型有用性的指标，并很好地比较了锂离子电池等效电路模型，得到了一些对电池管理领域有启发意义的重要结果）。中国工程院陈清泉院士和清华大学欧阳明高教授在其论文中也多次正面评价申请人的相关工作。鉴于在电池管理领域的贡献，获三名IEEE会士联合提名，并通过严格学术评议，成功获得IEEE高级会员称号。基于上述研究成果，正准备美国发明专利1项、中国发明专利2项。作为客座编辑，在知名SCI期刊IEEE Trans. on Sustainable Energy杂志上组织“储能系统与电池管理技术”专刊。多次受加州大学伯克利分校、密歇根大学、清华大学等单位邀请做学术报告。研究内容受到德国慕尼黑工业大学Andreas Jossen教授、美国圣地亚哥州立大学Chris Mi教授等电池管理领域著名专家团队的跟进研究。

2. 系统研究了新能源车辆机电复合动力传动系统的优化和控制方法，解决了构型分析、部件配置和能量管理的快速优化问题。

（插电式）混合动力汽车作为重要的节能减排技术，是世界各大汽车公司的研发重点。如何有效地协调多个机电部件从而最大化节能效果（或车辆经济性）是该技术的关键和难点，因此系统层面的优化与控制研究具有理论和应用价值，能够为车辆机电复合动力总成的工程化开发提供必要的理论基础与指导。

申请人对凸建模和凸优化方法进行了深入的研究，揭示了其在混合动力系统优化中的适用性与独特优势，创新性地解决了部件配置和能量管理策略的快速联合优化难题。成功推广该方法到不同构型的油电混合动力车辆、插电式混合动力车辆、燃料电池混合动力车辆的系统优化中，通过大量的对比研究，验证了其准确度和在计算效率上的突出优势。在此基础上，建立了多目标凸优化框架，揭示了不同优化目标之间的最佳折中关系，包括电池寿命与燃油经济性之间的相互影响等。提出了智能电网环境下的插电式混合动力车辆电池包大小、充电策略、能量管理之间的集成优化方法，为攻克车辆与电网交互下的全局功率流优

化难题提供了新思路。同时，结合其他优化方法，设计了动态交通数据反馈下的（插电式）混合动力车辆的预测能量管理策略，其节油效果和实时性突出，具有明显的应用价值。

相关研究成果共发表高水平 SCI 论文 15 篇，他引 600 余次（WoS SCI 他引 300 余次），ESI 高被引论文 4 篇，参编英文专著 1 部（Wiley 出版）、中文专著 1 部、译著 1 部。一篇论文成为 Applied Energy 杂志主页重点宣传的高影响力文章（WoS SCI 他引超过 40 次）。基于凸优化方法的计算平台正被瑞典 Volvo Truck 集团用于开发和优化新一代的电气化车辆，取得了良好的社会经济效益。研究成果获得欧盟高度认可和资助，2015 年获得欧盟“玛丽 · 居里夫人学者基金”，将与英国汽车界在插电式混合动力汽车方向上进行深度的项目合作。国际同行对研究成果给予了高度评价，该领域国际权威瑞士联邦工程院 Lino Guzzella 院士认为：“... convex optimization has attracted attention in the research field of energy management for HEVs, an alternative method for the optimization of the power flows in HEVs, ... more efficient than for example DP...”（凸优化引起了混合动力车辆能量管理领域的关注，作为一种创新的方法，在混合动力车辆优化中比其他一些方法更高效）。受 IEEE Trans. Vehicular Technology 主编 Yuguang Fang 教授邀请，以通信作者身份发表综述文章“Energy Management in Plug-in Hybrid Electric Vehicles: Recent Progress and a Connected Vehicles Perspective”。受中南大学钟掘院士和浙江大学杨华勇院士邀请，列出的两个车辆机电复合传动系统优化难题成功入选“液压与传动”学科方向的关键科学难题（教育部制造科学领域“10000 个科学难题”）。作为客座编辑，在 IEEE Trans. Transportation Electrification 和机械工程学报上组织“电气化车辆系统优化与控制”专刊两期。Lino Guzzella 院士、美国密歇根大学 Huei Peng 教授、美国俄亥俄州立大学 Giorgio Rizzoni 教授等混合动力车辆领域著名专家团队在申请人研究成果的基础上开展了跟进研究。

3. 深入分析了超级电容等效电路模型的有用性及阻抗特性，提出了建模与 SOC 估计的新方法。

由于在重型汽车、工程机械、机车、国防领域中应用越来越广泛，超级电容及其管理技术已经成为学术界和工业界的研究热点。超级电容建模、状态估计、充放电控制研究具有重要理论意义和应用价值。

申请人成功推广电池模型结构有用性指标到超级电容模型评价中，系统地对比分析了多种超级电容等效电路模型结构，发现了在车载环境下的最佳结构。结合 EIS 手段，通过大量实验测试与分析，充分揭示了超级电容的阻抗特性，并提出了基于阻抗的建模新方法。在此基础上，建立了分数阶超级电容建模与 SOC 估计算法框架，对先进超级电容管理技术的研发具有一定的促进作用。

上述研究成果已发表高水平 SCI 论文 5 篇，他引 50 余次（WoS SCI 他引 40 余次），其中发表在 J. Power Sources 上的论文成为 ESI 高被引论文，其它一些成果还在审稿或整理中。英国牛津大学著名超级电容管理专家 David Howey 教授对研究成果进行了高度评价，其认为“... while three common circuits being compared for an electric vehicle application, in terms of usefulness, for the first time... are really interesting and beneficial...”（在电动汽车应用中，三个常用电路的有用性第一次得到对比研究，相关结果十分有趣和有用）。研究成果被 David Howey 教授、德国卡尔斯鲁尔理工大学 Andre Weber 教授等多家团队跟踪研究。

所获荣誉：

在团队带头人胡晓松教授领导及团队成员的共同努力下，团队带头人及成员获得荣誉如下：

1. 2017 年度第十三批“国家青年千人计划”。
2. 2016 年底第八批“重庆市百人计划”。
3. 2016 年度世界可持续性论坛 World Sustainability Forum 授予“Emerging Sustainability Leaders Award”（世界可持续性领域青年领袖奖，全球仅两位入选）。
4. 2015 年度欧盟地平线 2020“玛丽 · 居里夫人学者基金”（获批率低于 10%，新能源车辆领域唯一入选的中国籍研究者，将与英国克兰菲尔德大学汽车研究中心展开深度的项目合作）。
5. 2015 年度美国机械工程师协会能源系统最佳论文奖（ASME Energy Systems Best Paper Award，第一个获此奖励的中国籍学者）。
6. 2015 年高被引论文奖（Most Cited Journal of Power Sources Articles, Journal of Power Sources, Elsevier）。
7. 2015 年度国际新能源期刊 Applied Energy 高被引论文奖。
8. 2014 年度高被引论文奖（Most Cited Energy Articles, Energy, International Journal, Elsevier）。
9. 2015 年度国际权威 SCI 期刊 Journal of Power Sources 杰出审稿人奖。
10. 2015 年度国际权威 SCI 期刊 Energy Policy 杰出审稿人奖。
11. 2014 年度国际权威 SCI 期刊 Applied Energy 杰出审稿人奖。
12. 2014 年度国际权威 SCI 期刊 Energy Conversion and Management 杰出审稿人奖。
13. 2014 年度国际权威 SCI 期刊 Energy 杰出审稿人奖。

重庆大学-无线电能传输技术研究所

地址：重庆市沙坪坝区沙正街重庆大学自动化学院

邮编：400044

电话：13508368896

网址：http://www.wptchina.com.cn/

团队人数：8

团队带头人：孙跃

主要成员：孙跃，苏玉刚，戴欣，王智慧，唐春森，叶兆虹，余嘉，朱婉婷

研究方向：无线电能传输系统关键技术与实现

团队简介：

重庆大学无线电能传输技术研究所（WPTCQU）前身为重庆大学电力电子与控制工程研究所，成立于 2005 年。

专业从事无线电能传输技术及系统的理论研究、技术开发与工程实现。研究所核心研发团队教授3人、副教授3人、中职2人。固定合作研究与技术开发人员5人，外聘国际高级专家3人。研究所招收和培养全日制硕士研究生、博士研究生和在职工程硕士研究。在校全日制研究生60余人。

研究所紧密围绕无线电能传输技术，从事应用基础理论、技术开发与推广工作。先后承担国家863计划项目、国家自然科学基金项目和重庆市政府计划项目共20项。承担企业委托和合作研发重要科技开发项目50余项。累计科研和科技项目经费3000余万元。

先后获得国家教育部、重庆市、中国电源学会、中国仪器仪表学会科学技术奖5项。在国际国内重要刊物上发表高水平论文300余篇，其中SCI、EI核心检索150余篇。受理与授权国家发明专利近60余项。

研究所拥有“无线电能传输技术国际联合研究中心（国家级）”、“中国—新西兰无线电能传输技术国际联合研究中心”“无线电能传输技术重庆市工程研究中心”“重庆市无线电能传输技术工程实验室”。

研究所拥有各类无线电能传输技术试验平台、先进测试/分析仪器，具有良好的科学研究软/硬环境，为全方位培养研究生的科学研究、技术开发与工程实践等科技能力和人文素质提供良好的工作条件。

在研项目：

1. 自组织无线电能传输网关键技术研究，国家自然科学基金面上项目。

2. 基于电场耦合无线电能传输关键技术研究，国家自然科学基金项目。

3. 公共线携能通信系统关键技术研究，国家863项目二级子课题。

4. 面向智能电网的无线电能传输关键技术研究，校企合作项目（700万元）。

5. 大功率无线电能传输系统效率最优控制策略研究，国家自然科学基金面上项目。

科研成果：

1. 2009年度重庆市科技进步二等奖：“非接触电能传输技术及装置”。

2. 2010年度中国仪器仪表学会科技创新奖（团队奖）。

3. 2013年度教育部高等学校科学研究优秀成果奖二等奖：高效多自由度无线电能传输技术及装置。

4. 重庆市技术发明二等奖：新型高性能无线电能传输技术及应用。

所获荣誉：

1. 重庆市科学技术奖2次。

2. 中国仪器仪表学会科技创新奖（团队奖）1次。

3. 教育部高等学校科学研究优秀成果奖1次。

重庆大学-系能源电力系统安全分析与控制团队

地址：重庆市沙坪坝区沙正街174号重庆大学电气工程学院

邮编：400044

电话：13638301298

传真：023-65112740

团队人数：6

团队带头人：熊小伏

主要成员：卢继平（教授），雍静（教授），周念成（教授），姚俊（教授），欧阳金鑫（副教授），王强钢（讲师）

研究方向：电力系统保护与控制，电能质量分析与治理

团队简介：

本研究团队主要围绕智能电网从事相关基础理论及应用研究，立足于风力发电、光伏发电等新能源以及微电网、智能变电站等新技术的研究前沿，致力于智能电网的安全分析技术、防护技术以及智能控制技术的研究。在新能源并网故障分析与保护控制、智能变电站运行安全技术与计量、电力系统风险评估与气象灾害预警等研究领域积累了较强的技术基础。

在研项目：

1. 国家自然科学基金面上项目“微网黑启动恢复的关键控制技术及优化决策系统研究”，2013-2016。

2. 国家自然科学基金面上项目“非理想电网条件下大电容混合风电场运行理论与柔性控制技术研究”，2015-2018。

3. 国家自然科学基金面上项目“主动配电网短路电流水平在线估计及管理策略”，2016-2019。

4. 国家能源局特高压交流课题研究项目“特高压短路电流研究”，2015-2016。

5. 国家自然科学基金（青年基金）项目“大规模双馈式风电机组群暂态等值建模方法研究”，2014-2016。

科研成果：

2012年以来团队承担或已完成国家及省部级项目10余项，已发表SCI论文30余篇、EI论文80余篇，获得发明专利40余项。

所获荣誉：

1. 获教育部提名国家科学技术奖-自然科学二等奖，2005。

2. 南方电网公司科学技术奖一等奖，2009。

3. 重庆市科技进步一等奖，2015。

重庆大学-新型电力电子器件封装集成及应用团队

地址：重庆市沙坪坝区沙正街174号重庆大学电气工程学院

邮编：400044

电话：13883801036

团队人数：10

团队带头人：冉立

主要成员：李辉，周林，曾正，陈民铀，徐盛友

研究方向：电力电子器件可靠性及状态监测、碳化硅SiC器件封装和定制化设计、新型电力电子系统集成及应用

团队简介：

团队由10名教师组成，其中团队负责人为国家“千人计划”人才、教育部“长江学者”冉立教授。团队成员结构合理且研究方向涉及器件、变流器及新能源电力系统的应用，团队成员几乎都有海外留学或在著名国际企业工作的经历，且团队成员之间具有长期协作和合作的基础。本团队一直从事电力电子技术及其在新能源电力系统应用研究，在电力电子器件可靠性以及新能源发电系统的状态监测与运行控制方面有着坚实的研究基础。

团队建有中英碳化硅电力电子技术联合实验室，以新型电力电子器件及其系统应用的安全可靠性为研究方向，以提高综合效益包括系统安全和可靠性为目标，研究新一代电力电子装备（包括用电设备），并且追求全新的集器件和变流器系统一体化的技术，开展新型电力电子器件封装集成及应用的研究。

在研项目：

1. 973子课题：智能电网中大规模新能源电力安全高效利用基础研究/新能源电力设备安全评估，2012CB215205。

2. 科技部中丹国际合作项目：高效和可靠风力发电系统关键技术合作研究。

3. 科技部中英国际合作项目：高可靠性新能源并网系统关键技术及可靠性评估研究。

4. 国家自然基金面上项目：风电变流器热应力疲劳寿命评估及控制策略研究。

5. 国家自然基金面上项目：计及疲劳累积效应的变流器功率器件寿命评估与预测研究。

6. 国家自然基金面上项目：大型光伏并网系统谐振机理及抑制策略研究。

科研成果：

1. 在电力电子器件可靠性方面，揭示了电力电子功率半导体器件老化的渐变过程机理，提出了通过动态建模方法研究了器件初、中期状态的微弱特征与系统工作点随机变化的影响，研究了电力电子器件的状态监测方法，并通过英国政府机构KTP（Knowledge Transfer Partnership）计划，与企业共同投资约25万英镑实现了技术产品化。两次获美国IEEE工业应用协会年度最佳论文奖。

2. 在新能源发电系统方面，尤其在风力发电状态监测与控制方面，团队负责人开创性地提出并实现了全新的电机和电力电子换流器设计概念，较早提出了机、网侧变流器协调控制的风电机组故障穿越策略，研究了风电机组关键部件状态监测、故障诊断和健康状态评估的新方法。获省部级二等奖1项，近三年发表学术论文60多篇，其中SCI一区论文达20多篇。

重庆大学-周雒维教授团队

地址：重庆市沙坪坝区沙正街174号重庆大学A区6教6221-3

邮编：400044

电话：023-65102287

传真：023-65102287

团队人数：老师5人，学生48人

团队带头人：周雒维

主要成员：周雒维，杜雄，罗全明，卢伟国，孙鹏菊

研究方向：功率变流器的可靠性研究，电力电子系统分析、建模及智能控制，电力电子电路拓扑结构及控制算法的研究，半导体照明驱动电源及系统研究，光伏直流微网系统研究，电动汽车与电网互动技术研究，电能质量测量与控制

团队简介：

团队从20世纪80年代就开始从事电力电子技术理论和应用研究，承担了国家自然科学基金、重庆市自然科学基金、教育部春晖计划和教育部博士点科研基金等项目。进行了有源电力滤波器（APF）、人工神经网络在电力谐波监测和控制和功率因数校正（PFC）技术等方面的研究，先后提出了有源电力滤波器谐波电流检测和控制新方法、基于神经网络的自适应谐波电流检测方法、单周控制有源滤波器、直流侧APF和双频变换器等方法和思路。其中，双频变换器的研究构想为团队首创，在国内外共发表了近20篇高水平论文；功率因数校正研究方面，团队首次将APF技术应用到直流侧，并取得了良好的效果，获得了中国高校自然科学二等奖和重庆市电力科学技术奖，并发表国内外高水平论文近30篇。团队在功率因数校正方面也取得了一定的研究成果，先后承担了国家自然科学基金2项、重庆市自然科学基金1项，在国内外发表高水平论文十余篇。目前，团队依然奋斗在电力电子学科研究的第一线，承担了多个研究项目，如国家科学基金重点项目“可再生能源发电中功率变流器的可靠性研究”等。

近十年来，课题组培养了一大批优秀的博士、硕士研究生，如杜雄（全国百篇优博获得者）、卢伟国（全国百篇优博提名）、孙鹏菊（重庆市优博）和杜茗茗（重庆市优硕）等，这些博士后来都成长成为实验室的骨干力量。

在研项目：

1. 国家自然科学基金面上项目，51677016，电压源型变流器群与电网动态互联系统的稳定性分析及控制，2017/01-2020/12。

2. 国家自然科学基金项目，基于热网络参数辨识的变流器热疲劳老化健康状态评估，2016/01-2019/12。

3. 国网公司总部科技项目，柔性直流换流器在大扰动工况下的控制特性研究，2015/11-2017/11。

4. 中国电科院项目：并网逆变器-电网系统振荡的非线性建模和分析，2016/11-2017/11。

5. 国家自然科学基金面上项目，51577019，高效高可靠两级多路无源恒流LED驱动电源研究，2016/01-2019/12。

6. 国家自然科学基金面上项目，51377185，开关功率变换器的大信号稳定控制策略研究，2014/01-2017/12。

科研成果：

一、获奖和专利

1. 中国高校自然科学一等奖“电力电子变换器控制新方法的研究”，周雒维，杜雄，罗全明，周林，2007年12月。

2. 中国高校自然科学二等奖“有源电力滤波器谐波电流检测和控制技术研究”，吴宁，周雒维，王群，谢品芳，苏向丰，2001 年 2 月。

3. 教育部“中国高校优秀骨干教师奖”，2002 年 12 月。

4. 教育部科技进步三等奖“电网电流波形畸变有源补偿系统研究”，侯振程，罗世国，周雒维，李再华，1997 年 12 月。

5. 美国发明专利（US Patent No. 6, 249, 108）“Unified Constant-frequency Integration reset control of single phase active power filters” K. Smedley, Luowei Zhou, June, 2001。

6. 周雒维，付志红，苏向丰. 具有上升沿提升能力的电流脉冲下降沿线性可调的控制方法及装置：中国，200410081518. 9 [P].

7. 周林，蒋建文，周雒维. 统一恒频控制三相四线制有源电力滤波器控制方法：中国，200410022095. 3 [P].

8. 付志红，苏向丰，周雒维. 感性负载的脉冲电流下降沿线性可调装置：中国，200420105625. 6 [P].

二、代表性论文

1. Pengju Sun, Can Gong, Xiong Du, Yingzhou Peng, Bo Wang, and Luowei Zhou. Condition Monitoring IGBT Module Bond Wires Fatigue Using Short-Circuit Current Identification. [J]. IEEE Trans. Power Electronics

2. Pengju Sun, Can Gong, Xiong Du, Haibo Wang, Yingzhou Peng, and Luowei Zhou. Online Condition Monitoring for both IGBT Module and DC-Link Capacitor of Power Converter Based on Short-Circuit Current Simultaneously [J]. IEEE Trans. Industrial Electronics

3. Luowei Zhou, Zicheng Li. A novel active power filter based on the least compensation current control method [J]. IEEE Trans. Power Electron, 2000, 15 (4): 655-659.

4. Luowei Zhou, Smedley KM. Unified. constant-frequency integration control of active power filters [C]. Applied Power Electronics Conference and Exposition, Fifteenth Annual IEEE, 2000, 1: 406-412.

5. Smedley KM, Luowei Zhou. Unified constant-frequency integration control of active power filters [J]. IEEE Trans. Power Electron, 2001, 16 (3): 428-436.

6. Xiong Du, Luowei Zhou, Heng-Ming Tai. Double-Frequency Buck Converter [J]. IEEE TRANSACTIONS ON INDUSTRIAL ELECTRONICS, 2009, 56 (5): 1690-1698.

7. Ruzbehani M, Luowei Zhou, Mirzaei N. Improvement of One-Cycle Controller Response with a Current Mode Controller [J]. JOURNAL OF POWER ELECTRONICS, 2010, 10 (1): 21-26.

8. Ruzbehani M, Luowei Zhou, Wang MY. Bifurcation diagram features of a dc-dc converter under current-mode control [J]. CHAOS SOLITONS & FRACTALS, 2006, 28 (1): 205-212.

9. Lu Weiguo, Zhou Luowei, Luo Quanming, Wu Junke. Non-invasive chaos control of DC-DC converter and its optimization [J]. International Journal of Circuit Theory and Applications. 2011, 39: 159-174.

10. Quanming Luo, Shubo Zhi, Can Zou, Weiguo Lu, Luowei Zhou. An LED Driver With Dynamic High-Frequency Sinusoidal Bus Voltage Regulation for Multistring Applications [J]. IEEE Transactions on Power Electronics, 2014. 29 (1): 491-500.

11. Pengju Sun, Luowei Zhou, Keyue Ma Smedley. A Reconfigurable Structure DC-DC Converter With WideOutput Range and Constant Peak Power [J]. IEEE Transactions on Power Electronics, 2011. 26 (10): 2925-2935.

12. Weiguo Lu, Shuang Lang, Luowei Zhou, Herbert Ho-Ching Iu, Tyrone Fernando. Improvement of Stability and Power Factor in PCM Controlled Boost PFC Converter With Hybrid Dynamic Compensation [J]. IEEE Transactions on Circuits and Systems I: Regular Papers, 2015. 62 (1): 320-328.

13. Sucheng Liu, Luowei Zhou, Weiguo Lu, Simple analytical approach to predict large-signal stability region of a closed-loop boost DC-DC converter [J]. IET Power Electronics, 2013. 6 (3): 488-494.

14. Xiong Du, Luowei Zhou, Hao Lu, Heng-Ming Tai, DC Link Active Power Filter for Three-Phase Diode Rectifier [J]. IEEE Transactions on Industrial Electronics, 2012. 59 (3): 1430-1442.

所获荣誉：

1. 中国高校自然科学一等奖，“电力电子变换器控制新方法的研究”。

2. 中国高校自然科学二等奖，“有源电力滤波器谐波电流检测和控制技术研究”。

3. 教育部科技进步三等奖，“电网电流波形畸变有源补偿系统研究”。

4. 重庆市自然科学三等奖，“电力谐波监测与控制新方法研究”。

5. 重庆市电力科学技术奖，“有源电力滤波新方法的研究”。

大连理工大学-电气学院运动控制研究室

地址： 辽宁省大连市高新区凌工路 2 号大连理工大学电气工程学院

邮编： 116023

电话： 0411-84708490

团队人数： 15

团队带头人： 张晓华

主要成员： 郭源博，李林，张铭，李伟，李浩洋，张宇，夏金辉

研究方向： 智能机器人与运动控制，电力牵引交流传动控制，无功补偿与谐波抑制

团队简介：

大连理工大学电气工程学院运动控制研究室现有教授 1 人，讲师 1 人，博士研究生 6 人，硕士研究生 7 人。多年

来从事智能机器人与运动控制、电力牵引交流传动控制、无功补偿与谐波抑制等领域研究工作。先后承担基于超长波的管道机器人失踪定位技术、海底管道内爬行器及其检测技术和X射线实时成像检测管道机器人的研制等多项国家"863计划"项目，以及故障条件下电能质量调节器的强欠驱动特性与容错控制研究、传感缺失条件下电力牵引变流器的动态参数辨识与控制技术、灵长类仿生机器人悬臂运动仿生与控制策略研究等多项国家自然科学基金项目。在电力电子系统建模与非线性控制、电力电子系统故障诊断与容错控制、土木工程结构振动主动控制等方面具有坚实的工作基础和较强的技术力量。

在研项目：

1. 故障条件下电能质量调节器的强欠驱动特性与容错控制研究（国家自然科学基金项目）。

2. 传感缺失条件下电力牵引变流器的动态参数辨识与控制技术（国家自然科学基金项目）。

3. 电力牵引变流器的故障诊断与容错控制（企业横向课题）。

4. 高可靠性功率超声清洗驱动电源（企业横向课题）。

5. 嵌入式通用矿用提升机交流变频节能电控系统（企业横向课题）。

科研成果：

教材专著：

1. 张晓华．控制系统数字仿真与CAD［M］. 3版．北京：机械工业出版社，2010. （"十一五"国家级规划教材）

2. 张晓华．系统建模与仿真［M］. 2版．北京：清华大学出版社，2015.（"十一五"国家级规划教材，国家精品教材）

代表性论文和专利：

1. Zhang Yu, Li Luyu, Cheng Baowei, Zhang Xiaohua. An Active Mass Damper Using Rotating Actuator for Structural Vibration Control［J］. Advances in Mechanical Engineering, 2016, 8 (9): 1-7.

2. Haiming Qi, Jinrui Ye, Xiaohua Zhang, Hongjun Chen. Wireless Tracking and Locating System for In-pipe Robot［J］. Sensors and Actuators A: Physical, 2010, 159 (1): 117-125.

3. Haiming Qi, Xiaohua Zhang, Hongjun Chen, Jinrui Ye. Tracing and Localization System for Pipeline Robot［J］. Mechatronics, 2009, 19 (1): 76-84.

4. 周鑫，陈宏钧，徐浩．非理想电网电压下基于谐波功率注入方法的三相并网型变换器的控制［J］．中国电机工程学报，2016，36（1）：215-223.

5. 周鑫，陈宏钧，刘博，李林．快速且谐波不敏感的电网电压同步方法［J］．中国电机工程学报，2015，35（9）：2194-2201.

6. 张晓华，郭源博，周鑫，陈宏钧．PWM整流器的欠驱动特性与非线性控制［J］．中国电机工程学报，2011，31（33）：85-92.

7. 程红太，赵旖旎，张晓华．Acrobot动态伺服控制及其对称虚约束方法研究［J］．自动化学报，2010，36（11）：1594-1600.

8. 基于甚低频功率电磁脉冲的管道内外通迅装置：中国，ZL 200810064022. 9［P］.

9. 欠驱动悬摆运动控制实验装置：中国，ZL 200810064459. 2［P］.

10. 金属管道内移动载体全程示踪定位装置：中国，ZL 200810064196. 5［P］.

11. 欠驱动机械装置Acrobot的动态伺服控制方法：中国，ZL 200810137555. 5［P］.

所获荣誉：

1. 管内移动机器人技术研究与应用，国家科技进步三等奖，1999。

2. 管内移动机器人产业化开发，航天部科技进步二等奖，1998。

大连理工大学-特种电源团队

地址：辽宁省大连市高新园区凌工路2号大连理工大学电气工程学院

邮编：116024

电话：13889626136

传真：0411-84706489

团队人数：10

团队带头人：李国锋

主要成员：李国锋，王宁会，王志强，戚栋，杨振强

研究方向：高压脉冲电源，高精度直流高压电源，交流/直流电弧炉供电系统

团队简介：

大连理工大学特种电源团队多年来从事脉冲功率技术、电磁兼容技术、无损检测与探伤技术、新型电源技术、大功率电弧冶炼装置及控制系统、电磁场理论和应用技术研究工作，研究成果成功应用于材料冶金、资源环境、海军舰船维修保障等领域，取得了良好的社会经济意义和国防意义。该团队重视与国内外电气、化工和材料领域主要研究单位的合作，注重学科交叉、融合，已经形成了高等院校、科研院所和有色金属企业的产-学-研联合体，有利于基础研究成果直接转化为企业的创新技术。先后承担了和正在承担国家高技术研究发展计划（863计划）新材料技术领域"新型平板显示技术"重大专项"PDP用MgO晶体材料技术研究及产业化"；国家高技术研究发展计划（863计划）资源环境技术领域低品位菱镁矿高效制备电熔镁砂的节能减排技术与装备专题项目"菱镁矿高效制备电熔镁节能减排技术与装备"；国家国际科技合作专项项目"菱镁矿绿色生产电熔镁关键技术及装备合作研究"。在低温等离子体发生器、电弧热等离子体、电弧射流等离子体、等离子体材料改性、超大功率装备检测及控制等方面，具备较强的技术力量和扎实的理论基础。

在研项目：

国家国际科技合作专项，2014DFR50880，菱镁矿绿色生产电熔镁关键技术及装备合作研究，2014/04-2017/04。

科研成果：

1. 王志强，唐瑶，李国锋，刘志刚. 一种超低频高压电源：中国，ZL201110405447.3 [P]. 2013-08-23.

2. 李国锋，王志强，王宁会，王进君，王翠华，李思国，任泽成. 一种制备微细导电纤维的方法：中国，ZL200810010667.4 [P]. 2010-06-02.

3. 李国锋，王志强，王宁会，王进君，王翠华，李思国. 一种控制微细粒子聚集形态的方法：中国，ZL200810010668.9 [P]. 2010-02-17.

大连理工大学-压电俘能、换能的研究团队

地址： 辽宁省大连市甘井子区凌工路2号大连理工大学大黑楼A座422

邮编： 116023

电话： 0411-8470009-3422

团队人数： 12

团队带头人： 董维杰

主要成员： 董维杰，白凤仙，孙建忠

研究方向： 基于压电材料的振动能量的研究

团队简介： 主要研究领域为机电系统测量与控制、功能材料传感器与执行器。

在研项目： 国家自然科学基金（No. 61340052）

科研成果：

近五年的科研成果：

1. 白凤仙，马桂帅，董维杰，孙建忠. 悬臂梁压电振动能量收集系统输出功率的优化研究[J]. 电子学报，2014，42(5)：883-889.（EI检索号：20142917947034）。

2. Guan Lijuan, Bai fengxian, Dong weijie. Design and testing of wind energy harvester based on PVDF. Key Engineering Materials Vol. 613（2014）pp 185-192 ©（2014）Trans Tech Publications, Switzerland doi：10.4028/www.scientific.net/KEM.613.185。

3. 白凤仙，包华宇，董维杰，夏书峰. 压电振动能量收集系统中二极管整流电路的RC等效模型分析[J]. 电源学报，2014，(3)：22-26.

4. 白凤仙，董维杰，闰朋超. 基于FPGA的压电变压器相位控制的设计与研究，压电与声光，2013，35(5)：676-680.（EI Page one收录）

5. 马桂帅，白凤仙，董维杰. 自供电同步开关电感阻尼电路功率特性分析[J]. 电源学报，2012，37-41.

6. 白凤仙，董维杰，闰朋超. 基于频率特性的Rosen压电变压器参数的仿真测量和分析[J]. 电源学报，2011，(3)：1-6.

7. 党永，董维杰，白凤仙. 压电叠堆联接方式及低频发电特点的研究[J]. 电源学报，2011，(4)：56-61.

8. 白凤仙，董维杰，包华宇，孙建忠. 阵列式压电俘能拓宽频带的研究. 压电与声光。

电子科技大学-功率集成技术实验室

地址： 四川省成都市建设北路二段四号电子科技大学沙河校区科技实验大楼8楼

邮编： 610054

电话： 028-83204101

传真： 028-83207120

网址： http：//www.me.uestc.edu.cn/team/viewTeam? id = 22

团队人数： 22

团队带头人： 张波教授

主要成员： 李肇基，罗萍，李泽宏，方健，罗小蓉，陈万军，乔明，唐鹤，贺雅娟，邓小川，王卓，任敏，张有润，张金平，高巍，明鑫，甄少伟，周泽坤，周琦，章文通，周锌，等

研究方向： 功率半导体技术

团队简介：

电子科技大学功率集成技术实验室（PITEL）隶属于微电子与固体电子学院，是“电子薄膜与集成器件国家重点实验室”和“电子科技大学集成电路研究中心”的重要组成部分。现有9名教授/研究员、11名副教授，198名在读全日制硕士研究生和30名博士研究生，被国际同行誉为“全球功率半导体技术领域最大的学术研究团队”和“功率半导体领域研究最为全面的学术团队”。

实验室瞄准国际一流，致力于功率半导体科学和技术研究，研究内容涵盖分立器件（从高性能功率二极管MCR、双极型功率晶体管、功率MOSFET、IGBT、MCT到RF LDMOS，从硅基到SiC和GaN）、可集成功率半导体器件（含硅基、SOI基和GaN基）和功率集成电路（含高低压工艺集成、高压功率集成电路、电源管理集成电路、数字辅助功率集成及面向系统芯片的低功耗集成电路等）。

历经二十载创新，实验室发展了具有普适性的理论、技术和工艺平台，达到国际先进或领先水平，取得显著的经济和社会效益。

近年来共发表SCI收录论文300余篇。在电子器件领域顶级刊物IEEE Electron Device Letters（EDL）和IEEE Transactions on Electron Devices（T-ED）上共发表论文60余篇。继2012年在EDL上发表7篇论文，论文数位列全球前列以后，2015年在T-ED上发表8篇文章，论文数再次列全球前三（在固态功率与高压器件领域居全球第一）。本领域国际顶级学术会议IEEE ISPSD（International Symposium on Power Semiconductor Devices and ICs）收录论文数自2006年实现零的突破后，从2011年起均居全球研究团队前列，其中2013年名列第一。

实验室牵头或参研十余项国家科技重大专项；在研国家自然科学基金项目16项。截至2016年底已获美国专利授权10项，已获中国发明专利授权300余项。据中国专利局2013年报告，在IGBT等多个领域专利授权数居国内前列。牵头获2010年国家科技进步二等奖、2009年和2016年四川省科学技术进步一等奖、2014年高等学校科学研究优秀成果自然科学二等奖和首届四川电子科学技术一等奖（2015）；与中国电科24所合作获2011年中国电子科技集团公司科技发明一等奖；与上海华虹NEC合作获2011年中国电子学会电子信息科学技术二等奖。与企业合作承担了

国家高技术产业发展计划、四川省产业发展关键重大技术项目、江苏省产业化转化项目、广东省教育部产学研结合项目、粤港关键领域重点突破项目等产业化项目；面向市场研发出 100 余种产品；为企业开发出 60V-600V 功率 MOS、600V-900V 超结（SJ）MOS、IGBT、120V-700V BCD、高压 SOI 等生产平台，部分产品打破国外垄断、实现批量生产，已销售数亿只。

实验室已培养博士 50 名、硕士 600 余名，其中多人成为国内外本领域骨干。实验室负责人入选 2010 年 ISPSD 的 TPC 成员和 2014 年 IEEE 功率半导体器件与集成电路技术委员会的 12 名委员之一，并于 2015 年选为 IEEE T-ED 编辑。

在研项目：

1. 宽禁带半导体大功率电力电子器件的可靠性研究。
2. 提高 SoC 供电精度的 CMOS 低压差线性稳压器关键技术研究。
3. 高压 SiC IGBT 埋岛增强型新机构与模型研究。
4. 片上动态电压缩放功率变换器环路补偿技术的研究与实现。
5. 中低压 SiC 材料、器件及其在电动汽车充电设备中的应用示范。
6. 高压大功率 SiC 材料、器件及其在电力电子变压器中的应用示范。
7. 多相功率驱动单芯片集成方法及能量输运研究。
8. 超高压 SOI 器件的界面电荷岛耐压模型与新结构。
9. Si 基 GaN 增强型功率开关器件阈值电压调控机理与新结构。
10. 超低功耗基准源架构及关键技术研究。
11. 高温 SiC DMOS 器件电热物理场耦合模型与加固新结构研究。
12. 高短路关断压接型 IGBT/FRD 芯片结构与工艺设计。
13. 半桥驱动器芯片技术开发。
14. 高压器件设计及模型和智能核（IP）的建立。
15. 节能 & 汽车电子产品设计。
16. 基于能量优化的电源管理技术研究。
17. IGBT 器件研究与产品开发。
18. 600 伏以上高速低功耗功率芯片设计研究。
19. 超大功率 RF LDMOS 的产品研究。
20. 硅基 GaN 功能集成与硅工艺融合技术研究。
21. SiC PiN 二极管器件研制。
22. SiC MOSFET 产品研制。

科研成果：

1. 800V 级高压驱动集成电路。
2. SOI 高压器件介质场增强理论与技术。
3. 薄层 SOI 高压驱动集成电路。
4. 功率集成电路 PSM 模式理论与技术。
5. 体内场优化高 EB 耐压对管。
6. 横向高压 DMOS 器件体内场优化理论与新结构。
7. 功率 MOS 器件电荷平衡理论与新结构。
8. 功率集成电路高能效高精度关键技术。
9. 横向功率 MOS 集成的 CS 模型与技术。
10. 高压、超低功耗功率 MOS 器件新结构及模式。
11. 横向高压器件衬底终端技术与耐压模型。
12. 硅基 GaN 功率开关器件场控能带调制模型与技术。

所获荣誉：

1. 国家科技进步二等奖，2010 年。
2. 四川省科学技术进步一等奖，2016 年。
3. 四川省科学技术进步一等奖，2009 年。
4. 教育部自然科学二等奖，2012 年。
5. 首届四川电子科学技术一等奖，2015 年。
6. 中国电子科技集团公司科技发明一等奖，2011 年。
7. 中国电子学会电子信息科学技术二等奖，2011 年。
8. 国防发明技术三等奖，2011 年。

电子科技大学-国家 863 计划强辐射实验室电子科技大学分室

地址：四川省成都市建设北路二段四号电子科技大学沙河校区逸夫楼 416

邮编：610054

电话：028-83202103

传真：028-83201709

团队人数：7

团队带头人：李天明

主要成员：李浩，汪海洋，周翼鸿，胡标

研究方向：高功率微波，毫米波技术

团队简介：

项目研究小组所在的实验室为国家“863”强辐射重点实验室电子科大分部，在实验室建设方面得到了国家有关部门的强有力的资助。我们拥有三套强流电子束加速器，可以从事低阻、高阻与重复脉冲等各类高功率微波源的实验研究，拥有各类适用于大功率、高功率真空电子器件的电源与磁场系统。在国家“211”、“985”建设及学校的支持下，我们花费了近 400 万元购置了从厘米波到亚毫米波的测试设备，建立了微波暗室。同时，实验室拥有自主开发的粒子模拟软件 CHPIC，以及引进的用于粒子模拟的 MAGIC、MAFIA 及高频场分析的 HFSS、CST 软件包。另外，电子科技大学自 50 年代建校时就设有电真空器件系，是国内微波管研制的“两所、两厂、一校”之一，具有完整的微波管加工工艺线。

在研项目：

1. 2.6MW 磁控管研究。
2. C 波段回旋波整流器研究。
3. ＊＊＊＊关键技术研究。
4. 3mm 回旋光研究。
5. 三模天线研究。
6. ＊＊＊双工器研究。
7. ＊＊＊＊效应研究。

所获荣誉：

在“863”计划的资助下，完成了 S 波段相对论磁控管，新型相对论磁控管研制，永磁包装相对论磁控管，S 波

段 3kW 螺旋线连续波行波管等课题，研制的 8mm 相对论奥罗管，永磁包装相对论磁控管和可调谐相对论磁控管等获得国防科技进步奖、军队科技进步奖多次。

东南大学-江苏电机与电力电子联盟

地址：江苏省南京市玄武区四牌楼 2 号东南大学动力楼
邮编：210096
电话：025-83794152
传真：025-83791696
网址：http：//www. jempel. org/
团队人数：143
团队带头人：程明
主要成员：程明（教授），花为（教授），张建忠（研究员），樊英（副教授），王政（副教授），王伟（讲师）
研究方向：电机与电力电子，电机驱动及应用，新能源发电，电动汽车和轨道交通等领域
团队简介：

江苏电机与电力电子联盟（Jiangsu Electrical Machines & Power Electronics League，简称 JEMPEL）是由国内电机与控制学科领域首位 IEEE Fellow、著名电机与控制专家、东南大学特聘教授程明博士领衔，东南大学电气工程学院六名专任教师为核心，多名长江学者、千人计划等专家为支撑，50 余名博士后和博士、硕士研究生为骨干的科研团队，研究领域涵盖电机与电力电子及其在新能源发电、电动汽车、轨道交通和伺服系统等领域的应用。

JEMPEL 在电机与电力电子及其在新能源发电、电动汽车、轨道交通和伺服系统等领域的应用技术方面，开展了长期的研究，积累了丰富的成果。先后承担了国家 973 计划、863 计划、国家自然科学基金重点项目、国家自然科学基金重大国际合作研究项目等各类课题 90 余项；共发表论文 370 余篇，其中 SCI 收录 140 余篇；申请中国发明专利 100 余件，已获授权发明专利 60 多件。

JEMPEL 以培养电机与控制领域高水平人才为己任，以高水平科学研究促进高层次人才培养，始终践行东南大学“止于至善”的人才培养理念，先后为社会培养了近百位电机与控制领域英才，其中包括一名 IEEE Fellow，两名国家优秀青年基金获得者，两位全国优秀博士学位论文提名奖获得者，四位江苏省优秀博士学位论文获得者。

JEMPEL 以国际化作为加强人才培养和促进科学研究的重要推手，全体教师均有至少一年以上的海外留学经历，博士研究生大部分具有一年以上的海外联合培养经历。迄今为止，先后与美国、加拿大、英国、法国、意大利和丹麦等国的知名高校开展项目合作或联合人才培养。此外，JEMPEL 成员活跃于国内外的各种学术交流活动，追踪国际学术前沿动态，与国内外同行分享科研成果和经验。

为了及时交流电机与电力电子领域的最新科研成果，促进产学研合作，同时为毕业研究生与企业对接提供平台，JEMPEL 建立了自己的会员体系，JEMPEL 殷切期盼与联盟有过合作关系或者有合作意向、有志于电机与电力电子技术进步的创新企业加入联盟，与 JEMPEL 共创新型电机及其控制技术的美好未来。

在研项目

项目名称	项目类别
1. 高可靠性电机系统的设计与容错控制	国家 973 计划
2. 电气无级变速双功率流风力发电机组关键技术研究	国家 863 计划
3. 定子永磁型风力发电系统关键基础问题	国家自然科学基金重点项目
4. 新型双定子无刷双馈风力发电系统及其控制	国家自然科学基金重大国际合作研究项目
5. 新能源汽车用新型电机系统	国家自然科学基金优秀青年科学基金
6. 基于双定子多相复合永磁电机的高速电梯牵引驱动系统	国家自然科学基金面上项目
7. 基于永磁场调制的无刷双馈风力发电机及其系统研究	国家自然科学基金面上项目
8. 电动汽车高可靠开绕组混合励磁机驱系统容错运行关键技术研究	自然科学基金面上项目

科研成果：

专利（部分，2015 年度）

名称	发明人	专利号	申请日	授权日
1. 一种单逆变器双电机系统的控制方法	程明，王伟，张邦富，王亚	201210584914. 8	2012. 12. 28	2015. 05. 06
2. 永磁同步电机容错型牵引模块及其控制方法	程明，王伟，张邦富，王亚	201310211092. 3	2013. 05. 29	2015. 06. 03
3. 基于电流信号的风电机组的叶片不平衡故障诊断方法	张建忠，杭俊，程明，朱瑛	201210396295. X	2012. 10. 17	2015. 06. 03
4. 一种直线电机抱闸装置	张建忠，汪仁杰，吴串国，饶坤，蒋新苗	201310443867. X	2013. 09. 26	2015. 11. 18

（续）

名　　称	发明人	专利号	申请日	授权日
5. 一种永磁同步电机匝间短路故障诊断的方法	张建忠，杭俊，程明	201310424228. 9	2013. 09. 17	2015. 11. 18
6. 一种快速调磁的永磁涡流调速器	张建忠，汪仁杰，程明	201310542565. 8	2013. 10. 25	2015. 11. 18
7. 一种电磁转矩补偿实现最大风能快速平稳跟踪的控制方法	樊英，夏子朋，张丽，顾玲玲	201310478739. 9	2013. 10. 14	2015. 7. 15
8. 一种混合式电流源型能量传输与驱动设备	王政，程明，邹志翔	ZL201210545093. 7	2012. 12. 14	2015. 9. 16
9. 一种复合式磁通切换电机	花为，张淦，程明	ZL201210274466. 1	2012. 8. 3	2015. 2. 18
10. 一种模块化转子的定子表面贴装式双凸极永磁电机	花为，张淦，程明	ZL2013101199 39. 5	2013. 4. 8	2015. 3. 18
11. 一种双速绕组开关磁阻电机	花为，华浩，吴中泽，程明	ZL201310036804. 2	2013. 1. 30	2015. 6. 3
12. 混合动力汽车用电子无级调速系统	花为，华浩，柯海波，程明	ZL201210346044. 0	2012. 9. 18	2015. 7. 29
13. 一种四极式无轴承开关磁阻电机	花为，华浩，鹿泉峰，程明	ZL201310168356. 1	2013. 5. 6	2015. 10. 7

期刊论文（部分，2015 年度）：

1. Qingsong Wang, Ming Cheng, Zhe Chen, and Zheng Wang. Steady-state analysis of electric springs with a novel δ control[J]. IEEE Transactions on Power Electronics, vol. 30, no. 12, pp. 7159-7169, Dec. 2015.（王青松，程明，陈哲，王政．基于一种新型 δ 控制的电力弹簧稳态分析方法）

2. Cao Ruiwu, Cheng Ming, Zhang Bangfu. Speed control of complementary and modular linear flux- switching permanent magnet motor[J]. IEEE Transactions on Industrial Electronics, vol. 62, no. 7, pp. 4056-4064.（曹瑞武，程明，张邦富．互补型模块化磁通切换永磁直线电机速度控制）

3. Sun Le, Cheng Ming, and Jia Hongyun. Analysis of a novel magnetic-geared dual-rotor motor with complementary structure[J]. IEEE Transactions on Industrial Electronics, vol. 62, no. 11, pp. 6737-6747, Nov. 2015.（孙乐，程明，贾红云．新型互补结构的磁齿轮双转子电机的分析）

4. Jun Hang, Jianzhong Zhang, Ming Cheng. Online interturn fault diagnosis of permanent magnet synchronous machine using zero sequence components[J]. IEEE Transactions on Power Electronics, vol. 30, no. 12, pp. 6731-6741, 2015.（杭俊，张建忠，程明．基于零序分量的永磁同步电机在线故障诊断）

5. Zheng Wang, Jian Chen, Ming Cheng, and Yang Zheng. Fault-Tolerant Control of Paralleled- Voltage -Source-Inverter-Fed PMSM Drives[J]. IEEE Transactions on Industrial Electronics, vol. 62, no. 8, pp. 4749-4760, Aug. 2015.（王政，陈健，程明，郑扬．并联电压源型逆变器的永磁同步电机容错控制）

6. Wei Hua, Gan Zhang, and Ming Cheng. Flux-regulation theories and principles of hybrid-excited flux-switching machines [J]. IEEE Transactions on Industrial Electronics, vol. 62, no. 9, pp. 5359-5369, 2015.（花为，张淦，程明．混合励磁磁通切换电机的调磁原理）

7. Gan Zhang, Wei Hua, Ming Cheng, and Kai Wang. Investigation of an improved hybrid-excitation flux switching brushless machine for HEV/EV applications[J]. IEEE Transactions on Industry Applications, vol. 51, no. 5, pp. 3791-3799, 2015.（张淦，花为，程明，王凯．一种改进的应用于混合动力/纯电动汽车领域的混合励磁磁通切换电机）

8. Ying Fan, Li Zhang, Ming Cheng, and K. T. Chau. Sensorless SVPWM-FADTC of a New Flux- Modulated Permanent-Magnet Wheel Motor Based on a Wide-Speed Sliding Mode Observer[J]. IEEE Transactions on Industrial Electronics, vol. 62, no. 5, pp. 3143-3151, May. 2015.（樊英，张丽，程明，K. T. Chau. 基于宽速滑模观测器的磁场调制型永磁轮毂电机无位置传感器控制研究）

9. Gan Zhang, Wei Hua, and Ming Cheng. Design and Comparison of Two Six- Phase Hybrid-Excited Flux-Switching Machines for EV/HEV Applications[J]. IEEE Transactions on Industrial Electronics, in press (DOI: 10.1109/TIE.2015.2447501).（张淦，花为，程明．应用于纯电动/混合动力汽车领域的两台六相混合励磁磁通切换电机的设计及对比）

10. Lingyun Shao, Wei Hua, and Ming Cheng. Mathematical Modeling of a Twelve- Phase Flux- Switching Permanent Magnet Machine for Wind Power Generation[J]. IEEE Transactions on Industrial Electronics, in press (DOI: 10.1109/TIE. 2015. 2461514).（邵凌云，花为，程明．十二相磁通切换永磁风力发电机的数学建模）

11. Jia Hongyun, Wang Jianan, Cheng Ming, Hua Wei, Fei Shuming. Mathematical model of radial suspending force for a new stator-permanent magnet bearingless machine[J]. IEEE Transactions on Magnetics, Nov. 2015, 51(11): 8205104.（贾红云，王嘉楠，程明，花为，费树岷．一种新型定子永磁型无轴承电机的径向悬浮力数学模型）

12. Feng Li, Wei Hua, and Ming Cheng. Nine-phase flux-switching permanent magnet brushless machine for low speed and high torque applications[J]. IEEE Transactions on Magnetics, 2015, 51(3): 8700204.（李烽，花为，程明．低速高转矩场

合用九相磁通切换型永磁电机）

13. Sa Zhu, Ming Cheng, Wei Hua, Xiuhua Cai, and Minghao Tong, Finite Element Analysis of Flux-Switching PM Machine Considering Oversaturation and Irreversible Demagnetization[J]. IEEE Transactions on Magnetics, vol. 51, no. 11, pp. 1-4, Nov. 2015.（朱洒，程明，花为，蔡秀花，佟明昊．考虑硅钢片过饱和和永磁体不可逆退磁的永磁体磁通切换电机有限元分析）

14. Zhang Bangfu, Cheng Ming, Wang Jiabing, Zhu Sa. Optimization and analysis of a yokeless linear flux-switching permanent magnet machine with high thrust density[J]. IEEE Transactions on Magnetics, Nov. 2015, 51(11): 8204804.（张邦富，程明，汪佳斌，朱洒．优化分析一种高推力密度的无轭部磁通切换永磁直线电机）

15. Wei Hua, Gan Zhang, and Ming Cheng. Investigation and design of a high power flux-switching permanent magnet machine for hybrid electric vehicles[J]. IEEE Transactions on Magnetics, 2015, 51(3): 8201805.（花为，张淦，程明．混合动力汽车用大功率磁通切换永磁电机的分析和设计）

16. Li Xiangling, Chau K. T., Cheng Ming. Comparative analysis and experimental verification of an effective permanent-magnet vernier machine[J]. IEEE Transactions on Magnetics, Vol. 51, No. 7, 8203009, July. 2015.（李祥林，邹国棠，程明．一种高效永磁游标电机的比较分析和实验验证）

17. Li Zhang, Ying Fan, Chenxue Li, and Chunhua Liu. Design and Analysis of a New Six-Phase Fault-Tolerant Hybrid-Excitation Motor for Electric Vehicles[J]. IEEE Transactions on Magnetics, vol. 51, no. 11, Nov. 2015.（张丽，樊英，李臣学．电动汽车用六相混合励磁容错电机的设计与分析）

18. Wei Hua, Peng Su, Ming Shi, Guishu Zhao, and Ming Cheng. The influence of magnetizations on bipolar stator surface-mounted permanent magnet machines[J]. IEEE Transactions on Magnetics, vol. 51, no. 3, pp. 8201904, 2015.（花为，苏鹏，施铭，赵桂书，程明．定子表面贴装式永磁电机不同充磁方向特性分析）

19. Qingsong Wang, Ming Cheng, and Bing Zhang. An improved topology for the current fed parallel resonant half bridge circuits used in fluorescent lamp electronic ballasts[J]. Journal of Power Electronics, vol. 15, no. 2, pp. 567-575, March 2015.（王青松，程明，张兵．电流馈电式半桥荧光灯电子镇流器的优化拓扑）

20. Cheng Ming, Sun Le, Giuseppe Buja, and Song Lihua. Advanced electrical machines and machine-based systems for electric and hybrid vehicles[J]. Energies, vol. 8, no. 9, pp. 9541-9564, Sep. 2015.（程明，孙乐，朱塞佩．布亚，宋利华．电动汽车的新型电机与驱动技术）

21. Yu Feng, Cheng Ming, Chau K. T., Li Feng. Control and performance evaluation of multiphase FSPM motor in low-speed region for hybrid electric vehicles[J]. Energies, vol. 8, no. 9, pp. 10335-10353, Sep. 2015.（於锋，程明，邹国棠，李烽．混合动力汽车用多相 FSPM 电机的控制及性能评估）

22. Ying Fan, Weixia Zhu, Zhongbing Xue, Li Zhang, and Zhixiang Zou. A multi-Function Converting Technique for Vehicle-to-Grid[J]. Energies, vol. 8, no. 8, pp. 7638-7653, 2015.（樊英，祝卫霞，薛钟兵，张丽，邹志祥．V2G 多功能双向互动技术）

23. 程明，王青松，张建忠．电力弹簧理论分析与控制器设计[J]．中国电机工程学报，vol. 35, no. 10, pp. 2436-2444, 2015.（Ming Cheng, Qingsong Wang, Jianzhong Zhang, Theoretical analysis and controller design of electric springs）

24. 李祥林，程明，邹国棠．聚磁式场调制永磁风力发电机输出特性改善的研究[J]．中国电机工程学报，vol. 35, no. 16, pp. 4198-4206, 2015.（Xianglin Li, Ming Cheng, and Chau K. T. Research on improvement of output characteristics of the flux-concentrating field-modulated permanent-magnet wind power generator）

25. 朱瑛，程明，花为，张邦富，王伟．基于滑模变结构模型参考自适应的电气无级变速器无传感器控制[J]．电工技术学报，vol. 30, no. 2, pp. 64-72, 2015.（Ying Zhu, Ming Cheng, Wei Hua, Bangfu Zhang, Wei Wang. Sensorless control for electrical variable transmission based on sliding mode model reference adaptive system）

26. 徐帅，张建忠．多电平电压源型逆变器的容错技术综述[J]．电工技术学报，vol. 30, no. 21, pp. 39-50, 2015.（Shuai Xu, Jianzhong Zhang. Overview of Fault- Tolerant Techeniques for Multilevel Voltage Source Inverters）

27. 张建忠，姜永将．基于等效热网络法的定频双转子永磁风力发电机的热分析[J]．电工技术学报，vol. 30, no. 2, pp. 87-97, 2015.（Jianzhong Zhang, Yongjiang Jiang. Thermal Analysis of Constant Frequency Double Rotor Permanent Magnet Generator Based on Equivalent Thermal Network Method）

28. 张兵，王政，储凯，程明．NPC 型三电平逆变器容错控制模式下的母线电容电压波动分析及其抑制[J]．电工技术学报，vol. 30, no. 7, pp. 52-61, 2015.（Bing Zhang, Zheng Wang, Kai Chu, Cheng Ming. Analysis of Fluctuation in DC Link Capacitor Voltage of NPC Three-level Inverter and Its Mitigation under Fault Tolerant Control Mode）

所获荣誉：

1. 国家自然科学一等奖（获得者：程明，获奖项目：定子励磁型无刷电机及控制系统基础理论与关键技术研究）。

2. 中国机械工业科学技术一等奖，（获奖项目：定子励磁型无刷电机系统关键技术及应用）。

3. 程明教授被授予 IEEE Fellow。

4. 2015 年度 IAS 年会一等奖。

5. 成员多次获得 ICEMS 会议最佳论文奖。

6. 两位国家优秀青年基金获得者。

7. 两位全国优秀博士学位论文提名奖获得者。

8. 五位江苏省优秀博士学位论文获得者。

福州大学-功率变换与电磁技术研发团队

地址：福建省福州市闽侯县上街镇学园路 2 号福州大学电气工程与自动化学院

邮编：350116

电话：0591-22866583

团队人数：40 多人

团队带头人：陈为

主要成员：陈为，毛行奎，董纪清，陈庆彬，林苏斌，汪晶慧，张丽萍，谢文燕

研究方向：开关电源高频电磁技术，超高频（百兆赫兹）薄膜电感，传导 EMI 预测诊断与抑制，无线电能传输技术，磁性元件高频损耗，磁性元件磁集成和平面磁性元件

团队简介：

福州大学功率变换与电磁技术研发团队将电磁技术与电力电子功率变换技术结合，在国家级、省部级项目下，在国内率先开拓了电力电子高频磁技术的研究方向，十多年来持续开展了大量和系统的基础和应用基础研究以及与企业界的广泛技术合作，内容涉及与电力电子、电力系统和电器等领域相关的电磁技术的各个方面，获得国内外学术界和工业界广泛认可，建立了年富力强的研发团队和先进仪器设备的实验室。现有高级职称教师 5 人，中级 2 人，实验员 1 人，在学博士生 6 人，硕士生 30 多人。

研究团队目前以开关电源高频电磁技术、超高频（百兆赫兹）薄膜电感、传导 EMI 预测诊断与抑制、无线电能传输技术、磁性元件高频损耗、磁性元件磁集成和平面磁性元件等为研究方向，涵盖了开关电源中电磁技术的各个方面。在研究广度和深度上都处于国内外领先水平。

在研项目：

1. 谐振式无线电能传输磁耦合系统关键技术研究（2015-2017），国家自然科学基金（青年）；

2. 功率变换器磁元件磁芯损耗关键技术研究（2013-2016），国家自然科学基金；

3. 微功率光伏逆变器集成化平面化高频磁技术研究（2013-2015），国家自然科学基金（青年）；

4. 功率变换器磁元件电磁兼容磁电综合模型研究（2013-2016），国家教育部博士点专项基金；

5. 不同频率叠加励磁下的磁芯损耗测量与模型研究（2015-2018），福建省自然科学基金；

6. 功率变换器 EMI 高频段特性及其控制技术研究（2014-2016），福建省自然科学基金；

7. 高压直流输电换流阀用饱和电抗器磁芯损耗测量与模型研究（2016～2019），福建省自然科学基金。

科研成果：

本研究团队以开关电源中的电磁技术为研究对象，深入研究其内在机理及应用，获得多项国家级、省部级基金项目的支持，并与多家国内外企业进行产学研合作，将研究成果应用于实际产品中，获到业内高度评价。

1. 研究团队承担国家自然科学基金 5 项，高等学校博士学科点专项科研基金 1 项，福建省自然科学基金 7 项，福建省高校杰出青年人才基金 1 项，福建省青年人才创新基金 1 项等。

2. 与国内外著名企业合作，包括华为、艾默生、伊顿、台达、美的、山特、田村、青岛云路、欧姆龙和天宇等，已承担横向项目 20 多项，到校总经费达 500 多万元。2014 年 8 月获得华为技术有限公司 2011 实验室颁发的最佳合作团队称号。

3. 团队已发表了包括 IEEE 学刊、中国电机工程学报、电工技术学报等高级别刊物以及 IEEE 国际学术会议等论文 100 多篇，申请了 24 项专利。

4. 承担了 IEC 国际标准和国内标准的制定工作。

所获荣誉：

本研究团队在长期的研究工作中获得了各科研院校和企业的广泛认可。团队所获荣誉如下：

1. 团队负责人陈为教授连续两届当选中国电源学会（全国一级学会）常务理事，磁技术专委会主任委员。

2. 团队负责人陈为教授作为 IEC/TC51/WG9 中国工作组负责人，负责 IEC 国际标准的制定工作。

3. 中国电源学会的磁技术专委会挂靠福州大学电气工程与自动化学院，并在我院建立了中国电源学会电力电子磁元件技术培训基地。

4. 与华为技术有限公司的长期合作中获“华为技术有限公司最佳合作伙伴奖”。

5. 所培养博士研究生中获得卢嘉锡优秀博士生奖 1 次；硕士研究生获国家奖学金 3 次。

6. 研究生获得全国研究生电子设计竞赛 1 等奖 1 次、2 等奖 3 次，本科生获全国大学生电子设计竞赛全国一等奖 1 项、二等奖 5 项、省一等奖 7 项。

7. 获中国电源学会年会优秀论文奖 1 次；获中国功率变换器磁元件联合学术年会优秀论文奖 4 次。

福州大学-智能控制技术与嵌入式系统团队

地址：福建省福州市大学新区学园路 2 号福州大学电气学院

邮编：350116

传真：0591-22866581

团队人数：9

团队带头人：王武

主要成员：蔡逢煌，林琼斌，柴琴琴

研究方向：新能源的控制技术，嵌入式技术开发

团队简介：

专注于研究智能控制、嵌入式软硬件协同设计、信号处理技术、嵌入式计算机系统等。主要开展了先进控制理论与控制算法及其在工程中的应用研究，优化控制技术理论及其在复杂工业过程的应用技术研究，网络化系统控制技术及网络安全运行研究，人工智能在生物信息系统的应用研究，电力电子系统建模、算法分析以及数字化实现的应用研究。

团队负责人为王武博士、教授。形成了结构合理、多学科交叉的科研教学团队，其中高级职称 2 人，博士 5 人。团队成员依托福建省医疗器械与医药技术重点实验室和福州大学-厦门科华恒盛股份有限公司联合实验站，目前培养

了研究生30余人。多年来完成了5项国家自然科学基金项目和数项省部级科学研究项目，在学术会议与期刊发表160多篇研究论文，获得福建省科学进步奖三等奖3项。并将学科研究成果引入教学领域和生产领域，促进产、学、研相辅相成，互相促进。团队目前承担省自然科学基金项目2项和企业合作项目4项。在嵌入式系统研究方面，与国际多家知名企业建立了联合实验室：福州大学-freescale嵌入式系统设计及应用实验室、福州大学-英飞凌嵌入式技术共建实验室和福州大学-TI嵌入式技术共建实验室。

在研项目：

企业创新项目：

基于新型拓扑与控制技术的电力电子变换装置研制(2014/3-2016/6)。

科研成果：

2013年获得了福建省科技进步三等奖（获奖项目名称：太阳能光伏发电系统逆变器)。

广西大学-电力电子系统的分析与控制团队

地址：广西壮族自治区南宁市大学路100号广西大学电气工程学院

邮编：530004

电话：13878809870

团队人数：6

团队带头人：陆益民

主要成员：陈延明，李国进，黄洪全，黄良玉，陈苏

研究方向：电力电子系统的非线性分析与控制，工业特种电源开发，电气精密测量技术

团队简介：

广西大学电气工程学院“电力电子系统分析与控制”研究团队共有6名教师，其中教授3人、副教授2人、讲师1人。本研究团队一直致力于电力电子系统基础理论及其应用技术的研究。近年来围绕电力电子系统的拓扑结构、稳定性分析和控制方法、工业特种电源开发和电气精密测量技术等方面开展了大量的研究工作，并取得了一系列的研究成果。本团队承担4项国家自然基金项目、1项国家科技型中小企业技术创新基金项目以及多项省部级科研项目和企业横向项目。研制了医用X射线机电源、通信电源、焊接电源、冲击接地电阻、电气设备介质损耗测量装置和无功补偿装置快速复合继电器等电力电子装置。在《International Journal of Circuit Theory and Applications》、《International Journal of Bifurcation and Chaos》、《中国电机工程学报》、《电工技术学报》、《控制理论与应用》、《机械工程学报》等学术刊物和IEEE等重要国际会议发表论文60多篇，获得国家专利授权多项。

在研项目：

1. Yimin Lu, Qianqian Liang, Xianfeng Huang. Parameters self-tuning PID controller circuit with memristors [J]. International Journal of Circuit Theory and Applications, 25 January 2017, DOI: 10.1002/cta.2316

2. Yimin Lu, Xianfeng Huang, Shaobin He, Dongdong Wang, Zhang, Bo. Memristor based van der Pol oscillation circuit. International Journal of Bifurcation and Chaos, 24(12), pp 1450154. 1-15, 2014/12/1.

3. 马海龙，于田芬，陈延明等．基于恒导通时间控制的自驱动PFC的研制[J]. 电源技术，2015. 12，39(12).

4. 苏琦，陆益民，黄险峰. 电压反馈型BOOST变换器闭环控制系统的分岔及混沌[J]. 广西大学学报(自然科学版)，05期，1192-1200，2015/10/25.

5. 于田芬，韦熹，王飞，陈延明等．改进型数字无桥PFC变换器的研制[J]. 制造业自动化，2015，37(12)：145-147.

6. 李国进，董第永，陈双．磷酸铁锂电池的SOC预测[J]. 计算机仿真，2015，32(3)：163-168.

7. 王东东，陆益民，张波. IFOC感应电动机分岔混沌的单双时滞反馈控制[J]. 电机与控制学报，10期，55-59 + 67，2014.

8. 陈延明，王会雄，王振民等．一种全桥LLC软开关焊接电源[J]. 焊接学报，2014 (5)：9-12.

9. 张峰，王婷，熊建荣，陈延明等．恒定导通时间控制的交错式功率因数校正电路[J]. 广西大学学报：自然科学版，2014，39(6)：1278-1284.

10. 陈延明，杨美珍，王振民，李国进等．一种半桥LLC谐振软开关焊接电源[J]. 焊接学报，2013，12：005.

11. 梁伟健，黄洪全．基于有功功率的小电流接地选线注入法的研究[J]. 自动化与仪器仪表，2012，(1)：19-21.

12. 莫里克，黄洪全，李国进，陈延明等．一种单相弧焊逆变器的功率因数校正电路[J]. 广西大学学报：自然科学版，2012，37(2)：366-370.

13. 杨达亮，卢子广，杭乃善，李国进等．三相电压型PWM整流器准定频直接功率控制[J]. 中国电机工程学报，2011，31(27)：66-73.

14. 陈延明，陈辉华，张成等．一种峰值电流控制的全桥软开关弧焊逆变器[J]. 焊接学报，2011，32(5).

15. 张城，莫里克，张盼，陈延明等．一种非线性载波控制的功率因数变换电路[J]. 电力电子技术，2011，45(11)：89-91.

16. 李国进，易丐，林瑜．仿人机器人的一种双向动力学建模方法[J]. 广西大学学报：自然科学版，2011，36(6)：1009-1015.

17. 黄良玉，韦以明，陈凤翔，莫少莹．含参数扰动Liu混沌系统的反步设计自适应控制研究[J]. 广西大学学报自然科学版，2010，Vol. 35，No. 6：1057-1062.

18. 陈延明，王娟，武江峰等．一种改进的零电压零电流倍流整流变换器[J]. 电工技术学报(核心期刊)，2009，24(12)：82-87.

19. 陆益民，张波，尹丽云. DC/DC变换器的切换仿射线性系统模型及控制[J]. 中国电机工程学报(核心期刊)，2008，28(15)：16-22. [EI收录(082611336989)]

20. 陆益民，张波，毛宗源．混沌SPWM原理及其谐波抑制特性分析[J]. 机械工程学报，2006，42(1)：126-129. [EI收录(06139783778)]

21. 陆益民，毛宗源，张波．感应电动机间接磁场定向控制系统振荡的功率谱分析[J]．机械工程学报，2004，40(12)：5-9. [EI 收录(05058822201)]

22. 陆益民，毛宗源，张波．基于免疫算法的混沌多模型控制策略[J]．控制理论与应用，2004，21(1)：30-34. [EI 收录(04328306731)]

23. Lu，Yi Min、Chen，Ming、Huang，Xian Feng，Synchronizing chaos in memristor based van der Pol oscillation circuits[J]．2014 IEEE International Power Electronics and Application Conference and Exposition(IEEE PEAC'2014)，2014/11/5-2014/11/8，pp 1154-1158，2014/11/5.

24. Lu，Yi Min、Huang，Xian Feng、Wang，Juan Ping、Zhu，Z. Q.，Motion control in a free piston energy converter based on a neural adaptive PID decoupling controller[J]．9th International Symposium on Linear Drives for Industry Applications，LDIA 2013，2013/7/7-2013/7/10，pp 454-460，Hangzhou，China，2013.

25. 陆益民，金麒麟，黄险峰．实用新型专利：忆容器的实现电路．专利号：ZL 2014 2 00772906.0 专利申请日：2014 年 12 月 9 日．授权公告日：2015 年 5 月 13 日．

26. 陆益民，朱志勇，黄险峰．实用新型专利：一种基于忆阻器的 Duffing-van der Pol 振荡电路．专利号：ZL 2013 2 0856113.2，专利申请日：2013 年 12 月 20 日，授权公告日：2014 年 7 月 23 日．

27. 陆益民，陈茗，黄险峰．发明专利：一种基于忆阻器的自适应 PD 控制器电路．专利号：201310719515.2，专利申请日：2013 年 12 月 20 日，授权公告日：2016 年 12 月 07 日．

28. 陆益民，梁倩倩，黄险峰．发明专利：一种基于忆阻器的单神经元 PID 控制器电路．专利号：201410154785.8，专利申请日：2014 年 4 月 17 日，授权公告日：2016 年 11 月 30 日．

29. 李国进，陈延明，廖云峰，欧玉平，吴兰坤，徐兴科，胡丹．实用新型专利：一种基于零电压过度软开关的 X 射线机功率因数校正电路．专利号：ZL 2013 2 0666907.2，专利申请日：2013 年 10 月 28 日，授权公告日：2014 年 4 月 02 日．

30. 李国进，陈延明，廖云峰，赵凤波，谢永恒，简坤兴．实用新型专利：一种基于无源无损吸收电路的 X 射线机功率因数校正电路．专利号：ZL 2013 2 0666910.4，专利申请日：2013 年 10 月 28 日，授权公告日：2014 年 4 月 02 日．

31. 李国进，陈延明，廖云峰，滕寿宇，马培威，潘英昂，杨欧．一种 X 射线机的有源功率因数校正电路．专利号：ZL 2013 2 0666908.7，专利申请日：2013 年 10 月 28 日，授权公告日：2014 年 4 月 02 日．

科研成果：

1. Yimin Lu，Qianqian Liang，Xianfeng Huang. Parameters self-tuning PID controller circuit withmemristors[J]．International Journal of Circuit Theory and Applications，25 January 2017，DOI：10.1002/cta.2316

2. Yimin Lu，Xianfeng Huang，Shaobin He，Dongdong Wang，Zhang，Bo. Memristor based van der Pol oscillation circuit[J]．International Journal of Bifurcation and Chaos，24(12)，pp 1450154.1-15，2014/12/1.

3. 马海龙，于田芬，陈延明等．基于恒导通时间控制的自驱动 PFC 的研制[J]．电源技术，2015.12，39(12).

4. 苏琦、陆益民、黄险峰，电压反馈型 BOOST 变换器闭环控制系统的分岔及混沌[J]．广西大学学报(自然科学版)，05 期，1192-1200，2015/10/25.

5. 于田芬，韦熹，王飞，陈延明等．改进型数字无桥 PFC 变换器的研制[J]．制造业自动化，2015，37(12)：145-147.

6. 李国进，董第永，陈双．磷酸铁锂电池的 SOC 预测[J]．计算机仿真，2015，32(3)：163-168.

7. 王东东、陆益民、张波，IFOC 感应电动机分岔混沌的单双时滞反馈控制[J]．电机与控制学报，10 期，55-59 + 67，2014.

8. 陈延明，王会雄，王振民等．一种全桥 LLC 软开关焊接电源[J]．焊接学报，2014 (5)：9-12.

9. 张峰，王婷，熊建荣，陈延明等．恒定导通时间控制的交错式功率因数校正电路[J]．广西大学学报：自然科学版，2014，39(6)：1278-1284.

10. 陈延明，杨美珍，王振民，李国进等．一种半桥 LLC 谐振软开关焊接电源[J]．焊接学报，2013，12：005.

11. 梁伟健，黄洪全．基于有功功率的小电流接地选线注入法的研究[J]．自动化与仪器仪表，2012，(1)：19-21.

12. 莫里克，黄洪全，李国进，陈延明等．一种单相弧焊逆变器的功率因数校正电路[J]．广西大学学报：自然科学版，2012，37(2)：366-370.

13. 杨达亮，卢子广，杭乃善，李国进等．三相电压型 PWM 整流器准定频直接功率控制[J]．中国电机工程学报，2011，31(27)：66-73.

14. 陈延明，陈辉华，张成等．一种峰值电流控制的全桥软开关弧焊逆变器[J]．焊接学报，2011，32(5).

15. 张城，莫里克，张盼，陈延明等．一种非线性载波控制的功率因数变换电路[J]．电力电子技术，2011，45(11)：89-91.

16. 李国进，易丐，林瑜．仿人机器人的一种双向动力学建模方法[J]．广西大学学报：自然科学版，2011，36(6)：1009-1015.

17. 黄良玉，韦以明，陈凤翔，莫少莹．含参数扰动 Liu 混沌系统的反步设计自适应控制研究[J]．广西大学学报自然科学版，2010，Vol. 35，No. 6：1057-1062.

18. 陈延明，王娟，武江峰等．一种改进的零电压零电流倍流整流变换器[J]．电工技术学报(核心期刊)，2009，24(12)：82-87.

19. 陆益民，张波，尹丽云．DC/DC 变换器的切换仿射线性系统模型及控制[J]．中国电机工程学报(核心期刊)，2008，28(15)：16-22. [EI 收录(082611336989)]

20. 陆益民，张波，毛宗源．混沌 SPWM 原理及其谐波抑制特性分析[J]．机械工程学报，2006，42(1)：126-129.

[EI 收录(06139783778)]

21. 陆益民，毛宗源，张波．感应电动机间接磁场定向控制系统振荡的功率谱分析[J]．机械工程学报，2004，40(12)：5-9. [EI 收录(05058822201)]

22. 陆益民，毛宗源，张波．基于免疫算法的混沌多模型控制策略[J]．控制理论与应用，2004，21(1)：30-34. [EI 收录(04328306731)]

23. Lu，Yi Min、Chen，Ming、Huang，Xian Feng，Synchronizing chaos in memristor based van der Pol oscillation circuits[J]. 2014 IEEE International Power Electronics and Application Conference and Exposition(IEEE PEAC'2014)，2014/11/5-2014/11/8，pp 1154-1158，2014/11/5.

24. Lu，Yi Min、Huang，Xian Feng、Wang，Juan Ping、Zhu，Z. Q.，Motion control in a free piston energy converter based on a neural adaptive PID decoupling controller[J]. 9th International Symposium on Linear Drives for Industry Applications，LDIA 2013，2013/7/7-2013/7/10，pp 454-460，Hangzhou，China，2013.

25. 陆益民，金麒麟，黄险峰．实用新型专利：忆容器的实现电路．专利号：ZL 2014 2 00772906. 0 专利申请日：2014 年 12 月 9 日．授权公告日：2015 年 5 月 13 日．

26. 陆益民，朱志勇，黄险峰．实用新型专利：一种基于忆阻器的 Duffing-van der Pol 振荡电路．专利号：ZL 2013 2 0856113. 2，专利申请日：2013 年 12 月 20 日，授权公告日：2014 年 7 月 23 日．

27. 陆益民，陈茗，黄险峰．发明专利：一种基于忆阻器的自适应 PD 控制器电路．专利号：201310719515. 2，专利申请日：2013 年 12 月 20 日，授权公告日：2016 年 12 月 07 日．

28. 陆益民，梁倩倩，黄险峰．发明专利：一种基于忆阻器的单神经元 PID 控制器电路．专利号：201410154785. 8，专利申请日：2014 年 4 月 17 日，授权公告日：2016 年 11 月 30 日．

29. 李国进，陈延明，廖云峰，欧玉平，吴兰坤，徐兴科，胡丹．实用新型专利：一种基于零电压过度软开关的 X 射线机功率因数校正电路．专利号：ZL 2013 2 0666907. 2，专利申请日：2013 年 10 月 28 日，授权公告日：2014 年 4 月 02 日．

30. 李国进，陈延明，廖云峰，赵凤波，谢永恒，简坤兴．实用新型专利：一种基于无源无损吸收电路的 X 射线机功率因数校正电路．专利号：ZL 2013 2 0666910. 4，专利申请日：2013 年 10 月 28 日，授权公告日：2014 年 4 月 02 日．

31. 李国进，陈延明，廖云峰，滕寿宇，马培威，潘英昂，杨欧．一种 X 射线机的有源功率因数校正电路．专利号：ZL 2013 2 0666908. 7，专利申请日：2013 年 10 月 28 日，授权公告日：2014 年 4 月 02 日．

所获荣誉：

1. 2011 年获第十一届广西青年科技奖。
2. 2008 年获广西高校优秀人才资助计划资助。
3. 2004 年广西专家百人团第一批聘请专家。
4. 2012 年获第六届中国高校电力电子及电力传动学术年会优秀论文奖。
5. 2013 年获全国自动化教育学术年会优秀论文奖。
6. 2016 年获中国自动化学会中南六省（区）第 34 届学术年会优秀论文奖。

国网江苏省电力公司电力科学研究院-电能质量监测与治理技术研究团队

地址：江苏省南京市江宁区帕威尔路 1 号
邮编：211103
电话：025-68686380
传真：025-68686000
团队人数：15
团队带头人：袁晓冬
主要成员：陈兵，史明明，罗珊珊，李强，柳丹，朱卫平
研究方向：电网海量电能质量数据分析与高级应用技术，面向优质电力园区的定制电力技术，新能源、储能及微电网技术研究及应用

团队简介：

江苏省电力公司电力科学研究院电能质量监测与治理技术研究团队建成了国内规模最大、功能最全的省级电能质量监测网，覆盖了 1365 个监测点，覆盖了大型污染源负荷、电气化铁路和新能源发电企业等非线性用户，具有谐波、间谐波、电压不平衡度、电压偏差、频率偏差和电压波动和闪变的实时在线监测分析功能，具备电能质量综合评估、指标异常预警等功能，为省公司运维检修部生产管理提供有力支撑。

实验室自主研发了电能质量在线监测终端和电压监测仪的一键式检测系统，可实现电能质量在线监测设备功能、精度和通信协议的完整检验，为省公司物质招标检测把好入网关。

实验室还承担了省内变电站的普测评价、新能源发电企业的技术监督和污染源用户电能质量问题治理分析工作，其中电能质量现场测试、动态无功补偿现场试验和低电压穿越检测项目已获得中国合格评定国家认可委员会（CNAS）的认证。

近年来，实验室积极开展电力电子技术在电网中的应用研究，承担了优质电力园区的设计开发、高压直流输电换流阀、统一潮流控制器 MMC 换流阀的研究工作。相关研究成果获得省部级科技进步奖 7 项、省公司科技进步奖 11 项、申请发明专利 36 项、软件著作权 7 项、发表学术论文 58 篇、制定国家、行业和国网标准 22 项。

在研项目：

1. 国网项目-电能质量大数据分析关键技术研究及应用。
2. 国网项目-电能质量扰动传播及预警系统研究。
3. 国网项目-高压碳化硅器件高温氧化工艺技术研究。
4. 国网项目-典型用电负荷电能质量发射特性研究。
5. 国网项目-基于物联网的配电网状态感知和分析研究。

6. 国网项目-分布式新能源并网检测与运维管理技术研究与应用。

7. 国网项目-多源分布式新能源发电直流供电运行控制技术研究与应用。

8. 省公司项目-分布式新能源电能质量主动调节技术研究。

9. 省公司项目-电压暂降对电力敏感用户影响分析及综合防治技术研究。

科研成果：

1. 江苏沿海大规模风电接入电网技术及工程应用研究，省政府三等奖，2012 年。

2. 冲击性负荷与新能源集中接入地区电能质量评估预警技术研究，电力安全生产成果三等奖，2012 年。

3. 冲击性负荷与新能源集中接入地区电能质量评估预警技术研究，省公司一等奖，2012 年。

4. 江苏电网无功补偿优化配置研究，省公司一等奖，2012 年。

5. 大规模高铁牵引负荷友好接入电网技术及应用，省政府三等奖，2013 年。

6. 大规模高铁牵引负荷友好接入电网技术及应用，电工技术学会二等奖，2013 年。

7. 电气化铁路对江苏电网运行影响的测试研究和应对措施分析，省公司一等奖，2013 年。

8. 江苏沿海大规模风电并网关键技术研究及其示范应用，省公司一等奖，2013 年。

9. 沿海大规模风电并网检测与安全运行关键技术研究及应用，电力建设一等奖，2014 年。

10. 电能质量高级分析关键技术研究及应用，国家电网公司科学技术进步奖二等奖，2015 年。

11. 南京青奥会优质电力园区多 DFACTS 设备优化配置与协调控制技术及应用，第三届中国电源学会科学技术奖一等奖，2015 年。

12. 沿海大规模风电并网检测与安全运行关键技术及应用，省公司一等奖，2015 年。

13. 城市配电网高密度区域供电关键技术研究及应用，电力建设科技进步奖二等奖，2015 年。

14. 适用于多场景微电网的设计、运行控制与检测关键技术研究与应用，电力建设科技进步奖三等奖，2015 年。

15. 分布式储能提高城市负荷中心供电质量的关键技术研究及应用示范，电力建设科技进步奖三等奖，2015 年。

16. 适用于多场景微电网的设计、运行控制与检测关键技术研究与应用，国家电网公司科学技术进步奖二等奖，2015 年。

17. 适用于多场景微电网的设计、运行控制与检测关键技术研究与应用，省公司一等奖，2015 年。

18. 分布式储能提高城市负荷中心供电质量的关键技术研究及应用示范，省公司二等奖，2015 年。

19. 多种可再生能源优化互补的海岛微电网规划建设技术研究与应用，江苏省经研体科技进步奖一等奖，2015 年。

20. 多种可再生能源优化互补的海岛微电网规划建设技术研究与应用，国网经研体系科学技术进步奖先进技术推广应用类三等奖，2015 年。

所获荣誉：

1. 江苏省电力公司电力科学研究院先进集体，2013 年。

2. 江苏省电力公司安全生产先进集体，2014 年。

3. 江苏省电力公司电力科学研究院标兵专业室，2014 年。

4. 江苏省工人先锋号，2014 年。

5. 江苏省电力公司电力科学研究院标兵专业室，2015 年。

6. 中国质量协会全国五星级现场管理班组，2014 年。

7. 袁晓冬劳模创新工作室，2015 年。

8. 江苏省电力公司电力科学研究院文明部室，2015 年。

国网江苏省电力公司电力科学研究院-主动配电网攻关团队

地址：江苏省南京市江宁区帕威尔路 1 号

邮编：211000

电话：025-68686850

传真：025-68686000

团队人数：14

团队带头人：袁晓冬

主要成员：袁晓冬，陈兵，李强，朱卫平，史明明，柳丹，陈亮，孔祥平，李斌，杨雄，吕振华，贾萌萌，韩华春，吴楠

研究方向：品质电力，协调控制，友好互动，弹性控制，试验检测

团队简介：

主动配电网攻关团队主要研究方向为品质电力、协调控制、友好互动、弹性控制、试验检测。具备 4 个科研小组，基于国网及省公司科技项目，结合主动配电网实验室建设，旨在培养一支具有高技术水平和创新能力的联合攻关研究人才队伍。

在研项目：

1. 适应交直流混联受端电网的大规模海上风电接入方式优化及运行控制技术研究（国网牵头项目），2017 ~ 2019。

2. 基于物联网的配电网状态感知与分析研究（国网牵头项目），2016 ~ 2018。

3. 多源分布式新能源直流供电运行控制关键技术研究及示范应用（国网牵头项目），2015 ~ 2016。

4. 基于分布式能源的智能微电网关键技术（江苏省科技支撑计划项目），2015 ~ 2017。

5. 电能质量大数据分析关键技术研究及应用（国网参与项目），2016 ~ 2018。

6. 基于组串型逆变器的光伏电站并网特性实证性研究与测试（国网参与项目），2016 ~ 2017。

7. 高压碳化硅器件高温氧化工艺技术研究（国网参与项目），2015 ~ 2017。

8. 分布式新能源/储能/主动负荷联合优化运行与测试

技术研究示范（国网参与项目），2015～2016。

9. 典型用电负荷电能质量发射特性研究（国网参与项目），2014～2016。

10. 大规模沿海风电参与电网调频控制方法研究及物理仿真平台实现（省公司科技项目），2017～2018。

11. 互联网＋能源综合利用系统研究及示范（省公司科技项目），2016～2017。

12. 分布式新能源电能质量主动调节技术研究（省公司科技项目），2016～2017。

科研成果：

一、论文著作

发表论文百十余篇，其中主要论文成果如下：

1. Determination of optimal supercapacitor-lead-acid battery energy storage capacity for smoothing wind power using empirical mode decomposition and neural network，Electric Power Systems Research，SCI

2. Photovoltaic planning process for untypical region，Unifying Electrical Engineering and Electronics Engineering，SCI

3. Power Quality Prediction，Early Warning，and Control for Points of Common Coupling with Wind Farms，Energies，SCI

4. Points of Common Coupling with Wind Farms"，JEET SCI

5. A novel genetic algorithm based on all spanning trees of undirected graph for distribution network reconfiguration，MPCE，SCI

6. 主动配电网三相解耦潮流算法，电工技术学报，EI

7. 基于变量代换的辐射型配电网潮流算法，高电压技术，EI

8. Research on Portable Balance Devices and Balancing Strategy for Batteries，IEEE APPEEC 2016，EI

9. A Decoupled Three-phase Power Flow Algorithm for Distribution Networks Containing Multi-transformer-branches，IEEE APPEEC 2016，EI

10. Establishment of key grid-connected performance index system for integrated PV-ES system，NEFES 2016，EI

11. A Coordinated Voltage Control Scheme for Power System with Large-scale Wind，RPG Conference2015，EI

12. A Novel Generation Method for Typical Meteorological Year Data in Solar Utilization，ASEI 2015，EI

13. Control simulation and experiental verification of MPPT based on RT-LAB，ASEI 2015，EI

14. Real time simulation and research on photovoltaic power system based on RT-LAB，ASEI 2015，EI

15. Sliding Mode and Predictive Current Control for Vienna-type Retifiers，ICEMS，EI

16. Empirical Study of System-level PV power plant power factor adjustment relying on PV inverter，ICEMS2014，EI

17. Two-stage Stochastic Model of Unit Commitment with Wind Farm，CICED2014，EI

18. 含风电场的机组组合二阶段随机模型及其改进算法，电工技术学报，EI

19. 典型的清洁能源发电及冲击性负荷对电网电能质量的影响分析，电网技术，EI

20. 包含多种分布式电源的广义负荷模型辨识与适应性研究，电力系统保护与控制，EI

21. 包含多种分布式电源的广义负荷模型辨识与适应性研究，电力系统保护与控制，中文核心

22. 基于三相光伏微源的串联校正器参数设计方法，电测与仪表，中文核心

23. 考虑分布式电源接入的电网源荷时序随机波动特性概率潮流计算，水电能源科学，中文核心

二、授权专利

授权各级别共 40 余项，其中主要专利如下：

1. 一种晶闸管控制变压器式可控电抗器优化控制方法：中国，201310659680. 3 [P].

2. 一种基于发电预测误差的光伏系统储能容量配置方法：中国，201310432253. 1 [P].

3. 电网事故分闸辅助分析方法：中国，201310660356. 3 [P].

4. 电气化铁路牵引侧两相 STATCOM 治理装置的控制方法：中国，201210484093. 0 [P].

5. 基于 ETAP 的电气化铁路电能质量综合治理方法：中国，201210490569. 1 [P].

6. 基于 DIgSILENT 的并网型光伏仿真发电系统：中国，201210002657. 2 [P].

7. 电子式电压互感器的频率特性检测系统：中国，201320556256. 1 [P].

8. 一种基于介质分压的一体化光电电压传感器：中国，201320614842. 7 [P].

9. 一种可扩展的闭环同步配电自动化终端检测平台：中国，201420703600. X [P].

10. 一种用于柱上开关馈线自动化终端的诊断装置：中国，201420773035. 4 [P].

11. 用于馈线自动化测试的数据再现装置：中国，201420774548. 7 [P].

12. 一种配电自动化集成试验检测装置：中国，201520290959. 3 [P].

13. 一种标准电流与故障电流检测用电流分配系统：中国，201520329898. 7 [P].

14. 多套配电自动化终端遥测检测中电流源施加系统：中国，201520332219. 1 [P].

15. 具有自动泄放控制装置的微电网并网开关辅助灭弧装置：中国，201520583677. 2 [P].

三、颁布标准

参与标准中已颁布的标准共 12 项，如下：

1. 国家标准，牵头，电能质量经济性评估第 2 部分：公用配电网的经济性评估方法，2016-12-13。

2. 国网公司企业标准，牵头，电能质量监测技术规范第 1 部分：电能质量监测主站，2015-02-26。

3. 行业标准，参与，柔性直流输电用电压源型换流阀电气试验，2016-01-07。

4. 国家标准，参与，电能质量经济性评估第 1 部分：电力用户的经济性评估方法，2016-12-13。

5. 国家标准，参与，电能质量经济性评估第 3 部分：数据收集方法，2016-08-29。

6. 国家标准，参与，电能质量监测设备通用要求，2016-08-29。

7. 国家标准，参与，电能质量术语，2016-02-24。

8. 行业标准，参与，优质电力园区供电技术规范，2015-04-02。

9. 行业标准，参与，干扰性用户接入电力系统技术规范，2014-10-15。

10. 国网公司企业标准，参与，电能质量监测技术规范第 3 部分：监测终端与主站间通信协议，2015-02-26。

11. 国网公司企业标准，参与，电能质量监测技术规范第 2 部分：电能质量监测装置，2015-02-26。

12. 行业标准，参与，串联谐振型故障电流限制器技术规范，2013-11-28。

四、学术奖励

获得各级学术奖励共 30 余项，其中主要奖励如下：

1. 互联网 + 分布式光伏服务体系研究及光 e 宝平台研制，2016 年国家电网公司第二届青年创新创意大赛金奖。

2. 分布式光伏专用低压反孤岛关键技术研究及应用，2016 年度电力建设科学技术进步奖三等奖。

3. 分布式电源规模化安全接入试验检测关键技术及应用，2016 年度电力建设科学技术进步奖三等奖。

4. 分布式光伏发电并网反窃电技术研究及示范应用，2016 年度电力建设科学技术进步奖三等奖。

5. 城市配电网高密度区域供电关键技术研究及应用，2015 年度电力建设科技进步奖二等奖。

6. 适用于多场景微电网的设计、运行控制与检测关键技术研究与应用，2015 年度电力建设科技进步奖三等奖。

7. 分布式储能提高城市负荷中心供电质量的关键技术研究及应用示范，2015 年度电力建设科技进步奖三等奖。

8. 南京青奥会优质电力园区多 DFACTS 设备优化配置与协调控制技术及应用，2015 年度第三届中国电源学会科学技术奖一等奖。

9. 适用于多场景微电网的设计、运行控制与检测关键技术研究与应用，2015 年国家电网公司科学技术进步奖二等奖。

10. 电能质量高级分析关键技术研究及应用，2015 年国家电网公司科学技术进步奖三等奖。

11. 沿海大规模风电并网检测与安全运行关键技术研究及应用，2014 年度电力建设科技进步奖一等奖。

12. 省级电网分布式光伏并网安全管理，2013 年度国家电网公司管理创新成果三等奖。

13. 基于多源数据融合的电网故障诊断预警技术研究与应用，2016 年度国网江苏省电力公司科学技术奖一等奖。

14. 分布式光伏规模化接入配电网关键技术研究，2016 年度国网江苏省电力公司科学技术奖二等奖。

15. 分布式光伏发电并网反窃电技术研究及示范应用，2016 年度国网江苏省电力公司科学技术奖三等奖。

16. 适用于多场景微电网的设计、运行控制与检测关键技术研究与应用，2015 年江苏省电力公司科学技术进步奖一等奖。

17. 沿海大规模风电并网检测与安全运行关键技术及应用，2015 年江苏省电力公司科学技术进步奖一等奖。

18. 分布式储能提高城市负荷中心供电质量的关键技术研究及应用示范，2015 年江苏省电力公司科学技术进步奖二等奖。

19. 多种可再生能源优化互补的海岛微电网规划建设技术研究与应用，2015 年度江苏省经研体科技进步奖一等奖。

20. 多种可再生能源优化互补的海岛微电网规划建设技术研究与应用，2015 年度国网经研体系科学技术进步奖先进技术推广应用类三等奖。

所获荣誉：

一、集体荣誉

1. 2015 袁晓冬劳模创新工作室。

2. 2015 江苏省电力公司电力科学研究院 2015 年度标兵专业室。

3. 2015 国家电网青年创新创意大赛铜奖。

4. 2014 江苏省工人先锋号。

二、个人荣誉

1. 袁晓冬，2016 电力行业电能质量及柔性输电标准化技术委员会“标准化先进工作者”称号。

2. 陈兵，2016 国网江苏省电力公司第三届“国网江苏省电力公司青年五四奖章”。

3. 史明明，2016 江苏省电力公司国家电网公司重大科技示范工程南京西环网统一潮流控制器（UPFC）建设先进个人。

4. 袁晓冬，2015 年国家电网公司优秀青年岗位能手。

5. 陈兵、孙健，李强江苏省电力公司 2015 年优秀专家人才后备。

6. 袁晓冬，2014 年第十四届江苏省青年科技奖。

7. 袁晓冬，2014 年江苏省五一劳动奖章。

8. 袁晓冬，2014 年“江苏最美青工”称号。

9. 袁晓冬，国网公司专业领军人才。

哈尔滨工业大学-电化学电源健康管理创新团队

地址： 黑龙江省哈尔滨市西大直街 92 号，哈尔滨工业大学，逸夫楼 603-605

邮编： 150001

电话： 0451-86402965

传真： 0451-86402965

网址： http：//homepage. hit. edu. cn/pages/lvchao

团队人数： 15

团队带头人： 吕超

主要成员： 罗伟林，张立强，李俊夫，赖庆智，丛巍，陈树成，刘海洋，张禄禄，宋彦孔，张韬，夏博妍

研究方向： 基于电化学模型的锂离子电池电、热行为仿真，基于时频域联合分析的锂离子电池内部健康状

态原位快速测量，基于电化学模型的锂离子电池高精度 SOC/RUL 估计

团队简介：

团队致力于锂离子电池电化学建模、仿真技术的研究。经过多年的积累，已经初步突破了电化学模型参数难以获取的瓶颈问题，并逐步将电化学模型应用于不同背景的电池管理问题。电池电化学模型具有精度高、物理意义明确的优点，是经验模型和等效电路模型无法比拟的。传统的研究中，电化学领域将电化学仿真模型用于优化电池材料，而电池管理领域中至多应用等效电路模型。因此，本团队的研究具有鲜明的跨领域特点，填补了学科之间的空白。

课题组关注的领域包括：

1. 基于电化学模型的锂离子电池电、热行为仿真。用于电池管理系统开发、系统级半实物仿真过程中的电池建模。

2. 基于时频域联合分析的锂离子电池内部健康状态原位快速测量。用于锂离子电池内部健康特征提取，用于电池性能评价；也可以用于电池分组筛选。

3. 基于电化学模型的锂离子电池高精度 SOC/RUL 估计。利用电化学模型精度高、能够获取老化过程中内部参数演化规律的特点，将模型获参数信息与传统 SOC/RUL 估计技术相结合，能够获得更高的估计精度。

4. 基于电化学模型低温性能仿真的低温预热。针对高纬度地区冬季电动车使用的瓶颈问题，提出采用脉冲电流内部预热的电池加热技术，并在预热过程中利用低温电池性能仿真模型，考虑抑制析锂副反应发生，闭环控制脉冲频率、幅值和占空比。

在研项目：

1. 面向性能在线评估的锂离子电池机理模型仿真关键技术研究，国家自然科学基金面上项目，2015. 01- 2018. 12

2. 锂离子电池寿命预测，中航工业集团公司沈阳飞机设计研究所，2016. 01-2018. 12

3. 基于机理模型的锂离子电池健康状态评估，上海空间电源研究所，2017. 01-2018. 12

4. 基于机理模型的 500 千伏变电站阀控式密封铅酸蓄电池性能评估研究，国家电网公司，2016. 01-2017. 12

科研成果：

一、发表文章

2013

1. Weilin Luo#, Chao Lyu*, Lixin Wang, Liqiang Zhang, An Approximate Solution for Electrolyte Concentration Distribution in Physics-based Lithium-ion Cell Models[J]. Microelectronics Reliability, 2013, 53(6): 797-804.

2. Weilin Luo#, Chao Lyu*, Lixin Wang, Liqiang Zhang, A New Extension of Physics-based Single Particle Model for Higher Charge-discharge Rates[J]. Journal of Power Sources, 2013, 241: 295-310.

3. Liqiang Zhang#, Chao Lyu*, Lixin Wang, Weilin Luo, Kehua Ma. Thermal-Electrochemical Modeling and Parameter Sensitivity Examination of Lithium-ion Battery [J]. Chemical Engineering Transactions, 2013, 33: 943-948.

4. Chao Lyu#*, Liqiang Zhang, Weilin Luo, Kehua Ma, Lixin Wang. Evaluation on Performance of Lithium-ion Batteries Based on Internal Physical and Chemical Parameters[J]. Chemical Engineering Transactions, 2013, 33: 949-954.

5. Junfu Li#, Lixin Wang, Chao Lyu*, Weilin Luo, Kehua Ma, Liqiang Zhang, A Method of Remaining Capacity Estimation for Lithium-Ion Battery[J]. Advances in Mechanical Engineering, 2013, 2013: 1-7.

6. Liqiang Zhang#, Chao Lyu*, Lixin Wang, Jun Zheng, Weilin Luo, Kehua Ma, Parallelized Genetic Identification of the Thermal-Electrochemical Model for Lithium-Ion Battery [J]. Advances in Mechanical Engineering, 2013, 2013: 1-12.

7. Liqiang Zhang#, Chao Lyu*, Weilin Luo, Lixin Wang. Identification of the Li + Initial Inserted Rate of Electrode Materials in Li-ion Batteries: Based on Multi-Objective Genetic Algorithm[J]. 8th IEEE International Conference on Industrial Electronics and Applications, ICIEA 2013, Melbourne, Australia, 2013. 06. 19-06. 21.

2014

8. Liqiang Zhang#, Lixin Wang, Gareth Hinds, Chao Lyu*, Jun Zheng, Junfu Li, Multi-objective optimization of lithium-ion battery model using genetic algorithm approach [J]. Journal of Power Sources, 2014, 270: 367-378.

9. Junfu Li#, Chao Lyu *, Lixin Wang, Liqiang Zhang, Chenhui Li[J]. Remaining Capacity Estimation of Li-ion Batteries Based on Temperature Sample Entropy and Particle Filter, Jounal of Power Sources, 2014, 268: 895-903.

10. Liqiang Zhang#, Chao Lyu*, Gareth Hinds, Lixin Wang, Weilin Luo, Jun Zheng, Kehua Ma, Parameter Sensitivity Analysis of Cylindrical LiFePO4 Battery Performance Using Multi-physics Modeling[J]. Journal of the Electrochemical Society, 2014, 161(5): A762-A776.

11. Liqiang Zhang#, Lixin Wang, Chao Lyu*, Junfu Li, Jun Zheng, Non-destructive Analysis of Degradation Mechanisms in Cycle-aged Graphite/LiCoO2 Batteries[J]. Energies, 2014, 7(10): 6282-6305.

12. Liqiang Zhang#, Lixin Wang, Chao Lyu*, Jun Zheng, Fangfei Li. Multi-physics Modeling of Lithium-ion Batteries and Charging Optimization[J]. Prognostics and System Health Management Conference, PHM 2014, Zhangjiajie City, P. R. China, 2014. 08. 24-08. 27.

2015

13. Junfu Li#, Lixin Wang, Chao Lyu*, Liqiang Zhang, Han Wang. Discharge Capacity Estimation for Li-ion Batteries Based on Particle Filter under Multi-operating Conditions[J]. Energy, 2015, 86: 638-648.

14. 吕超，郑君，罗伟林，王立欣，等. 锂离子电池热耦合 SP+模型及其参数化简[J]. 电源学报. 2015, 13(3): 28-35.

2016

15. Chao Lyu#, Qingzhi Lai*, Lixin Wang, Junfu Li, Wei

Cong, A Healthy Charging Method Based on Estimation of Average Internal Temperature Using an Electrochemical-thermal Coupling Model for LiFePO4 Battery[J]. Prognostics and System Health Management Conference, PHM 2016, Chengdu City, P. R. China, 2016. 10. 19-10. 21.

16. Junfu Li#, Chao Lyu*, Lixin Wang, Tengfei Ge, Model-based Method for Estimating LiCoO2 Battery State of Health and Behaviors[J]. IEEE International Conference on Prognostics and Health Management, ICPHM 2016, Ottawa, Canada, 2016. 06. 20-06. 22.

17. Junfu Li#, Lixin Wang, Chao Lyu*, Han Wang, Xuan Liu, New Method for Parameter Estimation of an Electrochemical-thermal Coupling Model for LiCoO2 Battery[J]. Jounal of Power Sources, 2016, 307: 220-230.

18. Junfu Li#, Qingzhi Lai, Lixin Wang, Chao Lyu*, Han Wang, A Method for SOC Estimation Based on Simplified Mechanistic Model for LiFePO4 Battery[J]. Energy, 2016, 114: 1266-1276.

19. 刘璇，王立欣，吕超，李俊夫等．锂离子电池建模与参数识别[J]. 电源学报．(网络优先发表)

20. 吕超，葛腾飞，丛巍，于洪海，赖庆智．铅酸电池机理模型的简化求解[J]. 电源学报．(网络优先发表)

2017

21. Chao Lyu#, Qingzhi Lai*, Tengfei Ge, Honghai Yu, Lixin Wang, Na Ma. A Lead-acid Battery's Remaining Useful Life Prediction by Using Electrochemical Model in the Particle Filtering Framework[J]. Energy, 2017, 120: 975-984.

二、申请专利

1. 王立欣，吕超，李俊夫，罗伟林，张刚．锂离子电池电化学和热耦合模型的获取方法：中国，201510337596.9[P]. 2015-06-17.

2. 吕超，刘璇，赖庆智，王立欣．一种锂离子电池组均衡控制方法：中国，201610153222.6[P]. 2016-03-18.

3. 吕超，刘璇，赖庆智，王立欣．一种锂离子电池长寿命快速充电方法：中国，201610398328.2[P]. 2016-06-08.

4. 吕超，葛腾飞，丛巍．一种粒子滤波与机理模型相结合的二次电池寿命预测方法：中国，201610363499.1[P].

5. 吕超，丛巍，白瑾珺．一种单体锂离子全电池参数获取方法：中国，201710100658.3[P]. 2017-02-23.

所获荣誉：

1. 自然科学基金青年项目“锂离子电池 PHM 特征库构建方法研究”获 2014 年度电工学科优秀结题项目。

2. 吕超副教授在“2017 年电工学科自然基金交流会”上，被推举为“储能与电力系统组”召集人。

3. 吕超副教授现为 IEEE Access、Energy、IEEE Transactions on Transportation Electrification 等高水平国际期刊审稿人。

4. 吕超副教授是国际会议 2017 IEEE International Transportation Electrification Conference and Expo, Special Session on Advanced Energy Storage and Its Integration into E-Transportation and Smart Grid 的组织者。

5. 吕超副教授是国际会议 International Symposium on Electric Vehicles 的 Scientific Advisory Committee 成员。

哈尔滨工业大学-电力电子与电力传动研究团队

地址：黑龙江省哈尔滨市南岗区西大直街 92 号
邮编：150001
电话：0451-86413420
传真：0451-86413420
网址：http://peed.hit.edu.cn/
团队人数：15
团队带头人：徐殿国
主要成员：Carlo Cecati，刘晓胜，高强，王高林，杨明，于泳，张相军，贵献国，王懿杰，张学广，杨华，武建
研究方向：电力电子化电力系统，交流电机驱动控制
团队简介：

团队以哈尔滨工业大学电气工程系的电力电子与电力传动研究所为主体，电力电子与电力传动研究所的前身是成立于 1953 年的“电力传动教研室”。专业名称为“工业企业电气自动化专业”；1978 年专业名称改为“工业电气自动化”；1981 年获国务院第一批“工业自动化”学科硕士学位授予权；1987 年获得“电力传动及其自动化”学科硕士学位授予权；1997 年成为“电力电子与电力传动博士点”，并设有电气工程学科博士后流动站。徐殿国教授成为该学科点首位博士生导师、学科带头人；2004 年原“工业电气自动化教研室/专业”整体改建为“电力电子与电力传动研究所”。

自身人才建设方面，团队现有教师 15 人，包括：教授 8 人，副教授 5 人，讲师 2 人。其中，IEEE Fellow 2 人，外专千人 1 人，中达学者 1 人，中达青年学者 1 人，国家自然科学基金优青 1 人，黑龙江省杰青 1 人，国防科工委有突出贡献中青年专家 1 人，黑龙江省青年五四奖章 1 人，黑龙江省十大杰出青年 1 年，国务院政府特殊津贴获得者 1 人，博导 8 人。

在学生培养方面，团队每年招收硕士生约 40 人，每年招收博士生 6~10 人。截至 2016 年，团队已累计培养毕业博士生 77 人、硕士生 277 人。目前，在读博士和硕士研究生共 103 人。多年来，所培养的毕业生在航天航空企业、国家电网等大型国企、西门子等著名外企、华为等著名民企以及全国很多高校等单位发挥着重大作用，研究所毕业生一直受到用人单位的欢迎和好评。

在科研与教学平台建设方面，利用国家“985 工程”资助、“211 工程”资助、国家科研项目资助和企业资助，建立了国内一流的电力电子与电力传动学科的多种科研平台。目前，团队建设了国际先进电驱动技术创新引智基地（111 计划）、电驱动与电推进技术教育部重点实验室、黑龙江省现代电力传动与电气节能工程技术研究中心、可持续能源变换与控制技术黑龙江省重点实验室、黑龙江省伺

服驱动及电机监测评价中心。

在学科的高端人才建设方面，以哈工大为依托，电力电子与电力传动研究所启动了高等学校学科创新引智计划（“111 计划”）——国际先进电驱动技术创新引智基地，引进了以国际学术大师美国工程院院士、英国皇家工程院院士、美国威斯康星大学麦迪逊分校的 Thomas A Lipo 教授和德国科学院院士、欧洲电力电子中心主任 Leo Lorenz 博士为首的一批国际著名学术大师或著名学者；2014 年 7 月聘请了 IEEE Transactions on Industrial Electronics 前主编、意大利拉奎拉大学电气工程系 Carlo Cecati 教授为哈工大电力电子与电力传动学科首席学术顾问，Cecati 教授并于 2016 年入选国家外专千人计划；还聘请了以韩国首尔国立大学教授、国际电力电子学科著名学者 Seung-Ki Sul 教授为代表的一批国际知名学者为哈工大兼职教授。此外，哈工大电力电子与电力传动学科还聘请了以美国伊顿（Eaton）公司（电气）中国研究院总监陆斌博士为代表的一批国内外企业专家为哈工大兼职/客座教授，全面提升哈工大电力电子与电力传动学科国际合作与交流平台的水平与质量，全面打造国际一流学科的学术氛围。

在学科的目标建设方面，电力电子与电力传动学科以徐殿国教授课题组团队为核心，面向国家重大需求和国际学术前沿，立足国际最新电力电子学科理论与技术成果，以国家发展战略重大需求为牵引，探索具有国际先进性与国家特色的当代电力电子与电力传动领域重大科学问题和重大工程技术问题，努力将哈工大电力电子与电力传动学科打造成具有国际一流水平的科学研究与人才培养平台。

在研项目：

1. 国家科技重大专项，伺服驱动及电机测试规范、标准研究与测试平台，2012ZX04001051，2012. 01-2017. 09，负责人：徐殿国。

2. 高等学校学科创新引智计划（“111 计划”），B14014、国际先进电驱动技术创新引智基地、2014/01-2018/12，负责人：徐殿国。

3. 国家科技支撑计划项目，大功率港口起重专用变频器的关键技术开发与应用，2014. 01 ~ 2017. 06，负责人：徐殿国。

4. 国家自然科学基金重点项目，51237002、基于电压源型换流器的风电场多端直流输电系统关键技术研究、2013/01-2017/12，负责人：徐殿国。

5. 国家自然科学基金面上项目，51477034、模块化多电平换流器电容电压波动抑制技术研究、2015/01-2018/12，负责人：徐殿国。

6. 国家自然科学基金优秀青年科学基金项目，交流永磁电机驱动系统先进控制策略研究（51522701），2016. 1-2018. 12，负责人：王高林。

7. 国家自然科学基金面上项目，紫外线灯驱动参数优化方法及其生物效应敏感性研究（51577042）2016. 01-2019. 12，复杂人：张相军。

8. 国家自然科学基金资助项目，高功率密度电机系统服役规律与可靠运行机制，（51690182），2017. 01-2010. 12，负责人：王高林、杨明、于泳。

9. 国家自然科学基金资助项目，基于电机驱动系统的齿轮故障诊断技术，51677037，2017. 01-2020. 12，负责人：杨明。

10. 国家自然科学基金项目，变频调速系统的多目标故障诊断与容错控制，2014. 01 ~ 2017. 12，负责人：于泳。

11. 国家自然科学基金资助项目，面向电力能源互联网的电力线载波通信核心网络理论研究，2017. 1-2020. 12 负责人：刘晓胜。

12. 大功率 LED 驱动系统单级对称多复合交直流变换器研究，国家自然科学基金，51407044，负责人：王懿杰。

13. 光宝电力电子技术科研基金项目，PRC20140729，超高频功率变换器关键技术研究，2014/06-2017/06，负责人：徐殿国。

14. 台达电力电子科教发展计划重点项目，面向高动态品质的永磁电机无传感器先进控制策略研究（DREK2015002），2015. 7. 1-2017. 7. 1，负责人：王高林，徐殿国。

15. 黑龙江省自然科学基金面上项目，无电解电容永磁电机驱动系统谐振抑制及多性能协同控制研究（E2016028），2016. 7-2019. 7，负责人：王高林。

16. 国家重点实验室开放课题重点项目，高性能紫外线灯电子镇流器及组网技术研究，2015. 01-2017. 12，负责人：张相军，徐殿国。

17. 黑龙江省自然科学基金，基于 RGB LED 与微网技术的植物工厂补光系统关键技术研究，E2015009，负责人：王懿杰。

18. 台达电力电子科教发展计划，LED 驱动系统单级复合准谐振交直流变换器研究，DREG2015011，负责人：王懿杰，徐殿国。

19. 中国博士后科学基金第八批特别资助，超高频 LED 驱动系统关键技术研究，2015T80348，负责人：王懿杰。

20. 哈尔滨工业大学基础研究杰出人才 III 类，照明电源拓扑及其控制技术，HIT. BRETIII. 201510，负责人：王懿杰。

科研成果：

团队主要以电力电子化电力系统、交流电机驱动控制两个研究方向为重点，通过国家科技重大专项、国家 863 计划、国家自然科学基金重点项目、国家自然科学基金项目、台达电力电子科教发展计划重大项目、台达电力电子科教发展计划重点项目、黑龙江省科技计划项目等项目支撑，在新能源技术领域、装备制造技术领域、节能降耗技术领域、电动机能效提升技术领域、油田潜油电机驱动与在线测试领域、智能电网通信与电力线载波通信领域等，展开了广泛、深入的研究。团队在电驱动与电推进技术、电力电子变换器技术、新能源发电技术等研究领域一直保持国内领先水平，特别是在交流电机驱动控制、交流伺服系统领域取得了诸多国际领先成果，受到国际同行的高度认可，研究成果广泛地应用于西门子、罗克韦尔、美的、英威腾、新时达、广州数控、哈尔滨同为电气等工业产品中。近五年发表论文 300 余篇，其中在 IEEE Transactions on Industrial Electronics 和 IEEE Transactions on Power Electronics

为主的 IEEE 会刊上发表论文 70 篇。发明专利授权 65 项。

所获荣誉：

1. 863 计划，壁面爬行遥控检查机器人试验，国家科技进步三等奖，1996。

2. 863 计划，磁吸附式爬壁机器人，黑龙江省科技进步一等奖，1997。

3. 863 计划，壁面爬行遥控检查机器人，航天工业总公司科技进步一等奖，1995。

4. 航天工业总公司，电流型逆变器异步机变频可调速系统，航天工业部科技进步二等奖，1986。

5. 航天工业总公司，FA 用步进电动机组件，航天工业总公司科技进步二等奖，1988。

6. 航天工业总公司，交流伺服电机与数字伺服系统，航空部科技进步二等奖，1992。

7. 航天工业总公司，1.38kW 交流伺服电动机系统，航天工业总公司科技进步二等奖，1995。

8. 航天工业总公司，微机控制研磨机，航天工业总公司科技进步二等奖，1993。

9. 863 计划，壁面清洗爬壁机器人，黑龙江省科技进步二等奖，2001。

10. 863 计划，直接驱动电机及控制系统，航天工业总公司科技进步三等奖，1991。

11. 台达环境与教育基金项目，无位置传感器 IPMSM 鲁棒高效控制技术研究，2012 年台达电力电子科教发展计划优秀项目。

12. 黑龙江省自然基金项目，低压配电网智能跳频数字通信机理研究，2010 年黑龙江省高等院校自然科学类一等奖。

13. 台达环境与教育基金重点项目，伺服驱动系统机械谐振抑制技术研究，2014 年台达电力电子科教发展计划优秀项目。

哈尔滨工业大学-电能变换与控制研究所

地址：黑龙江省哈尔滨市南岗区西大直街 92 号哈工大 403 信箱

邮编：150006

电话：0451-86412811

传真：0451-86402211

网址：http：//pe. hit. edu. cn

团队人数：17

团队带头人：李浩昱

主要成员：杨世彦，王卫，赉洪奇，邹继明，郑雪梅，杨威，刘晓芳，刘桂花，刘鸿鹏等

研究方向：电力电子系统数字控制技术，特种电源理论及应用，极端环境电力电子技术，新能源并网逆变及稳定性研究，交/直流微电网技术，电能存储系统高效变换

团队简介：

哈尔滨工业大学电能变换与控制研究所主要围绕可再生能源发电、分布式能源与微网系统以及特种电能变换等领域，在电路拓扑、控制方法、工程应用等方面开展科学研究。经过 30 多年在该方向上几代人的积淀，目前在人才培养、研究应用等方面均取得一定的成就，并保持平稳、持续的发展趋势。近年来积极与美、英、日等国外与国内高校开展学术交流，与相关研究机构及科研人员建立了良好的学术合作关系。此外，研究所与国内外诸如国际整流器、艾默生、台达电子、华为等相关企业，国家电网、航天科技、中航工业等所属研究院、所均保持良好的科研合作关系，同时每年向其输送大量的本、硕、博士毕业生，实现了优势互补、可持续发展的产、学、研一体合作模式。

电能变换与控制研究所科研团队现有专职教师 17 人，包括教授 7 人、副教授 7 人、讲师 3 人，其中国家级教学名师 1 人、博士生导师 5 人。累计毕业博士、硕士研究生近 300 人，目前在读研究生 50 余人，本科生 60 余人。团队教师获国家级和省部级教学、科研成果奖 10 项，出版专著、教材 10 部，发表 SCI/EI 科研论文 300 余篇、拥有国家发明专利 30 余项。目前，在研国家自然科学基金 7 项、其他企业合作科研项目 5 项，年平均科研经费 300 余万元，为本单位持续深入的科学研究提供充足的资金支持。

在研项目：

一、国家自然科学基金（在研）

1. 基于混合型有源平衡电抗器的多脉波整流系统（51677036）。

2. 基于 SOC 在线估算的锂电池组直接均衡技术（51677042）。

3. 故障下双馈风力发电系统无源性暂态建模及其运行过程中的全阶无抖振滑膜控制研究（51577039）。

4. 提升弱电网光复渗透极限关键技术研究（514770033）。

5. 基于辅助环节的三相全桥单级 PFC 及其在电网不平衡时的运行机理与控制方法研究（51377036）。

6. 弱电网暂态下光伏并网发电系统多目标协同控制研究（51307033）。

7. 高性能中频多脉波变压整流技术研究（51307034）。

二、其它（在研）

1. 基于电压型控制的交流微网运行模式无缝切换技术研究，光宝基金项目（PRC20151382）。

2. 串联储能系统多单体直接均衡技术研究．光宝基金项目（PRC20151382）。

3. WH-30 型双极性微弧氧化脉冲电源系统研制，横向课题。

4. 车载充电电源技术的研究，横向课题。

5. 直流侧谐波注入四象限电流源 HVDC 应用研究，横向项目。

6. 分布式电源接入对黑龙江配电网影响的综合评估研究，横向项目。

科研成果：

一、专著

1. 串联储能电源能量变换与均衡技术（哈尔滨工业大学出版社）。

2. 开关电源中的有源功率因数校正技术（机械工业出

版社）。

二、专利

1. 串联储能电源三单体直接均衡器，ZL 200810063915.1。

2. 串联电池组多单体直接均衡器，ZL201310653378.7。

3. 交流电源自动转换装置，201510474960.6。

4. 双反星形整流系统的直流侧谐波抑制系统与方法，201210589605.X。

5. 双反星形晶闸管整流系统的直流侧谐波抑制系统与方法，201310229494.6。

6. 基于交错并联 Boost 型 APFC 电路的 12 脉波整流系统的直流侧谐波抑制系统及方法，201310625795.0 。

7. 多脉波整流系统的直流侧回收式谐波抑制系统及方法，ZL201010299733.1。

8. 微弧氧化负载阻抗谱在线测试方法及实现该方法在线测试系统，ZL20121008026.0。

9. 模块化组合直流变换器输入均压控制方法，201510400564.9。

10. 独立输出直流变换器的串联输入均压控制方法，201510400509.X。

11. 用于微弧氧化的高频大功率多波形电源，ZL 03 1 32601.3。

12. 变压器原边电压箝位三相单级桥式高功率因数 AC/DC 变换器，200810064307.2。

13. 无源箝位单相单级桥式功率因数校正变换器及其控制方法，200910071727.8。

14. 适用于电流源型隔离全桥升压类拓扑的无源无损缓冲电路，201010116880.0。

15. 三相单级功率因数校正电路起动与磁复位方法及实现电路，201010118070.9。

三、已完成科研项目

国家自然科学基金（完成）：

1. 多脉波整流系统直流侧谐波抑制方法研究（51107019）。

2. 光伏并网发电系统与电网间阻抗匹配关系及系统稳定性研究（51077017）。

3. 基于牵引器运行信息的水平井套管状态特征提取与识别方法研究（51074056）。

4. 微弧氧化电源负载特性与脉冲能量作用效能的研究（50977018）。

5. 三单体组合电流型全桥单级 PFC 及其磁件集成方法与设计理论研究（51107017）。

国家“863”高科技项目：

6. 水平井测试用牵引机器人。

7. 多波形微弧氧化脉冲电源研制。

8. 解放牌混合动力城市客车电机驱动及控制系统。

台达基金项目（完成）：

9. 串联储能电源高效均衡系统的研究。

10. 高渗透率光伏发电系统并入弱电网关键技术。

11. 基于动力电池参数辨识的充电系统自适应控制方法研究。

12. 一种三相软开关高功率因数 AC/DC 功率变换技术的研究。

其它（完成）：

13. 微弧氧化用宽范围调节系列脉冲电源。

14. 多波形系列脉冲电镀电源。

15. 15000A 高频大功率稀土电解电源。

16. 反激式微弧氧化电流脉冲电源。

17. 超级电容及电动汽车关键技术。

18. 微弧氧化脉冲功率电源及相关技术。

19. 30kW 并联组合式脉冲能量控制电源。

20. DDZ-150 中频多波形脉冲电镀电源。

21. DDL-200 低频多波形脉冲电镀电源。

22. 15kW 充电机用三相有源功率因数校正电源研发。

23. 多功能阳极氧化电源研制。

24. WH-30 型微弧氧化专用脉冲电源。

25. 电镀金脉冲电源及检测控制系统。

26. 电镀金用精密恒流脉冲电源。

27. WH-140 型微弧氧化用双向不对称大功率脉冲电源研制。

28. WH-10 型微弧氧化脉冲电源。

29. 高频大功率稀土电解电源研制。

所获荣誉：

1. 阀金属表面原位生长功能陶瓷模层的结构设计与机理研究，2007 年黑龙江省科学技术奖（自然类）二等奖。

2. 超级电容电动汽车及关键技术，2015 年黑龙江省科学技术奖发明一等奖。

哈尔滨工业大学-模块化多电平变换器及多端直流输电团队

地址： 黑龙江省哈尔滨市南岗区西大直街 92 号哈尔滨工业大学电机楼 10018

邮编： 150001

电话： 0451-86418442

传真： 0451-86413420

网址： http：//hitee. hit. edu. cn/

团队人数： 12

团队带头人： 徐殿国

主要成员： 杨荣峰，张学广，武健，李彬彬，于燕南，刘瑜超，刘怀远，周少泽，石邵磊，张毅，王倩楠等

研究方向： 模块化多电平拓扑、模拟、控制与应用，多端直流输电，电网稳定性

团队简介：

隶属于哈尔滨工业大学电气工程及自动化学院，电力电子与电力传动专业，建立了一支以教授、博士研究生为主的高水平专业研究团队，获得政府与企业多项资助。与国内企业如哈尔滨同为电气股份有限公司开展了级联型中压无功补偿装置研究，同上海新时达开展了中压电机驱动的级联变频器研究，形成了产学研用四位一体战略联盟，解决了多项企业技术难题。

在研项目：

自然科学基金：

1. 基于电压源型换流器的风电场多端直流输电系统关键技术研究。

2. 模块化多电平换流器电容电压波动抑制技术研究。

科研成果：

发表 SCI 文章多篇，专利多项。

1. Li Binbin, Yang Rongfeng, Xu Dianguo. Analysis of the phase-shifted carrier modulation for modular multilevel converters [J]. IEEE Transactions on Power Electronics. 2015, vol. 30, pp. 297.

2. Li Binbin, Shi Shaolei, Wang Bo, Wang Gaolin, Wang Wei, Xu Dianguo. Fault Diagnosis and Tolerant Control of Single IGBT Open-Circuit Failure in Modular Multilevel Converters[J]. IEEE Transaction on Power Electronics. 30 (4), APR 2016, 3165-3176. (SCI 000365953100042)

3. Li Binbin, Yi Zhang, Gaolin Wang, Dianguo Xu. Modulation, Harmonic Analysis, and Balancing Control for a New Modular Multilevel Converter[J]. Journal Power Electronics (JPE), 2016, 16 (1): 163-172. EI: 20160501862242. (SCI: 000368383100018)

4. Xu Rong, Yu Yong, YangRongfeng, Wang Gaolin, Xu Dianguo, Li Binbin, Sui Shunke. A novel control method for transformerless H-Bridge cascaded STATCOM with star configuration[J]. IEEE Transactions on Power Electronics, v. 30, n. 3, p 1189-1202, March 2015

5. 杨荣峰，陈荷，随顺科，于泳，徐殿国，王高林. 级联无功补偿装置的电容电压平衡控制方法，专利号 201310150847.3，授权日 2014.12.31，发明专利。

哈尔滨工业大学-先进电驱动技术创新团队

地址： 黑龙江省哈尔滨市南岗区一匡街 2 号，哈尔滨工业大学科学园 2C 栋

邮编： 150080

电话： 0451-86403086

传真： 0451-86403086

网址： http://blog.hit.edu.cn/zhengping

团队人数： 5

团队带头人： 郑萍

主要成员： 刘勇，佟诚德，白金刚，隋义

研究方向： 永磁电机系统，新能源汽车

团队简介：

团队依托于哈尔滨工业大学电磁与电子技术研究所。团队有教师 5 人，博硕士研究生 20 余人，教师中有教授 2 人，副教授 1 人，讲师 2 人，所有教师均具有博士学位。团队带头人郑萍教授获国家杰出青年基金、教育部长江学者特聘教授、并入选国家“万人计划”领军人才；团队青年教师佟诚德入选哈尔滨工业大学“青年拔尖人才”选聘计划，并破格晋升为副教授。

团队指导的博硕士研究生成绩突出，获国家、省、校级奖励及荣誉称号 50 多项，其中获全国优秀博士学位论文提名奖 1 人，教育部“博士研究生学术新人奖” 1 人，黑龙江省优秀硕士学位论文 4 人，黑龙江省优秀博士毕业生 4 人，黑龙江省优秀硕士毕业生 7 人，哈尔滨工业大学研究生“十佳英才” 3 人。毕业的研究生有国外博士后、国内 985 院校教师、企业和科研院所的部门主管及研发骨干。

在研项目：

1. 国家杰出青年科学基金，51325701，新型特种电机的理论及工程应用技术，2014/01-2017/12。

2. 国家自然科学基金重点项目，51637003，混合永磁型永磁同步电机的关键基础科学问题，2017.01-2021.12。

3. 国家自然科学基金面上项目，51377033，圆筒型错齿结构横向磁通永磁直线发电机系统的研究，2014/01-2017/12。

4. 国家自然科学基金面上项目，51377030，磁场调制型无刷双转子能量转换器的研究，2014/01-2017/12。

5. 国家自然科学基金青年基金，51407042，混合动力汽车用轴向磁通电气变速系统的研究，2015/01-2017/12。

6. 国家自然科学基金青年基金，51607046，纯电动汽车用单双层混合绕组型模块化多相容错永磁同步电机的研究，2017.1-2019.12。

7. 国家自然科学基金青年基金，51607047，混合动力汽车用电磁行星齿轮变速器的研究，2017.1-2019.12。

科研成果：

1. 团队近年来承担重要科研项目 20 余项，其中国家 863 计划项目 2 项，国家杰出青年基金项目 1 项，国家自然基金面上项目 5 项、青年基金项目 3 项等。

2. 发表科技论文 220 多篇，其中 SCI 检索 65 篇，EI 检索 149 篇。

3. 申请中国发明专利 80 项，已获授权 53 项，其中有 1 项获全国发明展览会银奖。

4. 获国家技术发明二等奖、天津市科技进步一等奖、黑龙江省自然科学二等奖等科技奖励 10 多项。

所获荣誉：

1. 郑萍，国家“万人计划”领军人才，2016 年。

2. 郑萍，国家杰出青年科学基金，2013 年。

3. 郑萍，长江学者“特聘教授”，2014 年。

4. 郑萍，科技部创新人才推进计划“中青年科技创新领军人才”，2014 年。

5. 郑萍，第十一届中国青年科技奖，2010 年。

6. 郑萍（排名 4），国家技术发明二等奖，2007 年。

7. 郑萍（排名 2），天津市科技进步一等奖，2013 年。

8. 郑萍（排名 1），黑龙江省自然科学二等奖，2010 年。

9. 郑萍，全国优秀博士学位论文提名奖指导教师，2012 年。

10. 刘勇（排名 5），天津市科技进步一等奖，2013 年。

11. 刘勇（排名 3），天津市科技进步二等奖，2014 年。

12. 佟诚德（排名 10），天津市科技进步一等奖，2013

年。

13. 佟诚德，黑龙江省第三届“知识产权杯”高校发明创新竞赛优秀指导教师，2015 年。

14. 佟诚德，教育部博士研究生学术新人奖，2011 年。

15. 白金刚，ICEM2014 最佳论文奖，XXIth International Conference on Electrical Machines（电机领域三大国际会议之一），2014 年。

16. 隋义，黑龙江省第三届“知识产权杯”高校发明创新竞赛一等奖，2015 年。

哈尔滨工业大学（威海）-可再生能源及微电网创新团队

地址： 山东省威海市文化西路 2 号哈尔滨工业大学（威海）信息与电气工程学院

邮编： 264209

电话： 18963172108

传真： 0631-5687208

网址： http://homepage.hit.edu.cn

团队人数： 7

团队带头人： 曲延滨

主要成员： 宋蕙惠，孟凡刚，李军远，吴世华，杜海，张扬

研究方向： 风力发电、光伏发电控制技术，微电网控制技术，控制理论及应用，电力电子与电力传动

团队简介：

可再生能源及微电网创新团队由 1 名教授，2 名副教授，4 名讲师组成。已承担了国家自然科学基金面上项目 1 项，国家自然科学基金国际合作交流项目 1 项，国家自然科学基金青年基金 2 项，山东省自然基金 2 项，山东省中青年科学家基金 1 项，山东省科技攻关项目 2 项。

在研项目：

1. 微网储能系统的能量成型协调控制策略研究（中韩国际合作交流项目），国家自然科学基金，6151101019。

2. 双馈风电切换哈密顿系统建模与低电压穿越的能量成型控制研究，国家自然科学基金，61403099。

3. 吊舱推进系统操控技术及永磁同步电机技术研究，工信部联装［2013］411 号，国家工信部高技术船舶科研项目。

科研成果：

1. Huihui Song，Yanbin Qu. Energy-based excitation control of doubly-fed induction wind generator for optimum wind energy capture [J]. Wind energy，201206，Vol. 16 P645-659。

2. H. Su，Y. B. Qu. A model of feedback control system on network and its stability analysis [J]. Commun Nonlinear Sci Numer Simulat，201211，Vol. 18（7）p1822-1831.

3. Wenxue Li，Huihui Song，Qu Yanbin. Global exponential stability for stochastic coupled systems on networks with Markovian switching [J]. Systems & Control Letters，201306，Vol. 62（6）P 468-474.

4. Huihui SONG，Yanbin QU. Energy-based modeling and control for grid-side converter of doubly fed wind generator [J]. 控制理论与应用（英文版），2012，Vol. 10（4）P435-P440.

5. 双馈感应风力发电系统基于能量的机网侧联合控制算法，ZL201010160383. 0. 。

所获荣誉：

1. 埃尼奖可再生能源领域正式提名奖，2013 年度。

2. 山东高等学校优秀科研成果奖，三等奖，2013 年。

3. 山东省优秀研究生指导教师，2012 年。

合肥工业大学-张兴教授实验室

地址： 安徽省合肥市屯溪路 193 号合肥工业大学屯溪路校区逸夫楼 203

邮编： 230009

电话： 13605601932

团队人数： 90

团队带头人： 张兴

主要成员： 马铭遥（教授、安徽省百人计划、海外引进），谢震（教授），杨淑英（副教授），王付胜（副教授），王佳宁（副教授、海外引进），刘芳（讲师、博士），李飞（讲师、博士）

研究方向： 光伏并网逆变器技术，风电变流器及其控制，微网逆变器及储能技术，电动汽车电驱动技术

团队简介：

自 1998 年以来，以张兴教授为核心的科研团队以太阳能、风力并网发电技术为主攻方向，依托电力电子与电力传动国家重点学科和教育部光伏工程研究中心，专心致力于我国逆变器龙头企业阳光电源的产学研合作，在太阳能光伏并网、风电变流器、微网逆变器及储能控制以及电动汽车电驱动等技术研究方面取得了丰硕的科研成果，并且为包括阳光电源在内的新能源电源企业输送了一批包括博士、硕士在内的高素质人才，取得了良好的社会经济效益。目前团队有研究生和博士共 82 人，研究生导师教师 8 人，其中：教授 3 人，副教授 3 人，讲师 2 人。

团队具备先进的实验室条件，拥有光伏并网、风力发电变流器、微电网及储能实验室，并在阳光电源联合建立了多个产学研工程研究平台，为研究成果的产业化提供了必要的研究实验条件。

在研项目：

1. 分布式光储发电集群灵活并网关键技术及示范（2016YFB0900301），国家重点研发计划项目。

2. 7MW 级风电变流器及控制系统产业化关键技术研发（2012BAA01B04），科技部十二五科技支撑计划。

3. 多逆变器并网系统谐振机理及抑制策略的研究（51277051），自然基金面上项目。

4. 中压三电平永磁全功率风电变流器多目标优化及双模式并网控制研究（51677049），自然基金面上项目。

5. 三电平模块化光伏并网系统的配置和控制研究（2013JYBS0636），教育部博士点基金。

6. 大型机械能-电能转换回收利用关键技术研究及示范

(2014BAA04B02)，科技部科技支撑计划。

7. 永磁同步电机转矩跟踪控制及参数辨识技术的研究，阳光电源股份有限公司产学研项目。

8. 基于多种分布式能源的虚拟同步机控制技术研究，阳光电源股份有限公司产学研项目。

9. 光伏微电网关键技术研究及逆变设备研制(2015AA050607)，国家863计划。

10. 双馈风力发电机高电压穿越关键技术研究(51277050)，自然基金面上项目。

11. 基于多电平冗余工作特性的IGBT功率模块在线健康状态监测(JZ2015GJQN0328)，国家自然科学青年科学基金。

12. 三电平模块化光伏并网系统的配置和控制研究(20130111110026)，教育部博士点基金。

13. 基于多种分布式能源的虚拟同步机控制技术研究，阳光电源产学研项目。

14. 多变逆变器并网谐振研究，阳光电源产学研项目。

15. 双馈风电机组次同步谐振及其抑制，阳光电源产学研项目。

16. 电动汽车用磁阻电机优化驱动控制策略研究，阳光电源产学研项目。

科研成果：

1. 光伏并网逆变器研究及其系列产品：在光伏并网逆变器相关技术研究中，在科技部“十五”科技攻关等多项课题的支持下，完成了多项核心技术的研究，包括：光伏并网逆变器系列产品、光伏模组与并联技术，光伏系统的低电压穿越技术和光伏系统的优化设计等。与阳光电源合作研发的光伏并网系列产品已成功参与北京奥运鸟巢、上海世博会以及其它国内外大型并网发电项目。

2. MW级风电变流器产品(2~3MW)：“十一五”期间，团队与阳光电源联合承担并合作完成了两项“十一五”国家科技支撑计划项目——1.5MW以上直驱式风电机组控制系统及变流器的研制与产业化(2006BAA01A20)、1.5MW以上双馈式风电机组控制系统及变流器的研制与产业化(2006BAA01A18)，项目按期顺利验收，该项目于2008年实现了产业化，目前已装备了40多个商业风场。

3. 中压三电平永磁全功率变流器(5~7MW)：“十二五”期间，团队又与阳光电源联合承担了“十二五”国家科技支撑计划项目——7MW级风电变流器及控制系统产业化关键技术研发(2012BAA01B04)，该项目采用中压三电平永磁全功率变流器设计，2016年1月该产品通过了湘电风能的技术实验测试，并于2017年2月通过了张北风电场现场。

4. 基于虚拟同步机(VSG)控制的微网逆变器：该项目成果于2014年10月成功应用于海拔4800m的西藏措勤微电网项目，采用了团队与阳光电源联合研制的基于虚拟同步发电机(VSG)技术的2台500kV·A微电网逆变器，既实现了2台500kV·A VSG与2台30kV·A风机、500kV·A的光伏风电、300kV·A柴油发电机并联组成的“风-光-储-柴联合发电微电网”独立向措勤县城供电的目标，又实现了“风-光-储-柴联合发电微电网”与措勤县960kV·A水电站联合向县城供电的目标，真正地实现了措勤县城高品质微电网供电的目标。

5. 电动车用电机控制器：以100kW电动大巴用异步电机控制器性能提升项目、60kW永磁电机控制器开发项目为起点，团队与阳光电源共同合作，针对电机控制中的参数辨识、弱磁运行等核心问题开展研究，有效提升了车辆续航里程和司机驾驶体验，同时根据市场需要相继推出不同功率等级电机控制器，针对开关磁阻电机在电动车中的应用也开展了积极的预研。

河北工业大学-电池装备研究所

地址：天津市红桥区河北工业大学

邮编：300130

电话：15822197288

团队人数：35

团队带头人：关玉明

主要成员：肖艳军，商鹏，许波，刘伟

研究方向：机电一体化成套设备及关键技术

团队简介：

以关玉明教授为科研带头人，以肖艳军副教授、商鹏副教授、许波实验师、刘伟讲师为骨干的一个集产学研为一体的科研团队。本团队多年来致力于机电一体化成套设备及其关键技术的研究，受多公司委托，设计开发和改进了多个生产线及其相关设备。近两年来与本团队合作过的公司包括：邢台海裕锂能公司、广州明佳包装机械有限公司、赤峰卉源建材有限公司、清河汽车研究院等；本团队设计加工的设备包括：吸音板自动生产线设备、布料设备、3M无纺棉大卷自动包装线、3M滤芯自动包装线、轧机设备、锌空电池设备等。

目前重点研究新能源电池装备及相关电池制造工程化技术，投入主要精力在动力锂离子电池自动化生产线设计研发方面，在研设备包括：电池原材料干燥装置，极片干燥装置，浆料制备装置，电芯干燥装置，注液装置，加速浸润装置等，并且电芯干燥装置已经处于产品加工阶段。

在研项目：

1. 电池原材料干燥设备。
2. 浆料制备。
3. 极片烘烤设备。
4. 电芯烘烤设备。
5. 注液设备。
6. 加速浸润设备。
7. 海苔卷自动包装生产线。

科研成果：

近两年申请发明专利25项，已授权3项，申请实用新型专利33项。发表核心及以上论文34篇。

河北工业大学-电器元件可靠性团队

地址：天津市红桥区丁字沽河北工业大学电气工程学院

邮编：300130

电话：022-60204360

传真： 022-26549256
团队人数： 8
团队带头人： 李志刚
主要成员： 李玲玲，姚芳，唐圣学、黄凯
研究方向： 寿命预测，失效分析，新能源可靠性
在研项目：

一、国家科技支撑计划

1. 太阳光伏系统户外试验场技术研发与示范，课题：多种光伏系统户外测试技术研究。

2. 支撑地方优势产业的制造业信息化综合集成应用示范，课题：面向河北省支柱产业的制造业信息化综合集成应用示范。

二、国家自然科学基金

1. 分布式发电系统中电热疲劳器件的健康状态估计及其剩余寿命预测。

2. 严苛工作环境下绝缘栅双极性晶体管的可靠性及寿命预测。

3. 基于盲源变点分析的光伏微网变流器疲劳损伤随机过程特性与剩余寿命在线预测研究。

三、高校博士点项目

分布式发电机组中功率器件在线工作温热云分析模型及失效预测

四、河北省、天津市科技支撑、自然基金项目若干

湖南大学-电动汽车先进驱动系统及控制团队

地址： 湖南省长沙市岳麓区麓山南路湖南大学电气与信息工程学院
邮编： 410082
网 址： http：//eeit. hnu. edu. cn/index. php/dee/dee-lecturer/835-150107221
团队人数： 10
团队带头人： 刘平
主要成员： 刘平，姜燕，卢继武，李慧敏，樊鹏，陈叶宇，孙千志等
研究方向： 电动汽车高性能变换器系统及电机驱动控制
团队简介：

团队研究方向为电动汽车高性能变换器系统及电机驱动控制。研究方向涉及电动汽车、电力电子、电机控制等。主要内容包括：电动汽车动力总成系统级匹配优化与建模仿真、电动汽车用高密度新型电力电子变换器及数字控制、电机状态估计与无传感器牵引控制、电动汽车驱动系统的主动热管理等。

团队负责人刘平博士，2005 年本科、2008 年硕士和 2013 年博士皆毕业于重庆大学电气工程学院国家重点实验室，2012 年为香港理工大学研究助理，2013—2014 年在加拿大 Mcmaster 大学 MacAuto 研究中心从事加拿大自然科学与工程研究基金项目，下一代卓越效率与性能的电气化车辆动力总成 的博士后研究。2014 年 11 月回国就职于湖南大学电气与信息工程学院。目前，团队成员中有副教授 2 名，博士 2 名，助理教授 1 名，硕士生 3 名，兼职科研人员 2 名，以及本科生若干。

在研项目：

1. 国家自然科学基金项目：电热约束下电动汽车准 Z 源逆变器驱动系统的优化控制研究。

2. 国家自然科学基金项目：分布式驱动的增程式电动汽车运行模式优化与整车协调控制研究。

3. 湖南大学青年教师成长计划项目：电动汽车驱动系统的实时热状态观测。

科研成果：

发表 SCI 和 EI 论文 20 余篇；发明专利 6 项，合著教材 1 本。共参与或主持电动汽车驱动相关的纵横向及国际课题近 10 项。

1. 参与加拿大科技部、加拿大自然科学与工程研究基金与美国 Chrysler 公司资助项目：下一代卓越效率与性能的电气化车辆动力总成（合作导师 Ali Emadi 教授，IEEE Fellow，Canada Excellence Research Chair（CERC）in Hybrid Powertrain，国际混合动力汽车传动系统专家，IEEE Transactions on Transportation Electrification 创办人和主编，IEEE 车辆应用技术学报、IEEE 电力电子学报和 IEEE 工业电子学学报等副编辑）。

2. 参与企业项目：低压纯电动车动力总成开发以及多目标优化的异步电机牵引控制。

3. 参与 863 子项：50kW 纯电动轿车一体化电机及其驱动系统研究。

4. 主持中央高校科研项目：基于双向 Z 源逆变器的电动汽车驱动系统与控制策略。

5. 主持某研究所项目：100kW BLDC 无位置传感器驱动系统及数字控制。

6. 参与香港创新科技署项目：50kW 采用谐振拓扑的独立快速电动汽车充电机。

7. Magne，P. Ping Liu，Bilgin，B. Emadi，A. Investigation of impact of number of phases in interleaved dc-dc boost converter［J］. Transportation Electrification Conference and Expo（ITEC），IEEE，vol. no. pp. 1，6，Dearborn，MI，14-17 June 2015.

8. 刘平．电动汽车双向准 Z 源逆变器系统及控制研究［D］. 重庆：重庆大学，2013.

9. Liu，HePing，Ping Liu，et al. Design and digital implementation of voltage and current mode control for the quasi-Z-source converters［J］. IET Power Electronics，2013，6（5）：990-998.

10. Ping Liu，Heping Liu. Permanent-magnet synchronous motor drive system for electric vehicles using bidirectional Z-source inverter［J］. IET Electrical Systems in Transportation，2012，2（4）：178-185.

湖南大学-工业高效电能变换与电能质量控制理论与新技术研究团队

地址： 湖南省长沙市岳麓区麓山南路湖南大学电气与信息工程学院

邮编： 410082
电话： 13908460566
传真： 0731-88823700
网址： http：//www. hnu. edu. cn

团队人数： 10

团队带头人： 罗安院士

主要成员： 沈征教授（千人计划），王俊（青年千人），涂春鸣教授，帅智康教授（国家优青），欧阳红林教授，荣飞副教授，陈燕东副教授，马伏军副教授，程苗苗副教授

研究方向： 大功率冶金特种电源系统，大功率电力电子器件，配电网电能质量控制，新能源分布式发电，微电网控制，企业综合电气节能

团队简介：

本团队依托于湖南大学国家电能变换与工程技术研究中心，长期从事大功率冶金特种电源、大功率电力电子器件、电能质量控制、分布式发电、微电网控制等高效电能变换与节能控制领域的科学研究与工程应用。20 多年来，团队硕果累累，本团队提出的高效电力电子变换装置及其控制技术，为推动我国大功率电磁搅拌、电磁加热、大电流电解和电能质量控制等电能变换与节能装备的发展起到了重要作用，克服了大功率电能变换与高效电能质量控制领域技术及装备的关键工程技术难题，经济社会效益显著，推动了该领域的科技进步。

在研项目：

1. 国家重点研发计划课题：高效能量传递与转换关键技术与装备。

2. 国家自然科学基金重点项目：微网多逆变器并联及电能质量控制方法研究。

3. 国家自然科学基金优秀青年基金项目：电能质量先进控制技术。

4. 国家自然科学基金面上项目：含微源的典型用电负荷电能质量发射特性研究。

5. 国家自然科学基金面上项目：新型电能质量调节与故障限流复合系统关键技术研究。

6. 国家自然科学基金面上项目：微网多逆变器并联谐振与环流抑制理论研究。

7. 国家自然科学基金面上项目：整晶圆特大容量 IGBT 器件研究。

8. 湖南省科技重大专项：智能化大型电磁冶金成套装备关键技术研发与应用示范。

科研成果：

团队科研成果：

1. 2014 年度国家技术发明二等奖，冶金特种大功率电源系统关键技术与装备及其应用。

2. 2010 年度国家科技进步二等奖，大型企业综合电气节能关键技术及应用。

3. 2006 年度国家科技进步二等奖，电能质量先进控制方法及工程应用。

4. 2014 年度中国专利金奖，两相逆变电源系统及其综合控制方法。

5. 2013 节能中国十大应用技术，冶金用大功率特种电源拓扑与先进控制技术。

6. 2012 年度湖南省技术发明一等奖，电力电子混合和混杂系统先进控制方法及应用。

7. 2009 年度中国专利奖优秀奖，注入式混合型有源电力滤波器的复合控制方法。

8. 2009 年度中国发明协会第五届“发明创业奖”特等奖。

9. 2007 年度湖南省科技进步一等奖，输配电关键技术与装备及其工程应用。

10. 2007 年度机械工业科学技术一等奖，电网新型节能技术与系列装备及其工程应用。

近年来，本研究团队在大功率冶金特种电源系统、大功率电力电子器件、先进电能质量控制、新能源发电、微电网控制等领域发表 IEEE、IET 等国内外学术论文 300 余篇，其中 SCI 收录 50 余篇，获美国发明专利 12 项、中国发明专利 80 余项，实用新型专利 30 余项。

所获荣誉：

1. 团队学术带头人罗安教授是中国工程院院士，沈征教授是 IEEE Fellow，2010 年，团队入选教育部“长江学者和创新团队”。

2. 2015 年，罗安教授获何梁何利基金奖的“科学与技术进步奖”。

3. 2015 年，罗安教授获“中达学者称号”。

4. 2015 年，罗安教授获“湖南省劳动模范”。

5. 2016 年，帅智康教授获“国家自然科学基金优秀青年基金”。

6. 2014 年，帅智康教授获“全国优秀博士学位论文”。

7. 2013 年，罗安教授获“全国优秀科技工作者”。

8. 2013 年，罗安教授获“湖南光召科技奖”。

9. 2006 年，沈征教授获“IEEE 电力电子期刊年度最佳论文奖”。

10. 2003 年，沈征教授获美国国家科学基金（NSF）杰出青年科学基金奖（CAREER Award）。

11. 2003 年，沈征教授获“IEEE 汽车电子期刊年度最佳论文奖”。

华北电力大学-电气与电子工程学院新能源电网研究所

地址： 北京德外朱兴庄北农路 2 号
邮编： 102206
电话： 010-61773741
传真： 010-61773744

团队人数： 10

团队带头人： 肖湘宁

主要成员： 赵成勇，徐永海，颜湘武，郭春林，陶顺，郭春义，杨琳，袁敞，许建中

研究方向： 柔性直流输电，电力系统电能质量，多 FACTS 协调，电动汽车与电网融合

团队简介：

华北电力大学电气与电子工程学院下设12个研究所（取消教研室编制），新能源电网研究所于2005年成立，组成人员主要来自全国知名高校博士毕业生。现有教授5人，其中博导4人，副教授3人，讲师2人。目前，全所科研项目主要承担国家科技部、国家自然科学基金和国网公司重大项目。现有在校博士生15人，在校硕士研究生89人。几年来科研任务经费位居全院前3名。团队成员定期成为新能源电力系统国家重点实验室专职研究人员，负责高电压大容量电力变换子实验室、柔性直流输电子实验室、电力系统电能质量子实验室和电动汽车与新能源电网融合子实验室建设和相应研究方向的科研任务。

在研项目：

承担国家级科研项目10余项：

1. 电能质量复合控制技术及装置，国家科技支撑计划重大项目。

2. 优质电力园区关键技术研究与示范应用，国家科技支撑计划项目。

3. 电动汽车充电基础设施关键技术，国家科技支撑计划重大项目。

4. 柔性直流供电关键技术研究，863计划主题课题。

5. 电动汽车充电设备电气检测技术及标准，863计划重大项目。

6. 电动汽车充电对电网的影响及有序充电，863计划重大项目子课题。

7. 利用STATCOM提高HVDC运行可靠性的机理研究，国家自然科学基金项目。

8. 微网环境下电动汽车与可再生能源的协调增效机理与优化方法，国家自然科学基金项目。

9. 电压暂降特性分析与评估指标研究，国家自然科学基金项目。

10. 基于电流物理分量功率理论的电流质量评估体系研究，国家自然科学基金项目。

11. Control & protection strategies of HVDC based on single full-bridge converter，韩国LS Industrial Systems，C. Ltd。

12. 电动汽车充电负荷特性、建模及影响，法国电力公司。

科研成果：

1. 起草5项电能质量国家标准。

2. 出版专著4部，SCI收录论文10余篇。

3. 授权发明专利20余项。

所获荣誉：

近年来，获得省部级科技进步奖9项。

华北电力大学-先进输电技术团队

地址：北京市昌平区北农路2号华北电力大学教五楼D204
邮编：102206
电话：010-61773733
传真：010-61773844
团队人数：8
团队带头人：崔翔
主要成员：崔翔，李琳，卢铁兵，张卫东，赵志斌，齐磊，焦重庆，卞星明
研究方向：先进输电技术，大功率电力电子器件，电力系统电磁兼容

团队简介：

研究团队隶属新能源电力系统国家重点实验室（华北电力大学），长期从事先进输电技术研究。主要研究领域包括电磁场理论及其应用、电磁环境与电磁兼容、特高压交直流输电技术与装备、高电压大容量电力电子装备、高电压大功率电力电子器件等。

在研项目：

一、主持“973”项目课题

交直流特高压线路无线电干扰和可听噪声产生机理及本征特性（2011CB209402）。

二、参与“863”项目

1. 电网潮流控制技术及装置研发（2012AA050401）。

2. ±1100kV直流换流阀样机研制（2012AA052701）。

3. 柔性直流供电关键技术研究（2013AA050105）。

三、主持国家自然基金重点项目

复杂环境下特高压直流输电线路的离子流和合成电场特性的研究（51037001）。

四、主持国家自然基金面上和青年项目

1. 特高压可控并联电抗器基础理论与关键技术研究（51277064）。

2. 交直流并行导线电晕引起的无线电干扰的产生机理及分析模型研究（51177041）。

3. 高压大电流IGBT模块内部多物理场分析与拓扑优化研究（51477048）。

4. 高压柔性直流换流阀系统的动态电磁特性研究（51277065）。

5. 材料电磁屏蔽效能测试的屏蔽室法的尺寸效应、位置效应和本征特性（51307055）。

6. 污秽环境下导线表面状态的变化机理与应用研究（51377096）。

科研成果：

1. 揭示了不同分裂导线周围空间离子流瓣形分布规律以及直流输电线路存在建筑物和有人员活动的离子流场分布规律，提出了基于上流有限元法的三维离子流场的计算方法，提出了基于有限元和有体积法的混合电场时域计算方法，获得了工频电场对直流电晕放电的影响规律。研究成果应用于国家电网公司、南方电网公司特高压直流输电线路的工程设计，取得了良好的社会和经济效益。

2. 围绕特高压直流输电换流阀、柔性直流输电换流阀、高压直流断路器、DC-DC变换器研制中的关键电磁问题，开展基础理论与关键技术研究。与国网智能电网研究院长期合作，在换流阀系统的宽频建模、瞬态电气均衡、电磁场与其它物理场分析、结构优化设计等方面开展了大量研究工作，成果直接应用于我国±800kV、±1100kV特高压直流换流阀以及±320kV柔性直流换流阀的自主研制。在高压高频电力变压器电磁与绝缘设计、损耗特性及温升分析、宽频建模及外特性分析等方面开展了大量的前期研究，

为大容量高压高频电力变压器研制奠定了基础。

3. 围绕大功率压接型 IGBT 和焊接性 SiC MOSFET 封装中的并联芯片的均流控制、电、热、磁、机械应力等多物理场分析与结构优化、驱动与封装一体化的电磁兼容问题、封装中的绝缘体系开展研究，为国产化高压大功率压接型 IGBT 的研制奠定基础。

所获荣誉：

1. ±800kV 特高压直流输电换流阀研制及应用，2014 年度北京市科学技术奖一等奖。

2. 电网雷击防护关键技术与工程应用，2014 年度中国电力科学技术进步奖一等奖。

3. 特高压串补关键技术研究、装置研制及工程应用，2014 年度中国电力科学技术奖一等奖。

4. ±800kV 特高压直流输电技术开发、装备研制及工程应用，2013 年度中国电力科学技术进步奖一等奖。

5. ±800kV 超大容量特高压直流输电关键技术、设备研制和工程应用，2013 年度中国电力科学技术奖一等奖。

华北电力大学-直流输电研究团队

地址：北京市昌平区北农路 2 号华北电力大学
邮编：102206
电话：010-61773744
网址：http：//www. vsc-hvdc. com/
团队人数：4
团队带头人：赵成勇
主要成员：郭春义，许建中，张建坡
研究方向：传统直流，柔性直流，混合直流
团队简介：

全部科研项目围绕直流输电，已结题项目 30 余项，在研横向课题 15 项。

在研项目：

1. 国家 863 计划课题，柔性直流供电关键技术研究。

2. 国家自然科学基金，利用 STATCOM 提高 HVDC 运行可靠性机理研究。

科研成果：

发表 SCI 检索论文 20 余篇，EI 检索论文 200 余篇。

华东师范大学-微纳机电系统课题组

地址：上海市东川路 500 号华东师范大学信息楼
邮编：200241
电话：021-54345160
传真：021-54345119
团队人数：15
团队带头人：王连卫
主要成员：王连卫，徐少辉，朱一平，熊大元
研究方向：锂离子电池，超级电容器，电化学传感器
团队简介：

团队目前主要从事微细加工用于新型高效微型储能装置。例如开展基于硅微通道板的三维锂离子电池研究，基于微通道板结构，发展出宏孔导电网络，开展纳米氧化物/纳米石墨烯/宏孔大点网络为电极的大体积比容量的超级电容器研究。

在研项目：

因 2017 年正好处于旧项目结题，新项目申请，暂无能源类在研项目。

科研成果：

已在国外 SCI 杂志（如 J. Mater. Chem. A 等）发表论文逾 20 篇。

华南理工大学-电力电子系统分析与控制团队

地址：广东省广州市天河区五山路 381 号华南理工大学 30 号楼宏生科技楼
邮编：510641
电话：020-87112508
传真：020-87110613
网址：www. scut. edu. cn/ep
团队人数：60
团队带头人：张波
主要成员：丘东元，杜贵平，陈艳峰，王学梅，肖文勋，谢帆，张玉秋
研究方向：电力电子系统的非线性分析与控制，高效电能变换拓扑，无线电能传输技术、可靠性分析
团队简介：

本团队经过 10 多年的共同努力和发展，已经成为国内外电力电子学科有较大影响力的团队，是全国电工学科唯一连续获得 2 项国家自然科学基金重点项目资助的团队（2009. 1-2014. 12，基金号：50937001；2015. 1-2019. 12，基金号：51437005），在电力电子系统的非线性分析与控制、高效电能变换拓扑、无线电能传输技术和可靠性分析等方面处于领先水平。

在研项目：

1. 分数阶电路系统谐振无线电能传输机理及关键问题研究，国家自然科学基金重点项目，51437005，2015. 1 ~ 2019. 12，项目主持人：张波。

2. 安全舒适高可靠植入式脊髓电刺激器无线供电方法和系统研究，国家自然科学基金面上项目，51677074，2017. 1 ~ 2020. 12，项目主持人：丘东元。

3. 多应力下电动汽车变流器功率器件的可靠性及控制方法，国家自然科学基金面上项目，51577074，2016. 1-2019. 12，项目主持人：王学梅。

4. 分布式 DC-DC 变换器不连续系统稳定性分析和控制，国家自然科学基金青年项目，51507068，2016. 01 ~ 2018. 12，项目主持人：谢帆。

5. 基于分数阶微积分的永磁直线伺服系统机电耦合场分析和特性研究，国家自然科学基金青年项目，51607073，2017. 1 ~ 2019. 12，项目主持人：张玉秋。

6. 基于忆阻器的高性能功率变换器机理及特性研究，广东省自然科学基金自由申请项目，2014A030313247，2015. 01 ~ 2017. 12，项目主持人：陈艳峰。

7. 基于磁耦合谐振的电动车动态无线供电技术研究，

广东省自然科学基金自由申请项目，2016A030313515，2016.6～2019.6，项目主持人：肖文勋。

8. 高效率低谐波铝型材表面处理高频电源装备及其产业化，广东省应用型科技研发专项资金项目，2015B020238012，2015.10～2018.09，项目主持人：杜贵平。

科研成果：

在国际著名出版社 Wiley Press 出版英文专著 2 部，此外还在机械工业出版社、电子工业出版社出版教材 2 部；在国内外重要刊物上发表论文 450 多篇，会议论文 100 多篇，其中收录 SCI 论文 87 篇，EI 论文 215 篇；授权发明专利 120 多项，其中 2 项为美国发明专利；获得 1 项国家技术发明二等奖、1 项中国机械工业科学技术发明一等奖、2 项中国专利优秀奖、2 项广东省专利优秀奖、1 项教育部技术发明二等奖、1 项广东省技术发明二等奖，以及多项省部级科学技术奖励。

所获荣誉：

团队拥有“中达学者”1 名，“国务院特殊津贴专家”1 名，“南粤优秀教师”1 名，“珠江科技新星”1 名，是华南理工大学电力学院唯一在学校三个聘期考核优秀的团队。

华中科技大学-半导体化电力系统研究中心

地址： 湖北省武汉市珞喻路 1037 号华中科技大学电气学院
邮编： 430074
电话： 027-87558627
传真： 027-87558627
网址： http://csps.seee.hust.edu.cn/
团队人数： 50～60
团队带头人： 袁小明教授
主要成员： 袁小明（教授），胡家兵（教授），占萌（教授）
研究方向： 大规模风力发电复杂电力系统分析与控制，柔性直流输电技术等

团队简介：

华中科技大学电气与电子工程学院袁小明教授领导建立的实验室成立于 2011 年 9 月。实验室主要的研究方向是大规模风力发电复杂电力系统分析与控制，研究内容包括：风力发电接入电力系统的独特性，风电电力系统的复杂性，风力发电控制系统的稳定性以及大规模风电的可预测性。

因电力电子变流器在负荷端（储能装置）、发电端（可再生能源）及输电线路（高压直流输电）的大量应用，传统电力系统正经历大的历史变革：即需要考虑电力电子化或者说是半导体化电力系统的运行与控制。基于此，实验室从早期的可再生能源与电力系统研究中心（Center for Renewable Energy and Power System）更名为半导体化电力系统研究中心（Center for Semiconducting Power System）。

目前，实验室专任教师从早期的 2 名发展为 4 名：袁小明教授，胡家兵教授，占萌教授，张喜成工程师。研究生也从早期的 20 名发展到现今约 50 名。在袁小明教授的带领下，课题组先后主持 973 项目（大规模风力发电并网基础科学问题研究），承担国家电网项目（风机建模及大规模风电对电力系统低频振荡影响的机理分析）、国家自然科学基金重大项目（随机——确定性耦合电力系统动态稳定控制的理论与方法）和科技支撑计划（风光储输示范工程关键技术研究）等。

21 世纪是能源、信息、材料、生命科学的时代。课题组本着着眼能源、放眼世界、引领潮流的目标前进，欢迎各位有志青年加入，一起探索新变革。

在研项目：

1. 973 项目，大规模风力发电并网基础科学问题研究。

2. 国家自然科学基金重大项目，随机-确定性耦合电力系统动态稳定控制的理论及方法。

3. 青年 973 项目，柔性直流输电换流器安全运行裕度的基础研究。

4. 国家电网项目，风机建模及大规模风电对电力系统低频振荡影响的机理分析。

5. 科技支撑计划，风光储输示范工程关键技术研究。

科研成果：

近年国际会议论文：

1. Impact of the Voltage Feed-Forward and Current Decoupling on VSC Current Control Stability in Weak Grid Based on Complex Variables, Energy Conversion Congress and Exposition (ECCE), 2015 IEEE。

2. DFIG-based Wind Turbines With Virtual Synchronous Control: Inertia Support in Weak Grid, Power & Energy Society General Meeting, 2015 IEEE。

3. Amplitude-Phase-Locked Loop Estimator of Three-Phase Grid Voltage Vector, Power & Energy Society General Meeting, 2015 IEEE。

4. Wind Power Transmission through LCC-HVDC with Wind Turbine Inertial and Primary Frequency Supports, Power & Energy Society General Meeting, 2015 IEEE。

5. Inertial Control Methods of Variable-Speed Wind Turbine: Comparative Studies, Power & Energy Society General Meeting, 2015 IEEE。

6. Stability of DC-Link Voltage Affected by Phase-Locked Loop for DFIG-Based Wind Turbine Connected to a Weak AC System, Electrical Machines and Systems (ICEMS), 2014 17th International Conference on。

7. A Novel Inertial Control Strategy for Full-Capacity Wind Turbine with PLL by Optimizing Internal Potential Response, Electrical Machines and Systems (ICEMS), 2014 17th International Conference on。

8. Dynamic Compensating Strategy and En-stabilizing Compensator to Enhance the Stability of Wind Farms Integrated into Weak Grid, Electrical Machines and Systems (ICEMS), 2014 17th International Conference on。

9. Synchronizing Stability of DFIG-based Wind Turbines Attached to Weak AC Grid, Electrical Machines and Systems (ICEMS), 2014 17th International Conference on。

10. Stability of DC-link Voltage as Affected by Phase

Locked Loop in VSC When Attached to Weak Grid, PES General Meeting | Conference & Exposition, 2014 IEEE。

11. Providing Inertial Support from Wind Turbines by Adjusting Phase-Locked Loop Response, PES General Meeting | Conference & Exposition, 2014 IEEE。

12. Effect of Reactive Power Control on Stability of DC-Link Voltage Control in VSC Connected to Weak Grid, PES General Meeting | Conference & Exposition, 2014 IEEE。

近年国际期刊论文：

1. DC-Bus Voltage Control Stability Affected by AC-Bus Voltage Control in VSCs Connected to Weak AC Grids, IEEE Journal of Emerging and Selected Topics in Power Electronics (Volume: PP, Issue: 99)。

2. Voltage Dynamics of Current Control Time Scale in a VSC-Connected Weak Grid, IEEE Transactions on Power Systems (Volume: PP, Issue: 99)。

3. On Inertial Dynamics of Virtual-Synchronous-Controlled DFIG-based Wind Turbines。

4. Modeling of grid-connected DFIG-based wind turbines for DC-link voltage stability analysis。

5. Modeling of VSC Connected to Weak Grid for Stability Analysis of DC-Link Voltage Control。

6. Virtual Synchronous Control for Grid-Connected DFIG-Based Wind Turbines. Emerging and Selected Topics in Power Electronics。

近年国内期刊论文：

1. 大规模风电并网基本问题框架［J］. 电力科学技术学报，2012，27（01）：16-18.

2. 储能技术在解决大规模风电并网问题中的应用前景分析［J］. 电力系统自动化，2013，37（1）：14-18.

所获荣誉：

近年发明专利：

1. 一种用于风力发电系统的直流电压控制单元及方法。

2. 一种由直流电压生成变换器内频的同步控制方法及系统。

3. 一种基于自频率同步的电压矢量稳定器及控制方法。

4. 基于功率平衡的双馈感应发电机内频率同步方法及装置。

5. 一种基于交叉耦合的多频带锁相方法及系统。

6. 基于锁相环的电压矢量稳定器及其控制方法。

华中科技大学-创新电机技术研究中心

地址： 湖北省武汉市洪山区珞喻路1037号华中科技大学

邮编： 430074

电话： 027-87556914

网址： http：//www. hust-ircem. org/

团队人数： 70

团队带头人： 曲荣海

主要成员： 蒋栋，李健，李大伟，孔武斌，井立兵

研究方向： 电机的机械，热和电磁设计，拓扑结构，驱动与控制及系统集成

团队简介：

创新电机技术研究中心（以下简称“中心”）依托华中科技大学电气与电子工程学院、强电磁工程与新技术国家重点实验室和新型电机技术国家地方共建联合工程研究中心，成立于2011年9月。中心由两位中国工程院院士和两位美国工程院院士作为顾问，国家“千人计划”特聘专家担任主任，研究团队由一批充满活力、拥有海内外科研背景的中青年专家、博士后、博士硕士研究生组成。团队成立至今发展迅速，目前已有70多名研究人员，其中国家“千人计划”特聘专家1名，青年“千人计划”专家1名，湖北省“百人计划”专家2名，博士后3名，工程师1名，助理3名，研究生60多名，其中博士研究生20余名。

中心以满足国家和地方电机企业技术需求为目标，以雄厚的科研实力和先进的开发理念为手段，围绕电机的机械、热和电磁设计、拓扑结构、驱动与控制及系统集成开展工作。中心立足国际科技前沿，注重人才汇聚和培养，重视先进成果转化，致力发展成为世界一流的电机及系统研究中心，推进我国电机技术进步和产品升级。中心的研究对象包括但不限于各类新型电机及系统，如电动汽车和高铁永磁牵引电机、超导发电机、永磁风力发电机、高速同步电机、伺服电机、低速超大转矩电机和直线电机等。

在研项目：

近年来主要研究工作包括：电动大巴牵引电机及驱动器、高铁永磁牵引电机、伺服电机系列化产品设计、轻型电动车驱动电机、轴向磁通永磁电机、风力发电机、高效工业电机、直线电机等。共承担各类国家和省部级重大科研项目近20项，包括“千人计划”专项基金、国家科技支撑计划、科技重大专项、国家高技术研究发展计划（863计划）、国家强基工程项目、国家自然科学基金（包括“重点项目”、“国际合作与交流项目”各1项）、教育部“创新团队”、工信部智能制造综合标准化和新模式应用项目、国家重点研发计划项目、广东省科技重大专项等。同时，中心还与多家国有、民营企业开展高性能电机及驱动系统的技术研发（10余项）。

科研成果：

在电机相关领域发表SCI/EI论文200余篇，申请发明/实用新型专利60余项。中心成员积极参与国际学术交流活动，近两年来参加国际权威学术会议50余人次，组织或参与组织国际会议60余人次，并邀请国内外著名专家来访20余人次。中心的相关研究成果不断应用于风力发电、电动汽车、高档数控机床、高铁牵引、石油和天然气等行业，正逐渐为企业创造良好的经济效益。

所获荣誉：

团队承担的电动汽车驱动电机系统项目获2013年中国产学研合作创新成果奖。

团队所撰写论文分获17th International Conference on Electrical Machines and Systems（ICEMS 2014），IEEE Energy Conversion Congress and Expo（ECCE）2016和International Conference on Electrical Machines（ICEM）2016最佳论文奖。

华中科技大学-电气学院高电压工程系高电压与脉冲功率技术研究团队

地址： 湖北省武汉市珞喻路 1037 号华中科技大学电气学院高压楼
邮编： 430074
电话： 027-87544242
传真： 027-87559349
网址： http：//www. husthv. com/
团队人数： 30
团队带头人： 林福昌
主要成员： 戴玲，李化，李黎，张钦，刘毅，王燕，黄汉深
研究方向： 脉冲功率器件及其可靠性评估，脉冲功率电源，电力系统过电压，绝缘在线监测，电力设备故障诊断，气体放电等

团队简介：

华中科技大学电气学院高电压工程系脉冲功率与高电压新技术研究组是一支具有高度团结拼搏精神、踏实肯干的研究团队。现有教师 8 人，其中教授 1 人、副教授 3 人，讲师 1 人，工程技术人员 3 人。现有博士研究生、硕士研究生 30 余人。研究组承担国家自然科学基金项目，国家 863 计划，国防预研项目，教育部新世纪优秀人才支持计划，参与了多项国家大科学工程的工作，完成了大量横向开发课题。

课题组主要研究方向为：脉冲功率技术，高电压与绝缘技术，高电压新技术。

在脉冲功率方向，研究内容包括脉冲功率电源集成技术，高储能密度脉冲电容器技术，高功率、大通流开关技术，高精度控制与测量技术等；在高电压与绝缘技术方面，研究内容包括：外绝缘积污特性，变压器状态评估与诊断方法，电缆绝缘状态评估与检测方法，新型直流滤波和交流高压干式电容器技术，电力系统过电压与绝缘配合等；在高电压新技术方面，积极拓展脉冲功率技术在石油勘探、高压大容量直流断路器，高集成度、高可靠性柔性直流换流阀，新型可控串联补偿快速开关方面的研究。

研究成果获教育部科学技术进步奖一等奖一项，发表 SCI。EI 收录论文百余篇，获得中国国家发明专利和软件著作权十余项。

在研项目：

1. 氙灯可靠性考核平台电源模块改造。
2. 雾霾闪络机理研究。
3. 真空触发开关技术方案和样机。
4. 智能开断技术研究及产品研制。
5. 电容式电压互感器冲击响应特性试验研究。
6. 过电压仿真平台。
7. 电磁发射用脉冲电源研究。
8. 液电脉冲及等离子体。
9. 纳秒脉冲气体放电。

科研成果：

1. 神光 III 装置。
2. 电缆绝缘状况在线诊断评估装置。
3. 重频纳秒脉冲源。
4. 电力变压器绕组诊断技术。
5. 过电压仿真软件。
6. 高寿命电容器。
7. 中压真空触发开关。

所获荣誉：

1. 获 2015 年湖北省技术发明二等奖。
2. 获 2009 年教育部科技进步一等奖。

华中科技大学-高性能电力电子变换与应用研究团队

地址： 湖北省武汉市洪山区珞喻路 1037 号华中科技大学
邮编： 430074
电话： 13607136896
传真： 027-87559303
团队人数： 15
团队带头人： 康勇
主要成员： 陈坚，康勇，彭力，戴珂，张宇，裴雪军，邹旭东，林新春，陈宇，陈材，梁琳
研究方向： 电力电子与电力传动

团队简介：

该团队由陈坚教授创建，自 70 年代开始研制船用电力电子变流装置，现组长为康勇教授，组员 15 人。多年来，在电力电子装置的高可靠性、高性能数字化控制、新型电力电子拓扑、交流传动、模块化及并联冗余技术、电磁兼容、电能质量控制和风力发电等领域开展了深入研究。

从 2013 年开始，团队依托华中科技大学强电磁工程与新技术国家重点实验室，通过培养、引进人才与协同创新，建立了先进半导体与封装集成实验室，在校内建成约 310m² 的超净实验室，研究人员专业背景涵盖电力电子器件、封装、集成与应用，从事包括宽禁带功率器件、半导体脉冲功率器件、大功率 IGBT 封装、高功率密度变换器等方向的研究工作。并于 2015 年参加 "Google Little Box" 全球竞赛，成功研制出性能指标超竞赛要求的全碳化硅封装集成一体化电源，是最终有实物及验证结果的 80 多个世界顶尖团队之一，亚洲唯一团队。该团队与 10 余家电源企业建立了合作关系，研制过多种电源产品，曾荣获多项省部级奖励。

在研项目：

国家自然科学基金 6 项，台达基金重大项目 1 项，部级研究开发项目 20 余项，研究院所、企业合作项目多项。

科研成果：

SCI 收录的代表性论文：

1. Li Peng，Yong Kang，Xuejun Pei，and Jian Chen. A Novel PWM Technique in Digital Control[J]. IEEE Trans. on Industrial Electronics，Vol. 54，No. 1，p338-346，Feb. 2007.

2. P. Zhu，X. Li，Y. Kang，and J. Chen. Control Scheme for a Universal Power Quality Manager in a Two-phase Synchronous Rotating Frame[J]. IEE Proceedings-Generation Transmis-

sion and Distribution (IEE Proc. -Gener. Transm. Distrib.), Vol. 151, No. 5, p. 590-596, September 2004.

3. Liming Liu, Pengcheng Zhu, Yong Kang, and Jian Chen. Power-Flow Control Performance Analysis of a Unified Power-Flow Controller in a Novel Control Scheme [J]. IEEE Trans. on Power Delivery, Vol. 22, No. 3, p1613-1619, July 2007.

4. Fangrui Liu, Shanxu Duan, Fei Liu, Bangyin Liu, and Yong Kang. A Variable Step Size INC MPPT Method for PV Systems[J]. IEEE Trans. on Industrial Electronics, Vol. 55, No. 7, p2622-2628, July 2008.

5. Yu Chen, Yong Kang. A Fully Regulated Dual-Output DC-DC Converter with Special-Connected Two Transformers (SCTTs) Cell and Complementary Pulsewidth Modulation-PFM (CPWM-PFM)[J]. IEEE Trans. on Power Electronics, Vol. 25, No. 5, p1296-1309, May 2010.

6. Fang Luo, Shuo Wang, Fei (Fred) Wang, Dushan Boroyevich, Nicolas Gazel, Yong Kang, and Andrew Carson Baisden. Analysis of CM Volt-Second Influence on CM Inductor Saturation and Design for Input EMI Filters in Three-Phase DC-Fed Motor Drive Systems[J]. IEEE Trans. on Power Electronics, Vol. 25, No. 7, p. 1905-1914, July 2010.

7. F. Liu, Y. Kang, Y. Zhang, S. Duan, X. Lin. Improved SMS Islanding Detection Method for Grid-connected Converters [J]. IET Renewable Power Generation, Vol. 4, Iss. 1, p36-42, Jan 2010.

8. Y. Chen, X. Pei, S. Nie, Y. Kang. Monitoring and Diagnosis for the DC-DC Converter Using the Magnetic Near Field Waveform[J]. IEEE Trans. on Industrial Electronics, Vol. 58, No. 5, p1634-1647, May 2011.

9. Y. Chen, Y. Kang, S. Nie, and X. Pei. The Multiple-Output DC-DC Converter with Shared ZCS Lagging Leg [J]. IEEE Trans. on Power Electron., Vol. 26, No. 8, pp: 2278-2294, Aug. 2011.

10. Y. Chen, Y. Kang. The Variable-bandwidth Hysteresis-Modulation Sliding-Mode Control for the PWM-PFM Converters [J]. IEEE Trans. on Power Electron., Vol. 26, No. 10, pp: 2727-2734, Oct. 2011.

11. Yu Chen, Yong Kang. An Improved Full-Bridge Dual-Output DC-DC Converter Based on the Extended Complementary Pulsewidth Modulation Concept[J]. IEEE Trans. on Power Electronics, Vol. 26, No. 11, pp: 3215-3229, Nov. 2011.

12. Sheng Hu, Xinchun Lin, Yong Kang, and Xudong Zou. An Improved Low-Voltage Ride-Through Control Strategy of Doubly Fed Induction Generator During Grid Faults [J]. IEEE Trans. on Power Electronics, Vol. 26, No. 12, pp: 3653-3665, Dec 2011.

13. Mingyu Xue, Yu Zhang, Yong Kang, Yongxian Yi, Shuming Li, and Fangrui Liu. Full Feedforward of Grid Voltage for Discrete State Feedback Controlled Grid-Connected Inverter with LCL Filter[J]. IEEE Trans. on Power Electronics, Vol. 27, No. 10, pp: 4234-4247, Oct. 2012.

14. Xuejun Pei, Songsong Nie, Yu Chen, Yong Kang. Open-Circuit Fault Diagnosis and Fault-Tolerant Strategies for Full-Bridge DC-DC Converters[J]. IEEE Trans. on Power Electronics, Vol. 27, No. 5, pp: 2550-2565, May 2012.

15. Xuejun Pei, Yong Kang. Short-Circuit Fault Protection Strategy for High-Power Three-Phase Three-Wire Inverter[J]. IEEE Trans. on Industrial Informatics, Vol. 8, No: 3, pp: 545-553, Aug. 2012.

16. F. Liu, Y. Zhang, M. Xue, X. Lin, Y. Kang. Investigation and evaluation of active frequency drifting methods in multiple grid-connected inverters[J]. IET Power Electronics, Vol. 5, Iss. 4, pp: 485-492, 2012.

17. Yu Zhang, Mi Yu, Fangrui Liu, and Yong Kang. Instantaneous Current-Sharing Control Strategy for Parallel Operation of UPS Modules Using Virtual Impedance [J]. IEEE Trans. on Power Electronics, Vol. 28, No. 1, pp: 432-440, Jan 2013.

18. C. Chen, X. Pei, Y. Chen, and Y. Kang. Investigation, Evaluation, and Optimization of Stray Inductance in Laminated Busbar[J]. IEEE Trans. on Power Electronics, Vol. 29, No. 7, pp: 3679-3693, July 2014.

19. Li Tong, Xudong Zou, ShuShuai Feng, Yu Chen, Yong Kang, Qingjun Huang, and Yanrun Huang. An SRF-PLL-Based Sensorless Vector Control Using the Predictive Deadbeat Algorithm for the Direct-Driven Permanent Magnet Synchronous Generator [J]. IEEE Trans. on Power Electronics, Vol. 29, No. 6, pp: 2837-2849, June 2014.

20. Songsong Nie, Xuejun Pei, Yu Chen, Yong Kang. Fault Diagnosis of PWM DC-DC Converters Based on Magnetic Component Voltages Equation [J]. IEEE Trans. on Power Electronics, Vol. 29, No. 9, pp: 4978-4988, Sep. 2014.

21. Yu Qi, Li Peng, Manlin Chen, Zeyi Huang. Load Disturbance Suppression for Voltage-controlled Three-phase Voltage Source Inverter with Transformer [J]. IET Power Electronics, Vol. 7, Iss. 12, pp. 3147-3158, 2014.

22. Yu Chen, Zhihao Zhong, Yong Kang. Design and Implementation of a Transformerless Single-Stage Single-Switch Double-Buck Converter with Low DC-link Voltage [J]. IEEE Trans. on Power Electronics, Vol. 29, No. 12, pp: 6660-6671, 2014.

23. Zhang Yu, Li Minying, Kang Yong. PID Controller Design for UPS Three-Phase Inverters Considering Magnetic Coupling[J]. Energies, Vol. 7, No. 12, pp. 8036-8055, Dec. 2014.

24. Qian Liu, Li Peng, Yong Kang, Shiying Tang, Deliang Wu, and Yu Qi. A Novel Design and Optimization Method of an LCL Filter for a Shunt Active Power Filter[J]. IEEE Trans. on Industrial Electronics, Vol. 61, No. 8, pp: 4000-4010, Aug. 2014.

25. Xuejun Pei, Songsong Nie, Yong Kang. Switch Short-Circuit Fault Diagnosis and Remedial Strategy for Full-Bridge

DC-DC Converters [J]. IEEE Trans. on Power Electronics, Vol. 30, No. 2, pp: 996-1004, Feb. 2015.

26. Shan Gao, Xinchun Lin, Shangjun Ye, He Lei, Yong Kang. Transformer Inrush Mitigation for Dynamic Voltage Restorer Using Direct Flux Linkage Control[J]. IET Power Electronics, Vol. 8, No. 11, pp: 2281-2289, Nov. 2015.

27. Xuejun Pei, Wu Zhou, Yong Kang. Analysis and Calculation of DC-Link Current and Voltage Ripples for Three-Phase Inverter with Unbalanced Load[J]. IEEE Trans. on Power Electronics, Vol. 30, No. 10, pp: 5401-5412, Oct 2015.

28. Yu Zhang, Yongxian Yi, Peimeng Dong, Fangrui Liu, Yong Kang. Simplified Model and Control Strategy of Three-Phase PWM Current Source Rectifiers for DC Voltage Power Supply Applications[J]. IEEE Journal of Emerging and Selected Topics in Power Electronics. Vol. 3, No. 4, pp: 1090-1099, Dec 2015.

29. Huang Qingjun, Zou Xudong, Zhu Donghai, Kang Yong. Scaled Current Tracking Control for Doubly Fed Induction Generator to Ride-Through Serious Grid Faults [J]. IEEE Trans. on Power Electronics, Vol. 31, No. 3, pp: 2150-2165, Mar 2016.

30. Gang Wen, Yu Chen, Zhihao Zhong, Yong Kang. Dynamic Voltage and Current Assignment Strategies of Nine-Switch-Converter-Based DFIG Wind Power System for Low-Voltage Ride-Through (LVRT) Under Symmetrical Grid Voltage Dip[J]. IEEE Trans. on Industry Applications. Vol. 52, No. 4, pp: 3422-3434, Jul-Aug 2016.

31. Chen Xu, Ke Dai, Xinwen Chen, Yong Kang. Voltage Droop Control at Point of Common Coupling with Arm Current and Capacitor Voltage Analysis for Distribution Static Synchronous Compensator Based on Modular Multilevel Converter[J]. IET Power Electronics. Vol. 9, Issue 8, pp: 1643-1653, Jun 29 2016 .

32. Yu Chen, Zhihao Zhong, Yong Kang. Function-integrated Network for Flying-capacitor Three-level DC-DC Conversion System[J]. Electronics Letters. Vol. 52, No. 9, pp: 754-755, Apr. 28 2016.

33. Deliang Wu, Li Peng. Characteristics of Nearest Level Modulation Method with Circulating Current Control for Modular Multilevel Converter[J]. IET Power Electron., Vol. 9, Iss. 2, pp: 155-164, Feb 2016.

34. Deliang Wu, Li Peng. Analysis and Suppressing Method for the Output Voltage Harmonics of Modular Multilevel Converter[J]. IEEE Trans. on Power Electronics, Vol. 31, No. 7, pp: 4755-4765, July 2016.

35. Yu Chen, Yuqing Cui, Xinying Wang, Xiaoguang Wei, Yong Kang. Design and Implementation of the Low Computational Burden Phase-shifted Modulation for DC-DC Modular Multilevel Converter[J]. IET Power Electronics, Vol. 9, Issue 2, Special Issue: SI, pp: 256-269, Feb. 10 2016.

36. Chen Xu, Ke Dai, Xinwen Chen, Yong Kang. Unbalanced PCC voltage regulation with positive- and negative-sequence compensation tactics for MMC-DSTATCOM[J]. IET Power Electronics, Vol. 9, Iss. 15, pp: 2846-2858, 2016.

37. Yu Chen, Shanshan Zhao, Zuoyu Li, Xiaoguang Wei, Yong Kang. Modeling and Control of the Isolated DC-DC Modular Multilevel Converter for Electric Ship Medium Voltage Direct Current (MVDC) Power System[J]. IEEE Journal of Emerging and Selected Topics in Power Electronics, Vol. 5, Issue: 1, Pages: 124-139, 2017.

38. Qingxin Guan; Yu Zhang; Yong Kang; Josep M. Guerrero. Single-phase Phase-locked Loop Based on Derivative Elements[J]. IEEE Trans. on Power Electronics, vol. 32, Issue 6, pp. 4411-4420, June, 2017.

获授权的代表性发明专利：

1. 康勇，彭力，陈坚，张宇，付洁．瞬时电压 PID 模拟控制的逆变电源：ZL200510019711.4[P].

2. 康勇，彭力，张凯，何俊，陈坚．数字控制的逆变电源及其控制方法：ZL200610019712.3[P].

3. 康勇，邹旭东，段善旭．基于飞轮储能的柔性交流输电系统：ZL200710052137.1[P].

4. 彭力，康勇，陈坚，王淑惠，阮燕琴．瞬时电压 PID 电流 PI 数字控制的逆变电源：ZL200910060885.3[P].

5. 康勇，邹旭东，林新春．一种高压输电线路除冰方法及装置：ZL200810047181.8[P].

6. 康勇，陈宇，彭力．一种多路输出直流-直流变换器：ZL200910061559.4[P].

7. 康勇，陈宇，彭力．一种全桥双输出直流-直流变换器：ZL200910062018.3[P].

8. 康勇，陈宇，彭力．复用桥臂的双输出直流-直流变换器：ZL200910062618.X[P].

9. 彭力，康勇，陈坚，刘虔，白雪竹．一种多维状态数字控制的逆变电源：ZL201010284052.8[P].

10. 邹旭东，丰树帅，童力，康勇．基于电流预测的永磁同步电机控制方法及系统：ZL201210209338.9[P].

11. 戴珂，王欣，康勇，刘聪，段科威，余强胜，张文祥．一种基于无功补偿电容的电能质量调节装置及其控制方法：ZL201210171246.6[P].

12. 邹旭东，陈鉴庆；黄清军，康勇．基于反电流跟踪的双馈风机低电压穿越控制方法及系统：ZL201310396492.6[P].

13. 陈宇，文刚，康勇．适用于九开关变换器的滑模控制方法：ZL201210416916.6[P].

14. 张宇，张晓琳，王多平，周志文，李民英，匡金华. 大功率并网逆变器抑制启动冲击电流的装置及其方法：ZL201220016930.2[P].

15. 张宇，易永仙，匡金华．基于虚拟电阻的电流源型整流器及并网控制方法：ZL 201310005770.0[P].

16. 张宇、周志文、李民英、王振华、李署明．一种实现逆变器并网/离网无缝切换的装置及方法：ZL201310291787.7[P].

所获荣誉：

1. 国家科技进步三等奖 1 项。

2. 广东省科学技术二等奖 2 项。

3. 中国机械工业科学技术二等奖 2 项。

4. 中国电源学会科学技术发明二等奖 1 项。

5. 日内瓦国际发明博览会银奖 1 项。

6. 中国产学研合作创新个人奖 1 项。

7. 康勇教授获“中达学者”称号。

吉林大学-地学仪器特种电源研究团队

地址：吉林省长春市西民主大街 938 号

邮编：130026

电话：0431-88502473

传真：0431-88502382

网址：http：//ciee. jlu. edu. cn/

团队人数：4

团队带头人：于生宝

主要成员：李刚，周逢道，王世隆

研究方向：地球物理仪器中的电源技术

团队简介：

吉林大学仪器科学与电气工程学院地学仪器特种电源研究团队。承担国家科技支撑计划重点项目课题、国家高技术研究发展计划(863 计划)重大项目课题和国土资源部公益性行业科研专项课题等国家、省部级项目，研究经费1000 多万元。在地学仪器研究方向取得多项有创新的研究成果。曾获得国家科技发明奖 2 项、教育部科技发明一等奖 1 项、教育部科技进步二等奖 2 项、吉林省科技进步一等奖 1 项、二等奖 1 项，在国内外发表学术论文 40 多篇，授权国家发明专利 5 项。

在研项目：

1. 国家“863 项目”课题，直升机吊舱时间域航空电磁勘查发射接收系统。

2. 吉林省科技攻关项目，时间域半航空电磁探测系统研究。

3. 国家“863 项目”课题，海洋可控源电磁勘察甲板监控系统硬件研制。

4. 国家自然科学基金项目，基于矩阵变换器的电磁发射系统关键技术研究。

科研成果：

1. 研制我国第一台电磁驱动可控震源。

2. 研制了地面瞬变电磁探测系统，国内 40 多家单位采用。

3. 研制了国内第一套吊舱式直升机时间域航空电磁探测系统。

4. 研制了国内第一套大功率地空电磁探测系统。

所获荣誉：

1. 2014 年，“地、空协同时频电磁探地系统关键技术及应用”国家科技发明二等奖。

2. 2010 年，“地下水核磁共振探测与波场联合成像关键技术”获国家科技发明奖。

3. 2013 年，“地、空协同电磁探测关键技术及应用”获教育部科技发明一等奖。

4. 2007 年，浅层全程瞬变电磁探测仪器及应用，教育部科学技术进步二等奖。

江南大学-新能源技术与智能装备研究所

地址：江苏省无锡市滨湖区江南大学物联网学院

邮编：214122

电话：15961809365

团队人数：22

团队带头人：颜文旭

主要成员：颜文旭，惠晶，方益民，吴雷，樊启高，许德智，卢闻洲，沈锦飞，肖有文，硕士研究生

研究方向：智能电网技术，电能质量控制，新能源技术(风、光伏、燃料电池)，特种电机控制，电力电子技术

团队简介：

江南大学新能源技术与智能装备研究团队在负责人颜文旭教授的带领下。负责科研项目约 25 项，包括多个国家自然科学基金项目、省部级资助项目等；团队培养毕业研究生约 50 名，目前在读硕士生 20 余名。

在研项目：

目前，在研项目 10 余项，其中国家级和部级课题 6 项，横向课题 10 余项，年均经费 200 万元以上。

1. 电磁共振式无线电能传输充电装置开发。

2. 基于机器视觉的复合涂层织造产品智能检测与包装集成系统研发。

3. 基于统一内模原理控制器的并网变流系统谐波控制技术研究。

4. 网络控制系统基于量化反馈方法的优化与稳定性研究。

5. 主/被动轮臂混合机构救援机器人主动地形自适应控制基础研究。

6. 大宗粮食(食品)射频杀虫(菌)关键技术与装备研究。

科研成果：

团队近三年发表学术 70 余篇，其中 SCI 检索近 20 篇，EI 检索 40 余篇。申请授权专利近 20 项，已授权 10 项。

1. 30kW 无线电能传输技术。

2. 80kW 无线电能传输技术。

3. 电网谐波分析与功率因数校正控制及电力系统无功功率动态软开关补偿技术。

4. 400kW/50KHz 高频感应加热电源。

5. 10kV 高压电机智能化软启动器。

6. 钢丝无铅等温热处理生产线自动控制系统。

7. 10kV 高压固态软起动器。

8. 大功率高压脉冲电场发生器技术。

9. 大宗食品杀菌杀虫射频连续处理装备。

10. 三电平变换器三相 PWM 整流器控制 200kVA 直驱式永磁电机驱动控制系统。

11. 电动公交车 120kW 永磁无刷直流电机驱动系统。

12. 永磁同步电机无位置传感器静止定位、重载启动及

低速重载控制技术。

所获荣誉：

1. 团队近三年获得市厅级以上奖项 7 项。

2. 高效能驱动系统共性关键技术及其应用，教育部科技进步奖一等奖。

兰州理工大学-电力变换与控制团队

地址：甘肃省兰州市兰工坪路 287 号

邮编：730050

电话：0931-2973506

传真：0931-2973506

团队人数：6

团队带头人：王兴贵

主要成员：王兴贵，陈伟，杨维满，郭永吉，林洁，李晓英，郭群，王琢玲

研究方向：电力电子技术，运动控制系统，新能源发电控制技术

团队简介：

本团队主要研究人员 8 人，其中教授 2 人，副教授 3 人、讲师 3 人。团队带头人王兴贵教授具有丰富的工程实践经验，现为甘肃省“555”跨世纪学术技术带头人，甘肃省第一层次领军人才。团队近年来共完成和在研各类科研项目 20 多项。

本团队主要研究应用于电力系统、电气传动、特种电源等领域的新型变流器拓扑结构、相关控制理论和技术。主要内容涉及高压大容量单元串联变流器、大容量单元并联变流器、并网逆变器、双向变流器、多功能变流器、无电网污染整流器及其控制技术。

近年来主要致力于：适用于微电网、新能源发电和分布式发电中的逆变器、储能双向变流器、风力发电变流器及其控制策略的研究；适于矿井提升机和石油电驱动钻机的单元串、并联大功率变流器拓扑结构和控制技术；高能脉冲电源主电路拓扑和控制技术；通用变换器的关键技术研究。

在研项目：

1. 一种微源逆变器串联的微电网系统关键问题研究（国家自然科学基金）。

2. 高功率密度电源高效液体冷却技术研发与示范（国家重点研发计划）。

3. 大规模光伏接入条件下配电网铁磁谐振机理分析及治理研究（横向项目）。

4. 复杂运行条件下中压多级式微电网三相不平衡改善方法研究（甘肃省自然科学基金）。

5. 基于 MMC 的大功率矿井提升机变流器研究（大型电气传动系统与装备技术国家重点实验室项目）。

6. 通用主动式电能质量控制装置 UAPQC 核心技术攻关及其产业化（甘肃省科技支撑工业计划项目）。

科研成果：

团队近年来共发表学术论文 50 多篇，承担国家级、省部级和服务于厂矿企业的各类科研项目 20 多项。

获省部级奖的项目：

1. 合金材料凝固过程电场处理用高能脉冲电源研制，获甘肃省科技进步二等奖。

2. 风光柴发电控制系统研制，获甘肃省科技进步三等奖。

3. 电压跌落随机预估基础理论以及动态电压校正的实验研究，获甘肃省科技进步二等奖。

所获荣誉：

获省部级科技进步二等奖两项、三等奖一项。

辽宁工程技术大学-电力电子技术及其磁集成技术研究团队

地址：辽宁省葫芦岛市兴城市辽宁工程技术大学电控学院

邮编：125100

电话：13314091005

团队人数：40

团队带头人：杨玉岗

主要成员：杨玉岗，李洪珠，荣德生，郭瑞，闫孝姮，刘春喜，王继强，韩占岭，马玉芳，罗林

研究方向：电力电子变换器及其磁集成技术，双向 DC/DC 变换器，无线电能传输，矿用隔爆兼本质安全型交流电机软起动器，矿用挖掘机变频改造技术，电磁调速电动机、开关磁阻电机和高速电机

团队简介：

辽宁工程技术大学电力电子技术及其磁集成技术研究团队目前有教授 2 人，副教授 3 人，讲师 4 人，助教 1 人，在读研究生 30 余人，其中具有博士学位人员 5 人，具有硕士学位人员 5 人。本团队主要从事电力电子与电力传动领域的研究工作，包括电力电子变换器及其磁集成技术、双向 DC/DC 变换器、无线电能传输技术、矿用隔爆兼本质安全型交流电机软起动器、矿用挖掘机变频改造技术、电磁调速电动机、开关磁阻电机和高速电机等研究方向。本团队已承担国家自然科学基金项目 4 项，承担省部级科研项目和企业委托项目 10 余项，出版著作 2 部，发表论文 100 余篇，获得国家专利 10 余项，获得省市级科技奖励 10 余项，部分研究成果在相关企业得到推广和应用，取得良好的经济和社会效益。本团队已培养硕士研究生 100 余人，其中考取国家 985 高校博士 4 人，获得国家奖学金 10 人，获得辽宁省优秀硕士学位论文 2 人，获得校级优秀硕士学位论文 10 余人，获得辽宁省优秀毕业生 6 人，获得校级优秀毕业生 10 余人，毕业研究生大多就职于京、津、沪、深、杭州、沈阳、大连、青岛、合肥等地高校和知名企业，从事电气工程领域的技术工作。

在研项目：

1. 新能源发电系统用交错并联磁集成双向 LLC 谐振变换器的研究，国家自然科学基金项目。

2. 双向 DC-DC 变换器的交错并联磁集成理论与控制方法，国家自然科学基金项目。

3. 交错并联磁集成双向 LLC 谐振变换器的研究，辽宁

省教育厅重点实验室基础研究项目。

科研成果：

承担国家和省部级科研项目10余项；出版著作2部；在国际IEEE期刊、国际IEEE会议和国内核心期刊《中国电机工程学报》、《电工技术学报》等刊物上发表论文100余篇，其中SCI和EI收录论文50余篇；获得授权发明专利2项，获得实用新型专利10余项、申请发明专利10项；获得辽宁省科学技术奖和辽宁省自然科学学术成果奖等奖励10余项。

所获荣誉：

团队成员获得辽宁省百千万人才2人，获得辽宁省优秀硕士学位论文2人，获得校级优秀硕士学位论文10余人，获得辽宁省优秀毕业生6人，获得校级优秀毕业生10余人，获得国家奖学金10人。

南昌大学-吴建华教授团队

地址： 江西省南昌市学府大道999号南昌大学信息工程院
邮编： 330031
电话： 0791-83968358
传真： 0791-83969338
网址： http：//www. ncu. edu. cn
团队人数： 4
团队带头人： 吴建华
主要成员： 吴建华，石晓瑛，肖露欣，刘国强，徐春华
研究方向： 数字图像处理，图像加密，电力信号检测与识别，电力信号扰动检测与识别

在研项目：

1. 随机多参数分数离散余弦变换及图像加密研究，国家自然科学基金项目，编号61662047，经费38万元，2017/1/1—2020/12/31。

2. 电能表测试线路信号扰动分量的自适应检测方法研究及软件开发，国网江西省电力科学研究院，经费27万元，2015. 9. 1—2016. 12. 31。

3. 装置软件开发，国网江西省电力科学研究院，经费10. 5万元，2015. 9. 1—2016. 12. 31。

科研成果：

已完成课题：

1. 主持：一种基于压缩感知的联合图像压缩/加密方法，中国发明专利，专利号：ZL 2012 1 0361052. 2（申请日2012. 9. 26，公开日2014. 11. 26，IPC分类号H04N19/13）。

2. 参与：地方高校研究生学术道德建设的理论研究与实践探索，2014年江西省教学成果奖二等奖，证书号：2014 0000295。

3. 参与：非线性负荷下电能计量校验系统的研制与技术分析平台的建立，2014年国网江西省电力公司科技进步一等奖，证书号：CG-2014102-506-G10。

4. 参与：视频监控技术的发展及其在侦查中的应用研究，公安部科学技术成果（项目来源：公安部公安理论及软科学研究计划，编号2013LLYJJXST042；成果登记号：公成验软登2015004），2014年12月20日。

近年来部分发表期刊论文：

1. Jianhua Wu*, Fangfang Guo, Yaru Liang, Nanrun Zhou. Triple color images encryption algorithm based on scrambling and the reality-preserving fractional discrete cosine transform [J]. Optik-International Journal for Light and Electron Optics, Volume 125, Issue 16, August 2014, pp. 4474-4479. (SCI WOS：000340018400056).

2. Nanrun Zhou, Aidi Zhang, Jianhua Wu, Dongju Pei, Yixian Wang. Novel hybrid image compression-encryption algorithm based on compressive sensing [J]. Optik -International Journal for Light and Electron Optics, Volume 125, Issue 18, September 2014, pp. 5075-5080. (SCI WOS：000342263400009)

3. Yaru Liang, Guoping Liu, Nanrun Zhou and Jianhua Wu*. Image encryption combining multiple generating sequences controlled fractional DCT with dependent scrambling and diffusion [J]. Journal of Modern Optics, Vol. 62, No. 4, Feb. 2015, pp. 251-264. (SCI WOS：000349544500001)

4. Jianhua Wu, Jinqiang Zhu, Qiegen Liu, Ye Zhang*. Human mouth-state recognition based on learned discriminative dictionary and sparse representation combined with homotopy [J]. Multimedia Tools and Applications, Vol. 74, Issue 23, Dec. 2015, pp. 10697-10711. (WOS：000364493700025).

5. 梁亚茹，吴建华*. 基于压缩感知和变参数混沌映射的图像加密[J]. 光电子·激光，2015，26(3)：605-610.（EI：20151900818048）

6. Yaru Liang, Nanrun Zhou, Jianhua Wu*. New image encryption algorithm combining fractional DCT via polynomial interpolation with dependent scrambling and diffusion [J]. The Journal of China Universities of Posts and Telecommunications, 2015, 22(5)：1-9. (EI：20161002064658)

7. LI Cui-mei, ZENG Ping-ping, ZHU Jin-qiang, WU Jian-hua*. Human mouth-state recognition based on image warping and sparse representation combined with homotopy [J]. Journal of Donghua University (English edition), 32(4)：658-664, 2015. (EI源刊)

8. 朱莉，邓娟，徐钦，吴建华*. 噪声环境中听觉频率跟随响应信号分析[J]. 东南大学学报：自然科学版，2015，45(4)：625-630.（EI：20153201119748）

9. Zhu Li, Deng Juan, Wu Jian-Hua, Zhou Nan-Run. Experimental analysis of auditory mechanism of neural phase-locking based on sample entropy [J]. Acta Physica Sinica, 2015, 64 (18)：184302-1-184302-10. (SCI WOS：000362977200023)

10. Yaru Liang, Guoping Liu, Nanrun Zhou, Jianhua Wu*, Color image encryption combining a reality-preserving fractional DCT with chaotic mapping in HSI space[J]. Multimedia Tools and Applications, Vol. 75, No. 11, 1 June 2016, pp. 6605-6620. (SCI WOS：000378553700027)

11. Jian Ma, Jun Zhang, Luxin Xiao, Kexu Chen, Jianhua Wu*. Classification of power quality disturbances via deep learning[J]. IETE Technical Review, 2016, published online

28 July 2016, http: //dx. doi. org/10. 1080/02564602. 2016. 1196620(SCI)

12. 马建，陈克绪，肖露欣，吴建华*. 基于受限玻尔兹曼机的电能质量复合扰动识别[J]. 南昌大学学报(理科版)，2016，40(1)：30-34.

13. Jianhua Wu*，Mengxia Zhang，Nanrun Zhou. Image encryption scheme based on random fractional discrete cosine transform and dependent scrambling and diffusion[J]. Journal of Modern Optics，2017，64(4)：334-346. (SCI)

14. 肖露欣，吴建华*，马建，陈克绪. 基于降噪自编码的电能质量扰动识别[J]. 南昌大学学报(理科版)，2017.（已录用，待发表）

南昌大学-信息工程学院能源互联网研究团队

地址：江西省南昌市学府大道999号南昌大学自动化系

邮编：330031

电话：13870809767

传真：0791-83969681

网址：http：//ies. ncu. edu. cn/

团队人数：6

团队带头人：余运俊

主要成员：余运俊（副教授），万晓凤（教授），王淳（教授），杨胡萍（教授），聂晓华（副教授），夏永洪（副教授），博士生，硕士生

研究方向：光伏发电智能控制，能源路由器，低碳电力，电力电子装置及其数字控制，包括：电能质量控制设备，如APF，UPQC，SVC，dSTATCOM；新能源与分布式发电并网、组网及储能技术；PEBB（系统集成）技术应用及高可靠性、模块化技术；新型电机及控制系统

团队简介：

南昌大学能源互联网研究团队。团队成员包括3名教授，3名副教授，博士研究生和硕士研究生40多名。目前，团队在研科研项目约20项，包括多个重大项目、国家自然科学基金项目、国际科技合作项目等。团队已培养毕业研究生50多名。

在研项目：

1. 科技部国际科技合作项目1项。
2. 国家自然科学基金5项。
3. 江西省自然科学基金5项。
4. 企业合作项目6项。

科研成果：

近年发表学术论文100余篇，申请专利20项，包括：

1. 新能源汽车电源控制系统。
2. 配电网故障诊断系统。
3. 配电网智能优化控制系统。
4. 光伏发电最大功率跟踪控制。
5. 双向DC-DC电路及其控制。
6. 新型小型水利发电机及其群组控制。

所获荣誉：

省部级科技进步奖4项，包括江西省科技进步二等奖3项，中国有色金属工业科技进步二等奖1项。

南京航空航天大学-高频新能源团队

地址：江苏省南京市江宁区将军大道29号南京航空航天大学

邮编：211106

电话：15605178258

网址：http：//www. nuaa. edu. cn/

团队人数：20

团队带头人：张之梁

主要成员：任小永，李浩然，顾东杰，吴亚奇，董舟，胡栋栋，程祥，杨阳，许可，徐志魏等

研究方向：高频模块电源

团队简介：

南航自动化学院模块电源组，由张之梁教授领军，主要研究高频电力电子、高频低功率芯片、电力电子在新能源变换中应用技术、电动汽车电力总成。

在研项目：

1. 国家自然科学基金面上项目，项目主持，超高频（30 MHz-300 MHz）功率变换与系统集成，2014/01～2017/12，在研，主持。

2. 国家自然科学基金面上项目，基于恢复效应的分布式微模块自重组电池储能系统与控制，2016/01～2019/12，在研，主持。

3. 教育部霍英东青年教师基金，基于GaN器件的超高频电力电子系统，2016/05～2019/05，在研，主持。

4. 江苏省杰出青年基金，GaN超高频电力电子系统，2016/08～2019/08，在研，主持。

5. 江苏省前瞻性联合研究项目，BY2015003-04，基于SiC IGBT的高性能电力电子变压器系统，2015/07～2017/06，在研，主持。

科研成果：

IEEE Trans on Power Electron. 论文（SCI一区）

1. Zhi-Liang Zhang，Y. Q. Wu，D. J. Gu and X. Ren. Quantization mechanism on current ripple in digital LLC converters for battery charging applications [J]. IEEE Trans. Power Electron.，accepted.

2. Zhi-Liang Zhang，X. Cheng，Z. Y. Lu and D. J. Gu. SOC estimation of lithium-ion batteries with AEKF and Wavelet Transform Matrix [J]. IEEE Trans. Power Electron.，Early Press.

3. Zhi-Liang Zhang，Z. Dong，X. W. Zou，D. Hu，and X. Ren. A digital adaptive driving scheme for eGaNHEMTs in VHF converters [J]. IEEE Trans. Power Electron.，Early Press.

4. Zhi-Liang Zhang，Z. Dong，D. D. Hu，X. W. Zou，and X. Ren. Three-level gate drivers for eGaNHEMTs in isolated resonant SEPIC converters [J]. IEEE Trans. Power Electron.，Early Press.

5. Zhiliang Zhang, X. W. Zou, Y. Zhou, Z. Dong and X. Ren. A 10-MHz eGaN isolated Class-Φ2 DCX [J]. IEEE Trans. Power Electron., Vol. 32, No. 3, pp. 2029-2040, Mar. 2017. Early press.

6. Zhi-Liang Zhang, X. Cheng, Z. Y. Lu and D. J. Gu. SOC estimation of lithium-ion battery pack considering balancing current [J]. IEEE Trans. Power Electron., accpeted.

7. Zhiliang Zhang, H. D. Gui, D. J. Gui, Y. Yang and X. Ren. A hierarchical active balancing architecture for lithium-ion batteries [J]. IEEE Trans. Power Electron., Early press.

所获荣誉：

1. 2016年获江苏省杰出青年基金。
2. 2016年获教育部霍英东基金。
3. 2016年入选“江苏省333工程”。
4. 2016年入选“江苏省六大人才高峰”。
5. 2015年度《中国电机工程学报》优秀审稿专家。
6. 2015年江苏省电工技术学会“优秀工作者”荣誉称号。
7. 入选2013年南京市“321海外领军型科技创新创业人才”。

南京航空航天大学-国家国防科工局“航空电源技术”国防科技创新团队、“新能源发电与电能变换”江苏省高校优秀科技创新团队

地址：江苏省南京市江宁区将军大道29号南京航空航天大学自动化学院（江宁区将军路校区）

邮编：211106

电话：13611590061

传真：025-84892368

团队人数：25

团队带头人：周波

主要成员：邢岩，谢少军，龚春英，王慧贞，黄文新，刘闯，王莉，张卓然，张方华，肖岚等

研究方向：航空电源系统，新能源发电与电能变换技术，电机及其控制技术

团队简介：

本团队现有人员25人，其中具有工学博士学位25人，教授（含研究员）12人，副教授12人，讲师1人。团队重点研究航空电源系统、新能源发电与电能变换技术、电机及其控制技术。近年来主持国家、省部级科研项目及横向科研课题数十项，获国家技术发明二等奖、日内瓦国际发明展金奖、国防技术发明一等奖各1项，省部级二等奖、三等奖多项；每年获授权发明专利20多件，每年100多篇论文被国际三大检索收录。团队成员共有15人次进入国家、省部级人才计划，其中包括：国家自然科学基金优秀青年基金获得者1人，国家“万人计划”青年拔尖人才1人，教育部新世纪优秀人才支持计划1人，“511”国防科技人才计划1人，江苏省“333”工程培养对象第二层次1人、第三层次5人，江苏省“六大人才高峰”高层次人才3人，江苏省青蓝工程（学术带头人）3人；12人次获得国家、省部级荣誉称号，其中包括：全国模范教师、享受国家政府特殊津贴专家、全国优秀科技工作者、国防科技工业百名优秀博士/硕士、江苏省优秀（先进）科技工作者、江苏省有突出贡献中青年专家、江苏省十大杰出专利发明人等。研究团队继2008年被评为国家国防科工局“航空电源技术”国防科技创新团队后，2011年又被评为江苏省高校优秀科技创新团队。

在研项目：

主持国家自然科学基金优秀青年基金1项，国家自然科学基金16项，江苏省杰出青年基金、江苏省自然科学基金、高等学校博士学科点专项科研基金、江苏省科技成果转化专项资金项目、江苏省科技支撑计划（工业部分）、江苏省产学研前瞻性联合研究项目、总装备部探索研究子项目、霍英东教育基金会基础性研究课题、大型客机电源系统科技攻关项目等十多项，主持横向课题数十项。

科研成果：

1. 2009年双凸极电机及其起动发电系统，国家技术发明二等奖。
2. 2008年电励磁双凸极发电机与起动发电系统，国防技术发明一等奖。
3. 2011年A Novel Doubly Salient Brushless DC Machine and its Control Technology，第39届日内瓦国际发明展金奖。
4. 2001年3kVA高频软开关单相/三相静止变流器研制，国防科学技术二等奖。
5. 2006年航空静止变流器的研制，国防科学技术进步奖二等奖。
6. 2008年高速开关磁阻电机的关键技术，国防科技进步二等奖。
7. 2008年基于燃料电池输入的独立/并网双模式运行静止变流器技术研究，国防科学技术二等奖。
8. 2011年航空静止变流技术，国防技术发明奖二等奖。
9. 2012年航空电源变换技术，教育部技术发明二等奖。
10. 2014年飞机应急发电系统切向磁钢永磁同步电机，国防技术发明二等奖。
11. 2000年1kVA高频软开关三相变流器研制，国防科学技术三等奖、江苏省科技进步三等奖。
12. 2004年28V/1kVA/36V/400Hz航空静止变流器的研制，国防科学技术进步奖三等奖。
13. 2007年3kVA高压直流输入三相静止变流器及其冗余并联技术研究，国防科学技术三等奖。

所获荣誉：

1. 国家自然科学基金优秀青年基金，张卓然。
2. 国家“万人计划”青年拔尖人才，张卓然。
3. 全国模范教师，周波。
4. 享受国家政府特殊津贴，周波。
5. 全国优秀科技工作者，周波。
6. 教育部“新世纪优秀人才计划，张卓然。
7. 江苏省杰出青年基金，张卓然。
8. 江苏省十大杰出专利发明人，王慧贞。
9. 江苏省有突出贡献中青年专家，周波。

10. 江苏省优秀科技工作者，周波。
11. 江苏省先进科技工作者，谢少军。
12. 江苏省优秀教育工作者，周波。
13. 国防科技工业百名优秀博士/硕士，周波。
14. 江苏省优秀青年骨干教师，邢岩、肖岚、谢少军。
15. 南京青年科技之星，刘闯。
16. 中国航空学会青年科技奖，张卓然。

南京航空航天大学-航空电力系统及电能变换团队

地址：江苏省南京市江宁区胜太西路 169 号
邮编：211106
团队人数：10
团队带头人：杨善水
主要成员：杨善水，戴泽华，王丹阳，吴静波，刘力，唐彬鑫
研究方向：飞机供配电系统，电能管理等
团队简介：

本团队属于南京航空航天大学自动化学院电气工程系，主要研究方向为航空供配电系统及飞机电能管理领域，导师理论水平扎实、工程经验丰富，团队成员对科研工作充满热情、勤奋好学、团队意识突出。本团队与中国商飞、中航工业 115 所、609 所、105 所等合作紧密，完成了多个研究任务，在航空供配电研究方面经验丰富。

在研项目：

配电系统半物理实验平台。

科研成果：

1. 混合电网数字仿真软件平台：针对大型客机的电网结构及供配电系统，搭建了混合电网数字仿真软件平台，作为电源系统设计的工具，实现对关键技术演示验证和系统性能的初步分析，进一步明确电源系统技术要求，提高对供应商技术产品的集成和验证能力。

2. 自动配电物理验证平与集成技术研究：通过自动配电物理验证平台建设与集成技术研究，实现混合电源系统数字仿真性能的验证和优化，完成自动配电系统、配电网电弧故障监测和电网保护功能的演示验证。完成对电源系统初步概念方案进行评估，完成某型客机电源系统概念方案。通过高功率密度自动配电技术半物理实验平台，进一步明确电源系统技术要求。

南京航空航天大学-航空电能变换与能量管理研究团队

地址：江苏省南京市江宁区胜太西路 169 号
邮编：211106
电话：13912988096
传真：025-84893500
团队人数：8
团队带头人：龚春英
主要成员：王慧贞，张方华，陈新，秦海鸿，陈杰，邓翔，王愈
研究方向：航空二次电源（TRU&ATRU、航空静止变流器、直流变换器），微型电网电能变换装置和能量管理，分布式发电系统建模及稳定性分析，宽禁带半导体器件的高频与高温应用，高功率密度电能变换，电力电子变换器的可靠性提升与寿命预测，电力电子变换器的电磁兼容性。
团队简介：

南京航空航天大学电气工程系航空电能变换与微型电网能量管理团队，包括 4 名教授、2 名副教授、1 名高级工程师、1 名讲师，团队指导在学博士研究生 10 名、硕士研究生 50 名。团队包括航空电能变换技术实验室、微型电网能量管理实验室、航空起动发电技术实验室、高温电力电子变换技术实验室。在航空二次电源领域，主要研究高功率因数整流、高功率密度逆变技术、高功率密度直流变换技术、电力电子变换器的故障诊断和寿命预测、直流微电网的瞬态功率抑制、宽禁带半导体器件的高温和高频应用技术、航空起动发电技术等方向的研究；在微型电网能量管理领域，主要研究微型电网中新能源的电能预测与管理、微型电网的稳定性分析、大功率储能变流器、大功率并网逆变器、电动汽车充放电机、高可靠 LED 驱动器等方向的研究。

龚春英教授/博导，承担国家 973、国防型号、NSF 基金等项目，研究方向为航空二次电源；

王慧贞研究员，承担国家 863、国防型号等项目，研究方向为起动/发电、电机控制、电能变换；张方华教授/博导，承担国家 863、国防型号、NSF 基金等项目，研究方向为航空二次电源和特种电源、微网电能变换器、LED 驱动器等；陈新教授，承担国家 863、企业合作等项目，研究方向为微型电网系统稳定性分析和控制、能量管理；秦海鸿副教授，承担 NSF 基金等项目，研究方向为新型宽禁带半导体器件的应用；陈杰副教授，承担 NSF 基金等项目，研究方向为微网电能变换器和微型电网控制；邓翔高工，承担多项校企合作项目，承担企业合作项目，研究方向为航空二次电源；王愈讲师/博士，研究方向为微型电网电能管理。

在研项目：

1. 国家 863 计划（2014 ~ 2016）孤岛型智能微电网关键技术研究与示范。

2. 国家自然科学基金（2014 ~ 2017）基于特征参数监测的电力电子系统主电路故障统一预测方法研究。

3. 国家自然科学基金（2017 ~ 2020）适用于高速电机驱动的 SiC 基逆变器高速开关行为评价及其改善方法。

4. 教育部博士点基金（2014 ~ 2016）基于碳化硅器件的适合高温环境的高效率功率变换器。

5. 国家自然科学基金（2014 ~ 2016）中小型风力发电系统的功率控制与动态载荷抑制研究。

6. 江苏省自然科学基金（2013 ~ 2016）提高中小型风电机组控制性能及可靠性的关键技术研究。

7. 江苏省自然科学基金（2013 ~ 2016）分布式发电系统中电力电子装置谐波振荡与稳定性研究。

8. 江苏省产学院前瞻联合研究（2014 ~ 2017）具备微网双模式工作能力的高可靠微电网稳定装置研制。

9. 江苏省产学院前瞻联合研究（2015～2017）低成本户用型光储一体化微电网变换器研究。

10. 国家电网公司专项科技项目（2015～2018）基于阻抗的分布式发电系统建模分析和测量。

11. 光宝科技电力电子科研基金（2016～2018）GaN 器件的高频控制补偿及智能驱动研究。

12. 校企合作项目（2016～2017）高功率密度 270V/28V/3kW 直流变换器、高功率密度 28V/1kVA 航空静止变流器模块、混合供电半物理验证系统、瞬态峰值功率补偿技术研究、270V/350W 高压 DC/DC 模块研究、微电网系统应用关键技术研究、刹车用高瞬态响应 28V/270V/4kW 直流变换器、高功率密度 150kVA 三相航空静止变流器、10kW 宽变压宽变频（1k～2kHz）三相高功率因数整流器、航空二次电源系统稳定性分析与仿真。

科研成果：

团队先后承担包括国家 973 重点基础研究项目、863 计划、国家自然科学基金、型号研制任务等在内的 30 余项重要科研项目，在国内外权威期刊、会议发表研究论文 200 余篇，获得授权发明专利 40 余项。相关成果，如 15 项航空静止变流器、高功率因数整流器、起动发电控制器和电机已装机应用；多项微型电网电能变换装置和管理系统平台已应用或完成演示验证。

所获荣誉：

获得国家技术发明二等奖 1 项、省部级科技进步和技术发明奖二等奖 5 项、省部级科技进步奖三等奖 4 项。

1. 航空电源变换技术，教育部发明二等奖，2012 年。

2. 航空静止变流技术，国防技术发明二等奖，2011 年。

3. 双凸极电机及起动发电系统，国家技术发明二等奖，2009 年。

4. 电励磁双凸极电机起动发电系统，国防技术发明一等奖，2008 年。

5. 模块化静止变流器的研制，国防科学技术二等奖，2006 年。

6. 3kVA 高频软开关单/三相变流器研制，国防科技进步二等奖，2001 年。

南京航空航天大学-模块电源实验组

地址：江苏省南京市江宁区将军大道 29 号南京航空航天大学

邮编：211100

电话：025-84896662

传真：025-84896662

网址：http：//ruanxb. nuaa. edu. cn/

团队人数：7

团队带头人：阮新波

主要成员：陈乾宏，金科，张之梁，刘福鑫，方天治，任小永

研究方向：电力电子系统集成，包络线电源跟踪，超高频电力电子变换技术，无频闪无电解电容 LED 驱动电源，并网型逆变器，开关电源传导电磁干扰的建模与抑制

团队简介：

本团队现有教师 7 名，其中教育部长江学者特聘教授 1 人，国家杰出青年基金获得者 1 人，江苏省“333 高层次人才培养工程”中青年科学技术带头人 1 人，江苏省“青蓝工程”中青年学术带头人 1 人，教授 4 人，副教授 3 人。近年来，主持国家科技重大专项项目及课题、国家杰出青年基金、国家自然科学重点基金、“863”高技术课题、国家自然科学基金等科技项目 10 余项，并承担多项部省级科技项目。在阮新波教授的带领下，本团队已建设成为研究特色鲜明，研究方向明确，研究成果突出，教学水平优良，科研条件良好，管理制度健全的优秀科研团体。

在研项目：

1. 电力电子变换技术，国家杰出青年科学基金，2016 年 1 月～2020 年 12 月。

2. 现代移动通信系统中高效率高跟踪带宽包络线跟踪电源研究，国家自然科学基金面上项目，2016 年～2019 年。

3. 基于恢复效应的分布式微模块自重组电池储能系统与控制，国家自然科学基金面上项目，2016 年～2019 年。

4. 输入串联型逆变器组合系统的关键技术研究，国家自然科学基金面上项目，2015 年～2018 年 12 月。

5. 激光远程能量传输系统关键技术研究，国家自然科学基金面上项目，2014 年～2017 年。

6. 基于 GaN 功率晶体管的高功率密度分布式电源系统的研究，国家自然科学基金面上项目，2014 年～2017 年。

7. 超高频（30MHz-300MHz）功率变换与系统集成，国家自然科学基金面上项目，2014 年～2017 年。

8. 直流变换器级联系统稳定性研究，国家自然科学基金面上项目，2013 年～2016 年。

9. 远程激光充电系统研究（BK20130036），江苏省自然科学基金杰出青年基金，2014 年～2016 年。

科研成果：

1. 高效率高功率密度高可靠性电力电子变换若干关键基础理论成果，获 2014 年度教育部高等学校科学研究优秀成果奖（科学技术）、自然科学奖一等奖。

2. 高功率密度低电压调整率多路输出模块电源成果，2012 年 12 月通过国防科工局组织的鉴定，获 2013 年度中国电源学会科技进步奖二等奖。

3. 15kW 相控阵雷达电源成果，2001 年 12 月通过国防科工委组织的鉴定，并获 2002 年国防科学技术二等奖。

4. 基于高压输入直流电源模块的电源系统成果，2007 年 12 月通过国防科工委组织的鉴定，并获 2008 年国防科学技术进步三等奖。

5. 3kVA 高压直流输入三相静止变流器及其冗余并联运行成果，2006 年 12 月通过国防科工委组织的鉴定，并获 2007 年国防科学技术进步三等奖。

6. 20A/48V 软开关高频开关通信电源成果，1997 年 12 月通过中国航空工业总公司组织的部级鉴定，并获得 1998 年度中国航空工业总公司（部级）科学技术进步奖三等奖。

7. 28.5V/100A 高频软开关电子变压整流器成果，1999年12月通过中国航空工业总公司组织的部级鉴定，并获2000年江苏省国防科技进步奖一等奖。

所获荣誉：

1. 2015 年当选 IEEE Fellow。
2. 2015 年被评为国家杰出青年科学基金获得者。
3. 2014 年被评为国家科技部“创新人才推进计划”中青年科技创新领军人才。
4. 2012 年被评为享受国务院特殊津贴专家。
5. 2007 年被评为教育部长江学者特聘教授。
6. 2004 年度入选教育部新世纪优秀人才支持计划。
7. 2011 年被评为江苏省“333 高层次人才培养工程”第二层次培养对象人选。
8. 2007 年被评为江苏省“333 高层次人才培养工程”首批中青年科学技术带头人。
9. 2002 年被评为江苏省“333 新世纪科学技术带头人培养工程”第三层次培养对象。
10. 2002 年被评为江苏省高校“青蓝工程”第二期计划中青年学术带头人培养人选。
11. 2003 年被评为“中达学者”。
12. 2014 年入选 Elesevier 中国高被引作者榜单。
13. 2012 年被 IEEE Transactions on Industrial Electronics 授予杰出贡献奖。
14. 2011 年被授予江苏省第三期“333 工程”突出贡献奖。
15. 2007 年荣获第九届中国航空学会青年科技奖。
16. 2007 年被评为江苏省新长征突击手标兵。
17. 2006 年被评为江苏省十大优秀专利发明人。
18. 2001 年江苏省人民政府授予“九五”产学研先进个人。

南京理工大学-自动化学院先进电源与储能技术研究所

地址： 江苏省南京市孝陵卫街 200 号南京理工大学自动化学院

邮编： 210094

电话： 025-84315468-7083

团队人数： 13

团队带头人： 李磊

主要成员： 李磊，姚凯，李强，胡文斌，江宁强，戚志东，吕广强，颜建虎，杨飞，季振东，姚佳，王谱宇，孙金磊

研究方向：

1. 现代电力系统分析、运行与控制研究。本研究方向主要研究集中在含柔性交流输电系统、新能源并网的电力系统稳定性分析的理论和方法，稳定控制的理论及其实现。在柔性多端直流输电（VSC-HVDC）、新能源并网技术、海上风电场接入、微电网及潮流控制器设计方面，主要从事多端柔性直流系统的协调下垂控制策略、启动控制策略、交流故障控保和直流故障控保设计研究；在中高压大功率电力电子技术方面，主要从事级联型中高压变频器、基于模块化多电平的电力电子变压器等的设计与控制理论研究。

2. 新型永磁电机设计及其系统控制研究。本研究方向针对目前现有的永磁风力发电机存在的问题以及特定的使用环境，从发电机的拓扑结构出发，研究不同结构与永磁材料对电机性能的影响，拓展永磁风力发电机的应用范围；结合电机的结构特点，对电机控制方法与控制策略展开研究。

3. 电力电子变换器理论及应用研究。本研究方向主要包括单相/三相功率因数校正变换器、DC-DC 变换器（模块电源、小信号建模）、新能源并网逆变器、电动汽车充电桩技术、电力电子变压器、多电平变换器、矩阵变换器、电火花加工用脉冲电源、电磁干扰和电磁兼容等方面的研究。

4. 轨道交通电气自动化技术应用研究。本研究方向主要集中在轨道交通电气牵引全过程建模、仿真与优化、轨道交通节能、轨道交通运营优化及装备等方面，已产生了很好的经济和社会效益。

5. 电动汽车、储能系统动力电池管理。本研究方向主要集中在电池测试与建模、电池参数估计、电池热管理、电池均衡系统设计及策略开发、电池智能充电方法、电池故障诊断、电池梯次利用等研究。

团队简介：

本团队学科在研究上，坚持理论与实践相结合、强电与弱电相结合、元件与系统相结合的研究思路，面向国民经济发展建设需要，紧紧跟踪国际高水平研究方向与成果，已形成了自己的研究特色和优势。近年来，团队在电力电子、电机驱动与控制、电网智能控制等领域，先后承担并完成多项国家自然科学基金和江苏省自然科学基金项目，获得多项省部级科技进步奖，取得了一批具有自主知识产权的科研成果，产业化成果尤其显著，取得了良好的经济与社会效益。团队主要研究领域涵盖电力电子变换器、功率因数校正和参数在线监测、高频环节多电平交流直接变换和逆变技术、新型永磁电机设计与控制、电力电子磁性元件优化设计、电磁干扰预测诊断、新型微细电火花脉冲电源、电力电子在电力系统中的应用等方面。

本团队近五年来完成和参与了 20 余项纵向科研项目和数十项横向科研项目，科学研究水平不断提高。在 IEEE Transactions on Industrial Electronics、IEEE Transactions on Power Electronics、Renewable Energy、IEEE Transactions on Power System、IEEE APEC、ECCE、IECON、《中国电机工程学报》、《电工技术学报》等国内外重要期刊、会议上发表高质量的学术论文 100 余篇。出版了《多电平交-交直接变换技术及其应用》学术专著。已申请中国发明专利和实用新型专利数十项。团队成员获得江苏省科技进步一等奖、国防科技进步二等奖等多项奖励。多名教师担任国家自然科学基金、江苏省自然科学基金等项目的评审专家和 IEEE Transactions on Industrial Electronics、IEEE Transactions on Power Electronics、IEEE ECCE、IEEE IECON、《中国电机工程学报》、《电工技术学报》等国内外专业期刊和会议的审稿专家。

本团队与国内外相关高校、学术组织建立了广泛的联

系，与南瑞集团、国网电科院、国电南瑞科技、南车集团、南京地铁、华为、中兴、台达、艾默生、通用电气、德国柏林工业大学、德国轨道技术研究院等知名公司保持着良好的交流与合作关系。

在研项目：

1. 姚凯，国家自然科学基金面上项目，51677091，电力电子变换器输出电解电容 ESR 和 C 的非侵入式在线辨识关键技术研究，2017～2020，63 万。

2. 江宁强，国家自然科学基金项目，含换流器电力系统双时标直接法暂态稳定分析，2016～2019，54 万。

3. 颜建虎，国家自然科学基金项目，正弦磁链型高功率密度横向磁通永磁风力发电机研究，2015～2018，27 万。

4. 戚志东，国家自然科学基金项目，负载扰动下燃料电池动态特性的分数阶建模与控制研究，2014～2017，78 万。

5. 杨飞，江苏省自然科学基金青年科学基金项目，BK20160837，新型高频微细电火花脉冲电源拓扑、控制建模与电磁干扰预测关键问题研究，2016/07～2019/06，20 万。

6. 李磊，江苏省自然科学基金项目，BK20161499，双向高频链多电平逆变技术研究，2016/07～2019/06，10 万。

7. 颜建虎，江苏省自然科学基金青年科学基金项目，BK20140785，聚磁式横向磁通永磁盘式风力发电机研究，2014～2017，25 万。

科研成果：

SCI 期刊论文：

1. Kai Yao, Qingsai Meng, Fei Yang, Siwen Yang. A novel control scheme of three-phase single-switch quasi-CRM boost rectifier. IEEE Transactions on Power Electronics, early access.

2. Abdul Hakeem Memon, Kai Yao, Qingwei Chen, Jian Guo, Wenbin Hu. Variable-on-time control to achieve high input power factor for CRM integrated buck-flyback PFC converter. IEEE Transactions on Power Electronics, early access.

3. Kai Yao, Xufeng Zhou, Fei Yang, Siwen Yang, Cheng Cao, Chunyan Mao. Optimum 3rd current harmonic during non-dead-zone and its control implementation to improve PF for DCM Buck PFC converter. IEEE Transactions on Power Electronics, early access.

4. Qiang Li, Kai Yao, Junchao Song, Hairui Xu, Yehua Han. A series diode method of suppressing parasitic oscillation for boost PFC converter operated in discontinuous conduction mode. IEEE Transactions on Power Electronics, early access.

5. Kai Yao, Xiaopeng Bi, Siwen Yang. An e-capless ac-dc CRM flyback LED driver with variable on-time control. Journal of Power Electronics, early access.

6. Fei Yang, Xinbo Ruan, Gang Wu and Zhihong Ye. Discontinuous Current Mode Operation[11] Puyu Wang, Xiao-Ping Zhang, Paul F. Coventry and Ray Zhang. Start-up control of an offshore integrated MMC multi-terminal HVDC system with reduced DC voltage, IEEE Transactions on Power Systems, vol. 31, no. 4, pp. 2740-2751, Jul. 2016.

7. Puyu Wang, Xiao-Ping Zhang, Ray Zhang, Paul F. Coventry and Zhou Li. Control and protection sequence for recovery and reconfiguration of an offshore integrated MMC multi-terminal HVDC system under DC faults. International Journal of Electrical Power & Energy Systems, vol. 86, pp. 81-92, Mar. 2017.

8. Yan Jianhu, Feng Yi, Dong Jianning. Study on dynamic characteristic of wind turbine emulator based on PMSM, Renewable Energy, 2016. 11. 01, 97: 731～736.

9. Yan Jianhu, Zhang Qiongfang, Feng Yi. Effect of Slot opening on the cogging torque of fractional-slot concentrated winding permanent magnet brushless DC motor. Journal of Magnetics, 2016. 3. 01, 21(1): 78～82.

10. Kai Yao, Xincheng Hu, Qiang Li, Minghui Yin. A novel control to achieve optimal reduction of the e-cap's ripple current for discontinuous conduction mode boost PFC converter. IEEE Transactions on power Electronics, June 2016, 31(6): 4331-4342.

11. Kai Yao, Qingsai Meng, Yuming Bo, Wenbin Hu. Three-phase single-switch DCM boost PFC converter with optimum utilization control of switching cycles. IEEE Transactions on Industrial Electronics, Jan. 2016, 63(1): 60-70.

12. Kai Yao, Weijie Tang, Xiaopeng Bi, Jianguo Lyu. An online monitoring scheme of dc-link capacitor's ESR and C for boost PFC converter. IEEE Transactions on Power Electronics, Aug. 2016, 31(8): 5944-5951.

13. Kai Yao, Weijie Tang, Wenbin Hu, Jianguo Lyu. A current-sensorless online ESR and C identification method for output capacitor of buck converter. IEEE Transactions on Power Electronics, Dec. 2015, 30(12): 6993-7005.

14. Kai Yao, Wenbin Hu, Qiang Li, Jianguo Lyu. A novel control scheme of DCM boost PFC converter. IEEE Transactions on Power Electronics, Oct. 2015, 30(10): 5605-5615.

15. Jia Yao, Alexander Abramovitz, Keyue Ma Smedley. Analysis and design of charge pump assisted high step-up tapped inductor SEPIC converter with an "inductor-less" regenerative snubber. IEEE Transactions on Power Electronics, 2015, 30(10): 5565-5580.

16. Jia Yao, Alexander Abramovitz, Keyue Ma Smedley. Steep gain bi-directional converter with a regenerative snubber. IEEE Transactions on Power Electronics, 2015, 30(12): 6845-6856.

17. Fei Yang, Xinbo Ruan, Qing Ji and Zhihong Ye. Input Differential-Mode EMI of CRM Boost PFC Converter. IEEE Transactions Power Electronics, 28(3), pp: 1177-1188, 2013.

18. Kai Yao, Xinbo Ruan, Xiaojing Mao, Zhihong Ye. Reducing storage capacitor of a DCM Boost PFC converter. IEEE Transactions on Power Electronics. 2012, 27(1): 151-160.

19. Kai Yao, Xinbo Ruan, Xiaojing Mao, Zhihong Ye. Reducing storage capacitor of a DCM Boost PFC convert-

er. IEEE Transactions on Power Electronics, Jan. 2012, 27(1): 151-160.

20. Kai Yao, Xinbo Ruan, Chi Zou, Zhihong Ye. Three-phase single-switch boost power factor correction converter with high input power factor. IET Power Electronics, Dec. 2012, 58(7): 1095-1103.

21. Kai Yao, Xinbo Ruan, Xiaojing Mao, Zhihong Ye. Variable-duty-cycle control to achieve high input power factor for DCM Boost PFC converter. IEEE Transactions on Industrial Electronics, May 2011, 58(5): 1856-1865.

22. Lei Li, Jundong Yang, Qinglong Zhong. Novel family of single-stage three-level AC choppers, IEEE Transactions on Power Electronics, 2011, 26(2): 504-511.

23. Lei Li, Qinglong Zhong. Novel zeta mode three-level ac direct converter. IEEE Transactions on Industrial Electronics, 2012, 59(2): 897-903. Lei Li, Dongcai Tang. Cascade three-level ac-ac direct converter, IEEE Transactions on Industrial Electronics, 2012, 59(1): 27-34.

24. Lei. Li, Dongcai Tang, Cascade three-level ac-ac direct converter. IEEE Transactions on Industrial Electronics, 2012, 59(1): 27-34.

25. Fei Yang, Xinbo Ruan, Yang Yang and Zhihong Ye. Interleaved Critical Current Mode Boost PFC Converter with Coupled Inductor. IEEE Transactions Power Electronics, 2011, 26(9): 2404-2413.

26. Jianhu Yan, Heyun Lin, Yi Feng, and Z. Q. Zhu. Control of a grid-connected direct-drive wind energy conversion system. Renewable Energy, 2014, 66: 371-380.

27. Ningqiang Jiang, Hsiao-Dong Chiang. Damping torques of multi-machine power systems during transient behaviors. IEEE Transactions on Power Systems, 2014, 29(3): 1186-1193.

28. Ningqiang Jiang, Hsiao-Dong Chiang. Energy function for power system with detailed DC model-construction and analysis. IEEE Transactions on Power Systems, 2013, 28(4): 3756-3764.

29. Ningqiang Jiang, Hsiao-Dong Chiang. Numerical investigation on the damping property of power system in transient behavior. IEEE Transactions on Power Systems, 2013, 28(3): 2986-2993.

30. Jun Qian, Fei Yang, Jun Wang, Lauwers Bert, and Dominiek Reynaerts. Material removal mechanism in low-energy micro-EDM process. CIRP Annals-Manufacturing Technology, 2015, 64(1): 225-228.

31. Jia Yao, Alexander Abramovitz, Yu Wang, Hongjie Weng, Jianfeng Zhao. Safe-triggering-region control scheme for suppressing cross current in static transfer switch. Electric Power Systems Research, 2015, 125: 245-253.

32. Jianhu Yan, Heyun Lin, Yi Feng, Xun Guo, Yunkai Huang and Z. Q. Improved sliding modemodel reference adaptive system speed observer for Zhu. Fuzzy control of direct-drive permanent magnet synchronous generator wind power generation system. IET Renewable Power Generation, 2013, 7(1): 28-35.

33. Jianhu Yan, Heyun Lin, Yi Feng, Z. Q. Zhu, Ping Jin, and Yujing Guo. Cogging torque optimization of flux-switching transverse flux permanent magnet machine. IEEE Transactions on Magnetics, 2013, 49(5): 2169-2172.

34. Kai Yao, Xinbo Ruan, Chi Zou, Zhihong Ye. Three-phase single-switch boost power factor correction converter with high input power factor. IET Power Electronics, 2012, 58(7): 1095-1103.

35. Zhendong Ji, Jianfeng Zhao, Yichao Sun. Fault-tolerant control of cascaded H-Bridge converters using double zero-sequence voltage injection and DC voltage optimization. Journal of Power Electronics, 2014, 14(5): 946-956.

主要授权专利：

1. 李磊，徐烨，韦余娟．基于正激变换器的高频隔离式三电平逆变器：中国，ZL201310189221.3［P］. 2015.

2. 姚凯，阮新波．采用有源储能电容变换器的 AC/DC 变换器：中国，ZL201310302756.7［P］. 2015.

3. 姚凯，毕晓鹏，吕建国，付晓勇，孟庆赛．低输出电流峰均比的 CRM Flyback LED 驱动器：中国，ZL201410056250.7［P］. 2015.

4. 姚凯，阮新波，胡文斌，吕建国，李强．PF 为 1 的长寿命 DCM Boost PFC 变换器：中国，ZL201310362018.1［P］. 2015.

5. 戚志东，彭富明，徐胜元，单梁，刘猛，张旭．质子交换膜燃料电池测控平台：中国，ZL201310112315.0［P］. 2014.

6. 李磊，胥佳梅，项泽宇，柳成，赵卫. 基于推挽变换器的高频隔离式三电平逆变器：实用新型专利，ZL201420139039.7［P］. 2014.

7. 李磊，胥佳梅，项泽宇，柳成，潘敏，高频隔离型升压式三电平逆变器：实用新型专利，ZL201420268611.X［P］. 2014.

8. 李磊，项泽宇，胥佳梅，柳成，赵卫，一种高频隔离式五电平逆变器：实用新型专利，ZL201420139037.8［P］. 2014.

9. 李磊，项泽宇，赵卫，胥佳梅，柳成，反激高频隔离式三电平逆变器：实用新型专利，ZL201420318039.3［P］. 2014.

10. 胡文斌，王勇博，姚凯，吕建国，哈进兵，李培伟，吴超飞，余良辉．基于粒子群算法的轨道交通牵引功率平衡运行图设计方法：中国，ZL201110419990［P］. 2013.

11. 胡文斌，王勇博，姚凯，吕建国，哈进兵．一种基于遗传算法的城市轨道交通节能运行图设计方法：中国，ZL201110311427.X［P］. 2013.

12. 李磊，徐正宏，赵勤，胡伟，朱玲，吴奇，高伟，曹宏林．基于反激变换器的高频隔离式交-交型三电平交-交变换器：中国，ZL200910232474.8［P］. 2013.

13. 李磊，徐正宏，朱玲，胡伟，赵勤，高伟，吴奇，曹宏林．基于 Cuk 变换器的高频隔离式三电平直－直变换器：中国，ZL200910035881. X ［P］. 2013.

14. 季振东，赵剑锋，刘巍，孙毅超，朱泽安. 一种三角形连接的链式 H 桥直挂式逆变器相间直流侧电压平衡控制方法：中国，ZL201310355018. 9 ［P］. 2015.

15. 季振东，赵剑锋，朱泽安，刘巍，孙毅超，姚晓君. 一种双零序电压注入的链式并网逆变器容错控制方法：中国，ZL201310479229. 3 ［P］. 2015.

16. 季振东，赵剑锋，刘巍，孙毅超，朱泽安. 一种基于谐波分析的级联逆变器 H 桥单元故障检测方法：中国，ZL 201310480072. 6 ［P］. 2014.

17. 李磊，朱玲，胡伟，赵勤. 基于 Cuk 变换器的高频隔离式三电平交-交变换器：中国，ZL200910035052. 1 ［P］. 2012.

18. 李磊，唐栋材，杨开明，仲庆龙，杨君东，韦徵. 组合式三电平交-交变换器：中国，ZL200810196191. 8 ［P］. 2012.

19. 姚凯，阮新波，冒小晶. 高功率因数 DCM Boost PFC 变换器：中国，ZL201010017289. X ［P］. 2012.

20. 林鹤云，颜建虎，冯奕. 磁通切换型聚磁式横向磁通永磁风力发电机：中国，ZL201010100924. 0 ［P］. 2012.

21. 林鹤云，颜建虎，冯奕. 磁通切换型横向磁通永磁风力发电机：中国，ZL200910026058. 2 ［P］. 2011.

22. 林鹤云，颜建虎，冯奕. 磁通切换型混合励磁横向磁通永磁风力发电机：中国，ZL200910026057. 2 ［P］. 2011.

23. 赵剑锋，季振东，翟广平，蒋本洲，冯祖康，于鹏，孙毅超，王梦蔚，李修飞. 一种基于容错设计的大功率电力电子变压器：中国，ZL201010603538. 3 ［P］. 2011.

24. 赵剑锋，季振东，刘巍，孙毅超. 基于零序和负序电压注入的级联型并网逆变器直流侧平衡控制方法：中国，ZL 201310101371. 4 ［P］. 2013.

25. 赵剑锋，姚佳. 一种具有故障环流抑制作用的固态开关切换控制方法：中国，ZL201210083841. 4 ［P］. 2012.

26. 赵剑锋，姚佳，王梦蔚. 一种基于级联型变流器的多功能快速开关装置：中国，ZL 201110341235. 3 ［P］. 2012.

主要出版专著：

李磊. 多电平交-交直接变换技术及其应用 ［M］. 北京：科学出版社，2015. 12.

主要的软件著作权：

1. 胡文斌. Tsim 电气牵引系统参数测试、封装和自动建模综合输入软件，登记号：2011SR14653。

2. 胡文斌. Tsim 电气牵引系统应力与功耗散热仿真分析软件，登记号：2011SRO14650。

3. 胡文斌. Tsim 轨道电气供电系统仿真分析软件，登记号：2011SR015213。

所获荣誉：

1. 李磊，2004 年，高频交流环节 AC-AC 变换器研究，江苏省科学技术进步一等奖，排名第 3，证书编号：01-018-3。

2. 李磊，2004 年，高频交流环节 AC/AC 变换器研究，国防科学技术三等奖，排名第 2，证书编号：2004GFJ3376-2。

3. 阮新波，陈武，金科，刘福鑫，顾琳琳，王蓓蓓，姚凯，陈乾宏，严仰光，高效率高功率密度高可靠性电力电子变换若干关键基础理论，教育部自然科学一等奖，证书编号：2014-034，2015。

4. 阮新波，任小永，温振霖，姚凯，高功率密度低电压调整率多路输出模块电源，中国电源学会科技进步二等奖，证书编号：CPS2013007-4，2013。

5. 徐龙祥，姚凯，谢振宇，周瑾，金超武，朱小春，张小雷，王军，崔东辉，片状无轴承永磁电机机理研究，国防科学技术三等奖，证书编号：2006GFJ3403-2，2006。

清华大学-电力电子与电气化交通

地址：北京海淀区清华园西主楼 2-304

邮编：100084

电话：010-62772450

传真：010-62772450

团队人数：30

团队带头人：李永东

主要成员：肖曦，郑泽东，孙凯，姜新建，王善铭，陆海峰，许烈，王奎，孙宇光

研究方向：大容量电力电子变换器及其在调速节能领域的应用，交流电机的全数字化控制及其在数控机床/机器人、高铁电力牵引和舰船电力推进中的应用，新能源发电及储能

团队简介：

目标：发挥团队在现代电力电子技术方向的传统优势，力争把已掌握的核心技术及最新的科技成果在现代电气化交通系统，如高铁、电动汽车、船舰、大飞机及数控机床/机器人等高端应用中得到推广。

研究方向：电力电子与电机控制，电气化交通，特种电源系统。电力电子与电机控制是团队成员的学科方向，包括电力电子变换器、电机控制与电力传动系统、电机设计及故障诊断等，需要进一步深入研究，并作为研究团队的学科和学术支撑；电气化交通（包括轨道交通、电动汽车、船舰和大飞机等）的多电和全电化驱动，包括相应的局域电力系统，是高性能电机控制系统和电力电子技术的最高端应用，是未来能源消费领域的重要革命；特种电源系统包括军用甚低频通信电源、大飞机电源系统、特种电机驱动系统等。其中军用通信电源采用电力电子高频变换器代替传统的模拟电路，实现通信电源的高效、高动态响应和高精度控制，频率的改变比较灵活，是对潜通信的重大革命性变化。大飞机电源系统包括启动发电一体化、环控、电除冰和电作动等，是影响我国 C919，929 供电核心技术国产化的关键。

在研项目：

一、纵向项目

1. 2016. 05 ~ 2018. 05，国家重点研发计划项目，大型光伏电站直流升压汇集接入关键技术及设备研制。

2. 2015.01～2018.01，国家科技部863项目，光伏微电网双向变流器研制及关键技术研究。

3. 2014.01～2016.12，北京市自然科学基金项目，级联多电平矩阵变换器控制理论及应用。

4. 2013.01～2016.12，国家自然科学基金委员会/面上项目，电容箝位多电平矩阵变换器拓扑理论及控制系统研究。

二、国际合作与交流项目

2013.01～2016.12，2014中英合作交流项目-国家自然科学基金委员会（NSFC）与诺丁汉大学，电容箝位多电平矩阵变换器拓扑理论及控制系统研究。

三、横向项目

1. 2015.05～2017.04，中国商用飞机集团，大型民机多电电气系统实时仿真平台建设。

2. 2015.05～2018.04，中国电子集团圣非凡公司，电力电子技术与新器件在通信领域的研究。

3. 2014.07～2015.12，日立永济电气设备（西安）有限公司项目，机车牵引控制器研发。

4. 2014.01～2015.10，中船重工701所项目，15相感应式电动机。

科研成果：

1. 2007.01～2009.12，国家自然科学基金委员会/面上项目，基于虚坐标系的多电平变换器的控制及应用研究优秀结题项目。

2. 2007.01～2009.12，科技部/国家高技术研究发展计划（863计划）探索类项目，高效大容量电机驱动系统能量转换与关键控制技术。

3. 2006.12～2009.11，科技部/国家支撑计划项目，1.5MW以上双馈式风电机组集中及远程监控技术。

4. 2013.01～2014.06，北京利德华福（施耐德电气）公司项目，新拓扑中压变频器原理样机的研究项目。

5. 2008.10～2012.10，中英合作交流项目-China-UK Seminar on Future Reliable Renewable Energy Conversion Systems and Networks（FRENS：未来可靠的可再生能源转换系统和网络）。

6. 2011.02～2012.02，日本东芝公司项目，The optimization of the electric locomotive drive system considered the power supply system in the Chinese railroad。

7. 2010.03～2011.12，法国Alstom Power System公司项目，风力发电系统中的变流器的开发。

8. 2009.07～2012.06，台达电力电子科教发展计划重点项目，分布式新能源发电系统能量管理及储能研究。

9. 2007.03～2008.03，美国GE Global Research Center项目，Advancing Turbine Grid Integration Controls to Enable Large Scale Wind Integration。

10. 2006.03～2007.03，日本三菱重工公司项目，Development of the auto-tuning methods of Induction motors。

11. 2004.03～2005.03，日本三菱重工公司项目，Development and Verification of Sensor-less Vector Control Method for Compressor Ripple Torque。

12. 1997.06～1998.06，韩国三星电子公司项目，Sensor-less Vector Control of Induction Motor。

13. 2012/01～2013/12，湖南恒信科技开发有限公司项目，轨道交通用再生电能回馈系统开发。

14. 2011/05～2013/12，中国船舶重工集团公司第七〇四研究所项目，1MW高功率因数整流器研制与试验。

15. 2013/09～2014/09，中国电力科学研究院项目，新型多电平电压源换流器建模及特性研究。

16. 2013/07～2014/07，广州地铁设计研究院限公司项目，现代储能式有轨电车牵引供电系统仿真分析。

17. 2013/03～2014/12，南车株洲时代电力牵引研究所项目，电力电子变压器技术研究。

18. 2012/05～2013/12，中国船舶重工集团公司第七一二所项目，大功率变换低噪声控制技术研究。

19. 2012/03～2014/12，湖北三江航天红峰控制有限公司，HT110电力驱动控制器技术开发。

20. 2012/01～2013/12，洛阳源创公司项目，具有PWM整流能量回馈型高压变频调速系统。

21. 2011/03～2013/12，南车株洲时代电力牵引研究所项目，高压大功率多电平变换器。

22. 2010.05～2011.12，北车集团永济电机厂项目，交流电机矢量控制牵引逆变器。

23. 2010.05～2011.12，中国船舶重工集团公司第七一三所项目，大功率电源。

24. 2009.07～2011.07，华大学自主研发项目，高速列车牵引供电及传动关键技术研究。

25. 2009.05～2010.12，北京航天发射技术研究所项目，交流永磁同步伺服控制器。

26. 2009.03～2010.09，北京利德华福电气公司，具有PWM整流能量回馈性高压变频调速系统。

所获荣誉：

一、科研成果获奖

1. 2014年中国机械工业联合会与中国机械工程学会科学技术奖特等奖，大功率风电机组研制与示范。

2. 2013年国家技术发明二等奖，交流电机系统的多回路分析技术及应用。

3. 2010年国家自然基金项目优秀结题报告，基于虚坐标系的多电平变换器的控制及应用研究。

4. 2009年PCIM’China国际会议最佳论文。

5. 2008年北京市科技进步奖三等奖，双馈式风电机组集中及远程监控技术。

6. 1995年首届清华大学优秀博士后十佳之一。

7. 1993年日本电气学会工业应用年会“Shunben Shorei”优秀论文奖。

8. 1992年获霍英东教育基金会高等院校青年教师优选资助。

9. 1985年首届欧洲电力电子及应用国际会议十佳论文之一。

二、教学成果获奖

1. 2012年清华大学校级先进工作者。

2. 2010年清华大学毕业生就业工作“先进个人”称号。

3. 2010 年清华大学优秀博士学位论文指导教师。

4. 2007 年“现代电力电子学”课程获清华大学研究生精品课。

5. 1998、2002、2004、2005 年清华大学研究生“良师益友”称号获得者。

清华大学-新能源与节能控制研究中心

地址： 北京市海淀区清华大学自动化系

邮编： 100084

电话： 010-62770559

传真： 010-62786911

团队人数： 20

团队带头人： 杨耕

主要成员： 耿华，李旭春

研究方向： 可再生能源发电系统及其控制技术，微网能量管理及控制技术，储能系统状态监测及应用技术，电力电子技术与电机驱动系统

团队简介：

清华大学自动化系新能源与节能控制研究中心正式成立于 2010 年，包括高性能电力系统实时仿真实验室、故障诊断实验室和电力电子实验室。在可再生能源发电系统的故障诊断和控制技术、生态环境的检测与控制技术、蓄电储能的控制技术和电力电子技术与电机驱动系统等多个方向开展研究工作。自 2010 年以来，中心先后承担了包括国家重点研发计划、863 计划、国家自然科学基金、国家自然科学基金中英重大国际合作和中美清洁能源合作项目等在内的几十项国家级科研项目，与国际知名跨国企业，如德国 Semikron 公司、美国罗克威尔自动化公司、倍加福公司、NEC 公司和欧姆龙公司分别建立了联合实验室。

在研项目：

1. 风电场并网与传输关键技术，国家自然科学基金项目，

2. 风力发电机组控制系统的关键技术，国家自然科学基金项目，

3. 微网能量管理及控制技术，国家重点研发计划项目、863 计划项目和国际合作项目。

4. 永磁同步机无速度传感器系统及其应用（压缩机等），校企合作项目。

5. 专用变频器及特殊电源装置，校企合作项目。

6. 电能质量治理及 FACTS 装置，校企合作项目。

7. 高精度多维随动系统，校企合作项目。

8. 动力电池动态数学模型以及参数辨识方法，自主科研项目。

科研成果：

先后承担或参与了包括国家重点研发计划、863 计划、国家自然科学基金重点项目、中英重大国际合作、中美清洁能源合作项目等在内的国家级科研项目 20 余项，在国内外权威期刊、会议发表研究论文 100 余篇，获得授权发明专利 10 余项。相关成果，如 MW 级风电变流器、中低压有源电力滤波器、中低压 STATCOM、永磁同步机无速度传感器系统等已通过产学研合作得到了推广应用。

山东大学-分布式新能源技术开发团队

地址： 山东省济南市经十路 17923 号

邮编： 250061

电话： 0531-81696186

传真： 0531-88399385

团队人数： 16

团队带头人： 刘淑琴

主要成员： 边忠国，郭人杰，王黎明，钱保岐，李德广，赵方，于文涛，梁振光，张川，张宇喆，周君民，刘明芬

研究方向： 垂直轴风力发电机，风光互补小功率电源

团队简介：

山东大学高度重视磁悬浮轴承技术的人才培养和创新团队建设，充分利用自身的人、财、物优势给予各方面的支持，形成了以学科带头人刘淑琴教授为核心，以科研基地和多个重大科研项目为载体，结构合理、团结协作的学术研究团队。目前，团队共有成员 21 人，具备丰富的理论知识和动手实践经验，包括具有高级职称 5 人，具有博士学位 8 人。

在研项目：

1. 企业委托项目，一种垂直轴风力发电机的新型叶片。

2. IEA Wind Task 27，Development and Deployment of Small Wind Turbine Labels for Consumers and Small Wind Turbines in High Turbulence Sites。

3. 苏州市项目，离网型磁悬浮垂直轴风光互补小型电站效率和可靠性研究。

4. 山东省自然科学基金，经济型风电储能飞轮电磁悬浮技术研究。

科研成果：

1. 磁悬浮垂直轴自调桨距风力发电机：1）采用垂直轴结构和永磁悬浮轴承技术，基本克服了机械摩擦阻力，结构简单，有效降低了风力发电机的起动力矩和切入风速，无需启动装置就可以在低风速时自启动，提高了效率。2）桨距调节机构简单、有效，叶片在叶轮转动中能根据风速大小自动调节桨距，保持最佳迎风角，且具有自动失速保护功能和噪声低的特点。

2. 磁悬浮垂直轴外转子风光互补路灯：1）垂直轴外转子风力机。结构形式可以塔杆的上端是太阳能电池板和路灯，垂直轴风机在中间。也可以塔杆的上端是垂直轴风机和路灯，太阳能电池板在中间。安装方式灵活。2）垂直轴风机比水平轴噪声小。3）磁悬浮轴承可以达到微风发电，而且由于无摩擦效率高，寿命长。4）风光互补智能控制器。标准充电电压：24V（范围为 21.6V ~ 27V）功能包括风能、太阳能多路充电控制，并实现最大功率跟踪。防过充、防过放控制，浮充控制，防飞车、防电池反接等保护功能，具有温度补偿、风机自动卸荷、刹车等功能。路灯夜晚亮灯小时数根据需要可以灵活设置，并可以设置为根据天黑天亮程度自动亮灭。

所获荣誉：

2014 年 11 月垂直轴磁悬浮自调浆距风力发电机成果获得中国产学研合作创新成果奖，国科奖社证字第 0191 号。

陕西科技大学-新能源发电与微电网应用技术团队

地址：陕西省西安市未央大学园区陕西科技大学

邮编：710021

电话：029-86168631

传真：029-86168631

网址：http：//www. sust. edu. cn

团队人数：5

团队带头人：孟彦京

主要成员：孟彦京，石勇，陈景文，刘宝泉，王素娥

研究方向：风力发电控制技术，光伏发电及储能技术，电力传动技术，微电网控制技术等。

团队简介：

陕西科技大学新能源发电与微电网应用技术团队是以孟彦京教授为负责人，从事风力发电控制技术，光伏发电及储能技术，电力传动技术和微电网控制技术等方面研究与实践工作的团队，成员包括五名教师（其中教授 2 名，副教授 2 名，讲师 1 名）和博硕士研究生 16 名。近年来主持各类横纵向科研课题 20 余项，总经费 1000 余万元，获得省级政府奖励 3 项，授权专利 50 余项，在核心以上级别期刊发表行业论文 100 余篇，其中 SCI、EI 收录 10 篇。

团队从事的核心工作是应用技术的推广工作，以与企业为主，特别是在轻工自动化（如造纸机传动系统、复卷机传动系统等）领域享有较高的声望。近几年，在新能源应用方面也取得了一定成就，自 2008 年起开始从事风力发电控制技术的研究工作，2011 年起从事光伏发电的研究工作，2012 年在金太阳工程的支持下在校园屋顶建设了 876kW 容量的光伏电站，年发电量近 70 万度。目前，主要以新能源应用技术和电力传动技术为主要研究方向开展相关的研究和应用推广工作。

在研项目：

1. 基于空间电压矢量的异步电动机软起动控制理论与方法研究（国家自然科学基金面上项目）。

2. 风力发电集成控制系统（陕西省自然科学基础研究项目）。

3. 火电厂低电压穿越技术研究（陕西省工业攻关项目）。

4. 全自治多直流微电网协调运行关键技术研究（企业合作）。

5. 电动教练车储能系统（企业合作）。

科研成果：

1. 在北大版核心以上期刊发表科研论文 100 余篇，其中 EI、SCI 收录 10 篇。

2. 授权发明专利 12 项，实用新型专利 30 余项。

3. 省级成果鉴定 3 项。

所获荣誉：

1. 获得 2012 年度陕西省科学技术三等奖 1 项。

2. 获得 2013 年度陕西省科学技术二等奖 1 项。

3. 获得 2016 年度中国轻工亚联合会二等建 1 项。

4. 获得 2016 年度咸阳市科技进步二等奖 1 项。

上海大学-新能源电驱动团队

地址：上海市静安区延长路 140 号自动化楼

邮编：200072

电话：021-56331562

团队人数：18

团队带头人：徐国卿

主要成员：徐国卿，罗建，黄苏融，阮毅，张琪，高艳霞，陈息坤，汪飞，宋文祥，邵定国，高瑾，杨影，代颖，吴春华，王爽，赵剑飞，仇志坚，石坚

研究方向：新能源汽车电驱动关键技术研究

团队简介：

徐国卿教授是我校电力电子与电力传动学科带头人，上海大学电机控制研究所所长，为学科方向带头人之一。

罗建教授是国家“千人计划”创新型人才、中科院“百人计划”，为学科方向带头人之一。

黄苏融教授是国务院特殊津贴专家，台达学者，上海大学新能源电驱队团队创始人，为学科方向带头人之一。

上海大学新能源汽车电驱动团队在科研、社会服务能力以及团队影响力等方面，硕果累累。承担国家十五、十一五和十二五期间新能源汽车国家 863 项目课题十几项；开发的新能源汽车电驱动系统和相关核心专利技术，成功应用于产业化；团队成员拥有 8 项国际 PCT 和美国专利、25 项中国发明专利，发表论文 300 余篇（SCI 检索 60 余篇，国际一区检索 10 余篇，EI 检索 240 余篇）。

在新能源汽车电力电子与智能控制研究方向，开展前瞻性研究并取得创新性成果。在基于电驱系统参数的电动汽车打滑与稳定性快速检测方法、车辆滑移率-转矩双闭环运动控制结构与控制方法、车辆能源-运动-驱动三闭环系统控制结构和混合动力能量管理实时优化方法等方面的研究处于国际先进或领先水平。开发的电驱动系统技术实现产业化，发明的凸台母排及功率组件专利技术被广泛应用于产业，研制的混合动力整车控制器实现产业化。

团队建立了电动力的多物理域性能评价分析-多回路参数匹配-多层面协同控制的仿真与实验平台，聚焦新能源汽车电驱动系统及其功能部件的基础核心与前沿关键技术，面向产业发展需求，通过与 GE、Ford 等国际著名企业的合作，深化新能源汽车电机基础理论与前沿技术研究，持续与国内知名企业（上海电气、上海电驱动和南车时代等）开展产学研用合作，提升行业影响力。

在高品质能量变换与智能电网研究方向，开发的高能效 LED 照明核心技术应用于产业化，智能电网调控理论及实施方法的研究处于国内先进行列。

团队建立智能电网仿真与实验平台，聚焦分布式新能源发电、智能电网的关键科学问题和工程技术难题，深度研究分布式发电接入控制、高品质能量变换技术、多微电网调控技术、智能用电与柔性负载技术等，提升团队创新

能力和人才培养质量。

在人才培养与教学方面，努力提高研究生教学与科研质量，培育并奖励研究生优秀学位论文，鼓励研究生积极参加海外学术交流、国际会议和国际竞赛等。在已有上海市精品课程的基础上，加强教学团队与国家级教材建设，冲击国家级精品课程。

在研项目：

1. 电动车电机驱动系统电磁兼容设计技术与应用，国家科技支撑计划课题。

2. 高动态响应工业机器人伺服系统关键问题研究，教育部博士后基金。

3. 工业机器人伺服电机及产业化关键技术，经信委—产学研专项。

4. 用于中大型工业机器人伺服驱动系统的研究及应用验证，上海市科委攻关项目。

5. 高性价比混合动力机电耦合系统开发及产业化，2015 年国家科技支撑计划项目。

6. 异步电机低开关频率的模型预测优化控制研究，国家自然科学面上基金项目。

7. 新能源车用低成本永磁磁阻电机关键技术研发及产业化，上海市战略性新兴产业项目。

8. 高效智能动力包研制及产业化，上海市经信委重大技术装备研制项目。

9. 新能源轿车电动力总成及产业化，上海市吸收创新项目。

10. 高速大功率风扇无传感器驱动研究，横向项目。

11. 含电动汽车与可再生能源的电力系统安全风险评估与优化调度研究，上海市自然科学基金。

12. 引入智能机器人的温室作物生长专家系统研发及应用示范，上海市科委重点项目。

13. 电动汽车车载充电机，企业横向项目。

科研成果：

1. 863 重大项目，电机系统关键共性技术与评价体系研究。

2. 863 重大项目，轮边电驱动系统关键零部件及其底盘应用技术研究。

3. 863 重大项目，商用车电驱动系统全产业链开发。

4. 863 重大项目，乘用车电驱动系统全产业链开发。

5. 2015 年国家科技支撑计划项目，高性价比混合动力机电耦合系统开发及产业化。

6. 863 节能与新能源汽车重大课题，车用高性价比永磁驱动电机及其控制系统规模产业化技术攻关。

7. 上海市科委攻关，电动汽车用永磁磁阻同步电机的高效率轻量小型化设计与制造技术研究。

8. 上海市经信委，电动车辆用高密度永磁电机及其控制系统产品关键技术与应用。

9. 上海市科研，科委-高效率低成本新能源汽车电机产品的开发与技术研究。

10. 863 项目，轮毂电机分布式驱动系统及纯电动集成底盘微型车辆。

11. 上海市吸收创新项目，新能源轿车电动力总成及产业化。

12. 上海市战略性新兴产业项目，新能源车用低成本永磁磁阻电机关键技术研发及产业化。

13. 横向，升压电机系统与电励磁同步电机技术研究。

14. 横向，电工钢应力对电机性能影响仿真试验。

15. 横向，电工钢磁特性改进。

16. 深港合作项目，Plug-in 混合动力码头车关键技术研究与应用。

17. 香港创新科技基金，微混电动汽车动力系统开发。

18. 香港创新科技基金基于无线通信的车辆安全增强系统。

19. 面向互联网 + 的电动汽车智能控制与管理平台。

所获荣誉：

1. 上海大学新能源电驱队团队自 1996 年以来，已完成 20 余项国家级（自然科学基金、863 和国家科技支撑计划）重点项目课题。

2. 完成美国威斯康星大学、福特汽车、通用汽车、通用电气、美国 TIMKEN 公司和西门子公司委托的国际合作项目。

3. 配合上海电驱动、上海安乃达、上海大郡、南车时代、一汽、东风、长安汽车、上海磁浮交通等企业设计开发电动汽车、轨道交通和磁悬浮交通用驱动电机。

4. 为多家企业设计开发永磁伺服电机系统。

5. 获得省部级科技一等、三等奖各一项，2010 年获上海市科技进步一等奖，2011 年获中国国际工业博览会银奖。

上海海事大学-电力传动与控制团队

地址：上海市浦东新区海港大道 1550 号

邮编：201306

网址：http：//www. shmtu. edu. cn/

团队人数：12

团队带头人：汤天浩

主要成员：Benbouzid，汪懿德，谢卫，陆凯元，王天真，韩金刚，姚刚，王润新，Nicolas，陈昊，彭越

研究方向：船舶电力系统及其控制，新能源及其电力电子装置，港航设备自动检测、故障诊断与容错控制

团队简介：

团队以港口、船舶等航运系统及海洋开发等领域的电气工程技术应用为特色，重点研究船舶电力系统及其控制，新能源及其电力电子装置，港航设备故障诊断与容错控制。近年来目前发表学术论文 100 余篇，其中 SCI/EI 检索论文 80 余篇；获得国家级和省部级项目 20 余项。

在研项目：

1. 国家自然科学基金项目（61503242），面向一类非正弦波永磁同步电机的建模与控制方法的研究。

2. 国家自然科学基金项目（51477094），新型双功率流变磁力丝杠波浪发电机系统的研究。

3. 国家自然科学基金（61304186），一类混合动力船舶电力推进系统能量优化管理与控制策略研究。

4. 中华人民共和国交通运输部项目（2014329810360），大功率港口岸电电源谐波检测与抑制技术研究。

5. 上海市自然科学基金面上项目（15ZR1419800），主从式多电平变换器变直流电压比有限状态模型预测控制研究。

科研成果：

1. Wang Tianzhen, Xu Hao, HanJingang, et al. Cascaded H-Bridge Multilevel Inverter System Fault Diagnosis Using a PCA and Multi-class Relevance Vector Machine Approach[J]. IEEE Transactions on Power Electronics, 2015, 30(12): 1-12.(SCI)

2. Hao Chen, et al. Modeling and Vector Control of Marine Current Energy Conversion System Based on Doubly Salient Permanent Magnet Generator[J], IEEE trans. sustainable energy, 2015, 7(1): 1-10(SCI)

3. Jingang Han, Jean-Frederic Charpentier and Tianhao Tang. An Energy Management System of Fuel Cell/Battery Hybrid Boat [J]. Energies 2014, 7, 2799-2820(SCI)

4. Mohamed Benbouzid, BriceBeltran, YassineAmirat, GangYao, JingangHan, Hervé Mangel. Second-order sliding mode control for DFIG-based wind turbines fault ride-through capability enhancement [J]. ISA transactions, May 2014, 53(3): 827-833(SCI)

5. Weimin Wu, Yuanbin He, Tianhao Tang, Frede Blaabjerg. A new design method for the passive damped LCL and LLCL filter-based single-phase grid-tied inverter[J]. IEEE Transactions on Industrial Electronics, 60(10), pp 4339-4350, 2013.(SCI)

6. Zhibin Zhou, Franck Sculler, J. F. Charpentier. Mohamed EH Benbouzid, Tianhao Tang. Power smoothing control in a grid-connected marine current turbine system for compensating swell effect[J]. IEEE Transactions on Sustainable Energy, 4(3), pp 816-826, 2013.(SCI)

7. Zhibin Zhou, M. E. H. Benbouzid, J. F. Charpentier, F. Scuiller and Tianhao Tang. A review of energy storage technologies for marine current energy systems[J]. Renewable & Sustainable Energy Reviews, vol. 18, pp390-400, February 2013.(SCI)

8. 专著：汤天浩等，船舶电力推进系统[M]. 北京：机械工业出版社，2015.

9. 专利：压电磁场调制器 .2012. 1. 30. ZL 200710042683. 7[P].

10. 译著：汤天浩等，船舶电力系统[M]. 北京：机械工业出版社，2014.

11. 译著：谢卫等，非常规电机[M]. 北京：机械工业出版社，2015.

所获荣誉：

1. 上海市千人2两名，上海市海外名师1名，上海东方学者1名。

2. 复杂电子设备智能综合故障诊断技术及应用，2008年上海科技进步奖二等奖。

3. 散货港口自动化运输系统容错控制，2004年上海科技进步奖三等奖。

4. 法国国家棕榈教育骑士勋章。

5. 上海市育才奖，2009，2014。

上海交通大学-风力发电研究中心

地址： 上海市闵行区东川路800号上海交通大学智能电网大楼523室

邮编： 200240

电话： 021-34207001

传真： 021-34207001

团队人数： 9

团队带头人： 蔡旭

主要成员： 朱淼，李睿，谢宝昌，高强，张建文，曹云峰，郑毅，施刚

研究方向： 风力发电系统，风力发电交直流输电，大容量储能

团队简介：

上海交通大学风力发电研究中心致力于风力发电、直流输电以及储能技术的科研和教学工作，主要从事风电机组电气控制系统、大规模风电交直流并网以及大容量电池储能接入技术研究。

与上海电气联合研发了1.25MW、2MW和3.6MW双馈风电变流器、整机控制器以及2MW风机电动变桨控制系统并实现了产业化(上海电气集团)；研究了模块智能化风电变流器关键技术并应用与3MW全功率风电变流器中。提出了电网友好型风电场的架构及指标体系，机组及风场的动态控制模型，风储联合发电策略，成果得到示范应用。形成了面向复杂电力电子控制应用的控制器平台、面向机电系统控制的监控平台和风电机组气动-机-电实时联合仿真系统。

团队研制的大容量电池储能系统的高压直挂接入装备已通过国家863验收，研究了面向微电网的电池储能系统关键技术，对储能系统如何提高风电接入能力进行了研究。

在风电机组及风电场的动态建模技术方面，基于Power Factory和PSCAD针对国内主要厂商的机组建立了动态镜像模型，为含有大型风电场的电网仿真奠定了基础，研究了大规模电网友好型风电场关键技术以及多风电场集群控制系统。

对海上风电直流网采用直流汇聚传输进行了系统分析和经济评估，取得了一系列理论成果，针对直流网的关键装备DC-DC变换器作了系统的理论研究及试验样机开发。

团队与国内外学术机构长期保持学术沟通，承接并完成国家级、省部级研究项目及国内外企业委托项目，取得了一系列论文及专利成果。

在研项目：

1. 崇明岛智能电网总体技术方案和可持续发展模式研究，国家科技支撑计划。

2. 带有DC/DC直流电压变换的大型新能源多端直流接入系统，中英联合研究国家自然科学基金。

3. 海上风电场送电系统与并网关键技术研究及应用，国家863项目。

4. 复杂Z源功率变换器理论及其在海上直流风电传输中的应用基础，国家自然科学基金。

5. 基于电热暂态特性的大功率风电变流器状态控制机制，国家自然科学基金。

6. 复合级联多电平电池储能功率转换系统研究，国家自然科学基金。

7. 用于海上风电场电力传输的轻型直流输电VSC-HVDC基础技术研究，上海市科委项目。

8. 海上风电场直流网络的拓扑优化与运行控制及直流组网关键设备样机研制，国网重大课题。

9. 考虑资源时空特性的大型新能源发电基地功率控制技术研究，国网重大课题。

10. 崇明岛智能电网总体设计方案，国网重大课题。

科研成果：

1. 上海交通大学风力发电研究中心承接20多项国家863项目、国家自然科学基金项目，30多项上海市科委项目，100多项企业重大项目。与上海电气合作研制的风电变流器，风电整机控制器，风电变桨控制系统已在上海电气实现产业化，产生重大的社会效益和经济效益。为华锐风电研制的3MW感应电机全功率变流器已在位于盐城的国家能源海上风电技术装备研发中心试验平台使用。开发的风场动态聚合模型、风电机组动态模型已用于我国第一个千万千万风电基地-甘肃酒泉基地的风电场光伏电站集群控制系统，并于2015年通过863项目验收。与甘肃风电中心联合研发的风电变流器直接耦合超级电容储能的3M风电机组已在国内第一个电网友好型风电场-酒泉鲁能风场投入试运行，并通过了863项目验收。与上海电力公司合作的支持风电分散接入的2MW储能装置及其风储联合发电系统已在崇明岛东滩风电场成功运行。完成了第一套基于Bladed-RTDS的气动-机-电多工具联合实时风电机组仿真平台。

2. 团队在国内外高水平期刊发表论文EI(SCI)论文300多篇。

3. 团队申请授权的发明专利30多项。

所获荣誉：

1. 蔡旭教授团队获得2015年上海市科技进步二等奖：大型风力发电机组电气控制系统关键技术及产业化。

2. 李睿副教授获IEEE电力电子协会年度期刊最佳论文奖二等奖。

3. 朱淼特别研究员及其法籍留学生获得IEEE ICIEA 2015最佳论文提名奖。

4. 蔡旭教授的博士生常怡然获得第一届直流输电与电力电子创新杯大赛1等奖。

四川大学-高频高精度电力电子变换技术及其应用团队

地址：四川省成都市一环路南一段24号四川大学电气信息学院
邮编：610065
电话：028-85469866
传真：028-85400976

团队人数：30

团队带头人：张代润

主要成员：赵莉华，李媛，佃松宜，刘宜成，肖勇，段述江，吴坚

研究方向：高频射频开关电源技术，高精度电力电子变换技术，新型电力电子基础理论，新型电力电子研究技术，新型电力电子控制技术。

团队简介：

本研究团队主要有教师、研究生组成，致力于高频射频开关技术和高精度电力电子变换技术的基础理论、研究技术、控制技术等方面的研究、开发和应用工作。

在研项目：

1. 高频开关电源研究。
2. 有源电力滤波器研究。
3. 动态无功补偿研究。
4. 光伏发电逆变器研究。
5. 风力发电逆变器研究。
6. 特种开关电源研究。

科研成果：

1. 有源电力滤波器及其应用。
2. 动态无功补偿方案及应用。
3. 光伏发电逆变器及应用。

所获荣誉：

获2004年“中联重科杯”华夏建设科学技术二等奖。

天津大学-自动化学院电力电子与电力传动课题组

地址：天津市南开区卫津路92号天津大学自动化学院
邮编：300072
电话：13602064036

团队人数：13

团队带头人：王萍教授

主要成员：贝太周、张志强、王慧慧、陈博、王耕籍、毕华坤、张博文、周雷、赵晨栋、王智爽、傅传智、闫瑞涛

研究方向：分布式新能源发电及电能质量控制，分布式光伏并网系统运行与控制，直流微电网

团队简介：

在人员结构层次上，该团队现含有1名科研学术带头人(教授职称)、6名博士研究生以及6名硕士研究生。目前，主要从事直流微电网、分布式新能源并网发电及电能质量方面的相关研究。在团队带头人的领导和影响下，团队成员始终以锐意进取的科研情怀、求真务实的首创理念，勤勉互助、精诚协作、继往开来，不断取得丰硕的科研成果。近年来，该团队发表国内外高水平论文近30篇。

在研项目：

1. 电动汽车用高效宽增益双向直流变换器及及其运动控制国家自然科学基金项目。

2. 光伏电站直流升压汇集接入系统及装置仿真技术和

测试技术国家重点研发计划项目。

科研成果：

近年代表性论文：

1. Bei Taizhou，Wang Ping. Robust frequency locked loop algorithm for grid synchronization of single-phase applications under distorted grid conditions[J]. IET Generation，Transmission & Distribution.（已录用，SCI）

2. Bei Taizhou，Wang Ping，Yang Liu，Zhou Zhe. Dynamic sliding mode evolution PWM controller for a novel high-gain Interleaved DC-DC converter in PV system[J]. Journal of Applied Mathematics，2014.（SCI）

3. Wang Wei，Wang Ping，Bei Taizhou，Cai Mengmeng. DC Injection control for grid-connected single-phase inverters based on virtual capacitor，Journal of Power Electronics，2015，15(5)：1338-1347，SCI

4. Xue Li-Kun，Wang Ping，Wang Yi-Feng，Bei Tai-Zhou，Yan Hai-Yun. A four-phase high voltage conversion ratio bidirectional DC-DC converter for battery applications[J]. Energies，2015，8(7)：6399-6426.（SCI）

5. Huihui Wang，Ping Wang，Tao Liu. Power Quality Disturbance Classification Using the S-transform and Probabilistic Neural Network[J]. Energies.（已录用，SCI）

6. Ping Wang，Chendong Zhao，Yun Zhang，Jing Li，Yongping Gao. A Bidirectional Three-level DC-DC Converter with a Wide Voltage Conversion Range for Hybrid Energy Source Electric Vehicles，Journal of Power Electronics.（已录用，SCI）

7. Yun Zhang，Jilong Shi，Lei Zhou，Jing Li，Mark Sumner，Ping Wang，and Changliang Xia. Wide input-voltage range Boost three-level DC-DC converter with Quasi-Z source for fuel cell vehicles[J]. IEEE Transactions on Power Electronics，（已录用，SCI）

8. 贝太周，王萍，蔡蒙蒙．注入三次谐波扰动的分布式光伏并网逆变器孤岛检测技术[J]．电工技术学报，2015，30(7)：44-51.（EI）

9. 王萍，王尉，贝太周，李楠．数字控制对并网逆变器的影响及抑制方法[J]．天津大学学报(自然科学与工程技术版)，(已录用，EI)

10. 亓才，王萍，贝太周，王慧慧，李楠．无需虚拟正交量的单相并网逆变器矢量控制[J]．电网技术，2015，39(12)：3470-3476.（EI）

11. 王萍，蔡蒙蒙，王尉．基于自适应陷波滤波器的有源阻尼控制方法[J]．电机与控制学报，2015，19(9)：108-116.（EI）

12. 王慧慧，王萍．基于改进数学形态学与S变换的暂态电能质量扰动检测[J]．天津大学学报(自然科学与工程技术版)．(已录用，EI)

13. Bei Taizhou，Wang Ping，Wang Wei. Modeling and simulation of single-phase photovoltaic grid-connected inverter[J]. Proceedings of 5th International Conference on Power Electronics Systems and Applications，PESA 2013.（EI）

14. Wang Huihui，Wang Ping. Comparison of detection methods for power quality in micro-grid[J]. Proceedings of 6th International Conference on Power Electronics Systems and Applications. PESA 2015.（EI）

15. Ping Wang，Mengmeng Cai. Adaptive notch filter based active damping control for grid-connected inverter[J]. 3rd International Symposium on Electrical & Electronics Engineering，EEESYM 2014.（EI）

16. Ping Wang，Zhe Zhou，Mengmeng Cai，Jingbin Zhang. An improved multistage variable-step MPPT algorithm for photovoltaic system [J]. Applied Mechanics and Material，2013.（EI）

17. Wang Ping，Guo Lin，Zhou Zhe，Chen Liuye. Switch-mode AC stabilized voltage supply based on PR controller[J]. Proceedings of 5th International Conference on Power Electronics Systems and Applications，PESA 2013.（EI）

18. Wang Ping，Liu Can，Guo Lin. Modeling and simulation of full-bridge series resonant converter based on generalized state space averaging[J]. Applied Mechanics and Materials，2013，(EI)

19. Wang Wei，Wang Ping. A Novel Power Decoupling Technique for Single-Phase Photovoltaic Grid-Connected Inverter[J]. Proceedings of 5th International Conference on Power Electronics Systems and Applications，PESA 2013.（EI）

20. Ping Wang，Liu Yang. Parameter Optimization of Virtual Impedance for Parallel Inverter[J]. Advanced Materials Research，2014.（EI）

21. Qiliang Zhang，Ping Wang，Liu Yang. Research of compensated AC regulated power supply in electric power systems based on a high-frequency isolated transformer[J]. Advanced Materials Research，2013.（EI）

申请专利：

1. 王萍，贝太周，石记龙，戚银．一种具有预滤波功能的单相频率自适应同步锁相系统：发明专利，专利申请号：201510309663.6[P].

2. 王萍，贝太周．一种基于相位扰动的分布式并网逆变器孤岛检测系统：发明专利，专利申请号：201510565709.0[P].

3. 王萍，石记龙，张云．一种光伏发电用宽范围输入型升降压三电平直流变换器：中国，201610152686.5[P].

所获荣誉：

曾获天津市南开区青年博士团暨天津市高校大学生科技作品竞赛二等奖(DSP应用技术类)。

同济大学-磁浮与直线驱动控制团队

地址：上海市曹安公路4800号，同心楼505室

邮编：201804

电话：13651743710

网址：http：//www.toongji.edu.cn

团队人数：12

团队带头人：林国斌

主要成员： 林国斌，任敬东，廖志明，徐俊起，高定刚，潘洪亮，荣立军，吉文，韩鹏，胡杰

研究方向： 磁浮车辆设计，悬浮控制，直线驱动控制，悬浮电磁铁，直线电机

团队简介：

国家磁浮交通工程技术研究中心下属车辆研究室，专业从事磁浮车辆整车设计和关键部件设计。牵头设计制造了中国第一列高速磁浮试验样车。牵头设计制造了中国第一列面向工程应用的国产化样车。

在研项目：

国家支撑"十三五"课题：

600km/h 高速磁浮车辆总体方案设计，200km/h 中速磁浮车辆总体方案设计。

科研成果：

国产高速磁浮试验车，面向工程应用的高速磁浮国产化样车，中低速磁浮工程试验车、磁浮控制系统设备等。

同济大学-电力电子可靠性研究组

地址： 上海市曹安公路 4800 号同济大学电气工程系

邮编： 201804

电话： 15909393698

团队人数： 9

团队带头人： 向大为

主要成员： 向大为，许哲雄，李巍

研究方向： 电力电子状态监测与故障诊断技术，新能源发电，电机运行与控制

团队简介：

本课题组以提高电力电子系统运行可靠性为目标，研究相关监测、诊断、控制以及测试新技术。

在研项目：

1. 2016.1 ~ 2016.12，电力电子高可靠性关键技术及其产业化，中央高校基础人才计划。

2. 2016.3 ~ 2017.6，变流器功率模块 IGBT 结温在线测量技术研究，英飞凌(中国)公司。

3. 2015.1 ~ 2016.6，光伏逆变器零电压穿越控制技术咨询，武汉武新科技股份有限公司。

科研成果：

一、论文

1. 刘也可，向大为，袁逸超，钱金子阳. PWM 变流器现场双脉冲测试方法研究[J]. 新型工业化，2015，16-20.

2. 王传东，向大为，王腾. 双馈风机转子侧变流器电热分析[J]. 新型工业化，2015，21-26.

3. 王腾，向大为，刘也可. 光伏发电系统低电压穿越现场测试方法研究，第 21 届中国电源学会年会，2015. 11.

4. 王传东，向大为，刘也可. 双馈风机转子侧变流器开关频率动态优化技术，第 21 届中国电源学会年会，2015. 11.

5. Xiang D. Ran L. , Tavner P. Yang S. Bryant A. and Mawby P. Condition Monitoring Power Module Solder Fatigue Using Inverter Harmonic Identification[J]. IEEE Transaction on Power Electronics, Vol. 27, No. 1, Jan. 2012, pp. 235-247.

6. Xiang D. Ran L. Tavner P. Yang S. Bryant A. and Mawby P. Monitoring Solder Fatigue in a Power Module Using Case-Above-Ambient Temperature Rise[J]. IEEE Transaction on Industry Applications, Vol. 47, No. 6, Nov. 2011, pp. 3019-3031.

7. Bryant A. Yang S. Mawby P. Xiang D. Ran L. and Tavner P. Investigation into IGBT dV/dt during Turn-Off and its Temperature Dependence[J]. IEEE Transaction on Power Electronics, Vol. 26, No. 10, Oct. 2011, pp. 2578-2591.

8. Ran L. Xiang D. and Kirtley Jr. J. L, Analysis of Electromechanical Interactions in a Flywheel System with a Doubly-Fed Induction Machine[J]. IEEE Transaction on Industry Applications, Vol. 47, No. 3, May 2011, pp. 1498-1506.

9. Yang S. Bryant A. awby P. Xiang D. Ran L. and Tavner P. An Industry-Based Survey of Reliability in Power Electronic Converters[J]. IEEE Transaction on Industry Applications, Vol. 47, No. 3, May 2011, pp. 1441-1451.

10. Yang S. Xiang D. Bryant A. Mawby P. Ran L. and Tavner P. Condition Monitoring for Device Reliability in Power Electronic Converters-A Review[J]. IEEE Transaction on Power Electronics, Vol. 25, No. 11, Nov. 2010, pp. 2734-2752.

二、专利

1. 向大为，刘也可，袁逸超. 一种变流器 IGBT 功率模块现场双脉冲测试系统及方法：中国，201510900434.1 [P]. 2015-12-08.

2. 向大为，袁逸超. 一种变流器中功率二极管结温测量的系统与方法：中国，201510527128.8 [P]. 2015-8-26.

3. 向大为，韩旭. 一种基于谐振原理的变流器电容容量现场检测方法：中国，201510387200.1 [P]. 2015-7-6.

4. 向大为，王腾，刘也可. 一种光伏发电的低电压穿越测试系统及方法：中国，201510279545.5 [P]. 2015-5-28.

5. 向大为，王传东. 一种双馈风电变流器开关频率的优化方法及系统：中国，201510136652.2 [P]. 2015-3-27.

6. 向大为，王腾. 一种 Boost 变流器的风电机组低电压穿越测试系统及方法：中国，201510096464.1 [P]. 2015-3-4

7. 向大为，王腾. 一种全功率变流器风电机组低电压穿越测试系统及方法：中国，201410448425.9 [P]. 2014-9-5.

8. 向大为，王腾. 一种电气测试系统中的变流器并联方法：中国，201410448440.3 [P]. 2014-9-5.

9. 向大为. 一种基于谐波监测的变流器功率模块在线故障诊断方法：中国，201310099893.5 [P]. 2015-11-11.

同济大学-电力电子与电气传动研究室

地址： 上海市曹安公路 4800 号同济大学电信学院电气工程系

邮编： 201804

电话： 17721085566

团队人数： 24

团队带头人： 康劲松

主要成员： 康劲松，向大为，项安，袁登科，韦莉

研究方向： 电动汽车电驱动技术，轨道车辆牵引控制，电力电子可靠性状态检测，新能源发电

团队简介：

多年来，研究团队始终围绕电动汽车、高速列车、低速磁浮列车的高性能电气传动技术开展了大量研究工作，在永磁电机弱磁控制、牵引变流器可靠性评估、IGBT 状态检测与故障预诊断等方面取得了大量成果，有效提高了传动系统的运行性能和可靠性。目前，部分研究成果已取得产业化应用与推广，产生了良好的社会与经济效益。

在研项目：

1. 2016.01～2019.12，车用机电复合传动广义主动阻尼同步注入原理和关键技术，国家自然科学基金。

2. 2015.10～2018.09，电动汽车机电复合传动转矩动态精确控制及扭振主动抑制理论基础，中央高校基本科研业务费专项资金（重点项目）。

3. 2016.1～2017.08，变流器功率模块 IGBT 结温在线测量技术研究，英飞凌科技（中国）有限公司。

4. 2016.09～2017.06，低速磁浮牵引变流系统方案设计，国家磁浮研究中心。

科研成果：

项目：

主持承担国家"九五"重点科技攻关项目子课题、国家"十五"、"十一五"、"十二五"863 计划重大专项课题、国家自然基金、铁道部重点项目和上海市国际合作等 30 多项项目。

论文：在期刊、重要国际会议上发表学术论文共 150 多篇（ESI 高引 3 篇）。

专利-申请或授权 20 余项发明专利。

出版专著教材：4 本。

所获荣誉：

1. 2001，地铁一号线车辆 IGBT 静止辅助逆变器研制，上海市科技进步奖三等奖。

2. 2011，中国电源学会首届科技进步奖-青年奖。

同济大学-电力电子与新能源发电课题组

地址： 上海市嘉定区曹安公路 4800 号

邮编： 201804

电话： 13867150432

团队人数： 11

团队带头人： 钱挺

研究方向： 功率变换器的新型拓扑与超快速控制，新能源转换与控制，新器件在功率变换器中的应用，功率变换器的芯片集成，有源滤波器的控制方案等

团队简介：

团队带头人钱挺，1977 年 12 月生，博士，教授，同济大学电气工程系主任，第五批"国家青年千人计划"入选者，IEEE Transactions on Power Electronics，Associate Editor。1999 年 6 月和 2002 年 3 月分别获得浙江大学学士和硕士学位；2008 年 1 月获得美国东北大学（Northeastern University）博士学位；2007 年 10 月至 2013 年 2 月留美工作，任美国德州仪器公司（Texas Instruments）系统工程师；2013 年 6 月至今在同济大学工作，先后任副教授、教授。已发表第一作者论文包括 9 篇 SCI 国际期刊论文（其中 7 篇为 IEEE Transactions 论文）和 12 篇 EI 收录论文。

团队依托同济大学电气工程系开展电力电子与新能源方向的研究工作，目前有教授 1 人，研究生 10 人，主要研究方向包括：功率变换器的新型拓扑与超快速控制，新能源转换与控制，新器件在功率变换器中的应用，功率变换器的芯片集成，有源滤波器的控制方案等。课题组一直致力于学术探索与工程应用相结合的研究，长期与美国东北大学 Brad Lehman 教授的电力电子团队保持紧密合作，并与领域内的知名公司开展合作研究。

在研项目：

1. 太阳能光伏系统的智能化控制与高密度集成。

2. 微型光伏逆变器的高密度集成。

3. 基于 GaN 与 SiC 器件的功率变换技术研究。

4. 用于新能源汽车的隔离型高密度逆变器。

科研成果：

团队带头人已发表第一作者论文包括 9 篇 SCI 国际期刊论文（其中 7 篇为 IEEE Transactions 论文）和 12 篇 EI 收录论文。

所获荣誉：

团队带头人入选第五批"国家青年千人计划"。

武汉大学-大功率电力电子研究中心

地址： 湖北省武汉市武昌区武汉大学电气工程学院

邮编： 430072

电话： 027-68775879

传真： 027-68775879

网址： http://cgpes.whu.edu.cn/

团队人数： 42

团队带头人： 查晓明

主要成员： 查晓明教授，孙建军副教授，刘飞副教授，黄萌博士，秦亮博士，宫金武博士，李尚盛博士，刘懿博士，杨泽洲博士，刘文君博士

研究方向： 电力电子功率变换及系统，智能电网及新能源发电中的电力电子技术应用，大功率电力电子系统及微电网的分析与控制，电能质量分析与控制，高压大功率电机的变频调速技术，电力电子可靠性，电力电子系统非线性。

团队简介：

本研究中心团队以大功率电力电子技术课题为研究主体，依托于武汉大学电气工程学院，和国内大功率电力电子研究领域（清华大学、浙江大学、华中科技大学、西安交通大学、哈尔滨工业大学、华北电力大学、湖南大学和合肥工业大学）的专家学者进行广泛的技术交流与合作，同时与国外知名高校如美国密歇根州立大学彭方正教授、

俄亥俄州立大学王瑾教授团队在学术交流和人才培养方面进行深度合作，不断探寻大功率电力电子技术研究领域的最新科研动态和技术前沿。在查晓明教授的带领下已发展成为一个拥有2名副教授、3名讲师、10余名博士研究生、20余名硕士研究生组成的人员结构合理、分工明确、目标统一的科研团队。

团队自成立以来始终坚持基础理论研究与工程应用实践并重的原则，紧跟电力科技领域的大功率电力电子技术前沿，充分发挥自身优势，合理运用武汉大学丰富的科研与教学资源，与国家电网公司、南方电网公司等国内多家企业保持良好和持久的合作关系，在大功率电力电子变换装置及其应用系统等领域取得了良好的成绩。在此基础上，本团队力争成为国内大功率电力电子领域一流的创新团队。

在研项目：

一、国家自然科学基金项目

1. 国家自然科学基金面上项目（批准号：51177113），基于微分几何同调的微电网等值建模理论与模型降阶方法。

2. 国家自然科学基金青年项目（批准号：51107091），一种基于部分单元能量回馈的级联多电平逆变器研究。

3. 国家自然科学基金面上项目（批准号：51277137），微电网逆变器交互作用分析及建模方法研究。

4. 国家自然科学基金青年项目（批准号：51207115），基于脉冲微分动力系统理论的风电功率预测的极大误差评估方法研究。

5. 国家自然科学基金青年项目（批准号：51307126），一种新型级联多电平变换器的高压大功率电机准矢量控制方法。

6. 国家自然科学基金面上项目（批准号：51577137），多端口级联型中高压大功率变换器及功率平衡控制策略研究。

7. 国家自然科学基金青年项目（批准号：51507118），新能源发电并网变流器故障穿越能力的多时间尺度评估方法研究。

二、国防项目

1. 国防973项目专题1项（独立电力系统能量管理与运行安全研究的国防973项目专题，2015年）。

2. 国防973项目专题1项（舰船综合电力网络结构理论研究的国防973项目专题，2007年）。

三、其它项目

1. 湖北省科技支撑计划（研发与示范）（批准号：2015BAA109），户用即插即用式光伏-储能并网发电系统。

2. 湖北省自然科学基金一般项目（批准号：2011CDB263），基于部分单元能量回馈的级联多电平变换器研究。

3. 2012年湖北省科技攻关计划项目，220V直流微电网多样性配电平台产业化研究。

4. 国家自然科学基金重大项目课题（批准号：51190102），大规模风电场多时空尺度聚合建模理论和方法（参与）。

5. 科技部973项目课题1项（批准号：2012CB215101），大规模高集中度风电场出力多时空尺度爬坡特征分析、预测与控制（参与）。

6. 国网河南省电力公司电力科学研究院，电能质量治理设备检测平台开发。

7. 广州供电局有限公司，数字物理混合仿真系统研发（用户侧电能质量问题及治理机理研究与仿真展示）。

8. 国网湖北省电力公司电力科学研究院，一次调频对区域电网安全稳定性影响及其参数自适应化。

9. 国网湖北省电力公司电力科学研究院，清洁能源与智能用电协调控制（智能发供用微电网管理系统研制。

科研成果：

一、已授权专利

1. 一种多并网逆变器系统的动态等值方法，2015.02.28。

2. 用于提高LCL并网逆变器稳定性的控制方法，2015.04.27。

3. 一种电压暂降过渡过程模拟装置及方法，2015.05.22。

4. 一种基于四象限电力电子变流器的电机模拟装置及方法，2015.05.22。

5. 硬件在环仿真装置，2014.08.28。

6. 一种380V电压等级的APF的检测平台，2015.03.16。

7. 一种10kV电压等级的STATCOM检测平台，2015.03.16。

8. 一种直流微网的固态电子开关的短路保护电路及保护方法，2014.05.28。

9. 硬件在环仿真方法和系统，2014.08.28。

10. 基于虚拟阻抗的多并网逆变器系统全局谐振抑制装置及方法，2015.05.28。

11. 一种10kV电压等级的STATCOM检测平台及检测方法，2015.03.16。

12. 一种380V电压等级的APF的检测平台及检测方法，2015.03.16。

13. 一种应用于双向变换器的电压、电流双环控制的优化方法，2015.05.22。

14. 一种级联多电平变流器直压传感器失灵预警方法，2015.05.20。

15. 基于有源降阶法的LLCL并网逆变器及电流控制方法，2015.05.22。

16. LCL与多LC支路相结合的并网逆变器及电流控制方法，2015.05.22。

17. 一种电能质量及节能设备的综合实验方法。

18. 一种在线检测IGBT器件短路和开路故障的方法及控制器。

19. 一种单元串联式高压变频器的控制方法。

20. 一种单元串联高压变频器的单元旁路装置及控制方法。

21. 一种电能质量及节能设备的综合实验平台。

22. 一种配电网调容装置。

23. 中压系统感性动态无功调节装。

24. 一种三相四线制系统动态无功发生器电路。

25. 一种新型高压变频器低能耗负载试验方法。

26. 一种无功电能的计量方法。

27. 基于α-β电流分量直接注入的高压变频调速方法及其装置。

28. 中性线谐波电流治理装置及其控制方法。

29. 基于α-β电流分量直接注入的有源电力滤波方法及其装置。

30. 复杂电力系统谐波、无功、负序综合治理的方法及装置。

二、已发表论文

1. Jinwu Gong, Lan Xiong, Fei Liu, Xiaoming Zha. A Regenerative Cascaded Multilevel Converter Adopting Active Front Ends Only in Part of Cells [J]. IEEE IEEE Transactions on Industrial Applications, pp. 1754-1762, Feb. 2015.

2. Xiaoming Zha, Lan Xiong, Jinwu Gong and Fei Liu. Cascaded multilevel converter for medium-voltage motor drive capable of regenerating with part of cells [J]. IET Power Electronics, vol. 7, no. 5, pp. 1313-1320, May 2014.

3. Jianjun Sun, Jinwu Gong, Baifeng Chen and Xiaoming Zha. Analysis and design of repetitive controller based on regeneration spectrum and sensitivity functioning active power filter system [J]. IET Power Electronics, doi: 10.1049/iet-pel. 2013. 0614.

4. M. Huang, C. K. Tse, S. C. Wong, C. Wan and X. Ruan. Low-frequency Hopf bifurcation and its effects on stability margin in three-phase PFC power supplies connected to non-ideal power grid [J]. IEEE Transactions on Circuits and Systems I-Regular Papers, vol. 60, no. 12, pp. 3328-3340, December 2013.

5. M. Huang, S. C. Wong, C. K. Tse and X. Ruan. Catastrophic bifurcation in three-phase voltage-source converters [J]. IEEE Transactions on Circuits and Systems I-Regular Papers, vol. 60, no. 4, pp. 1062-1071, April 2013.

6. C. Wan, M. Huang, C. K. Tse, and X. Ruan. Effects of interaction of power converters coupled via power grid: a design-oriented study [J]. IEEE Transactions on Power Electronics, vol. 30, no. 7, pp. 3589-3600, Jul. 2015.

7. C. Wan, M. Huang, C. K. Tse, S. C. Wong and X. Ruan. Nonlinear behavior and instability in three-phase boost rectifier connected to non-ideal power grid with interacting load [J]. IEEE Transactions on Power Electronics, vol. 28, no. 7, pp. 3255-3265, July 2013.

8. C. Wan, M. Huang, C. K. Tse, S. C. Wong and X. Ruan. Irreversible bifurcation phenomenon in power-grid connected converter systems [J]. International Journal of Bifurcation and Chaos, vol. 22, no. 6, pp. 1250155-1-8, June 2012.

9. 查晓明，孙建军，陈允平．并联型有源电力滤波器的重复学习 Boost 变换控制策略 [J]. 电工技术学报. 2005, (20) 2: 56-62.

10. 查晓明，张扬，孙建军，樊友平．基于微分同调和混沌分析的集成三相变流电路的降阶方法 [J]．物理学报，2012，62 (2)．020505. 1-020505. 9.

11. 张扬，查晓明，刘亚琦，张鲲，熊一，樊友平．基于非线性振荡和混沌分析的单相 AC-DC 变流电路的摄动解析 [J]．物理学报，2012，61 (21)．210508. 1-210508. 9 (SCI).

12. 查晓明，张扬，成燕，樊友平．用于简化微电网结构的微分几何广义同调方法 [J]．电工技术学报，2012，27 (1)．020505. 1-020505. 9

13. 查晓明，张茂松，孙建军．链式 D-STATCOM 建模及其状态反馈精确线性化解耦控制 [J]．中国电机工程学报，2010，30 (28)．107-113.

14. 张茂松，查晓明，孙建军等．链式 D-STATCOM 的无源性控制 [J]．中国电机工程学报，2010，31 (15)．33-39

15. 查晓明，石峰，宫金武孙建军．有源电力滤波器的频域能量变换模型及其应用 [J]．中国电机工程学报，2009. 29 (4)．84-90.

所获荣誉：

1. 2013 年湖北省科技进步二等奖。

2. 2013 年国家电网公司科技进步三等奖。

3. 2010 年军队科技进步奖一等奖。

4. 国家科技部“十一五”科技计划执行优秀团队奖。

5. 2007 年武汉市科技进步奖三等奖。

6. 2005 年湖北省科技发明二等奖。

7. 2005 年中国电力科学技术进步三等奖。

8. 2015 年电源学会年会优秀论文：

1）电网故障下三相电压源型变换器瞬态响应分析，作者：彭宇，黄萌，查晓明。

2）面向可靠性的 buck 输出侧 LC 滤波器设计，作者：刘懿，黄萌，王怀，查晓明，宫金武，孙建军。

9. 2015 年中国高校电力电子与电力传动学术年会优秀论文：

部分单元能量回馈变流器输出高频谐波消除方法研究，作者：杨泽洲，李尚盛，宫金武，刘飞。

武汉理工大学-电力电子系统可靠性与控制技术研究团队

地址：湖北省武汉市珞狮路 122 号

邮编：430070

电话：18971400950

团队人数：17

团队带头人：朱国荣

主要成员：黄云辉，张侨，孟培培

研究方向：电力电子系统可靠性分析，状态监测与故障诊断技术，可再生能源稳定与控制，新能源汽车电气驱动，电力电子中的电磁兼容问题。

团队简介：

电力电子系统可靠性与控制技术研究团队成立于 2012 年，基于武汉理工大学在材料，船舶和交通运输领域的行业优势，依托武汉理工大学自动化学院，开展元器件可靠性分析与寿命预测，新能源电动汽车驱动与可靠性设计，电力电子系统电磁兼容方面的研究工作。

科研团队长期与清华大学、浙江大学、香港理工大学、香港大学、丹麦奥尔堡大学、弗吉尼亚理工大学，俄亥俄州立大学和密歇根大学迪尔伯恩分校等国内外知名高校保持紧密的沟通和合作，联合培养硕士，博士。

与东风汽车公司、中原电子、华为、中兴、爱信精机和丰田等公司及研究机构保持密切的交流合作。

目前研究团队发表论文90余篇，受理发明专利10项，授权专利4项，4项技术被爱信精机采纳，实现产品化用于丰田混合动力汽车产品中。

在研项目：

1. 主持国家自然科学基金，51107092/E070602，燃料电池供电系统低频纹波抑制技术研究于2014年底结题，得到优秀等级。

2. 主持中国博士后科学基金面上项目，2012M511693，消除分布式电源并网系统中低频纹波的策略研究。

3. 主持湖北省科技攻关项目，电动汽车磷酸铁锂离子动力电池管理系统。

4. 主持湖北省重大科技创新计划项目，高性能大功率起重专用变频器。

5. 主持江苏扬州市“绿扬金凤计划”优秀博士人才项目，新型高压大功率金属化薄膜电容器关键技术研发与产业化。

6. 参加国家电网公司科技项目，5211HQ120001，风电并网基础研究平台建设与检测能力提升子课题三。

7. 主持校企合作项目，高性能通用交流伺服系统开发。

8. 主持军工横向项目，×××电磁兼容性分析研究。

科研成果：

一、论文

1. G. R. Zhu*, K. H. Loo, Y. M. Lai, and C. K. Tse. Quasi-Maximum Efficiency Point Tracking for Direct Methanol Fuel Cell in DMFC/Super capacitor Hybrid Energy System[J]. IEEE Transaction on Energy conversion, 2012. 27(3): 561-571.

2. G. R. Zhu*, S. C. Tan, Y. Chen, and C. K. Tse. Mitigation of Low-Frequency Current Ripple in Fuel-Cell Inverter Systems Through Waveform Control[J]. IEEE Transactions on Power Electronics, 2013, 28(2): 779-792.

3. S. L. Li, G. R. Zhu, S. C. Tan, and S. Y. R. Hui*, Direct AC/DC Rectifier with Mitigated Low-Frequency Ripple through Inductor-Current Waveform Control[J]. IEEE Transactions on Power Electronics, 2015. 30(8): 4336-4348.

4. Guo-rong Zhu*, Hao-Ran Wang, Biao Liang, Siew-Chong Tan, Jin Jiang. Enhanced Single-Phase Full-Bridge Inverter with Minimal Low-Frequency Current Ripple[J]. IEEE Transactions on Industrial Electronics, 2016, 63(2): 937-943.

5. Zhu, G-. R. Wang, H-. R. Ma, S-. Y. Tan, S-. C. Closed-Loop Waveform Control of Boost Inverter[J]. IET Power Electronics, 2016, in press.

6. Yunhui Huang, Xiaoming Yuan, Jiabing Hu*, and Pian Zhou. Modeling of VSC connected to weak grid for stability analysis ofDC-link voltage control[J]. IEEE Journal of Emerging and Selected Topics in Power Electronics, 2015, 3(4): 1193-1204.

7. Yunhui Huang, Xiaoming Yuan, Jiabing Hu*, and Pian Zhou. DC-bus voltage control stability affected by AC-bus voltage control in VSCs connected to weak AC grids[J]. IEEE Journal of Emerging and Selected Topics in Power Electronics, 2015, 4(2): 445-458.

8. Jiabing Hu*, Yunhui Huang, Dong Wang, Hao Yuan, and Xiaoming Yuan. Modeling of grid-connected DFIG-based wind turbines for DC-link voltage stability analysis [J]. IEEE Trans. Sustain. Energy, 2015, 6(4): 1325-1336.

9. X. Luo, Q. P. Tang, A. W. Shen, Q. Zhang. PMSM Sensorless Control by Injecting HF Pulsating Carrier Signal into Estimated Fixed-Frequency Rotating Reference[J]. IEEE Trans. on Industrial Electronics, 2016, 63(4): 2294-2303.

10. R. Min, Q. L. Tong, Q. Zhang*, X. C. Zou, Z. L. Liu. Digital Sensorless Current Mode Control based on Charge Balance Principle for DC-DC Converters in DCM[J]. IEEE Trans. on Industrial Electronics. 2016, 63(1): 155-166.

11. Q. Zhang, R. Min, Q. L. Tong, X. C. Zou, Z. L. Liu and A. W Shen. Sensorless Predictive Current Controlled DC-DC Converter with a Self-Correction Differential Current Observer [J]. IEEE Trans. on Industrial Electronics, 2014, 61(12): 6747-6757.

12. Q. L. Tong, Q. Zhang*, R. Min, X. C. Zou, Z. L. Liu and Z. C. Chen. Sensorless Predictive Peak Current Control for Boost Converter Using Comprehensive Compensation Strategy [J]. IEEE Trans. on Industrial Electronics, 2014, 61(6): 2754-2766.

13. R. Min, C. Chen, X. D. Zhang, X. C. Zou, Q. L. Tong and Q. Zhang. An Optimal Current Observer for Predictive Current Controlled Buck DC-DC Converters[J]. Sensors, 2014, 14(5): 11542-11556.

14. Q. L Tong, Q. Zhang*, R. Min, X. C. Zou. Bayesian Estimation in Dynamic Framed Slotted ALOHA Algorithm for RFID System[J]. Computers and Mathematics with Applications. 2012, 64(5): 1179-1186.

15. Q. L. Tong, C. Chen, Q. Zhang*, X. C. Zou. A sensorless predictive current controlled boost converter by using an EKF with Load Variation Effect Elimination Function[J]. Sensors. 2015, 15: 9986-10003.

16. K. Liu, Z. Q. Zhu, Q. Zhang, J. Zhang. Influence of Nonideal Voltage Measurement on Parameter Estimation in Permanent-Magnet Synchronous Machines[J]. IEEE Trans. on Industrial Electronics. 2012, 59(6): 2438-2447.

17. K. Liu, Q. Zhang, J. T Chen, Z. Q Zhu. Online Multiparameter Estimation of Nonsalient-pole PM Synchronous Machines with Temperature Variation Tracking[J]. IEEE Trans. on Industrial Electronics, 2011, 58(5): 1776-1788.

18. 孟培培，吴新科，赵晨，张军明，钱照明，一种新型临界模式控制的变频软开关全桥 DC/DC 变流器[J]. 中国电机工程学报，2012，32(6)，106-112.

19. 孟培培，吴新科，张军明，钱照明，新型磁集成零电压零电流软开关全桥变流器方案研究[J]. 中国电机工程学报，2012，32(3)，15-21.

二、授权发明专利

1. 朱国荣等. 抑制逆变系统低频纹波的自适应波形控制方法：ZL201210289178.3 [P].

2. 朱国荣等. 基于最大平均均衡电流的电池均衡控制方法及系统：ZL201310475414.5 [P].

3. 朱国荣等. 基于动态均衡点的电池组均衡控制系统及控制方法：ZL201310476602.X [P].

4. 胡家兵，黄云辉，袁小明. 一种用于风力发电系统的直流电压控制单元及方法：CN 103337877A [P].

所获荣誉：

1. 黄云辉以第一作者发表的论文“Effect of reactive power control on stability of DC-link voltage control in VSC connected to weak grid”入选2014年IEEE电力与能源学会年会最佳论文 section（top10%）。

2. 湖北省优秀学士论文EMI滤波电路优化与设计、模块化差分逆变器低频纹波抑制技术研究、基于SMC的单级隔离型功率因数校正变换器的研究与设计、基于18kWp光伏微电网SCADA系统混合组网设计、“三相四线制维也纳整流器散热分析与设计、基于电动汽车感应式无线充电的耦合线圈设计与研究、基于滑模变结构控制的S4PFC研究与实现、三相四线维也纳整流器设计与仿真。

湖北省优秀硕士论文磷酸铁锂电池模型参数与SOC联合估算研究，无电解电容单相变换器功率解耦技术研究。

武汉理工大学-夏泽中团队

地址： 湖北省武汉市洪山区珞狮路205号

邮编： 430070

电话： 18771025810

团队人数： 10

团队带头人： 夏泽中

主要成员： 唐智，纪晓泳，马一鸣，欧阳雷

研究方向： DC-DC 变换器，双向 AC-DC 变换器

团队简介：

年轻有活力的团队，对电力电子有兴趣，大家都在探索中不断成长。

在研项目：

1. 单相 PWM 变换器研究。

2. 电动汽车车载充电器（OBC）设计。

科研成果：

1. 基于单相 PWM 变换器，发表论文：单周期控制双向 AC-DC 变换器研究（已录用，《电气传动》）。

2. 设计标准车载充电机，采用交错 PFC(AC-DC)+FB-ZVS(DC-DC)拓扑，完成85~264V交流输入到200~420V直流输出，能够对电动汽车动力电池完成高效充电。

武汉理工大学-自动控制实验室

地址： 湖北省武汉市洪山区珞狮路205号武汉理工大学马房山校区东院自动化学院实验楼

邮编： 430070

电话： 15827553507

团队人数： 43

团队带头人： 苏义鑫

主要成员： 苏义鑫，张丹红，谌刚，姜文，顾文磊，朱敏达，金铸浩，左立刚，夏慧雯等

研究方向： 网络通信，嵌入式控制，电机运行与控制

团队简介：

团队有四十几人，主要包括几位导师、在读研究生和在读博士，主要研究方向包括：神经网络算法与应用、风力发电并网运行与控制、永磁同步电机运行与控制等。

在研项目：

1. 核电厂核辐射检测与火灾故障报警。

2. 异步电机无速度传感器控制。

科研成果：

一、科研项目

1. 双向 DC/DC 变换器设计。

2. 基于 DSP28035 的永磁同步电机伺服系统的设计。

3. 核电厂 DCS 系统。

二、发表文章

1. 用于风电功率预测的 RPCL 优化神经网络模型。

2. 基于矢量控制的步进电机细分驱动技术。

3. 时滞系统的二自由度 IMC-PID 控制研究。

所获荣誉：

武汉理工大学自动化学院“优秀实验团队”

西安电子科技大学-电源网络设计与电源噪声分析

地址： 西安市太白南路2号西安电子科技大学电路 CAD 研究所376信箱

邮编： 710071

电话： 029-88203008

传真： 029-88203007

网址： http://seeweb.710071.net/iecad/index.asp

团队人数： 20

团队带头人： 李玉山

主要成员： 初秀琴，刘洋，路建民，李先锐，史凌峰，代国定，王君

研究方向： 电源完整性分析与电源分配网络设计，EBG 结构、DC-DC 稳压源芯片设计

团队简介：

负责人李玉山教授/博士生导师，教育部超高速电路设计与电磁兼容重点实验室学术委员会副主任；初秀琴副教授/硕士生导师，电路 CAD 研究所常务副所长、教育部超高速电路设计与电磁兼容重点实验室副主任；史凌峰教授/电路与系统学科博士生导师；代国定副教授/硕士生导师；刘洋副教授/硕士生导师；李先锐副教授/硕士生导师；路建民讲师；王君博士。

在研项目：

1. 高速高密度互连封装的电源完整性可靠性分析。
2. 电源完整性前仿真工具优化。
3. 电源完整性分析。

科研成果：

1. M. Swaminathan，E. Enginet. Power Integrity Modeling and Design for Semiconductors and Systems. 芯片及系统中的电源完整性建模与设计［M］. 李玉山，张木水，等译. 北京：电子工业出版社，2009.

2. Eric Bogatin. Signal and Power Integrity-Simplified. Prentice Hall. 信号完整性与电源完整性分析［M］. 李玉山，刘洋，等译. 北京：电子工业出版社，2015.

3. XDJF04 稳压电路，2002 年 3 月获国家知识产权局颁发集成电路布图登记证书，登记号：BS. 025000403。

所获荣誉：

1. 全国百篇优秀博士学位论文 2012 年提名奖（博士生张木水，导师李玉山，论文题目：《高速电路电源分配网络设计与电源完整性分析》）

2. 华为技术有限公司优秀技术合作项目奖（创新研究计划项目 <2011. 1 ~2013. 1 >：电源完整性分析，项目负责人：李玉山）。2013 年 11 月。

西安交通大学-电力电子与新能源技术研究中心

地址：陕西省西安市咸宁西路 28 号交大电气学院

邮编：710049

电话：029-82667858

传真：029-82665223

网址：http://www. perec. xjtu. edu. cn/

团队人数：16

团队带头人：刘进军

主要成员：杨旭，卓放，裴云庆，肖国春，王跃，王来利，甘永梅，贾要勤，何英杰，张笑天，雷万钧，王丰，刘增，易皓，张岩

研究方向：电力电子技术在电能质量控制、输配电系统中的应用，电力电子技术在新能源发电及新型电能系统中的应用，开关电源与特种电源技术，电力传动及运动控制技术，电力电子集成封装技术

团队简介：

本团队学术带头人刘进军教授大学就读于西安交通大学电气工程系，于 1992 年和 1997 年先后获得工学学士学位和工学博士学位，随即留校在电气工程学院任教至今。1999 年 12 月至 2002 年 2 月，在美国弗吉尼亚理工大学电力电子系统研究中心做博士后访问研究。2002 年 8 月晋升教授，2005 年 ~2010 年兼任电气工程学院副院长，2009 年 4 月 ~2015 年 1 月兼任西安交通大学教务处处长。2014 年获聘教育部长江学者特聘教授。2014 年获得“全国优秀科技工作者”荣誉称号。2015 年入选西安交通大学首批“领军学者”。现为 IEEE 电力电子学会副主席、学报副主编，中国电工技术学会电力电子学会副理事长，中国电源学会副理事长，中国电机工程学会直流输电与电力电子专业委员会委员，教育部全国电气类专业教学指导委员会副主任委员。

团队共有教师 16 人，其中长江学者 1 人，科技部中青年科技创新领军人才 1 人，中组部“青年千人计划”入选者 1 人，教育部新世纪优秀人才计划入选者 3 人，教授 7 人。主要从事电力电子技术的应用基础研究，研究方向涵盖了电力电子技术的各个方面，部分教师还涉及计算机控制网络与微机控制技术。本团队是国内电力电子技术领域研究水平居于领先地位的团队之一，也有广泛的国际交流与合作，形成了重要的国际影响。

在研项目：

近年来主要在研项目：

1. 多变流器电能系统协调控制及稳定性基础理论与关键技术。
2. 基于分布式多变流器的微网控制方法与系统稳定性研究。
3. 基于大信号模型的高精度波形控制策略的研究。
4. 基于神经网络的微电网阻抗测量关键技术研究。
5. 静止同步发电机（SSG）技术及应用前期研究。
6. 多变流器电能系统协调控制及稳定性基础理论与关键技术。
7. 五电平高频直流变换装置技术。
8. GaN 功率器件集成技术研究。
9. 电力电子系统与集成技术。
10. 天广直流换流阀寿命评估项目可行性研究报告。
11. 柔性直流输电相关技术研究。
12. 有源电力滤波器与并联电容器混合补偿系统的控制方法。
13. 有源电力滤波器技术开发协议。
14. 微电网能量管理及控制保护系统。
15. 三相 380V/300A 静止无功发生器（SVG）技术。
16. 智能化电能质量治理模块与闭环控制系统的研发。
17. 崇明微网联合优化配置及运行控制策略研究。
18. 分布式光伏能效建模与评价研究和开发。
19. 专利：一种微型电网用多功能动态无功补偿装置及其控制方法。
20. 一种基于混合电力滤波器的抑制振荡的控制方法。
21. 电动汽车充（放）电机与电网双向互通技术研究。
22. 400V HVDC 均流合路技术。
23. 集成滤波器关键技术研究。
24. 1000kW 光伏并网逆变器与储能发电控制器。
25. 光伏并网关键控制技术研究与应用。
26. 间歇式能源发电系统抑制电网低频振荡的关键技术研究。

科研成果：

十几年来，本群体先后承担了 10 余项项国家自然科学基金项目（其中重点项目 3 项），国家科技支撑计划重点项目课题 3 项，国家 863 项目 5 项，国家 973 项目子项目 3 项，国家级或者部级科研项目 20 项，其研究成果出版著作 10 余部。

近5年来发表论文200余篇，其中SCI收录论文约100余篇，EI收录论文约200篇，获得中国及美国发明专利近20项，获国家科技进步奖2项（2011年、2015年）、省部级奖多项。

所获荣誉：

1. 低纹波高稳定电源控制技术，2011年获陕西省科学技术二等奖。

2. 供用电系统谐波的有源抑制技术及应用，2011年获国家科学技术进步二等奖。

3. 电力电子功率模块的封装工艺和集成技术的研究，2011年获西安市科学技术进步一等奖。

4. 微型电网的系统结构、控制技术、关键装备及其集成化研究，2012年获陕西省科学技术一等奖。

5. 在国际化与信息化背景下紧密跟踪学科发展的电力电子技术课程教学改革与实践，2013年获陕西省教学成果特等奖。

6. 大功率特种电源的多时间尺度精确控制技术及其系列产品开发，2015年获国家科学技术进步二等奖。

7. 国际期刊《IEEE Transactions on Power Electronics》（IEEE电力电子学报）2016年最佳论文奖。

西安理工大学-电力电子技术与特种电源装备研究团队

地址：陕西省西安市金花南路5号西安理工大学110信箱
邮编：710048
电话：029-82312013
传真：029-82312663

团队人数：14

团队带头人：孙向东

主要成员：孙强，尹忠刚，任碧莹，张琦，宋卫章，李金刚，李洁，安少亮，徐艳平，王建渊，陈桂涛，伍文俊，杨惠

研究方向：现代交流调速技术，新能源发电与微电网控制技术，特种开关电源技术等

团队简介：

研究团队主要由14人组成，其中教授3人、副教授7人、11人具有博士学位、5人具有国外留学或进修经历。主要从事现代交流调速技术、新能源发电与微电网控制技术、特种开关电源技术等三个研究方向。现代交流调速技术主要研究交流异步电机、永磁同步电机等速度控制、转矩控制以及位置控制等。新能源发电与微电网控制技术主要涉及光伏发电技术、蓄电池、飞轮和超级电容器等储能技术、微电网电压频率控制技术等。特种开关电源技术主要研究铝镁合金等轻金属微弧氧化电源控制技术、磁控溅射电源技术、电磁搅拌电源技术、感应加热电源技术等。

在研项目：

1. 国家自然科学基金面上项目，多台T型三电平逆变器并联的大功率光伏并网逆变器控制技术研究，基金号51577155，主持人孙向东。

2. 国家自然科学基金面上项目，不平衡非线性负载下基于下垂控制的组合式三相逆变器并联技术，基金号51477139，主持人任碧莹。

3. 国家自然科学基金青年基金项目，基金号51507137，主持人安少亮。

4. 西安交通大学电力设备电气绝缘国家重点实验室开放课题，基于IMM的交流电动机无速度传感器控制自适应抗差机理与控制方法研究，基金号EIPE13206，主持人尹忠刚。

5. 西安交通大学电力设备电气绝缘国家重点实验室开放课题，VIENNA整流器鲁棒抗扰控制研究，基金号EIPE14207，主持人宋卫章。

6. 西北农林科技大学国家重点实验室开放课题，多通道坡面—坡沟流场流速水流自动测定仪研究，主持人王建渊。

7. 教育部高等学校博士点专项基金（新教师类），交流电动机转速辨识策略自适应抗差机理与控制方法研究，基金号20126118120010，主持人尹忠刚。

8. 教育部高等学校博士点专项基金（新教师类），Z-源矩阵变换器工作机理及非最小相位控制研究，基金号20126118120009，主持人宋卫章。

科研成果：

近年来，“铝镁合金微弧氧化处理系列设备”获国家科技进步二等奖。2015年获得中国产学研合作创新成果二等奖1项。近10年来，获得陕西省科技一等奖1项、三等奖1项，获得陕西省教育厅科技进步二等奖2项，获得新疆建设兵团科技进步三等奖1项，新疆建设兵团十二师科技进步一等奖1项和三等奖1项，天水市科技进步二等奖1项，陕西省高等学校科学技术一等奖1项。

主持或主要参与国家“十五”攻关重大专项、科技部西部专项、国家863计划等5项；主持完成或在研国家自然科学基金面上项目2项、青年基金项目5项、教育部高等学校博士点专项基金2项。主持或主要参与教育部重点科研计划、公安部重大科研攻关计划等计划项目3项；主持完成或在研陕西省工业攻关项目及协同创新项目4项、陕西省自然科学基金项目7项、陕西省教育厅专项科研基金及产业化项目20项、西安市科技支撑计划项目5项。主持完成美国波音公司、博世力士乐电力传动有限公司、一汽、二汽东风、重庆长安、富士康、比亚迪企业集团、中科院近代物理研究所、永济电气集团等横向课题80余项。

出版专著1部，发表论文130余篇，其中在IEEE Transactions on Industrial Electronics、IEEE Transactions on Industrial Applications、IEEE Transactions on Industrial Informatics等期刊上发表SCI检索论文13篇，在中国电机工程学报、电工技术学报等期刊上发表EI检索论文30余篇，获得发明专利授权21项。

所获荣誉：

获得陕西省高等学校科学技术一等奖1项，陕西省优秀教学成果一等奖1项，“电力电子技术”获批陕西省精品课程，获批陕西省教学团队。

西南交通大学-电能变换与控制实验室

地址：四川省成都市二环路北一段 111 号
邮编：610031
电话：028-87600733
传真：2017/3/20
团队人数：8
团队带头人：许建平
主要成员：许建平，周国华，吴松荣，徐顺刚，杨平，何圣仲，马红波，沙金
研究方向：开关变换器建模与控制，电力电子系统数字控制技术，分布式发电与并网逆变技术，储能系统及其能量管理，功率因数校正变换器技术，LED 照明电源电路及控制技术，无线电能传输技术，现代电力电子动力学分析。
团队简介：

电能变换与控制实验室（Power Conversion and Control Lab，PCC Lab），是依托于西南交通大学国家重点（培育）学科“电力电子与电力传动”、磁浮技术与磁浮列车教育部重点实验室的研学团队，以电力电子技术与新能源行业为背景，重点开展开关变换器建模与控制、电力电子系统数字控制技术、分布式发电与并网逆变技术、储能系统及其能量管理、功率因数校正变换器技术、LED 照明电源电路及控制技术、无线电能传输技术、现代电力电子动力学分析等方面的教学和科研工作。

十多年来，实验室共指导博士生 30 余人、硕士生 130 余人，实验室指导的博士生和硕士生分别获得了全国优秀博士论文、四川省优秀博士论文、四川省优秀硕士论文、詹天佑铁道科学技术奖专项奖、西南交通大学优秀博士学位论文培育基金、西南交通大学博士生创新基金、中央高校基本科研业务费专项资金优秀学生资助、国际会议最佳论文奖等荣誉/奖励。

实验室长期致力于与国内外教育机构和企业单位的学术交流、合作，并保持与毕业博士生和毕业硕士生的深度联系。多名研究生赴美国（弗吉尼亚理工大学）、英国（斯特拉斯克莱德大学）、法国（里尔中央理工大学）、香港（理工大学、城市大学）等著名高校进行深造、访问、进修；多名研究生在东方电气集团、华为、易事特、中电 29 所、Intel、O2 Micro、Emerson 等著名企业参观、实习、就业；实验室邀请著名专家来访交流，接收多名来自越南、中国台湾、国内高校的访问、交流学者；实验室成员积极参加国际、国内学术会议，与国内外专家、学者进行了广泛的学术交流和探讨。

在研项目：

1. 国家自然科学基金，基于双缘调制的开关功率变换器数字控制技术研究，项目编号：61371033。

2. 国家自然科学基金，基于功率流向图的多端口 DC/DC 变换器拓扑衍生方法研究，项目编号：61601378。

3. 国家自然科学基金，高能源效率、高可靠性 HB-LED 驱动电源关键技术研究，项目编号：51407149。

4. 国家自然科学基金，脉冲序列调制开关功率变换器控制技术研究，项目编号：51177140。

5. 国家自然科学基金，基于纹波控制的开关变换器控制方法研究，项目编号：50677056。

6. 国家自然科学基金，具有快速动态响应开关变换器拓扑结构和控制方法研究，项目编号：50077018。

7. 国家自然科学基金，变结构系统的神经网络控制方法研究，项目编号：69101004。

8. 国家科技支撑计划，高速列车牵引传动系统优化控制策略仿真研究，课题编号：2009BAG12A05。

9. 国家高技术研究发展计划（863 计划）重点项目，高速检测列车动车组技术——供电监测及故障诊断技术研究，课题编号：2009AA110303-16。

10. 霍英东教育基金会高等院校青年教师基金，直流微电网运行优化及数字控制技术研究。

11. 霍英东教育基金会高等院校青年教师基金，高功率因数开关功率变换器的拓扑结构和控制方法研究。

12. 高等学校博士学科点专项科研基金，基于双缘脉冲频率调制的开关变换器数字控制技术及其动力学研究。

13. 高等学校博士学科点专项科研基金，低电压大电流开关功率变换器拓扑结构和控制方法研究。

14. 四川省杰出青年基金，新能源发电系统接口三态开关变换器的控制技术与动力学特性。

15. 四川省科技成果转化项目，城市轨道交通综合监控系统研究与应用。

科研成果：

一、主要著作

1. 许建平，王金平等译. 开关变换器动态特性：建模、分析与控制［M］. 机械工业出版社，2011 年.

2. 周国华，许建平. 开关变换器数字控制技术［M］. 科学出版社，2011 年.

3. 周国华，许建平，吴松荣. 开关变换器建模、分析与控制［M］. 科学出版社，2016 年.

二、主要论文

实验室团队发表论文 400 余篇，其中 SCI 论文 120 余篇，EI 论文 200 余篇，部分代表性论文如下：

1. Xueshan Liu, Qi Yang, Qun Zhou, Jianping Xu and Guohua Zhou. Single-stage single-switch four-output resonant LED driver with high power factor and passive current balancing [J]. IEEE Transactions on Power Electronics, 2017, 32(6): 4566-4576.

2. Zhengge Chen, Ping Yang, Guohua Zhou, Jianping Xu and Zhangyong Chen. Variable duty cycle control for quadratic boost PFC converter[J]. IEEE Transactions on Industrial Electronics, 2016, 63(7): 4222-4232.

3. Jin Sha, Duo Xu, Yiming Chen, Jianping Xu and Barry W. Williams. A Peak Capacitor Current Pulse-Train Controlled Buck Converter with Fast Transient Response and a Wide Load Range[J]. IEEE Transactions on Industrial Electronics, 2016, 63(3): 1528-1538.

4. Xi Zhang, Jianping Xu, Bocheng Bao and Guohua Zhou. Asynchronous-switching map based stability effects of circuit parameters in fixed off-time controlled buck converter[J].

IEEE Transactions on Power Electronics, 2016, 31(9): 6686-6697.

5. Hongbo Ma, Jih-Sheng Lai, Cong Zheng and Pengwei Sun. A High-efficiency Quasi-Single-Stage Bridgeless Electrolytic Capacitor-free High-power AC-DC Driver for Supplying Multiple LED Strings in Parallel[J]. IEEE Transactions on Power Electronics, 2016, 31(8): 5825-5836.

6. Ping Yang, Chikong Tse, Jianping Xu and Guohua Zhou. Synthesis and analysis of double-input single-output DC-DC converters[J]. IEEE Transactions on Industrial Electronics, 2015, 62(10): 6284-6295.

7. Xueshan Liu, Jianping Xu, Zhangyong Chen and Nan Wang. Single-Inductor Dual-Output Buck-Boost Power Factor Correction Converter[J]. IEEE Transactions on Industrial Electronics, 2015, 62(2): 943-952.

8. Jin Sha, Jianping Xu, Shu Zhong, Shuhan Liu and Lijun Xu. Control Pulse Combination Based Analysis of Pulse Train Controlled DCM Switching DC-DC Converters[J]. IEEE Transactions on Industrial Electronics, 2015, 62(1): 246-255.

9. Tiesheng Yan, Jianping Xu, Fei Zhang, Jin Sha and Zheng Dong. Variable On-Time Controlled Critical Conduction Mode Flyback PFC Converter[J]. IEEE Transactions on Industrial Electronics, 2014, 61(11): 6091-6099.

10. Jin Sha, Jianping Xu, Bocheng Bao and Tiesheng Yan. Effects of Circuit Parameters on Dynamics of Current-Mode Pulse Train Controlled Buck Converter[J]. IEEE Transactions on Industrial Electronics, 2014, 61(3): 1562-1573.

11. Guohua Zhou, Jianping Xu and Jinping Wang. Constant-Frequency Peak-Ripple-Based Control of Buck Converter in CCM: Review, Unification and Duality[J]. IEEE Transactions on Industrial Electronics, 2014, 61(3): 1280-1291.

12. Jinping Wang, Jianping Xu, Guohua Zhou and Bocheng Bao. Pulse Train Controlled CCM Buck Converter with Small ESR Output Capacitor[J]. IEEE Transactions on Industrial Electronics, 2013, 60(12): 5875-5881.

13. Qin Ming and Jianping Xu. Improved Pulse Regulation Control Technique for Switching DC-DC Converters Operating in DCM[J]. IEEE Transactions on Industrial Electronics, 2013, 60(5): 1819-1830.

14. Jinping Wang, Bocheng Bao, Jianping Xu, Guohua Zhou and Wen Hu. Dynamical Effects of Equivalent Series Resistance of Output Capacitor in Constant On-Time Controlled Buck Converter[J]. IEEE Transactions on Industrial Electronics, 2013, 60(5): 1759-1768.

15. Shungang Xu, Jinping Wang and Jianping Xu. A Current Decoupling Parallel Control Strategy of Single Phase Inverter with Voltage and Current Dual Closed-loop Feedback[J]. IEEE Transactions on Industrial Electronics, 2013, 60(4): 1306-1313.

16. Hongbo Ma, Jih-Sheng Lai, Quanyuan Feng, Wensong Yu, Cong Zheng and Zheng Zao. A Novel Valley-fill SEPIC-derived Power Supply without Electrolytic Capacitors for LED Lighting application[J]. IEEE Transactions on Power Electronics, 2012, 27(6): 3057-3071.

17. Jinping Wang and Jianping Xu. Peak Current Mode Bi-Frequency Control Technique for Switching DC-DC Converters in DCM with Fast Transient Response and Low EMI[J]. IEEE Transactions on Power Electronics, 2012, 27(4): 1876-1884.

18. Guohua Zhou, Jianping Xu and Bocheng Bao. Comments on "Predictive Digital-Controlled Converter With Peak Current-Mode Control and Leading-Edge Modulation[J]. IEEE Transactions on Industrial Electronics, 2012, 59(12): 4851-4852.

19. Jinping Wang, Jianping Xu and Bocheng Bao. Analysis of Pulse Bursting Phenomenon in Constant On-time Controlled Buck Converter[J]. IEEE Transactions on Industrial Electronics, 2011, 58(12): 5406-5410.

20. Fei Zhang and Jianping Xu. A Novel PCCM Boost PFC Converter With Fast Dynamic Response[J]. IEEE Transactions on Industrial Electronics, 2011, 58(9): 4207-4216.

21. Jianping Xu and Jinping Wang. Bi-frequency Pulse-Train Control Technique for Switching DC-DC Converters Operating in DCM[J]. IEEE Transactions on Industrial Electronics, 2011, 58(8): 3658-3667.

22. Bocheng Bao, Guohua Zhou, Jianping Xu, and Zhong Liu. Unified Classification of Operation State Regions for Switching Converters with Ramp Compensation[J]. IEEE Transactions on Power Electronics, 2011, 26(7): 1968-1975.

23. Qin Ming and Jianping Xu. Multi Duty Ratio Modulation Technique for Switching DC-DC Converters Operating in Discontinuous Conduction Mode[J]. IEEE Transactions on Industrial Electronics, 2010, 57(10): 3497-3507.

24. Guahua Zhou, Jianping Xu and Yanyan Jin. Elimination of Subharmonic Oscillation of Digital Average Current Controlled Switching DC-DC Converters[J]. IEEE Transactions on Industrial Electronics, 2010, 57(8): 2904-2907.

25. Guohua Zhou and Jianping Xu. Digital Average Current Controlled Switching DC-DC Converters with Single-Edge Modulation [J]. IEEE Transactions on Power Electronics, 2010, 25(3): 786-793.

26. Guohua Zhou and Jianping Xu. Digital Peak Current Control for Switching DC-DC Converters with Asymmetrical Dual-edge Modulation[J]. IEEE Transactions on Circuits and Systems II: Express Briefs, 2009, 56(11): 815-819.

27. Jianping Xu, Guohua Zhou and Mingzhi He. Improved Digital Peak Voltage Predictive Control for Switching DC-DC Converters[J]. IEEE Transactions on Industrial Electronics, 2009, 56(8): 3222-3229.

28. Jianping Xu and C. Q. Lee. A Unified Averaging Technique for the Modeling of Quasi-Resonant Converters[J]. IEEE Transactions on Power Electronics, 1998, 13(3): 556-563.

29. Jianping Xu and C. Q. Lee. Generalized state space av-

eraging approach for a class of periodically switched networks [J]. IEEE Transactions on Circuits and Systems I: Fundamental Theory and Applications, 1997, 44 (11): 1078-1081.

30. Jianping Xu and M. Grotzbach. Time-domain analysis of half-wave zero-current-switch quasi-resonant-converters by using SPICE [J]. IEEE Transactions on Industrial Electronics, 1993, 40(6): 577-579.

三、授权发明专利

1. 许建平，王金平，秦明，周国华，吴松荣，牟清波. 开关电源的双频率控制方法及其装置：中国，ZL200910058418.7[P].

2. 许建平，张斐，周国华，吴松荣，王金平，秦明. 伪连续工作模式开关电源功率因数校正方法及其装置：中国，ZL200910058127.8[P].

3. 许建平，王金平，周国华，吴松荣，秦明. 准连续工作模式开关电源双频率控制方法及其装置：中国，ZL200910058420.4[P].

4. 许建平，秦明. 一种开关电源的控制方法及其装置：中国，ZL200810044884.5[P].

5. 许建平，王金平，秦明，周国华，吴松荣，牟清波. 准连续工作模式开关电源的多频率控制方法及其装置：中国，ZL200910058419.1[P].

6. 许建平，阎铁生，张斐，周国华，沙金. 一种临界连续模式单位功率因数反击变换器控制方法及其装置：中国，ZL201210359424.8[P].

7. 许建平，高建龙，华秀洁，刘雪山. 一种工频纹波电流的抑制方法及其装置：中国，ZL201310234878.7[P].

8. 许建平，董政，舒立三，张士宇. 一种宽输入电压宽负载范围直直变换器控制方法及其装置：中国，ZL201310188962.X[P].

9. 许建平，刘雪山，王楠，高建龙. 一种并联整合式Buck-Flyback 功率因数校正 PFC 变换器拓扑：中国，ZL201310597600.6[P].

10. 周国华，金艳艳，吴松荣，许建平. 开关变换器双缘脉冲频率调制 C 型控制方法及其装置：中国，ZL201310022501.7[P].

11. 周国华，杨平，沙金，许建平. 输出电容低 ESR 开关变换器双缘 PFM 调制电压型控制方法及其装置：中国，ZL201310022469.0[P].

12. 周国华，许建平，王金平，张斐. 伪连续导电模式开关变换器自适应续流控制方法及其装置：中国，ZL201210115359.4[P].

13. 周国华，金艳艳，许建平，杨平，张斐. 开关变换器双缘恒定导通时间调制电压型控制方法：中国，ZL201310005129.7[P].

14. 周国华，金艳艳，阎铁生，许建平. 开关变换器双缘脉冲频率调制 V2C 型控制方法：中国，ZL201310022460.X[P].

15. 周国华，周述晗，王瑶，陈兴. 单电感双输出开关变换器双环电压型 PFM 控制方法及其装置：中国，ZL201510089074.1[P].

16. 周国华，周述晗，张凯暾，李振华. 连续导电模式单电感双输出开关变换器变频控制方法及其装置：中国，ZL201510070974.1[P].

17. 吴松荣，何圣仲，许建平，周国华，王金平. 固定关断时间峰值电流型脉冲序列控制方法及其装置：中国，ZL201310236584.8[P].

18. 王金平，许建平，周国华，秦明. 改进的开关电源脉冲宽度调制技术及其实现装置：中国，ZL200910059156.6[P].

19. 秦明，许建平. 一种改进的开关电源脉冲序列控制方法及其装置：中国，ZL2010101448801[P].

20. 秦明，许建平，牟清波，王金平. 伪连续模式开关电源的单环脉冲调节控制方法及其装置：中国，ZL201010004308.5[P].

所获荣誉：

1. 许建平、周国华、徐顺刚等获教育部自然科学奖二等奖。

2. 许建平获首批国家级百千万人才工程人选。

3. 许建平获国务院政府特殊津贴。

4. 许建平获铁道部青年科技拔尖人才。

5. 许建平获四川省学术技术带头人。

6. 周国华获全国百篇优秀博士学位论文。

7. 周国华获四川省杰出青年基金。

8. 周国华获詹天佑铁道科学技术奖青年奖。

9. 杨平获四川省“千人计划”青年人才。

西南交通大学-高功率微波技术实验室

地址：四川省成都市二环路北一段 111 号
邮编：610031
电话：028-87601752
传真：028-87603134

团队人数：20

团队带头人：刘庆想

主要成员：刘庆想，李相强，张健穹，王庆峰，张政权，王邦继等

研究方向：电能变换与控制，高功率微波天线，脉冲功率技术，高功率微波器件，电机驱动与控制

团队简介：

高功率微波技术实验室成立于 2003 年，实验室瞄准国家重大战略需求，主要从事高功率微波技术及其相关领域的研究工作。实验室以“尽职尽责、团结和谐，挖掘每个人的潜能，创造更大价值，服务于社会”为理念，本着“想别人所不想的，做别人所不能做的”的信念，近五年来，承担了 20 余项国家 863 计划项目以及 10 余项横向项目，年科研经费突破 1000 万元，形成了一支团结和谐、勤于钻研、勇于创新的年轻科研团队。在研究过程中，实验室重视开展创新性的研究，目前已在电能变换与控制技术、电机控制技术、高功率微波辐射技术等方面取得了多项研究成果，并在新能源汽车、工业控制系统与机器人、微波天线与波导元器件、脉冲功率系统及微波源、高储能密度

薄膜电容器技术等方向积累了深厚的技术储备。

在研项目：

1. 国家 863 项目，xxx 天线关键技术和实验研究。

2. 国家 863 项目，xxx 波束控制系统关键技术和实验研究。

3. 国家 863 项目，xxx 电源关键技术和实验研究。

4. 横向项目，高密度电容充电电源研制。

5. 横向项目，红外成像镜头控制系统研制。

科研成果：

已累计承担国家级项目 20 余项，获得国家发明专利 20 余项、发表论文 100 余篇。

所获荣誉：

2013 年、2014 年获得省部级科技进步二等奖。

西南交通大学-列车控制与牵引传动研究室

地址：四川省成都市二环路北一段 111 号西南交通大学九里校区电气馆 3231 室

邮编：610031

电话：028-86465637

传真：028-86465637

团队人数：52

团队带头人：冯晓云

主要成员：丁荣军，葛兴来，宋文胜，熊成林，王青元，孙鹏飞

研究方向：电力牵引交流传动系统控制与仿真，电力牵引系统稳定性分析，电力牵引系统故障预测、诊断及容错控制，电力电子变压器，动力集成设计研究，虚拟同相柔性供电系统，列车运行节能优化，车线匹配评估与列车在线跟踪，重载列车辅助驾驶。

团队简介：

由冯晓云教授创建于 2000 年的列车控制与牵引传动研究室（Train Control & Traction Drive Lab，简称为 TCTD），以国家重点（培育）学科“电力电子与电力传动”为依托，以轨道交通行业为背景，主要开展轨道交通电力牵引传动及其控制、电力电子变流技术、列车运行控制、优化控制与辅助驾驶领域的教学和科研工作。著名的交流传动控制专家丁荣军院士（我校双聘）也在团队指导博士和硕士研究生。目前，研究室现有教师 7 人，其中院士 1 人，教授 2 人，副教授 1 人，讲师 1 人，助理研究员 2 人；博士生 7 人，硕士生 40 人。在科学研究方面，长期以来研究室逐渐形成了以学生为主体，以项目为依托，以创新为目标的科学研究方式，本着严谨治学、求实务真的态度不断努力提升科研能力。

在研项目：

1. 国家自然科学基金，基于电力电子变压器的高速列车牵引传动系统网侧控制技术研究，（No. 51577160），2016. 01 ~ 2019. 12，主持。

2. 国家自然科学基金，基于阻抗特性的高速列车牵引变流系统谐波谐振稳定性研究（No. 51677156）2017 ~ 2020，主持。

3. 列车多效应耦合及智能控制技术研究“十三五”国家重点研发计划子课题 2016 ~ 2020，主持。

4. 国家自然科学基金-高铁联合基金重点项目，高速列车车网电气安全防护理论与方法研究（No. U1434203），2015. 01 ~ 2018. 12，主研。

5. 企业技术开发项目，列车电气系统匹配与仿真平台，2015. 06 ~ 2016. 07，主持。

6. 企业技术开发项目，整流器控制算法开发与测试，2015. 06 ~ 2016. 12，主持。

7. 企业技术开发项目，牵引变流器 PWM 算法 FPGA 开发，2016. 05 ~ 2017. 05，主持。

8. 四川省科技厅项目，高铁电力牵引系统车-网电气耦合与安全防护，2016 ~ 2019，主持。

9. 中国电力科学研究院课题，柔性光储并网系统控制技术研究，2016 ~ 2017，主持。

10. 成都运达科技创新股份有限公司课题，牵引控制单元（DCU）电机控制算法开发，2015 ~ 2016，主持。

11. 中车大连电力牵引研发中心合作课题，城轨车辆牵引传动系统耦合振荡研究——LC 振荡机理分析和抑制方法的研究，2015 ~ 2016，主研。

科研成果：

一、出版著作

1. 冯晓云编. 电力牵引交流传动及其控制系统［M］. 北京：高等教育出版社，2009.（普通高等教育“十一五”国家级规划教材）

2. 宋文胜，冯晓云，著. 电力牵引交流传动控制与调制技术［M］. 北京：科学出版社，2014.

二、发表 SCI 论文

1. Song W, Ma J, Zhou L, Feng X. Deadbeat Predictive Power Control of Single Phase Three Level Neutral-Point-Clamped Converters Using Space-Vector Modulation for Electric Railway Traction[J]. IEEE Transactions on Power Electronics, 2016, 31(1): 721-732.

2. Song W, Deng Z, Wang S, Feng X. A Simple Model Predictive Power Control Strategy for Single-phase PWM Converters with Modulation Function Optimization[J]. IEEE Transactions on Power Electronics, 2016, 31(7): 5279-5289.

3. Hou N, Song W*, Wu M. Minimum-Current-Stress Scheme of Dual Active Bridge DC-DC Converter with Unified-phase-shift Control[J]. IEEE Transactions on Power Electronics, 2016, 31(12): 8552-8561.

4. Ma J, Song W*, Feng X, Zhao J. Power Calculation for Direct Power Control of Single Phase Three Level Rectifiers without Phase Lock Loop[J]. IEEE Transactions on Industrial Electronics, 2016, 63(5): 2871-2882.

5. Wang S, Song W*, Zhao J, Feng X. A Hybrid Single-Carrier-Based PWM Scheme for Single-Phase Three-Level NPC Grid-side Converters in Electric Railway Traction[J]. IET Power Electronics, 2016, 9(13): 2500-2509.

6. Wang S, Song W*, Feng X, Ding R. A Hybrid CBP-

WM Scheme for Single-Phase Three-Level Converters[J]. Journal of Power Electronics, 2016, 16(2): 480-489.

7. Song W, Feng X, Smedley K M. A Carrier-Based PWM Strategy With the Offset Voltage Injection for Single-Phase Three-Level Neutral-Point-Clamped Converters[J]. IEEE Transactions on Power Electronics, 2013, 28(3): 1083-1095.

8. Liu Y, Ge X, Tang Q, Deng Z, Gou B. Model predictive current control for four-switch three-phase rectifiers in balanced grids[J]. Electronics Letters. 2017, 53(1): 44-46.

9. Gou B, Ge X, Liu Y, Feng X. Load-current-based current sensor fault diagnosis and tolerant control scheme for traction inverters[J]. Electronics Letters. 2016, 52(20): 1717-1719.

10. Ge X, Pu J, Liu Y. Online open-switch fault diagnosis method in single-phase PWM rectifiers [J]. Electronics Letters. 2015, 51(23): 1920-1921.

11. Gou B, Ge X, Wang S, Feng X, Kuo J B, Habetler T G. An open-switch fault diagnosis method for single-phase PWM rectifier using a model-based approachin high-speed railway electrical traction drive system[J]. IEEE Transactions on Power Electronics, 2016, 31(5): 3816-3826.

12. Liu Y, Ge X, Feng X, Ding R. Relationship between SVPWM and carrier-based PWM of eight-switch three-phase inverter[J]. Electronics Letters, 2015: 51(13): 1018-1019.

13. Cui H, Song W, Fang H, Ge X, Feng X. Resonant harmonic elimination pulse width modulation-based high-frequency resonance suppression of high-speed railways[J]. IET Power Electronics, 2015, 8(5): 735-742.

14. Liu Y, Ge X, Zhang J, Feng X. General SVPWM strategy for three different four-switch three-phase inverters[J]. Electronics Letters, 2015: 51(4): 357-359.

15. Fang H, Feng X, Song W, Ge X, Ding R. Relationship between two-level space-vector pulse-width modulation and carrier-basedpulsewidth modulation in the over-modulation region[J]. IET Power Electronics, 2014, 7(1): 189-199.

16. Xiong C L, Wu X J, Diao F, et al. Improved nearest level modulation for cascaded H-bridge converter[J]. Electronics Letters, 2016, 52(8): 648-650.

17. Xiong C L, Ma J P, Wu X J, et al. Virtual co-phase traction power supply system adopting the cascaded H-bridge multilevel converter[J]. Electronics Letters, 2016, 52(10).

授权发明专利：

1. 葛兴来，郝琪，冯晓云，宋文胜，熊成林．两电平整流器及逆变器高速实时仿真方法：中国，ZL 2014 1 0230683. X［P］.

2. 葛兴来，韩坤，冯晓云，熊成林，宋文胜，苟斌，崔恒斌．电力牵引交流传动两电平脉冲整流器故障建模仿真方法：中国，ZL 2013 1 0335516. 7［P］.

3. 葛兴来，韩坤，冯晓云，宋文胜，张靖，苟斌．电力牵引交流传动两电平三相逆变器故障建模仿真方法：中国，ZL 2013 1 0507182. 7［P］.

4. 葛兴来，苟斌，冯晓云，熊成林，宋文胜，韩坤．电力牵引交流传动变流器中间直流回路故障建模仿真方法：中国，ZL 2013 1 0698537. 5［P］.

5. 崔恒斌，冯晓云，葛兴来，熊成林，宋文胜，王青元．一种牵引供电系统谐波谐振辨识方法：中国，ZL 2013 1 0159571. 5［P］.

6. 宋文胜，吴瑕杰，冯晓云，王顺亮，葛兴来．低载波比在线计算多模式空间矢量脉宽调制核：中国，ZL201410145537. 7［P］.

7. 宋文胜，马俊鹏，熊成林，冯晓云，葛兴来，王青元．一种单相工频系统无锁相环瞬时功率计算及无锁相环频率补偿算法：中国，ZL201410384303. 8［P］.

8. 熊成林，冯晓云，吴瑕杰，宋文胜，韩昆．一种改进的最近电平逼近调制算法：中国，ZL201410561811. 9［P］.

9. 熊成林，马俊鹏，吴瑕杰，冯晓云．一种基于锁相环的电压重构方法：中国，ZL201510133802. 4［P］.

10. 熊成林，韩坤，冯晓云，王顺亮，宋文胜．一种基于级联多电平的地面过电分相装置：中国，ZL201410036222. 9［P］.

11. 熊成林，王顺亮，冯晓云．一种基于级联多电平地面过电分相装置的控制方法：中国，ZL201410036720. 3［P］.

软件著作权：

1. CRH3 型动车组牵引系统故障建模仿真软件 V1. 0，登记号：2015SR227446。

2. 高速列车牵引传动系统动态仿真软件 V1. 0，登记号：2015SR179933。

3. 城市轨道交通定时节能优化操作仿真软件 1. 0 登记号：2009SR040606. 2008。

4. 城市轨道交通机车拟合软件 1. 0 登记号：2009SR033921. 2008，12。

5. 高速列车运行仿真软件 1. 0 登记号：2010SR017995. 2009，3。

所获荣誉：

1. 面向国家重大需求，改革培养模式，有效提升研究生创新实践能力，2014 年获国家级教学成果二等奖。

2. 面向国家重大需求，整体建构电气工程教育体系，培养轨道交通一流人才，2009 年获国家级教学成果一等奖。

3. 客运专线电分相设置方案与运行时分目标关系仿真评估 2011 年获中国铁道学会科技进步三等奖。

4. 高速动车组牵引及信息监控系统 2008 获中国铁道学会科学技术奖二等奖。

西南交通大学-汽车研究院

地址：四川省成都市金牛区二环路北一段 111 号

邮编：610031

电话：18628264826

团队人数：30

团队带头人：胡广地

主要成员：胡广地，刘伟群，祝乔，郭峰，刘丛志等

研究方向：新能源汽车与汽车工程相关方向

团队简介：

西南交通大学汽车研究院概况：

机构性质：西南交通大学校内独立二级单位，中国振动工程学会机械动力分会理事单位，中国内燃机学会大功率柴油机分会会员单位，中国汽车工程学会振动噪声分会会员单位和四川省新能源汽车产业推进办成员单位。

发展定位：整合校内优势资源，树立西南交大汽车领域强势学科形象，实现“大交通”战略。

技术重点：以发展新能源汽车、汽车电子、汽车节能减排为主。

建设资金：将汽车学科列为西南交大重点学科，初期投入2000万建设资金，及300万/年汽车学科发展资金。

主要职能：校内协同创新、检验检测与认证、技术成果孵化与转化、人才培养。

在研项目：

振动能量回收、电动汽车电池管理系统、电动汽车用空调系统、SCR后处理装置。

科研成果：

1. 一种固体铵盐SCR的计量喷射系统。
2. H∞控制器在倒立摆控制中的应用。
3. 一种参数可调智能高性能发动机主构架。
4. 基于HELS方法的噪声诊断技术研究。
5. 一种客车电动空调电路。
6. A new method of modeling and state of charge estimation of the battery
7. Model-based urea injection control strategy and ammonia storage estimation for diesel engine SCR system。

厦门大学-微电网课题组

地址：福建省厦门市翔安区新店镇厦门大学能源学院和木楼A111

邮编：361102

电话：15960221861

团队人数：6

团队带头人：孟超

主要成员：孙纯鹏，杨赟，纪承承，魏闻，陈颖

研究方向：直流微电网及其控制策略，能源互联网与园区能源规划，不间断电源设备，电能质量治理与装备

团队简介：

厦门大学微电网研究团队主要致力于直流微电网系统建模、控制策略分析及其工程产业化。在此基础上，团队积极延伸研究领域，正在配合国内某大型能源集团共同向国家能源局申请某大型科技园区能源互联网示范项目，并作为主要参与人及子课题负责人参与其中。电力电子变换器是能源互联网和微电网的核心设备，在该研究领域，团队先后开展了高性能大功率不间断电源、有源电力滤波器、静止无功补偿器、双向AC/DC变换器等技术和设备的研究，并取得了一些成果，部分研究成果已经实现产业化。

在研项目：

纵向课题：

1. 福建省重大产学研专项，核电站用不间断电源的研究，主持。
2. 厦门市重点产学研项目，有源滤波与无功补偿关键技术研究及产业化，主持。
3. 福建省经贸委重点项目，太阳能建筑一体化微电网智能能源管理系统开发，主要参与人。

企业委托研究课题：

1. 某大型科技园区能源互联网示范项目，主要参与人及子课题负责人。
2. 直流微电网关键技术开发，主要参与人及子课题负责人。
3. 小型建筑用直流微电网示范工程，主持。
4. 数字化不间断电源的研究，主持。
5. 有源滤波与无功补偿关键技术研究，主持。

科研成果：

1. Fengyan Zhang, Yun Yang, Chao Meng*. Power management strategy research for DC microgrid with hybrid storage system. DC Microgrids（ICDCM）[J]. 2015 IEEE First International Conference on, pp：62-68.
2. Fengyan Zhang, Wen Wei, Chao Meng*. Control strategy of electric charging station with V2G function based on DC micro-grid. DCMicrogrids（ICDCM）[J]. 2015 IEEE First International Conference on, pp：222-227.
3. Chao Meng, Yongqiang Hong. A novel passive control strategy for transformerless shunt hybrid active power filter [J]. Automation of electric power systems, 37（7）：108-112, 2013.
4. Chao Meng, Yongqiang Hong. A novel control strategy for three-phase shunt active power filter using a Lyapunov function [J]. IEEE 7th international power electronics and motion control conference-ECCE Asia, 2754-2759, 2012.
5. Jiakun Zheng, Chao Meng, Yongqiang Hong. The study of transformerless shunt hybrid active power filter compensation for unbalanced load [J]. IEEE 7th international power electronics and motion control conference-ECCE Asia, 2849-2853, 2012.

另有专利若干。

湘潭大学-智能电力变换及其应用技术

地址：湖南省湘潭市湘潭大学信息工程学院

邮编：411105

电话：58292224

团队人数：4

团队带头人：邓文浪

主要成员：邓文浪，谭平安，李利娟，陈才学

研究方向：电力电子技术及其应用

团队简介：

湘潭大学智能电力变换技术及应用研究团队主要从事

电力电子技术及其应用方面的研究，近十年来在新型电力电子拓扑及其控制、电网安全、功率半导体器件建模及可靠性、无线电能传输、风力发电控制技术等方面开展科学研究。承担了多项国家自然科学基金、湖南省自然科学基金等项目。

在研项目：

1. 国家自然科学基金青年项目，考虑脆弱性指标的电力系统差异化规划理论与方法（编号：51307148）。

2. 湖南省科技计划项目，抗灾型城市电网差异化规划研究（编号：2013GK3168）。

3. 国家自然科学基金青年项目，二阶随机占有约束优化问题的高效数值算法、理论及其应用（编号：11301445）。

4. 国家自然科学天元基金项目，延迟微分代数系统的迭代算法及其在智能电网中的应用（编号：11226322）。

5. 湖南教育厅一般项目，无刷双馈风力发电系统控制策略的研究（编号：13C905）。

6. 国家自然科学基金青年项目，51207134、半控型功率器件并联均流控制的非线性稳定运行机理及安全域研究、2013.01～2015.12、25万元、结题、主持。

7. 国家自然科学基金面上项目，柔性带材电磁功率元件集成拓扑与设计方法，51577161。

8. 国家自然科学基金面上项目，配电网故障时逆变型分布式电源的运行特性及短路电流计算方法研究。

9. 湖南省教育厅一般项目，09C962、HAPF与SVC构成的并联型电能质量综合补偿器控制技术研究5、国家自然科学基金面上项目，50877028、电力电子系统的小世界网络特征及动态故障诊断、2009/01-2011/12、35万元、已结题、参与。

10. 湖南省自然科学基金项目，08JJ6029、基于自抗扰控制技术的双级矩阵变换器控制策略研究。

11. 湖南省教育厅一般项目，06C833、矩阵变换器电流控制策略的优化研究。

科研成果：

1. Recent Progress of SiC Power Devices and Applications [J]. IEEJ Transactions on Electrical and Electronic Engineering [J]. 2013, 8 (5): 515-521. (SCI)

2. 多电平矩阵变换器的等效电路及其应用. 高电压技术 [J]. 2013, 39 (3): 741-748. (EI).

3. Procedure and Model of Anti-disaster Differentiated Planning for Power Distribution System [J]. Journal of Energy engineering, 2015. DOI: 10.1061/(ASCE) EY.1943-7897.0000267. (SCI)

4. A novel model for wind power forecasting based on Markov residual correction [J]. 2015 IEEE 6th International Renewable Energy Congress (IREC): 1-5. (EI)

5. 使用空间矢量调制的三电平矩阵变换器控制策略 [J]. 中国电机工程学报, 2008, 28 (9): 12-16. (EI)

6. 三电平矩阵变换器的电路拓扑与控制策略 [J]. 电力自动化设备, 2008, 28 (3): 63-67. (EI)

7. 基于精简矩阵变换器的海上风电高压直流输电控制策略. 电力系统自动化, 37 (8): 34-37, 2013

8. 高频链TSMC的双极型空间矢量调制 [J]. 电机与控制学报, 17 (11): 75-82, 2013.

9. 基于双级矩阵变换器的直驱永磁同步风力发电系统有功功率平滑优化控制 [J]. 电网技术, 37 (12): 3419-3425, 2013.

10. 基于新型两步换流的高频链矩阵整流器控制 [J]. 电力自动化设备, 33 (10): 130-135, 2013.

11. 基于优化换流策略的双级矩阵变换器实验研究 [J]. 电力电子技术, 47 (5): 97～99, 2013.

12. 基于电流空间矢量预测控制的HFLMR研究 [J]. 电力系统保护与控制, 41 (14): 108-114, 2013.

13. 应用双级矩阵变换器的永磁直驱风力发电系统集成控制策略 [J]. 太阳能学报, 33 (4): 577-581, 2012.

14. 段斌. 双级矩阵变换器直驱风力发电系统最大风能追踪 [J]. 电网技术, 36 (5): 73-78, 2012.

15. TSMC励磁的双馈风力发电系统研究 [J]. 太阳能学报, 31 (5): 648-653, 2010.

16. 提高双馈感应式风力发电系统故障穿越能力的控制策略 [J]. 电机与控制学报, 14 (12): 15-22, 2010

17. 基于合成矢量的双级矩阵变换器驱动感应电机电流控制策略 [J]. 电网技术, 34 (2): 64-70, 2010.

18. A Frequency-tracking Method Based on a SOGI-PLL for Wireless Power Transfer System to Assure Operation in the Resonant State [J]. Journal of Power Electronics, 2016, 16 (3): 1056-1066.

19. Phase Compensation, ZVS Operation of Wireless Power Transfer System Based on SOGI-PLL [C]. 2016 IEEE Applied Power Electronics Conference and Exposition (APEC), Long Beach, CA, USA, 2016, pp. 3185-3188

20. Adjustable Coupler for Inductive Contactless Power Transfer System to Improve Lateral Misalignment Tolerance [C]. IEEE ECCE Asia, 2016.

21. 晶闸管混沌行为的延迟反馈控制与尖峰电流抑制 [J]. 物理学报, 2010, 59 (8): 5299. (SCI收录号: 000281024100023.)

22. 负微分电导下晶闸管的动力学行为与混沌现象 [J]. 物理学报, 2010, 59 (6): 3747. (SCI收录号: 000278672300019.)

23. 基于微分几何理论的参数失配系统时空同步研究 [J]. 物理学报, 2013, 62 (23): 230507. (SCI收录号: 000328931400013.)

燕山大学-可再生能源系统控制团队

地址： 河北省秦皇岛市海港区河北大街西段438号燕山大学电气工程学院

邮编： 061001

团队人数： 教师6人，学生若干

团队带头人： 张纯江

主要成员： 李珍国，阚志忠，王晓寰，郭忠南，董杰

研究方向： 逆变器并网控制，微电网运行控制，风力发电

团队简介：

团队成立于 2005 年，由张纯江教授为带头人，由李珍国副教授、阚志忠副教授、王晓寰副教授，郭忠南讲师和董杰讲师为主要成员，开展可再生能源系统控制相关研究。已经完成国家基金项目 4 项，河北省基金项目 2 项，在研的国家基金 1 项，省级项目 3 项，建立风力双馈、直驱发电平台两个，光伏发电平台 1 个，逆变器并网平台 1 个，开关磁阻电机运行平台 1 个。发表论文 70 余篇，申请专利 4 项，培养博士生 5 名，研究生近百余名。

在研项目：

1. 国家自然科学基金项目，基于直流母线接入的大功率模块化储能双向 DC/DC 变换器及功率流控制研究，2015～2018。

2. 河北省教育厅科学研究计划河北省高等学校自然科学研究青年基金项目，基于下垂特性的低压微电网孤岛检测方法研究，QN2014183 2014. 6～2017. 6。

3. 河北省教育厅科学研究计划河北省高等学校自然科学研究重点项目，风光互补微电网中即插即用逆变器及控制研究 ZH2012053。

4. 河北省自然科学基金面上项目基于微电网运行的分布式光伏逆变器关键技术研究，E2013203380。

科研成果：

1. 张纯江，董杰，刘君，贲冰．蓄电池与超级电容混合储能的控制策略［J］．电工技术学报，2014，29（4）：334-340.

2. 张纯江，王勇，杨海军，柴秀慧．电网电压不平衡条件下双馈风力发电机转矩脉动抑制研究［J］．太阳能学报，2013，34（6）：924-932.

3. 王晓寰，张纯江．分布式发电系统无缝切换控制策略［J］．电工技术学报，2012，，27（2）：217-222.

4. 张纯江，王晓寰，薛海芬，阚志忠，邬伟扬．微电网中三相逆变器类功率下垂控制和并联系统小信号建模与分析［J］．电工技术学报，2012，27（1）：32-39.

5. 李珍国，王江浩，高雪飞，方一鸣．一种合成电流控制的无刷直流电机转矩脉动抑制系统［J］．中国电机工程学报，2015，21：5592-5599.

6. 李珍国，周生海，王江浩，方一鸣．无刷直流电动机双闭环调速系统的转矩脉动抑制研究［J］．电工技术学报，2015，15：156-163

7. 专利：一种基于电流控制的无刷直流电机瞬时转矩控制方法：中国，ZL201210237086.0［P］．2014-10.

浙江大学-GTO 实验室

地址： 浙江省杭州市西湖区浙江大学玉泉校区应电楼 103

邮编： 310012

电话： 0571-87951950

团队人数： 21

团队带头人： 吕征宇、姚文熙

主要成员： 靳晓光，胡进，黄龙，刘威，虞汉阳，陈发毅，王斌斌，黄羽西，谢良等

研究方向： 电力电子系统集成，电力电子功率变换及其控制技术，变模态柔性变流器，电机控制

团队简介：

团队属于浙江大学电气工程学院电力电子技术研究所，主要由 1 名教授、1 名副教授及博士研究生和硕士研究生组成。主要研究方向为电力电子系统集成，电力电子功率变换及其控制技术，变模态柔性变流器和电机控制等。

在研项目：

1. 变模态柔性变流器。
2. 高效率变模态无桥 PFC 变换器。
3. 电动汽车充电桩研发。
4. 三相并网逆变器控制。
5. 电机控制。
6. 三相 Vienna 变换器控制。

科研成果：

近年来在国内外发表学术论文 300 余篇，其中被 SCI、EI、ISTP 收录 100 余篇。申请和授权的中国发明专利 30 余项。获得省部级科研成果 4 项，其中一等奖一项，二等奖两项。

1. 2001、2003 年有源电力滤波器问题研究、通用电力电子装置数字式控制开发平台项目分别获得台达电力电子科教发展基金会优秀项目奖。

2. 有源电力滤波器及电磁兼容研究项目获 2001 年浙江省教育厅科研成果一等奖。

3. 多电平变换器拓扑理论、控制技术和容错方法的研究项目列入教育部 2002 年科技成果获（主要成员）。

4. 电力系统短路限流技术研究项目获 2006 浙江省教育厅科技成果二等奖（主要成员）。

5. 多电平变换器电路拓扑控制技术与容错方法的研究项目获得 2009 年浙江省科技一等奖（主要成员）。

所获荣誉：

1. 2001 年有源电力滤波器问题研究项目获得台达电力电子科教发展基金会优秀项目奖。

2. 2001 年有源电力滤波器及电磁兼容研究项目获得浙江省教育厅科研成果一等奖。

3. 2002 年电力电子装置电磁干扰及控制对策研究项目获教育部科技成果二等奖。

4. 2003 年台达电力电子科教发展基金会“通用电力电子装置数字式控制开发平台项目获得优秀项目奖。

5. 2006 年电力系统短路限流技术研究项目获得浙江省教育厅科技成果二等奖（主要成员）。

6. 2009 年多电平变换器电路拓扑控制技术与容错方法的研究项目获得浙江省科技一等奖（主要成员）。

浙江大学-陈国柱教授团队

地址： 浙江省杭州市西湖区浙大路 38 号浙江大学玉泉校区电气工程学院

邮编： 310027

电话： 13958133125

团队人数： 25
团队带头人： 陈国柱
主要成员： 陈国柱教授，博士生，硕士生
研究方向： 电力电子装置及其数字控制，包括：电能质量控制及节能电气装备，如 APF，UPQC，SVC，dSTATCOM 及 dFACTS；新能源与分布式发电并网、组网及储能技术；PEBB（系统集成）技术应用及高可靠性、模块化技术；特种电力电子变换电源

团队简介：

浙江大学电力电子与电力传动学科（国家重点）研究团队。导师陈国柱教授、博士生导师、留美博士后，兼任中国能源学会副理事长、江苏省风力机高技术设计重点实验室学术委员会委员、浙江省电源学会理事、江苏省电力电器产业技术创新战略联盟技术委员会委员。是中国“教育部新世纪优秀人才”（2006）、浙江省重点“新能源电力电子技术创新团队核心成员（2010）”、“南太湖科技精英计划人才”（2012）、浙江省“千人计划”人才（2013）。负责科研项目约 25 项，包括多个重大项目、国家自然科学基金项目、国际资助项目等；培养毕业研究生约 40 名，目前在读硕士生 10 名、博士生 13 名、留学生 2 名、合作博士后 1 名。

在研项目：

1. 基于 PSI 的电力电子线路可靠性及电磁兼容（EMC）技术。
2. 中压动态无功补偿（DSTATCOM）及电力有源滤波（APF）技术产业化开发。
3. 海上风力发电并网变流器设计关键技术。
4. 储能装置系统与控制策略。
5. 节能电气设备技术与应用。
6. 智能电力仪表设计及应用。

科研成果：

1. 中低压动态无功补偿 DSTACOM 成套装置及技术。
2. 三相/三线及四线制模块化电力有源滤波（APF）技术。
3. 690V/3.3kV 大功率（2～6MW）风力发电并网变流器。
4. 混合储能技术。
5. 电铁制动储能节能技术。
6. 中低压电动机保护器、中低压多功能电力仪表。

发表科技论文 200 余篇、授权和申请发明专利 23 项。

所获荣誉：

获科技成果奖励 9 项，其中包括：

1. 中国教育部科技进步二等奖。
2. 浙江省科技进步一等奖。
3. 浙江省教委科研成果一等奖。

浙江大学-电力电子技术研究所徐德鸿教授团队

地址： 浙江省杭州市西湖区浙大路 38 号浙江大学玉泉校区应电楼 105 室
邮编： 310027
电话： 0571-87953103
传真： 0571-87951797
团队人数： 27
团队带头人： 徐德鸿
主要成员： 徐德鸿，陈敏，胡长生，林平，谌平平，杜成瑞，董德智，张文平，何宁，李海津，陈烨楠，严成，施科研，朱晔，贾晓宇，朱楠，马杰，王昊，王晔，胡锐，王小军，刘超，朱应峰，叶正煜，刘亚光，邱富君，吴俊雄
研究方向： 高效率不间断电源，新能源和电动汽车用电力电子变换器，高可靠性多能源储能系统，功率半导体器件封装及应用

团队简介：

本科研团队的带头人徐德鸿教授是 IEEE fellow，中国电源学会理事长，浙江大学电力电子技术研究所所长，长期从事电力电子领域科学研究和产品开发。团队在新能源发电用电力电子装置、大功率不间断电源、高效率高可靠性功率变换器设计等研究方向均有丰富的研究和实践经验。欢迎广大高校和企业与我们合作研究，共同学习。

在研项目：

1. 多能源储能系统协同控制，国家自然科学基金重点项目。
2. 燃料电池不间断电源容错技术，国家自然科学基金。
3. 大功率 T 型三电平智能功率模块研制，国家自然科学基金。
4. 高效率不间断电源，企业合作项目。
5. 500kW 大功率 T 型三电平光伏逆变器，企业合作项目。
6. 高电压双输入光伏逆变器，企业合作项目。
7. 复合有源箝位软开关光伏逆变器，企业合作项目。
8. 电动汽车用逆变器、充电桩、车载充电器，企业合作项目。
9. SiC 功率器件封装研究，自研项目。
10. EMI 滤波器集成，自研项目。

科研成果：

近几年发表的 SCI 论文：

1. Dehong Xu, Haijin Li, Ye Zhu, Keyan Shi, Changsheng Hu. High-surety Microgrid: Super Uninterruptable Power Supply with Multiple Renewable Energy Sources [J]. ELECTRIC POWER COMPONENTS AND SYSTEMS, vol 43, IS 8-10, pp. 839-853, JUN 15, 2015.
2. Guofeng He, Dehong Xu, Min Chen. A Novel Control Strategy of Suppressing DC Current Injection to the Grid for Single-Phase PV Inverter [J]. IEEE Transactions on Power Electronics, vol. 30, no. 3, pp. 1266, 1274, March 2015
3. Wenping Zhang, Dehong Xu, Prasad N. Enjeti, Haijin Li, Joshua T. Hawke, Harish S. Krishnamoorthy. Survey on Fault-Tolerant Techniques for Power Electronic Converters [J]. IEEE Transactions on Power Electronics, vol. 29, No. 12, pp. 6319-6331, Dec. 2014

4. Cheng Deng, Dehong Xu, Pingping Chen, Changsheng Hu, Wenping Zhang, Zhiwei Wen, Xiaofeng Wu. Integration of Both EMI Filter and Boost Inductor for 1-kW PFC Converter [J]. IEEE Transactions on Power Electronics, vol. 29, No. 11, pp. 5823-5834, Nov. 2014.

5. Cheng Deng, Min Chen, Pingping Chen, Changsheng Hu, Wenping Zhang, Dehong Xu. A PFC Converter With Novel Integration of Both the EMI Filter and Boost Inductor [J]. IEEE Transactions on Power Electronics, vol. 29, No. 9, pp. 4485-4489, Sep. 2014.

6. Ye Zhu, Dehong Xu, Ning He, Jie Ma, Jun Zhang, Yangfan Zhang, Guoqiao Shen, Changsheng Hu. A Novel RPV (Reactive-Power-Variation) Antiislanding Method Based on Adapted Reactive Power Perturbation [J]. IEEE Transactions on Power Electronics, vol. 28, no. 11, pp. 4998-5012, Nov. 2013.

7. Guofeng He, Min Chen, Wei Yu, Ning He, Dehong Xu. Design and Analysis of Multiloop Controllers With DC Suppression Loop for Paralleled UPS Inverter System [J]. IEEE Transactions on Industrial Electronics, vol. 61, no. 12, pp. 6494-6506, Dec. 2014.

8. Yenan Chen, Dehong Xu, Jiangbei Xi, Guangcheng Hu, Chengrui Du, Yawen Li, Min ChenA ZVS Grid-Connected Full-Bridge Inverter with a Novel ZVS SPWM Scheme" [J]. IEEE Transactions on Power Electronics (已收录).

9. Chengrui Du, W. G. Hurley, Dehong Xu. Design Methodology of Resonant Inductor in a ZVS Inverter [J]. IEEE Journal of Emerging and Selected Topics in Power Electronics, (已收录).

近几年获得授权的发明专利：

1. 徐德鸿，邓成，胡长生，温志伟．一种功率因数校正电路的无源元件集成装置：中国，ZL201210439993.3 [P]. 2014-10-08.

2. 徐德鸿，陈烨楠，杜成瑞，胡光铖，延汇文．一种单相逆变器的调制方法：中国，ZL201210418400.5 [P]. 2014-08-06.

所获荣誉：

1. 2012 年面向电网谐波污染治理与电能质量优化的电力电子关键技术及工程化应用获得浙江省科学技术奖一等奖。

2. 2015 年 9 月高电能质量节能型大功率不间断电源系统关键技术与产业化获得中国电源学会科技进步奖特等奖。

浙江大学-电力电子学科吕征宇团队

地址：浙江省杭州市浙大路 38 号浙大电气学院
邮编：310027
网址：http：//ee. zju. edu. cn/
团队人数：15
团队带头人：吕征宇
主要成员：吕征宇，姚文熙，张德华
研究方向：电力电子学科

团队简介：

本团队为浙江大学电气工程学院电力电子学科教师组成，具有教授博导、副教授、博士生、硕士生等组成的团队，与国家科研大院、国内外多家企业有长期合作关系，具有研究、设计及后续工程研究开发能力，完成过多项国家与企业委托开发及咨询项目。近年来致力于新能源微网、车载充电、电蓄电池充放电管理、新型电机驱动、工业特种电源等开发，具有整合前端探索性研究、应用型原型样机研究，以及工程样机开发的能力，愿意为推动产学研合作做出贡献。

在研项目：

1. 车载充电器。
2. 同步磁阻电机驱动。
3. 锂电池管理。
4. 三相有源整流器。
5. 多电平高压开关。
6. 高效率变模态 LLC 功率变换器。
7. 基于规模化交错并联的并网变流技术——国家自然科学基金。

科研成果：

1. 高密度模块电源。
2. 并网逆变器。
3. 蓄电池充放电管理。
4. 三相 PFC 有源整流。
5. 感应电机无传感器控制。
6. 直流高压电源。
7. 永磁电机驱动。
8. 高压隔离多路电量传感器。
9. 相关发明专利及学术论文。

所获荣誉：

近年来获得荣誉：

1. 变拓扑柔性变流器理论（50677063），获自然科学基金优秀结题项目。

2. 变模态柔性变流器理论（51177148），获自然科学基金优秀结题项目。

浙江大学-何湘宁教授研究团队

地址：浙江省杭州市浙大路 38 号，浙江大学电气工程学院
邮编：310027
团队人数：39
团队带头人：何湘宁
主要成员：石健将，邓焰，吴建德，李武华，胡斯登
研究方向：电力电子技术及其工业应用，包括大功率变换器与智能控制系统，特种电源及其网络化系统，电力电子器件、电路和系统的建模、仿真和测试等。

团队简介：

SEEEDS（Sustainable & Efficient Electric Energy Delivery Systems）团队依托于浙江大学电力电子技术国家专业实验室。团队目前拥有教授 3 名，副教授 3 名。主要研究方向

包括电力电子技术及其工业应用，包括大功率变换器与智能控制系统，特种电源及其网络化系统，电力电子器件、电路和系统的建模、仿真和测试等。与美国通用电气、日本富士电机、台达、中国电科院、上海电气等公司及研究机构保持密切的交流合作。

在研项目：

1. 国家自然科学基金重大项目课题，多时间尺度下大容量电力电子混杂系统运行匹配规律研究，项目批准号：51490682，起止年月：2015.1～2019.12。

2. 国家自然科学基金，基于功率开关变换电路理论的能量/信号复合传输方法和系统研究，编号：61174157。

3. 浙江省自然科学基金“杰出青年基金”项目，即插即用型新能源直流微网运行控制的基础研究，项目编号：LR16E070001，起止年月：2016.1～2019.12。

4. 科技部973青年科学家专题柔性直流输电换流器安全运行裕度的基础研究，项目编号：2014CB247400，起止年月：2013.8～2018.7。

5. 国家自然科学基金面上项目，非隔离型分布式光伏发电系统对地共模漏电流抑制机理研究，项目批准号：51377112，起止年月：2014.1～2017.12。

科研成果：

在多电平功率变换器基础与应用研究，仿生学意义下的电力电子系统分布式结构，可再生能源功率变换系统与控制等方面取得创新性成果。同时在电力电子技术应用于有机材料处理工程、环境保护工程领域开展交叉学科方向的研究，并实现了产业化。国内外发表论文620余篇，440多篇被SCI/EI所收录。授权国家发明专利50项。

所获荣誉：

获国家自然科学二等奖1项，国家技术发明二等奖1项，省部级科学技术成果一等奖3项。

浙江大学-马皓教授团队

地址： 浙江省杭州市西湖区浙江大学玉泉校区电气工程学院

邮编： 310027

团队人数： 22

团队带头人： 马皓

主要成员： 马皓教授，白志红副教授，博士生，硕士生

研究方向： 电力电子技术及其应用，电力电子先进控制技术，电力电子系统故障诊断理论和方法，新型高效功率变换拓扑与控制技术，电力电子系统网络控制技术，逆变器无线并联技术，电能非接触传输技术，电动汽车中电力电子技术等。

团队简介：

本团队属于浙江大学电力电子与电力传动学科（国家重点学科）研究团队、浙江省重点科技创新团队。带头人马皓教授，现任浙江大学电气工程学院副院长、浙江省科协委员、中国电源学会常务理事、学术工作委员会主任、直流电源专业委员会副主任、无线电能传输技术及装置专业委员会副主任、浙江省电源学会副理事长、秘书长。团队完成科研项目50余项，包括国家自然科学基金项目、国家高技术研究发展计划（863计划）项目、国际合作项目、企业合作项目等。培养毕业研究生63名，目前在读硕士生10名、博士生9名、合作博士后1名。

在研项目：

1. 基于三维磁场分析方法的电动汽车感应耦合式非接触电能传输系统研究。

2. 混合能源分布式逆变器并网系统中的网络控制技术研究。

3. 多能源储能系统的故障诊断和容错技术。

4. 基于国产IGBT智能功率模块的并联技术研究。

5. 特殊环境中高效率高功率密度直流-直流变换器研究。

科研成果：

1. 电力电子系统故障诊断理论和应用。
2. 新型软开关功率变换拓扑及其应用。
3. 新型高效率照明驱动电源及其控制技术研究与应用。
4. 新一代汽车无汞HID电子镇流器。
5. 单相或三相逆变器并联系统的无线并联技术。
6. 电力电子系统的网络控制技术。

发表学术论文200余篇；授权和申请发明专利24项。

所获荣誉：

获浙江省科技进步一等奖1项，浙江省科技进步奖二等奖1项，教育部提名国家科学技术奖自然科学奖二等奖1项，教育部科技进步二等奖1项，上海市科技进步奖三等奖1项，国家级教学成果奖二等奖1项和浙江省教学成果奖一等奖1项。

浙江大学-石健将老师团队

地址： 浙江省杭州市浙江大学玉泉校区工业电子楼102室

邮编： 310027

电话： 18268874591

团队人数： 9

团队带头人： 石健将

主要成员： 何昕东，侯庆会，李竟成，汪洋等

研究方向： 高频电力电子变流技术，高可靠性中大功率高频组合直流变换器，高可靠性高功率密度航空静止变流器，单相/三相中大功率高频逆变器（包括输出50赫兹工频和400Hz中频两类），三相高功率因数高频PWM整流器，固态电力变压器（SST），光伏发电，智能电网等

团队简介： 团队有9名成员，1名博士。

在研项目：

国防军工科技开发项目、国家自然科学基金面上项目、国际合作项目及国内企业合作项目等10多个科研项目

科研成果：

已研制完成多个型号的航空静止变流器电源、舰船混合电力推进控制系统，以及大功率零时间切换三相UPS电源系统等多个科研项目。

所获荣誉：

曾获得国防科学技术三等奖 1 项，浙江省科学技术奖一等奖 1 项；已在《电工技术学报》、《中国电机工程学报》等国内核心期刊以及电力电子技术国际顶级（TOP）IEEE 期刊和国际会议上发表学术论文 50 多篇，其中 SCI 检索的国际 TOP 期刊论文 6 篇，EI 检索论文 40 余篇；申请国家发明专利 10 余项（已授权 5 项）。

浙江大学-微纳电子所韩雁教授团队

地址：浙江省杭州市西湖区浙大路 38 号浙江大学玉泉校区信电学院微电子楼

邮编：310027

电话：0571-87953116

传真：0571-87953116

网址：www. isee. zju. edu. cn/IC

团队人数：15

团队带头人：韩雁

主要成员：韩雁，张世峰，韩晓霞

研究方向：集成电路与功率器件设计

团队简介：

团队共有教授 1 名，副教授 1 名，讲师 1 名，专职科研岗教师 1 名，博士生 5 名，硕士生 6 名。

在研项目：

1. 国家自然科学基金面上项目，61274035，纳米工艺下面向参数成品率增强的电路设计方法研究，2013/01-2016/12。

2. 企业委托开发项目，交流接触器节能芯片 ZDLX-1H 应用开发，2016. 3. 16-2019. 3. 15。

3. 企业委托开发项目，铁路轨旁电子单元 LEU 的开发，2014-9. 1-2016. 3. 31。

4. 企业委托开发项目，先进电磁技术，2015. 11-2017. 11。

科研成果：

承担并完成国家 863 IC 设计专项、国家核高基重大专项、国家基金面上项目、教育部博士点基金、浙江省科技重大专项、省自然基金、省部级政府招标项目、海外合作项目、企业委托重大横向和普通研发项目共计六十多项科研项目。

近五年内共出版论著五部，发表 SCI 论文 26 篇（其中 1 篇发表在 JSSC，3 篇发表在 EDL），获授权发明专利 50 余项（含日本授权专利 1 项，美国公告专利 1 项，欧洲申请专利 1 项）。应 InTech 出版社之邀为其新书撰写的 Chapter 10，因提出了 On Chip ESD 防护器件“有效性、鲁棒性、敏捷性、透明性”的定量判定方法，受到国际同行的广泛关注，出版三年内被各国学者下载七千多次。还曾因发表文章揭示了 JEDEC 国际标准在 IC ESD 测试方法上存在的漏洞，被美国科学网站报道为 New Funding on Science。

新近研制出一款基于国内 40 nm CMOS 工艺的 60GHz 锁相环射频芯片，技术国际先进，国内领先。完成了浙江省重大科技专项 1700V IGBT 的研发与产业化项目。

浙江大学-智能电网柔性控制技术与装备研发团队

地址：浙江省杭州市西湖区浙大路 38 号

邮编：310027

电话：0571-87951541

团队人数：50

团队带头人：江道灼

主要成员：甘德强，赵荣祥，梁一桥，文福拴，李海翔，丘文千，江全元，郭创新，周浩

研究方向：交直流电力系统运行与控制，柔性输配电控制技术与装备

团队简介：

团队由浙江大学牵头，合作单位为浙江省电力公司（含其下属企业）、浙江省电力设计院。团队规模约 50 人，拥有副高职以上技术职称人数约占 57%；核心成员 10 人，其中中科院院士 1 人，教育部“新世纪优秀人才支持计划”入选者 3 人，浙江大学求是特聘教授 1 人。

团队依托浙江大学电气工程国家一级重点学科（涵盖电力系统及其自动化、电力电子技术、电机与电器 3 个国家二级重点学科）、电力电子应用技术国家工程研究中心和电力电子技术国家专业实验室，汇集了浙江省乃至全国一流的业界专家，且团队成员有着长期紧密的合作历史和合作基础。团队注重“产学研”结合，并紧密围绕分布式发电与并网技术、特高压交直流输电技术、智能电网技术等国际和我国电力行业最新发展趋势，针对浙江省重大需求开展创新性研究，为浙江省电力工业的现代化改造与发展提供基础理论和核心技术支撑。

在研项目：

1. 固态短路限流技术及装置研发（863）。

2. 直流断路器关键技术研究（863）。

3. 电动汽车与智能电网的接口及网络交互（国家基金中英合作项目）。

4. 统一潮流控制器 UPFC 在含分布式电源智能配电网关键技术研究及工程应用。

科研成果：

1. 共发表科研论文 70 余篇，其实 SCI/EI 近 50 篇。

2. 获得省部级科技奖 4 项。

3. 申请专利 30 余项，其中发明专利 7 项。

4. 团队培养及引进了一批高层次科研人员，引进海外优秀人才 1 人、培养国家级和省部级优秀人才 3 名、多位项目成员完成职务晋升，同时培养了一批较高理论和专业素质的研究生。

所获荣誉：

1. 500kV 直流融冰见动态无功补偿系统研制与工程试点浙江省电力科学技术二等奖（浙江大学）。

2. 无功电压及优化辅助决策系统开发及应用福建省科学技术进步奖三等奖（浙江大学）。

3. 500 千伏直流融冰见动态无功补偿系统研制与工程试点浙江电力科学技术一等奖（江道灼）。

4. 500 千伏直流融冰见动态无功补偿系统研制与工程试点浙江电力科学技术一等奖（浙江大学）。

5. 500 千伏直流融冰见动态无功补偿系统研制与工程试点浙江省电力公司科学技术进步特等奖（江道灼）。

6. 500 千伏直流融冰见动态无功补偿系统研制与工程试点浙江省电力公司科学技术进步特等奖（浙江大学）。

7. PES2013 最佳论文奖。

8. WeGet2014 最佳论文奖等。

中国东方电气集团中央研究院-智慧能源与先进电力变换技术创新团队

地址：四川省成都市高新西区西芯大道 18 号

邮编：611731

电话：18602832917

传真：028-87898139

网址：http：//www. dongfang. com

团队人数：15

团队带头人：唐健

主要成员：田军，周宏林，杨嘉伟，刘静波，刘征宇，代同振，舒军，肖文静，何文辉，王多平，吴小田，边晓光，武利斌，王正杰

研究方向：智能电网与微电网，新能源发电与并网，大功率变流器与系统，新器件与应用

团队简介：

带头人简介：

唐健，男，34 岁，博士，高级工程师。唐健博士 2010 年毕业于华中科技大学，获电气工程专业博士学位；2007—2008 年，留学英国 STAFFORD，从事智能电网高压直流输电及无功功率控制方面的研究工作；2010 年至今，就职东方电气中央研究院，从事电力电子及电能变换领域相关研究工作。现为东方电气中央研究院电力电子技术研究室副主任。近五年来，唐健博士共主持承担省级重点科研项目两项：主持承担四川省科技支撑计划项目“光伏发电逆变系统及光伏电池组件关键技术研究”，200 万；主持承担四川省重大技术装备创新研制项目“3MW 直驱风电全功率变流器及集成化电控系统研制”，120 万。

团队简介：

唐健博士带领的智慧能源与先进电能变换技术创新团队直属中国东方电气集团中央研究院，始创于 2010 年，团队创建之初紧密围绕企业级创新团队的特点，明确了自主研发掌握重大关键技术、核心技术为产品创新和产业升级服务的目标。近年来，在国家、地方政府以及集团公司的高度关怀与重视下，在国家产业结构升级的大背景下，智慧能源与先进电能转换技术团队高速稳定发展。团队成员全部毕业于国内外知名高校，现已形成以 4 名博士、15 名硕士为核心成员的富有活力与创造力的年轻化创新团队，核心人员队伍涵盖电力电子、电机与驱动、电力系统、自动控制、计算机、测量技术等专业。团队研究方向紧密围绕国家、行业发展需要，做到关键技术提前布局、提前预研，目前已形成“互联网 +”智慧能源互联网、电厂远程监测与诊断、智能微电网、大型发电设备与分布式能源发电控制、高效大功率电力电子变流等稳定的研究方向，开展实施电力电子、微电网、光伏发电、风力发电、光热发电、大容量储能、电动汽车功率组件及车载电源、电厂远程监测诊断、大型同步发电机励磁控制等多项课题，发表论文数十篇，形成一批专利、软件和核心技术，完成一项 MW 级风光储微电网示范工程，其实际发电量已逾百万，团队还承担了风电、光伏领域两项省级重点项目。团队采用协同管理模式，做到人员梯队分层和核心人员复用，保证团队高效运转与密切协作。东方电气中央研究院现已为智慧能源与先进电能转换技术团队基础实验设施建设投资逾千万，已建成实验场地近 400 平方米，建成 4RACK 等级 RTDS 数字实时仿真平台、基于 RTLAB 的同步/异步电机拖动实验平台、远程信息显示发布平台、具有电网模拟功能的发电能量转换与控制实验平台、大功率电力电子组件动态测试平台、高压大容量电力电子装置去离子循环水冷系统测试实验平台等先进实验平台；在建实验场地近 600 平方米，容量与电压等级达 5MW/35kV，内循环实验能力达 20Mvar，达到国际先进水平。

在研项目：

科技创新与产业化项目：

1. 四川省科技支撑计划项目，光伏发电逆变系统及光伏电池组件关键技术研究。

2. 四川省科技支撑计划项目，应用于风场的实时数字仿真系统关键技术验证。

3. 四川省经信委重大技术装备创新研制项目，3MW 直驱风电全功率变流器及集成化电控系统研制。

4. 企业技术示范项目，杭州风光储智能微电网项目。

技术咨询服务项目：

1. 高压变频器 RTDS 仿真测试技术。

2. 于 RTDS 的永磁同步发电机组变流器控制器检测、模型验证和改进控制方案研究。

3. 主变高压侧短路对无刷励磁系统影响的仿真分析。

科研成果：

1. 在国际国内知名学术期刊发表论文数十篇。

2. 四川省科技支撑计划项目，光伏发电逆变系统及光伏电池组件关键技术研究成果在国家光伏监测中心效率测试最高效率超过 99%，达到领跑者计划的效率要求，达到国际先进水平。

3. 数十件专利取得发明专利授权证书。

4. 自主开发多个 CAD 辅助设计软件，持有软件著作权一项。

5. 完成一项 MW 级风光储微电网示范工程，工程其实际发电量已逾百万。

6. 四川省科技成果鉴定国际先进一项。

所获荣誉：

四川省发改委“四川省新能源与智能电网自动化技术工程实验室”2015 年正式在东方电气中央研究院挂牌。

中国工程物理研究院流体物理研究所-特种电源技术团队

地址：四川省绵阳市绵山路 64 号

邮编：621000
电话：0816-2491069
传真：0816-2485139
团队人数：7
团队带头人：李洪涛
主要成员：马勋，王传伟，马成刚，栾崇彪，肖金水，易晗
研究方向：特种电源技术及其应用
团队简介：

带头人简介：

李洪涛，博士研究生导师，担任中国博士后基金评审委员会专家，中国电源学会特种电源专委会秘书长，中国兵工学会复杂电磁环境专委会委员，全国高电压试验技术委员会测试技术与设备专家组委员等学术职务。从事特种电源技术研究 20 余年，主持或主要参加国家大科学工程专项等科研项目 20 余项，发表 SCI/EI 论文 50 余篇，在大功率开关技术、脉冲形成方法、真空放电物理等领域有较高的学术造诣。带领团队研制成功 4MV/500kA 激光触发多级多通道气体开关、500kV 全固态 Marx 发生器、基于光导开关的全固态重复频率功率源、天蝎-I 闪光 X 光机、6MV 低抖动 Marx 发生器等，总体技术和研究能力处于国内外领先水平，相关研究成果引起美国圣地亚哥国家实验室等国际同行广泛关注，并为我国首台自主研制、达到国际先进水平的多路并联超高脉冲功率输出装置聚龙一号（8～10MA 电流）研制成功等做出重要贡献，获得军队科技进步一等奖等学术奖励 10 余项。

团队简介：

流体物理研究所电子技术应用团队主要从事特种电源技术及其应用研究，在固态脉冲功率技术及器件物理、真空放电物理、高压大电流产生技术、精密时序控制和高速采集技术等方面具有数十年的积累，研制出系列中低能闪光 X 光机、高性能固态脉冲功率源、高压脉冲触发系统和高压电源，团队研究成果不仅为我国流体动力学实验研究做出了重要贡献，也在国内科研单位、高等院校中得到较多应用。

在研项目：

1. 高重复频率固态脉冲功率技术研究，国家基础科研项目。

2. 激光触发大功率半导体开关载流子输运、增益、汇聚机理及调控方法研究，中国工程物理研究院院长基金。

3. AlGaN/GaN 电离电子器件中极化库仑场散射机制研究，国家基础科研项目。

4. 微晶玻璃电介质界面极化形成与放电机制研究，国家基础科研项目。

科研成果：

期刊论文：

1. Li Hongtao, Deng Jianjun, Xie Weiping, et al. The delay and jitter characteristics of laser-triggered multistage switch: a parametric study[J]. IEEE Transactions on Plasma Science. 35(6): 1787-1790, 2007.

2. Hongtao Li, WEiping Xie, SHuping Feng, et al. Development of a high-reliability low jitter 6MV/300kJ Marx generator [J]. Plasma Science &Technology, 17 (1): 1500115001, 2008.

3. Li Hongtao, Deng Jianjun, Wang Yujuan, et al. Development of a 4MV laser-triggered Multi-Stage Switch[J]. Plasma Science &Technology, 10(2): 235-239, 2008.

4. Li Hongtao, Deng, Jianjun, Feng Shuping, et al. A Multiplex Multi-Stage Surface Flashhover Switch[J]. Plasma Science &Technology, 10(4): 491-493, 2008.

5. Hongtao Li, Hong-Je RYoo, Jong-Soo Kim, et al. Development of Rectangle-Pluse Marx Generator Based on PFN[J]. IEEE Transactions on Plasma Science. 37(1): 190-194, 2009.

6. Luan Chongbiao, Wang BO, Huang Yupeng, et al. Study on the high-power semi-insulating GAAS PCSS with quantum well structure [J]. ALP Advances, 2016, 6: 055216.

7. Luan Chongbiao, Feng Yuanwei, Huang YuPeng, et al. Research on a novel high-power semi-insulating GAAS photoconductive semiconductor switch[J]. IEEE Transactions on Plasma Science. 2016, 44(5): 839-841.

8. Ma Xun, Yuan Jianqiang, Liu Hongwei, et al. Investigation on emission characteristics of metal-ceramic cathode applied to industrial X-ray diode[J]. Review of scientific Instruments, 2016, 87: 063301.

9. Ma Xun, Deng Jianjun, Liu Hongwei, et al. Development of all-solid-state flash x-ray generator with photo conductive semiconductor switches[J]. Review of scientific Instruments, 2014, 85(9): 093307

所获荣誉：

全军科技进步一等奖 1 项，二等奖 5 项，三等奖 3 项，中国电源学会科技进步二等奖 2 项。

中国科学院电工研究所-大功率电力电子与直线驱动技术研究部

地址：北京市海淀区中关村北二条 6 号
邮编：100190
电话：010-82547068
网址：http://www.iee.ac.cn
团队人数：60
团队带头人：李耀华
主要成员：李耀华，严陆光，王平，葛琼璇，史黎明，杜玉梅，李子欣，韦榕，张树田，王晓新，王珂，刘洪池，朱海滨，吕晓美，程宁子，刘育红，胜晓松，李伟，董贯洁，陈敏洁，张瑞华，徐飞，张志华，李雷军，高范强，赵鲁，马逊，楚遵方，殷正刚，张波等
研究方向：

1. 轨道交通牵引变流与控制系统，1）高速磁悬浮交通牵引变流与控制技术，2）直线电机轨道交通牵引变流与

牵引控制技术，3）高速列车牵引变流与牵引控制技术。

2. 新能源与智能电网用电力电子装置

1）高压柔性直流输电技术，2）电力电子变压器技术，3）有源滤波技术和动态无功补偿技术。

3. 高压大功率变流基础理论研究

1）高压大功率变流系统的拓扑和应用研究，2）高压大功率变流系统测量与评估基本理论与技术。

团队简介：

中国科学院电工研究所大功率电力电子与直线驱动技术研究部主要面向国家能源、电力和交通的战略需求，重点解决电力电子与电能变换领域的重大应用基础理论和战略高技术问题，是中国科学院电力电子与电气驱动重点实验室的重要组成部分。主要从事大功率电力电子与电能变换、高功率密度电力驱动、大功率直线驱动等方向的核心关键技术和重要基础理论研究工作。现有固定人员 30 人，其中中国科学院院士 1 名、正高级职称研究人员 6 名。

总体目标：面向国家能源、电力和交通的战略需求，重点解决电力电子与电气驱动领域的重大应用基础理论和战略高技术问题，为我国电力电子与电气驱动及相关领域的发展，发挥重要的支撑和骨干引领作用。

研究部在“十五”、“十一五”、“十二五”期间先后承担了多项国家项目，取得了一系列研究成果，培养了一大批年轻有为的中青年技术骨干，形成了一支由多名学术带头人引领、一批技术骨干为支撑以及众多基础扎实、研究和技术经验丰富的高素质研究人员为基础的研究团队。

近年来研究部主要承担的科研项目包括：

承担南方电网世界电压等级最高、容量最大的科研示范工程项目“云南电网与南方电网主网鲁西背靠背直流异步联网工程”——±350kV/1044MW 换流站及阀控系统的研制任务。在项目实施过程中，所研制 MMCon-G4 换流器控制保护系统完成了数千项 FPT、DPT 测试试验。所研制的云南鲁西柔直工程广西侧换流器于 2016 年 8 月 29 日成功投运，测试和运行结果表明，系统运行稳定可靠，性能满足设计。云南异步联网柔直工程的顺利建成投运创造该技术领域新的世界纪录：单台柔性直流换流器容量最大——1044MW，直流电压最高——±350kV，换流器电路最复杂——高压环境下 5616 只 IGBT 同时实时协调工作。

完成全球首个 ±160kV 多端柔直柔性直流输电示范工程中青澳换流站换流器及阀控系统的攻关研制工作。攻克了多端柔性直流输电控制保护这一世界难题，成为世界上第一个完全掌握多端柔性直流输电成套设备设计、试验、调试和运行全系列核心技术的企业，建成了世界上第一个多端柔性直流输电工程，在中国乃至世界电力发展史上具有划时代的重要意义。

在高效轨道交通牵引驱动系统研发与应用领域：

承担了“十二五”国家科技支撑计划重大项目子课题“高速磁浮半实物仿真多分区牵引控制设备研制”任务，完成了高速磁悬浮列车牵引控制系统、高速磁浮多分区牵引控制系统、1.5km 试验线双分区升级和 28km 半实物仿真系统牵引控制系统设备研制、7.5MVA IGCT 高压大功率牵引变流器、新型 15MVA 四象限变流器系统、满足三步法供电的 15MVA 变流器研制；建立并完善了大功率同步直线电机控制理论，解决了大功率交直交变流器的理论、控制、模块化设计、制造、集成及工程试验等重大难题。首次在国内研制成功具有自主知识产权的基于 VME 的高速磁悬浮列车牵引控制系统，在上海高速磁悬浮试验线实现了磁悬浮列车的双分区、双端供电、双车无人驾驶智能牵引控制，填补了国内空白。

研制成功了国内单机容量最大的 7.5MVA IGCT 交直交牵引变流器，研究成果获 2009 年度中国电工技术学会科技进步一等奖、2009 年度北京市科技进步一等奖、2010 年度国家科技进步二等奖。

在高速铁路牵引控制及牵引变流器方面：

承担了基于场路耦合的高速列车牵引电机控制特性研究、高速铁路 TCU 控制系统研制；深入研究了高速铁路电机牵引特性、多场耦合机理、牵引控制关键技术、系统工程化优化设计方法，突破了高铁牵引控制技术难题，研制成功了具有自主知识产权的三型车牵引控制系统，完成了 TCU 系统的电磁兼容测试和功能测试，填补了国内空白。

在城市轨道交通牵引控制及牵引变流器方面：

承担了大功率非粘着直线电机轨道车辆牵引系统研制与应用、A 型地铁车辆大功率牵引变流器研发与应用、高性能有轨电车牵引传动系统研发与应用、机场线直线电机牵引变流系统国产化工程应用等项目。突破了大功率直线异步电机高性能控制技术难题，研制了 190kW 直线异步电机，1.3MVA 大功率直线电机牵引变流器及牵引控制系统，已应用在北京机场线直线车辆上完成了 10 万公里考核验证，性能与庞巴迪进口产品性能相当，具备了全面替代进口系统进行应用的技术能力。研究成果获 2013 年度北京市科技发明一等奖和 2013 年度中国电工技术学会科技进步一等奖。

研制了系列化兆瓦级城轨车辆牵引变流器及全数字化高性能牵引控制器，并通过了各项型式试验并获得国家相关认证。已批量应用于大连低地板有轨电车线路上，已安全载客运营超过 7 万公里。

承担并完成中车唐山机车车辆公司的无弓受流系统研制任务，研制成功国内第一套轨道交通车辆用百 kW 无接触受流系统装置系统样机，安装在一辆实际车辆的转向架，测试表明，实际输出功率 160kW、效率 83%，满足轨道交通非接触式供电运行要求。同时研制成功满足磁浮列车非接触车辆供电的“多模块化”高频无线电能传输工程样机，包括敷设于轨道沿线的高频线缆绕组、高耦合车载接收板、并联式高频逆变模块，满足实际磁浮列车供电需求。可在磁浮交通、城市轨道交通供电领域推广应用。

承担了国家高技术研究发展计划（863 计划）“新型超大功率场控电力电子器件的研制及其应用”项目中子课题“新型高压场控型可关断晶闸管器件的研制与应用”科研任务。研究新型高压场控型可关断晶闸管器件芯片的设计、工艺、制造与测试技术，研制出满足高电压、大电流需求的芯片样片；研究新型高压场控型可关断晶闸管器件的智能化驱动、封装及测试技术，研制出满足高电压、大电流需求且具有智能化低驱动功率特性的器件样片；研究新型高压可关断晶闸管器件的测试技术，研制一套具有自动检测和监控功能的新型高压可关断晶闸管器件测试平台；基于本课题研制的新型高压场控型可关断晶闸管器件，研制了一台5MVA三电平大功率变流器样机，推动了基于大功率新型高压场控型可关断晶闸管器件相关技术的跨越式发展和相关产品的产业化。

在研项目：

1. “十三五”重点研发计划先进轨道交通重点专项课题：600km/h高速磁浮交通牵引供电技术。

2. “十三五”重点研发计划先进轨道交通重点专项课题：200km/h中速磁浮交通牵引供电技术。

3. “十三五”重点研发计划先进轨道交通重点专项课题：轨道交通无接触供电系统。

4. 国家高技术研究发展计划（863计划）：交直流混合配电网关键技术。

5. 国家重点研发计划“先进轨道交通”重点专项：虚拟同相柔性供电系统电磁耦合机理研究。

6. 国家重点研发计划“先进轨道交通”重点专项：大功率车载电力电子牵引变压器故障隔离保护机制与控制策略研究。

横向课题：

1. 中速磁浮列车地面牵引系统研究。

2. 电动摆渡车大功率轮毂电机及控制器的研制。

3. 交直流柔性互联配电网络构建及协调控制关键技术。

科研成果：

中国科学院电工研究所大功率电力电子与直线驱动技术研究部在国家“十五”、“十一五”、“十二五”期间先后承担了多项国家项目，取得了一系列研究成果，培养了一大批年轻有为的中青年技术骨干，形成了一支由多名学术带头人引领、一批技术骨干为支撑以及众多基础扎实、研究和技术经验丰富的高素质研究人员为基础的研究团队。

1. 实验室承担了国家重点研发计划先进轨道交通重点专项“磁浮交通系统关键技术项目”。

2. 承担南方电网公司世界电压等级最高、容量最大的±350kV/1000MW柔性直流输电工程项目。

3. 全球首个±160kV多端柔直柔性直流输电示范工程中青澳换流站换流器及阀控系统的攻关研制工作。

4. 国家高技术研究发展计划（863计划）“新型高压场控型可关断晶闸管器件的研制与应用”。

5. 中国科学院重点部署项目课题“高效高压大功率电机系统节能共性技术研发与示范”。

6. 完成科技支撑计划课题“新型15MVA四象限变流器研制”的研究任务。

所获荣誉：

北京市科学技术奖一等奖2项和国家科技进步奖二等奖1项。

中国科学院-近代物理研究所电源室

地址：甘肃省兰州市南昌路509号
邮编：730000
电话：0931-4969539
传真：0931-4969560
网址：http：//www. impcas. ac. cn

团队人数：50

团队带头人：高大庆

主要成员：高大庆，周忠祖，闫怀海，吴凤军，黄玉珍，张华剑，上官靖斌，赵江，燕宏斌，封安辉，芦伟

研究方向：离子加速器用直流电源技术脉冲电源技术脉冲功率及高压电源技术，数字控制技术，电气技术，电磁兼容等

团队简介：

电源室由电源组、电气组、电气安全与电子兼容、数字组和脉冲功功率高压组组成。主要负责：

1. 加速器系统交流供配电系统的运行维护、调试改进，及全所各实验室供配电系统设计施工、监督和验收。

2. 研制和生产了各种功率等级的加速器用直流稳流电源三百多台，满足了HIRFL磁场系统的需要，填补了当时国内空白。从1998年起，承担了兰州重离子加速器冷却储存环（HIRFL-CSR）电源系统的研制任务，开展了各种脉冲电源的研究工作，相继研制成功了晶闸管脉冲电源、IGBT脉冲开关电源，以及KICKER电源、BUMP电源、三角波扫描电源等各种用途的特种电源，填补了国内多项电源技术空白。

3. 正在进行的重离子肿瘤治疗专用装置的电源研制。

在研项目：

1. HIRFL加速器运行与维护及升级改造。

2. 碳离子治疗加速器（HIMM）电源系统设计与建设。

3. 十二五立项项目-强流重离子加速器（HIAF）电源系统设计与建设。

4. 中国科学院战略性创导科技专项-加速器驱动的嬗变装置超导质子直线加速器2（ADS）电源系统设计与建设。

5. HIRFL-SSC低压配电系统改造。

6. 10MVA高低压系统改造项目。

7. 十二五立项的大科学工程HIAF电源系统设计与建设。

科研成果：

中国科学院近代物理所电源技术团队几十年来专注于加速器电源研究与设计，先后完成了HIRFL高稳定度直流稳流电源、大功率晶闸管脉冲电源、大功率脉冲开关电源、特殊需求的加速器凸轨电源、踢轨电源、基于FPGA的全数字控制技术、基于DSP的全数字控制技术等等，满足了兰州重离子加速器（HIRFL）、兰州重离子加速器冷却储存环（HIRFL-CSR）、加速器驱动的嬗变装置（ADS2）等国家大科学工程的需要，也满足了碳离子医用治疗装置（HIMM）等科技成果转化项目的需求，其中多项技术填补了国内空白。几十年来，电源技术团队紧盯电源技术发展前沿，肩负国家重托，牢记国家需求，团结一心，带动国内生产企业将加速器电源技术不断向前推进。

所获荣誉：

团队主要人员先后获得国家科技进步二等奖1次，甘

肃省科技进步二等奖 2 次，甘肃省科技进步一等奖 1 次；

发表文章 20 余篇；

申请发明专利 10 余项。

中国矿业大学（北京）-大功率电力电子应用技术研究团队

地址： 北京市海淀区学院路丁 11 号中国矿业大学（北京）逸夫实验楼 701

邮编： 100083

电话： 010-62331257

传真： 010-62331370

网址： http：//jdxy. cumtb. owvlab. net/virexp/

团队人数： 10

团队带头人： 王聪

主要成员： 程红教授，卢其威副教授，邹甲工程师

研究方向： 大功率电力电子应用技术，大功率电力电子传动控制技术，电力电子技术在煤矿中的应用

团队简介：

本科研团队所在实验室依托中国矿业大学（北京）“电力电子与电力传动”国家级重点学科及北京市电气工程实验教学示范中心的科研优势，先后得到国家“211 工程”、国家普通高校修购专项以及基于校企联合实验室的国际知名公司大学计划等多项建设项目的投入和资助，已具有完善的从事电力电子相关领域科学研究的实验条件和设备。同时自主研制了光伏并网发电系统实验平台、100kW 三电平静止无功发生器实验系统用于后续研究。另外，本课题组多年从事电力电子与电力传动技术和理论的教学与研究，取得了一系列高水平的学术成果，使得课题组具备从事电力电子相关研究的能力与经验。

在研项目：

1. 横向项目：游梁式气井抽水机直流微网供电系统关键技术研究。

2. 纵向项目：国家自然基金，新一代高频隔离级联式中高压变频器关键技术研究，编号：5157070726。

3. 纵向项目：中央高校基本科研业务费项目，基于级联逆变器光伏高压并网系统的研究，编号：2009KJ02。

4. 纵向项目：中央高校基本科研业务费项目，无工频变压器级联式多电平整流器关键技术研究，编号：2010YJ03。

科研成果：

本科研团队长期以来从事电力电子与电力传动方面的教学与科研工作。先后承担过多项与高频电力电子变换技术和大功率电力传动技术相关的科研课题，如：国家经贸委科技发展项目“煤矿井下电机车交流调速系统的研究”（1996～1999 年）。煤炭科学基金项目“人工神经元网络在交流调速系统中的应用”（1995～1998 年）。“微机控制多能源无人值守通信电源系统”（1996～1999 年）；智能化电力操作电源系统（1999～2002 年）；新型串并联 UPS 和 EPS 系统的研制（2003～2004 年）；大功率机车充电电源的研制（2003～2004 年）；煤矿直流架线电源漏电保护技术及装置的研究（2005～2006 年）；开关型本安电源的开发与研制（2006～2007 年）；矿用三电平背靠背式大功率变频器系统研究（2007～2009 年）；煤矿井下局部通风机应急电源的研究（2009～2011 年）等；国家自然科学基金面上项目“无工频变压器级联式多电平变换器关键技术研究”（2010～2013 年）；北京市教委资助项目“基于三电平 660/1140V 矿用隔爆型 SVG 的研制”（2013～2014 年）。

所获荣誉：

本科研团队近年来获得的省部级奖项：1997 年度北京市科技进步二等奖；1998 年度北京市科技进步三等奖；1999 年度江苏省科技进步二等奖；2008 年度河北省科学技术奖三等奖；2008 年度中国煤炭工业协会科学技术奖三等奖；2010 年度中国有色金属工业科学技术奖三等奖；2009 年国家安全生产科技成果奖二等奖；2011 年度中国煤炭工业协会科学技术奖二等奖；2009 年河北省科技进步奖三等奖；2013 年度中国煤炭工业协会科学技术奖三等奖。

中国矿业大学-电力电子与矿山监控研究所

地址： 江苏省徐州市大学路 1 号中国矿业大学

邮编： 221116

电话： 0516-83590819

团队人数： 10

团队带头人： 伍小杰

主要成员： 伍小杰，原熙博，戴鹏，周娟，夏晨阳，张同庄，宗伟林，于月森，耿乙文，王颖杰

研究方向： 电机与控制，有源电力滤波器，无线电能传输，本安防爆电器，光伏并网发电，无功补偿与谐波治理，矿井无线通信等

团队简介：

中国矿业大学电力电子与矿山监控研究所团队主要从事电力电子、电力传动与电控、矿井电气自动化及通信方面的研究。目前，团队成员 10 人，其中教授 4 人，副教授 5 人，讲师 1 人，团队目前有 10 名博士，90 多名硕士，科研实力强劲。

在研项目：

1. 国家高技术研究发展计划（863 计划）资助项目子课题，超大容量电力电子变换装备 VME 总线控制实验研发平台。

2. 国家重点研发计划课题，2016YFC0600906，深井提升大功率传动控制关键技术。

3. 国家自然科学基金重点项目，U1510205，重载刮板输送机智能驱动系统基础研究。

4. 国家自然科学基金面上项目，非理想接入条件三相变换器并网适应性分析及优化控制研究。

5. 国家自然科学基金青年项目，四桥臂有源电力滤波器脉宽调制机理及电流预测控制研究。

6. 高等学校博士学科点专项科研基金，弱电网及直流侧大扰动条件下变换器并网稳定机理研究。

7. 江苏省科技厅产学研前瞻性联合研究项目，基于 OpenCV 主板插件装配自动检测技术的研究。

科研成果：

中国矿业大学电力电子与矿山监控研究所团队，目前累计获得过国家863项目、国家自然科学基金项目及各类省部级项目近20项、承担企业委托项目近50项，累计经费超过1亿元。团队发表论文200余篇，其中SCI/EI检索论文100余篇，授权发明专利近40项，获得各类人才称号5项，出版专著5本，获奖15项。

所获荣誉：

1. 大型矿井提升系统传动控制理论与关键技术研究，中华人民共和国教育部，科技进步一等奖，2013。

2. 超大容量高精度电解铝全数字电源系统与设备，中华人民共和国教育部，科技进步二等奖，2011。

3. 获得煤炭协会科技奖二等奖2项、三等奖8项。

4. 团队获得中国矿业大学电力电子优秀创新团队。

中国矿业大学-信电学院505实验室

地址：江苏省徐州市泉山区中国矿业大学文昌校区505室

邮编：221000

团队人数：22

团队带头人：周娟

主要成员：周娟，魏琛博士，郑婉玉硕士，甄远伟硕士，刘刚硕士，王超硕士，宋振浩硕士，董浩硕士等

研究方向：电能质量控制

团队简介：

主要针对基于三相三线制及三相四线制有源电力滤波器的谐波检测方法、调制方法及电流控制策略算法进行理论研究，提出改进方法，进行MATLAB仿真验证，并搭建实验平台编写DSP程序进行实验验证。

在研项目：

四桥臂有源电力滤波器脉宽调制机理及电流预测控制研究

科研成果：

一、软件著作权

电容极性检测软件v2.3.3，2014SR017789。

二、发明专利

1. 基于gh坐标系的三电平变流器空间矢量调制方案，CN201410151453.4（实审）。

2. 一种基于H桥级联型STATCOM改进的软启动方法，CN201410331424.6（实审）。

3. 一种直流侧电压自适应调节的APF电流预测控制算法，CN201510310192.0（实审）。

中国人民解放军海军工程大学-电力集成创新团队

地址：湖北省武汉市解放大道717号

邮编：430033

电话：027-65461951

传真：027-65461969

团队人数：110人

团队带头人：马伟明

主要成员：马伟明，刘德志，肖飞，王东，付立军，孟进，鲁军勇，汪光森，聂子玲，李卫超、欧阳斌，许金

研究方向：电机与电器，电力电子，电力系统，电磁兼容

团队简介：

1992年，马伟明教授领衔组建了以现有骨干成员为主的创新团队，开创了以舰船综合电力系统技术为代表的电气学科领域新发展。在舰船综合电力、电磁发射和新能源接入等领域完成了一系列应用基础理论研究、关键技术攻关、重大装备及系统研制任务，取得了革命性的技术突破，走出了一条独具特色的创新跨越发展之路。先后研制成功三代舰船新型发供电系统，解决了我国舰船动力“心脏病”难题，使我军舰船拥有了具有完全自主知识产权的“中国心”，牢牢确立了我国在舰船发供电领域国际领先的地位。

2003年领衔组建“舰船综合电力技术国防科技重点实验室”，摒弃了跟踪模仿的发展方式，在国际上率先提出并研制成功中压直流综合电力系统，技术水平反超领先国外10年左右，该路线也成为美英强国下一代综合电力技术发展的选择方向，一步实现了我国舰船动力从落后到引领的跨越。敢与最强对手比拼，在电磁发射这一颠覆性技术领域取得集群式突破，正推动着我国传统武器装备由化学能发射向电磁能发射的革命。积极响应中央军委号召，推动军工技术向民用转化。2010年牵头成立“国家能源新能源接入设备研发实验中心”，促进新能源发电技术产业化发展。研制成功的风光柴储多能源智能微网系统，一举破解偏远岛礁供电难题，并开始逐步推广应用，成为军民融合式发展的典范。

团队有7人享受政府特殊津贴，4人入选国家百千万人才工程，4人获求是奖，4人被评为中青年有突出贡献专家，2人获教育部新世纪优秀人才支持计划，1人被评为“万人计划”科技领军人才，3人被评为自然科学基金委优秀青年基金支持，11人次被遴选为军队高层次科技创新人才工程科技领军人才、学科拔尖人才培养对象，担任国防973技术首席3人。

在研项目：

在研国家自然科学基金重大项目1项、优秀青年基金2项、面上项目4项、青年项目12项，国家973课题2项，国防973项目2项（牵头单位），军队科研项目40余项。

科研成果：

团队出版专著5部，发表论文1100余篇，申请/授权发明专利191/119项，获国家科学技术进步奖创新团队奖1项，国家科技进步一等奖2项、二等奖2项，国家技术发明三等奖2项，军队科技进步一等奖17项、二等奖9项。

团队荣誉：

1. 2005年和2008年，连续两期获批国家自然科学基金委创新研究群体。

2. 2008年获中国人民解放军科技创新群体奖。

3. 2011年被评为全军人才建设先进单位。

4. 2011年被评为总装备部2006～2010年装备预先研究先进群体。

5. 2011年获国家科技部‘十一五’国家科技计划执行

优秀团队奖。

6. 2012 年，团队荣立集体一等功。

7. 2015 年，海军工程大学电力集成创新团队荣获国家科学技术进步奖（创新团队）。

8. 2015 年被海军授予马伟明创新强军模范团队荣誉称号。

9. 2017 年，团队荣立集体一等功。

所获荣誉：

1. 2008 年获中国人民解放军科技创新群体奖。

2. 2005 年、2008 年，连续两期获批为国家自然科学基金委创新研究群体。

3. 2011 年被评为全军人才建设先进单位、总装备部 2006～2010 年装备预先研究先进群体，获国家科技部‘十一五’国家科技计划执行优秀团队奖。

4. 2012 年，荣立集体一等功。

5. 海军工程大学电力集成创新团队荣获 2015 年国家科学技术进步奖（创新团队）。

6. 2015 年被授予马伟明创新强军模范团队荣誉称号。

中科院等离子体物理研究所-ITER 电源系统研究团队

地址：安徽合肥蜀山湖路 350 号等离子体物理研究所

邮编：230031

电话：0551-65593257

网址：http：//psdb. ipp. ac. cn

团队人数：38

团队带头人：傅鹏

主要成员：傅鹏，高格，许留伟，黄懿赟，宋执权

研究方向：大功率电源系统设计和单元研发

团队简介：

ITER 电源采购包团队现有人员 38 人，其中正高级职称 6 人，副高级职称 5 人，具有博士学位者 12 人，专业、职称、学历结构合理，具有较为雄厚的科研实力。

团队近年来承担国家 973 计划、ITER 磁约束聚变专项，科技部国际合作项目十余项，对现代聚变电源系统进行了深入的研究。项目组成员针对电源、负载、系统的特点，创新性的在系统和单元两个层面，集成了多项技术，提出了无功超前计算、新型四象限运行模式、一体化设计，完成了系统和单元的研发。项目组对 ITER 磁体电源系统所进行的分析、设计和提出的解决方案，得到了国际独立专家组认可，并通过了试验验证，被 ITER 组织作为设计基准采纳。

ITER 电源采购包团队不仅与国内相关机构和科研院所保持良好的交流合作，同时还与国际相关组织与团队保持良好的沟通与交流，如法国 ITER 组织、韩国 KSTAR 超导核聚变装置研究团队、美国 DIII-D 装置研究团队、美国通用原子能公司等。

在研项目：

1. 国际热核聚变实验堆（ITER）计划变流器电源系统采购包设计及国内集成合同（4. 1. P2. CN. 01/1A）。

2. ITER 计划脉冲高压变电站（PPEN）设备采购包设计资料的分析、转换及系统集成（合同编号 4. 1. P18. CN. 01/1A）。

3. ITER 脉冲高压变电站聚变电站控制系统和相关附件（含配件）设备的设计、制造和试验合同（合同编号 4. 1. P1B. CN. 01/2A）。

科研成果：

项目组对现代聚变电源系统进行了深入的研究，提出了新的聚变电源的电路拓扑结构；提出了聚变电源系统的优化控制方法和运行模式；研制了大功率四象限变流单元及 66kV 光控晶闸管无功补偿单元，成功地解决了：数千兆伏安现代聚变电源运行带来的电网接入及兼容问题、电源为数十个强耦合的超导线圈供电所带来的负载耦合、保护以及特殊运行模式控制问题、聚变电源系统单元关键技术问题。

项目组拥有该电源系统设计和单元研发的全部知识产权，获得了发明专利及实用新型专利共 30 项，在 ITER 国际组织申报背景知识产权 1 项。

申请中国电源学会 4 项标准并立项，分别为 1）核聚变装置用电流传感器检测规范；2）高功率大电流四象限变流系统技术规范；3）大功率变流器短路试验方法；4）功率聚变变流系统集成测试标准。

所获荣誉：

获得安徽省科学技术奖一等奖（2015 年）、辽宁省科学技术奖二等奖（2016 年）、鞍山市科学技术进步奖一等奖（2016）。

中山大学-第三代半导体 GaN 电力电子材料与器件研究团队

地址：广东省广州市海珠区新港西路 135 号中山大学

邮编：510275

电话：020-39943836

传真：020-84037549

团队人数：52

团队带头人：刘扬

主要成员：刘扬，张佰君，江灏，黄丰，付青，黄智恒，王自鑫，陈辉，陈鸣，杜晓荣，郭建平，粟涛，胡杰峰

研究方向：宽禁带半导体 GaN 基电力电子材料与器件

团队简介：

本团队的研究工作主要依托于中山大学光电材料与技术国家重点实验室下属的宽禁带半导体 GaN 材料与器件研发平台、电力电子及控制技术研究所。研发团队主要成员均来自于该领域国内外的先端研究院所，集中了一批 GaN 电力电子领域内的知名专家和学者，共同打造一支校企强强联合的国际化研究开发团队（52 人），其中教授 9 名、副教授 6 名、高级工程师 7 名、讲师 3 名、研究员 1 名，博士研究生 29 人，硕士研究生 8 人及工程技术人员若干。科研团队的学科背景涵盖凝聚态物理、材料物理、化学、微电子学与固体电子学、电力电子学等多个方面。每年还有

大批客座研究人员到实验室开展科研工作。

本团队是国内首批开展第三代半导体 GaN 功率电子材料与器件研究的科研团队之一，早在 2006 年他们就开始组建研发平台，团队核心成员均来自于国际著名的 Si 衬底异质外延研究机构——日本名古屋工业大学极微器件系统研究中心，主要定位于 GaN 功率电子材料、器件制备及其产业化关键技术的研发。本团队有别于国内其他研究单位的主要特点是同时关注 GaN 的材料和器件两个方面，从器件研究引导材料开发，而材料质量的改进有利于器件性能的提升。经过多年积累，该平台拥有世界一流、功能完备的从材料外延、芯片制备、器件封装及分析表征的仪器设备，可以完成 GaN 电力电子器件全链条技术的开发，近年在 GaN 电力电子材料与器件制造方面取得了重要进展，并于 2014 年末被广东省科技厅认证为广东省第三代半导体 GaN 电力电子材料与器件工程技术研究中心。

在研项目：

本团队目前主持各类在研科研项目 30 余项，包括 973 计划项目、863 计划项目、国家基金重点项目、国家自然基金项目、国家杰出青年科学基金项目、广东省应用型科技研发专项资金项目、广东省科技计划项目、广东省自然科学基金研究团队项目、广东省协同创新与平台环境建设项目、广州市科技计划项目等国家级省部级项目多项，科研经费达 6000 多万元。

科研成果：

本团队以 GaN 电力电子技术为主攻方向，瞄准国际最新科学前沿和关键科学技术问题，从事宽禁带化合物半导体材料外延生长、高性能 GaN 基电力电子器件研发制备以及新技术的开拓研究，在 GaN 基电力电子材料外延和器件制备方面均取得了一系列国际先进的科研成果。本团队通过积极推动与传统集成电路企业的产学研合作，形成了强强联合的有效机制，加快了产业化进程的步伐。在材料、器件、封装和系统集成技术等关键技术领域申请 50 余项国内发明专利，取得具有自主知识产权的创新性研究成果 5 项以上，在国内外具有重要影响的刊物上发表论文 100 余篇。

在宽禁带半导体 GaN 基材料外延方面，中山大学通过采用多种应力缓冲层技术有效解决 Si 衬底 GaN 外延层翘曲与龟裂问题，全面掌握 Si 衬底上高耐压、高电导、高质量 GaN 外延生长技术，材料耐压达 1500V 以上，晶片翘曲度小于 50μm，材料质量达到器件制备级水平，目前该技术已经达到国际先进水平。基于中山大学 2in 和 4in Si 衬底 GaN 基电力电子材料外延技术，与国内 GaN 材料生产企业合作开发出了运用于 GaN 电力电子功率器件制备的六英寸 GaN-On-Silicon 材料外延技术。

在 GaN 基电力电子器件制备方面，中山大学在国际公认的科技难点——常关型（Normally-off）GaN 基异质结构（HFET）场效应晶体管的研究方面有了重大进展，实现高性能增强型 GaN 开关器件的制备。该技术具有自主知识产权（ZL200910036617.8），填补了国内空白，有效地克服了欧美的专利技术的不足之处，提高器件阈值电压的稳定性、可控性和均匀性，器件结果达到世界先进水平，相关成果被知名杂志 Semiconductor Today 转载报道。

在 GaN 基电力电子器件产业化方面，自 2013 年起中山大学与国内集成电路龙头企业合作进行 Si 衬底 GaN 基电力电子器件的 CMOS 兼容工艺研发，在企业自有生产线上，利用 6in 硅基氮化镓外延片完成了氮化镓功率器件流片，器件性能基本达到实验室开发器件的水平，目前正在开发常关型 GaN 基电力电子器件的产业化工艺技术。

所获荣誉：

基于本团队在 GaN 电力电子材料与器件制造方面取得的重要进展，于 2014 年末被广东省科学技术厅认证为"广东省第三代半导体 GaN 电力电子材料与器件工程技术研究中心"。该中心目前承担着国家 863 项目、科技部国际合作项目、广东省科技计划项目多项，该中心的宗旨是通过与国内龙头集成电路企业及 GaN 材料外延企业合作，共同推动 GaN 电力电子器件的国内产业化进程。

中山大学-绿色电力变换及智能控制研究团队

地址： 广东省广州市番禺区大学城中山大学工学院大楼 C 栋 5 楼

邮编： 510275

电话： 020-39332864

网址： http：//www. powmen. com

团队人数： 11

团队带头人： 付青

主要成员： 付青，杜晓荣，许银亮，陈鸣，王东海，丁喜东

研究方向： 绿色能源开发利用技术，电力电子应用技术及软件开发

团队简介：

致力于绿色能源开发利用技术、电力电子应用技术及软件开发方面的研究，注重与企业、高校和研究院所的交流合作，合作申报和承担政府项目，参与企业技改和产品开发，联合建有先进电源创新科技研究院、光伏发电与电能质量综合实验平台、电力安全智能防误研发实验平台、新能源微电网仿真模拟实验平台、电动汽车充电检测与研发平台等大型研究实验平台，提供电子产品、电动汽车充电系统、光伏发电应用产品检测服务，面向电力电子应用学科前沿，立足创新，理论与实践并重，为企业和社会培养技术精英，高校和科研院所提供高级研发人员及预备人才。

在研项目：

1. 广东省产学研项目，面向新能源应用的低磁 DC-DC 变换器研究及产业化"，立项编号：2016B090918107，经费：100 万元。

2. 广东省产学研项目，先进电源创新科技研究院，立项编号：2014B090903009，经费：200 万元。

3. 广东省科技计划项目，微电网预估技术及其智能光伏逆变器开发，立项编号：2013B010405009，经费：10 万元。

4. 广东省粤港关键领域重点突破项目，华南电源创新

科技园公共创新服务平台，立项编号：2012BZ100221，经费：197.6 万元。

5. 广东省部产学研项目，光伏发电系统集成及光伏逆变器研发成果产业化，立项编号：2011B090400066，经费：3 万元。

6. 广东省科技计划项目，通用型光伏阵列（组件）测试仪开发及产业化，立项编号：2012B060100004，经费：10 万元。

7. 广东省部产学研项目，光伏发电电网电能质量治理研究，立项编号：2012B091100179，经费：40 万元。

8. 珠海市高新区战略性新兴产业重大项目，调控一体化模式下高智能综合防误管理系统研发及产业化，立项编号：2014D0601990002，经费：300 万元。

9. 瓦特电力设备有限公司项目，光伏并网逆变与电能质量综合治理一体化系统，经费：90 万元。

10. 珠海市特聘学者，立项编号：20167413042070001，经费：30 万元。

科研成果：

发表论文：

1. 基于改进 BP-SVM-ELM 与粒子化 SOM-LSF 的微电网光伏发电组合预测方法，中国电机工程学报，已刊载。

2. 基于 NARX 神经网络的光伏发电功率预测研究，电气传动，已刊载。

3. 微电网能量管理和控制简述，新能源进展，已刊载。

4. 微电网并联逆变器的模糊 PI 控制，电器与能效管理技术，已刊载。

5. 一种光伏发电系统的双扰动 MPPT 方法研究，太阳能学报，已录用。

6. 基于神经网络自适应预测算法的谐波检测，电工技术学报，已刊载。

7. 新型电池检测馈电节能系统的研究与设计，电力电子技术，已刊载。

8. 户用型光伏供电系统 DC/DC 变换器的研究，舰船电子对抗，已刊载。

9. 非均衡负载独立光伏发电系统参数设计方法的研究，新能源进展，已刊载。

10. 基于 SAA 算法的光伏系统 MPPT 技术研究，中山大学学报（自然科学版），已刊载。

发明专利：

1. 基于相似日聚类的微电网光伏出力空间预测方法：中国，ZL201610222346.5［P］.

2. 一种带相角偏移正反馈的主动移频式孤岛检测方法：中国，ZL201610222347.X［P］.

3. 一种微电网光伏电站发电量组合预测方法：中国，CN104992248A［P］.

4. 一种光伏发电系统的双扰动 MPPT 控制方法：中国，CN105048800A［P］.

5. 一种基于自适应预测的光伏系统最大功率点跟踪控制方法：中国，ZL201110135842.4［P］.

6. 具有水压控制功能的光伏水泵系统：中国，ZL200710029601.5［P］.

7. 一种基于 TMS320F2812 的光伏并网发电：中国，ZL201210005187.5［P］.

所获荣誉：

获广东省科技进步奖二等奖。

电源相关科研项目介绍

（按照项目名称汉语拼音顺序排列，只列出第一完成单位）

1. “十二五”国家科技支撑计划重大项目子课题“高速磁浮半实物仿真多分区牵引控制设备研制”

主要完成人：李耀华，葛琼璇，王晓新，吕晓美，韦榕，张波

完成单位：中国科学院电工研究所

项目来源：“十二五”国家科技支撑计划

项目时间：2011 年 1 月 1 日 ~2016 年 12 月 30 日

项目简介：

完成了高速磁悬浮列车牵引控制系统、高速磁浮多分区牵引控制系统、1.5km 试验线双分区升级和 28km 半实物仿真系统牵引控制系统设备研制、7.5MVA IGCT 高压大功率牵引变流器、新型 15MVA 四象限变流器系统、满足三步法供电的 15MVA 变流器研制；建立并完善了大功率同步直线电机控制理论，解决了大功率交直交变流器的理论、控制、模块化设计、制造、集成及工程试验等重大难题。首次在国内研制成功具有自主知识产权的基于 VME 的高速磁悬浮列车牵引控制系统，在上海高速磁悬浮试验线实现了磁悬浮列车的双分区、双端供电、双车无人驾驶智能牵引控制，填补了国内空白。

2. “新型超大功率场控电力电子器件的研制及其应用”项目中子课题“新型高压场控型可关断晶闸管器件的研制与应用”

主要完成人：葛琼璇，吕晓美，张树田，刘洪池，王晓新，张波

完成单位：中国科学院电工研究所

项目来源：国家高技术研究发展计划（863 计划）

项目时间：2014 年 1 月 1 日 ~2017 年 3 月 16 日

项目简介：

研究新型高压场控型可关断晶闸管器件芯片的设计、工艺、制造与测试技术，研制出满足高电压、大电流需求的芯片样片；研究新型高压场控型可关断晶闸管器件的智能化驱动、封装及测试技术，研制出满足高电压、大电流需求且具有智能化低驱动功率特性的器件样片；研究新型高压可关断晶闸管器件的测试技术，研制一套具有自动检测和监控功能的新型高压可关断晶闸管器件测试平台；基于本课题研制的新型高压场控型可关断晶闸管器件，研制了一台 5MVA 三电平大功率变流器样机，推动了基于大功率新型高压场控型可关断晶闸管器件相关技术的跨越式发展和相关产品的产业化。

3. ±160kV 多端柔直柔性直流输电示范工程—青澳换流站换流器及阀控系统

主要完成人：李耀华，王平，李子欣，高范强，徐飞，马逊，楚遵方

完成单位：中国科学院电工研究所

项目来源：其它单位委托

项目时间：2011 年 1 月 1 日 ~2013 年 12 月 25 日

项目简介：

完成全球首个 ±160kV 多端柔直柔性直流输电示范工程中青澳换流站换流器及阀控系统的攻关研制工作。攻克了多端柔性直流输电控制保护这一世界难题，成为世界第一个完全掌握多端柔性直流输电成套设备设计、试验、调试和运行全系列核心技术的企业，建成了世界上第一个多端柔性直流输电工程，在中国乃至世界电力发展史上具有划时代的重要意义。

4. 4500m 水下 HMI 灯灯具的开发

主要完成人：张相军，刘汉奎，徐殿国

完成单位：哈尔滨工业大学

项目来源：其它单位委托

项目时间：2016 年 1 月 1 日 ~2016 年 2 月 29 日

项目简介：

本项目是与上海交通大学合作承担。在灯具方面，采用了飞利浦 4500K 色温的 MOS 短弧灯作为光源。针对输入电压大范围波条件，加入了输入电压扰动补偿的前馈方法，实现了恒定流明输出的要求，同时采用了 25kV 最高起动电压解决了瞬间热起动要求。提供的 10 只样品得到了七〇二所的首肯。

5. 7MW 级风电发电机产业化关键技术研发

主要完成人：曲荣海，王晋，陈红

完成单位：中科盛创（青岛）电气有限公司

项目来源：国家科技支撑计划

项目时间：2012 年 2 月 1 日 ~2015 年 12 月 31 日

项目简介：

目前，我国的大型永磁直驱永磁风力发电机仍处于研究阶段，5MW 以上等级的直驱式风力发电机的设计技术仍是空白。本项目的研究工作，很好地填补了我国在这个领域的技术需求，对于中国风电事业的发展有着重要作用。

本项目总体目标为开发两种大型永磁风力发电机机型，一种为永磁半直驱蒸发冷却风力发电机，一种为高功率密度永磁直驱风力发电机，结合这两种机型，分别展开关键技术研究，从发电机拓扑结构、冷却结构、设计方法和制造工艺等方面解决大型永磁风力发电机的技术需求。团队主要负责项目中 7MW 高功率密度永磁直驱风力发电机关键技术与工程样机部分。根据 7MW 整机的总体要求，完成

7MW 永磁直驱发电机的设计，进行了 7MW 和 1.5MW 永磁直驱风力发电机最终方案设计和系统仿真分析，并利用综合精确设计技术进行了优化。针对 7MW 永磁直驱风力发电机最终设计的电磁、机械和冷却方案，进行了整机的图样制作。针对本项目充磁能量高的需求，设计了模块化大容量高功率电源系统，并进行了仿真和初步试验验证。研究了充磁部件与电机转子的配合结构，解决强电磁力作用下磁钢与电机的保护问题。分析了充磁过程中冲击振动对磁钢磁特性的影响，确保脉冲强磁场作用下充磁后磁钢性能的一致性和稳定性。针对内置式转子磁钢为矩形，采用平行充磁等特点，进行了充磁线圈的结构设计和磁场位形优化，解决了线圈机械强度与冷却散热的问题。进行了 1.5MW 内、外转子直驱永磁发电机的设计。研究采用电磁计算和电磁场仿真结合的方法进行电机的电磁设计；利用蒸发冷却良好的冷却效果，在电磁设计中提高电机的定子电流密度和电机热负荷，结合变流器参数实现电机和变流器的最佳配合，对电磁设计进行优化，减低有效材料的用量，实现电机的轻量化，满足海上风电机组的轻量化要求。研究适合于大型永磁直驱发电机的新型分数槽非重叠集中绕组拓扑结构及其电磁性能、设计方法和加工制造工艺；研究内辂式转子磁路结构的设计和优化方法，探索磁钢用量最少的设计方案。研究大型永磁直驱发电机的电磁、机械与冷却系统一体化精确设计技术，提高功率密度、可靠性和效率。

6. PLC 选主、组网、路由项目

主要完成人： 刘晓胜，周岩，姚友素，张芮，刘佳生，徐殿国

完成单位： 哈尔滨工业大学

项目来源： 其它

项目时间： 2015 年 6 月 10 日 ~2015 年 11 月 10 日

项目简介：

本项目属于工业自动化通信领域。主要科技内容：围绕工业、家庭电力线通信网络自动组网应用，从电力线载波通信逻辑拓扑结构、自动选主方式、自动组网、自动路由及维护等方面展开了研究。

主要技术创新点包括：1）提出了电力线作为自动选择主节点与备份主节点方法，实现主节点管理网络通信，备份主节点监督网络状态功能，提高电力线通信网络可靠性；2）提出了多播、分簇组网算法，实现 Mesh 网络组网，提供了网络拓扑的强壮性；3）在最短路径算法基础上提出了动态冗余路由算法，实现 4 级自动路由。

关键技术指标：1）32 个节点组网时间小于 100s；2）4 级自动路由。

本项目获得华为公司高度认可。在该项目成果基础上，华为公司已于 2016 年完成相关功能的芯片设计，并成功流片。

7. 变模态柔性变流器

主要完成人： 吕征宇，姚文熙，黄龙，杭丽君，张达敏，林辉品，胡进，林辉品，刘威

完成单位： 浙江大学电气工程学院

项目来源： 国家自然科学基金面上项目

项目时间： 2012 年 1 月 1 日 ~2015 年 12 月 31 日

项目简介：

本项目提出了“变模态柔性变流”的学术思想：不改变电路连接关系、不设专门投切开关，仅通过改变变流模态，主动转换为最适应当前环境的拓扑形式及工作模式，以适应变流系统在宽广范围（电流/电压/负载变化）条件下高效、可靠工作的要求。

通过本项目研究取得了理论成果与应用成果验证：1）变模态柔性变流器构造方式分类、模态切换实现电路状态的柔性过渡精确控制方法；2）通过多种变模态的应用实施案例研究，证明了多模态柔性变流的参数优越特性和广泛适应性、多个变模态拓扑相互结合能够产生相辅相成的更好综合效果。

项目系统性地研究了变模态变流的理论与关键技术，在多样化的柔性变流形式的基础上，更广泛地探索了有价值的柔性变流拓扑、与之相适应的模态控制方法、变模态变流的电路生成及性能评价方法。项目拓宽了柔性变流研究领域，丰富和实践柔性变流学术思想，以高效、可靠、宽范围变流特色满足新能源发电与新能源动力的特殊要求，并促进电力电子系统集成技术的发展。

本项目为自然科学基金优秀结题项目。经过项目组的多年努力，研究成果已经推广到基于功率路由器的风电/光伏微网、高密度模块电源、特种高压电源、低压大电流电源、汽车充电、电机驱动等应用领域，提高了电路性能。

该成果还有望推广到高压陡脉冲发生器、电力系统直流断路器等领域。

8. 变频空调室外无高压电解电容控制系统开发

主要完成人： 王高林，赵楠楠，齐江博，曲立志，徐殿国

完成单位： 哈尔滨工业大学

项目来源： 其它单位委托

项目时间： 2014 年 4 月 1 日 ~2016 年 2 月 29 日

项目简介：

在家用空调变频调速电机控制系统中，采用薄膜电容代替电解电容，可以延长系统的使用寿命，提高系统的稳定性及可靠性，并且降低系统的成本。研究基于无电解电容驱动器的空调永磁电机控制策略对提升变频调速电机驱动系统的性能有深远的影响，本项目对基于无电解电容驱动器的空调永磁电机位置观测器、基于下桥臂三电阻采样的相电流重构方法以及基于逆变器输出功率控制和基于母线电压控制的控制策略进行了深入研究。研究成果已应用于广东美的制冷设备有限公司的产品中。

9. 超大型超导式海上风电机组设计技术研究

主要完成人： 曲荣海，王晋，张斌，方海洋，刘迎珍，祝喆，李亮

完成单位： 国电联合动力技术有限公司

项目来源：国家高技术研究发展计划（863 计划）
项目时间：2012 年 4 月 ~2014 年 9 月
项目简介：

研发超大型海上风电机组是我国大力发展海上风电、掌握海上风电前沿技术的必然趋势。目前，国外已经有 5 ~ 7MW 功率等级的大型多兆瓦级海上风电机组样机，而国内目前海上运行的最大兆瓦级风电机组为 3MW，这方面已经落后于国际海上风电的发展。开展超大型超导式海上风电机组的设计技术研究，不仅能够为下一代海上机型储备相关技术，为中国海上风电的发展培养有设计创新能力的多方面人才队伍，带动并提高以海上超大型机组研发和制造为中心的相关产业研发和制造生产水平以及为安装和维护提供大型海上安装设备的研发制造能力，赶上甚至超过国外海上风电的发展步伐，而且将有利于提高我国风电技术研发实力和地位，掌握超大型风电整机设计的自主知识产权，为未来我国在海上风电领域占有一席之地提供重要保证。

本项目围绕海上风电机组开展关键技术研究，完成 12MW 整机及其关键零部件设计，形成设计报告、生产图样以及技术规范与说明书，掌握整机自主设计技术和自主知识产权，设计技术达到世界领先水平。其中，超导发电机部分由我校单独承担，课题组在充分调研国内外超导风力发电机研究和发展现状的基础上，围绕超大型超导直驱风力发电机设计技术开展了深入细致的研究工作；突破并掌握了超导风力发电机的电磁设计、超导磁体设计和冷却系统设计等核心关键技术；根据 12 MW 海上风电机组的技术要求，利用精确设计方法和先进的有限元仿真技术，完成了配套超导发电机的方案设计。所设计的超导风力发电机效率达到 96% 以上，重量比同规格常规技术发电机可减重 30% 以上，达到了预期的考核指标。电机采用直驱式超导发电机结构，容量达 13.2MW，为目前世界上容量最大的超导式风电机组。

10. 城际列车动力驱动系统升级与国产化

主要完成人：李耀华，葛琼璇，王珂，张瑞华，张树田，杜玉梅，赵鲁
完成单位：中国科学院电工研究所
项目来源：部委计划
项目时间：2013 年 1 月 1 日 ~2016 年 5 月 10 日
项目简介：

突破了牵引系统工程化中的网络接口、轻量化、抗振性、高可靠性等一系列的技术难题，研制成功了一辆车所需的牵引动力系统工程化样机，包括 2 台大功率牵引直线电机、1 台 1.5MVA 大功率牵引变流器及一套无人驾驶智能牵引控制系统，并成功应用在北京地铁机场线直线电机轨道交通车辆上，现已安全载客运营 10 万公里，得到了用户单位北京地铁公司的好评。

11. 纯电动汽车动力电池系统热管理分析与设计优化

主要完成人：胡晓松，李隆键，杨亚联
完成单位：重庆大学
项目来源：中央高校协同创新重点项目
项目时间：2016 年 9 月 1 日 ~2017 年 1 月 30 日
项目简介：

纯电动汽车动力电池系统热管理分析与设计优化项目，研究电动汽车中动力电池包在使用过程的生热模型和热管理策略，通过不同充放电倍率、温度、SOC 等参数条件下电池的充放电特性实验，建立了动力电池的生热模型，并在 HWFET、NEDC、FTP 等整车测试循环条件下，对电池的性能进行了模拟分析，并在 FLUNT 环境下，对各电池单元的热分布和流体流场特性进行了 CAE 分析，提出了优化的电池结构，满足了 EV 在各种严苛运行条件下的温度均衡和单体电池性能均衡的要求。所提出的方法和结果在某整车厂得到了应用，并协助该企业顺利通过了国家电动汽车生产资质的认证。

12. 磁悬浮垂直轴外转子风机的风光互补路灯

主要完成人：刘淑琴，边忠国，郭人杰，张宇喆，周君民
完成单位：济南磁能科技有限公司，山东大学
项目来源：其它单位委托
项目时间：2013 年 ~2015 年
项目简介：

本项目属于新能源领域。

1）垂直轴外转子风力机。结构形式可以塔杆的上端是太阳能电池板和路灯，垂直轴风机在中间。也可以塔杆的上端是垂直轴风机和路灯，太阳能电池板在中间。安装方式灵活。而且垂直轴风机比水平轴噪声小。

2）磁悬浮的轴承，微风可以发电。而且由于无摩擦效率高，寿命长。垂直轴风力机叶片都是本项目的关键技术。风力机功率为 400W，转速为 500r/min。

3）盘式永磁同步发电机。功率为 300W，额定转速 400r/min，效率不低于 75%。

4）风光互补智能控制器。标准充电电压：24V（范围为 21.6V ~27V）功能包括风能、太阳能多路充电控制，并实现最大功率跟踪。防过充、防过放控制，浮充控制，防飞车、防电池反接等保护功能，具有温度补偿、风机自动卸荷、刹车等功能。路灯夜晚亮灯小时数根据需要可以灵活设置，并可以设置为根据天黑、天亮程度自动亮灭。

5）项目刚完成，开始推广。

13. 磁悬浮垂直轴自调桨距风力发电机

主要完成人：刘淑琴，李德广，边忠国，郭人杰，侯明伟，赵闻
完成单位：济南磁能科技有限公司，山东大学
项目来源：山东省科技攻关项目
项目时间：2011 年 ~2014 年
项目简介：

本项目属于新能源领域。

主要解决的关键技术：1）垂直轴风力发电机叶片调桨

技术（申请了专利）。2）实现了垂直轴磁悬浮技术的应用。3）低速风力发电机。

创新点：

1）桨距自动调节技术。与现有的垂直轴风力机比较，本垂直轴风力机不需要推杆或者其它复杂的结构而实现桨距自动调节。受风无方向限制，且可以自起动。

2）叶片可以做成尺寸不同的备用套件，根据风力资源情况的不同，同规格主机可使用不同尺寸的叶片。这一点是其它任何风力发电机不具备的独特之处。

3）五自由度磁悬浮轴承的技术的应用。本项目采用五自由度磁悬浮轴承的技术，使得风力发电机摩擦小，噪声小、起动风速低、发电效率提高。

技术指标：

1）风轮直径：2000mm；2）风轮高度：1300mm；3）起动风速：1.5m/s；4）工作风速：2.5～25m/s；5）额定风速：10m/s；6）安全风速：40m/s；7）额定功率：300W；8）输出电压：DC24V；9）逆变器输出电压：AC 220V，50Hz；10）塔架高度：5.5m；11）限速类型：自动。

获得奖励情况：中国产学研合作创新成果奖“垂直轴磁悬浮自调浆距风力发电机”，刘淑琴，边忠国，李德广，于文涛，张云鹏，赵方，周舟，2014年11月，国科奖社证字第0191号。

14. 电动汽车充电对电网的影响及有序充电研究

主要完成人：郭春林，颜湘武，肖湘宁

完成单位：华北电力大学

项目来源：国家高技术研究发展计划（863计划）

项目时间：2011年11月1日～2014年12月31日

项目简介：

（1）电动汽车充电对电网的影响及有序充电研究，国家“863”计划重大项目课题子课题，

项目号：2011AA05A109，2011.11-2013.12，219万元。

本课题以促进电动汽车与电网和谐发展为目标，主要研究电动汽车充电需求特性及负荷特性、规模化电动汽车充电对电网的影响、有序充电的控制策略、电动汽车有序充电控制管理系统、电动汽车有序充电试验系统。

（2）电网信息可视化及互动化技术研究，国家863计划重大项目，子课题（2012AA050804），2012.1～2014.12，70万元。

项目立足电动汽车充换电服务网络的智能化、互动化发展需求，自主研制电动汽车充换电服务网络广域运营的电池感知模块、充换电设施内智能通信网关等感知设备；建立支撑广域电动汽车智能充换电服务网络的高可靠、高性能通信网络；攻克充换电信息统一数据采集以及编码技术，实现设备的互联、互通、互换；突破电动汽车、电池、充换电设施以及电网相互之间的信息可视化与互动技术，实现支撑平台与相关应用之间的信息集成和友好交互，建立进行成果验证系统。

15. 电动汽车驱动电机系统开发

主要完成人：曲荣海，李健，张小龙，刘洋，张斌，陈羽

完成单位：华中科技大学

项目来源：其它单位委托

项目时间：2012年7月～2013年12月

项目简介：

随着全球能源危机的不断加深，石油资源的日趋枯竭以及大气污染、全球气温上升的危害加剧，各国政府及汽车企业普遍认识到节能和减排是未来汽车技术发展的主攻方向，发展电动汽车将是解决这两个技术难点的最佳途径。电动汽车由于其环保特性，代表着汽车产业未来的发展方向。

本项目主要任务是按中央驱动和轮边驱动两种方式开发两款电动汽车驱动电机系统，完成轮边驱动样机4台和中央驱动电机2台样机的试制工作，同时提出相应所需匹配的电机控制器的技术要求，使之成为一整套能满足整车使用要求，具备高效、节能、市场前景好的电驱动系统。针对此要求，团队主要开展了如下研究工作：根据电动汽车驱动电机设计要求，首先利用SPEED电机磁路计算软件进行大致尺寸的设计，再利用电磁场有限元软件Ansoft、JMAG等进行电磁场有限元分析及优化，在分析的过程同时考虑了热与结构对电磁的影响，完成电机的电磁设计、仿真和方案确认；采用Motor-CAD与ANSYS对电动汽车驱动电机热与结构进行优化设计。利用Motor-CAD热路分析法快速计算的特点，联立电磁场分析，为电磁计算打下基础。最后，分别利用ANSYS Fluent与ANSYS与对热场和机械结构进行温度场、应力、模态分析与校核，完成电机热分析与结构的优化设计；针对不同的优化结构试制四台样机，并对此进行了样机实验，实验结果表明与计算结果相当吻合，完成了样机制造方案的确认；在电磁，热，机械结构校核后，进行了样机的加工生产。对样机的反电动势、端电压、电感、弱磁范围、过载能力等进行了测试。测试结果表明，样机设计满足要求；根据前四台样机设计、制造、测试的经验，完成最后两台电机的设计和生产加工，汲取前面样机设计与生产加工的经验，对新款样机不仅从电磁热设计方面进行了改进，而且设计转子温度测试装置，能够方便地测试电动汽车电机转子温升，对于转子磁钢失磁分析做出更进一步的努力。目前，计划将样机投放到实际电动汽车中进行装车试验，最终投入生产及产业化。本项目荣获“2013年中国产学研合作创新成果奖”。

16. 电动汽车与电网互动技术研究

主要完成人：周雒维，杜雄，罗全明，卢伟国，孙鹏菊

完成单位：重庆大学

项目来源：科技部国家高技术研究发展计划（863计划）

项目时间：2012年1月1日～2015年12月30日

项目简介：

电动汽车的规模化应用是解决煤炭、石油等传统化石能源短缺及其造成的环境污染问题的重要手段。大量的电动汽车充电将带来用电负荷的快速增长，其无序充电会给

用电负荷峰谷差日益加大的电力系统再次增加巨大的供电压力。依托电池更换站的大量动力电池并利用其储能特性，通过电池更换站用充放电机和集群控制调度系统等设备和系统进行动力电池与电网之间能量的双向流动，可实现电动汽车对电网的削峰填谷，增加电网对新能源的消纳能力，促进电动汽车与电网的协调发展。

通过本项目的研究，课题组申请了国家发明专利8项，发表科技论文22篇（其中SCI收录2篇，EI收录11篇），形成能源行业标准1项，申报软件著作权1项，参与撰写电动汽车充换电设施相关专著2项，培养博士2人，硕士10人，培养了一支专业化的电池更换站系统及充放电机研发设计团队。

17. 电力电子混杂系统多模态谐振机理及其多功能复合有源阻尼抑制技术

主要完成人： 戴珂，刘聪，徐晨，陈新文，张雨潇，彭力

完成单位： 华中科技大学

项目来源： 国家自然科学基金面上项目

项目时间： 2013年1月1日～2016年12月31日

项目简介：

在配电系统中，感性负载消耗无功，常用补偿电容器进行功率因数校正。非线性负载产生谐波电流，常用无源电力滤波器进行抑制。电容器、无源电力滤波器等容性元件，会与系统内部等效感性阻抗产生并联谐振，谐振频率和品质因数与结构、参数和工况有关，导致PCC点电压严重畸变，不满足电能质量标准要求，并联型电能质量调节装置不能正常完成无功补偿和谐波抑制任务，必须同时进行谐振阻尼复合控制。

本项目紧紧瞄准无功补偿、谐波抑制和谐振阻尼等电能质量控制目标，搭建了常规两电平有源电力滤波器SAPF，模块化多电平电能质量调节器MMC-SPQC，以及动态电容器D-CAP等三相有源并联型电能质量调节装置样机及其实验平台，进行了谐振机理分析、谐振频率和阻尼系数自适应检测、谐振阻尼程度闭环调节等研究。

对于SAPF，如果存在线性容性元件，系统并联谐振频率将随SAPF补偿系数不同产生漂移，通过SAPF向系统注入适当方波信号可以实时准确检测谐振频率和阻尼程度；如果电流补偿指令检测中不含电容电流，系统稳定；如果电流补偿指令检测中包含电容电流，系统不稳定；非谐振谐波电流可以正常抑制，谐振谐波电流则必须通过检测PCC电压谐振谐波构成虚拟电阻进行闭环阻尼。

对于MMC-SPQC，设计了基于多个DSP的主从式分层控制系统，解决了实时通信和同步问题，给出了电容电压和环流计算公式，实现了电容电压均衡控制。对于MMC-DSTATCOM，实现了动态无功补偿、PCC电压下垂调节和不平衡控制；对于MMC-SAPF，采用四重采样载波移相PWM技术扩展了控制带宽，实现了低频谐波电流的有效抑制。

对于D-CAP，解决了AC/AC变换器开关器件有源缓冲问题，量化了补偿电流波形畸变的原因，发现无功补偿和谐波抑制之间存在耦合，采用偶次谐波调制PWM和协调控制技术，实现了无功补偿、谐波抑制和谐振阻尼的复合控制。

以上研究不仅为并联型电能质量调节装置的推广应用开辟了道路，而且也对串联型、混合型电能质量调节装置的实用化有较大的借鉴意义，同时对并网变换器以及电力电子化系统的稳定与控制具有一定的参考价值。

18. 电力电子系统非线性分析与控制方法研究

主要完成人： 张波，丘东元，杜贵平，王学梅，肖文勋

完成单位： 华南理工大学

项目来源： 国家自然科学基金重点项目

项目时间： 2010年1月1日～2013年12月31日

项目简介：

随着大容量、新能源、特殊环境电能变换技术的发展，现有电力电子系统分析理论与控制方法已无法满足实际的需要，为此，探索电力电子系统非线性分析和控制方法成为现阶段一个十分迫切的课题。本项目应用切换系统理论，从非线性建模、控制特性、非线性控制研究，以及非线性分析及应用两方面对电力电子系统进行了较为系统的研究，取得了以下研究成果：

1）在深入分析状态空间平均法理论基础及非线性特性基础上，提出了电力电子系统切换系统模型、混合逻辑模型、双状态切换模型、矩阵系数多项式插值模型、结构功能模型等5种建模方法。

2）提出了电力电子变换器的能控性、能观性、能达性判据，由此分析了DC-DC变换器、三相逆变器的控制特性，建立了单周期控制的理论基础，并基于能控性原理提出了三相四线逆变器的3矢量PWM策略。

3）提出了电力电子系统最小投影法切换律控制策略，该切换律对Buck、Boost DC-DC变换器、DC-AC变换器和AC-DC变换器具有全局稳定性，且控制算法简单、鲁棒性好、收敛快和动态响应高。

4）探讨了DC-DC变换器倍周期分岔的普适常数、标度不变性及谱结构；建立了变换器混沌特征的模块熵及L-Z复杂度描述方法，以及混沌PWM频谱的小波分析方法；分析了H桥直流斩波器和H桥逆变器的周期稳定性与混沌现象；提出了变换器的混沌PWM抑制EMI原理及技术。

5）对晶闸管分岔及混沌现象及机理进行了深入的探讨，提出了一种融合扩展延迟反馈控制法和相空间压缩的控制方法；对永磁同步电动机v/f控制系统稳定性分析和混沌控制、时滞反馈电流控制系统混沌行为、多电机运行系统稳定性、同步发电机双机系统随机噪声下的非线性安全域、变频调速逆变器SHEPWM非线性多解性开展了研究。

6）开展了电力电子系统对复杂电网级联故障的非线性影响、与电网非线性多解性的相互影响、含电力电子系统电网的神经网络非线性特性的研究。

7）提出了基于群论DC-DC变换器级联特性分析方法，以及电力电子系统无功功率计算方法；探讨了基于电力电子变换器潜在电路研究，从结构稳定性提出变换器动态拓

扑的概念；利用复杂网络理论研究 DC-DC 变换器的脆弱性和新型拓扑的构造方法。

本项目已发表 SCI 源刊论文 35 篇，在国际著名出版社 Wiley-IEEE Press 出版专著 2 部，获得授权发明专利 3 件，获得省部级科技发明奖 3 项。

19. 电能质量高级分析关键技术研究及应用

主要完成人：肖湘宁，徐永海，陶顺，马素霞，齐林海

完成单位：华北电力大学

项目来源：国家电网公司重大科技项目

项目时间：2012 年 1 月 1 日 ~2014 年 12 月 31 日

项目简介：

项目属于电工学科。

项目研究中提出了电能质量监测终端及监测系统的检测评估体系，建立了电能质量数据交换标准文件格式及电能质量监测终端入网检测技术规范；开发了分层分布的标准化电网电能质量综合数据服务系统，提出了实用化电能质量数据高级分析及信息挖掘方法。研究成果主要有：

1）提出了能够对电能质量监测终端准确度、测量方法、统计方法以及监测系统的性能进行检测评估的体系，提高我国电能质量监测终端和系统技术水平。

2）提出了电能质量数据交换格式标准文件的一致性方法，实现不同监测系统数据集成。

3）提出了电能质量监测系统性能检测方法研究，包括基于 IEC 61850 标准的监测终端数据及通信一致性方法研究、基于 IEC 61850 和 IEC 61970 标准的监测系统通信协议一致性方法研究等；提出了各网省公司电能质量监测系统数据与应用集成方案。

4）提出了实用化高级电能质量数据分析及信息挖掘方法，提高电能质量数据对生产管理的决策支持能力。形成了面向时间层次、空间层次、指标内容和结果形式的电能质量评估的基础理论，并在此基础上，设计并提出了面向基础应用服务、扩展应用服务以及各种用户的电能质量评估算法模型，构建了多层次、多视角、多时间尺度的全方位电能质量评估体系。基于先进的评估理论体系，利用电网的 SCADA 系统、PMU 系统、AMI 系统以及电能质量系统等多种监测数据，采用云平台大数据处理、面向服务总线数据融合、数据挖掘等先进信息技术，建立了集电能质量监测、评估、治理、预测预警及辅助决策支持于一体的电能质量智能信息系统，系统兼容多种标准的基础数据源，具有标准的横向及纵向接口，支持 3500 个监测点的数据管理功能。

开发的系统在山西、河北、福建、广东、广州、上海、北京等多家省级电力公司实际运行，取得了很好的经济效益和社会效益。

电能质量高级分析关键技术研究及应用项目已获得 2015 年度山西省科学技术进步二等奖（证书号：2015-J-2-023）。

20. 电潜泵采油井下多参数综合测量关键技术研究

主要完成人：高强，徐殿国

完成单位：哈尔滨工业大学

项目来源：教育部高等学校博士学科点专项科研基金

项目时间：2013 年 1 月 1 日 ~2015 年 12 月 31 日

项目简介：

所属科学技术领域：仪器仪表，电气工程

主要研究内容：通过对油井井下参数（井底压力、机组温度、机组振动、系统漏电流）的连续在线测量，为电潜泵井下机组故障预测与诊断、机组优化控制、油藏精确描述提供数据支撑。重点研究并解决井下测量单元无缆供电机制、测量数据无缆长线传输、背景噪声抑制等关键技术难题。

主要技术创新点：采用无缆方式实现井下测量单元供电、测量数据远距离传输，机组变频驱动共模噪声抑制。

关键技术指标：

1）工作制式：长期连续。

2）井下单元供电与测量数据传输机制：无需额外专用电缆。

3）测量参数：8 个（入口温度、机组温度、入口压力、出口压力、机组 XY 轴振动、漏电流、供电电压）。

4）数据更新周期：16s。

推广情况：采用本技术研制的产品已在大庆油田力神泵业实现产业化，年销售 1000 套

21. 电压跌落随机预估基础理论以及动态电压校正的实验研究

主要完成人：陈伟，郝晓弘，裴喜平，林洁，王维洲，王林信，李恒杰，郑伟，杜先君

完成单位：兰州理工大学

项目来源：其它单位委托

项目时间：2010 年 1 月 1 日 ~2013 年 12 月 31 日

项目简介：

项目所属科学技术领域：电气工程。

该项目研究了电压跌落随机预估的马尔可夫链蒙特卡洛方法，它将随机过程中的马尔可夫过程引入到蒙特卡洛模拟中，实现动态蒙特卡洛模拟；进行了基于自适应抽样和滑窗迭代 DFT 的电压跌落检测算法的研究，该算法可方便地得到动态电压校正装置的参考指令电压信号，可方便地得到除了基波电压以外的所有谐波电压信号，使动态电压校正装置在抑制电压跌落的同时，还可进行谐波的治理；采用信息熵理论对电压跌落起止时刻进行检测定位，从而可以计算出电压跌落的持续时间，该方法不但原理简单，而且检测精度较高；进行了基于无模型自适应控制的动态电压校正装置控制策略的研究，得到了比较理想的控制精度，实现了系统快速、准确补偿电压跌落的目的。

该项目获得甘肃省科技进步二等奖，相关技术和成果已在甘肃省电力公司得到推广应用。

22. 电压暂降特性分析与评估指标研究

主要完成人：徐永海

完成单位：华北电力大学

项目来源：国家自然科学基金

项目时间：2013 年 1 月 1 日 ~ 2016 年 12 月 31 日

项目简介：

项目属于电工学科。

项目研究提出了电压暂降分析中应关注的特征量，给出了典型敏感用电设备的暂降耐受特性曲线，提出了电压暂降评估新指标与方法。研究成果主要有：

（1）实际电压暂降事件特性分析与特征量研究

对国内多个省市电能质量监测系统所捕获的电压暂降事件，进行了多方位的统计与分析；结合电压暂降对敏感设备影响机理分析以及实验研究，提出了应将电压暂降起始点与相位跳变作为除幅值、持续时间与发生频次之外的重要的特征量的建议，给出了描述电压暂降特性应考虑的特征量。

（2）电压暂降对敏感设备影响机理研究

建立了包括交流接触器、PC 机、开关电源、可编程序控制器（PLC）、可调速驱动、光伏逆变器、双馈风力发电机组以及电动汽车充电机等的模型。研究了暂降起始点与接触器线圈和短路环中磁通能量的关系等；进行了不对称电压暂降对光伏逆变器正常运行影响机理的研究，提出了限制电流峰值的方法，以及新的光伏逆变器输出电流参考值算法；分析了低电压和过电流保护阈值、负载转矩、电机转速、控制策略、暂降类型、多重暂降和连续暂降等因素对变频器暂降敏感度的影响机理和影响程度。

（3）典型用电设备电压暂降敏感性实验研究

提出了一种基于源侧暂降特征、设备敏感机理和负载特性的电压暂降耐受力测试方法，建立了电压暂降耐受特性试验平台，针对照明负载、交流接触器、开关电源、节能灯、变频器、可编程序控制器和 PC 机进行了多种因素影响下的针对性试验研究，提取了大量的试验数据，绘制了电压暂降敏感度曲线，建立了典型敏感设备暂降耐受特性曲线数据库。

（4）电压暂降指标与评估体系研究

1）从设备免疫能力评估的角度提出了一种多暂降阈值和持续时间序列的电压暂降描述新方法，避免了对非矩形暂降的过度评估；同时提出了站点暂降描述图的概念，可与设备电压耐受曲线方便地结合起来，评估设备因暂降发生故障的频次、频次区间。

2）提出了电压暂降影响度的概念，综合熵权法、层次分析法、权值函数法，提出了具有可实施性的基于多暂降阈值和持续时间电压暂降新型描述方法的暂降事件、电网公共连接点与区域电网的电压暂降影响评估体系。

项目研究成果对于正确认识电压暂降问题，采取有效的措施防治电压暂降提供了科学依据，同时部分研究成果已形成电压暂降国家标准的一部分，促进了我国电压暂降监测、分析与评估工作的开展。

23. 调控一体化模式下高智能综合防误管理系统研发及产业化

主要完成人：付青

完成单位：中山大学

项目来源：省、市、自治区计划

项目时间：2014 年 10 月 1 日 ~ 2016 年 12 月 31 日

项目简介：

调控一体化技术是近年来迅速发展起来的电网运行管理模式，有效抑制传统管理模式的人力资源的浪费，是今后电力系统发展的重要趋势。项目系统研究调控一体化模式下的电力系统安全防误，研制高智能综合防误管理系统并实现产业化。项目研究重点突破调度令智能分解为操作票技术、操作行为的智能化安全校核判断技术、跨区数据交换的安全机制、异构数据共享互融处理技术、图模一体化技术和智能移动操作终端等多项创新技术，包括采用 HTML5 下 SVG 的先进技术，并在智能移动操作终端采用了基于物联网的先进技术，更加有效地实现“五防”，提高现场作业的安全性和可靠性。实现一套调控防误系统集中控制、管理、维护全局防误数据，归集输电、变电、调度防误数据，进行统一的维护和管理，保证数据的唯一性及正确性。软件系统性能指标：操作票出票时间≤2s，单步模拟耗时≤0.5s，单步安全校核耗时≤0.5s，操作票出票成功率 = 100%，操作票系统可用率 > 99.99%，与 EMS 系统数据交互，CIM、SVG 图形每天一次，实时数据每 5min 一次。智能终端性能指标：一次接收操作票项数≥1000，内存容量≥1024KB，闭锁点数≥4096，读码感应时间≤2 秒，解锁次数≥50000 次。项目已经实现产业化，目前产品销售额超过 1 亿元。

24. 多电飞机高速涡轮发电机独立供电系统能量匹配过程机理研究

主要完成人：张相军，李冬，徐殿国

完成单位：哈尔滨工业大学

项目来源：其它

项目时间：2013 年 7 月 1 日 ~ 2015 年 2 月 1 日

项目简介：

本项目针对独立供电的高速涡轮发电机运行过程中的能量失配问题，建立了定性分析模型，总结运行过程中的能量适配机理及再匹配方法。主要的创新点包括：1）通过实验研究提出了定性分析模型，并采用谐振逆变恒功率源的模拟电路分析方法；2）在体积和重量的限制条件下，提出了采用负载自动匹配的再匹配电能变换器的设计方法。共发表学术 SCI 论文 1 篇和 EI 论文 1 篇，申请国家发明专利 1 项。研究成果已经在高速发电机研究项目中得到应用。

25. 多源分布式新能源发电直流供电运行控制技术研究与应用

主要完成人：袁晓冬，何国庆，李强，徐晓慧，徐青山，李群，柳丹，吕振华，史明明，蔡冬阳，孙健，陈兵，贾萌萌，戴强晟，朱卫平，罗珊珊

完成单位：国网江苏省电力公司，中国电力科学研究院，

南瑞集团公司，东南大学，上海交通大学

项目来源：其它

项目时间：2015 年 1 月 1 日 ~2016 年 12 月 31 日

项目简介：

（1）项目属于新能源发电领域，主要研究内容如下：

1）适用于分布式新能源的直流供电模式研究。

2）分布式新能源直流供电系统数模混合仿真及运行特性研究。

3）分布式新能源直流供电控制与保护技术研究。

4）分布式新能源直流供电系统示范应用。

（2）主要创新点如下：

创新点 1：适应多源分布式新能源接入的分层式直流供电技术。

创新点 2：计及潮流均衡的直流供电系统源荷互补优化配置技术。

创新点 3：基于 RT-LAB/RTDS 的分布式新能源直流供电系统硬件在环平台。

创新点 4：计及交直流分层与控制分级的供电系统协调运行技术。

创新点 5：基于有效区域划分的分布式新能源直流供电系统网络化保护技术。

（3）关键技术指标

1）建立直流供电系统性能评估指标体系，提出适用于分布式新能源的直流供电系统的典型拓扑结构；直流供电系统中电源和负载的优化配置方案。

2）掌握分布式新能源直流供电系统中电源和负载的运行特性；建立直流电源/负载实时仿真模型，直流电源/负载类型均不少于 3 种；完成分布式新能源交/直流供电系统变流器硬件在环实证性研究，其中数字仿真步长 ≤10μs，功率在环模拟仿真开关频率 ≥5kHz，风电容量 ≥20kW、光伏容量 ≥30kW、混合储能容量 ≥50kW。

3）提出分布式新能源直流供电的多电源及负载的协调控制策略，开发工程实用化的直流供电控制系统，满足示范工程应用需求；掌握直流供电系统的继电保护协调配置技术，提出实用的直流供电系统的继电保护协调配置方案。

4）提出分布式新能源直流供电系统能量管理的功能框架，研发实用的分布式新能源直流供电能量管理系统；提出实用化的直流供电系统集成方案；实现直流供电技术的在试验系统和现场示范工程中的应用。

（4）应用推广情况

基于传统负载，研制了可以直接接入直流微电网的新型负载；研发了即插即用接口，在江苏建成了直流微电网示范工程。

26. 分布式新能源并网检测与运维管理技术研究与应用

主要完成人：文乐斌，袁晓冬，张军军，冯炜，李群，李强，史明明，柳丹，罗珊珊，孙蓉，崔林，陈兵

完成单位：国网江苏省电力公司，中国电力科学研究院，南京南瑞集团公司，东南大学，国网上海市电力公司

项目来源：其它

项目时间：2014 年 1 月 1 日 ~2015 年 12 月 31 日

项目简介：

（1）项目属于新能源发电领域，主要研究内容如下：

1）分布式光伏发电接入设计自动优选技术研究及应用。

2）分布式新能源并网关键设备检测技术研究与应用。

3）分布式光伏发电安全检修与运维管理技术研究。

（2）主要创新点

1）基于配电网 GIS 收缩数据库的分布式光伏接入方案自动优选系统。

2）分布式光伏接入方案模糊匹配与效益加权均衡化优选。

3）网源特性可定制的 MW 级分布式新能源并网关键设备检测平台。

4）基于型式试验与模型验证的储能变流器充放电特性评价方法。

5）基于模拟直流源输出特性曲线自校正和拓扑结构灵活调节的光储联合发电系统测试方法。

6）支持网源数据指标权重分级的区域分布式光伏安全评价技术。

7）具备跨系统数据分析的区域分布式光伏运维管理平台。

（3）关键技术指标

1）提出分布式光伏接入系统设计模型匹配与优选方法，研制具有接入系统方案自动优选功能的计算机辅助设计平台。

2）建立面向省级电网的大规模分布式光伏发电运维管理综合技术体系架构，开发集安全分析、故障诊断等功能的分布式光伏发电系统运维管理系统，并在省级电网开展示范应用；掌握低压反孤岛装置的开断机理和分布式光伏发电检修专用反孤岛技术，制定安全检修反孤岛方案；在分布式光伏发电系统供电区域中实现低压反孤岛装置的示范应用。

3）掌握分布式新能源并网关键设备的测试技术，提出并网接口装置、储能变流器、反孤岛装置等分布式新能源并网关键设备并网要求技术规范或检测规程；掌握分布式新能源并网关键设备检测平台开发技术，完成集成化分布式新能源并网关键设备检测平台开发，开展多种并网关键设备的测试；掌握基于实验室测试数据的分布式新能源并网性能评价技术；提出适用于分布式光伏发电的集成化并网检测技术和规程，实现推广应用。

（4）获得奖励情况

2016 年国网江苏省电力公司科技进步奖二等奖。

（5）应用推广情况

研究成果在河南省电力公司电力科学研究院、镇江供电公司、连云港供电公司、浙江金贝能源科技有限公司、阳光电源股份有限公司、扬州昊翔电力设备有限公司、广东易事特电源股份有限公司开展了应用，累计经济效益为

1335 万元。

27. 风光互补交流母线系统关键技术研究

主要完成人： 王兴贵，李晓英，杨维满，钱九阳，马平，郭群，郭永吉

完成单位： 兰州理工大学

项目来源： 甘肃省科技支撑计划

项目时间： 2012 年 12 月 1 日～2015 年 12 月 1 日

项目简介：

项目所属科学技术领域：电气工程。

风光互补发电系统在资源上具有最佳的匹配性，这种系统是利用资源条件最好的独立电源系统，它有直流母线和纯交流母线两种结构。纯交流母线系统具有兼容常规电网、运行简单、可分散布置发电设备、系统扩充容易等特点。本项目主要研究了系统的拓扑结构、系统建模、稳定性分析方法、最大功率点跟踪控制、功率平衡和优化协调方法、变流器控制等关键技术。

所研究的最大功率跟踪、斩波式卸载、并网逆变器控制等一些技术在相关联合企业生产的“光伏发电装置”、“风光互补发电系统”和“风光柴互补发电系统”等产品中得到了有效地应用。风光互补发电系统广泛应用于边远乡村、海岛和边防哨卡等无电网地区。这些先进控制技术的应用提高了装置的性能，增加了产品的技术附加值，具有良好的应用前景和明显的经济效益。

28. 风力发电中电力电子变流装置可靠性概率评估模型及寿命在线预测的研究

主要完成人： 周雒维，卢伟国，周生奇，朱玢鑫

完成单位： 重庆大学

项目来源： 国家自然科学基金

项目时间： 2011 年 1 月 1 日～2013 年 12 月 30 日

项目简介：

电力电子变流装置是风力发电中电能输出的桥梁，关乎风力发电的应用及未来发展，伴随风力发电容量的提高，电力电子变流装置的可靠运行问题，成为电力电子与电力系统交叉研究的热点。在影响电力电子变流装置可靠性的关键因素中，功率器件占据主导地位，故本项目拟以器件可靠性为起点，研究非平稳工况下影响装置可靠性的机理，从运行的角度，分析器件运行过程中可靠性的衰退，探讨器件老化进程中动态波形的变化，并以此为主参量建立装置可靠性概率评估模型及寿命在线预测体系。通过本项目的研究，不仅可以促进风力发电可靠性的提高，加快其发展；还能够拓展电力电子在其它对可靠性有较高要求领域的应用。

本项目发表论文 14 篇（SCI 3 篇，EI 7 篇），培养了博士 2 名，硕士 3 名，参加学术会议 4 次。

29. 功率变换器 EMI 高频段特性及其控制技术研究

主要完成人： 董纪清，陈庆彬，陈为

完成单位： 福州大学

项目来源： 基金资助

项目时间： 2014 年 1 月 1 日～2016 年 12 月 31 日

项目简介：

本项目研究功率变换器高频段 EMI 噪声特性的分析和预测，包括对高频段噪声关键影响因素的辨识，变压器 EMI 特性参数测量和电磁多物理场仿真，研究成果将 EMI 噪声诊断与预测由目前的低频段推至中、高频段，实现传导 EMI 噪声全频段控制。项目的研究深化了对变压器电磁兼容特性的分析，除考虑电场耦合外，还考虑磁场对电场耦合的影响，建立一个磁、电集成的综合模型，将传导 EMI 噪声的分析和预测拓宽至更高频段。提出变压器 EMI 噪声特性评估的新方法，新方法考虑中、高频段磁场对噪声电位分布的影响，使测量的结果反映变压器内磁、电的综合作用，获得更接近高频状态下的变压器 EMI 噪声特性参数。

30. 功率变换器磁元件磁芯损耗关键技术研究

主要完成人： 陈为，董纪清，何建农，刘金海，汪晶慧，叶建盈，黄晓生

完成单位： 福州大学电气工程与自动化学院

项目来源： 国家自然科学基金面上项目

项目时间： 2013 年 1 月 1 日～2016 年 12 月 31 日

项目简介：

所属科学技术领域：电力电子高频磁技术

主要科技内容：本项目从新角度研究磁芯损耗测量新方法，从原理上完全克服了现有方法固有误差，同时保持电气测量法简捷实用的优点，并能测量复杂励磁波形下的损耗；通过对新方法的误差分析，采取优化、消除以及补偿等综合措施，使得测量精度明显优于现有方法，满足研究分析和实际应用要求；结合磁芯损耗机理分析、损耗实验设计以及数据智能分析，研究磁芯在复杂任意励磁波形下的损耗特征，揭示对磁芯损耗有本质作用的具有外部电气可测性的各个影响因素，建立适用于任意复杂励磁波形下的磁芯损耗通用高精度模型。研究成果将促进功率变换器磁元件设计与应用水平的提高。

主要技术创新点：

1）在研究内容上，将磁芯损耗测量和损耗模型的研究从目前的高频铁氧体材料（阻抗角 $<86°$）扩大到高频磁粉芯材料（阻抗角 $>88°$），填补目前国内外对高频磁粉芯材料损耗测量和损耗模型的缺失。

2）提出磁芯损耗测量的新原理和新方法。新原理既要具有电气测量方法简单快捷的优点，又能避免传统方法对于高阻抗角磁芯损耗测量难以克服的固有误差来源。

3）将磁芯损耗测量和模型的研究从简单的正弦励磁波形和方波励磁波形扩展到任意复杂的励磁波形。

4）揭示能表征磁芯损耗的更本质的，且具有外部电气可测性的影响因素。

关键技术指标：

1）提出的测量新原理和实现方法，在原理上可以克服

现有方法的固有误差问题。目标效果是使得新方法的测量精度在励磁频率高达 300kHz 下和被测磁芯阻抗角 89°以下，达到 5% 的精度；在 500kHz 下和被测磁芯阻抗角 89°下以及 1MHz 和 88°下，均能达到 8% 的精度。

2）建立可适用于功率变换器应用条件下任意波形励磁的高频磁芯损耗通用模型。模型具有普遍应用性，精度达到 5% 以内。

31. 功率变换器磁元件电磁兼容磁电综合模型研究

主要完成人：陈庆彬，陈为，董纪清，汪晶慧，林苏斌

完成单位：福州大学

项目来源：基金资助

项目时间：2014 年 1 月 1 日 ~2016 年 12 月 31 日

项目简介：

本课题以磁元件为核心研究对象，从磁、电综合的新角度研究磁元件的电磁噪声特性。通过理论方法分析磁元件的电磁特性，并设计新的测试方案以评估不同频率下磁元件内磁场对噪声电场的影响因素。在此基础上采用电磁场仿真手段，通过电场、磁场的多物理场耦合仿真分析以明确磁元件内磁场对噪声电场分布的影响规律并提取相应的磁、电综合参数。综合理论分析，实验测试评估和电磁多物理场仿真，建立能反映磁元件电磁兼容特性的磁、电综合模型，以指导磁元件的结构设计和工艺控制。研究成果将丰富传导 EMI 噪声高频段的理论，并为其诊断与抑制提供指导。提出将磁元件作为噪声源网络，而不是传统的噪声路径，从磁元件内部的电、磁特性深化分析磁元件在传导电磁干扰机理中的作用，进一步丰富和完善功率变换器电磁噪声诊断与抑制的理论和应用。提出磁元件的电磁兼容特性并不仅仅是传统认识下的容性参数，低频下磁场对噪声电场分布的影响较小，磁元件的噪声特性参数呈现容性，而高频下磁场的影响增大将导致噪声电场分布改变，使磁元件的高频电磁特性参数趋于复杂，使对高频下磁元件内电磁特性的认识更加准确、全面。提出能反映高频下磁场影响噪声电场的新测量方案，并采用多物理场仿真磁元件电磁特性的磁、电耦合，抽取磁元件的电气参数，在此基础上建立反映磁元件内磁、电集成的综合模型，将传导 EMI 噪声的分析和预测拓宽至更高频段。提出用于传导噪声控制的磁元件参数控制方法，研究噪声特性对变压器不同结构参数的敏感程度，并以此为依据指导磁元件的结构设计和工艺控制，对工程应用起到指导作用。

32. 功率差额补偿型嵌入式光伏系统的拓扑与控制技术研究

主要完成人：王丰，卓放，朱田华，史书怀，孙乐嘉

完成单位：西安交通大学

项目来源：其它单位委托

项目时间：2014 年 6 月 ~2016 年 6 月

项目简介：

本研究基于分布式最大功率跟踪的概念，提出并探索一种嵌入式光伏发电模块的一体化技术。所提方案利用并联型的电力电子开关网络替代传统光伏板接线盒中的旁路二极管，通过功率差额补偿的原理消除模块内部各个光伏电池组之间因失配现象造成的功率失衡问题，提高模块的抗扰性和运行效率；同时在模块输出侧通过最大功率控制实现恒功率的输出特性，提高基于该模块的光伏阵列电产率。研究内容从嵌入式光伏模块的拓扑演化、协同控制策略优化、数学模型建立和级联特性分析几方面依次展开，旨在寻求嵌入式电路和光伏电池板一体化的解决思路，构造高抗扰性、高效率的紧凑型、模块化光伏发电单元，力争为光伏系统的无扰发电、高效馈电、稳定消纳提供一条具有指导意义的新思路。

33. 故障条件下电能质量调节器的强欠驱动特性与容错控制研究

主要完成人：张晓华，郭源博，周鑫，李林，张铭，李浩洋，夏金辉

完成单位：大连理工大学

项目来源：国家自然科学基金面上项目

项目时间：2014 年 1 月 1 日 ~2017 年 12 月 31 日

项目简介：

本项目提出了电网电压/功率器件故障条件下电能质量调节器的故障诊断与容错控制问题，难点是电网故障时电网电压信号的快速同步，以及功率器件故障后容错系统的性能维持。采用低阶 FIR 滤波器与低阶 Kalman 滤波器相结合的复合滤波辨识方法，来辨识电网电压正序基波的幅值、相位和频率，提出了一种具备谐波抵抗能力的三相电网电压快速同步方法，提高了典型电网电压故障的检测速度；通过对四开关容错逆变器的参考电压矢量进行补偿，显著提高了容错逆变器的直流电压利用率，进一步提高了功率开关器件故障后系统的带载能力和电气性能，具有较大的实际应用价值。

34. 光伏发电系统中开关电容微型逆变器及其控制研究

主要完成人：王萍，贝太周，王尉，杨柳，亓才，李楠，张博文

完成单位：天津大学

项目来源：基金资助

项目时间：2013 年 1 月 1 日 ~2015 年 12 月 31 日

项目简介：

项目涉及的研究领域包括电力电子与控制、新能源学科及电力系统等。项目研究具有宽升压范围的单相新型开关电容微型逆变器及其控制。包括：研究新型高增益开关电容微型变换器拓扑与控制，提出新型的含有耦合电感-开关电容网络的交错并联高增益直流变换器及其动态滑模演化控制策略；研究光伏并网逆变器并网控制策略，提出一种无需虚拟正交量的单相并网逆变器矢量控制方法和基于自适应陷波滤波器的有源阻尼控制方法；研究微型逆变器并联均流控制策略，提出一种基于虚拟阻抗的并联逆变器控制策略；研究光伏孤岛检测技术，提出一种注入三次谐

波扰动的分布式光伏并网逆变器孤岛检测方法。

35. 轨道交通用大功率永磁同步牵引电机专用方案分析与设计

主要完成人：曲荣海，饶靖，高玉婷

完成单位：华中科技大学

项目来源：其它单位委托

项目时间：2011 年 12 月 ~2013 年 12 月

项目简介：

在轨道交通中，电能的使用，使得轨道交通这种运输方式成为一种节能，清洁的出行方式。高速铁路、地铁和轻轨作为轨道交通的代表方式渐渐成为人们乐于接受的交通工具。目前，我国对于轨道交通牵引电机的研究仍然处于初步阶段，本项目的研究工作，很好地填补了我国在这个领域的空白。

本项目就轨道交通用大功率永磁同步牵引电机专用方案分析与设计开展相关关键技术研究，完成一款 600kW 永磁同步牵引电机的参数计算、电磁设计、电机损耗分析、热分析并开展永磁电机同步电感测量方法的研究。团队按照预期目标完成了样机的电磁设计、损耗分析、应力分析、热分析、电感测量研究和样机的试制工作，设计结果以及样机的测试结果均满足合同各项要求。取得的成果有：针对安装空间要求严格的问题，将电机外壳和定子冲片进行一体化设计，大大增加可使用的定子冲片外径，并且保证了散热能力和机械强度；为满足变频器的要求，减少电机极数，并且在该极数下达到了预期设想的各项技术指标；为了提高电机的效率，使用单匝多导体的方法降低交流铜耗，并对电机进行优化，降低磁场谐波，减小铁耗和永磁体损耗；为满足温升的要求，对电机温度场进行了详细分析，然后对电机通风系统进行优化，同时，降低损耗的工作对于电机温升的控制也有很大的作用；本项目中的牵引电机转速较高，在高速时，转子离心力大，团队对于电机应力进行了分析，并且对电机结构进行优化，最终使方案满足机械应力要求；对三项对称突然短路下的电机运行工况进行了分析，从去磁问题出发，对磁极厚度、转子结构进行了优化，最终将去磁控制在可以接受的范围内；在本项目中，采用机壳一体化的结构可以有效地增大小空间条件下，有效部分的体积，大大提高整体功率，而转子上使用空气孔的方式来减小去磁的方法，也被证实是有效的。

36. 混合动力车用新型无刷化复合结构永磁电机系统的理论和实用技术研究

主要完成人：郑萍，佟诚德，白金刚等

完成单位：哈尔滨工业大学

项目来源：国家自然科学基金面上项目

项目时间：2011 年 1 月 1 日 ~2013 年 12 月 31 日

项目简介：

针对当前节能与环保的迫切需求，本项目研究了一种用于混联型混和动力汽车的具有自主知识产权的新型电机方案——无刷化复合结构永磁电机方案，该方案既可以实现发动机转速和转矩的同时独立控制，又能解决当前困扰业内的绕组发热和需要电刷集电环馈电的问题。该技术也可用于其它需要变速和变转矩驱动的工业应用场合。

本项目的研究内容包括：建立新型无刷化复合结构永磁电机的解析分析和有限元分析数学模型。研究新型无刷化复合结构永磁电机的运行规律和设计原则及设计方法。研究新型无刷化复合结构永磁电机的控制方法和控制策略。研制样机，进行相应的实验研究，通过实验对电机进行全面评价，同时对电机加工的工艺性进行研究。通过理论和实验研究，形成该种类型电机的专门理论和工程实用的分析设计计算方法。

本项目的创新之处在于：针对以往有刷复合结构电机方案中绕组发热和需要电刷集电环馈电问题，提出了 12 种具有我国自主知识产权的新型无刷复合结构电机结构方案。针对无刷馈电双转子电机中三维场问题，提出了一种较精确的二维场等效模型，为爪极无刷双转子电机三维电磁场计算提供了新的解决途径。研究了无刷馈电双转子电机基本特性与设计规律，为爪极结构电机的设计提供了参考依据。同时探讨了电机中电磁参数对电机功率因数和转矩密度的影响，确定了适用于混合动力汽车的最佳电机方案，并探讨了该类电机的加工工艺性。针对无刷复合结构电机系统的运行规律，提出了双转子高效可靠运行和两台电机协调匹配工作的最佳控制方法和控制策略。

结合该项目的研究，培养博士 5 名、硕士 4 名；发表科技论文 31 篇，其中 SCI 检索 15 篇，EI 检索 18 篇；申请国家发明专利 23 项，获授权 19 项；获各种奖励及荣誉称号 10 余项。

37. 基于电流预测控制的永磁交流伺服系统在线参数自整定控制策略

主要完成人：杨明，徐殿国

完成单位：哈尔滨工业大学

项目来源：国家自然科学基金资助项目

项目时间：2011 年 1 月 1 日 ~2013 年 12 月 31 日

项目简介：

已对电流环带宽拓展、电流预测控制，在线惯量辨识以及参数自整定等技术进行深入研究，并取得预期的理论及实际应用成果。采用双采样、双更新 PWM 调制技术，在开关频率不变的条件下实现电流环带宽扩展，提高系统的动态响应，电流环频响的提高直接改善了速度控制的响应能力。在此研究的基础上，提出采用电流预测控制策略，可到达电流环带宽的理论极限，即 1/6 的 PWM 调制频率。PWM 更新维持单采样单更新方式，通过预测下一步电压参考值达到电压动态解耦及其反电动势补偿，实现高性能电流环动静态响应，重点解决其模型鲁棒性差以及由此产生的静差问题。速度环和位置环的控制器参数设置取决于系统负载惯量，因此快速准确的负载惯量辨识技术是参数自整定控制策略的重要基础。研究了多种离/在线惯量辨识技术，提出一种真正意义上的在线惯量辨识技术，自动捕获系统动态信息并不受负载转矩的影响，惯量辨识精度可保

证在 5% 以内，通过大量的实验验证了其有效性与实用性。提出了一种新颖的 PMSM 伺服系统控制参数自整定及优化方法，利用频域法设计获取控制参数的初始值，然后以 ITAE 为阶跃响应的评价函数，通过 2DOF 整定法在初始值附近搜索使系统工作于最佳控制性能的 PI 参数值。该方法的优点在于整定后系统具有明确的频域指标，而且参数的小范围优化可提高整定过程的鲁棒性。最后，针对 PI 控制器积分饱和问题，对比分析多种 anti-windup 控制策略，提出一种最优的 anti-windup 控制策略，系统实现快速且零超调地阶跃响应，并且不受指令或负载等因素的影响。

38. 基于分布式最大功率跟踪光伏优化器研究

主要完成人：王丰，卓放，朱田华，史书怀，贺鑫露

完成单位：西安交通大学

项目来源：其它单位委托

项目时间：2013 年 12 月 ~2015 年 12 月

项目简介：

本研究从根本上消除失配问题对光伏系统的影响，在现有工业化产品的基础上进一步降低 DMPPT 光伏系统的成本，优化了 DMPPT 系统的整体运行效率，提高了光伏优化模块的可集成度。从理论上对 DMPPT 概念的单元到系统都进行了较为深入的阐述。紧凑型的智能光伏发电模块被认为是当前新能源智能化应用领域中一个非常有价值的研究课题，更是光伏发电技术未来的发展趋势，相信通过本项目的成果，对于 DMPPT 光伏系统的认识会更加深入，同时为光伏发电系统的模块化和智能化进程提供理论基础和设计指导，不仅响应“节能减排”的社会需求，也有利于光伏产业的进一步推广。

39. 基于交互式多模型的交流电动机无速度传感器控制抗差机理与控制方法研究

主要完成人：尹忠刚，陈桂涛，朱群，张延庆

完成单位：西安理工大学

项目来源：国家自然科学基金

项目时间：2014 年 1 月 1 日 ~2016 年 12 月 31 日

项目简介：

外部误差干扰和内部估算误差是影响交流电动机转速辨识的重要因素。研究表明，尽管有内部校正环节的转速辨识方法具有较强的抗干扰能力，但是面对误差尤其是粗差时仍然会出现较大的抖动，影响系统的控制性能。采用交互式多模型方法解决抗差问题，可以有效地避免不同噪声模式之间的切换过于保守，兼顾系统的最优性。项目以感应电机无速度传感器控制系统为研究对象，研究了非线性因素对无速度传感器控制性能的影响，尤其是误差对转速辨识环节的影响；建立了感应电机转速辨识的多模型抗差数学模型，并研究了抗差机理；提出了基于交互式多模型抗差理论的扩展卡尔曼滤波转速辨识方法，并研究了极低速条件下系统性能的提高；将多模型思想进一步延伸，提出了一种多模型 EKF 协同马尔科夫链的转速估计方法，利用后验信息修正先验信息，得到模型间更准确的转换情况以及模型与电机实际运行状态的匹配情况，最后根据每个模型的似然函数进行最终结果的输出融合，实现对系统状态的精确估计，解决了抗差和低速问题。研究了基于 Lyapunov 函数的无速度传感器控制多模型抗差系统稳定性与参数敏感性分析方法。为了减弱固定的先验噪声模型对扩展卡尔曼滤波器状态估计的影响，提出了一种基于粒子群优化的感应电机模糊 EKF 转速估计方法，将 PSO 算法引入模糊控制器，监视实际残差与理论残差的偏离程度，自适应选择模糊调整因子，在线递推修正测量噪声协方差矩阵的加权值，使其逐渐逼近真实噪声水平，并减小了外部干扰和时变测量噪声对系统性能的影响。搭建了以浮点 DSP 为核心的实验样机，验证了理论分析及控制策略的正确性和有效性。

40. 基于九开关变换器的双馈风电系统研究

主要完成人：陈宇

完成单位：华中科技大学

项目来源：国家自然科学基金青年项目

项目时间：2012 年 1 月 1 日 ~2015 年 12 月 31 日

项目简介：

在目前的双馈风电系统中，双馈电机转子绕组通过背靠背变换器与电网连接，在此结构下实现低电压穿越（LVRT）需增加辅助电路或额外的器件容量，这导致了系统成本的增加和正常运行时容量的浪费。为解决上述问题，本项目用新型九开关变换器代替背靠背变换器，并提出九开关双馈风电系统的器件容量动态分配思路，依此展开了一系列研究：

1）阐述了双馈电机与九开关变换器优化组合的思路；2）提出九开关变换器的滑模脉冲宽度调制策略，实现了九开关变换器端口电流的良好动态性能控制；3）提出了九开关双馈风电系统的直流母线电压以及端口电流的动态分配策略与优化方案，在不增加额外撬棒电路或辅助变换器的情况下，即能用系统已有功率容量满足 LVRT 的各项指标；4）对九开关双馈风电系统进行了工程量化分析，指出九开关双馈风电系统较之背靠背系统在器件数量、器件总伏安（VA）数、容量利用率上占有一定优势，并对九开关双馈风电系统的优化运行区域进行了分析，给出了九开关双馈风电系统的工程应用建议。

本研究使九开关变换器的额定容量在正常与 LVRT 过程中均得以充分利用，有利于减少成本，提高功率密度。除了为双馈风电系统增加新的备选方案和技术储备外，还可在风电并网中发挥积极作用，具有广阔的应用前景。

41. 基于模块化电压源换流器的多端直流输电系统关键技术研究

主要完成人：徐殿国，张学广，苏勋文，李卫星，杨荣峰，武健，李彬彬，刘瑜超，刘怀远等

完成单位：哈尔滨工业大学

项目来源：其它

项目时间：2012 年 8 月 1 日 ~2015 年 7 月 31 日

项目简介：

项目所属科学技术领域：电力电子与电力传动

科技内容：本项目针对多端柔性直流输电风电并网系统关键技术开展研究。提出了模块化多电平电压源型换流器的设计与控制方法、换流站并联运行的控制策略；评估了多端柔性直流输电系统拓朴结构；提出了风电场等值建模方法及功率协调控制方法；设计完成模块化多电平换流器、多端柔性直流输电实验室模拟平台各一套。为多端柔性直流输电的系统设计及应用建立了基础。

主要技术创新点：

1）针对柔性直流输电系统中的模块化多电平换流器，分析了其载波移相调制的谐波特性与移相角选择依据；分别对其电容电压平衡、电容器启动预充电、电容电压波动抑制问题提供了解决方案；提出一种 MMC 的子模块冗余机制，以平稳穿越子模块故障。

2）针对换流器并联存在的环流问题，提出了基于电压零矢量前馈环流闭环控制技术，并给出了当三相系统不对称情况下的控制方案。

3）提出了一种新型连接风电场的多端直流输电系统拓扑，提高了风电场并网效率；在此基础上提出了一种基于自适应下垂调节的 VSC-MTDC 功率协调控制策略，改善多个换流站之间功率的分配。

4）提出了 MMC-MTDC 系统的复合主站型控制策略以及含风电场的 MMC-MTDC 系统协调控制策略。

5）针对风速波动下定速机组风电场，提出了一种变参数等值方法。利用该方法建立的风电场模型可有效解决无功功率误差问题。

6）提出了一种适用于低电压穿越分析的风电场等值方法，该方法更适用于双馈机组风电场低电压穿越能力的分析。

关键技术指标：

基于模块化多电平换流器的多端直流输电系统，从系统拓扑、系统建模分析及控制方面提出了相应的解决方案与优化策略，主要包括：模块化多电平换流器的载波移相调制、电容电压平衡、启动预充电、电容电压波动抑制、子模块冗余与故障恢复的控制策略；换流站并联扩容时的环流问题及其控制策略，电网不对称、换流站参数不对称情况下的运行机制；提出一种新型连接风电场的多端直流输电系统拓扑，提出了自适应下垂调节以及复合主站型的 VSC-MTDC 功率协调控制策略；给出了三种无功补偿方式的柔性直流输电系统风电场等效建模方法，丰富了电力系统等值建模理论。通过对以上关键技术的研究，形成了一套完整的 VSC-MTDC 控制技术理论体系，为今后多端柔性直流输电系统的建设应用提供了基础和参考。

获得奖励情况：

1）Invasion of High Voltage Direct Current till 2014 获 2014 IEEE CCSSE excellent oral presentation。

2）Modeling and control of multi terminal VSC HVDC transmission system for integrating large offshore wind farms 获 17th IEEE INMIC 优秀论文奖。

3）一种模块化多电平换流器的启动充电控制方法获中国电机工程学会第二届直流输电与电力电子专委会学术年会优秀论文奖。

4）模块化多电平变换器与级联 H 桥型变换器在电机驱动中的对比研究获第九届中国高校电力电子与电力传动学术年会（SPEED2015）优秀论文奖。

42. 基于全阶状态观测器无速度传感器矢量控制

主要完成人： 于泳，孙伟，王勃，徐殿国

完成单位： 哈尔滨工业大学

项目来源： 其它单位委托

项目时间： 2013 年 11 月 ~2015 年 6 月

项目简介：

本项目属电机控制领域。开发了基于状态观测器的异步电机无速度传感器矢量控制系统。在极低转速（含零速）和超高速两个方面扩展变频器的调速比。实现了零速下 200% 转矩，8 倍弱磁控制技术。

创新点含状态观测器的稳定性设计方法，高精度快速离散化方法等。

本项目适于在变频器行业推广应用。

43. 基于神经网络的微电网阻抗测量关键技术研究

主要完成人： 卓放

完成单位： 西安交通大学

项目来源： 国家计划

项目时间： 2012 年 1 月 ~2015 年 2 月

项目简介：

微电网作为对单一大电网的有益补充，其广泛应用的潜力巨大。但是由于微电网中含有大量电力电子设备。系统的稳定性是微电网安全的关键问题。而系统稳定性又与微电网各组网部分阻抗参数有着密切的关系，因此微电网系统中阻抗参数的测量具有非常重要的意义。

本项目在深入研究交流微电网系统中阻抗参数与系统稳定性的关系的基础上，提出了一种新型微电网阻抗测量技术。该技术利用两种新型谐波发生装置对系统注入测量所需各次谐波，这两种新型谐波发生装置与传统装置相比具有更为广阔的应用范围，结构和控制方法更简单。并且该技术把神经网络技术与谐波测量技术结合起来，能够大幅地缩短在线测量时间，同时还能减少阻抗测量对被测系统稳定运行造成的影响。

本项目的研究，将对解决微电网稳定性问题提供一种行之有效的新方法，具有深刻的学术意义和实用价值。

44. 基于实时仿真的风电场 SVG 控制保护装置检测平台

主要完成人： 田军，唐健，舒军，刘静波，刘征宇，肖文静

完成单位： 东方电气中央研究院

项目来源： 四川省科技支撑计划项目

项目时间： 2015 年 7 月 1 日 ~2016 年 12 月 30 日

项目简介：

基于实时仿真的风电场SVG控制保护装置检测平台项目属于电力电子与控制领域和新能源发电领域。

本项目的主要技术内容：

1）四川省风电时空分布特性研究，分析典型风电场出力特性，根据四川各区域风电装机进度，相关规划风场的测风数据，研究多区域风电群的集聚和平滑效应，以及风电接入对四川电网调峰调频的影响。

2）研究基于实时仿真的风电机组建模方法，建立风场模型、风电机组机械控制模型和其它电气设备模型，形成风电机组控制系统的检测环境。

3）研究基于实时仿真的无功补偿设备SVG控制器检测技术和模型验证技术。

4）基于容量加权的参数聚合等值方案建立风电场模型，并利用实际风电场的测试数据进行对比，验证模型有效性。

5）建立基于实时仿真的风电场涉网保护装置检测平台，实现各项性能检测和性能评估，并提出合理的涉网保护配置方案。

本项目的主要创新点：

1）基于风电集群效应及历史数据统计方法分析了不同时空尺度四川风电的出力特性，提出四川电网在电力平衡、调峰和调频方面的应对措施。

2）搭建基于实时仿真的风电场SVG硬件在环检测平台，基于实时仿真平台搭建1.5MW直驱风电机组、10MVar风电场SVG模型，仿真平台与实际机组的风速-功率曲线对比，通过与实际产品特性曲线校核，得到具有工程精度的风电机组、SVG仿真模型。

3）提出以容量加权的参数聚合风电场等值方法，在实时仿真平台上搭建风电场等值模型，并与实际风电场现场录波波形进行比对、校核，验证了风电场聚合模型的正确性。

4）提出基于滑动平均滤波器的锁相环算法，改善锁相环节在电网谐波或不平衡时的抗干扰能力，同时提出风电机组在电网电压不平衡、SVG在电网电压畸变时的改进控制策略，显著提高风电控制系统的电网适应性。

本项目的关键技术指标：

1）基于实时仿真的风电场SVG硬件在环检测平台，与实际产品校核，得到具有工程精度模型。

2）容量加权的参数聚合风电场等值方法，与实际风电场校核，得到具有工程精度的风电场模型。

3）基于滑动平均滤波器的锁相环算法，显著提高风电场的电网适应性。

本项目的应用推广情况：

本项目已经在某电力公司、某49.5MW风电场进行现场测试、验证，效果良好。

45. 基于双级矩阵变换器的交流起动/发电机系统的控制策略

主要完成人： 周波

完成单位： 南京航空航天大学

项目来源： 国家自然科学基金面上项目

项目时间： 2012年1月1日~2015年12月31日

项目简介：

本项目属于电气工程领域，主要研究内容包括：1）基于双级矩阵变换器的起动/发电机（TSMC-S/G）系统的原理、建模与仿真方法；2）TSMC-S/G系统起动时TSMC的调制策略及其与系统起动控制策略的配合规律；3）TSMC-S/G系统的发电以及起动/发电转换过程的控制策略；4）双级矩阵变换器中间直流环节无储能单元对系统性能的影响；5）基于双级矩阵变换器的起动/发电机系统的实现技术与试验验证；6）TSMC-S/G系统中TSMC的稳定性与有源阻尼控制策略。

本项目的主要创新之处：1）首次将双级矩阵变换器作为双向功率流变换器应用于交流起动/发电机系统，研究了TSMC-S/G系统双级矩阵变换器的拓扑结构，建立了起动、发电一体化仿真模型；2）提出了TSMC-S/G系统起动、发电工作时双级矩阵变换器调制策略，揭示了变换器调制策略与系统控制策略的配合规律；3）分析了双级矩阵变换器无中间储能单元对TSMC-S/G系统起动、发电性能的影响，提出了相应的补偿控制策略。

本项目的主要技术指标：技术指标：发电功率为5kVA，输出交流电压为115V/400Hz，发电机（用可编程交流电源模拟）频率为360~800Hz。

项目执行期间，培养博士研究生3名，其中已毕业2名；培养硕士研究生3名，其中已毕业2名；共发表或录用相关论文21篇，其中SCI收录的期刊论文6篇，EI期刊收录的论文8篇，以及EI收录的会议论文6篇；申请了22件发明专利，其中获得授权8件。

2016年被评为国家自然科学基金电工学科优秀结题项目。

46. 截止型EC电路短路火花放电机理及关键技术研究

主要完成人： 于月森，伍小杰等

完成单位： 中国矿业大学

项目来源： 国家自然科学基金

项目时间： 2014年1月1日~2016年12月31日

项目简介：

以本质安全型开关电路为研究对象，建立截止放电模式下容性感性复合电路模型。从研究安全火花放电机理入手，研究截止放电模式下本质安全型复合电路火花放电特征，研究因截止时间不同而引起的短时放电与长时放电在引燃能力方面的区别，研究电感性电路的多次击穿放电过程，确定最危险的放电形式，研究电感电路的放电时间大于电路时间常数这一统计规律的理论依据，从而全面揭示截止型本质安全开关电路的火花放电机理。研究截止放电模式下复合电路火花放电规律及数学模型，分析火花放电能量影响因素，研究截止型本质安全开关电源开减小火花能量的方法，以提高本质安全开关电源的功率。从理论方面和数学角度解释清楚能量判别与功率判别之间的内在关系，最终确定评价电路本质安全性能的功率判据。为大功率本安电源的设计提供理论基础与优化设计依据。

47. 开放式高档数控系统、伺服装置和电机成套产品开发与综合验证

主要完成人： 曲荣海，杨凯，李大伟，吴磊磊

完成单位： 武汉华中数控股份有限公司

项目来源： 国家科技重大专项

项目时间： 2012 年 1 月 ~ 2015 年 12 月

项目简介：

伺服电机是数控系统的动力执行部件，其性能直接决定了机床装备的动态特性、精度、加工速度、振动和噪声等关键技术指标，对机床性能、结构布局和制造成本均具有决定性的影响。“十二五”发展规划提出建设世界一流数控系统产业的宏伟目标，其中伺服电机产值占了35%。因此，设计出高性能的伺服电机，对完成国家数控系统产业的历史重任具有重要作用。

本项目主要内容为全系列交流永磁同步伺服/主轴电机型谱设计技术研究（对初始方案进行参数化和优化设计，以获取最佳设计方案，并进行有限元分析和2D仿真）；电机电磁学/热力学/动力学仿真技术（3D有限元深入分析、优化设计：静态、交流稳态、瞬态；运动耦合、发热温升）；低转矩波动和高过载能力的电机优化设计技术；电机损耗和温升抑制技术；多场耦合、机电混合仿真技术（电机在系统中性能分析）；生成系统模型。针对上述目标，团队完成交流同步伺服/主轴电机电磁方案改进与完善，并基于系此优化方案进行了样机的研制与验证。交流主轴电机对高速性能要求较高。性能要求该电机具有较宽的恒功率调速范围及过载能力。在达到或者超过国际知名厂商交流主轴电机的性能的情况下，将尽可能地提高其效率、功率因数，降低其体积、重量、成本为优化设计目标。系列化交流伺服电机采用分数槽集中绕组表贴式内转子结构。由于采用分数槽集中绕组结构的永磁电机具有绕组端部短、槽满率高（特别是在采用了定子分段拼接技术）、高效率、高功率和高转矩密度、齿槽转矩小等优势。但另一方面，分数槽集中绕组存在次谐波，并且空间谐波含量相对比较丰富，转子损耗特别是永磁体的涡流损耗较大；并且由谐波引起的诸如噪声、振动、不平衡磁拉力和转矩脉动等寄生效应对电机的整体性能也会产生影响，这对该结构电机的设计形成一定的挑战。团队针对分数槽集中绕组的特点，分别从极槽配合、主要尺寸和电磁负载的选择、细节尺寸的优化、转矩密度的提升和转矩脉动的抑制、损耗等方面对电机的电磁设计进行优化，从而扬长避短，使电机各方面的性能在总体上达到相对最优的结果。最终的设计方案，主轴电机调速范围达到2倍，交流同步伺服电机的齿槽转矩/平均转矩设计值 <1%，同时参考同类型西门子的交流主轴电机，其过载倍数在2.5倍以上，设计指标全部达到指标要求。

48. 开关电源传导 EMI 的仿真预测频率扩展技术

主要完成人： 陈庆彬，谢静逸，张伟豪，陈为

完成单位： 福州大学

项目来源： 其它

项目时间： 2016 年 6 月 12 日 ~ 2017 年 3 月 6 日

项目简介：

本项目研究功率变换传导频段（150kHz ~ 30MHz）EMI 噪声特性仿真。包括对高频段噪声源和噪声路径的获取；PCB 结构的宽频建模；关键电磁元件（差模滤波器、共模滤波器、电感器、功率变压器等）的宽频模型和模型参数的确认；磁芯材料宽频磁导率参数确定；电容器的高频阻抗特性建模与参数测试提取；电容器直流偏压，正弦偏压和正弦半波偏压下参数确定；分布电磁耦合参数高频模型及参数提取方法。在综合考虑产品实际，确定关键器件和器件间耦合模型及相应参数后，进行系统级建模仿真，完成 150kHz ~ 30MHz EMI 噪声频谱特性分布的仿真。

49. 考虑电源噪声的 DDR 信号快速时域分析

主要完成人： 初秀琴，李玉山，路建民，王君，李桃，王卓超，陈海龙

完成单位： 西安电子科技大学

项目来源： 其它单位委托

项目时间： 2015 年 9 月 16 日 ~ 2017 年 4 月 16 日

项目简介：

研究分析在电源噪声存在的前提下，存储器 DDR 的眼图和发生的误码率。

50. 考虑基波频率动态行为的交流分布式电源系统稳定性研究

主要完成人： 刘增

完成单位： 西安交通大学

项目来源： 台达环境与教育基金会电力电子科教发展计划一般项目

项目时间： 2014 年 7 月 1 日 ~ 2016 年 1 月 31 日

项目简介：

交流分布式电源系统内部变流器之间的相互作用容易导致系统稳定性问题，基于模块端口特性模型的频域方法较传统电力系统中采用的基于系统状态空间模型的时域方法更适合于交流分布式电源系统稳定性研究。越来越多的交流分布式电源系统采用下垂控制实现电源之间的功率分配，这将导致系统基波频率不再恒定，且其动态行为与功率传输直接相关，而现有频域方法尚未考虑到该基波频率动态行为。针对该基本科学问题，本项目对存在基波频率动态行为的交流分布式电源系统中系统级联稳定性、电源子系统并联稳定性、变流器端口频率特性建模及测量进行了研究。已建立起含基波频率动态行为的交流分布式电源系统稳定性频域理论体系，同时解决了基波频率动态变化时变流器端口频率特性测量中的关键技术问题

51. 可再生能源发电中功率变流器的可靠性研究

主要完成人： 周雒维，杜雄，罗全明，卢伟国，孙鹏菊

完成单位： 重庆大学
项目来源： 国家自然科学基金重点项目
项目时间： 2012 年 1 月 1 日 ~2016 年 12 月 30 日
项目简介：

随着新能源发电容量占电力系统容量比例的增大，电力系统对新能源发电的可靠性提出了更高的要求，要求其具有与传统水电和火电相近的可靠性。然而，由于新能源发电输入功率的随机波动和其恶劣的工作环境，导致在新能源发电中应用的功率变流器处理的功率一直处于变化之中，交变的电热应力和机械应力使其可靠性受到极大影响。

项目从新能源发电中变流器的设计和运行层面来研究提高变流器可靠性的方法。重点研究引入功率波动等因素的多维多变流器稳定性分析方法及其相关的稳定控制策略，为新能源发电变流器的稳定运行提供理论基础；研究变流器端部信息与变流器状态之间的关系，以及基于端部信息的变流器状态监测方法，通过状态检测实现变流器故障前的预警，避免故障造成的强制停机，实现变流器的安全运行，提高系统可靠性；研究通过对变流器载荷及载荷变化率的控制，以及对散热系统的实时管理，并结合状态监测等方法，对引起变流器疲劳老化的电热应力进行管理，减缓变流器的失效进程，延长变流器的工作寿命，实现未来高效、可靠变流器系统的综合控制与设计。项目的研究将为新能源系统变流器的可靠性分析与设计提供理论支撑。

项目为国家自然科学基金重点项目，在 IEEE Trans. 、IET Trans. 、Microelectronics Reliability、中国电机工程学报、电工技术学报等国内外知名刊物上发表和录用学术论文 76 篇。被 SCI 检索 19 篇，EI 检索 33 篇。申请发明专利 18 项。举办学术会议两次，参加学术会议 14 次，已培养博士生 4 名，在培养博士生 2 名。培养硕士生 15 名。

52. 空间电压矢量的异步电动机软起动器

主要完成人： 孟彦京，陈景文，王素娥，谢仕宏
完成单位： 陕西科技大学
项目来源： 自选
项目时间： 2013 年 1 月 1 日 ~2015 年 12 月 31 日
项目简介：

本项目属于电机及其系统领域中的电力电子系统及其控制技术，主要研究内容包括：感应电机起动过程的空间电压矢量控制理论研究，电压空间矢量软起动器的实现方法和控制策略研究和空间电压矢量控制软启动器相关的参数测量及方法研究等主要内容。项目主要特色如下：

1）针对电动机软启动器这个传统的电力电子装置，提出了一种全新的基于空间电压矢量的控制原理和方法。对现有的异步电动机软启动性能有显著的提升和技术突破，理论分析和实验结果表明，控制原理和实现方法是可行和有效的。

2）本申请项目将空间电压矢量技术产生的正六边形、十二边形及多边形磁链轨迹控制应用到了以晶闸管等为主电路的传统调压软启动系统中，具有思路清晰，实现方法直观，硬件结构简单和价格低廉的特点，同时提高了软启动器的性能和品质，具有高性能价格比的特色。

3）本项目的原理和硬件拓扑结构不仅可以应用于软启动器的设计和开发，而且还可以应用于简易变频器的产品开发和制造中，沿着这一思路和原理将可能打开一条区别于现有变频器电路结构和控制方案的全新控制路线，为普通电机的调速控制和节能降耗产生重大影响。

项目的创新点：

1）控制思想和工作原理创新。将基于空间电压矢量的六边形、十二边形等多边形磁链轨迹控制方法应用到电动机软启动器的控制中，使电动机在带有一定负载或较大惯性负载时的起动能力提高，同时又使电流保持相对较小值。是继传统软启动器控制到晶闸管调压软启动器控制再到离散变频软启动器控制方法之后的一种新型的电机软启动控制原理和策略。

2）控制方法和技术路线创新。基于空间电压矢量的软启动器，可以采用三种不同的主回路拓扑结构，分别对应普通晶闸管反并联电路的空间电压矢量的软启动器和具有自关断功能的多边形软启动器以及同时具有自关断功能又具有斩波功能的高性能空间电压矢量的软启动器。这种电路结构加上不同的软件控制方法，可以用于多种不同的软启动器控制中，可以适应不同的使用需求。因而开辟了一条高启动转矩、低电机电流的新软启动器技术路线，同时也是一条简易变频器开发和实现的途径。项目的目标全部实现后，将有可能改变现有变频器和软启动器的技术路线和控制方法，成为新兴的生产力。

3）优化控制方法在空间电压矢量软起动器设计实现上的应用创新。采用 SCR、GTO、IGBT 等半控或全控型器件都会遇到频率切换时的转矩和电流波动的问题。通过矢量组寻优和开关时刻的优化选择方法，实现多边形磁链轨迹控制以及伏秒积的精确控制，实现电机频率切换的最小波动控制和工频接入的连续切换，实现高启动转矩低电机电流的新型软启动器控制。

项目获得 2016 年度中国轻工业联合会科技进步二等奖，同时在西安市的合作企业中已生产出部分产品，目前处于应用反馈完善阶段。

53. 利用 STATCOM 提高 HVDC 运行可靠性的机理研究

主要完成人： 赵成勇，郭春义，许建中
完成单位： 华北电力大学
项目来源： 国家自然科学基金
项目时间： 2012 年 1 月 1 日 ~2015 年 12 月 31 日
项目简介：

本项目结合了电压源和电流源换流器各自的运行特点和优势，提出了将 STATCOM 和 HVDC 接入同一交流母线以提高 HVDC 的运行可靠性的方案。课题难点在于如何设计结合电压源和电流源换流器的混合直流系统的协调控制方法，如何对混合直流输电系统进行高效精确的建模，如何定量分析混合直流系统的相互影响关系。通过采用理论分析、数字仿真、数字物理实时仿真相结合的研究方法，解

决了混合直流输电系统的建模和协调控制策略、STATCOM对HVDC运行特性的影响机理、STATCOM对HVDC系统强度的定量评估方法等关键问题，进而改善了HVDC运行独立性和可靠性。

取得的成果：出版著作2本，即将出版1本，包括科学出版社的《混合直流输电》和中国电力出版社的《柔性直流输电建模和仿真技术》和《模块化多电平换流器直流输电建模技术》，其中《混合直流输电》入选周孝信院士为主编的“十二五”国家重点图书出版规划项目“智能电网研究与应用丛书”；发表论文50余篇，其中SCI收录12篇，EI收录41篇；申请发明专利30项，其中已授权12项；参加国内外学术交流会议13次，其中赵成勇教授做大会报告10次；邀请国际知名教授和专家来访9次、出访5次；荣获省部级科技进步奖二等奖一项；培养博士生8名，硕士生25名。

54. 脉冲序列调制开关功率变换器控制技术研究

主要完成人：许建平

完成单位：西南交通大学

项目来源：国家自然科学基金面上项目

项目时间：2012年1月1日~2015年12月31日

项目简介：

系统深入地研究基于脉冲序列调制的开关变换器控制技术，研究脉冲序列调制开关变换器实现快速瞬态响应速度的原理、实现方法及对开关变换器瞬态控制特性和稳态控制特性的影响；研究控制脉冲占空比的离散分布方式及对离散分布的占空比进行调制的调制规则，研究其对脉冲序列组合方式的影响；研究占空比离散分布的控制脉冲组成的脉冲序列对开关变换器瞬态和稳态控制特性的影响；研究同时改善开关变换器的瞬态响应速度和稳压精度的优化的占空比离散分布方式及其调制规则，在简化控制电路的同时，实现开关变换器的优化控制；基于平均和能量平衡原理，研究脉冲序列调制开关变换器的建模分析方法，进行稳态特性和小信号特性的分析；研究脉冲序列调制开关变换器的大信号特性、非线性动力学特性和控制系统的稳定性问题；对理论研究成果进行了计算机仿真和实验验证工作，研制了实验样机，研究了控制电路的集成化实现，建立了基于脉冲序列调制开关变换器控制技术的理论体系。

55. 面向新能源发电负荷应用的混合多电平并网逆变器研究

主要完成人：何英杰，袁申

完成单位：西安交通大学

项目来源：陕西省自然科学基金

项目时间：2014年6月1日~2016年12月1日

项目简介：

本项目针对中高压电网新能源接入的相关问题，将太阳能、风力发电系统和储能系统构成混合级联模块，组成混合多电平风光储互补分布式发电系统。研究找出一种优化可行的该混合多电平分布式发电系统拓扑设计方法；基于分级建模的思想建立合理的稳态、暂态模型，分析整个系统的稳定性和动态特性；研究合适的控制方法实现风电模块、太阳能模块和储能模块的有功功率协调控制。设计一种合适的混合多电平调制策略，能合理地利用高低压风光模块的特性，合理分配各个模块的指令电压进行调制。通过本项目的深入研究，实现风光储互补复合应用，解决混合多电平变流器实现中高压风电光伏并网发电功能的相关问题，增强我国在分布式发电应用领域的自主创新能力，具有十分重要的理论意义和很有价值的应用前景。

56. 面向智能电网的蛛网动态多径链路路由机理研究

主要完成人：刘晓胜，周岩

完成单位：哈尔滨工业大学

项目来源：基金资助

项目时间：2013年1月1日~2016年12月30日

项目简介：

本项目属于智能电网通信领域。主要科技内容：围绕智能电网通信网络的可靠性，从通信网络拓扑可靠性、通信实时性与确定性、链路路由的可用性以及流量最大化保障等几个方面展开了深入细致的研究。

主要技术创新点：1）提出了智能变电站通信网络的蛛网拓扑结构，提高智能变电站通信网络可靠性和经济性；2）提出了基于逻辑节点的组网方法，提高了智能变电站通信网络实时性；3）提出了基于MPLS改进的无缝流量分配方式，增强了变电站站内通信网络应对流量突增的能力；4）提出了基于MPLS改进的不间断式双冗余热备份通信方式，增强了变电站内通信网络应对链路故障的能力；5）基于MPLS的全网平均带宽多径路由算法，用以实现智能电网“大节点”间的动态多径路由。

关键技术指标：1）通信实时性全面满足IEC61850标准；2）零时间路由切换；3）单位经济可靠性提高了7%~36%。本基金项目获得国家基金优秀结题。

57. 内置式永磁同步电机效率在线优化控制方法研究

主要完成人：王高林，詹翰林，李卓敏

完成单位：哈尔滨工业大学

项目来源：黑龙江省博士后科研启动金资助

项目时间：2013年1月1日~2014年12月30日

项目简介：

目前，内置式永磁同步电机应用日益广泛，为了充分利用磁阻转矩，研究新型的效率在线优化控制方法具有重要意义。本项目对影响IPMSM效率优化控制效果的非理想因素进行了分析，包括：损耗模型建模误差、模型参数变化以及磁场定向误差等非理想因素，定量分析了各非理想因素导致电机效率优化控制结果与目标的偏差，以及电流控制轨迹与最优轨迹的偏差。提出基于电流矢量角自校正的在线最大转矩/电流控制策略，有效提高了永磁电机的运行效率。

58. 柔性直流供电关键技术研究

主要完成人：赵成勇，许建中，郭春义

完成单位：华北电力大学

项目来源：国家高技术研究发展计划（863 计划）

项目时间：2013 年 1 月 1 日～2015 年 12 月 31 日

项目简介：

本课题所属先进能源技术领域，为“柔性直流输电装置关键技术与应用”项目课题。本课题针对大城市供电及 400～500MW 容量要求的柔性直流换流器关键技术问题，从系统拓扑结构及控制保护策略、数字物理混合实时仿真平台和控制保护样机研制、换流站关键电磁问题三个角度开展研究。首先提出大容量柔性直流供电系统的建模、系统分析和控制、多端柔性直流供电协调控制、系统损耗、黑启动分析等方面的理论和方法。其次开发完成了柔性直流系统离线式全数字仿真平台、实时全数字仿真平台和数字—物理混合实时仿真平台。研究交直流系统各种故障对控制保护系统的影响，掌握实时控制保护和监测的换流阀基控制器设计关键技术，研制了控制保护实验样机。最后通过搭建 IGBT 模块实验测量系统，建立了表征 IGBT 宽频动态行为的电磁分析模型。利用频域扫频法和时域脉冲法测量获得换流阀模块内关键设备及器件的宽频阻抗特性或时域脉冲响应特性，并在此基础上研究线性、无源设备及元件的宽频等效电路建模方法。根据换流回路的实际结构尺寸，研究了换流阀系统的寄生参数提取方法以及故障暂态情况下换流阀系统的瞬态电压和电流应力分布特性。

本课题主要创新点：1）提出了高压大容量柔性直流供电系统电磁暂态高效建模方法；2）研制了高压大容量柔性直流供电系统控制保护样机；3）提出了高压大容量柔性直流换流系统关键设备及部件的宽频电磁模型与优化设计方法。

本课题主要技术指标：完成了 4800 个节点的柔直供电系统仿真、控制规模可以达到单桥臂 400 个子模块、控制保护样机控制周期约 62μs、有功功率稳态控制误差小于 ±2%、单位功率阶跃下的电压波动小于 ±5% 等。

在 2016 年 4 月的结题验收会上，经验收专家组评议，一致通过课题验收。课题研究成果直接应用于厦门柔性直流输电工程的换流阀研制和阀厅内阀塔布局设计。所研制的控制保护设备在厦门柔性直流输电工程的阀控调试过程中发挥重要作用，正在应用于上海南汇柔性直流工程的现场调试中。目前，课题研究成果在其它工程的应用工作也在积极开展当中。

59. 三电平光伏发电逆变系统及光伏电池组件关键技术研究

主要完成人：唐健，杨嘉伟，何文辉，刘静波，舒军，章晓沛，李琼，胡凡荣，边晓光，王正杰，肖文静，田军

完成单位：东方电气中央研究院

项目来源：四川省科技支撑计划项目

项目时间：2015 年 1 月 1 日～2016 年 12 月 31 日

项目简介：

1. 项目所属科学技术领域

三电平光伏逆变器研制项目属于电力电子与控制领域，亦属于新能源发电领域。

2. 项目主要技术内容

1）开发新一代高性能紧凑式模块化功率组件，组件采用先进的三电平技术，具有转换效率高的特点，有效降低了散热器与滤波器设计体积与成本，提高系统的整体性能。2）研究一种更高效率的新型三电平逆变器控制技术并在产品样机中应用。3）研究功率模块并联技术，抑制并联环流电流，进一步提升系统可靠工作。4）开发出先进的组合式集中控制器，在保证集中控制器成本优势的同时兼容可扩展性。5）工业产品结构设计紧凑美观安装检修方便，提升工业现场应用可维护性。

3. 项目主要创新

1）更高效率、更好兼容性和通用性的三电平功率组件及其包含的关键技术攻关，且具有更好的可维护性。2）先进的组合式控制系统设计理念及高速通信技术。3）多功率模块并联运行的高性能保证。4）更低损耗三电平逆变器调制技术。

4. 项目关键技术指标

经国家太阳能光伏产品质量监督检验中心测试，最高转换效率达 99%，居于国际领先水平。

5. 项目应用推广

本项目将在某 20MW 级光伏发电站进行现场示范应用。

60. 三相并网变流器在电网暂态故障情况下的安全运行与控制研究

主要完成人：杜雄，孙鹏菊，时颖，吴军科

完成单位：重庆大学

项目来源：国家自然科学基金

项目时间：2013 年 1 月 1 日～2016 年 12 月 30 日

项目简介：

随着新能源发电的快速发展和大规模的应用，三相并网变流器得到了广泛的应用。电网要求并网变流器在电网暂态故障情况下不仅能持续并网运行，而且还能对电网故障进行支撑，以利于故障后的电网恢复。但电网暂态故障情况下，并网变流器面临负序电流、谐波、直流母线电压波动，以及过电压、过电流等一系列问题，变流器自身的安全运行受到挑战。为了实现故障时并网变流器的安全运行并对电网进行支撑，本项目将研究电网暂态故障对并网变流器的安全运行影响机理，描述故障情况下并网变流器的安全运行能力，为故障时对电网支撑提供理论依据。提出瞬时功率缓冲器的概念，采用超级电容实现，通过研究优化的控制策略来实现并网变流器在对称和不对称故障情况下的统一控制，解决直流母线电压波动和二倍工频纹波的问题，实现暂态故障情况下变流器的安全运行和对电网支撑的统一。本项目的研究将有助于增强并网变流器的故障穿越能力，并实现对电网故障的支撑，拓展并网变流器的功能。

项目执行期间，发表 SCI 论文 1 篇，发表国内一级刊物论文 7 篇，发表国内会议论文 2 篇，国际会议论文 1 篇，授权发明专利 2 项，申请发明专利 3 项。培养硕士研究生 3 名。

61. 双级矩阵变换器高抗扰性解耦控制

主要完成人： 宋卫章，李敏远，梁德胜

完成单位： 西安理工大学

项目来源： 国家自然科学基金青年基金

项目时间： 2014 年 1 月 1 日 ~2016 年 12 月 31 日

项目简介：

该项目所属电气科学领域，主要研究内容为针对双级矩阵变换器（Two Stage Matrix Converter，TSMC）一体化拓扑带来的耦合影响和弱抗扰性两个固有缺陷，传统空间矢量调制策略需两级协调而相互影响并是一种近似开环控制，更加剧了上述两个问题的产生。

针对上述问题，研究一种 TSMC 解耦控制算法—模型预测控制，利用 TSMC 离散数学模型和 72 种开关状态，以输入无功和输出电流为控制目标，通过一个采样周期水平上预测和直观控制，选择合适开关状态，在正常和非正常工况下均能实现输入瞬时无功功率和输出电流参考误差最小，从而消除 TSMC 整流与逆变级耦合影响和提高非正常工况下系统抗扰性，时刻确保输入输出性能，实现了 TSMC 解耦控制。最后对 TSMC 模型预测控制和空间矢量调制策略进行比对研究，以探索模型预测算法实现 TSMC 解耦控制的机理。

主要技术创新点：

1）首次利用模型预测控制算法实现双级矩阵变换器一体化硬件拓扑解耦控制。

2）在不增加任何额外硬件和算法前提下，利用模型预测控制一套算法解决双级矩阵变换器两个固有关键问题：一体化拓扑内部耦合问题和非正常工况下的弱抗扰性问题。

项目执行过程中产生的成果：

结合该项目的研究，以第一作者在国内外高水平期刊上发表学术论文 11 篇，其中 SCI 检索 1 篇，EI 检索 5 篇；已授权发明专利 3 项；培养硕士生 9 名。

应用推广情况：

该项目实现了双级矩阵变换器前后两级解耦，提高了其在非正常工况下的抗扰性，为其在工业中应用解决了两个固有关键问题。在此项目资助下衍生出一种双向型精简矩阵变换器，在 V2G，加速器励磁电源方面等具有重大潜在应用价值。

62. 双馈风电场的电网不对称故障穿越问题研究

主要完成人： 杨耕

完成单位： 清华大学

项目来源： 国家自然科学基金项目

项目时间： 2013 年 1 月 1 日 ~2016 年 12 月 31 日

项目简介：

以提高电网不对称故障下双馈型风力发电系统的低压穿越（LVRT）能力为目标，项目取得了以下成果：1）给出了典型的不对称电网电压的幅值和相位特征，分析了电网电压不对称跌落时双馈型（DFIG）风电机组的控制难点及其安全运行的约束条件，提出了 DFIG 机组正序无功电流输出能力的分析方法，并给出了量化指标。2）改进了用于电网电压不对称故障检测的数字锁相环子系统，提出了基于并网导则和电网需求的 DFIG 机组正负序有功、无功电流的控制方法。3）提出了配置于 DFIG 风电场的静止无功发生器（STATCOM）容量配置方法及其不对称 LVRT 控制策略。4）作为增加内容，分析了新能源并网发电系统的高电压穿越能力，并提出了改进的控制策略。

63. 双馈风电功率变换器检测系统故障自诊断及重构方法研究

主要完成人： 张学广，徐殿国

完成单位： 哈尔滨工业大学电气工程系

项目来源： 国家自然科学基金青年基金

项目时间： 2012 年 1 月 1 日 ~2014 年 12 月 31 日

项目简介：

本项目从提高双馈风电机组安全性和可靠性方面入手，通过本项目研究，使双馈风力发电机在部分检测系统故障情况下实现可控运行。在双馈电机参数的在线辨识方面，本项目将模型参考自适应控制思想应用于双馈电机参数的在线辨识，提出了依据 Lyapunov 稳定性理论设计稳定且收敛的自适应算法。建立了双馈电机定转子电流降阶观测器，提出了基于电流预测的电流检测系统故障诊断方案。考虑电流重构方法的实用性，采用了降阶电流观测器重构电流故障信号。在转速信号检测系统方面，在转子电流降阶观测器的基础上利用模型参考自适应理论，建立了转速自适应观测器，能够准确、快速观测出电机转速。同时设计一种速度检测系统故障诊断方案，能够快速诊断出转速故障信号。以上方法均通过了仿真和实验验证。

在本项目资助下，在双馈电机参数在线辨识、定转子电流检测系统故障诊断及容错控制、转速检测系统故障诊断及容错控制等方面取得了创新性成果，另外在双馈风电变流器死区补偿，双馈变流器并联运行方面也取得了一定成果。共发表文章 10 余篇，其中 SCI 检索 4 篇，EI 检索 6 篇。申请国家发明专利 5 项，1 项已授权。培养硕士研究生 4 人，完成了项目立项的预期目标。

64. 伺服驱动系统机械谐振抑制技术研究

主要完成人： 杨明，徐殿国

完成单位： 哈尔滨工业大学

项目来源： 国家自然科学基金资助项目

项目时间： 2012 年 1 月 1 日 ~2016 年 12 月 31 日

项目简介：

由于伺服系统动态性能的不断提升，原本被忽略的传动装置中弹性部件的影响越发显著。不断拓展的伺服系统带宽将超过系统固有机械谐振频率，控制器综合设计中如不考虑此因素，将会使系统性能严重恶化，甚至造成系统

失稳。因此，伺服驱动控制系统机械谐振抑制的综合设计是电机驱动领域的关键共性技术，对于提升伺服系统动态响应品质、提高系统安全性具有十分重要的意义。是否具备在线抗机械谐振能力已成为当今高档伺服系统的重要标志。

本课题主要从机械谐振机理分析、被动方式抑制谐振、主动方式抑制谐振等三个方面开展了研究

1. 机械谐振机理分析

1）研究带弹性负载的双惯量系统机械谐振的模型与机理。速度开环，系统谐振频率为 NTF；进入闭环，谐振频率为 ARF。离散化后，若控制系统刚度过大，系统会以 NTF 持续振荡。

2）传动间隙的存在等效降低传动系统弹性系数，加剧机械谐振的影响。在位置环控制中，降低半闭环伺服系统的控制精度，为全闭环系统引入极限环振荡。

3）通过 PRBS 或 Chirp 信号的功率谱分析法获取谐振系统 Bode 图。辨识过程快速、准确，可用于离线预判是否存在潜在的谐振危害。

2. 被动方式谐振抑制技术

1）实现双 T 型陷波滤波器的设计，提取交轴电流谐波成分，进行 FFT 蝶形算法，根据频率辨识结果在线整定陷波滤波器参数，可自动消除机械谐振。

2）分析小数阶滤波器的结构并利用折线逼近法实现，通过实验分析其鲁棒性，并得出针对不同系统需要同时调节滤波器阶次及时间常数，达到最优控制效果。

3）针对位置环定位末端抖振问题，提出一种最小相角滞后的陷波滤波方案。而零相角滞后滤波器是基于非因果系统的理论设计，实践效果受到限制。

3. 主动方式谐振抑制技术

1）三种极点配置策略使速度环 PI 控制参数得到优化，提高系统动态响应。但 PI 控制器参数有限使得系统零极点自由度受限，因此控制效果一般。

2）针对轴系限幅安全问题，研究 MPC 算法，转化为 EMPC 查表得出当前最优控制率，解决在线实现问题。理论推导及实验验证轴矩限幅控制的制约条件。为了将算法实现于存储空间有限的嵌入式系统，提出 EMPC-PI 切换控制策略，更接近工业应用。

3）针对含间隙的谐振抑制问题，常规陷波滤波措施失效。提出基于轴矩扰动观测器方案，等效增加电机的视在惯量，进而消除谐振，实现轴矩限幅控制。针对位置环极限环振荡，提出状态反馈控制，通过对闭环系统极点的配置获得反馈系数，进而消除极限环振荡，提高位置控制精度。

通过项目研究，建立了多套实物平台：可预置谐振特征的双惯量弹性负载平台、可预置传动间隙的谐振平台以及轴矩限幅测试平台。

65. 微电网预估技术及其智能光伏逆变器开发

主要完成人：付青

完成单位：中山大学

项目来源：广东省科技计划项目

项目时间：2013 年 10 月 1 日 ~2015 年 12 月 31 日

项目简介：

新能源技术领域，结合多种智能算法对微电网的新能源发电量进行短期预测，并将其应用于光伏发电系统中，深入研究微电网的参数识别技术，通过建立微电网的预估模型，通过对微电网的监测和预估获取微电网的整体运行状态和参数，找出了适合于微电网预估的理论和方法，只需要少量的监测数据来把握微电网运行全局。项目综合运用了小波分析、相似日聚类、神经网络等多种智能算法，充分发挥各种智能算法的优势，经三方机构检测，预测误差低于 5%。本项目同时将此技术应用于光伏并网逆变器，可以减少远距离互联线路引起的成本及风险，并有效降低数据通信压力。研制具有微电网预估功能的光伏并网逆变器，实现了产业化，获得了用户好评，相关产品销售额约 8000 余万元。

66. 无称重传感器电梯高效无齿轮永磁曳引系统控制方法研究

主要完成人：王高林，张国强，李铁链，徐进，王博文

完成单位：哈尔滨工业大学

项目来源：国家自然科学基金青年基金

项目时间：2013 年 1 月 1 日 ~2015 年 12 月 30 日

项目简介：

本项目拟针对直驱式电梯永磁曳引系统无称重传感器控制的关键科学问题开展研究。研究计划包括电磁抱闸释放过程曳引系统非线性动力学特性进行分析与建模，直驱永磁曳引机无称重传感器预转矩控制方法，电机效率在线优化控制方法。已按照研究计划完成，在曳引系统建模及电磁抱闸释放过程非线性动力学特性分析、基于电磁转矩斜率在线自调节的预转矩全局收敛搜索方法、基于预测控制的无称重传感器预转矩控制方法、基于模型失配矫正的无静差模型预测控制策略、基于电流矢量角自整定的效率在线优化控制策略等方面进行了深入研究，并取得了创新性成果。共发表学术 SCI 和 EI 论文 20 篇，申请国家发明专利 5 项，已授权 4 项。研究成果已应用在上海新时达股份有限公司的产品中。

67. 锌空燃料电池极片干嵌法成形过程控制的理论与技术

主要完成人：关玉明

完成单位：河北工业大学

项目来源：其它单位委托

项目时间：2014 年 1 月 1 日 ~2016 年 12 月 30 日

项目简介：

本项目属于电池组组装领域，具体涉及一种电解液立式循环锌空电池组。解决的技术问题是提供一种电解液立式循环锌空电池组。该电池组中锌阳极板和空气阴极板的放置方式，改善了电极摆放方式所造成的产生电流强度不足的缺陷。锌阳极板与空气阴极板之间存在一定缝隙，当

电解液水平液面的高度超过锌阳极板的高度后，电解液由于重力作用沿缝隙以类似瀑布的形式落下。电解液下落过程中，接触锌阳极板和空气阴极板，电池随即放电。

本项目的主要技术创新点：

1）锌阳极板和空气阴极板与水平面呈大于0°且小于180°的夹角，改善了电极摆放方式所造成的产生电流强度不足的缺陷。同时锌阳极板和空气阴极板均采用可拆卸的形式，使后期维修、更换及拆卸更加简便。

2）锌阳极板与空气阴极板之间存在一定缝隙，当电解液水平液面的高度超过锌阳极板的高度后，电解液由于重力作用沿缝隙以类似瀑布的形式落下。电解液在下落过程中，接触锌阳极板和空气阴极板，电池随即放电。这样提高了电池组空间的利用率，产生更大的电流强度。

3）电解液入口和电解液回流孔的使用实现了电解液在电池组内外部之间的循环，不仅改善了电池组在反应过程中发热和电解液稀释的缺陷，而且调节了电解液的温度和浓度，使锌空电池组能够持续稳定的产生电能。

4）能够通过调节空气口的开闭或者电解液液面高低，达到控制电池组启停的效果。

68. 新能源电池电芯干燥系统研究与开发

主要完成人：关玉明

完成单位：河北工业大学

项目来源：其它单位委托

项目时间：2015年1月1日~2017年3月1日

项目简介：

本项目——新能源电池电芯干燥系统属于专用机械领域

主要科技内容

本项目从现有半自动间歇式电芯真空干燥设备入手，针对其自动化程度低、电芯干燥不均匀、手工上下料、密封性能差、不能实时监测等缺点对现有设备进行优化改进，设计成功了一种全自动智能化电芯真空干燥设备。

主要技术创新点：

1）设计了自动上下料装置。该装置主要包括一个运车装置，可以实现与前后工位的对接，实现自动上下料，提高了设备的自动化程度。

2）设计了前后门装置，主要包括一个气缸驱动的闸门，该闸门的启闭可以实现电芯小车的进出，同时特殊的导轨设计可以提高整个干燥筒体的密封性，降低了能源消耗。

3）设计了可检测电芯烘烤质量的侧门窗，可以在完成一个工作流程后对电芯烘干质量进行检测，如果不合格则可以继续干燥，克服了之前不能继续干燥只能报废的缺点，降低了成本。

4）本设备包括两个干燥筒体，可以交替进行工作，节约了工作时间，提高了工作效率。

应用推广与社会效应：

本项目研发的全自动智能型电芯真空干燥设备及其智能控制系统设备具有广阔市场前景。本设备的成功研发与应用，将大幅度提升电芯干燥的质量和效率，促进新能源汽车的普及与发展，有助于清洁能源的应用推广，提升企业的产品技术附加值，有利于企业掌握自主知识产权，提升了企业的市场竞争力，形成一系列具有自主知识产权的技术专利、高级技术与管理人才，有效地促进校企合作，为企业培养高级实用人才，大大促进了国家制造业的发展，产生了良好的经济与社会效益。

69. 新能源电池极片轧制装备开发

主要完成人：关玉明

完成单位：河北工业大学

项目来源：其它单位委托

项目时间：2015年1月1日~2016年12月30日

项目简介：

本项目——极片轧制设备属于专用机械领域

主要科技内容

本项目从极片的轧制机理入手进行研究，找出影响极片轧制精度的主要因素以及相对应的极片轧机的机械结构与其控制系统上的问题并加以改进，从而弥补现有极片轧机机械结构上的缺陷并能实施对整个极片轧机的智能控制。将极片轧机整体的机械结构加以改善，从而使结构更加简单并且可以有力地提高极片的轧制精度，在轧机整机的生产、使用、维修过程的成本大大降低。

主要技术创新点：

1）拟在轧机结构精简、刚度强化、高精度轧制的多目标约束下，采用TRIZ理论进行顶层设计，运用Invention-tool-Ⅱ软件对结构环境的设计进行分析，基于宏观的矛盾矩阵法（冲突矩阵法）和微观的物场变换法，以解决设计过程中的冲突与缺陷。

2）在总体设计上，拟采用空间模型理论，建立空间模型，变多维问题为二维或三维问题，通过力学分析与软件仿真，研究结构参数与结构刚度、精度的关系，进行结构参数优化，并以此为依据最终确定轧机的结构及尺寸。

3）拟采用动力学理论、振动理论和有限元理论，研究各个运动机构刚度及动力学性能。首先通过理论建模，建立关键机构结构刚度与运动机构动态特性的关系模型，借助有限元软件的模态分析进行验证和仿真。

关键技术指标：

1）在轧机结构精简、刚度强化、高稳定性、高精度的多目标约束下，设计出能保证轧机轧制出来的极片表面形状、表面粗糙度、整体厚度符合要求的高精度轧机的力学、结构模型。

2）结合极片轧机轧制全工艺过程提出相应的智能控制模型和智能化的故障诊断控制模型。

3）结合极片轧机轧制过程，研究轧辊动力学、轧机牌坊受力的静力学问题，探究轧机整体结构的关系及结构参数与稳定性、结构刚度、精度的关系。

4）当轧辊高速旋转时，高速旋转的两轧辊静平衡等一系列的静态、动态平衡问题。

5）结合所需要的极片轧制误差和精度等问题，确定各种运动参数，如运动参数、定位参数、控制参数、测量参数等，满足运动和控制精度，考察各类误差对轧机轧制精度及稳定性的影响；通过控制研究确定各个参数之间的关系，确定控制算法及其控制实现方式。

应用推广与社会效应：

本项目研发的高精度、稳定性强的电池极片轧机及其智能控制系统设备单价约为300万元，潜在市场为3亿元。本装备的成功研发与应用，将大幅度提升电池极片轧制精度，提高动力锂电池极片轧制的质量及效率，促进新能源汽车的普及与发展，有助于清洁能源的应用推广，提升企业的产品技术附加值，有利于企业掌握自主知识产权，提升了企业的市场竞争力，形成一系列具有自主知识产权的技术专利、高级技术与管理人才，有效地促进校企合作，为企业培养高级实用人才，大大促进国家制造业的发展，产生良好的经济与社会效益。

70. 新能源发电系统接口三态开关变换器的控制技术与动力学特性

主要完成人：周国华

完成单位：西南交通大学

项目来源：四川省杰出青年基金

项目时间：2014年1月1日～2016年12月31日

项目简介：

本项目研究了影响新能源发电系统接口变换器——三态开关变换器特性的关键要素，明确了电感电流及输出电压与输入电流、负载电流、输出功率等之间的关系，揭示了不同功率等级、效率等要求下参考电流和电感续流时间的选择规律；研究了三态开关变换器的调制方法及控制策略，提出了兼顾变换器瞬态性能、稳态性能、系统稳定性和效率的调制与控制的组合方案，建立三态开关变换器调制与控制技术的理论基础；对三态开关变换器进行建模与分析，研究了变换器动力学特性以及电路参数变化对变换器性能的影响，揭示了三态开关变换器安全或稳定运行的电路参数域；针对新能源发电系统对接口变换器的电压、电流、功率、效率等指标要求，设计和实现了三态开关变换器装置，研究了三态开关变换器的实用化技术。在该项目的支持下，已授权发明专利5项、实用新型专利3项，受理发明专利3项；已在国内外学术期刊上或国际会议上发表或录用论文16篇，其中SCI收录源6篇，EI收录源10篇。

71. 新能源汽车能量变换与运动控制的安全运行关键技术

主要完成人：康劲松，徐国卿，向大为，袁登科

完成单位：同济大学

项目来源：国家科技部863项目，中央高校基金，国家自然科学基金

项目时间：2008年1月1日～2016年12月31日

项目简介：

本项目属于电动汽车领域。作为战略性新兴产业，发展新能源汽车对改善我国能源消费结构、减少大气污染、推动汽车产业和交通运输行业转型升级具有积极意义。项目组围绕新能源汽车能效提升、主动安全控制以及电力电子部件可靠性三方面开展了大量工作。

（1）整车智能能量管理与动力控制技术

依托国家、中国科学院知识创新工程等研究课题，开发纯电动汽车和混合动力汽车的能量管理和动力控制技术，研制具有自主知识产权的智能整车控制系统；研究开发基于电池松弛效应的高安全电池管理技术与系统；开发基于预测控制的快速充放电技术和智能充电规划技术。

（2）电动汽车与先进运动控制技术

针对电动车辆电驱动系统激励所具有的测量方便、响应快速、调节精确等优点，研究提出了多项电动车辆的新型运动控制方法，包括附着参数感知方法，附着稳定性的判定方法，新型车辆运动控制方法等。此外，将车轮防滑控制与再生制动能量回收结合，开发高能效电动汽车控制方法；针对电动汽车研究开发的新型动力学控制技术，不仅对电动汽车的能效提高和快速安全控制具有重要的学术价值，对实现中国电动汽车高端电控技术的自主知识产权具有重要意义。

（3）电力电子可靠性状态检测技术

为满足电动汽车安全运行的要求，项目组从状态检测与健康管理的新角度，研发了一系列电力电子器件高可靠性关键技术并进行产业化推广。状态检测与健康管理技术通过检测器件状态参数的变化及时获取故障类型、程度与位置等信息，在此基础上采取合理措施以提高系统运行寿命、预防事故发生同时制定有效的运维计划。围绕该方向，项目组发表SCI论文6篇（两篇ESI高引论文）、申请发明专利10项。

在获奖方面，项目组曾获得上海市科技进步奖三等奖、中国电源学会首届科技进步奖-青年奖等奖励。

在工程应用方面，项目组积极推进产业化工作。2007年成功研制国内首辆混合动力码头牵引车，并在深港码头示范运行；与上海中科深江电动车辆有限公司合作，主持开发了包括中科力帆620EV纯电动汽车、混合动力公交车、电动中巴等三款车型。2014年，该公司营业收入3000多万；2008年与深圳市精能奥天导航技术有限公司合作开发车载智能安全信息系统。2008～2014年，该公司销售额达4.416亿，净利6000多万，已成为我国智能辅助驾驶领域的行业领先企业。

72. 新能源汽车整车控制与电池管理系统关键技术研究（重大前沿）

主要完成人：郭峰，张露，向顺，黄锐森等

完成单位：西南交通大学汽车研究院

项目来源：省、市、自治区计划

项目时间：2014年9月12日～2016年8月31日

项目简介：

整车控制技术是新能源汽车公认的“电池、电机、电控”三大核心技术之一，整车的所有传感器信息、故障信

息均汇集到整车控制器，经整车控制器处理后，整车的所有顶级控制指令均由整车控制器发出。整车控制器的技术水平将直接决定新能源汽车的技术水平。

电池管理系统（BMS）是确保新能源汽车动力电池安全功能管理、提高新能源汽车的续航里程的重要设备，其主要功能是提高电池的利用率，防止电池出现过充电、过放电及过热，延长电池的使用寿命，监控电池的状态。但目前动力电池仍存在一些不足，如循环次数有限、串并联应用问题、使用安全性低和电池电量估算困难等。

新能源汽车的研究与发展，一方面能有效缓解日益严重的能源危机，从源头上治理传统汽车尾气排放造成的雾霾等环境污染问题；另一方面也是缩小我国与世界汽车先进技术差距、跻身世界汽车强国、实现汽车行业“弯道超车”的重要机遇。整车控制器和电池管理系统均为新能源汽车的核心技术，目前国外技术较为成熟，而国内深入研究相关技术的高校和企业较少，现有技术不够成熟。对新能源汽车的整车控制器和电池管理系统的关键技术进行深入研究，有利于建立完整的新能源汽车理论体系，对打破国外技术垄断、形成自主品牌和促进整个行业的产业化、提高企业的自主创新能力具有重要的意义。

整车控制策略研究：

本项目以新能源汽车整车控制器安全失效模型的建立为出发点，以功能安全架构建模和实现方法为研究点，以开发面向功能安全的新能源汽车整车控制器工程样件为落脚点，理论联系实际，重点开展以下内容的研究：

1）根据失效案例，建立了新能源汽车整车控制器安全失效模型，针对各种失效状态提出了相应的应对策略，提高了车辆的可靠性。

2）基于新能源汽车整车控制器安全失效模型，建立了基于多级分层监控的新能源汽车整车控制器安全架构模型，提高了车辆的安全性。

3）针对整车控制的需求，设计了整车控制算法，开发出面向功能安全的新能源汽车整车控制器，高效地实现了相应的控制功能。

电池管理策略研究：

随着汽车工业的发展，新能源汽车对电池使用寿命及电池容量要求愈加严格。高效的纯电动、混合动力汽车电池管理系统（BMS），一方面需要实时监视和平衡单个电池的电压，另一方面还要避免数据采集电路在高压和热插拔方面的危险，这给开发设计工作带来了巨大挑战。

基于模块标准化、产品系列化、电路通用化的设计原则，使用成熟稳定的电路设计、简化设计、冗余设计、降额设计、热设计等设计方法，实现了 BCU 和 MCU 的系统架构设计。

1）结合新型的非耗散法分流器与阈值法，提出了新的电池均衡控制策略，解决了充放电均衡问题。

2）提出了基于电池均衡策略的分配算法，提高回收能量的储存效率。

3）采用一种基于 EKF（扩展卡尔曼滤波）的 SOC 估算方法，提高估算准确性，并结合自动校正算法，提高在时间维度上的适应性。

4）建立了基于模型的热管理策略，使单个电池始终保持在最佳温度状态，同时均衡各电池间的温度，提高电池的性能。

73. 忆阻器的动力学特性及其在电力电子软开关电路中的应用

主要完成人：陆益民，黄险峰，黄阳

完成单位：广西大学

项目来源：国家自然科学基金

项目时间：2012 年 1 月 1 日 ~2015 年 12 月 31 日

项目简介：

功率开关器件一般工作在较高开关频率下，器件的开关损耗大，导致系统的效率下降并产生电磁噪声，因而研究降低开关损耗的软开关技术具有重要的理论和实际意义。项目将第四种无源元件——忆阻器应用于软开关电路中，提出新型的电力电子软开关技术原理。本项目从忆阻器电路的建模、分析、控制以及在电力电子软开关技术中的应用四个方面进行了较为系统的研究，结合该项目的研究，已培养硕士 11 名，在国外内学术期刊、国外内学术会议上发表论文 15 篇，其中核心期刊 5 篇，SCI 收录 2 篇、EI 收录 7 篇、ISTP 收录 3 篇。获发明专利授权 2 项，实用新型专利授权 2 项。

74. 抑制电网无源补偿支路谐振的有源频变电阻控制策略研究

主要完成人：雷万钧

完成单位：西安交通大学

项目来源：国家计划

项目时间：2013 年 1 月 ~2015 年 12 月

项目简介：

在各种无源 LC 补偿装置中设置电阻器，可以有效防止无源支路引起的谐振现象，但也会造成大量有功损耗。本项目研究一种基于高频电力电子变流器的有源频变电阻控制策略。采用这种控制策略，变流器对外表现为随频率变化的电阻特性，可以取代无源支路中的电阻器，在不影响无源支路补偿无功、滤除谐波功能的情况下，阻尼潜在谐振，增强电网稳定性。同时，除少量开关损耗外，变流器不会消耗有功能量，仅完成能量交换的功能。与现有混合滤波器抑制谐振的实现方式相比较，变流器始终处于阻性工作状态，不需要在供电网高压端增设 CT/PT 电量传感器，也不需要无源支路的精确参数，从而简化了应用条件。

本项目从有源谐波电阻频率特性的分析出发，研究变流器中非基波频率能量与基波频率能量之间实时转换的控制方式，探索配合不同拓扑结构无源支路时变流器的两类控制方法，进而获得无源支路阻抗变化情况下的控制策略。

75. 云南电网与南方电网主网鲁西背靠背直流异步联网工程—±350kV/1044MW 换流站及阀控系统的研制任务

主要完成人： 李耀华，王平，李子欣，高范强，徐飞，马逊，楚遵方

完成单位： 中国科学院电工研究所

项目来源： 国家计划

项目时间： 2015 年 8 月 1 日 ~2016 年 8 月 29 日

项目简介：

承担南方电网重大科研示范工程项目“云南电网与南方电网主网鲁西背靠背直流异步联网工程”——±350kV/1044MW 换流站及阀控系统的研制任务。在项目实施过程中，所研制 MMCon-G4 换流器控制保护系统完成了数千项 FPT、DPT 测试试验。所研制的云南鲁西柔直工程广西侧换流器于 2016 年 8 月 29 日成功投运，测试和运行结果表明，系统运行稳定可靠，性能满足设计。云南异步联网柔直工程的顺利建成投运创造该技术领域新的世界纪录：单台柔性直流换流器容量最大——1000MW，直流电压最高——±350kV，换流器电路最复杂——高压环境下 5616 只 IGBT 同时实时协调工作。

76. 直流微电网的暂态特性分析及其控制策略研究

主要完成人： 方炜

完成单位： 安徽工业大学电气与信息工程学院

项目来源： 国家自然科学基金青年基金项目

项目时间： 2013 年 1 月 1 日 ~2015 年 12 月 31 日

项目简介：

该项目重点研究直流微电网的动态性能控制问题，包括并网运行条件下的基于单周期控制的并网接口变换器控制系统设计；基于电容充放电平衡控制原理的动态性能优化控制算法，并拓展应用于不同拓扑结构类型的 DC/DC 接口变换器中，提高了接口变换器在大信号扰动下的动态性能。结合该项目的研究，培养研究生 6 名，已毕业 4 名，在国际学术期刊、国际会议和国内核心期刊上发表论文 13 篇，被 SCI 收录 2 篇，EI 收录 7 篇，申请国家发明专利 1 项，实用新型发明专利 1 项。

77. 中车唐山机车车辆公司的无弓受流系统

主要完成人： 史黎明，朱海滨，张志华，杜玉梅，张瑞华

完成单位： 中国科学院电工研究所

项目来源： 其它单位委托

项目时间： 2014 年 1 月 1 日 ~2016 年 6 月 1 日

项目简介：

研制成功国内第一套轨道交通车辆用百 kW 无接触受流系统装置系统样机，安装在一辆实际车辆的转向架，测试表明，实际输出功率 160kW、效率 83%，满足轨道交通非接触式供电运行要求。同时研制成功满足磁浮列车非接触车辆供电的“多模块化”高频无线电能传输工程样机，包括敷设于轨道沿线的高频线缆绕组、高耦合车载接收板、并联式高频逆变模块，满足实际磁浮列车供电需求。可在磁浮交通、城市轨道交通供电领域推广应用。

78. 中压大功率静止无功发生器（SVG）的研制

主要完成人： 于泳，杨荣峰，徐殿国，徐殿国

完成单位： 哈尔滨工业大学

项目来源： 市科技攻关计划

项目时间： 2013 年 11 月 ~2014 年 12 月

项目简介：

本项目针对 6kV、10kV 中压电网，对中压大功率（2MVar-10MVar）静止无功发生器（SVG，Static Var Generator）进行产业化。创新点包含：

1）基于扇合矢量变换的正序基波电流检测方法。

2）基于离散状态观测器的无差拍控制技术。

3）基于调制波平移的直流侧电容电压相内平衡控制策略。

最终达到的技术指标：功率因数为 0.95 以上，响应时间为 5ms。

79. 主动配电网谐振生成机理与模态分析方法研究

主要完成人： 武健，徐殿国

完成单位： 哈尔滨工业大学

项目来源： 其它

项目时间： 2014 年 7 月 1 日 ~2015 年 12 月 31 日

项目简介：

随着主动配电网的建设，谐波谐振势必呈现更为复杂的特性，如何科学合理的评估谐波谐振在主动配电网中的发生机理与危害程度是迫切需要解决的问题。本项目以主动配电网谐波谐振特性为研究对象，对其演化过程、动态特征和形成机理进行基础科学研究。具体内容包括：主动配电网串并联谐振发生机理与固有特征，电气参数、逆变器工作特性以及包含微网和分布式电源的主动配电网拓扑结构对谐振特性的影响规律；主动配电网数学建模与谐波谐振特性理论模态分析，确定谐振频率、振荡幅度、发生位置和危害范围，揭示模型中的非线性因素对谐振特性的影响规律；基于运行数据的谐振特性工作模态分析，揭示工作状态下真实的谐波谐振特性，修正主动配电网数学模型。本项目旨在揭示含多微网和分布式电源条件下主动配电网谐波谐振形成机理，为主动配电网的优化设计和谐波谐振防治奠定理论基础。

80. 自配置非对称无线蜂窝网供电机制及关键技术研究

主要完成人： 夏晨阳，伍小杰，于月森等

完成单位： 中国矿业大学

项目来源： 国家自然科学基金青年基金

项目时间： 2014 年 1 月 1 日 ~2016 年 12 月 31 日

项目简介：

针对传统“点对点”和“广播式”无线供电模式对受电设备磁能拾取单元与源设备磁能发射单元之间的横向位置偏差低容忍度限制，引入蜂窝网相关理论，提出一种自

配置无线蜂窝网供电概念，构建一种网内受电设备可大范围自由移动的新型无线供电体系，实现平面内自由随机分布受电设备群高效并行供电。本课题重点研究：

1）无线蜂窝网供电系统基本架构及工作机制。

2）无线蜂窝供电细胞识别算法研究。

3）电压拾取盲点抑制低杂散磁场改进型非对称磁路拓扑研究。

4）无线蜂窝网供电系统非线性建模及鲁棒性研究。其研究成果可望应用于平面内随机分布移动受电设备群的灵活、高效、并行无线充供电。

第七篇　电 源 标 准

2016 年终止标准

电动车辆传导充电系统一般要求
标准编号：GB/T 18487.1-2001 **实施日期：**2002-05-01
发布部门：中华人民共和国国家质量监督检验检疫总局
替代情况：
被 GB/T 18487.1-2015 替代

电动汽车传导充电用连接装置 第 1 部分：通用要求
标准编号：GB/T 20234.1-2011 **实施日期：**2012-03-01
发布部门：中华人民共和国国家质量监督检验检疫总局、中国国家标准化管理委员会
替代情况：
替代 GB/T 20234-2006

电动汽车传导充电用连接装置 第 2 部分：交流充电接口
标准编号：GB/T 20234.2-2011 **实施日期：**2012-03-01
发布部门：中华人民共和国国家质量监督检验检疫总局、中国国家标准化管理委员会
替代情况：
被 GB/T 20234.2-2015 替代

电动汽车传导充电用连接装置 第 3 部分：直流充电接口
标准编号：GB/T 20234.3-2011 **实施日期：**2012-03-01
发布部门：中华人民共和国国家质量监督检验检疫总局、中国国家标准化管理委员会
替代情况：
被 GB/T 20234.3-2015 替代

电动汽车非车载传导式充电机与电池管理系统之间的通信协议
标准编号：GB/T 27930-2011 **实施日期：**2012-03-01
发布部门：中华人民共和国国家质量监督检验检疫总局、中国国家标准化管理委员会
替代情况：
被 GB/T 27930-2015 替代

家用和类似用途电器的安全 电池充电器的特殊要求
标准编号：GB 4706.18-2005 **实施日期：**2006-09-01
发布部门：中华人民共和国国家质量监督检验检疫总局、中国国家标准化管理委员会
替代情况：
替代 GB 4706.18-1999

建筑物低压电源电涌保护器选用、安装、验收及维护规程（附条文说明）
标准编号：CECS 174-2004 **实施日期：**2005-06-01
发布部门：中国工程建设标准化协会
替代情况：
废止公告：中国工程建设标准化协会 建标协字［2016］107 号

电子设备用固定电容器 第 14 部分：分规范 抑制电源电磁干扰用固定电容器
标准编号：GB/T 14472-1998 **实施日期：**1998-09-01
发布部门：国家技术监督局
替代情况：
GB/T 14472-1993；被 GB/T 6346.14-2015 替代

电子设备用固定电容器 第 14 部分：空白详细规范 抑制电源电磁干扰用固定电容器评定水平 D
标准编号：GB/T 14473-1998 **实施日期：**1998-09-01
发布部门：国家技术监督局
替代情况：
GB/T 14473-1993；被 GB/T 6346.1401-2015 替代

量度继电器和保护装置 第 11 部分：辅助电源端口电压暂降、短时中断、电压变化和纹波
标准编号：GB/T 14598.11-2011 **实施日期：**2011-12-01
发布部门：中华人民共和国国家质量监督检验检疫总局、中国国家标准化管理委员会
替代情况：
替代 GB/T 8367-1987

通信电源用阻燃耐火软电缆
标准编号：YD/T 1173-2010 **实施日期：**2011-01-01
发布部门：工业和信息化部
替代情况：
替代 YD/T 1173-2001

通信用电源设备抗地震性能检测规范
标准编号：YD 5096-2005 **实施日期：**2006-10-01
替代情况：
替代 YD 5096-2003

通信电源设备安装工程施工监理暂行规定
标准编号：YD 5126-2005 **实施日期：**2006-10-01
替代情况：
被 YD/T 5126-2015 替代

2016 年新实施标准

电工

国家标准

电动汽车非车载传导式充电机与电池管理系统之间的通信协议
标准编号：GB/T 27930-2015 **实施日期：**2016-01-01
发布部门：中华人民共和国国家质量监督检验检疫总局、中国国家标准化管理委员会
归口单位：中国电力企业联合会
起草单位：国家电网公司、中国能源建设集团广东省电力

设计研究院有限公司、南京南瑞集团公司、中国汽车技术研究中心

起草人： 沈建新、刘永东、武斌、吾喻明、张雪焱、孟祥峰、倪峰、董新生、李志刚、史双龙、周荣、王洪军、王治成、邓晓光、徐枭、吕国伟、李新强、耿群锋、戴敏、邵浙海、李晓强、马建伟、李彩生、孟凡提、夏露

标准简介：

本标准规定了电动汽车非车载传导式充电机与电池管理系统之间基于控制器局域网（Control Area Network，以下简称 CAN）的通信物理层、数据链路层及应用层的定义。本标准适用于采用 GB/T 18487.1 规定的充电模式 4 的充电机与 BMS 之间的通信，也适用于充电机与具有充电控制功能的车辆控制单元之间的通信。

家用和类似用途变频控制器的安全 第 1 部分：通用要求

标准编号： GB/T 32503.1-2016 **实施日期：** 2016-09-01

发布部门： 中华人民共和国国家质量监督检验检疫总局、中国国家标准化管理委员会

归口单位： 全国家用自动控制器标准化技术委员会（SAC/TC 212）

主管部门： 全国家用自动控制器标准化技术委员会（SAC/TC 212）

标准简介：

GB/T 32503 本部分规定了家用和类似用途设备中的变频控制器的安全，包括用在家用或类似用途的电冰箱、空调器、电风扇、洗衣机、洗碗机、吸尘器、热泵热水器及类似用途的输出功率大于 10W 的，且最大额定电压不超过 690V，最大额定电流不超过 63A（这些参数是控制器）的用于控制电机的变频控制器（简称：变频控制器）。本部分适用于在家用或类似用途设备中安装在设备内部的变频控制器固有的安全，适用于与设备安全有关的操作值、操作时间和操作过程，以及适用于在家用或类似设备中随设备一起使用的包含有变频控制器的电自动控制装置的安全试验。

机床专用变频调速设备

标准编号： GB/T 32505-2016 **实施日期：** 2016-09-01

发布部门： 中华人民共和国国家质量监督检验检疫总局、中国国家标准化管理委员会

归口单位： 全国变频调速设备标准化技术委员会（SAC/TC518）、全国机床数控系统标准化技术委员会（SAC/TC367）

起草单位： 浙江省机电产品质量检测所、天津电气科学研究院有限公司、浙江新富凌电气股份有限公司、希望森兰科技有限公司、西门子数控（南京）有限公司、上海新时达电气股份有限公司等

起草人： 阮建国、伍丰林、钟志兵、倪松、李存军、杜俊明、叶青、陈三豹、王维、张庆、王建峰、韩东明、董天舒、芮春保

标准简介：

本标准规定了机床专用变频调速设备的设计、应用条件、技术要求、检验与判定、包装与贮存。本标准适用于额定输入电压为交流 1kV 等级及以下，额定输入频率为 50Hz 或 60Hz，输出电压不大于 1kV，输出频率小于 600Hz 的机床用变频调速设备（以下简称“调速设备”）。

电能质量 术语

标准编号： GB/T 32507-2016 **实施日期：** 2016-09-01

发布部门： 中华人民共和国国家质量监督检验检疫总局、中国国家标准化管理委员会

归口单位： 全国电压电流等级和频率标准化技术委员会（SAC/TC 1）

主管部门： 全国电压电流等级和频率标准化技术委员会（SAC/TC 1）

标准简介：

本标准规定了电能质量领域有关的基本名词、术语及定义。本标准适用于电力的生产、输送、分配、储存与使用中的电能质量技术和管理的有关领域。

注塑机专用变频调速设备

标准编号： GB/T 32515-2016 **实施日期：** 2016-09-01

发布部门： 中华人民共和国国家质量监督检验检疫总局、中国国家标准化管理委员会

归口单位： 全国变频调速设备标准化技术委员会（SAC/TC 518）

主管部门： 全国变频调速设备标准化技术委员会（SAC/TC 518）

起草单位： 天津电气科学研究院有限公司、上海雷诺尔科技股份有限公司、上海新时达电气股份有限公司等

起草人： 楚子林、陈三豹、叶青、杜俊明、钟志兵、张庆、王建峰、柴青、詹云、阮建国、赵大为、张璟、蒲天

标准简介：

本标准规定了用于塑料注射成型机专用变频调速设备的分类、使用条件、技术要求、试验项目及标志、包装、运输与贮存。本标准适用于额定输入电压为交流 1kV 等级及以下，额定输入频率为 50Hz 或 60Hz，输出电压不大于 1kV，输出频率小于 600Hz 的注塑机用变频调速设备。

行业标准

LED 平板灯具

标准编号： QB/T 4847-2015 **实施日期：** 2016-03-01

发布部门： 中华人民共和国工业和信息化部

归口单位： 全国照明电器标准化技术委员会灯具分技术委员会（SAC/TC 224/SC 2）

主管部门： 全国照明电器标准化技术委员会灯具分技术委员会（SAC/TC 224/SC 2）

起草单位： 上海时代之光照明电器检测有限公司、工业和信息化部电子工业标准标准化研究院等

起草人： 赵英、杨樾、王晔、刘磊等

标准简介：

本标准规定了 LED 平板灯具的术语和定义、分类、一般要求、一般试验要求、电性能、光输出、LED 灯具寿命，色坐标、相关色温和显色性，空间色品不一致性、距高比、亮度限制、亮度均匀度、结构要求、标记、验证。本标准适用于电源电压不超过 250V 的 LED 平板灯具。注：在市场上，LED 平板灯有时也称 LED 面板灯。

地方标准

LED 通用灯泡 一般性能要求

标准编号： DB52/T 1115-2016 **实施日期：** 2016-10-01

发布部门： 贵州省质量技术监督局

归口单位： 贵州省标准化院和贵州光浦森光电有限公司

主管部门： 贵州省标准化院和贵州光浦森光电有限公司

起草单位： 贵州省标准化院、贵州光浦森光电有限公司、贵州省机械电子产品质量监督检验院

起草人： 邵建平、张继强、马静、章俊华、杨晓林、王晓、马丽、折小荣、禹忠、张明、洪潇、张飞、孙元飞、邓红军、张树忠、王永红

标准简介：

本标准规定了 LED 通用灯泡的术语和定义、产品分类与型式、技术要求、试验方法。本标准适用于 1000V 及以下的 LED 通用灯泡。本标准也适用于其它 LED 灯泡。

车辆

国家标准

电动汽车传导充电系统 第 1 部分：通用要求

标准编号： GB/T 18487.1-2015 **实施日期：** 2016-01-01

发布部门： 中华人民共和国国家质量监督检验检疫总局、中国国家标准化管理委员会

归口单位： 中国电力企业联合会

起草单位： 国家电网公司、中国电力企业联合会、南京南瑞集团公司、中国汽车技术研究中心

起草人： 苏胜新、刘永东、孙鼎浩、倪峰、周荣、史双龙、董新生、李志刚、孟祥峰、王洪军、王治成、吾喻明、邓晓光、徐枭、邵浙海、朱道平、吕国伟、李新强、张雪焱、李彩生、严辉、刘畅

标准简介：

GB/T 18487 的本部分规定了电动汽车传导充电系统分类、通用要求、通信、电击防护、电动汽车和供电设备之间的连接、车辆接口和供电接口的特殊要求、供电设备结构要求、性能要求、过载保护和短路保护、急停、使用条件、维修和标识及说明。本部分适用于为电动汽车非车载传导充电的电动汽车供电设备，包括交流充电桩、非车载充电机、电动汽车充电用连接装置等，其供电电源额定电压最大值为 AC 1000V 或 DC 1500V，额定输出电压最大值为 AC 1000V 或 DC 1500V。

电动汽车传导充电用连接装置 第 1 部分：通用要求

标准编号： GB/T 20234.1-2015 **实施日期：** 2016-01-01

发布部门： 中华人民共和国国家质量监督检验检疫总局、中国国家标准化管理委员会

归口单位： 全国汽车标准化技术委员会（SAC/TC114）

起草单位： 中国汽车技术研究中心、中国电力企业联合会、中国电器科学研究院有限公司

起草人： 吴志新、蔡军、倪峰、周荣、孟祥峰、刘永东、黄炘、刘波、严辉、王洪军、邵浙海、吕国伟、徐枭、刘嘉梁、陆珂伟、刘强、李志刚、彭博、周光荣、董新生、马建伟、白健

标准简介：

GB/T 20234 的本部分规定了电动汽车传导充电用连接装置的定义、要求、试验方法和检验规则。本部分适用于电动汽车传导式充电用的充电连接装置，其：交流额定电压不超过 690V，频率 50Hz，额定电流不超过 250 A；直流额定电压不超过 1000V，额定电流不超过 400 A。如果充电连接装置的供电接口使用了符合 GB 2099.1 和 GB 1002 的标准化插头插座，则本部分不适用于这些插头插座。注：本部分中的车辆是指可外接充电的电动汽车。

电动汽车传导充电用连接装置 第 2 部分：交流充电接口

标准编号： GB/T 20234.2-2015 **实施日期：** 2016-01-01

发布部门： 中华人民共和国国家质量监督检验检疫总局、中国国家标准化管理委员会

归口单位： 全国汽车标准化技术委员会（SAC/TC114）

起草单位： 中国汽车技术研究中心、国家电网公司、中国电器科学研究院有限公司

起草人： 廉玉波、周荣、武斌、王洪军、朱道平、赵翔、尹家彤、黄伟、刘永东、邵浙海、孟祥峰、张天强、史双龙、吕国伟、袁昌荣、王治成等

标准简介：

GB/T20234 的本部分规定了电动汽车传导充电用交流充电接口的通用要求、功能定义、型式结构、参数和尺寸。本部分适用于电动汽车传导充电用的交流充电接口，其额定电压不超过 440V（AC），频率 50Hz，额定电流不超过 63A（AC）。注：如果交流充电接口的供电接口使用了符合 GB2099.1 和 GB1002 的标准化插头插座，则本部分不适用于这些插头插座。

电动汽车传导充电用连接装置 第 3 部分：直流充电接口

标准编号： GB/T 20234.3-2015 **实施日期：** 2016-01-01

发布部门： 中华人民共和国国家质量监督检验检疫总局、中国国家标准化管理委员会

归口单位： 全国汽车标准化技术委员会（SAC/TC114）

起草单位： 中国汽车技术研究中心、国家电网公司、中国电器科学研究院有限公司

起草人： 苏胜新、周荣、刘永东、孟祥峰、倪峰、邵浙海、于文斌、蔡军、王洪军、窦汝振、李索宇、朱道平、黄伟、张天强、李志刚、周能辉、朱光海等

标准简介：

GB/T 20234 的本部分规定了电动汽车传导充电用直流充电接口的通用要求、功能定义、型式结构、参数和尺寸。

本部分适用于充电模式 4 及连接方式 C 的车辆接口，其额定电压不超过 DC 1000V、额定电流不超过 DC 250 A。

行业标准

电动汽车无线充电系统 第 10 部分：充电站

标准编号：SZDB/Z 150. 10-2015　**实施日期：**2016-02-01
发布部门：深圳市市场监督管理局
归口单位：深圳市发展与改革委员会
主管部门：深圳市发展与改革委员会
起草单位：中兴通讯股份有限公司、深圳市标准技术研究院、中兴新能源汽车有限责任公司、深圳市科陆电子科技股份有限公司、比亚迪股份有限公司、深圳市五洲龙汽车有限公司、深圳市元正能源系统有限公司、深圳普瑞赛思检测技术有限公司、深圳市鹏城电动汽车出租有限公司
起草人：刘红军、李海东、王益群、杨桂芬、刘俊强、操敏、章登清、梁丰收、徐兴军、唐海东、林东昭、汤俊炎、吴嘉颂、罗海威、高宁、占其君
标准简介：

本标准规定了电动汽车无线充电系统充电站的供电系统、充电位、监控系统、电能计量、通信系统、防护要求。本标准适用于电动汽车无线充电系统的充电站和充电位设计和建设工作。

电子元器件与信息技术

国家标准

电子设备用固定电容器 第 14-1 部分：空白详细规范 抑制电源电磁干扰用固定电容器 评定水平 D

标准编号：GB/T 6346. 1401-2015　**实施日期：**2016-03-01
发布部门：中华人民共和国国家质量监督检验检疫总局、中国国家标准化管理委员会
归口单位：全国电子设备用阻容元件标准化技术委员会（SAC/TC 165）
主管部门：全国电子设备用阻容元件标准化技术委员会（SAC/TC 165）
起草单位：中国电子技术标准化研究院
起草人：张玉芹
标准简介：

空白详细规范是分规范的一种补充文件，它包括对详细规范的格式、编排和最少内容的要求。在制定详细规范时应考虑分规范 1. 4 的内容。详细规范和电容器的识别 详细规范首页括号中的数字表明在对应的位置应填写下列内容：1）授权起草本详细规范的组织：IEC 或国家标准机构。2）IEC 或国家标准的详细规范编号、发布日期以及国家体制需要的其它内容。3）IEC 或国家标准的总规范编号及其版本号。4）IEC 或国家标准的空白详细规范编号。

电子设备用固定电容器 第 14 部分：分规范 抑制电源电磁干扰用固定电容器

标准编号：GB/T 6346. 14-2015　**实施日期：**2016-03-01
发布部门：中华人民共和国国家质量监督检验检疫总局、中国国家标准化管理委员会
归口单位：全国电子设备用阻容元件标准化技术委员会（SAC/TC165）
主管部门：全国电子设备用阻容元件标准化技术委员会（SAC/TC165）
起草单位：中国电子技术标准化研究院
起草人：张玉芹
标准简介：

本部分为电子设备用固定电容器第 14 部分的分规范，适用于抑制电源电磁干扰用固定电容器和电阻器-电容器的组件。

工程建设

国家标准

LED 室内照明应用技术要求

标准编号：GB/T 31831-2015　**实施日期：**2016-01-01
发布部门：中华人民共和国国家质量监督检验检疫总局、中国国家标准化管理委员会
归口单位：全国建筑节能标准化技术委员会（SAC/TC452）
主管部门：全国建筑节能标准化技术委员会（SAC/TC452）
起草单位：中国建筑科学研究院、北京市建筑设计研究院有限公司、中国照明学会、北京半导体照明科技促进中心、中国建筑设计院有限公司、飞利浦（中国）投资有限公司等
起草人：赵建平、罗涛、汪猛、窦林平、阮军、陈琪、姚梦明、钱观荣、王书晓、荣浩磊、张俊斌、李媛、章道波、王乾、朱华荣、蒋才冬、倪强、亢锐英、孙彦、周鸣、易怀东、梁有庆、魏彬
标准简介：

本标准规定了建筑室内照明用 LED 光源和 LED 灯具的术语和定义、一般要求、规格分类要求、性能要求及控制要求。本标准适用于建筑室内照明用 LED 光源和 LED 灯具及应用。

LED 城市道路照明应用技术要求

标准编号：GB/T 31832-2015　**实施日期：**2016-01-01
发布部门：中华人民共和国国家质量监督检验检疫总局、中国国家标准化管理委员会
归口单位：全国建筑节能标准化技术委员会（SAC/TC452）
主管部门：全国建筑节能标准化技术委员会（SAC/TC452）
起草单位：中国建筑科学研究院、北京半导体照明科技促进中心、中国照明学会、中国市政工程协会城市照明专业委员会、常州市城市照明管理处、成都市城市照明管理处、济南市路灯管理处等
起草人：赵建平、王书晓、李铁楠、阮军、窦林平、张华、麦伟民、孙卫平、张利国、姚梦明、罗涛、张滨、章道波、王乾、张俊斌、许敏、古念松、陈欣平、吴建生、吕国峰、刘永生、廖昆、李江海、蒋增钦
标准简介：

本标准规定了城市道路（含城市隧道）照明用 LED 灯具的术语和定义、一般要求、分类及性能要求。本标准适用于城市道路（含城市隧道）照明用 LED 灯具及应用。

轻工、文化与生活用品

国家标准

家用和类似用途电器的安全 电池充电器的特殊要求

标准编号：GB 4706. 18-2014 **实施日期：**2016-01-01

发布部门：中华人民共和国国家质量监督检验检疫总局、中国国家标准化管理委员会

归口单位：全国家用电器标准化技术委员会（SAC/TC46）

起草单位：中国电器科学研究院有限公司、飞利浦（中国）投资有限公司、中国长城计算机深圳股份有限公司、松下万宝美健生活电器（广州）有限公司、威凯检测技术有限公司、深圳市航嘉驰源电气股份有限公司、广州宝洁有限公司、浙江月立电器有限公司等

起草人：陈永强、陈子良、黄昌宾、别正业、黄文秀、喻楠辰、陈木永、方国洪、王刚、曾文礼、邵正华

标准简介：

GB4706. 1—2005 的该章由下述内容替代：GB4706 的本部分涉及的是输出为安全特低电压且额定电压不超过 250V 的家用和类似用途电池充电器的安全。不作为一般家用但对公众仍可以构成危险源的电池充电器，打算在车库、商店、轻工部门及农场使用的电池充电器，在本部分的范围内。

铁路

国家标准

电力牵引 轨道机车车辆和公路车辆用旋转电机 第 4 部分：与电子变流器相连的永磁同步电机

标准编号：GB/T 25123. 4-2015 **实施日期：**2016-07-01

发布部门：中华人民共和国国家质量监督检验检疫总局、中国国家标准化管理委员会

归口单位：全国牵引电气设备与系统标准化技术委员会（SAC/TC 278）

主管部门：全国牵引电气设备与系统标准化技术委员会（SAC/TC 278）

起草单位：株洲南车时代电气股份有限公司等

起草人：李益丰、何云风、刘荣强、孙传铭、黄中荣

标准简介：

GB/T25123 的本部分适用于与电子变流器相连的用于轨道机车车辆和公路车辆电力牵引的永磁同步电机（电动机或发电机），包括以下四种电机：1）牵引电动机：用于驱动轨道机车车辆和公路车辆的电动机；2）主发电机：给机车车辆上的牵引电动机供电的发电机；3）辅助电动机：GB755 不涉及的驱动压缩机、风扇、辅助发电机或其它辅助机械的电动机；4）辅助发电机：GB755 不涉及的给空调、采暖、照明、蓄电池等辅助设备供电的发电机。本部分为通过试验确定电机的性能并评定该电机对某一规定工作制的适应性以及与其它电机进行比较提供依据。注 1：本部分亦适用于由动力车辆牵引的拖车上的电机。注 2：本部分的基本要求可适用于特种车辆（如工矿机车）用电机，但不包括电机的防爆要求或可能提出的其它特殊要求。注 3：本部分不适用于小型地面车辆（如蓄电池供电的搬运车、在厂区内使用的货车）用电机和用于各种车辆上的微型电机（如挡风玻璃刮水器用电动机等）。注 4：如能验证符合 GB755 规定的工业用电动机在变流器供电下的运行满足应用要求，可采用该电动机。本部分涉及的电动机的供电电源为电子变流器，涉及的发电机的输出与整流器或变流器相连。

仪器、仪表

地方标准

高速公路隧道 LED 照明调光控制规范

标准编号：DB21/T 2576-2016 **实施日期：**2016-04-03

发布部门：辽宁省质量技术监督局

归口单位：辽宁省交通厅

主管部门：辽宁省交通厅

起草单位：辽宁省高速公路管理局、辽宁省交通规划设计院、辽宁省高等级公路建设局、沈阳新一代信息技术有限公司

起草人：刘云峰、韩直、万澄宇等

标准简介：

为了在高速公路隧道中贯彻国家的相关法律、法规和技术经济政策，充分体现安全可靠、节能环保、经济实用与技术先进的设计理念，制订本规范。高速公路隧道 LED 照明调光控制除应遵守本规范外，尚应符合国家现行有关标准和规范的规定。本规范适用于辽宁省新建或改建的高速公路隧道 LED 照明调光控制系统设计，更多考虑辽宁省隧道低温、潮湿等特点，采用高可靠性设备、通信协议，其它公路隧道可参考执行。本规范对高速公路隧道 LED 照明调光控制系统的设备性能、系统架构、控制软件、控制主机、控制器、接收器、通信接口、通信协议等进行规范。

延续实施标准

电工

国家标准

聚烯烃绝缘铝-聚烯烃粘结护套高频农村通信电缆 铜芯非填充电缆

标准编号：GB 11326. 2-1989 **实施日期：**1990-03-01

发布部门：信息产业部（通信）

标准简介：

本标准适用于铜芯、实心型、泡沫型、泡沫皮型或绳管型聚烯烃绝缘，非填充，铝-聚烯烃粘结护套高频对称农村通信电缆。主要应用于本地网中。传输最高频率

123kHz，156kHz：或252kHz，电缆系列除应符合本标准的规定外，还应符合 GB11326.1-89《聚烯烃绝缘铝-聚烯烃粘结护套高频农村通信电缆一般规定》的要求。电缆用于架空敷设，使用环境温度为 -20 ~ +60℃；敷设温度一般不低于 -5℃。

聚烯烃绝缘铝-聚烯烃粘结护套高频农村通信电缆 铜芯填充电缆

标准编号： GB 11326.4-1989 **实施日期：** 1990-03-01

发布部门： 信息产业部（通信）

标准简介：

本标准适用于铜芯，实心型或泡沫皮型聚烯烃绝缘，填充式，铝-聚烯烃粘结护套高频对称农村通信电缆。主要应用于本地网中。传输最高频率 123kHz、156kHz 或 252kHz。

变流变压器 第1部分：工业用变流变压器

标准编号： GB/T 18494.1-2014 **实施日期：** 2015-02-01

发布部门： 中华人民共和国国家质量监督检验检疫总局、中国国家标准化管理委员会

标准简介：

GB/T18494 的本部分规定了组装在半导体变流器设备内的电力变压器和电抗器的技术要求、设计和试验，本部分不适用于常规交流配电变压器。本部分适用于任何容量的电力变流器，典型应用有：电解用晶闸管整流器、电解用二极管整流器、大功率驱动用晶闸管整流器、废料熔炉用晶闸管整流器及变速驱动变频器用二极管整流器。本部分也适用于降压调压器或自耦变压器的调压单元。阀侧绕组的设备最高电压不超过 40.5kV。本部分不适用于高压直流输电用变压器。虽然成套变流器设备标准（如 GB/T3859 或其它有关特殊应用场合的标准）可能包括变流变压器、辅助变压器和电抗器在内的整个设备的各种性能保证和试验方面的要求（如绝缘、损耗），但本部分仍适用于作为变流设备中的变压器本身的性能保证和试验要求。本部分所规定的保证值、运行和型式试验，既适用于作为变流设备中一个组件的变压器，也适用于变流设备用的单独订购的变压器。任何补充的保证值或特殊验证等均应在变压器订货合同中予以特别说明。本部分涉及的变流变压器可以是液浸式也可以是干式。除了要满足本部分规定外，对于液浸式变压器还应符合 GB1094 系列标准；对于干式变压器还应符合 GB1094.11。注：在某些变流设备中可能使用标准设计的常规配电变压器，在使用中可能需要降低容量。此涉及对专门设计的装置的技术要求，本部分不作专门的规定。但可以从 6.2 中给出的公式以及按 GB/T13499 来计算常规变压器的容量降低值。本部分适用于同一个油箱中有一个或多个器身［如调压（自耦）变压器和一台（或两台）整流变压器］的变压器。也适用于带一个（或多个）饱和电抗器和（或）相间变压器的变压器。对于上文中未列出的其它组合形式，总损耗的确定和测量需由供需双方商定。本部分适用于 Y 结、D 结和其它移相联结的变压器（如 Z 结、延边三角形联结、多边形联结等）。移相绕组可以设置在调压变压器或整流变压器中。

变压器、电抗器、电源装置及其组合的安全 第10部分：Ⅲ类手提钨丝灯用变压器和电源装置的特殊要求和试验

标准编号： GB 19212.10-2014 **实施日期：** 2015-10-16

发布部门： 中华人民共和国国家质量监督检验检疫总局、中国国家标准化管理委员会

标准简介：

本部分适用于内部工作频率不超过 500Hz 的变压器和电源装置（线性）。本部分与 GB 19212.17 开关型电源装置结合使用，也适用于内部工作频率超过 500Hz 的电源装置。当两项标准的要求不一致时，优先采用更严格的标准。

变压器、电抗器、电源装置及其组合的安全 第21部分：小型电抗器的特殊要求和试验

标准编号： GB 19212.21-2014 **实施日期：** 2015-10-16

发布部门： 中华人民共和国国家质量监督检验检疫总局、中国国家标准化管理委员会

标准简介：

本部分适用于驻立式或移动式、单相或多相、空气冷却（自冷或风冷）、独立用或配套用通用电抗器，包括交流、预励磁和电流补偿电抗器。

灯具用电源导轨系统

标准编号： GB 13961-2008 **实施日期：** 2009-09-01

发布部门： 中华人民共和国国家质量监督检验检疫总局、中国国家标准化管理委员会

标准简介：

本标准适用于包括用二极或多极导体将灯具连接到电源的导轨系统，导轨系统可以提供灯具的机械支承。本标准适用于设计成普通室内使用的导轨系统，导轨安装在或嵌装在或悬吊在墙上和天花板上。

灯的控制装置 第2-10部分：高频冷启动管形放电灯（霓虹灯）用电子换流器和变频器的特殊要求

标准编号： GB 19510.210-2013 **实施日期：** 2015-07-01

发布部门： 中华人民共和国国家质量监督检验检疫总局、中国国家标准化管理委员会

标准简介：

GB19510 的本部分规定了高频工作的管形冷阴极放电灯用电子换流器和变频器的特殊要求，这种换流器和变频器用于信号设备和发光放电管装置，并可直接连接在 50Hz 或 60Hz、1000V 以下的交流或 1000V 直流的电源电压上工作，其输出电压为 1000V ~ 10000V。

家用和类似用途的不带过电流保护的剩余电流动作断路器（RCCB） 第21部分：一般规则对动作功能与电源电压无关的 RCCB 的适用性

标准编号： GB 16916.21-2008 **实施日期：** 2009-06-01

发布部门： 中华人民共和国国家质量监督检验检疫总局、中国国家标准化管理委员会

标准简介：

本部分等同采用 IEC 61008-2-1：1990《家用和类似用途的不带过电流保护的剩余电流动作断路器（RCCB）第 2.1 部分：一般规则对动作功能与电源电压无关的 RCCB 的适用性》。本部分使用时应和 GB 16916.1-2003《家用和类似用途的不带过电流保护的剩余电流动作断路器（RCCB）第 1 部分：一般规则》一起使用。本部分是对 GB 16916.21-1997 的修订。本部分适用于交流额定电压不超过 440V，额定电流不超过 125A 的主要用于防电击保护的动作功能与电源电压无关的家用和类似用途的不带过电流保护的剩余电流动作断路器（RCCB）。

家用和类似用途的不带过电流保护的剩余电流动作断路器（RCCB）第 22 部分：一般规则对动作功能与电源电压有关的 RCCB 的适用性

标准编号： GB 16916.22-2008 **实施日期：** 2009-06-01

发布部门： 中华人民共和国国家质量监督检验检疫总局、中国国家标准化管理委员会

标准简介：

本部分适用于交流额定电压不超过 440V，额定电流不超过 125A 的主要用于防电击保护的动作功能与电源电压有关的家用和类似用途的不带过电流保护的剩余电流动作断路器（RCCB）。

家用和类似用途的带过电流保护的剩余电流动作断路器（RCBO）第 21 部分：一般规则对动作功能与电源电压无关的 RCBO 的适用性

标准编号： GB 16917.21-2008 **实施日期：** 2009-06-01

发布部门： 中华人民共和国国家质量监督检验检疫总局、中国国家标准化管理委员会

标准简介：

本部分适用于交流 50Hz 或 60Hz，额定电压不超过 440V，额定电流不超过 125A，额定短路能力不超过 25000A 的动作功能与电源电压无关的家用和类似用途的带过电流保护的剩余电流动作断路器（RCBO）。

家用和类似用途的带过电流保护的剩余电流动作断路器（RCBO）第 22 部分：一般规则对动作功能与电源电压有关的 RCBO 的适用性

标准编号： GB 16917.22-2008 **实施日期：** 2009-06-01

发布部门： 中华人民共和国国家质量监督检验检疫总局、中国国家标准化管理委员会

标准简介：

本部分适用于交流 50Hz 或 60Hz，额定电压不超过 440V，额定电流不超过 125A，额定短路能力不超过 25000A 的动作功能与电源电压有关的家用和类似用途的带过电流保护的剩余电流动作断路器（RCBO）。

家用和类似用途固定式电气装置的电器附件安装盒和外壳 第 24 部分：住宅保护装置和类似电源功耗装置的外壳的特殊要求

标准编号： GB 17466.24-2008 **实施日期：** 2010-02-01

发布部门： 中华人民共和国国家质量监督检验检疫总局、中国国家标准化管理委员会

标准简介：

GB 17466 的本部分适用于预期使用的额定电压不超过 400V，输入总负载电流不超过 125A，家用和类似用途固定式电气装置的电器附件的空壳体和其部件，在正常使用中的最大功耗容量由制造商声明。

普通照明用非定向自镇流 LED 灯性能要求

标准编号： GB/T 24908-2014 **实施日期：** 2015-08-01

发布部门： 中华人民共和国国家质量监督检验检疫总局、中国国家标准化管理委员会

标准简介：

本标准规定了普通照明用非定向自镇流 LED 灯的术语和定义、产品分类与命名、技术要求、试验方法和检验规则。本标准适用于在家庭和类似场合作为普通照明用、把稳定燃点部件集成为一体的非定向自镇流 LED 灯。适用范围如下：额定功率不大于 60W；额定电压 AC220V、频率 50Hz；采用符合 GB/T1406.1 的螺口式灯头或符合 GB/T1406.5 的卡口式灯头。注：在本标准中出现的“灯”代表“普通照明用非定向自镇流 LED 灯”，除非特别指明是其它类型的灯。凡是符合本标准要求的灯，在额定电源电压的 92% ~106% 或标称工作电压范围内，环境温度为 -20 ~45℃之间的条件下应能启动并正常工作。

工业电热装置能耗分等 第 32 部分：电压型变频多台中频无心感应炉成套装置

标准编号： GB/T 30839.32-2014 **实施日期：** 2015-04-16

发布部门： 中华人民共和国国家质量监督检验检疫总局、中国国家标准化管理委员会

标准简介：

GB/T30839 的本部分规定了电压型变频多台中频无心感应炉成套装置（以下简称成套装置）的能耗参数、能耗范围、单位电耗等级划分及其指标和测定方法。本部分适用于由电压型多路输出半导体变频装置（以下简称变装置）供电的，由工作频率高于工频 50H，低于或等于 1000Hz，额定容量范围为 1 ~60t 的多台相同的中频无心感应熔炼炉（以下简称中频熔炼炉）组成的，用于熔炼铸铁和钢以及有色金属及其合金的成套装置。

1kV 以上不超过 35kV 的通用变频调速设备 第 1 部分：技术条件

标准编号： GB/T 30843.1-2014 **实施日期：** 2015-01-22

发布部门： 中华人民共和国国家质量监督检验检疫总局、中国国家标准化管理委员会

标准简介：

GB/T 30843 的本部分规定了调速设备的分类、使用条件、技术要求、试验项目及标志、包装，运输与贮存。本部分适用于额定输入电压在交流 1 ~35kV 之间，额定输入频率为 50Hz 或 60Hz，输出电压不超过 35kV，输出频率小

于120Hz的通用变频调速设备。

1kV以上不超过35kV的通用变频调速设备 第2部分：试验方法

标准编号： GB/T 30843.2-2014 **实施日期：** 2015-01-22

发布部门： 中华人民共和国国家质量监督检验检疫总局、中国国家标准化管理委员会

标准简介：

本部分规定了调速设备的试验方法。本部分适用于额定输入电压在交流1～35kV之间，额定输入频率为50Hz或60Hz，输出电压不超过35kV，输出频率小于120Hz的通用变频调速设备（以下简称调速设备）。

1kV及以下通用变频调速设备 第1部分：技术条件

标准编号： GB/T 30844.1-2014 **实施日期：** 2015-01-22

发布部门： 中华人民共和国国家质量监督检验检疫总局、中国国家标准化管理委员会

标准简介：

GB/T 30844的本部分规定了调速设备的分类、使用条件、技术要求、试验项目及标志、包装、运输与贮存。本部分适用于额定输入电压为交流1kV等级及以下，额定输入频率为50Hz或60Hz，输出电压不超过1kV，输出频率小于600Hz的通用变频调速设备。

1kV及以下通用变频调速设备 第2部分：试验方法

标准编号： GB/T 30844.2-2014 **实施日期：** 2015-01-22

发布部门： 中华人民共和国国家质量监督检验检疫总局、中国国家标准化管理委员会

标准简介：

GB/T 30844的本部分规定了调速设备的试验方法。本部分适用于额定输入电压为交流1kV等级及以下，额定输入频率为50Hz或60Hz，输出电压小于1kV，输出频率小于600Hz的通用变频调速设备（以下简称调速设备）。

电气设备电源特性的标记 安全要求

标准编号： GB 17285-2009 **实施日期：** 2010-02-01

发布部门： 中华人民共和国国家质量监督检验检疫总局、中国国家标准化管理委员会

标准简介：

本标准规定了标记电气设备（见注1）电源额定值及其它相关特性的最低要求（见注2）和一般规则，以正确而安全地选择和安装与任一供电电源相连的电气设备。本标准的目的是：为标记与任意电源系统的有关特性，如电压、电流、频率及功率，提供一般要求；为各类产品标准提供标记产品电气额定值的统一方法。各有关产品标准在对与任一供电电源相连接的电气设备、附件及元件的额定值规定标记的最低要求时，可一般性地应用本基础安全标准。各有关产品标准对供电特性的标记可规定一些补充要求。

电力变压器、电源、电抗器和类似产品的安全 第1部分：通用要求和试验

标准编号： GB 19212.1-2008 **实施日期：** 2009-06-01

发布部门： 中华人民共和国国家质量监督检验检疫总局、中国国家标准化管理委员会

标准简介：

本部分规定了电力变压器、电源、电抗器和类似产品的安全方面的要求，如电气、温度和机械等方面的安全要求。

电力变压器、电源、电抗器和类似产品的安全 第3部分：控制变压器和内装控制变压器的电源的特殊要求和试验

标准编号： GB 19212.3-2012 **实施日期：** 2013-05-01

发布部门： 中华人民共和国国家质量监督检验检疫总局、中国国家标准化管理委员会

标准简介：

GB19212的本部分规定了控制变压器和内装控制变压器的电源的安全规定，例如关于电气、温度和机械方面的安全规定。本部分适用于控制变压器和内装控制变压器及电子线路的电源。本部分不适用于预定要与变压器和电源的输入和输出端子或输出插座连接的外部电路及其元器件。本部分不适用于IEC60076-11所包括的变压器。本部分适用于驻立式或移动式、单相或多相、空气冷却（自冷或风冷）、独立或配套用控制变压器和内装控制变压器的电源，其额定电源电压不超过交流1000V，额定电源频率和内部运行频率不超过500Hz。

电力变压器、电源装置和类似产品的安全 第4部分：燃气和燃油燃烧器点火变压器的特殊要求

标准编号： GB 19212.4-2005 **实施日期：** 2006-08-01

发布部门： 中华人民共和国国家质量监督检验检疫总局、中国国家标准化管理委员会

标准简介：

本部分规定了变压器各个方面（例如：电气、温度和机械方面）的安全要求。本部分适用于固定式、单相、空气冷却（自然冷却或强制冷却）、配套用（内装式或非内装式）燃气和燃油燃烧器点火系统用的变压器，其额定电源电压不超过交流1000V、额定频率不超过500Hz，额定输出电流不超过交流500mA。空载输出电压和额定输出电压不应超过交流15000V。本部分适用于按安装规程或设备规范，不要求电路之间采用双重绝缘或加强绝缘的变压器。本部分适用于干式变压器。其绕组可以是密封或非密封的。本部分适用于包含有电子电路的变压器。本部分不适用于拟接到变压器输入端子和输出端子或插座的外部电路及其器件。

电源电压为1100V及以下的变压器、电抗器、电源装置和类似产品的安全 第5部分：隔离变压器和内装隔离变压器的电源装置的特殊要求和试验

标准编号： GB 19212.5-2011 **实施日期：** 2012-05-01

发布部门： 中华人民共和国国家质量监督检验检疫总局、中国国家标准化管理委员会

标准简介：

GB19212. 1—2008 的该章用下列内容替代：本部分规定了一般用途隔离变压器和内装一般用途隔离变压器的电源装置的安全方面的要求。带有电子电路的变压器也包括在本部分中。本部分适用于驻立式或移动式、单相或多相、空气冷却（自冷或风冷）、独立用和配套用的干式变压器。其绕组可以是包封式或非包封式。额定电源电压不超过交流 1100V，额定频率及内部运行频率不超过 500Hz。额定输出不超过：对单相变压器，25kVA；对多相变压器，40kVA。如果采购方和制造方另有协议时，本部分也适用于对额定输出不限制的变压器。本部分不适用于预定要与变压器的输入和输出端子连接的外部电路及其元器件。本部分适用于在安装规程或设备规范中要求电路间的绝缘为双重绝缘或加强绝缘的变压器。

变压器、电抗器、电源装置及其组合的安全 第 6 部分：剃须刀用变压器、剃须刀用电源装置及剃须刀供电装置的特殊要求和试验

标准编号：GB 19212. 6-2013　**实施日期：**2014-11-14

发布部门：中华人民共和国国家质量监督检验检疫总局、中国国家标准化管理委员会

标准简介：

GB19212. 1—2008 的该章用下列内容替代：GB19212 的本部分规定了剃须刀用变压器、内装剃须刀用变压器的电源装置和剃须刀供电装置的安全要求。带有电子电路的剃须刀用变压器也包括在本部分中。注 1：安全要求包括电气、温度、机械和化学方面。除非另有规定，以下“变压器”包括剃须刀用变压器、内装剃须刀用变压器的电源装置和剃须刀供电装置。本部分适用于驻立式、单相空气冷却（自冷或风冷）、独立用或配套用的干式变压器。其绕组可以是包封式或非包封式。本部分适用于内部工作频率不超过 500Hz 的变压器和电源（线性）。本部分也适用于内部工作频率超过 500Hz 的电源，应与 GB19212. 17 结合使用。当两项标准要求产生矛盾时，优先采用最严格的标准。

电源电压为 1100V 及以下的变压器、电抗器、电源装置和类似产品的安全 第 7 部分：安全隔离变压器和内装安全隔离变压器的电源装置的特殊要求和试验

标准编号：GB 19212. 7-2012　**实施日期：**2013-05-01

发布部门：中华人民共和国国家质量监督检验检疫总局、中国国家标准化管理委员会

标准简介：

GB19212 的本部分规定了一般用途安全隔离变压器和内装一般用途安全隔离变压器的电源装置的安全方面的要求。带有电子电路的变压器也包括在本部分中。本部分适用于驻立式或移动式、单相或多相、空气冷却（自冷或风冷），独立用和配套用的干式变压器。其绕组可以是包封式或非包封式。

电力变压器、电源、电抗器和类似产品的安全 第 8 部分：玩具用变压器和电源的特殊要求和试验

标准编号：GB 19212. 8-2012　**实施日期：**2013-05-01

发布部门：中华人民共和国国家质量监督检验检疫总局、中国国家标准化管理委员会

标准简介：

GB 19212 的本部分规定了玩具用变压器和电源的安全规定，例如关于电气、温度和机械方面的安全规定。本部分适用于玩具用变压器和内装玩具用变压器及电子线路的电源。本部分不适用于预定要与变压器和电源的输入和输出端子或输出插座连接的外部电路及其元器件。本部分适用于驻立式或移动式、单相、空气冷却（自冷或风冷）玩具用变压器和内装玩具用变压器的电源，其额定电源电压不超过交流 250V，额定电源频率和内部运行频率不超过 500Hz，额定输出不超过 200VA，额定输出电流不超过 10 A。本部分适用于独立变压器和特殊用途变压器。本部分适用于干式玩具用变压器，其绕组可以是包封式或非包封式。本部分通常不考虑儿童摆弄玩具用变压器和内装玩具用变压器的电源时的专门安全问题。

电力变压器、电源装置和类似产品的安全 第 9 部分：电铃和电钟变压器的特殊要求

标准编号：GB 19212. 9-2007　**实施日期：**2008-04-01

发布部门：中华人民共和国国家质量监督检验检疫总局、中国国家标准化管理委员会

标准简介：

本部分规定了变压器各个方面的安全要求。本部分适用于固定式、单相、空气冷却、独立或配套用供电铃和电钟用的安全隔离变压器。

电力变压器、电源装置和类似产品的安全 第 13 部分：恒压变压器的特殊要求

标准编号：GB 19212. 13-2005　**实施日期：**2006-08-01

发布部门：中华人民共和国国家质量监督检验检疫总局、中国国家标准化管理委员会

标准简介：

本部分规定了变压器各个方面（例如：电气、温度和机械方面）的安全要求。本部分适用于驻立式或移动式、单相或多相、空气冷却（自然冷却或强制冷却）、配套用或独立的：恒压自耦变压器；恒压分离变压器；恒压隔离变压器；恒压安伞隔离变压器。

电力变压器、电源装置和类似产品的安全 第 16 部分：医疗场所供电用隔离变压器的特殊要求

标准编号：GB 19212. 16-2005　**实施日期：**2006-08-01

发布部门：中华人民共和国国家质量监督检验检疫总局、中国国家标准化管理委员会

标准简介：

本部分规定了变压器各个方面（例如：电气、温度和机械方面）的安全要求。本部分适用于驻立式、单相或多相、空气冷却（自然冷却或强制冷却）的组别Ⅱ医疗场所供电用隔离变压器。它与 IT 电源系统固定导线呈永久性连接，其额定电源电压不超过交流 1000V、额定频率不超过

500Hz，额定输出不应小于3kVA且不应超过10kVA。

电源电压为1100V及以下的变压器、电抗器、电源装置和类似产品的安全 第14部分：自耦变压器和内装自耦变压器的电源装置的特殊要求和试验

标准编号：GB 19212.14-2012 **实施日期：**2013-05-01

发布部门：中华人民共和国国家质量监督检验检疫总局、中国国家标准化管理委员会

标准简介：

GB19212.1—2008的该章用下列内容替代：本部分规定了一般用途自耦变压器和内装一般用途自耦变压器的电源装置的安全方面的要求。带有电子电路的变压器也包括在本部分中。除非另有规定，以下“变压器”包括一般用途自耦变压器和内装一般用途自耦变压器的电源装置。本部分适用于驻立式或移动式、单相或多相、空气冷却（自冷却或风冷）独立用和配套用的干式变压器。

电源电压为1100V及以下的变压器、电抗器、电源装置和类似产品的安全 第17部分：开关型电源装置和开关型电源

标准编号：GB 19212.17-2013 **实施日期：**2014-11-14

发布部门：中华人民共和国国家质量监督检验检疫总局、中国国家标准化管理委员会

标准简介：

GB19212.1—2008的该章用下列内容来替代：本部分规定了开关型电源装置和开关型电源装置用变压器的安全方面的要求。带有电子电路的变压器也包括在本部分中。注1：包括电气、温度和机械方面的安全。本部分适用于：1）内装安全隔离变压器，提供符合IEC61140和IEC60364-4-41规定的交流或直流SELV、PELV或FELV输出电压或其中的某种组合的输出电压，用于家用和其它消费类产品的开关型电源装置，但IEC60065、IEC61347系列、IEC61204-7和IEC60950-1包含的产品除外；2）最高输出电压不超过交流1000V或无纹波直流1414V、用于家用和其它消费类产品的开关型电源装置，但在1）中包含的产品和IEC60065、IEC61347系列、IEC61204-7和IEC60950-1包含的产品除外；3）本部分可用于开关型电源装置内使用的变压器（见附录BB）。本部分包含的安全要求用于：对应于IEC61558-2-1的一般用途分离SMPS；对应于IEC61558-2-4的一般用途隔离SMPS；对应于IEC61558-2-6的一般用途安全隔离SMPS；对应于IEC61558-2-13的一般用途自耦SMPS。对应于IEC61558系列其它第2部分的特定应用的SMPS，其相应第2部分的必须的要求适用。此外，本部分列出的要求也适用。如果这两个要求有冲突，优先考虑最严酷的要求。注2：由于内部变压器的最高额定电源电压为1000V，因为整流方式的原因，开关型电源最高额定电源电压可能低一些。本部分包含驻立式或移动式、单相或多相、空气冷却（自然冷却或强制冷却）、独立用或配套用开关型电源装置，其额定电源电压不超过交流1100V，额定电源频率不超过500Hz，额定内部运行频率超过500Hz，但不超过100MHz，额定输出不超过1kVA或1kW，内装包封绕组或非包封绕组的干式变压器。本部分附录BB所包括的开关型电源装置的配套用变压器，其额定输出不应超过：对单相变压器，为25kVA；对多相变压器，为40kVA。注3：对更高的频率需要附加要求，但本部分可以作为导则使用。开关型电源装置的空载输出电压或额定输出电压不应超过：当使用分离变压器或自耦变压器时，为交流1000V或无纹波直流1415V；当使用隔离变压器时，为交流500V或无纹波直流708V；当使用安全隔离变压器时，为交流50V或无纹波直流120V。

电力变压器、电源装置和类似产品的安全 第20部分：干扰衰减变压器的特殊要求

标准编号：GB 19212.20-2008 **实施日期：**2009-01-01

发布部门：中华人民共和国国家质量监督检验检疫总局、中国国家标准化管理委员会

标准简介：

GB19212的本部分的全部技术内容为强制性。GB19212《电力变压器、电源装置和类似产品的安全》目前拟分为24个部分，本部分为GB19212的第20部分。本部分是在GB19212.1—2003的基础上制定的，需与GB19212.1—2003配合使用。本部分根据IEC61558-2-19：2000重新起草。本部分规定了各个方面的安全要求。本部分适用于驻立式或移动式、单相或多相、空气冷却、独立或配套用的隔离或安全隔离变压器，其额定电源电压不超过交流1000V，额定频率不超过500Hz，额定输出不超过10kVA。

电力变压器、电源、电抗器和类似产品的安全 第2部分：一般用途分离变压器和内装分离变压器的电源的特殊要求和试验

标准编号：GB 19212.2-2012 **实施日期：**2013-05-01

发布部门：中华人民共和国国家质量监督检验检疫总局、中国国家标准化管理委员会

标准简介：

GB19212.1—2008的该章用下列内容替代：GB19212的本部分规定了一般用途分离变压器和内装分离变压器的电源的安全规定，例如关于电气、温度和机械方面的安全规定。本部分适用于分离变压器和内装分离变压器及电子线路的电源。本部分不适用于预定要与变压器和电源的输入和输出端子或输出插座连接的外部电路及其元器件。本部分不适用于IEC60076-11所包括的变压器。本部分适用于驻立式或移动式、单相或多相、空气冷却（自冷或风冷）、独立或配套用分离变压器和内装分离变压器的电源，其额定电源电压不超过交流1000V，额定电源频率和内部运行频率不超过500Hz。额定输出不超过：对单相分离变压器和内装分离变压器的单相电源，为1kVA；对多相分离变压器和内装分离变压器的多相电源，为5kVA。如果采购方和制造方另有协议时，则本部分也适用于对额定输出不限制的分离变压器和内装分离变压器的电源。本部分适用于干式变压器，其绕组可以是包封式或非包封式。空载输出电压或额定输出电压不超过交流1000V或无纹波直流1415V。

电力变压器、电源装置和类似产品的安全 第24部分：建筑工地用变压器的特殊要求

标准编号： GB 19212.24-2005 **实施日期：** 2006-08-01

发布部门： 中华人民共和国国家质量监督检验检疫总局、中国国家标准化管理委员会

标准简介：

本部分规定了变压器各个方面（例如：电气、温度和机械方面）的安全要求。本部分适用于驻立式或移动式、单相或多相、空气冷却（自然冷却或强制冷却）、配套或独立、建筑工地用的隔离或安全隔离变压器，其额定电源电压不超过交流1000V、额定频率不超过500Hz。额定输出不应超过：25kVA，对单相变压器；40kVA，对多相变压器。建筑工地用隔离变压器的空载输出电压和额定输出电压超过交流50V但不超过交流250V。建筑工地用安全隔离变压器的空载输出电压和额定输出电压不超过交流50V。按安装规程或设备规范，建筑工地用变压器用于要求保护的场合。当变压器装入如GB 7251.4-1998规定的建筑工地用低压成套开关设备和控制设备中时，GB 7251.4-1998中的附加要求也适用于成套设备。本部分适用于干式变压器。其绕组可以是密封或非密封的。本部分适用于包含有电子电路的变压器。本部分不适用于拟接到变压器输入端子和输出端子或插座的外部电路及其器件。

灯的控制装置 第14部分：LED模块用直流或交流电子控制装置的特殊要求

标准编号： GB 19510.14-2009 **实施日期：** 2010-12-01

发布部门： 中华人民共和国国家质量监督检验检疫总局、中国国家标准化管理委员会

标准简介：

GB19510的本部分规定了使用250V以下直流电源和1000V以下、50Hz或60Hz交流电源的LED模块用电子控制装置的特殊安全要求，该电子控制装置的输出频率不同于电源频率。本部分中规定的LED模块控制装置是设计在安全特低电压或等效安全特低电压或更高的电压下能够为LED模块提供恒定的电压或电流的控制装置。非纯电压源和电流源类型控制装置也包括在本部分之内。适用于本部分的GB19510.1-2009的附录和所使用的名词灯也理解为包含LED模块。

杂类灯座 第2-2部分：LED模块用连接器的特殊要求

标准编号： GB 19651.3-2008 **实施日期：** 2010-04-01

发布部门： 中华人民共和国国家质量监督检验检疫总局、中国国家标准化管理委员会

标准简介：

本部分适用于杂类内置式连接件（包括LED模块（模块）内部连接用连接件），该连接件和基于LED模块的PCB（印刷电路板）一起使用。

普通照明用LED模块安全要求

标准编号： GB 24819-2009 **实施日期：** 2010-11-01

发布部门： 中华人民共和国国家质量监督检验检疫总局、中国国家标准化管理委员会

标准简介：

本标准规定了普通照明用发光二极管（LED）模块的一般要求和安全要求：在恒定电压、恒定电流或恒定功率下工作的不带整体式控制装置的LED模块；采用250V以下直流或1000V以下50Hz或60Hz交流电源的自镇流LED模块。

普通照明用50V以上自镇流LED灯 安全要求

标准编号： GB 24906-2010 **实施日期：** 2011-02-01

发布部门： 中华人民共和国国家质量监督检验检疫总局、中国国家标准化管理委员会

标准简介：

本标准规定了在家庭和类似场合作为普通照明用的、把稳定燃点部件集成为一体的LED灯（自镇流LED灯）。本标准对该种灯规定了安全和互换性要求，以及试验方法和检验其是否合格的条件。本标准适用于如下范围：额定功率60W以下；额定电压大于50V且小于或等于250V；灯头符合表1要求。本标准的要求只涉及型式试验。关于全部产品的检验和批量产品的检验方法将在GB24819-2009的附录C中定义。

灯具 第2-12部分：特殊要求 电源插座安装的夜灯

标准编号： GB 7000.212-2008 **实施日期：** 2010-02-01

发布部门： 中华人民共和国国家质量监督检验检疫总局、中国国家标准化管理委员会

标准简介：

本部分规定了使用电光源、电源电压不超过交流250V 50/60Hz电源插座安装的夜灯的要求。本部分应与GB 7000.1一起使用。

不间断电源设备 第1-1部分：操作人员触及区使用的UPS的一般规定和安全要求

标准编号： GB 7260.1-2008 **实施日期：** 2009-04-01

发布部门： 中华人民共和国国家质量监督检验检疫总局、中国国家标准化管理委员会

标准简介：

GB 7260《不间断电源设备（UPS)》分为3个部分，本部分为GB 7260的第1-1部分。本部分是首次发布。本部分适用于直流环节具有储能装置的电子式不间断电源设备。本部分包括的不间断电源设备（UPS）的主要功能是保证交流电源输出的连续性。UPS也可使电源保持规定的特性，从而提高电源质量。本部分适用于预定安装在操作人员触及区内、用于低压配电系统的移动式、驻立式、固定式或嵌装式的UPS。本部分规定了保证操作人员和可能触及设备的外行人员安全的要求。当特别说明时，也适用于维修人员。

不间断电源设备（UPS）第2部分：电磁兼容性（EMC）要求

标准编号： GB 7260.2-2009 **实施日期：** 2010-02-01

发布部门：中华人民共和国国家质量监督检验检疫总局、中国国家标准化管理委员会

标准简介：

《不间断电源设备（UPS）》的本部分适用于安装在下述场所的 UPS：单台 UPS 或由数台 UPS 互连与相关控制器/开关装置构成单一电源组成的 UPS 系统；连接至工业、住宅、商业和轻工业的低压供电系统的任何操作者可触及区或独立电气场所。本部分拟作为下述定义的 C1 类、C2 类和 C3 类产品在投放市场前进行 EMC 合格评定的产品标准。本部分考虑了 UPS 的物理尺寸和功率额定值范围涉及的不同的试验条件。本部分不覆盖特殊安装环境，也未考虑 UPS 故障情况。本部分不覆盖直流供电的电子镇流器或基于旋转式机组的 UPS。本部分规定了：EMC 要求；试验方法；最低性能的电平。

不间断电源设备 第 1-2 部分：限制触及区使用的 UPS 的一般规定和安全要求

标准编号：GB 7260. 4-2008 **实施日期：**2009-04-01

发布部门：中华人民共和国国家质量监督检验检疫总局、中国国家标准化管理委员会

标准简介：

GB 7260《不间断电源设备（UPS）》分为 3 个部分，本部分为 GB 7260 的第 1-2 部分。本部分的全部技术内容为强制性。本部分是首次发布。本部分适用于直流环节具有储能装置的电子式不间断电源设备。本部分包括的不间断电源设备（UPS）的主要功能是保证交流电源输出的连续性。UPS 也可使电源保持规定的特性，从而提高电源质量。本部分适用于预定安装在限制触及区内、用于低压配电系统的移动式、驻立式、固定式或嵌装式 UPS。本部分规定了保证维修人员安全的要求。

电热装置基本技术条件 第 32 部分：电压型变频多台中频无心感应炉成套装置

标准编号：GB/T 10067. 32-2013 **实施日期：**2013-12-02

发布部门：中华人民共和国国家质量监督检验检疫总局、中国国家标准化管理委员会

标准简介：

GB/T10067 的本部分规定了电压型变频多台中频无心感应炉成套装置的产品分类、技术要求、试验方法、检验规则、标志、包装、运输、贮存以及订购和供货。本部分适用于由电压型多路输出半导体变频装置供电的，由工作频率高于工频 50Hz，低于或等于 10000Hz，额定容量范围为 0. 1 ~ 120t 的多台相同的中频无心感应熔炼炉组成的，用于熔炼黑色和有色金属及其合金的成套装置。本部分也适用于由不同中频无心感应熔炼炉组成的上述成套装置。

半导体变流器与供电系统的兼容及干扰防护导则

标准编号：GB/T 10236-2006 **实施日期：**2007-04-01

发布部门：中华人民共和国国家质量监督检验检疫总局、中国国家标准化管理委员会

标准简介：

本标准规定了半导体变流器与供电系统兼容问题，并提供相互干扰的处理原则和方法。本标准是 GB/T 3859 在半导体变流器与供电系统兼容方面的补充。本标准适用于电网换相半导体变流器，其它类型的半导体变流器可以参考使用。

电能质量 供电电压偏差

标准编号：GB/T 12325-2008 **实施日期：**2009-05-01

发布部门：中华人民共和国国家质量监督检验检疫总局、中国国家标准化管理委员会

标准简介：

本标准替代 GB/T 12325-2003《电能质量 供电电压允许偏差》。本标准规定了电网供电电压偏差的限值、测量和合格率统计。本标准适用于交流 50Hz 电力系统在正常运行条件下供电电压对系统标称电压的偏差。本标准与 GB/T 12325-2003 相比主要变化如下：标准名称改为《电能质量 供电电压偏差》；为便于理解和实施，前三个术语与 GB 156 协调一致（见 3. 1 ~ 3. 3），修改了“电压偏差”的定义（见 3. 4），增加了“电压合格率”术语（见 3. 5）；增加 20kV 电压等级的电压偏差限值（见 4. 2）；正文增加“供电电压偏差的测量”，以增强标准的可操作性；增加了“附录 A 电压合格率统计”、“附录 B 电网电压监测及地区电网电压合格率的统计”。

调速电气传动系统 第 2 部分：一般要求低压交流变频电气传动系统额定值的规定

标准编号：GB/T 12668. 2-2002 **实施日期：**2003-04-01

发布部门：中华人民共和国国家质量监督检验检疫总局

标准简介：

GB/T 12668 的本部分适用于一般用途的交流调速传动系统，该系统包括电力变流器、控制设备和一台或数台电动机。不适用于牵引传动和电动车辆传动。本部分适用于连接交流电源电压 1kV 以下、50Hz 或 60Hz，负载侧频率达 600Hz 的电气传动系统（PDS）。IEC 61800-3 中包括了电磁兼容性（EMC）特性。本部分给出了变流器的特性及其与整个交流传动系统的关系。同时说明了关于变流器额定值、正常使用条件、过载情况、浪涌承受能力、稳定性、保护、交流电源接地和试验等性能的要求。此外，本标准还论述了诸如控制方案、诊断和拓扑的应用指南。本部分的意图是通过 PDS 的性能来定义整个交流 PDS，而不是依据各个子系统功能单来定义。

半导体变流串级调速装置总技术条件

标准编号：GB/T 12669-2012 **实施日期：**2012-11-01

发布部门：中华人民共和国国家质量监督检验检疫总局、中国国家标准化管理委员会

标准简介：

本标准规定了半导体变流串级调速装置的术语和定义、技术要求、试验、标志、包装、运输和贮存。本标准适用于利用半导体电力变流器调节交流绕线转子感应电动机、内馈混极式无刷交流电机和混极式无刷双馈交流电机速度

的串级调速装置。

半导体变流器 电气试验方法

标准编号： GB/T 13422-2013　**实施日期：** 2013-12-02

发布部门： 中华人民共和国国家质量监督检验检疫总局、中国国家标准化管理委员会

标准简介：

本标准规定了半导体变流器的一般电气试验方法。本标准适用于各种普通变流器，包括整流器、逆变器、兼有整流和逆变两种运行方式的变流器以及各种电力电子开关。专用变流器也可参照使用。本标准不适用于机动车用变流器和航空电器用机载变流器。

电能质量 三相电压不平衡

标准编号： GB/T 15543-2008　**实施日期：** 2009-05-01

发布部门： 中华人民共和国国家质量监督检验检疫总局、中国国家标准化管理委员会

标准简介：

本标准规定了三相电压不平衡的限值、计算、测量和取值方法。本标准适用于标称频率为50Hz的交流电力系统正常运行方式下由于负序基波分量引起的公共连接点的电压不平衡及低压系统由于零序基波分量而引起的公共连接点的电压不平衡。瞬时和暂时的不平衡问题不适用于本标准。

阀器件堆、装置和电力变流设备的端子标记

标准编号： GB/T 16859-1997　**实施日期：** 1998-03-01

发布部门： 国家技术监督局

标准简介：

本标准适用于阀器件堆、装置及由工厂组装的整体变流设备的主电路的端子标记。端子标记是针对由半导体阀器件构成的堆、装置及设备的。

低压直流电源设备的性能特性

标准编号： GB/T 17478-2004　**实施日期：** 2005-02-01

发布部门： 中华人民共和国国家质量监督检验检疫总局、中国国家标准化管理委员会

标准简介：

本标准规定了输出直流电压在250V以下，功率小于30kW，由600V以下交流或直流源电压供电的低压电源设备（包括开关型）确定技术要求的方法。该电源在Ⅰ类设备中使用，或者在有足够电气、机械保护条件下独立运行。本标准适用于有任何输出路数，由交流或直流供电的所有类型的电源以及为其它未知应用定制的产品。对于那些作为已有专门产品标准的设备的一部分而开发的电源，这些专门产品标准同样适用于这类电源；尤其当产品标准不足以覆盖这些电源的某些性能特性时，补充采用本标准可作为一种有用的选择。本标准允许规定满足特定用途的电源设备所需的性能水平的技术参数，建立与该类设备有关的基本定义，并确定具体的技术要求。这些使制造商及用户能够根据规定的技术要求，选择和确定其电源设备的适用范围。

半导体变流器 第6部分：使用熔断器保护半导体变流器防止过电流的应用导则

标准编号： GB/T 17950-2000　**实施日期：** 2000-08-01

发布部门： 中华人民共和国国家质量监督检验检疫总局

标准简介：

本标准作为应用导则，适用于带有熔断器的半导体变流器，熔断器用来保护构成变流器主臂的半导体。本标准限于单拍或双拍连接的电网换相变流器，也适用于满足GB/T13539.1和GB13539.4要求的熔断器。适当时，本标准的通用条款也对第2章引用标准GB/T3859和IEC1287-1所包括的变流器给出了指导。

变流变压器 第2部分：高压直流输电用换流变压器

标准编号： GB/T 18494.2-2007　**实施日期：** 2007-08-01

发布部门： 中华人民共和国国家质量监督检验检疫总局、中国国家标准化管理委员会

标准简介：

GB/T 18494的本部分适用于具有两个、三个或多个绕组的高压直流输电用三相和单相油浸式换流变压器。

变流变压器 第3部分：应用导则

标准编号： GB/T 18494.3-2012　**实施日期：** 2012-11-01

发布部门： 中华人民共和国国家质量监督检验检疫总局、中国国家标准化管理委员会

标准简介：

GB/T18494由三部分组成：第1部分适用于一般“工业”用的变流变压器（如：制铜、铝熔炼和某些气体电解）；第2部分适用于高压直流输电用的换流变压器；第3部分即本应用导则，适用于0.2至0.12节所涉及的内容。GB/T18494.1适用于“工业”用变流变压器，适用于铝熔炼、铜精炼及生产某些气体的电源变压器，也适用于轧钢机和船舶驱动系统。第1部分不适用于安装在电机车上的牵引用电力拖动装置，但仍适用于固定式牵引系统中的变流器应用装置。此外，对于范围广泛的较小容量的变流器，本部分及第1部分均同样适用。GB/T18494.2适用于高压直流（HVDC）输电用的换流变压器。高压直流输电系统有两种类型：一种为“背靠背”型，另一种为“输电”型。在这两种系统中运行的变压器，其运行和评估是包括在GB/T18494.2中。

灯用附件钨丝灯用直流/交流电子降压转换器性能要求

标准编号： GB/T 19654-2005　**实施日期：** 2005-08-01

发布部门： 中华人民共和国国家质量监督检验检疫总局、中国国家标准化管理委员会

标准简介：

本标准规定了使用250V以下直流电源和50Hz或60Hz，1000V以下交流电源，其工作频率不同于电源频率的电子降压转换器的性能要求，此种转换器应与IEC 30657所规定的卤钨灯及其它钨丝灯一起使用。

电力工程直流电源设备通用技术条件及安全要求

标准编号： GB/T 19826-2014 **实施日期：** 2014-10-28

发布部门： 中华人民共和国国家质量监督检验检疫总局、中国国家标准化管理委员会

标准简介：

本标准规定了电力工程用直流电源设备、一体化电源设备的通用技术条件和安全要求，以及试验方法、检验规则、标志、包装、运输和贮存等方面的要求。本标准适用于电力工程中的直流、一体化电源设备，并作为产品设计、制造、检验和使用的依据。对于未涵盖的其它电源设备可参照使用。

质子交换膜燃料电池 第3部分：质子交换膜测试方法

标准编号： GB/T 20042. 3-2009 **实施日期：** 2009-11-01

发布部门： 中华人民共和国国家质量监督检验检疫总局、中国国家标准化管理委员会

标准简介：

GB/T 20042的本部分规定了质子交换膜燃料电池用质子交换膜测试方法的术语和定义、厚度均匀性测试、质子传导率测试、离子交换当量测试、透气率测试、拉伸性能测试、溶胀率测试和吸水率测试等。本部分适用于各种类型的质子交换膜。

质子交换膜燃料电池 第4部分：电催化剂测试方法

标准编号： GB/T 20042. 4-2009 **实施日期：** 2009-11-01

发布部门： 中华人民共和国国家质量监督检验检疫总局、中国国家标准化管理委员会

标准简介：

GB/T 20042的本部分规定了质子交换膜燃料电池电催化剂测试方法的术语和定义、铂含量测试、电化学活性面积测试、比表面积、孔容、孔径分布测试、形貌及粒径分布测试、晶体结构测试、催化剂堆密度测试以及单电池极化曲线测试等。本部分适用于各种类型的质子交换膜燃料电池铂基（Pt基）电催化剂。

质子交换膜燃料电池 第5部分：膜电极测试方法

标准编号： GB/T 20042. 5-2009 **实施日期：** 2009-11-01

发布部门： 中华人民共和国国家质量监督检验检疫总局、中国国家标准化管理委员会

标准简介：

GB/T20042的本部分规定了质子交换膜燃料电池膜电极（MEA）测试方法的术语和定义、厚度均匀性测试、Pt担载量测试、单电池极化曲线测试、透氢电流密度测试、活化极化过电位与欧姆极化过电位测试、电化学活性面积测试。本部分适用于各种类型的质子交换膜燃料电池。

质子交换膜燃料电池备用电源系统 安全

标准编号： GB/T 31036-2014 **实施日期：** 2015-07-01

发布部门： 中华人民共和国国家质量监督检验检疫总局、中国国家标准化管理委员会

标准简介：

本标准规定了质子交换膜燃料电池备用电源系统相关的术语和定义、安全要求和保护性措施、型式试验、例行试验以及标识、标签和包装等方面的内容。本标准适用于质子交换膜燃料电池备用电源系统（以下简称PEMFC备用电源系统），包括：提供交流电或直流电的PEMFC备用电源系统；使用氢气和空气作为反应气体的PEMFC备用电源系统。对安装场地的安全要求不在本标准中规定。

普通电源或整流电源供电直流电机的特殊试验方法

标准编号： GB/T 20114-2006 **实施日期：** 2006-06-01

发布部门： 中华人民共和国国家质量监督检验检疫总局、中国国家标准化管理委员会

标准简介：

本标准适用于额定输出1kW及以上的普通电源或整流电源供电的直流电机，但其它IEC标准所涵盖的电机除外，如IEC 60349。本标准的目的是制定用于测试普通电源或整流电源供电的直流电机特性参量的试验方法。本标准所描述的任一项或全部试验项目都不应理解为对任何指定电机都要求执行。特定试验应依据制造商和用户之间的协议进行。

变频器供电的笼型异步电动机应用导则

标准编号： GB/T 20161-2008 **实施日期：** 2009-10-01

发布部门： 中华人民共和国国家质量监督检验检疫总局、中国国家标准化管理委员会

标准简介：

本标准仅涉及间接型变频器。此类变频器包括带中间回路的外施直流电流的变频器（电流型变频器）和外施直流电压的变频器（电压型变频器），或为方波型或为脉冲控制型，没有限制脉冲的数量、宽度或脉冲频率。本标准适用于GB/T 21210-2007规定范围内的笼型异步电动机由变频器供电时在速度设定范围内的稳态运行，不包括起动或瞬态现象。

变频器供电笼型异步电动机设计和性能导则

标准编号： GB/T 21209-2007 **实施日期：** 2008-05-01

发布部门： 中华人民共和国国家质量监督检验检疫总局、中国国家标准化管理委员会

标准简介：

本标准描述了1000V及以下电压源型变频器供电专用多相笼型异步电动机的性能特征和设计特点。本标准还规定了作为电气传动系统一部分的电动机和变频器之间的接口参数和相互作用，包括安装指南。

逆变应急电源

标准编号： GB/T 21225-2007 **实施日期：** 2008-05-20

发布部门： 中华人民共和国国家质量监督检验检疫总局、中国国家标准化管理委员会

标准简介：

本标准规定了逆变应急电源的定义、产品分类和特征参数、技术要求、试验方法、检验规则及标志、包装、运

输和贮存。本标准适用于一般工业、民用等场所在应急状态向照明、动力等及其混合负载提供交流电能的 EPS。

半导体变流器 变流连接的标识代号

标准编号：GB/T 21226-2007　**实施日期：**2008-05-20

发布部门：中华人民共和国国家质量监督检验检疫总局、中国国家标准化管理委员会

标准简介：

本标准规定的仅仅是最主要和最常用的、由阀器件构成的变流连接，并可用于作为堆和装置整个额定值代号的一部分。适用于 GB/T 3859 所包括的变流器设备的二极管、变流器装置的变流连接。

变压器、电抗器、电源装置及其组合的安全 电磁兼容（EMC）要求

标准编号：GB/T 21419-2013　**实施日期：**2013-12-02

发布部门：中华人民共和国国家质量监督检验检疫总局、中国国家标准化管理委员会

标准简介：

本标准规定了频率范围为 0Hz～400GHz 的发射与抗扰度的电磁兼容要求。没有规定限值的频段无需进行测试。本标准适用于 GB19212 系列标准所包括的变压器、电抗器、电源装置及其组合。对于做成随同电器或电气设备一起供给的或者与电器或电气设备配套使用的变压器、电抗器、电源装置及其组合，应满足适用于该电器或电气设备的相关 EMC 标准要求。但是对于这些配套用变压器、电抗器、电源装置及其组合，在其装入电器或电气设备之前的单独试验，本标准可作为导则使用。本标准仅涉及性能。变压器、电抗器及电源装置的其它运行情况（例如，为了试验目的，在电路中模拟故障或由于电磁现象对功能安全性的影响，或对暴露在电磁场中人的评估）不在本标准中考虑。

低压直流电源 第 3 部分：电磁兼容性（EMC）

标准编号：GB/T 21560. 3-2008　**实施日期：**2008-11-01

发布部门：中华人民共和国国家质量监督检验检疫总局、中国国家标准化管理委员会

标准简介：

本部分为首次发布。GB21560《低压直流电源》分为 7 个部分，本部分为 GB21560 的第 3 部分。本部分规定了功率等级不超过 30kW、交流输入或直流输入电压不超过 660V、直流输出电压不超过 250V 的各种电源装置的电磁兼容性要求。本部分适用于作为具有直接功能的单独开发的电源装置。本部分与 IEC612040-3：2000 相比，存在如下技术性差异：根据我国标准，本部分第 1 章将输入电源电压范围上限从 IEC61204-3 规定的不超过 600V 改为不超过 660V，输出电压范围上限则从 IEC61204-3 规定的不超过 200V 改为不超过 250V。

低压直流电源 第 6 部分：评定低压直流电源性能的要求

标准编号：GB/T 21560. 6-2008　**实施日期：**2008-11-01

发布部门：中华人民共和国国家质量监督检验检疫总局、中国国家标准化管理委员会

标准简介：

本部分为首次发布。GB/T21560《低压直流电源》分为 7 个部分，本部分为 GB/T21560 的第 6 部分。本部分适用于一般用途电源。这些电源进行交流到直流或直流到直流的变换。输入特性，本部分适用于额定值 660V 及以下的所有交流或直流电源。输出特性，本部分仅适用于直流电压低于 250V，且功率 2. 5kW 及以下的电源。本部分与 IEC612040-6：2000 相比，存在如下技术性差异：根据我国标准，本部分第 1 章将输入电源电压范围上限从 IEC61204-6 规定的不超过 600V 改为不超过 660V，输出电压范围上限则从 IEC61204-6 规定的不超过 200V 改为不超过 250V。

变频调速专用三相异步电动机绝缘规范

标准编号：GB/T 21707-2008　**实施日期：**2008-12-01

发布部门：中华人民共和国国家质量监督检验检疫总局、中国国家标准化管理委员会

标准简介：

本标准为首次制订。本标准的制定参照了 IEC62068-1. Ed. 1、IEC60034-25 和 IEC60034-18-41。本标准中规定了由变频调速专用三相异步电动机的绝缘结构规范。本标准适用于电压等级为 1140V 及以下采用散绕组的变频调速专用三相异步电动机。

YGP 系列辊道用变频调速三相异步电动机技术条件

标准编号：GB/T 21969-2008　**实施日期：**2009-03-01

发布部门：中华人民共和国国家质量监督检验检疫总局、中国国家标准化管理委员会

标准简介：

本标准规定了 YGP 系列辊道用变频调速三相异步电动机的型式、基本参数与尺寸、技术要求、检验规则、试验方法以及标志、包装及保用期的要求。本标准适用于各种辊道用变频调速三相异步电动机。凡属本系列电动机所派生的各种系列电动机均可参照执行。

起重及冶金用变频调速三相异步电动机技术条件 第 1 部分：YZP 系列起重及冶金用变频调速三相异步电动机

标准编号：GB/T 21972. 1-2008　**实施日期：**2009-03-01

发布部门：中华人民共和国国家质量监督检验检疫总局、中国国家标准化管理委员会

标准简介：

GB/T21972 的本部分规定了 YZP 系列起重及冶金用变频调速三相异步电动机的型式、基本参数与尺寸、技术要求、检验规则、试验方法以及标志、包装及保用期的要求。本部分适用于变频器供电的各种起重机械及冶金辅助设备电力传动用三相异步电动机，凡属本系列电动机所派生的各种系列电动机均可参照执行。

起重及冶金用变频调速三相异步电动机技术条件 第 2 部分：YZP 系列起重及冶金用变频调速三相异步电动机（轴流风机冷却）

标准编号： GB/T 21972.2-2012 **实施日期：** 2013-06-01
发布部门： 中华人民共和国国家质量监督检验检疫总局、中国国家标准化管理委员会
标准简介：

本部分规定了YZP系列起重及冶金用变频调速三相异步电动机（轴流风机冷却）的型式、基本参数与尺寸，技术要求，检验规则，试验方法以及标志、包装及保用期的要求。本部分适用于变频器供电的各种起重机械及冶金辅助设备电力传动用轴流风机冷却型三相异步电动机（以下简称电动机）。

起重及冶金用变频调速三相异步电动机技术条件 第3部分：YZP系列起重及冶金用变频调速三相异步电动机（离心风机冷却）

标准编号： GB/T 21972.3-2013 **实施日期：** 2014-05-10
发布部门： 中华人民共和国国家质量监督检验检疫总局、中国国家标准化管理委员会
标准简介：

GB/T21972的本部分规定了YZP系列起重及冶金用变频调速三相异步电动机（离心风机冷却）的型式、基本参数与尺寸，技术要求，检验规则，试验方法，标志、包装及保用期的要求。本部分适用于变频器供电的各种起重机械及冶金辅助设备电力传动用离心风机冷却型三相异步电动机（以下简称电动机）。

变频器供电三相笼型异步电动机试验方法

标准编号： GB/T 22670-2008 **实施日期：** 2009-11-01
发布部门： 中华人民共和国国家质量监督检验检疫总局、中国国家标准化管理委员会
标准简介：

本标准规定了变频器供电三相笼型异步电动机试验方法。本标准适用于变频器供电的三相笼型异步电动机。本标准不适用于牵引电机。

变频电机用G系列冷却风机技术规范

标准编号： GB/T 22712-2008 **实施日期：** 2009-10-01
发布部门： 中华人民共和国国家质量监督检验检疫总局、中国国家标准化管理委员会
标准简介：

随着变频电机应用的日益广泛，冷却风机作为变频电机的配件，市场也日趋增大，且规格品种繁多，迫切需要制定一个《变频电机用G系列冷却风机技术规范》规范市场，以利于国民经济的发展。由于目前市场上变频电动机品种繁多，性能指标和安装尺寸有较大的不同，在本标准中难以统一，所以本标准以YVF2（IP54）变频调速专用变频电动机三相异步电动机所配用的G系列冷却风机作为基本系列。其它的变频调速专用三相异步电动机可参照本标准选用冷风机。凡属该风机所派生的各种风机也可参照执行。本标准为首次发布。本标准规定了变频器供电的YVF2（IP54）变频调速专用三相异步电动机用G系列冷却风机的型式、基本参数与尺寸、技术要求、检验规则、标志、包装及保用期的要求。本标准适用于变频器供电的YVF2（IP54）变频调速专用三相异步电动机用G系列冷却风机（轴流式），由变频器供电的其它系列的变频调速专用三相异步电动机也可参照此标准选用风机。凡属该风机所派生的各种风机也可参照执行。

旋转电动机 电压型变频器供电的旋转电动机 Ⅰ型电气绝缘结构的鉴别和型式试验

标准编号： GB/T 22720.1-2008 **实施日期：** 2009-10-01
发布部门： 中华人民共和国国家质量监督检验检疫总局、中国国家标准化管理委员会
标准简介：

《电压型变频器供电的旋转电动机电气绝缘结构》分为两个部分，本部分为GB/T 22720的第1部分。本部分为首次发布。GB/T 22720的本部分规定脉宽调制变频器供电的定子/转子绕组绝缘结构的评估标准。本部分适用于变频器供电的单相或多相交流电动机定子/转子绕组绝缘结构。本部分阐述了用典型试样或完整电动机进行的鉴别或/型式试验，以验证与电压型变频器的匹配程度。本部分不适用于：仅由变频器起动的旋转电动机；额定电压有效值≤300V的旋转电动机；牵引电气设备和结构。

电能质量 公用电网间谐波

标准编号： GB/T 24337-2009 **实施日期：** 2010-06-01
发布部门： 中华人民共和国国家质量监督检验检疫总局、中国国家标准化管理委员会
标准简介：

本标准规定了公用电网谐波电压的允许阻值及测量取值方法。本标准适用于交流额定频率为50Hz，标称电压220 kV及以下的公用电网。

变频器供电同步电动机设计与应用指南

标准编号： GB/T 24625-2009 **实施日期：** 2010-04-01
发布部门： 中华人民共和国国家质量监督检验检疫总局、中国国家标准化管理委员会
标准简介：

本标准规定了变频器供电的三相或多相同步电动机定额、结构型式、性能要求、冷却方式、试验方法及验收规则，同时包含对变频器的要求。本标准适用于变频电源驱动的同步电动机。本标准未规定者，均应符合GB755中的有关规定。

普通照明用LED模块性能要求

标准编号： GB/T 24823-2009 **实施日期：** 2010-05-01
发布部门： 中华人民共和国国家质量监督检验检疫总局、中国国家标准化管理委员会
标准简介：

本标准规定了普通照明用LED模块的分类、技术要求、试验方法、检验规则、标志、包装、运输、贮存等。其模块形式有各种发光单件方式（例如对称、非对称、矩形、椭圆）及组合方式。其LED可安装在平面上，也可安

装在曲面上。本标准适用于在恒定电压、恒定电流或恒定功率下工作的、不带整体式控制装置的LED模块及采用250V以下直流或1000V以下50Hz或60Hz交流电源的自镇流LED模块。注1：不带整体式控制装置的LED模块简称为“LED模块”，不带整体式控制装置的LED模块及自镇流LED模块统称为“模块”。注2：本标准中的“镇流”术语泛指变压、限流或稳流，这与气体放电光源正常工作所需的“镇流”含义有所不同。

普通照明用LED模块测试方法

标准编号：GB/T 24824-2009 **实施日期：**2010-05-01

发布部门：中华人民共和国国家质量监督检验检疫总局、中国国家标准化管理委员会

标准简介：

本标准规定了普通照明用LED模块的基本性能的测量方法。本标准适用于功率大于或等于1W，在恒定电压、恒定电流或恒定功率下稳定工作的、外置控制的LED模块；以及采用直流250V以下或交流50Hz或60Hz、1000V以下电源供电的稳定工作的自镇流LED模块。非本标准范围内的LED产品，如有需要，也可以参考本标准。

LED模块用直流或交流电子控制装置 性能要求

标准编号：GB/T 24825-2009 **实施日期：**2010-05-01

发布部门：中华人民共和国国家质量监督检验检疫总局、中国国家标准化管理委员会

标准简介：

本标准规定了使用250V以下直流电源和50Hz或60Hz、1000V以下交流电压，其工作频率不同于电源频率的电子控制装置的性能要求，此控制装置与GB24819所规定的LED模块一起工作。本标准规定的LED控制装置设计提供恒定电压和电流。不符合纯电压和电流类型不被排除本标准之外。

普通照明用LED和LED模块术语和定义

标准编号：GB/T 24826-2009 **实施日期：**2010-05-01

发布部门：中华人民共和国国家质量监督检验检疫总局、中国国家标准化管理委员会

标准简介：

本标准规定了普通照明用LED和LED模块及相关的术语和定义。本标准适用于编写有关普通照明用LED的各类标准及其有关的技术文献。

道路照明用LED灯 性能要求

标准编号：GB/T 24907-2010 **实施日期：**2011-02-01

发布部门：中华人民共和国国家质量监督检验检疫总局、中国国家标准化管理委员会

标准简介：

本标准规定了道路照明用LED灯的术语和定义、分类与命名、技术要求、试验方法、检验规则、标志、包装、运输和贮存。本标准适用于集LED器件及其控制驱动电路和灯具于一体、采用交流220V/50Hz电源供电的道路照明用LED灯。符合本标准的灯，在额定电源电压的92%~106%以及－30~45℃范围内，应能正常启动和燃点。

装饰照明用LED灯

标准编号：GB/T 24909-2010 **实施日期：**2011-02-01

发布部门：中华人民共和国国家质量监督检验检疫总局、中国国家标准化管理委员会

标准简介：

本标准规定了额定电源电压250V以下频率为50Hz交流或直流的装饰照明用LED灯的产品分类、技术要求、检验规则、标志、包装运输和贮存的要求。本标准适用于由LED及相关附件组成的灯。该产品适用于室内或室外装饰照明。

反射型自镇流LED灯规格分类

标准编号：GB/T 31111-2014 **实施日期：**2015-08-01

发布部门：中华人民共和国国家质量监督检验检疫总局、中国国家标准化管理委员会

标准简介：

本标准规定了用于替代PAR系列卤钨灯的反射型自镇流LED灯的规格分类。本标准适用于在家庭、商业和类似场合作为定向照明用，把稳定燃点部件集成为一体的反射型自镇流LED灯。适用范围如下：额定电压AC220V50Hz；符合GB/T1406.1、GB/T1406.2或GB/T1406.5要求的灯头。注：在本标准中出现的“灯”代表“反射型自镇流LED灯”，除非特别指明是其它类型的灯。

普通照明用非定向自镇流LED灯规格分类

标准编号：GB/T 31112-2014 **实施日期：**2015-08-01

发布部门：中华人民共和国国家质量监督检验检疫总局、中国国家标准化管理委员会

标准简介：

本标准规定了普通照明用非定向自镇流LED灯的规格分类。本标准适用于在家庭和类似场合作为普通照明用、把稳定燃点部件集成为一体的非定向自镇流LED灯。适用范围如下：额定电压AC220V频率50Hz；采用符合GB/T 1406.1的螺口式灯头或符合GB/T 1406.5的卡口式灯头。注：在本标准中出现的“灯”代表“普通照明用非定向自镇流LED灯”，除非特别指明是其它类的灯。

往复式内燃机驱动的交流发电机组 第11部分：旋转不间断电源 性能要求和试验方法

标准编号：GB/T 2820.11-2012 **实施日期：**2013-02-01

发布部门：中华人民共和国国家质量监督检验检疫总局、中国国家标准化管理委员会

标准简介：

GB/T2820的本部分规定了由机械和电气旋转设备组合而成的旋转不间断电源（UPS）的性能要求和试验方法。本部分适用的电源，主要为用户提供不间断交流电。当无市电输入运行时，输入能量由储存的能量或者往复式内燃机提供，由一台或多台旋转电机输出电能。本部分适用的

交流电源，主要为固定陆用和船用设施提供不间断电能。不包括为航空、陆上车辆和机车供电的电源。也不包括通过静态变换产生输出电能的电源。本部分对使用旋转 UPS 改善交流供电品质、实现电压和/或电流变换及削减峰值等情况进行了描述。对于某些特殊用途（例如医院、近海岸、非固定应用、高层建筑及核设施等），可能需要附加一些其它的要求，本部分的规定应作为基础。

煤矿通风机用隔爆兼本质安全型变频调速控制器

标准编号： GB/T 28556-2012　**实施日期：** 2012-11-01

发布部门： 中华人民共和国国家质量监督检验检疫总局、中国国家标准化管理委员会

标准简介：

本标准规定了Ⅰ类煤矿通风机用隔爆兼本质安全型变频调速控制器的术语和定义、型式和基本参数、技术要求、试验方法、检验规则以及标志、包装、运输、贮存等要求。本标准适用于Ⅰ类煤矿通风机用隔爆兼本质安全型变频调速控制器。

YVF 系列变频调速高压三相异步电动机技术条件（机座号 355～630）

标准编号： GB/T 28562-2012　**实施日期：** 2012-11-01

发布部门： 中华人民共和国国家质量监督检验检疫总局、中国国家标准化管理委员会

标准简介：

本标准规定了 YVF 系列变频调速高压三相异步电动机的型式、基本参数与尺寸、技术要求、检验规则、试验方法，以及标志、包装及保用期的要求。本标准适用于由变频器供电的、变频调速运行的高压笼型三相异步电动机，机座号 355～630，电动机适用于拖动一般用途的恒转矩和二次方转矩特性的负载。

电动汽车交流充电桩电能计量

标准编号： GB/T 28569-2012　**实施日期：** 2012-11-01

发布部门： 中华人民共和国国家质量监督检验检疫总局、中国国家标准化管理委员会

标准简介：

本标准规定了电动汽车交流充电桩电能计量的技术要求及电能计量装置的配置安装要求、试验方法和检验规则。本标准适用于交流充电桩的电能计量。

LED 筒灯性能测量方法

标准编号： GB/T 29293-2012　**实施日期：** 2013-09-01

发布部门： 中华人民共和国国家质量监督检验检疫总局、中国国家标准化管理委员会

标准简介：

本标准规定了以 LED 为光源、电源电压不超过 250V 的一般照明用 LED 筒灯性能的测量方法。本标准适用于使用一体化 LED 模块、半一体化 LED 模块、非一体化 LED 模块、半一体化 LED 灯或非一体化 LED 灯的筒灯。本标准不适用于使用一体化 LED 灯的筒灯。本标准与 GB/T29294—2012 一起使用。

LED 筒灯性能要求

标准编号： GB/T 29294-2012　**实施日期：** 2013-09-01

发布部门： 中华人民共和国国家质量监督检验检疫总局、中国国家标准化管理委员会

标准简介：

本标准规定了以 LED 为光源、电源电压不超过 250V 的一般照明用 LED 筒灯的性能要求。本标准不包括使用一体化 LED 灯的筒灯。

反射型自镇流 LED 灯性能测试方法

标准编号： GB/T 29295-2012　**实施日期：** 2013-09-01

发布部门： 中华人民共和国国家质量监督检验检疫总局、中国国家标准化管理委员会

标准简介：

本标准规定了反射型自镇流 LED 灯性能参数的测试方法，其中包括适用工作条件测试、光电参数测试、老炼和寿命试验相关指标测试等测试方法。本标准适用于外形类似反射型卤钨灯的，在家庭、商业和类似场合作为普通照明、局部照明或定位照明用的，把稳定燃点部件集成为一体的 LED 灯。适用范围如下：额定电压 AC220V 频率 50Hz；符合 GU10、B22、E14 或 E27 灯头要求；PAR16、PAR20、PAR30、PAR38 系列 LED 灯。注 1：PAR××（PAR××代表 PAR16、PAR20、PAR30、PAR38）系列灯对应直径尺寸为××/8in1）。注 2：在本标准中出现的“灯”代表“反射型自镇流 LED 灯”，除非有特别指明是其它类型的灯。

反射型自镇流 LED 灯 性能要求

标准编号： GB/T 29296-2012　**实施日期：** 2013-09-01

发布部门： 中华人民共和国国家质量监督检验检疫总局、中国国家标准化管理委员会

标准简介：

本标准规定了反射型自镇流 LED 灯的术语和定义、产品分类和命名、技术要求、试验方法、检验规则、标志、包装、运输和贮存。本标准适用于外形类似反射型卤钨灯的、在家庭、商业和类似场合作为普通照明、局部照明或定位照明用的、把稳定燃点部件集成为一体的 LED 灯。适用范围如下：额定电压 AC220V 频率 50Hz；符合 GU10、B22、E14 或 E27 灯头要求；PAR16、PAR20、PAR30、PAR38 系列 LED 灯。注 1：PARxx 系列灯对应直径尺寸为 xx/8in1）。注 2：本标准中出现的“灯”代表“反射型自镇流 LED 灯”，除非有特别指明是其它类型的灯。

数字可寻址照明接口 第 205 部分：控制装置的特殊要求 白炽灯电源电压控制器（设备类型 4）

标准编号： GB/T 30104. 205-2013　**实施日期：** 2014-11-01

发布部门： 中华人民共和国国家质量监督检验检疫总局、中国国家标准化管理委员会

标准简介：

GB/T30104 的本部分规定了与白炽灯相关的、电子控

制装置的数字信号控制协议和测试程序。

数字可寻址照明接口 第 207 部分：控制装置的特殊要求 LED 模块（设备类型 6）

标准编号：GB/T 30104. 207-2013 **实施日期：**2014-11-01

发布部门：中华人民共和国国家质量监督检验检疫总局、中国国家标准化管理委员会

标准简介：

GB/T30104 的本部分规定了与 LED 模块相关的，使用交流/直流电源供电的电子控制装置的数字信号控制协议和测试程序。

电能质量 电压暂降与短时中断

标准编号：GB/T 30137-2013 **实施日期：**2014-05-10

发布部门：中华人民共和国国家质量监督检验检疫总局、中国国家标准化管理委员会

标准简介：

本标准规定了电压暂降与短时中断的指标及测试、统计和评估方法。本标准适用于交流 50Hz 电力系统。

YZP-H 系列船用起重用变频调速三相异步电动机技术条件

标准编号：GB/T 30144-2013 **实施日期：**2014-05-10

发布部门：中华人民共和国国家质量监督检验检疫总局、中国国家标准化管理委员会

标准简介：

本标准规定了 YZP-H 系列船用起重用变频调速三相异步电动机的型式、基本参数与尺寸、技术要求、检验规则、试验方法以及标志、包装及保用期的要求。本标准适用于 YZP-H 系列船用起重用变频调速三相异步电动机（以下简称电动机）。

YZP 系列起重及冶金用变频调速三相异步电动机技术条件（机座号 450 ~ 500）

标准编号：GB/T 30145-2013 **实施日期：**2014-05-10

发布部门：中华人民共和国国家质量监督检验检疫总局、中国国家标准化管理委员会

标准简介：

本标准规定了 YZP 系列起重及冶金用变频调速三相异步电动机的型式、基本参数与尺寸、技术要求、检验规则、试验方法、标志、包装及保用期的要求。本标准适用于变频器供电的各种起重机械及冶金辅助设备电力传动用三相异步电动机（以下简称电动机）。

嵌入式 LED 灯具性能要求

标准编号：GB/T 30413-2013 **实施日期：**2014-12-01

发布部门：中华人民共和国国家质量监督检验检疫总局、中国国家标准化管理委员会

标准简介：

本标准规定了以 LED 为光源、电源电压不超过 250V 的室内一般照明用嵌入式灯具的性能要求。本标准适用于使用一体化 LED 模块、半一体化 LED 模块、非一体化 LED 模块、半一体化 LED 灯或非一体化 LED 灯的灯具。本标准不适用于使用一体化 LED 灯的灯具。本标准不适用于嵌入式 LED 筒灯。

半导体变流器 通用要求和电网换相变流器 第 1-1 部分：基本要求规范

标准编号：GB/T 3859. 1-2013 **实施日期：**2013-12-02

发布部门：中华人民共和国国家质量监督检验检疫总局、中国国家标准化管理委员会

标准简介：

GBT3859 的本部分规定了使用可控和（或）不可控电子阀器件的所有半导体电力变流器和半导体电力开关的性能。电子阀器件主要有半导体器件，包括不可控器件（即整流二极管）和可控器件（即各种晶闸管和功率晶体管）。可控器件可反向阻断或反向导通，可借助电流、电压或光控制。假设非双稳器件在开关状态下工作。本部分主要从总体上规定对变流器的基本要求，以及适用于把交流电变换为直流电或把直流电变换为交流电的电网换相变流器的要求。假如其它类型的电力电子变流器尚无产品标准，本部分的内容也适用。这些特定的要求适用于进行功率变换、换相（例如：半导体自换相变流器）或特殊用途（例如：直流电动机传动用半导体变流器）的半导体电力变流器，或已知特性的组合（例如：电传动机车车辆用直接直流变流器）。本部分适用于未被专用产品标准涵盖或特殊性能未被专用产品标准涵盖的所有电力变流器。电力变流器的专用产品标准应参考本部分。注 1：本部分不试图定义 EMC 要求。本部分涵盖了所有现象，因而给出在其范围适用的专用标准。注 2：有关变流变压器的规定见 GB/T3859. 3 或 GB/T18494. 1。

半导体变流器 通用要求和电网换相变流器 第 1-2 部分：应用导则

标准编号：GB/T 3859. 2-2013 **实施日期：**2013-12-02

发布部门：中华人民共和国国家质量监督检验检疫总局、中国国家标准化管理委员会

标准简介：

本部分给出 GB/T3859. 1 涵盖的基本要求规范在不同情况下的应用导则，以使 GB/T3859. 1 中的规定以可控的形态适应于特殊应用。为便于使用 GB/T3859. 1，在技术关键点处给出了背景信息。本部分主要涵盖电网换相变流器。就现行标准不可能提供必要的资料而言，本部分本身不是规范（除非涉及某些辅助部件）。

半导体变流器 通用要求和电网换相变流器 第 1-3 部分：变压器和电抗器

标准编号：GB/T 3859. 3-2013 **实施日期：**2013-12-02

发布部门：中华人民共和国国家质量监督检验检疫总局、中国国家标准化管理委员会

标准简介：

GB/T3859 的本部分规定了变流变压器不同于通用电力变压器的特性。应注意到，整流变压器运行时，通常流通

着非正弦波电流。在单拍联结中，每个阀侧绕组的电流均含有直流分量，在设计和试验时应特别注意。在某些情况下，外部短路和元件故障会产生异常的应力，因而有必要进行特殊设计。一些类型的变压器正常运行时的电压波形是非正弦波。其铁心损耗以具有与运行时的电压半周期算术平均值和基波频率相等的正弦波电压确定。本部分适用于与 GB/T3859.1 中规定的电力变流设备配套使用的变流变压器和电抗器。在其它各方面，如果国家标准《电力变压器》与本部分不矛盾，其规定的规则也适用于变流变压器。

半导体变流器 包括直接直流变流器的半导体自换相变流器

标准编号：GB/T 3859.4-2004　**实施日期：**2004-12-02

发布部门：中华人民共和国国家质量监督检验检疫总局、中国国家标准化管理委员会

标准简介：

本部分适用于电力变流器中至少有一部分是自换相型的所用类型半导体自换相变流器。例如：交流变流器，间接直流变流器，直接直流变流器。GB/T3859.1 中的要求，只要不与本部分相矛盾，也同样适用于自换相变流器。对于某些特殊应用，如不间断电源设备（UPS），交、直流调速传动和电气牵引设备，可使用另外的标准。

不间断电源设备（UPS）第 3 部分：确定性能的方法和试验要求

标准编号：GB/T 7260.3-2003　**实施日期：**2003-08-01

发布部门：中华人民共和国国家质量监督检验检疫总局

标准简介：

本标准修改采用 IEC 62040-3：1999，本标准规定了确定不间断电源设备（UPS）性能的方法和试验要求。本标准为 UPS 的基础标准，所有 UPS 产品符合其规定，其它 UPS 相关标准亦应以本标准的规定为准。

低压交流电源（不高于 1000V）中的浪涌特性

标准编号：GB/Z 21713-2008　**实施日期：**2008-11-01

发布部门：中华人民共和国国家质量监督检验检疫总局、中国国家标准化管理委员会

标准简介：

本指导性技术文件为首次发布。本指导性技术文件描述低压交流电源中的浪涌电压、浪涌电流环境，不包括其它的电能质量问题。标准中所考虑的浪涌持续时间不超过半个工频周期，这些浪涌可以是周期性的，也可以是随机事件，可以出现在相线、零线以及地线之间。

低压成套开关设备和控制设备 第 7 部分：特定应用的成套设备——如码头、露营地、市集广场、电动车辆充电站

标准编号：GB/T 7251.7-2015　**实施日期：**2015-12-01

发布部门：中华人民共和国国家质量监督检验检疫总局、中国国家标准化管理委员会

标准简介：

注 1：贯穿本部分中的术语 AMHS（见 3.1.101）、ACCS（见 3.1.102）、AMPS（见 3.1.103）、ACSEV（见 3.1.104）分别为拟用于码头和类似场所（AMHS）、露营地和类似场所（ACCS）、市集广场和其它类似外部公共场所（AMPS）、充电站（ACSEV）的低压成套开关设备和控制设备的缩写。术语成套设备用于指所有配电柜。GB7251 的本部分定义的成套设备特定要求如下：额定电压不超过交流 1000V 或直流 1500V 的成套设备；带外壳的固定式或移动式成套设备；拟与发电、输电、配电和电能转换的设备以及控制电能消耗的设备所配套使用的成套设备；由一般人员操作的成套设备；拟安装和用于码头、露营地、市集广场和其它类似外部公共场所或类似场所的成套设备；拟用于电动车辆充电站的成套设备。注 2：拟用于电动车辆充电站的成套设备（ACSEV）设计整合了符合 IEC61851-1 的电动车辆传导充电系统的功能。本部分适用于那些一次性设计、制造和验证或完全标准化批量制造的所有成套设备。制造和/或组装可以由初始制造商以外的人进行（见 GB7251.1—2013 的 3.10.1）。本部分不适用于符合相关产品标准的独立器件和整装元件，如断路器、刀熔开关、电子设备等。注 3：当电气设备直接连接到公共低压供电系统，并配备有低压供应商的法定提供者的账单表时，基于国内规则的特定要求适用。本部分不适用于 IEC60670-24 中定义的家用和类似用途固定式电气装置的电器附件安装盒和外壳。

旋转电机 电压型变频器供电的旋转电机耐局部放电电气绝缘结构（Ⅱ型）的鉴别和认可试验

标准编号：GB/Z 22720.2-2013　**实施日期：**2014-05-10

发布部门：中华人民共和国国家质量监督检验检疫总局、中国国家标准化管理委员会

标准简介：

GB22720 的本部分规定了由产生重复冲击电压的脉宽调制（PWM）变频器供电并在运行期间承受局部放电的单相或多相交流电动机定子/转子绕组绝缘结构的评估标准。本部分适用于电压型变频器供电下典型试样的鉴别和认可试验。本部分不适用于：仅在启动时使用变频器的旋转电动机；牵引用电气设备和结构。

行业标准

电能质量标准源校准规范

标准编号：DL/T 1368-2014　**实施日期：**2015-03-01

发布部门：国家能源局

标准简介：

本标准规定了电能质量标准源（以下简称被校装置）的技术要求及校准方法等。本标准适用于额定频率 50Hz，输出电压不大于 1000V，输出电流不大于 80A 的电能质量标准源和多功能标准源电能质量功能部分的校准。

锂离子蓄电池汽车应急启动电源

标准编号：CAB 1022-2014　**实施日期：**2014-12-31

发布部门：中华人民共和国国家质量监督检验检疫总局、中国国家标准化管理委员会

标准简介：

本标准规定了设备互连用单模光纤（C 类单模光纤）的几何、光学、传输、机械、环境性能的要求和测量方法。本标准适用于光通信系统中设备内部或设备之间连接用的单模光纤。

水景用发光二极管（LED）灯

标准编号：CJ/T 361-2011 **实施日期：**2011-08-01

发布部门：中华人民共和国住房和城乡建设部

标准简介：

本标准规定了水景用发光二极管灯的术语和定义、缩略语、要求、试验方法、检验规则、标志、包装、运输和贮存。本标准适用于 水景、音乐喷泉、瀑布等场所使用的发光二极管灯。不适用于游泳池、浴室等与人体直接接触的场所。

LED 路灯

标准编号：CJ/T 420-2013 **实施日期：**2013-06-01

发布部门：中华人民共和国住房和城乡建设部

标准简介：

本标准规定了 LED 路灯的要求、试验方法、检验规则、标志、包装、运输和贮存等。本标准适用于道路和街路照明的 LED 灯具。

不间断电源节能产品认证技术要求

标准编号：CSC/T 43-2006 **实施日期：**2006-02-28

标准简介：

本技术要求规定了不间断电源（UPS）的节能产品认证技术要求和试验方法。本技术要求适用的 UPS 电源为在线式不间断电源。本技术要求不适用于后备式不间断电源、在线互动式不间断电源以及由发电设备组成的不间断电源系统。

电厂厂用电源快速切换装置通用技术条件

标准编号：DL/T 1073-2007 **实施日期：**2008-06-01

发布部门：中华人民共和国国家发展和改革委员会

标准简介：

本标准规定了电厂厂用电源快速切换装置（以下简称装置）的基本技术要求、技术参数、试验方法、检验规则、标志、包装、运输及储存。本标准适用于发电厂数字式厂用电源快速切换装置，作为该装置的设计、生产、试验和应用的依据。

电能质量术语

标准编号：DL/T 1194-2012 **实施日期：**2012-12-01

发布部门：国家能源局

标准简介：

本标准规定了与电能质量有关的基本名词、术语及定义。本标准适用于电力行业电能质量技术和管理的有关领域。

电力系统电能质量技术管理规定

标准编号：DL/T 1198-2013 **实施日期：**2013-08-01

发布部门：国家能源局

标准简介：

本标准规定了电力系统电能质量技术管理的内容、流程和方法。本标准适用于标称频率为 50Hz 的交流电力系统。

电能质量评估技术导则 供电电压偏差

标准编号：DL/T 1208-2013 **实施日期：**2013-08-01

发布部门：国家能源局

标准简介：

本标准规定了供电系统和电力用户接入电网的供电电压偏差评估指标、评估流程和方法。本标准适用于交流 50Hz 电力系统在正常运行条件下供电电压对系统标称电压的偏差评估。输电系统的电压偏差评估可参照本标准。

电力通信站光伏电源系统技术要求

标准编号：DL/T 1336-2014 **实施日期：**2014-08-01

发布部门：国家能源局

标准简介：

本标准适用于新建、改建和扩建电力通信站光伏电源系统的工程设计与建设。

工商业电力用户应急电源配置技术导则

标准编号：DL/T 268-2012 **实施日期：**2012-07-01

发布部门：国家能源局

标准简介：

本标准规定了工商业电力用户应急电源配置原则和技术要求。本标准适用于对供电连续性要求高，断电可能会造成人身安全、经济损失及社会影响的工商业电力用户应急电源配置。

低压变频调速装置技术条件

标准编号：DL/T 339-2010 **实施日期：**2011-05-01

发布部门：国家能源局

标准简介：

本标准规定了低压变频调速装置的技术要求、试验方法、检验规则及标志、包装、运输、贮存、运行与维护。本标准适用于 660V 及以下电压，50Hz/60Hz 三相交流电源供电的变频调速装置。

继电保护及控制装置电源模块（模件）技术条件

标准编号：DL/T 527-2013 **实施日期：**2014-04-01

发布部门：国家能源局

标准简介：

本标准适用于继电保护及控制装置的使用的电源模块或模件，作为产品设计、制造、试验和选用的依据。

发电厂、变电站电子信息系统 220/380V 电源电涌保护配置、安装及验收规程

标准编号：DL/T 5408-2009 **实施日期：**2009-12-01

发布部门：国家能源局

标准简介：

本规程规定了发电厂、变电站（含箱式变电站）电子信息系统220/380V电源电涌保护器的选择、配置原则。本规程适用于发电厂、变电站（含箱式变电站）电子信息系统220/380V电源电涌保护器的选择、配置、安装及验收。

火电厂风机水泵用高压变频器

标准编号：DL/T 994-2006 **实施日期**：2006-10-01

标准简介：

本标准根据《国家发展改革委办公厅关于下达2004年行业标准项目补充计划的通知》（发改办公业［2003］873号文）的要求制定的。风机水泵类等采用变频率调速技术实现节能运行是我国节能的一项重点推广技术。火电厂风机水泵用电动机多为6kV及以上高压大功率电动机，国内外厂家生产的高压变频器已在我国火电厂开始投入运行。由于火电厂生产流程、操作规则以及环境要求均具有一定的特殊性，有必要对电力行业用高压变频器的生产、技术要求和试验内容等进行相应的规定。

工业电池用充电设备

标准编号：JB/T 10095-2010 **实施日期**：2010-07-01

发布部门：中华人民共和国工业和信息化部

标准简介：

本标准规定了工业电池用充电设备的术语、定义、基本参数、技术要求、检验和试验、标志、包装、运输和贮存等内容。本标准适用于直流功率1kW以上、直流电压等级1000V以下，被充电电池可以是铅酸蓄电池，也可以是锂电池或者其它具有相同特性的蓄电池，为电动搬运车、电动汽车、蓄电池化成和类似设备提供动力的电池充电的设备。电力工程及邮电、通信用电池的充电、浮充电用整流设备也可参照使用。合适时，该设备也可作为一般工业用直流电源。本标准不适用于码头、船坞和其它海上用途的电池充电，家用电器和应急照明用电池充电，也不适用于消防泵和消防车的电池充电。本标准中的快速充电设备不适用于铅酸贫液蓄电池的充电。

小功率电流电压变换器 通用技术条件

标准编号：JB/T 10635-2006 **实施日期**：2007-04-01

发布部门：国家发展和改革委员会

标准简介：

本标准规定了小功率电流电压变换器的技术要求、试验方法、检验规则、标志、包装、运输、贮存、供货的成套性及质量保证等。本标准适用于电力系统继电保护及自动化装置中使用的小功率电流电压变换器。本标准适用于感应式的电流-电流、电流-电压及电压-电压变换器，其它类型的小功率电流电压变换器可参考采用。

低压有源电力滤波装置

标准编号：JB/T 11067-2011 **实施日期**：2012-04-01

发布部门：中华人民共和国工业和信息化部

标准简介：

本标准规定了低压有源电力滤波装置的术语和定义、技术要求、试验方法、检验规则、标志、包装、运输、贮存等要求。本标准适用于50Hz，额定工作电压不超过1000V的低压配电系统，采用三相三线电压源型逆变器结构的并联型滤波装置。

锂离子蓄电池总成接口和通信协议

标准编号：JB/T 11138-2011 **实施日期**：2011-08-01

发布部门：中华人民共和国工业和信息化部

标准简介：

本标准规定了锂离子蓄电池总成的接口和协议、通信协议、数据格式及充电设备与锂离子蓄电池总成的工作状态转换。本标准也适用于组成锂离子蓄电池总成的锂离子蓄电池模块的接口和通信协议。

锂离子蓄电池充电设备通用要求

标准编号：JB/T 11142-2011 **实施日期**：2011-08-01

发布部门：中华人民共和国工业和信息化部

标准简介：

本标准规定了锂离子蓄电池充电设备的术语和定义、型号和基本参数、技术要求、试验、标志、包装、运输和贮存。本标准适用于由大于或等于6A·h的锂离子蓄电池组成的锂离子蓄电池模块或锂离子蓄电池总成的充电设备，也可用于镍基蓄电池及铅酸蓄电池模块和总成的充电设备，以及采用电缆与蓄电池模块或总成连接，交流额定电压不超过660V、直流额定电压不超过1000V的充电设备。

锂离子蓄电池充电设备接口和通信协议

标准编号：JB/T 11143-2011 **实施日期**：2011-08-01

发布部门：中华人民共和国工业和信息化部

标准简介：

本标准规定了锂离子蓄电池充电设备接口和通信协议的术语和定义、拓扑结构和接口、通信协议、数据格式和状态转换。本标准适用于由大于或等于6A·h的锂离子蓄电池组成的锂离子蓄电池模块或锂离子蓄电池总成的充电设备，也可用于镍基蓄电池及铅酸蓄电池模块和总成的充电设备以及采用电缆与蓄电池模块或总成连接，交流额定电压不超过660V、直流额定电压不超过1000V的充电设备。

隔爆型变频调速三相异步电动机技术条件 第1部分：YBBP系列隔爆型变频调速三相异步电动机（机座号80～355）

标准编号：JB/T 11201.1-2011 **实施日期**：2012-04-01

发布部门：中华人民共和国工业和信息化部

标准简介：

本标准规定了YBBP系列隔爆型变频调速三相异步电动机的型式、基本参数与尺寸、技术要求、试验方法与检验规则及标志、包装的要求。本标准适用于YBBP系列隔爆型变频调速三相异步电动机（机座号80～355）。凡属本系列电动机派生的其它要求的电动机也可参照本标准执行。

YZP 系列起重及冶金用变频调速三相异步电动机（离心风机冷却）技术条件

标准编号： JB/T 11628-2013　**实施日期：** 2014-07-01

发布部门： 中华人民共和国工业和信息化部

标准简介：

本标准规定了 YZP 系列起重及冶金用变频调速三相异步电动机（离心风机冷却）的型式、基本参数与尺寸、技术要求、检验规则、试验方法、标志、包装及保用期的要求。本标准适用于变频器供电的各种起重机械及冶金辅助设备电力传动用离心风机冷却型三相异步电动机。

YZPE 系列起重及冶金用电磁制动变频调速三相异步电动机技术条件

标准编号： JB/T 11629-2013　**实施日期：** 2014-07-01

发布部门： 中华人民共和国工业和信息化部

标准简介：

本标准规定了 YZPE 系列起重及冶金用电磁制动变频调速三相异步电动机的型式、基本参数与尺寸、技术要求、检验规则、试验方法、标志、包装及保用期的要求。本标准适用于变频器供电的各种起重机械及冶金辅助设备电力传动用电磁制动三相异步电动机。

变频调速带式输送机系统能效测试及节能量计算方法

标准编号： JB/T 11704-2013　**实施日期：** 2014-03-01

发布部门： 中华人民共和国工业和信息化部

标准简介：

本标准规定了变频调速带式输送机系统能效测试现场条件、项目及仪表要求、测试方法、系统运行效率的计算方法、调速节能及节能量计算的原则、节能量计算方法。本标准适用于输送煤炭、散粮、矿石、化肥等物料的变频调速带式输送机系统。

YVF3 系列（IP55）变频调速三相异步电动机技术条件（机座号 355 ~ 450）

标准编号： JB/T 11710-2013　**实施日期：** 2014-07-01

发布部门： 中华人民共和国工业和信息化部

标准简介：

本标准规定了 YVF3 系列（IP55）变频调速三相异步电动机（机座号 355 ~ 450）的型式、基本参数与尺寸、技术要求、检验规则、标志、包装及保用期的要求。本标准适用于 YVF3 系列（IP55）变频调速低压笼型三相异步电动机（机座号 355 ~ 450）。凡属本系列电动机所派生的各种电动机也可参照执行。

电袋复合除尘器用高压电源

标准编号： JB/T 12533-2015　**实施日期：** 2016-03-01

发布部门： 中华人民共和国工业和信息化部

标准简介：

本标准规定了电袋复合除尘器用高压电源的型号与型谱、设计选型、要求、试验方法、检验规则、标志、使用说明书、包装、运输和贮存、调试运行维护。本标准适用于电力、建材、冶金、化工、轻工等行业烟尘治理的电袋复合除尘器用高压电源。

半导体电力变流器 型号编制方法

标准编号： JB/T 1505-1975　**实施日期：** 1975-07-01

发布部门： 中华人民共和国机械工业部

标准简介：

本标准适用于符合 7B 种电力变流器产品。

感应加热用变频机组电控设备

标准编号： JB/T 4086-1997　**实施日期：** 1998-02-01

发布部门： 湘潭牵引电气设备研究所

标准简介：

JB/T 4086-1997 本标准是根据中频电热行业研究、设计、制造和使用的实际需要，对 JB 4086-85 进行的修订。本标准规定了变频机组供电的中频感应加热用电控设备的要求，试验方法，抽样与检验，标志、包装、运输与贮存。本标准适用于变频机组供电的中频感应熔炼、透热、淬火、烧结、焊接等工况的电控设备。

真空管式高频感应加热电源装置

标准编号： JB/T 5267-1991　**实施日期：** 1992-07-01

发布部门： 全国工业电热设备标准化技术委员会

标准简介：

本标准规定了对真空管式高频感应加热电源装置的各项要求，包括产品分类、技术要求、试验方法、检验规则、等级划分、标志、包装、运输、贮存、订购和供货等。本标准适用于真空管式高频感应加热电源装置，该装置可作为表面与局部加热淬火、透热、熔炼和焊接等高频感应加热设备的电源。

电力变流器用水冷却设备

标准编号： JB/T 5833-2013　**实施日期：** 2013-09-01

发布部门： 中华人民共和国工业和信息化部

标准简介：

本标准规定了电力变流器用水冷却设备的术语和定义、产品型号及分类、技术要求、试验方法、检验规则以及标志、包装、运输、贮存要求。本标准适用于热转移媒质为去离子水的电力变流器冷却设备，也适用于对热转移媒质为去离子水的其它电气设备的冷却设备。用于直流输电工程的冷却设备也可参照使用。

旋转牵引电机基本技术条件 第 1 部分：除电子变流器供电的交流电动机之外的电机

标准编号： JB/T 6480. 1-2013　**实施日期：** 2014-07-01

发布部门： 中华人民共和国工业和信息化部

标准简介：

本部分规定了电力传动的非干线轨道机车车辆和非公路车辆上，除电子变流器供电的交流电动机之外的旋转牵引电机的技术要求。本部分适用于安装在由电力传动机车车辆牵引的拖车上的电机。本部分不适用于由蓄电池供电的工业用电动车辆（搬运车、叉车、工厂运货车等）用的电动机，也不适用于各种车辆上的微型电动机，如刮雨器电动机等。

YVF2 系列（IP54）变频调速专用三相异步电动机技术条件（机座号 80～355）
标准编号：JB/T 7118-2014 **实施日期：**2014-10-01
发布部门：中华人民共和国工业和信息化部
标准简介：

本标准规定了 YVF2 系列（IP54）变频调速专用三相异步电动机的型式、基本参数与尺寸、技术要求、检验规则以及标志、包装及保用期的要求。本标准适用于 YVF2 系列（IP54）变频调速专用三相异步电动机（机座号 80～355）。凡属本系列电动机所派生的各种系列电动机也可参照执行。

煤矿蓄电池式电机车用防爆特殊型电源装置
标准编号：JB/T 7568-1994 **实施日期：**1995-06-01
发布部门：中华人民共和国机械工业部
标准简介：

本标准规定了煤矿蓄电池式电机车用防爆特殊型电源装置（以下简称电源装置）的规格参数、技术要求、试验方法、检验规则等。本标准适用于有沼气或煤尘爆炸危险的井下煤矿铅酸蓄电池式电机车用电源装置。

船用充电发电装置 技术条件
标准编号：JB/T 7596-2010 **实施日期：**2010-07-01
发布部门：中华人民共和国工业和信息化部
标准简介：

本标准规定了船用充电发电装置的分类、型式和基本参数、试验方法、检验规则、标志及包装储运等。本标准适用于额定功率为 1.2 ～18 kW，由柴油机驱动，对蓄电池充电及其它电阻性负载供电的船用充电发电装置。

补偿式交流稳压器
标准编号：JB/T 7620-1994 **实施日期：**1995-06-01
发布部门：中华人民共和国机械工业部
标准简介：

本标准规定了补偿式交流稳压器（以下简称稳压器）的型号、基本参数、技术要求、试验方法和检验规则。本标准适用于山补偿变压器和调压变压器及其控制电路构成的干式交流稳压器。

煤矿防爆特殊型电源装置用铅酸蓄电池
标准编号：JB/T 8200-2010 **实施日期：**2010-07-01
发布部门：中华人民共和国工业和信息化部
标准简介：

本标准规定了防爆特殊型电源装置用铅酸蓄电池的产品品种和规格、技术要求、试验方法、检验规则、标志、包装、运输和贮存。本标准适用于煤矿蓄电池式电力机车用防爆特殊型电源装置中的铅酸蓄电池的检验之用。

电力变流变压器
标准编号：JB/T 8636-1997 **实施日期：**1998-01-01
发布部门：沈阳变压器研究所
标准简介：

JB/T 8636-1997 本标准是对 JB 2530-79《电力变流变压器》的修订。其技术性能参数有如下变化：1）有关型谱和技术要求详细内容均引相应标准，不重复叙述；2）删除了“型式容量”章节；3）提出基波电压、基波电流等新概念；4）对温升试验提出了限值和要求，规定了试验等效电流计算公式，规定了试验方法。本标准规定了网侧系统标称电压 220kV 及以下的油浸式、干式电力变流变压器（以下简称变压器）的参数据，试验和试验方法，标志、包装等通用技术要求。本标准适用于半导体电力变流器中的变压器，包括内附的平衡电抗器、饱和电抗器等。本标准不适用于高压直流输变电用的变压器和单匝牵引变压器。本标准只对变压器的通用部分提出要求，各类型的变压器应根据其自身的特点，在本标准的基础上编制相应标准籍以对特殊部分做出补充规定。注：对采用其它冷却介质的变压器，可参照采用本标准。本标准于 1997 年 9 月 5 日首次发布。

中频感应加热用半导体变频装置
标准编号：JB/T 8669-1997 **实施日期：**1998-02-01
发布部门：湘潭牵引电气设备研究所
标准简介：

JB/T 8699-1997 本标准是对 ZB K46 001-87 进行的修订。本标准规定了感应加热用半导体变频装置的技术要求，检验，标志、包装、运输与贮存。本标准适用于以半导体器件（晶闸管或功率晶体管）所构成的感应加热用半导体变频装置。其频率范围从 50Hz 以上至 10000Hz。对 10000Hz 以上的感应加热用半导体变频装置亦可参照采用。

调压器 第 6 部分：感应稳压器
标准编号：JB/T 8749. 6-2014 **实施日期：**2014-10-01
发布部门：中华人民共和国工业和信息化部
标准简介：

本部分规定了感应稳压器的术语和定义、产品型号、冷却方式、产品规格、性能参数、使用条件、技术要求、试验、标志、包装、运输、贮存和随机技术文件等。本部分适用于电压等级为 10kV 及以下、额定频率为 50Hz、连续工作、无级调节的干式自冷和油浸式自冷感应稳压器。额定容量或电压规格未列入本部分的感应稳压器，可参照使用本部分的有关条款。

调压器 第 7 部分：接触稳压器
标准编号：JB/T 8749. 7-2014 **实施日期：**2014-10-01
发布部门：中华人民共和国工业和信息化部
标准简介：

本部分规定了接触稳压器的术语和定义、产品型号、冷却方式、产品规格、性能参数、使用条件、技术要求、试验、标志、包装、运输、贮存和随机技术文件等。本部分适用于电压等级为500V及以下、额定频率为50Hz、连续工作、无级调节的干式自冷接触稳压器（环形铁心）。额定容量或电压规格未列入本部分的接触稳压器，可参照使用本部分的有关条款。

调压器 第8部分：柱式稳压器

标准编号： JB/T 8749.8-2014 **实施日期：** 2014-10-01

发布部门： 中华人民共和国工业和信息化部

标准简介：

本部分规定了柱式稳压器的术语和定义、产品型号、冷却方式、产品规格、性能参数、使用条件、技术要求、试验、标志、包装、运输、贮存和随机技术文件等。本部分适用于电压等级为500V及以下、额定频率为50Hz、连续工作、无级调节的干式自冷和油浸式自冷柱式稳压器（柱式铁心）。额定容量或电压规格未列入本部分的柱式稳压器，可参照使用本部分的有关条款。

电热器具用电源开关

标准编号： JB/T 8840-2013 **实施日期：** 2013-09-01

发布部门： 中华人民共和国工业和信息化部

标准简介：

本标准主要规定了家用和类似用途电热器具用电源开关的分类、安全与性能的基本要求及相应的试验方法和检验规则。本标准适用于供家用和类似用途电阻性发热源的电热器具使用的，由手、脚或其它人体动作驱动的电源开关，开关额定电压不超过480V，额定电流不大于63 A。与电自动控制器组合的开关，也可参照本标准规定。

电控设备用低压直流电源

标准编号： JB/T 8948-1999 **实施日期：** 2000-01-01

发布部门： 国家机械工业局

标准简介：

本标准规定了电控设备用低压直流电源的产品型号、技术要求、试验方法、检验规则、产品包装、运输及贮存的要求等。本标准适用于额定频率为50Hz或60Hz、400Hz，额定电压不超过1000V及额定电压为直流不超过400V供电的、输出额定直流电压不超过400V，额定功率不大于30kW的低压开关成套设备及电气传动控制设备用的低压直流电源（以下简称电控用直流电源）。本标准适用于自成一体的组件（单元）。本标准不适用于充电、浮充电整流器（直流电源）。

三相交流稳频稳压电源机组及系统技术条件

标准编号： JB/T 8982-2011 **实施日期：** 2012-04-01

发布部门： 中华人民共和国工业和信息化部

标准简介：

本标准规定了三相交流稳频稳压电源机组及系统的基本参数、技术要求、试验方法、检验规则以及标志、包装等。本标准适用于电动机拖动的同步发电机组及其稳频稳压装置的整套系统。电源系统作为小型三相交流电动机及其它电器试验用的低波动率、宽调节范围的电源设备，也可作为符合本标准技术指标的其它用电器的电源设备，或作为变频电源设备。

电动工具电源线护套

标准编号： JB/T 9605-2013 **实施日期：** 2014-07-01

发布部门： 中华人民共和国工业和信息化部

标准简介：

本标准规定了电动工具电源线护套的型式与联接尺寸、技术要求、试验方法、检验规则。本标准适用于电动工具电源线进线处保护用的独立护套。

电动工具用变频机组

标准编号： JB/T 9607-2013 **实施日期：** 2014-07-01

发布部门： 中华人民共和国工业和信息化部

标准简介：

本标准规定了电动工具用同轴旋转式变频机组的基本参数、型式、技术要求、试验方法和检验规则。本标准适用于将三相50Hz交流电能转换为三相150Hz、200Hz、300Hz、400Hz交流电能的同轴旋转式变频机组。

集中式蓄电池应急电源装置

标准编号： JG/T 371-2012 **实施日期：** 2012-08-01

发布部门： 中华人民共和国住房和城乡建设部

标准简介：

本标准规定了集中式蓄电池应急电源装置的术语和定义、分类、代号和标记、一般要求、试验方法、检验规则、标志和铭牌、包装、运输和贮存。本标准适用于一般工业与民用建筑中，输出交流单相或三相工频正弦波，额定电压不超过1000V，额定输出功率0.5~400kVA的集中式蓄电池应急电源装置（以下简称装置）。

电动汽车充电机（桩）

标准编号： JJG（粤）015-2011 **实施日期：** 2011-12-30

发布部门： 广东省质量技术监督局

标准简介：

本标准规定适用于电动汽车非车载充电机和交流充电桩电能计量性能的现场首次检定、后续检定和使用中的检查。

整体式LED路灯的测量方法

标准编号： LB/T 001-2009 **实施日期：** 2009-09-01

发布部门： 国家半导体照明工程研发及产业联盟

标准简介：

本标准规定了整体式LED路灯基本性能的测量方法。本推荐性技术规范适用于交流50Hz/220V电源供电的并在内置控制器（自镇流）或外置控制器驱动下稳定工作的用于道路和街路照明的整体式LED路灯。超出推荐性本推荐性技术规范范围的LED路灯或类似产品的测量可参考本推荐性技术规范。

矿灯充电架

标准编号：MT 68-2002 **实施日期：**2002-09-01

发布部门：国家经济贸易委员会

标准简介：

本标准第 4 章第 4. 3. 8 条、第 4. 4. 2 条、第 4. 4. 5 条为强制性的，其余为推荐性的。本标准是根据矿灯制造技术、矿灯充电控制技术的不断发展，对 MT/T 68-1992《自动电压控制型 酸性矿灯充电架通用技术条件》和 MT 129-1985（碱性矿灯充电架通用技术条件》进行修订的。本标准将各类矿灯（酸性、碱性）充电架归类，标准名称相应改为《矿灯充电架》，提高了标准的适用性。在 MT/T 68-1992 和 MT 129-1985 的基础上增加了产品型号编制方法、湿热性能试验、充电指示器的防尘抗静电试验。

矿灯用 LED 及 LED 光源组技术条件

标准编号：MT/T 1092-2008 **实施日期：**2010-07-01

发布部门：国家安全生产监督管理总局

标准简介：

本标准规定了矿灯用 LED 及 LED 光源组的术语和定义、符号、要求、试验方法、检验规则及标志、运输和贮存。本标准适用于矿灯用 LED 及 LED 光源组。

煤矿铅酸蓄电池防爆特殊型电源装置

标准编号：MT/T 334-2008 **实施日期：**2009-01-01

发布部门：国家安全生产监督管理总局

标准简介：

本标准规定了煤矿铅酸蓄电池防爆特殊型电源装置的产品分类、要求、试验、方法、检验规则、标志、包装、运输和贮存。本标准适用于在具有甲烷或煤尘爆炸危险的煤矿井下使用的电源装置。

煤矿电机车电源装置用隔爆型插销连接器

标准编号：MT/T 875-2000 **实施日期：**2001-05-01

发布部门：国家煤炭工业局

标准简介：

本标准规定了煤矿电机车电源装置用隔爆插销连接器的产品分类与基本参数、技术要求、试验方法、检验规则、标志、包装、运翰和贮存。本标准适用于煤矿电机车电源装置用隔爆插销连接器（以下简称插销连接器）。

双馈风力发电机变流器制造技术规范

标准编号：NB/T 31014-2011 **实施日期：**2011-11-01

发布部门：国家能源局

标准简介：

本标准规定了双馈风力发电机变流器的术语和定义、技术要求、试验方法、检验规则及其产品的相关信息等。本标准适用于连接双馈风力发电机转子绕组的电压源型变流器。

永磁风力发电机变流器制造技术规范

标准编号：NB/T 31015-2011 **实施日期：**2011-11-01

发布部门：国家能源局

标准简介：

本标准规定了永磁风力发电机变流器的术语和定义、技术要求、试验方法、检验规则及其产品的相关信息等。本标准适用于连接永磁风力发电机定子绕组的电压源型变流器。

海上双馈风力发电机变流器

标准编号：NB/T 31041-2012 **实施日期：**2013-03-01

发布部门：国家能源局

标准简介：

本标准规定了海上双馈风力发电机变流器（以下简称“变流器”）的术语和定义、技术要求、试验方法、检验规则及其产品的相关信息等。本标准适用于安装在海上风场连接双馈风力发电机转子绕组的电压源型变流器。

海上永磁风力发电机变流器

标准编号：NB/T 31042-2012 **实施日期：**2013-03-01

发布部门：国家能源局

标准简介：

本标准规定了海上永磁风力发电机变流器（以下简称变流器）的术语和定义、技术要求、试验方法、检验规则及其产品的相关信息等。本标准适用于安装在海上风电场连接永磁风力发电机定子绕组的电压源型变流器。

永磁风力发电机-变流器组技术规范

标准编号：NB/T 31044-2012 **实施日期：**2013-03-01

发布部门：国家能源局

标准简介：

本标准规定了永磁风力发电机（以下简称发电机）-变流器组的相关术语及定义、技术要求、试验方法等。本标准适用于永磁风力发电机-变流器组（以下简称发变组）。对特殊要求，可由用户与制造商协商。

光伏发电并网逆变器技术规范

标准编号：NB/T 32004-2013 **实施日期：**2013-08-01

发布部门：国家能源局

标准简介：

本标准规定了光伏（PV）并网系统所使用逆变器的产品类型、技术要求及试验方法。本标准适用于连接到 PV 源电路电压不超过直流 1500V，交流输出电压不超过 1000V 的并网逆变器。本标准按照 GB/T 1. 1-2009《标准化工作准则 第 1 部分：标准的结构和编写》给出的规则起草。本标准由国家能源局提出。本标准由中国电器工业协会归口。

电动汽车非车载传导式充电机技术条件

标准编号：NB/T 33001-2010 **实施日期：**2010-10-01

发布部门：国家能源局

标准简介：

本标准规定了电动汽车用非车载传导式充电机（以下简称充电机）的基本构成、功能要求、技术要求、试验方法、检验规则及标识。本标准适用于采用传导式充电方式的电动汽车用非车载充电机。

电动汽车交流充电桩技术条件

标准编号：NB/T 33002-2010 **实施日期：**2010-10-01

发布部门：国家能源局

标准简介：

本标准规定了电动汽车交流充电桩（以下简称充电桩）基本构成、功能要求、技术要求、试验项目产品资料等方面的要求。本标准适用于采用传导式充电的充电桩选型、配置和检验。

电动汽车非车载充电机监控单元与电池管理系统通信协议

标准编号：NB/T 33003-2010 **实施日期：**2010-10-01

发布部门：国家能源局

标准简介：

本规范规定了电动汽车非车载充电机监控单元与电池管理系统（Battery Management System，简称 BMS）之间的通信协议。本规范适用于采用传导式充电方式的电动汽车用非车载充电机。

电动汽车充电站及电池更换站监控系统技术规范

标准编号：NB/T 33005-2013 **实施日期：**2014-04-01

发布部门：国家能源局

标准简介：

本规范规定了电动汽车充电站及电池更换站监控系统构成、功能要求及技术指标。本规范适用于电动汽车充电站及电池更换站监控系统（以下简称"监控系统"）。

电动汽车充电站/电池更换站监控系统与充换电设备通信协议

标准编号：NB/T 33007-2013 **实施日期：**2014-04-01

发布部门：国家能源局

标准简介：

本标准规定了电动汽车充电站/电池更换站内监控系统与充换电设备通信的接口和报文规范。本标准适用于电动汽车充电站和电池更换站监控系统。

电动汽车充电设备检验试验规范 第 1 部分：非车载充电机

标准编号：NB/T 33008. 1-2013 **实施日期：**2014-04-01

发布部门：国家能源局

标准简介：

本标准规定了电动汽车非车载充电机（以下简称充电机）试验条件、检验仪器、检验规则、检验项目、试验方法。本标准适用于充电机型式试验、出厂检验、到货验收等。

电动汽车充电设备检验试验规范 第 2 部分：交流充电桩

标准编号：NB/T 33008. 2-2013 **实施日期：**2014-04-01

发布部门：国家能源局

标准简介：

本标准规定了电动汽车交流充电桩（以下简称交流充电桩）试验条件、检验仪器、检验规则、检验项目、试验方法。本标准适用于交流充电桩型式试验、出厂检验、到货验收等。

电能质量现象分类

标准编号：NB/T 41004-2014 **实施日期：**2014-08-01

发布部门：国家能源局

标准简介：

本标准适用于标称频率为 50Hz 的电力系统。

电能质量控制设备通用技术要求

标准编号：NB/T 41005-2014 **实施日期：**2014-08-01

发布部门：国家能源局

标准简介：

本标准规定了电能质量控制设备的使用环境、功能特性、试验、包装和储运要求等。本标准适用于主要用于控制和改善电能质量的设备。

高压变频调速用干式变流变压器

标准编号：NB/T 42021-2013 **实施日期：**2014-04-01

发布部门：国家能源局

标准简介：

本标准适用于高压变频调速系统输入侧用的三相干式变流变压器，其网侧绕组的电压等级一般为 3 ~ 35kV，阀侧单个绕组的电压一般不超过 2. 5kV。

高压变频调速用油浸式变流变压器

标准编号：NB/T 42022-2013 **实施日期：**2014-04-01

发布部门：国家能源局

标准简介：

本标准适用于高压变压频调速系统输入侧用的三相油浸式变流变压器其网侧绕组的电压等级一般为 3 ~ 35kV，阀侧单个绕组的电压一般不超过 2. 5kV。

宽压输入稳压输出隔离型直流-直流模块电源

标准编号：NB/T 42039-2014 **实施日期：**2014-11-01

发布部门：国家能源局

标准简介：

本标准规定了宽压输入稳压输出隔离型直流-直流模块电源的术语和定义、规格、技术要求、试验方法、检验规则、标志、包装、运输与贮存等。本标准适用于宽压输入稳压输出隔离型直流-直流模块电源。

电源插座安装的夜灯

标准编号：QB 2908-2007 **实施日期：**2008-06-01

发布部门：中华人民共和国国家发展和改革委员会

标准简介：

本标准规定了使用电光源、电源电压不超过 AC 250V、50/60Hz 的电源插座安装的夜灯的要求。本标准应与 GB 7000. 1 一起使用。

灯用附件 高频冷启动管形放电灯（霓虹灯）用电子换流器和变频器性能要求

标准编号： QB/T 2986-2008 **实施日期：** 2008-12-01

发布部门： 中华人民共和国国家发展和改革委员会

标准简介：

本标准规定了高频冷启动管形放电灯（霓虹灯）用电子换流器和变频器的性能要求。电源包括 50Hz/60Hz、1000V 以下的交流电源或者 1000V 以下的直流电源。此类换流器和变频器是一种装有触发和稳定部件的转换器，这种转换器能在直流与电源频率不同的频率下使霓虹灯工作。与转换器匹配的霓虹灯是辉光放电灯管，本标准不包括弧光放电的低气压荧光灯用电子镇流器。

彩色双端荧光灯

标准编号： QB/T 4059-2010 **实施日期：** 2010-10-01

发布部门： 中华人民共和国工业和信息化部

标准简介：

本标准规定了低气压汞蒸气放电彩色荧光灯的要求、试验方法和检验规则。本标准适用于根据使用各类彩色荧光粉而设计的具有预热式阴极灯、采用交流电源频率带启动器工作的及采用高频工作的预热阴极灯、采用高频（电源）工作的预热阴极灯。

ZR6 型碱性锌-羟基氧化镍电池

标准编号： QB/T 4080-2010 **实施日期：** 2011-03-01

发布部门： 中华人民共和国工业和信息化部

标准简介：

本标准规定了 ZR6 型碱性锌-羟基氧化镍的电池的定义、型号命名、技术要求、检验方法、检验规则、标志、包装、运输和贮存。本标准适用于供数码相机、便携式音视频产品、电子器具、仪器仪表等电器具作电源的 ZR6 型碱性锌-羟基氧化镍电池的生产、检测和验收。

风光互补供电的 LED 道路和街路照明装置

标准编号： QB/T 4146-2010 **实施日期：** 2011-04-01

发布部门： 中华人民共和国工业和信息化部

标准简介：

本标准规定了采用风能和太阳能互补发电、蓄电池储能供电、以 LED 为光源的道路和街路照明装置的安全和性能要求。本标准适用于离网型、以风光互补供电的照明装置。

无线双工移动通信系统 中心台发射机电源通用规范

标准编号： SJ 20504-1995 **实施日期：** 1995-12-01

发布部门： 中华人民共和国电子工业部

标准简介：

本规范规定了无线双工移动通信系统中心台发射机电源（以下简称中心台发射机电源）的要求、质量保证规定、交货准备和说明事项。本规范适用无线双工移动通信系统中心台发射机电源。

军用电子设备电源模块灌封工艺规程

标准编号： SJ 20596-1996 **实施日期：** 1997-01-01

标准简介：

本规程规了军用抗恶劣环境电子设备中，电源模块绝缘，导热灌封工艺的材料、工艺、设备、环境要求等内容。本规程适用于军用电子设备电源模块，也适用于电子设备中高发热部件、器件的绝缘导热 灌封和整机绝缘导热灌封。

军用装备直流供电电源总规范

标准编号： SJ 20825-2002 **实施日期：** 2003-03-01

标准简介：

本标准规定了军用装备直流供电电源总规范的技术要求、质量保证规定和交货准备等，对特殊电源的详细要求应在产品规范中规定。本规范适用于军用装备常用的直流供电电源，是该类电源产品研制、设计、生产和验收的主要技术依据，也是制定相关电源产品规定和其它技术文件应遵循的原则和基础。

镉镍密封碱性蓄电池充电器总规范

标准编号： SJ/T 10289-1991 **实施日期：** 1992-01-01

发布部门： 国家机械电子工业部

标准简介：

本标准规定了各种镉镍密封碱性蓄电池用充电器的一般技术要求、试验方法、检验规则和标志、包装、运输、贮存。本标准适用于交流电源供电的几种镉镍密封碱性蓄电池用充电器。本标准不适用于作为一个部件安装在其它设备内的充电器。专为工业设计的充电器。

方形密封镉镍可充电单体蓄电池

标准编号： SJ/T 10621-1995 **实施日期：** 1995-10-01

发布部门： 中华人民共和国电子工业部

标准简介：

本标准规定了方形密封镉镍可充电单体蓄电池的试验和要求。

单相 R 型铁心电源变压器

标准编号： SJ/T 11245-2001 **实施日期：** 2002-05-01

标准简介：

本标准规定了 R 型铁心电源变压器的技术要求、检验规则及标志、包装、运输贮存等要求。本标准适用于工作电压不高于 500V、电源频率为 1000Hz 以下、重量不大于 12kg 的电子设备用干式 R 型铁心电源变压器。

直流稳定电源通用规范

标准编号： SJ/T 11432-2012 **实施日期：** 2012-06-01

发布部门： 中华人民共和国工业和信息化部

标准简介：

本标准适用于从交流或直流源取得电能，提供直流输出功率的稳定电源，规定了直流稳定电源的术语、性能要求、电磁兼容性要求以及除电磁兼容性以外的试验等。

电源用磁性氧化物磁心（EC 磁心）的尺寸

标准编号：SJ/T 2743-2013 **实施日期**：2013-12-01

发布部门：中华人民共和国工业和信息化部

标准简介：

本标准规定了磁性氧化物制成的适用于高磁通密度的优选系列 EC 型磁心在机械互换性方面的主要尺寸和用于该类磁心的线圈骨架的基本尺寸以及计算这类磁心所用的有效参数值。这个系列的磁心明确规定用于电源变压器。

刷镀电源完好要求和检查评定方法

标准编号：SJ/T 31056-1994 **实施日期**：1997-01-01

标准简介：

本标准规定了刷镀（涂镀）电源的完好要求和检查、评定方法。本标准适用于 TD 类刷镀（涂镀）电源，其它类型的刷镀电源亦可参照本标准执行。

铁氧体磁心的尺寸 第 13 部分：电源用 PQ 型磁心

标准编号：SJ/T 3172. 13-2013 **实施日期**：2013-12-01

发布部门：中华人民共和国工业和信息化部

标准简介：

本标准规定了用铁氧体制成的 PQ 磁心及低矮型 PQI 磁心在机械互换性方面的主要尺寸，以及在间距为 2. 54 mm 印制电路板网格上与磁心底部轮廓有关的线圈骨架末端插针位置。

进出口电力变压器、电源、电抗器和类似产品检验规程 通用要求

标准编号：SN/T 0811-2012 **实施日期**：2013-05-01

发布部门：中华人民共和国国家质量监督检验检疫总局

标准简介：

本标准规定了进出口电力变压器、电源、电抗器和类似产品。本标准包括了下列类型的干式变压器、电源（包括开关型电源）和电抗器，其绕组可以是包封式或非包封式。

进出口电力系统直流电源设备检验规程

标准编号：SN/T 1412-2004 **实施日期**：2004-12-01

发布部门：中华人民共和国国家质量监督检验检疫总局

标准简介：

本标准规定了进出口电力系统直流电源设备的抽样、检验及检验结果的判定。本标准适用于电力系统中直流电源设备。该设备用于电力系统发电厂、变电站等电气设备、安全自动监控装置和通信电路中的直流电源系统，是作为控制、信号、通信、保护及直流事故照明、动力装置等的直流电源设备。本标准也适用于其它行业，如冶金、化工、铁路等系统中厂内变电站等的直流电源设备。

进出口照明器具检验规程 第 1 部分：LED 光源

标准编号：SN/T 3325. 1-2012 **实施日期**：2013-07-01

发布部门：中华人民共和国国家质量监督检验检疫总局

标准简介：

SN/T 3325 的本部分规定了进出口 LED 光源的抽样、检验及结果判定。本部分适用于普通照明用 LED 光源的进出口检验。LED 光源包括以下产品：1）单一的 LED 灯泡；2）封装于 PCB 板的 LED 阵列；3）除了以一个或多个 LED 作为光源发光外还包括光学、机械、电子。

进出口照明器具检验规程 第 2 部分：普通照明用 LED 模块

标准编号：SN/T 3325. 2-2013 **实施日期**：2014-03-01

发布部门：中华人民共和国国家质量监督检验检疫总局

标准简介：

SN/T 3325 的本部分规定了进出口普通照明用 LED 模块的要求、抽样、检验及判定。本部分适用于在恒定电压、恒定电流或恒定功率下工作的不带整体式控制装置的 LED 模块，以及采用 250V 以下直流或 1000V 以下 50Hz 或 60Hz 交流电源的自镇流 LED 模块。

进出口照明器具检验规程 第 3 部分：自镇流 LED 灯

标准编号：SN/T 3325. 3-2013 **实施日期**：2014-06-01

发布部门：中华人民共和国国家质量监督检验检疫总局

标准简介：

SN/T3325 的本部分规定了进出口自镇流 LED 灯的抽样、检验及判定。本部分适用于如下范围的普通照明用自镇流 LED 灯：1）额定功率 60 W 以下；2）额定电压大于 50V 且小于或等于 250V；3）灯头规格为 B15d、B22d、E11、E12、E14、E17、E26、E27、GU10、GZ10、GX53。

进出口照明器具检验技术要求 第 5 部分：LED 灯的能效

标准编号：SN/T 3326. 5-2013 **实施日期**：2014-06-01

发布部门：中华人民共和国国家质量监督检验检疫总局

标准简介：

SN/T 3326 的本部分规定了进出口 LED 灯的能效要求、检验方法及结果判定。本部分适用于家庭和类似场所作为普通照明用的 LED 灯。在中国，适用范围如下：额定电压 AC/DC 250V 及以下；额定功率 60W 以下。

电气化铁道用中倍率镉镍蓄电池直流电源装置

标准编号：TB/T 2892-1998 **实施日期**：1998-09-01

发布部门：中华人民共和国铁道部

标准简介：

本标准规定了电气化铁道用中倍率镉镍蓄电池直流电源装置的使用环境条件，技术要求、结构、试验方法及检验规则及铭牌标字、包装、运输、贮存的要求。本标准适用于电气化铁道的牵引变电所、开闭所、电力系统 110kV 以下的变电站、工矿企业配电装置和其它自动化铁道的牵引变电所、开闭所。电力系统 110kV 以下的变电站、工矿企业配电装置和其它自动化装置的户内式直流电源装置。

移动通信手持机锂电池及充电器的安全要求和试验方法

标准编号：YD 1268-2003 **实施日期**：2003-06-05

发布部门：中华人民共和国信息产业部

标准简介：

本标准规定了移动通信手持机锂电池的安全性能要求，包括正常使用及可能发生误操作时的安全性要求和试验方法。本标准适用于移动通信手持机锂电池（以下简称电池）和锂电池芯（以下简称电池芯）。本部分规定了移动通信手持机锂电池充电器的安全特性的技术要求，并规定了相应的试验方法。本部分适用于移动通信手持机锂电池充电器（以下简称充电器）。

直流电源系统绝缘监测装置技术条件

标准编号： DL/T 1392-2014 **实施日期：** 2015-03-01

发布部门： 国家能源局

标准简介：

本标准适用于电力系统发电厂、变电站和其它电力工程的直流电源系统中，具有接地故障自动检测、自动选线和自动报警功能的绝缘监测装置的设计、制造、选择、订货和试验。

YFP 系列（IP55）风机专用变频调速三相异步电动机技术条件（机座号 80～400）

标准编号： JB/T 12219-2015 **实施日期：** 2015-10-01

发布部门： 中华人民共和国工业和信息化部

标准简介：

本标准规定了 YFP 系列（IP55）风机专用变频调速三相异步电动机的型式、基本参数与尺寸、技术要求、检验规则以及标志、包装及保用期的要求。本标准适用于 YFP 系列风机专用变频调速三相异步电动机（机座号 80～400），电动机适用于拖动转矩、转速呈二次方关系变化的风机产品。凡属本系列电动机所派生的各种系列电动机也可参照执行。

YSP 系列（IP55）水泵专用变频调速三相异步电动机技术条件（机座号 80～355）

标准编号： JB/T 12220-2015 **实施日期：** 2015-10-01

发布部门： 中华人民共和国工业和信息化部

标准简介：

本标准规定了 YSP 系列（IP55）水泵专用变频调速三相异步电动机的型式、基本参数与尺寸，技术要求，检验规则，标志、包装及保用期的要求。本标准适用于 YSP 系列水泵专用变频调速三相异步电动机（机座号 80～355），电动机适用于拖动转矩、转速呈二次方关系变化的水泵产品。凡属本系列电动机所派生的各种系列电动机也可参照执行。

YYSP 系列（IP55）压缩机专用变频调速三相异步电动机技术条件（机座号 80～355）

标准编号： JB/T 12221-2015 **实施日期：** 2015-10-01

发布部门： 中华人民共和国工业和信息化部

标准简介：

本标准规定了 YYSP 系列（IP55）压缩机专用变频调速三相异步电动机（机座号 80～355）的型式、基本参数与尺寸、技术要求、检验规则、标志、包装及保用期的要求。本标准适用于 YYSP 系列（IP55）压缩机专用变频调速三相异步电动机。凡属本系列电动机所派生的各种电动机也可参照执行。

直流电源的回馈式老化测试方法

标准编号： JB/T 12239-2015 **实施日期：** 2015-10-01

发布部门： 中华人民共和国工业和信息化部

标准简介：

本标准规定了直流电源的回馈式老化测试方法的术语和定义、要求和测试方法。本标准适用于直流电源。本标准不适用于交流电源。

建筑室内用发光二极管（LED）照明灯具

标准编号： JG/T 467-2014 **实施日期：** 2015-05-01

发布部门： 中华人民共和国住房和城乡建设部

标准简介：

本标准规定了在建筑室内照明用发光二极管（LED）照明灯具的术语和定义、分类、要求、试验方法、检验规则、标识、包装、运输和贮存。本标准适用于以 LED 为光源的采用交流 220V/50Hz 电源供电的固定式通用灯具和嵌入式灯具。本标准不适用于一体化 LED 光源和应急特殊用途灯具。

公路 LED 照明灯具 第 1 部分：通则

标准编号： JT/T 939. 1-2014 **实施日期：** 2015-04-05

发布部门： 中华人民共和国交通运输部

标准简介：

JT/T 939 的本部分规定了公路 LED 照明灯具组成、分类与型号、技术要求、试验方法、检验规则和标志、包装、运输和储存等。本部分适用于公路隧道、路段及桥梁、收费广场、服务区等场所使用的 LED 照明灯具，其它道路可参照使用。

公路 LED 照明灯具 第 2 部分：公路隧道 LED 照明灯具

标准编号： JT/T 939. 2-2014 **实施日期：** 2015-04-05

发布部门： 中华人民共和国交通运输部

标准简介：

JT/T 939 的本部分规定了公路隧道 LED 照明灯具的组成、分类与型号、技术要求、试验方法、检验规则以及标志、包装、运输和储存。本部分适用于公路隧道 LED 照明灯具，其它隧道照明灯具可参照使用。

公路 LED 照明灯具 第 5 部分：照明控制器

标准编号： JT/T 939. 5-2014 **实施日期：** 2015-04-05

发布部门： 中华人民共和国交通运输部

标准简介：

JT/T 939 的本部分规定了照明控制器的分类与组成、技术要求、试验方法、检验规则以及标志、包装、运输和储存。本标准适用于公路隧道 LED 照明控制和公路沿线路段 LED 照明控制，公路沿线服务区和收费站等 LED 照明控制可参照使用。

电动汽车充电站初步设计内容深度规定
标准编号： NB/T 33022-2015　**实施日期：** 2015-09-01
发布部门： 国家能源局
标准简介：

本标准适用于新建的电动汽车充电站工程，不适用于电动汽车电车更换站、电池配送中心工程。

地方标准

电动自行车用锂离子蓄电池组和充电器通用技术条件
标准编号： DB12/T 246-2012　**实施日期：** 2013-02-15
发布部门： 天津市质量技术监督局
标准简介：

本标准规定了电动自行车用锂离子电池组及充电器的术语、命名、要求、试验方法、检验规则及标志、包装、运输、贮存。本标准适用于电动自行车用锂离子电池组（以下简称“电池组”）及其所用充电器。

LED 密排管测试方法
标准编号： DB12/T 413-2009　**实施日期：** 2009-12-01
发布部门： 天津市质量技术监督局
标准简介：

天津市地方标准，本标准适用于额定电压 250V 以下的、户内和户外广告牌匾及建筑物装饰等类似场所使用的照明装饰 LED 密排管。

蓄电池智能快速充电机
标准编号： DB13/T 1464-2011　**实施日期：** 2011-11-30
发布部门： 河北省质量技术监督局
标准简介：

河北省地方标准。

LED 系列户外灯具
标准编号： DB21/T 2135-2013　**实施日期：** 2013-07-25
发布部门： 辽宁省质量技术监督局
标准简介：

辽宁省地方标准。

普通照明用 LED 系列室内灯具
标准编号： DB21/T 2136-2014　**实施日期：** 2014-05-07
发布部门： 辽宁省质量技术监督局
标准简介：

辽宁省地方标准。

LED 道路照明产品寒地安装与验收要求
标准编号： DB23/T 1442-2011　**实施日期：** 2011-04-03
发布部门： 黑龙江省质量技术监督局
标准简介：

黑龙江省地方标准。

户外照明用 LED 模块
标准编号： DB35/T 1465-2014　**实施日期：** 2015-02-02
发布部门： 福建省质量技术监督局
标准简介：

福建省地方标准。

LED 高杆灯
标准编号： DB35/T 1466-2014　**实施日期：** 2015-02-02
发布部门： 福建省质量技术监督局
标准简介：

福建省地方标准。

LED 道路智能照明控制系统技术规范
标准编号： DB35/T 1494-2015　**实施日期：** 2015-06-01
发布部门： 福建省质量技术监督局
标准简介：

福建省地方标准。

矿井照明用 LED 灯具技术规范
标准编号： DB35/T 1495-2015　**实施日期：** 2015-06-01
发布部门： 福建省质量技术监督局
标准简介：

福建省地方标准。

公路隧道 LED 照明灯技术条件
标准编号： DB36/T 858-2015　**实施日期：** 2015-12-01
发布部门： 江西省质量技术监督局
标准简介：

江西省地方标准。

带传感器的 LED 灯测试方法
标准编号： DB44/T 1488-2014　**实施日期：** 2015-03-02
发布部门： 广东省质量技术监督局
标准简介：

广东省地方标准。

室内 LED 照明产品光舒适度通用技术要求
标准编号： DB44/T 1489-2014　**实施日期：** 2015-03-02
发布部门： 广东省质量技术监督局
标准简介：

广东省地方标准。

带传感器的 LED 灯性能要求
标准编号： DB44/T 1490-2014　**实施日期：** 2015-03-02
发布部门： 广东省质量技术监督局
标准简介：

广东省地方标准。

道路照明用 LED 电源/控制装置 可靠性测试方法
标准编号： DB44/T 1632-2015　**实施日期：** 2015-10-01
发布部门： 广东省质量技术监督局
标准简介：

广东省地方标准。

游泳池和类似场所用 LED 灯具
标准编号： DB44/T 1633-2015 **实施日期：** 2015-10-01
发布部门： 广东省质量技术监督局
标准简介：
广东省地方标准。

地下停车场用 LED 灯具技术规范
标准编号： DB44/T 1634-2015 **实施日期：** 2015-10-01
发布部门： 广东省质量技术监督局
标准简介：
广东省地方标准。

LED 地埋灯
标准编号： DB44/T 1636-2015 **实施日期：** 2015-10-01
发布部门： 广东省质量技术监督局
标准简介：
广东省地方标准。

LED 照明模块热特性测量方法
标准编号： DB44/T 1637-2015 **实施日期：** 2015-10-01
发布部门： 广东省质量技术监督局
标准简介：
广东省地方标准。

自镇流 LED 玉米灯
标准编号： DB44/T 1638-2015 **实施日期：** 2015-10-01
发布部门： 广东省质量技术监督局
标准简介：
广东省地方标准。

USB 接口类移动电源 技术要求
标准编号： DB44/T 1662-2015 **实施日期：** 2015-12-07
发布部门： 广东省质量技术监督局
标准简介：
广东省地方标准。

公路隧道 LED 照明设计规范
标准编号： DB61/T 938-2014 **实施日期：** 2015-01-01
发布部门： 陕西省质量技术监督局
标准简介：
陕西省地方标准。

地铁场所用 LED 照明设计标准
标准编号： DB44/T 1620-2015 **实施日期：** 2015-10-01
发布部门： 广东省质量技术监督局
标准简介：
广东省地方标准。

非自镇流 LED 管形灯
标准编号： DB44/T 1621-2015 **实施日期：** 2015-10-01
发布部门： 广东省质量技术监督局
标准简介：
广东省地方标准。

地铁场所照明用 LED 灯应用技术规范
标准编号： DB44/T 1622-2015 **实施日期：** 2015-10-01
发布部门： 广东省质量技术监督局
标准简介：
广东省地方标准。

LED 读写台灯
标准编号： DB44/T 1623-2015 **实施日期：** 2015-10-01
发布部门： 广东省质量技术监督局
标准简介：
广东省地方标准。

LED 照明产品环境声明 Ⅲ型环境声明
标准编号： DB44/T 1624-2015 **实施日期：** 2015-10-01
发布部门： 广东省质量技术监督局
标准简介：
广东省地方标准。

LED 照明产品环境声明 PCR 文件格式要求
标准编号： DB44/T 1625-2015 **实施日期：** 2015-10-01
发布部门： 广东省质量技术监督局
标准简介：
广东省地方标准。

LED 照明产品环境声明 EPD 报告格式要求
标准编号： DB44/T 1626-2015 **实施日期：** 2015-10-01
发布部门： 广东省质量技术监督局
标准简介：
广东省地方标准。

LED 照明产品能效要求
标准编号： DB44/T 1627-2015 **实施日期：** 2015-10-01
发布部门： 广东省质量技术监督局
标准简介：
广东省地方标准。

LED 灯带
标准编号： DB44/T 1628-2015 **实施日期：** 2015-10-01
发布部门： 广东省质量技术监督局
标准简介：
广东省地方标准。

电梯照明用 LED 灯应用技术规范
标准编号： DB44/T 1629-2015 **实施日期：** 2015-10-01
发布部门： 广东省质量技术监督局
标准简介：
广东省地方标准。

LED 护栏灯

标准编号： DB44/T 1631-2015 **实施日期：** 2015-10-01

发布部门： 广东省质量技术监督局

标准简介：

广东省地方标准。

高速公路隧道 LED 照明灯具

标准编号： DB34/T 1543-2011 **实施日期：** 2011-12-15

发布部门： 安徽省质量技术监督局

标准简介：

本标准规定了 LED 隧道灯的术语和定义、分类、技术要求、试验方法、检验规则、标志、包装、运输和贮存。本标准用于 50Hz/220V 交流电源供电，或 24～110V 范围的直流供电 LED 隧道灯。LED 光源在外置式电源转换器驱动下稳定工作，应用于隧道内功能照明的 LED 隧道灯。

额定电压 6kV 到 35kV 变频器用电力电缆

标准编号： DB34/T 1903-2013 **实施日期：** 2013-07-27

发布部门： 安徽省质量技术监督局

标准简介：

本标准规定了额定电压 6kV 到 35kV 变频器用电力电缆的型号和产品表示方法、技术要求、成品电缆、试验方法和检验规则、交货长度和包装、运输和贮存。本标准适用于额定电压 3. 6/6～26/35kV 变频器用电力电缆（以下简称变频电缆）。

分散式电动汽车充电桩（群）工程验收规范

标准编号： DB34/T 2191-2014 **实施日期：** 2014-12-25

发布部门： 安徽省质量技术监督局

标准简介：

安徽省地方标准。

手摇自发电且可充电便携式灯具

标准编号： DB35/T 1000-2010 **实施日期：** 2010-06-10

发布部门： 福建省质量技术监督局

标准简介：

本标准规定了手摇自发电且可充电便携式灯具的型号和代号、技术要求、试验方法、检验规则及标志、包装、运输、贮存等。本标准适用于采用 LED 光源，并配置可充电电池及适配器的手摇自发电且可充电便携式灯具。

大功率 LED 路灯

标准编号： DB35/T 1296-2012 **实施日期：** 2013-02-01

发布部门： 福建省质量技术监督局

标准简介：

本标准规定了大功率 LED 路灯（以下简称“灯具”）的术语和定义、技术要求、试验方法、检验规则、标志、包装、使用说明、存储和运输。本标准适用于以 LED 为光源，功率大于 75W 的用于快速路、主干道和次干道等道路照明的大功率道路照明灯具。此类灯具的特点是必须进行光学配光和热管理。

LED 室内照明产品总要求

标准编号： DB35/T 1303-2012 **实施日期：** 2013-03-01

发布部门： 福建省质量技术监督局

标准简介：

本标准规定了室内照明用 LED 灯和 LED 灯具的术语和定义、产品分类、技术要求、试验方法、验收规则、包装、储存和运输。本标准适用于以 LED 为光源的工作电压不超过 AC 250V 的室内照明用的 LED 灯和 LED 灯具（以下简称产品）。

LED 道路照明驱动电源

标准编号： DB35/T 1305-2012 **实施日期：** 2013-03-01

发布部门： 福建省质量技术监督局

标准简介：

本标准规定了 LED 道路照明驱动电源的术语和定义、技术要求、试验方法、检验规则、标志、包装、使用说明、存储和运输。本标准适用于 LED 道路照明灯具的驱动电源。隧道、庭院、停车场等公共场所的 LED 照明灯具用驱动电源（功率 20W 及以上）也可参照执行。

LED 手电筒

标准编号： DB35/T 1306-2012 **实施日期：** 2013-03-01

发布部门： 福建省质量技术监督局

标准简介：

本标准规定了 LED（发光二极管）手电筒（以下简称“手电筒”）的术语与定义、技术要求、试验方法、检验规则、标志、包装、存储和运输。本标准适用于以一个或多个 LED 为光源的金属或非金属外壳的手电筒。本标准不适用于充电、防爆等特殊用途手电筒。

公路隧道照明用 LED 灯具

标准编号： DB35/T 1307-2012 **实施日期：** 2013-03-01

发布部门： 福建省质量技术监督局

标准简介：

本标准规定了高速公路隧道照明用的 LED 灯具（以下简称“LED 隧道灯”）的工作环境、技术要求、试验方法、检验规则、标志、包装和贮运。本标准适用于工作电源电压不超过 1000V、频率为 50Hz 或 60Hz 交流电源的公路隧道照明用 LED 灯具。用于其它隧道场所照明的 LED 灯具也可参照使用。

室内照明用白光 LED 球泡灯

标准编号： DB35/T 1402-2013 **实施日期：** 2014-03-10

发布部门： 福建省质量技术监督局

标准简介：

本标准规定了室内普通照明用白光 LED 球泡灯（以下简称 LED 球泡灯）的术语和定义、分类与型号命名方法、技术要求、试验方法、产品检验规则及标志、包装、运输与贮存。本标准适用于螺口式灯头，由交流频率 50Hz，电压 220V 电源供电，额定功率 60 W 以下的，用于室内普通照明的白光 LED 球泡灯。其它类型的 LED 球泡灯可以参照使用。

照明用多芯片集成封装LED筒灯
标准编号：DB35/T 1403-2013 **实施日期**：2014-03-10
发布部门：福建省质量技术监督局
标准简介：

本标准规定了照明用多芯片集成封装LED筒灯（以下简称LED筒灯）的术语和定义、分类与型号、技术要求、试验方法、检验规则及标志、包装、运输、贮存和安装使用说明。本标准适用于额定电源电压250V以下，频率为50Hz，由采用多芯片集成封装LED光源模块、控制装置、连接器、灯体等组成的照明用LED筒灯，或自带驱动装置LED筒灯，或驱动装置分离式LED筒灯。

室内照明用LED平板灯具技术规范
标准编号：DB35/T 1416-2014 **实施日期**：2014-06-05
发布部门：福建省质量技术监督局
标准简介：

福建省地方标准。

LED（发光二极管）路灯
标准编号：DB36/T 579-2010 **实施日期**：2010-10-01
发布部门：江西省质量技术监督局
标准简介：

江西省地方标准。

室内照明LED球泡灯
标准编号：DB36/T 580-2010 **实施日期**：2010-11-01
发布部门：江西省质量技术监督局
标准简介：

江西省地方标准。

室内照明LED管形灯
标准编号：DB36/T 581-2010 **实施日期**：2010-11-01
发布部门：江西省质量技术监督局
标准简介：

江西省地方标准。

太阳能LED路灯
标准编号：DB36/T 653-2012 **实施日期**：2012-06-01
发布部门：江西省质量技术监督局
标准简介：

江西省地方标准。

室内照明LED面板灯
标准编号：DB36/T 654-2012 **实施日期**：2012-06-01
发布部门：江西省质量技术监督局
标准简介：

江西省地方标准。

室内照明LED筒灯
标准编号：DB36/T 740-2013 **实施日期**：2014-02-01
发布部门：江西省质量技术监督局
标准简介：

江西省地方标准。

反射型自镇流LED灯
标准编号：DB36/T 741-2013 **实施日期**：2014-02-01
发布部门：江西省质量技术监督局
标准简介：

江西省地方标准。

太阳能LED灯具通用技术条件
标准编号：DB37/T 1181-2009 **实施日期**：2009-03-01
发布部门：山东省质量技术监督局
标准简介：

山东省地方标准。

额定电压8.7/15kV及以下变频器用电力电缆通用技术要求
标准编号：DB37/T 2728-2015 **实施日期**：2016-01-14
发布部门：山东省质量技术监督局
标准简介：

山东省地方标准。

变频变压电源通用技术条件
标准编号：DB37/T 727-2007 **实施日期**：2007-12-01
标准简介：

山东省地方标准。

微显示投影用LED光源
标准编号：DB41/T 848-2013 **实施日期**：2014-02-25
发布部门：河南省质量技术监督局
标准简介：

河南省地方标准。

LED道路照明灯具
标准编号：DB42/T 566-2009 **实施日期**：2009-10-24
发布部门：湖北省质量技术监督局
标准简介：

湖北省地方标准。

电机变频调速装置节电量证价方法
标准编号：DB43/T 461-2009 **实施日期**：2009-08-01
发布部门：湖南省质量技术监督局
标准简介：

湖南省地方标准。

LED路灯
标准编号：DB43/T 672-2014 **实施日期**：2014-12-01
发布部门：湖南省质量技术监督局
标准简介：

本标准规定了LED路灯的相关术语、分类与命名要求、技术要求、试验方法、检验规则以及标志、使用说明书、包装、运输和贮存的要求等。本标准适用于使用电源电压不超过1000V的以LED（发光二极管）为光源，总功率不超过400W的道路、街路、隧道照明用灯具的设计、生产及使用。

LED 筒灯

标准编号： DB43/T 680-2012 **实施日期：** 2012-06-08

发布部门： 湖南省质量技术监督局

标准简介：

湖南省地方标准。

LED 日光灯

标准编号： DB43/T 681-2012 **实施日期：** 2012-06-08

发布部门： 湖南省质量技术监督局

标准简介：

湖南省地方标准。

双端自镇流 LED 管型灯

标准编号： DB44/T 1042-2012 **实施日期：** 2012-10-15

发布部门： 广东省质量技术监督局

标准简介：

本标准规定了双端自镇流LED管形灯的术语和定义、分类与命名、技术要求、试验方法、检验规则、标志、包装、运输和贮存。本标准适用于额定电压250V以下，室内照明领域用双端自镇流LED管形灯（以下简称灯）。本标准不适用于可以控制调光的灯。

LED 投光灯

标准编号： DB44/T 1161-2013 **实施日期：** 2014-11-24

发布部门： 广东省质量技术监督局

标准简介：

本标准规定了LED投光灯的术语和定义、结构、分类与命名、技术要求、试验方法、检验规则、标志、包装、合格证、使用说明书、运输和贮存。本标准适用于250V以下直流电源或1000V以下交流供电以LED为光源的用于投光照明（泛光照明）的投光设备，将光线投射到整个面或场所，使得受照面的照度远大于其周围环境照度的建筑装饰照明、广告牌照明、绿化景观照明、商业空间等室内外照明装饰领域（不包含水底照明）用LED投光灯。可调控型LED投光灯可参照本标准。

LED 路灯、隧道灯用驱动电源 电气性能要求

标准编号： DB44/T 1217-2013 **实施日期：** 2014-03-06

发布部门： 广东省质量技术监督局

标准简介：

本标准适用于线路总功率不大于400W的LED路灯、隧道灯用恒压和恒流驱动电源。

道路照明用 LED 电源/控制装置 性能要求

标准编号： DB44/T 1329-2014 **实施日期：** 2014-07-18

发布部门： 广东省质量技术监督局

标准简介：

广东省地方标准。

普通照明用 LED 控制装置性能要求

标准编号： DB44/T 1330-2014 **实施日期：** 2014-07-18

发布部门： 广东省质量技术监督局

标准简介：

广东省地方标准。

LED 射灯

标准编号： DB44/T 1331-2014 **实施日期：** 2014-07-18

发布部门： 广东省质量技术监督局

标准简介：

广东省地方标准。

LED 平板灯

标准编号： DB44/T 1332-2014 **实施日期：** 2014-07-18

发布部门： 广东省质量技术监督局

标准简介：

广东省地方标准。

充电式 LED 手电筒

标准编号： DB44/T 1334-2014 **实施日期：** 2014-07-18

发布部门： 广东省质量技术监督局

标准简介：

广东省地方标准。

LED 医用 X 线胶片观察灯

标准编号： DB44/T 1335-2014 **实施日期：** 2014-07-18

发布部门： 广东省质量技术监督局

标准简介：

广东省地方标准。

电梯照明用 LED 照明设计标准

标准编号： DB44/T 1336-2014 **实施日期：** 2014-07-18

发布部门： 广东省质量技术监督局

标准简介：

广东省地方标准。

汽车库 LED 照明设计标准

标准编号： DB44/T 1337-2014 **实施日期：** 2014-07-18

发布部门： 广东省质量技术监督局

标准简介：

广东省地方标准。

汽车隧道 LED 照明设计标准

标准编号： DB44/T 1338-2014 **实施日期：** 2014-07-18

发布部门： 广东省质量技术监督局

标准简介：

广东省地方标准。

可移式 LED 灯具
标准编号： DB44/T 1339-2014 **实施日期：** 2014-07-18
发布部门： 广东省质量技术监督局
标准简介：
广东省地方标准。

集中供电式道路照明用 LED 模块的电气接口规范
标准编号： DB44/T 1395-2014 **实施日期：** 2014-11-14
发布部门： 广东省质量技术监督局
标准简介：
广东省地方标准。

LED 路灯
标准编号： DB44/T 609-2009 **实施日期：** 2009-07-01
发布部门： 广东省质量技术监督局
标准简介：
广东省地方标准。

转子侧变频调速节能装置通用技术规范
标准编号： DB44/T 747-2010 **实施日期：** 2010-07-14
发布部门： 广东省质量技术监督局
标准简介：
本标准规定了转子侧变频调速节能装置通用技术规范的技术要求、试验方法、检验规则、标志、包装、运输等。本标准适用于研制和使用的交流电动机变频调速节能系统中的转子侧变频调速装置。

LED 灯泡通用接口
标准编号： DB52/T 791-2013 **实施日期：** 2013-02-05
发布部门： 贵州省质量技术监督局
标准简介：
贵州省地方标准。

高原型高压变频装置
标准编号： DB53/T 495-2013 **实施日期：** 2013-10-01
发布部门： 云南省质量技术监督局
标准简介：
本标准规定了高原型高压变频装置（以下简称装置）的型号、技术要求、试验方法、检验规则及标志、包装、运输和贮存。本标准适用于额定输入电压范围为交流 3～10kV，输出电压范围为交流 0～1.1 倍额定输入电压，额定输入频率为 50Hz，输出频率为 5～60Hz，使用海拔为 2000m 及以下地区的变频装置，主要用于风机、水泵类变压力变流量负载或类似交流负载。

公路隧道照明用 LED 灯具通用技术条件
标准编号： DB61/T 549-2012 **实施日期：** 2012-05-10
发布部门： 陕西省质量技术监督局
标准简介：
本标准适用于公路隧道照明用 LED 灯具（以下简称 LED 隧道灯）的设计、生产、施工及验收。

LED 隔爆型防爆灯
标准编号： DB65/T 3371-2012 **实施日期：** 2012-02-20
发布部门： 新疆维吾尔自治区质量技术监督局
标准简介：
新疆维吾尔自治区地方标准。

光伏并网逆变器技术规范
标准编号： DB65/T 3463-2013 **实施日期：** 2013-02-01
发布部门： 新疆维吾尔自治区质量技术监督局
标准简介：
新疆维吾尔自治区地方标准。

通信、广播

国家标准

卫星通信地球站无线电设备测量方法 第二部分：分系统测量 第四节：上变频器和下变频器
标准编号： GB/T 11299.8-1989 **实施日期：** 1990-01-01
发布部门： 中华人民共和国电子工业部
标准简介：
本标准规定了卫星通信地球站发射机和接收机内上、下变频器电性能的测量适用于本系列标准 GB11299.1《卫星通信地球站无线电设备测量方法》“总则” 图 1 所示的分系统。

电视和声音信号的电缆分配系统设备与部件 第 9 部分：电源设备通用规范
标准编号： GB/T 11318.9-1996 **实施日期：** 1997-05-01
发布部门： 国家广播电影电视总局
标准简介：
本标准规定了 5～1750MHz 电视和声音信号的电缆分配系统中电源设备（以下简称部件）的产品分类、要求、试验方法、检验规则以及标志、包装、运输和贮存等。本标准适用于 5～1750MHz 电视和声音信号的电缆分配系统中的电源设备。

移动通信电源技术要求和试验方法
标准编号： GB/T 13722-2013 **实施日期：** 2014-08-15
发布部门： 中华人民共和国国家质量监督检验检疫总局、中国国家标准化管理委员会
标准简介：
本标准规定了移动通信电源的技术要求和试验方法。本标准适用于供地面、内河或沿海作移动业务使用的，其额定输出电压为 48V 及以下的直流稳压电源。

Ku 频段卫星电视地球接收站通用规范
标准编号： GB/T 16954-1997 **实施日期：** 1998-05-01
发布部门： 国家技术监督局
标准简介：
本标准规定了 Ku 频段卫星电视地球接收站的要求、试验方法、检验规则、标志、包装、运输和贮存等。本标准

适用于传输彩色电视制式 PAL-D 制的 Ku 频段卫星电视地球接收站。

视听设备和系统 标牌——电源标志

标准编号： GB/T 18122-2000　**实施日期：** 2000-10-01

发布部门： 中华人民共和国国家质量监督检验检疫总局

标准简介：

本标准适用于音频、视频、电视和视听工程领域的电子设备及系统，特别是对使用人员无需进行技术培训的设备。本标准仅适用于使用不超过单相250V 交流电压或不超过 50V 的直流电压、通过插头和插座连接电源的设备。

移动通信手持机用锂离子电源充电器

标准编号： GB/T 21544-2008　**实施日期：** 2008-11-01

发布部门： 中华人民共和国国家质量监督检验检疫总局、国家标准化管理委员会

标准简介：

本标准规定了移动通信手持用锂离子电源充电器的要求、试验方法、检验规则和标志、包装、储存、运输。本标准适用于移动通信手持机用锂离子电源的充电器。

接入网设备与远端模块电源系统的综合再利用

标准编号： GB/T 26260-2010　**实施日期：** 2011-06-01

发布部门： 中华人民共和国国家质量监督检验检疫总局、中国国家标准化管理委员会

标准简介：

本标准规定了接入网设备与远端模块电源系统进行综合再利用的技术要求、试验方法及判定与原则。本标准适用于接入网设备与远端模块等配套电源系统的综合再利用。

通信用风能电源系统

标准编号： GB/T 26263-2010　**实施日期：** 2011-06-01

发布部门： 中华人民共和国国家质量监督检验检疫总局、中国国家标准化管理委员会

标准简介：

本标准规定了通信用风能电源系统的定义、组成、要求、试验方法、检验规则和包装储运。本标准适用于向通信设备供电的风能发电系统或混合发电系统，不适用于向电网送电的风能发电系统和柴油发电机组等发电装置。

通信用太阳能电源系统

标准编号： GB/T 26264-2010　**实施日期：** 2011-06-01

发布部门： 中华人民共和国国家质量监督检验检疫总局、中国国家标准化管理委员会

标准简介：

本标准规定了通信用太阳能电源系统的定义、组成、要求、试验方法、检验规则和包装储运。本标准适用于向通信设备供电的离网型光伏发电系统或混合发电系统，不适用于向电网送电的光伏发电系统和柴油发电机组等发电装置。

行业标准

有线电视系统接收机变换器入网技术条件和测量方法

标准编号： GY/T 125-1995　**实施日期：** 1996-01-01

发布部门： 广播电影电视部

标准简介：

本标准规定了有线电视接收机变换器（以下简称变换器）的性能参数要求和测量方法，对于能确保同样测量准确度的任何等效测量方法也可以应用。有争议时，应以本标准为准。本标准适用于入网的有线电视接收机变换器电性能参数的检测，并作为入网评价的技术依据。

多路微波分配系统（MMDS）下变频器技术要求和测量方法

标准编号： GY/T 173-2001　**实施日期：** 2001-10-01

发布部门： 国家广播电影电视总局

标准简介：

本标准规定了采用多路微波分配方式、工作在 2500～2700MHz 频率范围内的广播电视系统用 MMDS 下变频器的技术要求和测量方法。对于能够确保同样测量不确定度的任何等效测量方法也可以采用。有争议时，应以本标准为准。

卫星直播系统一体化下变频器技术要求和测量方法

标准编号： GY/T 232-2011　**实施日期：** 2011-10-11

发布部门： 国家广播电影电视总局

标准简介：

本标准规定了卫星直播系统一体化下变频器的技术要求和测量方法。对于能够确保同样测量不确定度的任何等效测量方法也可采用。有争议时，应以本标准为准。本标准适用于广播电视卫星直播系统一体化下变频器的研发、生产、使用和运行维护。

低压电源线和信号线上短持续时间瞬变信号的测量方法 导则

标准编号： SJ/Z 9032-1987　**实施日期：** 1987-10-19

标准简介：

本标准意在给出低压电源线和信号线上短持续时间瞬变信号测量方法的指导性规范。

移动通信手持机锂电池充电器的安全要求和试验方法

标准编号： YD 1268. 2-2003　**实施日期：** 2003-06-05

发布部门： 中华人民共和国信息产业部

标准简介：

本部分规定了移动通信手持机锂电池充电器的安全特性的技术要求，并规定了相应的试验方法。本部分适用于移动通信手持机锂电池充电器（以下简称充电器）。

通信局（站）电源系统总技术要求

标准编号： YD/T 1051-2010　**实施日期：** 2011-01-01

发布部门： 工业和信息化部

标准简介：

本标准规定了通信局（站）电源系统的结构形式、交流供电系统、直流供电系统、防雷接地、主要电源设备技术性能要求和电源系统的监控、环境条件等要求。

通信用太阳能供电组合电源

标准编号： YD/T 1073-2000 **实施日期：** 2000-09-01

发布部门： 中华人民共和国信息产业部

标准简介：

本标准规定了通信用太阳能供电组合电源（以下简称组合电源）的要求、试验方法、检验规则和标志、包装、运输、贮存。本标准适用于以太阳能光伏电池做主供电源，由交流配电（单）、直流配电（单）、整流器、监控器和太阳能光伏电池电压稳定装置等构成的向通信设备供电的组合电源设备。本标准不包含对太阳能光伏电池的要求。

通信用交流稳压器

标准编号： YD/T 1074-2000 **实施日期：** 2000-09-01

发布部门： 中华人民共和国信息产业部

标准简介：

本标准规定了通信用交流稳压器（以下简称稳压器）的要求、试验方法、检验规则和标志、包装、运输、贮存。本标准适用于由补偿变压器和接触调压器以及低压电器和电子器件组成的向通信设备供电的干式交流稳压器。

通信用不间断电源（UPS）

标准编号： YD/T 1095-2008 **实施日期：** 2008-11-01

发布部门： 工业和信息化部

标准简介：

本标准规定了通信用在线式、互动式与后备式静止型不间断电源（UPS）的技术要求、试验方法、检验规则和标志、包装、运输、贮存。本标准适用通信用在线式、互动式与后备式输出电压为正弦波的静止型不间断电源。

通信用开关电源系统监控技术要求和试验方法

标准编号： YD/T 1104-2001 **实施日期：** 2001-03-21

发布部门： 中华人民共和国信息产业部

标准简介：

本标准规定了通信用开关电源系统监控模块的监控内容、技术要求、通信协议、试验方法等。本标准适用于各类通信局（站）单独设置的通信用开关电源系统监控模块及以此为基础构成的不同规模的监控系统网络。微波、光缆、移动通信等通信局（站）中纳入通信设备监控系统的通信智能电源监控可参照本标准有关部分执行。

接入网电源技术要求

标准编号： YD/T 1184-2002 **实施日期：** 2002-02-01

发布部门： 中华人民共和国信息产业部

标准简介：

本标准规定了接入网电源的技术要求。本标准适用于接入网用户端网络单及以下的交换和业务终端设备的电源设备和系统。

无触点补偿式交流稳压器

标准编号： YD/T 1270-2003 **实施日期：** 2003-06-05

发布部门： 中华人民共和国信息产业部

标准简介：

本标准规定了无触点补偿式交流稳压器的技术要求、试验方法、检验规则和标志、包装、运输、贮存。本标准适用于采用低压电器及电子器件组成的无触点补偿式交流稳压器。

无触点感应式交流稳压器

标准编号： YD/T 1325-2004 **实施日期：** 2005-03-01

发布部门： 中华人民共和国信息产业部

标准简介：

本标准规定了无触点感应式交流稳压器（以下简称稳压器）的定义、分类与命名、技术要求、试验方法、检验规则、标志、包装、运输和贮存。本标准适用于交流电压为500V以下稳压器。

通信局（站）电源、空调及环境集中监控管理系统第1部分：系统技术要求

标准编号： YD/T 1363.1-2014 **实施日期：** 2014-10-14

发布部门： 中华人民共和国工业和信息化部

标准简介：

本部分规定了通信局（站）电源、空调及环境集中监控管理系统的系统组成、监控内容、系统管理、硬件配置、软件功能、系统维护等要求。本部分技术要求适用于通信局（站）单独设置的通信电源、空调及环境集中监控管理系统以及在此基础上构成的不同规模的监控系统网络。采用通信网元提供的干接点传输进行监控系统组网时，除传输组网方式外，其它功能应遵循本部分规定。

通信局（站）电源、空调及环境集中监控管理系统 第2部分：互联协议

标准编号： YD/T 1363.2-2014 **实施日期：** 2014-10-14

发布部门： 中华人民共和国工业和信息化部

标准简介：

本部分规定了通信局（站）电源、空调及环境集中监控管理系统（以下简称监控系统）的互联通信协议接口。本部分适用于通信局（站）电源、空调及环境集中监控管理系统不同厂家监控中心之间的互联接口协议。

通信局（站）电源、空调及环境集中监控管理系统 第3部分：前端智能设备协议

标准编号： YD/T 1363.3-2014 **实施日期：** 2014-10-14

发布部门： 中华人民共和国工业和信息化部

标准简介：

本部分规定了通信局（站）内为实现集中监控而使用的电源、空调等设备在设计、制造中应遵循的通信协议，同时规定了通信局（站）电源、空调及环境集中监控管理系统中监控模块和监控单元之间的通信协议。本部分适用于各类通信局（站）电源、空调及环境集中监控系统和在此基础上构成的不同规模的监控系统。

通信局（站）电源、空调及环境集中监控管理系统 第4部分：测试方法

标准编号： YD/T 1363.4-2014　**实施日期：** 2014-10-14

发布部门： 中华人民共和国工业和信息化部

标准简介：

本部分规定了通信局（站）电源、空调及环境集中监控管理系统的测试方法。本部分适用于各类通信局（站）单独设置的通信电源、空调及环境集中监控管理系统以及在此基础上构成的不同规模监控系统的测试。

通信局（站）电源、空调及环境集中监控管理系统 第5部分：门禁集中监控系统

标准编号： YD/T 1363.5-2014　**实施日期：** 2014-10-14

发布部门： 中华人民共和国工业和信息化部

标准简介：

本部分规定了通信局（站）电源、空调及环境集中监控管理系统中门禁集中监控系统的系统组成、监控内容、系统管理、硬件配置、软件功能和系统维护等要求。本部分适用于通信局（站）单独设置的门禁集中监控系统及以此为基础构成的不同规模的门禁集中监控系统网络。

通信用直流—直流模块电源

标准编号： YD/T 1376-2005　**实施日期：** 2005-12-01

发布部门： 中华人民共和国信息产业部

标准简介：

本标准规定了通信用直流-直流模块电源（以下简称模块电源）的要求、试验方法、检验规则和包装贮存。本标准适用于非独立使用、板上安装的通信用直流-直流模块电源。

室外型通信电源系统

标准编号： YD/T 1436-2014　**实施日期：** 2014-10-14

发布部门： 中华人民共和国工业和信息化部

标准简介：

本标准规定了室外型通信电源系统的定义、分类、技术要求、防雷要求、环境适应性要求、试验方法、检验规则以及标志、包装、运输和贮存。本标准适用于放置在室外固定地点的，由高频开关电源、不间断电源（UPS）、蓄电池、配电装置、温度调节装置和机柜组成的通信电源系统。本标准不适用于室外型柴油发电机组、车船载移动电源系统及利用自然环境能量发电的电源系统。

移动通信终端电源适配器及充电/数据接口技术要求和测试方法

标准编号： YD/T 1591-2009　**实施日期：** 2010-01-01

发布部门： 中华人民共和国工业和信息化部

标准简介：

本标准规定了移动通信终端充电/数据接口、交流电源适配器及线缆的技术要求和测试方法，包括所涉及的物理特性、电气特性、安全特性、电磁兼容性、环境适应性和识别标识等。本标准适用于采用有线供电方式的终端、交流电源适配器及其连接线缆；不适用于需要特殊供电和应用的移动终端，如仅用于企业、行业的特殊移动设备等。其它便携式或家用小型电子设备的供电或充电也可以参照使用。

通信设备用直流远供电源系统

标准编号： YD/T 1817-2008　**实施日期：** 2008-11-01

发布部门： 中华人民共和国工业和信息化部

标准简介：

本标准规定了通信设备用直流远供电源系统的定义、分类、要求、测试方法，及设备的标志、包装、运输和存储。本标准适用于通过通信线缆进行直流电能远距离传送和接收的供电系统。本标准不适用于TNV电路的远供系统。

数据通信用电源系统

标准编号： YD/T 1818-2008　**实施日期：** 2008-11-01

发布部门： 中华人民共和国工业和信息化部

标准简介：

本标准规定了数据通信用电源系统的定义、分类、系统组成、技术及系统配置要求。本标准适用于数据通信机房电源系统及进入数据通信机房的各类数据通信设备的电源系统。

通信局（站）电源系统维护技术要求 第1部分：总则

标准编号： YD/T 1970.1-2009　**实施日期：** 2009-09-01

发布部门： 中华人民共和国工业和信息化部

标准简介：

本部分规定了通信局（站）电源系统结构组成、维护原则、维护技术目标、主要设备的有效使用年限和能用检测方法。本部分适用于通信局（站）中的高、低压变配电系统、直流系统、交流不间断电源UPS系统、逆变系统、发电机组系统、接地系统、动力环境监控系统、光伏与风力发电系统、蓄电池等系统设备。

通信局（站）电源系统维护技术要求 第2部分：高低压变配电系统

标准编号： YD/T 1970.2-2010　**实施日期：** 2011-01-01

发布部门： 中华人民共和国工业和信息化部

标准简介：

本部分规定了通信局（站）高低压变配电系统的使用条件、维护项目、周期、指标要求和检测方法。

通信局（站）电源系统维护技术要求 第3部分：直流系统

标准编号： YD/T 1970.3-2010　**实施日期：** 2011-01-01

发布部门： 中华人民共和国工业和信息化部

标准简介：

本部分规定了通信局（站）直流系统的使用条件、维护项目、周期、指标要求和检测方法。

通信局（站）电源系统维护技术要求 第4部分：不间断电源（UPS）系统

标准编号：YD/T 1970.4-2009 **实施日期：**2009-09-01

发布部门：中华人民共和国工业和信息化部

标准简介：

本部分规定了不间断电源-UPS系统的使用条件、维护和现场验收项目、周期、指标要求及检测方法。本部分适用于通信局（站）中UPS系统。

通信局（站）电源系统维护技术要求 第6部分：发电机组系统

标准编号：YD/T 1970.6-2009 **实施日期：**2009-09-01

发布部门：中华人民共和国工业和信息化部

标准简介：

本部分规定了通信局（站）发电机组系统的使用条件、维护项目、周期、指标要求和检测方法。本部分适用于通信局（站）发电机组系统中的发电机设备、机组控制屏、转换设备、配电设备、启动系统、通风排烟系统、燃油系统等设备。

通信局（站）电源系统维护技术要求 第9部分：光伏及风力发电系统

标准编号：YD/T 1970.9-2014 **实施日期：**2014-10-14

发布部门：中华人民共和国工业和信息化部

标准简介：

本部分规定了通信局（站）用光伏及风力发电系统的使用条件、维护项目及要求、维护周期、技术指标和检测方法。本部分适用于通信局（站）用光伏发电系统、风力发电系统及风/光互补发电系统的维护与管理。

通信局（站）电源系统维护技术要求 第10部分：阀控式密封铅酸蓄电池

标准编号：YD/T 1970.10-2009 **实施日期：**2009-09-01

发布部门：中华人民共和国工业和信息化部

标准简介：

本部分规定了通信局（站）用阀控式密封蓄电池使用条件、维护项目、周期、指标要求和检测方法。本部分规定了通信局（站）中直流系统、交流不间断电源UPS系统、逆变系统、发电机组系统、光伏与风力发电系统等供电系统所配置的铅酸蓄电池。

通信用应急电源（EPS）

标准编号：YD/T 2062-2009 **实施日期：**2010-01-01

发布部门：中华人民共和国工业和信息化部

标准简介：

本标准规定了通信用应急电源（EPS）（以下简称EPS设备）的定义、分类、要求、试验方法、检验规则及标志、包装、运输、贮存。本标准适用于输出容量为0.5～10kVA，应用于微机站、直放站等场所的EPS设备。

通信设备用电源分配单元（PDU）

标准编号：YD/T 2063-2009 **实施日期：**2010-01-01

发布部门：中华人民共和国工业和信息化部

标准简介：

本标准规定了通信设备机柜内部使用的交流电源分配单元的定义、分类和规格、要求、试验方法、检验规则及标志、包装、运输、贮存等。本标准适用于局站通信设备用电源分配单元（简称PDU）。

通信用模块化不间断电源

标准编号：YD/T 2165-2010 **实施日期：**2011-01-01

发布部门：中华人民共和国工业和信息化部

标准简介：

本标准规定了通信用模块化不间断电源的术语和定义、要求、试验方法、检验规则和标志、包装、运输、贮存等。

无线射频拉远单元（RRU）用线缆 第2部分：电源线

标准编号：YD/T 2289.2-2011 **实施日期：**2011-06-01

发布部门：中华人民共和国工业和信息化部

标准简介：

本部分规定了无线射频拉远单元（RRU）用电源线的分类与命名、要求、试验方法、检验规则、标志、包装、运输及贮存。本部分适用于交流额定电压为600/1000V的通信局（站）无线射频拉远单元（RRU）用电源线。

移动通信终端车载直流电源适配器及接口技术要求和测试方法

标准编号：YD/T 2306-2011 **实施日期：**2011-06-01

发布部门：中华人民共和国工业和信息化部

标准简介：

本标准规定了移动通信终端车载直流电源适配器及接口的技术要求和测试方法，包括车载直流电源适配器及其接口的物理特性、电气特性、安全特性、电磁兼容性、环境适应性等。本标准适用于在供电系统为直流12V或24V，具有点烟器接口的车辆环境内使用的为移动通信终端供电的电源适配器。

通信用铜包铝电源线

标准编号：YD/T 2320-2011 **实施日期：**2011-06-01

发布部门：中华人民共和国工业和信息化部

标准简介：

本标准规定了交流额定电压600/1000V及以下通信用铜包铝电源线的分类与命名、要求、试验方法、检验规则、标志、包装、运输和贮存。本标准适用于通信局（站）、建筑物等电源输、配电系统中的通信用铜包铝电源线。

通信用变换稳压型太阳能电源控制器技术要求和试验方法

标准编号：YD/T 2321-2011 **实施日期：**2011-06-01

发布部门：中华人民共和国工业和信息化部

标准简介：

本标准规定了通信用变换稳压型太阳能电源控制器的定义、分类、要求、试验方法、检验规则、标志、包装、运输、贮存等。本标准适用于采用DC-DC变换稳压控制技术的太阳能电源控制器，不适用于并网太阳能电源控制器。

数据设备用交流电源分配列柜

标准编号： YD/T 2322-2011　**实施日期：** 2011-06-01
发布部门： 中华人民共和国工业和信息化部
标准简介：

本标准规定了数据设备用交流电源分配列柜的系统结构、电源配置、监控测量、防雷与接地等方面的性能要求和技术指标，以及定义、分类、命名、试验方法、检验规则和标志、包装、运输和贮存。本标准适用于数据设备用网络机柜配套使用的交流电源分配列柜，与其它设备配套使用的电源配电柜、交流电源列柜以及直流电源列柜也可参照执行。

通信电源用光伏电缆

标准编号： YD/T 2337-2011　**实施日期：** 2012-02-01
发布部门： 中华人民共和国工业和信息化部
标准简介：

本标准规定了太阳能通信电源用光伏电缆的要求、试验方法、检验规则、标志、包装、运输和贮存。本标准适用于连接太阳能通信电源光伏组件之间、电池阵列之间及阵列与光伏逆变器直流端之间直流额定电压为1.8kV、交流额定电压U_0/U为0.6/1kV的电缆。

通信用电源线端子

标准编号： YD/T 2345-2011　**实施日期：** 2012-02-01
发布部门： 中华人民共和国工业和信息化部
标准简介：

本标准规定了额定电压600/1000V及以下通信用电源线端子的分类与命名、要求、试验方法、检验规则、标志、包装、运输和贮存。本标准适用于额定电压600/1000V及以下通信用电源线导体用过渡接线端子。

通信电源和机房环境节能技术指南 第1部分：总则

标准编号： YD/T 2435.1-2012　**实施日期：** 2013-03-01
发布部门： 中华人民共和国工业和信息化部
标准简介：

本标准规定了通信电源和机房环境节能总体要求。本标准适用于通信电源和机房环境的节能。

通信电源和机房环境节能技术指南 第3部分：电源设备能效分级

标准编号： YD/T 2435.3-2012　**实施日期：** 2013-03-01
发布部门： 中华人民共和国工业和信息化部
标准简介：

本标准规定了通信电源设备的能效分级和试验方法。本标准适用于通信电源设备。

通信电源和机房环境节能技术指南 第4部分：空调能效分级

标准编号： YD/T 2435.4-2012　**实施日期：** 2013-03-01
发布部门： 中华人民共和国工业和信息化部
标准简介：

本标准规定了通信用空调设备的能效分级原则、空调设备的能效比限值、能效等级指标、试验方法、检验规则、能效等级标志等。本标准适用于通信用空调设备。不适用于各类变频空调机。

卫星通信地球站设备 上下变频器技术要求

标准编号： YD/T 2474-2013　**实施日期：** 2013-06-01
发布部门： 中华人民共和国工业和信息化部
标准简介：

本标准规定了卫星通信地球站设备上下变频器的技术要求，包括环境条件、电气性能、机械结构、安全要求、电磁兼容等内容。本标准适用于工作在C波段、Ku波段及Ka波段的上下变频器。

卫星通信地球站设备 低噪声变频放大器技术要求

标准编号： YD/T 2475-2013　**实施日期：** 2013-06-01
发布部门： 中华人民共和国工业和信息化部
标准简介：

本标准规定了卫星通信地球站设备低噪声变频放大器技术要求，包括环境条件、电气性能、机械结构、安全要求、电磁兼容等内容。本标准适用于工作在C波段、Ku波段及Ka波段的低噪声变频放大器（LNB）等同类产品。

卫星通信地球站设备 高功率变频放大器技术要求

标准编号： YD/T 2476-2013　**实施日期：** 2013-06-01
发布部门： 中华人民共和国工业和信息化部
标准简介：

本标准规定了卫星通信地球站设备高功率变频放大器技术要求，包括环境条件、电气性能、机械结构、安全要求、电磁兼容等内容。本标准适用于工作在C波段、Ku波段及Ka波段的高功率变频放大器。

无线电源设备电磁兼容性要求和测量方法

标准编号： YD/T 2654-2013　**实施日期：** 2014-01-01
发布部门： 中华人民共和国工业和信息化部
标准简介：

本标准规定了无线电源设备的电磁兼容性（EMC）要求，包括限值、性能判据和测量方法等。本标准适用于各种无线电源设备。

基于240V/336V直流供电的通信设备电源输入接口技术要求与试验方法

标准编号： YD/T 2656-2013　**实施日期：** 2014-01-01
发布部门： 中华人民共和国工业和信息化部
标准简介：

本标准规定了基于240V/336V直流供电的通信设备电

源输入接口技术要求、试验方法与检验规则。本标准适用于基于240V/336V直流供电的通信设备电源输入接口。

通信电源用交联聚烯烃绝缘电缆
标准编号： YD/T 2761-2014 **实施日期：** 2014-10-14
发布部门： 中华人民共和国工业和信息化部
标准简介：
本标准规定了通信电源用交联聚烯烃绝缘电缆的产品标记、要求、试验方法、检验规则、包装、运输和贮存。本标准适用于通信枢纽、通信局站、数据中心及通信设备内部电源配电系统用、额定电压为600V/1000V及以下的通信电源用无卤低烟交联聚烯烃绝缘电缆。

微波无人值守电源技术要求
标准编号： YD/T 501-2000 **实施日期：** 2000-03-31
发布部门： 中华人民共和国信息产业部
标准简介：
本标准规定了微波无人值守站电源系统及设备的技术要求。本标准适用于无人值守站电源系统设计、设备选型等。

通信电源设备安装工程设计规范
标准编号： YD/T 5040-2005 **实施日期：** 2006-10-01
发布部门： 中华人民共和国信息产业部
标准简介：
本规范适用于新建通信电源设备安装工程。扩建和改建工程可参照执行。

通信用逆变设备
标准编号： YD/T 777-2006 **实施日期：** 2006-10-01
发布部门： 中华人民共和国信息产业部
标准简介：
本标准规定了通信用直流—交流正弦波逆变设备（以下简称逆变设备）为适应通信设备的特殊要求所必须具备的技术条件，试验方法和检验规则。本标准适用于向通信设备供电的正弦波逆变设备。

数字微波传输系统中所用设备的测量方法 第3部分：卫星通信地球站的测量 第5节：上下变频器
标准编号： YD/T 828. 35-1996 **实施日期：** 1996-03-12
发布部门： 中华人民共和国邮电部
标准简介：
本标准规定在数字调制情况下，卫星通信地球站发信机和收信机中所用的上变频器和下变频器电气特性的测量方法。

传输设备用电源分配列柜
标准编号： YD/T 939-2014 **实施日期：** 2014-10-14
发布部门： 中华人民共和国工业和信息化部
标准简介：
本标准规定了传输设备用电源分配列柜（以下简称配电列柜）和电源分配单元的术语和定义、分类与命名、要求、试验方法、检验规则、标志、包装、运输和贮存。本标准适用于传输设备配套使用的配电列柜和配电单元，与其它设备配套使用的配电列柜和配电单元也可参照使用。

通信电源设备的防雷技术要求和测试方法
标准编号： YD/T 944-2007 **实施日期：** 2007-12-01
发布部门： 中华人民共和国信息产业部
标准简介：
本标准规定了通信电源防雷的定义、分类、技术要求、试验方法及检验规则。本标准适用于通信局（站）用交流配电设备、油机控制系统、通信用交流不间断电源设备、通信半导体整体设备和通信用高频开关整流设备。

通信电源设备电磁兼容性要求及测量方法
标准编号： YD/T 983-2013 **实施日期：** 2013-06-01
发布部门： 中华人民共和国工业和信息化部
标准简介：
本标准规定了通信电源设备（简称TPE，不包括发电机和电池）的电磁兼容性要求，包括限值、性能判据和测量方法等。本标准适用于电信交换设备、电信传输设备、电信终端设备及无线通信设备的供电电源设备。

移动通信手持机用锂离子电源及充电器 锂离子电源
标准编号： YD/T 998. 1-1999 **实施日期：** 1999-06-01
发布部门： 中华人民共和国信息产业部
标准简介：
本标准规定了移动通信手持机用锂离子电源的技术要求、试验方法、检验规则及包装、标志、贮存、运输。本标准适用于移动通信手持机用锂离子电源，用于其它用途的锂离子电源也可参考使用。

移动通信手持机用锂离子电源及充电器 充电器
标准编号： YD/T 998. 2-1999 **实施日期：** 1999-06-01
发布部门： 中华人民共和国信息产业部
标准简介：
本标准规定了移动通信手持机用锂离子电源充电器的技术要求、试验方法、检验规则和标志、包装、贮存、运输。本标准适用于移动通信手持机用锂离子电源的专用充电器。其它对锂离子电源充电的充电器也可参照使用。

移动通信手持机用锂离子电源及充电器
标准编号： YD/T 998-1999 **实施日期：** 1999-07-01
发布部门： 中华人民共和国信息产业部
标准简介：
本标准规定了移动通信手持机用锂离子电源的技术要求、试验方法、检验规则及包装、标志、贮存、运输。本标准适用于移动通信手持机用锂离子电源，用于其它用途的锂离子电源也可参考使用。

通信电源和机房环境节能技术指南 第1部分：总则

标准编号： YDB 071.1-2011 **实施日期：** 2011-08-05
发布部门： 中国通信标准化协会
标准简介：

本部分规定了通信电源和机房环境节能总体要求，包括：节能原则、通信电源节能要求、空调节能要求和通信机房环境节能要求。

通信电源和机房环境节能技术指南 第 2 部分：应用条件

标准编号： YDB 071.2-2012 **实施日期：** 2012-03-25
发布部门： 中国通信标准化协会
标准简介：

本部分规定了通信电源和机房环境的节能原则、各项节能技术的定义、基本原理、技术特性与应用条件。本部分适用于通信电源和机房环境节能。

通信电源和机房环境节能技术指南 第 3 部分：电源设备能效分级

标准编号： YDB 071.3-2011 **实施日期：** 2011-08-05
发布部门： 中国通信标准化协会
标准简介：

本部分规定了通信电源设备的能效分级和试验方法。

通信电源和机房环境节能技术指南 第 4 部分：空调能效分级

标准编号： YDB 071.4-2011 **实施日期：** 2011-08-05
发布部门： 中国通信标准化协会
标准简介：

本部分规定了通信用空调设备的能效分级原则、空调设备的能效比限值、能效等级指标、试验方法、检验规则、能效等级标志等。

通信电源及机房环境节能技术指南 第 5 部分：气流组织

标准编号： YDB 071.5-2012 **实施日期：** 2012-09-07
发布部门： 中国通信标准化协会
标准简介：

本部分规定了通信机房的气流组织基本原则和要求。本部分适用于新建的需要安装大型专用空调设备并提供适宜工作环境的通信及 IT 设备机房，也适用于现有机房的改造及扩建。本部分不适用于超高密度机房（>10kVA/柜）。

电信终端设备用电源适配器的节能分级

标准编号： YDB 126-2013 **实施日期：** 2013-03-06
发布部门： 中国通信标准化协会
标准简介：

本标准规定了电信终端设备用的外接电源适配器的节能限值和节能分级的要求以及测试方法。该类电源适配器主要针对将交流电网转为固定的、单路低压直流或低压交流的外部电源适配器。本标准适用于额定输出功率不大于 250W 的电源适配器。本标准不适用于直流-直流转换的电源适配器。

邮电通信电源设备安装设计规范

标准编号： YDJ 1-1989 **实施日期：** 1990-01-01
发布部门： 中华人民共和国邮电部
标准简介：

本规范适用于电信枢纽、综合通信局站、市话局、卫星通信、地球站、移动通信基站，电（光）缆干线有人站、微波站和大中型天线电台等的新建和扩建工程。改建工程可视具体情况参照执行。

通信电源设备安装工程施工及验收技术规范

标准编号： YDJ 31-1983 **实施日期：** 1984-07-01
发布部门： 中华人民共和国邮电部
标准简介：

本规范是通过电源设备安装工程施工质量检查、随工检验和竣工验收等工作的技术依据，适用于新建和扩建工程。改建工程和无线电台的工程可视具体情况参照执行。电力变压器、调压器、油浸电力电缆及高压配电设备的安装方式和标准应按《电气装置安装工程施工及验收规范》的有关规定办理（有关绝缘电阻值参见附录一）。

地方标准

便携式移动电源

标准编号： DB35/T 1314-2013 **实施日期：** 2013-05-20
发布部门： 福建省质量技术监督局
标准简介：

本标准规定了手机、笔记本电脑、数码相机等便携式移动电源（以下简称移动电源）的术语和定义、技术要求、测试方法、检验规则以及标志、使用说明、包装、运输、贮存。本标准适用于输入电压不超过 250V，输出电压不超过 36V，输出电流不超过 5A 的移动电源。

能源、核技术

国家标准

单路输出式交流-直流和交流-交流外部电源能效限定值及节能评价值

标准编号： GB 20943-2013 **实施日期：** 2014-09-01
发布部门： 中华人民共和国国家质量监督检验检疫总局、
中国国家标准化管理委员会
标准简介：

本标准规定了在 220V、50Hz 供电条件下将交流电压转换为固定的、单路低压直流（不大于 36V）或低压交流（不大于 36V）输出电压的外部电源（以下简称：产品）能效限定值、节能评价值、试验方法和检验规则。本标准适用于额定输出功率不大于 250W 的产品。本标准不适用于直流-直流的电源，也不适用于给工业用设备、医疗器械等供电的特殊用途的产品。

普通照明用非定向自镇流 LED 灯能效限定值及能效等级

标准编号： GB 30255-2013 **实施日期：** 2014-09-01
发布部门： 中华人民共和国国家质量监督检验检疫总局、

中国国家标准化管理委员会

标准简介：

本标准规定了普通照明用非定向自镇流 LED 灯的能效等级、能效限定值、节能评价值和试验方法。本标准适用于额定功率为 2～60W，额定电压为 220V、频率为 50Hz 的不具有外加光学透镜的普通照明用非定向自镇流 LED 灯。

核辐射探测器用直流稳压电源

标准编号：GB/T 10261-2008　**实施日期：**2009-04-01

发布部门：中华人民共和国国家质量监督检验检疫总局、中国国家标准化管理委员会

标准简介：

本标准于 1988 年 12 月第一次发布。本标准替代 GB/T 10261-1988《核仪器用高、低压直流稳压电源测试方法》。本标准规定了核辐射探测器用直流高压稳压电源的产品分类、要求、试验方法、检验规则以及标志、包装、运输和贮存。本标准适用于由交流或直流供电的室内核辐射探测器用直流高压稳压电源。本标准与 GB/T 10261-1988 相比主要变化如下：增加前言；引用新的规范性文件；增加“遥控控制率”等术语；增加技术要求、检验规则等产品标准的内容；增加资料性附录 A，内容是核仪器用直流稳压电源的特定测试方法。

时（间）-幅（度）变换器测试方法

标准编号：GB/T 12129-1989　**实施日期：**1990-07-01

发布部门：国家技术监督局

标准简介：

本标准规定了时（间）-幅（度）变换器主要参数的测试方法，并给出了与其基本特性有关的术语。本标准适用于时幅变换器的测试，TAC 与多道幅度分析器（MCA）连接可以测量时间间隔。

电能质量 电压波动和闪变

标准编号：GB/T 12326-2008　**实施日期：**2009-05-01

发布部门：国家标准化管理委员会

标准简介：

本标准代替 GB 12326-2000《电能质量 电压波动和闪变》。本标准规定了电压波动和闪变的限值及测试、计算和评估方法。本标准适用于交流 50Hz 电力系统正常运行方式下，由波动负载引起的公共连接点电压的快速变动及由此可能引起人对灯光闪烁明显感觉的场合。

核电厂优先电源

标准编号：GB/T 13177-2008　**实施日期：**2009-08-01

发布部门：中华人民共和国国家质量监督检验检疫总局、中国国家标准化管理委员会

标准简介：

本标准代替 GB/T 13177-2000《核电厂优先电源》。本标准规定了核电厂优先电源（PPS）和优先电源与安全级（1E 级）电力系统、开关站、输电系统以及替代交流电源（AAC）接口的设计准则。本标准适用于核电厂优先电源。本标准与 GB/T 13177-2000 相比主要有以下变化：修改了 4.4、5.1.2、5.1.4.1、5.3.3.3、5.3.4.4、6.3.2、7.2 的部分内容。

电能质量 公用电网谐波

标准编号：GB/T 14549-1993　**实施日期：**1994-03-01

发布部门：国家技术监督局

标准简介：

本标准规定了公用电网谐波的允许值及其测试方法。本标准适用于交流额定频率为 50Hz，标称电压 110kV 及以下的公用电网。本标准不适用于暂态现象和短时间谐波。

远动设备及系统 第 2 部分：工作条件 第 1 篇：电源和电磁兼容性

标准编号：GB/T 15153.1-1998　**实施日期：**1999-06-01

发布部门：国家质量技术监督局

标准简介：

本标准适用于对地理上广布的生产过程进行监视和控制，并以串行编码方式进行数据传输的远动设备及系统。本标准也可供远方保护设备及系统，以及支持配电自动化系统的配电线载波系统参考采用。

核电厂安全级静止式充电装置及逆变装置的质量鉴定

标准编号：GB/T 15473-2011　**实施日期：**2012-06-01

发布部门：中华人民共和国国家质量监督检验检疫总局、中国国家标准化管理委员会

标准简介：

本标准规定了安装在核电厂安全壳外的安全级静止式充电装置及逆变装置的质量鉴定方法，以保证其在规定的工作条件下能执行预定的功能。本标准不适用于指导充电装置及逆变装置在电厂电力系统中的应用，也不规定这些装置的具体性能要求。

电能质量 电力系统频率偏差

标准编号：GB/T 15945-2008　**实施日期：**2009-05-01

发布部门：中华人民共和国国家质量监督检验检疫总局、中国国家标准化管理委员会

标准简介：

本标准规定了标称频率为 50Hz 的电力系统频率偏差限值、测量及合格率的统计方法。本标准不适用于电气设备的频率偏差限值。

电能质量 暂时过电压和瞬态过电压

标准编号：GB/T 18481-2001　**实施日期：**2002-04-01

发布部门：中华人民共和国国家质量监督检验检疫总局

标准简介：

本标准规定了交流电力系统中作用于电气设备的暂时过电压和瞬态过电压要求、电气设备的绝缘水平，以及过电压保护方法。当涉及过电压方面电能质量问题时，应根据本标准的规定，结合电网、设备特点和使用环境参照相关的专业标准执行。本标准不适用于因静电、触及高压系

统以及稳态波形畸变（谐波）引起的过电压。

家用太阳能光伏电源系统技术条件和试验方法

标准编号： GB/T 19064-2003 **实施日期：** 2003-09-01
发布部门： 中华人民共和国国家质量监督检验检疫总局
标准简介：

本标准规定了定义、分类与命名、技术要求、文件要求、试验方法、检验规则以及标志、包装。本标准适用于太阳能电池方阵、蓄电池组、充放电控制器、逆变器及用电器等组成的家用太阳能光伏电源系统。

电能质量监测设备通用要求

标准编号： GB/T 19862-2005 **实施日期：** 2006-04-01
发布部门： 中华人民共和国国家质量监督检验检疫总局、中国国家标准化管理委员会
标准简介：

本标准规定了电能质量监测设备的通用要求。本标准适用于户内使用的、对交流电力系统及其设备进行电能质量监视测量的下述设备：固定式监测设备；便携式监测设备。

风力发电机组　电能质量测量和评估方法

标准编号： GB/T 20320-2013 **实施日期：** 2014-10-01
发布部门： 国家质量监督检验检疫总局、国家标准化管理委员会
标准简介：

本标准规定了风力发电机组电能质量特性参数的定义、测量程序和评估方法。内容包括：对并网型风力发电机组电能质量特性参数的定义和定量描述；量化特性参数的测量程序；电能质量符合性评估程序，包括评估安装在某一场地，可能为机群中某型风力发电机组的电能质量。

离网型风能、太阳能发电系统用逆变器 第 1 部分：技术条件

标准编号： GB/T 20321. 1-2006 **实施日期：** 2007-01-01
发布部门： 中国国家标准化管理委员会
标准简介：

本部分规定了离网型风能、太阳能发电系统用逆变器的术语、基本参数及型号编制、技术要求、试验方法、检验规则和标志、包装、运输及贮存等内容。

离网型风能、太阳能发电系统用逆变器 第 2 部分：试验方法

标准编号： GB/T 20321. 2-2006 **实施日期：** 2007-01-01
发布部门： 中国国家标准化管理委员会
标准简介：

本部分规定了离网型风能、太阳能发电系统用逆变器工作性能的试验条件、试验内容和试验方法。本标准适用于离网型风能、太阳能发电系统用逆变器（以下简称逆变器）的工作性能试验。

风机、泵类负载变频调速节电传动系统及其应用技术条件

标准编号： GB/T 21056-2007 **实施日期：** 2008-02-01
发布部门： 中华人民共和国国家质量监督检验检疫总局、中国国家标准化管理委员会
标准简介：

本标准规定了风机、泵类负载变频调速节电传动系统的应用条件、技术要求、试验方法及判别与评价。本标准适用于660V 及以下电压，50Hz 三相交流电源供电，电动机额定功率315kW 及以下的风机、泵类负载变频调速节电传动系统。

风力发电机组 全功率变流器 第 1 部分：技术条件

标准编号： GB/T 25387. 1-2010 **实施日期：** 2011-03-01
发布部门： 中华人民共和国国家质量监督检验检疫总局、中国国家标准化管理委员会
标准简介：

本部分规定了风力发电机组全功率交直交电压型变流器的相关术语和定义、通用要求、试验方法、检验规则等。本部分适用于风力发电机组全功率交直交电压型变流器。

风力发电机组 全功率变流器 第 2 部分：试验方法

标准编号： GB/T 25387. 2-2010 **实施日期：** 2011-03-01
发布部门： 中华人民共和国国家质量监督检验检疫总局、中国国家标准化管理委员会
标准简介：

本部分规定了风力发电机组全功率交直交电压型变流器的试验条件和试验方法。本部分适用于风力发电机组用全功率交直交电压型变流器的试验和检验。

风力发电机组 双馈式变流器 第 1 部分：技术条件

标准编号： GB/T 25388. 1-2010 **实施日期：** 2011-03-01
发布部门： 中华人民共和国国家质量监督检验检疫总局、中国国家标准化管理委员会
标准简介：

GB/T25388 的本部分规定了双馈式变速恒频风力发电机组交直交电压型变流器的相关术语和定义、通用技术要求、试验方法、检验规则及其产品的相关信息等。本部分适用于双馈式变速恒频风力发电机组交直交电压型变流器，即双馈式变流器。

风力发电机组 双馈式变流器 第 2 部分：试验方法

标准编号： GB/T 25388. 2-2010 **实施日期：** 2011-03-01
发布部门： 中华人民共和国国家质量监督检验检疫总局、中国国家标准化管理委员会
标准简介：

GB/T25388 的本部分规定了双馈式风力发电机组交直交电压型变流器工作性能的试验条件、试验内容和试验方法。本部分适用于双馈式风力发电机组交直交电压型变流器性能试验。

并网光伏发电专用逆变器技术要求和试验方法

标准编号： GB/T 30427-2013 **实施日期：** 2014-08-15
发布部门： 中华人民共和国国家质量监督检验检疫总局、中国国家标准化管理委员会
标准简介：

本标准规定了并网光伏发电专用逆变器的术语和定义、产品分类、技术要求、试验方法、检验规则及标志、包装、运输和贮存等。本标准适用于交流输出端电压不超过0.4kV 的并网光伏发电专用逆变器。

重要电力用户供电电源及自备应急电源配置技术规范

标准编号： GB/Z 29328-2012 **实施日期：** 2013-06-01
发布部门： 中华人民共和国国家质量监督检验检疫总局、中国国家标准化管理委员会
标准简介：

本指导性技术文件规定了重要电力用户的界定和分级、供电电源和自备应急电源的配置原则和主要技术条件。本指导性技术文件适用于重要电力用户的供电电源及自备应急电源的配置。其它电力用户的供电电源和自备应急电源配置可参照执行。

行业标准

电能质量技术监督规程

标准编号： DL/T 1053-2007 **实施日期：** 2007-12-01
发布部门： 中华人民共和国国家发展和改革委员会
标准简介：

本标准规定了公用电网电能质量技术监督的任务、方法和技术管理内容。本标准适用于电网企业、并网运行的发电企业、电力用户以及相关的规划设计、建设施工、试验调试、科研开发和管理部门单位和电能质量技术监督。

电力用直流和交流一体化不间断电源设备

标准编号： DL/T 1074-2007 **实施日期：** 2008-06-01
发布部门： 中华人民共和国国家发展和改革委员会
标准简介：

本标准规定了电力用直流和交流一体化不间断电源设备（以下简称一体化电源设备）的型号和额定值、技术要求、检验规则和试验方法、标志、包装、运输和储存等的要求。本标准适用于发电厂、变（配）电所和其它电力工程直流和交流一体化不间断电源设备的设计、制造、选择、订货和试验。也适用于电力用交流不间断电源（以下简称UPS）、电力用逆变电源（以下简称 INV）、小型变电站的通信用直流变换电源（以下简称 DC-DC）的设计、制造、选择、订货和试验。

火电厂高压变频器运行与维护规范

标准编号： DL/T 1195-2012 **实施日期：** 2012-12-01
发布部门： 国家能源局
标准简介：

本标准规定了火电厂高压变频器成套设备的基本要求、使用条件、运行与维护方法。本标准适用于火电厂高压变频器成套设备的运行和维护。本标准中高压变频器的额定输入频率为 50Hz，额定输入电压为 1 ~ 10kV，输出电压为交流 0 ~ 10kV。

电能质量监测装置技术规范

标准编号： DL/T 1227-2013 **实施日期：** 2013-08-01
发布部门： 国家能源局
标准简介：

本标准规定了电能质量监测装置的基本技术要求、试验方法、检验规则及对标志、包装、运输、储存的要求。本标准适用于固定安装在现场的电能质量监测装置，其它具有类似功能的装置可参照本标准执行。

电能质量监测装置运行规程

标准编号： DL/T 1228-2013 **实施日期：** 2013-08-01
发布部门： 国家能源局
标准简介：

本标准规定了电能质量监测装置的安装、投运、使用、维护、检定、巡检、通信和异常处理的基本要求。本标准适用于各级电网中发、供电单位及电力用户的电能质量监测装置。

电能质量监测系统技术规范

标准编号： DL/T 1297-2013 **实施日期：** 2014-04-01
发布部门： 国家能源局
标准简介：

本标准规定了电能质量监测系统的组成、性能要求、功能要求和测试方法。本标准适用于公用电网电能质量监测系统，其它类型电网可参照执行。

基于 DL/T860 的变电站低压电源设备通信接口

标准编号： DL/T 329-2010 **实施日期：** 2011-05-01
发布部门： 国家能源局
标准简介：

本标准适用于变电站低压电源设备之间及与变电站其它部分进行通信的智能电子设备的设计、制造和试验要求。变电站用各种电源设备的技术要求已在 DL/T 5044、DL/T 1074、DL/T 459 和 DL/T 856 等标准中明确，这些标准加上本标准所增补的技术要求广泛适用。

电力系统直流电源柜订货技术条件

标准编号： DL/T 459-2000 **实施日期：** 2001-01-01
发布部门： 中华人民共和国国家经济贸易委员会
标准简介：

本标准是根据我国电力工业的发展现状，对 DL/T459—1992《镉镍蓄电池直流屏（柜）订货技术条件》进行修订。修订后的标准名称为《电力系统直流电源柜订货技术条件》。本标准在对 DL/T459—1992 修订时，保留了仍适用电力系统百流电源柜要求的内容，修改了部分条款。因新技术、新件、新装置的引入，根据它们的特性，增加了新的内容。增加内容如下：1）阀控式密封铅酸蓄电池的技术要求及试验；2）高频开关电源充电浮充电装置的技术

要求及试验；3）微机控制器的技术要求及自动转换程序试验；4）抗高频干扰试验；5）静电放电干扰度试验；6）谐波测量测试；7）三遥功能试验。

备用电源自动投入装置技术条件
标准编号：DL/T 526-2013　**实施日期：**2014-04-01
发布部门：国家能源局
标准简介：

本规范适用于锅炉主蒸汽压力不低于 3.8MPa（表压）的火力发电机组的水汽化学监督。

电力系统用蓄电池直流电源装置运行与维护技术规程
标准编号：DL/T 724-2000　**实施日期：**2001-01-01
发布部门：中华人民共和国国家经济贸易委员会
标准简介：

本标准规定了电力系统用蓄电池直流电源装置（包括蓄电池、充电装置、微机监控器）运行与维护的技术要求和技术参数，适用于电力系统各部门直流电源的运行和维护。

电力用直流电源监控装置
标准编号：DL/T 856-2004　**实施日期：**2004-06-01
发布部门：中华人民共和国国家发展和改革委员会
标准简介：

本标准规定了电力用直流电源监控装置的使用条件、术语和定义、基本功能要求、电气与安全性能要求、设计和结构、检验规则和试验方法、标志、包装和贮运。本标准适用于电力用直流电源监控装置（以下简称监控装置）的设计、生产、选择、订货和试验。

发电厂、变电所蓄电池用整流逆变设备技术条件
标准编号：DL/T 857-2004　**实施日期：**2004-06-01
发布部门：中华人民共和国国家发展和改革委员会
标准简介：

本标准规定了发电厂、变电所蓄电池用整流逆变设备（以下简称整流逆变设备）的技术要求、试验方法、包装及贮运条件。本标准适用于直流电源系统中的蓄电池用整流逆变设备的试验、选择和订货。

核电厂不间断电源系统蓄电池组
标准编号：NB/T 20062-2012　**实施日期：**2012-04-06
发布部门：国家能源局
标准简介：

本标准规定了核电厂不间断电源系统蓄电池组的选择、安装设计、安装、维护和试验的方法，并给出了 UPS 蓄电池充电、整流装置与蓄电池设备选型之间的关系。本标准适用于核电厂 UPS 系统蓄电池组的选型、安装 、维护和试验。本标准不适用于 UPS 元器件的设计，也不适用于直流输出整流装置的后备蓄电池。

压水堆核电厂棒电源系统安装技术规程
标准编号：NB/T 20114-2012　**实施日期：**2012-04-06
发布部门：国家能源局
标准简介：

本标准规定了压水堆核电厂建造期棒电源系统安装及检查的基本要求。本标准适用于压水堆核电厂建造期棒电源系统的电动发电机组的安装、电气盘柜的安装、电缆敷设与端接。

核电厂仪表和控制设备可靠性及老化检测 第 3 部分：电源
标准编号：NB/T 20197.3-2014　**实施日期：**2014-11-01
发布部门：国家能源局
标准简介：

本部分规定了核电厂仪表和控制系统使用电源（为仪表和控制设备提供稳定交流或直流电能的转换装置）的特性参数、可靠性及老化检测方法。本部分适用于核电厂仪表和控制系统设备电源，不适用于不间断电源。

核电厂安全级充电器鉴定规程
标准编号：NB/T 20210-2013　**实施日期：**2013-10-01
发布部门：国家能源局
标准简介：

本标准规定了核电厂安全级相控型充电器鉴定所采用的试验项目、试验条件、试验方法和验收准则。本标准适用于核电厂安全壳外和缓环境区内安装的相控型充电器的质量鉴定。

风电场电能质量测试方法
标准编号：NB/T 31005-2011　**实施日期：**2011-11-01
发布部门：国家能源局
标准简介：

本标准规定了风电场电能质量测试的基本要求、测试项目、测试设备、测试方法和测试结果的评价。本标准适用于通过 110（66）kV 及以上电压等级线路接入电网的装机容量大于 40MW 的风电场。其它的风电场，可以参照执行。

光伏发电站电能质量检测技术规程
标准编号：NB/T 32006-2013　**实施日期：**2014-04-01
发布部门：国家能源局
标准简介：

本标准规定了光伏发电站电能质量的检测条件、检测设备和检测方法。本标准适用于通过 35kV 及以上电压等级并网，以及通过 10kV 电压等级与公共电网连接的新建、扩建和改造的光伏发电站。

光伏发电站逆变器电能质量检测技术规程
标准编号：NB/T 32008-2013　**实施日期：**2014-04-01
发布部门：国家能源局
标准简介：

本标准规定了光伏发电站逆变器交流侧电能质量的检测条件、检测设备和检测方法等。本标准适用于并网型光伏逆变器，不适用于离网型光伏逆变器。

光伏发电站逆变器电压与频率响应检测技术规程
标准编号：NB/T 32009-2013 **实施日期**：2014-04-01
发布部门：国家能源局
标准简介：

本标准规定了光伏发电站逆变器接入电网运行电压与频率响应的检测条件、检测设备和检测方法等。本标准适用于并网型光伏逆变器，不适用于离网型光伏逆变器。本标准规定了光伏发电站逆变器接入电网运行电压与频率响应的检测条件、检测设备和检测方法等。本标准适用于并网型光伏逆变器，不适用于离网型光伏逆变器。

光伏发电站逆变器防孤岛效应检测技术规程
标准编号：NB/T 32010-2013 **实施日期**：2014-04-01
发布部门：国家能源局
标准简介：

本标准规定了光伏发电站逆变器孤岛防护措施有效性的检测条件、检测设备和检测方法。本标准适用于通过380V电压等级接入电网，以及通过10（6）kV电压等级接入用户侧的新建、改建和扩建的光伏发电系统所配的光伏逆变器。

分布式电源接入配电网技术规定
标准编号：NB/T 32015-2013 **实施日期**：2014-04-01
发布部门：国家能源局
标准简介：

本标准适用于通过35kV及以下电压等级接入电网的新建、改建和扩建分布式电源。

便携式太阳能光伏电源
标准编号：NB/T 32020-2014 **实施日期**：2014-11-01
发布部门：国家能源局
标准简介：

本标准规定了便携式太阳能光伏电源及其部件的，分类与配置，技术要求，试验方法，检验规则，标志和使用说明书，包装、运输和贮存等。本标准适用于峰值功率小于1000W的可移动太阳电池组件组成的便携式太阳能光伏电源。

分布式电源接入电网技术规定
标准编号：Q/GDW 480-2010 **实施日期**：2010-08-24
发布部门：国家电网公司
标准简介：

本标准规定了新建和扩建分布式电源接入电网运行应遵循的一般原则和技术要求，改建分布式电源、分布式自备电源可参照本标准执行。

分布式电源接入配电网测试技术规范
标准编号：Q/GDW 666-2011 **实施日期**：2011-11-14
发布部门：国家电网公司
标准简介：

本标准适用于国家电网公司经营区域以内同步电机、异步电动机、交流器形式接入10kV及以下电压等级配电网的分布式电源。

分布式电源接入配电网运行控制规范
标准编号：Q/GDW 667-2011 **实施日期**：2011-11-14
发布部门：国家电网公司
标准简介：

国家电网公司生产技术部组织编写了《分布式电源接入配电网运行控制规范》。本标准是国家电网公司智能电网配电环节系列标准之一，是智能电网标准体系的重要组成部分。

分布式电源接入配电网监控系统功能规范
标准编号：Q/GDW 677-2011 **实施日期**：2011-11-14
发布部门：国家电网公司
标准简介：

本标准规定了矿用本质安全输出直流电源的产品分类、技术要求、试验方法、检验规则、标志、包装、运输和贮存。本标准适用于矿用本质安全输出直流电源（以下简称直流电源）。

机载火控雷达低压开关电源通用规范
标准编号：SJ 20351-1993 **实施日期**：1993-07-01
标准简介：

本规范规定了机载火控雷达低压开关电源的通用要求、质量保证规定以及交货准备要求。本标准适用于机载火控雷达低压开关电源，也可适用于其它机载电子设备的低压开关电源。本规范是制订电源产品规范的基本依据。

低压直流电源通用规范
标准编号：SJ 20365-1993 **实施日期**：1993-07-01
发布部门：中华人民共和国电子工业部
标准简介：

本规范规定了低压直流电源的通用技术要求、质量保证规定以及交货准备要求。本规范适用于军用电子设备的低压直流稳压电源（以下简称电源）。本规范是制定各种特定电源产品规范的依据。

2CW50～149型硅半导体稳压二极管
标准编号：SJ 909-74 **实施日期**：1975-10-01
标准简介：

本标准适用于0.25～3W的《2CW50～149型》硅半导体稳压二极管。

3DW50～202型硅半导体稳压二极管
标准编号：SJ 910-74 **实施日期**：1975-10-01
标准简介：

该产品用于电气设备的稳压电路中，亦可用于其它无线电线路中。

2DW230～236 型硅平面温度补偿稳压二极管
标准编号： SJ 911-74　**实施日期：** 1975-10-01
标准简介：
该产品用于精密稳压电路中。

地方标准

电能质量监测装置技术规范
标准编号： DB32/T 1841-2011　**实施日期：** 2011-08-20
发布部门： 江苏省质量技术监督局
标准简介：
暂缺。

太阳能光伏移动充电系统技术要求
标准编号： DB35/T 1090-2011　**实施日期：** 2011-02-20
发布部门： 福建省质量技术监督局
标准简介：
本标准规定了太阳能光伏移动充电系统的术语和定义、分类与命名、要求、试验方法、检验规则、标志和使用说明书、包装、运输、贮存。本标准适用于由太阳能电池组件、内置蓄电池、充放电控制器、输出控制电路、电路保护等组成的离网型、可移动的太阳能光伏移动充电系统（以下简称“充电系统”）。该系统主要用于山区、野外作业等缺乏正常供电的场所为手机、电脑及其它设备的蓄电池进行充电。

逆变式弧焊电源能效评价
标准编号： DB37/T 1373-2009　**实施日期：** 2010-01-01
发布部门： 山东省质量技术监督局
标准简介：
暂缺。

冲击性、非线性负荷接入电网电能质量技术管理规范
标准编号： DB42/T 718-2011　**实施日期：** 2011-06-01
发布部门： 湖北省质量技术监督局
标准简介：
暂缺。

并网型光伏逆变器技术条件
标准编号： DB42/T 862-2012　**实施日期：** 2013-04-24
发布部门： 湖北省质量技术监督局
标准简介：
暂缺。

户外太阳能光伏电源照明系统技术要求和试验方法
标准编号： DB63/T 811-2009　**实施日期：** 2009-08-01
发布部门： 青海省质量技术监督局
标准简介：
暂缺。

分布式光伏逆变器技术条件
标准编号： DB65/T 3568-2014　**实施日期：** 2014-02-10
发布部门： 新疆维吾尔自治区质量技术监督局
标准简介：
暂缺。

太阳能光伏充电站技术要求
标准编号： DB44/T 1507-2014　**实施日期：** 2015-03-09
发布部门： 广东省质量技术监督局
标准简介：
暂缺。

电子元器件与信息技术

国家标准

调频、电视广播接收机用 300Ω/75Ω 平衡-不平衡阻抗变换器
标准编号： GB 8977-1988　**实施日期：** 1989-01-01
发布部门： 中华人民共和国电子工业部
标准简介：
本标准适用于 300Ω 平衡输入端与 75Ω 不平衡输出端的阻抗变换器。该产品供黑白、彩色电视接收机及调频广播接收机用。

通信用电感器和变压器磁心 第四部分：分规范 电源变压器和扼流圈用磁性氧化物磁心
标准编号： GB 9628-1988　**实施日期：** 1989-02-01
发布部门： 中华人民共和国电子工业部
标准简介：
本分规范规定了有质量评定的磁性氧化物磁心的性能、额定值及检验要求。

通信用电感器和变压器磁心 第四部分：空白详细规范
标准编号： GB 9629-1988　**实施日期：** 1989-02-01
发布部门： 中华人民共和国电子工业部
标准简介：
本规范规定了评定水平为 A 的电源变压器和扼流圈用磁性氧化物磁心的额定值、性能、检验要求和补充资料。

气体激光器电源系列
标准编号： GB/T 12083-2012　**实施日期：** 2013-02-15
发布部门： 中华人民共和国国家质量监督检验检疫总局、中国国家标准化管理委员会
标准简介：
本标准规定了连续工作状态的气体激光器电源输出电压和输出电流值的系列、调节范围和允许的波动范围，同时规定了输出电压和输出电流之间的允许配伍。本标准适用于连续工作状态的气体激光器的固定的和可调节的直流电流源和直流电压。

微小型计算机系统设备用开关电源通用规范
标准编号： GB/T 14714-2008　**实施日期：** 2008-12-01
发布部门： 国家标准化管理委员会

标准简介：

本标准规定了微小型计算机系统设备用开关电源的技术要求、试验方法、检验规则、标志、包装、运输、贮存等。本标准适用于微小型计算机系统设备用开关电源，是制定产品标准的依据．本标准替代 GB/T 14714-1993《微小型计算机系统设备用开关电源通用技术条件》。本标准与 GB/T 14714-1993 的主要区别如下：标准名称修改为“微小型计算机系统设备用开关电源通用规范”；表 1 中关于电压分类，电压分类增加 3.3V 和负电压，取消 24V，将大于 60V 的电压并入“其它”；将“最小调节范围”修改为“稳压范围”；其它各项指标也作了部分修订；增加电源适应能力的要求；电磁兼容增加抗扰度限值和谐波电流限值的要求；可靠性要求由 3000h 更改为 4000h；主要性能试验增加测试电流计算方法，确定了额定负载的计算方法，并在相关的试验中作了修订。

信息技术设备用不间断电源通用技术条件

标准编号：GB/T 14715-1993 **实施日期：**1994-06-01

发布部门：国家技术监督局

标准简介：

本标准规定了信息技术设备用不间断电源通用技术条件。本标准适用于信息技术设备用不间断电源，其它场合使用的不间断电源可参照本标准，本标准是制定型号产品标准的依据。

电子和通信设备用变压器和电感器 第 3 部分：按能力批准程序评定质量的电源变压器分规范

标准编号：GB/T 14860.3-2012 **实施日期：**2013-06-01

发布部门：中华人民共和国国家质量监督检验检疫总局、中国国家标准化管理委员会

标准简介：

GB/T14860 的本部分规定了按 GB/T14860.1—2012 规定的能力批准程序放行的电源变压器详细规范编制方法。本部分包括空白详细规范（BDS）。空白详细规范规定了格式并指出了适合于这类元件的试验；而最终选择列入检查一览表的试验是由该规范的编写者决定的。此规范还规定了相应的额定值和特性。本部分规定的元器件与基频基本对称波形下的最大传输功率有关。

电子和通信设备用变压器和电感器 第 4 部分：按能力批准程序评定质量的开关电源变压器分规范

标准编号：GB/T 14860.4-2012 **实施日期：**2013-06-01

发布部门：中华人民共和国国家质量监督检验检疫总局、中国国家标准化管理委员会

标准简介：

GB/T14860 的本部分规定了按 GB/T14860.1—2012 规定的能力批准程序放行的开关电源变压器详细规范编制方法。本部分包括空白详细规范（BDS），空白详细规范规定了格式并指出了适合于这类元件的试验；而最终选择列入检查一览表的试验是由该规范的编写者决定。此规范还规定了相应的额定值和特性。本部分规定的元件与工作在开关状态的半导体器件连在一起用以传输功率，其输入波形为正弦或非正弦、对称或非对称的波形。

电子设备用电源变压器和滤波扼流圈总技术条件

标准编号：GB/T 15290-2012 **实施日期：**2013-02-15

发布部门：中华人民共和国国家质量监督检验检疫总局、中国国家标准化管理委员会

标准简介：

本标准规定了电子设备用电源变压器、滤波扼流圈的技术要求、试验方法、检验规则及标志、包装、运输、贮存。本标准适用于工作电压不高于 5000V、电源频率不高于 1050Hz、重量不大于 70kg 的电子设备用干式电源变压器、滤波扼流圈。

半导体设备电源接口

标准编号：GB/T 15872-2013 **实施日期：**2014-05-15

发布部门：中华人民共和国国家质量监督检验检疫总局、中国国家标准化管理委员会

标准简介：

本标准规定了半导体设备电源接口的供电类别，选择电器附件、导线和电缆的要求等。本标准适用于半导体设备的电源接口。

通信用电源设备通用试验方法

标准编号：GB/T 16821-2007 **实施日期：**2007-09-01

发布部门：中华人民共和国国家质量监督检验检疫总局、中国国家标准化管理委员会

标准简介：

本标准规定了通信用电源设备通用试验项目试验的一般规定：试验用仪器仪表设备及要求、试验部位、试验条件和方法、计算方法。本标准适用于通信用的整流器、高频开关组合电源、直流-直流变换设备、逆变设备、配电设备等。

半导体器件 集成电路 第 2-11 部分：数字集成电路 单电源集成电路电可擦可编程只读存储器 空白详细规范

标准编号：GB/T 17574.11-2006 **实施日期：**2007-05-01

发布部门：中华人民共和国国家质量监督检验检疫总局、中国国家标准化管理委员会

标准简介：

本空白详细规范是半导体器件的一系列空白详细规范之一，本规范等同采用 IEC 60748-2-11：1999《半导体器件 集成电路 第 2-11 部分：数字集成电路 单电源集成电路电可擦可编程只读存储器 空白详细规范》英文版。

电磁兼容 试验和测量技术 交流电源端口谐波、谐间波及电网信号的低频抗扰度试验

标准编号：GB/T 17626.13-2006 **实施日期：**2007-07-01

发布部门：中华人民共和国国家质量监督检验检疫总局、中国国家标准化管理委员会

标准简介：

GB/T17626 的本部分规定了低压电网中每相额定电流小于等于 16A 的电气和电子设备对骚扰频率高至 2kHz 的谐波、谐间波的抗扰度试验方法，并提出了基本试验等级的范围。

电磁兼容 试验和测量技术 直流电源输入端口纹波抗扰度试验

标准编号：GB/T 17626. 17-2005 **实施日期：**2005-12-01

发布部门：中华人民共和国国家质量监督检验检疫总局、中国国家标准化管理委员会

标准简介：

本部分规定了电气和电子设备的直流电源输入端口的纹波抗扰度试验方法。本部分适用于由外部整流系统或正在充电的蓄电池供电的设备的低压直流电源端口。本部分的目的是建立一个通用的和可重现的基准，以在试验室条件下对电力和电子设备进行来自于如整流系统和/或蓄电池充电时叠加在直流电源上的纹波电压的抗扰度试验。本部分规定了：试验电压的波形；试验等级范围；试验发生器；试验配置；试验程序。

电磁兼容 试验和测量技术 直流电源输入端口电压暂降、短时中断和电压变化的抗扰度试验

标准编号：GB/T 17626. 29-2006 **实施日期：**2007-09-01

发布部门：中华人民共和国国家质量监督检验检疫总局、中国国家标准化管理委员会

标准简介：

GB/T17626 的本部分规定了在电气和电子设备的直流电源输入端口对电压暂降、短时中断和电压变化的抗扰度试验方法。

电磁兼容 试验和测量技术 电能质量测量方法

标准编号：GB/T 17626. 30-2012 **实施日期：**2013-02-01

发布部门：中华人民共和国国家质量监督检验检疫总局、中国国家标准化管理委员会

标准简介：

GB/T17626 的本部分规定了 50Hz 交流供电系统中电能质量参数测量方法及测量结果的解释。各有关参数的测量方法均采用能提供可靠的、可重复结果的术语描述，但不涉及测量方法的实现手段。本部分涉及的是现场测量方法。本部分适用于所指的参数测量仅限电力系统中能处理的电压现象。本部分涉及的电能质量参数是指电网频率、供电电压幅值、闪烁、供电电压暂降和暂升、电压中断、瞬态电压、供电电压不平衡、电压谐波和间谐波、供电电压中的载波信号以及快速电压变化。根据测量目的的不同，可能需要对上述全部参数或部分参数进行测量。注 1：有关电流的参数信息见 A. 3 和 A. 6。本部分仅提供测量方法以及相应的性能要求，并不设置阈值。供电系统和仪器之间传感器的作用众所周知，因此在本部分中没有详细叙述，仅对带电电路安装监测器的注意事项作出规定。注 2：可在 IEC61557-12 中查询关于传感器作用的说明。

电磁兼容 试验和测量技术 电源每相电流大于 16A 的设备的电压暂降、短时中断和电压变化抗扰度试验

标准编号：GB/T 17626. 34-2012 **实施日期：**2012-09-01

发布部门：中华人民共和国国家质量监督检验检疫总局、中国国家标准化管理委员会

标准简介：

本部分规定了与低压供电网连接的电气和电子设备对电压暂降、短时中断和电压变化抗扰度试验方法和优选的试验等级范围。本部分适用于主电源每相额定电流超过 16A 的电气和电子设备（每相额定电流超过 200A 的电气和电子设备的指南见附录 E）。本部分适用于安装在居民区和工业区的连接到 50Hz 或者 60Hz 交流网络的可能发生电压暂降和短时中断的单相和三相设备。本部分不适用于连接到 400Hz 交流网络的电气和电子设备。与这些网络连接的设备的试验将在以后的标准中涉及。

STZ3 型电子测量仪器用电源连接器

标准编号：GB/T 9393-2012 **实施日期：**2013-06-01

发布部门：中华人民共和国国家质量监督检验检疫总局、中国国家标准化管理委员会

标准简介：

本标准规定了 STZ3 型电子测量仪器用单相两极带接地电源连接器（以下简称连接器）的技术要求、试验方法和包装、标志、运输、贮存要求等。本标准适用于电子测量仪器及类似用途的计算机、办公电器所使用的电源连接器。

电磁兼容 环境 工业设备电源低频传导骚扰发射水平的评估

标准编号：GB/Z 18039. 2-2000 **实施日期：**2000-12-01

发布部门：中华人民共和国国家质量监督检验检疫总局

标准简介：

本指导性技术文件推荐了评估工业环境中安装在非公用电网中的装置、设备和系统发射所产生的骚扰水平的程序，并只限于供电电源中的低频传导骚扰。

行业标准

CKM—198 型系列捷变频磁控管详细规范

标准编号：SJ 20480/1-1996 **实施日期：**1997-01-01

发布部门：中华人民共和国电子工业部

标准简介：

本规范规定了 CKM—198 型系列捷变频磁控管的详细要求。本规范适用于 CKM—198 型系列捷变频磁控管（以下简称磁控管）。

CKM—709、709A 型捷变频脉冲磁控管详细规范

标准编号：SJ 20480/6-1998 **实施日期：**1998-05-01

发布部门：中华人民共和国电子工业部

标准简介：

本规范规定了 CKM-709、709A 型捷变频脉冲磁控管的性能要求、质量保证、交货准备等的详细要求。本规范适用于 CKM-709、709A 型磁控管（以下简称磁控管）。

混合集成电路 DC-DC 变换器测试方法

标准编号： SJ 20646-1997 **实施日期：** 1997-10-01

标准简介：

本标准规定了混合集成电路 DC/DC（直流/直流）变换器的主要性能参数的测试方法。本标准适用于各类军用电子设备中混合集成电路 DC-DC 变换器的参数测试。

混合集成电路系列与品种 DC-AC 变换器系列的品种

标准编号： SJ 20759-1999 **实施日期：** 1999-12-01

发布部门： 中华人民共和国信息产业部

标准简介：

本标准规定了输入电压为 28V 的脉宽调制式厚膜混合集成 DC-DC 变换器系列及其品种，并给出了每一品种的主要电参数、外形图、引出端系列的主要方式以及选择和应用导则。本指南适用于 DC-DC 变换器生产、研制、开发时系列和品种的选择，也适用于电子设备在设计和制造时对 DC-DC 变换器的选型。

400Hz 静止变频电源通用规范

标准编号： SJ 20915-2004 **实施日期：** 2004-12-30

标准简介：

本规范适用于电子装备所使用的各种静止变频电源，是产品研制、生产和验收的主要技术依据，也是制定相关产品规范和其它技术文件应遵循的原则和基础。

微波电路变频测试方法

标准编号： SJ 20938-2005 **实施日期：** 2006-06-01

标准简介：

本标准规定了微波电路上变频器、下变频器电参数的测试方法。

VYJ9S 系列野战电源电缆规范

标准编号： SJ 20988-2008 **实施日期：** 2008-06-30

标准简介：

本规范规定了 VYJ9S 系列野战电源电缆的要求、质量保证规定和交货准备等。本规范适用于 VYJ9S 系列野战电源电缆（以下简称电缆）的研制、生产、订货和验收。

半导体光电子器件 GF1121 型 LED 指示灯详细规范

标准编号： SJ 50033/147-2000 **实施日期：** 2000-10-20

发布部门： 中华人民共和国信息产业部

标准简介：

本规范规定了 GF1121 型固态指示灯（以下简称器件）的详细要求。本规范适用于器件的研制、生产和采购。

LC410-9005-E-E-1E-B-3、LC410-9007-H-E-1E-B-3 型电源滤波器详细规范

标准编号： SJ 51518/1-2004 **实施日期：** 2004-12-01

标准简介：

本规范规定了 LC410-9005-E-E-1E-B-3、LC410-9007-H-E-1E-B-3 型电源滤波器（以下简称“产品”）的详细要求。

GS1113 型 LED 红色数码管详细规范

标准编号： SJ 52146/1-1996 **实施日期：** 1997-01-01

发布部门： 中华人民共和国电子工业部

标准简介：

本标准适用于军用 GS1113 型 LED 红色数码管（以下简称器件）的研制、生产和采购。

混合集成电路 HMSF-600 型电源滤波器详细规范

标准编号： SJ 52438. 10-2001 **实施日期：** 2002-01-01

发布部门： 中华人民共和国信息产业部

标准简介：

本规范规定了混合集成电路 HMSF-600 型电源滤波器（以下简称电路）的详细要求。该电路的质量保证等级为 H 级和 H1 级。本规范适用于电路的研制、生产和采购。

混合集成电路 HDCD2812D15 型 DC-DC 变换器详细规范

标准编号： SJ 52438. 9-2001 **实施日期：** 2002-01-01

发布部门： 中华人民共和国信息产业部

标准简介：

本规范规定了混合集成电路 HDA2812D15 型 DC-DC 变换器（以下简称电路）的详细要求。该电路的质量保证等级为 H 和 HI 级。本规范适用与电路的研制、生产和采购。

混合集成电路 HDC28D15/1000 型 DC-DC 变换器详细规范

标准编号： SJ 52438/1-1997 **实施日期：** 1997-10-01

发布部门： 中华人民共和国电子工业部

标准简介：

本标准规定了混合集成电路 HDC28D15/1000 型 DC-DC 变换器（以下简称电路）的详细要求。本标准适用于电路的研制、生产和采购。

混合集成电路 HDC28S5/1000 型 DC-DC 变换器详细规范

标准编号： SJ 52438/2-1997 **实施日期：** 1997-10-01

发布部门： 中华人民共和国电子工业部

标准简介：

本标准规定了混合集成电路 HDC28S5/1000 型 DC-DC 变换器（以下简称电路）的详细要求。本标准适用于电路的研制、生产和采购。

混合集成电路 B—DTV3 温度-电压变换器详细规范

标准编号： SJ 52438/4-1997 **实施日期：** 1997-10-01

发布部门： 中华人民共和国电子工业部

标准简介：

本标准规定了混合集成电路 B—DTV3 温度-电压变换器（以下简称电路）的详细要求。本标准适用于电路的研制、生产和采购。

混合集成电路 HDCD2815S15 型 DC-DC 变换器详细规范

标准编号： SJ 52438/6-2000 **实施日期：** 2000-10-20

发布部门： 中华人民共和国信息产业部

标准简介：

本标准规定了混合集成电路 HDCD2815S15 型 DC-DC 变换器（以下简称电路）的详细要求。本标准适用于电路的研制、生产和采购。

混合集成电路 HDCD2812D15 型 DC-DC 变换器详细规范

标准编号： SJ 52438/9-2001　**实施日期：** 2002-01-01

发布部门： 中华人民共和国信息产业部

标准简介：

本规范规定了混合集成电路 HDCD2812D15 型 DC-DC 变换器的详细要求。该电路的质量保证等级为 H 级和 H1 级。本规范适用于电路的研制、生产和采购。

LED 显示屏通用规范

标准编号： SJ/T 11141-2012　**实施日期：** 2012-06-01

发布部门： 中华人民共和国工业和信息化部

标准简介：

本标准规定了 LED 显示屏的术语和定义、分类、技术要求、检验方法、检验规则，以及标志、包装、运输和贮存要求，适用于 LED 显示屏产品。本标准是我国自主制定的电子行业标准。

发光二极管（LED）显示屏测试方法

标准编号： SJ/T 11281-2007　**实施日期：** 2008-01-20

发布部门： 中华人民共和国信息产业部

标准简介：

本标准规定了发光二极管（LED）显示屏的机械、光学、电学等主要技术性能指标的分级和测试方法。本标准适用于各类发光二极管（LED）显示屏（以下简称显示屏）的测试。

CS42 型电源用矩形电连接器规范

标准编号： SJ/T 11323-2006　**实施日期：** 2006-02-01

标准简介：

本规范规定了 CS42 型电源用矩形电连接器的型号命名、技术要求、质量评定程序、标志、包装、运输和贮存等要求。本规范适用于 CS42 型电源用矩形电连接器。

体育场馆用 LED 显示屏规范

标准编号： SJ/T 11406-2009　**实施日期：** 2010-01-01

发布部门： 中华人民共和国工业和信息化部

标准简介：

主要规定了体育场馆用 LED 显示屏的定义、分类与分档、技术要求、试验方法、检验规则以及标志、包装、运输、贮存要求等内容。适用于体育场馆用 LED 显示屏的设计、制造、质量检验、安装和验收。

液晶显示背光组件用 LED 性能规范

标准编号： SJ/T 11458-2013　**实施日期：** 2013-12-01

发布部门： 中华人民共和国工业和信息化部

标准简介：

本标准规定了液晶显示背光组件用 LED（发光二极管）的术语和定义、分类、性能要求、检验方法和检验规则的相关内容。

液晶显示用背光组件 第 3-2 部分：显示器用 LED 背光组件空白详细规范

标准编号： SJ/T 11460. 3. 2-2013　**实施日期：** 2013-12-01

发布部门： 中华人民共和国工业和信息化部

标准简介：

本部分规定了显示器用 LED 背光组件的技术要求，以及质量评定程序、检验和试验方法、包装、运输和储存的空白详细要求。

电子电源术语及定义

标准编号： SJ/T 1670-2001　**实施日期：** 2002-01-01

标准简介：

本标准规定了电子电源常用名词术语的定义。本标准适用于电子电源专业范围内制定各种标准、编制各类技术文件，也适用于科研、科学等方面。

交流电容器老化电源完好要求和检查评定方法

标准编号： SJ/T 31381-1994　**实施日期：** 1994-06-01

发布部门： 中华人民共和国电子工业部

标准简介：

本标准规定了交流电容器老化电源的完好要求和检查、评定方法。本标准适用于 P80-1/ HM 型和 P80-4/HM 型交流电容器老化电源，类似型式的交流电容器老化电源亦可参照执行。

进出口信息技术设备检验技术要求 第 3 部分：外部电源的能效

标准编号： SN/T 3324. 3-2012　**实施日期：** 2013-07-01

发布部门： 中华人民共和国国家质量监督检验检疫总局

标准简介：

SN/T 3324 的本部分规定了进出口外部电源的能效的要求、检验及结果判定的方法。本部分适用于进出口或出口到欧盟、美国或其它国家（地区）的外部电源。

地方标准

LED 显示屏

标准编号： DB35/T 1304-2012　**实施日期：** 2013-03-01

发布部门： 福建省质量技术监督局

标准简介：

本标准规定了 LED 显示屏（以下简称“显示屏”）的术语和定义、产品分类及型号、技术要求、试验方法、检验规则及标志、包装、运输、贮存等要求。本标准适用于 LED 显示屏产品。

LED 显示屏现场测量方法

标准编号： DB35/T 1369-2013　**实施日期：** 2014-03-01

发布部门： 福建省质量技术监督局

标准简介：

本标准规定了LED显示屏的电学和光学特性的现场测量方法。本标准适用于户外及室内场所安装的发光二极管（LED）显示屏的现场测量。

车载LED显示屏通用技术规范

标准编号： DB35/T 1373-2013 **实施日期：** 2014-03-01

发布部门： 福建省质量技术监督局

标准简介：

本标准规定了车载LED显示屏的产品分类、技术要求、试验方法、检验规则及标志、包装、运输、贮存、使用说明书等要求。本标准适用于安装在汽车、火车、轮船等运动载体上的LED显示屏（以下简称为"显示屏"）。

LED背光源测试方法

标准编号： DB35/T 969-2009 **实施日期：** 2010-01-30

发布部门： 福建省质量技术监督局

标准简介：

本标准规定了LED背光源（以下简称"背光源"）的术语和定义及各项主要性能的测试方法。本标准适用于尺寸规格不大于400mm的背光源的测试。

智能变频电磁感应加热节能设备通用技术条件

标准编号： DB37/T 2313-2013 **实施日期：** 2013-05-01

发布部门： 山东省质量技术监督局

标准简介：

本标准规定了智能变频电磁感应加热节能设备的术语和定义，产品分类，要求，试验方法，检验规则，标志、包装、运输、贮存。本标准适用于整体加热、表面加热、局部加热等所用智能变频电磁感应加热节能设备。

车辆

国家标准

汽车用LED前照灯

标准编号： GB 25991-2010 **实施日期：** 2012-01-01

发布部门： 国家质量监督检验检疫总局、国家标准化管理委员会

标准简介：

本标准规定了汽车用LED光源/模块或含有LED光源/模块的前照灯配光性能、光色、温度循环等试验方法和检验规则等。本标准适用于M、N类汽车使用的LED前照灯、或主要由LED光源或LED模块形成远光或近光的LED前照灯。

电动汽车 安全要求 第1部分：车载可充电储能系统（REESS）

标准编号： GB/T 18384.1-2015 **实施日期：** 2015-10-01

发布部门： 中华人民共和国国家质量监督检验检疫总局、中国国家标准化管理委员会

标准简介：

本部分规定了电动汽车B级电压驱动电路系统的车载可充电储能系统（REESS）的要求，从而确保车辆内部、外部人员以及车辆环境的安全。本部分适用于车载驱动系统的最大工作电压是B级电压的电动汽车。电动摩托车和电动轻便摩托车可参照执行。本部分不适用于非道路车辆，例如物料搬运车和叉车。本部分不适用于指导电动汽车的装配、维护和修理。机电飞轮（车辆）不在本部分范围内。

电动车辆传导充电系统 电动车辆与交流/直流电源的连接要求

标准编号： GB/T 18487.2-2001 **实施日期：** 2002-05-01

发布部门： 中华人民共和国国家质量监督检验检疫总局

标准简介：

本标准连同GB/T 18487.1给出了电动车辆与交流或直流电源的连接要求。当电动车辆与供电电网连接时，根据GB 156-1993，交流电压最大值为660V，直流电压最大值为1000V。本标准不涉及Ⅱ类车辆。本标准不覆盖保养维修方面的所有安全事项。本标准不适用于无轨电车、铁路机车、工业卡车和原设计为非道路用的车辆。

电动车辆传导充电系统 电动车辆交流/直流充电机（站）

标准编号： GB/T 18487.3-2001 **实施日期：** 2002-05-01

发布部门： 中华人民共和国国家质量监督检验检疫总局

标准简介：

本标准与GB/T 18487.1结合，给出传导连接到电动车辆的交流/直流充电机（站）的具体要求。对于交流充电站，本标准不包括不具有充电控制功能的盒式装置，它配有给电动车辆提供能源的插座。

道路车辆 由传导和耦合引起的电骚扰 第2部分：沿电源线的电瞬态传导

标准编号： GB/T 21437.2-2008 **实施日期：** 2008-09-01

发布部门： 中华人民共和国国家质量监督检验检疫总局、中国国家标准化管理委员会

标准简介：

本部分规定了安装在乘用车及12V电气系统的轻型商用车或24V电气系统的商用车上设备的传导电瞬态电磁兼容性测试的台架试验，包括瞬态注入和测量。本部分还规定了瞬态抗扰性失效模式严重程度分类。本部分适用于各种动力系统（例如火花点火发动机或柴油发动机，或电动机）的道路车辆。

道路车辆 由传导和耦合引起的电骚扰 第3部分：除电源线外的导线通过容性和感性耦合的电瞬态发射

标准编号： GB/T 21437.3-2012 **实施日期：** 2013-06-01

发布部门： 中华人民共和国国家质量监督检验检疫总局、中国国家标准化管理委员会

标准简介：

GB/T21437的本部分建立了一种台架试验方法，用以评价被测装置（DUTs）对耦合到非电源线路的电瞬态发射的抗干扰性能。试验瞬态脉冲模拟快速电瞬态骚扰和慢速电瞬态骚扰，例如感性负载切换、继电器触点跳起等引起

的瞬态骚扰。本部分提供了三种试验方法：容性耦合钳（CCC）方法；直接电容器耦合（DCC）方法；感性耦合钳（ICC）方法。注：三种试验方法的适用性如表1所示。慢速电瞬态试验和快速电瞬态试验仅需选择一种方法。本部分适用于标称电压12V、24V或42V电气系统的道路车辆。对于瞬态抗扰性，附录B提供了推荐的试验严酷等级，与在GB/T21437.1中描述的功能特性状态分类（FPSC1）原理相一致。

电动汽车DC-DC变换器

标准编号：GB/T 24347-2009 **实施日期：**2010-02-01

发布部门：中华人民共和国国家质量监督检验检疫总局、中国国家标准化管理委员会

标准简介：

本标准规定了电动汽车DC-DC变换器的要求、试验方法、检验规则、标志、包装、运输、贮存等。本标准适用于电动汽车动力电源系统用DC-DC变换器。附件和控制系统低压（12V、24V）电源系统使用的DC-DC变换器可参照本标准相关内容。本标准中涉及的DC-DC变换器的功率等级为千瓦级（1~200kW）；不包括模块式小功率DC-DC变换器。

电动汽车充换电设施电能质量技术要求

标准编号：GB/T 29316-2012 **实施日期：**2013-06-01

发布部门：中华人民共和国国家质量监督检验检疫总局、中国国家标准化管理委员会

标准简介：

本标准规定了电动汽车充换电设施电能质量相关标准及检测的要求。本标准适用于电动汽车充换电设施，包括交流充电桩，充、换电站。

电动汽车非车载充电机电能计量

标准编号：GB/T 29318-2012 **实施日期：**2013-06-01

发布部门：中华人民共和国国家质量监督检验检疫总局、中国国家标准化管理委员会

标准简介：

本标准规定了电动汽车非车载充电机（以下简称充电机）计量用直流电能计量装置的配置安装要求、技术要求、试验方法和检验规则，规定了充电机计量技术要求。本标准适用于充电机的电能计量。

电动汽车充电站通用要求

标准编号：GB/T 29781-2013 **实施日期：**2014-02-01

发布部门：中华人民共和国国家质量监督检验检疫总局、中国国家标准化管理委员会

标准简介：

本标准规定了电动汽车充电站（以下简称充电站）的选址原则、供电系统、充电系统、监控系统、电能计量、行车道、停车位、安全要求、标志和标识。本标准适用于采用整车充电方式为电动汽车动力蓄电池进行传导式充电的充电站。

行业标准

移动式储能充电系统设计规范

标准编号：SZDB/Z 146-2015 **实施日期：**2015-09-01

发布部门：深圳市市场监督管理局

标准简介：

本标准规定了电动汽车用移动式储能充电系统的术语和定义、使用环境条件、总则、设计要求、安全防护等设计要求。本标准适用于锂离子电池组成的移动式储能充电系统。

汽车用电源总开关技术条件

标准编号：QC/T 427-2013 **实施日期：**2013-09-01

发布部门：中华人民共和国工业和信息化部

标准简介：

本标准规定了汽车用电源总开关的定义、要求、试验方法、检验规则、标志、包装、运输及贮存。本标准适用于额定电压12V、24V的汽车用机械式、电磁式电源总开关。

超级电容电动城市客车

标准编号：QC/T 838-2010 **实施日期：**2011-03-01

发布部门：中华人民共和国工业和信息化部

标准简介：

本标准规定了超级电容电动城市客车的术语和定义、型号、要求、试验方法、检验规则、标志、运输和保管。本标准适用于采用超级电容器作为动力电源或以超级电容器作为主要动力电源的各种电动城市客车。

电动汽车传导式充电接口

标准编号：QC/T 841-2010 **实施日期：**2011-03-01

发布部门：中华人民共和国工业和信息化部

标准简介：

本标准规定了电动汽车传导式充电接口的术语与定义、技术参数、充电模式、分类及功能定义、结构尺寸、性能要求、试验方法和检验规则。该标准规定了两种充电接口，一种是为车载充电机提供交流电能的接口，另一种是为电动汽车提供直流电能的接口。本标准适用于交流额定电压为220V和直流额定电压不超过750V的电动汽车用传导式充电接口。

电动汽车电池管理系统与非车载充电机之间的通信协议

标准编号：QC/T 842-2010 **实施日期：**2011-03-01

发布部门：中华人民共和国工业和信息化部

标准简介：

本标准规定了电动汽车电池管理系统（简称BMS）与非车载充电机（简称充电机）之间的通信协议。本标准适用于电动汽车非车载充电。该标准的CAN标识符为29位，通信波特率为250kbit/s，但该标准不限于29位标识符和250kbit/s通信波特率，如使用其它格式，可参照该标准制定其CAN标识符。标准数据传输采用低位先发送的格式。

电动汽车用传导式车载充电机

标准编号： QC/T 895-2011 **实施日期：** 2012-07-01

发布部门： 中华人民共和国工业和信息化部

标准简介：

本标准规定了电动汽车传导式车载充电机的基本构成、参数、功能、要求、试验方法、包装、储运方法及标志与标识。本标准适用于纯电动汽车及可外接充电式混合动力电动汽车的车载充电机。

电动汽车立体充电站设计施工规范

标准编号： SZDB/Z 148-2015 **实施日期：** 2015-09-01

发布部门： 深圳市市场监督管理局

标准简介：

本标准规定了立体充电站设计及施工应遵循的总则、基本规定、充电站布置、充电装置、供配电系统、土建和防雷、消防给水和灭火设施、施工及要求。本标准适用于电动汽车立体充电站的新建、扩建和改建工程的设计和施工工作。

电动汽车充电站运营服务规范

标准编号： SZDB/Z 149-2015 **实施日期：** 2015-09-01

发布部门： 深圳市市场监督管理局

标准简介：

本标准规定了电动汽车充电站运行与服务的术语和定义、基本要求、环境管理、人员要求、设备管理、安全管理、应急管理、记录、服务、评估与改进。本标准适用于有人值守的电动汽车充电站，集中建设的交流充电桩和直流充电桩可参照执行。

电动汽车无线充电系统

标准编号： SZDB/Z 150-2015 **实施日期：** 2015-09-01

发布部门： 深圳市市场监督管理局

标准简介：

本标准规定了地面设施与工作状况、地面设施电气安全等级要求、无线充电系统为确保安全性和正常工作所需的基本通信要求、无线充电系统为确保效率和正常工作所需的基本对位要求、安装连接要求、电气连接与绝缘特性和无线充电系统的特定 EMC 要求。本标准适用于交流标称电压最大值为 660V、直流标称电压最大值为 1000V（根据 GB 156）的电动汽车磁耦合无线充电系统。本标准不适用于行驶中动态无线充电。本标准不适用于维护相关的安全要求。本标准不适用于原有车载电气设备的 EMC 要求。

电动汽车充电系统技术规范 第 10 部分：150A 三相交流充电接口

标准编号： SZDB/Z 29.10-2015 **实施日期：** 2015-09-01

发布部门： 深圳市市场监督管理局

标准简介：

本部分规定了电动汽车传导充电用 150A 三相交流充电接口的通用要求、功能定义、型式结构、参数和尺寸。本部分适用于连接方式 C 的电动汽车传导充电用的交流充电接口，其额定电压不超过 440V，频率 50Hz，额定电流不超过 150A。充电模式和连接方式的定义参见 GB/T 20234.1 的附录 A。

电动汽车充电系统技术规范 第 11 部分：150A 三相交流充电通信协议

标准编号： SZDB/Z 29.11-2015 **实施日期：** 2015-09-01

发布部门： 深圳市市场监督管理局

标准简介：

本标准规定了交流充电桩与车辆充电控制装置之间基于控制器局域网（CAN）的通信物理层、数据链路层及应用层的定义。本标准适用于采用 150A 三相交流充电接口，交流充电桩与车辆充电控制装置之间的通信协议。

电动汽车充电系统技术规范 第 2 部分：充电站及充电桩设计规范

标准编号： SZDB/Z 29.2-2015 **实施日期：** 2015-09-01

发布部门： 深圳市市场监督管理局

标准简介：

本部分规定了深圳市电动汽车充电站及充电桩设计应遵循的电能质量的要求、电气照明、防雷、接地和检测、电气测量和计量、监控系统、充电站安全防护的设计等要求。本部分适用于深圳市电动汽车充电站及充电桩新建、扩建和改建工程的设计和建设工作。本部分不适用于电动汽车无线充电站的设计和建设。

电动汽车充电系统技术规范 第 5 部分：交流充电桩

标准编号： SZDB/Z 29.5-2015 **实施日期：** 2015-09-01

发布部门： 深圳市市场监督管理局

标准简介：

本部分规定了电动汽车用交流充电桩的使用条件、技术要求、试验方法、标志、包装和储存等要求。本部分适用于深圳地区各有关单位电动汽车配套充电设施建设与改造工程的交流充电桩的选型、配置与检验。本部分不适用于简易型充电桩。

电源车

标准编号： QC/T 911-2013 **实施日期：** 2013-09-01

发布部门： 中华人民共和国工业和信息化部

标准简介：

本标准规定了电源车的术语和定义、技术要求、试验方法、检验规则、标志、包装、运输和贮存。本标准适用于采用定型汽车底盘改装的，装备有 8kW 至 1250kW、额定电压为 400V 的工频三相交流柴油发电机组的电源车。其它燃料发电机组以及中频或双频的柴油发电机组式电源车可以参考此标准。

地方标准

新能源汽车及充电设施公共数据采集技术规范

标准编号： DB31/T 845-2014 **实施日期：** 2014-12-01

发布部门： 上海市质量技术监督局

标准简介：

本标准规定了电动汽车远程服务与管理系统综合服务和管理平台（简称综合平台）与企业服务与管理平台（简称企业平台）之间数据交换的技术要求，包括的通信协议结构、数据包结构和定义、数据单元格式和定义、数据信息采集间隔等内容。本标准适用于电动汽车远程服务与管理系统综合平台与企业平台之间的数据交换。

电动汽车非车载充电设备

标准编号：DB34/T 2043-2014　**实施日期：**2014-03-17

发布部门：安徽省质量技术监督局

标准简介：

本标准规定了电动汽车非车载充电设备的术语和定义、环境要求、要求、检验方法、检验规则、标志、包装、运输、贮存。本标准适用于电动汽车非车载充电设备的设计、制造、验收和使用。

普通照明用 LED 灯具（固定式、可移式、嵌入式）

标准编号：DB35/T 810-2008　**实施日期：**2008-07-10

发布部门：福建省质量技术监督局

标准简介：

本标准规定了普通照明用 LED 灯具的型号与代号、技术要求、试验方法、检验规则、标志、包装、使用说明、贮存和运输。本标准适用于以 LED 为光源的工作电压不超过 250V 的普通照明灯具，如吸顶灯、吊灯、壁灯、台灯、落地灯、筒灯、射灯等。

景观装饰用 LED 灯具

标准编号：DB35/T 811-2008　**实施日期：**2008-07-10

发布部门：福建省质量技术监督局

标准简介：

本标准规定了景观装饰用 LED 灯具的型号与代号、技术要求、试验方法、检验规则、标志、包装、使用说明、贮存和运输。本标准适用于景观装饰用 LED 灯具，主要包括：1）用来勾勒建筑或是其它物的外观的护栏灯、数码管、线条灯等；2）像素灯；3）埋地灯；4）水底灯；5）异型灯，包括用于庭院、街道、公园、休闲广场、商场的宣传广告、招牌、标语等灯；6）洗墙灯。

投光照明用 LED 灯具

标准编号：DB35/T 812-2008　**实施日期：**2008-07-10

发布部门：福建省质量技术监督局

标准简介：

本标准规定了投光照明用 LED 灯具的型号与代号、技术要求、试验方法、检验规则、标志、包装、使用说明、贮存和运输。本标准适用于以 LED 为光源的工作电压不超过 250V 的投光照明用灯具，主要包括：1）投光灯；2）泛光灯。

道路照明用 LED 灯具

标准编号：DB35/T 813-2008　**实施日期：**2008-07-10

发布部门：福建省质量技术监督局

标准简介：

本标准规定了道路照明用 LED 灯具的型号与代号、技术要求、试验方法、检验规则、标志、包装、使用说明、贮存和运输。本标准适用于道路照明用 LED 灯具，主要包括：1）道路、街路、庭园场所及其它室外公共场所照明的灯具；2）隧道照明灯具。

起动充电机通用技术条件

标准编号：DB37/T 1374-2009　**实施日期：**2010-01-01

发布部门：山东省质量技术监督局

标准简介：

暂缺。

电动汽车充电站安全要求

标准编号：DB44/T 1188-2013　**实施日期：**2013-12-16

发布部门：广东省质量技术监督局

标准简介：

暂缺。

电动汽车用充电设备谐波干扰限值和检测方法

标准编号：DB44/T 1192-2013　**实施日期：**2013-12-16

发布部门：广东省质量技术监督局

标准简介：

暂缺。

电动汽车充电设备用直流电能表

标准编号：DB44/T 1466-2014　**实施日期：**2015-03-02

发布部门：广东省质量技术监督局

标准简介：

暂缺。

电动汽车直流充电机检验规范

标准编号：DB44/T 1467-2014　**实施日期：**2015-03-02

发布部门：广东省质量技术监督局

标准简介：

暂缺。

电动汽车三相交流充电接口通用要求

标准编号：DB44/T 1469-2014　**实施日期：**2015-03-02

发布部门：广东省质量技术监督局

标准简介：

暂缺。

铁路

国家标准

轨道交通　机车车辆　组合试验　第 1 部分：逆变器供电的交流电动机及其控制系统的组合试验

标准编号：GB/T 25117.1-2010　**实施日期：**2011-02-01

发布部门：中华人民共和国国家质量监督检验检疫总局、

中国国家标准化管理委员会

标准简介：

GB/T25117 的本部分适用于机车车辆上电动机、逆变器及其控制系统所构成的组合系统，其目的是规定：机车车辆逆变器、交流电动机和相关控制系统所组成的电传动系统的性能特性；验证这些性能特性的试验方法。验证这些性能特性的试验方法。组合系统分为以下两种类型：1）由逆变器供电的交流电动机（主要是辅助电动机，例如冷却通风电动机），其机械输出（转矩、转速）和逆变器之间无任何控制，可视为电动机通过汇流排（变频变压或定频定压）供电工作。2）在机械输出和逆变器之间存在受控的（并联或非并联）交流电动机。

轨道交通 机车车辆 组合试验 第3部分：间接变流器供电的交流电动机及其控制系统的组合试验

标准编号：GB/T 25117.3-2010 **实施日期：**2011-02-01

发布部门：中华人民共和国国家质量监督检验检疫总局、中国国家标准化管理委员会

标准简介：

GB/T25117 的本部分适用于机车车辆上电动机、间接变流器及其控制系统所构成的组合系统，其目的是规定：机车车辆变流器、交流电动机及其控制系统所构成的电传动系统的性能特性；验证这些性能特性的试验方法。

轨道交通 机车车辆用电力变流器 第1部分：特性和试验方法

标准编号：GB/T 25122.1-2010 **实施日期：**2011-02-01

发布部门：中华人民共和国国家质量监督检验检疫总局、中国国家标准化管理委员会

标准简介：

GB/T25122 的本部分规定了机车车辆用电力电子变流器的术语和定义、使用条件、一般特性和试验方法。本部分适用于为机车车辆（电力机车、内燃机车、动车、客车及拖车等）牵引电路与辅助电路供电的电力电子变流器。本部分也适用于其它牵引机车车辆（例如有轨电车、地铁、城市轨道交通车辆）的电力电子变流器。本部分适用于完整的变流器机组及其配置，包括：半导体器件组件；集成冷却系统；中间直流环节的部件，包括与直流环节相连的滤波器；半导体驱动单元（SDU）及有关传感器；保护电路。本部分不适用于为半导体驱动单元（SDU）提供电气控制电源和变流器工作有关的其它设备（如传感器）供电的变流器。

轨道交通 机车车辆用电力变流器 第2部分：补充技术资料

标准编号：GB/T 25122.2-2010 **实施日期：**2011-02-01

发布部门：中华人民共和国国家质量监督检验检疫总局、中国国家标准化管理委员会

标准简介：

GB/T25122 的本部分说明了机车车辆电力电子变流器（例如外部换相整流器、自换相整流器、斩波器和逆变器）的基本电路结构、控制方法、工作方式和性能。本部分列出了典型的图表和例子进行论述，但并没有论述变流器的所有方面。本部分是 GB/T25122.1—2010 的补充技术资料。

电力牵引 轨道机车车辆和公路车辆用旋转电机 第1部分：除电子变流器供电的交流电动机之外的电机

标准编号：GB/T 25123.1-2010 **实施日期：**2011-02-01

发布部门：中华人民共和国国家质量监督检验检疫总局、中国国家标准化管理委员会

标准简介：

GB/T25123 的本部分规定了电力传动的轨道机车车辆和公路车辆上，除电子变流器供电的交流电动机之外的旋转电机。这些机车车辆可从外部电源或内部电源获得动力。本部分的目的是通过试验确认电机的性能，并为评定电机对某一规定负载的适应性以及与其它电机进行比较提供依据。

电力牵引 轨道机车车辆和公路车辆用旋转电机 第2部分：电子变流器供电的交流电动机

标准编号：GB/T 25123.2-2010 **实施日期：**2011-02-01

发布部门：中华人民共和国国家质量监督检验检疫总局、中国国家标准化管理委员会

标准简介：

GB/T25123 的本部分适用于驱动轨道机车车辆和公路车辆的由电子变流器供电的交流电动机。本部分为通过试验确定电动机的性能并评定该电动机对某一规定工作制的适应性以及与其它电动机进行比较提供依据。

电力牵引 轨道机车车辆和公路车辆用旋转电机 第3部分：用损耗总和法确定变流器供电的交流电动机的总损耗

标准编号：GB/T 25123.3-2011 **实施日期：**2012-06-01

发布部门：中华人民共和国国家质量监督检验检疫总局、中国国家标准化管理委员会

标准简介：

GB/T25123 的本部分适用于符合 GB/T25123.2 的电动机。变流器供电的电动机的总损耗可用损耗总和法来确定，这些损耗由负载试验和空载试验得到。总输入功率等于基波频率的输入功率和其它所有频率的输入功率之和。实际上，其它所有频率的输入功率包括了由变流器电源中电压和电流谐波所产生的损耗，它可以通过采用适当的测量仪表，测量电动机负载状态时的总输入功率和基波频率的输入功率来求得。由于基波频率所产生的损耗不能直接测量，因此需通过测量基波频率的负载电流和基波频率的空载输入功率来求得。

电力机车、电力动车组主变流器用水散热器

标准编号：GB/T 25331-2010 **实施日期：**2011-03-01

发布部门：中华人民共和国国家质量监督检验检疫总局、中国国家标准化管理委员会

标准简介：

本标准规定了电力机车、电力动车组主变流器用水散热器的技术要求、试验方法、检验规则以及标志、包装、

贮存等要求。本标准适用于电力机车、电力动车组主变流器用新造水散热器的设计、制造和验收。

行业标准

煤矿蓄电池电机车用隔爆型充电机

标准编号： MT 1093-2008 **实施日期：** 2010-07-01

发布部门： 国家安全生产监督管理总局

标准简介：

本标准规定了煤矿蓄电池电机车用隔爆型充电机的产品分类、要求、试验方法、检验规则、标志、包装、运输和贮存。本标准适用于煤矿蓄电池电机车用隔爆型充电机（以下简称充电机）。

机车用直流开关电源柜

标准编号： TB/T 1395-2011 **实施日期：** 2013-01-01

发布部门： 中华人民共和国铁道部

标准简介：

本标准规定了机车用直流开关电源柜的技术条件、试验方法及验收规则等。本标准适用于机车用直流开关电源柜，也可作为客车和动车组直流开关电源柜的参考。

铁路信号电源屏 第1部分：总则

标准编号： TB/T 1528.1-2002 **实施日期：** 2003-02-01

发布部门： 中华人民共和国铁道部

标准简介：

本部分规定了铁路信号电源屏（以下简称电源屏）的术语和定义、产品分类、技术要求、检验规则、标志、包装、运输、贮存等。本部分适用于铁路信号继电联锁、计算机联锁、驼峰信号、25Hz 相敏轨道电路、区间自动闭塞等设备的供电电源设备。

铁路信号电源屏 第2部分：试验方法

标准编号： TB/T 1528.2-2005 **实施日期：** 2005-12-01

标准简介：

本部分规定了铁路信号电源屏（以下简称受试设备）的术语和定义、试验要求和试验方法等。本部分适用于铁路继电联锁信号电源屏、计算机联锁信号电源屏、驼峰信号电源屏、区间信号电源屏、25Hz 信号电源屏等受试设备。但各类受试设备需要进行的试验项目和技术指标应在各自技术标准的检验规则中作出规定。

铁路信号电源屏 第3部分：继电联锁信号电源屏

标准编号： TB/T 1528.3-2002 **实施日期：** 2003-02-01

发布部门： 中华人民共和国铁道部

标准简介：

本部分规定了继电联锁电源的术语和定义、产品分类、技术要求、检验规则、标志、包装、运输、贮存等。本部分适用于继电联锁信号设备的供电电源设备。

铁路信号电源屏 第4部分：计算机联锁信号电源屏

标准编号： TB/T 1528.4-2002 **实施日期：** 2003-02-01

发布部门： 中华人民共和国铁道部

标准简介：

本部分规定了计算机联锁信号电源屏的术语和定义、产品分类、技术要求、检验规则、标志、包装、运输、贮存等。本标准适用于计算机联锁信号设备的供电电源设备。

铁路信号电源屏 第5部分：驼峰信号电源屏

标准编号： TB/T 1528.5-2005 **实施日期：** 2005-12-01

标准简介：

本部分规定了驼峰信号电源屏（以下简称电源屏）的术语和定义、产品分类、技术要求、检验规则、标志、包装、运输、贮存等。本部分适用于驼峰信号设备的供电电源设备。

铁路信号电源屏 第6部分：区间信号电源屏

标准编号： TB/T 1528.6-2002 **实施日期：** 2003-02-01

发布部门： 中华人民共和国铁道部

标准简介：

本部分规定了区间信号电源屏的术语和定义、产品分类、技术要求、检验规则、标志、包装、运输、贮存等。本部分适用于区间信号设备的供电电源设备。

铁路信号电源屏 第7部分：25Hz 信号电源屏

标准编号： TB/T 1528.7-2002 **实施日期：** 2003-02-01

发布部门： 中华人民共和国铁道部

标准简介：

本标准规定了25Hz 信号电源屏的术语和定义、产品分类、技术要求、检验规则、标志、包装、运输、贮存等。本标准适用于25Hz 信号设备的供电电源设备。

铁路中间站通信电源设备技术条件

标准编号： TB/T 2169-2002 **实施日期：** 2002-07-01

发布部门： 中华人民共和国铁道部

标准简介：

本标准规定了铁路中间站用通信电源设备及铁路通信站用组合电源设备的通用技术要求。本标准适用于交流输出电压为220V/380V、标准频率为50Hz，交流输出电流不大于100A，直流额定电压为－48V、直流输出电流不大于200A，以低压电器和电子器件组成的铁路中间站电源柜。本标准可作为“铁路中间站电源柜”及“铁路通信站组合电源柜”产品设计、制造、采购、使用及质量检验的依据。

铁路450MHz 机车电台电源技术要求和试验方法

标准编号： TB/T 2677-1995 **实施日期：** 1996-10-01

标准简介：

本标准规定了铁路450MHz 机车电台电源的适用范围、基本新能、技术要求及试验方法。本标准适用于铁路450MHz 机车电台电源的产品设计、生产及检验。

铁路450MHz 车站电台电源技术要求和试验方法

标准编号： TB/T 2678-1995 **实施日期：** 1996-10-01

标准简介：

本标准规定了铁路450MHz车站电台电源的适用范围、基本新能、技术要求及试验方法。本标准适用于铁路450MHz列车无线调度通信设备车站电台电源的产品设计、生产及检验。

铁道客车车厢用灯 第2部分：卧铺车厢用LED床头阅读灯
标准编号：TB/T 3085.2-2003 **实施日期：**2004-04-01
发布部门：中华人民共和国铁道部
标准简介：

本部分规定了LED系列床头阅读灯（以下简称“简读灯”）的技术要求、试验方法、检验规则、标志、包装、运输、贮存等。本部分适用于铁道客车卧铺车厢用LED系列床头阅读灯。

铁路应用 机车车辆 逆变器供电的交流电动机及其控制系统的综合试验
标准编号：TB/T 3117-2005 **实施日期：**2005-12-01
发布部门：中华人民共和国铁道部
标准简介：

本标准规定了机车车辆逆变器、交流电动机和相关控制系统所组成的电传动系统的性能、特性和用试验来检验其性能、特性的方法。本标准适用于机车车辆上电动机、逆变器及其控制的组合系统。

机车空调电源
标准编号：TB/T 3141-2006 **实施日期：**2007-05-01
标准简介：

本标准规定了电力机车和内燃机车用空调电源的技术要求、试验方法及验收规则等。本标准适用于电力机车和内燃机车上的机车空调电源。

交-直传动电力机车电力变流器动态负荷试验台技术条件
标准编号：TB/T 3186-2007 **实施日期：**2008-05-01
标准简介：

本标准规定了交-直传动电力机车电力变流器动态负载试验台的技术要求、试验方法、检验规则、包装、标志及贮存等。本标准适用于交-直传动电力机车电力变流器试验用动态负载试验台。

电力机车控制电源柜试验台
标准编号：TB/T 3214-2009 **实施日期：**2010-05-01
发布部门：中华人民共和国铁道部
标准简介：

本标准规定了电力机车控制电源柜试验台的技术要求、试验方法、检验规则、标志、包装、运输和贮存等。本标准适用于直流110V机车控制电源柜试验用试验台。

电力机车辅助变流器
标准编号：TB/T 3215-2009 **实施日期：**2010-05-01
发布部门：中华人民共和国铁道部
标准简介：

本标准规定了交-直传动电力机车辅助变流器的使用条件、特性、技术要求、试验项目、试验方法及检验规则等。本标准适用于交-直传动电力机车上使用的辅助变流器。

LED铁路信号机构通用技术条件
标准编号：TB/T 3242-2010 **实施日期：**2011-04-01
发布部门：中华人民共和国铁道部
标准简介：

本标准规定了LED铁路信号机构（以下简称机构）的产品型号、产品分类、技术要求、试验方法、检验规则及标志、包装、运输、贮存。本标准适用于机构的设计、制造、检验和维修。

机车车辆电气设备供电地面电源
标准编号：TB/T 3331-2013 **实施日期：**2013-09-01
发布部门：中华人民共和国铁道部
标准简介：

本标准规定了机车车辆电气设备供电地面电源的环境条件、系统组成、技术要求、检验方法、检验规则、标志、包装、运输和贮存。本标准适用于铁道机车车辆在检修、检查、整备及存车时，对其辅助电气系统进行供电的地面电源，不包括对机车车辆的主牵引系统进行供电的地面电源。

仪器、仪表

行业标准

电影放映用整流器
标准编号：JB/T 11090-2011 **实施日期：**2012-04-01
发布部门：中华人民共和国工业和信息化部
标准简介：

本标准规定了电影放映用整流器的术语和定义、型号规格与基本参数、技术要求、试验方法、检验规则及标志、包装、运输、贮存。本标准适用于晶闸管整流式和开关电源式的负载为高压短弧氙灯的电影放映用整流器。

无损检测仪器 工业软X射线探伤机
标准编号：JB/T 11234-2011 **实施日期：**2012-04-01
发布部门：中华人民共和国工业和信息化部
标准简介：

本标准规定了软X射线探伤机的主参数系列、型号编制方法、技术要求、试验方法和检验规则等。本标准适用于采用铍窗外封接的软X射线管，管电压为10～100kV，额定电源电压为220V，频率为50Hz完全防电击软X射线探伤机。

无损检测仪器 工业X射线探伤机 通用技术条件
标准编号：JB/T 11278-2012 **实施日期：**2012-11-01
发布部门：中华人民共和国工业和信息化部
标准简介：

本标准规定了工业 X 射线探伤机通用技术要求、检查与试验方法。本标准适用于额定电源电压为交流 220V、380V 或 220V/380V，频率为 50Hz 的工业 X 射线探伤机。

磁放大式电子交流稳压器可靠性要求与考核方法

标准编号： JB/T 5409-1991 **实施日期：** 1992-07-01

发布部门： 中华人民共和国机械电子工业部

标准简介：

本标准规定了单相工频输入和输出的电子控制磁放大调整形式电子交流稳压器的可靠性要求与考核方法。本标准适用于 ZBN25001《磁放大式电子交流稳压器》的规定范围，并假设相邻失效间时间的统计分布规律。

无损检测仪器 工业 X 射线探伤机电气通用技术条件

标准编号： JB/T 6221-2012 **实施日期：** 2012-11-01

发布部门： 中华人民共和国工业和信息化部

标准简介：

本标准规定了工业 X 射线探伤机电气系统通用技术要求、检查与试验。本标准适用于额定电源电压为交流 220V、380V 或 220V/380V，频率为 50Hz 的工业 X 射线探伤机的电气系统。

工业自动化仪表通用试验方法 第 2 部分：电源电压频率变化抗扰度试验

标准编号： JB/T 6239. 2-2007 **实施日期：** 2008-03-01

发布部门： 中华人民共和国国家发展和改革委员会

标准简介：

JB/T 6239 的本部分规定了工业自动化仪表电源电压频率变化抗扰度试验的试验方法，包括试验设备、试验配置、试验程序及试验结果和试验报告。本部分适用于工业自动化仪表电源电压频率变化抗扰度的性能评定。

工业自动化仪表通用试验方法 第 3 部分：电源电压低降抗扰度试验

标准编号： JB/T 6239. 3-2007 **实施日期：** 2008-03-01

发布部门： 中华人民共和国国家发展和改革委员会

标准简介：

JB/T 6239 的本部分规定了工业自动化仪表电源电压低降抗扰度试验的试验方法，包括试验设备、试验配置、试验程序及试验结果和试验报告。本部分适用于交流或直流供电的工业电动化仪表电源电压低降抗扰度的性能评定。

工业自动化仪表通用试验方法 第 4 部分：电源短时中断抗扰度试验

标准编号： JB/T 6239. 4-2007 **实施日期：** 2008-03-01

发布部门： 中华人民共和国国家发展和改革委员会

标准简介：

JB/T 6239 的本部分规定工业自动化仪表电源短时中断抗扰度试验的试验方法，包括试验设备、试验配置、试验程序及试验结果和试验报告。本部分适用于工业自动化仪表电源短时中断抗扰度的性能评定。

工业自动化仪表通用试验方法 第 5 部分：电源快速瞬变单脉冲抗扰度试验

标准编号： JB/T 6239. 5-2007 **实施日期：** 2008-03-01

发布部门： 中华人民共和国国家发展和改革委员会

标准简介：

JB/T 6239 的本部分规定了工业自动化仪表电源快速瞬变单脉冲抗扰度试验的试验方法，包括试验设备、试验配置、试验程序及试验结果和试验报告。本部分适用于交流或直流供电的工业自动化仪表电源快速瞬变单脉冲抗扰度的性能评定。本部分不包括直接参与或不参与过程测量、信号传输和控制的端口及功能接地端口试验，也不适用于连接电池或再充电时必须从装置上拆下的可充电电池输入端口。

测量用交流稳压电源装置

标准编号： JB/T 6786-1993 **实施日期：** 1994-01-01

发布部门： 中华人民共和国机械电子工业部

标准简介：

本标准规定了测量用交流稳压电源装置（以下简称装置）的技术要求、试验方法、检验规则及包装等。本标准适用于在电测量时能提供交流电压校准值的装置。也适用于这些装置的附件。

交流输出稳定电源

标准编号： JB/T 7397-1994 **实施日期：** 1995-05-01

发布部门： 中华人民共和国机械工业部

标准简介：

本标准规定了交流输出稳定电源的术语、技术性能和试验方法等。

工业自动化仪表用电源电压

标准编号： JB/T 8207-1999 **实施日期：** 2000-01-01

发布部门： 国家机械工业局

标准简介：

本标准规定了由外界供电的工业自动化仪表的交流电源电压、频率和直流电源电压的公称值。本标准适用于工业自动化仪表。电源电压和频率的允差由 JB/T 9237. 2-1999《工业自动化仪表工作条件动力》规定。

磁放大式电子交流稳压器

标准编号： JB/T 9299-1999 **实施日期：** 2000-01-01

发布部门： 国家机械工业局

标准简介：

本标准适用于单相工频输入和输出的电子控制磁放大调整形式的电子交流稳压器。本标准不包括测量用交流稳压电源（校准源）。本标准是属电源设计、生产、质量检验和使用的共同技术依据，也是制订符合本标准范围的产品企业标准的依据，相应产品企业标准的规定要求不应低于标准的要求。

电子设备用稳压变压器总技术条件

标准编号： SJ 2605-1985 **实施日期：** 1986-07-01
标准简介：

本标准适用于电子设备及其类似产品中使用的单相铁磁谐振式交流稳压变压器。该稳压变压器任一绕组的工作电压不高于5kV，电源频率为50Hz。稳压变压器的容量不大于3kVA。本标准所规定的各项技术要求是按稳压变压器在电阻性负载工作时的数据确定的。当稳压变压器的负载呈感性或容性时，应采用模拟负载电路测试稳压变压器的各项技术指标。

雷达用高压充电电感通用技术条件（可供认证用）
标准编号： SJ 2697-1986 **实施日期：** 1987-01-01
标准简介：

本标准适用于雷达发射机和其它类似设备中带有铁心的充电电感（Charging Inductor）简称CI。其充电电压为1~50kV，重量在数公斤至数百公斤之间。

400Hz 三相 E 型铁心电源变压器典型计算
标准编号： SJ/Z 1758-1981 **实施日期：** 1981-10-01
标准简介：

暂缺。

单相 50Hz C 型铁心电源变压器和滤波阻流圈典型计算
标准编号： SJ/Z 1762-1981 **实施日期：** 1981-10-01
标准简介：

本指导性技术文件规定了单相电源变压器和平滑滤波阻流圈的典型计算方法。适用 SJ 126-77《铁心制成的电源变压器和滤波阻流圈》。

50Hz 三相 E 型铁心电源变压器典型计算
标准编号： SJ/Z 1763-1981 **实施日期：** 1981-10-01
标准简介：

暂缺。

单相 C 型铁心电源变压器和滤波阻流圈典型计算
标准编号： SJ/Z 2165-1982 **实施日期：** 1983-01-01
标准简介：

本指导性技术文件规定了电子设备用电源变压器和滤波阻流圈典型计算方法。适用于由 SJ 103-77 铁心制成的电源变压器和滤波阻流圈，其电源频率分别为 50Hz 和 400Hz。

GE、GEB 型铁心单相 50Hz 电源变压器典型计算
标准编号： SJ/Z 2556-1984 **实施日期：** 1985-10-01
标准简介：

暂缺。

地方标准

变频电量测量仪器 测量用变送器
标准编号： DB43/T 879. 1-2014 **实施日期：** 2014-08-06
发布部门： 湖南省质量技术监督局
标准简介：

本标准规定了变频电量输入、模拟量或数字量输出的测量用变频电量变送器的术语、使用条件、额定值、技术要求、试验方法、检验规则、标志、检验合格证及包装。本标准适用于将变频电量转换成方便二次设备使用的、包含一次变频电量在变送器带宽范围内的全部特征信息的模拟信号或数字编码信号的变送器；其输入量标称基波频率在（0~1.5）kHz 之间、电压在 35kV 以下、电流在 7kA 以内的测量用变送器。

工程建设

国家标准

电气装置安装工程 电力变流设备施工及验收规范
标准编号： GB 50255-2014 **实施日期：** 2014-10-01
发布部门： 中华人民共和国住房和城乡建设部
标准简介：

本规范由住房和城乡建设部第 320 号公告发布，自 2014 年 10 月 1 日实施。本规范共 7 章，主要内容包括：总则、术语、基本规定、电力变流设备的安装、冷却系统的安装、电力变流设备的试验、工程交接验收。本规范适用于除电力系统高压直流输电和柔性交流输电以外的电力变流设备的施工、调试及验收。

电动汽车充电站设计规范
标准编号： GB 50966-2014 **实施日期：** 2014-10-01
发布部门： 中华人民共和国住房和城乡建设部
标准简介：

本规范共 12 章和 1 个附录，主要内容包括：总则，术语和符号，规模及站址选择，总平面布置，充电系统，供配电系统，电能质量，计量系统，监控及通信系统，土建，消防给水和灭火设施，节能与环保等。本规范适用于采用整车充电模式的电动汽车充电站的设计、施工、科研、学校等单位有关人员。

行业标准

电能质量测试分析仪检定规程
标准编号： DL/T 1028-2006 **实施日期：** 2007-05-01
发布部门： 中华人民共和国国家发展和改革委员会
标准简介：

本标准规定了电能质量测试分析仪的技术要求及检定方法等。本标准适用于新生产和使用中的电能质量测试分析仪和多功能测量仪器的电能质量测量功能部分的检定。本标准也适用于电压检测仪测量误差的检定。本标准不适用于暂态谐波的检定。

抽水蓄能机组静止变频装置运行规程
标准编号： DL/T 1302-2013 **实施日期：** 2014-04-01
发布部门： 国家能源局
标准简介：

本标准规定了抽水蓄能机组静止变频装置运行技术条

件、运行操作、巡视检查、运行监视、运行分析、不正常运行和故障处理等要求。本标准适用于抽水蓄能机组抽水方向启动的静止变频装置。

电气装置安装工程 质量检验及评定规程 第 13 部分：电力变流设备施工质量检验

标准编号： DL/T 5161.13-2002 **实施日期：** 2002-12-01

发布部门： 中华人民共和国国家经济贸易委员会

标准简介：

本章适用于需要安装基础的整流逆变类盘、蓄电池柜、稳压器柜、隔离变压器等的基础安装。

火力发电厂热工电源及气源系统设计技术规程

标准编号： DL/T 5455-2012 **实施日期：** 2012-12-01

发布部门： 国家能源局

标准简介：

本标准由国家能源局 2012 年公告第 6 号批准发布，自 2012 年 12 月 1 日起施行。本标准适用于汽轮发电机组容量为 125～1000MW 级机组的凝汽式火力发电厂和 50MW 级及以上供热式机组的热电厂仪表与控制电源系统及气源系统的设计。

LED 车道控制标志

标准编号： JT/T 597-2004 **实施日期：** 2005-02-01

发布部门： 中华人民共和国交通部

标准简介：

本标准规定了 LED 车道控制标志产品（以下简称标志）的组成与分类、技术要求、试验方法、检验规则以及标识、包装、运输与贮存等内容。本标准适用于公路上 LED 车道控制标志，其它道路可参照使用。

高速公路监控设施通信规程 第 3 部分：LED 可变信息标志

标准编号： JT/T 606.3-2004 **实施日期：** 2005-02-01

发布部门： 中华人民共和国交通部

标准简介：

JT/T606 的本部分规定了 LED 可变信息标志的通信规程，并给出了通信过程中采用的数据格式。本部分适用于高速公路监控系统中的上位机与安装于路侧的 LED 可变信息标志之间的数据通信过程。

铁路通信电源设计规范（附条文说明）

标准编号： TB 10072-2000 **实施日期：** 2001-04-01

发布部门： 中华人民共和国铁道部

标准简介：

本规范适用于铁路通信站、中间站通信机械室等固定站的新建、改建铁路通信电源设计。

体育场馆设备使用要求及检验方法 第 1 部分：LED 显示屏

标准编号： TY/T 1001.1-2005 **实施日期：** 2005-12-01

发布部门： 中华人民共和国国家体育总局

标准简介：

TY/T 1001 的本部分规定了体育场馆用 LED 显示屏的定义、分类、使用要求、检验方法及合格判定规则。本部分适用于田径综合体育馆、游泳馆、跳水馆的 LED 显示屏。其它体育场馆可参考执行。本部分不包括计时记分系统内的显示屏和场馆内引导方向的显示屏。

冶金低压变频传动成套设备规范

标准编号： YB/T 4389-2013 **实施日期：** 2014-03-01

发布部门： 中华人民共和国工业和信息化部

标准简介：

编制本标准的目的是为冶金低压变频传动成套设备规定术语和符号，并阐明其使用条件、成套设备的分类、电气参数、技术要求、检验规则、标志及使用说明书、包装运输及贮存等。本标准的适用范围为额定电压交流不超过 1000V、额定频率不超过 1000Hz、额定直流电压不超过 1500V 的冶金低压变频传动成套设备。

通信电源设备安装工程验收规范

标准编号： YD 5079-2005 **实施日期：** 2006-10-01

发布部门： 中华人民共和国信息产业部

标准简介：

本规范是通信电源设备安装工程施工质量检查、随工检验和工程竣工验收等工作的技术依据，适用于新建工程。对于改建、扩建工程可参照执行。

通信电源集中监控系统工程设计规范

标准编号： YD/T 5027-2005 **实施日期：** 2006-10-01

发布部门： 中华人民共和国信息产业部

标准简介：

本规范适用于新建的通信电源集中监控系统（以下简称监控系统）的工程设计。改扩建工程可参照执行。

通信电源集中监控系统工程验收规范

标准编号： YD/T 5058-2005 **实施日期：** 2006-10-01

发布部门： 中华人民共和国信息产业部

标准简介：

本规范是通信电源集中监控系统工程施工质量检查、工程初验、工程试运行和工程终验的依据。本规范适用于新建的通信电源集中监控系统工程，对于改建、扩建工程验收可参照本规范执行。

地方标准

LED 照明工程安装与质量验收规程

标准编号： DB21/T 2205-2013 **实施日期：** 2014-01-12

发布部门： 辽宁省质量技术监督局

标准简介：

暂缺。

采用 LED 技术的照明工程施工与验收规范 第 1 部分：施工规范

标准编号： DB31/T 468.1-2009 **实施日期：** 2009-05-01

发布部门：上海市质量技术监督局
标准简介：
暂缺。

采用 LED 技术的照明工程施工与验收规范 第 2 部分：验收规范
标准编号：DB31/T 468.2-2009 **实施日期**：2009-05-01
发布部门：上海市质量技术监督局
标准简介：
暂缺。

机械

国家标准

弧焊电源 防触电装置
标准编号：GB 10235-2012 **实施日期**：2013-12-01
发布部门：中华人民共和国国家质量监督检验检疫总局、中国国家标准化管理委员会
标准简介：
本标准规定了弧焊电源防触电装置的产品型式、基本参数、结构及安全要求、检验方法、检验规则和铭牌信息等。本标准适用于 GB15579.1 所规定的各种类型的弧焊电源用的防触电装置（以下简称装置）。

弧焊设备 第 1 部分：焊接电源
标准编号：GB 15579.1-2013 **实施日期**：2014-08-07
发布部门：中华人民共和国国家质量监督检验检疫总局、中国国家标准化管理委员会
标准简介：
GB15579 的本部分规定了弧焊电源以及等离子切割系统的安全要求和性能要求。本部分适用于为工业和专业用途而设计的由不超过 IEC60038 中表 1 规定的电压供电或由机械设备驱动的弧焊和类似工艺所用的电源。本部分不适用于主要为非专业人员使用的限制负载的手工电弧焊电源。本部分不适用于正处于维护保养周期内或维修后的焊接电源的检测。

弧焊设备 第 6 部分：限制负载的手工金属弧焊电源
标准编号：GB 15579.6-2008 **实施日期**：2009-06-01
发布部门：中华人民共和国国家质量监督检验检疫总局、中国国家标准化管理委员会
标准简介：
本标准为条文强制性标准。《弧焊设备》涉及的范围为电弧焊机及其辅机具，预计结构是分为 12 个部分，本部分为《弧焊设备》的第 6 部分。本部分等同采用 IEC 60974-6：2003《弧焊设备 第 6 部分：限制负载的手工金属弧焊电源》。本部分规定了额定最大焊接电流不超过 160A 的弧焊电源的结构安全要求和性能要求，适用于带热切断装置的、限制负载的手工金属弧焊电源。这些弧焊电源主要由非专业人员使用。本部分不适用于：旋转式弧焊电源；带遥控的弧焊电源；变频式的弧焊电源。本部分与 IEC 60974-6：2003 的差异：取消了国际标准的前言；在 3.3 的 E 43R 后面增加我国对应的焊条型号 E 4303。

起重机械用电动机能效测试方法 第 1 部分：YZP 系列变频调速三相异步电动机
标准编号：GB/T 29562.1-2013 **实施日期**：2014-01-01
发布部门：中华人民共和国国家质量监督检验检疫总局、中国国家标准化管理委员会
标准简介：
GB/T29562 的本部分规定了 YZP 系列起重及冶金用变频调速三相异步电动机的能效测试方法。本部分适用于 YZP 系列起重及冶金用变频调速三相异步电动机，凡属本系列电动机所派生的各种系列电动机均可参照执行。

液力变矩器 性能试验方法
标准编号：GB/T 7680-2005 **实施日期**：2006-01-01
发布部门：中华人民共和国国家质量监督检验检验总局、中国国家标准化管理委员会
标准简介：
本标准规定了液力变矩器在台架上测定性能的试验条件、方法和数据处理方法。本标准适用于各种液力变矩器的性能试验。液力机械变矩器应参照执行。

行业标准

环境保护产品技术要求 电除尘器高压整流电源
标准编号：HJ/T 320-2006 **实施日期**：2007-02-01
发布部门：国家保护总局
标准简介：
本标准适用于高压静电除尘器的整流电源（以下简称整流电源），也适用于除雾、除焦油及其它环境保护用途的高压整流电源。

一般用变频喷油螺杆空气压缩机
标准编号：JB/T 10972-2010 **实施日期**：2010-07-01
发布部门：中华人民共和国工业和信息化部
标准简介：
本标准规定了一般用变频喷油螺杆空气压缩机的术语和定义、基本参数、要求、试验方法、检验规则、标志、包装及贮存。本标准适用于驱动电动机功率为（2.2～315）kW、额定排气压力为 0.7（0.8）MPa、1.0MPa 和 1.25MPa 的一般用固定的风冷和水冷变频螺杆空压机。

电除尘用恒流高压直流电源
标准编号：JB/T 11074-2011 **实施日期**：2011-08-01
发布部门：中华人民共和国工业和信息化部
标准简介：
本标准规定了电除尘用工频恒流高压直流电源的型号、技术要求、试验方法、检验规则、标志、包装、运输和贮存。本标准适用于电除尘用工频恒流高压直流电源。

电除尘用三相高压整流电源

标准编号：JB/T 11395-2013　**实施日期**：2013-09-01
发布部门：中华人民共和国工业和信息化部
标准简介：

本标准规定了电除尘用工频、晶闸管移相调压控制三相高压整流电源的产品型号、性能参数、技术要求、试验分类及项目、试验方法、标志、包装、运输及贮存。本标准适用于电除尘用三相高压整流电源。

空气压缩机用低压变频器
标准编号：JB/T 11420-2013　**实施日期**：2013-09-01
发布部门：中华人民共和国工业和信息化部
标准简介：

本标准规定了空气压缩机用低压变频器的技术特性、制造、安全要求、试验方法、检验规则及标志、包装、运输和贮存等。本标准适用于驱动功率为2.2～315kW的空气压缩机用低压变频器。

电火花加工机床可靠性试验规范 第1部分：脉冲电源
标准编号：JB/T 6559.1-2006　**实施日期**：2007-05-01
发布部门：国家发展和改革委员会
标准简介：

本部分适用于电火花加工机床脉冲电源的可靠性测定试验。

等离子喷焊电源
标准编号：JB/T 9192-1999　**实施日期**：2000-01-01
标准简介：

本标准规定了等离子喷焊电源的技术性能要求及使用条件。本标准适用于与等离子喷焊设备配套的专用硅整流弧焊电源，也适用于将整流弧焊机经改制后用作等离子喷焊的电源。其它类型的整流弧焊机，凡用于等离子喷焊的，亦应参照使用。

彩色电视机广播接收机用电源开关空白详细规范
标准编号：SJ 3130-1988　**实施日期**：1988-10-01
发布部门：中华人民共和国机械电子工业部
标准简介：

适用于本规范规定的彩色电视广播接收机用电源开关（以下简称电源开关）的全部要求由本规范和SJ 3129《彩色电视广播接收机用电源开关总规范》组成。

彩色电视广播接收机用KDC-A01型按钮式电源开关详细规范
标准编号：SJ 3131-1988　**实施日期**：1988-10-01
发布部门：中华人民共和国电子工业部
标准简介：

适用于本规范的开关的全部要求由本详细规范和SJ 3129《彩色电视广播接收机用电源开关总规范》组成。

地方标准

变频调速节能改造技术规范
标准编号：DB37/T 1107-2008　**实施日期**：2009-01-15
发布部门：山东省质量技术监督局
标准简介：

暂缺。

石油

行业标准

电子设备用低压直流稳压电源系列
标准编号：SJ 1500-79　**实施日期**：1979-10-01
标准简介：

本标准规定了电子设备用48V以下的低压直流稳压电源系列。

半导体集成电路JW117、JW117M、JW117L型三端可调正输出稳压器详细规范
标准编号：SJ 20297-1993　**实施日期**：1993-07-01
发布部门：中华人民共和国电子工业部
标准简介：

本规范规定了半导体集成电路JW117、JW117M、JW117L型三端可调正输出稳压器（以下简称器件）的详细要求。本规范适用于器件的研制生产和采购。

半导体集成电路JW1930-12、JW1930-15、JW1932-5型三端低压差固定正输出稳压器详细规范
标准编号：SJ 20302-1993　**实施日期**：1993-07-01
发布部门：中华人民共和国电子工业部
标准简介：

本规范规定了半导体集成电路JW1930-12、JW1930-15、JW132-5型三端低压差固定正输出稳压器（以下简称器件）的详细要求。本规范适用于器件的研制生产和采购。

半导体集成电路JW7905、JW79M05等型三端固定负输出稳压器详细规范
标准编号：SJ 20304-1993　**实施日期**：1993-07-01
发布部门：中华人民共和国信息产业部
标准简介：

本规范规定了硅单片JW7905、JW7906、JW7909、JW7912、JW7915、JW7918、JW7924、JW79M05、JW79M06、JW79M12、JW79M15、JW79M18、JW79M24型三端固定负输出稳压器（以下简称器件）的详细要求。本规范适用于器件的研制生产和采购。

半导体集成电路JW723型多端可调精密稳压器详细规范
标准编号：SJ 20305-1993　**实施日期**：1993-07-01
发布部门：中华人民共和国电子工业部
标准简介：

本规范规定了硅单片JW723型多端可调精度稳压器（以下简称器件）的详细要求。本规范适用于器件的研制生产和采购。

彩色电视广播接收机用 KDC-A02 型按钮式电源开关详细规范

标准编号： SJ 3132-1988 **实施日期：** 1988-10-01

发布部门： 中华人民共和国电子工业部

标准简介：

适用于本规范的电源开关的全部要求由本详细规范和 SJ 3129《彩色电视广播接收机用电源开关总规范》组成。

彩色电视广播接收机用 KDC-A03 型按钮式电源开关详细规范

标准编号： SJ 3133-1988 **实施日期：** 1988-10-01

发布部门： 中华人民共和国电子工业部

标准简介：

适用于本规范的电源开关的全部要求同本详细规范和 SJ 3129《彩色电视广播接收机用电源开关总规范》组成。

彩色电视广播接收机用 KDC-A04 型按钮式电源开关详细规范

标准编号： SJ 3134-1988 **实施日期：** 1988-10-01

发布部门： 中华人民共和国电子工业部

标准简介：

适用于本规范的电源开关的全部要求由本详细规范和 SJ 3129《彩色电视广播接收机用电源开关总规范》组成。

抗干扰型交流稳压电源通用技术条件

标准编号： SJ/T 10541-1994 **实施日期：** 1994-12-01

发布部门： 中华人民共和国电子工业部

标准简介：

本标准规定了具有抗干扰功能的交流稳压电源的术语、技术要求、试验方法、检验规则以及标志、包装、运输、贮存等。本标准是抗干扰型交流稳压电源设计、生产、质量检验和使用的共同技术依据，也是制定本类产品标准的依据。本标准适用于单相或多相工频输入、单相或多相工频输出的抗干扰型交流稳压电源（以上简称电源）。本标准不适用于测量用交流校准仪。

抗干扰型交流稳压电源测试方法

标准编号： SJ/T 10542-1994 **实施日期：** 1994-12-01

发布部门： 中华人民共和国电子工业部

标准简介：

本标准规定了抗干扰型交流稳压电源的稳态性能、动态性能、抗干扰性能的测试方法。本标准适用于单相或多相工频输入、单相或多相工频输出的抗干扰型交流稳压电源（以上简称电源）的性能测试。

变频变压电源通用规范

标准编号： SJ/T 10691-1996 **实施日期：** 1996-11-01

发布部门： 中华人民共和国电子工业部

标准简介：

本规范规定了变频变压电源（以下简称电源）的要求、试验方法、检验规则和标志、包装、运输、贮存要求。本规范适用于电子设备进行电源频率与电压试验用的变频变压电源；亦适用于进行电磁兼容性试验的各种专用和通用的变频变压电源。

调频、电视广播接收器用 300Ω/75Ω 平衡—不平衡阻抗变换器质量分等标准

标准编号： SJ/T 9562. 7-1993 **实施日期：** 1994-01-01

标准简介：

暂缺。

测量用稳定电源装置

标准编号： SJ/Z 9035-1987 **实施日期：** 1987-10-19

发布部门： 中华人民共和国电子工业部

标准简介：

本推荐标准适用于以下装置：稳定的电源装置，提供电气测量用的电压与电流的校准值；与该装置连用的附件。

变频调速拖动装置节能测试方法与评价指标

标准编号： SY/T 6834-2011 **实施日期：** 2011-10-01

发布部门： 原子能出版社

标准简介：

本标准规定了变频调速拖动装置运行效率、功率因数及谐波含量的测试方法与评价指标。本标准适用于交流电源电压 10（6）kV 及以下、输入频率为 50Hz、输出频率小于或等于 50Hz 的变频调速拖动装置的节能测试和评价；输出频率大于 50Hz 的变频调速拖动装置的节能测试和评价可参照使用。

船舶

国家标准

船用半导体变流器通用技术条件

标准编号： GB/T 14548-1993 **实施日期：** 1994-02-01

发布部门： 国家技术监督局

标准简介：

本标准规定了船用半导体变流器的技术要求、试验方法和检验规则等。本标准适用于半导体整流二极管、各种类型的晶闸管以及其它电力电子器件所构件的船用静止变流器。

船舶电气设备 设备 半导体变流器

标准编号： GB/T 22193-2008 **实施日期：** 2009-04-01

发布部门： 中华人民共和国国家质量监督检验检疫总局、中国国家标准化管理委员会

标准简介：

本标准适用于使用如二极管、反向阻塞三端晶闸管等半导体整流件的船用静止变流器。变流可以是交流变直流、直流变交流、直流变直流以及交流变交流。

行业标准

舰用电源汇流排自动转换装置通用规范

标准编号：CB 1264-1995 **实施日期：**1996-04-01
标准简介：

本规范规定了舰用电源汇流排自动转换装置的要求、质量保证规定和交货准备等内容。本规范适用于舰艇交流50Hz、380V（或60Hz，440V）电力系统中的电源转换装置。

舰用直流不间断电源规范

标准编号：CB 1290-1996 **实施日期：**1997-04-01
标准简介：

本规范规定了舰用直流不间断电源的技术要求，质量保证规定和交货准备等内容。本规范适用于舰船用交流380V，50Hz电力系统转换为低压直流电力系统的不间断电源的设计、制造和验收。

鱼雷电源组件规范

标准编号：CB 1332-1998 **实施日期：**1998-08-01
标准简介：

本规范规定了鱼雷电源组件的技术要求、质量保证规定和交货准备等。本规范适用于各型鱼雷电源组件的设计、生产和使用。

电源防护滤波器

标准编号：CB 3018-1977 **实施日期：**1978-06-01
标准简介：

本标准规定的电源防护滤波器，用于直流和交流（50Hz）电网中，抑制0.15～175MHz频率范围内的工业无线电干扰。

电源防护滤波器

标准编号：CB＊ 3018-77 **实施日期：**1978-06-01
标准简介：

本标准规定的电源防护滤波器，用于直流和交流（50Hz）电网中，抑制0.15～175MHz频率范围内的工业无线电干扰。

船用电源插座箱

标准编号：CB/T 3091-1994 **实施日期：**1995-08-01
发布部门：中国船舶工业总公司
标准简介：

本标准规定了船用电源插座箱的产品分类、技术要求、试验方法、检验规则等内容。本标准适用于插座额定电流不超过10A，额定电压不超过AC250V，频率为50Hz或60Hz的插座箱。

水声设备用低压直流稳压电源

标准编号：CB/T 4320-2013 **实施日期：**2013-12-01
发布部门：中华人民共和国工业和信息化部
标准简介：

本标准规定了水声设备用低压直流稳压电源的要求、检验方法、检验规则及包装、运输和贮存。本标准适用于船用水声设备低压直流稳压电源的设计、生产、试验和验收。

额定电压0.6/1kV及1.8/3kV船舶和近海设施变频传动用电力电缆

标准编号：CB/T 4396-2014 **实施日期：**2014-10-01
发布部门：中华人民共和国工业和信息化部
标准简介：

本标准规定了额定电压0.6/1kV和1.8/3kV交联聚乙烯或乙丙橡皮绝缘（3+3E型）无卤阻燃船舶和近海设施变频传动用电力电缆的型号、规格、材料、技术要求、试验方法与标志等。本标准适用于具有无卤阻燃特性要求的船舶和近海设施中变频器与电机之间的连接电缆。

额定电压6kV（U_m=7.2kV）至30kV（U_m=36kV）船舶和近海设施变频传动用电力电缆

标准编号：CB/T 4405-2014 **实施日期：**2014-10-01
发布部门：中华人民共和国工业和信息化部
标准简介：

本标准规定了额定电压为3.6/6（7.2）kV、6/10（12）kV、8.7/15（17.5）kV、12/20（24）kV和18/30（36）kV的船舶和近海设施变频传动用电力电缆的术语和定义、规格和标记、要求、试验和检验、标志、包装、运输和贮存等。本标准适用于额定电压3.6/6（7.2）kV、6/10（12）kV、8.7/15（17.5）kV、12/20（24）kV和18/30（36）kV船舶和近海设施变频传动用电力电缆的设计、生产和检验。

舰船扩声系统电源通用规范

标准编号：SJ 20576-1996 **实施日期：**1997-01-01
标准简介：

本规范规定了舰船扩声系统电源的要求、质量保证规定和交货准备等。本规范适用于舰船扩声系统用低压直流稳压电源，本规范是制定电源产品规范的依据。

舰船电子设备不间断电源通用规范

标准编号：SJ 20735-1999 **实施日期：**1999-12-01
发布部门：中华人民共和国信息产业部
标准简介：

本规范规定了舰船电子设备不间断电源的要求、质量保证规定和交货准备等。本规范适用于舰船电子设备用各类不间断电源。本规范是制定不间断电源（以下简称电源）产品规范的依据。

舰船电子设备直流稳压电源通用规范

标准编号：SJ 20736-1999 **实施日期：**1999-12-01
发布部门：中华人民共和国信息产业部
标准简介：

本规范规定了直流稳压电源的要求、质量保证规定和交货准备等。本规范适用于舰船电子设备用直流稳压电源（以下简称电源），本规范是制定电源产品规范的依据。

综合

国家标准

包装 运输包装件基本试验 第10部分：正弦变频振动试验方法

标准编号：GB/T 4857.10-2005 **实施日期**：2005-11-01

发布部门：中华人民共和国国家质量监督检验检疫总局、中国国家标准化管理委员会

标准简介：

GB/T 4857的本部分规定了对运输包装件和单货物进行正弦变频振动试验时所采用试验设备的主要性能要求、试验程序及试验报告的内容。本部分适用于评定运输包装件和单货物在正弦变频振动或共振情况下的强度及包装对内装物的保护能力。它既可以作为单项试验，也可以作为一系列试验的组成部分。

行业标准

电源车

标准编号：GA 1042-2013 **实施日期**：2013-04-01

发布部门：中华人民共和国公安部

标准简介：

本标准规定了电源车的术语和定义、分类和代号、技术要求、试验方法、检验规则、标志、运输与贮存。本标准适用于汽车整车或二类底盘改装的输出工频（50Hz）三相交流电的电源车。

磁耦合直流电流测量变换器校准规范

标准编号：JJF 1047-1994 **实施日期**：1994-08-01

发布部门：国家技术监督局

标准简介：

本规范为推荐指导性校准技术文件，适用于新制造、使用中和修理后的测量用磁耦合直流电流测量变换器的校准。控制用磁耦合直流电流测量变换器的校准可参照使用。

ПАП-33型电源故障传感器校验仪检定规程（试行）

标准编号：JJG（民航）012-1995 **实施日期**：2002-05-01

标准简介：

本标准适用于使用中和修理后的ПАП-33型电源故障传感器校验仪的检定。

BJ2912（QE7）**型稳压二极管测试仪**（试行）

标准编号：JJG（电子）04013-1988 **实施日期**：1996-04-01

标准简介：

本规程适用于BJ2912（QE7）型稳压二极管测试仪的检定。

PDW-1型稳压二极管快速筛选仪试行检定规程

标准编号：JJG（电子）04051-1995 **实施日期**：2004-07-01

标准简介：

本规程适用于PDW-1型稳定二极管快速筛选仪的检定。

直流标准电源检定规程

标准编号：JJG（航天）5-1984 **实施日期**：1999-08-31

标准简介：

暂缺。

直流稳压电源检定规程

标准编号：JJG（航天）6-1999 **实施日期**：1999-08-31

发布部门：中国航天工业总公司

标准简介：

本检定规程规定了直流稳压电源的技术要求、检定条件、检定项目、检定方法、检定结果的处理和检定周期。

充气稳压管总规范

标准编号：SJ 20484-1995 **实施日期**：1995-12-01

标准简介：

本规范规定了军用充气稳压管的一般要求、质量保证规定、交货准备及有关规则。本规范适用于在军事装备中用稳定电压和基准电压用的稳压管。

WY-2P型辉光放电稳压管

标准编号：SJ 871-74 **实施日期**：1975-03-01

标准简介：

本标准适用于WY-2P型辉光放点稳压管，主要做稳压用。

WY-3P型辉光放电稳压管

标准编号：SJ 872-74 **实施日期**：1975-03-01

标准简介：

本标准适用于WY-3P型辉光放点稳压管，主要做稳压用。

WY-4P型辉光放电稳压管

标准编号：SJ 873-74 **实施日期**：1975-03-01

标准简介：

本标准适用于WY-4P型辉光放点稳压管，主要做稳压用。

电子管电性能的测试 第12部分：电极电阻、跨导、放大系数、变频电阻和变频跨导的测试方法

标准编号：SJ/Z 9010.12-1987 **实施日期**：1987-09-14

发布部门：中华人民共和国电子工业部

标准简介：

本文件是以测试电极电阻、跨导、放大因数、变频电阻和变频跨导的现行实践为基础的。它并不作为标准性质的推荐文件，因为如果要以这些原理为基础的测试结果必须在限定的公差以内进行比较，对测试方法则需要有更加详细的说明。

地方标准

公共场所发光二极管（LED）显示屏最大可视亮度限值和测量方法

标准编号： DB31/T 708-2013 **实施日期：** 2013-09-01

发布部门： 上海市质量技术监督局

标准简介：

暂缺。

冶金

国家标准

可充电电池用冲孔镀镍钢带

标准编号： GB/T 20253-2006 **实施日期：** 2006-10-01

发布部门： 中华人民共和国国家质量监督检验检疫总局、中国国家标准化管理委员会

标准简介：

本标准规定了可充电电池用冲孔镀镍钢带的要求，实验方法，检验规则，标志，包装，运输，储存及合同内容。本标准适用于金属氢化物-镍、镉-镍、锌-镍碱性可充电电池正极、负极骨架材料所使用的冲孔镀镍钢带。

白光 LED 灯用稀土黄色荧光粉试验方法 第 1 部分：光谱性能的测定

标准编号： GB/T 23595.1-2009 **实施日期：** 2010-02-01

发布部门： 中华人民共和国国家质量监督检验检疫总局、中国国家标准化管理委员会

标准简介：

本部分规定了 440 ~ 480nm 蓝光激发白光 LED 灯用稀土黄色荧光粉光谱性能的测定方法。本部分适用于 440 ~ 480nm 蓝光激发白光 LED 灯用稀土黄色荧光粉光谱性能的测定。

白光 LED 灯用稀土黄色荧光粉试验方法 第 2 部分：相对亮度的测定

标准编号： GB/T 23595.2-2009 **实施日期：** 2010-02-01

发布部门： 中华人民共和国国家质量监督检验检疫总局、中国国家标准化管理委员会

标准简介：

本部分规定了 440 ~ 480nm 蓝光激发白光 LED 灯用稀土黄色荧光粉相对亮度的测定方法。本部分适用于 440 ~ 480nm 蓝光激发白光 LED 灯用稀土黄色荧光粉相对亮度的测定。

白光 LED 灯用稀土黄色荧光粉试验方法 第 3 部分：色品坐标的测定

标准编号： GB/T 23595.3-2009 **实施日期：** 2010-02-01

发布部门： 中华人民共和国国家质量监督检验检疫总局、中国国家标准化管理委员会

标准简介：

本部分规定了 440 ~ 480nm 蓝光激发稀土黄色荧光粉色品坐标的测定方法。本部分适用于 440 ~ 480nm 蓝光激发稀土黄色荧光粉色品坐标的测定。

白光 LED 灯用稀土黄色荧光粉试验方法 第 4 部分：热稳定性的测定

标准编号： GB/T 23595.4-2009 **实施日期：** 2010-02-01

发布部门： 中华人民共和国国家质量监督检验检疫总局、中国国家标准化管理委员会

标准简介：

本部分规定了 440 ~ 480nm 蓝光激发白光 LED 灯用稀土黄色荧光粉热稳定性的测定方法。本部分适用于 440 ~ 480nm 蓝光激发白光 LED 灯用稀土黄色荧光粉热稳定性的测定。

白光 LED 灯用稀土黄色荧光粉试验方法 第 5 部分：pH 值的测定

标准编号： GB/T 23595.5-2009 **实施日期：** 2010-02-01

发布部门： 中华人民共和国国家质量监督检验检疫总局、中国国家标准化管理委员会

标准简介：

本部分规定了 440 ~ 480nm 蓝光激发白光 LED 灯用稀土黄色荧光粉 pH 值的测定方法。本部分适用于 440 ~ 480nm 蓝光激发白光 LED 灯用稀土黄色荧光粉 pH 值的测定。测定范围：pH0 ~ 14。

白光 LED 灯用稀土黄色荧光粉试验方法 第 6 部分：电导率的测定

标准编号： GB/T 23595.6-2009 **实施日期：** 2010-02-01

发布部门： 中华人民共和国国家质量监督检验检疫总局、中国国家标准化管理委员会

标准简介：

本部分规定了 440 ~ 480nm 蓝光激发白光 LED 灯用稀土黄色荧光粉电导率的测定方法。本部分适用于 440 ~ 480nm 蓝光激发白光 LED 灯用稀土黄色荧光粉电导率的测定。测定范围：0 ~ 100μS/cm。

白光 LED 灯用稀土黄色荧光粉试验方法 第 7 部分：热猝灭性的测定

标准编号： GB/T 23595.7-2010 **实施日期：** 2011-05-01

发布部门： 中华人民共和国国家质量监督检验检疫总局、中国国家标准化管理委员会

标准简介：

GB/T23595 的本部分规定了 440 ~ 480nm 蓝光激发白光 LED 灯用稀土黄色荧光粉热猝灭性的测定方法。本部分适用于 440 ~ 480nm 蓝光激发白光 LED 灯用稀土黄色荧光粉热猝灭性的测定。

白光 LED 灯用稀土黄色荧光粉

标准编号： GB/T 24982-2010 **实施日期：** 2011-05-01

发布部门： 中华人民共和国国家质量监督检验检疫总局、中国国家标准化管理委员会

标准简介：

本标准规定了白光LED灯用稀土黄色荧光粉的要求、试验方法、检验规则及标志、包装、运输、贮存。本标准适用于经高温反应制得的铝酸盐及相关体系的荧光粉，该荧光粉在440~480nm蓝光激发下发出黄光，黄光与激发源蓝光形成白光，主要用于由蓝光LED芯片激发的白光LED灯。

充电电池废料废件

标准编号：GB/T 26932-2011 **实施日期：**2012-05-01

发布部门：中华人民共和国国家质量监督检验检疫总局、中国国家标准化管理委员会

标准简介：

本标准规定了充电电池废料废件的分类、要求、试验方法、检验规则、包装、标志、运输、贮存及合同（或订货单）等。本标准适用于各生产工序、使用过程及流通领域产生的充电电池废料废件。

LED用稀土氮化物红色荧光粉

标准编号：GB/T 30075-2013 **实施日期：**2014-09-01

发布部门：中华人民共和国国家质量监督检验检疫总局、中国国家标准化管理委员会

标准简介：

本标准规定了LED用稀土氮化物红色荧光粉的产品分类、要求、试验方法、检验规则及标志、包装、运输、贮存及质量证明书。本标准适用于经高温反应制得的Eu2+激活的氮化物红色荧光粉，其在300~550nm激发下发出红光，主要用于紫外或蓝光LED芯片激发的LED发光器件。

LED用稀土硅酸盐荧光粉

标准编号：GB/T 30076-2013 **实施日期：**2014-09-01

发布部门：中华人民共和国国家质量监督检验检疫总局、中国国家标准化管理委员会

标准简介：

本标准规定了LED用稀土硅酸盐荧光粉的要求、试验方法、检验规则及标志、包装、运输、贮存及质量证明书。本标准适用于经高温反应制得的稀土硅酸盐体系荧光粉，该体系荧光粉在250~500nm的紫外光、蓝光激发下发出绿光、黄绿光、黄光、橙色光，与440~500nm的蓝光激发光源能够复合出各种色温的白光，主要用于紫外或蓝光LED芯片激发的LED灯。

LED用稀土硅酸盐荧光粉试验方法

标准编号：GB/T 30454-2013 **实施日期：**2014-10-01

发布部门：中华人民共和国国家质量监督检验检疫总局、中国国家标准化管理委员会

标准简介：

本标准规定了LED用稀土硅酸盐荧光粉的相对亮度、光谱性能、色品坐标及热稳定性的测定方法。本标准适用于LED用稀土硅酸盐荧光粉的相对亮度、光谱性能、色品坐标及热稳定性的测定。

行业标准

可充电电池用镀镍壳

标准编号：YS/T 877-2013 **实施日期：**2013-09-01

发布部门：中华人民共和国工业和信息化部

标准简介：

本标准规定了可充电电池用镀镍壳的要求、试验方法、检验规则、标志、包装、运输、贮存、质量证明书和合同（或订货单）内容。本标准适用于各种镍-氢（镍-镉）、碱性锌-锰、锂离子电池的圆柱形后镀镍钢壳的生产、检验和验收。

轻工、文化与生活用品

国家标准

轮椅车 第21部分：电动轮椅车、电动代步车和电池充电器的电磁兼容性要求和测试方法

标准编号：GB/T 18029.21-2012 **实施日期：**2013-02-01

发布部门：中华人民共和国国家质量监督检验检疫总局、中国国家标准化管理委员会

标准简介：

GB/T18029的本部分规定了最大速度不超过15km/h残疾人用室内和（或）室外型电动轮椅车和电动代步车电磁辐射和电磁抗扰度的要求和测试方法。GB/T18029的本部分也适用于外接电驱动助力套件的手动轮椅车，不适用于能乘载1人以上的交通工具。GB/T18029的本部分也规定了与电动轮椅车和电动代步车一起使用的电池充电器的电磁兼容性要求和测试方法。为便于通过试验结果进行性能比较，对于可调轮椅车和代步车，给出了参考配置。

体育场馆LED显示屏使用要求及检验方法

标准编号：GB/T 29458-2012 **实施日期：**2013-05-01

发布部门：中华人民共和国国家质量监督检验检疫总局、中国国家标准化管理委员会

标准简介：

本标准按照GB/T1.1—2009给出的规则起草。本标准主要参考了国际游泳运动联合会、国际田径运动联合会和国际篮球运动联合会等国际单项运动组织的竞赛规则、相关技术文件对显示屏的要求。

家用和类似用途变频控制器 术语

标准编号：GB/T 29486-2013 **实施日期：**2013-07-01

发布部门：中华人民共和国国家质量监督检验检疫总局、中国国家标准化管理委员会

标准简介：

本标准界定了家用和类似用途变频控制器的术语和定义。本标准适用于额定电压不超过660V、额定电流不超过63A的家用和类似用途变频控制器。一般来说，本标准适用于家用和类似用途的电器中的或随这些电器一起使用的变频控制器，变频控制器可以是独立的组件，亦可以是独立控制系统的一部分，但变频控制器本身必须通过逆变单

元来实现电机调速功能。

行业标准

激光打印机充电辊 技术条件
标准编号：JB/T 10741-2007 **实施日期**：2007-11-01
发布部门：中华人民共和国国家发展和改革委员会
标准简介：

本标准规定了激光打印机充电辊的分类、技术要求、试验方法、检验规则及标志、包装、运输和贮存等。本标准适用于个人和办公用激光打印机、普通纸传真机、激光多功能一体机用接触带电方式的充电辊。

直流高压电源
标准编号：JY 16-1988 **实施日期**：1994-06-01
标准简介：

暂缺。

实验室设备 电源系统
标准编号：JY/T 0374-2004 **实施日期**：2005-04-01
发布部门：中华人民共和国教育部
标准简介：

本标准规定了学校实验室设备电源系统（简称电源系统）的分类与命名、要求、试验方法、检验规则、标志、标签、使用证明书、包装、运输、贮存。本标准适用于小学实验室中固定在实验台（桌）上教师可控制的电源系统，不适用于中小学实验室中独立使用的电源。

电动自行车用蓄电池及充电器 第1部分：密封铅酸蓄电池及充电器
标准编号：QB/T 2947. 1-2008 **实施日期**：2008-07-01
发布部门：中华人民共和国国家发展和改革委员会
标准简介：

本部分规定了电动自行车用蓄电池及充电器的术语、代号、要求、试验方法、检验规则及标志、包装、运输和贮存。本部分适用于 GB 17761《电动自行车通用技术条件》中规定的电动自行车用蓄电池以及其用充电器。

电动自行车用蓄电池及充电器 第2部分：金属氢化物镍蓄电池及充电器
标准编号：QB/T 2947. 2-2008 **实施日期**：2008-07-01
发布部门：中华人民共和国国家发展和改革委员会
标准简介：

本部分规定了电动自行车用金属氢化物镍蓄电池及充电器的术语和定义、型号命名、要求、试验方法、检验规则及标志、包装、运输和贮存。本部分适用于 GB 17761《电动自行车通用技术条件》中规定的电动自行车用金属氢化物镍蓄电池组以及其所用充电器。

电动自行车用蓄电池及充电器 第3部分：锂离子蓄电池及充电器
标准编号：QB/T 2947. 3-2008 **实施日期**：2008-07-01
发布部门：中华人民共和国国家发展和改革委员会
标准简介：

本部分规定了电动自行车用锂离子蓄电池及充电器的术语和定义、型号命名、要求、试验方法、检验规则及标志、包装、运输和贮存。本部分适用于 GB 17761《电动自行车通用技术条件》中规定的电动自行车用锂离子蓄电池组及其所用充电器。

服装机械 直刀式数控裁剪机 第1部分：通用技术条件
标准编号：QB/T 4294. 1-2012 **实施日期**：2012-11-01
发布部门：中华人民共和国工业和信息化部
标准简介：

本标准规定了直刀式数控裁剪机的设计、制造、使用的基本要求，内容包括：术语与定义、产品分类、要求、试验方法、检验规则、产品交付。本标准适用于输入供电电源交流额定电压单相 220V 或者三相 380V 的工业用数控裁剪机，适用于纺织布、无纺布、人造革、纸张、玻璃纤维、碳纤维制品等织物类材料的裁剪。

电鸣乐器电源适配器通用技术条件
标准编号：QB/T 4491-2013 **实施日期**：2013-12-01
发布部门：中华人民共和国工业和信息化部
标准简介：

本标准规定了电鸣乐器电源适配器的术语和定义、分类、要求、测试方法、检验规则及标志、包装、运输、贮存。本标准适用于电鸣乐器用电源适配器。

空调器室内外机电源连接线技术要求
标准编号：QB/T 4677-2014 **实施日期**：2014-11-01
发布部门：中华人民共和国工业和信息化部
标准简介：

本标准规定了空气调节器室内外机电源连接线的术语和定义、型号与规格、标志、绝缘线芯识别、外观要求、电缆结构及性能要求、试验、验收规则、包装、运输和贮存。本标准适用于额定电压 450/750V 及以下空调器用电源连接橡套软电缆。

矿业

行业标准

直流充电法技术规程
标准编号：DZ/T 0186-1997 **实施日期**：1998-01-15
发布部门：中华人民共和国地质矿产部
标准简介：

本标准适用于金属、非金属、能源矿产勘查中的充电法勘查，其中的技术规则也适用于水文、工程、环境、灾害等地质问题的充电法勘查。

矿用变频调速装置
标准编号：MT 1099-2009 **实施日期**：2010-07-01
发布部门：国家安全生产监督管理总局

标准简介：

本标准规定了煤矿具有爆炸性危险气体环境用变频调速装置（以下简称变频调速装置）的型式、规格、试验方法、检验规则、标志、包装和储运。本标准适用于1140V及以下煤矿用变频调速装置。

采煤机变频调速装置用 YBVF 系列行走电动机 技术条件

标准编号： MT/T 1040-2007 **实施日期：** 2008-01-01

发布部门： 国家安全生产监督管理总局

标准简介：

本标准规定了采煤机变频调速装置用 YBVF 系列行走电动机的型式和基本参数、要求、试验方法、检验规则、标志、包装和贮运。本标准适用于采煤机变频调速装置用 YBVF 系列行走电动机。凡属本系列电动机所派生的其它电动机也可参照执行。

采煤机电气调速装置技术条件 第2部分：变频调速装置

标准编号： MT/T 1041. 2-2008 **实施日期：** 2009-01-01

发布部门： 国家安全生产监督管理总局

标准简介：

MT/T1041 的本部分规定了采煤机行走部变频调速装置的要求、试验方法、检验规则、标志。本部分适用于采煤机行走部变频调速装置（以下简称变频调速装置）。

采煤机电气调速装置技术条件 第2部分：变频调速装置

标准编号： MT/T 1041. 3-2007 **实施日期：** 2008-11-19

标准简介：

本部分规定了采煤机行走部电气调速装置的要求、试验方法、检验规则、标志。

矿用本质安全输出直流电源

标准编号： MT/T 1078-2007 **实施日期：** 2008-11-19

标准简介：

暂缺。

矿用本质安全输出直流电源

标准编号： MT/T 1078-2008 **实施日期：** 2010-01-01

发布部门： 国家安全生产监督管理总局

标准简介：

本标准规定了矿用本质安全输出直流电源的产品分类、技术要求、试验方法、检验规则、标志、包装、运输和贮存。本标准适用于矿用安全输出直流电源。

煤矿用直流稳压电源

标准编号： MT/T 408-1995 **实施日期：** 1995-10-01

发布部门： 中华人民共和国煤炭工业部

标准简介：

本标准规定了煤矿用直流稳压电源的产品分类、技术要求、试验方法、检验规则、标志、包装、运输和贮存。本标准适用于单相交流供电，额定输出电压60V以下的煤矿用直流稳压电源（以下简称稳压电源）。

矿灯充电架型号编制方法

标准编号： MT/T 455-2006 **实施日期：** 2006-12-01

发布部门： 中华人民共和国国家发展改革委员会

标准简介：

本标准规定了矿灯充电架型号的编制原则、型号的组成和排列方式、编制方法和管理及申报办法。本标准适用于煤矿地面室内用的充电架，不适用于单个矿灯充电器。

矿用直流电源变换器

标准编号： MT/T 863-2000 **实施日期：** 2000-05-01

发布部门： 国家煤炭工业局

标准简介：

本标准规定了煤矿架线电机车车灯，电笛及通信信号用直接电源变换器的分类与型号、技术要求、试验方法、检验规则、标志、包装、运输和贮存。

电源中减小电磁干扰的设计指南

标准编号： SJ 20156-1992 **实施日期：** 1993-05-01

发布部门： 中国电子工业总公司

标准简介：

本指导性技术文件规定了抑制电源传导干扰和辐射干扰的方法。本指导性技术文件适用于电源的电磁兼容性设计，旨在降低电源的传导和辐射干扰。

其它

国家标准

高速公路 LED 可变限速标志

标准编号： GB 23826-2009 **实施日期：** 2009-12-21

发布部门： 中华人民共和国国家质量监督检验检疫总局、中国国家标准化管理委员会

标准简介：

本标准规定了发光二极管（LED）可变限速标志的分类与组成、技术要求、试验方法、检验规则和标识、包装、运输、贮存。本标准适用于高速公路以LED为发光单元的可变限速标志，其它道路可参照使用。

LED 主动发光道路交通标志

标准编号： GB/T 31446-2015 **实施日期：** 2015-08-01

发布部门： 中华人民共和国国家质量监督检验检疫总局、中国国家标准化管理委员会

标准简介：

本标准规定了LED主动发光道路交通标志（简称“发光标志”）产品的分类及组成、技术要求、试验方法、检验规则及标识、包装、运输与贮存。本标准适用于采用电网或太阳能供电的LED主动发光道路交通标志，其它发光标志可参照使用。

消防设备电源监控系统

标准编号： GB 28184-2011 **实施日期：** 2012-08-01

发布部门： 中华人民共和国国家质量监督检验检疫总局、

中国国家标准化管理委员会

标准简介：

本标准规定了消防设备电源监控系统的术语和定义、要求、试验方法、检验规则、标志和使用说明书。本标准适用于在一般工业与民用建筑中安装使用的消防设备电源监控系统，其它环境中安装的消防设备电源监控系统亦可参照本标准。

建筑物电气装置 第 7-712 部分：特殊装置或场所的要求 太阳能光伏（PV）电源供电系统

标准编号： GB/T 16895.32-2008 **实施日期：** 2010-02-01

发布部门： 国家标准化管理委员会

标准简介：

GB/T 16895 的本部分的特殊要求适用于光伏（PV）电源供电系统（包括带交流模块的系统）。注 1：光伏（PV）设备的标准，正由 TC82 制定。注 2：单独运行的光伏（PV）电源供电系统的要求，尚在研究中。

渔船电子设备电源的技术要求

标准编号： GB/T 3594-2007 **实施日期：** 2008-03-01

发布部门： 中华人民共和国农业部

标准简介：

本标准规定了渔船电子设备电源设计的基本技术要求。本标准适用于各种作业方式渔船上安装的电子设备，如各种无线电通信设备、无线电导航设备、电子助渔仪器、船内通信及报警系统、自动控制设备及电源变换装置等。

高速公路 LED 可变信息标志

标准编号： GB/T 23828-2009 **实施日期：** 2009-07-01

发布部门： 中华人民共和国国家质量监督检验检疫总局、中国国家标准化管理委员会

标准简介：

本标准规定了发光二极管（LED）可变信息标志的分类与组成、技术要求、试验方法、检验规则和标识、包装、运输、贮存。本标准适用于高速公路以 LED 为发光单元的可变信息标志，其它道路可参照使用。

行业标准

电除尘用晶闸管控制高压电源

标准编号： JB/T 9688-2015 **实施日期：** 2015-10-01

发布部门： 中华人民共和国工业和信息化部

标准简介：

本标准规定了电除尘用工频、单相、晶闸管移相调压控制高压电源的型谱、技术要求。本标准规定了电除尘用工频、单相、晶闸管移相调压控制高压电源，不适用其它半导体电力变流器。

燃气燃烧器具使用交流电源的安全通用要求

标准编号： CJ 3062-1996 **实施日期：** 1997-05-01

发布部门： 中华人民共和国建设部

标准简介：

本标准规定的是以液化石油气、天然气、人工煤气为燃料的燃具。在使用电压不超过 250V 单向交流电源驱动或控制时，有关电气安全的通用要求。

微机控制变频调速给水设备

标准编号： CJ/T 352-2010 **实施日期：** 2011-05-01

发布部门： 中华人民共和国住房和城乡建设部

标准简介：

本标准规定了微机控制变频调速给水设备的术语和定义、分类和型号、工作条件、要求、试验方法、检验规则、标志、包装、运输和贮存。本标准适用于工作压力不大于 2.5MPa、水温不大于 80℃的生活、生产给水系统用微机控制变频调速给水设备。本标准不适用于采用变频电动机或水泵集成变频器及消防给水设备。

LED 道路交通诱导可变信息标志

标准编号： GA/T 484-2010 **实施日期：** 2011-03-01

发布部门： 中华人民共和国公安部

标准简介：

本标准规定了 LED 道路交通诱导可变信息标志的分类、命名、技术要求、试验方法、检验规则、标识、包装、运输与贮存。本标准适用于道路交通诱导可变标志的设计、制造和验收。

环境保护产品技术要求 电除尘器低压控制电源

标准编号： HJ/T 321-2006 **实施日期：** 2007-02-01

发布部门： 国家环境保护总局

标准简介：

本标准适用于电除尘器所配套的低压控制电流。

变频式风选机

标准编号： JB/T 20052-2005 **实施日期：** 2005-08-01

发布部门： 中华人民共和国国家发展和改革委员会

标准简介：

本标准规定了变频式风选机的术语和定义、分类和标记、要求、试验方法、检验规则和标记、使用说明书、包装、运输与贮存。

便携式牵引变电所电能质量检测装置

标准编号： TB/T 3328-2015 **实施日期：** 2015-11-01

发布部门： 国家铁路局

标准简介：

暂缺。

船用通信导航设备的安装、使用、维护、修理技术要求 第 11 部分：蓄电池与充电设备

标准编号： JT/T 680.11-2007 **实施日期：** 2007-08-01

标准简介：

本部分规定了船舶电台的蓄电池和充电设备的安装、使用、维护、修理技术要求。本部分适用于 JT/T 680.1 所

规定的范围。

LED 发光强度测试仪

标准编号： JT/T 832-2012 **实施日期：** 2013-02-01

发布部门： 交通运输部

标准简介：

本标准规定了 LED 发光强度测试仪的术语和定义、结构与定义、技术要求、试验方法、检验规则以及标志、包装、运输和储存。本标准适用于单管 LED 器件发光强度测试仪产品。

小功率 LED 单管校准规范

标准编号： JJF 1501-2015 **实施日期：** 2015-04-30

发布部门： 国家质量监督检验检疫总局

标准简介：

本规范适用于供电电流为 20mA 的直插式单颗发光二极管的光度和颜色参数的校准，其它功率的单颗 LED 可参照本校准规范执行。

民用航空器维修标准 地面维修设施 第 7 部分：电瓶充电修理作业场所

标准编号： MH/T 3012. 7-2008 **实施日期：** 2009-02-01

发布部门： 中国民用航空局

标准简介：

MH/T 3012 的本部分规定了民用航空器（以下简称航空器）电瓶维修及充电厂房设施、设备的安全技术要求。本部分适用于航空器电瓶充电修理作业场所的建设和维护。

飞机地面静变电源

标准编号： MH/T 6018-2014 **实施日期：** 2014-12-01

发布部门： 中国民用航空局

标准简介：

暂缺。

飞机地面电源机组

标准编号： MH/T 6019-2014 **实施日期：** 2014-12-01

发布部门： 中国民用航空局

标准简介：

暂缺。

电源装置维护检修规程

标准编号： SHS 06006-2004 **实施日期：** 2004-06-21

标准简介：

本规程规定了直流电源装置、电解用大功率可控硅整流装置、UPS 装置及酸（碱）性蓄电池维护检修周期、项目、质量标准、定期检查项目要求、常用故障与处理方法、交接程序与验收要求。本规程适用于石化企业生产装置内使用的计算机、仪表、事故供电的 UPS 和直流系统中的直流电源装置；固定酸（碱）性蓄电池、免维护酸性电池及电解用大功率可控整流装置的维护及检修。

LG2 型行电源滤波电感器详细规范

标准编号： SJ 20096-1992 **实施日期：** 1993-05-01

发布部门： 中国电子工业总公司

标准简介：

本规范规定的 LG2 型行电源滤波电感器，其全部要法语由本规范和 SJ 20037-92《射频固定和可变电感器总规范》作出规定。本规范适用于机敏雷达光栅显示器及同类显示器行电源滤波用 LG2 型电感器。

通道级电源控制接口

标准编号： SJ 20153-1992 **实施日期：** 1993-05-01

发布部门： 中国电子工业总公司

标准简介：

本标准规定了设计生产的设备在电源时序和控制方面能兼容的电源控制接口。本标准适用于军用计算机与外围设备。

通信用高频开关电源系统

标准编号： YD/T 1058-2015 **实施日期：** 2015-07-01

发布部门： 中华人民共和国工业和信息化部

标准简介：

本标准规定了通信用高频开关电源系统的组成、系列、要求、试验方法、检验规则、标志、包装、运输和贮存。本标准适用于直流输出电压标称值为 -48V（24V）的通信用高频开关电源系统。

通信局（站）电源、空调及环境集中监控管理系统 第 6 部分：图像集中监控系统

标准编号： YD/T 1363. 6-2015 **实施日期：** 2015-07-01

发布部门： 中华人民共和国工业和信息化部

标准简介：

本部分规定了通信局（站）电源、空调及环境集中监控管理系统中图像集中监控系统的系统结构、系统组成、系统管理、硬件配置、软件功能和系统维护等要求。本部分适用于通信局（站）单独设置的图像集中监控系统及以此为基础构成的不同规模的监控系统网络。

机载雷达用栅控行波管组合高压电源通用规范

标准编号： SJ 20396-1994 **实施日期：** 1994-12-01

标准简介：

本规范规定了机载雷达用栅控行波管组合高压电源（以下简称高压电源）的通用要求、质量保证规定以及交货准备要求。本规范适用于机载雷达栅控行波管组合高压电压，其它机载电子设备的组合高压电源也可参照采用。本规范是制定高压电源产品规范的基本依据。

机载雷达用栅控行波管钛泵电源通用规范

标准编号： SJ 20398-1994 **实施日期：** 1994-12-01

标准简介：

本规范规定了记载雷达用栅控行波管钛泵电源的通用技术要求、质量保证规定及交货准备要求。本规范适用于机载雷达用栅控行波管钛泵电源（以下简称电源），其它机载电子设备的行波管钛泵电源也可参照采用。本规范是制定机载雷达用栅控行波管钛泵电源产品规范的基本依据。

机载电源变换设备通用规范

标准编号： SJ 20799-2001 **实施日期：** 2002-01-01

标准简介：

本规范规定了机载电源变换设备的要求、质量保证规定和交货准备等要求。本规范适用于机载电子设备用 AC-DC、DC-DC 和 DC-AC 电源变换设备。

程控电话交换机电源通用技术条件

标准编号： SJ/T 10693-1996 **实施日期：** 1996-11-01

发布部门： 中华人民共和国电子工业部

标准简介：

本标准规定了程控电话交换机电源系统的技术要求、试验方法、检验规则及标志、包装、运输、贮存等。本标准适用于各类程控电话交换机的基础电源系统和设备（以下简称电源设备）。

无线电和电视设备用跨电源线、天线耦合和旁路电容器

标准编号： SJ/Z 9041-1987 **实施日期：** 1987-10-20

标准简介：

1）本技术要求适用于工作在85℃，125V 和250V 额定电压，50 ~ 60Hz 电路中无线电、电视接收以及类似应用设备用的电容器，这些设备由于电容器的击穿可能会造成失火、触电或人身伤害的危险。2）本技术要求也适用于工作在85℃，125V 和250V 额定电压，50 ~ 60Hz 电路中的无线电、电视接收以及类似应用设备用的双重保护电容器，这些设备由于电容器的击穿可能会造成失火、触电或人身伤害危险。

牙科 · 光固化机 第2部分：发光二极管（LED）灯

标准编号： YY 0055. 2-2009 **实施日期：** 2010-12-01

发布部门： 国家食品药品监督管理局

标准简介：

YY0055 的本部分规定了以蓝光波长的发光二极管为光源，在牙科临床用于对以聚合物为基底的修复材料进行照射使之固化的光固化机（以下简称 LED 光固化机）的要求和试验方法。本部分不适用于牙科技工室使用的，用于间接修复物、牙片、义齿和其它口腔科应用的 LED 光固化机。当本部分有规定时，本部分优先于 GB9706. 1-2007。

地方标准

变频调速窄轨架线式工矿电机车

标准编号： DB43/T 974-2014 **实施日期：** 2015-01-22

发布部门： 湖南省质量技术监督局

标准简介：

暂缺。

变频调速防爆特殊型蓄电池式电机车

标准编号： DB43/T 975-2014 **实施日期：** 2015-01-22

发布部门： 湖南省质量技术监督局

标准简介：

暂缺。

道路灯 LED 模块互换规范

标准编号： DB51/T 1794-2014 **实施日期：** 2014-08-01

发布部门： 四川省质量技术监督局

标准简介：

暂缺。

微灌用自动稳压器

标准编号： DB65/T 3054-2010 **实施日期：** 2010-03-01

发布部门： 新疆维吾尔自治区质量技术监督局

标准简介：

暂缺。

第八篇　主要电源企业简介

（同类企业按单位名称汉语拼音顺序排列）

副理事长单位

1. 佛山市禅城区华南电源创新科技园投资管理有限公司
2. 广东志成冠军集团有限公司
3. 深圳市航嘉驰源电气股份有限公司
4. 台达电子企业管理（上海）有限公司（企业访谈：周志宏　台达发言人暨企业信息部资深协理）
5. 厦门科华恒盛股份有限公司（企业访谈：陈成辉　董事长、总裁）
6. 阳光电源股份有限公司（企业访谈：张彦虎　市场总监）
7. 易事特集团股份有限公司
8. 中兴通讯股份有限公司

常务理事单位

9. 安泰科技股份有限公司非晶金属事业部
10. 北京动力源科技股份有限公司（企业访谈：王新生　副总裁）
11. 北京中大科慧科技发展有限公司
12. 东莞市石龙富华电子有限公司
13. 佛山市柏克新能科技股份有限公司
14. 佛山市新光宏锐电源设备有限公司
15. 广东新昇电业科技股份有限公司
16. 广州金升阳科技有限公司（企业访谈：张红军　营销中心总监）
17. 合肥华耀电子工业有限公司
18. 鸿宝电气集团股份有限公司
19. 华东微电子技术研究所
20. 茂硕电源科技股份有限公司
21. 宁波赛耐比光电有限公司
22. 深圳华德电子有限公司
23. 深圳科士达科技股份有限公司
24. 深圳市英威腾电源有限公司（企业访谈：徐辉　副总经理）
25. 石家庄通合电子科技股份有限公司
26. 苏州市纽克斯照明有限公司（企业访谈：邱明　总工/副总经理）
27. 温州大学
28. 温州现代集团有限公司
29. 无锡芯朋微电子股份有限公司（企业访谈：易扬波　董事副总）
30. 先控捷联电气股份有限公司（企业访谈：陈冀生　总经理）
31. 浙江东睦科达磁电有限公司

理事单位

32. 北京创四方电子股份有限公司
33. 北京泛华恒兴科技有限公司
34. 北京落木源电子技术有限公司
35. 北京伟仕天成科技有限公司
36. 成都金创立科技有限责任公司
37. 重庆荣凯川仪仪表有限公司
38. 广东寰宇电子科技股份有限公司
39. 广州致远电子股份有限公司
40. 杭州飞仕得科技有限公司
41. 杭州祥博传热科技股份有限公司
42. 合肥博微田村电气有限公司
43. 河北奥冠电源有限责任公司
44. 江苏宏微科技股份有限公司
45. 南京中港电力股份有限公司
46. 南通新三能电子有限公司
47. 宁夏银利电气股份有限公司
48. 赛尔康技术（深圳）有限公司
49. 陕西柯蓝电子有限公司
50. 上海长园维安微电子有限公司
51. 上海超群无损检测设备有限责任公司
52. 深圳晶福源科技股份有限公司
53. 深圳可立克科技股份有限公司
54. 深圳欧陆通电子有限公司
55. 深圳市保益新能电气有限公司
56. 深圳市铂科新材料股份有限公司
57. 深圳市迪比科电子科技有限公司
58. 深圳市汇川技术股份有限公司
59. 深圳市京泉华科技股份有限公司
60. 深圳市商宇电子科技有限公司
61. 深圳市智胜新电子技术有限公司
62. 深圳市中电熊猫展盛科技有限公司
63. 深圳索瑞德电子有限公司
64. 四川长虹欣锐科技有限公司
65. 苏州东山精密制造股份有限公司
66. 天长市中德电子有限公司
67. 田村（中国）企业管理有限公司
68. 无锡新洁能股份有限公司
69. 西安爱科赛博电气股份有限公司
70. 西安龙腾新能源科技发展有限公司
71. 西安索普电气技术有限公司

72. 西安伟京电子制造有限公司
73. 厦门市爱维达电子有限公司
74. 亿铖达（深圳）新材料有限公司
75. 英飞凌科技（中国）有限公司
76. 英飞特电子（杭州）股份有限公司
77. 浙江矛牌电子科技有限公司
78. 浙江榆阳电子有限公司
79. 中国长城计算机深圳股份有限公司
80. 珠海格力电器股份有限公司

会员单位

广东省

81. 宝士达网络能源（深圳）有限公司
82. 东莞宏强电子有限公司
83. 东莞立德电子有限公司
84. 东莞市金河田实业有限公司
85. 东莞市锐源仪器股份有限公司
86. 东莞市天楠光电科技有限公司
87. 佛山市迪智电源有限公司
88. 佛山市哥迪电子有限公司
89. 佛山市汉毅电子技术有限公司
90. 佛山市力迅电子有限公司
91. 佛山市南海区平洲广日电子机械有限公司
92. 佛山市南海赛威科技技术有限公司
93. 佛山市顺德区冠宇达电源有限公司
94. 佛山市众盈电子有限公司
95. 广东宝星新能科技有限公司
96. 广东创电科技有限公司
97. 广东大比特资讯广告发展有限公司
98. 广东丰明电子科技有限公司
99. 广东金华达电子有限公司
100. 广东乐科电力电子有限公司
101. 广东顺德三扬科技股份有限公司
102. 广州东芝白云菱机电力电子有限公司
103. 广州汉铭通信科技有限公司
104. 广州华工科技开发有限公司
105. 广州健特电子有限公司
106. 广州科欣仪器有限公司
107. 广州市宝力达电气材料有限公司
108. 广州市昌菱电气有限公司
109. 广州市华德电子电器设备有限公司
110. 广州市锦路电气设备有限公司
111. 广州市凝智科技有限公司
112. 海丰县中联电子厂有限公司
113. 华为技术有限公司
114. 江门市安利电源工程有限公司
115. 乐健科技（珠海）有限公司
116. 理士国际技术有限公司
117. 山特电子（深圳）有限公司
118. 汕头华汕电子器件有限公司
119. 深圳安固电子科技有限公司
120. 深圳奥特迅电力设备股份有限公司
121. 深圳辰达行电子有限公司
122. 深圳古瑞瓦特新能源股份有限公司
123. 深圳蓝信电气有限公司
124. 深圳麦格米特电气股份有限公司
125. 深圳青铜剑科技股份有限公司
126. 深圳市爱维达新能源科技有限公司
127. 深圳市安科讯实业有限公司
128. 深圳市安托山技术有限公司
129. 深圳市柏瑞凯电子科技有限公司
130. 深圳市倍通检测股份有限公司
131. 深圳市比亚迪锂电池有限公司
132. 深圳市创容新能源有限公司
133. 深圳市东辰科技有限公司
134. 深圳市飞尼奥科技有限公司
135. 深圳市港特科技有限公司
136. 深圳市海德森科技股份有限公司
137. 深圳市皓文电子有限公司
138. 深圳市核达中远通电源技术有限公司
139. 深圳市嘉莹达电子有限公司
140. 深圳市坚力坚实业有限公司
141. 深圳市捷益达电子有限公司
142. 深圳市金顺怡电子有限公司
143. 深圳市金威源科技股份有限公司
144. 深圳市金元电子技术有限公司
145. 深圳市巨鼎电子有限公司
146. 深圳市科陆电源技术有限公司
147. 深圳市库马克新技术股份有限公司
148. 深圳市南方默顿电子有限公司
149. 深圳市帕瓦科技有限公司
150. 深圳市鹏源电子有限公司
151. 深圳市锐能微科技有限公司
152. 深圳市瑞必达科技有限公司
153. 深圳市瑞晶实业有限公司
154. 深圳市三和电力科技有限公司
155. 深圳市实润科技有限公司
156. 深圳市威日科技有限公司
157. 深圳市希顺有机硅科技有限公司
158. 深圳市新能力科技有限公司
159. 深圳市兴龙辉科技有限公司
160. 深圳市雄韬电源科技股份有限公司
161. 深圳市英可瑞科技股份有限公司
162. 深圳市粤嘉鸿电子有限公司
163. 深圳市正能实业有限公司
164. 深圳市知用电子有限公司
165. 深圳市中科源电子有限公司
166. 深圳市中兴昆腾有限公司
167. 深圳市卓越至高电子有限公司
168. 深圳欣锐科技股份有限公司
169. 拓哲（广州）电子科技有限公司

170. 协丰万佳科技（深圳）有限公司
171. 伊戈尔电气股份有限公司
172. 亿曼丰科技（深圳）有限公司
173. 中惠创智（深圳）无线供电技术有限公司
174. 珠海科达信电子科技有限公司
175. 珠海山特电子有限公司
176. 珠海泰坦科技股份有限公司
177. 专顺电机（惠州）有限公司

北京市

178. 北京柏艾斯科技有限公司
179. 北京博电新力电气股份有限公司
180. 北京大华无线电仪器厂
181. 北京锋速精密科技有限公司
182. 北京航天星瑞电子科技有限公司
183. 北京航星力源科技有限公司
184. 北京恒电电源设备有限公司
185. 北京汇众电源设备厂
186. 北京机械设备研究所
187. 北京京仪椿树整流器有限责任公司
188. 北京纽绅埔科技有限公司
189. 北京普罗斯托国际电气有限公司
190. 北京群菱能源科技有限公司
191. 北京森社电子有限公司
192. 北京韶光科技有限公司
193. 北京世纪金光半导体有限公司
194. 北京索英电气技术有限公司
195. 北京通力盛达节能设备股份有限公司
196. 北京维通利电气有限公司
197. 北京汐源科技有限公司
198. 北京新雷能科技股份有限公司
199. 北京亚澳博信通信技术有限公司
200. 北京银星通达科技开发有限责任公司
201. 北京英博电气股份有限公司
202. 北京宇翔电子有限公司
203. 北京智源新能电气科技有限公司
204. 北京中天汇科电子技术有限责任公司
205. 海瑞弗机房设备（北京）有限公司
206. 华康泰克信息技术（北京）有限公司
207. 能科节能技术股份有限公司
208. 派沃力德（北京）电子科技有限公司
209. 中科航达科技发展（北京）有限公司

上海市

210. 昂宝电子（上海）有限公司
211. 美尔森电气保护系统（上海）有限公司
212. 上海百纳德电子信息有限公司
213. 上海大周信息科技有限公司
214. 上海德创电器电子有限公司
215. 上海谷登电气有限公司
216. 上海豪远电子有限公司
217. 上海华翌电气有限公司
218. 上海吉电电子技术有限公司
219. 上海科梁信息工程股份有限公司
220. 上海科泰电源股份有限公司
221. 上海全力电器有限公司
222. 上海申世电气有限公司
223. 上海稳利达科技股份有限公司
224. 上海稳压器厂
225. 上海新康电器制造有限公司
226. 上海阳顿电气制造有限公司
227. 上海鹰峰电子科技股份有限公司
228. 上海宇帆电气有限公司
229. 上海正远电子技术有限公司
230. 上海众韩电子科技有限公司
231. 上海灼日新材料科技有限公司
232. 晟朗（上海）电力电子有限公司
233. 时冠电气（上海）有限公司
234. 西屋港能企业（上海）股份有限公司
235. 伊顿电源（上海）有限公司
236. 中达电通股份有限公司

江苏省

237. 艾普斯电源（苏州）有限公司
238. 安伏（苏州）电子有限公司
239. 常州诚联电源股份有限公司
240. 常州东华电力电子有限公司
241. 常州瑞华电力电子器件有限公司
242. 常州市创联电源有限公司
243. 常州市武进红光无线电有限公司
244. 国充充电科技江苏股份有限公司
245. 江苏爱克赛电气制造有限公司
246. 江苏禾力清能电气有限公司
247. 江苏坚力电子科技股份有限公司
248. 雷诺士（常州）电子有限公司
249. 溧阳市华元电源设备厂
250. 南京时恒电子科技有限公司
251. 南通嘉科电源制造有限公司
252. 苏州锴威特半导体有限公司
253. 苏州美恩斯电子科技有限公司
254. 苏州市申浦电源设备厂
255. 太仓电威光电有限公司
256. 无锡东电化兰达电子有限公司
257. 扬州凯普电子有限公司
258. 越峰电子（昆山）有限公司
259. 张家港市电源设备厂

浙江省

260. 杭州奥能电力设备制造有限公司
261. 杭州奥能电源设备有限公司
262. 杭州快电新能源科技有限公司
263. 杭州易泰达科技有限公司
264. 杭州远方仪器有限公司
265. 杭州中恒电气股份有限公司

266. 弘乐电气有限公司
267. 康舒电子（东莞）有限公司杭州分公司
268. 乐清市永茂电源有限公司
269. 宁波博威合金材料股份有限公司
270. 宁波中车时代传感技术有限公司
271. 温州楚汉光电科技有限公司
272. 浙江创力电子股份有限公司
273. 浙江高泰昊能科技有限公司
274. 浙江海利普电子科技有限公司
275. 浙江宏胜光电科技有限公司
276. 浙江腾腾电气有限公司
277. 浙江宇光照明科技有限公司
278. 浙江正泰电源电器有限公司
279. 中川电气科技有限公司

山东省

280. 海湾电子（山东）有限公司
281. 临沂昱通新能源科技有限公司
282. 青岛航天半导体研究所有限公司
283. 青岛威控电气有限公司
284. 青岛云路新能源科技有限公司
285. 山东镭之源激光科技股份有限公司
286. 山东山大华天科技集团股份有限公司
287. 山东圣阳电源股份有限公司
288. 山东泰开自动化有限公司
289. 威海文隆电池有限公司
290. 新风光电子科技股份有限公司

安徽省

291. 安徽明瑞智能科技股份有限公司
292. 安徽首文高新材料有限公司
293. 合肥科威尔电源系统有限公司
294. 合肥联信电源有限公司
295. 合肥通用电子技术研究所
296. 宁国市裕华电器有限公司
297. 中国科学院等离子体物理研究所

湖南省

298. 湖南长沙阳环科技实业有限公司
299. 湖南东方万象科技有限公司
300. 湖南丰日电源电气股份有限公司
301. 湖南科明电源有限公司
302. 湖南晟和电子技术有限公司
303. 湘潭市华鑫电子科技有限公司

四川省

304. 成都顺通电气有限公司
305. 四川厚天科技股份有限公司
306. 四川省科学城帝威电气有限公司
307. 四川斯维奇电气科技有限公司
308. 四川依米康环境科技股份有限公司
309. 四川英杰电气股份有限公司

河北省

310. 保定科诺沃机械有限公司
311. 河北汇能欣源电子技术有限公司
312. 河北远大电子有限公司
313. 任丘市先导科技电子有限公司
314. 唐山尚新融大电子产品有限公司

福建省

315. 福建联晟捷电子科技有限公司
316. 福建泰格电子技术有限公司
317. 福州福光电子有限公司
318. 厦门兴厦控恒昌自动化有限公司

湖北省

319. 武汉泰可电气股份有限公司
320. 武汉武新电气科技股份有限公司
321. 武汉新瑞科电气技术有限公司
322. 武汉永力科技股份有限公司

天津市

323. 东文高压电源（天津）股份有限公司
324. 核工业理化工程研究院
325. 天津市华明合兴机电设备有限公司
326. 天津市鲲鹏电子有限公司

甘肃省

327. 兰州精新电源设备有限公司
328. 天水七四九电子有限公司
329. 中国科学院近代物理研究所

河南省

330. 洛阳隆盛科技有限责任公司
331. 许继电源有限公司

辽宁省

332. 大连零点信息动力科技有限公司
333. 航天长峰朝阳电源有限公司

其它

334. 重庆汇韬电气有限公司
335. 桂林斯壮微电子有限责任公司
336. 贵州航天林泉电机有限公司
337. 光宇集团股份有限公司
338. 南昌大学教授电气制造厂
339. 勤发电子股份有限公司
340. 陕西长岭光伏电气有限公司

会员企业按主要产品索引

UPS 电源（82）

新能源电源（光伏逆变器、风力变流器等）（80）

通用开关电源（79）

通信电源（68）

照明电源、LED 驱动电源（62）

模块电源（57）

稳压电源（器）（48）

其它（41）

EPS 电源（41）

特种电源（37）
直流屏、电力操作电源（35）
蓄电池（32）
变频电源（器）（32）
功率器件（27）
电子变压器（25）
半导体集成电路（25）
电焊机、充电机、电镀电源（21）
电抗器（19）
电源配套设备（自动化设备、SMT 设备、绕线机等）（18）
电源测试设备（18）
电容器（16）
磁性元件/材料（14）
PC、服务器电源（14）
滤波器（12）
电感器（10）
电阻器（7）
机壳、机柜（6）
绝缘材料（3）
胶（3）
风扇、风机等散热设备（2）

副理事长单位

佛山市禅城区华南电源创新科技园投资管理有限公司

地址：广东省佛山市禅城区张槎一路 127 号 1 座 3 层
邮编：528000
电话：0757-82580666 82208102
传真：0757-82503337
邮箱：495620638@ qq. com
网址：www. hndy. gd. cn

简介：

精细、集约化的电源产业综合体：

华南电源创新科技园大力发展开关电源、逆变器、UPS、EPS 等电源电子产业，打造现代电源及节能技术科技园区的标杆，推动电源产业精细化、集约化、国际化，建设集产品研发、生产、检测、展示、交易、人才培训、孵化中心等为一体的电源产业创新基地，成为汇集金融、科技、项目、商务会展等多位一体的电源产业综合体。

优质信誉的电源专业园区：

“中国率先创建电源创业主题园区”；“全国现代电源（不间断电源）产业知名品牌创建示范区”；“国家现代电源高新技术产业化基地培育单位”；“中国电源学会副理事长单位”；“中国电源学会现代电源产业基地”；“佛山中德工业服务区生产基地”；“禅城区低碳试点园区”。

五大平台提供一体化专业服务：

园区已引入科技服务平台、金融服务平台、人才服务平台、招商服务平台、园区合作平台五大平台，为入园企业提供技术升级、人才培养、金融支持、政策引导扶持、合作交流等一体化专业服务。

都市里配套设施至齐全的厂房：

华南电源创新科技园大力打造、扶持、发展电源电子类产业，以都市型厂房为核心，以总楼大楼和商业办公楼为服务载体，配备了会议办公、展厅、会展中心、培训中心、商会协会办公区、银行、自助服务中心、回廊书吧、中西餐厅、酒店、车位、人才公寓、员工饭堂、图书馆、超市、运动及休闲等配套设施。

活性商务、产业空间：

华南电源创新科技园是区域内规模最大的主题园区，总占地面积约 330 亩，建成后总建筑面积达 42.6 万平方米，分核心区及外延区两部分进行打造。

总部大楼定位为电源企业总部办公、园区服务平台及产业商务配套的功能，目前部分主力商业及区域内的电商龙头开始陆续进驻，包括四星级标准精品酒店、五星级豪华多功能影院、港台餐饮白领餐厅、商协会平台、互联网+电商企业，创客、创新孵化器等，签约面积超过 2.3 万平方米。

2#商业办公楼，建筑面积约 3.3 万 m^2，分为南塔（7层）和北塔（9 层），首二层为商业旺铺，三层以上为商务办公，200～3000m^2 活性商务空间自由组合。

园区都市型厂房，户型为方正的 1300m^2 和 2000m^2 空间，拥有独立产权，可租、可售、可按揭，五大服务平台促进产业发展，百强龙头企业率先抢驻。

上市企业与骨干企业的选择：

华南电源创新科技园的企业总数已经达到 202 家，累计入园的电源、电子类及其上下游产业的企业达 90 多家，占园区总企业数的 46.5%，其中 2015 年新增入园企业达 45 家，包括：厦门科华、湖南科力远两家上市企业，佛山电源行业协会中的骨干企业（柏克、新光宏锐、众盈、欧立、飞星、朗博等）。

2#商业办公楼：

广东志成冠军集团有限公司

地址：东莞市塘厦镇田心工业区
邮编：523718
电话：0769-87725486
传真：0769-87927259
邮箱：zcz@ zhicheng-champion. com
网址：www. zhicheng-champion. com

简介：

广东志成冠军集团有限公司（简称志成冠军集团）位于毗邻深圳特区的东莞市塘厦镇，是一家集科、工、贸、投资于一体的民营高科技企业，始创于1992年8月，注册资金1亿元人民币，占地27万平方米，自有资产逾6.5亿元。

公司设有4个研发机构，3个生产厂区，32个分公司、办事处，有员工1000余名，其中各类专业人才500多名。技术上以国内多所著名高校为依托，致力从事于电子信息、先进制造、新能源与高效节能等高新技术领域的自主创新，研发、生产、销售不间断电源（UPS）、逆变电源（INV）、应急电源（EPS）、储能电站装置、高压直流电源、电动汽车充电设备及管理系统、太阳能光伏并网发电系统、新型阀控密封式免维护铅酸蓄电池、磷酸铁锂钒电池、嵌入式多媒体软件、网络安防监控系统等，产品广泛应用于上层建筑和经济基础的各个领域，覆盖国内和70多个国家与地区市场，是广东省50家装备制造业骨干企业和战略性新兴产业骨干企业之一。

近年来，公司的不间断电源产品成功地应用于西昌卫星发射基地、北京地铁工程、北京奥运新闻中心和奥运鸟巢场馆，以及第21届世界大学生运动会、第十届全国运动会、广州亚运会场馆等重大项目。安防产品在东莞市的科技强警工程和广东省公安厅交通管理系统的车载移动报警设备招标中相继中标。

公司通过自主创新，构建和完善了以企业为主体、市场为导向、产学研相结合的技术创新体系，并成功地组建了“广东省企业技术中心”、“广东省大功率不间断电源工程研究开发中心”、“博士后科研工作站”，先后填补了国家10项产品空白，其中有9项产品被列入国家火炬计划和国家重点新产品。公司已获得116项专利和35项软件著作权，其中发明专利“大容量不间断电源”荣获中国专利金奖，并被国家标准化管理委员会批准为“中国电力电子学标准化技术委员会不间断电源分技术委员会”秘书处承担单位。党和国家领导人曾庆红、李长春、张德江、汪洋先后莅临公司视察和调研，对公司的党建、技术创新、产业升级分别给予高度评价。

公司先后被认定为“国家高新技术企业”、“国家火炬计划重点高新技术企业”、“国家创新型试点企业”、先期29家“广东省创新型企业”、50家“广东省装备制造业骨干企业”、“广东省百强民营企业”及4A级“标准化良好行为企业”等。2000年获得国家广播电影电视总局“广播电视入网设备器材认定”和中国人民解放军参谋部“国际通信设备器材进网许可证”，此外，产品还获得了欧盟的CE、美国的UL和FCC，德国的TüV、澳洲的AS/NZS等国际认证，并拥有近百项专利及软件著作权。

公司大力推广品牌战略。为了培育属于自己的品牌，公司提出了“质量第一，信誉为本”的质量方针，在国内同行业中率先通过了ISO9001质量管理体系认证和ISO14001环境管理体系认证。连续8年被广东省工商行政管理局评定为“守合同重信用”企业，不间断电源、EPS应急电源、蓄电池产品被评为“广东省名牌产品”，企业注册商标继被评为“广东省著名商标”，2010年被国家工商总局商标局认定为“中国驰名商标”。

发展历程

2016年　发明专利“一种实现逆变器并网/离网无缝切换的装置及方法”荣获中国专利优秀奖；公司“海岸工程兆瓦级特种变流电源关键技术及应用”荣获国家科技进步一等奖。

2014年　集团公司通过ISO18001职业健康安全管理体系；发明专利“一种多制式UPS电源及其实现方法”荣获中国专利优秀奖。

2013年　公司荣获“广东省战略性新兴企业骨干企业”称号。

2012年　集团公司注册资本由5000万元增至1亿元；企业被评为“广东省知识产权示范企业”。

2010年　企业注册商标被评为“中国驰名商标”；企业被评选为“国家创新型试点企业”。

2009年　企业再次被授予“国家火炬计划重点高新技术企业”称号；企业被评为50家“广东省装备制造业骨干企业”之一；企业被授予“广东省先进企业”称号。

2008年　发明专利大功率不间断电源荣获“中国专利金奖”；企业被任命为“全国电力电子学标准化技术委员会不间断电源分技术委员会”承担单位；企业评为AAAA级“标准化良好行为企业”；志成冠军博士后科研工作站成立。

2007年　不间断电源产品通过“中国节能产品”认证；安防视频监控联网系统平台被评为“国家火炬计划项目”；公司被评为“广东省优秀企业”。

2006年　企业通过“ISO10012计量保证体系论证”；被评为“广东省知识产权优势企业”，“广东省最佳诚信企业”。

2005年　企业通过“ISO14001环境管理体系认证”；高频模块化不间断电源被认定为“国家重点新产品“；企业注册商标被评为“广东省著名商标”。

2004年　公司被评为“广东省优秀高新技术企业”、“中国优秀民营科技企业”；被认定为“广东省装备制造业重点企业”；不间断电源被评为“广东省名牌产品”；注册商标率先被评为“广东省著名商标”。

2003年　被认定为“国家重点高新技术企业”；在线式三相大容量不间断电源被评为“国家优秀火炬计划项目”；公司先后被评为“广东省百强民营企业”、“广东省优秀民营企业”、“广东省采用国际标准先进企业”。

2002年　不间断电源N+1并联系统被认定为“国家

重点新产品”；被评为“广东省优秀民营企业”。

主要产品介绍：

多制式模块化 EPS 应急电源

输入特性：AC 380V ± 10%；

输出特性：AC 220/380V ± 2%；

转换效率：≥92%；

认证标准：GB17945-2010；

输入频率：50Hz ± 5%

市电供电转应急供电切换时间：≤10ms；

输出波形为标准正弦波，正弦波 失真度：≤3%。

深圳市航嘉驰源电气股份有限公司

地址： 广东省深圳市龙岗区坂田坂雪大道航嘉工业园

邮编： 518129

电话： 0755-89606666

传真： 0755-89606333

邮箱： secy@ huntkey. net

网址： www. huntkey. com

简介：

航嘉机构（Huntkey）总部位于深圳，设有深圳市航嘉驰源电气股份有限公司、河源湧嘉实业有限公司、航嘉电器（合肥）有限公司、嘉源锐信软件公司等主导企业，产品服务涉及电源、电脑、家电、通信、消费电子、LED、管理软件等多个领域。目前，拥有 11 万平米的航嘉（深圳）工业园、38 万平米的航嘉（河源）工业园及 50 万平米的航嘉（合肥）科技园。

深圳市航嘉驰源电气股份有限公司创立于 1995 年，是国家高新技术企业。航嘉 20 年来致力于电源供应器和电源系统的产品设计、研发、生产和销售，是国际电源制造商协会（PSMA）会员、中国电源行业学会（CPSS）副理事长单位、深圳市高新技术产业协会副会长单位、深圳首届优秀民营企业。经过多年的发展，航嘉取得了业界认可的成就：目前“航嘉”品牌已成为电源行业颇具竞争力的品牌，其中电脑电源国内市场占有率位居前列。主要客户有联想、戴尔、惠普、华为等企业。

航嘉成立至今一路前行，其精心打造的研发团队，致力于创造更安全、更可靠、更耐用的电工产品。航嘉电源转换器（俗称，电源插座或排插），以 USB 充电功能为代表的多项设计获得国家专利。航嘉电工产品以其可靠的品质，独特的造型和功能设计，产品远销海内外，已成功进驻各大商超及电商平台。

河源湧嘉实业有限公司坐落于粤东北交通重镇——河源市源城区龙岭工业区航嘉（河源）工业园，公司立足于电脑机箱及小家电产品的研发、设计、生产和销售，产品涉及五金、塑胶、电子装配、变压器、线材、风扇和小家电产品。公司主要客户为联想、海尔、华为、富士康等知名企业，产品获多项国家专利。

航嘉电器（合肥）有限公司位于航嘉（合肥）科技园。航嘉（合肥）科技园落户于国家级合肥经济技术开发区，坐落在南艳湖畔，占地面积 500 余亩。航嘉电器（合肥）有限公司专注于家电及其配套产品领域，主要客户为海尔、格力等国内家电厂商。公司以为家电领域提供智能控制模块、结构模块解决方案为核心业务。同时在 SMT、电子装配、变压器、线束、五金、注塑等方面形成了规模化制造能力。

发展历程：

2016 年

航嘉荣登 2016 年“广东省企业 500 强”榜单

航嘉荣获“全国质量信得过产品”奖

航嘉荣获“全国质量检验稳定合格产品”奖

航嘉荣获“全国产品和服务质量诚信示范企业”奖

2015 年

航嘉荣获联想客户 QBR 第一名和 JQE 金质奖

航嘉荣获“全国质量诚信标杆典型企业”称号

率先入选中国电子信息百强企业

航嘉荣获“2014 年度质量事业贡献奖”

航嘉三项电源标准获国家行业标准立项

航嘉获“广东省全国名牌”荣誉称号

2014 年

总裁罗文华先生获“中国（行业）品牌十大创新人物”荣誉称号

获联想“钻石供应商奖”

总裁罗文华先生获“2013 安徽年度经济人物”荣誉称号

2013 年

获联想（Lenovo）“Perfect Quality Award”品质奖

获华为“核心供应商”奖

获“全国质量和服务诚信承诺优秀示范企业”荣誉称号

2012 年

获深圳市技术中心企业

获联想“钻石供应商奖”

获华为“品质管理”奖

2011 年

获 DSG 品质改善奖

获联想“Perfect Quality Award”品质奖

2010 年

获联想“Perfect Quality Award”品质奖

获深圳市全面质量管理30周年优秀企业

嘉源锐信软件公司成立

获国家高新技术企业

2009年

“Huntkey航嘉”被中国工商局授予“中国驰名商标”

获深圳市“优秀外地来深建设者之家”称号

航嘉（河源）工业园一期工程完工

航嘉电器（合肥）有限公司成立

获华为“优秀合作供应商”奖

2008年

总裁罗文华先生担任北京奥运圣火传递拉萨站火炬手

通过国际劳工组织OHSAS18001：2001职业健康安全认证

通过国际电工委员会QC080000有害物质管理认证

主要产品介绍：

MVP K650

MVPK650采用黑色磨砂外壳，通过80PLUS金牌认证，最高转化效率可达92%。产品适用于100～240V全网电路，配备了I/O开关。

采用LLC谐振电路结构，主动式PFC，额定功率650W，单路54A的12V输出能力，14cm液压智能风扇可以侦测温度变化，调节转速，让散热和噪声达到最佳平衡。

航嘉MVP K650采用半模组化设计，线材全部采用蛇皮网管包裹，长度充裕，支持背部走线。

台达电子企业管理（上海）有限公司

DELTA 台达

地址：上海市浦东新区民雨路182号

邮编：201209

电话：021-58635678

传真：021-68723996

邮箱：sophia. zhou@ deltaww. com

网址：www. delta-china. com. cn/

简介：

台达集团创立于1971年，为电源管理与散热管理解决方案的领导厂商，并在多项产品领域居世界级重要地位。面对日益严重的气候变迁议题，台达秉持“环保 节能 爱地球”的经营使命，运用电源设计与管理的基础，整合全球资源与创新研发，深耕三大业务范畴，包含“电源及元器件”、“能源管理”与“智能绿生活”。

基于对环境保护的承诺，台达不断提高电源产品的转换效率，并成为全球电源及可再生能源整合方案的领导者。目前，产品转换效率都已达90%以上，其中先进的通信电源效率超过97%，光伏逆变器效率高达98.7%。我们坚信，发展环保节能产品，对台达的业务成长与环境保护的实践均具有正面助益。

2010至2015年间，台达在高效节能产品与解决方案的整体节能方面成果卓著，共为客户节省了173亿度电，相当于920万吨二氧化碳排放量。在众多的节能产品中，台达亦研发出全球首款符合“80 PLUS”钛金级服务器电源，效率高达96%。提供环保、洁净与更具能源效率的解决方案，是台达企业发展的愿景，台达期待藉由世界级的电力电子核心技术与能力，让未来更美好。台达持续通过多元方式应对不断变化的世界，并积极落实品牌承诺：“Smarter. Greener. Together.”，这不只象征了台达对自身的要求，也代表对股东、客户与员工的承诺。“Smarter”代表台达在电源效率与可再生能源的核心技术能力，“Greener”则是台达创立以来所坚持的“环保 节能 爱地球”的企业经营使命，“Together”是台达的经营哲学，即与客户建立长期伙伴关系。我们深信技术与合作的重要性，藉由领先的技术与客户合作，持续创造高效率、可靠的电源及元器件产品、工业自动化、能源管理系统以及消费性商品，为工业客户与消费者提供多元的产品与服务。

台达集团的运营网点遍布全球，在中国大陆、中国台湾地区、美国、泰国、新加坡、日本、墨西哥、印度、巴西以及欧洲等地设有研发中心和生产基地。

近年来，台达陆续荣获多项国际荣耀与肯定。自2011年起，台达连续六年入选为道琼斯可持续发展指数（Dow Jones Sustainability Indexes）之世界指数，并连续四年蝉联“新兴市场指数”（DJSI-Emerging Markets）；2015年国际碳信息披露项目（Carbon Disclosure Project，CDP）年度评比，台达从全球近2，000家参与CDP评比的上市企业中脱颖而出，获得气候变迁“领导等级”评级。；2011～2016连续六年入选“台湾二十大国际品牌”；2010～2014连续五年荣登《中国绿色公司》百强榜民营企业五十强；入选中国社科院“中国外资企业100强社会责任发展指数”10强等。

台达电子企业管理（上海）有限公司是台达集团的全资子公司，主要从事电能有效利用和计算机、信息、通信、网络、机电、光电、汽车电子领域，以及太阳能、风能等绿色能源的研究开发和技术支持，配合集团整体策略，运用电源设计与管理的基础，结合相关领域创新技术及软硬件开发，深耕三大业务范畴，使台达逐步从产品制造商转型成为整体节能解决方案的提供商。

主要产品介绍：

嵌入式电源供应器

台达于 20 世纪 80 年代初期，推出第一款开关电源，到 2002 年，台达已成为世界前列的商用开关电源供应商，高端服务器电源市场的份额超过 50%。台达将节能技术导入产品设计，持续致力于提升电源产品能效，包括 LED 照明电源、电子式镇流器、直流电源转换器，以及用于电视背光源的 LED 驱动器。

企业访谈：

被采访人：周志宏 台达发言人暨企业信息部资深协理

▶请您介绍一下 2016 年公司的总体发展情况？发展过程中有哪些有利因素？遇到哪些困难，公司是如何应对的？

台达为电源管理与散热解决方案的领导厂商，并在多项产品领域居世界级重要地位。近年来，台达业绩持续增长，财务表现亦逐年迭创佳绩，2016 年集团总营收达 77.8 亿美金。同时，台达积极发展品牌，持续提供高效率且可靠的节能整体解决方案。台达运营网点遍布全球，在中国大陆、中国台湾地区、美国、泰国、日本、新加坡、墨西哥、印度、巴西以及欧洲等地设有研发中心和生产基地。

因应全球气候变迁，社会各界积极开展各领域节能减碳行动。台达将企业社会责任结合公司经营策略与日常运营，过去五年台达单位产值用电量下降 50%，高效节能产品与解决方案已协助客户节省 173 亿度电、相当减少 920 万吨的二氧化碳排放。面对下一个五年，台达积极响应 CDP（国际碳信息披露计划）的 Commit to Action（企业承诺减排行动），2020 年前，扩大节电范围至厂区、建筑物及数据中心，将单位产值用电量再下降 30%。

此外，为呼吁国际各方关注绿色建筑节能的潜在价值，台达自 2015 年 12 月起，率先在“巴黎气候大会”期间举办“绿筑迹——台达绿色建筑展”，并于 2016 年陆续移展至清华大学、中国台北华山文创园区以及国际能源变革论坛论坛的分会场同里湖大饭店。“绿筑迹——台达绿色建筑展”跨越地域，向观众诠释“筑回自然”的绿色建筑理念。展览将人文、环保与建筑相结合，为各地兴建绿色建筑提供思路，响应中国政府“十三五”规划的能源气候目标以及国务院发布的《国家新型城镇化规划》等政策，助力推动绿色建筑普及，早日实现 2020 年前试点城市绿色建筑的普及率需达 50% 的目标。

台达履行企业社会责任的实绩近年来已获得诸多国际奖项的认同。包含 2009 年起连续五年荣登由中国企业家俱乐部所发起的“中国绿色公司百强榜”；2011 年起连续六年入选道琼斯可持续发展指数之“世界指数”；2013 年起连续四年入选中国社科院企业社会责任发展指数外资企业十强；并参与国际碳信息披露项目（CDP），入选气候变迁评比“领导等级”；在中国社科院发布的《中国企业社会责任蓝皮书（2016）》中，台达名列“中国外资企业 100 强社会责任发展指数”10 强，为台企中表现。

▶2016 年有哪些热点事件对您有较大的触动，或者对公司和行业发展有较大影响？

台达于 2015 年底，前往巴黎 COP21 联合国气候变迁大会，将过去 10 年打造 21 栋绿建筑的经验，带到法国巴黎，举办“Delta21 @ COP21”绿建筑展，完整呈现台达在节能与绿建筑的具体成果，让国际社会看见企业在降低建筑能耗与环境教育的努力。

同时，在国际气候论坛上，呼吁各国重视提升能源使用效率，打造永续城市。能够在国际气候会议上，分享台达经验，发挥企业影响力，对台达是一个十分难得的机会，这也是台达国际企业公民的具体实践。

台达于 2016 年将绿建筑展移展到清华大学与中国台北分别展出，积极推展绿建筑建筑节能与环境教育，现场并邀请台达利害关系人如合作伙伴、员工、经销商、公协会等一起参与，具体实践企业社会责任。

▶2016 年公司产品进入了哪些目标市场？未来会考虑增加哪些目标市场？

除了持续有机成长外，台达也通过并购为企业成长注入新动能。2016 年 LOYTEC 加入台达集团，携手共创楼宇自动化商机。此外，台达也通过并购台湾计算机整合制造（CIM）领域的软件领导厂商羽冠科技，积极布局智能制造。

台达将持续创新，发展绿能、节能科技，耕耘具潜力的领域。台达未来 5 ~ 10 年将以工业自动化、智能楼宇、大电力（储能电池）为发展重点，且持续以并购带动成长，未来也会通过投资的方式，跨入生技、物联网等相关领域，壮大成长动能。这三大领域将是未来 5 ~ 10 年的发展重点。

▶公司对于主要业务领域的定位是否已经有过调整或者有调整计划？主要是哪方面？

面临全球产业与经济环境的改变，企业必须洞察商机、不断创新，不断地在每一次的产业环境变化之前力图转型，选择开发自身竞争力强、以及市场前瞻需要的产品及服务。台达面对产业变化，以往以 ODM 与 DMS（设计、生产、制造）的商业模式为主，在 2010 投入品牌事业，整合内部电力电子研发能力与技术，发展节能解决方案，在长期重视环保节能的目标下，开发出许多绿色科技产品，依其功能性，约可分为电源及零组件、能源管理、智能绿生活三大领域。

此外，台达也逐步整合集团资源，迈向系统方案提供者，如工业自动化行业应用方案、数据中心解决方案、可再生能源方案、楼宇节能方案以及视讯应用方案等，成功案例已遍及全球。

▶您对整个电源行业的发展态势有什么看法？公司明年以及未来的发展战略是什么？

响应“十三五规划”、中国制造2025、一带一路等发展战略，台达会持续发展绿能科技，耕耘创新、节能科技并具潜力的领域，并持续投入研发费用，开发产品。

2017年是中国从制造大国迈向制造强国的加速点，各项宏观政策奠定了“智能制造”的发展方向；在大数据、机器人、物联网、云计算、网络安全、知识工作自动化、虚拟现实……等工业化与信息化新技术的推动下，智能化制造浪潮已拉开序幕。为了成功实现运营升级，台达将更进一步深化“智能、节能、效能”的绿色行动。

厦门科华恒盛股份有限公司

地址： 福建省厦门火炬高新区火炬园马垄路457号
邮编： 361000
电话： 0592-5165712
传真： 0592-5162166
邮箱： fuwenlin@ kehua. com
网址： www. kehua. com. cn

简介：

厦门科华恒盛股份有限公司前身创立于1988年，2010年深圳A股上市（股票代码：002335），29年来专注电力电子技术研发与设备制造，是行业率先被国家认定企业技术中心、国家火炬计划重点项目承担单位、国家重点高新技术企业、国家技术创新示范企业和全国先期“两化融合管理体系”评定企业。公司拥有能基、云基、新能源三大业务体系，产品方案广泛应用于金融、工业、交通、通信、政府、国防、军工、核电、教育、医疗、电力、新能源、数据中心、电动汽车充电等行业，服务于全球80多个国家和地区、20多万用户，致力于打造生态型能源互联网。

科华恒盛本着“自主创新，自有品牌”的发展理念，始终专注电源研发生产，相继在漳州、厦门、深圳等地设立现代化生产制造基地和国内最大的UPS电源研究机构，组建了以自主培养的3名国务院特殊津贴专家领衔600多人的研发团队。科华恒盛专注电源技术，致力于动力创新，先后承担国家与省部火炬计划、国家重点新产品计划、863计划等项目30余项，参与了60多项国家和行业标准的制定，获得国家专利、软件著作权等知识产权300多项。科华恒盛一系列高端电源的技术突破，打破国际品牌长期以来的技术垄断，为全球用户提供高性价比的高端电源产品，对于国家信息保障、国防安全、提高“中国制造”的整体装备水平具有积极意义。

科华恒盛始终执行“科技领先 品质超群 用户信赖”的质量方针，公司管理体系和产品已通过ISO9001、ISO14001、CE、TUV、UL、TLC、金太阳、中国节能产品认证、国防通信网设备器材进网许可等国内外认证，被中国环境保护产业协会授予“绿色之星产品证书”，并入选“中国政府绿色采购首选品牌”。科华恒盛还在业内率先推行ROHS环保指令，针对研发设计、生产制造、原材料供应链等制定出一整套符合ROHS标准的实施方案，建立了一条绿色制造、物流通道。

专注电源技术，致力于动力创新，科华恒盛旗下拥有能基、新能源、云基础三大产品体系，产品应用遍及全球。主营业务连续18年位居国产品牌前列，并保持每年高速的业绩增长。权威咨询企业赛迪顾问发布的报告显示：2015年，科华恒盛主营业务在所有国内外品牌中排名第四，位居国产品牌前列；20kVA以上大功率UPS在所有国内外品牌中排名第二，位居国产品牌前列，成为中国电源行业的领跑者。

科华恒盛电源产品广泛应用于金融、工业、交通、通信、政府、国防、军工、核电、教育、医疗、电力、新能源、数据中心等领域，成功入围人行、中行、建行、农行、中国人寿、国税总局、中国电信、中国联通、中国铁通、中央国家机关等UPS设备选型，获军队装备物资采购、中国石油天然气管道、蓝星化工集团等供应商资格，并与国内外等知名企业建立了战略合作伙伴关系。众多重要工程都选择KELONG®，如G20杭州峰会、港珠澳大桥、广西防城港核电站、南京青奥、奥运鸟巢、上海世博、三峡枢纽、金税工程、首都机场、广电总局、中海石油钻井平台、上海商飞、埃塞俄比亚铁路等。

科华恒盛始终坚持“主动服务、用户至上”的服务理念，在全国建立16个技术服务中心，50多个厂家技术服务网点，形成高效的技术支持、售后服务及物流配送体系。新型的3A服务，从传统的应急维修支持转变为以预防为主的维护的服务模式，满足用户多层面个性化服务需求。科华恒盛的“厂商级”主动式服务荣获了“用户满意方案/品牌奖”“中国高效能数据中心优秀品牌奖”“服务承诺兑现奖”“UPS服务满意金奖”“中国光伏行业优质服务商”等殊荣。

主要产品介绍：

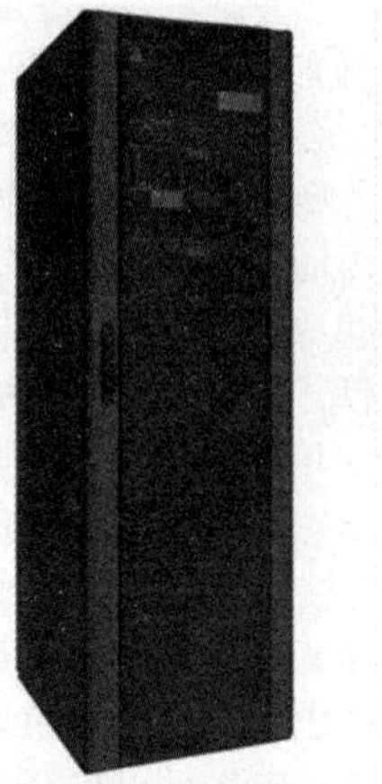

模块化 MR33125～600kVA

KELONG® MR33系列模块化三进三出UPS，采用先进的三电平逆变技术，从整机到部件的冗余设计更加完善可靠，数字化技术全互联，具有高效率、高功率密度、易于扩展、按需扩容和占地面积小等优点，为负载提供安全、稳定、纯净的绿色电源。

高频大功率 KR33200～600kVA

KELONG® KR33 系列可确保任何数据处理和工业领域的负载提供高质量的电源保障，尤其适用于保护重大关键负载，VFI SS 11（电压，频率独立）符合 IEC EN 62040-3。这一系列的设计采用了新的配置，其中包括确保正弦输入电流的 IGBT 整流器，以取代传统的晶闸管整流器。同时 300kVA 及以上产品兼容隔离变压器。

企业访谈：

被采访人：陈成辉 董事长、总裁

▶请您介绍一下 2016 年公司的总体发展情况？发展过程中有哪些有利因素？遇到哪些困难，公司是如何应对的？

2016 年，国家经济态势和信息技术都给市场环境带来了深刻的变革。随着工业 4.0 的崛起、中国制造 2025、互联网 +、一带一路、大数据等一系列国家战略与行动计划的发布与实施，不断催生出新的市场需求、新的业务生态，新的商业模式。这为我们的市场开拓、业务发展带来巨大的机遇的同时，也使我们面临严峻的挑战。

面对压力和考验，我们没有迷失方向。公司始终紧紧围绕以客户为中心与“一体两翼”的战略规划，从云基础业务、新能源业务与能源基础业务持续为客户创造价值。在云基础服务领域，公司在北京、上海、广州三地投资建设和运营的高等级大型数据中心已经按计划交付包括国内顶级互联网企业在内的用户使用，为下一步拓展云服务能力、构建云产业链生态打下了坚实基础。在新能源领域，公司的光伏电站项目并网发电、微网储能系统已在国内外多个行业领域广泛应用。在能源基础业务领域，公司向金融、通信、政府、公共等客户提供优质产品与服务的同时，在军工、核电、轨道交通等新业务领域也实现了多点开花，成为公司业绩的新增长点。此外，更重要的是，公司已实现从产品制造商向系统解决方案提供商转变，并进一步向平台运营服务商转变，未来可以更好地向广大客户提供设备级、方案级甚至平台级的产品与服务。

在信息化和工业化融合发展的时代，科华恒盛将借助国家致力云计算、大数据以及产业结构调整的东风，加快转型升级，以期形成创新发展的格局。

首先，掌握核心技术，加大研发力度，保证在行业领域的技术领先地位；其次，加大在国内外的品牌推广力度，增加定制化电源，把单一产品做成整体解决方案，增强整体服务能力；第三，创新商业模式和合作方式，进行资金、运营全方位的合作，完成由电源制造商向电气设备商、系统集成商转变。不光是巩固 UPS 的品牌地位，更要把 UPS 的技术优势拓展到数据中心和新能源领域，成为电力保护及节能一体化方案提供商，为国家信息化和工业化建设提供绿色动力支持。

公司坚持技术自主创新，提供差异化、按需定制、快速交付的一体化整体解决方案，抓好营销改革契机，实现转型跨越。主要是以下几个方面：

1）坚持自主创新，保持国内领先的技术优势。

2）重视客户资源挖掘和管理，具有良好的客户黏性。我们拥有多年的行业服务经验和品牌积累优势，3A 服务能够做到快速及时响应客户服务需求。

3）高度集成化解决方案，产品在同等性能条件下，与国外厂商相比具有价格优势。影响竞争的主要变化包括品牌国际影响力的传播、公司转型改革成效、生态能源与互联网云平台建设。

▶2016 年公司产品进入了哪些目标市场？未来会考虑增加哪些目标市场？

作为一家高新技术企业，科华恒盛始终秉承“品牌自有，自主创新”的理念，将技术创新作为公司发展的核心驱动力。公司高度重视在关键领域的前沿技术突破，以技术创新引领市场，塑造核心竞争力，一直以来以更好地服务信赖和支持我们的广大客户。2016 年，公司自主研发、拥有完全知识产权的 1E 级 K3 类核电 UPS 产品，成功中标中广核华龙一号首堆项目，助力我国核电装备走出去；公司自主研发“双馈型地铁制动能量回馈装置”项目通过科技成果与新产品鉴定，为推动我国轨道交通节能减排与可持续发展积极贡献力量。

未来，科华恒盛将深化以“能基业务”为体，“云基础服务业务”和“新能源业务”为两翼的“一体两翼”战略布局，依托“市场引领、技术创新、高端制造、服务支撑、产融结合”的商业模式，积极构建公司业务发展的崭新生态。

▶公司对于主要业务领域的定位是否已经有过调整或者有调整计划？主要是哪方面？

公司始终紧紧围绕以客户为中心与“一体两翼”的战略规划，从云基础业务、新能源业务与能源基础业务持续为客户创造价值。在云基础服务领域，公司在北京、上海、广州三地投资建设和运营的高等级大型数据中心已经按计划交付，包括国内顶级互联网企业在内的用户使用，为下一步拓展云服务能力、构建云产业链生态打下了坚实基础。在新能源领域，公司的光伏电站项目并网发电、微网储能系统已在国内外多个行业领域广泛应用。在能源基础业务领域，公司向金融、通信、政府、公共等客户提供优质产品与服务的同时，在军工、核电、轨道交通等新业务领域也实现了多点开花，成为公司业绩的新增长点。此外，更重要的是，公司已实现从产品制造商向系统解决方案提供商转变，并进一步向平台运营服务商转变，未来可以更好地向广大客户提供设备级、方案级甚至平台级的产品与服务。

阳光电源股份有限公司

地址：安徽省合肥市高新区习友路 1699 号
邮编：230088
电话：18656356525
邮箱：fangh@ sungrowpower. com
网址：www. sungrowpower. com

简介：

阳光电源股份有限公司（股票代码：300274）是一家专注于太阳能、风能、储能等新能源电源设备的研发、生产、销售和服务的国家重点高新技术企业。主要产品有光伏逆变器、风能变流器、储能系统、新能源汽车电机控制器，并致力于提供全球一流的光伏电站解决方案。

自 1997 年成立以来，公司始终专注于新能源发电领域，坚持以市场需求为导向、以技术创新作为企业发展的动力源，培育了一支研发经验丰富、自主创新能力较强的专业研发队伍；先后承担了 20 余项国家重大科技计划项目，主持起草了多项国家标准，是行业内为数极少的掌握多项自主核心技术的企业之一。

光伏逆变器销售连续多年位居国内市场前列，先后通过 TÜV、CE、Enel-GUIDA、AS4777、CEC、CSA、VDE 等多项国际权威认证与测试，已批量销往德国、意大利、澳大利亚、美国、日本等 50 多个国家。截至 2016 年底，公司在全球市场已累计实现逆变设备装机超过 3800 万 kW。

公司先后荣获“国家重点新产品”、“中国驰名商标”、中国新能源企业 30 强、全球新能源企业 500 强、国家守合同重信用企业等荣誉，是国家博士后科研工作站设站企业、国家高技术产业化示范基地、国家认定企业技术中心、《福布斯》“中国最具发展潜力企业”等，综合实力跻身全球新能源发电行业第一方阵。

未来，阳光电源将秉承“致力于清洁高效，让更多人享用绿色电力”的发展使命，立足新能源装备业务，加快光伏发电系统集成业务发展，创新拓展新能源发电与电力电子技术紧密结合的新业务，不断贴近客户需求，积极参与全球竞争，努力将公司打造成为受人尊敬的全球一流企业。

主要产品介绍：

SG1250-MV

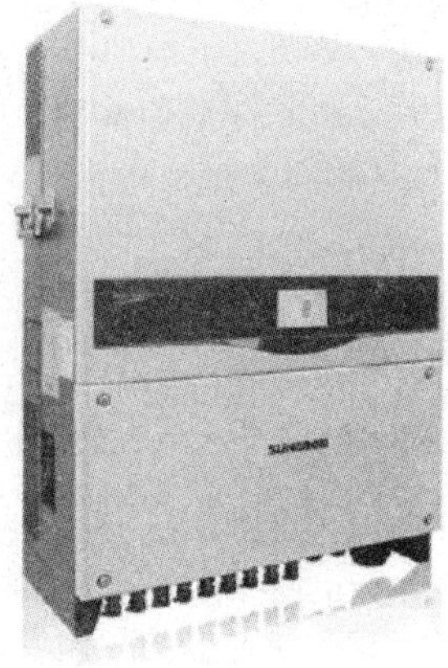

SG50KTL

阳光电源 SunAccess 系列光伏逆变器包括组串式和集中式，涵盖 3～3000kW 功率范围，转换效率全线突破 99%，全面满足各种类型光伏组件和电网并网要求，广泛应用于德国、意大利、西班牙、美国、澳大利亚等 50 多个国家和地区，是全球市场占有率排名前列的亚洲排名前列品牌。在中国，阳光电源凭借绝对领先的技术优势和市场优势连续 10 多年位居前列。

此外应系统建设、监控运维等不同的客户需求，阳光电源还提供电站运维监控软件，以及汇流箱、配电柜等光伏电站相关配件。

企业访谈：

被采访人：张彦虎　市场总监

►请您介绍一下 2016 年公司的总体发展情况？发展过程中有哪些有利因素？遇到哪些困难，公司是如何应对的？

得益于中国光伏市场大幅增长及海外市场的稳定提升，阳光电源 2016 年全球光伏逆变器发货量 11GW，连续两年全球排名前列。

随着环境保护理念的深入和化石燃料价格的波动，我国出台了一系列政策支持光伏行业发展，为光伏爆发式增长提供了政策托底。2016 年，随着国内外光伏市场的持续扩大，国际贸易环境的逐步改善，我国光伏产业发展环境持续向好，阳光电源的发展正是受益于这种国家政策的扶持与良好的国际国内环境。

2016 年我们面临着电价下调，补贴减少的挑战，同时由于竞价上网，我们也面临着一些竞争对手的恶意竞争。

尽管在发展的过程中，我们面临着很多的困难，阳光电源始终坚持以技术创新促发展。公司不断推出新的产品与解决方案，这也是我们的核心竞争力之一。

►2016 年有哪些热点事件对您有较大的触动，或者对公司和行业发展有较大的影响？

2015 年国家能源局推出光伏领跑者计划，鼓励使用先进的技术淘汰落后的产能。2016 年领跑者计划增加竞价上网，这导致过度竞价，出现了很多令人大跌眼镜的超低价中标。我想未来领跑者还是要回归到先进技术的竞争，为那些已经具备规模化的量产能力但是成本过高、市场认知度不高导致产能尚未完全释放的先进技术进行重点扶持，有这些政策的推动可以帮助光伏行业更好地向前发展。

阳光电源成立以来，始终专注于技术创新，公司逐年加大在研发上的人力，财力等方面的投入，每年都会推出新品，树立行业标杆。2015 年我们推出了国内首款 1500V 集中逆变器，2016 年我们又推出国内首款 1500V 组串逆变器。

▶2016 年公司产品进入了哪些目标市场？未来会考虑增加哪些目标市场？

阳光电源的产品十分全面，无论是大功率的集中逆变器、中功率的组串逆变器以及家庭户用型产品在业内都处于领先的地位。2016 年我们的产品在领跑者，光伏扶贫，分布式，户用，等目标市场都有十分不错的表现。

阳光电源作为全球光伏逆变的领跑者，未来在确保国内市场领跑的前提下，积极布局海外市场，开拓更多的海外市场。

易事特集团股份有限公司

EAST®易事特

地址：广东省东莞市松山湖工业园区工业北路 6 号
邮编：523808
电话：0769-22897777
传真：0769-87882853
邮箱：info@ eastups. com
网址：www. eastups. com
简介：

易事特集团（股票代码：300376）创立于 1989 年，是国家火炬计划重点高新技术企业、能源网系统集成解决方案优秀上市公司，历经 20 多年的艰苦创业和睿智经营，致力于 IDC 数据中心（含 UPS、高压直流）、光伏发电站（含逆变器）和智能微电网（含电力轨道交通、新能源车及充电桩）三大战略性新兴产业，现已发展成为行业领域的龙头企业，拥有全资或控股子公司近 50 家，在全球设立 268 个客户中心，产业覆盖全球 100 多个国家和地区。

易事特长期以科技创新为理念、人才引进培育为己任，先后引进以全球著名轨道交通电气专家钱清泉院士和全球著名新能源专家张榴晨院士率领的强大科技攻关研发团队，组建起国家级企业技术中心、博士后科研工作站、教育部光伏系统工程研究中心产业化基地、广东省院士专家企业工作站、广东省工程技术研究开发中心、广东省分布式发电电气工程技术中心六大高端科研平台。截至目前，易事特现有研发人才高达 600 多人。为更好地形成强大的研究、开发、生产一体化的先进系统，易事特先后与清华大学、浙江大学、华中科技大学、华南理工大学、西南交通大学、暨南大学、合肥工业大学等全国 20 多所高校建立起长期的战略合作关系。易事特凭借上述综合优势，先后获得国家火炬计划重点高新技术企业、国家知识产权优势企业、国家专利优秀奖、广东省政府质量奖、广东省创新型企业、广东省自主创新 100 强企业、东莞市工业龙头企业等众多荣誉，并拥有专利累计 600 多项，经权威机构评定易事特品牌价值 106. 69 亿。作为国内 UPS 行业的龙头企业，易事特积极参与国家及行业标准的研究与制定工程。截至目前，集团共参与起草国家、行业、军用标准累计 17 项，为推进行业健康、稳定发展发挥领军作用。

长期以来，党和国家领导人、各地方政府领导人都一直非常关心易事特发展工作，先后莅临易事特视察，给予易事特发展工作重要指导和支持。国家副主席李源潮，国务院副总理刘延东，国务院副总理汪洋，北京市委书记郭金龙，广东省委书记胡春华，前党和国家领导人贾庆林、李长春、成思危，全国人大常委会副委员长、民建中央主席陈昌智，全国政协副主席马培华，广西回族自治区党委书记彭清华，青海省委书记骆惠宁，江西省委书记强卫，甘肃省委书记王三运，广东省省长朱小丹等党政领导先后莅临易事特考察和指导。

继往开来，易事特将坚定秉承“国家、荣誉、诚信、创新”的核心价值观和“技术创新、自主品牌”发展理念，胸怀“百年东方，百年品牌”愿景，持续打造强化科技创新和自主品牌建设，紧密围绕三大战略性产业，立足全球，放眼世界，力争在 2025 年前实现千亿市值的宏伟目标，打造成为全球能源网系统集成解决方案的优秀上市公司，为全球电源和新能源产业发展做出卓越贡献。

主要产品介绍：

微模块一体化机房

1）单个微模块提供功率段为 40 ~ 160kW 以内的数据中心整体解决方案，满足单机柜功率 2 ~ 8kW 的布置需求。

2）功率大于 160kW 时，采用集中供电方式，提供灵活的封闭冷通道气流遏制解决方案。

3）用户可根据功率及机柜数量，快速选择基础模块，随意增配或者减配扩展模块数量及类型，方案配置更具灵活性。

4）用户可根据气流组织设计，选择配置完整性较强的微模块解决方案，也可以选择无框架结构灵活性较强的封闭冷通道解决方案。

5）工厂预制，现场快速拼装，为数据中心的快速部署、模块化扩容、标准化建设提供保证，机房整体交付，建设周期短。

中兴通讯股份有限公司

ZTE
未来，不等待

地址：广东省深圳市南山区西丽留仙大道中兴通讯工业园
邮编：518055
电话：0755-26770000

传真： 0755-26771999
网址： www. zte. com. cn
简介：

中兴通讯是全球领先的综合通信解决方案提供商。公司成立于1985年，是在香港和深圳两地上市的大型通信设备公众公司。公司通过为全球160多个国家和地区的电信运营商和企业网客户提供创新技术与产品解决方案，让全世界用户享有语音、数据、多媒体、无线宽带等全方位沟通。

中兴通讯拥有通信界完整的、端到端的产品线和融合解决方案，通过全系列的无线、有线、业务、终端产品和专业通信服务，灵活满足全球不同运营商和企业网客户的差异化需求以及快速创新的追求。2014年，中兴通讯启动M-ICT万物移动互联战略，聚焦“运营商市场深度经营，政企价值市场，消费者市场融合创新”三大领域，并布局“新兴蓝海业务”。

中兴通讯能源产品部已成为通信能源全球市场最为成功的中国企业和具有全球服务能力的综合动力解决方案提供商。中兴通讯能源产品部以“绿色能源专家，最佳合作伙伴”为目标，持续围绕市场与客户需求进行创新，为客户提供具有竞争力的能源产品和解决方案。目前，中兴通讯通信能源产品已服务于全球160多个国家和地区的386家电信运营商，特别是在中国移动，中国电信，中国联通，Telefonica，Telenor，AM，MTN，Bharti，Ooredoo，ET，Vimpelcom，TM等大运营商中有广泛大量的应用。在运营商绿色能源领域，中兴通信绿色能源产品已服务于全球57个国家中的83个运营商及其它行业市场客户。中兴通讯能源及数据中心类产品在国际国内电力、铁路、交通、金融等，国际铁路、安全网、农网、教育等领域有广泛应用，同时努力拓展盈利空间，持续盈利。

主要产品介绍：

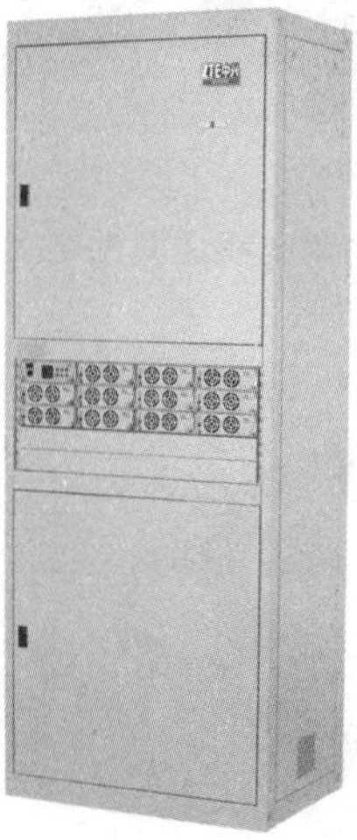

PowerMaster 解决方案

中兴通讯对通信网络的基站混合能源供电控制与管理的一体化综合解决方案，主要包括供电的功率转化控制、多种能源混合供电控制、储能系统的充放电控制。

常务理事单位

安泰科技股份有限公司非晶金属事业部

地址： 北京市海淀区永丰产业基地永澄北路10号B区
邮编： 100094
电话： 010-58712641
传真： 010-58712642
邮箱： zhaole@ atmcn. com
网址： www. atmcn. com www. atm-amorphous. com
简介：

非晶金属事业部隶属于安泰科技股份有限公司，从事非晶金属材料及制品的产业化及研究开发。非晶金属事业部依托于国家非晶微晶合金工程技术研究中心（国家科技部1995年12月批准建立的国家级非晶工程中心），是国内非晶、纳米晶软磁材料研发先驱。国家非晶微晶合金工程技术研究中心拥有专业全面、结构合理的研发团队，立足于自主研发，突破非晶纳米晶材料制备核心技术，共取得50余项科技成果，荣获国际科技进步二等奖2项，授权专利45项。

非晶金属事业部包含安泰南瑞非晶科技有限责任公司、永丰纳米晶制品分公司、涿州非晶制品分公司、上海安泰至高非晶金属有限公司以及非晶技术研究所，分别在北京、河北、天津、上海建有生产基地，是世界三大非晶、纳米晶软磁材料供应商之一。

非晶金属事业部主要产品为非晶、纳米晶带材及制品。铁芯制品及磁性器件，广泛应用于输配电、电力电气、工业电源、新能源、消费电子、航空航天、轨道交通和无线充电等领域，为客户提供先进的节能材料及解决方案。

主要产品介绍：

Antaimo®非晶带材

Antainano®纳米晶带材

Antainano®小功率高频逆变铁心

Antainano®共模电感及铁心

Antainano®大功率高频主变铁心

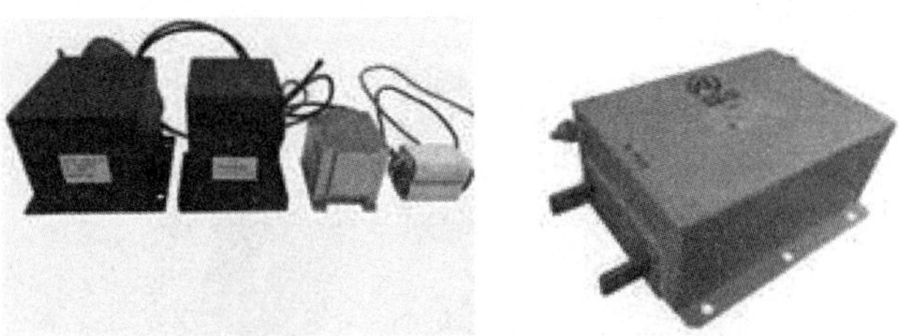

Antaimo®电抗器及 Antainano®滤波器

非晶、纳米晶制品

非晶、纳米晶带材及制品具有高饱和磁感应强度，可有效缩小变压器体积；具有高导磁率、低矫顽力，可提高变压器效率、减小激磁功率、降低铜损；具有低损耗，可降低变压器的温升；具有优良的温度稳定性，可在 -55 ~ 130℃长期工作；具有优异的性能价格比。

非晶、纳米晶制品广泛应用于输配电、电力电气、工业电源、新能源、消费电子、轨道交通、医疗和无线充电等领域。

北京动力源科技股份有限公司

地址：北京丰台科技园区星火路 8 号
邮编：100070
电话：010-83682266
网址：www. dpc. com

简介：

北京动力源科技股份有限公司是一家致力于电力电子技术及其相关产品的研发、制造、销售和服务的高科技上市公司（股票代码：600405）。是国内电源行业率先上市企业，是国家人力资源和社会保障部授权的能源审计师和能源管理培训单位；也是国家发改委批准并第一批公布、面向全社会的节能服务公司之一。

公司总部坐落于北京中关村科技园丰台园区，旗下拥有全资子公司北京迪赛奇正科技有限公司、安徽动力源科技有限公司、深圳动力聚能科技有限公司及控股子公司北京科耐特科技有限公司。

动力源获得科技部、中科院、北京市政府联合颁发的“百强创新企业”称号；国家五部委联合颁发的“国家重点新产品”称号；北京市“诚信纳税企业”“守信企业”称号；中关村企业信用促进会优秀会员称号；中国技术监督情报协会通信电源类“全国用户产品质量满意、售后服务满意十佳企业”；中国电源行业“诚信企业”“中国电信行业通信工程优秀服务商”等称号。

动力源是中国电源产业技术创新联盟会员单位；中国电源学会常务理事单位；全国高科技健康产业空气净化专业委员会会员；中国电子学会洁净技术分会、中国制冷空调工业协会洁净技术委员会会员；中国节能协会节能服务产业委员会会员。北京市工业促进局授予的“北京市技术中心”的称号。

动力源目前拥有 3 处生产基地和多条生产流水线，在 30 个省市设有办事处，形成了遍布全国的营销和服务网络及时、全面地为客户提供技术支持和培训、远程技术诊断、物流配送、现场技术服务和工程建设等。公司在全国建立了一个一级备件储备库和 30 余个二级备件储备库，24 小时的服务热线保障了公司与客户的信息沟通。

经过十几年的发展，动力源已经形成直流电源、交流电源、高效模块电源、低压配电产品、逆变电源、应急电源、动力环境监控系统、机房新风及热交换系统、高压变频器、空气净化机、新能源储能设备、农村饮用水处理及粮储设备、太阳能光伏逆变系统等近百种产品，拥有全部产品的知识产权；公司的各类产品遍布全国 30 多个省、市、自治区和欧美及东南亚市场，产品广泛应用在中国移动、中国电信、中国联通等国家公网以及石油石化、军队、公安、铁路、交通、地铁、水利电力、冶金矿山、建材水泥、石油石化等行业专网上。同时，动力源每年投入超过年营业额 5% 的资金，对研发项目给予全方位的支持，一批电力电子业界精英的技术骨干保障了强大的电力电子技术及其相关产品的研发实力。

主要产品介绍：

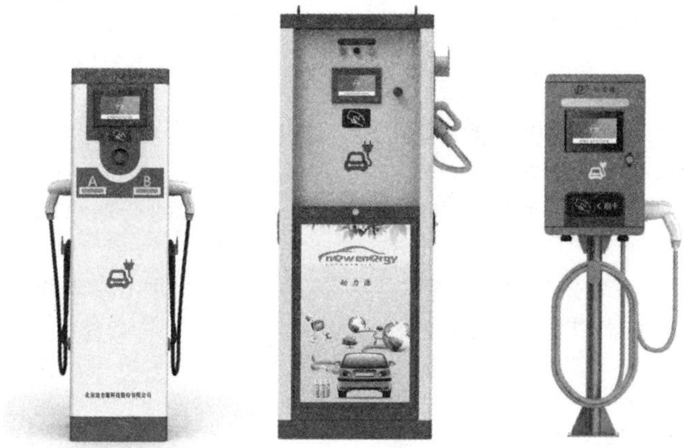

动力源全系列交直流充电桩

为满足新能源汽车的快速发展和充电基础设施建设的需求，动力源推出了全系列的充电桩产品。直流充电桩功率等级为 60kW ~ 375kW，输出电压等级为 DC 200V ~ DC 750V。交流充电桩功率等级为 7kW ~ 40kW。该系列产品具有高可靠性，高易用性，高智能化，低成本等特点。可满足乘用，公交，环卫，市政和物流等车辆充电需求。

企业访谈：

被采访人：王新生　副总裁

▶请您介绍一下 2016 年公司的总体发展情况？发展过程中有哪些有利因素？遇到哪些困难，公司是如何应对的？

2016 年公司各业务线在本领域内都有较大的突破，通信电源在铁塔电源市场中的份额进一步巩固和发展，主要技术指标占据第一梯队的位置。公司同时在海外市场拓展铁塔公司和数据机房的动力环境整体解决方案。

交流电源方面从过去的单一 EPS 产品扩展为集消防产品、光伏产品、能效产品于一体的通用产品业务，大大拓宽了业务范围。且原有的 EPS 业务在技术方面有了较大的突破。不同功率等级的双向可并联模块化产品正在推向市场。

2016 年公司成立了电动汽车业务线。近年来电动汽车行业飞速发展，这对于电源企业来说是个机遇，电动汽车充电桩、电机和电机控制器的需求量都相当大。无论是进入电动力汽车行业还是公司开拓海外电源市场，都对产品品质提出更高要求，“质量升级”也成为我公司今后几年的总体发展战略，在国家“智能制造”的号召下公司投入大量资金积极筹建优质实验室，并在安徽建设智能制造工厂，提升产品研发和生产质量。

▶2016 年有哪些热点事件对您有较大的触动，或者对公司和行业发展有较大影响？

2016 年电动汽车市场开始井喷式增长，在国家层面加强了对电汽车产业的扶持力度，国家也出台了电动力汽充电站建设规划，对电源行业有很大的促进。

▶2016 年公司产品进入了哪些目标市场？未来会考虑增加哪些目标市场？

2016 年公司产品在国际市场有了新的突破，成功地打入欧美市场，非洲和东南亚市场也得到了进一步的巩固，海外市场对产品质量有进一步的要求，公司也在积极着手考虑通过全面的质量管理提升产品品质。未来公司将积极向国际市场推广各业务范围内的产品，使得海外市场份额成为公司业绩的重要增长点。

▶公司对于主要业务领域的定位是否已经有过调整或者有调整计划？主要是哪些方面？

公司未来将大力拓展电动汽车电机和电控领域业务。

▶您对整个电源行业的发展态势有什么看法？公司明年以及未来的发展战略是什么？

电源行业整体上比较分散，各细分市场规模并不大，而且产品同质化严重，定制化要求比较高，同时价格竞争激烈。

公司把供应链与制造能力提升为发展战略，正在沿着整个产业链进行整合，向上游产业拓展，打造成本竞争优势。同时，建设高水平的实验室，推进智能工厂建设，用信息化、自动化和智能化，提高产品可靠性和制造效率，推动品质升级。未来公司将大力推进国际化战略，构建海外业务平台，积极拓展海外电源市场，包括通信电源、光伏、电动汽车充电和电机、电控等业务。

北京中大科慧科技发展有限公司

IDP® Internet Data Power

中大科慧

地址： 北京市海淀区东北旺村南 1 幢 5 层 517

邮编： 100094

电话： 010-82484848

传真： 010-82484848-8006

邮箱： zdkh@ zdkh. net

网址： www. zdkh. net

简介：

北京中大科慧科技发展有限公司成立于 2000 年，是国家高新技术企业、中关村瞪羚企业、中关村信用双百企业、全国工业和信息化部人才培养示范机构，公司历时 10 年成功研发出一款为保障数据中心动力安全管理为核心技术的系统——IDP 数据中心动力管控系统（Internet Date Power），并拥有国内国家 CNAS 数据中心动力检测实验室。同时参与军方“十二五”规划相关装备型研任务。

我公司作为主要起草单位，起草了《金融行业信息系统机房动力系统规范》《金融行业信息系统机房动力系统测评规范》。并参与了《军用通信台站动力环境监控系统规范》《GJB（国军标）4211 军用电源规范》等行业标准的编写工作。

公司先后参与中国人民银行总行金融信息中心、中国工商银行总行西三旗灾备中心和外高桥生产中心、中国银行总行生产及灾备以及中行河北分行全辖地区、华夏银行总行等近百余家项目，IDP 系统在金融领域和政府领域已全面应用。

主要产品介绍：

IDP 数据中心动力管控系统

数据中心承载各行业业务数据运行，是我国经济发展的核心组成部分，承担着各行业业务安全、可靠、稳定运行的重任，由于近年来各行业业务不断扩展，数据中心安全隐患不断增加，而 72.2% 风险存在于动力系统部分，我国数据中心正处于高危风险期，状态堪忧，其根本是因为我国数据中心领域在产品系统链上缺失了“动力管控系统”才造成事故高发的现象。基于数据中心存在的基本现状，IDP 数据中心动力管控系统成功研发并投产运行。

IDP（Internet Data Power）数据中心动力管控系统是采用跨电气工程、计算机科学及相关领域技术，实现远程集中监控管理，实时动态呈现设备告警信息及设备参数；快速定位出故障设备，使维护和管理从人工被动看守的方式向计算机集中控制和管理的模式转变。全视图监控平台，图像和真实数据相结合，增强机房设备、设施数据的直观可视性、提高其利用率。通过 IDP 软件系统能实时监控数据中心大部分动力设施。本系统通过监测、治理、分析评估、管理四大模块全面管理数据中心的用电环境，评估数据中心动力运维风险，解决因数据中心动力问题引起的 70% 以上的故障风险。

中大科慧的产品及方案已通过中国电力科学院、中国科学技术研究院、中国质量计量科学研究院等多家权威机构检验认证，目前拥有多项国家专利技术、多项软件著作权。在全国范围内广泛应用，获得用户的一致赞誉，创造了业界“四个唯一”：资质唯一，方案唯一，产品唯一，成功案例唯一（大型集群案例）。

目前，IDP 系统产品已在各大金融机构和政府机关广泛应用。

东莞市石龙富华电子有限公司

地址：广东省东莞市石龙镇新城区黄州祥龙路富华电子工业园
邮编：523326
电话：0769-86022222
传真：0769-86023333
邮箱：fuhua@ fuhua-cn. com
网址：www. fuhua-cn. com

简介：

东莞市石龙富华电子有限公司（品牌：UE Electronic），始创于 1989 年，主营全球医疗电源、I. T. E. 电源、LED 驱动电源及消费类电源，是国家高新技术企业、中国电子行业知名品牌、国家火炬计划产业化示范项目企业；是世界 500 强及国内外知名电子企业优选的全球电源供应商。

UE Electronic 拥有业界一流的工程研发中心、省级企业技术中心，并与华南理工大学等知名院校战略合作，累计获得发明专利 21 项、实用新型及外观专利 79 项，完成国家、省市级科成果 20 多项；拥有先进的全球化绿色制造体系与全面质量管理体系，月出货量可达 1200 万台以上。

在营销方面，UE Electronic 创新运用“客户品牌定制 + 品牌运营代理”双核营销模式，先后与飞利浦、欧司朗、西门子、松下电器、华为、中兴、诺基亚朗讯、创维、康佳、长虹等国内外知名企业成为战略合作伙伴；销售网络遍布亚洲、欧洲、美洲、中东及新兴市场，市场占有率、品牌知名度均居业界前列。

UE Electronic 的愿景：成为世界最具竞争力的电源供应商！

UE Electronic 的使命：为客户提供更多的增值服务！

UE Electronic 因你而变！

主要产品介绍：

UE Electronic 医疗电源

UE Electronic 医疗电源功率涵盖 5 ~ 240W，符合国际医疗产品安规及 EMC 要求——2MOPP 标准及 UL 医疗认证第三版标准，并符合国际六级能源之星标准，并通过 UL、CSA、TUV-GS、CE、BEAB、C-TICK、PSE-JET、K-MARK、TLC、CCC、IRAM、CB、EMC、FCC 以及可靠度评定等各种认证，得到了业界同行与客户的高度认可。有桌面式、插墙式以及可换插头等多种款式。

佛山市柏克新能科技股份有限公司

地址：广东省佛山市禅城区张槎一路 115 号华南电源创新科技产业园 4 座

邮编：528051
电话：0757-82207158
传真：0757-82207159
邮箱：lxd@ baykee. net
网址：www. baykee. net
简介：

佛山市柏克新能科技股份有限公司，运营始于2007年，是国家高新技术企业、广东省民营科技企业，广东省知识产权优势企业，国防通信设备入网企业，广东省名牌。10年专注10～650kVA以上中大功率电源产品，建立网络能源、新能源、应急供电系统、行业专用电源、电能质量管理五大类成熟产品线，持续不断地为用户提供高效、可靠的高端电源产品及一体化电源解决方案。

公司不断推陈出新，藉由与客户、中科院校的紧密合作，共同开创更智能、更环保的高端技术产品，拥有专利技术74件，参与了8项行业标准制定，相继在佛山、广州设立了2个高端电源研究中心。公司产品被纳入中华人民共和国财政部节能产品采购清单，是中国人民解放军总参谋部设备器材入网企业，通过了ISO9001质量管理体系认证、ISO14001环境管理体系认证、OHSAS18000职业健康安全卫生认证，因助力某飞机研发被授予航天荣誉证书，此外，获得了2010年亚运会广东省建筑电气推荐产品、中国政府采购优选品牌等诸多荣誉。

公司为客户提供高端电源定制服务，成立地铁轻轨、高铁、高速公路、机场、机房、军工、城市地下管廊等8大行业事业部，为行业客户提供专业的行业定制服务。到目前为止，公司电源产品成功牵手国内多个重点，地区标志性工程的建设，成功服务于南京青奥会、广州亚运会80%场馆、上海世博会法国馆、广州电视塔、阳江核电站、广州白云机场、海南文昌卫星发射基地、粤赣高速、武广高铁在内的十多条高铁项目、中国大飞机项目、海军航母等军工项目；并与万达、中石化、阿里巴巴、上海宝之云数据中心、万国数据中心等知名企业建立了战略合作伙伴关系。在新能源发电领域，光伏系统在巴基斯坦、中东地区得到广泛的应用；风力发电变桨系统与风力专用电源自2009年来已为万胜永等多家风场提供服务。

为满足客户对不间断运营的需求，公司在全国建立了80+营销网点，售后服务网络全面覆盖到全国主要省市，能以行业最快捷的本地化服务，为客户提供个性化、全方位的售前、售中服务和最可靠的售后保障，解决客户的后顾之忧。

主要产品介绍：

模块化数据中心整体解决方案——池级BK-IMC系列

公司数据中心，以机柜级BK-IMG系列、排级BK-IMP系列和池级BK-IMC系列三种形式实现，不同级别的模块化均包含机柜、供配电、制冷、安防和环境监控等子系统，可为不同规模的数据中心建设需求提供整体解决方案。

1）灵活性：模块化设计，便于未来的扩展和维护。

2）智能性：顶部活动天窗实现消防联动；动环监控系统可对通道内的所有微环境进行现声级和远程智能化的监测。

3）安全性：透明钢化玻璃材料制作通道门窗；冷通道及其附属材料均采用阻燃或不燃材料。

4）方便性：滑动门或旋转开门选项，并且有全自动或人工开启的设置，便于搬动设备。

5）节能性：充分隔离冷热气流，极大地提高了冷气的利用率。

6）定制性：可根据现场各种复杂情况提供个性化解决方法。

佛山市新光宏锐电源设备有限公司

金武士 KINGCHEVALIER

地址：广东省佛山市国家高新技术开发区禅城园区张槎一路115号华南电源创新科技园新区6座
邮编：528000
电话：0757-82236302
传真：0757-82305809
邮箱：sun@ sunshineups. com
网址：www. sunshineups. cm
简介：

佛山市新光宏锐电源设备有限公司是一家专注于不间断电源、储能逆变器、太阳能发电电源、稳压器等产品的研发、制造、销售和服务的高新技术企业。产品主要应用于国防、交通、通信、医疗、金融、数据机房和智能制造等领域。

公司坚持“有品质才有市场，有创新才有永续经营”的方针，在创新道路上坚定不移的前行。其中高频数字化UPS电源、太阳能离并网逆变器技术处于行业领先地位。近三年，“太阳能高频离网逆变器”、“双向馈电高频大功率不间断电源”、“高效三电平软开关不间断电源”等12类产品被认定为广东省高新技术产品。此外，公司还拥有“广东省UPS电源与新能源工程技术研究中心”、长期与各大院校合作，先后成立博士后工作站，研究生创新培养示范基地，现拥有核心知识产权近50项。自主品牌“金武士”已被认定为广东省名牌产品。

2012年成为佛山市电源行业协会会长单位，促成华南电源创新科技园公共创新服务平台的搭建。2015年起，大力推动全国现代电源（不间断电源）产业知名品牌示范区的创建，为电源产业的发展做出了重要的贡献。

主要产品介绍：

太阳能工频离并网逆变器工作说明

太阳能工频离并网逆变器接受交流输入，直流输入，不间断输出高质量的交流。其示意图如下所示：

1）交流输入可以是市电或发电机。

2）直流输入主要是电池（默认32节），可外置太阳能、风能等新能源充电器。

3）市电通过旁路及滤波板给负载供电，供电效率>96%。

4）当电池电压大于430V，逆变器切换到并网发电状态。并网功率可在HMI设置或由MODBUS设置。

5）当电池电压低于400V，停止并网发电。

6）如果电池电压继续低于360V，逆变器切换到充电器状态，按照面板设定电流给电池充电。

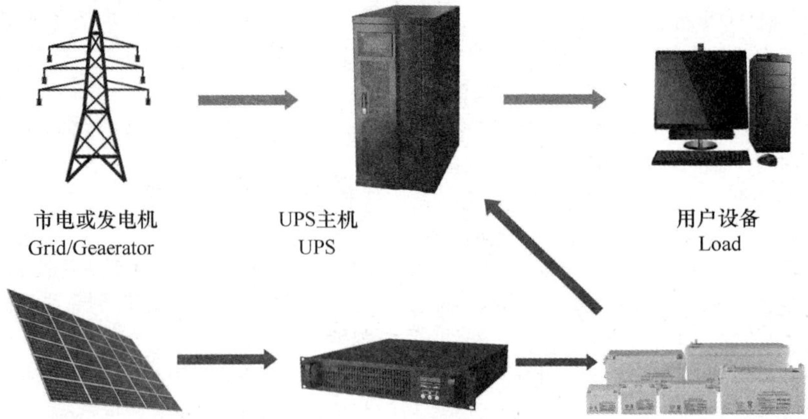

7）当市电丢失，逆变器断开市电输入，逆变器切换到离网工作状态，为负载提供不间断电源。转换时间 <10ms。

广东新昇电业科技股份有限公司

地址：广东省佛山市三水区乐平工业园创新大道东5号

邮编：528137

电话：0757-87362222

传真：0757-87362828

邮箱：2668495124@ qq. com

网址：www. fsnre. net

简介：

广东新昇电业科技股份有限公司创建于1994年11月8日，现坐落于佛山市三水工业园。公司厂房面积82700平方米，现有员工1000多人。公司主要产品有各类变压器、逆变器、电子变压器、LED驱动及灯饰灯具等。

2006年公司被评为广东省优秀企业；2008年又被评为广东省民营科技企业；2009年12月，公司获得“高新技术企业”称号，2012年通过复审；2010年5月，公司的测试中心获得了中国合格评定国家认可委员会颁发的实验室认可证书；2010年6月，公司获广东省科技厅、发改委、经信委等政府部门批准组建广东省绿色电子照明工程技术研究开发中心。为了全面提升企业管理水平，适应市场的需要，促进公司生产经营全面与国际接轨，公司先后通过了ISO9001：2008质量管理体系、ISO14001：2004环境管理体系认证及GB/T28001：2001职业健康安全管理体系；产品通过了CQC、3C、TUV、VDE、UL、SGS、CE等国内外权威机构的安全认证。公司品牌“NRE”在国内外业界享有很高的声誉，已经申请欧盟、美国等国际商标注册。

2008～2013年，公司连续6年成为佛山市超1000万元的纳税企业。未来，公司将继续追求提高技术与注重细节的品质管理原则，保持并扩大在业界的领先地位，为国家和社会做出应有的贡献。

主要产品介绍：

公司通过自主创新，成功开发出环形变压器、EI变压器、电子变压器、LED驱动器、逆变变压器、LED灯饰等6大类几十款产品，主要用于家用电器、专业舞台灯光音响、稳压电源及新能源领域等。公司的太阳能逆变变压器、直流电子变压器、新型节能灯产品获得了广东省高新技术产品认定。

广州金升阳科技有限公司

MORNSUN®

地址：广州市萝岗区科学城科学大道中科汇发展中心科汇一街5号

邮编：510663

电话：020-38601850

传真：020-38601272

邮箱：market300@ mornsun. cn

网址：www. mornsun. cn

简介：

广州金升阳科技有限公司，作为国家高新技术企业，本着敢为人先的精神，历经19年的发展，成为集研发、生产与销售于一体的世界著名电源模块制造商。

金升阳矢志于磁电隔离技术和产品的研究与应用，创造了高品质的AC-DC电源模块、DC-DC电源模块、隔离变送器、IGBT驱动器、LED驱动器等系列产品，大部分产品已通过UL、CE、CSA、CB等认证。目前，金升阳的经销网络已覆盖全球，并获得包括GE、SIEMENS、Honeywell、艾默生等众多行业领袖企业的赞誉。

金升阳的成长是一个不断自我超越的历程。金升阳是以技术为起点，以创新为发展动力，立足于全球电源市场的高新科技企业。自创立伊始，金升阳便一直在国内微功率电源领域扮演着行业“开拓者”与“领跑者”的角色，并率先通过了ISO9001质量管理体系、TS16949汽车行业质量管理体系、ISO14001环境管理体系、OHSAS18001职业健康安全管理体系、GB/T 29490-2013企业知识产权管理体系的认证。截至目前，金升阳已申请国内外知识产权440余项，其中发明专利申请227项，成为拥有强大自主研发能力和知识产权优势的创新型企业。

随着金升阳海外分公司的相继建立，金升阳将一如既往地践行“值得信赖”的宗旨，走向广阔的国际市场大舞台，实现新的超越、新的腾飞。

主要产品介绍：

满足铁标EN50155认证的6～150W URB1D/URF1D系列铁路电源

轨道交通行业不同于普通的工控类行业，它对电源模块有更严苛的要求。为满足铁路机车行业标准对隔离电源的特殊要求，金升阳推出通过EN50155认证的6～150W URB1D/URF1D系列铁路电源。该系列电源为DC 40～160V/DC 66～160V超宽电压输入，隔离电压升级为DC 2250V/DC 3000V，加强绝缘等级，EMI可满足裸机ClassA。

考虑铁路行业的特殊环境及高可靠性要求，该R3系列产品允许－40℃至＋85℃/－40℃至＋100℃工作温度，具有输入欠电压保护，输出短路、过电流、过电压保护等多重保护功能。适用于72V、96V、110V的铁路车载电子设备，可广泛应用于铁路监控设备、空调控制器、信息显示屏等铁路相关设备。

企业访谈：

被采访人：张红军　营销中心总监

►请您介绍一下2016年公司的总体发展情况？发展过程中有哪些有利因素？遇到哪些困难，公司是如何应对的？

2016年金升阳不仅从团队管理方面增强了研发实力与生产管控，还从行业开发着手进行技术创新，以提升产品和质量品牌竞争力。

在研发团队方面，我们招纳了大量研发人员，为技术团队注入新鲜血液和动力；在生产管控方面我们引入大批自动化设备，产品的自动化生产程度愈来愈高，产品批量可靠性得到了保证。2016年金升阳助力行业发展，在不懈的钻研和努力之下研发了一系列行业专用电源。如PV系列光伏电源、MBP500充电电源、LS03系列三相四线制仪表电源、URB1D系列轨道交通电源等。

在8月，金升阳被授予“广州创新百强企业”称号，11月，金升阳公司被评定为“2016用户优选‘配电领域十大配套供应商’”、“2016电气行业‘重合同、守信用’诚信企业”。

►2016年有哪些热点事件对您有较大的触动，或者对公司和行业发展有较大影响？

从“感知中国”到“智慧城市”，都体现中国数字化、信息化、智能化发展趋势。2016年中国制造业聚焦于技术改造与新兴产业的技术升级，这符合了《中国制造2025》中对制造业发展方向的规划，也响应了当下热门的“互联网＋”、“物联网应用”等策略及“节能环保”主题的号召。如轨道交通、医疗等传统行业的技术改造；新能源、充电桩、智能电网、智能家居等新兴产业的技术开发与升级。在此潮流的积极引导下，金升阳升级了多项电源技术，申请了多项专利，在新能源、智能电网等领域都有积极开拓市场，提高市场占有率。

▶2016 年公司产品进入了哪些目标市场？未来会考虑增加哪些目标市场？

工控和电力是金升阳比较成熟的两大市场。2016 年，我们还在新能源、智能电网、医疗、轨道交通、充电桩等领域展现了实力。

从节能环保角度出发，R3 系列 DC-DC 电源模块轻负载效率高达 82%，空载功耗低至 0.12W，可完美解决模块长期工作在轻负载条件下的温升问题，保障产品可靠性。

针对智能电网领域：在发电环节，配合新能源领域开发，金升阳 PV 系列电源作用于光伏发电，有光伏汇流箱、光伏逆变器等电源解决方案；在变电环节，PV45 系列产品针对 SVG 行业研发，直接从高压母线取电给控制系统供电；在配电环节中，MBP 系列充电电源适用于 DTU、TTU 等系统；在智能管理环节，三相四线制应用的 LS 系列 AC-DC 电源应用于智能电表、仪器仪表中。

针对轨道交通领域：金升阳有 6～150W URB1D-R3、URF1D 系列 DC-DC 电源，满足 EN50155 铁标认证，适用于 72V、96V、110V 的铁路车载电子设备以及轨旁电气设备，如铁路监控设备、空调控制器、信息显示屏等。

针对医疗领域：1～2W G（H）_ S 系列 DC-DC 电源和 15～25W LH-MU 系列 AC-DC 电源满足第三版医疗认证，广泛应用于注射泵、多功能监护仪、营养箱等诊断类或辅助类医疗器械。

针对充电桩领域：CAN/CAN-FD/RS485 系列通信模块、宽压 DC-DC 模块、LO 系列 AC-DC 模块等在直流充电桩、交流充电桩系统中发挥重要作用。

展望未来，配网自动化、智能电表等行业预计将迎来下一轮发展高峰，我们正蓄势待发，全面进入这些新兴市场。

合肥华耀电子工业有限公司

CETC 合肥华耀电子工业有限公司 ECU ELECTRONICS INDUSTRIAL CO.,LTD.

地址：安徽省合肥市蜀山区淠河路 88 号
邮编：230031
电话：0551-62731110
传真：0551-68124419
邮箱：sales@ ecu. com. cn
网址：www. ecu. com. cn

简介：

合肥华耀电子工业有限公司于 1992 年由中国电子科技集团第三十八研究所全资创办，专注于军用和民用电源类产品的研发、生产和销售。早在 1996 年就通过 ISO 质量认证、军方质量体系认证。凭借扎实的发展，现在的华耀已是国家高新技术企业、国家企业技术中心、安徽省智能供电工程技术研究中心、安徽省产学研示范企业、安徽省技术创新示范企业、安徽省自主创新品牌示范企业、合肥市电源电子工程技术中心。

华耀拥有合肥、上海两大研发基地，相继成立院士工作站和博士后工作站，与南京航空航天大学、中科院等多所高校、科研机构紧密合作，拥有强大的研发及生产能力、标准化生产厂房、标准化作业流程和物料管理体系，具有国家第三方监测资格的实验室。20 多年的不懈努力，华耀积累了丰富的电源行业经验，所生产的电源产品广泛应用于工业控制、国防安全、LED 照明、新能源汽车、医疗、轨道交通等领域，产品销往美国、欧洲、澳洲等世界各地，并与多个世界 500 强公司结成优质合作伙伴关系，品牌和产品在业内具有较高的知名度和美誉度。

未来，华耀将一如既往地秉承“协作、创造、卓越”的核心价值观致力于打造国际化专业电源品牌和成为国际能源电子专家。

合肥华耀电子工业有限公司是：

国内率先提供机载预警雷达批产电源的公司；

国内率先提供高空系留气球供配电系统的公司；

国内率先提供大型运输机襟缝翼控制电源的公司；

国内率先提供小型高频医用高压发生器的公司；

国内率先提供受控核聚变（EAST）辅助加热系统兆瓦级电源（PSM）的公司。

主要产品介绍：

DC-DC 模块电源-1＊1 到标准砖全系列（30～1500W）

自主设计 DC-DC 模块电源系列，采用工业标准封装方式和引脚设计，可完全替代同类型进口电源。从 1＊1 到标准砖全系列（标准砖为 1/16 砖到全砖），功率由 30～1500W，其产品性能、品质和可靠性均达到业界先进水平。

我们能够为分布式供电架构提供标准的解决方案，可以满足各式各样直流电压转换和直流电源的需求，还可以根据客户特殊要求，迅速提供各种定制方案，为客户提供高效、贴心的服务。

鸿宝电气集团股份有限公司

HOSSONI 鸿宝®

地址：浙江省乐清市象阳工业区
邮编：325619
电话：0577-62762615
传真：0577-62777738
邮箱：hongbaohui@ 163. com
网址：www. hossoni. com

简介：

鸿宝电气集团股份有限公司是电源领域专业从事研发、制造、销售、信息及服务为一体化的大型高新技术企业。公司拥有16家专业分公司，300多家专业协作厂，并在全国各地设有500余家销售公司和特约经销处。在国外设有10多家分公司和50多家销售代理。主要生产的产品有稳压电源、EPS、UPS电源、风力发电机、风光互补并网逆变系统、光伏供电系统、光伏控制器、LED路灯、蓄电池、变频器、软起动器、充电器、逆变器、变压器、断路器、建筑电气等50多个系列，3000多个品种的电源产品。是中国电源行业“龙头”企业之一。

鸿宝电气集团股份有限公司是中国电源学会常务理事单位，公司在同行业中率先通过ISO9001质量管理体系、ISO14001环境管理体系认证、OHSAS18001职业健康安全管理体系认证。所生产的产品先后获得国际CE、CB、SEMKO、SASO质量认证以及国内CCC、CQC、信息产业部TLC等质量认证。产品连续被省、市评为“质量连续稳定产品”、“质量信得过产品”，“鸿宝”牌商标被评为“中国驰名商标”、“浙江出口名牌产品”，“鸿宝”牌UPS不间断电源荣获“产品质量国家免检”等多项荣誉。成为品质保证和优质服务体系的象征，在国内外赢得广泛的信誉和褒奖。多年来，公司连续被省、市人民政府评定为明星企业、出口创汇十强企业、重合同守信用企业、银行AAA信用业、百强纳税大户和质量管理先进企业。

一个对电源技术富有前瞻性理解，以完善的工艺和对产品质量的孜孜追求，不断推出各种优质产品的电源企业；一个致力于满足用户不断变化的需求，致力于服务用户、社会、员工，创造共赢价值，享有国内、国际市场良好形象的电源企业；始终坚持“以科技求发展，以质量求效益”，技术、制度、管理创新体系日臻完善的高科技数字化新鸿宝，正在跨越式发展的道路上向世界名牌挺进，逐步成为一个管理科学、技术先进、规模宏大、高效益的现代化名牌企业。

主要产品介绍：

SJW系列微电脑无触点补偿式电力稳压器

产品介绍：本产品采用高速DSP芯片为控制核心，利用计量控制、快速交流采样、有效值校正、电流过零切换和快速补偿稳压等技术，将智能仪表、快速稳压和故障诊断结合在一起，实现了无触点控制，使产品精密、安全高效、节能环保。

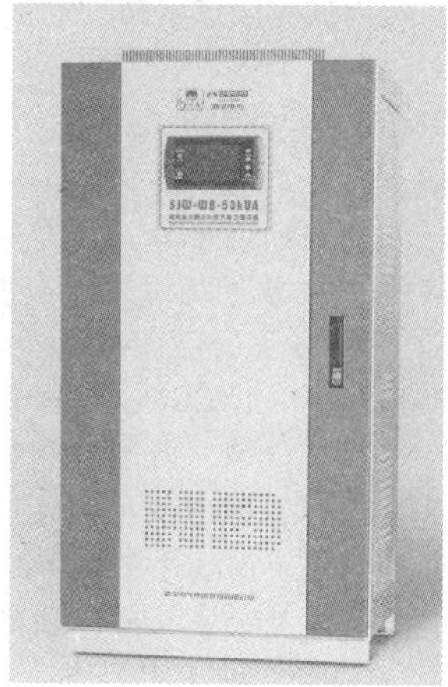

广泛应用于金属加工、生产流水线、电梯、医疗器械、刺绣轻纺、广播电视及大楼照明等需要稳定电压的用电环境中。

华东微电子技术研究所

ECRI MICROELECTRONICS

地址：安徽省合肥市蜀山区高新合欢路19号
邮编：230088
电话：0551-65743712
传真：0551-63637579
邮箱：info@ cetc43. com. cn
网址：www. cetc43. com. cn

简介：

华东微电子技术研究所创建于1968年，是我国最早从事微电子技术研究的国家一类研究所，也是我国仅有的定位于混合微电子的专业研究所。该所数十年如一日，致力于混合集成电路（HIC）及相关产品的研制与生产，为电子信息系统提供小型化解决方案，先后主持制定了《混合集成电路通用规范》等30余项国家及行业通用规范和标准，已成为我国高端混合集成电路领域的领军者，为推动国内混合集成电路行业的发展做出了贡献。

该所坐落于合肥市，东、西两区占地170亩。“高水平管理人才、高层次科技人才、高技能制造人才、高素质市场人才”四支人才队伍不断壮大，其中专业技术占员工总数的43%；经营管理人员占员工总数的9%；市场营销人员占员工总数的6%；技能操作人员占员工总数的42%。拥有一支由集团公司首席专家、高级专家、专家以及43所等组成的科技领军专家队伍，形成了强大的人才支撑。

2003年8月通过国家二级保密资格认证；2004年8月通过军工电子装备生产许可证审查；2008年10月通过武器装备承制资格审查；2009年1月通过职业健康安全与环境管理体系认证；拥有国家、国防、总装认证的混合集成电路与电子元器件检测实验室，设有EDA设计、质量检测、技术情报和标准化等四个中心，是我国专业设置齐全的混合集成电路专业研究所。长期承担中国电子学会元件分会混合集成电路技术部主任单位、国内混合集成电路行业协会副理事长单位、国内混合集成电路专业情报网网长单位、中国电源学会常务理事长单位、GJB2438《混合集成电路通用规范》及 GB/T8976《膜集成电路和混合膜集成电路总规范》起草单位。

华东微电子技术研究所长期致力于系统、装备和整机的小型化需求，在混合微电子及相关技术领域为国防事业积极贡献。经过 40 多年发展，已拥有厚膜混合集成、薄膜混合集成、低温共烧陶瓷（LTCC）、表面安装（SMT）、金属外壳、电子窑炉、AlN 材料、电子浆料等生产线，在混合集成电路及微组装技术领域具有明显的综合优势并引领国家行业发展，是国内军工市场中 DC/DC 电源、功率驱动电路、金属外壳、LTCC/AlN 基板等产品的规模很大供应商。产品广泛应用于航空、航天、船舶、电子、通信、雷达、兵器等高可靠电子设备及工业领域。在“长征”系列火箭、“神舟”系列飞船、“天宫”飞行器、“飞天”宇航服等百余项国家重点工程研制生产任务中，部分产品和技术已接近或达到国际先进水平，并荣获百余项省部级以上科技奖项。

“十三五”期间，将秉承“创新发展、开放发展、和谐发展”理念，加强科技创新步伐，培育发展新型产业，实现“强人才、强科技、强产业、强经济”目标，为我国高新技术持续发展做出贡献。

主要产品介绍：

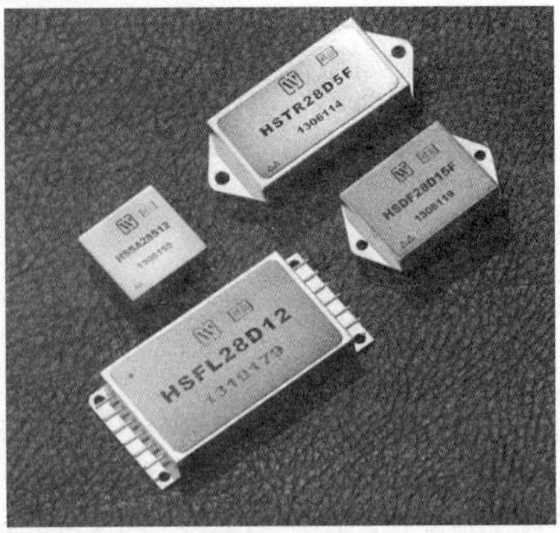

抗浪涌 DC-DC 变换器系列产品

抗浪涌 DC-DC 变换器现有输出功率为 6W、20W、40W、65W 四大系列的厚膜混合集成抗浪涌电源产品。全系列产品主要采用单端反激式电路拓扑，外形结构采用双列直插及扁平式金属全密封。输入电压范围为 15 ~ 50V，并可承受 80V/1s 的浪涌电压，产品的启动电流小。前端抗浪涌模块，产品体积小，输出功率大，可同时承受 80V/50ms、8V/50ms 的浪涌电压。

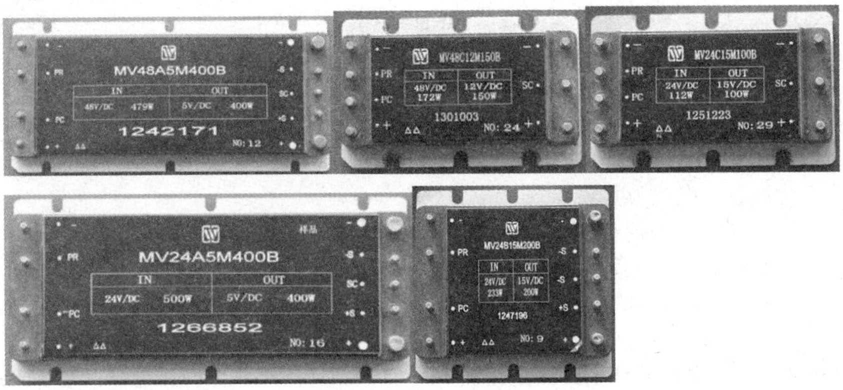

MV24 和 MV48 系列 DC-DC 变换器

MV24 和 MV48 系列 DC-DC 变换器采用软开关拓扑结构，变频调制，工作频率高达 1MHz；具有 1/4 砖、半砖、全砖三种封装外形，与国外同类产品引脚兼容。系列产品输出功率 75 ~ 500W，效率高达 83% ~ 90%；具有输入过、欠电压封锁，输出过电压保护，输出过电流、短路保护功能，输入-输出隔离 AC 3000V。产品广泛适用于航空、航天、船舶、兵器、雷达、铁路等军民用高可靠电子系统。产品设计与制造完全满足 SJ20668-1998《微电路模块总规范》和产品详细规范的要求。

全砖 M300A 系列 DC-DC 变换器

全砖 M300A 系列 DC-DC 变换化器采用 LLC 谐振软开关技术，BUCK 加 LLC 结构。电路由 BUCK 加 LLC 控制、主功率、变压器、次级整流部分及反馈电路等部分组成。该系列产品为模块式电路结构，采用 PCB 表面组装工艺，内部采用导热材料灌封，铝底板散热。外形与国外的同类产品完全兼容，并做到引脚互换。该系列产品广泛适用于航空、航天等高可靠电子系统。产品的设计和制造完全满足 SJ20668-1998《微电路模块总规范》和产品详细规范要求。

茂硕电源科技股份有限公司

MOSO® 茂硕电源

股票代码：002660

地址：深圳市南山区西丽茂硕科技园
邮编：518108
电话：0755-27657008

传真：0755-27657908

邮箱：hao. chen@ mosopower. com

网址：www. mosopower. com

简介：

茂硕电源科技股份有限公司（简称“茂硕电源”，股票代码：002660）是国家高新技术企业；是国家十二五规划鼓励发展的节能减碳新能源企业；也是国内有相当影响力的电源制造企业。公司自2006年成立以来，经过几年的快速发展，得到多家世界500强公司的认可，并与其结成战略合作伙伴关系。

技术和品质是茂硕电源的核心优势。茂硕电源与全国多所重点高校进行多项产学研合作，投入大量研发资金，建立了具有超强研发能力的茂硕电源技术研究院；同时还拥有行业内先进的可靠性安规试验室，采用全自动电脑测试仪等先进生产和检验设备，已开发出多款具有世界领先水平的高效率开关电源和LED智能驱动。短短几年间，茂硕电源已取得近200项国家专利。

茂硕电源集产品研发、制造、销售及服务于一体，已在美国、日本、韩国、新加坡、欧洲、中国香港、中国台湾等国家和地区设有分公司或办事处，能够为国内外客户提供迅捷的专业服务。优秀的人才，先进的技术，科学的管理，以及务实、进取的创业精神使得茂硕电源能够持续处于行业领先地位，是茂硕电源真正的核心竞争力。茂硕电源产品已涵盖机顶盒、ADSL、手机、平板电脑、医疗、电动工具、电梯及LED室内、外照明产品驱动等多种领域。公司愿与各界客商携手共进、互利共赢、共同发展，为全球的节能减碳事业出一份绵薄之力！

主要产品介绍：

E6系列LED驱动电源

E6系列LED驱动电源，创新的限功率恒流技术，覆盖同功率级产品。较强的通用性，可降低用户因同功率段灯珠串并联方式不同带来的电源选型困难。四合一调光方式，0～10V、PWM、电阻、时控四种调光方式一体化，调光信号幅值5V/10V可选，并可设置反向逻辑。交互式编程界面，用户可通过交互式编程界面自定义输出，可自设置最多5个调光时段及对应电流值。独创微距红外遥控，微距遥控器操作简便，粗调+微调可实现输出规格的精准自设置。防护等级IP67，已取得TUV出具的IP67报告。防浪涌等级达到差模5kV、共模10kV，行业领先。睿动系列电源已取得Nemko出具的10kV浪涌报告。睿动系列电源已取得CCC、CE、CB、UL、ENEC认证，即将取得BIS认证。

宁波赛耐比光电有限公司

Snappy

地址：宁波市高新区科达路56号

邮编：315000

电话：0574-26266222

传真：0574-27902805

邮箱：tuciyi@ snappy. cn

网址：www. snappy. cn

简介：

SNAPPY，一个平均年龄只有35岁的管理团队，积极的、向上的、团结的、合作的，这就是我们！

我们拥有一支创新型的技术团队，LED驱动和LED灯具设计是我们的技术核心竞争力。我们企业的核心竞争力是拥有完整的现代的管理经验和不断推出的新产品，我们的合作伙伴都是GE、OSRAM等知名企业。

我们企业的精神口号是：为美好生活而快乐工作着，为绿色光明而努力奋斗着！

主要产品介绍：

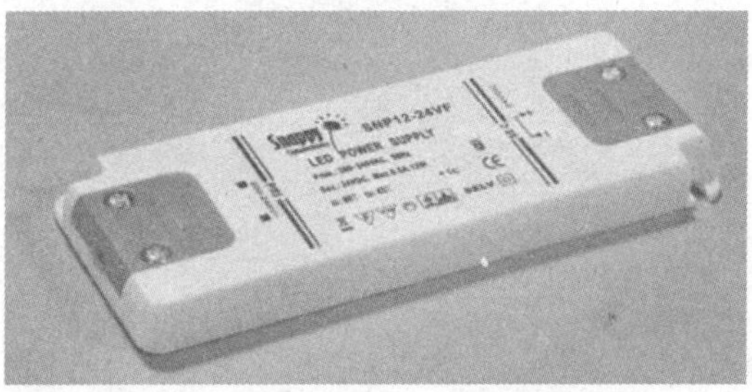

12w-24VF

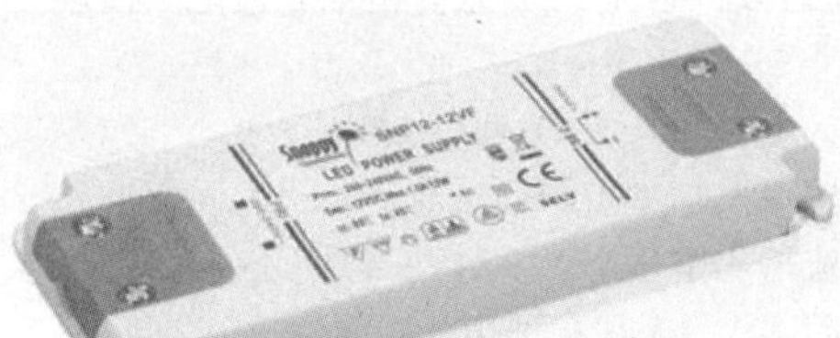

SNP12-12VF

我司专业生产LED驱动电源，该产品涵盖6～200W、室内以及室外，同时还拥有IP67、IP44等防水电源。产品广泛应用于商业、家居等领域。现阶段我司通过了TUV、CUL、SAA、PSE、KC等认证。产品远销欧美市场，销售近10年来受到广大用户的肯定和赞赏。

深圳华德电子有限公司

WATT

地址：广东省深圳市蛇口兴华大厦五栋A座6楼

邮编： 518066
电话： 0755-26693168
传真： 0755-26693918
邮箱： wangg@ watt. com. cn
网址： www. watt. com. cn

简介：

深圳华德电子有限公司建立于1987年，是随经济特区共同发展成长的专业电源技术公司。

公司注重高端电源产品及技术的开发研究，已成规模的电源产品，涵盖了数据通信、医疗设备、工业设备、测量仪器、汽车及工程机械动力控制系统、高端计算机及服务器、民用航空飞行器等领域。

在不断发展和完善产品研发及销售平台的基础上，公司积极地引进国内外先进技术和专利技术，采取自主设计、定制、合作开发等灵活的方式，为全球的客户提供最佳的解决方案、高可靠产品及优质服务。

公司不断强化企业的现代化管理水准和体系建设，重视人才，重视质量。以自动化的生产能力和先进的生产工艺使产品品质得到有效的保证。

主要产品介绍：

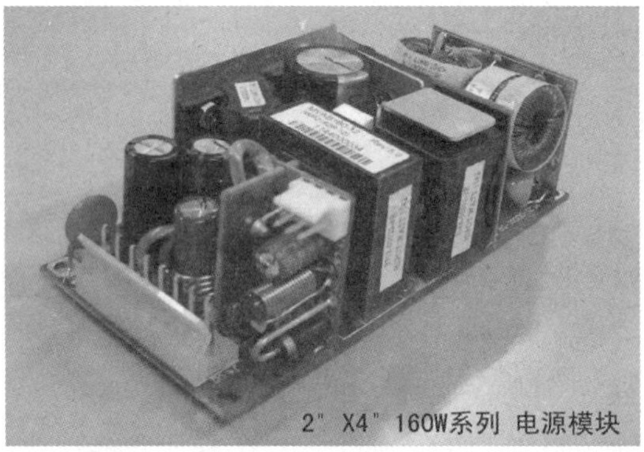

WP2162R 系列 PCB 敞开型单通道电源模块

尺寸2”　×4”　×1.3”（51×101×33cm）；
输入电压90～264V/47～64Hz；
额定输出功率160W；
直流输出电压12V、24V、48V可选；
另附12V/1A风扇通道；
整机效率大于90%；具有输出过电流和过电压保护；
安规符合IEC60601/IEC60950；
EMC传导符合EN55022 ClassB。

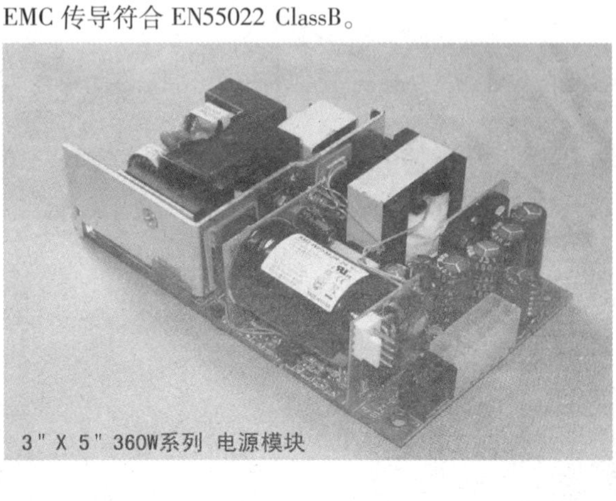

WP3362R 系列 PCB 敞开型单通道电源模块

尺寸3”　×5”　×1.3”（76×127×33cm）；
输入电压90～264V/47～64Hz；
额定输出功率360W；
直流输出电压12V、24V、48V可选；
另附12V/1A风扇通道；整机效率大于90%；具有输出过电流和过电压保护；
安规符合IEC60601/IEC60950；
EMC传导符合EN55022 ClassB。

深圳科士达科技股份有限公司

KSTAR科士达

地址： 广东省深圳市南山区高新中区科技中二路软件园1栋4楼
邮编： 518057
电话： 0755-86169858
传真： 0755-86168482
邮箱： zhaocr@ kstar. com. cn
网址： www. kstar. com. cn

简介：

【综合介绍】

深圳科士达科技股份有限公司成立于1993年，是专注于电力电子及新能源领域，产品涵盖UPS不间断电源、数据中心关键基础设施（UPS、蓄电池、精密配电、精密空调、网络服务器机柜、机房动力环境监控）、太阳能光伏逆变器、逆变电源的国家火炬计划重点高新技术企业、国家企业技术中心。是中国大陆本土规模很大的UPS研发生产企业及高品质阀控式密封铅酸蓄电池专业制造商，行业领先的数据中心关键基础设施一体化解决方案提供商、新能源电力转换产品领域行业主导厂商。产品覆盖亚洲、欧洲、北美、非洲80多个主要国家和地区市场。2010年12月7日，公司在深圳证券交易所成功上市（股票代码：002518）。科士达的使命和责任就是成为电源及电子领域具有全球产业影响力的世界级优秀电源企业。

【市场业绩】

根据中国电子信息产业发展研究院赛迪顾问（CCID）统计，2000年科士达国内UPS销量以领先优势，连续十七年市场占有率排名国产品牌前列。是中央国家机关、国家教育部、国家税务总局、国家气象总局、国家广电总局、国家海关总署、解放军总参、中国电信、中国移动、中国联通、中国石化、中国石油、中国银行、中国工商银行、中国农业银行、中国建设银行、中国人寿等众多大型行业机构产品选型入围供应商。为国家三峡工程、青藏铁路、西气东输工程、大庆油田、2008北京奥运会、2010年上海世博会、2010广州亚运会、2014北京APEC峰会等在内的众多国家重点工程提供高可靠电力保护，全力护航中国信息化建设事业。

根据国家商务部研究院快睿咨询（ChinaQuery）历年发布的《中国UPS配套铅酸电池产品市场报告》统计，科士达在2014年、2015年、2016年中国UPS配套阀控式密封铅酸蓄电池市场占有率连续三年排名本土品牌前列。

2010 年，科士达公司以领先优势中标由财政部、科技部、住建部、国家能源局共同组织的“金太阳示范工程和太阳能光电建筑应用示范工程”并网光伏逆变器供应商入围招标，成为取得国家重点太阳能示范工程市场准入资格的少数几家太阳能逆变器主力供应商之一。

基于享誉业内的优质产品和完善服务体系，科士达公司成为中电投、中广核、国电集团、保利协鑫、南瑞集团、顺风光电、三峡水电、中国建材集团、华为、无锡尚德、上海太阳能科技、中利腾晖、阿特斯、顺风光电、赛维LDK、正泰太阳能、广西玉柴集团、深圳拓日、珠海兴业、粤电集团、山东力诺、中科恒源等众多发电集团、系统集成商及大型厂商机构的太阳能逆变器产品选型入围供应商，在众多太阳能电站建设重点工程项目中频频中标，并以出色的系统产品配套能力和良好的运行业绩获得客户的一致信赖。

公司较早对充电桩技术进行了储备，2008 年科士达直流充电模块组成的兆瓦级充电系统成功应用于军方项目，2013 年公司产品已通过日本 CHAdeMO 认证、并批量出口日本，2014 年通过国家智能电网用户端质量监督检测中心认证、中国计量认证、中国质量认证、中检南方相关充电桩测试，转换效率、兼容性等各项指标都处于行业领先水平。

由于公司数据中心产品、光伏逆变器、电动汽车充电设施产品三类主要产品技术都属于电力电子同源技术，其大部分核心器件和前端生产工艺相同，供应链平台可实现共享，原材料采购具有成本优势，并可在各产线间灵活调度产能以应对周期性的生产高峰和快速响应市场需求，满足产能要求；公司是国内充电桩市场布局较早的厂商之一，2013 年公司充电桩产品已经实现出口，2015 年收到订单约 1 亿元，具有较成熟的销售案例和市场铺设。2016 年直流 60kW 及以上充电机销量突破 3000 套，充电模块销量突破 3 万台，巩固了充电桩行业第一梯队地位，国内市场公司亦在积极寻求与国内大型运营企业的接洽。

【资质认证】

科士达公司通过 ISO9001 国际质量体系认证、ISO14001 国际环境体系认证、OHSAS18001 职业健康安全管理体系认证、IECQ QC080000 有害物质过程管理体系认证。产品取得泰尔认证、CCC 认证、节能认证、生产许可证、欧洲 CE 认证、美国 UL 认证、TUV 认证、澳洲 SAA 认证、意大利 ENEL、英国 G83/1、法国 BV 认证、金太阳认证、国家电网零地电压穿越认证等多项国内外产品质量/安规认证，是业内认证齐全的全线产品供应商之一。

【服务体系】

科士达在业内率先建立起“全国客户服务中心—大区技术支持中心—省区服务中心—地市服务站”为架构的覆盖广泛、布局合理、贴近用户的多级服务体系，可为用户提供基于快速响应特性的全方位现场和远程技术服务，在全国性区域分布的行业系统大型重点工程服务方面，拥有丰富成熟的经验，确保用户关键应用系统可靠运行。

【研发与创新】

科士达公司自成立以来，始终坚持“市场导向 + 技术驱动”的技术开发方向，于 2000 年在原有技术开发部基础上组建了科士达研发中心，目前研发中心有 300 余位专业研发技术工程师，拥有业界领先的专业试验室，已取得 205 多项国家专利（其中核心技术发明专利 30 余项），参与 20 多项国家和行业标准起草/参与修订，是国内电源和数据中心关键基础设施行业标杆性企业级研发中心。

【发展规划】

自 2005 年起，科士达开始在全球 92 个主要国家和地区注册 KSTAR 商标，不断加大海外营销服务网络建设力度，加速布局全球营销网络体系，致力通过技术创新和品牌全球化运营，迈进全球领先的数据中心关键基础设施和新能源电力转换领域产业链领先供应商之列，成长为电力电子行业领域具有全球产业影响力的世界级企业。

主要产品介绍：

科士达光伏逆变器产品线

科士达数据中心关键基础设施产品线

科士达充电桩设备

深圳市英威腾电源有限公司

invt

地址： 深圳市南山区北环路猫头山高发工业区高发 1 号厂房 5 层东

邮编： 518055

电话： 0755-26784847

传真： 0755-26782664

邮箱： shangyating@ invt. com. cn

网址： www. invt-power. com. cn

简介：

深圳市英威腾电源有限公司是深圳市英威腾电气股份有限公司（股票代码：002334）的子公司，国家高新技术企业，专注于模块化 UPS 与数据中心关键基础设施一体化解决方案研发生产与应用，向全球客户提供高可靠、高品质的产品解决方案与全方位的优质服务。公司凭借专业的研发团队，先进的产品性能，高效的服务团队，一流的生产规模等综合优势，始终处于业界的领先地位。

公司专注于数据中心关键基础设施产品线（高端模块化 UPS、智能 UPS、精密空调、精密智能配电、蓄电池、智能监控、微模块数据中心等），拥有产品的核心技术与 900 多项知识产权专利，产品以高可靠性，高性价比赢得了广大客户的一致赞誉，产品广泛应用于政府、金融、通信、教育、交通、气象、广播电视、工商税务、医疗卫生、能源电力等各个领域及全球 80 多个国家和地区。

快速为客户提供全方位、专业的解决方案是公司的经营宗旨，持续创新是公司追求的目标。不断推出的具有竞争力的解决方案和优质服务满足了各行各业用户对于数据中心基础设施供电系统高可靠性和绿色智能化的需求。我们将致力于通过技术创新和品牌全球化运营，成长为数据中心基础设施电源及电力电子相关领域受人尊敬的世界级企业。

企业愿景：

成为全球领先、受人尊敬的工业自动化和能源电力领域的产品和服务提供者。

企业价值：

诚信：始终以诚信的心态面对所有的人。

创新：我们不断求索行业技术的发展趋势，不断创新产品为客户带来更大的价值。

坚持：不论商业环境如何快速多变，我们始终坚持对客户、合作伙伴、员工的承诺。

互信：我们致力于与所有的客户达成互信的原则，所有员工的互信亦是企业发展的源动力。

企业使命：

引领电源及电力电子领域科技发展，为创造更可靠、高效、节能的产品而不懈努力。

主要产品介绍：

RM 系列模块化 UPS

1）功率范围：10～900kVA（N+X 模块化）。

2）工作方式：三进三出在线双变换。

RM 系列模块化 UPS 电源是业界领先的全数字化电源产品，集中了单进电子与自动控制领域先进的技术成果，拥有 10 项专利，使得关键设备的供电可靠性、可用性、可维护性得到了突破性的提高。

RM 系列模块化 UPS 电源结合了传统塔式机型的技术特点与现代机房模块化的需求，在实现模块化设计的同时，保证了系统的高可靠性。此系列产品各项性能指标均达到国际领先水平，拥有极高的性价比，是各行业高可靠供电需求满意的选择。

RM 系列产品提供各种规格功率模块以及机柜系统，用户可根据负载需求进行灵活配置。广泛应用于政府、金融、通信、教育、交通、气象、广播电视、工商税务、医疗卫生、能源电力等各个行业领域。

产品特点：

1）功率模块：10kVA/15kVA/20kVA/25kVA/30kVA/40kVA/50kVA。

2）机柜种类：2 模块机柜/3 模块机柜/4 模块机柜/6 模块机柜/10 模块机柜/20 模块机柜。

3）超高输入输出功率因素 kVA＝kW（pf＝1）。

4）智能休眠、自老化测试功能、高效节能、绿色环保，整机效率高达 96%。

5）监控旁路模块，功率模块支持在热插拔，维护“零门槛”。

6）“黑匣子”故障录波记忆功能。

7）功率模块采用独特的隔离风道散热设计。

8）超强的负载适应性，超强的过载与短路能力。

9）灵活的电池配置，32～44 节可调。

10）友好的人机界面，配置 10. 4/7/5. 7 寸彩色液晶触摸屏与控制键盘，信息量丰富，操作简便。

企业访谈：

被采访人：徐辉　副总经理

▶请您介绍一下 2016 年公司的总体发展情况？发展过程中有哪些有利因素？遇到哪些困难，公司是如何应对的？

2016 年公司业绩及各项指标仍旧保持持续上升的态势，研发方面：公司拓展延伸了 UPS 电源产品线，同时公司研发设计了一系列极具市场竞争力的数据中心产品，公司上升为具有自主知识产权的全球领先数据中心能源解决方案提供商；市场开拓方面：公司产品已远销到全世界 80 多个国家和地区，尤其在国内市场亦取得了非常可喜的成绩。

公司的核心竞争优势在于强大的创新研发能力、奋发向上积极进取的优秀人才团队和卓越的产品、质量体系。我们清醒地认识到这些竞争力就是我们的立足之本，我们也将在这些方面继续努力。

公司一直处于急速发展的状态，所有的荆棘亦是我们奋力前行的动力，在瞬息万变的市场大潮中，只有通过技术创新、强强联合、资源共享等才能实现共赢和企业的可持续发展，我们相信未来英威腾电源公司必将成为 UPS 电源及数据中心行业的标杆企业。

▶2016 年有哪些热点事件对您有较大的触动，或者对公司和行业发展有较大影响？

随着海量数据的爆发，中国企业进入了机遇与挑战并存的云计算和物联网时代，2016 年公司向市场推出了一系列数据中心产品解决方案，一经推出就获得市场的高度认可，并获得了非常可观的经济效益，未来公司将秉承一贯的创新机制，在以 UPS 电源为基础业务的前提上，加大数据中心产品的投入，坚持自主创新研发，以适应市场不同用户的需求。

►2016 年公司产品进入了哪些目标市场？未来会考虑增加哪些目标市场？

2016 年公司中标中国电信集采项目、成为数家全球 500 强企业的供货商等等，这些均标志着英威腾电源公司已成为 UPS 电源行业最主流企业，同时也向市场证明了英威腾电源极强的市场竞争力和企业发展前景。

石家庄通合电子科技股份有限公司

地址：石家庄高新区湘江道 319 号天山科技园 12 号楼
邮编：050035
电话：0311-86967416
传真：0311-86080936
邮箱：thdz@ sjzthdz. com
网址：www. sjzthdz. com

简介：

石家庄通合电子科技股份有限公司（以下简称通合科技）是一家致力于电力电子行业技术创新、产品创新、管理创新，以高频开关电源及相关电子产品研发、生产、销售、运营和服务于一体，为客户提供系统能源解决方案的高新技术企业。

通合科技成立于 1998 年，并于 2012 年整体变更为股份有限公司，2015 年 12 月 31 日成功在深交所创业板挂牌上市，股票代码 300491。作为一家极具潜力的知识密集型高新技术企业，公司持续稳定发展，现有员工 500 多人，研发人员占比超过 20%。

通合科技坚持“技术立企”，技术力量雄厚，专注于前沿技术发展平台，是国内率先实现功率变换全程软开关的电力电子企业。公司核心技术保证了产品的高效率、高可靠性、低成本，为客户提供了高性价比的产品。历经十余年的快速发展，公司产品已涉及充换电站充电电源系统（充电桩）及电动汽车车载电源、电力操作电源模块和电力操作电源系统等多个领域，销售网络遍及全国 20 多个省市自治区，产品远销海外。领先的技术优势、可靠的质量保证和卓越的服务品质赢得了国内外客户的一致好评。经过多年的努力，“通合科技”已成为行业知名品牌，为公司进一步发展奠定了坚实的基础。同时，公司还加强了新能源领域光伏发电、电机控制器等新产品的研制和产业化。

通合科技将继续以“秉承创业精神、专注电力电子、高效利用能源、服务全球用户”为企业使命，秉承“贡献、共益、感念、高效、创新”的核心价值理念，为用户提供优质的产品和服务；同时充分利用资本市场的融资功能，加快新产品的开发进度，不断提高经营规模、市场占有率和盈利能力，全面提升公司的持续发展能力、创新能力和核心竞争力，致力于成为电力电子行业的领导者。

主要产品介绍：

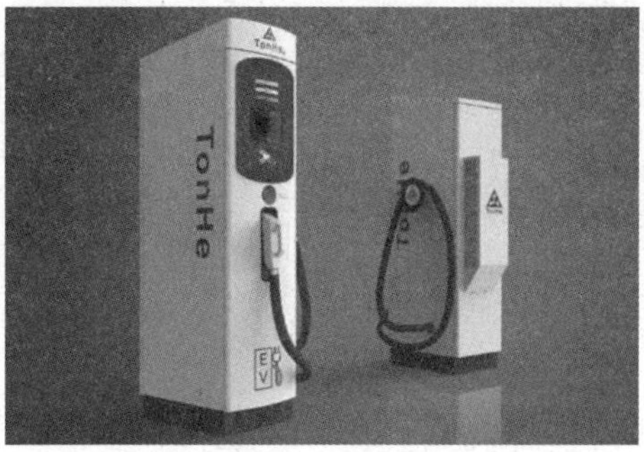

电动汽车直流交流充电设备

公司主要有 3 条产品线，包括电力产品线：主要产品为直流操作电源以及一体化电源系统和直流电源系统；电动汽车充电设施产品线：主要产品包括电动汽车直流交流充电设备、充电站监控系统和运营系统；车载电气产品线：主要产品为电动汽车车载充电机、车载 DC/DC 产品。

苏州市纽克斯照明有限公司

地址：江苏省苏州市相城区春秋路 16 号
邮编：215143
电话：0512-65907797
传真：0512-65907797
邮箱：Liangwei@ lumlux. Logo：有 cn
网址：www. lumlux. cn

简介：

苏州市纽克斯照明有限公司（以下简称纽克斯），是一家专业致力于大功率电源和控制系统研发、生产与销售的高新技术企业。公司总部坐落于美丽的苏州，紧邻沪宁高速和苏州绕城高速，坐拥便捷的立体交通网络。

纽克斯拥有智能化办公楼 2 万多平方米，配备完善的研发、生产及质量控制体系，产品品种齐全，制造工艺精良，应用范围覆盖公共照明、道路照明、商业照明及植物补光等众多领域。尤其在全球化市场竞争中，走出了一条自主创新的国际化发展之路，产品远销北美、西欧、澳大利亚、日本、南非等国家和地区，为中国制造赢得了良好的国际地位和世界口碑。

纽克斯汇聚各类专业人员 300 余名，技术研发人员比例超过 30%，拥有全球领先的电子技术研发中心，获得加拿大 CSA 认证机构认可，具备完善的认证测试能力。公司在 HID、LED 电源以及智能化控制系统等关键技术领域，拥有多项核心技术。纽克斯坚持将严谨的态度融入制造生产的每个环节，以专业实力打造非凡品质。公司不断提高制造工艺水平，建设世界一流的生产测试线，注重关键工序控制，全面实施 RoHS 管制，实现产品的高品质、规范化生产管理，于 2006 年通过获得 IS09001：2000 质量体系认证，并有 60 多个型号产品取得 CE、FCC、UL、CSA、CCC、中国节能等认证等。

伴随世界节能产业的发展，纽克斯将继续秉承“诚信、敬业、高效、共赢”的企业理念，携手有志于节能事业的合作伙伴，为建设绿色环保的人性化照明环境而努力，让绿色光源照亮世界！

主要产品介绍：

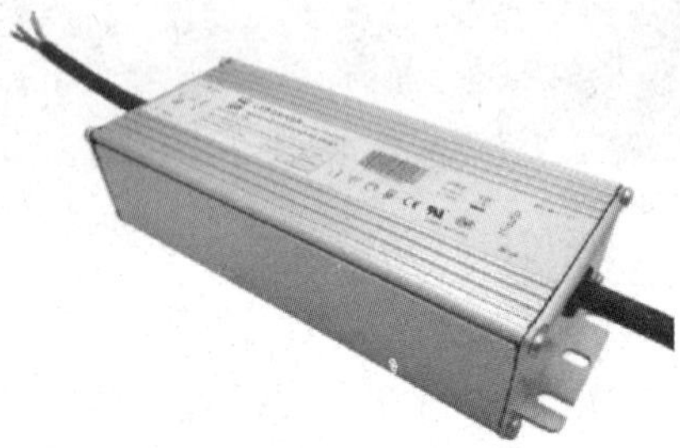

100WLED 驱动电源

1）恒流模式。

2）国际通用全范围输入（AC 90～305V）。

3）效率高达 89%。

4）具有主动式 PFC 功能。

5）满足 3C/CE 认证。

6）防雷等级（L-N：4kV；LN-GND：6kV）。

7）适用于干燥、潮湿、雨淋环境。

8）适用于各种 LED 照明及路灯照明应用。

技术参数：

1）输入电压：AC 90～305V。

2）工作温度：－40℃～＋60℃。

3）浪涌电流：65AMAX。

4）工作湿度：20%～90%。

5）THD：≤15%。

6）保护功能：过电压、过电流、短路、开路、过温。

7）待机功耗：≤5W。

8）防护等级：IP67。

企业访谈：

被采访人：邱明　总工/副总经理

▶请您介绍一下 2016 年公司的总体发展情况？发展过程中有哪些有利因素？遇到哪些困难，公司是如何应对的？

2016 年公司业务增长 30%，管理体系进一步完善，财务现金流充裕，成本较前一年略有降低，利润情况较 2015 年较大的提高。

产品符合国家产业发展方向，专利数量在同行业领先，具有技术优势，美元汇率变化对出口行业利好。

困难：专业技术人才和市场拓展能力短缺是最大的困难，公司目前通过人才引进，人员激励，建全考核与激励机制，保障团队的战斗力。

▶2016 年公司产品进入了哪些目标市场？未来会考虑增加哪些目标市场？

我公司产品销往北美、西欧、澳大利亚、日本、南非等地区和国家。未来将增加国内市场的开发力度。

▶公司对于主要业务领域的定位是否已经有过调整或者有调整计划？主要是哪方面？

建立合作品牌和合资企业，加大国际、国内的市场拓展能力，通过市场的有效信息开发新产品适应市场。利用智能电源的研发平台优势，扩大产品品类。与科研机构合作，充分利用外部人才优势提升 LED 电源产品开发能力。

▶您对整个电源行业的发展态势有什么看法？公司明年以及未来的发展战略是什么？

对行业发展充满信心，高品质的产品具有较好的市场前景和利润，公司明年将加大市场的投入力度，投入销售额 6% 的研发费用于新产品的开发，提高产品性价比，利用具有优势的国际市场地位，建立自主合作平台，打造自有国际品牌，与主要客户联手，加强市场拓展能力打压对手。

温州大学

地址：温州市茶山高教园区温州大学南校区

邮编：325035

电话：0577-86598000

邮箱：wzdx@ wzu. edu. cn

网址：www. wzu. edu. cn

简介：

温州大学是一所地方综合性大学，办学历史可追溯到温州近代著名爱国爱乡人士黄溯初先生 1933 年创办的温州师范学校，文化底蕴深厚，有着优良的办学传统。

学校位于浙江省南部美丽的沿海城市温州。学校占地总面积 2352 亩，分茶山校区和学院路校区。茶山主校区位于温州高教园内，南眺罗山群峰，北蕴三垟湿地，山水灵秀与翰墨书香相得益彰，是莘莘学子修身治学的绝佳所在。

学校校舍面积 114.6 万平方米，教学科研仪器设备总值 4.37 亿元，馆藏纸质图书 259.8 万册，电子图书约 162.2 万册，各类中外文电子期刊和资料数据库 50 个。

学校本部下设 17 个学院，现有全日制在校生 14652 人，各类成人继续教育学生 10974 人；教职工 1755 人，其中专任教师 1069 人。专任教师中，具有正高职称教师 168 人、副高职称教师 363 人。教师中具有博士学位 336 人，硕士和博士生导师 310 人，有国家、省、市级各类人才工程人选者 515 人，拥有“万人计划”百千万工程领军人才（1 人）、“长江学者”特聘教授（1 人）、国家杰出青年基金获得者（2 人）、国家“有突出贡献中青年专家”人选（1 人）、“国家百千万人才工程”人选（4 人）、教育部“新世纪人才支持（培养）计划”人选（2 人）、享受国务院政府特殊津贴专家（9 人）、浙江省特级专家（2 人）、浙江省“千人计划”人选（12 人）、“钱江学者”特聘教授（5 人）、浙江省教学名师（5 人）、浙江省 21 个产业集群首席专家（3 人）、浙江省突出贡献科技人才（2 人）、浙江省“151 人才工程”重点层次人选（3 人）等一批高层次人才。举办 2 个独立学院，其中瓯江学院开设 43 个本科专业，全日制在校生 7500 余人，城市学院开设 23 个本科专业和 5 个专科专业，全日制在校生 8300 余人，拥有一支相对独立的教师队伍。

学校现有 6 个一级学科硕士点，40 个二级学科硕士点，有教育硕士、工程硕士 2 个硕士专业学位门类（覆盖 20 个招生领域）。化学一级学科为浙江省重中之重学科，马克思主义中国化研究、民俗学、应用经济学、文艺学、应用数学、凝聚态物理、生态学、电气工程、防灾减灾工程及防护工程等 9 个学科为浙江省重点学科，环境与资源保护法学和机械制造及其自动化为温州市重点学科。举办 55 个本科专业，涵盖了文学、理学、工学、法学、教育学、经济学、历史学、管理学、艺术学等学科门类，拥有 2 个国家级特色专业建设点、1 个国家级专业综合改革试点、5 个教育部卓越工程师教育培养计划试点专业，24 个省级重点（建设）和优势、特色（国际化）专业；10 门国家级精品课程和精品资源共享课程、33 门省级精品课程，6 部国家级规划教材、30 部省级重点教材，1 个国家级虚拟仿真实验教学中心，1 个国家级大学生校外实践教育基地，8 个省级实验教学示范中心（建设点），4 个省级教学团队。

学校牢固树立人才培养质量是办学生命线的观念，坚持教学工作的中心地位，坚持教学、科研协调发展。致力于培养“重实践、强创新、能创业、懂管理、敢担当”的高素质应用型人才，建立以素质教育为主线、通识教育与专业教育有机结合的人才培养机制；积极融合地方元素，不断创新人才培养模式，全面加强大学生的创新、创业教育；积极开展教学质量工程建设，不断提高本科教学质量与水平，在 2008 年教育部本科教学工作水平评估中获得“优秀”等级。学校被确立为国家创业型人才培养温州模式创新实验区、全国创业教育示范院校、先期国家级“大学生创新创业训练计划”高校、教育部“卓越工程师教育培养计划”试点高校和浙江省教师教育基地。“创业教育”和“教师教育”已成为学校办学的两大特色。获得国家级教学成果一等奖 1 项、二等奖 1 项，浙江省教学成果一等奖 7 项、二等奖 12 项。“十二五”以来，学生参加各类竞赛获得国际级奖项 21 项、国家级奖项 321 项、省级奖项 1178 项。

学校始终以服务地方经济社会发展为己任，坚持科研发展必须“顶天立地”的方针，坚持基础研究与应用研究并举，坚持人文社会科学、自然科学和工程技术研究并重，科研水平和服务地方能力不断提升。学校设有 111 个科研机构、26 个实验室（中心）；建有 1 个浙江省“2011 协同创新中心”、2 个浙江省行业（区域）科技创新服务平台、6 个浙江省重点实验室、1 个浙江省工程实验室、1 个浙江省国际科技合作基地、2 个中国机械工业联合会工程研究中心（实验室）、11 个温州市重点实验室和工程技术研究中心（行业技术研究中心），1 个浙江省哲学社会科学重点研究基地、1 个浙江省非物质文化研究基地；拥有 4 个浙江省重点创新团队和 3 个浙江省高校创新团队。近五年来，主持承担了国家科技重大专项项目 1 项、国家社科基金重大项目 3 项、国家杰出青年基金项目 2 项、国家自然科学基金重点项目 2 项、国家社科基金重点项目 6 项、国家 973 计划课题 2 项等国家级科研项目 266 项，省部级项目 669 项；科研成果获得国家科技进步二等奖 1 项（主持人、第 3 单位）、教育部高等学校科学研究优秀成果奖（科学技术）二等奖 3 项、教育部高等学校科学研究优秀成果奖（人文社会科学）三等奖 3 项、浙江省自然科学一等奖 1 项、浙江省科学技术一等奖 2 项、浙江省哲学社会科学优秀成果一等奖 4 项等省部级以上科研成果奖励 47 项。

学校积极拓展对外合作交流领域，不断探索国际化办学之路，已与美国、英国、加拿大、澳大利亚、意大利、德国、日本、韩国、泰国、新加坡等国家以及台湾地区的 58 个高等院校、科研机构建立了良好的合作交流关系，与泰国东方大学合作举办孔子学院，与美国肯恩大学合作举办温州肯恩大学，与丹麦哥本哈根商学院合作举办市场营销本科专业，与台湾中华大学合作举办电子信息工程本科专业。学校每年接收外国留学生、进修生近 300 人次，是全国首批华文教育基地，获得港澳台侨学生联合招生资格，是中国政府奖学金委托培养院校。

学校弘扬“厚培德本、深濬智源”的优良传统，秉承“求学问是、敢为人先”的校训精神，遵循“以人为本、质量立校、服务地方、特色取胜、追求卓越”的办学理念，立足温州、服务浙江、面向全国，努力建设具有鲜明地域特色、国内知名的教学研究型大学，成为省内外有影响的应用型创新创业人才培养基地、基础教育师资培养和区域内高端人才集聚培养中心、科技创新研发服务中心、先进文化培育发展中心。

温州大学物理与电子信息工程学院简介

温州大学物理与电子信息工程学院源于 1977 年设置的物理系。现有物理学系、电气工程系、电子科学与技术系、信息与通信工程系、计算机科学与技术系、网络工程系以及院实验中心。教职工 155 人，其中专任教师 103 人，教授 26 人、副教授 39 人、博士 53 人，高级职称比例为 63%，博士学位比例为 51%。浙江省“千人计划”人才 3 人，入选浙江省“新世纪 151 人才工程”、浙江省高校中青年学科带头人等各类人才工程 40 余人。在校研究生 112 人，本科生 1516 人。

学院学科涵盖电气工程、物理学、计算机科学与技术、电子科学与技术、信息与通信工程系等 5 个一级学科。其中，电气工程是浙江省重点学科和校重中之重学科，凝聚态物理是浙江省重点学科，物理学是校重点学科。学院拥有计算机科学与技术一级学科硕士点、凝聚态物理和理论物理二级学科硕士点以及电气装备信息化硕士点。建有机械工业用户侧光伏微网工程中心、电气数字化设计技术浙江省工程实验室、浙江省低压电器智能技术重点实验室、浙江省低压电器技术创新服务平台、浙江省温州激光与光电产业技术创新服务平台光电能源服务中心、温州市新能源微电网工程技术研究中心等部省市级科研平台。此外，学院还建有浙江省智能电网低压电器技术重点科技创新团队，浙江省低压电器产业技术创新战我略联盟秘书处也挂靠在我院。

学院设有物理学、电子信息科学与技术、电子信息工程、通信工程、电气工程及其自动化、计算机科学与技术、网络工程、信息管理与信息系统等 8 个本科专业。其中物理学为国家特色专业；网络工程专业为“十二五”教育部本科专业综合改革试点专业；网络工程、电气工程及其自动化 2 个专业为教育部卓越工程师教育培养计划专业，电子信息科学与技术为浙江省重点建设专业；物理学、网络工程 2 个专业为浙江省“十二五”优势专业建设项目。拥有浙江省物理实验教学示范中心、浙江省计算机实验教学示范中心（建设点）、温州市电子信息实验教学示范中心等教学实验平台，实验设备总值近亿元。

近年来，学院教师承担国家自然科学基金重点项目、国家 973 计划子项目等省部级项目 50 余项，在国内外学术期刊上发表论文 600 余篇，其中被国际权威检索机构 SCE、EI、ISTP 等收录论文近 400 余篇，获得教育部和省部级一等奖 1 项，二等奖 4 项。学生在学科竞赛中获得各类省级以上奖项 150 余项，其中国家级 10 余项，国家学会级 40 余项；获得省级大学生技创新项目 40 余项，校级 200 余项。

温州现代集团有限公司

MODERN

电能质量优化专家

地址：浙江省温州市鹿城区金丝桥路 20 号

邮编：325000

电话：0577-88823874

传真：0577-88845711

邮箱：modern@ wzmodern. com

网址：www. wzmodern. com

简介：

温州现代集团有限公司坐落于中国民营经济发源地——温州，是由原创办于 1979 年的温州市精密电子仪器厂经公司化改制，在 1994 年组建成立了温州现代集团有限公司，下辖温州现代电力成套设备有限公司、温州现代电器制造有限公司、上海华陶电器有限公司、苏州现代电工仪器有限公司等几个全资分公司。

公司是电能质量治理产品（谐波治理/滤波补偿装置、稳压（节电）电源/变频电源、电抗器、CVT 抗干扰电源、零线电流消除器等电能质量综合治理产品）、电源测试设备（调压器、测试台电源、稳频稳压电源）和干式变压器的开发、设计和生产制造专业厂家，JB/T7620-1994 标准起草单位之一，ISO 9001：2008 质量体系认证，信息产业部通信设备进网许可认证，美国通用电气（GE）公司中国地区稳压电源供应商，美国 EMERSON 公司和上海三菱电梯稳压电源 OEM 商，产品先后获得国际 CE、TUV 质量认证以及航天科技集团环境试验认证，军用抗干扰电源定点生产厂家，是浙江省区外高新技术企业。

公司产品现已全面进入 4.0 版本，可实现集中式或分散式数字智能控制。广泛应用于冶金、通信、国防军工、医疗设备、大型数据中心、精密仪器、实验室、广播电视、楼宇电梯、数控机床、生产流水线、交通设施、金融、教育、工矿企业等国民经济各个领域。

公司严格奉行“不断贴近客户的需求，超越国外名企的产品质量标准，始终如一地致力于坚持可靠的产品质量，不断提高用户满意度”的理念，正结出累累硕果。产品现已覆盖欧洲、北美、澳洲等发达国家及东南亚、拉丁美洲、非洲和中东等发展中国家。

主要产品介绍：

LBJ 滤波节电柜

针对直流轧机和中频炉等产生大量谐波，污染电网的设备。本公司专业生产滤波节电柜既可提高功率因数，又能抑制谐波，使系统运行稳定，节能效果明显。

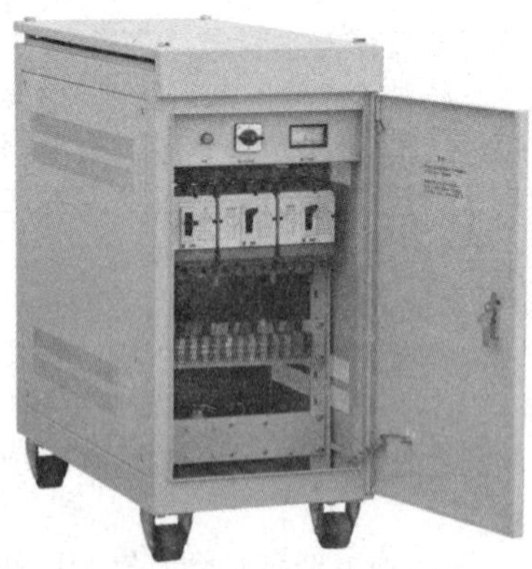

DFC-CW 零线电流消除器

大型场所由于大量使用节能照明灯具、计算机、变频空调、UPS、EPS 等负荷，在节能的同时会产生大量的三次谐波，本公司开发生产的零线电流消除器是解决各行业电气设备在零线电流过大引起的设备故障和安全隐患的高科技产品。

SJD-Z 智能化照明稳压节电柜

本公司开发生产的新型智能化照明稳压节电柜是根据照明的特性而设计的理想节电产品，大大的地减少了照明系统的维护费用。节电率均达 15% ~25% 以上，节电效果显著，一次投资长期受益。

TJA 抗干扰电源——CVT

TJA 抗干扰电源——CVT 电源集隔离变压器、双向滤波器、宽范围稳压器优点于一体，输入输出隔离，对电网中的 3 ~13 次谐波、浪涌冲击、尖峰脉冲、雷击等干扰具有良好的抗干扰能力。目前已广泛应用于航天、航空、核工业、铁路、医院、金融、证券、军工、通信、公安、工矿等需要更高可靠性电源的场合，特别适用于电网谐波污染严重的配电线路中的仪器设备配套使用。

本系列电源产品质量通过航天科技集团（原航天部）检测及产品环境试验，为军用定点专配电源。

无锡芯朋微电子股份有限公司

芯朋微电子
Chipown
高性能电源芯片供应商

地址：江苏无锡新区龙山路旺庄科技创业中心 C 栋 13 层

邮编：214028

电话：0510-85217718

传真：0510-85217728

邮箱：market@ chipown. com. cn

网址：www. chipown. com

简介：

无锡芯朋微电子股份有限公司（Chipown）是一家专业从事模拟及数模混合集成电路设计的高科技创新企业，总部位于江苏省无锡市高新技术开发区内，并在苏州和香港设有研发中心、在深圳设有销售服务支持中心、在厦门、中山、顺德和南京设立了办事处。公司成立于 2005 年，专注于开发绿色电源管理和驱动芯片，为客户提供高效能、低功耗、品质稳定的集成电路产品，同时提供一站式的应用解决方案和现场技术支持服务，使客户的系统性能优异、灵活可靠，并具有成本竞争力。公司已于 2014 年 1 月成功登陆“全国中小企业股份转让系统”，成为挂牌公众公司，股票简称“芯朋微”，股票代码为 430512。

公司具有国内领先的研发实力，特别在高低压集成半导体技术方面更是拥有业内一流的研发团队。公司在国内创先开发成功并量产了单片 700V 高低压集成开关电源芯片、200V SOI MOS/LIGBT 集成芯片、100V CMOS/LDMOS 集成芯片等产品，均获得国家/省部科技奖励和国家重点新产品认定。公司拥有国家博士后企业工作站和由中国工程院院士领衔的江苏省功率集成电路工程技术中心。公司研发团队中约 70% 工程师拥有硕士及以上学位，并有多名博士主持项目的开发。公司建立了科技创新和知识产权管理的规范体系，在电路设计、半导体器件及工艺设计、可靠性设计、器件模型提取等方面积累了众多核心技术，拥有 60 余项国际、国内发明专利，2012 年取得“江苏省知识产权管理规范化示范单位”荣誉称号。

公司是国家工信部认定的集成电路设计企业、科技部认定的高新技术企业，“中国电源学会”常务理事单位，江苏省民营科技企业，江苏省创新型企业，承担并完成了多项国家级的科研开发任务项目，参与多项家用电器国家标准的起草制定，得到各级政府的嘉奖和支持，并在各类行业评比中多次获得奖项。

公司具有完备的 ISO9001 质量体系，主要产品包括 AC-DC、DC-DC、LED Driver、Motor Driver、Charger、MOSFET 等，广泛应用于智能家电、手机及平板、充电 & 适配器、LED 照明、智能电表、工控设备等领域。目前，公司已发展成为国内家电行业、手持设备行业电源类芯片的领先供应商。

“进取、承诺、和谐”是芯朋的企业文化，为员工提供精彩的发展空间，为客户提供精良的产品服务，我们真诚期待与您携手共赢未来。

主要产品介绍：

PN8160

内部集成了脉宽调制控制器和功率 MOSFET，专用于高性能、外围元器件精简的交直流转换开关电源。该芯片提供了极为全面和性能优异的智能化保护功能，包括周期式过电流保护、过载保护、软启动功能。通过 QR + CCM、Eco-mode、Burst-mode 的三种模式混合调制技术和特殊器件低功耗结构技术实现了超低的待机功耗、全电压范围下的最佳效率。频率调制技术和 SoftDriver 技术充分保证良好的 EMI 表现。PN8160 为需要超低待机功耗的高性价比反激式开关电源系统提供了一个先进的实现平台，非常适合六级能效 Lever6、Eur2. 0、能源之星的应用。

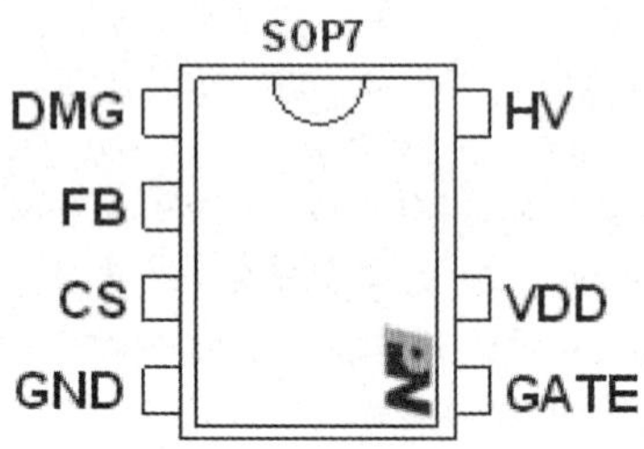

PN8275

内部集成了高压启动的脉宽调制控制器，专用于高性能、外围元器件精简的交直流转换开关电源。PN8275 内置 QR + CCM、Eco-mode、Burst-mode 的三种模式混合调制技术，实现了超低的待机功耗和全电压范围下的最佳效率。同时也提供了出色的节能功能，包括：高压启动电路无需启动电阻、X 电容放电功能无需泄放电阻、内置 Brown In/Out 功能无需外部分压检测元件。PN8275 集成了全面的智能化保护机制，包括周期式过电流保护、过载保护、软启动功能，频率调制技术和 SoftDriver 技术充分保证良好的 EMI 表现。PN8275 为实现 65W 以内的六级能效适配器提供了先进的解决方案。

企业访谈：

被采访人：易扬波　董事副总

►请您介绍一下 2016 年公司的总体发展情况？发展过程中有哪些有利因素？遇到哪些困难，公司是如何应对的？

2016 年芯朋微电子的 AC-DC/DC-DC/GateDriver 三大芯片产品线持续在智能家电、标准电源、移动数码、LED 照明等主力市场布局深耕，并且在工业设备领域有较大突破。以市场引领产品开发、以效果调整资源配置，取得了良好的效果。同时扩大了香港研发中心，引进了多位资深的国际设计人才。

公司 2016 年总体销售额为 2. 2 亿，发展速度相比 2015 年再次大幅提升。

►2016 年有哪些热点事件对您有较大的触动，或者对公司和行业发展有较大影响？

芯朋微电子核心竞争优势是高低压集成智能功率器件技术，2016 年推出了全新一代的 PSR 芯片产品为例，其卓越性能得益于六大专利技术。

1）高压启动技术：可实现 200ms 快速启动、30mW 待机功耗。

2）自适应谷底开通技术：降低功率管温度，提高转换效率，SOP 可实现 12W 电源应用。

3）高雪崩能力智能高压 MOS：典型耐压 700V，抗电网冲击能力强，尤其适合印度市场应用。

4）集成高压电流采样管：精确采样功率管电流，可实现 CS 电阻异常短路保护。

5）逐级限频控制技术：改善动态，满足 5kV 以上等级 EFT 测试。

6）软驱动技术：减缓开关速度，提高 EMC 裕量。

►2016 年公司产品进入了哪些目标市场？未来会考虑增加哪些目标市场？

芯朋微电子在智能家电电源市场方面，随着业内 BOM 最精简的新一代家电专用电源芯片的上量，实现了 1. 2 亿颗芯片出货，增长为 40%，特别是在国内生活家电的电源芯片市占率继续保持领先，部分品类达到了 85% 的市占率；标准电源市场是去年亮点，公司推出了六级能效全系列开关电源芯片，实现了 1. 5 亿颗芯片出货，增长超过 150%；工业设备类芯片实现相关领域国产芯片的零突破，销售大幅增长。

未来将继续逐步加大在电力电子、电机和服务器等中高端市场投入。

►公司对于主要业务领域的定位是否已经有过调整或者有调整计划？主要是哪些方面？

2016 年海外市场对电器能效的要求日益严苛，而且对于各类新兴的智能设备和 IoT 设备的电源提出了新的要求，公司未来将紧密跟踪智能硬件行业，提前研发储备的新一代智能电源 IC 技术，与新兴市场共成长。

►您对整个电源行业的发展态势有什么看法？公司明年以及未来的发展战略是什么？

2016 年电源行业发展分化明显，部分市场门类的海外芯片厂商整合后逐步退出中国市场，使得相关国内 IC 公司份额显著上升。此外手机快充、汽车充电桩等发展态势很不错，成长迅速且利润丰厚。公司在红海市场聚焦服务中高端需求，继续品质优先的原则，以利润为导向稳健发展。在蓝海市场加大投入，快速迭代，以客户为导向积极推出新品。

先控捷联电气股份有限公司

先控
SICON EMI

地址：河北省石家庄市高新区湘江道319号第14、15幢
邮编：050035
电话：0311-85906057
传真：0311-85903718
邮箱：Wenjing. hao@ scupower. com
网址：www. scupower. com

简介：

先控捷联电气股份有限公司（股票代码：833426，简称：先控电气）是行业领先的电力电子产品的设计和制造公司之一，我们始终致力于电力电子产品的研发、生产和推广。先控电气主要为数据中心基础设施、新能源汽车充电和绿色储能这三大业务领域提供完整的解决方案。

公司总部位于河北石家庄市，负责产品生产与制造；研发中心位于广东深圳市，负责新产品的研发；并在全国设立了27个办事处，负责全国的销售、工程和售前售后服务。公司下设4个全资子公司，分别位于北京、上海、香港和欧洲荷兰，并已成为Newfloor架空地板在中国地区的总代理公司。

公司秉承“专注、专业、卓越”的发展理念，完全实现了生产工业化、标准化、专业化和模块化，并通过了ISO9001、ISO14001、OHSAS18001等资质认证。先进的生产工艺在进一步保证产品交货周期的同时更是大大提升了产品品质。目前，公司拥有各项商标、专利和产品著作权共计100多项，先控电气还参与并起草了相关行业标准的制定。拥有中国电源学会常务理事单位、中国电动汽车充电技术与产业联盟理事单位、中国通信标准化协会会员、守合同重信用企业、石家庄市认定企业技术中心等众多头衔，连续多年被评为10强企业、十大领军人物、河北省著名商标、河北省中小企业名牌产品、充电设施行业杰出贡献企业、绿色与创新企业、优秀服务商等，并且获得科学技术创新奖、优秀解决方案奖、用户信赖产品奖等荣誉。

因为专注，所以专业。先控电气始终保持技术的前瞻性，积极拓展新能源行业和绿色储能行业，开启了产品在创新、绿色、节能、环保、融合、创收的新里程碑。目前，数据中心产品主要包括各类UPS不间断电源系统、配电系统、电池柜、服务器机柜、防静电地板、模块化数据中心，除了数据中心产品外，还包括：直流充电桩、交流充电桩、分体式充电系统、车载充电机、储能电池、双向变流器、BMS管理单元、储能式UPS等多种产品系列。

先控电气产品多次入围各级政府单位，涉及国家重点项目、数据中心、电力、军事工业、轨道交通、金融、通信、能源、电动汽车充电行业等多个领域，产品覆盖全球50多个国家和地区。先控电气坚持在全球范围内贯彻可持续发展理念，实现社会、环境及利益相关者的和谐共生，为社会造福！

作为行业的领跑者，数十年来，先控不仅致力于电力电子产品的研发、生产、销售和服务，同时也在公益事业方面身体力行，始终以强烈的社会责任感和使命感服务社会，感恩社会，积极参与教育、救助、扶贫等社会公益事业的发展。

主要产品介绍：

模块化UPS

先控电气在模块化UPS产业中，形成单台模块容量为10kVA、25kVA、50kVA、60kVA，四种模块组成不同容量段的UPS系统，系统容量涵盖10～800kVA，将产品标准化。先控已然了解UPS行业发展趋势必将是模块化UPS取代传统UPS，先控电气模块化UPS的技术和产品发展与整个UPS行业发展相辅相成，先控在一定程度上推动了行业发展，行业发展又加快了先控的模块化技术和产品的发展。

先控电气高端模块化UPS产品，不仅包含了传统UPS的整流、滤波、充电、逆变器的装置，还具备智能型的电源保护功能，并且采用了平均电流控制整流技术、顺位主从同步控制技术、多级分散式控制技术和三阶正弦波逆变等多项新概念技术，在大幅提高了设备的可用性、可靠性的基础上降低了设备的投资、运营、维护成本。

产品特点：

1）系统容量有50kVA、100kVA、150kVA、250kVA、300kVA、350kVA、420kVA、500kVA、600kVA、800kVA多个系列，功率模块为10kVA、25kVA、50kVA、60kVA 4个功率范围，用户可根据负载大小随意选择。

2）系统为模块式结构，由静态开关模块、监控模块和N个功率模块并联组成，模块N+X冗余，根据用户需求进行在线升级扩容。

3）最多可四套系统并机使用，满足N+1、2N、Δ2N多种供电方案要求。

4）监控模块、静态开关模块和功率模块均可在线热插拔。

5）系统可随需设定为1/1、1/3、3/1或3/3的进出线方式。

6）采用无主从并联、多级分散式控制技术，无运行瓶颈、性能可靠。

7）所有功率模块共享电池组。

8）具有完善的电池管理功能：电池自放电功能、自动均浮充转换功能、温度补偿功能、自动均流功能。

9）任一功率模块均具有输入、输出和充电功率的平衡分配功能。

10）整机效率大于95%（AC-AC），逆变效率大于98%（DC-AC），输入电流谐波（THDI）小于3%，输入功率因数（PF）大于0.99。

11）交流输入采用连续电流模式（CCM）运行，减少对电网的干扰（RFI/EMI）。

12）符合行业规范要求的外形结构，设备体积小，重量轻，可满足普通楼宇的承重要求。

13）可选配输入、输出 K 值隔离变压器。

14）手动维修开关、RS232、RS485/RS422 通信接口、远程监控软件均为标准配置。可选配 SNMP 卡、防雷模块及输入输出开关。

企业访谈：

被采访人：陈冀生　总经理

▶请您介绍一下 2016 年公司的总体发展情况？发展过程中有哪些有利因素？遇到哪些困难，公司是如何应对的？

进入 2016 年，公司业绩突飞猛进，各条战线捷报频传：紧抓新能源行业发展的历史机遇，新能源充电设施技术、产品、市场迅速突破，并成功跻身第一梯队，被评为"中国电动汽车充电技术与产业联盟理事单位"，"充电设施行业杰出贡献企业"；UPS 产品升级换代，始终引领行业发展潮流，绿色储能产品蓄势待发；销售渠道不断优化，核心代理商队伍发展壮大，模块化 UPS 以 16.6% 的市场占有率位居同行业第二位，仅次于华为；获得"石家庄市守合同重信用企业"、"河北省中小企业名牌产品"、"河北省著名商标"、"行业领军人物奖"、"十强企业品牌奖"、"用户满意品牌奖"、"第三届中国光伏电站新锐企业大奖"、"模块化 UPS 市场年度成功企业"；荷兰合资公司成立，海外市场多线开花，迅猛增长；博深厂区顺利投产，成功并购机柜供应商鼎尚电子，外延式增长和产业链整合并驾齐驱，一举两得；认定为石家庄市企业技术中心，市、区政府奖励 20 万元；支持公司发展列入石家庄市新能源汽车发展规划，并承担了石家庄市科学技术研究与发展计划项目——立体车库充电桩，市科技局拨款 100 万元予以支持。

▶2016 年有哪些热点事件对您有较大的触动，或者对公司和行业发展有较大影响？

2016 年度，全社会更加重视生态文明建设和大气污染治理的大背景推动了先控电气创新产品——充电桩系列产品以及储能设备的加速发展，这些产品不仅是新能源产业革命的助推器，同时也承担起一份构建绿色生态未来发展的社会责任。行业创新产品和技术的发展与生态文明建设、大气污染治理的加速是相辅相成的。

▶您对整个电源行业的发展态势有什么看法？公司明年以及未来的发展战略是什么？

电源行业的发展态势：

模块化 UPS 凭借模块热插拔易扩容、易维护以及可靠性高等特点已经在市场上获得充分认可，在缩短维护时间、降低维护难度以及节约人力成本等方面具有不可替代的优势。从近几年的模块化 UPS 全球年销售额来看，模块化 UPS 份额逐年上升，年均增长率超过 6%，未来两年的预测增长率更将超过 10%。随着用户对供电系统的灵活性、可用性等要求的进一步提高，模块化 UPS 全面取代高频塔式 UPS 将成为现实。

在 UPS 行业的策略及目标：

1）巩固模块化 UPS 的绝对领先地位：先控电气在模块化 UPS 产业中，形成单台模块容量为 10kVA、25kVA、50kVA，三种模块组成不同容量段的 UPS 系统，将产品标准化。先控已然了解 UPS 行业发展趋势必将是模块化 UPS 取代传统 UPS，先控电气模块化 UPS 的技术和产品发展与整个 UPS 行业发展相辅相成，先控在一定程度上推动了行业的发展，行业发展又加快了先控的模块化技术和产品的发展。

2）创新策略：根据市场的变化趋势，加大新产品的开发力度，2016 年度，先控电气 60kVA 模块问世，该模块将是业内功率密度最大、单台模块容量最大的产品，完成了技术上的突破。先控电气将继续在产品层面不断精研，把开拓市场同开发新技术、新产品、新产业结合起来，创造和引领市场，不断提高产品的科技含量。

浙江东睦科达磁电有限公司

KDM®
MAGNETIC POWDER CORES

地址：浙江省德清县武康镇曲园北路 525 号

邮编：313200

电话：0572-8085881

传真：0572-8085880

邮箱：info@ kdm-mag. com

网址：www. kdm-mag. com

简介：

浙江东睦科达磁电有限公司（简称东睦科达）是一家致力于磁粉芯研发、生产和销售的新技术企业，隶属于上市公司——东睦新材料集团股份有限公司（简称"东睦"，股票代码：600114），为东睦的控股子公司。公司主营业务包括：合金粉末、铁粉芯、合金磁粉芯。

东睦科达是国家高新技术企业，建有省级磁性材料高新技术研发中心和省级企业技术中心，拥有雄厚的技术力量和管理团队，在不断引进国内外先进技术的同时坚持自主研发及推广。

未来，东睦科达将建成可年产 2 万吨高性能软磁金属磁粉芯的自动化生产线，并将继续秉着"以质量为本，以科技取胜，求持续发展，使客户满意"的经营理念，使我们的产品和服务不断完善，以满足客户的需求。

主要产品介绍：

纳米复合磁粉芯

纳米复合磁粉芯的饱和磁感应强度值为 13000 高斯，磁导率从 26 ~ 125μ。其特点是损耗低，DC 偏置能力好，无噪声。纳米复合磁粉芯有 KAM 和 KAH 两个系列。KAM 的损耗与铁镍钼磁粉芯接近，而 KAH 是替代高磁通铁镍磁粉芯的低成本选择。纳米复合磁粉芯是非晶粉末磁粉芯的理想替代者，能有效解决非晶粉末磁芯噪声及温度稳定性差的问题。

理事单位

北京创四方电子股份有限公司

地址：北京市朝阳区酒仙桥北路甲10号院201号楼303
邮编：100015
电话：010-57589069
传真：010-57589168
邮箱：liup@ bingzi. com
网址：www. bingzi. com

简介：

北京创四方电子股份有限公司是一家专业致力于各类小型精密电磁器件、精密电量传感器以及新能源电抗器、特种变压器和AC-DC，DC-DC模块电源的高新技术企业，公司总部位于北京市朝阳区中关村电子城IT产业园，集开发、生产和销售及配套为一体，拥有"BingZi兵字"和"TransFar创四方"两大自有品牌，产品覆盖全国并远销海外。拥有占地面积60余亩，建筑面积16000m^{2}的福建生产基地。公司系中国电源学会理事单位，北京电源行业协会常务理事单位，中国电子质量管理协会单位会员，北京福建企业总商会常务副会长单位，ISO9001-2008质量体系认证单位，中国电子行业用户满意企业、用户满意产品单位。

经过多年的发展，公司汇聚了一批高素质的专业技术人才，在各类产品上都能实现有针对性的专业性设计和高品质制造。所有产品都具有结构布局合理、隔离耐压高、散热好、环境适应能力强等显著优点，可广泛应用于工业控制系统、电力电子装置、光伏发电、高铁机车、电力系统、智能仪器仪表、通用电器设备等不同行业复杂的使用环境中。

我公司的设计将以市场需求为导向，不断创新，关注客户并努力为客户创造价值，与业界同仁携手并进，共同为电子元器件市场和电力电子行业的繁荣与发展做出应有的贡献。

愿景：

让电与磁的结合更完美。

使命：

让自动化更节能、更安全、更高效。

核心价值观：

专业、专注，勤勉、务实，品质、安全，共赢、成长。

公司宗旨：

创造一流，四海皆知，方显卓越

质量方针：

提供优质产品，满足顾客不断增长和变化的需求，实现市场领先和利润增长的目标，从而体现"创造一流，四海皆知，方显卓越"的企业宗旨。

公司文化：

敬业、实干、平等、尊重及团队精神

公司目标：

以新颖的设计思想，独到的经营理念和卓有成效的管理为基础，立足创新，实现市场领先和利润增长。

主要产品介绍：

小型电磁元器件

北京创四方电子股份有限公司致力于小型电磁元器件的研发和生产，销售自产产品。公司自1992年成立之初，立足于将进口仪器仪表国产化，国产仪器仪表小型化，为行业客户提供体积小巧，安装方便，性能优异，使用安全的小型电磁元器件。经过多年的发展，不仅实现了这一目标，产品品种也不断增长，从最初的单一的小型密封变压器，到小型精密互感器，到今天的电量传感器，同时进军小型电源器件的研发生产。公司的各类产品不仅客户满意，也得到了行业的认可，曾经被评为电子行业知名品牌。

北京泛华恒兴科技有限公司

地址：北京市海淀区西小口路66号东升科技园A-4楼
邮编：100192
电话：010-82156688
传真：010-82156006
邮箱：Ting. zhu@ pansino. com. cn
网址：www. pansino-solutions. com

简介：

作为国内领先的测控领域高科技企业，北京泛华恒兴科技有限公司致力于发展专业测控技术，为各行业用户提供高品质的测试测量解决方案和成套的检测设备。公司成立以来，始终坚持"以专业技术为立身之本，诚信服务为承诺，卓越品质为追求，精益求精为精神"，综合实力明显提高，从1997年公司成立至今，员工总人数超过200人，并实现了利税连年快速增长。

公司在众多关键领域拥有一批具备行业背景的测控技术专家，拥有丰富的测试测量工程经验和多项自主知识产权，主要研制和生产装备保障设备、自动化测试设备、试验数据管理平台、工程教育产品等。公司核心产品涉及国防军工、电子、汽车、能源、雷达通信和科研教学等行业。

主要产品介绍：

电源自动化测试台

北京泛华恒兴科技有限公司电源自动化测试台是专业的供应器系统，模块硬件架构能够提供灵活多变的硬件组合，如可程控交流/直流电源供应器、电子负载、数字电表、示波器、时序/杂讯分析仪和短路及过电压保护测试器等，在硬件上真正满足任何形式的电源的基本电气功能的测试要求；系统具备测试仪器的自动控制、参数配置等，配套应用程序可以自定义编辑的测试序列，显示方式，测试顺序，报表生成规范等，能够高效、灵活的实现产线测试。轻松实现各种电源供应器的基本电气功能的测试。试器等，在硬件上真正满足任何形式的电源及过电压保护测试器等，在硬件上真正满足任何形式的电源的基本电气功能的测试要求。

北京落木源电子技术有限公司

地址：北京市西城区教场口街一号6号楼一层
邮编：100120
电话：010-51653700
传真：010-51653700-880
邮箱：pwrdriver@ pwrdriver. com
网址：www. pwrdriver. com

简介：

北京落木源电子技术有限公司是国内先期从事IGBT驱动技术开发的公司，公司技术底蕴深厚，独立创新的发明专利技术始于1995年，目前拥有多项核心技术。

随着电力电子技术的发展，公司的产品不断向高电压、大电流、高频率、高效率等方向发展。目前最新的产品系列包括6500V超高压IGBT驱动板、3600A超大功率IGBT驱动板、2MHz高频MOSFET驱动芯片等。产品应用在高压变频器、风力发电变流器、逆变焊机、电动汽车、电力机车、感应加热、电力系统、电能质量改善等高端领域，同时也在通信、冶金化工、医疗器械、家电设备等工业领域有大量应用。目前，公司在全球有数千家客户，客户数量更以每年30%以上速度增长，是优秀的IGBT/MOSFET驱动技术解决方案供应商。

主要产品介绍：

IGBT驱动器

公司IGBT隔离驱动器系列产品有驱动IC、驱动板等多种规格，采用公司专利的短路过电流保护技术，隔离耐压最高可达到20kV，输出电流可达40A，可以驱动25～3600A、600～6500V全系列IGBT模块，支持1～7路模块的连接，具有高可靠性、最大兼容性和易调试等优点。

北京伟仕天成科技有限公司

地址：北京市昌平区回龙观龙祥制版集团工业园2号院3号楼2层
邮编：102208
电话：010-52568861
传真：010-52568861-804
邮箱：zws@ wispower. com
网址：www. wispower. com

简介：

北京伟仕天成科技有限公司是一家专业的模块化开关电源供应商。

公司主要设计、制造AC-DC、DC-DC、DC-AC模块化开关电源变换器。公司凝聚了一批专业人才，拥有多年从事电力电子开发经验的工程师，采用成熟电路和工艺。所用器件经过长期大批量验证，经过严格的过程控制。产品在技术及品质上具备较强的竞争优势，广泛应用于邮电通信设备、基站及用户电源系统、监控系统、铁路信号、电力系统、医疗设备、仪器仪表、工业自动化控制及航空航天、军工等领域。

公司具备正规的生产场地及设施，采用了自动化的生产、测试、老化设备，与同行相比具有一定优势。我们高度重视质量体系的建设，坚决贯彻执行了 ISO9001：2008 和 GJB 9001B-2009 质量体系标准，脚踏实地、实事求是地按照质量体系要求执行，公司的每位员工深入理解并学习贯彻质量意识。

我们的产品工程师可以在您产品的研发阶段提供解决方案与支持，并为用户提供产品应用线路和印制电路板设计；我们追求最短的设计周期和制造优质的产品。我们的常规品同全球著名的电源供应商有很好的兼容性，并且针对不同领域的客户提供相应的产品方案。我们接受客户的定制产品，在确保可靠性的同时，向客户提供低总成本的产品和服务。

我们愿与您分享我们已有的成熟产品、多年的业界经验，我们珍视与您的每一次合作，希望同您共同创造进步的机会。

主要产品介绍：

WCHA300 系列新型便装一体化电源

WCHA300 系列新型便装一体化电源是一个完整的封闭式开关电源。它具备高可靠性和安全性，体积小，大功率密度，电压精度高等特点。电源内部集成各种保护功能电路，满足各种客户特殊需求。此系列产品输入电压宽，适应各种恶劣工作环境，散热方式灵活，尤其适合通信、导航、车载等相关军用领域。

成都金创立科技有限责任公司

地址：四川省成都市新都区班竹园镇鸦雀口社区
邮编：610506
电话：028-83988111 13658068539
传真：028-83989066
邮箱：jcl. cdjcl@ 163. com
网址：www. cdjcl. com

简介：

成都金创立科技有限责任公司是一家以等离子技术产业化推广为目标的高科技公司。公司依托大型科研院校和控股企业、科研开发能力强、技术积累深厚。通过几年的努力，全面掌握了等离子体发生器技术及大功率脉冲电源技术。在环保领域，实施电弧等离子体技术应用开发为专项的高科技项目，高压静电除尘专用电源及控制技术。在材料表面改性领域，实施真空镀膜电源技术，等离子表面处理专用电源技术，形成了一定的研发能力和生产能力。

公司现有环保、物理、材料、机械、真空、电气、电子等学科各类技术人员多人。是专业从事低温等离子体技术应用，材料表面改性处理技术设备，大功率开关电源和专用脉冲电源研究生产型高科技企业。

公司成功开发了生产大功率开关电源和专用脉冲电源、高压电源、工业生产用微弧氧化设备、等离子抛光技术和成套表面处理设备。可根据用户对材料表面处理的需求，提供整套解决方案或研制非标设备。

公司遵从平等互利、友好合作、坚持服务至上、信誉第一的宗旨，竭诚为科技界、实业界提供技术产品和各种形式的技术服务和合作。

主要产品介绍：

等离子体电源及发生器系统

1）发生器寿命较长，单个电极可达 300h。

2）效率较高，属于多阳极结构。

3）安装方便，可根据用户需求调节安装尺寸。

4）电源采用全逆变设计。

5）电源的效率高，可达 90%。

6）电源体积小，对电网干扰较小，功率因数较高 0. 95 左右。

技术参数：

1）多种输出功率可供选择：30kW、50kW、70kW、100kW、120kW、150kW、200kW、250kW。

2）空载电压：100 ~ 650V。

3）工作电压：150 ~ 450V。

4）稳流输出方式，稳定度小于 1%。

5）高频引弧，自动转弧。

6）全数字控制和模拟控制（由用户选择）

重庆荣凯川仪仪表有限公司

荣凯川仪
Rongkai Chuanyi Co.,LTD

地址：重庆市北碚区澄江桐林村1号
邮编：400701
电话：023-68226587
传真：023-68221017
邮箱：rkcy21@163. com
网址：www. rongkai. com. cn
简介：

重庆荣凯川仪仪表有限公司（简称：荣凯川仪）是中国四联、重庆川仪旗下的电源科技公司，是一家专业从事电力电子领域产品的生产、销售、研发为一体的高新技术企业。公司现已通过ISO9001国际质量体系认证，建立了一套完整的质量监控体系。产品通过国家高新技术产品鉴定，并获得欧盟CE认证、TLC认证、英国NQA质量认证、中国计量中心EMC认证等。

荣凯川仪从事电源产品的研发、设计及生产制造已有40多年的历史，公司从20世纪70年代初率先开发出国内晶闸管逆变器到20世纪90年代引进美国先进电源技术，通过不断消化、吸收、改进，于国内率先推出工业型UPS不间断电源及其系统；进入21世纪后，公司产品经全面智能化升级改造，现已成为国内最具规模的智能化交直流不间断电源系统领军企业。

荣凯川仪拥有一支有多年从事国内外工业电源研究的技术精英，拥有一批先进的高精尖加工检测设备和先进的自动化流水线和成套产品生产线。目前，公司具备为年产600万吨钢铁项目、1200MW机组、60万吨合成氨，80万吨乙烯、年产300万吨水泥生产线等大型工程提供UPS电源产品的配套能力。先后向北京地铁、重庆地铁、成都地铁、广州地铁、深圳地铁等国内重点工程提供UPS电源装置数万套。在占有国内市场的同时，公司积极拓展海外市场，为印尼、巴西、越南、缅甸等国家重点建设项目提供UPS电源配套产品，奠定了公司在国内外工业制造行业及轨道交通领域电源产品应用市场的主导地位。

面向未来，荣凯川仪将秉承“诚信、品质、人本、创新”的经营理念，以产业报国，造福员工的经营宗旨，以永不间断的创新精神，向“国内领先的绿色、节能、环保电源整体方案提供商”而迈进！

主要产品介绍：

荣凯川仪工业电源是针对工业现场：如恶劣的现场环境（粉尘、高温）、受设备启停影响带来的电网波动及电力谐波、负载多样化等特点，针对性的设计工业专用电源，产品所有元器件均采用工业级器件，大大提高了产品的可靠性和稳定性，产品主要有工业UPS、工业EPS、UPAD智能型交直流不间断电源系统、轨道交通专用电源系统、触摸式直流屏、电力一体化电源系统等，是工业负载优选的电源方案之一。

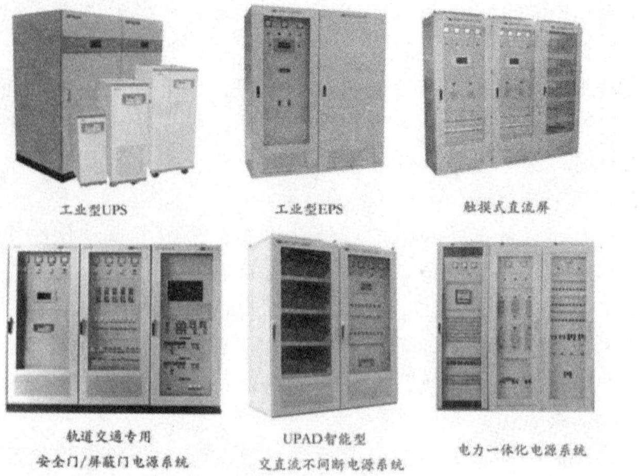

广东寰宇电子科技股份有限公司

地址：广州市南沙区东涌镇马克村（厂房）自编号202
邮编：511475
电话：020-34835888
传真：020-84744966
邮箱：gzhuanyu@ vip. 163. com
网址：www. gzhuanyu. cn
简介：

广东寰宇电子科技股份有限公司是一家从事研发、生产、销售电梯控制信息技术的民营高新技术企业，也是“国家火炬计划重点高新技术企业”。主要产品有电梯应急救援装置，松闸电源，应急电源，五方对讲，防电扶梯逆转保护系统，带能量反馈的一体化电梯控制系统等10多个电梯配套产品，并为行业一线品牌的多家电梯厂商提供优质的产品配套服务！

广州致远电子股份有限公司

ZLG®
致远电子

地址：广州市天河区车陂路黄州工业区7栋2楼
邮编：510660
电话：020-28267806
传真：020-28267806
邮箱：zhaoshasha@ zlg. cn
网址：www. zlg. cn
简介：

广州致远电子股份有限公司成立于2001年，注册资金为5000万元，国家高新技术认证企业，广东省高端测量与分析仪器工程技术研究中心，广州天河软件园（国家软件园）重点扶持企业，中国嵌入式协会理事长单位，广州市高新技术企业协会第一届理事单位，Intel ECA全球合作伙伴和微软嵌入式系统金牌合作伙伴。

企业通过了ISO9000质量管理体系、ISO14000环境管理体系和ISO18000职业健康管理体系认证，技术中心占地面积17000平方米，建有一流的电磁兼容EMI/EMC实验室、射频模拟技术实验室、工业网络通信实验室和环境适应性测试实验室，拥有资深研究与开发工程师约400名。

自2001年创立以来，经过12年的发展，广州致远电子股份有限公司在高端测量仪器市场、工业自动化市场积累了丰富的经验，引领行业发展方向，为国内外用户提供全套硬件、软件、定制服务与后台支持，坚持不懈协助用户实现产品与服务的增值。主营业务为高端工控测量仪器，电源，物联网工控板的研究、开发制造。

企业现有员工706人，其中大专以上415人，占职工总数的58.78%；大专以上科技人员244人，占职工总数的34.56%，整体研发能力在国内同类企业中名列前茅。

现有发明专利8项，实用新型专利17项，外观专利12项，软件著作权78项，注册商标11项，参与国家标准的制定和自行制定的多项企业标准。

企业资金实力雄厚，发展迅速，具有较好的盈利能力，企业规模在不断扩大，产品具有良好的市场前景，且未来发展将会更加强劲。

杭州飞仕得科技有限公司

Firstack 飞仕得科技

地址： 杭州市北部软件园祥兴路100号2号楼
邮编： 310011
电话： 0571-88171615
传真： 0571-88173973
邮箱： sales01@ firstack. com
网址： www. firstack. com
简介：

杭州飞仕得科技有限公司（Firstack）是IGBT智能驱动器领域的全球技术与市场领导者。作为全球率先将智能驱动引入到新能源发电领域的企业，Firstack致力于通过数字化技术实现变流器全状态监控与保护，提升变流器长期运行可靠性，助力风场、光伏电站大数据化管理。凭借数字化带来的高可靠性，高性能优势，Firstack已成功将智能驱动应用军工、电力系统、轨道交通等高可靠性领域。

Firstack驱动器新能源的装机容量已经突破15GW，占国内市场前列，是目前为止国内率先成为军工驱动、轨交驱动供应商，其中典型的成功应用案例有亚洲首座海上风场——东海大桥风场；世界海拔最高风电项目——那曲风电场；国内多个矿井——沙溪铜矿和平禹一矿；国内1500V光伏电站——格尔木光伏电站；国内轨交应用——武汉有轨电车。

Firstack公司坐落于杭州市北部软件园，拥有多项独立自主的知识产权，获得多项科技成果，其数字智能型IGBT驱动器经省专家鉴定国内技术领先，该项目获得省科技进步奖和优秀科技成果等荣誉。Firstack公司被评为国家双软企业、科技型中小企业、高新技术企业、特色潜力企业、第三届中国创新创业大赛新能源及节能环保领域十强企业，已经通过国家ISO9001认证。

主要产品介绍：

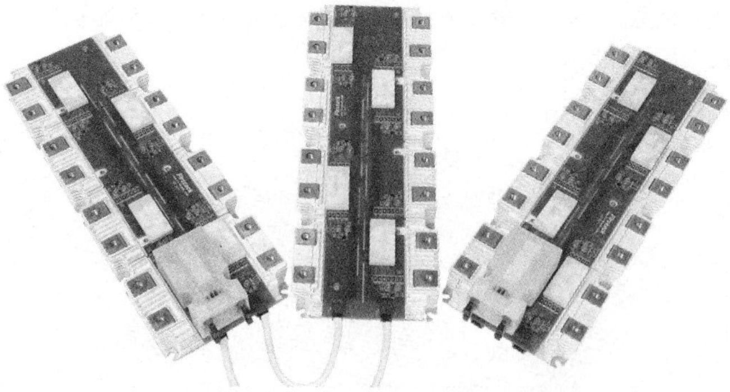

全球率先支持英飞凌XHP™八模块并联的驱动器

1）产品描述

DH-4驱动是全球率先支持英飞凌XHPTM八模块并联的驱动器，基于Firstack独有的“Driver Hub”技术，可以轻松地实现多模块并联动静态均流差异小于3%*。一体化的设计，无任何多余的引线，极大提高了系统的可靠性，适用于轨道交通、HVDC等高可靠性应用领域。

2）主要优势

Driver Hub技术，优秀的均流效果；一体式设计，简洁方便；不会坏的驱动器；智能故障管理系统。

杭州祥博传热科技股份有限公司

XENBO 祥博传热 1998

地址： 浙江省杭州市萧山区金城路1068号水务大厦B座1201室
邮编： 310028
电话： 0571-82308151
传真： 0571-82308081
邮箱： Xenbo@ xenbo. com
网址： www. xenbo. com
简介：

杭州祥博传热科技股份有限公司是一家专业对电力电子热管理系统产品研发、制造、销售及技术服务为一体的国家高新技术企业，公司已于2017年3月6日正式在新三板挂牌上市（股票简称：祥博传热，股票代码：871063）。

祥博传热成立的研发中心——杭州祥博电力电子传热高新技术研究开发中心是杭州市级高新技术研发中心，重点研发用于特高压直流输电、柔性直流输电、轨道交通、新能源汽车、光伏、风电等装置的散热技术和产品。

祥博传热产品和技术广泛应用于直流输电、新能源汽车、风力发电、轨道交通、电能质量治理等领域。多年来祥博传热以技术研发为基础，以客户需求为导向，以满足市场为目标，实现了个性化技术服务。凭着扎实的技术实力，祥博传热进入了国内输变电行业、机车行业所需的高端市场，已与电科院、许继、西电、荣信、南瑞、中车、ABB、BOMBARDIER等国内外知名企业建立了稳定的业务合作关系。

祥博传热在绩溪县建有占地面积33300平方米的生产基地，装备了国际领先的真空钎焊和搅拌摩擦焊等生产线，并配备了先进的检测设备，能满足各类中高档散热设备的生产加工，是中国电力半导体器件用散热器行业具有竞争力的企业，是国内率先将搅拌摩擦焊通过 EN15085 焊接体系认证单位。

主要产品介绍：

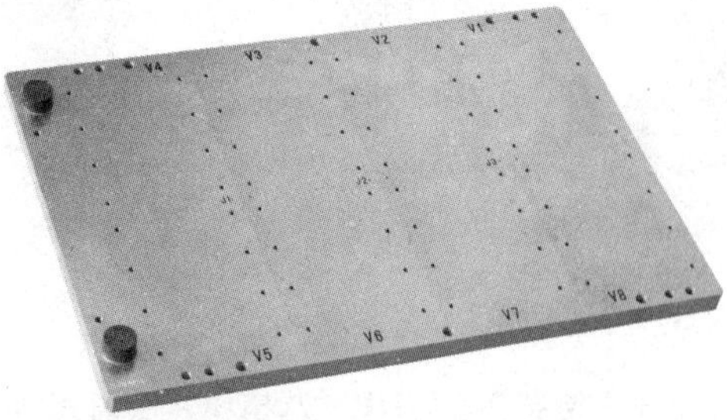

无功补偿装置 SVG/SVC

铝合金液冷散热器，采用 6063-T6 材质，内表面阳极氧化处理，采用搅拌摩擦加工工艺，产品特点在于热阻优、流量大、流阻小和耐腐蚀。

合肥博微田村电气有限公司

CETC 38所 | 博微电气

磁性元件 创新引领

Magnetic component Leading innovation

共同参与/共同思考/共同成就/共同分享

地址：合肥高新区天智路 41 号

邮编：230088

电话：0551-62724766

传真：0551-65323118

邮箱：lql@ ecthf. com

网址：www. ecthf. com

简介：

合肥博微田村电气有限公司是中国电子科技集团第三十八所和日本田村株式会社共同成立的高新技术企业,2000 年成立,2014 年销售 6 亿人民币,拥有 1000 名员工,专业研发、设计和生产各种变压器、电抗器、EMI 滤波器、智能配电单元,主要应用于太阳能、风力发电设备、医疗器械设备、工业自动化设备以及家用电器等行业。公司通过了 ISO9001:2000、ISO14001 认证,同时取得了 CB、德国莱茵 TUV、美国 UL 以及欧盟的 CE 等多国的安全认证及 EMC 认证。

主要产品介绍：

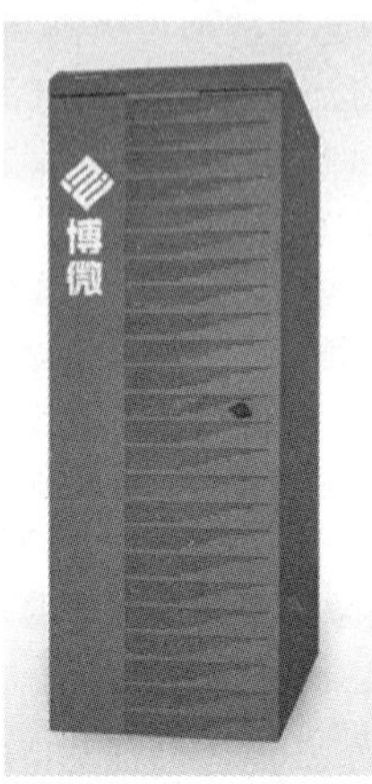

公司自主研发了高频双转换在线式 UPS 全系列产品。产品基于 DSP 技术、自动控制技术、电力电子技术以及半导体应用技术，产品的可靠性和适用性均居于世界前列。

产品取得了泰尔证书，成功应用于公共安全、政府、军队、金融、通信、电力、交通等行业，为用户提供安全可靠、无污染的电力保障和一体化配电解决方案。

河北奥冠电源有限责任公司

aoguan

地址：河北省衡水市故城县衡德工业园

邮编：253800

电话：400-807-8811

传真：0534-2469588

邮箱：aoguan@ 126. com

网址：www. aoguan. com

简介：

奥冠集团是一家集胶体电池、锂电池研发、生产、销售、服务于一体的高科技集团企业。下设河北奥冠电源有限责任和山东奥冠新能源科技有限公司，集团成立于 1987 年，位于冀鲁交界处的河北省故城县衡德工业园，山东奥冠位于山东德州经济技术开发区东方红路东首，高铁站西侧。

公司主打产品为电动汽车用、太阳能风能发电用、电动助力车用、固定阀控密封式等用途的动力型、储能型胶体电池和锂电池，包括五大类 100 多个品种和规格。广泛应用于动力能源、新能源储能、通信和电力等领域。

公司引进德国胶体技术和自动化生产设备，并进行了升级改进，使技术更加先进，电池性能更加稳定、可靠。

公司为中国电源学会长期会员、中国电源学会理事、中国电器工业协会会员、中国化学与物理电源行业协会会员。先后通过了 ISO9001 质量管理体系、ISO14001 环境管理体系和 OHSAS18001 职业健康安全管理体系认证，产品获得了欧盟 CE 认证、泰尔认证、金太阳认证及北方车辆研究所权威认证。

公司始终坚持“科技兴企，人才强企”发展战略，与德国艾诺斯电池公司、华南师范大学、山东大学及多家科研院所建立了长期的产学研合作关系，通过共建平台、项目合作研发和人才培养等形式，大大提高了公司技术研发实力。先后获得“国家高新技术企业”、“河北省著名商标”、“河北科技型中小企业”、“河北中小企业名牌产品”、“省消费者满意单位”等荣誉称号。获得省市级科技成果鉴定 5 项、国家专利 8 项。

我们以为客户提供专业化、现场化、主动化、超值化服务为宗旨，满足客户现实和潜在需求，努力与客户结成战略合作伙伴关系，实现合作共赢。公司销售网络覆盖全国，并出口美国、韩国、东南亚国家。

未来，我们将致力于新能源电池研发、可再生能源的开发和循环经济的推进，从传统的蓄电池供应商向新能源系统解决方案提供商全速升级，开启人类绿色能源开发、利用新纪元。

主要产品介绍：

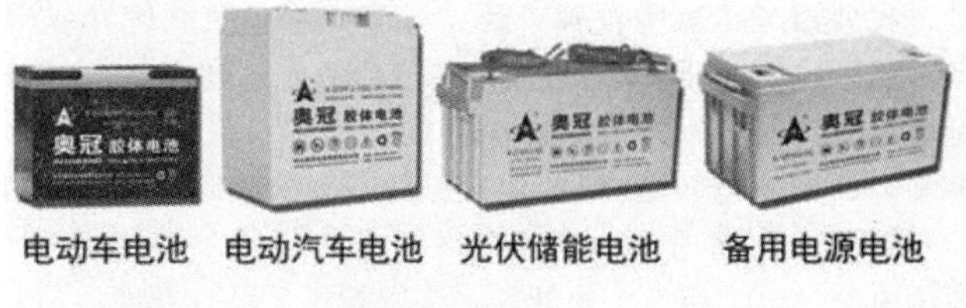

胶体电池

采用德国进口的 Gel 胶体材料，自主研发的外导包封式蓄电池极板、防水端子和防水蓄电池专利技术、无镉内化成技术、真空反流灌胶技术等，确保了电池的大容量、高耐寒、强动力和长寿命。

锂电池

采用 LiFePO4 正极材料和石墨烯负极复合材料为原料，自主研发的新型的高效导电剂、变间距极耳激光成型技术、双防爆阀设计，大大提高了电池的安全性，同时具有容量大、动力强劲等特点。

江苏宏微科技股份有限公司

地址： 江苏省常州市新北区华山中路 18 号三晶科技园

邮编： 213022

电话： 0519-85166088

传真： 0519-85162291

邮箱：

网址： www. macmicst. com

简介：

江苏宏微科技股份有限公司是由一批长期在国内外从事电力电子产品研发和生产，具有多种专项技术的科技专家组建的高科技企业，企业的宗旨是自主创新，设计、研发、生产国际一流的 IGBT、FRD、VDMOS 分立器件及其模块，打造民族品牌，成为提供绿色高效节能电子产品和电力电子系统解决方案的专家。

公司被认定为国家高新技术企业、国家高新技术产业化基地，企业院士工作站、国家 IGBT 和 FRD 标准起草单位之一，承担多项国家项目、2 项省级项目，已获得 8 项国家发明专利、6 项实用新型专利。

公司自主研发生产的 FRED、VDMOS、IGBT 等电力半导体器件及模块填补了国内空白，广泛应用于电焊机、变频器、UPS、逆变电源、电动汽车等行业，并出口欧洲、美国、韩国和东南亚等国家；公司自主研制的具有国内首创、国际领先的动态节能电源在广东，广西，江苏和上海等地的城市道路、超市、工厂和办公楼宇照明中应用，节电率均达到 30% 以上。由于在新型电力电子技术方面取得的卓越成绩，公司获得了温家宝总理的殷切寄语“大胆创新、不怕失败、超越前进”。

南京中港电力股份有限公司

地址： 南京市江宁区东麒路 6 号 东山国际企业研发园 C2 栋

邮编： 211103

电话： 021-69618577＊8013/8014

邮箱： shayq@ zg-ps. com

网址： http：//www. zg-ps. com

简介：

南京中港电力股份有限公司，是一家以清洁能源汽车产业为核心业务的国家高新技术企业，拥有汽车级体系认证标准的专业化工厂，秉承“以客户价值为导向，致力清洁能源汽车发展”的理念，致力于为客户提供高可靠性、高效率、高功率密度的电力电子解决方案。

公司自 2013 年成立以来，业务快速发展，建立了业界一流的产品研发、测试及制造的软硬件平台，通过了 ISO9001，ISO14001，ISO16949 等权威认证，赢得了北汽新能源、东风日产、长安、江淮、奇瑞、吉利、众泰、知豆等国内外一流的清洁能源汽车整车制造企业的信任合作。研制开发的清洁能源汽车车载产品广泛应用于纯电动及混动乘用车、纯电动商用车、纯电动客车、纯电动专用车等车型。

2016 年 10 月，公司完成 B 轮战略融资，北京工业、宝安集团（000009），清研资本，江苏省高投、北大协同等知名公司成为公司战略股东。公司凭借科学的管理、稳定的质量、可靠的性能和合理的性价比，以及周到的售后服务为基础，将追求产品质量和售后服务零缺陷为目标，致力发展成为国内外一流的清洁能源汽车核心零部件供应商。

公司使命：聚焦客户需求，提供有竞争力的电力电子解决方案，持续为客户创造最大价值。

企业愿景：致力发展成为国内外清洁能源汽车核心零部件供应商的领跑者。

主要产品介绍：

3kW OBC +1kW DC 二合一（北汽二合一）

技术特点：

1）集充电机、DCDC 于一体。

2）高度集成化、技术性能稳定、效率高、体积小。

3）采用风冷方式散热、散热好、防护等级高、噪声小。

技术指标：

1）AC 输入电压：AC 90V ~ AC 265V。

2）DC 额定输出电压：110V ~ 180V（可定制）。

3）最大输出功率：3.3kW。

4）低压输出电压：13.5V（可选配置）。

5）低压输出电流：4A（可选配置）。

6）最高效率：≥95%。

7）DC 输入电压：110V ~ 180V（可定制）。

8）DC 输出电压范围：DC 8V ~ DC 16V。

9）最大输出电流：72.5A。

10）额定输出功率：1kW。

11）最大输出功率：1.2kW。

12）电压精度：优于 1%。

13）最高效率：≥96%。

结构特性：

尺寸：300mm × 209mm × 194mm。

重量：≤10kg。

典型应用车型：

北汽 EC180；长沙众泰云 100S。

南通新三能电子有限公司

THREECON

新三能电子 SUNION ELECTRONIC

地址：江苏省南通市通州区兴仁工业园区

邮编：226371

电话：0513-86562925

传真：0513-86561788

邮箱：yb@ sunion. cc

网址：www. sunion. cc

简介：

南通新三能电子有限公司成立于 1995 年，是专业从事电容器研发、制造和销售的国家高新技术企业，也是东南大学产学研合作伙伴，合作开发了多项用于工业电源、新能源领域及绿色节能照明专用的电容器。

我公司产品运用领域广泛，门类齐全，性能优异、质量可靠。目前“Threecon”品牌共分为两大系列产品，分别是用于电力电子领域的薄膜电容器和用于节能照明、工业控制等领域的电解电容器。均已形成相当规模。主要为工业变频器、电能质量、UPS 电源、光伏风能、轨道交通、通信电源、电力机车、电梯、逆变电焊机、LED 照明、CFL 照明等提供配套服务。

优质的品质和令人满意的服务使我公司成功通过 OSRAM、PHILIPS、GE 等国际著名的跨国公司的供应商认证，成为全球供应链采购合格供方。我公司还成为中国电源学会的理事单位和中国工业电器协会的会员单位，其产品被授予质量可信产品等荣誉称号，公司严格实行 ISO9001 质量保证体系、ISO14000 环境保证体系和 QC080000 有害物质控制体系，完全符合 RoHS 环保标准、CE 欧盟电工委员会安全标准，公司获得了“国家科技部创新基金”，拥有自主知识产权和多项发明专利。获得“江苏省电容器工程技术研发中心”的光荣称号。

我们的目标：成为国内外工业控制、新能源产业及绿色节能照明专用电容器的首选品牌。

主要产品介绍：

CD13A 型超高压铝电解电容器

CD13A 型超高压铝电解电容器，其主要目的是为了适应大功率开关电源，逆变器等市场的需求，其工作电压可达到 750V，主要技术经济指标如下：

1）使用温度范围（℃）：-40℃ ~ +85℃；额定电压范围（V）：DC 600 ~ 750V；

标称电容量允许偏差：±20%（客户选用或提供）；漏电流：I ≤ 0.01CV 或者 5mA 中任意一个较小者（5min）20℃；

2）标称容量：820 ~ 10000　耐久性：85℃ 2000h；

3）容量变化率：在初期值上的 ±20% 以内；

4）损耗角正切值：不大于规定值的 200%；

5）漏电流：小于规定值 2 倍。高温存储：85℃ 1000 小时，试验后恢复 24h 以上。施加额定电压 30min 后测试满足初期规定值。

宁夏银利电气股份有限公司

地址：宁夏回族自治区银川（国家）经济开发区光明路45号

邮编：750000

电话：0951-5045200

传真：0951-5019240

邮箱 hr@ yinli. com. cn

网址：www. yinli. com. cn

简介：

宁夏银利电器制造有限公司成立于1992年，现位于银川国家级经济开发区，注册资本2000万元，占地面积2万多平方米，员工人数166人，是国家高新技术企业。公司已全面建立健全了科学完善的综合管理QES体系，并于2012年取得了轨道交通国际质量IRIS认证，2014年通过了国际焊接认证EN15085CL4。

公司拥有国家专利16项，拥有多台全套先进的变压器、电感的生产和检测设备，拥有线绕、箔绕和VPI真空压力浸漆等先进的专业生产设备，拥有雄厚的技术研发基础及强大的科学生产能力，拥有具备国家权威检验认可资质的国家联合地方工程实验室。

公司自主研发设计生产的产品品种丰富、系列健全，涵盖面广。自1999年起，公司先后涉足于轨道交通、新能源、电能质量、航天航空、船电等行业，并在技术条件要求苛刻的新兴工业环境中不断地取得经验、获得成果、赢得声誉。为国内外诸多客户提供质量保障的产品，及时完善的售后服务。

公司始终检查以市场为导向，以客户为中心，2008年全资注册深圳银利电器制造有限公司，并与2012年分别在北京、上海、武汉、深圳等地分别成立华北、华东、华中、华南办事处。在全国范围内围绕着有价值的客户群，建立并发展着互惠互利的良好合作关系。

主要产品介绍：

牵引空心电抗器

单轨车用牵引空心电抗器，产品冷却方式为走行风冷，吊挂在车体底部，为满足产品防护等级要求产品安装在壳体中，壳体表面开百叶窗。

电抗器参数：额定电流：240A，额定电感量0.5mH，防护等级：IP68，此产品适用于高寒地域，所以产品所选用材料必须是耐低温材料。

赛尔康技术（深圳）有限公司

地址：广东省深圳市宝安区沙井镇新桥芙蓉工业区赛尔康大道赛尔康技术（深圳）有限公司

邮编：518125

电话：0755-27255111

传真：0755-27255255

邮箱：East. cao@ salcomp. com

网址：www. salcomp. com

简介：

赛尔康技术(深圳)有限公司(简称赛尔康)是一家芬兰独资企业。赛尔康成立于1975年,公司总部位于芬兰。赛尔康在全球各地设有销售中心,在芬兰、中国深圳和中国台北设有研发中心,在中国、巴西和印度设有生产基地。

赛尔康致力于开发和提供最具创新和绿色环保的手机电源适配器产品及其它电源方案。赛尔康在全球手机电源适配器行业处于世界领先地位，公司年度总业绩达到6.8亿美元，主要客户涵盖了排名世界前列的手机制造商。赛尔康自主研发的电源产品适用于各类手机（包括智能手机）、无绳电话、蓝牙耳机、平板电脑、数码相框、路由器、机顶盒、POS机、笔记本电脑等。

赛尔康技术（深圳）有限公司位于深圳市宝安区沙井芙蓉工业区，是国家评定的“高新技术企业”，同时赛尔康深圳的研发中心是深圳市评定的“企业技术中心”。赛尔康深圳现有6000多名员工，主要从事销售、研发和制造工作。

主要产品介绍：

赛尔康的产品主要包括各功率范围的手机电源适配器和充电器，适用于各种移动式和家用的消费类产品。产品主要特征包括节能、高效率、低待机功耗、产品体积小、质量优良、可靠性高、符合各国目前有效和即将生效的能源规范。

以下为赛尔康主要产品类别和功率等级：

1）手机充电器：5V/500mA ~ 5V/850mA，5V/1A，5V/1.2A。

2）平板电脑充电器：5V/2A，5V/2.4A，5V/3A。

3）路由器、机顶盒适配器：12V/1A，12V/1.5A，12V/2A，12V/2.5A，12V/3A，12V/4A，12V/5A。

4）笔记本电脑适配器：19V/2.1A（40W），19V/3.42A（65W），19V/4.74A（90W）。

陕西柯蓝电子有限公司

CRiANE 柯蓝电子

地址： 西安市高新区草堂科技产业基地秦岭大道西 2 号科技企业加速器 11 号楼 3C

邮编： 710075

电话： 029-65659353

传真： 029-65659354

邮箱： Luhuan@ xaguanggu. com

网址： www. criane. com

简介：

陕西柯蓝电子有限公司成立于 2003 年 12 月，是一家专业从事通信测试维护系列设备的设计、开发、生产、销售、维修和技术服务的公司。公司现位于西安高新技术产业开发区草堂科技产业基地秦岭大道西 2 号科技企业加速器 11 栋楼 3C。公司注册资金为 1000 万元。

公司产品主要包括通信用蓄电池测试维护类仪表、光纤通信测试维护类仪器仪表、后备电源油机测试维护设备、集中化智能化的监测系统等，并具有完全自主产权。公司是一家拥有核心技术、前沿技术、管理正规、质量可靠、信誉良好的国内规模较大、品种较齐全的通信设备智能检测、信号传输、光缆测量设备行业的领先企业。

公司对售出产品一律实行半年内包换新机，五年内免费维修，终身技术服务等服务政策。柯蓝电子产品已经在全国各电信运营商、电力系统、通信专网、石油煤炭、金融系统、交通系统、公安系统及大型工矿企业、全军各军区、各兵种等行业领域广泛应用。

相信通过我们的创新和努力，将更好地为用户提供更优质的产品、先进的技术和全面的服务！

主要产品介绍：

CR-AG 系列蓄电池放电测试仪

CR-AG 系列蓄电池放电测试仪是针对市场需求而推出的一款同时具备蓄电池容量快速测试、在线监测及放电测试三大功能于一体的蓄电池测试产品。该产品广泛应用于通信及电力行业，是专业的，值得信赖的蓄电池维护设备。

上海长园维安微电子有限公司

CYG WAYON

地址： 上海市浦东新区施湾七路 1001 号

邮编： 201207

电话： 021-68969993

传真： 021-68969990

邮箱： shenyx@ way-on. com

网址： www. way-on. com

简介：

上海长园维安微电子有限公司（简称长园维安）于 2008 年由上海长园维安电子线路保护有限公司投资创建，公司坚定地推进“技术创新”和“市场导向”战略，已经由一个掌握硅基半导体过电压保护元件核心技术的本土化科技型企业发展成为多元化过电压保护领域的全球核心供应商。

上海长园维安电子线路保护有限公司是长园集团控股的上海市高新技术企业，同时也是全球领先的线路防护元器件及保护模块组件提供商。长园维安拥有独立的知识产权体系和 100 多项专利，是国内规模很大的线路防护元器件及保护模块组件制造商，PPTC 产品的综合实力排名全球前三强。

主要产品介绍：

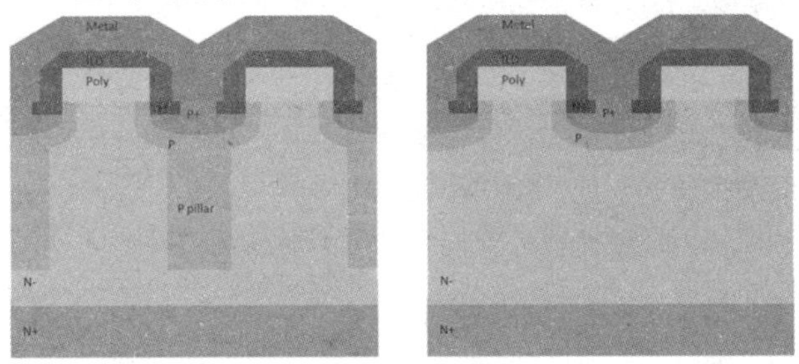

Figure . Device structure: SJ-MOS vs. VDMOS

SJ-MOSFET C2

长园维安第二代 SJ-MOSFET C2 系列产品采用优化的设计及专利工艺，品质因数相比 C1 系列提升 38% 以上。由于 SJ-MOS C2 具有极低的导通电阻和极小的栅极电荷，相比传统的 VDMOS 可大幅提升电源效率，利于电源微型化，C2 系列提升了性价比，可完美替换传统 VDMOS，应用于充电器、适配器、LED、PC、TV、服务器等领域。针对普通超结 MOS 雪崩能力差问题，C2 系列重点进行了工艺的创新，使产品雪崩能力得到明显提升，增强了开关电源的可靠性。

上海超群无损检测设备有限责任公司

SHANGHAI ADVANCED NDT EQUIPMENT CO., LTD. 上海 SANDT 超群

地址： 上海市松江区九亭镇松江高科技园区洋河浜路

188 号

邮编： 201615

电话： 021-37633088

传真： 021-37633078

邮箱： sales@ sandt. com. cn

网址： www. sandt. com. cn

简介：

上海超群无损检测设备有限责任公司是在国内外具有领先地位的专业 X 光设备制造商，在 X 光领域有超过 50 年的经验。本公司与电源相关的技术产品为高压电源（30 ~ 450kV）。

本公司专业设计、制造的主要产品包括 X 光实时成像系统、X 光实时线扫描系统、高精度高稳度高频 X 射线源、专用中高频 X 射线源、X 射线管、气绝缘便携式 X 射线探伤机、油绝缘移动式 X 射线探伤机、移动式金属陶瓷管 X 射线探伤机、工业用电子源等等。

产品应用和销售的领域涵盖航空航天、兵器工业、安全检查、骑车摩托车、铸件、医疗卫生、印刷、压力容器管道耐火材料等行业。本公司多数产品远销欧美市场，并在某些领域领先欧美竞争对手，获得好评。

主要产品介绍：

X 光实时成像系统、X 光实时线扫描系统、高精度高稳度高频 X 射线源、专用中高频 X 射线源、X 射线管、气绝缘便携式 X 射线探伤机、油绝缘移动式 X 射线探伤机、移动式金属陶瓷管 X 射线探伤机、工业用电子源。

深圳晶福源科技股份有限公司

地址： 深圳市南山区西丽南岗第二工业区第十二栋 5 楼

邮编： 518360

电话： 0755-26632536

传真： 0755-26505986

邮箱： support@ jfy-tech. com

网址： www. jfy-tech. com

简介：

深圳晶福源科技股份有限公司（简称晶福源）创建于 2003 年，总部坐落于深圳特区，拥有 16000 平方米的标准生产厂房和先进的研发实验室，是国家认定的高新技术企业，ISO9001：2008 国际质量体系认证通过企业。晶福源以 10 年的专业电源产品设计、生产经验向客户提供中高端电源产品与一体化电源系统解决方案，产品包括系列齐全的太阳能并网逆变器、UPS 不间断电源、通信电源、太阳能离网混合动力电源等；产品出口到包括北美和欧盟在内 50 多个国家和地区。其稳定的表现和优异的性能得到用户的普遍认可。

主要产品介绍：

晶福源产品主要包括光伏并网逆变器、光伏配套设备、太阳能离网控制逆变电源、UPS 电源、EPS 应急电源和通信电源和模块电源 6 大类 100 多个产品。产品种类齐全、性能优异、稳定可靠，并通过多项国际权威的认证测试，已批量销往德国、意大利、法国、比利时、澳大利亚、美国和加拿大等 30 多个国家。

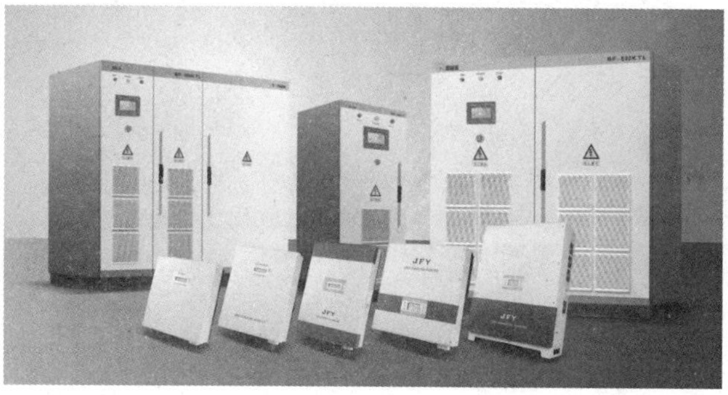

深圳可立克科技股份有限公司

地址： 广东省深圳市宝安区福永街道桥头社区正中工业厂区 7 栋

邮编： 518103

电话： 0755-29918540

传真： 0755-29918005

邮箱： licheng@ clicktec. net

网址： www. clickele. com

简介：

深圳可立克科技股份有限公司（简称可立克）成立于 2004 年，是一家在电源和磁性元件领域内具有高增长性的高新技术企业，专业从事 LED 照明电源、动力电池充电器、通信电源、适配器、磁性元件等产品的研发设计、生产、销售和服务。公司已拥有数十条电源产品制造生产线和百条以上磁性元件产品生产线，年产电源 3500 万只以上、磁性器件 1.6 亿只以上的生产能力。

公司自成立以来，保持了快速发展的态势。产品畅销国内外市场，80% 产品远销欧美、澳洲、南美及亚洲等国家和地区，是亚太地区乃至国际市场有影响力的电源和磁性元件厂商之一。公司产品获得全球各国的安规认证，并取得 ISO9001 TS16949、QC080000 国际质量体系、ISO14001 国际环境体系及 BABT 的认证。2011 年还获得了 ISO14064 低碳环保认证，同时在公司内部推行 OHSAS18001、EDS 系统、MES 系统、集成产品开发（IPD）管理及 EICC 准则。

在技术研发和工艺工程方面，公司紧跟行业技术前沿，坚持自主创新，兼收并蓄，不断引进吸收先进技术和设计理念，现拥有 100 多人的研发队伍，拥有一整套现代化的电源验证和检测实验室（如 EMI，EMS，HALT 等）；研发中心已成为市级技术中心，每年获得多项专利。公司于 2010 年已获得广东省著名商标企业，品牌价值在不断提升。

公司经过近 5 年的快速发展，在 2015 年 12 月成为深圳上市公司。为了更广、更好地开拓市场，满足客户的需求，在 2016 年，公司在美国成立分公司，在中国台湾成立办事处，以提高服务为宗旨，开拓创新实现跨越式发展。

主要产品介绍：

高精度均衡充电器

高精度均衡充电器应用于电动汽车、机器人、电动工具、无人机等，具有高效率、低成本、高可靠性等特点。支持宽范围电压输入，并具有完备的保护功能（输出短路保护，过电流保护，过电压保护，过温保护等），符合节能、环保、智能化标准要求。

产品特点：

1）支持 AC 100～250V 宽范围电压输入。

2）电池平衡采样精度 0.47%。

3）电压测量误差 0.25%。

4）电池组平衡精度 10mV。

5）电压采集模块检测时间 13ms。

深圳欧陆通电子有限公司

地址：广东省深圳市宝安区西乡街道洲石路 111 号富源工业城 C7、C8 栋

邮编：518126

电话：0755-33857166（20 线）

传真：0755-81453115

邮箱：honor@ honor-cn. com

网址：www. honor-cn. com www. honoto. com

简介：

深圳欧陆通电子有限公司成立于 1995 年，是集民用级和工业级电源的研发、设计、生产、销售于一体的国家高新技术企业。总部设立于深圳，并在江西赣州自建工业园，同时在多个发达国家和地区设立分公司及办事处。

公司通过 20 多年来在行业内的探索与积累，改善经营模式、优化管理体系，依靠自身优势，在电源领域中取得骄人的成绩，并保持持续、快速、稳健的发展势头。公司旗下拥有欧陆通、Aspower 两大品牌，专注提供不同领域的电源解决方案。近年来，公司大力引进高新技术、设备、人才，加快自动化生产进程。同时，积极开拓海外市场，加速全球化商业网络布局，年产值稳步提升。其中 2016 年销售总额为 7.04 亿元，出口总额为 5733 万美元。

创新乃企业立足之本。随着市场日新月异的发展，公司以产业高端升级为目标，优化内部管理结构，设立研发中心、企业技术中心两大主体部门，每年投入不低于销售额的 3% 用于新产品开发。截止目前，我司拥有知识产权共达 67 项。公司凭借先进的产品技术与卓越的品质保证，获得政府、行业及社会各界的认可，先后被认定为“国家高新技术企业”、“深圳市高新技术企业”、“深圳宝安区企业技术中心”、“深圳市技术中心”、“深圳质量百强”、“深圳知名品牌”、“深圳创新纪录 自主创新示范企业”、深圳质量强市骨干企业、宝安区自主创新优势科技企业等称号。

品质铸就品牌。近年来，公司主要为世界品牌提供服务，与 LG、Netgear，Seagate，Honeywell 等世界 500 强客户建立了长期稳定的合作关系，以国际标准自我要求，规范内部体系管理流程，实现了“客户至上、快速响应”的高品质服务承诺。公司先后建立了 ISO9001、ISO14001、OHSAS18001 三大体系并取得了第三方认证，另外依据 EICC 电子行业行为准则，建立了 SA8000，ISO22301（公共安全业务连续性管理体系要求）、QC080000 等体系并有效运行。公司产品终端 80% 应用于海外市场，产品已通过 UL、CUL、CE、VDE、GS、CCC、PSE、EK、NOM、PSB、GOST、BSMI、SAA 等安规认证。在品质、环境、社会责任、公共安全等体系方面的有效管理和运作完全可以满足全球客户，同时也为公司向市场提供高质量、高竞争力、高满意度的产品提供了有力的保障。公司在“做行业先锋、创世界品牌”的引领下，秉持“诚信务实、持续创新”的价值观，专注研发、制造 20 余年，致力于为客户提供高端电源一体化的解决方案，力争成为“立足中国、面向世界”的电源行业荣耀之星。

主要产品介绍：

适配器 ADS-18FQ

本产品是一款小型化的高功率密度适配器电源，具有高稳定输出、长寿命、高可靠型、高防雷的特点，外壳结构设计采用先进生产工艺，保障产品能承受较强的外力破坏。

深圳市保益新能电气有限公司

地址：深圳市宝安区 67 区隆昌路大仟工业园区 2 号楼 5 楼 08、09、10、11A 室

邮编：518000

电话：0755-36698873

传真：0755-36698870

邮箱：warehouse@ boynelectric. com

网址：www. boynelectric. com

简介：

深圳市保益新能电气有限公司坐落于深圳宝安区著名的高新奇科技创新园，拥有良好的研发环境及政府资源支

持。公司本着技术创新、追求卓越的经营理念，注重技术研发投入，拥有业界一流的电源研发团队和专业化的测试认证及品质管理团队，并拥有多项自主知识产权，已申请并获得几十项专利及软件著作权。保益新能专注于定制电源的开发与生产，产品系列涵盖铝基板设计隔离型电源模块，单相、三相输入AC-DC电源及DC-AC电源产品，功率覆盖数千瓦到数百千瓦。通过与国内知名企业合作，公司产品已广泛应用于雷达发射、接收系统舰船系统、无人机、通信电台以及装备、弹载系统、加固计算机、军用通信交换机、高速铁路系统等高可靠性行业，并获得终端用户的一致好评。

深圳市铂科新材料股份有限公司

地址： 广东省深圳市南山区科技园北区朗山路28号2栋3楼

邮编： 518027

电话： 0755-26654881

传真： 0755-29574277

邮箱： sales@ pocomagnetic. com

网址： www. pocomagnetic. com

简介：

深圳市铂科新材料股份有限公司于2004年在中国开始粉体的研发试验，2007年成功开发出铁硅气雾化粉末。至此，公司完全掌握了铁硅、铁硅铝从粉体研发制造，粉体绝缘到粉体成型的整个金属磁粉芯的完整供应体系、核心技术及所有知识产权。公司根据掌握的金属磁粉芯的核心技术与应用相结合，为客户提供从粉芯的生产、销售、解决方案的设计、特种电感器件的供应，完成建立以服务客户为中心的一站式粉芯服务的完整平台，全面为客户解决成本、效率、空间的优化问题。

为了更好地服务于客户，于2009年9月在深圳成立深圳市铂科磁材有限公司（即铂科新材料股份有限公司），集研发、销售和服务于一体。公司凭借其雄厚的研发能力，快速制样能力，快速交货能力，稳定的品质性能赢得了海内外客户的高度评价。目前，传统开关电源，网络能源电源，UPS电源，太阳能、风能等新能源领域广泛采用我司产品。其中大多客户是世界500强企业，或者是上述各领域内的知名公司。

为了配合客户订单的快速增长，深圳市铂科新材料股份有限公司（简称惠州铂科）于2010年在惠州全资成立惠州铂科磁材有限公司，其作为公司磁粉芯的生产基地。惠州铂科拥有自己独立的工业园区，占地面积120亩，坐落于珠三角产业转移园的中心位置，是惠东县政府先期引入产业转移园区的高科技公司。目前，惠州铂科建筑面积有10000余平方米，现正准备第二期的扩产计划，为客户的产能扩充和快速交货提供更有力的保障。

主要产品介绍：

NPH系列磁心

NPH系列磁心是铂科新材料股份有限公司研发的新一代铁硅系列磁心。具有超低损耗，优秀的直流偏置，适用于光伏逆变器、服务器电源、UPS、新能源汽车等领域。磁心外径从0. 9in到5. 25in，磁导率有26、60μ等，是工程师需求的优先选择。

深圳市迪比科电子科技有限公司

地址： 深圳市龙华新区龙华街道华联社区龙观路北侧迪比科工业园

邮编： 518109

电话： 0755-61569366

传真： 0755-61569399

邮箱： jituan@ dbk. com. hk

网址： www. dbk. com. hk

简介：

深圳迪比科电子科技有限公司（简称迪比科）成立于2004年8月，注册资金人民币5000万元，是一家集研发、生产、销售、自主品牌运营于一体的高新科技企业。迪比科以“成为一个具有生命力的、持续发展的绿色智能生活高科技企业”为愿景，在10年时间里，践行“高效率、快领先”的竞争策略，实现了从行业中二级市场向一级市场的战略转移，产品品质从中、下游水平跃居行业领先地位。成立至今，迪比科始终秉持“人人都是人才，人人都可成才，爱才惜才用好人才”的理念，凝聚了一批志同道合的高素质人才，他们以不断的创新和勤勉的努力开拓出了一条具有迪比科特色的“以电池及电源上下游产品为核心、以配件为辅”的全配件产业化道路，形成了以聚合物电芯系列、消费类电池系列、电源系列、动力储能系列、摄影光学系列及智能生活与可穿戴设备系列等六大系列、总计5000多款产品，获得超过180项专利技术（含已授权，不含正在申请的）。现量产的六大类产品中，约千余个产品获得CE、UL、CCC等10余种国际认证证书及PSE/VCCI/QI等协会标准的认定或认可。2007年引入ISO质量体系的理念后，迪比科于2009年先后通过ISO9001、ISO14001的认证，于2007年和2009年被授予“深圳市高新技术企业”和“国家高新技术企业”的荣誉称号，于2015年荣获“深圳市知名品牌”称号。长路漫漫，迪比科将“优质严谨、至诚守信、团结奋进、务实创新、感恩共赢”放在心里、用每一个脚印去实践每一个理念。

主要产品介绍：

迪比科六大产品系列

迪比科产品已形成上述六大系列，总计5000多款产品，获得超过180项专利技术。现量产的六大类产品中，约千余个产品获得CE、UL、CCC等十余种国际认证证书、及PSE/VCCI/QI等协会标准的认定或认可。且在2007年和2009年被授予“深圳市高新技术企业”和“国家高新技术企业”的荣誉称号，于2015年荣获“深圳市知名品牌”称号。更获得CNAS认证资质实验室的检测及验证流程。且公司产品在批量生产中从上游工模注塑、SMT贴片、后焊、组装、检测及包装等全流程严格把关产品品质，质量信得过。

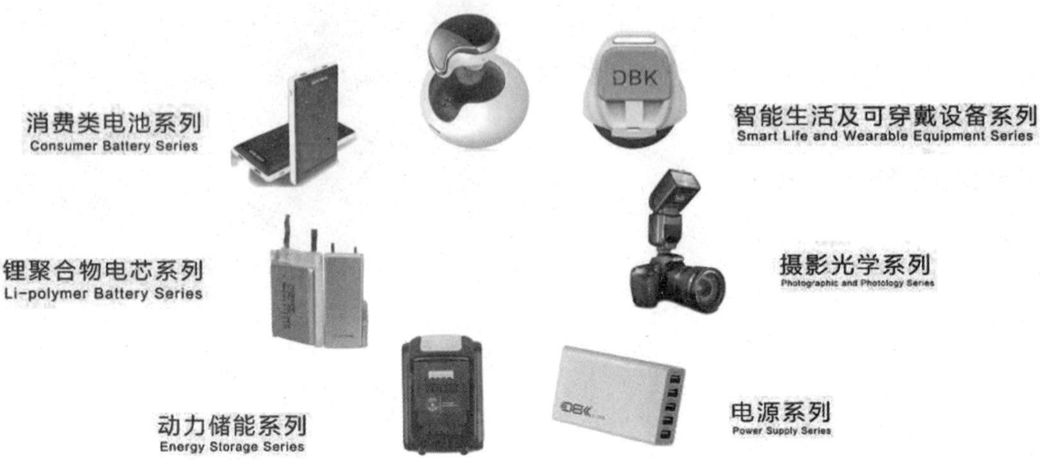

深圳市汇川技术股份有限公司

Inovance

地址：广东省深圳市宝安区宝城70区留仙二路鸿威工业区E栋

邮编：518101

电话：0755-29799595

传真：0755-29619897

邮箱：hunian hua@ inorance. cn

网址：www. inovance. cn

简介：

深圳市汇川技术股份有限公司专注于工业自动化控制产品的研发、生产和销售，定位服务于中高端设备制造商，以拥有自主知识产权的工业自动化控制技术为基础，以快速为客户提供个性化的解决方案为主要经营模式，实现企业价值与客户价值共同成长。

公司专门从事工业自动化控制产品的研发、生产和销售。主要产品有低压变频器、高压变频器、一体化及专机、伺服系统、PLC、HMI、永磁同步电机、电动汽车电机控制器、轨道交通牵引系统等。重点布局智能制造、新能源、工业互联网三大领域，产品广泛应用于电梯、起重、机床、金属制品、电线电缆、塑胶、印刷包装、纺织化纤、建材、冶金、煤矿、市政、汽车、轨道交通等行业。公司在低压变频器市场的占有率在国产品牌厂商中名列前茅，其中一体化及专机产品在多个细分行业处于业内首创或领先地位。

公司是国家高新技术企业，掌握了高性能矢量变频技术、PLC技术、伺服技术和永磁同步电机等核心平台技术。截至2015年6月30日，公司拥有已获证书的专利360项，其中发明专利46项，实用新型专利263项，外观专利51项。公司已向国家知识产权局申报，2015年新增发明专利15项，新增实用新型专利34项，新增外观专利2项。公司已向国家知识产权局申报，但尚未获得证书的专利申请257项，其中发明专利申请233项，实用新型专利申请21项，外观专利申请3项。公司及其控股子公司共取得96项软件著作权。

2015年公司的销售收入27.7亿元，净利润为8.09亿元。截至2015年6月30日，公司有员工3420人，其中专门从事研究开发的人员有733人，占员工总数21.43%。

经过14年的发展，公司已成为国内工业自动化控制领域的领军企业，在销售收入、盈利水平、技术创新等方面均处于国内行业领先水平。

为了持续提升产能，促进公司可持续发展，2013年7月4日，苏州汇川二期工程开工建设。苏州汇川二期厂房总投资6亿元，总占地面积200亩，总建筑面积30万平方米，二期厂房建设含生产车间、研发大楼、客户接待中心等项目，其中生产车间自开始建设，历时两年正式竣工，于2015年9月17日正式投产。苏州汇川二期厂房生产车间投产，满足了汇川未来发展对场地的需求，极大地提升了公司的产能，有助于促进公司可持续发展，助力汇川二次腾飞！

主要产品介绍：

IMC100R机器人控制器

IMC100R机器人控制器是汇川技术自主研发的一款带有逻辑控制的工业机器人高端控制器。作为工业机器人运动及现场工艺的载体，IMC100R好比一个高度智能的中央大脑，具备其它产品无可比拟的优越性能：

可实现对机器人运动的高动态响应及高精准控制；灵活扩展性强，打破单一机器人控制器的局限，支持二次开发；摇杆示教，图形化编程，内置专用工艺指令，简单易用；提供完备的安全解决方案，确保全程安全运行。

可广泛适用于焊接、机床上下料、3C 制造、打磨抛光和码垛等行业应用。

深圳市京泉华科技股份有限公司

JQH

地址：广东省深圳市龙华新区观澜街道陂头吓社区新圩龙工业区 1 号京泉华工业园
邮编：518110
电话：0755-27040111
传真：0755-27040555
邮箱：everrise@ everrise. net
网址：www. jqh. cc

简介：

深圳市京泉华科技股份有限公司成立于 1996 年 6 月，注册资本 6000 万元。公司总部位于深圳市龙华新区观澜街道陂头吓社区新圩龙 1 号京泉华工业园。公司专注于电子元器件行业，主要从事磁性元器件、电源及特种变压器研发、生产及销售业务。同时，还为客户提供上述产品的 ODM 服务和专用产品的开发、研制及配套服务。公司主要产品包括高频变压器、低频变压器、适配器电源、裸板电源、光伏逆变电源、数字电源、三相变压器、特种电抗器等。公司的产品广泛应用于家用电器、消费电子、UPS 电源应用、LED 照明、通信、光伏发电等领域，主要客户包括施耐德集团、GE 集团、ABB 集团、格力集团、华为等国内外知名企业。

公司以磁性元器件生产为基础，以电源及特种变压器同步开发为特色，形成了可靠性高、质量稳定、技术先进、应用领域广泛、规格品种齐全的产品线。随着技术水平和综合实力的不断提高，已建立了较为成熟的研发和销售团队，积累了丰富的开发、设计、生产和销售的经验，并在技术研发能力、产品质量、优质的客户资源、TPM 管理及持续优化创新和快速市场反应等方面拥有较大优势，目前已发展成为国内磁性元器件和电源行业具有领先竞争优势和品牌影响力的专业供应商。

公司经过多年的发展，不断开拓、锐意进取，目前已发展成为一家专业从事磁性元器件、电源及特种变压器研发、生产及销售的国家高新技术企业。公司是中国电子元件行业百强企业，中国电子元件行业协会会员单位，中国电源学会会员、理事单位。公司先后被评定为“深圳市高新技术企业”、“深圳市宝安区开放性研究开发基地”、“深圳市市级研究开发中心（技术中心类）”等，并多次承担国家、省、市的研究开发项目。公司品牌被广东省工商行政管理局评定为“广东省著名商标”。

主要产品介绍：

公司主要产品分为三大类别：

1）电源类：包括 LED Driver、SMPS Series、Battery Charger、Adaptor Series 以及超薄 LED 驱动 Max120W、无线充电器、动力电池管理、微型逆变器等新产品。

2）磁性器件类：包括高频变压器、低频变压器、电感、滤波器、互感器以及立绕共模电感、三相立绕共模电感、非晶类电抗器等新产品。

3）特种变压器类：包括三相变压器、三相电抗器、立绕电抗器以及硅钢、铁硅混合电抗器、铝线立绕电抗器、方形立绕电抗器等新产品。

深圳市商宇电子科技有限公司

地址： 深圳市宝安区石岩街道北大方正科技园 A7-1 楼
邮编： 518108
电话： 0755-23320458
传真： 0755-23321358
邮箱： 2851792765@ qq. com
网址： www. shangyuj. com
简介：

深圳市商宇科技股份有限公司是一家专业从事不间断电源（UPS）开发、生产以及经营的国际性厂商。生产基地设在广东深圳，工厂占地规模庞大，产品范围从后备机 0.5kVA 到单机在线式 800kVA 不间断电源系统，满足不同行业用户的用电需求。

作为中国市场上的知名 UPS 厂商，行业内的领军品牌，商宇科技股份有限公司已经通过 ISO9000 国际标准认证、ISO4000 环境管理体系认证和 ISO18001 职业健康体系认证，并率先在行业内通过了泰尔认证、节能认证、CE 认证、CCC 认证、国家广电总局认证等多项行业认证。

不断创新的技术是商宇追求的目标。设立于深圳的电源研发中心，拥有世界一流的研发条件，拥有大量研发人员，其中 80% 具有本科以上学历，10% 具有高级技术职称。强大的研发能力，保证了商宇产品的先进性和创新性，并能持续不断推出更具市场竞争力的机种，满足用户对 UPS 高可靠性和高智能化的需求。

规范高效的服务是商宇的核心竞争力。商宇一直把建立规范化的服务体系，为客户提供及时、高效的技术支持保障作为重点，设立客户服务中心，全国分布分公司和办事处，配备通过专业培训的技术工程师，时刻准备响应客户的需求。

商宇公司在国内市场多年，凭借雄厚的技术研发实力，可靠的产品品质，完备、快捷、高效的售后服务体系，得到了国内各行业用户的一致肯定，产品已广泛应用于政府、金融、电信、电力、交通、科研院所、制造业及军队等行业，目前已通过多方检验，在政府行业，商宇获得了北京、山东、浙江、广西、江西、四川、山西、安徽芜湖、河南等省市政府采购协议供货平台资格，并且在国税系统、广电系统等获得协议供货资格，同时已获得淘宝旗下的菜鸟网络、百世汇通等互联网相关企业的协议供货资格。数以千万的用户正在依靠商宇 UPS 为其提供安全、绿色、可靠的电源环境。

深圳市智胜新电子技术有限公司

ZEASSET ELECTRONIC TECHNOLOGY

地址： 广东省深圳市宝安区西乡固戍航城大道安乐工业区 B1 栋
邮编： 518026
电话： 0755-83526100
传真： 0755-83526199
邮箱： zeasset@ zeasset. com
网址： www. zeasset. com
简介：

深圳市智胜新电子技术有限公司成立于 2004 年。企业系工业控制领域的铝电解电容器和超级电容器研发、生产与销售为一体的科技企业。本企业先后荣获“深圳市高新技术企业”和“国家高新技术企业”称号，并获得深圳市政府“民营成长工程计划企业”称号。

企业设有研发中心，研发工程师占企业总人数的 25%，平均具有 15 年研发工作经验。企业拥有包括发明专利、实用新型专利及软件著作权共 20 项；同时承接深圳市科创委 2013 年新能源用铝电解电容器关键技术的研发项目，并获得深圳市中小企业服务中心的项目支持。

企业引进欧美、日本、中国台湾等国家和地区的先进生产设备，配备齐全与精密的检测和试验设备；通过了 ISO9001 质量管理体系和 ISO14001 环境管理体系的权威认证，所有产品均满足 RoHS 和 SGS 环保认证标准；同时结合企业 7S 系统的工作落实，在管理环节、制造环节、服务环节等诸多方面实现了标准化、数据化、制度化，确保产品品质的保障。

企业除了以中国大陆为主要销售市场外，已先后与欧美、亚洲很多厂商保持着长期与良好的合作关系，获得了客商的一致好评。

主要产品介绍：

铝电解电容器及超级电容器

1）大型铝电解电容器（螺栓型、焊针型）

应用领域：新能源设备、变频器、伺服驱动、光伏逆变器、通信电源、UPS、医疗设备、电焊机、变频家电，以及电动汽车、电力机车及新能源（太阳能、风能）等众多领域，并广泛用于开关电源等军工及民用产品。

2）超级电容器（螺栓型、焊针型、引线型）

应用领域：新能源设备（太阳能、风能等）、电动汽车、电力机车，变频器、能量回收装置设备、通信电源及军工设备。

深圳市中电熊猫展盛科技有限公司

展盛科技
JENSIN TECHNOLOGY
www.jensin.cn

地址：广东省深圳市坪山新区大工业区青兰二路6号兰亭科技工业园C栋3-4楼
邮编：518118
电话：0755-86238746
传真：0755-86238829
邮箱：webmaster@ jensin. cn
网址：www. jensin. cn

简介：

深圳市中电熊猫展盛科技有限公司是一家集研发、生产、销售为一体的高新技术企业，经过十几年的积淀升腾，始终致力于提供办公类电源、金融设备类电源、动力电池智能充电电源以及LED照明与电视电源四大领域的优质产品。尤其是大功率锂电池智能充电技术和高性能、高可靠性、高稳定性金融机电源产品，成为公司得以快速发展的基石。凭借在设备、管理、创新等环节的综合竞争优势，展盛现已成为办公设备和金融类产品开关电源领域的领跑者。

多年来，展盛科技充分利用丰富资源，积极开拓国内、外市场，产品70%以上销往日本、欧美等国家。依托强大的研发实力、过硬的产品质量和完善的售后服务，赢得了广大客户的一致认可。

立足更高，追求更好，展盛将秉承“持续改进，品质再超越；关注顾客，满意常在心”的宗旨，为客户创造价值和成功，做您身边最坚实有力的合作伙伴。

主要产品介绍：

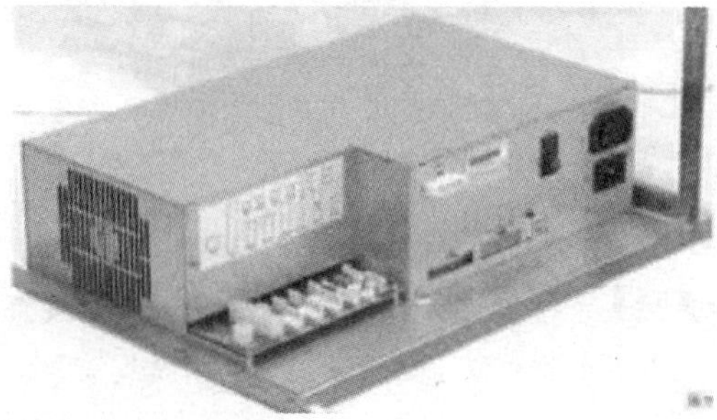

ATM电源-JA341OKA

Input：AC 90V ~264V

Output：DC 24Vio 18.6A、5V 3.5A、12V 10A、-12V 0.3A、3.3V 3.5A、5VS 2A

Size：L（380mm）×W（270mm）×H（100mm）

IT Safety Approval

充电桩电源-JA50030/T

Input：AC380V ±20%

Output：VDC200 ~500V

Size：L（359mm）×W（84mm）×H（231.5mm）

符合CB（EN60950-1）安全标准

深圳索瑞德电子有限公司

SOROTEC®
Power Solutions Expert

地址：深圳市宝安区松岗潭头西部工业区B22栋
邮编：518105
电话：0755-81495850
传真：0755-81495855
邮箱：15818635356@ 139. com
网址：www. soroups. com

简介：

深圳索瑞德电子有限公司是高新技术企业，公司总部设在深圳，在南宁、北京、新疆、长沙、西安、上海、成都成立办事处/省区售后服务中心。公司内部机构包括：总经理办公室、技术开发部、原料采供部、品质保证部、工程部、产品部、售前技术部、客户服务部、国内销售部、市场部、财务部、人力资源部、国际业务部。

公司共计员工310人，厂房面积达15408.66m^2，注册资金5010万元。深圳索瑞德电子有限公司在国内电源产品及技术解决方案等领域占据领先地位，公司产品已达到国内、国际同类产品的领先水平。公司率先通过了ISO9001、ISO14001、OHSM18000体系认证，并且建立了完整的质量监控体系，从产品的来料、加工、组装到测试等重要环节严格监控。产品均通过泰尔认证、节能认证、CE认证，UL认证。公司产品应用于全国各地的政府、金融、通信、交通、电力、工业控制、军事和医疗等重要领域，同时出口到欧洲、北美、南美、非洲、中东、西亚、东南亚、澳洲等市场区域。

深圳索瑞德电子有限公司作为通信行业的设备供应商，消化吸收国内先进的通信电子信息技术，投入大量的研发经费并对产品的应用技术领域进行不断的优化，完全贴近通信用电的需求，并通过个性化设备的设计生产，满足通信电用不同场合对UPS系统的要求。另外，深圳索瑞德电子有限公司一系列的对源材料来料的管控及生产制成过程中的管控及想对完善的售后服务措施保障索瑞德出厂的设备质量可靠稳定，用户无后顾之忧。

深圳索瑞德电子有限股份公司室外UPS系统均通过第三方权威质量监督检测中心的检验。至今已广泛应用在广东移动、河北移动、济南联通、青岛联通和西安联通以及其它行业用户，深受用户的赞誉。

经过多年的积累，深圳索瑞德电子有限股份公司拥有一支经验丰富、不断创新的高素质科研开发队伍和勇于拼搏、开拓进取的营销队伍以及专业、成熟、高效的技术支持工程师服务队伍，不断地在电源领域刷新成绩。今后，深圳索瑞德电子有限股份公司将一如既往的坚持“技术领先、品质优良、服务到位”的经营理念，努力实现“电源领域世界级企业”的长远目标！

主要产品介绍：

HP9115

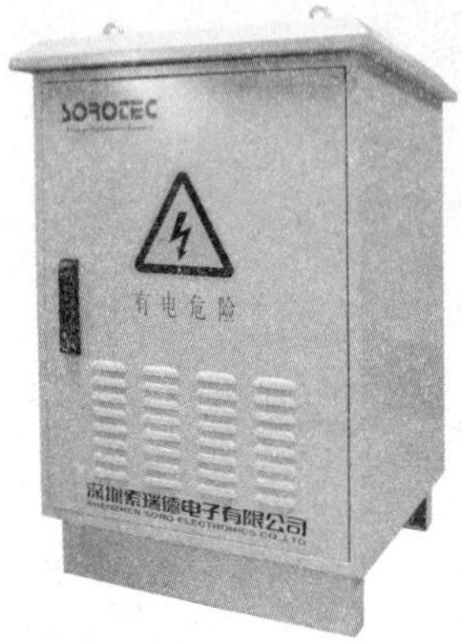

第五代新户外机 S

深圳索瑞德电子有限股份公司室外一体化通信电源是专门为无线通信系统的户外微蜂窝基站而设计的高性能综合型户外在线式不间断电源系统，具有很高的技术先进性和实用性。

特点与优点：

1）提供纯净的不间断的交流正弦波电源。

2）双转换在线设计，耐高温，抗严寒，密封等级为 IP55。

3）具有宽输入电压范围、输入频率窗口。

4）具有智能型无人值守功能。

5）环境适应性强。

四川长虹欣锐科技有限公司

CHANGHONG长虹

地址：四川省绵阳市高新区绵兴东路 35 号

邮编：621000

电话：0816-2417857

传真：0816-2417198

邮箱：Sinew. sales@ changhong. com

网址：www. sinewtechnology. com

简介：

四川长虹精密电子科技有限公司始于 1992 年，其前身为负责长虹电视和 DVD 数码等产品 SMT/AI 和板卡制造的机芯公司，2006 年正式独立注册为长虹股份旗下全资子公司。精密电子一直致力于为客户提供专业、高品质的 EMS 电子产品制造服务，包括 SMT、AI、PCBA、组装和测试等，拥有 20 余年丰富的 SMT/AI、板卡等制造经验和快速反应的能力，优良的品质管控系统和柔性化生产能力深得客户好评。总部位于绵阳，分别在中山、广元、合肥设立了分子公司。

2016 年，精密电子整合零部件产业集团旗下的四川长虹欣锐科技有限公司所有业务，形成了以开关电源、电控板卡、变频板卡和整机的 ODM 研发、制造服务，以及以 SMT/AI 为核心的 OEM 代工服务，并开展优势物料的采购服务。产业领域覆盖 TV、冰箱、空调等家用电器，空净、水净、加湿器等小家电；打印机、投影仪等办公设备，手机、通信、计算机、汽车等高精产品，医疗健康等专业特种产品类型。

主要产品介绍：

冰箱变频电控一体模块

冰箱的变频化趋势发展愈演愈烈，目前市场上所有变频冰箱均采用变频器、电控板独立控制的方式，长虹欣锐研发的变频电控一体模块解决了分开控制的安装、控制等方面的难题，真正实现了冰箱的解放。目前，该系列控制模块已经实现批量供货 100 万台以上。

苏州东山精密制造股份有限公司

DSBJ

地址：江苏省苏州市吴中区东山镇石鹤山路 8 号

邮编：215107

电话：0512-68582079

传真：0512-66302205

邮箱：jacky. zou@ sz-dsbj. com

网址：www. sz-dsbj. com

简介：

公司成立于 1998 年，位于苏州市吴中区，注册资本 19200 万元。2011 年总资产 194986 万元、销售收入 117944 万元、入库税收总额 3800 万元、净利润 6347 万元。公司为高新技术企业，拥有市级企业技术中心，已获得专利 2 项，已受理的专利申请 12 项。2011 年，公司对研发的投入经费占销售的比例为 3. 72% 。

公司主营业务目前为通信与 LED 背光及 LED 照明项目，其中通信项目客户是华为、爱立信等国际知名公司；

LED 直下式背光是国内规模很大的直下式 LED 背光制造商。LED 照明品牌为东山照明。

公司连续多年获得资信等级 AA 级，被苏州银行业协会被为信贷诚信企业，先后荣获江苏省技术改造先进企业、江苏省十佳民营企业、苏州市科技创新示范企业，优秀民营创新型企业、苏州市吴中区劳动关系和谐企业等称号，2010 年 6 月获得江苏省《高新技术企业》证书，近年来有 3 项自主创新产品被认定为江苏省高新技术产品。2010 年 4 月公司股票在深交所挂牌上市，股票代码：002384。

主要产品介绍：

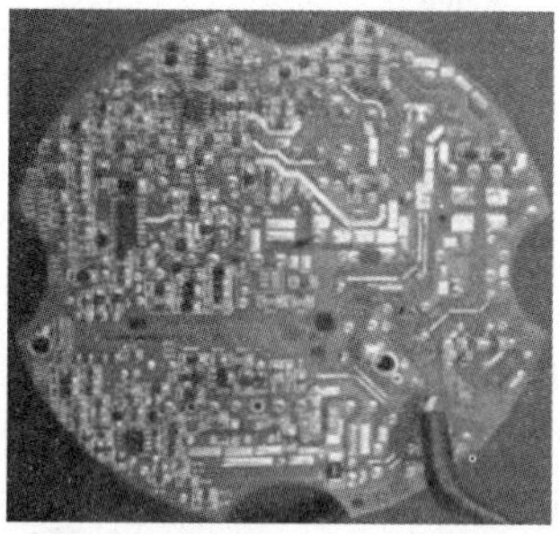

LED 驱动电源

该产品用于 100～200W 工矿灯（LED），其特点为全电压、高效率、高可靠性，并通过了 CCC、UL、TUV 认证。

天长市中德电子有限公司

盛德® Shengde

地址：安徽省天长市天冶路 98 号
邮编：239300
电话：0550-7304948
传真：0550-7306809
邮箱：zdec@ zdec. cn
网址：www. zdec. cn

简介：

天长市中德电子有限公司成立于 2005 年 1 月，坐落于天长市天冶路 98 号及经济开发区经七路与纬一路交叉口，注册资本为 7886 万元，占地 180 余亩，拥有标准厂房 82000 余平方米。现有员工 400 余人，工程师 50 余人，是一家集生产、研发、销售为一体的高新科技民营企业。近几年在党的改革开放政策指引下，各级党委关怀下，坚持科技创新、调整结构、转变方式，促进升级、企业不断发展壮大，销售额、资产、税收、利润等经济指标逐年递增。

公司顺应新材料、新能 源领域发展趋势，谨遵“实业回馈社会”的企业愿景，牢记对顾客、员工、社会的责任，目前综合实力已成为国内软磁行业前五名的企业之一，在安徽省处于首位。公司现为国家高新技术企业，省级技术中心企业，安徽省专精特新中小企业，安徽省著名商标企业，安徽省两化融合贯标试点企业，安全标准化企业，滁州市两化融合示范企业，连续三年进入全市“三十强”企业序列，2016 年度又上台阶进入全市“二十强企业”。

主要产品介绍：

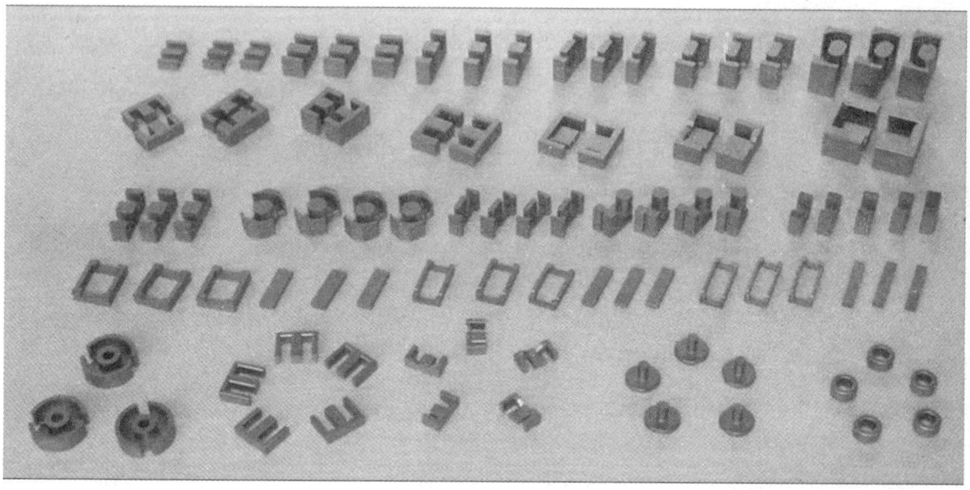

软磁铁氧体磁心

本公司产品应用广泛，太阳能方面我司主要服务于厦门汇科，深圳可立克等公司；焊接设备主要服务于深圳瑞羚，上海威特力，上海沪工等。电源设备主要服务于台达电子，台湾高效。其它主要是家用电器、照明、汽车电子等领域。公司主产品有多种材料牌号铁氧体粉体和众多品种规格磁心。

田村（中国）企业管理有限公司

TAMURA

地址：上海市淮海中路 527 号锦江国际购物中心 A 座 13 楼
邮编：200020
电话：021-63879388

传真：021-63879268
邮箱：zhiyong. liang@ tamura-ss. co. jp
网址：www. tamurash. com

简介：

田村（中国）企业管理有限公司成立于2003年【原"田村电子（上海）有限公司"】，是日本田村集团海外最重要的产品研发和市场营销基地，现有员工近百名，其中研发中心员工占人数一半以上。

田村（中国）企业管理有限公司研发中心成立于2006年，主要从事高频开关电源、电感变压器等电子元器件的研发及市场开拓。主要客户遍及全球国际性知名企业，如三菱电机、Sony、丰田、欧姆龙、施耐德、牧田、FANUC、珠海格力等。根据田村集团的战略定位，上海研发中心与日本技术总部具有同等技术研发资质，是日系公司在中国展开高水平技术研发的少数公司之一；特别是通过不断的技术创新，上海技术研发中心正逐步成为国际新能源电源磁元件技术领域研发的开创者和领导者。

公司具有完善的职业培训制度，坚持严谨、规范、高效的技术研发作风，通过严格的OJT开发实战训练，给本地员工提供与国际著名企业的世界一流研发队伍进行定期交流的技术平台。

田村集团的母公司——日本田村制作所是一家拥有90年历史，早于70年代在东京证券交易所上市的机电制造业国际性公司，田村集团在中国主要从事电子材料、电子元件、电路板焊接设备等业务。目前，在台湾、香港、深圳、惠州、东莞、上海、苏州、常熟、合肥、北京等地方分别设立了大型生产基地、营业部、办事处及上海和台北两个研发机构。

主要产品介绍：

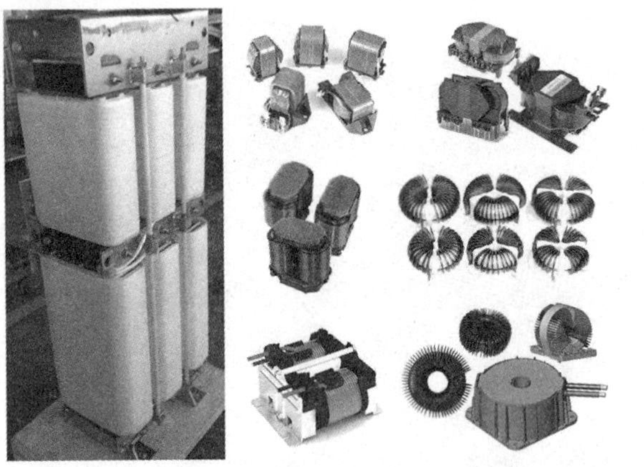

主要产品覆盖全部功率等级的PV光伏逆变器、变频空调、UPS、服务器电源等各种Boost电感、PFC电感、逆变滤波电感、EMC共模扼流圈等。通过对磁材料、磁元件技术的不断创新、形成了领先世界的独特的磁集成技术、混合磁路技术、L-I Trimming技术、电磁静音技术、Spike Blocker®技术等一系列磁元件设计技术。

无锡新洁能股份有限公司

地址：无锡市高浪东路999号B1栋2层
邮编：214131
电话：0510-85629718
传真：0510-85629738
邮箱：sales@ ncepower. com
网址：www. ncepower. com

简介：

无锡新洁能股份有限公司专业从事各种大功率半导体器件与功率集成器件设计、生产和销售，是中国大功率半导体器件的领航设计与销售企业。目前（20～250V）大功率Trench-MOS器件、（75～150V）Super-Trench-MOS器件、（600～900V）SJ-MOS器件、（1200～1350V）IGBT已量产与销售，并获得多项国家和国际专利。公司产品已获多家国际知名公司的认证和大批量使用。公司成功的秘诀是利用自身能融会贯通器件与工艺设计的技术优势，专注与国际领先的8″芯片代工厂、封装与测试代工厂的紧密合作，通过保证产品在生产和测试过程中的参数质量控制，确保大批量生产中，产品的持续优质和稳定供货。

公司是中国功率MOS器件研发能力与实力强、功率MOS器件品种齐全、代工生产量（按8英寸晶圆统计）规模大的设计公司，同时也是国内率先研发成功并上量销售超结-MOSFET（SJ-MOSFET）的设计公司，采用双栅结构的Super-Trench-MOS器件，其开关特性优异，国内独有。公司是江苏省重点支持的半导体大功率器件设计高新技术企业。目标成为客户全球最具价值的功率半导体器件与服务供应商。

产品注重发展大功率器件、功率模块和集成器件；性能与可靠性超越同行；应用偏向高端；注重品牌和信誉。

公司在中国大陆、香港分别建立了设计与运营中心、销售公司。

公司以诚信对待、忠诚服务一路相伴走来的所有客户和合作者为理念，致力于建立合作共赢的长期协作关系。

主要产品介绍：

新洁能全系列MOSFET

作为领先的MOSFET分立器件供应商，无锡新洁能致力于推广性能卓越、质量稳定且极具价格竞争力的全系列MOSFET产品，专注于持续改进MOSFET在电能转换过程中的系统效率和功率密度，以及在苛刻环境下开关过程中的抗冲击雪崩耐量，实现快速、平稳、高效的电源管理。主要产品覆盖（20～250V）大功率Trench-MOS器件、（75～150V）Super-Trench-MOS器件、（600～900V）SJ-MOS器件和（1200～1350V）IGBT。

西安爱科赛博电气股份有限公司

爱科赛博 ACTIONPOWER

地址：西安市高新区信息大道 12 号
邮编：710119
电话：029-88887953
传真：029-85692080
邮箱：sales@ cnaction. com
网址：www. cnaction. com

简介：

西安爱科赛博电气股份有限公司（简称爱科赛博）创业成立于 1996 年，专业从事高性能电力电子电能变换和控制的高科技企业。位于西安高新区，占地面积 20 亩，厂房面积 18000 平方米，员工人数 400 人。2012 年成立全资子公司苏州爱科博瑞电源技术有限责任公司。

公司是率先成为国家高新技术企业，是国家火炬计划重点高新技术企业，公司技术中心先后被认定为西安市企业技术中心、陕西省企业技术中心和陕西省电能质量工程研究中心；公司先后通过了 GJB9001B-2009 质量体系、三级保密资格单位、武器装备科研生产许可、武器装备承制单位资格等军工产品资质的认证。

专注电力电子，提升电能价值。爱科赛博专注于电力电子电能变换和控制领域，主要为用户提供高性能特种电源和新型电能质量控制设备和解决方案。布局新能源电能变换设备，产品主要应用于航空军工、特种工业、精密装备和电力新能源四大领域，是国内相关领域领先的设备制造商和解决方案提供商之一。

公司以技术研发作为生存发展之本，研发实力是公司核心竞争力。目前，掌握电力电子功率变换和控制领域相关的自主知识产权和核心技术，共取得和获受理专利 48 项，其中发明专利 20 项，参与国家和行业标准制定 10 项，获得包括两项国家科技进步二等奖在内的多项技术奖励和成果，技术水平国内领先、国际先进。公司采用业内领先的 IPD 全流程全要素的集成产品开发管理方式，坚持产学研相结合，与西安交通大学等高等院校积极开展合作，积累了比较丰富的产学研管理经验、取得众多技术成果。

公司始终秉承“洁净电能、绿色地球”的使命，加速技术创新和应用拓展，为客户持续提供创新产品和解决方案，创建一流品牌，使“中国智造、走向世界”。

主要产品介绍：

特种电源

爱科赛博从 1997 年开始，进入航空军用中频静变电源和直流电源领域。专注于电力电子电能变换和控制领域，主要为用户提供高性能特种电源和解决方案。特种电源主要包括加速器电源、测试电源、工业电源、航空军工电源等，应用于精密装备、特种工业和航空军工领域。特种电源采用多品种小批量定制模式，采取双替策略，为客户和行业提供高端产品和服务。

西安龙腾新能源科技发展有限公司

LONTEN 龙腾 Power the Future

地址：陕西省西安市凤城十二路 1 号出口加工区
邮编：710021
电话：029-86658666
传真：029-86658666-5555
邮箱：info@ lonten. cc
网址：www. lonten. cc

简介：

西安龙腾新能源科技发展有限公司是一家致力于新型功率半导体器件、光伏逆变器与高性能电源的研发、生产、销售及服务的高新技术企业。

公司位于西安出口加工区，由一批在半导体、电力电子、太阳能光伏等相关行业的资深从业人员创立。管理团队由具备国际化视野及上市公司管理背景的专业化人员组成。公司将技术创新视为企业发展的核心竞争力，建有国内一流水准的研发中心及试验室。

公司推出的 600V/650V/700V 高压超结场效应管（Super Junction MOSFET）系列产品具有高能效、高可靠性及高性价比的优点，已在充电器、TV 电源、PC 及服务器电源、LED 照明系统等多个领域得到应用。

公司的长期发展目标是成为全球功率半导体器件重要供应商与光伏逆变器重要厂商。

主要产品介绍：

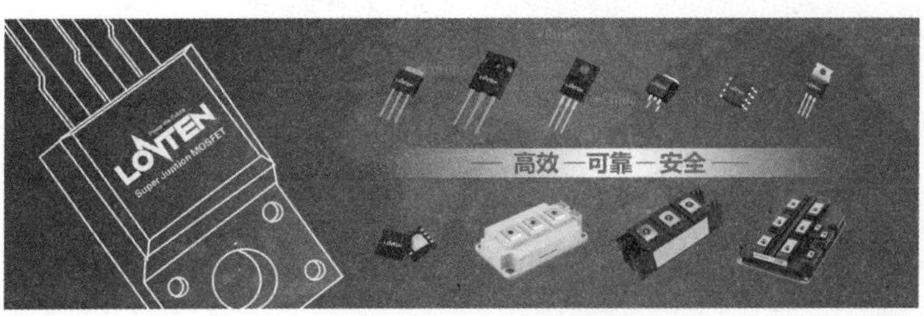

功率半导体器件

西安龙腾为开关电源、逆变器等产品领域提供 600 ~ 900V 超级结 MOSFET 系列产品、低压 Trench 和 SGT 技术 MOSFET 系列产品、600 ~ 1200V 单管 IGBT 系列产品、FRD 及 IGBT 模块等产品。龙腾功率半导体采用优化的设计、先进的工艺和可靠的封装，具有低功耗和高可靠性，产品已在 TV 板卡电源、充电器、适配器、计算机及服务器电源、LED 驱动电源和工业电源等多个领域得到广泛应用。

西安索普电气技术有限公司

索普电气 —THORPE ELECTRICAL—

地址： 西安市高新草堂加速器二区 15 栋
邮编： 710304
电话： 029-68065000
传真： 029-68065111
邮箱： thorpe@ thorpelec. com

简介：

西安索普电气技术有限公司成立于 2010 年，公司制造基地位于西安高新区国家级科技企业加速器园区。公司依托电力电子、自控、通信技术主要为核电产业提供核心供配电设备、监控设备，是集研发、制造、销售为一体的高新技术企业（综合系统解决方案提供商）。

自公司成立以来，始终致力于专用设备的研发与生产，累计投入研发资金数千万元，通过专用电源及其配套产品的技术开发，掌握相关核心技术，全面替代国外同类产品，为我国核电产业发展做出了重要贡献。公司主营产品“供配电设备及其配套设备系列产品”，被陕西省发改委确认符合国家【产业结构调整指导目录】《鼓励类》；公司质量管理体系获得 ISO9001：2008 认证及安全生产三级标准化达标。目前，单机电源设备国内同类产品功率密度领先，率先实现全数字并联系统解决方案。公司已经定型核心产品四大系列，数十种产品，可通过设备组合，实现多种系统解决方案。我公司具备持续创新能力，不仅具备 MW 级电力电子设备研发试验能力，同时拥有业内具有丰富实践经验的专业技术团队。完备、雄厚的人才培养、创新机制为后续发展增添持久动力。本公司作为业内具有实力和影响力的企业之一，受益于核电产业大发展的历史机遇，业绩高速增长，未来极具发展前景。

西安伟京电子制造有限公司

Weiking 伟京

地址： 陕西省西安市高新区草堂科技产业基地秦岭大道西 2 号科技企业加速器 9 号楼 1C
邮编： 710304
电话： 029-65660060
传真： 029-65660061
邮箱： sales@ weiking. com
网址： www. weiking. com

简介：

西安伟京电子制造有限公司于 2004 年成立，是一家集电源模块和厚膜混合集成电路类产品研发、生产、销售和服务为一体的高新技术企业，现已形成了通用 DC-DC 电源模块、高电压输出 DC-DC 电源模块、低纹波输出 DC-DC 电源模块、线性稳压器、开关稳压器、电源滤波器、预稳压模块、保持模块、线性放大器、开关放大器及无刷电动机驱动器等产品系列，能够为客户提供小功率军用直流变换的全套解决方案和直流无刷电机驱动解决方案。产品广泛应用于航天、航空、兵器和船舶等军工领域。

主要产品介绍：

DC-DC 电源模块

WK3028512T-15 系列 DC-DC 电源模块采用混合集成工艺、浅腔式双列直插式金属全密封结构，是航空、航天、军用电子等高可靠应用领域的理想选择。三路输出电压分别为 5V& ± 12V、5V& ± 15V，15V& ± 5V 输出功率 15W。额定输入电压为 DC 28V，允许输入电压为 DC 16V ~ DC 40V。工作频率约为 430kHz。具有同步、外部禁止和短路保护等功能。

厦门市爱维达电子有限公司

绿色电源专家 EVADA

地址： 厦门市海沧新阳工业区霞阳路 39 号
邮编： 361026
电话： 0592-8105999
传真： 0592-5746808
邮箱： market@ evadaups. com
网址： www. evadaups. com

简介：

厦门市爱维达电子有限公司是一家总部位于福建省厦门市的提供全面电源解决方案及电源保护产品的设计、开发、生产和销售的高科技公司。主要产品有 UPS 电源、太阳能、风能、光伏逆变器、LED 驱动电源、通信电源和氢燃料电池逆变器等，产品功率容量从 0. 5 ~ 6400kVA。

公司已获得“厦门市著名商标”、“福建省著名商标”、“中国 UPS 电源十强企业”、“中国通信市场有影响力行业品牌”、“2010 年中国行业信息化值得信赖品牌” 等称号并且已连续 6 年被评为厦门市成长型中小企业和纳税大户。

已通过了 ISO9001 质量管理体系认证和 ISO14001 环境

管理认证以及 ISO18000 职业健康安全管理体系。爱维达公司现有厂房面积 10000m²，现有员工 175 人，研究开发人员 36 人。

公司在北京、天津、沈阳、乌鲁木齐、西安、西宁、兰州、济南、太原、武汉、长沙、郑州、杭州、南京、南昌、福州、广州、南宁、成都、重庆、昆明、海口等 25 个地方设有驻外分公司或办事处，组成了全国营销、服务网络。

主要产品介绍：

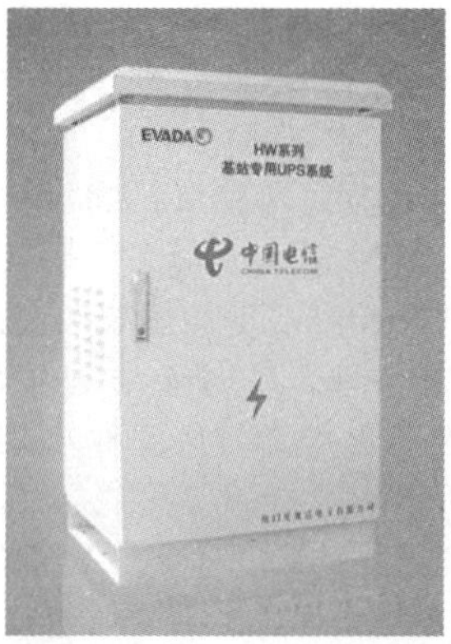

爱维达 HW 系列户内外一体化专用电源

本产品适用于恶劣的野外环境，整机结构坚固密闭，具有防水、防尘、隔热、防盗、防潮和防腐蚀等多种特性，便于安装、维护。专为通信、电力、铁路、机场、国防等部门设计的基站专用电源，分室内型与户外型，可彻底消除电网的冲击、浪涌、陷落及干扰等对通信设备所造成的不良影响。采用独特的反灌杂音抑制技术，电池组逆变为 AC 220V 正弦波时，不会影响其它通信设备运行，是通信设备理想的“保护神”。

亿铖达（深圳）新材料有限公司

億鋮達 ®YIK SHING TAT

地址：深圳市宝安区宝城 76 区前进二路 38 号亿铖达大厦

邮编：518000

电话：0755-27473328

传真：0755-27473196

邮箱：willie@ yikst. com；xiaojuntao@ yikst. com

网址：www. yikst. com

简介：

亿铖达（深圳）新材料有限公司成立于 2010 年，是一家以生产与销售电子工业高分子辅材为主的高新技术企业。总部位于广东省深圳市，有东莞和昆山两个生产基地，总占地 46000 平方米。

亿铖达（深圳）新材料有限公司拥有一支以博士、硕士为主的优秀研发团队。公司已经通过 ISO9001 质量管理体系和 ISO14001 环境管理体系以及 QC080000 等质量认证。先进的技术和一流的设备使得产品从研制、原料、采购、生产制造等一系列制程都在严密的控制下进行，确保优良的产品质量。公司秉承“发展与环保并重”理念，现形成以敷型涂覆、底部填充、结构粘接、导热与导电材料、密封固定、低 VOC 塑胶清漆为主的主要产品系列。广泛应用于智能家电、汽车电子、变频电源、军工设备、3C 产品、工业控制、能源系统等领域。

亿铖达始终坚持“以更优的公司服务，为客户创造更大的价值，以更高的服务理念，为社会承载更多重任”的企业宗旨，不断努力、创新科技力量，倾力打造质优价良的国际品牌，为各类型客户提供专业、快捷的服务。

主要产品介绍：

水性聚氨酯三防漆

水性聚氨酯三防漆具有以下突出优势：

1）安全：

以去离子水为稀释剂，无 VOC，不易燃易爆，常规运输储存。

2）高环保性：

无 VOC，不污染环境，无政策压力（无涂料消费税），国家大力提倡水性三防漆的使用。

3）无味，对人体无害：

无刺激性气味，对人体无害，无职业病隐患；可明显改善车间作业环境，员工心情愉悦，提高生产效率。

4）高可靠性：

聚氨酯是一款综合性能最优异的聚合物材料，与丙烯酸和环氧类脆性材料相比，具有优秀的柔韧性和耐磨、耐化学性；高附着，高防腐性能及绝缘强度，满足不同 PCB 的防腐要求，保证产品的可靠性。

英飞凌科技（中国）有限公司

infineon 英飞凌

地址：上海市浦东新区松涛路 647 弄 7-8 号

邮编：201203

电话：021-61019100

传真：021-61649802

网址：www. infineon. com

简介：

关于英飞凌

总部位于德国纽必堡的英飞凌科技股份公司，为现代社会的三大科技挑战领域——高能效、移动性和安全性提供半导体和系统解决方案。2012 财年（截止到 9 月 30 日），公司实现销售额 39 亿欧元，在全球拥有约 26700 名雇员。英飞凌科技公司的业务遍及全球，在美国苗必达、亚太地区的新加坡和日本东京等地拥有分支机构。英飞凌公司目前在法兰克福股票交易所（股票代码：IFX）和美国柜台交易市场（OTCQX）International Premier（股票代码：IFN-NY）挂牌上市。更多信息可在以下网站找到：www. infineon. com。

英飞凌在中国

英飞凌科技股份公司于 1995 年正式进入中国市场。自 1996 年在无锡率先建立企业以来，英飞凌的业务取得非常迅速的增长，在中国拥有 1300 多名员工，已经成为英飞凌亚太乃至全球业务发展的重要推动力。英飞凌在中国建立了涵盖研发、生产、销售、市场、技术支持等在内的完整的产业链，并在销售、技术研发、人才培养等方面与国内领先的企业、高等院校开展了深入的合作。

主要产品介绍：

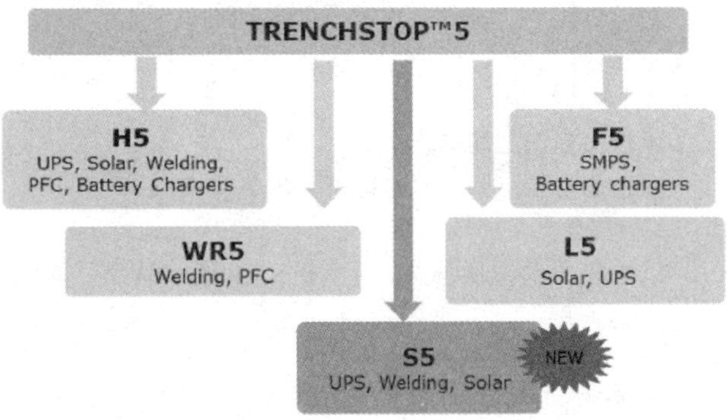

TRENCHSTOP™5 S5 用于硬开关的软关断型 IGBT

英飞凌的 S5 系列基于超薄晶圆沟槽栅场终止技术 TRENCHSTOP™5 的 IGBT 新系列，专门针对开关频率在 10kHz 到 40kHz 的工业设备的交流/直流功率变换而开发，包括光伏逆变器，不间断电源和逆变焊机等。

新的器件特性令人耳目一新，恰到好处的正温度系数，在满足便于并联条件下，也确保在 175℃下，器件的典型饱和电压 V CE（sat）为 1. 60 V，从而保证高功率密度系统在高温下的能效。

S5 系列器件能够满足系统实现不低于 98% 的光伏系统效率，新产品系列更加坚固耐用，质量更高，可帮助用户将设备寿命延长至 20 年。总体而言，新推出的 IGBT 产品系列可以提高客户产品的能效，提高其价格竞争力和耐用性。

英飞特电子（杭州）股份有限公司

INVENTRONICS
英飞特电子

地址：杭州市滨江区江虹路 459 号英飞特科技园 A 座
邮编：310052
电话：0571-56565800
传真：0570-86601139
邮箱：lilyzeng@ inventronics-co. com
网址：http：//cn. inventronics-co. com/

简介：

英飞特电子（杭州）股份有限公司（以下简称“英飞特”）是一家从事 LED 驱动电源的研发、生产、销售和技术服务的国家火炬计划重点高新技术企业，LED 驱动电源销售规模位居全球前列。英飞特董事长 GUICHAO HUA 先生是国家“千人计划”引进人才，在电源行业具有国际影响力。公司具有较强的自主创新能力，设有省级企业研究院、高新技术企业研究开发中心、企业技术中心和企业博士后科研工作分站、杭州院士专家工作站，并承担和参与了“国家科技支撑计划”、“国家高技术研究发展计划（国家 863 计划）”等国家重点科技项目。截至 2016 年 12 月 31 日，公司及子公司共拥有授权专利 247 项，其中美国发明专利 21 项，中国发明专利 113 项。

近年来，英飞特相继获得“国家知识产权优势企业”、“国家专利运营试点企业”、“浙江省著名商标”、“浙江名牌产品”、“浙江出口名牌”等荣誉称号，英飞特产品获得“中国电源学会科学技术奖一等奖”、“中国 LED 金奖”、“北美市场最具竞争力中国 LED 企业 Top10”、“浙江省优秀工业新产品（新技术）一等奖”等殊荣。目前，英飞特产品已销往中国、北美、欧洲、日韩、南美、东南亚、中东等全球 50 多个国家和地区，在国内外市场上享有较高的品牌知名度和美誉度。

2016 年 12 月 28 日，英飞特率先公开发行股票并在创业板上市（股票代码：300582）。凭借优秀的自主研发能力及可靠的产品品质，英飞特 LED 驱动电源被广泛应用于国内外各大知名工程，如：当今世界上最长的跨海大桥青岛胶州湾大桥 LED 照明系统、美国旧金山—奥克兰海湾大桥 LED 照明系统、上海中心 LED 照明亮化项目、重庆大剧院 LED 照明系统、杭州西湖 LED 亮化项目等。

秉承“创新驱动、全球领航”的品牌理念，英飞特将继续专注于 LED 驱动电源领域，推进创新的同时，紧握品质红线，不断丰富拓展产品线，以极具特色和差异化的产品来继续引领行业发展。

主要产品介绍：

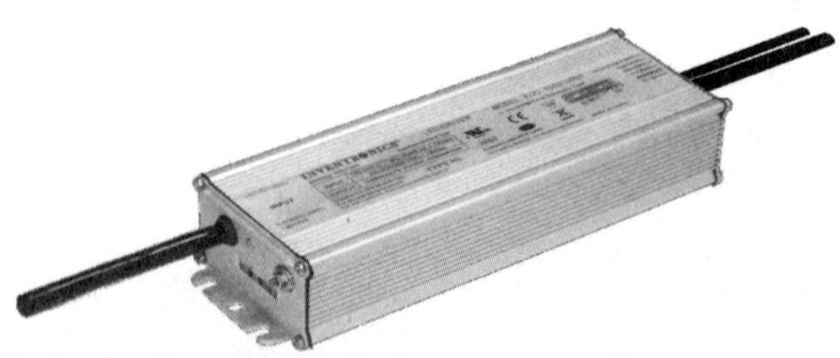

LED 数字式可调电源

LED 数字式可调电源具有超宽输出范围、电流电压可调的功能、Dim-off（调光关断）及待机功耗超低（小于等于 1W）的功能、智能环境自适应功能和光衰补偿功能。LED 数字式可调电源实现了一种信号线传输多种命令，使编程线和调光线合二为一，可在不增加更多线材、无需额外布线的情况下，使原有的电源调光线具备编程功能；采用软件编程技术，自动补偿 LED 灯具光衰，不需要预留电流。

浙江矛牌电子科技有限公司

地址：杭州市萧山国家级经济开发区高新十路 118 号
邮编：311200
电话：0571-22856626
传真：0571-22856625
邮箱：jmli@ spearpower. com
网址：www. spearpower. com

简介：

浙江矛牌电子科技有限公司（简称：矛牌电子），是一家以 LED 驱动电源、激光电源、开关电源和智能控制产品为主，集研发、生产、销售为一体的新兴绿色环保节能高新技术企业。公司不仅拥有一支对 LED 驱动电源、激光电源、充电器、适配器、变压器、线性/开关电源、工业和医疗电源、健身控制板等，有多年设计和管理经验的资深团队，还拥有多条配备先进的生产流水线及训练有素的一线员工。公司严格贯彻 ISO9001/ISO14000 国际管理体系，全面导入 6S 管理理念及先进的可靠性智能测试系统，使公司品牌知名度和产品品质均得到了客户的高度评价及业界的充分肯定。产品也广泛应用于健身器材、民用、工业、医疗、通信、安防、照明、电力电子等领域。

公司的所有产品均已通过中国质量认证中心的 CQC、CCC 国内系列认证，还通过了 GS/VDE、UL、CUL、CE、CB、PSE、SAA、KC、BSMI、PSB、巴西等国际安规认证及能效认证。本公司所有产品均符合 ROSH、REACH、PAHS 等国际环保指令，产品远销国内外多个国家和地区。

浙江矛牌电子科技有限公司，现为中国电源学会理事单位兼任中国电源学会标准化工作委员会委员单位，公司研发中心于 2015 年 6 月取得 TUV-TMP 实验室资质，具有 CB 认证权限，拥有厂房面积 51 亩。公司引进了先进的生产设备，包括 3 台韩国三星的大型高速 SMT 设备，4 台无铅波峰焊接机，30 台注塑成型机，3 间老化测试房，同时在生产线上配有国内外先进的全套综合自动化测试设备。

矛牌电子将本着“以质取胜、以新求进、诚信互利”的企业理念，真诚地为广大客户服务，以最快的反应时间和最好的服务质量，解决您的后顾之忧，让我们的产品和服务为您带来更多的安全，为您创造更多的财富！

主要产品介绍：

激光电源

可适用于全球电网，具有高效率、高精度、低谐波、低温升、长寿命，节能环保等特点，并以申请国家多项发明专利。

浙江榆阳电子有限公司

地址：浙江省桐乡市同德路 656 号
邮编：314500
电话：0573-89817002
传真：0573-89817000
邮箱：amberwang@ acepower. com. cn
网址：www. linkpower. net. cn

简介：

杭州池阳电子是一家专业从事电源适配器、LED 驱动及照明产品研发、生产、销售及提供技术服务的整体方案供应商。公司于 2013 年创建 LED 照明产品品牌——“菜鸟”。

公司 LED 照明产品，坚持自主创新，力求通过新技术的成熟应用，推动高效节能、绿色环保照明产品的快速发展；以向客户提供节能、环保、经济、安全、便捷的综合照明解决方案，为用户提供全方位专业服务。公司高亮度半导体照明产品已涵盖专业 LED 工厂照明、办公照明及户外照明等应用领域。

公司拥有一支配备精良的高素质研发队伍，研发人员由专业电源适配器设计师、LED 驱动研发工程师、光学设计工程师及工业设计工程师组成。研发队伍具备快速开发优质、性价比高的电源驱动、LED 照明产品的能力。

公司视产品品质为企业的生命，产品从原材料、制作过程至最终产品的检验均经过严格的监控和检测，以确保提供给客户高品质、高性能的产品。

主要产品介绍：

电暖被

无线遥控直流电暖被，与传统电热毯的显著区别是低压更安全，被体发热线触摸不到，产品可铺可盖多用途，尺寸多样化。

中国长城计算机深圳股份有限公司

中国航天事业合作伙伴
A COOPERATIVE PARTNER OF CHINA SPACE

地址：深圳市南山区科技园长城计算机大厦
邮编：518058
电话：0755-26639997
传真：0755-29519395
邮箱：yaokw@ greatwall. com. cn
网址：www. greatwall. cn
简介：

中国长城计算机深圳股份有限公司成立于1986年，注册资本13.2亿元，1997年在深交所上市（股票简称长城电脑；代码000066），是中国电子信息产业集团有限公司通过长城科技股份有限公司控股的骨干企业。公司在深圳市南山区、宝安区、龙岗区、广西北海市建有自己的研发、生产基地，总面积达128万平方米，拥有员工达3万余人。

公司业务涵盖“计算机整机及关键零部件、信息安全与自主可控产品、云计算及数据存储系统、新兴能源”等，目前是全球规模很大的显示器研发制造商、全球第三大液晶电视研发制造商、国内规模很大的计算机电源研发制造商、国内领先的云计算解决方案提供商和服务商。

在电源领域，公司自1989年开始从事开关电源的生产制造。经过20余年的积累沉淀，目前全系列产品通过CCC认证，并在国内电源行业中率先通过了ISO9001质量体系认证，荣获节能证书，同时长城电源也是中国电源国家标准的主要起草单位。长城电源凭借优良的产品质量、贴心的服务深受广大消费者的青睐，牢牢占据国内近35%的市场份额，多年来一直稳居国内电源品牌前列。其产品已被方正、清华同方、清华紫光、海尔、神舟、浪潮、曙光、联想等国内外著名品牌计算机所选用，产品远销欧美、日韩等国家和地区。

主要产品介绍：

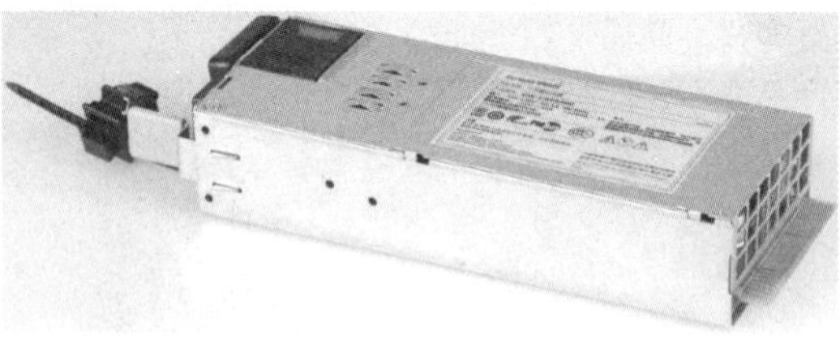

GW-CRPS800

电源模块参照Intel CRPS规范设计；支持N+1智能冗余、热插拔功能；80Plus铂金效率；尺寸小，185mm＊73.5mm＊40mm；支持I^2C/PMBus1.2通信功能，同时支持客户自定义功能需求。

珠海格力电器股份有限公司

地址：广东省珠海市香洲前山金鸡西路789号
邮编：519070
电话：0756-8974023
传真：0756-8668281
邮箱：zxb@ cn. gree. com
网址：www. gree. com
简介：

珠海格力电器股份有限公司是一家集研发、生产、销售、服务于一体的国际化家电企业，拥有格力、TOSOT、晶弘三大品牌，主营家用空调、中央空调等20个大类、400个系列、12700多种规格的产品，远销160多个国家和地区，用户超过3亿。

公司总部位于广东珠海，拥有员工7万余名，在全球建有重庆、合肥、郑州、武汉、长沙、巴西、巴基斯坦等10大生产基地，下辖凌达压缩机、格力电工、凯邦电机、新元电子、智能装备、精密模具6大子公司，覆盖了从上游零部件生产到下游废弃产品回收的全产业链条。

目前，公司获批建设“空调设备及系统运行节能国家重点实验室”，建有“国家节能环保制冷设备工程技术研究中心”和“国家认定企业技术中心”2个国家级技术研究中心，新能源环境技术研究院、机电技术研究院、通信技术研究院等7个研究院、52个研究所、727个先进实验室，开发光伏直驱变频离心机系统、磁悬浮变频离心式制冷压缩机及冷水机组等15项“国际领先”。公司累计申请专利27487项，获得授权专利15862项。

2005年至今，格力家用空调产销量连续12年领跑全球，2006年荣获“世界名牌”称号。2015年格力电器实现营业总收入1005.64亿元，净利润126.24亿元，纳税148.16亿元，连续14年位居中国家电行业纳税前列，累计纳税达到683.38亿元。

会员单位

广东省

宝士达网络能源（深圳）有限公司

地址：广东省深圳市宝安区松岗街道东方大道22号B栋
邮编：518105
电话：0755-27639970 27639971
传真：0755-27639971
邮箱：info@ powerstarups. com
网址：www. powerstarups. com
简介：

宝士达网络能源（深圳）有限公司（简称宝士达）作为行业领先的高品质网络能源产品生产商，长期致力于数据中心产品的设计、制造、销售及服务，为客户提供可靠的数据中心产品解决方案。

宝士达公司的主要产品包括 UPS、精密空调、智能配电、监控软件等，其中 UPS 电源容量为 500～1200kVA，分为 HR、HP、GP、HPOWER、EPOWER、SPOWER、MP、MT 等多种系列，可实现单机运行、冗余并联、多机并联、模块化系统等，能够满足各方面用户的需求。

宝士达始终把为用户提供优质、迅捷的服务作为一种不懈的追求。宝士达已在全国各大城市建立分销服务点，在北京、上海、深圳、南京、成都、沈阳、大连等地均设有代表处和联络处，配备了数十名训练有素的工程技术及安装调试人员。

目前，宝士达的产品已广泛应用于军事、宇航、电信、医疗、金融、证券、科研、制造、商业、传播等领域。合作的重要客户有 IBM、INTEL、MICROSOFT、GOOGLE、APPLE、中国移动、中国电信、中国联通、人民银行、工商银行、交通银行、汇丰银行、招商银行、民生银行、浦发银行、兴业银行、银河证券、国泰君安证券、CAAC、上海浦东国际机场、北京首都国际机场、大众汽车、中科院、公安部、交通部、商务部、广电总局、海关总署、联想集团、方正集团、海尔集团、西昌卫星发射中心、酒泉卫星发射中心等等。

创新是宝士达发展的不竭动力，“绿色、节能、环保”是宝士达永恒的理念。让科技引领宝士达可持续发展，为各行业提供可靠的数据中心产品解决方案！

东莞宏强电子有限公司

地址：广东省东莞市南城区宏远路 22 号
邮编：523087
电话：0769-22414096
传真：0769-22414097
邮箱：sj_ zhang@ decon. com. cn
网址：www. decon. com. cn
简介：

东莞宏强电子有限公司（简称宏强电子）成立于 1995 年，坐落于“广东四小虎”之首，号称“世界工厂”的东莞市南城区宏远工业区，是国内较早从事中高端铝电容器研发、制造和销售的企业。作为行业的前行者，宏强电子在 20 余年发展中，通过不断地技术创新，所生产的 DECON 电容器销量极速增长，不仅畅销国内，同时远销欧美日韩等地，全球合作企业已达三百余家，战略合作伙伴分布 40 多个国家。

20 世纪 90 年代电子电气设备产业的迅猛发展，层出不穷的产品不断诞生，电容器同时也被广泛地应用。电容器作为用途广、用量大的电子元件之一，从开始的粗犷式追求大容量转入了对产品性能稳定性，品质的关注。铝电解电容器作为可以兼顾大容量和高品质的双重优势，在行业内的绝对优势地位依然十分明显。

宏强电子从铝电解电容器入手，不断地整合电容器上下游链条，产品经营范围不断深入，从最开始传统的引线型铝电解电容器扩展到大型铝电解电容，再到超级电容器（EDLC），同时也从原材料入手，大规模生产铝电解电容器制造所需的腐蚀和化成铝箔，以此不断巩固自身在电容器行业内的龙头地位。

宏强电子 DECON 品牌铝电解电容器被广泛应用于包括电源设备制造，音响设备生产以及自动化控制等众多领域，DECON 电容器产品具有品质稳定，不良率低，产品性价比高，售后服务体系完善，同时还能根据客户具体需求进行定制，在行业内颇受好评。

宏强电子严守“以顾客为中心，以品质为生命”的信念，推行“生产管理规范化、质量管理标准化、成本管理精细化、服务管理高效化”的现代化企业管理标准，奉行“高质、高效、严谨、团结、创新、上进”的工作作风，致力于最大限度地满足客户的需求。

东莞立德电子有限公司

地址：广东省东莞市塘厦镇第一工业区
邮编：523710
电话：0769-87937117
邮箱：Galen. yu@ l-e-i. com
网址：www. lei. com. tw
简介：

东莞立德电子有限公司位于东莞市塘厦镇第一工业区，公司注册资本 HKD8050 万，员工总人数近 4000 人。总公司于 2002 年 12 月于台北交易所正式公开上市，全球事业处分布在 10 个不同的地点遍及 6 个国家和地区。东莞立德电子有限公司主要生产和销售变压器、三相变压器、电抗器、整流器、充电器、电源供应器、半导体、元器件专用材料（多层线路板）、新型电子元器件（电力电子器件：电子安定器，不间断电源）、锂离子电池、数字放声设备（激光唱机）、宽带接入网通信系统设备（网络卡）、交换设备（交换机）、高端路由器（路由器）、数字音/视频编译码设备、电子专用设备（电源供应器，电磁锁）等各类电子元器件系列产品。

东莞市金河田实业有限公司

地址：广东省东莞市厚街镇科技工业城
邮编：523943
电话：0769-85585691-8012
传真：0769-85587456-8012
邮箱：iso@ goldenfield. com. cn
网址：www. goldenfield. com. cn

简介：

东莞市金河田实业有限公司（简称金河田）成立于1993年，是一家集研发、生产、销售、服务于一体的民营高新技术企业。主要产品有电脑机箱、开关电源、多媒体有源音箱、键盘、鼠标等，是国内主要的“电脑周边设备专业制造商”之一。

金河田是国家高新技术企业，是中国优秀民营科技企业、广东省民营科技企业、广东省知识产权优势企业、广东省创新型试点企业和东莞市工业龙头企业等。金河田自主品牌“金河田”商标是中国驰名商标和广东省著名商标；金河田主导产品电脑机箱、开关电源、多媒体有源音箱均为广东省名牌产品。

金河田产品销售和服务网点已覆盖全国各大中城市，并进入了韩国、印度、俄罗斯、阿联酋、德国、巴西、澳大利亚等40多个国家和地区。

东莞市锐源仪器股份有限公司

地址： 广东省东莞松山湖高新技术产业开发区松科院9号楼216室

邮编： 523808

电话： 0769-22761001

传真： 0769-22761006

邮箱： sales@ dectech. cn

网址： www. dectech. cn

简介：

东莞市锐源仪器股份有限公司成立于2000年，多年以来以“厚德创新，自强不息”为宗旨，以强大的技术力量为依托，专业从事FRIENDS / DECTECH品牌测试系统与电子仪器的研发、设计、生产、销售、服务、钣金的设计生产（仪器机箱、标准机柜（19″），以及世界品牌仪器的代理与服务。公司自成立以来，已向国内企业客户提供了大量的测试解决方案。服务代表性企业客户有：台达电子、光宝集团、康舒电子、三星电子、比亚迪、TCL集团、康佳电子、LG电子、中兴通信等。公司的合作伙伴遍布全球，与世界著名品牌仪器厂商如：泰克、华仪、太平洋、日置、安捷伦等有着长期战略合作伙伴关系。公司不仅有电子测量仪器的销售与服务上的长期优势，同时公司的自动测试系统在电源行业的测试领域中，还为用户提供了比较完善的测试解决方案。

东莞市天楠光电科技有限公司

地址： 广东省东莞市东城区上桥桥浪路88号

邮编： 523000

电话： 0769-22261313

传真： 0769-22451899

邮箱： hurz@ quanzhong. com

网址： www. tn-dz. com/home. asp

简介：

东莞市天楠光电科技有限公司，成立于2008年7月，注册资本2800万元。公司位于东莞市松山湖国家高新技术产业园区，主要从事高、精、尖智能升降设备的研发、生产、销售。

公司作为广东省民营科技企业，秉承“企业为主体、市场为导向、产学研结合”的经营理念，与清华大学、东莞电子科技大学电子信息工程研究院合作，进行产学研技术联合攻关，率先研发了国内军警民多用途智能机器人。它是一种能载人或重物沿着绳索快速可控运动的便携式特种升降设备。以15公斤自重，可提升220公斤人员或物品沿绳索自由升降。2011年被认定为广东省高新科技产品，被广东省科技厅列为省重点产学研项目之一，荣获了多项国家技术发明专利，通过了国家消防装备质量监督检测中心的认证，是目前国内仅有的不受时间、空间、动力等因素限制的便携式升降设备。可广泛适用于高楼救助、矿井救援、野外救援、海上救助、直升机悬降、电力网架及桥梁检测维修等诸多领域。

未来我公司将以技术研发为基础，以产品产业化为目标，推动我国特种装备向智能化和高端化发展。

佛山市迪智电源有限公司

地址： 广东省佛山市顺德区容桂容里天富来国际工业城二期4座702

邮编： 528306

电话： 0757-26123605

传真： 0757-22905246

邮箱： dss@ dss-power. com

dsspower@ 163. com

网址： www. dss-power. com

www. dsspower. com. cn

简介：

佛山市迪智电源有限公司是一家专业从事AC-DC、DC-DC系列开关电源研究、开发和制造的高新技术企业，公司位于广东省佛山市顺德区，公司面积3000多平方，拥有专业的研发队伍，多年的设计研发、生产、销售经验，可以灵活高效的根据客户的要求为客户提供全面的电源解决方案，公司产品类型包括：电源适配器、各种电池充电器、标准化工业电源、RO纯水机变压器，LED防水、防雨、LED灯条电源，裸版型电源灯等，所有产品经过全电脑测试，100%满负载老化，广泛应用于显示屏、净水器、RO纯水机、空气净化器、空气雾化器，香薰机、邮电、通信、电力、仪器仪表、半导体制冷制热、医疗设备、监控系统及铁路信号等领域。

公司推行“8S”管理，以“质量求生存、效率求发展”为宗旨，“科技领先、品质至上”为方针，率先通过了ISO9001国际质量认证体系，八大系列产品通过3C、

CE、CB、GS、TUV、PS、SAE 等认证，部分产品正在申请 UL 的认证。

公司在北京、上海、杭州等全国各大中城市建立了几十个销售网点，建立了完善的质量跟踪与售后服务体系，能快捷、周到地为客户提供全方位的服务。公司总部以及各销售网点保持一定量的标准产品库存，能及时满足您的需要。如果您不能找到合适的型号，我们的工程师在了解您的需求后，能够迅速提出相应的电源解决方案，为您定制出特殊规格的电源。希望我们能够成为长期的合作伙伴。

佛山市哥迪电子有限公司

地址： 广东省佛山市禅城区塘头村华粤泰物流中心 6 座二楼
邮编： 528000
电话： 0757-82724179
传真： 0757-82721428
邮箱： market02@ gedi-lighting. com
网址： www. gedi-lighting. com

简介：

佛山市哥迪电子有限公司是一家专门从事照明产品研发、生产、销售的综合性合资企业。公司创办于 1987 年，是最早进入照明行业的企业之一。

公司一直信奉“以质量求生存，以信誉求发展，以管理求效益”管理理念。在充分引进吸收国内外先进技术的基础上，哥迪电子不断与国内多个科研机构交流合作，使技术更成熟，产品更稳定。产品全部采用高品质原辅材料，采用先进的生产设备、检测设备及仪器，保证了前期研发的准确性和先进性。以严格的生产管理体系为保障，使产品质量达到了国际先进水平。

公司质量管理体系顺利通过了 TUV 德国莱茵公司的 ISO9000：2001 认证，关键产品取得了 VDE、UL、CUL、GS、SAA、TUV、CE、EMC 等各种认证。

20 年风雨兼程，哥迪一路走来，以诚立商，在竞争日益激烈的电子市场立于不败之地。今后，哥迪将以更高的效率研发新品，以更大的诚意谋求与海内外客户的合作。

佛山市汉毅电子技术有限公司

地址： 广东省佛山市禅城区岭南大道北 131 号碧桂园城市花园南区 3 座 28 楼
邮编： 528000
电话： 0757-63223916
传真： 0757-83835018
邮箱： hanny@ hanny. com. cn
网址： www. hanny. com. cn

简介：

佛山市汉毅电子技术有限公司，创建于 1997 年，现有生产基地 5 处，分别位于佛山市禅城区、佛山市顺德区陈村镇、佛山市顺德区伦教镇、东莞市长安镇、江西省南昌市。现有员工 1000 余人。

公司主导产品为开关电源，开关电源年产量 2000 万件。

公司拥有高速插件机 8 台。一个电磁干扰测量室。拥有波峰焊机、红外线温度测试仪、RoHS 光谱扫描仪、耐压测试仪、电参数测量仪、高频示波器、漏电流测试仪、晶体管多功能筛选仪、数字电桥等一大批电子电气测量设备。

公司产品全部为自主研发，自有知识产权，拥有发明专利、实用新型专利 30 余件。

公司产品主要用于电子制冷饮水机、净水机、电子冰箱、超声波雾化器、数字音响等领域。

公司主要客户有美的水家电、沁园水处理、安吉尔等。产品同时出口到德国，荷兰、美国、日本等发达国家。

公司自 1999 年以来，一直是美的优秀供应商，同时多次获得沁园优秀供应商，质量优胜奖、安吉尔优秀供应商、质量优胜奖等荣誉！

佛山市力迅电子有限公司

地址： 广东省佛山市三水区范湖工业园
邮编： 528138
电话： 0757-87360282
传真： 0757-87360189
网址： www. netion. com. cn

简介：

力迅电子有限公司（简称力迅）成立于 2001 年，公司位于佛山市三水区乐平镇范湖工业区，总资产 5500 多万元。是专注于电源、电子电力及新能源电力转换领域的高新技术企业。主营业务是为全球用户提供高端的电源、电子电力产品和全套电源及电力转换系统集成解决方案，产品涵盖全系列不间断电源（UPS），各种逆变电源、专用电源、蓄电池、机房监控系统、机房温控系统、机房配电系统等。

力迅至今已经通过 ISO9001 国际质量体系认证，ISO14001 国际环境体系认证，OHSAS18001 职业健康安全管理体系认证，多个系列产品荣获中国泰尔认证，欧洲 CE 认证，ROHS 认证，美国 UL 认证，FCC 认证，也取得了国内多个行业入围进网许可。

力迅拥有覆盖全国的营销网络和专业团队，力迅产品至今已在以下政府机构和大型行业成功中标、入围或采用。力迅同时承接着某些国际知名品牌的 OEM/ODM 指定任务，产品畅销欧洲、美洲、东南亚、中东、非洲等世界各地。

力迅秉承“领先的技术，钻石的品质，心级的服务”的一贯理念，以“创新不断，动力无限”的专业精神，致力成为全球用户心目中可信赖的“世界领先的电源专家”。

佛山市南海区平洲广日电子机械有限公司

地址：广东省佛山市南海区平洲夏西工业区一路 3 号
邮编：528251
电话：0757-87691200
传真：0757-86791244
邮箱：windingchina@ 126. com
网址：www. windingchina. com
简介：

广日电子机械有限公司是中国规模很大的环形绕线机械制造商。专业生产环形变压器绕线机，环形电感线圈绕线机，稳压器，调压器专用绕线机，矩形绕线机/包带机，环形小孔包带机，电力变压器绕线机，EI 型变压器绕线机，环形包绝缘胶带机以及环形线圈匝数/匝比测量仪等产品。

本公司已通过德国 TUV9001（2000）国际质量体系，良好的品质和完善的售后服务已赢得了众多客户的青睐和支持，产品远销东南亚及欧美等国家和地区。

佛山市南海赛威科技技术有限公司

地址：广东省佛山市南海区桂城深海路 17 号瀚天科技城 A 区 7 号楼 6 楼 604 单元
邮编：528200
电话：0757-81220912
传真：0757-81220912
邮箱：Vivian@ sifirsttech. com
网址：www. sifirsttech. com
简介：

佛山市南海赛威科技技术有限公司成立于 2009 年，是由佛山市南海区高技术产业投资有限公司率先投资佛山市集成电路设计企业。公司总部位于佛山市南海区瀚天科技城，在上海设有研发中心，深圳设有商务中心，中山和台湾设有办事处。业务覆盖全国，辐射全球。赛威科技拥有一支由留美博士，硕士及国内半导体资深设计专家组成的创新型精英设计团队，他们曾在国内外著名半导公司工作 10 年以上，具有广泛的理论基础和丰富的实践经验，在模拟与数字混合电路芯片设计领域里领导开发出多款世界一流的芯片产品。

佛山市顺德区冠宇达电源有限公司

地址：广东省佛山市顺德区伦教熹涌工业区
邮编：528308
电话：0757-27736306 13380509161
传真：0757-27725706
邮箱：gve01@ gve-cn. com
网址：www. gve. com. cn
简介：

佛山市顺德区冠宇达电源有限公司是专业多年生产开关电源的中型厂商，工厂面积 20000 平方米，员工 800 多人，月产量 180 万台，主要优势产品：中大功率电源适配器/充电器，还生产外置电源、大功率电源 500 ~ 5000W，产品通过 UL、FCC、CCC、CE、GS、CB、PSE、KETI、SAA…等各国认证，产品三年质保，年返修率小于 0. 1%，长期供货于美的，格力，海尔…等各大企业客户。

产品理念：GVE-放心好电源，用更好的材料，只为更高的品质。

（IC 用通嘉，富士，ON，ST。场效应管用东芝，富士。肖特基用富士，京瓷（英达）。电容用红宝石，化工，万裕。）

佛山市众盈电子有限公司

地址：广东省佛山市禅城区张槎一路 125 号北区 2 座
邮编：528000
电话：13726652787
传真：0757-82021699
网址：www. svcpower. com. cn
简介：

佛山市众盈电子有限公司（简称众盈电子）建立于 2002 年，现有生产场地 16000 平方米，企业员工规模 400 多人，配置 3 套全自动贴片线，10 多套自动插件设备，ICT 线路板测试设备，ATE 整机自动测试中心，老化车间等为所有产品保驾护航，我们力求出品精良，精益求精。

非凡十年，专注研发，高效生产。众盈电子已经从一间专业生产后备式 UPS 的工厂蜕变成一家集中、小功率后备式 UPS，中、大功率在线式 UPS 以及家用逆变器、太阳能逆变器、稳压器等多样化电源产品的企业，并逐步向生活类电源产品方向迈进。打造节能环保产品是众盈电子的发展方向。

我们在积极推广自身产品的同时，也为全球客人提供优质的 OEM 服务。我们为客人提供高质量的产品和极具竞争力的价格。因此，我们赢得了客人的信任和持续的订单。

“诚信、负责”是我们获得持续良好口碑的基石，我们欢迎各界朋友加入众盈电子的行列，共同推动民族品牌的建设，为我们的幸福生活添砖加瓦，无论是合作还是意见，我们需要您们！

广东宝星新能科技有限公司

地址：广东省广东佛山市南海区罗村联和工业区石碣朗大道 1 号

邮编：528226
电话：0757-81285481
传真：0757-81285480
邮箱：ups@ prostar-cn. com
网址：www. prostar-cn. com
简介：

广东宝星新能科技有限公司主要从事不间断电源（UPS）、消防应急电源（EPS）、蓄电池等电源产品以及光伏发电系统中的太阳能组件和太阳能逆变器两大核心部件产品的专业设计、研发、制造公司，自主运营并全权负责Prostar全球业务的推广和服务。为了响应中国市场不断提升的电力电源安全需求，对本地客户提供更加全面和直接的支持，宝星新能集团相继在北京、上海、广州、深圳、重庆、天津、南京等30多个省、市、自治区成立办事处和维修服务中心，在全国范围内建立了一套完善的销售、服务体系，以保证及时迅速地响应客户的各种需求和服务。经过10多年的市场开拓，宝星新能集团业务迅速发展，销售、物流、服务等机构日益完善。凭借雄厚的技术研发实力，可靠的产品品质，完备、快捷、高效的售后服务，得到了国内各行业用户的一致肯定和好评，产品广泛应用在中国的政府、金融、电信、电力、财税、石化、制造等系统。广东宝星新能科技有限公司拥有专业资深的光伏工程师团队，丰富的光伏发电方案设计、施工、电站运营经验，为用户提供全程无忧的分布式光伏发电一站式服务。

“给世界永续光明与快乐”是广东宝星新能科技有限公司的企业使命，Prostar宝星将始终不渝地坚持精益改善产品性能和电力电源解决方案，给整个世界及人民的能源需求做出奉献。

广东创电科技有限公司

地址：广东省佛山市南海区瀚天科技城A7号楼三楼、四楼
邮编：528200
电话：0757-86766288
传真：0757-86766800
邮箱：499530467@ qq. com
网址：www. chadi. com. cn
简介：

广东创电科技有限公司成立于1997年，原名广东创电电源有限公司，是国家高新技术企业，是较早从事电源系统设备研制和生产专业厂家。公司注册资本5010万元，拥有6000平方米的厂房，员工120人，核心产品为UPS、EPS、智能配电系统、LED驱动电源、蓄电池智能化监控系统等，自主研发的大功率工业级UPS单机功率达800kVA，可实现10台冗余并机。产品通过了泰尔认证、节能认证和消防认证等。公司是广东省金融高新区股权交易中心挂牌企业和南海区“雄鹰计划重点扶持企业”。公司高度重视研发，2015年由省科技厅批准组建“广东省大功率智能控制电源工程技术研究中心”，中心目前有专职研发工程师22人，其中博士2人，硕士3人，拥有专利和软件著作权30余件。新型大功率电源产品应用基于双核DSP的数字控制技术，电源/电池系统实现了智能无线监控，连接采用铜条/铝条加PVC塑胶技术，结构紧凑美观，散热良好。公司长期与华南理工大学等高校合作，是广州市属高校产学研结合基地。新型电源研究项目获教育部2015年度高校技术发明二等奖和2015年度中国机械工业科技进步奖一等奖。

创电/CHADI电源主要应用于轨道交通、公安、部队、公路、公安、金融、电信、邮政、广电、医院等系统。近年在北京地铁、广东公安系统、大型医院、广电、海军雷达基地等大型工程项目中多次中标，产品性价比高，运行可靠，获得了用户的好评。

广东大比特资讯广告发展有限公司

地址：广东省广州市天河区黄埔大道西翠园街36号2楼
邮编：510630
电话：020-37880700
传真：020-37880701
邮箱：isc@ big-bit. com
网址：www. big-bit. com　www. globalsca. com
www. globalsca. com
简介：

历经12的创业发展，广东大比特资讯广告发展有限公司（简称大比特）已成长为中国电子制造业优秀的资讯提供商。

业务范围涉及，行业门户网站、平面媒体宣传、市场调查、行业专题研讨会策划、展览展示、人力资源服务等一系列围绕中国电子制造业提升竞争力的服务举措。

大比特资讯旗下拥有以下成熟媒体：

1）大比特商务网　http：//www. big-bit. com/。
2）磁性元件与电源网　http：//mag. big-bit. com/。
3）半导体器件应用网　http：//ic. big-bit. com/。
4）电源供应器网　http：//power. big-bit. com/。
5）传感器应用网　http：//sensor. big-bit. com/。
6）微电机世界网　http：//emotor. big-bit. com/。
7）连接器世界网　http：//conn. big-bit. com/。
8）中国电子制造人才网　www. emjob. com。
9）《磁性元件与电源》杂志（月刊）。

广东丰明电子科技有限公司

地址：广东省佛山市顺德区北滘镇工业园环镇东路1号
邮编：528311
电话：0757-26601282　18928664200
传真：0757-23608828
邮箱：bmsales@ fm-cap. com

网址：www. bm-cap. com

简介：

广东丰明电子科技有限公司是一家2004年成立的港资企业，位于经济发达的珠江三角洲黄金腹地——顺德北滘工业园。公司拥有现代化的工业生产基地，占地面积三万多平米，设备原值近9000万元，总投资规模过亿元，员工共有一千多人，电容器年生产产能约7亿只，公司后续还将不断投资完善生产设备的自动化、技术更新及提升，力争公司人均产能再上新台阶。

目前，公司主要生产电力电子电容、交直流滤波电容、高频高压谐振电容、IGBT吸收电容、CBB60、CBB61、CBB65、CBB20、CBB21、CBB80、MKP-X2型金属化薄膜电容器，产品广泛应用于各类电子设备、变频器、电源、光伏风电新能源行业、工业感应加热设备、照明灯具、空调器、电冰箱、洗衣机、电磁炉等家用电器及电力系统中。其中，风扇用电容器、空调风机用电容器、电磁炉专用电容器三大主导产品的产销量连续领先业界多年，稳居全国前列。

为了增强客户对公司产品的信心，我们已经获得了CQC、UL、CUL、TUV、VDE、CB等多项国内外产品认证，通过丰明人倾力打造的“BM”商标电容器现正销往全国各地电机、电器制造商，远销东南亚、非洲及欧美等国。后续公司还计划专项增资实验室检测硬件的扩充与完善，建立起行业内具有先进水平的产品实验室。

公司以“科技、品质、环保”为核心，秉承“研发的产品市场满意、制造的产品我们满意、交付的产品顾客满意”的质量方针，以“顾客满意”为宗旨，坚持严格的质量管理，全面建立和执行ISO9001国际质量管理体系和ISO14001国际环境管理体系，现已发展成为品种齐全、质量可靠、绿色环保、技术先进、配套能力强的规模性企业，赢得了众多合作伙伴的一致好评，并被多家客户评为优秀供应商。

公司全体丰明人竭诚欢迎广大用户的来电垂询和莅临，我们一定向您提供优质的产品、合理的价格、良好的合作方式、热情的服务，为我们共同的利益而真诚合作！

广东金华达电子有限公司

地址：广东省广州市天河区棠下涌东路大地工业区C栋5楼

邮编：510665

电话：020-38240010

传真：020-38259275

邮箱：13922298699@ 139. com

网址：www. 020k. net

简介：

广东金华达电子有限公司成立于1995年7月，总部设于中国广州市，是一家中外技术合作高新科技企业，主要从事通信电源、电力电源、汽车照明等电源，防雷配电设备研发、生产、销售、工程设计施工等业务。公司自成立以来致力于打造“金华达”品牌，严格执行“技术领先、质量可靠、服务满意，客户至上”的经营方针，经过近年来的努力，金华达通信、电力电源产品广泛应用于通信，电力，铁路，军队等行业。并以优良的品质和服务，赢得了广大客户信赖。

2003年金华达与欧州企业合作共同开发了高级时尚车灯系列——金华达HID高压氙气车灯系列。主要用于奔驰、宝马、奥迪等高级汽车前车灯。目前，金华达HID高压氙气车灯系列的各项技术指标及品质达国际中高、国内领先地位，并符合ECE R98的近光配光性能要求。为国内车灯的革命注入了新的活力。产品热销海内外，并已在全国大部分地区拥有销售、服务网络。

广东乐科电力电子有限公司

地址：广东省东莞市塘厦镇科苑城鹿苑路168号乐科工业园

邮编：523718

电话：0769-87289666

传真：0769-87288518

邮箱：sales@ dgleke. com

网址：www. lekeups. com
www. leke. com. cn

简介：

广东乐科电力电子技术有限公司（原东莞市乐科电子有限公司）是一家专业从事电源系统和电力电子设备研发、制造、销售和服务的高新技术企业，专注于电力电子前沿技术的研究与应用，以绿色节能模块化UPS不间断电源为主流产品和研究方向，致力于为客户提供完善的电源产品和解决方案。

广东乐科电力电子公司自1997年成立以来，一直朝着成为技术领先的创新型企业目标不断迈进。通过了ISO9001-2008质量体系认证，ISO14001：2004环境管理体系认证，获得了20余项国家专利及“东莞市民营科技企业”、“广东省高新技术企业”、“广东省守合同重信用企业”等资质认定。拥有20000平米的自主厂房和1500名员工，组建了一支由博士带领的500余人的技术团队，组建了博士后创新实践基地，拥有业界优质完整的电子线路和电线电缆连接器生产系统，及保障研发、生产、检验、电子线路、整机特性和环境可靠性试验所需的专业精密仪器设备，打造了高效可靠的供应链系统。

广东乐科以品质、诚信、奉献、团队的核心价值观为行为准则，以市场为导向，以服务为宗旨，开展售前、售中和售后一体化业务，努力为客户提供更专业、更快捷、更满意的服务！

广东顺德三扬科技股份有限公司

地址：广东省佛山市顺德区勒流街道富安工业区 30-3 号
邮编：528322
电话：0757-25563570
传真：0757-25566961
邮箱：sales@ samyang. cc
网址：www. samyang. cc
　　www. kingsunny. com
简介：

广东顺德三扬科技股份有限公司(原广东金顺怡科技有限公司),经过多年的市场砥砺,如今,其三大类型产品——电源设备、电镀生产线和拉链机械设备涵盖电力电子整流、电镀行业和金属拉链行业,在业内树起品牌,形成口碑。

通信电源产品凭借过硬的品质长期服务于公安、三防、消防、远洋通信等领域，市场覆盖全国各地，电镀电源产品在表面处理行业享有高效、节能、质量稳定的赞誉。全自动电镀生产线广泛应用于五金、塑胶、线路板、电子电镀等行业；全自动电镀生产线、半自动电镀生产线、手动电镀线、废气处理系统等产品均可根据客户要求设计、制造，并提供整厂交付服务。拉链机械设备应用在金属拉链生产的企业，下游配套服装业、箱包业和体育用品业的产品，产品较国外进口设备具有极强的价格优势，是同类进口设备的优选替代品。

三大产品，三箭齐发，源于强大的创新能力。公司历来重视产品信息化、自动化和智能化的研发，在微电子技术与精密机械制造领域具有多年行业经验，设立有工程技术研发中心，并获得多项国家专利。优良的品质，精湛的工艺，全面的售后服务，优惠的价格，现代化的管理是三扬股份公司对您的保证。

广州东芝白云菱机电力电子有限公司

地址：广东省广州市白云区江高镇神山管理区大岭南路 18 号
邮编：510460
电话：020-26261623
传真：020-26261285
网址：www. gtmbu. com. cn
简介：

广州东芝白云菱机电力电子有限公司被认定为广东省高新技术企业、广东省自主创新示范企业、广州市安全生产标准化达标企业、广州市清洁生产企业。先后荣获广州市白云区促进专利授权奖二等奖、三等奖，中国质量评价协会科技创新产品优秀奖。

建有广东省电力电源及变频调速装置工程技术研究中心、广州市高低压电源工程技术研究开发中心。先后承担了广东省教育部“变电站交直流一体化电源”产学研结合项目；广州市“起重机用变频器”产业关键共性技术研究项目、“6. 6kV 高压 IGBT 变频器”科技攻关计划项目、“高效节能型高压变频器产业化”专利技术产业化示范项目；白云区“10kV 大容量高压 IGBT 变频器产业化”科技支撑项目。

拥有实用新型专利 32 件，外观设计专利 14 件，计算机软件著作权 1 件；参加《电力工程直流电源设备通用技术条件及安全要求》（GB/T19826—2014）标准修订、审定。

“变电站交直流一体化电源”被确认为广东省科学技术成果，“6. 6kV 高压 IGBT 变频器”被确认为广州市科学技术成果。“高压 IGBT 变频器”、“微机控制高频开关直流电源柜”被认定为广东省新技术产品。“高压 IGBT 变频器”被认定为广东省自主创新产品。

广州汉铭通信科技有限公司

地址：广东省广州市天河区长福路 217 号长兴智汇商务中心 G 栋 407 室
邮编：510665
电话：020-38259019 38383476
传真：020-38259723
邮箱：Hmdanae_ yan@ 126. com
网址：www. gzhanming. com
简介：

广州汉铭通信科技有限公司成立于 2003 年，公司总部位于广州市天河区智汇软件园，生产基地设在广州市花都区空港工业区。是一家专业从事定制化通信机柜开发、生产、销售和服务的民营高新技术企业。公司拥有完全知识产权，自主研发生产的户外通信一体化机柜广泛应用于中国电信、中国移动、中国联通、中国铁塔的基站建设，是广东省通信基础设施产业联盟首批会员单位。

公司在华南地区建立了完善的销售渠道和服务网络,在北京设有办事处,与中国电信、中国联通、中国移动大三运营商以及中国铁塔建立了稳定信赖的长期合作关系,是中达电通、艾默生、海信、日立等知名企业的重要合作伙伴。

公司坚持以客户为中心，一贯奉行“崇尚目标，诚信立业”的企业宗旨。全面的品质保证，完善的售后服务是我们郑重的承诺。我们通过建立企业社会责任长效机制，为客户创造最大价值，倡导员工团结协作，尊崇敬业创新的精神，使企业成为阳光企业。

广州汉铭通信科技有限公司将竭诚为广大用户服务，做用户最可靠的合用伙伴。

用智慧积累财富，用财富去实现利他事业，是汉铭的精神。

不予不取是汉铭的原则；让我们的伙伴都成为真正的赢家，这是汉铭的责任！

弘扬这种精神，坚持这项原则，完成这份责任，是汉铭的使命。

广州华工科技开发有限公司

地址： 广东省广州市五山华南理工大学内28号楼西侧二楼

邮编： 510641

电话： 020-85511281

传真： 020-85511287

邮箱： gqgong@32163.com

网址： www.32163.com

简介：

广州华工科技开发有限公司是直属华南理工大学的全民所有制企业，承办学校的科研成果项目转让，技术服务等对外业务，是对外进行技术开发和成果转化的重要窗口，实行科、工、贸结合，具有法人资格。公司自1968年以来，率先引进国外先进的电力电子器件。特别自1992年3月以来，本公司作为日本富士电机公司功率半导体器件中国代理，多次与日本富士电机公司的工程技术人员组织应用技术交流会，为各单位提供了大量的技术资料和应用技术，并为各生产厂家和科研单位提供了大量的富士电机电力电子器件，对促进电力电子技术的发展作出积极的贡献。

本公司是日本富士电机电子设备技术株式会社功率半导体件中国代理、日本日立AIC有限公司电容器中国代理、日本三社电机株式会社整流模块代理。本公司引进、开发、经营日本等国外的先进电力电子元器件和节电装置，积极向国内高等院校、研究院及国内变频器生产企业推介上述公司新的器件和技术。本公司实力雄厚，重守信誉，每种元件皆为原厂定购，质量保证。始终保持“库存最多、交货快、价格低”的宗旨为广大用户提供优质服务。欢迎各界人士前来选购和洽谈业务、开展联营业务。

广州健特电子有限公司

JETEKPS健特

地址： 广东省广州市经济技术开发区科技园4栋2-6楼

邮编： 510730

电话： 020-32029926

传真： 020-32029929

邮箱： sales@jetekcn.com

网址： www.jetekps.com

简介：

广州健特电子有限公司（简称广州健特），成立于2008年，我们拥有一支资深研究与开发工程师队伍。是一家集研发、设计、生产和销售为一体的企业。产品广泛应用于军工、铁路、电力、船舶、医疗、通信、自控等领域。各系列产品以其出众的高可靠性、高稳定性及高性价比的特点深受各行业客户的喜爱。

广州健特人有着坚韧不拔、不屈不挠的钻研精神，多年来致力于磁电隔离技术和产品的研发与应用，并创造了高品质的DC-DC系列产品，公司是国内少数同时具有塑封、灌封和包封的电源厂家；同时具有微点焊、激光打标、无铅生产、车间温湿度控制系统的电源厂家。与此同时，公司通过了ISO9001：2008质量管理体系认证、ISO14001-2004环境管理体系认证。随着各项标准的完善，广州健特成为中国电源模块研发制造技术与诚信方面，最值得信赖的公司之一。

广州健特以“技术创新、质量第一”为公司理念，以“诚信为本、用户至上”为原则，不断为客户推出高端技术产品。“制造业的使命是一切以客户的需求为导向，对客户提供最好的产品，以优良的品质及快速负责的工作热忱来获取客户的信赖和支持，并为公司创造利润奠定基石，建立开创永继经营的有利条件，建立符合持续改善品质管理要求”是广州健特务求技术创新、质量第一的品质承诺。

公司产品与当前国家重点发展的轨道交通、电动汽车、智能电网、新能源、物联网等新兴行业大量需求关键电子零部件相匹配。产品质量和技术设计符合国际标准，兼容国内外大多数知名品牌，能满足振动、潮湿、高低温等工业级环境下工作条件。在电力控制、通信器材、仪器仪器、医疗设备、工业控制、汽车电子、安防监控、广电仪器、军工装备等行业得到广泛应用。

我们致力于满足客户的个性化要求，及时提供优质的产品。

服务网点遍布全国20多个城市，能够为客户提供个性化、全方位、最直接的服务。

未来，我们将不断努力开拓海外市场，并提供更优质、环保、高性价比的产品与服务。

广州科欣仪器有限公司

FALCON®

地址： 广东省广州市天河区东圃二马路大埔商贸园6栋一楼115室

邮编： 510310

电话： 020-38695149

传真： 020-34395932

网址： http://gzkexin.com.cn

简介：

广州科欣仪器有限公司，总部坐落于环境优美的广州市海珠区艺景路234号。与电子业界著名企业中国电子科技集团第七研究所毗邻而居，交通便利、电子科技氛围浓郁。下设深圳、东莞、中山三个分公司及惠州、南宁两个办事处，注册资金1000万元，2012年被广州市国家税务局、广州市地方税务局联合评定为2010~2011年度A级纳税人纳税信用等级。

广州科欣仪器有限公司，是全球测量领域的领导者美国安捷伦（Agilent）科技公司华南区授权代理商。从1993年至今，我司已成为Agilent公司最为重要的合作伙伴，是安捷伦科技“年度优秀业绩分销商”。

经过多年的发展，近年来我司也成为日本HIOKI、日本NF、瑞典红外热成像仪FLIR、北京普源、TDK、台湾巨浮、台湾骅仪、深圳稳科、广州致远、德国R&S、上海蓝菲、上海创远、快克锡焊、埃德克斯、罗森伯格等仪器授权代理商。

广州市宝力达电气材料有限公司

Bothleader®

地址： 广东省广州市花都区花山镇南村
邮编： 510880
电话： 020-86947862
传真： 020-86947863
邮箱： info@ gzbld. com
网址： www. gzbld. com
简介：

广州市宝力达电气材料有限公司是电气绝缘漆的专业研发和制造厂家，是中国电器工业协会绝缘材料分会及中国电源学会会员单位，是全国绝缘材料标准化技术委员会成员，是我国绝缘漆行业国家标准和行业标准的主要起草单位。

本公司具有丰富的生产制造经验及各类中高级技术人才，拥有强大的研制开发能力，通过精心的设计，先进的生产工艺及完善的检测手段，确保产品性能优异，质量稳定，完全能满足用户的特殊要求。

本公司注重产品质量及职业健康安全管理，先后取得了ISO9001：2008质量管理体系认证证书、危险化学品生产企业安全生产许可证、危险化学品从业单位安全标准化二级企业证书、广东省环保慈善单位称号。

广州市宝力达电气材料有限公司是广州市守合同重信用企业，以“专业、诚信”为宗旨，以顾客要求为最高标准，以用户满意为最终目的，以严格管理创最佳产品，竭诚为国内外用户提供优质产品和服务。

广州市昌菱电气有限公司

SHORYO

地址： 广东省广州市天河北路900号高科大厦A410房
邮编： 510630
电话： 020-22233181
传真： 020-22233183
邮箱： shoryo@ cl-ele. com
网址： www. cl-ele. com
简介：

广州市昌菱电气有限公司是一家以供应UPS电源为核心的电源综合解决方案供应商。是日本三菱UPS中国总代理，东芝三菱TMEIC品牌UPS中国全国代理，日本共立(KYORITSU）双电源转换开关中国代理。

广州市昌菱电气有限公司的主要成员由三菱电机（香港）有限公司原三菱UPS中国事业部人员组成。公司拥有包括多名留学生在内的博士、硕士等高级人才，公司董事长原在三菱UPS的基干工厂——神户工厂从事技术工作，后调任三菱电机（香港）有限公司三菱UPS中国事业部经理，统管三菱UPS在中国的销售和服务工作。其它工程技术人员也在日本三菱UPS神户工厂接受过严格的专业训练，多年来一直负责三菱UPS在中国的技术支持工作，在三菱UPS中国事业的发展过程中发挥了重要作用。

2008年5月，广州市昌菱电气有限公司获得ISO认证机构颁发的ISO9001：2008质量管理体系认证证书（证号：11408Q10251R0S)，成为UPS销售与服务行业少有的通过ISO认证的企业。引入国际标准的ISO质量管理体系，使昌菱电气的管理水平迈上了一个新台阶，为企业提高核心竞争力和进入国际竞争创造了有利的条件。

公司非常重视可持续发展。在提供销售和技术的服务的同时，非常重视技术研发工作，目前已在UPS技术、LED照明和其它电源技术领域取得了多项国家专利。

广州市华德电子电器设备有限公司

Wate®华德 广州市华德电子电器设备有限公司 Guangzhou Wate Electron and Wiring Equipment Co.,Ltd.

地址： 广东省广州市白云区石井镇横沙村黄丽路18号
邮编： 510180
电话： 020-81970003 81799770
传真： 020-81970003
邮箱： cgz@ huadedianzi. com
网址： www. wate. com. cn
简介：

广州市华德电子电器设备有限公司，前身是国有大型计算机公司开关电源厂，建立于1985年。具有十几年开关电源的设计和生产经验。

本公司是集开发、设计、生产、销售、服务为一体的企业。工艺精湛，并通过ISO9001体系认证，CE、CCEE(长城)、CCC认证。我公司的产品有AC-DC、DC-DC、DC-AC开关电源。包括工业电源、通信电源、电脑电源。本公司有设计生15~2000W电源的能力，现成标准产品15~1500W的电源。也可根据用户特殊要求，设计、生产各类开关电源。

本公司凭先进的技术，多年的开发生产经验，先进的检测设备，完善的品质管理体制及完善的售后服务，在国内同类产品中处于领先地位，赢得了广大客户的信赖与支持。我们真诚地感谢各客户对我公司帮助和支持，欢迎各行各业与我们合作，让我们共同创造优质产品。

广州市锦路电气设备有限公司

KINGROAD 锦路电气

地址： 广东省广州市天河区中山大道89号C211房
邮编： 510665
电话： 020-85566613
传真： 020-85565253
邮箱： cici@ gzkingroad. com
网址： www. gzkingroad. com

简介：

广州市锦路电气设备有限公司努力融合创新，不断开拓进取，永续稳健运营，自 2004 年成立以来，长期致力于 UPS 电源、EPS 电源、机房通信产品及机房节能产品的研发、生产、销售及服务，是国内领先的绿色电源系统集成供应商之一，同时还和国际著名品牌：美国 3M 公司、美国 PROTEK 公司、法国 SOCOMEC 公司等展开了深入、密切的合作。

公司产品品质卓越，性能稳定，优质服务于广州亚运会主会场、亚运场馆、广州塔、广州地铁、武汉地铁等标志性行业客户，并荣获客户的一致好评。

公司坚持于“大行业、大客户、大项目、大团队”的营销理念，秉承“开拓，进取，创新”的创业精神，保证产品从研发到售后服务整个环节的高质高效地运转，最大限度地满足客户发展与改进的需求，以“科技创新”的观念不断提升客户的竞争力和赢利能力。

广州市凝智科技有限公司

地址： 广东省广州市萝岗区科学城科学大道中 99 号科汇金谷科汇三街 10 号 C1-8 楼
邮编： 510660
电话： 400-606-9106
传真： 020-82306916
邮箱： service@ richcomm. com. cn
网址： www. richcomm. com. cn
简介：

广州市凝智科技有限公司——机房与 UPS 动力系统安全管理产品专家。自 1999 年创立以来一直致力于智能 UPS 监控管理产品及机房动力环境与设备监控管理的软硬件系统的研制和开发。经过多年的努力和专注发展，公司已成为国内领先的智能 UPS 监控管理产品及机房监控管理解决方案产品的开发商和提供商。

海丰县中联电子厂有限公司

地址： 广东省海丰县金园工业区 A 六座
邮编： 516411
电话： 0660-6400997
传真： 0660-6405708
邮箱： eee@ zldyc. com
网址： www. zldyc. com
简介：

公司成立于 1991 年，位于海丰县城金园工业区。拥有自已的工业园区，占地面积为 14600 平方米。自建厂房建筑面积为 4000 多平方米；拥有现代化生产流水线 4 条，具有完善的生产、研发和检测设备。公司目前有员工 100 多人，其中科研、工程技术人员 30 多名。

公司为国内电源行业知名高新技术企业及国内率先进入开关电源邻域的专业研发生产厂家。专业从事各类开关电源、充电机等电源设备的研发、生产、销售，可为客户度身定制各种开关直流稳压电源和充电机等系列产品（电压 1000V 内、电流 6000A 内）。公司推出的系列开关电源和系列充电机已在 UPS/EPS、电力自动化、广播电视、仪器仪表、通信系统和工业控制、电镀氧化、元器件老化、部队等邻域广泛应用，用户遍及全国各地。

公司的产品品种多、种类全，产品详情请登录公司的网站查看。

华为技术有限公司

地址： 广东省深圳市龙岗区坂田华为基地
邮编： 518129
电话： 0755-28780808
传真： 0755-89550100
邮箱： vivian. huhua@ huawei. com
网址： www. huawei. com
简介：

华为技术有限公司（简称华为）是全球领先的信息与通信解决方案供应商。华为于 1987 年成立于中国深圳，发展到 2011 年已经将近 12 万员工。华为围绕客户的需求持续创新，与合作伙伴开放合作，在电信网络、终端和云计算等领域构筑了端到端的解决方案优势。华为致力于为电信运营商、企业和消费者等提供有竞争力的综合解决方案和服务，持续提升客户体验，为客户创造最大价值。目前，华为的产品和解决方案已经应用于 140 多个国家，服务全球 1/3 的人口。

华为以丰富人们的沟通和生活为愿景，运用信息与通信领域专业经验，消除数字鸿沟，让人人享有宽带。为应对全球气候变化挑战，华为通过领先的绿色解决方案，帮助客户及其它行业降低能源消耗和二氧化碳排放，创造最佳的社会、经济和环境效益。

江门市安利电源工程有限公司

地址： 广东省江门市新会经济开发区银海大道 6 号
邮编： 529100
电话： 0750-2630178 2630180
传真： 0750-2630179
邮箱： 7506192880@ 163. com
网址： www. jmanli. com
简介：

江门市安利电源工程有限公司是专业从事大功率变频电源设备的研发设计、生产制造、销售、安装调试一条龙服务的电源设备工程公司。是一间以技术为导向，专注大功率变频电源行业、修造船厂以及港口码头大功率船舶变频岸电行业的高新科技企业。公司本着“专业、专心、专注、专一”的精神，提供技术先进、性能可靠的大功率变频电源设备系列产品及提供完整的大功率变频电源解决方案及工程服务。

公司总部和生产基地坐落于广东省江门市新会今古洲经济开发区银海大道6号，（广东省级高新技术开发区）公司自有工业生产用地十亩，建有现代化园林式主生产车间2200m²，办公场地1000m²，配套有产品研发实验中心、大功率负荷试验设备、电能质量分析测试设备等完善的研发和生产设备。公司的产品研发能力、生产制造能力及产品的检测试验手段处于我国同行的领先水平。

目前公司主要产品有六大产品类别，分别是1）单台功率容量由50kVA～12MVA大功率变频电源设备系列产品。2）单台功率容量由400～4000kVA室外移动舱式船舶变频岸电电源设备系列产品。3）船舶岸电电缆圈筒和岸电接线箱。4）船舶逆变式轴带发电机。5）大功率并网逆变器。6）大功率能量回馈式测试电源。对于客户的特殊要求，我公司可提供个性化的订制产品以及任意功率容量的超级大功率变频电源系统和设备。

乐健科技（珠海）有限公司

RAYBEN Technologies

地址：广东省珠海市斗门区新青科技工业园西埔路8号
邮编：519180
电话：0756-6320666
传真：0756-6320558
网址：www. rayben. com
简介：

乐健科技（珠海）有限公司（简称乐健科技）成立于2001年，是一家外商独资的高新技术企业，在LED散热管理领域，拥有极其丰富的研发、设计及制造经验。公司以专业设计及制造大功率LED散热基板为主营业务，集LED模组的研发、制造、销售、售后服务于一体，是LED行业中技术创新驱动的LED热解决方案的领头羊。公司自成立以来一直专注于高导热率与高反射率LED封装基板的设计与研究以及其LED模组的制作，尤其在LED封装散热管理的创新和研发制作上做出了突出的业绩。从2008年到2015年上半年，公司投入大量的人力、物力对LED散热基板展开卓有成效的开发工作，并且研发出了一批高水平具有市场竞争力的产品。2008年至今，针对大功率、高光密LED的散热基板生产量逐年增长，产品销售网络不仅覆盖中国大陆、港澳台地区，而且还远销美国、日本、德、英、法等国。在供应链方面，产品已经涉及医疗设备、家电等领域，并且在今后几年会逐步渗透到其它领域。

乐健科技经过自身长期坚持不懈的努力，目前已经获得广东省高新技术企业、广东省LED封装散热基板工程技术研究中心、珠海市重点企业技术中心、广东省名牌产品等荣誉称号。

公司发展的战略目标是：成为集研发、制造、生产、销售一体化，为LED封装提供高效与优质的散热管理解决方案，成为LED行业中有突出影响、技术领先的科技开发型企业，并向国际化进军，提升我国在国际LED领域的核心竞争力。乐健科技正是以不断创新的科技精神，以高效LED散热基板和模组为主导产品，运用新材料、新技术，不断地开发新产品及高新技术产品。

理士国际技术有限公司

LEOCH 理士电池 LEOCH BATTERY

地址：广东省肇庆国家高新开发区理士电池工业园
邮编：526238
电话：0758-3103299
传真：0758-3103300
邮箱：domestic@ leoch. com
网址：www. leoch. com
简介：

理士国际技术有限公司始于1999年，是专门从事LEOCH（理士）牌全系列铅酸蓄电池的研发、制造和销售的国际化新型高科技企业，于2010年11月16日在香港联交所主板上市（股票代码：00842. HK），是中国规模很大的铅酸蓄电池制造商及出口商之一。

现已建立深圳、东莞、肇庆、江苏、安徽等5个国内生产基地和马来西亚、斯里兰卡生产基地，在美国、欧洲、中国香港及新加坡建立了销售公司及仓库，拥有国内外30多个销售公司及办事处，产品销往全球100多个国家和地区。建有肇庆、安徽、江苏3个专门的蓄电池研究开发中心和博士后研究工作站。

目前，共拥有职工10000余人，国内外技术研发人员400余人，生产全系列铅酸蓄电池，包括：AGM阀控式密封铅酸蓄电池，胶体（GEL）电池，纯铅电池，OPzV、OPzS、PzS、PzV、PzB管式极板电池，汽车用蓄电池，摩托车用蓄电池，高尔夫球车用蓄电池，电动助力车用蓄电池等系列产品，年生产能力总和超过2000万kVA·h。

山特电子（深圳）有限公司

SANTAK An Eaton Brand

地址：广东省深圳市宝安72区宝石路8号
邮编：518100
电话：0755-27572666
网址：www. santak. com. cn
简介：

山特电子（深圳）有限公司（简称山特电子）根植中国30余年，凭借雄厚的技术研发实力，可靠的产品品质，完备、快捷、高效的售后服务体系，得到了国内各行业用户的一致肯定，产品已广泛应用于政府、金融、电信、电力、交通、科研院所、制造业及军队等行业，数以千万的用户正在依靠山特UPS为其设备提供安全、可靠的电源环境。山特电子于2008年加入伊顿。如需进一步信息请访问中文网站 www. santak. com. cn。

汕头华汕电子器件有限公司

HUASHAN

地址： 广东省汕头市兴业路27号
邮编： 515041
电话： 0754-88324709
传真： 0754-88630152
邮箱： jay@ huashan. com. cn
网址： www. huashan. com. cn
简介：

汕头华汕电子器件有限公司是创建于1983年11月的汕头华汕电子器件公司经改制后设立的有限责任公司，专业生产和销售半导体器件及其芯片。

公司生产用地20000平方米，其中厂房面积10000平方米，现有资产3.1亿元，专业技术人员占公司员工30%以上。

公司制造和检测设备绝大部分从先进国家和地区引进，高度自动化，技术先进，是国家机电产品出口基地之一，也是广东省确认的高新技术企业，多次荣获信息产业部优秀质量管理小组一等奖，拥有国家外经贸部授予的中华人民共和国进出口企业资格证书和挪威船级社（DNV）颁发的ISO9001质保体系国际认证证书。产品全部采用IEC标准，性能优越，质量可靠。

自1993年以来，先后与韩国三星电子株式会社、美国快捷半导体公司、中国台湾华昕电子股份有限公司、飞利浦公司建立合作伙伴关系。

深圳安固电子科技有限公司

ANDGOOD®

地址： 广东省深圳市龙岗区坂田街道东村十四巷一号
邮编： 518129
电话： 0755-28896787
传真： 0755-28894255
邮箱： andgood@ 188. com
网址： www. andgood. cn
简介：

深圳市安固电子科技有限公司（注册商标：ANDGOOD）成立于2005年6月，是一家集LED照明、LED驱动电源、安防监控电源、车载电源等产品研发、制造、销售及服务于一体的高科技企业。公司拥有一批在节能高效开关电源领域有丰富经验和技术专长的专业技术人才。为适应LED照明事业的发展需要，公司注资3300万元人民币在福建购买了近50亩土地投建工业园，并于2011年6月成立安上（漳州）科技有限公司，工业园投产后将成为现代化的后方生产基地。

公司主要产品：LED照明灯具、LED驱动电源；安防监控系统后备专用电源；城市公交IC卡车载读卡机专用电源。

公司产品种类齐全，LED照明系列主要有：路灯、隧道灯、日光灯、射灯、洗墙灯等；生产的LED驱动恒流恒压电源具有高效率、高功率因数、高可靠性等特点。安防监控后备电源是率先在国内考勤门禁系统及监控报警系统中推广应用开关电源的成功案例，其高效节能的特性，合理的结构稳定可靠的品质，得到客户的广泛赞誉，产品92%以出口为主；公司开发生产的城市公交IC卡车载读卡机专用电源系列在北京公交、北京地铁、深圳公交及澳门公交等全国各大城市中得到了广泛的应用。

公司所有电源产品符合CE、UL安规认证及电磁兼容要求，我们不但有自己研发的众多通用型优良产品，更可以为客户量身定做多款物美价廉的产品，为客户赢得更多利润空间。

公司本着“优良的产品品质、合理的价格、迅速的交期及完善的售后服务”为宗旨。重质量、重人才、重研发、重管理、重服务，力争在本行业中创出优秀品牌和佳绩。

深圳奥特迅电力设备股份有限公司

奥特迅

地址： 广东省深圳市南山区科技园北区松坪山路3号奥特迅电力大厦
邮编： 518057
电话： 0755-26520500
传真： 0755-26615880
邮箱： atcsz@ 163. net
网址： www. atc-a. com
简介：

深圳奥特迅电力设备股份有限公司，是大功率直流设备整体方案解决商，是直流操作电源细分行业的龙头企业。公司成立于1998年，位于深圳高新技术产业园区，是国家高新技术企业，于2008年在深圳证券交易所成功上市，公司销售额连续九年位居同业榜首并负责起草或参与制定了多项国家及电力行业标准。

深圳奥特迅电力设备股份有限公司秉持“拥有自主知识产权，独创行业换代产品”之理念，致力于新型安全、节能电源技术的研发，创新新型电源技术在多领域的应用，研究开发的多项技术填补国内空白，产品有直流操作电源系列，核电安全电源系列，电动汽车充电站完整解决方案，通信高压直流电源系列。主要应用在电动汽车、通信、核电、智能电网、太阳能储能、水电、风能等新能源领域，如在举世瞩目的长江三峡工程、西电东送工程、南水北调工程、岭澳核电站、大亚湾核电站以及全国规模很大的深圳大运中心充电站均有奥特迅的产品在运行。

深圳辰达行电子有限公司

CHENDA® ELECTRONICS 深圳辰达行电子有限公司 SHENZHEN CHENDAHANG ELECTRONICS CO., LTD

地址： 广东省深圳市福田区振华路鼎诚国际大厦3008
邮编： 518031

电话：0755-82727366

传真：0755-82727133

邮箱：myjszchenda. com

网址：www. szchenda. com

简介：

深圳辰达行电子有限公司成立于2008年3月，位于广东深圳，是一家专业从事半导体分立器件研发、生产、销售和技术支持的制造商。

公司品种规格齐全，有普通整流、快速恢复、高效率、超快速、肖特基、整流桥以及双向触发、高压、瞬态抑制、开关、稳压等各种系列的二极管/整流桥。所有产品均符合欧盟(ROHS、REACH)标准，可为客户提供量身定制与研发设计的专业服务，并可以提供满足客户需求的无卤素产品。

深圳古瑞瓦特新能源股份有限公司

地址：广东省深圳市宝安区石岩光明路28号

邮编：518108

电话：0755-29515888

邮箱：info@ ginverter. com

网址：www. growatt. com

简介：

深圳古瑞瓦特新能源股份有限公司（简称古瑞瓦特）成立于2010年5月，是一家专注于太阳能逆变器、储能逆变器及其监控系统等新能源设备的研发、生产、销售和服务的国家高新技术企业。公司一直致力于做世界一流的新能源解决方案供应商，为全人类服务。

古瑞瓦特技术团队自主研发的1～1260kW的全系列光伏并网逆变器、300VA～5kVA离网逆变器机型及3～100kW储能逆变器，完全适用于家用屋顶、商业屋顶、地面电站及小型离网系统等光伏电站项目。其中Growatt 5000为率先获得国际权威PHOTON实验室A+评定的亚洲逆变器，Growatt5000MTL也率先获得PHOTON实验室双A评定。Growatt 18000-20000TL3-HE更是在2014年1月成功获得PHOTON双A+评定，最高效率超过99%，全球在售商用逆变器中效率排名前列。

古瑞瓦特的逆变器产品先后通过了SAA、C-Tick、CE、TUV、VDE0126、VDE AR-N4105、G59、G83、ENEL、CEI 0-21、DK5940、EN50438、RD1663、RD1669、EN61727、EN62116、EN50530、IEC62109、IEC60068、IEC61683、ETL、FCC、NRS 097-2-1、PEA、MEA、CQC、CGC、LVRT等多项国际权威认证和测试，产品已大规模销往澳、欧、美、亚、非、拉六大洲超过80个国家及地区，获得全球众多客户的认可和青睐。

古瑞瓦特依托国内外市场的优异表现，先后荣获政府“国家高新技术企业”以及权威机构颁发的“中国逆变器10大品牌供应商”、“2012中国创新成长企业100强”、“2012最具成长性企业”、“2013中国最具竞争力光伏逆变器公司”、“2014十大创新逆变器企业”、“2014光能杯优秀组串式逆变器供应商”、“2015光能杯优秀组串式逆变器供应商”、“2015北极星杯年度受欢迎十佳光伏逆变器企业”等多个荣誉称号。

深圳蓝信电气有限公司

地址：广东省深圳市宝安区沙井街道南浦路531号汇景源大厦9层E办公区

邮编：518104

电话：0755-23311001

传真：0755-23068500

邮箱：lxpower809@ 163. com

网址：www. lxpower. com. cn

简介：

深圳蓝信电气有限公司是一家专业从事电力系统操作电源及电力自动化设备研发、生产、销售和服务的创新型高新技术企业。公司的主要产品有：交直流一体化电源、小容量直流电源、多功能直流电源、电力专用UPS、蓄电池在线监测系统及变电站综合自动化设备，可应用于各级变电站、开闭所、环网柜、柱上开关和箱式变电站等场合。

公司秉承“诚信、创新、专业、共赢”的理念，始终坚持“质量立企，塑造精品，为顾客创造价值”的经营战略。经过多年的积累和发展，公司拥有一批电源及电力自动化领域的技术精英，在国内电源和电力自动化产品等领域占据领先地位，公司产品已达到国内、国际同类产品的领先水平。

公司拥有完整的产品系列，能满足从小容量客户终端到大容量变电站、发电厂的需求。公司自主研发生产的小容量直流电源、多功能直流电源、电力专用UPS等产品，具有节约资源、小型化、智能化和高可靠性等特点，获得了广大客户的欢迎和认可，已广泛应用于全国各大电力、铁路、钢铁、煤炭、化工、石油、矿山、交通运输等行业，用户遍及全国各地并出口到海外。

公司在科研和开发方面的投资占年营业额的10%以上，拥有先进的研发，测试，生产仪器设备，集中了电源和电力自动化领域优秀的行业专家，并与国内多家科研单位和高等院校建立了良好的合作关系，产品不断创新，目前在智能电网相关领域进行了大量科研并取得了丰硕的成果。

我们诚邀合作伙伴，共同为广大用户提供优质的产品和服务。

深圳麦格米特电气股份有限公司

地址：广东省深圳市南山区科技园北区朗山路资格信息港5层

邮编：518057

电话：0755-86600500

传真：0755-86600999

邮箱： megmeet@ megmeet. com

网址： www. megmeet. com

简介：

深圳麦格米特电气股份有限公司是一家以电力电子及工业控制技术为核心，立志成为全球一流的电气控制与节能领域的方案提供者，业务涵盖智能家电、工业自动化、定制电源三大领域，产品广泛应用于平板显示、智能家电、医疗、通信、IT、电力、交通、节能照明、工业自动化、新能源汽车等数 10 大行业，率先荣获国家高新技术企业。

公司自 2003 年成立以来，业务取得快速发展，已拥有近 500 名专业研发工程师，近 300 项的专利技术，建立了业界一流的产品研发、测试及制造的软硬件平台，通过了 ISO9001，ISO14001，ISO13485，TS16949 等权威认证，赢得了 40 多个国家的 600 多家客户的信任。

深圳青铜剑科技股份有限公司

地址： 广东省深圳市南山区松坪山路 1 号源兴科技大厦南座 11 楼

邮编： 518057

电话： 0755-33379866

传真： 0755-86329521

邮箱： info@ qtjtec. com

网址： www. qtjtec. com

简介：

深圳青铜剑科技股份有限公司（简称青铜剑科技）是由剑桥大学和清华大学博士团队创立的国家高新技术企业，专业从事大功率电力电子器件和系统解决方案的开发。

“青铜剑”，谐音“清”同“剑”，代表公司创业团队来自国际一流学府清华大学和剑桥大学。青铜剑，是数千年前中国人民的伟大创造；今天，青铜剑的创业团队立志凝聚清华同剑桥的智慧，打造 21 世纪中国人的高科技产品，铸就科技创新创业的辉煌。

青铜剑科技的研发团队以中央“千人计划”专家为核心，针对新能源发电、新能源汽车、轨道交通、工业节能、智能电网、国防军工等领域推出了 IGBT 驱动器、电流传感器、有源滤波器、电力电子技术和测试平台等系列产品，性能达到国际一流水平，成功打破了国外的技术垄断。

青铜剑科技成立 6 年来，立足深圳，并在北京、上海、南京、青岛设立子公司，构建全国性的布局，实现了跨越式的发展。青铜剑科技入选：中国留学人员回国创业启动支持计划；国务院侨办重点华侨华人创业团队；中国留学人员创业园百家最具创业潜力企业；科技部科技型中小企业技术创新基金；深圳市技术攻关项目；2013 中国清洁技术 20 强；2015 深圳市自主创新百强中小企业；2015 德勤高科技高成长中国 50 强；2015 德勤高科技高成长深圳 20 强。

创业团队成员入选：中央海外高层次人才引进计划“千人计划”创业人才；深圳市海外高层次人才引进计划“孔雀计划”A 类人才；深圳市高层次专业人才引进计划；第五届中国侨界贡献奖；中国电源学会科学技术奖青年奖；深圳市青年科技奖；深圳市南山区青年创新创业“成长之星”。

深圳市爱维达新能源科技有限公司

地址： 广东省深圳市宝安区沙井街道新玉路北侧圣佐治科技工业园 A3 栋 4 楼

邮编： 518104

电话： 0755-23123688

传真： 0755-23123698

邮箱： hjg@ evadasz. com

网址： www. evadaups. com

简介：

深圳市爱维达新能源科技有限公司（简称爱维达）为厦门市爱维达电子有限公司控股子公司，爱维达是一家致力于提供全面电源解决方案及电源保护产品的设计、开发、生产和销售的高科技公司，是科技部认定的高新技术企业和市重合同守信用单位。是福建省电源学会常务理事单位，厦门电力电器产业联盟理事单位，厦门光电协会理事单位。承担过八项市科技计划和三项国家重点新产品计划。

作为爱维达在深圳的子公司，将从事新能源产品的研发、销售、服务为一体的高新技术企业，生产产品有太阳能光伏控制器、风能控制器、LED 驱动电源、各种通信订制电源，覆盖全国各地的 28 个办事处为用户提供全方位的售前、售后服务体系。

注重客户利益和满足客户的需要是爱维达公司的一贯宗旨，爱维达人将以“敬业，诚信，合作，创新”经营理念，一如既往地向广大用户奉献出优质的产品和服务。爱维达公司将以“成为行业规模化、专业化的制造企业，新技术、新产品的研发中心”为目标，向国际型企业迈进。

深圳市安科讯实业有限公司

地址： 广东省深圳市盐田区北山大道北山工业区 5 号楼

邮编： 518083

电话： 0755-25552808

传真： 0755-25558229

邮箱： info@ szaction. com

support@ szaction. com

网址： www. szaction. com

简介：

深圳市安科讯实业有限公司成立于 1999 年，是一家集产品研发、生产和销售为一体的高新技术企业。依靠多年积累的行业技术经验和自身强大的研发创新能力，在彩色平板显示领域不断取得突破，现有产品包括：数字电视、数码相框、手机、笔记本、电源等。产品主要销往欧美、澳大利亚、亚洲等20多个国家和地区。

通过ISO9001：2008、TS16949：2002及ISO14001：2004体系认证，建立了一套从产品研发、生产、到出货的全过程品质管理体系，产品取得了CCC、CE、FCC、UL等产品认证证书。

深圳市安托山技术有限公司

地址：广东省深圳市宝安区沙井镇新沙路安托山高科技工业园6栋

邮编：518104

电话：0755-33842888

传真：0755-33923833

邮箱：salesc@ atstek. com. cn

网址：www. atstek. com. cn

简介：

深圳市安托山技术有限公司是深圳市安托山投资发展有限公司下属的一家致力于逆变器、光伏发电系统、电子电控产品的开发、生产、销售的高科技企业，产品辐射新能源、通信、电力、工业控制及其它高科技领域，属国家高新技术企业和深圳市高新技术企业。公司已通过ISO9001-2008质量体系认证和ISO14001-2004环境体系认证。

公司位于深圳市沙井安托山高科技工业园内。安托山集团投资10多亿元人民币建造的安托山沙井高科技工业园，占地28万平方米，总建筑面积86万平方米，有商住楼4栋13单元，高标准工业厂房21栋，是集工业、研发、商住、商务酒店为一体的大型综合性高科技工业园区。

公司拥有数位国务院津贴的专家，聚集了电力电子、热学、结构、硬件、软件等多学科的一支梯次配置合理的技术骨干队伍，整个团队具有强大的新产品开发和快速响应能力。

公司在设计、工艺和设备等方面均达到国际先进水平，生产工艺机械化、自动化程度高；并配备有一级实验室，引进国际先进检测设备，建立完备的试验、检测系统，确保产品保持国际国内领先水平。产品选用经过长期验证的、高可靠性的元器件，以精细的工艺流程，100%的受控过程，经过严格完备的测试与评审，制造出高品质和高可靠性的ATSTEK精品。

我们本着精益求精的原则，顺应产品绿色潮流，响应人类社会与自然环境的和谐发展，走可持续性发展之道路，在规范的管理体系运行下，以良好的质量，合理的价格来满足专业用户的需求。根据客户提出的产品性能指标，我们会以最快、最好、最到位的解决方案，为客户提供优质的服务。

深圳市柏瑞凯电子科技有限公司

地址：广东省深圳市龙华区清祥路1号宝能科技园7栋A座

邮编：518111

电话：0755-33086600

传真：0755-33692186

邮箱：xingygc@ 126. com

网址：www. polycap. cn

简介：

深圳柏瑞凯电子科技有限公司（简称柏瑞凯）（Poly-Cap）是一家专注于导电高分子型固态铝电解电容器（固态电容或固态铝电容器）研发、制造和销售的国家高新技术企业，拥有完备而先进的固态铝电容器制造技术和生产线，产品系列齐全。产品工作电压范围涵盖2.5～200V，最长工作寿命可达105℃/5000h，最高工作温度可达135℃，技术指标居全球业界前列。当前，生产规模居国内同行业前列，公司将持续扩大产能以应对日益增长的市场需求。柏瑞凯赣州工业园一期厂房预计将于2016年春季建成投产，届时柏瑞凯的生产能力将得到大幅提升。

公司不断研发新产品，以适应市场对固态电容各种新的需求，公司近期推出小型化、大容量固态电容，以及细长型超大容量高性能固态电容，以适应电源客户对小型化、大功率的应用要求。

公司高度重视科技创新，积极实施产品和制造技术创新，不断推出新产品，并保证产品技术指标和质量的持续提升以及成本持续下降，为市场持续提供富有竞争力的高性价比固态铝电容器产品。目前，已有5项发明专利和20余项实用新型专利获得授权。另有20余项专利处于申请审核程序，公司立志打造具有较强创新动能的高科技固态电容民族品牌。

公司已建立起一套完整的质量管理体系和环境管理体系，先后通过ISO9001：2008质量管理体系认证和ISO14001：2004环境管理体系认证，所有产品均满足RoHS指令和REACH法规要求。

公司贯彻精益求精、追求卓越的经营理念，依托优秀的产品性能、可靠的产质量量和优质的售前、售后服务在固态铝电容器市场赢得一席之地，越来越多的国际知名企业成为柏瑞凯的用户。

2013～2014年，公司先后引进招商科技集团投资有限公司、招科创新基金、天创资本、深圳市高新投创业投资有限公司等知名投资机构，机构投资人的引入极大地促进了公司的发展。

竭诚欢迎新老客户联络洽谈和技术交流。

发展目标：成为全球固态铝电容器主要制造商之一。

经营理念：精益求精、追求卓越。

深圳市倍通检测股份有限公司

地址：广东省深圳市南山区南头关口二路智恒产业园23-24栋

邮编：518000

电话：0755-26747751

传真：0755-26504032
邮箱：christina@ bst-lab. com
网址：www. bst-lab. com
简介：

深圳市倍通检测股份有限公司（股票代码：832172）前身为深圳市倍通科技有限公司，是我国率先开创民族第三方检测、认证专业服务型的高新技术企业。

公司成立于2003年，主要从事电子电器的技术检测服务，目前在国内拥有（上海市倍通检测技术有限公司、东莞市倍通检测技术有限公司、宁波市倍通检测技术有限公司）3家独立法人子公司机构，3家分公司（深圳倍通上海分公司、深圳倍通南山分公司、东莞市倍通检测技术有限公司中山分公司）。

拥有员工总人数300人，拥有化学、安全、电磁兼容等领域的第三方检测机构，取得了欧美、日本、加拿大相关机构的认可，CNAS国家合格评定委员会实验室认可资格和检查机构认可资格，BST倍通检测严格遵守ISO/IEC Guide 65和SO/IEC 17025的要求运作，同时具备中国合格评定国家认可委员会CNAS（L3574/L5034）认可，受IL-AC-MRA国际实验室认可合作组织多边互认协议承认，此外，公司还获得香港机电工程署EMSD、UL、Intertek（ETL-SEMKO）、CSA、MET、TüV Rheinland、TüVSüD、SGS、NEMKO、FCC、IC、CPSC、TMICO、California Energy Commission（美国加州能效CEC）等权威机构的认可，BST倍通检测的报告具有法律效力和国际公信力。

经过12年的市场化运作、专业化服务，检测数据具有较高的国际公信力，检测报告得到包括欧美、亚洲、日本等很多国家和地区的认可。

12年来，公司致力于在第三方检测、认证服务领域创建具有国际公信力的"中国检测、认证服务"品牌，为中国制造业产品创新、产业升级提供公共技术服务平台，为中国乃至世界各地的产品质量、安全、环保、健康、节能等提供监督和支持。

深圳市比亚迪锂电池有限公司

地址：广东省深圳市龙岗区宝龙工业城宝坪路1号
邮编：518116
电话：0755-89888888-553256
传真：0755-89643262
邮箱：fu. cejian@ byd. com
网址：www. byd. com. cn
简介：

深圳市比亚迪锂电池有限公司（以下简称比亚迪锂电）成立于1998年，是比亚迪股份有限公司的全资子公司。现有产品主要包括锂离子电池、聚合物电池、磷酸铁锂电池、硅铁模块、UPS、DPS、通信电源等，广泛应用于手机、电动车、通信基站、光伏路灯、储能基站、轨道交通等领域。2009年，锂离子电池总销量超过5亿只，在全球手机电池领域，市场占有率位居前列。

比亚迪锂电2010年开始和国内运营商紧密合作，配套通信基站-48V开关电源、48V整流模块、通信UPS以及48V通信用电池产品，2014年为中国移动研发供应HVDC336V高压直流设备。2014～2016年相继中标电信、移动、联通等集团招标项目，同时双方高层签订多项战略合作项目。

比亚迪锂电一直致力于清洁能源的研发应用，旨在减少环境污染，保护家园，造福人类。新能源汽车、太阳能路灯、家庭能源等产品已广泛应用于国内外。为了解决城市日趋严重的交通拥堵，比亚迪锂电于2016年斥巨资建设云轨试验线，随着10月13日通车而低调进入云轨交通领域。将云轨修到人员密集区域如商场、学校、医院、小区门口，提高出行效率、增加居民幸福感，促进城市发展社会和谐进步，此目标与Build Your Dreams（BYD）的企业宗旨相适应。

深圳市创容新能源有限公司

地址：广东省深圳市松岗街道燕川北部工业园研发中心楼7层
邮编：518107
电话：0755-29948998
传真：0755-29948906
邮箱：sales@ csdcap. com
网址：www. csdcap. com
简介：

深圳市创容新能源有限公司专业生产销售全系列金属化薄膜电容，各种工业大电容，X2安规电容，CBB电容等。公司自2001年创立以来，凭借全套先进的进口设备和精湛的生产工艺以及全面推行国际质量体系，使我们的产品以优异的品质在电力电子行业、新能源汽车、风能发电、太阳能发电等光伏行业，以上乘的服务和极具竞争力的价格赢得了广大客户良好的声誉和口碑。

深圳市东辰科技有限公司

地址：广东省深圳市宝安区宝城68区留仙二路鸿辉工业区2号厂房
邮编：518101
电话：0755-26632038
传真：0755-26633000
邮箱：market@ dctec. com. cn
网址：www. dctec. com. cn
简介：

深圳市东辰科技有限公司（简称东辰科技）成立于2004年，注册资本3068万元，是专注于Dctec品牌高频开关电源的研发、生产与销售的高科技企业。东辰科技坚持以服务客户为己任，立足于自主研发，专业从事高频开关电源的定制服务。

东辰科技聚集和培养了大量电源行业的精英，组成了强大的研发、生产、品控和管理队伍。拥有 10000 多平米的研发与生产基地，员工近 300 人。于 2005 年 3 月顺利通过 ISO9001 质量体系认证，从 2006 年 3 月开始导入 ROHS 管理体系，多数产品通过了 UL、T? V、CE、CSA、CCC、PCT、EK、IRAM、NOM 等多项认证，并获得了数十项产品发明专利。

现有 600 余种 AC-DC、DC-DC、DC-AC 客户定制产品的种类和系列，功率覆盖 2 ~ 10000W 等级，广泛应用于移动通信、网络通信、服务器、金融 ATM、工业控制、医疗设备、高速铁路、新能源以及其它高科技领域。欢迎广大客户来电咨询，我们将为您提供专业的参考建议和解决方案。

稳定压倒一切！深圳市东辰科技有限公司！

深圳市飞尼奥科技有限公司

Fineio

地址： 广东省深圳市南山区桃源街道大园工业区 7 栋 1 楼
邮编： 518052
电话： 0755-82838425
传真： 0755-82838444
邮箱： hr-fineiofineio. com
网址： www. fineio. com

简介：

深圳市飞尼奥科技有限公司（以下简称飞尼奥）是一家集创新，高新技术，代理贸易为一体的企业，公司成立之初为德国 INF INEON 代理商，INFINEON 中国区第三方设计公司及战略合作伙伴，公司拥有国内顶尖的自主研发设计方案，包括家电、工业加热、直流电机等，客户覆盖全国 20 多个省市主要城市。有优秀工程团队及销售团队，能为客户提供全方位的更加贴心的配套服务。

深圳市港特科技有限公司

港特科技 KTRANSFORMERS

地址： 广东省深圳市宝安区松岗街道燕川社区广田路永建鸿工业园 2 栋
邮编： 518105
电话： 0755-29095011 29095012 29095055
传真： 0755-29095058
邮箱： ktt@ kttchina. com
网址： www. kttchina. com

简介：

深圳市港特科技有限公司具有 10 余年丰富的变压器研发、生产经验的积累，已成为电源行业知名的优质供应商，公司始终坚持“诚信是企业的生命，创新是公司的灵魂”的企业发展理念。本公司引进了先进的生产与检测设备，以完善的品质管理，严格的生产工艺要求以及优质的售后服务，更以专业的技术研发使之不断的创新突破。

深圳市海德森科技股份有限公司

HEADSUN 海德森科技

地址： 广东省深圳市南山区新园路南园工业园 C 栋厂房三楼南侧
邮编： 518000
电话： 0755-86325258
传真： 0755-86325411
网址： www. szheadsun. com

简介：

深圳市海德森科技有限公司（简称海德森）成立于 2004 年，是专注于数据机房能量管理等相关电力电子产品研发、生产、销售、服务的高科技企业。公司严格管理，通过了国际 ISO9001 质量管理体系认证。

海德森设立了自己的研发中心，由归国博士、教授带队组成了研发技术核心团队，并与国内多所重点大学建立了长期技术合作，具有国际领先的数据机房能量监测、管理技术，对数据中心客户的能量管理需求有深刻的理解，能快速为客户提供性价比较高的能量管理综合解决方案。

能量管理为电力电子技术与计算机技术的结合，海德森致力于提供绿色、低碳机房解决方案，聚焦于电源系统和电池监测的智能化，组建了电源类和电池监测仪两大产品线，开发生产了 SPDS、GPDS 系列新一代智能配电柜及 SBMS 系列电池监测仪、IPMS UPS 系统、机柜系统等等系列产品。公司拥有自主知识产权和多项国家专利，产品全部通过了 CE、3C 等行业认证。

海德森建立了七大市场片区，提供覆盖全国的营销和服务，竭诚为广大客户提供专业化的能量管理解决方案和服务。

深圳市皓文电子有限公司

HAWUN 皓文电子

地址： 广东省深圳市南山区西丽学苑大道 1001 号智园 A5 栋 5 楼
邮编： 518055
电话： 0755-26805439
传真： 0755-26696592
邮箱： cherry. chen@ hawun. com
网址： www. hawun. com

简介：

深圳市皓文电子有限公司（简称皓文电子）是一家专业从事开关电源及各类功率变换产品设计、生产和销售的企业。2010 年通过 ISO/GJB9001 质量体系认证，并属于国家高新技术企业。公司于 2015 年 4 月获得三级保密资质。产品广泛应用于军工、铁路、通信、工业控制及新能源等领域。

皓文电子经过多年的技术积累，拥有高素质的专业设计团队和先进的技术开发平台。设计和生产的电源具有高可靠、高效率、高功率密度、宽范围、高电压输入、系列化等特点，能与国际主流电源厂商竞争，并在国家多个重点项目上批量生产装备，达到国内外领先水平。皓文电子还可根据客户的定制要求，在成熟的标准品技术平台上，为客户提供经济、快速的个性化设计和服务。皓文电子经过自身不断创新，努力成为提供高端开关电源产品和服务的领先供应商。

深圳市核达中远通电源技术有限公司

VAPEL

地址： 广东省深圳市龙岗区龙岗街道宝龙工业区宝龙大道三路4号A栋1、2楼，B栋3、4楼，C栋3、4楼

邮编： 518016

电话： 0755-33599662

传真： 0755-33229850

邮箱： yeshunli@ vapel. com

网址： www. vapel. com

简介：

深圳市核达中远通电源技术有限公司隶属广东核电集团，是国家核准认定的高新技术企业。20多年专业致力于VAPEL品牌高频开关电源的研发、生产和销售。公司已通过ISO9001国际质量体系认证、ISO14001国际环境体系认证和TS16949汽车质量体系管理认证。是北汽福田、海马、宇通、长春一汽、长安汽车、华为、中兴、诺基亚、爱立信、惠普等国内外知名企业的优秀供应商。

总部设在深圳，拥有80000多平米的开发和生产基地。现有员工1900多人，400多名的研发队伍，具有强大的新产品开发和快速响应能力。公司每年研发投入占上年销售收入10%左右。巨资建设各种国际标准实验室，配置国际先进的实验设备，采用国际先进的测试手段，进行各种元器件应力分析、高低温及其循环试验、振动试验、冲击试验、交变湿热试验、安规测试、EMC测试、MTBF分析试验、FMEA分析试验、加速老化试验、HALT实验等，保证了VAPEL电源产品的高可靠性。

电源通过UL、TUV、CE、CSA、CCC、TLC等国内外的产品安规认证，其中TUV达到ACT水平，UL达到CTDP水平。现有8000余种AC-DC、DC-DC、DC-AC标准产品、非标准产品、客户定制产品的种类和系列，功率覆盖2～15000W等级，广泛应用于新能源、通信、电力、工业控制、仪器仪表、医疗、铁路、军工等其它高科技领域。自主研发设计的电动汽车交直流智能充电桩满足低速车、乘用车、物流车、大巴车、装备车等所有车型和各种充电方式。模组化全系列宽电压车载充电机、车载转换电源，满足所有电动汽车车载充电机应用和所有车型的电源转换。是国内品种全面的电动车电源厂家。是国内品种全面的电动车电源、充电桩研发、生产、销售厂家，国内外地区均已被大批量应用。

深圳市嘉莹达电子有限公司

KAYOCOTA OHM

值得信赖的品牌

地址： 广东省深圳市龙岗区平湖镇鹅公岭春湖工业区3栋

邮编： 518000

电话： 0755-88873811

传真： 0755-28213116

邮箱： Kayocodk@ 126. com

网址： www. kayocota. com

简介：

KAYOCOTA OHM企业成立于公元1973年，设厂在台湾省，同时引进日本技术与设备，长期成为日本KAMAYA、KOA的重要合作伙伴。

1993年，在中国大陆投资3000万人民币，在深圳设厂，开拓国内市场。

企业通过拓展研发领域，成为拥有核心材料工艺，具备自主设计和制造能力的专业化电阻器生产厂商。

产品广泛用于精密仪器、电表、水表、机顶盒、小家电及手机充电器、适配器、照明驱动电源等产品，并得到各大品牌厂商的认可，同时占有市场一席之地。

企业通过了ISO9001：2015质量管理体系认证、ISO14000：2015环境管理体系认证，产品均符合RoHS2. 0、REACH169项、HF、21P，检测标准依据日本JIS-C-5201。

产品通过UL、CUL、CQC、VDE安规认证，同时获得国家多项专利。

企业拥有超过40多年的生产经验，并具备专业知识和能力设计特殊电阻器。

新产品：纯金属膜电流传感器（电流分流器）。

特色产品：半短路电阻器、过温保护型绕线熔丝电阻器（温控电阻、OTP电阻器）、抗雷击浪涌绕线熔丝电阻器（防爆型）、无引线（脚）绕线熔丝电阻器。

常规产品：普通型绕线电阻器、无感绕线电阻器、无引线（脚）精密金属膜电阻器、金属膜电阻器、金属氧化膜电阻器、碳膜电阻器、玻璃釉电阻器、毫欧电阻器、水泥电阻器、大功率电阻器等。

深圳市坚力坚实业有限公司

CHNKONGFU®

地址： 广东省深圳市宝安区沙井街道蚝乡路教师村3栋102室

邮编： 518104

电话： 0755-27722489

传真： 0755-27722739

邮箱： sz27727887@ 126. com

网址： www. china-jlj. com

简介：

自主研发系列高效开关电源厚膜集成电路。自置半导体封装设备，产能为每月 28 万片。涵盖 PFC、BUCK BOOST、RD、PP、BTL、SR 等拓扑，供电源整机选配。

深圳市捷益达电子有限公司

Jeidar UPS systems

地址： 广东省深圳市宝安区固戍东方建富愉盛工业园 12 栋 2 楼
邮编： 518126
电话： 0755-26696338
传真： 0755-26811099
邮箱： jeidar@ 163. com
网址： www. jeidar. com
简介：

1993 年成立的深圳市捷益达电子有限公司（简称捷益达），是集研发、生产、销售、服务为一体的电源专业制造商。是获得中国政府认定的国家高新技术企业、深圳市高新技术企业、深圳市双软企业和深圳市自主创新企业。

捷益达在中国多个省市建立办事与服务机构，并在海外多个国家建立了品牌经销商和服务商。具备年产电源 15 万台的生产能力。目前，产品有商用 UPS 电源、工业用 UPS 电源、通信用逆变电源、光伏并离网逆变电源、电力专用 UPS 电源、蓄电池及动环监控产品。23 年来，捷益达产品以先进的技术、高可靠的品质、高性价比以及突出的服务，赢得了各行业用户的好评。

捷益达在持续推动品牌的建设的战略下，以自主创新，掌握产品的核心技术，走国际化、标准化、规范化的管理之路；在产品的研发和制造上，我们始终围绕着："高可靠的根本理念"，采用国际先进技术和制造工艺精益求精。

在捷益达以客户为至尊，珍惜所有为我们企业付出努力的员工，以及与我们一起携手合作的伙伴。

"真诚、互信、沟通、合作"，我们愿与您携手同行。

深圳市金顺怡电子有限公司

地址： 广东省深圳市光明新区上村冠城低碳产业园 D 栋 4-5 层
邮编： 518107
电话： 0755-26749900
传真： 0755-26749903
邮箱： plan@ szjsy. com. cn
网址： www. szjsy. com. cn
简介：

深圳金顺怡电子有限公司创立于 1995 年 8 月。专业化生产各类型的电子变压器、电源变压器、电抗器、电感等，应用于光伏逆变器、UPS、EPS、逆变电焊机、电力操作电源，高频智能开关电源等电子产品。

本公司具有丰富的制造特种变压器的经验和完善的生产工艺为保证。能够完全达到欧盟的 ROHS 要求。测试手段齐全。技术力量雄厚，产品质量可靠。深得广大客户的信赖！每年给世界 500 强企业艾默生提供大量的变压器、电感器、电抗器，凭借可靠的品质、工艺手段，已成为艾默生、华为、山特、科华等最忠实的供应商。

深圳市金威源科技股份有限公司

Goldpower 金威源

地址： 广东省深圳市坪山新区大工业区聚龙山片区金威源工业厂区 A 栋 1-3 层，B2 栋 1-5 层
邮编： 518101
电话： 0755-83433146
传真： 0755-29799837
邮箱： cehua@ gold-power. com
网址： www. gold-power. com
简介：

深圳市金威源科技股份有限公司（简称金威源）成立于 1995 年，金威源 Goldpower 是业界领先的卓越整体电源解决方案合作伙伴。历经 20 年的磨炼，一群以核心技术攻关、突破和创新的佼佼者，以活跃的思维创造销售业绩的奇迹者，以团结合作、共同奋进的后台支持者，已将金威源打造成集优质品牌营销、敏捷产品制造和个性化本地服务为一体的国家高新技术企业。

金威源 Goldpower 产品覆盖通信、太阳能绿色环保、汽车应用电子和新能源领域等形成六大核心产品系列，包括标准通信电源、远供电源、高压直流电源、太阳能光伏、LED 电源和汽车充电控制电源、直流充电桩等，产品广泛应用于通信、电力电子、自动化控制、铁路、军工、医疗、LED、太阳能发电和汽车充电控制系统。

各类电源产品年生产能力 600 万台，销往世界 30 多个国家和地区，已成为中国移动、中国电信、中国联通、Indonesia PT. TELKOM、India Reliance、华为、中兴、日立、京瓷、阿朗、大唐电信等国内外著名企业的优选服务商。

金威源 Goldpower 在深圳坪山新区建有 8 万平方米的自主产业园区，拥有博士、硕士组成的百人专家技术团队、员工 800 多人、多项核心自主知识产权、20 多年经验的业务服务团队和严格的质量管理体系。金威源愿与业界的能人志士真诚合作、互惠共赢，随着坪山科技园的投入使用，公司业务的扩大，国际化全球布局，在前进的道路上，我们期待您的加入与合作。

深圳市金元电子技术有限公司

U-CON

地址： 广东省深圳市宝安区松岗街道罗田第三工业区象山大道 462 号浦京华茂工业园

电话: 0755-88210315-823
传真: 0755-88210211
邮箱: Lyxj. 888@ 163. com
网址: www. ucon100. com
简介:

深圳市金元电子技术有限公司（简称金元）成立于2003年9月，经过八年艰苦卓绝的研发与不断创新，在长期从事军用铝电解电容研发与生产的不断总结的基础上，对从德国、日本、意大利、韩国引进的先进设备与一流技术进行了充分吸收、消化和革新，于2001年在中国深圳建成投产了国内一流、世界先进的年产量2000万颗新能源、变频节能专用的螺栓型、焊针（片）型铝电解电容器生产线。产品性能与质量达到世界一流同行的先进水平，完全可以全部替代进口。金元在对新能源、变频节能专用螺栓型铝电解电容器进行全面开发与研究的基础上，我们对其专用材料也进行了开发与研究，并且成功开发出新能源、变频节能专用螺栓型铝电解电容器专用的高压化成铝箔与高压长寿命耐大纹波电流的电解液专用电解质，为在新能源、变频节能专用的螺栓型铝电解电容器领域全面赶超世界一流水平打下了坚实基础。掌握核心技术，造世界一流的节能原件，为节能减排多做贡献，是金元公司的企业价值，也是金元人不断奋斗的目标。

金元公司自2003年9月成立以来，U-CON品牌的高品质螺栓型铝电解电容器在各个领域得到广泛应用，并为中国的国防建设做出了自己的努力。U-CON品牌的高品质螺栓型铝电解电容器主要应用于新能源领域（风能发电系统、光伏发电系统等新能源发电系统）、清洁能源应用领域（高铁、混合动力汽车、纯电动汽车等清洁能源运输系统）、节能设备等工业应用领域（变频器、频闪器、储能焊机、激光焊机、UPS和EPS等工业储能设备）、医疗领域（X光机、MRI机、美容仪、生命监护系统和医疗检查系统），U-CON品牌的高品质螺栓型铝电解电容器得到市场一致好评与钟爱，正在完全替代进口品牌。

金元以创新求发展、以诚信谋天下，金元热诚欢迎各位新老朋友、各兄弟单位、业界同仁、商界精英亲临金元参观指导、洽谈合作，共创幸福美好的未来！

深圳市巨鼎电子有限公司

地址: 广东省深圳市宝安区宝田一路231号凤凰岗第三工业区B5栋5楼
邮编: 518102
电话: 0755-26974799
传真: 0755-26974522
邮箱: sales@ judingpower. com
网址: www. judingpower. com
简介:

深圳市巨鼎电子有限公司是一家专业的高频开关电源制造商，成立于1998年，一直专注于开关电源的研发、生产、销售与服务，致力于为客户提供高品质的、高可靠的电源产品和完美的电源解决方案。

我们的产品包括AC-DC一次电源、DC-DC二次电源、ADAPTER适配器电源、DC-AC逆变电源、PFC功率因素校正电源及UPS不间断电源等六大系列，1000多种标准与非标电源产品，单机电源功率涵盖0.5～5000W。

目前，我公司产品在国内电子检测设备和银行监控等应用领域处于领先地位，其中集中供电电源成为仅有的一家入围多家银行监控工程的产品。

“高质求生存，低价赢客户，优服促发展”是我公司的经营宗旨。制造高品质、高可靠性的电源产品仅仅是我们迈出的第一步，为每一个客户提供最完美的电源解决方案才是我们的最终目标。

“创新源于专业制造，放心自在‘巨鼎电源’”！

每一个产品，我们巨鼎人都将为您精诚打造！

深圳市科陆电源技术有限公司

地址: 广东省深圳市南山区科技园北区宝深路科陆大厦21楼电源公司
邮编: 518055
电话: 0755-36901166
传真: 0755-26632050
邮箱: wangwencheng@ szclou. com
网址: www. szclou-power. com
简介:

深圳市科陆电源技术有限公司（以下简称科陆电源），是一家专业从事电力电源产品（直流操作电源设备、不间断UPS电源设备、电力用直流和交流一体化不间断电源设备、电力专用电源设备等）的研发、生产、销售与服务的公司。成立于2005年、其前身是深圳市科陆电子科技股份有限公司的电源事业部。

科陆电源自成立以来，紧密依托高新技术、以发展民族工业为己任，创造国际品牌、永居电力行业高峰为目标，得以持续快速发展；其产品先后在1000MW及以下的发电行业、750kV及以下等级的变电站行业，以及在轨道交通、石油化工、水利行业都得以广泛使用。产品具备的技术先进性、安全可靠性、易操作性、抗干扰性、可扩展性、开放性，适用性的特点，得到广大用户的一致好评。

目前，公司拥有几十项国家专利及软件著作权，其电力电源产品全部具有自主知识产权，使用“科陆”商标。

科陆电源是中国电源学会、全国电力系统直流电源委员会委员单位；也是广东省电机工程学会交直流电源专业委员会常务委员会委员。

科陆电源的愿景：“打造世界级能源服务商”。

深圳市库马克新技术股份有限公司

地址： 深圳市宝安区石岩镇塘头大道宏发工业园3栋2楼
邮编： 518108
电话： 0755-81785111
传真： 0755-81785108
邮箱： business@ cumark. com. cn
网址： www. cumark. com. cn
简介：

深圳市库马克新技术股份有限公司成立于2001年3月19日，并于2014年在全国中小企业股份转让系统挂牌，证券代码831251。公司是一家专注于电力电子传动与自动化产品研发、生产和销售的国家高新技术企业，依靠优异的技术和多年积累的行业应用经验，根据各行各业工艺需求，为用户提供高效可靠的自动化完整解决方案。

主要产品有高压变频器、低压变频器、防爆变频器、电力滤波器、系统解决方案等，服务于节能、自动化、电网净化三大领域。产品广泛应用于起重、机床、金属制品、电线电缆、塑胶、印刷包装、纺织化纤、冶金、煤矿、钢铁、石油、化工、电力等行业。

公司目前拥有专利30多项，各种技术资质及企业荣誉百来项。在国际化进程中，库马克将以“用先进科学技术为传统产业插上腾飞的翅膀”为企业使命，以“务实高效、开拓创新”的企业精神，克服一切困难，实现企业愿景。未来的库马克，是服务的库马克、高科技的库马克、世界的库马克！

深圳市南方默顿电子有限公司

Erdn

地址： 广东省深圳市宝安区松岗街道东方社区大田洋工业区东方华丰工业园（华美路段）D栋4楼1号
邮编： 518105
电话： 0755-27143393
传真： 0755-27143830
邮箱： merdn@ merdn. com
网址： www. merdn. com
简介：

深圳市南方默顿电子有限公司（简称南方默顿）是一家自研发、生产、销售到售后服务一体化的专业UPS生产制造公司。公司一贯秉承“品质第一，客户至上，追求卓越”的经营理念与奋斗目标，长期致力于科技研发与技术创新，以给消费者提供更合适的产品；完整的系统技术，优异的产品品质，以给客户提供完整的电力解决方案。

南方默顿生产基地坐落于经济优越、科技领先的广东深圳。公司品牌与OEM并行，在印度、泰国、日本等地都有极佳的品牌知名度与市场占有率，并为各国知名度品牌OEM生产。

南方默顿生产通过了ISO9001国际质量管理体系认证以及ISO14001国际环境体系认证，所生产的UPS产品也通过了CE、CQC等产品品质认证，未来的南方默顿公司更会致力于技术的创新与服务的提升，援引学术高端科技与力量，奔向国际电源行业新标航。

深圳市帕瓦科技有限公司

pawasz
帕瓦科技

地址： 广东省深圳市龙岗区龙西社区宝鹰工业园B区C栋2楼
邮编： 518116
电话： 0755-28968700
传真： 0755-28968689
邮箱： root@ szpower-tech. cn
网址： www. szpower-tech. cn
简介：

深圳市帕瓦科技有限公司（简称帕瓦科技）是专业从事电源及节能设备研发、制造、销售的综合性高科技企业。帕瓦科技产品已在市政、金融、医疗、广播电视等需要高品质电源的领域都有相当好的口碑，深受广大客户的青睐，自2006年成立以来，先后获得“电源学会会员单位”，“高新技术企业”等荣誉称号。

帕瓦科技运用丰富的电能效率管理经验及现代化的电能损耗诊断分析手段，从低压电网侧入手，对客户的电效和降耗的管理结构、配电系统、动力设备、照明系统，以及产品流程等方面进行系统的综合性分析和诊断，为客户提供系统的电能损耗现场诊断和分析评估，从而帮助客户有效地降低电能消耗和设备故障率，提高产品品质和设备利用效益，降低直接和间接运作成本，提升企业的盈利能力和市场竞争能力。

我们的企业目标：“提升电能质量”和“降低用电成本”。

我们的服务承诺：“让我们尽心尽力，让客户称心如意”。

深圳市鹏源电子有限公司

深圳市鹏源电子有限公司
Forever Power　Shenzhen Advantage Power Limited

地址： 广东省深圳市福田区新闻路侨福大厦4F
邮编： 518034
电话： 0755-82947272
传真： 0755-82947262
邮箱： sales@ szapl. com
网址： www. szapl. com
简介：

深圳市鹏源电子有限公司是一家专业为新型能源产品提供核心电子零件的代理商，既提供包括各类IGBTs、MOSFET、快速二极管、整流桥、晶闸管、碳化硅二极管和场效应管和控制IC等关键的半导体器件，也提供薄膜电容器、铝电解电容器、电流传感器和滤波器等产品，能为功率变换的各个环节提供关键的元器件。

我们拥有专业的销售工程师团队，能为客户提供正确、高效和经济的元器件方案，让客户的设计处于业界前沿。

在通信电源、UPS、电力电源、变频器、电焊机、风能、太阳能、SVG……等领域，我们都有成熟和领先的元器件方案，能有效减少工程师挑选元器件的时间，缩短产品开发的周期。

产品众多、现货充足是我们的优势之一，无论是跨国企业还是国内厂家，都能得到我们迅速、可靠和专业的服务。

我们代理的产品包括 IXYS、CREE、WESTCODE、ICEL、Panjit、Tamura、Electronic Concepts、擎力科技、PAYTON、CET、惠博顿等，服务的客户包括 Emerson、Siemens、GE、Philips、中兴通讯、中国南车、AgileSwitch 等。我们致力于为客户提供一站式的服务，是电力电子行业首选的供应商。

深圳市锐能微科技有限公司

地址：广东省深圳市南山区海天一路 13 号深圳市软件产业基地 5B-401
邮编：518057
电话：0755-86221680
传真：0755-26400023
邮箱：wuxiaoli@ renergy-me. cn
网址：www. renergy-me. cn
简介：

深圳市锐能微科技有限公司（简称锐能微）成立于 2008 年 5 月，是一家高科技半导体技术公司，专业从事集成电路的研发、生产和销售。具有完整的集成电路设计队伍，公司现有员工 66 名。锐能微现属国家高新技术企业，深圳市高新技术企业，国家软件企业和集成电路设计企业，为深圳市半导体行业协会会员单位，深圳市软件行业协会会员单位，软件企业及软件产品认定企业。2012 年、2013 年连续两次通过了国家发改委等五部委的“国家规划布局内重点集成电路设计企业”认定。

深圳市瑞必达科技有限公司

RITAR®

地址：广东省深圳市宝安区福永桥头富桥二区北 A3 栋
邮编：518103
电话：0755-33850600
传真：0755-29912756
邮箱：guoguiyuan@ rbdpower. com
网址：www. rbdpower. com
简介：

深圳市瑞必达科技有限公司成立于 2006 年，是瑞达国际全资子公司，专业从事各类开关电源、充电器，智能家居推杆电源，升降桌电源等相关产品研发、生产、销售及服务于一体的公司。拥有一流的生产、检测、试验设备及仪器，采用全自动开关电源测试系统、AI 插件机、贴片机、波峰焊、回流焊、AOI、RoHS 光谱分析仪、EMC 测试系统、环境试验箱、高温老化房、数据采集一等先进生产和检验设备。为产品的优良品质提供了有效保证，公司生产的系列电源，以广泛地应用于航空航天、电信、电动车、医疗、多功能家具、体育娱乐设备、工厂设备及 LED、电动工具等领域。工厂已通过了 TUVISO19001-2008 质量体系认证和 ISO14001：2008 环境管理体系认证，产品通过了 TUV、CB、CE、UL、FCC、PSE、GEMS、KC、CCC、DOE 等质量安全认证，产品销往欧洲、美洲、大洋洲等 40 多个国家和地区。

深圳市瑞晶实业有限公司

RJ 深圳市瑞晶实业有限公司

地址：广东省深圳市南山区西丽镇丽山路民企科技园 3 栋 6 楼
邮编：518055
电话：0755-88860609
传真：0755-26515068
邮箱：zhen. xiuping@ rjsz. net
网址：www. rjsz. net
简介：

公司成立于 1997 年，是一家集科、工、贸于一体的民营股份制企业，坐落于深圳市内著名的大型工业区——西丽红花岭工业区，毗邻深圳著名学府——深圳大学城，以及西部风景旅游点：西丽湖度假村、动物园等。工业区内配套完善，交通十分便利。

公司目前主要从事开关电源类产品的研制、开发、生产。现公司拥有 10000 平米生产平台，1000 名员工和一批专业技术骨干，生产装配线 20 条及 4 台 SMT 自动贴片机，各种专业电子测试仪器，信赖性测试设备，及可同时 BURN—IN7200pcs 的老化室。日平均产能 35k，峰值产能可达到 50k。2005 年的年产值已超过亿元大关。

1999 年开始为国外内主流通信设备及相关厂商提供各类规格的开关电源、工业电源、LED 驱动电源。主要客户包括了深圳中兴通信股份有限公司、福建星网锐捷通讯股份有限公司、德赛电子（惠州）有限公司，韩国 LG 等大型厂商。

2006 年中国电子科技集团公司（CETC）第九研究所（原信息产业部电子九所）与我司合资合作，资产整合后注册资本为 959 万元，现今公司是国有控股的军转民形式的股份制科技企业，依托于九所这一强大技术后盾，致力于发展成为国内一流的电源产品研制，生产，销售一体化的专业公司。

2009 年，深圳市瑞晶实业有限公司成为深圳市 LED 产业标准联盟核心会员单位（该联盟是深圳市计量院与标准局牵头创建），积极参加深圳市 LED 产业标准的制定工作，并已成为深圳市有关 LED 产业中电源产品核心生产厂家。

深圳市三和电力科技有限公司

三和电力科技
SANHE POWER TECH

地址：广东省深圳市南山区西丽镇官龙村第二工业区 6 号厂房 1-3 楼
邮编：518000
电话：0755-26749992
传真：0755-26749991
邮箱：samwha2002@ vip. 163. com
网址：www. samwha-cn. com
简介：

深圳市三和电力科技有限公司是一家立足于深圳的高科技企业，主要从事以电力节能为中心的高科技产品的研发、制造，同时与大专院校联合承担科研开发课题。凭借多年的研发和生产经验，我们在无功补偿、滤波方面积累了丰富的经验，多项技术引领行业发展，我们公司受国家委托参与了多个国家行业标准起草和制定工作。公司的核心技术：供电系统的无功补偿技术和智能型控制；供电系统高、低压谐波治理；供电系统的稳定性分析；电容器装置的安全运行；柔性输电技术 SC、SVC、SVG、APF、UPFC 系统。

稳定的产品质量、专业化的咨询、一流的服务，使我们每天都迈向新的高度。

深圳市实润科技有限公司

地址：广东省深圳市福田区彩田路中银大厦 B 座 9A-9E 室
邮编：518026
电话：0755-83517155
传真：86-755-82468308
邮箱：cnalex@ sprintek. com. cn；
rafael@ sprintek. com. cn
网址：www. sprintek. com
简介：

深圳市实润科技有限公司是一家专业的电力电子器件代理商。以“成就你我”的心为来自全球的电子元器件生产厂家和中国的设计工程师们架起一座畅通的“桥梁”，一直致力于产品线和新项目的推广是我们不断发展的基石。依托中国和深圳地区近 30 多年的高速发展，现已成为中国范围内，工业领域值得信赖的合作伙伴。

公司的产品线包括：高压硅堆、整流二极管、快恢复二极管、肖特基二极管、桥式整流器、三相整流桥、IGBT 单管、MOSFET 单管、整流二极管模块、快恢复二极管模块、肖特基二极管模块、晶闸管模块、三相整流模块、隔离光耦、驱动光耦、高速光耦、IGBT 模块、MOSFET 模块、电流传感器、电压传感器、IGBT 驱动器、安规电容、电解电容、薄膜电容器、电力薄膜电容。

在科技与市场日新月异的今天，我们将不断地扩展更多的产品线，挖掘更新的市场机会，和我们的供应商和客户伙伴一起成长。积累成实，润泽万物，成就你我！

深圳市威日科技有限公司

Virtual

地址：广东省深圳市龙华新区大浪街道英泰工业园 5 栋三楼 A 区
邮编：518109
电话：0755-28133003
传真：0755-29787957
邮箱：vr2008@ 126. com
网址：www. weiri. net. cn
简介：

深圳市威日科技有限公司/深圳市兆伟科技开发有限公司位于深圳宝安区龙华二线拓展区内，是以开发生产电子元件检测仪器和元件数控自动生产设备为主的高科技型公司。现公司有九大类别 30 余种型号产品：精密 LCR 测试仪、精密直流电阻测试仪、变压器综合参数测试仪、直流叠加程控恒流源、磁性材料功耗测试仪、绝缘耐压安规测试仪器、无刷电机程控绕线机、CNC 自动排线式绕线机、无刷电机数控驱动器，深圳市威日科技有限公司正在研制开发电容纹波测试仪、精密电解电容测试仪、高频功率计、开关电源综合参数测试仪等新产品。公司所投产的所有产品都要收集国内外最新的相关产品进行详细研究，综合各家之所长，并加上本公司独创的电路及根据从广大用户收集来的意见改进的电路。形成既有先进性又符合用户需求的独创产品。

深圳市希顺有机硅科技有限公司

SISUN® 希顺 硅胶技术专家
希顺有机硅科技有限公司
SISUN Silicone Technology CO., LTD
做中国最好的硅胶厂

地址：广东省深圳市光明新区塘家社区塘家南路 A28 号
邮编：518000
电话：0755-29596265 13823101696
传真：0755-29596296
邮箱：liuhuafang@ sisun. cn
网址：www. sisun. cn
简介：

深圳市希顺有机硅科技有限公司是一家研发、生产、销售电子胶黏剂的国家高新技术企业，公司成立于 1999 年，产品以有机硅胶黏剂为主导，配套有环氧胶、塑料胶、快干胶、UV 胶、厌氧胶及多种特殊胶粘剂，产品广泛应用于电源工业制造领域。

公司总部设在深圳、在成都、上海、浙江等全国多地设置分公司或分支机构，业务范围遍布全球。

目前，公司与康佳、TCL、JVC、三星、伟创力、富士康、华龙、九洲、阿特斯、长城电源、珈伟、湖南兴业、冠德、富华、佛山照明、生辉照明、立达信、南玻集团等国内外知名企业建立了长期合作伙伴关系，是中国电子电器、照明、太阳能、汽车制造业用胶粘剂规模很大供应商。

深圳市新能力科技有限公司

新能力SINOLY

地址：广东省深圳市宝安区67区留仙二路中粮商务公园3栋303A
邮编：518101
电话：0755-83409828
传真：0755-83417621
邮箱：sinoly@ sinoly. com
网址：www. sinoly. com

简介：

深圳市新能力科技有限公司自1999年成立以来，全身心致力于绿色直流电源、直流储能、节能技术及计算机控制技术的研究、开发和生产。是国家科技部、财政部、深圳市科技局和财政局重点扶持的高科技企业。

公司产品现包括：地铁屏蔽门电流系统、智能照明系统、模块化直流不间断电源、电力高频开关电源模块、微机高频开关电源监控器、智能电力参数仪表、智能电度表、电能质量谐波分析仪表、电力操作电源小系统、BZW系列壁挂电源和XPZM微机控制高频开关直流系统。本公司分别通过了电力工业部电力设备及仪表检测中心和国家继电器检测中心的严格检验，并通过英国赛瑞的认证SIRA ISO9001：2000质量的体系认证。

作为国内率先为电力操作电源系统解决方案服务商，本公司产品自成体系，为客户提供全方位的多种电力操作电源产品和解决方案。我们秉承“创新、合作、服务、双赢”的经营理念；坚持“全员参与、制造优质产品，坚持改进，满足客户需求”的方针政策；崇尚“求实创新，质量第一；用户至上，服务社会”的服务宗旨。以可靠的质量、优质的性能、互惠的价格、殷实的服务与社会各界广大用户共进步、同发展。

深圳市兴龙辉科技有限公司

GD GOLDEN DRAGON

地址：广东省深圳市龙岗区横岗镇西坑村西湖工业区19栋
邮编：518002
电话：0755-89737829 89737228 89737666
传真：0755-89737108 89737118
邮箱：admin@ unitefortune. com
网址：www. gd-battery. com

简介：

深圳市兴龙辉科技有限公司成立于1998年，是一家专门从事设计、制造镍氢电池、锂电池、聚合物电池的生产企业。产品广泛应用于数码/摄像机、PDA、手机、无绳电话等。

自公司成立以来，我们始终坚持“技术第一，品质卓越，顾客至上”的原则。其先进的品质检测设备及严格的质量管理体系确保金龙电池在生产过程中品质更完善，性能更稳定。

经过多年的研究与发展，凭借良好的产品品质与不断的技术创新，我们金龙品牌电池已逐渐成为国内电池业畅销产品。其产品同时远销美国、欧洲、东南亚、中东等国家与地区。

我们热烈欢迎新老客户拜访我司参观与指导，并期待着与您进一步的合作！

深圳市雄韬电源科技股份有限公司

雄韬股份 VISION GROUP

地址：广东省深圳市大鹏镇同富工业区雄韬科技园
邮编：518120
电话：0755-84318700
传真：0755-84318700
邮箱：sales@ vision-batt. com
网址：www. vision-batt. com

简介：

雄韬电源是全球规模很大的蓄电池生产企业，成立于1994年。现有员工4200人，两大生产基地—深圳雄韬科技园及越南雄韬总占地面积260000m^2。在中国大陆、中国香港、越南、欧洲、美国、印度拥有制造基地或销售中心，分销网络遍布全球100多个国家和地区。

公司产品涵盖密封铅酸、锂电子电池两大品类：密封铅酸蓄电池包括AGM、深循环、胶体、纯铅四大系列；锂电子电池包括钴酸锂、锰酸锂、磷酸铁锂。

公司在全球100多个国家和地区的通信、电动交通工具、光伏、风能、电力、UPS、电子及数码设备等领域为客户提供完善的产品应用与服务。目前，在全球的主要合作伙伴有艾默生（EMERSON）、施耐德、APC-MGE、伊顿（EATON）、中国移动、中兴、南方电网等。

深圳市英可瑞科技股份有限公司

INCREASE

地址：广东省深圳市南山区马家龙工业区77栋
邮编：518052
电话：0755-26586000
传真：0755-26545384
邮箱：increase@ increase-cn. com
网址：www. increase-cn. com

简介：

深圳市英可瑞科技股份有限公司（简称英可瑞）成立于2002年，专注于电力电子产品的研发、生产和销售的高新技术企业，定位服务于中高端直流电源系统制造商，以拥有自主知识产权为基础，在经营过程中坚持走自主研发，技术创新的道路，为客户提供设备配套及其服务，实现企业价值与客户价值共同成长。

2016 年公司实现销售收入约 6 亿元。目前，公司有员工 240 余人，其中专门从事研究开发的人员有 50 余人。经过 15 年的发展，英可瑞公司在技术研发能力、产品品质和市场占有率在电源行业内已经占有一定的地位。公司主要产品有汽车充电电源、电力电源、通信电源、工业电源等。产品已经大量运行在国内及世界各地，广泛地应用于汽车充电、电力、铁路、城市交通、冶金、能源等多种行业。

为了致力于新能源电动汽车的市场开拓，公司自 2011 年开始汽车直流充电模块的开发，目前有 3. 5kW、7. 5kW、10kW、15kW 系列共计 40 余款型号的产品；充电桩标准系统从 21 ~ 450kW 多个功率等级的覆盖。目前，参与的典型的项目有北京 APEC 会议中心充电站，首都国际机场充电站，上海公交充电站，南京公交充电站，苏州公交充电站，国家高速公路充电站等项目，在新能源汽车充电桩领域享有较好的美誉度。

深圳市粤嘉鸿电子有限公司

地址： 广东省深圳市宝安六区前进一路宝前巷 46 号经发大厦十一楼 1101-1105 号

邮编： 518000

电话： 0755-29743120

传真： 0755-29743152-808

邮箱： aaron@ hihtek. cn

网址： www. hihtek. cn

简介：

深圳市粤嘉鸿电子有限公司成立于 2008 年，是专注于电子元器件供应的一般纳税人企业，并在香港设有分公司和中转货仓。

我们立志于把更有价值和更适合应用的产品供应给客户，以达到客户、供应商和公司互利共赢。

目前，我们是 JOULWATT（杰华特）、ZOWIE（智威科技）、UTC（台湾友顺）、JINGDAO（山东晶导）、SILERGY（矽力杰）、擎力科技（SPNC）、NCE（新洁能）、晟矽微、大昌、康源和芯龙、芯谷的一线授权代理商。我们主要经营各类电源 IC、品种齐全的 MOSFET、高低电压整流的各类元器件、通用 IC、多种规格的二、三极管、霍尔 IC 以及多种保护器件。产品广泛应用于各类主板和板卡、开关电源、快充、各类适配器、LED 驱动电源、液晶电视以及电源、DVD 和 DVB 以及电源、通信和太阳能以及车载逆变电源、移动电源、旅行以及车载充电器、电动工具和应急灯电源等诸多领域。

我们的价值观："诚信、专业、用心、高效"。

公司经营理念和方针：只卖优质产品、常用物料备现货、保持价格优势、持续改善产品供应。

选择我们的六个理由：1）我们完全没有假货、劣质产品供应。2）我们供货稳定、及时，避免断货造成停工待料的损失。3）我们人员流动率极低，避免新老交替的麻烦。4）拥有香港公司和货仓，合作方式灵活。5）我们有良好的内控管理和 ERP 信息系统，有效降低出错率。6）有良好的技术支援能力。

深圳市正能实业有限公司

地址： 广东省深圳市南山区西丽留仙洞工业区顺和达厂区 2 栋 2 楼西

邮编： 518067

电话： 0755-26698797

传真： 0755-26698765

邮箱： zhengneng@ zhengneng. com

网址： www. zhengneng. com

简介：

深圳市正能实业有限公司成立于 1999 年，是一家民营高新技术企业。公司总部员工 80 余人，其中研发人员 40 余人，生产基地 800 余人。多年来主要从事功率电子学，电气控制及相关成套设备的研究、开发和生产，尤其擅长于高频开关电源微机控制技术。从而在电力和通信高频开关电源以及智能监控领域，有很强的市场竞争能力，其主要产品有分布式电源、电力操作电源、通信直流电源、电力充电模块、通信智能高频开关充电模块、小系统监监控模块、直流变换器、工频高频逆变器、UPS、EPS 等。2008 年，公司成立新能源事业部，以实力雄厚的专业技术人员，结合高等院校的专家、教授，共同研制、开发的主要产品都通过微处理控制、采用智能化、数字化、PWM 调制、SPWM 调制及无触点静态控制等技术，达到国内技术领先水平。其主要产品有太阳能系列离网/并网逆变器、太阳能充放电控制器，风光互补控制器，太阳能控逆一体机，风光互补系统（路灯、家庭用电），太阳能电池及组件，太阳能光伏系统集成等。

深圳市知用电子有限公司

地址： 广东省深圳市龙岗区天安数码城 4 号大厦 A1702

邮编： 518100

电话： 15986618000

传真： 0755-26612081

邮箱： cybertek@ cybertek. cn

网址： www. cybertek. cn

简介：

深圳市知用电子有限公司（CYBERTEK）是一家专注于专业测试仪器领域的高科技公司。公司开发的高性能高频电流/电压探头和传感器、高精度电流互感器、全数字化电磁兼容接收机及专业测量附件等产品系列，广泛用于电子产品研发生产的各领域，性能全面达到世界先进水平。目前是国内仅有的掌握高频电流探头核心科技的生产厂家，打破了国外公司的长期技术垄断格局。公司创始人及其开发团队在精密传感器、数字信号处理、射频技术等方面经过长期的技术积累，拥有相关的知识产权和专利，以及核心专业技术能力。公司的研发生产体系在ISO9000质量管理体系的管理下，产品通过了各种认证如CE和各国家权威计量单位的计量。通过提供各类高性能的测量和测试解决方案，为我们的客户快速研发生产高可靠高性能低成本的产品提供强有力的保障，从而使客户实现产品与服务的增值。

深圳市中科源电子有限公司

地址： 广东省深圳市光明新区公明楼村社区世峰工业园F栋3楼

邮编： 518100

电话： 0755-23429958

传真： 0755-23429958-808

邮箱： sean@ szcpet. com

网址： www. szcpet. com

简介：

深圳市中科源电子有限公司（简称CPET）致力于电源、家电、灯具老化设备、自动化设备、测试仪器、软件产品等多类相关产品的研发、制造、销售与服务，在华东与华南设有营销服务机构，国内拥有40多家合作伙伴，是业界典范的老化测试设备制造商。

CPET始终以技术创新为发展的源动力，我们非常重视对研发的投入，现已获得发明专利与软件著作权50多项，获得了深圳市双软企业，深圳市优秀软件类企业，深圳市高新技术企业，国家高新技术企业等殊荣。

CPET产品广泛应用于电源的研发设计、生产测试、电池、LED照明、家电、光伏、电力新能源等产业。

CPET已服务于全球上千家客户，如Philips飞利浦、SAMSUNG三星、Panasonic松下、CVTE视源、NVC雷士、三雄极光、MTC兆驰、MOSO茂硕、BYD比亚迪、Inventronics英飞特、MOONS'鸣志等等知名企业，在国内外市场上享有较高的品牌知名度和美誉度。

现在CPET在产品创新上不断获得成功，但CPET人从未停下前进的脚步，以客户为中心我们不断追求着更好的技术、品质、服务、价值为经营理念。

让我们共同见证中国创造。

深圳市中兴昆腾有限公司

地址： 广东省深圳市宝安区67区留芳路6号庭威工业区二期厂房8楼

邮编： 518000

电话： 0755-86296585

传真： 0755-86296063

邮箱： quantumService@ zte. com. cn

网址： www. ztequantum. com

简介：

深圳市中兴昆腾有限公司（简称中兴昆腾）成立于2011年9月8日，总部设在深圳，产品覆盖新能源光伏产品、矿山避险和通信产品、自助机类产品等多个领域。

中兴昆腾前身为中兴新通讯设备有限公司（ZTEHoldings）机械事业部。中兴新通讯设备有限公司，是国务院确定的520家全国重点国有企业之一，是高科技上市公司中兴通讯（SZ000063）的控股母公司。

中兴昆腾现有员工300人，拥有一批经验丰富的产品研发和生产管理队伍。同国内一流院校、研究所建立联合实验室，注重产品研发和创新。目前，公司已累计获得专利45项，其中申报发明专利11项、取得实用新型专利27项、外观专利7项，软件著作权8项。

承载着中兴集团28年的研发、生产制造经验。公司成立后第一年，2012年即实现产品的批量销售，实现收入1.5亿。

中兴昆腾全面通过了ISO9001质量管理体系认证，相关产品取得日本JET认证、欧洲TUV认证、中国金太阳认证、中国煤矿产品安标认证等。

深圳市卓越至高电子有限公司

地址： 广东省深圳市龙岗区龙城街道新联社区嶂背一村园湖路横二巷18号3楼

邮编： 518129

电话： 0755-89395358

传真： 0755-22640117

邮箱： ad@ excellenttop. com. cn

网址： www. etopower. com

简介：

深圳市卓越至高电子有限公司是一家优秀的电源解决方案供应商，拥有10余年的电源研发、制造经验，我们致力于以优惠的价格，准时的交货时间为客户提供优质的产品与服务。经国家对外贸易经济合作部批准，拥有对外经营权。公司电源产品系列包括：标准通信系统电源产品、标准嵌入式系统电源产品、定制电源产品、标准模块电源产品、标准工业电源产品、标准仪器电源系统产品、交直流配电系统产品等，产品广泛用于通信、电力电子、自动化控制、铁路、军工、医疗等行业，并大量销往欧美、日本、印度、中东等国家和地区；公司重视技术、重视人才，不断强化内部管理，狠抓产品质量. 我们的产品100%经过高温老化，符合CCC、CE、UL多个国家权威机构的安全认证的标准. 公司以“卓越质量，高效服务”为宗旨，竭诚为您提供最优质的服务。

为了保证及时交货，我们一直保持标准品库存，为您解决燃眉之急。如果您不能从我们的产品展示上找到合适的机型，或者您无法在市场上找到合适您规格的产品，请联系我们，我们强大的研发队伍一定能按您的需求为您开发定制出您满意的产品。

奉行“诚信、严谨、创新、高效”的理念，坚持以顾客满意为中心、以环境友好为己任、以安全健康为基点、以品牌形象为先导的价值观，一如既往地为国内外顾客提供优质的技术服务和工程产品。

深圳欣锐科技股份有限公司

SHINRY 欣锐科技

地址：广东省深圳市南山区学苑大道 1001 号南山智园 C1 栋 14 层
邮编：518055
电话：0755-86261588
传真：0755-86329100
邮箱：evcs@ shinry. com
网址：www. shinry. com

简介：

深圳欣锐科技股份有限公司成立于 2005 年 1 月，是以新能源汽车产业为核心业务的国家高新技术企业，是国家科技部 863 项目和国家发改委战略性新兴产业项目的主承接单位。拥有汽车级 TS16949 体系认证标准的专业化工厂，为客户提供高效率、高功率密度、智能化、高可靠性的电力电子解决方案，产品服务全球。

公司自 2006 年初进入新能源汽车产业，拥有车载电源（DC-DC 变换器、车载充电机等的总称）原创性核心技术的全部自主知识产权。在车载电源和大功率充电领域积累了丰富的研发及产业经验，拥有业界领先的研发创新能力及工程制造能力，产品技术居全球领先水平。欣锐的车载电源配套了国内外众多车型，国内主流车型覆盖率达 80%，直接促进国内新能源汽车行业朝产业化方向发展，并逐步成为全球性的车载电源和大功率充电解决方案提供商。

公司秉承锐意进取、特设服务的理念，通过频繁的国际交流开拓全球化专业视野。以卓越的产品创新理念，为行业客户提供专业价值服务，致力于成为全球领先的电力电子企业。

拓哲（广州）电子科技有限公司

TOZER Power Solution Provider

地址：广东省广州市广州经济开发区东区宏明路 271 号 1 栋 4 楼
邮编：510530
电话：020-82068466
传真：020-82181182
邮箱：sales@ tozerpower. com
网址：www. tozerpower. com

简介：

Tozer Technologies Limited 是专业设计、生产及销售电能转换设备和变频系统的科技公司。历史可以追溯到世界上第一家提供 IC 封装微功率 DC-DC 转换器系列的 Newport Components Ltd（建立于 20 世纪 80 年代初期）。经多年的努力经营，Tozer 已经成功延续了 Newport 时代的电源技术创新优势并逐步成为电源行业领先的制造服务公司。

拓哲（广州）电子科技有限公司 Tozer（Guangzhou）Electronics Technologies Ltd. 是 Tozer Technologies 在中国投资的全资子公司。

Tozer 产品范围涵盖了 DC-DC 转换器，AC-DC 电源，定制磁性器件和 LED 驱动器等电源相关设备。

协丰万佳科技（深圳）有限公司

HF

地址：广东省深圳市龙岗区平湖街道良安田社区良白路 179 号
邮编：518111
电话：0755-84687559
传真：0755-84687810
邮箱：trm1@ hipfunggroup. com
网址：http：//hipfunggroup. com

简介：

协丰万佳科技（深圳）有限公司是香港协丰公司在内地投资兴建的企业，公司在中国的加工生产基地主要向客户提供各种电子产品加工生产服务，完全有能力满足各种 OEM 客户的需求和各种复杂产品的加工要求。

公司于 2002 年 5 月积极地引进无铅焊接技术，现今完全有能力生产无铅产品，目前公司的生产设备可以满足欧洲市场。

此外，公司还加强了环境管理体系，参与了一些客户的“绿色伙伴”计划，并根据 ROHS 指示减少、逐渐停止或随后禁止采购和使用破坏环境的物质。

公司在亚洲和美国都设有采购办事处，在澳门设立了一个办事处以满足一些特别客户的需求，具有稳定的人力资源，国际新的、专门的生产设备，良好的质量控制，准时交货，与相关方保持互利的合作与信任，使公司与来自日本、美国、欧洲及澳大利亚等大型电子公司客户保持着良好的商业合作关系。

伊戈尔电气股份有限公司

EAGLERISE
伊戈尔电气股份有限公司
EAGLERISE ELECTRIC & ELECTRONIC (CHINA) CO., LTD.

地址：广东省佛山市南海区简平路桂城科技园 A3 号

邮编： 528200
电话： 0757-86256765/888
传真： 0757-86256886
邮箱： sales@ eaglerise. com
网址： www. eaglerise. com
简介：

伊戈尔电气股份有限公司（简称伊戈尔电气）始创于20世纪90年代，总部位于中国佛山，现有2个生产基地，2个研发中心，拥有标准厂房120000平方米，员工约2100余人，致力于向全球市场提供最优质的电力、电源及电源组件产品和解决方案，主要产品系列有LED驱动器、开关电源、电源变压器、电感器、特种变压器、电抗器、配电变压器共7大类400余个品种，广泛应用于照明、电力、新能源、工控等行业。伊戈尔电气坚持以市场为导向，以客户为中心，在北京、上海、日本、美国、德国分别设有驻外机构，在全球范围内围绕着有价值的客户群，建立并发展着互惠互利的良好合作关系。

亿曼丰科技（深圳）有限公司

地址： 广东省深圳市龙华新区观澜街道横坑环观中路59-69
邮编： 518110
电话： 0755-28035501 28035502
传真： 0755-28085122
邮箱： xiang@ szymf. cn
网址： www. szymf. com
简介：

亿曼丰科技（深圳）有限公司是一家深圳注册集专业无源电子元器件-电容器的研发、设计、生产、销售于一体的国家高新技术企业。

公司成立于2004年6月，注册资金500万元（港币），固定资产投资达5000万元，年产量12Gpcs，产品符合IEC标准，广泛应用于通信、工业控制、家用电器（节能灯、LED照明、音视频设备）、电脑以及新能源等领域，公司已成为中国大陆规模很大和最具发展潜力的电容器制造企业，总部位于深圳市龙华新区观澜街道横坑社区环观中路69号。亿曼丰科技（深圳）有限公司以“诚信、务实、开拓、卓越”为宗旨和“做科技行业的领跑者，打造国际品牌”的执着追求，由小到大，已拥有从韩国、日本等国家引进的电容器生产线和检测仪器，自动化程度高，生产设备先进，检测手段完善，技术力量雄厚，具有科学的生产管理，先进的生产技术和严谨的质量保证体系。公司自成立以来一直致力于研发、生产各种规格和款式的高品质电容器。主要系列有金属化薄膜电容器系列X2、CL11、CL21、CBB13、CBB81、CBB28等，应用广泛的金属化薄膜电容器具有自己的注册商标。

公司有完善的质量管理体系，2009年3月1日通过ISO9000国际质量管理体系认证，并获得CQC、VDE、IEC、UL、ENEC等著名产品的安全认证，能满足不同市场和电器制造行业的需求，并为客户提供放心满意的产品和售后服务。

公司集合了一批有几十年电容器制造技术和工艺的专家和工程技术人员，对电容器科技产业发展的信息有着高度的敏感性和快速响应能力，在全面研究国内外本行业技术工艺材料等的新的动态基础上，博采众长，紧紧结合本地实际资源和环境，根据电容器新材料新工艺新技术设计制造具有亿曼丰特点的产品投放市场。公司特别致力于根据用户的特殊环境和要求与用户共同携手创意个性化的电容器产品。

公司全体成员以“丰满的意志、宽宏的容量、耐久的服务”为理念，全方位满足客户要求。

中惠创智（深圳）无线供电技术有限公司

地址： 广东省深圳市龙岗区天安数码城4栋B座603-604
邮编： 518100
电话： 0755-28993997
传真： 0755-84564996
邮箱： www. zonecharge. com
简介：

中惠创智（深圳）无线供电技术有限公司成立于2015年，隶属于中惠创智无线供电技术有限公司（总部设在烟台）全资子公司，注册资金1000万元，公司主要经营范围：无线供电技术及其产品的生产研发、电子技术研发、计算机硬件设备、教学教具研发与销售等。

致力于当今科技前沿的无线供电和充电技术的研究及产业化运营。公司是目前世界上率先全面掌握点对点、轨道式、平面式、空间式和大功率无线供电技术的高新技术企业，目前中惠创智一共拥有核心知识产权专利技术109项，其中授权30项，发明专利5项。也是世界上率先能把三维立体无线供电技术进行实景展示的公司。

2015年9月，在第四届中国创新创业大赛中，中惠创智无线供电项目一举夺得全国总决赛第一名。2016年1月，“三维无线供电技术的研究与应用”经国家科技部认定处于国际领先水平。因此，公司董事长徐宝华先生应科技部邀请，作为山东省仅有的创新型企业代表，参加2016年5月底在北京召开的全国科技创新大会、两院院士大会、中国科协第九次全国代表大会，并受到习近平总书记的亲切接见。

珠海科达信电子科技有限公司

地址： 广东省珠海市香洲区梅华西路1089号2栋601
邮编： 519070
电话： 0756-8658523

传真： 0756-8620978

邮箱： marinasun@ qq. com

网址： www. zhcodasun. com

简介：

珠海科达信电子科技有限公司是专业致力于交流稳压器及相关动力设备的研制、生产和销售的高新技术企业，拥有一大批多年从事电源开发的专业技术人员，不断创新，为用户提供符合国情电网环境的优质电源产品，提供动力系统的全方位技术解决方案。

秉承“科技为先，诚信为本”的企业理念，以满足用户的需求为己任。1997 年率先自主研制开发出国内“晶闸管步进调压式无触点电力稳压器”，先后获得八项国家专利。该产品一经推出，其卓越的技术性能即受到广大用户的认可和欢迎，并得以迅速的推广使用。几年来，它倡导了“无触点”稳压技术新概念，在信息产业部及各省份的选型检测中连续名列榜首，一度成为替代传统机械稳压器的优选产品。

多年来，我公司不仅重视产品的质量，更看重对用户的服务，为用户提供技术咨询、产品配套、精心选型及完善的售前、售中、售后全方位的服务。用优异的产品质量和完善的售后服务来赢得各方用户的信赖。

目前，我公司生产的稳压器在全国 20 多个省、市、自治区应用于国防、广电、通信、金融、民航、医疗、厂矿等不同行业。

珠海山特电子有限公司

地址： 广东省珠海市唐家湾镇哈工大路 1 号-1-C102

邮编： 519000

电话： 0756-3388866

传真： 0756-3388877

邮箱： ata@ ataups. com

网址： www. ataups. com

简介：

珠海山特电子有限公司是目前国内具有较完整产品系列的不间断电源（UPS）和免维护蓄电池生产制造企业。

ATA 是珠海山特电子有限公司的自主品牌。

公司的产品主要有不间断电源（UPS）、逆变器、稳压电源以及免维护蓄电池。其中不间断电源有后备式、高频在线式、工频在线式、在线互动式等几大系列 100 余种规格；免维护蓄电池有世界各种型号汽车电池以及广泛用于通信、电力、消防等各个行业用的 2～24V 电池。以上产品能够满足世界不同用户的要求，并可根据客户要求设计生产，接受 OEM 订单。

公司采用先进的设备进行生产，产品质量的管理体系通过 ISO9001 国际质量管理体系认证，并大力引进世界著名企业的管理理念，以确保满足用户对高品质产品的要求。

ATA 品牌的系列产品广泛用于金融证券、医疗、通信、教育、交通等各个领域，并大量出口至东南亚、中东、南非和欧美等世界各个地区。

珠海泰坦科技股份有限公司

地址： 广东省珠海市石花西路 60 号泰坦科技园

邮编： 519015

电话： 0756-3325899

传真： 0756-3325889

邮箱： titans@ titans. com. cn

网址： www. titans. com. cn

简介：

泰坦全称为“中国泰坦能源技术集团有限公司”，为香港联交所主板上市企业（股票代码 2188），包括珠海泰坦科技股份有限公司、珠海泰坦自动化技术有限公司、珠海泰坦新能源系统有限公司、北京优科利尔能源设备公司等企业，公司以电力电子为主要行业定位，集科研、制造、营销一体化，围绕发电、供电、用电的各类用户，运用先进的电力电子和自动控制技术，解决电能的转换、监测、控制和节能的需求，通过技术创新和新技术新产品的推广应用取得企业的发展。公司成立于 1992 年 9 月，总部设在风景优雅的珠海市石花西路泰坦科技园。公司拥有专业化、高素质的员工团队和雄厚的研发实力，以及覆盖全国的营销和技术服务网络。

公司研制和营运的主要产品有电力直流产品系列、电动汽车充电设备、电网监测及治理设备、风能太阳能发电系统等产品。

专顺电机（惠州）有限公司

地址： 广东省惠州市博罗县石湾镇科技产业园科技大道一号

邮编： 516127

电话： 0752-6928301

传真： 0752-6928311

邮箱： csc@ csepower. com

网址： www. csepower. com

简介：

专顺电机在台湾成立于 1978 年，是一家致力于变压器设计和制造的专业厂商并在变压器行业取得了骄人的成绩。2002 年成立了专顺电机（惠州）有限公司，工厂位于中国惠州市石湾镇，占地面积 60000 多平方米，现有员工 1500 多人。为更好地服务客户需求，还在苏州，菲律宾，印度设立生产服务据点。我们的主要产品包括电源变压器、UPS 变压器、环形变压器、自耦变压器、三相变压器、高频变压器、线圈、非晶电抗器等。经过多年的努力，我们已成为许多全球知名品牌客户的一级供货商。

我们始终以质量和创新的理念来经营管理。通过了 UL 认证（Class B. F. H. N. R）。及 TUV ISO9001 质量认证并我们全面执行 RoHS 标准。我们的欧洲研发团队，以及我们有经验丰富的管理人员和高效熟练的员工。公司现代化设备使我们成为变压器行业的先驱，并为客户提供物美价廉的产品。

完善的质量体系，严格的原材料和生产质量检测以及优质的售后服务，树立了客户对公司产品的信心，在国际及国内市场享有较好信誉，期待与您的真诚合作！

北京市

北京柏艾斯科技有限公司

地址：北京市顺义区林河开发区林河大街 28 号
邮编：101300
电话：010-89494921
传真：010-89494925
邮箱：ayu@ passiontek. com. cn
网址：www. passiontek. com. cn

简介：

北京柏艾斯科技有限公司是一家专业的电参数隔离测量方案提供商，公司成立于 2004 年，经过多年的高速发展，公司拥有完善的生产体系，研发体系，质量保证体系，以及高素质的销售及客服队伍。公司员工均经过严格的专业技术培训，拥有强大的技术开发、生产和销售的实力。

公司早在 2005 年已顺利通过了 ISO9000 质量体系认证并严格执行，部分产品通过了 CE 等国内国际权威认证。柏艾斯掌握最核心的电测量技术，拥有数十项专利技术，如电磁隔离技术、霍尔零磁通技术、磁通门技术、柔性罗氏线圈技术等，技术水平与世界水平同步，多项产品填补国内空白。

PAS 系列产品型号齐全，包含霍尔电流传感器，霍尔电压传感器，电流变送器、电压变送器、功率变送器、漏电流变送器、开关量变送器、以及智能电量变送器等产品。公司提供 OEM、ODM、服务，已经为大量定制用户提供过高品质的可靠产品，并获得了用户的一致好评，使企业在日趋激烈的市场竞争中更具优势。

北京博电新力电气股份有限公司

地址：北京市海淀区知春路甲 48 号盈都大厦 C 座
邮编：100098
电话：010-58731010
传真：010-58731816
网址：www. ponovo. cn

简介：

北京博电新力电气股份有限公司（证券简称：博电电气，证券代码：832921）——电力系统检测方案解决商，电气试验及检测、监测设备制造商，新能源、能源互联网电气试验及检测服务提供商。

北京博电 2001 年注册成立，2011 年改制成为现代股份制企业，总部坐落于中关村高科技产业园区，是“国家火炬计划重点高新技术企业”，“新三板”上市企业。

北京博电现已发展成为中国电力检测、监测、仿真设备制造领域的龙头企业。公司检测产品范围涵盖智能电网检测（新能源及微网、特高压、智能变电站、智能配电网）、电气化交通检测（电动汽车、轨道交通）、工业电气检测（航空、航天、石化、冶金、煤炭、船舶、国防、军工）、智能用电检测（充电桩、储能设备、智能电表）等方面。

北京博电为电力系统测试提供高品质、系统级测试服务。面向新能源，推出新能源并网性能检测、新能源发电设备检测、微网电气设备检测、储能电气设备检测、电能质量检测及监测等装置，有效保障新能源并网安全可靠运行；推出先进的半实物仿真试验设备为分布式能源、微网等新领域提供有效的试验手段；充电桩、电动汽车相关检测产品及服务为电动汽车推广应用做出积极贡献。

在数字仿真技术领域，北京博电是国内数字仿真专用放大器及仿真接口设备的领导厂商，研制出一整套适用于直流工程、保护（含数字）测试、智能变电站仿真、暂态仿真及实物仿真研究等相关应用的仿真接口产品——PA 系列仿真功率放大器及其配套设备，国内市场占有率雄居行业前列。在特（超）高压输电领域，北京博电是国内为数不多的可提供完整的特、超高压换流站电气设备测试解决方案的生产厂家。测试对象涵盖阀厅、交流场、直流场、保护控制系统，为换流站的运维检修提供了可靠的工具。在智能变电站测试技术领域，北京博电研发出的智能变电站测试设备覆盖智能变电站站控层、间隔层、过程层，为智能变电站整站测试提供全面、系统、丰富的试验手段。北京博电是带电检测技术领域主流厂家之一，产品种类齐全、功能强大、技术先进，产品广泛应用于国家电网、南方电网系统，备受好评。

公司投资兴建的北京博电大厦是 2011 年北京市重点产业布局重点工程项目，位于路东区-环渤海总部基地商圈，总建筑面积近 6 万平方米，集研发试验、生产制造、全球销售服务三大功能于一体。2015 年 7 月，作为“北京市经济技术开发区特色产业园发展联盟”首批成员单位之一，“博电能源互联网创新园”获北京经济技术开发区管委会首批授牌。北京博电率先倾力打造北京地区以智能电网、分布式发电、云计算、大数据等能源互联网关键技术为基础的创新、创业基地，积极助推国家能源互联网建设的快速发展。

北京大华无线电仪器厂

地址：北京市海淀区学院路 5 号
邮编：100085
电话：010-62937102 62937111
传真：010-62921303
邮箱：dahua@ dhtech. com. cn
dhtec@ hdhtech. com. cn
网址：www. dhelec. com. cn
www. dhtech. com. cn

简介：

北京大华无线电仪器厂（768 厂）建于 1958 年，是我国最早建成的微波测量仪器大型军工骨干企业，企业通过了 GJB9001、ISO9001 质量管理体系认证，武器装备科研生产许可证、军工电子装备科研生产许可证和装备承制单位认证。近年来，企业主持或参与编写了多个行业标准。

企业主要产品有新能源装备、电源、微波仪器、微波应用四大类产品。其中新能源装备涵盖锂电池化成设备、Module 和 Pack 检测设备、充放电机、充电桩等相关产品；电源涵盖交直流稳压稳流电源、开关电源、电子负载及模块电源测试系统、LED 电源测试系统等相关产品。广泛应用于各军兵种、科研院所、高等院校及各类工业企业，为提高企业生产效率提供了高稳定度、高可靠性的优秀产品。

北京锋速精密科技有限公司

地址：北京市朝阳区酒仙桥东路 1 号 M3 楼东一层
邮编：100016
电话：010-64364661
传真：010-64360466
邮箱：qjt@ bjsharpspeed. com
网址：www. bjsharpspeed. cn

简介：

北京锋速精密科技有限公司，成立于 2013 年 8 月，为一家法人独资的民营高科技企业，隶属于北京金橙子科技股份有限公司。

北京锋速精密科技有限公司具备深厚的软件、电子、机械一体化开发能力，拥有完备的软硬件设计开发团队和机械加工生产车间。自成立以来，公司全力专注于激光调阻机的研发生产。北京锋速精密科技有限公司依托母公司在激光控制领域 10 余年的技术积累，结合自身优势，自主设计开发出独特的激光调阻技术，该方法现在已成功申请发明专利（专利号：201410258503. 9），以及我公司自主研发的拥有自主知识产权的 Trimlab 调阻软件系统。公司以成为世界最顶尖的激光调阻专家为目标，致力于为合作伙伴提供高品质的产品和服务，实现合作共赢。

北京航天星瑞电子科技有限公司

地址：北京市经济技术开发区万源街 18 号四层 425 室
邮编：100176
电话：010-67878915
传真：010-67888906
邮箱：sale@ xrpower. com
网址：www. xrpower. com

简介：

北京航天星瑞电子科技有限公司是一家高新技术企业，位于北京经济技术开发区。公司致力于航空航天及各种军用领域测控电源设备以及民用测控电源的设计、开发、生产、服务，是中国电源学会会员单位。

公司主要产品包括程控直流电源系列、程控交流电源系列、大功率直流电源系列、军品定制电源系列，还可以根据用户需求设计专用电源，提供军用测控系统供配电解决方案。

公司通过了 GJB9001B-2009 国军标质量管理体系认证和国家三级保密资格单位认证；具有丰富的军用电源研制经验，产品涉及海军、陆军、空军及二炮的多种武器系统。

北京航星力源科技有限公司

地址：北京市昌平区白浮泉路 10 号兴业大厦七层
邮编：102200
电话：010-69700498
传真：010-69700196
邮箱：hangxingliyuan@ 163. com
网址：www. hisoon. com

简介：

北京航星力源科技有限公司位于北京市中关村科技园昌平园区，是一家专业从事大功率高频开关电源模块、高精度恒流源、智能化电源系统、UPS、逆变电源、太阳能并网设备等系列产品的研发、生产、销售和服务的高科技工业企业。作为电源行业的大型龙头企业，正处于引领国内市场，步入国际化发展阶段。

公司拥有自己的现代化标准工业厂房、先进的研发和生产设备，通过了 ISO9001：2008 国际管理体系认证。公司拥有产品的全部自主知识产权和 10 余项专利技术，技术水平处于国际前沿水平。“航星电源”为绿色节能产品，在业界以“八高一低”而著称，即高可靠性、高性价比、高适应性、高合格率、高转换效率、高负载率、高功率因数、高功率密度及低返修率。

公司为“北京市高新技术企业”，“航星电源”至今已具有19年的历史，为电源行业的知名品牌，“航星电源”广泛应用于军工、航空、航天、广电、铁路、电力、医疗、通信、科研等领域，并出口到日本、德国和第三世界国家。

北京恒电电源设备有限公司

地址：北京市海淀区温泉路26号
邮编：100086
电话：010-62451119
传真：010-62451121
邮箱：wuchao@ hendan. com. cn
网址：www. hendan. com. cn
简介：

北京恒电电源设备有限公司（简称恒电电源）是北京恒电创新科技有限公司全资子公司，是我国率先研发、生产UPS电源的高新技术企业之一，也是我国率先研发、生产新能源电源的企业之一。公司成立于1993年，注册资金2000万，在北京海淀区拥有自己的生产基地。

恒电电源自主研制、开发、制造恒电牌（HENDAN）系列电源产品并获得德国莱茵公司ISO9001、TUV、CE等国际认证。2003年被中国国家发改委列入“可再生能源项目”合格供应商名单。产品各项技术指标均通过中国国家电子部质量检测中心的检测。多种产品取得中国国家“金太阳”认证。从20世纪90年代第一台HENDAN牌电源问世到今天，恒电在电源领域拥有20多年的研发、生产经验，在新能源领域也已经拥有15年以上的经验。凭借丰富的行业积累，恒电电源多年来不断为客户提供完整、满意的解决方案，以及细致入微的、全面的、咨询及定制化服务。恒电电源产品在金融、证券、邮电、通信、国防、医疗、铁路、交通、税务、教育、电力、水力等国内外重点行业领域里都有应用。并且恒电电源的新能源产品被广泛应用于金太阳工程、三江源自然保护区生态移民工程、光明工程及供电到乡工程等新能源和地域性扶贫项目中。

弘扬民族工业，打造恒电品牌，恒电电源要以高品质的产品，系统化的管理，周到全面的服务成为中国及世界电源品牌的佼佼者。

北京汇众电源设备厂

地址：北京市海淀区上地七街一号
邮编：100085
电话：010-62974051
传真：010-62974057
邮箱：huizhong_ gyj@ 163. com
网址：www. huizhong. com. cn
简介：

北京汇众电源设备厂始建于1986年，位于海淀区上地七街一号，自有土地10000平方米，三栋科研及生产大楼，建筑面积23500平方米。30年来一直致力于电源产品的设计、开发、生产和服务，获得了丰富的工艺理念，可靠的技术储备和全系统质量管理经验，建立了一支稳定可靠的职工队伍。2008年，获国家科技进步奖一等奖。

产品包括：模块电源、车载电源、逆变电源、军用微电路电源和高精度定制电源。

主要应用于航天、航空、船舶、兵器、铁路通信、电力等领域。

资质认证：

1）武器装备质量管理体系认证证书。
2）军工保密资格证书。
3）武器装备科研生产许可证。
4）武器装备承制资格单位证书。
5）TS16949汽车行业管理体系认证。

北京机械设备研究所

地址：北京市海淀区永定路50号（142信箱208分箱）
邮编：100854
电话：010-88527004
传真：010-68386215
邮箱：m15027842488@ 163. com
简介：

航天科研系统是我国规模很大的科研系统。中国航天科工集团（即原中国航天工业总公司）第二研究院是航天科研系统中的一个重要的、多学科及专业的综合性科研单位，有两弹一星功勋奖章获得者黄纬禄、有6名中国工程院院士、2000多名高级科研人员和4000多名中级科研人员。其中既有我国电子界、宇航界的老前辈，又有实践经验十分丰富的中、青年科技专家。

我院不仅承担多种类型飞行器系统的总体、控制、制导、探测、跟踪、动力及地面系统的设计与生产，还承担空间高科技产品的研制；不仅承担国内的重大科研项目，还承担着外贸出口任务。研究院采用现代科学的系统工程管理方法，把众多的研究所与生产厂有机地组成一体。近年来，共获国家与国防科工委各种发明奖以及重大科技成果奖数千项。

我院拥有现代化的科学研究设备，尤其是电子和光学仪器设备大都是全国第一流的；拥有世界先进水平的计算机系统与控制系统仿真实验室；有863高科技技术等多个国家重点实验室，可为从事科研工作提供先进的研究与测试手段。

北京京仪椿树整流器有限责任公司

地址：北京市丰台区三顷地甲3号
邮编：100040
电话：010-88680221
传真：010-88681899
网址：www. chunshu. com

简介：

北京京仪椿树整流器有限责任公司始创于 1960 年，总部位于北京市丰台区，隶属于北京控股集团有限公司，注册资金 7284 万元，资产总额超过 2.2 亿元，是中国先期生产电力电子器件和电力电子变流装置的高新技术企业之一。

公司目前拥有市级企业技术中心、博士后科研工作站、以及北京市优秀创新工作室，与清华大学、北京交通大学联合研制开发产品，与西安理工大学联合开展工程硕士培养。拥有国内一流的半导体器件生产超净车间及防静电电源生产车间。2000 年通过 ISO9001 质量体系认证，2008 年通过 GJB/Z 9001A-2001 军工质量管理体系认证。

公司产品秉承"优质环保、高效节能"的发展方向，电源产品主要有电解电镀电源、LED 用蓝宝石炉电源、电弧炉电源、中频感应加热电源、多晶硅还原炉电源、氢化炉电源、单晶炉电源、铸锭炉电源等系列装置。近年来，致力于开关电源、有源滤波器 APF、静止无功发生器、PWM 整流器、直流斩波电源等产品领域的研究与开发。

公司为航天科技集团提供了世界规模很大的单套电源系统；在国内率先实现了 MW 级开关电源在多晶制备直流系统的应用，并推广到多个行业；多个产品获得德国、英国、美国等装备厂家认可，近几年出口额增幅巨大；拥有自主知识产权 10 余项；连续三年获得北京市科学技术奖。

北京纽绅埔科技有限公司

地址： 北京市海淀区白塔庵 5 号汉荣家园 1 号楼 507 号
邮编： 100098
电话： 010-82822323 82821187
传真： 010-82821187
邮箱： info@ ncpups. com
网址： www. ncpups. com
简介：

北京纽绅埔科技有限公司位于北京中关村科技园区，成立于 1999 年 1 月 6 日，本公司具有多年电源设备及蓄电池的设计、研发和市场推广的历史，以及拥有一大批年轻化、高科技、高素质的专业技术人才。它是一家高新技术企业；中关村创新企业发展促进会副理事会员；中国电源学会会员单位；本公司已通过 ISO 9001：2008 国际质量管理体系认证。

公司针对中国电力发展现状及需求以 ODM 的生产方式，采用先进的技术，自 2000 年公司电源及蓄电池系列产品先后进入了各行业所需的特异 UPS 电源及蓄电池领域，如：铁道部户外轨道衡系统、全国第一条大秦线 GSM-R 铁路通信基站、直放站及一体化基站系统、国家地震局地震监测系统、公安部系统、中国人民解放军及中国航天部系统等。由于公司经营水平的不断提高和行业市场的不断扩大，公司在产品的生产和研发方面投入了更大的力度，并且在产品的发展方向上最大限度地满足行业用户对特殊行业、特殊环境、特殊条件的不同要求。

公司将继续坚持服务于用户的原则，以行业为依托，充分利用公司的整体优势，生产出技术先进、工艺精湛、安全可靠的高品质新品，以满足广大行业用户的需求。当前公司在中国设有多家营销总部及技服中心，纽绅埔系列产品已逐步进入国际市场。公司高品质的产品以及优质及时到位的售后服务已赢得了广大用户的一致认可与好评。

北京普罗斯托国际电气有限公司

地址： 北京市通州区马驹桥联东 U 谷工业园 15 号 9D
邮编： 101102
电话： 010-88861981
传真： 010-88861976
邮箱： market@ prostarele. com
网址： www. prostarele. com
简介：

北京普罗斯托国际电气有限公司（简称普罗斯托）坐落于日新月异的国家级开发区，亦庄开发区（联东 U 谷）。是一家专业致力于研发设计、制造太阳能逆变器、太阳能离网发电系统、太阳能控制器、UPS 不间断电源、隔离变压器、稳压电源产品的国际化集团公司。以其享誉全球的电源产品和尖端技术，为世界工业和电力等行业客户提供完善、全面的电力解决方案。

作为电源领域的专家，北京普罗斯托国际电气有限公司拥有强大的产品研发及制造能力。普罗斯托除了提供标准配置的电源产品，其主要竞争优势还在于能够根据用户的不同要求，提供满足客户要求的"非标"特殊产品。

北京普罗斯托国际电气有限公司率先通过 ISO9001 国际质量体系认证，产品通过严格的欧盟 CE、ROHS 产品质量认证。其产品具有高可靠性、稳定性、耐用性及适用性。

普罗斯托建立了完整的销售及售后服务网，产品已出口世界 50 多个国家并拥有多个服务机构，为所有普罗斯托产品提供快速方便的服务。

北京群菱能源科技有限公司

地址： 北京亦庄经济开发区科创十四街汇龙森科技园 33 号楼 B 栋 6 层
邮编： 101111
电话： 010-56532018
传真： 010-56532088
邮箱： 15010763966@ 139. com
网址： www. qunling. cc
简介：

北京群菱能源科技有限公司（简称群菱能源）专业致力于新能源检测及系统集成、电动汽车充电站检测及系统集成、电源测试设备研发与制造的高科技生产型企业，公司注册资金 10888 万元。得益于多年能源检测领域不断地研究与探索，公司在光伏逆变器检测等相关行业拥有核心竞争力。产品与服务为用户提供了优质的检测系统集成解决方案。

群菱能源是中国从事新能源检测的先导者之一，拥有自主知识产权，可提供 10kW ~ 3MW 光伏并网逆变器的出厂检测、车载电站验收等相关的设备。主线产品有光伏方阵测试仪、并网逆变器防孤岛检测设备、电动汽车充电站检测平台、后备电源检测设备、微网及储能检测设备等。公司产品先后获得金太阳、CQC 等认证，并成功应用于国内各逆变器生产型企业、科研机构和实验室等。

群菱能源具备高效、卓越的系统集成能力，承接并已经顺利通过验收的项目有国网电力科学研究院防孤岛车载移动检测平台、国家风电研究检测中心试验基地 1MW 检测平台、中国电力科学院兆瓦级并网逆变器测试系统、微网逆变器检测系统、储能逆变器检测系统、北京理工大学（2011 年）充电站检测实验室、上海电力储能并网检测设备实验检测平台等。

公司先后荣获：SNEC（2012）国际太阳能产业及光伏工程"十大亮点"兆瓦级企业和 CIPV EXPO2012 新技术新材料新产品展会"光伏产品科技创新企业"等称号。公司现有软件著作权及 6 项专利，通过"高新技术企业"认证。多次参与了"逆变器金太阳认证标准"的编订及其它相关标准的编订，是中国光伏检测标准制定的重要参与单位。

北京森社电子有限公司

地址：北京市朝阳区双桥西里 7 号院
邮编：100121
电话：010-85361516
传真：010-51667521
邮箱：2850326117@ qq. com
网址：www. bjsse. com. cn

简介：

北京森社电子有限公司是专业设计、生产、销售（霍尔）电流、电压传感器/变送器（即宇波模块）的高新技术企业，公司前身是北京七 O 一厂传感器事业部。

20 世纪 80 年代初，我公司在国内率先开展了霍尔技术的研究。1989 年，通过引进国外先进的闭环霍尔传感器技术，研制生产了（霍尔）电流、电压传感器/变送器，目前已经生产了上千个品种，可测量直流、交流及脉冲电流或电压，电流量程从 10mA … 100kA；电压量程从 10mV …10kV。

1999 年，宇波模块的设计、生产及服务通过 ISO9001：2000 质量管理体系认证。

2012 年通过武器装备质量管理体系认证，依据标准：国家之军用标准 GJB9001B-2009。经过多年的不懈努力，宇波模块已成功地应用于各种电源、焊接设备、工业自动化控制、电气传动、数控机床、电力系统、铁路信号及机车、整流系统、军用装备等众多技术领域，近年来在航空航天、核物理研究、清洁能源等高新技术领域亦得到良好的应用，多年的应用实践表明，宇波模块的性能稳定、可靠，较好地满足不同应用的技术要求，产品受到客户的一致好评。

我们将本着诚信、专业、持续改进的企业经营理念，不遗余力地在传感器技术的研发、应用领域继续努力，为客户提供优质的产品及服务，与我们的客户共同发展，共创美好的明天。

北京韶光科技有限公司

地址：北京市海淀区知春路 108 号豪景大厦 B 座 2002 室
邮编：100086
电话：010-62105512 18614041784
传真：010-62101976
邮箱：xuyp@ shaoguang. com. cn
ligl@ shaoguang. com. cn
网址：www. shaoguang. com. cn

简介：

北京韶光科技有限公司成立于 1998 年，是国内先期从事代理仙童功率器件产品的公司，公司主要致力于半导体器件的推广如 MOFET、IGBT 单管及模块，超快恢复二极管。同时，公司还代理韩国半导体大卫、美格纳的功率模块及南京晟芯半导体 IGBT、MOS、FRD 单管及模块产品（适应半导体国有化的趋势），并向客户提供一流的服务。

公司的产品主要应用于充电桩、开关电源（AC-DC、DC-DC）、逆变电源、UPS/EPS 电源、通信电源、车载电源、电焊机、特种电源、马达控制器、高频感应加热、纺织机械、仪器仪表等。

本公司在北京、上海、南京、深圳均设有库房，备有大量的现货库存，价格具有竞争性，并且可为客户配套服务。

公司在北京、深圳、南京、上海、佛山、成都设有办事处，公司各办都设有技术支持部门，技术实力雄厚，可以给客户提供技术解决方案，解决客户的技术难题。

以质量和诚信占有市场是我们公司始终坚持的宗旨。以创新和共赢求发展。光阴如织，时间似箭，世界在变，商海也在剧变，唯一不变的是我们对事业永恒的追求。挑战与机遇同在，我们时刻充满自信。

北京世纪金光半导体有限公司

地址：北京市亦庄经济技术开发区排干渠西路 17 号
邮编：100176

电话：010-56993369

传真：010-56993389

邮箱：sales@ cengol. com

网址：www. cengol. com

简介：

北京世纪金光半导体有限公司成立于 2010 年 12 月 24 日，注册资金 23656 万元，位于北京经济技术开发区，始建于 1970 年，其前身为“国营 542 厂”（即中原半导体研究所）。公司主营宽禁带半导体晶体材料、外延和器件的研发与生产。是半导体领域国防重点研制企业、国家高新技术企业、中国国防科技工业协会理事单位、中国宽禁带功率半导体产业联盟理事单位、中国半导体材料协会会员单位。

公司经过 40 多年的发展，已成为第二代、三代半导体晶体材料、外延、器件、模块的研发、设计、生产与销售的科技型企业。是国内率先贯通整个碳化硅全产业链的高新技术企业，既碳化硅高纯粉料→单晶材料→外延材料→器件→功率模块制备。

公司主要产品为碳化硅（SiC）高纯粉料、碳化硅（SiC）单晶片、磷化铟（InP）单晶片、锑化镓（GaSb）单晶片、碳化硅（SiC-SiC）同质外延片、氮化镓（SiC-GaN）基外延片、石墨烯、碳化硅（SiC）SBD 器件、碳化硅（SiC）MOSFET 器件、碳化硅（SiC）功率模块、IGBT 模块等。

公司拥有强大的技术研发团队，团队主要成员由具有博士、硕士学历人员和教授、研究员等高级职称人员组成，研发力量雄厚。成立以来，陆续转接并承担了国家科研任务 50 多项，其中国家科技重大专项 8 项，取得国家专利近百项。

世纪金光作为一家充满活力的现代化企业，愿同国内外朋友广泛合作，共同创造半导体行业辉煌的未来。

北京索英电气技术有限公司

索英电气
SOARING

地址：北京市海淀区永丰产业基地永捷北路 3 号永丰科技企业加速器（一区）A 座

邮编：100094

电话：010-58937318

传真：010-58937315

邮箱：soaring@ soaring. com. cn

网址：www. soaring. com. cn

简介：

北京索英电气技术有限公司（简称索英电气）创立于 2002 年，是国内先期专注于电能回收及可再生能源发电设备及系统自主研发、生产和销售的国家高新技术的企业。

凭借十几年扎根节能回馈技术和三相逆变技术领域的研发优势，索英电气已为全球各顶级电源企业提供一体化的适合多种电源产品的节能回馈型老化测试系统。有效实现企业产线智能化管理的同时，可极大降低测试环节的电能开销（节能效率最高达 95% 以上），降低生产成本、提高老化产能、降低火灾隐患。

公司 2003 年率先推出中国自主研发并实现商业化应用的三相节能回馈负载，其先进的技术、较高的回馈效率、智能化的应用设计得到了众多国际大型电源企业的一致好评，且已成为艾默生、华为、中兴、GE、Power-One 等全球知名企业的长期独家供应商，至今已连续 10 年国内市场占有率位居前列，是中国电源老化节能测试领域的市场开拓者和教育者！

通过索英电气提供的测试老化节能改造，每年为全球各地的电源制造企业减少高达 1 亿多 kW · h 的电力开销，相当于每年减排 10 万多吨 CO_2，极大地降低了成本，提升了品质，真正实现了绿色制造。

北京通力盛达节能设备股份有限公司

TONLIER

地址：北京市经济技术开发区科创 14 街 9 号

邮编：101111

电话：010-81508899

传真：010-81508855

邮箱：sales@ tonlier. com

网址：www. tonlier. com

简介：

北京通力盛达节能设备股份有限公司集节能产品研发、生产、销售及服务为一体的综合型高新技术企业，是中国率先研制智能通信电源，率先参加起草技术标准和最具专业实力的企业之一。公司以节能减排、保护环境理念为核心，努力成为中国节能环保产业的领军企业。

公司主营产品有通信用高频开关电源系统（包括室内型、室外一体化型、室内外壁挂型、嵌入型）、机房智能换热空调、LED 路灯、LED 驱动电源等，是北京市认定的质量 AAA 级单位。

公司先后通过了 ISO9001 质量管理体系认证、ISO14001 环境管理体系认证和 GB/T28001 职业安全管理体系认证，不断引进先进的 ERP（企业资源管理系统）和 CRM（客户管理系统）管理系统，使企业运营管理效率和市场竞争力不断提升。

公司技术一直瞄准国际先进水平，奉行生产一代、研制一代的产品创新策略，确立市场化的设计思想，组建了一支敬业、团结、奋进的研发队伍。公司现拥有专利几十项、多项软件著作权证书，是北京市专利工作试点单位，被评为国家高新技术企业。

北京维通利电气有限公司

北京维通利电气有限公司
BEIJING VICTORY ELECTRIC CO.,LTD

地址：北京市通州区聚富苑民族发展产业基地聚富南路 8 号

邮编：101105

电话：010-81556123
传真：010-81583804-8005#
邮箱：huliang@ beijingvictory. com. cn
网址：www. beijingvictory. com. cn
简介：

北京维通利电气有限公司创建于1994年，20多年来坚持走“进口替代、柔性制造、专业化生产”的发展道路，专门为客户提供的导电连接件解决方案，围绕特种焊接工艺，逐步开发形成了“铜铝导电连接件、触头系统、柔性触指、叠层母排、散热器、旋变变压器”等六大产品系列。产品广泛应用于电力电工、输配电、新能源、电动汽车、轨道交通等行业。

公司经营面积55000m^2，在北京和无锡分别建立了生产基地。公司目前拥有大功率分子扩散焊、银钎焊、感应焊、米格焊、氩弧焊、摩擦焊、真空焊等焊接设备80多台套，配套的CNC，水切割机、线切割机等加工设备达到400多台，并拥有配套的模具制造中心和电镀厂。以其自身技术实力、生产规模、品牌知名度为国内外300多家电气制造企业提供配套服务，与ABB、GE、Siemens、Schneider等世界500强确立长期的战略合作关系。

北京汐源科技有限公司

SYOURCE 汐源科技

地址：北京市朝阳区建国路15号院
邮编：100022
电话：010-89943450
传真：010-65747411
邮箱：Sales@ syource. com
网址：www. syource. com
简介：

北京汐源科技有限公司（简称汐源科技）是一家专业从事半导体器件失效分析以及电子材料销售的公司。我们有行业一流的技术团队以及先进的设备，服务于航天军工、科学院所、设计公司。一流的售后服务流程，这是一支充满活力的队伍；联系您身边的技术专家：汐源科技自创立以来始终专注于半导体、电源、新能源、汽车行业胶黏剂产品，拥有严谨实用的技术体系，汇聚了失效分析专家，公司致力于为您的企业提供专业分析技术、电子材料等一站式解决方案。

汐源科技拥有一支成熟的技术团队，均拥有本科或本科以上学历。依靠其强大的技术实力，汐源科技不但为客户提供产品不良解决方案，同时也为客户提供国内外电子材料（导电胶、灌封胶、焊锡膏，三防漆，密封胶等），2016年与汉高股份有限公司签订合作战略伙伴。

公司主要经营品牌包含：汉高、乐泰、汉新、道康宁、洛德、3M等。

公司主要经营产品包含：导热胶、导电胶、灌封胶、密封胶、三防漆、导热垫片、UV胶等。

北京新雷能科技股份有限公司

SUPLET® 雷能电源

地址：北京市昌平区科技园区超前路9号B座285室
邮编：100096
电话：010-82912892
传真：010-82912862
邮箱：webmaster@ suplet. com
innerbusiness@ suplet. com
网址：www. suplet. com
简介：

北京新雷能科技股份有限公司成立于1997年，专业从事模块电源和客户定制电源研发、生产的民营股份制上市企业。公司总部位于北京，旗下拥有深圳市雷能混合集成电路有限公司，西安市新雷能电子科技有限责任公司，成都市新雷能电子科技有限责任公司，目前员工总数合计1000余人。

公司长期坚持“科技领先”的发展战略，通过高比例研发投入，追踪全球领先的电源设计技术，是北京市第一批验收合格的专利引擎试点单位，已获得授权专利57项，其中发明专利22项。此外，公司被北京市经信委评为“北京市企业技术中心”；被北京市昌平区科委评定为“昌平科技研发中心”；被北京市发改委评为航空航天级电源及整机系统关键技术“北京市工程实验室”；公司还与成都电子科技大学成立了“电源芯片联合研发中心”；与哈工大深圳研究生院合作进行了多项技术预研，建立了联合硕士培养机制。

公司追求质量第一，通过军工产品质量管理体系认证，通过厚膜混合集成电路国军标认证，通过武器装备科研生产单位保密资质（秘密级）认证，通过北京市安全生产标准化二级企业认证，空军装备部京昌代表室在公司派驻有专职军代表，负责有关产品质量监管及验收。

公司可为客户提供从器件级到系统级的电源产品。服务领域涵盖通信、网络、航空、航天、车载、船舶、铁路、交通、电力、工控、新能源等行业。新雷能迄今已获得多家行业大客户战略供应商、优秀供应商荣誉称号。

北京亚澳博信通信技术有限公司

北京亚澳博信通信技术有限公司
Beijing ASAU BoXin Communication Technologies Co.,Ltd.

地址：北京市顺义区林河工业开发区林河大街21号
邮编：101300
电话：010-89496341
传真：010-89496346
网址：www. bjasau. com
简介：

北京亚澳博信通信技术有限公司是由河北亚澳通讯电源有限公司与北京顺义林河开发区合资组建的股份制软件科技型高新技术企业，是一家集研发、制造、销售为一体的开关电源生产厂家，拥有业界领先的电源技术、研发、产品制造及服务平台。主营业务为通信用开关电源系统、开关电源模块、直流远供系统、机房监控产品、新能源汽车、节能节电产品（高效电源）及其它电子产品。公司产品广泛应用于联通、移动、电信、原网通、铁通、军网、电力、广电、石油和金融等行业领域，并出口至法国、俄罗斯、印度、南非、古巴、孟加拉、中东等国家和地区。

北京银星通达科技开发有限责任公司

银星通达 SILVER STAR SCIENCE & TECHNOLOGY

地址：北京市西城区北三环中路甲 29 号华尊大厦 A 座 403 室
邮编：100029
电话：010-82021883/884
传真：010-62034689
邮箱：yxtd@ silverst. com
网址：www. silverst. com

简介：

北京银星通达科技开发有限责任公司前身创建于 1994 年 5 月，是北京中关村高新技术企业。本公司自成立以来，始终致力于国际知名品牌电源产品在国内市场的推介工作。是国内外各知名品牌 UPS 电源、特种电源、蓄电池、机柜、发电机以及相关电子产品的销售、服务代理商；是专业从事各行业数据中心机房建设、UPS 供配电、制冷、监控等系统整体解决方案的提供商。公司与中环物研检测中心合作，具有国家质量监督部门批准的对机房环境、基础设施检测资质；可为数据中心提供设计规划、竣工验收、等级评定、测试鉴定等服务项目。多年来，公司同仁不断开拓进取，凭借良好的敬业精神、过硬的专业技术及竭诚服务于用户的意识，得到了广大用户和业界的认可。公司自 2004 年起至今通过了 ISO9001 质量管理体系认证，并历年被北京市工商行政管理局评为“守信企业”、被北京市企业评价协会评为“北京市信用企业”，并获得“中国电源行业诚信企业”证书。公司是中央国家机关政府采购中心、北京市政府采购中心信息类产品协议供货商。

公司秉承“和谐、求实、敬业、创新”的理念，追求绿色环保、高效节能的目标，努力为广大用户提供专业科学的技术、安全可靠的方案、周到精湛的服务，力争成为用户最可信赖的基础设施解决方案、电源供电系统专家。

北京英博电气股份有限公司

inpower

地址：北京市丰台区南四环西路 188 号总部基地 10 区 2 号楼
邮编：100070
电话：010-63805588
传真：010-82600608
邮箱：info@ in-power. net
网址：www. in-power. net

简介：

一般经营项目：电能质量系统解决方案、高低压滤波补偿成套装置（无功补偿、无源滤波、有源滤波装置）、高低压滤波电抗器、滤波补偿控制器、输配电系统监测、检测技术及节能技术的设计、研发、供应、安装调试及技术服务；能源系统的优化设计、能效管理的系统集成；新型高效能量转换与储存技术的研发及技术服务。

北京宇翔电子有限公司

地址：北京市朝阳区东直门外西八间房万红西街 2 号
邮编：100015
电话：010-64320432-2076
传真：010-64320432-8082
邮箱：anhuali789@ 163. com

简介：

北京宇翔电子有限公司是一家专业从事半导体集成电路和分立器件设计制造的企业。该公司于 2012 年由宇翔公司（原北器三厂）、北器五厂、北器六厂以及莎威公司（原国营 878 厂）等几家企业整合重组而成，具有 40 余年研发、生产半导体器件的悠久历史。

公司建有一条 4in 铝栅 CMOS 集成电路制造线和一条 6in 双极集成电路制造线；具备军（民）用集成电路和分立器件三大类数百种型号上千种规格产品的设计、研发、生产和服务的能力。

公司产品包括：数字集成电路：CC4000 系列、C000 系列、54HC 系列、BH 系列专用集成电路等；电源管理电路：CW7800/CW7900 固定正/负压电压调整器系列、CW117/CW137 可调正/负压电压调整器系列、LDO 低压差电压调整器系列、PWM 脉冲宽度调制器、精密电压基准电路等；半导体分立器件：PN 硅单结晶体管、开关/稳压/恒流二极管、SBD-SiC 二极管、TVS 瞬态电压抑制二极管、JFET、MOSFET 等及 SOT/SOD/DFN/QFN 等多种封装形式产品。

公司执行 GB/T19001 质量管理体系和 IECQ-HSTM QC080000 控制要求，产品质量安全可靠。

顾客的想法就是我们的目标，本公司将一如既往地为新老客户提供高品质的产品和优质的服务。

北京智源新能电气科技有限公司

智源新能 Intelligent power & New energy

地址：北京市海淀区安宁庄东路甲 16 号
邮编：100085
电话：010-62947495
传真：010-62947495
邮箱：Majianli501@ 163. com
网址：www. apfsvg. com

简介：

北京智源新能电气科技有限公司（以下简称“智源新能”）立足于北京高科技产业集群地——北京海淀上地高新技术开发区，依托清华大学电机系、中国矿业大学机电与信息工程学院以及北方工业大学电气与控制学院优质教育和研发力量，历时多年技术积累和改进，专注电力系统电能质量领域的研发、设计、生产、销售和服务的高科技企业。

北京智源新能电气科技有限公司秉承一切为客户服务宗旨，在电力系统电能质量领域潜心耕耘，致力于电力电子产品的开发和研究，为客户提供更专业、更优质的产品和服务，其中主要包含电力系统专业测评和服务、电力系统谐波治理服务、电力系统无功补偿服务、智能化电网接入服以及私人定制化智能电气设备等。

北京智源新能电气科技有限公司凭借雄厚的技术实力、领先的生产工艺及高效的管理团队，一直坚持不懈地努力为客户提供集设计、研发、制造、服务为一体的最佳电力系统电能质量解决方案。

北京中天汇科电子技术有限责任公司

中天汇科

地址： 北京市昌平区沙河镇七里渠育荣教育园区（北门）
邮编： 102206
电话： 010-80707609
传真： 010-80707609-8009
邮箱： sun-zthk@ sohu. com
网址： www. zthk. com. cn
简介：

北京中天汇科电子技术有限责任公司系一家专业的电力电子制造企业，具有18年生产开关电源的历史。产品累计生产达数万余台，广泛应用于通信设备、广播发射、电力自动化、EPS应急电源等多个行业。

中天汇科公司注册于北京中关村昌平科技园区，是中国电源学会的团体会员，并取得了高新技术企业认证。本公司下设开发部、生产部、销售部、质管部等职能部门，并拥有一批高新技术人才，其中具有大专学历以上的人员（含高级职称）占员工的60%。

我公司自创业以来以诚为本，坚持以科技为先导。与中国矿业大学紧密合作采取校企协作，以知名教授及高级工程师为技术后盾，不断地研制出各种新型的电力、电子产品。

我公司已通过IS09001-2000质量体系认证，产品安全及电气性能完全符合信息产业部“YD/T731-2000高频开关整流器标准”，并通过了“北京市产品质量监督检验所”及“国家电力科学院”等权威部门的检测。

海瑞弗机房设备（北京）有限公司

HAIRF® 海瑞弗

地址： 北京市海淀区上地东路35号院1号楼5层1-510-522
邮编： 100085
电话： 010-60608890
传真： 010-60609980
邮箱： 1287393460@ qq. com
网址： www. hairf. com. cn
简介：

海瑞弗机房设备（北京）有限公司（简称海瑞弗）是全球领先的机房制冷系统及关键电源系统供应商。公司旗下主要产品为机房精密空调、UPS电源、免维护铅酸蓄电池、STS、智能配电系统，雷电防护产品等。

海瑞弗采用机房精密空调解决方案、交流不间断电源解决方案、直流不间断电源解决方案、低压配电解决方案、动力环境集中监控解决方案组成了一体化的IXC/IDC机房动力系统整体解决方案。

海瑞弗专业的系统工程师以及国际化的销售和服务团队遍及墨西哥、俄罗斯、巴基斯坦、阿尔及利亚、印度尼西亚和中国，为四大洲30多个国家的用户保驾护航。充分满足用户的售前技术支持，设备现场安装调试，以及后期设备运行维护，备件供应等全方位的服务需求。

华康泰克信息技术（北京）有限公司

WAHCOM

地址： 北京市海淀区上地中关村软件园10号楼205
邮编： 100094
电话： 010-82826018
传真： 010-82826233
邮箱： xuxiaomei@ wahcom. cn
网址： www. wahcom. cn
简介：

华康泰克信息技术（北京）有限公司（以下简称公司）2010年注册成立，性质为有限责任公司。公司地处于石景山区八大处高科技园区，是一家技术开发、生产销售和技术服务为一体的高科技企业，注册资金为5000万元。

公司自成立以来，一直致力于工程系统以及电力解决方案的开发与研究，公司主要承接机房工程、配电及UPS系统工程、音频及视频会议系统、计算机系统集成等工作。公司近年来经过不懈地努力，凭借自身的技术力量推出多元化，全系列的工程系统解决方案，同时根据不同客户的需求，采用革新与演进，继承和发展相结合的策略，为用户提供各种全面的工程解决方案。

华康泰克信息（北京）有限公司依靠自身的技术实力以及良好的行业实践经验，依靠清华大学研究院的技术研发平台联合开发出拥有自主品牌的各种电源系列，电源涵盖1K-800K UPS不间断电源系列，－48V通信电源系列，220V电力操作电源，一体化交直流电源系统以及混合供电系统（风、光、油、储能混合），为各个行业客户提供全面一体化个性解决方案！并取得了良好的成绩和声誉！

公司拥有一支专业技术服务队伍，多位工程师通过数据中心应用环境集成设计顾问证书，能够及时修复和解决技术、高难度的不间断电源故障问题，受到客户的一致好评。

2010年成立质量管理委员会，任命管理者代表组织标准化小组。并在产品实现过程中严格实施，坚持内部评审和管理评审，确保体系运行有效。严格挑选、优先合格供方；坚持配套设备、原材料、元器件入库前100%检验制度；严把生产过程质量关、系统集成测试关，产品出厂检验关，实现了产品质量的持续稳定、安全可靠。

公司将保持诚信经营理念，不断提高质量管理水平，确保质量管理体系持续、有效运行，确保产品质量稳中有升，努力为客户提供更加优良、稳定可靠、安全的产品，提供更加及时、周到、优质的服务，力争成长为行业的积极推动者和领跑者！

能科节能技术股份有限公司

NANCAL 能科股份 能源·工程 Energy & Engineering

地址：北京市海淀区清河小营西路48号汇苑仁和大厦

邮编：100085

电话：010-62980077

传真：010-62981083

网址：www. nancal. com

简介：

能科节能技术股份有限公司（Nancal）（简称能科股份）成立于2006年，立足于工业系统节能，专注于工业能效管理业务，是集研发、设计、生产、工程实施、运营维护和全程服务于一体的高新技术企业。

能科股份实行集成化研发设计、定制化工程技术服务，具有突出的资源整合、成果转化、市场开拓和商业模式创新能力。目前，公司已于国内石油化工、冶金、电力、煤炭矿山、航空军工、交通航运等若干行业50多家大型企业建立了长期的工程技术服务关系，并成功进入中东、东南亚10余个国家的工业节能服务市场，是工业能效管理业务领域的先导型企业！

能科股份以技术创新为发展之基，拥有现代化的企业研发中心，能够为客户提供持续的技术服务。公司以智能配电、传动控制和数据通信三大技术为支撑，在广泛调研客户需求的基础上，经过多年的潜心研究和实践，实现了设备节能技术应用、过程优化技术应用和企业级能源管理中心系统技术应用。在能源管理、节能优化和节能措施方面，形成了一系列具有能科特色的工业系统节能整体解决方案！

能科股份以科学管理为发展之本，不断引进国内外先进的管理理念和模式，建立了现代化的企业管理体系。公司的全面质量管理系统已经通过了ISO9001质量管理体系认证，并得到了船级社认证公司的高度评价！通过实施全面质量管理，公司已在研发、生产、电气控制设计、模块优化组合、功效检测试验、产品销售执行、售后技术服务等方面实现了标准化作业！

能科股份以专业服务为发展之舵，利用稳固的软件平台，实现与客户的长期对话和闭环服务。公司在节能服务市场中拥有突出的系统和全产业链整合及服务能力，多年来为客户开发、提供了变频驱动、电机起动、电能质量、照明节能、新能源、电网安全与控制、数据处理与站控、数据采集与通信以及能源介质平衡和综合利用等一系列整体解决方案，并获得客户的一致赞誉！经过多年的行业积累和近年来的快速发展，能科股份已成为工业节能服务市场资深的高端整体解决方案提供商！

派沃力德（北京）电子科技有限公司

地址：北京市昌平区沙河镇白各庄新村4号楼1单元101室

邮编：102206

电话：010-52728212 18600334099

传真：010-58851231

邮箱：buyanfen@ byconn. com

网址：www. pwleader. com

简介：

派沃力德（北京）电子科技有限公司成立于2014年。公司致力于测控电源、工控领域电源的设计、开发、生产、服务，产品广泛应用于航空航天、军用测控以及通信、铁路、电力、工控、新能源等领域，为客户提供高性能、专业的电源解决方案。

公司产品主要包括智能程控电源系列、CPCI电源系列及定制化电源系列。秉承创新就是创造一种资源的理念，凭借我们的专业、高效与热情，全心全意为客户提供优质服务，实现价值最大化。

公司的宗旨：致力于成为高品质智能电源的领导者！

中科航达科技发展（北京）有限公司

地址：北京市大兴区黄村镇兴华大街绿地财富中心D座712

邮编：100085

电话：010-82758895

传真：010-82758895-8002

邮箱：xy@ bjzkhd. com wxq@ bjzkhd. com

网址：www. bjzkhd. com

简介：

中科航达科技发展（北京）有限公司（以下简称中科航达）注册于北京市海淀区中关村科技园北区，依托于中科院以及中关村科技园强大的科研平台，以及多年积淀的雄厚技术背景，专注于铁路、电力、军工以及公网、专网等高端通信设备所需要的整体化电源提供方案的设计、研发、生产以及产品销售。为信息产业及国防电力以及铁路系统提供全方位、高品质的电源方案。

主要产品包括：

研制应用满足于通信交换、基站、电源系统、监控传输设备、铁路信号、铁路通信、工业自动化控制、电力监控以及传输系统的自动化控制、航空、航天和军工等领域特殊要求的高功率密度模块电源以及模块拼装化多输出系统电源产品。

一体化、智能化、低能耗是中科航达电源产品发展的终极目标，通过为铁路电力以及军工行业服务所积累的近20年的设计经验，目前已为国内主流设备厂家提供了全面、系统、智能化的电源解决方案。凭借强大的技术创新以及强大的市场开发能力；树立GJB9001B-2009质量体系思想作为管理核心，以完备的市场体系作为技术支持和服务保障；为客户提供全面、迅捷、智能化的电源解决方案。

上海市

昂宝电子（上海）有限公司

昂宝电子（上海）有限公司

地址： 上海市张江高科技园区华佗路168号商业中心3号楼

邮编： 201203

电话： 021-50271718

传真： 021-50271680

邮箱： andrew_ lin@ on-bright. com

网址： www. on-bright. com

简介：

昂宝电子（上海）有限公司（简称昂宝电子）坐落在中国国家级信息技术产业基地——上海浦东张江高科技园区，是一家从事高性能模拟及数模混合集成电路设计的企业。

公司专注于设计、开发、测试和销售基于先进的亚微米CMOS、BIPOLAR、BICMOS、BCD等工艺技术的模拟及数字模拟混合集成电路产品，以通信，消费类电子，计算机及计算机接口设备为市场目标，致力成为世界一流的模拟及混合集成电路设计公司。

昂宝电子拥有一批来自国内外顶尖半导体设计公司的资深专家组成核心技术团队，既有在模拟及混合集成电路领域多款成功产品的开发经验，也带来了新的创新思维。核心技术团队的数位成员来自美国的著名半导体公司，拥有超过40项美国专利。通过将这支资深的技术专家队伍与本地优秀的设计人才相结合，昂宝电子为客户提供高品质、具有成本竞争力的半导体精品芯片，解决方案以及优良的服务。在这竞争日益激烈的市场，昂宝电子坚持以创新、务实、高效、共赢为经营理念，为您提供最适合的半导体解决方案，是您优选的策略合作伙伴。

主要产品涵盖：

1）电源管理Ic。

2）高速、高精度数模/模数转换器。

3）无线射频Ics。

4）混合信号的系统级芯片（SOC）。

美尔森电气保护系统（上海）有限公司

Eldre | Ferraz Shawmut | m.schneider | R-Theta

地址： 上海市松江区书山路55弄6、7、8号

邮编： 201611

电话： 021-67602388

传真： 021-67760722

邮箱： liuxiong. mao@ mersen. com

网址： www. ep-cn. mersen. com

简介：

美尔森电气保护系统（上海）有限公司作为世界领先的电气保护专家，为市场提供高品质的、安全可靠且不断创新的产品和符合客户需求的解决方案，从而帮助客户优化他们的电力效率，满足不同客户的需求。公司拥有世界上品种齐全的中低压熔断器产品及熔断器底座、浪涌保护器、散热冷却产品、大电流隔离开关、低压接触器以及叠层母排等，广泛应用于电力控制、输配电、大功率低压配电和电力电子等领域。

上海百纳德电子信息有限公司

地址： 上海市普陀区祁连山南路2891弄100号B401室

邮编： 200331

电话： 021-66166126

传真： 021-66166126-822

邮箱： shbnd@ vip. 163. com

网址： www. bnd-ups. com

简介：

上海百纳德电子信息有限公司（简称上海百纳德）是德国百纳德（国际公司）在中国的合作公司。在中国有30多个分公司（办事处）及五大片区用户服务中心。上海百纳德是致力于电子、电源事业发展的高新科技企业，主要从事UPS、EPS不间断电源、稳压电源及电源相关产品、电气设备的生产和销售，通信设备、通信器材、电子产品、仪器仪表、机电设备、计算机软硬件的生产和销售，计算机软件的开发等。

经过多年的发展，上海百纳德荟萃了一批行业顶尖的人才，为更好地服务市场需求，2008年在扬州首期投资

人民币3000万元建立了工业园区。实现国际化的一流企业。正凭着我们的热情、我们的努力，使得上海百纳德在业界树立起了良好的企业形象，成为受人尊重，值得信赖的品牌。

上海百纳德是一个具备人才、资金及现代化管理模式的多元化发展公司。本着以“勤奋、务实、创新、坚持”为精神，以“海纳百川、以德为先”为企业文化，以“重视人才、培养人才、追求高效团队”为管理理念，以“诚信服务”为宗旨，以“客户的满意是我们追求的目标”为产品营销理念，重视科学管理和对优秀人才的任用，对员工实行长期能力开发和培训。为顺应社会的需求，上海百纳德引进德国先进电源科技产品及生产技术，致力于投入大量资金精细研发高效节能的模块化产品、绿色环保的太阳能产品，制造出满足不同客户需求的多规格品种，为客户关键设备提供稳定、可靠的动力保障。

上海大周信息科技有限公司

地址：上海市徐汇区桂平路470号12号楼419室
邮编：200233
电话：021-64959258
传真：021-64959258
邮箱：sales@ greatzhou. com
网址：www. greatzhou. com

简介：

上海大周信息科技有限公司（简称“大周”），研发位于上海，销售及服务网络覆盖全国，主营业务是研发/销售直流微电网变流器与能源管理产品，承担直流微电网系统集成。目前，主要客户有各电力装备企业、电网公司、电力科研院所、高校电气专业等。自成立以来，大周利用上海信息便力和科研人才众多的优势，为用户提供完备的新能源系统解决方案、产品样机和实验系统建设服务，并以先进电力电子和信息技术为核心，研发分布式能源终端产品，逐步从科研市场扩展到工商业及家庭能源市场。

上海德创电器电子有限公司

地址：上海市普陀区同普路1225弄16号
邮编：200333
电话：021-52704506
传真：021-52700380
邮箱：edetron@ intech-tron. com
网址：www. e-detron. com

简介：

上海德创电器电子有限公司是一个具有近20年历史的专业电源供应公司，位于上海市长征经济开发区。厂房面积近3000平方米，现有员工300多人，是国内率先开始电力系统自动化装置开关电源的供应商，在电力系统自动化领域极具影响力，其品牌和产品得到了业界和电力系统自动化专业市场的肯定及认可。公司电源集自主研发设计与生产、制造于一体，公司不仅拥有一支具有多年丰富电力系统自动化装置电源设计经验的设计团队，并且有多条配备先进的制造和检测设备的生产线。公司以可靠电源供应作为公司的立命之本，可靠是电源最基本的要求，也是赖以生存和发展的保障。因此，公司始终把建立、健全质量管理体系作为质量管理的重点，根据质量管理体系，从原材料检验到样品检验、生产过程巡检、测试中心例行试验、成品检验等，建立了完整的品质保证流程，确保给客户可靠的电源供应。公司通过ISO9000质量管理体系认证、CCC、ESD和UL、TUV工厂认证，部分产品远销欧、美市场，是上海地区最具规模的专业电源公司之一。

上海谷登电气有限公司

地址：上海市长宁区新华路543号10楼C座
邮编：200052
电话：021-62813011
传真：021-32813010
邮箱：gddy@ sh-gddy. com
网址：www. sh-gddy. com

简介：

上海谷登电气有限公司是一家集研发、生产、销售为一体的现代化企业。公司所生产的产品，有着严格的质量检测手段，配备先进的试验设备，对质量层层把关。企业通过了ISO9001国际质量管理体系认证，公司所生产仪器、仪表等产品均已通过国家有关检测机构认可，并取得证书。同时由Auger Certificationg&Testing Service LTD. 检测达CE认证，出口欧洲。

上海谷登电气有限公司主要产品包括变频电源、直流电源、开关电源、稳压器、稳压电源、低压变压器、隔离变压器、UPS电源器等，其中自主研发的高精度大功率无触点智能稳压电源，获得国家专利证书（专利号：1228994）。产品广泛应用于冶金、石化、电力、建筑、市政、环保、国防、水利等行业，部分产品与成套设备一起出口。

公司的宗旨：以人为本，诚信经营。

上海豪远电子有限公司

地址：上海市宝山区呼兰路515弄3号A区
邮编：200431

电话： 021-66213593
传真： 021-66213591
邮箱： hy1288@ 126. com
网址： www. haoyuandianzi. com

简介：

上海豪远电子有限公司是一家致力于各类电源变压器、稳压电源、逆变电源、开关电源等产品的开发、设计、制造、销售、服务于一体的民营高科技企业。公司自 1997 年成立至今，一直秉承以客户为中心，以产品质量为根本的指导思想，在激烈的市场竞争中站稳了脚跟，取得了骄人的成绩。公司先后通过了 ISO9001：2000 国际质量管理体系认证、中国质量认证中心 CQC 认证、欧盟 CE 认证、环保认证、部分产品已通过 UL 认证，并荣获国家“3. 15 诚信承诺单位”、“2006 年全国产品质量稳定合格企业”、“百家知名品牌企业”等等，经过公司员工的辛勤努力，公司赢得了海内外客商的一致赞誉和好评，产品出口世界各地。

根据公司发展需要，2003 年 10 月公司投资 1000 多万元在安徽马鞍山建成了占地 22 亩规模庞大的马鞍山豪远电子工业园，形成了以上海总公司为窗口，以马鞍山为生产基地的集团化发展模式。

我们不仅仅是生产产品，更着重于品质与信誉，“以客户为中心，以品质为先驱”是我们的宗旨，希望我们能成为您信赖的合作伙伴。

上海华翌电气有限公司

地址： 上海市虹口区三门路 760 号
邮编： 200439
电话： 021-65445708
传真： 021-56688889
邮箱： 13901680595@ 139. com
网址： www. huayi-power. com

简介：

上海华翌电气有限公司是一家专业生产逆变应急电源、UPS、电力直流操作电源、仪表电源、通信电源、交流稳压电源、智能照明控制电源、电机分批自起动柜和低压开关柜产品的企业，公司总部位于上海市恒丰路 218 号上海现代交通商务大厦 20 层，制造技术中心位于上海市虹口区三门路 760 号和上海市德力西路 128 号，制造采用日本进口的数控冲床、数控折弯机、数控剪板机、数显铜排加工机、模拟负载箱、温度控制箱、低压开关实验台、耐压试验仪、CL312 三项电能表现场校验仪、CHXLW 微电阻测试仪、LBO-522 日本 LEADER 示波器、HSI801 电涌绝缘测试仪、QT2 型半导体管特性图示仪、HF2811C 型 LCR 数字电桥等先进加工、检测设备。具有中、高级职称的专业技术人员 55 人，从事电源设备、低压配电柜的开发、研究、设计和制造。

企业具有先进的生产、监测手段和国内一流的制造技术，企业一直以“质量为本，科技立业”为宗旨，把产品的质量视为企业的生命，2003 年 7 月获得中国国家强制性产品 3C 认证证书，本厂按 ISO9001 标准建立了质量管理体系，并于 2002 年获得了该质量体系认证证书，开发 GZTW 智能型系列直流电源柜，1998 年在香港获得世界华人发明博览会银质奖。并获得公安部消防设备的照明 EPS 应急电源 CCC 证书。企业生产逆变应急电源、UPS、电力直流操作电源、仪表电源、通信电源、交流稳压电源、智能照明控制电源、电机分批自起动柜与德国西门子公司合作生产 SIVACON8PT 及 MNS 低压开关柜在燕山石化、中原油田、安庆石化、塔河石化、青岛石化、扬子石化、镇海石化、中化泉州石化、四川维尼纶厂、青岛大炼油、海宁供电局、上海南桥 50 万伏变电站、宝钢、武钢、水钢、广西钢铁集团防城港项目、宝钢湛江项目、上海国际博览中心等国家重点工程中获得一致的好评，被中石化总公司、中华集团、中海油及冶金、电力等国家重点企业选为资源市场成员，2003 加入中石化总公司战略合作伙伴。

上海吉电电子技术有限公司

地址： 上海市纪展路 288 号
邮编： 201107
电话： 021-52964208
传真： 021-52964207
邮箱： zhaorunjie@ jd-ele. com
网址： www. jd-ele. com

简介：

上海吉电电子技术有限公司成立于 2001 年。是全球诸多家著名半导体、电子元器件、工控产品生产企业在亚太地区的重要代理商和集成配套服务供应商。公司活跃于电力、新能源、工业自动化、轨道交通、电动汽车、电梯、机器人，以及电子通信和仪器仪表等领域，为具有高科技含量的研发和制造企业提供专业的集成配套服务。

公司自成立以来，始终坚持“品质第一，诚信服务”的经营理念。公司拥有优秀的销售与专业技术支持团队，及时分析市场变化，制定超前配套策略；创建卓越的设计链支持，为客户定向研发、定制专用产品；实施国际先进的供应链管理，科学管理物流全程；采用与国际接轨的企业经营管理系统，高效优质运行。

公司通过了 ISO9001 及 ISO14000 认证，连续多年被评为上海民营企业百强。在北京、深圳、沈阳、南京、成都均设有国内分支机构，服务辐射中国大陆各地区。在中国香港、新加坡、日本、南非等地设有境外分公司，面向全球销售，为客户提供更便捷的服务。

近年来，公司致力于推广节能、环保、高效产品，将国际著名品牌新推出的核心技术产品进行优化组合配套，始终如一地助力工业企业提升科技含量和市场竞争力。携手国际品牌、工业制造企业共同创造市场机会，与社会、自然环境和谐、稳步发展。

上海科梁信息工程股份有限公司

地址：上海市宜山路 829 号海博新大楼 2 楼
邮编：200233
电话：021-54234718/19/20
传真：021-54234721
邮箱：info@ keliangtek. com
support@ keliangtek. com
网址：www. keliangtek. com

简介：

上海科梁信息工程股份有限公司（简称科梁）是国内领先的工程应用嵌入式仿真测试领域的解决方案提供商。专注于机电系统与电力电子系统控制相关测试技术。自 2007 年成立以来，科梁以成为“嵌入式系统测试领域高端咨询公司”为愿景，致力于为中国高端装备制造、新能源等战略性新兴产业的研发与生产提供专业的嵌入式系统仿真与测试产品、一体化仿真测试系统以及全周期工程服务。

科梁立足于自主创新，并积极引进国内外先进技术，不断开拓研制出一系列具有鲜明特色的测试软硬件产品与专业解决方案。公司业务领域涉及军工、智能电网、电动汽车、电力机车等多个行业的研发、制造、科研与教育单位。业务范围覆盖系统开发的全生命周期，可为用户提供工程系统仿真分析、控制系统开发与快速原型、软件在环测试、控制系统在环测试、功率级装置在环测试、工程试验管理系统等一系列测试系统。并积极响应用户的应用需求，提供定制化开发与专业的工程咨询服务。

科梁在嵌入式测试领域耕耘多年，得到广大用户的认同与支持。公司将一如既往地秉持“以客户为伙伴，以创新创造价值”的发展理念，与用户携手引领行业发展，为提升产品研发水平与技术创新能力而共同努力、共同发展、共创未来！

上海科泰电源股份有限公司

地址：上海市张江高新区青浦园天辰路 1633 号
邮编：201712
电话：021-59758500
传真：021-69758500
邮箱：zhang haixia@ cooltechsh. com
网址：www. cooltechsh. com

简介：

上海科泰电源股份有限公司于 2002 年在上海市青浦工业园区成立，是一家专业从事智能环保电源设备的开发、设计、生产、销售和售后服务的高新技术企业。公司于 2010 年 12 月 29 日在深圳交易所上市，股票代码为 300153。

公司主要产品为智能环保集成电站，系综合利用软件工程、微电子、计算机、通信、网络等工程及电子信息技术和低噪声处理技术的集成创新电站产品及解决方案，包括标准型机组、静音型电站、车载电站、挂车电站、方舱电站以及电源一体化解决方案。个性化、智能化、环保性、高品质是公司产品的重要特点。

目前，公司拥有 11 项发明专利，28 项实用新型和 1 项外观设计专利，2 项计算机软件著作权。

通过持续的研发技术投入，公司拥有目前国内较先进的柴油发电机组性能实验室，并先后获得英国劳氏（LRQA）ISO9001 质量体系认证、ISO14001 环境体系、OHSAS18001 职业健康安全管理体系认证以及比利时安普（APRAGAZ）CE 认证。

公司在不断提升科技创新能力的同时，凭借在行业内的领先地位和技术优势，积极参与 GB/T2820 等多项国家柴油发电机组行业有关标准的制定。

公司近年来获得了“全国实施用户满意企业”、“上海市高新技术企业”、“上海市实施卓越绩效管理先进企业”、“电器工业最具影响力企业”等诸多荣誉。

上海全力电器有限公司

地址：上海市静安区新闸路 568 弄 445 号
邮编：200041
电话：021-62535836
传真：021-62558838
邮箱：querli@ querli. com
网址：www. querli. com

简介：

上海全力电器有限公司坐落于上海市嘉定区南翔蓝天开发区，占地面积 2 万平方米，建筑面积 1.2 万平方米，属中国电源学会会员单位。是一家专业从事各种交直流电源研究、开发、生产、销售于一体的综合性企业。

公司创办以来，一贯坚持“以质量求生存，以科技求发展”的发展纲领，不断引进和吸收国内外新技术、新工艺、新器件，产品品质不断提高，功能不断完善，性能更加可靠。全力人本着“追求永无止境”的理念，不断创新、努力开拓，先后取得中国电工产品安全认证（长城认证）、ISO9001 国际质量体系认证，并由中国人民保险公司承担质量责任保险。经过 10 年拼搏、奋斗，现已发展成为具有多项国内领先技术，以高科技为基础的初具规模的电源生产基地。目前，公司生产的产品主要有精密净化交流稳压器、直流稳压电源的、逆变电源、各种充电机、调压器、变压器等十大系列 300 多种规格，年产各种产品达十万台（套），产品畅销全国近 100 个城市，部分产品远销国际市场，深受国内外用户的好评。

上海申世电气有限公司

地址：上海市嘉定区北和公路 68 号
邮编：201807
电话：021-59160872
传真：021-39968137
邮箱：runzi@ runzi. cc
网址：www. runzi. cc

简介：

上海申世电气有限公司主要从事电抗器系列、功率电阻系列、制动单元等电力电子产品的研发、制造、销售及服务。应用的领域包括：变频传动、光伏发电、风力发电、无功补偿等。公司严格执行 ISO9001，是精细化管理、傻瓜式作业的极力倡导企业，全过程实现产品质量的稳定控制。

上海稳利达科技股份有限公司

地址：上海市嘉定区高石公路 2439 号
邮编：201816
电话：021-63534701 63534702
传真：021-63533418
邮箱：sales@ wenlida. com
网址：www. wenlida. com

简介：

上海稳利达科技股份有限公司（简称“稳利达”）成立于 1995 年，是专业生产稳压器、变压器、节电器、无源（有源）谐波滤除装置、太阳能逆变器等系列产品的大型生产基地及电源系统服务供应商。目前，公司正致力于发展绿色、环保、节能、安全等新能源产品的开发。以行业专用稳压器、变压器、谐波滤除装置、节能产品为基础，努力将公司创建为国内新能源产品制造现代企业。多年来，公司以先进技术、优异产品、稳定质量和一流的服务，在市场上赢得了良好的美誉度。产品远销欧美、东南亚、南美洲、中东、非洲等世界各地。

公司现有上海嘉定和浙江嘉善两处标准型生产基地和研发中心。

先后成立了北京、广州、青岛、济南、长春、沈阳、西安、重庆、成都、苏州、新疆分公司与办事处。

公司荣获：《泰尔产品认证证书》、《国家广播入网认定证书》、《CCC 认证》、《ISO14001 环境认证》、《ISO9001 体系认证》、《太阳能产品认证证书》、《高新成果转化证书》、《CE 证书》、《SGS 认证供应商》、《SONCAP 认证》等一系列认证。

我们客户有华为、中兴、海尔、海信、中国移动、中国石油、百超、斗山、三菱重工、海德堡、梅兰日兰、上海明珠、娃哈哈、胜利油田、中国英利、时风集团、临工机械、正泰集团、朝阳轮胎、上海宝钢等知名企业指定供应商。

企业资质：国家信息产业部“稳压器”行业标准起草单位。

上海稳压器厂

地址：上海市松江区文翔东路 58 号 2 号楼
邮编：200023
电话：021-64108585
传真：021-64543587
邮箱：sales@ csvrp. com
网址：www. csvrp. com

简介：

上海稳压器厂是国家稳压器定点生产厂家，长期从事电力稳压器等电源产品的生产和研究。凭借多年的生产、研发经验，独具前瞻的技术观念和功能设计，为各行业提供高品质的电源产品。多年来承担了国家军用、民用、重大工程项目所需稳压电源的研制和生产任务，为各行业的发展提供强劲的推动力。

从单一的订单式设备制造，到为客户提供个性化系统解决方案，上海稳压器厂实现了打造中国稳定电源专家的这一核心理念。

今后，上海稳压器厂仍会坚持以专业成就高品质的理念，致力于新产品、新技术、新工艺的不断创新和开拓！

中国 SBW 型自动补偿式稳压器的诞生地。

中国经过部级鉴定的稳压器生产厂家。

中国科委发文推荐的稳压器生产厂家。

国家电力电子产品质量监督检验中心检验产品。

ISO9001 国际质量管理体系标准认证企业。

上海新康电器制造有限公司

地址：上海市青浦区沪青平公路 2933 弄 17 幢
邮编：201703
电话：021-69755111 69755193 69755333
传真：021-69755116
邮箱：xinkang@ online. sh. ch
网址：www. xinkang. com

简介：

上海新康电器制造有限公司（简称新康电器）是我国从事电力稳压器制造的专业生产企业，是中国电源学会的会员单位。随着现代科技的发展，工矿企业、科研、邮电、医院及国防等部门对电网供电质量的要求愈来愈高。为确保工业生产的正常进行，科研工作的顺利开展，迫切需要容量大、损耗低、波形失真小及稳压精度高的优质稳压电源。

公司现在生产场地 13000 余平方米，从事生产稳压器生产的员工 218 人，其中科研及工程技术人员占 35%；齐全的工装设备，使新康公司的产品一直处于行业领先地位，并多次在国际上获得金奖；为使新康的产品让用户更加放心，我们除免费对设备安装督导，负责设备的开通调试，免费保修一年及实行终身维修之外，并在全国各地分布有16个办事机构，以确保我们的售后服务工作能及时到位，充分满足对用户的承诺。

1999年，上海新康电器制造有限公司通过了ISO9001质量体系国际认证，同时新康电器的稳压器还获得中华人民共和国信息产业部电信设备进网许可，为新康电器提高市场竞争力及同国际接轨打下了坚实的基础。集新康电器十余年丰富的生产经验和雄厚的科研力量，新康电器的电力稳压器销量已逾80000台，安全可靠地运行于全国各地的不同行业，深受用户的赞誉。新康电器不仅遍销全国各地，而且已有销往印度尼西亚、马来西亚国外之业绩。

总之，公司本着“以质量求生存，靠管理降成本”这一宗旨，让新康电器的产品更好地服务于社会，新康电器愿与您共创新世纪的辉煌。

上海阳顿电气制造有限公司

YUTTON®阳顿

地址： 上海市嘉定区江桥镇曹丰路618号

邮编： 201812

电话： 021-33519445/46/47 400-820-4420

传真： 021-33519449

网址： www. yutton. com

简介：

上海阳顿电气制造有限公司成立于2009年4月，是一家生产不间断电源、应急电源及电池管理系统的公司，专业为用户提供智慧电源系统及解决方案。

公司是中国电源学会会员，通过了ISO9000质量管理和ISO14000环境管理体系双认证，主力产品通过了泰尔认证中心权威认证，公安部消防产品3C认证，拥有15项与电源有关专利技术。2016年，公司与上海交大合作成立了上海阳顿电源系统有限公司，致力于电源产品、电池技术的研发。“阳顿”品牌是绿地集团的指定电源供应商，是“电老虎网”签约合作伙伴，是“安装通”签约合作伙伴。

公司产品主要应用于全国各地的智慧城市建设，智慧交通、智慧医疗、教育、酒店、电力、工业控制、消防控制、新能源汽车等重要领域，是众多机房工程公司，系统集成公司，安防智能化公司，建筑工程公司，机电安装公司及工业设备安装公司的常年战略合作伙伴。

企业愿景：产业报国，成为智慧电源系统领导者。

质量环境方针：专注电源，绿色环保，节能高效，合作双赢。

服务承诺：全年无休，及时响应，快速维护，保障有力。

上海鹰峰电子科技股份有限公司

EAGTOP

地址： 上海市松江区石湖荡工业园唐明路258号

邮编： 201617

电话： 021-57842298

传真： 021-57847517

邮箱： zhaozhanglong@ eagtop. com

网址： www. eagtop. com

简介：

上海鹰峰电子科技股份有限公司是一家专注于电力电子无源器件研发、生产销售的高新技术企业。2016年公司在新三板成功上市，股票代码839991。

公司跟随着新能源汽车行业的起步与发展，为用户提供母线薄膜电容器、IGBT水冷散热器、电池液冷板、高频电感等，产品已成熟应用于各大主流PHEV、EV。

2012年公司通过ISO/TS16949质量管理体系认证。随着新能源汽车用户需求的不断提升，公司也将在技术和服务上继续创新，为客户提供更加信赖的产品和解决方案支持，为绿色低碳出行做出我们的贡献。

上海宇帆电气有限公司

yifine ELECTRICAL

地址： 上海市南翔蕴北路1755弄26号楼

邮编： 201802

电话： 021-63638888

传真： 021-39125597

邮箱： yifine@ yifine. com

网址： www. yifine. com

简介：

上海宇帆电气有限公司是中国电源学会会员单位，十几年来专业制造电力电子控制设备及各种工业配套电源，主要产品有微控智能充电机、风光能充电控制器、直流电源、大功率开关电源、纯正弦波逆变器、风光能离网逆变器、并网逆变器、变频电源和交流稳压稳频电源等。

公司拥有雄厚的技术实力，严格的质量控制方式和先进的生产检测设备，已通过ISO9001国际质量体系认证。我公司本着“质量 科技 真诚 拼搏”的企业精神，竭力向市场提供各种高品质的电源产品。

上海正远电子技术有限公司

地址： 上海市浦东新区锦绣东路1999号524室

邮编： 201206

电话： 021-60487428

邮箱： mickey1972@ 189. cn

简介：

上海正远电子技术有限公司成立于2010年，以黄敏超博士为引领的国际化电磁专家团队为国内外客户提供电磁兼容（EMC）整改服务和工程师队伍的培训。行业领域覆盖医疗、通信、电力、新能源发电、电动汽车、照明、军用、航天和家电等。

电磁兼容整改业务已为国内外30多家知名企业提供电磁兼容整改服务。电磁兼容培训业务中，全球首创“EMC实操培训”业务，真正让工程师在操作专用仪器和工具中进行实际样机EMC整改学习，掌握电磁兼容的实际诊断和整改技能。目前，已完成2000多人次的电磁兼容理论培训。

上海正远电子技术有限公司全球率先创办“电磁兼容整改与培训中心”，落户于上海金桥开发区，是目前国内最专业的EMC整改与培训中心，中心提供的服务项目有：

1）电磁兼容高级培训企业专家定制项目：培训对象：企业工程师团队。

A方案专家定制标准课程：时间一天；

B方案专家定制课程：时间两天；

C方案专家定制课程：时间三天。

2）电磁兼容高级培训公开课：一天理论+二天实操，培训对象：工程师个人。

上海众韩电子科技有限公司

地址：上海市虹口区虹关路368号建邦大厦704室

邮编：200086

电话：021-55159880

传真：021-55159883

邮箱：ckb@ ckb-sh. com

网址：www. ckb-sh. com

简介：

上海众韩电子科技有限公司成立于2007年，作为20家海内外元器件厂商的授权一级代理，上海众韩以“信赖、专业、全面、迅速”，致力于高品质电子元器件的推广与交流。

产品种类

1）电容：电解电容、MLCC、陶瓷引线电容、DC LINK、超级电容、电力电容、薄膜电容、阻容复合电容、混合电解电容、固态电容。

2）IC：光耦、光耦继电器、二极管、晶体管、MOS管、IGBT、射频IC、电源管理IC。

3）其它：液晶模组/触控模组、气体传感器、片式熔丝、静电抑制器、压敏电阻、电感、磁性材料、变压器、蓄电池。

总部位于上海，已在沈阳、天津、青岛、郑州、合肥、无锡、苏州、宁波等多个城市设立办事处。

上海灼日新材料科技有限公司

地址：上海市松江区长塔路85号

邮编：201617

电话：021-51872995

传真：021-51872995-802

邮箱：jorle@ jorle. net

网址：www. jorle. net

简介：

上海灼日新材料科技有限公司致力于环氧树脂、有机硅、聚氨酯新材料的研发、生产和销售，一直以电子封装材料为主要研发方向，着重开发电子、电气、电力、太阳能及其它行业所需要的各类特殊封装材料。

“科技，点燃灼日的魅力”，上海灼日新材料科技有限公司是勇于追求、不断超越、积极创新的企业，我们将始终不渝的以诚信为纽带，建构信任的桥梁，与您携手，同步世界。

晟朗（上海）电力电子有限公司

地址：上海市钦州北路1089号53幢4F

邮编：200233

电话：021-64857422

传真：021-64857433

邮箱：infor@ slpower. com

网址：www. slpower. com

简介：

SLPE隶属美国上市公司SL实业集团公司（AMEX：SLI）。SL公司是全球规模很大的独立医用电源提供者，也是产品线覆盖广阔的世界一流电源供应商。凭借高超的设计制造能力及完善的售后服务体系，我们不仅能为客户提供优质可靠的高端产品，而且能提供整体的系统集成解决方案。良好的客户服务使公司在医疗和工业客户群中享有极高的声誉。公司的电源产品涉及的领域包括医疗仪器、工业设备、军用电源，网端电源（POE）、通信产品以及其它市场。

公司的产品包括各种内/外置开关电源、线性电源、充电器等，电源功率从1～6000W以上满足不同的客户需求。

时冠电气（上海）有限公司

地址：上海市松江区新车公路418弄1号厂房

邮编：201611

电话：021-57609501

传真：021-37601484

邮箱：sgbyq@ sgbyq. com. cn

网址：www. sgbyq. com

简介：

时冠电气（上海）有限公司是集科研、制造、销售，以及产品保养为一体的综合性电源公司。公司拥有雄厚的技术开发力量和一流的检测试验设备。公司在吸收和利用国内外先进技术的基础上，充分开发具有本公司特色的工艺和工装，通过不断优化创新，主要经济、技术指标均居国内领先水平，达到国际领先水平。公司不断加强对原材料质量和工艺过程的控制，保证产品质量的稳定性。

公司所生产的变压器、稳压器、调压器、电抗器、逆变电源、变频电源，EPS，UPS 不间断电源、以及配电箱等，10 多个系列，100 多种产品。产品已远销北美、西欧、中东、北非等 50 多个国家和地区，得到了广大用户的一致好评。

公司始终贯彻“技术创新，品质求精，诚信为本，追求卓越”的质量方针，力求使出厂的每一台产品都成为精品。2005 年公司率先在全国同行业中通过 ISO9001：2000 质量体系认证，全面提高企业综合管理水平。

西屋港能企业（上海）股份有限公司

西屋港能
WEST HOUSE

地址：上海市虹桥商务区万科时一区 T1-816 室
邮编：201103
电话：021-57153777
网址：www. whk. hk
简介：

西屋港能企业（上海）股份有限公司于 2009 年在上海市工业综合开发区创立，注册资本 10180 万元，占地 23000 平方米，建筑面积 21000 平方米，是一家专业从事新能源电动汽车充电设施和高低压成套开关设备、箱式变电站等输配电设备研发设计、生产制造及销售服务的高新技术企业。2015 年完成股份制改制并在全国中小企业股权转让系统挂牌上市，股票简称：西屋港能，股票代码：835115。公司以“开拓进取 • 创新求变 • 务实高效 • 追求卓越”的经营理念，始终坚持“持久地为用户提供优质的产品和满意的服务”的质量方针，着力引进高端的技术和管理人才，为专注新能源电动汽车充电领域以及输配电控制设备的研发和前沿市场拓展，致力以不断健全的技术创新体系，不断完善的质量保证体系和不断超越的售后服务体系为用户提供个性化的终极服务打下坚实的基础。公司视产品质量为企业的生命，先后取得 ISO9001 质量管理体系认证，ISO14001 环境管理体系认证和 OHSAS18001 职业健康安全管理体系认证。在中国强制性“CCC”认证的基础上并通过高压自愿性“PCCC”认证。

公司以先进的科技引领，可靠的产品质量，高效快捷的客户服务，诚实信用的经营作风，为生存环境的改善，高品质生活的追求尽心尽力。为了同一片天空下的美好健康生活，我们将在绿色新能源的创新道路上不断前行。

大事记：

2009 年：由美国西屋电气全资成立；

2010 年：为 WESTINGHOUSE、ABB、Schneider 加工电气成套开关柜；

2012 年：引进有源谐波治理和智能变频技术；

2014 年：基于谐波和智能变频技术开发智能充电技术；

2015 年：完成企业股份制改革，在新三板上市；

2016 年：进军新能源领域，产品获得国网、上海电科所的新国标认证。

伊顿电源（上海）有限公司

EATON
Powering Business Worldwide

地址：上海市长宁区临虹路 280 弄 3 号
邮编：100022
电话：021-52000099
网址：www. eaton. com. cn
简介：

伊顿电源（上海）有限公司（简称伊顿）是一家全球领先的动力管理公司，2016 年销售额达 197 亿美元。我们提供各种节能高效的解决方案，以帮助客户更有效、更安全、更具可持续性地管理电力、流体动力和机械动力。伊顿致力于利用动力管理技术和服务，提高人类生活品质和环境质量。伊顿在全球拥有约 9. 5 万名员工，产品销往超过 175 个国家和地区。

自 1993 年进入中国以来，伊顿通过并购、合资和独资的形式在中国市场持续稳步增长，旗下所有业务集团——电气、宇航、液压和车辆都已在中国制造产品和提供服务，并把亚太区总部设在上海。伊顿中国目前拥有 18 个主要的生产制造基地，超过 10000 名员工，4 个研发中心，年销售额超过 10 亿美元。

伊顿公司旗下伊顿电气集团百年来一直致力于电力应用安全，为客户提供包括整体方案前期规划、产品配置和售后服务在内的一站式服务，更有丰富的产品系列涵盖电源品质、输入输出配电、机柜、制冷和机房气流管理、电力监控和管理，为客户提供高效、安全、可靠的整体解决方案。

中达电通股份有限公司

DELTA 台达
中达电通股份有限公司

地址：上海市浦东新区民夏路 238 号
邮编：201209
电话：021-58635678
传真：021-58630003
邮箱：qi. pd. li@ deltaww. com
网址：www. deltagreentech. com. cn
简介：

1992 年中达电通股份有限公司（简称中达电通）成立于上海，自营业以来，保持着年均增长 35. 5% 的高速发展，为工业级用户提供高效可靠的动力、视讯、自动化及能源管理解决方案。在通信电源的市场占有率位居全国前列、同时也是视讯显示及工业自动化方案的领导厂商。

中达电通整合母公司台达集团优异的电力电子及控制技术，持续引进国内外性能领先的产品，在深入了解中国客户营运环境下，依据各行各业工艺需求，提出完整的解决方案，为客户创建竞争优势。秉持“环保、节能、爱地球”的经营使命，成为中国移动的绿色行动战略伙伴，在节能减排、楼宇节能的技术上，陆续开展多项新应用。

为满足客户对不间断运营的需求，中达电通在全国设立了41个分支机构、64个技术服务网点与12个维修网点。依靠训练有素的技术服务团队，中达电通得以为客户提供个性化、全方位的售前、售中服务和最可靠的售后保障。

20年的深耕，在近2000名员工的努力下，中达电通2011年的营业额超过36亿人民币。未来，中达电通更将不断地推陈出新，藉由与客户的紧密合作，共同开创更智能、更环保的未来。

中达电通——可靠的工业伙伴！

江苏省

艾普斯电源（苏州）有限公司

地址： 江苏省苏州市新区科技工业园火炬路39号
邮编： 215009
电话： 0512-68098868
传真： 0512-68083816
邮箱： service@ acpower. net
网址： www. acpower. cn

简介：

艾普斯电源1989年创立于台北，现已发展成为拥有完备的研发、制造、销售、技术支持服务体系的著名专业电源企业。除掌握优良的交流与直流产品技术之外，更具备技术整合能力，创造产品的多样化与独特性。目前，设有台北、天津、苏州三个制造工厂及研发中心，拥有雄厚的技术实力，工程技术人员占员工总数的40%以上。公司在销售及服务领域积累了丰富的经验，在亚太、北美等地区逾20个中心城市设有销售及服务分支机构，更好地满足各地顾客的需求，全方位地为客户提供各类电源项目的设计方案、安装、调试、维护及培训等专业服务。

艾普斯电源在中国大陆、中国台湾、欧美等国家和地区拥有数十项专利，曾先后获得外经贸部“外商投资先进技术企业”、省“高新技术企业”等称号，并在业内率先通过ISO-9001国际质量体系认证，以及CE、EMC、信息产业部电信设备进网许可证、中国民用航空总局航空静变电源生产许可证等多项认证。

安伏（苏州）电子有限公司

地址： 江苏省苏州市工业园区星龙街428号21幢A&B
邮编： 215126
电话： 0512-67671500
传真： 0512-62833080
邮箱： jackie. zhu@ efore. com
网址： www. efore. com

简介：

安伏（苏州）是Efore集团在中国的全资子公司，总部位于芬兰Espoo，是专业设计，制造和销售电源相关产品的国际化公司。创立于1975年，在欧洲、亚洲、非洲设有工厂，在芬兰、瑞典、中国、意大利设有技术研发中心。安伏集团利用先进的全球物料系统，优秀的设计，制造能力为通信、照明、工业、电子行业客户提供产品设计及制造服务。

安伏专注于一流设计的一体化定制电源解决方案、直流电源系统以及产品维护，密切配合客户需求，为客户提供有效的电源产品以及电子产品。

安伏在产品的研发中致力于减少能耗，提高效率，以及环境友好。

多年的专注经营与管理，如今，安伏已成为众多知名企业的合作伙伴。

常州诚联电源股份有限公司

地址： 江苏省常州市新北区春江镇百丈工业园创业东路15号
邮编： 213000
电话： 0519-69882589
传真： 0519-69882520
邮箱： 978782016@ qq. com
网址： www. czchenglian. com

简介：

常州诚联电源股份有限公司成立于2001年，坐落于美丽的江南水乡江苏省常州市新北区，是专业从事LED显示屏电源、景观标识电源、照明电源等研究、开发，生产，制造的高新技术企业，中国电源学会会员，全国各地标识行业协会会员单位，产品广泛应用于LED广告标识，LED灯箱展柜，LED显示屏，LED照明亮化等行业，公司致力于成为开关电源行业龙头企业，目前已经开发了全系列防雨电源，显示屏电源，灯具电源，应用于重大景观亮化以及广告标识项目。目前，诚联电源拥有多项专利，公司现有常州、深圳两大研发基地，研发人员50多名。拥有自已的研发实验室，内置实验设备齐全，目前已自主研发出多项电源产品均已申请专利，公司产品已经荣获CCC、CE、UL、TUV、ROSH等多项国内国际认证。

全国各大中城市建立了几十个销售网点，拥有完善的质量跟踪与售后服务体系，能快捷、周到地为客户提供全方位服务。

常州东华电力电子有限公司

地址：江苏省常州市金坛区下塘桥 108 号
邮编：213200
电话：0519-82358200
传真：0519-82359200
邮箱：tzb8896@ qq. com
网址：www. donghuaelec. com
简介：

常州东华电力电子有限公司成立于 2008 年，注册资金 100 万元，是规模化的电力半导体模块制造企业，是一家拥有自主知识产权的高新技术企业，公司地处长江三角洲，交通便利，现拥有年产 50 万只电力半导体模块的自动化生产线 1 条，拥有员工 30 人。

目前，主要产品有：晶闸管、快速晶闸管、整流管和超快恢复二极管等各种桥臂模块、单（三）相整流桥模块、单（三）相交流开关模块、绝缘型降压硅堆模块以及三相整流桥与晶闸管集成的模块、NBC 焊机及充电机专用硅整流组件、IGBT 单管、MDST 组合模块以及 IPM 智能功率模块等。产品已广泛用于军工、通信、电子、交直流电机控制、励磁电源、斩波调速、光电电源、控温调光、静止无功补偿、电镀电解、交流无触点动力开关、数控机械、交流电机软起动以及各种工业自动化工业装置、逆变电源等多种行业，并在多项国家重点工程项目中得到了应用，部分产品已配套出口，稳定、可靠的产品质量深受广大用户好评。

公司秉承“亲如一家，多干实事，品质优先”的企业精神，不断引进先进技术及设备为客户提供完善的技术支持和诚挚的售后服务。公司渐渐建立了属于自己的领域，并愿景于创造出自己的品牌，跻身于行业发展的前端！

常州瑞华电力电子器件有限公司

申 社

地址：江苏省金坛市社头工业园 8 号
邮编：213231
电话：0519-68080108
传真：0519-68080121
邮箱：Meijun. zhou@ ruihuaelec. com
网址：www. ruihuaelec. com
简介：

常州瑞华电力电子器件有限公司属国内最早也是最具实力的专业化、规模化电力半导体模块制造企业之一，是一家拥有自主知识产权的国家高新技术企业，江苏省著名商标，成立了江苏省电力半导体器件模块工程中心，同行业中率先通过了 ISO9000 质量管理体系认证及 ISO14000 环境体系认证。

目前，畅销国内外市场的产品主要有晶闸管、快速晶闸管、整流管和超快恢复二极管等各种桥臂模块以及单（三）相整流桥模块、单（三）相交流开关模块、绝缘型降压硅堆模块以及三相整流桥与晶闸管集成的模块、NBC 焊机及充电机专用硅整流组件、IGBT 单管、MDST 组合模块以及 IPM 智能功率模块等，产品均通过了国家电力电子产品质量监督检验中心的测试以及 UL 认证和 CE 认证。

公司与西安电力电子技术研究所、清华大学、秦皇岛燕山大学等知名院校签署了长期产学研合作协议，成立了浙江大学汪槱生院士工作站以及燕山大学研究生工作站，与国外专家团签订了长期的技术合作协议，全面引进国外知名公司的封装工艺、设计理念以及品质管理等相关技术。拥有一支由教授、高工、硕士等高级专业技术人员组成的研发团队，该研发团队勇于创新、坚持创新，取得了多项自主创新成果，并多次参与电力电子产品国家及行业标准的编审，现已拥有 20 多项国家专利。

常州市创联电源有限公司

创联电源
Chuanglian Power Supply

地址：江苏省常州市钟楼经济开发区童子河西路 8 号
邮编：213100
电话：0519-85210525
传真：0519-85215252
邮箱：cls@ cl-power. com
网址：www. cl-power. com
简介：

常州市创联电源有限公司（简称创联）成立于 2000 年，公司占地面积 20000m^2，厂房面积 22000m^2，是国内最具规模的 LED 电源研发制造基地之一。公司专业从事 LED 显示屏电源、景观亮化电源、LED 防水驱动电源、工业控制电源等产品的研发、制造与销售。产品涵盖 2000 多个规格品种，是中国著名品牌电源制造商。

历经 18 年的发展，创联公司已经成长为年产各类电源超过 800 万台的行业标杆企业。2016 年 8 月 19 日成功挂牌上市，开始资本运作之路。

拥有 2 个研发部门，共计 40 余人的研发团队，并建设有专门的研发实验中心，各类先进实验设备齐全，拥有严格的品牌管控体系和生产工艺，确保每一个产品的稳定可靠。

拥有生产自动流水线 11 条，ROHS 生产线 5 条；AI 自动插件生产线 6 条，SMT 贴片生产线 7 条。生产作业人员 600 余人。具备日产电源超过 3 万台的生产能力。

拥有国内核心经销商 90 余家，国外经销商 40 余家。产品出口 50 多个国家和地区，深受用户好评。

创新驱动，联合发展，创联人将永远坚持自己的企业目标，持续前进，用最优秀的产品，最良好的服务，推动开关电源领域的技术革新与进步，成为驱动点亮世界的有力保障。

常州市武进红光无线电有限公司

HGPOWER® 红光

地址： 江苏省常州市武进青洋路桂阳路 1 号
邮编： 213176
电话： 0519-86733545 86732495
传真： 0519-86731270
邮箱： ww@ hgpower. com
网址： www. hgpower. com

简介：

常州市武进红光无线电有限公司成立于 1998 年，一直致力于交换式电源产品的开发及生产。

目前，公司已成为国内知名的开关电源生产基地，拥有先进的生产工艺和完善的品质保证体系，主要产品全部通过 CCC、UL、CE、GS、FCC 认证，并通过国际 ISO9001：2008；ISO14000：2004；GJB9001B：2015；TS16949：2015 等到质量体系认证。

目前，公司产品广泛应用于家电、通信网络、LED 驱动、电动汽车充电、模块电源等领域，公司现有固定资产 15000 万元，厂房及宿舍面积达 50000 平方米，生产开关电源 2 万台/天。

公司拥有一支作风严谨、高素质的研发队伍，可以灵活高效地为客户提供全面的电源解决方案。

创一流品质，持续不断地推出高效、节能、绿色电源产品，打造中国电源品牌是我们的宗旨。

国充充电科技江苏股份有限公司

特牛 TOPOWER 电源解决方案领导者

地址： 江苏省扬州市维扬经济开发区小官桥路 20 号
邮编： 225008
电话： 0514-87639993
传真： 0514-85122289
邮箱： sales@ shek. cn
网址： www. shek. cn

简介：

国充充电科技江苏股份有限公司创立于 1994 年，是集研发、生产、销售于一体的国家高新技术企业，在上海、南京、扬州设有多个研发中心和生产基地。国充充电以建设中国最安全的新能源汽车智能充电生态家园为核心，主要经营交/直流稳压稳流电源、直流充电桩、新能源汽车充电站、电动汽车充电站整体解决方案等产品。

以客户为中心，满足客户需求。

公司坚持以客户为中心的经营理念，从设计、生产、服务等各个方面用心满足客户需求。拥有 40000 多平方米生产和研发场所，年产 10 万台套生产能力。

专注科研，成果斐然。

国充充电拥有雄厚的科研力量，多个研发团队，拥有国内顶尖的电源设计人才，并和浙江大学、南京航空航天大学、同济大学等建立了长期的合作关系，以确保我们的产品领先，21 年来获得数 10 项发明专利和著作权，多项国家重点新产品证书，多项高新技术产品证书，多次获得科技部创新基金。

品质安全，值得信赖。

21 年高端电源研发生产经验，让国充拥有业内顶尖的大功率充电电源技术！2001 年在同行业中率先通过了 ISO9001 国际质量体系认证，通过国际知名检测机构 SGS 的严格检测，获得欧盟 CE 认证证书。

江苏爱克赛电气制造有限公司

EKSI Electrical Powerware

地址： 江苏省扬州经济技术开发区金山路 142 号
邮编： 225131
电话： 0514-87525888
传真： 0514-87526268
邮箱： webmaster@ eksi. cn
网址： www. eksi. cn

简介：

江苏爱克赛电气制造有限公司坐落在风景秀丽的江苏省扬州经济技术开发区，是国内大型专业研发、生产 UPS 不间断电源，电力专用 UPS，EPS 消防应急电源，光伏控制器，太阳能并网，离网逆变器，通信电源，交直流稳压电源，铅酸免维护蓄电池，变压器和电抗器等产品的科技型股份制企业。

公司是高新技术企业，中国电源学会会员单位，在同行业中率先通过 ISO9001：2008 质量管理体系、ISO14001：2004 环境管理体系认证；中国节能认证、泰尔认证、欧洲 CE 认证、德国 TUV 认证、澳洲的 AS4777 认证等国际产品认证。产品连续被认为“质量信得过”及“江苏省名牌”产品等荣誉称号。

公司设有 30 多个分公司（办事处）和 100 多家销售代理，拥有较为完善的产品销售服务网络。产品广泛应用于金融、银行、证券、交通、民航、海关、税务、教育、邮电、电信、石油、华工等国内重要领域，并出口西班牙、德国、美国等 30 几个国家和地区。凭着一流的技术优势，过硬的质量水平，优质的服务体系，赢得电源保护服务专家的赞誉。

江苏禾力清能电气有限公司

禾力清能 HELINICE

地址： 江苏省宜兴市经济开发区创业园二期 C2
邮编： 214213
电话： 0510-87868659
传真： 0510-87868609
邮箱： seanjiang@ 126. com
网址： www. helinice. com

简介：

江苏禾力清能电气有限公司成立于 2011 年，地处太湖之滨江苏宜兴，为江浙沪三大都市圈的中心区域，地理位置优越，周边交通发达。公司一期注册资金 1000 万元，办公与生产面积共计 6000 平方米。2012 年公司入选无锡市引进领军型海外留学归国创业人才“530”企业，江苏省可再生能源行业协会理事单位，并通过国家太阳能产品认证，属无锡市重点高新技术企业。

公司长期致力于太阳能发电、光伏并网逆变系统、稳压系统、不间断 UPS 及光伏并网发电相关电气产品的研发、制造、销售与技术服务，并提供一体化的整体解决方案。

公司现有行业专家 10 多名，行业领先的研发实力。公司拥有光伏并网逆变器、UPS、EPS 的自主开发平台和中试基地，华东地区最具现代化的电力电子专业实验室，及多项相关发明专利。公司自主研发生产的 500kW 大功率逆变器、模块化 UPS 不间断电源产品获得市场一致好评。

江苏坚力电子科技股份有限公司

地址：江苏省常州市钟楼区香樟路 52 号
邮编：213023
电话：0519-86926679
传真：0519-86960580
邮箱：505241319@ qq. com
网址：www. czjianli. com
简介：

江苏坚力电子科技股份有限公司（原常州坚力电子）是中国规模与研发实力并举的 EMI/EMC 电源滤波器制造商。自 20 世纪 60 年代生产滤波器以来，积累了 60 多年的专业制造经验，在国内同行业中率先通过了 ISO9001 质量体系认证，并通过了 ISO14001 环境管理体系、OHSAS18001 职业健康管理体系以及国军标武器装备质量管理体系认证。先进的测试设备和严格的品质管理形成了我们的独特优势，历年来坚力电源滤波器主要品种已先后通过了 UL、CSA、VDE 等国际安规认证。

本公司产品广泛应用于各种仪器仪表、医疗设备、电力电源、通信电源、军事设备、驱动及控制设备等，还曾多次为国家重点工程——洲际火箭、电子方舱、运载火箭、考察船、飞船系列以及世界最大的射电望远镜等配套。本公司产品畅销海内外，拥有国内外各领域优秀客户。本公司能在 4～6 周内为您提供 0.5～2000A 各种规格的单相、三相交流电源滤波器和直流电源滤波器。专业的研发团队可为客户设计和制造各种特规滤波器，以帮助客户的设备有效地抑制电源线传输的电磁干扰，满足电磁兼容（EMC）规范的要求。

雷诺士（常州）电子有限公司

雷诺士® Reros®

地址：江苏省常州市新北区华山中路 38 号
邮编：213022
电话：0519-85190886
传真：0519-85190886-8228
邮箱：zhangjun@ rerosups. com
网址：www. rerosups. com
简介：

雷诺士（常州）电子有限公司是国内知名电源设备制造商，是集成设计、生产、销售、服务于一体的高科技股份制企业。公司总部及科研生产基地坐落于国家常州高新技术开发区，毗邻上海、南京，是国内电源设备制造重点企业之一。目前，拥有两大生产基地、4 个生产厂区、工厂占地面积 35000 平方米。

公司长期从事电源产品的制造与销售，在产品的电源设计、制造工艺，出厂检验，开通调试等方面具有丰富的经验。主要产品有 UPS 不间断电源、EPS 应急电源、精密空调、精密配电柜、稳压电源、电池以及机房一体化集成配套设备，为国内多家知名品牌 UPS 电源厂商提供 OEM 服务，相关产品已出口包括欧美在内的 80 多个国家和地区。公司产品具有个性化、智能化、环保化、品质高等性能特点。同时公司具备强大的技术研发实力，能根据用户需求，量身定制非标电源产品，以满足特殊供电环境的需求。

公司已通过 ISO9001 质量管理体系、ISO14001 环境管理体系以及 ISO18001 职业健康安全管理体系的国际标准，并获得认证证书。相关产品已经连续入围“中央政府采购网”、“国税总局采购平台”，企业获得“江苏省高新技术企业”、“绿色与创新企业”、“江苏省 UPS 研发机构”、“中国通企业协会会员”、“中国电源学会会员单位”、“最具用户满意度品牌”等荣誉称号。公司产品广泛应用于医疗卫生、政府机关、税务金融、电力、教育、铁路、冶金、科研、消防、交通、国防、航空航天、广电等重要领域，在各个行业发挥着电力保护神的重要作用。

溧阳市华元电源设备厂

华元电源——高可靠的绿色电源

地址：江苏省溧阳市经济开发区民营路 3 号
邮编：213300
电话：0519-87383088
传真：0519-87383088
邮箱：lyhydy_ hj400@ 163. com
网址：www. huayuan-power. com. cn
简介：

我厂专业从事高频开关电源的新技术研发及新产品的生产，拥有高频开关电源的自主发明专利和多项专有技术，是省科技型民营企业。

我厂研发生产的氙灯、汞氙灯、金卤灯等多种大功率电光源电源，高可靠性、节能环保效果明显高于目前市售的国内外同类产品，而且价格比进口同类产品低。该类产品已被国内许多内资、外资、中外合资光学及光学应用企业采用，有的运用于军事、研发生产的电动汽车智能化充电机，2005 年起配套国内锂电池生产厂商的电池远销欧美、日本、独联体、中东及东南亚许多国家和地区，从未有质量性的返修。目前，我厂正在研发和生产电池组充放电主动均衡模块，决心以快捷、高效、可靠的实效，攻克这一世界性难题，为新能源及电动汽车产业的发展做出贡献。

我厂应用自主专利技术研发生产的特大功率高频开关电源、低压大电流高频开关电源，具有高效率、高可靠、均流好、环保等特色，可应用了太阳能、风能、谷电等的特大功率的充电储能，还可应用于高能物理、化工冶炼、航天航海、军事等领域。

南京时恒电子科技有限公司

地址： 江苏省南京市江宁区湖熟镇金阳路 18 号
邮编： 211121
电话： 025-52121868
传真： 025-52122373
邮箱： export@ shiheng. com. cn
网址： www. shiheng. com. cn
简介：

南京时恒电子科技有限公司（SHIHENG）为国家高新技术企业，专业生产全系列 NTC 热敏电阻器、NTC 温度传感器、PTC 热敏电阻器和氧化锌压敏电阻器等敏感元器件，是国内规模很大的敏感元器件专业生产企业。公司通过了 ISO9001 质量管理体系认证、TS16949 质量管理体系认证、ISO14001 环境管理体系认证，并先后被认定为“南京市民营科技企业”、“南京市高新技术企业”、“江苏省民营科技企业”、“国家高新技术企业”。公司还是中国电子元件协会（CECA）会员单位和中国电源学会会员单位。

公司不断研发出具有国际先进水平的新产品，多项科技项目获得包括国家火炬计划、国家科技部创新基金在内的各级政府的立项和资助。

主要产品均通过了 CQC 标志认证、美国 UL、C-UL 安全认证和德国 TUV 认证，产品广泛应用于工业电子设备、通信、电力、交通、医疗设备、汽车电子、家用电器、测试仪器、电源设备等领域。

南通嘉科电源制造有限公司

地址： 江苏省启东市和平中路 855 号
邮编： 226200
电话： 0513-83688802
传真： 0513-83688802
邮箱： nijianjian@ 126. com
网址： www. jkzhiliudianyuan. com
简介：

南通嘉科电源制造有限公司专注生产 JKDY 系列开关型直流稳压稳流电源，是产品研发、产品集成、产品认证、生产测试及老化、自动化制造测试和过程控制等应用领域的可靠高性能直流电源供应商。产品采用高频 PWM 硬件调整软开关控制技术，具备交、直流兼容输入及各种保护功能。采用进口 IGBT 模块功率器件及全桥变换技术，具体高效能、高精度、高稳定性、小体积等特性，优化于线性电源和硅整流电源的高效率，产品长时间运行可靠，过载能力强。别名：可调开关电源、可调直流稳压电源、大功率直流稳压电源、直流可调稳压电源、直流电源供应器、大功率直流电源、高压直流稳压电源。

JKDY 系列开关型直流稳压稳流电源的电压、电流值从零至额定值连续可调，恒压、恒流自动转换，在额定范围内任意选择且限制保护点。电压、电流同时数字显示。产品具有过电压、过电流、输入缺相、输入欠电压、输入过电压、短路、过载等保护功能。开机延时软启动，避免开机输出电压过冲。产品可多台并串机，实现功率扩容。产品控制可手动旋钮、按键、计算机、PLC 等可选。

目前，JKDY 系列开关型直流稳压、稳流电源广泛应用于电力、工控、通信、科研、铁路、汽车、船舶、蓄电池充电、航空航天、表面处理、电化学、新能源、电容器、电机、污水处理、电子产品生产检测、LED 照明、加热、地质勘探、医疗设备（MRI）、半导体设备（MOCVD）、真空镀膜设备等行业。国内已有众多企业单位使用 JKDY 系列直流稳压稳流电源用于产品测试和老化。另外，众多科研单位、军工电子研究所、航空电器、有色金属等单位，使用此电源进行高精度、高强度电源供应下的科研工作，广受好评！

苏州锴威特半导体有限公司

地址： 江苏省张家港市经济开发区国泰北路 1 号科技创业园 B 幢 511 号
邮编： 215600
电话： 0512-58979952
传真： 0512-58979952
邮箱： sales@ convertsemi. com
网址： www. convertsemi. com
简介：

苏州锴威特半导体有限公司成立于 2015 年，是一家专注于功率器件与智能功率集成芯片开发、生产和销售的领军人才企业。我们的功率器件产品主要包括：VDMOS、SJ MOSFET、SmartMOS、集成 FRD 或 ESD 功率器件，智能功率集成芯片产品主要包括：功率驱动芯片、工业控制芯片、智能电源管理芯片等。广泛应用于工业控制、家用电器、电动车、机器人、无人机、充电桩等领域。

我们的主要成员在功率半导体领域累积了 10 年以上的产品开发经验，申请专利共计 20 件，布图保护 6 件；公司成立 2 年的时间里，与台湾汉磊、西安卫光搭建了自主知识产权的互补功率器件工艺技术平台；自建了完善的功率器件与智能功率集成芯片的研发测试平台；与振华电子、卫光科技等军工企业建立了军工产品国产化合作；完成了4大领域133个成熟产品；产品得到39家客户的批量采购，包括清华同方、上海贝岭、西安航天民芯、无锡硅动力等。产品进入华为、中兴、帝文、冠德、美的等知名终端客户；2016年实现销售3133万元，2017年1季度销售收入已达1600万元；公司已通过ISO9001、ISO14001质量和环境体系认证，获得了江苏省科技型中小企业，江苏省民营科技企业。未来，公司将逐步组建或引入配套资源，在西安和苏州形成以功率半导体和功率集成电路为核心的产业园。

苏州美恩斯电子科技有限公司

MAINS

地址：江苏省苏州吴中经济开发区兴中路18号
邮编：215000
电话：0512-66351237
传真：0512-66352923
邮箱：www. meskj. com
网址：szmains@163. com

简介：

苏州美恩斯电子科技有限公司（简称美恩斯）是一家专注于研发、生产、销售于一体的高科技企业。拥有现代化厂房，先进的生产设备，积极引进新型技术，不断改进产品性能及工艺。专心致力于设计研发以电力、电子、工业、教学、科研、军工、医疗、电机、能源等相关行业为核心的电源系列产品。

美恩斯主要产品：高频直流稳压、稳流电源、液晶程控直流稳压、稳流电源、可编程直流稳压、稳流电源、线性直流稳压、稳流电源、晶闸管直流稳压稳流电源、高速响应电源、电解电镀电源、真空镀膜电源、表面处理电源、污水处理电源等专用直流电源系列；变频电源、中频电源、逆变电源、交流稳压电源等系列。

美恩斯始终专注于行业电源领域，坚持以市场需求为导向、以技术创新作为企业发展的核心。培育了一支经验丰富、自主创新能力较强的专业研发团队，能在最短的时间内为客户设计研发出具有特殊功能和较高技术含量的专用电源。具有操作简单、体积小、效率高、高精度，高稳定等性能，配备先进的LED/LCD液晶显示，智能化PC系统和RS232、RS485等功能；完善的过电压、过电流、过温、短路保护、温度显示、湿度显示及预置等功能让用户更放心使用。

美恩斯发展思路一贯坚持“科技是第一生产力”的理论导向，始终坚持科技的创新，技术的进步，高素质人才的培养；以“质量求生存、创新求发展、品牌战略为先导”的方针，凭着对电源技术前瞻性的理解，以完善、精湛的生产工艺和对产品的孜孜以求，推出各种优质的电源产品，来满足广大客户的不同需求，在国内外市场树立美好形象。

苏州市申浦电源设备厂

SPDY 申浦电源

地址：江苏省苏州市吴中区角直镇凌港村角胜路（胜浦大桥南100米）
邮编：215127
电话：0512-65043983
传真：0512-82176007
邮箱：515596668@qq. com
网址：www. sz-spdy. com

简介：

公司坐落于美丽富饶的长江三角洲，南临苏沪机场路，北靠312国道，交通便利，环境优美，本厂技术先进，实力雄厚，是集科研生产一体化的专业企业。

本厂专业生产BT-33型多功能大功率晶闸管触发板、BT-1型多功能恒流压调节板、整流器、晶闸管调压器、直流调速器、电子负载、充电机、恒流源及各种规格晶闸管调压变流设备。普通硅整流设备，大功率高频开关电源，贵金属电镀用脉冲电源，铝氧化用大功率脉冲电源，蓄电池生产测试用大功率充放电电源，大功率直流电机调速装置及其它蓄电池生产测试用相关设备。

公司的市场营销策略是优质低价，服务快捷，相同档次的产品我们的价格达到最低。

我们将以一流的创业精神、全新的质量观念、优质的服务态度和精诚的团结信念广结中外朋友,共谋事业发展。

太仓电威光电有限公司

EPE 電威光電有限公司 ETHER POWER ELECTRONICS TECHNOLOGY CO.,LTD.

地址：江苏省太仓市城厢镇新毛区新港西路66号
邮编：215400
电话：0512-82775558
传真：0512-82776898
邮箱：epe@powerepe. com
网址：www. powerepe. com

简介：

太仓电威光电有限公司于1999年在中国台北成立，专业从事各类电子式安定器的研发与生产，应市场需求，于2000年在江苏太仓设立工厂，本着“专业研发、专业生产、共享市场、创造双赢”的发展策略，全方位满足客户需求，提供客户最可靠的品质与服务。

太仓电威光电有限公司是第一家完成数字电路超薄化安定器的华人企业，拥有专用芯片，产品畅销全球。

太仓电威光电有限公司于2004年通过ISO/TS16949品质保证系统的认证，确保产品通过FCC、CE/CB、TUV、UL、CQC等权威国际认证，符合RoHS法规中产品有害物质使用禁令限制，维护环境。

公司主要产品：

1）LED 驱动电源：室内、室外照明；

2）CDM 陶瓷金卤灯电子式安定器：路灯、商业空间照明，民用照明；

3）HID 石英金卤灯电子式安定器：舞台演出灯具，摄影棚灯具，船舶照明，汽车头灯。

无锡东电化兰达电子有限公司

TDK

地址：江苏省无锡市行创二路 6 号

邮编：214028

电话：0510-85281029

传真：0510-85282585

邮箱：david. wei@ cn. tdk-lambda. com

网址：www. cn. tdk-lambda. com

简介：

无锡东电化兰达（TDK-Lambda）是全球领先的工业电源制造商，创立至今已有 68 年的历史，隶属于世界著名电子元器件品牌 TDK 集团。产品广泛应用于医疗、智能电网、轨道交通、测试测量、科研、半导体、通信等行业，约占全球工业电源五分之一的市场。在北美、欧洲与中东、东南亚，日本和中国等 14 个国家和地区拥有研发中心，生产基地，销售网络和客户服务系统，向全球客户提供安全可靠的开关电源产品，方案和技术支持。

TDK-Lambda 立足中国 20 年，工厂位于江苏省无锡市新加坡工业园区，年产值已达 6 亿元，员工近千人，在北京、大连、无锡、上海、成都、西安、武汉、长沙、深圳、香港和台北设立了销售分公司或办事处。

其中，上海分公司作为 TDK-Lambda 中国的研发中心，销售和市场总部，与美国，以色列，英国，德国，新加坡和日本等集团公司有着广泛密切的交流与合作，一直致力于高可靠性 AC-DC，DC-DC 开关电源的新品研发和技术革新，提高效率，降低噪声，为持续改善社会与自然环境做出贡献。

扬州凯普电子有限公司

KPR

地址：江苏省高邮市高邮镇工业园区 33 号

邮编：225600

电话：0514-84540880

传真：0514-84540883

邮箱：service@ yzkprdz. com. cn

网址：www. yzkprdz. com. cn

简介：

扬州凯普电子有限公司是一家致力于电力电子无源器件研发、制造、营销和服务的高新技术企业。

公司通过引进国外先进的制造和试验设备、自主研发及与高校科研院所合作建立了雄厚的研发和工程中心，并获得多项自主知识产权的专利技术。公司在研制过程中，完全按照 ISO9001、TS16949 等标准体系构建并有效运行，系列产品均通过专业机构的认证。

公司以市场需求与科技发展为导向，以一流的品质、完善的服务为依托，获得了全球客户的信赖，产品广泛应用于照明、通信、家电、电源、工业控制、汽车电子、绿色能源、军事装备等各个领域，并可根据客户的设计要求提供个性化定制产品。

越峰电子（昆山）有限公司

ACME

地址：江苏省昆山市黄浦江北路 533 号

邮编：215337

电话：0512-57932888

传真：0512-57664667

邮箱：info@ acme-ks. com. cn

网址：www. acme-ferite. com. tw

简介：

越峰电子（昆山）有限公司成立于 2000 年，为台聚关系企业。公司主要业务为锰锌和镍锌软性铁氧磁铁心之制造及销售，产品属于电感类被动电子组件，为功率变压器、负载线圈、抗流圈、消磁线圈、感应天线棒/平板等之原材料，应用于交换式电源供应器、电脑显示器、笔记型电脑、宽频网络系统、车用电力电子、车用天线棒/感应钥匙、无线充电器、电话交换机、中继站、行动电话、PDA、液晶电视、数位相机、数位摄影机、掌上型电玩以及扫描器等 3C 产品。

张家港市电源设备厂

地址：江苏省张家港市长安中路 599 号

邮编：215600

电话：0512-58683869

传真：0512-58674019

邮箱：zjgpower@ hotmail. com

简介：

张家港市电源设备厂位于风景秀丽、美丽富饶的长江三角洲畔的新兴城市-张家港市，这里紧靠苏锡常沪等发达地区，交通便捷。

我厂始创于 1983 年，主要生产通信电源、高频开关稳压电源、直流稳压恒流电源、逆变电源、变频电源、交流稳压电源、UPS 不间断电源和中频电源等各种电源的开发、生产、销售、工程设计施工等多种业务于一体的专业工厂。我们的产品以体积小、重量轻、效率高、智能化程度高、维护操作方便等诸多优点赢得了用户的一致好评。

我厂通过了 ISO9001 质量体系认证，形成了完备的质量管理体系（原材料采购、物料管理、产品制造与质量控制、生产技术工艺与设备管理、产品储运等）。我们将紧随国际电力电子技术的发展步伐，不断研发更高性能的电源系列产品，以高标准、高品质、高性价比来满足广大用户的要求，同时我们也为客户量身定做电源产品来满足用户的特殊求。

浙江省

杭州奥能电力设备制造有限公司

地址：浙江省杭州市拱墅区康桥工业园康政路 30 号
邮编：310015
电话：0571-88182145
传真：0571-88090507
邮箱：aoneng2008@163. com
网址：www. aoneng. cc

简介：

杭州奥能电力设备制造有限公司地处于誉称“天堂硅谷”的浙江省省会杭州的高新技术开发区，是一家专业从事电力用交、直流电源及电能质量控制的公司。公司自年成立至今，经过奥能人的艰苦创业、奋发图强，经营规模不断扩大，经济实力不断增强，已经形成了一个完善的经营服务体系，目前奥能公司已在南京、鞍山、成都、武汉、新疆等省会城市设立办事机构，是集科研、生产、销售、服务为一体的集团公司。

公司主要产品有高频开关直流电源、分布式直流电源、EPS 电源、UPS 电源、高、低压无功补偿装置（动态及静态）、APF 有源滤波装置、低电压穿越（抗晃电）装置、交直流一体化电源装置、配电柜等。我公司技术力量雄厚，生产设备齐全，制造工艺先进、测试手段和检测设备均符合国家标准要求。公司已获得 ISO9001 质量管理体系认证等证书。

本公司将继续坚持科工贸相结合，走集团化、实业化、国际化的发展道路。将始终以一流的技术、一流的品质、一流的管理、一流的服务，本着“质量第一，用户至上”和“科技为依托，质量为生命，品牌求市场，信誉求发展”的宗旨，以优良的质量和高效、完善的服务与广大用户精诚合作。

我们真诚地欢迎国内外新老朋友与我们合作，在电源领域做出更杰出的贡献。

杭州奥能电源设备有限公司

地址：浙江省杭州市西湖区科技经济园区振中路 202 号 1 号楼
邮编：310030
电话：0571-88966622
传真：0571-88966986
邮箱：on@ on-eps. com
网址：www. on-eps. com

简介：

杭州奥能电源设备有限公司是一家集开发、生产、销售、服务为一体的国家高新技术企业和软件企业，专业生产逆变电源、UPS 电源、高频开关电源、电力用智能一体化电源、高压直流电源（hvdc）系统、新能源电动汽车充换电系统等系列产品及一体化解决方案的主流供应商。

“质量第一，客户至上”是公司的经营理念，我们奉献给用户的不仅是品质优良的产品，同时也是我们优质、可靠、及时的服务。随着企业的不断发展，公司已全面贯彻实 ISO9001 质量管理体系并顺利通过认证。

客户的满意是我们永远的追求！

创一流企业是我们最终的目标！

企业使命：致力于为社会节能做出贡献，并在此过程中，为全体员工追求物质与精神两方面幸福搭建平台。

企业愿景：成为行业内极具实力和倍受尊敬的企业。

核心价值观：创造价值、创造快乐、守正出奇、敬业爱岗、分享共赢。

发展理念：做大、做专、做快、做强。

员工管理理念：以人的发展为本。

杭州快电新能源科技有限公司

地址：浙江省杭州市滨江区秋溢路 500 号 1 号楼 2 楼
邮编：310053
电话：0571-87700871
传真：0571-87700502
邮箱：yejun@ efastcharge. cn
网址：www. efastcharge. cn

简介：

杭州快电新能源科技有限公司（简称杭州快电）是一家专注于电力电子产品和新能源技术的高科技企业，公司坐落于风光秀丽的钱塘江南岸杭州滨江高新技术产业开发区，公司主要业务为面向行业应用的电源一体化系统、新能源电动汽车充换电系统、电力电源和储能装置的研发设计、生产制造以及系统集成和服务，向客户提供从前端设备到后端系统的完整解决方案。

杭州快电成立之初，就立志为电力能源行业贡献技术先进、质量稳定的产品，致力于为各行业提供高效稳定的电源产品和电源管理平台的整体解决方案，为新能源汽车制造商、新能源汽车车主、充电设施运营商提供充电设备、充电系统以及充电运营整体解决方案，为客户提供一站式服务。公司长期扎根于交直流电源产品领域，并与浙江大学、武汉大学、国网电科院等国内知名高校院所建立合作研究机制，在电源设备的关键技术上具有深厚的技术底蕴，具备多个发明专利和软件著作权。经过多年的快速发展，杭州快电如今已拥有一个自动化生产基地以及高新技术研发中心，在全国各个主要城市设有销售与服务办事处，已经在智能电网、工业电源、电动汽车充换电、电力电源和储能领域具备了很强的自主开发、生产、服务优势。同时，公司在电源系统的行业应用中积累了丰富的建设和服务经验，在新能源电动汽车领域中也形成了对充电设备、充电站整体建设、充电运营等产业链的全覆盖。

近年来，杭州快电先后引入一系列质量管理体系来持续提高企业管理水平，确保产品质量和服务水平，公司具有ISO质量管理体系、职业健康安全管理体系以及环境管理体系认证证书，产品均通过国家权威检测机构的认证测试。公司几年来不断总结产品投运期间的各种使用经验，坚持改进升级，不断优化产品设计，持续提高产品性能。杭州快电的电源一体化解决方案和电动汽车充换电解决方案，以时尚的外观、良好的用户体验揽获客户青睐，合作伙伴遍布全国，远销海外。

杭州快电将与合作伙伴一道，利用先进的技术创造零污染的绿色生活方式，不断为中国的新能源战略助力。

杭州易泰达科技有限公司

易泰达科技 EASITECH™ We make your work easi

地址： 浙江省杭州市上城区钱江路58号太和广场3号15楼
邮编： 310008
电话： 0571-85464125
传真： 0571-85464128
邮箱： sales@ easi-tech. com
网址： www. easi-tech. com
简介：

杭州易泰达科技有限公司是一家为国防军工、航空航天、铁道船舶、汽车、电机电器、电气传动、天线雷达等机电行业提供产品设计分析、仿真验证软硬件解决方案以及咨询服务的专业技术公司。公司坚持以电磁场，温度场，结构应力场多场耦合技术为核心，以系统建模与仿真技术为纽带，以员工和公司的持续学习能力为保障，以切实解决用户难题并不断改进用户体验为目标，通过专业的技术知识和服务流程，为客户提供经济、高效、可靠的解决方案和专业的咨询服务，以帮助客户实现技术创新、提高效益和增强竞争力。

杭州远方仪器有限公司

EVERFINE 远方

地址： 浙江省杭州市滨江区滨康路669号
邮编： 310053
电话： 0571-86699998
传真： 0571-86673318
邮箱： emc@ emfine. cn
网址： www. emfine. cn
简介：

杭州远方仪器有限公司是远方光电（股票代码：300306）的全资子公司，专业从事电磁兼容（EMC）& 电子测量仪器的研发及EMC实验室整体解决方案的提供，是国内率先独立进行全系列电磁兼容测试仪器研发的国家重点高新技术企业。建有企业院士工作站、博士后工作站、省企业技术中心、省研发中心等科研平台，并多次承担国家高技术研究发展计划（863计划）课题和省市级重大科技攻关项目，拥有国内外发明专利30余项。2013年被评为福布斯潜力上市公司100强企业（排名第四）。

经过多年的技术发展与积累，远方公司的EMC& 电子测量仪器已远销全球70多个国家和地区，应用于LED和照明、家用电器、电动工具、低压电器、医疗器械、国网电力、通信、广播音视频、汽车电子、军工等领域，客户包括中国科学院、中国计量院（NIM）、ETL国际认证实验室、中检集团、深圳计量院、广东省出入境检验检疫局、清华大学、浙江大学、四川大学、philips、三星、松下、西门子、海尔、美的、TCL等著名国际检测认证机构、跨国企业、研究所及高校。

杭州中恒电气股份有限公司

ZHONHEN 中恒

地址： 浙江省杭州市国家高新技术产业开发区东信大道69号
邮编： 310053
电话： 0571-56532188
传真： 0571-86699755
邮箱： zhangning@ hzzh. com
网址： www. hzzh. com
简介：

杭州中恒电气股份有限公司（股票代码：002364，简称中恒电气）自1996年创立以来，始终秉承“至诚至精，中正恒久”的企业价值观，以“致力于创新应用电力电子和互联网技术，为用户提供世界一流的产品”为使命，稳健务实，精简高效，快速成长。

中恒电气一直专注于主营业务，围绕两大业务板块深耕细作，电力信息化板块，为电网企业、发电（含新能源）企业、工业企业的“自动化、信息化、智能化”建设与运营提供整体解决方案；电力电子产品制造板块，为客户提供通信电源系统、高压直流电源系统（HVDC）、电力操作电源系统、新能源电动汽车充换电系统等产品及电源一体化解决方案。

中恒电气始终以市场为导向，不断发掘客户的需求，坚持技术驱动，持续创新，不断为客户创造新的价值，为客户提供增值服务，是行业的领军企业。国家电网、南方电网、中国移动、中国电信、腾讯、阿里巴巴、百度、戴尔等都是公司长期合作的核心客户。

“守拙出奇，恒久致远”，中恒人既坚守自己的信念，也善于抓住时代机遇，依托自身深厚的电力行业背景，以及跨界的技术优势，实现从软件和设备供应商向智慧能源综合解决方案服务商的升级，逐步将产业重点转向能源互联网，完成公司跨领域的产业整合。

弘乐电气有限公司

HONLE

地址：浙江省乐清市柳市镇象阳产业功能区
邮编：325604
电话：0577-61762777
传真：0577-61755177
邮箱：linfor@ honle. com
网址：www. honle. com
简介：

弘乐电气有限公司是国内知名的电源供应商，是中国电源学会会员。公司自创立以来，一贯坚持“科技是第一生产力”的理论导向，以品牌战略为先导，凭着对电源技术前瞻性理解，以完善的工艺和对品质的孜孜追求，为各行各业的精密设备提供安全稳定的电力供给保障，在国内外市场上树立了美好形象。

公司以“弘扬和谐，乐享世界”的企业精神为核心，先后推出稳压电源，精密净化电源，直流电源，逆变电源，调压器等系列多种电源产品，实行供销一体化。公司在电源的品种、质量、规模和管理模式等方面已得到了完善，使公司产品质量达到先进技术水平，畅销全国，部分出口国外，深受广大客户的好评。

本公司产品由中国人民保险公司承保。公司始终以“质量求生存，创新求发展”的方针，通过了 ISO9 001 质量管理体系认证。

康舒电子（东莞）有限公司杭州分公司

AcBel

地址：浙江省杭州市西湖科技园区西园八路 11 号杭州数字信息产业园 D 座 3 楼
邮编：310030
电话：0571-87997535
传真：0571-87963179
邮箱：hr_ hz@ apitech. com. tw
网址：www. acbel. com
简介：

康舒电子（东莞）有限公司杭州分公司（简称康舒科技）创立于 1981 年，一直谨守创新、和谐、超越的经营理念，并以客户满意为目的行事，经过持续不断的技术创新及客户开拓，以电源管理技术为核心的康舒科技已成为众多世界一级大厂的主要合作伙伴，并进入全球电源供应器产业的领导厂商之列。

康舒科技目前以台湾为全球研发总部，在中国大陆、美国及马来西亚等地亦设有专业研发团队。近年来，康舒科技有感于地球暖化情形日益显著，除了积极改进产品设计以提高电源供应器产品的电力转换效率，协助客户的终端系统节能减碳外，也积极投入照明、能源及电力通信等新触角，期以电源管理的核心技术为基础，发展出整体解决方案。

杭州分公司作为康舒科技的车用电子事业处，主要围绕电动汽车用各类电源开展应用：客户遍及整车厂、动力电池厂及国家电网等，产品包括车载产品、非车载产品和动力电池的管理与均衡系统等。公司为优秀人才搭建了良好的发展平台，在这里，您将接触到业界领先的技术和富有激情的工作团队。

乐清市永茂电源有限公司

永茂

地址：浙江省乐清市大林工业园区
邮编：325609
电话：0577-62216128
传真：0577-62122938
邮箱：yongmaoinverter@ 163. com
网址：www. power-ok. com
简介：

乐清市永茂电源有限公司创建于 2008 年，地处于浙江省乐清市天成工业区，依山傍水，交通便利，紧靠风景秀丽的国家级旅游胜地——雁荡山，与开放中的港口城市——温州隔江相望。公司生产的产品被广泛应用于电力、电信、航空航天、国防、交通、科研机构及大中型厂矿企业等领域。

本公司是专业从事正弦波逆变电源、UPS 不间断电源等产品的研发、生产、销售及服务于一体的创新型科技企业。在电源产品的技术研究、设计、制造工艺、质量管理、售前售后服务等方面都有丰富的经验，是国内外电源产品生产的重要基地，享有很高的声誉和知名度。

公司一直坚持“以人为本”的人才战略，吸纳了具有经验丰富的工程技术人员和专业管理人才，严管理、高技术、先进的生产设备及完善的检测手段，生产高品质的产品，提供优质的售后服务。产品配套国内知名企业，并成为国外著名品牌 OEM 合作伙伴，畅销全国、远扬海外。

公司本着以更高品质的产品和服务，赢得客户最大的满意为宗旨，依靠先进的现代企业管理不断深化企业内部改革，全面推行质量保证体系。提高产品质量，发扬“求实、创新、团结、进取”的精神，秉着“不断为顾客创造价值，为社会承担责任”的经营理念，期待着与社会各界携手共进，共同谱写电源事业的新篇章。

宁波博威合金材料股份有限公司

boway 博威合金

股票代码：601137

地址：浙江省宁波市鄞州经济开发区宏港路 288 号
邮编：315145
电话：0574-83004984
传真：0574-83064819
网址：www. pwalloy. com
简介：

宁波博威合金材料股份有限公司（简称博威合金）创建于1993年，注册资本4.3亿人民币，拥有博威云龙、博威滨海、博威尔特（越南）三大工业园区，占地面积36.44万平方米，员工3000余人，其中博士、硕士以上的专业研发人员有49人。公司于2011年1月在上交所主板上市（股票代码：601137），历经多年的发展，现已率先成为中国创新型企业、国家技术创新示范企业、中国重点高新技术企业、国际有色金属加工协会（IWCC）董事单位和技术委员会委员，拥有国家博士后科研工作站、国家认可实验室、国家认定企业技术中心和国家地方联合工程研究中心。根据公司战略，博威合金构建起“新材料”、“新能源”、“资本合作”三轮驱动的产业格局，近年来完成新材料创新项目50多项，目前已申报64项发明专利，其中授权国家发明专利33项，美国发明专利1项。公司主导或参与我国有色合金棒、线19项国家标准、5项行业标准编制，引领有色合金材料产业快速发展。

宁波中车时代传感技术有限公司

中国中车 CRRC

地址： 浙江省宁波市江北区振甬路138号
邮编： 315021
电话： 0574-87354108
传真： 0574-87131583
邮箱： csrsensor@ csrzic. com
网址： www. csrsensor. com
简介：

宁波中车时代传感技术有限公司（原株洲电力机车研究所宁波分所，以下简称“中车宁波时代传感”）始创于1990年，隶属于株洲中车时代电气股份有限公司（H股），是宁波市首批成建制引进两家部属科研院所之一，2006年6月更名为宁波南车时代传感技术有限公司，2016年4月更名为宁波中车时代传感技术有限公司。

公司历经20多年的发展，围绕行业领先的测控技术业已形成三大产业板块，包括：以电流、电压、压力、速度、位移、温度为主的传感器产业；以站台屏蔽门、安全门、车辆门为主的轨道门产业；以真空集便装置、机车整体卫生间、污物（水）后处理装置及感应卫生洁具为主的环保产业。产品出口欧洲、北美、中东、东南亚等国家和地区，并逐步将产品应用领域拓展至工业和民品控制领域。目前，公司已成为中国南车在长三角经济区域的重要产业化基地和出口基地。

温州楚汉光电科技有限公司

CHUHAN 楚汉科技 AC/DC

地址： 浙江省浙江省温州市乐清市柳市镇前州工业区南河路25号
邮编： 325604
电话： 0577-62861001
传真： 0577-62861003
邮箱： 1393136625@ qq. com
网址： www. chinachuhan. com
简介：

温州楚汉光电科技有限公司是一家拥有自主知识产权的专业从事低压电源及大功率LED电源研发、制造、销售的高科技企业。公司目前涉及的产品系列包括开关电源、LED电源、逆变器、整流器，产品广泛运用于高低压配电，仪表仪器电源，景观照明，商业照明，工矿照明等领域。我们以“专业，合作，诚信”为原则，以严于律己的管理，获得广大国内外客户的青睐。

浙江创力电子股份有限公司

Makepower®

地址： 浙江省温州市龙湾区高新技术产业园区F幢2楼
邮编： 325013
电话： 0577-86557922
传真： 0577-86557923
邮箱： gulitao@ makepower. cc
网址： www. makepower. cc
简介：

浙江创力电子股份有限公司成立于1996年，发展至今已成为一家集科技、工贸为一体的高科技企业。目前，我公司是在国内通信行业从事微电子技术开发与推广应用及系统整合的知名企业，是专门从事各类数据测量、传输及设备自控、信息技术等产品的设计、开发、生产及系统整合的高新技术企业。

通过多年的经营发展，公司已通过国家高新技术企业和浙江省软件企业的认定，2005年被接纳为中国电源学会、中国通信电源标准协会会员单位。自2002年以来，公司一直坚持贯彻各类国际先进体系标准，先后通过了ISO9001质量体系标准、ISO14001环境管理体系、OHSAS18001职业健康安全管理体系、ISO20000-1信息技术服务管理体系、ISO27001信息安全管理体系的认证。

公司管理规范，质量保证体系完善，公司管理层创新意识和开拓能力强，有较强的新产品研究攻关能力，从事新产品生产的条件、项目实施所需的设施基本具备，原材料的来源、供应渠道有可靠保障，环境保护措施达标，劳动保护与安全健康管理工作实际有效。自成立以来，企业已获得各类授权专利151项，其中发明专利4项，另有计算机软件著作权21项，企业牵头或参与行业标准制定达30余项。

浙江高泰昊能科技有限公司

QualTech

地址： 浙江省杭州市西湖区振中路 208 号艾健科技园
邮编： 310000
电话： 0571-85826623
传真： 0570-88909603
邮箱： gthn@ qualtech. com. cn
网址： www. qualtech. com. cn

简介：

浙江高泰昊能科技有限公司是一家致力于发展新能源领域电池管理系统和电动汽车整车控制系统研发、设计、生产与销售于一体的高新技术企业。是国内技术领先，市场占有率高的电动汽车电池管理系统（BMS）供应商和整车控制器（VCU）供应商。

公司 2011 年成立，目前已形成了本、硕、博完整的研发团队，经过 6 年的发展与积累，累计有近 9 万台车的项目供货经验。

公司成立至今，积累了大量的行业经验和运营模式（如杭州微公交模式、电动汽车换电模式、电动汽车随借随还租赁模式），已形成包括电池管理系统、整车控制系统、高压配电箱和电池充换电站/储能站控制系统等四大产品线，覆盖了新能源电动汽车基础设施建设和整车控制的关键产品领域，并可以运用于储能领域的电池管理系统。基于多年对 BMS、VCU 的研究积累，高泰拥有业界领先的核心技术，公司 BMS、VCU 产品性能领先、可靠性高，目前产品已广泛应用于国内各大整车厂的纯电动大巴车、纯电动乘用车、纯物流车、储能系统上，产品已经通过严格测试和整车厂量产运营，经过产业化运作，目前公司对接的客户已覆盖全国 18 个省市地区。

公司已通过 IATF16949/ISO9001 质量管理体系认证，规范了产品的开发和生产的流程，严格把控产品质量，使得公司的产品在国内处于领先地位。公司已申请并通过了 4 项发明专利和 10 余项实用新型专利，以及 20 余项著作权和软件产品登记证书。公司已经获取软件企业资质，获取国家高新企业资质，公司《电动汽车电池安全智能管理系统》获得国家创新基金项目的资助并通过验收。

公司本着服务客户，客户至上的原则，针对客户需求所研发和生产了具有高可靠性、高性价比的系列汽车级产品，公司专注于电动汽车动力总成控制系统的开发和应用，积极快速响应客户需求，第一时间解决客户问题，为电动汽车整车行驶和电池安全保驾护航。

浙江高泰昊能科技有限公司期待与您精诚合作，发挥协同创新优势，以求互惠互利，共同推进中国新能源产业的发展！

浙江海利普电子科技有限公司

地址： 浙江省海盐县武原镇新桥北路 339 号
邮编： 314300
电话： 0573-86169999
传真： 0573-86158001
邮箱： xuliqun@ danfoss. com
网址： www. holip. com

简介：

浙江海利普电子科技有限公司（简称海利普）成立于 2001 年，于 2005 年被 Danfoss 纳入旗下，成为其全资子公司，丹佛斯是丹麦规模很大的跨国工业制造公司，创立于 1933 年，丹佛斯以推广应用先进的制造技术，并关注节能环保而闻名于世，是制冷和空调控制，供热和水控制，以及传动控制等领域处于世界领先地位的产品制造商和服务供应商。

海利普共有员工 600 余人，是一家集研发、生产、销售于一体的国家高新技术企业，同时也是国内仅有的一家拥有省级变频研发中心的企业，其核心产品 HLP 系列变频器，广泛应用于纺织、化工、机床和塑料等行业，先后被列入“国家重点新产品”、“国家火炬计划项目”，并于 2004 年被授予“浙江省名牌产品”、“国内最具有竞争力的产品”，同时海利普也是国内规模很大的变频器生产厂家。

为迎合丹佛斯在中国建立第二家乡市场的战略，海利普依靠丹佛斯的强大支持，寻求高速发展。更加巩固海利普在国产变频器领域的领先地位，同时逐渐成为丹佛斯旗下的传动控制部在亚太地区的制造和物流中心。

浙江宏胜光电科技有限公司

地址： 浙江省乐清市柳市镇柳黄路 2285 号 5 楼
邮编： 325604
电话： 0577-61676211
传真： 0577-61676212
邮箱： 9029226@ qq. com
网址： http：//hosgd. 1688. com

简介：

浙江宏胜光电科技有限公司创立于 2010 年 3 月，是一家集开发、设计、生产、销售、服务于一体的高科技专业化电源制造企业。

公司重视人才的培养与引进，以人为本的理念，拥有一批高素质专业人才。公司员工 200 余人，其中高级技术人员 10 多人，专业管理人员 20 余人，质检人员 10 余人；年产量达 200 多万台电源，厂房面积 5000 余平米；公司注册资金 1020 万元，是国内最具规模的开关电源专业制造企业。

本公司以产品质量为方针，注重产品的研发，技术的更新；同时公司引进全自动插件机、自动化生产流水线，采用精确完善的检测设备，筛选优质的进口电子元件；产品经过 100% 烧机老化、耐压检测，合格率高达 99% 以上，通过先进的管理和流程，铸就高品质的电源产品。

公司主要产品：防水电源、防雨电源、AC-DC 单组、多组开关电源、超薄型、小体积、导轨型、大功率开关电源、DC-DC开关电源、充电开关电源、适配器开关电源、逆变器开关电源等上千种电源规格产品。另外，公司可快速开发各种非标电源及特殊定做规格电源产品，以满足客户对不同产品的需要。产品广泛应用于LED亮化工程、LED显示屏、监控设备、医疗设备、工控自动化、电力通信等领域。

企业宗旨：服务员工、服务顾客、服务社会。

企业方针：技术创新；质量创新，服务创新。

企业口号：全力打造中国电源第一品牌。

本公司竭诚欢迎各界朋友前来考察、洽谈、合作，共图发展！

浙江腾腾电气有限公司

TTN ELECTRIC

地址：浙江省温州市鹿城轻工产业园区创达路28号
邮编：325019
电话：0577-56968888
传真：0577-56556999
邮箱：hr@ ttnpower. com
网址：www. tinglang. cn、www. ttnpower. com

简介：

浙江腾腾电气有限公司系国家高新技术企业、浙江省科技型中小型企业、浙江省企业技术研究开发中心、浙江省专利示范企业，是中国电源学会会员单位、中国电器工业协会会员单位。公司成立于1994年，是一家集研发、生产、销售各种规格光伏离网发电系统、智能交直流稳压电源、UPS、EPS、智能家居、电脑万年历等产品为一体的现代化电气行业翘楚。在公司100多类1000余种研发产品中，共覆盖家庭、工业、农业、消防、通信、医疗等诸多领域，销售网点500多处遍及全国各地，办事机构延伸到莫斯科、法兰克福、洛杉矶、迪拜、拉各斯等国际大都市，产品畅销全球50多个国家和地区。目前，新研发的3D打印设备即将投产，产品系列包含从单头单色打印到多头多色打印，材质包含打印塑料及打印金属；GPRS智能路灯控制系统，通过网络控制调节，为现在普遍使用的路灯系统节省40%以上的电能；IGBT智能高频电子式稳压电源产品为各领域高、精、尖设备的必备配套产品，此项科技产品的研发成功将是国际上高端电源产品中的一次革命；之外，公司正在与西北工业大学合作研发的大功率激光电源、伺服电机等等高科技系列产品。

浙江宇光照明科技有限公司

地址：浙江省绍兴市柯桥区平水镇会稽村工业集聚区
邮编：312051
电话：0575-85739999
传真：0575-85730969
邮箱：info@ universelite. com
网址：www. uvlte. com

简介：

浙江宇光照明科技有限公司（UNIVERSELITE CO., LTD.）是一家专业生产照明产品的科技型企业。公司占地面积约50亩，建筑面积30000平方米，注册资金568万美元，总投资1080万美元。现有员工300余人，其中具有中高职称人员50多人。公司秉承"诚实守信，品质为先，客户至上，持续发展"的经营理念，是一家重品质、守诚信、服务优、发展快的稳健型企业。

浙江宇光照明科技有限公司是研究和制造绿色环保电光源产品的专业厂家，专注于生产无极灯、HID气体放电灯及LED等三大系列产品。宇光照明是国家重点扶持高新技术企业、浙江省省科技型企业、浙江省清洁生产试点示范企业、浙江省创新型中小企业、中国无极灯联盟副理事长单位、复旦大学教育科研实验基地、无极灯国家标准起草单位。公司拥有强大的技术研发团队与实力，设立了宇光照明省级高新技术企业研究开发中心，每年均有几十项创新技术获得国家专利。公司通过ISO9001-2008、ISO14000管理体系认证；产品符合CCC、CE、FCC、CB、UL等认证。

美好灯光、美好世界，宇光照明将专注于照明领域，服务于全球照明事业，为人类创造更加美好的明天而不懈努力。

浙江正泰电源电器有限公司

CHINT

地址：浙江省温州经济技术开发区滨海2道1318号
邮编：325000
电话：0577-86800767
传真：0577-86800726
邮箱：wwb@ chint. com
网址：www. chint-e. com

简介：

浙江正泰电源电器有限公司专业从事低压变压器、太阳能光伏逆变电网变压器、电抗器、调压器、稳压电源、开关电源、互感器、起动器、频敏变阻器、电力保护继电器和漏电保护器的研发和生产，产品达70多个系列，7000多种规格。公司属"浙江省高新技术企业"，是国内规模很大的电源电器生产供应商。

公司通过自主研发等途径，不断加快现有产品的更新换代及新技术、新材料、新工艺的研究和运用，共获得各类专利60多项。正泰牌变压器获浙江省名牌产品，正泰牌互感器获温州市名牌产品。

公司在行业内率先通过了ISO9001质量管理体系认证、ISO14001环境管理体系认证、OHSAS18001职业健康安全管理体系认证。需强制性认证产品全部通过3C认证，部分产品通过了国内CQC、欧共体CE、凯码（KEMA）、俄罗斯PCT等认证，产品远销亚洲、非洲、美洲、欧洲、中东等 30 多个国家和地区。

中川电气科技有限公司

地址：浙江省乐清市经济开发区纬六路 219 号
邮编：325600
电话：0577-62772888
传真：0577-62779168
邮箱：china8007@ 163. com
网址：www. jonchan. com
简介：

中川电气科技有限公司成立于 1997 年，前身为创立于 1988 年的乐清市振华稳压器厂，下属企业有浙江中川智能安防设备有限公司、温州中川电子科技有限公司。专业从事 EPS 应急电源、消防应急照明与疏散指示系统、UPS 不间断电源、稳压电源、蓄电池等相关产品的研发、生产、销售和服务。经过 20 多年的发展，现已成为国内智能应急疏散系统和电源行业的龙头企业之一。

公司先后荣获“浙江省著名商标”、“浙江省名牌产品”、“国家火炬计划项目”、“浙江省科技进步三等奖”等荣誉称号，2012 年被评为“国家高新技术企业”。2014 年“JONCHN 中川”商标被国家工商总局评为“中国驰名商标”。企业通过自主研发等途径，不断加快现有产品的更新换代及新产品、新材料、新工艺的研究和运用，共获得各类专利 50 多项。

山东省

海湾电子（山东）有限公司

地址：山东省济南市高新技术开发区孙村片区科远路 1659 号
邮编：250104
电话：0531-83130301
传真：0531-83130303
邮箱：mk_ king@ gulfsemi. com
网址：www. gulfsemi. com
简介：

海湾电子（山东）有限公司（简称海湾电子）（GULF）是以专业玻璃钝化及玻球封装技术，提供电子照明、LED 照明、LCD 电源供应器、工业类电源、仪器仪表等业界广泛使用的整流器件；10 多年来直接服务于各领域的国际知名公司（Samsung、Philips、GE、Emerson、Delta、Panasonic、Sharp 等）。

长期以来，海湾电子依托二极管先进的玻璃球钝化工艺技术，已完整开发了 PHILIPS 原 BYV、BYM、BYT 等系列产品，满足业界对高性能，高可靠性产品的需求；海湾电子近年来又相继引进了外延、玻璃钝化技术，已替代原 SANKEN、ON SEMI、TOSHIBA、IR 等知名公司的系列产品，满足业界对高频率、低 VF、高效整流的需求；海湾电子还大量开发了肖特基，高性能桥堆等系列产品，满足各个领域的整流方案。

临沂昱通新能源科技有限公司

地址：山东省临沂市高新区新华路中段
邮编：276000
电话：0539-7109391
传真：0539-7109391
邮箱：wsc76821@ 163. com
网址：www. ytxny. cn
简介：

临沂昱通新能源科技有限公司是以生产电子变压器、滤波器、电感、锰锌软磁铁氧体为主的高新技术企业。产品主要应用于家电、通信、绿色照明、汽车电子、太阳能等领域。

青岛航天半导体研究所有限公司

地址：山东省青岛市福州北路 10 号
邮编：266071
电话：0532-85718548
传真：0532-85718548
网址：www. qdsri. com
简介：

青岛航天半导体研究所有限公司，最早创建于 1965 年的青岛半导体研究所，2011 年年底，青岛市国资委与中国航天科工集团对其进行了重组，性质为全资国有。

公司现有职工 310 人，占地面积 9550 平方米，拥有 11000 平方米的工业厂房（含净化厂房 2000 平方米）和 3600 平方米的科研办公综合楼。公司是我国高可靠电子元器件研究与生产定点单位，为国家重点工程承担配套研制生产任务已有 50 年的历史，产品主要用于航空、航天、兵器、船舶、电子、石油和工业控制等领域。

公司通过了 GJB9001A—2001 质量管理体系认证，被认定为高新技术企业、青岛市企业技术中心等。厚膜混合集成电路生产线年生产能力为 5 万只；微电路模块（SMT）生产线年生产能力为 5 万只；电力电子器件生产线年生产能力为 50 万只。

1）信号变换类混合集成电路产品：

（V/F、I/F、F/V、V/I、C/V）转换器、滤波器、加速度计伺服电路、陀螺解调电路、单片集成电路、运算放大器等。

2）电源功率类产品：

中小功率 DC-DC、DC-AC、高低压电源模块；Interpoint、Victor 兼容产品；二、三相陀螺电源、功率模块、尖峰浪涌抑制器等。

3）电力电子类产品：

中小功率整流器件、晶闸管、MOSFET 功率器件、晶体管、IGBT 模块、固态继电器等。

4）压力、振动、温度传感器等。

青岛威控电气有限公司

VECCON

地址： 山东省青岛即墨市天山三路 42 号

邮编： 266200

电话： 0532-82530096

传真： 0532-82530096-3008

邮箱： wenjuan. miao@ veccon. com. cn

网址： www. veccon. com. cn

简介：

青岛威控电气有限公司，始创于 2006 年，位于青岛即墨市大信镇天山三路 42 号，是国家高新技术企业、青岛市大功率变频器工程研究中心、青岛市矿用防爆变频器技术研发中心、青岛市市企业技术中心，青岛市智能微网专家工作站，青岛市“专精特新”示范企业，并通过了国家 ISO9001 质量体系认证。公司始终坚持“践行良知，恒以致远”的发展理念，致力于成为行业领先、受人尊重的高效能源管理企业，力求为客户提供先进的产品与优质的服务。公司主营煤矿用隔爆变频器、智能微网系统、储能 PCS。

矿用隔爆变频器是将煤炭从井下运输到地面的核心装备之一，目前市场份额在国内同行业处于领先地位。公司新研发的 AC 3300V 系列矿用三电平变频器，是国内率先研发并投入现场使用的煤矿生产核心设备。经科技局、经信委专家联合鉴定，性能已达到国际先进水平，比肩西门子、ABB 等跨国公司产品。

智能微网系统、储能 PCS，主要用于风力、光伏等可再生能源发电系统，对于改善可再生能源发电质量，提升发电稳定性具有重要的意义，是目前全球有关新能源利用的研究热点之一。公司此类产品已运用于中科院大连化物的所全钒液流电池系统，国家电网辽宁省电力科学院智能微网系统等，并已获得国家科技部中小企业创新基金扶持。

“以人为本，管理规范，专业敬业，预防为主，开拓创新，永续经营”是公司的最高运营准则。从客户的价值实现出发，遵循价值管理的规律，打造与客户一体的价值管理链条，是公司对“践行良知、恒以致远”宗旨的具体实现。公司坚持企业效益与社会效益并重，携手同行，共同推动企业和行业的健康发展。

青岛云路新能源科技有限公司

QDYL

地址： 山东省青岛市即墨兰村火车站西

邮编： 266232

电话： 0532-82599910

传真： 0532-82593000

邮箱： kaifa-ht@ yunlu. com. cn

网址： www. yunlu. com. cn

简介：

青岛云路新能源科技有限公司成立于 1996 年，前身为青岛云路电气有限公司，自 2008 年成为中航工业沈阳黎明航空发动机公司合资的央企控股企业。是集电磁器件及新材料研发、制造、销售和服务于一体的高新技术企业。

公司组织结构：

公司拥有青岛、珠海两大生产基地；下设：城阳分公司、珠海子公司、非晶事业部和 HT 事业部。

公司产业板块结构：

主打产业板块家电电磁器件板块、工业及新能源行业电磁器件板块、非晶功能材料板块。主要产品有微波炉变压器、变频空调电抗器、PFC 电感、EMI 滤波器、光伏变流器专用滤波水冷电抗器、光伏逆变器配套变压器、超高压水冷饱和电抗器、非晶材料、纳米晶、非晶磁粉芯衍生等 1000 余种电磁器件新材料产品。其中，微波炉变压器的生产能力和市场占世界份额前三强，变频空调电抗器连续十二年排名国内前列，市场占有率长期保持在 60% 以上。

公司研发能力：

公司设有中航工业动力非晶技术研究院；下设：家电、工业及新能源电磁器件研发中心、非晶冶金设计院；非晶冶金实验室。拥有一支以中科院金属研究所院士任首席技术顾问的博士、硕士、本科学历 310 余名的科研人员为主体的专业研发队伍，具有行业丰富的研发经验和领先的自主创新能力。

公司产品应用客户及认证：

公司客户主要分布于亚洲、欧洲、北美洲。

产品先后通过 ISO9001、ISO14001、IECQ　QC080000、UL、CCEE、TUV、CQC 等多项体系认证。

在致力于为客户提供精湛一流产品和服务的同时，让全球两亿以上的用户在使用产品中享受（节能、环保、安全、高效）的快乐。

青岛云路新能源科技有限公司秉承“为人、为学，建设智慧云路”的企业理念，创新务实，以让客户、投资方、合作方及社会共赢为宗旨，打造国内最大、世界领先的电磁器件新材料产、学、研基地，做国内外同行先进技术的领跑者。

山东镭之源激光科技股份有限公司

地址：山东省济南市高新区颖秀路知慧大厦
邮编：250003
电话：0531-88190005
传真：0531-88190005-814
邮箱：2881582403@ qq. com
网址：www. laserpwr. com
简介：

山东镭之源激光科技股份有限公司是一家专业从事电源设备的开发、设计、生产和销售，并为客户提供技术咨询、培训、安装、维修等售前、售后服务的高新技术企业。公司下辖全资子公司两家，分公司一家，拥有总资产近1亿元，员工100余人，年生产各类电源8万多台套。公司于2015年9月30日在全国中小企业股转系统上市，股票代码为833611。

公司主要产品为激光电源，系综合利用激光器放电特性和电气电子信息技术的集成创新供电产品及解决方案，包括气体激光电源（如CO_2、氦氖、CO等）、固体激光驱动电源（如半导体、YAG等）、步进电机驱动一体电源、高压电源、开关电源以及其它特种电源一体化解决方案。定制化、智能化、安全性、稳定性是公司产品的主要特点。

2016年，公司加大研发投入，共获得各类专利8项。针对激光切割机、激光雕刻机推出的驱动电源，该设备将直流电源与步进驱动模块一体化，提供24V、5V直流电源接口；同时可驱动1~3路步进电机。医疗电源为半导体激光器的泵浦电源，是用单片机控制的程控智能化电源，主要应用于激光手术刀。

我们通过15年持续的研发投入，不断提升创新能力的同时，凭借在行业内领先地位和技术优势，积极参与各种学术研讨。申请并授权了多项专利，并先后获得ISO9001质量体系认证、欧盟国家CE认证等。

多年来，公司坚持“以客为主，甘当配角；竭诚服务，精益求精”的经营宗旨，视质量为生命，诚意接受广大用户的监督，并真诚希望能够成为您事业成功的助手。

山东山大华天科技集团股份有限公司

地址：山东省济南市高新开发区颖秀路2600号
邮编：250101
电话：0531-82959900 82670168
传真：0531-82670075
网址：www. huatian. com. cn
简介：

山东山大华天科技集团股份有限公司创立于1991年，2000年改制为股份有限企业，注册资本6000万元，正式职工500余人。公司主要从事电力电子产品的研发、制造和销售，核心技术均由公司自主研发，主要业务领域包括电能质量综合治理产品、应急电源与智能消防电子产品、机房工程总包等三大类业务，主要产品包含有源电力滤波器、动态无功补偿装置、静止无功发生器、智能电能质量优化装置、再生制动能量逆变回馈装置、应急电源、消防应急照明与疏散指示系统、电气火灾监控系统、消防设备电源监控系统、防火门监控系统等产品。

公司拥有省级企业技术中心、山东省电能质量控制工程中心、山东省电能质量控制工程实验室三大技术创新平台，科研成果丰硕。先后通过了ISO9001质量管理体系认证、ISO14001环境管理体系认证、ISO18001职业健康安全管理体系认证，公司产品通过了CCC、CQC、CE认证。公司承担多项国家级、省市级科技项目，拥有数十项国家专利，多次荣获国家科技进步奖和省部级科技进步奖，公司产品获国家重点新产品、山东名牌等荣誉；“山大华天”被认定为山东省著名商标。

山东圣阳电源股份有限公司

地址：山东省曲阜市圣阳路1号
邮编：273100
电话：0537-4438666
传真：0537-4411980
邮箱：gongjianbo@ sacredsun. cn
网址：www. sacredsun. cn
简介：

山东圣阳电源股份有限公司（简称圣阳股份，股票代码：002580）创建于1991年，2011年5月6日在深交所中小板成功上市，是国内率先研发、制造铅酸蓄电池的企业，是国家高新技术企业，中国铅酸蓄电池行业首家通过出口免验企业，中国内电源系统定制方案供应商，绿色能源的倡导者。产品门类涵盖铅酸蓄电池和锂电池以及新能源系统集成系列产品，公司目前拥有50项AGM和GEL铅酸蓄电池专利技术，现有5大类21个系列400多种规格产品，是通信、电力、UPS、EPS、光伏和风力发电储能等领域的主要供应商，产品出口近30个国家和地区。公司先后通过了ISO9001质量管理体系、ISO14001环境管理体系、OHSAS18001职业健康安全体系的认证。圣阳品牌先后荣获“山东省名牌”“山东省著名商标”等多项荣誉。

山东泰开自动化有限公司

地址：山东省泰安市高新区龙潭南路10号泰开南区工业园
邮编：271000
电话：0538-8933196 8933065

传真： 0538-8933196 8933065
邮箱： tk8933196@ 126. com
网址： www. tkzdh. cn

简介：

山东泰开自动化有限公司是专业从事直流一体化电源的研制生产，是一家顺应国家电力发展，特别是响应国家电网公司提出“建设坚强智能电网”的需要而崛起的高新技术企业。公司拥1000平方米的科研楼和2500平方米的生产场地。

公司拥有卓越的管理队伍和优秀的研发人才，其中本科以上专业技术人员占75%以上，是一支充满朝气和富有协作精神的团队。

公司10多年专注于电力电网电源产品的研发，先后开发出了GZG49智能高频直流电源系统、TKDY49一体化电源系统、TKE电动汽车充电系统、TECP微机型通信电源系统、PK-20/800 UPS电源系统等系列产品，形成了门类齐全的产品系列，所有产品均通过了国家权威机构严格测试和入网测试。

公司拥有多种国际领先的检测仪器和先进的生产设备，具备了良好的生产和试验检测环境。目前，公司产品广泛应用于国家电网工程及冶金、石油、煤炭、化工等厂矿企业，用户遍布国内30多个省区并出口到俄罗斯、印度等国家。

威海文隆电池有限公司

地址： 山东省文登市葛家镇大英村北
邮编： 264423
电话： 0631-8849087
传真： 0631-8842068
邮箱： wenlongbattery@ 163. com
网址： www. wenlong. cc

简介：

威海文隆电池有限公司成立于1991年10月，是集研发设计、生产制造及销售服务于一体的各类阀控式铅酸蓄电池、高速动车组电气控制柜、微机监控高频开关直流电源柜、EPS电源、UPS电源专业制造商。

公司设有省级山东特种电源工程技术研究中心和省级认定企业技术中心，通过了ISO9001、ISO14001、OHSAS18001职业健康安全管理体系认证，全国工业产品生产许可证、泰尔产品认证、中铁铁路产品认证以及美国UL、欧洲CE标志认证等，产品获得国家免检、山东名牌，有利牌商标为山东省著名商标。

公司研发生产的“固定型阀控式密封铅酸蓄电池”、“CA型储能用铅酸蓄电池”、“GZDW型微机监控高频开关直流电源柜”三种主要产品先后皆被列为“国家重点新产品”，产品广泛用于国内通信、电力、新能源及各类UPS领域，并出口美国、韩国、印度、尼日利亚等国家和地区，创造了一定的经济和社会效益。

新风光电子科技股份有限公司

地址： 山东省汶上县经济开发区金成路中段
邮编： 272500
电话： 0537-7237909
传真： 0537-7212091
邮箱： fgdzscb@ 126. com
网址： www. fengguang. com

简介：

新风光电子科技股份有限公司是专业从事电力电子节能控制技术及相关产品研发、生产、销售和服务于一体的国家高新技术企业。

公司主要产品为各类高、中、低压变频器，高、低压动态无功补偿装置（SVG），轨道交通再生制动能量吸收逆变装置，特种电源等，可以为客户量身打造了调速节能、智能控制、改善电能质量等方面的产品解决方案。风光牌变频器荣获“中国名牌”殊荣，并连续八年被行业协会评为“变频器用户满意十大品牌”。

公司是变频调速器与轨道交通再生制动能量吸收逆变装置国家标准主要起草审定单位之一，建有山东省电力电子技术及能源装备院士工作站和4个省级技术中心等科技创新平台。

截至目前，公司参与国家标准起草审定11项，拥有各类自主知识产权130项，产品先后获得了1项国家科学技术发明二等奖，5项国家重点新产品称号，3项国家火炬计划，2项科技部中小企业技术创新基金项目，4项山东省科技进步奖，参与了3项国家“863”计划产品研制和1项国家大科学工程装备的研制。

2015年7月公司登陆新三板（股票代码：833152）成为上市公众公司。面对未来，公司紧紧围绕“建成国内一流，国际知名，具有国际竞争力的节能及新能源装备研发制造企业”，不断追求成长与突破，力争为国家节能减排，建设低碳和谐社会做出更大的贡献。

安徽省

安徽明瑞智能科技股份有限公司

地址： 安徽省滁州市黄山北路11号
邮编： 239000
电话： 0550-3018020

传真：0550-3018989
邮箱：48990593@ qq. com
网址：www. ahmrzn. com
简介：

安徽明瑞智能科技股份有限公司（前身：滁州南瑞继远电力设备有限公司）自2004年创立以来，始终秉承超越、创新、务实的理念，以致力于智能电源系统（其中交直流一体化电源系统获得国家创新基金支持的项目）以及综合自动化微机保护监控通信系统的研发、生产、销售、服务领域并拥有完整解决方案的双软企业和高新技术企业。

明瑞智能科技目前坐落于滁州市国家级经济技术开发区，公司占地近9000平方米，现有员工近120人，平均年龄30岁左右，大专以上学历占60%，公司与国网电科院形成长期合作及产学研关系。明瑞智能科技始终以市场为导向，目前公司产品涉及的领域包括石油，电力发电以及新能源行业，是行业的优质领军企业。

国家电网、中石油宁夏石化、延长石油、国电南瑞、南瑞继保、太阳纸业、晨鸣集团、淮化集团、中电投、中广核等都是公司长期合作的核心客户。

公司愿以高品质技术和产品为客户提供最优服务方案，为完善中国能源消费结构，提高环境质量，创造绿色生态家园贡献全部力量！

安徽首文高新材料有限公司

地址：安徽省宿州市经济开发区金泰二路
邮编：234000
电话：0557-3250935
传真：0557-3256788
邮箱：sales@ swmagnetic. com
网址：www. swmagnetic. com
简介：

安徽首文高新材料有限公司（简称首文）是一家专业从事金属磁粉芯系列产品研发、生产和销售的高新技术企业。首文公司由中国首钢国际贸易工程公司（简称中首）和安徽博文集团共同出资成立，并由中首公司控股。公司成立于2010年6月，项目整体规划占地面积约240亩，其中包括一期厂房7000m^2、办公楼6000m^2、科研楼等。公司位于安徽省宿州市经济技术开发区，公司配备了一流的生产、研发和检测设备，并拥有一支经验丰富、技术实力雄厚的科研队伍，核心技术人员均在磁性材料领域工作多年。公司采用现代化的管理体系，按照国际化标准进行生产过程中的管控，从而保证了产品的稳定性和先进性，并先后顺利通过了RoHS认证以及ISO9001认证。同时，首文公司与宿州市人民政府、合肥工业大学于2011年6月合作成立了“磁性材料工程技术研究院”。

我司所有产品均符合国际质量标准，并始终致力于为用户提供高性能的产品以及优质的服务，满足用户的不同需求。我们期待与您携手，共创未来。

合肥科威尔电源系统有限公司

地址：安徽省合肥市高新技术产业开发区潜水东路88号盛烨工业园2栋
邮编：230088
电话：0551-65837951
传真：0551-65837953-6006
邮箱：sales@ kewell. com. cn
网址：www. kewell. com. cn
简介：

合肥科威尔电源系统有限公司是专业从事于交直流电源和仪器开发的科技创新型公司。公司拥有一支由博导、博士、硕士为主的研发团队，团队主要成员长期从事电力电子专业工作并拥有多年在外资电源企业的工作背景。公司和合肥工业大学能源研究所（教育部光伏系统工程研究中心）长期合作，是“产、学、研”合作的典范。

公司的主要产品有：可编程交流电源、双向可编程交流电源（10～2000kVA）；可编程直流电源（高频开关式单机10～40kW）、大功率IGBT式可编程直流电源（100～1.5MW）双向直流电源（100～630kW）等电源产品。

面向新能源行业（光伏、电动汽车等）公司推出IVS系列光伏阵列IV模拟器、双向交流模拟电网电源、双向直流电源（电池模拟器）以及专业光伏阵列测试仪器——光伏阵列IV测试仪。面对军工行业公司推出了400 Hz/800Hz系列交流电源及28V/270V系的直流电源。

公司的多款产品，成功在多家国家重点实验室运用，推出的产品填补了国内空白。2013年5月光伏阵列IV模拟器及光伏阵列IV曲线测试仪产品参加SNEC（2013）国际太阳能产业及工程展会，在2000多家的展商产品评比中获得了“十大亮点”荣誉。2013年公司和中科院电工研究所就新能源行业的相关测试达成战略合作。

“专业、价值、服务”是公司核心的文化，科威尔公司将以专业的产品和服务为客户、公司和员工创造价值。

合肥联信电源有限公司

地址：安徽省合肥市高新区玉兰大道61号
邮编：230088
电话：0551-65323322
传真：0551-65313339
邮箱：hflx88@ 163. com
网址：www. lianxin. net
简介：

合肥联信电源有限公司位于合肥国家高新技术开发区，成立于1997年9月，注册资金1.05亿元，是中国消防协会AAA信用企业。公司坚持走自主研发与科技创新之路，产品有智能消防应急照明电源、消防设备动力电源、节能型不间断电源、操作直流电源、轨道站台门电源等；广泛运用于场馆、医院、综合体等各种建筑内的重要负载，包括应急照明、疏散指示、消防泵、喷淋泵、排烟风机、消防电梯和防火卷帘门等。联信参与15个城市地铁电源投标，中标上海、武汉、杭州、合肥地铁项目。产品于首都体育馆等20个场馆，国家非典实验室等100多个医院，南京禄口等12个机场，安粮城市广场等50多个综合体，绩黄高速50多条公路隧道，以及石化煤化40多个乙二醇、甲醇项目运行。

作为合肥市应急电源工程研究中心，联信向用户提供优质的500V·A～500kV·A全系列300个品种应急电源产品。率先研制的小容量电源主机模块化抽屉式工艺设计，延长主机寿命受到用户欢迎；全国大功率500kVA光纤正弦波应急电源，良好运行多年；应急照明集中控制系统获得国家发明专利证书；与中科大建立紧密的战略合作关系，主编四项工信部产品行业标准。成熟、先进、适用、安全、可靠的应急电源产品，行销全国各地！

合肥通用电子技术研究所

地址：安徽省合肥市高新区玉兰大道机电产业园
邮编：230088
电话：0551-65842896
传真：0551-65317880
邮箱：api_ power@ 126. com
网址：www. apii. com. cn

简介：

合肥通用下辖通用电子技术研究所和通用电源设备有限公司，位于合肥市高新区机电产业园内。公司采用科研和生产相结合的方式，科技研发有效地保证了产品技术的领先地位，专业化的生产及时高效的将研发成果转化为电源产品。

我公司坚持走“专业定制”之道，秉承“造电源精品，创世界品牌”的企业目标，致力于解决系统设备的馈电问题，为广大客户提供性能稳定的开关电源。从研发生产到服务一次性通过了GJB9001A—2001标准的认证，目前电源在业内以性能稳定而著称，并受到广大客户的青睐和好评，通用电源已广泛应用到自动控制、军工兵器、智能办公、医疗设备以及科研实验等领域，并累计向业界提供了120多万台高品质电源。

通用电源拥有两条生产线，两条装配线，两条产品老化线，一条产品测试线和高低温老化房等，引进国外先进的测试仪、频谱分析仪、多功能电子负载、存储示波器等检测仪器。本着“效益源于质量，质量源于专注”的企业宗旨，严把质量关，强化细化过程管理，精雕细琢，成就完美。

宁国市裕华电器有限公司

地址：安徽省宁国市振宁路31号
邮编：242300
电话：0563-4183768
传真：0563-4012888
邮箱：czy@ ngyh. com
网址：www. ngyh. com

简介：

宁国市裕华电器有限公司是高新技术企业，成立于1997年1月，是一家集研发、设计、生产、销售及售后服务于一体的专业薄膜电容器制造企业，公司占地面积32000平方米，厂房面积30000平方米。与多个院校及研究所建立了良好的技术合作关系，拥有多个国家发明及实用新型专利。产品广泛应用于家用电器、工业电力电子、新能源、智能电网、高铁、城市轨道机车、新能源汽车、国家直流输电工程、军工装备及高校科研院所等。

公司拥有国际先进水平的进口全自动卷绕机、高精密度分切机等成套薄膜电容器关键设备。先后通过ISO9001、TS16949质量管理体系认证、ISO14001环境管理体系认证、CQC、VDE、TUV、UL、CSA等国际权威认证。有害物质的限用达到RoHS、REACH等欧盟环保技术要求。公司是全国电力电子电容器标准化技术委员会委员单位、全国能源行业无功补偿和谐波治理装置标准化技术委员会委员单位，上述两项标准起草单位。公司产品被认定为安徽省名牌产品，“RUVA”裕华商标被认定为安徽省著名商标。

“科学管理、追求卓越、竭诚服务、遵信守约”是企业的经营宗旨，争创一流的产品和一流的服务，是公司努力追求的目标；致力于智能电网、新能源等新领域是公司未来发展的方向，前进中的裕华电器愿与各界朋友携手共进，共创美好明天！

中国科学院等离子体物理研究所

地址：安徽省合肥市蜀山区蜀山湖路350号（合肥市1126信箱）
邮编：230031
电话：0551-65591322
传真：0551-65591310
邮箱：shyhuang@ ipp. ac. cn
网址：www. ipp. ac. cn

简介：

中科院等离子体物理研究所电源及控制研究室主要从事脉冲电源的研究、开发、运行和维护工作，并为托克马克核聚变装置的运行提供电源。

近年来，本研究室致力于高功率脉冲电源技术、超导储能技术、二次换流技术、大功率直流发电机励磁控制等方面的研究，并取得了较为成熟的研究成果和实践经验。本室主要承担了EAST、HT-7、HT-6B、HT-6M等托卡马克装置的磁体电源及辅助加热电源的设计、运行和维护等课题。

目前，本研究拥有一套自主设计的直流断路器型式试验设备，该试验系统主要由四台脉冲发电机组成，该电机单台额定输出电流50kA，额定电压500V。多年来，我们已依据国家标准、欧洲标准和IEC标准，多次为众多国内及外企断路器厂家进行型式试验。

本研究室拥有一支非常专业的科研团队，主要从事大功率变流技术、电力电子技术、高压绝缘技术、自动控制、电磁兼容和接地技术等方面的研究。截至目前，本室曾先后获得46次国家科技奖，22项国家技术专利。此外，本室还招收相关专业的硕士和博士研究生，至今已培养出51位硕士、博士毕业生，他们大都在国内外高新技术领域的科研院校和企业表现出色。本室现有在读研究生24名。

同时，本研究室还与众多企业、国际科研院所和组织保持着紧密的交流和合作，如，ABB变流器公司、中日核心大学项目，美中磁约束装置研讨组，德国马普学会，通用原子能公司核聚变工作组等。

湖南省

湖南长沙阳环科技实业有限公司

地址：湖南省长沙市芙蓉中路2段200号新世纪花苑红龙居1405

邮编：410015

电话：0731-85179118

传真：0731-85179118

邮箱：pyk4956@163.com

网址：www.yangwhuan.com

简介：

湖南长沙阳环科技实业有限公司是湖南省专业研发、生产及销售各类稳压电源、UPS电源的骨干企业，公司于2001年在湖南省同行业中率先通过ISO9001国际质量管理体系认证。公司生产的SH1791—15kVA、20kVA精密净化交流稳压电源是通过国家质量中心3C（CQC）认证的净化电源；并且公司还是净化电源专利的持有者。公司自2003年以来连续五年是“教育部农村中小学现代远程教育项目工程”的入围企业，而且公司还是“教育部农村党员干部现代远程教育项目工程”的入围企业。产品遍布全国各地，广泛应用于教育、电力、通信、高速公路、银行、医院等高要求领域。

湖南东方万象科技有限公司

地址：湖南省长沙市芙蓉区万家丽北路569号银港水晶城E4栋304房

邮编：410016

电话：0731-88156696

传真：0731-88156695

邮箱：470798290@qq.com

简介：

湖南东方万象科技有限公司成立于2006年7月，注册资金508万，是计算机机房辅助设备（不间断电源系统、开关电源、低压配电系统、环境监控系统、设备监控系统、机房精密空调）的专业服务商和设备供应商，以向客户提供最好、最专业的服务为宗旨，面向通信、银行、保险、证券、外企、军队系统以及科研院所等重要部门的交换机房、电脑机房和仪器设备机房提供全线产品和其相关的售前售后技术服务。

湖南丰日电源电气股份有限公司

地址：湖南省浏阳市工业园

邮编：410331

电话：0731-83281148

传真：0731-83281113

网址：www.fengri.com

简介：

湖南丰日电源电气股份有限公司是国内率先生产蓄电池和直流电源、电气成套设备的专业企业之一。产品注册“丰日”牌，为中国驰名商标。

公司是国家高新技术企业，成立了化学电源研发中心，并与中南大学等高等大专院校长期合作，共同进行电池、电源新产品的开发创新。拥有56项国家级专利，3项国际专利。

丰日产品经全国20余省市通信、电力、铁路、广电、部队、工矿企业等行业数千家单位的多年使用，并与德国西门子、日本东芝公司、美国GE公司、法国阿尔斯通、美国EMD公司、加拿大庞巴迪等大公司长期合作配套，以其质量稳定、价格合理、服务周到赢得了用户的一致好评和信赖。

公司坚持贯彻“诚信服务顾客、产品件件质优、管理持续改进、铸造丰日品牌”的质量方针，致力于不断革新产品技术，优化生产工艺，严格产品的过程控制。公司通过了ISO9001质量体系和ISO14001环境体系、GB/T28001—2001职业健康安全管理体系认证。

湖南科明电源有限公司

地址：湖南省长沙市麓谷工业园桐梓坡西路183号

邮编：410205

电话： 0731-88996378
传真： 0731-88996468
邮箱： keming@ sina. com
网址： www. hnkmdy. com

简介：

湖南科明电源有限公司是以国家大型企业湖南仪器仪表总厂为中方在1994年11月在长沙高新开发区成立的高新技术企业。从事各种交、直流电源装置的专业厂家。产品获得国家新产品证书及国家新技术新产品金奖。本公司全部产品均通过了国家权威检测机构的型式试验和省（部）级鉴定。

公司主要产品有通信电源屏、电力用交直流电源屏(高频开关电源、晶闸管全控桥整流电源)、一体化电源系统、电力、通信用高频开关直流电源及高频模块、晶闸管全控桥智能充电机、直流系统微机监控系统、蓄电池自动巡检装置，蓄电池综合测试系统（恒流放电、容量及内阻检测)、微机绝缘在线监测装置、绝缘、电压、闪光多功能继电器、低压配电成套设备等，是国内配套最为齐全的直流电源生产专业厂家之一。

公司1999年就通过了ISO9001国际质量体系认证，拥有先进的设备和检测仪器及雄厚的技术力量，并有专门的训练有素的技术服务队伍。公司生产的直流电源屏及低压配电成套设备已广泛用于全国各省市铁路、电力、冶金化工等系统，享有良好声誉。在铁路近年的国家重点工程高铁、客专、货运专线建设中多次中标，设备运行良好。

公司的交直流电源产品曾多次在国际招标和国内重大项目招标中中标，并有部分产品销往白俄罗斯、越南、印度、巴基斯坦、巴西等国外市场。

公司为中国直流电源十佳企业。

湖南晟和电子技术有限公司

晟和电子 SEEHRE

地址： 湖南省长沙市岳麓区银盆岭街道银盆南路359号
邮编： 410003
电话： 0731-85153502
传真： 0731-85153502
邮箱： seehre@ seehre. com
网址： www. seehre. com

简介：

湖南晟和电子技术有限公司正式成立于2016年，是一家高新技术产品研发企业，致力于电源产品、电源技术、仪器仪表专用芯片的研发和应用，并为国内外仪器仪表产品提供研发服务和相关配套产品。

湖南晟和电子技术有限公司注册资本2000万元（人民币)，公司总部位于湖南省长沙市岳麓区，芯片研发中心位于成都市高新技术区。公司研发团队于2014年组建，研发团队由美籍华裔科学家作为技术指导，核心技术研发人员均来自于行业领头企业，并具备十年以上的从业经验。于2014年开始专注于仪器仪表电源技术的研发和应用，仪器仪表电源芯片，以及其它仪器仪表专用芯片的研发和应用，目前已经成功推出了多款芯片，并在仪器仪表行业的领头企业得到了规模应用和验证。

湖南晟和电子技术有限公司将认真履行“能源计量与能效管理专家”的历史使命，坚持“至诚致精，义利共生”的公司宗旨，秉承“团结 进取 求实 创新”的精神，以“三实四严”的工作作风，做好各项工作，让每个产品都因享用我们的配套产品和服务而持久受益。

湘潭市华鑫电子科技有限公司

华鑫电子 WHOOSH electronic

地址： 湖南省湘潭市雨湖区二环线
邮编： 411100
电话： 0731-52338338
传真： 0731-52328738
邮箱： 2355842968@ qq. com
网址： www. hnhxdz. com

简介：

湘潭市华鑫电子科技有限公司公司位于风景秀丽的湘江河畔、伟人毛泽东的故乡“湘潭市”，是一家集电源产品研发、生产、销售于一体的科技实体公司，拥有一支专业、资深的研发团队和管理队伍。公司旗下产品有“开关电源”、“电源适配器”两大类别。产品广泛应用于工业自动化，LED照明、显示、城市亮化及通信，医疗，矿山等领域。

公司拥有高标准的现代化生产设备设施，先后通过ISO9001：2008国家质量体系认证；国家强制“CCC”质量认证、欧盟国际“CE”韩国“KC”质量认证；并于2008年正式吸纳为“中国电源学会”会员单位。

公司自成立就确立“诚信开拓市场、品质巩固市场、服务决胜市场”的经营方针，和诚信、敬业、创新、卓越的企业精神。不断进取，以高度严谨的敬业态度，致力于成为全球最大的电源供应商。

四川省

成都顺通电气有限公司

顺通电气 Shuntong Electric

地址： 四川省成都市龙泉驿区界牌工业园区
邮编： 610100
电话： 028-84854598

传真：028-84859059
邮箱：cdstdq@ vip. 163. com
简介：

成都顺通电气有限公司坐落在国家成都经济技术开发区内，是一家通过了 ISO9001 质量管理体系认证，并专业致力于直流电源系统、低压成套开关设备、消防应急电源系统的研究、开发、生产和销售的高新技术企业。本公司与电子科大、佛山大学等高校紧密长期合作，成立了“电子科大顺通电气技术研发中心”。现拥有了成熟的产品研发、生产组织、市场营销和服务的能力，并能根据顾客的要求提供个性化的成熟的产品解决方案。

公司自行研发的具有自主知识产权的消防应急电源系统已一次性通过了国家消防电子产品质量监督检验中心（沈阳）的型式检验，并取得了国家公安部消防评定中心（北京）颁发的产品型式认可证书；公司生产低压成套开关设备（SP 系列产品）已通过了中国质量认证中心的型式检验，并取得了中国国家强制性产品认证证书（CCC 产品认证）；公司生产的 GZDW 微机型高频开关直流电源系统也已一次性通过了国家继电器质量监督检验中心的型式检验，并取得了 GZDW 微机型高频开关直流电源系统产品型号使用证书及四川省经委颁发的产品鉴定证书及已取得国家知识产权局的专利证书，同时被艾默生网络能源有限公司认证为电力电源合作厂等，使公司的电源产品具备了推向市场，服务社会的良好条件。

四川厚天科技股份有限公司

厚德能电气
HOU DE NENG ELECTRIC

地址：四川省天府新区仁寿视高经济开发区
邮编：610200
电话：028-85186517
传真：028-85186517
邮箱：hdn@ sc-hdn. com
网址：www. sc-hdn. com
简介：

四川厚天科技股份有限公司致力于电力电子技术研究，专注于电能质量治理领域和新能源领域，公司聚集了一批国内电力系统及自动化、计算机和自动控制领域的专家和研究人员。公司立足于自主开发，积极跟踪和掌握电力电子科技技术的发展，与国内相关高校和研发机构、团体有良好的合作关系。

公司是高新技术企业，研发团队由研发经验丰富的教授、博士、硕士、专业研发人员等组成。在大功率电力电子应用和供配电成套设备领域不断创造佳绩，并不断成长和壮大。产品涉及电力、石油、煤炭、机械、冶金等行业的电能质量服务和供配电成套设备等。

公司产品涉及 35kV 及以下配电、电能质量、优化控制与节能降耗整体解决方案；柔性交流输配电装置技术；输配电系统稳定性分析、电能质量咨询、治理服务；电动汽车的整体充电方案和太阳能逆变设备的研发和制造。

公司有较强的成套配套能力，有先进的调试、测试仪器、高压试验设备和数控冲、剪、切等机床，可以完整地完成从研发、设计、生产、调试、测试、成套等所有的产品制作流程。

四川省科学城帝威电气有限公司

科学城帝威

地址：四川省绵阳市科创园区园兴街 26 号
邮编：621000
电话：0816-2545193 2276372 2276872
传真：0816-2543937
邮箱：dwpower@ 126. com
网址：www. dwpower. cn
简介：

四川省科学城帝威电气有限公司属国家高新技术企业，是依托中物院（核九院）的国家重点创新型企业，公司位于中国科技城的科学城内。公司专业从事 GZP—Y1 系列智能交直流一体化电源系统、GZGW 智能直流电源系统、GZGW 智能交流配电系统、GT 特种电源、PLC 控制系统和进口弧光保护设备及其软硬件配套产品的研发、生产、销售、安装和服务。

公司已通过 GJB 国军标体系认证、ISO 质量体系认证、中国工程物理研究院测试报告、国家继电器检测中心型式实验、产品型号使用证书、银行资信、电源学会、高企认证、3C 认证及国家项目立项等证书，公司获得国家专利及软件著作版权 20 余项。

公司聚集了一批科技精英，博士 3 名，硕士 6 名，学士 10 名，其余人员都是大专以上的学历，同时，公司与科研院所紧密结合，外聘专家教授 10 名，已形成产、学、研一体的高科技企业。

公司始终以满足客户的需要为宗旨，为客户量身定制有创造力的、高品质的优质产品和服务，产品广泛应用于国内外。公司员工将创新视为连接未来的桥梁，并积极主动不断地发展我们的团体。公司致力于在所进入的领域中取得技术和市场领先地位，因此，公司人精诚团结，勇于开拓，敢于创新，同时致力于与科研院校的全面合作，使公司迅速成长人才荟萃、技术领先、市场知名度较高的创新科技企业。

公司的质量方针：“零缺陷”是我们永恒的追求，“万无一失”是必达的目标。

公司的理念：诚信、品质、服务、创新。

企业愿景：做智能电源领域的“零缺陷”供应商。

企业追求：更安全、更可靠、更智能、更高效。

视用户为上帝，树立品牌之威。公司愿意与社会各界人士真诚合作，为共创美好未来贡献自己的一份力量。

四川斯维奇电气科技有限公司

CNSIWQ

地址：四川省成都市郫县成都现代工业港北片区港通北四路850号

邮编：610073

电话：028-87607788

传真：028-87627788

网址：www. switch. com

简介：

四川斯维奇电气科技有限公司是一家以制度创新、优化组合，产学研相结合组建的专业从事消防电气行业的高新技术企业。

公司组建实力强大的研发团队，以电力电子技术、通信技术、微处理技术为基础，构建业界领先的消防电气技术研发、软件开发、产品制造和服务平台，致力于将消防电气控制科技与应用工程技术完美结合，为客户提供优质的消防电气产品及消防智能控制的一体化解决方案。

公司在ISO9001质量保证体系的基础上结合自身实际，采用先进科学的内部管理，以市场为导向，以品质作保障，以创新促发展，整合资源，强化服务，不断提高企业的核心竞争力，努力打造行业领军品牌。

公司生产的EPS消防应急电源、数字智能消防巡检控制设备、电气火灾监控系统、智能开关配电箱系统、网络智能电力仪表，以独到的设计理念、外观造型及过硬的品质在业界颇受推崇。

公司将立志“技术创新，制度创新”的经营理念；树立“人才为支柱、质量拓市场”的指导思想；坚持“科技创新、专业生产、优质服务”的理念；秉承“成功源于进取、创新成就辉煌”的创业精神，阔步在市场经济的海洋里乘风破浪、昂首前行！

四川依米康环境科技股份有限公司

SUNRISE 依米康环境科技

地址：四川省成都市高新区科园南二路二号

邮编：610041

电话：028-82001888

传真：028-82001888-1

邮箱：yimikang@ sunrisegroup. com. cn

网址：www. sunrisegroup. com. cn

简介：

四川依米康环境科技股份有限公司（简称依米康）创立于2002年，一直恪守“创建世界级品牌”信念，坚持“开创和创新”精神，经过10年锲而不舍的努力，从默默无闻到2011年在深交所创业板上市，已经成为行业最具竞争力的公司。

依米康致力于成为行业引领者。目前，依米康拥有专利超过20多项，居国内精密环境行业领先水平，拥有系列化核心产品、高效节能技术、专业项目管理和项目实践，能够为客户提供从产品、项目实施、运营管理、基础设施外包服务、专业培训等全面服务，已经完成从提供产品到提供服务转型。

依米康致力于开创和创新。依米康构建了“技术研发、产品制造、营销服务、工程服务、外包服务”五位一体服务模式，满足信息化时代客户化服务需求，同时通过五位一体的差异化服务模式，构建依米康核心技术体系和竞争优势，创建世界一流品牌。

依米康致力于成为国内具有竞争力的服务商。依米康质量标准是“客户满意”，服务标准是“零距离”本地化服务。依米康已经建立了覆盖全国的营销网络、服务中心网络和物流网络，能够确保服务承诺，依米康已经成为广大客户值得信赖和托付的服务商。

依米康致力于技术和产品领先战略。依米康在成都建立了“企业技术中心”和“产品制造基地，以技术和产品领先为核心价值，关注未来客户的需求，坚持开创和创新，不断开发新技术和新产品，成为行业领先者，并引领行业发展。

在中国，依米康是能够同时为不同行业提供全方位精密环境整体解决方案服务商，服务内容包括规划、设计咨询、系统方案、项目管理、工程技术与实施、运维、节能科技、精密空调与净化设备等。

四川英杰电气股份有限公司

INJET 英杰电气

地址：四川省德阳市金沙江西路686号

邮编：618000

电话：0838-2900585 2900586

传真：0838-2900985

邮箱：injet@ injet. cn

网址：www. injet. cn

简介：

四川英杰电气股份有限公司成立于1996年，是专业的工业电源、特种电源、功率控制器的设计与制造企业。

公司是国家高新技术企业，拥有省级企业技术中心，被授予院士专家工作站。通过多年的发展，已形成了完善的技术创新体系，拥有众多的专利技术，公司自2002年起通过了ISO9001质量管理体系认证、3C认证等。

公司自成立以来，始终以自主研发为核心，产品广泛应用于石油、化工、冶金、机械、建材等传统行业及核电、光伏、晶体生长、半导体、特种金属材料等新兴行业，同时也销往世界多个国家和地区。

公司位于具有中国“西部鲁尔”之称的“中国重大技术装备制造业基地”、“联合国清洁技术与再生能源装备制造业国际示范城市”——四川省德阳市，公司占地80余亩。公司以技术创新为核心，以质量提升为突破，持续开展管理优化，提升公司综合实力和核心竞争力，为客户提供优质的产品和高效的服务，创“英杰”品牌，立志成为一流的设备制造商。

河北省

保定科诺沃机械有限公司

地址：河北省保定市高阳县庞口农机市场中区 14 栋 10 号
邮编：071504
电话：0312-6854777 6856777
传真：0312-6853699
邮箱：pangdun_ pd@ 163. com
网址：www. pdnjpj. cn
简介：

保定科诺沃机械有限公司是专业生产充电机、蓄电池、起动机的企业，公司已通过 ISO9001：2008 国际质量体系认证，由清华电力系教授指导研究，拥有先进的检测和生产设备，和国内众多电动三轮车厂配套，产品行销国内 27 个省市及中东、东南亚等国家和地区。公司以优异的质量、合理的价格、良好的服务赢得了海内外广大客户的青睐。

多年来公司被评为中国电源学会会员单位，省、市、消费者信得过单位。省、市守合同、重信用单位等众多荣誉称号。

大鹏一日同风起，扶摇直上九万里！跨入新世纪，公司全体员工以不断创新、赶超一流的气势，奋力开拓、积极进取，为您创造更满意的产品，提供更优质的服务。我们愿与广大新老朋友携手发展、共创辉煌！

河北汇能欣源电子技术有限公司

汇能欣源

地址：河北省石家庄市新华区合作路 113 号
邮编：050051
电话：0311-87040435
传真：0311-87040436
邮箱：hnxy04@ 163. com
网址：www. xypower. net
简介：

河北汇能欣源电子技术有限公司（以下简称欣源公司）成立于 2004 年 8 月，注册资金 750 万元。公司位于中集团第十三研究所院内，是一家研发、生产、销售特种电源为主的高新技术企业。

欣源公司通过了双软认证，是软件企业，拥有多项软件产品；通过 ISO9001：2008 质量体系认证和 GJB9001B-2009 质量管理体系认证；具备三级保密单位资格；取得武器装备科研生产许可证。

在发展的道路上，荣获省、市多项荣誉：石家庄市信息产业化暨信息产业工作先进单位；河北省信息产业先进单位；河北省信息产业科技创新先导型企业；河北省信息产业与信息化诚信单位；河北省优秀软件企业等。

欣源公司致力于高频开关电源的研制和生产。多年来，公司承担了国家自然科学基金计划、国家中小企业技术创新基金项目、省、市科技攻关计划和省信息发展计划。

在企业自主知识产权的基础上，引进国内、国际先进技术并进行消化吸收，开发生产了七个系列，500 余种电源产品，拥有 1 项专利和 6 项软件著作权，产品处于国内领先和国际先进水平，其中高功率脉冲电源、大功率密封防水电源分别获得石家庄市科学技术进步二、三等奖。

欣源公司电源产品广泛用于军民两用领域，取得较好的经济效益和社会效益。

经过多年的培养和积累，今天的欣源公司已经拥有了职业化的管理团队，专业的研发团队、高素质的生产团队和市场销售团队。是一家极具发展潜力的智力和知识密集型企业。

河北远大电子有限公司

启　能

地址：河北省沧县薛官屯乡工业园
邮编：061037
电话：0317-4883888
传真：0317-4889185
邮箱：570774485@ qq. com
网址：www. czyuanda. com
简介：

河北远大电子有限公司始建于 1996 年，位于河北省沧州市薛官屯乡工业园区，是生产各种非标准电源、电子变压器、电源变压器、煤矿防爆变压器、变频变压器、电抗器、交流电源、交流稳压电源的专业公司。厂区面积 23300 平方米，厂房建筑面积 16800 平方米。7 个车间，1 个研发中心。

公司拥有变压器、电源专业人才，员工 130 人，其中研发人员 18 人，技术人员 20 人，销售人员 8 人，拥有先进的设备和雄厚的技术力量。以及遍及山东、山西、河南、河北、北京、上海、陕西、东北三省等十几个省市的销售网络，煤矿防爆变压器已占到全国市场 65% 的份额。

公司荣获纳税功臣称号；获得河北省科技型中小企业称号。并于 2002 年获得了 ISO9001：2000 质量管理体系认证，2009 年获得了 CE 产品质量认证，公司生产的电源变压器、牵引变压器、控制变压器、高压限流变压器、变频变压器、煤矿防爆变压器、电抗器等产品，随机销往美国、日本、中东等地，并获得了广泛的认可和赞誉。创造100%高可靠、高品质产品是远大公司的质量方针。

公司广交各界朋友，竭诚为客户服务，为客户加工定制特殊产品。

公司正在进行的技术开发的新产品主要有三大项：1）SH15系列非晶合金铁心电力变压器。2）SHM系列全密封电力变压器。3）干式电力变压器。其空载损耗比普通变压器的降低约70%，节能效果十分显著。干式电力变压器也获得了广泛的应用，既环保又安全。该项目2014年1月份正式投产。

我们与客户共同努力，创造一个实现双赢的美好合作环境！

任丘市先导科技电子有限公司

地址：河北省任丘市城东津保南路北张工业区
邮编：062562
电话：0317-2968283
传真：0317-3369058
邮箱：hbxdkj@ 126. com
网址：www. xdkjw. com

简介：

任丘市先导科技电子有限公司始建于2001年，是一家集科研、生产、销售于一体的现代化科技型企业。公司技术力量雄厚，生产设备先进，专业生产蓄电池充放电设备，电动车充电机，电动汽车充电桩、充电站。蓄电池充放电设备以其独特的功能设计，新型的专利技术，广泛应用于蓄电池生产企业；“征程”牌系列电动车充电机现已行销全国各地，为国内众多电动车生产厂家选为优质配套产品，深受广大消费者的青睐，并已成功打入韩国及东南亚市场。

2005年先导公司正式加入中国电源学会，成为优秀会员单位。在有关专家的精心指导和公司全体员工的不懈努力下，公司产品质量和管理水平突飞猛进，于2006年顺利通过ISO9001：2000国际质量管理体系认证。为企业进一步发展奠定了坚实的基础。

“铸诚信、保质量”乃企业发展之根本，公司将一如既往地为您提供一流的产品和完善的服务。先导人愿与各位同仁携手，共同步入更加辉煌的明天！

唐山尚新融大电子产品有限公司

地址：河北省唐山市滦南县职业教育中心实训基地
邮编：063500
电话：0315-4166302
传真：0315-4166301
邮箱：creativemix@ 126. com
网址：www. creativemix. cn

简介：

唐山尚新融大电子产品有限公司，创立于2008年4月。公司分为电力电子事业部、军品及标准事业部、定制批产事业部；三大事业部。公司致力于为军用电源电路、UPS、智能电网、轨道交通、光伏并网逆变器、通信电源提供磁性元器件系统化解决方案。是国内少数同时具备金属磁粉芯、非晶纳米晶磁心、平面变压器、电感器、MIL-STD-1553B总线变压器、平面磁集成滤波器，研制、生产力的综合性科技企业。已通过ISO9001及GJB9001B-2009国军标质量体系认证，通过武器装备制造单位三级保密认证。公司依托磁电结合核心竞争力，为广大客户提供感性器件解决方案！

福建省

福建联晟捷电子科技有限公司

地址：福建省福州市华林路338号锦绣福城2座25层1913室
邮编：350013
电话：0591-87516665
传真：0591-87515299
网址：www. lsjie. com

简介：

福建联晟捷电子科技有限公司是一家以网络能源产品为主营，集设计、销售、安装和维护于一体的综合性公司。公司自2004年成立以来，相继成为美国伊顿、美国艾诺斯、德国世图兹、法国SAFT、意大利雷乐士等国际知名企业在中国的合作伙伴。

公司秉承“依靠科学管理，创建一流工程，提供优质服务”的质量方针，承接了众多项目，使公司的业务在金融、石油化工、天然气、政府、交通、电力、大型工业企业等多个领域取得了良好的发展。

面对未来，福建联晟捷电子科技有限公司的奋斗目标：本着“坚持不懈，将科技与应用完美结合，为用户提供最有利的应用解决方案，为客户创建竞争优势”的理念，为用户提供全线高科技产品和专业化服务。

福建泰格电子技术有限公司

地址：福建省福州市鼓楼区梅峰梁厝路1号华雄大厦13层
邮编：350000
电话：0591-83751081
传真：0591-87271080
邮箱：13306913658@189.cn
网址：www.taigefj.com
简介：

专业•专注——福建泰格电子技术有限公司（简称泰格电子）是一家专业从事机房基础设施配套产品的销售、技术服务及工程安装于一体的综合性服务公司。泰格电子，专注机房行业服务15年，已通过ISO9001：2000质量管理体系认证。

与国际品牌同行——泰格电子是艾默生全系列产品销售核心代理商；雷诺威精密空调福建地区指定代理商；科华UPS福建联通行业代理单位，施耐德APC全系列金牌认证服务合作伙伴。

机房整体解决方案——多年来泰格电子本着“以技术为根本，以服务为基础”的经营理念，致力于专业技术服务，实现并提供一站式综合性原厂配件支援和设备维护保养业务，在机房精密空调方面，泰格电子提供艾默生、海洛斯、STULZ、雷诺威、佳力图、APC等所有品牌技术服务和原厂配件，在不间断电源方面，泰格电子注重施耐德APC、艾默生一线品牌原厂战略合作，进行返签服务合作，同时泰格电子为用户提供电源系统、监控系统及机房整体维护保养、设计规划、技术咨询等全方面机房整体解决技术方案，彻底解决客户的后顾之忧。

专业团队保障——泰格电子拥有一批专业的技术服务人才，上岗人员均通过专业的知识培训，具有丰富的理论和实践经验，目前公司与各大国际品牌合作，正在加大培训力度，其中经艾默生公司培训认证高级工程师8名，雷诺威公司认证工程师6人等。

泰格电子人以诚信为本，一如既往地坚持“技术精益求精、施工追求卓越、服务全心全意”的宗旨，进一步开拓市场并愿和社会各界同行加强交流合作，同时向客户提供一流的全方位专业机房解决方案，真正做到使客户放心满意。

福州福光电子有限公司

福光电子
Fuguang Electronics
福光，让您的测试更简单

地址：福建省福州市台江区广达路68号金源大广场东区24楼
邮编：350005
电话：0591-83305858
传真：0591-83375868
邮箱：cailei@fuguang.com
网址：www.fuguang.com
简介：

福州福光电子有限公司（简称福光电子）成立于1993年，是一家专注于仪器仪表的研发、生产、销售，并提供全套测试维护解决方案的高新技术型企业。目前，公司注册资金2530万，员工人数170位，年仪表销售额近2亿元。产品涉及蓄电池维护、常规电源测试、接地测试、机房环境测试等工业测试设备领域；客户遍及移动、电信、联通、铁塔、电力、铁路、石化、广电、部队及各企业专网等；

电子销售服务网络已覆盖全国各省份和城市，在全国多地设有办事处与售后服务中心，可高效、快捷地提供良好的售前、售中及售后服务。在通信市场，福光电子是中国电信集团和中国移动集团仪器仪表集采入围厂家；在电力市场，福光电子是多省电力公司仪器仪表超市化采购的中标厂家；在国际市场，福光电子品牌产品已经远销至全球30多个国家和地区。

公司每年投入大量资源用于创新研发，目前已拥有20余项国家技术专利和软件著作权。未来，福光电子还将不断地向行业内推出更多拥有自主知识产权、更加科学方便、更加安全节能、更加经济实惠的仪器仪表及测试维护解决方案，为客户带来更多的效益，为社会创造更大的价值。

厦门兴厦控恒昌自动化有限公司

地址：福建省厦门市集美区汽车工业城（三期）灌口南路598号
邮编：361023
电话：0592-6368300
传真：0592-6368308
邮箱：liping-feng@hcxec.com
网址：www.hcxec.com
简介：

厦门兴厦控恒昌自动化有限公司是一家致力电力系统配网自动化设备研发、生产、销售和服务的高新技术企业。公司汇聚了各类专业人才，吸收消化国内外先进技术，将专注于在智能电网、节能减排等绿色能源建设方面提供更先进、更环保、更可靠完善的全套智能电气解决方案。

自公司成立以来，致力于持续自主研发创新，先后开发了拥有自主知识产权，并获得多项国家专利的各类产品，如户外柱上智能断路器、户外智能分界负荷开关；智能交直流一体化电源系统、新型插框式直流电源屏、小微分布式电源装置、基于总线布置方案的电动机保护装置等。目前，广泛应用在各类发电厂、冶金、石化和矿山、国家电网、南方电网、城镇建设等领域。公司严格按照ISO9001质量管理体系和ISO14000环境管理体系要求运作，良好的企业信誉、产品质量和售后服务深得用户信赖，赢得了许多中外客商的好评。

厦门兴厦控恒昌自动化有限公司将秉承“科技创新，顾客满意”的理念，以新技术、高质量的产品和服务为客户创造价值。

湖北省

武汉泰可电气股份有限公司

地址： 湖北省洪山区珞狮南路519号明泽丽湾1栋C单元14层
邮编： 430070
电话： 027-87227071/2
传真： 027-87227071/2
邮箱： gba8786@163. net
124707646@qq. com
网址： www. tkdl. net
简介：

武汉泰可电气股份有限公司（简称：泰可电气）是在2015年1月新三板上市企业（证券代码：831921）、国家高新技术企业、软件企业。从事电力行业高压输电线路在线监测系统、感应电源及通信系统、无线能量传输系统、变电站微机防误闭锁系统、配网设备等电力装备的生产制造、安装调试服务。是集研发、生产、销售和服务为一体的经济实体。泰可电气自2000年成立以来，依托武汉大学等多所国内一流高等院校的支持，自主研发多项新型高科技产品并拥有完全的知识产权，企业已通过了ISO9001-2008国际质量管理体系认证。企业目前拥有员工30多人，50%的员工为技术研发人员，90%的员工具备大学以上学历，在经营实践中立足电力行业、服务电力生产，积累了丰富的行业经验，赢得了业内普遍赞誉和客户信赖。

武汉武新电气科技股份有限公司

地址： 湖北省武汉市黄陂区武湖工业园立山路
邮编： 430345
电话： 027-82341783
传真： 027-82341251
邮箱： 86326134@qq. com
网址： www. woostar. cn
简介：

武汉武新电气科技股份有限公司是新三板“挂牌”企业，股票代码832349。公司是专业从事大功率电力电子设备、电气成套设备、光伏发电系统、智能配电网系统及服务的高新技术企业，主要产品包括：0.4～35kV电气成套设备、0.4～35kV静止无功发生器（SVG）、电力有源滤波器（APF）、数字式微机保护装置、智能操控装置、电能质量在线检测系统、智慧能源管理专家、光伏逆变器、汇流箱、直流柜、配电网智能化管理及服务等。全线产品在光伏发电、提升电能质量、优化控制与节能以及能源互联网服务等方面为客户提供综合解决方案。公司成立于1995年，位于武汉市武湖立山路，现有员工200余人，专业技术人员65人。公司占地60亩，厂房建筑面积为36000平方米。

公司拥有湖北省发改委认定的光伏在线监测系统湖北省工程研究中心、湖北省电网智能控制与装备工程技术研发中心、湖北省校企共建电能质量检测控制研发中心、太阳能高效利用湖北协同创新中心；同时武新电气是武汉市高新技术研发中心、武汉市光伏在线监测系统工程技术研究中心、武汉市科技计划项目承担单位、国家SVG产业化基地、国家节能电气产业化基地并得到中央财政支持，拥有专业的研发团队及企业技术中心，配备先进的电力电子、智能配网试验装置，并与清华大学、华中科大、武大等著名高校有着紧密的合作关系。公司具备强大的自主创新能力，拥有数10项专利及软件版权，先后被评为湖北省著名商标、湖北省知识产权示范基地及湖北省民营企业建立现代化制度试点企业。目前，武新电气承担了智能配电网国家火炬计划，拥有各类先进的生产检测设备及先进的电力仿真系统，其中数控转塔冲、数控剪板机、数控折弯机为引进日、欧新技术的产品。公司产品广泛服务于电力、通信、冶金、化工、电气化铁路、新能源装备制造、房地产等行业，其中部分产品出口到美国等地。国内主要用户有中国一汽、东风汽车、武钢、首钢、国家电网、烽火科技、中国电信、许继集团、神华集团、大同煤矿、华源集团、中国船舶重工集团、万达地产、仟吉食品等众多知名公司，并深得用户好评。用户遍及全国各省市，并在业内享有较高的声誉。

公司坚持科技领先、亲近客户的经营战备，持续为顾客带来超值回报，以崭新的形象引领行业的发展。

为客户创造价值、为社会创造财富、为员工创造机会是我们的责任。

武汉新瑞科电气技术有限公司

地址： 湖北省武汉市东湖高新技术开发区东二产业园财富一路8号
邮编： 430205
电话： 027-87166570
传真： 027-87166933
邮箱： newrock2004@126. com
网址： www. newrock. com. cn
简介：

武汉新瑞科电气技术有限公司成立于2000年，位于武汉市东湖开发区东二产业园内，是集研发、生产、销售为一体的高新技术企业。公司占地 13 亩，拥有现代化的生产厂房和专业的生产及检验设备，现有员工 70 余人，是中国电源学会会员单位，武汉电源学会秘书处挂靠单位，拥有 ISO9001-2000 质量管理体系认证，是多家军工企业的合格分承制方。公司设有三个事业部：电子元器件事业部、特种变压器事业部及电源事业部。公司在温州、深圳等地设立办事处，并在香港成立子公司，服务遍及全球客户。

电子元器件事业部一直致力于功率半导体及其配套的电力电子元器件的代理销售，包括 IGBT 模块、晶闸管、整流桥、LEM 传感器、台湾 SUNON 风扇、铃木电解电容等；特种变压器事业部长期为广大科研院所及电源设备厂家设计、生产多种特殊用途和特殊要求的变压器和电感产品；电源事业部主要生产特种用途的逆变电源、充电机等电源产品。

武汉永力科技股份有限公司

地址： 湖北省武汉市东湖新技术开发区流芳园南路 19 号永力产业园

邮编： 430223

电话： 027-87927990 87927991 87927992

传真： 027-87927916

邮箱： yl@ ylpower. com

网址： www. ylpower. com

简介：

武汉永力科技股份有限公司成立于 2000 年 9 月，位于武汉。中国光谷，是一家专业从事电源技术的研究和应用的高新技术企业。公司拥有移相式全桥软开关变换技术、三相有源功率因数校正技术、大功率恒流并联均流技术、射频环境的抗干扰技术、计算机控制技术等多项核心技术及专利，可为客户量身定制 AC-DC、DC-DC、DC-AC 系列电源产品。

公司产品具有体积小、重量轻、效率高、可靠性强、绿色环保等显著特点，特别是大功率通信发射机电源、干扰发射机电源、雷达发射机电源、船舶压载水环保处理设备配套电源等产品，其电磁兼容性、抗干扰能力和环境适应性方面，多项指标优于国内同类产品，获得了用户的广泛好评，被重点应用于军队武器装备系统、重大国防科研项目及中央预算内投资项目。

公司是多家科研院所及企业的军用装备、民用设备配套物资合格供方。公司致力于将科技与应用工程完美结合，为客户提供最有竞争力的产品技术解决方案。

天津市

东文高压电源（天津）股份有限公司

东文高压
DONGWEN HIGH VOLTAGE

地址： 天津市河西区洞庭路 24 号南院 C 座

邮编： 300220

电话： 022-24311533

传真： 022-24311577

邮箱： sales@ tjindw. com

网址： www. tjindw. com

简介：

东文高压电源（天津）股份有限公司坐落于天津市河西区洞庭路 24 号南院 C 座，占地 4000 平方米。以高压电源为核心产业，研发生产近千种高压电源、恒流电源、脉冲电源等各种军、民两用电源产品，在现有的产品中有 40 余项已获国家专利。公司已获得国家高新技术企业认定，并通过保密、国军标体系认证。2015 年“新三板“成功挂牌（股票代码：833343）

核工业理化工程研究院

IPCE

地址： 天津市天津市河东区津塘路 168 号

邮编： 300180

电话： 022-84801274

传真： 022-84801274

邮箱： hlhy_ dy@ 163. com

网址： www. cnnc. com. cn

简介：

核工业理化工程研究院系我国大型央企中国核工业集团公司所属的一所自然科学和工业应用研究院，始建于 1964 年，坐落于天津市河东区，目前承担着多项重点科研和生产任务，受到国家高度重视。50 余年来，为我国核工业建设和发展做出了重大贡献。现有在职职工 1100 余人，其中专业技术人员 700 余人，包括研究员和研究员级高级工程师 80 余人，副研究员和高级工程师 300 余人，助理研究员和工程师 300 多人。并有中科院院士 1 人，中国工程院院士 2 人，国家级有突出贡献的中、青年专家 3 人，省部级有突出贡献的中、青年专家 10 人，天津市授衔专家 4 人。

50 年来，在国家重点攻关科研项目共获科研成果奖 300 余项。其中国家级奖励 27 项，省部级科技进步奖 270 余项，国家专利共计 400 余项。

该院长期从事核技术开发研究，已发展成为多学科的综合性研究院。专业涉及基础理论、超净过滤、机械设计与制造、自动化控制、新材料、化工、理化分析、光电技术、科技信息、环境评价、质量保证等研究室。建立了多个装备先进具有现代化水平的试验室，配备了一批高精度仪器、仪表和设备。

核理化院在电源技术领域拥有多项核心技术，其中在大功率中频变频器、冗余并联中频变频器、中频感应加热电源、永磁体充磁电源和永磁同步电动机伺服控制器等技术方向都具有较强的科研和生产能力。

天津市华明合兴机电设备有限公司

地址：天津市东丽区华明镇南坨工业园华盛道
邮编：300300
电话：022-84901298
传真：022-84900608
邮箱：tjhmhx@ 126. com
网址：www. tjhmhx. com
简介：

天津市华明合兴机电设备有限公司坐落于天津华明高新区，毗邻天津滨海国际机场。“华明合兴”紧紧抓住国家电力事业建设飞速发展的契机，依靠科技力量，研发生产与低压电器配套相关的高端产品，在国内同行业中居于领先水平，受到用户的广泛赞誉，被称为“低压电器制造专家”。

天津市华明合兴机电设备有限公司成立于 1997 年，占地面积 14000m^2，建筑面积 7600m^2，现有员工 150 余人，其中工程技术人员 35 人。公司成立以来，已形成具有自主知识产权的核心技术，顺利通过 ISO9001 国际质量体系的认证。公司主要产品有电源自动转换开关、电涌保护器、微型断路器、塑壳断路器、电弧保护断路器、自复式过欠电压保护器、控制与保护开关电器、应急电源、电气火灾监控产品、低压电器成套等系列产品，广泛应用于军事基地、重点工业、公安消防、高层楼宇、公益设施等相关行业。产品畅销东北、华北、西北、中南地区和津京两市，销售网络覆盖国内 20 多个省市自治区。

天津市鲲鹏电子有限公司

地址：天津市静海经济开发区金海道 18 号
邮编：301600
电话：022-68687673
传真：022-68680568
邮箱：kunpeng_ vip@ 126. com
网址：www. tj-kp. cn
简介：

天津市鲲鹏电子有限公司创建于 1984 年，厂区面积 23000 余平方米，建筑面积 15000 余平方米，毗邻京沪高速，环境优美，交通便利。

公司现有资深设计人员 12 人，其中高级人才 6 名。具有国内、国外同行业先进生产设备 100 余台套，其中电脑自动绕线机 28 台，R 型绕线机 6 台，大型自动箔式绕线设备 5 套，真空浸漆流水线 2 条，全自动真空环氧浇注设备、干燥设备 2 套及与生产配套机械冲压设备 18 台套，各种检测仪器 55 台套。

公司主要产品有 EPS 电源，UPS 电源，变频电源，专用单相、三相变压器，电抗器。其中 SB 三相隔离变压器最大可做到 25000kVA；单相、三相电源变压器、R 型变压器；环型变压器；单相、三相 C 型变压器；各种高频开关变压器和电感器，及按客户要求加工定制各种特殊变压器。

公司生产电力系统配电变压器已获得国家认证。生产 SB10、S11、S13、S15 等系列油浸变压器、干式变压器、非晶合金变压器和配套电抗器。功率 30 ~ 25000kV · A。在 2012 年国家质检总局的质量抽查中，产品质量全部达标，获得好评。

公司年产各类变压器、电源模块、稳压电源 55 万台套以上，铁路智能综合信号电源系统 1200 台套，产品行销全国。广泛应用于科研、电子、能源、交通、医疗、安防，家用电器、节能产品、光伏风能发电等领域。

企业通过 ISO9000：2008 质量管理体系认证和 ISO14000：环境管理体系认证。产品通过 CQC 认证和 CE 认证，及国家大型企业优秀供应商认证。

2011 年公司获得科技型企业称号，2013 年获得国家高新技术企业称号承接国家科技研发项目，已获得专利 11 项。多次为国家重点工程和出口项目配套，在国内同行业中居领先地位。

鲲鹏人愿与您携手共进，创造美好未来！服务 QQ：1439368570

甘肃省

兰州精新电源设备有限公司

地址：甘肃省兰州市城关区雁西路 1376 号工业城北五区 10 栋
邮编：730010
电话：0931-2186797
传真：0931-2186976
邮箱：jxps126@ 126. com
网址：www. jxps. com
简介：

兰州精新电源设备有限公司位于兰州国家高新技术开发区内，是专业从事电力电子技术及其相关产品研发、生产和销售的高新技术企业。

公司拥有一批实力雄厚的专业技术人员。并以高等院校、科研院所的专家、教授为技术后盾。凭借先进的开关电源、脉冲功率技术、自动控制技术，以长期研制生产核物理加速器、高稳定度、高频、高压、高功率脉冲、三角波扫描、超导电源为基础，研发出一批具有国内领先水平、具有自主知识产权并获得多项国家专利的高、精、新电力电子产品。公司特种电源在材料改性、表面处理、废水、废气、烟尘治理、电化学领域都发挥着不可替代的作用。公司以诚信为本，视提高中国特种电源，高频、高压、高功率、快脉冲电源技术为己任，锐意进取、精益求精、不断创新的技术形成核心竞争力，以完善可靠的产品质量和优良售后服务立足于市场。

天水七四九电子有限公司

地址：甘肃省天水市泰州区双桥路14号
邮编：741000
电话：0938-8631053
传真：0939-8214627
网址：www.ts749.cn
简介：

天水七四九电子有限公司是由原天水永红器材厂改制重组的高新技术企业。公司前身国营永红器材厂1969年始建于甘肃省秦安县，1995年整体搬迁至甘肃省天水市。公司占地面积16675平方米，总资产1.15亿元，拥有各种仪器仪表768台套。现有职工306人，专业技术人员95人。公司是国内率先研制生产集成电路的企业之一，主要产品有单片集成电路、混合集成电路、电源模块（包括厚膜化电源）三大类产品600多个品种，产品以其优良的品质广泛应用于航空、航天、兵器、船舶、电子、通信及自动化领域。曾为“长征系列”火箭、“风云”卫星、“嫦娥”探月工程、“神舟”号宇宙飞船等多个重点工程提供了高质量的产品，曾荣获“省优”、“部优”及“国家重点新产品”称号。

中国科学院近代物理研究所

地址：甘肃省兰州市南昌路509号
邮编：730000
电话：0931-4969563
传真：0931-4969560
网址：www.impcas.ac.cn
简介：

中国科学院近代物理研究所创建于1957年，以重离子核物理基础研究和相关领域的交叉研究为主要方向，相应发展加速器物理与技术及核技术。50多年来，中科院近代物理研究所已成为国际上有较高知名度的中、低能重离子物理研究中心之一。与此同时，兰州重离子加速器（HIRFL）也发展成为我国规模大、加速离子种类多、能量高的重离子研究装置，主要技术指标达到国际先进水平。

中国科学院近代物理研究所电源室负责兰州重离子加速器（HIRFL）励磁电源系统以及供配电系统的设计、运行、维护工作。50多年来，近代物理研究所电源技术在大功率高稳定度直流稳流电源技术，大功率脉冲开关电源技术，以及特种电源技术方面形成自己鲜明的特色。研究所电源技术由直流输出发展到脉冲输出，由慢脉冲发展到快脉冲，由模拟控制发展到全数字控制，电源性能不断提高，满足了重离子加速器的发展需要。

河南省

洛阳隆盛科技有限责任公司

地址：河南省洛阳市凯旋西路25号
邮编：471009
电话：400-0379-613
传真：0379-63917137
邮箱：rosen.rosen@163.com
网址：www.rosen-tech.com
简介：

洛阳隆盛科技有限责任公司成立于1996年4月，总部位于牡丹花城——洛阳，直属于中航工业洛阳电光设备研究所（613所）。公司专业从事各类电源产品的设计、开发、生产和服务，并代理销售Vicor、GAIA、COSEL等世界著名品牌的电源模块。

公司自主设计开发的“Rosen”军用模块化电源和“Vcan”工业用模块化电源系列品牌，可靠性高、体积小、重量轻、效率高，具有多种保护功能，并能满足各种环境要求，产品性能处于行业领先地位。目前，面向航空航天、舰船雷达、指挥通信、军用车载及地面控制等军用领域和高端的工控、铁路、电力、通信等工业领域，公司已向国内200多家用户提供了数万余台套电源产品，承担并完成多项国防及民生重点工程型号的电源研发生产任务，被誉为“身边的模块化电源专家”。

公司拥有大型的生产、研发基地和试验检验中心；集聚了设计经验丰富的电源专家和专业技术高超和工程技术人员；配备了包括全自动电源测试系统在内的精良先进的测试仪器；配备了全套的电源加工生产和各种环境筛选试验设备。公司通过了 GJB9001B 质量管理体系认证，拥有完善的质量管理体系，是中国电源学会会员单位，被中国电子商会评为“中国电源行业诚信单位”。作为美国 Vicor 公司授予的中国地区经销商和产品应用开发中心，公司还不断地为用户提供优秀的电源解决方案和强大的技术支援。在北京、上海、南京、西安、成都、武汉等地，公司都设有专门的销售和服务机构，建立了完整的服务保障体系。

许继电源有限公司

许继电源 XJ POWER

地址：河南省许昌市中原电气谷许继新能源产业园
邮编：461000
电话：0374-3219505
传真：0374-3215203-678
邮箱：weizhongdy@ 126. com
网址：www. xjgc. com
简介：

许继电源有限公司是国家电网许继集团有限公司下属的子公司，是专业从事电力电子产品研发、生产及系统设计的厂商，主要产品涵盖电动汽车充换电系统、电力电源、电能质量控制设备、军工特种电源、光伏发电并网逆变电源产品等高新技术领域。这些产品已广泛应用于在电力、石化、煤炭、水利、环保、国防、轨道交通和公共事业中。

许继电源有限公司秉承“尊重、超越、共赢”的企业核心价值观，以“推进绿色电能变换技术，美好我们的生活和工作”为使命，以“成为中国领先的电力电子电能变换设备供应商及系统集成商”为愿景，许继电源有限公司将携同客户及合作伙伴一起开拓中国电力电子产品的美好未来。

辽宁省

大连零点信息动力科技有限公司

Zero MILESTONE 零点

地址：辽宁省大连市甘井子区轻工苑 1 号
邮编：116034
电话：0411-86322338
传真：0411-86323707
邮箱：dl_ milestone@ 163. com
简介：

大连零点信息动力科技有限公司成立于 2014 年 5 月，注册资金 200 万，以大连工业大学集成测控技术研究所为依托，致力于学生从知识工程到价值工程的人才培养、研究成果转化、专利战略实施和校企项目合作的一个平台。充分激发学生创造力，支撑学生创意产品从研发、制作、推广整个价值链的全面扶持。另外，本公司还承担 IGBT 国家项目、软件开发项目、硬件开发项目、服务产品项目等。

航天长峰朝阳电源有限公司

CASIC 中国航天科工集团 CHINA AEROSPACE SCIENCE & INDUSTRY CORP.

地址：辽宁省朝阳市电源路 1 号
邮编：122000
电话：0421-2732351
传真：0421-2828501
邮箱：50hz@ vip. sina. com
网址：www. 4nic. com. cn
简介：

航天长峰朝阳电源有限公司是经中国航天科工集团批准，由中国航天科工防御技术研究院和朝阳市电源有限公司于 2007 年 9 月 5 日投资组建的国有控股公司，注册资金 11760 万元。

公司前身为朝阳市电源有限公司，成立于 1986 年，是国内率先成立的专业电源公司，具有 31 年的电源设计制造和测试经验，是当前国内规模很大的专业电源生产基地。以“4NIC”、“航天电源”及“CASIC 中国航天科工集团”为品牌，生产 30 多个系列 30 余万品种稳压电源、恒流电源、UPS 电源、脉冲电源、滤波器等各种电源和电源相关产品。应用领域覆盖航空、航天、兵器、机载、雷达、船舶、机车、通信及科研等领域，尤其是在需要高可靠性的军工领域发挥着不可替代的作用，为国家的国防建设和经济建设做出了卓越贡献。

公司位于辽宁省朝阳市电源路 1 号，现址占地 20 多万平方米，建筑面积 15 万平方米。新厂区占地面积 42 万平方米，建筑面积 20 万平方米。公司在国内 30 多个主要城市设有办事处，履行“航天电源就在您身边”的承诺。企业奉行“以顾客为关注焦点，量体裁衣做电源”的经营战略，满足个性化需求。

其　　它

重庆汇韬电气有限公司

地址：重庆市两江新区水土高新技术产业园区云汉大道5号附23号
邮编：400714
电话：023-68204158
传真：023-68204198
邮箱：hwyton@163.com
网址：www.hwyton.com
简介：

重庆汇韬电气有限公司成立于2007年，工厂位于重庆市两江新区水土高新技术产业园，是一家专业从事电源及消防电子产品的研发、生产、销售和服务为一体的高新技术企业。公司通过了ISO9001质量管理体系认证，并先后获得了重庆市高新技术企业、全国消防标准化技术委员会通信委员、中科院重庆绿色智能研究院工业设计平台会员单位、中国消防协会单位会员、创新基金重点培育企业（四星级）、中国电源学会会员单位和“全国质量诚信承诺优秀企业”称号。

公司建有国内一流的电源产品和消防灯具生产线，专业的调试检测设备、实验室和智能老化运行系统，能生产制造九大类上千种规格的电源和消防产品。公司从引进美国先进技术的Hwyton工业级UPS，到自主开发的EPS应急电源，以及和中科院合作开发的EIS8000智能疏散系统，采用了先进的DSP数字化技术和工业产品的生产工艺，并不断进行技术革新，致力保持技术先进、质量可靠和用户满意。公司产品已拥有11项专利技术，消防产品并通过了国家公安部的CCC认证和型式认可，获得了“重庆市高新技术产品”、“重庆市重点新产品”、“重庆市名牌产品”和“全国质量检验稳定合格产品”等称号。

我们一直遵循“精心制造，持续创新，优质高效，顾客满意”的质量方针，并通过客户服务中心及各地办事处来提供最优质的“5+X”服务。多年来，在广大用户朋友的支持和帮助下，公司产品在工业、能源、交通、商业、医院、酒店、学校、政府和公用工程等行业已得到广泛应用，产品遍布中国30多个省（市）自治区以及南美、非洲和东南亚国家。

公司本着“诚信、和谐、高效、创新”的公司经营理念，竭诚希望与广大新老客户携手奋进、共同发展！

桂林斯壮微电子有限责任公司

地址：广西壮族自治区桂林市国家高新区信息产业园D-8号
邮编：541004
电话：0773-5858088 5852696 5825199 5852939
传真：0773-5855299 2183788
邮箱：gsme@gsme.com.cn、sales@gsme.com.cn
网址：www.gsme.com.cn
简介：

桂林斯壮微电子有限责任公司以设计、开发、生产各种高性能半导体功率器件为主营业务，目前主要产品有低导通电阻和低栅电荷密度的功率场效应晶体管（Low Rdson、LowQg MOSFET）及低导通电压的肖特基二极（LowVF）、开关二极管、稳压二极管等桂微牌产品，产品广泛应用于开关电源适配器UPS、逆变器变频器、移动通信基站、智能家居产品、物联网硬件产品、汽车电子产品、安防系统、智能手机及其附属产品、计算机及其附属产品、小型视听多媒体终端产品等消费类电子信息产品、家用电器、工业自动化控制设备等。

“桂微牌”产品不断提高专业水平，为客户提供高性能和低成本的优质产品，推行“精益求精、卓越品质、客户满意”的品质政策，努力成为客户必备的优质供应琏伙伴。

贵州航天林泉电机有限公司

地址：贵州省贵阳市长岭南路89号
邮编：550081
电话：0851-84824028
传真：0851-84849057
邮箱：chu_ min4182@126.com
简介：

贵州航天林泉电机有限公司隶属于中国航天科工集团公司，是中国航天微特电机、二次电源及小型化遥测设备的专业研制生产单位，是航天微特电机专业技术中心和检测中心。是国家批准的自营进出口权单位，也是国家批准的航天电机硕士研究生培养点和博士后科研工作站（微特电机专业站）。通过了GJB9001B-2009质量保证体系、ISO9001质量保证体系的认证。

公司始建于1965年，1966年内迁至贵州省桐梓县，1987年调迁至贵州省贵阳市。工厂占地面积10万平方米，现有职工710人，其中工程技术人员351人。建厂40多年来，共为300多种型号研制生产了上千种产品，有86项获国家、省部级科技进步奖。

光宇集团股份有限公司

地址： 黑龙江省哈尔滨市南岗区学府路电缆街68号
邮编： 150086
电话： 0451-86677970
传真： 0451-86678032
邮箱： 448153847@ qq. com
网址： www. cncoslight. com
简介：

光宇国际集团科技有限公司创建于1994年，1999年在香港联交所主板上市。集团在国内拥有哈尔滨光宇蓄电池股份有限公司、哈尔滨光宇电源股份有限公司等23家子公司，在欧美、俄罗斯、日本、东南亚设有19家海外营销子公司或办事机构。集团现有员工11000余人，2010年总资产42亿元人民币，销售额44亿元人民币。

经过20余年的高速发展，现已形成制造业、矿产业及互联网产业等三大类产业群。第一大类是以工业用铅酸蓄电池、便携类锂离子电池，车用铁锂动力电池和电池储能系统为主体的制造业；第二大类是矿产业，开采作为铅酸蓄电池原材料的铅锌矿；第三大类是网络游戏的运营、研发及制作。

阀控密封铅酸蓄电池为公司第一核心产品，年生产能力可达380万kVA·h，从1999年以来一直是中国规模很大的阀控式铅酸蓄电池制造商。锂离子电池是公司第二大主要产品，年生产能力液态锂离子电池可达8000万只、聚合物锂离子电池。可达3000万只，磷酸铁锂动力电池是公司主要研发的新产品，可年产40万kW·h。

公司先后通过了ISO9001、ISO14001，OHSAS18001，TS16949认证等管理体系认证，UL、CE、RHOS等产品认证以及英国沃达丰、俄罗斯通信等入网认证。

历经十几年的持续稳定发展，公司取得了非凡的发展业绩，获得社会各界广泛的肯定与好评。追求品质、超越非凡、立足中国、走向世界，公司致力成为拥有顶级高新技术的大型国际化企业集团。

南昌大学教授电气制造厂

地址： 江西省南昌市南京东路351号教授科技楼
邮编： 330029
电话： 0791-88301618
传真： 0791-88332483
邮箱： chinaprofessor@ alibaba. com. cn
网址： www. chinaprofessor. com
简介：

南昌大学教授电气制造厂是由南昌大学教师、教授创办的科技型企业，主要从事电脑、通信设备、机床设备精密交流稳压电源、家用冰箱空调稳压器、UPS、逆变电源、充电器充电机、太阳能光伏发电系统等多系列电源类产品的研发和制造，已有20年的制造历史，产品畅销国内各省，并远销非洲、印度、中东等电压特别不稳定地区。南昌大学教授电气制造厂是国内规模很大的家用电源生产企业。

南昌大学教授电气制造厂依托南昌大学的研发力量，有能力不断创新，因此产品更新换代非常快，总是以新的、适合消费者的产品，为各级经销商创造新的商机，为终端用户提供更好的产品。

南昌大学教授电气制造厂2001年就通过了ISO9000质量管理体系，有着严格的质量控制程序，因此产品质量一直深受用户信赖，在市场有着良好的口碑。

南昌大学教授电气制造厂的核心价值观是以科技让人们生活得更好！南昌大学教授电气制造厂全心全意以客户为中心，依靠自己的技术优势和勤奋工作，努力创造更好、更多的新产品，与消费者共享科技成果带来的快乐。

勤发电子股份有限公司

地址： 台湾省新北市汐止区大同路一段239号11楼
邮编： 221
电话： +886-2-26478100
传真： +886-2-26478200
邮箱： helen@ chinfa. com
网址： www. chinfa. com
简介：

勤发电子股份有限公司自1985年创立以来，是一家取得ISO9001、UL、TUV认证的公司，在秉持不断地创新思考，努力成为世界全方位解决方案的翘楚，满足客户的需求及长期经营的理念。所有交换式电源供应器产品皆自行研发设计与生产，不论在技术研发、质量稳定度或降低成本上，以多年的经验来满足客户对于交换式电源供应器的各种要求，并追求更卓越效能的交换式电源供应器。

Isolated DC-DC converter：1～100W. AC-DC power module：3-40W. AC-DC DIN Rail mountable power supply：5～960W. DC-DC DIN Rail mountable power supply：15～40W. AC-DC DIN Rail compact size power supply：120～480W. AC-DC enclosed power supply：20～150W. Battery charger：30W&60W. DC UPS controller：30A. Redundant module：10A&20A.

陕西长岭光伏电气有限公司

地址： 陕西省宝鸡市清姜路75号
邮编： 721006
电话： 0917-3607661
传真： 0917-3607650
邮箱： 13772662816@ 163. com
网址： www. changlingpv. com

简介：

陕西长岭光伏电气有限公司（以下简称长岭光伏电气公司）由陕西长岭电气有限责任公司和陕西光伏产业有限公司共同出资组建。公司注册资本 2 亿元人民币。公司主要从事光伏逆变器、控制器、汇流箱、配电柜、安装支架、追日系统等光伏发电相关配套产品的开发、生产、销售、服务及以上产品的进出口业务。

陕西长岭电气有限责任公司的前身国营第七八二厂是国家“一五”期间投资建设的 156 项重点工程之一，国家军工骨干企业。经过 50 多年的发展，已形成以军工电子产品、纺织机电产品、家用电器产品和太阳能光伏产品为支柱的大型国有企业。公司总资产 16.8 亿元，在职员工 4300 余人，其中各类专业技术人员 1000 余人。公司拥有先进的电子产品装联生产线、家用电器产品生产线和大批性能优良的机械加工设备，齐全的环境实验设备和先进的精密检测设备，先后通过了 GJB/9001 质量管理体系认证、ISO10012 计量体系认证和 ISO14001 环境管理体系认证，是国家技术监督局批准的一级计量单位，荣获全国电子行业用户满意先进单位，全国诚信企业，陕西省质量服务双满意企业等荣誉称号。

陕西长岭光伏电气公司可为用户提供 BIPV、BAPV、LSPV、CPV 等光伏发电系统的整体解决方案，提供逆变器、汇流箱、配电柜、电站监控系统、安装支架、追日系统等产品及光伏电站设计、施工、安装调试、系统检测、软件升级、技术咨询、人员培训等多方面的服务。

公司坚持“品质第一，规范管理，持续改进，用户满意”的质量方针，通过了 GB/T28001-2011/OHSAS18001：2007 职业健康安全管理体系认证、GB/T19001-2008/ISO9001：2008 标准质量管理体系认证、GB/T24001-2004/ISO14001：2004 环境管理体系认证，建立了完善的质量管理体系。

会员企业按主要产品索引

UPS 电源（82）
艾普斯电源（苏州）有限公司
安徽明瑞智能科技股份有限公司
宝士达网络能源（深圳）有限公司
北京恒电电源设备有限公司
北京纽绅埔科技有限公司
北京普罗斯托国际电气有限公司
北京群菱能源科技有限公司
北京韶光科技有限公司
北京银星通达科技开发有限责任公司
佛山市柏克新能科技股份有限公司
佛山市力迅电子有限公司
佛山市新光宏锐电源设备有限公司
佛山市众盈电子有限公司
福建泰格电子技术有限公司
广东宝星新能科技有限公司
广东创电科技有限公司
广东乐科电力电子有限公司
广东新昇电业科技股份有限公司
广东志成冠军集团有限公司
广州东芝白云菱机电力电子有限公司
广州市昌菱电气有限公司
广州市锦路电气设备有限公司
广州市凝智科技有限公司
海瑞弗机房设备（北京）有限公司
杭州奥能电力设备制造有限公司
杭州奥能电源设备有限公司
航天长峰朝阳电源有限公司
合肥联信电源有限公司
弘乐电气有限公司
鸿宝电气集团股份有限公司
湖南长沙阳环科技实业有限公司
湖南东方万象科技有限公司
湖南丰日电源电气股份有限公司
湖南科明电源有限公司
华康泰克信息技术（北京）有限公司
华为技术有限公司
江苏爱克赛电气制造有限公司
江苏禾力清能电气有限公司
乐清市永茂电源有限公司
雷诺士（常州）电子有限公司
理士国际技术有限公司
山东镭之源激光科技股份有限公司
山东泰开自动化有限公司
山特电子（深圳）有限公司
上海百纳德电子信息有限公司
上海谷登电气有限公司
上海华翌电气有限公司
上海稳压器厂
上海阳顿电气制造有限公司
深圳安固电子科技有限公司
深圳奥特迅电力设备股份有限公司
深圳晶福源科技股份有限公司
深圳科士达科技股份有限公司
深圳蓝信电气有限公司
深圳市海德森科技股份有限公司
深圳市捷益达电子有限公司
深圳市京泉华科技股份有限公司
深圳市科陆电源技术有限公司
深圳市南方默顿电子有限公司
深圳市帕瓦科技有限公司
深圳市商宇电子科技有限公司
深圳市新能力科技有限公司
深圳市雄韬电源科技股份有限公司
深圳市英威腾电源有限公司
深圳市正能实业有限公司
深圳索瑞德电子有限公司
四川厚天科技股份有限公司
四川省科学城帝威电气有限公司
四川斯维奇电气科技有限公司
厦门科华恒盛股份有限公司
厦门市爱维达电子有限公司
先控捷联电气股份有限公司
许继电源有限公司
伊顿电源（上海）有限公司
易事特集团股份有限公司
浙江腾腾电气有限公司
中川电气科技有限公司
中达电通股份有限公司
中兴通信股份有限公司
重庆汇韬电气有限公司
重庆荣凯川仪仪表有限公司
珠海山特电子有限公司

新能源电源（光伏逆变器、风力变流器等）（80）
北京动力源科技股份有限公司
北京航星力源科技有限公司
北京恒电电源设备有限公司
北京落木源电子技术有限公司
北京纽绅埔科技有限公司
北京普罗斯托国际电气有限公司
北京索英电气技术有限公司
北京伟仕天成科技有限公司
东莞立德电子有限公司
佛山市柏克新能科技股份有限公司

佛山市众盈电子有限公司
广东宝星新能科技有限公司
广东顺德三扬科技股份有限公司
广东新昇电业科技股份有限公司
广州金升阳科技有限公司
国充充电科技江苏股份有限公司
合肥科威尔电源系统有限公司
河北奥冠电源有限责任公司
华为技术有限公司
江苏爱克赛电气制造有限公司
康舒电子（东莞）有限公司杭州分公司
乐清市永茂电源有限公司
临沂昱通新能源科技有限公司
茂硕电源科技股份有限公司
南昌大学教授电气制造厂
南京中港电力股份有限公司
宁夏银利电气股份有限公司
任丘市先导科技电子有限公司
山东镭之源激光科技股份有限公司
山东泰开自动化有限公司
陕西长岭光伏电气有限公司
上海稳利达科技股份有限公司
上海宇帆电气有限公司
深圳古瑞瓦特新能源股份有限公司
深圳晶福源科技股份有限公司
深圳科士达科技股份有限公司
深圳欧陆通电子有限公司
深圳市爱维达新能源科技有限公司
深圳市安托山技术有限公司
深圳市东辰科技有限公司
深圳市皓文电子有限公司
深圳市核达中远通电源技术有限公司
深圳市汇川技术股份有限公司
深圳市捷益达电子有限公司
深圳市金威源科技股份有限公司
深圳市金元电子技术有限公司
深圳市瑞必达科技有限公司
深圳市威日科技有限公司
深圳市希顺有机硅科技有限公司
深圳市雄韬电源科技股份有限公司
深圳市英威腾电源有限公司
深圳市正能实业有限公司
深圳市中兴昆腾有限公司
深圳索瑞德电子有限公司
石家庄通合电子科技股份有限公司
四川长虹欣锐科技有限公司
四川厚天科技股份有限公司
苏州美恩斯电子科技有限公司
苏州市申浦电源设备厂
台达电子企业管理（上海）有限公司
田村（中国）企业管理有限公司
温州楚汉光电科技有限公司
无锡东电化兰达电子有限公司
无锡新洁能股份有限公司
武汉泰可电气股份有限公司
武汉武新电气科技股份有限公司
西安龙腾新能源科技发展有限公司
厦门科华恒盛股份有限公司
厦门市爱维达电子有限公司
先控捷联电气股份有限公司
新风光电子科技股份有限公司
阳光电源股份有限公司
伊戈尔电气股份有限公司
亿曼丰科技（深圳）有限公司
易事特集团股份有限公司
浙江腾腾电气有限公司
浙江正泰电源电器有限公司
中达电通股份有限公司
中国长城计算机深圳股份有限公司
中兴通信股份有限公司

通用开关电源（79）

北京大华无线电仪器厂
北京航天星瑞电子科技有限公司
北京航星力源科技有限公司
北京汇众电源设备厂
北京落木源电子技术有限公司
北京通力盛达节能设备股份有限公司
北京新雷能科技股份有限公司
北京中天汇科电子技术有限责任公司
常州市创联电源有限公司
常州市武进红光无线电有限公司
东莞市石龙富华电子有限公司
佛山市迪智电源有限公司
佛山市汉毅电子技术有限公司
佛山市南海赛威科技技术有限公司
佛山市顺德区冠宇达电源有限公司
广东金华达电子有限公司
广州市华德电子电器设备有限公司
贵州航天林泉电机有限公司
海湾电子（山东）有限公司
杭州榆阳电子有限公司
合肥博微田村电气有限公司
合肥华耀电子工业有限公司
合肥科威尔电源系统有限公司
合肥通用电子技术研究所
河北汇能欣源电子技术有限公司
湖南晟和电子技术有限公司
华东微电子技术研究所
康舒电子（东莞）有限公司杭州分公司
溧阳市华元电源设备厂
茂硕电源科技股份有限公司

南通嘉科电源制造有限公司
派沃力德（北京）电子科技有限公司
勤发电子股份有限公司
任丘市先导科技电子有限公司
赛尔康技术（深圳）有限公司
山东镭之源激光科技股份有限公司
上海德创电器电子有限公司
上海谷登电气有限公司
上海吉电电子技术有限公司
深圳安固电子科技有限公司
深圳华德电子有限公司
深圳可立克科技股份有限公司
深圳蓝信电气有限公司
深圳麦格米特电气股份有限公司
深圳欧陆通电子有限公司
深圳市柏瑞凯电子科技有限公司
深圳市保益新能电气有限公司
深圳市航嘉驰源电气股份有限公司
深圳市核达中远通电源技术有限公司
深圳市坚力坚实业有限公司
深圳市京泉华科技股份有限公司
深圳市巨鼎电子有限公司
深圳市库马克新技术股份有限公司
深圳市瑞必达科技有限公司
深圳市瑞晶实业有限公司
深圳市威日科技有限公司
深圳市希顺有机硅科技有限公司
深圳市新能力科技有限公司
深圳市粤嘉鸿电子有限公司
深圳市卓越至高电子有限公司
晟朗（上海）电力电子有限公司
四川长虹欣锐科技有限公司
苏州美恩斯电子科技有限公司
台达电子企业管理（上海）有限公司
太仓电威光电有限公司
天津市华明合兴机电设备有限公司
拓哲（广州）电子科技有限公司
温州楚汉光电科技有限公司
无锡东电化兰达电子有限公司
无锡芯朋微电子股份有限公司
武汉永力科技股份有限公司
湘潭市华鑫电子科技有限公司
协丰万佳科技（深圳）有限公司
亿曼丰科技（深圳）有限公司
张家港市电源设备厂
浙江宏胜光电科技有限公司
浙江矛牌电子科技有限公司
浙江正泰电源电器有限公司
珠海泰坦科技股份有限公司

通信电源（68）

安伏（苏州）电子有限公司
北京动力源科技股份有限公司
北京汇众电源设备厂
北京纽绅埔科技有限公司
北京普罗斯托国际电气有限公司
北京新雷能科技股份有限公司
北京亚澳博信通信技术有限公司
北京中天汇科电子技术有限责任公司
常州市创联电源有限公司
东莞市石龙富华电子有限公司
佛山市顺德区冠宇达电源有限公司
广东金华达电子有限公司
广东顺德三扬科技股份有限公司
广州科欣仪器有限公司
广州市锦路电气设备有限公司
海湾电子（山东）有限公司
杭州榆阳电子有限公司
杭州中恒电气股份有限公司
合肥联信电源有限公司
河北奥冠电源有限责任公司
湖南丰日电源电气股份有限公司
华康泰克信息技术（北京）有限公司
华为技术有限公司
江苏禾力清能电气有限公司
乐清市永茂电源有限公司
雷诺士（常州）电子有限公司
理士国际技术有限公司
能科节能技术股份有限公司
山东镭之源激光科技股份有限公司
山东泰开自动化有限公司
上海科泰电源股份有限公司
深圳奥特迅电力设备股份有限公司
深圳华德电子有限公司
深圳晶福源科技股份有限公司
深圳可立克科技股份有限公司
深圳麦格米特电气股份有限公司
深圳市爱维达新能源科技有限公司
深圳市安托山技术有限公司
深圳市柏瑞凯电子科技有限公司
深圳市保益新能电气有限公司
深圳市比亚迪锂电池有限公司
深圳市东辰科技有限公司
深圳市海德森科技股份有限公司
深圳市航嘉驰源电气股份有限公司
深圳市皓文电子有限公司
深圳市核达中远通电源技术有限公司
深圳市金威源科技股份有限公司
深圳市巨鼎电子有限公司
深圳市瑞晶实业有限公司
深圳市雄韬电源科技股份有限公司
深圳市英可瑞科技股份有限公司
深圳市英威腾电源有限公司

深圳市中电熊猫展盛科技有限公司
深圳市中兴昆腾有限公司
深圳市卓越至高电子有限公司
深圳索瑞德电子有限公司
晟朗（上海）电力电子有限公司
四川省科学城帝威电气有限公司
台达电子企业管理（上海）有限公司
武汉永力科技股份有限公司
厦门科华恒盛股份有限公司
厦门市爱维达电子有限公司
易事特集团股份有限公司
浙江矛牌电子科技有限公司
中达电通股份有限公司
中国长城计算机深圳股份有限公司
中科航达科技发展（北京）有限公司
中兴通信股份有限公司

照明电源、LED 驱动电源（62）

安伏（苏州）电子有限公司
北京通力盛达节能设备股份有限公司
北京伟仕天成科技有限公司
常州诚联电源股份有限公司
常州市创联电源有限公司
常州市武进红光无线电有限公司
东莞立德电子有限公司
东莞市石龙富华电子有限公司
佛山市哥迪电子有限公司
佛山市汉毅电子技术有限公司
佛山市南海赛威科技技术有限公司
佛山市众盈电子有限公司
福建联晟捷电子科技有限公司
广东创电科技有限公司
广东金华达电子有限公司
广东新昇电业科技股份有限公司
海湾电子（山东）有限公司
杭州榆阳电子有限公司
合肥华耀电子工业有限公司
河北奥冠电源有限责任公司
华东微电子技术研究所
康舒电子（东莞）有限公司杭州分公司
溧阳市华元电源设备厂
茂硕电源科技股份有限公司
宁波赛耐比光电科技股份有限公司
赛尔康技术（深圳）有限公司
上海豪远电子有限公司
上海稳利达科技股份有限公司
深圳安固电子科技有限公司
深圳可立克科技股份有限公司
深圳麦格米特电气股份有限公司
深圳欧陆通电子有限公司
深圳市爱维达新能源科技有限公司
深圳市安托山技术有限公司
深圳市比亚迪锂电池有限公司
深圳市东辰科技有限公司
深圳市航嘉驰源电气股份有限公司
深圳市金威源科技股份有限公司
深圳市巨鼎电子有限公司
深圳市科陆电源技术有限公司
深圳市希顺有机硅科技有限公司
深圳市粤嘉鸿电子有限公司
深圳市中电熊猫展盛科技有限公司
深圳市卓越至高电子有限公司
晟朗（上海）电力电子有限公司
四川长虹欣锐科技有限公司
苏州东山精密制造股份有限公司
苏州市纽克斯照明有限公司
拓哲（广州）电子科技有限公司
温州楚汉光电科技有限公司
无锡东电化兰达电子有限公司
无锡芯朋微电子股份有限公司
无锡新洁能股份有限公司
厦门市爱维达电子有限公司
湘潭市华鑫电子科技有限公司
伊戈尔电气股份有限公司
亿曼丰科技（深圳）有限公司
英飞特电子（杭州）股份有限公司
浙江矛牌电子科技有限公司
浙江宇光照明科技有限公司
中国长城计算机深圳股份有限公司
重庆汇韬电气有限公司

模块电源（57）

安伏（苏州）电子有限公司
北京创四方电子股份有限公司
北京航天星瑞电子科技有限公司
北京汇众电源设备厂
北京韶光科技有限公司
北京伟仕天成科技有限公司
北京新雷能科技股份有限公司
北京银星通达科技开发有限责任公司
北京宇翔电子有限公司
常州市武进红光无线电有限公司
东文高压电源（天津）股份有限公司
广东乐科电力电子有限公司
广州健特电子有限公司
广州金升阳科技有限公司
广州致远电子股份有限公司
贵州航天林泉电机有限公司
国充充电科技江苏股份有限公司
杭州奥能电力设备制造有限公司
杭州奥能电源设备有限公司
杭州榆阳电子有限公司

航天长峰朝阳电源有限公司
合肥华耀电子工业有限公司
河北汇能欣源电子技术有限公司
湖南晟和电子技术有限公司
华东微电子技术研究所
华为技术有限公司
江苏禾力清能电气有限公司
兰州精新电源设备有限公司
雷诺士（常州）电子有限公司
洛阳隆盛科技有限责任公司
南京中港电力股份有限公司
勤发电子股份有限公司
青岛航天半导体研究所有限公司
深圳蓝信电气有限公司
深圳市安托山技术有限公司
深圳市保益新能电气有限公司
深圳市皓文电子有限公司
深圳市核达中远通电源技术有限公司
深圳市科陆电源技术有限公司
深圳市瑞必达科技有限公司
深圳市三和电力科技有限公司
深圳市新能力科技有限公司
深圳市卓越至高电子有限公司
石家庄通合电子科技股份有限公司
四川英杰电气股份有限公司
天津市鲲鹏电子有限公司
天水七四九电子有限公司
拓哲（广州）电子科技有限公司
温州楚汉光电科技有限公司
无锡东电化兰达电子有限公司
无锡芯朋微电子股份有限公司
武汉泰可电气股份有限公司
武汉永力科技股份有限公司
西安伟京电子制造有限公司
协丰万佳科技（深圳）有限公司
中科航达科技发展（北京）有限公司
中兴通信股份有限公司

稳压电源（器）（48）

艾普斯电源（苏州）有限公司
北京大华无线电仪器厂
北京普罗斯托国际电气有限公司
常州诚联电源股份有限公司
常州市创联电源有限公司
佛山市汉毅电子技术有限公司
佛山市顺德区冠宇达电源有限公司
佛山市新光宏锐电源设备有限公司
佛山市众盈电子有限公司
广州金升阳科技有限公司
国充充电科技江苏股份有限公司
海丰县中联电子厂有限公司
杭州远方仪器有限公司
航天长峰朝阳电源有限公司
合肥通用电子技术研究所
河北汇能欣源电子技术有限公司
弘乐电气有限公司
鸿宝电气集团股份有限公司
湖南长沙阳环科技实业有限公司
江苏爱克赛电气制造有限公司
江苏宏微科技股份有限公司
南昌大学教授电气制造厂
南通嘉科电源制造有限公司
山东山大华天科技集团股份有限公司
上海百纳德电子信息有限公司
上海谷登电气有限公司
上海豪远电子有限公司
上海华翌电气有限公司
上海全力电器有限公司
上海稳利达科技股份有限公司
上海稳压器厂
上海新康电器制造有限公司
深圳安固电子科技有限公司
深圳市巨鼎电子有限公司
深圳市南方默顿电子有限公司
深圳市帕瓦科技有限公司
深圳市瑞必达科技有限公司
时冠电气（上海）有限公司
苏州美恩斯电子科技有限公司
天津市鲲鹏电子有限公司
温州现代集团有限公司
协丰万佳科技（深圳）有限公司
新风光电子科技股份有限公司
张家港市电源设备厂
浙江腾腾电气有限公司
浙江正泰电源电器有限公司
中川电气科技有限公司
珠海科达信电子科技有限公司

其它（41）

保定科诺沃机械有限公司
北京锋速精密科技有限公司
北京机械设备研究所
北京群菱能源科技有限公司
北京索英电气技术有限公司
北京维通利电气有限公司
北京中大科慧科技发展有限公司
成都金创立科技有限责任公司
大连零点信息动力科技有限公司
东莞市天楠光电科技有限公司
佛山市禅城区华南电源创新科技园投资管理有限公司
广东大比特资讯广告发展有限公司
广东寰宇电子科技股份有限公司

海瑞弗机房设备（北京）有限公司
杭州飞仕得科技有限公司
杭州易泰达科技有限公司
湖南东方万象科技有限公司
美尔森电气保护系统（上海）有限公司
南昌大学教授电气制造厂
宁波博威合金材料股份有限公司
宁波中车时代传感技术有限公司
上海超群无损检测设备有限责任公司
上海正远电子技术有限公司
深圳市安科讯实业有限公司
深圳市倍通检测股份有限公司
深圳市迪比科电子科技有限公司
深圳市金威源科技股份有限公司
深圳市兴龙辉科技有限公司
深圳欣锐科技股份有限公司
四川斯维奇电气科技有限公司
四川依米康环境科技股份有限公司
太仓电威光电有限公司
温州大学
温州现代集团有限公司
武汉泰可电气股份有限公司
亿铖达（深圳）新材料有限公司
浙江创力电子股份有限公司
浙江高泰昊能科技有限公司
中国科学院等离子体物理研究所
中国科学院近代物理研究所
珠海格力电器股份有限公司

EPS 电源（41）

安徽明瑞智能科技股份有限公司
北京动力源科技股份有限公司
北京银星通达科技开发有限责任公司
常州市武进红光无线电有限公司
成都顺通电气有限公司
佛山市柏克新能科技股份有限公司
广东宝星新能科技有限公司
广东创电科技有限公司
广东寰宇电子科技股份有限公司
广东志成冠军集团有限公司
广州东芝白云菱机电力电子有限公司
广州市昌菱电气有限公司
广州市锦路电气设备有限公司
合肥联信电源有限公司
鸿宝电气集团股份有限公司
湖南科明电源有限公司
江苏爱克赛电气制造有限公司
江苏禾力清能电气有限公司
雷诺士（常州）电子有限公司
理士国际技术有限公司
山东山大华天科技集团股份有限公司
上海百纳德电子信息有限公司
上海华翌电气有限公司
上海阳顿电气制造有限公司
深圳华德电子有限公司
深圳晶福源科技股份有限公司
深圳市捷益达电子有限公司
深圳市南方默顿电子有限公司
深圳市商宇电子科技有限公司
深圳市英威腾电源有限公司
深圳市正能实业有限公司
深圳索瑞德电子有限公司
四川厚天科技股份有限公司
四川斯维奇电气科技有限公司
天津市华明合兴机电设备有限公司
厦门科华恒盛股份有限公司
易事特集团股份有限公司
浙江腾腾电气有限公司
中川电气科技有限公司
重庆汇韬电气有限公司
重庆荣凯川仪仪表有限公司

特种电源（37）

北京创四方电子股份有限公司
北京航天星瑞电子科技有限公司
北京航星力源科技有限公司
北京恒电电源设备有限公司
北京京仪椿树整流器有限责任公司
北京伟仕天成科技有限公司
北京新雷能科技股份有限公司
成都金创立科技有限责任公司
佛山市顺德区冠宇达电源有限公司
广东顺德三扬科技股份有限公司
广州金升阳科技有限公司
贵州航天林泉电机有限公司
杭州飞仕得科技有限公司
杭州远方仪器有限公司
航天长峰朝阳电源有限公司
合肥华耀电子工业有限公司
合肥科威尔电源系统有限公司
河北汇能欣源电子技术有限公司
核工业理化工程研究院
兰州精新电源设备有限公司
溧阳市华元电源设备厂
深圳华德电子有限公司
深圳市保益新能电气有限公司
四川省科学城帝威电气有限公司
四川英杰电气股份有限公司
苏州市申浦电源设备厂
武汉泰可电气股份有限公司
武汉新瑞科电气技术有限公司
武汉永力科技股份有限公司

西安爱科赛博电气股份有限公司
西安索普电气技术有限公司
西安伟京电子制造有限公司
新风光电子科技股份有限公司
许继电源有限公司
伊戈尔电气股份有限公司
浙江矛牌电子科技有限公司
中科航达科技发展（北京）有限公司

直流屏、电力操作电源（35）

安徽明瑞智能科技股份有限公司
北京恒电电源设备有限公司
北京智源新能电气科技有限公司
成都顺通电气有限公司
广东创电科技有限公司
广州科欣仪器有限公司
哈尔滨光宇集团股份有限公司
杭州奥能电力设备制造有限公司
杭州奥能电源设备有限公司
杭州中恒电气股份有限公司
合肥联信电源有限公司
湖南丰日电源电气股份有限公司
湖南科明电源有限公司
美尔森电气保护系统（上海）有限公司
勤发电子股份有限公司
山东泰开自动化有限公司
上海大周信息科技有限公司
上海阳顿电气制造有限公司
深圳奥特迅电力设备股份有限公司
深圳蓝信电气有限公司
深圳市比亚迪锂电池有限公司
深圳市皓文电子有限公司
深圳市科陆电源技术有限公司
深圳市三和电力科技有限公司
深圳市商宇电子科技有限公司
深圳市英可瑞科技股份有限公司
深圳市正能实业有限公司
石家庄通合电子科技股份有限公司
四川省科学城帝威电气有限公司
武汉武新电气科技股份有限公司
西屋港能企业（上海）股份有限公司
厦门兴厦控恒昌自动化有限公司
许继电源有限公司
重庆荣凯川仪仪表有限公司
珠海泰坦科技股份有限公司

蓄电池（32）

保定科诺沃机械有限公司
北京纽绅埔科技有限公司
北京银星通达科技开发有限责任公司
佛山市柏克新能科技股份有限公司
佛山市力迅电子有限公司
佛山市新光宏锐电源设备有限公司
福州福光电子有限公司
广东宝星新能科技有限公司
广东乐科电力电子有限公司
广东志成冠军集团有限公司
广州市昌菱电气有限公司
广州市锦路电气设备有限公司
哈尔滨光宇集团股份有限公司
海瑞弗机房设备（北京）有限公司
河北奥冠电源有限责任公司
鸿宝电气集团股份有限公司
湖南丰日电源电气股份有限公司
湖南科明电源有限公司
理士国际技术有限公司
山东圣阳电源股份有限公司
上海百纳德电子信息有限公司
上海阳顿电气制造有限公司
深圳科士达科技股份有限公司
深圳市比亚迪锂电池有限公司
深圳市南方默顿电子有限公司
深圳市商宇电子科技有限公司
深圳市雄韬电源科技股份有限公司
威海文隆电池有限公司
先控捷联电气股份有限公司
中川电气科技有限公司
珠海山特电子有限公司
珠海泰坦科技股份有限公司

变频电源（器）（32）

艾普斯电源（苏州）有限公司
北京大华无线电仪器厂
北京动力源科技股份有限公司
北京航天星瑞电子科技有限公司
北京京仪椿树整流器有限责任公司
广州东芝白云菱机电力电子有限公司
广州致远电子股份有限公司
杭州远方仪器有限公司
合肥科威尔电源系统有限公司
核工业理化工程研究院
江门市安利电源工程有限公司
南通嘉科电源制造有限公司
能科节能技术股份有限公司
勤发电子股份有限公司
青岛威控电气有限公司
上海谷登电气有限公司
上海稳压器厂
深圳麦格米特电气股份有限公司
深圳市汇川技术股份有限公司
深圳市库马克新技术股份有限公司
深圳市帕瓦科技有限公司
四川长虹欣锐科技有限公司

苏州美恩斯电子科技有限公司
台达电子企业管理（上海）有限公司
天津市鲲鹏电子有限公司
西安爱科赛博电气股份有限公司
新风光电子科技股份有限公司
张家港市电源设备厂
浙江海利普电子科技有限公司
中达电通股份有限公司
珠海格力电器股份有限公司
珠海泰坦科技股份有限公司

功率器件（27）

安泰科技股份有限公司非晶金属事业部
北京京仪椿树整流器有限责任公司
北京落木源电子技术有限公司
北京韶光科技有限公司
北京世纪金光半导体有限公司
北京宇翔电子有限公司
常州东华电力电子有限公司
常州瑞华电力电子器件有限公司
广州华工科技开发有限公司
桂林斯壮微电子有限责任公司
江苏宏微科技股份有限公司
南京时恒电子科技有限公司
青岛航天半导体研究所有限公司
汕头华汕电子器件有限公司
上海长园维安微电子有限公司
上海吉电电子技术有限公司
上海众韩电子科技有限公司
深圳辰达行电子有限公司
深圳青铜剑科技股份有限公司
深圳市飞尼奥科技有限公司
深圳市汇川技术股份有限公司
深圳市鹏源电子有限公司
深圳市实润科技有限公司
苏州锴威特半导体有限公司
无锡新洁能股份有限公司
武汉新瑞科电气技术有限公司
西安龙腾新能源科技发展有限公司

电子变压器（25）

北京创四方电子股份有限公司
东莞立德电子有限公司
佛山市哥迪电子有限公司
佛山市新光宏锐电源设备有限公司
广东新昇电业科技股份有限公司
合肥博微田村电气有限公司
河北远大电子有限公司
江苏宏微科技股份有限公司
临沂昱通新能源科技有限公司
宁夏银利电气股份有限公司
青岛云路新能源科技有限公司
上海豪远电子有限公司
上海全力电器有限公司
上海稳压器厂
上海新康电器制造有限公司
深圳市港特科技有限公司
深圳市金顺怡电子有限公司
深圳市京泉华科技股份有限公司
深圳市库马克新技术股份有限公司
深圳市帕瓦科技有限公司
时冠电气（上海）有限公司
天津市鲲鹏电子有限公司
武汉新瑞科电气技术有限公司
浙江正泰电源电器有限公司
专顺电机（惠州）有限公司

半导体集成电路（25）

昂宝电子（上海）有限公司
北京落木源电子技术有限公司
北京宇翔电子有限公司
佛山市南海赛威科技技术有限公司
桂林斯壮微电子有限责任公司
湖南晟和电子技术有限公司
江苏宏微科技股份有限公司
青岛航天半导体研究所有限公司
上海长园维安微电子有限公司
上海吉电电子技术有限公司
上海众韩电子科技有限公司
深圳青铜剑科技股份有限公司
深圳市飞尼奥科技有限公司
深圳市坚力坚实业有限公司
深圳市鹏源电子有限公司
深圳市锐能微科技有限公司
深圳市实润科技有限公司
深圳市粤嘉鸿电子有限公司
苏州锴威特半导体有限公司
无锡芯朋微电子股份有限公司
无锡新洁能股份有限公司
西安龙腾新能源科技发展有限公司
英飞凌科技（中国）有限公司
浙江高泰昊能科技有限公司
中惠创智（深圳）无线供电技术有限公司

电焊机、充电机、电镀电源（21）

保定科诺沃机械有限公司
北京韶光科技有限公司
广东顺德三扬科技股份有限公司
国充充电科技江苏股份有限公司
海丰县中联电子厂有限公司
杭州奥能电力设备制造有限公司
杭州奥能电源设备有限公司
杭州快电新能源科技有限公司
兰州精新电源设备有限公司

溧阳市华元电源设备厂
南昌大学教授电气制造厂
南京中港电力股份有限公司
任丘市先导科技电子有限公司
上海全力电器有限公司
上海宇帆电气有限公司
深圳市中电熊猫展盛科技有限公司
深圳欣锐科技股份有限公司
石家庄通合电子科技股份有限公司
四川英杰电气股份有限公司
苏州市申浦电源设备厂
西屋港能企业（上海）股份有限公司

电抗器（19）

安泰科技股份有限公司非晶金属事业部
北京创四方电子股份有限公司
北京英博电气股份有限公司
东莞立德电子有限公司
宁夏银利电气股份有限公司
青岛云路新能源科技有限公司
上海豪远电子有限公司
上海申世电气有限公司
上海稳利达科技股份有限公司
上海鹰峰电子科技股份有限公司
深圳市铂科新材料股份有限公司
深圳市金顺怡电子有限公司
深圳市京泉华科技股份有限公司
深圳市三和电力科技有限公司
田村（中国）企业管理有限公司
温州现代集团有限公司
伊戈尔电气股份有限公司
浙江东睦科达磁电有限公司
专顺电机（惠州）有限公司

电源配套设备（自动化设备、SMT 设备、绕线机等）（18）

北京锋速精密科技有限公司
北京森社电子有限公司
北京英博电气股份有限公司
东莞宏强电子有限公司
东莞市锐源仪器股份有限公司
佛山市南海区平洲广日电子机械有限公司
海瑞弗机房设备（北京）有限公司
华东微电子技术研究所
能科节能技术股份有限公司
任丘市先导科技电子有限公司
陕西长岭光伏电气有限公司
深圳市汇川技术股份有限公司
深圳市库马克新技术股份有限公司
深圳市新能力科技有限公司
深圳市中科源电子有限公司
四川英杰电气股份有限公司
唐山尚新融大电子产品有限公司
天津市华明合兴机电设备有限公司

电源测试设备（18）

艾普斯电源（苏州）有限公司
安徽明瑞智能科技股份有限公司
北京博电新力电气股份有限公司
北京大华无线电仪器厂
北京泛华恒兴科技有限公司
北京森社电子有限公司
东莞市锐源仪器股份有限公司
杭州飞仕得科技有限公司
杭州远方仪器有限公司
派沃力德（北京）电子科技有限公司
陕西长岭光伏电气有限公司
陕西柯蓝电子有限公司
上海科梁信息工程股份有限公司
深圳市粤嘉鸿电子有限公司
深圳市知用电子有限公司
深圳市中科源电子有限公司
西安爱科赛博电气股份有限公司
西安龙腾新能源科技发展有限公司

电容器（16）

东莞宏强电子有限公司
广东丰明电子科技有限公司
广州华工科技开发有限公司
南通新三能电子有限公司
宁国市裕华电器有限公司
上海吉电电子技术有限公司
上海鹰峰电子科技股份有限公司
上海众韩电子科技有限公司
深圳市柏瑞凯电子科技有限公司
深圳市创容新能源有限公司
深圳市鹏源电子有限公司
深圳市三和电力科技有限公司
深圳市实润科技有限公司
深圳市智胜新电子技术有限公司
扬州凯普电子有限公司
亿曼丰科技（深圳）有限公司

磁性元件/材料（14）

安徽首文高新材料有限公司
安泰科技股份有限公司非晶金属事业部
临沂昱通新能源科技有限公司
青岛云路新能源科技有限公司
上海灼日新材料科技有限公司
深圳市铂科新材料股份有限公司
深圳市鹏源电子有限公司
深圳市威日科技有限公司
唐山尚新融大电子产品有限公司
天长市中德电子有限公司
田村（中国）企业管理有限公司

拓哲（广州）电子科技有限公司
越峰电子（昆山）有限公司
浙江东睦科达磁电有限公司

PC、服务器电源（14）

东莞市金河田实业有限公司
广东乐科电力电子有限公司
海湾电子（山东）有限公司
康舒电子（东莞）有限公司杭州分公司
赛尔康技术（深圳）有限公司
深圳可立克科技股份有限公司
深圳欧陆通电子有限公司
深圳市柏瑞凯电子科技有限公司
深圳市东辰科技有限公司
深圳市航嘉驰源电气股份有限公司
深圳市中电熊猫展盛科技有限公司
四川斯维奇电气科技有限公司
协丰万佳科技（深圳）有限公司
中国长城计算机深圳股份有限公司

滤波器（12）

安泰科技股份有限公司非晶金属事业部
北京英博电气股份有限公司
北京智源新能电气科技有限公司
江苏坚力电子科技股份有限公司
青岛云路新能源科技有限公司
山东山大华天科技集团股份有限公司
上海申世电气有限公司
上海鹰峰电子科技股份有限公司
四川厚天科技股份有限公司
唐山尚新融大电子产品有限公司
温州现代集团有限公司
西安爱科赛博电气股份有限公司

电感器（10）

北京柏艾斯科技有限公司
合肥博微田村电气有限公司
临沂昱通新能源科技有限公司
宁夏银利电气股份有限公司
上海众韩电子科技有限公司
深圳市铂科新材料股份有限公司
唐山尚新融大电子产品有限公司
田村（中国）企业管理有限公司
武汉新瑞科电气技术有限公司
浙江东睦科达磁电有限公司

电阻器（7）

北京锋速精密科技有限公司
南京时恒电子科技有限公司
上海申世电气有限公司
上海鹰峰电子科技股份有限公司
深圳市嘉莹达电子有限公司
深圳市金元电子技术有限公司
苏州市申浦电源设备厂

机壳、机柜（6）

广州汉铭通信科技有限公司
弘乐电气有限公司
山特电子（深圳）有限公司
陕西长岭光伏电气有限公司
先控捷联电气股份有限公司
伊顿电源（上海）有限公司

绝缘材料（3）

北京汐源科技有限公司
广州市宝力达电气材料有限公司
上海灼日新材料科技有限公司

胶（3）

北京汐源科技有限公司
上海灼日新材料科技有限公司
亿铖达（深圳）新材料有限公司

风扇、风机等散热设备（2）

杭州祥博传热科技股份有限公司
乐健科技（珠海）有限公司

第九篇　电源重要工程案例及相关产品

2016 年电源重要工程案例

2016 年应用市场电源产品目录

2016 年代表性电源产品介绍

企业管理（上海）有限公司）
3. 核电厂 1E 级 K3 类 UPS 设备 FR-UK31HD 系列（厦门科华恒盛股份有限公司）
4. 光伏并网逆变器 SG1250-MV（阳光电源股份有限公司）
5. 630K 光伏并网逆变器（易事特集团股份有限公司）
6. 纳米晶带材（安泰科技股份有限公司 非晶金属事业部）
7. 全系列充电桩产品（北京动力源科技股份有限公司）
8. 医疗电源 UES90（东莞市石龙富华电子有限公司）
9. 柏克 BKH 系列模块化 UPS（佛山市柏克新能科技股份有限公司）
10. ST33 60-80K 高频在线式不间断大功率电源（佛山市新光宏锐电源设备有限公司）
11. PVxx-29Bxx　DC 200-1500V 超高超宽输入电源模块（广州金升阳科技有限公司）
12. DC-DC 标准砖模块电源（合肥华耀电子工业有限公司）
13. SJW 微电脑无触点补偿式电力稳压器（鸿宝电气集团股份有限公司）
14. 军用高可靠抗浪涌系列 DC-DC 电源（华东微电子技术研究所）
15. 睿动系列智能 LED 驱动电源（茂硕电源科技股份有限公司）
16. SPH 系列电源（宁波赛耐比光电科技股份有限公司）
17. IDM 微模块数据中心解决方案（深圳科士达科技股份有限公司）
18. 微模块化智能数据中心（深圳市英威腾电源有限公司）
19. 高功率密度车载电机控制器产品（石家庄通合电子科技股份有限公司）
20. 100WLED 驱动电源（苏州市纽克斯照明有限公司）
21. 次级反馈 24W 六级能效电源芯片（无锡芯朋微电子股份有限公司）
22. 模块化 UPS（先控捷联电气股份有限公司）
23. EQ 型磁芯（浙江东睦科达磁电有限公司）
24. SJ-MOSFET 超结功率场效应管（上海长园维安电子线路保护有限公司）
25. S 可暗反应 UV 三防漆 UV1200（亿铖达（深圳）新材料有限公司）
26. YHA 型/YHB 型电容器（宁国市裕华电器有限公司）

2016 年电源重要工程案例

1. 重庆江北国际机场综合管廊项目

参与单位：

佛山市柏克新能科技股份有限公司

地址：佛山市禅城区张槎一路 115 号华南电源创新科技园 4 座

电话：0757-82207158 传真：0757-82207159

网址：www. baykee. net E-mail：lxd@ baykee. net

主要产品：

UPS、EPS、稳压电源、直流电源、机房一体化解决方案。

项目概况：

重庆江北国际机场东航站区综合管廊位于机场东航站区工作区、飞行区和北货运区地下，路径总长度约 8km，为双孔地下管廊。BK-GL 系列管廊电源是专门针对城市地下管廊的供电与环境特点设计的专用后备应急电源产品，主要为该项目管廊内的消防、应急照明、监控报警、事故风机、紧急切断阀门等二类设备作保障电源，旨在提升应急防灾能力。

解决方案/应用产品概况：

该项目采用了柏克 BK-GL 系列产品，该系列产品在电源一体化与应用环境协调的理念指引下，采用"多负载电源综合""地下环境有机协调"等设计技术，同时融合柏克新能科技股份有限公司快速切换专利技术，突破以往后备电源产品的设计理念束缚，性能更加稳定可靠、绿色节能、占地面积小、性价比较高。

为适应不同类型综合管廊及应急供电方案的设计需要，柏克新能科技股份有限公司将 GL 系列管廊应急电源对应细化为 J 型(集中配置)、F 型(分区综合式)、M 型(末端配置)等三个品种，以方便设计师和用户根据不同的供电方案进行组合设计、产品选型、招标采购。

产品亮点：

1)行业定制，提高方案的灵活性；

2)外壳防护等级为 IP54，防尘、防腐、防潮、防昆虫；

3)外形尺寸与高度均适应狭小的管廊和设备吊装口等环境；

4)集成化设计，各类不同电源均可集成在一台设备内，且可电池主机一体化；

5)具有在线运行与快切后备运行一键转换模式；

6)配置多种数据传输接口和工业控制总线。

项目亮点：

该项目所使用的公司 BK-GL 系列产品，融合了柏克新能科技股份有限公司快速切换专利技术，突破以往后备电源产品的设计理念束缚，使得"GL 系列城市地下管廊后备应急电源"的性能更加稳定可靠、绿色节能、占地面积小、性价比较高，为城市地下管廊这个新兴的应用场合提供了一款理想的产品。

2. 沙湾智慧城市建设阿里产业带项目

参与单位：

佛山市新光宏锐电源设备有限公司

地址：佛山市国家高新技术开发区禅城园区张槎一路 115 号华南电源创新科技园新区 6 座

电话：0757-82236302 传真：0757-82305809

网 址：www. sunshineups. comE-mail：zzb @ sunshine-ups. com

主要产品：

信息化设备用 UPS 电源、工业动力 UPS 电源系统设备、建筑工程电源、数据中心产品、新能源产品、配套产品。

项目概况：

作为全球最大的电商体系——阿里巴巴集团在 2014 年 11 月 23 号，与新疆自治区政府签署战略合作框架协议，双方约定结合阿里巴巴集团以互联网为核心的多元化产业发展优势和云计算大数据、电子商务等领域的核心技术，共同建设"数字互联网新疆"。在随后的两年期间，借力信息化手段的时空距离突围，为当地优质企业搭建现代化的交易平台，使电子商务成为新疆经济发展新的增长点，带动区域经济优化升级的同时也加快着沙湾城市建设的步伐。

解决方案/应用产品概况：

新光宏锐电源设备有限公司根据阿里产业带项目带动区域发展的目标指向，发挥在电源行业强有力的"技术 + 服务"优势，为产业带项目整体电力保障建设提供一站式的配套与支持。新光宏锐电源设备有限公司金武士 UPS 电源 TD 系列大功率工频机，先进的 DSP 数字化控制技术、智能充电系统、频率和相序自适应系统以及环境适应性高，极为贴近数字互联网安全领域应急保障需求的业务应用，为项目的高效进展与不间断运行提供 IT 基础环境保驾护航，打造安全可靠绿色数据中心。

3. 某部队电源系统维修整治示范工程项目

参与单位：

广东志成冠军集团有限公司

地址：东莞市塘厦镇田心工业区

电话：0769-87725486　传真：0769-87927259

网址：zcz@zhicheng-champion.com　E-mail：www.zhicheng-champion.com

主要产品：

不间断电源（UPS）、逆变电源（INV）、应急电源（EPS）、高压直流电源、电动汽车充电站及管理系统、太阳能光伏并网发电系统、新型阀控密封式免维护铅酸蓄电池、嵌入式多媒体软件、网络安防监控系统等。

项目概况：

电源系统维修整治示范工程是广东志成冠军集团有限公司为某部队设计、安装、制造的通信电源集成工程。工程按一类通信局站标准、一级通信用电负荷、A级数据中心用电负荷要求设计完成。项目建设任务具体包括如下内容：

1）枢纽站、节点站、小型站等7类通信电源系统示范站方案设计；

2）枢纽站、节点站、小型站等7类通信电源系统维修保障示范站电源系统建设；

3）示范站现有变电站低压变配电设备的整体更换、改造；

4）通信电源维修保障项目四个标段机房的配套基础建设；

5）75kW、30kW、3kW及0.8kW等4类应急电站建设；

6）示范站维修保障实装教室设备维护、搬迁与安装调试；

7）示范站保障负荷低压配电线路及弱电线路建设改造；

8）示范站配置典型电源设备抽样评估；

9）示范站电源系统性能测试评估。

解决方案/应用产品概况：

1）高压直流（DC 240V）双电路供电方式；

2）交流市电/油机自动供电方式；

3）多制式模块化UPS不间断电源做后备电源；

4）铅酸蓄电池精细化管理系统；

5）风光互补电源系统；

6）动态环境监控系统及店员预警系统；

7）防雷接地系统。

项目亮点：

电源系统维修整治示范工程完工的同时，制定了示范工程多部标准，作为部队电源建设标准依据。

电源系统维修整治示范工程特点：建设坚持“符合标准、满足要求、精简节约、布局合理、简洁明快、色彩协调”的总原则，兼顾可靠性、先进性、灵活性、安全性、环保性和前瞻性，构建简洁明快、色彩协调、区间划分明确、流动通畅（人流、物流、信息流等）的绿色机房。

1）先进性。系统具备先进的、开放的体系结构，选用先进的技术和设备，体现了当今通信电源系统及电源设备的技术发展水平。

2）实用性。系统力求实用，通过整合及优化，务必满足项目建设需求。

3）可扩容性。考虑系统以后的升级扩容，保留了一定的负荷裕量和输出端口。系统软件采用规范的网络协议，充分拓展动环监控系统的应用领域。

4）安全可靠。设施设备和应用软件各项技术指标遵循国家和行业相关标准和技术体制。

4. 渝鄂直流背靠背±420kV联网工程

参与单位：

杭州祥博传热科技股份有限公司

地址：浙江省杭州市萧山区金城路1068号水务大厦B座1201室

电话：0576-82308151　传真：0576-82308081

网址：Xenbo@xenbo.comE-mail：www.xenbo.com

主要产品：

型材散热器、水冷散热器、水冷系统、热管散热器、SS类散热器。

项目概况：

渝鄂直流背靠背联网工程在渝鄂断面现有九盘—龙泉、张家坝——恩施500kV输电通道上，新建2座柔性直流背靠背换流站，每座换流站建设2×125万kW直流单元；动态投资65亿元。工程建成后，将成为世界上电压等级高、规模大的柔性直流背靠背工程。

解决方案/应用产品概况：

该项目由杭州祥博传热科技股份有限公司提供相关散热解决方案，该方案采取了公司的SH系列散热产品。该产品具有以下特性：

1）铝合金液冷散热器；

2）双水路双面散热结构；

3）耐腐蚀，流量大流阻小，热阻优；
4）价格合理，加工中心精加成型。

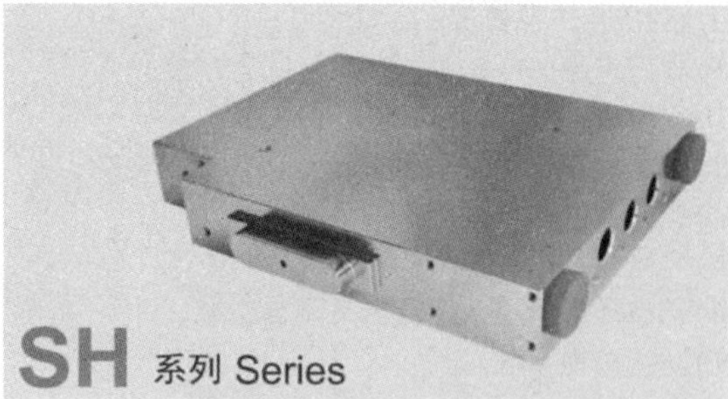

项目亮点：

建设渝鄂直流背靠背联网工程，实现西南电网和华中电网异步互联，可以优化网架结构，有效化解电网安全稳定风险，提高电网运行的灵活性，为后续四川水电外送创造条件。工程投运后，渝鄂断面正、反向送电能力均提高至 500 万 kW，西南电网与华中电网间互济能力得到加强，丰水期可扩大四川水电的外送规模，有效缓解四川弃水压力；枯水期通过直流背靠背反送，可保证重庆接受三峡电力。

该工程采用柔性直流输电技术，在减少占地、降低工程量等方面具有显著优势，有助于带动我国柔性直流输电领域的科技进步，推动电工装备产业升级，对于转变电网发展方式及全球能源互联网发展具有重要的创新和示范意义。

5. 国家电网公司 2016 年电源项目第二次物资招标——电动汽车充电设备项目

参与单位：

杭州中恒电气股份有限公司

地址：杭州国家高新技术产业开发区东信大道 69 号
电话：0571-86698999　传真：0571-86699755
网址：www. hzzh. comE-mail：zhangning@ hzzh. com

主要产品：

通信电源系统、电力电源系统、电动汽车充电系统、电力信息化软件。

项目概况：

随着汽车工业的高速发展，全球汽车总保有量不断增加，汽车所带来的环境污染、能源短缺、资源枯竭等方面的问题越来越突出。电动汽车具有高效、节能、低噪声、零排放等显著优点，在环保和节能方面具有不可比拟的优势，因此它是解决上述问题最有效的途径之一。近年来，随着新能源汽车的快速发展，电动汽车在全球范围内销量持续增长，我国电动汽车产业已进入快速发展新阶段，带动了电动汽车充电站的发展步伐。为适应电动汽车产业的迅猛发展，与电动汽车相配套的充电系统正成为一种新兴产业，电网企业、石化企业、设备厂商等各种资本正竞相进入该领域。

充电设备是新能源汽车的核心部分，作为新能源汽车的配套设施，逐渐完善并推广的呼声日益高涨。我国电动汽车充电站开始逐步建成面向不同用户的充电站服务网络。根据国家《节能与新能源汽车产业发展规划（2012～2020年）》，至 2015 年，纯电动汽车和插电式混合动力汽车累计产销量力争达到 50 万辆；到 2020 年，纯电动汽车和插电式混合动力汽车生产能力达 200 万辆、累计产销量超过 500 万辆。随着政策红利的持续释放，国内新能源汽车市场潜力巨大，预计 2020 年全球新能源汽车渗透率将超过 20%，总体销量达到 2000 万辆。根据规划，国家电网将分三个阶段大力建设充电站和充电桩。同步全面开展充电桩配套建设，建成完整的电动汽车充电网络。到 2020 年充电站主设备总投资将达到 320 亿元。因此，我国电动汽车充电站行业发展潜力巨大，未来市场前景广阔。

国家电网公司 2016 年电源项目第二次物资招标——电动汽车充电设备项目中标金额人民币 5029. 19 万元，约占公司 2015 年经审计的营业收入的 5. 97%。项目主要制造设备为电动汽车充电站相关设备，包括交流充电桩、直流充电桩及充电模块。公司目前在向能源互联网领域进行战略转型，电动汽车充电桩业务的拓展也是其中重要的战略布局，今后公司将投入更多的资源开拓充电桩业务，以实现“中恒引领能源绿色高效时代”的企业愿景。

解决方案/应用产品概况：

项目主要制造电动汽车充电站设备，包括交流充电桩、直流充电桩及充电模块，产品介绍如下：

1. 交流充电桩

交流充电桩本体主要由人机交互单元、控制单元、计量单元、安全防护单元组成。具有防潮湿、防霉变、防盐雾的功能；具有防锈、防氧化保护功能；完善的通信功能；具备漏电、过电流以及短路、过电压、欠电压等保护功能；具备充电接口连接状态判断、控制导引等安全保护功能，满足技术先进、性能稳定、可靠性高、符合环保和节能要求。广泛应用于电动汽车大功率充电设备中。交流充电桩技术参数如下：

1)单相交流充电桩。电气方面：工作频率50(1 ±2%)Hz；输出电压AC 220(1 +10%)(单相)，输出电流32A/16A/10A，输出功率41kW，输出接口国标7芯接口；安全方面：短路保护、过电流保护、漏电保护、过电压保护、欠电压保护、防雷击保护。其他方面：防护等级IP54，安装方式立式/壁挂。

2)三相交流充电桩。电气方面：工作频率50(1 +2%)Hz；输出电压AC 380(1 ±10%)V(三相)，输出电流63A，输出功率7kW/3.5kW/2.3kW。输出接口国标7芯接口；安全方面：短路保护、过电流保护、漏电保护≤30mA、过电压、欠电压保护、防雷击保护。其它方面：防护等级IP54，安装方式立式/壁挂。

2. 直流充电桩

直流充电桩本体主要由人机交互单元、控制单元、计量单元、安全防护单元组成。具有防潮湿、防霉变、防盐雾的功能；具有防锈、防氧化保护功能；完善的通信功能；具备漏电、过电流以及短路、过电压、欠电压等保护功能；具备充电接口连接状态判断、控制导引等安全保护功能，配置交流电能表并计量，具有模块管理功能，满足技术先进、性能稳定、可靠性高、符合环保和节能要求。广泛应用于电动汽车大功率充电设备中。直流充电桩技术参数如下：

1)一体式直流充电桩。电气方面：额定输入电压AC 380(1 ±15%)V(三相)，工作频率50(1 ±10%)Hz，输出电压DC200～450V/DC200～500V/DC350～700V；输出功率30kW、60kW、120kW；效率≥95%；功率因数≥0.99；纹波峰-峰值系数≤0.2%。安全方面：短路保护、过温保护、电池反接保护、连接异常保护、防雷击保护C级+D级防雷。其它方面：防护等级IP54，固定方式落地式/可移动式。

2)分体式直流充电桩。电气方面：额定输入电压AC 380(1 ±15%)V(三相)；工作频率50(1 ±10%)Hz；输出电压DC200～450V/DC200～500V/DC350～700V；输出功率90～300kW；效率≥95%；功率因数≥0.99；纹波峰-峰值系数≤0.2%。安全方面：短路保护、过温保护、电池反接保护、连接异常保护、防雷击保护C级+D级防雷。其它方面：防护等级IP32(屏)/IP54(桩)，固定方式落地式。

3. 充电模块

结合国际先进的软开关和控制技术精心设计的一款适合电动汽车换电站充电机的充电模块。此模块在历代产品基础上优化设计，稳压稳流精度高、纹波系数小、抗干扰性强、可靠性高、工艺优、成本低等优点，是电动汽车换电站充电机的理想选择。充电模块技术参数如下：

1) ZHC45015K。输入电压AC323～475V（三相），频率50(1 ±10%)Hz，THDI≤5%，功率因数≥0.99，输出电压范围DC200～450V，额定输出电流33A，稳流精度≤±0.5%，稳压精度≤±0.3%，效率95%。

2) ZHC50015K。输出电压范围DC200～500V；额定输出电流30A。其它参数同上。

3) ZHC70015K。输出电压范围DC350～700V；额定输出电流21A。其它参数同上。

项目亮点：

上述项目中标，对公司2016年度的经营业绩产生积极影响，本次中标，进一步巩固了公司在新能源汽车充电设备市场领域的地位，更有利于公司深化能源互联网产业生态的发展。从使用便利性和节约资源角度考虑，停车场和路边的充电桩将成为占主导地位的充电设施。随着电动汽车数量的迅速增长，将形成以“充电桩为主、充电站为辅”的充电网络，充电桩用于常规慢充，充电站满足应急快速充电的需求。因此，加强对充电系统的开发研究，将产生良好的经济效益。

电动汽车产业及相应充电设施的建设能够在一定程度

上减少我国对原油的依赖程度，提升国家能源安全。经测算，在“十二五”期间，依靠纯电动汽车建设，所替代的石油消费所占的绝对数量和相对份额都较少，但是随着时间的推移，在各类充电站实现网络化、商业化运行后将可以为除纯电动汽车外的各种与电能混合动力的汽车提供能源，并且随着整个新能源汽车市场的发展，此替代比例将会逐步上升，在减少石油资源的对外依存度中起到举足轻重的作用，有利于维护国家的能源安全。

项目实施过程中，主要对充电设定、人机交互、刷卡付费、通信功能、保护、定时充电、有序充电、环境防护、电击防护、电气间隙和爬电距离、绝缘性能、人机交互技术、计费计量技术、通信监控技术、快速充电技术、功率变换模块软开关技术、有源功率因数校正技术等方面进行研制改进，以保障设备达到预定合同技术要求，并及时完成生产制造。

6. 华北电网调度中心 UPS 蓄电池在线监测系统项目

参与单位：

陕西柯蓝电子有限公司

地址：西安市高新区草堂科技产业基地秦岭大道西 2 号科技企业加速器 11 号楼

电话：029-65659378　传真：029-65659354

网址：www. criane. com　E-mail：luhuan@ criane. com

主要产品：

CR-JFAS 蓄电池在线监测系统

项目概况：

该项目位于北京广安门外华北电网调度中心 UPS 蓄电池室，共有四组 UPS 蓄电池组，每组 192 节单体电池，通过安装四套 CR-JFAS 蓄电池在线监测系统进行数据采集及统一管理，极大方便了客户对蓄电池组实现集中，统一的管理模式需求。

解决方案/应用产品概况：

CR-JFAS 蓄电池在线监测系统能实时监测所有电池的实时参数：组压、单体电压、单体内阻、容量、温度、电流等，当单体电压、单体内阻及系统发生异常时应能发出声光报警信号，报警记录和历史数据自动存储并可查询。具有专业软件分析功能，自动生成报表。该系统还能通过网络实现远程监控，远程报警。

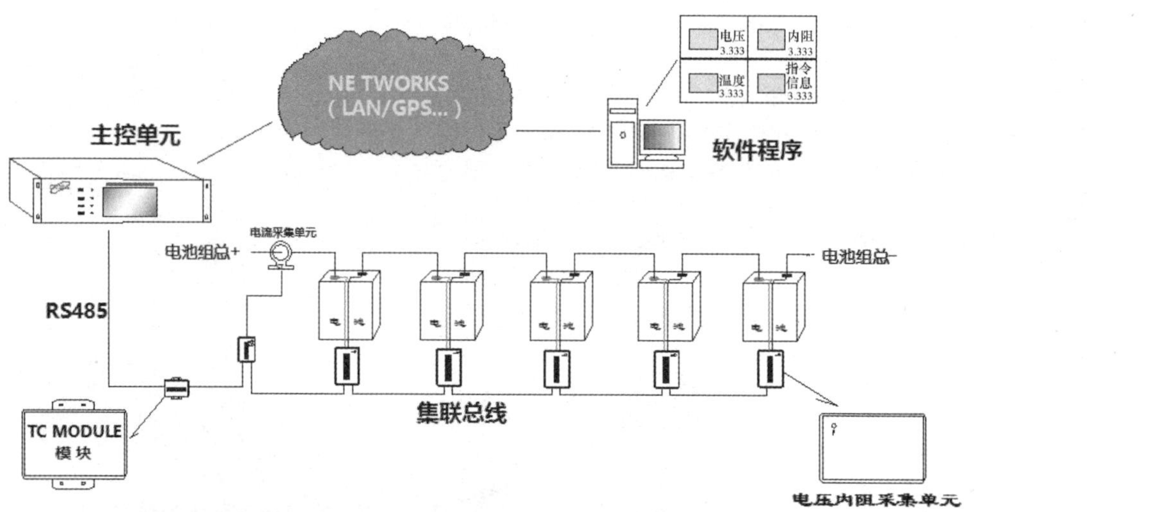

项目亮点：

通过该系统远程化，集中化，智能化的特点；在线监测、内阻测试、数据管理平台、第三方系统对接等功能，解决了客户维护人员力量薄弱，维护人员技术水平参差不同的现状，方便客户可通过远程方式实现对 UPS 蓄电池组的实时监测工作。

7. 南阳铁路局/某部队通信机房后备电源远程维护系统项目

参与单位：

陕西柯蓝电子有限公司

地址：西安市高新区草堂科技产业基地秦岭大道西 2 号科技企业加速器 11 号楼

电话：029-65659378　传真：029-65659354

网址：www. criane. com　E-mail：luhuan@ criane. com

主要产品：

CR-JFAS03 后备电源远程维护系统

项目概况：

1）河南省南阳铁路局后备电源远程维护系统项目，该项目在铁路局中心机房安装 CR-JFAS03 后备电源远程维护系统一套，并采用三级软件管理平台进行数据管理及分析。实现该局中心机房两组 48V 蓄电池组的远程充放电维护管理操作。

2）某部队位于大同的通信机房，包含两组 380VUPS 蓄电池组。通过安装 CR-JFAS03 后备电源远程维护系统一套，并采用三级软件管理平台进行数据管理及分析。实现对该机房两组 380VUPS 蓄电池组的远程维护管理操作。

解决方案/应用产品概况：

1. 系统概述

1）远程化：无需人员现场即可对电池组进行远程测试维护工作。

2）集中化：可实现对所辖区域内所有机房的电池组等进行集中维护管理。

3）智能化：无须人工，自动全面采用当前所有先进的新技术进行蓄电池维护测试。

2. 系统功能

（1）蓄电池组的监控功能

1）在线监测功能

①实时远程监控和采集蓄电池组组端电压、单体电压、电流、环境温度、电池运行状态等参数。实时将采集到的数据保存到系统，并通过网络上传到后台软件进行分析存储。

②实时告警功能：当监测到的电池参数超过设定的门限值时，系统会自动告警提示。

2）内阻测试功能

①在蓄电池组在线常规监控的基础上，增加在线测试每个蓄电池的内阻，可及时准确了解蓄电池的性能状态，发现故障单体。

②实时告警功能：当监测到某个单体的内阻值超过设定的门限值时，系统会自动告警提示。

③测试过程中不影响系统正常运行。

3）远程充放电测试功能

①远程自动控制蓄电池组实现恒流放电，实现蓄电池组维护测试的目的。

②放电结束后，系统能对蓄电池组进行在线充电恢复。可根据蓄电池组的容量和放电深度自动采用合适的充电电流进行充电，避免出现大电流充电和过充电等现象产生。

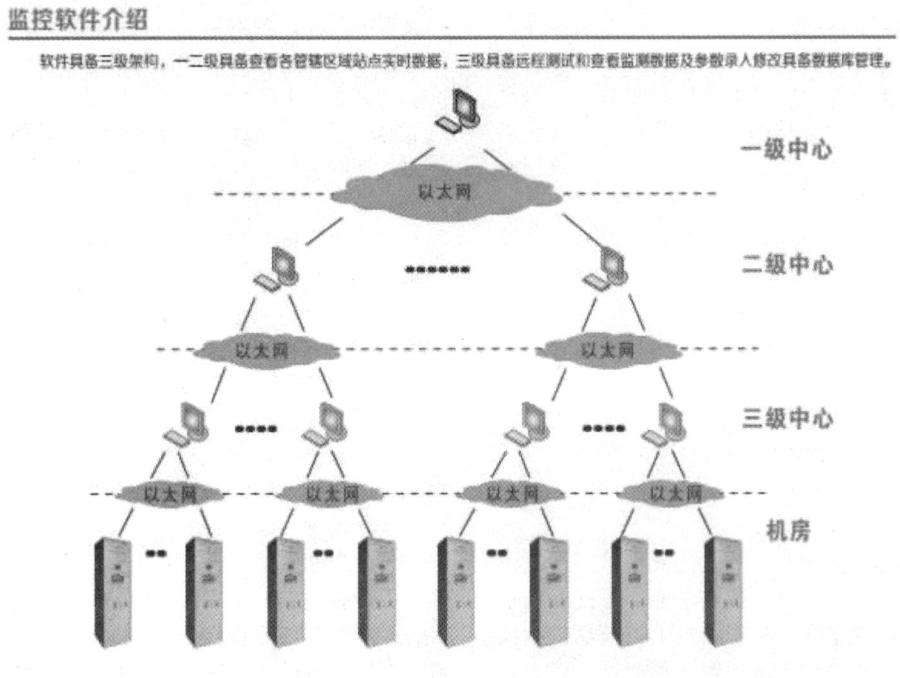

③整个放充电过程全部自动完成，放电过程中无需工作人员到现场操作，无需人员值守，大大节约人力成本，提高劳动效率。

④蓄电池组定期核对性充放电测试试验，准确预估出每个蓄电池的实际容量。

（2）系统具备旁路功能

CR-JFAS03 后备电源远程维护系统与用户设备连接完成后，使用过程中无需再更改线路。使用过程中出现意外因素导致本系统失效时，可自动将本系统旁路，不会对用户原有设备运行造成影响。

3. 数据管理平台

数据管理平台具备三级架构，一二级具备查看各管辖区域站点实时数据，三级具备远程测试和查看监测数据及参数录入修改具备数据库管理。

1）通过网络传输方式，将系统实时采集的各站点的蓄电池组数据（包括放电测试数据，浮充数据、性能参数等），传输到指定的计算机里。

2）经过专业化的蓄电池组数据分析管理平台，完成对于上传的各个站点蓄电池组数据的综合分析处理，自动显示和分析各组蓄电池组的运行参数、自动绘出放电数据曲线等各种图表及各类报表。

3）自动分析和判断各个站点蓄电池组的隐患程度并及时发出警报信息，同时将报警事件备案存储，以备查询。

4）强大的数据分析功能：

①检测数据的定期分析；

②核对放电结果分析；

③蓄电池长期变化的性能分析；

④丰富的图表显示、报表输出；

⑤合理的维护方案。

项目亮点：

通过该系统远程化、集中化、智能化的特点；在线监测、内阻测试、远程充放电测试、旁路功能、数据管理平台、三级软件架构，解决了客户维护人员力量薄弱，维护人员技术水平参差不同的现状，方便客户可通过远程方式实现对 UPS 蓄电池组的实时监测工作。

8. 湖北电科院电网仿真分析项目

参与单位：

上海科梁信息工程股份有限公司

地址：上海市宜山路 829 号海博新大楼 2 楼

电话：021-54234718/19/20　传真：021-54234721

网址：www. keliangtek. comE-mail：info@ keliangtek. com

主要产品：

工程应用嵌入式仿真测试系统

项目概况：

我国高电压直流输电系统从葛洲坝—南桥工程以来，直流输电线路回数、换流站数量和输电距离急剧增加，交直流输电系统过电压故障率也随之增高，特别是国内湖北、上海、广东等地区拥有多套直流输电系统，复杂的交直流网络决定了故障形成因素更为复杂。而交直流大电网的仿真主要应用在控制策略的开发验证及电网潮流分析，建模时往往采用大量等值处理，较多一次设备被简化甚至忽略，无法得到设备上实际的过电压情况。

基于以上现场过电压分析与指导故障检修的实际需求，经过为期两年的合作与联合开发，科梁与湖北省电力科学研究院技术合作项目目前已顺利验收。验收专家组听取了项目工作内容的汇报，参观测试装置性能演示，并进行了质询。经认真讨论，专家组认为：项目提交的验收资料完整、规范，符合项目验收要求，予以顺利验收并给予高度评价。

解决方案/应用产品概况：

上海科梁信息工程股份有限公司的工程师们利用湖北省公司已有电网基础数据资源，建立了湖北省交直流电网电磁暂态仿真模型。基于现场设备故障分析与电网恢复检修的实际需求，结合 HyperSim 及 RT-LAB 软硬件仿真平台，建立了换流站整站、临近变电站及周边近区的交直流电网全一次设备模型，实现了事前全一次设备建模，事后在较大范围网络区域进行电磁暂态故障过程模拟。该项目模型在实际工程调试或事故分析中实现应用，仿真模型的可靠性经过实际工程检验，使用上述模型指导工程实现电网过电压相关故障诊断，变压器直流偏磁影响分析，仿真结果符合工程实际。

HyperSim 大规模电力系统实时数字仿真测试系统是一套针对交直流混合电力系统的电磁暂态仿真分析工具。系统采用 EMTP 算法，可提供 10000 + 节点大规模电力系统电磁暂态实时仿真，具有仿真精度高(步长低于 50μs)，可视化效果好，并支持在线调参，具备自动化测试功能，可生成专业的测试报告。

项目亮点：

目前，该系统被应用于湖北电网设备故障分析，有效服务现场电网设备事故分析 10 余次。本项目的实施有效支撑了湖北省电网的运维工作，提升了湖北电网设备故障应对能力。优化了湖北省电网安全稳定防御体系，全面提高了电网安全稳定综合协调防御的智能化水平，具有显著的经济和社会效益。

湖北电科院此次与上海科梁信息工程股份有限公司强强联手，基于 HyperSim 强大平台，攻克多项技术难题，实现了交直流电网故障诊断与电网的恢复的机理研究，为电网的安全运维提供了坚实的数据支撑。上海科梁信息工程股份有限公司将一如既往与客户共同携手，不断追求创新卓越，打造更加绿色、便捷、高度智能的未来世界！

9. 基于柔性直流的智能配电关键技术研究与应用项目

参与单位：

上海科梁信息工程股份有限公司

地址：上海市宜山路 829 号海博新大楼 2 楼

电话：021-54234718/19/20　传真：021-54234721

网址：www. keliangtek. comE-mail：info@ keliangtek. com

主要产品：

工程应用嵌入式仿真测试系统

项目概况：

随着电力电子技术的发展，以及微电网开始大量接入电网，柔性直流配电网因其线路造价低、电能损耗小、供电可靠性高、微电网接入成本低等优点，正在成为各国的一个研究热点。为了对柔性直流配电技术进行深入研究，深圳供电局有限公司牵头，联合清华大学、浙江大学等单位承担了国家科技部 863 项目——“基于柔性直流的智能配电关键技术研究与应用”的研究工作。

该项目针对目前城市地区交流配电网面临的电能质量问题突出、分布式电源发展迅速等问题，研究在城市配电网中使用柔性直流技术，通过向特定用户专门供电，使用电压源换流器改善交流配电电能质量问题，在直流侧直接接入分布式电源和储能设备，向直流负荷直接供电等技术方案，解决城市配电网中面临的若干重要问题，扩展柔性直流技术的应用方向。

目前，国内对直流配电网稳态分析、故障分析、运行控制以及电能质量等方面的技术研究主要是在数字仿真软件上进行的分析与验证。而纯数字仿真软件对柔性直流配电保护系统进行的研究不能真实模拟保护装置的相应特性、无法预期硬件实现中可能存在的问题也不便于保护方案的开发和拓展。另外，如何准确模拟 MMC 电压源换流器和高频直流变压器的开关频率是当前国际上的技术难题。

上海科梁信息工程股份有限公司凭借在电力电子及电力系统实时仿真测试领域多年的技术积累在该项目的研究工作中，发挥了重要的作用，协助深圳供电局顺利完成柔性直流配电网一期仿真实验。

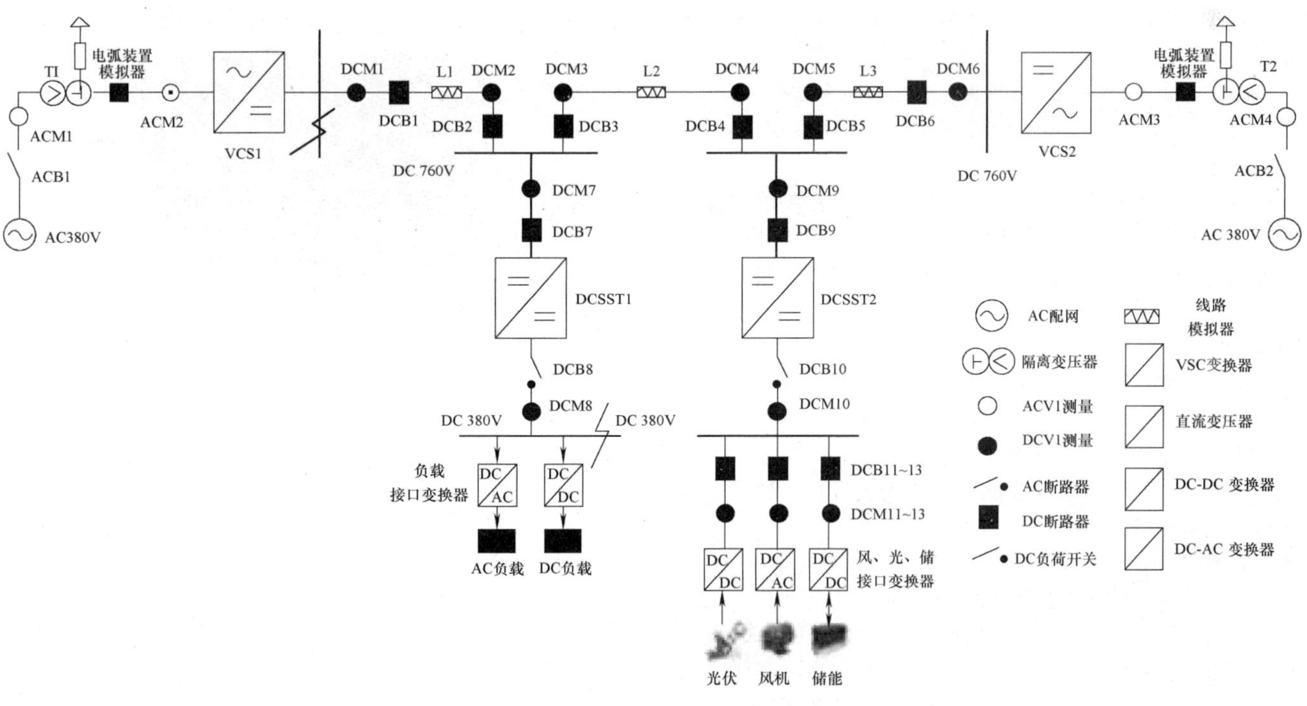

解决方案/应用产品概况：

上海科梁信息工程股份有限公司提供的基于 RT-LAB 的柔性直流配电实时仿真平台，建立了包含直流配电系统关键换流设备、分布式电源、储能系统及交直流负载的柔性直流配电网系统建模，采用先进的 eHS 技术，应用 FPGA 来建立直流变压器的实时仿真模型，其计算步长可达到 5ns，以精确地实时模拟直流变压器开关频率，进一步提高了硬件在环测试的时效性和置信度。利用该平台对柔性直流配电网的保护装置在交流侧、换流器内部及直流线路进行了故障硬件在环测试。验证了直流配电系统关键设备建模的有效性及直流配电系统控制保护策略的有效性。

项目亮点：

在该项目的研究工作中，上海科梁信息工程股份有限公司提供贯穿始终的技术支持与工程实施服务，协助客户全面地开展了直流配电系统控制保护关键技术研究工作和关键设备研制工作，利用 RT-LAB 实时仿真系统与保护装置进行无缝链接，在国内首次搭建出基于典型四端柔性直流配电网的硬件在环测试平台，对柔性直流配电系统的典型架构、控制保护功能架构及其核心设备直流变压器、能量管理方案等进行了全面研究，取得了丰富的研究成果，得到国家科技部验收专家小组的一致认可。

该项目的成功验收，显著提高了我国在柔性直流配电技术领域的研究水平，促进了我国直流控制保护技术和配网用电力电子设备技术的发展，也为后续二期 863 子课题七端直流配电系统实时仿真提供了有益的参考。

10. 中国工商银行股份有限公司 2016 年度全行一体化机柜建设项目

参与单位：

深圳科士达科技股份有限公司

地址：广东省深圳市南山区高新中区科技中二路软件园 1 栋 4 楼

电话：0755-86169858　传真：0755-86168482

网址：www. kstar. com. cn　E-mail：zhaocr@ kstar. com. cn

主要产品：

UPS 不间断电源、数据中心关键基础设施（UPS、蓄电池、精密配电、精密空调、网络服务器机柜、机房动力环境监控）、太阳能光伏逆变器、逆变电源、充电桩及配套产品。

项目概况：

中国工商银行股份有限公司为了方便基层营业厅网点管理人员的维护和管理工作，最大程度降低人为故障的发生，2016 年底招标一体化机柜，是金融行业第一家做一体化机柜的银行。科士达作为此次工行入围厂家，提供了一体化柜式机房产品。

解决方案/应用产品概况：

科士达一体化柜式机房是科士达公司基于“机房机柜化”趋势，针对中小企业和行业基层单位用户 IT 基础设施建设需求，在国内推出的首款基于机柜的机房一体化产品和解决方案。该方案是以 19 寸标准网络机柜为基础，通过增强网络机柜功能，构建一体化 IT 设备运行环境解决方案。其构成包含 ATS、综合配电、UPS 不间断电源、电池、防雷、智能管理、线缆管理、机柜、温度控制功能，可使用户的服务器、交换机等核心 IT 设备，能够长期在符合运行标准的室内环境中正常运行。由于方案组成产品的组件采用标准化生产和标准机架设计安装方式，所以在缩短了建设周期、减少各功能模块间的单路径故障点、大大提高系统间的兼容性的同时，最大限度提高了用户机房的空间利用率，为用户提供一个更加一致性、更高集成度、更高管理性和扩展性的小型智能机房系统。

方案组成产品的组件采用标准化生产和标准机架设计安装方式，所以在缩短了建设周期、减少各功能模块间的单路径故障点、大大提高系统间的兼容性的同时，最大限度提高了网点内的空间利用率。同时，可平滑扩展且极易更换的模块化设计，大幅度提高系统可用性，降低了系统的复杂性，和设计、组建、维护、扩容机房的风险。配合完善的智能监控模块，更能进行预防性故障分析和历史状态记录，减少了系统出现问题的可能性。

此外，一体化的设计和实施方案，极大方便了基层营业厅网点管理人员的维护和管理工作，最大程度降低了人为故障的发生。由于产品单一厂家供应，有效杜绝了多源供应带来的供应商互相推诿扯皮，保证了服务承诺的兑现，提高了服务质量，缩短了服务响应时间，从而有效保证了数据设备的高可用性及用户的投资收益。同时 UPS 主机、电池、机柜散热单元等部件的绿色设计，能有效节约运行中对电能的消耗和对电网及环境的污染。在监控管理上，可以做到集中式管理，能够实现多级智能化监控管理。具有功能先进，稳定可靠，智能灵活，方便维护，绿色环保，性价比高等显著优势。

图一体化柜式机房

项目亮点：

该项目是金融行业第一家做一体化机柜的银行，该项目饱受业界关注，且入围后的产品已成为业内该类型产品的技术标杆。

科士达是第一家正式把该类产品应用到银行网点生产上，通过使用一体化机房后使银行网点机房更加智能化、简单化、现代化，不仅便于银行网点对机房的管理、省级银行对分行的管理、还可以很方便的监控各地网点机房、总行数据中心管理、监控全行网点机房。科士达作为此次工行入围厂家，在克服春节期内各大工厂休息等因素生产出了2套一体化产品，并顺利安装、使用到工行指定网点，其中的一套型号为IDU-10的产品，是第一家上线工行的一体化机柜产品。

11. 广州北车辆段厦深5T探测站UPS不间断电源项目

参与单位：

深圳市英威腾电源有限公司

地址：深圳市南山区北环路猫头山高发工业区高发1号厂房5层东

电话：0755-26780656　传真：0755-26782664

网址：www.invt-power.com.cn　E-mail：shangyating@invt.com.cn

主要产品：

UPS不间断电源、EPS应急电源、逆变电源、太阳能逆变器、通信电源、电力电源、动力配电设备、蓄电池、机房空调系统、机房新风系统、监控系统、综合布线系统、有源滤波器、充电桩设备，高压直流设备、一体化数据中心整体解决方案设备的技术开发等。

项目概况：

深圳市英威腾电源有限公司在轨道交通领域过关斩将，凭借可靠的产品性能、高端的产品质量以及良好的市场口碑，在众多国内外电源厂商强手如林的竞争中脱颖而出，成功中标广州北车辆段厦深5T探测站UPS不间断电源项目。

大力发展高快速铁路，是粤东西北地区未来的发展重点之一，厦深铁路广东段全长约357km，途径潮州、汕头、揭阳、汕尾、惠州、深圳6市，是“以客为主，兼顾货运”的高标准铁路干线，项目总投资约296亿元。

解决方案/应用产品概况：

此次中标的在线式UPS产品采用双变换结构设计，数字化控制技术，具有超高的功率因数为客户提供更高的使用容量，能提供更强的带载能力。对输入过高电压，短路，温度过高等有完善的保护功能。产品采用LCD/LED显示，有好的人机界面可现实丰富的机器信息。该产品可广泛应用于政府、金融、通信、交通、气象、广播电视、工商税

务、医疗卫生、能源电力等各行业领域。截至目前，汕尾站和鲘门站已经装机验收投入运营。

12. 贵州省贵阳市思南一中机房新建工程项目

参与单位：

深圳市英威腾电源有限公司

地址：深圳市南山区北环路猫头山高发工业区高发1号厂房5层东

电话：0755-26780656　传真：0755-26782664

网址：www. invt-power. com. cn　E-mail：shangyating@invt. com. cn

主要产品：

UPS不间断电源、EPS应急电源、逆变电源、太阳能逆变器、通信电源、电力电源、动力配电设备、蓄电池、机房空调系统、机房新风系统、监控系统、综合布线系统、有源滤波器、充电桩设备，高压直流设备、一体化数据中心整体解决方案设备的技术开发等。

项目概况：

此次中标的贵州省思南中学是贵州省首批省级重点中学、首批省级示范性高中。1960年，被贵州省政府确定为省级重点中学，2002年，被贵州省教育厅确定为全省首批“省级示范性普通高中”。

解决方案/应用产品概况：

英威腾微模块智能数据中心，腾智ITalent系列产品以其超高的可靠性及完善的设计，成为数据中心电力安全保障的理想选择。

腾智大型一体化数据中心具有安全可靠，高效节能，简单快速，智能管理等特点。

本项目整体设计中采用1套RM180/30×UPS不间断电源，2台INCR025列间空调以及17台机柜（600mm×1100mm×20000mm）。

13. 龙岗中医院数据中心项目

参与单位：

深圳市英威腾电源有限公司

地址：深圳市南山区北环路猫头山高发工业区高发1号厂房5层东

电话：0755-26780656　传真：0755-26782664

网址：www. invt-power. com. cn　E-mail：shangyating@invt. com. cn

主要产品：

UPS不间断电源、EPS应急电源、逆变电源、太阳能逆变器、通信电源、电力电源、动力配电设备、蓄电池、机房空调系统、机房新风系统、监控系统、综合布线系统、有源滤波器、充电桩设备，高压直流设备、一体化数据中心整体解决方案设备的技术开发等。

项目概况：

深圳龙岗区中医院是一所集医教研、预防保健、康复、社区服务为一体的以中医为主的现代化综合性医院。医院位于2011年世界大学生运动会主办地深圳龙岗大运新城片区，按三甲医院标准一次性规划建设，由门急诊楼、医技楼、住院楼、行政楼等五栋建筑物簇拥而成。龙岗区中医院以现代化高端医疗仪器为检测手段，与国内各大知名医院，国家级、省、市级名医专家加强合作，建设资源共享的新型无假日医院，以满足社会不同层次、不同需求患者的要求。为此，医院坚持以人为本，为所有致力于中国医药卫生事业奋斗的有志人士提供极具人性化的工作环境和广阔的事业发展空间。

解决方案/应用产品概况：

英威腾电源有限公司腾智ITalent系列产品遵循国内、国际标准化生产标准，保证产品的质量，也保证了深圳龙岗中医院的数据中心系统安全可靠。

腾智大型一体化数据中心具有安全可靠、高效节能、简单快速、智能管理等特点。

该项目用到了RM300/30XUPS不间断电源1套，2台INCR035列间空调和12台（600mm×1100mm×2000mm（42U））冷通道机柜。

14. 中国铁塔成都地铁7号线和10号线一期UPS采购项目

参与单位：

深圳市英威腾电源有限公司

地址：深圳市南山区北环路猫头山高发工业区高发1号厂房5层东

电话：0755-26780656　传真：0755-26782664

网址：www. invt-power. com. cn　E-mail：shangyating@invt. com. cn

主要产品：

UPS不间断电源、EPS应急电源、逆变电源、太阳能逆变器、通信电源、电力电源、动力配电设备、蓄电池、机房空调系统、机房新风系统、监控系统、综合布线系统、有源滤波器、充电桩设备，高压直流设备、一体化数据中心整体解决方案设备的技术开发等。

项目概况：

中国铁塔股份有限公司是经国务院批准，国资委、工信部协调推动，由中国电信、中国重庆江北移动、中国联通共同出资设立的大型通信基础设施综合服务企业，经营范围包括通信铁塔建设、维护、运营；移动通信基站机房、电源、空调配套设施和室内分布系统建设、维护、运营及基站设备维护。截至目前，公司铁塔总量约170万座，成为全球规模很大的通信基础设施服务公司。

解决方案/应用产品概况：

此次中标的HT31、HT33系列产品特点如下：

在线式双变换结构设计，数字化控制技术、超高的输入、输出功率因数。业内最高的输出功率因数，给客户提供更高的使用容量。高速智能DSP控制，实现完美的系统性能与保护功能。输出功率因数高达0.9，提供更强的带载能力。输入过电压、短路、过温等多重完善的保护功能。独特的工业化设计，确保恶劣环境下安全运行。LCD/LED显示，显示丰富的机器信息。可靠、稳定的正弦波输出。全面可靠的保护功能。超宽输入电压范围。

项目亮点：

此次能在短时间内成功中标此项目，且得到中国铁塔股份有限公司的高度青睐，依托于英威腾专业的研发团队、先进的产品性能、高效的团队服务及一流的生产规模等诸多综合优势。

15. 成都地铁3号线一期公安通信系统项目

参与单位：

厦门科华恒盛股份有限公司

地址：福建省厦门火炬高新区火炬园马垄路457号

电话：0592-5165712　传真：0592-5162166

网址：www.kehua.com.cnE-mail：fuwenlin@kehua.com

主要产品：

信息化设备用UPS电源、工业动力UPS电源系统设备、建筑工程电源、数据中心产品、新能源产品、配套产品。

项目概况：

成都地铁3号线一期工程北起军区总医院站，南至太平园站，全长20.3km，全为地下线，线路经过了红牌楼、省体育馆、春熙路、动物园等主要客流集散点。

成都地铁3号线是全国仅有的一列以熊猫为主题的列车"盼达"号作为首发车载客运行。据了解，"盼达"号熊猫主题列车是成都地铁精心打造的"成都名片"，在展现蜀都文化的同时给乘客带来新颖的乘车体验。"盼达"取熊猫英文"panda"谐音，同时有盼望乘客快捷、安全、舒适地到达目的地之意。

解决方案/应用产品概况：

作为轨道交通领域领先的电力保护与节能方案提供商，科华恒盛向成都地铁3号线提供了高端电源解决方案，全力保障地铁开通试运营。

在轨道交通的通信系统中，尤其是公安通信系统，承载着地铁警务指挥和业务的语音、数据、图像和文字等各种信息，对于地铁线路行车安全、提高运输效率和现代化管理水平以及突发情况下提供应急处理手段等方面，提供重要的通信保障。因此，确保公安通信系统电力安全至关重要。

项目亮点：

为确保成都地铁3号线公安通信系统能够正常地投入试运营，在充分考虑用户的需求情况下，科华恒盛提供了轨道交通公安通信系统电源解决方案，深度应用于公安通信系统中的计算机网络系统、调度电话、公安视频、监控系统等关键设备，为成都地铁3号线安全、高效运营提供可靠的绿色电能保障。

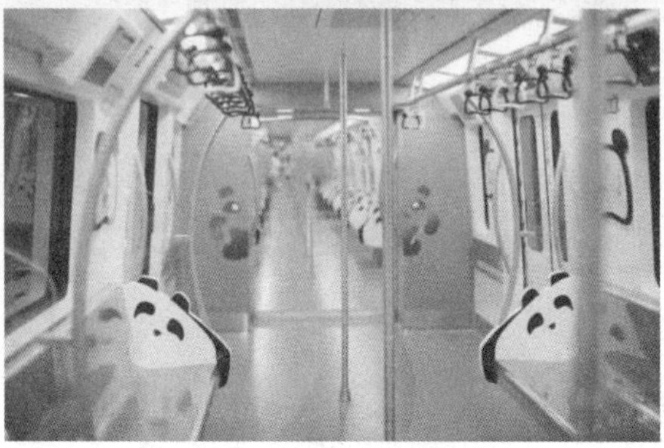

16. 港珠澳大桥主体工程交通工程机电系统项目

参与单位：

厦门科华恒盛股份有限公司
地址：福建省厦门火炬高新区火炬园马垄路457号
电话：0592-5165712 传真：0592-5162166
网址：www. kehua. com. cnE-mail：fuwenlin@ kehua. com

主要产品：

信息化设备用UPS电源、工业动力UPS电源系统设备、建筑工程电源、数据中心产品、新能源产品、配套产品。

项目概况：

港珠澳大桥是一座连接香港、珠海和澳门的巨大桥梁，在促进香港、澳门和珠江三角洲西岸地区经济上的进一步发展具有重要的战略意义，作为一座世界级的跨境、跨海通道，港珠澳大桥涵盖了路、桥、隧、岛等各项工程，总投资超1000亿元，是中国乃至世界交通业最具挑战性的超级工程项目之一。港珠澳大桥作为一个国家装备制造业、材料业的典型集成代表，集成了前端设计、材料、工程、装备等一系列产业链，代表了中国制造的集成实力。

解决方案/应用产品概况：

该项目中，科华恒盛提供的能源基础解决方案，将部署在大桥的东、西两个人工岛变电站和口岸人工岛变电所。所供设备面临高温、高湿、高腐蚀等恶劣的海洋气候环境，将是对科华恒盛电源品质的一次全面考验。

科华恒盛交直流电源系统电源模块具有高可靠性、高效率的特点；具备完善的蓄电池管理功能，自动管理及保护，可实时自动监测蓄电池的端电压、充、放电电流，其电池温度补偿功能，大大延长蓄电池的使用寿命；同时，通过强大的通信功能，可方便实现与计算机监控系统通信。本项目中所采用的科华恒盛交直流电源系统技术，符合IEC(国际电工委员会)、UL、《电力系统直流电源设备通用技术条件及安全要求》等国际、国内标准。针对该项目高标准要求，其电气接线采用二段单母线接线方式，两段直流母线之间应设联络开关，蓄电池组和充电装置分别接入不同母线，大大提高了系统的高可靠性。

项目亮点：

科华恒盛参与的港珠澳大桥主体工程交通工程机电系统，是目前国内高速公路机电安装项目规模大、技术复杂、施工难度大的项目，也是国内高速公路第一个采用系统集成模式招标的项目。作为中国建设史上里程最长、投资最多、施工难度最大的跨海桥梁项目，港珠澳大桥工程从规划、设计到开工建设都受到海内外广泛关注，这座超级工程的质量安全，不仅仅影响来往车行，更是影响着世界桥梁工程的发展，因此大桥建设方对于桥梁工程质量有着非常高的要求。

17. 普天新能源(深圳)有限公司微网储能项目

参与单位：

厦门科华恒盛股份有限公司

地址：福建省厦门火炬高新区火炬园马垄路457号

电话：0592-5165712　传真：0592-5162166

网址：www. kehua. com. cnE-mail：fuwenlin@ kehua. com

主要产品：

信息化设备用UPS电源、工业动力UPS电源系统设备、建筑工程电源、数据中心产品、新能源产品、配套产品。

项目概况：

在深圳，普天新能源(深圳)有限公司率先建成了城市级电动汽车商业化智能充电网络基础设施，至今，已建成74座加电站，服务超过3850辆新能源汽车，可全天候为电动汽车提供充换电服务，成为国家新能源基础设施的示范基地。

深圳公交集团福田枢纽站，是普天运营的充电站。随着城市绿色公交的快速发展，如何对车辆进行快速高效地充电成为电动汽车大规模普及应用的前提，然而集中快速的充电行为会对电网负荷和功率造成强烈的冲击。为减少公交大巴大功率充电对电网的冲击影响，福田枢纽充电站急需一套安全、高效、智能的微网储能系统提供电能保障。

解决方案/应用产品概况：

科华恒盛为客户提供一套创新的光伏储能微网整体解决方案。该方案将在现有充电站的基础上增加光伏发电、储能系统进行电网智能互动，实现绿色电源供应补充，同时通过削峰填谷的方式，为新能源电动公交大巴提供高效电能。

该项目采用集装箱式创新设计，高可靠集成电流器、电池组、离并网控制柜等设备设施，防护等级高，可实现削峰填谷，能够并离网切换，同时可为用户指定的办公设备及备用充电桩提供后备电源供电保障。

科华恒盛通过福田枢纽站充电站的办公屋顶，提供光伏发电解决方案，配置自主高效逆变器，与储能系统一起并网发电，作为储能系统绿色能源的补充。

监控系统采用科华恒盛自主研发生产的PMS3000光伏监控系统，整个监控系统按照无人(少人)值班站设计，可实现整个配电系统的实时监控和网络通信，还可与各种第三方系统(例如：BAS、SCADA、DCS、工厂能源管理系统等)实现无缝连接，极大提高了供电系统的运行质量和管理水平，并能有效地降低运维成本。

项目亮点：

未来，随着该项目的深度应用，科华恒盛储能系统将为客户创造社会经济价值，通过帮助深圳公交集团福田枢纽站构建安全、高效、智能且易管理的新能源汽车充电基础设施，将为推动深圳绿色公交建设、方便市民绿色出行提供高可靠保障。

同时，通过本项目示范应用，还将积极引导充电产业的发展方向，连带促进智能电网设备、充电基础设施、光伏、储能、自动控制、信息系统集成等多个产业发展，带动整个产业链的技术水平提升，为中国电动汽车充电产业的长远发展和大规模应用奠定坚实的基础。

18. 乌兹别克斯坦某大型油田大型离网光伏储能电站项目

参与单位：

厦门科华恒盛股份有限公司

地址：福建省厦门火炬高新区火炬园马垄路457号

电话：0592-5165712　传真：0592-5162166

网址：www. kehua. com. cnE-mail：fuwenlin@ kehua. com

主要产品：

信息化设备用UPS电源、工业动力UPS电源系统设备、建筑工程电源、数据中心产品、新能源产品、配套产品。

项目概况：

位于中亚中部的乌兹别克斯坦是世界上两个双重内陆国之一，也是著名的“丝绸之路”古国。历史上它与我国通过“丝绸之路”有着悠久的联系。乌兹别克斯坦自然资源丰富，不仅拥有储量丰富的石油、煤炭等资源，而且具有潜力巨大的太阳能、风能等可再生能源。近年来，乌兹别克斯坦政府将发展再生和替代能源作为一项重要的国家政策，并投入大量资金，例如，大力发展太阳能光伏发电。

解决方案/应用产品概况：

在乌兹别克斯坦某大型油田，为确保石油安全稳定生产，满足关键设备和日常生活等用电需求，2015年1月，科华恒盛深入用户现场，了解用户面临的问题和核心诉求，利用当地丰富的太阳能资源优势，因地制宜，为用户提供了一套创新的大型离网光伏储能电站整体解决方案。

本项目为大型离网光伏储能电站，位于乌兹别克斯坦某大型油田，地处荒漠地带，最高气温达40℃，最低气温-30℃，应用环境恶劣；该储能电站的诸多产品技术与方案必须具有高可靠、高效率和高性能等特性，能提供高质量的电能。

该电站采用分布式光伏和和电池储能技术，由铅酸电池系统作为能量储存系统，项目方案由科华恒盛设计，其中逆变器、集装箱电池储能系统、配电装备等关键发电、配电、控制系统均由科华恒盛提供。

该项目系统负载为 AC 400V 钻机系统，最大负载 1MW，结合当地的光照、气候条件，光伏组件规模装机为 1.2MW，设计发电量每天约 3.84MW · h；发电部分还包括 3 台 600kW 的油机；储能部分为 1MWH 的铅酸（胶体）电池，电压等级为 384V，电池容量 3000A · h，电池安装采用集装箱方案，内置空调系统进行温度调节。为方便整个系统的监控，设计开发了能量管理系统。

系统运行分为三种模式：①光伏发电大于或等于负载需求：光伏供电，此时油机不工作，离网逆变器直接带载，同时给电池充电。②太阳能发电小于负载：阶段一：光伏发电和蓄电池同时给负载供电，由离网逆变器工作转换为标准的交流电供给复合，油机不工作。阶段二：电池容量低，光伏发功率小于负载功率，启动油机，此时逆变器不工作，油机直接带载，同时太阳能和油机充电装置同时给电池充电。③太阳能不发电且电池容量不足：油机直接带载，并给储能电池充电。

项目亮点：

乌兹别克斯坦在可再生能源方面拥有巨大潜力，其中约 97% 为太阳能，乌兹别克斯坦每年阳光明媚的天数达到 320 天。据世界银行估计，乌兹别克斯坦太阳能总潜力超过约 510 亿吨石油的能量。这不仅可以大量节省石油资源，还可以改善大气环境。

19. 中广核华龙一号首堆——广西防城港核电二期工程项目

参与单位：

厦门科华恒盛股份有限公司
地址：福建省厦门火炬高新区火炬园马垄路 457 号
电话：0592-5165712　传真：0592-5162166
网址：www. kehua. com. cnE-mail：fuwenlin@ kehua. com

主要产品：

信息化设备用 UPS 电源、工业动力 UPS 电源系统设备、建筑工程电源、数据中心产品、新能源产品、配套产品。

项目概况：

厦门科华恒盛股份有限公司成功中标华龙一号首堆项目——广西防城港核电二期工程，为防城港 3 ~ 4 号机组项目两台百万千瓦级的压水堆核电机组的全部核岛提供直流和交流不间断电源系统，即防城港核电 3、4 号机组 LOT68A 核岛直流和交流不间断电源设备采购项目，该项目中标总价为 2999.11 万元。

解决方案/应用产品概况：

本次中标范围包括防城港核电站 3 ~ 4 号机组核岛充电器、逆变器、充放电装置等设备及备件，以及文件、培训和服务。

科华恒盛核级 UPS 的主要技术指标达到了国际同类产品先进水平，应用于核岛内部控制中心保护，包括为反应堆控制保护及安全相关系统负荷供电；其设计、工艺、制造、安装、服务严格遵守国际核安全标准和中国国家核安全标准，且经过核安全严苛要求的环境试验、电磁兼容试验及可靠性试验。产品基本包络 CPR1000、EPR、ACPR1000、AP1000、华龙一号的技术路线的设备指标要求。

本次中标的广西防城港核电站是我国西部地区和少数民族地区首个核电项目，是西部大开发重点项目之一，由中广核集团与广西投资集团共同投资，中广核集团为主负责工程建设和运营管理，规划建设 6 台百万千瓦级核电机组，一期工程建设两台单机容量为 108 万 kW 的压水堆核电机组，二期工程采用装机容量为 118 万 kW 的“华龙一号”技术。“华龙一号”是具有中国自主知识产权的三代百万千瓦级核电技术，由中广核和中核原先各自研发的三代技术融合而成。

项目亮点：

科华恒盛的此次中标打破了国外品牌在核岛领域的长期垄断，也是核电领域核岛直流及交流不间断电源系统首次采用国产品牌，为核电整机装备“出海”打下坚实基础。

核级 UPS 设备是核电厂的重要控制系统保护电源，它的性能与可靠性等级，标志着一个国家在大型核电装备领域的先进化程度。由于技术复杂，受国外设备厂家在核电市场的垄断地位影响，核级 UPS 设备一直依赖于进口，是少有未实现国产化的电气设备之一，严重制约了我国核电项目的自主化建设。科华恒盛自主研发推出的核级 UPS 设备，打破了国际品牌技术垄断，填补了国内在该技术领域的空白。

广西防城港核电二期工程的建设，将进一步助力广西加快北部湾经济区和珠江—西江经济带开放发展，其还将成为我国核电技术开拓国际核电市场的桥头堡，为接下来以自主技术带动装备制造等产业大规模走出去奠定关键基础。

目前，我国的核电装机容量占电力总装机容量的比例不足 2%，远低于 18% 的世界平均水平。根据我国的核电发展目标，到 2020 年我国的核电装机容量占 4%，到 2030 年核电装机容量占 10%，到 2050 年核电装机容量占 16%。另据国际原子能机构预计，未来 10 年除中国外，全球有 60 ~70 台 100 万千瓦级核电机组建设，这意味着海外核电市场空间将达 1 万亿元。因此，核电项目的发展前景非常广阔，核电设备产业链市场巨大。

20. “2016 年中石化 UPS 不间断电源框架协议”招标项目

参与单位：

厦门市爱维达电子有限公司

地址：厦门市海沧区新阳路 10 号

电话：0592-8105999　传真：0592-5746808

网址：www. evadaups. com　E-mail：slb @ evadaups. com

主要产品：

不间断电源、LED 驱动电源、太阳能、风能光伏逆变电源等。

项目概况：

厦门市爱维达电子有限公司(简称“爱维达”)以第二名的好成绩中标“2016 年中石化 UPS 不间断电源框架协议”招标项目，为中国石化行业的安全稳定生产提供可靠保障。

解决方案/应用产品概况：

爱维达工业级 UPS 产品采用了先进的 IGBT 功率器件、性能优越的 SPWM 逆变器及智能化多模式电池管理技术等国际先进技术，以及丰富的电源管理软件，具有良好的性价比和用户基础。爱维达工业级 UPS 具备以下技术特点：

1. 高可靠性

高可靠性是以系统的设计、工艺、配置来体现的。以爱维达 HP-GY 系列工业 UPS 为例，采用了高效能 DSP 芯片(32 位元 150MHz，独立乘法器)实现全数字 THDV 控制 16 位 DSP；并联无须平衡电抗，可多机并联；内置滤波器，THDi < 10%　PF = 0. 96；板件集成度高；逆变与电池采用 HCT；信号线/电子线独立走线，且无须采用隔离线；采用铜条/铝条，降低对模块应力影响；符合 YD/T 1095—2008 5. 27 的安全要求(绝缘电阻，绝缘强度 AC 2000V)。以极宽的输入电压和频率范围，可适应恶劣的电网环境，能够承

受剧烈的负载波动冲击，抵御和消除各种电网质量问题，如谐波、过电压、欠电压、突波、电压下陷、停电、过载、短路、浪涌电流等发电机模式下，兼容错相运行。

2. 环境适应性强

爱维达工业级 UPS 对环境具有较强的适应能力。作为 UPS 系统必须具备应对高温与高湿的能力。但由于其安装的地方通常空间不大，很难达到空气流通这一条件。也正因如此，UPS 的设计均有一个关键的半导体组件，例如 IGBT、整流器及散热片。除了温度与湿度外，还需考虑周围的环境。环境中可能含有腐蚀性的气体，时间长了可能会降低变压器、电路板及合闸等元器件的性能。但工业级 UPS 的元器件和配线，或是涂有一层电抗胶，以保证 UPS 的元器件及配线免遭恶劣环境的影响，或是配有专用的空气过滤器。爱维达 HP-GY 为例，其 IP 等级可达 IP51，所有电路板均喷涂防腐蚀绝缘漆，具有绝缘、防潮、防漏电、防震、防尘、防腐蚀、防老化、耐电晕能力。因此，爱维达 HP-GY 无疑是恶劣环境中的不二选择。

爱维达 HP-GY 系列采用独特的风道设计，电子控制部件和主要散热部件的风道完全隔离。这样做的目的是保护好主要部件不受污染，同时主要散热部件的热量不会对电子部件产生热干扰，确保整个系统的可靠性。

3. 先进的温度控制技术

爱维达工业级 UPS 对高温环境下的运行能力给予特别的设计考虑。元器件的设计不仅需要适应工业环境的运行要求、还应能承受各种关键负载的变化。也正因如此，大部分工业级 UPS 都配备了可监控的冗余风扇系统。

爱维达 HP-GY 系列，采用了 N + 1 冗余通风设计。即风扇冗余，即使全部风扇故障，仍能正常工作。同时，还采用了 RPM 风扇转速检测监控技术，当转速低于预设值时会报警；杜绝了由于风扇损坏致使 UPS 高温停机才报警的可能。另外，风道的设计按照元器件对温度的敏感程度进行顺序冷却，通风方式下进上出，自然对流，独立风道，热分流设计，再辅以高规格等级和高冗余度的元器件，使其即使在 40℃ 高温且无风冷的情况下仍能连续运转。

4. 服务方式灵活

在工业环境中，UPS 会根据车间的布局摆放在不同的地点。在分布式放置(即 UPS 位于保护设备的附近)和集中式放置(即 UPS 位于保护设备的输助设施中)这两种情况下，大部分设备维护人员都喜欢前端访问的服务方式，无需拆除侧板或背板就能够进行维修、检查和预见性的维护。

5. 适应恶劣的电力环境

爱维达工业级 UPS 具备极宽的输入电压和频率范围，允许电压输入 AC 380(1±25%)V，频率 45~65Hz，支持发电机接入。可适应恶劣的电网环境；能够承受剧烈的负载波动冲击，抵御和消除各种电网质量问题，如谐波、过电压、欠电压、突波、电压下陷、停电、过载、短路、浪涌电流等。

6. 适应工控负载环境

爱维达工业级 UPS 适应于各种工况负载，如重载机械、生产线设备、DCS 系统；坚固设计，可承受强过载和短路电流冲击与负功，在没有市电的情况下可通过电池实现直流冷起动。

项目亮点：

爱维达工业级 UPS 产品采用工业级的设计理念，其高可用性和高可靠性为关键应用系统提供重要的电源保护，目前广泛运用在石化、炼油、制药、电力、化工和轨道交通等工业领域行业。

21. 福州地铁控制中心信息中心机房建设项目

参与单位：

厦门市爱维达电子有限公司

地址：厦门市海沧区新阳路 10 号

电话：0592-8105999　传真：0592-5746808

网址：www.evadaups.com　E-mail：slb@evadaups.com

主要产品：

不间断电源、LED 驱动电源、太阳能、风能光伏逆变电源等。

项目概况：

信息中心机房作为福州地铁实施信息化战略项目的重中之重，其建成为福州地铁信息化建设及信息系统运行提供强有力的支撑和保障。为此福州地铁对项目的电力设备提出了严格要求，不仅在可靠性、可用性提出了更高要求的电源标准，而且在系统电气性能、系统稳定性、占地面积和环境保护能力等方面，都提出了严格细致的规范和要求。

解决方案/应用产品概况：

爱维达技术团队在本次项目中选用 HQ-M 系列模块化 UPS 集中供电系统，支持在线扩容及维护，HQ-M 系列模块化 UPS 兼容了传统塔式机型的技术特点与现代机房模块化的需求，在实现模块化设计的同时，保证了系统的高可靠性及可用性，为福州地铁信息中心机房提供高安全可靠的电源保障。具体实施方法：在地铁信息中心机房设置综合电源和电池室，将各个服务器机柜电源及弱电系统需要的用电负荷经过汇总，通过合理的预留远期用量来核定 UPS 的容量，并按照设计规范各系统的后备时间来确定蓄电池的容量，在综合电源室设置智能 UPS 配电屏，通过电源线与各系统设备房的低压配电屏连接，然后由各系统配电屏向各系统设备供电。

项目亮点：

本次项目的开机顺利投入运行是爱维达产品在福建地区实施的又一样板工程，从产品选型、综合布局，安全设计等方面无不倾注爱维达团队的智慧及汗水。爱维达电源先后服务过北京奥运会、亚信峰会等重大国际场合，并广泛使用于国家电网区域调度中心、国内外 IDC 数据中心、城市轨道交通、政府、军队、通信、石化等重要单位，护航国计民生各领域的安全与平稳运行。一个个成功案例有力地印证了广大用户对爱维达产品品质、技术实力、团队协作实施能力的充分肯定和高度认可。厦门市爱维达电子有限公司将继承并发扬“爱拼才会赢”的精神，坚持技术与服务并重，不断打造更可靠，智慧，生态的全面电源解决方案，力求为社会各个领域的发展做出更大贡献。

22. 汇天网络数据中心建设项目

参与单位：

先控捷联电气股份有限公司

地址：石家庄高新区湘江道 319 号第 14、15 幢

电话：0311-85906057　传真：0311-85903718

网址：www.scupower.com　E-mail：Wenjing.hao@scupower.com

主要产品：

UPS 不间断电源；充电桩/站。

项目概况：

汇天网络科技有限公司云端产业园数据中心，位于“新北京”通州城市副中心的核心地区，所占土地 500 亩，全部建设完成后将提供超过 45000 个机柜，是北京规模很大的数据中心，是具有高安全等级的云计算中心，集节能、

绿色、科技、规模性、可靠性和服务性于一体，为客户提供安全可靠和灵活高效的数据中心服务。本次汇天网络数据中心建设项目中，先控电气为其提供一百余套 CMS 系列模块化 UPS，单系统功率覆盖从 100～800kVA 的多个功率段，满足不同负载的使用需求，全方位助力数据中心的安全运营。

解决方案/应用产品概况：

“快速部署、高效节能、安全可靠、便于维护”已经成了当下高等级数据中心的建设标准。先控电源秉承这一理念，并融会贯通至电源的研发与生产中，形成了现在的 CMS 系列模块化 UPS。正是因为先控放眼于未来的眼光，才造就出如今模块化 UPS 行业领先的地位。

CMS 系列 UPS 采用标准化、模块化的结构设计理念，各个模块间相互隔离，可实现相互独立的分散控制，且具有零风险的在线维护及扩容、体积小重量轻的高功率密度、完善的环流抑制和系统合理的冗余配置等特点。CMS 系列 UPS 的每个功率单元采用了目前业内最为先进的电路拓扑结构，输入功率因数能够控制到接近 1 的程度，输入电流谐波可忽略不计。输出电压波形失真度小于 1%，且输出电压的动态响应小，更强大的过载能力可适应负载端的任何极端变化。峰值系数可达 3:1，使得 CMS 系统可轻松应付各种性质的负载。

同时，由于其模块化结构，设备本身即可实现 $N+X$ 冗余。各功率模块之间不存在任何因果关系，即每个模块间都是故障隔离的。任意一个模块出现故障均不会影响整个系统的稳定运行。维修时，不需要转换旁路便可从系统中退出故障模块。系统支持在线热插拔，因此在更换新的模块时直接将新模块插入到正在运行的柜体当中即可完成模块更换。简单快捷、安全可靠。

采用模块化 UPS，项目前期采购成本很低，用户可根据实际负载需求进行 UPS 电源的初始配置，根据当前负载量和未来负载增量来确定前期使用的模块数量以及合适的机架。对于后期扩容，不需购买新的设备，只需在原有柜体是增加功率模块，便可轻松实现。可充分节省前期投资，有利于客户进行合理的投资规划。

从运营成本角度看，UPS 的效率指标是影响数据中心 PUE 及营运成本的关键因素，而设备效率又与其带载率有着密不可分的联系。CMS 系列模块化 UPS 的功率单元采用了标准的模块化结构，可以将用户的负载率达到 UPS 最合理的范围，合理的负载率可使输出效率达到 96% 以上，从而降低 UPS 损耗、减少热量的产生，用最有效、最简单的方式提高 PUE 指标，使机房的运营成本降至最低。

另外，从维护角度考虑，任何电子设备都不能保证在使用过程中不损坏，但模块化结构可以最大程度地减少单个部件损坏对整个系统的影响。当系统发生故障后，故障模块自动退出系统而不影响其它模块的运行，从而保障整套系统的不间断输出。通过在线热插拔更换故障模块便可解决问题。从故障发生至故障恢复仅需 5min，并且在整个维护过程中，系统均不停机。大幅提升了系统的可用性，降低了维护时间和成本。正因为 CMS 系列模块化 UPS 的高可靠性、可用性、维护便利性、成本合理性等特点，使得其成为助力企业运营的坚固堡垒，全力保障着数据中心的稳定不间断运行。

项目亮点：

本次汇天网络数据中心建设项目中，先控电气首批为其提供一百余套 CMS 系列模块化 UPS，单系统功率覆盖从 100～800kVA 的多个功率段，满足不同负载的使用需求，全方位助力数据中心的安全运营，打造国内一流的高端数据中心。

23. 银隆新能源纯电动客车充电保障服务项目

参与单位：

先控捷联电气股份有限公司

地址：石家庄高新区湘江道 319 号第 14、15 幢

电话：0311-85906057　传真：0311-85903718

网址：www. scupower. com　E-mail：Wenjing. hao@ scupower. com

主要产品：

UPS 不间断电源；充电桩/站

项目概况：

银隆新能源凭借当今全球先进的钛酸锂材料生产技术，成为全球绿色能源解决方案领域的领导者和中国新能源品牌跻身世界的优秀典范，其纯电动客车产品已在北京、石家庄、呼和浩特、邯郸、珠海、湛江、永州、包头、鞍山、齐齐哈尔等多个城市成功运营，成功证明了银隆新能源产品稳定性和可靠性，伴随着 2016 年其新能源客车产销量跃居行业前五名和珠海、邯郸、石家庄、成都、兰州、天津等九大产业基地的战略布局启动，为其成为全球新能源产

业旗舰奠定坚实基础。

解决方案/应用产品概况：

EVDS系列直流充电桩，是先控电气应市场需要而推出的一款智能一体化直流充电桩系统，它采用先进的模块化结构设计理念和前沿的电力电子技术。本体主要由监控单元、配电单元和功率模块构成。其中，功率模块采用三相有源功率因数校正技术、交错三电平串联谐振软开关技术和数字化控制技术，具有可靠性高、可用性高、可维护性高、效率高等优点。

直流充电电堆系统，是先控电气在充电领域的又一突破性创新。不同于传统一体式充电桩功率固定不可调的状况，直流充电电堆系统可匹配新能源车辆更多样化的充电需求。通过输出功率的柔性分配，以静制动，根据需求启动充电模块，动态调节系统输出，使模块工作在最佳状态，充电时间节省30%，模块寿命延长50%，系统效率提升3%。通过智能的功率柔性分配技术，满足充电站内多种电动车同时充电的需求，最大化的发挥充电设备效能，降低投资成本，提高运营回报率。

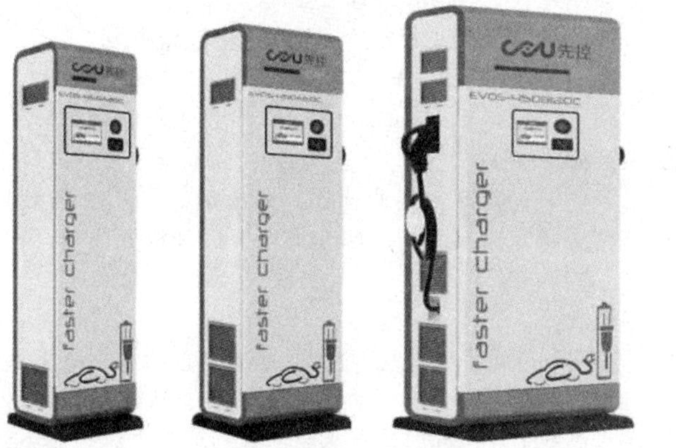

项目亮点：

本次双方优势产品的强强联合，再次证明了先控在充电保障服务行业的专业能力，产品响应政府号召和客户要求迅速投入运行后，高度的可靠性和稳定性也得到用户的一致认可与好评，双方已建立起长期战略合作关系。随着越来越多的新能源公交车驰骋在石家庄等城市的街头，在全社会更加重视生态文明建设和大气污染治理的大背景下，先控电气创新产品不仅是新能源产业革命的助推器，同时也承担起一份构建绿色生态未来发展的社会责任。

24. 包钢集团公司固阳矿山有限公司球团分公司除尘风机变频改造项目

参与单位：

新风光电子科技股份有限公司

地址：山东省汶上县经济开发区金成路中段

电话：0537-7237909 传真：0537-7212091

网址：www.fengguang.com E-mail：fgdzscb@126.com

主要产品：

高、中、低压变频调速器；高压动态无功补偿装置；轨道交通逆变器；风电并网变流器、提升机变频器、特种电源。

项目概况：

包钢集团公司固阳矿山有限公司球团除尘风机，选用一台Y4-73NO29.5F离心风机，配用电机型号为YKK710-8（10kV），功率：1250kW，$n=745r/min$，额定电流：88A。工作性质是连续运行，现采用进风挡板来进行风门的调节以控制风量，根据工况要求，挡板开度一般保持在65%左右，工况变化，风门开度对应调整。挡板调节浪费了很多电能，并对机械设备的性能有很大的损害，有进行改造的必要。

随着国产高压大功率变频调速技术的日益成熟，使得这一技术广泛应用于各个行业，考虑目前国内的此类产品技术也比较成熟，关键元器件也是选用国外知名产品，且在价格、售后服务与技术支持等方面更具有优越性，经过多方调研、比较，包钢集团固阳矿山有限公司领导最终选择了新风光电子科技股份有限公司生产的JD-BP38-1250F型（1250kW/10kV）高压变频器对烧结除尘风机进行改造。

解决方案/应用产品概况：

球团除尘风机目前的控制方式主要根据除尘风量的需求，通过高压变频器实时调整风机电机频率来实现调节风机风量。采用变频器后保持进挡板全开，根据生产需要人工操作调节风机转速。系统可随时随意改变送风量以适应变化，保持风机的高效运行。

风光牌JD-BP38系列高压变频器以高速DSP为控制核心，采用无速度矢量控制技术、功率单元串联多电平技术，属高-高电压源型变频器，其谐波指标远小于IEEE519-1992的谐波标准，输入功率因数高，输出波形质量好，不必采用输入谐波滤波器、功率因数补偿装置和输出滤波器；不存在谐波引起的电机附加发热和转矩脉动、噪声、输出dv/dt、共模电压等问题，可以使用普通的异步电机。风光高压变频器除具有一般普通变频器的性能外，还具有以下突出特点：

1）采用高速DSP作为中央处理器，运算速度更快，控制更精准。

2）矢量控制技术，通过测量和控制交流电动机定子电流矢量，根据磁场定向原理分别对交流电动机的励磁电流和转矩电流进行控制，从而达到控制交流电动机转矩的目的。起动转矩大，转矩动态响应快，调速精度高，带负载能力强。

3）快速飞车起动功能。能够识别电机的速度并在电机不停转的情况下直接起动。在变频器受到负载冲击保护后可对其自动复位，然后再自动起动，即可避免重要场合（如水泥厂高温风机）变频保护停机造成的损失。快速飞车起动技术可实现变频器在0.1s之内从保护状态复位重新带载运行。

4）工频/变频无扰切换技术。现在的高压变频调速系统一般设置工频旁路切换柜，变频器发生故障时能使高压电机转至工频运行，旁路切换有手动旁路和自动旁路切换两种形式，手动旁路需人工操作，适应于无备用装置或不重要的运行工况，自动旁路可在变频器发生故障后直接自动转换至工频运行。新风光公司提供的自动旁路切换柜，不仅可实现变频故障情况下自动由变频转换至工频运行状态，还可实现在变频检修完毕后由工频瞬间转换至变频运行的功能，整个转换过程不会对用户设备的运行造成任何影响。

5）电网瞬时掉电重起技术，电网瞬间掉电可自动重起，可提供最长60s的等待时间。

6）线电压自动均衡技术（星点漂移技术）。变频器某相有单元故障后，为了使线电压平衡，传统的处理方法是将另外两相的电压也降至与故障相相同的电压，而线电压自动均衡技术通过调整相与相之间的夹角，在相电压输出最大且不相等的前提下保证最大的线电压均衡输出。

7）振荡抑制技术，电机轻载或者空载的时候会出现局部不稳定现象，这时电流幅值波动很大，电流的振荡有可能会导致系统因为过电流或过电压而触发保护。新风光公司采用优越的电流算法，有效地抑制电流的振荡，保证系统稳定可靠的工作。

8）多机主从控制技术，变频器具备主从控制功能，多台变频器之间可通过数据总线组成主从控制网络。将其中的一台设为主机，其它设为从机，主机实时采集各从机的状态信息，同时发送给各从机频率、转矩指令，实现各台变频器的功率平衡和综合控制。该技术适用于传动带机、摩擦式提升机等需要功率平衡控制的场合。

9）输出电压自动稳压技术，变频器实时检测各单元母线电压，根据母线电压调整输出电压，从而实现自动稳压功能。避免电网波动对输出电压的影响。

10）故障单元热复位技术，若单元在运行中故障，且变频器对其旁路继续运行，此时可在运行中对故障单元进行复位，不必等变频器停机。

11）单元直流电压检测：实时显示检测系统的直流电压，从而实现输出电压的优化控制，降低谐波含量，保证输出电压的精度，提升系统控制性能，并可使保证运行维护人员实现对功率单元运行状况的全面把握。

12）具备突发相间短路保护功能。如果由于设备原因及其它原因造成输出短路，此时如果变频器不具备相间短路保护功能，将会导致重大事故。变频器在发生类似问题时能够立即封锁变频器输出，保护设备不受损害，避免事故的发生。

13）限流功能：当变频器输出电流超过设定值，变频器将自动限制电流输出，避免变频器在加减速过程中或因负载突然变化而引起的过电流保护，最大限度减少停机次数。

14）多种控制方式，可选择本机控制、远控盒控制、DCS控制支持MODBUS、PROFIBUS等通信协议频率设定可以现场给定、通信给定等支持频率预设、加减速功能。

项目亮点：

包钢集团公司固阳矿山有限公司球团分公司除尘风机变频改造后，不仅减少风机起动时对电网的冲击，降低风机工作的机械强度和磨损，延长风机的使用寿命，设备运行噪声大大降低，而且节能效果显著。改造前后的对比数据可以看出，电机运行电流大大降低，功率因数显著提高，改造效果是明显的，变频改造后，每年节省电费为162万元。

25. 湖南利欧泵业有限公司水泵测试中心项目

参与单位：

新风光电子科技股份有限公司

地址：山东省汶上县经济开发区金成路中段

电话：0537-7237909　传真：0537-7212091

网址：www. fengguang. com　E-mail：fgdzscb@126. com

主要产品：

高、中、低压变频调速器；高压动态无功补偿装置；轨道交通逆变器；风电并网变流器、提升机变频器、特种电源。

项目概况：

湖南利欧泵业有限公司水泵测试中心动力供电采用工频和变频两套运行系统，动力总配10kV、6kV、3kV、380V电源，供6个台位同时进行水泵测试。变频电源控制系统，可针对10kV/6kV/3kV/2300V/1140V不同电压等级电机水泵进行6～72Hz变频测试。

测试中心可以直接对轴流泵、斜流泵、立式蜗壳泵、双吸中开泵、多级泵、渣浆泵、悬臂泵等各种型式水泵进行实泵性能测试，可以真实地把握水泵的出厂性能以及水泵研发效果。

解决方案/应用产品概况：

山东新风光电子科技发展有限公司生产的JD-BP38-5800高压变频电源系统，以高可靠性、易操作、高性能为设计目标。系统采用新IGBT功率器件，全数字化微机控制。该系统采用直接“高—高”变换形式，为单元串联多电平拓扑结构，主体结构由多个功率模块串联而成，从而由各组低压叠加而产生需要的高压输出，它对电网谐波污染小，输入谐波畸变小于3%，直接满足IEEE519—1992的谐波抑制标准，输入功率因数高，不必采用输入谐波滤波器和功率因数补偿装置；输出波形质量好，输出电压谐波畸变小于2%，不存在谐波引起的电机附加发热和转矩脉动、噪声、输出dv/dt、共模电压等问题，不必加输出滤波器，就可以使用普通的异步电动机。

该设备与以往类似系统相比，存在明显的优势。

1）高压变频电源所有部分装在配电柜内，不需要另外的电抗器、滤波器等设备装置。体积小，结构紧凑，安装简单，现场配线少，调试周期短，投入生产快。

2）高压变频电源的运行参数及各种指示在触摸屏均有显示。

3）电源带有标准通信接口，上位机可以通过通信完全集控变频电源。

4）变频电源非常方便实现测试各种电机水泵测试需求，只需设定相应的参数即可，可任意拖动 10kV/6kV/3kV/2300V/1140V 等电压等级，不超过 400A 电流，6 ~ 72Hz 水泵完成测试各种实验。

5）具有与进口设备同样的测试效果，大大降低了水泵测试成本。

项目亮点：

该项目不仅满足了湖南利欧泵业有限公司水泵测试中心的变频测试需求，还具有与进口设备同样的测试效果，大大降低了测试成本。

26. 江苏某不锈钢科技发展有限公司补偿轧钢机负载的应用

参与单位：

新风光电子科技股份有限公司

地址：山东省汶上县经济开发区金成路中段

电话：0537-7237909　传真：0537-7212091

网址：www.fengguang.com　E-mail：fgdzscb@126.com

主要产品：

高、中、低压变频调速器；高压动态无功补偿装置；轨道交通逆变器；风电并网变流器、提升机变频器、特种电源。

项目概况：

江苏某不锈钢科技发展有限公司主要生产不锈钢中板，每天轧制钢锭数量约 170 ~ 180 块左右，钢锭重量约 2 ~ 5 吨/块。公司主变压器容量为 12000kVA，主负载为两辊式轧钢机，主动力电机为两台直流电机，每台功率为 4200kW。轧钢机运行时产生大量无功功率，致使公司进线端功率因数降低，同时快速的瞬时有功、无功功率变化还造成了电网电压的闪变现象。轧钢机的动力电机为直流电机，其前端为电力电子器件组成的不控整流电路，产生大量谐波污染，因此整个现场需要进行全方位的电能质量治理，包括无功补偿、电网电压闪变抑制和谐波治理。本项目原来设计有无功补偿和谐波治理装置，原装置采用 MCR + 滤波支路 + FC 补偿的综合方式对现场负荷进行补偿，但是由于 MCR 响应速度有限，对于轧钢机产生的快速无功需求无法实现快速补偿，因此对于现场电网电压闪变抑制情况不理想，最终引入 SVG 装置满足了现场的补偿要求。

解决方案/应用产品概况：

原配电补偿系统为 FC + 滤波器支路 + MCR 的组合补偿方案，由于 MCR 的响应速度无法满足快速补偿的要求，因此电网电压闪变情况并没有得到很好的抑制，电网电压最大闪变电压达到 1000V，从厂内照明情况可觉察到明显的灯光闪烁现象，电压闪变会导致轧钢机出力不均匀，影响了厂内生产效率和生产产品的质量。

鉴于以上情况，为了进一步提高厂内功率因数，降低电力公司罚款的可能，同时降低电网闪变的情况，提高轧钢机生产效率，选用响应速度更快，性能更优越的山东新风光电子科技发展有限公司设计生产的 FGSVG 产品，考虑成本因素以及满足厂内平均功率达到 0.9 的需求选择型号为 10kV/3Mvar 产品，配合滤波器支路使用，FC 支路视情况偶尔投入。

虽然选择 SVG 容量小于原来的 MCR，但是由于 FGSVG 响应速度快（低于 5ms 的响应时间），不会出现短时无功过补现象，因此最终补偿效果极为出色。

从技术上讲，SVG 较传统的无功补偿装置有如下优势：

1）响应速度更快。SVG 系列产品响应时间不大于 5ms，传统无功补偿装置响应时间不小于 40ms。SVG 产品可在极短的时间之内完成从额定容性无功到额定感性无功的相互转换，这种无可比拟的响应速度完全可以胜任对冲击性负荷的补偿。

2）谐波治理。SVG 不仅不产生谐波，而且同时具备谐波治理功能，在动态无功补偿的同时，可对谐波进行滤除。而 SVC 中 TCR 在补偿无功功率同时产生大量谐波，导致 TCR 必须与大容量滤波器同时使用。

3）电压闪变抑制能力更强。SVC 受到响应速度的限制，其抑制电压闪变的能力不会随补偿容量的增加而增加，而 SVG 由于响应速度极快，增大装置容量可以继续提高抑制电压闪变的能力。

4）运行范围更宽。SVG 能够在额定感性无功到额定容性无功的范围内工作，所以比 SVC 的运行范围宽很多。更重要的是，在系统电压变低时，SVG 还能够输出与额定工况相近的无功电流。

5）补偿功能多样化。SVG 不仅具有快速补偿系统无功的作用，还根据用户实际需要，对负载进行谐波电流补偿、负序电流补偿、综合补偿等。

6）占地面积小。由于无需高压大容量的电容器和电抗器做储能元件，SVG 的占地面积通常只有相同容量 SVC 的 50%。

7）自身损耗较低。SVG 自身功率较低，其运行效率一般可以达到 99.8% 以上，极大地节省了用户的电费。

项目亮点：

通过使用山东新风光电子科技发展有限公司生产的 FGSVG 系列高压动态无功补偿装置，轧钢厂现场电网侧母线在一周内功率因数超过 0.95，在轧钢机运行时电网电压有效值波动基本低于 400V，极大地抑制了电压闪变的现象，减少了公司设备的故障率，提高了轧钢机的运行效率。同时 FGSVG 产品体积小，运行稳定，操作方便，自身功率损耗低。为使用单位带来了可观的经济效益。

27. 神华集团黄白茨煤矿传动带机中的高压变频器节能改造项目

参与单位：

新风光电子科技股份有限公司

地址：山东省汶上县经济开发区金成路中段

电话：0537-7237909 传真：0537-7212091

网址：www.fengguang.com E-mail：fgdzscb@126.com

主要产品：

高、中、低压变频调速器，高压动态无功补偿装置，轨道交通逆变器，风电并网变流器、提升机变频器、特种电源。

项目概况：

黄白茨煤矿属神华集团下属的煤矿，采用主井传动带机由井下向地面运煤，传动带机为双电机拖动形式，主井传动带机是全矿的流程中枢，一旦传动带机不能正常工作，将造成全矿停产，且会造成巨大经济损失。另外，高压变频器将安装在环境相当恶劣、煤灰比较重、粉尘大的场合。因此，要求高压调速系统具有极高的可靠性、稳定性、防护性。基于以上工作特点，变频器设计中须满足的如下主要技术条件：

1）高压变频器具有高可靠性、稳定性、防护性、长期运行的质量指标。

2）变频器具有工频运行的旁路功能，一旦出现故障，能够让电机切换到工频运行。

3）具有软停止功能。起动过程要求平稳，无冲击。

4）变频器的起动力矩大，不小于 2 倍额定力矩，满足负载变化大的承受能力和煤炭压带时的再起动的能力。

5）须满足煤矿电控系统的功能接口和监控要求。

6）能够实现验带功能。

经过对国内外各种高压变频器调研、比较，最后以招标方式选择了新风光电子公司生产的风光牌 JD-BP37-560P 型（560kW/6kV）高压变频器作为传动带机的控制设备。传动带机配备两个电机拖动，两个电机均在井上。

解决方案/应用产品概况：

风光牌 JD-BP37 系列高压变频器以高速 DSP 为控制核心，采用无速度矢量控制技术、功率单元串联多电平技术，属高-高电压源型变频器，其谐波指标远小于 IEEE519—1992 的谐波标准，输入功率因数高，输出波形质量好，不必采用输入谐波滤波器、功率因数补偿装置和输出滤波器；不存在谐波引起的电机附加发热和转矩脉动、噪音、输出 dv/dt、共模电压等问题，可以使用普通的异步电机。2007 年，高压变频器被评为中国名牌产品。该产品具有功能强大，可靠性高，保护齐全，多种通信方式可供选择，功率单元采用一次成型工艺，采用快速插拔技术，特别适合于各种恶劣环境。强大的功能可以轻松实现现场控制要求，在满足客户需求的同时为客户创造更多价值。

神华集团黄白茨煤矿皮带机项目选用 JD-BP37-560P 型（560kW/6kV）高压变频器作为皮带机的控制设备，采取一拖二方式。为防止变频器检修或故障对生产的影响，高压变频器配置手动工频旁路，将原有的电气柜保留作为工频旁路。如果运行中变频器发生故障，则可以利用原有的工频起动柜应急运行，手动主回路接线工频旁路主回路系统由 5 个隔离开关 QS1 ~ QS5 组成，QS2 与 QS4，QS3 与 QS5 采用机械互锁操动机构，实现机械互锁。当 1#电机和 2#电机同时变频运行时，QS1、QS2、QS3 闭合，同时 QS4、QS5 断开。当 1#电机和 2#电机同时工频运行时，QS4、QS5 闭合，同时 QS1、QS2、QS3 断开。检修变频器时，要求 QS1、QS2、QS3 断开，使变频器系统处于安全状态，保证检修人员的人身安全。变频器具有本地/远程两种控制方式。

旁路柜必须与上级高压断路器 QF 连锁，QF 合闸时，绝对不允许操作 QS1、QS2、QS3、QS4、QS5 隔离开关，以防止出现拉弧现象，确保操作人员和设备的安全。

故障分闸：将变频器“高压分断”信号串联于高压开关分闸回路。在变频投入状态下，当变频器出现故障时，分断变频器高压输入；旁路投入状态下，变频器故障分闸无效。

项目亮点：

综上所述，神华集团黄白茨煤矿传动带机使用风光高压变频调速装置改造后，传动带机实现了软起、软停，不仅可以节约电能，而且降低维护量及维修费用，带来可观的经济效益和社会效益。在传动带机上使用技术先进、成熟安全的变频调速系统可以提高传动带机系统自动化程度，切实响应国家节能降耗的号召，值得大力推广。

28. 同煤集团洗煤厂传动带机变频节能改造项目

参与单位：

新风光电子科技股份有限公司
地址：山东省汶上县经济开发区金成路中段
电话：0537-7237909　传真：0537-7212091
网址：www. fengguang. com　E-mail：fgdzscb@126. com

主要产品：

高、中、低压变频调速器，高压动态无功补偿装置，轨道交通逆变器，风电并网变流器、提升机变频器、特种电源。

项目概况：

同煤集团（大同煤矿集团公司）是国家大型国有煤矿企业，洗煤厂是其下属公司之一。洗煤厂采用斜井传动带运输机由井下向地面运煤，传动带长 500m，传动带倾斜角 19°～24°，传动带拖动电机为两台，功率为 560kW，洗煤厂有时需要传动带机重载起动。这些工况要求电机起动控制设备能稳定可靠运行，同时要有较强的过载能力，能适应较大范围的电压波动。原设计传动带电机为液力耦合器起动，电机必须先空载起动。工频起动时，最初电流很大，起动瞬间电流会引起电机内部机械应力和热应力发生变化，对机械部分造成严重磨损甚至损坏。还将引起电网电压下降，影响到电网内其它设备的正常运行。且液力耦合器长时工作时，引起液体漏出，维护工作量大，影响生产。同时，采用液力耦合器时，传动带机的加载时间较短，容易引起传动带张力变化，因此对传动带带强要求较高。综合以上考虑，矿领导决定传动带机电机采用高压变频器调速控制。

解决方案/应用产品概况：

洗煤厂选用山东新风光电子科技发展有限公司生产的 2 台 JD-BP38 系列高压变频器，对传动带传动系统进行控制。该系列高压变频器具有以下特点：

1）采用完美无谐波的单元串联多电平拓扑结构，具有较低的电网电流谐波，满足电网对电能质量的严格要求，输出线电压为 33V，无需使用输出滤波器，可采用普通异步电动机。

2）采用无速度传感器矢量控制方式，起动力矩大，并有效避免由于负载波动导致的变频器过电流故障。

3）配置转矩协调功能可实现对多电机驱动系统的转矩实时均衡控制。

4）可配置 2 倍以上电流过载能力，可满足大惯量系统的重载起动要求。

5）风光高压变频器对电网电压的适应范围宽（$-65\%\sim115\%U_n$），采用单元故障自动旁路、星点漂移技术、工频旁路、瞬时停电再起动功能、相间短路等多项完善的保护功能技术，提高了抗电网波动和负载扰动能力，大大提高产品在煤矿传动带机应用现场的可靠性。

该方案中，传动带机配置电机两台，风光 JD-BP38-2000P 高压变频器两台、并配置手动旁路柜，用于变频/工频切换。采用“一拖一”变频控制。

用两台变频器分别拖动两台电机，将各个电机定子绕组直接分别接在两台变频器输出测；双机联动同步运行变频系统是由完全独立的两台变频器通过主、从机的同步通信方式保证双电机的转速以及功率平衡。两台电机中任意一台都可作为主机，另一台为从机。双机拖动方案中，变频器对电机的转矩都能独立控制，变频器主从之间可以自动来调整变频器输出功率一致。

项目亮点：

传动带机的驱动系统采用山东新风光电子科技发展有限公司生产的 JD-BP38 系列高压变频器后，对传动带进行集中自动控制，实时对传动带各种情况进行监测，并配合自动控制系统有效解决了传动带运输过程中的跑偏、堆煤、超温等问题，有力地保证了运输传动带的稳定运行，同时降低了能耗。现场应用表明，利用技术先进、成熟可靠的高压变频调速系统拖动煤矿传动带机，可大大提高传动带机控制自动化程度，降低现场维护量，带来可观的效益。

29. 大同采煤塌陷区领跑者基地光伏项目

参与单位：

阳光电源股份有限公司

地址：安徽省合肥市高新区习友路 1699 号

电话：0551-65327878　传真：0551-65327800

网址：www. sungrowpower. com　E-mail：Fangh @ sungrowpower. com

主要产品：

光伏逆变器

项目概况：

山西大同采煤沉陷区“国家先进技术光伏示范基地”是国家能源局光伏领跑者计划率先落地项目，旨在促进光伏先进技术应用。凭借近 20 年新能源发电领域的技术积累和创新能力，阳光电源于成功中标大同光伏示范基地“领跑者计划 + 新技术、新模式示范项目”，装机规模为 50MW，项目已于 2016 年 6 月成功并网。该项目是目前全国装机规模最大的 1500V 高压光伏电站，不仅充分展示了阳光电源强大的技术实力，而且通过直流 1500V 系统等前沿技术上的创新探索，将大同打造成为“领跑者”基地真正新技术、新模式的示范地。

解决方案/应用产品概况：

阳光电源在山西领跑者项目，集中运用国内规模最大直流 1500V 系统、智能支架的规模化应用、绿色生态修复处理、智慧光伏运维等领先技术，实现全面的电网适应性及友好性，充分展示了企业 20 年专注于新能源发电领域的强大的研发技术、创新实力和产业化能力。与此同时，大同领跑者基地项目全面应用阳光电源 iSolar 智慧阳光解决方案，构建高效、安全、智慧、友好型光伏电站，在从系统角度多维度优化，促进系统性能不断提升的同时，基于智慧光伏云平台积极推动“光伏 + 互联网”，建立标准化、精细化的运行维护管理平台，通过实时监测、故障预警、远程专家咨询和大数据分析等提高电站自动化及专业化程度，为更为广泛的能源互联网都提供了无限的想象空间。

项目亮点：

作为国家能源局每年实行的光伏扶持专项计划，“光伏领跑者计划”通过建设先进技术光伏发电示范基地、新技术应用示范工程等方式实施，在一定程度上给新的光伏产品、技术和商业模式树立了参照标杆，加快了落后产能退出市场、先进技术产品进入市场的速度，促进光伏产业整体技术升级。

相同装机容量的电站，项目中使用的直流1500V比传统直流1000V光伏电站减少一半发电单元，预期建设工期缩短10%；直流1500V光伏系统可增加串联组件数，降低并联回路数量，降低总体综合成本；凭借高电压化、系统电流降低、线损降低、设备效率提升后，可提升光伏电站系统效率。

与此同时，在大同领跑者基地项目上应用1500V系统，可获取成本投入、系统效率、发电量等实测数据，通过与传统电站数据进行对比，真正做到理论和实际的验证闭环分析，为推广1500V高压光伏电站规模应用起到示范作用。高压光伏电站的推广也利于光伏行业上下游企业降低其生产成本，优化整个行业的供应链，从而形成良性循环，进一步降低光伏发电成本。

此外，利用光伏+煤矸石场自燃治理综合应用技术，对超过500亩的废弃煤矸石场自燃治理和土地深度绿化，并与光伏系统完美结合，实现废弃煤矸石区生态修复变废为宝，成为全国采煤沉陷区最具价值的创新技术和创新模式之一，将大同打造成为“领跑者”基地真正新技术、新模式的示范地，极大地提升了“领跑者”基地品牌形象。

30. 阿里巴巴张北数据中心项目

参与单位：

伊顿电源（上海）有限公司
地址：上海市长宁区临虹路280弄3号
电话：021-52000099
网址：www. eaton. com. cn

主要产品：

UPS不间断电源。

项目概况：

阿里巴巴在“风电之都”张北打造了两座世界级的绿色数据中心，依托当地新能源优势，助推京津冀云计算产业发展。凭借在数据中心领域悠久的历史以及遍布全球的成功经验，依托品牌、技术、产品质量、全生命周期服务等优势，伊顿在阿里张北数据中心以及服务于阿里巴巴的上海数据港大型云数据中心项目中均担任了重要的电力保障工作。

解决方案/应用产品概况：

伊顿为阿里巴巴提供定制化数据中心电力保护解决方案。

伊顿Power Xpert9395系列UPS简介：作为伊顿家族首款“绿叶”标识产品，9395系列UPS产品拥有业界领先的节能环保技术指标，并且率先获得SMart金级认证。它可与电网并联运行，完全消除UPS对电网的回馈谐波污染，在提高电网效率的同时，减少电缆发热；冗余的逻辑控制电源与冗余的冷却风扇，完全不用考虑额外的布线和冷却系统的问题，在极大地降低系统的运行成本的同时，为客户实现真正的“绿色、节能、环保”。

伊顿93E系列UPS简介：伊顿UPS家族93E系列被追捧为新一代电力保护系统“利刃”。93E系列是伊顿为企业数据中心打造新型绿色环保、管理简便、经济实用、安全可靠的电力保护系统而量身定制的新成果，为大众诠释了伊顿精炼高效、经济实用、安全可靠的新型机房服务新主张。值得一提的是93E的输出功率因数、过载能力、输入电压范围、噪声等市场较为关注的技术指标，均达到或超过了行业高级标准的要求。如此严谨的科技创新和精耕细作的工艺，使得93E系列在行业内广受推崇，也引领UPS领域革新的“新浪潮”。

项目亮点：

阿里张北数据中心的正式启动标志着阿里巴巴北方云基地项目正式在张北投入运营，这个项目不仅对阿里集团的战略布局和长远发展具有重要的战略意义，对伊顿也具有里程碑一样的非凡意义。项目实施中，在强大的工程团队和服务专家的支持下，伊顿的技术服务人员在张北严酷的寒冬中（常见零下20℃多）及时响应现场，配合客户的工程进度，保障项目的顺利实施，伊顿的实力在此项目上得到了充分展示。

31. 中国联通香港 Global Center 云数据中心项目

参与单位：

伊顿电源（上海）有限公司

地址：上海市长宁区临虹路280弄3号

电话：021-52000099

网址：www. eaton. com. cn

主要产品：

UPS 不间断电源

项目概况：

中国联通香港数据中心项目是中国联通在港澳台地区率先投资建设的数据中心，是中国联通布局海外市场的第一步。该数据中心总建筑规模达37250m^2，主要包括中国联通云数据中心、通信机房、亚太地区全球方案支持中心、云计算与物联网研发中心等生产辅助用房等。

解决方案/应用产品概况：

伊顿以高效节能、先进的产品技术优势和丰富经验，深度结合项目的实际情况，向其提供了最具高效使用价值的伊顿 Power Xpert 9395 系列 UPS 产品以及飞轮系列 UPS 产品，有效地实现了快速部署、灵活扩展、高可用和低成本的项目核心需求，成功助力其产业升级新布局，迎接信息化全新挑战。

伊顿 Power Xpert 9395 系列 UPS 简介：作为伊顿家族首款“绿叶”标识产品，9395 系列 UPS 产品拥有业界领先的节能环保技术指标，并且率先获得 SMart 金级认证。它可与电网并联运行，完全消除 UPS 对电网的回馈谐波污染，在提高电网效率的同时，减少电缆发热；冗余的逻辑控制电源与冗余的冷却风扇，完全不用考虑额外的布线和冷却系统的问题，在极大地降低系统的运行成本的同时，为客户实现真正的“绿色、节能、环保”。

项目亮点：

中国联通香港数据中心项目是中国联通在港澳台地区投资建设的第一家数据中心，是中国联通布局海外市场的第一步。

32. 青藏线格尔木至拉萨段扩能改造项目

参与单位：

易事特集团股份有限公司

地址：东莞市松山湖工业北路 6 号

电话：0769-22897777　传真：0769-22898866

网址：www. eastups. comE-mail：info@ eastups. com

主要产品：

光伏太阳能组件、逆变器、UPS

项目概况：

青藏铁路格尔木至拉萨段地处青藏高原腹地，位于青海省西部、西藏自治区中北部。线路北起格尔木市，基本沿青藏公路南行，经纳赤台、昆仑山口翻越昆仑山，途经五道梁、沱沱河、雁石坪，翻越唐古拉山进入西藏自治区后，经安多、那曲、当雄、羊八井，穿越堆龙曲峡谷，至西藏自治区首府拉萨市。青藏铁路格尔木至拉萨段扩能改造项目属“十二五”中期调整新增项目，该项目已进入全线开工建设阶段，线路全长 1136. 338km，其中海拔 4000m 以上地段长约 960km。工期 30 个月，计划 2018 年全部建设完工。工程标段全长 535km，新开 7 处预留车站，扩能改造完成后到达拉萨的列车对数将成倍增加，有效带动拉萨乃至西藏全区的经济发展。

解决方案/应用产品概况：

高原环境导致该项目有极大可能遭受意外情况导致断电，所以为了保证青藏线格尔木至拉萨段关键负载的应急供电，确保铁路运行的安全，该项目需要相关的发电及应急电源设备，考虑到节能环保及青藏高原的自身情况，该项目发电适用光伏发电。易事特中标了该项目的相关工程，为其提供光伏发电及备用电源。

发电部分由易事特太阳能发电系统通过在车站屋顶敷设光伏组件，利用蓄电池室的大容量蓄电池组，结合易事特自主研发的高效逆变器，在电网供电出现故障时，向车站关键负载如通信设备、信号设备、火灾报警设备等应急供电，直至外部电网的恢复，确保铁路运行的安全。

应急电源部分由易事特 UPS 作为道岔融雪设备的备用电源，利用能蓄电池室设置大容量蓄电池作，以及易事特自主研发的 EA89 系列工频 UPS，在电网供电出现故障时，为道岔融雪装置等应急供电，直至外部电网的恢复，确保铁路运行的安全。

项目亮点：

随着该项目的深度应用，意味着易事特光伏发电系统将为该项目创造社会经济价值，保障铁路列车的行车安全，构建清洁、绿色的能源。通过本项目示范应用，将积极引导光伏发电产业的发展方向，连带促进智能电网设备、光伏、储能、信息系统集成等多个产业发展，带动整个产业链的技术水平提升，为中国光伏发电的长远发展和大规模应用奠定坚实的基础。

33. 广州国光电器厂房光伏离心机项目

参与单位：

珠海格力电器股份有限公司

地址：广东珠海香洲前山金鸡西路 789 号

电话：0756-8974023　传真：0756-8614998

网址：www. gree. comE-mail：zxb@ cn. gree. com

主要产品：

光伏直驱变频多联机、光伏直驱变频离心机

项目概况：

本项目位于广州市花都区，广州国光电器股份有限公司从事电声产品的设计和生产，是目前世界上最为系统化、专业化、规模化的扬声器、音箱设计和生产基地之一。本工程选用 1 台 LSBLX350SVS 格力光伏离心机，冷负荷为 1230kW。总建筑面积 12000m^2，使用空调面积约为 8640m^2。光伏直驱变频离心机系统配置的光伏系统设计为 22 块/串，共 46 串，1012 块光伏组件，光伏系统总装机容量为 253kW。

光伏直驱变频离心机系统相对于传统变频离心机组不仅能节省运行费用，运行若干年后能收回成本，之后每年还有收益。

解决方案/应用产品概况：

本项目位于北纬 23°，年平均峰值日照小时数为 3.70h，最高可达 4.80h，有 5 个月的平均峰值日照小时数超过了 4h，是安装光伏系统的较佳地区。广州市属于亚热带季风气候，温度比较温和，平均温度为 21.9℃，最高温度不超过 40℃，最低温度不低于 5℃。且在夏天时雨水较多，能清洗组件表面，可提高系统效率，提高发电量，节省维护成本。

夏季空调使用率高，耗电量大，此时日辐照强度也是最大，光伏的发电量也相对较大。冷负载需求量与光伏发电量的呈正相关关系，体现了分布式光伏发电与空调系统相结合的优势，即空调用电特性与光伏发电特性相吻合、自发自用率高。结合系统的光伏装机容量和客户的空调使用习惯，系统全年 12 个月光伏系统发电量仍然大于空调用电量，实现对外零电费，还能对外发电产生收益。

本系统主要由光伏系统、变频空调系统、发用电一体化管理系统三个部分组成。格力光伏直驱变频空调是交、直流双用设备，除可接入光伏直流电和市政交流电外，还可扩展储能、风电等多能源的混合接入，空调设备是电能调度中心。

光伏空调的系统特点有：

多：光伏直驱利用率达 99%、较常规系统提升效率 6%、MPPT 保证发电量最大化。

快：三元换流能源无缝衔接、五种模式 10ms 内实时切换、一体化设计安装更快捷。

好：绿色变频电能品质无忧、器件低压直流化运维更安全、智能化系统管理更放心。

省：变流复用，省掉逆变器、光伏直驱，交流线路净省、节能先行，大幅节省电费。

本项目光伏空调与建筑工程紧密结合，能够充分利用太阳能系统所发电力，且具有显著的社会经济效益。

项目亮点：

光伏发电作为太阳能利用的最优形式，与建筑空调用电结合，形成一种新型的分布式光伏发用电一体化的应用模式，促进光伏行业、空调行业的共同发展。2013 年 12 月 21 日，格力"光伏直驱变频离心机系统"通过专家评审团联合鉴定，达到"国际领先"水平，格力电器又一次凭借着核心技术抢占了全球制冷技术的制高点。

广州国光电器股份有限公司建设光伏直驱变频离心机系统的光伏总装机容量为 253kW，广州市的峰值日照小时数为 3.70h，光伏系统年发电量约为 273341kW · h，考虑组件的衰减（第一年衰减 2.5%，而后每年衰减 0.7%），则系统 25 年平均年发电量约为 245277kW · h，按照广州市的商业电价约为 1 元/kW · h，则该系统平均一年可创造约 24.53 万元的经济效益。目前，对于分布式光伏项目，在受到国家政策鼓励的同时，也受到地方政策鼓励和补贴。国家实施度电补贴的政策，标准为 0.42 元/kW · h，补贴时间为项目建成投产后连续 20 年，以光伏系统所发电能全部自发自用来计算，则可获得的年均国家补贴为 10.30 万元；广州市实施度电补贴和初装补贴双优政策。本项目同样以光伏系统所发电能全部自发自用来计算，广州市给予的补贴额度为 0.1 元/ kW · h。则本项目可获得的年均广州市补贴为 2.45 万元，补贴时间为项目建成投产后连续 10 年；同时，广州市还给与光伏系统建设初装补贴，即按照项目光伏装机容量给予一次性补贴为 0.2 元/W，则本项目建成后可获得一次性补贴为 5.06 万元；则国家每年的政策补贴约为 12.75 万元。年经济效益约为 37.28 万元，则投资回报周期约为 5.2 年。光伏离心机相对于传统变频多联机组不仅能节省运行费用支出，运行若干年后能收回成本，之后每年还有收益。光伏空调的核心技术包括以下内容：

1）零电费—光伏直驱技术：先进的光伏直驱技术，将光伏直流电直接并入变频空调的直流母线，光伏能直驱利用率可达 99%，省去了上网和供电时进行交/直流电变换的能量损耗，提升效率 6% ~8%。

2）零浪费—三元换流技术：研制了双向变流集成模块，建立了光伏系统、空调和公用电网三者之间的三元换流模式，实现了电能在直流侧双向流动、多路混合，发用电动态切换时间小于 10ms，避免发用电切换延迟导致的发电浪费。

3）零担心—动态智能负载跟踪 MPPT 技术：集成 MPPT 控制功能和稳压功能，解决光伏发电电压变化不稳定问题。实时跟踪并控制光伏发电为功率最大化状态，并实现空调对光伏电能的优先利用。

4）PAWM 交错控制技术：PAWM 交错控制技术，能实时响应光伏电压的快速变化和变频空调负载的动态需求，实现变频压缩机调频调压的自适应控制，保障系统的稳定和可靠运行。

5）发用电一体化管理技术：分别针对光伏直驱变频多联机和离心机系统，专门研发了各自的能源管理平台。均对光伏发电、机组用电、电网供电等能源集中管理，智能便捷，随心控制，同时可提高系统的自发自用匹配度及光伏能直驱利用率。

对于"赋光以能，不用电费"的格力光伏空调，中国制冷空调工业协会秘书长张朝晖说到：这一突破对制冷行业发展具有划时代意义。如果光伏可以直接驱动离心机这样的大型中央空调机组，那么在中国应用广泛的变频多联机、单元机领域，将很可能实现普及推广，到那时候，整个中央空调产业的节能事业将发展到一个非常高的高度。

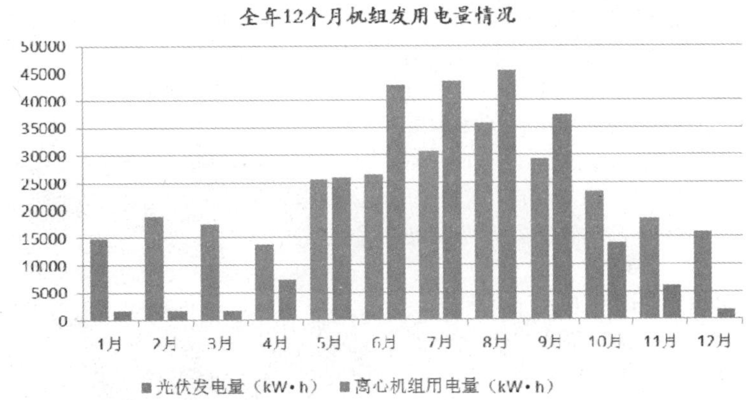

本项目光伏直驱变频离心机系统全年12个月发用电量

34. 天津双菱中学光伏直驱变频多联机系统项目

参与单位：

珠海格力电器股份有限公司

地址：广东珠海香洲前山金鸡西路789号

电话：0756-8974023　传真：0756-8614998

网址：www. gree. com　E-mail：zxb@ cn. gree. com

主要产品：

光伏直驱变频多联机、光伏直驱变频离心机

项目概况：

天津双菱中学位于天津市和平区湖北路2号，是天津市著名的民办中学，学校素以“教风严，学风浓，校风正，质量高”而享誉津门。本工程选用9台GMV-Y335WM/A格力光伏直驱变频多联机，冷负载为301.5kW。本项目用于该中学教学楼2～5层32间大教室（每间面积65m^2），每间教室安装两台内机，共64台多联机内机。其中5台多联机机组并联接入2串由23块组件每串的光伏板，共有10串；4台多联机机组接入1串由23块组件每串的光伏板，共有4串，在屋顶敷设的光伏板共322块，光伏总装机容量为85.33kW。

光伏直驱变频多联机系统相对于传统变频多联机组不仅能节省运行费用支出，运行若干年后能收回成本，之后每年还有收益。

解决方案/应用产品概况：

项目位于天津市和平区，北纬39°，年平均峰值日照小时数为4.37h，最高可达6.26h，有4个月的平均峰值日照小时数超过了5h，是安装光伏系统的较佳地区。天津市属于温带季风气候，温度比较温和，平均温度为12.3℃，最高温度不超过40℃，最低温度不低于－15℃。且在夏天时雨水较多，能清洗组件表面，可提高系统效率，提高发电量，节省维护成本。

按照该学校的空调使用习惯，空调每天运行时间为8：00～17：00，周一到周五空调全部开启，周六三分之一的空调开启，学校空调使用月份月为每年的3～6月和9～12月，夏季空调使用率高，耗电量大，此时日辐照强度也是最大，光伏的发电量也相对较大。冷负载需求量与光伏发电量的呈正相关关系，体现了分布式光伏发电与空调系统相结合的优势，即空调用电特性与光伏发电特性相吻合、自发自用率高。结合系统的光伏装机容量和学校的空调使用习惯，系统全年12个月光伏系统发电量仍然大于空调用电量，实现对外零电费，还能对外发电产生收益。

本系统主要由光伏系统、变频空调系统、发用电一体化管理系统三个部分组成。格力光伏直驱变频空调是交、直流双用设备，除可接入光伏直流电和市政交流电外，还可扩展储能、风电等多能源的混合接入，空调设备是电能调度中心。

格力光伏直驱变频多联机组采用高能效直流变频压缩机，以领先的全直流变频技术开创节能舒适空调的新纪元。光伏空调系统会根据光伏发电系统及多联机运行的实际情况，实时切换五种工作模式的发用电状态。

格力光伏空调的五种运行模式如下：

工作模式一：纯光伏发电工作模式。当空调主机不工作时，光伏发电系统所发电能全部向电网送电的工作模式。此时系统相当于一个光伏电站。

工作模式二：纯空调工作模式。当光伏发电系统不工作时，空调主机向公共电网取电运行的工作模式。此时系统相当于一个永磁同步变频离心机系统。

工作模式三：光伏空调及系统发电工作模式（双向供电）。当光伏发电功率大于空调主机耗电功率时，光伏发电系统所发电能优先满足空调主机运行，多余电能向公共电网发电的工作模式。

工作模式四：光伏空调及系统用电工作模式（混合供电）。当光伏发电功率小于空调主机耗电功率时，光伏发电系统所发电能不足以满足空调主机运行，需要从公共电网补充部分电能的工作模式。

工作模式五：光伏空调工作模式。当光伏发电功率等于空调主机耗电功率时，光伏发电系统所发电能刚刚好全部用于空调主机运行的工作模式。此时系统电能完全自发自用，对外零电耗。

本项目光伏空调与建筑工程紧密结合，能够充分利用太阳能系统所发电力，且具有显著的社会经济效益。

项目亮点：

光伏发电作为太阳能利用的最优形式，与建筑空调用电结合，形成一种新型的分布式光伏发用电一体化的应用模式，促进光伏行业、空调行业的共同发展。2014年12月25日，格力“光伏直驱变频多联机系统”完成评审，家用中央空调实现高效光伏直驱化，从此，光伏直驱变频空调系统对大中小型建筑及家庭的应用实现全覆盖。

天津双菱中学建设光伏直驱变频多联机系统的光伏总装机容量为85.33kW，天津市的峰值日照小时数为4.37h，光伏系统年发电量约为108824kW·h，考虑组件的衰减（第一年衰减2.5%，而后每年衰减0.7%），则系统25年平均年发电量约为97651kW·h。按照天津市的商业电价计算，则该系统平均一年可创造约9.77万元的经济效益。目前，对于分布式光伏项目，国家实施度电补贴的政策，标准为0.42元/kW·h，则国家每年的政策补贴约为4.10万

元，年经济效益约为 13.87 万元，本项目投资回报周期为 4.9 年。光伏直驱变频多联机系统相对于传统变频多联机组不仅能节省运行费用支出，运行若干年后能收回成本，之后每年还有收益。光伏多联机与常规光伏发电加多联机相比较，光伏多联机的光伏逆变器功能直接集成到机组内部变流单元，从而节省一台光伏逆变器，设备及工程总体投入降低，且能量损耗减少 5% ~7%。除此之外，光伏多联机采用无零线设计，节省 20% 线缆用量和 30% 交流线缆损耗。

格力光伏多联机是具有光伏发电功能的中央空调系统，实现发用电一体化；光伏直驱变频多联机系统高效光伏化、绿色变频化、直流化、薄膜化、无零线，系统节能效果显著、性能稳定可靠、机组寿命更长久、工程安装更便捷；光伏直驱变频多联机系统性能指标优越，光伏能直驱利用率达 98%，适应各种能量变化的五种工作模式 11ms 内实时切换，并网侧电能质量满足并网要求；光伏直驱变频多联机主机综合能效达 7.6，高于国标 110%。

2016 年应用市场电源产品目录

产品名称或规格型号	上市时间	公司名称	2016 年度销售额	技术特点	产品图片
1. 金融/数据中心					
Tiger 系列标准品电源	2017 年	台达电子企业管理(上海)有限公司	1000 万美元(预计)	1) 业界仅有的 68mm 宽且功率密度达 40W/in³① 2) AC 效率达 96%，支持高压直流和不同输入连接器 3) 两种风向版本，低噪声	
KR 系列智能化高密度在线式 UPS	2015 年	厦门科华恒盛股份有限公司	未统计	输入功率因数大于 0.99(满载)，输出功率因数 0.9(默认)，1.0(选配)，整机效率最高可达 95%	
KR33 系列 300-600kVA	2015 年	厦门科华恒盛股份有限公司	未统计	1) 额定电压：AC 380/400/415V (L-L) 2) 额定频率：50/60Hz 3) 输出电压：AC380 (1 + 1%) V (400 ± 1%、415 ± 1% 可选) 4) 输出频率：市电正常，自动同步跟踪；市电异常，本机 50Hz ± 0.5%，整机效率 最高可达 96%	
500K 模块化 UPS	2015 年	易事特集团股份有限公司	未统计	输入特性：输入电压可变范围：AC138 ~ 485V；输入频率变化范围：40 ~ 70Hz；输入功率因数：≈1 输出特性：输出电压稳压精度 ± 1%；输出功因数：0.9 以上	
柏克 BKH 系列模块化 UPS	2015 年	佛山市柏克新能科技股份有限公司	850 万元	1) 超 1 类电能质量及 0ms 响应时间 2) 30 ~ 50 节超强电池电压可调范围 3) 单机容量：10 ~ 600kVA，支持 4 机架并联，支持在线热插拔，支持无旁路模块运行 4) 获得泰尔认证，节能认证，广电入网证书，高新技术产品证书	

① $1in^3 = 1.63871 \times 10^{-5} m^3$，$1in = 0.0254m$。

（续）

产品名称或规格型号	上市时间	公司名称	2016 年度销售额	技术特点	产品图片
CMS 系列（10-800VA）模块化 UPS	2006 年	先控捷联电气股份有限公司	未统计	先控在模块化 UPS 产业中，形成单台模块容量为 10kVA、25kVA、50kVA、60kVA 的四种模块，组成不同容量的 UPS 系统，将产品标准化。监控模块、静态开关模块和功率模块均可在线热插拔，可四台并机使用，该产品可用性高，可靠性高，投资、运营、维护成本低	
ERMS 系列模块化 UPS	2008 年	先控捷联电气股份有限公司	未统计	ERMS 系列嵌入式模块化 UPS 电源，满足分散供电要求，安装于标准的 19in 机柜中，也可以单独使用。它是一款高密度、低成本的小功率模块化 UPS	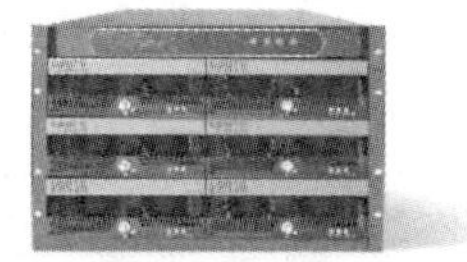
DS 系列全数字 UPS 系统	2003 年	先控捷联电气股份有限公司	未统计	DS 系列 UPS 为高频双变换在线式 UPS 系统，其先进的设计思路，高端的控制技术为关键负载提供电源保障	
DTP 系列模块化逆变电源	2003 年	先控捷联电气股份有限公司	未统计	DTP 系列嵌入式模块化逆变电源系统输入为 48V、110V、220V 直流电压，输出为单相交流电压给负载供电；整个系统具有 N＋X 备份冗余功能；即单个模块故障不影响系统正常工作	
模块 UPS	2016 年	广东宝星新能科技有限公司	500 万元	采用高效率在线双转换技术，效率可达 94.5%，与最新的数据机房设计无缝集成，是一款冗余可扩容的主可靠性模块化 UPS 系统	
山特 MT 系列不间断电源	2016 年	山特电子（深圳）有限公司	近 5000 万元	采用在线互动结构，效率高达 99%，纯正弦波输出	
山特城堡系列不间断电源	2016 年	山特电子（深圳）有限公司	超 5 亿元	在线双变换结构，高效节能，优异的环境适应性，低发电机配比	

（续）

产品名称或规格型号	上市时间	公司名称	2016 年度销售额	技术特点	产品图片
山特城堡机架式不间断电源	2013 年	山特电子（深圳）有限公司	近 1 亿元	在线双变换结构，2U 以内机架式设计，配套高效长寿命电池包	
EATON PowerXpert 9395 UPS	2007 年	伊顿电源（上海）有限公司	2.06 亿元	基于高品质、高可靠性的军用级设计平台，汇集伊顿多项先进技术的 EAA 节能架构，在不降低设备可靠性的前提下有效提升实际工作效率，目前唯一获得 LEED 的 sMaRT 节能认证的大型 UPS 系统	
EATON 93E UPS	2012 年	伊顿电源（上海）有限公司	1.31 亿元	为 IT 应用环境打造可靠运行、管理简便的电力保护系统，操作维护简单，系统可靠性高，紧凑型设计，具有较高的功率密度	
2. 工业/制造业					
KR33 系列 300 ~ 600kVA	2015 年	厦门科华恒盛股份有限公司	未统计	1）额定电压：AC380/400/415V（L-L） 2）额定频率：50/60Hz 3）输出电压：AC 380（1 ± 1%）V（400（1 ± 1%）、415（1 ± 1%）可选） 4）输出频率：市电正常，自动同步跟踪；市电异常，本机 50（1 ± 0.5%）Hz，整机效率最高可达 96%	
EA-EPSD-（1-10）kVA 系列单相工业应急电源	2015 年	易事特集团股份有限公司	未统计	1）输入相数：单相三线（单相 L + N + PE） 2）输入电压范围：AC 220（1 − 25%）V ~ AC220（1 + 15%）V 输出相数：单相三线（单相 L + N + PE） 3）输出范围：应急模式电压 AC 220（1 ± 3%）V，频率 50（1 ± 0.5%）Hz	
导轨电源 EDP 系列	2016 年	合肥华耀电子工业有限公司	未统计	经济型、超薄设计的全新系列导轨电源，功率涵盖 45 ~ 240W，满足宽范围输出可调；具备过载/过电压/过温/短路等保护功能，安全可靠	
CL-A1-350-24	2005 年	常州诚联电源股份有限公司	500 万元	工业电源，功率 350W 电压 24V，散热方式：风冷；保护功能：短路，过载；绝缘耐压	

（续）

产品名称或规格型号	上市时间	公司名称	2016 年度销售额	技术特点	产品图片
CL-A4-150-12	2014 年	常州诚联电源股份有限公司	100 万元	150W 超薄电源，2 年质保；100%负载老化；内置 EMI 滤波器；具有欠电压，过电流及短路保护；输出过载保护；输入欠电压保护；耐压；散热方式：自冷	
山特城堡系列不间断电源	2016 年	山特电子（深圳）有限公司	超 5 亿元	在线双变换结构，高效节能，优异的环境适应性，低发电机配比	
低压变频器	2014 年	深圳市库马克新技术股份有限公司	未统计	1）卓越性能 2）丰富功能 3）高可靠性 4）全面系统的保护功能 5）标配智能 LCD 键盘 6）内置多种行业应用标准宏 7）简易伺服功能	
高、中、低压变频器	2016 年	新风光电子科技股份有限公司	1.73 亿元	产品采用功率单元级联多电平拓扑结构。采用有感/无感矢量控制技术，具备工变频无扰切换、最快 0.1s 内快速飞车启动、多机主从协同工作、故障自复位功能，具有高功率密度和完善的保护机制	
开关电源	2012 年	伊戈尔电气股份有限公司	3788.89 万元	空气自冷式、短路保护/过电压保护/过载保护/过温保护，三年产品品质保证、振动最大 5G、工作温度最高 70℃	
高压变频器	2009 年	深圳市库马克新技术股份有限公司	未统计	匹配异步电机驱动的风机、泵、空压机等负载进行变频调速，电压范围：0～6kV、0～10kV 容量范围：315～850kVA、315～1400kVA；体积小、安装方便、现场适应性强、运行稳定、维护方便、具有低速大转矩等特点，除了可以满足风机、泵、空压机等负载，还能满足密炼机、破碎机等恒转矩负载	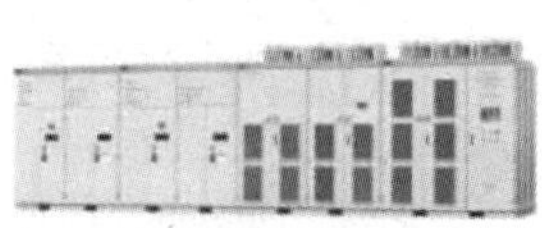
三电平变频器	2015 年	青岛威控电气有限公司	430 万元	是国内率先通过煤炭工业上海电气防爆监测站型式认证的产品，是高压、大功率电机拖动控制升级换代的主要方向，具有二极管钳位，中点控制技术，技术达到国际先进水平，替代进口同类型产品	

（续）

产品名称或规格型号	上市时间	公司名称	2016 年度销售额	技术特点	产品图片
MYJ80 激光电源	2016 年	浙江矛牌电子科技有限公司	1000 万元	输入带 APFC，适应电网电压范围宽，输出电流稳定，不受电网影响。倍压整流型高压包，稳压可靠寿命长。关机后无残压，更安全	
VF 超级功率容量变频电源设备（单台输出功率容量：12MVA）	2015 年	江门市安利电源工程有限公司	485 万元	电压允许波动范围：323～528V，三相＋N 输出电压任意设定，转换效率≥90%，频率稳定度：≤0.01%	
EATON PowerXpert 9395 UPS	2007 年	伊顿电源（上海）有限公司	2.06 亿元	基于高品质、高可靠性的军用级设计平台，汇集伊顿多项先进技术的 EAA 节能架构，在不降低设备可靠性的前提下有效提升实际工作效率，获得 LEED 的 sMaRT 节能认证的大型 UPS 系统	
电泳电源	2016 年	杭州快电新能源科技有限公司	未统计	1）产品性能优越高效，稳定可靠 2）防烟雾酸化措施，适应各中恶劣环境 3）节能，比传统晶闸管整流器效率提供 15% 4）过电压、过电流、过热保护，使电源得以稳定、可靠、安全地运行	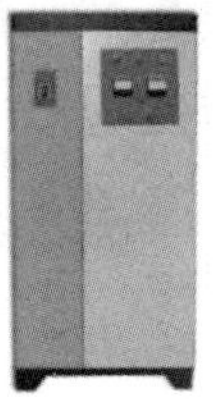
大功率直流稳压电源	2016 年	杭州快电新能源科技有限公司	未统计	1）重量轻、体积小、效率高 2）进口的工业等级器件，保证机器的可靠性及稳定性 3）具备完善的保护功能，性能稳定可靠	
3. 充电桩/站					
一体化直流充电桩	2015 年	广东志成冠军集团有限公司	未统计	输入特性：三相五线制，AC380V 输出特性：200～750V 转换效率：≥94%	

（续）

产品名称或规格型号	上市时间	公司名称	2016 年度销售额	技术特点	产品图片
40kW 交流充电桩	2016 年	北京动力源科技股份有限公司	200 万元	良好的人机交互界面；智能充电终端，实时显示充电信息；完善的安全防护；支持多种通信方式；兼容双枪	
60/120kW 一体式直流充电桩	2016 年	北京动力源科技股份有限公司	200 万元	良好的人机交互界面，尺寸小，效率高达 96%，完善的安全防护，支持多种通信方式，兼容双枪	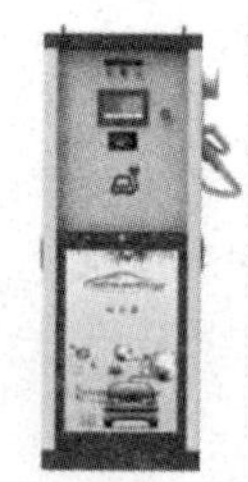
7kW 交流充电桩	2016 年	北京动力源科技股份有限公司	200 万元	良好的人机交互界面；智能充电终端，实时显示充电信息；完善的安全防护；支持多种通信方式	
EVDS 系列直流充电桩	2014 年	先控捷联电气股份有限公司	未统计	1）EVDS 系列直流充电桩有落地式、壁挂式、移动式、便携式多种 2）输入电压范围：260 ~ 530V（AC260 ~ 304V，输出功率降额 50%） 3）功率因数大于 0.99；防护等级：IP55 单枪输出、双枪输出、四枪输出	
EVsmart 交流充电桩	2014 年	先控捷联电气股份有限公司	未统计	1）输入电压范围（V/AC）：220（1 ±15%）或 380（1 ±15%） 2）输出电流：16A、32A、63A 3）操作界面采用 12.1 寸 LCD/LED 显示屏，实时显示充电信息，并具有广泛的广告宣传空间和增值价值 4）防护等级：I	

（续）

产品名称或规格型号	上市时间	公司名称	2016年度销售额	技术特点	产品图片
EVmini 交流充电桩	2014年	先控捷联电气股份有限公司	未统计	输入电压范围（V/AC）：220（1±15%） 输出电流：16A、32A 防护等级：IP55 体积小巧，外观新颖，多种颜色可选	
分体式充电系统（直流充电电堆、充电终端、集中操作单元）	2014年	先控捷联电气股份有限公司	未统计	直流充电电堆有室内型直流充电电堆和户外式直流充电电堆两种，可同时提供多路直流输出，且每路输出功率动态可调，可满足不同用户需求。适用于需要多路直流充电服务的室内外停车场站及地下车库停车场站等，具有可靠性高、可用性高、可维护性高、效率高等优点	
车载充电机	2014年	先控捷联电气股份有限公司	未统计	该产品为电动汽车配套车载内置电源模块，将市电的交流电转换成后端电动类汽车可用的直流电，为电动汽车电池提供可靠的直流电供应。具有可靠性高、可用性高、可维护性高、效率高等优点	
壁挂交流充电桩 ANAC-1-220V/32A-1	2015年	杭州奥能电源设备有限公司	未统计	实现对充电的管理、计费、电池状态监测和自动化充电全过程，具有输入过电压、欠电压、输出短路、漏电充电枪连接监测等多重保护，兼备散热、防水、防雷、防尘设计	
立式交流充电桩 ANAC-5-220V/32A-1	2015年	杭州奥能电源设备有限公司	未统计	实现对充电的管理、计费、电池状态监测和自动化充电全过程，具有输入过电压、欠电压、输出短路、漏电充电枪连接监测等多重保护，兼备散热、防水、防雷、防尘设计	

（续）

产品名称或规格型号	上市时间	公司名称	2016 年度销售额	技术特点	产品图片
流媒体交流充电桩 ANAC-2-220V/32A-1	2015 年	杭州奥能电源设备有限公司	未统计	外形及结构简洁、桩体布局美观、长方形设计，接入配电线路即能进行充电。除有液晶显示，指示灯、键盘操作设置、磁卡智能识别、APP 查询和控制等功能外，能和任何充电管理后台、协议标准、智能流媒体服务平台对接，实现桩体广告播放功能	
流媒体直流充电桩 ANDC4-500V/60A-1	2015 年	杭州奥能电源设备有限公司	未统计	最大充电功率 30～200kW，从局部散热和整桩散热都进行了严格论证和测试，高温条件下正常充电工作；友好的充电人机交互界面，每一次充电过程都是美的享受	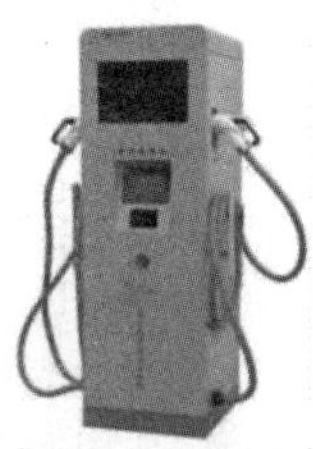
充电模块 ZHC700-15K、ZHC50015K、ZHC45015K	2016 年	杭州中恒电气股份有限公司	未统计	功率因数≥0.99 工作频率：50(1±10%)Hz 效率：95% 此模块在历代产品的基础上优化设计，稳压稳流精度高、波纹系数小、抗干扰性强、可靠性高、工艺优、成本低等优点	
电动汽车直流充电桩	2016 年	深圳市金威源科技股份有限公司	50 万元	针对当前市场上充电桩待机功耗 150W 的平均水平，金威源充电桩模块零功耗待机，整桩待机≤10W，远小于行业平均水平 150W。为充电站运营商年节省 1226 度电/桩	
交流落地充电桩	2016 年	西屋港能企业(上海)股份有限公司	5 万元	1）自助方式操作，适用于无人停车场 2）触摸屏，显示充电、用户信息 3）身份识别，读取 IC 卡，识别用户身份及相关信息 4）费用收取，可刷卡、微信、支付宝等 5）票据打印，可打印收费小票	

（续）

产品名称或规格型号	上市时间	公司名称	2016年度销售额	技术特点	产品图片
交流壁挂充电桩	2016年	西屋港能企业（上海）股份有限公司	3万元	1）外观时尚，安装灵活，可壁挂也可落地支架安装 2）可选刷卡模式，包括刷卡身份识别或刷卡计费 3）具备充电接口连接状态判断、控制导引等安全保护控制逻辑	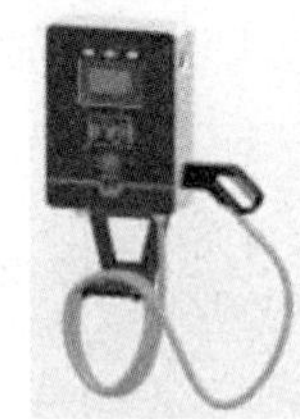
交流充电桩	2016年	杭州快电新能源科技有限公司	未统计	1）可提供RS485、CAN、GPRS、以太网等多种通信接口，进行有线或无组组网，实现三遥（遥测、遥信、遥控） 2）计量计费，新型触摸屏，阳光下清晰可见 3）多种充电方式：刷卡充电、预约充电、二维码充电等 4）可采用集中器组网模式，对后台适应性强 5）键盘输入模式，可靠性好 6）电子智能锁，充电枪内置，防盗性好 7）红外感应，自动判断车位是否被占用 8）雷达测车距，自动地锁联动	
直流充电桩	2016年	杭州快电新能源科技有限公司	未统计	1）可提供RS232、RS485、CAN、GPRS、以太网等多种通信接口，进行有线或无组组网，实现三遥（遥测、遥信、遥控） 2）具有节能模式，充电过程保持最高效率 3）智能计费，新型触摸屏，阳光下清晰可见 4）多种充电方式：刷卡充电、预约充电、二维码充电等 5）实时记录，采样充电电压与电流，记录整个充电过程 6）热插拔模块，灵活组合，维护方便	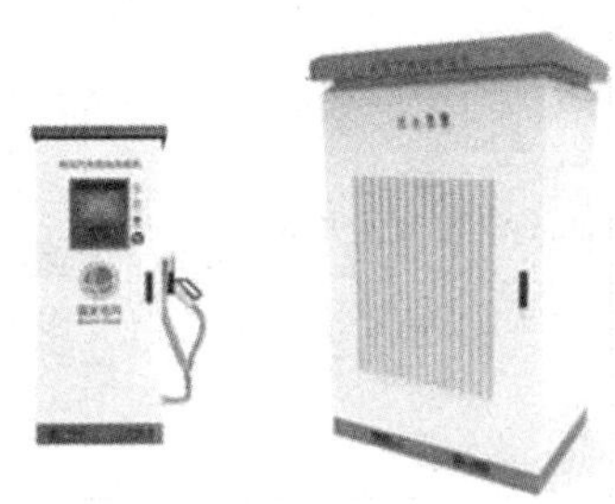
4. 传统能源/电力操作					
三相储能变流器BCS500K-A	2015年	厦门科华恒盛股份有限公司	未统计	最大输入功率565kW，额定功率500kW，并网最大转换效率97.0%	
单相储能变流器SPH3600-B	2015年	厦门科华恒盛股份有限公司	未统计	最大输入功率4kW，额定功率3.6kW，并网最大转换效率96.5%	

（续）

产品名称或规格型号	上市时间	公司名称	2016 年度销售额	技术特点	产品图片
SPS 系列储能式 UPS 系统	2015 年	先控捷联电气股份有限公司	未统计	SPS 系列储能式 UPS 系统，不仅具有在线式 UPS 的全部功能，还可实现 DC/AC 和 AC/AC 二组变换器的并行输出，通过储能电池，对电网削峰填谷，利用峰、谷、平的电价差为用户创收，并可扩展到新能源的综合利用，具有极高的投资价值	
PCS 系列双向变流器	2015 年	先控捷联电气股份有限公司	未统计	PCS 系列双向变流器实现能量的双向流动，既可工作在整流模式，实现交流到直流的转换，为电池充电蓄能，也可工作在逆变模式，将直流逆变成交流，输入电网。具有更高的稳定性和可靠性	
干式变压器/压电抗器	2012 年	伊戈尔电气股份有限公司	469.26 万元	串联一定比例的电抗器，用以抑制和吸收部分谐波，可以显著提高供电系统的可靠性和稳定性	
兆瓦级储能变流器（PCS）	2016 年	青岛威控电气有限公司	380 万元	该系统具备并网/离网无扰切换、暗启动、孤岛模式、低电压穿越、下垂控制等功能，技术水平先进，性能可靠，产品多次应用在国家 863 项目中，已在现场经长时间运行考验，顺利通过专家组验收	
电能质量产品 MAC	2014 年	西安爱科赛博电气股份有限公司	1000 万元	MAC，采用电力电子换流技术，“10kg、88mm、55dB”，以轻、薄、静等卓越指标领跑业界	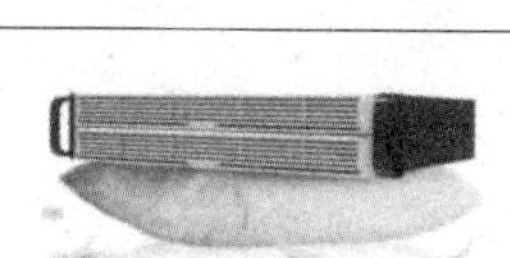
KBSG-180kVA/3300V 型牵引变压器	2014 年	河北远大电子有限公司	240 万元	1）绕制采用夹膜绕制方法，减少局部放电量，使之不大于 5 个 PC 2）铁心材料应用于无毛刺化处理，降低铁心的涡流损耗，提高变压器效率，降低无功损耗，达到节能效果	

（续）

产品名称或规格型号	上市时间	公司名称	2016 年度销售额	技术特点	产品图片
高、低压动态无功补偿装置(SVG)	2016 年	新风光电子科技股份有限公司	1.58 亿元	FGSVG 动态无功补偿装置是以 IGBT 为核心的无功补偿系统，能够快速连续地提供容性或感性无功功率，实现考核点恒定无功、恒定电压和恒定功率因数的控制等，保障电力系统稳定、高效、优质地运行	
高阻抗变压器	2016 年	专顺电机(惠州)有限公司	未统计	高阻抗变压器，电抗器组合设计，低损耗，高效率	
变压器/电抗器/线圈	2016 年	专顺电机(惠州)有限公司	未统计	限流，滤波 抗大电流冲击能力较强，线性度好；抗饱和能力强	
变压器/电抗器/线圈	2016 年	专顺电机(惠州)有限公司	未统计	限流，滤波抗大电流冲击能力较强，线性度好	
变压器/电抗器/线圈	2016 年	专顺电机(惠州)有限公司	未统计	于无功功率补偿。一般和电容串联使用，其在工频下呈容性，从而防止并联谐振及无放大谐波电流之虑。具有抑制高次谐波，限制合闸涌流；提高系统功率因子；防止谐波电容器造成危害，避免电容器装置的接入对电网谐波的过度放大和谐振发生	
异步化发电装置	2016 年	江门市安利电源工程有限公司	225 万元	能够提升 30% 的发电量，带来可观的经济效益，并大幅节约水力资源和标准煤，减少二氧化碳的排放，具有极高的社会效益	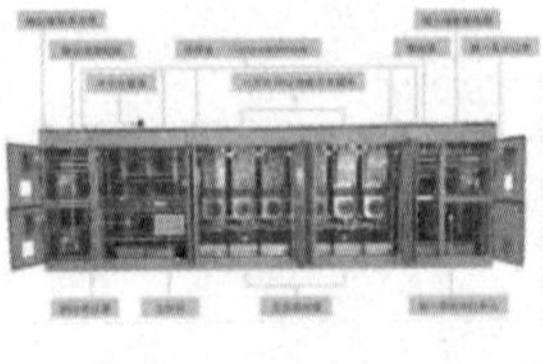

（续）

产品名称或规格型号	上市时间	公司名称	2016 年度销售额	技术特点	产品图片
5. 新能源					
全功率风电变流器	2013 年	台达电子企业管理（上海）有限公司	8 亿元	各种复杂电网条件下稳定运行能力，各种电网故障穿越能力，智能化远程监控，模块化设计，减少维护时间	
SG1250-MV	2016 年	阳光电源股份有限公司	2.38 亿元	“逆”“变”一体，集成高效升压变、中压配电及监控，快速部署，早发电早收益；逆变效率超 99%，优化内部逆变及变压单元集成，系统损耗更低；集成智能单元，方阵内全方位监控，在线分析诊断，快速定位故障等	
SG50KTL	2016 年	阳光电源股份有限公司	1.74 亿元	高效发电，3 路独立 MPPT，9 路组串输入，支持 1.1 倍以上超配；安全可靠，P65 智能风扇散热，45℃ 长期 1.1 倍过载，专利防 PID 技术；智能友好，0.5% 高精度智能组串检测，在线分析和定位故障，支持 PLC 通讯，节省通信线缆及施工成本等	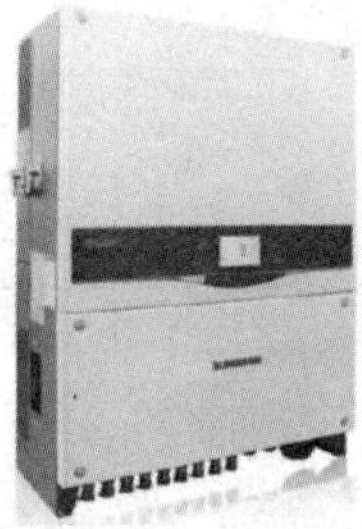
集中式光伏并网逆变器 EA500KTM	2015 年	易事特集团股份有限公司	未统计	1）输入特性：宽直流输入范围，最高可达 1000V 2）输出特性：自适应控制技术，适应各种恶劣电网环境发电。最大输出功率达 550kW	
高效组串式光伏并网逆变器	2015 年	易事特集团股份有限公司	未统计	1）输入特性：最大输入直流电压：DC 1000V；MPPT 范围：DC 250 ~ 900V 2）输出特性：额定输出功率，EA33KTLSI：33kW，EA40KTLSI：36kW	
PVxx-29Bxx	2016 年	广州金升阳科技有限公司	超 1000 万元	DC200 ~ 1500V 超宽电压输入，支持更多光伏组串；隔离电压高达 AC4000V，自带输入欠电压保护，满足工作在海拔 5000m 的场合；通过 UL1741/CSA-C22.2 No.107.1 及 EN62109 认证	

（续）

产品名称或规格型号	上市时间	公司名称	2016 年度销售额	技术特点	产品图片
NB500kE-m 光伏并网逆变器	2016 年	陕西长岭光伏电气有限公司	500 万元	1）双级式电路拓扑，最高转换效率 98.6% 2）宽输入电压范围，适应多种电池组串配置 3）自然冷却，可靠性高、维护简单	
NB30kA 光伏并网逆变器	2016 年	陕西长岭光伏电气有限公司	300 万元	1）T 型三电平逆变技术，最高转换效率 99% 2）三路 MPPT，适应复杂地形安装 3）智能启停，整机寿命长 4）功率密度高，节省安装空间	
3-60kW 组串式光伏逆变器	2014 年	深圳麦格米特电气股份有限公司	8000 万元	全系列机型采用自然散热方式，效率高、体积小、安装简易，每路光伏输入检测，安全可靠，是家庭屋顶、工商业厂房、分布式、集中电站的优选	
新能源电站设备电源	2016 年	深圳市金威源科技股份有限公司	30 万元	产品具有输入电压范围宽、高转换效率、结构紧凑、体积小、安装施工方便等特点，具有电压上升抑制、低压穿越、可并网/离网使用、LCD 屏操作、远程监控等功能	
光伏逆变器、变频器	2016 年	东莞立德电子有限公司	150 万美元	可靠性高、体积小、小模块可单独工作，可用于传动并联使用要求	
320W 单晶太阳能组件 PMS320M-72	2016 年	广东宝星新能科技有限公司	2500 万元	采用先进的组件制造技术，高功率输出，优异的弱光发电性能	

（续）

产品名称或规格型号	上市时间	公司名称	2016年度销售额	技术特点	产品图片
260W 多晶太阳能组件 PPS260P-60	2016年	广东宝星新能科技有限公司	3000万元	先进的电池正面制绒、背电厂工艺，抗PID功能，通过5400帕正面雪压，2400帕风压载荷认证测试	
6. 电信/基站					
KR系列智能化高密度在线式UPS	2015年	厦门科华恒盛股份有限公司	未统计	输入功率因数>0.99(满载)，输出功率因数0.9(默认)，1.0(选配)，整机效率最高可达95%	
KR33 系列 300-600kVA	2015年	厦门科华恒盛股份有限公司	未统计	1）额定电压：AC380/400/415V(L-L) 2）额定频率：50/60Hz 3）输出电压：AC380(1±1%)V(400(1±1%)、415(1±1%)可选) 4）输出频率：市电正常，自动同步跟踪；市电异常，本机50(1±0.5%)Hz，整机效率 最高可达96%	
Zebo	2016年	中兴通讯股份有限公司能源产品部	未统计	整流器峰值效率提升至98.1%、功率密度提升至50W/in^{3}的业界高水平	
CMS系列(10~800VA)模块化UPS	2006年	先控捷联电气股份有限公司	未统计	先控在模块化UPS产业中，形成单台模块容量为10kVA、25kVA、50kVA、60kVA的四种模块，组成不同容量的UPS系统，将产品标准化。监控模块、静态开关模块和功率模块均可在线热插拔，可四台并机使用，该产品可用性高，可靠性高，投资、运营、维护成本低	
ERMS系列模块化UPS	2008年	先控捷联电气股份有限公司	未统计	ERMS系列嵌入式模块化UPS电源，满足分散供电要求，安装于标准的19in机柜中，也可以单独使用。它是一款高密度、低成本的小功率模块化UPS	
DS系列全数字UPS系统	2003年	先控捷联电气股份有限公司	未统计	DS系列UPS为高频双变换在线式UPS系统，其先进的设计思路，高端的控制技术为关键负载提供电源保障	

（续）

产品名称或规格型号	上市时间	公司名称	2016 年度销售额	技术特点	产品图片
DHP 系列逆变器	2003 年	先控捷联电气股份有限公司	未统计	2003 DHP 系列逆变器 金融/数据中心；电信/基站；照明；DHP 系列正弦波逆变器输出功率有 1kVA、2kVA、3kVA 三种，它的体积小、重量轻、效率高；它的功率密度极高；直流输入电压为 DC48V、DC110V、DC220V	
DTP 系列模块化逆变电源	2003 年	先控捷联电气股份有限公司	未统计	DTP 系列嵌入式模块化逆变电源系统输入为 48V、110V、220V 直流电压，输出为单相交流电压给负载供电；整个系统具有 N + X 备份冗余功能；即单个模块故障不影响系统正常工作	
通信 UPS	2012 年	深圳市比亚迪锂电池有限公司	超 2000 万元	搭配铁锂电池、电池循环寿命长、体积小重量轻、备电长充电快、耐高温，转换效率高	
7. 照明					
LED 驱动电源 EWE 系列	2016 年	合肥华耀电子工业有限公司	未统计	经济型、小体积设计的全新系列 LED 驱动电源，功率涵盖 30 ~ 150W，效率高达 93%，多种调光功能可选，具备过载/过电压/过温/短路等保护功能	
LDP 道路照明系列	2015 年	茂硕电源科技股份有限公司	未统计	输入特性： 1）AC90 ~ 305V 2）PF > 0.95 3）防浪涌等级：DM 5kV，CM 10kV 输出特性： 1）输出功率：60 ~ 320W 2）恒功率智能可调 3）软件设定电流 4）可视化软件编程 5）直流电平和 PWM 信号幅值均可设定为 5V 或 10V	
LUC 地铁公共照明系列	2015 年	茂硕电源科技股份有限公司	未统计	输入特性： 1）AC 90 ~ 305V 2）PF > 0.96 3）防浪涌等级：DM 4kV，CM 6kV 4）IP65 输出特性： 1）输出功率：25 ~ 40W 2）恒功率智能可调 3）DALI 智能可调 4）软件设定电流 5）可视化软件编程 6）调光关断功能 7）直流电平和 PWM 信号幅值均可设定为 5V 或 10V	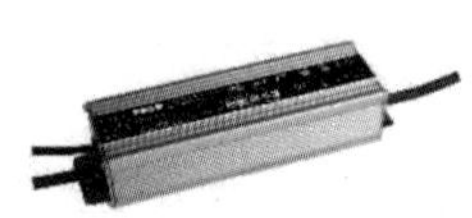

（续）

产品名称或规格型号	上市时间	公司名称	2016 年度销售额	技术特点	产品图片
LTP 工业照明系列	2015 年	茂硕电源科技股份有限公司	未统计	输入特性： 1）AC90～305V 2）PF＞0.96 3）防浪涌等级：DM 5kV，CM 10kV 4）IP65 输出特性： 1）输出功率：60～160W 2）恒功率智能可调 3）0～10V 调光、PWM 调光 4）内置可调电位器	
LSV 景观照明系列	2015 年	茂硕电源科技股份有限公司	未统计	输入特性： 1）AC90～305V 2）PF＞0.96 3）防浪涌等级：DM 5kV，CM 10kV 4）IP67 输出特性： 1）输出功率：75～320W 2）恒压设计 3）CC＋CV 二种工作模式	
茂硕睿动系列 LED 智能驱动电源	2015 年	茂硕电源科技股份有限公司	未统计	输入特性： 1）AC90～305V 2）PF＞0.95 3）防浪涌等级：差模 5kV，共模 10kV 输出特性： 1）输出功率：75～320W 2）恒功率智能可调 3）四合一调光	
EUG Series	2015 年	英飞特电子（杭州）股份有限公司	8656 万元	1）智能化，多合一条调光，实现 5 种不同调光功能 2）恒功率，实现输出电流可调节功能，匹配多种应用方案 3）高效率，采用集成磁结构设计，实现产品的小体积、高转换效率 4）高防雷，专利技术外接螺丝结构设计，实现差模 6kV、共模 10kV 高防雷能力	
LED 驱动电源	2016 年	浙江矛牌电子科技有限公司	8000 万元	价格低，性能稳定，转换效率高，安全可靠，使用寿命长等特点，符合 Rohs，REACH、PAHS 等国际环保指令	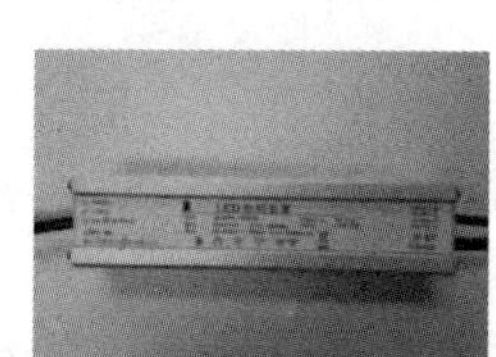

（续）

产品名称或规格型号	上市时间	公司名称	2016 年度销售额	技术特点	产品图片
CHQ-500W	2016 年	温州楚汉光电科技有限公司	80 万元	四路电源，把原来多个开关电源合并到一个中，省去繁琐的安装，节省空间、时间。用铝壳，散热性更好。目前五路的开关电源原型机已经出炉，预计 2017 年可以开始上市销售	
8. 轨道交通					
柏克 BKH 系列模块化 UPS	2015 年	佛山市柏克新能科技股份有限公司	850 万元	1）超 1 类电能质量及 0ms 响应时间 2）30～50 节超强电池电压可调范围 3）单机容量：10～600kVA，支持 4 机架并联，支持在线热插拔，支持无旁路模块运行 4）获得泰尔认证，节能认证，广电入网证书，高新技术产品证书	
CMS 系列（10～800VA）模块化 UPS	2006 年	先控捷联电气股份有限公司	未统计	先控在模块化 UPS 产业中，形成单台模块容量为 10kVA、25kVA、50kVA、60kVA 的四种模块，组成不同容量的 UPS 系统，将产品标准化。监控模块、静态开关模块和功率模块均可在线热插拔，可四台并机使用，该产品可用性高，可靠性高，投资、运营、维护成本低	
ERMS 系列模块化 UPS	2008 年	先控捷联电气股份有限公司	未统计	ERMS 系列嵌入式模块化 UPS 电源，满足分散供电要求，安装于标准的 19in 机柜中，也可以单独使用。它是一款高密度、低成本的小功率模块化 UPS	
DS 系列全数字 UPS 系统	2003 年	先控捷联电气股份有限公司	未统计	DS 系列 UPS 为高频双变换在线式 UPS 系统，其先进的设计思路，高端的控制技术为关键负载提供电源保障	
DPJ 系列模块式 UPS 集成配电系统	2003 年	先控捷联电气股份有限公司	未统计	DPJ 系列模块化集成配电系统，主要是为 UPS 电源的输出配电或分路配电提供可管理、可扩展、可维护的安全智能一体化配电集成系统，为用户提供可靠性、安全性和扩展性极高的一体化配电解决方案	

（续）

产品名称或规格型号	上市时间	公司名称	2016 年度销售额	技术特点	产品图片
UP(A)D 智能型轨道交通专用电源系统	2004 年	重庆荣凯川仪仪表有限公司	3100 万元	1）是一种轨道交通屏蔽门/安全门专用电源系统 2）产品全系列获得全电磁兼容测试 3）可采用直流供电方案，也可采用交流供电方案	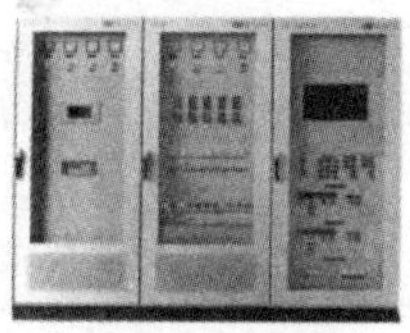
铁路模块电源		北京新雷能科技股份有限公司	未统计	高效率；宽输入范围；标准尺寸；环境适应性强；符合铁路相关应用标准	
BT 系列	2016 年	上海百纳德电子信息有限公司	5000 万元	采用先进的数字电路系统超稳定运行、智能侦测系统全程守护、智能通信工具远程监控、超清晰界面信息处理技术，人机沟通无障碍	
轨道交通再生制动能量吸收逆变装置	2007 年	新风光电子科技股份有限公司	3000 万元	再生制动能量吸收逆变装置主回路采用三电平电路拓扑结构，控制采用电压、电流双闭环矢量控制。单元模块化设计，采用多单元并联，各单元独立控制，冗余性设计等提升了系统的可靠性	
9. 车载驱动					
车载 DC-DC 转换器 G3 MINI 3kW	2016 年	合肥华耀电子工业有限公司	未统计	小体积设计搭载 97% 的转换效率；输出功率：3kW；200 ~ 720V 宽范围电压输入；采用国际先进的数字模拟混合控制技术，输入与输出完全电气隔离，更加安全可靠	
1800W 车载充电器	2016 年	深圳可立克科技股份有限公司	1500 万元	Universal AC Input（90 ~ 264V） Output Parameter：DC 72V/25A High Efficiency：>92% Static Power Loss：<1W	

（续）

产品名称或规格型号	上市时间	公司名称	2016年度销售额	技术特点	产品图片
铁路信号控制变压器	2015年	河北远大电子有限公司	120万元	1）采取尖端安全帽防护和良好接地设施，静电释放量小于200ηV 2）变压器线圈的新式通风结构，通风量提高20%～25%，节能提高15%以上	
车载充电机	2014年	先控捷联电气股份有限公司	未统计	该产品为电动汽车配套车载内置电源模块，将市电的交流电转换成后端电动类汽车可用的直流电，为电动汽车电池提供可靠的直流电供应。具有可靠性高、可用性高、可维护性高、效率高等优点	
四合一车载充电机总成	2016年	深圳市航嘉驰源电气股份有限公司	2000万元	面向低速电动车，高集成度，自然冷却，可靠性高，重量轻	
3.3kW OBC + 1kW DC二合一（北汽二合一）	2015年	南京中港电力股份有限公司	2596.52万元	1）集充电机、DCDC于一体 2）高度集成化、技术性能稳定、效率高、体积小 3）采用风冷方式散热、散热好、防护等级高、噪声小	
3.3kW 320V OBC +1.5kW 320V DC二合一	2016年	南京中港电力股份有限公司	新上市，暂无销售额	1）集成高频充电器，行业领先的更小体积 2）先进的电力电子设备提供高效率和整功率因数，极广的交流输入电压范围 3）风冷设计，散热性能良好，极高的充电效率	
3kW OBC	2013年	南京中港电力股份有限公司	3119.23万元	1）集成高频充电器，行业领先的更小体积 2）先进的电力电子设备提供高效率和整功率因数，极广的交流输入电压范围 3）风冷设计，散热性能良好，极高的充电效率	
1kW DC	2014年	南京中港电力股份有限公司	1051.23万元	1）体积小，高工作效率 2）自冷设计，免维护，寿命长，防护等级高	

（续）

产品名称或规格型号	上市时间	公司名称	2016 年度销售额	技术特点	产品图片
10. 计算机/消费电子					
冷静王蓝钻	2017 年	深圳市航嘉驰源电气股份有限公司	2400 万元	额定功率为 400W，采用主动式 PFC，宽电压设计；高达 85% 的转化效率，12cm 智能温控风扇	
多核 WD500	2015 年	深圳市航嘉驰源电气股份有限公司	4500 万元	额定 500W，支持 100 ~ 240V 全球电压，转换效率 85% 以上，多路输出，稳定可靠	
无线充电器	2016 年	安泰科技股份有限公司非晶金属事业部	20 万元	无线充电器套装摆脱有线缠绕，多工位无线充一机多充，充电效率快；多功能无线充小巧轻薄，便于携带，还可用于车载导航和存储数据，是办公，居家，无忧出行神器	
适配器 ADS-40FSG-19 19032EPCU	2015 年	深圳欧陆通电子有限公司	3324 万元	1）外表美观，体积小巧，携带方便 2）输入电压宽，可适用全球不同的交流电压 3）输出电压稳定，转换效率高，超低待机功耗 4）保护功能齐全，安全可靠	
适配器 ADS-18FSG-09 08513GPCN	2014 年	深圳欧陆通电子有限公司	2857 万元	1）动态负载可过 EMC 2）高等防雷击技术 3）超高电流供给 4）高精密稳压环路技术	
适配器 ADS-25FSG-12 12024EPG	2014 年	深圳欧陆通电子有限公司	3022 万元	外围电路少，结构简单，环路控制稳定，自动化变压器设计，更高的自动化插件等	
适配器	2013 年	浙江矛牌电子科技有限公司	1 亿元	价格低，性能稳定，安全可靠，使用寿命长等特点，符合 Rohs，REACH、PAHS 等国际环保指令	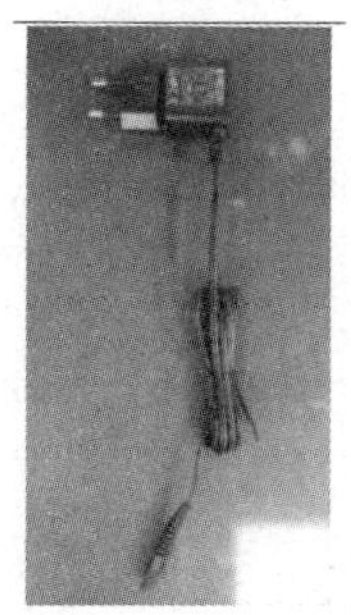

（续）

产品名称或规格型号	上市时间	公司名称	2016 年度销售额	技术特点	产品图片
居家小家电	2016 年	东莞立德电子有限公司	1800 万美元	多功能，节能	
网通电源	2016 年	东莞立德电子有限公司	680 万美元	节能环保	
A-200AF-5	2016 年	常州市创联电源科技股份有限公司	3000 万元	重量轻、效率可达 89%、易散热、强负载	
A-350AA-5	2016 年	常州市创联电源科技股份有限公司	1000 万元	大功率、效率超过 86%、性价比高、易散热	
CV-400RH-12	2016 年	常州市创联电源科技股份有限公司	500 万元	双面板、滚珠风扇、高效率、防鼠疫	
11. 安防/特种行业					
多制式模块化 EPS 应急电源	2016 年	广东志成冠军集团有限公司	未统计	输入特性：AC380V(1 ±10%) 输出特性：AC 220/380V(1 ±2%) 转换效率：≥92%	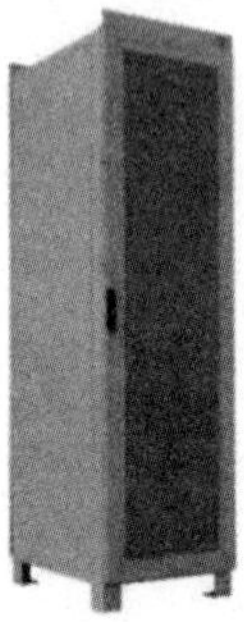

（续）

产品名称或规格型号	上市时间	公司名称	2016 年度销售额	技术特点	产品图片
核岛用电源 FR-UK31HD 系列	2015 年	厦门科华恒盛股份有限公司	未统计	该核级 UPS 包括为反应堆控制保护及安全相关系统负荷供电；严格遵守国际核安全标准和中国国家核安全标准，且经过核安全严苛要求试验。该产品基本包络 CPR1000、EPR、ACPR1000、AP1000、华龙一号的技术路线的设备指标要求	
车载综合逆变电源	2016 年	佛山市柏克新能科技股份有限公司	200 万元	符合陆军地面武器装备相关标准 高效率、高功率密度、小型轻量化 车载综合电源由逆变器单元、DC-DC 单元、AC-DC 整流变换单元、动力电池包、控制操作面板组成	
精密可编程交流电源	2015 年	西安爱科赛博电气股份有限公司	未统计	Pre-A100 精密可编程交流电源可以在较大范围内模拟电网变动与扰动、精度高、可编程功能丰富；适合在工业与消费电子、航空军工、核工业等不同领域的产品开发、测试、制造中使用	
防爆高压变频器	2013 年	深圳市库马克新技术股份有限公司	未统计	主要应用(Main Application)： 1）重型刮板输送机的重载软启软停与调速，自动节能运行 2）重型胶带软送机的重载软启软停调速，自动节能运行 3）转载机、破碎机的重载软启停与调速	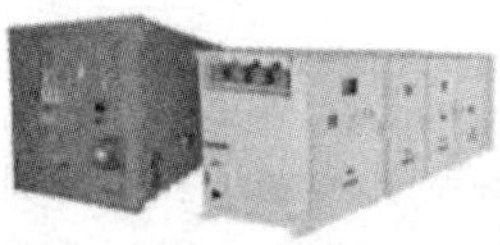
特种电源	2016 年	新风光电子科技股份有限公司	1600 万元	数字化电机试验电源满足国家标准对电机试验电源的各项要求，既可以对普通电机进行试验，也可对变频电机进行试验。频率调节可在 1 ~ 150Hz 内运行，试验输出电压范围在 0 ~ 10.5kV 可调	
SVF 系列大功率室外移动舱式变频岸电电源设备（单台输出功率容量：400 ~ 4000kVA）	2015 年	江门市安利电源工程有限公司	560 万元	可根据客户要求订制不同的输入、输出电压级别，转换效率 ≥ 95%（100% 负载），输出电压稳定率：静态：≤0.5V，动态：≤ ±1%	

（续）

产品名称或规格型号	上市时间	公司名称	2016 年度销售额	技术特点	产品图片
SVF 筒系列船舶岸电电缆卷	2015 年	江门市安利电源工程有限公司	230 万元	自动适应 380V/50Hz 和 440V/60Hz 电源，横向多层排缆方式，双螺杆排缆器，涨退潮时能自动调整电缆松紧程度	
VF 超级功率容量变频电源设备（单台输出功率容量：12MVA）	2015 年	江门市安利电源工程有限公司	485 万元	电压允许波动范围：323 ~ 528V，三相 + N 输出电压任意设定，转换效率≥90%，频率稳定度：≤0.01%	
ADG 系列 可编程大功率直流电源	2016 年	艾普斯电源（苏州）有限公司	未统计	30 ~ 100kW，电压可达 2000V，电流可达 2000A 的大功率可编程电源。纹波 < 0.1% ~ 0.2%，响应时间 4 ~ 12ms；内建步阶、渐变、CV 恒压、CC 恒流等功能。远程补偿，有效防止压降	
AFV-P 系列 可编程交流电源	2017 年	艾普斯电源（苏州）有限公司	未统计	600 ~ 5000VA，交直流输出、体积小重量轻。输出电压 AC 0 ~ 310V，频率 40 ~ 500Hz（可选配 15 ~ 1000Hz），THD < 0.3%，响应时间 < 300μs。PLD 模拟，相位角设定，CC 电流恒定模式	
12. 航空航天					
DC-DC 模块电源 全砖 1500W	2016 年	合肥华耀电子工业有限公司	未统计	最新全砖 1500W DC-DC 模块电源效率高达 94%，具备逻辑控制功能、并联功能；另具备齐全的保护功能与优异的散热性能；引脚与封装可兼容进口模块	
DC-DC 模块电源 1/2 砖 500W	2016 年	合肥华耀电子工业有限公司	未统计	最新 1/2 砖功率高达 500W，兼备高效率与高功率密度，具备逻辑控制功能与并联功能，另具备齐全的保护功能；引脚与封装可兼容进口模块	

（续）

产品名称或规格型号	上市时间	公司名称	2016 年度销售额	技术特点	产品图片
抗辐照 DC-DC 变换器系列产品	2016 年	华东微电子技术研究所	未统计	1）输入特性：额定输入电压 28V，输入范围(20 ~ 50V) 2）额定输入电压 100V，输入范围(80V ~ 120V) 3）输出特性：输出功率 1.5W、5W、15W、30W、65W、100W	
精密可编程交流电源	2015 年	西安爱科赛博电气股份有限公司	未统计	Pre-A100 精密可编程交流电源可以在较大范围内模拟电网变动与扰动、精度高、可编程功能丰富；适合在工业与消费电子、航空军工、核工业等不同领域的产品开发、测试、制造中使用	
AFV-P 系列可编程交流电源	2017 年	艾普斯电源(苏州)有限公司	未统计	600 ~ 5000VA，交直流输出、体积小重量轻。输出电压 AC 0 ~ 310V，频率 40 ~ 500Hz(可选配 15 ~ 1000Hz)，THD < 0.3%，响应时间 < 300μs。PLD 模拟，相位角设定，CC 电流恒定模式	
13. 环保/节能					
SPS 系列储能式 UPS 系统	2015 年	先控捷联电气股份有限公司	未统计	SPS 系列储能式 UPS 系统，不仅具有在线式 UPS 的全部功能，还可实现 DC-AC 和 AC-AC 二组变换器的并行输出，通过储能电池，对电网削峰填谷，利用峰、谷、平的电价差为用户创收，并可扩展到新能源的综合利用，具有极高的投资价值	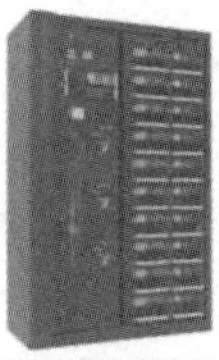
PCS 系列双向变流器	2015 年	先控捷联电气股份有限公司	未统计	PCS 系列双向变流器实现能量的双向流动，既可工作在整流模式，实现交流到直流的转换，为电池充电蓄能，也可工作在逆变模式，将直流逆变成交流，输入电网。具有更高的稳定性和可靠性	
高压变频器	2009 年	深圳市库马克新技术股份有限公司	未统计	匹配异步电机驱动的风机、泵、空压机等负载进行变频调速，电压范围：0 ~ 6kV、0 ~ 10kV 容量范围：315 ~ 850kVA、315 ~ 1400kVA，体积小、安装方便、现场适应性强、运行稳定、维护方便、具有低速大转矩等特点，除了可以满足风机、泵、空压机等负载，还能满足密炼机、破碎机等恒转矩负载	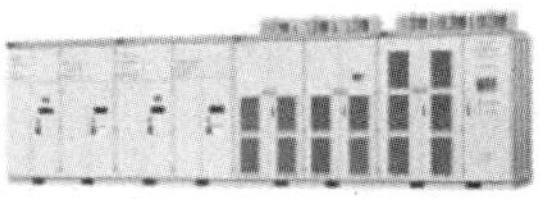

（续）

产品名称或规格型号	上市时间	公司名称	2016年度销售额	技术特点	产品图片
高压感应取电装置	2016年	武汉泰可电气股份有限公司	1.37万元	该技术，将输电导线周围的电磁能量转化为电能，为用电设备提供高可靠性的、大功率的、稳定的电源供应	
地线取能	2016年	武汉泰可电气股份有限公司	5.98万元	该技术将避雷线上存在的线损能量通过一系列电路处理，生成具备一定功率的直流电源	
高、中、低压变频器	2016年	新风光电子科技股份有限公司	1.73万元	产品采用功率单元级联多电平拓扑结构。采用有感/无感矢量控制技术，具备工变频无扰切换、最快0.1s内快速飞车启动、多机主从协同工作、故障自复位功能，具有高功率密度和完善的保护机制	
14. 通用产品					
RM系列10～600kVA机架式模块化UPS	2011年	深圳市英威腾电源有限公司	1.2亿元	1）功率范围：10～600kVA，支持功率模块：10kVA/15kVA/20 kVA / 25 kVA /30kVA/40 kVA 2）转换效率：96%；10.4in彩色大触摸LCD显示屏 3）采用集成封装IGBT模块；热插拔静态旁路监控模块；智能化电池管理方案	
HT33系列10～500kVA塔式UPS	2011年	深圳市英威腾电源有限公司	5000万元	功率范围：60～500kVA，转换效率：96%，三进三出纯在线双变换式产品，输入功率因数高达0.99，输入谐波电流小于3%，整机效率大于95%，绿色环保，高效节能	
HT31/11系列1～40kVA在线式UPS	2012	深圳市英威腾电源有限公司	1000万元	1）高速智能DSP控制，实现完美的系统性能与保护功能。输出功率因数高达0.9，提供更强的带载能力 2）独特的工业化设计，确保恶劣环境下安全运行	

（续）

产品名称或规格型号	上市时间	公司名称	2016年度销售额	技术特点	产品图片
HR11 系列 1～10kVA 机架式 UPS	2013 年	深圳市英威腾电源有限公司	900 万元	自适应输出频率，智能化电池，超强的网络管理功能等优点超宽输入频率(40～70Hz)，数字化控制技术，超高的输入，输出功率因数，可不下电更换内置电池	
通用模块电源	2016 年	北京新雷能科技股份有限公司	未统计	高效率；高功率密度；工业标准尺寸，兼容性好；使用方便	
锂电池管理系统	2015 年	广东志成冠军集团有限公司	未统计	输入特性： 1）DC9～36V 认证标准：QC/T 897 2011 2）单模块电压采集：12 路 3）电压采集精度：5mV 4）SOC 精度：≤5%	
15. 电源配套产品					
纳米晶带材	2016 年	安泰科技股份有限公司 非晶金属事业部	5000 万元	1）高饱和磁感/高磁导率/低损耗 2）超薄：厚度可达 20μm 以下 3）超宽：宽度最大可达 60mm	
共模电感铁心	2016 年	安泰科技股份有限公司 非晶金属事业部	4000 万元	1）高饱和磁感/低损耗/低矫顽力 2）高磁导产品：高初始磁导率，同电感量下可以减小产品体积 3）低磁导产品：优异的抗偏执直流分量性能，有效延缓铁心饱和	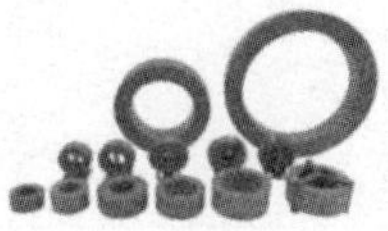
大功率高频主变铁心	2016 年	安泰科技股份有限公司 非晶金属事业部	500 万元	低损耗/高耐热性/可设定在高磁通密度下工作广泛用于 1～50kHz 之间，可根据需求定制矩形、C 型、多切等多种形式，功率范围从几千瓦至 300kW	
小功率高频逆变铁心	2016 年	安泰科技股份有限公司 非晶金属事业部	2500 万元	高饱和磁感应强度（铁氧体的 2.5 倍）/高磁导率（铁氧体的 10 几倍）/低损耗（20～50kHz 时的铁损是铁氧体的 1/2～1/5）/高居里温度（纳米晶为 570℃，铁氧体仅为 180～200℃）	

（续）

产品名称或规格型号	上市时间	公司名称	2016 年度销售额	技术特点	产品图片
功率变压器	2016 年	安泰科技股份有限公司 非晶金属事业部	1200 万元	充分利用纳米晶铁心高饱和磁感、高磁导率、低损耗和优异温度稳定性的特点，产品装机后具有体积小、重量轻、整机效率高、动态反应速度快等优势；可根据用户需求设计加工制造	
滤波器	2016 年	安泰科技股份有限公司 非晶金属事业部	150 万元	EMI 滤波器采用高性能纳米晶材料共模电感铁心，能够解决各种复杂电磁环境下的传导干扰，系列产品已经取得 TUV Mark 认证	
PN8160(DIP7)	2015 年	无锡芯朋微电子股份有限公司	未统计	次级反馈、超低待机、六级能效、高集成度、高可靠性	
DPJ 系列模块式 UPS 集成配电系统	2003 年	先控捷联电气股份有限公司	未统计	DPJ 系列模块化集成配电系统，主要是为 UPS 电源的输出配电或分路配电提供可管理、可扩展、可维护的安全智能一体化配电集成系统，为用户提供可靠性、安全性和扩展性极高的一体化配电解决方案	
S 系列电源变压器	2015 年	北京创四方电子股份有限公司	未统计	输入特性：220V(1±25%)，50Hz/60Hz 输出特性：6V-2×27V，0.25～18VA	
PS TE-1603 便携式航空电源质量分析仪	2016 年	北京中科泛华测控技术有限公司	90 万元	便携式航空电源质量分析仪是一款集电能质量分析、电参量测量、电力矢量分析为一体的多功能测试仪器，具有高性能、大范围、高精度等特点。同时，具有实验数据离线分析：脉动分析、畸变计算、频谱分析(可选择国军标 181A、国军标 181 两种标准)功能	
铝合金液冷散热器	2008 年	杭州祥博传热科技股份有限公司	5000 万元	热阻优，流量大，流阻小，耐腐蚀	

（续）

产品名称或规格型号	上市时间	公司名称	2016 年度销售额	技术特点	产品图片
CD13A 型超高压工业类铝电解电容器	2015 年	南通新三能电子有限公司	未统计	1）使用温度(℃)：−40～+85℃；额定电压(V)：DC 600～750V；容量偏差：±20%；漏电流：$I \leqslant 0.01CV$ 2）标称容量：820～10000；耐久性：85℃ 2000 小时 3）损耗角正切值：不大于规定值的 200%	
斩波器续流电感	2016 年	宁夏银利电气股份有限公司	260 万元	此产品用于马来西亚地铁充电机，额定电流 130A，电感量 0.07mH，产品防护等级较高，整体灌封在壳体中。为保证产品散热性能，灌封材料采用导热系数较高的灌封料	
高压超结功率 MOSFET	2016 年	上海长园维安微电子有限公司	92 万元	高效节能，高功率密度，超低温升，超小绿色封装，高可靠性	
商宇智能云 APP 监控	2016 年	深圳市商宇电子科技有限公司	126 万元	适用于商宇，山特全系列产品。安卓/苹果均可下载，分为用户端及客户端，可实时监控 UPS 运行状态及故障，功能强大全面	
软磁铁氧体磁芯	2007 年	天长市中德电子有限公司	1.61 亿元	采用自主研发的粉体材料进行该类磁心的制造，该材料主要由铁、锰、锌的氧化物按照一定的配比，同时加入微量硅、钴等元素的氧化物制备而成，具有低损耗、高磁导率的特性	
第三代 600～900V Super-Junction-MOS 系列产品	2016 年	无锡新洁能股份有限公司	3000 万元	芯片体积更小、工艺制程更先进、雪崩耐量更优、可靠性更高。600V TO-251 封装产品导通电阻最小达到 230mohm	
75V～150V Super-Trench-MOS 系列产品	2015 年	无锡新洁能股份有限公司	1800 万元	具有极低的特征导通电阻和栅极电荷，较好的温度特性和可靠性表现。在 Rdson、FOM、UIS 等关键参数上，赶超国外一流超	

（续）

产品名称或规格型号	上市时间	公司名称	2016 年度销售额	技术特点	产品图片
第二代 Trench FS IGBT 系列产品	2016 年	无锡新洁能股份有限公司	630 万元	使用沟槽栅元胞结构大大增加器件的功率密度，运用离子注入增强原理，通过超薄片工艺制程，高能量离子注入和激光退火技术，从而显著降低了饱和导通压降和关断损耗，实现了器件功率损耗更低、短路能力更强、参数一致性更高	
溶剂型丙烯酸三防漆 AR2054	2016 年	亿铖达（深圳）新材料有限公司	2000 万元	1）气味小，不含苯类等芳香溶剂 2）固化快，附着力强，耐水性强 3）光学性能优异，不黄变；防硫化性强	
UV 可暗反应三防漆	2016 年	亿铖达（深圳）新材料有限公司	500 万元	1）安全环保，高效节能 2）低收缩率，高附着 3）阴影区暗反应，不受潮气，涂层堆积及厚度影响；固化快，大大提高工作效率 4）阴影区高绝缘强度，高防腐性能	
水性聚氨酯三防漆 PU1030-WB	2016 年	亿铖达（深圳）新材料有限公司	3500 万元	1）无 VOC，安全、环保，气味小 2）健康，对人体无害 3）不燃不爆，常规运输储存，无政策压力 4）高可靠性，防腐性/绝缘性能好	
溶剂型聚氨酯三防漆 PU1030	2016 年	亿铖达（深圳）新材料有限公司	1200 万元	1）环保，不含苯类等芳香族溶剂 2）气味小，漆膜均匀、平整、光亮 3）高可靠性，高附着，优异的防腐性能/绝缘性能等	
激光调阻机（TS4210 型）	2013 年	北京锋速精密科技有限公司	201 万元	该设备可以对各种规格的薄膜、厚膜电路的各种参数进行修调。广泛应用于压力传感器、电流传感器、光电传感器、充电器，衰减器和各种电源模块的激光调阻生产	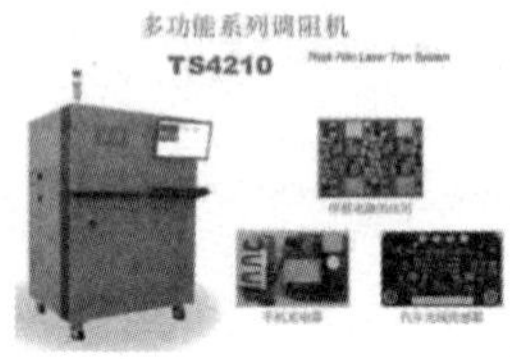
充电桩/站电气性能、互操作及协议一致性检测平台	2014 年	北京群菱能源科技有限公司	1.5 亿元	实现电动汽车充电站（桩）的电气性能、计量检定、安规性能、互操作性、协议一致性等方面的测试，兼备实验室与现场检测，满足型式试验、验收监测、入网测试、运营维护测试、例行年检等测试	

（续）

产品名称或规格型号	上市时间	公司名称	2016 年度销售额	技术特点	产品图片
多功能智能微电网应用平台系统	2016 年	北京群菱能源科技有限公司	2000 万元	核心产品通过 CE、“金太阳”等多项权威认证，成功应用于国内高校、电力科学院等项目。具有丰富的微电网、分布式发电配套实验室、仿真平台、示范项目等系统设计及施工经验	
电流传感器	2010 年	北京森社电子有限公司	2000 万元	可同时测量交流、直流和脉冲电流，量程从 0.25mA ~ 100kA，产品已广泛地应用于国内电力电子技术领域	
电压传感器	2010 年	北京森社电子有限公司	600 万元	可同时测量交流、直流和脉冲电流，量程从 0.1V ~ 20kV	
变送器	2010 年	北京森社电子有限公司	400 万元	可分别测量直流、交流电流和电压，产品应用于领域广泛，在同类产品中处于技术领先	
阻燃器件固定胶	2016 年	北京汐源科技有限公司	5 万元	阻燃性能好，不垂流，具有导热性能	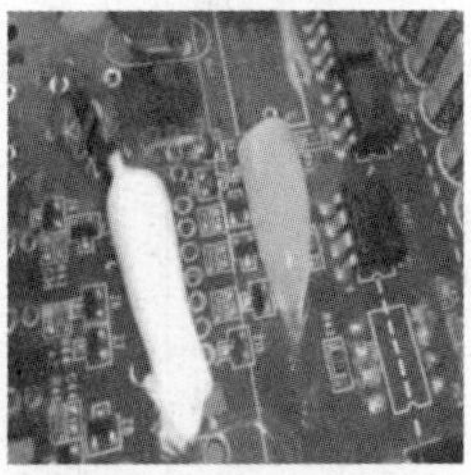
自粘有机硅灌封胶	2016 年	北京汐源科技有限公司	1 万元	无需底涂，高导热自粘灌封胶	
动力电池测试系统 ZHPBTS	2016 年	杭州中恒电气股份有限公司	未统计	系统监控可以实时显示标记单电池电压最高和最低的电池以及单电池最高电压和最低电压的压差；系统内部多串口通信，确保采样数据的实时性，真正做到监控系统的实时快速监测和控制	

（续）

产品名称或规格型号	上市时间	公司名称	2016 年度销售额	技术特点	产品图片
SH3606	2016 年	湖南晟和电子技术有限公司	5 万元	输出电流大、静态功耗小	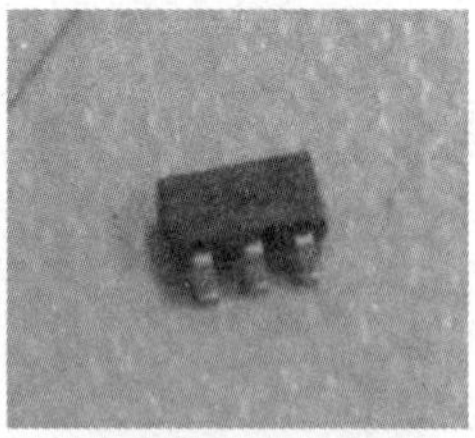
SH1601	2016 年	湖南晟和电子技术有限公司	0.4 万元	带 PFC 功能、支持功率因数校正；采用原边反馈，省去光耦；搭载轻负载模式；无高压电解电容、可靠性高	
SH2505	2016 年	湖南晟和电子技术有限公司	0.1 万元	高精度低压差；内部集成短路保护与过温保护电路	
耐高温电池-LHT 系列	2016 年	理士国际技术有限公司	未统计	使用温度范围宽，可在 －40 ～ ＋65℃恶劣环境下正常工作，性能不受影响，极限工作温度达到 80℃；高温环境下使用寿命长，35℃温度下工作，可以达到常规 AGM 电池 25℃下的浮充使用寿命	
高功率电池-LHR 系列	2016 年	理士国际技术有限公司	未统计	1）优良的高功率和大电流放电性能，满足 15min 率放电，最低 3min 率放电 2）功率范围宽，适用于所有功率段的 UPS 电源	
汽车启动类电池-MF 系列(12V) 36-220AH	2016 年	理士国际技术有限公司	未统计	1）强劲的功率和启动能力 2）电池容量高 3）采用高纯低钙合金，独特的回流及密封结构设计，失水少，寿命更长 4）自放电率极低每月仅为 3% ～5% 5）耐振动性能极佳	  

（续）

产品名称或规格型号	上市时间	公司名称	2016 年度销售额	技术特点	产品图片
汽车启动类电池-AGM 系列（12V）：50AH-92AH	2016 年	理士国际技术有限公司	未统计	1）创新的 AGM 技术，配备玻纤隔板 2）应用为先进的启停系统车辆配备的最新 OE 技术 3）具有至少三倍或者四倍以上的循环寿命，能满足所有起停汽车和高端豪华轿车的使用需求 4）高充电接受度，能吸收大量制动能量回收的电能 5）100% 防渗漏和 360 度防外溢	
汽车启动类电池-EFB 系列(12V)：60AH-80AH	2016 年	理士国际技术有限公司	未统计	1）卓越的充电接受能力和更少的水损耗 2）设计一致性好，耐振动性能优越 3）优化的活性物质设计，具有更长的荷电保持能力和深循环寿命 4）板珊合金结构致密，增加高度环境先的电池寿命	
摩托车启动类电池-湿荷/干荷/加水式(6V、12V) 3AH-30AH	2016 年	理士国际技术有限公司	未统计	1）采用铅钙合金和 AGM 技术 2）自放电率极低，放置 6 个月可轻松起动车辆 3）电池使用寿命长，铅膏设计过量，容量富余 4）端子采用高强度合金铸造，嵌入式结构，安装方便，外形美观	
动力类电池-EV(6V、12V) 30-220AH	2016 年	理士国际技术有限公司	未统计	1）高容量高能量密度 2）自放电底，较好的容量储存 3）板珊采用铅钙合金，水损耗小于免维护 4）高导电性端子，有利于电池大电流放电 5）独特的阀控设计，使用安全可靠 6）特殊的板珊设计及铅膏配方，提高电池充电接受能力	   

（续）

产品名称或规格型号	上市时间	公司名称	2016 年度销售额	技术特点	产品图片
动力类电池-叉车（12V、24V、36V、48V、80V）PzB、PzS、PzB（H）、PzS（H）、PzB（B）等系列	2016 年	理士国际技术有限公司	未统计	1）使用寿命长 2）循环性能和深放电恢复能力优越 3）可靠的密封结构，正常使用不存在漏液 4）防短路设计，最大限度地防止电池短路 5）自动加水系统和气体搅拌系统（可选）	
动力类电池-高尔夫球车	2016 年	理士国际技术有限公司	未统计	1）良好的深放电性能 2）特殊的极板设计，较长的循环寿命 3）特殊的隔板构造，增加电池内部性能 4）散热条件好，热失控风险低 5）水分损耗小，但是需定期检查电解液液位和补加蒸馏水 6）特殊的铅梯合金提高极板的防腐蚀性能，增加电池的使用寿命	
YHB 型汽车电容器	2016 年	宁国市裕华电器有限公司	1000 万元	等效串联电阻小、能承受较大的纹波电流及高的峰值电流、自感小、自愈性能强，105℃热点温度下寿命大于 15000h	
微网功率 HIL 测试系统	2014 年	上海科梁信息工程股份有限公司	800 万元	使用微网功率 HIL 测试系统，结合了 RT-LAB 微电网电磁暂态数字仿真和物理动模试验各自的突出优点，可以为研究微电网提供更加高性能的开发和测试环境	
大尺寸高容量固态电容器	2016 年	深圳市柏瑞凯电子科技有限公司	未统计	大尺寸高容量固态电容器，最大尺寸直径为 13mm，最大高度为 25mm，具有优异的热稳定性	
高压全固态电容器	2016 年	深圳市柏瑞凯电子科技有限公司	未统计	长寿命高压固态电容器，最高电压做到 200V，最长寿命 105℃ 5000h，具有高频低阻抗、耐高温等特性	
通信后备电池	2012 年	深圳市比亚迪锂电池有限公司	超 1 亿元	具备智能通信功能，实时监测各种参数状态，稳定的晶体结构和化学键以及周详的电池结构设计安全可靠	

（续）

产品名称或规格型号	上市时间	公司名称	2016 年度销售额	技术特点	产品图片
X2 安规电容	2003 年	深圳市创容新能源有限公司	1600 万元	AC 330V 认证	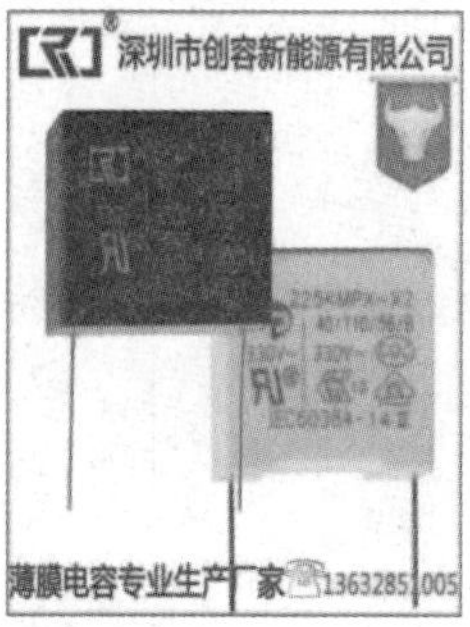
MKP-FS/FC 系列	2014 年	深圳市创容新能源有限公司	500 万元	耐压高性能稳定	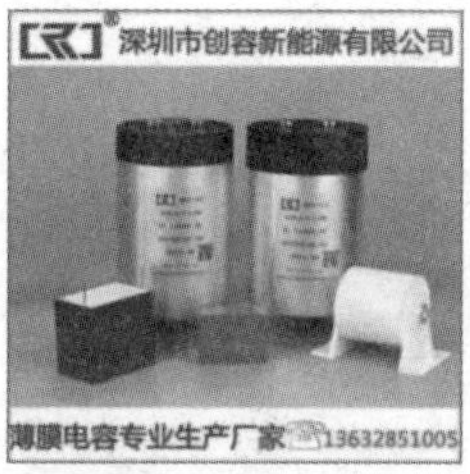
MKP-QB 系列	2014 年	深圳市创容新能源有限公司	800 万元	容量大体积小耐压高可按需定制	
OTP 电阻器	2014 年	深圳市嘉莹达电子有限公司	800 万元	OTP 电阻表面温度超过规定值，自动失效，起保护作用，消除安全隐患（获得国家专利）	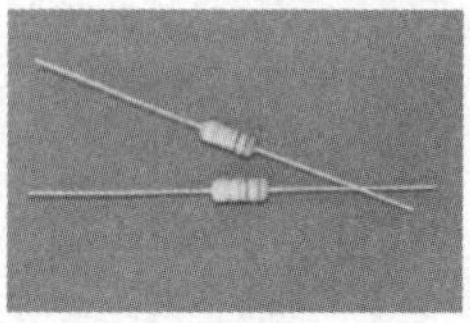
半短路电阻器	2012 年	深圳市嘉莹达电子有限公司	3000 万元	解决 7.5W 以下手机充电器（适配器）出现熔壳现象	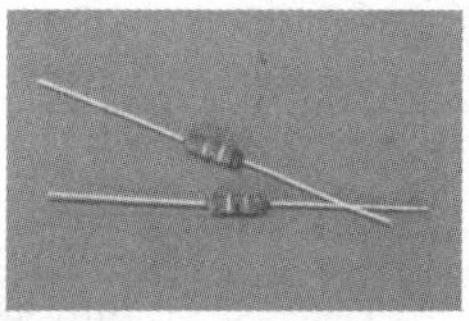
防爆型绕线熔丝电阻器	2010 年	深圳市嘉莹达电子有限公司	1000 万元	符合安规测试标准（90～264V），电阻开路、熔断无声，无掉碎屑	

（续）

产品名称或规格型号	上市时间	公司名称	2016 年度销售额	技术特点	产品图片
JS01/JM01/JS05	2016 年	深圳市新能力科技有限公司	2400 万元	深圳市新能力科技有限公司是在直流屏和直流监控模块集研发生产、生产、销售和服务为一体的高科技有限公司。是国内首家电力操作电源系统解决方案服务商。产品早已通过严格的质量检测，现已有 30000 多块模块正在现场运行，多年来深受市场欢迎，尤其是直流屏监控模块，直流监控系统更是连续多年蝉联市场冠军，欢迎您的咨询	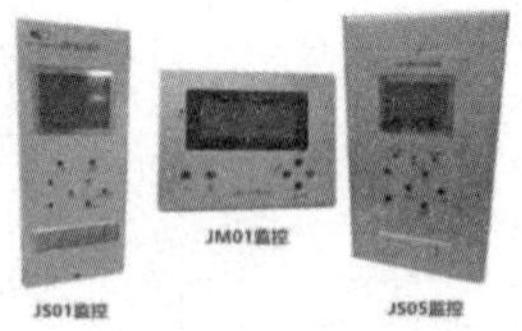
DC/AC 高频电流探头 CP8000 系列	2011 年	深圳市知用电子有限公司	未统计	可测交直流电流、高精度、高带宽、标准的 BNC 接口可匹配任何厂家的示波器、双量程	
AC 高频柔性电流探头 CP9000 系列	2012 年	深圳市知用电子有限公司	未统计	高精度、高带宽、便捷的 USB 接口供电、可测 AC 电流最高可达 120kA、探头周长、感应环连接线长可定制以应对各类测量场合	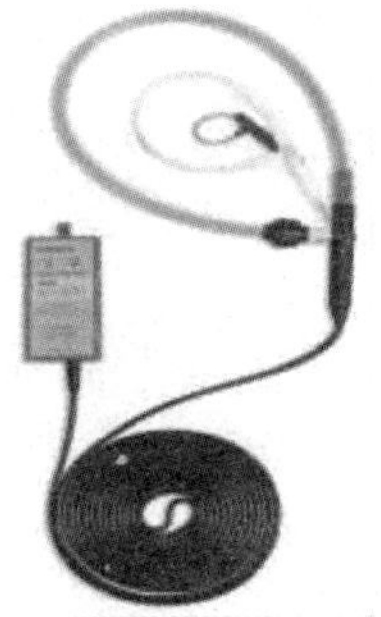
高压差分探头 DP6000 系列	2011 年	深圳市知用电子有限公司	未统计	高共模抑制比、高精度、标准的 BNC 接口可匹配任何厂家的示波器	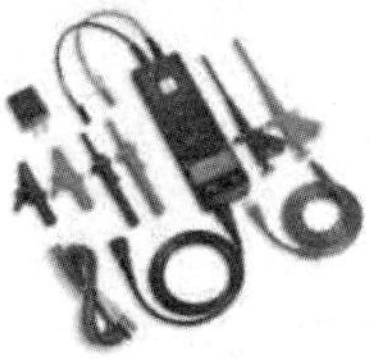
EMI 传导测试系统	2015 年	深圳市知用电子有限公司	未统计	全数字技术、高精度、高稳定性、EMI 测试预认证级别、其中 LISN（EM5040B）为业内率先实现共模差模分离功能	
高精度电流互感器 CTA 系列	2016 年	深圳市知用电子有限公司	未统计	高精度（0.03%）、低温漂、低插入损耗、强抗干扰性能、优越的线性度、极低的直流漂移、适用于高精度高稳定性的电流测量	
带电显示器	2013 年	武汉泰可电气股份有限公司	135.74 万元	不仅具有验电提示的功能，而且具有防误钥匙、电气闭锁接点等多种防误闭锁接口，配套锁具齐全，全面实现各种设备的强制闭锁需求	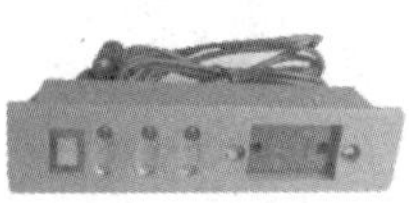

（续）

产品名称或规格型号	上市时间	公司名称	2016年度销售额	技术特点	产品图片
核相器	2014年	武汉泰可电气股份有限公司	52.78万元	解决了传统核相器精确度低二次核相操作烦琐等诸多问题，实现相位关系数字化显示，并额外增加频率测量功能	
环型变压器	2012年	伊戈尔电气股份有限公司	1.22亿元	在设计和生产各种环型变压器方面拥有超过20年的经验，产品覆盖15～5000VA，产品品质精良，生产过程严格按照EN6 1558（VDE0570）/UL506/UL60601标准进行测试	
方型变压器	2012年	伊戈尔电气股份有限公司	2089.82万元	产品功率覆盖5～1000VA，选择安装温度开关或者熔丝为变压器提供充足的安全保护	
远程蓄电池维护系统	2003年	浙江创力电子股份有限公司	120万元	系统采用微电脑控制，大屏幕液晶显示，实现蓄电池组的远程放电及维护工作；放电维护过程中可根据预设条件自动停止并转为充电状态	
蓄电池容量测试仪	2004年	浙江创力电子股份有限公司	160万元	能够监测多组蓄电池组端电压值、电流值等，精确计算充放电容量，实现对蓄电池放电测试过程的定电压、定时间、定容量控制	
一体化智能负载仪	2005年	浙江创力电子股份有限公司	130万元	能够对蓄电池测试过程进行定电压、定时间、定容量控制，参数设定后即可自动进行放电测试，稳定性好、精确度高	

（续）

产品名称或规格型号	上市时间	公司名称	2016年度销售额	技术特点	产品图片
交流电源检测仪	2006年	浙江创力电子股份有限公司	200万元	功能强大，速度快，控制能力强，系统故障率低。可实现7台并机，以主从方式工作，组成2800kW大型智能交流电源检测仪，极大地增大了测量容量	
整车控制器VCU	2013年	浙江高泰昊能科技有限公司	67.3万元	CPU式整车控制器 1）安全可靠：多级保护可定制 2）芯片应用：高规格汽车级处理器芯片 3）先进算法：先进的力矩转换控制，完善的预警系统 4）丰富端口：丰富的IO口、高低边，实现车辆状态采集及继电器控制 5）防护等级：IP67	
电池管理系统主控BGCS	2011年	浙江高泰昊能科技有限公司	95万元	芯片级BMS技术 1）高可靠性：芯片级工艺 2）高适应性：嵌入单个电芯，与成组数量无关 3）高集成度：将测温、采样、保护集成于一块芯片 4）高同步性：每个芯片管理一个电芯，更准确，更及时，更一致 5）主动均衡：促成电芯容量的一致性，增长电池的使用寿命 6）无线采集：实现主控和每一块电池模块进行无线信息交流	
电池管理系统从控BMU	2011年	浙江高泰昊能科技有限公司	2450万元	芯片级BMS技术 1）高可靠性：芯片级工艺 2）高适应性：嵌入单个电芯，与成组数量无关 3）高集成度：将测温、采样、保护集成于一块芯片 4）高同步性：每个芯片管理一个电芯，更准确，更及时，更一致 5）主动均衡：促成电芯容量的一致性，增长电池的使用寿命 6）无线采集：实现主控和每一块电池模块进行无线信息交流	

CHESHING CHAMPION

公司名称：广东志成冠军集团有限公司
地址：东莞市塘厦镇田心工业区
邮编：523718
电话：0769-87725486
传真：0769-87927259
网址：www.zhicheng-champion.com
E-mail：zcz@zhicheng-champion.com

一体化直流充电桩

上市时间：2015年10月

产品简介：

该产品是依据新国标要求和行业规范，结合电动汽车实际充电需求，开发设计的电动汽车非车载充电设备，可满足不同型号的电动汽车的快速充电需求，操作简便，安全可靠，充电模式丰富，可根据客户需求特殊定制，适合大、中、小型电动汽车充电站的组网运行。

产品创新性：

- 功率变换采用高性能的大功率电源模块，可靠性高。
- 高频电源模块输入、输出电气全隔离，输入侧采用新的APFC变换技术，功率因数可达0.999，输入谐波畸变极小。输出侧采用新的软开关技术，转换效率高；且支持在线热插拔，使用维护方便。
- 整机控制采用高性能嵌入式处理器，人机操作界面采用8寸触摸液晶彩屏，操作界面人性化设计，确保用户操作简便、可靠；各种充电模式可选，并支持如刷卡启动、APP启动、密码启动等多种方式。
- 整机通信接口丰富，RS485、以太网、GPRS等接口支持各种组网运行的需求。
- 整机各种保护功能完善可靠，整机的设计制造均符合新国标要求和行业规范。

产品适用范围：

大、中、小型电动汽车充电站的单机运行和组网运行。

主要参数：

项目	规格
交流输入额定电压	三相五线制，AC380V
交流输入电压范围	323~437V
交流输入频率范围	50Hz±10%
输入谐波畸变率	≤5%
输出功率范围	0~120kW
输出电压范围	200~750V
输出电流范围	≤250A
转换效率	≥94%
可选工作模式	单枪单充、双枪双充、双枪轮充、双枪功率分配
启动方式	刷卡启动、密码启动(选配)、手机APP启动(选配)
通信接口	GPRS、以太网、CAN、RS485
防护等级	IP54

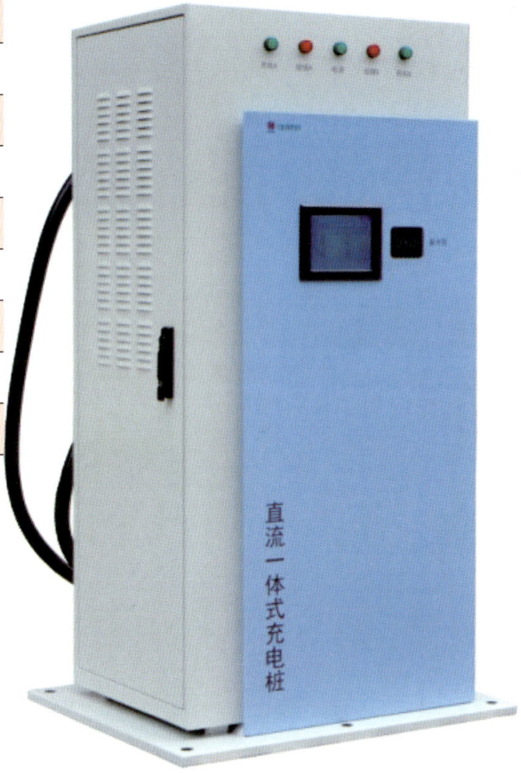

S24SP系列60W高功率密度DC-DC模块电源

上市时间：2015年12月

台达电子企业管理（上海）有限公司
地址：上海市浦东新区民雨路182号
邮编：201105
电话：021-68723988
传真：021-68723996
网址：www.delta-china.com.cn
E-mail：dcdc@deltaww.com

产品简介：

台达S24SP系列模块电源是专为工业及轨道交通应用设计的高效率、高功率密度的DC-DC电源转换器。该系列产品的输入电压DC9~36V，提供DC5V、DC12V、DC15V、DC24V三种标准输入电压；具有输入欠电压、输出过电压、短路、过电流、过温等多种保护功能，极大地保障了系统的安全。输出功率有40W和60W两款，封装尺寸仅有50.8 x 25.4 x 10.5 mm。

产品创新性：

- 效率高达93.7%。
- 全封闭金属外壳，六面屏蔽。
- 高功率密度。
- 无钽电容设计。

产品适用范围：

该系列产品满足UL60950-1安全认证要求，且配合我司推荐外围电路可满足EN50155认证，适用于各种恶劣的工业应用环境，以及各类轨道交通相关系统上的应用。

主要参数：

产品编号	输入电压 / V	输出电压（标称）/ V	输出电压（可调范围）/ V	输出电流/A	最大输出功率 / W	效率 / %	隔离电压 / V
S24SP05008	9~36	5	4.5~5.5	8	40	92.8	DC1500
S24SP05012	9~36	5	4.5~5.5	12	60	92.4	DC1500
S24SP12004	9~36	12	10.8~13.2	3.5	40	92.8	DC1500
S24SP12005	9~36	12	10.8~13.2	5	60	92.8	DC1500
S24SP15003	9~36	15	13.5~16.5	2.7	40	93.7	DC1500
S24SP15004	9~36	15	13.5~16.5	4	60	93.3	DC1500
S24SP24002	9~36	24	21.6~26.4	1.7	40	92.5	DC1500
S24SP24003	9~36	24	21.6~26.4	2.5	60	93.3	DC1500

KELONG 科华技术

厦门科华恒盛股份有限公司
地址：厦门市火炬高新区火炬园马垄路457号
邮编：361000
电话：0592-5160516
传真：0592-5162166
网址：www.kehua.com.cn/
E-mail：fuwenlin@kehua.com

核电厂1E 级K3 类UPS 设备 FR-UK31HD 系列

上市时间：2015年11月

产品简介：

KELONG® 核电厂1E 级K3 类UPS 设备FR-UK31 HD 系列三进单出设备，专为核电厂环境设计，匹配用户DC220V/DC110V 直流电源系统，采用成熟的十二脉冲相控整流技术+IGBT 逆变技术，输入、输出完全电气隔离，是一套高度可靠、性能齐全、高度智能化的不间断供电系统，完全满足核电厂对电源设备的设计要求，可向执行安全功能的仪控、监测和其它能动设备提供可靠电源，属于核电安全相关设备。

产品创新性：

- 真正的核级电源设备：满足核电厂1E 级K3 类UPS 设备质量鉴定程序要求，设计指标基本满足：CPR1000、EPR、ACPR1000、AP1000、华龙一号的技术路线。
- 全隔离、多防护：输入、输出和旁路实现全隔离，具有极强的抗冲击、抗短路特性，最大限度地确保关键负载安全。
- 坚固设计、超强防护：防护等级可达IP31；自主专利抗地震柜体技术，满足抗震I类及机械振动标准要求。
- 卓越性能、优异指标：效率高达95.5%，极大地节省了能量消耗，减少了运行成本。
- 全正面维护、轻松便捷：采用正面维护的思路进行设计，满足设备完全靠墙安装的需求，实现所有易损器件前维护。
- 安全保障设计、使用全无担忧：防误操作设计，绝缘防护措施，调试及维护过程中，避免意外，保证了人身安全。

产品适用范围：

- 反应堆控制保护及安全相关系统负载。
- 核电厂计算机和通信系统。

主要参数：

充电器：

交流输入电压范围 / Vac	380V (-15%~+10%)
交流输入频率范围 / Hz	40 ~70
输出电压可调范围 / Vdc	160~289
额定输出电流 / A	900
输出最大电流 / A	1350
充电器效率	95.5%

逆变器：

输入特性直流输入电压范围 / Vdc	187~330
额定输出电压 / Vac	220
额定输出频率 / Hz	50/60
逆变器效率	>94.5%

旁路稳压器：

交流输入电压范围 / Vac	380(-15%~+10%)
额定输入频率 / Hz	50/60
额定输出电压 / Vac	220

光伏并网逆变器SG1250-MV

2016年销售额：23,800万元

阳光电源股份有限公司
地址：安徽省合肥市高新区习友路1699号
邮编：230088
电话：0551-65327878
网址：www.sungrowpwoer.com
E-mail：fangh@sungrowpower.com

产品简介：

光伏并网逆变器，将电池组件产生的直流电转换成交流电，集成中压变压器，可直接接入35kV和10kV电网，适用于大型地面电站、水面光伏电站和大型工、商业屋顶电站。

产品创新性：

业内率先生产的“逆”“变”一体箱式中压逆变器集成了高效升压变，很好地解决了当前的变压器接入不规范、土地紧张、工期紧张等难题，可以快速部署，早发电，早收益。

输入
最大直流功率（cos φ =1 时）：2＊705kW
最大输入电压：1000V
启动电压：540V
最低工作电压：520V
最大输入电流：2*1356A
MPPT电压范围：520V~850V
MPPT路数：2
输出
额定输出功率：1250kW
最大交流输出功率：1375kVA
最大输出电流：22.6A
最大总谐波失真：<3%(额定功率时)
额定电网电压：35kV
额定电网频率：50Hz/60Hz
允许电网频率范围：45~55Hz/55~ 65Hz
额定功率下的功率因数：>0.99
直流电流分量：<0.5%额定输出电流
功率因数可调范围：0.9（超前）~0.9（滞后）
效率
最大效率：98.00%
欧洲效率：97.50%
保护
直流过电压保护：具备
直流反接保护：具备
直流短路保护：具备
绝缘检测：具备
交流过电压保护：具备
电网监测：具备
接地故障监测：具备
过热保护：具备
PID防止与修复：选配
SVG功能：具备
夜间休眠功能：具备
交流侧直接并联：具备
软开关机功能：具备
逆变器内外供电自动切换：选配
变压器集控功能：具备
常规数据
尺寸(宽×高×深)：4750*2591*2438
重量：10900kg
运行温度范围：-35~+60℃
外供电：3~380V/5A
变压器冷却方式：ONAN
逆变器冷却方式：温控强制风冷
防护等级：IP54
相对湿度：0~95%，无冷凝
最高海拔：4500m（超过3000m需降额）
通信接口/协议：标准: RS485/Modbus、以太网；可选: CDT、DNP3.0、101、103、104

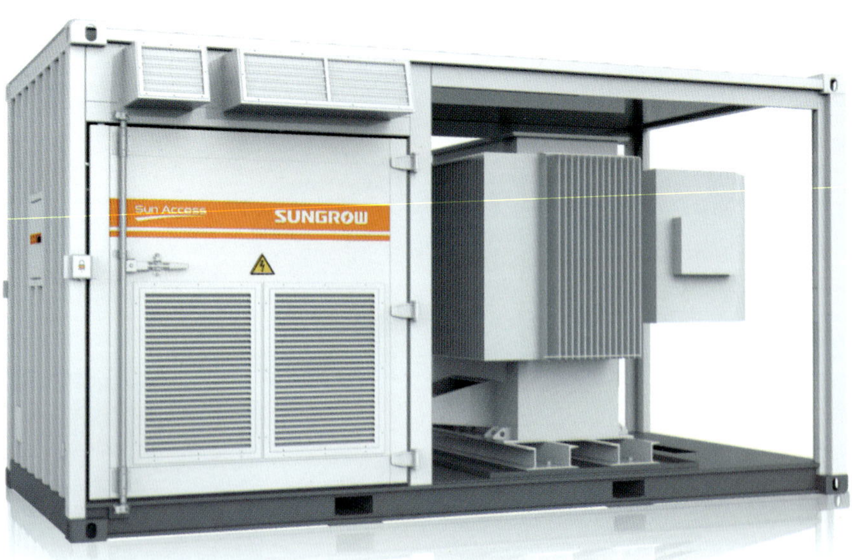

易事特集团股份有限公司
地址：广东省东莞市松山湖高新技术产业园区工业北路6 号
邮编：523808
电话：0769-22987777
传真：0769-22898866
网址：www.eastups.com
E-mail：service@eastups.com

630K光伏并网逆变器

2016年销售额：391,050,000.00元

产品简介：

EA630KTM并网逆变器是易事特集团新研发的智能化并网逆变器。采用DSP+CPLD全数字化控制技术，具备完善的保护功能和系统可靠性。广泛应用于大型光伏电站与分布式发电项目。

产品创新性：

先进的MPPT控制技术，最高转换效率可达98.7%。完善的过压、过载、过热、短路等一系列保护功能。并集成直流柜，实现更高功率密度的集成。具备多种通信接口，可实时监控逆变器运行状态。

产品面向市场：

集中式光伏电站与分布式工业厂房发电站

主要参数：

项目 / 逆变器型号	EA630KTM
直流侧	
最大光伏阵列功率	693kWp
最大光伏阵列开路电压	DC1000V
最大直流电流	1400A
输入路数	6~10路（可选）
MPPT电压跟踪范围	DC500~850 V
启动电压	DC525 V
MPPT效率	99.9%
电网侧	
额定输出功率	630kW
最大输出电流	1280A
总电流波形畸变率	<3%
功率因数	>0.99（可调节）
最大效率	98.7%（不含变压器）
欧洲效率	98.5%（不含变压器）
额定电压	AC3~ 315 V
允许的电网频率范围	47~51.5Hz/57~61.5Hz
待机损耗	<150W
夜间损耗	<80W
电网监控	符合CGC/GF001:2009 标准 for CN
通信接口	RS485/Ethernet（可选）/GPRS（可选）
人机界面	LCD触摸屏
机械部分	
尺寸（宽×高×深）	1200mm×2000mm×800mm
重量	960kg
环境条件和安全	
防护等级	IP20(室内)
冷却	风冷
环境温度	-25~+55℃
相对湿度	0~95%（非凝结)
安装海拔	海拔3000m额定运行；3000m以上降容使用
噪声	<65dB

纳米晶带材

2016年销售额：5000万元

安泰科技股份有限公司非晶金属事业部
地址：北京市海淀区永澄北路10号B区
邮编：100094
电话：010-58712641
传真：010-58712642
网址：www.atmcn.com
E-mail：nano@atmcn.com
AT&M 安泰科技

产品简介：

纳米晶带材是在106℃/秒冷却速度下快冷，其成分主要由铁、硅、硼、铜、铌组成，经适当退火后获得具有超细尺寸晶粒（~10nm）的软磁合金材料。

纳米晶带材的显著特点：生产制造流程短，一步成型，节约能耗；其突出优点在于兼备了铁基非晶合金的高饱和磁感应强度（Bs）和钴基非晶合金的高磁导率和低损耗，能够很好地满足高频低损耗的性能要求。主要用于制作高精度电感、高频开关、高频电源、高频变压器和高端磁放大器等高端产品；相关铁心器件主要应用于数字电子产品、智能电网中的智能电表、光伏发电并网逆变器及新能源汽车充电、驱动系统等，以满足电力电子技术向高频、大电流、小型化、节能等发展趋势的要求。

产品创新性：

- 高饱和磁感/高磁导率/低损耗。
- 超薄:厚度可达20μm以下。
- 超宽:宽度最大可达60mm。

产品面向市场：

轨道交通、充电桩/站、车载驱动、新能源、环保/节能、消费电子、电力电气、工业电源

主要参数：

名称		成分（wt%）	相对磁导率μ_0		矫顽力 Hc（A/m）	饱和磁感应强度 Bs（T）	电阻率（μΩ·cm）
			初始磁导率μ_i	最大磁导率μ_{max}			
纳米晶 1K107 antainano®	LM	FeCuNbSiB	＞120000	＞800000	＜2.5	1.25	120
	NM		＞80000	＞400000			
	TM		＞60000	＞200000			

LM：纵磁 NM：不加磁场 TM：横磁

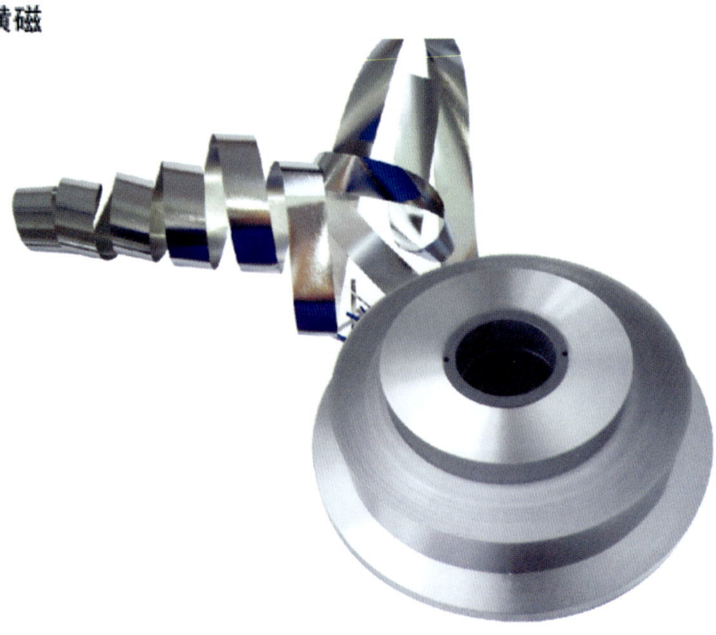

北京动力源科技股份有限公司
地址：北京丰台科技园区星火路8号
邮编：100070
电话：010-83682266
网址：www.dpc.com

全系列充电桩产品

上市时间：2015年10月

产品简介：

为满足新能源汽车的快速发展和充电基础设施建设的需求，动力源推出了全系列的充电桩产品。直流充电桩功率等级60～375kW，输出电压等级DC200V～DC750V。交流充电桩功率等级7～40kW。该系列产品具有高可靠性、高易用性、高智能化和低成本等特点。可满足乘用、公交、环卫、市政和物流等车辆充电需求。

产品创新性：

- 良好的人机交互界面。
- 智能充电终端，实时显示充电信息。
- 完善的安全防护。
- 支持多种通信方式。
- 尺寸小。
- 兼容双枪。

主要参数：

参数	直流充电桩	40kW交流充电桩	7kW交流充电桩
输入电压范围	AC380V±20%	AC380V±20%	AC220V±20%
输出电压范围	DC200~750V	AC380V±20%	AC220V±20%
输出功率	60~375kW	40kW	7kW
功率因数	⩾0.99	–	–
稳流精度	⩽±1%	–	–
稳压精度	⩽±0.5%	–	–
整机效率	⩾95%	–	–
充电方式	定额充电模式、定时充电模式、定量充电模式、自动充满模式，预约充电功能		
保护功能	急停防护、过电压保护、过电流保护、短路保护、漏电保护、防雷保护等		
身份确认	IC卡认证、二维码认证、动力源充电APP		
通信接口	CAN/RS485/以太网/蓝牙/GPRS/3G/4G/WIFI（选配）		
环境适应	工作温度：-20~50℃ 海拔：＜2000m（超出后按照标准降额使用） 相对湿度：5%~95%（无凝露） 冷却方式：风冷		

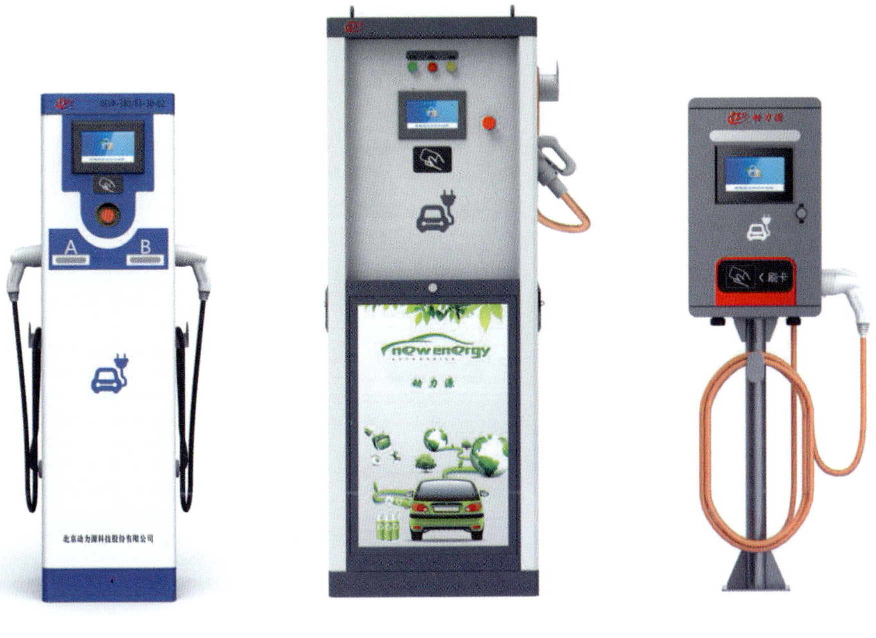

医疗电源UES90

上市时间：2015年9月

东莞市石龙富华电子有限公司
地址：广东省东莞市石龙镇新城区黄洲祥龙路富华电子工业园
邮编：523326
电话：0769-8602 2222
传真：0769-8602 3333
网址：www.fuhua-cn.com
E-mail：fuhua@fuhua-cn.com

UE Electronic

产品简介：

UES90为富华电子医疗电源。

产品创新性：

- 采用UE自主专利技术，漏电流上限≤0.092mA，属业内先进的节能型高品质医疗电源。
- 可实现模块化、智能化。
- 具有防短路、防过电流、防过电压、防负载、防漏电五重保护，能满足2～4kV抗雷击检测要求。
- 符合医疗最高要求——2MOPP标准，符合六级能源之星标准，平均无故障时间≥50000h。

产品适用范围：

医疗检测设备、康复保健类设备。

主要参数：

功率：90W
输出电压：12～52V。
输出电流：0.01～7.00A。

BAYKEE
智领全球产业源动力

佛山市柏克新能科技股份有限公司
地址：佛山市禅城区张槎一路115号华南电源创新科技园4座
邮编：528051
电话：0757-82207158
传真：0757-82207159
网址：www.baykee.net
E-mail：lxd@baykee.net

柏克BKH系列模块化UPS

2016年销售额：850万元

产品简介：

柏克是业内同时兼备直挂母线与电池可调技术,整合了当今新九项先进技术,针对当今实际供电需要而研发设计的高性价比、高灵活、高可靠及可用的BKH-M系列模块化UPS产品，以适应日趋敏感的投资回报率、能源消耗成本、远程智能管理及效能等要求。

产品创新性：

- 超I类产品指标，性价比高。
- 超1类电能质量及0ms响应时间。
- 30~50节超强电池电压可调范围。
- 单机容量：10kVA~600kVA，支持4机架并联。
- 支持在线热插拔。
- 支持无旁路模块运行。
- 获得泰尔认证,节能认证，广电入网证书，高新技术产品证书。

产品面向市场：

金融/数据中心、电信/基站、工业/自动化、轨道交通

主要参数：

- 输入功率因数0.99 。
- 输入电流谐波失真度 <3%。
- 输出功率因数 1。
- 125%负载持续10 min。
- 100%不平衡负载能力≤0.3%。
- 功率模块50kW，单机600kW。
- 输出稳压精度：±1%。
- 整机效率>96%。

ST33 60-80K高频在线式不间断大功率电源

上市时间：2016年8月

佛山市新光宏锐电源设备有限公司
地址：广东省佛山市国家高新技术开发区禅城园区张槎一路115号华南电源创新科技园新区6座
邮编：528000
电话：0757-82236302
传真：0757-82305809
网址：www.sunshineups.com
E-mail：sun@sunshineups.com

金武士
KINGCHEVALIER

产品简介：

ST33 60~80K高频在线式不间断大功率电源，产品采用IGBT模块作为主功率元件进行PFC和INV开关器件，电池设计采用单组电池，通过电感和IGBT模块进行升压，同时电池电压可在一定范围内调整，方便客户使用。整机设计所使用电感采用新型材料，使整机满载效率实际测试达到95%以上。本次开发的此款机型布局合理、体积小、性能优良、稳定性高。

产品创新性：

- 软件控制方式更简洁，双DSP分别控制PFC及INV部分，整机性能及稳定性更高。
- 支持多达8台并机，冗余数量更多，系统稳定性更好。
- LCD触摸显示屏采用公司自主专利的研发技术，显示内容图文结合，操作方便。
- PFC及INV均采用软件限流加硬件限流，系统具有双重电流保护措施，有效提高系统的可靠性及安全性。

产品适用范围：

新产品可应用的主要行业有IT、金融、电力、钢铁、建筑等，其中最为主要的下游行业是 IT、金融、电力及钢铁行业、交通城建设施、通信等

主要参数：

- 输入功率因数大于0.99。
- 整机效率大于93%。
- 输入THDI小于10%。
- 输出THDV小于5%。
- 输入频率范围40~70Hz。
- 输出电压精度：±1%。
- 输出功率因素0.8。

佛山市新光宏锐电源设备有限公司
SUNSHINEBCELL POWER SYSTEM EQUIPMENT CO.,LTD FOSHAN

金升阳 MORNSUN®

广州金升阳科技有限公司
地址：广州市萝岗区科学城科学大道科汇发展中心科汇一街5号
邮编：510663
电话：020-38601850
传真：020-38601272
网址：www.mornsun.cn
E-mail：market300@mornsun.cn

PVxx-29Bxx DC200~1500V 超高超宽输入电源模块

上市时间：2015年3~12月

产品简介：

针对当前DC1500V光伏发电技术的发展趋势和相关配件市场需求，广州金升阳科技有限公司匠心研制并推出与之相匹配的PVxx-29Bxx 系列电源，可直接从1500V高压端取电为光伏系统的监控电路供电，简化光伏系统电路的设计，可以避免采用市电或蓄电池供电而引起的建设、维护成本过高的问题，提升光伏发电系统综合效益。该产品具有的多重保护功能，在电源模块或者外部电路工作异常时，进一步提升电源及其负载的安全性能。

产品创新性：

- 根据光伏行业发展的趋势，光伏组件电压要求高达DC1500V，电源模块如果采用单个功率器件，其电压规格至少需要DC2200V，此规格器件非常规电压等级，难以采购且成本高昂，可靠性低。PVxx-29Bxx系列选择成熟可靠的常规电压规格开关器件，功率转换单元采用双绕组、双管串联形式和同步隔离驱动的设计方案，结合关键电路技术，保证双管均压的误差范围在5%以内,减少了对高压非常规器件的依赖性，且提高了产品可靠性。
- PVxx-29Bxx输入电压范围DC200~1500V，需保证在7.5：1超宽且高达DC1500V的输入电压范围起动，技术难度非常大。金升阳高压起动专利技术，采用多个小体积、低电压的开关器件串联，通过特殊电路均压，保证产品在全输入电压范围内快速起动，并在起动完成后关断起动电路，降低产品正常工作的损耗。同时，在短路保护状态下，充分控制保护打嗝时间，降低短路功耗，提高产品可靠性。

产品面向市场：

光伏/新能源、传统能源/电力操作。

主要参数：

- 超宽压范围输入：DC200 ~ 1500V。
- 工业级工作温度：-40℃ ~ +70℃。
- AC4000V 高隔离电压。
- 高效率、低纹波噪声。
- 通过UL1741/CSA-C22.2 No.107.1及EN62109认证。
- 满足5000m高海拔工作。
- 输入欠电压保护、防反接保护、输出短路、过电流、过电压保护。

DC-DC标准砖模块电源

上市时间：2015年8月

合肥华耀电子工业有限公司
地址：合肥市蜀山区淠河路88号
邮编：230031
电话：4006659997/0551-62731110
传真：0551-68124419
网址：www.ecu.com.cn
E-mail：sales@ecu.com.cn

合肥华耀电子工业有限公司
ECU ELECTRONICS INDUSTRIAL CO.,LTD.

产品简介：

华耀自主设计的DC-DC标准砖系列模块电源，从1/16砖到全砖全系列具备高功率密度与高效率，最高功率达1500W，满足宽范围DC输入，产品性能、品质和可靠性均达到业界先进水平。系列产品广泛应用于工业控制、轨道交通、电力设备、军事设备等领域。

产品创新性：

- 华耀DC-DC标准砖模块电具备逻辑控制功能。
- 支持并联功能（1/4砖、1/2砖及全砖）。
- 全系列模块采用工业标准封装方式和引脚设计。
- 可完全替代同类型进口电源。

产品面向市场：

通信网络、自动化测试、军事设备、航空航天、船舶重工、工业控制等领域。

主要参数：

- 功率高达1500W。
- 效率高达94%。
- MTBF≥1000000H。
- 保护功能齐全。
- 全系列逻辑控制功能。
- 支持并联功能（1/4砖、1/2砖及全砖）。
- 灌胶封装，具备良好的散热和抗震性能。
- 金属/塑壳封装，多种安装方式可选。
- 所有机种工业级和军工级（均符合GJB150A和GJB299C-2009标准）可选。

鸿宝电气集团股份有限公司
地址：浙江省乐清市象阳工业区
邮编：325619
电话：0577-62762615
传真：0577-62777738
网址：www.hossoni.com
E-mail：hongbaohui@hossoni.com

SJW微电脑无触点补偿式电力稳压器

上市时间：2015年6月

产品简介：

SJW系列微电脑无触点补偿式电力稳压器，采用高速DSP芯片为控制核心，利用运算计量控制技术、快速交流采样技术、有效值校正技术、电流过零切换技术和快速补偿稳压技术，将智能仪表、快速稳压和故障诊断结合在一起，实现了全无触点控制，使得产品精密安全、高效、节能、环保。

产品广泛应用于工业、交通、邮电、国防、铁路、科研等领域的大型机电设备、金属加工设备、生产流水线、电梯、医疗器械、刺绣轻纺设备、空调、广播电视、家用电器及大楼照明等需要稳定电压的用电环境中。

产品创新性：

采用了DSP芯片作为主控核心全数字化控制，采用电力电子器件全无触点调压，稳压精度可达±1%，响应速度可高达40ms，有效功率可达99%，采用过零电流切换技术使得输出波形无畸变、无断流、无浪涌等。

产品适用范围：

工业、交通、邮电、国防、铁路、科研等领域的大型机电设备、金属加工设备、生产流水线、电梯、医疗器械、刺绣轻纺设备、空调、广播电视、家用电器及大楼照明等需要稳定电压的用电设备。

主要参数：

产品型号：	SJW-WB***VA	
额定容量：	50 ~1000kVA	
相数：	三相	
输入稳压范围：	□220V□380V□400V 其它：	□±15% □±20% □±25% □±30% 其它：
输出电压：	□220V□380V□400V其它：	
稳压精度：	□±1%□±3%□±5% (可设置)	
效率：	⩾98%	
频率：	50Hz/60Hz	
响应时间：	<40ms	
绝缘等级：	E级	
绝缘电阻：	整机对地绝缘电阻>5MΩ	
绝缘强度：	AC2500V/1min无飞弧放电、无击穿	
输出波形：	输出波形无畸变，无谐波增量	
瞬时过载能力：	2倍额定电流	
显示方式：	LCD显示	
工作方式：	长期连续运行	
保护功能：	过载、过电压、欠电压、短路、缺相、相序、过温	
散热方式：	强迫风冷	

军用高可靠抗浪涌系列 DC-DC电源

2016年销售额：1600万元

华东微电子技术研究所
地址：安徽省合肥市蜀山区高新合欢路19号
邮编：230088
电话：0551-65743712
传真：0551-63637579
网址：www.cetc43.com.cn
E-mail：info@cetc43.com.cn

ECRI MICROELECTRONICS

产品简介：

从2010年开始，43所进行了DC-DC变换器的抗浪涌技术研究，现有输出功率为6W、20W、40W、65W四大系列的厚膜混合集成抗浪涌电源产品。全系列产品主要采用单端反激式电路拓扑，外形结构采用双列直插及扁平式金属全密封。输入电压范围为15V～50V，并可承受80V/1s的浪涌电压，并且产品的启动电流小。

产品创新性：

- 实现了抗80V/1s电压浪涌的电路结构设计。
- 实现宽范围输入电压（15(12)V～50V）电路结构设计。
- 实现了自动重启和软启动功能的电源短路保护技术。
- 实现了开关电源磁反馈技术研究。
- 利用达林顿供电方式，吸收瞬态浪涌能量。
- 提出输出电压全程采样技术，对双路系列的正负输出电压同时进行采样。
- 提出了一种新型储能电容式浪涌抑制拓扑并已获得国家专利。
- 在国内率先制作出质量等级达到H级的抗低压浪涌、高压浪涌、掉电维持前端抗浪涌模块。

主要参数：

- 宽输入电压范围：15V～50V，标称输入直流电压28V。
- 抗浪涌电压能力：80V，1s。
- 输出功率PO：1.5W～40W。
- 工作温度范围Tc：-55℃～+125℃。
- 启动电流小。
- 无输出过冲。
- 具有禁止功能。
- 具有输入欠电压锁定和输出短路保护功能。

MOSO® 茂硕电源

股票代码：002660

茂硕电源科技股份有限公司
地址：深圳市南山区西丽茂硕科技园
邮编：518108
电话：0755-27657008
传真：0755-27657908
网址：www.mosopower.com
E-mail：hao.chen@mosopower.com

睿动系列智能LED驱动电源

上市时间：2015年10月

产品简介：

睿动系列智能LED驱动电源，创新的限功率恒流技术，覆盖同功率级产品。较强的通用性，可降低用户因同功率段灯珠串并联方式不同带来的电源选型困难。四合一调光方式，0~10V、PWM、电阻、时控四种调光方式一体化，调光信号幅值5V/10V可选，并可设置反向逻辑。交互式编程界面，用户可通过交互式编程界面自定义输出，可自设置最多5个调光时段及对应电流值。独创微距红外遥控，微距遥控器操作简便，粗调+微调可实现输出规格的精准自设置。防护等级为IP67，已取得TUV出具的IP67报告。防浪涌等级达到差模5kV、共模10kV，行业领先。睿动系列电源已取得Nemko出具的10kV浪涌报告。睿动系列电源已取得CCC、CE、CB、UL、ENEC、BIS等认证。

产品创新性：

- 创新的限功率恒流技术，覆盖同功率级产品。较强的通用性，可降低用户因同功率段灯珠串并联方式不同带来的电源选型困难。
- 四合一调光方式，0~10V、PWM、电阻、时控四种调光方式一体化，调光信号幅值5V/10V可选，并可设置反向逻辑。
- 交互式编程界面，用户可通过交互式编程界面自定义输出，可自设置最多5个调光时段及对应电流值。
- 微距红外遥控，微距遥控器操作简便，粗调+微调可实现输出规格的精准自设置。
- 防浪涌等级达到差模5kV、共模10kV，行业领先。睿动系列电源已取得Nemko出具的10kV浪涌报告。

产品适用范围：

适应于LED道路照明、工矿照明及景观照明。

主要参数：

输入特性	输出特性	转换效率	认证标准
AC90~305V PF＞0.95 防浪涌等级： 差模 5kV 共模 10kV	1）输出功率：75~320W 2）恒功率智能可调 3）四合一调光	高达93%	CCC、CE、CB、UL、ENEC、BIS、SAA

SPH系列电源

上市时间：2015年

宁波赛耐比光电科技股份有限公司
地址：宁波国家高新区科达路56号
邮编：315040
电话：0574-27902725
传真：0574-27902805
网址：www.snappy.cn
E-mail：jili@snappy.cn

Snappy

产品简介：

40~600W全系列户外LED驱动电源,内置有源功率因数校正,超宽的输入电压范围，可工作于－40℃~70℃的环境,有多种输出规格，并有多种调光模式可供选择，适用于各种恶劣的场合。

产品创新性：

- 国际通用交流输入范围（可高达AC305V）。
- IP67等级，金属外壳。
- 保护种类：短路/过负载/过电压/过温度。
- 具有主动式PFC功能。
- 自然风冷，高可靠性。
- A系列可通过内部调整电压和电流;B系列具有三合一调光功能D系列定时调光,可根据客人要求设定。
- 符合世界照明设备安全规范。

主要参数：

- 输入：90~305V AC 47~63Hz。
- 输出功率：40~600W多款。
- 输出电压：12V/15V 24V/36V48V/54V。
- 电磁发射：符合EN55015,Fcc par15 ClssB。
- 安全规范：EN61347-1、EN61347-2-13、UL8750。
- 电磁兼容抗扰度：符合EN61000-4-2、3、4、5、6、8、11，EN55024，EN61547
- 谐波电流：符合EN61000-3-2 CLASS C。

KSTAR科士达

2016年销售额：1750万元

深圳科士达科技股份有限公司
（股票代码：002518）
地址：广东省深圳市南山区高新中区科技中二路软件园1栋4楼
邮编：518057
电话：0755-86169858
传真：0755-86168482
网址：www.kstar.com.cn
E-mail：zhaocr@kstar.com.cn

IDM微模块数据中心解决方案

产品简介：

科士达一体化柜式机房是科士达公司基于“机房机柜化”趋势，针对中小企业和行业基层单位用户IT基础设施建设需求，在国内率先推出的基于机柜的机房一体化产品和解决方案。

该方案是以19寸标准网络机柜为基础，通过增强网络机柜功能，构建一体化IT设备运行环境解决方案。其构成包含ATS、综合配电、UPS不间断电源、电池、防雷、智能管理、线缆管理、机柜、温度控制功能，可使用户的服务器、交换机等核心IT设备，能够长期在符合运行标准的室内环境中正常运行。由于方案组成产品的组件采用标准化生产和标准机架设计安装方式，所以在缩短了建设周期、减少各功能模块间的单路径故障点、大大提高系统间的兼容性的同时，最大限度地提高了用户机房的空间利用率，为用户提供一个更加一致性、更高集成度、更高管理性和扩展性的小型智能机房系统。

IDM集成了机柜、供配电、制冷、监控和综合布线。具有高密模块化，高可靠性和安全性，快速灵活部署，简单低耗，完善监控等特点，是新一代集成中型数据中心解决方案。

产品创新性：

- 快速部署
  - 无需专业机房，办公大楼房间改造即可。
  - 可直接安装在楼宇水泥地面上，减少外配套工程。
- 安全可靠
  - 关键设备N+1、2N设计，断电后蓄电池持续供电，最大限度保障IT设备稳定运行。
  - 完善的监控系统，随时掌握机房动态。
  - 电动天窗可与消防系统联动打开。
- 智能管理
  - 集中式动环监控系统，实时对机房运行状态、市电、温湿度等进行监控。
  - 强大的报警处理功能，支持本地语音告警、电话告警、网络告警。
  - 365天7X24小时无人值守。
- 高效节能
  - 密封通道设计，充分利用冷量。
  - 行级空调制冷，缩短制冷路径。
  - 高效模块化UPS。
  - 高密部署，单柜典型额定功率5kW、8kW、10 kW、15 kW，满足客户不同业务的需要。

主要参数：

IDM子系统配置

UPS

- YMK3300
- 单柜额定容量：200KVA

电池

- 标准机柜尺寸
- 每层电池6节，6层，共36节/机柜，6-FM-100电池

配电模组

- 金守护系列精密配电柜
- 智能电量监测
- 支持双路供电
- B+C级防雷

空调

- FocusAir列间空调
- 制冷量：23kW~70kW
- 风冷、冷冻水、水冷

动环监控

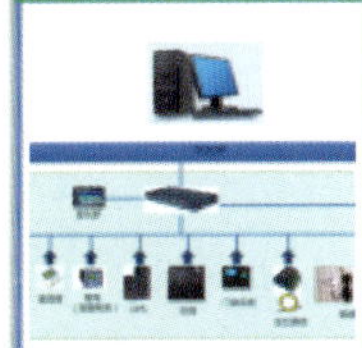

- 支持B/S架构，随时随地访问。
- 实时数据，实时告警，报表模块，远程管理。

微模块化智能数据中心

2016年销售额：3000万元

深圳市英威腾电源有限公司
地址：深圳市南山区北环路猫头山高发工业区高发1号厂房5层东
邮编：518055
电话：0755-26784847
传真：0755-26782664
网址：www.invt-power.com.cn
E-mail：shangyating@invt.com.cn

产品简介：

英威腾微模块数据中心以客户需求为设计导向，整体建设依据GB50174/TIA-942等标准，产品设计以标准化、模块化为设计思路，实现工厂预制化和现场快速拼装部署。在建设数据中心基础设施投入时，前期无需将物理基础设施投入一步到位。相反，在初期建设中只需部署所需规模的数据中心，后期随着业务的增长，像搭积木似的灵活部署与调整，确保按需规划数据中心基础设施，从而保证数据中心的效率在整个生命周期中始终达到最高，能耗最小，最终实现高效率运行，各个子系统到整体架构以及封闭冷热通道、模块化UPS、列间制冷、自然冷却联动等多种节能技术的联合应用，真正地实现绿色节能高效运行。

产品创新性：

英威腾微模块数据中心单机架装机容量可达6~10kW以上，传统数据中心单机架装容量在3~5kW之间，因此采用微模块建设数据中心可有效降低机房的占地面积，节省40%以上的利用空间。采用标准化、模块化的架构设计，极大地降低了初期建设成本，节省资源浪费，有效地提高了资源利用率，可实现总体运营成本降低10%左右。

产品面向市场

金融/数据中心

主要参数：

	腾智系列	IT120C
系统整体	双排单模块尺寸（宽×深）	3600mm×L（L<15m）
	IT机柜数量	双排最大IT机柜数量36个
	支持功率	3kW~21kW（单机柜）
	工作环境温度	0℃~40℃
	工作环境湿度	5%~90%
配电系统	电压制式	三相,380V/400V/415V
	输入频率	50Hz/60Hz
	智能PDU	ePDU可选配10A/16A/32A单相（8~24位插孔）
散热系统	行级空调容量	12~35kW
	制冷方式	风冷
	空调进出风方式	前出风后回风
监控系统	监控主机	eMTR-DCRT
	监控配件	烟感、温度传感器、湿度传感器、水浸传感器、视频、门磁、门禁、联动
	功能	WEB远程监控、接入客户网管、短信通知、柜内设备和环境监控，扩展WIFI

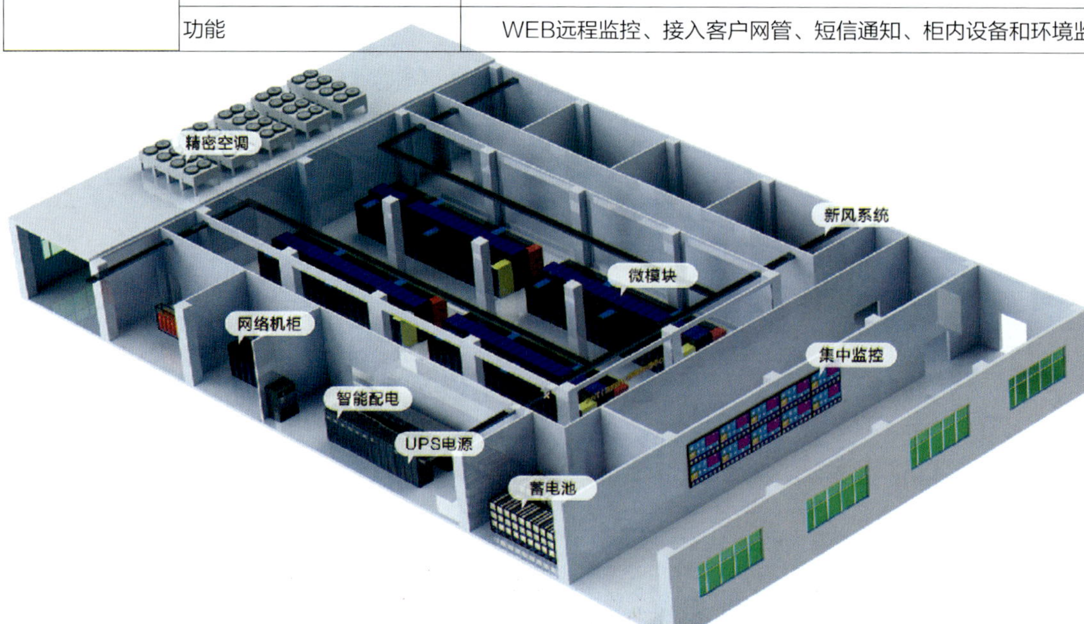

通合电子 TonHe

石家庄通合电子科技股份有限公司
地址：河北省石家庄市高新区漓江道350号
邮编：050035
网址：www.sjzthdz.com

高功率密度车载电机控制器产品

产品简介：

该产品继承了通合电子科技7年新能源汽车行业的技术经验，融汇了通合电子科技人的智慧，秉持着通合电子科技对产品品质的孜孜追求。

通合电子科技的车载电源产品已经应用于国内五万台新能源汽车，服务于30多家国内知名整车企业，基于如此深厚的行业底蕴推出的高功率密度车载电机控制器产品，对于通合电子科技具有里程碑式的意义。标志着通合电子科技从车载电源供应商向动力系统总成商迈出坚实的一步。

该产品采用“轻量化”的设计理念，在原有第一代产品基础上功率密度提高一倍，重量减少三分之二，适用类型涵盖了物流车、专用车、大巴车等全部新能源商用车平台。并且可以依照客户需求与通合电子科技车载电源产品随意搭配组合，形成全新的N合一产品系列。

客户的满意是通合电子科技人最好的回报。

欢迎国内外的客人莅临通合电子科技参观指导。

产品创新性：

- 汽车级正向开发专为汽车设计。
- 合理的热设计、振动设计、高可靠性。
- 控制精度高、调速范围广。
- 模块化设计自由组合可实现多种功率等级产品系列。
- 高防护等级IP67。
- 高功率密度大于17kW/L。
- 电磁兼容可达CLASS 3。
- 兼容多种类型电机方案。

产品面向市场：

车载驱动市场

100WLED驱动电源

苏州市纽克斯照明有限公司
地址：江苏省苏州市相城区春秋路16号
邮编：215143
电话：0512-65907797
传真：0512-65907797
网址：www.lumlux.cn
E-mail：Liangwei@lumlux.cn

纽克斯® LUMLUX

产品简介：

- 恒流模式
- 国际通用全范围输入（AC90~305V）
- 效率高达89%
- 具有主动式PFC功能
- 满足3C/CE认证
- 防雷等级(L-N:4kV、LN-GND:6kV)
- 适用于干燥、潮湿、雨淋环境
- 适用于各种LED照明及路灯照明应用

主要参数：

技术参数

输入电压：AC90~305V	工作温度 ：-40℃~+60℃
浪涌电流：65AMAX	工作湿度 ：20%~90%
THD：≤15%	保护功能 ：过电压、过电流、短路、开路、过温
待机功耗：≤5W	防护等级 ：IP67

关键规格参数

产品型号	输出功率 / W	输出电压 / Vdc	输出电流 / A	效率	尺寸(长x宽x高) / (mm)
LD100IC07007IA001	100	116~143	0.7	89%	181*75*40
LD100IC08607IA001	100	92~117	0.86	89%	181*75*40
LD100IC10507IA001	100	76~95	1.05	89%	181*75*40
LD100IC300076A001	100	28~34	3	89%	181*75*40

芯朋微电子
Chipown
高性能电源芯片供应商

无锡芯朋微电子股份有限公司
地址：江苏无锡新区龙山路旺庄科技创业中心C栋13层
邮编：214028
电话：0510-85217718
传真：0510-85217728
网址：www.chipown.com
E-mail：market@chipown.com.cn

次级反馈24W六级能效电源芯片

上市时间：2015年5月

产品简介：

PN8160内部集成了脉宽调制控制器和功率MOSFET，专用于高性能、外围元器件精简的交直流转换开关电源。该芯片提供了极为全面和性能优异的智能化保护功能，包括周期式过电流保护、过载保护、软启动功能。通过QR+CCM、Eco-mode、Burst-mode的三种模式混合调制技术和特殊器件低功耗结构技术实现了超低的待机功耗、全电压范围下的最佳效率。频率调制技术和SoftDriver技术充分保证良好的EMI表现。PN8160为需要超低待机功耗的高性价比反激式开关电源系统提供了一个先进的实现平台，非常适合六级能效Lever6、Eur2.0、能源之星的应用。

产品创新性：

- 专利高压启动，无需启动电阻，待机功耗小于50mW。
- QR-PWM + QR-PFM + Burst Mode提高平均效率，精准谷底开通算法，轻松满足六级能效。
- 自适应PWM工作频率(85/65kHz)，减小变压器体积，校正高低压过电流点一致性。
- 内置电流采样管，无需CS电阻，节省成本、提高效率、简化布板。
- 叠层封装技术，热阻更小，24W无需散热片；高低压脚位两侧排列，更高安全性。
- 超宽VDD电压8~40V，适合快充应用。
- 全面保护功能：输出过电压保护、VDD欠过电压保护、过温保护、过载保护、输出二极管短路等保护。
- 超高可靠性：40V BCD平台 + 690V Smart MOSFET；HBM ESD大于4kV；Latchup电流大于200mA。

产品适用范围：

电信/基站、工业/自动化、消费电子、安防

主要参数：

Product	Character	SW Voltage	Standby Power	RDS(on)	VDD Operation Voltage	Output Power	Idlimt	Package	Note
PN8016	CV Buck/Buck-boost Converter	800V	<100mW	10Ω	9~20V	1.5W	550mA	SOP7	Output 3.3~24V

模块化UPS

上市时间：2015年1月

先控捷联电气股份有限公司
地址：石家庄高新区湘江道319号第14、15幢
邮编：050035
电话：0311-85906057
传真：0311-85903718
网址：www.scupower.com
E-mail：wenjing.hao@scupower.com

产品简介：

先控电气CMS系列高端模块化UPS 产品，不仅包含了传统UPS 的整流、滤波、充电、逆变器的装置，还具备智能型的电源保护功能，并且采用了平均电流控制整流技术、顺位主从同步控制技术、多级分散式控制技术和三阶正弦波逆变等多项新概念技术，在大幅提高设备的可用性、可靠性的基础上降低了设备的投资、运营和维护成本。

产品创新性：

总体思路：

- 实现完全的系统级模块化设计理念，实现由具备完整UPS功能的功率模块和标准化模块化的系统结构，构成标准化的高性能模块化UPS。
- 功率模块应具备整流、逆变、充电及全部控制功能；具备高功率密度要求；具备更佳的并联特性，环流抑制、均流精度和并联数量；具备完善的故障隔离措施。
- 系统结构应具备零风险、快速在线扩容、升级、修复功能；冗余措施，最大限度地减少配电瓶颈。

关键技术：

- 运用多种先进的专利电路设计，实现了功率模块的领先性能。
- 采用高功率因数IGBT整流电路、高效率三相三阶正弦波电路、智能化顺位主从控制电路(见本公司三电平输出的升压整流电路、电压平衡电路和升压调整电路、桥式整流电路、高效率三相三阶正弦波输出逆变器、顺位主从同步控制电路装置等专利技术)。
- 功率器件的模块化设计。不需要拆卸其它电路部分，即可进行功率器件的维修及更换。实现了模块内部的模块化设计，功率模块的简便性和快速性。
- 铝基板功率散热形式。采用铝基板优异的低热阻和绝缘特性，结合分立功率器件的低压降和优秀开关特性，与模块功率器件的良好热性能的特点，实现了优秀的铝基板功率形式。
- 完全冷热隔离的独立风道设计。模块内的结构设计采用功率器件和控制器件冷热隔离的形式。实现了发热的功率器件在低热阻的独立散热风道中的良好散热，低发热器件或基本不发热器件（如控制电路和电解电容等）不受功率器件的影响，极大地延长了功率模块的使用寿命和提高了功率模块的可靠性。
- 优秀的EMI隔离屏蔽设计。模块内的设计采用功率变换电路和控制电路的隔离屏蔽设计。最大限度地保证了功率模块的电磁兼容性能。
- 采用公用直流母线及数字化的控制方式，使得系统的环流控制最小，并且将环流的影响降到最低。并且采用数字化的控制技术可以使模块间的差异减到最小，极大地控制了环流的产生。
- 实现了从功率模块内部的模块化到功率模块、静态开关、系统监控等功能模组的模块化，再到多模块柜的模块化，以及多系统并联的系统级模块化。

产品适用范围：

金融/数据中心、电信/基站、航空航天、安防、照明、轨道交通。

主要参数：

- 系统容量有50kVA、100kVA、150kVA、250kVA、300kVA、350kVA、420kVA、500kVA、600kVA、800kVA 多个系列，功率模块为10kVA、25kVA、50kVA、60kVA四个功率范围，用户可以根据负载的大小随意选择。
- 系统为模块式结构，由静态开关模块、监控模块和N 个功率模块并联组成，模块N+X 冗余，根据用户需求进行在线升级扩容；
- 最多可以四套系统并机使用，满足N+1、2N、Δ2N 多种供电方案要求。
- 监控模块、静态开关模块和功率模块均可在线热插拔。
- 系统可随需求设定为1/1、1/3、3/1 或3/3 的进出线方式。
- 采用无主从并联、多级分散式控制技术，无运行瓶颈、性能可靠。
- 所有功率模块共享电池组。
- 具有完善的电池管理功能：电池自放电功能、自动均浮充转换功能、温度补偿功能、自动均流功能。
- 任一功率模块均具有输入、输出和充电功率的平衡分配功能。
- 整机效率大于95%（AC-AC），逆变效率大于98%（DC-AC），输入电流谐波（THDI）小于3%，输入功率因数（PF）大于0.99。
- 交流输入采用连续电流模式（CCM）运行，减少对电网干扰（RFI/EMI）。
- 符合行业规范要求的外形结构、设备体积小、重量轻、可满足普通楼宇承重要求。
- 可选配输入、输出K 值的隔离变压器。
- 手动维修开关、RS232、RS485/RS422 通信接口、远程监控软件均为标准配置。可选配SNMP卡、防雷模块及输入输出开关。

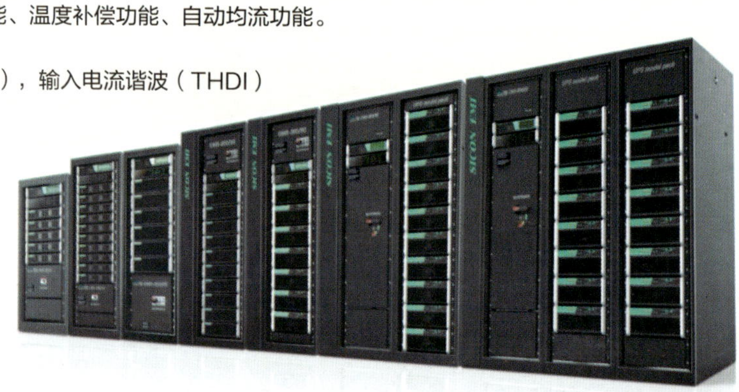

MAGNETIC POWDER CORES

浙江东睦科达磁电有限公司
地址：浙江省湖州市德清县武康镇曲园北路525号
邮编：313200
电话：0572-8085881
传真：0572-8085880
网址：www.kdm-mag.com
E-mail：kda@kdm-mag.com

EQ型磁心

上市时间：2015年4月

产品简介：

EQ磁心是KDM公司开发的适用于自动化生产的新型磁心。相较于传统的环形磁心电感，EQ磁心由对称的EQ磁心和扁平线圈组合而成，自动化工艺极高，能够解决铜线粗，绕线效率低的问题，大大降低了人工成本，目前我司已形成多种材料的全系列EQ磁心生产线。

产品创新性：

- 节约绕线时间。
- 适用于自动化生产，产能提升。
- 减少绕线铜线用量，降低成本。

产品适用范围：

适用于各种大电流输出滤波电感。

主要参数：

- 磁导率μ：26~60。
- 直流偏置能力%μ:80%(@100 Oe)。
- 磁心损耗P：250mW/cm^3(@50kHz/100mT)。

SJ-MOSFET 超结功率场效应管

上海长园维安电子线路保护有限公司
地址：上海浦东新区祝桥镇施湾七路1001号
电话：021-68969993
传真：021-50757680
网址：www.way-on.com
E-mail：market@way-on.com

2016年销售额：3.6亿元

产品简介：

长园维安第二代SJ-MOSFET C2系列产品采用优化的设计及专利工艺，品质因数相比C1系列提升38%以上。由于SJ-MOS C2具有极低的导通电阻和极小的栅极电荷，相比传统的VDMOS可大幅提升电源效率，利于电源微型化。C2系列提升了性价比，可完美替换传统VDMOS，提升开关电源的效率，降低温升，应用于充电器、适配器、LED、PC、TV、服务器等领域。

产品创新性：

针对普通超结MOS雪崩能力差的问题， C2系列重点进行了工艺的创新，使产品雪崩能力得到明显的提升，增强了开关电源的可靠性；针对普通超结MOS EMI性能差的问题，C2系列软化了器件开关曲线，使EMI性能得到提升。

主要参数：

击穿电压：600V、650V、700V、800V、900V。
导通电阻：0.19Ω~9Ω。
输入电容：186pF~1570pF。
栅极电荷：6.7nC~34.5nC。

億鋮達 ®YIK SHING TAT

亿铖达（深圳）新材料有限公司
地址：深圳市宝安区宝城76区前进二路38号亿铖达大厦
邮编：518100
电话：0755-27473328
传真：0755-27473196
网址：www.yikst.com
E-mail：willie@yikst.com
xiaojuntao@yikst.com

可暗反应UV三防漆 UV1200

产品简介：

“ 可暗反应UV三防漆 ”通过紫外光引发反应，进而实现阴影区的暗固化，具有低收缩率、高附着力、储存稳定、对潮气等不敏感、高绝缘强度、高防腐强度等突出性能，兼具安全环保、高效节能等优势。此外，可采用加热方式提高阴影区暗反应速度，该产品已通过RoHS/REACH环保认证以及UL安全认证，可广泛应用于PCB防腐领域。

产品创新性：

- 市场上UV三防漆固化方式为“光固化+湿气反应”，固化速度取决于空气中湿气含量，阴影区固化慢，绝缘性能/防腐性能下降
- 对湿气敏感，施工过程造成黏度增大，增加施工难度。
- “可暗反应UV三防漆”其固化基于“光固化+暗反应”，UV光照实现可照射区域固化，同时引发阴影区发生反应逐渐交联，达到完全固化。
- UV1200固化快，对湿气不敏感，解决了“UV-湿气三防漆”阴影区固化慢，黏度增大的问题。

产品面向市场：

电子PCB防腐保护（电源变频、汽车电子、工控、航空航天、智能家电、能源系统、军工等领域）

主要参数：

UV1200 固化机理：

固化过程与机理： 光固化+暗反应

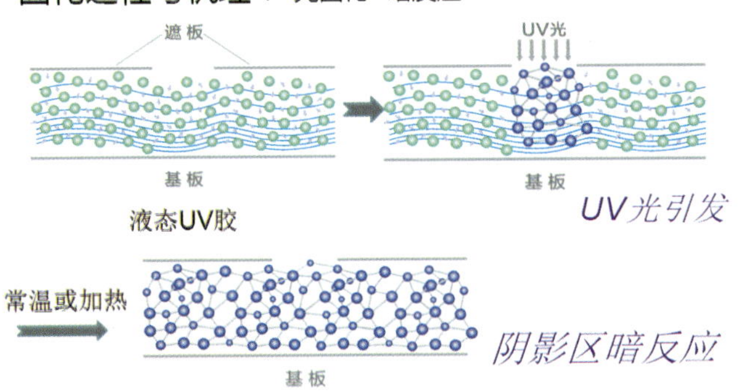

	UV暗反应三防漆（亿铖达新推出）	UV-湿气双固化三防漆（市场主流）
固化方式	光固化+暗反应	光固化+湿气反应
	光引发，自身交联暗固化	光引发，与空气中湿气反应
阴影区固化时间	室温1天	室温3天
固化影响因素	温度，提高温度可加速固化	湿气含量，固化时间受湿气含量影响
成膜效果	成膜致密均匀，一致性好	受湿气含量影响
施工	不受潮气、涂层堆积及厚度影响	湿气敏感、黏度增大、增加施工难度
防腐效果	高绝缘强度，高防腐性能	绝缘性能/防腐性能下降

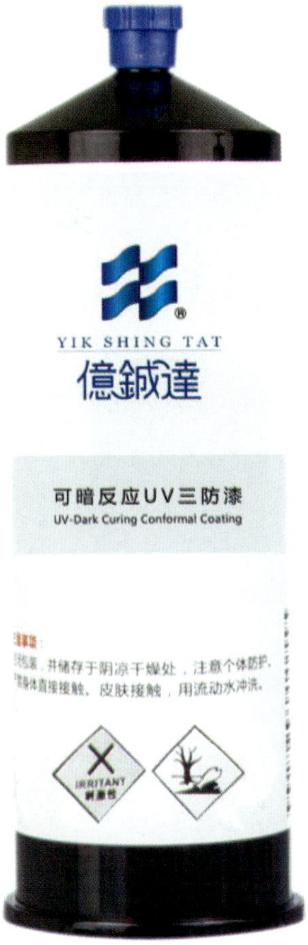

YHA型/YHB型电容器

宁国市裕华电器有限公司
地址：安徽省宁国市振宁路31号
邮编：242300
电话：0563-4186118
传真：0563-4012888
网址：www.ngyh.com
E-mail：czy@ngyh.com

RUVA®

产品简介：

电容器作为三大被动电子元器件(电阻、电容及电感)之一，在电子元器件产业中占有重要的地位，是电力电子行业中必不可少的基础元器件。

本系列产品为直流滤波电容器，属于无源器件的一种，主要是对整流器的输出电压进行平滑滤波；吸收高幅值脉动电流，阻止其产生高幅值脉动电压，使直流母线上的电压波动保持在允许范围；防止电压过冲和瞬时过电压对IGBT的影响。

产品创新性：

●根据用户要求定制。
●产品温度适用范围广，寿命长。
●自感小。
●采用优化的内部结构，内阻为0.3～1.0mΩ，纹波电流为100～300A。

产品适用范围：

风力发电、光伏太阳能发电、电能质量、新能源汽车、城际动车、高铁、国家电网直流输电配套的核心基础元器件。

主要参数：

YHA：电压范围：DC600V～DC1500V
容量范围：90μF～5600μF
气候类别：40/85/21

YHB：电压范围：DC400V～DC900V
容量范围：200μF～1800μF
气候类别：40/105/56

本公司同时生产高压脉冲、吸收、谐振、交流滤波等型号薄膜电容器。

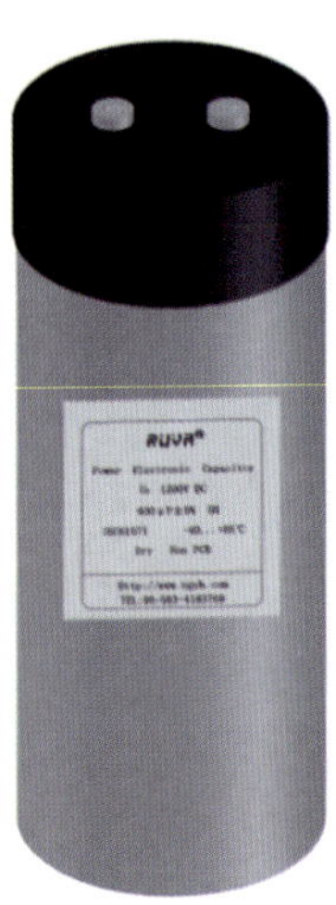

CHINFA
SWITCHING POWER SUPPLIES
AC / DC DIN RAIL POWER SUPPLIES
BUILDING AUTOMATION POWER SUPPLIES
AC / DC DIN RAIL COMPACT SIZE POWER SUPPLIES
AC / DC ENCLOSED POWER SUPPLIES
POWER
DRE120
DRE240
DRE480
CHINFA
勤發電子股份有限公司
CHINFA ELECTRONICS IND. CO., LTD.
台灣 新北市汐止區大同路一段239號11樓
11F., No. 239, Sec. 1, Datong Road, Xizhi Dist., New Taipei City 221, Taiwan
TEL : +886 2 26478100 FAX : +886 2 26478200 E-mail : sales@chinfa.com
http://www.chinfa.com